Nachschlagewerk
der physischen Geographie
DAS GESICHT
DER ERDE

Nachschlagewerk
der physischen Geographie

Mit einem ABC

5., überarbeitete Auflage

Herausgegeben von
Professor Dr. Ernst Neef

DAS GESICHT
DER ERDE

VERLAG HARRI DEUTSCH
THUN UND FRANKFURT/MAIN 1981

MITARBEITER

Dr. rer. nat. Gottfried Andreas
Dr. rer. nat. Hellmuth Barthel
Dr. rer. nat. Arnd Bernhardt
Dr. rer. nat. Inge Hartsch
Professor Dr. rer. nat. habil. Karl Herz
Professor Dr. phil. habil. Ernst Neef
Vera Neef
Professor Dr. rer. nat. habil. Hans Richter
Professor Dr. rer. nat. habil. Gerhard Schmidt

CIP-Kurztitelaufnahme der Deutschen Bibliothek

Das Gesicht der Erde: Nachschlagewerk d. phys.
Geographie; mit e. ABC / hrsg. von Ernst Neef.
[Mitarb. Gottfried Andreas...]. – 5., überarb.
Aufl. – Thun; Frankfurt/Main: Deutsch, 1981.
   ISBN 3-87144-545-2
NE: Neef, Ernst [Hrsg.]

Lizenzausgabe für den Verlag Harri Deutsch, Thun 1981
© 1981 Edition Leipzig, Verlag für Kunst und Wissenschaft
Druck: Fuldaer Verlagsanstalt GmbH, Fulda

VORWORT

Dieses Buch war ursprünglich, vor rund 25 Jahren, in einer Zeit großen Literaturmangels als Notbehelf konzipiert worden. Es sollte dem Studenten die wichtigsten Grundlagen zur Physischen Geographie vermitteln. Trotz der Fülle der inzwischen erschienenen Fachliteratur hat das Nachschlagewerk immer wieder viele Interessenten gefunden, so daß nunmehr eine 5. Auflage notwendig wurde.

Natürlich mußten sich Herausgeber und Verlag fragen, worauf diese Wertschätzung beruhe. Da die Ergebnisse der neueren Forschung nur in aller Kürze und in enger Auswahl aufgenommen werden konnten, kann es nicht die Aktualität sein. Im Gegenteil gewinnt man den Eindruck, daß gerade wegen der Fülle der neuen Fachliteratur das „Gesicht der Erde" an Wert gewonnen hat, weil es für die zahlreichen neuen Erkenntnisse einen systematisch aufgebauten Rahmen darbietet, in den das Neue leicht eingeordnet werden kann.

Wesentlich ist auch die leichte Lesbarkeit und Allgemeinverständlichkeit des Textes. Schon bei der Vorbereitung der 1. Auflage hat der Verlag diese Eigenschaften des Buches gefördert. Inzwischen ist die Geographie, dem allgemeinen Wissenschaftstrend folgend, abstrakter geworden. Der Verlust an Anschaulichkeit bedeutet aber meist auch einen Verlust einer großen Anzahl geographisch interessierter Leser. Daß das „Gesicht der Erde" sich diese Anschaulichkeit der Darstellung zur Pflicht gemacht und in allen weiteren Auflagen bewahrt hat, ist offensichtlich als ein großer Vorteil des Werkes empfunden worden.

Die Absicht, eine rasche und Übersicht vermittelnde Information zu geben, die das Wesentliche und Verallgemeinerungsfähige in der Fülle der Erscheinungen und der speziellen Probleme erkennen läßt, wird dadurch erleichtert. Langsam aber stetig setzt sich das Denken in großen Zusammenhängen durch und erlaubt, die Einzelerkenntnis ins richtige Licht zu setzen. Bei aller Einfachheit der Formulierung ist das „Gesicht der Erde" immer bemüht, das Denken in geographischen Zusammenhängen zu vermitteln und dem geographischen Einzelwissen so einen breiteren Wirkungsrahmen zu geben.

Diesen Prinzipien ist auch diese Auflage treu geblieben. Angesichts des begrenzten Umfanges war es jedoch nicht möglich, größere Erweiterungen durchzuführen. Im wesentlichen konnte Neues nur aufgenommen werden, wenn dafür an anderer Stelle Kürzungen oder Streichungen durchgeführt wurden. Das war z. B. durch die Ausscheidung von Abbildungen heute kaum noch gebräuchlicher Instrumente oder durch die Einschränkung von Verdoppelungen möglich, was wiederum die Zahl der Querverweise erhöht. Eine gründliche Textrevision hat kleinere Fehler oder Unklarheiten beseitigt. Im lexikalischen Teil sind in dieser Auflage vorrangig die Stichwörter zur Kartographie überarbeitet worden, wofür sich Dozent Dr. Stams, TU Dresden, zur Verfügung stellte. Im regionalen wie im lexikalischen Teil wurden die Hinweise auf die Nutzung der Naturressourcen und die Bedeutung der Naturbedingungen für das Leben der Gesellschaft wie auf die Umweltprobleme verstärkt.

Der Verlag hat wie bisher den einzelnen Kapiteln Tabellen über die politische Gliederung des betreffenden Erdraumes, über die wichtigsten Bodenschätze und Wirtschaftsgüter vorangestellt, die die Hinweise im Text ergänzen. Diese Tabellen erheben keineswegs den Anspruch, vollständig zu sein oder ein statistisches Nachschlagewerk zu ersetzen.

Die Bildbeigaben und das Register sollen den Inhalt besser aufschließen und die knappe Fassung der lexikalischen Erläuterungen durch Querverweise ausgleichen.

Herausgeber und Verlag hoffen, auch mit dieser 5. Auflage allen Interessenten die Möglichkeit rascher und zuverlässiger Information zu bieten.

Ernst Neef

HINWEISE FÜR DIE BENUTZUNG DES ABC

Reihenfolge der Stichwörter. Die Stichwörter sind nach dem Alphabet geordnet. Die Umlaute ä, ö, ü gelten in der alphabetischen Reihenfolge wie die einfachen Buchstaben a, o, u; die Doppelbuchstaben ai, au, äu, ei, eu, ae, oe, ue (auch die wie Umlaute gesprochenen) werden wie getrennte Buchstaben behandelt, ebenso sch, st, sp; ß gilt wie ss. Besteht das Stichwort aus Adjektiv und Substantiv, wird die Flexionsendung des Adjektivs im Alphabet mit berücksichtigt; es folgen also aufeinander die Stichwörter geographische Karten, geographisches Milieu, geographische Sphäre.

Ist das Stichwort aus mehreren Wörtern zusammengesetzt, wird für die alphabetische Reihenfolge jedes Wort berücksichtigt: Terra fusca, Terrain, Terra rossa.

Der eingedeutschten Schreibweise von Fachwörtern ist der Vorzug gegeben. Daher sind Wörter, die man unter C vermißt, je nach Aussprache unter K oder Z zu finden.

Schriftarten. Die Stichwörter sind in **halbfetter Grundschrift**, die Synonyme zum Stichwort sowie Begriffe, die besonders hervorgehoben werden sollen, in ***halbfetter kursiver Schrift*** gedruckt. *Einfache kursive Schrift* wird ebenfalls zur Hervorhebung bestimmter Begriffe sowie für Gattungs- und Artnamen der botanischen und zoologischen Nomenklatur verwendet. Zur sachlichen Gliederung der Artikel dient der S p e r r d r u c k.

Abkürzungen. Das Stichwort wird in seiner Grundform im Artikeltext stets mit dem Anfangsbuchstaben abgekürzt. Sonstige Abkürzungen sind – soweit sie nicht im Artikeltext erläutert wurden – aus dem Abkürzungsverzeichnis zu ersehen.

Verweise. Wird ein Begriff unter einem anderen Stichwort abgehandelt, so ist auf dieses mit einem Verweispfeil (→) verwiesen, z. B. **Höhenlinien**, → Reliefdarstellung. Handelt es sich bei beiden Begriffen um Synonyme, wird der Verweispfeil durch svw. (soviel wie) ersetzt, z. B. **Klimagürtel**, svw. Klimazonen. Verweise werden ferner im Artikeltext gesetzt, wenn bei Erwähnung oder Behandlung eines bestimmten Begriffes weitere Ausführungen dazu unter einem anderen Stichwort gebracht werden. So ist z. B. im Artikel Karte auf das Stichwort Reliefdarstellung verwiesen.

Wenn das Geschlecht des Stichwortes nicht ohne weiteres aus dem Wort selbst oder aus dem folgenden Text ersichtlich ist, erfolgt eine Geschlechtsangabe, z. B. beim Stichwort Lakkolith. Desgleichen werden abweichende oder ungeläufige Plural- bzw. Singularbildungen angegeben, z. B. **Halligen**, *Sing.* **Hallig**.

ABKÜRZUNGEN

Abb.	= Abbildung
Abk.	= Abkürzung
Abschn.	= Abschnitt
Aggl.	= Agglomeration
bzw.	= beziehungsweise
d. h.	= das heißt
d. i.	= das ist
Einw.	= Einwohner
f	= Femininum
Jh.	= Jahrhundert
Kurzz.	= Kurzzeichen
m	= Maskulinum
Mill.	= Million
Mio	= Million
Mrd.	= Milliarde
m. V.	= mit Vororten
n	= Neutrum
n. Br.	= nördliche Breite
ö. L.	= östliche Länge
Plur.	= Plural
s.	= siehe
s. Br.	= südliche Breite
Sing.	= Singular
svw.	= soviel wie
Tab.	= Tabelle
u. a.	= und andere(s)
u. ä.	= und ähnliche(s)
Übers.	= Übersicht
usw.	= und so weiter
u. Z.	= unserer Zeitrechnung
vgl.	= vergleiche
v. u. Z.	= vor unserer Zeitrechnung
w. L.	= westliche Länge
z. B.	= zum Beispiel
z. T.	= zum Teil

INHALT

EINLEITUNG, *Ernst Neef* 11
I. Die astronomischen Grundlagen der Zonengliederung 11
II. Die klimatische Gliederung der Erde 12
III. Die hydrologischen Typen der Erde 19
IV. Die Vegetationszonen der Erde 20
V. Die geographischen Bodenzonen der Erde 23
VI. Das Relief der Erdoberfläche 24
VII. Größen- und Maßverhältnisse auf der Erde 26

EUROPA 28
Politisch-ökonomische Übersicht 28
Überblick, *Ernst Neef* 32

MITTELEUROPA, *Ernst Neef* 35
Überblick 35
Der Tieflandsstreifen Mitteleuropas 38
   Das nordöstliche Tiefland 40
   Das nordwestliche Flachland 41
   Die Lößzone 46
Die Mittelgebirgszone 47
   Das Rheinische Schiefergebirge 48
   Die Hessische Senke 51
   Der östliche Teil der Mittelgebirgsschwelle 55
   Der Südteil der Mittelgebirgszone 63
Alpen und Alpenvorland 71
   Das Alpenvorland 71
   Die Alpen 74
Physisch-geographische Angaben über Mitteleuropa 79

NORDEUROPA, *Hans Richter* 80
Überblick 80
   Die Skandinavische Halbinsel 84
   Die Halbinsel Kola 86
   Die Finno-Karelische Platte 86
   Spitzbergen 87
Physisch-geographische Angaben über Nordeuropa 87

OSTEUROPA, *Hellmuth Barthel* 88
Überblick 88
Der nordöstliche Teil des Osteuropäischen Tieflandes 93
Der westliche Teil des Osteuropäischen Tieflandes 93
Der südliche Teil des Osteuropäischen Tieflandes 94
Der mittlere und östliche Teil des Osteuropäischen Tieflandes .. 95
Der südöstliche Teil des Osteuropäischen Tieflandes 97
Das Krimgebirge 98
Das Uralgebirge 99
Physisch-geographische Angaben über Osteuropa 101

SÜDOSTEUROPA, *Gottfried Andreas* 102
Überblick 102
Das Karpatensystem 104
Das Pannonische Becken, *Ernst Neef* 106
Transsilvanien 109
Die Moldauische Platte 109
Das südliche Karpatenvorland 110
Das Donautal 110
Die Dobrudscha (Dobrogea) 111
Das Dinarische Gebirgssystem 111
Das Balkangebirge 113
Die Nordbulgarische Platte 114
Die südbulgarischen Gebirge 114
Das Maricabecken 114
Physisch-geographische Angaben über Südosteuropa 115

SÜDEUROPA, *Gerhard Schmidt* 115
Überblick 115
Die Pyrenäenhalbinsel 117
   Die Pyrenäen 118
   Die nordwestlichen Küstengebirge 119
   Das Ebrobecken 119
   Die spanische Meseta 120
   Das andalusische Tiefland 120
   Die Mittelmeerküste und die Betische Kordillere 120
   Portugal 121

Die Apenninhalbinsel 121
  Die italienischen Alpen 123
  Die Poebene 124
  Mittelitalien 125
  Süditalien 126
  Die Inseln 127
Die mediterranen Landschaften der Balkanhalbinsel 128
  Die adriatische Küste 129
  Griechenland 130
Physisch-geographische Angaben über Südeuropa 134

WESTEUROPA, Ernst Neef 134

Überblick 134
Großbritannien und Irland 135
  Schottland 137
  England und Wales 138
  Irland 140
Frankreich 141
  Die Bretagne 142
  Das Französische Zentralmassiv 142
  Das Nordfranzösische Becken 144
  Das Garonnebecken 145
  Das Rhône-Saône-Gebiet und seine östliche Gebirgsflanke 145
  Französischer Jura und französische Alpen 146
  Die französischen Pyrenäen 146
Physisch-geographische Angaben über Westeuropa 147
Politisch-ökonomische Übersicht über die Sowjetunion 147

ASIEN 149

Politisch-ökonomische Übersicht 149
Überblick, Ernst Neef 153

NORDASIEN, Ernst Neef 161

Überblick 161
Das Westsibirische Tiefland 163
Das Mittelsibirische Bergland 165
Das Nordostsibirische Gebirgsland 166
Die südlichen Randgebirge 166
Der Ferne Osten 168
Physisch-geographische Angaben über Nordasien 169

ZENTRALASIEN, Ernst Neef 169

Überblick 169
Das Hochland von Tibet 171
Das Tarimbecken 173
Die Dsungarei 173
Das Mongolische Becken 174
Das Tiefland von Turan und seine Randgebirge 175
Physisch-geographische Angaben über Zentralasien 179

OSTASIEN, Inge Hartsch 180

Überblick 180
Japan 185
Korea 186
Mandschurei 187
Nordchina 188
Südchina 192
Physisch-geographische Angaben über Ostasien 194

SÜDASIEN, Ernst Neef 195

Überblick 195
Vorderindien 196
  Der nördliche Gebirgssaum 196
  Das Indus-Ganges-Tiefland 198
  Die Vorderindische Halbinsel 199
  Ceylon (Sri Lanka) 201
Hinterindien 201
  Burma 203
  Das Menam-Mekong-Becken 203
  Die Küstenlandschaften von Annam 205
  Die Halbinsel Malakka 205
Die südostasiatische Inselwelt 205
  Kalimantan (Borneo) 207
  Sumatera (Sumatra) 207
  Djawa (Java) 207

Sulawesi (Celebes) 208
Kleine Sundainseln 209
Philippinen 209
Physisch-geographische Angaben über Südasien 210

VORDERASIEN, *Gerhard Schmidt* 211

Überblick 211
Die Kleinasiatische (Anatolische) Halbinsel 212
Das Hochland von Armenien 213
Kaukasien, *Ernst Neef* 214
Syrien – Palästina 216
Die Arabische Halbinsel 217
Mesopotamien, das Zwischenstromland 218
Das Hochland von Iran und Afghanistan 220
Physisch-geographische Angaben über Vorderasien 221

AFRIKA, *Karl Herz* 224

Politisch-ökonomische Übersicht 224
Überblick 229
Das Atlasgebiet 233
Die Sahara 236
Der Sudan 241
Das Kongogebiet 247
Das östliche Hochafrika 250
Das südliche Hochafrika 256
Madagaskar 262
Physisch-geographische Angaben über Afrika 263

AUSTRALIEN UND NEUSEELAND, *Vera Neef* 264

Politisch-ökonomische Übersicht 264
Überblick 265
Der Küstensaum des Westens 270
Das Trockengebiet des Inneren 270
Das Savannengebiet des Nordens 272
Die inneren Ebenen und die Downs von Queensland und Neusüdwales 272
Die Ostaustralischen Kordilleren und ihr Küstengebiet 273
Die Südostküste 273
Tasmanien 273
Neuseeland 274
Physisch-geographische Angaben über Australien und Neuseeland . . 276

NORDAMERIKA, *Vera Neef* 277

Politisch-ökonomische Übersicht 277
Überblick 279
Die Regionen des Eises und der Tundra 287
Grönland 288
Der Franklinarchipel und das nördliche Festland bis zur Baumgrenze 290
Das boreale Waldgebiet 291
Der Kanadische Schild im borealen Waldgebiet 291
Die Großen Ebenen im borealen Waldgebiet 293
Das Gebirgsland der Kordilleren im borealen Waldgebiet . . . 294
Die warm-gemäßigte Zone 296
Die Laubmischwaldregion 297
Die Grasfluren (Prärien) 303
Die Gebirgsregionen und die trockenen Beckenlandschaften der gemäßigten Zone 304
Die subtropischen und tropischen Gebiete 307
Die feuchten Subtropen des Südostens 309
Die Region der Hartlaubgewächse 309
Das subtropische Trockengebiet 310
Die tropischen Gebiete 310
Die mittelamerikanische Landbrücke 312
Physisch-geographische Angaben über Nordamerika 315

SÜDAMERIKA, *Ernst Neef* 316

Politisch-ökonomische Übersicht 316
Überblick 317
Das tropische Südamerika 324
Das Amazonastiefland 324
Das Bergland von Guyana 327
Das Orinocotiefland 328
Das karibische Küstengebiet 329
Das Brasilianische Bergland 329
Nordbolivianisches Tiefland und Gran Chaco 333
Die tropischen Anden 333

Das subtropische Südamerika 337
   Südbrasilien und angrenzende Übergangsgebiete 337
   Der Gran Chaco 338
   Die Pampa 338
   Die Monte 339
   Die subtropischen Anden 339
Das gemäßigte Südamerika 340
   Westpatagonien und Südchile 340
   Ostpatagonien 342
Physisch-geographische Angaben über Südamerika 341

ANTARKTIKA, *Vera Neef* 343

DIE WELTMEERE UND IHRE INSELFLUREN, *Gerhard Schmidt* . 347
Allgemeines 347
Der Atlantische Ozean 349
Die Inseln des Atlantiks 355
Die Nebenmeere des Atlantiks 356
Der Indische Ozean 358
Die Inseln des Indischen Ozeans 360
Der Pazifische Ozean 360
Die Inseln des Pazifischen Ozeans 365

ABC DER PHYSISCHEN GEOGRAPHIE 371

REGISTER 587

Quellennachweis für Abbildungen 625
Tafelverzeichnis 626

EINLEITUNG

Meer und Land sind auf der Erdoberfläche nicht gleichmäßig verteilt. Es ist kein geschlossener Landblock vorhanden, vielmehr heben sich aus der riesigen Wasserfläche des Weltmeeres einzelne Landmassen heraus, eine Tatsache, die man gemeinhin zu einer Einteilung der Erdoberfläche benutzt. Diese Landmassen, die man als Kontinente bezeichnet, sind fast sämtlich durch mehr oder weniger breite Wasserflächen voneinander getrennt und gliedern ihrerseits auch das Weltmeer in einzelne Ozeane. Nur Asien und Europa sind auf breiter Front miteinander verbunden und werden daher häufig auch unter der gemeinsamen Bezeichnung Eurasien zusammengefaßt. Es ist weiterhin üblich geworden, einer von Atlantik und Pazifik begrenzten Ostfeste, die Afrika, Europa, Asien sowie das spät entdeckte Australien umfaßt, eine Westfeste gegenüberzustellen, die von den beiden Amerika gebildet wird. Eine Sonderstellung nimmt der siebente Kontinent ein, Antarktika, dessen unter ewigem Eis begrabene Landmasse sich um den geographischen Südpol ausdehnt.
Diese allgemein gebräuchliche erste Einteilung wird auch im vorliegenden Buche beibehalten, wobei den sieben Kontinenten – Europa, Asien, Afrika, Australien, Nordamerika, Südamerika, Antarktika – in einem Sonderkapitel die Weltmeere gegenübergestellt sind. Eine solche Gliederung läßt sich aus der Tatsache rechtfertigen, daß jeder Kontinent, so verschieden voneinander seine einzelnen Teile auch sein mögen, für sich doch ein Ganzes darstellt, das sich im Laufe der erdgeschichtlichen Entwicklung herausgebildet hat.
Auf jedem Kontinent ist aber andererseits auch wieder mehr oder weniger vollständig die Vielfalt der geographischen Sachverhalte zu finden. Fast unübersehbar ist die Fülle der Erscheinungen auf der Erdoberfläche, und unzählbar sind auch die Möglichkeiten, wie sie miteinander in Verbindung treten und einander beeinflussen. Verschiedenartig sind die an der Erdoberfläche ablaufenden Vorgänge nicht nur ihrer Art, sondern auch ihrer Geschwindigkeit nach. Vieles, was bei oberflächlicher Betrachtung als „gleich" erscheint, hat in Wirklichkeit gar nicht dieselbe Bedeutung. Ein Hochwasser von 5 m über dem Normalstand hat z. B. in Mitteleuropa eine ganz andere Wirkung als in den asiatischen Monsungebieten und dort wieder eine andere als im semiariden Teil Nordamerikas; ferner hängt diese Wirkung davon ab, ob das Wasser in einer Ebene weite Flächen überflutet oder in engem Gebirgstal auf eine schmale Talaue beschränkt bleibt. Nur im Zusammenhang aller Gegebenheiten kann ein solches Hochwasser richtig eingeschätzt werden. Wie aber vermag man die richtige Einordnung der Einzeltatsachen zu finden und einen geordneten Überblick über die verwirrende Mannigfaltigkeit auf der Erdoberfläche zu erlangen?
Der Schlüssel dazu liegt in der gesetzmäßigen Ordnung der geographischen Erscheinungen, die sich in dreierlei Hinsicht erkennen läßt.
1) An jedem Punkt der Erdoberfläche sind die einzelnen Komponenten durch physikalische, chemische und biologische Prozesse miteinander verknüpft. Sie sind durch eine große Anzahl verschiedenartiger Beziehungen und Wechselbeziehungen zu **Geokomplexen** vereinigt, deren Eigenart die geographische Gestalt bestimmt. Im Sinne der allgemeinen und kybernetischen Systemtheorie sind die Geokomplexe materielle Systeme besonderer Eigenart und werden daher als **Geosysteme** bezeichnet. Sie unterscheiden sich voneinander durch ihren Stoff- und Energieinhalt.
2) Der stoffliche Inhalt, die geographische Substanz, wird in allgemeinster Sicht weitgehend durch die geologische Entwicklung der Erdkruste bestimmt. Die Gesteine, die tektonischen Bauformen, die Entwicklung des Reliefs zeigen daher im Großen wie im Kleinen eine regelhafte Verteilung und Anordnung.
3) Die Energie für alle physikalischen, chemischen und biologischen Vorgänge auf der Erdoberfläche stammt fast ausschließlich von der Sonne. Die annähernde Kugelgestalt der Erde bewirkt in Verbindung mit der Umdrehung der Erde um ihre Achse (Rotation) und mit dem Umlauf des Planeten um die Sonne (Revolution), daß die einzelnen Breiten verschieden große Anteile an der zugestrahlten Sonnenenergie erhalten. Die Schiefe der Ekliptik läßt dazu noch die Unterschiede der Jahreszeiten entstehen. Dies führt zu einer Gliederung der Erdoberfläche in **Zonen** und damit zu einem Ordnungsprinzip, das nicht nur leicht überschaubar ist, sondern besonders nützlich, weil sich aus der Energieaufnahme die Erscheinungen des Klimas und dessen Folgewirkungen ableiten lassen.

I. Die astronomischen Grundlagen der Zonengliederung

Es sind also astronomische Tatsachen, die die Grundlage wesentlicher geographischer Unterschiede bilden. Und da diese astronomischen Tatsachen streng mit Maß und Zahl erfaßbar sind, gestatten sie eine besonders klare und eindeutige Abgrenzung charakteristischer Abschnitte der Erdoberfläche.
Infolge der Kugelgestalt der Erde treffen die parallel einfallenden Sonnenstrahlen die Erdoberfläche je nach der geographischen Breite unter verschiedenem Winkel. Je kleiner dieser ist, um so geringer ist die zugestrahlte Energiemenge, die eine bestimmte Fläche trifft. Die eingestrahlten Wärmemengen stufen sich vom Äquator zum Pol allmählich ab. Auf dieser Tatsache beruht die Gliede-

rung der Erde in einzelne Zonen, die von Breitenkreisen begrenzt werden. Die Erdachse steht nämlich nicht senkrecht auf der Ebene der Ekliptik, d. h. der Ebene der Erdbahn um die Sonne, sondern weicht etwa $23^{1}/_{2}°$ von der Senkrechten ab. Deshalb steht die Sonne über dem Äquator nicht immer im Zenit, sondern ihre scheinbare Bahn verlagert sich im Laufe eines Jahres entsprechend der Schiefstellung der Erdachse bis zu $23^{1}/_{2}°$ beiderseits des Äquators. Diese beiden Breitenkreise führen den Namen Wendekreise, weil hier die Sonne auf ihrer scheinbaren jährlichen Bahn am 21. Juni und am 21. Dezember „wendet" und sich wieder dem Äquator nähert. Auch für die Polargebiete, die um die Pole gelegenen Gebiete bis zu den Polarkreisen in $66^{1}/_{2}°$ n. und s. Br., sind, wie unten erläutert wird, besondere Beleuchtungsbedingungen charakteristisch.

Die astronomischen Tatsachen lassen also zwischen Pol und Äquator drei Zonen erkennen, die durch die Beleuchtungsverhältnisse charakterisiert sind und durch Wendekreise und Polarkreise begrenzt werden. Diese Beleuchtungszonen oder **mathematischen Zonen** sind:

1) Die warme oder tropische Zone zwischen den Wendekreisen. Hier steht die Sonne hoch; zweimal im Jahre – an den Wendekreisen selbst nur einmal – steht sie im Zenit. Die Unterschiede in den Tageslängen sowie zwischen Sonnen- und Schattenseite sind wenig ausgeprägt oder fehlen ganz. Die Temperaturunterschiede zwischen den Jahreszeiten sind gleichfalls verhältnismäßig gering.
2) Die gemäßigte Zone der Nord- und Südhalbkugel zwischen Wendekreis und Polarkreis. Die Temperaturunterschiede zwischen den einzelnen Jahreszeiten sind deutlich ausgeprägt. Auch die Tageslängen sind recht verschieden.
3) Die durch den Polarkreis begrenzte kalte Zone oder Polarzone um Nord- und Südpol. Hier geht im Sommer die Sonne nicht unter (Mitternachtssonne), im Winter bleibt sie unter dem Horizont. Diese Erscheinungen von Polartag und Polarnacht treten an den Polarkreisen nur jeweils einen Tag auf, nämlich um den 21. Juni und um den 21. Dezember. An den Polen selbst dauern sie dagegen jeweils ein halbes Jahr, wenn auch von Dämmerungserscheinungen gemildert.

II. Die klimatische Gliederung der Erde

Die zugestrahlte Sonnenenergie ist über längere Zeiträume fast konstant. Sie beträgt an der Grenze der Atmosphäre je Minute 8,25 J/cm² (Solarkonstante). Ein großer Teil dieser zugestrahlten Energie wird jedoch von der Atmosphäre absorbiert und reflektiert. Wie groß dieser Verlust ist, hängt von dem Zustand der Atmosphäre, z. B. von der Luftfeuchtigkeit und der Bewölkung, sowie von der Länge des Weges ab, den die Strahlen durch die Lufthülle zurücklegen müssen. Wir empfinden daher ganz richtig, daß bei Wolkenlosigkeit und reiner Luft die Strahlung intensiver ist als bei Bewölkung oder Dunst. Wir wissen auch, daß die Strahlung stärker ist, wenn die Sonne hoch am Himmel steht (mittags, im Sommer), als bei tiefem Sonnenstand (morgens, abends, im Winter). Schon die Farbe der Sonne verrät, daß Unterschiede in der uns erreichenden Strahlung bestehen müssen.

Die wirkliche „geographische" Gliederung in Zonen folgt daher nicht streng den mathematisch-astronomischen Linien, sondern sie wird durch den Zustand der Atmosphäre maßgeblich beeinflußt. Noch wichtiger aber ist, daß die Luftmassen der Atmosphäre verschieden stark erwärmt werden. Verschieden warme und daher auch verschieden dichte Luftmassen können aber nach physikalischen Gesetzen nicht ruhig nebeneinander bestehen bleiben. Sie bewegen sich nicht nur in horizontaler Richtung längs der Erdoberfläche – wir nehmen diese Bewegung als Winde wahr –, sondern die kälteren Luftmassen schieben sich unter die wärmeren, und diese gleiten an einer Warmfront auf die kälteren Luftmassen auf.

Die über die ganze Erde reichenden Luftbewegungen bezeichnet man als planetarische Zirkulation der Atmosphäre, kurz atmosphärische Zirkulation genannt. Bei ruhender Erde würde eine ringförmige Luftbewegung entstehen. Die kalten Luftmassen der Polargebiete würden an der Erdoberfläche äquatorwärts, die warmen Luftmassen in der Höhe polwärts strömen. Ein solch geschlossener Zirkulationsring kann aber nicht entstehen, da unter dem Einfluß der Erdrotation die Luftbewegungen abgelenkt werden, und zwar auf der nördlichen Halbkugel nach rechts, auf der südlichen nach links. Aus den vom Pol abströmenden kalten Winden werden daher Ostwinde, die polwärts gerichteten warmen Winde werden zu Westwinden. In den mittleren Breiten treffen beide in einer Frontalzone aufeinander. Hier bilden sich Wirbel, indem die kalten Luftmassen sich unter die warmen schieben, während diese auf die kalten polwärts aufgleiten. Es entstehen so im Grenzgebiet der beiden großen Luftmassen, an der „Polarfront", die *Zyklonen*, die sich im allgemeinen von West nach Ost bewegen und auf unseren Wetterkarten als Tiefdruckgebiete mit Warm- und Kaltfronten dargestellt sind. Sind verschieden warme Luftmassen vorhanden, so finden sich neben dieser Polarfront oft noch eine oder mehrere solcher Frontenlinien mit Zyklonen. Sie sind in der gemäßigten Zone der Bereich des Wettergeschehens, vor allem der Niederschlagsbildung.

Da die ablenkende Kraft der Erdrotation am Äquator gleich Null ist und mit wachsender Breite zunimmt, bildet sich der breite Westwindgürtel, der die Erde in der Höhe umschlingt, in 35° bis 60° Breite aus. In ihm vereinigen sich in erster Linie die durch die verschiedene Erwärmung der Luft entstehenden Bewegungsenergien. Er ist das stärkste Glied der großen Wärmekraftmaschine, die die Luftbewegungen auf der Erde antreibt.

Der Westwindgürtel wird auf seiner polwärtigen Seite von Tiefdruckgebieten begleitet. Man spricht von der subpolaren Tiefdruckfurche. An seiner äquatorwärtigen Seite aber bilden sich einzelne große Hochdruckzellen aus, die meist über den Ozeanen liegen. Diese nahe den Wendekreisen zwischen 20° und 35° Breite gelegenen „subtropischen Hochdruckzellen" trennen die Zirkulation der gemäßigten Breiten an der Erdoberfläche von den Luftbewegungen der Tropen. Nur in größerer Höhe erfolgt ein Austausch zwischen beiden Gebieten. Da in den Hochdruckgebieten absteigende Luftbewegungen vorherrschen, wobei die Temperatur zunimmt und die Luftfeuchtigkeit nicht zur Kondensation kommen kann, ist der Himmel wolkenlos. An der Erdoberfläche sind Windstillen häufig. In der Zeit der Segelschiffahrt erhielten diese subtropischen Gebiete hohen Drucks den Namen „Roßbreiten", da infolge Wassermangels bei langer Flaute die für Amerika mitgeführten Pferde verendeten oder notgeschlachtet werden mußten.

Die von den subtropischen Hochdruckgebieten abströmenden Winde erscheinen als regelmäßige Nordostwinde auf der nördlichen, als Südostwinde auf der südlichen Halbkugel und werden – weil sie zur Zeit der Segelschiffahrt zur Überfahrt nach Südamerika benutzt wurden – *Passate* genannt. Sie sind normalerweise trocken.

Wo die von der Nord- und der Südhalbkugel abströmenden Passate zusammenlaufen, entsteht eine bald schmälere, bald breitere Zone aufsteigender Luftbewegungen, für die am Boden häufig Windstillen, die *Kalmen*, oder schwache, wechselnde Winde, die *Mallungen*, teilweise auch Winde aus westlichen Richtungen, die *äquatorialen Westwinde*, charakteristisch sind. Diese äquatoriale Kalmenzone ist durch starke Bewölkung mit häufigen gewittrigen Regengüssen gekennzeichnet, die vielfach in deutlichem Tagesgang am Nachmittag einsetzen und oft bis in die Nacht andauern.

Vom Pol zum Äquator ergeben sich damit für jede Halbkugel folgende Windgürtel: 1) Das Gebiet der polaren Ostwinde, ein Kältegebiet mit geringen Niederschlägen, da die kalte Luft nur wenig Wasserdampf aufnehmen kann.
2) Der Westwindgürtel der gemäßigten Zonen, ein Gebiet wechselhaften Wetters, in dem die Zyklonentätigkeit bei vorherrschenden Westwinden das Wettergeschehen bestimmt.
3) Der Passatgürtel mit den Roßbreiten, ein lichtreiches und in der Regel wolken- und niederschlagsarmes Gebiet, da die meist sehr regelmäßig wehenden Passate nur dann Niederschläge bringen, wenn sie auf Gebirge treffen und zum Aufsteigen gezwungen werden.
4) Die innertropische Kalmenzone, der Bereich der Innertropischen Konvergenz, in dem aufsteigende Luftbewegung mit starker Wolkenbildung und starken Niederschlägen vorherrscht.

Die Gliederung in drei mathematische oder Beleuchtungszonen wird also durch die Vorgänge in der Atmosphäre in vier Windzonen abgewandelt. Man nennt dies das **planetarische Windsystem.**

Dieses einfache System erfährt aber noch weitere Abwandlungen. Mit den Jahreszeiten, die dadurch entstehen, daß sich die Erde im Laufe eines Jahres um die Sonne bewegt und die Umdrehungsachse der Erde nicht senkrecht auf der Erdbahnebene steht, verschieben sich die Gebiete der stärksten Einstrahlung und damit auch die genannten vier Windzonen. Daher gibt es Gebiete, die den einen Teil des Jahres in dieser, den anderen in jener Windzone liegen. Da nun die von den Winden herbeigeführten Luftmassen für den Charakter der Witterung von entscheidender Bedeutung sind, wird durch die jahreszeitlich wechselnde Lage in der einen oder anderen Windzone jeweils der klimatische Charakter der Jahreszeiten bestimmt. In den äußeren Tropen ist z. B. der Wechsel von Trockenzeit und Regenzeit bestimmend. Man nennt solche Klimate alternierende Klimate oder „Wechselklimate". Die Gebiete hingegen, die das ganze Jahr in der gleichen Zone des planetarischen Windsystems liegen, haben einen einheitlichen Klimacharakter, ein „stetiges Klima". So ist in Mitteleuropa das ganze Jahr über das Wetter veränderlich ohne klare zeitliche Ordnung. Nur schwer kann man voraussagen, wie die Witterung einer bestimmten Jahreszeit gestaltet sein wird. Sommers wie winters lösen Schönwetterlagen und Niederschlagszeiten einander unregelmäßig ab.

Auf Grund der jahreszeitlichen Verlagerung der Windgürtel ergeben sich vom Äquator bis zum Pol folgende sieben **Hauptklimagürtel**, die mehr oder weniger zonal angeordnet sind:
1) Die äquatoriale Klimazone mit stetigem Tropenklima, in dem das ganze Jahr der Einfluß der labil geschichteten und zu gewittrigen Niederschlägen neigenden äquatorialen Luftmassen im Bereich der Innertropischen Konvergenz vorherrschend ist. Bei meist geringen Windgeschwindigkeiten sind

die Tage morgens dunstig, in den Tälern oft neblig. Häufig kommt die Sonne
erst in den Vormittagsstunden voll zur Geltung. Es wird nicht nur heiß,
sondern wegen der hohen Luftfeuchtigkeit zugleich auch unerträglich schwül.
Gegen Mittag und in den frühen Nachmittagsstunden ballen sich gewaltige
Gewitterwolken zusammen, und bald entladen sich äußerst heftige Gewitter.
Bald aber tritt wieder Aufheiterung ein, zugleich ist es etwas kühler geworden.
Oft halten auch die Gewitter mit Unterbrechungen bis tief in die Nacht hinein
an. Die Temperaturschwankungen sind gering, die Tagesschwankungen größer
als die Jahresschwankungen. Das Jahr läßt sich somit nicht in verschieden
warme Jahreszeiten gliedern, und da in Äquatornähe auch die Tageslängen
wenig veränderlich sind, bietet das Klima keinerlei wesentliche Gegensätze,
die auf den menschlichen Organismus anregend wirken könnten. Die einzige
Untergliederung besteht darin, daß einige Monate niederschlagsärmer sind.
Doch dauert diese „Trockenzeit" selten länger als zwei Monate an und ist
zumeist auch noch auf die Zeiten der Sonnenwenden verteilt. Das dauernd
warme und sehr feuchte Klima ist für den Pflanzenwuchs äußerst günstig.
Hier kann sich der üppige tropische Regenwald entwickeln, der vielfach
ungenau als tropischer Urwald bezeichnet wird.

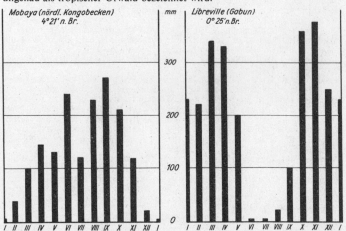

Niederschlagsdiagramme für die äquatoriale Klimazone; links innertropischer Typ:
Regenzeiten durch zwei Trockenzeiten (kleine im Juli, große von Dezember bis Februar)
getrennt; rechts Typ der südlichen Halbkugel mit Haupttrockenzeit von Juni bis
August

2) **Der Gürtel des tropischen Wechselklimas** ist durch den regelmäßigen
Wechsel von Regenzeiten und Trockenzeiten gekennzeichnet. Während der
Regenzeit entspricht das Witterungsbild völlig dem Äquatorialklima. Doch
beschränkt sich die Regenzeit nur auf einen Teil des Jahres, und zwar auf
nicht mehr als neun Monate und nicht weniger als drei Monate. In der anderen
Jahreszeit herrscht Trockenheit. Da die Innertropische Konvergenz, die Regen
bringt, im Laufe des Jahres mit dem Sonnenstand wandert, folgen die Regenzeiten mit einer gewissen zeitlichen Verzögerung jeweils dem Zenitalstand der
Sonne und werden deshalb als Zenitalregen bezeichnet. Am südlichen Wendekreis z. B. fallen daher die Regen, wenn auf der Südhalbkugel Sommer ist,
also überwiegend von Januar bis März. In der Nähe des Äquators geht das
tropische Wechselklima in das Äquatorialklima über.

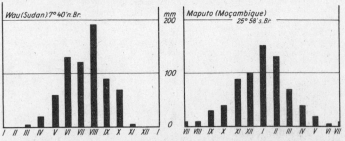

Niederschlagsdiagramme für den Gürtel des tropischen Wechselklimas: Randtropischer
Typ mit je einer Trockenzeit und Regenzeit (im Spätsommer der betreffenden
Erdhalbkugel)

Die Dauer der Regen- und Trockenzeiten ist natürlich in den einzelnen Gebieten verschieden lang. Im allgemeinen nimmt die Zahl der humiden Monate, in denen die Niederschläge größer sind als die Verdunstung, nach dem Rande der Tropen zu ab. Die verschiedenen Gebiete der wechselfeuchten Tropen unterscheiden sich also im Grade der Trockenheit sehr erheblich voneinander. W. Lauer hat diese Verhältnisse durch Isohygromenen schematisch dargestellt (vgl. Karte S. 318). Den tropischen Wechselklimaten sind Vegetationstypen zugeordnet, die man als Savannen bezeichnet. Daher spricht man auch vom Savannenklima und unterscheidet Feucht-, Trocken- und Dornsavanne.

3) Der Trockengürtel der Passatregion. Im Bereich der Roßbreiten, wo sich die subtropischen Hochdruckzellen immer wieder aufbauen, und in der Zone der Passatwinde herrschen im allgemeinen Wolkenlosigkeit, große Lichtfülle und ausgesprochene Niederschlagsarmut. Die von dem erhitzten Erdboden aufsteigende Luft gelangt nicht in so große Höhen, daß Kondensation und damit Wolkenbildung eintreten könnte, denn im gesamten Passatbereich ist normalerweise eine sehr kräftige Inversion (Passatinversion) vorhanden, an der diese aufwärtsgerichteten Luftbewegungen erlahmen. Nur dort, wo die Luft größere Feuchtigkeitsmengen aufnimmt – nämlich über den Meeren –, kann es schon unterhalb der Passatinversion zur Kondensation kommen. Dann entstehen die meist nur mäßig hohen Cumuluswolken; diese liefern einzelne, nicht sehr ergiebige Schauer, die Passatschauer, die für manche Meeresgebiete kennzeichnend sind. Über den Kontinenten aber ist die Luft trocken, und selbst höhere Gebirge – z. B. in Afrika das Hochland von Tibesti und das Ahaggarmassiv – erhalten keine stärkeren Niederschläge. Daher liegen in der Passatzone Trockengebiete und in ihrem Kern die großen Wüsten der Erde: auf der Nordhalbkugel in Afrika die Sahara, an die sich noch das arabische Wüstengebiet anschließt, in Nordamerika die Wüsten im südlichen Kalifornien, in Colorado und Nordmexiko; auf der südlichen Hemisphäre sind es die äußerst trockenen Wüsten der Westküste Südamerikas, die sich weit äquatorwärts erstrecken und deren Kerngebiet die Atacama in Nordchile ist, die Namib in Südwestafrika, in deren Hinterland sich weite steppenhafte Gebiete ausdehnen, und schließlich der große australische Wüstenraum, der an der Westküste des Kontinents beginnt und fast sein ganzes Inneres ausfüllt. Diese Trockengebiete der Passatregion sind jedoch nicht völlig niederschlagsfrei. Nicht nur von den Rändern her dringt gelegentlich starke Bewölkung mit Niederschlägen vor, auch im Inneren kommt es in ganz unregelmäßigen Abständen zu heftigen vereinzelten Regengüssen, zwischen denen aber oft jahrelange Pausen liegen. Nur im Bereich der Ostküsten der Kontinente fehlen die Trockengebiete. Hier stellt sich ein besonderer Typ des Passatklimagürtels ein, das passatische Ostseitenklima.

4) Das subtropische Wechselklima. Während der Bereich des Passatklimas fast ständig trocken ist, wird der nördlich anschließende Gürtel nur einen Teil des Jahres von Hochdruckzellen und Passatwinden beherrscht, nämlich im Sommer, wenn die subtropischen Hochdruckzellen mit der jahreszeitlichen Verschiebung der Windgürtel weiter nach den Polen zu vordringen. Im Sommer herrscht hier also das trockene und wolkenarme Klima, das man weiter äquatorwärts das ganze Jahr hindurch antrifft. Im Winter aber, wenn sich die Hochdruckzellen wieder nach den Wendekreisen zurückgezogen haben, werden diese Gebiete von den Zyklonen der Westwindzone überstrichen. Dann finden wir hier demnach das gleiche Wetter, wie es in unseren Breiten das ganze Jahr hindurch überwiegt. Wechselnde Winde, Niederschläge, überhaupt eine große Unbeständigkeit der Witterung sind kennzeichnend. Das subtropische Wechselklima liegt schon so weit von den Tropen entfernt, daß der Gegensatz zwischen Sommer und Winter auch in den Temperaturen deutlich zum Ausdruck kommt, sind doch auch die Tageslängen je nach Jahreszeit recht verschieden. Im Winter treten fast alljährlich Kältegrade auf. Auch im subtropischen Wechselklima, das außer im europäisch-afrikanischen Mittelmeergebiet und in Kalifornien noch an drei Stellen auf der Südhalbkugel (Mittelchile, Kapland, Westaustralien) wirksam ist, sind wie im tropischen Wechselklima bemerkenswerte Unterschiede zwischen den einzelnen Teilgebieten vorhanden. In den tropennäheren Gegenden überwiegt der Einfluß des trockenen Passatregimes, in den höheren Breiten derjenige der Westwindzyklonen. Im Atlasgebiet Nordafrikas z. B. dauern die Regenmonate nur von November bis April, im Nordteil des Mittelländischen Meeres sind dagegen lediglich ein bis zwei Monate niederschlagsfrei. Auch in dieser Klimazone zeigen aber die Ostseiten der Kontinente wesentliche Abweichungen.

5) Der Gürtel des gemäßigten Klimas. Im Temperaturgang bestehen deutliche Unterschiede zwischen den Jahreszeiten, doch die wechselhafte, nur schwer auf längere Zeit vorauszusehende Witterung ist für alle Jahreszeiten kennzeichnend. Diese Erscheinung ist darauf zurückzuführen, daß diese Klimazone das ganze Jahr über im Westwindgürtel liegt und hier Zyklonen auf verschiedenen Bahnen von West nach Ost wandern. Kurze Zwischenhochs und länger andauernde Hochdrucklagen schalten sich in unregelmäßigen Abständen ein. Die Modifikationen dieses gerade für Mitteleuropa typischen

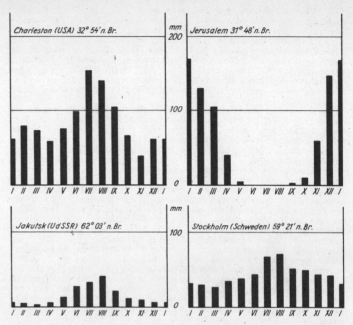

Niederschlagsdiagramme. Links oben subtropisch-sommerfeuchter Typ, rechts oben subtropisch-mediterraner Typ, links unten kontinentaler Typ, rechts unten europäischer Übergangstyp

Klimas werden im wesentlichen durch Meernähe und Meerferne hervorgerufen. Diese Klimazone nimmt vor allem in Eurasien und Nordamerika im Unterschied zu den nicht so weit polwärts reichenden Südkontinenten ausgedehnte Räume ein.

6) Das subpolare Klima, das polwärts auf das gemäßigte Klima folgt, ist wiederum ein Wechselklima. Neben das durch rege Zyklonentätigkeit ausgezeichnete Westwindregime treten hier die polaren Ostwinde. Jedoch besteht hier kein streng jahreszeitlich gebundener Wechsel der Windgürtel, wie dies bei den anderen Wechselklimaten der Fall ist. An der Polarfront treten das ganze Jahr über starke Verwirbelungen der verschiedenen Luftmassen auf, und dabei dringen sowohl wärmere Luftmassen im Winter gelegentlich weit polwärts vor, wie auch polare, arktische Luftmassen noch im Sommer weit in die mittleren Breiten vorstoßen können. Wohl sind diese Einbrüche von arktischer Luft im Sommer seltener und reichen auch nicht so weit äquatorwärts wie im Winter, doch muß zu allen Jahreszeiten mit starkem Wechsel der Luftmassen verschiedener Herkunftsgebiete gerechnet werden. Die Abgrenzung bereitet daher Schwierigkeiten. In der hohen geographischen Breite spielt der Frost die entscheidende Rolle. Wo er eine Waldvegetation nicht mehr zuläßt, also im Gebiet der eurasischen Tundra und der nordamerikanischen Barren Grounds, dort beginnt das subpolare Klima, das auf der Südhemisphäre nur an der äußersten Spitze Südamerikas und auf den subantarktischen Inseln anzutreffen ist.

7) Das polare Klima schließlich wird durch die eindeutige Vorherrschaft der arktischen oder antarktischen kalten Luftmassen bestimmt. Zwar werden auch hier im Laufe des Jahres noch Zyklonen des Westwindgürtels verzeichnet, doch sind sie nicht so stark wirksam, daß sie auch nur für kurze Zeit den Frost unterbrechen könnten. Das polare Klima ist daher das Klima des immerwährenden Frostes, in dem Schnee und Eis Land und Meer bedecken; die Vegetation findet auch auf den kleinen schneefrei bleibenden Flächen keine Entwicklungsmöglichkeiten mehr.

In diesen sieben Hauptklimagürteln muß noch der Klimabereich der Hochgebiete ausgegliedert werden. Auf den Hochländern und Hochplateaus der Erde ist das Klima stärker abgewandelt. Der für die jeweilige Klimazone typische Jahresgang der einzelnen Klimaelemente ist zwar auch hier vorhanden, doch sind die Temperaturen niedriger; die Hochgebiete selbst erhalten ferner geringere, ihre Außenflanken dagegen oft reichlichere Niederschläge als die benachbarten Tiefländer der gleichen Zone. Der Klimabereich der Hochgebiete umfaßt vor allem in Zentralasien sowie im Gebiet der nord- und südamerikanischen Kordilleren gewaltige zusammenhängende Flächen.

Die Gliederung der Erde nach den sieben Hauptklimagürteln gewährt eine Übersicht im großen, doch vermag sie noch nicht alle wesentlichen Klimaerscheinungen zu erklären. Eine solche Gliederung wäre nämlich nur dann möglich, wenn die Erdoberfläche im Ergebnis der erdgeschichtlichen Entwicklung nicht in Land- und Wasserflächen aufgeteilt wäre. Nur 29% der Erdoberfläche – also rund 150 Mio km² – werden von Landflächen eingenommen, 71% entfallen auf Meeresflächen. Land und Meer sind sehr ungleich verteilt, so daß man versucht hat, die Erde in eine Landhalbkugel und eine Wasserhalbkugel zu gliedern. Der Pol der Landhalbkugel, die aber immer noch zu 51% von Wasser bedeckt ist, liegt an der Loiremündung in Frankreich. Auf der Wasserhalbkugel nimmt das Land nur 9% der Fläche ein. Auf der Nordhalbkugel sind größere Landmassen als auf der Südhalbkugel vor allem deshalb anzutreffen, weil sich die Kontinente auf der Südhemisphäre nach Süden hin stark verschmälern. – Durch diese ungleiche Verteilung von Land und Meer wandelt sich das Bild der Klimagürtel weiter ab:

Land und Meer verhalten sich in bezug auf die Erwärmung und Abkühlung verschieden. Das Land erwärmt sich rasch, und die über ihm lagernden Luftmassen werden daher bei starker Einstrahlung ebenfalls verhältnismäßig warm. Die Verdunstung liefert hier aber nur verhältnismäßig geringe Wasserdampfmengen. Die Luftmassen über dem Lande sind also auch relativ trocken. Überwiegt im Winterhalbjahr die Ausstrahlung, so gibt das Land die Wärme rasch ab. Es kühlt sich stark ab, so daß sich über ihm auch kalte Luftmassen bilden. Über den großen Landmassen sind daher Schwankungen der Lufttemperatur sowohl zwischen Tag und Nacht als auch insbesondere im Gang der Jahreszeiten vor allem in den mittleren und hohen Breiten sehr erheblich.

Ganz anders ist das thermische Verhalten des Meeres. Da die spezifische Wärme des Wassers, d. h. die Wärmemenge, die erforderlich ist, um 1 kg Wasser von 15 °C um 1 K zu erwärmen, sehr hoch ist, kann die Einstrahlung das Wasser nur langsam erwärmen. Es wird unter gleichen Temperaturbedingungen nie so warm wie das Land. Da es aber einen großen Wärmevorrat speichert, kühlt es sich auch langsam ab und erreicht, wenn die Ausstrahlung überwiegt, nicht so niedrige Temperaturen wie das Land. Die Temperaturunterschiede zwischen Tag und Nacht sowie zwischen Sommer und Winter sind daher erheblich geringer als über dem Lande. Mit dieser langsamen Erwärmung und Abkühlung hängt es auch zusammen, daß Wasserflächen ihre Temperaturextreme erst erreichen, wenn die größte Einstrahlung bzw. Ausstrahlung bereits vorbei ist. Die Temperaturextreme treten in Meeresgebieten daher noch stärker verzögert ein als über dem Lande. Dieses erreicht nämlich die höchsten Temperaturwerte einen Monat nach dem höchsten Sonnenstand und der günstigsten Strahlungsbilanz, die auf der Nordhalbkugel im Juni, auf der Südhalbkugel im Dezember zu verzeichnen sind. Die Meeresgebiete der nördlichen Halbkugel aber weisen die höchsten Mitteltemperaturen erst im August, die niedrigsten im Februar, an manchen Stellen sogar im März auf. Wasserreiche Gebiete sind im Sommer also kühler, im Winter wärmer als Landgebiete. Schon geringe Wasserflächen wirken auf die Temperaturen ihrer unmittelbaren Umgebung ausgleichend. Dies ist z. B. am Bodensee deutlich festzustellen. Entscheidend für große Räume ist auch die Verfrachtung riesiger Luftmassen aus maritimen oder kontinentalen Gebieten. Sie nehmen dann die ursprünglich erworbenen Eigenschaften mit, die sie nur allmählich verlieren. Nach Mitteleuropa eindringende atlantische Luftmassen haben z. B. im Winter mäßige Temperaturen von meist über 0 °C, sie verursachen oft Tauwetter und sind außerdem feucht. Im Sommer hingegen erscheinen sie uns kühl, da das Land schon stärker erwärmt ist. Die aus dem Osten, also aus dem Kontinent heraus, nach Mitteleuropa gelangenden Luftmassen aber sind im Winter wegen ihrer trockenen, oft beißenden Kälte berüchtigt, während sie im Sommer eine starke, ebenfalls meist trockene Hitze mit sich bringen. Der Einfluß von Land und Meer auf die Witterungsverhältnisse und auf das Klima ist also von grundlegender Bedeutung.

Die klimatischen Erscheinungen meernaher Gebiete weisen demnach andere Merkmale auf als die meerferner, d. h. kontinentaler Gegenden. Man unterscheidet danach den maritimen Typ, das Seeklima, und den kontinentalen Typ, das Landklima.

Dem Seeklima sind mäßig hohe Jahresschwankungen der Temperatur eigen. Die Sommer sind kühl, die Winter mild. Auch die Temperaturunterschiede zwischen Tag und Nacht sind mäßig. Die relative Luftfeuchtigkeit ist meist hoch, auch die Bewölkung ist erheblich. Die Windstärken übertreffen bei weitem die des Binnenlandes. Windstillen sind selten. Die Niederschläge sind hoch, da die vom Meer auf das Land übertretenden Luftmassen etwas abgebremst werden (Küstenstau). Das Maximum der Niederschläge liegt im Winterhalbjahr, wenn die zyklonalen Wetterlagen vorherrschen. Im Sommer bleibt die Gewittertätigkeit infolge der mäßigen Temperaturen in bescheidenen Grenzen, und damit treten auch die konvektiven Niederschläge des Sommers in geringerem Maße auf. Das Seeklima ist im größten Teil Westeuropas anzutreffen.

Das **Landklima** ist durch größere tages- und jahreszeitliche Temperaturschwankungen gekennzeichnet, da infolge der geringeren Luftfeuchte die Strahlungsvorgänge viel stärker wirken können. Die Sommer sind daher auch außerhalb der Tropen sehr warm, die Winter dagegen kalt. Die Bewölkung ist geringer, weil sich die Zyklonen über dem Lande häufig abschwächen, zumal da sie ihre Feuchtigkeit zu einem großen Teil schon in den meernäheren Gebieten abgegeben haben. Die Winterniederschläge sind aus diesem Grunde gering; hinzu kommt noch, daß im Winter die kalten Luftmassen über dem Kontinent nur geringe Feuchtigkeitsmengen aufnehmen können. Hingegen treten die sommerlichen Niederschläge stärker hervor, da über dem erhitzten Land Gewitter mit starken Regengüssen häufig sind. Aus der Niederschlagshöhe darf jedoch nicht auf den Bewölkungsgrad und die Zahl der heiteren oder trüben Tage geschlossen werden. Das Landklima ist am extremsten in Zentralasien ausgebildet.

Eine weitere Modifikation bringt die Oberflächengestaltung mit sich. Ganz allgemein gilt die Regel: Alle Beckenlandschaften sind klimatisch etwas kontinentaler, alle Gebirge etwas maritimer als ihre Umgebung.

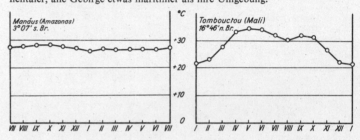

Innertropischer Typ: Gleichmäßige Temperaturen über das ganze Jahr; Tagesschwankungen größer als Jahresschwankungen (unter 5 °C)

Randtropischer Typ: Deutlicher jahreszeitlicher Gang; während der sommerlichen Regenzeit werden die Temperaturen herabgesetzt

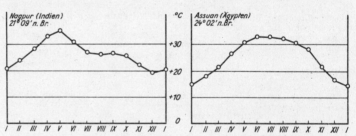

Monsuntyp: Deutliche Kappung der Temperaturkurve mit Einbruch des Monsuns („Gangestyp")

Typ der Trockengebiete: Der Temperaturgang ist dem Strahlungsgang genau angepaßt

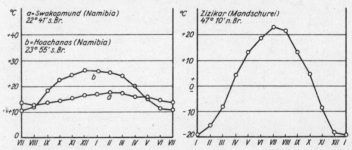

Typ der Trockengebiete an einer Kaltwasserküste: *a* Ozeanischer Typ mit niedrigen Temperaturen infolge der kalten Strömung vor der Küste; *b* deutlich kontinentaler Temperaturgang nur 250 km landeinwärts (da Westwinde fehlen, reicht der maritime Einfluß nicht weit)

Kontinentaler Typ der gemäßigten Zone: Der Temperaturgang läßt die sehr kalten Winter erkennen

Typen des Temperaturgangs in den verschiedenen Klimazonen der Erde

Die ungleichmäßige Erwärmung von Land und Meer hat aber noch weitere Folgen. Warme Luft ist leichter als kalte. Wenn sich über den Kontinenten unter dem Einfluß der sommerlichen Erhitzung große Warmluftmassen bilden, dann entsteht zugleich ein Gebiet tiefen Druckes. Umgekehrt entstehen im Winter bei überwiegender Ausstrahlung Kaltluftmassen, so daß dort der Luftdruck ansteigt. Das ist in den mittleren Breiten über allen Kontinenten der Fall. Je größer die Landmasse ist, um so besser ist die Bildung von jahreszeitlichen Hoch- und Tiefdruckgebieten zu beobachten. Am deutlichsten tritt diese Erscheinung daher in Asien auf, doch fehlt sie auch in Nordamerika, Südamerika und Australien keineswegs. In Afrika kommt sie weniger zur Geltung, da dieser Erdteil überwiegend in den Tropen liegt. In den Tropen wie auch in den Polargebieten sind die jahreszeitlichen Unterschiede der Temperaturen zu gering, als daß sich starke Druckunterschiede herausbilden könnten.

Das sommerliche Tiefdruckgebiet über den Kontinenten wird durch Luftströmungen ausgeglichen, die auf dieses Tiefdruckgebiet hin gerichtet sind, also von den Meeren auf das Land übertreten und dabei feuchte, maritime Luftmassen mit sich bringen. Das winterliche Hochdruckgebiet, das allerdings nur in Asien deutlich entwickelt ist, läßt hingegen kontinentale Luftmassen nach außen abfließen. Es entstehen kalte Landwinde. Dieser typische Wechsel der Windrichtungen zwischen Sommer und Winter macht sich auch in den Niederschlagsverhältnissen geltend. Diese jahreszeitlich wechselnden Winde werden als *Monsune* bezeichnet.

Infolge der Verteilung von Land und Meer und der dadurch bewirkten Abwandlungen der planetarischen Zirkulation sind die Klimaverhältnisse der West- und Ostseiten der Kontinente in fast allen Breiten der Erde wesentlich voneinander unterschieden. Dies gilt bereits für die Randtropen. Während nämlich auf den Westseiten der Kontinente die Nordost- und Südostpassate vom Land aufs Meer übertreten und somit keine maritimen, feuchten Luftmassen, die Niederschläge bringen können, auf das Land gelangen, sind an den Ostseiten der Kontinente die Passate auf das Land zu gerichtet und bringen ihm Steigungsregen. Im Passatgürtel sind daher ganz allgemein die Westseiten trocken. Über dem Küstensaum liegen häufig Nebel. Die Trockenheit bleibt auch dann erhalten, wenn die Winde einmal vom Meer auf die Küsten zu gerichtet sind, weil sie dann sehr kühle Meeresflächen überwehen, ehe sie auf das erhitzte Land übertreten. Im Bereich der Wendekreise ziehen nämlich vor den Westküsten der Kontinente fast überall kalte Meeresströmungen entlang.

In den subtropischen Gebieten ist der Unterschied besonders deutlich. Da an den Ostseiten der Kontinente die Passate zur Zeit der sommerlichen Tiefdruckgebiete als Monsune in den Kontinent geführt werden, sind die Trockengürtel auf die Westseiten und allenfalls auf das Innere der Landmassen beschränkt. An den Ostseiten fehlen dagegen Niederschläge zu keiner Jahreszeit. Unter dem Einfluß der vor allem im Sommer sehr ergiebigen Regen entfaltet sich hier sogar vielfach eine äußerst üppige Vegetation, die den klimatischen Unterschied besonders deutlich werden läßt.

In den gemäßigten Breiten der Nordhalbkugel ist der Unterschied wieder anderer Art. Hier sind die Westseiten der Kontinente stark begünstigt, denn die in nordöstlicher Richtung die Ozeane überquerenden warmen Meeresströmungen – der Golf- und Nordatlantikstrom sowie der Nordpazifische Strom – führen, einer Warmwasserheizung vergleichbar, den Kontinenträndern enorme Wärmemengen zu. Bis über 60° n. Br. sind daher die Westküsten von Europa und Nordamerika eisfrei, in Nordeuropa sogar bis über den Polarkreis hinaus. Starke Niederschläge begünstigen die Entwicklung der Pflanzenwelt. Durch die vorherrschenden Westwinde wird – soweit nicht Gebirge hindernd im Wege stehen – der maritime Einfluß weit in den Kontinent hineingetragen, wo er dann allmählich ausklingt. Die Ostseiten der Kontinente stehen in der Westwindzone wesentlich ungünstiger da. An ihren Küsten ziehen kalte Meeresströmungen aus den polaren Meeren entlang, die auch Eisberge weit nach Süden führen. So sind die Ostküsten kühl und unfreundlich. Verstärkt wird die thermische Benachteiligung noch durch die aus den Kontinenten, d. h. aus deren winterlichen Hochdruckgebieten ausfließenden Kaltluftmassen, die als Nordwestwinde über die Küste oder als Nordwinde an ihr entlang wehen und extrem niedrige Temperaturen mit sich bringen.

III. Die hydrologischen Typen der Erde

Den Niederschlags- und Temperaturverhältnissen entsprechend ist auch der Wasserhaushalt der einzelnen Erdgebiete recht verschieden. Je höher die Temperaturen steigen, um so größer wird auch die Verdunstung. Sie kann schließlich so große Werte erreichen, daß sie die Niederschläge völlig aufzehrt. Solche Gebiete sind Wassermangelgebiete, die als **arid** bezeichnet werden. Überwiegen jedoch die Niederschläge die Verdunstung, so bleibt ein Wasserüberschuß erhalten. Man nennt solche Gebiete **humid**. Sie werden durch die – theoretisch gebildete – Trockengrenze voneinander geschieden, die man nach dem Geographen Albrecht Penck auch die Pencksche Trockengrenze nennt. Sie fällt jedoch nicht mit der Grenze des Ackerbaus ohne künstliche Bewässerung, des Regenfeldbaus, zusammen. Diese agrarische Trockengrenze liegt innerhalb des ariden Gebietes, weil ja der Ackerbau mit den Niederschlägen eines Teiles des Jahres auskommen kann, die Trockenheit des anderen Jahresteils aber auf den Ackerbau nur wenig Einfluß ausübt.

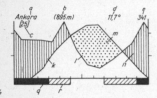

Klimadiagramm (nach Walter u. Lieth). *a* Station, *b* Höhe über dem Meer, *c* Zahl der Beobachtungsjahre, *d* mittlere Jahrestemperatur (1 Skalenteil = 10 °C), *e* mittlere jährliche Niederschlagsmenge (1 Skalenteil = 20 mm), *f* mittleres tägliches Minimum des kältesten Monats, *g* absolutes Minimum (tiefste gemessene Temperatur), *k* Kurve der mittleren Monatstemperaturen, *l* Kurve der mittleren monatlichen Niederschläge (im Verhältnis 10 °C = 20 mm), *m* Dürrezeit, *n* humide Jahreszeit, *q* Monate mit mittlerem Tagesminimum unter 0 °C, *r* Monate mit absolutem Minimum unter 0 °C

Da diese theoretische Zweigliederung der hydrologischen Verhältnisse nicht ausreicht, um die Verschiedenartigkeit der Bedingungen zu kennzeichnen, hat man – von den Versuchen abgesehen, sie durch genauere Zahlenwerte zu charakterisieren – noch semiaride und semihumide Gebiete ausgegliedert. Um die hygrischen Grundlagen, die das Klima bereitstellt, deutlicher sichtbar zu machen, kann man (nach Walter/Lieth: Weltklimadiagrammatlas) die Temperatur- und Niederschlagskurven in einem solchen Verhältnis übereinander zeichnen, daß der humide oder aride Charakter der einzelnen Monate sichtbar wird (Temperatur zu Niederschlag 1 : 2, in subtropischen Trockengebieten 1 : 2,5).

Nicht nur verschiedene Naturerscheinungen spiegeln diese hydrologischen Tatsachen wider, sondern auch der wirtschaftende Mensch muß sich diesen hydrologischen Verhältnissen stark anpassen und seine Maßnahmen darauf ausrichten, mit den gegebenen Wasservorräten ein Maximum an Wirkung zu erzielen. Die jahreszeitliche Wasserführung der Flüsse, das Flußregime, hängt in hohem Maße von den hydrologischen Gegebenheiten ab, an die auch die Pflanzenwelt sehr stark gebunden ist. Mit dem Wasserhaushalt hängen die Menge der erzeugten pflanzlichen Substanz, die Üppigkeit oder Dürftigkeit, Geschlossenheit oder Lückenhaftigkeit einer Pflanzendecke und auch die physiologischen Anpassungsformen zusammen, insbesondere alle die Einrichtungen der Pflanze, die der Regulierung der Verdunstung dienen. Es darf freilich nicht übersehen werden, daß die klimatischen Verhältnisse für den Wasserhaushalt nicht allein entscheidend sind. Wo z. B. viel Wasser in durchlässigem Boden versickert, wie etwa in den dalmatinischen Karstgebieten, oder ein großer Teil des Regens rasch oberflächlich abfließt, wie es in waldlosen oder entwaldeten Gebirgen der Fall ist, dort kann für das pflanzliche Leben nur ein Teil der Niederschläge wirksam werden; solche Gebiete erscheinen trockener, als es dem Verhältnis von Niederschlag zu Verdunstung entspricht. Sind dagegen Wasseransammlungen an der Oberfläche oder im Untergrund, z. B. Flüsse oder hochstehendes Grundwasser, vorhanden, so steht der Pflanze an solchen Stellen mehr Wasser zur Verfügung, und die Vegetation ist üppiger, als man nach den allgemeinen Verhältnissen erwarten dürfte. Im einzelnen müssen also alle Faktoren berücksichtigt werden, die den Wasserhaushalt beeinflussen. Für die Gewinnung eines großen Überblicks über die Erde und für eine erste Charakteristik kann jedoch die Einteilung in aride, semiaride, semihumide und humide Gebiete genügen.

Von besonderer Bedeutung wird diese Einteilung dann, wenn der Boden selbst und seine Entwicklung betrachtet werden. Hier sind die Wasserverhältnisse von ausschlaggebender Bedeutung, da bei Wasserüberschuß eine abwärts gerichtete Wasserbewegung im Boden vorherrscht, die mineralische und organische Stoffe in die tieferen Horizonte des Bodens befördert, während bei vorherrschender Verdunstung Wasser kapillar an die Oberfläche gezogen wird, die Wasserbewegung also umgekehrt gerichtet ist. Für die geographische Bodenkunde ist daher die obengenannte Gliederung der hydrologischen Typen besonders brauchbar und wird allgemein angewendet.

IV. Die Vegetationszonen der Erde

Von den klimatischen Verhältnissen, insbesondere von Temperatur und Niederschlag, ist in erster Linie auch die Pflanzendecke abhängig, wenn sie auch durch die Bodenverhältnisse nicht unwesentlich abgewandelt wird. Daher ist die Vegetation der Erde auch in großen klimatisch bedingten Gürteln angeordnet. Für jeden Vegetationsgürtel gelten bestimmte klimatische Bedingungen, denen der Pflanzenwuchs angepaßt ist; jede dieser Zonen weist daher besondere Vegetationstypen auf.

Der **tropische immergrüne Regenwald** mit ungeheurer Artenfülle und üppigstem Wachstum findet sich überall dort, wo das ganze Jahr über gleichbleibende hohe Temperaturen und dauernd große Feuchtigkeit zur Verfügung stehen.

Die größten Regenwälder sind im Amazonasgebiet in Südamerika, im afrikanischen Kongobecken und in Südostasien zu finden. Der Vegetationsprozeß kann das ganze Jahr hindurch ablaufen; weder durch Kälte noch durch Trockenheit werden Unterbrechungen des Wachstums hervorgerufen. Neben der hohen Artenzahl ist der Reichtum an Kletterpflanzen und Epiphyten charakteristisch für den Regenwald. In den höheren Lagen der Gebirge stellen sich infolge der etwas niedrigeren Temperatur montane Wälder ein, die sich in der Artenzusammensetzung unterscheiden, aber überall noch gleichmäßiges Gedeihen über das ganze Jahr und meist auch üppiges Wachstum zeigen. Der Gebirgsregenwald ist besonders reich an epiphytischen Farnen und Moosen. Die oberste Vegetationsstufe ist der Páramo.

Als **Savannen** bezeichnet man die Vegetationstypen der wechselfeuchten Tropen. Ihr Grundtyp wird durch eine von einzelnen Baumgruppen belebte hohe Grasflur dargestellt und daher oft als Baumsteppe bezeichnet. Doch kann sich das Verhältnis von Grasfläche zu Gehölzbeständen mannigfach verschieben, wobei vielfach die Bodenverhältnisse von ausschlaggebender Bedeutung sind. In den feuchteren Gebieten, die nur eine kurze Trockenzeit haben, z. B. im Orinocogebiet und m südlichen Sudan, stellt sich der in gewissem Grade dem Regenwald ähnliche Feuchtsavannenwald ein, in dem laubabwerfende Arten auftreten, oder harte, bis 4 m hohe Büschelgräser bedecken den Boden. In der Trockensavanne herrscht ein lichter Wald mit Grasunterwuchs vor, der in der Trockenzeit das Laub abwirft, zugleich aber auch andere verschiedenartige Anpassungsformen an die Trockenheit zeigt. Hierher gehören die ausgedehnten Miombowälder Ostafrikas, die Campos Brasiliens und viele asiatische Monsunwälder. Vielfach sind die Trockensavannen steppenhafte und baumarme oder baumlose, höchstens kniehohe Grasfluren, die man früher auch als tropische Steppen bezeichnet hat (Schimper) und die vor allem im nördlichen Sudan einen breiten Gürtel bilden. Mit fortschreitender Trockenheit wird der Graswuchs niedriger und auch schütterer, während das Trockenheit angepaßtes Dorngebüsch, z. T. auch Sukkulenten, in den Vordergrund treten. Dies ist die Dornsavanne. Wo mehr als zehn Monate aride Bedingungen herrschen, geht die Savanne zu Ende. Die Höhenstufen der Vegetation werden nach dem Beispiel der Anden als Puna bezeichnet.

Wüstensteppen (Halbwüsten) und **Wüsten** sind für die trockensten Gebiete der Erde charakteristisch, vor allem für die nördliche Passatzone mit der gewaltigen Sahara. Die täglichen Temperaturschwankungen sind enorm groß. Die Vegetation ist äußerst spärlich und enthält überdies nur solche Arten, deren Wurzelorgane oder Samen viele Trockenjahre überdauern können. Nur einen kurzen Abschnitt des Jahres oder überhaupt ganz unregelmäßig grünen und blühen die Pflanzen der Wüste.

Die **Hartlaubgehölze** und **Lorbeergewächse** sind kennzeichnend für die überwiegend immergrüne Vegetation der warmen Subtropen. Hier werden im Sommer erhebliche Verdunstungswerte erreicht, und daher benötigen die Pflanzen auch einen besonderen Verdunstungsschutz. Lorbeerwälder treten in den feuchteren Teilen der Subtropen auf – vor allem im südlichen China –, die auch während des Sommers noch Niederschläge erhalten, z. T. erscheinen sie als die subtropischen Ausläufer des tropischen Regenwaldes. Hartlaubgehölze aber sind charakteristisch für die sommertrockenen Subtropen, wie z. B. für das Mittelmeergebiet. In den Gebirgen nimmt mit sinkender Temperatur die Frostgefährdung zu. Daher lagern sich über die immergrünen Wälder der unteren Lagen meist Vegetationsformen, die für die gemäßigte Zone kennzeichnend sind: laubabwerfende Laub- und Mischwälder sowie Nadelwälder, die meist lockeren Wuchs zeigen.

Die **sommergrünen Laubwälder** der gemäßigten Zone sind die maritime Abart des Waldes der mittleren Breiten, soweit sie genügend Feuchtigkeit für die Entwicklung von Wald, jedoch keine extremen Winterfröste aufweisen. Die Kälteruhe bringt den uns bekannten Jahresrhythmus der Vegetation hervor. Abstufungen treten überwiegend nach dem Grad der Maritimität hervor. Dementsprechend wechseln auch die vorherrschenden und bestandsbildenden Baumarten. So geht in Europa die Rotbuche nicht über eine Linie hinaus, die südöstliche Ostsee und westlichstes Schwarzes Meer verbindet. Sie fehlt in den trockneren und winterkälteren kontinentalen Gebieten oder zieht sich hier auf die feuchteren Gebirgslagen zurück; an ihre Stelle treten Eichen. In Osteuropa keilt der Laubwaldgürtel aus, da er von Norden durch die winterliche Kälte, von Süden durch die zunehmende Trockenheit eingeengt wird. An den Ostseiten der Kontinente stellen sich ebenfalls Laubmischwälder ein, die jedoch in Ostasien und auch im östlichen Teil der Vereinigten Staaten von Amerika aus anderen Arten zusammengesetzt sind als in Europa. Die doch überaus feuchte Westseite Nordamerikas weist merkwürdig wenig Laubhölzer auf. Hier herrschen vielmehr prächtige Nadelwaldbestände vor, während umgekehrt in Südamerika – in Chile – südlich des 36. Breitengrades immergrüne Buchen überwiegen. In Europa wiederum wird in Küstennähe – z. B. im Norden der BRD, in der Bretagne – der sommergrüne Laubwald oft durch die atlantischen Heiden verdrängt. Auf sehr nährstoffarmen und trockenen Böden stellt sich die Kiefer ein.

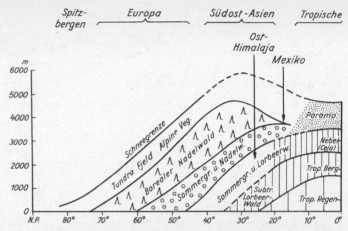

Schematisches Vegetationsprofil der Erde von der Arktis bis zur Antarktis (aus C. Troll). die Punaregion (gestrichelt bzw. eingeklammert). Verwandte Vegetationen der tropi-

Der auf die Nordhalbkugel beschränkte **boreale Nadelwald** ist die typische Vegetation der winterkalten kontinentalen Gebiete mit lang andauernder Frostperiode und mäßigen Sommertemperaturen. Während er in den maritimeren Gebieten meist auf die Gebirgslagen beschränkt ist, ist er im kontinentalen Gebiet auch für die weiten Niederungen charakteristisch, wobei die Fichte, auf trockenen Standorten auch die Kiefer, vorherrscht. Nur wenige Laubhölzer, vor allem Birke und Espe, mischen sich in die dunklen Wälder. In den streng kontinentalen Gebieten, besonders in Sibirien, bestimmt die Lärche in mehreren Arten die Zusammensetzung der lichteren Wälder.
Die **winterkalten Steppen** findet man dort vor, wo die Feuchtigkeit für die Gehölzformationen nicht mehr ausreicht (Niederschläge unter 500 mm), also in den sommerwärmeren, südlicheren Gebieten im Innern der Kontinente, z. B. in der Ukraine und im südlichen Sibirien sowie in den Prärien Nordamerikas, in der Pampa Südamerikas und in recht dürftiger Ausprägung in Ostpatagonien. Abstufungen der Trockenheit spiegeln sich in der Steppe deutlich wider. Auf die Übergangszone zwischen Waldgürtel und Steppe, die Waldsteppe, folgt die kräuterreiche Grassteppe mit nahezu ausgeglichenem Wasserhaushalt — der Bereich der fruchtbaren Schwarzerdeböden —, die nach Süden zu durch ärmere Steppenvarianten, die Federgrassteppe und schließlich die Wermut- (Artemisien-) Steppe, ersetzt wird, in der bereits aride Bedingungen herrschen. Schließlich erfolgt auch hier der Übergang zur Wüstensteppe und Wüste, die in Zentralasien große Flächen einnehmen.
Die **Tundra** als letzte der großen Vegetationstypen von allgemeiner Bedeutung bildet den Übergang zu den Kältewüsten der Polargebiete. Bodengefrornis und geringe Sommertemperaturen (Julimittel nicht über 12 °C) bedingen eine kurze Vegetationszeit und lassen neben niederen Pflanzen — Flechten und Moosen — nur noch mehrjährige Zwergsträucher gedeihen, unter denen Birken- und Weidenarten sowie mehrere Beerensträucher überwiegen. In den unwirtlichsten Gebieten sind auch keine Zwergsträucher mehr lebensfähig, hier trifft man nur noch Moose und Flechten an. Die Tundra steigt nach Süden zu in die Gebirge der kontinentalen Binnengebiete auf. In den ausgesprochen ozeanischen Gebieten wird die Tundra durch fast reine Grasfluren — die subpolaren Wiesen — ersetzt, wie auf den Aleuten, mehreren subantarktischen Inseln oder auch den wenigen streng ozeanischen Inseln im Europäischen Nordmeer.
Diese zonale Ordnung der Vegetationstypen unterliegt im einzelnen natürlich mannigfaltigen Einflüssen und Abwandlungen durch Bodenart und Bodenfruchtbarkeit, durch klimatische Exposition und durch die Bodenwasserverhältnisse. In großen Gebieten ist selbstverständlich auch der Einfluß des Menschen auf das ursprüngliche Vegetationsbild ganz erheblich. Häufig ist durch ihn der Artenbestand so verändert worden, daß der einstige Vegetationstyp kaum noch zu erkennen ist. Dies ist z. B. in Mitteleuropa durch die Umwandlung der ursprünglichen Laubmischwälder in Nadelholzforste der Fall. Auf fast allen Kontinenten ist auf großen Flächen der Wald überhaupt beseitigt und dafür Kulturland geschaffen worden, wie man es heute beispielsweise in weiten Gebieten Europas, Chinas und den USA beobachten kann. Auch in der ausgedehnten Zone der Steppen hat der Mensch inzwischen die einstige Pflanzenwelt durch Kulturpflanzen verdrängt; dies trifft sowohl für die Steppengebiete der Sowjetunion wie für die Prärien Nordamerikas und die

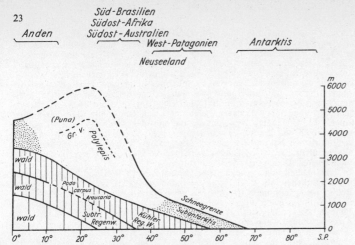

Es sind nur die immerfeuchten Klimate berücksichtigt, außer für die Schneegrenze und
schen Höhen und der höheren Breiten sind durch gleiche Signaturen gekennzeichnet

argentinische Pampa zu. Das starke Eingreifen des Menschen in den Wasserhaushalt hat ferner dazu geführt, daß in manchen Gebieten die einstige Pflanzendecke fast restlos vernichtet worden ist, andererseits an vielen Stellen bisher fast vegetationslose Flächen in Kulturland verwandelt worden sind.

V. Die geographischen Bodenzonen der Erde

Der Boden ist die lebenerfüllte, mehr oder minder lockere Verwitterungsdecke an der Erdoberfläche. Die Bodenbildungsprozesse werden durch das Klima und die Vegetation maßgeblich beeinflußt. Deshalb zeigen auch die Bodentypen eine zonale Anordnung, die in starkem Maße mit den Vegetationsgürteln übereinstimmt und für großzügige Überblicke die Aufstellung geographischer Bodenzonen ermöglicht. Spezifische Bodenbildungsfaktoren, z. B. Kalkgesteine, können in bestimmtem Umfang zur Herausbildung intrazonaler Böden führen und die zonale Ordnung abwandeln.

Die **tropischen Böden** zeichnen sich, soweit genügend Feuchtigkeit vorhanden ist, durch eine überaus rasche chemische Zersetzung mineralischer und organischer Substanzen aus. Insbesondere geht der Abbau des Humus rasch vor sich; Dauerhumusformen, die den Boden dunkel färben, fehlen im allgemeinen, so daß viele tropische Böden grelle Farben haben. Rote Farben herrschen vor. Die chemischen Umsetzungen und die Umlagerung der Stoffe sind überaus verwickelt und von vielerlei Faktoren abhängig, bei deren Änderung auch die Bodenbildung in anderer Weise vor sich gehen kann.

Die Bodenprofile der tropischen Böden sind im allgemeinen sehr mächtig, einerseits wegen der intensiven Verwitterungsvorgänge, andererseits wegen der fehlenden Unterbrechung der Bodenbildung im Pleistozän.

Unter tropischen Regenwäldern sind sehr zähe, plastische, dichte Lehme mit hohem Kaolinitanteil und relativ viel „siallitischem" Material ($SiO_2 : Al_2O_3 > 2$) sehr verbreitet. Sie werden als Plastosole bezeichnet und treten als Rotlehme oder naßgebleichte Graulehme auf. Mehr auf die wechselfeuchten Tropen konzentrieren sich die kieselsäurearmen Latosole (Roterden, lateritische Roterden, seltener Gelberden). Sie haben meist sehr günstige physikalische Eigenschaften (stabiles Gefüge, hohe Wasserleitfähigkeit), haben jedoch eine geringe Austauschkapazität und trocknen leicht aus. In fortgeschrittenem Stadium der Entwicklung kommt es zur Ausbildung verhärteter Laterithorizonte, die bei starker Krustenbildung, besonders in semiariden Gebieten, den Pflanzenwuchs nahezu völlig unterbinden können. Am wertvollsten sind tropische Böden mit reichlichen mineralischen Reserven, besonders solche aus vulkanischen Gesteinen. Sie stellen bei der raschen chemischen Zersetzung genügend neue Nährstoffe bereit. Bedeutsame intrazonale Böden der wechselfeuchten Tropen sind die aus kalkhaltigen Gesteinen hervorgehenden fruchtbaren tropischen Schwarzerden („Grumusole", Regur, Tirs u. a.), die in der Regel mächtige humose A-Horizonte tragen.

Die **subtropischen Böden** vermitteln in ihrer Stellung zu den Böden der gemäßigten Zone. Infolge der niedrigeren Temperaturen ist die Geschwindigkeit der bodenbildenden Prozesse schon merklich verringert, jedoch erfolgt der Humusabbau noch rasch. Kräftige gelbe, rotbraune und braune Bodenfarben dominieren. Gelblatosole, plastische Braunlehme und rotbraune Böden kennzeichnen die Übergangsstellung dieser Zone. Die rotlehmähnliche fruchtbare Terra rossa ist an Kalkgesteine gebunden und dort meist in Senken anzutreffen.

In den **Wüstenböden** sind die Bodenentwicklungsprozesse durch die Trockenheit stark reduziert. Es sind deshalb unentwickelte Böden. Mineral- und Korngrößenzusammensetzung bestimmen das unzureichend belebte Bodenbild. Hartkrusten verschiedener Art und Salzausblühungen in Senken sind häufig.
In den **Böden** der winterkalten **Steppen** hemmen die winterliche Frostperiode und die sommerliche Trockenheit die bodenbildenden Prozesse. Die Anreicherung von mildem Humus und eine geringe Abfuhr der durch Verwitterung freigesetzten Nährstoffe sind kennzeichnend. Mit zunehmender Trockenheit und abnehmendem Humusgehalt hat sich eine meist sehr regelmäßige Folge von Bodenzonen entwickelt, die mit der Schwarzerde (Tschernosjom) in den kräuterreichen Steppen beginnt und über die kastanienfarbenen Böden in die braunen und grauen Böden der Halbwüsten und Wüsten überleitet. Bei Grundwassernähe treten schon im Bereich der kastanienfarbenen Böden örtliche Versalzungen auf.
In den **Waldböden der gemäßigten Zone** erfolgen die bodenbildenden Prozesse im wesentlichen nur in der warmen Jahreszeit. Entsprechend den humiden Bedingungen dominiert eine abwärts gerichtete Bewegung des Bodenwassers. Diese kann, je nach Wassermenge, Bodenart, Nährstoffgehalt und Art der Pflanzendecke, zu Auslaugungen verschiedener Intensität führen. Kräftige Auswaschungen verzeichnen die Böden der borealen Nadelwälder, deren schwer zersetzbare Nadelstreu ungesättigten Rohhumus und aggressive Huminsäuren liefert, sowie nährstoffarme Sande in ozeanischen Bereichen. So entstehen die typischen Podsole (Bleicherden, rostfarbene Waldböden). Sie sind durch einen gebleichten, an färbenden Eisenverbindungen und Nährstoffen verarmten A-Horizont und durch einen rostfarbenen, mit färbenden Eisenverbindungen angereicherten B-Horizont gekennzeichnet, der in atlantischen Bereichen zu Ortstein verkittet kann und nur noch Zwergstrauchvegetation (Heide) gedeihen läßt. Unter sommergrünen Laubwäldern mit ihren milderen Humusformen (Mull, Moder) sind die Auslaugungsvorgänge wesentlich geringer. Hier entstehen, wie auch auf mineralreichen Substraten, die fruchtbaren Braunerden (braune Waldböden). Störungen des Wasserhaushaltes durch Stau des Sickerwassers schaffen zahlreiche Besonderheiten.
Die **Tundraböden** sind wiederum unentwickelte Böden, die infolge der Kälte und des Mangels an Bodenorganismen überwiegend mineralischen Charakter haben. Die unter der Wirkung des Bodenfrostes stattfindenden Bewegungen des Schutts lassen nur örtlich eine flachgründige Entwicklung von Bodenprofilen zu, wobei eine nur dünne Rohhumusschicht als Bodenauflage und einzelne gleichartige Verdichtungszonen im Untergrund regelmäßig wiederkehren. Die mechanische Sortierung der Böden und die Auffrierungserscheinungen, die verschiedene *Frostmusterböden* entstehen lassen, stehen bei weitem im Vordergrund.
Die geographischen Bodenzonen erfahren unter dem Einfluß örtlicher Bedingungen, teilweise auch durch menschliche Eingriffe, ebenfalls mancherlei Abwandlungen oder Unterbrechungen, insgesamt aber stehen auch sie unter der Herrschaft des allgemeinen Klimatyps. Steht im großen Rahmen die zonale Gliederung im Vordergrund, so spielen bei Betrachtung eines kleineren Gebietes innerhalb einer solchen Zone die Bodenarten sowie die örtlichen Vegetations- und Grundwasserverhältnisse die entscheidende Rolle. Über diesen kleinräumigen Besonderheiten wird daher die große gesetzmäßige Anordnung der geographischen Bodenzonen sehr leicht übersehen.

VI. Das Relief der Erdoberfläche

Die vom Klima direkt abhängigen oder doch stark von ihm beeinflußten Erscheinungen lassen eine großzügige zonale Anordnung über die ganze Erdoberfläche hin erkennen. Sie erlauben eine klare und leicht überschaubare Gliederung der Erdoberfläche. Neben diesem Gliederungsprinzip gibt es noch ein anderes. Es beruht auf der geologischen Entwicklung der Erdkruste, der dadurch bedingten Verbreitung und Lagerung der Gesteine, dem Relief in seinen Grundformen und der Anordnung des Gewässernetzes. Ein Ergebnis geologischer Entwicklung ist z. B. die Gliederung der Erdoberfläche in Kontinente und Ozeane. Freilich ordnen sich die gesetzmäßigen erdgeschichtlichen Entwicklungen nicht so einfachen Leitlinien unter wie die klimatischen Tatsachen und deren Folgewirkungen. Man bezeichnet heute diese auf der Entwicklungsgeschichte der Erde beruhende Ordnung vielfach als **tellurisch** oder auch – im Gegensatz zur zonalen Ordnung – als **azonal**.
Auf einige erdgeschichtliche, räumliche Zusammenhänge, die regelhaft wiederkehren, sei hingewiesen.
1) Die Erdgeschichte lehrt, daß einmal gefaltete und durch das Eindringen magmatischer Massen versteifte Gebiete der Erdkruste sich späteren tektonischen Beanspruchungen gegenüber in der Regel starr verhalten, nicht wieder gefaltet, sondern höchstens von Bruchbildung betroffen oder nur großräumig verbogen und verstellt werden, wie dies etwa beim Kanadischen und Baltischen Schild der Fall ist. Solche alte Massen haben daher eine große Beständigkeit.

Vielfach haben sich auf ihnen – z. B. auf der Russischen Tafel oder in weiten Gebieten Afrikas – fast ungestörte Sedimentdecken abgelagert, die morphologisch meist als Tafelländer erscheinen. Für die Gebirgsbildungen in den labilen Zonen der Erde bilden diese alten Massen häufig die Widerlager. An sie werden daher neue Faltengebirgssäume angegliedert, die – nun ihrerseits versteift – bei der nächsten Gebirgsbildung mitsamt ihrem alten Kern als Widerlager dienen, so daß sich im Laufe der Erdgeschichte mehrere Faltungszonen um diese alten Massen gelegt haben. So wurden in Europa der fennosarmatischen Masse – dem Baltischen Schild und der Russischen Tafel – nacheinander die kaledonische, variszische und alpidische Zone angefaltet. Bei der Betrachtung einzelner Gebiete ist es daher zweckmäßig – wie dies auch hier in den regionalen Abschnitten nach Möglichkeit geschieht –, diesen erdgeschichtlichen Ablauf zur Herausarbeitung einer räumlichen tektonischen Gliederung zu verwenden. Charakter und Verhalten der einzelnen Glieder sind aus ihrer tektonischen Stellung heraus zu verstehen.

2) Enge, lange Zeit noch ungeklärte Beziehungen bestehen zwischen den Bewegungen der Kontinentalschollen und den aktiven geologischen Prozessen der Ozeanböden, die an die mittelozeanischen Rücken gebunden sind. Sie werden heute unter dem Begriff der „Plattentektonik" zusammengefaßt. Länger bekannt ist die Tatsache, daß der Rand der Kontinente um so stärker emporgehoben ist (Randschwellen), je tiefer der davorliegende Meeresraum abgesenkt ist. Da sich die stärkste Heraushebung oft in den Randgebieten der Kontinente vollzogen hat, mußte dieser über lange geologische Zeiten hin wirksame Vorgang infolge der damit verbundenen Abtragung gerade hier zur Entblößung der tieferen Schichtglieder führen. Im Rückland haben sich dagegen die jüngeren Deckschichten erhalten und bilden hier häufig Schichtstufenlandschaften, deren Stufenstirnen nach dem entblößten Kern des kristallinen Grundgebirges gerichtet sind. Wo sich diese Abfolge erkennen läßt, z. B. im Appalachengebiet, in Südafrika und Arabien, kann man daraus wiederum für die Gliederung eines begrenzten oder auch größeren Gebietes wesentliche Leitlinien gewinnen. (Theorie der Randschwellen der Kontinente nach O. Jessen.)

3) Alle morphologischen Vorgänge sind jedoch auch vom Klima abhängig. Daher findet man in den einzelnen Klimazonen charakteristische Formenmerkmale, die immer wiederkehren und trotz aller durch Gestein, geologische Geschichte, hydrographische Verhältnisse und Pflanzendecke bewirkten Besonderheiten für das Bild der Landschaft auch im einzelnen noch von erheblicher Bedeutung sind.

In den feuchten Tropen, unter der dichten Decke üppiger Vegetation, vollzieht sich eine überaus tiefgreifende chemische Zersetzung des Bodens, die oft alle Gesteinsunterschiede verwischt. Die wichtigste morphologische Erscheinung sind hier die zahlreichen Rutschungen an den Steilhängen der Gebirge, die alsbald wieder von der Vegetation zugedeckt werden, insgesamt aber zu einer eigenartigen Zuschärfung der Kämme führen und zugleich die Steilheit der waldbedeckten Hänge aufrechterhalten. Die Flüsse führen – eben wegen der tiefen Zersetzung des Bodens – meist nur feines Material und schütten ausgedehnte Flußebenen auf, die ein äußerst geringes Gefälle haben.

In den wechselfeuchten Tropen herrschen ausgedehnte, wenig geneigte Flächen vor, von denen die heftigen Regengüsse – zuweilen in Form von Schichtfluten – das lockere Material hinwegspülen. Flächenhafte Abtragung herrscht hier vor. Über die flachen Ebenen erheben sich schroff die charakteristischen Inselberge. Die Zertalung bleibt meist in mäßigen Grenzen, da die Flüsse zur Trockenzeit nur wenig Wasser führen, zur Regenzeit stark mit Schutt überlastet sind und sich meist nur wenig eintiefen. Lediglich in den Gebirgen entsteht hier ein tief zerschnittenes, steiles Relief.

Die Trockengebiete sind meist schuttreich, und die Flüsse vermögen die Schuttmassen nicht zu bewältigen. Schutt erfüllt insbesondere die Beckenlandschaften, die keinen Abfluß nach außen aufweisen; mächtige Schotterterrassen sind anzutreffen, die Gebirge ertrinken fast in ihrem Schutt, da der Schuttmantel an den Bergflanken immer höher emporwächst.

Die sommertrockenen subtropischen Gebiete mit meist starken Regengüssen bei nicht immer geschlossener Vegetationsdecke zeigen eine starke Zerschneidung der Gebirge durch ein Netz von zahllosen Erosionsrinnen und -furchen. Die Schotterbetten der Flüsse liegen oft lange Zeit fast völlig trocken. Eine lebhafte Deltabildung ist zu beachten. In Kalkgebirgen führt bei Verletzung des Waldbestandes die kräftige Abspülung rasch zum Verlust der Bodenkrume und zur Verkarstung.

Ausgeglichener sind die Formen in den humiden Gebieten der gemäßigten Zone, wie wir sie aus unserer Heimat kennen. Denn hier sind die starken Regengüsse seltener, die geschlossene Vegetationsdecke schützt vor rascher Abtragung, und die feuchte Bodendecke läßt ausgleichende Bewegungen an den Hängen zu.

In den subpolaren Gebieten mit starkem Bodenfrost stehen Solifluktionserscheinungen im Vordergrund, die an den Hängen zu einem raschen Abtransport der Schuttmassen führen und Frostmusterböden verschiedener Art

entstehen lassen. Infolge des Wasserüberschusses gibt es zahlreiche Sümpfe, Flachmoore oder Hochmoore.
Allerdings muß man beachten, daß vielfach Oberflächenformen früher unter anderen Klimabedingungen entstanden, aber als Vorzeitformen bis heute erhalten geblieben sind. So verdanken viele Mittelgebirge ihre ausgedehnten Hochflächen der Abtragung im tertiären Klima, ihre sanftwellige Form den Solifluktionsprozessen während des Eiszeitalters.
Nimmt man zu all diesen noch die morphologischen Grundtypen – etwa die des vergletscherten Hochgebirges, der glazialen Aufschüttungslandschaft, der Vulkangebirge u. a. – hinzu, so lassen sich für jedes einzelne Gebiet ein Bild der Landesnatur und ein Überblick über seine Gliederung gewinnen.
Die Geographie untersucht die einzelnen Erscheinungen an der Erdoberfläche in ihrer mannigfaltigen wechselseitigen Verflechtung. Der natürliche Charakter der einzelnen Regionen wird durch die Gestaltung des Reliefs, das infolge der geologischen und morphologischen Entwicklung entsteht, durch die klimatischen Erscheinungen, durch die Wasserverhältnisse und die Erscheinungen des Lebens, d. h. der Pflanzen- und Tierwelt, bestimmt. Dabei stehen diese Erscheinungen nicht isoliert nebeneinander, sondern ergeben eben durch die vielfältige und wechselseitige Verflechtung Einheiten höherer Ordnung, die natürlichen geographischen Einheiten. Der Mensch, dessen Handeln ökonomisch bestimmt ist, greift in mannigfaltiger Weise in diesen natürlichen Zusammenhang ein. Er ist aber immer, wenn auch nicht in direkter und primitiver Abhängigkeit, an die geographischen Tatsachen gebunden, denn die Erde ist sein allgemeinstes Arbeitsmittel, und alle Substanzen, die er zur Befriedigung seiner Bedürfnisse benötigt, entstammen letzten Endes den im geographischen Raum der Erdoberfläche verfügbaren Stoffen, der geographischen Substanz.

VII. Größen- und Maßverhältnisse auf der Erde

Die geographische Betrachtungsweise stellt jeden Gegenstand und jeden Vorgang in die in Wirklichkeit vorhandenen Zusammenhänge. Es gibt ja in der Wirklichkeit unserer Erde kein geographisches Objekt, das für sich allein existiert. Jede Stadt, jeder Fluß, jede Fabrik ist in Wirklichkeit mit einer bestimmten Lage ausgestattet und weist Lagebeziehungen auf, die das betreffende Objekt bestimmten Einflüssen zugänglich machen, anderen entziehen. Nur im Zusammenhang und im Wechselspiel mit seiner Umgebung ist es real.
Um diese Zusammenhänge aber richtig verstehen zu können, ist eine klare Vorstellung von den für die Erde gültigen Größen- und Maßverhältnissen notwendig. Denn es ist einer der größten und dabei häufigsten Fehler, daß man Gebiete von unterschiedlicher Größe miteinander vergleicht, als hätten die Ausdehnung eines Gebietes und die in ihm zu bewältigenden Entfernungen gar nichts zu besagen.
Was im Atlas auf den einzelnen Karten in etwa gleicher Größe dargestellt ist, wird in der Vorstellung nur zu leicht auch in seiner wirklichen Ausdehnung als gleich groß empfunden. Damit aber verschließt man sich den Weg zum richtigen Verständnis der geographischen Wirklichkeit.
Die Sowjetunion ist rund 210mal so groß wie die Deutsche Demokratische Republik, das Land Brasilien fast so groß wie ganz Europa und mehr als doppelt so groß wie die Republik Indien und Pakistan zusammen. Kanada übertrifft an Fläche Großbritannien um mehr als das Vierzigfache. Die nahezu menschenleere (1977: 56000 Einw.) Rieseninsel Grönland nimmt etwa die gleiche Fläche ein wie das von über einer viertel Milliarde Menschen bewohnte West- und Mitteleuropa zusammen. Alle Angaben in Prozenten – z. B. für die Waldfläche oder die Ackerfläche – müssen auf dem Hintergrund der absoluten Flächengrößen gesehen werden. Tatsachen auf dem Gebiet des Verkehrs und der Siedlung sind ohne klare Vorstellung der Entfernungen und Flächen nicht richtig zu verstehen.
Will man diesen grundlegenden Fehler vermeiden, Maßstäbe, die in einem Land gewonnen worden sind, ohne weiteres auf andere Länder zu übertragen, seien sie nun kleiner oder größer, so muß man die Möglichkeiten kennen, sich jederzeit den richtigen Maßstab zu erarbeiten, und man muß einige Grundmaße der Erde kennen.
Die Erde als Planet hat bekanntlich eine der Kugel nahekommende Gestalt. Für geographische Zwecke genügt es vollkommen, die Erde als Kugel zu betrachten. Die Abplattung des Erdsphäroids ist mit $1/_{298}$ so gering, daß sie an einem gewöhnlichen Globus mit dem Auge kaum wahrzunehmen ist. Bei einem Globus mit einem Äquatorradius von 298 cm würde die Abplattung an jedem Pol nur 1 cm betragen. Würde man bei einer Abbildung der Erdoberfläche, wie sie die üblichen Karten zeigen, die Abweichung der Erde von der Kugelgestalt berücksichtigen, dann würden die Linien gegenüber denjenigen einer Karte, die nach einer kugelförmigen Erde gezeichnet ist, noch nicht einmal um Strichstärke differieren. Für genaue geodätische und geophysikalische Berechnungen müssen jedoch die wirklichen Maße zugrunde gelegt werden, und auch der Geograph bedient sich der genauen Werte, wenn er die wirkliche Größe von Meridianabschnitten oder Gradfeldern benötigt.

Bei einem mittleren **Erdradius** von 6370 km beträgt der **Erdumfang** 40 000 km, die Länge eines Erdquadranten daher 10 000 km. Diese runde Zahl ist kein Zufall, denn die Maßeinheit Meter wurde im Jahre 1795 vom Erdumfang abgeleitet und als der zehnmillionste Teil eines Erdquadranten definiert. Spätere Nachmessungen ergaben freilich geringfügige Abweichungen, die aber geographisch bedeutungslos sind. Ein Quadrant wird bekanntlich in neunzig Grade eingeteilt, so daß der Abstand der Breitenkreise und ebenso der Abstand der Längenkreise am Äquator 111 km beträgt. Da die Längenkreise jedoch gegen die Pole hin konvergieren, wird ihr Abstand um so geringer, je mehr man sich den Polen nähert, in denen sie schließlich zusammenlaufen.

Die kürzeste Verbindung zweier Punkte einer Kugeloberfläche liegt immer auf einem Großkreis. Auf der Karte sind aber von den Großkreisen nur die Längenkreise und der Äquator eingetragen. Hier kann man den Gradabstand abzählen und mit 111 multiplizieren, um die richtige Entfernung zu erhalten. Alle anderen kürzesten Verbindungslinien lassen sich nur auf dem Globus gewinnen.

Für die Flächenermittlung muß man sich flächentreuer Karten bedienen. Diese sind so konstruiert, daß die Flächen in den wahren Größenverhältnissen abgebildet werden. Jedoch sind die Richtungen verzerrt, und damit ist auch die Gestalt der einzelnen Gebiete vor allem an den Kartenrändern vielfach verzerrt. Man vergleiche z. B. auf einer Asienkarte die Umrißlinien Skandinaviens oder der Britischen Inseln mit denen auf einer großmaßstäbigen Karte, die nur eines dieser Länder darstellt. Im übrigen muß man sich auch bei der Flächenschätzung geeigneter Maßzahlen bedienen, wenn dies auch etwas umständlicher ist als die Entfernungsberechnung aus den Gradabständen. Die durch Längen- und Breitenkreise begrenzten Gradfelder haben je nach ihrer Lage auf der Erdkugel eine bestimmte Größe. Die Felder, deren Seiten jeweils einem Breiten- bzw. Längenkreis entsprechen, heißen Eingradfelder; wenn die Länge der Felderseiten fünf Breiten- bzw. Längengraden entspricht, handelt es sich um Fünfgradfelder usw. Die von denselben Breitengraden begrenzten Gradfelder sind gleich groß. Mit der Verringerung des Meridianabstandes gegen die Pole hin werden die Gradfelder immer kleiner. Da man sich für große Gebiete im allgemeinen auf statistische Angaben beziehen kann, wendet man die genannte Methode meist nur für kleinere Teilgebiete an. Ein Näherungsverfahren, das meist hinreichende Werte liefert, besteht darin, daß man für das zu bestimmende Gebiet die Zahl der Gradfelder auszählt, an den randlichen Teilen auch schätzt, dann die Größe des zentral gelegenen Ein- oder Fünfgradfeldes berechnet und mit der Zahl der Gradfelder multipliziert. Genauer wird die Berechnung, wenn man die jeweils in derselben Breite liegenden Gradfelder für sich zusammenzählt und berechnet und dann die einzelnen Zonen addiert. Vor allem bei unregelmäßig gestalteten Arealen, für die der Mittelpunkt schwer zu ermitteln ist, führt diese zweite Methode zu besseren Ergebnissen (genauere Zahlenangaben sind im ABC-Teil unter den Stichwörtern Abweitung und Gradnetz zu finden).

EUROPA

Politisch-ökonomische Übersicht
Europa (ohne UdSSR)

Name des Staates, Fläche, Bevölkerung, Gliederung, Hauptstadt	Größte Städte (1000 Einw.)		Wirtschaft (Bergbau, Industrie, Land- und Forstwirtschaft, Fischfang)
Albanien (Republika Popullóre Socialiste e Shqipërisë, Sozialistische Volksrepublik Albanien) 28 748 km² 2,7 Millionen (1978) 26 Rrethët Tirana	Tirana Shkodra Durrësi Vlora Korça Elbasani	(1971) 175 57 55 51 48 43	Nickeleisen-, Chromerze, Steinkohle, Bitumen, Salz; Metallurgie, Chemische, Nahrungsgüter-, Textilindustrie; Baumwolle, Tabak, Kartoffeln, Zuckerrüben, Mais, Früchte; Rinder, Schafe, Ziegen, Pferde und Maulesel; Fischfang
Andorra (Vallées et Suzerainetées d'Andorre, Täler von Andorra) 453 km² 29 000 (1978) Andorra la Vella	Andorra la Vella	(1975) 5,5	Gerste, Roggen, Kartoffeln; Schafzucht, Holzwirtschaft
Belgien (Royaume de Belgique/ Koninkrijk België, Königreich Belgien) 30 541 km² 9,9 Millionen (1978) 9 Provinzen Bruxelles/Brussel	Bruxelles/Brussel Aggl. Antwerpen Gent Liège	(1970) 158 1 075 223 148 145	Steinkohle, Phosphorite, Kaolin; Buntmetallverhüttung, Elektrotechnik, Glas-, Textilindustrie, Erdölverarbeitung; Getreide, Kartoffeln, Zuckerrüben, Obst, Gemüse, Blumen; Rinder-, Schweine-, Schaf- und Pferdezucht; Seefischerei
Bulgarien (Narodna Republika Bălgaria, Volksrepublik Bulgarien) 110 912 km² 8,9 Millionen (1978) 27 Okrâzi und Hauptstadt Sofia	Sofia Plovdiv Varna Russe Burgas Stara Zagora Pleven	(1970) 868 248 219 150 132 109 93	Kohle, Erdöl, Eisen-, Zink-, Blei-, Kupfer-, Manganerze, Steinsalz, Kaolin; Schwarz-, NE-Metallurgie, Maschinenbau, Chemische Industrie; Weizen, Gerste, Mais, Sonnenblumen, Tabak, Gemüse, Obst, Wein, Rosenöl; Rinder, Schafe, Schweine, Geflügel
Bundesrepublik Deutschland/BRD 248 091 km² 59,4 Millionen (1978) 10 Länder Bonn	Bonn Hamburg München Köln Essen Düsseldorf Frankfurt/M. Dortmund Stuttgart Duisburg Bremen Hannover Nürnberg	(1975) 284 1 726 1 218 1 017 681 671 646 634 607 597 577 557 504	Stein-, Braunkohle, Erdöl, Erdgas, Kalisalze, Eisenerz; Stahl- und Maschinenbau, Elektronik, Eisen- und Metallwarenindustrie, Hüttenwerke, Textil-, Chemie-, Nahrungs- und Genußmittelindustrie; Getreide, Kartoffeln, Zuckerrüben, Obst, Wein; Rinder, Schafe, Schweine, Pferde; Fischfang
Dänemark (Kongeriget Danmark, Königreich Dänemark) – ohne Grönland und Färöer – 43 074 km² 5,1 Millionen (1978) 14 Amtskommuner København (Kopenhagen)	Kopenhagen m. V. Århus Odense Ålborg Frederiksberg	(1970) 644 1 389 233 164 154 111	Kaolin, Kreide, Kalk; Eisen- und Metallindustrie, Nahrungsmittel-, Bekleidungs-, Elektro-, Textil-, Papierindustrie, Schiffbau; Getreide, Milchvieh-, Schweine-, Geflügelzucht; Butter, Käse, Fleisch, Eier; Fischfang
Deutsche Demokratische Republik/ DDR 108 178 km² 16,7 Millionen (1978) Hauptstadt Berlin und 14 Bezirke	Berlin Leipzig Dresden Karl-Marx-Stadt Magdeburg Halle Rostock Erfurt Zwickau Potsdam Gera Schwerin Dessau Jena Cottbus	(1976) 1 098 567 509 305 278 237 213 204 122 119 115 107 101 100 100	Braunkohle, Kalisalze, Zinn- und Kupfererze; Metallurgie, Maschinenbau, Feinmechanik; Optik, Fahrzeugbau, Chemie-, Textilindustrie; Getreide, Kartoffeln, Zuckerrüben, Ölsaaten; Rinder, Schweine, Schafe, Pferde, Geflügel; Holz und Harz; Fischfang

Name des Staates, Fläche, Bevölkerung, Gliederung, Hauptstadt	Größte Städte (1 000 Einw.)		Wirtschaft (Bergbau, Industrie, Land- und Forstwirtschaft, Fischfang)
Finnland (Suomen tasavalta/ Republiken Finland, Republik Finnland) 337 009 km² 4,8 Millionen (1978) 12 Läänit/Län Helsinki	Helsinki Turku Espoo Lahti Oulu	(1970) 535 155 93 89 87	Kupfer-, Nickel-, Zink-, Kobalt-, Eisenerze; Papierindustrie, Metallurgie, chemische Industrie, Metallverarbeitung; Hafer, Sommerweizen, Gerste, Roggen; Rinder-, Pferde-, Schweine-, Bienen-, Pelztier-, Rentierzucht; Holzwirtschaft; Fischfang
Frankreich (République française, Französische Republik) 549 430 km² 53,2 Millionen (1978) 95 Départements und Territoire de Belfort Paris	Paris Aggl. Lyon Aggl. Marseille Aggl. Lille Aggl. Bordeaux Aggl.	(1975) 2 290 8 424 457 1 153 908 1 005 175 929 223 591	Stein- und Braunkohle, Erdgas, Erdöl, Eisenerze, Bauxit, Kali; Chemieindustrie, Elektronik, Auto- und Flugzeugbau; Weizen, Gemüse, Zuckerrüben, Obst, Wein; Rinder-, Schweine-, Schaf-, Geflügelzucht; Fischfang
Griechenland (Elliniki Dimokratía, Griechische Republik) 131 944 km² 9,3 Millionen (1978) 53 Nomói Athenai (Athen)	Athen Aggl. Saloniki Piräus Pátrai	(1971) 867 2 530 346 187 112	Braunkohle, Bauxit, Eisen-, Chrom-, Zink-, Manganerze; Textil-, Nahrungs- und Genußmittel-, Metall-, chemische Industrie; Weizen, Reis, Wein, Zitrusfrüchte, Oliven, Baumwolle, Tabak; Rinder-, Ziegen-, Schweine-, Esel-, Pferde-, Maultierzucht
Großbritannien (United Kingdom of Great Britain and Northern Ireland, Vereinigtes Königreich von Großbritannien und Nordirland) – mit Kanalinseln und Insel Man – 243 184 km² 56,1 Millionen (1978) 54 Counties in England und Wales, 9 Regions und 3 Inselgebiete in Schottland, 26 Districts in Nordirland London	London Greater London Birmingham Liverpool Manchester Sheffield Leeds Bristol	(1971) 2 089 7 379 1 013 607 542 520 495 425	Steinkohle, Eisenerze, Steinsalz, Erdöl, Ölschiefer; Metallurgie, Metallbearbeitung, Maschinen- und Schiffbau, chemische und erdölverarbeitende Industrie, Textil-, Nahrungs- und Genußmittelindustrie; Gerste, Weizen, Hafer, Kartoffeln, Zuckerrüben; Viehzucht; Fischfang
Irland (Poblacht na h'Éireann, Republik Irland) 70 282 km² 3,2 Millionen (1978) 26 Counties Dublin	Dublin Cork Limerick Dun Laoghaire Waterford	(1971) 568 128 157 53 32	Torf, Steinkohle, Eisen-, Manganerze; Textil-, Nahrungs- und Genußmittelindustrie; Gerste, Hafer, Weizen, Kartoffeln, Rüben; Viehzucht; Fischfang
Island (Lýdveldid Ísland, Republik Island) 103 000 km² 225 000 (1978) 23 Sýslur und 15 Kaupstaðir (unmittelb. Orte) Reykjavík	Reykjavík Kópavogur Akureyri	(1972) 84 11 11	Fischkonserven- und Räuchereiindustrie; Kartoffeln, Futterrüben; Viehzucht; Fisch- und Walfang
Italien (Repubblica Italiana, Italienische Republik) 301 251 km² 56,8 Millionen (1978) 20 Regionen (95 Provinzen) Roma (Rom)	Roma Milano Napoli Torino Genova Palermo Bologna Firenze Catania	(1976) 2 884 1 705 1 224 1 191 801 673 486 465 400	Erdöl, Erdgas, Schwefel, Quecksilbererz, Pyrit, Marmor, Asbest; Maschinen- und Schiffbau, elektronische, chemische, Textil-, Lebensmittelindustrie; Weizen, Reis, Mais, Zuckerrüben, Wein, Obst, Oliven, Hanf; Rinder, Schafe, Ziegen, Schweine, Maultiere, Esel, Seidenraupen
Jugoslawien (Socijalistička Federativna Republika Jugoslavija, Sozialistische Föderative Republik Jugoslawien) 255 804 km² 22 Millionen (1978) 6 Narodne Republike Beograd (Belgrad)	Beograd Aggl. Zagreb Skopje Sarajevo Ljubljana Split Novi Sad	(1971) 770 1 300 566 312 244 174 152 142	Stein- und Braunkohle, Erdöl, Bauxit, Quecksilber, Eisen-, Kupfer-, Blei-, Zinkerze; Maschinenbau, Schwarz- und NE-Metallurgie, Textil-, Chemie-, Nahrungsmittel-, Holzindustrie; Getreide, Kartoffeln, Zuckerrüben, Sonnenblumen, Tabak, Baumwolle, Reis, Obst, Wein; Viehzucht, Fischfang

Name des Staates, Fläche, Bevölkerung, Gliederung, Hauptstadt	Größte Städte (1 000 Einw.)		Wirtschaft (Bergbau, Industrie, Land- und Forstwirtschaft, Fischfang)
Liechtenstein (Fürstentum Liechtenstein) 160 km² 23 000 (1978) Vaduz	Vaduz	(1970) 4	Textil-, pharmazeutische Industrie, Metallverarbeitung, Präzisionsinstrumente; Weizen, Obst, Wein; Rinder, Schafe; Tourismus
Luxemburg (Grand-Duché de Luxembourg, Großherzogtum Luxemburg) 2 586 km² 0,3 Millionen (1978) 3 Distrikte, 12 Kantone Luxembourg/Luxemburg	Luxemburg	(1970) 76	Eisenerz; Eisen- und Stahlindustrie, Maschinenbau, chemische und Nahrungsmittelindustrie; Getreide, Kartoffeln, Wein; Viehzucht
Malta (Republic of Malta, Republik Malta) 316 km² 0,3 Millionen (1978) Valletta	Valletta	(1971) 15	Leichtindustrie, Docks; Kartoffeln, Weizen, Gemüse, Rinder, Schafe, Ziegen; Fischfang; Tourismus
Monaco (Principauté de Monaco, Fürstentum Monaco) 2 km² 25 000 (1978) Monaco	Monaco	(1970) 2	Leichtindustrie; Tourismus
Niederlande (Koninkrijk der Nederlanden, Königreich der Niederlande) 33 779 km² Landfläche 13,9 Millionen (1978) 12 Provincies Amsterdam	Amsterdam Rotterdam 's-Gravenhage Utrecht Eindhoven Haarlem Groningen Tilburg	(1970) 830 685 549 279 189 172 169 152	Steinkohle, Torf, Erdöl, Erdgas, Kaolin, Steinsalz; Metallverarbeitung, Maschinenbau, Elektronik, Eisenhütten-, Textil-, Nahrungs- und Genußmittelindustrie, Schiffbau; Getreide, Kartoffeln, Zuckerrüben, Gartenbau, Blumen; Viehzucht; Fischfang
Norwegen (Kongeriket Norge, Königreich Norwegen) 324 219 km² 4,1 Millionen (1978) 19 Fylker Oslo	Oslo Trondheim Bergen Stavanger	(1970) 482 128 113 82	Erdöl, Steinkohle, Eisen-, Kupfer-, Blei-, Zink-, Titanerze; Elektrochemie, Metallurgie, Holzverarbeitung; Getreide, Kartoffeln; Viehzucht; Fisch- und Walfang
Österreich (Republik Österreich) 83 850 km² 7,5 Millionen (1978) 9 Bundesländer Wien	Wien Graz Linz Salzburg Innsbruck	(1971) 1 603 249 205 127 115	Erdöl, Erdgas, Braunkohle, Graphit, Eisen-, Blei-, Zink-, Kupfererze, Steinsalz; Metallurgie, Maschinen- und Fahrzeugbau, Textil-, Elektro-, Papierindustrie; Getreide, Kartoffeln, Zuckerrüben, Obst, Wein; Viehzucht; Tourismus
Polen (Polska Rzeczpospolita Ludowa, Volksrepublik Polen) 312 677 km² 35 Millionen (1978) 49 Wojewodschaften und drei unmittelbare Städte Warszawa (Warschau)	Warszawa Łódź Kraków Wrocław Poznań Gdańsk Szczecin Katowice	(1971) 1 317 764 590 528 473 368 340 306	Stein-, Braunkohle, Torf, Erdöl, Erdgas, Schwefel, Kupfer-, Zink-, Eisen-, Nickel-, Bleierze, Phosphor; Eisenerz- und Hüttenindustrie, Metallurgie, Maschinenbau, chemische, Holz-, Textil-, Lebensmittelindustrie; Getreide, Kartoffeln, Zuckerrüben, Ölfrüchte; Viehzucht; Fischfang
Portugal (República Portuguesa, Portugiesische Republik) 92 082 km² 9,7 Millionen (1978) 22 Distritos Lisboa (Lissabon)	Lissabon Aggl. Porto Aggl. Amadora Coimbre	(1970) 782 1 612 310 1 315 66 56	Stein-, Braunkohle, Wolfram, Pyrit, Eisenerz, Salz; Textil-, Nahrungsmittelindustrie; Kork, Terpentinöl; Getreide, Wein, Oliven, Obst; Viehzucht; Fischfang
Rumänien (Republika Socialistă România, Sozialistische Republik Rumänien) 237 500 km² 21,9 Millionen (1978) 39 Judete und Hauptstadt București (Bukarest)	București Cluj Timișoara Iași Brașov Galați Craiova	(1970) 1 475 203 193 184 182 179 172	Erdöl, Erdgas, Kohle, Eisen-, Mangan-, Chrom-, Kupfer-, Bleierze, Bauxit, Quecksilber; Hüttenindustrie, Maschinenbau, Chemie-, Baustoff-, Leicht-, Lebensmittelindustrie; Getreide, Zuckerrüben, Kartoffeln, Sonnenblumen, Wein; Viehzucht; Fischfang

Name des Staates, Fläche, Bevölkerung, Gliederung, Hauptstadt	Größte Städte (1 000 Einw.)		Wirtschaft (Bergbau, Industrie, Land- und Forstwirtschaft, Fischfang)
San Marino (Repubblica di San Marino, Republik San Marino) 61 km² 20 000 (1978) San Marino	San Marino	(1971) 4	Bausteine; Keramik; Wein; Fremdenverkehr
Schweden (Konungariket Sverige, Königreich Schweden) 449 750 km² 8,2 Millionen (1978) 24 Län Stockholm	Stockholm Aggl. Göteborg Malmö Uppsala Västerås	(1970) 740 1 345 451 265 127 117	Kohle, Eisenerz, Torf, Ölschiefer, Granit, Marmor; Metallverarbeitung, Hüttenwesen, Holz-, Zellulose-, Papierindustrie, Elektrotechnik, Lebensmittelindustrie; Getreide, Kartoffeln, Zuckerrüben; Viehzucht; Fischfang
Schweiz (Schweizerische Eidgenossenschaft, Confédération suisse, Confederazione Svizzera) 41 288 km² 6,4 Millionen (1978) 26 Kantone Bern	Zürich Basel Genève Bern Lausanne	(1970) 423 213 173 162 137	Eisen- und Manganerze, Salz; Uhrenindustrie, Maschinen-, Turbinen-, Meßgerätebau, chemische, pharmazeutische, Textil-, Nahrungs- und Genußmittelindustrie; Getreide, Kartoffeln, Obst, Wein; Viehzucht, Milch und Milchprodukte; Tourismus
Spanien (Estado Español, Spanischer Staat) 504 750 km² 36,7 Millionen (1978) 50 Provincias Madrid	Madrid Barcelona Valencia Sevilla Zaragoza Bilbao	(1970) 3 121 1 742 648 546 469 406	Steinkohle, Quecksilber, Eisen-, Wolfram-, Antimon-, Mangan-, Kupfer-, Bleierze; Kali- und Steinsalze; Metallurgie, Maschinenbau, Chemie-, Textil-, Nahrungsmittelindustrie; Getreide, Oliven, Baumwolle, Zıtrusfrüchte; Pferde, Maultiere, Esel, Rinder, Schweine, Ziegen; Kork; Fischfang
Tschechoslowakei (Československá socialistická republika, Tschechoslowakische Sozialistische Republik) 127 869 km² 15,2 Millionen (1978) 7 Krajů u. Auton. Stadt Praha in der Tschechischen, 3 Krajů u. Auton. Stadt Bratislava in der Slowakischen Soz. Rep. Praha (Prag)	Praha Brno Bratislava Ostrava Košice Plzeň	(1971) 1 082 338 291 284 152 149	Stein-, Braunkohle, Eisen-, Mangan-, Antimonerze, Graphit, Kaolin, Quarzsand; Metallverarbeitung, Maschinenbau, Chemie-, Leichtindustrie; Getreide, Zuckerrüben, Kartoffeln, Wein, Hopfen; Viehzucht
Ungarn (Magyar Népköztársaság, Ungarische Volksrepublik) 93 030 km² 10,7 Millionen (1978) 19 Megyé und Hauptstadt Budapest	Budapest Miskolc Debrecen Pécs Szeged Győr	(1970) 2 039 173 155 145 119 100	Kohle, Eisenerz, Bauxit, Erdgas; Rohstahl, Aluminium, Zement, Metallverarbeitung, Leicht- und Lebensmittelindustrie; Weizen, Gerste, Mais, Zuckerrüben, Kartoffeln, Sonnenblumen

Vatikanstadt (Stato della Città del Vaticano, Staat Vatikanstadt)
0,44 km²
1 000 Einwohner

Zugehörige, abhängige und sonstige Gebiete:
Svalbard und Jan Mayen (zu Norwegen); 62 050 + 373 km², 3 000 Einw.
Färöer (zu Dänemark); 1 399 km², 40 000 Einw.
Gibraltar (brit.); 6 km², 27 000 Einw.
Westberlin; 480 km², 1,9 Millionen Einw.

Überblick

Fläche und Lage. Europa ist mit rund 10 Mio km² Fläche der zweitkleinste der Erdteile und liegt auf der nördlichen Halbkugel zwischen 35° und 72° nördlicher Breite. Europa ist nur der sich verschmälernde, durch Mittelmeer, Schwarzes und Kaspisches Meer abgegliederte Westteil der großen eurasischen Landmasse. Am Ural ist er auf breiter Front mit Asien verbunden und hat somit in seiner Gestalt eine geringere Selbständigkeit als die anderen Erdteile, zumal da wesentliche Formenbestandteile, vor allem der junge alpidische Faltengebirgsgürtel, fast ohne Unterbrechung nach Asien weiterstreichen. Daß Europa dennoch als eigener Erdteil aufgefaßt wird, hat historische Gründe. Die Ostgrenze wird verschieden gezogen, und damit weichen auch die Flächenangaben für Europa voneinander ab. Nach der in der Sowjetunion üblichen Abgrenzung verläuft die Grenze am östlichen Fuß des Uralgebirges und der Mugodscharen entlang zum Embafluß, folgt diesem bis zur Mündung und dann der Nordküste des Kaspischen Meeres bis zur Kumamündung. Dann führt sie durch die Kuma-Manytsch-Senke zum Asowschen Meer und entlang dessen Ostküste zur Straße von Kertsch. – Europa ist, wie sein äußerer Umriß deutlich erkennen läßt, von allen Erdteilen am meisten aufgegliedert. 19% seiner Fläche entfallen auf Halbinseln, 8% auf Inseln.
Geologischer Aufbau und Oberflächengestaltung. Auch im inneren Aufbau und im Relief ist Europa außerordentlich mannigfaltig gestaltet. Das hat seine Gründe in der erdgeschichtlichen Entwicklung des Kontinents. Da zudem ein großer Teil des nördlichen Europas im Eiszeitalter von Inlandeis bedeckt war, ist auch die klima- und pflanzengeschichtliche Entwicklung außerordentlich kompliziert. Alle diese Faktoren haben dazu beigetragen, daß Europa seiner Ausstattung nach der vielgestaltigste Erdteil ist. Die überaus vielschichtige historische Entwicklung, die hier außer Betracht bleiben muß, hat dieser von Natur aus vorhandenen Mannigfaltigkeit noch zahlreiche weitere Unterschiede hinzugefügt.
Die erdgeschichtliche Entwicklung wird durch mehrere Gebirgsbildungen bestimmt, die mehr oder weniger deutlich an einen alten Kern neue Festlandteile angeschweißt haben. Dieser Kern wird durch eine alte Masse gebildet, die den Norden und Osten Europas umfaßt. Schon in präkambrischer Zeit konsolidiert, hat dieses Gebiet bei allen späteren Gebirgsbildungen als Widerlager gedient und im allgemeinen nur unbedeutende Bewegungen mitgemacht. Das Zentrum der alten Masse sieht man mehr nach äußeren Gründen in dem Baltischen Schild (**Fennoskandia**), der den Osten der Halbinsel Skandinavien und Finnland umfaßt. Ihr gehört jedoch auch der größte Teil Osteuropas an. Der Unterschied besteht nur darin, daß der Baltische Schild von jüngeren Ablagerungen frei ist und die älteren kristallinen Gesteine die Oberfläche bilden. In Osteuropa hingegen sind auf diesem alten kristallinen Untergrund mehr oder weniger mächtige Sedimentserien abgelagert worden, die nie von einer Faltung betroffen worden sind und meistens flach lagern. Es ist die Russische Tafel (**Sarmatia**). Baltischen Schild und Russische Tafel zusammen bezeichnet man als **Fennosarmatia**. Die kaledonische Faltung am Ende des Silurs schweißte dieser alten Masse im Westen einen Faltengebirgssaum an. Der Westrand Skandinaviens, Schottland, Nordengland, der größte Teil der Halbinsel Wales und Nordirland erhielten damals ihre Faltenstruktur. Das Hauptgebiet West- und Mitteleuropas aber wurde erst durch die variszische Faltung im Karbon betroffen, die von Südirland im armorikanischen Bogen über Südwestengland und die Bretagne nach dem Französischen Zentralplateau und von hier aus dann im variszischen Bogen durch ganz Mitteleuropa bis zur Mährischen Pforte zog. Dieser Gebirgsfaltung gehören die meisten Mittelgebirge West- und Mitteleuropas an. Doch schon gegen Ende des Paläozoikums waren die Faltengebirge wieder abgetragen, und über dem flachwelligen Faltenrumpf lagerten sich verschiedenartige terrestrische und marine Sedimente in großer Mächtigkeit ab. Erst die alpidische Gebirgsbildung im Tertiär hat für die gegenwärtigen Oberflächenformen Europas die entscheidenden Voraussetzungen geschaffen. Ein neuer Faltengebirgsgürtel entstand. Ihm gehören die heute als markante Gebirge hervortretenden Pyrenäen, die südspanischen Gebirge, die Apenninen, die Alpen, die Karpaten und schließlich das Dinarische Gebirgssystem sowie der Balkan und das Jaila-Gebirge auf der Krim an. Zwischen die jungen Faltenregionen schieben sich, von den Faltenzügen oft umschlungen, Reste älterer Schollen ein, so z. B. in Innerspanien, auf Sardinien und Korsika oder, in die Tiefe abgesunken, im Bereich der Ungarischen Tiefebene. Aber auch die bereits früher gefalteten Teile Europas wurden zur Zeit der alpidischen Gebirgsbildung stark betroffen. Zwar war hier keine neue Faltung möglich, aber durch Bruchbildung wurde das altgefaltete Gebiet in einzelne Schollen zerlegt, von denen manche emporgehoben wurden und als **Hochschollen** das Gerüst der heutigen Mittelgebirge bilden, andere abgesenkt und mit jüngeren Ablagerungen überdeckt wurden. Auf den aufgestiegenen Schollen wurden die während des Mesozoikums abgelagerten Deckschichten wieder abgetragen, so daß die alten Gesteine erneut an die Oberfläche treten. Auf den weniger emporgehobenen bzw. relativ abgesenkten Teilen hat sich die Serie mesozoischer Gesteine weitgehend erhalten und bildet hier, nachdem die Abtragung die Gesteinsunterschiede heraus-

gearbeitet hat, meist ausgedehnte Schichtstufenlandschaften. Durch die tektonische Beanspruchung der Erdkruste im Tertiär wurde ferner vulkanischen Massen der Weg freigemacht. Einzelausbrüche, aber auch große flächenhafte Ergüsse fügten neue Bauelemente hinzu, die von der Abtragung meist weniger stark angegriffen werden konnten als ihre Umgebung und daher vielfach als Gebirge oder Einzelberge in Erscheinung treten.

Tektonische Gliederung Europas (nach Stille)

Für die Entwicklung des Reliefs ist schließlich das letzte große Ereignis der geologischen Vergangenheit, das Eiszeitalter, von großer Bedeutung geworden. Von Nordeuropa aus breitete sich mehrmals eine mächtige Inlandeisdecke aus, und die höheren Gebirge waren von gewaltigen Gletschern erfüllt, die teilweise bis in die Gebirgsvorländer drangen. Das nordische Inlandeis stieß bis in die Mitte des osteuropäischen Flachlandes, an den Rand der mitteleuropäischen Mittelgebirge und über die heutige Nordsee bis nach England vor, wo es sich mit den Gletschern der Britischen Inseln vereinigte. In den Kerngebieten dieser Vergletscherungen wurde die lockere Bodenschicht weitgehend abgeräumt, der Felsuntergrund stark überformt; anderseits häuften sich in den Ablagerungsgebieten mächtige Schuttmassen an. In den Hochgebirgen aber entstand der glaziale Formenschatz mit Trogtälern, Karen und unausgeglichenen Gefällsverhältnissen der Täler. Da der westöstliche Verlauf der Alpen ein Ausweichen der Flora und Fauna nach dem Süden nicht erlaubte, gingen zahlreiche tertiäre Arten zugrunde. Die heutige Artenarmut Europas hat darin ihre Ursache. Doch das Eiszeitalter hatte für Europa noch weitere Folgen. Ausgedehnte Gebiete außerhalb der Eisdecke standen unter dem Einfluß eines kalten Klimas mit gefrorenem Boden, der überhaupt vegetationslos oder nur mit einer kümmerlichen Tundrenvegetation bedeckt war. In dem während des Sommers oberflächlich auftauenden Boden entstanden Bodenbewegungen, denen wir in unseren Mittelgebirgen unter anderem die Blockmeere verdanken. Aus dem austrocknenden, vegetationsfreien Boden wehte der Wind das feinste Material aus und schlug es als Löß vor allem am Rande der Mittelgebirge nieder.
Als das Eis gewichen war, drangen die Pflanzen allmählich wieder vor und besiedelten nach und nach das eisfrei gewordene Gebiet. Zuerst schob sich eine kümmerliche Tundrenvegetation vor, der Kiefer, Birke, Hasel und später schließlich der Laubmischwald folgten. Gleichzeitig wanderte auch der Mensch,

der im älteren Paläolithikum überwiegend im südlichen Frankreich und den südlichen Teilen Osteuropas sowie den Mittelmeerländern Zuflucht gefunden hatte, in die besiedlungsfähig gewordenen Räume ein. Klimageschichte und Pflanzengeschichte der Nacheiszeit (→ Postglazial, Tab.) sind eng miteinander und mit der Geschichte des Menschen verbunden.

Obwohl die Zeit seit dem Rückzug des Eises nicht mehr als 15000 Jahre umfassen dürfte, hat sie doch für die Gestalt des Kontinents noch weitere bedeutsame Veränderungen gebracht. Unter dem Druck des Eises waren die belasteten Teile der Erdkruste etwas eingesunken, stiegen aber nun, von der gewaltigen Eisdecke befreit, wieder auf. Die Eiszentren, vor allem Skandinavien, haben eine bedeutende Hebung um stellenweise über 200 m, maximal bis 290 m, erfahren; die Hebung dauert auch heute noch an. Dementsprechend mußte sich auch die Gestalt der Meeresbecken verändern. Die Eiszeit hatte aber auch in den Wasserhaushalt der Erde eingegriffen und gewaltige Mengen Wasser aus dem Weltmeer in den Eiskappen gebunden. Daher hatte das Meer während der Eishochstände jeweils einen Tiefstand, den man für die letzte Eiszeit auf etwa 90 m unter dem heutigen veranschlagt. Mit dem Abschmelzen des Eises stieg der Meeresspiegel wieder an. So ist die Spät- und Nacheiszeit durch bedeutsame Veränderungen der Küstenlinien in den Flachländern gekennzeichnet. Ostsee und Nordsee haben erst in sehr junger Zeit ihre heutigen Küstenumrisse erreicht, die Doggerbank in der Nordsee war vor 9000 Jahren noch ein Kap des europäischen Festlandes. Selbstverständlich mußten Veränderungen des Meeresspiegels, seien sie nun im Wasserhaushalt oder in Hebungen und Senkungen des Landes begründet, auch auf die Abflußverhältnisse des Festlandes zurückwirken. Einschneiden der Flüsse in jungen Hebungsgebieten, Aufschüttung der Flüsse dort, wo ihr Gefälle vermindert wird, gewaltige Landverluste in den Tiefebenen, wenn der Meeresspiegel sich erhöhte, haben noch bis in die letzten Jahrtausende hinein dauernde Veränderungen hervorgerufen, und es ist oft sehr schwer festzustellen, inwieweit der Mensch selbst durch den Eingriff in die natürlichen Tatbestände diese Vorgänge mit beeinflußt hat. Seit dem Neolithikum und der Bronzezeit beginnt der Eingriff des Menschen sich stärker auszuwirken als die von Natur aus langsam fortschreitenden Veränderungen in der Vegetation.

Klima. Europa liegt überwiegend im gemäßigten Gürtel. Im Süden hat es noch erheblichen Anteil an den subtropischen Winterregengebieten, im Nordosten reicht es in die subpolare Zone hinein. Es steht der vorherrschenden, vom Ozean kommenden Westwinden offen, die Niederschläge bringen und wechselhaftes Wetter tief in den Kontinent hineintragen. Dort aber schwächt sich der maritime Einfluß immer mehr ab. Dem maritimen, „atlantischen" Westsaum folgen ein breites Übergangsgebiet in Mitteleuropa und ein kontinentaler Osten. Besonders im Winter ist der maritime Einfluß, der infolge der starken Aufgliederung des Kontinents sehr groß ist, von besonderer Bedeutung. Nicht nur Nordsee und Ostsee, sondern auch das Mittelmeer mit dem Schwarzen Meer lassen die ausgleichende Wirkung maritimer Klimaeinflüsse bis tief in den Kontinent hinein wirksam werden.

Das Klimabild Europas zeigt daher einige Besonderheiten. Die Wärme des Nordatlantikstromes, der mit seinen Ausläufern den Westrand des Kontinents bespült, ruft hier eine positive Anomalie der Temperaturen hervor, wie sie sich sonst auf der Erde unter gleicher Breite nicht wieder vorfindet. Da der ganze atlantische Außensaum besonders im Winter stark begünstigt wird, fehlen hier größere Frostperioden. Die Isothermen des Winters verlaufen fast in meridionaler Richtung. Das Jahresmittel von Trondheim auf 64° nördlicher Breite entspricht dem von Budapest ($47^1/_2°$) oder Bukarest ($44^1/_2°$). Nordwest-Schottland (58° nördlicher Breite) hat kein niedrigeres Januarmittel als etwa Marseille (43°) oder Genua ($44^1/_2°$). Im Sommer hingegen folgen die Isothermen mit geringen Abweichungen der West-Ost-Richtung. Es zeigt sich eine deutliche Temperaturabstufung von Nord nach Süd. Die Jahresschwankungen der Temperaturen sind also im atlantisch beeinflußten Bereich gering; es stehen milde Winter verhältnismäßig kühlen Sommern gegenüber. Im Kontinentalbereich Osteuropas hingegen werden die Jahresschwankungen immer größer, so daß heiße Sommer und kalte Winter das Klima kennzeichnen. Da die Niederschläge im größten Teil Europas durch die Zyklonen der Westwindzone herbeigeführt werden, ist der atlantische Saum stärker beregnet als die Binnengebiete, und dementsprechend ändern sich Bewölkungsgrad, Sonnenscheindauer und Luftfeuchte mit zunehmender Entfernung von der Küste. Alle diese Erscheinungen werden aber infolge des unterschiedlichen Reliefs durch Luv- und Leewirkungen abgewandelt. Vermögen diese auch den allgemeinen Klimacharakter nicht zu ändern, so sind sie doch für die Entwicklung der Pflanzen und für die Anbaumöglichkeiten in den einzelnen Teilgebieten oft von großer Bedeutung. Nur der Süden Europas zeigt ein anderes Klimagepräge, da er nicht mehr der Westwindzone, sondern dem Bereich des subtropischen Wechselklimas mit trockenen Sommern und Winterregen angehört.

Pflanzenwelt. Infolge der starken Eingriffe des Menschen ist die ursprüngliche Vegetation vielfach völlig umgewandelt worden. Doch ist die Vegetationsgliederung als Spiegelbild der klimatischen Tatsachen in der Artenzusammensetzung der Reste des ursprünglichen Waldes, aber auch in den Kulturformationen Forst, Wiese und Acker noch erkennbar. Der größte Teil des Kontinents gehört der Zone der Misch- und sommergrünen Laubwälder an. Dieser Gürtel setzt breit am Atlantik an, wo sich als Kennzeichen der besonderen Klimagunst auch einzelne immergrüne Arten einmischen, und reicht von Nordwestspanien bis nach Südschweden. Er verschmälert sich aber ostwärts rasch, denn die gegen Nordosten zunehmende Kälte hemmt das Wachstum der Laubhölzer. Der Laubwaldgürtel wird daher nordöstlich der Linie Leningrad-Kasan von Nadelwäldern abgelöst, in denen außer der Birke und Espe Laubhölzer keine wesentliche Rolle mehr spielen. Nach Südosten zu wirkt die zunehmende Wärme und Trockenheit für den Laubwald ungünstig. Auf einer Linie, die etwa von Lwow über Kiew und Orjol nach Kasan zieht, wird der Laubmischwald von Steppenformationen abgelöst, die für den gesamten Süden Osteuropas kennzeichnend sind. Ihre Baumarmut ist in dem heutigen Ausmaß aber wohl erst dem Eingriff des Menschen zuzuschreiben. Der Süden des Kontinents, der unter dem Einfluß des winterfeuchten subtropischen Klimas steht, ist mit Hartlaubgehölzen bewachsen. Diese mediterrane Flora wird mit Recht als etwas Besonderes empfunden. Ebenso stellen die in den nördlichsten Teilen des Kontinents bereits auftretenden subpolaren Vegetationsformationen einen Sondertyp dar. Im atlantischen Gebiet handelt es sich hierbei um baumlose Wiesen, die in Island, auf den schottischen Inseln und stellenweise auch noch an den Randsäumen Nordskandinaviens vorherrschen. Die kontinentaleren Gebiete im äußersten Osten gehören jedoch dem Bereich der Tundra an, die sich im skandinavischen Hochgebirge und im Ural als Gebirgstundra noch weit südwärts vorschiebt.

Tierwelt. Die Tierwelt Europas ist verhältnismäßig arm. Der starke Klimawandel vom Tertiär bis zur Gegenwart hat zahlreiche Arten zum Aussterben gebracht, und die Umwandlung großer Flächen in Kulturland hat den natürlichen Lebensraum vieler Tiere stark eingeengt, so daß die Relikte der früheren Fauna unter Naturschutz gestellt werden mußten. Die großen Raubtiere sind völlig ausgerottet oder auf Osteuropa oder unwegsame Gebirgsräume zurückgedrängt worden (Wolf, Bär u. a.). Das Großwild bedarf der Hege, sein Bestand wird durch die Jagd reguliert.

Charaktertiere der Tundra sind Ren, Polarfuchs und Eisbär. Die Wälder beherbergen Hirsch, Reh und Wildschwein, im Nordosten noch den Elch, in Reservaten den Wisent.

Die Steppen haben ihre Großtiere eingebüßt, die in Erdhöhlen lebenden Nagetiere jedoch weitgehend behalten. Im Hochgebirge sind Murmeltier, Gemse und Steinbock wie auch der Steinadler schon unter Schutz gestellt. In Südeuropa ist die wärmeliebende Tierwelt vor allem durch Reptilien und Insekten vertreten.

Oberflächenformen, Aufgliederung der Landmasse durch die Randmeere, klimatische und pflanzengeographische Tatsachen legen es nahe, Europa in mehrere charakteristische Teile zu gliedern. Wir unterscheiden:

Mitteleuropa
Nordeuropa
Osteuropa
Südosteuropa
Südeuropa
Westeuropa

MITTELEUROPA

Überblick

Mitteleuropa, auch Zentraleuropa genannt, ist nicht nur der Lage nach der mittlere Teil des Kontinents, sondern mehr noch in seinen geographischen Eigenschaften das Mittelglied zwischen dem maritimen Westen Europas und dem kontinentalen Osten, zwischen dem wärmeren Süden und dem kühleren Norden. Es ist also ein ausgesprochenes Übergangsgebiet und weist außerdem eine eigentümliche Dreigliederung des Reliefs in Tiefland, Mittelgebirge und Hochgebirge auf.

Mitteleuropa hat also Anteil an den wichtigsten Baugliedern Europas, nämlich an dem geologisch jungen Faltengebirgsgürtel der Alpen und Karpaten sowie an dem in einzelne Schollen zerbrochenen variszischen Rumpf und den ihn überlagernden mesozoischen Deckschichten, die beide zusammen ein mannigfaltiges und vielgliedriges Mittelgebirge aufbauen, schließlich auch an der Tiefenzone südlich der Nord- und Ostsee; diese Tiefenzone hat die entscheidenden morphologischen Züge im Erdeiszeitalter erhalten.

Abgrenzung. Mitteleuropa hat eine Fläche von mehr als einer Million Quadratkilometer. Die Abgrenzung Mitteleuropas gegen das übrige Europa ist nicht einfach und wird in der Literatur auch nicht einheitlich vorgenommen. Auf fast allen Seiten leiten mehr oder weniger breite Übergangsgebiete zu den anderen Teilen des Kontinents hin, ohne daß sich eine einigermaßen deutliche Grenze erkennen läßt. Etwas klarer liegen die Verhältnisse nur im Norden. Hier bilden die Küsten der Nord- und Ostsee die Begrenzung des mitteleuropäischen Raumes, Dänemark, das mit seiner skandinavischen Bevölkerung historisch eng mit Schweden und Norwegen verbunden ist, gehört seiner Natur nach eindeutig zu Mitteleuropa. Im Süden rechnet man im allgemeinen den größten Teil der Alpen noch Mitteleuropa zu. Der östlich anschließende Faltenzug der Karpaten ist dagegen zum größten Teil als südosteuropäisches Gebiet anzusehen. Für die westliche Abgrenzung Mitteleuropas gilt allgemein, daß die physisch-geographische Grenze zwischen Mittel- und Westeuropa auf den Höhen des Schweizer Juras und der Vogesen, dann am Südrand der Ardennen und über die Schwelle von Artois verläuft. Am schwierigsten läßt sich eine Grenze im Osten finden, da hier der mitteleuropäische Tieflandsstreifen ganz unmerklich in die Osteuropäische Tiefebene übergeht. Die in diesem Buch getroffene Lösung, Osteuropa an der Staatsgrenze der Sowjetunion beginnen zu lassen, ist nicht die einzig mögliche.

Klima. Der Verschiedenartigkeit der Oberflächengestaltung entspricht eine Mannigfaltigkeit in bezug auf das Klima. Diese beruht aber nicht nur auf den besonderen morphologischen Verhältnissen, sondern auch auf dem allmählichen Übergang von maritimer zu kontinentaler und von südlicher zu nördlicher Abart des allgemeinen mitteleuropäischen, durch das Fehlen scharfer Extreme gekennzeichneten Klimatyps. Es ergibt sich für diesen somit eine starke Differenzierung, d. h., es treten auf engem Raum zahlreiche lokale Klimaabweichungen auf. Dies gilt z. B. für die Westseiten der Gebirge, die stärkere Niederschläge haben als die im Regenschatten liegenden Gebirgshänge, für die zahlreichen kleineren und größeren Becken, die sich oft als klimabegünstigte Inseln herausheben, etwa das Oberrheintal und das Thüringer Becken, und dies gilt schließlich auch für die Unterschiede von Sonnen- und Schattenseiten der Täler. Überall müssen diese lokalklimatischen Besonderheiten beachtet werden. Zwar reichen Niederschläge und Wärme des Sommers fast überall zu intensiver land- und forstwirtschaftlicher Nutzung aus, und Dürrejahre sind außerordentlich selten, doch zwingen die Besonderheiten der lokalen Klimate zu einer geeigneten Auswahl der Anbaufrüchte und in den Gebirgen auch der Anbausysteme; hierbei spielen allerdings noch die historisch bedingten Unterschiede eine Rolle.

In den maritim beeinflußten Gebieten, z. B. in den Niederlanden, im nordwestlichen Tiefland der BRD und mit gewisser Einschränkung auch in Dänemark, ist der Winter mild, eine geschlossene Schneedecke stellt sich nur zeitweilig ein. Schon zeitig im Frühjahr werden Temperaturen erreicht, bei denen die Vegetationstätigkeit und die Aufnahme der Feldarbeit möglich sind. Nach Osten zu, in den kontinentaleren Gebieten, beginnt das Frühjahr zunehmend später, was auch an den phänologischen Daten festzustellen ist. Hingegen sind dort die Sommertemperaturen höher als in den küstennahen Gegenden, so daß die für das Reifen der Ackerfrüchte, besonders der Ackerfrüchte, notwendige Wärmesumme rascher erreicht wird. Die Roggenernte z. B. beginnt im östlichen Mitteleuropa nicht später als in den westlichen Gebieten. Mit der im Herbst einsetzenden Abkühlung des Erdbodens sinken dagegen die Temperaturen im kontinentaleren Osten rascher ab, und die Herbstfröste treten zeitiger auf. Ostwärts der Oder stellt sich fast Jahr für Jahr eine Schneedecke ein, die den ganzen Winter über anhält. Dies alles ist besonders für die Arbeitsverteilung in der Landwirtschaft bedeutungsvoll. Der kontinentale Bereich ist insofern benachteiligt, als die Feldarbeit auf weniger Monate zusammengedrängt werden muß als weiter westlich.

Niederschläge fallen in Mitteleuropa so reichlich, daß überall Dauerflüsse vorhanden sind. Vor ihrer Regulierung traten viele Flüsse insbesondere während der Zeit der Schneeschmelze regelmäßig über die Ufer und überschwemmten weithin die Talaue. Die Niederschläge reichen im allgemeinen für eine Agrarwirtschaft ohne Bewässerung, doch oft nicht zur Erzielung optimaler Erträge aus. Neben die Entwässerung sumpfiger Niederungen, die einen Wasserüberschuß haben, tritt daher die Wasservorratswirtschaft, in zunehmendem Maße die Berieselung von Kulturflächen. Nicht nur die Notwendigkeit der erhöhten Erzeugung von pflanzlicher Substanz, sondern auch andere wirtschaftliche Interessen zwingen dazu, mit dem Wasservorrat besser hauszuhalten. Die Schiffahrt leidet im Sommer vielfach unter zu geringer Wasserführung der Flüsse, den Wasserklemmen, die keine volle Ausnutzung der Ladefähigkeit der Flußfahrzeuge gestatten. Es macht ferner immer größere Schwierigkeiten, Trinkwasser und vor allem das Betriebswasser für die Industrie zu beschaffen, so daß die Fragen der Wasserspeicherung in Talsperren – durch die gleichzeitig auch die Gefahr von Überschwemmungen sowie die sommerliche Wasserklemme weitgehend beseitigt werden –, ferner der Ableitung, Reinigung und Nutzung der Abwässer sowie der Erschließung weiterer Grundwasservorräte an Bedeutung gewinnen.

Hydrographische Verhältnisse. Die Entwässerung Mitteleuropas wird im großen durch die von Süden nach Norden gerichtete Abdachung, im einzelnen aber vor allem durch das Relief bestimmt. Im Tieflandsstreifen ist das Gewässernetz verhältnismäßig gleichmäßig entwickelt und wird von den der Nordsee bzw. der Ostsee zufließenden Strömen Rhein, Weser, Elbe, Oder, Wisła (Weichsel) bestimmt. Die ursprünglich überwiegend nach Norden gerichtete Entwässerung ist hier allerdings während der Eiszeiten streckenweise in die Richtung der Urstromtäler, also nach Westen und Nordwesten, abgelenkt worden, wie es sich besonders deutlich bei Elbe, Oder und Wisła beobachten läßt. Diese Urstromtäler sind auch dort, wo sie keine großen Flüsse mehr bergen, für den Verkehr von Bedeutung, da sie günstige Kanalverbindungen gestatten.

Einige der Hauptflüsse sind fast reine Tieflandsströme (Oder, Wisła). Der Lauf der übrigen Hauptflüsse verknüpft dagegen die Mittelgebirgsschwelle mit dem Tiefland, und der Rhein greift mit seinem von den Schmelzwässern der Gletscher gespeisten Oberlauf sogar tief in das Hochgebirge der Alpen ein.

Eine Sonderstellung unter den Hauptflüssen Mitteleuropas nimmt die Donau ein, die ihr Wasser dem Schwarzen Meer zuführt. Der lange und mächtige Strom, dessen Quellen im südlichen Schwarzwald liegen, sammelt fast sämtliche in den Ostalpen – soweit sie Mitteleuropa zugerechnet werden – entspringenden Flüsse.

Innerhalb der Mittelgebirgsschwelle ist die Richtung der Entwässerung weniger einheitlich als im Tiefland, vielmehr folgt diese häufig tektonisch vorgezeichneten Linien, wie es z. B. bei der aus dem Eichsfeld kommenden Leine im Leinetalgraben oder beim Rhein im Oberrheingraben der Fall ist. Zahlreich sind hier auch Flußläufe mit epigenetischen Tälern (→ Tal), die auf alten Landoberflächen angelegt wurden und bis heute ihre alte, oft im Widerspruch zu dem jetzigen Relief stehende Richtung beibehalten haben. Dies gilt für die in den Südvogesen entspringende Mosel im Rheinischen Schiefergebirge, für die Donau in der Fränkischen Alb, für die obere Saale im Ostthüringischen Schiefergebirge und für viele andere Flüsse. In den großen Senken innerhalb der Mittelgebirgszone sammeln sich aus allen Richtungen die Flüsse, ehe sie die Gebirgsumrahmung durchbrechen. So vereinigt sich die Elbe in Böhmen mit ihren großen Nebenflüssen Ohře (Eger), Vltava (Moldau) u. a. und durchbricht dann das Elbsandsteingebirge. Ähnlich ist es beim Rhein, der vor seinem Durchbruch durch das Rheinische Schiefergebirge Neckar, Main und Nahe aufnimmt.

Im Alpenvorland folgen die Flüsse der Abdachungsrichtung der pleistozänen Ablagerungen; auf Schweizer Gebiet strömen sie überwiegend nach Nordwesten (Aare, Emme, Reuß, Limmat), im BRD- und österreichischen Gebiet meist nach Norden und Nordosten (Iller, Lech, Isar, Inn und Enns). Innerhalb der Alpen selbst ist die Richtung der Entwässerung vielfach tektonisch bestimmt. In den Ostalpen folgen viele Flüsse über größere Laufstrecken den westöstlich, in den Schweizer Alpen den südwest-nordöstlich gerichteten Längstälern.

Da durch die Wasserwege Verkehrslinien vorgezeichnet werden, ergibt sich insofern eine verkehrsgeographisch günstige Stellung Mitteleuropas, als es durch die Donau mit dem Südosten des Erdteils verbunden ist. Besondere Bedeutung kommt hierbei dem im Fichtelgebirge entspringenden Main zu, der in stark gewundenem Lauf dem Rhein zufließt und über den ein alter, heute zwar unzureichender Wasserweg, der Ludwigskanal, die Verbindung zwischen Donau und Rhein herstellt. Die Frage der Verbindung der Donau mit den nordwärts fließenden Strömen Mitteleuropas ist auch heute aktuell. Neben dem Rhein-Main-Donau-Großschiffahrtsweg kommt hier vor allen Dingen eine Wasserstraße durch die Mährische Pforte zur Oder und Wisła hin in Betracht.

Die geographischen Unterschiede innerhalb Mitteleuropas machen sich im Charakter der einzelnen Ströme deutlich bemerkbar. Rhein und Donau empfangen aus den vergletscherten Gebieten der Alpen bedeutende Nebenflüsse, die gerade in den Sommermonaten mächtige Schmelzwassermengen zu Tal führen. So fehlen bei diesen beiden Strömen die sommerlichen Wasserklemmen, die am deutlichsten bei Elbe und Oder zu beobachten sind. Mit der Zunahme der Kontinentalität und der Strenge des Winters gegen Osten hin nimmt auch die Vereisungsdauer der Flüsse zu. Allerdings gibt es in den einzelnen Jahren oft beträchtliche Abweichungen, und in strengen Wintern wird auch auf dem Rhein die Schiffahrt durch Eisgang behindert. An der unteren Wisła kommt die Gefahr des Eisverschlusses hinzu, der früher mehrfach zu schweren Überschwemmungen und Deichbrüchen im Deltagebiet geführt hat, da infolge der Erwärmung im Süden die Schneeschmelze am Oberlauf des Flusses schon eintritt und große Wassermengen talab führt, wenn im Mündungsgebiet noch die winterliche Eisdecke vorhanden ist.

Böden. Der Mannigfaltigkeit der morphologischen und klimatischen Erscheinungen entspricht auch eine Vielfalt der Böden. Unter den herrschenden Klimaverhältnissen steht die chemische Zersetzung weitaus im Vordergrund. Fast überall ist das Gestein von einer mehr oder weniger mächtigen Verwitterungsschicht bedeckt, deren oberste Teile im Zusammenspiel von festen Bodenteilchen, Klima, Bodenlebewesen und Pflanzenwelt zu fruchtbarem Boden umgebildet worden sind und weiter umgebildet werden. Da die klimatischen Unterschiede in den einzelnen Gebieten im allgemeinen gering sind, unterscheiden sich die Böden in erster Linie durch ihre mineralische Zusammensetzung, d. h. durch die Bodenarten, z. B. Sand-, Lehm- oder Kalkböden. Im wesentlichen sind drei Bodentypen in Mitteleuropa vorherrschend: a) die mehr oder weniger stark gebleichten Podsole unter Nadelwald, besonders auf durchlässigem Sand, z. B. in Mecklenburg oder im Wisłagebiet, b) die braunen Waldböden, die sich überwiegend auf lehmigem Untergrund unter Laubwald bilden, z. B. im Rhein-Main-Gebiet und im Mittelsächsischen Bergland, und schließlich c) die in den trockneren Gebieten, wahrscheinlich im Bereich ehemaliger natürlicher Grasvegetation entstandene Schwarzerde, die einen Teil der Börden am Saum der Mittelgebirge einnimmt. Außerdem spielen Böden mit Staunässe, Pseudogleye und Stagnogleye, örtlich eine wesentliche Rolle.

Pflanzenwelt. Die natürliche Pflanzenwelt ist heute fast nirgends mehr erhalten. Durch die Schaffung ausgedehnter, in manchen Gebieten fast baumfreier Agrarflächen, wie etwa in der Magdeburger Börde oder großen Teilen der Leipziger Tieflandsbucht, und durch die Rodung des Waldes sowie die Umgestaltung der natürlichen Waldbestände zu Nutzwäldern durch die Forstwirtschaft hat der Mensch die ursprüngliche Natur völlig verändert. Nur in Naturschutzgebieten sind noch annähernd natürliche Verhältnisse zu erkennen.

Tierwelt. Mit ihr verhält es sich ähnlich wie mit der Vegetation. Die großen Raubtiere (Bär, Wolf, Luchs) sind nahezu ausgerottet. Nur in einzelnen Naturschutzgebieten werden noch Restbestände der großen Waldtiere (Wisent, Elch) gehegt, die einst die ausgedehnten Wälder Mitteleuropas bewohnten. An jagdbarem Wild sind Hirsch, Reh und Wildschwein, in den Alpen auch die Gemse noch verbreitet. Zahlreiche Arten, die als Kulturflüchter in der intensiv bewirtschafteten Kulturlandschaft nicht mehr zusagenden Lebensraum finden, sind ganz oder bis auf wenige Reste verschwunden (z. B. Biber, Uhu, Schwarzstorch, Kormoran), während sich andere Arten als Kulturfolger stärker ausbreiten (z. B. Hase, Kaninchen, verschiedene Vogelarten), ja sogar zur Plage werden können (Kaninchen, Schadinsekten).

Der Tieflandsstreifen Mitteleuropas

Das mitteleuropäische Tiefland erstreckt sich von der flandrischen Küste mit zunehmender Breite ostwärts und geht schließlich in die weiten Ebenen Osteuropas über. Es ist ein junges Gebilde und in seiner heutigen Gestalt erst das Ergebnis der pleistozänen Eiszeiten, die mächtige Ablagerungen hinterließen. Der voreiszeitliche (präglaziale) Untergrund tritt nur an wenigen Stellen an die Oberfläche, so z. B. in den Kreidefelsen der Ostseeinseln Rügen und Moen, in der Buntsandsteininsel Helgoland und in den bekannten Muschelkalkvorkommen von Rüdersdorf bei Berlin. Weiter südlich haben sich unter der pleistozänen Decke noch tertiäre Ablagerungen in großer Mächtigkeit erhalten, die vor allem durch ihre Braunkohlenführung – z. B. in der Kölner und Leipziger Tieflandsbucht sowie in der Niederlausitz – von besonderem wirtschaftlichen Wert sind. Auch die geologischen Strukturen, die durch die Salztektonik bestimmt werden und für die Erdölfündigkeit Bedeutung haben, machen sich im Landschaftsbild meist nicht bemerkbar. Die einzelnen Teile des Tieflands spiegeln den pleistozänen Werdegang in der räumlichen Gliederung und in den Einzelformen wider. Nacheiszeitliche (postglaziale) Küstenveränderungen haben außerdem besonders im Bereich der Nordsee ganz junge, neue und eigenartige Elemente – Marsch und Watt – hinzugefügt.

Das nordische Inlandeis hat die Gebiete südlich der Ostsee mehrmals überzogen. Am weitesten stießen die Gletscher der vorletzten Eiszeit, der Saale-(Riß-)Eiszeit, vor, nämlich bis zur Rheinmündung und zum Mittelgebirgsrand. Nur zwischen Harz und Lausitz war das Eis der vorausgegangenen Elster-(Mindel-) Eiszeit etwas weiter nach Süden vorgedrungen. Die letzte Vergletscherung hingegen, die der Weichsel-(Würm-)Eiszeit, erreichte nur die Halbinsel Jütland und umzog in mehr oder weniger weit geschwungenem Bogen das Becken der heutigen Ostsee, wobei dieses seine letzte Ausgestaltung erfuhr. Nacheiszeitliche Schwankungen des Meeresspiegels haben jedoch für die Küstenstriche selbst noch mancherlei Veränderungen gebracht. Insbesondere in der vor etwa 7000 Jahren beginnenden Litorinazeit sind randliche Teile des Festlandes überflutet worden.

Der Nordosten des Tieflandsstreifens ist Jungmoränenland. Die erst während der Weichsel-Eiszeit abgelagerten Moränen zeigen hier noch verhältnismäßig lebhafte Formen und bilden zusammen mit den anderen eiszeitlichen Bildungen – Sandern, Osern, Kames, Rinnenseen, Drumlins u. a. – typische Glaziallandschaften. Ein anderes Bild bietet das Altmoränengebiet des Nordwestens. Die Formen der bereits aus der Saale-Eiszeit stammenden Moränen sind hier durch die seitdem wirkende Abtragung bereits weitgehend verwischt worden. Zwischen Alt- und Jungmoränenland schiebt sich eine vermittelnde Zone ein. Das Warthestadium, das eine größere Ausdehnung als die Weichselvergletscherung (Würm-Eiszeit) hatte, aber weit hinter der maximalen saaleeiszeitlichen zurückblieb, hinterließ in der Lüneburger Heide einen breiten, teilweise in sich noch gegliederten Höhenzug, der sich weiter östlich im Südlichen Landrücken fortsetzt.

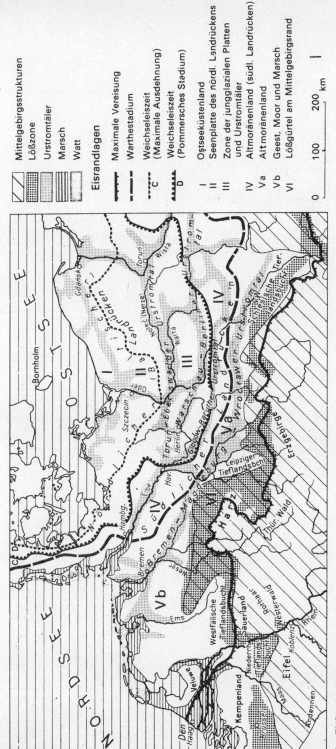

Der Tieflandsstreifen Mitteleuropas

Das gesamte Glazialgebiet des mitteleuropäischen Tieflands wird im Süden durch einen wechselnd breiten Streifen von Löß abgeschlossen, der oftmals den Übergang zu den Mittelgebirgen verwischt und dessen Eigenart in der Oberflächenformung der Landschaft, mehr noch in seiner agrarischen Bedeutung liegt. Es ist die Börden- oder Gefildezone.
Unter den Bodenschätzen des Tieflandsstreifens spielt heute neben den Stein- und Braunkohlenlagern am Rande der Mittelgebirgszone vor allem das Erdöl eine wichtige Rolle. Es wird vor allem im Gebiet zwischen Elbe und dem Emsland gefördert, doch sind auch weite Teile Schleswig-Holsteins und das Gebiet Mecklenburgs erdölhöffig.

Das nordöstliche Tiefland

Das von der letzten Inlandvergletscherung, der Weichsel-Eiszeit, sowie während des Warthestadiums geformte nordöstliche Tieflandsgebiet läßt sich von Norden nach Süden untergliedern in das Küstengebiet der Ostsee, in den Nördlichen Landrücken, auch Baltischer Höhenrücken genannt, in die Zone der Diluvialplatten und Urstromtäler und in den Südlichen Landrücken oder Flämingzug.

Die **Ostseeküste** hat durch die Litorina-Transgression in der Litorinazeit (etwa 5500 bis 2000 v. u. Z.) ihre heutige Gestalt erhalten. Dabei drang die damalige Ostsee in das unruhige glaziale Relief ein und schuf eine buchtenreiche Küste. In Schleswig-Holstein und Jütland entstanden die Förden, d. h. glazial ausgearbeitete Rinnen und Zungenbecken, in die das Meer eindrang, und an der mecklenburgischen Küste bildeten sich die unregelmäßigen Bodden, in denen eine flachwellige Grundmoränenlandschaft überflutet wurde. Zugleich begann das Meer aber die Küsten umzuformen. Die Brandung beseitigte Küstenvorsprünge und schuf dadurch Steilküsten; die Strandversetzung verfrachtete das Material entlang der Flachküste und bildete Nehrungen und Sandhaken, so daß eine Ausgleichsküste mit Sandstrand, Dünenwällen, Strandseen und Haffen entstand. Da bei den vorherrschenden Westwinden die Versetzung nach Osten hin erfolgte, blieben die westlichen Küsten noch offene Buchtenküsten; erst in Mecklenburg überwiegen die Formen der Ausgleichsküste. Auch heute noch gehen diese kleinen Umformungen dauernd weiter. Da der Ostsee die Gezeiten fehlen, sind größere Wasserstandsschwankungen selten. Sie treten nur bei starken Stürmen auf, bei denen sich das Wasser in den Buchten staut. Dann geht die Weiterbildung der Küsten, vor allem der Steilküsten, besonders rasch voran. Die Insel *Rügen* ist ein vortreffliches Beispiel für junge Küstenveränderungen. Ursprünglich bestanden hier mehrere Inseln, die erst im Laufe der Jahrtausende durch Nehrungen – Schmale Heide, Schaabe – miteinander verbunden wurden. Auch bei anderen Inseln, z. B. *Usedom*, *Wolin* und dem Rügen vorgelagerten *Hiddensee*, lassen sich die alten Diluvialkerne von den jungen Nehrungen unterscheiden. Während im Westen die Förden gute Häfen abgeben – *Flensburg*, *Kiel* u. a. –, war die Anlage von Häfen an der weiter ostwärts gelegenen, dünenbesetzten Küste schwieriger (*Wismar*, *Rostock*, *Szczecin*, *Gdańsk* u. a.) und konzentrierte sich auf Flußmündungen.

Der **Nördliche Landrücken**, der in einigem Abstand die Ostseeküste begleitet, ist ein typisch jungglaziales Aufschüttungsgebiet, das seine Formengebung vor allem dem Pommerschen Stadium der Weichsel-Eiszeit verdankt. Höhere und massigere Glieder, in denen sich die Endmoränenwälle mehrfach hintereinander staffeln, wechseln mit Zonen geringerer Höhenentwicklung und breiten Pforten ab. Hinter den Endmoränen, also gegen die Ostsee zu, liegen als weitere Glieder der glazialen Serie die Grundmoränengebiete, die in der Nähe der Endmoränen meist unruhig, kuppig mit einzelnen Zungenbeckenseen, in weiterem Abstand oft als Grundmoränenebenen ausgebildet sind. Auf der Vorderseite, also nach Süden, in Jütland und Schleswig-Holstein gegen Westen zu, haben die abströmenden Schmelzwässer Sander aufgeschüttet, die mehrfach tief im Höhenrücken wurzeln und sich im Vorland, dem großen Thorn-Eberswalder Urstromtal, sammeln, das bei *Havelberg* in das untere Elbtal mündet. Die landschaftlich schönsten Teile sind dank ihrer zahlreichen Seen die hügeligen Moränengebiete. Die blockreichen Endmoränen und viele Kuppen der Grundmoränen sind mit Laubmischwald bestanden und bieten in der heutigen Kulturlandschaft ein abwechslungsreiches Bild. Solche Seenplatten finden sich in Holstein bei Plön, in Mecklenburg und ebenso östlich der Oder im polnischen Gebiet, wo in der Seenplatte Pomerellens 331 m und auch in der Masurischen Seenplatte mehrfach über 300 m Höhe erreicht werden. Die flacheren Grundmoränengebiete bilden wegen ihrer Fruchtbarkeit heute fast überall intensive Ackerbaulandschaften. Die ebenen, trockenen Sanderflächen bleiben dem Wald – heute meist Kiefernforst – überlassen. Manche alte Seenbecken sind inzwischen verlandet; die Flußtäler hinter den Moränenwällen leiden zuweilen unter hohem Grundwasserstand, so daß sich auch viele Grasflächen in das wechselhafte Bild des Nördlichen Landrückens einfügen. Der hügelige, unruhig gestaltete Landrücken ist dem Verkehr wenig günstig. Die großen Verkehrswege umgehen ihn auf beiden Flanken.

Um so bedeutungsvoller sind die breiten Pforten der großen Ströme Elbe, Oder, Wisła, in deren Mündungsgebieten bedeutende Häfen entstanden sind: an der Elbe *Hamburg*, an der Oder *Szczecin*, an der Wisła *Gdańsk*. Auf der Halbinsel Jütland ist es der Küstensaum der Ostsee, der mehrere Hafenorte aufweist, von denen *Århus* in Dänemark der bedeutendste ist. Die verkehrsfeindliche Westküste hat nur im dänischen *Esbjerg* einen leistungsfähigen Kunsthafen.

Die Zone der **Diluvialplatten** und **Urstromtäler** liegt als ein Gebiet geringerer Erhebung zwischen dem Nördlichen und Südlichen Landrücken. Vorherrschend sind breite Flächen mit weniger massierten glazialen Aufschüttungen, die Diluvialplatten, die durch die Schmelzwassertäler der beiden ersten Stadien der letzten Eiszeit, des Brandenburger und des Frankfurter Stadiums, zerschnitten worden sind. Die Urstromtäler, die die einzelnen Platten trennen, sind für das Landschaftsbild oft bedeutsamer als die wenig hervortretenden Endmoränen, die den Diluvialplatten aufgesetzt erscheinen. Da die Eisrandlagen im Nordwesten eng beieinander lagen, gegen Südosten aber stärker auseinandertraten, sind auch die Urstromtäler – das Głogów-Baruther für das Brandenburger, das Warschau-Berliner für das Frankfurter, das Toruń-Eberswalder für das Pommersche Stadium – im Osten weiter voneinander entfernt und schließen hier breite Platten ein, die durch Querrinnen weiter aufgegliedert sind. Nach Westen zu treten sie im Havelland aber näher zusammen und vereinigen sich schließlich bei Havelberg zu einem einzigen Urstromtal. Die Diluvialplatten werden daher hier durch die Urstromtäler immer mehr zurückgeschnitten und bilden z. T. nur noch kleine Reste. Sie werden in der Mark als „Ländchen" bezeichnet – Belliner Ländchen, Gliner Ländchen u. a. – und sind heute meist ackerbaulich genutzt, wobei die Böden auf Geschiebelehm recht gute Erträge geben. Nur die Endmoränen und die meist ziemlich steilen Ränder der Urstromtäler tragen Wald.

Ein ganz anderes Bild bieten die Urstromtäler. Wo der Grundwasserstand tief liegt, herrschen trockene Talsandflächen vor, die heute mit Kiefernforsten bestanden sind; wo aber das Grundwasser nahe an die Oberfläche tritt, überwiegen breite Wiesenauen, z. T. haben sich auch – vor allem im Havelgebiet – Moore gebildet, die bekannten märkischen Lücher und Brücher, die durch Entwässerung freilich zum größten Teil nutzbar gemacht worden sind. Die Urstromtäler und Diluvialplatten wurden wegen ihrer guten Durchgängigkeit bei der Anlage von Land- und Wasserverkehrsstraßen weitgehend bevorzugt.

Der **Südliche Landrücken** zieht sich als ziemlich geschlossene Höhenzone von der Unterelbe über die Lüneburger Heide und die Altmark zum Fläming und weiter nach Osten. Er entstand im wesentlichen im Warthestadium der Riß-Eiszeit, doch ist die Geschlossenheit des Hügelwalles geringer. Die Seen, die Mannigfaltigkeit und engräumige Aufgliederung des Reliefs sowie die Unausgeglichenheit des Flußnetzes sind verschwunden, da die Abtragung seit dem Warthestadium ausgleichend gewirkt hat. Die Grundmoräne ist bis in erhebliche Tiefe entkalkt und oberflächlich der feinen Bestandteile beraubt, so daß sie überwiegend sandig erscheint und weniger fruchtbar ist. Sehr breit ausgebildet sind im südlich vorgelagerten Wrocław-Magdeburg-Bremer Urstromtal die Sandflächen, weithin von Kiefernheiden bedeckt, in der Lüneburger Heide auch von rein atlantischen Heiden. An Stellen mit hohem Grundwasserstand haben sich Flachmoore gebildet, die heute aber kultiviert sind, z. B. der Drömling an der Wasserscheide zwischen Aller und Ohre.

Eine besondere Stellung nimmt die breite Schwelle des **Flämings** ein, der seine Form weniger der glazialen Aufschüttung als einer jungen Heraushebung verdanken dürfte.

Das nordwestliche Flachland

Im Altmoränengebiet sind die glazialen Aufschüttungsformen nirgends mehr so bestimmend wie im Gebiet der jungen Moränen. Erstens sind die ehemaligen Moränen weitgehend abgetragen und zu breitflächigen, nur noch wenig gegliederten Geländeschwellen geworden. Gleichzeitig hat die Ausspülung das Feinmaterial der Grundmoränen weggeführt, so daß im allgemeinen sandige Bodenarten vorherrschen und der Gegensatz zwischen Geschiebelehm und dürftigeren Sandböden stark gemildert ist. Diese höheren, überwiegend sandigen Platten heißen Geest. Zweitens hat das Vorrücken der Nordsee infolge der Küstensenkung die Flüsse zum Aufschütten gezwungen und den Abfluß erschwert. Die Flußauen sind breit. Wo der Abfluß unzureichend war, haben sich in ihnen ausgedehnte Moore entwickelt, die vielfach auch auf die höheren Flächen der Geesten hinaufgewachsen sind. Zu Geest und Moor gesellt sich als drittes charakteristisches Element des Landschaftsmosaiks der nordwestlichen Landschaft die Marsch, die als Flußmarschen die in die Nordsee mündenden Flüsse, in erster Linie Elbe, Weser, Ems und Rhein, als Seemarschen die Küste begleiten.

Hinzu kommt, daß sich im nordwestlichen Flachland der maritime Einfluß ungehindert auswirken kann. Die Niederschläge sind im Jahr um etwa 100 mm

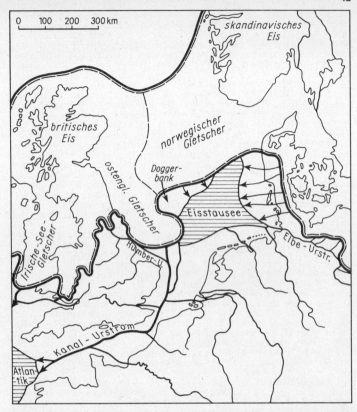

Vergletscherung der Nordsee während des Maximums der letzten Vereisung (nach Valentin)

höher als östlich der Elbe, die Temperaturen sommers wie winters gemäßigter. Im Sommer ist die Verdunstung geringer, so daß der Wasserhaushalt insgesamt durch Wasserreichtum gekennzeichnet ist. Dies zeigt sich äußerlich darin, daß auch die kleinen, meist trägen Flüsse reichlich Wasser führen. Für die Landnutzung ist der Wasserreichtum insofern bedeutsam, als der üppige Graswuchs die Viehwirtschaft begünstigt. Der frühe Beginn der Vegetationsperiode bringt die Marktfrüchte zeitig zur Entwicklung und hat besonders in den Niederlanden den Frühgemüsebau gefördert.

Die Gliederung des Gebietes ist schwierig, da scharfe Übergänge fehlen. Von der Lüneburger Heide, dem letzten geschlossenen Höhengebiet im Osten Niedersachsens, bis in die Niederlande und nach Flandern hinein ist das Relief flach oder flachwellig. Mehr als Höhenunterschiede bestimmten Marsch, Moor und Geest den Landschaftscharakter des Küstenlandes der Nordsee. Dies gilt auch heute noch, obwohl die Moore weithin entwässert und kultiviert worden, die ursprünglichen Eichenmischwälder dem Ackerbau gewichen und auch die natürlichen Heiden auf geringe Reste zusammengeschmolzen sind. Randlich schließen sich an das breite Flachlandgebiet zwei stärker gegliederte, tiefer in das Mittelgebirgsland eingreifende Tieflandsbuchten an: die Niederrheinische Tieflandsbucht (s. S. 46) und die Westfälische oder Münsterländische Tieflandsbucht (s. S. 46).

Das **Küstenland der Nordsee** ist eng mit der Entstehungsgeschichte der Nordsee verknüpft. Noch vor 9000 Jahren war die Doggerbank in der Nordsee ein Teil des Festlandes, dem auch die Britischen Inseln zugehörten. Die Elbe vereinigte sich damals noch mit Weser und Rhein. Ansteigen des Meeresspiegels, vielleicht in Verbindung mit einer Senkung des Landes, ließ die Küstenlinie nach Süden zurückweichen. Das vorstoßende Meer hemmte den Abfluß. Der Küstenstreifen versumpfte, und es bildete sich eine Torfschicht, die von Ablagerungen des Meeres überdeckt wurde. Um das Jahr 2000 v. u. Z. ließ das Vordringen des Meeres nach, und es bildete sich allmählich eine neue Küstenlinie aus; damit hatte diese F l a n d r i s c h e T r a n s g r e s s i o n ihr Ende gefunden. Sandige Ablagerungen, von tonigen Bestandteilen durchsetzter Schilftorf – der Darg –, der aus Schilfdickichten in der Brackwasserzone hervorgegangen ist, tonige Sedimente und der Schlick der Watten erhöhten den Boden. Schließlich entstand eine dünenbesetzte Küste, die in weit geschwungenem Bogen von den Niederlanden bis nach Jütland zog.

Im ersten Jahrtausend v. u. Z. setzte ein erneuter Vorstoß des Meeres ein, der zwar nur gering war, aber weitreichende Folgen hatte, da er das heutige Gezeitensystem der südlichen Nordsee entstehen ließ. Mit dieser Dünkirchener Transgression entstand der *Ärmelkanal* in seiner heutigen Gestalt. Die von Südwesten durch den Ärmelkanal eintretende Gezeitenwelle zerriß im Bereich der Maas- und Schelde-Mündung den Küstensaum. Ein zweites Gebiet starker Umgestaltung ist die *Deutsche Bucht* vor der Elbemündung, die zu einer Trichtermündung umgebildet wurde. Die geschlossene Dünenküste löste sich weithin in eine Inselreihe auf. Die *Westfriesischen, Ostfriesischen* und *Nordfriesischen Inseln* entstanden. Die Umbildung der Küste schritt weiter fort. Sturmfluten rissen dort, wo der Inselschutz fehlte, tiefe Breschen in das flache Küstenland; erst in geschichtlicher Zeit entstanden so die tief ins Land eingreifenden Buchten. Die Bildung des Dollarts hat wahrscheinlich erst mit der Marcellusflut vom 16. Januar 1362 begonnen, und in das Gebiet des Jadebusens brachen die Sturmfluten vor allem während der Jahre 1219 und 1511 ein. Im Südteil der IJsselsee (früher Zuidersee) dehnte sich ursprünglich ein Binnensee aus; das Land, das ihn vom Meer trennte, wurde gleichfalls erst in nachrömischer Zeit von Sturmfluten verschlungen. Noch im Jahre 1634 wurde bei einer Sturmflut die Insel Nordstrand in mehrere Teile auseinandergerissen. In der 45 km vor der Elbemündung liegenden kleinen Insel *Helgoland* (0,64km²) ragt der alte Untergrund (überwiegend Buntsandstein) heraus. Die von Klippen umgebene Insel muß durch Kunstbauten vor der weiteren Zerstörung durch das Meer geschützt werden.

Die Einbrüche des Meeres konnten deswegen so rasch erfolgen, weil der Basistorf dem Anprall des Meerwassers besonders leicht erlag. Den großen Abbrüchen stehen aber an anderer Stelle Anlandungen gegenüber. So verändert sich der Küstenumriß dauernd, zumal da auch der Mensch durch Deichbauten eingreift. Die IJsselsee ist heute durch einen Damm völlig vom offenen Meer abgesperrt und zu einem erheblichen Teil trockengelegt. Aber gerade diese Kunstbauten haben neue Gefährdungen entstehen lassen, die weniger die massiven Außendeiche als vielmehr das Rückland bedrohen, wie die Sturmflutkatastrophen in den Niederlanden 1953 und in Hamburg 1962 gezeigt haben.

Die Inseln sind z. T. junge Bildungen und verdanken ihre Entstehung dem Meer. Der ausgeworfene Sand ist zu Dünen aufgeweht worden, während sich an der Innenseite, am Rande des Wattenmeeres, schmale Marschenstreifen angelagert haben. Durch die Sandanlagerungen wachsen die Inseln weiter, wo aber die Brandung direkt auf die Inseln auftrifft, werden sie wieder zerstört. So wandern manche Inseln im Laufe der Jahrhunderte ostwärts. Mit ihnen wandern die Gezeitentiefs, die Lücken zwischen den Inseln, und damit auch die Prallstellen an der Festlandsküste. An ihnen haben die Sturmfluten tiefe Einbrüche geschaffen, die wieder zugeschlickt werden, wenn die Gezeitentiefs weiterwandern. Besonders die Küste Ostfrieslands zeigt mehrere solcher tiefen Marschenwinkel. Einige der Nordfriesischen Inseln, z. B. *Sylt*, haben ältere Inselkerne aus eiszeitlichen oder auch tertiären Ablagerungen. Diese Inselgruppe ist dem Angriff der Brandung besonders stark ausgesetzt, so daß steile Kliffs herausgearbeitet wurden. Zum Schutz der Inseln waren ausgedehnte Kunstbauten erforderlich. Die *Halligen* sind kleine Marscheninseln, die uneingedeicht geblieben sind, so daß ihre Bewohner noch heute auf künstlichen Hügeln, Wurt oder Warf genannt, wohnen, wie dies vor Jahrhunderten auch an der noch ungeschützten Festlandsküste der Fall war. Die Brandung zerstört die kleinen Eilande immer mehr. Da sie aber als Wellenbrecher vor der Festlandsküste sehr wertvoll sind, wird ihrem Schutz jetzt größere Aufmerksamkeit gewidmet.

Die Festlandsküste wird fast überall von den Marschen gebildet. Nur an wenigen Stellen, z. B. südlich von *Cuxhaven-Duhnen* oder an der Westküste Jütlands, tritt die Geest an das Meer heran. Längs der Flüsse setzen sich die Seemarschen in den Flußmarschen fort. Die schweren fruchtbaren Böden müssen durch hohe Deiche geschützt werden. Dadurch ist aber ihre Entwässerung schwierig, zumal da der Marschboden sich setzt und seine Oberfläche durch diese Sackung unter den Meeresspiegel zu liegen kommen kann. Da die Marschen von der Küste oder den Flüssen her aufgeschüttet worden sind, liegen sie oft am Ufer etwas höher als in dem weiter entfernten Sietland. Vor der künstlichen Entwässerung entwickelten sich hier vielfach Flachmoore, die sich zwischen Geest und Marsch einschoben. Die alten Pumpwerke für die Entwässerung, die durch Windmühlen betrieben wurden und vor allem für die Niederlande charakteristisch waren, sind heute fast überall durch elektrische Anlagen ersetzt worden. Die zahlreichen Kanäle dienen nur noch dem örtlichen Verkehr.

Die Marsch ist nicht nur wegen des hohen Grundwasserstandes, sondern auch wegen der starken Windwirkung, die den Baumwuchs hemmt, außerordentlich baumarm. Sie wird überwiegend als Weide genutzt, bei hinreichender Entwässerung baut man aber vielfach auch Weizen, Rüben und Spezialkulturen, wie Blumen, Frühgemüse, Obst und Saatkartoffeln, an. Zu den alten Wirtschaftsschwerpunkten an der Küste mit ihren Großhäfen und Fischereistützpunkten hat sich in neuerer Zeit der Fremdenverkehr in den Bädern der Nordseeküste gesellt.

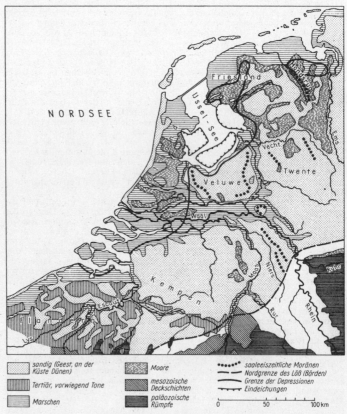

Depressionen in den Niederlanden (nach Demangeon)

Das weite Flachland wird durch breite Talsenken und Moore in einzelne größere Geestgebiete aufgelöst. Unter diesen erreicht aber nur der *Hümmling* im Emsland 75 m Höhe. In den Niederlanden zeichnet sich unter den Geestflächen die Veluwe zwischen IJssel und IJsselsee durch ihre Heiden aus. Erst unweit des Mittelgebirgsrandes haben sich in Gestalt höherer Hügelreihen Reste des saaleeiszeitlichen Rehburger Stadiums erhalten, z. B. die 146 m hohen *Dammer Berge* bei Osnabrück. Auch das Kempenland im niederländisch-belgischen Grenzgebiet zeigt ähnliche Landschaftsbilder, doch handelt es sich hier nicht um Glazialablagerungen, sondern um große Sandfächer, die dem Nordrand der Mittelgebirgsschwelle vorgelagert sind. Mit zunehmender Entfernung vom Gebirge werden sie vor allem gegen Westen hin immer feiner und toniger, bis sie schließlich unmerklich in die flandrischen Marschböden übergehen. Die Herausarbeitung der tertiären Schichten am Rande der Mittelgebirgsschwelle hat besonders in Flandern mehrere höhere Restberge entstehen lassen. Der bekannteste ist der *Kemmel* (175 m) südwestlich von *Ypern*, von dem aus der Blick weit über die flandrische Ebene schweift.

In Dänemark, besonders auf der Halbinsel Jütland, und in Schleswig-Holstein finden sich in einzigartiger Zusammendrängung die verschiedenen Landschaftstypen des Flachlandes auf engem Raume vor, die sonst über große Entfernungen voneinander getrennt sind. Da die Eisrandlagen der Weichsel-Eiszeit und des Warthestadiums nach der Cimbrischen Halbinsel (Jütland) abbiegen, zeigt das typische Profil von Ost nach West: die Fördenküste der gezeitenarmen Ostsee; das während der Weichsel-Eiszeit entstandene Jungmoränenland mit unruhigem Relief und zahlreichen Seen; die Heide- oder Geestzone, die aus den höher gelegenen warthestadialen Ablagerungen aufgebaut wird (Hohe Geest) und von den bald breiteren, bald schmäleren Schmelzwasserfurchen aus der Weichsel-Eiszeit mit Talsanden (Niedere Geest) zerschnitten wird, und schließlich die Küstenregion an der gezeitenstarken Nordsee, die aus breiten Marschen (*Dithmarschen, Eiderstedt*) und vorgelagerten Inseln (*Sylt, Röm, Amrum, Halligen* u. a.) im Südteil sowie aus einer noch unzerstörten Ausgleichsküste mit Haffen und Nehrungen im Nordteil besteht. Die dänischen Inseln (außer Bornholm) sind überwiegend Grundmoränenland, das von einigen Rückzugsstadien des Daniglazials mit unruhigen Endmoränenbildungen gegliedert wird. Vor 8000 Jahren bildeten die dänischen Inseln noch eine Landbrücke zwischen Jütland und Südschweden. Der Große Belt entwässerte das Binnenland, in dem die Beltsee und der als Ancylussee bezeichnete Vorläufer der Ostsee große Flächen einnahmen. Erst spätere Meeresüberflutung schuf die heutigen Küstenumrisse.

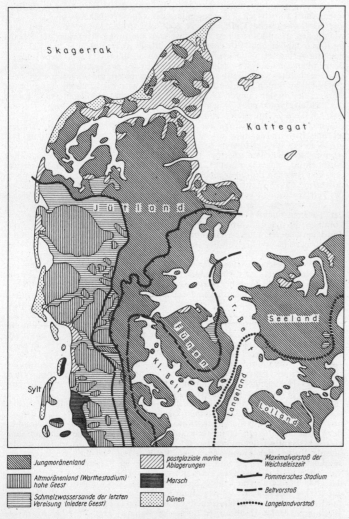

Quartäre Bildungen in Dänemark (nach Klute)

Die Lößzone

Für die Börden- (Gefilde-) Zone am Fuß der Mittelgebirgsschwelle ist typisch, daß weite Gebiete von den meist tief verwitterten Geschiebelehmdecken der älteren Eiszeiten überdeckt sind, über die sich eine im Süden bis etwa 10 m mächtige Lößdecke lagert, und daß der voreiszeitliche Untergrund mit seinen dem jeweiligen Bau des benachbarten Mittelgebirges entsprechenden Formen an manchen Stellen schon Hügellandschaften bildet. Deren Gliederung und Formenbestand wird in hohem Maße von den Aufragungen des Untergrundes bestimmt und nur in den tieferen Teilen durch die Lößbedeckung verwischt. Es ist daher oft schwierig zu entscheiden, wo die Grenze zum Flachland und zur Mittelgebirgsschwelle zu ziehen ist. Besonders im Westen schieben sich Zwischenglieder von besonderer Eigenart zwischen Tiefland und Mittelgebirge. In der Niederrheinischen Bucht liegt die fruchtbare Lößdecke über den Schotterterrassen, in der Westfälischen Bucht auf dem Südrand der Kreideplatte. Im Gebiet der Weser lagert der Löß zwischen den weit nach Norden vordringenden Gebirgswellen, und am Nordrand des Wesergebirges zieht sich nur ein schmaler Saum von Löß hin. Breiter ist die Lößzone dann wieder im Gebiet von Hannover und Braunschweig. Ihr verdankt das nördliche Harzvorland seine Fruchtbarkeit, nur die stärker herausragenden Höhenrücken, z. B. der *Huy* nördlich von *Halberstadt* und der *Hakel* nordöstlich von *Quedlinburg*, sind lößfrei. In der Magdeburger Börde verbreitet sich die Gefildezone noch mehr. Im Regenschattengebiet des Harzes haben sich die Lößböden in dunkle, schwarzerdeartige Böden verwandelt, die saaleaufwärts bis über Halle reichen und besonders fruchtbar sind. Die Lößböden dienen einer vielseitigen intensiven Landwirtschaft, insbesondere dem Zuckerrübenanbau.

Die **Niederrheinische Tieflandsbucht** greift tief das Mittelgebirge ein. Ihre wichtigsten morphologischen Elemente sind die junge Stromaue des Rheins mit ihren zahlreichen Altwässern, die unterhalb *Xanten* beginnt und sich bald mächtig verbreitet, einzelne Stauchmoränen nördlich von *Emmerich* und auf dem linken Rheinufer zwischen *Krefeld* und den niederländischen *Nijmegen* sowie schließlich breite lößbedeckte Schotterterrassen, die im gesamten Gebiet der Bucht zu finden sind. Südlich von Krefeld wird die Lößbedeckung immer stärker; sie läßt den inneren Teil der Bucht um so mehr den Gefildelandschaften des Mittelgebirgsrandes ähneln, als das Gebiet klimatisch günstig ist und etwas höhere Sommertemperaturen aufweist (Julimittel 18 °C). Die Niederrheinische Tieflandsbucht ist auch in geologisch junger Zeit noch von starken tektonischen Bewegungen erfaßt worden. Das zeigt sich nicht nur in dem größeren Gefälle der oberen Terrassen, sondern stärker in der Tatsache, daß man es hier nicht wie etwa bei der Leipziger Tieflandsbucht mit einer weiten Ausbuchtung des Flachlandes, sondern mit einer durch Brüche begrenzten und von Brüchen durchzogenen Scholle zu tun hat. So ragt in ihrem Inneren horstartig das Vorgebirge (die Ville) bei *Köln* auf, in dem kohleführendes Tertiär etwas stärker herausgehoben ist und die Grundlage für das wichtigste Braunkohlenrevier der BRD bildet. Außerdem bergen die Randgebiete der Tieflandsbucht bei *Aachen* und im Ruhrgebiet riesige Steinkohlenvorkommen, die sich im Karbon in einer Vortiefe des alten Variszischen Gebirges abgelagert haben. Diese Steinkohlenlager haben im Rheinisch-Westfälischen Industriegebiet eine der gewaltigsten Industrielandschaften der Erde entstehen lassen.

In der **Westfälischen (Münsterländischen) Tieflandsbucht**, die durch den weit gegen Nordwesten vorspringenden Teutoburger Wald – dessen Gesteine übrigens vereinzelt noch bis *Bentheim* an der niederländischen Grenze hin auftauchen – abgegliedert wird, spielt der ältere Untergrund schon eine größere Rolle. Die Bucht ist eine flache Mulde von Kreideschichten – Plänerkalken, Mergeln, in geringerem Umfange auch Sandsteinen –, die gegen Süden flach ansteigend den Gesteinen des Rheinischen Schiefergebirges auflagern und mit kleinen Schichten gegen diese absetzt. Dem z. T. lößbedeckten Haarstrang folgt einer der wichtigsten alten Gebirgsrandwege, der Hellweg. Nach Osten zu ist die Platte gegen den Teutoburger Wald und das Eggegebirge steiler aufgerichtet. Der Nordostteil aber ist durch mächtige Sanderablagerungen des Osningstadiums gekennzeichnet; sie bilden die Senne, ein eintöniges und ärmliches Heidegebiet. Am Südrand, in der fruchtbaren Soester Börde, ist schon die Lößbedeckung bedeutsam.

In der **Leipziger Tieflandsbucht** mit ihren wertvollen Braunkohlenlagern und der darauf basierenden chemischen Großindustrie ist der nördliche Streifen noch überwiegend aus Geschiebelehm aufgebaut, der tischebene Flächen bildet, doch sind diesen eintönigen, wenn auch fruchtbaren Flächen mehrfach langgestreckte sanfte Hügelreihen aus sandigem und kiesigem Material aufgesetzt, die als Reste alter Endmoränen gedeutet werden. Der Löß überlagert erst südlich der Stadt *Leipzig* und der Bahnlinie Leipzig–Riesa den Geschiebelehm. Auch hier verdeckt das Pleistozän mit Geschiebelehm, mit den Schottern der alten Flußläufe von Mulde, Saale und Elster sowie mit dem Löß vielfach ein stärker bewegtes Relief des Untergrundes. Nördlich von *Halle* am Westrand der Leipziger Tieflandsbucht, z. B. im Petersberg, und im Gebiet der vereinigten *Mulde* (Hohburger Berge bei *Wurzen*) ragt dieses in Form von Porphyrkuppen vielfach aus den jüngeren Ablagerungen heraus. Der nördliche

Teil der Lößzone, in dem der Löß meist größere Mächtigkeit erreicht und nur oberflächlich verlehmt ist, bildet in Sachsen die Pflegen (Lommatzscher Pflege), die um so stärker den Gefahren der Bodenabschwemmungen ausgesetzt sind, je bewegter das Relief wird. Gegen das Gebirge dünnt der Löß allmählich aus; durch Entkalkung wird er zu weniger fruchtbarem Lößlehm, der auf reliefarmen Flächen vielfach Pseudogleyböden trägt, die schwerer zu bewirtschaften und weniger ertragreich sind. Auch der Südrand der Gefildezone ist unscharf und stark zerlappt. Östlich der Elbe dringen sandige Ablagerungen weiter gegen Süden vor, so daß die Gefildezone hier nicht sehr breit und nicht geschlossen entwickelt ist.

Erst im polnischen Gebiet trifft man in der von der Oder durchflossenen **Schlesischen Tieflandsbucht**, deren wirtschaftliches Zentrum die Stadt *Wrocław* ist, wieder ähnliche Verhältnisse wie in der Leipziger an. Auch das Hügelland von *Lublin* verdankt seine Fruchtbarkeit der mächtigen Lößdecke. Es hebt sich damit deutlich gegen die nördlich anschließende mittelpolnische Diluvialplatte mit ihren teilweise recht kargen Böden ab.

In ganz Mitteleuropa ist der nördliche Rand der Mittelgebirgsschwelle ein bevorzugter Siedlungsraum geworden. Die leichte Bearbeitbarkeit der Böden zog die Menschen schon in vorgeschichtlicher Zeit an, und auch die Verkehrsgunst dieser Zone machte sich immer wieder bemerkbar, konnte man hier doch sowohl die Hindernisse des Gebirges als auch die Sümpfe des Flachlandes meiden. So erstreckt sich die Lößzone als dichtbevölkerter Streifen von Flandern bis in die Ukraine. Für die Entwicklung der jüngsten Zeit ist dabei noch entscheidend geworden, daß sich gerade hier in großem Umfang wertvolle Bodenschätze finden, vor allem Steinkohle, Braunkohle und Kalisalze. Der Rand der Mittelgebirgsschwelle ist daher besonders reich an großen Industrie- und Siedlungszentren: Südbelgien, Aachener Revier, Kölner Tieflandsbucht, Ruhrgebiet, Hannover, Braunschweig, Magdeburg, Leipzig, Dresden, Górny Śląsk (Oberschlesisches Industriegebiet), Kraków (Krakau).

Die Mittelgebirgszone

Das in der Karbonzeit entstandene Varizische Gebirge war schon im Rotliegenden wieder weitgehend eingeebnet. Die abgetragenen Gebirgsrümpfe bildeten mehr oder weniger flache Landschwellen, zwischen die sich die vom Abtragungsschutt erfüllten Senken einschoben. Während des Zechsteins wurden ausgedehnte Gebiete Mitteleuropas vom Meer überflutet. Dieses Zechsteinmeer hatte jedoch zeitweise mit dem offenen Weltmeer nur geringe Verbindung und war starker Verdunstung ausgesetzt, so daß sich mehrfach mächtige Serien von Salzlagern auf seinem Boden niederschlugen. Unter wechselnden Bedingungen ging die Sedimentation weiter. Im Buntsandstein wurden überwiegend rotgefärbte, einem wüstenhaften Klima entsprechende Sandsteine abgesetzt, darauf folgten Meeresablagerungen, die nach ihrem Fossilinhalt auch Muschelkalk genannt werden. In der letzten Abteilung der Trias, dem Keuper, sind sehr uneinheitliche Gesteine abgelagert worden, unter denen bunte Mergel von geringer Widerständigkeit und mehrere Sandsteinbildungen als Stufenbildner landschaftlich bedeutungsvoll sind. Während die Ablagerungen der Trias weit verbreitet sind, wurden die jüngeren mesozoischen Gesteine entweder nicht überall abgelagert oder sind schon früher wieder abgetragen worden. Insgesamt lagerte sich über dem Grundgebirge ein mehrere hundert Meter mächtiges Deckgebirge ab. An manchen Stellen sind nicht die Sedimente aller erdgeschichtlichen Systeme abgelagert oder erhalten worden. Schon im oberen Jura und während der Kreidezeit setzten tektonische Bewegungen ein, die die Schichten des Deckgebirges in Niedersachsen und im Harzvorland in Falten legten. Im Tertiär, zur Zeit der alpidischen Faltung, wurde der gesamte Mittelgebirgsraum in Schollen zerbrochen, die teils absanken, teils emporgehoben wurden. Dazu kamen weiträumige Verbiegungen, die das Bild vielfältig modifizierten. Und schließlich fügten vulkanische Ergüsse neue Gesteine und Landschaftselemente hinzu. Auf den Hochschollen beseitigte die Abtragung das Deckgebirge und legte das Grundgebirge wieder bloß. In den Senken erhielten sich, meist schräggestellt und von Störungen durchsetzt, vielfach auch von jüngeren Ablagerungen überdeckt, die mesozoischen Gesteine. Sie bilden heute meist Schichtstufenlandschaften.

Das Mosaik der einzelnen Gebirge und Beckenlandschaften wird durch drei Bruchrichtungen bestimmt. Die varizische oder erzgebirgische Richtung streicht von Südwesten nach Nordosten (Taunus, Erzgebirge), die herzynische von Nordwesten nach Südosten (Harz, Riesengebirge) und die rheinische in der Richtung des Oberrheinischen Grabens, also etwa von Südsüdwesten nach Nordnordosten (Vogesen, Schwarzwald).

Im Grundgebirge ist der Bau des Sockels des alten varizischen Gebirges zu erkennen. Die großen Züge seiner Gliederung leben daher in der Anordnung bestimmter Gesteinszonen wieder auf, die von Norden nach Süden aufeinanderfolgen. In der Zone der Vorsenken, die mit dem Schutt des varizischen Gebirges erfüllt sind, entwickelten sich besonders aus abgestorbenen Sumpfwäldern die ausgedehnten paralischen Steinkohlenlager, die heute den Nordsaum der Mittelgebirgszone von Nordfrankreich und Belgien über Niederländisch-Limburg, das Aachener Revier und das Ruhrgebiet bis zum Oberschlesischen Revier hin begleiten. Die erste Gebirgzone des Variszikums ist die rhenanische, in der überwiegend silurische und devonische kristalline Schiefer anstehen, die nur wenig metamorphosiert sind. Nach ihnen hat das Rheinische Schiefergebirge seinen Namen erhalten. Dann folgt eine Senkenzone, die Saar-Saale-Senke, in der limnische Steinkohlenlager (Saarrevier), vor allem aber Rotliegendes mit mächtigen Porphyrdecken enthalten sind. Es schließen sich die saxo-thuringische Zone mit kristallinen Schiefern und einzelnen größeren Massiven von granitischen Intrusionen sowie schließlich als letzte die moldanubische Zone (nach Moldau und Danubius, dem lateinischen Namen der Donau) an, in der kristalline Massengesteine, in Böhmen ältere Teile der Schieferhülle vorherrschen.

Aus den Höhenverhältnissen der Mittelgebirgszone ergibt sich eine erste Unterteilung in den nördlichen Teil, der als Mittelgebirgsschwelle ausgebildet ist und aus mehr oder weniger breiten Erhebungen mit nur wenigen Durchlässen besteht, und in den offeneren Südteil der Mittelgebirgszone.

Die Mittelgebirgsschwelle gliedert sich wiederum in drei deutlich unterschiedene Abschnitte: Der westliche ist der breite und geschlossene Bereich der Rumpfgebirge, der das Rheinische Schiefergebirge umfaßt. Die mittlere, verhältnismäßig tief gelegene, mit Gesteinen des Deckgebirges erfüllte Zone ist die Hessische Senke. Das Kernstück des östlichen Abschnitts wird als Böhmische Masse bezeichnet. Es besteht aus breite Rumpfflächen tragenden Schollen des Grundgebirges und ist von tiefen Erosionstälern zerschnitten und nur stellenweise in stärker gegliederte Bergländer aufgelöst. Gegen Westen und Norden gliedert sich der variszische Schollenbau stärker auf. Zwischen horstartige Gebirgsschollen schieben sich Beckenlandschaften ein. Im Osten bilden Iser- und Riesengebirge sowie die südöstlich anschließenden Gebirgszüge die letzte große Mittelgebirgserhebung. In Mittelpolen sind schwach herausgehobene variszische Kerne von Mesozoikum ummantelt, und in breitflächigen, weithin lößbedeckten Platten klingt die Mittelgebirgszone aus. Aus ihnen heben sich nur die Góry Świętokrzyskie (Heilig-Kreuz-Gebirge) etwas deutlicher heraus.

Eine Sonderstellung nimmt das Vorland im Norden der Alpen ein, das seiner Höhenlage und seiner Reliefenergie nach zwar zur Mittelgebirgszone gestellt werden könnte, geologisch aber bereits so eng mit den Alpen verknüpft ist, daß es hier mit diesen zusammen behandelt wird.

Das Rheinische Schiefergebirge

Das Rheinische Schiefergebirge hebt sich an einer von *Mons* und *Lüttich* nach *Aachen* führenden Linie aus dem Tiefland heraus und springt östlich des dreieckigen Einbruchsfeldes der Niederrheinischen Tieflandsbucht nach Norden vor, wo etwa die Ruhr, die sich meist schon ins Grundgebirge eingeschnitten hat, die Grenze bildet. Der Ostrand verläuft in etwa nordsüdlicher Richtung an der Linie *Brilon–Bad Nauheim*, nur der Kellerwald schiebt sich etwas weiter gegen Osten vor. Den Südrand markieren die südlichen Hänge des Taunus und des Hunsrücks. Weiter westlich zieht die Südgrenze des Rheinischen Schiefergebirges durch Luxemburg nach Südbelgien hinein, wobei das Grundgebirge allmählich untertaucht. In Luxemburg wird der Schiefergebirgsanteil als Ösling, in Belgien als Ardennen bezeichnet.

Durch das Rheintal zwischen Bingen und Bonn wird das Schiefergebirge in einen West- und einen Ostflügel, d. h. in das linksrheinische und rechtsrheinische Schiefergebirge, geschieden. Das linksrheinische Schiefergebirge gliedert man von Norden nach Süden in Eifel und Hunsrück.

Die **Eifel** ist ein geologisch kompliziert gestaltetes Gebiet, wenn auch die unterdevonischen Schiefer weitaus vorherrschen. Eine in östlicher Richtung verlaufende geologische Quermulde zieht etwa zwischen *Trier* und *Düren* durch das Gebirge. Von Norden schiebt sich keilförmig die Buntsandsteinscholle von *Mechernich*, von Süden das ebenfalls aus Buntsandstein sowie aus Muschelkalk aufgebaute Bitburger Land (Trierer Bucht) in das Schiefergebirge vor. Zwischen beiden haben sich neben Resten von Buntsandstein mitteldevonische Kalkschiefer erhalten, die in der Kalkeifel um *Gerolstein* eine abwechslungsreiche, teilweise bizarr gestaltete Landschaft entstehen ließen, zumal hier bereits vulkanische Formen auftreten.

Westlich davon erheben sich die bis fast 700 m ansteigende Schneifel (Schnee-Eifel) und der aus kambrischen Quarziten aufgebaute langgestreckte Rücken des Hohen Venn. Hochflächen oder zumindest wenig gegliederte Formen herrschen vor. Infolge der starken Beregnung, vor allem der Außenseiten, ist dieser Gebirgsteil besonders rauh und kühl. Die Voraussetzungen für den Ackerbau sind daher ungünstig, so daß die Viehzucht im Vordergrund steht und die Bezeichnung Butterland entstehen ließ. Hochmoore bedecken vor allem die Hochflächen; daher rührt auch der Name Venn (Sumpf). Erst an den Außensäumen wird durch stärkere Zertalung und mehrfachen Gesteinswechsel das Relief lebhafter.

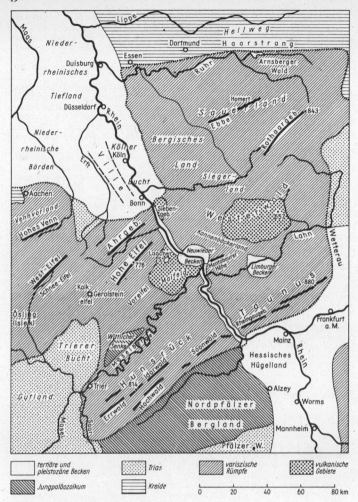

Das Rheinische Schiefergebirge

Für die östliche Eifel ist ein stärkeres Hervortreten vulkanischer Gesteine charakteristisch. Dies gilt vor allem für die durchschnittlich 400 bis 500 m hohe Hocheifel. Einzelne Erhebungen erreichen hier über 700 m Höhe (*Hohe Acht* 746 m). In dem durch das Ahrtal abgetrennten Ahrgebirge und in der breitflächigen Vordereifel im Süden herrschen weitgeschwungene Hochflächen vor. Das Ahrtal selbst ist als Weinbaugebiet bekannt. Zum Unterschied von der westlichen Eifel ist die östliche trockener. Hier überwiegt daher auch der Ackerbau, zumal in einer Höhe von unter 400 m schon größere Flächen von einer allerdings meist dünnen Lößdecke überzogen sind.

Ein ganz anderes Gepräge zeigt der östliche Zipfel des Eifelgebietes, die Vulkaneifel mit dem Maifeld im Winkel zwischen Rhein und unterer Mosel. Dieses Gebiet liegt etwas tiefer, ist noch trockener und verdankt seine Gestaltung dem jungen Vulkanismus. Dieser hinterließ einzelne Kraterberge, mächtige Bimsstein- und Bimssandablagerungen, die eine verbreitete Bimssteinindustrie hervorgerufen haben, und die jungen runden Seebecken der Maare, unter denen der 3,3 km² große *Laacher See* das größte ist. Es sind dies eigenartige Naturdenkmäler. Noch nach Ausklingen des Eiszeitalters, in der Allerödzeit vor etwa 11 000 Jahren, sind hier bei der Entstehung des Laacher Sees Bimssande abgelagert worden.

Zwischen Eifel und Hunsrück schaltet sich eine Tiefenzone ein, die von der *Mosel* in stark gewundenem Lauf durchflossen wird. Die nach Süden gerichteten Steilhänge des Tales tragen terrassenartig angelegte Weinberge, die Schattenhänge meist Eichenniederwald, der heute freilich mehr und mehr durch andere forstliche Bewirtschaftungsformen ersetzt wird. Die großen Verkehrslinien meiden das windungsreiche Tal mit seinen zahlreichen bekannten Weinorten (*Bernkastel, Zell, Ürzig, Kröv, Neef* u. a.) und bevorzugen die im Rotliegenden angelegte Ausräumungslandschaft der Wittlicher Senke sowie die wenig gegliederten Hochflächen der Voreifel.

Der **Hunsrück** ist wesentlich eintöniger als die Eifel. Aus den mächtigen Ablagerungen des Unterdevons sind die Quarzitschiefer wegen ihrer größeren Härte herauspräpariert worden. So ragen über die besonders im Norden ausgedehnten welligen Schieferhochflächen mehrere breite, wenig gegliederte Höhenzüge auf, die dem variszischen Streichen der Schichten folgen: E r r w a l d, I d a r w a l d und H o c h w a l d im Westen, der S o o n w a l d mit dem B i n g e r W a l d im Osten, dessen Ausläufer von der *Nahe* noch kurz oberhalb ihrer Mündung bei Bingen durchschnitten werden. Die Böden liefern meist nur geringe Erträge, sie sind weitgehend vom Wald bedeckt, der oft als Eichenschälwald auftritt oder in den höheren Lagen sich als ursprünglicher Waldbestand aus hochstämmigen Fichten und Buchen zusammensetzt.

Das r e c h t s r h e i n i s c h e S c h i e f e r g e b i r g e gliedert man von Norden nach Süden in Sauerland einschließlich Bergisches Land und Rothaargebirge, Westerwald und Taunus. Es ragt weit nach Norden vor und ist damit wesentlich breiter als der linksrheinische Teil. Damit ist auch das nördliche Glied wesentlich stärker entwickelt als das linksrheinische Ahrgebirge. Größere Gesteinsunterschiede in den überwiegend mitteldevonischen Schichten und starke Zertalung haben hier ein überaus abwechslungsreiches Waldgebirge geschaffen, dessen einzelne Glieder unterschiedliche Namen tragen, z. B. E b b e g e b i r g e, L e n n e g e b i r g e; ein einheitlicher Name für das Gesamtgebiet fehlt. Die starke Aufgliederung und das Zurücktreten von Verebnungsflächen oder Hochebenen erschweren den Überblick. Die weiter östlich und z. T. auch höher gelegenen Gebiete des nördlichen rechtsrheinischen Schiefergebirges werden als **Sauerland**, d. h. Süderland (von Westfalen her gesehen), die rheinwärts gelegenen Teile als **Bergisches Land** (nach dem ehemaligen Herzogtum Berg) bezeichnet. Diese Namen sagen aber nichts über den Charakter des Gebirges aus. Die rheinnäheren Teile sind niedriger, und die das Rheintal begleitenden breiten lößbedeckten Terrassenflächen geben hier der Landschaft das Gepräge. Überaus stark ist die Beregnung des Gebirges, meist fallen über 1 000 mm Niederschläge jährlich. Der Wald lieferte ursprünglich den Brennstoff, die Flüsse die Antriebskraft für die zahlreichen Hammerwerke, die das an der *Sieg* und im *Lahn-Dill-Gebiet* gefundene Eisenerz verarbeiteten. Die weit verbreitete Kleineisenindustrie ist in manchen Tälern zum Erliegen gekommen, einzelne Betriebe haben sich aber zu modernen, spezialisierten Unternehmen entwickelt. Heute spielen die Flüsse des Gebirges für die Wasserversorgung des nahegelegenen Rheinisch-Westfälischen Industriegebietes eine entscheidende Rolle. In den engen Talstrecken sind zahlreiche hohe Staudämme errichtet worden. Am bedeutendsten ist die Möhnetalsperre mit einem Stauinhalt von 135 Mio m³.

Im von der Erosionsbasis der Flüsse weiter entfernten Südosten ist die Zertalung weniger fortgeschritten, hier ragt als ein Gebiet junger Hebung das **Rothaargebirge** (die Rothaar) empor, das im *Kahlen Asten* 843 m Höhe erreicht. Mit ziemlich steilem Anstieg erhebt sich dieses ebenfalls stark beregnete Waldgebirge über das unruhige Sauerland, während es sich zum Lahntal allmählich abdacht.

Südlich folgt der zwischen *Sieg* und *Lahn* gelegene **Westerwald**, dessen Eigenart von mächtigen, dem Gebirgskörper auflagernden vulkanischen Basalt- und Tuffdecken bestimmt wird, die weithin auch tertiäre Ablagerungen – vor allem Tone – vor der Abtragung geschützt haben. Der H o h e W e s t e r w a l d im Nordosten, der im *Fuchskauten* 657 m Höhe erreicht, ist eine durch die Basaltdecke gebildete Hochfläche, deren zähe und tiefgründige Verwitterungsböden die Nässe stauen, zumal da die Täler nur flache Mulden sind, in denen die Bäche träge dahinfließen. Der Wald ist fast völlig verschwunden und hat Grünland Platz gemacht. Die Ränder des Hohen Westerwaldes sind von den Nebenflüssen der Lahn – *Dill, Ulm* u. a. – und der Sieg – *Nister, Heller* u. a. – zerlappt, die hier steile Talstrecken eingeschnitten und sich durch die Basalttafel bis in die Unterlage (tertiäre Tone und Braunkohlen) hindurchgenagt haben. Im Südwesten vorgelagert ist der U n t e r w e s t e r w a l d, eine nicht über 350 m Höhe aufragende Abtragungsfläche, die verschiedenartige, durch die tektonische Zerstückelung des Gebietes nebeneinandergeratene Gesteine überzieht. Besonders in den tertiären Schichten haben sich breitere Ausräumungsbecken gebildet, in denen z. B. Braunkohlen gewonnen werden; sie sind zugleich Standorte der vielseitigen keramischen Industrie in *Kannenbäckerland*, das seinen Namen von den hier zahlreichen Steingutfabriken erhalten hat.

Während am Rand des Westerwaldes, an der Lahn bei Limburg und am Rhein bei Neuwied, geräumige Beckenlandschaften eingesenkt sind (Limburger Becken und Neuwieder Becken), hebt sich der südwestliche Teil des Gebirges mit einer deutlichen, tektonisch bedingten Stufe über den Unterwesterwald heraus. Dieser V o r d e r w e s t e r w a l d ähnelt bereits in starkem Maße der Hochfläche des Taunus, während weiter im Norden das Bergland im Flußgebiet der bei Neuwied in den Rhein mündenden *Wied* durch Erosionstäler stark zerschnitten ist. Vulkanischer Einschlag beherrscht im Siebengebirge bei Bonn das Landschaftsbild völlig. Hier ist eine alte Vulkanlandschaft abgetragen worden, aus der nur noch die Eruptionsschlote in Form steiler, heute z. T. von Burgen gekrönter Kuppen emporragen. Neben dem *Großen Ölberg* (464 m) und der Staukuppe der *Löwenburg* (455 m), den höchsten Gipfeln, ist vor allem die Quellkuppe des *Drachenfels* (321 m) mit seiner Burgruine zu erwähnen, der sich malerisch unmittelbar über das Rheintal erhebt.

Der **Taunus** zeigt ähnliche Züge wie der Hunsrück. Die breiten nördlichen Hochflächen werden durch den schmalen Hohen Taunus am Südrand überragt, der von Quarziten gebildet wird und mit markanter Stufe zum nördlichen Oberrheintalgraben abbricht. Ein wesentlicher Unterschied zum Hunsrück besteht allerdings darin, daß der Taunus durch eine große Anzahl von Querbrüchen gegliedert wird, an denen einzelne Schollen aufgestiegen, andere abgesenkt sind. So entstanden besonders auf der Südseite der „Höhe" zwischen bewaldeten breiten Spornen einzelne Buchten mit Fruchtgefilden. Vor allem der östliche Teil des Taunus, der Maintaunus, erhält dadurch sein besonderes Gepräge. Aber auch das „Rückland" – die hinter der „Höhe" gelegenen Hochflächen – wird durch solche an die Senkungsgebiete geknüpften Becken gegliedert. Die starke tektonische Zertrümmerung des Taunus zeigt sich in den zahlreichen, an die Bruchlinien gebundenen Heilquellen, die nicht nur auf die berühmte Bäderlinie am Südrandbruch – *Schlangenbad*, *Wiesbaden*, *Homburg v. d. Höhe*, *Nauheim* – beschränkt sind.

Der Südabfall des Taunus geht in ein tertiäres Hügelland über, das allmählich in die Niederungen an Main und Rhein ausläuft. Das zwischen Rüdesheim und Wiesbaden gelegene, klimatisch sehr begünstigte Gebiet, der Rheingau, stellt eine der besten Weinbaugegenden im Westen der BRD dar. *Rüdesheim*, *Geisenheim*, *Johannisberg* und *Eltville* sind hier die bekanntesten Weinorte.

Das **Mittelrheintal**, ein typisches antezedentes Durchbruchstal (→ Tal), muß nicht nur wegen seiner besonderen wirtschafts- und verkehrsgeographischen Bedeutung, sondern auch wegen seiner natürlichen Ausstattung als eine eigene Region der Mittelgebirgsschwelle angesehen werden. Das Neuwieder Becken zwischen *Koblenz* und *Andernach* trennt den sehr engen oberen (südlichen) Talabschnitt zwischen *Bingen* und Koblenz von dem etwas breiteren unteren (nördlichen) Abschnitt zwischen Andernach und *Bonn*. Im südlichen Talstück, dem eigentlichen Durchbruchstal, verschmälert sich der Strom stellenweise auf weniger als 150 m Breite, wie im *Binger Loch*, an der Inselburg *Pfalz* bei Kaub und an der Lorelei, wobei der Fluß bis über 20 m tiefe Rinnen zwischen Stromschnellen ausgearbeitet hat. Die Talauen beschränken sich auf schmale Streifen mit dicht gedrängten Siedlungen, über die jäh die Weinberge oder felsigen Hänge aufragen. Der nördliche Abschnitt hingegen hat eine breitere Talaue. Besonders wichtig ist aber die klimatische Bevorzugung des Taltraktes. Sie zeigt sich in dem ausgedehnten Weinbau, der den Gegensatz zu den rauhen Hochflächen des Rheinischen Schiefergebirges am besten veranschaulicht.

Die Talschlucht des Rheins, des wasserreichsten mitteleuropäischen Stromes, der gleichzeitig den wichtigsten Wasserweg des gesamten Kontinents bildet, ist auch reich an Zeugen einer bewegten historischen Vergangenheit. Zu beiden Seiten des Flusses tragen die steilen Hänge Burgen und Schlösser: Rheinstein, Rheinfels, Rheineck, Stolzenfels u. a., und trotz der Enge des Tales schmiegen sich viele Städte und Städtchen an den von zahlreichen Schiffen belebten Strom.

Die Hessische Senke

Die Senke zwischen dem Rheinischen Schiefergebirge und dem östlichen Teil der Mittelgebirgsschwelle ist ein Glied der großen, in rheinischer Richtung streichenden Störungszone, die sich vom unteren Rhônetal über den Oberrheingraben bis nach Norwegen hin fortsetzt. Insgesamt als Hessische Senke bezeichnet, bildet sie keinen großen Grabenbruch wie der Oberrheingraben, sondern ist wesentlich komplizierter aufgebaut. Neben den in rheinischer Richtung verlaufenden Störungen treten noch variszisch streichende Querverbiegungen auf, die neben dem Buntsandstein in den Wölbungsachsen auch Perm, in den Muldenachsen Muschelkalk (und Keuper) an die Erdoberfläche treten lassen. Tertiärer Vulkanismus hat besonders im Südteil ausgedehnte Ergüsse hinterlassen. Im Süden ist ein breiter Übergang zur süddeutschen Stufenlandschaft, im Osten zwischen Harz und Thüringer Wald zur Schichtstufenlandschaft des Thüringer Beckens vorhanden. Der nördliche Teil der großen Senke, das Niedersächsische Bergland, zeigt einen etwas abweichenden Gesteinsaufbau und hat als Gebiet kräftigerer Faltung ein besonderes landschaftliches Gepräge.

Im **südlichen Teil der Hessischen Senke** bildet der untere und mittlere Buntsandstein den Sockel; die für dieses Gestein typischen Landschaften mit langgestreckten, horizontalen Linien, mit breiten, steilwandigen Tälern und dem Schmuck ausgedehnter Laubwälder herrschen hier vor. Sie erstrecken sich vom Spessart über das Kinzigtal bis zum oberen Fuldagebiet und nördlich um den Vogelsberg herum bis an den Rand des Rheinischen Schiefergebirges; auch der abgelegene und recht menschenarme Burgwald nördlich *Marburg an der Lahn* gehört noch dazu. Die Buntsandsteintafel ist allerdings tektonisch gestört. An ihrem Westrande zieht sich der Grabenbruch der Westhessischen Senke entlang, in der die wichtige Verkehrslinie Frankfurt/ M.-Kassel verläuft. Der südliche Abschnitt, die Wetterau, schließt sich unmittelbar an die Mainebene an und bildet mit ihren durch breite, flache Täler gegliederten Lößplatten auf tertiären Ablagerungen ein fruchtbares, aber eintöniges Flachland. Weiter nördlich durchfließt die Lahn bei *Gießen* ein welliges Hügelland, schneidet aber in engeren Talstrecken auch einige Sporne des Rheinischen Schiefergebirges ab. Die westliche Bruchzone setzt sich in der Nieder- oder auch Mittelhessischen Senke fort, an deren Nordrand im Fuldatal *Kassel* liegt und die von der Basalttafel des Habichtswaldes (615 m) überragt wird. Auch hier bilden tertiäre, stellenweise mit Braunkohlenlagern ausgestattete Beckenfüllungen (Waberner Becken mit *Borken* und *Frielendorf*) ein flach zerschnittenes Terrassenland, in dem der Ackerbau überwiegt.

Im östlichen Teil machen sich die tektonischen Störungen in Form großer Gräben nicht so stark geltend. Doch auch hier ist der tertiäre Vulkanismus sehr erheblich gewesen, und überdies ist die Buntsandsteintafel durch spätere Verbiegung in unterschiedliche Höhenlage gebracht worden. Zwischen einer westlichen und einer östlichen Hebungsachse erstreckt sich die Osthessische Senke, die ebenfalls ein wichtiger Durchgang durch die Mittelgebirgsschwelle ist und dem Verkehr zwischen dem Rhein-Main-Gebiet einerseits, der DDR und dem Nordosten der BRD andererseits dient. Dem Buntsandstein lagern an der Wasserscheide zwischen *Kinzig* und *Fulda* allerdings noch Basaltdecken auf, und der Hessische Landrücken, der Vogelsberg und Rhön verbindet, muß von der Eisenbahnlinie Frankfurt/ M.-Leipzig durch den 3 575 m langen Distelrasentunnel bei *Schlüchtern* überwunden werden.

Die westliche Hebungsachse wird durch den Vogelsberg und zwei kleine Basalttafeln, das Knüllgebirge (636 m) und weiter nordöstlich den Hohen Meißner (750 m), angedeutet, die östliche Hebungsachse durch die Hohe Rhön. Der Vogelsberg, der im *Taufstein* 772 m Höhe erreicht, ist ein großes Vulkangebiet, dessen basaltische Decken im Westen einen Teil der Westhessischen Senke überziehen und um im Osten weit auf das Buntsandsteinplateau übergreifen. Er zeigt nirgends markante Formen; wie bei einem riesigen Schildvulkan steigen die sanft geneigten Hänge ganz allmählich an, und nur in den Kleinformen kommt der Unterschied zwischen den harten Basalten und den weicheren Tuffen zum Ausdruck. Die alten Verwitterungsdecken aus dem Tertiär enthalten Bauxitlager. Der ursprüngliche Laubwald ist weitgehend gerodet, obwohl in den höheren Lagen die schweren, kalten Verwitterungsböden den Ackerbau keineswegs begünstigen und auch die Abgelegenheit des Gebirges von Nachteil ist.

Die Hohe Rhön ist stärker gegliedert. Hier tritt neben dem Buntsandstein auch bereits der Muschelkalk als Sockelgestein in größerem Umfang auf, so daß die Basaltplateaus und Basaltkegel bald über waldreichen Buntsandsteintafeln, bald über waldarmen, von trockenen Triften bedeckten Muschelkalkgebieten aufragen. Neben einer ausgedehnten Basaltdecke, die in der von Mooren besetzten, kahlen „Langen Rhön" noch kaum zerschnitten, in der Hauptrhön mit der *Wasserkuppe* (950 m), vor allem aber in der Südrhön mit dem *Kreuzberg* (928 m) stärker aufgegliedert ist, treten in großer Zahl Basalt- und Phonolithschlote als steile sargförmige Berge oder Kuppen auf. Dies gilt insbesondere für die Kuppenrhön (Vorderrhön) mit dem *Ochsenberg* (630 m) u. a., doch sind einzelne Vulkankuppen als typische Merkmale der Landschaft überall anzutreffen. Nicht nur durch die reichere Gliederung der Formen und den verschiedenartigen Gesteinsuntergrund, sondern auch durch das Bild der heutigen Vegetation und der Kulturlandschaft erscheint die Rhön wesentlich abwechslungsreicher als der Vogelsberg. Fast ein Drittel der Fläche ist noch mit Wald bedeckt, nur ein Viertel ist Ackerland, das meist geringe Erträge liefert, den größten Teil aber nimmt das Grasland ein. Seit man die Hänge vom Wanderschutt (Basaltblöcke) gereinigt hat, sind für die Viehhaltung bessere Bedingungen vorhanden. Im Norden birgt das Werratal im Raum um *Vacha* reiche Kalisalzlager, die in zahlreichen Schächten abgebaut werden.

Lebhafter ist das weitere Vorland der Rhön gestaltet, da sich einerseits über dem Buntsandstein vielfach noch der Muschelkalk erhalten hat – z. B. im Werragebiet um *Meiningen* und *Hildburghausen*, wo das Rhönvorland ebenfalls mit der südlich anschließenden Stufenlandschaft verflochten ist –, andererseits in den herausgewölbten Teilen das Liegende des Buntsandsteins, der Zechstein, die Oberfläche bildet, wie etwa im Richelsdorfer Bergland oder im Werratal bei *Sontra*. Hier schieben sich daher offenere Landschaften zwischen die Wälder des Buntsandsteingebiets.

Im mittleren Teil der Hessischen Senke tritt der Vulkanismus zurück. Von dem nach Osten verschobenen Leinetalgraben abgesehen, der wiederum eine wichtige Sammelader des Verkehrs bildet und in der alten Universitätsstadt *Göttingen* seinen Mittelpunkt hat, herrschen große Aufbiegungen und Einmuldungen vor. Westlich des von Süden nach Norden ziehenden Leinetalgrabens, an dessen Rändern noch Muschelkalk ansteht, erhebt sich als ein breites Buntsandsteingewölbe der Solling (509 m) mit seinen stillen Wäldern. Der durch das enge Wesertal abgetrennte westliche Teil des Gewölbes wird als Reinhardswald (472 m) bezeichnet, während sich im Süden der gleichermaßen aufgebaute Bramwald und – jenseits der Werra – der Kaufunger Wald hinziehen. In der westlich anschließenden Ausräumungszone im obersten Buntsandstein (Röt) hat sich eine auch vom Verkehr früher bevorzugte Senke zwischen *Kassel* und *Karlshafen* entwickelt, der weiter nördlich das Wesertal selbst folgt. Die westlichen Teile der mittleren Hessischen Senke sind verschieden gestaltet. Westlich von Kassel herrscht im Edergebiet noch der Buntsandstein vor. Weiter nördlich folgt dann das reizvolle Gebiet der

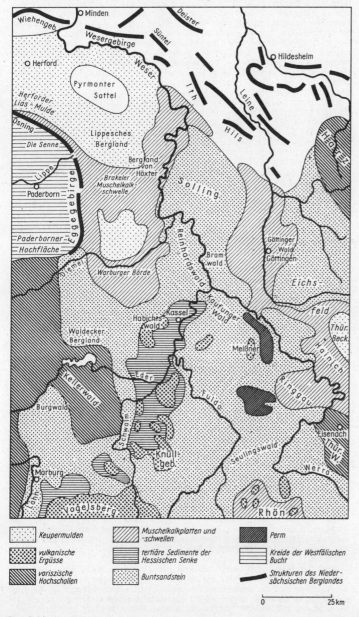

Das Gebiet der Hessischen Senke

Warburger Börde, deren Keuper- und Muschelkalkböden eine fruchtbare, mit zahlreichen Vulkanruinen malerisch durchsetzte Gefildelandschaft bilden. Die nördlich angrenzende Muschelkalkplatte von *Brakel* ist dagegen trockener und eintöniger, bis schließlich im Westen das bis 843 m hohe Eggegebirge steil aufragt, der aufgebogene Rand der Kreideschichten der westfälischen Bucht. Östlich des Leinetalgrabens steht das Hessische Bergland über das Eichsfeld auf breiter Front mit der Thüringer Schichtstufenlandschaft in Verbindung.

Der **nördliche Teil der Hessischen Senke**, das **Niedersächsische Bergland**, unterscheidet sich von der übrigen Senke durch das völlige Verschwinden vulkanischer Gesteine, das Vorherrschen jungmesozoischer Schichten, nämlich des Jura und der Kreide, sowie durch die starke und teilweise enge Bruchfaltung, die der gegen Ende der Kreidezeit erfolgten saxonischen Phase angehört. Das Bild der Oberfläche wird um so abwechslungsreicher, je mehr durch die verschiedene Widerständigkeit der Gesteine die geologischen Strukturen herauspräpariert worden sind. Außerdem haben die zahlreichen, auf engem Raum erfolgten Längs- und Querbrüche zu einem noch häufigeren Gesteinswechsel geführt, als dies bereits durch die Faltung bedingt war. Zu den schon bekannten Stufenbildnern – Buntsandstein und Muschelkalk – treten neue hinzu: Doggersandstein (z. B. im Wiehengebirge), Malmkalke (z. B. im Wesergebirge und im Süntel), Sandsteine der unteren Kreide, des Neokom (Eggegebirge und Teutoburger Wald, Hils).

Teils entspricht das Relief dem inneren Bau, und die Aufwölbungen erscheinen als Höhenzüge, teils aber hat die Erosion die Gewölbe aufgebrochen und durch Ausräumung der weicheren Schichten im Gewölbekern zur Reliefumkehr geführt. Da die Bodengüte vom Ausgangsgestein mit abhängt, ist das Niedersächsische Bergland mit seinem häufigen Gesteinswechsel, der sich auch in der land- und forstwirtschaftlichen Nutzung widerspiegelt, landschaftlich besonders abwechslungsreich. Die Anmut dieser Gegend ist um so größer, als die geringe Höhe der Berge nirgends schroffe Formen entstehen läßt. Da die eiszeitliche Vergletscherung noch über die *Porta Westfalica*, in der die Weser die Weserkette durchbricht, in das Innere des Weserberglandes eindrang, fügen sich schließlich in den tieferen, zum Teil recht geräumigen Becken und Talweitungen noch glaziale Ablagerungen in das schon bunte Landschaftsmosaik ein. Der Löß bedeckt bis weit nach Süden hin die Talfluchten und -becken.

Der westlich der Weser gelegene Teil des Berg- und Hügellandes ist großräumiger gestaltet. Das zwischen Teutoburger Wald und Wiehengebirge gelegene Hügelland wird nach Westen zu schmäler. Sein nordwestlichstes Glied, das Osnabrücker Hügelland, öffnet sich zum Geestlandschaften an *Hunte* und *Ems*. Osnabrück nutzt die Vorteile dieser Verkehrslage und die bei *Ibbenbüren* auftretenden Steinkohlen. Diese sind in einer Scholle von Jungpaläozoikum an der großen Störungslinie, die sich über den Teutoburger Wald und Thüringer Wald bis nach Passau verfolgen läßt, emporgepreßt worden. Das Ravensberger Land ist im Bereich der Herforder Liasmulde offener, im Lippeschen Bergland ist große Mannigfaltigkeit des Untergrundes, kleinerer Reliefformen, des Bodens und der Bodennutzung charakteristisch, wobei die bei *Bad Pyrmont* in einem geologischen Sattel aufgeschnittenen Buntsandsteinschichten durch ihre Laubmischwälder hervortreten. Weiter gegen die Weser zu wird das Land im Hügelland von *Höxter* (Muschelkalk und Keuper vorherrschend) wieder offener. Während das Wiehengebirge nördlich des Hügellandes eine nach Süden zu steiler, nach Norden flacher abfallende Schichtstufe des Doggers darstellt, die sich ostwärts der *Porta Westfalica* im Wesergebirge fortsetzt, ist der über 100 km lange, aber maximal nur 15 km breite Teutoburger Wald oder Osning südlich des Hügellandes komplizierter gebaut. Seine Kreidesandsteine (z. B. die berühmten *Externsteine bei Horn*) sind nichts anderes als der steil aufgebogene, durch die Abtragung mit breiten Pforten (Dören) versehene Rand der Kreideplatte der Münsterländischen Bucht. Diese Platte ist an der Osningstörung dem Buntsandstein und Muschelkalk des Lippeschen Berglandes aufgeschoben.

Das östlich der Weser gelegene Bergland, oft als ostfälisches Bergland bezeichnet, wird durch die Faltung beherrscht, die in mannigfacher Weise zur Geltung kommt. Vom Wesergebirge an gliedern sich die Höhenzüge mit Nordwest-Südost-Streichen auf: Süntel und Deister, die aus Malmkalken bestehen (an beiden wird auch Steinkohle gefunden), Osterwald, Ith und Hils, die aus Kreidesandsteinen aufgebaut sind, die Siebenberge, der Sackwald und der Hildesheimer Wald, ein Buntsandsteinsattel, ferner zahlreiche andere kleinere Höhenzüge, die sich bis an den Rand des Harzes hinziehen. Mit deutlicher Stufe überragt der Harz dieses lebhaft gestaltete Vorland.

Östlich der Hessischen Senke tauchen mit Thüringer Wald, Harz und dem Flechtinger Höhenzug zwar bereits wieder paläozoische Schollen aus dem Deckgebirge auf. Sie schließen aber zwischen sich noch mehrere an die Hessische Senke ostwärts angrenzende, aus mesozoischen Gesteinen aufgebaute Gebiete ein, so daß der Ostrand der großen Senke weniger klar ausgebildet ist.

Der östliche Teil der Mittelgebirgsschwelle

Dem geschlossenen Block des Rheinischen Schiefergebirges im Westen steht ein zweiter Gesteinskörper aus der varistischen Gebirgsbildungszeit im östlichen Teil Mitteleuropas gegenüber. Sein Kern ist die **Böhmische Masse**, ein gewaltiges Viereck magmatischer und metamorpher Gesteine, das durch Brüche zerstückelt worden ist. Es wird von mehreren markanten Randgebirgen flankiert, die ohne Ausnahme herausgehobene Schollen der Böhmischen Masse sind und das Böhmische Becken einschließen. Die nördlichen Gebirgszüge, Erzgebirge sowie Iser- und Riesengebirge, setzen die Mittelgebirgsschwelle fort. Von der breiten Nordwestflanke der Böhmischen Masse streichen mehrere herausgehobene Schollen nach Nordwesten. Die südlichste baut den Thüringer Wald auf, die mittlere erscheint oberflächlich nur im Harz, die nördliche bleibt als **Lusatische Schwelle** in der Niederlausitz und unter dem Fläming unter jüngeren Ablagerungen verborgen und läßt nur am Nordrand der Magdeburger Börde jungpaläozoische Gesteine an die Oberfläche treten (**Flechtinger Höhenzug**). Zwischen die Hochschollen sind mehrere Becken eingeschaltet, die zum Teil auch mesozoische Gesteinsserien mit Schichtstufenlandschaften oder tertiäre, z. B. braunkohlenführende Sedimente enthalten.

Die beiden Streichrichtungen der tektonischen Linien in Mitteleuropa, die erzgebirgische (Nordost-Südwest) und die herzynische (Nordwest-Südost), treten abwechselnd als Hauptrichtungen der heutigen, durch Bruchbildung bestimmten Umgrenzung der Gebirge hervor; im inneren Bau überwiegt dagegen fast überall die erzgebirgische Richtung. Durch Überschneiden der beiden Linien entstanden an bestimmten Stellen Schwächezonen, die besonders stark zertrümmert worden sind. Eine solche Vergitterung der Leitlinien findet sich im Fichtelgebirge, dessen drei Hauptkämme die etwa rechtwinklig zueinanderstehenden Streichrichtungen widerspiegeln. Die Erdbeben im Vogtland, dem Winkel zwischen Thüringer Wald und Erzgebirge, deuten noch heute auf diese tektonische Beanspruchung hin. Das zweite derartige Schwächegebiet ist die Elbtalzone, deren Hauptleitlinie durch die nordwestlich gerichtete Elbe betont wird. Diese Schwächezone ist zugleich ein Gebiet geringerer Hebung gewesen; hier hat sich daher im Elbsandsteingebirge die breite Tafel der Sandsteine aus der Oberkreide erhalten. Von dieser Ausnahme abgesehen, weisen alle übrigen Teile der Mittelgebirgsschwelle das varizische Baumuster auf. Neben Granitmassiven und einigen aus Graniten hervorgegangenen Gneiskuppeln herrschen gefaltete und vielfach metamorphe Schiefergesteine des Paläozoikums vor. Ablagerungen des Rotliegenden mit mächtigen Porphyrdecken, die dem Saar-Saale-Trog zuzuordnen sind, treten insbesondere im Thüringer Wald und in den Ausläufern des Mittelsächsischen Berglandes im Gebiet von Colditz–Wurzen–Oschatz hervor. Die Abtragung des varizischen Faltengebirges führte zur Entstehung ausgedehnter Rumpfflächen mit geringer Reliefenergie, die von Härtlingen oder Härtlingszügen überragt werden und sich in einer vielfach nicht sehr auffälligen Stufung zu einer Rumpftreppe anordnen. Der Charakter der Hochfläche geht um so mehr verloren, je schmäler die Rumpfgebirge sind und je stärker sie daher von den Rändern aufgegliedert wurden, wie dies z. B. für den Thüringer Wald gilt. Die Gesteinsunterschiede bestimmen neben nicht immer sicher nachgewiesenen jüngeren Verbiegungen oder Schrägstellungen das Formenbild.

Ein großer Teil dieser Mittelgebirge, vor allem Harz und Erzgebirge, ist reich an Erzen. Schon seit dem Mittelalter ist der Bergbau hier insbesondere auf Silber und Buntmetalle, in geringerem Maße auch auf Eisen umgegangen; dem Bergbau ist es zum guten Teil zuzuschreiben, daß die Gebirge schon frühzeitig besiedelt wurden. Die Vorräte an diesen Metallen sind heute fast erschöpft, dafür spielte aber im Erzgebirge die Gewinnung von Uran mehrere Jahre nach dem zweiten Weltkrieg eine bedeutende Rolle.

In klimatischer Hinsicht weisen die Mittelgebirge im Gebiet der Böhmischen Masse einen kontinentalen Einschlag auf, der vom Harz und Thüringer Wald im Westen nach Osten hin allmählich zunimmt. Jedes dieser Gebirge hat aber ein etwas gleichmäßigeres Klima als die benachbarten Niederungen. Die natürliche Pflanzendecke bestand aus Laubmischwald, der sich an vielen Stellen auch noch erhalten hat. Meist ist er allerdings durch Fichtenforste verdrängt worden. Auch weiter östlich sind wahrscheinlich nur die höchsten Gebirgsteile ursprünglich mit Fichtenwald bedeckt gewesen, der in den Gipfelregionen über 1 000 m vielfach Kümmerwuchs zeigt.

Der **Harz** steigt im Norden an einer durch Bruchbildung verstärkten Abbiegung jäh aus dem nördlichen Vorland auf und dacht sich allmählich gegen Süden ab. Über seinen stark zerschnittenen Nordrand erreicht man weite Hochflächen, die von dem im Nordwesten gelegenen höchsten Teil, dem 1 142 m hohen *Brockenmassiv*, überragt werden, nach Süden und gegen Osten zu dem niedrigeren Ostharz sanft abfallen. Das Brockenmassiv selbst besteht aus einem Granitblock mit eigenartigen runden Rücken, wie sie auch den Brocken selbst kennzeichnen, während an seinen Rändern die Kontaktgesteine einen Kranz von etwas steileren und schrofferen Bergen entstehen lassen. Ihnen vorgelagert sind in überwiegend devonischen Schiefern die breiten Hochflächen, von denen die westliche um *Andreasberg* reichlich 100 m höher liegt als die etwas undeutlichere, aber viel breitere des Ostharzes. Hier ragt nur der *Große Auerberg* (579 m) als Porphyrhärtling und Landmarke höher auf. Da die Scholle des Harzes nach Süden einfällt, sind an seinem Südrand auch Rotliegendes und Zechstein erhalten geblieben. Im Rotliegenden sind meist geräumige Talzüge oder Becken entstanden, wie das Becken von *Ilfeld*, während der Zechstein mit seinen Kalken und vor allem Gipsen ein schroffes, unruhig gestaltetes Relief zeigt und stellenweise erheblich verkarstet ist. Am Südfuß des Harzes aber ziehen sich geräumige, durch die Auslaugung der Salze im Zechstein entstandene Senken entlang, deren bedeutendste die von der *Helme* durchflossene, außerordentlich fruchtbare Goldene Aue ist.

Ein verkleinertes Abbild des Harzgebirges ist die kleine Scholle des Kyffhäusers (477 m) südlich der Goldenen Aue, die im Norden gleichfalls steil herausragt, am Südrand aber Karstflächen des Zechsteins aufweist, wie etwa am *Schlachtenberg* bei *Bad Frankenhausen* oder wenig westlich davon im Gebiet der *Ochsenburg* mit der Barbarossahöhle. Die Scholle des Kyffhäusers setzt sich in herzynischer Richtung weiter nach Osten fort; die Gesteine des Zechsteins und des Oberkarbons ragen im Bottendorfer Höhenzug an der Unstrut noch einmal als unbedeutender Landrücken durch das Deckgebirge hindurch.

Die vorgeschobene nordwestliche Lage verleiht dem Harz klimatisch eine gewisse Sonderstellung. Er ist im Verhältnis zu seiner Höhe stärker beregnet als die anderen Mittelgebirge, und die Schneedecke hält lange an. Im Pleistozän dürfte nach neueren Forschungen der Harz in erheblichem Umfange vergletschert gewesen sein. Auffällig sind im zentralen Gebiet die mächtigen Blockbildungen, die überall die Hänge bedecken und auch die Täler erfüllen, während an den Rändern der Talhänge häufig Felsburgen und Felsklippen schroff aufsteigen. Die Entstehung dieser Formen ist einmal darauf zurückzuführen, daß sich Granite und Quarzite zur Blockbildung besonders gut eignen, zum anderen aber dürfte das Schwanken der Temperatur um den Nullpunkt herum, d. h. das häufige Gefrieren und Wiederauftauen, wesentlich dazu beigetragen haben. Die regenreichen Hochflächen sind dem Getreideanbau nicht günstig, zumal da die Auslaugung des Bodens rasch voranschreitet und ein Reifen des Getreides nicht in allen Jahren mit Sicherheit gewährleistet ist. Grünlandwirtschaft mit starker Viehhaltung steht im Vordergrund. Schon von jeher ist aber neben dem heute vielfach erloschenen Bergbau und dem damit verknüpften Kleingewerbe die Waldwirtschaft in den Tälern eine wichtige Erwerbsquelle gewesen. Heute spielt der Fremdenverkehr eine große Rolle; *Braunlage*, *Schierke*, *Rübeland* mit seinen bekannten Höhlen (Baumannshöhle, Hermannshöhle) im Inneren des Gebirges, *Ilsenburg* und *Wernigerode* (Ausgangspunkt der Harzquerbahn) am Harzrand sind beliebte Kurorte. Der wasserreiche Harz ist für die Wasserversorgung der in seinem Regenschatten liegenden trockenen Gebiete besonders wertvoll. Der besseren Versorgung dieser Gebiete dient die Rappbodetalsperre (Stauraum 110 Mio m³, Stauhöhe 93 m).

Der schmalere **Thüringer Wald** ist von einer Schar von Bruchlinien sowie von Flexuren begrenzt. Im Nordwesten bezeichnen Bruchlinien den Rand des Gebirges, die sich nach Südosten zu innerhalb des Gebirges fortsetzen. Nach außen treten weitere Bruchlinien hinzu, so daß der Thüringer Wald hier immer breiter wird. Der Charakter der einzelnen Teile ist weitgehend von den Gesteinen abhängig. Die einzelnen Gesteinszonen streichen in variszischer Richtung und sind hintereinander angeordnet. So folgt auf das überwiegend aus Sandstein und Konglomeraten des Rotliegenden aufgebaute Nordwestende, an dessen Fuß *Eisenach* liegt, im Gebiet von *Ruhla* ein geologischer Sattel, in dem Granite vorherrschen. Weiter südöstlich sind dagegen wiederum Gesteine des Rotliegenden anzutreffen, unter denen jedoch mächtige Porphyre die Hauptrolle spielen, die ihrer Widerständigkeit wegen die höchsten Erhebungen des Gebirges bilden: *Beerberg* (982 m), *Schneekopf* (978 m) und die benachbarten Gipfel im zentralen Teil sowie der gegen Norden vorgeschobene *Inselsberg* (916 m). Wo Granite anstehen, sind weite Becken ausgeräumt worden, wie etwa um *Brotterode* und *Zella-Mehlis*. Gegen Südosten treten ausgedehnte Hochflächen auf, die insbesondere dem Thüringischen Schiefergebirge, dem östlich der Linie Gehren–Schleusingen gelegenen Teil des Gebirgszuges, das Gepräge geben und bis in das Vogtland hinein beherrschend sind. Nur der als Frankenwald bezeichnete südliche Abfall ist steiler und durch die Flüsse daher stärker aufgegliedert. Ohne scharfe Grenze geht dieses Thüringische Schiefergebirge in die breiten Flächen des Vogtlandes über. Die Täler sind meist jäh eingeschnitten; sie allein lassen in dieser stellenweise auch seenreichen Landschaft den Eindruck eines Gebirges entstehen. Dies gilt insbesondere für das Tal der oberen *Saale*, deren Wasser heute in der Bleilochtalsperre – mit 215 Mio m³ Inhalt das größte Staubecken der DDR – und der Hohenwartetalsperre (198 Mio m³) weithin gestaut ist. Durch die Staffelung der Randbrüche ist insbesondere am Südrand des Thüringer Waldes der Übergang zu den vorgelagerten, aus Buntsandstein und Muschelkalk aufgebauten Bergländern an der Werra nicht immer deutlich, nur im Nordwesten bilden die von *Bad Salzungen* aus am Gebirge entlangziehende Auslaugungssenke des Zechsteins wie auch das Werratal selbst eine deutliche Grenze gegen die im Süden vorgelagerte Rhön.

Da südwestliche Winde die Hauptregenbringer sind, ist die südliche Abdachung meist feuchter als der Nordhang. Der ozeanische Charakter ist zwar nicht so ausgeprägt wie beim Harz, macht sich aber insbesondere auf der Südseite und im Nordwesten in reicheren Laubwaldbeständen noch deutlich bemerkbar: Die wirtschaftlichen Grundlagen ähneln denen des Harzes. An Bodenschätzen sind die silurischen Eisenerze von *Schmiedefeld* zu erwähnen, die zusammen mit den Erzen von *Kamsdorf* in *Unterwellenborn* bei *Saalfeld* verhüttet wurden, deren Abbau sich jedoch nicht mehr lohnt. Außerdem finden sich im südöstlichen Teil des Thüringer Waldes zahlreiche Schieferbrüche, die sich insbesondere um *Lehesten* konzentrieren. Auch im Thüringer Wald mit seinen zahlreichen Kurorten – *Oberhof, Bad Liebenstein, Schwarzburg* u. a. – bildet der Fremdenverkehr im Sommer wie im Winter eine wichtige Erwerbsquelle für die Bevölkerung des Gebirges.

Das **Thüringer Becken** ist eine geologische und morphologische Mulde, die sich zwischen dem Harz im Norden und dem Thüringer Wald im Süden spannt und in der schüsselförmig die Schichtserie vom Zechstein bis zum mittleren Keuper ineinander lagert. Im zentralen, tiefsten Teil des Beckens haben sich noch ausgedehnte Keuperflächen erhalten, während an den höher liegenden Beckenrändern die Abtragung bereits die ältesten Schichten der Serie freigelegt hat. So zieht sich an den Rändern der Hochschollen ein mehr oder weniger breiter Streifen von Zechstein entlang, der besonders dort, wo er Gipse enthält, eigenartige, verkarstete Randzonen aufweist und am Fuß der Gebirge zur Bildung von Auslaugungssenken führte. Diese sind im Süden nur sehr schmal, weil die Schichten hier steil einfallen. Erst in der Orlasenke zwischen *Saalfeld* und *Weida* bilden sie am Nordfuß des Thüringischen Schiefergebirges eine durchgehende Zone, die von einzelnen schroff aufragenden Kalkriffen belebt wird. Breiter, aber infolge tektonischer Störungen auch ungleichmäßiger verteilt sind sie am Nordflügel im Gebiet von *Helme* und *Unstrut* und im Nordosten, im Mansfelder Bezirk, in dem sich der *Süße See* und der Ende des vergangenen Jahrhunderts ausgelaufene *Salzige See* befinden. Im allgemeinen folgt dann der Buntsandstein, der im Norden mit einer markanten, im Süden mit einer weniger deutlichen Schichtstufe einsetzt. Ihm gehören das Untere Eichsfeld um *Duderstadt*, die Windleite bei *Sondershausen*, schmale Säume am Rande des Thüringer Waldes, die Rudolstädter Heide östlich der Saale – die zum Unterschied von den anderen Buntsandsteingebieten mit dürftigem Kiefernwald bestanden ist – und das Altenburger Holzland am Ostrand des Thüringer Beckens an. Innerhalb des Buntsandsteinringes folgt der Muschelkalk, der vielfach markante Schichtstufen bildet. Im Nordwesten sind ihm das Obere Eichsfeld, in dem der isolierte Klotz der Goburg (570 m) bei *Eschwege* weit gegen Westen vorspringt, sowie der langgestreckte Zug des Dün und der Hainleite zuzurechnen. Letztere setzt sich östlich der Sachsenburger (Thüringer) Pforte, in der die Unstrut den Muschelkalk durchbricht, in der Schmücke fort und läuft in der tektonisch gestörten Finne aus, die den Nordostflügel des Thüringer Beckens vom inneren Becken trennt. Der Muschelkalk läßt an der unteren Unstrut sowie im Saaletal bei *Naumburg* mit der nahen Rudelsburg und bei *Camburg* die steilen Formen der vielfach nackten oder nur mit Steppenheide spärlich bewachsenen, an Südhängen in Weinberge umgewandelten Steilhänge entstehen. Bei Jena ist bereits der obere Buntsandstein, der Röt, wieder angeschnitten, der leichter verwittert, daher sanfter geböschte Hänge bildet und als Quellhorizont wichtig ist; aber über den Tälern ragen auch hier die steilen Mauern der Muschelkalkbastionen auf. Im südlichen Teil des Beckens gibt der Muschelkalk besonders den verkarsteten Hochflächen des Plateaus von Gossel südwestlich *Arnstadt* das Gepräge. Schließlich bildet er auch den Westrand des Beckens bei *Creutzburg*, wo er im Ringgau wiederum mit einer mächtigen Bastion über die Werra gegen Westen vorspringt und mit dem Hainich den Anschluß an den Dün gewinnt. Bei flachgründigen Böden und an Steilhängen zeigt der Muschelkalk überall die Trockenrasen und Gehölzfluren der Steppenheide mit zahlreichen wärmeliebenden Arten. Wo er aber tiefgründiger verwittert, von Löß oder Geschiebelehm überlagert ist, dort breiten sich baumarme, oft allerdings auch wasserarme Ackerfluren aus.

Das Innere des Thüringer Beckens wird von lößbedeckten Keuperschichten ausgefüllt, die eine wenig abwechslungsreiche Agrarlandschaft bilden. Da die Mulde jedoch durch mehrere leichte Aufwölbungen gegliedert wird, überragen einige breite Muschelkalkwellen das Beckeninnere, z. B. die Fahner Höhe (412 m) nordwestlich von *Erfurt* oder der Ettersberg (478 m) bei *Weimar*. Auch weiter südlich machen sich Störungen bemerkbar. Im Gebiet von *Bad Berka* ist in einer solchen Aufwölbung der Buntsandstein bloßgelegt, so daß hier der Wald etwas Abwechslung in die eintönigen Ackerfluren bringt. Wo Grabenbrüche jüngere Schichten enthalten – das ist vor allem im südlichen Teil der Fall –, tritt ein rascher Wechsel der Gesteine ein. Durch Reliefumkehr sind isolierte Erhebungen entstanden. In den Drei Gleichen bei *Arnstadt* stehen so sonst in Thüringen nicht mehr erhaltene Sandsteine des oberen

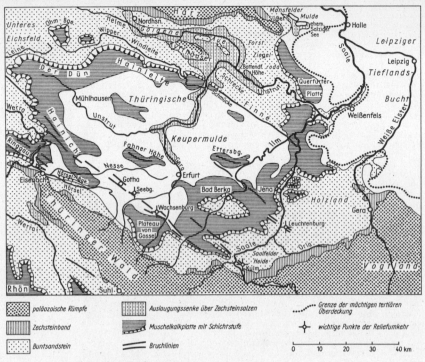

Das Thüringer Becken

Keupers und in dem weniger markanten *Seeberg* bei *Gotha* der einzige Rest von Juragesteinen an. An mehreren anderen Stellen, z. B. im *Kulm* bei *Saalfeld*, an der *Leuchtenburg* bei *Kahla*, bestehen diese Erhebungen aus Muschelkalk.
Nordöstlich der Finnestörung macht sich der Einfluß der Grundgebirgsschollen des Harzes und des Kyffhäusers in stärkeren Verbiegungen des Untergrundes bemerkbar. Jenseits der Unstrut, wo im Bottendorfer Höhenzug noch einmal das Paläozoikum des Kyffhäusers auftaucht, schließt sich in der Querfurter Mulde wieder eine eintönige Platte mit rein agrarischer Nutzung an, die mit steilen Wänden zum Unstruttal abfällt, gegen Osten aber ganz allmählich unter die tertiäre und pleistozäne Überdeckung im Bereich der Leipziger Tieflandsbucht untertaucht. Vom Harz aus streichen zwei geologische Sättel gegen Osten und Südosten, nämlich der Hornburger Sattel südlich von *Eisleben* und die Hettstedter Gebirgsbrücke zur Saale oberhalb *Könnern*. Sie schließen die Mansfelder Mulde ein, die Buntsandstein und Muschelkalk enthält. In der Oberflächengestalt machen sich diese Schichten kaum bemerkbar, denn ein Tafelrumpf hat die Mansfelder Mulde überzogen und die Formen weiter verwischt. Die Hauptmerkmale des Reliefs sind heute die großen Spitzhalden des Bergbaus, der im Gebiet von *Eisleben* auf Kupferschiefer, an mehreren anderen Orten auf Kalisalze umgeht. Ferner hat sich im Geiseltal westlich *Merseburg* in einer tertiären Senke ein ausgedehntes Braunkohlenflöz entwickelt, das nicht nur wegen seiner Mächtigkeit, sondern auch wegen der in ihm enthaltenen Fossilien, die hauptsächlich im Geiseltalmuseum zu Halle (Saale) gesammelt sind, weithin berühmt ist. So vollzieht sich im Nordostflügel des Thüringer Beckens der Übergang zu den Landschaften, die den Harz im Norden umsäumen.
Wie weiter südlich das Thüringer Becken, so schließt sich nördlich des Harzes als Fortsetzung des Niedersächsischen Berglandes das **nördliche Harzvorland** an. Zwischen dem Harz und der paläozoischen Schwelle des Flechtinger Höhenzuges am Südrand des Ohretales sind innerhalb des Subherzynischen Beckens die mesozoischen Schichten in mehrere Sättel und Mulden gelegt worden. Die bedeutendsten Sättel sind die breiten Muschelkalkrücken des Hakels, Huys, Fallsteins und weiter nördlich vor allem des Elms bei *Braunschweig*. In den Mulden zwischen den breiten Sätteln haben sich noch Jura- und Kreidegesteine erhalten. Einen breiten Gürtel bilden sie vor allem unmittelbar am Harzrand selbst, wo die subherzynische Kreidemulde durch

die Harzüberschiebung am Südrand steil aufgerichtet und z. T. sogar überkippt ist. Die widerständigen Gesteine ragen als Rippen heraus, die den Harzrand begleiten (Teufelsmauer). Die Lößdecke der breiten Becken und im Innern der Mulden hat fruchtbare Gefilde entstehen lassen; die Umgebung von *Quedlinburg* ist das Hauptgebiet für Saatzuchten. Die Muschelkalkhöhen leiden dagegen unter Trockenheit. In einigen Senken, die durch die Auslaugung der Salzlager des Zechsteins entstanden waren, haben sich z. B. bei *Helmstedt* und *Nachterstedt* örtlich begrenzte Braunkohlenlager gebildet. Vor allem aber haben die Eisenerze von *Salzgitter*, eine Trümmererzlagerstätte mit einem geschätzten Vorrat von 1 Mdr. t, große wirtschaftliche Bedeutung und ebenso die reichen Vorkommen an Kalisalzen, die sich während des Zechsteins gebildet haben und die heute sowohl im nördlichen und östlichen Harzvorland (*Staßfurt*) als auch südlich des Harzes (*Roßleben a. d. Unstrut*), im Werra-Fulda-Gebiet (*Vacha*), im mittleren Leinetal und in der Umgebung von Hannover abgebaut werden. An tektonischen Schwächelinien sind die plastischen Zechsteinsalze emporgepreßt worden und bilden schmale und steile Aufrichtungszonen, deren widerständigere Gesteine oft als Höhenzüge erscheinen (z. B. Asse, südöstlich Wolfenbüttel).
Die ganze Hessische Senke gehört klimatisch noch zu dem deutlich unter ozeanischem Einfluß stehenden Übergangsgebiet Mitteleuropas, in dem Laubmischwälder mit starker Vorherrschaft der Rotbuche den ursprünglichen Waldbestand bildeten. Auch heute noch spielt die Buche in den Forsten eine erhebliche Rolle. Aber bereits im Thüringer Becken vollzieht sich der Übergang zu den trockeneren und kontinentaleren Gebieten. Thüringen selbst liegt noch verhältnismäßig hoch, und seine Niederschlagsverhältnisse ähneln denen Hessens. Im Regenschatten des Harzes gehen jedoch die jährlichen Niederschlagsmengen auf weniger als 500 mm zurück, so daß sie für die Entwicklung atlantischer Florenelemente nicht mehr ausreichen. Thüringen ist somit ein wichtiges Übergangs- und Mischgebiet, da sich hier, vor allem in den Pflanzengemeinschaften der Steppenheide, in verstärktem Maße östliche Florenelemente einstellen. Es ist daher kein Zufall, daß die Buntsandsteintafeln östlich der Saale keinen Buchenwald mehr tragen, sondern uns häufig als trockene Kiefernheiden entgegentreten.
Der Ostflügel der Schichtstufenlandschaft wird auch insofern noch zum Übergangsgebiet, als hier die pleistozäne Überdeckung, besonders der Löß, die Formen bereits stark verwischt. Bodengüte und Klima begünstigen die Landschaften, so daß sich vom Niedersächsischen Bergland über das nördliche Harzvorland mit seinem Gemüsebau um Braunschweig bis zur Schwarzerde der Magdeburger Börde und des östlichen Harzvorlandes fruchtbare Landstriche mit intensivem Weizen- und Zuckerrübenanbau hinziehen. Diese landschaftlich weniger reizvollen Gebiete werden sowohl vom Löß wie stellenweise auch schon vom inneren Bau der Mittelgebirgsschwelle geformt, so daß man sie sowohl der Gefildezone wie dem Mittelgebirgsvorland zuordnen könnte.
Das **Erzgebirge** hebt sich in der Gegend von *Schöneck* offenbar an einer Bruchlinie über das Vogtland heraus, so daß das Elstergebirge mit seinen vielbesuchten Bädern (*Bad Elster, Bad Brambach*) mehr eine südliche Aufkippung des Vogtlandes als ein Glied des Erzgebirges ist. Die Hauptgesteine des Erzgebirges sind im Westen Glimmerschiefer und Phyllite, die von mehreren großen Granitmassen mit Kontakthöfen durchsetzt werden. Die Verwitterungsböden der Granite sind meist grusig und unterliegen rasch der Auswaschung, während die Glimmerschiefer steinige, die Phyllite wiederum zwar kalte, aber lehmige Verwitterungsböden liefern. Glimmerschiefer und Granite sind daher fast überall noch von Wald bedeckt. Im östlichen Erzgebirge herrschen dagegen Gneise vor, die leicht verwittern und einen milden Boden ergeben. Hier überwiegt daher der Ackerbau, der sogar bis zum Kamm des Gebirges emporsteigt (Hafer, Roggen, Kartoffeln, früher viel Flachs, heute zunehmend Grünlandwirtschaft). Wo diese Kammfläche noch wenig zerschnitten ist, trägt das Gebirge auch einzelne Hochmoore (*Georgenfelder Moor* bei *Zinnwald, Kranichsee* bei *Carlsfeld*).
Die Gliederung der breiten Nordabdachung des Erzgebirges wird somit weitgehend durch das Gestein bestimmt. Die höheren Aufragungen, z. B. der *Fichtelberg* (1214 m) und der auf tschechoslowakischem Gebiet liegende *Klinovec* (*Keilberg;* 1244 m), sind vor allem an Glimmerschiefer, im Osterzgebirge außerdem an Quarzporphyr – *Kahleberg* (904 m) – oder an einzelne Basaltreste – *Geisingberg* (823 m) – gebunden, die insbesondere auch im Gebiet des mittleren Erzgebirges – *Pöhlberg, Scheibenberg, Bärenstein* – deutlich über die Hochfläche aufragen.
In klimatischer Hinsicht ist zu erwähnen, daß das Erzgebirge weniger stark beregnet ist als der Harz; nur die nach Nordwesten gerichteten Flanken im Gebiet des *Auersberges* (1018 m) und des Fichtelberges werden von den regenbringenden Westwinden unmittelbar getroffen. Bei nordwestlichen Winden ergibt sich häufig ein Stau, so daß das ganze Gebirge unter einer Wolkendecke liegt, während umgekehrt bei absteigenden Südwinden eine föhnartige Aufheiterung am mittleren und östlichen Gebirgssaum bis zum Elbtalgebiet bei Dresden hin zu beobachten ist.

Schon im 12. Jahrhundert setzte im Erzgebirge ein lebhafter Bergbau ein, der sich besonders um *Freiberg, Annaberg*, später auch *Schneeberg* und im Osterzgebirge um *Altenberg* (Zinn) entwickelte und zur der frühen Besiedlung des Gebirges beitrug. Mit der Erschöpfung der Lager verlor der Bergbau zwar seine Bedeutung für dieses Gebiet, doch führte die zeitig beginnende Industrialisierung, begünstigt durch die Steinkohlen des nahen Erzgebirgischen Beckens, zu einer Verdichtung der Bevölkerung, wie sie in kaum einem anderen Gebirge der Erde zu verzeichnen ist. Wie in fast allen mitteleuropäischen Mittelgebirgen spielt auch im Erzgebirge der Fremdenverkehr eine erhebliche Rolle.

Dem westlichen Teil des Erzgebirges ist im Norden eine alte Vortiefe vorgelagert, in der sich der Schutt des variszischen Gebirges zur Zeit des Oberkarbons und Rotliegenden sammelte, wobei es zur Entstehung von Steinkohlenlagern kam. Die Hauptreviere lagen bei *Zwickau, Lugau* und *Oelsnitz*. Dieses **Erzgebirgische Becken** ist seiner wenig widerständigen, rote Verwitterungsböden liefernden Gesteine wegen stärker zertalt, ohne daß jedoch eine durchlaufende Beckenlandschaft entstanden wäre. Diese Zone am Nordrand des Gebirges wird seit alten Zeiten vom Verkehr bevorzugt. Heute verläuft hier die große Bahnlinie von der vogtländischen Hauptstadt *Plauen* über Zwickau und *Karl-Marx-Stadt* mit ihrer lebhaften und vielseitigen Metall- und Textilindustrie nach dem Elbtalkessel.

An das Erzgebirgische Becken schließt nordwärts das **Mittelsächsische Bergland** an, das im Osten, ohne daß sich hier noch die Rotliegend-Landschaft dazwischen schiebt, unmittelbar mit der Abdachung des Erzgebirges verbunden ist. Es besteht im Kern aus einem mächtigen Granulitstock, der von einer Rumpffläche überzogen wird. Seine harten Kontaktgesteine überragen als mäßige Höhenrücken mehrfach die Landoberfläche, machen sich aber besonders in der Verengung der Täler bemerkbar. Zwickauer und Freiberger *Mulde* sowie *Zschopau* zeigen malerische Engtalstrecken. Weiter im Norden im Gebiet von Geithain–Wurzen–Oschatz–Leisnig sind es Porphyre des Rotliegenden, die den Gesteinsuntergrund bilden, doch reicht die Lößbedeckung schon in das Mittelsächsische Bergland hinein, wenn der Löß hier auch vielfach wenig mächtig und stark entkalkt ist. Der Übergang von der Nordabdachung des Erzgebirges zu den Gefildelandschaften an ihrem Nordrand und der Leipziger Tieflandsbucht erfolgt daher ganz allmählich.

Mit der **Elbtalzone** beginnt der Bereich der herzynisch gerichteten Strukturlinien am südwestlichen Rand des riesigen Lausitzer Granitmassivs. Steil aufgerichtete paläozoische Schiefer und andere metamorphe Gesteine bilden das Elbtalschiefergebirge südlich des Elbtals zwischen den Städten *Berggießhübel* und *Nossen*. Die verschiedene Widerständigkeit ihrer Gesteine zeigt sich in der Gestaltung der Täler und in der Herauspräparierung einzelner Härtlingszüge. Südlich von *Dresden* hat zur Zeit des Rotliegenden eine größere Senke bestanden. In diesem Döhlener Becken wurden damals Steinkohlen abgelagert, die aber heute völlig abgebaut sind. Zur Zeit der oberen Kreide war des Elbtalgebiet Meeresraum, in dem Sandsteine, im Gebiet von Dresden selbst Kalkmergel, der Pläner, zum Absatz kamen. Im Tertiär lebte dann die alte Tektonik wieder auf, und das Lausitzer Granitmassiv wurde an der Lausitzer Überschiebung auf die Kreideunterlage des Elbsandsteingebirges aufgeschoben. Im Pleistozän fallen erneut Krustenbewegungen an, die sich südlich von Dresden in den Bruchstufen der Verwerfung von Wendisch-Carsdorf und am *Wilisch* (481 m), unmittelbar nördlich von Dresden in der steilen Nordostbegrenzung des Elbtalgrabens zeigen. Die Elbtalzone bildet somit eine außerordentlich mannigfaltige Landschaft, in der insbesondere der Kessel um Dresden klimatisch besonders begünstigt ist. Die Verschiedenartigkeit des kleinen Raumes zwischen *Pirna* und *Meißen* ist durch die Vorgänge während der Eiszeit noch verstärkt worden. Während auf der linken Seite der Elbe der Löß dem Boden noch eine hohe Fruchtbarkeit verleiht, liegen auf dem rechten Ufer bereits Sande, die während der Saale-Eiszeit vom Eisrand her eingeschwemmt wurden. Die beiden Talseiten sind also auch in der Bodenfruchtbarkeit deutlich unterschieden. Gartenbau mit Spezialkulturen, an den nach Süden gerichteten Steilhängen auch Wein- und Obstbau, machen die Dresdner Elbtalweitung zu einem hochintensiven Anbaugebiet.

Das eigenartigste Glied der Elbtalzone ist zweifellos das **Elbsandsteingebirge**. Da es weniger herausgehoben wurde als die benachbarten Flügel, konnte sich längs der Elbe die Ablagerungsserie der oberen Kreide in großer Mächtigkeit erhalten. Während im Dresdner Gebiet noch die leichter verwitternden Plänermergel vorherrschen und Sandsteine nur in geringem Maße vorhanden sind, vollzieht sich bei *Pirna* ein Fazieswechsel. Die Sandsteinschichten werden mächtiger und sind nur noch durch schwache Mergelbänke untergliedert. Im Bereich der Elbe liegt das Schichtpaket horizontal, südlich davon aber, wo es der erzgebirgischen Scholle aufliegt, wurde es mit dieser zusammen angehoben und erreicht im *Sněžnik* (Hoher Schneeberg) 721 m Höhe. Der Fluß selbst und die Denudation haben über dem engen, windungsreichen Tal breite Ebenheiten hinterlassen, die von einzelnen Tafelbergen, den „Steinen", überragt werden: dem *Königstein* (360 m), dem *Pfaffenstein* (422 m) und *Lilienstein*

(416 m); ihre Gipfelflächen liegen 250 bis 300 m über dem Elbspiegel. Die breiten Ebenheiten sind vielfach mit Schottern und Moränen der Elster-Eiszeit bedeckt, denn das nordische Inlandeis drang bis in die Gegend von *Bad Schandau* vor. Auf diesen Ablagerungen haben sich daher auch zahlreiche Siedlungen entwickelt, da der Ackerbau verhältnismäßig gute Erträge liefert. Wo die Zuflüsse der Elbe – *Kirnitzsch, Polenz, Biela* u. a. – tiefe, schluchtartige Täler und Klammen eingeschnitten haben, sind die mächtigen Sandsteintafeln in einzelne bizarre Türme und Nadeln aufgelöst worden, die dem Elbsandsteingebirge seinen eigenartigen Reiz verleihen. Der durchlässige Sandstein zeigt einerseits mit seiner Wabenverwitterung und den Eisenkrusten in den Kleinformen fast wüstenhafte Züge, anderseits ist das lokale Klima der Gründe und Schluchten so kühl und feucht, daß die Pflanzenwelt zahlreiche atlantische Arten enthält und die Durchdringung verschiedener Florenbereiche hier somit eine besonders interessante Mannigfaltigkeit bedingt, wobei die Umkehrung der sonst üblichen Höhenstufen besonders auffällig ist. Der Taleinschnitt der Elbe, der durch die Anlage zahlreicher Steinbrüche fast überall vom Menschen umgestaltet wurde, ist so eng, daß man beim Bau von Straßen dieses Gebiet mied und über das Osterzgebirge Zugang nach Böhmen suchte; der Bau der Eisenbahnlinie Dresden – Prag im Tal der Elbe hat ganz außergewöhnlich hohe Kosten verursacht. Heute ist die „*Sächsische Schweiz*" eines der wichtigsten Fremdenverkehrs- und Erholungsgebiete der DDR.

Das **Lausitzer Bergland** besteht aus einem Granitmassiv, an dessen Rändern im Norden noch Kontaktgesteine, vielfach quarzitisch gewordene Grauwacken, erhalten geblieben sind. Das Gebirge gliedert sich in mehrere durch breite Talmulden voneinander getrennte, westöstlich streichende Bergzüge von mäßig schroffen Formen, z. B. der 561 m hohe *Czorneboh* südöstlich von *Bautzen;* nur wenige Teile des Berglandes zeigen ausgedehntere Hochflächen. Gegen Nordwesten entsendet es Vorberge, die über die flachwellige und nach Westen zu immer ebener werdende Landoberfläche aufragen. Am höchsten steigt der *Sibyllenstein* (449 m) südlich *Kamenz* auf. Im Norden bricht das Gebirge verhältnismäßig schroff zur Lößinsel des Lausitzer Gefildes bei Bautzen ab. Weiter im Osten schieben sich die Täler der zahlreichen Flüsse vielfach als breite Mulden in das Gebirge vor und gliedern es in einzelne Berge auf, unter denen eine größere Anzahl alte Vulkankegel sind. Hierher gehören beispielsweise der *Löbauer Berg*, die 420 m hohe *Landeskrone* bei *Görlitz* u. a. Die Spuren des tertiären Vulkanismus werden nach Süden und Südosten hin immer häufiger, denn hier schneidet die Fortsetzung der südlichen erzgebirgischen Bruchlinie den Lausitzer Gebirgswall. Am markantesten tritt der vulkanische Charakter im Böhmischen Mittelgebirge hervor (vgl. Abschnitt Das Böhmische Becken, S. 70). Im Zittauer Becken ist der Untergrund tiefer abgesenkt, so daß im Tertiär reiche Braunkohlenlager entstehen konnten (Berzdorf, Hirschfelde). Schroff ragt im Süden des Zittauer Beckens an einer offenbar jungen Störung das Zittauer Gebirge auf, dessen Sockel noch aus Granit besteht. Darüber jedoch lagert Sandstein aus der Kreidezeit, aus dem z. B. das ruinengekrönte Massiv des *Oybin* (515 m) besteht; dem Sandstein sitzen im sächsisch-böhmischen Grenzgebiet noch einzelne Phonolith- und Basaltberge auf: *Hochwald* (749 m), *Lausche* (793 m) u. a.

Infolge der gegen Norden vorgeschobenen Lage ist insbesondere die Westabdachung des nicht sehr hohen Lausitzer Berglandes stark beregnet, doch ist der ursprüngliche Waldbestand in den Tälern, in denen sich auf Dutzende von Kilometern Ort an Ort reiht, überall beseitigt und auf die Höhenzüge zurückgedrängt worden.

Die im Südosten anschließenden Gebirge, die teils zu Polen, teils zur Tschechoslowakei gehören, steigen in einzelnen Stufen schroff aus dem nördlichen Vorland, der Schlesischen Tieflandsbucht, empor. Der Hochflächencharakter der alten herausgehobenen Schollen ist weithin gewahrt geblieben. Dies gilt sowohl für das Isergebirge als auch für das Riesengebirge (Krkonoše; Karkonosze). Flacher ist die Abdachung nach dem Inneren Böhmens hin. Die stellenweise von Mooren bedeckte Hochfläche des Riesengebirges, der Koppenplan, über den die 1 603 m hohe *Schneekoppe* (*Sněžka, Śnieżka*) als höchster Gipfel emporragt, hat während des Eiszeitalters Gletscher getragen, deren augenfälligste Spuren an den Nordflanken in den Schneegruben – kleinen, zum Teil mit Seen erfüllten Karen – zu sehen sind. Diese Hochfläche, auf der die Elbe ihre Quelle hat, ist auch heute noch waldfrei, hin und wieder mit niedrigem Buschwerk, mit Grasfluren oder auch pflanzenleerem Schutt bedeckt, in dem noch jetzt periglaziale Vorgänge festzustellen sind.

Tektonisch stärker gestört ist der mittlere Teil des Gebirgszuges, wo das Gebirge in mehrere Äste aufgegliedert ist und auch paläozoische Gesteine eine größere Rolle spielen. In den Góry Stołowe (Heuscheuer, bis 920 m) hat sich noch ein Rest der alten Kreideplatte erhalten. In einer Vorsenke am Nordfuß finden sich Steinkohlenlager vor, die im Revier von *Wałbrzych* schon seit langem abgebaut werden. Massiger und weniger gegliedert ist der südöstliche Teil des Gebirgszuges, der im Altvatergebirge (Hrubý Jeseník, Hohes Gesenke) noch einmal fast 1 500 m erreicht. Dann aber senkt er sich allmählich zur Mährischen Pforte hin. Die zunehmende Kontinentalität bringt größere

Temperaturgegensätze mit sich. Eine gewisse Verarmung der Pflanzenwelt macht sich deutlich bemerkbar, da die atlantischen Formen hier ausscheiden.
Die Mittelgebirgsschwelle ist östlich der Mährischen Pforte schwächer entwickelt. Vom Karpatenbogen gleichsam nach Norden gedrängt, ragen noch flache Schwellen aus mesozoischen Sedimentgesteinen sowie Gesteinen des variszischen Sockels empor, doch erreichen sie nicht mehr die Geschlossenheit und Höhe der westlicher gelegenen Glieder. Über der Niederung des oberen Odertales ragt mit deutlicher Stufe eine Muschelkalkplatte, der Höhenzug des Chelm, auf, dem östlich von *Częstochowa* die Stufe des Polnischen Juras folgt. Die weiter östlich anschließende Kreidemulde der Nidasenke ist ein durchaus flaches Gebiet ohne größere Reliefenergie. Reiche Bodenschätze, vor allem Zinkspate und Bleierze, birgt der Muschelkalk. Von besonderer Wichtigkeit sind die im tieferen Untergrund lagernden mächtigen Steinkohlenflöze des oberschlesischen Reviers, das sich bis zur Mährischen Pforte hinzieht und nach dem Ruhrgebiet das bedeutendste Kohlenrevier des europäischen Kontinents außerhalb der Sowjetunion ist. Da in der Umgebung auch Eisenerze gefunden werden, konnte sich eine mächtige Schwerindustrie entwickeln. Ihre Zentren sind *Bytom, Katowice, Nowa Huta-Kraków* u. a.
Weiter nach Osten erhebt sich das **Polnische Mittelgebirge** (Góry Świętokrzyskie), das nach seiner höchsten Auffragung (611 m) oft auch als Łysa Góra bezeichnet wird. Rumpfflächen geben hier der Landschaft das Gepräge. Beiderseits der Wisła aber, die südöstlich von *Cieszyn* entspringt und in einem mächtigen Bogen nach Norden zur Ostsee strömt, stellen sich wieder lößüberdeckte Kreideplatten ein, die der Strom in malerischem Tal durchbricht.

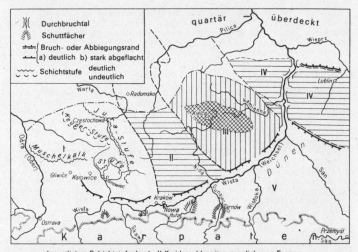

I westliches Schichtstufenland II Kreidemulde mit ausgeglichenen Formen
III Rumpffläche der Łysa Góra mit Mantel aus mesozoischen Gesteinen, ohne deutliche Schichtstufen
IV Kreideplatte von Lublin V Karpatenvorland

Das ostpolnische Gebiet der Mittelgebirgszone

Die Schollen des Polnischen Mittelgebirges und der Lubliner Platte werden im Süden durch markante Störungslinien abgeschnitten, an denen das **polnische Karpatenvorland**, das manche Ähnlichkeit mit dem Alpenvorland zeigt, in Form einer dreieckigen breiten Senke abgesunken ist. Man spricht oft vom *Wisła-San-Dreieck*, weil diese beiden Wasserläufe alle Karpatenflüsse dieses

Schematisches geologisches Profil durch den südlichsten Teil der Mittelgebirgszone

Bereiches sammeln. Hier überwiegen junge Ablagerungen, in deren nördlicherem Teil auch größere Dünenfelder aus den pleistozänen Sanden aufgeweht worden sind. Das Gebiet ist arm an größeren Siedlungen; *Tarnów* und *Przemyśl* sind nur Mittelstädte. Als wichtigste Bodenschätze sind Erdöl und Erdgas zu nennen, die am Oberlauf des San erbohrt werden.

Der Südteil der Mittelgebirgszone

Zum Süden der Mittelgebirgszone rechnet das Gebiet, das sich südlich der Mittelgebirgsschwelle bis zum Nordrand des Alpenvorlandes erstreckt und das in west-östlicher Richtung von der mittleren Mosel und dem Vogesenkamm über den Böhmerwald bis nach Mähren reicht. Es ist, vor allem in seinem Westteil, in seinem Aufbau viel lockerer gestaltet als die Mittelgebirgsschwelle und daher für den Durchgangsverkehr recht günstig. Die Kammerung des gesamten Raumes bringt für einzelne Gebiete klimatische Nachteile oder Vorzüge mit sich. Besonders die Beckenlandschaften stellen Wärmeinseln dar; in der Oberrheinischen Tiefebene werden die höchsten Jahresmittel der Temperatur von ganz Mitteleuropa erreicht (Heidelberg und Freiburg i. Br. 10 °C). Stau der Winde und Föhn führen zu erheblichen Unterschieden in den Niederschlagsmengen. So hat das Mainzer Gebiet weniger als 500 mm Niederschlag, während am Westabfall des Schwarzwaldes Jahressummen von über 1 200 mm erreicht werden. Diese mannigfaltige klimatische Gliederung macht sich auch in der Pflanzen- und Tierwelt bemerkbar; bei beiden ist ein Eindringen von zahlreichen wärmeliebenden Arten zu verzeichnen. Zum Teil entstammen sie dem kontinentalen Osten, teils sind sie durch die Burgundische Pforte zwischen Schweizer Jura und Vogesen von Südwesten her eingewandert.

Am wichtigsten für die Gliederung des Südteils der Mittelgebirgszone sind die geologischen Gegebenheiten. Den einen großen Landschaftstyp bilden die aus magmatischen und metamorphen Gesteinen aufgebauten Mittelgebirge, deren bedeutendste der zur Böhmischen Masse überleitende Böhmerwald sowie Schwarzwald und Vogesen sind. Viel inniger aber als etwa im Erzgebirge, Thüringer Wald und Harz sind diese Mittelgebirge mit den auflagernden Deckschichten insbesondere des Buntsandsteins verknüpft. Damit leiten ihre Außensäume zu dem zweiten großen Formentyp, den Schichtstufenlandschaften, über, deren bedeutendste die schwäbisch-fränkische Schichtstufenlandschaft ist.

Die für das Bild dieser Landschaften wichtigsten Schichten gehören dem Mesozoikum an, besonders der Trias – Buntsandstein, Muschelkalk und Keuper – sowie dem Jura, während kreidezeitliche Sedimente zurücktreten. Durch die gebirgsbildenden Vorgänge der Tertiärzeit ist die flache Lagerung dieses mehrere 100 m mächtigen Schichtpaketes gestört worden. Im Gebiet des heutigen Oberrheins wölbte sich der Untergrund auf, und die Deckschichten verfielen hier der Abtragung. Im Scheitel dieser Aufwölbung aber brach infolge komplizierter tektonischer Vorgänge der breite Oberrheingraben bis zu 3 000 m tief ein. Er bildet heute zweifellos das markanteste Glied im Gefüge der südlichen Mittelgebirgszone. Im Westen wird er von den Vogesen und dem Pfälzer Wald, im Osten von Schwarzwald und Odenwald überragt. Überschreitet man diese Randgebirge, so gelangt man in weite Schichtstufenlandschaften, deren flach einfallende Schichten das bereits zum westeuropäischen Raum gehörige Pariser Becken auf der einen, Schwaben und Franken auf der anderen Seite erfüllen. Im einzelnen freilich ist die Lagerung der Gesteine recht kompliziert. So wird der Oberrheingraben von einer südwest-nordöstlich streichenden Einsenkung gekreuzt, die auf der Westseite in der Zaberner Senke Vogesen und Pfälzer Wald nur unscharf voneinander trennt. Auf der Ostseite hingegen ist in der Senke des Kraichgaues ein breiter Durchgang zwischen Odenwald und Schwarzwald entstanden. Auch an anderen Stellen sind flache Mulden und Sättel festzustellen. Überall dort, wo Einmuldungen der Schichten vorhanden sind, haben sich jüngere Glieder der Schichtserie erhalten können. Diese reichen hier weiter an die Hebungsachse der großen oberrheinischen Aufwölbung heran. An stärker herausgehobenen Stellen hat die Abtragung dagegen ältere Schichten entblößt, und die Stufenränder weichen daher zurück. Dieses Wechselspiel von endogener Anlage und exogener Herausarbeitung der Schichtstufen gibt dem ganzen Landschaftsraum die besondere Gepräge. Stufenbildner sind der widerständige Hauptbuntsandstein, der untere und der obere Muschelkalk, mehrere Horizonte im Keuper und schließlich Teile des mittleren und oberen Juras.

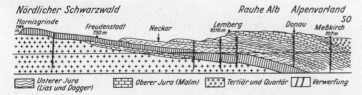

(nach Hettner)

Das **Oberrheinische Tiefland** erscheint nur auf der Karte als eine einheitliche Ebene. Ein Querschnitt zeigt dagegen mehrere charakteristische Glieder. Die Rheinniederung ist unterhalb von *Basel* nur etwa 2 km breit und wurde vor der Korrektion des Flusses von zahlreichen Nebenarmen durchflossen. Von *Strasbourg* an bildet der Fluß immer weiter ausschwingende Mäander, so daß die Niederung hier eine Breite bis zu 10 km erreicht hat. Einst war sie vom Hochwasser überflutet, mit der Rheinkorrektion durch Tulla von 1817 bis 1870 wurde aber ein gerader, von Hochwasserdämmen begleiteter Lauf geschaffen. Seitdem sind große Teile der Niederung, die früher nur Wiesen trugen, in Ackerland (Gemüse- und Tabakanbau) verwandelt worden; denn der begradigte Rhein schnitt sich 2 bis 7 m tief ein, so daß die alte Aue weithin trocken wurde. Vielfach haben sich abgeschnürte alte Rheinschlingen mit prächtigen Auenwaldbeständen erhalten, so z. B. der *Kühkopf* bei Darmstadt. Das 5 bis 15 m ansteigende Hochgestade leitet zur Niederterrasse, der eigentlichen Rheinebene, über. Sie besteht aus eiszeitlichen Kiesen und Sanden. An manchen Stellen sind diese Sande zu Dünen aufgeweht worden, die ärmliche Kiefernforste tragen. Die Fruchtbarkeit dieser ausgedehnten Terrassenflächen ist recht unterschiedlich, je nachdem, wie tief der Boden verwittert ist, ob feinere Flußablagerungen vorhanden sind oder ob die Kiese und Sande an der Oberfläche anstehen, und hat im allgemeinen seit der Rheinbegradigung stark abgenommen. Über der Niederterrasse folgt eine niedrige Hügelzone, die auf der Ostseite durch langgestreckte Niederungen eingeengt wird. Hier strömten einst *Murg*, *Kinzig* und weiter nördlich der *Neckar* dahin. Diese Hügelzone ist von flachen Talmulden in einzelne → Riedel aufgelöst und fast überall von Löß bedeckt, der den Gesteinsuntergrund – Tertiär und Pleistozän – nur selten zutage treten läßt. Auf der Pfälzer Seite ist diese Zone besonders breit entwickelt und zum Hauptgebiet des Weinbaus geworden. Am Rand des Grabens schmiegt sich schließlich eine Zone von Vorbergen an die Randgebirge an. Es sind abgesunkene Gebirgsschollen, die aus verschiedenartigen, überwiegend mesozoischen Gesteinen bestehen. So treten am Dinkelberg im Süden des Schwarzwaldes größere Muschelkalkplatten auf. Vor dem Schwarzwald, im Markgräfler Hügelland mit dem *Isteiner Klotz* nördlich von Basel, sind es Schichten des Juras. Als isolierte Erhebung überragt der *Kaiserstuhl* (557 m) die südliche Rheinebene bei Breisach, der einzige größere vulkanische Zeuge der tertiären tektonischen Vorgänge. An seinen lößbedeckten Hängen, heute vielfach von Weinbauterrassen gegliedert, hat die Klimagunst viele wärmeliebende Pflanzen- und Tierarten heimisch werden lassen. Im Norden ist es die Rheinhessische Platte, die sich – wohl schon unter dem Einfluß der Mittelgebirgsschwelle – allmählich heraushebt und ohne scharfe Grenze in das Nordpfälzer Bergland übergeht. Lößbedeckung und klimatische Begünstigung haben Hügelland und Vorbergzonen zu siedlungsreichen Wein- und Obstbaugebieten werden lassen. Hier zieht sich vor dem Odenwald zwischen *Darmstadt* und *Heidelberg* die landschaftlich reizvolle Bergstraße, vor dem Pfälzer Wald die nicht weniger bekannte Weinstraße entlang.

An Bodenschätzen ist die Oberrheinische Tiefebene nicht reich. Bei *Merkwiller-Pechelbronn* im Elsaß, am Rand der Haardt, bei *Bruchsal* und im Nordosten des Gebietes bei *Pfungstadt* sind Bohrungen auf Erdöl fündig geworden, die aber heute meist wieder stillgelegt sind. Im *Oberelsaß* werden weiterhin auch Kalisalze abgebaut. Zahlreiche Thermal- und Mineralquellen weisen auf die tektonischen Störungen hin. Dort entstanden bedeutende Kurorte: *Baden-Baden*, *Badenweiler* und *Bad Dürkheim*. Die starke Radiumsole von Heidelberg ist dagegen weniger bekannt.

Die verkehrsgeographische Lage des heute vor allem im nördlichen Teil recht dicht besiedelten und städtereichen Oberrheingebiets ist außerordentlich günstig. Wichtige Nord-Süd-Verkehrslinien ziehen seit alters beiderseits des Rheins entlang, aber auch bedeutende Ost-West-Verbindungen queren das Gebiet, da allenthalben bequeme Übergänge über die Randgebirge vorhanden sind.

Die südlichen Randgebirge des Oberrheins, der **Schwarzwald** in der BRD und die **Vogesen** auf französischer Seite, sind beide überwiegend aus magmatischen und metamorphen Gesteinen aufgebaut. Sie wenden ihre Steilseite der Rheinebene zu, von der sie nur durch die schmale Vorbergzone getrennt sind. An ihrem äußeren Rand tragen sie, besonders im Norden, noch eine Decke von Buntsandstein. Dessen ruhige, durch horizontale Linien betonte Formen unterscheiden sich erheblich von dem stark zerschnittenen kuppigen Relief der kristallinen Gebirgsteile. In den zentralen Gebieten, besonders im Südschwarzwald, haben sich an den Flanken der breiten und massigen Gipfel noch Kare mit Seen als Zeugen der pleistozänen Vergletscherung erhalten, z. B. der *Feldsee* unterhalb des Feldbergs im Schwarzwald. In den glazial ausgeweiteten Hochtälern finden sich Moränen und Zungenbeckenseen (*Titisee* und *Schluchsee* im Schwarzwald).

Allerdings bestehen zwischen den beiden Gebirgen auch gewisse Unterschiede. Während im Schwarzwald Granite und Gneise vorherrschen, spielen in den Vogesen paläozoische Gesteine, vor allem Kulm (Unterkarbon) und Rotliegendes, eine größere Rolle. Sie haben die Ausbildung geräumiger Täler und

Becken begünstigt. Andererseits sind in den Vogesen auch häufig sehr widerständige Kontaktgesteine anzutreffen, die besonders schroffe Formen bedingen. Für die Hochvogesen sind daher enge Talschlüsse und eine verhältnismäßig geringe Aufgliederung durch Pässe charakteristisch. Während ferner der Schwarzwald im Osten ganz allmählich in die süddeutsche Schichtstufenlandschaft übergeht, zeigen die Vogesen auch nach Westen einen 200 bis 300 m hohen Steilabfall. Daher hat sich auf der Westseite der Vogesen das hydrographische Netz vor allem außerhalb des Gebirges entwickelt. Die Verzahnung der Vogesen mit ihrem westlichen Vorland ist somit viel geringer als die des Schwarzwaldes mit seinen schwäbischen Nachbargebieten.
In beiden Gebirgen liegen die Schneegrenze und die Baumgrenze verhältnismäßig tief, und ihre höheren Gipfel sind weithin von Almmatten bedeckt. Der Waldbestand ist recht verschiedenartig ausgebildet, denn im Bereich der Vogesen erreicht die Fichte ihre westliche Verbreitungsgrenze, und an ihre Stelle tritt hier in den Nadelwäldern bereits die Edeltanne. Diese fehlt zwar im Schwarzwald nicht völlig, schiebt sich aber nicht so stark in den Vordergrund wie in den Vogesen. Die Westseite der Vogesen ist bereits in hohem Maße atlantisch beeinflußt, so daß die Buchen hier bis an die Waldgrenze emporsteigen.
Auch die nördliche Abgrenzung ist im Westen anders geartet als östlich des Oberrheins. Die Tafeln der Buntsandstein-Vogesen, deren höchster Gipfel der *Donon* (1006 m) ist, setzen sich nördlich der Grenze zwischen BRD und Frankreich im Pfälzer Wald ohne jede Änderung des Landschaftscharakters fort. Im Norden des Schwarzwaldes schiebt sich hingegen die breite und tiefe Senke des Kraichgaus ein.
Der südliche Schwarzwald erreicht im Hochschwarzwald mit dem *Feldberg* 1493 m Höhe. Der mittlere Schwarzwald ist bereits wesentlich niedriger und durch zahlreiche Täler stark zerschnitten; vor allem das *Kinzigtal* stellt eine günstige Verbindung zur Ostseite des Gebirges her. Der nördliche Schwarzwald hat ein eigenes Gepräge, da der Sockel des Grundgebirges hier, wie bereits erwähnt, von flachen Buntsandsteintafeln überlagert wird, die nach Nordosten und Osten einfallen. Er gipfelt in der 1164 m hohen *Hornisgrinde*. Die zuweilen vermoorten Buntsandsteinhochflächen brechen mit steilen, geraden Waldhängen zu den Tälern ab. An der Hornisgrinde sind die Hänge von einzelnen eiszeitlichen Karen gegliedert; in einem von ihnen liegt der *Mummelsee*. Während im südlichen und mittleren Abschnitt des Gebirges der Buntsandstein nur einen schmalen Saum bildet, weitet sich sein Areal nach Norden zu aus und bildet bis gegen *Pforzheim* und das Tal der Nagold hin waldreiche Platten. Diese weisen nur dort Rodungssiedlungen außerhalb der Täler auf, wo der oberste Buntsandstein, der Röt, erhalten geblieben ist und günstigere Böden und ausreichend Wasser darbietet.
Die Westseite des Schwarzwaldes ist stärker beregnet, da sie im Luv liegt. Dies gilt besonders für den nördlichen Teil um die Hornisgrinde, da hier die Vogesen nicht mehr als Regenfänger wirken.
In den Vogesen, die im *Großen Belchen* mit 1423 m ihre größte Höhe erreichen, sind die Verhältnisse etwas anders. Die höheren Lagen der Westseite sind besonders stark beregnet und daher überwiegend Waldgebiet geblieben. Der steile Abfall zum Rheintal liegt im Lee des Gebirges, ist erheblich trockener und wärmer. Daher ist hier auch das für den Weinbau geeignete Areal wesentlich ausgedehnter.
Die Buntsandstein-Vogesen und der auf BRD-Gebiet liegende **Pfälzer Wald** füllen den ganzen Raum nördlich des Breuschtales bis zur Linie Homburg (Saargebiet)–Kaiserslautern–Bad Dürkheim aus, ohne daß sich dabei größere Unterschiede in der Landschaft ergeben. Nur im Bereich der im Elsaß gelegenen Zaberner Senke schnürt die offene Muschelkalklandschaft von Westen her das Buntsandstein-Waldgebiet östlich vom bereits lothringischen *Sarrebourg* auf wenige Kilometer ein, so daß hier ein viel benutzter Übergang aus dem Elsaß nach Lothringen liegt, dem auch der alte Rhein-Marne-Kanal folgte.
Die höchsten Erhebungen des Pfälzer Waldes – *Kalmit* (638 m), *Rehberg* (576 m) u. a. – befinden sich im Osten des Gebirges am burgenbesetzten Abfall gegen das Oberrheintal hin, auf den der ursprüngliche Name H a a r d t oft beschränkt wird. An seinem Fuß liegen zahlreiche Weinorte: *Neustadt, Deidesheim, Bad Dürkheim* u. a. In der Südpfalz weicht die Gliederung des Buntsandsteins etwas von der normalen Fazies ab, da sich aus der sonst geschlossenen Masse des Hauptbuntsandsteins drei von weniger widerständigen Horizonten geschiedene Stufenbildner herausheben, die durch die Abtragung herauspräpariert wurden und eine größere Mannigfaltigkeit des Reliefs bedingen, als sie etwa der nördliche Schwarzwald aufweist. Besonders das Felsenland von *Dahn* ähnelt mit seinen Ebenheiten und Felsbildungen in vielem dem Elbsandsteingebirge, nur fehlt hier die tiefe Zerschneidung durch einen großen Fluß.
Es schließt sich der Bereich der bereits zu Frankreich gehörenden **lothringischen Hochfläche** an. Da die Stufenbildner im Muschelkalk und auch die des Keupers hier wenig ausgeprägt sind, hat die Abtragung keine Schichtstufenlandschaft entstehen lassen, sondern es herrschen breite, sanftgewellte Flächen vor, die

häufig von künstlichen Seen bedeckt sind. Im Gebiet von Sarrebourg, also im Bereich der Savern- (Zabern-) Pfalzburger Mulde, und weiter nördlich im Gebiet um *Pirmasens* und *Zweibrücken*, d. h. in der Pfälzer Mulde, schieben sich die offenen Landschaften des Muschelkalks und Keupers weiter gegen Osten vor. Im nördlich anschließenden Pfälzer Sattel greift jedoch der Buntsandstein weit nach Westen über die *Saar* hinaus und umzieht in einem schmalen Band, das bis nach Luxemburg reicht, die paläozoischen Gesteine des Saargebietes und der Nordpfalz. Dieses lothringisch- südwestpfälzische Gebiet bildet den äußeren Vorhof der ausgedehnten nordfranzösischen Schichtstufenlandschaft. Seine erste markante Schichtstufe, die Moselhöhen, begrenzt die lothringische Hochfläche im Westen.

Die Nordpfalz ist ebenso wie der größte Teil des Saargebietes im Bereich des Nordpfälzer Sattels gelegen und überwiegend aus jungpaläozoischen Gesteinen aufgebaut, die im Saargebiet die reichen Kohlenlager um *Saarbrücken* enthalten, während im Nahe-Bergland Sandstein und Konglomerate des Rotliegenden vorherrschen, die an vielen Stellen von mächtigen Melaphyren und Porphyren durchbrochen werden. Diese bilden im *Nahetal* bei *Ebernburg* und *Bad Münster am Stein* nicht nur malerische Talengen, sondern bauen auch die höchste Aufragung der Pfalz, den *Donnersberg* (697 m), auf. Die Talweitungen tragen an den nach Süden schauenden Hängen vielfach noch Wein. Höhenlage und Bodenart bestimmen die recht unterschiedliche Fruchtbarkeit der einzelnen Gebiete.

Die Randgebirge im Nordosten des Oberrheingrabens, **Odenwald** und **Spessart**, sind wesentlich niedriger als der Schwarzwald, ihr Aufbau ist diesem aber sehr ähnlich. Die dem Oberrheintalgraben und seiner nordöstlichen Ausweitung, der dicht besiedelten unteren Mainebene mit *Frankfurt* als Mittelpunkt, zugewandten, aus dem Grundgebirge aufgebauten und von den Flüssen stärker aufgegliederten Berglandschaften, die man als den kristallinen Odenwald und kristallinen Spessart oder Vorspessart bezeichnet, werden nach Osten zu von einem aus Buntsandstein bestehenden und mit allen seinen Merkmalen ausgestatteten Gebirgsteil abgelöst, dem Hinteren Odenwald und dem Hochspessart. Beide Gebirge sind herausgehobene Schollen des zerstückelten Untergrundes. Die kräftigsten Flüsse konnten jedoch während der Hebung ihren Lauf beibehalten. So trennt das tiefe Tal des Mains heute Odenwald und Spessart voneinander, und der *Neckar* hat den südlichsten Teil des Odenwaldes, den Kleinen Odenwald mit dem *Königstuhl* (568 m) bei Heidelberg, durch sein windungsreiches Tal vom Hauptgebirgskörper getrennt. Sind die aus magmatischen und metamorphen Gesteinen aufgebauten Gebirgsteile, deren Steilabfälle noch artenreichen Laubmischwald tragen, meist offene, wenn auch stark gegliederte Ackerbaulandschaften, so sind die Buntsandsteingegenden besonders im Spessart fast reine Waldgebiete, in deren ursprüngliche Buchen- und Eichenmischwälder Fichtenforste eingedrungen sind.

Von einem geschlossenen Rahmen kristalliner Gebirge im Nordosten und Osten – Thüringer Wald, Frankenwald, Fichtelgebirge und Böhmerwald –, von der Rhön im Norden, von Spessart, Odenwald und Schwarzwald im Westen sowie von der Abbiegung der mesozoischen Schichten, die längs der Donau zur Vorsenke, des Alpenvorlandes überleitet, im Süden begrenzt, liegt die geräumige **schwäbisch-fränkische Schichtstufenlandschaft**. Einzelne widerständigere Teile des Schichtpaketes wurden zu Steilstufen, Schichten von geringerer morphologischer Wertigkeit zu breiten Landterrassen umgebildet. Da die Abtragung an den Stellen der stärksten Heraushebung angreift, geht die Entwicklung der Schichtstufenlandschaft von den am weitesten emporgewölbten kristallinen Kernen im Süden der BRD aus. Nur die Ostgrenze am Böhmerwald zeigt einen tektonisch komplizierten, stark gestörten Bau. In der Nähe des Grundgebirges sind die jüngeren Schichten bereits der Abtragung erlegen und die älteren bloßgelegt. Entsprechend der im Süden der BRD vorhandenen Schichtenfolge findet sich über den Abtragungsflächen des Grundgebirges als erste Stufe die des Hauptbuntsandsteins. Die zugehörige Landterrasse liegt in ihren vorderen Teilen selbst noch im Hauptbuntsandstein und trägt die für Spessart, Odenwald und Schwarzwald charakteristischen geschlossenen Waldgebiete. Vielfach rechnet man daher als Beginn der Schichtstufenlandschaft das Auftreten des Röts und des Muschelkalks, wo diese Waldlandschaften ihr Ende finden und offenes Land vorherrscht. Die Stufen des Muschelkalks, die im Maingebiet vom unteren, weiter südlich vom oberen oder Hauptmuschelkalk gebildet werden, haben nur mäßige Höhe. Der Charakter des Gesteins führte dazu, daß der Stufenrand selbst als besonders wasserdurchlässiges und trockenes Gebiet zum Standort wärmeliebender Pflanzengesellschaften wurde, besonders der Steppenheide. Die Muschelkalkhänge des Maintals bei *Würzburg* tragen noch heute zahlreiche Weinberge, wenn auch der Weinbau nicht mehr die große Verbreitung hat wie im Mittelalter. Die an die Muschelkalkstufe anschließende Landterrasse wird überwiegend vom unteren Keuper, der Lettenkohle, aufgebaut, hauptsächlich aus von mergeligen Gesteinen, deren Verwitterungsböden fruchtbar sind, so daß auch dort, wo keine zusätzliche Lößdecke vorhanden ist, der Ackerbau heute vorherrscht. Diese offenen Landschaften werden im schwäbischen Bereich als Gäue be-

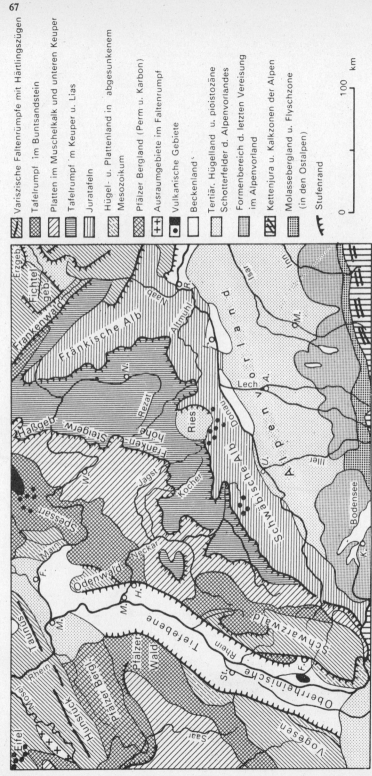

Der Südteil der Mittelgebirgszone (nach Krebs)

zeichnet. Nördlich der Hochfläche der *Baar*, die die Verbindung zwischen Schwarzwald und Schwäbischer Alb bildet, gibt es eine ganze Reihe solcher Gäue: Oberes Gäu, Korngäu, Strohgäu, Zabergäu u. a. Im fränkischen Gebiet ist die Bezeichnung Gäu nicht gebräuchlich; zur Zone der offenen Landschaften gehören hier das im Osten an den Odenwald anschließende Bauland, die Hohenlohener Ebene, die von den Neckarzuflüssen *Jagst* und *Kocher* zerschnitten wird, der Taubergrund mit Städten, deren teils mauernumgebene Altstadtkerne noch die mittelalterliche Bauweise zeigen (*Rothenburg o. d. T.*, *Bad Mergentheim* u. a.), die mainfränkischen Platten um Würzburg und das Grabfeld östlich der Rhön. Soweit sich die Flüsse nicht in die tieferen Schichten des Muschelkalks eingesägt und dadurch steilere, markantere Formen herausgearbeitet haben – wie die *Tauber*, – sind diese Gäuflächen oftmals eintönig. Sie bilden aber ertragreiche Kornkammern.

Als nächste Stufenbildner treten Gesteine des Keupers auf, doch handelt es sich hier nur um mehrere nicht allzu mächtige Sandsteinhorizonte: Schilfsandstein, Stubensandstein und Rätsandstein. Die Keuperstufe ist daher oftmals etwas weniger scharf ausgeprägt und in sich auch vielfach untergliedert. Da der Sandstein dürftige Verwitterungsböden ergibt, ist dieses Keupergebiet meist dem Wald überlassen geblieben. Auf die Zone der offenen Ackerbaulandschaften folgt daher ein zu mäßigen Höhen aufsteigendes waldiges Bergland, das im Bereich des *Neckars* und seiner Nebenflüsse sehr stark aufgegliedert ist und verschiedene Namen trägt: Schurwald und Welzheimer Wald nördlich von *Göppingen*, Löwensteiner Berge und Mainhardter Wald östlich von *Heilbronn*, Limburger Berge und Ellwanger Berge zwischen Jagst und Kocher u. a. Im Bereich der Kraichgaumulde dringt der Keuper am weitesten gegen Westen vor und bildet hier die Gruppe des *Stromberges* und *Heuchelberges*. Zu den Keuperbergen gehören auch die Höhen, die *Stuttgart* umgeben. Längs Kocher, Jagst und deren Nebenflüssen dringen die Ackerflächen in mehr oder weniger breiten Buchten weit in das Bergland vor. Bei *Crailsheim* wendet sich der Keuperstufenrand, der immer mehr an Geschlossenheit zunimmt, nordwärts und bildet hier die Stufen der Frankenhöhe, des Steigerwaldes und jenseits des Mains der Haßberge.

Wo das Keuperbergland stark aufgegliedert ist und die darüberlagernden Schichten des Lias fehlen, ist es überwiegend trocken und vielfach mit Kiefernwald bedeckt. Wo sich jedoch die Landterrassen breiter entwickelt haben und von den tonigen Gesteinen des Lias bedeckt sind, z. B. auf der Hochfläche der Filder und des Schönbuchs südlich von Stuttgart, dort sind wieder offene Landschaften vorhanden, deren Böden jedoch außerordentlich wasserundurchlässig und zu zäh sind. Die Filder ist aus diesem Grunde eines der Hauptanbaugebiete für Kohl.

Ein anderes Bild bietet die Keuperlandschaft im Rücken von Frankenhöhe und Steigerwald. Die überwiegend sandigen Verwitterungsprodukte der Keuperschichten sind in dem mittelfränkischen Becken um *Nürnberg* und *Fürth* zur Ablagerung gekommen, so daß der größte Teil dieses verkehrsgünstig gelegenen Gebietes wenig fruchtbar ist. Kiefernwälder sind hier weit verbreitet. Obwohl der Boden wenig wertvoll ist, wird dennoch teilweise ein sehr intensiver Anbau getrieben, da die nahe gelegenen großen Bevölkerungszentren einen sicheren Absatzmarkt gewähren.

Den Abschluß der Schichtserie in dieser Stufenlandschaft bilden die Gesteine des Juras. In der Schwäbischen und Fränkischen Alb umziehen sie im markanten Bogen die gesamte innere Stufenlandschaft.

In der Schwäbischen Alb ist die jüngere Heraushebung und damit auch die Zertalung recht bedeutend. Die Stufe des mittleren Juras, des Doggers, erscheint als eine Vorstufe zu der mächtigen Hauptstufe, die im westlichen Abschnitt überwiegend vom unteren Malm, weiter im Osten vor allem durch mächtige Riffkalke gebildet wird. Überaus steil ragt hier die von Tälern tief zerschnittene Stirn der Schwäbischen Alb über das Vorland auf. Häufig sind von vorspringenden Bastionen Zeugenberge (Ausliger) abgetrennt worden, die vielfach Burgen tragen (*Hohenzollern, Hohenstaufen* u. a.). Im Westen ist die Schwäbische Alb am stärksten herausgehoben und erreicht im *Lemberg* 1014 m Höhe. Dementsprechend ist auch zwischen westlicher Alb und Schwarzwald sehr wenig Raum für die übrigen Stufen vorhanden, so daß sich hier die Stufenlandschaft nicht so ausgeprägt entwickeln konnte. Von den östlichen Hochflächen des Schwarzwaldes leitet vielmehr die Hochfläche der Baar zur westlichen Alb über und wird dabei von den einzelnen widerständigeren Schichten nur wenig untergliedert. Die Alb selbst hat weithin den Charakter einer welligen Hochfläche, in der alte flache Talzüge zu erkennen sind. Sie stammen aus der Zeit des mittleren bis jüngeren Tertiärs, als der Südrand der Alb noch vom Strand des Molassemeeres gebildet wurde. Dessen Kliffs lassen sich noch heute feststellen. Mit der spättertiären Heraushebung des Gebirges wurde das Gewässernetz trockengelegt, da der Kalk durchlässig ist. Die unterirdische Entwässerung schuf zahlreiche Höhlen. Es setzte schließlich eine Verkarstung der Hochflächen ein. Trockene Triften beherrschen heute vielfach das Bild. Die Besiedlung ist daher verhältnismäßig dünn; auch die

Wasserversorgung bereitet Schwierigkeiten. Nur die donaunahen Randplatten, die von tertiären Ablagerungen des Molassemeeres überdeckt sind, bieten günstigere Voraussetzungen. Als vulkanische Erscheinungen sind die im engeren Gebiet der Alb feststellbaren maarähnlichen Durchschußröhren und kleinen Vulkanschlote anzusehen. Zu bedeutenden Lavaergüssen ist es nicht gekommen, die größten fanden im Süden statt. Der *Hegau* verdankt z. B. einen wesentlichen Teil seiner landschaftlichen Reize den Basalt- und Phonolithbergen: *Hohentwiel* (689 m), *Hohenstoffeln* (844 m), *Hohenkrähen* (645 m). Als größtes vulkanisches Gebilde galt aber das *Nördlinger Ries*, ein mächtiger Explosionstrichter von reichlich 20 km Durchmesser, der die natürliche Grenze zwischen Schwäbischer und Fränkischer Alb bildet. Neuerdings wird allerdings seine Entstehung auf einen Meteoriteneinschlag zurückgeführt. Durch eine Reihe von Quertälern, die früher meist zur Donau hin entwässert haben, durch Anzapfungen heute aber teilweise dem Neckar tributär geworden sind, wird die Schwäbische Alb in einzelne Teile aufgegliedert, die vielfach eigene Namen tragen, z. B. das *Albuch* (zwischen Geislinger Steige und Brenztal) oder das *Härtsfeld* (zwischen Brenztal und dem Nördlinger Ries). Der Durchbruch der Donau durch den Südrand der Schwäbischen Alb hat eine sehr reizvolle Landschaft geschaffen. Zwischen *Immendingen* und *Tuttlingen* versickert in trockenen Jahren das Wasser der Donau in den durchlässigen Kalken völlig und tritt als Karstquelle der Singener Aach am Nordrand des Hegaus wieder zutage (Donauversickerung).

Die **Fränkische Alb** ist wesentlich schwächer herausgehoben. Ihr fehlt daher auch die Belebung der Formen durch die jüngere Erosion. Der südliche Teil wird als Donauzug oder Eichstätter Alb bezeichnet. An der *Altmühl*, die das Kalkgebirge in einem abwechslungsreichen Tal durchschneidet, wendet sie sich nordwärts, doch bleibt auch hier ihre Höhe unter 700 m. Die Stufe selbst ist stark gegliedert. Am deutlichsten tritt sie dort in Erscheinung, wo sie unmittelbar an größere Flüsse heranreicht, insbesondere im Maintal. Oberhalb von *Bamberg* ragt sie im *Staffelberg* (539 m) hart über dem Main empor. Auch die Fränkische Alb zeigt an der Oberfläche Karsterscheinungen. Die hier vorherrschenden Dolomite treten besonders in den engen Tälern zutage und weisen zahlreiche Höhlen auf. Wie in der Schwäbischen Alb bereitet die Wasserversorgung oft Schwierigkeiten. Allerdings sind erhebliche Teile der östlichen Hochfläche noch von jüngeren Schichten bedeckt („Albüberdeckung"); diese schaffen günstigere Verhältnisse, so daß hier der Ackerbau weiter verbreitet ist. Der Ostrand der Fränkischen Alb ist vor allem im Gebiet südlich von *Bayreuth* infolge tektonischer Störungen, die schon den großen Bruchsystemen am Rand der Böhmischen Masse zugehören, sehr unübersichtlich. Eine Stufenlandschaft ist daher nicht entwickelt. Mesozoische Gesteine verschiedenen Alters und Schollen des variszischen Untergrundes wechseln ab; damit wechseln auch weite offene Becken, z. T. mit tertiären Ablagerungen bedeckt, mit Engtalstrecken in Riegeln härterer Gesteine, vor allem an Naab und Regen.

Der Westflügel der Böhmischen Masse ist durch mehrere in herzynischer Richtung streichende Brüche in einzelne Schollen zerlegt. Der herausgehobene Randwall, der südlich der Further Senke als **Böhmerwald**, nördlich davon als **Oberpfälzer Wald** bezeichnet wird und die Grenze zwischen der BRD und ČSSR bildet, zeigt im Bereich von Graniten und Gneisen vielfach kuppige Formen. Die Gipfel des *Großen Arbers* (1457 m), *Rachels* (1452 m), *Lusens* (1372 m), *Plöckensteins* (1358 m) u. a. sind von mächtigem Blockwerk umgeben. Überall bedeckt Wald das rauhe und regenreiche Gebirge; die Kulturflächen haben nur geringen Umfang. Wald- und Weidewirtschaft sowie eine bescheidene Industrie (früher Glashütten, Bergbau um Bodenmais) und der Fremdenverkehr sind die wichtigsten Wirtschaftsgrundlagen des dünn besiedelten Mittelgebirges. Die südwestliche Abdachung, die oft als **Bayrischer Wald** bezeichnet wird, ist wesentlich milder und überwiegend ackerbaulich genutzt. Einer der alten Bruchlinien, die durch Quarzite ausgeheilt war, verdankt der bekannte *Pfahl*, eine kilometerlange, durch Verwitterung herauspräparierte Quarzmasse, seine Entstehung. Im Bereich der zur Donau hin strömenden Flüsse *Naab* und *Regen* sind erhebliche Randstörungen zu verzeichnen, so daß hier Ausläufer der Schichtstufenlandschaft mit ihren mesozoischen Gesteinen, wenn auch stark gestört, mehrfach buchtartig in das Gebirge eingreifen. Der nördliche Teil des Gebirgswalls, der Oberpfälzer Wald, unterscheidet sich von dem stärker aufgegliederten Böhmerwald durch geringere Höhe und das Auftreten ausgedehnter Flächen. Erst das **Fichtelgebirge**, in dem sich die Kreuzung der tektonischen Hauptlinien – der herzynischen und der erzgebirgischen – in einer stärkeren Aufgliederung des Reliefs durch einzelne Bergketten und Senkungsfelder, z. B. das Becken von Wunsiedel, bemerkbar macht, bietet wieder bessere Durchgangsmöglichkeiten. Es bildet einen hydrographischen Knoten, von dem aus Saale und Ohře der Elbe, der Main dem Rhein und die Naab der Donau zufließen. Die niedrigen Pässe, die wahrscheinlich das Ergebnis einer Einrumpfung sind, werden heute von großen Nord-Süd- und Ost-West-Verkehrslinien (Berlin–München und Frankfurt–Prag) benutzt. Auch die ausgedehnten tertiären

Verwitterungsdecken – Kaolinlager – deuten auf eine alte Landoberfläche hin. Das Kaolin ist die Rohstoffgrundlage für die bedeutende feinkeramische Industrie um *Selb, Marktredwitz* und *Wunsiedel*.

Das **Böhmische Becken** spiegelt in der Anordnung seines Gewässernetzes Hauptzüge seiner Oberflächengestaltung wider. Kerngebiet ist die in seinem nördlichen Teil liegende, von der Elbe durchflossene Senke, die von kreidezeitlichen Ablagerungen überdeckt ist. Im Nordwesten macht sich längs des Erzgebirgsabbruches, der z. T. in mehreren Stufen erfolgt ist, die vulkanische Tätigkeit des Tertiärs auch in den heutigen Oberflächenformen bemerkbar. Die am Fuß des Erzgebirges entstandene Senke wurde nicht nur von lockeren Sedimenten erfüllt, sondern hier bildeten sich auch große Braunkohlenlager, die besonders im Gebiet von *Duchcov, Most* und *Chomutov* abgebaut werden und die Grundlage einer bedeutenden chemischen Industrie bilden. Infolge der vulkanischen Tätigkeit in diesem Gebiet ist die Braunkohle von guter Qualität.

Im Nordosten Böhmens hat sich, von den Flußauen der Elbe und ihrer Nebenflüsse aufgegliedert, die ausgedehnte Platte kreidezeitlicher Gesteine erhalten, die weiter elbabwärts das Elbsandsteingebirge aufbauen. Doch treten hier die harten Sandsteine zurück, und es herrschen Plänermergel vor, die zusammen mit der Lößbedeckung recht gute Grundlagen für eine intensive Agrarwirtschaft bilden; es werden vor allem Zuckerrüben angebaut. Wo aber die mürben Sandsteine unfruchtbaren Sand liefern, herrscht Wald vor; in diesem Gebiet hat sich um *Česká Lipa* und *Jablonec* eine bedeutende Glasindustrie entwickelt.

Das **Böhmische Mittelgebirge**, das die Elbe zwischen *Litoměřice* und *Děčín* durchbricht, besteht vorwiegend aus basaltischen und phonolithischen Decken, die den Kreidesockel überlagern. An schroffen Erosionsrändern abbrechende Plateaus herrschen daher vor; über sie ragen einzelne, ebenmäßig geformte Kegelberge – Ruinen alter Vulkane – auf, deren bekanntester, der *Milešovka (Milleschauer)*, 835 m Höhe erreicht. Dieses Gebiet mit dem engen Elbtal gehört zu den reizvollsten Landschaften Mitteleuropas. Wie längs des ganzen erzgebirgischen Abbruches treten auch hier Mineralquellen in größerer Anzahl auf.

In den **Doupovské hory (Duppauer Gebirge)** hat sich ein mächtiger basaltischer Vulkanstock, der seinem Umfang nach nur mit dem Vogelsberg verglichen werden kann und im Ausmaß die Rhön übertrifft, dem mittleren Erzgebirge vorgelagert, so daß hier der Steilabfall gegen den **Ohřegraben** weniger deutlich ist. Um so stärker ist aber die Zertalung des Geländes. Der oberste Abschnitt des Ohřegrabens bildet eine Beckenlandschaft, die von Bruchlinien begrenzt wird. An ihnen steigen Mineralquellen empor, die weltbekannte Heilbäder entstehen ließen: *Karlovy Vary (Karlsbad), Marianské Lázne (Marienbad)* u. a.

Alle diese böhmischen Binnenlandschaften liegen im Regenschatten der umrahmenden Gebirge. Sie sind daher verhältnismäßig trocken und warm, so daß sie sich ausgezeichnet für den Obstbau eignen. In den niederen, von fruchtbaren Böden bedeckten Ebenen liegen die Hauptgebiete des Getreide- und Zuckerrübenanbaues. An den steilen Hängen des Böhmischen Mittelgebirges gedeiht ein guter Wein.

Südlich der Elbe bildet das innere Böhmen eine von Süden nach Norden abfallende Rumpfplatte, in deren mittlerem Teil sich altpaläozoische Schichten eingefaltet finden. Ihre verschiedene Widerständigkeit kommt in langgestreckten Bergzügen zum Ausdruck, z. B. im **Brdy-Wald** (Mittelböhmisches Waldgebirge). Am Rand dieser Schichten finden sich bei *Kladno*, westlich von *Prag*, bedeutende Steinkohlenlager, aus denen auch die vielseitige Industrie (Metallverarbeitung, chemische Werke, Großbrauereien) des Gebiets von *Plzeň (Pilsen)* mit Kohle versorgt wird. Im übrigen ähnelt dieser Teil sehr stark der Nordabdachung des Erzgebirges mit seinem Gegensatz von vielfach bewaldeten Hochflächen und jäh eingeschnittenen malerischen Tälern. Besonders flach ist das Gebiet der oberen *Vltava (Moldau)* um *České Budějovice*, wo sich bei *Třeboň* eine ausgedehnte Seenlandschaft ausbreitet.

Die **Böhmisch-Mährischen Höhen** bilden eine nur flach ansteigende, im *Javorice* südwestlich *Jihlava* immerhin aber über 800 m Höhe erreichende Landschwelle mit charakteristischen Hochflächen. An den randlichen Teilen sind die Täler tiefer eingeschnitten und verleihen vor allem der Gegend um *Brno*, der zweitgrößten Stadt der Tschechoslowakei, einen besonderen Reiz. Flach läuft die in den Randteilen vielfach von Löß bedeckte und fruchtbare Schwelle im Osten gegen das Tal der Morava aus. Nur undeutlich ist die Grenze zwischen dem alten Grundgebirgssockel der Böhmischen Masse und dem mährischen Karpatenvorland mit seinen überwiegend weichen Sedimenten tertiären Alters. Noch diesseits der Morava erheben sich, angelehnt an die Abdachung der Landschwelle – z. B. im **Marsgebirge** östlich von Brno – die Tertiärplatten des Karpatenvorlandes deutlich über die Becken und Täler, die Mähren gliedern. Das Einbruchsbecken an der oberen Morava bei *Olomouc* trennt das Rumpfgebirge des *Jeseník* (Mährisches Gesenke) von der fruchtbaren, lößbedeckten **Hanna**; westlich von ihr erstrecken sich

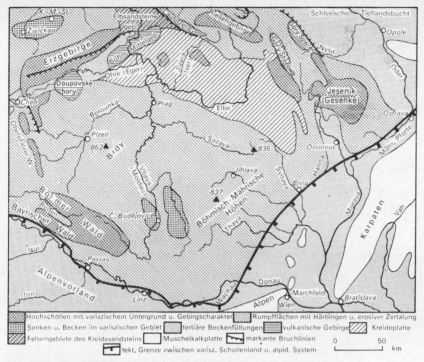

Das Gebiet der Böhmischen Masse und ihre Umrandung

die trockenen, auf devonischen Kalken liegenden Flächen des mährischen Karstes mit ausgedehnten Tropfsteinhöhlen. Der schmale, nur bis 300 m aufsteigende Talzug der *Bečva* leitet zwischen Nizký Jeseník (Niederes Gesenke) und Karpaten zum Odertal hinüber. Diese **Mährische Pforte** ist ein für den Verkehr äußerst wichtiger Paß, der von jeher eine günstige Verbindung zwischen Wisła- und Donaubecken bot und durch die geplante Kanalverbindung zwischen Oder und Donau (über die Morava) noch an Bedeutung gewinnen wird.

Unterhalb der Einschnürung, die die Moravasenke durch die Chřiby (Marsgebirge) erfährt, öffnet sich bei *Napajedla* breit das **Südmährische Becken**, das bereits zum südosteuropäischen Raum überleitet und dessen Achse die *Morava (March)* mit ihren zahlreichen Windungen, Altwässern und Schilfdickichten bildet. Auf beiden Seiten der Talaue breiten sich fruchtbare Platten aus, die nur stellenweise durch dürftigere Sand- und Dünenflächen unterbrochen werden. Die kontinentale Lage mit ihren heißen Sommern läßt schon Anklänge an die Oberungarische Tiefebene erkennen, die am deutlichsten in dem starken Hervortreten des Maisanbaus sichtbar werden. Auch der Weinbau stellt sich hier ein, besonders an einzelnen steil aufragenden Klippen, die Reste des sonst in die Tiefe versunkenen Karpatengebirges sind, so bei *Mikulov*. In breiten Buchten, z. B. bei Brno, greift das Südmährische Becken weit gegen Westen aus. Im Marchfeld vereinigt sich nördlich von *Wien* die breite Mündungsebene der March mit der Donauebene; es wird überragt von breiten Schotterplatten, auf denen heute die Bohrtürme von *Zistersdorf* (Niederösterreich) auf die Erdölvorräte des Karpatenvorlandes hinweisen.

Alpen und Alpenvorland
Das Alpenvorland

Das südlich an die Schichtstufenlandschaft anschließende Alpenvorland ist in geologischer Hinsicht dem Alpensystem zuzurechnen. Im mittleren und jüngeren Tertiär war es als Vortiefe des entstandenen morphologischen Gebirges zeitweise von dem Molassemeer erfüllt, in das die aus den Alpen kommenden Flüsse den Abtragungsschutt des jungen Hochgebirges schütteten. Die hierbei entstandenen Ablagerungen setzen sich an einigen Stellen des Alpenrandes aus groben, stark verkitteten Konglomeraten, der Nagelfluh, an anderen aus Sandsteinen und Mergeln zusammen. Im allgemeinen nimmt die Korngröße der Ablagerungen nach Norden hin ab. Dieser Sockel aus verschiedenen Molassegesteinen wurde vermutlich gegen Ende des Miozäns zusammen mit

dem Alpenkörper emporgehoben und von den Flüssen zerschnitten. Dabei sind die widerständigeren Nagelfluhgebiete meist weniger abgetragen worden als die feinkörnigen Sedimente, die heute als flachwellige Hügellandschaften in Erscheinung treten. Entscheidend für das jetzige Bild des Alpenvorlandes waren weiterhin die Ereignisse des Eiszeitalters. Die pleistozänen Gletscher der Alpen traten aus den Tälern des Gebirges hinaus und bildeten mehr oder weniger ausgedehnte Vorlandgletscher. Diese hinterließen längs des Alpenrandes die Formen einer glazialen Aufschüttungslandschaft mit Endmoränen, Grundmoränen und Zungenbecken, in denen sich bis heute noch vielfach größere Seen erhalten haben; *Ammersee, Starnberger See, Chiemsee* u. a. Die von den Endmoränen der damaligen Gletscher ausgehenden Schmelzwässer lagerten in den nach Norden ziehenden Talfurchen mächtige Schotterdecken ab. Da sich im Laufe der weiteren Zerschneidung des Alpenvorlandes häufig die jüngeren Schotter jeweils in die älteren eingeschachtelten, entstanden ausgedehnte Terrassenlandschaften, die besonders für das Iller-Lech-Gebiet charakteristisch sind. Im Alpenvorland lassen sich somit verschiedene morphologische Landschaftssysteme unterscheiden:
1) die Molasseberge am Alpenrand, die meist aus den widerständigeren Ablagerungen der Molasse bestehen und oftmals langgestreckte, dem Alpenrand parallellaufende Bergzüge bilden;
2) das Moränenland längs des Alpenrandes mit im einzelnen sehr unruhigen Formen;
3) die Schotterfluren, die sich an den Endmoränen meist breit entfalten und in schmaleren Gassen durch das Tertiärhügelland hindurchziehen;
4) das tertiäre Hügelland mit sanften Formen, das in Niederbayern seine größte Ausdehnung erreicht.
Je nachdem, welchen Umfang die Vergletscherung erreichte, ist das eine oder andere dieser vier Glieder stärker entwickelt. Im Schweizer Alpenvorland, dem Schweizer Mittelland, zwischen Alpen und Schweizer Jura herrschen weitgehend die zerschnittenen Molassehöhen vor, denen sich die glazialen Formenelemente unterordnen. Nur in den größeren Tälern haben die Gletscher – am markantesten in den an alte Zungenbecken gebundenen Seen sichtbar – während der Rückzugsstadien der letzten Eiszeit mit Moränen und Schotterfeldern das Formenbild bestimmt.
Nördlich des *Bodensees* ist die Vergletscherung ebenfalls überaus stark gewesen und während der Riß-Eiszeit bis an die Schwäbische Alb vorgerückt. Die glaziale Überformung ist daher überall deutlich zu erkennen. Das Bodenseebecken, das während des älteren Pleistozäns durch tektonische Einsenkung entstand und anschließend glazial weiter überformt wurde, hat die Gletscher der Würm-Eiszeit an sich gezogen. Diese haben vom Bodenseebecken aus nach Norden hin breite Nebenbecken ausgeräumt, die tief in die benachbarten Molassehöhen eingreifen und heute von kleineren, dem Bodensee zueilenden Flüssen, z. B. dem *Schussen* und dem aus dem Allgäu kommenden *Argen*, entwässert und wieder zugeschüttet werden.
Ganz anderen Charakter besitzt das Iller-Lech-Gebiet. Hier war die Vorlandvergletscherung verhältnismäßig gering. Die Schotterfelder erreichen eine große Ausdehnung und beherrschen bis zur Donau hin das Bild der Landschaft. Tertiäres Hügelland ist dagegen nur in geringem Maße anzutreffen. Das Gebiet der Moränenzone wird hier durch die Allgäuer Molassevorberge eingeengt, die *Adelegg* zwischen *Isny* und *Kempten*, die bis über 1100 m ansteigt.
Wesentlich breiter entwickelt ist der Moränengürtel im oberbayrischen Gebiet, da hier der große Inngletscher und die von ihm genährten Seitengletscher im Isartal weit ins Vorland hinausstießen. Die Terrassengliederung tritt im Bereich der Münchener Hochebene, einem Schotterfeld der letzten Eiszeit, stark zurück. Weiter nördlich dehnt sich hier überwiegend flachwelliges tertiäres Hügelland aus.
Im österreichischen Alpenvorland liegen die Verhältnisse wiederum anders. Hier haben sich größere Vorlandgletscher nicht mehr entwickelt, so daß der Saum der Moränenlandschaften sehr schmal ist und weiter im Osten fast völlig fehlt. Größere Schotterflächen weist nur die Traun-Enns-Platte auf. Gleichzeitig verschmälert sich in Österreich auch das Alpenvorland insgesamt, bis es bei *Korneuburg* unterhalb der letzten Weitung des Donautals, des Tullner Feldes, am Wiener Wald sein Ende findet.
Den Nordsaum des Alpenvorlandes bildet das Tal der *Donau*, deren Lauf von den Schuttmassen der Alpenflüsse vom Gebirge abgedrängt worden ist. Vielfach hat sich die Donau dabei in das unter dem Schotter liegende Felsgerüst der nördlich vom Alpenvorland liegenden Schollen eingeschnitten, z. B. bei *Kehlheim* oberhalb von *Regensburg* in die Schichten des Juras. Mehrere solche epigenetische Talstücke weist der Donaulauf auch in Österreich auf; sie sind wegen ihrer landschaftlichen Schönheit besonders reizvoll. So durchbricht der Fluß unterhalb von *Passau* in einem mäandrierenden Engtal den Passauer Wald, einen Ausläufer des Böhmerwaldes; auf die Weitung von *Linz* folgt dann der Strudengau, nach dem Greiner Strudel genannt, der früher die Schiffahrt stark behinderte. Die anmutigste Durchbruchstrecke aber

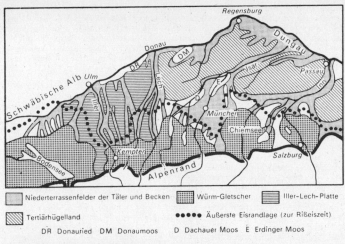

Das Alpenvorland in der BRD

ist die an Burgen und Klöstern reiche Wachau, die schon wärmeres Klima aufweist und infolge der Lößbedeckung ihrer Hänge teilweise auch offener ist als die etwas düsteren Waldabschnitte bei Passau und Grein. Die Wachau ist durch ihre Fruchthaine weithin berühmt.
Auch in klimatischer Hinsicht ist das Alpenvorland nicht einheitlich, zumal da seine Höhenlage recht unterschiedlich ist. Im Bereich der schwäbisch-bayrischen Hochfläche liegt es etwa 600 m, auch an der Donau noch über 400 m hoch, im österreichischen Anteil dagegen wesentlich niedriger. Eine große Rolle spielt die Höhe der Niederschläge. Der an den Alpen zu beobachtende Stau wirkt noch weit ins Vorland hinaus und bringt den gebirgsnahen Teilen des Vorlandes kräftige Niederschläge (1000 bis 1500 mm jährlich). Besonders das Allgäu ist sehr regenreich. Das Donautal, das niederbayrische und das österreichische Hügelland östlich des bis 800 m hohen Hausruck sind dagegen wärmer und trockener. Im westlichen Teil des Alpenvorlandes herrschen daher heute Grünland- und Milchwirtschaft, in den trockeneren östlichen Gebieten der Ackerbau vor. Die Schotterfelder sind wegen der Wasserdurchlässigkeit trockener; wo nur eine dünne Verwitterungsschicht vorhanden ist, stellen sich mehrfach größere Kiefernheiden ein, so bei *München*, dem kulturellen und wirtschaftlichen Mittelpunkt des bayrischen Alpenvorlandes, und auf österreichischer Seite im Gebiet der Welser Heide bei *Linz*. Wo aber die Grundwasserströme in den Schottern nahe an die Oberfläche treten und stauende Nässe hervorrufen, haben sich große Moore gebildet, die hier als Moos oder Ried bezeichnet werden: Erdinger Moos, Dachauer Moos, Donaumoos, Donauried u. a. Die tertiäre Hügelzone ist überwiegend ackerbaulich genutzt und bildet vor allem in den zur Donau gelegenen Teilen Niederbayerns, wo noch eine leichte Lößdecke vorhanden ist, recht fruchtbare Landstriche (Dungau).
Eine Sonderstellung nimmt das Bodenseegebiet ein. Während sein Südostende von dem auf österreichischem Gebiet liegenden *Pfänder* (1064 m) überragt wird, breiten sich an dem zur BRD gehörenden Nordufer niedrige Anschwemmungsgebiete und sanfte Hügel aus, die aus weichen Molassesandsteinen bestehen und von den flachen Buckeln der Moränen überzogen sind. Das Westende des vom Rhein durchflossenen Bodensees greift mit dem schmalen, tektonisch entstandenen und daher steilufrigen *Überlinger See* gegen den *Hegau* mit seinen stattlichen Vulkanruinen vor. Es durchdringen sich hier auf verhältnismäßig kleinem Raum Formen der Stufenlandschaft, vulkanische und glaziale Formen. Durch den westlich von Konstanz gelegenen *Untersee* mit der Insel *Reichenau* verläßt der Rhein den See wieder. Die geringere Höhenlage (um 400 m) und der ausgleichende Einfluß der großen Wasserfläche machen das Bodenseegebiet zu einer klimatisch begünstigten Insel innerhalb des Alpenvorlandes. Das kommt im dichten Wein- und Obstbau sowie in der dichteren Besiedlung zum Ausdruck; das Seeufer ist von zahlreichen kleineren und größeren Siedlungen besetzt, unter denen die Städte *Konstanz, Meersburg, Friedrichshafen, Lindau* und *Bregenz* die bekanntesten sind. Die Wassermasse des Bodensees ist für die Wasserversorgung weiter Gebiete bedeutsam. Um so bedrohlicher ist die zunehmende Verschmutzung des Sees durch Abwässer.

Bodenschätze sind im Alpenvorland nur in geringer Menge zu finden. So werden am Hausruck in Oberösterreich kleine Braunkohlenlager und am *Peißenberg* in Oberbayern Vorkommen von hochwertiger Pechkohle abgebaut. Bei Darching und bei Ampfing werden auch kleinere Mengen Erdöl gefördert. Um so nachhaltiger hat sich in der wirtschaftlichen Entwicklung die Verkehrslage, sowohl zu den wichtigsten Alpenpässen wie auch längs des Hochgebirges, geltend gemacht.

Die Alpen

Die Alpen sind der uns nächstgelegene und am besten erforschte Teil der geologisch jungen Faltengebirgszone, die überwiegend im Tertiär im Gebiet der Tethys, des durch einen großen Zeitraum der Erdgeschichte verfolgbaren zentralen Mittelmeers, entstanden ist. Als Hochgebirge trennen die Alpen die beiden sehr verschieden gearteten geographischen Räume Mitteleuropa und Südeuropa voneinander. Im Süden ist eine scharfe Grenze des Gebirgskörpers gegen die Poebene hin vorhanden, dagegen zeigt der Nord- und Nordwestrand des Gebirges eine breite Übergangszone, die sich weit in das Alpenvorland hinein erstreckt. Eindeutig ist die Grenze wieder im Osten gegen die Donau und das Pannonische Becken hin, während man im Südosten die Grenze gegen die Dinarischen Gebirge mehr konventionell an einer Linie zieht, die etwa vom italienischen *Gorizia* am Isonzo über *Ljubljana* nach *Maribor* an der Drau verläuft.

Von großer Bedeutung sind die Alpen als ausgeprägte Klimascheide zwischen dem gemäßigten Mitteleuropa und dem subtropischen Mittelmeergebiet. Infolge ihrer großen west-östlichen Erstreckung – etwa 1 100 km – verhindern sie den unmittelbaren Luftmassentransport von Norden nach Süden und in umgekehrter Richtung. Sie bewahren dadurch das Mittelmeergebiet weitgehend vor dem Einbruch kalter nördlicher Luftmassen. Wenn dies nicht vollständig geschieht, so ist das in erster Linie darauf zurückzuführen, daß westlich der Alpen die Rhônefurche den kalten Luftmassen den Zutritt zum Mittelmeer ermöglicht. Im Golf von Genua kommt es daher oder zur Neubildung oder Belebung von Zyklonen. Sobald aber ein Austausch von Luftmassen unmittelbar über das Gebirge hinweg erfolgt, tritt auf der Luvseite ein meist von erheblichen Niederschlägen begleiteter Stau und auf der Leeseite Föhn mit starker Erwärmung und Trockenheit auf.

Hinsichtlich der Pflanzen- und Tierwelt nimmt das Gebirge weitgehend eine Sonderstellung ein. Die alpine Flora und Fauna, die inselartig vom mitteleuropäischen, mediterranen und pannonischen Bereich umschlossen ist, hat noch zahlreiche Relikte arktischer Formen bewahrt.

Aus der Zwischenlage der Alpen ergibt sich auch die große Bedeutung ihrer Pässe für den seit alters lebhaften Verkehr zwischen den beiden kulturell und wirtschaftlich hoch entwickelten Gebieten beiderseits des Gebirges. Dieser starke Verkehr regte auch schon frühzeitig die Besiedlung der inneralpinen Täler an. Gegenwärtig stellen sie das weitaus am dichtesten besiedelte Hochgebirge der Erde dar.

Der geologische Bau der Alpen ist überaus kompliziert. Ihre Entstehungsgeschichte beginnt bereits im Paläozoikum, als sich in dem stetig absinkenden geosynklinalen Meeresbecken der Tethys mächtige Sedimentmassen ablagerten. Der Untergrund dieses Geosynklinalraumes, der sich im Süden bis an die heutige Nordküste von Afrika erstreckte, war durch Schwellen in einzelne Teilräume gegliedert. Die Schwellen waren Überreste der in noch weiter zurückliegenden geologischen Zeiten erfolgten Gebirgsbildungen und sanken anscheinend nicht so rasch und vor allem nicht so tief wie der übrige Boden der Geosynklinale, so daß der gesamte Ablagerungsraum in mehrere Sedimentationströge gegliedert wurde; jeder von diesen nahm eine etwas andere Entwicklung und wurde von jeweils verschiedenen Sedimenten erfüllt. Den nördlichen Teilraum bezeichnet man als helvetischen, den mittleren als penninischen und den südlichen als ostalpinen Sedimentationstrog. Nach einigen Vorbewegungen, auf die man aus der Faziesänderung der Sedimente schließen kann, wurden etwa seit der Kreidezeit in den Ostalpen durch starken seitlichen Druck bzw. auf Grund von magmatischen Prozessen im Untergrund ausgelöste vertikale Abwärtsbewegungen die Sedimentationströge zusammengepreßt, so daß sich deren Raum beträchtlich verengte. Die Gesteinspakete wurden durch diese Bewegungen stark gefaltet, ohne daß zunächst bereits ein Hochgebirge entstanden wäre. Aus den Schwellen des ehemaligen Geosynklinalmeeres bildeten sich dabei die aus magmatischen und metamorphen Gesteinen aufgebauten Massive der Zentralalpen. Während diese Zentralmassive in ihrem ursprünglichen Zusammenhang erhalten blieben und gegenüber dem auch weiterhin wirkenden Druck eine Art Widerlager darstellten, schoben sich unter dem Einfluß des nach Norden gerichteten Drucks ausgedehnte Gesteinsdecken auf andere, bereits gefaltete Schichten hinauf und über diese hinweg. Durch diese gewaltigen Überschiebungen sollen Gesteinsmassen z. T. bis über 100 km weit verfrachtet worden sein.

Dieser komplizierte Deckenbau der Alpen ist vor etwa sechzig Jahren von den Franzosen Bertrand und Lugeon sowie dem Schweizer Schardt u. a. erkannt worden. Seitdem hat die geologische Erforschung des Gebirges weitere Fortschritte gemacht; man hat allerdings auch manchmal dort einen Deckenbau feststellen wollen, wo hinreichende Beweise nicht zu erbringen waren. Auch die Deckentheorie vermag also der Mannigfaltigkeit der tektonischen Formen nicht überall gerecht zu werden. Nach heutiger Auffassung vollzogen sich diese Vorgänge in der Tiefe. Erst als deren Energie erloschen war, erfolgte die Heraushebung des Gebirges und seine Ausbildung zum Hochgebirge.

Die bereits erwähnten autochthonen, d. h. nicht von ihrer Wurzel losgelösten Massive bilden heute das Gerüst der Westalpen. Sie folgen in zwei annähernd parallelen Zonen der Längsachse des Gebirges. Es gehören hierzu z. B. die im französischen Alpengebiet gelegenen Massive des *Montblanc* – mit 4810 m der höchste Gipfel der Alpen und damit Europas – und der *Aiguilles Rouges* in den Savoyischen Alpen, ferner das *Aaremassiv* und das von diesem durch eine eng zusammengepreßte Sedimentmulde getrennte *Gotthardmassiv*, die beide auf Schweizer Gebiet liegen. Neben diesen autochthonen Massiven unterscheiden die Geologen drei Deckensysteme:

1) die helvetischen Decken, deren Hauptverbreitungsgebiet in den französischen Voralpen und im nördlichen Teil der Schweizer Alpen liegt. Charakteristisch ist für dieses Gebiet das Zurücktreten von Gesteinen des älteren Mesozoikums – der Trias, ferner die durch häufigen Gesteinswechsel ausgezeichnete Schichtenfolge des Juras und der Kreide. Im südlichen Teil sind die mächtigen Kalke des oberen Juras, die hier als Hochgebirgskalk bezeichnet werden, noch eng mit dem Grundgebirge der Massive verknüpft; manche Gipfel tragen z. B. über dem aus magmatischen oder metamorphen Gesteinen bestehenden Sockel noch eine Kalkplatte. Der Faltenwurf der helvetischen Decken ist sehr ausgeprägt, wie es sich etwa am *Pilatus* (2132 m), am *Säntis* (2505 m) und in den *Glarner Alpen* erkennen läßt. Die Wurzelregion der Decken sucht man im allgemeinen in der großen Längstalzone zwischen den beiden Zentralmassivreihen.

2) die penninischen Decken, die überwiegend aus metamorphen Gesteinen (Gneise und z. T. weichere Schiefer) bestehen. Sie bilden vor allem den südlichen Teil der Schweizer und die benachbarten italienischen Alpen. Ihre komplizierte Tektonik kommt in der Oberflächengestaltung des Gebirges weniger zum Ausdruck, weil der Gegensatz zwischen den verschiedenen Gesteinsarten hier nicht so groß ist.

3) die ostalpinen Decken, die wieder in eine unterostalpine und eine oberostalpine Serie unterteilt sind. Sie bestehen nur zu einem Teil aus metamorphen Gesteinen, die Hauptmasse ist dagegen aus mesozoischen Sedimenten aufgebaut. Mächtige Triaskalke spielen dabei die Hauptrolle, während Jura und Kreide nur wenig entwickelt sind. Die Wurzelzone der ostalpinen Überschiebungsdecken soll wie die der penninischen Decken am Südrand der Alpen liegen. In den Westalpen sind die ostalpinen Decken fast überall der Abtragung zum Opfer gefallen. Nur örtlich erscheinen sie noch als Denudationsreste, z. B. in den „Klippen" an den *Mythen* bei Schwyz, in den *Préalpes romandes* im Nordosten und im *Chablais* im Süden des Genfer Sees.

[marginal note: bzw austroalpin]

An einer großen Querflexur auf der Linie Oberstdorf (Allgäu)–Feldkirch (Vorarlberg)–Chur (Graubünden)–Hinterrhein–Splügenpaß–Comer See tauchen die helvetischen und penninischen Decken unter den östlich dieser Linie nun fast allein noch zutage tretenden ostalpinen Decken unter. Auf dieser Tatsache beruht z. T. der Unterschied zwischen den Formen der Westalpen und der Ostalpen. Die Grenze zwischen diesen beiden Gebieten ist ein mächtiger und kräftig zerschnittener Denudationsrand. Als Beweis dafür, daß die Ostalpen tatsächlich „über" den Westalpen liegen, läßt sich anführen, daß im unteren Engadin und in den Tauern in geologischen Fenstern die penninischen Glieder infolge Abtragung der ostalpinen Decken wieder an der Oberfläche erscheinen.

Die alpidische Gebirgsbildung ging in mehreren Phasen vor sich. Sie setzte in den Ostalpen früher ein, schon während der oberen Kreide, weiter westlich dagegen erst im älteren Oligozän und im Miozän. Während des Eozäns erfolgte im helvetischen Bereich der Geosynklinale noch Sedimentation, allerdings über einem sehr unruhigen Meeresboden. Die Unruhe kommt in den eigenartigen Ablagerungen, dem Flysch, zum Ausdruck, der bald sandig, bald kalkig oder mergelig ausgebildet ist und sich nur schwer gliedern läßt. Die späteren Gebirgsbildungsphasen haben in den Westalpen den Flysch mit den anderen Gesteinen vielfach verfaltet, während sich in den Ostalpen auf die schmale Flyschzone, die den äußeren Alpenrand begleitet, Decken aufgeschoben haben. Während der oligozänen Gebirgsbildungsphase verschwand das Flyschmeer. Die Alpen wurden zu einem morphologischen Gebirge emporgepreßt, an dessen Nordsaum – stellenweise auch im Innern des Gebirges – sich der Abtragungsschutt in einer zeitweilig als Meeresbecken, zeitweilig als große Flußebenen ausgebildeten Vortiefe sammelte. Diese als Molasse bezeichneten Ablagerungen enthalten an manchen Stellen, z. B. am *Rigi*, mächtige Konglomerate, die Nagelfluh; sie sind nichts anderes als riesige Schuttfächer, die sich an den Ausmündungen der damaligen Alpenflüsse gebildet hatten. Ob die Hauptgebiete der Nagelfluh am *Mont Gibloux* im Kanton Freiburg, im Napfgebiet des Emmentals, im Rigigebiet, am Speer (Kanton St. Gallen) und westlich der Iller einer Ur-Rhône, Ur-Aare, Ur-Reuß, Ur-Linth und einem Ur-Rhein entsprechen, kann noch nicht mit Sicherheit gesagt werden. Die Molasse wurde nämlich in ihren alpenrandnahen Teilen, hier als subalpine Molasse bezeichnet, in der spätmiozänen Phase selbst schräg gestellt, stellenweise sogar zu einzelnen kleinen Decken zusammengeschoben und den Alpen angegliedert. Dabei wurde das bis dahin bestehende Talnetz natürlich weitgehend zerstört; denn es ist bekannt, daß im Obermiozän noch kräftige Verbiegungen, ein Großfaltenwurf, auch die bis dahin schon emporgewölbten Teile des Gebirges erfaßt hatten, wie dies z. B. in der Steiermark der Fall ist, wo in inneralpinen Becken miozäne Braunkohle liegt.

Trotzdem ist es möglich, in den Ostalpen die Geschichte der Oberflächengestaltung bis ins Miozän zurückzuverfolgen, denn auf den Plateaus der nordöstlichen Kalkalpen finden sich kleine Kieselsteine vor, sogenannte Augensteine, die nur durch Flüsse aus den Zentralalpen hierher gebracht worden sein können. Es muß also damals eine Entwässerung durch Quertäler an Stelle der heutigen Längstäler bestanden haben. Die geringe Größe der Gerölle spricht dafür, daß die Flüsse nur mäßiges Gefälle hatten und das Hinterland nicht allzu hoch aufragte. Das alte Talnetz läßt sich aber nicht mehr rekonstruieren, da es inzwischen der Abtragung zum Opfer gefallen ist. Erst eine spätere Landoberfläche hat sich erhalten, deren Alter aus den Strandbildungen des Meeres zu bestimmen ist, das im Obermiozän das Wiener Becken erfüllte. Die breiten Verebnungen dieser Landoberfläche kappen die einzelnen Schichten und werden von einzelnen Bergen nur um Dutzende oder wenige Meter überragt. Im Miozän wurde die Landoberfläche von Brüchen durchsetzt und verschieden hoch gehoben. In den nordöstlichen Alpen haben sich große Reste dieser ältesten alpinen Landoberfläche erhalten, am schönsten in der *Rax*, am *Wiener Schneeberg*, auf dem *Dachstein* und anderen heute verkarsteten Kalkplateaus. Weiter westlich haben sich nur geringe Reste solcher Landoberflächen erhalten, in den Westalpen scheinen sie sogar ganz zu fehlen. Doch überall läßt sich – auch in den Zentralalpen – hoch über den heutigen Tälern eine Reihe von mehr oder weniger breiten Terrassen und größeren Verebnungen des Reliefs erkennen, die z. B. im vergletscherten Gebiet die großen Firnfelder tragen. Aus dem Studium dieser Formen ergibt sich, daß die Alpen seit dem Miozän in mehreren Phasen ihre heutige Höhenlage erreicht haben, wobei sich in den Ruhezeiten zwischen zwei Hebungen jeweils breitere Talböden ausbildeten.

In den Westalpen schließt sich an die Wurzelzone der helvetischen Decken ein Streifen weicher Schiefergesteine an; es sind die Bündner Schiefer, metamorphe Gesteine des Juras, die zu einem markanten Längstalzug ausgeräumt worden sind. Dieser zieht sich durch das Rhônetal oberhalb von Martigny über das Urserental bei Andermatt an der oberen Reuß und das Vorderrheintal bis Chur. Weiter ostwärts verbreitert sich das bis dahin schmale Gebiet der Bündner Schiefer zu den Schieferalpen Ostgraubündens und läßt hier sanftere Oberflächenformen entstehen; kräftiger Graswuchs ist für dieses Gebiet charakteristisch.

In den Ostalpen ist eine klare Gliederung in drei Längszonen vorhanden; in die nördlichen Kalkalpen, in die fast ausschließlich aus kristallinen Schiefern und magmatischen Gesteinen aufgebauten Zentralalpen, denen im Norden die mehr oder weniger breiten „Schieferalpen" (z. B. bei *Kitzbühel*) vorgelagert sind, und in die südlichen Kalkalpen. Diese drei Glieder sind durch Längstalzonen jeweils auch orographisch deutlich voneinander getrennt. Die nördliche Längstalzone folgt der Furche des nur 1793 m hohen *Arlbergpasses*, der von der Eisenbahnlinie Innsbruck–Zürich in einem 10,25 km langen Tunnel überwunden wird, dem Inntal von *Landeck* bis *Wörgl* und setzt sich über eine Reihe niedrigerer Pässe fort. Die südliche Längstalreihe führt über das Pustertal und Gailtal zum Drautal. Sie trennt die Südtiroler Dolomiten, die Gailtaler Alpen, die Karnische Hauptkette und die in *Triglav* 2863 m Höhe erreichenden wilden Julischen Alpen von den Zentralalpen ab. Weiter westlich ist zwischen den Zentralalpen und den südlichen Kalkalpen keine deutlich wahrnehmbare orographische Grenze mehr vorhanden. Hier hat Bruchtektonik, die am Südrand der Alpen auch tertiären Vulkanismus auslöste, sehr komplizierte Verhältnisse geschaffen.

Im Osten fächert sich das Gebirge stark auf. Die mittleren Glieder sind dabei an Bruchlinien gegen das Pannonische Becken abgesenkt; tertiärer Vulkanismus westlich des Balatons (Plattensee) zeugt für die starke tektonische Zerrüttung dieser Gebiete. Nach Südosten zu setzen sich die Alpen im Dinarischen Gebirgssystem fort, am kompliziertesten aber ist der Übergang von den Alpen zu den Karpaten gestaltet. Die kristallinen Zentralalpen haben ihre Fortsetzung in dem niedrigen und durch tiefe Senken gegliederten Leithagebirge. Dieser schmale Gebirgsstrang bildet die Außenflanke der Alpen gegen das Pannonische Becken hin. Ein tiefes dreieckiges Einbruchsbecken zwischen Leithagebirge einerseits, den niederösterreichisch-steirischen

Kalkalpen und dem Wiener Wald anderseits bildet eine breite schottererfüllte Senke, deren Ränder an den Bruchlinien mehrere Heilbäder, z. B. *Baden* bei Wien, aufweisen. Bei Wien vereinigt sich dieses Einbruchsbecken mit dem geräumigen, kompliziert gebauten Senkungsfeld, das Alpen und Karpaten trennt. In der Nähe von *Korneuburg* tritt der Flyschzug des Wiener Waldes hart an die Donau heran, setzt sich aber nördlich der Donau nur in unbedeutenden Aufragungen fort, ebenso wie härtere Klippen mesozoischer Gesteine nur örtliche Aufragungen bilden. Hier fehlt also der Außensaum des Karpatenbogens. Bei *Hainburg* isoliert aufragende Berge, zwischen denen die Donau und die Morava zu verschiedenen Zeiten ihre Schotter in breiten Ebenen aufgeschüttet haben, bilden die Brücke zu den Kleinen Karpaten. Durch diese Lücke im Gebirgswall wird die wichtige Verkehrslinie vorgezeichnet, in der sich die Wege aus dem unteren Donauraum nach Mitteleuropa hin sammeln. Der Tatsache, daß von hier aus die Wege nach Mähren, längs der Donau und über den Semmering sowie nach Italien, also nach allen Richtungen, auseinanderstrahlen, verdankt *Wien* seine besondere Stellung im Wirtschafts- und Verkehrsleben Europas. Das Wiener Becken – als inneralpines Becken auf den Teil südlich der Donau beschränkt, im weiteren Sinn das ganze Senkungsgebiet zwischen Alpen und Karpaten mit seinen aus dem Miozän und Altpliozän stammenden, überwiegend marinen Ablagerungen umfassend – ist klimatisch wie auch pflanzengeographisch ein Vorhof des zu Südosteuropa gehörenden pannonischen Raumes. Das schwach salzige Wasser des flachen, großen Wasserstandsschwankungen unterworfenen *Neusiedler Sees* und das Auftreten von Salzboden an seinem Ostufer betonen die Randstellung dieses Gebietes.

Ihre eigenartige Schönheit, ihre grandiosen, schroffen Formen verdanken die Alpen in erster Linie den Wirkungen der Eiszeiten. Mächtige Gletscher schufen gewaltige Trogtäler, übertieften die Talböden, in denen sich heute malerische Seen ausbreiten. Als die eiszeitlichen Gletscher wieder abgeschmolzen waren, blieben übersteilte Hänge und Moränen, Rundhöcker, Felswannen, Kare und steile Gipfelwände zurück.

Aus der Entwicklungsgeschichte der Alpen ergeben sich einige für den Menschen sehr wichtige Tatsachen. Die Längstalfluchten in den Zonen weniger widerständiger Gesteine bilden innerhalb des Gebirges geräumige Tallandschaften, die nicht nur für die Besiedlung geeignet sind, sondern auch den Verkehr wie in keinem anderen Hochgebirge der Erde außerordentlich begünstigen. Weit schwieriger war es dagegen vielerorts, Querverbindungen herzustellen. Infolge der Überformung des Gebirges durch das Eis ist aber in dem verzweigten jungen Talnetz und dem flacheren Altrelief eine erhebliche Zahl von Paßübergängen entstanden, die dem Querverkehr dienen.

Die hochgelegenen Terrassen in den Tälern und die Verebnungen ermöglichen auch in größeren Höhenlagen noch eine Weidewirtschaft. Demgegenüber spielt der Bergbau eine untergeordnete Rolle, so bedeutsam einzelne Bodenschätze auch sind. An erster Stelle muß hier der Salzreichtum erwähnt werden; bedeutende Lagerstätten befinden sich z. B. in *Hall* in Tirol, *Berchtesgaden* in Oberbayern, *Hallein* südlich von Salzburg. Der alte Bergbau auf Edelmetalle, der besonders in den *Hohen Tauern* betrieben wurde, ist fast völlig zum Erliegen gekommen, und auch der Abbau von Kupfer-, Blei- und Zinkerzen ist heute unbedeutend. Wertvoll sind allerdings die Eisenspatvorkommen bei *Eisenerz* in der Steiermark, die in *Donawitz* und *Linz* verhüttet werden und außerdem die Grundlage für die Kleineisenindustrie der Umgebung bilden. Die kleineren intramontanen Kohlenvorkommen der Steiermark haben daher örtlich große Bedeutung.

Wichtig für die Wirtschaft des Alpenraumes sind aber neben dem Relief und der geologischen Struktur auch die klimatischen, hydrologischen und biogeographischen Erscheinungen. Stau der Luftmassen und Föhn sind die Ursache dafür, daß bei Wechsel der Windrichtung ein oft sehr plötzlicher Wetterumschlag erfolgt, der schon manchem unerfahrenen Bergsteiger zum Verhängnis geworden ist. Charakteristische Föhngassen sind z. B. das Schweizer Rheintal und die Brennerfurche bei *Innsbruck*, die gleichzeitig auch für den Nord-Süd-Verkehr (München–Verona) wichtig ist. Der trockene Föhn verursacht zwar manche Schäden (Brandgefahr!), bringt aber für die betreffenden Gebiete auch viele Vorteile mit sich. Er bewirkt eine rasche Beseitigung der Schneedecke, erhöht die Durchschnittstemperaturen und begünstigt damit sowohl den Getreide- wie auch den Weinbau, wie man dies etwa in Vorarlberg und im Graubündener Rheintal beobachten kann.

Alle den West- und Nordwestwinden ausgesetzten Gebirgsteile erhalten sehr hohe Niederschläge, so z. B. das Salzkammergut oder das westliche Allgäu. Die im Lee liegenden Binnentäler und Becken sind dagegen wesentlich trockener. So hat *Bludenz* westlich des Arlbergs in 560 m Höhe 1200 mm Niederschlag, der *Arlbergpaß* mit 1793 m Höhe sogar 1820 mm, das 5 km weiter ostwärts auf der anderen Seite des Passes gelegene *St. Anton* in 1300 m Höhe aber nur noch 830 mm und *Landeck* im Oberinntal gar nur 580 mm. In den inneralpinen Tälern und Beckenlandschaften ist nur eine abgeschwächte Luftbewegung zu beobachten. Im Winter bilden sich oft Kaltluftseen; die Temperaturen werden dadurch herabgedrückt, weil an der Obergrenze der Kaltluftschicht häufig eine Nebeldecke entsteht. Die darüber gelegenen Orte sind in dieser Hinsicht wesentlich günstiger gestellt. Die Sanatorien meiden deshalb die Tallagen, wobei allerdings auch die größere ultraviolette Strahlung in den höheren Lagen eine Rolle spielt. Besonders extreme Verhältnisse zeigt das Klagenfurter Becken in Kärnten mit seinen sehr kalten Wintern und heißen Sommern. Das von der oberen Rhône durchflossene Wallis in der Südwestschweiz ist so regenarm, daß künstliche Bewässerung angewendet wird, die sich aber auch in manchen Ostalpentälern vorfindet. Sehr feucht sind demgegenüber die südöstlichen Alpengebiete, da ihnen im Oktober vom Mittelmeer her sehr hohe Niederschläge zugeführt werden. Der Schutz vor nördlichen Winden und die Südposition machen sich besonders in den unteren Lagen der Alpensüdseite bemerkbar. Hier kann ein intensiver Weinbau getrieben werden, der wertvolle Sorten liefert, vor allem aus Südtirol; auch treten bereits zahlreiche mediterrane Pflanzen auf.

Infolge ihrer großen Höhe sind in den Alpen die verschiedenen Höhengrenzen meist sehr ausgeprägt. Die für das Landschaftsbild und den Wasserhaushalt bedeutsamste unter ihnen ist die Schneegrenze. Sie liegt am Alpennordrand (Säntis) bei 2400 m Höhe und steigt gebirgseinwärts, z. B. in den Ötztaler Alpen (Wildspitze) und Walliser Alpen (Monte Rosa, Matterhorn), auf 3000 bis 3300 m an. Darüber liegt der Bereich des ewigen Schnees und damit der Gletscher, die einen wesentlichen Teil des winterlichen Niederschlags speichern und während der hochsommerlichen Gletscherschmelze den Flüssen zuführen, so daß die Alpenflüsse im Winter meist einen geringeren Wasserstand haben als im Sommer. Wasserkräfte stehen reichlich zur Verfügung und werden in zunehmendem Maße ausgebaut (Tauernkraftwerk, Walchenseekraftwerk, Genissiat u. a.). Die gewonnene Energie wird z. T. exportiert; so liefern die Illwerke in Vorarlberg Strom bis ins Ruhrgebiet.

Das vergletscherte Areal der Alpen umfaßt heute rund 3600 km², wovon der größte Teil auf die Schweizer Alpen und den österreichischen Teil der Ostalpen entfällt. Während der letzten Jahre ist ein zunehmender Rückgang der Gletscher festzustellen; in Österreich wird er für die Zeit von 1850 bis 1950 auf ein Drittel des einstigen Volumens geschätzt. Die bedeutendsten Gletschergebirge sind in den Westalpen das Montblanc-Massiv, das Berner Oberland und die Walliser Alpen, im Osten die Berninagruppe und der Ortler, die Silvretta, die Ötztaler Alpen und die Hohen Tauern.

Der Schneereichtum und die steilen Hänge begünstigen bei entsprechender Schneebeschaffenheit in Verbindung mit gewissen Wetterlagen die Bildung von Lawinen, die vor allem seit Entfaltung des Wintersports viele Opfer fordern. Obwohl die einheimische Bevölkerung mit ihren Siedlungen seit langem die lawinengefährdeten Lagen meidet, treten immer wieder schwere Katastrophen ein, wie im Winter 1950/51 in der Schweiz (93 Tote) oder im Januar 1954 in Vorarlberg (über 120 Opfer). Sehr große Sachschäden verursachen die Wildbäche und die Muren, da sie oft fruchtbare Flächen mit Schutt überdecken. Vor diesen Gefahren des Hochgebirges müssen Siedlungen und Verkehrsanlagen allenthalben geschützt werden. Über den Siedlungen stehen die vor Lawinen schützenden „Bannwälder" unter besonderen Bewirtschaftungsregeln. Straßen und Bahnen müssen durch umfangreiche Kunstbauten (Überdachung, Führung in Tunneln) vor Steinschlag und Lawinen geschützt werden.

Im einzelnen sind die Vegetationsverhältnisse recht unterschiedlich. Am Südrand der Alpen bestimmen mediterrane Arten das Vegetationsbild; längs der Talzüge dringen einzelne von ihnen (Zypressen, Edelkastanien u. a.) auch tief ins Gebirge ein. Von Osten her ist eine Zuwanderung pannonischer Arten (Schwarzföhren u. a.) festzustellen, während illyrische Arten nur in geringer Zahl über den Karst von Südosten her vordringen. Der Grundstock der Flora ist mitteleuropäisch. Atlantische Formen finden sich meist nur am Alpenrand, wo besonders starke Niederschläge und ausgeglichenere Temperaturen entsprechende Klimabedingungen schaffen.

In der Vegetation innerhalb der Waldflächen sind die Höhengrenzen oft nur für den Fachmann erkennbar. Um so auffälliger ist aber die Waldgrenze, die häufig von einem Gürtel von Krummholz (Grünerlen auf kristallinem Gestein, auf Kalk meist Legföhren) gebildet wird. Die darüber folgende Stufe der kräuterreichen alpinen Matten hat der Mensch vielerorts auf Kosten des Waldes vergrößert, um neue Weideflächen zu gewinnen. Die Waldgrenze ist dadurch also herabgedrückt worden. Viele Vegetationsgrenzen sind damit heute Kulturgrenzen. Der geschlossene Getreidebau überwiegt im allgemeinen nur in den Tälern und dringt lediglich in kleineren Inseln in Höhen über 800 m vor. In einzelnen Fällen wurde er allerdings bis 1300 m und noch wesentlich höher betrieben. Bei *Findelen* im Tal von *Zermatt* (Walliser Alpen) fanden sich Gerstenfelder noch in 2100 m Höhe. Allgemein senken sich die Höhengrenzen von Süd nach Nord und von West nach Ost, doch spielen im einzelnen Gesteinsart, Relief und Exposition eine ausschlaggebende Rolle. Große Teile des Gebirges liegen jenseits der Grenze eines ertragreichen Ackerbaus, hier treten daher die Waldwirtschaft und vor allem die Viehhaltung hinzu. Als Almwirt-

Physisch-geographische Angaben

Flüsse	Länge (km)	Seen	Fläche (km²)
Donau (Gesamtlänge)	2850	Genfer See	581
Rhein	1236	Bodensee	539
Elbe	1165	Gardasee	370
Wisła (Weichsel)	1068	Neuenburger See	216
Oder	903	Lago Maggiore	212
Bug (zur Wisła)	814	Comer See	146
Maas/Meuse (Gesamtlänge)	804	Śniardwy-See (Spirdingsee)	123
Weser (mit Werra)	790		
Warta	700	Müritzsee	115
Main	524	Vierwaldstätter See	114
Mosel	514	Mamry-See (Mauersee)	104
Inn	510	Züricher See	89
Saale (Thüringische)	442	Chiemsee	80
Narew	438	Łebasee	75
Schelde/Escaut	430	Schweriner See	63
Vltava (Moldau)	425	Würmsee (Starnberger See)	57
Ems	370	Luganer See	48
		Plauer See	38
		Steinhuder Meer	32
		Großer Plöner See	30
		Scharmützelsee	13,8
		Schwielochsee	11,7
		Müggelsee	7,7
		Laacher See	3,3
		Titisee	1,1

Berge	Höhe (m)	Gebirge
Montblanc	4807	Savoyer Alpen
Monte Rosa	4634	Walliser Alpen
Matterhorn	4477	Walliser Alpen
Finsteraarhorn	4274	Berner Alpen
Jungfrau	4158	Berner Alpen
Barre des Ecrins	4100	Dauphiné-Alpen
Gran Paradiso	4061	Grajische Alpen
Piz Bernina	4049	Rätische Alpen
Mont Pelvoux	3938	Dauphiné-Alpen
Ortler	3899	Ortler-Alpengruppe
Piz Palü	3889	Rätische Alpen
Königspitze	3857	Ortler-Alpengruppe
Monte Viso	3841	Cottische Alpen
Großglockner	3797	Hohe Tauern
Wildspitze	3774	Ötztaler Alpen
Monte Adamello	3554	Adamello-Alpen
Zuckerhütl	3507	Stubaier Alpen
Marmolada	3342	Dolomiten
Dachstein	2996	Salzkammergut
Zugspitze	2963	Bayrische Alpen
Triglav	2863	Julische Alpen
Mädelegabel	2649	Allgäuer Alpen
Säntis	2502	Appenzeller Alpen
Schneekoppe	1602	Riesengebirge
Feldberg	1493	Schwarzwald
Praded (Altvater)	1492	Mährisches Gesenke (Jesenik)
Großer Arber	1456	Böhmerwald
Großer Belchen	1423	Vogesen
Klinovec (Keilberg)	1244	Erzgebirge
Brocken	1142	Harz
Schneeberg	1053	Fichtelgebirge
Lemberg	1015	Schwäbische Alb
Ještěd (Jeschken)	1012	Lausitzer Gebirge
Beerberg	982	Thüringer Wald
Wasserkuppe	950	Rhön
Großer Feldberg	880	Taunus
Kahler Asten	841	Rothaargebirge
Milešovka (Milleschauer)	837	Böhmische Mittelgebirge
Javorice	837	Böhmisch-Mährische Höhen

schaft (Alpnomadismus) stellt diese eine den Naturverhältnissen gut angepaßte Form der Viehwirtschaft dar, die in engster Verbindung mit den Talwirtschaften betrieben wird. Auch der Fremdenverkehr ist eine wichtige Erwerbsquelle der Bewohner der Alpen.

Die Tierwelt der Alpen zeigt ebenso wie die Pflanzenwelt infolge der verschiedenartigen ökologischen Bedingungen große Mannigfaltigkeit, die mit zunehmender Höhe allerdings immer geringer wird. Die eigentlich alpine Fauna ist in der Höhenregion anzutreffen. Der prächtige Steinbock war ausgerottet und ist daraufhin an einigen Stellen erst wieder ausgesetzt worden (Gran Paradiso). Die Gemse ist in manchen Gebieten dagegen noch recht häufig zu finden. Charaktertier der Höhenregion ist ferner das scheue Murmeltier. Das große Raubwild, wie der Bär, ist verschwunden. Marder und Fuchs sind aber überall verbreitet. Sehr zahlreich ist die Gruppe der Greifvögel vertreten, von denen sogar beim Steinadler wieder eine Zunahme zu verzeichnen ist. Die Gewässer sind noch reich an Fischen.

NORDEUROPA

Überblick

Abgrenzung. Der Norden Europas wird durch die Meeresbecken der Nord- und Ostsee und durch das Weiße Meer vom Rumpf des Festlandes abgeschnürt. Damit kann er als selbständiger Teil des Kontinents angesehen werden. Nordeuropa umfaßt eine Fläche von rund 1,5 Mio km², die sich von Südwest (Südspitze Schwedens bei 55,4° n. Br.) nach Nordost (Nordkap bei 71,2° n. Br.) über reichlich 1 700 km erstreckt und auf der heute etwa 17 Mio Menschen leben.
Bottnischer und Finnischer Meerbusen sowie die Kandalakscha- und Onegabucht des Weißen Meeres gliedern Nordeuropa in die Skandinavische Halbinsel, die Halbinsel Kola und in die Finno-Karelische Platte einschließlich Lappland. Die in das Land eingreifenden Meeresteile sind im allgemeinen bis 200 m tiefe Flachseen, mit Ausnahme der Norwegischen Rinne, die mit 600 bis 800 m Tiefe aus der Nordsee weit in das Skagerrak hineinreicht. Diese Meeresgebiete liegen deshalb noch durchweg auf dem Kontinentalsockel. Dänemark wird aus historischen, wirtschaftlichen und ethnologischen Gründen oft als nordeuropäischer Staat bezeichnet, ist aber im physisch-geographischen Sinne ein Bestandteil Mitteleuropas. Auch der im Atlantik liegende Inselstaat Island wird hier nicht mit eingeschlossen, weil er nicht mehr der fennoskandischen Scholle angehört. Die hoch im Norden liegende Inselgruppe Spitzbergen muß dagegen zu Nordeuropa gerechnet werden, da sie noch dem Kontinentalschelf aufsitzt.
Geologischer Aufbau und Oberflächengestaltung. Nordeuropa deckt sich, vom Westteil des Skandinavischen Gebirges abgesehen, weitgehend mit der ältesten geologischen Einheit Europas, dem Baltischen Schild (Fennoskandia). Dieses Gebiet entspricht zugleich dem Westteil der alten Scholle Fennosarmatia, in dem die paläozoischen Ablagerungen bis auf Reste abgetragen worden sind.
Nordeuropa wird in der Hauptsache aus stark gefalteten präkambrischen Gneisen und Graniten aufgebaut. Es ist ein altes Hebungs- und Abtragungsgebiet. Die westlichen Randgebiete Fennoskandias wurden während der kaledonischen Gebirgsbildung gefaltet und an den Kern angepreßt und teilweise auf ihn geschoben. Dieser jüngere Teil gehört also geologisch nicht mehr zum Baltischen Schild (vgl. Karte S. 33).
Die Halbinsel Schonen im äußersten Süden Schwedens besteht aus jüngeren, mesozoischen Sedimenten (Kreide), die zu den analogen Ablagerungen im Gebiet der südlichen Ostsee und dem Tiefland überleiten. Schonen gehört tektonisch, ebenso wie die westlichen Teile des Skandinavischen Gebirges, nicht mehr zu Fennoskandia.
Die Großformen Nordeuropas entstanden während der alpidischen Gebirgsbildung im Tertiär. Die starre Scholle Fennoskandias wurde, was vor allem im Süden der Skandinavischen Halbinsel gut erkennbar ist, in einzelne Schollen zerbrochen und im ganzen weiträumig verbogen. Die am weitesten gespannte Mulde wird von der nördlichen Ostsee ausgefüllt, die im Westen von dem asymmetrischen, auf der atlantischen Seite am stärksten gehobenen Skandinavischen Gebirge (Skanden), im Norden und Osten von den lappländischen Rücken, die sich im Kolaplateau fortsetzen, und der flachen Finno-Karelischen Platte umsäumt wird.
Während des Quartärs wurde Nordeuropa von lockeren terrestrischen und in den küstennahen Gebieten auch von marinen Sedimenten überzogen.
Drei Faktoren bestimmen die Ausprägung der Formen im Quartär: 1) das Inlandeis, 2) die Schwankungen des Meeresspiegels infolge der eiszeitlichen Veränderungen des Wasserhaushaltes und 3) die isostatischen Bewegungen der Kruste.
Während des Pleistozäns wurde Nordeuropa mehrere Male durch gewaltige, bis zu 2 000 m mächtige Inlandeismassen überdeckt. Lediglich aus dem Eis ragten nur wenige Gipfel als Nunatakker aus dem Inlandeis heraus. Durch die Bewegung der Eismassen wurde Nordeuropa vollständig von älteren Verwitterungsdecken entblößt. Die Eisscheide lag östlich der gegenwärtigen Wasserscheide des Skandinavischen Gebirges, in Lappland südlich der heutigen Wasserscheide zwischen den Zuflüssen der Ostsee und des Nordmeeres. Weite Gebiete erhielten durch die schleifende und schürfende Tätigkeit der Inlandeismasse jene ausgeglichenen Formen, wie sie heute die sanftwelligen Hoch-

flächen im großen und die Rundhöcker im kleinen weithin zeigen. Die vor der Vergletscherung bestehenden Täler wurden durch die Gletscher ausgehobelt und übertieft.

Beim Abbau der Inlandeisdecke hinterblieb eine dünne Decke meist sandigen Grundmoränenmaterials. Sie wird durch Endmoränenzüge, durch lange Kieswälle der subglazialen Flüsse, die Oser, und durch gescharte kleine Hügel aus dem Material der Grundmoräne, die Drumlins, unterbrochen. In den südlichen Teilen der Skandinavischen Halbinsel ist die Grundmoränendecke mächtiger, lehmiger und dadurch landwirtschaftlich etwas ertragreicher. Sonst ist auch die Grundmoräne so grandig und sandig, daß bei den nördlichen Klimabedingungen auf ihr nur Wald wächst. Die Endmoränen und die Oser sowie die durchragenden Buckel des Festgesteins bieten in stark vermoortem Gelände vielfach den einzigen festen Untergrund für Siedlung und Verkehrswege.

Die Endmoränen kennzeichnen die Linien längerer Rückzugshalte des Eisrandes der letzten Vereisung. Sie sind die Fixpunkte der Glazialchronologie. So sind die mittelschwedischen und südfinnischen Moränenzüge – die Salpausselkä – z. B. in der Zeit von 8800 bis 7800 v. u. Z. aufgeschüttet worden. Von besonderer Bedeutung ist auch der nach Osten gerichtete Durchbruch eines großen Eisstausees in Jämtland (etwa 6900 v. u. Z.), der sich zwischen der skandinavischen Wasserscheide und der weiter östlich liegenden Eisscheide gebildet hatte. Dadurch wurde der Rest des Inlandeises in zwei Teile aufgespalten.

Während der Eisbedeckung scheint Nordeuropa, vor allem sein nördlicher Teil, abgesunken zu sein. Wahrscheinlich ist diese nach Ansicht einiger Forscher wiederholte Senkung nur eine kurzfristige Unterbrechung der stetigen Hebung seit dem Tertiär, durch die das Skandinavische Gebirge erst entstand. Man nimmt an, daß der Druck des Inlandeises eine Ursache dieser Abwärtsbewegung war. Neben diesem isostatisch gedeuteten Sinken der Scholle, dem ein relatives Steigen der Küstenlinie entsprechen müßte, sank aber während der Vereisung auch der Meeresspiegel, denn durch das Inlandeis wurden große Wassermassen gebunden.

Am Ende des Pleistozäns wurden Teile Nordeuropas in verschiedenem Umfang vom Meer bedeckt, denn nach der Entlastung stieg wahrscheinlich die Scholle zunächst weniger rasch als der Meeresspiegel, der sich infolge des Abtauens der Eismassen hob. Während dieser Transgressionen, bei der die Landbrücke zwischen Finnischem Meerbusen zum Weißem Meer zeitweise zum Meeresarm wurde und das Gebiet der Ostsee über die Mittelschwedische Senke nach dem Skagerrak entwässerte, wurden tonige und feinsandige Meeresablagerungen über die sterilen eiszeitlichen Sande und Kiese geschichtet, die mit der nachfolgenden Heraushebung trocken fielen. Sie haben sich zu den wichtigsten Anbaugebieten an der finnischen, schwedischen und südnorwegischen Küste sowie um die mittelschwedischen Seen entwickelt. Die Linie der äußersten Verbreitung der Meeresablagerungen ist damit in Skandinavien zu einer markanten kulturlandschaftlichen Grenze geworden.

Aus der Höhe der nacheiszeitlichen Strandlinien ist der Betrag der postglazialen Hebung auf maximal 290 m im nördlichen Skandinavien festgestellt worden. Am Nordende des *Oslofjordes* liegen postglaziale marine Ablagerungen 150 m hoch. Die Hebung dauert noch an, besonders im Gebiet des Bottnischen Meerbusens. Im Nordteil des Meerbusens beträgt die Hebung knapp 1 m im Jahrhundert, in der südlichen Ostsee fehlt die Hebungstendenz. Im Süden, Westen und Norden Skandinaviens drang das Meer in die glazial überformten Täler der steil aufragenden Küste ein und bildete die Fjorde, die bis zu 180 km Länge haben (*Sognefjord*).

Der Küste ist eine Strandplatte mit rundgebuckelten Schären vorgelagert, die auf manchen Strecken wegen der ungleichmäßigen Hebung noch unter dem Meeresspiegel liegt. Im Schutze dieser Küste vorgelagerten Schären hat sich eine rege Küstenschiffahrt entwickelt, die vor allem für die nördlichen Küstensiedlungen am Nordmeer und an der Ostsee für den Warenaustausch unentbehrlich ist; dieser Warenumschlag kann ja nur mit kleineren Schiffen erfolgen. Der Landweg ist umständlich, denn die Buchten und Flußmündungen greifen tief ins Land ein und drängen vielfach die Eisenbahnwege von der Küste ab, so daß in Nordschweden wie in Westfinnland die Küstenstädte nur durch Stichbahnen an die wenigen Hauptstrecken angeschlossen sind. In Süd- und Mittelschweden hat sich ein dichteres Eisenbahnnetz mit den Knotenpunkten Malmö, Göteborg und Stockholm entwickeln können. Zwei wichtige Verbindungen führen von der norwegischen Hauptstadt Oslo nach *Bergen* und *Trondheim*. Diese Hafenstadt ist gleichzeitig Endpunkt der über Jämtland führenden Strecke, die an der schwedischen Süd-Nord-Bahn in Bräcke ansetzt. Die bekannteste und nördlichste Bahn verbindet die nordschwedischen Bergbauorte *Gällivare* und *Kiruna* mit dem dauernd eisfreien norwegischen Hafen *Narvik* sowie mit *Luleå*, dem im Winter eisbedeckten Erzhafen am Bottnischen Meerbusen.

Hydrographische Verhältnisse. Die Entwässerung Nordeuropas folgt auf der Skandinavischen Halbinsel den meist präglazial vorgezeichneten Tälern. Das Gefälle der Täler ist aber durch die ausschürfende Tätigkeit der

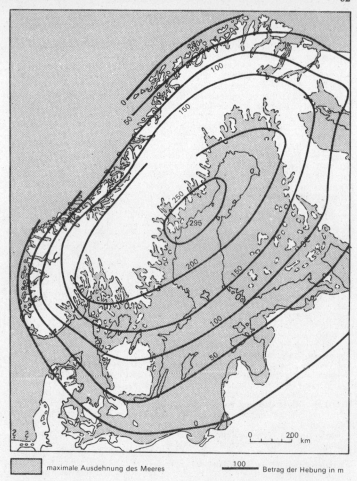

Landhebung in den Küstengebieten der Ostsee als Ergebnis eustatischer und isostatischer Bewegungen (nach Renqvist und Kääriäinen)

Gletscher und durch die Hebung sehr unregelmäßig geworden und noch nicht wieder ausgeglichen. So weisen die Flüsse, die der breiten, nach Osten gerichteten Abdachung Skandinaviens folgen, zahlreiche Seen und Wasserfälle auf. Dabei sind von diesen Flüssen nur *Klarälven, Muonioälv, Glomma* und *Dalälven* über 500 km lang. Die meist sehr kleinen Flüsse der Westabdachung haben über den Fjorden häufig Stufenmündungen.
In Süd- und Mittelfinnland sowie Karelien sind durch die Tätigkeit des Inlandeises zahlreiche Seengruppen entstanden, die durch schmale Rinnen und über Gefällsstufen zu größeren Systemen verbunden sind. Manche Seen, besonders die großen auf der Landbrücke nach Osteuropa – der *Ladogasee* und der *Onegasee* – sowie die der Mittelschwedischen Seenplatte – der *Vänersee, Vättersee* und *Hjälmarsee* – verdanken ihre Entstehung tektonischen Störungen von verschiedenem Alter. So folgen sie z. T. den Hauptlinien alter Kluftsysteme, die in Gräben die Erhaltung weniger widerständiger, oft erst im Pleistozän ausgeräumter Gesteine begünstigten. Der Boden des Ladoga- und Onegasees reicht unter den Spiegel der Ostsee.
Die Wasserläufe Nordeuropas dienen wegen ihrer Kürze und der Gefällsstörungen nur der Flößerei. Sie haben aber als Kanäle – *Dalslandkanal* (255 km) und *Götakanal* (180 km) in Südschweden – und für die Stromerzeugung an den ausgebauten Gefällssteilen (Nutzung der 32 m hohen Gefällssteile bei Trollhättan) zunehmende Bedeutung. Der Großschiffahrt dient der 227 km lange *Weißmeer-Ostsee-Kanal*, der unter Benutzung mehrerer kleiner Flüsse (insbesondere des *Wyg*) das Weiße Meer mit dem Onegasee und damit – über

den Fluß *Swir* – auch mit dem Ladogasee und dem Finnischen Meerbusen verbindet. Er verkürzt den Seeweg von Leningrad nach Murmansk um 4000 km.

Klima. Das Klima Nordeuropas ist wegen der großen Nord-Süd-Ausdehnung des Subkontinents und seiner starken topographischen Großgliederung recht vielfältig. Nordeuropa reicht von der gemäßigten bis in die polare Zone. An der Eismeerküste herrscht die Polarnacht 50 bis 70 Tage lang, obwohl noch durch Dämmerung gemildert. Der Polartag, für die gleiche Breite etwa 5 Tage länger als die Polarnacht, macht sich noch außerhalb der Polarzone in den hellen nordischen Nächten bemerkbar. Wegen der nach Norden zu abnehmenden Dauer und Intensität der Sonnenstrahlung ist im Gebiet der Ostsee, verstärkt durch die Abnahme des maritimen Einflusses, ein beachtliches winterliches Temperaturgefälle zu verzeichnen. So beträgt die Mitteltemperatur des Januars für Schonen 0 °C, für Lappland südlich des Inarisees −14 °C. Nordeuropa hat daher im Süden noch Anteil an der gemäßigten Klimazone der Westseite des Kontinents und reicht über die kühlere gemäßigte Zone bis in die subpolare Klimazone. Dieser planetarische Klimawechsel von Süd nach Nord wird durch die Witterungseinflüsse, die vom Atlantik herrühren, von West nach Ost abgeändert. Durch die zusätzliche Erwärmung, die von einem noch Nordeuropa umfassenden Arm des Nordatlantikstromes (Golfstrom) ausgeht, bleiben die atlantischen und Eismeerhäfen der Skandinavischen Halbinsel sowie der sowjetische Hafen Murmansk an der Nordküste der Halbinsel Kola eisfrei. Für die östlichen Gebiete Nordeuropas wird dieser Einfluß jedoch durch das Skandinavische Gebirge stark abgeschwächt. Die Wasserflächen der nördlichen Ostsee – besonders des Bottnischen Meerbusens – und des Weißen Meeres sind im Winter gefroren. Die nördlichen Teile des Bottnischen Meerbusens sind z. B. sieben Monate lang, d. h. bis in den Mai hinein, vom Eis blockiert, so daß die dortigen Häfen ungünstig gelegen sind. Da das Temperaturminimum der Wasserflächen meist erst im Februar erreicht wird, verzögern sie die Erwärmung im Frühjahr und Sommer und hemmen dadurch den Übergang zu kontinentalen Sommertemperaturen.

Auch die Niederschlagsverteilung zeigt die interferierenden Merkmale des Wandels von Süd nach Nord und von West nach Ost. Die bis 2200 mm hohen Niederschläge an der Westküste Südnorwegens (Bergen) mit dem Maximum im Herbst und Winter sinken schon bis zu den Fjordenden auf die Hälfte herab. Trotzdem genügen diese Niederschläge, um in Südnorwegen und am Polarkreis auch größere Gletscher zu ernähren. Im Küstengebiet der mittleren Ostsee, das auf der Leeseite des Skandinavischen Gebirges liegt, zeigen die geringeren Niederschlagsmengen von 500 bis 600 mm und das sommerliche Niederschlagsmaximum den zunehmend kontinentalen Charakter an. Nördlich des Polarkreises sinken die Niederschläge auf 200 bis 300 mm ohne ausgeprägtes Maximum ab. Die Schneedecke bleibt auf der Finnischen Seenplatte 140 bis 150 Tage, im gebirgigen Lappland über 210 Tage lang liegen. Die Seen brechen hier erst im Juni auf.

Pflanzenwelt. Sie spiegelt vor allem den Süd-Nord-Wandel der klimatischen Bedingungen wider. Der schmalen Zone der mitteleuropäischen Laub- und Laubmischwälder, die von Schonen bis in das mittelschwedische Seengebiet und in den finnischen Südküstenraum reicht, folgt nach Norden bald der nordische Nadelwald, der Barrskog. Wo sich im Gebiet der Laubwälder auf den postglazialen Meeresablagerungen oder den Grundmoränen günstigere Böden entwickelten, nimmt die Ackerwirtschaft große Flächen ein. Neben Roggen und Hafer – den vorherrschenden Halmfrüchten, auf denen auch die intensive Viehzucht basiert – werden auch Weizen und Zuckerrüben mit Erfolg angebaut. Die nördlich des 60. Breitenkreises gelegenen landwirtschaftlich genutzten Flächen dienen nur der Selbstversorgung, auf der finnischen Seenplatte allerdings auch einer für die Ausfuhr produzierenden Viehwirtschaft. Der Anbau ist wegen der langen Sommertage und hellen Nächte, die auch in der kurzen Vegetationsperiode eine ausreichende Wärmemenge und Bestrahlung ergeben, noch nördlich des Polarkreises möglich. Die Feldfrüchte sind jedoch durch sommerliche Fröste gefährdet. – Der Barrskog setzt sich meist aus Kiefern, Fichten und Birken zusammen. Der jährliche Zuwachs des Holzes ist wegen der klimatischen Bedingungen nur gering. Der nordische Nadelbaum hat weitständige kurze Zweige, die Qualität des Holzes gleicht der des Hartholzes. Die Wälder liefern den wertvollen Rohstoff für die holzverarbeitende Industrie (Holzschliff, Papier, Zellulose), deren Produkte neben dem Rohstoff in der Ausfuhr der nordeuropäischen Staaten mit an erster Stelle stehen. Große Moorflächen durchsetzen, nach Norden zunehmend, die Waldgebiete. Die Torflager Nordeuropas bieten vor allem in Finnland und Karelien große Energiereserven.

Kiefer und Birke dringen am weitesten nach Norden vor, obwohl nur noch in krüppelhaften Formen, die an die heftigen Winde angepaßt sind. Die Höhe der Schneedecke – etwa 1 m – bestimmt in Lappland die Höhe der lockeren Baum- und Strauchvegetation in der Übergangszone zur Tundra, denn alle aus der Schneedecke herausragenden Zweige sterben ab. Die Tundra folgt in einem bis zu 100 km breiten Streifen der Eismeerküste.

Mit zunehmender Höhe über dem Meeresspiegel weicht auch schon weiter südlich der Wald offenen Flächen mit niedrigem Weiden- und Birkengestrüpp, die aber vielfach von Mooren unterbrochen werden. Die Hochflächen des Skandinavischen Gebirges, Fjäll genannt, tragen daher bis zu den südnorwegischen Gebirgsmassiven diese Zwergstrauchformationen. Klimaschwankungen führen auch jetzt noch zur Verschiebung der Vegetationsgrenzen.

Tierwelt. Wie die Pflanzenformationen, so ist auch die Tierwelt, dem nach Norden weichenden Eisrand folgend, vor knapp 10000 Jahren von Süden aus in Nordeuropa eingewandert. Sie ist durch die Pelztierjagd allerdings stark dezimiert und in unwirtschaftliche Gebiete zurückgedrängt worden. Die Fauna des südlichen Nordeuropas gleicht der von Mitteleuropa. Im Barrskog treten von den größeren Säugern noch Elch, Vielfraß, Fuchs und in wenigen Exemplaren noch der Braunbär auf. Wölfe wandern im Winter über die Landbrücke von Osten her ein. Zur Tundra gehört das Ren, das wild nur noch selten in kleinen Rudeln, meist jedoch halbgezähmt in den Herden der Lappen die jahreszeitlich wechselnden günstigsten Futterplätze aufsucht. Allenthalben bildet der Fischreichtum der Flüsse eine wichtige Grundlage der Ernährung.

Bevölkerung. Die Bevölkerung Nordeuropas drängt sich vor allem in den klimatisch begünstigten südlichen Gebieten zusammen, im südwestlichen Norwegen, in Süd- und Mittelschweden sowie in Südfinnland. Im hohen Norden und im gebirgigen Innern sinkt die Bevölkerungsdichte dagegen in weiten Räumen auf weniger als 1 Einw. je km².

Anthropologisch gehört die Bevölkerung Nordeuropas der europiden Rasse an. Eine Ausnahme bildet lediglich das kleine Volk der Lappen (Gesamtzahl etwa 30000), das den Mongoliden zuzurechnen ist. In sprachlicher Hinsicht gliedert sich der nordeuropäische Raum in einen von Völkern der indoeuropäischen Sprachfamilie bewohnten Westteil (Norwegen, Schweden) und in einen überwiegend von Völkern der finnisch-ugrischen Sprachfamilie besiedelten Ostteil (Finnland, Karelische ASSR).

Die Skandinavische Halbinsel

Die Skandinavische Halbinsel wird durch das Skandinavische Gebirge, das auch mit dem zusammenfassenden Namen „Skanden" bezeichnet wird und als ein gegen Westen aufgerichteter Wall scharfe klimatische Gegensätze verursacht, in einen atlantischen Hochgebirgsstreifen und eine kontinentale, flachere Abdachung zur Ostsee unterteilt. Der Süden Skandinaviens zeigt nach Oberflächengestalt und Klima wiederum besondere Züge mit der Mittelschwedischen Senke, dem Südschwedischen Bergland, der Halbinsel Schonen und den Inseln Öland und Gotland. Nur in den schmalen Küstenstreifen sowie in Mittel- und Südschweden sind die Eingriffe des Menschen stärker in der Landschaft sichtbar geworden.

Das Kernstück des **Skandinavischen Gebirges** liegt im Südwesten der Halbinsel mit den Gebirgsstöcken von *Jotunheimen, Hardangervidden* und dem *Dovrefjeld*. Durch seine schroffen Gipfel, den *Galdhøppigen* (2469 m) und den *Glittertind* (2452 m), seine scharfen Grate und durch zahlreiche gletschererfüllte Karnischen hat vor allem Jotunheimen einen den Alpen ähnlichen Hochgebirgscharakter, während das Dovrefjeld eigentlich nur noch eine sehr hochgelegene Fläche ist, die im *Snøhetta* 2286 m Höhe erreicht.

Auf der sanftwelligen, nahezu unbesiedelten Hochfläche mit ihren vom Eis überschliffenen Kuppen und breiten, vermoorten Mulden macht sich der Hochgebirgscharakter in der Vegetation, dem dürftigen Heide- und Flechtenwuchs, und den Klimaunbilden geltend. Gleich Resten des pleistozänen Inlandeises liegen der Hochfläche einige flachgewölbte Plateaugletscher auf, deren größter, der *Jostedalsbre*, westlich von Jotunheim mit 850 km² Fläche zugleich der größte Gletscher des europäischen Festlands ist.

Die südnorwegischen Gebirgsstöcke werden durch nordweststreichende breite Talungen in Einzelblöcke zerlegt. Die Täler, z. B. das *Gudbrandsdal*, tragen häufig die Spuren der Eisstausseen, nämlich mächtige Ablagerungen und beträchtliche Erosionsrisse, die von den abfließenden Seen eingeschnitten wurden. Etwa senkrecht zu den Tälern greifen die Fjorde tief in die Gebirgsmassive ein.

Den großen Talwegen folgte auch die Besiedlung des Landes. Auch die Fjorde bieten auf Moränenwällen, Deltas und Schuttkegeln Raum und günstigere Böden zum landwirtschaftlichen Nebenerwerb. Haupterwerbsquelle sind an der Küste jedoch neben der Schiffahrt der Fischfang und die Fischverarbeitung. Das wichtigste Zentrum des Fischfangs und Fischhandels bildet *Bergen*. Waldwirtschaft ist an den verkehrsgünstig gelegenen Strecken entwickelt. Für Eisenbahn und Straße bieten zwar die nordweststreichenden Talungen die Möglichkeit zur Überwindung des Gebirges, jedoch ist die Eisenbahnlinie Oslo–Bergen erst durch zahlreiche Kunstbauten ermöglicht worden. Das Gebiet um den tiefen und weiträumigen Oslofjord ist eine Ausräumungszone im Gebiet eines alten paläozoischen Grabenbruches. Hier liegt auch die norwegische Hauptstadt *Oslo* in einer für norwegische Verhältnisse dicht besiedelten Umgebung (50 bis 70 Einw. je km²).

Trøndelag, das gleichfalls dichter besiedelte Gebiet um *Trondheim*, und das schwedische Jämtland westlich und östlich des *Storlien-Passes* (600 m hoch) liegen in einer Einsattelung des Skandinavischen Gebirges. Auf den schluffigen Sedimenten großer Eisstauseen entstanden in Jämtland stellenweise nährstoffreichere Böden, auf denen sich, auch begünstigt durch den über den niedrigen Gebirgskamm reichenden milden atlantischen Einfluß, landwirtschaftliche Bodennutzung auf größeren Rodungsflächen im Waldland durchsetzte.
Nach Norden zu steigen die Fjälle über die eintönigen Hochflächen des *Kjölen* im Gebiet des Polarkreises bis zu dem gletscherreichen Bergland um *Sulitjelma* (1914 m) und *Kebnekaise* (2123 m) an. Im hohen Norden verliert das Skandinavische Gebirge an Höhe und geht in die Halbinsel Kola über.
Im nördlichen Teil der Westküste reichen die sonst nur dem Hochgebirge eigenen glazialen Formen bis an den Meeresspiegel. Am gewaltigsten erscheinen die durch breite Kare gegliederten und zu scharfen Graten und Felsnadeln zugeschliffenen plumpen Felsstöcke im Gebiet der *Lofotinseln*. Die Strandplatte und die Schärenhöfe der Lofoten sind stellenweise dicht von kleinen Fischersiedlungen und Transiedereien besetzt, während das gebirgige Hinterland fast menschenleer ist. Über das *Nordkap* bis fast zum *Varangerfjord* zeigt die Küste den gleichen Charakter.
Die Abdachung des Skandinavischen Gebirges zum Bottnischen Meerbusen ist flacher. Sie wird mannigfach gegliedert durch die gesteinsbedingten Stufen zwischen den härteren, in der kaledonischen Orogenese gefalteten Schiefern und Kalken und den ostwärts anschließenden, weniger widerständigen Gneisen des Baltischen Schildes. Man bezeichnet diese Abstufung als den Glint, obwohl in Nordeuropa auch andere Geländestufen unter dem gleichen Ausdruck verstanden werden. In fast regelmäßigen Abständen zerschneiden die Täler großer Flüsse – *Torne älv, Angermanälven, Dalälven* u. a. – diese gestufte Abdachung in langgestreckte Rücken. Häufig sind im höheren Teile des Gebirges in die glazial übertieften Talwannen Rinnenseen eingelagert.
Der weithin vermoorte nordische Nadelwald, der nach Norden immer stärker den Klimaunbilden entsprechende Kümmerformen zeigt, erschwert die Erschließung. Die hochprozentigen Torne älv und Lule älv haben am Ende des letzten Jahrhunderts zu einer stärkeren Besiedlung kleiner Teile dieser nördlich des Polarkreises liegenden Gebiete angeregt; so sind in der Nähe der Eisenerze die Orte *Kiruna* und *Gällivare* mit *Malmberget* entstanden.
Im Südosten senkt sich das Skandinavische Gebirge zur tektonisch besonders gestörten **Mittelschwedischen Senke** bzw. **Seenplatte** ab, die sich vermutlich nach Westen in der Norwegische Rinne, nach Osten bis zum Ladoga- und Onegasee fortsetzt. Ihre Seen, deren größte *Väner-, Vätter-* und *Mälarsee* sind, wurden in ihren groben Umrissen vielfach durch recht junge Verwerfungen vorgezeichnet. Sie sind andererseits durch die Ereignisse der Nacheiszeit geformt worden; marine postglaziale Ablagerungen erfüllen die breiten Senken zwischen den einzelnen horstartigen bewaldeten Erhebungen. Die fruchtbaren Böden der Senken und der hier besonders weit nach Osten vordringende atlantische Einfluß boten für Besiedlung und Landwirtschaft günstige Bedingungen. So liegt in der Senke auch das Kernstück des schwedischen Staates. Längs der Küste und an den von Terrassen gegliederten Seeufern entstanden frühzeitig weite Rodungsflächen. Am Ausgang des Mälarsees hat sich in verkehrsgünstiger Lage *Stockholm* zur größten Stadt Nordeuropas entwickelt. Am entgegengesetzten, westlichen Ende der Senke liegt der schwedische Überseehafen *Göteborg*.
Das Waldgebiet des **Südschwedischen Berglandes**, in dem die Täler häufig den tektonischen Störungslinien folgen, besteht wegen des milden atlantischen Einflusses überwiegend aus Laubwald. Das stark zertale Kerngebiet von *Småland* steigt wiederum auf Höhen bis 400 m auf. Der flachwelligen Hochfläche sind Tafelberge aufgesetzt. Sie sind wie der *Taberg* (343 m) Härtlinge aus silurischem Kalk. Auf den Moränendecken des Gotiglazials haben sich nur selten ertragreiche Böden entwickeln können.
Die Insel **Öland** (1346 km²) ist ein 130 km langes, nur 50 m über das Meer ansteigendes Kalkplateau. Der Norden der Insel ist von Moränen bedeckt, die im allgemeinen nährstoffreich sind und größtenteils landwirtschaftlich genutzt werden. Der Südteil der Insel wird allerdings von kümmerlicher Vegetation überzogen. Die hier unmittelbar an die Oberfläche tretenden Kalke bilden nach Westen zum Kalmarsund, der die Insel vom Festland trennt, eine Steilstufe.
Das 3001 km² große **Gotland** ragt ebenfalls nur knapp 80 m über den Meeresspiegel auf. Die Insel weist auch in ihrem Innern noch Zeugen der nacheiszeitlichen Entwicklung der Ostsee auf; hochgelegene Strandwälle und Kliffs, sterile Meeressande und aufgearbeitetes Moränenmaterial. Das Landschaftsbild wird jedoch von den verkarsteten Kalktafeln beherrscht, die von kalkliebender Flora bedeckt sind.
Die Halbinsel **Schonen** gleicht in ihrer naturräumlichen Ausstattung den benachbarten dänischen Inseln. Im Gebiet der fruchtbaren Grundmoränen ist die ursprüngliche Vegetation – der Laubmischwald – weitgehend beseitigt.

Die Landwirtschaft erzielt Überschüsse selbst beim Anbau von Weizen und Zuckerrüben. Schonen ist die am dichtesten besiedelte Landschaft Schwedens (bis über 100 Einw. je km²) und hat in der Hafenstadt *Malmö* auch eine moderne Großstadt aufzuweisen.

Die Halbinsel Kola

Die zur Sowjetunion gehörende Halbinsel Kola mit einer Fläche von 100000 km² ist zwar ebenfalls aus den Gneisen und Graniten des Baltischen Schildes aufgebaut, zeigt aber in ihrer sanft vom Meer aufsteigenden Nordabdachung andere Züge. Im Chibinen-Gebirge steigt sie im *Tschaskatschorr* (*Umptek*) auf über 1200 m an. Das Inlandeis floß von den Chibinen nach Osten und Norden ab. Einige tiefere, vom Eis überprägte Rinnen westlich des Umptek werden vom *Imandra-See* ausgefüllt. Die niederen Teile der Eismeerküste sind ein Gebiet der Tundra. Sie unterscheidet sich durch ihre stärkere Vermoorung und durch die zwischen dem beweglichen Frostschutt vorhandene dürftige Moos- und Flechtenvegetation von den südlich anschließenden Fjällheiden.

Durch den Nordskandinavien umfassenden Arm des Nordatlantikstromes ist die Eismeerküste noch über Murmansk hinaus ständig eisfrei. Aber der ozeanische Einfluß nimmt nach dem Landinneren schnell ab.

In der unwirtlichen Tundra weit nördlich des Polarkreises hat sich *Murmansk* zu einem wichtigen Hafen und einer modernen Großstadt entwickeln können. Sie ist durch die 1200 km lange Murmanbahn mit Leningrad verbunden. Begünstigt wurde die Erschließung der Halbinsel Kola durch die Entdeckung der riesigen Apatit- und Nephelinlager in den Chibinen. Der Abbau des Apatits, der zur Herstellung von Superphosphaten und anderen mineralischen Düngemitteln verwendet wird, hat hier einen neuen Industriebezirk entstehen lassen, dessen Mittelpunkt *Kirowsk* ist.

Die Finno-Karelische Platte

Die Finno-Karelische Platte ist die Landbrücke nach Osteuropa. Ihr Kernstück, die Finnische Seenplatte, wird im Süden und Westen vom finnischen Küstengebiet und im Osten von der Karelischen Seenplatte umgeben. Im Norden schließt sich Lappland an.

Die Moränenwälle des Salpausselkä und Suomenselkä umrahmen im wesentlichen das Land der tausend Seen, die Finnische Seenplatte. Über 60000 mannigfach gestaltete und von Inseln gegliederte Seenbecken weist die hügelige Platte auf. Glattgeschliffene Felsbuckel wechseln mit sanften moorigen Mulden. Meist geben nur die glazialen Aufschüttungen Gelegenheit zur Besiedlung und zur Anlage der Verkehrswege. Wegen der postglazialen Hebung weisen die Flüsse, die die Seengruppen des Saimaasystems im Südosten, des Paijänesystems im Südwesten und des Seengebiets von Tampere entwässern, meist beachtliche Gefällsbrüche. Hier entstanden Wasserkraftwerke, z. B. an den Imatrafällen des *Vuoksen*, die Energie für die Holz- und Metallverarbeitung liefern. Wo die Felsbuckel von glazialen Ablagerungen überdeckt sind, werden größere Flächen von der Viehzucht beansprucht.

Das finnische Küstengebiet ist weit nach Norden von marinen Sedimenten, die durch die postglaziale Hebung über den Meeresspiegel gehoben werden, überdeckt. Aber die Küste des Bottnischen Meerbusens unterliegt zu lange der Abkühlung durch die Vereisung des Meeres, die bis weit ins Frühjahr hinein wirksam ist. So greift hier das Waldland, der gleiche Barrskog wie in der jenseitigen Küstenlandschaft, bis zur Küste vor. Der Süden und Südwesten, das Gebiet zwischen Salpausselkä und der Küste, ist dagegen größtenteils landwirtschaftlich genutzt und dementsprechend auch dichter besiedelt (rund 60 Einw. je km²). Hier liegen mit zwei Ausnahmen – *Tampere* und *Kuopio* – auch sämtliche größeren finnischen Städte, darunter die Hauptstadt *Helsinki* und *Turku* (*Åbo*).

Daß auch auf der Karelischen Seenplatte jüngere tektonische Störungen wirksam waren, bezeugen die lokal erheblichen Tiefen in den Seebecken des Ladoga- und Onegasees. Bis zur Kandalakscha- und Onegabucht des Weißen Meeres sind noch zahlreiche Seen der Wald- und Moorlandschaft eingelagert. Auf der Karelischen Landenge, zwischen Finnischem Meerbusen und Ladogasee, sowie jenseits des Sees wird Bergbau auf Eisen- und Kupfererze betrieben. Die ausgebauten Stromschnellen liefern auch hier die Elektroenergie. Durch den Bau der Bahn von Leningrad nach Murmansk und des Weißmeer-Ostsee-Kanals ist die Erschließung und Entwicklung der Karelischen ASSR wesentlich beschleunigt worden. Ihre Holz- und Holzverarbeitungsindustrie spielt im Rahmen der Gesamtwirtschaft der Sowjetunion eine erhebliche Rolle. Auch die Bevölkerung – in der Mehrheit Russen, daneben zahlreiche Karelier – ist stark angewachsen. Hauptstadt ist das Industriezentrum *Petrosawodsk* am Westufer des Onegasees.

Nördlich der Seenplatte steigen in Lappland im Zuge des *Maanselkä* (685 m) die glattgeschliffenen kuppigen Felsrücken immer höher aus der Moränenlandschaft. In den Wäldern kann noch Holzwirtschaft betrieben werden, da die nach Westen zu entwässernden Flüsse den Abtransport der Stämme ermöglichen. Wegen des kontinentaleren Klimagepräges geht der Barrskog jedoch schon südlich des Polarkreises in die lappländische Tundra über. Er ist nur in kleineren Inseln bis zur lappländischen Wasserscheide zu finden. Völlig nackte und nur von grobem Schutt überdeckte Felskuppen, die Tunturis, erheben sich jäh über die Fjälle. Im noch weithin vermoorten Gebiet werden während der langen polaren Sommertage die Mückenschwärme für Mensch und Tier eine große Plage.

Diese karge Landschaft ist das Wohngebiet der Lappen, die einst mit ihren Zelten und Rentierherden von Weideplatz zu Weideplatz zogen. Heute führen nur noch wenige von ihnen ein solches Nomadendasein. Viele sind seßhaft geworden und leben z. T. auch von den Einnahmen aus dem Touristenverkehr.

Die Inselgruppe Spitzbergen, die der nordnorwegischen Küste in etwa 600 km Entfernung vorgelagert ist und bis über den 80. Breitenkreis hinausreicht, ragt als Horst auf dem europäischen Kontinentalsockel auf. Sie besteht aus einigen großen Inseln (Westspitzbergen, Nordostland) und zahlreichen kleinen, die insgesamt eine Fläche von 62 100 km² bedecken. Etwa vier Fünftel davon sind dauernd unter Eis begraben, die eisfreien Flächen sind zum größten Teil Dauerfrostböden. Aufbau und Oberflächengestalt sind nicht einheitlich. Im Westen überwiegen paläozoische, gefaltete Gesteine, die ein lebhaftes Relief entstehen ließen, im Inneren und Osten dagegen liegen verschieden alte Sedimente und bilden eine Plateaulandschaft. Das Klima ist arktisch, wird aber durch den Nordatlantikstrom gemildert. Charakteristisch sind die häufigen Nebel. Die Temperatur steigt nur in drei bis vier Monaten im Monatsmittel über 0 °C an. Daher besteht auch die dürftige Tundrenvegetation aus Moosen und Flechten. Aus der Tierwelt sind die großen Scharen von Seevögeln, die im Sommer hier brüten, Eisbären, Rene, Polarfüchse und Lemminge zu erwähnen.

Spitzbergen

Auf Spitzbergen befinden sich Steinkohlenlagerstätten; einige Gruben wurden an die Sowjetunion verpachtet. Die Einwohner der Inseln setzen sich in der Hauptsache aus Norwegern und Russen zusammen.

Physisch-geographische Angaben

Flüsse	Länge (km)	Seen	Fläche (km²)	Lage
Klarälven	720	Ladogasee	17 660	Sowjetunion
Glomma	587	Onegasee	9 550	Sowjetunion
Dalälven	520	Vänersee	5 546	Schweden
Torne älv	470	Vättersee	1 899	Schweden
Kemi	385	Saimaasee	1 460	Finnland
		Mälarsee	1 140	Schweden
		Inarisee	1 100	Nordfinnland
		Päijännesee	1 065	Finnland
		Imandrasee	880	Sowjetunion (Kola)
		Torneträsk	317	Nordschweden

Fjorde	Länge (km)	Berge	Höhe (m)	Lage
Sognefjord	183	Galdhøpiggen	2 469	Jotunheimen (Norwegen)
Hardangerfjord	170	Glittertind	2 452	Jotunheimen (Norwegen)
Trondheimfjord	124	Snøhetta	2 286	Dovrefjeld (Norwegen)
Varangerfjord	120	Kebnekaise	2 123	Schwedisch-Lappland
Porsangerfjord	120	Sarektjåkkå	2 090	Nordschweden
Oslofjord	100	Sulitjelma	1 913	Nordschweden
		Tschaskatschorr (Umptek)	1 240	Chibinen (Halbinsel Kola)

OSTEUROPA

Überblick

Abgrenzung. Osteuropa nimmt mit über 5 Mio km² mehr als die Hälfte des europäischen Raumes ein und deckt sich im großen ganzen mit dem Staatsgebiet des europäischen Teils der Sowjetunion. Mit Ausnahme der zu Nordeuropa gehörenden Halbinsel Kola und Karelischen ASSR sowie des zu Südosteuropa zählenden Teiles der Ukrainischen SSR wird die Staatsgrenze der UdSSR als Grenze Osteuropas gegen Mittel- und Südosteuropa angesehen. Gegen Asien verläuft die Grenze am östlichen Fuß des Ural- und Mugodschargebirges (Fortsetzung des Uralgebirges nach Süden), entlang der Emba und der Nordküste des Kaspischen Meeres bis zur Kumamündung; von hier an führt sie durch die Kuma-Manytsch-Senke zum Asowschen Meer, an dessen Ostküste entlang bis zur Straße von Kertsch und von hier nach Westen entlang der Schwarzmeerküste bis zur Staatsgrenze. Im Norden müssen die Inseln in der Barentssee – vor allem die Inselgruppe Nowaja Semlja und Franz-Joseph-Land – zu Osteuropa hinzugerechnet werden, obwohl sie wie die zu Nordeuropa gehörende Inselgruppe Spitzbergen dem Kontinentalsockel aufsitzen. Osteuropa erreicht zwischen der Petschoramündung und der Uralmündung eine Nord-Süd-Erstreckung von rund 2 400 km, zwischen der Ostsee und dem Mittleren Ural eine West-Ost-Erstreckung von rund 2 500 km. Dieser riesige Raum wird von annähernd 160 Mio Menschen bewohnt, die sich auf die zahlreichen großen und kleinen Völker der Sowjetunion verteilen. Damit ist Osteuropa im Vergleich zu den meisten übrigen Teilen des Kontinents verhältnismäßig dünn bevölkert. Doch gibt es auch hier Gebiete, in denen die Dichte 100 Einw. je km² bereits weit übersteigt – so das industrielle Ballungsgebiet um Moskau sowie Gebiete in der Ukraine rechts des Dnepr –, anderseits findet man im Nordosten und teilweise auch im Südosten noch weite Räume, in denen kaum 1 Einw. je km² gezählt wird.

Geologischer Aufbau und Oberflächenformen. Hierin unterscheidet sich Osteuropa wesentlich von dem reicher gegliederten übrigen Europa, in dem auf relativ engem Raum Tiefländer mit Mittel- und Hochgebirgen abwechseln. Mit Ausnahme von Randlandschaften – Ural, Krimgebirge und Karpatenvorland – wird das ganze Gebiet von Tiefland eingenommen. Weiträumigkeit ist daher ein hervorstechender Charakterzug Osteuropas.

Das Osteuropäische Tiefland ist nicht vollständig flach und eben, sondern zeigt einen Wechsel von ausgedehnten Niederungen und höher gelegenen Teilen. Die großen Niederungen werden sämtlich von bedeutenden Flüssen durchströmt, die höheren Gebiete sind meist flache, weiträumige Erhebungen oder stärker gegliederte Höhenrücken. Sie erreichen jedoch nur selten 400 m Höhe und nehmen nirgends den Charakter von Mittelgebirgen an, wenn die einzelnen Höhenrücken an ihrer Ostseite auch stellenweise steil zu den großen Flüssen der Niederungen abfallen und 100 bis maximal 200 m hohe Bergufer bilden.

Den Untergrund des riesigen Tieflandes (siehe Abb. unten) bildet die Russische Tafel, ein ungefaltetes Schichtpaket aus paläozoischen, mesozoischen und känozoischen Ablagerungen, das nur an wenigen Stellen geotektonische Störungen in Form von Verwerfungen oder Aufwölbungen aufweist. Zahlreiche das Grundgebirge bedeckende Sedimente sind marine Bildungen und weisen unmittelbar darauf hin, daß die Russische Tafel bzw. Teile von ihr mehrfach unter dem Meeresspiegel gelegen haben. Im allgemeinen sind die über dem Grundgebirge liegenden Schichtglieder geotektonisch nur wenig beansprucht worden und daher nicht stark verfestigt, so daß die dem Unterkarbon entstammenden Kohlenlagerstätten im Raum von Moskau noch Braunkohlencharakter haben. Das präkambrisch gefaltete Grundgebirge durchragt die in ihrer Mächtigkeit örtlich wechselnde Sedimentdecke (im Moskauer Becken 2 000 bis 3 000 m mächtig) nur im Nordosten im Timanrücken, an der Ostseite der Wolhynisch-Podolischen Platte und in der Donezplatte.

Für die heutige Oberflächengestaltung war das Pleistozän von entscheidender Bedeutung. Das Inlandeis bedeckte während dieser Zeit wiederholt große

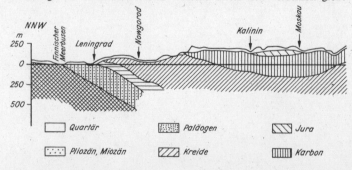

Geologisches Profil durch die Russische Tafel

Flächen im Norden und Nordosten des Tieflandes. Es stieß während der Maximalvergletscherung bis zu der Linie Lwow–Kiew–Tula–Kasan nach Süden vor und schuf in diesem Bereich einen mannigfaltigen glazialen Formenschatz. In der Oka-Don- und in der Dneprniederung reichte das Inlandeis zur Zeit der maximalen Vergletscherung in zwei Zungen noch weiter nach Süden (in der Dneprniederung drang das Inlandeis bis 48° 30′ n. Br. vor). Die Teile des vergletscherten Gebietes, die in der Folgezeit in periglazialem Einflußbereich lagen, erfuhren vor allem durch Vorgänge der Solifluktion eine starke Umgestaltung ihrer eiszeitlichen Formen. Verwaschene Glazialformen und Kleinformen der Solifluktion sind daher für diesen Bereich kennzeichnend. Der Nordwesten dagegen zeigt nur eine geringfügige periglaziale Beeinflussung; hier wird das Landschaftsbild durch die reliefbildenden Formen der glazialen Serie charakterisiert, wofür besonders das Gebiet der Waldaihöhen typisch ist. In den der Barentssee nahen Gebieten finden sich außerdem marine Ablagerungen von heute noch nicht eindeutig datierten Meerestransgressionen. In den südlichen Teilen Osteuropas, außerhalb des Jungmoränengebietes, werden die paläozoischen und mesozoischen Schichten von einer mehr oder weniger mächtigen Lößdecke überlagert. In den jungmoränennahen Teilen liegt die mittlere Lößmächtigkeit bei 3 bis 4 m, am Nordrand des Mittelrussischen Rückens beträgt sie 5 bis 6 m, und weiter südlich werden Mächtigkeiten von 10 bis 11 m erreicht. Hier liegen daher die fruchtbarsten Gebiete Osteuropas.

Hydrographische Verhältnisse. Im Osteuropäischen Tiefland haben sich infolge der Weiträumigkeit einige der größten europäischen Stromsysteme entwickelt. An erster Stelle ist hier die Wolga zu nennen, deren Einzugsgebiet – etwa 1 460 000 km² – einen großen Teil Osteuropas umfaßt. Auch Dnepr und Don, Nördliche Dwina und Petschora, Ural und Dnestr übertreffen mit ihrer Länge z. B. den Rhein ganz erheblich. Die Flüsse zeichnen sich durch geringes Gefälle aus. Die meisten sind bis weit in den Oberlauf hinauf schiffbar; nur bei einigen kleineren Flüssen im nordwestlichen Jungmoränengebiet erschweren Stromschnellen den durchgehenden Schiffsverkehr. Die Verkehrsbedeutung der osteuropäischen Flüsse wird allerdings durch das kontinentale Klima stark beeinträchtigt, denn im Winter frieren die Flüsse in den nordöstlichen Gebieten sieben bis acht Monate zu, in den mittleren fünf bis sechs Monate und in den südlichen Bereichen bis zu zwei Monaten. In Abhängigkeit von den thermischen Bedingungen des Winters schreitet das Zufrieren von Ost nach West voran, während sich im Frühjahr der Eisaufbruch von Süd nach Nord durchsetzt. Die Eisdicke ist sehr unterschiedlich und kann in den nordöstlichen Gebieten über 1 m erreichen. Im Frühjahr wird die Schiffahrt außerdem durch den gefährlichen Eisgang und das Hochwasser behindert. Wasserklemmen im Hochsommer treten nur bei den nach Süden entwässernden Flüssen auf. Die verschiedenen großen Stromsysteme, die oft nur durch niedrige Wasserscheiden voneinander getrennt werden, sind heute zu einem beachtlichen Teil durch leistungsfähige Kanäle miteinander verbunden. So erreicht man von der Wolga aus über das Marienkanalsystem das Gebiet des Ladogasees, über den Wolga-Don-Kanal (Leninkanal) das Flußsystem des Don.

Die Seen sind sehr ungleichmäßig verteilt und konzentrieren sich vor allem im Bereich des Jungmoränengebietes der Waldaivereisung. Hier gibt es zahlreiche Seen glazialer Anlage mit meist nur geringer Tiefe und geringer Fläche. In der Senke, die vom Finnischen Meerbusen zum Weißen Meer zieht und die natürliche Grenze gegen Nordeuropa hin bildet, liegen die beiden größten Seen Europas – der Ladogasee und der Onegasee – in tektonisch vorgezeichneten Kesseln, die durch das vorrückende Inlandeis übertieft wurden. In den südlichen und östlichen Teilen fehlen Seen fast ganz. Erst in der trockenen Wüstensteppe der Kaspischen Niederung im Südosten finden sich wieder zahlreiche Seen – Eltonsee, Baskuntschaksee u. a. –, deren Wasser jedoch stark salzhaltig ist.

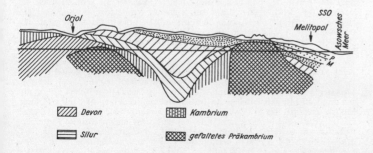

Klima. Das Osteuropäische Tiefland gehört mit Ausnahme seines äußersten subarktischen Nordrandes und eines schmalen Streifens an der Südküste der Krim, der bereits subtropisches Klima aufweist, zur Zone des gemäßigten Klimas. Bedingt durch die große Nord-Süd-Erstreckung und den sich nach Osten zu vergrößernden Abstand vom Atlantischen Ozean treten erhebliche klimatische Unterschiede auf; es sind jedoch infolge der geringen vertikalen Gliederung nirgends scharfe klimatische Grenzen, sondern überall breite Übergangssäume vorhanden. Nach Osten nimmt der Grad der Kontinentalität rasch zu. Die das Tiefland im Norden und Süden begrenzenden Nebenmeere üben auf das Klima einen mildernden Einfluß aus. Dies kommt in der Linienführung der Isothermen im Sommer (Südwest–Nordost) und Winter (Nordwest–Südost) eindeutig zum Ausdruck.

Das winterliche Temperaturgefälle verläuft von Südwesten nach Nordosten. Während das Januarmittel an der Donaumündung −1,7 °C beträgt, erreicht es an der Petschora im äußersten Nordosten −20 °C; Moskau hat ein Januarmittel von −10 °C, Kasan weiter östlich bereits ein solches von −13,2 °C. Das Minimum der Lufttemperatur liegt jedoch wesentlich tiefer (Moskau −42,5 °C, Odessa −28 °C). Nur die Südküste der Krim hat ein Januarmittel von über 0 °C. Das winterliche Temperaturgefälle äußert sich auch in der Anzahl der Tage mit einer mittleren Temperatur unter 0 °C. Am Nordende des Urals sind es im Durchschnitt 240 Tage, während in der Krimsteppe nur etwa 60 Tage erreicht werden.

Die Sommertemperaturen nehmen im allgemeinen mit wachsender Entfernung vom Atlantischen Ozean von Nordwesten nach Südosten zu. So hat beispielsweise die Gegend um Moskau ein Julimittel von 18,9 °C und die von Kasan 20 °C. Noch weiter im Osten werden Werte bis zu 22 °C erreicht, und nach Süden zu steigt es im Trockengebiet der Kaspischen Niederung auf rund 26 °C an. Im hohen Norden, im Bereich der Petschoramündung und auf der Halbinsel Kanin, erreicht es dagegen nur 10 °C.

Im Winterhalbjahr erstreckt sich ein Ausläufer des innerasiatischen Hochdruckgebietes quer durch die Ukraine in Richtung zur nordatlantischen Antizyklone südlich der Azoren (große barometrische Achse des eurasischen Kontinents). Nördlich der Hochdruckbrücke herrschen überwiegend westliche, im Süden dagegen südöstliche Winde. Die einen führen vielfach maritime, feuchte Luftmassen heran, die anderen sind nach trocken und kalt. Daher sind im nördlichen und mittleren Osteuropa die winterlichen Niederschläge verhältnismäßig hoch; eine dicke Schneedecke überzieht hier das Land (mittlere maximale Schneedecke im Nordosten 60 bis 80 cm), während in der südlichen Steppenzone, die sich im Bereich höheren Luftdrucks mit vorherrschenden Südostwinden befindet, nur sehr wenig Schnee fällt (mittlere maximale Schneedecke 10 bis 20 cm). Entsprechend ergibt sich auch eine starke Differenzierung in der mittleren Dauer der Schneedecke. In der Tundra östlich des Weißen Meeres beträgt sie 210 bis 240 Tage, im Südwesten des Osteuropäischen Tieflandes rund 80 Tage und im Küstengebiet des Schwarzen Meeres nur noch 30 bis 40 Tage.

Im Sommer löst sich das Hochdruckgebiet auf, so daß die regenbringenden Westwinde bis weit nach Osten vordringen können. Daraus erklärt sich, daß die Niederschläge im gesamten Tiefland überwiegend im Sommer fallen. Die jährliche Niederschlagsmenge beträgt im mittleren und westlichen Teil meist über 600 mm, im Küstengebiet des Eismeeres 300 mm, in den südlichen Steppengebieten bis 400 mm und sinkt in dem Wüstengebiet der Kaspischen Niederung auf weniger als 150 mm herab.

Pflanzen- und Tierwelt. Die klimatische Abstufung findet ihren Ausdruck in charakteristischen Boden- und Vegetationszonen, die sich in breiten, annähernd ost-westlich gerichteten Gürteln anordnen und von Norden nach Süden allmählich ineinander übergehen (vgl. Abb.). Diese Zonalität ist durchgehend vorhanden, da kein Gebirgszug eine Unterbrechung erzwingt.

Nördlich des Polarkreises erstreckt sich in einem Streifen wechselnder Breite längs der Küste der Barentssee die Zone der **Tundra**. Sie schließt auch die Inselwelt des Arktischen Ozeans mit ein; nur Franz-Josephs-Land und ein Teil der Nordinsel von Nowaja Semlja gehören zum Gebiet der vegetationsarmen bis vegetationslosen arktischen Kältewüste und sind stark vergletschert. Der Dauerfrostboden, der bis zu 200 m Tiefe reichen kann (Bolschesemelskaja Tundra) und nur im Sommer bis zu einer Tiefe von etwa zwei Metern auftaut und die Ausbildung der Wurzeln in die Tiefe verhindert, sowie die niedrigen Temperaturen in dem nassen, schlecht durchlüfteten Frostgleyboden und die rauhen Winde bedingen eine kurze Vegetationsperiode von zwei bis drei Monaten und lassen in der Tundra ein dürftiges, den klimatischen Bedingungen angepaßtes Pflanzenleben zu. Im allgemeinen gedeihen hier nur Flechten, Moose, Zwergsträucher (Zwergweiden und -birken) sowie Moos-, Heidel- und Preiselbeeren. Die grauschimmernde Rentierflechte, das wichtigste Futter des Rens, ist am weitesten verbreitet und bildet die Charakterpflanze. Der jährliche Zuwachs der Flechten beträgt nur 1 bis 5 mm, so daß eine abgeweidete Flechtendecke rund 15 bis 20 Jahre zu ihrer Erneuerung benötigt. Nach Süden zu wird die Pflanzenwelt zunehmend dichter und artenreicher, an besonders begünstigten Stellen treten auch einzelne Bäume oder kleine Waldinseln auf, deren Bestände sich vor allem aus Moorbirken, Espen und Sibirischen Fichten zusammensetzen. Die Bäume werden meist nicht mehr als 6 m hoch. Diesen Übergangsbereich zur Waldzone, der etwa 50 bis 60 km breit ist, bezeichnet man als Waldtundra. Im Süden nimmt auch die Zahl der sumpf- und torfmoorerfüllten Senken und Mulden zu. Unzählige Mücken- und Fliegenschwärme haben hier ihre Brutstätte. In der Tundra leben Polarfüchse, Schneehasen, Hermeline u. a., an der Barentssee auch Eisbären und Robben. Für den Menschen am wichtigsten aber ist das Ren, das Charaktertier der Tundra. Während des kurzen Sommers nisten an der Küste große Scharen von Zugvögeln (Enten, Gänse, Schwäne u. a.).

An die Tundra schließt sich im Süden die **Waldzone**, die man in einen in sich mannigfaltig ausgebildeten nördlichen Nadelwaldgürtel und in einen südlichen Mischwald- und Laubwaldgürtel gliedern kann. Der fast 1 000 km breite nörd-

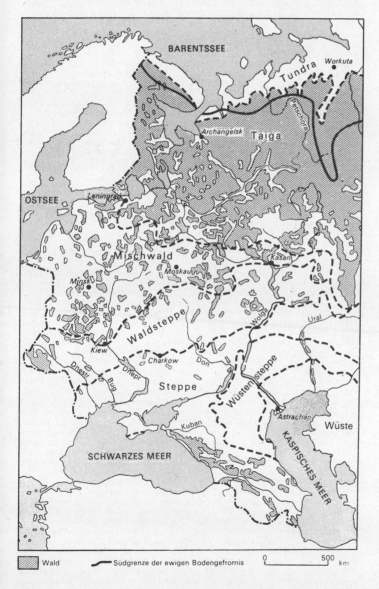

Vegetationszonen im europäischen Teil der Sowjetunion (Zonengliederung nach Berg)

liche Nadelwaldgürtel, auch als Taiga bezeichnet, erstreckt sich nördlich der Linie Peipussee-Gorki-Swerdlowsk bis an den nördlichen Polarkreis. Bestandsbildend sind hier vor allem Fichte sowie Birke und Kiefer. Letztere nimmt auf Sandböden oft beträchtliche Areale ein. Sibirische Tannen treten dagegen fast nur östlich der Nördlichen Dwina auf, während die Birke und die Espe besonders auf den Holzschlägen und Brandstellen als Sekundärbestände stark verbreitet sind. Die dunklen ursprünglichen Nadelwälder mit ihrem aus Zwergbirken, Ebereschen, Heckenrosen und anderen Straucharten bestehenden dichten Unterholz werden von ausgedehnten Sumpf- und Moorflächen sowie anderen Lichtungen, besonders Wiesen verschiedener Artenzusammensetzung unterbrochen. In den nördlichen Teilen der Taiga werden davon über 7% der Fläche bedeckt. Hier ist der Nadelwald relativ licht, und die Bäume erreichen vielfach kaum mehr als 10 m Höhe. Teilweise stockt der Wald auf Dauerfrostboden, dessen Südgrenze besonders östlich der Petschora schlauchartig nach Süden vorstößt. Die Bonität der Bäume wird jedoch wesentlich besser und die Bestände werden dichter, je weiter man nach Süden kommt. Auf Grund der kurzen Vegetationsperiode wachsen die Bäume jährlich nur wenig, das Holz aber erhält dadurch ein festes Gefüge mit feiner Faserung und gilt deshalb als besonders wertvoll. In der Taiga herrscht der wenig fruchtbare, hellgraue, sandige Podsolboden vor. Oft ist er auch als Gleypodsol entwickelt. Der Nadelwaldgürtel geht nach Süden zu allmählich in den Mischwaldgürtel über; er ist im Westen am breitesten ausgebildet, wird nach Osten hin immer schmäler und erstreckt sich fast bis zum Ural. Außer den Nadelbäumen der Taiga sind hier vor allem Laubbäume, insbesondere Eiche, Bergulme, Ahorn, Esche, Winterlinde und in den westlichen Teilen auch Hainbuche bestandsbildend. Große zusammenhängende Mischwaldgebiete gibt es jedoch nur noch selten, meist schieben sich zwischen den Waldkomplexen verschieden große landwirtschaftliche Kulturflächen ein. Die südlichen Teile der Mischwaldzone, die schon stark mit der folgenden Waldsteppenzone verzahnt sind, werden vor allem von Laubwäldern bedeckt, in denen die Eiche der Charakterbaum ist. Als begleitende Baumarten treten Esche, Winterlinde, Spitzahorn und Hainbuche auf.

Südlich der Linie Luzk-Shitomir-Kiew-Orjol-Saransk-Ufa breitet sich die **Steppe** mit ihren fruchtbaren, humusreichen und tiefgründigen Tschernosjomen aus, die nach Süden zu allmählich in die Kastannosjome übergehen, da hier auf Grund der größeren Trockenheit das Pflanzenwachstum nachläßt und somit auch der Humusgehalt im Boden geringer wird. Nur lokal treten noch Podsole auf. Der nördliche Streifen wird von der Waldsteppe, dem Übergangsgebiet zwischen Waldzone und Steppe, eingenommen. Hier finden sich verstreut überwiegend aus Stieleichen und Birken bestehende Waldinseln, die sich nach Süden zu immer mehr auf Quellmulden, Flußtäler und Balkas beschränken und schließlich im Bereich der kräuterreichen Grassteppe südlich der Linie Kischinjow-Charkow-Saratow-Kuibyschew fast ganz ausbleiben. Die Waldsteppe besteht aus einem komplizierten Mosaik von mehr oder weniger großen Waldarealen, Strauchformationen, Wiesen und Wiesensteppen. In der dichten Strauchschicht treffen wir unter anderem auf Haselnuß, Heckenrose und Kreuzdorn. Der Boden wird von einer dichten Gras- und Kräuterdecke überzogen. Innerhalb der Waldsteppe bedecken die Wälder in den einzelnen Regionen Flächen, die zwischen 26,9 und 5,5% schwanken. Auf den Schwarzerdeböden der Steppe dominieren Federgräser (*Stipa ucrainica*, *Stipa rubens* u. a.). Der größte Teil der Steppenregion ist seiner ursprünglichen Vegetationsdecke beraubt und in Ackerland umgewandelt worden; er bildet heute eines der wichtigsten Agrargebiete der Sowjetunion. Unbeeinflußte Steppen findet man nur noch in den Naturschutzgebieten sowie im Bereich der Wüstensteppen. Durch die Anlage von ausgedehnten Waldstreifen längs der großen Flüsse und auf den Wasserscheiden soll die natürliche Bodenfruchtbarkeit erhalten bleiben und den Dürregefahren in diesen fruchtbaren Steppengebieten entgegengewirkt werden. Diese Waldstreifen sind im Sommer ein wirksamer Schutz gegen die häufig auftretenden Suchowei-Wetterlagen, die sich durch große Hitze, Trockenheit der Luft und hohe Windgeschwindigkeiten auszeichnen. Im Winter brechen die Waldstreifen die Gewalt der kalten Nordostwinde. Sie vermindern die Verwehung der Ackerkrume, verbessern den Bodenwasserhaushalt vor allem im Frühjahr durch den winterlichen Schneerückhalt und tragen so zur Erhaltung der Bodenfruchtbarkeit bei.

Im Südosten geht die Steppe im Bereich der Kaspiniederung in die **Wüstensteppe** über, die sich durch Helle Kastannosjome und Soloneze auszeichnet. Im Süden der Wüstengebiete treten auch ausgedehnte Solontschakflächen auf. Die Vegetation ist artenarm, sie besteht neben Federgräsern überwiegend aus salzliebenden Gräsern, Kräutern (Wermut) und Halbsträuchern. In Richtung des Kaspischen Meeres nehmen die Niederschläge immer mehr ab. Die Sommer sind heiß und trocken. Hier überwiegen die vegetationsfreien Flächen, und die Wüstensteppe wird von der **Wüste** abgelöst. Auf den humusarmen Sierosjomen sind trockenheitsliebende Halbsträucher dominierend, und die Solontschakböden werden von salzliebenden Pflanzen besiedelt. Dazwischen schieben sich mehr oder weniger große Flugsandflächen.

Der nordöstliche Teil des Osteuropäischen Tieflandes

Vom Eismeer im Norden bis zum Nordrussischen Landrücken im Süden und vom Ural im Osten bis zur Linie Onegabucht–Wologda im Westen erstreckt sich mit einer Ausdehnung von rund 1,3 Mio km² der nordöstliche Teil des Osteuropäischen Tieflandes. Er deckt sich etwa mit dem Gebiet der Autonomen Republik der Komi und den Oblasten Archangelsk und Wologda. Durch den 600 km langen *Timanrücken* – einen bis zu 471 m ansteigenden, aus paläozoischen Gesteinen bestehenden, plateauartigen Gebirgsrumpf, der vom Nördlichen Ural abzweigt und in nordwestlicher Richtung bis zum Eismeer streicht – wird dieser Bereich in das Petschorabecken und in die westliche Niederungslandschaft des Mesen und der Nördlichen Dwina gegliedert.

Das im zentralen und nördlichen Teil von glazialen Ablagerungen und im südlichen und westlichen Teil von postpliozänen marinen Sedimenten bedeckte Petschorabecken, das der bis 273 m hohe, der Küste parallel laufende Endmoränenzug der *Bolschesemelskaja Tundra* (*Großlandrücken*) durchzieht, wird von der *Petschora* und ihren zahlreichen Nebenflüssen – *Ussa*, *Ishma* u. a. – entwässert. Im Unterlauf durchfließt die Petschora auf einer Strecke von rund 250 km die Tundra und mündet jenseits des Polarkreises in einem breiten Delta in die *Barentssee*. Sie ist ein wichtiger Flößweg aus dem Nadelwaldgürtel in die baumlose Tundra. Im Petschorabecken sind bedeutende Steinkohlen- und Erdölvorkommen erschlossen worden. Die bei *Workuta* in der Tundra abgebaute Steinkohle wird über die Petschorabahn, von der eine Abzweigung über den Nördlichen Ural nach *Salechard* am unteren Ob führt, in die Industriezentren, insbesondere nach Leningrad, transportiert. Erdgas ist bei Inta, Erdöl im südlichen, bewaldeten Teil des Beckens an der *Uchta* erbohrt worden und wird gleichfalls auf der Petschorabahn zu den Verbrauchsstätten befördert. Mit dem Hafen *Amderma* in der Nähe der *Jugorstraße* ist das Petschoragebiet an den Nördlichen Seeweg angeschlossen.

Von der niedrigen Steilküste des *Weißen Meeres* steigt die von Glazialschutt und Meeresablagerungen bedeckte **Niederungslandschaft des Mesen und der Nördlichen Dwina** allmählich zu dem durch Solifluktionsprozesse stark umgestalteten Endmoränenzug des 1100 km langen *Nordrussischen Landrückens* – in der Sowjetunion als *Nördliche Uwaly* bezeichnet – an. Dieser bis zu 294 m ansteigende und von zahlreichen kleinen Seen und Sümpfen durchsetzte Endmoränenzug bildet die Wasserscheide zwischen den nach Norden zum Eismeer und den nach Süden zum Schwarzen und Kaspischen Meer entwässernden Flüssen. Die beiden großen Flüsse *Nördliche Dwina* und *Mesen* münden in südliche Ausbuchtungen des Weißen Meeres und dienen in erster Linie als Flößweg für die über *Archangelsk* und *Mesen* (Stadt) exportierten Hölzer der Nadelwaldzone. Archangelsk ist Hauptausfuhrhafen für Holz und Zentrum der Sägemühlenindustrie. Die weit in die Barentssee hineinreichende *Halbinsel Kanin* sowie ein Streifen wechselnder Breite entlang der Eismeerküste gehören dem Bereich der Tundra an, während der sich nach Süden anschließende Teil vollständig von den Nadelwäldern der Taiga bedeckt wird. Die Tundrabereiche werden nahezu ausnahmslos von Dauerfrostboden unterlagert. Er reicht buchtartig südwärts auch in die Taiga hinein.

Die Besiedlung ist sehr dünn, und die einzelnen Siedlungen sind weit verstreut, nehmen jedoch nach Süden an Zahl zu. Sie beschränken sich im wesentlichen auf schmale Säume entlang der Flußläufe. Die Erschließung der Bodenschätze des Nordostens sowie die starke Entwicklung der Holzverarbeitungsindustrie in der Waldzone hat in den fünfziger Jahren aber ein starkes Anwachsen insbesondere der städtischen Bevölkerung mit sich gebracht. Die wirtschaftliche Grundlage in der Tundra ist die Renwirtschaft. Im Herbst werden die Renherden nach Süden in die windgeschützte Waldtundra gebracht, während im Sommer die offene Tundra bevorzugt wird. In dieser Jahreszeit ist die Mückenplage in der windoffenen Tundra weit geringer als in der sumpf- und moorreichen Waldtundra. Die ackerbauliche Nutzung beschränkt sich im wesentlichen auf die südlichen Teile und hat nur lokale Bedeutung.

Der westliche Teil des Osteuropäischen Tieflandes

Unter dem westlichen Teil des Osteuropäischen Tieflandes wird derjenige Bereich Osteuropas verstanden, der sich von der Westgrenze der Sowjetunion und der Ostseeküste bis an die Waldaihöhen und das Nordende des Mittelrussischen Höhenrückens im Osten erstreckt. Im Norden wird er durch den Finnischen Meerbusen und den Ladogasee, im Süden durch den Südrand der Pripjatniederung begrenzt. Es ist ein relativ gleichmäßig besiedelter Raum (30 bis 50 Einw. je km²). Ausnahmen bilden das dicht bevölkerte Gebiet um Leningrad und die schwach besiedelten Pripjatsümpfe. Der westliche Teil des Osteuropäischen Tieflandes umfaßt politisch etwa die Sowjetrepubliken Estland, Lettland, Litauen und Belorußland sowie die zur RSFSR gehörigen Oblaste Leningrad, Nowgorod, Pskow, Welikije Luki, Smolensk, Brjansk und Kaliningrad, d. s. rund ³/₄ Mio km².

Im Gegensatz zum reliefarmen Nordosten, dessen glazialer Formenschatz durch periglaziale Umgestaltung wirksam verändert wurde, erhielt der Westen, der außerhalb des periglazialen Einflußbereiches liegt und die östliche und nordöstliche Fortsetzung des mitteleuropäischen Tieflandstreifens darstellt, sein landschaftliches Gepräge zum großen Teil durch die frischen glazialen Formen der letzten Vereisung (Weichsel-Eiszeit). Mit Ausnahme des zum Finnischen Meerbusen in einer niedrigen Steilküste, dem Glint, abfallenden Plateaus von Estland, in dem die kambrischen und silurischen Schichten anstehen und nur von einer dünnen, aus Sand und Grus bestehenden Verwitterungsdecke überlagert sind, ist der gesamte westliche Bereich von jungpleistozänen Ablagerungen überdeckt. Zahlreiche Seen, von denen der *Peipussee* und der *Ilmensee* die größten sind, sowie unzählige Moore, die sich besonders in den Flußniederungen ausbreiten, überziehen den überwiegend in der Mischwaldzone gelegenen Westen. Einige Flüsse haben im Gegensatz zu denen in anderen Gebieten des Osteuropäischen Tieflandes Stromschnellen, deren Auftreten vor allem an Blockpackungen glazialer Herkunft gebunden ist.

Die höchsten Erhebungen bilden die weitgespannten Züge der Endmoränen. Der Baltische Höhenrücken zieht sich aus der Oblast Kaliningrad durch die drei baltischen Sowjetrepubliken bis zum Peipussee und erreicht eine maximale Höhe von 317 m. Etwa zur gleichen Höhe ragen auch der Litauisch-Belorussische Landrücken (356 m) und die 20 bis 30 km breiten Waldaihöhen (347 m) auf, die mit einzelnen zungenartigen Vor- und Einbuchtungen bogenförmig in südwest-nordöstlicher Richtung verlaufen und von zahlreichen kleineren Seen und Sümpfen durchsetzt sind. Nach Westen zu fallen die Waldaihöhen mehr oder weniger steil um 50 bis 100 m zur sumpfreichen Ilmensee-Niederung ab. Sie sind ein wichtiges hydrographisches Zentrum, in dem auch die Wolga und die bei *Riga* mündende *Westliche Dwina* entspringen. Südlich der Waldaihöhen schließt sich die von der Erosion schon stark zerschnittenen und abgetragenen Altmoränenzüge der Smolensk-Moskauer Höhe an. Südwestlich davon breitet sich die glaziale Niederungszone des oberen *Dnepr* und die überwiegend aus fluvioglazialen Sanden aufgebaute ausgedehnte Polessjesenke aus. Letztere bildet orographisch eine breite flache Mulde, deren Ränder 50 bis 80 m höher liegen als das Muldeninnere. Die Polessjesenke wird vor allem von dem stark verzweigten Flußsystem des *Pripjat* über den Dnepr zum Schwarzen Meer entwässert. Hier befindet sich das größte zusammenhängende, von vielen Seen durchsetzte Sumpf- und Moorgebiet Europas. Aus diesen zum großen Teil trockengelegten, manchmal weit über 1000 km² umfassenden Sümpfen und Niederungsmooren ragen zahlreiche, oft recht ausgedehnte, niedrige pleistozäne Sandflächen hervor; meist sind sie mit Kiefernwald bestanden, oder sie tragen Siedlungen. Im Frühjahr zur Zeit der Schneeschmelze, wenn die Polessjesenke weithin einem See gleicht, können diese Siedlungen häufig nur mit Booten erreicht werden.

Gegenüber den anderen Teillandschaften des Osteuropäischen Tieflands ist der westliche Teil, vor allem seine ostseenahen Gebiete, durch den maritimen Einfluß des Atlantiks und den mildernden Einfluß der Ostsee begünstigt. Der Sommer ist kühler und feuchter und der Winter milder. In den Sowjetrepubliken Estland und Lettland erreichen die Niederschläge über 800 mm. Dadurch wird neben den Hauptfrüchten Hafer, Roggen und Kartoffeln der Anbau von Futterpflanzen und vor allem von Flachs, der einen kühlen und feuchten Sommer liebt, begünstigt; zwischen der Polessjesenke, dem Peipussee und dem Rybinsker Stausee befindet sich daher das größte Flachsanbaugebiet der Erde, das weit über 50% der Welternte liefert.

An Bodenschätzen ist der Westen verhältnismäßig arm. Außer den überall vorhandenen großen Torflagern werden in der Pripjatniederung Erdöl und Kalisalze gewonnen, in der Estnischen SSR bei *Kohtla-Järve* Ölschiefer abgebaut. Das aus ihnen durch trockene Destillation gewonnene Gas wird etwa 200 km weit nach Leningrad und auch nach Tallinn geleitet.

Der südliche Teil des Osteuropäischen Tieflandes

Der Süden liegt im Bereich der Steppenzone und wird von einer bis zu 12 und mehr Meter mächtigen Lößschicht überdeckt. Hier breitet sich das wichtigste Ackerbaugebiet des europäischen Teiles der Sowjetunion aus. Der Süden reicht von der Polessjeniederung im Norden bis zum Schwarzen Meer und Asowschen Meer im Süden und vom Karpatenvorland im Westen bis zum Mittelrussischen Höhenrücken im Osten, deckt sich somit etwa mit dem Gebiet der Ukrainischen und der Moldauischen Sowjetrepublik und umfaßt rund 650000 km². Wir haben es hier mit den durchschnittlich am dichtesten besiedelten Gebieten Osteuropas zu tun.

In der von mesozoischem und tertiärem Sedimentgestein im westlichen Teil und dem granitischen Grundgebirge im östlichen Teil aufgebauten Wolhynisch-Podolischen Platte, die mit einer 3 bis 6 m mächtigen Lößdecke überlagert ist, werden im *Owratyschen Rücken* (433 m) einige der höchsten Erhebungen im Osteuropäischen Tiefland erreicht. Sie ist in sich stark gegliedert und besonders im Norden in einzelne kleine Plateaus aufgelöst. Die

Flüsse, vor allem der *Dnestr* und seine Nebenflüsse, haben teilweise über 100 m tiefe, enge Täler eingeschnitten. Im Norden bricht die stark aufgelöste Platte in einem steilen Abfall gegen das Vorland der Polessjesenke ab, während sie sich nach Süden allmählich senkt und schließlich zur Schwarzmeerniederung abfällt. Nach Osten zu geht sie unmerklich in die Dneprschwelle über. Die Platte ist von tiefen Schluchten, den Owragi und Balki, stark zerschnitten. Die großen Erosionsschluchten, in die unzählige, oft weit verzweigte Seitenäste einmünden, sind gewöhnlich einige Kilometer lang und erreichen Tiefen zwischen 10 und 20 m. Die Dneprschwelle bricht in einem stellenweise bis zu 150 m hohen Steilabfall zur Niederung des *Dnepr* ab, die in breiten, oft sandig ausgebildeten Terrassenflächen von vielen Kilometern Breite allmählich zum Mittelrussischen Höhenrücken ansteigt. Zwischen *Kiew*, der malerisch auf den Höhen über dem Fluß gelegenen alten Hauptstadt der Ukraine, und dem Industriezentrum *Dnepropetrowsk* bildet der Dnepr ein rechtes steiles Berg- und ein linkes flaches Wiesenufer. Anschließend durchbricht er in einem Engtal die zur Donezplatte hinziehende Granitschwelle. Die verkehrsfeindlichen Stromschnellen des Engtals sind durch den im Jahre 1933 fertiggestellten großen Staudamm von *Saporoshje* beseitigt worden. Unterhalb Saporoshje weitet sich das Tal, und der Fluß geht in die sich nach dem *Schwarzen Meer* und dem *Asowschen Meer* allmählich abdachende Schwarzmeerniederung über. Am Unterlauf ist bei *Kachowka* ein weiterer großer Staudamm errichtet worden. Der sich flußaufwärts bis Saporoshje erstreckende Stausee ermöglicht die künstliche Bewässerung großer Steppengebiete am unteren Dnepr und teilweise auch auf der Krim. Die Küste des Schwarzen Meeres zeichnet sich durch langgestreckte, haffartige Buchten aus, die hier Limane genannt werden und in die meist ein Fluß mündet. Zahlreiche Limane sind durch einen entlang der Küste verlaufenden Strandwall abgeschlossen, so daß kein Wasseraustausch stattfinden kann. Als salzhaltige Binnenseen dienen sie der Salzgewinnung.

Durch den schmalen Isthmus von *Perekop* ist die 25 000 km² große Halbinsel Krim mit dem Festland verbunden. Im geologischen Aufbau und in den klimatischen Verhältnissen weicht sie mit Ausnahme des Krimgebirges und der vorgelagerten Schwarzmeerküste vom übrigen Süden nicht ab. Die Steppe mit ihrer unendlichen Weite ist auch hier das beherrschende Landschaftselement.

Die meisten Niederschläge fallen im Juni. Sie treten oft in Form der für die Landwirtschaft gefährlichen Platzregen auf, die durch das schnell abfließende Wasser eine flächenhafte Bodenabspülung und die für den lößbedeckten Süden typische Zerschluchtung des Geländes bewirken. Im Winter dagegen fällt relativ wenig Niederschlag, und die dünne Schneedecke schmilzt im Frühjahr sehr rasch, so daß eine zeitige Bodenbearbeitung möglich ist. Die wichtigsten Anbauprodukte sind Zuckerrüben, Weizen, Sonnenblumen, Mais, Tabak und in Gebieten mit künstlicher Bewässerung auch Baumwolle. Große Fortschritte hat auch der Anbau von dürrefesten Klee- und Luzernearten gemacht. Die rasche Zunahme der Bewässerungsflächen ist durch die großen Stauseen wesentlich gefördert worden.

Der südliche Teil Osteuropas ist zweifellos der an Bodenschätzen reichste Teil Osteuropas. Das *Donezbecken* ist noch immer der größte Steinkohlenlieferant der Sowjetunion. Besonders wertvoll sind die reichen Anthrazitlagerstätten. In Verbindung mit den günstig gelegenen Vorkommen von hochwertigem Eisenerz bei *Kriwoi Rog* im Dneprbogen und bei *Kertsch* auf der Krim, mit den Manganerzlagern von *Nikopol* am unteren Dnepr und nicht zuletzt durch die Energiegewinnung am Dneprstaudamm bei Saporoshje hat sich hier eine mächtige Industrie entwickeln können. Im Karpatenvorland wird um *Stanislaw* auch Erdöl erbohrt sowie Erdgas, das bis nach Kiew und Moskau geleitet wird.

Der mittlere und östliche Teil des Osteuropäischen Tieflandes

Dieses Gebiet läßt sich etwa wie folgt abgrenzen: im Norden durch den Nordrussischen Landrücken, im Westen durch Waldaihöhen, Mittelrussischen Höhenrücken und Donezplatte, im Süden durch die Manytschniederung und im Osten schließlich durch den Mittleren und Südlichen Ural, den Höhenrücken des Obschtschi Syrt und die Jergenihügel. In groben Zügen deckt sich dieser politisch ganz zur RSFSR gehörige Raum damit ungefähr mit dem Einzugsgebiet der beiden großen Ströme Wolga und Don, d. h., er umfaßt annähernd 1,75 Mio km².

Der Mittelrussische Höhen-(Land-)Rücken zieht sich als ein bis 500 km breiter und bis 300 m hoher Höhenzug, der durch die Erosion stark gegliedert und in zahlreiche flache Erhebungen aufgelöst ist, von Moskau im Norden bis zum Doneztal im Süden. In seinem in der Hauptsache aus Devon- und Karbonkalken aufgebauten und von Moränenmaterial überdeckten nördlichen Teil haben die Flüsse teilweise enge Täler eingeschnitten. In den mittleren und südlichen Bereichen, die aus Kreide, tertiären Sanden und Tonen bestehen und von einer teilweise mächtigen Lößdecke überlagert werden, sind flache Hänge und weite Flußtäler entwickelt. Der Landrücken trägt hier den Charakter einer Hügellandschaft, die von unzähligen Owragi und Balki durchzogen ist. Nach Osten fällt der Mittelrussische Höhenrücken in einer mehr oder weniger mächtig ausgebildeten Steilstufe zur Oka-Don-Niederung ab. Diese steigt ihrerseits sanft zur Wolgaplatte an, die sich von Gorki bis Wolgograd erstreckt. Tief eingenagte Täler und ein weit verzweigtes Netz von Erosionsschluchten bewirken eine starke Gliederung der Platte. An ihrer Ostseite bricht sie in einem Steilabfall zur Wolga ab. In den landschaftlich äußerst reizvollen, von der Waldsteppe bedeckten *Shigulibergen* an der Wolgaschleife bei *Kuibyschew* ragt dieses Steilufer mehr als 300 m über den Fluß empor. Die Fortsetzung erfährt die Wolgaplatte südlich des Wolgaknies bei *Wolgograd* in den bis zu 200 m ansteigenden und bis zur Manytschniederung reichenden Jergenihügeln, die zur Kaspiniederung hin ebenfalls steil abfallen. Östlich der Wolga steigt das Gelände zur voruralischen Platte an. Der nördliche Teil wird von dem Plateau von *Ufa* eingenommen, dessen als Widerlager dienende starre Masse bewirkt hat, daß der Mittlere Ural in einem Bogen nach Osten schwingt. Den südlichen Abschnitt bildet der aus mesozoischen Sedimenten aufgebaute Höhenzug des *Obschtschi Syrt* (bis 358 m).

Der bedeutendste Fluß dieses Gebiets und zugleich der größte Fluß Europas ist die *Wolga*. Von der Okamündung bis Wolgograd wird sie von einem steilen rechten Bergufer und einem flachen linken Wiesenufer begleitet, das vor dem Bau der Stauseen im Frühjahr zur Zeit der Schneeschmelze weithin überschwemmt war. Die Ausbildung von Berg- und Wiesenufer ist auch für die anderen südwärts gerichteten großen Ströme Osteuropas typisch. Bei Wolgograd, wo die Wolga durch den 1952 eröffneten, rund 101 km langen *Lenin-Kanal* mit dem *Don* in Verbindung steht, löst sich der Fluß in mehrere Arme auf. Von hier aus fließt er durch die Wüstensteppe und Wüste der Kaspiniederung und mündet südlich von *Astrachan* mit einem etwa 110 km breiten Delta in das Kaspische Meer. Die von der Wolga mitgeführten gewaltigen Sinkstoffmengen bedingen ein rasches Wachstum des Deltas. In der Zeit von 1927 bis

Das Einzugsgebiet der Wolga mit den großen Stauseen

1941 vergrößerte sich das Delta beispielsweise um über 1700 km². Die Wolga ist die wichtigste Verkehrsader Osteuropas, auf der flußauf vor allem Erdölprodukte aus dem Revier von Baku und Fischwaren transportiert werden, während sie flußab in erster Linie als Flößweg aus der holzreichen Waldzone nach den holzarmen Steppen dient.

Das Abflußregime der Wolga ist durch den Bau riesiger Staudämme weitgehend verändert worden. Der Strom hat heute bereits eine ausgeglichene Wasserführung, da Hoch- und Niedrigwasser durch das umfangreiche Talsperrensystem vermieden werden können. Wolgastauseen sind bei *Rybinsk*, *Gorki*, *Kuibyschew*, *Saratow* und *Wolgograd* entstanden.

Der Untergrund birgt auch in diesem Gebiet wertvolle Bodenschätze. Südlich der Hauptstadt Moskau wird im Raum von *Tula* und *Uslowaja* Braunkohle gewonnen; im Gebiet zwischen mittlerer Wolga und Ural, dem „Zweiten Baku", fördert man in ständig wachsendem Umfang Erdöl und Erdgas; von Saratow aus wird das Gas 800 km weit nach Moskau geleitet. Auch die Erdölleitung „Freundschaft" nimmt hier ihren Ausgang und transportiert das wertvolle Bergbauprodukt nach Polen, der DDR, der ČSSR und nach Ungarn. Bedeutsam sind ferner die riesigen Kalilager bei *Beresniki* an der oberen *Kama*, die als Grundlage einer vielseitig entwickelten chemischen Industrie dienen. Im Gebiet des Mittelrussischen Höhenrückens befindet sich auch das erst in den letzten Jahrzehnten in seiner vollen Größe (160000 km²) erkannte gewaltigste Eisenerzbecken der Sowjetunion mit hochprozentigen Eisenerzen (Eisengehalt 55 bis 70%). Die Zentren der Förderung liegen im Bereich *Kursk* und *Belgorod* („Kursker Magnetanomalie").

In den südlichen, der Steppenzone angehörenden Teilen treten im Sommer oft Dürreperioden auf. Sie werden durch Suchowei-Wetterlagen ausgelöst. Die damit verbundenen trockenheißen und heftig wehenden Winde fegen mit großer Beharrlichkeit oft tage- und gelegentlich sogar wochenlang über das Land. Diese sommerlichen Trockenwinde verursachen ein rasch zunehmendes Mißverhältnis im Wasserhaushalt der Pflanzen, so daß in relativ kurzer Zeit die Getreideflächen vertrocknen. Mißernten sind dann eine unausbleibliche Folge. Durch ausgedehnte, in Gitterstruktur angelegte Schutzwaldstreifen, die heute bereits große Teile der Steppe überziehen, wird versucht, die schädliche Wirkung der ausdörrenden Winde zu mindern.

Der südöstliche Teil des Osteuropäischen Tieflandes

Unter dem südöstlichen Teil des Osteuropäischen Tieflandes, der politisch der RSFSR und der Kasachischen Sowjetrepublik angehört, soll die im Norden etwas über und im größeren südlichen Teil unter dem Meeresspiegel liegende Kaspische Niederung verstanden werden, die das nördliche Ufer des Kaspischen Meeres halbkreisförmig umgibt. Der östlich der Emba liegende Teil der Niederung rechnet bereits zu Asien.

Aus der erst nach dem Pleistozän vom Meer freigegebenen Kaspischen Niederung heben sich östlich der Wolga als einzige Unterbrechung der ausgedehnten Ebene zahlreiche aus mesozoischen und tertiären Gesteinen aufgebaute Bergkuppen heraus, von denen der 150 m hohe *Bogda* unweit der Wolga der höchste ist. Im einzelnen jedoch wird das Landschaftsbild durch die Trockenheit des Klimas und die damit zusammenhängende Abflußlosigkeit und den Wassermangel bestimmt. Es dominieren die Hellen Kastannosjome. Große Flächen sind mit Flugsand und Dünen bedeckt und haben Wüstencharakter. Ausgedehnte Flugsandfelder bedecken besonders die Bereiche zwischen Wolga und Ural. Auf anderen Strecken breiten sich vegetationslose Solontschakböden oder wenig fruchtbare Sierosjome mit spärlichem Pflanzenwuchs aus. Stellenweise treten auch Burosjome auf lößartigem Bodensubstrat auf, dessen Fruchtbarkeit allerdings durch zu hohen Salzgehalt sehr beeinträchtigt ist.

Die kleinen Flüsse, die in den Randgebieten entspringen und in die Wüstensteppe und Wüste eindringen, versiegen im Sande oder verlieren sich in den zahlreichen Salzsümpfen und abflußlosen Salzseen, deren wirtschaftlich bedeutendster der lediglich 0,5 m tiefe *Eltonsee* ist (Salzgewinnung). Nur die großen Flüsse *Wolga*, *Ural* und der europäisch-asiatische Grenzfluß *Emba* erreichen das Kaspische Meer.

Den heißen Sommern, in denen sich die Bodenoberfläche auf den mit Sand bedeckten Teilen teilweise bis zu 70 °C erhitzt, steht ein kalter, schneearmer Winter gegenüber. Der geringe jährliche Niederschlag genügt auf Grund der hohen Sommertemperaturen und der starken Verdunstung nicht mehr, um ein reiches Pflanzenleben zu ermöglichen. Besonders in den Wüstensteppengebieten zwischen Wolga und Emba treten trockenheitsliebende Halbsträucher und salzliebende Pflanzen dominierend auf, während die Steppengräser zurücktreten. Gelegentlich trifft man auch auf nahezu vegetationslose Areale. Westlich der Wolga bestehen auf Grund besserer Boden- und Niederschlagsverhältnisse günstigere Wachstumsbedingungen für die Vegetation, so daß hier ausgedehnte Flächen als Weiden dienen. In der Landwirtschaft des Gebietes ist daher die Viehzucht vorherrschend. Es werden vor allem Schafe,

insbesondere Karakulschafe, und Rinder gehalten. Der Feldbau ist im wesentlichen auf künstliche Bewässerung angewiesen und meist auf kleinere Areale beschränkt. Insbesondere werden die zahlreichen, in der ebenen Wüstensteppe auftretenden abflußlosen, flachen Bodenvertiefungen ausgenutzt. Sie füllen sich im Frühjahr mit Schmelzwasser und reichern dadurch den Boden zusätzlich mit Feuchtigkeit an, so daß auf diesen Standorten die Vegetation weit günstigere Existenzmöglichkeiten findet als in der Umgebung. Vielfach werden diese mit einer geschlossenen Gräserdecke überzogenen Vertiefungen auch als Heuschläge verwendet.
Infolge der ungünstigen natürlichen Bedingungen ist die Kaspiniederung mit Ausnahme der an der Wolga gelegenen Gegend nur spärlich besiedelt; in großen Teilen ist die Einwohnerzahl je km^2 < 1. Am Unterlauf des Urals und der Emba wird Erdöl gefördert, und an den größeren abflußlosen Seen wird eine beachtliche Speisesalzgewinnung betrieben.

Das Krimgebirge

Das in der Hauptsache aus oberjurassischen bis tertiären Kalk- und Sandsteinen sowie Tonschiefern aufgebaute Krimgebirge erstreckt sich in südwest-nordöstlicher Richtung entlang der Südküste der zur Ukraine gehörenden Halbinsel Krim. Es ist rund 150 km lang und 40 bis 50 km breit. Aus der flachen Krimsteppe steigt es über zwei parallel verlaufende und durch breite Längstalfurchen voneinander getrennte schichtstufenartige Vorgebirgsketten mit steilen Südost- und sanften Nordwestabhängen allmählich zur Hauptkette des *Jaila-Dagh* auf. Die erste Kette erreicht nur mittlere Höhen von 300 bis 350 m, während die zweite auf nahezu 750 m ansteigt. Die bis zu 7 km breite, aus hellem oberjurassischem Kalkstein bestehende Hauptkette, durch eine etwa 10 km breite Depression von der Schichtstufe der inneren Kette getrennt, bildet keine scharfe Kammlinie. Sie zeichnet sich vielmehr durch eine Reihe flachwelliger und mehr oder weniger stark verkarsteter Hochflächen aus, die von zahlreichen Dolinen, Karrenfeldern, Höhlen und von teilweise mehr als 100 m tiefen Schluchten gegliedert werden. Der im Westen im *Roman-Kosch* (1545 m) gipfelnde Jailagebirgszug verliert nach Osten an Höhe und löst sich in zahlreiche zerklüftete, oft auch stark verkarstete Plateaus und Massive auf. Die Gebirgswiesen und -steppen der Hochflächen, die schon seit Jahrhunderten als Schafweide dienen und fast völlig baumlos sind, haben dieser Gebirgskette den Namen gegeben (türkisch Jaila = Sommerweide, Sommerlager). Durch eine völlige Überweidung im Verlaufe der Jahrhunderte wurden die Hochflächen ihrer ursprünglichen Vegetation nahezu völlig beraubt. Diese Situation veranlaßte die verantwortlichen staatlichen Stellen, ab 1960 die Beweidung der verkarsteten Hochflächen zu verbieten. Dadurch kam es in den letzten Jahrzehnt zu einer allmählichen Regeneration der Wiesen und Wiesensteppen und, durch Anpflanzungen unterstützt, zu einem beachtlichen Anstieg des Waldanteils.
Im schroffen Gegensatz zu der sanften, überwiegend von der Waldsteppe eingenommenen Nordabdachung steht der mit Buchen, Eichen, Ahorn und Krimkiefern bestandene Steilabfall zum Schwarzen Meer. Im Südwesten bricht die Jailakette teilweise mit 300 bis 600 m hohen Kalksteinwänden zur Schwarzmeerküste ab. Die Unterhänge werden von wasserundurchlässigen Tonschiefern gebildet, die sehr zur Auslösung von Rutschungen und Bergstürzen beitragen. Zahlreiche Felssturzmassen säumen die Klippenküste und die dem Gebirgsabfall vorgelagerte, bis 8 km breite Küstenebene, die vielerorts von kuppelförmigen Trachytbergen durchsetzt ist.
Das Krimgebirge bildet eine markante Klimascheide. Während die im Norden der Halbinsel Krim gelegenen Steppen ein trockenes, winterkaltes Klima zeigen, finden wir an der Schwarzmeerküste im Windschutz des Jaila-Dagh und unterstützt durch den mildernden Einfluß des Schwarzen Meeres ein mildes subtropisches Klima mit vorherrschendem Winterregen, der auf den Hochflächen des Gebirges als Schnee niedergeht, und heißen trockenen Sommern. Die mittlere Lufttemperatur im August liegt bei 24 bis 25 °C, und im Winter treten in Jalta nur sechs Eistage auf bei einem Januarmittel von 3 bis 6 °C. Die Vegetation trägt an der Südseite des Gebirges bis zu einer Höhe von 300 bis 400 m ausgesprochenen mediterranen Charakter. Hier gedeihen Zypressen, Lorbeerbäume, Korkeichen und andere für den subtropischen Bereich typische Gewächse. Allerdings fehlt die im Mittelmeergebiet weit verbreitete Macchienvegetation. Für die Landwirtschaft reichen die geringen Sommerniederschläge nicht aus, so daß die Kulturen zusätzlich bewässert werden müssen. Hier gedeihen unter anderem Feigen, Oliven, Mandeln und Pfirsiche. Weiterhin sind vor allem zahlreiche Weingärten und Tabakplantagen anzutreffen. Eine Reihe von Gärten und Parkanlagen reich durchsetzter Kurorte, z. B. *Jalta, Artek, Aluschta*, säumt die klimatisch begünstigte Küste.

Das Uralgebirge

Der Ural erstreckt sich von der Kaspischen Niederung im Süden fast bis zur Baidaratabucht der Karasee im Norden und ist damit über 2 000 km lang; seine mittlere Breite aber beträgt lediglich 40 bis 60 km, nur stellenweise werden 150 km erreicht. Der Ural liegt in seiner ganzen Ausdehnung im Gebiet der RSFSR. Geologisch findet das Gebirge nach Nordwesten seine Fortsetzung in dem bis zu 467 m aufragenden Paichoi-Gebirgsrücken, der sich jenseits der Jugor-Straße über die Waigatsch-Insel nach der 82 600 km² großen Doppelinsel Nowaja Semlja fortsetzt. Hier erreicht auf der stark vergletscherten Nordinsel der Pik Sedow 1 070 m Höhe. Durch seinen fast meridionalen Verlauf, der nur durch wenige bogenförmige Ausbuchtungen geringfügig abgewandelt wird, trennt der sich von Norden nach Süden verbreiternde Ural das Osteuropäische vom Westsibirischen Tiefland.

Der aus kristallinen Schiefern und paläozoischen Sedimenten aufgebaute Ural ist ein altes Faltengebirge, das zu einer Rumpffläche eingeebnet wurde und erst in geologisch junger Zeit wieder – wenn auch in den einzelnen Teilen mit wechselnder Intensität – herausgehoben wurde. In den meisten Teilen besteht er aus 2 bis 6 etwa parallel verlaufenden Ketten. Nach Westen dacht er sich ganz allmählich zum Osteuropäischen Tiefland ab, während er nach Osten in einer ziemlich steilen Stufe nach dem welligen westsibirischen Uralvorland abfällt. Er weist damit einen typisch asymmetrischen Bau mit linear angeordneten Faltensystemen auf. Aufgrund geologisch-morphologischer Unterschiede und der Verschiedenartigkeit von Klima und Vegetation lassen sich der Nördliche, der Mittlere und der Südliche Ural voneinander unterscheiden (Abb. siehe S. 100).

Der Nördliche Ural hat die größte Ausdehnung und erstreckt sich nach Süden zu bis 59° n. Br. Sein nördlich 65° n. Br. gelegener Teil wird auch als *Arktischer* oder *Polarer Ural* bezeichnet. Er bleibt meist unter 1 300 m Höhe und besteht aus einem einförmigen Rücken aus kristallinem Schiefer, der sich bei Annäherung an das Eismeer in zwei Äste spaltet. Der südliche Teil ist durch Längstäler gegliedert; zahlreiche Quarzitkämme mit ausgesprochen alpinen Formen, z. B. dem 1 894 m hohen *Narodnaja*, dem höchsten Berg des Urals, verleihen diesem Teil des Gebirges stellenweise Hochgebirgscharakter. An den Hängen der schroffen Gipfel und in den Karnischen der Westabdachung des Gebirges sind rund 150 Kar- und Kingegletscher entwickelt, deren Firnfelder eine Gesamtfläche von 28,5 km² bedecken. Ein charakteristisches Formenelement bilden auch Golezterrassen, die besonders in den Bergspornen treppenartig ausgebildet sind. Bis zum 61. Breitengrad, der Grenze der pleistozänen Vergletscherung, trifft man glaziale Formen, zackige Gipfel und Kämme sowie Reste von alten End- und Seitenmoränen an. Das Klima wird durch einen sehr rauhen, langen Winter und einen nur kurzen Sommer charakterisiert. Die Niederschläge liegen im Kammbereich bei mehr als 800 mm im Jahr, und die winterliche Schneedecke erreicht über 1 m. Der nördliche Arktische Ural wird mit Ausnahme der Hochlagen, die den kalten Hochgebirgswüsten angehören, nahezu vollständig von der Gebirgstundra eingenommen. Erst südlich vom 68. Breitengrad treten an geschützten Berghängen und in den Tälern vereinzelt Bäume auf, die allmählich in Wälder aus Birke, Sibirischer Lärche und Sibirischer Zirbelkiefer übergehen. Die obere (montane) Waldgrenze verläuft im Norden bei 200 m, je weiter man jedoch nach Süden kommt, desto höher steigt sie hinauf. Sie wird ausnahmslos von der Sibirischen Lärche gebildet.

Von 59 bis 55° n. Br. reicht der ganz anders geartete Mittlere Ural. Zwar hat auch er einige bedeutende Erhebungen im nördlichen Teil, aber im ganzen ist er niedriger und zeigt die Form einer flachwelligen Rumpffläche, die nur durch die eingeschnittenen Täler und den östlichen Steilrand Gebirgscharakter erhält. Gerundete Bergrücken mit sanft konvex-konkav geböschten Hängen herrschen vor. Die Wasserscheide liegt stellenweise nur 300 m hoch. Damit bietet dieser Teil des Urals seit jeher die günstigsten Übergangsstellen zur Westsibirischen Tiefebene. Hier queren die wichtigsten Straßen und Eisenbahnlinien den Ural: Kasan–Swerdlowsk–Omsk und Kuibyschew–Ufa–Tscheljabinsk–Omsk. Gleichzeitig birgt der Mittlere Ural die meisten Bodenschätze; man bezeichnet ihn daher auch als erzreichen Ural. Hier gibt es Eisen-, Kupfer-, Chrom-, Nickelerze, Platin, Gold, Asbest u. a., und hier liegen auch die alten Bergwerkssiedlungen, die heutigen Standorte der Hüttenindustrie: *Nishni Tagil*, *Swerdlowsk*, *Slatoust*, *Tscheljabinsk* u. a. Das Klima des Mittleren Urals wird gekennzeichnet durch mäßig strenge Winter mit Schneedecken von 60 bis 100 cm Mächtigkeit und kühle Sommer bei einem Jahresniederschlag von rund 450 mm. Die Wälder bestehen hauptsächlich aus Fichten und Tannen, denen Lärchen, Sibirische Zirbelkiefern, Birken und Espen beigemischt sind. In den unteren Lagen treten bereits Winterlinden auf. Einzelne Gipfel im Norden, z. B. der 1 569 m hohe *Konshakowski Kamen*, erheben sich über die Waldgrenze. Hier finden wir dann subalpine Wiesen mit Hochstaudenflora vor. Oberhalb dieser Wiesen hat sich in den Geröllfeldern und auf ebenen Felsflächen stellenweise Vegetation der Gebirgstundra mit Zwergweiden und anderen arktisch-alpinen Pflanzen entwickelt. Die Ostabdachung zwischen Swerdlowsk und Tscheljabinsk ist reich an meist tektonisch angelegten Seen.

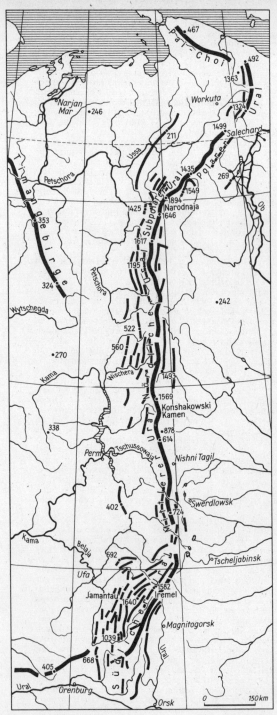

Orographisches Schema des Urals (nach Franz)

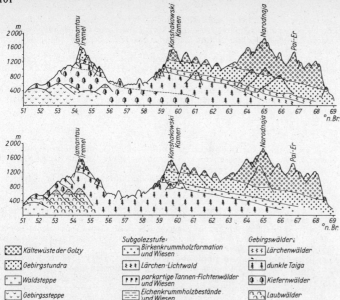

	Subgolezstufe:	Gebirgswälder:
Kältewüste der Golzy	Birkenkrummholzformation und Wiesen	Lärchenwälder
Gebirgstundra	Lärchen-Lichtwald	dunkle Taiga
Waldsteppe	parkartige Tannen-Fichtenwälder und Wiesen	Kiefernwälder
Gebirgssteppe	Eichenkrummholzbestände und Wiesen	Laubwälder

Oben: Höhenstufen der Vegetation auf einem Nord-Süd-Profil auf der Ostabdachung des Urals, unten: Höhenstufen der Vegetation auf einem Nord-Süd-Profil auf der Westabdachung des Urals

Der Südliche Ural, der breiteste Teil des gesamten Gebirges, ist ein landschaftlich reizvolles Waldgebirge. Er wird in mehrere durch große Längstäler getrennte Bergketten gegliedert, die in dem quarzitischen *Jamantau-Zug* im nördlichen Teil bis zu 1640 m Höhe ansteigen. Nach Süden zu werden die Bergrücken allmählich niedriger und die Formen ausgeglichener. Südlich des Flusses *Belaja* hat der Südliche Ural den Charakter einer von tief eingeschnittenen Tälern gegliederten, im Mittel 400 bis 600 m hochliegenden Ebene. Der Südliche Ural ist der kontinentalste Teil des Gebirges mit warmen und vielfach trockenen Sommern, kurzen Übergangsjahreszeiten und kalten Wintern mit häufig langanhaltendem antizyklonalem Wetter.

Das Gebirge hebt sich durch seine Wälder, die nur den höchsten Gipfeln fehlen, scharf von den baumlosen Steppen ab, zwischen die es sich im Süden einschiebt. Es heißt deshalb auch waldreicher Ural. Im Gegensatz zu den nördlichen Teilen des Gebirges ist der Wald hier artenreicher. Als Begleiter der Nadelhölzer erscheinen besonders am Westabhang des Gebirges auch Eiche, Linde, Ulme und Ahorn, seltener Birke und Espe. Auf der Ostabdachung dagegen fehlen die großblättrigen Laubholzarten infolge der strengen Winter, und unterhalb von 400 m sind Birkenwälder sehr charakteristisch. Südlich 52° n. Br. wird das Gebirge vollständig von der Waldsteppe eingenommen.

Physisch-geographische Angaben

Flüsse	Länge (km)	Seen	Fläche (km²)	Stauseen	Fläche (km²)
Wolga	3688	Kaspisches Meer (1969)	371000	Kuibyschew (Wolga)	6450
Ural	2534	Ladogasee	17660	Rybinsk (Wolga)	4600
Dnepr	2285	Onegasee	9550	Wolgograd (Wolga)	3500
Kama	2030	Peipussee	3583	Zimljanskaja (Don)	2600
Don	1970	Ilmensee	600 bis 2100	Perm (Kama)	2000
Petschora	1790			Iwankowo (Moskauer	
Oka	1480	Eltonsee	150	Meer – Wolga)	327
Belaja	1420				
Dnestr	1370	Berge	Höhe (m)	Gebirge	
Nördliche Dwina mit Suchona	1293				
Wytschegda	1109				
Westliche Dwina (Daugava)	1020	Narodnaja	1894	Nördlicher Ural	
Neman (Njemen)	937	Jamantau	1640	Südlicher Ural	
Südlicher Bug	857	Konshakowski Kamen	1569	Mittlerer Ural	
Pripjat	800	Roman-Kosch	1545	Krimgebirge	
Tschussowaja	735	Shiguliberge	375	Wolgahöhen	
Newa	74				

Der südliche Ural liefert gleichfalls noch wertvolle mineralische Rohstoffe: hochwertige, im Tagebau gewonnene Magneteisenerze bei *Magnitogorsk* am oberen Uralfluß, Nickelerze und Chromite bei *Orsk*, ferner Kupfer- und Manganerze sowie Asbest.

Den südlichen Abschluß des Urals bilden die aus zwei niedrigen Bergrücken mit relativ flachen Hängen bestehenden Mugodscharen, die bei 48° n. Br. allmählich in der Kaspischen Niederung auslaufen. Die mittleren Höhen bewegen sich zwischen 250 und 400 m. In den nördlichen Teilen herrscht die Steppe vor, während der Süden bereits ausnahmslos von den Wüstensteppen eingenommen wird.

SÜDOSTEUROPA
Überblick

Abgrenzung. Unter Südosteuropa soll im folgenden das Gebirgssystem der Karpaten mit seinen Vorsenken, das Pannonische Becken und der nicht durch mediterranes Klima ausgezeichnete Teil der Balkanhalbinsel verstanden werden, also Transsilvanien, die Moldauische Platte, das südliche Karpatenvorland, das Donautal, die Dobrudscha, das Dinarische Gebirgssystem, das Balkangebirge (Stara Planina), die Nordbulgarische Platte, die südbulgarischen Gebirge und das Maricabecken. Die Schärfe der klimatischen Grenze entlang der Westabdachung des Dinarischen Gebirges erlaubt es hier, eine klimatisch-vegetationskundliche Abgrenzung gegen das mediterrane Südeuropa vorzunehmen. In dieser Begrenzung umfaßt Südosteuropa eine Fläche von etwa 735 000 km² mit ungefähr 70 Mio Einwohnern.

Geologischer Aufbau und Oberflächengestaltung. Charakteristisch für Südosteuropa ist die innige Verzahnung von alpinen Gebirgssystemen mit weiträumigen, von jüngsten Sedimenten ausgefüllten Senkungszonen. Südosteuropa ist in tektonischer Hinsicht ein zweiseitiges Orogen, dessen beide Stränge am Ostrand der Alpen ansetzen. Im Nordosten ist es der 1 300 km lange, weitgeschwungene, nach Südwesten offene Karpatenbogen. Im Südwesten schließt an die Julischen Alpen das gestreckte, nordwest-südost verlaufende Dinarische Gebirgssystem an, das sich als Dinarisch-Hellenisches System bis nach Griechenland fortsetzt. Zwischen den beiden Gebirgskörpern liegt das Pannonische Becken. Im Gebiet der Südlichen Morava drängen sich die beiden Gebirgsstränge eng zusammen. Südlich anschließend ist das kristalline Gebirge mit Vardarzone, Rhodopenmassiv und Pelagonischer Masse wieder breit entwickelt. Dieses Gebiet ist durch zahlreiche Brüche zerstückelt. Einige Schollen sind in beträchtliche Höhen gehoben und bilden die höchsten Erhebungen von Südosteuropa überhaupt (Rilagebirge 2925 m, Piringebirge 2 915 m).

Sind auch die Höhen im Vergleich mit anderen Gebirgen bescheiden, so überragen doch große Teile die 2 000-m-Isohypse. Sie erheben sich über die heutige Waldgrenze und tragen somit ihr Hochgebirgsrelief offen zur Schau, das durch die pleistozäne Vergletscherung geformt ist. Die Kalkgebirge zeigen in Südosteuropa allenthalben – besonders charakteristisch aber im Dinarischen Gebirge – die Formen des Karstes. Die Hochflächen sind von Dolinen nahezu siebartig aufgelöst. Größere Hohlformen, in denen sich tonige Lösungsrückstände als abdichtende Feinerde erhalten haben, tragen den charakteristischen Namen Polje (serbokroatisch ‚Feld'). Flüsse verschwinden in Schlundlöchern von der Oberfläche, während Karstquellen so ergiebig sein können, daß sie schon unmittelbar bei ihrem Austritt zur Energiegewinnung herangezogen werden. Die Randsäume der Gebirge gegen die inneren Ebenen werden weitgehend von jungvulkanischen Gesteinen begleitet.

In den Tiefländern der Senkungsgebiete bestimmen weite, hochwassergefährdete Niederungen und trockene, lößbedeckte Platten das Landschaftsbild.

Klima. In klimatischer Hinsicht überschneiden sich in Südosteuropa mitteleuropäische, kontinental-osteuropäische und mediterran-südosteuropäische Einflüsse. Wie in Mitteleuropa sind die Niederschläge überwiegend an Frontdurchgänge (Zyklonen) bei West- und Südwestlagen gebunden. Es ist häufig zu beobachten, daß völlig inaktive Fronten im Stau der Gebirge wieder aufleben. An den Westhängen der Karpaten und des Bihormassivs ist das ein sehr häufiger Effekt. Insgesamt zeichnet eine Niederschlagskarte Südosteuropas recht exakt die Höhenverhältnisse nach. Die Gebirge erhalten mittlere Niederschlagssummen von 800 bis 2 000 mm im Jahr. Den adriatischen Küstengebirgen werden stellenweise wesentlich höhere Werte zuteil. Die großen Ebenen und kleinräumigen Becken erhalten dagegen im Durchschnitt nur 500 bis 700 mm Niederschlag, teilweise liegen die Werte sogar unter 400 mm. Mit dem kontinentalen Klimatyp Osteuropas hat Südosteuropa die bedeutenden Jahrestemperaturamplituden gemeinsam, die vor allem in den abgeschlossenen Beckenlagen und dem nach Ost geöffneten Tieflandsgebiet des südlichen Rumäniens allgemein 23 °C, z. T. sogar 25 °C übersteigen. Die Gebirgslagen zeigen dagegen einen wesentlich ausgeglicheneren Jahresablauf der Temperatur. Man kann insgesamt die Wintersituation der Gebirgslagen als mild und schneereich, die der Beckenlagen und Senkungsgebiete dagegen als kalt und niederschlagsarm charakterisieren.

Neben diesen bestimmenden Einflüssen von Mittel- und Osteuropa her vermag sich der mediterrane Einfluß nur mit einem schwachen Rückgang der Sommerniederschläge und im westlichen Teil einer Verstärkung der Niederschläge im Oktober anzudeuten. Bei langanhaltenden Hochdrucklagen können sich im Bereich des Pannonischen Beckens aber auch eigenständige Luftmassen bilden. Trockenheit und stabile Schichtung sind die markanten Merkmale dieser südosteuropäischen Festlandsluft, die besonders im Herbst in Form des Altweibersommers auch Mitteleuropa beeinflußt.

Insgesamt ist für Südosteuropa ein langanhaltender, trockener, warmer und heiterer Herbst charakteristisch, der unvermittelt von der strengen, zwei bis vier Monate anhaltenden Frostperiode des Winters abgelöst wird. Der Frühling ist kurz und niederschlagsreich. Die Niederschläge des recht warmen Sommers sind meist auf schauerartige Regenfälle beschränkt, so daß die Sonnenscheindauer selbst bei höherer Niederschlagssumme im allgemeinen bedeutender ist als in Mitteleuropa.

Pflanzenwelt. Die natürliche Vegetation Südosteuropas umfaßt einige für Steppengebiete charakteristische Florenelemente. Es ist jedoch wahrscheinlich, daß auch ein großer Teil der Tieflandsgebiete ursprünglich Waldbewuchs aufwies, der aber sehr früh schon der Rodung und Waldverwüstung durch Beweidung zum Opfer fiel. In den Gebirgen sind im allgemeinen noch dichte Wälder zu finden. Im Gebiet der Dinariden aber trifft Platos Aussage über die griechischen Gebirge zu: „In ihrer Waldlosigkeit liegen die Gebirge wie bleichende Knochen da, denen alles blühende und fette Fleisch fehlt." In viel stärkerem Maße als in Mitteleuropa bestimmen in Südosteuropa reine Laubwaldbestände das Waldbild. Eichenwälder dominieren in den tieferen Lagen, Buchenwälder und Buchen-Nadelmischwälder lösen sie in der Höhe ab. Oberhalb der Waldgrenze sind überall gute Almweideplätze anzutreffen. Die Niederungen und Becken tragen auf Löß und Schwemmaterial zu einem großen Teil recht fruchtbare Böden. Die größere Sommerwärme gestattet neben dem Anbau der in Mitteleuropa üblichen Früchte auch die Kultur einer Reihe von Arten, die zur Reife höhere Temperaturen benötigen, z. B. Mais und in den feuchten Flußniederungen auch Reis. Daneben treten Tabak-, Rosen-, Weinund Obstbau als Sonderkulturen auf.

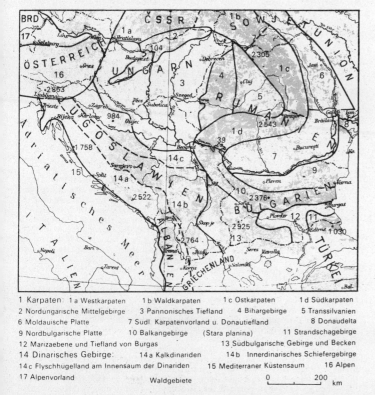

1 Karpaten: 1a Westkarpaten 1b Waldkarpaten 1c Ostkarpaten 1d Südkarpaten
2 Nordungarische Mittelgebirge 3 Pannonisches Tiefland 4 Bihargebirge 5 Transsilvanien
6 Moldauische Platte 7 Südl. Karpatenvorland u. Donautiefland 8 Donaudelta
9 Nordbulgarische Platte 10 Balkangebirge (Stara planina) 11 Strandschagebirge
12 Marizaebene und Tiefland von Burgas 13 Südbulgarische Gebirge und Becken
14 Dinarisches Gebirge: 14a Kalkdinariden 14b Innerdinarisches Schiefergebirge
14c Flyschhugelland am Innensaum der Dinariden 15 Mediterraner Küstensaum 16 Alpen
17 Alpenvorland Waldgebiete 0 200 km

Waldverbreitung und naturräumliche Gliederung in Südosteuropa

Bevölkerung. Infolge einer starken slawischen Einwanderungsbewegung im 6. und 7. Jahrhundert bestimmen slawische Völker und Sprachen heute eindeutig das Bild. Mit den Slawen gemeinsam drangen auch finnisch-ugrische Völkergruppen in das byzantinisch beherrschte, aber nur schwach bevölkerte und wenig genutzte Gebiet ein. An die römische Kolonisationsperiode des 5. und 6. Jahrhunderts erinnert das der romanischen Sprachgruppe angehörende Rumänisch, das jedoch auch weitgehend slawische Spracheinflüsse zeigt. Der Einfluß der jahrhundertelangen türkischen Herrschaft ist dagegen auf sprachlichem Gebiet gering gewesen. In einzelnen Gebieten prägt sich der türkische Einfluß aber deutlich im Stadtbild aus.

Das Karpatensystem

Die Karpaten sind ein Teilglied des großen alpiden Gebirgssystems. Bei Wien beginnend, verlaufen die Karpaten in einem weit geschwungenen Bogen, der das Pannonische Becken umschließt, bis zum Banater Donaudurchbruch. 1 300 km mißt die Kammlinie, während die beiden Endpunkte an der Donau in der Luftlinie nur 500 km voneinander entfernt sind. Im Meridian von Kraków erreichen die Karpaten ihren nördlichsten Punkt.

Insgesamt gesehen sind die Karpaten ein waldreiches, stark gegliedertes Gebirgsland. Die genügend beregneten Gebirge, die im Mittel 1 000 mm/Jahr im Osten und 1 600 mm/Jahr im Nordwesten erhalten, umschließen Beckenlandschaften, die als Trockeninseln teilweise ursprünglich waldfrei waren, teilweise eine frühe Rodung oder Waldverwüstung erfuhren. Durch die stärkere Kontinentalität sind vor allem die Temperaturextreme wesentlich höher als im mitteleuropäischen Bereich. Während in Mitteleuropa die Jahrestemperaturamplituden normalerweise unter 18 °C bleiben, liegen sie hier generell über 20 °C, in einigen Beckenlagen überschreiten sie sogar 25 °C. Dementsprechend treten erhebliche Unterschiede in der vertikalen Gliederung der Vegetation auf. Der Laubwald der tieferen Lagen ist überwiegend durch die Eiche bestimmt. Oberhalb 700 m wird diese von der Buche, z. T. auch von der Fichte verdrängt. Legföhren und Zwergwacholder bilden die Knieholzregion an der Waldgrenze, die – durch Almwirtschaft weitgehend herabgedrückt – in den Westkarpaten bei 1 500 bis 1 600 m, in den Wald- und Ostkarpaten bei 1 700 m, in den Südkarpaten bei 1 900 m liegt. Die weiten Waldgebiete der Karpaten haben der Tierwelt als Rückzugsräume gedient. In wenig begangenen Gebieten kann man noch heute Bären, Wölfe, Wildkatzen und Luchse antreffen. Gletscher fehlen in den Karpaten. Größere perennierende (ausdauernde) Schneeflecke hat nur die Hohe Tatra aufzuweisen. Die karpatischen Flüsse zeigen somit etwa das gleiche Flußregime wie die Mittelgebirgsflüsse Mitteleuropas, allerdings in viel extremerer Ausbildung. Einer spätsommerlichen Niederwasserklemme, die oft bis zur völligen Austrocknung führt, steht eine Hochwasserperiode im späten Frühjahr bis frühen Sommer gegenüber, die deshalb besonders markant auftritt, weil gleichzeitig mit der Schneeschmelze in den höheren Gebirgslagen auch die Hauptniederschlagsperiode abläuft.

Nach der geologisch-morphologischen Situation ergibt sich zwanglos die Gliederung in West-, Wald-, Ost- und Südkarpaten.

Die **Westkarpaten** reichen von Wien bis zum Poppraddurchbruch und zeigen in geologischer Hinsicht von Nord nach Süd eine deutliche Gliederung in fünf Zonen: Flyschzone, innere Klippenzone, zweireihige kristalline Kernzone, innerer Gürtel und jungvulkanischer Innensaum.

Ein großer Teil des überwiegend durch die Flyschzone aufgebauten Übergangsgebietes zwischen Alpen und Karpaten ist durch tektonische Störungen in die Tiefe abgesunken. Die isolierten Berggruppen der *Leiser Berge* (492 m) auf österreichischem und der *Pavlovské vrchy* (550 m) auf tschechoslowakischem Gebiet deuten die alpin-karpatische Gebirgsbrücke an. In den Hügelländern des *Ždánický les* (438 m) und *Chřiby* (588 m) tritt die Flyschzone wieder als geschlossener Wall auf, der sich rasch auf eine Breite von 100 km und mehr ausdehnt. Diese aus kretazisch-alttertiären Flyschserien aufgebauten Gebiete werden im Landschaftsbild bestimmt durch einen ständigen Wechsel von lang hinziehenden Sandsteinrücken und weiten Talungen in leicht ausräumbaren Mergeln und Schiefern. Nur selten wird durch schroffe Jurakalkklippen Abwechslung in das Landschaftsbild getragen, wie in besonders schöner und markanter Form in den Pavlovské vrchy.

An die waldreiche Flyšchzone schließt sich die innere Klippenzone an. Isolierte Bergkuppen aus widerständigen jurassischen Kalken sind aus den weichen Hüllschichten des Flyschs herauspräpariert worden. Insgesamt wirkt diese Zone als flache Einmuldung.

Darauf folgt das oft zweigliedrige kristalline Kerngebiet. Eine selbständige Kalkzone wie in den nördlichen Kalkalpen gibt es in den Karpaten nicht. Vielmehr ordnen sich diese mesozoischen Sedimente – Kalke, Dolomite und Sandsteine aus Trias und Jura – den mit ihnen verfalteten kristallinen Gesteinen unter. Selten nur und verhältnismäßig kleinräumig vermögen Kalk- und Dolomitgesteine mit ihren prallen Wandfluchten das Landschaftsbild zu

bestimmen. Teilgebiete der Kleinen Fatra bieten in dieser Hinsicht ein instruktives Beispiel. Das *Leithagebirge* (483 m) vermittelt zwischen der alpinen und karpatischen kristallinen Zone. Die Fortsetzung ist in den *Kleinen Karpaten* (*Malé Karpaty*, 768 m) nördlich von Bratislava, dem *Inovec-Gebirge* (1042 m), der *Kleinen Fatra* (*Malá Fatra*, 1712 m), den *Liptauer Bergen* (*Liptovské Hory*, 2178 m) bis zur *Hohen Tatra* (*Vysoké Tatry*, 2663 m) gegeben. Dieser äußeren Kernzone ist eine innere zugesellt, die sich mit dem *Tribečgebirge* (830 m) und der *Großen Fatra* (*Velká Fatra*, 1592 m) bis zur *Niederen Tatra* (*Nízke Tatry*, 2046 m) hinzieht. Auch dieses zweigliedrige Kerngebiet als höchster Teil der Westkarpaten zeigt bei weitem nicht die Geschlossenheit anderer Hochgebirge, etwa der Alpen. Die breit angelegten Täler erweitern sich oft zu bedeutenden tektonischen Beckenlandschaften. Die Gebirge haben überwiegend Mittelgebirgscharakter, wobei im allgemeinen der Wald selbst die höchsten Flächen und Hänge überzieht – weit herabreichende Waldlosigkeit, wie auf der Südseite der Niederen Tatra, ist jedenfalls nicht naturbedingt. In großartigem Kontrast zu diesem waldbedeckten, mittelgebirgsartigen Relief steht das scharfgratige Hochgebirge der Hohen Tatra. Auf kleinstem Raum drängen sich hier die höchsten Gipfel des karpatischen Systems zusammen. Nur 18 km Luftlinie mißt der Kammverlauf von West nach Ost. Auf diesem engen Raum sind nicht weniger als 300 Gipfel festzustellen, von denen sieben über 2600 m aufragen. Die *Gerlachovský štít* (*Gerlsdorfer Spitze*) ist mit 2655 m Höhe der Kulminationspunkt. Am bekanntesten ist jedoch die *Lomnický štít* (*Lomnitzer Spitze*, 2632 m). Vielgestaltig zugeschärft sind die Gipfel durch die Wirkung der eiszeitlichen Gletscher. Oft zeigen sich die typischen Dreikantformen der Karlinge. In den steilwandig begrenzten Karen liegen häufig Seen, die der Volksmund Meeraugen nennt. Die Täler sind besonders auf der Nordseite trogartig gestaltet. Am Gebirgsrand sind durch gut ausgebildete Moränen oft größere Seen aufgestaut. An den Stufenmündungen der Nebentäler sowie den Unebenheiten des Tallängsschnittes treten häufig Wasserfälle auf. Der Hochgebirgscharakter der Hohen Tatra klingt in der westlich anschließenden, ebenfalls meist kristallinen Westtatra wie auch in der östlichen Fortsetzung – der aus mesozoischen Kalken aufgebauten Weißen Tatra – allmählich ab. Südlich des *Váh* (*Waag*) zeigen die höchsten Teile der Niederen Tatra auf der Nordseite ebenfalls Ansätze eines Hochgebirgsreliefs.
Der südlich anschließende innere Gürtel des *Slowakischen Erzgebirges* (*Slovenské rudohorie*) bildet eine typische Mittelgebirgslandschaft mit Gipfelhöhen von 1100 bis 1480 m. Dieses Gebiet wird hauptsächlich aus Tiefengesteinen und Metamorphiten aufgebaut. Teilweise wird die Serie der kristallinen Gesteine von stark gefalteten Sedimenten unterbrochen, wie im Gebiet des abgesunkenen Slowakischen Karstes.
Große Teile der kristallinen Masse sind im Zuge der tertiären Tektonik abgesunken. An den Bruchlinien kam es zu dazitisch-andesitischen Eruptionen größten Ausmaßes. In wesentlich geringerem Umfang wurden auch basaltische und trachytische Laven gefördert. Diese Gebiete werden heute unter dem Namen jungvulkanischer Innensaum zusammengefaßt. Er markiert den Rand der Karpaten gegen das eingesunkene Pannonische Becken. Hierher gehören das *Štiavnické vrchy* (1009 m), das *Kremnické Pohorie* (1318 m) sowie die Riesencaldera der *Pol'ana* (1458 m).
Waldkarpaten. Alle inneren Zonen des Karpatischen Orogens sind östlich des Popraddurchbruches im *Ondava-Wisłoka-Gebiet* an einer Schar von Querstörungen abgesunken. Nur die Flyschzone setzt sich – ebenfalls sehr stark erniedrigt (*Dukla-Paß*, 502 m) – östlich als Waldkarpatenzug überwiegend auf dem Gebiet der Ukrainischen SSR fort. Parallele, meist aus Sandsteinen aufgebaute Antiklinalkämme charakterisieren die Oberflächengestalt dieses waldreichen, an individualisierten Berggestalten armen Gebirges. Im *Gowerla* (2061 m) kulminierend, bleiben die Gipfelhöhen normalerweise unter 1500 m, die Pässe unter 1000 m. Als Reststücke des vulkanischen Innensaums sind das *Vihorlatgebirge* (1076 m) und das *Gutingebirge* (*Munţii Guţîiului*, 1445 m) aufzufassen. Hinzu gesellen sich eine Anzahl kleiner isolierter Vulkankegel, deren günstig exponierte Steilhänge z. T. durch intensiven Weinbau genutzt werden.
Ostkarpaten. An den Theißquellen tauchen die inneren Zonen der Karpaten wieder auf, so daß hier wiederum das volle geologische Profil entwickelt ist. Den breitesten Raum nimmt auch weiterhin die Flyschzone ein, die mit widerständigen Magurasandsteinen in der *Tschernagora* (2061 m) gipfelt. Der Höhenlage entsprechend sind hier die Gipfelformen durch eiszeitliche Gletschertätigkeit zugeschärft. Sonst überwiegen in der Flyschzone ruhige Kammlinien und verhältnismäßig flache Hänge, wo nur dort unterbrochen, wo widerständige Gesteine, wie die Konglomerate des *Ceahlău* (1908 m), scharfkantige Formen entstehen lassen. Die kristalline Kernzone überschreitet an mehreren Stellen die 2000-m-Isohypse. Das *Rodnagebirge* (*Munţii Rodnei*), das als westlich gerichteter Seitenzweig das Transsilvanische Becken im Norden abschließt, ist besonders schroff gestaltet. Es zeigt ein gezacktes, durch Kare aufgelöstes Hochgebirgsrelief, wobei einige Gipfel über 2300 m hinausreichen. Der vulka-

nische Innensaum setzt sich mit *Gutin-, Călimani- (Pietrosul* 2 102 m), *Gurghiu-* und *Harghitagebirge* fort und bildet eines der bedeutendsten und größten jungvulkanischen Gebirge in Europa. Der junge Vulkanismus zeigt sich noch heute durch zahlreiche postvulkanische Quellen.

Die Ostkarpaten sind im allgemeinen leicht überschreitbar. Als Verkehrshindernis wirkte in der Vergangenheit die Dichte des Waldes in viel stärkerem Maße als das Relief. Die spitzwinklig zum Gebirgsverlauf abfließenden, vom Siret gesammelten Flüsse *Suceava, Moldova, Bistrița* und *Trotus* schließen das Gebirgsland tief auf. Gut gangbare Pässe vermitteln den Übergang zu den Tälern der siebenbürgischen Flüsse. Besonders an der Umbiegungsstelle der Karpaten im Süden ist das Gebirge leicht zu überschreiten. Während dort das Gesamtgebirge bereits in ost-westlicher Richtung verläuft, streichen die einzelnen Gebirgszüge nach wie vor in Nord-Süd-Richtung, wobei die Flyschzone unter jüngere Sedimente untertaucht. Eine Häufung von bekannten Pässen – *Buzău-Paß, Giuvala-Paß* und *Predeal-Paß* – ist die Folge und erklärt die zentrale Verkehrsbedeutung von *Brașov.* Die Lage an internationalen Durchgangsstrecken sowie die Nähe großer inländischer Industriestädte – Bukarest, Ploiești, Brașov, Galați und Brăila – bedingen, daß das landschaftlich sehr reizvolle, aus Konglomeraten aufgebaute und schneesichere *Bucegigebirge* (*Omul* 2 507 m) mit dem vielbesuchten, am Südabhang des Gebirges gelegenen Kurort *Sinaia* zu einem bevorzugten Erholungs-, Ausflugs- und Wintersportzentrum wurde.

Zu den **Südkarpaten** oder **Transsilvanischen Alpen** rechnet man den in ost-westlicher Richtung streichenden Teil des Gebirges vom *Dîmbovița-Tal* bis zum Donaudurchbruch. Den Südkarpaten fehlt die Flyschzone. Hier überwiegen Granite und kristalline Schiefer. Durch eine tektonische Längssenke sind die Südkarpaten in eine breitere nördliche und eine schmalere südliche Kette getrennt. Die Kammlinie wirkt überall sehr geschlossen und sinkt nur selten unter 2 000 m. Einzelne Gruppen, wie *Făgăraș-* (*Moldoveanu* 2 543 m), *Retezat-* und *Paring-* (*Lotru-*) *Gebirge,* erreichen Höhen von mehr als 2 500 m. Diese sind durch die eiszeitliche Vergletscherung alpin gestaltet, so daß der Name Transsilvanische Alpen durchaus berechtigt ist. Die Südkarpaten bildeten ein beträchtliches Verkehrshindernis, ehe man in der Lage war, die häufig durch Hochwasser gefährdeten, engen Durchbruchstalstrecken des *Olt* und *Jiu* für moderne Verkehrswege zu nutzen.

Jenseits der breiten Talfurche des *Timiș* setzen sich die Südkarpaten im *Semenicgebirge* (*Banater Gebirge*) bis zum Donaudurchbruch fort. Dieses Gebiet, das seines Erzreichtums wegen auch *Banater Erzgebirge* genannt wird, ist ein typisches Mittelgebirge. Weite Hochflächen in 600 bis 1 000 m Höhe bestimmen das Landschaftsbild. Der höchste Gipfel (*Piatra Goznei*) erreicht eine Höhe von 1 445 m.

Der ost-westlich verlaufende Kamm der Südkarpaten dreht im Semenicgebirge nach Süden ab. Jenseits des antezedenten Donaudurchbruchs findet es im *Serbischen Erzgebirge* seine Fortsetzung mit gleichbleibendem Charakter. Die Formen sind mittelgebirgsartig, die Gipfel erreichen Höhen von 800 bis 1 500 m.

Das Pannonische Becken

Zwischen Alpenostrand, Dinarischem Gebirge und dem großen Halbrund des Karpatenbogens liegt ein ausgedehntes Senkungsfeld. Geologisch wird es von einer alten starren Masse, der Pannonischen Masse, aufgebaut, um die sich die Faltenbögen der alpidischen Gebirgsbildung herumlegten. Bei dieser starken tektonischen Beanspruchung wurde die Pannonische Masse durch zahlreiche Brüche zerstückelt und große Teile mitsamt ihrer mesozoischen Sedimentdecke in die Tiefe abgesenkt. Nur im Südosten blieben im Bihormassiv Hochschollen erhalten, die das Transsilvanische Becken abgliedern und das Pannonische Becken überragen. In diesem bestand während des jüngeren Tertiärs ein Meeresbecken, dessen Sedimente sich in großer Mächtigkeit dem alten Sockel auflagerten. Nach der Ausfüllung des Meeresbeckens trugen die Abflüsse der Alpen und Karpaten ihren Schutt – Kiese, Sande und stellenweise auch feineres Material – in das Becken hinein. Löß lagerte sich vielfach in großer Mächtigkeit darüber ab. Bohrungen haben gezeigt, daß die pleistozänen Sedimente sehr unterschiedliche Mächtigkeit haben, im Theißgebiet mehrere hundert Meter. Das ist nur möglich, wenn Teile des Pannonischen Beckens während des Pleistozäns weiterhin abgesenkt wurden. Andererseits aber sind einzelne Schollen des alten zerstückelten Untergrundes wieder emporgehoben worden, so z. B. im Süden das Mecsekgebirge und das südlich von diesem liegende Villányigebirge, die zu den Hochschollen im Drava-Sava-Zwischenland und damit zum Dinarischen Gebirgsraum überleiten. Am bedeutsamsten aber ist die lockere Folge einzelner Schollen, die in südwest-nordöstlicher Erstreckung als Ungarisches Mittelgebirge die kleinere Oberungarische Tiefebene von der großen Niederungarischen Tiefebene trennen. Tektonisch ist also das Pannonische Becken bis in die jüngste Zeit ein unruhiges Gebilde. Das macht sich auch in den überaus zahlreichen Thermalquellen bemerkbar, von denen

sich im Stadtgebiet von Budapest allein 123 befinden. Zum Teil werden diese Thermalquellen als Heilquellen genutzt. Andere Quellen haben einen großen Erdgasgehalt, der industriell verwertet werden kann. Eine große Anzahl der warmen Quellen wird zur Beheizung von Wohnungen und Treibhäusern verwendet.
Zu den tektonisch bedingten geologischen Veränderungen treten bis in die jüngste Zeit hinein große Veränderungen durch Verlegung der Flußläufe.
Das Klima des Pannonischen Beckens (Pannonisches Klima) zeigt mitteleuropäischen Grundcharakter mit stärkeren kontinentalen und schwächeren mediterranen Einflüssen. Das ganze Jahr über liegt dieses Gebiet im Bereich der Westströmung, und daher treten auch im Sommer Niederschläge auf. Der kontinentale Einfluß zeigt sich in den großen Jahresschwankungen der Temperaturen, in den zwar meist kurzen, aber recht kalten Wintern mit großer Kaltluftansammlung in den Becken und Niederungen, während die Sommer regelmäßig große Erhitzung und vielfach auch längere Trockenperioden bringen. Der mediterrane Einfluß wird in den starken Oktoberregen erkennbar, die zu einem zweiten Niederschlagsmaximum führen. Häufig sind es die an die Wetterlage Vb gebundenen starken Niederschläge, die feuchte mediterrane Luftmassen über Ungarn nach Polen führen. Obwohl die Niederschlagssummen nur an der mittleren Theiß weniger als 600 mm betragen (Budapest z. B. 657 mm), treten infolge der hohen Verdunstungswerte im Sommer oft Wassermangel und Dürre auf. Die Pflanzenwelt ist diesen Bedingungen angepaßt. Weit verbreitet ist ursprünglich der Eichenmischwald gewesen, der heute noch in Resten die niedrigeren Gebirgsteile bedeckt. Im Innern des Beckens lichtet sich der Eichenwald zu parkartigen Übergangsformationen, die von Menschenhand weiter gelichtet und weithin durch baumarme Grasfluren und Kultursteppen ersetzt worden sind. In neuerer Zeit ist die Robinie zu einem starken Konkurrenten der Eiche geworden. Die höheren Gebirgsteile, die ozeanischer getönt sind und höhere Luftfeuchten haben, sind teilweise auch heute noch von Buchenwäldern bedeckt. Sie ähneln mitteleuropäischen Verhältnissen am meisten. In den Niederungen sind neben zahlreichen einheimischen Arten (pannonische Florenelemente) auch viele pontische Florenelemente vorhanden. Neben Überschwemmungsgebieten finden sich weite Flächen, die der Versalzung unterliegen und daher eine Salzpflanzenvegetation tragen.
Der größte und charakteristischste Teil des Pannonischen Beckens ist die große Niederungarische Tiefebene oder das Donau-Theiß-Tiefland, das in Ungarn als das große Alföld („Tiefland") bezeichnet wird. So gering die Höhenunterschiede sind, so bedeutend sind die Unterschiede der Böden, von denen drei Typen vorkommen: Lößböden, Sandböden und Salzböden. Am weitesten verbreitet sind die Lößböden, die meist auf den hochwasserfreien Platten auftreten. Sie sind weithin von ehemaligen Waldresten bereinigt und werden intensiv als Kulturland genutzt. Die Schwarzerden und schwarzerdeartigen Böden auf Löß tragen vor allem Mais und Weizen, dazu vielfach Spezialkulturen. Die Lößplatten sind zugleich auch die alten Siedlungsgebiete. Schlecht ist es freilich vielfach um die Wasserversorgung bestellt.
Längs der großen und windungsreichen – heute vielfach begradigten – Flüsse, unter denen die in den Waldkarpaten entspringende *Theiß* (ungarisch *Tisza*) der bedeutendste ist, sind die Flußsande vom Wind zu Dünen aufgeweht oder auch als Flugsanddecken über weite Flächen ausgebreitet worden. Im trockenen Klima Ungarns ist die Verarmung der wasserdurchlässigen Sande an Nährstoffen nicht so weit fortgeschritten wie im feuchten mitteleuropäischen Bereich. Daher sind auch diese Sandflächen stellenweise noch recht intensiv genutzt, vor allem auch für Obstbau und Spezialkulturen. So findet sich z. B. ein Teil des berühmten Obstbaus um *Kecskemét* auf Sandböden. Überwiegend sandigen Charakter haben auch die großen Schuttfächer, die von den Gebirgen her in das Becken eingeschüttet worden sind. Nordöstlich von *Debrecen*, dem wirtschaftlichen und kulturellen Mittelpunkt des östlichen Alfölds, liegt die *Nyírség* („Birkenland"), die sich trotz geringer Höhenlage von der Niederung maßgeblich unterscheidet. Die stellenweise schwach podsoligen Braunerden tragen hier ausgesprochen mitteleuropäische Anbaufrüchte, wie Roggen, Hafer und in der Obstkultur vor allem den Apfelbaum. Der Grad der Bewaldung ist noch beträchtlich, wenn auch größere geschlossene Waldgebiete nicht mehr bestehen.
Schwierigere Probleme für die Landeskultur stellen die Salzböden, die in Ungarn als Szik bezeichnet werden. Sie treten vor allem auf Flächen auf, die zeitweilig überschwemmt worden sind, in alten Flußarmen und Hochwasserbetten, nehmen aber an Ausdehnung zu, seit Kunstbauten die regelmäßige Überflutung großer Flächen verhindern. Die niedrige graugrüne Grasnarbe hebt sich deutlich von den frischen Farben der Vegetation unversalzener Flächen ab. Am bekanntesten ist die Salzsteppe am Fluß *Hortobágy* westlich von Debrecen, mit der sich noch heute die romantischen Vorstellungen von der ungarischen *Puszta* und vom Pußtaleben verbinden. Gewiß trägt sie noch die eigenartig lückige, fahlgrüne niedrige Grasdecke, aus der stellenweise die Salzausblühungen hervorleuchten, und Luftspiegelungen bis zur Fata Mor-

gana sind auch heute noch über den überhitzten weiten Flächen häufig. Aber wie allgemein, so ist auch hier die alte extensive Wirtschaftsweise durch moderne, intensivere Bewirtschaftungsformen ersetzt worden. Die Pferdezucht ist auf wenige Gestüte beschränkt, die charakteristischen Langhornrinder sind fast völlig durch Hochleistungsvieh ersetzt worden, das man im Stall hält. Die Schafzucht ist zwar noch bedeutend, aber viel stärker ist die Schweinehaltung geworden, die auch deswegen sehr auffällt, weil die Schweine auf die Weide getrieben werden. Der *Hauptkanal Ost* (*Tiszakanal*) dient vor allem der Bewässerung der niederschlagsarmen Gebiete und der Entwässerung des Trans-Tisza-Landes (Tiszántul), in dem heute große Flächen dem Reisanbau dienen. Gleichzeitig liefert das bei *Tiszalök* errichtete Stauwerk, das die Tisza aufstaut, so daß ein Teil ihres Wassers in den Kanal geleitet wird, Strom für das östliche Ungarn. Die von Hochwässern oft heimgesuchte Tiszaregion ist in den letzten Jahren durch wasserbauliche Sicherungen in Ungarn fast völlig reguliert worden; auch im Unterlauf auf jugoslawischem Territorium haben entsprechende Maßnahmen begonnen.

Ostnordöstlich von Budapest schiebt sich zwischen Alföld und das Bergland im Norden ein Terrassenland ein, aufgebaut von mehreren Schuttfächern, die den Gebirgsfuß begleiten. Hier bieten sich ähnliche Bilder wie am Ostrand der Alpen, wo die Alpenflüsse terrassierte Schotterflächen aufgebaut haben.

Die Oberungarische Tiefebene, das Kisalföld, wird von den Schwemmlandbildungen der Donau und der *Rába* (*Raab*) aufgebaut. In mehrere Arme aufgespalten, die auch die *Große* (*Ostrov*) und die *Kleine Schüttinsel* (*Szigetköz*) umschließen, wird die Donau von breiten Auenwäldern begleitet. Die breiten tischebenen Flächen der Ebene dienen intensivem Ackerbau. Salzböden finden sich hier nur in der flachen Senke des *Neusiedler Sees*, der einst ohne Abfluß war und daher starke Schwankungen der Spiegelhöhe und seines Umfanges zeigte. Heute hat die Regulierung dem seichten See feste Umrisse gegeben. Raabaufwärts stellen sich Terrassenplatten ein, die vielfach lößbedeckt sind und nach dem Ostfuß der Alpen hin eine stärkere Gliederung zeigen. Hier ist in den dreißiger Jahren unseres Jahrhunderts Erdöl erbohrt worden.

Aus diesem Terrassenland und den lößbedeckten Riedeln am Südrand der Oberungarischen Tiefebene hebt sich ein nordostwärts streichender Gebirgszug heraus, der *Bakony* oder *Bakonywald*, eine jener stark zerrütteten Schollen des alten Untergrunds, die im Tertiär abgesunken waren. Auf die alten tertiären Landoberfläche sind auch die Verwitterungsprodukte des Tertiärs wieder an die Oberfläche gelangt, die reiche Bauxitlager und Manganvorkommen enthalten. Große Teile des 704 m Höhe erreichenden Bakonywaldes sind von Dolomiten aufgebaut, die einen lichten Karstwald tragen. Dem flachen Nordanstieg des Gebirges steht ein steiler Südabfall gegenüber, an dessen Fuß sich der 82 km lange *Balaton* (*Plattensee*), einer der besterforschten Seen der Erde mit seinem flachen, meist schilfumgürteten Becken, hinzieht. Durch einen Kanal und den *Sió* ist der See mit der Donau verbunden. Badeorte, z. T. mit Heilquellen, wie das bekannte *Balatonfüred*, intensiver und leistungsfähiger Weinbau und die Reize der Landschaft, verstärkt durch zahlreiche bei *Tapolca* im Nordwesten aus einem Einbruchsbecken herausragende steile Kuppen jungvulkanischer Gesteine, haben diesen Landstrich zu einem der wichtigsten Fremdenverkehrsgebiete Ungarns werden lassen, dem man auch den Beinamen Ungarische Riviera gegeben hat.

Breite, verkehrsgünstige Durchlässe trennen die nordöstlich des Bakonys gelegenen Glieder des Ungarischen Mittelgebirges voneinander, die überwiegend aus mesozoischen Kalken und Dolomiten aufgebaut werden. Zwischen *Esztergom*, der alten ungarischen Krönungsstadt, und *Budapest* durchbricht die Donau in einem majestätischen Engtal diese Gebirgszone, die sich weiter östlich enger an das karpatische Bergland anschließt. Auch hier wird das Bergland durch mehrere Senken, in denen sich z. T. Braunkohlenlager befinden, gegliedert. Der geologische Bau ist vielgestaltig, wenn auch Kalkgesteine vorherrschen, in denen sich nahe der slowakischen Grenze die berühmten Höhlen von *Aggtelek* befinden.

Die höheren Gebirgsteile des 1015 m hohen *Mátragebirges* und des knapp 1000 m hohen *Bükkgebirges* sind in ihrer Flora ozeanisch getönt und ähneln mit ihren Buchenwäldern in der Höhenregion den mitteleuropäischen Gebirgen. Der Gebirgsfuß aber, zugleich der Bruchrand des Pannonischen Beckens, wird von jungvulkanischen Gesteinen (Andesiten u. a.) gebildet. Seine lößüberdeckten Hänge, vielfach als Hegyalja bezeichnet, bilden mit *Tokaj* als Mittelpunkt eines der Zentren des ungarischen Weinbaus.

Das Gebiet südlich des Bakonywaldes wird als Donau-Drau-Platte oder nach der alten römischen Provinz auch als Pannonien im engeren Sinne bezeichnet. In ungarischer Sicht ist es Transdanubien, das Land jenseits der Donau. Zum Unterschied von den großen Tiefebenen ist es in junger geologischer Zeit etwas herausgehoben worden und grenzt mit deutlichem Steilufer an die breite, mehrarmige Donau. Eigenartig ist die parallele Anordnung flacher, meist wasserloser Täler. Eine verschieden mächtige Lößdecke, aber auch Sande und Schotter überdecken den Sockel jungtertiärer Sedimente. Im

Süden Transdanubiens hebt sich das *Mecsekgebirge* (682 m) als eine weitere alte pannonische Scholle aus dem Lößhügelland heraus, im Kern von Graniten, an den Flanken von mesozoischen und tertiären Sedimenten aufgebaut. Bei der traditionsreichen schönen Stadt *Pécs* am Südfuß des Gebirges und dem jungen *Komló* werden Kohlenlager abgebaut, die hier in Sedimenten des Lias lagern. Auch Uranbergbau geht in der Umgebung von Pécs um. Die flache Schwelle des *Villányigebirges* in dem alten Bauernland der *Baranya* leitet zur *Drau-* (*Drava-*) *Niederung* über, die auf jugoslawischem Boden mit der großen Flußniederung der Donau und der Tisza verschmilzt.

Im Pannonischen Becken ist die Hauptstadt *Budapest* zu einem bedeutenden Zentrum geworden, da sich von ihr aus die verschiedenen Teile Ungarns mit ihrer verschiedenartigen Produktion leicht erreichen lassen. Einer der ältesten Donauübergänge gestattet hier die Verknüpfung der beiden Seiten des pannonischen Raumes. Von dem an die Donau herantretenden *Budagebirge* aus blickt man weit in das Tiefland östlich der Donau hinaus. Am Fuß des Gebirges, im jetzigen Stadtteil Obuda, lag die an Thermen reiche römische Siedlung Aquincum, der Vorort der römischen Provinz Pannonia.

Eine ähnliche Funktion der Sammlung und Verteilung kommt den beiden anderen Großstädten am Rande des Beckens zu, nämlich im Süden *Belgrad*, von dem aus die verschiedenen Teile des Balkanraumes erreicht werden, und im Nordwesten, jenseits der *Hainburger Pforte*, also außerhalb des Pannonischen Beckens, dem großen Zentrum *Wien*.

Mit dem Drava-Sava-Zwischenland schließt sich ein Gebiet an, das in seinem inneren Bau in stärkerem Maße vom Dinarischen Gebirgssystem beeinflußt ist. Mehrere Schollen erheben sich hier aus dem flachen Lößhügelland und den Flußniederungen von *Drava* (*Drau*) und *Sava* (*Save*). Gegen Westen schließen sie sich zu einem langgestreckten Mittelgebirgszug von fast 1000 m Höhe (*Psunj*, 985 m) zusammen, so daß die breiten Niederungen in geräumige Becken übergehen. In diesen verschärft sich durch den Geländeeinfluß die kontinentale Ausprägung des Klimas, so daß insbesondere das kroatische Becken an der oberen Sava um *Zagreb* schon Züge aufweist, die zum dinarischen Gebirgsraum überleiten.

Transsilvanien

Transsilvanien baut sich aus zwei Teilgliedern auf, dem Bihormassiv und dem Transsilvanischen Becken. Das Bihormassiv zeigt ein höchst kompliziertes Mosaik von Gesteinen. Es setzt sich überwiegend aus Tiefgesteinen und Metamorphiten zusammen, die teilweise randlich von ungefalteteten mesozoischen Sedimenten überlagert werden. Die Kalkgebiete sind stark verkarstet. Dem kristallinen Massiv, das sich bis zu einer Höhe von 1850 m erhebt, ist im Nordwesten eine jungvulkanische Andesitmasse angeschweißt, die ebenfalls bis zu einer Höhe von 1840 m aufragt. Ein sanft geböschtes, überwiegend aus Trias- und Juraschichten aufgebautes Hügelland vermittelt den Übergang zur Tiszaebene.

Im Süden schließt sich an das Bihormassiv das *Siebenbürgische Erzgebirge* an. Die westlichen Ausläufer dieses Gebirges brechen bei *Arad* steil gegen die Tiszaebene im Westen und die Maros- (Mureş-) Ebene im Süden ab. Die günstige Lage und ein geeignetes Klima sowie die jahrhundertealte Erfahrung der Weinbauern lassen hier ganz vorzügliche, weit über die Landesgrenzen hinaus bekannte Weine gedeihen. Der durch jüngere Sedimente verschleierte Randbruch gegen die Tiszaebene ist durch eine Thermenlinie markiert.

Zwischen Bihormassiv und Karpaten liegt mit einer durchschnittlichen Höhenlage von 400 bis 700 m das Transsilvanische oder Siebenbürgische Becken. Dieses Gebiet ist weitgehend von tertiären marinen Ablagerungen ausgefüllt, die infolge einer jungen Hebung von den Flüssen *Someş* (*Samos*), *Mureş* (*Maros*) und *Olt* in ein kleinwelliges Hügelland zerschnitten sind. Die lößbedeckten, flachhängigen Hügelländer sind allgemein fruchtbare Ackerbaugebiete, während die steileren Hangpartien durch intensiven Obst- und Weinbau genutzt werden. Oft sind in dem sehr mobilen Gesteinsmaterial auch großflächige Hangteile in stärkstem Maße von der Bodenerosion betroffen.

Besonders ertragreich sind die Ernten auf den fruchtbaren Schwemmlandböden der tektonisch angelegten Becken am Fuß der Südkarpaten, in denen auch die bedeutendsten Städte Siebenbürgens liegen.

Die Moldauische Platte

An die Ostkarpaten schließt sich östlich ein plattiges Land an, das in geologischer Hinsicht als Außensaum dem Karpatischen Gebirge zugehört, landschaftlich aber völlig der südrussischen Steppentafel entspricht. Flachlagernde, pliozäne Sedimente – Tone und unverfestigte Sande – geben dem Gebiet in geologischer Hinsicht das Gepräge. Unmittelbar am Karpatenrand sind diese jungtertiären Schichten einschließlich des Pliozäns noch von der Faltung erfaßt worden. Eigenartig ist die hydrographische Situation der Moldauischen Platte.

Drei große Flüsse fließen auf engem Raum einander und dem Karpatenrand mehr oder weniger parallel von Nordwesten nach Südosten. Der *Siret* als Gebirgsrandfluß nimmt die in tief eingeschnittenen Tälern aus den Ostkarpaten kommenden wasserreichen Flüsse von Westen her auf, während er von Osten her nur wenige bedeutende Zuflüsse erhält. Der längere *Dnestr* entwässert den Raum der Waldkarpaten und erhält außerdem bedeutende Zuflüsse von der Podolischen Platte. Für den Grenzfluß *Prut* verbleibt dazwischen nur ein schmal bemessenes Einzugsgebiet, so daß der Stammfluß keine größeren Nebenflüsse erhält.

Der mittlere Teil der Moldauischen Platte ist etwas aufgewölbt. Hier werden Höhen von mehr als 500 m erreicht, wobei durch die tiefe fluviatile Zerschneidung ein anmutiges Hügelland entsteht, das in seiner landschaftlichen Eigenart dem Gebiet Siebenbürgens ähnlich ist. Nach Norden und Süden geht das Hügelland in weite, meist völlig ebene, lößbedeckte Platten über, die vorrangig dem Getreideanbau dienen.

Das südliche Karpatenvorland

An die Südkarpaten schließt südlich ein von jungen Sedimenten erfülltes Einbruchsbecken an. Die äußerst junge Anlage dieser Senke ist damit nachzuweisen, daß jungmiozäne Ablagerungen, die am Karpatenrand auf 600 m gehoben worden sind, bei Bukarest um 800 m unter dem Meeresspiegel anstehen. Diese jungen Ablagerungen in unmittelbarer Nachbarschaft des Schnittpunktes der ost- und südkarpatischen Störungslinien sind bei Erdbeben im höchsten Maße gefährdet. Das Beben in den Abendstunden des 4. März 1977, das in Bukarest und Umgebung 80000 Menschen obdachlos machte und 1600 Todesopfer forderte, war mit Stärke 7 bis 8 nach der Richter-Skala auch für dieses Gebiet außergewöhnlich stark.

Im landläufigen Sinne wird der westlich des *Olt* gelegene Teil als *Oltenien*, der östliche als *Muntenien* bezeichnet. In geologisch-morphologischer Hinsicht muß man die Grenze etwas östlicher an die Dîmbovițalinie legen. Westlich dieser Linie schließt sich an die kristalline Achse der Südkarpaten südlich eine Niederungszone an. Das schwach entwickelte Tertiärhügelland, das nach Süden allmählich in weite, ebene Platten von 200 bis 300 m Höhe übergeht, ist also scharf gegen das Karpatische Gebirgssystem abgesetzt. Östlich der Dîmbovițalinie dagegen schließt sich das mittelgebirgsartige, gefaltete Tertiärgebiet organisch an die auslaufende Flyschzone der Ostkarpaten an, setzt sich aber scharf gegen die eigentliche Ebene ab. Die Tertiärhügelzone wird nach Osten hin immer schmaler und reliefreicher. Jüngstes Pliozän und teilweise sogar ältestes Pleistozän sind hier noch mit verfaltet. Salzstöcke stoßen fast bis an die Oberfläche durch und schaffen dadurch besonders günstige Bedingungen für die Erbohrung der an den Antiklinalen auftretenden Erdöllagerstätten. Die Erdölfelder von *Ploiești* gehören zu den reichsten Europas. Pipelines führen aus dem Ölgebiet nach Constanța am Schwarzen Meer und nach Giurgiu an der Donau.

Mächtige Schotterpackungen der Donau und ihrer aus den Karpaten kommenden Nebenflüsse bauen die Ebenen des südlichen Karpatenvorlandes auf. Diese Schotter reichen bis weit unter den Meeresspiegel und weisen somit junge Senkungsvorgänge nach. Das Zentrum der Senkung liegt an der Mündung des Siret in die Donau, und es ist deutlich zu bemerken, wie die Flüsse ihren Lauf nach diesem Senkungszentrum hinlenken. Das Senkungszentrum an der Siretmündung ist ein großes Sumpfgebiet. Die höherliegenden Platten zwischen den weiten, wenig eingesenkten Flußtälern sind ursprünglich waldlose, steppenhafte Gebiete mit schwieriger Wasserversorgung, z. B. die *Baragansteppe*. Diese an sich fruchtbaren Steppenschwarzerdegebiete werden gegenwärtig durch den Bau eines großzügigen Kanalnetzes und die Anlage von Pumpstationen entlang der Donau der planmäßigen landwirtschaftlichen Nutzung zugeführt.

Das Donautal

Im Bereich des Pannonischen Beckens hat sich die Donau zu einem 1,5 bis 2 km breiten, mäßig tiefen Flachlandstrom entwickelt. Dieser Charakter ändert sich völlig auf der Durchbruchstalstrecke durch das Semenicgebirge. Hier wird der Fluß stellenweise auf 150 m Breite eingeengt. Dieses 130 km lange, als *Eisernes Tor* bezeichnete Durchbruchstal hat vier Engtalstrecken. Im *Kasanpaß*, der in Fließrichtung dritten und imponierendsten Engtalstrecke, hat der Strom bis zu 50 m tiefe Kolke ausgestrudelt, die – 1100 km von der Mündung entfernt – weit unter das Meeresniveau reichen. Zwischen 500 bis 700 m hohen steilen Talhängen und -wänden schießt der Fluß mit großer Geschwindigkeit dahin. Die Klippen und Stromschnellen der östlichsten Engtalstrecke – des eigentlichen Eisernen Tores – bildeten das Haupthindernis für die Schiffahrt, das erst Ende des vorigen Jahrhunderts einigermaßen beseitigt werden konnte. 1972 wurde nach siebenjähriger Bauzeit der Bau der Staumauer, der beiden Kraftwerke und der Schiffahrtswege als rumänisch-jugoslawisches Gemeinschaftswerk abgeschlossen. Die Staumauer ist 440 m lang und 60 m hoch, der Rückstau beträgt 200 km, die installierte Leistung etwa 2100 MW, 12 Kaplanturbinen werden betrieben; 11 Mrd KWh jährliche Energieerzeugung wird zu gleichen Teilen an Rumänien und Jugoslawien abgegeben. Auf jeder Seite besteht ein Schiffahrtsweg mit Schleusenkammern von 310 m Länge und 34 m Breite. Damit sind die Gefahren des Eisernen Tores für die Schiffahrt endgültig gebannt. Der mittlere Zeitaufwand für eine Durchfahrt konnte von 120 auf 30 Stunden gesenkt werden. Im Zuge dieses Großvorhabens konnte die Durchbruchstalstrecke auch für den modernen Landverkehr erschlossen werden, wobei viele Kunstbauten (Tunnelstrecken, künstlich ausgesprengte Terrassen) nötig waren.

Hinter der Durchbruchstalstrecke wird die Donau von den Schwemmfächern der Karpatenflüsse nach Süden an den Rand der nordbulgarischen Platte abgedrängt. Der Strom wird auf der rechten Seite meist von einem 70 bis 150 m hohen, ungegliederten Unterschneidungssteilhang begleitet. Nördlich des Stromes dehnt sich dagegen eine weite, oft eine Vielzahl von Seen und Altwasserarmen aufweisende Talaue aus, zu der die südrumänische Ebene mit einem flachen, aber doch markanten 20 bis 40 m hohen Hang absetzt. Der 1 bis 1,5 km breite, seichte und daher an Sandinseln reiche Strom bietet ein grandioses, auf weite Strecken hin aber einförmiges Bild. Das Gefälle der Donau ist mit 0,033 $^o/_{oo}$ recht gering. Beim Verlassen des Durchbruchstales 1100 km vor der Mündung ins Schwarze Meer weist der Flußspiegel bei Mittelwasser eine Höhe von 36 m über NN auf.

Von *Silistra* an weist die Laufrichtung der Donau nach Nordosten, gleichzeitig ändert sich der Charakter des Stromes. Am Westrand der Dobrudscha entlangfließend, spaltet sich die Donau in zwei Arme auf, die sich bis zu 20 km voneinander entfernen. Sie schließen ein an Seen, Sümpfen, Schilfdickichten und Auenwäldern reiches Gebiet ein, die *Brăilaer Donaubalta*. Sie ist ein Paradies für vielerlei Wasservögel, die in den fischreichen Gewässern genügend Nahrung und in den versumpften Schilfdickichten Schutz und Unterschlupf finden. Von *Brăila* bis *Tulcea* vereinigt der Strom nochmals seine gewaltigen Wassermassen – maximale Wasserführung 35000 m³/s gegenüber 24000 m³/s bei der Wolga – und teilt sich dann in seine Deltaarme auf. Rund 4000 km² umfaßt das *Donaudelta*. Es ist ein riesiges Schilfgebiet, durchsetzt von Seen, Sümpfen, fließenden und stehenden Gewässern, Grasflächen und Dünen. Der jährliche Landzuwachs ist beträchtlich und deutet auf die sehr junge Entstehung des amphibischen Raumes hin. Mit seiner äußerst schwachen Besiedlung ist das Donaudelta ein bevorzugtes Rückzugsgebiet der Tierwelt. Hier leben z. B. Reiher, Störche, Schwäne, Pelikane, Kormorane und Flamingos, aber auch Wildschweine, Wölfe, Füchse und Fischotter. Seit jüngster Vergangenheit nutzt man das auf etwa 270000 ha wachsende Schilf zur Zelluloseherstellung. Zu diesem Zweck wurde in Brăila ein modernes Schilfkombinat errichtet.

Die Winter sind hart in Rumänien. Dementsprechend trägt die Donau fast jeden Winter eine feste Eisdecke, die maximal bis zu 100 Tagen anhält.

Die Dobrudscha (Dobrogea)

Der isolierte Mittelgebirgshorst der Dobrudscha ist als Reststück eines variszischen Gebirgssystems aufzufassen. Im Nordwesten bei Brăila erhebt sie sich gebirgsartig steil mit teilweise felsigen Hängen bis zu einer Höhe von 467 m. Der mittlere und südliche Teil der Dobrudscha ist eine 100 bis 200 m hoch gelegene, fast ebene Fläche, die von einer mächtigen Lößdecke verhüllt wird. Der Löß ist mehrschichtig und deutlich von interstadialen Bodenbildungen gegliedert. Nur an den steileren Böschungen treten Kalke und kristalline Gesteine des Grundgebirges zutage. Nach Osten fällt diese Platte mit einer im Mittel 20 bis 50 m hohen Steilküste zum Schwarzen Meer ab. Klimatisch ist die Dobrudscha trotz der Nähe des Schwarzen Meeres fast ausschließlich von kontinentalen Luftmassen beeinflußt. Die Temperaturextreme sind recht bedeutend, und die Jahresniederschlagssumme bleibt unter 500 mm, stellenweise sogar unter 400 mm. Diese geringe Niederschlagsmenge verursacht im Zusammenhang mit der durchlässigen Gesteinsunterlage eine schwierige Wasserversorgung für die spärliche Bevölkerung. Die Trockentalung des *Karasu*, die über eine niedrige Talwasserscheide hinweg *Cernavoda* an der Donau mit *Constanța* am Schwarzen Meer verbindet, wird als ehemaliger Donaulauf angesehen. Diese von der Natur vorgezeichnete Tiefenlinie wurde für den Bau von Eisenbahnlinie und Straße ausgenutzt. Dieser Tiefenzone soll auch der mehrfach schon projektierte Donau-Schwarzmeer-Kanal folgen, der den Donauschiffahrtsweg erheblich (um etwa 250 km) abkürzen würde.

Das Dinarische Gebirgssystem

Als schmales, anfangs niedriges Gebirgssystem, das sich an die Julischen Alpen anschließt, erstrecken sich die Dinariden sehr gradlinig in nordwest-südöstlicher Richtung. Sie setzen sich durch Albanien bis nach Griechenland fort. Die äußerst starke Auflösung des Dinarischen Gebirgssystems läßt nur eine geologische Grobgliederung in vier Längszonen zu, wenn man nicht ein unübersichtliches Mosaik von kleinsten Einheiten erhalten will. Diese Gliederung kommt auch im Landschaftsbild gut zum Ausdruck. Entlang der adriatischen Küste streicht das meist schmale, jung gefaltete Küstengebirge. Steile Kalkketten und zwischengeschaltete Flyschmulden charakterisieren diese Zone. In die Flyschmulden, die infolge geringerer Gesteinswiderständigkeit einer starken Ausräumung unterlagen, drangen die Meerarme der Adria ein und bildeten eine typische Canaliküste mit einer Unzahl von Buchten und Inseln. Dieser schmale Küstengebirgsstreifen, der sich nur im Gebiet von *Zadar* beträchtlich verbreitert und in Mittelalbanien durch eine Schwemmlandebene ersetzt wird, hat mediterranes Klima.

Östlich anschließend erhebt sich mit jäh ansteigenden Flanken und geschlossenen Wandfluchten die äußere Kette der Hochkarstzone. Diese Zone wird durch ein Bündel paralleler, mächtiger Kalkketten gebildet, die durch tektonisch vorgezeichnete Längssenken begrenzt sind. Kurze, schluchtartige Durchbruchstalstrecken lösen das Gebiet in einzelne Kalkstöcke auf. Aus Trias-, Jura- und Kreidekalken aufgebaut, ist das Gebiet in stärkstem Maße durch Karsterscheinungen geprägt.

Östlich schließt sich das innerdinarische Schiefergebirge an. Paläozoische kristalline Schiefer durchragen hier in großräumigen Aufbrüchen an verschiedenen Stellen die Sedimentdecken. Die Oberflächenformen dieses Gebietes sind durch den ständigen Wechsel verschieden widerständiger Gesteine äußerst vielgestaltig. Sanft geböschte Hänge charakterisieren die Schiefergebirge; breite, steile Rücken und klotzige Berggestalten modifizieren das Oberflächenbild in den aus Hornfels und Gabbro aufgebauten Gebirgsteilen. Verkarstete Kalkplateaus, die allseitig mit steilen Wänden abfallen, und zahlreiche jungvulkanische Andesit- und Trachytkegel tragen weiterhin zur Prägung des Landschaftsbildes bei.

Im Nordosten läuft diese innere Gebirgszone mit welligen Hügellandschaften gegen die Sava hin aus. Die Sava soll als Grenze des Dinarischen Gebirgssystems gegen das Pannonische Becken angesehen werden, obwohl einerseits Tieflandsbuchten über die Sava hinaus nach Süden vorgreifen und andererseits im Drava-Sava-Zwischenland ausgedehnte Hügelländer und Mittelgebirgsstöcke aufragen.

Insgesamt gesehen bildet das Dinarische Gebirgssystem eine deutliche Landschaftsgrenze. Der schmale Küstenstreifen ist typisch mediterran. Dieser Einfluß wird aber von dem mauersteilen Abfall des Hochkarstes sehr schroff abgeschnitten. In den Küstengebieten treten weit verbreitet Jahresniederschlagssummen von mehr als 1500 mm auf. Im gebirgigen Hinterland von Rijeka (Risnjak 3709 mm) und der Bucht von Kotor (Crkvice 5317 mm, Cetinje 3530 mm) werden die höchsten Niederschlagswerte beobachtet. Im Föhngebiet der Dinariden und schon in den einzelnen engräumigen Beckenlagen innerhalb des Gebirges nehmen die Niederschläge rasch ab. Umgekehrt bildet das Dinarische Gebirge im allgemeinen auch eine recht wirksame Grenze für die kontinentalen Luftmassen. Nur unter besonderen atmosphärischen Bedingungen kommt es zu einem Einbruch der kontinentalen Kaltluft in die adriatischen Küstengebiete. Diese – trotz föhniger Erwärmung – schneidend kalten Nordoststürme, die Bora, sind ein Schrecken der Schiffer und vor allem der Wein- und Obstbauern.

Im Bereich des Hochkarsts gibt es kein oberflächig abfließendes Wasser. Kurze, steil zur Adria hin entwässernde Flüsse stehen den gut entwickelten Flußsystemen der Nordostabdachung des Dinarischen Gebirges gegenüber, deren Wässer im wesentlichen von der Sava gesammelt und der Donau zugeführt werden. Nur sehr wenige Flüsse waren in der Lage, das Dinarische Gebirge zu durchbrechen. Das bedeutendste Beispiel ist das landschaftlich großartige, teilweise durch tektonische Schwächezonen vorgezeichnete *Neretvatal*, in dem das reizvolle, orientalisch anmutende *Mostar*, die Hauptstadt der *Hercegovina*, liegt.

Die heutige Niederschlagsverteilung muß in groben Zügen schon während des Pleistozäns bestanden haben. Die pleistozäne Schneegrenze stieg von 1200 bis 1300 m in Küstennähe landeinwärts sehr rasch auf 1900 bis 2100 m an, und dieser Sprung kann wohl nur als Folge der Niederschlagsverteilung angesehen werden. Die Ausprägung der Gipfelregionen beweist in den maximal bis zu 2700 m ansteigenden Gebirgsstöcken der Dinarischen Gebirge, die heute alle unter der Schneegrenze liegen, eine intensive pleistozäne Vergletscherung. Die Gebirgsteile, die während des Pleistozäns über der Schneegrenze lagen, haben heute Hochgebirgscharakter, während sonst weitflächige Kammregionen überwiegen. Der Nordteil des Dinarischen Gebirgssystems ist verhältnismäßig niedrig. Nur einzelne Kalkstöcke überragen die pleistozäne Schneegrenze. Die 2000-m-Isohypse wird erst im Neretvagebiet mehrfach überschritten. In den total verschratteten Karstgebieten des dort anstehenden kretazischen Kalkes wird der glaziale Formenschatz weitgehend von den Karstformen überlagert. Erst im *Durmitormassiv* von *Montenegro* (2522 m) stellt sich ein typisch glazial gestaltetes Hochgebirge ein. Durch Karbildung zugeschärfte Gipfel erheben sich über teilweise deutlich trogartig gestaltete Täler, in denen sich Endmoränenbögen bis unter die 1000-m-Linie verfolgen lassen. Alpinen Hochgebirgscharakter haben ebenfalls die *Nordalbanischen Alpen* (2693 m), die *Šar Planina* (*Korabi* 2764 m), die von Nordmazedonien nach Mittelalbanien zieht, die quarzitische Gewölbezone des *Pelagonischen Massivs* (*Peristeri* 2532 m) östlich des *Prespasees* sowie die Höhen des ebenfalls bis zu 2500 m aufragenden südalbanischen *Epirus* (*Tomori* 2417 m). Am stärksten waren zweifellos die Nordalbanischen Alpen vergletschert, wo Lim- und Valbongletscher mit 35 bzw. 30 km Länge sich zu mächtigen Talgletschern entwickelten, die in ihren Ausmaßen die größten rezenten Talgletscher der Alpen übertrafen. Besonders schroffe Formen weist die Šar Planina auf. Durch keine Vorbergzone in ihrer Schroffheit gemildert, steigen 2000 m hohe Wände und Hänge unmittelbar aus dem weiten *Becken von Tetovo* empor. Die Kammlinie wird noch überragt von den stark zugeschärften Karlingen der Gipfel.

In der jüngeren geologischen Vergangenheit wurde das Gebiet der Pelagonischen Masse durch Bruchtektonik stark umgestaltet, wobei einige Schollen in beträchtliche Höhen emporgehoben wurden. Mit dem Einbruch der Ägäis wurde das Gebiet infolge der rückschreitenden Erosion des *Vardar* und seiner Nebenflüsse durch viele, teilweise recht unwegsame Schluchtstrecken gegliedert. Der ständige Wechsel von kleinen, völlig abgeschlossenen Beckenlagen mit stark zerstückelten Gebirgsschollen bestimmt das Landschaftsbild Mazedoniens.

Im allgemeinen ist das Gebiet des Dinarischen Gebirges ein unwirtliches Land. Besonders gilt dies für die Karstgebiete. Eine intensivere Bodennutzung beschränkt sich hier auf die tektonischen Einbruchsbecken (z. B. Becken von *Tetovo* oder *Skopje*) sowie auf die tiefeingesenkten Poljen (*Livansjko Polje*). Die kleinbäuerliche Wirtschaft nutzt in den Karstgebieten selbst die kleinräumigen Feinerdeinseln, die sich als tonige Lösungsrückstände innerhalb in den Dolinen und Uvalas bilden. Die Hochkarstzone ist fast waldlos, eine Folge des früheren Raubbaues. Aufforstungsversuche in jüngerer Vergangenheit erwiesen sich als schwierig, da einerseits die Abspülung groß ist und andererseits der Prozeß der Bodenbildung im Kalk sehr langsam vor sich geht.

In seiner Geschlossenheit bietet das Dinarische Gebirgssystem eine beträchtliche Verkehrsschranke. Im Norden, wo das Gebirge noch schmal und niedrig ist, führen bedeutende Verkehrswege quer über das Gebirge hinweg. Bahnlinie und Straße von Belgrad über Sarajewo – Neretvatal – Mostar zur Adriaküste sind erst in verhältnismäßig junger Zeit mit einem hohen Kostenaufwand gebaut worden. Der alte natürliche Verkehrsweg, der auch heute noch die größte Bedeutung hat, folgt der altkristallinen Zwischengebirgszone im Vardargebiet und macht somit Mazedonien zu einem bevorzugten Durchgangsgebiet von Mitteleuropa nach Griechenland und weiter zum Orient. Die Bahnlinie Belgrad – Thessalonike (Saloniki) folgt anfangs der Südlichen Morava aufwärts, erreicht im Gebiet der Talwasserscheide von Preševo eine Höhe von nur 460 m und folgt dann dem gut durchgängigen Vardartal abwärts.

Das Balkangebirge

Am Timokdurchbruch setzt anfangs mit Nordwest-Südost-Richtung das Balkangebirge – Stara Planina – ein. Ein geschlossener, dicht mit Wald bedeckter Kamm steigt nach Osten zu immer größeren Höhen an. Die Waldgrenze, die hier bei 1600 m Höhe liegt, wird schließlich bedeutend überragt. Einzelne Berge erreichen bis zu 2200 m. Vom Timokdurchbruch bis zum Iskerdurchbruch erstreckt sich der kristalline *Westliche Balkan*. Vom *Iskâr* bis zur Stadt *Sliven* rechnet man den *Zentralen* oder *Hohen Balkan*. In diesem Gebiet sind mit der kristallinen Kernzone mesozoische Sedimente verfaltet, die nach Osten hin mehr und mehr die Oberhand gewinnen. Normalerweise bleibt die Kammlinie unter der Waldgrenze (1900 m), aber auch die darüber hinausragenden Gebirgsteile – z. B. der 2376 m hohe *Botev*, der höchste Gipfel des Balkangebirges – sind breitflächig, von Almen bedeckt und zeigen keine glaziale Überformung. Im anschließenden *Östlichen* oder *Kleinen Balkan* kommt das kristalline Gestein nirgends mehr zutage. Die Höhen nehmen rasch ab, das Gebirge ist durch Längstäler in einzelne Ketten aufgelöst. Nur die Hauptkette – der *Emine-Balkan* – reicht bis an die Küste des Schwarzen Meeres (*Kap Emine*) mit deutlichem Gebirgscharakter heran. In den bulgarischen Gebirgen sind freie Felshänge infolge der klimatischen Situation und der frühen Waldverwüstungen durch Beweidung vergleichsweise viel weiter verbreitet als in den Gebirgen Mitteleuropas.

In den Gebirgsfußlagen ist die Eiche bestandsbildend. Sie reicht aber nicht über 700 m Höhe hinauf. Darüber ist vor allem die Rotbuche anzutreffen, die bei 1800 m ihre thermische Grenze hat, unter 500 m aber nicht anzutreffen ist. Abgesehen vom Iskâr verläuft auf dem Kamm des Balkans die Wasserscheide zwischen Donau und Marica. Auch in klimatischer Hinsicht ist der Balkan eine wirksame Grenze. Während die nördlich anschließende Nordbulgarische Platte ebenso wie die rumänische Tiefebene im stärksten Maße dem Einfluß der kontinentalen Luftmassen unterliegt, hat die Südseite des Balkans schon einen zum mediterranen Klima tendierenden Charakter. Besonders stark macht sich diese klimatische Bevorzugung in den subbalkanischen Becken bemerkbar. Acht solcher Becken reihen sich vom *Sofioter Becken* bis zum *Golf von Burgas* am Südrand des Gebirges aneinander. Im Föhngebiet des Balkans gelegen, zeigen diese Becken geringe Bewölkung und wenig Niederschläge sowie hohe Temperaturen, wobei der Mangel an Niederschlägen leicht durch die zur Bewässerung herangezogenen Balkanflüßchen aufgewogen werden kann. Die unter diesen günstigen Bedingungen angelegten Rosenplantagen von *Kazanlák* sind als Spezialkulturen weithin bekannt. Die südliche Begrenzung dieser Beckenfolge bildet eine durch Quermulden unterbrochene Aufwölbung, deren Einzelglieder von West nach Ost durch *Ihtimangebirge* (1220 m), *Srednagora* (1604 m), *Srnenagora* (1127 m) und *Istrança- (Istrandscha-) Gebirge* (1031 m) gebildet werden.

Die Nordbulgarische Platte

Die Nordbulgarische Platte schließt sich nördlich an das Balkangebirge an, am Fuß des Gebirges im Durchschnitt eine Höhenlage von 500 bis 600 m einnehmend. Zur Donau hin fällt die sanft geneigte Platte mit einem markanten, teilweise mehr als 100 m hohen Steilhang ab. Die Flüsse, besonders *Iskár* und *Jantra*, haben tiefe, z. T. steilwandige Täler geschaffen. Die Nordbulgarische Platte wird von kretazischen und alttertiären Sedimenten, überwiegend Kalken, Sandsteinen und Mergeln, aufgebaut. Im Vorland des Westbalkans hat bei *Belogradčik* die erosive Auflösung eines widerständigen Sandsteinpaketes zu ähnlichen Formen geführt wie im Elbsandsteingebirge. Im allgemeinen sind jedoch die festen Gesteine unter einer mächtigen Lößdecke verborgen.

Die südbulgarischen Gebirge

Die südbulgarischen Gebirge gehören überwiegend dem kristallinen thrakischen Massiv an. Im östlichen Bulgarien ist dieses Massiv unter jüngeren Deckschichten verborgen und bildet ein Tertiärhügelland von ruhigem Relief. Etwa im Meridian von Sofia tauchen aus der sedimentären Umhüllung auf und erreichen sofort bedeutende Höhen, die gewaltigsten Massenerhebungen des gesamten südosteuropäischen Raumes bildend. Der westliche Teil zeigt eine deutliche Kleinzellenstruktur, die an dinarische oder griechische Verhältnisse erinnert. Die isolierten Gebirgsstöcke *Vitoša* (2291 m), *Rila* (*Musala* 2925 m) und *Pirin* (*Vihren* 2915 m) werden aufgegliedert durch eine Vielzahl kleiner Becken. Diese Gebirge haben weit über die pleistozäne Schneegrenze hinausgereicht und zeigen in höheren Lagen eine intensive glaziale Überformung durch Kare, in denen stellenweise heute noch Seen und perennierende Schneeflecken anzutreffen sind. Besonders im Piringebirge kommt es zu einer starken Zuschärfung der Gebirgsketten. Im Gegensatz zur Kleinzellenstruktur des westbulgarischen Gebietes ist der östliche Teil viel großzügiger gegliedert. Die *Rhodopen* bilden eine wenig gegliederte Gebirgsmasse, die nach Osten mehr und mehr abnimmt und bald auch in den Kammregionen von Wald bedeckt wird. Es überwiegen weite, schwachwellige Hochflächen, in die die Täler tief eingeschnitten sind. Die Lagerungsverhältnisse jungtertiärer Sedimentserien beweisen, daß die Hauptzüge des Reliefs erst durch pliozäne Bruchtektonik geprägt worden sind. Darauf weisen auch die reichlichen jungen Eruptionen von Trachyten und Andesiten hin. Noch heute trifft man im Sofioter Becken und im Tal der *Struma* zahlreiche Thermen als Zeugen des erst in jüngster Zeit abgeklungenen Vulkanismus.

Das Maricabecken

Auch hier zeigt sich wieder die großräumige Gliederung Ostbulgariens im Gegensatz zu der kleinzelligen Struktur der westbulgarischen Becken. Als breites Senkungsgebiet schaltet sich das Maricagebiet zwischen den Balkan und die südbulgarischen Gebirge ein. Die Lage von pleistozänen Maricaschottern unter NN beweist, daß es sich um eine junge Senkung handelt. Die Gunst des Klimas und die zum größten Teil guten Böden machen das Gebiet zu einem Raum stärkster landwirtschaftlicher Nutzung, wobei vor allem der Tabakanbau eine bedeutende Rolle spielt. In den feuchten Flußniederungen hat man auch Reisanbau mit Erfolg eingeführt. Nach Osten hin wird die Maricaebene von den Hügelländern des *Istrança-Gebirges* abgegrenzt, die bis zum Schwarzen Meer reichen.

Physisch-geographische Angaben

Flüsse	Länge (km)	Berge	Höhe (m)	Gebirge
Donau (Gesamtlänge)	2850	Musala	2925	Rilagebirge
Theiß (Tisza)	977	Jezerce	2692	Nordalbanische Alpen
Drava (Drau)	749	Gerlachovský štit (Gerlsdorfer Spitze)	2655	Hohe Tatra
Sava (Save)	712			
Prut	632	Negoi	2535	Südkarpaten
Siret	624	Durmitor	2522	Montenegrinische Berge
Váh (Waag)	459	Pietrosul (Kuhhorn)	2305	Rodnagebirge (Ostkarpaten)
		Pietrosul	2102	Calimangebirge (Ostkarpaten)
Seen	Fläche (km²)	Gowerla	2061	Ostkarpaten
		Bihor	1848	Bihorgebirge
		Kékes	1015	Matragebirge
		Körishegy	704	Bakonygebirge
Balaton (Plattensee)	592			
Shkodrasee (Skutarisee)	356			
Neusiedlersee	320			
Prespasee	278			
Ohridasee	270			

SÜDEUROPA
Überblick

Abgrenzung. Südeuropa bildet keinen zusammenhängenden Bereich. Es werden darunter die drei südlichen Halbinseln Europas verstanden, die ganz oder z. T. vom Mittelmeer beeinflußt werden: Pyrenäen-, Apennin- und mediterrane Balkanhalbinsel. Sie tragen in vielfacher Hinsicht gemeinsame Züge, so daß sie oft geradezu als „Mittelmeerländer" bezeichnet werden. Am weitesten verbreitet ist der mediterrane Einfluß auf der mittleren der drei Hauptinseln, in Italien. Südeuropa umfaßt etwa 1,1 Mio km².

Geologischer Aufbau und Oberflächengestaltung. Mit Ausnahme großer Teile der Pyrenäenhalbinsel gehört das Mittelmeergebiet einer Bruchzone an, die sich zwischen die Nord- und Südkontinente einschiebt und als Tethysregion schon in frühen Zeiten der Erdgeschichte nachweisbar ist. Das Meer hat jedoch nicht immer die heutige Fläche eingenommen, sondern verändert wiederholt seine Lage und Ausdehnung. Es lassen sich deutlich zwei Hauptbecken unterscheiden, die ihrerseits wieder gegliedert und durch untermeerische Schwellen voneinander getrennt sind. Eine eingehendere meereskundliche Darstellung wird im Abschnitt „Weltmeere" gegeben.
Die einzelnen Becken des Meeres bestehen teilweise aus abgesunkenen alten Schollen (z. B. Tyrrhenische, Ionische, Balearenmasse), wie sich an den die Küsten begleitenden Bruchrändern erkennen läßt. Im Tertiär entstanden rings um das Mittelmeer junge Faltengebirge, die auf jeder der drei Halbinseln nachzuweisen sind. Dabei wurden vielerorts auch alte Schollen wieder mit in die Gebirgsbildung einbezogen, z. B. in Spanien, auf Korsika, Sardinien und vor allem auf der Balkanhalbinsel. Der am Nordrand des Mittelmeeres entlangziehende Faltengebirgsgürtel beginnt im Westen in den nordspanischen Gebirgen und den Pyrenäen und verläuft z. T. auch über die Balearen zur Sierra Nevada der Betischen Kordillere, deren Ausläufer über die Straße von Gibraltar Anschluß an die Faltenketten des Atlas in Nordafrika finden. Der Hauptzweig der nördlichen Faltenzone setzt sich jedoch in den Alpen fort. Ein Seitenausläufer bildet als Apennin das gebirgige Rückgrat der italienischen Halbinsel und setzt über die Faltengebirge Siziliens zum tunesischen Atlas über. Von den Alpen aus verläuft ein Faltenzug, der zum größten Teil in mehrere parallele Ketten aufgespalten ist, entlang der adriatischen Küste bis zum Peloponnes. Die griechischen Gebirge wiederum finden über die Inselwelt der Ägäis und Kreta hinweg Anschluß an die ostwärts streichenden Faltenketten Kleinasiens.
Durch Brüche, die nach der Faltung entstanden sind und teilweise auch quer zur Streichrichtung der Falten verlaufen, ist nachträglich eine stärkere Gliederung, eine Vergitterung tektonischer Linien, eingetreten. Die Bruchtektonik bestimmt die Küstenumrisse besonders bei der Pyrenäenhalbinsel. Längsbruchküsten, bei denen Küstenverlauf und Bruchlinie übereinstimmen, sind vor allem im westlichen Mittelmeer häufig. Doch auch Querbruchküstenstrecken bei denen die Bruchlinien senkrecht auf die Küste zulaufen, sind gelegentlich anzutreffen, z. B. in Portugal und an der Küste des Ägäischen Meeres. Eine starke Kammerung ist im Innern der griechischen Halbinsel ausgeprägt. Zahlreiche Senken und Beckenlandschaften sind hier zwischen die sich teilweise kreuzenden Gebirgszüge eingeschaltet. Die tektonischen Vorgänge sind im Mittelmeergebiet noch keineswegs abgeschlossen, wie die häufigen Erdbeben und der vor allem in Süditalien und der Ägäis noch rege Vulkanismus zeigen. In älteren Vulkangebieten sind noch heiße Quellen als letzte Reste der vulkanischen Tätigkeit vorhanden.
Da der Mensch an vielen Stellen die ursprüngliche Vegetation zu einem großen Teil beseitigt hat, so daß vielfach nur eine kärgliche Pflanzendecke zu finden

ist, lösen die heftigen subtropischen Regengüsse starke flächenhafte Abspülung aus. Die entwaldeten Kalkgebirge zeigen schroffe Bergformen. Karsterscheinungen mit Poljen, Dolinen und Karrenbildungen sind weit verbreitet. Der Übergang von steilen Gebirgen in leicht gewellte Hügelländer erfolgt oft ganz unvermittelt und ist in der Regel gesteinsbedingt. Meist ziehen sich die Gebirge längs der Küste hin. Daher sind Steilküsten weit häufiger als Schwemmlandebenen.

Hydrographische Verhältnisse. Die Wasserführung der meisten Flüsse zeigt starke jahreszeitliche Gegensätze. Der Höchststand liegt in den Monaten Dezember bis März, in denen die meisten Niederschläge fallen, mit Ausnahme der aus den Alpen und Pyrenäen kommenden Flüsse, die infolge der Schneeschmelze im Gebirge einen sommerlichen Hochstand aufweisen. Allgemein gehen die Wasserstände während der Sommermonate stark zurück. Die in der Trockenzeit bis auf einzelne Resttümpel versiegenden Flüsse heißen in Italien Fiumara. Sie schwellen aber bei heftigen Regengüssen binnen kurzer Zeit zu reißenden Torrenten an, da wasserspeichernde Waldbestände in den Quellgebieten meist fehlen. Während der Regenzeit kommt es daher oft zu verheerenden Hochwässern, so daß schlammbeladene Ströme die Täler erfüllen und Hangrutschungen (italienisch Frane) erfolgen. In den Kalkgebirgen ist das Flußnetz völlig unberechenbar. Ein zusammenhängender Grundwasserspiegel fehlt. Das Niederschlagswasser versickert rasch im Gestein und dringt durch Klüfte in tiefere Zonen. Durch Auflösung des Kalkes entstehen Höhlensysteme, in denen sich ein unterirdisches Flußnetz entwickeln kann. Unvermittelt verschwinden Flüsse im Untergrund und treten an anderer Stelle ebenso plötzlich wieder zutage. Hinter den Dünenwällen der Küstenebenen bilden sich häufig versumpfte Niederungen, z. B. die Maremmen und die Pontinischen Sümpfe, die heute allerdings größtenteils trockengelegt sind. Da sie Brutstätten der Anophelesmücke bilden, sind sie seit alters gefürchtete Malariaherde.

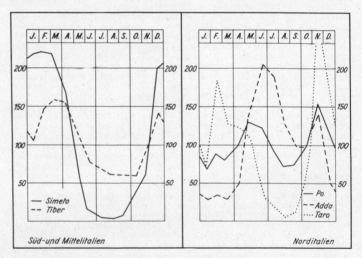

Mittel der monatlichen Wasserführung einiger italienischer Flüsse im prozentualen Verhältnis – auf der Ordinate abzulesen – zum Mittel der ganzen Beobachtungszeit (4 Jahre) (aus Klute)

Das Klima bestimmt in erster Linie die Besonderheit der Mittelmeerländer und verleiht ihnen etwas Gemeinsames. Es ist ein Wechselklima mit trockenen Sommern und feuchten Wintern. Die sommerliche Trockenheit wird durch den Hochdruckgürtel der Roßbreiten, insbesondere der Ausläufer des Azorenhochs, hervorgerufen. Regenlosigkeit und Temperatur nehmen nach Süden und Osten allmählich zu. Im Winterhalbjahr hingegen ist das Gebiet in den Bereich der wandernden Zyklonen einbezogen. Dann herrscht Regenzeit. Der Breitenlage entsprechend ist der Winter überaus mild, zumal da im Norden eine schützende Gebirgsschranke den polaren Luftmassen den ungehinderten Zutritt verwehrt. Orographische Senken – Rhônetal, Nordende der Adria, Vardartal, Bosporus – wirken oft wie Düsen, durch die Kaltluft als stürmischer Wind einbricht. Im Rhônetal ist es der Mistral, an der dalmatischen Küste die Bora. Anderseits haben Luftmassen aus den Wüstengebieten der Sahara Einfluß auf das Wettergeschehen. Heiße Winde führen in Nordafrika oft zu Sandaufwirbelungen; beim Überströmen des Meeres können sie große Mengen

an Feuchtigkeit aufnehmen und sind daher in Italien und Griechenland ergiebige Regenspender. Dieser als Schirokko (italienisch Scirocco) bezeichnete feuchtheiße Wind übt auf Mensch und Tier eine starke physiologische Wirkung aus, er erzeugt Mattigkeit und Erschlaffung. Schnee und Frost sind in Südeuropa selten und im Süden auf die Gebirgslagen beschränkt.
Pflanzenwelt. Für die Vegetation ist der Winter die Zeit des Wachstums. Ehe die sommerliche Dürre einsetzt, muß die Fruchtreife beendet sein. Eine Trockenruhe, in der die Fluren öde und kahl daliegen, tritt hier an die Stelle der in nördlicheren Breiten vorhandenen winterlichen Kälteruhe. Rhizom-, Knollen- und Zwiebelgewächse, die die Trockenzeit blattlos überdauern, allenfalls widerständige Blattrosetten bilden, sind zahlreich. Durch Kleinblättrigkeit, Behaarung, hartes Laub oder Wachsüberzug schützen sich Bäume und Sträucher vor zu starker Verdunstung. Saftige Wiesen sind nur in den atlantisch beeinflußten Gebieten zu finden. An ihre Stelle treten sonst Heide- und Trockenrasenformationen, die zwar artenreich, aber ihrem Wuchs nach recht kümmerlich sind. Der Waldbestand ist meist schütter und regeneriert sich nur schwer, so daß er nach der Abholzung in der Regel durch eine Gestrüppformation ersetzt wird. Derartige Macchien (Maquis auf Korsika) setzen sich aus immergrünen Sträuchern (Lorbeer, Wacholder, Myrte, Oleander, Erikazeen) und blattarmen, teilweise dornigen Hochstauden (Ginster, Wolfsmilch, Thymian) zusammen. In Südfrankreich werden sie bei entsprechender Artenzusammensetzung als Garigues, in Spanien als Tomillares, in Griechenland auf kargen Böden als Phrygana bezeichnet.
Es gibt keinen einheitlichen Typ der Agrarlandschaft. Je nach der Menge der jährlichen Niederschläge ist bald Regenfeldbau, wie etwa in der mittelspanischen Landschaft La Mancha oder auf der süditalienischen Halbinsel Apulien, bald Bewässerungskultur anzutreffen. Letztere findet sich besonders in den Flußbeckenlandschaften (Ebro, Guadalquivir) und in den Küstenebenen (Niederalbanien, Conca d'Oro bei Palermo). Während beim Regenfeldbau Anbau und Wachstum sich auf die wenigen Winter- und Frühjahrsmonate zusammendrängen und die Ernte vor Einsetzen der Sommerhitze eingebracht sein muß, ist im zweiten Fall die Fruchtfolge über das ganze Jahr verteilt. Bewässerungskultur gab es schon im Altertum bei den Etruskern in Italien und später bei den Arabern in Spanien. An bodenständigen Nutzpflanzen gehören dem Mittelmeergebiet außer Weizen, Gerste und Kohlarten die Weinrebe und der Ölbaum an. Auch Feige, Johannisbrotbaum, Edelkastanie, Korkeiche, und Maulbeerbaum sind hinzuzurechnen. Apfelsine und Zitrone wie auch Zuckerrohr, Mais, Reis und Baumwolle wurden erst später aus Asien und Amerika eingeführt. Mit Ausnahme der Flußgebiete gibt es große zusammenhängende Kulturflächen nur selten. In der Regel sind sie oasenhaft in Ödland oder Weidegebiete eingeschaltet. Die Grünlandwirtschaft ist, von der Poebene abgesehen, in Südeuropa ohne Bedeutung. Der sommerliche Futtermangel bedingt auch, daß das Großvieh gegenüber Schafen und Ziegen, die mit Trockenweide vorliebnehmen, in den Hintergrund tritt. Schafzucht ist sehr verbreitet. Da es nur wenige saftige Wiesen gibt, sind seit alters Herdenwanderungen (Transhumance) Sitte; im Sommer nützt man die Bergweiden, und den Winter verbringt man in der Ebene.

Die Pyrenäenhalbinsel

Die am wenigsten gegliederte und zugleich die größte der drei südeuropäischen Halbinseln ist mit rund 585 000 km² Fläche die Pyrenäenhalbinsel. Nach ihrer ursprünglichen Bevölkerung wird sie bisweilen auch als Iberische Halbinsel oder nach dem Kernland als Spanische Halbinsel bezeichnet. Sieben Achtel ihres Umfanges werden vom Meere berührt, wobei der größte Teil dem Atlantischen Ozean, der kleinere, reicher gegliederte Teil dagegen dem Mittelmeer zugewendet ist. Der binnenländische Anteil ist gegenüber den Küstenlandschaften vorherrschend. Die nur 14 km breite *Straße von Gibraltar* trennt die Halbinsel von Afrika.
Über die Hälfte der Gesamtfläche wird von der spanischen Meseta eingenommen. Junge tertiäre Kettengebirge treten im Norden in den Pyrenäen und den nordwestlichen Küstengebirgen, im Süden in der Betischen Kordillere an die Meseta heran. Beiderseits schalten sich jedoch von Flüssen durchströmte Tiefebenen ein, im Norden das Ebrobecken und im Süden das Andalusische Tiefland. Während sich längs des Mittelmeeres nur schmale Küstenebenen ausdehnen, sind auf der atlantischen Seite in Portugal durch die Flüsse weite Schwemmländer entstanden. Die Gestalt der Küste ist sehr verschiedenartig. Es wechseln je nach dem Streichen der Gebirge Längs- und Querbruchküsten. Das Meer dringt besonders im Nordwesten weit in die Flußtäler ein; diese ertrunkenen Flußmündungen werden nach einem spanischen Wort als Rias bezeichnet. An der atlantischen Küste sind durch starke Gezeitenwirkung trichterartige Flußmündungen geschaffen worden, die sich hinter Nehrungen oft seenartig erweitern, z. B. die des Tejo und Sado.
Die Hauptwasserscheide läuft auf der Betischen Kordillere und dem Iberischen Randgebirge entlang, so daß der größte Teil des Landes nach dem Atlantik hin

entwässert wird. Außer dem Ebro fließen daher alle großen Flüsse der Abdachung der Meseta folgend west- bis südwestwärts.

Die Lage der Halbinsel bedingt große Gegensätze im Klima. Maritime und kontinentale Züge durchdringen sich mannigfaltig. Der Norden und Nordwesten sowie die portugiesische Küste sind stark ozeanisch beeinflußt. Mäßig warmen Sommern stehen milde Winter gegenüber, wobei die Temperaturen nach Süden hin zunehmen. Die Niederschläge sind hier im allgemeinen hoch (700 bis 1600 mm im Jahr), nur im Süden gehen sie stark zurück. An der Mittelmeerküste finden sich die höchsten Temperaturen der ganzen Halbinsel. Selbst das Januarmittel liegt noch bei 13 °C, die Julimittel erreichen 23 bis 26 °C. Die Sommermonate sind fast regen- und wolkenlos. Heiße Trockenwinde aus Afrika – die Leveche – verursachen bisweilen große Schäden. Die Menge der Niederschläge, die meist im Frühjahr und Herbst fallen, übersteigt selten 500 mm. Das Hochland der Meseta weist demgegenüber schroffe jahreszeitliche Gegensätze auf. Madrid hat im Januar ein Mittel von 4,3 °C, während das des Juli 24,3 °C beträgt. Die jährlichen Regenmengen im Inneren liegen bei nur 200 bis 300 mm und steigen nur in den höher gelegenen Randgebieten auf 400 bis 700 mm an. Auch das Ebrobecken ist außerordentlich trocken und heiß, da es von den umliegenden Gebirgen abgeriegelt wird.

Die klimatischen Unterschiede spiegeln sich in der Vegetation wider. Die Gebirgsländer im Norden sind reich an atlantischen sommergrünen Laubhölzern: Eiche, Buche, Birke, Ahorn, Eukalyptus und Esche. Nur die Hochgebirgsgipfel tragen alpine Vegetation. In geschützten Tallagen wird Obst- und Weinbau betrieben. An der Küste von Portugal treten nach Süden zu immer mehr die Hartlaubgehölze in Erscheinung. Die Olive gedeiht, im Süden gesellen sich Opuntie (Feigenkaktus), Dattelpalme und Agave hinzu. In schroffem Gegensatz dazu steht das innere Hochland mit seinen öden Heide- und Steppenformationen. In abflußlosen Mulden kommen häufig Salzpflanzen vor, und nur in den niederschlagsreichen höheren Lagen findet sich immergrüner Wald. Die Ackerkulturen sind vielfach auf künstliche Bewässerung angewiesen. Der Waldbestand war durch Rodung, die schon seit dem Altertum erfolgte, sehr zurückgegangen. Durch umfangreiche Aufforstungen, die seit 1941 durchgeführt werden, erhöhte sich der Waldbestand wieder etwas.

Im Südosten, in den spanischen Provinzen Andalusien, Granada und Valencia, herrscht subtropische Vegetation vor. Die Wälder bestehen aus Stein- und Korkeichen, im Küstengebiet ist die Aleppokiefer häufig. Macchiengestrüpp, hier Tomillares genannt, ist noch weit verbreitet. Ackerbau ist nur auf dem Campo regadio, auf den Gebieten mit künstlicher Bewässerung, möglich, nicht auf dem Campo secano, dem unbewässerten Land. Auf fruchtbarem Boden haben sich Gartenlandschaften mit Zitrusgewächsen, Bananen, Zuckerrohr und Datteln entwickelt.

Die Pyrenäen

Auf 435 km Länge bildet das bis 3400 m in die Gletscherregion aufragende, etwa 100 bis 140 km breite Faltengebirge der Pyrenäen eine wirkungsvolle, natürliche Grenze, der auch die auf dem Kamm verlaufende politische Grenze zwischen Spanien und Frankreich größtenteils folgt. Zwei Drittel des Pyrenäengebiets gehören zu Spanien, ein Drittel zu Frankreich. Der wesentlich trockenere Südabfall ist aber spärlicher besiedelt als die französische Nordseite des Gebirges. So fehlen auf spanischer Seite auch größere Städte. Der einzige Ort von Bedeutung ist *Pamplona*. Der geschlossene Gebirgskamm setzte dem Eisenbahnbau große Hindernisse entgegen. So waren die am West- und Ostende des Gebirges vorbeiführenden Linien lange Zeit die einzigen Bahnverbindungen zwischen Frankreich und Spanien. Erst 1928 wurde die quer durch die Pyrenäen führende Linie *Pau–Zaragoza* und 1929 die Strecke *Toulouse–Barcelona* in Betrieb genommen.

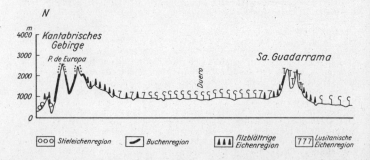

Nord-Süd-Profil durch die Pyrenäenhalbinsel mit Angabe der natürlichen Vegetationseinheiten

Die Zentralzone mit den höchsten Gipfeln (Maladettagruppe mit *Pico de Aneto* 3404) besteht aus kristallinen Schiefern und Graniten. Zu beiden Seiten lagert sich eine Sedimentzone an; die südliche steigt im *Monte Perdido* (3355 m) zu fast gleicher Höhe empor. Längstalzüge sind selten. Von Westen nach Osten lassen sich drei Abschnitte unterscheiden: die Westpyrenäen, Zentralpyrenäen und Ostpyrenäen.

Die **Westpyrenäen** reichen bis zum *Somportpaß* (1631 m). Obwohl nur wenig über 2000 m aufragend, erhalten sie reichlichen Niederschlag vom Atlantischen Ozean mit Maximum im Frühjahr und Herbst. Die Hänge sind bewaldet, und die Täler tragen saftige Wiesen. Die Südabdachung nimmt die Landschaft Navarra ein. Die Westpyrenäen sind ein Rückzugsgebiet für das sprachlich und ethnologisch interessante Volk der Basken geworden, die außerdem noch die Gebirge der Baskischen Provinzen bewohnen.

Die **Zentralpyrenäen** mit den höchsten Gipfeln des ganzen Gebirges und kleinen Gletschern haben ebenfalls reichlich Niederschläge. Die Vegetation entspricht der des Westteils, nur geht sie in der Höhe in alpine Arten über. Zu den Zentralpyrenäen gehört dem geologischen Bau nach die südlich vorgelagerte Zone der Sierren, die durch das ostwestlich streichende Längstal von Aragonien, eine mit tertiären Ablagerungen erfüllte tektonische Senke, von diesen getrennt ist. Im Gebiet der Zentralpyrenäen liegt die Republik Andorra.

Die **Ostpyrenäen** beginnen am *Col de la Perche*, sind durch tektonische Längstäler stark aufgelockert und für den Verkehr günstiger als der zentrale Teil des Gebirges. Der höchste Gipfel ist der *Puigmal* mit 2913 m Höhe. Die Sommerdürre des Mittelmeeres zeigt hier bereits ihre Spuren. Mächtige Herbstregen richten durch Abspülung oftmals große Verheerungen an. Für Ackerkulturen, die bis 1000 m Höhe emporreichen – der Ölbaum gedeiht bis 850 m Seehöhe –, ist oft künstliche Bewässerung nötig. Der Weinbau beschränkt sich auf das Vorland bis 500 m Höhe. Das Gebirge dient als Sommerweide für Schafherden, die aus dem Ebrobecken emporgetrieben werden.

Die nordwestlichen Küstengebirge

Die nordwestlichen Küstengebirge in den spanischen Landschaften Galicien, Asturien und den Baskischen Provinzen sind altes Rumpfschollenland aus widerständigen kristallinen Schiefern. Die Küste wird von Bruchlinien gebildet. In die Gebirgsketten sind Beckenlandschaften, wie das obere *Miñotal* oder das Becken von *Santiago de Compostela*, eingeschlossen. Die Nordwestküste enthält weitgeöffnete Buchten, die als vom Meer überflutete Talstücke aufzufassen sind (Rias) und die Entwicklung von Häfen begünstigt haben; die beiden bedeutendsten sind heute *Vigo* und *La Coruña*. Infolge reicher Niederschläge und eines ausgeglichenen Klimas ist üppige Bewaldung vorhanden, doch auch Ackerbau (vor allem Mais, in höheren Lagen Roggen) wird betrieben. Bei *Bilbao* und *Santander* baut man erhebliche Mengen von kreidezeitlichen Eisenerzen ab, die größtenteils ausgeführt werden. Auch der Fischfang (Thunfische, Sardinen u. a.) spielt hier eine Rolle.

Das Ebrobecken

Das Ebrobecken, das vom *Ebro* durchflossene Tiefland, ist etwa gleichzeitig mit der Pyrenäenauffaltung entstanden und anschließend mit Salzen, Gipsen und Mergeln aufgefüllt worden, über denen rötliche Sandsteine flach lagern. Infolge der geringen Niederschläge ist die Vegetation steppenhaft, sie besteht z. T. aus Salzpflanzen. Nur mit künstlicher Bewässerung ist der Anbau von Getreide und Oliven möglich. Die Bewässerungskulturen wurden bereits von den Arabern eingerichtet. In den letzten Jahrzehnten ist durch eine Vielzahl

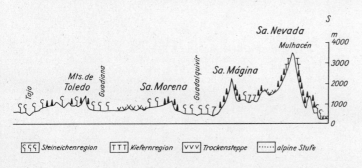

von Stauseen und Bewässerungskanälen die bewässerte Fläche wesentlich erweitert worden. Insgesamt sollen nach Beendigung der Meliorationen 361 000 ha neues Bewässerungsland und 157 000 ha Land mit verbesserter Bewässerung zur Verfügung stehen. An den Hängen gedeiht guter Wein. Die Gebirge, die das Becken umrahmen und überwiegend aus Kalken bestehen, sind waldarm und öde. Mittelpunkt des Ebrobeckens ist das schon zur Römerzeit bedeutende *Zaragoza*.

Die spanische Meseta

Das innere Hochland, die spanische Meseta, wird wieder von einer aus alten paläozoischen und kristallinen Gesteinen aufgebauten Rumpffläche gebildet. Jedoch ist das Grundgebirge weitgehend von tertiären und pleistozänen Ablagerungen aus Gipsen und Tonen, Schottern, Kalken und Sandsteinen überdeckt, die in ehedem abflußlosen Senken entstanden sind. Aus den Schuttmassen ragen die Gebirge teils als Härtlinge, teils als aufgewölbte Schollen empor. Die Flüsse, die das Hochland in meist ostwestlicher Richtung queren, haben anfangs in breiten Mulden einen trägen, oft stark verwilderten Lauf, schneiden sich in den Rand der Meseta mit tiefen, schluchtenartigen Tälern und starkem Gefälle ein und haben im Unterlauf wieder ausgeglicheneres Gefälle, so daß praktisch nur hier Schiffahrt möglich ist. *Duero*, *Tajo* und *Guadiana* sind die wichtigsten Ströme. Sie gliedern die Landschaft, die außerdem durch das von Westsüdwesten nach Ostnordosten streichende K a s t i l i s c h e S c h e i d e g e b i r g e, das in der *Sierra de Gredos* bis 2 592 m aufragt, in einen nördlichen und südlichen Teil zerlegt wird. Das gesamte Gebiet hat kontinentales Klima, so daß auch die Vegetation ein einheitliches Gepräge erhält. Im Norden wechseln öde, wasserlose Kalksteintafeln, die Páramos, mit breiten fruchtbaren Talebenen aus Mergelboden ab, in denen Getreide und Wein gedeihen. Im Süden, im Bergland von E s t r e m a d u r a, ist das Gelände stärker gegliedert. Immergrüne Stein- und Korkeichenwälder bedecken die Höhen. Ackerbau tritt zurück, während die Buschvegetation für Viehzucht (Schafe und Schweine) ausgenutzt wird. Die Ebene von L a M a n c h a am oberen Guadiana ist einförmiges Ackerland. Die Meseta ist das Kernland des heutigen Spaniens, in dem sich *Madrid*, zentral und verkehrsgünstig gelegen, zur Hauptstadt des Landes entwickelte. Im großen ganzen ist aber die Meseta sehr dünn besiedelt; in weiten Gebieten sinkt die Dichte auf unter 20 Einw. je km². Außer Madrid sind daher auf der ganzen Meseta nur noch wenige Großstädte zu finden. Das Hochland birgt eine Reihe von Bodenschätzen. Die wichtigsten sind die Kupfererze vom *Rio Tinto* am Südrand der Meseta und die Quecksilberlager von *Almadén*. Beide Lagerstätten zählen zu den reichsten ihrer Art in Europa.

Das andalusische Tiefland

Das andalusische Tiefland, das Guadalquivirbecken, ist junges Anschwemmungsgebiet. Ein Dünenwall (Arenas Górdas) mit dahinter gelegenen Sümpfen (Las Marismas) zieht sich längs der Küste hin. Der *Guadalquivir* ist schiffbar und bildet die Hauptverkehrsader. In seinem Mündungsgebiet befinden sich Brutkolonien der Flamingos.
Je nach Boden und Bewässerung wechseln Ödland, Weiden (Zucht von Kampfstieren) mit Obst- und Zitrusfruchtkulturen, Wein- und Weizenland oder Olivenhaine. Wegen oft anhaltender Trockenzeiten ist künstliche Bewässerung erforderlich. Die andalusische Ebene bildete im Mittelalter das Kerngebiet des Maurenreiches. Mittelpunkte sind auch heute noch *Córdoba* und *Sevilla*, das nach der Entdeckung Amerikas, als es lange Zeit der wichtigste spanische Hafen war, eine zweite große Blüte erlebte. Mit einem Jahresmittel von +19,6 °C ist Sevilla die wärmste Stadt Europas.

Die Mittelmeerküste und die Betische Kordillere

An der spanischen Mittelmeerküste ist überall der mediterrane Einfluß spürbar. Die große sommerliche Hitze wird durch kühle Seewinde allerdings etwas gemildert. Die Niederschläge reichen vielfach zum Anbau nicht aus und müssen durch künstliche Bewässerung ergänzt werden. Diese sorgfältig bewässerten und bebauten Landstriche nennt der Spanier Huerta (Garten) oder Vega (bewässerte Flußaue oder Ebene). Die intensive Bewirtschaftung hat insbesondere um die großen Städte zu einer Verdichtung der Bevölkerung geführt, so daß die Mittelmeerküste im Durchschnitt der am dichtesten besiedelte Teil Spaniens ist. Es gedeihen Orangen, Wein und Reis. Berühmt ist der bereits von den Arabern angelegte Dattelpalmenhain von *Elche*. In der Umgebung von *Málaga*, der Stadt mit der höchsten jährlichen Sonnenscheindauer Europas, werden sogar Zuckerrohr, Bananen und Baumwolle angebaut.
Der Küste parallel streicht im Süden die B e t i s c h e K o r d i l l e r e, auch A n d a l u s i s c h e s F a l t e n g e b i r g e genannt, die im *Mulhacén* (*Sierra Nevada*) 3 478 m Höhe erreicht. Auch im Norden, in K a t a l o n i e n, wird die Küste von

einigen Randgebirgszügen begleitet. Diese werden von den Flüssen *Ebro*, *Llobregat* und *Ter* in engen Tälern durchbrochen. Alle genannten Flüsse schieben ein Delta ins Meer vor. Katalonien ist heute das bedeutendste Industriegebiet Spaniens, seine Hauptstadt *Barcelona* nach Madrid die zweitgrößte des Landes. Die Bewohner dieser Provinz, die Katalanen, sprechen eine besondere Sprache, deren Eigenarten sie zwischen das Spanische und das in Südfrankreich gesprochene Provenzalische stellt. Im mittleren Küstenabschnitt, an der Küste der Provinzen Valencia und Murcia, sind *Valencia, Alicante* und *Cartagena* die wichtigsten Häfen.

Die zu Spanien gehörigen Inselgruppen der Pityusen mit *Ibiza* (572 km²) und *Formentera* (115 km²) und die der Balearen mit *Mallorca* (3390 km²) und *Menorca* (754 km²) sind als Fortsetzung der Betischen Kordillere aufzufassen. Die meist schroffen Kalkberge ragen auf Mallorca bis 1445 m empor. Das Klima ist warm und zugleich maritim. Südfrüchte, Wein, Oliven und Getreide gedeihen vortrefflich. Auf den Pityusen ist die Gewinnung von Seesalzen von Bedeutung.

Die portugiesischen Randlandschaften bilden, obwohl keine klare, natürliche Grenze gegen das Hochland der Pyrenäenhalbinsel vorhanden ist, eine physiogeographische Einheit. Dieses Küstenland ist stark vom Atlantischen Ozean her beeinflußt, und die Verbindung zum spanischen Hinterland ist durch schwer zugängliche Flußtäler und öde Hochländer erschwert. Im geologischen und tektonischen Bau setzen sich viele der ostwestlich gerichteten Leitlinien von der Meseta her bis zur Küste fort. Das Kastilische Scheidegebirge findet seine Weiterführung in der *Serra da Estrela* (1991 m) und im *Cintragebirge* (529 m) bei *Lissabon* (*Lisboa*); desgleichen ist das Bergland in der Provinz Algarve die Fortsetzung der Sierra Morena. Die von der Meseta in tief eingeschnittenen Tälern herankommenden Flüsse *Minho* (*Miño*), *Douro* (*Duero*) und *Tejo* (*Tajo*) sind erst im Unterlauf schiffbar und zeigen wie auch der *Sado* infolge starker Gezeiten trichterartig erweiterte Mündungen, die recht günstige Häfen bilden. Im Süden sind breite Schwemmländer mit abgeschnürten Lagunen das beherrschende Element. Hier wird auch das Klima erheblich milder, wobei die Niederschlagsmengen infolge des ozeanischen Einflusses überall verhältnismäßig hoch sind. Das rauhere Klima im Norden ist der gebirgigen Lage zuzuschreiben. Hochportugal zwischen dem Minho- und Dourotal trägt auf seinen Hochflächen Wiesen und fruchtbare Felder, teilweise Eichen- und Buchengehölze und Heiden. In geschützten Tallagen gedeihen auf terrassierten Hängen Wein (Portwein), Obst, Oliven, selbst Feigen und Mandeln. Südlich des Dourotales ist das gebirgige Beira eine seit alters entwaldete Landschaft mit öden Granitflächen, die in der Serra da Estrela die höchste Erhebung Portugals bilden. Die neuerdings begonnene Neuaufforstung des Landes wird durch die Schaf- und Ziegenzucht stark behindert. Unmittelbar am Meer ziehen sich Marschen und Überschwemmungsgebiete hin, die dem Reisanbau und der Großviehzucht dienen. Sie wechseln mit Dünensäumen, die Kiefernwald und Stechginsterheiden tragen. Die Flußebene des Tejo und ihre Umrandung bilden mit ihren fruchtbaren Feldern die Kornkammer Portugals. Einst ein Gebiet der Großplantagen, herrschen Wein- und Obstbau neben dem Getreideanbau vor. Das stark bewaldete Küstenbergland der *Serra da Arrabida* (500 m) weist dank der häufigen Nebel eine üppige subtropische Vegetation auf, in der man Baumfarne, Teesträucher und Kamelien findet. Schließlich trägt das südlichste Gebiet, die Landschaft Algarve, rein mittelmeerisches Gepräge. Soweit nicht auf Urgesteinen oder Kalken Macchien entstanden sind, lassen sich mittels künstlicher Bewässerung – die Niederschläge reichen nicht aus – Zitrusgewächse, Agaven, Erdnüsse, sogar Bananen und Zuckerrohr kultivieren. Die trockenen Gebiete tragen Espartogras, Zwergpalmen und Opuntien, während im Gebirge Korkeichenwälder häufig sind. Mit jährlich ungefähr 180000 Tonnen ist Portugal der größte Korkproduzent aller Länder.

Portugal

Die Apenninhalbinsel im engeren Sinne erstreckt sich bei einer Breite von 125 bis 200 km rund 1000 km von Nordwesten nach Südosten. Im Westen werden ihre Küsten vom Ligurischen und Tyrrhenischen Meer, im Osten vom Adriatischen und Ionischen Meer bespült. Im allgemeinen rechnet man jedoch auch noch das festländische Italien und die italienischen Inseln sowie die zu Frankreich gehörende Insel Korsika und schließlich Malta hinzu. Mit durchschnittlich 155 Einw. je km² ist dieses Gebiet damit selbst für europäische Verhältnisse außerordentlich dicht besiedelt, weil berücksichtigt werden muß, daß es ungewöhnlich arm an Bodenschätzen ist – Steinkohle und Eisenerze fehlen fast völlig – und die Industrie noch nicht die Rolle spielt wie in anderen, ähnlich dicht besiedelten Gebieten unseres Erdteils. Die Bevölkerung der Apenninhalbinsel besteht fast ausschließlich aus Italienern, auch die Korsen,

Die Apenninhalbinsel

die Bewohner Korsikas, sprechen größtenteils eine italienische Mundart. Fremdsprachige Gebiete liegen besonders in Norditalien; in Friaul leben rund 300 000 Slowenen, an der französischen Grenze (Aostatal) etwa 100 000 Franzosen, in der Provinz Bolzano (Bozen) rund 90 000 Deutsche und in den Dolomitentälern kleinere Gruppen Ladiner (Rätoromanen). In Süditalien und auf Sizilien wohnen verstreut etwa 150 000 Albaner und 30 000 Griechen.

Infolge ihrer zentralen Lage im Mittelmeerraum hat die Halbinsel im Laufe der Geschichte oft eine führende Rolle in diesem Gebiet gespielt. Dies gilt besonders für die Antike, als Rom sich aus einem Stadtstaat zu einem das gesamte Mittelmeergebiet umfassenden Reich entwickelte und Italien im Zentrum der damals bekannten abendländischen Welt lag. Erst mit der Entdeckung Amerikas (1492) und des Seewegs nach Indien und Ostasien, die eine Verlagerung des Welthandels sowie des wirtschaftlichen und politischen Schwergewichts zur Folge hatte, verlor die Apenninhalbinsel ihre bisherige Stellung.

An der Straße von Tunis nähert sich Italien in Sizilien der afrikanischen Küste auf 150 km, während es an der Straße von Otranto bis auf 73 km an die Balkanhalbinsel heranrückt. Die Adria ist auch sonst im Mittel nur 150 km breit. Schroff ragen im Norden die Alpen auf und bilden eine klimatische Grenze. Sie bilden aber kein schwierig zu überwindendes Hindernis wie etwa die Pyrenäen, da sie zahlreiche bequeme Pässe aufweisen, die stets – schon seit der Antike – eine Verbindung zwischen Italien und dem zentralen sowie nördlichen Europa ermöglicht haben. So führen heute eine ganze Reihe leistungsfähiger Bahnlinien aus Oberitalien über die Alpen hinweg. Die Brennerbahn Verona–Innsbruck–München kommt im Gegensatz zu den meisten anderen Linien sogar ohne große Tunnelbauten aus. Die Strecke Mailand–Bern verfügt in dem 19,8 km langen Simplontunnel über den längsten Gebirgstunnel der Erde. Ähnliche Bauten finden sich auch auf den Linien Mailand–Zürich (Gotthardtunnel 15 km) und Turin–Lyon (Mont-Cenis-Tunnel 12,8 km). Das jüngste Glied der Tunnelbauten sind die für den modernen Kraftverkehr errichteten Straßentunnel, die auch im Winter die Befahrbarkeit gewährleisten. Mit 11,6 km Länge ist der Montblanctunnel der längste Straßentunnel der Erde.

Die Ostküste hat mit Ausnahme des Spornes des Monte Gargano einen glatten Verlauf, und die Gebirge treten nicht unmittelbar ans Meer heran. Die Westküste dagegen ist stark gebuchtet; Schwemmlandstreifen mit Dünengürteln wechseln hier mit Steilküsten und kesselförmigen Golfen ab. Durch den *Golf von Taranto* wird die Halbinsel im Süden in die zwei Sporne Kalabrien und Apulien aufgespalten.

Der Apennin, der das Rückgrat der Halbinsel bildet, gehört wie die Alpen zu den jungen Faltengebirgen. Im Frühtertiär fand die Hauptfaltung statt; im Pliozän war jedoch der Großteil der Halbinsel des nördlichen und mittleren Apennin nochmals vom Meere überflutet. Anschließend begann sich das Gebiet zu heben. Diese Vorgänge vollzogen sich in den verschiedenen Teilen des Landes uneinheitlich und waren von Zeiten des Stillstands oder örtlichen Rücksinkens unterbrochen. Im Süden, in Kalabrien und auf Sizilien, lassen sich Hebungen bis über 1 000 m nachweisen. Im Golf von Neapel und in den Pontinischen Sümpfen südöstlich von Rom sind tektonische Bewegungen noch heute zu beobachten. So läßt sich an den Säulen des Serapistempels (Macellum) von *Pozzuoli* bei Neapel erkennen, daß das Land seit dessen Erbauung im Altertum unter den Meeresspiegel gesenkt und dann wieder gehoben wurde. Kalke und Dolomite sind die hauptsächlichen Gesteine. Jüngerer Flysch sowie Sandsteine, Mergel, Konglomerate und Tone wurden mit in die Gebirgsbildung einbezogen. Besonders die letzteren fördern die Entstehung von Bergrutschen, hier Frane genannt, da sie Tone, wenn sie Wasser aufgenommen haben, Gleithorizonte bilden, auf denen die darüber lagernden Massen abrutschen. Da die Gebirge schon im Altertum sehr stark entwaldet wurden, ist die Bodenabspülung weit verbreitet. Unbewachsene Plateaus und Schotterlehnen kennzeichnen die verkarsteten Kalkgebirge, deren höhere Lagen oft auch wildgezackte schroffe Bergformen aufweisen.

Alte kristalline Gesteine, die Reste der Tyrrhenischen Masse, sind in einzelnen Schollen auf Korsika und Sardinien sowie im Silagebirge und Aspromontegebirge Kalabriens und in Nordsizilien erhalten.

Im Zuge der noch andauernden Gebirgsbildung treten öfters Erdbeben auf, und der Vulkanismus ist vielerorts noch rege. In Ober- und Mittelitalien liegen weite Vulkangebiete (Toskana, Latium, die Colli Euganei und Monti Berici zwischen Venedig und Verona) mit Maaren und erloschenen Vulkanschloten. Beim Vesuv sind seit dem Jahre 79 n. u. Z., als er nach einer langen Zeit der Ruhe erstmalig wieder ausbrach und die Städte Pompeji und Herculaneum verschüttete, eine ganze Reihe größerer Eruptionen zu verzeichnen gewesen (1872, 1906, 1944). Der Ätna auf Sizilien hat allein im 20. Jahrhundert mehrere größere Ausbrüche gehabt. Auch die Phlegräischen Felder bei Neapel und die beiden Liparischen Inseln Vulcano und Stromboli weisen noch tätige Vulkane auf. Schließlich sind auch die vielfach auftretenden Mineralquellen, Solfataren (Schwefeldämpfe) und Soffionen (Borquellen) vulkanische Zeugen.

Das flache Tafelland von Apulien im Südosten besteht aus den gleichen marinen Kalken wie der Apennin, nur wurde das Gebiet von der Faltung nicht betroffen. Die Oberitalienische Ebene, das Tiefland des Po, ist eine mit pleistozänen und holozänen Flußablagerungen erfüllte ehemalige Meeresbucht.
Ähnliche Aufschüttungsebenen kleineren Ausmaßes haben in Mittelitalien die Flüsse Tiber und Arno geschaffen. Ein umfangreiches und verzweigtes Flußsystem hat nur der Po entwickelt. Die Flüsse der Halbinsel sind bis auf die eben genannten meist nicht sehr lang. Besonders die nach der Adria hin entwässernden Flüsse sind sehr kurz, da die Wasserscheide sich auf der Ostseite der Halbinsel hinzieht. Viele Flüsse führen nur periodisch Wasser; sie werden dann als Fiumara bezeichnet. Seen eiszeitlicher Herkunft – Comer See, Lago Maggiore, Gardasee u. a. – begleiten den Rand der Alpen, während in Mittelitalien vielfach alte Krater (Seen von Bracciano, Albano, Bolsena, Nemi) oder Hohlformen der Karstgebiete (See von Fucino in den Abruzzen) mit Wasser gefüllt sind.
Das Klima Italiens zeigt von Norden nach Süden starke Abstufungen. Die Poebene ist infolge der im Norden und Süden aufragenden Gebirge sehr kontinental und weist mitteleuropäische Klimaverhältnisse auf, d. h. Regen zu allen Jahreszeiten, heiße Sommer und oft recht kalte, manchmal sogar schneereiche Winter (Mailand im Januar 0,2 °C, im Juli 23,8 °C, jährliche Niederschläge 850 mm). Nur in einigen südalpinen Tälern und an den oberitalienischen Seen findet infolge der geschützten Lage und günstigsten Strahlungsverhältnisse mediterrane Vegetation Wachstumsbedingungen. Eigentlich mediterranes Klima ist erst an der italienischen Riviera am Golf von Genua und dann in Mittel- und Süditalien anzutreffen. Die Westseite der Halbinsel und die Gebirge sind sehr regenreich, da die Zyklonen der Westdrift wie auch die Schirokko-Tiefs hier Niederschläge bringen. Auf der Ostseite und nach Süden zu werden die Regenmengen geringer. Die Auswirkung der sommerlichen Trockenzeit, die hier bis zu vier Monaten dauern kann, wird immer fühlbarer. Die mittleren Wintertemperaturen steigen auf 8 bis 10 °C an. Während in der Poebene noch sommergrüne Pflanzen anzutreffen sind, beginnt jenseits des Apennin die immergrüne mediterrane Vegetation. Wälder von Stein- und Korkeichen, Edelkastanien und Lorbeer, Tannen und Kiefern (Pinien) bedecken die Berghänge, soweit nicht Zwergsträucher, die Buschformationen der Macchie, an ihre Stelle getreten sind. Ölbaumhaine nehmen weite Areale ein. Weizen-, Mais- und Weinbau sind verbreitet. Zitrusgewächse, Mandeln und Feigen findet man besonders südlich von Neapel, vor allem in Kalabrien und Sizilien. Agaven und Opuntien, die einst aus Amerika eingeschleppt wurden, gehören heute mit zur Flora Italiens, doch auch reine Ödandstrecken sind nicht selten.

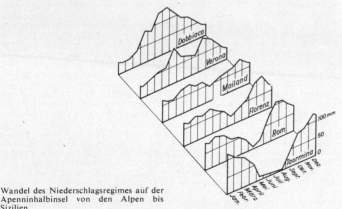

Wandel des Niederschlagsregimes auf der Apenninhalbinsel von den Alpen bis Sizilien

Die italienischen Alpen

Ober- oder Festlanditalien, das nicht zur eigentlichen Halbinsel gehörige Gebiet, umfaßt die vom Po und seinen Nebenflüssen aufgeschüttete Oberitalienische Ebene und den italienischen Alpenanteil.
Der italienische Alpenbogen schwingt von den *Seealpen* (3297 m), die unmittelbar an der ligurischen Küste aufragen, bis zu den Karnischen und Julischen Alpen an der österreichisch-jugoslawischen Grenze. Im Westabschnitt fehlen die mesozoischen Kalke als Gebirgsbildner. Die *Cottischen Alpen* (*Monte Viso* 3841 m) und die *Grajischen Alpen* (*Gran Paradiso* 4061 m), wie auch die Gruppen des *Montblanc* (4810 m) und *Monte Rosa* (4638 m), die sämtlich z. T. schon auf französischem oder schweizerischem Gebiet liegen und zu den höchsten Erhebungen der Alpen zählen, sind durchweg aus kristallinen Gesteinen aufgebaut. Östlich des Lago Maggiore verbreitert sich das Gebirge.

Hier beginnen die Kalkalpen. Zu ihnen gehören die *Bergamasker* (3052 m), *Bernina-* (4049 m), *Adamello-* (3556 m), *Trientiner* (3899 m), *Karnischen* (2780 m) und *Julischen* (2863 m) *Alpen.* Wohl die reizvollsten von allen sind die *Dolomiten* mit ihren bizarren Berggestalten: *Marmolada* (3342 m), *Monte Cristallo, Rosengarten.*

Breite, von pleistozänen Gletschern überformte Täler sind in der Randzone des Gebirges von langgestreckten, teilweise verzweigten Seen erfüllt, die nach Süden zu von Endmoränengürteln abgeriegelt werden. Ihre herrliche Lage, ihr mildes Klima und die üppige mediterrane Pflanzenwelt locken alljährlich zahlreiche Fremde an den *Lago Maggiore* (212 km²), *Luganer See* (48 km²), die beide allerdings schon auf schweizerisches Gebiet mit übergreifen, an den *Comer See* (146 km²), *Iseo-See* (61 km²) und *Gardasee* (370 km²).

Die Alpen selbst weisen Gebirgsflora auf, bei der über einem Waldgürtel die Region der Matten folgt. In vielen Tälern am Südrande haben subtropische Gewächse Eingang gefunden. Es gedeihen Weizen und Mais sowie Obstbäume vielfach bis weit in das Gebirge hinein, und an sonnigen Hängen wird Weinbau betrieben, z. B. im Adigetal bis *Bolzano* (*Bozen*) und *Merano*, im *Veltlin*, im *Val Sugana.* Infolge der intensiven Bewirtschaftung sind die Ufer der italienischen Alpenseen und die angrenzenden Alpentäler – auch das der *Adige* (*Etsch*) – sehr dicht bevölkert. Größere Städte finden sich aber erst am Rande der Alpen: *Bergamo, Brescia* und *Verona.* Die reichen Wasserkräfte werden zu einem großen Teil schon ausgenutzt. Der gewonnene Strom wird vor allem in den oberitalienischen Industriestädten verbraucht.

Die Poebene

Die Poebene hat eine Breite von 100 bis 200 km und eine Längserstreckung von 500 km. Als junge Geosynklinale war sie bis ins Pliozän vom Meere überflutet. Seit dem Pleistozän haben hier vor allem die aus den Alpen kommenden Flüsse mächtige Ablagerungen angehäuft. Auch heute wächst das Delta des *Po* noch jährlich bis zu 76 m in die Adria hinein, so daß ehemalige Hafenstädte heute weit ab vom Meere liegen, z. B. *Adria* 27 km, *Ravenna* 8 km. Der gesamte Landgewinn beträgt im Jahre etwa 1 km².

Die Tiefebene selbst, die im Westen um das Hügelland von *Monferrato* (*Bric della Maddalena* 716 m) weit herumgreift und in die südlich von *Vicenza* die jungen Vulkangebirge der *Colli Euganei* (603 m) und der *Monti Berici* (444 m) eingestreut sind, ist keineswegs einheitlich. Unmittelbar vor den Alpen breitet sich das zumeist aus trockenen Ebenen bestehende Moränenhügelland aus, das teilweise ackerbaulich genutzt wird, im Bereich der wenig fruchtbaren Ferrettoplatten, deren Böden ockerfarbene entkalkte Rotlehme enthalten, jedoch nur kargen Hartlaubmischwald trägt; dieser wird Brughera oder Boscaccio genannt.

Nach dem Po hin schließen sich trockene Kulturebenen aus umgelagertem Moränenmaterial an. Hier werden Weizen und Mais angebaut. Dieses Gebiet wird im Süden durch einen Quellstreifen, die Zone der Fontanili, begrenzt. Über undurchlässigen Lehmen tritt hier Grundwasser zutage. Nun folgt eine feuchte Kulturlandzone, die ehemals von Bruchwäldern eingenommen wurde. Heute gedeiht hier Reis. Vor allem aber bildet das Grünland die Futtergrundlage für eine intensive Großviehzucht. Die im Winter unter Wasser gesetzten Wiesen (Winterrieselwiesen) ermöglichen bis fünf Heuernten im Jahr. Doch auch Gemüse und Obst wird hier speziell für den Bedarf der zahlreichen Städte angebaut, unter denen sich die beiden bedeutendsten italienischen Industriezentren befinden: *Milano* (*Mailand*, Textil- und Elektroindustrie) und *Torino* (*Turin*, Kraftwagenindustrie). Der Po selbst und seine Nebenflüsse sind kanalisiert und eingedeicht. In seinem Unterlauf strömt der Po streckenweise als Dammfluß dahin, d. h., sein Spiegel liegt höher als die Ebene zu beiden Seiten. Trotz der Eindeichung haben sich gerade in den letzten Jahrzehnten schwere Überschwemmungskatastrophen nicht verhindern lassen. Von *Ferrara* bis zur Adria erstreckt sich das Sumpfgebiet des Deltas, in dem sich der Po in sieben Arme aufspaltet. Die Küste ist reich an Lagunen und Haffen. Im Bereich der oberen Adria sind in den letzten Jahren aus Fischerdörfern eine Reihe von Seebädern entstanden, die bereits internationalen Ruf erlangten, wie *Jesolo, Cattolica, Sottomarina.* In der ausgedehntesten Lagune breitet sich das an prächtigen historischen Bauten reiche und nur durch einen Damm mit dem Festland verbundene *Venezia* (*Venedig*) aus. Es war im Mittelalter zeitweilig eine der mächtigsten Städte im östlichen Mittelmeer. Heute ist es Hauptstadt der fruchtbaren Provinz Venetien, die sich zwischen den Alpen und der Adria ausdehnt. Erdölvorkommen wurden bei *Ravenna* erschlossen und haben diese aus dem Altertum und der Ostgotenzeit bekannte Stadt zu einem Zentrum der italienischen Erdölverarbeitung werden lassen. Die hinter der adriatischen Küste gelegenen Strandseen, deren größter der von *Comacchio* ist, werden vielfach zur Fischzucht genutzt. Südlich des Po, nach dem Nordapennin hin, sind die verschiedenen Landschaftszonen nicht so deutlich ausgeprägt. Über ein verhältnismäßig schmales Hügelland hinweg steigt die Ebene zum Gebirge an. Tief haben die Fiumara ihre schluchtartigen Täler eingeschnitten. Ihre vielfach nur dürftig bewachsenen Hänge sind von Spülrinnen, den Calanchen, zerfurcht. Am Apenninrande hat bis heute die kleine Republik *San Marino* ihre politische Unabhängigkeit wahren können, während sie wirtschaftlich dem italienischen Territorium eingegliedert ist. Die großen Städte – *Bologna*, die Hauptstadt der historischen Provinz Emilia mit der ältesten italienischen Universität und vielseitiger Industrie, *Modena* u. a. – liegen dort, wo die großen Verkehrswege, insbesondere die Bahnlinie Mailand–Bologna–Ancona–Bari, aus der Poebene unweit des Gebirgsfußes zur Ostküste und weiter nach Süditalien führen. Die Hauptverkehrsachse des Kraftverkehrs bildet die autobahnartige „Autostrada del Sole", die vorläufig von Mailand bis Neapel ausgebaut ist, jedoch bis Kalabrien weitergeführt werden soll.

Mittelitalien bildet eine Übergangslandschaft zwischen der Poebene und Süditalien. Die Temperaturen sind ausgeglichener als im Norden. Trotz hoher Niederschlagsmengen längs der Westküste ist der Sommer hier bereits regenärmer. Das Gebiet läßt sich in den nördlichen und zentralen Apennin und in die Küstenlandschaften gliedern. Diese Landschaften sind auf der adriatischen Seite ziemlich einheitlich, während im Westen zunächst an der Riviera bis unmittelbar an die Küste der nördliche Apennin reicht und südlich anschließend am Ligurischen und Tyrrhenischen Meer die Küstenlandschaft von einem abwechslungsreichen, von Flußebenen unterbrochenen, teilweise bis zu Mittelgebirgshöhen aufragenden Vorgebirgsland gebildet wird. Dieses oft mehr als 100 km breite Vorland wird als *Toskanisch-Römischer Subapennin* bezeichnet und von den Landschaften Toskana, Umbrien und Latium eingenommen.
Der **nördliche Apennin** wird in seinen einzelnen Abschnitten als Ligurischer, Toskanischer und Etruskischer Apennin bezeichnet; er schwingt von der Westküste der Halbinsel, die er im Hinterland der Riviera und des *Golfs von Genua* flankiert, nach der Ostseite, ohne hier jedoch unmittelbar an die Küste der Adria heranzutreten. Die höchste Erhebung wird im etwa zentral gelegenen *Monte Cimone* (2 165 m) erreicht. Während der Anstieg zum Gebirge von Norden aus der Poebene allmählich erfolgt, ist er vom Ligurischen Meer aus ziemlich steil. Für den modernen Verkehr ist der nördliche Apennin ein erhebliches Hindernis. Die wichtige Eisenbahnlinie aus der Poebene über Bologna nach Florenz und Rom konnte das Gebirge nur mit Hilfe kostspieliger Tunnelbauten (Apenintunnel 18,5 km lang) überwinden. Aus Hartlaubgehölzen gelangt man mit zunehmender Höhe in Grasfluren und Erikaheiden; einst wuchsen hier Laubwälder aus Eichen, Buchen und Kastanien, von denen kümmerliche Reste an einigen Stellen erhalten geblieben sind. Die Apuanischen Alpen, die im Nordwesten durch die Talfurche der *Magra* vom Apennin getrennt sind und diesem parallel streichen, zeigen schroffe Formen. Hier liegt der durch seinen hochwertigen Marmor bekannte Ort *Carrara*.
Die Riviera di Levante ist eine von jungen Bruchlinien gebildete gebirgige Küste am Ligurischen Meer. Steil ragen die Klippen und Berge unmittelbar am Meer auf und lassen kaum Raum für Besiedlung und Kulturflächen. In geschützter Lage gedeiht hier eine üppige mediterrane Vegetation mit Orangen und Dattelpalmen. Kurorte von Weltruf, z. B. *Rapallo, Portofino, Nervi, Sestri*, sind in malerischen Buchten in großer Zahl entstanden. Amphitheatralisch steigt an den Ausläufern des Apennin die Hafenstadt *Genova* (Genua) empor. Während die Wohngebiete die umliegenden Höhen zunehmend erobern, hat man durch seewärtige Aufschüttungen für Hafen- und Industriegelände sowie zur Anlage eines modernen Flughafens neue Flächen geschaffen. Westwärts schließt sich die gleichgestaltete Riviera di Ponente an. Hier liegen die bekannten Badeorte *San Remo, Ventimiglia* und der berühmte botanische Garten von *La Mortola; Savona* hat sich zu einem Umschlaghafen für Eisenerze des Ligurischen Apennins entwickelt.
Im **zentralen Apennin** werden in den Abruzzen die größten Gipfelhöhen der Halbinsel erreicht. Die Gruppe des *Gran Sasso* (2 914 m) und der *Majella* (2 795 m) zeigen bizarre Hochgebirgsformen. Die ärmlichen Karstböden sind nur zu kümmerlicher Viehzucht brauchbar. Die Schafherden, die sommers die Bergweiden nutzen, werden im Winter in die Ebenen hinabgetrieben. Den Gebirgsfuß säumt beiderseits eine Hartlaubvegetation, die in den Tälern teilweise tief ins Gebirge hinein vordringt. Eine Besonderheit sind abflußlose Hochbecken, die zur Versumpfung neigen. Das bekannteste ist der durch einen Kanal zum *Liri* entwässerte und in fruchtbares Kulturland umgewandelte *Fuciner See* bei *Avezzano*, der ehemals Brutstätte der Anophelesmücke und damit als Malariaherd berüchtigt war.
Toskana kann als zerschnittene, im Mittel 500 m hoch gelegene, wellige Ebene aufgefaßt werden, in die die Flüsse *Arno, Chiana* und *Ombrone* ihre Täler eingesenkt haben. Die Höhen tragen immergrüne Hartlaubwälder aus Eichen und Kastanien, während an den Hängen gute Weine (Chianti) gedeihen. Wo die Weinkulturen zurücktreten, nehmen Olivenhaine ihre Stelle ein. In den Tälern, die teilweise – so in der Umgebung von Florenz – gartenartig bebaut werden, gedeiht Getreide. Nur aus mageren Tonen bestehende Gebiete, wie am Ober-

Mittelitalien

lauf des Ombrone, sind vegetationsfeindlich und werden gelegentlich als „Wüste Italiens" bezeichnet. Am mittleren Arno liegt, malerisch in das Tal eingebettet, das durch seine Kunstwerke aus der Renaissance berühmte *Firenze* (Florenz), während sich am Unterlauf *Pisa* ausbreitet, das gleichfalls viele historische Bauwerke aufweist, und unweit der Arnomündung *Livorno* zu einer bedeutenden Hafenstadt geworden ist.

Am oberen *Tiber* greift die subapenninische Landschaft **Umbrien** am weitesten in das Gebirge hinein. Im Aussehen gleicht sie Toskana. In weiten Becken liegen die Städte *Perugia* und *Foligno*. Der aus dem Krieg Roms gegen Karthago bekannte, 259 m hoch gelegene *Trasimenische See* ist mit 128 km² der größte See Mittelitaliens. Seit dem Mittelalter hat sich hier das Flußnetz verändert. Die Chiana entwässert nicht mehr südwärts zum Tiber, sondern zum Arno hin. Ein Kanal verbindet heute beide Flußgebiete.

Latium ist ein hügeliges, jungvulkanisches Gebiet. In ihm ist zwar heute der Vulkanismus erloschen, jedoch sind die Ausbrüche bis in die geschichtliche Zeit hinein nachweisbar. Vulkankegel und Kraterreste von oft beträchtlicher Größe, die vielfach von Seen (*Lago di Bracciano*, *Lago di Bolsena*, *Lago di Vico*) eingenommen werden, sind die sichtbaren Spuren. Das vulkanische Gebiet reicht von Etrurien bis zu den *Albaner Bergen* (Maare des *Nemi*- und *Albanosees*) südlich von Rom und ist durch die Aufschüttungsebene des *Tiber* (*Tevere*) und *Aniene* gegliedert. Vom Apennin wird die Ebene durch die Senke des *Liri* und *Sacco* getrennt. Die Berge tragen vielfach Hartlaubwälder (Lorbeer, Kastanie, Eiche), die Hänge sind mit Weinbergen und Olivenhainen bestanden. Im Schwemmland des unteren Tiber, der *Campagna*, liegt Rom. Aus bescheidenen Anfängen hatte es sich in der Antike zur Hauptstadt des römischen Weltreichs entwickelt. Auch heute noch zeugen zahlreiche Bauwerke von jener Zeit. Die Campagna, die noch im vorigen Jahrhundert überwiegend Weideland war, ist neuerdings genau wie das heute weitgehend trockengelegte Gebiet der *Pontinischen Sümpfe* nach erfolgreicher Bekämpfung der Malaria stärker besiedelt und in Ackerland umgewandelt worden. Die Küste wird auf weite Strecken von Dünengürteln begleitet, hinter denen sich Sumpfgebiete (*Maremmen*) hinziehen.

Der **adriatische Küstensaum** ist ein im Mittel 30 km breiter Streifen Hügelland, der von zahlreichen vom Apennin herabkommenden Flüssen und Fiumaren zerschnitten wird. Er schiebt sich zwischen Apennin und Adria ein und ist eine meist baumlose, nur als dürftige Schafweide nutzbare, steppenhafte Landschaft. Lediglich in den Tälern wird Ackerbau getrieben. Von den vegetationsarmen Hängen lösen sich während der Regenzeit häufig Frane, die Verkehrswege und Siedlungen bedrohen. Die Küste selbst ist flach und sandig. Die einzige Stadt von Bedeutung ist *Ancona*.

Süditalien

Die Abgrenzung zwischen Mittel- und Süditalien ist weniger in der Oberflächengestalt zu suchen, als vielmehr klimatisch und pflanzengeographisch vorgezeichnet. Beide Gebiete sind durch wirtschaftlich einheitliche Züge gekennzeichnet. Infolge ausgeprägter sommerlicher Trockenheit und winterlicher Regen sind im Süden die Hauptgebiete der mediterranen Kulturen, z. B. Zitrusfrüchte und Feigen, zu finden.

Der Hauptteil des Gebietes entfällt auf den Südapennin, der sich durch Teile von Kampanien und Basilicata nach Kalabrien hinzieht. Auf der adriatischen Seite nimmt das flachwellige Hügelland von Apulien breiten Raum ein.

In **Kampanien** wendet sich der Apennin wieder mehr der Westküste zu und engt das dem Tyrrhenischen Meer zugekehrte Vorland ein. Ausläuferartig springen Querrücken gegen die Küste hin vor, die von kesselartigen Einbruchbuchten, den *Golfen von Gaëta*, *Neapel*, *Salerno* und *Policastro*, gebildet wird. Teilweise sind in ihrer Verlängerung noch Inseln, wie das vulkanische *Ischia* oder die malerische Felseninsel *Capri*, angeordnet. Der *Volturno* hat eine breite Ebene aus dem überwiegend vulkanischen Material des Vesuvs und der erloschenen *Roccamonfina* (1003 m) geschaffen. Im Umkreis des Golfes von Neapel ist in dem noch in reger Tätigkeit befindlichen *Vesuv* (1277 m), dessen Kegel sich auf einem alten, zertrümmerten Vulkan, dem *Monte Somma*, erhebt, und der alten Kraterlandschaft der *Phlegräischen Felder* mit der Solfatare von *Pozzuoli* tätiger Vulkanismus anzutreffen. Trotz wiederholter verheerender Ausbrüche ist wegen der hohen Bodenfruchtbarkeit und Klimagunst das Land äußerst dicht besiedelt (bis 1700 Menschen je km²). Eine fast ununterbrochene Kette von Ortschaften zieht sich von *Napoli* (*Neapel*) aus am Fuß des Berges rings um den Golf. Es ist hier eine Gartenlandschaft entstanden, die die höchsten Bodenerträge ganz Italiens liefert. Die sonnigen Hänge des Vesuvs und der Sorrentiner Halbinsel sind mit Wein bepflanzt. Es gedeihen ferner Orangen, Zitronen und Feigen. Gemüsefelder mit Artischocken, Blumenkohl, Tomaten, Frühkartoffeln u. a. dehnen sich weithin aus. Auch Weizen und Mais werden angebaut, doch sind die Getreidefluren meist mit Obst- und Nußbäumen oder Ulmen, an denen sich Weinreben emporranken, durchsetzt. An den Kalkbergen trifft man schüttere immergrüne, der Trockenheit angepaßte Busch- und Macchienvegetation an.

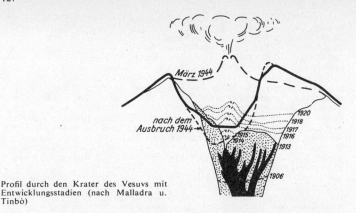

Profil durch den Krater des Vesuvs mit Entwicklungsstadien (nach Malladra u. Tinbò)

Der **Südapennin,** der Höhen über 2000 m erreicht, ist weit stärker als der übrige Apennin in einzelne Massive zerlegt. Durch Längs- und Querbrüche wird das Gebirge in zahlreiche Horste gegliedert, die meist nach der tyrrhenischen Küste zu steil abbrechen. Damit wird der Durchgangsverkehr von der Ost- zur Westküste sehr erleichtert. Der *Lukanische Apennin* biegt nach Südwesten um und löst sich in Kalabrien in die aus Gneisen, Graniten und Urschiefern aufgebauten Schollen des *Silagebirges* (1930 m), der *Serra* (1420 m) und des *Aspromonte* (1956 m) auf. Diese tragen teilweise noch ursprüngliche, wenn auch stark gelichtete Eichenwälder, die mit Heiden durchsetzt sind. Hartlaubwälder gehen auf der stärker beregneten Westseite des Südapennin mit abnehmender Höhe in Zitrusfruchtkulturen über, während auf der Ostseite nur in Kalabrien ähnliche Verhältnisse anzutreffen sind. In Basilicata schließt sich dagegen infolge unzureichender Niederschläge an den Waldgürtel unterhalb von 300 m Steppe an. Das baumlose Hügelland wird aber soweit wie möglich genutzt (Weizen, Ackerbohne, Esparsette).
Der **adriatische Küstensaum** wird südlich des *Monte Gargano* von der flachhügeligen Landschaft **Apulien** eingenommen, die schließlich in Tiefland übergeht. Die von steilen Bruchrändern begrenzte Scholle des Monte Gargano ragt auf der Nordseite des Golfes von *Manfredonia* bis 1056 m empor. Im oberen Teil trägt sie teils Buschwald, teils ist sie verkarstet. An ihren Hängen wird in Terrassen Obst, Getreide und Esparsette angebaut. Meerwärts sind die kleinen Inseln der *Tremiti*-Gruppe, *Pianosa* und die bereits zu Jugoslawien gehörige *Palagruža*-Gruppe vorgelagert. In der Umgebung von *Foggia* haben aus dem Apennin kommende Flüsse eine weite Ebene geschaffen, die teilweise versumpft war. Erst in den letzten Jahrzehnten hat man sie durch gründliche Melioration in fruchtbares Getreideland umgewandelt. Es schließt sich südöstlich ein flachwelliges Tafelland – *Tavogliere delle Puglie* – an. Die Kreidekalke werden von fruchtbaren Tertiärschichten schwach überdeckt. Auch hier herrscht der Ackerbau, an ungünstigeren Stellen die Weidenutzung vor. Neben Schafen werden auch Rinder und Pferde gehalten. Jedoch breitet sich das Ackerland immer mehr auf Kosten der Weide aus. In dem durchschnittlich 300 bis 400 m hohen Gebiet der *Murgie* (*Torre desperato* 686 m) liegt der verkarstete Kalk offen zutage und ermöglicht allenfalls dürftige Weidewirtschaft in den Macchien. Die bedeutendste Stadt Apuliens ist *Bari*, in dessen Umgebung die Bevölkerungsdichte auf weit über 300 Einw. je km² steigt. Die Salentinische Halbinsel, der Südsporn Italiens, ähnelt in vielem der eben beschriebenen Landschaft Murgie, doch ist sie flacher, und die Kalke sind mit Sanden und Tonen überdeckt. Starker Wassermangel verhindert eine stärkere Vegetation. Nur unmittelbar an der Küste finden sich, meist auf der Grundlage künstlicher Bewässerung, Kulturen von Wein, Obst, Oliven, sogar Baumwolle, daneben auch Getreidebau. Auch das Hinterland des Golfs von Taranto (Lukanien) wurde in die Meliorationen einbezogen.

Die Inseln

Die Inseln Korsika und Sardinien zeigen in ihrem geologischen Bau verwandte Züge. Alte kristalline Gesteine, die Reste eines abgesunkenen tyrrhenischen Festlandes, treten in ihnen zutage. Nur durch die 12 km breite Straße von *Bonifacio* werden die beiden Inseln voneinander getrennt.
Das kleinere, zu Frankreich gehörende Korsika (8700 km²) besteht im Innern aus Graniten, an die sich ein Schiefergebirgsmantel und im Süden schließlich kalkige Gesteine anschließen, die die malerische *Bucht von Ajaccio* umrahmen. Die höheren Gipfel (*Monte Cinto* 2710 m) haben ihre Formung

durch eiszeitliche Vergletscherung erhalten. Hauptort der mäßig dicht (30 Einw. je km²) besiedelten Insel ist *Ajaccio*. Eine Einnahmequelle der korsischen Bevölkerung ist heute der lebhafte Fremdenverkehr.

Das italienische Sardinien (24 100 km²) wird im nördlichen und zentralen Teil von kristallinen Gebirgen eingenommen, die im *Gennargentu* 1834 m erreichen und in ihren Formen den korsischen Bergen gleichen. Dem Nordwesten geben vulkanische Gesteine das Gepräge. Das südwestlich stark auf gelockerte erzreiche Bergland von *Iglesias* wird durch die breite Diagonalsenke des *Campidano* abgetrennt. Trotz großer Fruchtbarkeit ist diese Ebene nur dünn besiedelt, da bislang die Malaria, die nunmehr gebannt werden konnte, die Bevölkerung stark dezimierte. Am Nordende läuft das Campidano in die Lagunensümpfe von *Oristano* aus. In den letzten Jahren hat der Anbau von Reis in diesen Gebieten Bedeutung erlangt. Im Süden liegt *Cagliari*, die Hauptstadt der Insel. Da der Fremdenverkehr bisher nur wenig Eingang gefunden hat, ist die Insel noch ziemlich unberührt. Auch wirtschaftlich ist sie noch zurückgeblieben.

Die dreieckige Insel Sizilien (25 740 km²), durch die früher wegen ihrer Strudel – Szylla und Charybdis der Odyssee – gefürchtete *Straße von Messina* vom Festland getrennt, bildet in ihrem Bau die natürliche Fortsetzung Süditaliens und das Übergangsglied nach Afrika. Der Apennin setzt sich vom Aspromonte in den Gebirgen der Nordküste der Insel – dem *Peloritanischen* (1286 m), *Nebrodischen* (1846 m) und *Madonischen Gebirge* (1935 m) – fort. Während hier noch der Charakter des Kettengebirges herrscht, löst sich das Gebirgsland nach Westen zu immer mehr in unzusammenhängende Schollen auf und verliert gleichzeitig an Höhe. Einige Golfe, z. B. die von *Termini, Palermo, Castellammare*, gliedern die Nordküste. Hier treten die Gebirge zurück, und fruchtbare Ebenen ziehen sich am Meere hin. In der Ebene der *Conca d'Oro* liegt im Schutze des Kalkmassivs des *Monte Pellegrino* die Hauptstadt der Insel, *Palermo*. Das gesamte Innere der Insel wird von einem welligen Berg- und Hügelland eingenommen. Soweit es die Trockenheit zuläßt, werden Getreide und Oliven angebaut, im übrigen nutzt man die dürftige Weide durch Schaf- und Ziegenzucht. Die Ostseite ist stark vulkanisch. Während im Süden im hybläischen Bergland der Vulkanismus z. Z. ruht, ist das Massiv des *Ätna* (3370 m), dessen Flanke von Hunderten von Eruptionskegeln überdeckt ist, noch in reger Tätigkeit. Dieser Vulkanismus setzt sich auf den nördlich Siziliens gelegenen *Liparischen Inseln* fort, von denen sich der *Stromboli* (926 m) auf der gleichnamigen Insel in ständiger Tätigkeit befindet, während der Krater der Insel *Vulcano* (386 m) periodisch ausbricht. Wegen der großen Fruchtbarkeit der Böden sind die Hänge des Ätna, insbesondere die Hochebene, die den Berg im Süden und Osten in 300 bis 500 m Höhe umgibt, außerordentlich dicht besiedelt. In den unteren Lagen gedeihen Zitrusfrüchte und subtropische Gewächse, darüber folgt eine Zone des intensiven Wein- und Obstbaues, die nach oben in einen Waldgürtel aus Edelkastanien und Rotbuchen übergeht. Bei 1800 m etwa liegt die Baumgrenze. Das Schwemmland des *Simeto* bildet eine breite Ackerbaufläche, in der sich *Catania*, die zweitgrößte Stadt der Insel, ausbreitet. Im Altertum war Sizilien die Kornkammer Roms. Heute sind weite Areale unbebaut oder öde Macchie. Abgeholzter Wald kommt nur schwer wieder hoch, da das Land rasch verkarstet und es zur Zerschluchtung und Franenbildung kommt. Durch Terrassierung und künstliche Bewässerung wird der Anbau gefördert (im Süden auch von Baumwolle). Im Inneren und im Süden wird Schwefel abgebaut, einer der wenigen Bodenschätze des sonst an mineralischen Rohstoffen armen Italiens. Ende des vorigen Jahrhunderts hatte Sizilien fast eine Monopolstellung in der Schwefelgewinnung inne, heute ist sein Anteil an der Weltförderung nur noch gering. Bei *Ragusa, Gela* und *Caltanisetta* wurden Erdöllager entdeckt.

Auf der von Sizilien nach Tunis verlaufenden Schwelle liegen die Vulkaninsel Pantelleria sowie die nichtvulkanische Inselgruppe Malta und die Insel Lampedusa. Malta war seit 1800 britisch und ist außerordentlich dicht bevölkert (mehr als 1000 Einw. je km²). 1964 wurde Malta selbständig (seit 1974 Republik). Die Bewohner haben eine eigene Sprache, das Maltesische, das eine arabische Mundart mit zahlreichen italienischen Lehnwörtern ist.

Die mediterranen Landschaften der Balkanhalbinsel

Im Gegensatz zur Apenninhalbinsel erstreckt sich der Einfluß des Mittelmeeres auf der östlichen der drei südeuropäischen Halbinseln, der Balkanhalbinsel, nur auf schmale Küstensäume. Da Gebirge mit küstenparallelem Streichen meist bis unmittelbar an das Meer herantreten und Küstenebenen sowie breite Flußtäler, die das Innere des Landes erschließen, weitgehend fehlen, zeigt der überwiegend gebirgige Kern der Halbinsel ein rein kontinentales Gepräge, das den kühl-gemäßigten Klimaten des zentralen und östlichen Europas zuzurechnen ist. Es werden hier daher nur die rein mittelmeerischen Küstengebiete längs der Adria, die politisch zu Jugoslawien und Albanien gehören, sowie Griechenland behandelt, das gleichfalls zum mediterranen Gebiet zu rechnen ist.

Längs der adriatischen Küste streichen in südöstlicher Richtung junge tertiäre **Die adriatische Küste**
Faltenzüge aus kretazisch-oligozänen Kalken und Mergelsandstein (Flysch),
die nach Alter und Aufbau dem Apennin vergleichbar sind. In dem zu Jugoslawien gehörigen Dalmatien treten sie unmittelbar bis zur Küste heran, und
auch die vorgelagerten Inseln sind Reste ehemals zusammenhängender
Gebirgszüge, zwischen denen infolge Senkung das Meer eingedrungen ist. In
dem weiter südöstlich gelegenen Albanien treten die Gebirge vom Meer
zurück, und eine breite, z. T. sumpfige Ebene bildet die Küstenlandschaft.
Die langgestreckten Inseln der östlichen Adria und die dalmatinischen Küstengebirge gehören zu den Dinariden. Landeinwärts schließt sich das Plateau
des Hochkarsts an, das sich vom Golf von Triest bis zum Shkodrasee (Skutarisee) hinzieht. Das Karstgebirge im Nordwesten trennt die nahezu dreieckige
Halbinsel Istrien ab, die sich zwischen dem *Golf von Triest* und dem *Kvarner*
einschiebt und wie das ganze Gebiet teils Terra-rossa-Böden auf Kalken, teils
in Mulden Flyschgesteine enthält. Die Halbinsel Istrien gehört seit 1945 wieder
zu Jugoslawien, das damit in *Pula* und *Rijeka* zwei gute Häfen an der Adria
besitzt. Im Norden der Halbinsel liegt das italienische *Trieste* (*Triest*), nach
Venedig die zweitgrößte Stadt an der Adria. Die Dinarischen Gebirge setzen
sich südwärts über das *Kapellagebirge* (1533 m) und *Velebitgebirge* (1758 m),
über die Bergketten der jugoslawischen Republiken Bosnien-Hercegovina und
Montenegro nach Albanien fort. Infolge junger tektonischer Bewegungen ist
das Meer teilweise weit zwischen die Gebirgszüge eingedrungen und hat in
Dalmatien eine Ingressionsküste geschaffen. Die weniger widerstandsfähigen
Flyschgesteine wurden abgetragen, und es bildeten sich in der Streichrichtung
der Gebirge Meeresstraßen, als Kanäle bezeichnet, denen langgestreckte
gebirgige Inseln, Reste der ehemals zusammenhängenden Faltenketten, vorgelagert sind. Die bekanntesten dieser Inseln sind im Norden *Krk* und *Cres*,
im Süden *Hvar*, *Korčula* und *Mljet*. Teilweise greifen die Buchten tief in das
Land ein, wie z. B. die von *Šibenik* und *Kotor*. Die Niederschläge sind längs
der gebirgigen Küste besonders hoch. Hier gedeihen Südfrüchte, Wein und
Oliven. Der Waldbestand wurde besonders im Mittelalter stark gelichtet, als
die Republik Venedig zeitweilig die dalmatinische Küste beherrschte und das
Holz zum Schiffbau aus den dortigen Wäldern holte. Kalte Fallwinde aus
nördlichen und nordöstlichen Richtungen, die Bora, die kontinentale Kaltluft
über die Gebirge hinweg zur Adria führen, richten oft erheblichen Schaden an.
Die überaus malerische Landschaft lockt viele Fremde an. Ehemalige Fischersiedlungen sind zu Badeorten geworden. Ein besonderer Anziehungspunkt ist
das herrlich gelegene, altertümliche *Dubrovnik*. Dalmatien besitzt ebenso wie
Istrien wertvolle Bauxitlager. Die Kalkgebirge selbst einschließlich des Hochkarsts machen einen wenig einladenden Eindruck. Infolge der schonungslosen
Abholzung der Wälder sind die höheren Lagen heute meist kahl oder tragen
nur kümmerliche Macchien, die allenfalls als Schaf- und Ziegenweide dienen
können. Karsterscheinungen geben der Landschaft ihr Gepräge. Erdfälle,
Dolinen und Poljen sind typisch. Unterirdische Höhlen, wie die berühmte
Adelsberger Grotte bei Postojna, weisen ein eigenes hydrologisches System
auf.
In Niederalbanien treten die Faltenketten der Dinariden von der Küste,
die hier in die Nordsüdrichtung einschwenkt, zurück und geben einem
Schwemmlandstreifen Raum, der zwischen tertiärem Hügelland von den
Flüssen geschaffen wurde. Dünenwälle und Nehrungen, die Strandseen abriegeln, begleiten die meist flache Küste. Einige Kliffe sind da zu finden, wo die
nordnordwest-südsüdost streichenden Tertiärzüge aus Sandsteinen und Konglomeraten die Küste erreichen.
In jüngster Vergangenheit waren diese Niederungen noch von Brackwassersümpfen erfüllt, die Brutstätten der Malariamücke bildeten. Trotz seiner
Fruchtbarkeit war dieser Bereich nur dünn besiedelt, wohingegen nachweislich
in der Antike hier blühendes Kulturland bestand, in dem die griechischen
Kolonialstädte Apollonia und Epidamnos lagen. Neuerdings wurden umfangreiche Meliorationen durchgeführt; der am Nordrand der *Muzakjaebene*
gelegene Sumpf *Knëta e Terbufit* und die *Knëta e Durrësit* in der Nähe von
Durrësi wurden entwässert und werden landwirtschaftlich genutzt. Hier gedeiht bei künstlicher Bewässerung außer Mais und Gemüse auch Baumwolle.
Da die albanischen Flüsse sehr wasserreich sind und der Grundwasserspiegel
in den küstennahen Ebenen sich allgemein sehr nahe der Oberfläche befindet,
ist allenthalben künstliche Bewässerung möglich.
Im Gegensatz zum waldreicheren Hochalbanien ist das niederalbanische
Hügelland überwiegend mit Macchie aus Ginster, Baumheide und dornigen
Sträuchern bestanden, in die Eichenbuschwälder eingestreut sind. Durch
Bodenerosion sind weite Badlandgebiete entstanden. Man ist gegenwärtig
bemüht, großräumige Aufforstungen vorzunehmen, was jedoch vielfach auf
große Schwierigkeiten stößt.
Auch das Tiefland um den 356 km² großen *Shkodrasee* (*Skutarisee*) ist fruchtbares Kulturland. *Durrësi* (im Altertum Dyrrhachium) ist zum Haupthafen
des Landes geworden und durch eine Bahnlinie mit Tirana und Elbasani verbunden. *Tirana*, die Hauptstadt Albaniens, die im letzten Jahrzehnt ihre Ein-

wohnerzahl nahezu vervierfacht hat, liegt in einem weiten Becken am Fuße der 1 500 m hohen, aus Kalken bestehenden *Krujakette*, der markanten Grenze Niederalbaniens gegen das Gebirgsland Hochalbaniens. Hier klingt der Einfluß des Mittelmeeres aus. Ebenfalls gegen die kalten Winde des inneren Gebirgslandes geschützt liegt, am mittleren *Shkumbini Elbasani* inmitten einer mediterranen Fruchtoase mit Zitrusfrüchten und Feigen. Aus einem südöstlich streichenden Längstal jenseits der Zentralkette bricht sich der *Drini* (*Drin*) zum Meer hin Bahn.

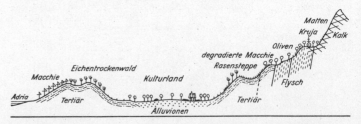

Schematisches Profil vom niederalbanischen Hügelland zur Krujakette (stark überhöht)

Im Gebirgsland der südalbanischen Küste tritt an die Stelle der Macchie die den rauhen Wintern gewachsene Schibljakvegetation. Darüber schließt sich der Eichentrockenwald an, der hier keine immergrünen Eichen mehr enthält und bis etwa 1 200 m emporreicht. In den Höhenlagen, wo die Wolken aufliegen, befindet sich ein Wald aus Buchen und Tannen, dem sich in den höheren Gebirgen ab 1 800 m noch eine Mattenstufe überlagert.
In Südalbanien treten die aus Kalk bestehenden Faltengebirgsketten wieder unmittelbar an die Küste und bilden mit steilen Abbrüchen die Küstenlinie, die den gleichen Typus wie in Dalmatien zeigt. An dieser albanischen Riviera liegen die wegen ihrer landschaftlichen Schönheit bekannten Orte *Vlora* (*Valona*) und *Saranda*. Weitgehend kahl erscheinen die verkarsteten Gebirge, in denen sich nur in Schluchten schüttere Trockenwälder finden.

Griechenland

Griechenland bildet den südlichen, am weitesten in das Mittelmeer vorgeschobenen Teil der Balkanhalbinsel, der im Westen vom Ionischen Meer, im Osten vom Ägäischen Meer begrenzt wird. Die Küstenlinie ist stark aufgelöst. Besonders nach dem Ägäischen Meer hin schließen sich Inselschwärme an, in denen sich die festländischen Gebirge fortsetzen. Buchten und Golfe greifen weit in das Land ein, so daß der mediterrane Einfluß selbst in den zentralen Landschaften noch zu spüren ist. Die griechischen Gebirge streichen teils von Nordwesten nach Südosten, teils von Südwesten nach Nordosten, so daß eine Kammerung des Reliefs vorhanden ist und zahlreiche abgeschlossene Beckenlandschaften entstanden sind. Es ergibt sich somit ein außerordentlich mannigfaltiges Landschaftsbild.
Die Zone junger Faltengebirge, die Dinariden, die auf der Westseite der Balkanhalbinsel südostwärts streicht, setzt sich von Albanien nach Griechenland hin fort. Auch der nordgriechische Pindos gehört dazu. Auf dem Peloponnes spalten sich die Faltengebirge in mehrere Ketten auf, die wie die Finger einer Hand auseinanderlaufen und in kleineren Halbinseln enden. Über die Sporaden und die Kykladen sowie über Kreta findet das ostwärts abbiegende dinarische Gebirgssystem Anschluß an die Faltengebirge Kleinasiens. Kreidezeitliche Kalke und Sande sowie Mergel aus dem Oligozän (Flysch) bauen die Gebirge auf. Im Osten der Halbinsel schalten sich Reste alter kristalliner Schollen ein: die Nordägäische Masse und die Kykladenmasse. Die nordägäische Scholle ist gebirgiger und zieht sich von Thessalien über die Halbinsel Chalkidike nach Thrazien hin, während die andere im Bereich der Ägäis liegt und nur in Attika das Festland berührt. Zwischen diese beiden Massive schiebt sich das ostgriechische Faltengebirge, das sich in der Inselgruppe der Sporaden fortsetzt. In ihm sind außer kretazischen Kalken auch paläozoische Schiefer verfaltet. Auch in den Gebirgen längs der ägäischen Küste von Südthessalien bis zum Peloponnes treten die gleichen Gesteine auf. Vulkanismus und im Zusammenhang damit Erdbebentätigkeit sind seit dem Tertiär noch nicht ganz abgeklungen, wie dies z. B. die Insel Thira (Santorin) beweist, auf der erst 1956 wieder ein schweres Erdbeben stattfand.
Die Flüsse sind im allgemeinen unbedeutend, da in der stark gegliederten Landschaft keine großen Stromgebiete zustande kommen können. Den Quellgebieten fehlt zumeist dichte Bewaldung, so daß die Niederschläge rasch abfließen oder im klüftigen Kalk versickern. Die starke Verkarstung der Gebirge

bringt ähnliche Verhältnisse wie in Dalmatien mit sich. Manche Wasserläufe verschwinden plötzlich, fließen durch unterirdische Höhlensysteme und kommen unvermittelt wieder an die Oberfläche. Gleiche Erscheinungen treten bei den Seen auf, die oftmals durch Schlundlöcher, Katavothren genannt, entwässert werden. So entleerte sich bereits im Altertum der Kopaïssee in Böotien. Heute sind vom Pheneossee, vom Stymphalischen See und vielen anderen derartige Vorgänge bekannt.

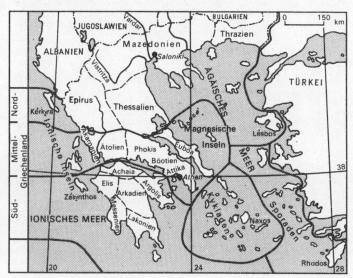

Die historischen Landschaften Griechenlands

Die innige Verzahnung von Land und Meer läßt den kontinentalen Einfluß weitgehend zurücktreten. Das mittelmeerische Klima kann sich daher entfalten, wenn es auch nach Norden zu merklich rauher wird. Die Westküste der Halbinsel ist unter dem Einfluß südwestlicher Winde am stärksten beregnet (800 bis 1 300 mm im Jahr) und hat mildere Winter. Die Ostküste ist hingegen, wie die Randgebiete der Ägäis überhaupt, wesentlich trockener (etwa 350 mm im Jahr) und hat mildere Winter. Heißen Sommern stehen oft empfindlich kalte Winter gegenüber. Das hat seinen Grund darin, daß im Sommer oft wochenlang Trockenwinde – die Etesien, d. h. Jahreszeitenwinde, nach denen das mediterrane Klima oft auch als Etesienklima bezeichnet wird – aus nördlichen Richtungen wehen, während im Winter von Nordosten ungehindert festländische Kaltluft einströmen kann.

Es herrschen immergrüne, der Trockenzeit angepaßte Pflanzen (Xerophyten) vor. Die Wälder sind in historischer Zeit vom Menschen stark zurückgedrängt worden. Kümmerliche Reste finden sich nur noch in den Gebirgen und nehmen nach Norden zu mitteleuropäisches Gepräge an. In der Höhe treten Nadelhölzer (Tanne, Aleppokiefer) an die Stelle der mediterranen Laubhölzer (Edelkastanie, Flaumeiche). In den Ebenen sind Ölbaumwälder verbreitet, sofern nicht macchienartiges Buschwerk und auf kargem Boden die steppenhafte Phrygana mit ihren dornigen Halbsträuchern und niederen Stauden die Oberhand gewinnen. Bei ausreichender Bewässerung gedeihen alle subtropischen Kulturen, insbesondere Zitrusfrüchte, Feigen, Wein (Korinthen) und Tabak. An Getreide werden in erster Linie Weizen, aber auch Gerste und Mais angebaut.

Die Küstengebiete, vor allem die meisten Inseln, sind ziemlich dicht besiedelt, die kahlen Gebirge des Inneren dagegen oft noch sehr menschenarm. Die größeren Städte liegen fast alle im Küstenbereich. Das Gesamtgebiet läßt sich in die drei größeren Landschaftsabschnitte Nordgriechenland einschließlich Griechisch-Mazedonien, Mittelgriechenland und Südgriechenland unterteilen. Hinzu kommt ferner die griechische Inselwelt.

An Bodenschätzen ist Griechenland nicht reich. Kleinere Braunkohlenvorkommen befinden sich in Mazedonien und auf Evvia. Am bedeutendsten ist heute die Förderung von Chromerzen im südlichen Thessalien, von Nickelerzen in der mittelgriechischen Landschaft Böotien und von Bauxit, das vor allem in der Nähe von Athen gewonnen wird.

Die Bevölkerung besteht überwiegend aus Griechen; daneben wohnen etwa 82 000 Bulgaren und 70 000 Albanier im Lande.

Nordgriechenland umfaßt die Landschaften Epirus und Thessalien sowie große Teile von Mazedonien. Epirus ist überwiegend gebirgig. Dinarische Kalkketten durchziehen von Norden nach Süden das Land. Die höchsten Höhen werden im *Pindos* (2633 m) erreicht, der zugleich die Wasserscheide zwischen dem Ionischen und dem Ägäischen Meer bildet. Seine Westhänge einschließlich der vorgelagerten, sehr gebirgigen Insel *Kérkyra* (*Korfu*, 586 km²) gehören zu den regenreichsten Gebieten Griechenlands. Hier entspringt der größte griechische Fluß, der *Acheloos* oder *Aspropotamos* (,Weißer Fluß'), der diesen Namen wegen seiner starken Schlammführung erhalten hat. Im Gegensatz zu der üppigen mediterranen Vegetation auf Kérkyra macht Epirus einen kahlen Eindruck. Nur im Pindosgebirge sind größere Wälder vorhanden. In den Tälern ist nur ein kümmerlicher Ackerbau möglich, sonst herrscht nomadische Schaf- und Ziegenzucht vor. Zur jahreszeitlichen Weideausnutzung müssen die Herden über weite Strecken wandern, den Winter verbringen sie in Thessalien oder in den Ebenen Ätoliens.

Thessalien besteht aus mehreren Beckenlandschaften, die von Gebirgen umrahmt werden. Kristalline Gesteine bilden den Untergrund. Ein Gebirgszug, dem *Olymp* (2911 m), *Kissavos* (1980 m) und *Pelion* (1618 m) angehören, streicht südwärts längs der ägäischen Küste. Das Gewässernetz ist teilweise älter als das heutige Relief. Der das Innere Thessaliens entwässernde *Peneios* durchbricht in der engen, antezedent angelegten Schlucht des Tempetals, das auch von der Bahn Saloniki–Athen benutzt wird, den obengenannten Gebirgskamm. Dicht daneben liegt das abflußlose Becken des *Karlasees*. Nach Südosten öffnet sich Thessalien zum *Golf von Vólos*. Die Beckenlandschaften werden weitgehend von Getreideland eingenommen, denn mediterrane Kulturen gedeihen hier nicht mehr. Schon in der Antike galt dieses Gebiet als die Kornkammer Griechenlands. Doch auch die Viehzucht ist von Bedeutung. Die Berghänge tragen schüttere Wälder. Die höchsten Gipfel der Gebirge zeigen Spuren eiszeitlicher Vergletscherung. Mittelpunkt des Beckens ist heute *Lárisa*.

Den Untergrund von Süd- und Ostmazedonien, die unmittelbar an das Ägäische Meer grenzen, bildet die aus kristallinen Gesteinen aufgebaute, nordägäische Masse. In *Kampania*, dem Hinterland des *Golfes von Saloniki*, haben die Flüsse *Vardar* und *Vistritsa* ein breites, z. T. sumpfiges Schwemmland geschaffen und schieben ihr Delta noch ständig weiter in den Golf hinein vor. Östlich der Vardarmündung, auf der Halbinsel *Chalkidiké*, liegt in malerischer Umgebung *Thessaloniké* (*Saloniki*), dessen Hafen aber durch das Vordringen des Vardardeltas stark gefährdet ist. Sein natürliches Hinterland reicht weit über die griechische Staatsgrenze nach Jugoslawien hinein. Fruchtbares Ackerland, auf dem vor allem Tabak angebaut wird, nimmt die weiten Ebenen ein. Östlich schiebt sich in drei Halbinseln, die durch Grabensenken voneinander getrennt werden, das Bergland von Chalkidiké südwärts vor, das im Berg *Athōs* eine Höhe von 2033 m erreicht. Die gleichnamige östliche Halbinsel ist durch ihre zahlreichen Klöster bekannt, die insbesondere von griechisch-orthodoxen Mönchen seit dem 10. Jahrhundert hier errichtet wurden. Die dort liegende Mönchsrepublik war bis 1913 selbständig und gehört seitdem zu Griechenland. An die Stelle der Wälder sind mediterrane Macchien getreten. Die Nordküste des Ägäischen Meeres einschließlich der des *Marmarameeres* wird von einem welligen Hügelland eingenommen, das im Osten als *Thrazien* bezeichnet wird. Es stellt die Südabdachung des Rhodopengebirges und seiner Ausläufer dar. Die Flüsse *Struma*, *Mesta*, *Meric* (*Marica*) und *Ergene* haben breite, fruchtbare Ebenen geschaffen, die im Deltagebiet vielfach versumpft sind. Hier gedeihen mediterrane Kulturen. Neben Weizen, Mais und Melonen liefert insbesondere das Gebiet um *Kavála* eine der besten Tabaksorten der Erde.

Mittelgriechenland oder **Rumelien** ist von Nordgriechenland durch die vom *Golf von Lamia* an der Ostküste ausgehende Senke, die der *Spercheios* durchfließt, getrennt. Es ist die kleinste der drei griechischen Teillandschaften. Hierzu gehören noch den festländischen Charakter zeigende Insel *Eúvoia* (*Euböa*, 3775 km²) und die Mittelionischen Inseln. Der Gegensatz zwischen Ost- und Westseite, der die gesamte Balkanhalbinsel beherrscht, ist auch hier ausgeprägt. Attika, Voiōtia (Böotien) und Fokis im Osten sind offene und durchgängige Landschaften, die dem Verkehr keine Hindernisse entgegenstellen. In Attika errang *Athen* schon im ersten Jahrtausend v. u. Z. eine Vormachtstellung. Inmitten der Stadt erheben sich auf einem Felsen die berühmten Tempelruinen der antiken Akropolis. Auch als Handels-, Verkehrs- und Industriestadt nimmt Athen als Landeshauptstadt eine Vorrangstellung ein. Das wellige Hügelland wird von einigen bis zu Mittelgebirgshöhen aufragenden Faltenketten durchzogen (*Helikon* 1749 m, *Pentelikon* 1110 m, *Hymettos* 1027 m). Einzelne Becken sind wie das des ehemaligen *Kopaïssees* oberirdisch abflußlos. Nach der Entwässerung ist der einstige Seeboden in Acker- und Wiesenland umgewandelt worden. Neben Getreide spielen auch Wein und Olive eine große Rolle.

Die mittelgriechischen Gebirge erheben sich im *Parnassós* (*Parnaß*, 2457 m) und in der *Giōnagruppe* (2512 m) bis zu alpinen Höhen. Steil brechen die

klotzigen Massive nach den Seiten ab. Die Gipfel sind von der Eiszeit geformt und heute allenthalben stark verkarstet. In Bruchlinien grenzt das Gebirge an den Golf von Korinth. Den eben genannten, weitgehend kahlen Gebirgen stehen in der *Vardussia* (2495 m) bewaldete, südwärts streichende Kämme gegenüber, die sehr stark zerschluchtet sind.
Ätolien – Akarnanien auf der Westseite der Halbinsel ist von dinarischen Faltenketten aus Kalken und Flysch durchzogen. Auch sie sind verhältnismäßig stark bewaldet, denn hier fallen reichlich Niederschläge. Der *Golf von Arta* liegt in der Fortsetzung der Grabensenke, die vom Golf von Lamia über die Spercheiosniederung westwärts verläuft. Niederätolien wird von Schwemmlandebenen, wie dem breiten, teilweise versumpften Delta des *Acheloos*, eingenommen. Es finden sich seenerfüllte Senken (*Agrinionsee*). Junge Senkungserscheinungen lassen sich vielfach an den Küsten deutlich nachweisen, so in der schlauchförmigen *Bucht von Ätiolikon* und im Lagunengebiet von *Missolungi*. Fruchtbare Böden und ausreichende Niederschläge haben intensive mediterrane Gartenkulturen (Wein, Zitrusfrüchte, Gemüse, Obst) entstehen lassen. Auch die vorgelagerten gebirgigen Mittelionischen Inseln *Leukas*, *Kefallenia* und *Itháke*, das Ithaka der Odyssee, zeigen ähnliche Verhältnisse.
Südgriechenland, auch als **Peloponnes** oder **Morea** bezeichnet, ist durch den *Golf von Korinth* und den *Golf von Pátrai* im Westen sowie vom *Saronischen Golf* (*Golf von Ägina*) im Osten von Mittelgriechenland getrennt und steht nur noch über die 6 km breite Landenge von *Korinth* und *Mégara*, die heute von einem Kanal durchquert wird, mit dem Festland in Verbindung. Das Land ist überwiegend gebirgig. Den südwärts streichenden dinarischen Faltenketten gesellen sich vielfach Querriegel zu, die ein gekammertes Relief entstehen lassen. Um ein zentrales Bergland, in das verschiedene Becken eingesenkt sind, gruppieren sich eine Reihe peripherer Landschaften. Das gebirgige Arkadien ist dem Verkehr schwer zugänglich. Einige der Becken sind oberirdisch abflußlos und von verlandenden Seen erfüllt, z. B. vom *Tagasumpf*, vom *Stymphalischen See* und vom zeitweise überschwemmten *Pheneossee*. Fruchtbare Terrarossa-Böden ermöglichen Acker- und Weinbau. Die Gebirge hingegen sind überwiegend kahl und verkarstet.
Im Nordosten schiebt sich zwischen die Golfe von *Ägina* und *Nauplia* halbinselartig die trockene Ebene von Argolis, die nach dem Innern zu in Bergland übergeht. Den Großteil des Landes bildet karge Phrygana. Nur im Umkreis der Siedlungen sind Kulturflächen, vor allem Getreidefelder, Ölhaine und Weinhänge, anzutreffen. Nördlich der Stadt *Argos* liegen die Ruinen der antiken Stadt Mykene, deren Ausgrabung H. Schliemann 1874 begann.
Achaia an der Nordküste trägt mit Ausnahme des Gebirgslandes üppige mediterrane Vegetation. Das Ödland tritt hier zugunsten der Äcker, Weinberge, Ölbaumwälder und Zitrusfruchthaine zurück. An Fruchtbarkeit wird diese Landschaft noch von dem im Nordwesten des Peloponnes gelegenen Elis übertroffen. Es ist ein von den Flüssen *Pinios* und *Alpheios* geschaffenes Schwemmland. Wein- und Getreidebau sowie Olivenhaine bestimmen das Landschaftsbild. Doch auch Großviehzucht wird betrieben. Die vorgelagerte, ehemals zum Festland gehörige Insel *Zákynthos* (Zante) zeigt ähnliche Züge. Weiter südwärts in Triphylien treten die Faltengebirgsketten unmittelbar an die Küste heran. Messenien, die westliche der drei Halbinseln der Südküste, wird in einem reich beregneten Küstenstreifen von fruchtbarem, mit Zitrusfrüchten bebautem Land eingenommen. Das gebirgige Innere hingegen trägt, von kümmerlichen Waldresten abgesehen, überwiegend Phrygana und Macchie. Ähnliches gilt von den beiden Seiten des *Eurotasgrabens* nach Süden verlaufenden Halbinseln, die vom *Taygetosgebirge* (2404 m) und *Párnōn* (1937 m) gebildet werden und zu Lakonien gehören. Oliven- und Zitrusfruchtkulturen bedecken neben Weinbergen die Tallagen und einen Streifen längs der Küste, während die Gebirge eine schüttere Trockenvegetation aufweisen.
Die griechische Inselwelt. Von Norden nach Süden werden die Inselgruppen der *Magnesischen Inseln*, der *Sporaden* und *Kykladen* unterschieden. Rezenter Vulkanismus ist von der *Santorin-Gruppe* (Inseln *Théra*, *Thērasía* und einige Klippen) und der Kleinasien zuzurechnenden Insel *Nisyros* bekannt. Außer in höheren Lagen wird auf den Inseln Weinbau und Fruchtgartenkultur betrieben.

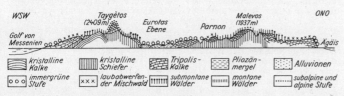

Schematisches Profil durch Lakonien: Geologie und natürliche Vegetation (nach Philippow u. Adamović)

Am weitesten nach Süden vorgeschoben ist die sich etwa 250 km in ostwestlicher Richtung erstreckende Insel **Kreta** (8 220 km²). Im *Theodorosgebirge* (2470 m) und im *Idagebirge* (*Ide*, 2456 m) werden beträchtliche Höhen erreicht. Im Bergland mit nur schütterer Vegetation und geringem Baumwuchs überwiegt kärgliche Schafzucht. In tieferen Lagen wird Acker- und Gartenbau betrieben. Ölbaum- und Weinkulturen sind von Bedeutung. Die beiden wichtigsten Orte, *Chaniá* und *Herákleion*, liegen an der Nordküste und sind noch bescheidene Mittelstädte.

Physisch-geographische Angaben

Flüsse	Länge (km)	Berge	Höhe (m)	Lage
Pyrenäenhalbinsel				
Ebro	927	Mulhacén	3 478	Sierra Nevada
Tajo (Tejo)	910	Pico de Aneto	3 404	Pyrenäen
Guadiana	830	Monte Perdido	3 355	Pyrenäen
Duero (Douro)	776	Puigmal	2 913	Pyrenäen
Guadalquivir	579	Peña Vieja	2 648	Picos de Europa
Júcar	498	Pico de Almanzor	2 592	Kastilisches Scheidegebirge
Miño (Minho)	340	Estrela	1 991	Serra da Estrela
		Montserrat	1 193	Katalonien
Apenninhalbinsel				
Po	676	Ätna	3 340	Sizilien
Adige (Etsch)	415	Monte Corno	2 914	Gran Sasso, Apennin
Tevere (Tiber)	393	Monte Cinto	2 710	Korsika
Adda	310	Monte Cimone	2 165	Ligurischer Apennin
Arno	241	Monti del Gennargentu	1 834	Sardinien
		Vesuv	1 277	Kampanien
		Stromboli	926	Liparische Inseln
Griechenland				
Meric (Marica)	514	Olymp	2 911	Nordthessalien
Vardar	368	Smólikas	2 637	Pindos
Strumōn (Struma)	330	Parnasós (Parnaß)	2 457	Phokis
Acheloos	220	Ida (Psiloritis)	2 456	Kreta
Peneios	83	Ilias	2 404	Taygetos

WESTEUROPA
Überblick

Abgrenzung. Unter Westeuropa versteht man die unmittelbar am Atlantik gelegenen Länder Großbritannien, Irland und Frankreich. Scharfe Grenzen für den physisch-geographischen Raum Westeuropa gegen Mitteleuropa hin kann man nur dort mit einiger Sicherheit angeben, wo höher aufragende Gebirge als Klimascheiden wirken und den Unterschied zwischen atlantischer West- und kontinentalerer Ostseite deutlich hervortreten lassen. So verlegt man die Ostgrenze Westeuropas im allgemeinen auf die Höhe der Westalpen und des Französisch-Schweizer Juras sowie auf den Kamm der Vogesen. Weiter nördlich schaffen Durchgangslandschaften dagegen eine breite Übergangszone zum mitteleuropäischen Raum, so daß eine Grenzziehung nur mehr oder weniger willkürlich vorgenommen werden kann. Es ist aber üblich geworden, hier den Südabfall der Ardennen und als westliche Fortsetzung die Schwelle von Artois, die das Nordfranzösische Becken von der flandrischen Ebene trennt, als physisch-geographische Grenze zwischen West- und Mitteleuropa anzusehen. Westeuropa umfaßt eine Fläche von etwa 850000 km².
Klima. Das gemeinsame, physisch-geographisch wichtigste Element Westeuropas ist das atlantische Klima, das sich hier um so stärker auswirkt, als in der Westwindzone die Luftmassenbewegungen an den Kontinent hineinführen. Jedoch schwächt sich dieser atlantische Klimacharakter bereits innerhalb der westeuropäischen Länder deutlich ab. Auf den vollatlantischen (euatlantischen) Randsaum folgen daher mehrere Übergangszonen. In Frankreich gehört hierzu z. B. die langgestreckte Senke des Saône- und Rhônetals. In England ist der Südosten wesentlich weniger maritim als die westlichen Außenränder. Charakteristisch für den atlantischen Klimatyp sind neben seiner geringen Temperaturamplitude der verzögerte Eintritt der Minima – im Februar, örtlich sogar im März – und Maxima – im August – sowie die im allgemeinen große Niederschlagshöhe, vor allem an den Küstenstrichen, die den Westwinden stark ausgesetzt sind. Die Bewölkung ist im allgemeinen stark, die Sonnenscheindauer besonders in den Küstenstrichen gering. Die Winter sind im großen und ganzen sehr niederschlagsreich, die Sommer etwas weniger, da Gewitterregen infolge der geringeren Erwärmung des Landes seltener sind.

Die Windwirkungen können übrigens unmittelbar an der Küste so stark sein, daß sie den Baumwuchs beeinträchtigen.

Pflanzenwelt. Die Wirkungen des atlantischen Klimas machen sich natürlich in erster Linie im Bild der Pflanzendecke bemerkbar. Sie sind auch für die Landwirtschaft bedeutsam, weniger allerdings durch die Milde des Winters – stärkere Kälteeinbrüche treten in vielen Jahren auf – als vielmehr durch die lange Dauer der Vegetationszeit. Der Boden kann schon im zeitigen Frühjahr wieder bearbeitet werden, sofern überhaupt eine Unterbrechung der Feldarbeit eintritt. Nachteilig sind die im allgemeinen mäßigen Sommertemperaturen, die das Reifen der Ackerfrüchte verzögern, sowie die Sommerregen, die in manchen Gebieten die Ernte behindern. Daher sind die Übergangsräume Westeuropas in agrar-geographischer Hinsicht vielfach günstiger gestellt als die Außensäume.

Durch die hohe Feuchtigkeit wird der Graswuchs sehr begünstigt. Der Mensch hat die Ausdehnung der schon von Natur vorhandenen Grasflächen noch gefördert, die damit im Landschaftsbild stark hervortreten. Sie lockern die Waldbestände zu parkartigen Formationen auf. Die Milde des Winters und die nur geringe Unterbrechung der Vegetationsdauer durch Frost begünstigen die Laubgehölze. Insbesondere Eichenwälder spielen daher im natürlichen Waldkleid eine beherrschende Rolle. Nur auf armen Böden, z. B. auf dem Dünensaum südlich der Garonnemündung, und in den höheren Gebirgslagen stellt sich Nadelholz ein: auf trockenen Landstrichen die Kiefer, in den feuchteren Gebirgswäldern die Tanne. Für die Milde des Winters ist bezeichnend, daß im euatlantischen Bereich schon immergrüne Gewächse gedeihen; die Stechpalme gilt geradezu als Charakterpflanze des atlantischen Bereichs. Efeu tritt als Lianengewächs in den Wäldern auf. Neben den Heiden sind auch Moore weit verbreitet.

Die Böden sind unter dem Einfluß des starken Wasserüberschusses überall dort, wo eine starke Durchspülung des Bodens stattfindet, podsoliert; es kommt häufig zur Ortsteinbildung, und der Pflanzenwuchs wird gehemmt. Die atlantischen Heiden stellen sich ein, deren Ausläufer wir vom Norden der BRD (Lüneburger Heide) her kennen. Kalkreiche Böden sind daher günstiger gestellt.

Großbritannien und Irland

Ist für die geschichtliche Entwicklung der Britischen Inseln die Trennung vom Festland – der Kanal ist an der engsten Stelle 31 km breit – von besonderer Bedeutung geworden, so ist für das Naturbild diese erst seit geologisch junger Zeit bestehende Unterbrechung der Landverbindung weniger entscheidend gewesen als die Randlage der Inseln im atlantischen Klimabereich. Die Hauptinsel wirkt dem Kontinent gegenüber in der gleichen Weise als Wellenbrecher und Regenfänger wie Irland gegenüber England. Die starke Aufgliederung gestattet ein leichtes Eindringen maritimer Einflüsse bis in das Innere der Inseln, denn der meerfernste Punkt Irlands ist nur 90 km, der Großbritanniens 120 km von dem nächstgelegenen Küstenpunkt entfernt. Dabei ist die geringe Meerferne für die natürlichen Gegebenheiten weniger wichtig als für die ökonomischen, insbesondere verkehrsgeographischen Verhältnisse.

Innerhalb der Hauptinsel ist das westliche Gebirgsland dem flacheren Osten vorgelagert, so daß hier der atlantische Einfluß weitgehend abgeschirmt wird. Der Südosten – etwa durch die Flüsse Severn und Tyne begrenzt – weist somit, insbesondere in bezug auf die Temperatur, nicht die Nachteile des vollatlantischen Klimas auf. In allen historischen Epochen hat der wirtschaftliche und damit auch der politische Schwerpunkt des Landes daher im Südosten gelegen. Die atlantische Seite der Insel war die Außenseite und hat das Übergewicht des Südostens nicht beseitigen können, obwohl späterhin vor allem infolge der Verkehrsgunst auch im Westen mächtige städtische Zentren entstanden sind (Manchester, Liverpool, Glasgow u. a.).

Der geologische Aufbau der Britischen Inseln spiegelt die Entwicklung des Kontinents wider (siehe Abb. S. 136). Schottland und der größte Teil Mittelenglands gehören dem kaledonischen Gebirgsrumpf an. Nur im äußersten Nordwesten stehen Granite einer alten Masse an, die wohl mit Grönland und dem Kanadischen Schild in Verbindung stand. Während der kaledonischen Gebirgsbildung am Ende des Silurs wurden die älteren Gesteinsserien gefaltet; Gneise und Schiefergesteine bilden weithin die Oberfläche. Die Abtragungsprodukte jenes Gebirges aber liegen in devonischen roten Sandsteinen, dem Old Red, vor, die dem kaledonischen Faltenrumpf oft flach auflagern. So entstanden in diesem kaledonischen Gebiet zwei Gebirgstypen, von denen der erste – durch kristalline Gesteine gekennzeichnet – in allen herausgehobenen Gebirgsschollen vorherrscht, während die Sedimentdecke des Old Red die Senkungsgebiete ausfüllt und deren Formenbild beeinflußt.

Der Südwesten der Inselwelt, nämlich der Süden Irlands, der südlichste Streifen von Wales und die südwestliche Halbinsel Englands (Cornwall und Devon) werden von der variszischen Gebirgsbildung bestimmt. Die variszischen Gebiete gehören dem armorikanischen Ast des Gebirgssystems an, der

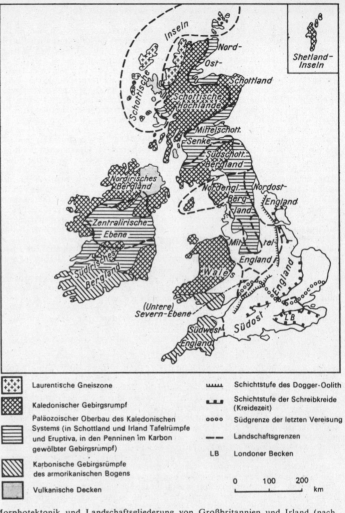

Morphotektonik und Landschaftsgliederung von Großbritannien und Irland (nach Machatschek u. J. H. Schultze)

vom Französischen Zentralmassiv über die Bretagne nach Nordwesten streicht und in Südwestengland nach Westen umbiegt. Seine Fortsetzung findet er dann an der Ostküste Nordamerikas im appalachischen System. Ostwestlich gerichtete Faltenzüge charakterisieren daher Südwales und Südirland und machen sich hier auch in der Gliederung der Küste deutlich bemerkbar. Die Hauptgesteine sind der devonische rote Sandstein und die weicheren Schiefer des unteren Karbons. Sie werden mehrfach von Granitmassiven durchragt. Die jüngere Abtragung hat aus dem Rumpf des längst abgetragenen Gebirges die Gesteinsunterschiede oft herausgearbeitet. Die Bergzüge folgen häufig den widerständigeren Sandsteinen und Graniten, während die Täler in den weicheren Schiefern angelegt sind. Kaledonisches und variszisches Gebiet sind im Tertiär in einzelne größere Schollen zerbrochen, die ungleichmäßig herausgehoben wurden. Sie bilden eine Reihe von Bergländern, die fast überall wenig gegliederte Rumpfflächen aufweisen, in den höheren Teilen jedoch durch die eiszeitlichen Gletscher kräftig überformt worden sind, so daß breite Trogtäler, Rundbuckel und mit Seen erfüllte glaziale Wannen entstanden. In den Vorsenken der alten Faltengebirge haben sich an verschiedenen Stellen Kohlenlager gebildet, die einen besonderen Reichtum der Hauptinsel ausmachen. Die tertiäre Zerstückelung der Schollen hat in Nordwestschottland und im nordöstlichen Irland zu einem heftigen Vulkanismus geführt, der ausgedehnte Basaltdecken hinterlassen hat.

In dem weniger gehobenen Südostteil der Insel hat sich die mesozoische Schichtenserie erhalten und bildet heute eine Schichtstufenlandschaft.
Das Formenbild der Insel bestimmen auch die starken Wirkungen der Meeresbrandung, die durch die Gezeiten verstärkt wird und die Küsten des Landes dauernd angreift. Die Zurückverlegung der Küste insbesondere dort, wo sie aus weniger widerständigen Gesteinen besteht, bereitet vielerorts große Sorge, doch steht diesem Küstenabbruch an anderer Stelle eine nicht unbedeutende Anlandung gegenüber. Die Küstengestaltung ist äußerst unregelmäßig. Neben mehr oder weniger sanft geschwungenen oder geradlinigen Kliffküsten, wie im Bereich der mesozoischen Gesteine des Südostens, treten die stark gegliederten Kliffküsten hervor, in denen die Gezeiten tiefe Mündungstrichter ausgearbeitet haben. In ihnen staut sich bei Flut das Wasser, und es kommt zu außergewöhnlich hohem Tidenhub, der im Mündungstrichter des Severn bei Bristol mit 14 m das Maximum erreicht. In diesen Trichtermündungen kann der Seeverkehr tief in die Insel eindringen, doch ist die Schiffahrt nicht leicht, da die Gezeitenströmungen große Geschwindigkeiten erreichen. In den Häfen müssen besondere Sicherungsmaßnahmen getroffen werden — Anlage von Docks, d. h. durch Schleusen abgeschlossene Hafenbecken —, um in ruhigem Wasser laden und löschen zu können.
Die 15-Grad-Isotherme des Julis schneidet Nordirland und etwa die Mitte der Hauptinsel, während die 13-Grad-Isotherme den Norden der Insel berührt; nur im Londoner Becken werden 17 Grad erreicht. Im Winter jedoch macht sich das warme Meer stärker bemerkbar. Die Januarmittel der Ostseiten liegen bei 3 °C, die der Westseiten bei reichlich 5 bis 7 °C. Im Frühjahr geht die Erwärmung des Landes nur langsam vor sich, dafür ist der milde Herbst lang, doch treten gegen sein Ende hin feuchte und nebelreiche Wochen ein. Die Niederschläge sind unregelmäßig verteilt. Die Zahl der Niederschlagstage ist sehr groß, sie beträgt im Norden über 240, in Südostengland noch 160 bis 180. Im allgemeinen liegen die Niederschlagssummen zwischen 600 und 1000 mm, doch sind die Westflanken der Gebirge weit stärker beregnet. Am Ben Nevis in Schottland, am höchsten Berg der Inseln, fallen jährlich über 4 m Niederschläge. Die Britischen Inseln kennen daher fast keinen Wassermangel. Der Wasserüberschuß macht sich in der starken Vermoorung bemerkbar. Entwässerung und Regulierung des Abflusses stehen durchaus im Vordergrund. Infolge der geringen Meerferne gibt es nur wenige größere, schiffbare Flüsse (Themse, Severn).
Von den ursprünglichen Vegetationsformen, dem Laubwald, der Heide und dem Moor, ist die erste durch die kulturelle Erschließung des Landes bis auf kleine Reste verschwunden, doch ist insgesamt das Land durchaus nicht baumarm, da viele Kulturflächen von Bäumen durchsetzt sind und Parklandschaften ähneln. In der Artenzusammensetzung machen sich Höhenlage und Bodenart bemerkbar. Auf den besseren Böden sind Eiche und Esche vorherrschend, zu denen im Südwesten noch einzelne immergrüne Gewächse hinzutreten (Lorbeer, Oleander, Erdbeerbaum). Die Buche kommt erst in den südöstlichen Landesteilen besonders auf Kalkböden häufiger vor. In den höher gelegenen Gebirgen herrscht ebenfalls der Laubmischwald vor; die Waldgrenze wird meist von Kiefern, im Norden auch von Birken gebildet. Die ausgedehnten, überaus mächtigen Hochmoore sind besonders ein Kennzeichen Irlands und Schottlands. Die Heiden mit Ginster und Erikazeen stellen sich nicht nur auf den durchlässigen Sandböden, sondern auch auf den der Auslaugung stark unterliegenden Verwitterungsböden verschiedener Gesteine ein. In den hohen Gebirgen werden diese Zwergstrauchformationen durch tundraartige Bestände mit Heidelbeere, Moosen und Flechten ersetzt.
Die Tierwelt, die erst nach der letzten Eiszeit einwandern konnte, ist artenärmer als auf dem Festland. Die Jagdliebhaberei hat in Heide und Moor manches für ihre Erhaltung getan.

Schottland, das rund ein Viertel der Fläche der Britischen Inseln umfaßt, liegt etwa auf der gleichen Breite wie Südschweden, ist aber wesentlich rauher. Es ist verhältnismäßig gering und sehr ungleichmäßig besiedelt. Während in den Lowlands die Dichte auf 700 und mehr Einw. je km² steigt, sind manche Teile der Highlands beinahe unbewohnt. Die durch tektonische Störungen und durch die starken Brandungswirkungen tief aufgegliederten Küsten ergeben ein äußerst vielgestaltiges Relief. Das Zentrum der schottischen Landschaften ist die Mittelschottische Senke, wegen ihrer niedrigen Lage als Lowlands bezeichnet, zwischen den fjordartigen Meeresbuchten des *Firth of Clyde* im Westen und des *Firth of Forth* im Osten. Es ist eine schon geologisch vorgezeichnete Senkungszone, in der sich jungpaläozoische Schichten erhalten haben und die durch langgestreckte Bruchlinien im Süden gegen die Uplands, im Norden gegen die Highlands, deutlich abgesetzt ist. Glaziale Überformung hat viele Unregelmäßigkeiten im Talnetz entstehen lassen. Die verschieden widerständigen Gesteine, besonders die alten roten Sandsteine, sind häufig herauspräpariert worden. So bilden die Lowlands insgesamt ein abwechslungs-

Schottland

reiches, von kleinen Tiefebenen, Hügelländern und schroff aufragenden Bergstöcken gegliedertes Gebiet, das sowohl von der West- als auch von der Ostseite leicht zugänglich ist. Trotz des feuchten Klimas herrscht in der Landwirtschaft der Ackerbau vor, der auch heute noch sehr intensiv betrieben wird. Allerdings steht die Industrie weitaus an erster Stelle. Sie baut auf den reichen Kohlenlagern auf, ist äußerst vielseitig und kann die günstigen Verkehrsmöglichkeiten ausnutzen, die das Meer bietet. In *Glasgow* steht die Eisenindustrie, vor allem die Werftindustrie, voran. In dem kleineren *Edinburgh*, der Landeshauptstadt, ist in stärkerem Maße das geistige Leben konzentriert. Daß rund drei Viertel der schottischen Bevölkerung in der Mittelschottischen Senke wohnen, kennzeichnet ihre Begünstigung und die Benachteiligung der übrigen schottischen Gebiete.

Die südlich anschließenden Uplands, das Südschottische Bergland, bilden ein durch zahlreiche Querdurchlässe gegliedertes breitflächiges Mittelgebirge, das bis 842 m aufsteigt und für die Energieerzeugung günstige Voraussetzungen bietet. Es sind mehrere große Wasserkraftwerke vorhanden. Ähnlich im Charakter sind die durch ihre Schafzucht bekannten Cheviotberge, das Grenzgebirge gegen England (816 m).

Der viel größere nördliche Flügel Schottlands wird dagegen von den höher aufragenden massiven Highlands, dem Schottischen Hochland, beherrscht, an die sich im Osten nur verhältnismäßig schmale Küstensäume anschließen. Das Klima ist in diesem Küstengebiet für den Ackerbau ungünstig; in die schottische Sechsfelderwirtschaft dringt bereits die Brache, der mehrjährige Grasbau ein, und zwar um so stärker, je weiter man nach Norden kommt. Die breite Futterbasis hat die Rinderhaltung besonders begünstigt, doch bildet sie zusammen mit dem Ackerbau noch keine ausreichende Ernährungsgrundlage. Fischfang und Fischverarbeitung sind daher eine wichtige Erwerbsquelle. Mittelpunkt der Fischerei ist *Aberdeen*.

Die Highlands selbst, die durch die tief eingeschnittene breite Talfurche des *Kaledonischen Kanals* in zwei Teile gegliedert werden, sind ein altes Rumpfgebirge. Es zeigt vom Eis überschliffene Plateauflächen, über die einzelne massige Erhebungen aufragen (*Ben Nevis* 1343 m). Das feuchte, kühle Klima begünstigt die Entwicklung großer Moore auf den Hochflächen. Der Wald ist von Natur aus auf die Talfurchen beschränkt und durch den Eingriff des Menschen noch weiter zurückgedrängt worden. Auf trockneren Böden herrschen Zwergstrauchheiden vor. Stärker als auf den Hochflächen kommt die glaziale Überformung in den breiten, von großen Seen erfüllten Talfurchen zum Ausdruck, deren Flanken vielfach von Karnischen gegliedert werden. Nutzbares Land steht nur in sehr geringem Umfang zur Verfügung, und daher ist auch die agrarische Besiedlung sehr spärlich. Sie beschränkt sich fast ausschließlich auf die schmalen Bänder der Täler. Die extensive Weidewirtschaft (Schafzucht) ist durch die Erweiterung des Jagdgeländes sehr beeinträchtigt worden. Das feuchte Klima läßt außer Kartoffeln vor allem Hafer gedeihen. An den Küsten tritt als weitere Erwerbsquelle die Fischerei hinzu. Die Industrialisierung ist trotz der reichen, z. T. ausgebauten Wasserkräfte – große Werke befinden sich in *Kinlochleven* und *Fort William*, beide in der Nähe des Ben Nevis – noch bescheiden geblieben.

Die landschaftlich reizvollen, vielbesungenen Highlands locken alljährlich zahlreiche Touristen an, so daß der Fremdenverkehr für die einheimische Bevölkerung zu einer zusätzlichen Einnahmequelle wird.

Noch ungünstiger sind die landwirtschaftlichen Nutzungsmöglichkeiten auf den regenreichen Schottischen Inseln. Sie sind alle gebirgig und z. T. – wie die *Inneren Hebriden* – aus vulkanischem Material, z. T. – wie die *Äußeren Hebriden* – aus alten Gneisen aufgebaut. Auf den *Orkney-* und *Shetlandinseln* kommen dazu noch alte rote Sandsteine vor. Die Küsten sind durch tief einschneidende Fjorde gegliedert. Weithin haben die eiszeitlichen Gletscher die Bodenkrume beseitigt, so daß ein ertragreicher Ackerbau kaum noch möglich ist. Weidewirtschaft, die als Besonderheit die Ponyzucht (Shetlands) einschließt, bildet neben Fischfang für die Inselbewohner die Ernährungsgrundlage. Die spärliche Bevölkerung – die Hebriden (7300 km^2) werden nur von rund 100000, die Shetlandinseln (1430 km^2) und die Orkneyinseln (980 km^2) von je etwa 20000 Menschen bewohnt – spricht zum großen Teil, vor allem auf den Hebriden, noch das Gälische, das wie das Irische zu den keltischen Sprachen gehört.

England und Wales

Zwei Hauptgebiete lassen sich in dem größeren südlichen Teil der Hauptinsel – England und Wales – unterscheiden: die durch Mittelgebirge gekennzeichneten Bergländer Nord-, Mittel- und Südwestenglands sowie von Wales und die Stufenlandschaft Südostenglands. Das Rückgrat Nordenglands bilden die bis 893 m ansteigenden *Penninen*. Der kaledonische Sockel ist überwiegend von karbonischen Gesteinen überlagert – teilweise Sandsteinen, teilweise Schiefern und Kalken –, die jeweils schroffere oder weichere Landschaftsformen bedingen. Die Oberfläche dieses herausgewölbten Gebirgsblockes ist fast baumlos und wird von Heide und Mooren eingenommen. Das den Penninen im Westen vorgelagerte malerische *Bergland von Cumberland*, das im *Scafell Pike* (978 m) höher als die Penninen aufragt, ist glazial sehr stark überformt und wegen seines Seenreichtums unter dem Namen Seendistrikt (Lake District) bekannt geworden.

Rings um das Nordenglische Bergland ziehen sich wertvolle Kohlenlager entlang, die einen Gürtel dichtbesiedelter Industriebezirke entstehen ließen. Dieser Saum von Industrielandschaften, Mittelengland, beginnt südlich des Seendistrikts in der Grafschaft *Lancashire* und zieht sich über *Liverpool* und *Manchester* südwärts bis gegen *Birmingham*, auf der Ostseite von *Leicester* und *Nottingham* über *Sheffield* nach *Bradford* und *Leeds*. Ein großer Teil Mittelenglands wird wegen der roten Verwitterungsböden des Buntsandsteins als Rote Ebene bezeichnet. Ursprünglich stand in diesen flachwelligen Landschaften, die Höhenunterschiede von kaum 100 m aufweisen, die Weidewirtschaft im Vordergrund. Heute sind sie durch die Industrialisierung vollkommen umgewandelt worden. Das Gebiet um Birmingham, der zweitgrößten Stadt Englands, wird seiner zahllosen Fabriken und Gruben wegen direkt als black country, als schwarzes Land, bezeichnet. Die eisenschaffende und eisenverarbeitende Industrie, die auf den Kohlenfeldern basiert, steht an erster Stelle. Daneben aber hat sich sehr früh eine gewaltige Textilindustrie entwickelt – besonders um Manchester –, wobei ihr die wasserreichen Flüsse der Penninen hervorragendes Betriebswasser lieferten. Woll- und Baumwollindustrie sowie alle Hilfsindustrien – Färberei, Bleicherei u. a. – sind sehr stark vertreten.

Die Halbinsel Wales wird durch die Senke des Severn, eine wenig industrialisierte, fast ebene Landschaft, die noch ausgedehnte Weideflächen mit intensiver Rinderzucht sowie viel Garten- und Obstbau aufweist, vom Inselkörper getrennt. Sie ist von einem unruhigen Bergland erfüllt, das im Norden im wesentlichen aus den Gesteinen des kaledonischen Rumpfes besteht, über die Härtlinge aus Erstarrungsgesteinen aufragen (*Snowdon* 1085 m), und dem sich südwärts die alten roten Sandsteine, der Old Red, mit etwas schärfer geschnittenen Formen anlagern. Hochmoore und Heide bestimmen das Bild der höheren Lagen. Der Wald ist auf die Täler zurückgedrängt, in denen der Ackerbau erst in den tieferen und geschützten Teilen Bedeutung gewinnt: Dieses unwirtliche Gebiet wurde daher wie die Schottischen Hochlande zum Rückzugsgebiet der keltischen Bevölkerung. Im südlichen, variszisch gestalteten Teil von Wales haben reiche Kohlenfelder Bergbau und Industrie aufkommen lassen, wenn auch der alte Eisenerzbergbau inzwischen fast völlig zum Erliegen gekommen ist. *Cardiff* ist zu einem der wichtigsten Kohleausfuhrhäfen Großbritanniens geworden. Den rauhen, feuchten Außenseiten des Berglandes steht die im Regenschatten liegende Ostseite des Gebirges mit Ackerbau und Obstbau gegenüber.

Südwestengland, die zwischen dem Kanal und der Severnmündung gelegene Halbinsel, umfaßt die Grafschaften *Devon* (*Devonshire*) und *Cornwall*. Es steht mit seiner Feuchtigkeit, seinem kühlen Sommer, den häufigen starken Winden, aber auch mit seinem milden Winter klimatisch Wales nahe. Seine Berge mit breitbuckeligen Höhen aus Granit oder alten paläozoischen Gesteinen ragen jedoch kaum über 600 m auf. Der Südwesten Englands ist der einzige Teil, der von der pleistozänen Eisbedeckung verschont blieb. Die Verwitterungsdecke ist daher stärker, und wenn auch die breitflächigen Höhen überwiegend Moor und Heide tragen, so gestatten die fruchtbaren Böden in Verbindung mit dem überaus milden Klima in den niederen Landesteilen intensive Landwirtschaft. Gewiß steht die Weidewirtschaft auch hier im Vordergrund, doch hat der Ackerbau zugenommen, seitdem die Halbinsel verkehrsmäßig besser erschlossen wurde. Das günstige Klima gestattet den Anbau von Frühgemüse, Obst (insbesondere Äpfel) und sogar subtropischen Pflanzen. Selbst auf den *Scillyinseln*, dem äußersten Vorposten der Halbinsel, die einst wegen ihrer Klippen gefürchtet waren, baut man heute im Windschutz überwiegend Blumen und Frühgemüse an. Die Küste selbst zeigt allenthalben steile, der Brandung ausgesetzte Kliffe, während die kleinen Fischerorte in den Buchten heute vielfach als Kurorte dienen. Die Schiffahrt hat sich auf den günstigen Hafen von *Plymouth* konzentriert.

Südostengland, der am meisten begünstigte Teil der Hauptinsel, unterscheidet sich in vielerlei Hinsicht von den bisher besprochenen Landesteilen. Die geologische Struktur wird durch die mesozoischen Sedimente bestimmt, die eine großzügig gegliederte Schichtstufenlandschaft entstehen ließen. Ihre Höhen ragen nirgends hoch auf, so daß der gesamte Raum die klimatischen Vorteile des Südostens genießt. Denn die Niederschläge sind geringer, und trotz größerer winterlicher Kälte ist der wärmere Sommer dem Ackerbau günstig, zumal da die meisten Gesteine und die darüberliegenden glazialen Ablagerungen wesentlich bessere Böden ergeben als in den Gebirgsländern. Wenn trotzdem im Laufe der letzten hundert Jahre der Ackerbau immer wieder Rückschläge zeigte, so sind diese in der besonderen ökonomischen Struktur Großbritanniens, keineswegs in der Natur des Landes begründet. In dem kontinentnahen Südosten hat von jeher das Schwergewicht des Inselreiches gelegen. Hier faßten die vom Festland kommenden Eroberer – Römer,

Sachsen, Normannen – zuerst Fuß. Auch als mit der Entdeckung Amerikas und der Entwicklung der Überseeschiffahrt die Außenseiten der Insel infolge ihrer günstigeren Lage stärker belebt wurden, konnte sich das alte Kulturzentrum behaupten. *London* blieb das Tor der Inselwelt.

Da die Gesteinsschichten insgesamt gegen Südosten einfallen, sind die niedrigen, durch breite Gassen gegliederten Landstufen dem Bergland zugewandt. Es sind vor allem zwei: die des Doggers und die der Kreide. Die innere Doggerstufe zieht als öfter unterbrochene, nach Westen und Nordwesten etwas steiler abfallende Hügelreihe aus der Landschaft *Yorkshire* über die *Lincoln Heights* zu den *Cotswold Hills* bis in die Nähe von *Bristol*. Die Kreidestufe setzt nordwestlich von *Kingston-upon-Hull* am *Humber* an, zieht in Küstennähe zu der tief ins Land eindringenden, von Marschen – dem Fen District – umsäumten Meeresbucht des *Wash* und dann in breitem Bogen nach Südwesten, wo sie in den *Chiltern Hills* über 100 m aufragt. Soweit diese Hügelreihen nicht noch Reste des alten Buchenwaldes tragen, dienen sie als Schafweiden. Die breiten Talmulden mit ihren wertvollen Niederungsböden und die breiten, von Geschiebelehm überdeckten Platten der Landterrassen sind dagegen die bevorzugten Gebiete intensiven Ackerbaus. Die Marschlandschaft der Fens im Hinterland des Wash wird oft mit den Niederlanden verglichen.

Verbiegungen des Schichtpaketes bewirken einige Abwandlungen des Formenbildes. Einer Einsenkung der Gesteinsschichten an der unteren *Themse* entspricht das breite Londoner Becken. Eine Aufwölbung des Schichtpakets, das von der Erosion aufgebrochen ist, bringt dem äußersten Südosten in den Hügelketten der *North Downs* und *South Downs* eine stärkere Belebung des Reliefs. Hier findet sich in den Niederungen die anmutigste Parklandschaft, während die Höhen selbst mit ihren Kalken wiederum Buchenwälder und Schafweiden tragen. An der Südküste steigen die Kreideschichten schließlich wieder etwas an und bilden die mächtigen Kreidekliffe, in deren breiten Buchten zahlreiche größere Seebäder und Kurorte entstanden sind: *Brighton*, *Hastings*, *Eastbourne* u. a. Erst weiter westlich, wo die Küste flacher ist, liegen im Schutz der Insel *Wight* die größeren Häfen *Southampton* und *Portsmouth*.

Irland

Die Insel Irland gehört politisch überwiegend zur Republik Irland – amtlicher Name Eire –, nur der nordöstliche Teil (Nordirland) mit der Stadt *Belfast* ist britisch. Die Bevölkerung der Insel besteht hauptsächlich aus Iren, die aber nur zum geringen Teil noch ihre irische Sprache verwenden. Die Zahl der Bewohner ist durch Auswanderung – im vorigen Jahrhundert auch durch Hungerkatastrophen – stark zurückgegangen (1841 zählte ganz Irland noch 8,2 Mio Menschen).

Irland bildet den westlichsten Vorposten des atlantischen Europas. Die Insel bleibt aber dem Kontinent zugewandt; dies kommt auch in der Lage der Hauptstadt *Dublin* an der Ostküste Irlands zum Ausdruck. Der ozeanische Charakter des Klimas macht sich noch stärker als auf der britischen Hauptinsel bemerkbar. Von Natur aus wird daher der Graswuchs begünstigt, so daß der Name Grüne Insel zu Recht besteht. Das Getreide reift nur noch unvollkommen. Viehwirtschaft steht daher im Vordergrund, 55% der Fläche sind Wiesen- und Weideland.

Die Insel zeigt im ganzen einen schüsselförmigen Bau: Eine geräumige Zentralebene wird von Gebirgen im Norden und Süden flankiert. Auf einer Kohlenkalktafel liegen verbreitet junge Ablagerungen. Große Moore und Seen – *Lough Neagh*, *Lough Carrib* u. a. –, ausgedehnte saftige Weiden und Wiesen erfüllen das flache Land in den Gegenden, wo hoher Grundwasserstand vorhanden ist. Wo aber die Kalktafeln etwas höher aufragen, stellen sich auch trockenere, zur Verkarstung neigende Flächen ein, z. B. im Westen der inneren Ebenen. Der Wasserreichtum wird heute in wenigen großen Stauwerken zur Energiegewinnung genutzt, da die Insel außer den Torflagern keine Brennstoffquellen besitzt. Das größte Wasserkraftwerk befindet sich am *Shannon*, der mit 350 km der längste und zugleich wasserreichste Fluß der Britischen Inseln überhaupt ist.

Das Nordirische Bergland (bis 852 m) ist seinem inneren Bau nach dem schottischen ähnlich, doch weder so hoch noch so geschlossen wie dieses. Im Nordosten, in der Landschaft *Antrim*, bestimmen teilweise auf hellen Kreidekalken liegende mächtige Basaltdecken das Landschaftsbild und die jähen Kliffküsten. Gemeinsam sind allen nördlichen Bergländern Irlands die hohe Feuchtigkeit, die Baumarmut und das Vorherrschen von Weide und Mooren, dazu das vor allem im Westen (*Donegal*) durch glaziale Überarbeitung entstandene unruhige, von zahlreichen Seen geschmückte Relief.

Das Südirische Bergland ist noch stärker aufgelockert als das Nordirische. Die *Wicklowberge* (926 m) im Süden von Dublin sind noch ein Teil des kaledonischen Systems. Die übrigen Gebirge des Südens gehören dem armorikanischen System an. Im äußersten Südwesten der Insel ragt im *Kerrygebirge* auch der höchste Berg Irlands, der *Carrauntoohil* (1041 m) auf. Neben den alten kristallinen Gesteinen stellen sich auch paläozoische rote Sandsteine, Schiefer und Kalke ein. Das Formenbild wird reicher, und die glazial bedingte Unruhe des Reliefs tritt zurück. Je weiter man nach Südwesten kommt, um so mehr macht sich der mildernde Einfluß des Meeres bemerkbar, und die mediterranen Florenelemente treten stärker hervor: immergrüne Eichen, Myrten und Erdbeerbäume, üppige Rhododendrongehölze und Lorbeerbäume. Immer wieder durchbrechen Grasflächen die Gehölze und schaffen eine parkartige Landschaft. Die höheren Aufragungen tragen auch hier Farnheiden und Moore.

Die reich gegliederte Küste weist vor allem im Süden ausgezeichnete Naturhäfen auf. Für den Überseeverkehr ist aber nur *Cork* von Bedeutung geworden.

Frankreich

Von hohen Gebirgen und Meeren eingeschlossen, bildet der französische Raum ein klar abgegrenztes und in seiner Eigenart als westeuropäisches Land charakteristisches Glied Europas. Die Pyrenäen im Süden schließen das Land gegen die Spanische Halbinsel ab, die Französischen Alpen im Osten trennen es ebenso deutlich von Oberitalien, und weiter nördlich bilden das Juragebirge, die Vogesen und die Fortsetzung des Rheinischen Schiefergebirges, die Ardennen, eine deutliche physisch-geographische Abgrenzung. Die Burgundische Pforte zwischen Vogesen und Jura, die zum Oberelsaß hinüberleitet, und die Schichtstufenlandschaft Lothringens im Bereiche der Mosel sind allerdings breite Übergangszonen nach Mitteleuropa. Nach Norden geht das französische Flachland ohne scharfe Grenze in die Landschaften Belgiens über.

Das Staatsgebiet Frankreichs greift über die hier genannten physisch-geographischen Grenzen im Norden (Französisch-Flandern) und Osten (Elsaß) etwas hinaus. Flächenmäßig ist Frankreich der zweitgrößte Staat Europas, seiner Bevölkerung nach steht er allerdings erst an fünfter Stelle. Mit einer durchschnittlichen Dichte von 97 Einw. je km² ist es damit ein für west- und

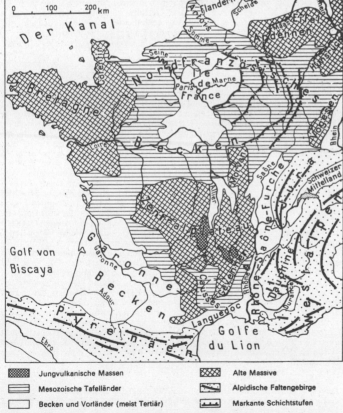

Geologisch-morphologische Gliederung Frankreichs

mitteleuropäische Verhältnisse relativ dünn bevölkertes Land. Die Bevölkerung ist aber nicht gleichmäßig verteilt. In einigen Alpengebieten wohnen kaum 15 Einw. auf 1 km², im Inneren des Pariser Beckens, im nordfranzösischen Industriegebiet um Lille und Roubaix und auch an der mittleren Rhône erreicht die Dichte dagegen wesentlich höhere Werte. Der überwiegende Teil der Einwohner sind Franzosen, nur im nördlichen und nordöstlichen Grenzgebiet leben Flamen und Deutsche, am Mittelmeer Italiener, in der Umgebung Perpignans Katalanen (Spanier), in den Westpyrenäen Basken – deren Sprache als einzige lebende westeuropäische Sprache nicht zur indoeuropäischen Sprachfamilie gehört – und in der Bretagne die Bretonen, von denen etwa 1 Mio auch heute noch das keltische Bretonisch beherrschen.

So klar und festgefügt der Rahmen des französischen Raumes fast überall ist, so locker ist seine innere Gliederung. Als physisch-geographisches Zentrum des Landes muß man das Französische Zentralmassiv ansehen. Schon sein Name, der zwar der gegen Süden verschobenen Lage nicht entspricht, weist auf die Bedeutung dieser Massenerhebung für die Gliederung Frankreichs hin; denn es trennt, obwohl nicht streng, mehrere geräumige Beckenlandschaften voneinander. Das Französische Zentralmassiv ist ein Teil des alten varizischen Gebirgssystems, das auch in der westlichen Halbinsel des Landes, der Bretagne, an die Oberfläche tritt. Zwischen Zentralmassiv und Bretagne stehen die zwei großen Beckenlandschaften Frankreichs miteinander in lockerer Verbindung, nämlich das Garonnebecken zwischen den Pyrenäen und dem Zentralmassiv und das Nordfranzösische Becken, dessen Zentrum um Paris liegt. Als fünfter Großraum ist die breite Saône-Rhône-Furche anzusehen, die am Ostrand des Zentralmassivs in nord-südlicher Richtung entlangzieht. Den östlichen Abschluß bilden die französischen Alpen und der Jura. In den Vogesen und im Elsaß schließt Frankreich schon mitteleuropäisch geartete Gebiete ein (vgl. Abschnitt Mitteleuropa).

Die klimatischen Züge sind fast durchweg die allgemein westeuropäischen. Der südlichen Lage entsprechend liegen aber die Temperaturen im Sommer schon wesentlich höher als in England. Auch der Einfluß des Mittelmeeres wird in Frankreich bereits wirksam, denn die breite Pforte zwischen Pyrenäen und Alpen läßt im unteren Rhônegebiet in einem schmalen Küstensaum die mediterranen Klimaelemente voll zur Geltung kommen. Von der Rhônemündung her dringen mediterrane Florenelemente in die Provence ein, die sich dann allmählich nach dem Inneren des Landes zu verlieren.

Die Bretagne

Die Bretagne, die große westliche Halbinsel Frankreichs, und der westliche Teil der Normandie mit der Halbinsel Cotentin, die wegen ihrer einstmals normannischen Bevölkerung auch oft Normannische Halbinsel genannt wird, sowie die Vendée südlich der Loiremündung werden von den Gesteinen des varizischen Gebirgssockels aufgebaut. In überwiegend östlicher Richtung streichend, bilden Züge kristalliner Gesteine und Quarzite langgestreckte Höhenzüge – *Montagne Noire* (326 m), *Montagne d'Arrée* (391 m) u. a. –, während sich in den dazwischen eingelagerten Schiefern breitere Ausräumungszonen gebildet haben. Die überwiegend felsige Küste ist fast überall tief aufgegliedert, buchtenreich und hat eine starke Brandung. Der starke Gezeitenhub hat den Standort des ersten Gezeitenkraftwerkes in der Bucht von St. Malo bestimmt. Die starken Regenfälle und die vorherrschenden Windgeschwindigkeiten an der atlantischen Außenseite lassen vor allem im Küstenbereich keinen Wald aufkommen. In den flachen Teilen fließt der Wasserüberschuß oft nur schwer ab. Größere Moorflächen und auf den stark ausgelaugten Böden ausgedehnte Heideflächen kennzeichneten daher besonders die inneren Teile der Halbinsel, deren Besiedlung aus diesem Grunde auch in mäßigen Grenzen geblieben ist. Heute freilich nützt man die Ödlandflächen als Weideland, das auch die Ackerflächen stark zurückdrängt. Charakteristisch ist die Umhegung der Äcker durch Hecken (an der windreichen Küste auch durch kleine Mauern), wodurch das Bild der Bocagelandschaft entsteht. Fischerei und Seefahrt lassen die Küstenstreifen zu bevorzugten Siedlungsgebieten werden. Für den Binnenverkehr ist die Halbinsel allerdings schon zu weit im Westen gelegen; die großen Verkehrslinien zwischen den Landschaften des Nordfranzösischen Beckens und dem Südwesten des Landes lassen die Halbinsel unberührt. Neben den zahlreichen kleinen Fischereihäfen sind daher nur der Kriegshafen *Brest* und der große Passagierhafen *Cherbourg* auf der Halbinsel Cotentin zu bedeutenden Plätzen herangewachsen. Die einzige größere Stadt im Inneren ist *Rennes*. *Nantes*, die Großstadt an der unteren *Loire*, und sein Vorhafen *Saint Nazaire* dienen als Häfen überwiegend dem französischen Binnenland.

Das Französische Zentralmassiv

Das Französische Zentralmassiv, die zweite große Scholle des varizischen Gebirgssystems, ist ungleich vielgestaltiger. Nicht nur seine Höhenlage (bis über 1 800 m), sondern auch seine jüngere geologische Geschichte haben diese Unterschiede bewirkt, denn die mächtige Scholle des Zentralmassivs ist unter dem Einfluß der benachbarten alpidischen Faltungszone ungleich stärker zerbrochen und zerstückelt worden. Mehrere nordsüdlich verlaufende, also dem Rhônetal parallele Grabenbrüche sind am Nordteil des Massivs eingesenkt. Zugleich hat die Zertrümmerung auch einem starken tertiären Vulkanismus den Weg freigemacht. In einer der Zentrallandschaften, der Auvergne, die im Cantal bis 1858 m ansteigt, hat der Vulkanismus noch bis in das spätere Pleistozän hinein angehalten. Dies macht sich in einer größeren Zahl frischer Vulkankegel, hier Puy genannt (z. B. *Puy de Dôme*), bemerkbar. Im übrigen herrschen alte Rumpfflächen vor, die sich vor allem gegen Westen, gegen die Landschaft Limousin zu, ganz allmählich absenken, während sie über dem Rhônetal in dem schroffen Bruchrand der Cevennen jäh abstürzen. Weil sich das Zetralmassiv nach Westen abdacht und die Flüsse den genannten Gräben folgen, ist es überwiegend den Nachbarlandschaften im Norden und Westen zugewandt. An der Südflanke dagegen haben die Flüsse, besonders der zur Garonne strömende *Tarn*, in auflagernde Jurakalke fast unzugängliche Talschluchten eingeschnitten, zwischen denen sich breite verkarstete Kalkflächen, die Causses, ausspannen. Nur dort, wo Bodenschätze – besonders Steinkohle – um *Saint Étienne* und weiter nördlich um *Le Creusot* die Industrialisierung begünstigten, haben sich dichte Besiedlungszeilen in das Gebirge vorgeschoben. Das am Fuße des Puy de Dôme gelegene *Clermont-Ferrand* hat durch die riesigen Kautschukwerke größere Bedeutung erlangt. In den breiteren Grabensenken ist intensive Ackerkultur entwickelt, während die abgelegeneren Hochflächen meist sehr dünn besiedelt sind. Gegen Norden setzt sich über die stärker zerschnittenen Randgebirge der durch ihre Weine berühmten Landschaften Lyonnais und Beaujolais das Zentralmassiv bis zu dem Gebirgshorst des Morvan (902 m) fort, einem Waldgebirge von fast mitteleuropäischem Gepräge.

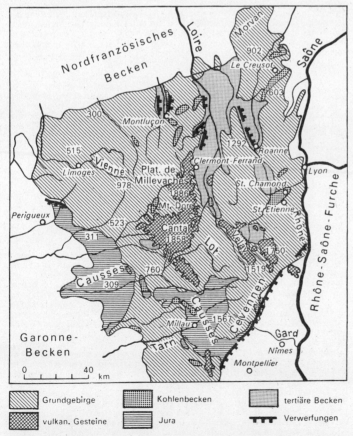

Geologische Struktur des Französischen Zentralmassivs (nach Klute)

Das Nordfranzösische Becken

Das Nordfranzösische Becken, auch Pariser Becken genannt, bildet eine große Schichtstufenlandschaft. Schüsselförmig liegen hier die Schichten des Mesozoikums und des älteren Tertiärs ineinander und sind von der Abtragung zu einer weit gespannten Stufenlandschaft ausgearbeitet worden, deren Stufen sich jeweils nach außen richten. Nur im östlichen Teil herrschen am Abfall dieser Stufen gegen die Saône-Furche tektonische Bruchlinien vor. Sie bewirken die steilen Abfälle des Plateaus von Langres und der Côte d'Or (bis 636 m), die ebenfalls berühmte Weinbaugebiete sind, da sie im Regenschatten der Leeseite größere Sonnenscheindauer haben und zudem noch die Vorteile der Südexposition genießen. Eine gewisse Ungleichförmigkeit besteht insofern, als die Schichtenfolge im nordöstlichen Teil vollkommener ist als im Westen. Die etwas stärkere Heraushebung des Ostflügels hat auch allgemein größere Höhenunterschiede und eine markantere Herausbildung der Stufen mit sich gebracht. Als äußerste Stufe ragt im Gebiet der *Mosel* (Moselhöhen) die Stufe des Doggers auf, die durch ihre reichen Eisenerzlager, die Minette, Bedeutung gewonnen hat. Auf diesen größten Eisenerzlagern West- und Mitteleuropas basiert vor allem die Hüttenindustrie Lothringens, Südluxemburgs und des Saarkohlenreviers.

Über der eintönigen, durch schwere, tonige Böden gekennzeichneten *Woëvre-Ebene* erhebt sich an der *Maas* die nächste Stufe, die Côte Lorraine, die von Kalken des Malm aufgebaut wird. Auf sie folgen über der Champagne humide (feuchte Champagne) im Bereich der unteren Kreide die lokale Kreidesandstufe des Argonnerwaldes und die kalkige Champagne pouilleuse (staubige Champagne). Noch weiter beckeneinwärts ragt schließlich als letzte bedeutsame Stufe die der eozänen Kalke auf, in deren Innerem die Ile de France, das Gebiet von Paris, eingebettet liegt. Der Gesteinswechsel bedingt auch eine Verschiedenheit der Vegetation. Trockene Kalkflächen werden überwiegend als Weidegebiete genutzt oder dienen einem bescheidenen Weinbau, z. B. in der Champagne, wo der Wein meist zu Sekt verarbeitet wird. Mittelpunkt der Sektherstellung und des Sekthandels ist die alte französische Krönungsstadt *Reims*. Feuchte Hügelländer im Bereich lehmiger und toniger Gesteine werden für den Ackerbau, z. T. auch für die Viehzucht, genutzt; Sandsteingebiete sind mit Wald bedeckt (Argonnen, Wald von Fontainebleau). Im Ostteil wird dabei die Abgrenzung der einzelnen Anbauzonen durch die Landstufen betont, bei den niedrigeren Stufen im Westen fällt sie dagegen kaum ins Auge.

Schematisches geologisches Profil durch das Nordfranzösische Becken (nach Hettner)

Der schüsselartigen Lagerung der Schichten entspricht auch das Gewässernetz weitgehend. Die Flüsse haben breite Becken in den leicht ausräumbaren Schichten, schmale Täler beim Durchbruch durch die Schichtstufen geschaffen. Hauptfluß ist die *Seine*. An ihrer Vereinigung mit der *Marne* dehnt sich in malerischer Lage – zwar nicht genau in der Beckenmitte, aber doch im Muldentief – *Paris* aus, das geistige und wirtschaftliche Zentrum Frankreichs. Die untere windungsreiche Seine quert in breitem Tal die lehmbedeckten fruchtbaren Kreideflächen der östlichen Normandie, deren alte Hauptstadt *Rouen* neben *Le Havre* für die Versorgung von Paris große Bedeutung hat.

Das Gebiet der mittleren und unteren *Loire* gehört ebenfalls dem Nordfranzösischen Becken an, doch sind die Reliefunterschiede hier sehr gering; Ackerbau und Weinbau stehen bei weitem im Vordergrund. Bodenschätze, die Anreiz für eine stärkere Industrialisierung hätten geben können, fehlen fast völlig. Als bedeutendste Städte sind zu nennen: *Nantes* kurz vor der Mündung der Loire, die hier durch eine Lücke im armorikanischen Rumpfgebirge den Ausweg zum Meere findet; *Orléans* am großen Knie der Loire.

Im nördlichen Teil des Beckens, in den Landschaften Picardie und Artois, dehnen sich wieder weithin Kreidetafeln aus, die bei *Calais* in einer malerischen Kliffküste an die Kanalküste herantreten. Die Sammelader dieses Gebiets ist die *Somme*, die sich wie die Seine in einer breiten Trichtermündung in den

Kanal ergießt. Wirtschaftlicher und geistiger Mittelpunkt der Picardie ist die alte Brückenstadt *Amiens*. Im nördlichen Artois sinkt der mesozoische Gesteinsuntergrund deutlich ab, und die anders geartete Niederungslandschaft Flanderns schließt sich an.

Das Garonnebecken

Ganz anderen Charakter zeigt das Garonnebecken oder Aquitanische Becken. Sein südlicher Teil mit dem wirtschaftlichen und kulturellen Mittelpunkt *Toulouse* ist Vorland der Pyrenäen, in dem wie im nördlichen Alpenvorland tertiäre Gesteine, von pleistozänen Ablagerungen überdeckt, den Untergrund bilden. Zum Teil handelt es sich um große Schuttfächer, die durch die Flüsse – *Garonne, Adour, Gers, Ariège* u. a. – aufgegliedert werden. Im nordwestlichen Teil sind sie sehr flach. Meist bestehen sie aus wenig fruchtbaren Sanden mit Ortsteinbildung, die nur eine kümmerliche Vegetation – ursprünglich Heide – getragen haben. Es ist die von den Franzosen als Landes bezeichnete Landschaft, die im 19. Jahrhundert aufgeforstet worden ist und der Holz-, Harz- und Terpentingewinnung dient. Ein mächtiger, bis 7 km breiter Dünengürtel, der die höchsten Dünen Europas (90 m) enthält, begleitet die Küste und schnürt mehrere große Haffseen (hier étang genannt) ab. Infolge Waldvernichtung ins Wandern geratene Dünen dringen gegen das Waldgebiet des Landes vor und konnten bisher nur z. T. unter großen Schwierigkeiten wieder befestigt werden. An der Garonnemündung liegt um den Hafen und Verkehrsknotenpunkt *Bordeaux* eines der bedeutendsten Weinbaugebiete Frankreichs. Der Nordflügel des Garonnebeckens, der sich vom Zentralmassiv nach Westen und Nordwesten abdacht, wird von Gesteinen des Juras, der Kreidezeit und des Tertiärs aufgebaut, die teilweise großflächige Platten oder durch die Flüsse – *Lot, Dordogne, Charente* – stärker aufgegliederte Hügelländer sind und überwiegend ackerbaulich genutzt werden. Zahlreiche Höhlen sind durch altsteinzeitliche Funde (Le Moustier bei *Peyzac*, Abri, La Madeleine bei *Tursac*) weltbekannt. Die Küste ist nördlich der Garonnemündung stärker aufgegliedert, da die widerständigeren Gesteine hier als Vorsprünge in das Meer hinausstreichen und auch die Inseln *Ré* und *Oléron* bilden. Doch sind die in den Buchten gelegenen kleinen Hafenplätze, z. B. *La Rochelle*, stark von Versandung bedroht.
Am schmaleren Ostflügel des Garonnebeckens leitet die Aquitanische Pforte zwischen dem Zentralmassiv und den Pyrenäen zur Landschaft Languedoc und dem mediterranen Süden über. Dieser Ostflügel ist wesentlich stärker gegliedert als das übrige Garonnebecken. Hier mischen sich atlantische und mediterrane Züge im Klima und in der Pflanzenwelt. Durch diese Pforte führen wichtige Verkehrsverbindungen vom Atlantischen Ozean zum Mittelmeer: die Eisenbahnlinie Bordeaux–Toulouse–Marseille und der Canal du Midi, der allerdings nur für kleine Schiffe befahrbar ist.

Das Rhône-Saône-Gebiet und seine östliche Gebirgsflanke

Die Rhône-Saône-Furche läßt sich nur bedingt mit dem Grabenbruch des Oberrheins vergleichen, denn lediglich ihr Westflügel wird von lang hinziehenden Bruchrändern gebildet, während sie im Osten allmählich in das Vorland des Juras und der Alpen übergeht. Der nördliche Teil, der an die Burgundische Pforte anschließt und dessen Mittelpunkt die alte Festung *Besançon* ist, bildet eine niedrige Kalktafel aus Juragesteinen, sonst aber herrschen junge, lockere Sedimente vor, deren fruchtbare, wenn auch vielfach tonige Böden vor allem in der Landschaft Bresse einer vielseitigen agrarwirtschaftlichen Nutzung dienen. Im Gebiet von *Lyon* am Zusammenfluß von *Rhône* und *Saône* haben sich hingegen die unruhigen Ablagerungen der alten Rhônegletscher darübergelegt, der ein bewegtes, seenreiches Hügelland geschaffen hat. Die klimatische Begünstigung läßt im nördlichen Teil um *Dijon* und *Chalon* den Maisanbau neben dem Weinbau (Burgunder) in den Vordergrund treten, während in der Gegend von Lyon und weiter südlich die zahlreichen Maulbeerbäume der Seidenraupenzucht dienen, deren Erzeugnisse in Lyon, dem Zentrum der französischen Seidenindustrie, verarbeitet werden.
Ausläufer der Alpen springen in der Dauphiné und Provence stellenweise weit gegen die Rhône vor (*Mt. Ventoux* 1912 m) und schließen geräumige Becken und Tallandschaften ein, von denen aus die Zerschneidung tief in die benachbarten, meist trockenen und von schütterer Vegetation bedeckten Plateaus zurückgreift, so daß kleine, intensiv bewirtschaftete Zentren neben menschenarmen und nur extensiv bewirtschafteten Hochflächen liegen.
Der vielgestaltige südliche Abschnitt der Rhônefurche wird südöstlich von Lyon von den Ablagerungen der Eiszeit bestimmt. Südlich von *Montélimar* öffnet sich die Rhônefurche breit zum Mittelmeer. Trotz des kalten Nordwindes, des Mistrals, der oft Schäden verursacht, wird der mediterrane Einfluß stärker, der Winter milder, der Sommer trockener. Die feuchtigkeitsliebende Vegetation verschwindet. Der Franzose bezeichnet dieses mediterran beeinflußte Land als den Midi. Der Südabfall der Cevennen und ihr Vorland

in der Niederlanguedoc sind bereits von macchienartiger Gehölzformation, der Garigue, bedeckt. Neben dem überall verbreiteten Weinbau stellen sich mediterrane Gewächse, z. B. der Ölbaum, ein. Von jeher ist das untere Rhônetal ein bevorzugtes Siedlungsgebiet gewesen, in dem sich schon die Römer früh festsetzten. Zahlreiche Städte – *Valence, Nimes, Avignon* u. a. – sind bereits zur Römerzeit gegründet worden und weisen noch heute eindrucksvolle Bauwerke aus jener Epoche auf. Unter den Bodenschätzen kommt den Bauxitlagerstätten von *Les Baux* für die Aluminiumherstellung besondere Bedeutung zu.

Die Rhône hat an ihrer Mündung ein ausgedehntes Delta aufgebaut, das raschen Veränderungen unterliegt. Die zwischen den beiden Hauptmündungsarmen gelegene Deltainsel der Camargue ist als Zuchtgebiet für die provenzalischen Kampfstiere und durch ihre Flamingokolonien bekannt. Heute ist ein großer Teil kultiviert. Wegen der Verschlammungsgefahr hat sich auch kein größerer Hafen entwickeln können. *Marseille*, der wichtigste Hafen Frankreichs am Mittelmeer, über den sich insbesondere der Handel mit Nordafrika abwickelt, liegt daher abseits des Deltas, ist aber durch einen Kanal mit der unteren Rhône verbunden.

Französischer Jura und französische Alpen

Das Juragebirge, das im *Crêt de la Neige* bis 1718 m ansteigt, ist ein junges Faltengebirge, dessen Gesteinsaufbau den helvetischen Decken der Alpen entspricht. Doch nur in einem Teil des Gebiets sind die Faltenketten gut entwickelt. Der Außensaum wird von Juratafeln gebildet, in die sich der zur Saône strömende *Doubs* und seine Nebenflüsse tief eingenagt haben. Im höher aufragenden Juragebirge selbst sind die lang dahinstreichenden Ketten bewaldet. Nur die Längstäler bieten Siedlungs- und Wirtschaftsraum, doch beschränkt die Höhenlage die wirtschaftlichen Möglichkeiten. Der Ackerbau liefert nur geringe Erträge, daher stehen Weide- und Waldwirtschaft im Vordergrund. Schon seit langem spielt das Hausgewerbe eine große Rolle; besonders berühmt ist die Uhrenherstellung (Uhrmacherschule in *Besançon*), die sich allerdings vor allem auf Schweizer Gebiet befindet (La Chaux de Fonds). Weiter südlich verschmilzt das Juragebirge, von der Rhône unterhalb des Genfer Sees in engem Tal durchbrochen, mit den französischen Voralpen.

Die französischen Alpen bilden die breitere Außenseite der italienisch-französischen Westalpen. Eine breite Zone von Kalkketten ist dem eigentlichen Gebirgskörper vorgelagert; sie ist im nördlichen Abschnitt noch geschlossen – Massiv der *Grande Chartreuse* (2087 m), das schwer zugängliche *Vercors* (bis 2349 m) –, im Süden dagegen sehr unregelmäßig angeordnet und aufgegliedert, so daß die Provenzalischen Alpen kaum noch alpinen Charakter zeigen. Auf die Kalkketten folgt eine große Längstalfurche, die besonders im breiten *Isèretal* – dem *Graisivaudan* – deutlich ausgeprägt ist. Hier hat die Ausnutzung der riesigen Wasserkräfte vor allem im Gebiet von *Grenoble* eine moderne chemische Großindustrie ins Leben gerufen. Weiter östlich erheben sich im nördlichen Teil die den Schweizer Alpen ähnelnden gletscherreichen Massive, in erster Linie der mächtige *Montblanc* (4810 m), Europas höchster Berg, und die *Pelvoux*-Gruppe (4103 m). Mit zunehmendem Einfluß des mediterranen Klimas verändert sich aber nach Süden der Charakter des Gebirges. Vor allem im Kalkgebirge ist die Vegetation zurückgedrängt und lückenhaft. Die saftigen Alpenmatten sind durch dürftigere, trockenere Triften ersetzt, so daß an die Stelle der Rinderhaltung die Schafweidewirtschaft tritt. Die glaziale Überformung nimmt südlich des Pelvoux rasch ab, und die jäh eingeschnittenen Täler erwecken im Verein mit den vielfach nackten Hängen den Eindruck eines mediterranen Gebirges. Dieser gibt sich auch im Wasserhaushalt der Flüsse zu erkennen, die im Sommer fast trocken liegen und mehr den italienischen Fiumaren gleichen als den uns aus den Alpen bekannten stattlichen Flüssen.

Östlich von Cannes stoßen die Alpen unmittelbar ans Mittelmeer und bilden eine Steilküste, die kaum Raum für Siedlungen gewährt. Trotzdem haben das wintermilde Klima, die landschaftliche Schönheit, die Farbenpracht und eine hochentwickelte Gartenbaukunst – Palmen, Zitrusfrüchte, Johannisbrotbaum, Blumen – eine besonders intensive und eigenartige Kulturlandschaft entstehen lassen. In *Cannes, Antibes, Monaco, Mentone* verfügt diese Riviera, die Côte d'Azur der Franzosen, über weltberühmte Kurorte, und *Nice* (*Nizza*) hat sich sogar zu einer modernen Großstadt entwickelt.

Die französischen Pyrenäen

Die Pyrenäen unterscheiden sich von den Alpen durch ihre viel geringere Aufgliederung: Längstäler fehlen dem französischen Anteil fast völlig, und die Vergletscherung ist auf die höchsten Teile dieses Gebirges beschränkt. Das verhältnismäßig schmale Gebirge ist stark zerschnitten, hochgelegene Talböden wurden zerstört, doch sind tiefliegende Pässe noch nicht entstanden. Damit sind die Pyrenäen im Gegensatz zu den Alpen ausgesprochen verkehrsfeindlich. Die großen Bahnlinien, die nach Spanien hineinführen, müssen sich im allgemeinen am West- und Ostrand der Pyrenäen zwischen Gebirge und Meer unmittelbar an der Küste vorbeizwängen. Infolge der großen West-Ost-Erstreckung (435 km) unterscheiden sich in Klima und Vegetation die westlichen Teile stark von dem schon mediterranen Ostflügel. Das Fehlen ausgedehnter Grasflächen und die Trockenheit des östlichen Gebirgsteiles haben keine nennenswerte Almwirtschaft aufkommen lassen. Da auch Bodenschätze nur in geringem Maße vorhanden sind, liegt heute der wirtschaftliche Hauptwert des Gebirges in seinen Wasserkräften. Vielbesuchte Badeorte (*Luchon, Bagnère-de-Bigorre, Aix les Thermes* u. a.) entstanden an heißen Quellen.

Physisch-geographische Angaben

Flüsse	Länge (km)	Seen	Fläche (km²)	Berge	Höhe (m)	Gebirge
Großbritannien und Irland						
Shannon	368	Lough Neagh	320	Ben Nevis	1 343	Hochlande
Themse	346	Lough Corrib	190	Snowdon	1 085	Bergland von Wales
Severn	336	Lough Ree	165	Carrauntoohil	1 041	Südwestirisches Bergland
Trent	274	Loch Ness	56			
Ouse	195	Loch Awe	38	Lugnaquillia	926	Wicklowberge
Tay	193	Lake Windermere	15	Cross Fell	893	Pennine Kette
Barrow	191			Cheviot	816	Cheviot Hills
Frankreich						
Loire	1 020	Étang de Berre	156	Pic de Vignemale	3 303	Zentralpyrenäen
Meuse (Maas)	925	Étang de Thau	70	Pic Monne	3 137	Zentralpyrenäen
Rhône	812	Étang d'Hourtin	59	Mts. Dore	1 886	Zentralmassiv
Seine	776	Étang de Cazaux	56	Cantal	1 858	Zentralmassiv
Garonne	650	Lac de Bourget	44	Mt. Mézenc	1 754	Cevennen
Saône	525	Étang de Parentis	35	Crêt de la Neige	1 718	Jura
Marne	482	Lac d'Annecy	27			
Allier	375					

Politisch-ökonomische Übersicht
Sowjetunion

Name des Staates, Fläche, Bevölkerung, Gliederung, Hauptstadt	Größte Städte (1 000 Einw.)		Wirtschaft (Bergbau, Industrie, Land- und Forstwirtschaft, Fischfang)
Sowjetunion/UdSSR/SU (Sojus Sowjetskich Sozialistitscheskich Respublik, Union der Sozialistischen Sowjetrepubliken) 22 402 000 km² 262 Millionen (1979) 15 Unionsrepubliken, in diesen 20 Autonome Republiken (ASSR), 8 Autonome Gebiete, 10 Nationale Kreise, 6 Kraje, 120 Oblasti Moskau	Moskau Leningrad Kiew Taschkent Baku Charkow Gorki Nowosibirsk Minsk Kuibyschew Swerdlowsk Tbilissi Odessa Tscheljabinsk Omsk	(1979) 8 011 4 588 2 144 1 779 1 550 1 444 1 344 1 312 1 276 1 216 1 211 1 066 1 046 1 031 1 014	
Armenische SSR (Armjanskaja Sowjetskaja Sozialistitscheskaja Respublika/Hajkakan Sowetakan Sozialistakan Respublika) 29 800 km² 3 Millionen (1979) Jerewan	Jerewan Leninakan Kirowakan	(1979) 1 019 207 146	Kupfer, Molybdän, Gold, Eisenerze, Magnesium, Salz, Edelsteine; Buntmetallurgie, chemische und Leichtindustrie, Nahrungs- und Genußmittelindustrie; Wein-, Obst-, Gemüsebau; Viehzucht
Aserbaidshanische SSR (Aserbaidshanskaja Sowjetskaja Sozialistitscheskaja Respublika/Aserbaidshan Sowjet Sozialistik Respublikassi) 86 600 km² 6 Millionen (1979) Baku	Baku Kirowabad Sumgait	(1979) 1 550 232 190	Erdöl, Erdgas, Eisen-, Kupfererze, Kobalt, Baryt, Schwefel, Steinsalz, Buntmetalle; Erdöl-, Grundstoffindustrie, Textilindustrie, Tepppichproduktion, Nahrungs- und Genußmittelindustrie; Baumwolle, Tabak, Safran, Feigen, Oliven; Schafe, Rinder, Seidenraupen; Fischfang

Name des Staates, Fläche, Bevölkerung, Gliederung, Hauptstadt	Größte Städte (1 000 Einw.)		Wirtschaft (Bergbau, Industrie, Land- und Forstwirtschaft, Fischfang)
Belorussische SSR (Belorusskaja Sowjetskaja Sozialistitscheskaja Respublika/Belaruskaja Sawjezkaja Sazyjalistytschnaja Respublika) 207 600 km² 9,6 Millionen (1979) Minsk	Minsk Gomel Witebsk Mogiljow	(1979) 1276 383 297 290	Torf, Kali-, Kochsalz, Erdöl, Kohle, Brennschiefer; Traktoren-, Werkzeugmaschinenbau, chemische und Papierindustrie, Holz- und Leichtindustrie; Getreide, Kartoffeln, Flachs, Gemüse; Rinder- und Schweinezucht
Estnische SSR (Estonskaja Sowjetskaja Sozialistitscheskaja Respublika/ Eesti Nõukogude Sotsialistlik Vabariik) 45 100 km² 1,47 Millionen (1979) Tallinn	Tallinn Tartu	(1979) 430 104	Brennschiefer, Torf, Phosphorite; Öl- und Gasgewinnung aus Brennschiefer, Apparaturen für die Erdölförderung, Papier, Baumwollstoffe, chemische, Lebensmittelindustrie; Getreide, Kartoffeln; Rinder, Schweine, Schafe; Fischfang
Georgische SSR (Grusinskaja Sowjetskaja Sozialistitscheskaja Respublika/Sakartwelos Sabtschota Sozialisturi Respublika) 69 700 km² 5 Millionen (1979) Tbilissi	Tbilissi Kutaissi Rustawi Batumi Suchumi	(1979) 1 066 194 129 124 114	Kohle, Erdöl, Mangan-, Kupfererze, Talkum, Kieselgur, feuerfeste Tone; Metallurgie, nahtlose Rohre, Maschinenbau-, Chemie-, Textilindustrie; Tee, Zitrusfrüchte, Wein, Obst, Mais, Weizen, Kartoffeln, Melonen; Rinder, Schafe, Seidenraupen
Kasachische SSR (Kasachskaja Sowjetskaja Sozialistitscheskaja Respublika/Kasak Sowjettik Sozialistik Respublikassy) 2 717 300 km² 14,7 Millionen (1979) Alma-Ata	Alma-Ata Karaganda Tschimkent Semipalatinsk Ust-Kamenogorsk	(1979) 910 572 321 283 274	Chromit-, Kupfer-, Blei-, Zink-, Silber-, Wolframerze, Phosphat, Baryt, Molybdän, Kadmium, Asbest, Kohle, Erdöl, Eisenerze; Eisen- und Buntmetallurgie, Maschinenbau-, Chemie-, Leichtindustrie; Getreide, Reis, Buchweizen, Baumwolle, Tabak, Obst, Wein, Gemüse
Kirgisische SSR (Kirgisskaja Sowjetskaja Sozialistitscheskaja Respublika/Kyrgys Sowjettik Sozialistik Respublikassy) 198 500 km² 3,5 Millionen (1979) Frunse	Frunse Osch	(1979) 533 169	Buntmetalle, Kohle, Erdöl, Antimon, Quecksilber; Verhüttung, Maschinenbau, Elektro-, Textil-, Lebensmittelindustrie; Weizen, Mais, Reis, Hirse, Hülsenfrüchte, Baumwolle, Tabak, Futterpflanzen; Rinder, Schafe, Ziegen, Schweine, Pferde
Lettische SSR (Latwiskaja Sowjetskaja Sozialistitscheskaja Respublika/Latvijas Padomju Sociālistiskā Republika) 63 700 km² 2,5 Millionen (1979) Riga	Riga Daugavpils Liepaja	(1979) 835 116 108	Torf, Erdöl, Dolomit, Kalkstein, Gips; Metallverarbeitung, Maschinenbau, Chemie-, Baustoff-, Textilindustrie; Getreide, Zuckerrüben, Kartoffeln; Rinder, Schweine, Schafe, Geflügel
Litauische SSR (Litowskaja Sowjetskaja Sozialistitscheskaja Respublika/Lietuvos Tarybiné Sozialistiné Respublika) 65 200 km² 3,4 Millionen (1979) Vilnius	Vilnius Kaunas Klaipeda	(1979) 481 370 176	Erdöl, Gips, Anhydrit, Torf, Sumpfeisenerze, Phosphorite; Maschinenbau, Metallverarbeitung, Chemie-, Holz-, Lebensmittelindustrie; Getreide, Zuckerrüben, Kartoffeln; Rinder, Schweine, Schafe
Moldauische SSR (Moldawskaja Sowjetskaja Sozialistitscheskaja Respublika/Republika Sowjetike Sotschialiste Moldowenjaske) 33 700 km² 3,9 Millionen (1979) Kischinjow	Kischinjow Tiraspol Belzy	(1979) 503 139 125	Erdöl, Kalkstein, Kreide, Gips; Maschinenbau, Chemie-, Leicht-, Lebensmittelindustrie; Getreide, Zuckerrüben, Sonnenblumen, Wein, Obst; Rinder, Schweine, Schafe, Ziegen
Russische Sozialistische Föderative Sowjetrepublik/RSFSR (Rossiskaja Sowjetskaja Federatiwnaja Sozialistitscheskaja Respublika) 17 075 400 km² 137,6 Millionen (1979) Moskau	Moskau Leningrad Gorki Nowosibirsk Kuibyschew Swerdlowsk	(1979) 8 011 4 588 1 344 1 312 1 216 1 211	Kohle, Erdöl, Erdgas, Torf, Eisenerze, Nichteisen- und Spurenmetalle, Salz, Apatit, Phosphorite, Diamanten; Hüttenwerke, Eisen- und Buntmetallurgie, Maschinenbau, Chemie-, Holz-, Plaste-, Zellstoffindustrie, Textil-, Lebensmittelindustrie; Getreide, Zuckerrüben, Sonnenblumen, Flachs, Hanf, Sojabohnen, Kartoffeln, Gemüse; Rinder, Schweine, Schafe, Ziegen

Name des Staates, Fläche, Bevölkerung, Gliederung, Hauptstadt	Größte Städte (1 000 Einw.)		Wirtschaft (Bergbau, Industrie, Land- und Forstwirtschaft, Fischfang)
Tadshikische SSR (Tadshikskaja Sowjetskaja Sozialistitscheskaja Respublika/Respublikai Sowjetii Sozialistii Todshikiston) 143 100 km² 3,8 Millionen (1979) Duschanbe	Duschanbe Leninabad	(1979) 493 130	Zink, Blei, Wolfram, Wismut, Arsen, Zinn, Antimon, Quecksilber, Bor, Erdgas, Erdöl, Salz; Metallurgie, Maschinenbau, Baumwoll- und Seidenindustrie, Lebensmittelindustrie; Baumwolle, Obst, Wein; Rinder, Schafe, Ziegen, Seidenraupen
Turkmenische SSR (Turkmenskaja Sowjetskaja Sozialistitscheskaja Respublika/Türkmenistan Sowjet Sozialistik Respublikassi) 488 100 km² 2,76 Millionen (1979) Aschchabad	Aschchabad Tschardshou Taschaus	(1979) 312 140 64	Erdöl, Erdgas, Schwefel, Kali-, Steinsalz, Glaubersalz, Baryt, Quarzsand; Maschinen- bau, Metall-, Chemie-, Baustoff-, Textil-, Lebensmittelindustrie; Baumwolle, Weizen, Mais, Reis, Jute, Sesam, Melonen; Karakul- schafe, Seidenraupen
Ukrainische SSR (Ukrainskaja Sowjet- skaja Sozialistitscheskaja Respu- blika/ Ukrajinska Radjanska Sozialistiytschna Respublika) 603 700 km² 49,8 Millionen (1979) Kiew	Kiew Charkow Odessa Donezk	(1979) 2 144 1 444 1 046 1 021	Steinkohle, Erdöl, Erdgas, Eisen-, Mangan- erze; Hüttenwerke, Maschinenbau, Flug- zeug-, Kraftwagen-, Gerätebau, chemische und Lebensmittelindustrie; Getreide, Zucker- rüben, Sonnenblumen, Gemüse; Rinder, Schweine, Schafe, Ziegen
Usbekische SSR (Usbekskaja Sowjetskaja Sozialistitscheskaja Respublika/Usbekiston Sowjet Sozialistik Respub ikassi) 447 400 km² 15,4 Millionen (1979) Taschkent	Taschkent Samarkand Andishan Namangan Buchara	(1979) 1779 476 230 227 185	Erdgas, Erdöl, Kohle, Goldlagerstätten, Kupfer-, Zink-, Bleierze, seltene Metalle, Kaolin, Schwefel, Fluorit; Raffinerie, Schwerindustrie, Maschinenbau, chemische Industrie, Verarbeitung von Rohbaumwolle und Seidenkokons; Baumwolle, Obst, Ge- müse, Wein, Melonen; Rinder, Schafe, Ziegen, Seidenraupen

ASIEN

Politisch-ökonomische Übersicht

Asien (ohne UdSSR)

Name des Staates, Fläche, Bevölkerung, Gliederung, Hauptstadt	Größte Städte (1 000 Einw.)		Wirtschaft (Bergbau, Industrie, Land- und Forstwirtschaft, Fischfang)
Afghanistan (Dy Afghanistan Demokratik Dshumhuriyat, Demokra- tische Republik Afghanistan) 657 500 km² 20,8 Millionen (1978) 29 Provinzen Kabul	Kabul Aggl. Kandahar Herát Gardez Jalálábád Mazár-i-Sharif	(1976) 378 588 115 62 46 44 40	Kohle, Erdgas, Eisenerz, Beryllium; Leicht- industrie, Metallverarbeitung; Getreide, Früchte, Gemüse; Schafzucht, Wolle, Häute, Karakulfelle
Bahrein (Daulat al-Bahrein, Staat Bahrein) 662 km² 260 000 (1978) Al-Manama	Al-Manama	(1970) 90	Erdöl; Dattelpalmen, Zitrusfrüchte, Wein, Obst, Getreide; Fischfang, Perlenfischerei
Bangladesh (People's Republic of Bangladesh, Volksrepublik Bangladesh) 142 776 km² 82,7 Millionen (1978) 19 Distrikte Dacca	Dacca Chittagong Khulud Narayanganj Mymensingh	(1974) 1 680 890 437 271 182	Erdgas, Kohle; Leichtindustrie, Zementwerk; Jute, Reis, Getreide, Tee; Viehzucht; Fisch- fang und -verarbeitung
Bhutan (Druk-Yul, Königreich Bhutan) 47 000 km² 1,25 Millionen (1978) Thimbu	Thimbu Punakha	3	Reis, Hirse, Mais, Weizen, Obst; Yaks; Holz

Name des Staates, Fläche, Bevölkerung, Gliederung, Hauptstadt	Größte Städte (1 000 Einw.)		Wirtschaft (Bergbau, Industrie, Land- und Forstwirtschaft, Fischfang)
Burma (Sousheli Thamatha Pyidaungsu Myanma Neinang Do, Sozialistische Republik der Union von Burma) 678 033 km² 32,3 Millionen (1978) 6 Gliedstaaten, im eigentlichen Burma 7 Administrative Einheiten Rangun	Rangun Mandalay Bassein Henzada Pegu	(1973) 2055 417 336 284 255	Erdöl, Zink-, Kupfer-, Nickel-, Antimon-, Wolfram-, Silbererze; Bau-, Textil-, Holzindustrie; Reis, Erdnüsse, Sesam, Baumwolle; Rinder, Büffel, Elefanten; Teakholz
China (Zhonghua-Renmin-Gongheguo, Volksrepublik China) 9,6 Millionen km² 912 Millionen (1978) 22 Sheng (Provinzen) einschließlich Taiwan, 5 Zishi-qu (Autonome Gebiete), unmittelbare Städte Beijing, Shanghai, Tianjing Beijing (Peking)	Beijing Shanghai Tianjin Shenyang Wuhan Guangzhou Chongqing Nanjing Harbin Lüda X'ian	(1970) 7570 10 820 4280 2800 2560 2500 2400 1750 1670 1650 1600	Kohle, Ölschiefer, Eisen-, Mangan-, Wolfram-, Molybdän-, Antimon-, Zinn-, Kupfer-, Blei-, Zinkerze, Aluminium, Erdöl, Gold, Silber, Quecksilber, Graphit, Schwefel, Salpeter, Glimmer, Asbest; Raffinerie, Metallurgie, Maschinenbau, chemische, Elektro-, Textil-, Papier-, Nahrungs- und Genußmittelindustrie; Reis, Weizen, Mais, Hirse, Sojabohnen, Kartoffeln, Bataten, Tee, Baumwolle, Jute, Obst, Zitrusfrüchte; Rinder, Pferde, Schweine, Esel, Kamele; Nutzhölzer; Fischfang
Indien (Bharat/Republic of India, Republik Indien) 3 268 090 km² 634,7 Millionen (1978) 22 Staaten, 9 Unionsterritorien Delhi	Delhi Bombay Calcutta Madras Bangalore Hyderabad Ahmadabad Kanpur Nagpur	(1971) 3280 5969 3141 2470 1648 1612 1588 1152 866	Kohle, Eisen-, Mangan-, Kupfer-, Chromerze, Erdöl, -gas, Bauxit, Phosphate, Silber, Salz; Baumwoll- und Seideverarbeitung, Metallverarbeitung, Schiff- und Fahrzeugbau, chemische und Leichtindustrie; Reis, Weizen, Ölpalme, Baumwolle, Jute, Kaffee, Kautschuk; Rinder, Büffel, Schafe, Pferde, Geflügel; Fischfang
Indonesien (Republik Indonesia, Republik Indonesien) 2027 087 km² 147 Millionen (1978) 26 Provinzen Jakarta	Jakarta Surabaja Bandung Semarang Medan Palembang Ujung Pandang Malang Surakarta	(1971) 4576 1556 1202 647 636 583 436 422 414	Erdöl, Kohle, Bauxit, Zinn, Nickel, Kupfer; Raffinerie, Schiffbau, Textil-, Chemie-, Glas-, Bergbau-, Fahrzeugindustrie; Reis, Mais, Kautschuk, Kassava, Süßkartoffeln, Kopra, Kaffee, Tee; Rinder, Büffel, Pferde, Schafe, Ziegen; Holz; Fischfang
Irak (Al- Jumhouriya al- Iraqiya, Republik Irak) 438 446 km² 12,3 Millionen (1978) 16 Muhafaza Bagdad	Bagdad Basra Mosul Kirkuk Najaf	(1976) 2969 313 243 167 128	Erdöl; Zement-, Textil-, Zigarettenindustrie; Datteln, Getreide, Baumwolle; Schafe, Ziegen, Rinder, Kamele; Wolle, Häute, Felle
Iran (Dshumhurije Islâmije Irân, Islamische Republik Iran) 1 648 000 km² 35,4 Millionen (1978) 14 Ostan und 9 Gouvernorate Teheran	Teheran Esfahan Mashhad Tabriz Shiraz Abadan	(1970) 3378 519 506 461 324 294	Erdöl; Kupfer-, Eisen- u. a. Erze, Kobalt, Gold; Raffinerie, Erdöl-, Metall- und Plastverarbeitung, Textil-, Teppich-, Pelz-, Zigarettenanfertigung; Früchte, Nüsse, Getreide, Gemüse, Ölsaaten; Tee, Tabak; Schafe, Ziegen, Pferde, Esel, Kamele; Fischfang, Kaviar
Israel (Medinat Jisrael, Staat Israel) 20 700 km² 3,7 Millionen (1978) 6 Distrikte Tel Aviv	Tel Aviv Haifa Jerusalem (isr.) Ramat Gan Holou	(1970) 383 215 196 113 85	Pottasche, Brom, Magnesium, Salz; Erdöl, -gas; Chemie-, Metallwaren-, Textil-, Lederwaren-, Elektrogeräte-, Glas- und Keramikindustrie; Zitrusfrüchte, Oliven, Bananen, Getreide, Tabak, Zuckerrüben; Rinder, Schafe, Ziegen
Japan (Nihon Koku) 372 488 km² 115 Millionen (1978) 47 Präfekturen Tōkyō (Tokio)	Tokio Aggl. Osaka Yokohama Nagoya Kyoto Kobe Sapporo Kitakyushu Kawasaki Fukuoka	(1975) 8643 11 669 2779 2622 2080 1461 1361 1241 1058 1015 1002	Steinkohle, Blei, Kupfer, Zink, Wolfram, Sulfate, Salz, Erdöl, Zinn; Schiffbau-, Textilindustrie, Elektronik, Maschinenbau; Reis, Weizen, Gerste, Sojabohnen, Kartoffeln, Tee; Schweine, Rinder, Ziegen, Pferde, Schafe; Fisch- und Walfang

Name des Staates, Fläche, Bevölkerung, Gliederung, Hauptstadt	Größte Städte (1 000 Einw.)		Wirtschaft (Bergbau, Industrie, Land- und Forstwirtschaft, Fischfang)
Jemen/JAR (Al- Jumhouriya al-Arabiya al- Jamaniya, Jemenitische Arabische Republik) 195 000 km² 7,3 Millionen (1978) Sanā	Sanā Al Hudaydah Taizz	(1975) 135 80 70	Salzgewinnung; Hirse, Kaffee, Baumwolle, Früchte; Schafe, Ziegen
Jemen/VDRJ (Jumhouriya al-Jaman ad-Dimukratiya ash-Shaabiya, Volksdemokratische Republik Jemen) 300 000 km² 1,9 Millionen (1978) 6 Provinzen Aden	Aden Mukalla	(1973) 250 60	Hirse, Sorghum, Sesam, Baumwolle; Fischfang und -verarbeitung
Jordanien (Al-Mamlaka al-Urduniya al-Hashimiya, Haschemitisches Königreich Jordanien) 97 740 km² 3 Millionen (1978) 10 Liwa Amman	Amman Zarqa Jerusalem Nablus	(1974) 615 112 66 61	Magnesium-, Kalziumchlorid, Phosphate; Leichtindustrie; Weizen, Gerste, Tomaten, Zitrusfrüchte, Melonen; Schafe, Ziegen, Kamele
Kampuchea (Sathearnarod Bracheameanid Kampuchea, Volksrepublik Kampuchea) 181 000 km² 8,8 Millionen (1978) 19 Khet Phnom Penh	Phnom Penh Battambang	404 80	Phosphat, Eisenerz; Metallverarbeitung, Textil-, Zigaretten-, Glaswarenindustrie; Reis, Mais, Sojabohnen, Pfeffer; Büffel, Schweine, Geflügel; Edelhölzer, Fischfang
Korea 219 015 km² 54,4 Millionen (1978) 18 To und 5 unmittelbare Städte KDVR (Tschosson Mintschutschu-i Inmin Konghwaguk, Koreanische Demokratische Volksrepublik) 120 538 km² 17,1 Millionen (1978) 9 To und 3 unmittelbare Städte Phjŏngjang	Phjŏngjang Sŏul Pusan Tegu Inčhŏn Čhŏngdžin Hyngnam	(1970) 1 500 5 510 1 879 1 083 646 210 150	Kohle, Eisen-, Kupfer-, Molybdänerze, Wolfram, Antimon, Bauxit, Graphit; Metallurgie, Maschinenbau, Metallverarbeitung, petrochemische, Plast-, Textil-, Nahrungs- und Genußmittelindustrie; Getreide, Bohnen, Tabak, Baumwolle, Sojabohnen, Reis, Hirse; Rinder, Schweine, Geflügel; Fischfang
Katar (Daulat al-Katar, Staat Katar) 22 014 km² 100 000 (1978) Ad Dawhah	Ad Dawhah	55	Erdöl; Raffinerie, Teppich-, Möbelindustrie; Mais, Datteln, Kokospalmen; Viehzucht, Fischfang, Perlenfischerei
Kuwait (Daulat al-Kuweit, Staat Kuweit) 17 818 km² 1,1 Millionen (1978) Al Kuweit	Al Kuweit	(1970) 80	Erdöl; Raffinerie, Meerwasserentsalzung; Getreide, Hülsenfrüchte, Tabak, Datteln; Kamele, Schafe
Laos (République démocratique populaire Lao, Volksdemokratische Republik Laos) 236 800 km² 3,5 Millionen (1978) 13 Khoueng und Hauptstadt Vientiane	Vientiane Savannakhet Paksé Luang Prabang	(1973) 177 51 45 44	Zinn, Edelsteine, Gold, Salz; Holzverarbeitung, Nahrungs- und Genußmittelindustrie; Reis, Mais, Kaffee, Baumwolle, Tabak, Kautschuk, Mohn, Pfeffer, Zimt, Bananen, Ananas, Tee, Zitrusfrüchte; Rinder, Schweine; Edelhölzer
Libanon (Al-Jumhouriya al-Lubnaniya, Republik Libanon) 10 400 km² 3,1 Millionen (1978) 5 Mohafazat Beirut	Beirut Aggl. Trâblous Sa'idá	(1970) 475 1 100 240 70	Ölraffinerie, Leichtindustrie; Zitrusfrüchte, Getreide, Oliven, Tabak; Ziegen, Schafe, Rinder
Malaysia 333 507 km² 13 Millionen (1978) Hauptstadt und 13 Staaten Kuala Lumpur	Kuala Lumpur Georgetown Ipoh Johor Baharu Kelang Petaling Jaya Melaka	(1970) 452 269 248 136 114 93 87	Zinn, Eisenerz; Verarbeitung landwirtschaftlicher Erzeugnisse; Kautschuk, Reis, Kokospalmen, Bataten, Tee, Bananen, Ananas; Rinder; Fischfang

Name des Staates, Fläche, Bevölkerung, Gliederung, Hauptstadt	Größte Städte (1 000 Einw.)		Wirtschaft (Bergbau, Industrie, Land- und Forstwirtschaft, Fischfang)
Malediven (Republic of Maldives, Republik Malediven) 298 km² 120 000 (1978) Malé	Malé	(1971) 12	Kokosfaser, -nüsse, Kopra; Fisch, Muscheln
Mongolei (Bügd Najramdach Mongol Ard Uls, Mongolische Volksrepublik) 1 565 000 km² 1,6 Millionen (1978) 18 Aimak und Hauptstadt Ulaanbaatar (Ulan-Bator)	Ulan-Bator Darchan Čojbalsan Nalajch	(1970) 282 30 21 15	Kohle, Wolfram-, Mangan-, Zinn-, Kupfererze, Gold, Silber, Flußspat, Erdöl; Zement-, Textil-, Lederwarenindustrie; Getreide, Hanf, Kartoffeln, Gemüse; Schafe, Ziegen, Rinder, Pferde, Kamele
Nepal (Kingdom of Nepál, Königreich Nepal) 140 797 km² 13,5 Millionen (1978) Katmandu	Katmandu Pátan Bhátgáon	195 135 84	Leicht- und Heimindustrie; Reis, Mais, Hirse, Jute, Baumwolle, medizinische Kräuter; Rinder, Schafe, Ziegen
Oman (Sultanatu Oman, Sultanat Oman) 212 400 km² 840 000 (1978) Masqat	Masqat	6	Erdöl; Dattelpalmen, Getreide, Gemüse, Wein; Kamele
Pakistan (Islamic Republic of Pakistan, Islamische Republik Pakistan) 803 490 km² 75,4 Millionen (1978) 4 Provinzen Islamabad	Karachi Lahore Lyallpur Hyderabad Multan Rawalpindi	(1971) 3 442 1 986 1 016 786 678 490	Chromerze, Kohle, Steinsalz, Erdgas; Baumwoll-, Zuckerrohrverarbeitung, Chemieindustrie; Reis, Weizen, Mais, Baumwolle; Forstwirtschaft; Fischfang
Philippinen (Republika ñg Pilipinas, Republik der Philippinen) 300 000 km² 46,7 Millionen (1978) 72 Provinzen Manila	Manila Quezon Cebu Davao Basilan	(1970) 1 582 585 352 315 223	Kupferkonzentrate, Mangan-, Chrom-, Eisenerze, Kohle, Salz; Kokosöl-, Tabak-, Zuckerrohrverarbeitung, Bekleidungsindustrie; Reis, Mais, Hanf, Tabak, Kautschuk; Schweine, Büffel, Pferde, Rinder; Fischfang
Saudi-Arabien (Al-Mamlaka al-Arabiya as-Saudiya, Königreich Saudi-Arabien) 2 150 000 km² 9,8 Millionen (1978) 18 Provinzen Ar-Riyād	Ar-Riyād Jiddah Makkah	300 300 250	Erdöl; Datteln, Getreide, Kaffee, Baumwolle; Schafe, Ziegen, Kamele, Esel; Fischfang
Singapur (Republic of Singapore; Republik Singapur) 581 km² 2,3 Millionen (1978) Singapore	Singapore	(1970) 2 075	Zinn; Leichtindustrie; Kautschuk, Kokospalmen, Obst, Tabak; Geflügel, Schweine; Holz
Sri Lanka (Demokratische Sozialistische Republik Sri Lanka) 65 610 km² 14,9 Millionen (1978) 22 Distrikte Colombo	Colombo Dehiwala Jaffna Moratuwa Kotte	(1970) 583 128 106 85 82	Graphit, Ilmenit, Halbedelsteine, Kaolin, Eisenerze; Graphitverarbeitung, Pharmazeutika, Textil- und Lederwaren, Keramik, Düngemittel; Reis, Kautschuk, Tee, Kaffee, Mais; Rinder, Büffel, Schweine, Schafe, Ziegen; Fischfang
Syrien (Al-Jumhouriya al-Arabiya as-Suriya, Syrische Arabische Republik) 185 180 km² 8,1 Millionen (1978) 14 Mohafazat Damaskus	Damaskus Aleppo Homs Hama Latakia	(1970) 836 639 216 138 128	Phosphate, Gips; Textil-, Leicht-, Lebensmittelindustrie; Weizen, Gerste, Oliven, Tabak, Baumwolle, Hirse, Zuckerrüben; Schafe, Ziegen, Kamele, Pferde
Thailand (Prades Thai/Muang Thai, Königreich Thailand) 514 000 km² 45,8 Millionen (1978) 71 Changwat Bangkok	Bangkok Thonburi Chiengmai	(1970) 1 867 628 84	Zinn, Wolfram, Gold, Erdöl; Glas-, Zigaretten-, Juteverarbeitung; Reis, Kautschuk, Mais, Zuckerrohr, Kakao, Erdnüsse, Baumwolle, Jute; Büffel, Rinder, Schweine, Pferde, Elefanten; Fischfang

Name des Staates, Fläche, Bevölkerung, Gliederung, Hauptstadt	Größte Städte (1000 Einw.)		Wirtschaft (Bergbau, Industrie, Land- und Forstwirtschaft, Fischfang)
Türkei (Türkiye Cumhuriyeti, Republik Türkei) 780576 km² 42,2 Millionen (1978) 67 Iller Ankara	Istanbul Ankara Izmir Adana Bursa	(1970) 2248 1209 521 352 276	Chrom-, Mangan-, Kupfer-, Zink-, Zinn-, Eisenerze, Schwefel, Wolfram, Kobalt, Kohle, Salz, Erdöl; Metallurgie, Textil-, Nahrungsmittel-, Tabak-, Baumwollindustrie; Weizen, Tabak, Baumwolle, Mohn, Tee, Wein, Feigen, Zitrusfrüchte; Schafe, Ziegen, Rinder, Pferde, Seidenraupen
Vereinigte Arabische Emirate (Daulat al-Imarat al-Arabiya al-Muttahida) 83654 km² 240000 (1978) Abu Dhabi	Abu Dhabi Dubayy	60 40	Erdöl; Datteln, Tabak, Zitrusfrüchte, Wein; Kamele; Fischfang, Perlenfischerei
Vietnam/SRV (Nu'ó'c Công Hòa Xâ' Hôi Chu' Nghî'a Viêt Nam, Sozialistische Republik Vietnam) 329600 km² 48,5 Millionen (1978) 35 Provinzen, 3 unmittelbare Städte Ha-nôi (Hanoi)	Ho-Chi-Minh-Stadt Hanoi Da-nang Hai-phong	(1973) 1825 1378 492 370	Anthrazit, Braun-, Steinkohle, Eisen-, Mangan-, Titan-, Chromerze, Bauxit, Apatit; Maschinenbau, Nahrungs-, Textilindustrie; Reis, Mais, Zuckerrohr, Tabak, Süßkartoffeln, Maniok, Erdnüsse, Tee, Kaffee; Rinder, Schweine, Geflügel; Holz
Zypern (Kypriakē Dēmokratía/ Kibris Cumhuriyeti, Republik Zypern) 9251 km² 660000 (1978) 6 Distrikte Nikosia	Nikosia Limassol Famagusta	(1970) 115 51 42	Eisen, Kupfer, Chrom, Asbest, Gips; Leicht- und Lebensmittelindustrie; Getreide, Kartoffeln, Zitrusfrüchte, Wein, Oliven, Tabak, Johannisbrotbäume; Schafe, Ziegen

Abhängige und sonstige Gebiete:

Brunei (brit.), 5800 km², 190000 Einw.
Hongkong (brit.), 1034 km², 4,3 Millionen Einw.
Macau (port.), 16 km², 0,3 Millionen Einw.
Osttimor, 14925 km², 0,7 Millionen Einw.
Neutrale Zone (zwischen Irak und Saudi-Arabien), 5000 km²

Fläche und Lage. Asien, mit 44 Mio km² Fläche der größte der Erdteile, ist zugleich auch der vielgestaltigste. Der Erdteil liegt auf der nördlichen Halbkugel. Der nördlichste Punkt der großen Landmasse liegt bei 77° 40' n. Br. (Kap Tscheljuskin auf der Taimyr-Halbinsel in Sibirien) und der südlichste, die Spitze der Halbinsel Malakka, rückt dem Äquator sehr nahe (Kap Buru, 1° 16' n. Br.).
In Asien wohnt mehr als die Hälfte der Menschheit, über 2,5 Mrd. Hier entwickelten sich mehrere alte Hochkulturen, wie etwa die chinesische in Ostasien, die indische in Südasien, die babylonische, assyrische u. a. in Vorderasien. Viele Forscher sehen Asien als Wiege der Menschheit selbst an. Zahlreich sind die Verbindungen zwischen Asien und Europa im Laufe der Geschichte gewesen, ist doch Europa mit seinen 10 Mio km² Fläche, wie ein Blick auf die Karte lehrt, eigentlich nichts anderes als ein großer halbinselartiger Anhang der asiatischen Landmasse. Daher hat man für beide zusammen den Ausdruck Eurasien geprägt. Die Vielgestaltigkeit des Erdteils erschwert eine übersichtliche Gliederung ebenso wie seine ungeheure Größe die Kenntnis seiner Natur. Bei allgemeinster Betrachtung treten drei Hauptmerkmale hervor: die große Landmasse mit ihren riesigen Entfernungen, die Lage dieser Landmasse auf der nördlichen Halbkugel und die Hochgebirge im Inneren des Kontinents.
Geologischer Aufbau und tektonische Gliederung. Auffällig ist der Gegensatz in Oberflächen- und Umrißgestalt zwischen Arabien und Vorderindien einerseits, dem übrigen Asien andererseits. Er beruht darauf, daß Arabien und Vorderindien als Teile des zerbrochenen alten Südkontinents, des Gondwanalandes, an die asiatische Landmasse angeschweißt worden sind. Ihr Charakter gleicht dem Afrikas und Australiens. Großräumig gestaltete, wenig gegliederte Tafel- und Berglander mit breit einbuchtenden Meeresküsten und Tiefländern, plumper und massiger Bau auch dort, wo größere Höhen erreicht werden, sind für beide Halbinseln bezeichnend. Der übrige Teil Asiens hingegen ist, soweit nicht junge Aufschüttungen einförmige Tief-

Überblick

länder geschaffen haben, im allgemeinen wesentlich feiner gegliedert. Er verrät eine noch bis in die junge geologische Zeit anhaltende Unruhe der Erdkruste.

Die ältesten Kerne Asiens sind einige alte Massen. Im Norden ist es das **Angaraland (Sibirische Masse)** zwischen Jenissej und Lena, das das Baikalgebiet gerade noch mit einschließt. Ihm benachbart liegen im Gebiet der Karasee die **Karaseemasse** und im Nordosten des Kontinents, zum größten Teil im Arktischen Ozean versunken und nur noch randlich den Kontinent selbst mit aufbauend, die **Tschuktschenmasse**. Weitere alte Massen finden sich im Osten Asiens: Die eine, die **Nordchinesische Masse (Sinische Scholle)**, reicht in Nordchina von der Halbinsel Schantung bis in die Mandschurei hinein, die andere, die **Südchinesische Masse**, in Südchina von der Südküste bis in das Gebiet des Jangtsekiang. Wichtig ist ferner die **Sundamasse**, die vom Südosten Hinterindiens – Thailand, Kampuchea, Südteil Vietnams – bis zum Nordteil Kalimantans reicht, heute aber zum größten Teil unter den Meeresspiegel versenkt ist. Einige kleinere alte Massen liegen im Ordosgebiet am Hwangho (Huang He), im Tarimbecken und im Ferganabecken. Diese alten Massen, aufgebaut aus kristallinen Schiefern, also metamorphen Gesteinen, sowie aus alten Tiefengesteinen, haben sich gegenüber allen späteren tektonischen Bewegungen passiv verhalten. Eine erste, wahrscheinlich der kaledonischen Ära an der Wende vom Silur zum Devon entsprechende Gebirgsbildung schweißte ihnen besonders südlich und östlich des Baikalsees einen Saum neuer Glieder an. Dieses Gebiet wird in der Literatur auch als „Alter Scheitel" bezeichnet. Der Sajan und Teile des Mongolischen Altai z. B. erhielten damals ihre Struktur. Weitaus bedeutsamer war die Gebirgsbildung, die im Karbon etwa gleichzeitig mit unserer variszischen Orogenese stattfand. Abermals legte sich – aus den in bisherigen Meeresbecken angehäuften Sedimenten aufgefaltet – ein Gebirgsgürtel um den alten Kern. Er umfaßte das ganze Gebiet südlich der eben genannten Gebirge bis an den Rand des Kunlun und bis zum nördlichen Pamir. Im Osten wurden die Nordchinesische, Südchinesische und

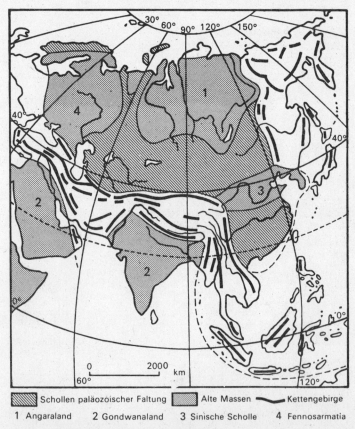

Tektonische Übersichtsskizze von Asien (nach Klute)

Sunda-Masse ebenfalls von Faltensäumen umgeben. Zwischen der Angaramasse und der in Europa liegenden Fennosarmatischen Masse entstand die Gebirgsstruktur des Urals. Diese Gebirgsbildung wird als ural-altaisch bezeichnet.
Die nächste Orogenese begann in Asien im oberen Jura, entspricht also zeitlich etwa der saxonischen Faltung in unserem Gebiet. In Nordasien entstanden die Gebirgsstrukturen des östlich der Lena gelegenen Gebiets. Diese pazifische Faltung dauerte bis in die Kreidezeit an. Am Ende der Kreidezeit setzte bereits die alpidische Gebirgsbildung ein, die für das Gegenwartsbild entscheidend ist. Da der ganze Nordflügel Asiens schon konsolidiert war, ergriff die alpidische Orogenese den gesamten Süden und schlang um die alten Landmassen den jungen Faltenwurf der Gebirgssysteme, die Westasien durchziehen, im Himalaja gipfeln und in den Inselraum Südostasiens hineinstreichen. Diese jüngste Gebirgsbildung schweißte die südlichen Halbinseln, die Reste des Gondwanalandes gewesen waren, nunmehr an Asien an. Es entstand das heutige Umrißbild des Kontinents. Die gebirgsbildenden Kräfte waren so stark, daß sie die schon früher gefalteten Gebiete Innerasiens, die allerdings z. T. bereits wieder abgetragen waren, zu mächtigen Schollen zerbrachen. Das ganze Innere des Kontinents wurde emporgepreßt, manche Teile besonders heftig. Sie bilden die mächtigen Bruchschollengebirge des Altai, des Tienschan, des nördlichen Pamir. Zwischen diesen Bruchschollengebirgen liegen Teile, die nicht so weit herausgehoben wurden – sie entsprechen den Hochbecken Innerasiens – oder so tief absanken, daß sie von tertiären und quartären Sedimenten überdeckt wurden, wie das Westsibirische Tiefland und Turan (Aralokaspische Niederung). An der Ostseite Asiens brachen große Schollen in mehreren Staffeln nieder, deren äußerste teilweise im Meer versunken ist und die Inselgirlanden bildet. Doch mischen sich hier am Rande des Pazifiks mit der Bruchstruktur auch junge Züge, z. B. die Tiefseegräben. Daher ist die Frage gestellt worden, ob am pazifischen Außensaum Asiens die Gebirgsbildung nicht noch im Gange sei. Bisher ist die Frage nicht hinreichend geklärt. Auf jeden Fall aber handelt es sich um ein äußerst labiles Glied der Erdkruste, das von Erdbeben heimgesucht und durch starken Vulkanismus gekennzeichnet ist.
Oberflächengestaltung. Die Oberflächengestaltung in den zentralen Gebieten trägt wesentlich dazu bei, daß die einzelnen Teile des Kontinents ihr eigenes Gesicht haben. Der große Faltengebirgsgürtel, der sich von Kleinasien durch Vorderasien zieht, im Himalaja die höchsten Gipfel der Erde trägt und nach Hinterindien umschwenkend seine Fortsetzung im südostasiatischen Inselraum findet, sowie die im Innern des Kontinents liegenden Hochgebiete, die gegen Nordosten in langgestreckten Gebirgswellen auslaufen, scheiden den Norden, den Osten und den Süden voneinander. Die zonale Gliederung, die in einem flachen Kontinent Übergänge von der einen zur anderen Zone zeigen würde, findet in den großen Gebirgszügen, die als Klimascheiden wirken, markante Grenzlinien. Die Teilgebiete Asiens sind daher von großer Selbständigkeit.
Wie auch in anderen Teilen der Erde ist in Asien die Hebung des Kontinents erst in geologisch junger Zeit erfolgt und anscheinend auch heute noch an vielen Stellen im Gange. Die älteren Gebirge waren längst eingeebnet und mit Rumpfflächen überzogen, als sie durch die Wirkungen der alpidischen Faltung herausgehoben und den destruktiven Kräften wiederum ausgesetzt wurden. Nur in den höchsten Gebirgen, z. B. im Tienschan, fehlen Reste dieser alten Rumpfflächen fast völlig. Die nicht so hoch aufragenden Gebirgsteile aber tragen noch weithin auf den Höhen das alte Flachrelief. Formen, wie wir sie von europäischen Mittelgebirgen kennen, sind daher im Ural, im Großteil des Altais und an anderen Stellen vorherrschend. Im Gegensatz dazu stehen die hoch emporgepreßten jungen Faltengebirge, in denen die Erosion alte Flächenreste, soweit sie jemals vorhanden waren, völlig vernichtet oder verwischt hat.
Überaus stark ist insbesondere in den Randgebieten des Kontinents die Bruchtektonik, die mit der Zerrüttung der Erdkruste dem Vulkanismus den Weg freigemacht hat. Die zahlreichen Erdbeben sind Zeugen der allgemeinen Unruhe der Erdkruste im jungen Faltengebirgsgürtel und im pazifischen Randsaum des Kontinents, und die vulkanischen Erscheinungen, insbesondere im Hochland von Armenien und längs der pazifischen Küste von den Sundainseln bis nach Kamtschatka, sind ein wesentliches Element des Oberflächenbildes.
Ein drittes, für weite Gebiete außerhalb des Faltengebirgsgürtels charakteristisches Element der Oberflächengestaltung sind die jüngeren Sedimente.
Oft bilden sie weithin die Oberfläche, z. B. in den eintönigen Tafelländern im westlichen Teil der Kasachischen Schwelle im Ust-Urt-Plateau westlich des Aralsees. Häufig sind flachlagernde Sand- und Kalksteine in die Becken zwischen den Gebirgszügen eingelagert und bilden auch hier örtlich stark zerschnittene Tafelländer wie in manchen Gebieten Hinterindiens. Besonders auffällig sind schließlich in den abflußlosen Hochbecken die Schutteinlagerungen, die vielfach als mächtige Terrassen den Rand der Becken säumen.
Selbstverständlich sind die gegenwärtigen Abtragungsvorgänge und damit auch

die heutigen Oberflächenformen nur zu verstehen, wenn man die jetzigen Klimaverhältnisse in Betracht zieht. Sie erklären uns die tiefe chemische Zersetzung des Gesteins im tropischen Bereich, die große Bedeutung von Rutschungen im Gebiet des tropischen Regenwaldes, die Grobschuttbildung und Bergstürze in den Hochgebirgen, die Erscheinungen des Dauerfrostbodens im sibirischen Kältegebiet mit ihren Folgen, die Ausdehnung des Lockermaterials, Anwehung von Flugstaub und Dünenbildung in den Trockengebieten. Alles das sind Vorgänge, die wir unter ähnlichen klimatischen Bedingungen auf der Erde zwar vielfach wiederfinden, die in Asien mit seinen gewaltigen Relief- und Klimaunterschieden jedoch oftmals ins Großartige gesteigert sind.

Klima. Asien hat Anteil an allen Klimazonen der Erde, vom tropischen Klima der Äquatorregion bis zum arktischen der Eiswüsten im Polargebiet. Die Klimacharaktere, vor allem die kontinentalen Züge, können sich in dem großen Erdteil voll entfalten. Die Wärmeunterschiede von Nord nach Süd, zwischen Land und Meer, sowie der jahreszeitliche Wechsel zwischen Sommer und Winter führen zu einer für Asien kennzeichnenden Ausbildung der atmosphärischen Zirkulation, die man unter dem Begriff der Monsunerscheinungen zusammenfaßt: Asien ist der Erdteil der Monsune.

Für die klimatische Gliederung Asiens ist es zweckmäßig, vom planetarischen Windsystem auszugehen, das hier unter dem Einfluß der großen Landmasse charakteristische Abwandlungen erfährt.

Wenn sich im Sommer der Kontinent stark erhitzt, bildet sich über ihm ein großes Tiefdruckgebiet mit mehreren Kernen, einem z. B. über der Mongolei und einem mit noch geringerem Luftdruck zwischen Ostiran und dem Pandschab. Das Tief über Ostiran und Nordpakistan sowie Nordwestindien bestimmt das sommerliche Bild der Luftströmungen in Südwestasien. Winde aus Norden und Nordosten fehlen hier allerdings, da in dieser Richtung hohe Gebirgswälle vorgelagert sind. Aus dem Nordwesten werden die Luftmassen der Westwindzone bis nach Ostiran und Afghanistan hin angesaugt. Sie verlieren über den weiten Flächen des erhitzten Kontinents ihre ursprünglichen Eigenschaften und erscheinen als um so trockenere Winde, je weiter der Sommer fortschreitet. Die von ihnen überstrichenen Flächen erhalten daher wohl noch immer im Frühsommer einige Niederschläge, kaum aber im eigentlichen Sommer. Eine Ausnahme tritt dort ein, wo sich ihnen hohe Gebirge in den Weg stellen, denn dann fällt auch im Sommer reichlich Regen. Dies sind im Südosten des Schwarzen Meeres die Kolchis und die nordosttürkischen Randgebirge, ferner die Südumwallung des Kaspischen Meeres – die Landschaften Masanderan und Gilan – und schließlich die höheren Lagen an den Westflanken der innerasiatischen Hochgebirge, besonders des westlichen Pamirs.

Von Westen her werden im Sommer Luftmassen herangeführt, die ihren Ursprung im Trockengebiet Nordafrikas und Arabiens haben. Da sie nicht über größere Meeresflächen hinwegstreichen, kommen sie in Pakistan und Nordwestindien als trockene Winde an und lassen im Indusgebiet Steppen und Wüsten (die Thar) entstehen.

Von Südwesten und Süden strömen in breiter Front vom Indischen Ozean feuchte, labil geschichtete Luftmassen heran, die kräftige Regen besonders dort bringen, wo sie durch entgegenstehende Gebirge zum Aufsteigen gezwungen werden, z. B. an den Westghats oder den Gebirgen in Assam. Sie biegen über dem Golf von Bengalen ab und wehen als Südostwinde über das Gangestiefland nach dem Pandschab. Das Fehlen der Passate ermöglicht das Vordringen der äquatorialen Luftmassen, oder anders ausgedrückt, die Innertropische Konvergenz kann unter dem Einfluß des erhitzten Kontinents hier über den Wendekreis hinaus weit gegen Norden vordringen.

Ganz anders ist das Bild im Winter. Über dem Kontinent bildet sich ein kräftiges Hochdruckgebiet aus, dessen Zentrum südlich des Baikalsees liegt. Der Westwindgürtel umschlingt es im Süden; seine Zyklonen überqueren das Mittelmeergebiet, berühren Kleinasien, Iran und selbst noch Pakistan und Nordwestindien, die daher wie alle genannten Gebiete Winterregen aufweisen. Die Gebiete weiter südlich werden von den Nordostpassaten beherrscht, die nur an den Ostküsten schwächere Steigungsregen verursachen, sonst aber wegen ihrer stabilen Schichtung trocken sind. Die äquatoriale Tiefdruckfurche mit ihren labilen und regenbringenden Luftmassen berührt nur den Süden der indischen Halbinsel und Sri Lanka.

Insgesamt ergibt sich somit für das südliche und westliche Asien in klimatischer Hinsicht folgende Gliederung:

a) Vorderindien zeigt einen ausgesprochenen jahreszeitlichen Wechsel der Windrichtungen. Es hat Monsunklima. Der äußerste Nordwesten Indiens und Pakistans weisen zudem noch die winterlichen Westwindregen auf.

b) Arabien bleibt mit Ausnahme seiner Südwestecke (Jemen) das ganze Jahr über in trockenen Luftmassen.

c) Das übrige Vorderasien zeigt einen ausgesprochenen Wechsel der Jahreszeiten, doch im umgekehrten Sinne als Vorderindien: Der Sommer ist unter dem Einfluß subtropischer Hochdruckzellen und der sommerlichen trockenen Winde aus Nordwesten trocken, der Winter wegen der Westwindzonen-Zyklonen unbeständig; er bringt Regen.

d) Die nördlich anschließenden Gebiete, besonders Turan, haben meist Frühjahrsregen, aber kontinental trockene Sommer (turanischer Typ) und kalte, niederschlagsarme Winter. Die Gebirge dieses Bereichs haben dagegen außerdem noch im Sommer Regen zu verzeichnen (pontischer Typ).

Im Osten Asiens ist es der über der Mongolei liegende Tiefdruckkern, der als Aktionszentrum wirkt. Aus der subtropischen Hochdruckzelle über dem Pazifik kommen die Nordostpassate, während sich im Äquatorialgebiet die Zone der labilen innertropischen Luftmassen erstreckt. Im Sommer werden die Passate unter dem Einfluß des Tiefdruckgebietes abgelenkt und in den Kontinent hineingezogen, wo sie als Südostwinde oder auch Ostwinde erscheinen. Mit dem Abbiegen der Passate ist auch für die äquatorialen Luftmassen der Weg frei, und sie können wie die sommerlichen Südwestmonsune in den Kontinent eindringen. Ihnen entstammen die reichen Niederschläge an den Luvseiten der Gebirge. Diese Luftmassen erreichen noch die südchinesische Küste. Die nördlich anschließenden außertropischen Monsune haben sich als eine nur recht flache Luftströmung erwiesen, die selten bis 1000 m mächtig wird. Sie wird vielmehr von Winden aus westlichen Richtungen überlagert, die zur Westwindzone gehören. Deren Zyklonen sind mit Feuchtigkeit aus den abgelenkten Passaten angereichert und bringen hier kräftige Sommerniederschläge. Doch ist es hier gerade umgekehrt wie in Vorderindien: Dort besteht Trockenheit, wenn die Monsune, d. h. die regenbringenden äquatorialen Luftmassen, ausbleiben, in Ostasien dagegen ist es trocken, wenn die dortigen „Monsune" herrschen, da sie nicht die eigentlichen Regenbringer sind.

Im Winter steht Ostasien unter dem Einfluß des Kältehochs über Asien. Die von diesem abströmenden Luftmassen überstreichen – oft mit erheblicher Wucht – alle Küstenländer nördlich des Jangtsekiang; sie sind kalt und trocken. Das ganze festländische Ostasien nördlich dieses Stromes zeigt daher einen ausgeprägten Wechsel zwischen feuchten, warmen Sommern und kalten, trockenen Wintern. Über Südchina aber verlaufen im Winter die Bahnen der Westwindzyklonen, die hier Regen bringen. Damit hat Südchina Regen zu allen Jahreszeiten. Und da die Zyklonenbahnen längs der Küste nordostwärts abbiegen, bringen sie auch den japanischen Inseln im Winter noch Niederschläge, die im Grenzgebiet gegen die kalte über der Japansee labilisierte Festlandluft auch als Schnee auftreten. Das tropische Südostasien steht im Winter unter dem Einfluß der Nordostpassate, die ihren normalen Weg beibehalten, weil in dieser Jahreszeit ein ablenkendes Aktionszentrum über dem Kontinent fehlt. So unterscheiden wir auch in Ostasien mehrere Klimagebiete:

a) das tropische Südostasien mit Monsuncharakter; im Sommer herrschen äquatoriale Luftmassen, im Winter Passate;

b) das südchinesische Gebiet, das im Winter Niederschläge aus den Zyklonen der Westwindzone, im Sommer passatische Steigungsregen empfängt;

c) den ostasiatischen Kontinentalrand nördlich des Jangtsekiang, der im Sommer bei günstigen Temperaturen Regen aus den Westwindzyklonen empfängt, im Winter aber unter dem Einfluß der kalten und trockenen, aus dem Kontinent herauswehenden Winde steht.

Innerasien gehört seiner Lage nach zur Westwindzone. Doch werden die klimatischen Verhältnisse stärker noch durch die Reliefverhältnisse bestimmt. Es herrschen hier ein Höhenklima und extremes Binnenklima zugleich.

Bei Nordasien ist die hohe Breitenlage von entscheidender Bedeutung. Obgleich es größtenteils meerfernes Gebiet mit geringen Niederschlägen ist, hat es einen ausgeglichenen Wasserhaushalt, weil die Temperaturen mäßig sind und während der langen Winterruhe die Feuchtigkeit aufgespeichert wird. Teilweise ist sogar ein beträchtlicher Feuchtigkeitsüberschuß vorhanden. Neben diesem Fehlen jahreszeitlich hervortretender Trockenheit, die sonst ganz Asien beherrscht, sind die gewaltigen Unterschiede zwischen Sommer- und Wintertemperaturen bezeichnend. Je weiter wir nach Osten kommen, um so stärker werden diese Unterschiede; östlich der Lena, schon nicht mehr allzu fern vom Rand des Kontinents, sind sie am größten. Hier liegt bei Oimjakon am Oberlauf der Indigirka das kälteste noch bewohnte Gebiet der Erde, an dem als Minimum fast $-70\,°C$ gemessen worden sind. Im Sommer herrschen landeinwärts gerichtete oder westliche Winde vor, im Winter sind es vorwiegend aus dem Kontinent herauswehende Winde, die vom Hochdruckgebiet über der Mongolei ausgehen. Oft ist der Kontinent kälter als der benachbarte Raum des Arktischen Ozeans.

Die Winterruhe ist in den extrem kontinentalen Gebieten meist lang. Entscheidend für die Nutzbarkeit des Bodens ist aber die Höhe der Sommertemperatur.

Der Mensch hat in den einzelnen Gebieten Asiens verschiedene Schwierigkeiten zu überwinden: Wassermangel und Trockenheit auf der einen, Wasserüberschuß auf der anderen Seite, hier Versiegen der Flüsse im Sommer, dort gewaltige Sommerhochwässer.

Hydrographische Verhältnisse. Die Wasserfrage steht in Asien überall im Vordergrund. Das Relief bewirkt, daß große Gebiete des Inneren keinen Abfluß nach außen aufweisen, sondern nur eine Binnenentwässerung haben mit Flüssen, die in salzige, ihre Lage zuweilen wechselnde Endseen münden. Dadurch stehen diese zentralen Gebiete im Gegensatz zu den nach außen, zum Ozean entwässernden Randgebieten, den – im hydrographischen Sinne – peripherischen Gebieten. Der Forschungsreisende Ferdinand von Richthofen hat um die Jahrhundertwende diesen Gegensatz zwischen den zentralen und peripherischen Gebieten als den grundlegenden Charakterzug Zentral- und Ostasiens hingestellt. Dieser Gegensatz wird sichtbar in dem Unterschied zwischen den schutterfüllten weiten Hochbecken, die dürftig beregnet werden, kümmerliche Steppe tragen oder gar wüstenhaft sind, und den feuchten, von den Flüssen oft tiefgegliederten peripherischen Gebieten mit reichlichem Niederschlag und vielfach üppiger Vegetation. Daraus ergibt sich ferner auch der Gegensatz zwischen den wenig besiedelten, strichweise ganz menschenleeren Räumen Zentralasiens – z. B. den Wüsten in Ostturkestan und in Turan sowie dem Hochland von Nordtibet –, und den Menschenballungen in Süd- und Ostasien – vor allem in Indien, Bangladesh und China –, die auch in rein agrarischen Gebieten zu einer beispiellosen Verdichtung der Bevölkerung führten und zur frühzeitigen Entstehung der dortigen Hochkulturen beitrugen. Gebiete, die weder durch zu große noch durch zu geringe Feuchtigkeit bedroht werden, nehmen in Asien nur einen kleinen Raum ein. Es ist im wesentlichen das schmale Band, das sich etwa längs der Transsibirischen Bahn quer durch Asien erstreckt und sich zwischen ein Gebiet des Wasserüberschusses im Norden und ein Gebiet des Wassermangels im Süden einschiebt. In Nordasien sind die hydrologischen Verhältnisse durch zwei Tatsachen bestimmt: den permanenten Wasserüberschuß und die lange Dauer der Frostperiode. Wo der Boden im Sommer auftaut, bleibt er oft monatelang versumpft, weil das Wasser nicht versickern kann. Da die winterliche Schneedecke im mittleren und östlichen Sibirien nur sehr gering ist, hat hier der Frost tief in den Boden eindringen können. Bis an den Rand des Altai und bis zum Baikalsee bleibt der Untergrund im Sommer zum großen Teil tief gefroren. Er taut allerdings so weit auf, daß über diesem gefrorenen Boden noch ein dichtes Waldkleid gedeihen kann. Solange aber die Wärme das sommerliche Bodeneis schmilzt, ist Wasserüberschuß an der Oberfläche vorhanden. Die breiten Talauen werden daher im Frühsommer von mächtigen Hochwässern überflutet, und ausgedehnte Sumpfflächen in ebenem Gelände machen dann weite Strecken des Landes unpassierbar. Im Winkel zwischen Ob und Irtysch bildete sich ein riesiges Sumpfgebiet (Wasjuganje) heraus, das bis in jüngste Zeit kaum besiedelbar war. Die Abflußgeschwindigkeiten sind zu gering, als daß die Wassermengen rechtzeitig abgeführt werden könnten. Tritt noch hier das Tauwetter zu einer Zeit auf, in der die Unterläufe der Ströme im hohen Norden noch eine kompakte Eisdecke haben. Der Stau der Schmelzwässer verstärkt so die allgemeine Überschwemmung. Will man hier die riesigen Flächen der Kultur erschließen, muß das Problem der Entwässerung gelöst werden.

Ganz anders liegen die Verhältnisse im stark beregneten außertropischen Monsunasien. Die kalten Winter verringern die Wasserführung der Flüsse. Beginnt aber mit dem Eintritt des Monsuns im frühen Sommer die Niederschlagsperiode, so schwellen die Flüsse gewaltig an. Am mittleren Jangtsekiang sind bei Itschang Hochwasserstände – allerdings verstärkt durch stauende Flußengen – bis zu 33 m, in der Ebene bei Wuhan im Sommer 1954 bis zu 31 m gemessen worden. Der plötzliche Wasserüberschuß droht die Betten der Flüsse zu sprengen und hat durch gewaltige Dammbrüche oft schwere Katastrophen verursacht. Laufverlegungen der Flüsse in den fruchtbaren Niederungen sind gerade für Ostasien kennzeichnend gewesen. Von alters her leiten riesige Bewässerungsanlagen, die in der Gegenwart noch weiter ausgebaut werden, das Wasser den Feldern zu. Da die Sommertemperatur und damit die Verdunstung hoch ist, werden riesige Mengen Wasser für die Bewässerung benötigt. Blieben die Regenfälle in einzelnen Jahren zu gering oder fast ganz aus, so war die Landwirtschaft auf das schwerste bedroht. Mißernten und Hungersnöte waren die Folge. Durch die Anlage großer Staubecken wird diese Gefahr für die Zukunft weitgehend beseitigt.

Bewässerungsanlagen sind jedoch nur dort möglich, wo das Gelände dafür geeignet ist, d. h. in Becken und Flußniederungen, die daher auf das intensivste genutzt werden. Selbst Hänge sind hier weitgehend terrassiert und bebaut. Wo künstliche Bewässerung nicht durchführbar ist, fließt das Wasser meist rasch ab, zumal der Mensch den Wald weithin beseitigt hat. In der niederschlagsarmen Zeit besteht Wassermangel, der nur eine extensive Wirtschaft zuläßt. Für das ostasiatische Monsungebiet ist daher der schroffe Gegensatz zwischen den intensiv bewirtschafteten ertragreichen Niederungsgebieten und den weithin von Ödland überzogenen Berghängen charakteristisch. Auch für das tropische Monsunasien bestehen die gleichen Probleme, hier sogar in höherem Maße, da das Ausbleiben des Monsuns noch häufiger Dürren und Katastrophen herbeiführt. Auf der einen Seite sind deshalb Maßnahmen zum Schutze gegen den sommerlichen Wasserüberschuß erforderlich, auf der anderen muß dem wegen der Unzuverlässigkeit der Niederschläge immer wieder auftretenden Wassermangel vorgebeugt werden.

Ganz anders ist wiederum das Bild der hydrographischen Verhältnisse in den

Trockengebieten Innerasiens. Der Anbau auf der Grundlage der bescheidenen Regenmengen, der Regenfeldbau, gewährt nur unsichere und unzureichende Erträge. Hier ist deshalb die Lösung des Problems der Wasserspeicherung und der Bewässerung ausschlaggebend für eine intensive Agrarwirtschaft.
Nicht überall liegen die Verhältnisse so günstig wie im sowjetischen Mittelasien, wo die Wasserspeicherung durch die Gletscher der benachbarten Hochgebirge erfolgt und die großen Ströme – besonders Amu-Darja und Syr-Darja – im Sommer gewaltige Wassermengen führen, die in zunehmendem Maße zur Erweiterung der Kulturflächen dienen (Karakumkanal am Amu-Darja, Bewässerung der Hungersteppe am Syr-Darja u. a.).
Die bei der Binnenentwässerung der zentralen Räume entstehenden Endseen zeichnen sich erstens durch ihren Salzgehalt aus, der vielfach eine Trinkwassergewinnung nicht zuläßt, zweitens durch die Tendenz, in den flachen Schüsseln der inneren Beckenlandschaften zu wandern. Das ist besonders vom Lopnor im Tarimbecken bekannt. Auch dort, wo die Endseen in geschlossenen Hohlformen festliegen, zeigen sie große Wasserstandsschwankungen, die um so erheblicher sind, je geringer der Inhalt dieser Wasserbecken ist. Halten sich Verdunstung und Wasserzufuhr die Waage, so bleibt der Wasserspiegel konstant. Ist jedoch in trockneren Jahren die Verdunstung größer als im Durchschnitt oder nimmt der Zufluß ab, so entsteht ein Wasserdefizit, und die Spiegel der Endseen sinken ab. Da nun alle wasserwirtschaftlichen Maßnahmen in den Wasserhaushalt eingreifen, insbesondere aber die Zunahme der Bewässerung den Flüssen Wasser entzieht, das dann im Wasserhaushalt der Seen fehlt, muß es zu einer Absenkung der Seespiegel kommen. Bei Maßnahmen zur künstlichen Bewässerung müssen deshalb von vornherein auch die möglichen Veränderungen im Wasserhaushalt benachbarter Gebiete in Betracht gezogen werden.
Pflanzenwelt. Asien hat Anteil an den meisten Vegetationszonen, die – wenn auch durch die hohen Gebirge durchbrochen – den klimatischen Zonen weitgehend folgen. Die tropischen Gebiete zeigen insbesondere in Vorderindien in allerdings unregelmäßiger Verteilung alle Stufen tropischer Vegetationsformationen vom Regenwald über den Trockenwald und die tropischen Grasfluren hinweg bis zur Halbwüste und Wüste. Dagegen ist in dem nördlich des Gebirgswalles gelegenen Teil Asiens die Anordnung der Vegetationszonen klar zu überschauen. Von Norden nach Süden folgen hier aufeinander die Eiswüsten, die Tundra, die Nadelwaldzone (Taiga), die Waldsteppe und innerhalb der daran anschließenden Steppenzone die Hochgras- oder Wiesensteppe, die Federgrassteppe mit schütterem, büscheligem Wuchs und die Wermutsteppe, die zu den Halbwüsten und Wüsten überleitet.
Besondere Anpassungsformen stellen sich im Trockenbereich Vorderasiens ein: Hartlaubgehölze, deren Lederblätter dem Schutz gegen die Verdunstung dienen, oft auch dornige Sträucher und Gehölze, die ein fast undurchdringliches Gestrüpp bilden. Wesentlich schwieriger ist das Vegetationsbild des Ostens zu fassen. Hier fehlen größtenteils die geschlossenen Gebirgszüge, die Nord und Süd voneinander scheiden könnten. Der allmähliche Übergang von den üppigen tropischen Vegetationsformen über subtropische Lorbeerwälder bis zu den laubabwerfenden Wäldern im Amurgebiet, die strenge Winterruhe halten, läßt die Herausschälung von Vegetationsgrenzen nur schwer zu.
Entsprechend der klimatischen und pflanzengeographischen Vielfalt sind auch die Möglichkeiten für den Anbau von Kulturgewächsen außerordentlich verschieden. Asien, die Wiege alter Hochkulturen, weist gerade in dieser Hinsicht eine überaus große Mannigfaltigkeit auf und hat auch anderen Regionen der Erde zahlreiche Kulturgewächse (Sojabohne, Reis, Pfirsich und viele andere) vermittelt; es hat aber auch selbst neue Anbaupflanzen (Mais, Kautschuk) übernommen.
Bodenzonen. Da die Böden einem Bildungsprozeß entstammen, bei dem als wesentliche Faktoren Klima, Wasserhaushalt, Gesteinsmaterial, Mikroorganismen und Pflanzendecke zusammenwirken, liegt entsprechend den klimatischen und pflanzengeographischen Zonen auch eine ausgeprägte zonale Abfolge der verschiedenen Bodentypen vor. Wie die tropischen Gebiete und die Ostküste Asiens in den pflanzengeographischen Verhältnissen allerdings mehr lokale Verschiedenheiten als großzügige zonale Gliederung zeigen, so sind auch die Böden dieser Gebiete nicht durch eine strenge zonale Gliederung charakterisiert. Vielmehr bedingen hier die Unterschiede im Gelände und im Klima, insbesondere im Kleinklima, auf engerem Raume eine größere Mannigfaltigkeit. Überwiegen im tropischen Asien die Roterden und in manchen durch mehrmonatige Trockenheit gekennzeichneten Gebieten Vorderindiens Laterite, so hat Ostasien vorwiegend gelbbraune Böden mit mäßigem Humusgehalt. Im sowjetischen Asien aber tritt entsprechend der klimatischen und pflanzengeographischen Gliederung auch in den Bodenzonen die charakteristische Abfolge auf: Tundraböden, Bleicherden in der Nadelwaldzone, Schwarzerden in der stärker beregneten Wiesensteppe und Waldsteppe, kastanienbraune, bereits humusärmere Böden in den Trockensteppen und schließlich recht humusarme, oft auch zur Versalzung neigende braune und graue Böden in den Halbwüsten und Wüsten. Diese Verhältnisse stellen die

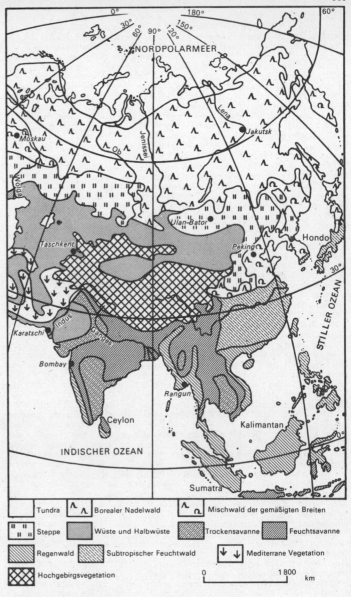

Vegetationszonen in Asien

Agrarwirtschaft vor jeweils ganz bestimmte Aufgaben; nirgends läßt sich der Zusammenhang zwischen Klima, Pflanzendecke, Böden und Agrikultur so klar erkennen wie in diesem Teil Asiens.

Der große Kontinent läßt sich in einige Hauptteile gliedern, von denen jeder seine besonderen Eigenheiten aufweist. Wir unterscheiden:

Nordasien
Zentralasien oder **Innerasien**
Ostasien
Südasien
Vorderasien

NORDASIEN
Überblick

Abgrenzung. Unter Nordasien verstehen wir den Teil des Kontinents, der sich von der Eismeerküste im Norden bis zur Kasachischen Schwelle und den Gebirgen im Süden hin erstreckt, die das Mongolische Becken gegen Sibirien abschließen. Im Amurgebiet ist allerdings keine scharfe morphologische Grenze vorhanden. Es ist üblich geworden, hier die Grenze Nordasiens mit der Staatsgrenze der Sowjetunion zusammenfallen zu lassen, so daß Nordasien im Fernen Osten südlich bis zum 43. Breitenkreis reicht, während es sonst fast überall nördlich des 50. Breitenkreises liegt. Im Westen bildet der Ural, im Osten der Pazifische Ozean die natürliche Grenze Nordasiens, dem auch die vorgelagerten Inseln – Sachalin und Kurilen im Pazifik, Sewernaja Semlja, Neusibirische Inseln u. a. im Eismeer – zuzurechnen sind.

Dieser riesige Raum von etwa 13 bis 14 Mio km² deckt sich im großen und ganzen mit dem asiatischen Staatsgebiet der Sowjetunion, Turan und Kaukasien ausgenommen. Im Südwesten gehört ein verhältnismäßig schmaler Streifen zwischen dem Nordabfall der Kasachischen Schwelle und der Transsibirischen Eisenbahn zur Kasachischen SSR, der übrige Teil ist ein Glied der Russischen Sozialistischen Föderativen Sowjetrepublik.

Oberflächengestaltung. Die Gliederung des Reliefs ist einfach. Der Westen, das Gebiet zwischen Ural und Jenissej, wird von der Westsibirischen Tiefebene eingenommen. Östlich des Jenissejs schließt sich ein weiträumiges Bergland an, das oft Hochflächencharakter hat. Es geht im Süden in den Altai, den Sajan und die Gebirge um den Baikalsee über. Ostwärts der Lena treten Kettengebirge, die große Hochflächen einrahmen, in den Vordergrund. Eine besondere Provinz bildet der östliche Randsaum am Pazifischen Ozean; er ist an der Küste des Ochotskischen Meeres nur schmal, im Amurgebiet jedoch breiter entwickelt.

Klima. Die nördliche Lage läßt in Verbindung mit der großen Landmasse ein extrem kontinentales Klima entstehen, das durch strenge Winterkälte und zugleich durch verhältnismäßig hohe Sommertemperaturen charakterisiert wird. Die großen innerasiatischen Gebirge verwehren den südlichen Luftmassen den Zutritt, so daß eine Milderung des Klimas oder auch nur eine vorübergehende Einflußnahme von dieser Seite her ausgeschlossen ist. Anderseits dringen die kalten arktischen Luftmassen ungehindert in die nach Norden offenen weiten Ebenen Sibirines ein und können dann den ganzen Raum bis zu den südlichen Randgebirgen empfindlich abkühlen.

Unterschiede im Klima werden vor allem durch das Ausmaß ozeanischer Einflüsse hervorgerufen. Da in den höheren Schichten der Atmosphäre Westströmung vorherrscht, ist der Westen Nordasiens stärker ozeanisch beeinflußt als der Osten, wo nur ein verhältnismäßig schmaler Streifen im Sommer von pazifischen Klimaeinflüssen berührt wird. Die Kontinentalität nimmt also im allgemeinen von Westen nach Osten zu.

Wenn der Winter im dauernd besiedelten Gebiet Innersibiriens auch Temperaturen von −40 und −50 °C mit sich bringt, so muß dabei berücksichtigt werden, daß die Luft dann fast stets sehr trocken ist, Windstille herrscht und günstige Strahlungsverhältnisse vorliegen. Diese strenge Kälte ist daher leichter zu ertragen als die wesentlich geringeren Kältegrade in küstennäheren Gebieten, in denen vom Meer her feuchtere Luftmassen eindringen und in denen die vorüberziehenden Tiefdruckgebiete größere Windgeschwindigkeiten verursachen.

Der klirrende Frost, unter dessen Wirkung im Walde die Bäume gelegentlich mit lautem Knall zerbersten können, dringt um so tiefer in den Boden ein, je geringer die Schneedecke ist. Die Sommerwärme reicht nicht aus, den Boden völlig aufzutauen. Daher sind weite Gebiete Nordasiens, nicht nur der Nordsaum längs des Arktischen Ozeans, sondern auch Teile Mittel- und Ostsibiriens, durch die „ewige Gefrornis" des Bodens gekennzeichnet. Sie wirkt sich insofern nachteilig auf das Klima aus, als sie einen wesentlichen Teil der Frühjahrswärme verzehrt, so daß die mittlere Tagestemperatur erst spät im Frühjahr den Nullpunkt überschreitet. Vielfach werden erst im Mai und Juni Temperaturen erreicht, bei denen Pflanzen gedeihen können. Das Wasser kann in den Gebieten der ewigen Gefrornis nicht im Boden versickern und fließt oberirdisch ab. Da die Verdunstung infolge der geringen Frühjahrstemperaturen bescheiden bleibt, ist die Wasserführung der Flüsse in dieser Übergangszeit außerordentlich groß, und die Wege sind mehrere Wochen lang unpassierbar; es ist die Zeit der Rasputiza, der Wegelosigkeit. Auch die Anlage von Wegen, Eisenbahntrassen oder gar von größeren Bauwerken (Brückenfundamente, Gebäude) bereitet eigenartige Schwierigkeiten, da hierdurch das bisherige Gleichgewicht zwischen Dauerfrostboden und Auftauboden gestört wird. Bei Aufschüttung von Dämmen wird ein Teil des Lockermaterials in den Dauerfrostboden einbezogen und vergrößert durch die Wasseraufnahme sein Volumen; dies führt zu welligen Auftreibungen. Unter schweren Bauwerken taut der Boden tiefer auf als in unbebautem Gelände; an den Gebäuden zeigen sich dann Sackungserscheinungen. In modernen nord- und ostsibirischen Städten sind daher alle Häuser mit luftigen Kellerstockwerken ausgestattet worden, damit der Boden darunter im Winter nicht zu tief auftaut.

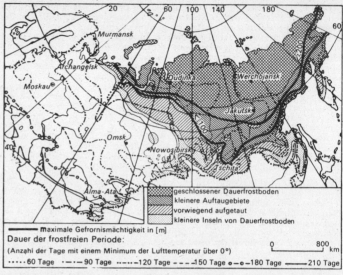

Dauerfrostboden in der Sowjetunion

Pflanzen- und Tierwelt. Den klimatischen Verhältnissen entsprechend ist auch die Vegetation in typischen Zonen angeordnet, die sich im großen und ganzen in breitenparalleler Richtung erstrecken. Einige der arktischen Inseln – Teile von Sewernaja Semlja unter 80° n. Br., einzelne der Neusibirischen Inseln – gehören zum Bereich der vegetationslosen, unbewohnten polaren Eiswüste. Sie liegen das ganze Jahr über unter einer dicken Eiskappe, die auch im Sommer nicht völlig abschmilzt.

An der gesamten Eismeerküste zieht sich ein mehr oder weniger breiter Gürtel hin, der als **Subpolargebiet** oder **Subarktis** bezeichnet wird. Er liegt zwar nicht mehr das ganze Jahr unter Eis begraben, die mittlere Monatstemperatur bleibt aber im Sommer unter 10 °C, so daß sich höhere Pflanzen nicht entwickeln können, zumal der Boden nur wenige Dezimeter tief auftaut. Flechten, Moose und Zwergsträucher bilden eine mehr oder weniger dichte Pflanzendecke, die **Tundra**; sie entspricht den Barren Grounds Nordamerikas. Als Gebirgstundra schiebt sie sich auf dem Rücken der Gebirge auch weit nach Süden vor. Sie ist von zahlreichen Nagetieren bevölkert, die alle durch dicke Pelze dem harten Winter angepaßt sind. Pelztierjagd, neuerdings auch Pelztierzucht, bilden daher eine der wichtigsten wirtschaftlichen Grundlagen des hohen Nordens. Charaktertier ist das Ren, das gezähmt, halbwild oder auch in der Wildform vorkommt und in der Wirtschaft der Tundrenbewohner gleichfalls eine wichtige Rolle spielt. Es ist bezeichnend für die geographischen Verhältnisse Nordasiens, daß das Ren als typischer Tundrenbewohner über die Gebirgstundra östlich des Jenissej bis in den Ostsajan vordringt. Hier besteht unter 52° n. Br. (das entspricht der Breite von Magdeburg oder Eisenhüttenstadt) noch Renwirtschaft. Im Sommer zeigt die Tundra allerorten über dem gefrorenen Boden große Wasserflächen und Sümpfe, die in den ebeneren Gebieten riesigen Umfang annehmen. Sie werden von Scharen von Wasservögeln aufgesucht, die für die Ernährung der einheimischen Bevölkerung ebenfalls sehr wesentlich sind. Schließlich bietet der Fischreichtum der Gewässer eine weitere wichtige Existenzgrundlage. Eine Plage für Mensch und Tier sind die riesigen Schwärme von Mücken, die im Sommer in diesen Sümpfen hervorragende Brutgelegenheiten finden.

Die Grenze zwischen Tundra und dem südlich anschließenden Wald ist nicht scharf. Eine Übergangszone, die Waldtundra, leitet zur **Taiga** über, dem sibirischen Urwald, der sich in breitem Gürtel durch ganz Nordasien zieht und in der Hauptsache aus Nadelwald besteht. Nur Espe und Birke sind ihm im wesentlichen beigemengt. In Westsibirien herrschen Fichte, Sibirische Tanne, Zeder und an trockeneren Stellen auch die Kiefer vor, in Mittel- und Ostsibirien fast ausschließlich Lärchenarten. Nur am äußersten Ostsaum dringen von der Mandschurei her längs der pazifischen Küste ostasiatische Laubhölzer in den Wald ein und bilden hier eine Sonderform der Taiga.

In West- und Mittelsibirien geht die Taiga im Süden schließlich in die **Waldsteppe** und noch weiter südlich in die **Steppe** über. Der Waldsteppenzone folgt im allgemeinen die große Transsibirische Eisenbahn, die von Tscheljabinsk östlich des Urals über Omsk, Nowosibirsk, Krasnojarsk, Irkutsk,

Tschita bis nach Wladiwostok führt und etwa 7000 km lang ist. Demgegenüber durchquert die *BAM*, die im Bau befindliche *Baikal-Amur-Magistrale*, die Taiga und verläuft auf lange Strecken über Dauerfrostboden.
Besiedlung. Das relativ menschenarme Nordasien ist seit Jahrhunderten das Ziel zahlreicher Zuwanderer aus dem europäischen Gebiet der Sowjetunion gewesen, so daß die Russen heute den Hauptanteil der Bevölkerung stellen.
Die Bevölkerungsdichte nimmt im allgemeinen von Westen nach Osten ab, doch sind auch in Ostsibirien und im Fernen Osten die in der Nähe der Transsibirischen Eisenbahn liegenden Gebiete mit 10 bis 25 Einw. je km² verhältnismäßig dicht besiedelt, während in weiten Räumen des hohen Nordens noch weniger als ein Mensch auf den Quadratkilometer kommt.
In der äußerst dünn besiedelten Tundra leben die Tschuktschen, Jakuten, Nenzen (Samojeden) und andere kleine Völkerschaften. Während der letzten Jahrzehnte sind aber auch zahlreiche Menschen aus anderen Gebieten der Sowjetunion in die Tundrenzone eingewandert. Insbesondere seit Einrichtung des Nördlichen Seeweges, der die europäischen Häfen im Norden der Sowjetunion über das Eismeer mit ihren Häfen am Stillen Ozean verbindet, haben sich als Stützpunkte für die Schiffahrt bedeutende Orte auch in der Tundra entwickelt: *Tiksi* an der Lenamündung, *Dickson* an der Jenissejmündung u. a.
Auch die Taiga ist im allgemeinen sehr schwach besiedelt. Die eingesessenen Völker – z. B. Mansen (Wogulen) und Chanten (Ostjaken) in Westsibirien, Ewenken (Tungusen), Jakuten und Ewenen (Lamuten) in Mittel- und Ostsibirien – waren einst auf Jagd, Fischfang und etwas Viehzucht (Ren und Rind) angewiesen, heute ist durch Züchtung neuer, widerstandsfähiger Getreidesorten der Ackerbau weit nach Norden vorgetrieben worden. Daneben haben sich Pelztierzucht, Fischverarbeitungs- und Holzindustrie sowie der Bergbau entwickelt. Damit sind auch neue Ansiedler in die Taiga eingewandert, so daß neue Städte entstehen und die alten stürmisch anwachsen konnten: *Norilsk*, die nördlichste Großstadt der Erde, *Jakutsk*, *Tjumen* u. a. Mit dem Auffinden von Erdöl und Erdgas in Westsibirien werden der Besiedlung großer Gebiete neue Impulse verliehen. Waldsteppe und Steppe sind die bevorzugten Siedlungsgebiete im sowjetischen Asien. Sie sind schon verhältnismäßig dicht bevölkert (20 bis 25 Einw. je km²).
Verkehr. Die zahlreichen Ströme und Flüsse Nordasiens, deren Lauf größtenteils nordwärts zum Eismeer gerichtet ist, erleichterten die Erschließung des Landes, insbesondere der unermeßlichen Waldgebiete. Der strenge Winter legt zwar die Schiffahrt einen großen Teil des Jahres über lahm, doch bilden die gefrorenen Flußläufe dann vorzügliche Schlittenbahnen und Autotrassen. In den letzten Jahrzehnten sind zahlreiche Autostraßen auch in bisher vom Verkehr fast unberührten Gegenden angelegt worden; ein Netz von Fluglinien hat selbst die unwirtlichen Tundra- und Waldgebiete überzogen, die während der Übergangszeiten einst mehrere Wochen lang fast von jeder Verbindung abgeschnitten waren.
Nach der Oberflächenform und den übrigen geographischen Faktoren kann man Nordasien in folgende natürliche Großräume gliedern:

1) Westsibirisches Tiefland
2) Mittelsibirisches Bergland
3) Nordostsibirisches Gebirgsland
4) Südliche Randgebirge vom Altai bis nach Transbaikalien
5) Ferner Osten

Das Westsibirische Tiefland

Westsibirien, das Gebiet zwischen Ural und Jenissej einerseits, Eismeerküste und Kasachischer Schwelle anderseits, steht zwar noch unter schwachem ozeanischem Einfluß, sein Klima ist aber bereits ausgesprochen kontinental. Im mittleren Teil des Gebiets liegen die Januarmittel der Temperaturen etwa bei -19 °C (Leipzig $-0,9$ °C); der Juli erreicht 18 bis 19 °C (Leipzig 18,1 °C). Die Niederschläge sind verhältnismäßig hoch, ein nicht unbeträchtlicher Teil von ihnen fällt auch im Winterhalbjahr, so daß die Schneedecke im allgemeinen 50 bis 100 cm stark wird. Der Frost kann aber nicht tief in den Boden eindringen, und die ewige Gefrornis beschränkt sich auf den nördlichsten Teil etwa bis zum 64. Breitenkreis.
Das riesige Tiefland besteht aus einem abgesunkenen Teil des im Jungpaläozoikum gefalteten Untergrundes, über dem sich mächtige Schichten von jurassischen bis quartären Ablagerungen angesammelt haben, die der Gebirgsumrandung entstammen. Nirgends tritt anstehendes Gestein an die Oberfläche. Der östliche Streifen wird vom Jenissej entwässert, der von links jedoch kaum Zuflüsse erhält, so daß das Westsibirische Tiefland zum größten Teil dem Einzugsgebiet des *Ob-Irtysch* angehört. Diese mächtigen Ströme entspringen in dem Gebirgszentrum des Altai, bringen von dort – vor allem der Ob – mächtige Wassermengen mit und bilden im Unterlauf ein vielverzweigtes Geflecht von Flußarmen. Schon im Oktober friert der untere und mittlere Ob zu, der wärmere Irtysch dagegen erst Mitte November. Das Aufbrechen des

Eises setzt von Süden her in der zweiten Hälfte des Aprils ein, im Unterlauf kommt das Eis etwa Mitte Mai in Bewegung, im Mündungsgebiet verschwindet es jedoch meist erst Anfang Juni. Nur etwa vier Monate ist die Obmündung eisfrei. Ähnlich liegen die Verhältnisse am unteren Jenissej. Für den Wasserabfluß sind somit die ungünstigsten Bedingungen vorhanden. Es entsteht eine mächtige Hochwasserwelle von April bis Juni, die infolge des Eisverschlusses im Mündungsgebiet nicht rasch genug abfließen kann. Überall kommt es zum Rückstau, der selbst hoch in die Nebenflüsse hinaufreicht und große Teile des flachen Landes überflutet. Eines der größten Rückstaugebiete findet sich im Winkel zwischen Irtysch und Ob, es ist das *Wasjuganje*, ein Gebiet von rund 150000 km² Fläche, das zu dieser Zeit nur mit Kähnen befahren werden kann und 14 Mrd. t Torfvorrat birgt. Diese ungünstigen Wasserverhältnisse können nur deshalb entstehen, weil das Tiefland ein außerordentlich flaches Relief aufweist. Langgestreckte schmale Rücken von 10 m, maximal bis 40 m Höhe, die *Griwy*, überragen als trockene Inseln das weithin ungangbare, versumpfte Land. Wo die Flüsse solche Rücken anschneiden, entstehen die wichtigen Uferberge, begehrte Siedlungsplätze, da hier der Boden trocken ist und die Flüsse gleichzeitig gute Verkehrswege sind. An diesen Stellen tritt auch trockener, hochwüchsiger Wald auf, während in der Niederung selbst der Nadelwald von ausgedehnten Sümpfen durchsetzt ist, die stellenweise bis 70% der Fläche ausmachen. Es ist die Sumpftaiga, die nur schwer zu erschließen ist. Wenn die vorgeschlagenen großartigen Regulierungen der Flüsse des Ob- und Jenissejsystems durchgeführt würden, könnten die Wassermengen, die jetzt alljährlich große Gebiete überschwemmen oder fast ungenutzt dem Eismeer zuströmen, zu einem großen Teil den Steppen- und Wüstensteppenbezirken zugute kommen, die heute noch unter Wassermangel leiden.

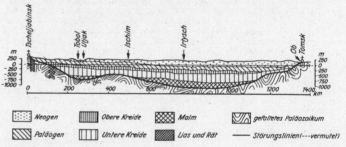

Geologisches Profil durch das Westsibirische Tiefland etwa auf der Linie Tscheljabinsk – Tomsk (nach Tuajew)

Ist damit die Besiedlung im eigentlichen Tieflandgebiet auf diese wenigen trockeneren Stellen beschränkt, so bietet die Umrahmung der Tiefebene wesentlich günstigere Möglichkeiten. Besonders im Süden ist das der Fall, wo sich das dichte Waldkleid der Taiga lichtet und mit zunehmender sommerlicher Wärme und Trockenheit die Waldsteppe den Verkehr begünstigt. Über diese relativ schmale Zone im Norden der Kasachischen Schwelle ging daher auch die Erschließung Sibiriens im wesentlichen vor sich. Hier wurden schon im 18. Jahrhundert der Sibirische Trakt, der alte Landweg nach dem Fernen Osten, und später die Transsibirische Eisenbahn angelegt. In diesem Gebiet sind auch die stärksten Siedlungszellen Westsibiriens entstanden. An den Übergängen über die großen sibirischen Ströme haben sich die wichtigsten westsibirischen Städte entwickelt: *Omsk* am Irtysch, *Petropawlowsk* am Ischim, *Nowosibirsk* am Ob. Hier ist die Urlandschaft in erheblichem Maße in eine Kulturlandschaft umgewandelt worden, die nach Norden einzelne Ausläufer in die Taiga, nach Süden zu aber sich in breiter Front in die Steppe vorschiebt. Doch vollzieht sich weiter südlich rasch der Übergang zu den trockeneren Vegetationsformationen. Die Bevölkerung des Westsibirischen Tieflands besteht heute überwiegend aus Russen, zum geringen Teil auch aus Ukrainern. In der Taiga leben noch die Mansen und Chanten, im äußersten Norden die Nenzen (Samojeden).

An Bodenschätzen schien das Tiefland verhältnismäßig arm. Um so größer war die Bedeutung, die sein südlicher Teil als eines der wichtigsten landwirtschaftlichen Überschußgebiete der Sowjetunion (vor allem Weizen und Produkte der Viehzucht) hat. Die Holzvorräte werden trotz der großen Sumpfgebiete auf 7,6 Mrd. m³ berechnet, 30% der Weltvorräte und fast zwei Drittel der sowjetischen Vorräte an Torf lagern hier und bilden weitere Rohstoffreserven.

Die westsibirische Taiga ist für den Verkehr noch wenig erschlossen. Die außerordentlich hohen Kosten des Wege- und Bahnbaus und die geringe

Besiedlung des Gebietes verweisen den Verkehr zunächst noch auf die Wasserwege. Daneben spielt das Flugzeug als Verkehrsmittel eine immer größere Rolle. Mit der Eröffnung des Nördlichen Seeweges dringen nunmehr Besiedlung und Verkehr auch von Norden, vom Eismeer her; in das Westsibirische Tiefland ein. Eine Abzweigung der Petschorabahn hat das Gebiet unmittelbar an der Obmündung (*Labytnangi* bei Salechard) bereits an das Eisenbahnnetz des europäischen Teils der Sowjetunion angeschlossen.
In diesem abweisenden Naturgebiet wurden in den beiden letzten Jahrzehnten gewaltige Vorräte an Erdöl und Erdgas entdeckt. Mehr als 100 fündige Felder werden durch ständige Neufunde erweitert. Die Vorräte gehören zu den bedeutendsten der Sowjetunion und machen mehr als ein Drittel von deren Gesamtvorräten aus. Der ungeheure Wert dieser Bodenschätze hat die Erschließung des Westsibirischen Tieflands rasch in Gang gebracht. 1972 wurden bereits 60 Mio t Erdöl gefördert, die jährliche Zuwachsrate beträgt rund 20 Mio t und die zukünftige Jahresleistung wird mit 200 Mio t Erdöl und 150 bis 200 Mrd m³ Erdgas angenommen. Es entspricht den Naturbedingungen, wenn die Erschließung von den günstiger gestellten Randgebieten im Vorland des Ural, der Region um Tjumen und von Omsk, die beide jetzt schon Zielpunkte neuer Pipelines sind, ausgeht. Im Inneren des Tieflandes wird *Surgut* am Ob zu einem Zentrum mit Großstadtcharakter werden. Der Aufbau des Volkswirtschaftszentrums Ob-Irtysch sieht Anlagen von Großkraftwerken, Anlagen der Petrolchemie, aber auch der Holzverarbeitung vor, komplexe Industriestandorte werden an mehreren Stellen gebildet, neben den Erdöl- und Erdgasleitungen, die bereits Anschluß nach dem europäischen Teil der Sowjetunion gefunden haben, sind Eisenbahnlinien fertiggestellt worden (z. B. Tjumen–Tobolsk–Surgut) oder im Bau (nach Urengoi). Umfassende Forschungen beschäftigen sich mit der künftigen Entwicklung der Naturbedingungen einschließlich ihrer geomedizinischen Bedeutung, mit der Förderung der agrarischen Nutzungen und vielen anderen Problemen. Das Westsibirische Tiefland wird in den nächsten Jahrzehnten durch seine Entwicklung die Aufmerksamkeit auf sich lenken. Abb. Erdöl- und Erdgasvorkommen auf S. 367.

Das Mittelsibirische Bergland

Das Mittelsibirische Bergland umfaßt den Raum zwischen dem Jenissej im Westen und den großen Gebirgszügen im Osten und Südosten: Werchojansker, Dshugdshur-, Stanowoi- und Jablonowygebirge. Im Norden ist wieder das Eismeer die Grenze, während im Süden der Ostsajan den Abschluß bildet.
Auf der alten Masse des Angaralandes sind flachlagernde paläozoische und auch mesozoische Sedimente abgesetzt worden. Sie werden im Westen durch mächtige Decken basaltischer Gesteine überlagert. Bei der tertiären Hebung des ganzen Gebietes scheint der Westflügel etwas höher emporgedrückt worden zu sein als der Ostflügel. Einzelne Schollen, vor allem im nördlichen Teil, sind an Brüchen stark herausgehoben worden. Insgesamt ist die Oberflächengestaltung dieses ganzen Gebietes durch ausgedehnte Plateauflächen gekennzeichnet, in die sich die Flüsse in malerischen Tälern eingeschnitten haben. Besonders dort, wo die Basaltdecke der Abtragung kräftigen Widerstand entgegensetzt, sind schroffe Talkanten ausgebildet. Nur in den nördlichsten Gebieten, z. B. im nickelreichen Norilsker Gebirge, sind glaziale Formen hinzugetreten, sonst überwiegen allenthalben die eintönigen Hochflächen mit ihren horizontalen Linien. Im Osten fehlt die basaltische Decke, daher haben insbesondere im Lena- und Wiljuigebiet die Flüsse breitere Täler und teilweise ausgedehnte Becken ausräumen können. Die größere Höhenlage, die strengere Kontinentalität des Klimas und die wesentlich geringeren Schneedecken begünstigen die ewige Gefrornis des Bodens. Fast das ganze Gebiet gehört der Zone der Lärchentaiga an. Im Süden heben sich die Plateauflächen höher heraus. Hier ist in einem tiefen Grabenbruch der 650 km lange und durchschnittlich 50 km breite *Baikalsee* eingesenkt; er ist der tiefste See der Erde (1620 m), dessen Boden 1165 m unter dem Spiegel des Ozeans reicht. Die Ränder der Hochflächen erscheinen als bedeutende, tiefgegliederte Gebirge. Doch abseits der Flußtäler gibt es auch hier in Höhen bis über 1000 m ausgedehnte Hochflächen. Das Tal der Angara ist zu einem gewaltigen hydroenergetischen System ausgebaut. Nach den Staustufen bei *Irkutsk* (660 MW) und *Bratsk* (4500 MW) ist das dritte Großwerk bei *Ust-Ilimsk* (4500 MW) voll in Betrieb, das vierte und letzte bei *Bogutschany* in Bau.
Das Klima ist extrem kontinental. Im mittleren Lena- und Wiljuibecken ist der Sommer bereits so warm und trocken, daß hier der Wald von steppenartigen Grasfluren durchbrochen wird, unter denen sich schwarzerdeähnlicher Boden gebildet hat. Über die Wälder der Täler und mittleren Berglagen ragen mit Gebirgstundra bedeckte Hochflächen und flache Bergscheitel auf.
Nördlich des eigentlichen Berglandes folgt im Gebiet des Flusses *Chatanga* (1510 km lang) ein Tafelland aus mesozoischen Schichten, das an einer Bruchstufe deutlich abgesetzt ist und in das die Flüsse breite Täler eingenagt haben. Die Grenze zwischen Tundra und Taiga liegt hier auf etwa 72° n. Br. Die *Taimyrhalbinsel* wird von einem über 1000 km langen Gebirge durchzogen,

dem *Byrrangarücken*, der nach Süden steiler, nach Norden flacher abfällt. Von eiszeitlichen Gletschern, deren Zentrum nördlich des Gebirges lag, kräftig überformt, ist es heute, wie auch die Küstenstriche selbst, von trockener Kümmertundra bedeckt. An seinem Südfuß dehnt sich der langgestreckte Taimyrsee aus.

Auch im Mittelsibirischen Bergland stellen Russen die Mehrheit der Bevölkerung, doch haben die alteingesessenen Völker noch einen höheren Anteil als in Westsibirien. Der größte unter ihnen sind die Jakuten, die eine eigene Autonome Sowjetrepublik besitzen (Hauptstadt Jakutsk an der Lena). Am dichtesten besiedelt ist wiederum der Süden des Gebietes entlang der Transsibirischen Eisenbahn, doch wird auch die Taiga von Süden her mehr und mehr erschlossen. Im Lenagebiet dringt der Ackerbau heute weit nach Norden vor und ist besonders östlich Jakutsk weit verbreitet.

Auch im Mittelsibirischen Bergland finden sich zahlreiche wertvolle Bodenschätze. Im Gebiet der Mittleren (Steinigen) und Unteren Tunguska und der Angara sind riesige Steinkohlenlager entdeckt worden. Die Lager von Tscheremchowo–Irkutsk unweit der Transsibirischen Eisenbahn werden bereits ausgebeutet. Im Norilsker Gebirge östlich des untersten Jenissej wird Nickel gefunden (Stichbahn nach Dudinka am Jenissej). Am ältesten aber ist die Goldgewinnung. Am oberen Aldan (2240 km) und am Witim (1820 km) – beide sind Nebenflüsse der Lena – befinden sich einige der reichsten Goldfelder der Sowjetunion, die mit den modernsten Methoden ausgebeutet werden. Diamanten wurden in Jakutien gefunden. Bei der neu gegründeten Stadt Mirny nördlich von Lensk werden diese auch schon abgebaut. Die im Bau befindliche Baikal-Amur-Magistrale wird auch zur Erschließung dieser Ressourcen beitragen.

Das Nordostsibirische Gebirgsland

Hierunter ist der gesamte Nordostzipfel Asiens zu verstehen, der durch das Werchojansker Gebirge (2500 m) vom übrigen Sibirien abgetrennt wird; ausgenommen sind die Halbinsel Kamtschatka und ein schmaler Saum am Ufer des Ochotskischen Meeres, die wegen ihres andersgearteten Klimas zum Fernen Osten gerechnet werden.

Geologisch gesehen ist das Nordostsibirische Gebirgsland wesentlich jünger als das Mittelsibirische Bergland. Es entstand in der altalpidischen (pazifischen) Faltungsperiode (Jura/Kreide). Mehrere etwa nordsüdlich verlaufende Gebirgssysteme sind damals entstanden und von späteren Brüchen durchsetzt worden. Sie schließen ausgedehnte Hochflächen oder auch Tiefländer zwischen sich ein. Im Küstenbereich haben junge Krustenbewegungen die Umrisse des Kontinents geformt. Nördlich des Ochotskischen Meeres setzt sich die Gebirgsgirlande, die vom *Jablonowygebirge* (2482 m) herzieht, in dem *Kolymagebirge* (1962 m), auch *Gydangebirge* genannt, fort. Dieses schneidet die Faltenzüge der von Norden nach Süden streichenden Gebirge – *Tscherskigebirge* (3147 m), *Nördliches Anjuigebirge* (1775 m), *Südliches Anjuigebirge* u. a. – jäh ab und fällt steil zum Ochotskischen Meere ab. Mit dem schroff abbrechenden Gebirgsrand beginnt der ostasiatische Bautyp mit seinen langgeschwungenen Bruchstaffeln, deren Ränder nach außen aufgebogen sind, nach innen sanfter abfallen. Ein weiteres Glied dieser Staffeln setzt am Beringmeer an, durchzieht die Halbinsel Kamtschatka und die Kurilen. Dieser nordöstliche Teil Nordasiens ist noch unwirtlicher als Mittelsibirien. Hier liegt auf der Hochfläche von *Oimjakon* der Kältepol Asiens, wo −69,8 °C gemessen wurden. Die um das winterliche Hoch über Asien herumströmenden kalten Luftmassen bestreichen die östlichste Halbinsel, so daß hier die Tundrengrenze weit gegen Süden bis auf die Halbinsel Kamtschatka vordringt. Die inneren Hochplateaus und Flachländer jedoch sind von lichter Lärchentaiga erfüllt. Die Gestade des Ochotskischen Meeres sind zwar nicht so kontinental wie das Innere des Landes, aber viel unwirtlicher; wohl sind die Winter um fast 30 K wärmer als die von Werchojansk, dafür aber rauher und feuchter. Die Sommer sind kühl und regnerisch.

Dieser unwirtlichste Teil Nordasiens ist auch am schwächsten bevölkert. Jakuten und Ewenen (Lamuten) im Westen, Odulen (Jukagiren), Korjaken und Tschuktschen im Osten sind die wichtigsten eingesessenen Völkerschaften. An der äußersten Nordostspitze lebt auch eine Anzahl Eskimos auf sowjetischem Gebiet. Alle diese Stämme, die einst ein reines Nomadenleben führten, sind unter der Sowjetmacht zu einem erheblichen Teil bereits zu einer seßhaften Lebensweise übergegangen. In den Flußtälern und an der Eismeerküste haben sich auch schon zahlreiche Russen niedergelassen, die heute den überwiegenden Teil der Bevölkerung stellen.

Die südlichen Randgebirge

Unter dieser Bezeichnung werden hier der Altai sowie das Sajanische Gebirgssystem mit ihren Vorländern und den zwischen ihnen eingeschlossenen Becken und Transbaikalien zusammengefaßt.

Das **Altaigebirge** ist eines der eigenartigsten Gebiete ganz Sibiriens. Seiner Lage nach bildet es das Verbindungsglied zwischen dem kalten sibirischen

Raum und dem trockenen zentralasiatischen Binnengebiet. So zeigen Südfuß und Nordfuß des Gebirges wesentliche Unterschiede. Die Winter- und vor allem die Sommertemperaturen nehmen nach Süden hin zu, die Bewölkung und die Niederschläge ab. Entsprechend verschieden ist das Pflanzenkleid. Vom Norden her steigen die sibirischen Waldformationen in das Gebirge auf, West- und Südfuß aber sind von trockenen Steppen bedeckt. Der Altai ragt als Insel über die den Charakter der Niederungen bestimmende Grundschicht der Atmosphäre in die freie Westwindströmung auf. Im Winter ist er wesentlich wärmer als die benachbarten Gebiete, denn die flache sibirische Kaltluftschicht reicht nur an den Gebirgsfuß heran. Er ist daher auch wesentlich niederschlagsreicher und viel stärker vergletschert als man erwarten dürfte, wenn man vom Charakter der umliegenden Gebiete ausgeht. Im Sommer fehlt ihm die brütende Hitze der trockenen Randlandschaften. Ein großer Teil des Nördlichen Altai ist von herrlichen Wäldern bedeckt, die teils noch dem dunklen westsibirischen Typ (Fichte, Zeder), teils schon der Lärchentaiga angehören. Nur im Inneren finden sich in einzelnen Beckenlandschaften Hochgebirgssteppen. Als Beispiel sei die *Tschujasteppe* genannt. Die einzelnen Teile des Gebirges unterscheiden sich vor allem durch die Formung des Reliefs. Der Zentrale Altai wird beherrscht durch alpine, glaziale Formen. In die Täler sind mächtige Moränen der Eiszeit eingelagert. Die reich gegliederten Kämme weisen vor allem im Gebiet der *Belucha* (4506 m) zahlreiche Gletscher auf. Die nördlichen und nordöstlichen Teile des Gebirges tragen weithin die Reste alter Rumpfflächen, in denen die Geschichte des Gebirges als eines alten, im Karbon gefalteten und wieder eingerumpften Stückes der Erdkruste zum Ausdruck kommt. Der Westaltai wie auch die niedrigeren Teile des südlichen Altai sind vegetationsarm und haben das Gepräge eines ariden Gebirges mit bizarren Verwitterungsformen und einer starken Decke von Verwitterungsschutt. Diese Gebiete sind häufig wasserlos und werden von heftigen Sandstürmen heimgesucht. Auch die südlichste Kette, der Große oder Südliche Altai, ist trocken. Erst in seinem östlichsten Teil stellen sich nahe dem Gebirgsknoten *Tabünbogdo-ola* (4358 m) wie auch im Nordwestteil des von diesem nach Südosten streichenden *Mongolischen* oder *Ektag-Altai* Gletscher ein. Zwischen die nördlichen Ausläufer des Altai schieben sich entlang der Flüsse *Tom* und *Abakan* die Becken von Kusnezk und Minussinsk ein. Infolge ihrer geringen Meereshöhe und der Lage im Lee der regenbringenden Winde sind sie Steppeninseln, die frühzeitig besiedelt worden sind.
Ostwärts des Altai wird der Gebirgsraum als Sajanisches Gebirgssystem bezeichnet. Während aber der Westsajan noch der jungpaläozoischen Faltung angehört und trotz geringerer Höhe (2800 bis 2900 m) infolge größerer Niederschläge und stärkerer eiszeitlicher Vergletscherung ein wildes Hochgebirge von alpinem Typ darstellt, gehört der im *Munku-Sardyk* bis 3491 m ansteigende Ostsajan, wie schon seine nordwest-südöstliche Streichrichtung zeigt, dem Alten Scheitel um den Baikalsee an. Größere Massigkeit und starkes Hervortreten der Gebirgstundra unterscheiden es vom westsajanischen Gebiet.
Mit der starken Gliederung des Reliefs tritt im Norden des Sajan die schon am Fuße des Altai vorhandene eigenartige Verknüpfung von Waldgebirge, tundrabedecktem Gebirgsscheitel und Steppeninseln in den Beckenlandschaften noch deutlicher hervor. Sie ist auch das Kennzeichen des Gebietes östlich des Baikalsees. Eine Abschwächung der kontinentalen Züge unter dem Einfluß der Wassermassen dieses Sees ist unverkennbar. In Transbaikalien selbst treten schon recht trockene Steppentypen als Ausläufer des mongolischen Bereichs auf. Hier findet man im Gegensatz zu den Grassteppen am Nordrand des Altai und des Sajan örtlich bereits Salzböden.
Während die Gebirge selbst sehr dünn besiedelt sind, zeigen die klimatisch begünstigten Becken von *Kusnezk* und *Minussinsk*, die beide noch reich an Bodenschätzen sind, eine für sibirische Verhältnisse recht hohe Bevölkerungsdichte. Das Vorland des Altai war bereits zur zaristischen Zeit ein bevorzugtes Ziel bäuerlicher Siedler. Das stürmische Anwachsen der Industrie im Kusnezkbecken hat dann unter der Sowjetregierung noch mehr Menschen aus allen Teilen der Union angezogen, so daß sich die Bevölkerung in den letzten 50 Jahren vervielfacht hat.
Die Erzlager des Altai wurden schon seit Beginn des 18. Jahrhunderts ausgebeutet. Eine Zeitlang war dieses Gebiet der größte Blei- und Silberlieferant Rußlands. Heute ist hier die Bunt- und Edelmetallgewinnung gegenüber der Steinkohlen- und Eisenerzförderung in den Hintergrund getreten. Im Kusnezkbecken lagern riesige Steinkohlenvorräte (etwa 400 Mrd. t). Große Lager befinden sich auch im Kessel von Minussinsk. So konnte hier eine moderne Schwerindustrie aufgebaut werden, zumal sich auch Eisenerze in der Nähe finden (bei Telbes und Temirtau). Damit entstand hier auch eine gewisse Konzentration der Bevölkerung. Zwischen 1913 und 1936 wuchs die städtische Bevölkerung von 24000 auf 770000 Menschen an. Die Hauptstandorte der Industrie im Kusnezkbecken, Nowokusnezk, Prokopjewsk und Kemerowo u. a., sind binnen kurzer Zeit zu Großstädten geworden. Auch verkehrsmäßig ist das Vorland des Altai gut erschlossen. Von der Transsibirischen Eisenbahn

zweigen mehrere Linien nach Süden in die Industriezentren ab. Von Nowokusnezk verläuft ferner parallel zur alten Sibirischen Eisenbahn eine zweite Hauptstrecke über Barnaul durch das nordkasachische Gebiet nach Magnitogorsk im Südural. Sie wird ergänzt durch eine dritte Linie, die ebenfalls vom Kusnezkbecken zum südlichen Ural führt und dabei vor allem die nördlichen Gebiete der Neulandregion durchquert.

Der Ferne Osten

Der Ferne Osten als geographischer Großraum schließt das sowjetische Gebiet östlich der Ketten des Jablonowy-, Stanowoi-, Dshugdshur- und Kolymagebirges ein, d. h. den sowjetischen Anteil des Amurbeckens, den schmalen Küstensaum am Ochotskischen Meer, die Halbinsel Kamtschatka und das Primorje, das Küstengebiet am Japanischen Meer. Zum Fernen Osten gehören auch die Inseln Sachalin und die Kurilen.
Von manchen Geographen wird der Ferne Osten als ein Teil des Naturraums Sibiriens aufgefaßt, andere weisen ihm eine selbständige Stellung zu. Beide Auffassungen sind in den natürlichen Verhältnissen begründet. Im Winter überstreichen nämlich die kalten Luftmassen Sibiriens auch die Ostflanke des Kontinents. Wladiwostok auf 43° n. Br. (Breite von Florenz) hat ein Januarmittel von −13,7 °C und ist daher kälter als selbst Archangelsk (−13,3 °C bei 65° n. Br.). Auch die Gefrornis des Bodens reicht bis an den Amur heran.

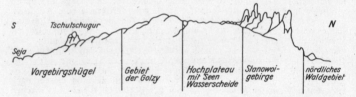

Schematisches morphologisches Profil vom Stanowoigebirge (nach Prochorow)

Die Erscheinungen, die für den kalten sibirischen Winter charakteristisch sind, finden sich daher auch im Fernen Osten. Anders verhält es sich mit dem Sommer. Von Ende Juni an dringen mit der Verlagerung der Zyklonenbahnen der Westwindzone an den Rand des Kontinents vom Meere her Luftmassen in das Land ein, die nicht nur dem Außensaum der Küstengebirge starke Regen bringen, sondern bis tief in das Amurgebiet hinein kräftige Sommerniederschläge hervorrufen. Gleichzeitig führen diese Luftmassen mildere Luft in das Amurgebiet und bedingen so einen ganz andersgearteten Charakter dieser Jahreszeit, der sich auch in dem Auftreten von zahlreichen laubabwerfenden Bäumen äußert, die in Ostasien heimisch sind und im Gebiet des *Amurs* ihre Nordgrenze erreichen. So ist die Ussuritaiga zwar ein außerordentlich urwüchsiger, fast undurchdringlicher Wald, jedoch keineswegs ein Nadelwald, sondern zum großen Teil aus Laubhölzern zusammengesetzt und außerdem mit einer Fülle von Unterholz (Farne, Lianengewächse) ausgestattet, die dem sibirischen Taigatyp völlig fremd ist. Entsprechend den Niederschlagsverhältnissen führen die Flüsse nach einem ersten Frühjahrshochstand, der wegen der geringen Schneemenge des Winters nicht allzu bedeutend ist, im Juli und August Hochwasser, das weithin die Talböden überschwemmt und ausgedehnte Riedgrasflächen schafft. Einzelne größere Ebenen finden sich um *Blagowestschensk* im Mündungsgebiet von Seja und Bureja, um *Chabarowsk* an der Ussurimündung und im Hinterland von *Wladiwostok*. Mußte die Bevölkerung ursprünglich bei dem sehr bescheidenen Ertrag des Ackerbaus vorwiegend auf den Fisch- und Wildreichtum zurückgreifen, so brachten die russischen Siedler ihre heimatlichen Getreidearten in das Amurgebiet mit, während chinesische und koreanische Siedler von Süden her die ostasiatischen Arten (Reis, Kauliang) einführten. Neben dem Waldreichtum hat vor allem der Erzreichtum die Entwicklung des Fernen Ostens besonders gefördert.
Die durch den *Tatarensund* vom Festland getrennte Insel **Sachalin** (77 000 km²) mit reichen Kohlenlagern (vor allem im Süden) und Erdölvorräten (besonders im Norden) ähnelt in vielem dem benachbarten Festland. Die Gebirgsketten sind hier aber weniger hoch und weniger schroff. Der Sommer ist kühler und die Eignung für den Ackerbau daher gering. Die Wälder, die über 80% der Insel bedecken, sind artenärmere Laubmischwälder, in den Höhenlagen Nadelwälder; im nördlichen Teil stellt sich die Lärchentaiga ein.
Auch die aus 36 Inseln bestehende Kette der **Kurilen** (insgesamt 15 600 km²) mit ihren zahlreichen noch tätigen Vulkanen ist sowjetisches Staatsgebiet. Infolge ihrer Unwirtlichkeit sind sie nur äußerst schwach besiedelt. Mehrere von ihnen bilden heute Stützpunkte für den Fischfang und insbesondere für den Walfang im Beringmeer.

Ganz anders geartet aber sind die Gebiete nördlich der Amurmündung bis zur Nordküste des Ochotskischen Meeres, wo feuchtkalte Winter mit geringer Sonnenscheindauer und häufigem Nebel herrschen und oft heftige Winde wehen. Im Sommer kann das Getreide wegen der vielen Niederschläge meist nur unter Schwierigkeiten geerntet werden. Da sich der pazifische Einfluß um den „Eiskeller" des Ochotskischen Meeres in der Vegetation nicht bemerkbar macht, bleibt hier der sibirische Charakter des Landes gewahrt.
Erst die Halbinsel **Kamtschatka** ist in vollem Umfang den pazifischen Klimaeinflüssen ausgesetzt. Zwar sind die Sommertemperaturen in der Nachbarschaft des kühlen Meeres niedrig, aber die Niederschläge sind reichlich und fallen nicht nur im Sommer. Auch im Winter empfängt die Ostseite der Halbinsel, in deren Nähe die Zyklonenbahnen entlangziehen, wesentlich stärkere Niederschläge als die übrigen Teile des östlichen Nordasiens. Zwei Hauptgebirgszüge, die ein steil eingesenktes Längstal einschließen, durchziehen die Halbinsel. Beide sind von Vulkanbergen gekrönt, doch auf der durchschnittlich höheren westlichen Kette sind sie bis auf einen erloschen, während die niedrigere Ostkette noch heute 18 tätige Vulkane trägt, darunter die mächtige *Kljutschewskaja Sopka* (4750 m). Kamtschatka gehört also zu der großen Vulkanzone, die den Pazifik umgibt. Noch deutlicher kommt das bei der anschließenden, oft im Nebel verborgenen Inselkette der Kurilen mit 39 tätigen Vulkanen zum Ausdruck. Die von schmalen Hügelländern und wasserreichen Küstenebenen gesäumte Halbinsel wird von einem einförmigen Wald aus Steinbirke bedeckt, im trockeneren Längstal tritt am Kamtschatkafluß auch noch Lärchentaiga auf. Der Ackerbau ist durch das regenreiche kühle Klima erschwert. Lachs- und Hummernfang haben große wirtschaftliche Bedeutung.
Die Bevölkerung des Fernen Ostens setzt sich aus Vertretern zahlreicher Völker und Völkerschaften zusammen; die Russen bilden die Mehrheit. Am unteren Amur und auf Sachalin sowie auf Kamtschatka wohnen zahlreiche kleine Völker, die zu den Paläasiaten zählen, z. B. die Korjaken, Itelmenen (Kamtschadalen), Nanai (Golden) u. a. Eine größere Anzahl Ukrainer haben sich am Amur und Ussuri, Chinesen und Koreaner im Küstengebiet (Primorje) niedergelassen. Am mittleren Amur leben in dem Autonomen Gebiet Birobidshan viele Juden.

Physisch-geographische Angaben

Flüsse	Länge (km)	Berge	Höhe (m)	Lage
Amur (mit Schilka und Onon)	4510	Kljutschewskaja Sopka	4750	Kamtschatka
Ob (mit Katun)	4345	Belucha	4506	Altai
Lena	4270	Munku-Sardyk	3491	Ostsajan
Irtysch	4248	Pobeda	3147	Tscherskigebirge
Jenissej	4130	Golez Skalisty	2520	Stanowoigebirge
Kolyma (mit Kulu)	2763	Tardoki-Jani	2078	Sichote-Alin
Wiljui	2435	Kamen	2037	Putorana-Gebirge
Aldan	2242	Topko	2000	Dshugdshur-Gebirge
Olenjok	2162	Lopatina	1609	Ostsachalin
Angara	1826			
Witim	1823	Seen	Fläche (km²)	
Indigirka	1790			
Tobol	1670	Baikalsee	31500	
		Chankasee	4400	
		Tschanysee (Barabasteppe)	3300	

ZENTRALASIEN
Überblick

Abgrenzung. Unter der Bezeichnung Zentralasien, auch Mittelasien oder Innerasien, fassen wir die vorwiegend trockenen und abflußlosen Binnengebiete Asiens zusammen, die in ihrem Relief aber wesentliche Unterschiede zeigen. Zentralasien läßt sich im Norden durch die Kasachische Schwelle und die südsibirischen Randgebirge abgrenzen, im Osten durch den Großen Chingan und die chinesisch-tibetischen Grenzketten, nach Süden hin reicht es bis an die tibetisch-indischen und die sowjetisch-iranischen Grenzgebirge, während die Westgrenze am Kaspischen Meer und am Embafluß zu suchen ist. Zentralasien umfaßt einen Raum von etwa 10 bis 11 Mio km². Der kleinere Nordwestteil wird vom **Tiefland von Turan** eingenommen. Der größere Teil liegt in beträchtlicher Höhe über dem Meeresspiegel und wird von gewaltigen Gebirgen durchzogen. Man bezeichnet ihn als **Hochasien**.
Die Grenzen Hochasiens sind nicht überall klar. Im Süden bilden Pamir, Hindukusch und der Himalaja eine markante Grenzlinie, doch im hinterindisch-tibetischen Grenzgebiet biegen die Ketten nach der Halbinsel Hinterindien ab, und eine klare Grenzziehung ist nicht möglich. Gegen Osten ist der Abfall deutlich im Gebiet des 7590 m hohen Minya-Gonkar, (Gungaschan),

wo die tief zerschluchtete Ostflanke steil zu dem niedrigeren Gebirgsland Chinas abfällt. Im Nordosten ist die Kette des Großen Chingan (2000 m), der die östliche Aufbiegung des Hochlandrandes klar erkennen läßt, wiederum eine deutliche Grenzlinie. Dazwischen aber ist die Grenze verwischt, weil der Tsinlingschan (über 4000 m) weit gegen Osten vorspringt und das Gebiet des mittleren Hwangho, des Gelben Flusses, im Ordosland einen geräumigen Vorhof bildet, der teils innerasiatische, teils aber auch bereits ostasiatische Züge trägt. Besonders undeutlich, da in mehrere durch breitere Pforten getrennte Gebirgskomplexe aufgelöst, ist die Nordgrenze, die man jeweils mit den höchsten Teilen des Tienschan, des Altai und des Sajanischen Gebirgssystems gleichsetzen kann. Weiter ostwärts aber muß die Grenze mehr nach klimatischen als nach morphologischen Gesichtspunkten gezogen werden. Ähnlich ist auch im Amurgebiet der Übergang von den innerasiatischen zu den fernöstlichen Eigentümlichkeiten morphologisch wenig deutlich. Stark gegliedert, aber dennoch deutlich ist der Nordwestabfall gegen das Tiefland von Turan.

Geologischer Aufbau und tektonische Gliederung. Das Innere des Kontinents, Hochasien, ist durch gewaltige tektonische Kräfte in große Höhen emporgehoben worden. Zweifellos steht diese Hebung im Zusammenhang mit der alpidischen Faltung, die dem Südteil des Gebietes erst seine Faltenstruktur gegeben hat. Auch scheint die Heraushebung hier besonders groß zu sein und noch bis in die Gegenwart anzuhalten. Nicht nur die mehr als 8000 m erreichenden Gipfelhöhen vor allem des Himalaja und des Karakorum deuten darauf hin, sondern auch die am Südrand des westlichen Himalaja aufgefalteten Siwalik-Ketten, in denen noch pleistozäne Ablagerungen gefaltet und z. T. um 2000 m emporgepreßt worden sind, können als Beweis hierfür dienen. Die Heraushebung beschränkt sich aber nicht auf diesen jungen Faltengürtel, vielmehr sind riesige Gebiete, die schon in der altaischen Gebirgsbildung ihre Struktur erhielten, und z. T. noch ältere Glieder des Kontinents im Bereich des Alten Scheitels von dieser Herauspressung erfaßt worden. Dabei zerbrachen sie in einzelne Schollen, die teils stark herausgehoben wurden und heute als mächtige Bruchschollengebirge Hochgebirgscharakter tragen, teils weniger stark emporgepreßt oder sogar abgesenkt wurden und zwischen diesen Hochschollen ausgedehnte Hochländer und Senkungsfelder bilden. Die Grenze zwischen junggefaltetem Gebiet und altgefaltetem Bruchschollenland war lange Zeit strittig. Die Forschung hat aber ergeben, daß sich diese Grenze durch das Hochland von Pamir hinzieht; ihr weiterer Verlauf nach Osten ist allerdings noch nicht hinreichend geklärt. Das hat seinen Grund darin, daß diese Gebiete nach ihrer Faltung im Jungpaläozoikum abgetragen und mit verschiedenen terrestrischen Sedimenten überdeckt worden sind, deren ältere als Angaraschichten und jüngere als Hanhaischichten bezeichnet werden. Sie bestehen vorwiegend aus Sandsteinen, Konglomeraten und auch mergeligen Zwischenlagen. Bei der tertiären Zerstückelung in einzelne Schollen sind nun diese jüngeren Auflagerungen häufig mit verbogen und örtlich teilweise in Falten gelegt worden. Die zentralen Gebirgsteile bestehen fast allenthalben aus Gesteinen des Paläozoikums oder noch älteren Formationen. Die Ränder der Gebirge werden meist von den jüngeren Hanhaischichten gebildet.

Oberflächenformen. Das Relief allein kann für das geographische Gesamtbild nicht entscheidend sein. Die Außenseiten der Gebirge stehen vielfach in viel engeren Beziehungen zu ihren Vorländern, in die sie auch ihre Ströme entsenden, als zu den Binnenseiten. Dies gilt vor allem dort, wo die Außenseiten von Steigungsregen betroffen werden. Ähnlich schroff ist oftmals auch der Wechsel des Vegetationscharakters beider Seiten. Die mannigfache Verflechtung der Außenseiten mit ihren Vorländern zwingt uns, sie geographisch mit diesen zusammen zu betrachten. So bleiben für Hochasien als kennzeichnendes Element vor allem die vier Hochbecken im Inneren der Randgebirge; das *Hochland von Tibet*, das *Tarimbecken*, die *Dsungarei* und die *Mongolische Hochfläche*. Von Süden nach Norden folgen die drei ersten der genannten Hochbeckengebiete aufeinander, wobei das nördliche jeweils tiefer liegt als das südliche. Die große flache Schüssel des Mongolischen Beckens schließt sich nordostwärts an. Den zentralasiatischen Hochlandschaften sind viele Züge gemeinsam, wenn auch jede von ihnen außerdem noch ihre Besonderheiten hat. So sind alle Hochbecken von 6000 bis nahezu 8000 m hohen Gebirgen überragt: das tibetische Hochland von *Himalaja*, *Karakorum* und *Kunlun*; das Tarimbecken von *Altyn-tag (Altun-Schan)*, *Pamir* und *Tienschan*; die Dsungarei vom *Tienschan* und *Mongolischen Altai*; die Mongolei schließlich von den südsibirischen Randgebirgen, dem Großen Chingan und dem *Nanschan*.

Morphologisch ergeben sich überraschend ähnliche Züge. Das Innere der Hochbecken ist infolge der Trockenheit vielfach Wüste. Zum großen Teil sind es Sandwüsten, da die von den Bergen herabkommenden Flüsse genügend Feinmaterial herbeitragen, das zu Dünen aufgeweht wird. In den höheren Gebieten handelt es sich um Felswüsten. Die tiefsten Teile werden vielfach von Salzseen und Salzsümpfen oder flachen Salztonebenen eingenommen. Da ein Abfluß nach außen fehlt, bleibt das von den Gebirgen herangeführte Material in den Becken selbst liegen. Besonders die Ränder erhalten dadurch ihre eigenartige morphologische Gestaltung. Sind schon höhere Lagen der Gebirge stark mit Schutt bedeckt, so daß man sagt, sie ertränken in ihrem eigenen Schutt, so haben die vor allem zur Zeit der Schneeschmelze in die Becken hinabeilenden Flüsse – z. B. der *Tarim* mit seinen Nebenflüssen, der *Edsin-gol* – den Fuß der Gebirge noch stärker mit Schutt verhüllt und riesige Schuttfächer abgelagert. Sehr deutlich ist dies z. B. an den zahlreichen Flüssen und Flüßchen aus dem Altyn-tag zu beobachten, die nach kurzem Lauf in der Taklamakan versiegen. Diese Schuttkegel sind während des Eiszeitalters offenbar besonders hoch aufgeschüttet und später wieder zerschnitten worden. Daher werden der Gebirgsrand und die einzelnen Täler heute über weite Strecken hin von sehr hohen, zerschnittenen Schotterterrassen begleitet. In dieser Schuttzone am Gebirgsrand versickert viel Wasser. Da hier außerdem noch überwiegend grobes Material abgelagert wurde, ist dieser Streifen am Gebirgsfuß nur von dürftiger Vegetation bedeckt und häufig völlig unbewohnt. Nach dem Inneren der Becken zu aber wird das Material feiner. Außerdem hat der Wind das Feinmaterial aus den Aufschüttungen ausgeweht und parallel zum Gebirgsrand als Löß niedergeschlagen. Die Fruchtbarkeit der Böden und die Möglichkeit, die noch wasserreichen Flüsse für eine künstliche Bewässerung auszunutzen, schaffen hier günstige Vorbedingungen für die Landwirtschaft und für eine dauernde Besiedlung. Tatsächlich finden sich in dieser Zone, die den Gebirgsfuß in einigem Abstand begleitet, die wichtigsten Verkehrswege und Siedlungsplätze. Die natürliche Vegetation mit ihrem Wasserverbrauch, die hohe Verdunstung und die Zunahme der künstlichen Bewässerung bei der weiteren kulturellen Entwicklung zehren hier stark an den Wasservorräten. Nur die wasserreichsten Flüsse – Tarim, Chotan- (Hotan-) Darja, Edsin-gol u. a. – gelangen daher über diese Zone hinaus in das Beckeninnere, in dem sie meist ihr Ende finden. Sie füllen zur Hochwasserzeit die Wannen flach mit Wasser, das dann allmählich verdunstet, so daß Salzsümpfe und schließlich von einer glitzernden Salzschicht überzogene Salztonflächen entstehen. Für diese charakteristische Erscheinung hat man überall in Zentralasien besondere Bezeichnungen, wie Bajir, Schor, Takyr.

Klima. Die die Hochbecken überragenden Gebirge reichen in so hohe Luftströmungen, daß sie wenigstens in ihren westlichen Teilen trotz ihrer kontinentalen Lage erhebliche Niederschläge empfangen, die meist natürlich als Schnee fallen. Besonders die westlichen Bastionen der in der Westwindzone der gemäßigten Breiten gelegenen Gebirge (Pamir, westlicher Tienschan) sind daher außerordentlich reich an Gletschern und tragen im Winter eine weit herabreichende Schneedecke. Im Gegensatz dazu liegen alle Hochbecken im Regenschatten. Föhnwirkungen der von den Gebirgen herabfallenden Winde verschärfen die Trockenheit, die meist in starkem Gegensatz zu dem Niederschlagsreichtum der Randgebirge selbst steht. Die Becken sind heiß, dunstig, oft stauberfüllt und haben daher oft auch schlechte Sicht. Die Temperaturen steigen im Frühjahr rasch an, da keine große Schneedecke aufgezehrt werden muß, die die Frühjahrswärme verbraucht. Im Herbst hingegen, wenn die Tage kürzer werden, nehmen die Temperaturen rasch ab, da die Ausstrahlung eine relativ rasche Abkühlung des Festlandes bewirkt und wärmespeichernde Wasserflächen fehlen. Dieser für alle Binnengebiete mit sehr geringer Schneedecke kennzeichnende Jahresgang der Temperatur ist in den Binnenlandschaften Hochasiens vielfach zu beobachten.

Bevölkerung. In Hochasien leben neben kleineren Völkerschaften vor allem Mongolen (Mongolei und Nordosttibet) und Tibeter, während sich von Osten her Chinesen in großer Zahl weit in die Hochländer Zentralasiens vorgeschoben haben. Die Tadshiken im Pamirgebiet zählen zur indoeuropäischen Sprachfamilie. Turan ist in der Hauptsache das Siedlungsgebiet der Turkmenen, Usbeken, Tadshiken, Kirgisen, Kasachen, die sich teilweise auch im Tarimbecken ausgebreitet haben. Daher finden sich in der älteren Literatur die Bezeichnungen Westturkestan für das heutige Sowjetisch-Mittelasien und Ostturkestan für das Tarimbecken.

Zentralasien läßt sich in folgende Großräume gliedern:

1) Hochland von Tibet
2) Tarimbecken
3) Dsungarei
4) Mongolisches Becken
5) Tiefland von Turan und seine Randgebirge

Das Hochland von Tibet

Tibet, der am höchsten herausgehobene Teil Hochasiens, umfaßt geographisch den rund 2 Mio km² großen Raum zwischen dem Kunlun- und dem Himalajasystem. Mehr als die Hälfte davon (1,2 Mio km²) gehört heute zum Autonomen Gebiet Tibet der Volksrepublik China. Der Osten und Nordosten des Hochlandes bilden einen Teil von Chamdo und der Provinz Chinghai.

Die mittlere Höhenlage Tibets beträgt 4500 bis 5000 m, doch ist es keineswegs ein einheitliches Hochbecken, sondern von zahlreichen Faltengebirgen, den tibetischen Ketten, durchzogen. Das Himalajagebirge bildet im Süden einen mächtigen Gebirgsrahmen, zugleich aber auch eine markante Klimascheide. Obwohl durch größere Flüsse entwässert, sind die Längstalzonen durch ihre Höhenlage (durchschnittlich 3 500 m) und die ausgedehnten Hochsteppen dem Hochland von Tibet ähnlicher als die vorderindische Gebirgsabdachung. Hydrologisch und morphologisch trennt mit Gipfeln über 7 000 m der *Transhimalaja*, der sich im Westen an das *Karakorumgebirge* anschließt und sich im Osten in noch wenig bekannter Weise mit den hinterindischen Ketten verbindet, den südlichen Teil Tibets vom weitaus größeren nördlichen Teil, dem *Hochland Tschangtang*. Die durchschnittlich 6 000 m hohen tibetischen Ketten erheben sich nur um etwa 1 000 m über die schutterfüllten Hochlandschaften, die eine größere Anzahl abflußloser Seen – *Namsee, Qilinsee, Jamdroksee* – tragen. Zwischen die Zweige des Kunlunsystems im Norden schieben sich noch einige weniger hoch gelegene Beckenlandschaften ein, so die von *Tsaidam* (*Zaidam*) mit etwa 2 700 m Höhe, die von nomadisierenden Mongolen bewohnt wird und deren Inneres einen riesigen Salzsumpf trägt, sowie die des Sees *Kukunor*, chinesisch Tschinghai (Qinghai), „Blaues Meer" genannt, in etwa 3 200 m Höhe.

Die klimatischen Verhältnisse werden von Höhenlage und Geländegestaltung bestimmt. Die Randgebirge halten die Regen bringenden Luftströmungen ab. Tibet ist ein trockenes Land. Nur im Süden dringt der Monsun im Sommer über Paßlücken in die Längstalfurche ein und mildert die Trockenheit. In diesem klimatisch begünstigten Gebiet drängt sich daher fast die gesamte Bevölkerung Tibets zusammen. Hier liegt auch die Hauptstadt *Lhasa*, die heilige Stadt der Buddhisten. Lange Zeit war Europäern das Betreten Lhasas untersagt, und viele der großen Forscher – Prshewalski, Hedin, Koslow u. a. – haben daher vergeblich versucht, bis zu der verbotenen Stadt vorzudringen. Heute kann man Lhasa sowohl von Nordosten als auch von Osten mit dem Auto erreichen. Das weite, noch sehr wenig erforschte Hochland Tschangtang ist fast menschenleer.

Die Ketten des Karakorum, z. T. auch noch der Transhimalaja, empfangen vorwiegend aus der Westwindströmung und weniger aus dem Monsun beträchtliche Niederschläge, die sich in der großartigen Vergletscherung äußern. Die Höhenlage bedingt mäßige Temperaturen. Im allgemeinen sind infolge der großen Lufttrockenheit die Temperaturschwankungen außerordentlich hoch. Im Hochland Tschangtang hat man ein Augustmittel von etwa 3 bis 4 °C, in dem tiefer gelegenen Becken von Lhasa 19,5 °C festgestellt. Die Winter sind kalt und hart, Temperaturen von 30 bis 40 °C unter Null sind nicht selten. Leh im oberen Industal hat ein Januarmittel von −8,4 °C, das geschützt gelegene Lhasa immerhin noch −2,8 °C. Die großen Temperaturunterschiede zwischen den einzelnen Teilen lassen außerordentlich starke Ausgleichswinde entstehen, die zu heftigen Stürmen anwachsen und oft durch föhnartige Fallwinde verstärkt werden; besonders an den Nachmittagen sind sie gefährlich. Noch in 5 500 m Höhe finden wir im Regenschatten des Kunlun abflußlose Salzseen. Erst die höchsten, etwa bis 6 000 m aufragenden Gebirgsketten empfangen stärkere Niederschläge. Häufig sind diese von heftigen Schneestürmen beleitet.

Entsprechend der Niederschlagsverteilung hat sich auch das hydrographische Netz entwickelt. Die stärker beregneten Südteile sind durch das Rückwärtseinschneiden der indischen Ströme aufgeschlossen worden. Insbesondere Indus, Satledsch (Sutlej) und Brahmaputra (Yarlung) durchbrechen in tiefen, fast unpassierbaren Schluchten die Randschwellen. Im Innern aber sammelt sich in allen Hohlformen der Schutt. Der größte Teil des Landes liegt oberhalb der Baumgrenze und trägt meist nur dürftige Hochsteppe. Lediglich in den geschützten niedrigen Teilen Tibets stellen sich Gehölze von Pappeln und Weiden sowie größere Obsthaine ein. Erst in den Durchbruchstälern am Rande des Hochlandes treten üppigere Wälder auf. Die Anbaumöglichkeiten zeigen die gleiche Verteilung; nur der Süden, hier vor allem das Tal des Yarlung (Tsangpo) und seine Nebentäler tragen Kulturpflanzen. Die Gerste kommt, genügend Feuchtigkeit vorausgesetzt, bis zu 4 400 m Höhe vor. Geringe Flächen der tiefer gelegenen Gebiete werden auch mit Hafer und Weizen bestellt, doch bedürfen die Felder hier im allgemeinen der künstlichen Bewässerung.

So dürftig die Pflanzenwelt ist, so reich ist die Tierwelt. Auf den Hochsteppen tummeln sich noch Großherden von Wildrindern (Yaks), wilden Halbeseln (Kulane), Wildschafen und Antilopen. Charaktertier ist der Yak, ein dicht behaartes, bis zu 2 m hohes Rind, das nicht unter 2 000 m Höhe vorkommt. Hirsch und Steinbock sind noch weit verbreitet, die Nagetiere in den günstigeren Landstrichen häufig. Auch viele Raubtiere trifft man noch an, vor allem Fuchs, Schakal, Bär, Wolf und wilden Hund; Greifvögel sind sehr verbreitet. Singvögel fehlen jedoch auf dem Hochland von Tschangtang. Die beschränkten Möglichkeiten für den Ackerbau lassen die Tierhaltung in den Vordergrund treten. Der zahme Yak und das zweihöckerige Kamel dienen als Tragtiere; das Schaf, das örtlich auch als Tragtier verwendet wird, und die Ziege sind die wichtigsten Weidetiere.

Das Tarimbecken

Auch das Tarimbecken, ein großes Einbruchsbecken, ist auf drei Seiten von hohen Gebirgen umgeben: im Westen vom Pamir, im Süden vom Kunlun und im Norden vom Tienschan. Zusammen mit der Dsungarei bildet es heute die Provinz Sinkiang (1,7 Mio km²), die vorwiegend von Uiguren bewohnt wird. Die geologische Erforschung des Gebiets ist noch im Gange, sie hat aber insbesondere am Nordfuß des Tienschan bereits jetzt zu reichen Erdölfunden geführt.

Gegen Osten öffnet sich das Tarimbecken in einer breiten Pforte, der berühmten *Jümönn- (Yumen-) Passage*, durch die schon im Altertum die chinesischen Handelswege – z. B. die Seidenstraße – nach dem Westen führten, die anderseits aber auch immer wieder von den Nomadenstämmen Innerasiens bei ihren Einfällen nach Westchina benutzt wurde. Mit einer größten Breite von 650 km und einer Länge von rund 1 500 km ist das Becken erheblich kleiner als das Hochland von Tibet, in seiner Gestaltung aber auch einheitlicher. Es liegt wesentlich tiefer als Tibet. Seine mittlere Höhe beträgt 700 bis 1 300 m. Der Nordostrand ist bedeutend unruhiger gegliedert. Hier bildet das Einbruchsbecken der Oase von *Turfan (Turpan)* eine Depression, die bei Luktschun 154 m unter dem Meeresspiegel liegt. Die Breitenlage von 40° Nord entspricht der von Mittelitalien oder New York. So sind die Jahreszeiten nach der Temperatur schon sehr stark unterschieden. Der Winter ist kalt – Kaschgar (Kashi) in 1280 m Höhe hat ein Januarmittel von −5,8 °C, Luktschun von −10,5 °C –, der Sommer aber sehr heiß, besonders in den abgeschlossenen Beckenteilen (Kaschgar im Julimittel 27,5 °C, Luktschun 32,5 °C). Niederschläge fehlen fast völlig. Daher wird das Innere von einer der unwirtlichsten Wüsten der Erde, der 400 000 km² großen *Taklamakan (Taklimakan)*, eingenommen. Die benachbarten, stark vergletscherten Gebirge spenden aber besonders im Sommer reichlich Wasser. Die oben geschilderte Folge von Schutt- und Schotterzone, Lößzone und Sandwüste mit dem Salztonflächen ist deshalb hier rings um das Becken besonders deutlich entwickelt. Zahlreiche fruchtbare Oasen – *Kerija (Yutian)*, *Chotan (Hotan)*, *Jarkand (Shache)* im Süden, *Aksu*, *Kutscha* u. a. im Norden –, die Stützpunkte alter Verkehrswege, säumen das Becken. Die von der westlichen Gebirgsumrahmung herabkommenden Flüsse *Kaschgar-* und *Jarkand-Darja* vereinigen sich zum etwa 1 200 km langen *Tarim*, der den nördlichen Teil des Beckens durchfließt und sein Ende in dem Sumpfgebiet *Karakoschun* fand. Erst seit etwa fünfzig Jahren schlägt der Unterlauf des Flusses, der früher nach Süden abbog, wieder einen östlichen Weg ein und füllt ein altes Seebecken, das einst, wie alte chinesische Urkunden beweisen, einen Endsee – den *Lopnor* – gebildet hat. Die Forschungen und Ausgrabungen Prshewalskis, Sven Hedins u. a. haben ergeben, daß der Fluß um 350 v. u. Z. seinen alten Unterlauf verlassen hatte; der Lopnor trocknete aus, die vom Wasser des unteren Tarim lebenden Siedlungen gingen zu einem großen Teil ein, so z. B. das alte chinesische Loulan.

Längs des Flusses wachsen in dem sonst äußerst pflanzenarmen Trockengebiet lichte Gebüschstreifen von Tamarisken, Pappeln und Weiden, in den günstigeren Teilen der Sandwüsten auch der Saxaul. In starkem Gegensatz dazu stehen die Oasen der Randgebiete. Die Oasengebiete erzielen mittels künstlicher Bewässerung durch ein kompliziertes Netz von Kanälen, die vom Fluß abzweigen, hohe Erträge an Obst, Wassermelonen und Wein, an Reis, Mais, Weizen, Hirse und Baumwolle. Die Randgebiete des im Inneren tierarmen Beckens haben eine verhältnismäßig reiche Steppenfauna. Das wilde Kamel kommt noch gelegentlich vor, auch der Tiger fehlt nicht.

Bildet das Hochland von Tibet einen jedem Durchgangsverkehr feindlichen Hochblock, so zeigt sich das Tarimbecken dagegen verkehrsfreundlich, was trotz der hohen Randgebirge im Laufe der Geschichte auch immer wieder ausgenutzt worden ist. Ausgangspunkt war das volks- und kulturstarke China im Osten, Eingangstor die erwähnte Jümönn (Yumen)- Passage. Dann gabelten sich die Wege; einer führte nordwestwärts entweder über Turfan oder über Barkul zum Nordrand des Tienschan und durch die Dsungarei nach Sibirien oder Turan; ein anderer verlief am Nordrand des Tarimbeckens über Aksu nach Kaschgar (Kashi) und von dort über das *Alaigebirge* ebenfalls nach Turan. Ein dritter benutzte die Oasen des Südrandes, Kerija (Yutian), Chotan (Hotan), und erreichte über Jarkand (Shache) entweder ebenfalls Kaschgar (Kashi) oder führte über den hohen Karakorum-Paß (5 680 m) nach Indien und weiter nach Vorderasien; auf ihm sind Einflüsse aus dem hellenistischen und dem indischen Kulturbereich nach Zentralasien, z. B. nach Turfan (Turpan), gelangt.

Die Dsungarei

Die Dsungarei, auch als Dsungarisches Becken bezeichnet, ist der nördliche Teil der chinesischen Provinz Sinkiang. Sie ist ein Senkungsfeld, das zwischen dem Tienschansystem im Süden und dem Altai im Norden liegt. Im Osten läuft sie breit in die mongolische Hochfläche aus, im Westen öffnen sich, durch den Dsungarischen *Alatau* und den *Tarbagatai* voneinander getrennt, einzelne Pforten. Die *Dsungarische Pforte* hat bei den Völkerbewegungen der Vergangenheit eine große Rolle gespielt. Hunnen und Mongolen brachen durch sie in die westasiatischen Ebenen ein. Heute ist vor allem der Weg von Bedeutung, der von Lantschou (Lanzhou) in der Provinz Kansu am Nordfuß des Tienschan entlang über Tihua (Urumtschi), die Hauptstadt der Provinz Sinkiang, nach Yining (Kuldscha) führt. Ähnlich dieser Route verläuft eine Eisenbahnlinie bis Urumtschi.

Das Dsungarische Becken ist weniger geschlossen als das Tarimbecken. Bei einer Höhe von nur 250 bis 750 m liegt es noch tiefer als dieses. Das Innere ist vorwiegend Sandwüste, im Nordteil dagegen erstrecken sich große Salzsümpfe. Am Rand des Tienschans finden wir wieder die charakteristische Oasenzone, durch Bewässerungskanäle erweitert, mit intensivem Pflanzenbau. Das Klima ist streng kontinental, d. h., die Winter sind kalt, die Sommer heiß und trocken, doch zeigen die in der Nachbarschaft aufragenden Gebirge besonders auf ihren Nordseiten einen lichten Waldbestand. Damit kündigt sich bereits der Übergang zu den nördlicheren Zonen Asiens an. In der Dsungarei liegt der meerfernste Punkt ganz Asiens; von hier bis zur nächsten Küste sind es 2500 km.

Die Bevölkerung der Dsungarei setzt sich aus Vertretern der verschiedensten Völker zusammen. Neben Chinesen, Dunganen und Uiguren trifft man hier Mongolen, Kirgisen und Kasachen an. Im Dsungarischen Becken finden sich reiche Bodenschätze – vor allem Erdöl bei Karamay, Steinkohle im Ilital bei Kuldscha.

Das Mongolische Becken

Das Mongolische Becken umfaßt den ausgedehnten Nordostteil Hochasiens, an dem neben der Mongolischen Volksrepublik noch das Autonome Gebiet Innere Mongolei der Volksrepublik China und der westlich des Hwangho (Huang He) gelegene Teil der chinesischen Provinz Kansu Anteil haben. Das Mongolische Becken ist ein geräumiges, weitgespanntes Hochbecken, das über große Strecken hin recht flach ist, aber von Gebirgen eingefaßt wird. Im Osten steigt das Gelände fast unmerklich gegen den Großen Chingan hin an, der sich mit einer deutlichen Stufe als östliche Randschwelle heraushebt. Vom Chingan zweigen einzelne Gebirgszüge (*Charanarin-Ula = Yinshan*) gegen Südwesten und Westen ab, die das Becken der Mongolei von dem Ordosland trennen. Im Westen öffnen sich breite Tore zum Tarimbecken und zur Dsungarei. Nach Nordosten zu öffnet sich das Becken gegen das Amurgebiet. Von den stark beregneten Außenseiten der Gebirge haben sich die Flüsse rückwärts tief in die Randgebiete des Beckens einschneiden können. Der Norden und Nordosten werden durch die Quellflüsse der *Selenga* zum Baikalsee, durch das Argunsystem zum Amur entwässert und z. T. tief aufgegliedert. Am unruhigsten ist der Nordwesten gestaltet. Der über 4000 m hohe *Mongolische Altai* (*Ektag-Altai*) und das *Changaigebirge* (4000 m) schließen einzelne Becken zwischen sich ein, in denen zahlreiche Endseen – Chubsugul, Durganor u. a. – liegen. Weit erstreckt sich der Gobi-Altai, immer niedriger werdend, gegen Osten. Die niedrigeren Temperaturen, die geringere Verdunstung und die größeren Niederschläge lassen, wenn auch örtlich stark wechselnd, vielfach eine bescheidene Waldvegetation zu. Dabei machen sich die Expositionsunterschiede sehr kraß geltend. Während die Nordflanken bewaldet sind und örtlich noch Bodengefrornis aufweisen, sind die Südhänge von Steppenvegetation besetzt.

Nach dem Inneren aber geht die vorherrschende Steppe in immer dürftigere Gebiete über, die mongolisch als *Gobi* oder chinesisch als *Schamo* (Sandwüste) bezeichnet werden und deren geographische Erforschung wiederum mit den Namen Sven Hedin, Prshewalski, Koslow, Obrutschew u. a. eng verknüpft ist. Die Gobi bildet das zentrale Glied des ganzen nordöstlichen Hochasiens. Über ihrer Eigenart wird der stark gebirgige Charakter der breiten Umrandung oft übersehen. In ihren südlichen, wüstenhaften Teilen bildet die Gobi eine Verkehrsschranke, die heute allerdings durch das Flugzeug überwunden wird. Der weitaus überwiegende Teil des Landes aber ist winterkalte Steppe, die der Viehwirtschaft günstige Möglichkeiten bietet, dem Ackerbau jedoch größere Schwierigkeiten entgegenstellt. In den östlichen Teil dringen Ausläufer der sommerlichen Monsunregen ein, und die Trockenheit wird dadurch gemildert. Doch ist für den Umfang der Viehherden weniger die Dürre des Sommers entscheidend, als vielmehr die Notwendigkeit, das Vieh über die Winterzeit hinwegzubringen. Solange Futtervorratswirtschaft unbekannt war, bestimmte die Natur die Größe, bis zu der die Herden anwachsen konnten. Erst durch die in den letzten Jahrzehnten eingeführte Futtervorratswirtschaft haben sich die Nutzungsformen sehr geändert, und diese Naturschranke wurde zu einem wesentlichen Teil überwunden. Die schon beträchtlich nördliche Lage (40 bis 50°) äußert sich nicht nur in der stärkeren Baumvegetation der Gebirge, sondern vor allem in der Kälte des Winters; da aber die Niederschläge im allgemeinen unter 200 mm liegen, ist die Schneedecke so gering, daß das Vieh auch im Winter Futter findet.

Während das Innere fast ausschließlich von terrestrischen Ablagerungen hauptsächlich des Pleistozäns bedeckt ist, treten in den Randgebirgen des Nordens und Nordostens die Gesteine des Alten Scheitels an die Oberfläche, die z. T. recht erzreich sind. An mehreren Stellen wurden in der Mongolischen Volksrepublik Steinkohlenlager entdeckt, die insbesondere bei Nalaicha und Altan Bulak ausgebeutet werden. Auf der Grundlage dieser Kohle entwickelt sich eine Industrie, die vor allem in der Hauptstadt *Ulan-Bator* (*Ulaanbaatar*) und der neuen Stadt *Tschoibalsan* in der Ostmongolei konzentriert ist. Beide Städte sind an das sibirische Eisenbahnnetz angeschlossen. Der Bau der quer durch die östliche Gobi führenden Eisenbahnlinie von Ulan-Bator nach Peking wurde Ende 1955 abgeschlossen.

Die Bevölkerung von insgesamt rund 2 Mio lebt vorwiegend in den nördlichen und südöstlichen Randgebieten. Der zentrale Teil des Mongolischen Beckens ist dagegen sehr dünn besiedelt, teilweise sogar fast menschenleer. Die Bewohner sind Viehzüchter, die mit ihren Filzzelten (Jurten), ihren Schaf- und Kamelherden großenteils in den riesigen Steppen und Wüstensteppen umherwanderten und in der Mongolischen Volksrepublik, in den großen Prozeß der Seßhaftwerdung einbezogen, auch in zunehmendem Maße Ackerbau treiben.

Das Tiefland von Turan und seine Randgebirge

Fast der gesamte turanische Raum, rund 3 Mio km², gehört zur Sowjetunion. Von den fünf Sowjetrepubliken – Kasachstan, Usbekistan, Turkmenistan, Tadshikistan und Kirgisistan –, die dieses Gebiet einnehmen, greift die Kasachische SSR allerdings im Norden weit über die natürliche Grenze der Turanischen Niederung, die Kasachische Schwelle, hinaus auf das Westsibirische Tiefland.

Das **Tiefland von Turan**, auch als **Turanische Niederung** bezeichnet, umfaßt ein im Laufe der Erdgeschichte meist tiefgelegenes, im Zuge der alpidischen Faltung weiter eingesenktes Gebiet. Geographisch müssen zu diesem Senkungsgebiet, das durch die Flüsse *Amu-Darja* und *Syr-Darja* sowie den *Aralsee* gekennzeichnet ist, die Schwellen hinzugerechnet werden, die das Turanische Tiefland im Norden von der Westsibirischen Tiefebene trennen, im Süden zum Rand des Faltengebirgssystems, dem Kopet-Dag, und im Osten, hier stark gegliedert, zum Westabfall der innerasiatischen Hochgebirge überleiten. Das Tiefland von Turan und seine Randgebirge sind so durch zahlreiche Zusammenhänge miteinander verknüpft, daß man sie als Einheit höherer Ordnung auffassen muß. In der Literatur wird daher dieses als Niederturkestan (Westturkestan) bezeichnete Gebiet als dem Hochturkestan (Ostturkestan) bezeichneten Tarimbecken gegenübergestellt.

Niederturkestan ist ein jungtertiäres Einbruchsbecken, das geologisch als Turkmenischer Graben bezeichnet wird. Es wurde im Norden durch das Tafelland von Turgai und die Kasachische Schwelle begrenzt. Im Laufe des Tertiärs verringerte sich der Umfang des hier gelegenen Meeres immer mehr, und schließlich blieben nur die beiden getrennten Becken des Kaspischen Meeres und des Aralsees übrig, die keine Verbindung mit dem offenen Meer hatten. Der weiter östlich gelegene schmale, aber rund 600 km lange *Balchaschsee* hat mit dem Aralsee nie in Verbindung gestanden.

Die gemeinsamen morphologischen Züge werden von den klimatischen Eigentümlichkeiten bestimmt. Das Tiefland ist ein Trockengebiet, dessen Niederschläge an den Rändern im allgemeinen 250 mm nicht übersteigen. Da die Sommertemperaturen im Mittel bis 29 °C ansteigen, ist Wassermangel das allgemeine Kennzeichen. Der Wasserhaushalt des Gesamtgebietes wird jedoch mit bestimmt von den wasserreichen Hochgebirgen am Ostrande; dem *Tienschan*, den *Ferganaketten*, dem *Alai* und dem *Pamir*. Von hier aus werden insbesondere im Sommer zur Zeit der Schneeschmelze dem Trockengebiet durch mehrere große Ströme riesige Wassermengen zugeführt, während sich die zwischen diesen Strömen gelegene Vorbergzone mit den spärlichen Wassermengen der kleineren Flüsse, die im Sommer oft versiegen, begnügen muß. Der Gesamtwasserhaushalt wird daher durch die Menge des zugeführten Gebirgswassers und durch die Verdunstung bestimmt. Soweit die Flüsse nicht in der Wüste und Wüstensteppe versiegen, wie dies z. B. beim *Tedshen, Murgab, Serawschan* und *Tschu* der Fall ist, führen sie ihr Wasser Endseen zu, vor allem dem Aralsee und dem Balchaschsee.

Die Regenfälle, die das Niederungsgebiet erreichen, fallen überwiegend im Frühjahr und Frühsommer, in den Vorgebirgen teilweise auch im Winter. Überall aber sind Sommer und Frühherbst niederschlagsfrei und äußerst trocken. Da das Gebiet in seiner nordsüdlichen Ausdehnung etwa 1500 km mißt, machen sich auch in den Temperaturen schon Unterschiede bemerkbar. Die nördlichen Teile weisen ebenso wie die höher gelegenen Gebirgsränder regelmäßig Frost auf. Der Süden und die über den mit Kaltluft erfüllten Senken aufragenden Vorberge stehen etwas günstiger da.

Die Gebirge liefern viel Schutt, doch wird der Abtransport des Materials gehemmt, weil die Niederschläge gering sind und die Gewässer oft nur zeitweilig fließen. Kommen die Flüsse aber nach den frühsommerlichen Regen ab, so transportieren sie mächtige Schuttmassen aus den Gebirgsräumen in das Vorland hinaus, die hier mit abnehmender Transportkraft abgelagert wurden und noch weiterhin abgelagert werden. Wie in den Becken Hochasiens ist daher auch hier das Gebirge von einem mehr oder weniger mächtigen Schotterfuß umgeben, in den sich die Flüsse in häufig steilen, engen Tälern eingenagt haben. Da die Schotter durchlässig sind und die Zerschneidung durch die Flüsse den Grundwasserspiegel absinken läßt, sind diese Schotterplatten, hier A d y r e genannt, besonders trocken. Ihre Vegetationsdecke ist sehr schütter, so daß Regen und Wind das Feinmaterial beseitigen können. Weiter nach dem Innern der Niederung zu aber lagerten die Flüsse, nachdem sie sich von dem groben Schutt befreit hatten, vorwiegend feineres Material ab, das die Niederschläge und das Grundwasser besser festhält. Da hier folglich eine dichtere Vegetation den Boden bedeckt, kann auch der vom Wind mitgeführte Flugstaub festgehalten werden. So folgt auf die trockene und dürre Adyrzone ein Streifen Lößsteppe, der jeweils dort, wo die aus dem Gebirge austretenden Flüsse Wasser zuführen, die Anlage ausgedehnter Oasen ermöglichte. Ein kunstvolles Netz von Bewässerungskanälen – hier A r y k s genannt – gestattet einen außerordentlich intensiven Anbau. In dieser Zone liegen die Hauptsiedlungsgebiete, in denen sich schon früh bedeutende Städte zu kulturellen Zentren entwickelt haben: *Samarkand*, im 15. Jahrhundert unter Tarmerlan die Hauptstadt eines gewaltigen Reiches, ferner *Buchara*, *Taschkent* u. a. Hier verlaufen auch die wichtigsten alten und neuen Verkehrswege.

Wie schon erwähnt, erreichen nur die größten Flüsse die Endseen, die meisten aber bilden Trockendeltas und versiegen bald. Im Winter lagern sie in den Senken feineres Material ab, und es bilden sich flache Salzsümpfe, die hier S c h o r e genannt werden. Im Sommer verdunstet das Wasser und läßt eine von zahllosen Trockenrissen durchsetzte, tennenharte Tonfläche zurück, die in Turan T a k y r heißt. Je nach dem Salzgehalt dieser Böden sind die natürliche Vegetation und die Anbaumöglichkeiten geringer oder größer. Das Innere des Turanischen Beckens, das die Flüsse meist nicht mehr erreichen, ist extrem trocken; hier ist der Herrschaftsbereich des Windes. Je nach der Gestaltung des Untergrundes breiten sich harte Lehmwüste, trockene Kalktafeln oder von groben Gesteinsschuttmänteln umgebene, inselförmig aufragende Restberge und -gebirge aus. Weite Gebiete aber sind Sandwüste, die ihr Material aus den großen Flußtälern und aus zerfallenden Sandsteinen erhält.

Im Sommer wird bei den hohen Mittagstemperaturen und dem wolkenlosen Himmel der Sand bis 70 °C erhitzt, die vom Staub getrübte Luft flimmert, und nachmittags treten infolge der Hitze sehr häufig Stürme auf. Der Winter wird bestimmt durch die Dauer der Fröste und die geringe Schneedecke, die meist nur wenige Wochen liegenbleibt.

Je nach der Höhe der Niederschläge, den Temperatur- und Bodenverhältnissen unterscheiden sich die einzelnen Gebiete auch in ihrer natürlichen Vegetation. Wo bei regenlosem Sommer die Niederschläge unter 200 mm bleiben, die Sommertemperaturen hoch und die Winter meist kalt sind, vermögen auch die Frühjahrsregen keine dauernde Vegetation hervorzurufen. Hier dehnt sich dann die Wüste aus. Im Unterschied zu den Wüsten der Passatzone ist hier jedoch der Untergrund oft nicht so wasserarm, daß nicht örtlich, besonders in den Talungen zwischen den Dünen, einzelne Pflanzen gedeihen könnten. Hier wächst insbesondere der eigenartige Saxaul, der stellenweise das Bild eines verdorrten, lichten Haines bietet. Da er als Brennstoff verwendet wird, ist er freilich in der Nähe der Siedlungszentren weithin völlig verschwunden, so daß die Wüste hier besonders trostlos wirkt. Wo am Gebirgsrand oder gegen Norden hin die Niederschläge zunehmen und auch weiter in den Sommer hineinreichen, die Temperaturen ein wenig niedriger bleiben, stellt sich alljährlich im Frühjahr eine schüttere Pflanzendecke ein, die aus harten, vielfach salzliebenden Gräsern und Stauden besteht, unter denen Wermutarten (Artemisia) vorherrschen. Diese Gebiete ermöglichen in der Vegetationszeit eine regelmäßige Beweidung, die Artemisiensteppe auch im Winter, da der erfrorene Wermut seine Bitterstoffe verliert und von den Tieren gern gefressen wird. Weiter nördlich, vor allem aber auch in den Randsäumen der Hochgebirge, wo die Sommertemperatur noch geringer und die Niederschläge weiter zunehmen, stellt sich die Federgrassteppe ein, deren schon geschlossenere Grasdecke freilich im Sommer meist vertrocknet. Da aber die Regen fehlen, die das vertrocknete Gras auslaugen könnten, dient dieses dem Vieh auch in späteren Monaten als Futter. Diese Abstufung der Pflanzendecke war die Grundlage der ehemaligen Viehwirtschaft, bei der die Nomaden mit ihren Herden die einzelnen Gebiete regelmäßig, innerhalb bestimmter Grenzen aufsuchten, damit das Vieh hier das frische Gras des Frühjahrs, dort das am Stengel vertrocknete Heu und im Winter schließlich die Artemisiensteppe abweidete. Die Natur bot dem Menschen keine andere Möglichkeit, solange er in kleinen nomadisierenden Gruppen aus eigener Kraft die Existenzgrundlage sichern mußte. Die Futternot des Winters bestimmte den Umfang der Herden und setzte jeder Weiterentwicklung eine Grenze. Erst als in der neuen sozialistischen Gesellschaftsordnung die Futtervorratswirtschaft eingeführt wurde, konnte dieser Ring durchbrochen werden. Seßhaftmachung eines großen Teils der Bevölkerung, Sicherung des Futters für den Winter durch planmäßige Futtergewinnung und Vorratswirtschaft haben neue ökonomische Verhältnisse geschaffen. Schneestürme bildeten früher eine Gefahr für Mensch und Vieh. Wenn die Weideflächen zu stark verschneiten, litt vor Einführung der Futtervorratswirtschaft das Vieh mehr darunter als unter strengem Frost. Die Zufuhr von großen Wassermengen durch die Fremdlingsflüsse aus den östlichen Gebirgen, vor allem des Amu-Darja, ist in den letzten Jahrzehnten durch planmäßige Bewässerungssysteme genutzt worden. Ihr Kernstück ist der inzwischen auf über 1 300 km Länge angewachsene *Kara-Kum-Kanal*.

Das Innere des turanischen Tieflandes weist lediglich geringe Höhenunterschiede auf. Nur an wenigen Stellen sind im gesamten Senkungsgebiet höher aufragende Schollen erhalten geblieben. So scheidet die ebene, von trockener Lehmwüste bedeckte *Ust-Urt-Platte* den Aralsee vom Kaspischen Meer. Die über das Tal des *Usboi* zwischen ihnen einst bestehende Verbindung ist seit Ausgang der letzten Kaltzeit (9000 bis 8000 v. u. Z.) unterbrochen. Der Aralsee bildet seither ein selbständiges hydrographisches System. Er wird im Westen vom Steilabfall der Ust-Urt-Platte überragt, im Osten und Süden von weiten wüstenhaften Flachländern und z. T. von den Schilfdickichten (Kamysch) der heutigen Flußdeltas umrahmt. Die Gebirge der Halbinsel *Mangyschlak* am Kaspischen Meer, Horste schräggestellter mesozoischer Gesteine, sind ebenso wüstenhaft wie dem tertiären Faltengürtel angehörende Gebirge des *Großen Balchan* und *Kleinen Balchan*.

Schematisches geologisches Profil durch die Halbinsel Mangyschlak (nach Borneman). J_1 und J_2 Jura, Cr_1 und Cr_2 Untere Kreide, Cr_3 Obere Kreide, Pg Paläogen, Ng Neogen, T stark gestörte Trias

Der größte Teil des Inneren wird durch die *Kara-Kum* (Schwarzer Sand) und *Kysyl-Kum* (Roter Sand) eingenommen, durch die sich die breiten Talauen der Fremdlingsflüsse Amu-Darja und Syr-Darja hinziehen, deren Ufer von Auenwald oder Schilfstreifen, den *Tugai*, umsäumt werden, während an den Talhängen schon der nackte Sand der Dünen hervorleuchtet. Verlagerung der Flußarme, vor allem am Amu-Darja, und das dauernde Einwehen von Sand haben die Flußoasen im Laufe der Geschichte immer wieder vor Schwierigkeiten gestellt. Der Untergrund der Trockengebiete ist nicht so wasserarm, wie das Klima vermuten läßt. In sowjetischer Zeit sind die Grundwasservorräte an vielen Stellen durch die Anlage von Brunnen für die Viehwirtschaft nutzbar gemacht worden. Große Teile der flachwelligen Sandlandschaften, zwischen die sich immer wieder kleinere und größere Tonpfannen einschieben, zeigen nur geringe Dünenbildung. Am stärksten ist die Dünenbildung in der Nähe der Flüsse, die reichlich Material dazu heranführen.

Die Randgebiete der Turanischen Niederung werden im Norden durch einen flachen Landrücken, die Kasachische Schwelle, im Süden durch den Faltengebirgsstrang des mäßig hohen Kopet-Dag und im Osten durch die stark aufgegliederten Hochgebirge gebildet.

Die **Kasachische Schwelle** hebt sich meist in sanftem Anstieg aus der Turanischen Niederung heraus und gewinnt erst im östlichen Teil mit Annäherung an die zentralasiatischen Hochgebirge an Höhe. Der westliche Teil wird als *Tafelland von Turgai* bezeichnet. Hier bilden kreidezeitliche und tertiäre Schichtgesteine mit ganz geringem Einfallen gegen Süden die Oberfläche, in die sich die Flüsse leicht eingeschnitten haben. Der südliche, dem Aralsee nahe Teil des Tafellandes ist recht trocken, seine salziges Wasser führenden Flüsse erreichen den Aralsee heute nicht mehr, sondern enden in einer Reihe stark salziger Endseen. Die Vegetation ist noch Wüstensteppe, gegen Norden zu werden die Niederschlagsverhältnisse jedoch günstiger, und etwa in der Breite der Stadt *Turgai* selbst stellt sich nach raschem Übergang die kräuterreiche Grassteppe ein.

Der östliche Teil der nördlichen Randschwelle wird hingegen aus dem Rumpf des alten altaisch-uralischen Gebirges gebildet.

Infolge der starken Gesteinsunterschiede sind in den flacheren Teilen zahlreiche Kleinkuppen herauspräpariert worden, die meist von trockenem Verwitterungsschutt umhüllt sind. Über die sonst wenig gegliederte Rumpffläche, die sich insgesamt gegen Osten etwas stärker heraushebt, ragen als Gebirgshorste mehrere felsige, schuttreiche und pflanzenarme Mittelgebirge auf, wie der *Ulutau* oder der bis über 1 500 m aufragende *Kysylrai*. Das sommerheiße obere Irtyschtal trennt die Kasachische Schwelle vom Altaigebirge. Auch im östlichen Teil der Kasachischen Schwelle vollzieht sich entsprechend der klimatischen Änderung von Süden nach Norden der Übergang von der Wüste und Wüstensteppe zur kräuterreichen Grassteppe.

Insgesamt ist die Kasachische Schwelle gegenüber den übrigen Randgebieten insofern benachteiligt, als ihr Fremdlingsflüsse fehlen, die Wasser aus feuchteren Bereichen zuführen. Es gibt keine größeren Oasen wie im Süden Turans, so daß das Land insgesamt sehr dünn besiedelt war. Seine Erforschung begann erst verhältnismäßig spät. Heute aber sind die Bodenschätze, die sich im paläozoischen Untergrund befinden, insbesondere die Steinkohle von Karaganda, die z. T. im Tagebau gewonnen werden kann, die Kupfererze vom Balchaschsee und von Dsheskasgan am Ulutau, die Basis moderner industrieller Zentren geworden. Sie liegen auf der nördlichen Abdachung der Kasachischen Schwelle zum Westsibirischen Tiefland, wo der Wasserhaushalt wesentlich günstiger ist. Vom Turgaier Tafelland bis zur Kulundasteppe mit den Städten *Kustanai, Koktschetaw, Atbasar, Zelinograd* und *Pawlodar* erstreckt sich auch die bedeutende Neulandregion der Sowjetunion. Über 20 Mio ha Land wurden hier urbar gemacht, die vor allem dem Weizenanbau dienen.

Die südliche Einfassung Turans, der bis etwa 3300 m hohe **Kopet-Dag**, ein Teil des nordiranischen Randgebirges, erreicht nicht so große Höhen, daß er als Regenfänger wirken könnte. Die Abhänge des Kopet-Dag sind nur spärlich bewachsen, lediglich in höheren Lagen findet sich schütterer Wald vor. Regenfeldbau gestattet bescheidene Nutzung und spärliche, lockere Besiedlung. Im Vorland wird das Wasser der Flüsse in einer Oasenzone, deren Hauptzentren *Aschchabad*, die Hauptstadt der Turkmenischen SSR, und *Mary* (früher Merw) sind, für eine vielseitige Bewässerungskultur verwendet. Da die Wassermengen aber begrenzt sind, hat man nicht nur zahlreiche Brunnen angelegt, sondern über den Kara-Kum-Kanal Wasser aus dem Amu-Darja herangeleitet.

Erdbeben sind in dem Gebiet des Kopet-Dag häufig und bezeugen, daß die tektonischen Bewegungen noch nicht erloschen sind. Aschchabad ist erst 1948 von einem solchen Erdbeben schwer betroffen worden.

Der Ostrand des Tieflandes von Turan wird von mächtigen Gebirgen gebildet, die Hochasien gegen Westen und Nordwesten abschließen und sich in einzelnen Ketten gegen das Tiefland von Turan hin auffächern. Im Süden ist es der Pamir, weiter nördlich das Tienschansystem, dem auch das Alaigebirge zugerechnet wird.

Der **Pamir** verdankt seine geologische Struktur der vorwiegend tertiären alpidischen Faltung. Als „Dach der Welt" kann er insofern gelten, als von ihm aus die verschiedenen jungen Kettengebirge ausstrahlen; nach Südwesten der Hindukusch, nach Südosten der Karakorum, nach Osten der Kunlun. Die Scharung der Ketten und die Pressung des jungen Faltengebirges gegen die hier ebenfalls stark herausgehobenen Bruchschollengebirge im Norden wird durch die von Süden her vordringende Scholle Vorderindien bewirkt. Diese dient als Widerlager der Faltung, während im Norden kleinere alte Massen, insbesondere die Ferganamasse im Ferganabecken, und die Tarimmasse im Tarimbecken, dieser Bewegung entgegenstanden. Das Pamirgebirge hat seinen Namen von den ausgedehnten Hochflächen, die 3500 bis 4000 m über dem Meere liegen, von einzelnen Gebirgszügen überragt werden und sehr trocken sind. Diese dürftigen Hochweiden werden in halbnomadischer Form genutzt. Der Pamir, der sich lange der genaueren Forschung entzogen hatte, bildet nach Westen zu einen mächtigen, durch tiefe Täler gegliederten Abfall, der vom höchsten Berg der Sowjetunion, dem 1933 erstmalig von sowjetischen Bergsteigern bezwungenen *Pik Kommunismus* (7495 m), überragt wird. Die jäh eingeschnittenen Täler der Westflanke sind nur schwer zugänglich und öffnen sich gegen den Oberlauf des Amu-Darja, wo sie meist recht trockene, schmale Tallandschaften aufweisen, die künstlicher Bewässerung bedürfen. Hier liegt auch die Hauptstadt der Tadshikischen Sowjetrepublik, *Duschanbe*, die sich zu einem Zentrum mit vielseitiger Industrie entwickelt hat und durch eine Zweiglinie mit der Transkaspischen Bahn verbunden ist. Die Pamirwestseite empfängt in ihren höheren Teilen beträchtliche Niederschläge, vorwiegend als Schnee, die durch die Westwinde auf die Leeseite der Randketten verweht werden und dort auf den breiten Flächen mächtige Firnfelder aufbauen. Diese nähren zahlreiche Gletscher, darunter den 71 km langen *Fedtschenkogletscher*, einen der längsten der Erde, der 1928 durch eine sowjetisch-deutsche und 1958 von einer aus Bergsteigern der Sowjetunion und der DDR bestehenden Gemeinschaftsexpedition genauer erforscht wurde. An der Ostflanke des Pamir ragt das unzugängliche Gneisgranitmassiv des *Mustagata* (7546 m) auf. Das *Transalaigebirge* mit dem *Pik Lenin* (7134 m) schließt den Pamir gegen Norden ab. Das breite Alaital an seinem Nordfuß, durch das der bereits erwähnte alte Weg von China nach Turan führt, bildet auch die tektonische Grenze zwischen jungem Faltengebirge und älteren Bruchschollengebirgen.

Der weiter nördlich gelegene eigentliche **Tienschan** ist ein Bruchschollengebirge, das eine große Ost-West-Erstreckung hat und in das sich auch einzelne Grabensenken als Längstäler einfügen, z. B. die des Sees *Issyk-Kul*. Sehr unregelmäßig ist seine Westflanke gestaltet. Hier treten die einzelnen Gebirgsschollen fächerförmig auseinander, so daß sie immer breiter werdende Buchten des Tieflandes in sich einschließen, die von wasserreichen Flüssen durchströmt werden und daher beste Möglichkeiten für eine Bewässerungswirtschaft im Vorland bieten. Auch im Tienschan fallen in den höheren Teilen noch starke Niederschläge, die vielfach große Gletscher nähren, besonders im Osten des Gebirges, wo zwischen *Chan Tengri* (6995 m) und dem erst im zweiten Weltkrieg entdeckten *Pik Pobeda* (7439 m) der *Inyltschekgletscher* eingebettet liegt. Ein eigenartiger Querbruch (Meridionalgebirge) schließt hier den westlichen Tienschan unvermittelt ab. Der östliche, in China liegende Teil des Gebirgssystems gliedert sich viel stärker auf und erreicht nur im *Bogdo-Ola* noch einmal mehr als 5000 m Höhe und alpine Formen. Er geht, immer wüstenhafter werdend, in die innerasiatischen Gebirgswellen über, die als *Peschan* die Jümönn (Yumen)-Passage im Norden einrahmen. Die Gebirgsflanken sind in den untersten Lagen meist noch mit Steppe bedeckt. Erst über einer durch die Trockenheit bedingten Grenze stellt sich der Wald ein. Über ihm dehnen sich alpine Matten aus, die S y r t e n, die im Tienschan die großen Hochflächen und Hochtäler bedecken und die Grundlage für die Viehwirtschaft darstellen.

Das **Ferganabecken** erstreckt sich mit etwa 300 km Länge und 120 km Breite längs des oberen Syr-Darja. Auch hier findet sich die Abfolge von Schuttzone am Gebirgsfuß, fruchtbarer Lößzone und wüstenhaften Trockengebieten im Innern. Die großen Wassermengen, die insbesondere der *Naryn* aus dem Tienschan mitbringt, werden durch ausgedehnte Bewässerungsanlagen ausgenutzt. Vor allem durch den Bau des etwa 350 km langen Kanals, der sich durch das ganze Becken hindurchzieht, konnte die künstlich bewässerte Fläche um ein Mehrfaches vergrößert werden. So hat sich das jetzt auf die drei Sowjetrepubliken Usbekistan, Kirgisien und Tadshikistan aufgeteilte Ferganabecken zu dem am dichtesten besiedelten Gebiet Mittelasiens entwickelt (bis über 200 Einw. je km²). Eine Reihe bedeutender Städte liegt hier: *Kokand, Andishan, Namagan* u. a. Wirtschaftlich spielt *Fergana* eine wichtige Rolle, es ist noch immer das bedeutendste Baumwollanbaugebiet der Sowjetunion und besitzt außerdem reiche Steinkohlen- und Erdöllager.

Außerhalb des Gebirges liegen ausgedehnte bewässerte Gebiete um *Taschkent*, die Hauptstadt Usbekistans, am Serawschan die großen, gleichfalls von Usbeken bewohnten Oasen von *Samarkand* und *Buchara*, weiter nördlich die Oasen am *Tschu* und *Ili*. Das nordwestliche Vorland des Tienschan zieht sich zum seichten Balchaschsee hin, dessen geräumiges Becken eine etwas höhere Lage hat (350 bis 400 m) als das Tiefland von Turan, aber die gleichen Eigentümlichkeiten aufweist. Unmittelbar am Fuße des Tienschan liegt hier *Alma-Ata*, die Hauptstadt der Kasachischen SSR. Eine besondere Gefährdung für die Bewohner dieser Gegend stellen die riesigen Schuttmassen im gebirgigen Hinterland dar, die schon mehrfach zu verheerenden Murgängen (Schutt- und Schlammströme) bis ins Stadtgebiet von Alma-Ata führten und neuerdings zum Anlaß für umfassende Schutzbauten geworden sind.

Physisch-geographische Angaben

Flüsse	Länge (km)	Seen	Fläche (km²)
Syr-Darja (mit Naryn)	3078	Kaspisches Meer (1969)	371 000
Tsangpo (Brahmaputra)	2900	Aralsee (mit Inseln)	66 458
Tarim (mit Jarkend-Darja)	2750	Balchaschsee	17 000 ... 19 000
Amu-Darja	2620	Issyk-Kul	6200
Ili	1380	Kukunor	4200
Kerulen	1264	Chubsugul	2620
Tedshen	1124	Ala-Kul	2080
Tschu	1030	Buchtarma-Stausee einschließlich Saissannor	5500

Berge	Höhe (m)	Gebirge	
Muztag	7723	Prshewalski-Kette (Kunlun)	
Kongur	7719	Kaschgar-Kette	
Gungaschan (Minya Gongkar)	7590	Westchinesisches Randgebirge	
Pik Kommunismus	7495	Westpamir	
Pik Pobeda	7439	Zentraler Tienschan	
Sabaganlischan	6300	Marco-Polo-Gebirge (Bokolik-tagh)	
Munch-Chairchan-Ula	4231	Mongolischer Altai	
Otgon-Tengri	4031	Changai	
Resa	2942	Kopet-Dag	
Arlan	1880	Großer Balchan	

OSTASIEN
Überblick

Abgrenzung. Unter Ostasien wird hier der mittlere Teil des östlichen peripherischen Gebietes von Asien mit den vorgelagerten Halbinseln und Inselgirlanden verstanden.

Ostasien wird im Osten durch den Pazifischen Ozean begrenzt. Im Süden bilden die tertiär gefalteten hinterindischen Ketten die Grenzzone gegen Süd- und Südostasien. Im Westen stellt der steile, tief zerschluchtete Ostrand des tibetischen Hochlandes, im Nordwesten die Randstufe des Großen Chingan eine deutliche Grenze dar. Dazwischen liegt das Gebiet des Ordoslandes, das vom mittleren Hwangho umflossen wird. Hier greifen inner- und ostasiatische Züge, nämlich Wüsten, Halbwüsten und Oasengruppen Zentralasiens und stark zertalte Gebirgsländer des regenreicheren Ostens, ineinander. Im Norden wird die Grenze mehr durch klimatische und pflanzengeographische als durch morphologische Tatsachen bestimmt. Hier bildet der Übergang zum nordischen Urwald vom Charakter der Taiga eine Grenzzone. Innerhalb dieser Grenzen umfaßt Ostasien eine Fläche von etwa 5 Mio km².

Es trägt morphologisch und klimatisch einheitliche Züge. Ostasiens Formen stehen in großem Gegensatz zu denen Zentralasiens. Die starke Gliederung ist in den großen Linien durch tektonische Vorgänge entstanden. Auf sie ist die Entstehung der Landstaffeln, die Zerstückelung und Kammerung des Landes zurückzuführen. Im einzelnen sind die Landformen aber hauptsächlich vom Klima beeinflußt. Klimatisch bedingt sind der Löß, die starke Verwitterung anstehenden Gesteins, die Zerschneidung des Landes und die Abspülung.

In Nord-Süd-Richtung erstreckt sich Ostasien über mehr als 3500 km, von etwa 53° n. Br. (Nordmandschurei) bis 18° n. Br. (Südspitze der Insel Hainan) und liegt daher fast völlig in der gemäßigten Zone. Nur ein kleiner Teil greift in die Tropenzone südlich des Wendekreises über, der die Insel Taiwan und Südchina schneidet. In West-Ost-Richtung erstreckt sich Ostasien etwa von 104° ö. L. (große tibetanische Randstufe) bis zum Außenrand des japanischen Inselbogens, also bis etwa 145° ö. L.

Oberflächengestaltung. Für das heutige Oberflächenbild sind in erster Linie die Krustenbewegungen des Tertiärs entscheidend gewesen. Sie ließen alte, durch Abtragung bereits unkenntlich gewordene Strukturlinien früherer Orogenesen wieder deutlich werden. Zwischen den von West nach Ost streichenden parallelen Verwerfungen würden alte Rumpfschollen aus Graniten und Gneisen horstartig zu einer nach beiden Seiten steil abfallenden Gebirgs-

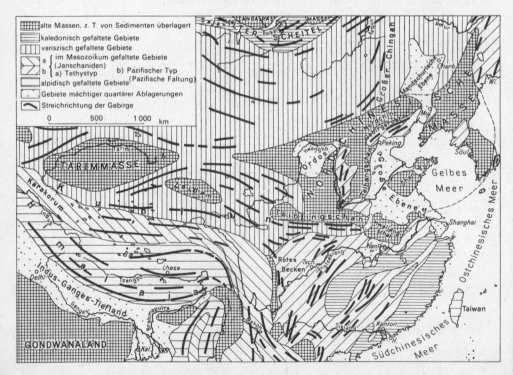

Versuch einer tektonischen Gliederung Ostasiens

mauer, dem Tsinlingschan (Quinlingshan), emporgehoben, die heute mit 2500 bis 3500 m Höhe die wichtigste Trennungslinie zwischen Nord- und Südchina in morphologischer, bodenkundlicher, klimatischer, pflanzengeographischer und kultureller Hinsicht bildet. In der alttertiären Orogenese wurden auch die alten, im sinischen Streichen, d. h. von Südwest nach Nordost verlaufenden Gebirgszüge der Halbinseln Shantung (Shandong) und Liautung (Liaodong), Korea und des Nordchinesischen Gebirgsrostes (nordwestlich von Peking) durch Krustenbewegungen in der alten Streichrichtung gehoben und zerstückelt. Jungtertiären Ursprungs sind z. T. die hinterindischen Ketten, die nach Süden umgebogene Fortsetzung der großen eurasischen Faltengebirge, und die als wieder aufgelebte alte Leitlinien im sinischen Streichen hinziehenden parallelen Bergzüge des mittel- und südchinesischen Berglandes. Auch die japanische Inselkette erfuhr im Tertiär ihre jetzige Gestaltung, als die alten Gebirge und Plateaus durch Bruchtektonik zerstückelt wurden.

In diese Zeit der jüngeren tertiären Krustenveränderungen fällt aber vor allem auch der für das heutige morphologische Bild ganz Ostasiens bedeutungsvolle, in mehreren Staffeln erfolgte Abbruch des Festlandsrandes zum Ozean hin. Ferdinand von Richthofen erkannte um 1870 als erster das Wesen dieser Landstaffeln und erklärte sie als Zerrungsbrüche. Diese Anschauung wurde später von anderen Forschern im wesentlichen bestätigt.

Die Landstaffeln sind von West nach Ost folgende:

1) die tibetische Stufe (etwa dem 104. Meridian folgend),
2) die mongolische Stufe (Chingan, Taihangschan, Hukwangbruch),
3) die mandschurische Stufe (Sichote-Alin, koreanisches Küstengebirge, südchinesischer Küstenbogen),
4) die japanische Stufe (Kamtschatka, Inselbogen der Kurilen, japanische Inseln, Riu-Kiu-Inseln, Taiwan, Philippinen).

Charakteristisch ist dabei, daß der östliche Rand der Schollen längs der Verwerfungslinien aufgewölbt ist und nach Osten abbricht. Die Landstaffeln mit ihrer nach Osten schauenden Steilseite und der nach Westen auslaufenden sanfteren Abdachung gleichen im Querschnitt Pultschollen. Eine Ausnahme bildet die japanische Inselgirlande. Sie entsteigt auf beiden Seiten großen Meerestiefen, so daß die Inseln annähernd symmetrisch gebaut sind. Eine derartig starke Zerrüttung der Erdkruste gab gewaltigen vulkanischen Kräften den Weg frei. So kam es im Tertiär im Raume der ersten drei obenerwähnten Staffeln zu lebhafter vulkanischer Tätigkeit. Später wanderte die Zone des aktiven Vulkanismus nach Osten und liegt heute auf den japanischen Inseln. Dort, wo die meridional verlaufenden Landstaffeln von west-östlich streichenden Strukturlinien gekreuzt werden, z. B. Kleiner Chingan, Berge von Jehol, Tsinlingschan (Xin Ling), erheben sich höhere Bergländer.

Die morphologische Ausgestaltung wird durch die Eigentümlichkeiten des außertropischen Monsunklimas bestimmt. Der weit nach Norden hinaufreichende feuchtwarme Sommer beschleunigt die chemische Verwitterung, die trockene Winterkälte unterstützt die Bildung von Schutt durch mechanische Verwitterung des Gesteins. Auch die heftigen, auf kurze Zeit zusammengedrängten Sommerregen haben eine starke mechanische Wirkung. Durch diese klimatischen Vorgänge entstehen typische morphologische Formen, die steilen Bergformen mit den rauhen, zackigen, durch Spaltenfrost gestalteten Felstürmen und Schroffen in den nördlichen Gebirgen (Shantung, Korea); die übersteilen, durch Abschuppung (Insolationsverwitterung, Schalenbildung) geglätteten, glocken- und zuckerhutartigen Berge der südlichen Bergländer; die Auflösung der Gebirgsmassen in inselartige Einzelstöcke, die sich oft mit scharfem Gefällsknick unmittelbar aus der Ebene erheben, wobei das Fehlen der Schutthalden durch starke chemische Zersetzung der Verwitterungsprodukte und starke Flächenspülung zu erklären ist; die breiten, steilen, trogähnlichen Täler, die durch die Zu- und Abnahme der Wasserführung der Flüsse im wechselnden Rhythmus der Niederschläge ausgestaltet sind. Dabei ist die starke Schutt- und Sedimentanhäufung der Ströme durch eben diese Unterschiede zwischen Winter- und Sommerabfluß zu erklären. Die heftige Abspülung der Bodenkrume von den Hängen wird in den Bergländern durch die starke Entwaldung begünstigt.

Klima. Ostasien bildet den subtropischen und gemäßigten Flügel Monsunasiens. Es grenzt im Norden an das boreale (winterkalte) Monsungebiet des Fernen Ostens, im Westen an die Trockenzone Innerasiens und an die Hochregion Tibets mit ihrem arktischen Gebirgsklima. Im Süden geht das gemäßigte Monsunklima in das tropische Monsunklima Südostasiens über. Infolge der Größe des Gebietes sind im einzelnen Klimaunterschiede vorhanden. Die Inselgirlanden haben ein anderes Klima als das Festland, das durch die Klimascheide des Tsinlingschan (Xin Ling) wiederum in zwei Klimagebiete zerlegt wird. Das gemäßigte Monsunklima Ostasiens wird beherrscht von einem jahreszeitlichen Wechsel der Luftdruck- und Windverhältnisse. Über der großen Landmasse Zentralasiens liegen im Sommer bei ständig aufsteigenden heißen Luftströmen mehrere Tiefdruckkerne. Für Ostasien ist der über der

Mongolei liegende von Bedeutung. Unter seinem Einfluß werden die auf dem Pazifischen Ozean wehenden Nordostpassate der Subtropen für den Kontinent zu Süd- und Südostwinden. Diese außertropischen Monsunwinde Ostasiens sind also Teile des Passats der nördlichen Halbkugel. Nur die südlichsten chinesischen Gebirgsketten werden im Sommer von äquatorialen, feuchtwarmen Luftmassen berührt, die ihre reichen Niederschläge besonders an den Luvseiten der Gebirge abgeben. Im Winter wird ganz Zentralasien von einem starken Kältehoch beherrscht, das kalte und trockene Winde in die östlichen Randgebiete abfließen läßt.

Diese durch die asiatische Landmasse bedingte Modifikation der großen Luftdruck- und Windgürtel der Erde bewirkt auf dem ostasiatischen Festland mit Ausnahme Südchinas einen strengen Wechsel zwischen zwei Jahreszeiten: einem trockenen, kalten Winter und einem feuchten, warmen Sommer. Dabei sind die thermischen Unterschiede zwischen Winter und Sommer größer als in Europa. Die Niederschläge konzentrieren sich vorwiegend auf die warme Jahreszeit. Im Winter bestehen scharfe Temperaturgegensätze zwischen dem Norden und dem Süden. Bis zur Staumauer des Tsinlingschan herrschen die trockenen Kaltluftmassen Innerasiens mit von Lößstaub erfüllten heftigen Winden. Südchina erhält die Kaltluft bereits in gemilderter Form, wenn auch Frost und Schnee gelegentlich weit nach Süden dringen können. Im Gegensatz zum trockenen Norden fallen hier auch im Winter Niederschläge. Das ist für die nach Süden zu länger werdende Vegetationszeit günstig.

Im Sommer ist der schroffe Temperaturunterschied zwischen Nord und Süd verwischt. Tropisch-warme Luftmassen überfluten den ganzen Raum. Daher ist der Reisanbau bis zum Amur und bis Hokkaido an bevorzugten Stellen möglich. Allerdings nimmt von Süden nach Norden die Dauer der frostfreien Zeit und der Vegetationszeit rasch ab. Das spiegelt sich in der Agrarwirtschaft wider. Das südlichste Ostasien ist ganzjährig frostfrei und erlaubt mehr als zwei Ernten im Jahr. Im Jangtsedelta und im Süden Koreas sind noch zwei Ernten im Jahr möglich bei Naßfeldbau im Sommer und Trockenfeldbau im Winter, in der Nordchinesischen Tiefebene drei Ernten in zwei Jahren und in der Mandschurei nur eine Ernte im Jahr.

Im Vergleich zu Europa und Nordafrika, die beide vom warmen Nordatlantikstrom beeinflußt werden, liegen in Ostasien unter gleicher Breite die Wintertemperaturen sehr viel tiefer. Die Sommertemperaturen hingegen sind nur wenig höher, so daß sich im ganzen gesehen für Ostasien viel niedrigere Jahresmittel ergeben als in gleicher Breite in Europa und Nordafrika und Ostasien gegenüber diesen atlantischen Gebieten benachteiligt ist. Ein Vergleich von Orten gleicher Breitenlage (siehe untere Tab.) zeigt das deutlich.

Durch neuere Forschungen wurde erwiesen, daß nicht, wie bisher angenommen, der sommerliche, vom Meere her wehende Südostmonsun der eigentliche Regenbringer ist. Bei stetig wehenden sommerlichen Monsunwinden herrscht vielmehr Trockenheit. Diese nur wenige hundert Meter mächtige Luftschicht hat (nach Lautensach) auf das Wetter nur wenig Einfluß. Regenbringer sind vielmehr die wandernden Zyklonen des Westwindgürtels, die den gesamten Kontinent queren und an dessen Ostrande meist nach Nordosten abschwenken. Die Hauptniederschläge fallen an der Polarfront, der Berührungszone zwischen Westwindgürtel und Monsunluftmassen. Die ostasiatischen Monsunregen sind also vorwiegend frontale Depressionsregen.

Die Lage der Konvergenz zwischen Westwind- und Monsunluftmassen (Polarfront) ist außerordentlich veränderlich. Im Winter liegt sie, durch das Kältehoch über Ostsibirien weit abgedrängt, über dem südlichsten China sowie jenseits der Ostküste und über Japan und bringt hier noch Niederschläge. Im Frühjahr und Sommer wandert sie nach Nordchina und löst dort und auch in Japan die als Bai Yü (Pflaumenblütenregen) bekannten frühsommerlichen

Ostasien			Westeuropa und Nordafrika		
Ort	Breitenlage	Januarmittel °C	Ort	Breitenlage	Januarmittel °C
Charbin (Harbin)	46° N	− 18,8	Nantes	47° N	4,5
Peking	40° N	− 4,7	Coimbra (Portugal)	40° N	8,8
Shanghai	31° N	3,1	Mogador (Marokko)	31,5° N	13,9
Hongkong	22° N	14,3	Kap Juby (Nordwestafrika)	28° N	15,9
		Julimittel °C			Julimittel °C
Charbin (Harbin)	46° N	22,3	Nantes	47° N	18,7
Peking	40° N	26,0	Coimbra	40° N	20,6
Shanghai	31° N	26,9	Mogador	31,5° N	20,3
Hongkong	22° N	27,6	Kap Juby*	28° N	20,5

* Septembermittel

frontalen Niederschläge aus. Mittelchina hat, während die Frontalzone weit im Norden liegt, eine mehr oder weniger ausgeprägte sommerliche Trockenheit, Südchina dagegen empfängt in dieser Zeit gewittrige Niederschläge.
Im Herbst wandert die Frontalzone nach Süden und bringt besonders in Westchina eine zweite Regenzeit. Ostchina und Japan erhalten zur gleichen Zeit heftige katastrophenartige Niederschläge aus den Taifunen, die an der Innertropischen Konvergenz (Äquatorialfront) östlich der Philippinen auf dem Meere entstehen, nach Westen wandern und dann über der chinesischen Ostküste und den japanischen Inseln in großem Bogen nach Norden und Nordosten umbiegen. Sie bringen gewaltige Herbststürme und überaus heftige Regen, also ein zweites, herbstliches Niederschlagsmaximum.
Aus diesem jährlichen Ablauf ergibt sich, daß Süd-, Zentral- und Ostchina die stärksten, die nördlichen wintertrockenen Gebiete dagegen bedeutend weniger Niederschläge erhalten. Dazu kommen in Nordchina noch große Schwankungen der Niederschlagsmengen von Jahr zu Jahr, die immer wieder zu Dürrekatastrophen führen. Häufig fallen sie mit einem Zuviel an Niederschlag in den südlicheren Gebieten zusammen.
Die zahlreichen Flüsse spiegeln in ihrer Wasserführung die klimatischen Verhältnisse wider, insbesondere die jahreszeitliche Zusammendrängung der Niederschläge. Minima und Maxima der Wasserführung verteilen sich – dem besonders in Nordchina, der Mandschurei und Korea trockenkalten Winter und dem feuchten Sommer mit seinen Starkregen entsprechend – in strengem Rhythmus auf Winter und Sommer. Den trockenliegenden, schottererfüllten winterlichen Flußbetten mit nur dürftigen Rinnsalen stehen gewaltige sommerliche Hochfluten gegenüber, die oft zu Überschwemmungskatastrophen führen.
Böden. Auch für die unterschiedliche Ausgestaltung der Böden ist das Klima von grundsätzlicher Bedeutung. Im Norden herrschen ganz allgemein gelbe und braune, im Süden rote Böden vor. Die gelbbraunen Böden bildeten sich vorwiegend in den obersten Schichten des Lößes, der das geographische Gesicht Nordchinas entscheidend formte und für die gesamte landeskulturelle Entwicklung – für Landwirtschaft, Bewässerung, Siedlung und Verkehr – maßgebend wurde. Der Löß entsteht aus dem Flugstaub, der aus den innerasiatischen Wüsten ausgeweht und durch die Nordwestwinde verfrachtet wird. In Nordchina wird dieser Flugstaub durch die Steppenvegetation und den sommerlichen Regen festgehalten, seine Ablagerung also erst durch den Wechsel von feuchtem Sommer und trockenem Winter ermöglicht. Die Steppengräser durchstoßen die ständig wachsende Lößschicht und bilden nach ihrem Absterben Hohlgänge, die dem Löß Porosität, Neigung zu senkrechter Klüftung und damit Standfestigkeit verleihen. Die Ablagerung erfolgt seit den Steppenzeiten, die den europäischen Eiszeiten entsprechen, und dauert bis heute. Daher hat der chinesische Löß im Gegensatz zum mitteleuropäischen nur eine sehr dünne Verwitterungsdecke. Er überzieht wie eine dichte Schneedecke Täler und Berghänge, läßt nur die obersten, steilsten Bergspitzen herausschauen und erreicht in vielen Gebieten eine große Mächtigkeit (bis über 100 m). Der Lößmantel verhüllt mit seinen großzügigen, sanften Formen somit stellenweise fast völlig das ältere Relief. Im einzelnen weist er aber eine verwirrende, bizarre Kleintopographie auf mit natürlichen und künstlichen Terrassen, Steilwänden, Türmen, Mauern, Erosions- und Wegeschluchten. Löß enthält viel Kalziumkarbonat und bildet infolge seiner physikalischen Eigenschaften einen der fruchtbarsten Ackerböden der Erde. Er ist reich an Nährstoffen, die wegen der geringen winterlichen Niederschläge im Lößland nicht ausgelaugt, sondern im Gegenteil in Art einer natürlichen Düngung oberflächlich angereichert werden. Der Mensch nutzt seit Jahrtausenden diese natürliche Fruchtbarkeit aus und hat bis in 2 000 m Meereshöhe seine Ackerbauterrassen angelegt. Dadurch hat er aber die Grasnarbe der Lößhänge zerstört, so daß in den Ackerbaugebieten ein weiteres Anwachsen der Lößschicht verhindert wird, weil dort keine Steppengräser zum Festhalten des im Winter von Nordwestwinden herangeführten Staubes mehr vorhanden sind. Daher findet heute vielfach von den winterlich kahlen Ackerflächen wieder Abwehung statt.
Die Grenze der Lößverbreitung nach Süden zu sind die Gebirge Tsinlingschan und Hwaijangschan, die also auch in bezug auf die Bodenarten eine Scheidemauer bilden. Nur vereinzelte fossile Lößvorkommen bei Nanking (Nanjing) am unteren Jangtsekiang (Changjiang) bilden eine Ausnahme. Korea und Japan haben wegen der zu großen Entfernung von den innerasiatischen Auswehungszentren so gut wie keine Lößböden. Hier herrschen granitene Grusböden, alluviale Schwemmlandböden und Braunerden unter Waldbedeckung vor; die Braunerden in den nördlichen Teilen sind bereits teilweise podsoliert, d. h. ausgebleicht. Vereinzelt finden sich im Süden Koreas in feuchtwarmen Gebieten bereits rote Böden.
Für das Land südlich des Tsinlingschan sind die roten Böden (Rotlehm, Roterde, Laterit) charakteristisch. Meist ist das Gestein tiefgründig zersetzt. Die fruchtbaren Böden überwiegen. Im südlichsten China, etwa südlich des 24. Breitengrads, verwittert der dort weitverbreitete Granit zu Laterit und bildet besonders in der Küstenzone kahle, unfruchtbare Landstriche. In den

Kalkgebirgen des südwestlichen Chinas (Yünnan und Kwangsi) entstehen bei der Verwitterung der Kalksteine rote Tone.

Eine Sonderform der Gesteinszersetzung ist die Kaolinisierung des Gesteins, bei der sich in Mittelchina am Jangtsekiang große Kaolinlager gebildet haben. Aus ihnen stammt das Rohmaterial für das berühmte chinesische Porzellan.

Pflanzenwelt. Die ostasiatische Vegetation ist durch große Mannigfaltigkeit der Arten ausgezeichnet, da sich in ihr subtropische Florenelemente mit solchen nördlicherer Vegetationsgebiete vereinigen.

Die starken Unterschiede im Jahresgang der Temperatur und in der Niederschlagsmenge haben zu einer Zonengliederung der ursprünglichen Vegetation geführt. In das südlichste China, einschließlich der Inseln Hainan und Taiwan, reichen noch die tropischen Regenwälder Südostasiens hinein. An sie schließen sich in Süd- und Mittelchina bis zum Tsinlingschan, im südlichen Korea und in Südjapan subtropische, überwiegend immergrüne, lorbeerblättrige Wälder an. Nördlich der von Baumgruppen durchsetzten ursprünglichen Grassteppe des Lößberglandes und der Nordchinesischen Tiefebene erstrecken sich die sommergrünen Laubwälder und Mischwälder Nordchinas und Koreas, die zu den borealen (winterkalten), taigaähnlichen Waldgebieten der Mandschurei und des sowjetischen Fernen Ostens überleiten.

Die ursprüngliche Vegetation ist besonders in China durch den Eingriff des Menschen sehr stark verändert und der Wald weitgehend zerstört worden, so daß man die Urlandschaft nur schwer rekonstruieren kann. Japan, Korea und Teile der Mandschurei sind dagegen noch heute waldreich. In Nordchina war das baumfeindliche Lößland wohl schon immer waldarm. Aber auch in den nordchinesischen Bergländern ist der Wald verschwunden und hat bis in große Höhen sorgfältig terrassierten Äckern, auf denen überwiegend Weizen, Kauliang (eine Hirseart) und Sojabohnen angebaut werden, oder nackten Felsregionen von steppenhaft kahlem Aussehen Platz gemacht. Südchina war ursprünglich, besonders in den Bergländern, von immergrünen Lorbeerwäldern bedeckt. Zwischen den Wäldern Südchinas waren längs der Flüsse weite Niederungen amphibischen (zeitweise überschwemmten) Landes mit Sumpfvegetation vorhanden. Sie bilden heute die Gebiete des Reis- und Baumwollanbaues. Die Bergländer sind mit Ausnahme der westlichen Gebirge fast gänzlich abgeholzt. Diese Raubwirtschaft hatte für die Böden und die hydrographischen Verhältnisse des Landes verheerende Folgen. Heute überzieht macchienartiges Azaleen-, Rhododendron- und Bambusgestrüpp als Sekundärvegetation die Hänge, die nur stellenweise für Pflanzungen von Tee und den für die Seidenraupenzucht benötigten Maulbeerbaum genutzt werden.

Tierwelt. Die ursprüngliche Fauna Ostasiens entspricht dem klimatischen Übergangsgebiet von den Tropen zu dem gemäßigten und winterkalten Norden. Sie war viel artenreicher als die europäische. Durch den Menschen ist jedoch die Tierwelt aufs stärkste umgewandelt, z. T. sogar vernichtet worden. Dies gilt besonders für China. Tiger, Panther und kleinere Raubtiere kommen heute nur noch in entlegenen Buschwäldern Mittel- und Südchinas vor. Dagegen sind Reh und Hirsch noch jetzt in vielen Arten vertreten. In den Randgebieten des tibetischen Hochlandes leben der Bambusbär, der tibetische Yak, das Moschustier und Affen. Besonders artenreich sind die Vögel, Reptilien und Insekten (unter anderem Seidenspinner) vertreten. – Als Haustiere wurden von den Chinesen verhältnismäßig wenige Tiere gezüchtet: in ganz China Rind, Schwein und Geflügel, in den Reisanbaugebieten der Wasserbüffel, in Südchina das Zebu, im westlichen Hochland der Yak, im Norden Pferd, Maultier, Esel und auch das zweihöckrige Kamel.

Die Tierwelt der Mandschurei und Koreas ist noch heute reich und ursprünglich. In den großen Wäldern leben Tiger, Panther, Leoparden, Bären, Wildschweine, Wölfe, Füchse, Reh- und Rotwild sowie Bergantilopen.

Die japanische Fauna weist wie die chinesische deutliche Zeichen der Umformung und Zurückdrängung durch den wirtschaftenden Menschen auf. Tiger, Leopard, Hirsch und Bär leben noch im Süden, Fuchs, Otter, Bär, Hirsch, Marder, Iltis, Wildschwein, Flughörnchen, japanischer Affe und Ziegenantilope in Mittel- und Nordjapan.

Bevölkerung. Mit seinen mehr als 1 Mrd. Einwohnern, die anthropologisch fast ausschließlich der mongoliden Rasse zuzurechnen sind, stellt Ostasien über ein Viertel der gesamten Menschheit. Die überwältigende Masse dieser Bevölkerung gehört dabei allein den drei großen Völkern der Chinesen (etwa 850 Mio einschließlich der zentralasiatischen Landesteile), Japaner (etwa 111 Mio) und Koreaner (etwa 52 Mio) an. Der Rest verteilt sich auf viele kleine Völkerschaften, die hauptsächlich auf dem Gebiet der Volksrepublik China leben. Von deren über 50 nationalen Minderheiten sind die wichtigsten im ostasiatischen Teil die Zhuang (Autonomes Gebiet Kwangsi in Südchina) mit 7 Mill (1972), die Yi (3,3 Mio) in Südwestchina und die Miao (2,5 Mio) in den zentralen Teilen des südchinesischen Berglandes. Zahlreiche kleine Stämme, die oftmals nur wenige tausend oder zehntausend Menschen zählen, bewohnen das Gebiet der nördlichen Mandschurei, z. B. die Dauren, Ewenken, Nanai.

Die physisch-geographischen Unterschiede innerhalb Ostasiens erlauben eine Aufgliederung in fünf Großlandschaften:

1) Japan
2) Korea
3) Mandschurei
4) Nordchina
5) Südchina

Japan

Japan bildet den größten und bedeutendsten der insgesamt fünf Inselbögen, die dem asiatischen Festlandsrand vorgelagert sind. Er umfaßt die vier Hauptinseln *Hokkaido* (früher *Jesso*), *Honshu* (*Hondo, Nippon*), *Shikoku* und *Kyushu* sowie über 8000 kleine Inseln. Japan ist ein reiner Nationalstaat. Lediglich auf Hokkaido leben noch einige Ainu (etwa 15000), der Rest eines fast ausgestorbenen Volkes, das einst wahrscheinlich auf allen japanischen Inseln siedelte und nach seinem Äußeren eher zur europiden als zur mongoliden Rasse zu zählen ist.

Im Norden stellt die Inselreihe der Kurilen die Verbindung zur Halbinsel Kamtschatka und damit zum Festland her. Die an Hokkaido anschließende Insel Sachalin kann ebenfalls als Verbindung zum Festland betrachtet werden.

Nach Süden finden die japanischen Inseln ihre Fortsetzung in den vulkanischen *Riu-Kiu-Inseln*, die zu der großen Insel Taiwan überleiten, an der wiederum die Philippinen ansetzen. Die Bögen der Inselketten entsprechen im Baustil den festländischen Randstufen Ostasiens. Die unmittelbar vor den nach Osten konvexen Inselgirlanden entlangziehenden Tiefseegräben weisen auf die heutige tektonische Aktivität und Instabilität der Erdkruste in diesem Gebiet hin.

Die tektonische Anlage des Reliefs der japanischen Inseln erfolgte im Tertiär. Durch starke bruchtektonische Beanspruchung, durch Druck- und Zerreißungsvorgänge wurden die alten Gebirge und Plateaus in zahlreiche Horste und Ketten, Becken und Gräben zerlegt, die eine starke, schwer überschaubare Kleinkammerung des Landes verursachten. Die wenigen größeren Ebenen liegen nur an den Küsten. Hier finden sich die Bevölkerungsballungen mit den Städten *Tokyo* und *Yokohama* in Mittelhonshu, *Kyoto*, *Kobe* und *Osaka* im Süden dieser Insel. Als großes Bruchfeld durchzieht die Fossa magna (Großer Graben) die Insel Honshu. Auch die Inlandsee zwischen Honshu, Shikoku und Kyushu, ein seichtes Gewässer mit vielen Inseln, Halbinseln und Buchten, an dem die historischen Kernlandschaften Japans liegen, ist eine große Trümmerzone. In den Becken bildeten sich im Tertiär die nicht sehr bedeutenden japanischen Steinkohlenlager. Die größten Vorkommen finden sich auf Kyushu und Hokkaido. An sonstigen Bodenschätzen sind nur Schwefel und Kupfer ausreichend vorhanden.

Vielen Gebirgszügen sitzen noch hohe Vulkane auf, die oft ganze Vulkanreihen bilden. Der höchste Berg des Landes ist der 3776 m hohe, ebenmäßig gebaute heilige Berg *Fudschijama* oder *Fujisan*. Besonders auf den Inseln Hokkaido, Honshu und Kyushu verhüllen große Massen junger Eruptiva das ältere Grundgebirge. Mehr als ein Viertel des ganzen Landes ist mit vulkanischem Material bedeckt. Japan ist mit seinen 58 tätigen und 150 bis 200 erloschenen Vulkanen eines der vulkanreichsten Länder. Daß die tektonischen Kräfte noch nicht zur Ruhe gekommen sind, beweisen die durchschnittlich 1500 Erdbeben im Jahr. Sie sind oft mit Seebeben verbunden, die durch Veränderung des Meeresbodens entstehen und häufig mit riesigen Flutwellen das Küstenland verwüsten. Die japanische Bauweise hat sich mit ihren einstöckigen Häusern aus Holz- und Bambuspfosten und Papierwänden und neuerdings in den Großstädten mit Hochhäusern aus Stahlbeton den häufigen Bodenschwankungen angepaßt.

Klimatisch gehört Japan zum außertropischen Monsunklima, dieses erfährt jedoch durch die Insellage gewisse Abwandlungen: einerseits eine Milderung der Winterkälte durch die Einwirkung des Meeres, besonders des warmen Meeresstromes Kuroshio, der eine ähnliche Wirkung ausübt wie der Nordatlantikstrom auf Europa, andererseits eine weniger scharfe Periodizität der Niederschläge.

Die erste Regenzeit fällt auf Juni/Juli, wenn die Frontalzone über Japan liegt. Das ist der Pflaumenblütenregen, der für das Umsetzen der Reispflanzen aus dem Saatbeet ins Feld wichtig ist. Die zweite Regenzeit liegt im September/Oktober, wenn die Taifune herrschen und häufig Überschwemmungen verursachen. Diese Niederschlagsverteilung trifft besonders für die südlichen und östlichen Teile der Inseln zu. An der Nordwestseite Japans fallen dagegen örtliche Winterniederschläge, die eine hohe Schneedecke auf Hokkaido und Honshu bilden. Sonst ist jedoch die für Ostasien typische trockene Winterkälte vorherrschend. – Die stärksten Niederschläge werden beim Aufsteigen der Luftmassen an den hohen Gebirgen abgegeben. Jahresmittel bis 4000 mm kommen häufig vor.

Da Japan Anteil an der kühlgemäßigten, warmgemäßigten und subtropischen Zone hat, bestehen zwischen Norden und Süden große klimatische, besonders thermische Unterschiede, die sich auch in den Anbauzonen der Kulturpflanzen zeigen. Während für den Norden Sojabohne, Weizen, Hirse und Gerste charakteristisch sind und der Reis nur vereinzelt vorkommt, bilden im Süden Reis, Tee, Zuckerrohr und für die Seidenraupenzucht die Maulbeerbäume die wichtigsten Anbaupflanzen. Reis ist die Hauptwirtschaftspflanze, die über 50% der Anbaufläche bedeckt. Da in dem gebirgigen Land nur 15,7% der Gesamtfläche anbaufähig sind, die Bevölkerung Japans sich in den letzten 90 Jahren aber verdreifacht hat, muß außerdem der große Fischreichtum der umliegenden Meere genutzt werden. Die Fischerei ersetzt als Proteinlieferant weitgehend die aus Mangel an Futter- und Weideland nur gering ausgebildete Viehzucht in der Volksernährung. Die japanische Küsten- und Hochseefischerei wurde daher zu einem bedeutenden Wirtschaftszweig des Landes ausgebaut. Im Weltmaßstab steht Japan an zweiter Stelle.

Die Vegetation ist infolge der starken Niederschläge und der günstigen Temperaturen zur Zeit des Hauptwachstums sehr reich, im südlichen Teil fast von tropischer Üppigkeit. 60% des Landes sind noch von Wald bedeckt. Nördlich des 35. Breitengrades, also auf der Insel Hokkaido und der Nordhälfte Honshus, sind es sommergrüne Laubwälder aus Eichen und Buchen sowie Nadelwälder aus Fichten, Tannen und Kiefern. Südlich davon, d. h. auf Südhonshu, Shikoku und Kyushu, findet man immergrüne, subtropische Wälder mit Palmen, Bambusarten und Kiefern.

Die Flüsse der japanischen Inseln sind infolge der Niederschlagsverteilung sehr wasserreich, auf Grund des gebirgigen Charakters und der Kleinkammerung des Landes aber nur kurz, mit steilem, schnellenreichem Lauf, starker Erosionstätigkeit und Geröllführung und beträchtlichen Schwankungen in ihrer Wasserführung. Nirgends können sie ein größeres Hinterland erschließen. Sie eignen sich für Flößerei, zur Elektrizitätsgewinnung und zur Berieselung der Reisfelder. Bis 1875 vollzog sich auch der Verkehr im Lande vorwiegend auf diesen kleinen Wasserstraßen. Seitdem hat sich das Netz der Eisenbahnen rasch verdichtet; neben dem gut ausgebauten Küsten- und Überseeverkehr ist heute die Eisenbahn der Hauptverkehrsträger.

Die Wasserkräfte des Landes begünstigten im Verein mit den Steinkohlenvorkommen die in der zweiten Hälfte des 19. Jahrhunderts einsetzende Industrialisierung des Landes. Viele wichtige Rohstoffe (Eisenerz, Kohle, Erdöl, Baumwolle u. a.) müssen allerdings eingeführt werden.

Die intensiv betriebene Landwirtschaft hat in Verbindung mit der Industrialisierung eine Bevölkerungsdichte ermöglicht, wie man sie nur an wenigen Stellen auf der Erde antrifft. In den Küstenebenen steigt die Dichte bis auf über 1000 Menschen je km² an, d. h., sie entspricht etwa derjenigen des Ruhrgebiets. Von den großen Inseln ist nur Hokkaido wegen seines ungünstigeren Klimas verhältnismäßig schwach besiedelt (35 Einw. je km²).

Korea

Wie die Inselbögen ordnet sich die Halbinsel Korea in den Staffelbau Ostasiens ein. Ihre Osthälfte gehört der Küstenstaffel an. Die Halbinsel Korea trägt als schräggestellte Scholle ein Doppelgesicht. Nach Osten, zum rasch auf 4000 m Tiefe absinkenden Japanischen Meer hin, wölben sich die koreanischen Gebirgsketten auf, die steil zu der glatten Ostküste abfallen. Nach Westen und Süden dacht sich das Gebirge sanfter ab und geht über Berg- und Hügelländer in das am dichtesten besiedelte westliche Tiefland über, das mit einer reichgegliederten Wattenküste in die nur maximal 90 m tiefe Flachsee des Gelben Meeres eintaucht und dem eine Vielzahl von Inseln vorgelagert ist. Im einzelnen ist jedoch die Gliederung recht vielgestaltig.

Der nördliche Teil der Halbinsel wird von nordöstlich streichenden Gebirgsketten eingenommen, die von dichten Urwäldern aus Nadel- und sommergrünen Laubbäumen bedeckt sind. In dem „weißhäuptigen Gipfel" des *Pektusan*, eines Vulkans mit riesigem Krater, erreichen sie ihre größte Höhe von 2744 m. Den Südteil der Halbinsel durchziehen Gebirgszüge in gleicher Richtung, die infolge Abholzung fast waldlos oder nur mit Rhododendrongestrüpp als Sekundärvegetation bedeckt sind. Zwischen beide Teile schiebt sich die von Basaltdecken bedeckte Senke von *Soul-Vŏnsan*. Die Gebirge bestehen als alte, zerstückelte Teile der sinischen Scholle aus kristallinen Schiefern, gefalteten paläozoischen Schichten hauptsächlich der Karbonzeit, ferner aus alten und jungen Eruptiva. Die Berge Nordkoreas sind daher reich an Bodenschätzen, besonders an Kohle – Steinkohlenbecken von Phjongjang –, Eisenerz, das in der Nähe der Steinkohlenlager liegt, Graphit, Gold und besonders Wolfram, das auch im südlichen Korea gewonnen wird. Im Nordteil des Landes ist daher auch die Industrie weit stärker entwickelt als im mehr landwirtschaftlich bestimmten Süden, wo zahlreiche zwischen Hügel- und Bergketten eingeschaltete kleine und größere Ebenen die Hauptkulturlandschaft Koreas bilden. In ihr herrscht als wichtigste Kulturpflanze der Reis vor, der rund ein Drittel der bebauten Fläche einnimmt. Daneben werden Weizen,

Gerste, Hirse, Sojabohnen angebaut. Bedeutend ist der Bestand an Rindern und Schweinen. In den Küstenebenen drängt sich die Bevölkerung zusammen, fast so dicht wie in Japan. Hier leben stellenweise 500 bis 600 Menschen je km², während die Bergländer im Inneren verhältnismäßig dünn besiedelt sind. Die größeren Städte liegen daher ausnahmslos in dem niedrigen Küstenstreifen.

Die Ausbildung des koreanischen Flußnetzes ist ähnlich wie in Japan bestimmt durch die Kleinkammerung und Engräumigkeit des Landes. Infolge des Pultschollencharakters hat die dem Japanischen Meer zugekehrte Ostseite nur kurze Flüsse mit steilen, engen Tälern. Nach Süden und Westen konnten sich dagegen auf der allmählicheren Westabdachung größere Flußsysteme – *Han*, *Kim*, *Naktong* – in breiten, offenen Talungen entwickeln, in denen fruchtbares Schwemmland abgelagert wird. Am bedeutendsten sind jedoch die Flüsse im nördlichen, kontinentalen Teil Koreas, unter denen der *Yalu* mit seinen gewaltigen Stau- und Elektrizitätsanlagen der wirtschaftlich wichtigste ist. Das bedeutendste ist das Suihŏdŏ-Kraftwerk (Koreanische Demokratische Volksrepublik), dessen Stausee 230 km² umfaßt und das eine Energieleistung von 640 000 kW hat. Weitere Stauwerke sind an diesem Flusse noch im Bau. Die Wasserführung der Flüsse wird durch das Niederschlagsmaximum im Sommer und die trockenen Winter bestimmt, wobei der sommerliche Abfluß noch durch die starke Entwaldung der Bergländer gefördert wird und häufig Überschwemmungen verursacht.

Wie der gesamte Ostrand Asiens ist auch Korea klimatisch benachteiligt, d. h., es hat ein kühleres Klima als entsprechende Breiten in Europa. Besonders die Winter sind sehr kalt; im Norden sinken die Temperaturen dann bis auf −40 °C. Im Süden und Südwesten des Landes macht sich der mildernde Einfluß des Meeres bemerkbar, so daß Korea klimatisch ein Übergangsgebiet vom kontinentalen zum maritimen Bereich darstellt. Die Luftzirkulation wird bestimmt durch die jahreszeitlich wechselnden Monsunwinde. Sie bringen im Winter Kaltlufteinbrüche vom Festland her, die in der Regel trocken sind und nur im Südwesten, nach Überstreichen des Gelben Meeres, gelegentlich winterliche Niederschläge hervorrufen. Im Winter bilden sich zwischen Nord- und Südkorea starke Temperaturgegensätze aus, die zu dem größten auf der Erde beobachteten Temperaturgefälle führen (mittlere Januar-Temperatur von +6 °C im Süden auf −19,4 °C im Norden abfallend). Im Sommer dagegen ist das ganze Land durch den in den unteren Luftschichten wehenden Südostmonsun in nahezu einheitliche tropisch feucht-warme Luft gehüllt. Die meisten Niederschläge fallen im Sommer, wenn die Hauptzyklonenbahnen Korea queren. Im Herbst wird Korea, besonders die Ostküste, gelegentlich von den Ausläufern der tropischen Zyklonen, den Taifunen, erreicht, die dann gewaltige Regenmassen bringen.

Die zahlreichen Japaner, die sich vor dem zweiten Weltkrieg in Korea niedergelassen hatten, sind nach 1945 größtenteils wieder in ihre Heimat zurückgeführt worden, so daß heute die Bevölkerung zu 99% aus Koreanern besteht.

Mandschurei

Die Mandschurei umfaßt das Gebiet zwischen dem Großen Chingan im Westen, der Ussuriniederung und den nordkoreanischen Grenzgebirgen im Osten, zwischen dem Amur im Norden und dem Gelben Meer im Süden. Der gesamte Raum gehört zur Volksrepublik China und wird von den Chinesen als **Nordostchina** bezeichnet.

Die Bevölkerung der Mandschurei besteht aus Chinesen, Mandschu, Koreanern und vielen sehr kleinen Völkerschaften, die vor allem im Norden wohnen. Die Chinesen machen den Hauptteil der Bevölkerung aus. Die mittlere und nördliche Mandschurei ist verhältnismäßig dünn besiedelt, im Süden steigt die Dichte dagegen stellenweise schon auf mehr als 200 Einw. je km² an.

Die Oberflächengestalt zeigt eine Dreigliederung:

1) Im Westen liegt die zerteilte Bruchstufe des *Großen Chingan* (bis 2 000 m), die den Abbruch der mongolischen Scholle bildet. Altkristallinen Gesteinen sind junge basaltische Decken aufgelagert. Der von sommerlichen Steigungsregen betroffene Osthang ist bewaldet.

2) Den Osten und den Südwesten nehmen horstartige Gebirge ein, die im sinischen Streichen von Südwesten nach Nordosten ziehen und aus gefalteten präkambrischen, horizontal lagernden paläozoischen Schichten und mächtigen tertiären Basaltergüssen bestehen. Sie erstrecken sich bis zur Halbinsel *Liautung* (*Liaodung*). Die Mulden zwischen den Ketten sind von Schichten des Karbons erfüllt und bergen die mächtigen Steinkohlenlager der südlichen Mandschurei. Bei *Fuschun* (*Fushun*) östlich Shenyang (Mukden) wird die Steinkohle in großen Tagebauen gewonnen (bis 120 m starke Flöze). Sie hat in Verbindung mit den Steinkohlenvorkommen bei *Fusin* (*Fuxin*) westlich von Shenyang und den reichen Eisenerzlagern von *Anshan* den Aufbau einer modernen Hüttenindustrie ermöglicht. Bedeutende Zink-, Blei- und Magnesitvorkommen, Ölschieferlager und Bauxitvorräte liegen ebenfalls in der Nähe

der Kohle. Hier hat sich das heute größte Industriegebiet der Volksrepublik China entwickelt. Der Nordteil der Mandschurei birgt reiche Erdölvorkommen. Das Erdölfeld *Daqing* wurde Ende der 50er Jahre erschlossen und mit Verarbeitungsanlagen und petrolchemischen Werken zum größten Erdölzentrum der Volksrepublik China ausgebaut.

Die Gebirge des Südwestens und Ostens sind teilweise von Laub-, besonders Eichenwäldern bedeckt. Vor allem sind die Bergländer an den Amur-Nebenflüssen Sungari (Songhua) und Ussuri noch heute ein Bereich dichter Urwälder aus Ahorn, Birken, Weiden, Tannen und besonders Lärchen. In dem von den Chinesen schon seit längerer Zeit besiedelten Süden ist der Wald weitgehend beseitigt. Die Berge der Halbinsel Liautung sind kahl oder nur mit Buschwerk bewachsen.

3) Das Land zwischen dem Großen Chingan und den horstartigen Gebirgen im Osten und Südwesten wird von einer von Löß und alluvialen Anschwemmungen bedeckten Ebene eingenommen, die ursprünglich Steppe war und nur an den Flüssen Waldstreifen aufwies. In neuerer Zeit wurde sie mehr und mehr in fruchtbares, vorzüglich bewirtschaftetes Ackerland umgewandelt. Die Hauptanbaufrüchte sind Sojabohne, Hirse und Weizen, daneben auch Zuckerrohr, Hafer, Gerste, Mais und im äußersten Süden Erdnüsse und Baumwolle. – Diese mittlere Ebene wird wegen ihrer Durchgängigkeit auch von den Haupteisenbahnen des Landes benutzt, deren wichtigste Linien nach Lüda und Lüschun im Süden, zur Transsibirischen Bahn im Norden und nach der sowjetischen Hafenstadt Wladiwostok führen.

Die Hauptflüsse sind der *Sungari*, der im südöstlichen Gebirgsland entspringt, und sein Nebenfluß *Noni (Nen)*, der aus dem nördlichen Chingan kommt. Die Mitte bildet die *Ostgobi*, eine dünn besiedelte Sandsteppe, die größtenteils zum Autonomen Gebiet Innere Mongolei gehört. Den südlichen Teil der Mandschurei, das Hauptackergebiet des Landes, durchfließt der etwa 1000 km lange *Liaoho*, der ins Gelbe Meer mündet. Nach Norden, gegen den Amur, geht die mandschurische Ebene in den von Westen nach Osten streichenden Kleinen Chingan über, ein Gebirge von vorwiegend vulkanischer Natur.

Die Horstgebirge der Ostmandschurei werden durch eine tiefe Grabensenke von der Küstenkette des Sichote Alin getrennt. In ihr liegt der seichte *Chankasee* (4400 km²), und durch sie strömt auch der Ussuri, der Grenzfluß gegen das sowjetische Küstengebiet, nach Norden zum Amur.

Das Klima der Mandschurei trägt noch Monsuncharakter. Es hat trockenkalte, schneearme Winter mit heftigen Staubstürmen und tiefgefrorenen Böden, die nur den Anbau von Sommerkulturen erlauben. Dem subpolaren Winter folgt nach dem kurzen Frühling ein subtropisch heißer Sommer mit hoher Luftfeuchte und den Hauptniederschlägen. Die Temperaturgegensätze sind aber bereits ausgesprochen kontinental.

Nordchina

Die Oberflächengestalt Chinas wird durch mehrere Strukturlinien gegliedert, die eine Scheidung in verschiedene Großlandschaften ermöglichen. Diese Strukturlinien sind:

1) das Gebirge *Tsinlingschan (Xin Ling)*, das eine östliche Fortsetzung des „Rückgrats Asiens", des *Kunluns*, bildet, allerdings an dem tibetanischen Staffelbruch etwa 1000 m abgesenkt ist und die wichtige Trennungslinie zwischen Nord- und Südchina darstellt;

2) die mittlere der nordsüdlich verlaufenden Landstufen. Sie zieht vom Großen Chingan über den Ostrand des nordchinesischen Bruchschollengebirges (*Taihangshan*) und die Lücke zwischen dem östlichen Abbruch des Tsinlingschans und dessen Fortsetzung, dem Hwaijangschan, nach Süden; sie scheidet das höhere Westchina vom niedrigeren Ostchina.

Außer diesen beiden wichtigsten Strukturlinien spielen noch eine Rolle:

3) das sinische Gebirgssystem der von Südwesten nach Nordosten streichenden Ketten, das ganz Mittel- und Südchina eine einheitliche Gestalt gibt, aber auch den Charakter des Nordchinesischen Gebirgsrostes und des Westteils der Halbinsel Shantung bestimmt;

4) das Nord-Süd-Streichen der Stromfurchen und Gebirgsketten Südwestchinas und Hinterindiens, für die Gliederung Chinas allerdings nur randlich bedeutsam.

Die wichtigste tektonische Leitlinie ist an den Tsinlingschan (Xin Ling) gebunden, der das Land, wie bereits erwähnt, in einen nördlichen Teil – Nordchina – und einen südlichen – Südchina – gliedert.

Im Norden bricht dieses Gebirge in mauerartigem Steilabfall zum Tal des *Weiho*, dem wichtigsten Nebenfluß des Hwangho (Huang He), im Süden stärker gegliedert zum Tal des *Hankiang (Hangdjiang)*, des Nebenflusses des Jangtsekiang, ab. Der Tsinlingschan ist damit die Wasserscheide zwischen den großen Flußgebieten des Hwangho (Huang He) und des Jangtse.

Die Gipfelhöhen liegen zwischen 2500 und über 4000 m, die Paßhöhen zwischen 1500 und 2000 m. Der wichtigste Berg ist der *Taipaischan* mit 4107 m. Die Fortsetzung des Tsinlingschan im Osten ist der niedrigere Hwaijangschan

(1 000 bis 1 500 m). Beide werden getrennt durch den chinesischen Staffelbruch, der den Ostteil tiefer absenkte. Das ursprüngliche Waldkleid dieser Gebirge ist stark gelichtet. Größtenteils sind sie nur noch von Buschwald bedeckt, über dem Matten und schroffe Gipfelregionen folgen. Obwohl zwischen der Großen Ebene (nördlich des Hwaijangschan) und den Verebnungen am unteren Jangtse zweifellos enge Beziehungen bestehen, gliedert man seit Ferdinand von Richthofen, der als erster die Rolle des Tsinlingschan als Scheidegebirge erkannte, den chinesischen Raum in Nord- und Südchina. Der Norden umfaßt dabei das Gebiet großer Verebnungen und Tafelländer. Südchina ist das Land bewegter und stärker gegliederter Berglandschaften. Auch klimatisch unterscheiden sich beide Teile. Nordchina hat ausgesprochen kontinentalgemäßigtes Klima mit schroffem Wechsel zwischen feuchtheißem Sommer und kalttrockenem Winter, in dem der Ackerbau völlig ruht. Südchina dagegen hat subtropisches Klima ohne schroffe Gegensätze der Jahreszeiten und eine immergrüne Pflanzendecke. Nordchina ist das Land des fruchtbaren Lößes, der das Relief glättet, in Südchina kommt diese Bodenart mit wenigen Ausnahmen nicht vor. Diese Unterschiede des Landes und des Klimas spiegeln sich auch in den wirtschaftlichen und kulturellen Verhältnissen wider. Im Norden sind Weizen, Hirse und Bohnen die Hauptnahrungsmittel, im Süden ernährt sich die Bevölkerung überwiegend von Reis. In den Lößgebieten ist auf dem Lande der Karren das Hauptverkehrsmittel, im Süden spielt sich der Verkehr hauptsächlich auf den Flüssen und auf den schmalen Trägerpfaden zwischen den Reisfeldern ab. Die Häuser sind in Südchina wesentlich leichter gebaut als im Norden, und auch in der Kleidung zeigen sich gewisse Unterschiede.
Nordchina als geographische Großlandschaft umfaßt in den hier genannten Grenzen etwa 1,2 Mio km² und hat rund 300 Mio Einwohner, die fast ausschließlich Chinesen sind. Nur in den Grenzgebieten gegen Zentralasien hin leben auch Mongolen, Tibeter und Dunganen.
Der größte Teil dieser 300 Mio Menschen wohnt in der Großen Ebene, die sich vom Gebirgsrand nordwestlich von *Peking* bis an den unteren Jangtsekiang erstreckt. In diesem überwiegend agrarischen Gebiet steigt die durchschnittliche Dichte auf 300 Einw. je km² an.
Nordchina kann charakterisiert werden durch die drei chinesischen Worte Huangtu = Gelbe Erde, Huangho = Gelber Fluß und Huanghai = Gelbes Meer. Es ist das Lößland, dessen Ströme den Lößschlamm in das Meer verfrachten, das vom Löß gelbgefärbt wird.
Nordchina ist ein waldarmes, steppenhaftes Land mit rauhem, winterkaltem Klima. Die auf den warmen Sommer konzentrierten Niederschläge und die Porosität des Lößbodens ließen hier kein zusammenhängendes Waldkleid aufkommen. Im Laufe der Zeit sind die nordchinesische Grasflur wie auch die übrigen Gebiete Chinas durch den Menschen stark verändert und in ein bis in große Höhen (2 000 m) reichendes Ackerland verwandelt worden, dessen Hauptanbaufrüchte Kauliang (eine Hirseart), Winterweizen, Gerste, Bohnen und Buchweizen, im Weihotal und im Süden der Großen Ebene außerdem Reis und Baumwolle sind. Wälder aus Kiefern und sommergrünen Laubbäumen finden sich nur noch um die zahlreichen Gräber und Klöster, auf den Wallfahrtsbergen und in Dorfhainen.
Das eigentliche Lößland sind die nordwestlichen Bergländer (das Kerngebiet liegt im großen Bogen des Hwangho, im südlichen Teil des Ordoslandes). Sie bestehen aus einem Grundgerüst von karbonischen Schichttafeln, die von Brüchen mannigfach zerstückelt, zu treppenförmigen Stufen umgeformt sind und in Staffelbrüchen zur Großen Ebene absinken. Das Gebiet ist sehr reich an Bodenschätzen. Die ausgedehnten abbauwürdigen Steinkohlenlager der Provinzen Shansi und Shensi bergen etwa 75% der bisher bekannten chinesischen Vorräte. Zusammen mit den Eisenerzen von Ost- und Südostshansi und den umfangreichen neuentdeckten Lagern in Kansu, dem Erdöl von Mittelshensi und den mannigfaltigen, erst in jüngster Zeit entdeckten und noch der Erschließung harrenden Erzlagerstätten im Südteil der Provinz Kansu (Blei, Zink, Kupfer, Mangan, Nickel, Wolfram, Chrom, Gold, Silber) bilden sie die wichtigste Industriebasis für Nordchina.
Das ganze Gebiet, das im östlichen Teil ein stark bewegtes Erosionsrelief aufweist, ist unter einer Decke von Löß begraben, die nach Westen mit Annäherung an die zentralasiatischen Auswehungsgebiete an Mächtigkeit zunimmt. Zwischen diesen zerbrochenen lößbedeckten Tafelländern und der Gebirgsmauer des Tsinlingschan (Xin Ling) zieht in West-Ost-Richtung als grabenförmige Einsenkung das Weihotal, dessen fruchtbare Lößbecken zum Ausgangspunkt der chinesischen Kultur und zur Keimzelle des chinesischen Staates wurden. Hier liegt auch Sian (Xian), die älteste chinesische Stadt.
Nach Norden geht die Lößlandschaft in die flachen, flugsandbedeckten Wüstensteppen der Ordosscholle über, die vom großen Hwanghobogen eingeschlossen und von Bruchrandgebirgen umgrenzt wird.
Quer durch das Ordosland läuft die Große Chinesische Mauer, eines der gewaltigsten Bauwerke aller Zeiten, das seit etwa 200 v. u. Z. errichtet wurde. Ihre Länge von rund 2 500 km entspricht etwa der Entfernung Wien–Nordkap.

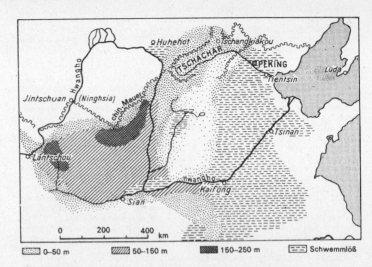

Lößverbreitung in China und annähernde Mächtigkeit der Lößdecke

Sie zieht als künstliche Grenzlinie die natürliche Grenzzone zwischen dem lößfreien Steppenland der nomadischen Ordos-Mongolen und dem lößbedeckten Gebiet der seßhaften chinesischen Ackerbauer nach.

Der Hauptfluß des Lößlandes ist der 4150 km lange *Hwangho* (*Huang He*), der ein Einzugsgebiet von 750 000 km² hat (Norwegen und Schweden 773 009 km²). Seine Quellen liegen im nordöstlichen Tibet in einer 4455 m hoch gelegenen Talmulde des östlichen Kunlun. In vielfach gewundenem Lauf durchbricht er die Ketten dieses Gebirges, stößt dann ins abflußlose Gebiet Innerasiens vor und umfließt als Fremdlingsfluß in großem Bogen die Ordosscholle. Hier wird sein Lauf zunächst von vereinzelten Oasensiedlungen begleitet, dann durchsägt er auf der von Norden nach Süden gerichteten Strecke in einem cañonartigen, schnellenreichen Tal die Lößplateaus von Nordchina. An der Mauer des Tsinlingschan wird er zum abermaligen Abbiegen nach Osten gezwungen, wo er seinen wichtigsten Nebenfluß, den *Weiho*, erhält. Dann tritt er in die von ihm aufgeschüttete Große Ebene hinaus, die er in breitem Überschwemmungsbett zwischen hohen Dämmen nach Nordosten durchfließt.

Nordchina ist etwa gleichzusetzen mit dem Flußgebiet des Hwangho (Huang He). Es wird begrenzt durch den Rand der Gobi und den Tsinlingschan und ist längs der großen chinesischen Landstaffel, die zur mongolischen Stufe gehört und vom Chingan nach Süden zieht, in zwei Teile gegliedert: das nordwestchinesische Bergland und die Große Ebene, aus der sich das Bergland von Shantung (1540 m) heraushebt.

Der nördliche Teil der nordwestchinesischen Gebirge, der **Nordchinesische Gebirgsrost**, leitet zum Großen Chingan hinüber. Er unterscheidet sich stark von den erwähnten zerbrochenen Tafelländern. Statt flacher Tafeln herrschen schmale Gebirgszüge vor, die wie Stäbe eines Rostes in Richtung des sinischen Streichens (Südwest nach Nordost) parallel nebeneinander hinziehen. Der Nordchinesische Gebirgsrost besteht aus paläozoischen sowie präkambrischen, von Graniten durchsetzten Gesteinen und bildet einen der ältesten Bauteile des Kontinents. Zwischen den Ketten erstrecken sich parallele Längsfurchen mit Beckenlandschaften, die z. T. durch enge Durchbrüche miteinander verbunden sind. Die wilden, schroffen Oberflächenformen flachen nach Norden allmählich ab, so daß sie schließlich unter die Lößdecke und die mongolischen Steppen untertauchen.

Den östlichen Teil Nordchinas nimmt die **Große Ebene** ein. Sie wird im Westen und Nordwesten vom Steilabsturz des Taihangshan und des Nordchinesischen Gebirgsrostes, im Osten von der gebirgigen Halbinsel Shantung, im Süden vom Hwaijangschan und Funiuschan überragt, die Ausläufer des schon erwähnten großen, von Westen nach Osten ziehenden Scheidegebirges sind. Zwischen diesen Bergländern geht die Ebene im Süden in die mittelchinesischen Ebenen am unteren Jangtse über. Am Nordrand der dichtbesiedelten dorf- und städtereichen Tiefebene liegen nahe den Gebirgslücken nach Innerasien *Peking* (*Beijing*) und *Tientsin* (*Tianjin*), der Haupthafen Nordchinas. Die Große Ebene ist Chinas bedeutendstes Agrarland. Hauptanbaufrüchte sind Winterweizen und Kauliang, daneben Wintergerste, Mais, Hirse, Baumwolle, grüne Bohnen, Sojabohnen.

Geologisch ist die Große Ebene wahrscheinlich ein Einbruchsfeld, das später von den Deltabildungen der nordchinesischen Ströme ausgefüllt wurde. Die Ebene besteht aus Schwemmlöß und Sanden, die von den Flüssen aus den westlichen Gebirgsländern herangeführt worden sind. Sie ist also eine Fortsetzung des Lößlandes. Auch klimatisch – heißfeuchte Sommer und trockenkalte Winter mit Staubstürmen – und pflanzengeographisch – Parklandschaft mit steppenhaften Zügen – ähnelt sie den benachbarten Lößberglandern. Morphogenetisch stellt die Große Ebene einen riesigen Schwemmkegel dar, den der Hwangho (Huang He), der schlammreichste Fluß der Erde, im Laufe vieler Jahrtausende aufgeschüttet hat und dessen Ausläufer nördlich und südlich der Halbinsel Shantung des Gelbe Meer erreichen.

Der Hwangho (Huang He) ist der eigentliche Schöpfer der Tiefebene. Im Kampf mit seinen Überschwemmungen erwuchsen die soziale Ordnung und der frühe Zusammenschluß des chinesischen Staates. Der Fluß führt ungeheure Mengen von Lößschlamm mit sich, die er infolge der Periodizität der Wasserführung und des damit verbundenen Nachlassens der Transportkraft im Winter ablagert. Die Folge ist eine ständige Aufhöhung des Flußbettes, das vielfach hoch über dem Niveau der Ebene liegt. Deichbrüche und Überschwemmungen bildeten den Schrecken der Bewohner der Ebene seit Jahrtausenden, in denen der Fluß hin- und herpendelte, indem er sein Bett immer wieder tiefer legte. Er erreichte das Meer bald nördlich von Shantung wie gegenwärtig, bald südlich davon wie in den Jahren 1194 bis 1853 und schuf eine flache, schlammige Schwemmlandküste. So wurde er zwar zum ,,Schöpfer und Mehrer" der Ebene, aber auch zum ,,Kummer Chinas". Die Volksrepublik China begann mit der endgültigen Bändigung des ungebärdigen Riesen. Wiederherstellung und Erhöhung der Dämme beseitigten zunächst die akute Überschwemmungsgefahr. Um das Problem ,,Hwangho" (,,Huang He") zu lösen, werden in den Wasserscheidegebieten und längs der Flußläufe große Waldanpflanzungen angelegt, damit die Erosion und Abspülung des Lößes von den kahlen Hängen eingedämmt werden und der Abfluß der Niederschläge verzögert wird. Waldanpflanzungen im Lößland sind allerdings schwierig; sie müssen künstlich bewässert werden, da Löß auf Grund seiner Wasserdurchlässigkeit waldfeindlich ist. Ferner werden große Staubecken am Mittellauf und an den Nebenflüssen gebaut, um den Abfluß zu verzögern, die Überschwemmungsgefahr zu bannen und zugleich aus Kraftwerken elektrische Energie für die künstliche Bewässerung zu gewinnen. Die größten Staubecken sind die in der Liukiaschlucht bei Lanzhou (Lantschou) in Kansu und in der Sanmenschlucht in der Provinz Honan. Eine Begradigung der Stromrinne wird eine Verstärkung der Fließgeschwindigkeit und damit auch der Tiefenerosion und der Transportkraft zur Folge haben und der Flußbetterhöhung entgegenwirken.

Den südlichen Teil der Großen Ebene entwässert der *Hwaiho*, der im Hwaijangschan entspringt. Er hat sich zu einem ebenso gefährlichen Fluß entwickelt, da auch sein hügeliges oberes Flußgebiet stark entwaldet ist. Außerdem hat der Hwangho bei seinem Pendeln über die Ebene mächtige Sedimente abgelagert und dem Hwaiho den Weg verbaut, so daß dieser seine Wasser nach Süden zum Jangtsekiang abführte. Die noch mächtigeren Hochwasser des Jangtsekiang verursachen einen Rückstau und gewaltige Überschwemmungen des flachen Küstenhinterlandes. Der Generalplan zur Bändigung des Hwaiho wurde 1951 in Angriff genommen und sieht neben der Regulierung des Mittellaufes den Bau von 16 großen Speicherbecken am Oberlauf vor, die während der frühsommerlichen Trockenheit das notwendige Wasser für die Felder liefern werden. Weiterhin sollen Deiche gebaut, das Flußbett tiefergelegt und eine neue Flußmündung durch den Nord-Kiangsu-Kanal angelegt werden, um den Zusammenprall der Hochwasserwellen von Hwaiho und Jangtse zu verhindern.

Das **Bergland von Shantung** ragt wie eine Insel aus der Ebene und dem Gelben Meer empor. Es besteht aus zwei geologisch verschiedenen Teilen, die durch eine Senke getrennt werden. Beiden gemeinsam ist ein altes, in sinischer Richtung gefaltetes Grundgebirge aus präkambrischem Gestein. Es wurde eingerumpft und von paläozoischen Sedimenten überdeckt. Spätere tektonische Beanspruchungen ließ die Decken zu Schollen zerbrechen, die im östlichen Teil ganz abgetragen wurden, im westlichen aber erhalten blieben, so daß dieser mit seinem aus dem Karbon stammenden zerbrochenen Schichttafeln große Ähnlichkeit mit dem gleichartigen nordchinesischen Bruchschollenland aufweist. Hier wie dort sind Steinkohlenlager und Lößbedeckung vorhanden. Der östliche Teil zeigt jedoch mit seinen von Südwest nach Nordost streichenden, zerstückelten und zerrissenen Bergzügen aus Granit und Gneis Verwandtschaft mit dem Nordchinesischen Gebirgsrost und der Halbinsel Liautung, die zur Mandschurei gehört. Dieser Teil Shantungs erreicht nicht so große Höhen, zeigt in seinen kahlen Gebirgsregionen aber ganz besonders wilde Verwitterungsformen und bricht mit steiler, sturmumtoster Küste zum Meer ab.

Südchina

Südchina ist als geographische Großlandschaft wesentlich größer als Nordchina und nimmt eine Fläche von rund 2,5 Mio km² ein, auf denen heute rund 500 bis 530 Mio Menschen leben. Auch hier bilden die Chinesen den überwiegenden Teil der Bevölkerung. Im Bergland südlich des Jangtse gibt es aber noch zahlreiche Stämme der Miao, der Ureinwohner Südchinas, die zur indochinesischen Sprachgruppe gehören. Im Bergland von Taiwan siedeln malaiische Stämme und in den westlichen Grenzgebirgen auch Tibeter.

Südchina unterscheidet sich von Nordchina sowohl in Bau und Oberflächengestalt als auch in Klima und Pflanzenwelt. Es ist das Land der zahllosen parallelen Gebirgsketten. Eine große zentrale Tiefebene wie im Norden Chinas fehlt. Die mittelchinesischen Stromniederungen und Aufschüttungsebenen am unteren Jangtsekiang und das Rote Becken liegen am nördlichen Rande des Berglandes.

Die Sommer Südchinas sind heiß und zeitweilig überfeucht. Niederschläge fallen auch im Winter. Daher fehlen hier der Löß – mit einer lokalen Ausnahme bei Nanking (Nanjing) – und die Steppen. Südchina ist ein grünes Land mit subtropischem Gepräge. An vielen Stellen bildet sich bereits der klimatisch bedingte Laterit. Dem feuchten Klima entsprach als Naturlandschaft der immergrüne Regenwald, der heute jedoch in entlegene Bergländer zurückgedrängt ist. Die Berge sind aber nicht kahl wie im Norden, sondern von immergrünem Sekundärbuschwerk – Rhododendron, Azaleen, Bambus u. a. – überzogen. Nur stellenweise sind sie mit Teesträuchern und Maulbeerbäumen bepflanzt. Zusammenhängendes Kulturland sind – im Gegensatz zu Nordchina – nur die tieferen Teile, die Becken- und Schwemmlandschaften mit sommerlicher Überflutung. Sie sind die Zentren des Reis-, Baumwoll- und Weizenanbaus. Hier findet man auch die stärkste Konzentration der Bevölkerung. Im Mündungsgebiet des Jangtsekiang leben durchschnittlich 450 Einw. je km², stellenweise aber steigt die Dichte auf 800 und sogar 1000 Einw. je km². Nahe der Jangtsemündung hat sich *Shanghai* zur größten Stadt Chinas und zum wichtigsten Hafen Ostasiens entwickelt. Hohe Bevölkerungsdichten findet man auch im Roten Becken von Szechuan (bis 400 Einw. je km²) und im Becken von Wuhan am mittleren Jangtsekiang (über 300 Einw. je km²).

Die Flüsse haben infolge der winterlichen Niederschläge eine andere Wasserführung als in Nordchina. Außer den starken sommerlichen Hochwässern führen sie auch im Winter größere Wassermengen. Südchina ist ein Land wasserreicher Ströme und Flüsse.

Der längste und wasserreichste Strom ganz Chinas und nach dem Brahmaputra der wasserreichste ganz Asiens ist der *Jangtsekiang*. Er entwässert mit seinem sich regelmäßig nach Norden und Süden verzweigenden Netz von meist schiffbaren Nebenflüssen ein Fünftel der Fläche ganz Chinas, d. h. etwa 2 Mio km². Auf diesem Netz von Wasserstraßen spielt sich der größte Teil des Binnenverkehrs in Südchina ab. Die wirtschaftliche Bedeutung seines Einzugsgebietes, das 70% der chinesischen Reis- und 40% der Baumwollernte liefert, macht den Jangtse zum wertvollsten Strom Chinas. Er entspringt wie der Hwangho im tibetischen Hochland und durchbricht die hinterindischen Gebirgsketten in tiefeingeschnittenen Schluchten. In seinem weiteren Verlaufe verbindet er eine Reihe von Beckenlandschaften. Die zuerst vom Jangtse durchflossene Beckenlandschaft ist das Rote Becken, ein fruchtbares bewegtes Hügelland aus überwiegend roten Sandsteinen und Tonen, das ringsum von höheren Bergketten umschlossen wird. Hier liegt *Tschungking (Chongqing)*, vor dem zweiten Weltkrieg und während des Krieges zeitweilig Hauptstadt Chinas. Das Rote Becken ist reich an Bodenschätzen (Kohlenlager, Erze, Salz, Erdöl und Phosphor). Im Nordwesten des Beckens liegt die Alluvialebene von *Tschöngtu (Chengdu)*. Günstiges Klima, reichste Vegetation und kunstvolle Bewässerung haben hier ein fruchtbares Gartenland geschaffen, in dem der Reisanbau dominiert. Auf 800 km langer, enger, an Stromschnellen reicher Strecke durchbricht der Jangtse die Gebirgsketten, die am chinesischen Staffelbruch aufgewölbt sind und das Rote Becken gegen das östliche Mittelchina hin abriegeln. Bei Itschang tritt der Strom in die mittelchinesische Ebene ein. Hier liegen in weiten Beckenebenen die Seen *Tungtinghu* und der nur um weniges größere *Poyanghu*, die dem Jangtse das Wasser mehrerer bedeutender Nebenflüsse zuführen. Sie sind natürliche Rückstaubecken amphibischen und halbamphibischen Charakters, in die der Jangtse während seiner sommerlichen Hochwasserzeiten seine Fluten hineinpreßt. Die im Winter nur von Flußrinnen durchzogenen, sonst aber trockenliegenden und teilweise agrarisch genutzten Ebenen und Sümpfe bilden im Sommer ausgedehnte, von Vogelschwärmen belebte Seenflächen. In gefingerten Buchten greifen sie zwischen die Roterdehügel und in die Täler des Berglandes ein. Das gesamte Tiefland zu beiden Seiten des Stromes besteht aus dunkelerdigem, lößfreiem Alluvialboden, dessen Schöpfer der Jangtse ist. Die ursprünglichen Schilfsümpfe sind heute in Reislandschaften verwandelt. An der Einmündung des Nebenflusses Hankiang liegt die große Flußhafenstadt *Wuhan*, die aus den drei Städten Hankau, Wutschang und Hanjang besteht. Wuhan ist eines der großen Industriezentren Chinas, das die in der Nähe liegenden Eisenvorkommen verarbeitet. Im Oktober 1957 wurde hier die erste Jangtsebrücke (Doppelstockbrücke für Bahn und Straße), die 1760 m lang ist, für den Verkehr freigegeben. Inzwischen ist eine zweite Brücke über den Jangtse bei Tschunking (Chongqing) in Betrieb genommen worden. Bei seiner Mündung in das Ostchinesische Meer bildet der Jangtse ein gewaltiges Delta. Die aus seinem Schlick aufgebaute, tischebene, von Kanälen und Dämmen durchzogene Deltalandschaft Hsiaho, die in vielem an Holland erinnert, ist eines der fruchtbarsten Gebiete Chinas und gleichzeitig sein Hauptbaumwollieferant. Das Jangtsemündungsland ist wahrscheinlich die Ausfüllung eines alten Meeresteiles, und die vielen kleinen Inselberge des Gebietes waren ursprünglich wirkliche Inseln. Die Deltabildung rückte die große Hafenstadt Shanghai, ursprünglich am Meer gegründet, bereits 30 km landeinwärts. Der Gezeitenwechsel des Meeres dringt jangtseaufwärts bis Nanking vor und arbeitet mit an der Ausgestaltung der Talrinne. Auch am Jangtse sind gewaltige Stausee- und Dammbauten im Gange oder bereits fertiggestellt, wie das Flutbecken bei Shashi, das mit einer Fläche, die größer ist als die des Bodensees, die Sommerhochwässer abfangen soll, denn der Wasserspiegel des Jangtse steigt zur Zeit der Hauptniederschläge um durchschnittlich 10 bis 15 m, maximal über 30 m. Außer den mittelchinesischen Alluvialebenen hat Südchina nur noch an der Deltamündung des Sikiang (Xijiang), des großen südlichen Sammelstromes, eine größere Ebene. Es ist ein durch Alluvionen ausgefüllter Beckeneinbruch mit intensivstem Gartenbau und fast tropischer Vegetation. Hier liegt die Hafenstadt Kanton (Guangzhou), eines der bedeutendsten wirtschaftlichen und kulturellen Zentren der Volksrepublik China. Von hier aus führt die große Bahnlinie nach Wuhan am Jangtse und weiter nach Peking.

Außer diesen randlich gelegenen Ebenen gehört zu Südchina noch der **Südchinesische Gebirgsrost.** Zahllose, meist gradlinige, schmale, parallele Bergrücken von Mittelgebirgshöhen durchziehen in sinischer Richtung dicht geschart das Land, und zwischen ihnen liegen parallele Tallängsfurchen. Die Ketten sind nur kurz und werden von cañonartigen Quertälern unterbrochen. Die Flußläufe ordnen sich diesem Bausystem unter und bestehen aus einem dauernden Wechsel von Längs- und Quertalstrecken. Die sinischen Ketten sind aus paläozoischen Schichten aufgebaut, die besonders in Küstennähe von Porphyren und Graniten durchsetzt werden. Die Ketten bergen reiche Vorräte an Wolfram und Mangan, außerdem an Antimon, Quecksilber, Molybdän, Wismut, Zinn, Zink, Blei und Kohle. Die Faltenzüge wurden abgetragen und eingerumpft. Spätere, tertiäre Bruchvorgänge arbeiteten entlang von Verwerfungslinien die alten Strukturen wieder heraus und zerlegten die Rumpffläche in Schollen und Horste. So entwickelte sich eine unruhige, labyrinthische Gebirgslandschaft. Die Zerschneidung ist infolge der heftigen Abspülung durch die Monsunregen sehr stark und schafft besonders im Granit steile Formen. – Da die Gebirgswellen an der Küstenlinie ausstreichen, entstand eine vielgebuchtete, inselreiche Riasküste mit guten natürlichen Häfen, deren Wert jedoch durch die Sandführung der einmündenden Flüsse und die fehlende Verbindung zum Hinterland gemindert wird; hierher gehören Shantou (Swatou), Xiamen (Amoy), Fuzhou (Futschou) u. a. Das zweite landschaftlich wichtige Element des Südchinesischen Gebirgsrostes sind außer den sinischen Ketten die mesozoischen roten Sandsteinschichten, die zwischen die Ketten eingebettet sind. Sie bilden waagerechte Plateaus, die durch die Flächenerosion mäandrierender Flüsse eingeebnet wurden. Die Schichten fallen jedoch vielfach schräg ein, sie müssen also durch die tertiäre Krustenbewegung mit gestört worden sein. Durch Klüftung, Erosion und Verwitterung sind sie in labyrinthische Felswildnisse aufgelöst, die denen des Elbsandsteingebirges ähneln. In diese Plateaus haben sich die Flüsse eingeschnitten und so das dritte Landschaftselement geschaffen, die alluvialen Talböden. Sie bilden mit Reis-, Süßkartoffel- und Zuckerrohrfeldern, Obstgärten und Dorfhainen einen scharfen Gegensatz zu den kahlen Rotsandsteingebieten und den nur mit Gras und Gebüsch bedeckten sinischen Ketten.

Das System des Südchinesischen Gebirgsrostes wird von der großen chinesischen Bruchstufe, die vom Chingan über den Ostrand des nordchinesischen Berglandes (Taihangschan) und die Lücke zwischen Tsinlingschan und Hwaigebirge nach Süden zieht, in eine westliche und östliche, durchschnittlich 1000 bis 2000 m tiefer liegende Stufe geteilt. Beide Teile weisen jedoch den gleichen, oben skizzierten Gebirgsbau auf. Nur der Westen Südchinas zeigt

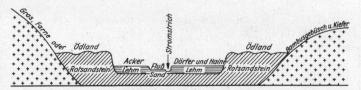

Typischer Bau der Täler in Südchina (aus Klute)

ein anderes Bild. Südlich des Roten Beckens gehen die sinischen Ketten in ein plateauartiges Hochland aus Kalkstein über, das von tief eingesenkten, steilwandigen Tälern zerschnitten und karstartig durchfurcht und zerrissen ist. Durch Abspülung, Erosion und Lösung des Kalkgesteins entstand die bizarre Landschaftsform des Kegelkarstes. Die sumpfigen Ebenen zwischen den Kegelkarsten dienen auch hier dem Reisanbau.

Der Südwesten Chinas hat schließlich auch Anteil an den jungen, nach Süden umbiegenden Faltenketten des Himalajasystems und Tibets, die entlang der tibetischen Randstufe das eigentliche China überragen. Zwischen den schmalrückigen Ketten liegen die tief eingeschnittenen Talschluchten der hinterindischen Ströme und des oberen Jangtsekiang.

Der chinesischen Küste sind mehrere Inseln vorgelagert. Die bedeutendsten sind Hainan und Taiwan.

Die Insel **Hainan** (34 000 km²) war bis in geologisch junge Zeit ein Bestandteil des Kontinents und sitzt dem Schelfrand auf. Die Oberflächengestalt der Insel läßt eine Zweiteilung in einen flachen, niederen Nordteil und einen gebirgserfüllten Hauptteil im Süden zu. Das Flachland stellt ein welliges, junges Basaltdeckenland dar, dessen Oberfläche etwa um 40 bis 50 m über dem Meeresspiegel liegt und von vereinzelten niedrigen Vulkanhügeln überragt wird. Den rotbraunen Basaltlehm überzieht eine graugrüne Grassavanne, die sich nur im Frühjahr lichter färbt. Die Eintönigkeit dieser Landschaft wird nur durch das leuchtende Grün der Reisfelder unterbrochen, die sich in den Flußtälern hinziehen. Über ein sandiges Granithügelvorland erfolgt nach Süden der Übergang in ein stark zertaltes, zerlapptes und in isolierte Rücken aufgelöstes rotes Sandsteinplateau. Im Süden lehnt es sich an das auf 800 bis 2 000 m ansteigende zentrale Gebirgsland an, das als Rumpffaltengebirge das sinische Grundgerüst der ganzen Insel darstellt. Klimatisch ist die Insel Hainan das ausgeprägteste tropische Glied der südchinesischen Küstenzone. Sie wird als küstennahes Gebiet in deren jahreszeitlichen Klimarhythmus einbezogen. Die Winter sind zwar regenarm, zuweilen aber bringen die winterlichen Nord- und Nordwestwinde bei besonders starken Kaltlufteinbrüchen Schnee- und Hagelfälle, die sich auf die tropischen Vertreter der Pflanzenwelt Hainans verheerend auswirken. Die Sommer sind heiß und bringen heftige Niederschläge, oft begleitet von Gewittern. Im Spätsommer und Herbst erhöhen die tropischen zyklonalen Wirbel der Taifune die Niederschläge erheblich, gefährden allerdings auch die Fischerei und Küstensiedlungen. Bedeutende Abwandlungen in der Verteilung der Niederschläge entstehen durch das Relief, das an den Luvseiten der Gebirge die mit Feuchtigkeit beladenen Winde aufsteigen und abregnen läßt. Dadurch steht ein trockener Westteil mit Savannen einem feuchten Ostteil mit subtropischem Bergwald und tropischen Monsunregenwäldern gegenüber.

Die 36 000 km² große Insel **Taiwan** ist von der Küste nur durch die Taiwanstraße mit den Penghu-Inseln (Pescadores-Inseln) getrennt. Außer rund 9 Mio Chinesen leben hier noch einige hunderttausend Vertreter malaiischer Stämme.

Physisch-geographische Angaben

Flüsse	Länge (km)	Berge	Höhe (m)	Lage	Seen	Fläche (km²)
Japan						
Shinano (Honshu)	369	Fudschijama	3776	Honshu	Biwasee	675
Ishikari (Hokkaido)	365	(Fujisan)			(Honshu)	
Tone (Honshu)	322	Yariga-take	3180	Honshu		
Yoshino (Kyushu)	236	Asahi-take	2290	Hokkaido		
Chikugo (Shikoku)	137	Tsurugisan	1955	Shikoku		
		Kuyusan	1788	Kyushu		
Korea						
Yalu	790	Pektusan	2744	Nordkorea		
Naktong	524	Puksupek	2522	Nordkorea		
Han	514	Tschirisan	1915	Südkorea		
Taitong	449					
China						
Jangtsekiang	5980	Taipaischan	4107	Nordchina	Tungtinghu	3200 bis
Hwangho		Yushan	3997	Taiwan	(Hunan)	22000
(Huang He)	4845	Taischan	3800	Nordchina	Pojanghu	5000
Sikiang (Xi Jiang)	1958	Uljanschan	3505		(Kiangsi)	
Sungari (Songhua)	1865					
Liaoho	1345					
Hwaiho	1087					
Haiho	969					
Ussuri mit Ulache	909					
Yalu	790					

Taiwan wird vom Wendekreis des Krebses geschnitten und zeigt ebenfalls ein ausgeprägtes Doppelgesicht. Der Ostteil wird von jäh aus dem Ozean aufsteigenden Gebirgsketten durchzogen, der aus gefalteten präkambrischen und paläozoischen Schichten aufgebauten Zentralkette mit dem 3997 m hohen Yushan und den beiden tertiären Seitenketten mit z. T. vulkanischen Gipfelformen und Bodenschätzen an Gold, Braunkohle und Erdöl. Zwischen der Zentralkette und dem östlichen tertiären Kettenzug erstreckt sich eine tiefere Längstalfurche. Die Gebirge sind zersägt von kurzen, wasserreichen Quertälern. Der westliche Teil der Insel ist ein fruchtbares Tiefland, das im Gegensatz zu den unberührten, üppigen, tropischen und subtropischen Wäldern des Ostteils ausgeprägtes Kulturland ist und von Reis-, Zuckerrohr- und Teeanpflanzungen eingenommen wird. Im Südwesten auftretende Lateritböden und Mangroveküsten im Nordwesten geben dem Land bereits ein tropisches Gepräge.
Das Klima von Taiwan ist außerordentlich niederschlagsreich. Die Hafenstadt *Jilong* im Norden der Insel hat 3500 mm jährlichen Niederschlag. Stellenweise wurden sogar 7000 mm gemessen. Dabei erhält die Nordspitze ihre stärksten Niederschläge im Winter, der Süden im Sommer. Im Westen und Osten ziehen die gefürchteten Taifunbahnen dicht an der Insel vorüber und verursachen häufig schwere Schäden.

SÜDASIEN

Überblick

Abgrenzung. Südasien wird im Westen, Süden und Osten im allgemeinen vom Meer – Indischer und Pazifischer Ozean – begrenzt. Im Norden hängt es auf breiter Front mit dem übrigen asiatischen Kontinent zusammen. Natürlich ist dabei nicht die mathematische Nordgrenze der Tropen, der nördliche Wendekreis, als festländische Grenze Südasiens anzusehen, sondern wir müssen diese dort suchen, wo der Sommermonsun tropische Luftmassen noch hinführt. Dies ist im Nordwesten Vorderindiens bis etwa 35° n. Br. der Fall. In Vorderindien bilden die nördlichen Randgebirge mit ihren mächtig aufsteigenden Gebirgsmauern trotz aller Vorstufen einen klaren Rahmen, besonders im Himalaja, da dieses höchste Gebiet der Erde zugleich eine deutliche Klima- und Vegetationsscheide bildet. Aber weiter ostwärts, wo die Gebirgsketten in dichter Scharung gegen Süden umbiegen und das Land der meridionalen Stromfurchen im Wurzelgebiet Hinterindiens keine klare Nordgrenze zu ziehen gestattet, muß eine konventionelle Grenzlinie gefunden werden, die man vom Ostende des Himalaja zu den nördlichen Randbergen des Golfes von Bacbo zieht. Dadurch wird auch die unter tropischem Einfluß stehende Südküste Chinas zu Ostasien gestellt, mit dem diese auch in anderer Hinsicht eng verbunden ist.
Klima. Südasien ist derjenige Teil des großen Kontinents, der unter tropischen Klimabedingungen steht. Nur das Klima und die von ihm abhängige Vegetation und Bodenbildung prägen den sonst überaus vielgestaltigen und verschiedenartigen Einzelteilen des südasiatischen Raumes gemeinsame Züge auf. Die äquatornahen Teile, also der äußerste Süden Vorderindiens, Sri Lanka, die Halbinsel Malakka und der größte Teil der benachbarten malaiischen Inselwelt, zeigen die Vorherrschaft des innertropischen Klimas mit geringen Temperaturschwankungen und schwacher Ausprägung der Trockenzeiten. Der bei weitem größte Teil Südasiens liegt aber im Bereich des tropischen Wechselklimas mit deutlichem Gegensatz von Regen- und Trockenzeiten. Dabei ist unter dem Einfluß der riesigen Landmasse der Monsunwechsel überall deutlich. Allgemein steht daher eine durch südwestliche Winde (meist Seewinde) und reichliche Niederschläge ausgezeichnete Sommerzeit einem – mit Ausnahme der pazifischen Randgebiete – trockenen Winter mit Landwinden gegenüber. Die starke Aufgliederung der beiden großen südasiatischen Halbinseln durch Randmeere – Arabisches Meer und Bengalisches Meer in bezug auf Vorderindien, Golf von Thailand und Golf von Bacbo in Hinterindien – verwickelt freilich das Bild im einzelnen ebenso sehr, wie die starke Reliefgliederung durch Luv- und Lee-Erscheinungen Abweichungen hervorruft, wobei im Laufe des Jahres mit den Windrichtungen Luv und Lee wechseln können.
Viele geographische Faktoren – die auf der geologischen Geschichte beruhenden Gesteinsverhältnisse, die tektonischen Leitlinien, die orographische Gliederung, aber auch das Bild der Pflanzenwelt im einzelnen – zeigen ein so verwickeltes Bild, daß sie für eine geographisch brauchbare Gliederung Südasiens ohne Bedeutung bleiben. So ist es üblich geworden, die Aufgliederung des Landes durch die Randmeere zur geographischen Gliederung zu verwenden, und man unterscheidet:

1) Vorderindien
2) Hinterindien
3) Südostasiatische Inselwelt (Inselindien, Insulinde)

Vorderindien

Vorderindien als geographischer Raum ist gegen das übrige Asien allseitig durch Gebirge abgeschlossen. Im Westen bilden die Khirdarkette, das Suleimangebirge und der Hindukusch, im Osten die waldbedeckten burmanischen Westgebirge eine natürliche Grenze, während im Norden die gigantischen Ketten des Himalaja als markante Scheide gegen Zentralasien aufragen. Südlich des Wendekreises bildet der vorderindische Raum ein Dreieck, dessen Spitze bis etwa 2° nördlicher Breite in den Indischen Ozean hineinragt und das im Westen durch das Arabische Meer von der Arabischen Halbinsel, im Osten durch das Bengalische Meer von Hinterindien getrennt wird.

Insgesamt bedeckt der so gekennzeichnete Raum – einschließlich des Himalajagebietes und der im Süden der indischen Halbinsel vorgelagerten Insel Sri Lanka – eine Fläche von rund 5 Mio km², auf der etwa 800 Mio Menschen leben. Die Bevölkerung des vorderindischen Raumes ist natürlich nicht gleichmäßig auf das ganze Gebiet verteilt. In dem zu Indien gehörenden Staat Kerala steigt die Dichte z. B. auf 550 Einw. je km², erreicht auch in großen Teilen Bengalens über 500 Einw. je km², sinkt dagegen im Trockengebiet der Thar und des Himalaja oft auf nur wenige Einwohner je km² herab.

Da das Tiefdruckgebiet des Sommers als entscheidendes Aktionszentrum für die Luftmassenbewegungen im Nordwesten über der Landschaft Pandschab (Punjab) liegt, hat der vorderindische Monsun verschiedene Herkunftsgebiete. Die von dem Arabischen Meer herangeführten Luftmassen treffen als Südwestmonsun die Halbinsel mit voller Wucht, der bengalische Ast des Monsuns bricht in das Gangesdelta ein und führt in den Gebirgen Assams und am Himalajagebirge zu gewaltigen Steigungsregen. Er wird am Gebirgswall des Himalaja entlanggeführt, durch das Pandschabtief angezogen und biegt als Südostströmung in die Richtung der Gangesebene ein. Dabei konvergieren beide Monsunäste über dem nördlichen Teil der Halbinsel und führen daher hier eine stärkere Niederschlagstätigkeit herbei. Das Pandschabtief saugt aber auch trockenere Luftmassen aus westlicher Richtung an, die nicht über Meeresräume, sondern über die trockenen und heißen vorderasiatischen Gebiete heranziehen. Mit diesen trifft die feuchte Monsunströmung im Gebiet des Indus zusammen und verliert dadurch an Wetterwirksamkeit. Die Intensität der Niederschläge läßt daher bald nach, der Nordwesten Vorderindiens bleibt verhältnismäßig trocken, und auch die Beständigkeit der Niederschläge nimmt bedrohlich ab. Dieses Gesamtbild ist, neben Lee- und Luvwirkungen in den einzelnen Landesteilen, von Nord nach Süd entsprechend der Breitenlage differenziert, so daß auch die Vegetation und die Möglichkeiten der Landnutzung recht unterschiedlich sind. Für den Nordteil gelten drei Jahreszeiten: eine trocken-kühle angenehme Jahreszeit von November bis Februar, die trocken-heiße Jahreszeit von März bis Mai, die mit Herannahen des Monsuns unerträglich schwül werden kann, und, mit dem Ausbruch des Monsuns beginnend, die feucht-schwüle Monsunzeit mit etwas niedrigeren Temperaturen (Juni bis Oktober). Die Temperaturmaxima liegen daher im Mai (Gangestyp).

Der geographische Raum Vorderindien umfaßt drei recht verschiedene Teile: den Gebirgssaum im Westen und Norden; das breite, niedrige Vorland, nach seinen beiden großen Strömen als Indus-Ganges-Tiefland bezeichnet; den massigen dreieckigen Körper der Vorderindischen Halbinsel.

Der nördliche Gebirgssaum

Der nördliche Gebirgssaum setzt westlich des Indus mit den Randketten des **Khirdargebirges** (reichlich 2000 m) an, das die Binnenhochländer von Iran und Belutschistan abschließt. Im trockenen Teil Indiens gelegen, nur unregelmäßig von den Ausläufern der Monsunströmungen erreicht und von den etesischen Winterregen kaum getroffen, sind diese vorwiegend aus Kalken und Sandsteinen aufgebauten Faltengebirge öde und pflanzenarm. Mit dem **Suleimangebirge** (über 3400 m), das reicher gegliedert ist als das mauergleich abfallende Khirdargebirge, stellen sich in den höheren Teilen lichte Wälder von Lorbeer und Pistazien ein, während die Kulturflächen dem Weizen-, Obst- und Olivenbau dienen. Noch wirrer zerklüftet ist das nördlich anschließende **Bergland von Wasiristan**, dessen tiefe Täler kaum passierbar sind. Der Zugang nach Afghanistan folgt deshalb auch nicht dem Kabulfluß, sondern führt über den 1030 m hohen *Khaiberpaß*. Gegen die Ketten des **Hindukusch** hin nimmt die Höhe der Gebirge immer mehr zu, und die tiefe Aufgliederung durch die Flüsse läßt den tektonischen Zusammenhang der Gebirge kaum noch erkennen. Als mächtigster Strom durchbricht der *Indus*, der aus dem westlichen Tibet kommt und in das Arabische Meer mündet, den nördlichen Gebirgswall in einem steilen und trockenen Tal. In größerer Höhe stellen sich Wälder ein. Hoch über die Waldzone aber ragt der Nordwestpfeiler des Himalaja, der gewaltige, 1953 von dem Österreicher Hermann Buhl erstmalig bezwungene *Nanga Parbat* (8126 m) auf. Der Indus erhält sein Wasser von zahlreichen Nebenflüssen. Aus dem südlichen Hindukusch kommen die Flüsse *Swat*, *Dir* und *Chitral*, die hier durch über 5000 m hohe Seitenkämme voneinander abgeschlossene Talschaften entstehen ließen, in denen teilweise noch sorgfältige

Terrassenkulturen, mit zunehmender Höhe und Armut aber vorwiegend Waldwirtschaft und Weidewirtschaft betrieben werden. Auch der gletscherreiche **Karakorum** sendet dem Indus viele Nebenflüsse zu, darunter den *Shimshal* und den *Shyok*. Die Zugangstäler dieses Gebirges, z. B. die Talschaft *Hunza*, sind nur schwer passierbar. Mehrere Gipfel des Karakorum überschreiten die 8000-m-Grenze und übertreffen an Schroffheit und Kühnheit der Gestalt noch die massigen Gipfel des Himalaja. Der *K 2*, auch *Tschogori* oder *Mount Godwin Austen* genannt, mit 8611 m Höhe der zweithöchste Gipfel der Welt, wurde erst 1954 bezwungen. Das obere Indusgebiet mit den Landschaften *Gilgit* und *Baltistan* (Klein-Tibet) leitet mit seiner Pflanzenarmut und der Rauheit des Höhenklimas zu den innerasiatischen Gebieten Tibets über.

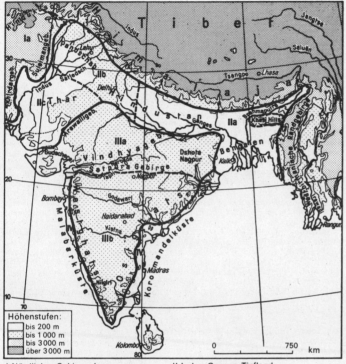

I Nördlicher Gebirgsrahmen
 a Trockenlandschaft des Hochlands von Iran
 b Himalajaregion

III Mittelindien und Dekan
 a Mittelindien
 b Hochland von Dekan mit Randgebirgen

II Indus-Ganges-Tiefland
 a Tropisch-feuchte Ganges-Brahmaputra-Ebene
 b halbtrockenes Gebiet d. Pandschab u. Westhind.
 c trockenes Indusgebiet

IV Küstenstreifen der Halbinsel

V Ceylon

Die Großlandschaften Vorderindiens

Das **Himalajagebirge** beginnt mit zwei Hauptketten, der nördlichen mit dem Nanga Parbat, die über die *Deosai*-Hochflächen zum *Zanskar-Himalaja* zieht, und dem südlichen mächtigen Zug des *Pir Pandschal*. Zwischen beiden liegt in etwa 1600 m Höhe das Kaschmirtal mit *Srinagar*, der Hauptstadt von Kaschmir. Dieses Tal ist ein Fruchtgarten mit zahlreichen Reisfeldern, das aber nur schwer zu erreichen ist, denn die Schlucht des *Dschelam* (*Jhelum*), der das Hochbecken durchströmt, ist unpassierbar und muß seitlich umgangen werden. Ähnliche, weniger üppige, aber ebenso schwer zugängliche Hochtäler finden sich an den Oberläufen des *Bias* und des *Satledsch* (*Sutlej*), dessen Quellgebiet jenseits des Himalaja in Tibet im Gebiet des „heiligen" Manasarowar-Sees liegt. Der folgende Abschnitt des Himalaja ist stärker aufgegliedert. Auch die Feuchtigkeit nimmt zu. Die Vegetation wird üppiger, der Wald dichter; über ihm stellen sich prächtige Rhododendronhaine und kräuterreiche Alpenmatten ein. Während am westlichen Himalaja die Vorbergzone der *Siwaliks*, die grasreiche Längstalzüge und Beckenlandschaften vom Gebirge trennen, kahl ist, und während im Trockengebiet des Indus das *Salzgebirge* (*Salt*

Range) an der Oberfläche noch unausgelaugte Salzlager enthält, werden weiter östlich auch die Vorbergzone des Himalaja und der Gebirgsfuß unangenehm feucht. Hier beginnt der Gürtel der Gras-Wald-Sümpfe, die der Einheimische als Tarai bezeichnet und die das Urbild des Dschungels darstellen. Die breite Vorbergzone ist mit üppigem subtropischem Wald bedeckt. Teekultur und in zunehmendem Maße auch eine geregelte Forstwirtschaft machen diesen breiten Gebirgsstreifen wirtschaftlich wertvoll. Die Europäer, die der drückenden Hitze des Tieflandes entgehen wollten, haben auf den Bergrücken zwischen den zahlreichen die Vorbergzone gliedernden Tälern Sommerfrischen (Simla, Dardschiling, Darjeeling) geschaffen.

Zahlreiche Bergsteigerexpeditionen haben drei Jahrzehnte lang vergeblich versucht, den 8848 m hohen *Mount Everest* – von der einheimischen Bevölkerung *Tschomolungma* (*Qomolangma*) genannt – den höchsten Berg der Erde, zu bezwingen, ehe es 1953 dem Neeuseländer Hillary gelang, den Gipfel zu erreichen. Die meisten anderen Riesengipfel – *Dhaulagiri* (8221 m), *Kangchendzönga* (8585 m), *Makalu* (8470 m), u. a. –, die wie der Mount Everest in dem Gebirgsland Nepal oder im tibetanischen Grenzgebiet liegen, haben in den letzten Jahren ebenfalls ihre Bezwinger gefunden.

Weiter ostwärts, in Sikkim, verschmälert sich die Vorbergzone; das Gebirge ist stärker aufgegliedert und nimmt weiter ostwärts an Höhe ab. Nur kurz vor dem Durchbruch des Brahmaputra erheben sich aus der schwer zugänglichen und noch wenig erschlossenen Bergwelt noch einige mächtige vergletscherte Gebirgsstöcke, z .B. der *Namtschabarwa* (7756 m). Die Vegetation ist hier rein tropisch, und infolge der überaus reichen Niederschläge hat der Regenwald hier besonders üppige Formen angenommen.

Die jenseits des Brahmaputra-Durchbruchs nach Süden ziehenden Faltengebirgsketten sind lockerer gereiht und schließen geräumige Talbecken ein, wie das Hochland von *Imphal* (*Manipur*). Ihr dicht bewaldeter Abfall bildet die Grenze des vorderindischen Raumes.

Das Rückgrat **Assams** sind die dem Faltengebirge vorgelagerten Berglandschaften der *Khasi Hills* (bis 1961 m), die aus alten Gesteinen und darüber flachlagernden Sandsteinen bestehen. Hier liegt einer der regenreichsten Orte der Erde, *Tscherrapundschi* (*Cherrapunji*), an dem jährlich im Mittel 11630 mm Niederschlag fallen (Leipzig 600 mm!). In einzelnen Jahren treten noch stärkere Niederschläge auf; so wurde für den gleichfalls in Assam gelegenen Ort *Mawsynram* eine jährliche Regenmenge von 17680 mm gemeldet. Die Khasi Hills trennen das 700 km lange und 80 km breite Tal von Assam, dessen Achse der Brahmaputra ist und das insgesamt eine einzige, intensiv bebaute Reislandschaft bildet, von Südassam, dem *Surmagebiet*, dessen flach gegliederte Hügelländer die besten Teeanbaugebiete darstellen. Die Überschwemmungsebene der *Sylhets* leitet zu der Deltaebene des *Ganges* und des *Brahmaputras* über. Assam selbst aber wird weitgehend noch als Berglandschaft empfunden.

Das Indus-Ganges-Tiefland

Das breite Indus-Ganges-Tiefland trennt die Gebirgsumwallung von der Scholle des Dekan und bildet eine von mächtigen jungen Sedimenten aufgeschüttete Vortiefe des Faltengebirges. In flach eingesenktem breitem Tal strömt der Ganges, der heilige Strom der Hindus, dahin, schwillt zur Zeit der Monsunregen stark an und bedroht die Ansiedlungen, wechselt häufig seinen Lauf und baut schließlich zusammen mit dem Brahmaputra ein riesiges Delta von etwa 80000 km² Fläche auf. Die Talniederung ist im allgemeinen weniger dicht besiedelt als die breiten Terrassenflächen. Diese dienen einem intensiven Anbau, der sich freilich nach den klimatischen Bedingungen wesentlich abstuft.

Das **Deltagebiet des Ganges** ist eine amphibische Landschaft. In den Mangrovesumpfwäldern der Küstenregion, den Sundarbans, wird nicht nur zur Monsunzeit durch die Hochwässer der Flüsse, sondern auch durch die starken Gezeiten das Wasser in dauernder Bewegung gehalten. Oft sind auch die flachen Sandrücken zwischen den zahlreichen Mündungsarmen von Überschwemmungen bedroht. Erst der große Landmangel hat zu einer zunehmenden Besiedlung dieser fiebergefährdeten Deltagebiete geführt.

Im westlichen Gangesdelta hat sich am schiffbaren *Hugli* (*Hooghly*) die Stadt *Kalkutta* zum größten Siedlungszentrum Südasiens entwickelt. In ihm war fast die gesamte Juteverarbeitungsindustrie Vorderindiens konzentriert. Die Jute selbst wird seit dem Ende des vergangenen Jahrhunderts vor allem in dem außerordentlich dicht besiedelten (bis 700 und mehr Einw. je km²) Ostbengalen (zu Bangladesh gehörig) verstärkt angebaut und bildet heute eines der wichtigsten Erzeugnisse dieses Gebietes. Da aber durch die Teilung die in Bangladesh liegenden Anbaugebiete von den in Indien stehenden Verarbeitungswerken getrennt worden sind, hat Bangladesh eine eigene Juteindustrie aufgebaut. Im eigentlichen **Gangestiefland** macht sich die Trockenheit schon deutlicher bemerkbar. Wasser steht hier nicht mehr so reichlich zur Verfügung wie weiter im Osten. Damit treten vielfach Hirse, Weizen, Gerste und Tabak, in den Vereinigten Provinzen (Uttar Pradesch) weiter westlich bei künstlicher

Bewässerung auch schon Zuckerrohr an die Stelle von Reis. Die nördliche Zone am Rande der Tarai wird vielfach noch extensiv als Weide genutzt; dieses Grasweideland wird als R u m b a bezeichnet. Fruchthaine verleihen dem Tiefland weitgehend das Aussehen einer Parklandschaft.

Westhindustan, in das sich Pakistan und Indien teilen, ist ein heißes Land mit ausgedehnten trockenen Savannenflächen, die meist noch als Weide, bei zunehmender Bewässerung aus künstlichen Wasserspeichern, den Tanks, und in neuerer Zeit vor allem durch Flußwasser auch agrarisch vorwiegend durch Weizen- und Baumwollanbau genutzt werden. Während gegen Südwesten die Wüstenhaftigkeit zunimmt, schiebt sich am Nordsaum am Fuß der Siwaliks eine wasserreiche Zone (Sirwah) weiter gegen Nordwesten vor, die dem Gebirge vorgelagerten Schwemmlandflächen der Flüsse zu intensiven Anbaugebieten für Weizen, Mais, Gerste und Zuckerrohr macht. Die unmittelbar am Gebirgsrand liegenden sandig-kiesigen Schuttflächen – den Adyren in Zentralasien vergleichbar – bleiben allerdings meist ungenutzt. Die Abholzung der Wälder in den Siwaliks hat sich nachteilig auf die Wasserführung der Flüsse ausgewirkt.

Auch das **Pandschab (Punjab)**, das Fünfstromland – nach den fünf großen Flüssen *Tschinab* (*Chenab*), *Rawi* (*Ravi*), *Bias* (*Beas*), *Dschelam* (*Jhelum*) und *Satledsch* (*Sutlej*) genannt, die sich im *Pandschnad* vereinigen und gemeinsam dem Indus zuströmen – hat früher vielfach lichten Monsunwald getragen, heute ist es eine trockene Grassteppe, stellenweise auch Dornbuschsavanne. Längs der wasserreichen Flüsse sind hier durch künstliche Bewässerung ausgedehnte Flächen in Kulturland umgewandelt worden. Berüchtigt sind die heißen Frühsommermonate mit Temperaturen über 40 °C. Hauptort des Pandschab ist das in den letzten Jahren stark gewachsene pakistanische *Lahor*, das dicht an der indischen Grenze liegt.

Das **untere Indusgebiet**, das letzte Glied der Tieflandzone, ist noch trockener als das Pandschab. Die einzigen Wasserläufe sind hier die kurzen Flüsse der westlichen Randgebirge, deren Wasser von kleinen, voneinander getrennt liegenden Bewässerungsoasen völlig aufgezehrt wird, und der Indus selbst, in dessen Tal sich eine 40 km breite Flußoase hinzieht. Außerhalb der bewässerten Gebiete befindet sich dürftige Steppe oder Wüstensteppe, im Ostflügel sogar Wüste mit Dünen und Salzböden, die **Thar**, die freilich nicht völlig unbewohnt ist, da längs einzelner spärlicher Wasseradern und durch Nutzung von Brunnenwasser kleine Flächen Kulturland gewonnen worden sind. Nach Südosten zu nimmt im Vorland des Aravalligebirges bei besseren Böden und etwas günstigeren Wasserverhältnissen die Besiedlung wieder zu. Doch leiden alle diese trockenen Landstriche darunter, daß die Regenmengen und die Wasserführung der Flüsse von Jahr zu Jahr überaus stark wechseln.

Während an der Küste des Indischen Ozeans östlich des Indusdeltas ein 60 000 km² großes Sumpfgebiet, der *Große Rann von Katsch* (*Kutch*), landwirtschaftlich noch nicht genutzt werden kann, ist das Indusdelta selbst bis nahe an die mangrovenreiche, sumpfige Küste gut bebaut.

Das Indusgebiet ist zu einem der wichtigsten Baumwollanbaugebiete Südasiens geworden. Hauptausfuhrhafen ist das pakistanische *Karatschi* (*Karachi*) westlich der Indusmündung, ein bedeutender Knotenpunkt der internationalen Fluglinien.

Die Vorderindische Halbinsel

Die Vorderindische Halbinsel, oft als das Hochland von Dekan bezeichnet, ist eine alte Scholle, die in geologischer Vergangenheit dem großen Gondwanakontinent angehörte. Über alten kristallinen Gesteinen, die den Sockel bilden, liegen mächtige Schichtserien überwiegend terrestrischer Sedimente. Bei der starken tektonischen Beanspruchung dieser starren Scholle durch die nahe Gebirgsbildung im Tertiär zerbrach sie in Teilschollen. Die Ränder der Halbinsel wurden dabei etwas aufgebogen und bilden in den Westghats und den weniger geschlossenen Ostghats Küstengebirge, die nach außen, zum Arabischen Meer und zum Bengalischen Meer hin, steil abfallen, sich nach dem Innern des Landes aber flach abdachen. Im Norden führte die Zertrümmerung durch Brüche nicht nur zu einer stärkeren Gliederung des Reliefs durch einzelne langgestreckte Hochschollen, sondern mächtige basaltische Ergüsse schufen außerdem die stellenweise über 1 800 m mächtige Trappdecke im Nordwesten der Halbinsel.

Das nördliche Dekan bricht mit der schroffen Mauer des **Aravalligebirges** gegen das Industiefland ab. Es trennt die trockenen öden Landstriche des Nordwestens vom reicher, wenn auch unzuverlässig beregneten Gebirgs- und Tafelland Mittelindiens, in dem Wald auftritt. Weiter gegen Südosten verbreitern sich die Gebirgshorste und gehen in das **Plateau von Malwa** über, das den nördlichsten Teil der großen Trappdecke einnimmt. Von tropischen Schwarzerden bedeckt, stellt dieses trotz der noch bestehenden Regenunzuverlässigkeit eine der fruchtbarsten Landschaften Indiens dar. Besonders die Baumwolle gedeiht hier vorzüglich. Der von der einheimischen Bevölkerung als Regur bezeichnete schwarze Boden wird daher auch cotton soil –

Baumwollboden – genannt. Ganz allmählich steigt die Oberfläche südwärts zu dem bis 1350 m hohen **Vindhyagebirge** an, das in markanten Stufen zum *Narbadatal* (*Narmadatal*) abbricht; zweifellos als Folge der tektonischen Anlage ist dieses gegen Westen gerichtet. Das waldreiche Vindhyagebirge schließt bei zunehmender Erniedrigung – gleichzeitig verflacht sich auch die Grabensenke des Narbadatales – weiter im Osten noch die unruhigen und meist wenig ertragreichen Granit- und Gneishochflächen von *Bandelkhand* ein und läuft schließlich nördlich des *Son-Tales* bei *Patna* in die Gangesebene aus. Südlich des Son-Tales folgt das waldreiche Bagelkhand, das weiter ostwärts in die breiten Bergländer von *Bihar* und *Orissa* (Indien) übergeht. In den tief eingeschnittenen Tälern werden Reis, Hirse, Rizinus und Mais angebaut. Die Bergländer sind reich an Kohle, Eisen- und Manganerzen.

Diese Bodenschätze sind zur Grundlage der modernen indischen Hüttenindustrie im Gebiet *Dshota* (*Chota*) *Nagpur* geworden, die vor allem in den beiden Städten *Tatanagar* und *Jamshedpur* konzentriert ist. Dshota Nagpur versorgt auch die mannigfaltige Industrie von Kalkutta mit Steinkohle. Das breite Bergland wird im Süden von den überaus fruchtbaren und intensiv genutzten Niederungen des *Mahanaditales* begrenzt, in dem auch die Palmen schon zahlreicher werden; es ist eines der reichsten, selbst der Gangesebene nicht nachstehenden Anbaugebiete Indiens.

Westlich der oberen Mahanadi hebt sich ein weiterer Gebirgshorst heraus, der zwischen den Gräben der Narbada und des Tapti im **Satpuragebirge** (1350 m) den Charakter eines steilflankigen Waldgebirges annimmt, das ebenso wie das Vindhyagebirge verkehrsfeindlich ist und nur an einer durch einen Querbruch vorgezeichneten Senke die Bahn von Bombay nach dem Nordosten passieren läßt.

Die Flüsse Narbada und Tapti haben, obwohl sie nicht sehr wasserreich sind, im Westen ein sehr fruchtbares, streifenweise über 100 km breites Schwemmland aufgebaut, das man nach der historischen Bezeichnung als die **Ebenen von Gudscherat** zusammenfaßt. Hier liegt einer der Schwerpunkte des Baumwollanbaus und zugleich eines der alten Zentren indischen Gewerbefleißes. Die Stadt *Ahmadabad* ist neben Bombay die wichtigste Baumwollindustriestadt Vorderindiens.

Der südliche Teil des Hochlandes von Dekan ist wesentlich einförmiger als der mittelindische Teil und läßt sich nur schwer noch weiter untergliedern. Es sind durchaus lokale Eigentümlichkeiten, die Abwechslung in das Bild der einförmigen Hochfläche bringen: die stärker eingeschnittenen Flußläufe, einzelne als Härtlinge aufragende schroffe, häufig von Burgen besetzte Felsen. Überall herrscht Savanne, die heute meist in Kulturland umgewandelt ist, früher wohl weithin von schütterem Monsunwald durchsetzt war; denn die höher aufragenden Westghats fangen einen erheblichen Teil der Monsunregen ab, das Hochland selbst aber liegt im Regenschatten und hat wesentlich geringere und auch unsichere Niederschläge zu verzeichnen.

Die **Westghats** liegen mit ihrem nördlichen Teil noch im Bereich der Trappdecke. Trotz tiefer Zerschartung – die Pässe sind nicht über 600 m hoch – und geringerer Höhe als weiter südlich ist der Abfall steil, reich an Wasserfällen und von dichtem Regenwald bedeckt. Das vorgelagerte schmale Küstenland **Konkan** zeigt eine üppige Vegetation. An der verhältnismäßig schwach gegliederten Küste hat sich nur das z. T. einer vorgelagerten Insel liegende *Bombay* zu einem bedeutenden Hafen entwickeln können, über den insbesondere die im Hochland von Dekan angebaute Baumwolle zur Ausfuhr gelangt. Daneben ist Bombay zum bedeutendsten Zentrum der Baumwollverarbeitung in der Republik Indien geworden. Die schwere Brandung, die im Sommer z. Z. des Monsuns herrscht, unterbindet die Küstenschiffahrt oft für lange Zeit. Der südliche Teil der Westghats ist höher; da er aber aus Gneisen und Graniten besteht, ist er auch breiter und stärker aufgegliedert. Die vorgelagerte **Malabarküste** weist breitere Küstenlandschaften auf, z. B. *Kanara* und das dicht besiedelte *Kerala* im äußersten Süden. In den **Nilgiris** (2633 m) und dem von diesen durch die Palghatsenke abgetrennten **Kardamomgebirge** in der Südspitze Indiens macht sich die äquatornahe Lage in gleichmäßigeren Temperaturen und längerer Andauer der feuchten Jahreszeit bemerkbar. Der Wald ist heute mit Tee- und Kaffeekulturen durchsetzt. Die im Regenschatten liegende Ostseite dieser Gebirge ist jedoch wesentlich trockener.

Die Binnenhochländer sind vorwiegend trockenes Savannenland. An den großen nach Osten entwässernden Flüssen sind breite flache Beckenlandschaften ausgeräumt worden, die nur in allmählichem Anstieg in die von Inselbergen überragten, eintönigen Hochflächen übergehen. Die Niederschläge reichen fast nirgends für den Anbau von Kulturpflanzen aus. So hat *Hyderabad*, die größte Stadt des Hochlands von Dekan mit 52 Regentage mit 788 mm Niederschlag, *Bellary* auf 15° n. Br. nur 35 Regentage mit 492 mm Niederschlag. Die Winter sind der südlichen Lage entsprechend noch recht warm, die Sommer meist drückend heiß. Speicherbecken (Tanks) sind in großer Zahl zu Bewässerungszwecken angelegt, trocknen aber aus. Beim Ausbleiben des Monsuns treten Mißernten auf. Die alte Dorfverfassung und die angelegten Vorräte ließen es früher seltener zu Hungerkatastrophen kommen als zur Zeit der englischen Kolonialherrschaft, als durch Getreideexporte, Zerstörung der alten Dorfverfassung und Einführung der Geldwirtschaft besonders im vorigen Jahrhundert jedes Dürrejahr eine Hungersnot im Gefolge hatte. Die Unterschiede innerhalb des Hochlandes beruhen in erster Linie auf den Böden. Die Schwarzerden im Trappgebiet des Nordwestens sind wesentlich fruchtbarer als die auf den alten Gesteinen entstehenden Laterite und Roterden. Unter den Anbaufrüchten spielt die Hirse eine große Rolle.

Die **Ostghats** sind niedriger als die Westghats und auch viel weniger geschlossen. Nördlich der Godavarimündung erreichen sie etwa 1 600 m Höhe. Der winterliche Nordostmonsun bringt der Ostküste, die auch als **Koromandelküste** bezeichnet wird, strichweise Niederschläge, so daß sie in bezug auf Wasserhaushalt und Anbaumöglichkeit günstiger gestellt ist als die Binnengebiete Dekans. Sie ist jedoch längst nicht so regenreich wie die feuchte Westseite. Die Wälder der Ostghats sind daher auch meist trockenere Monsunwälder.

Ein wesentlicher Unterschied der Ostküste gegenüber der Westküste besteht ferner in der Breite der Küstenebenen, die im Osten zu ausgedehnten selbständigen Landschaften werden. Diese sind in lange sandige Strandebenen mit Lagunen und Nehrungen, in gehobene lateritische Strandplatten sowie in große Flußdeltas gegliedert. Mit Ausnahme von Narbada und Tapti wenden sich nämlich alle größeren Ströme des Hochlandes – *Godavari, Mahanadi, Krishna* – der Ostküste zu.

Das im allgemeinen flache Gelände ist schon seit langem allenthalben künstlich bewässert und ernährt eine zahlreiche Bevölkerung. Das Godavaridelta und die breite Küstenebene südlich Madras gehören zu den am dichtesten bevölkerten Bezirken Vorderindiens. Hier wohnen überwiegend Tamilen, die eine drawidische Sprache sprechen. Neben *Madras*, der drittgrößten Stadt Indiens, sind hier noch eine Anzahl weiterer Großstädte entstanden, z. B. *Madura, Tiruchchirapalli*, das frühere Trichinopoly. Neben den Reis als Hauptfrucht und die Kokosplame treten an trockeneren Küstenstrichen – besonders im Südosten – auch Hirse, Baumwolle und Tabak.

Ceylon (Sri Lanka)

Die Insel Ceylon bildet heute den Staat Sri Lanka. In den Gebirgen des Inneren leben noch Angehörige der im Aussterben begriffenen Urbevölkerung Ceylons, die Weddas, die teils als Jäger und Sammler ein einfaches Leben führen, größtenteils aber unter dem Einfluß der benachbarten Tamilen und Singhalesen schon zum Bodenbau übergegangen sind. Den Hauptteil der Bewohner stellen jetzt die Singhalesen, die eine indoeuropäische Sprache sprechen, und die von Südindien eingewanderten Tamilen, die eine drawidische Sprache haben.

Ceylon wird durch die flache, nur 85 km breite *Palkstraße* von Vorderindien getrennt. Das zentrale Gebirgsland ragt im *Pidurutalagala* (2 524 m) und *Adamspik* (2 250 m) in große Höhen empor. Ihm sind mehr oder weniger breite Hügelländer und Küstenstreifen vorgelagert, die vor allem im Norden ziemlich ausgedehnt sind. Westen und Süden der Insel sind regenreich und daher von üppiger, tropischer Vegetation bedeckt. Im Gegensatz dazu breitet sich im niederschlagsärmeren Norden und Osten wie auch in manchen Gebirgsplateaus Savanne, örtlich sogar Dornbuschsavanne aus. Während die Küstenebenen dem intensiven Anbau tropischer Früchte dienen (Reis, Kokospalmen u. a.), ist das Gebirge überwiegend Plantagenland geworden, in dessen unterster Stufe die Kautschukkultur im Vordergrund steht, während die Höhen über 700 m von der Teekultur beherrscht werden. Die Hauptstadt *Colombo* ist ein wichtiger Anlegeplatz für die von Europa nach Ost- und Südostasien verkehrenden Schiffe.

Hinterindien

Unter dieser Bezeichnung ist der etwa 2 Mio km² große festländische Raum zu verstehen, der im Westen durch das Meer von Bengalen und das Andamanische Meer mit der Straße von Malakka, im Osten durch das Südchinesische Meer, im Norden gegen Zentral- und Ostasien weniger deutlich durch den Südrand des Südchinesischen Berglandes und die Gebirge am Oberlauf der großen hinterindischen Ströme abgesetzt wird.

Hinterindien ist im Durchschnitt weit spärlicher besiedelt als Vorderindien. Insgesamt leben hier etwa 150 Mio Menschen.

Es ist eine vielgestaltige, auch in den äußeren Küstenumrissen stark aufgegliederte Halbinsel, die im Gebiet der großen meridionalen Gebirgsketten und Stromfurchen wurzelt. Weiter im Süden aber treten diese Gebirge auseinander und machen größeren Ebenen und Plateaulandschaften Platz. Drei Elemente bauen im bunten Wechsel das Land auf: hohe Gebirge, breite Hochflächen in mittlerer Höhenlage und ausgedehnte Flußebenen mit Deltabildungen. Den westlichsten, sehr stark beregneten Gebirgszug, der keinen einheitlichen Namen trägt und als scharf zerschnittenes und von dichtem Regenwald bedecktes Gebirgssystem eine wirksame Scheide gegen Vorderindien bildet, faßt man als das *Westburmanische Randgebirge* zusammen. Es ist seiner Struktur nach die Fortsetzung der jungen Faltengebirgszone, des Himalaja. Mehrere Ketten, unter denen das *Patkoigebirge* (3824 m) im Norden bis dicht an Assam heranreicht, umschließen fieberfeuchte Längstäler und einzelne Beckenlandschaften, z. B. die von *Imphal (Manipur)*. Gegen Süden scharen sich die einzelnen Ketten wieder stärker und bilden das schroffe *Arakan-Yoma-Gebirge* (3053 m), das hart westlich der Irawadimündung am Kap Negrais schroff zum Golf von Bengalen abbricht. Die Inselreihen der *Andamanen* und *Nikobaren* leiten nach Sumatera über.

Der mittlere Gebirgszug wird als *Zentralkordillere* bezeichnet. Er löst sich aus dem Gebirgsland der meridionalen Stromfurchen zwischen Saluën und Mekong heraus und bildet das Rückgrat der Halbinsel. Sein Bau ist völlig anders als der des Westburmanischen Randgebirges, denn er besteht fast ausschließlich aus Graniten, die als mächtige Intrusivmassen in paläozoische Sedimente eingedrungen sind. Die Formen der Berge sind daher meist zugerundet; die Flanken der Gebirgszüge sind dagegen vielfach aus metamorphen Schiefern und kristallinen Kalken aufgebaut und zeigen schroffe Formen. Die Zentralkordillere läuft nicht als geschlossener Gebirgszug südwärts, sondern setzt sich aus kulissenartig gestaffelten Teilstücken zusammen, deren Höhe meist nicht über 2500 m ansteigt. Fast alle diese granitischen Gebirge sind reich an Zinn, das allerdings weniger im Gebirge selbst, als aus den Seifen gewonnen wird, mit denen die zwischen den einzelnen Ketten gelegenen Täler und Senken ausgefüllt sind.

Die östliche, längs der Küste des Südchinesischen Meeres hinziehende Gebirgszone (früher als Kordillere von Annam bezeichnet) ist gleichfalls nicht einheitlich. Im nördlichen Teil bis *Danang* (in Mittelvietnam) treten deutlich nordwest-südost-streichende Ketten auf, die auch das Talnetz bestimmen. Weiter südlich aber herrschen breite Massive kristalliner Gesteine vor, über denen noch Reste von Sedimentgesteinen, örtlich auch Basalttafeln fast horizontal liegen. So treten hier geräumigere Hochflächen auf, deren Ränder meist von Flüssen stark zerschnitten sind und den Verkehr erschweren. Während der Nordteil seine Struktur einer spätpaläozoischen, die Sinische Masse umschließenden Faltung verdankt, sind im Süden Teile einer anderen alten Masse, der Sundamasse, durch Bruchbildung zu einem Bruchschollengebirge aufgerichtet worden.

Zwischen je zwei dieser Hauptgebirgszüge schieben sich geräumige Binnenlandschaften mit Flußbecken, Plateaus und einzelnen Bergländern von geringerer Höhe ein. Die große westliche Kammer, die den stark gegliederten Raum von Burma bildet, wird durch *Irawadi (Irrawaddy)* und *Saluën (Salween)* entwässert. Die beiden Ströme ergießen sich in den Indischen Ozean. Während aber der kürzere Irawadi aus dem burmanisch-chinesischen Grenzgebiet kommt, hat der Saluën seine Quelle tief im Inneren des tibetanischen Hochlandes. Die östliche Kammer gehört dem kleineren Flußsystem des in Nordthailand entspringenden *Menam* und dem größeren des *Mekong* an, der wiederum vom Hochland von Tibet herabkommt. Der Ostrand der Küstenkordillere in Vietnam ist von einer größeren Zahl von Deltaebenen besetzt, deren nördlichste, das fruchtbare Delta des *Song-koi*, des *Roten Flusses*, die geräumigste ist und im Norden durch den Abfall des Südchinesischen Berglandes begrenzt wird. Im Süden setzt sich die Zentralkordillere in der langgestreckten Halbinsel *Malakka* fort, die im *Isthmus von Kra* nur 60 km breit ist und an der niedrigsten Stelle nur 75 m über dem Meeresspiegel liegt.

Das Klima ist tropisch und wird vom Monsun bestimmt. Da aber auch der winterliche Nordostmonsun, der hier mit dem Nordostpassat identisch ist, über Meeresräume streicht und sich mit Feuchtigkeit belädt, spendet er in viel stärkerem Maße als in Vorderindien den ihm entgegenstehenden Gebirgszügen Niederschläge, die an vielen Orten der Ostküste stärker als die sommerlichen Monsunregen sind. Im Winter dringt gelegentlich auch die Westwindzone südlich bis in das Gebiet des Roten Flusses und spendet hier bei starker Bewölkung schwache Nieselregen, Crachin genannt, wie sie sonst den Tropen völlig fehlen. Die starke Kammerung Hinterindiens bewirkt, daß sich bei dem Wechsel von Sommer- und Wintermonsun auch die Luv- und Leelagen ändern. Dementsprechend ist die Niederschlagsverteilung sehr uneinheitlich.

Die tropische Pflanzenwelt ist je nach den Niederschlagsbedingungen als immergrüner Regenwald oder als eine Form der Savanne ausgebildet. Die Monsunwälder mit ihrem für Bauzwecke sehr begehrten Teakholz sind wirtschaftlich besonders wertvoll. Der Mensch hat freilich auch hier die ursprüngliche Vegetation vielfach vernichtet, und Sekundärformationen nehmen einen breiten Raum ein. Hierher gehören vor allem die mit Alang-Alang-Gras bestandenen Flächen, die nur schwer zu kultivieren sind. Lage und Gliederung öffnen Hinterindien stärker nach Norden und Osten als nach Westen. Daher sind zahlreiche Einflüsse aus dem chinesischen Raum wirksam geworden, aus dem noch in verhältnismäßig junger Zeit Völkerschaften nach Süden abgedrängt worden sind. Von der Seeseite her hat sich der malaiische Einfluß geltend gemacht, der vorwiegend dem Süden der Halbinsel seinen Stempel aufgeprägt hat. Es sind aber auch die Fernwirkungen bedeutungsvoll, durch die indische, später mohammedanische und zuletzt europäische Kulturelemente eindrangen.

Den Hauptteil der Bevölkerung der Republik Burma bilden die zur tibeto- **Burma** burmanischen Sprachgruppe und anthropologisch zur mongoliden Rasse gehörigen Burmanen. Auf dem Schanhochland leben die Schan (etwa 3 Mio), die den Thaivölkern zuzurechnen sind. Daneben gibt es noch fast 1 Mio Inder und zahlreiche Chinesen.
Drei große Landschaftseinheiten nehmen das burmanische Gebiet zwischen den westlichen Randketten und der Zentralkordillere ein:
Im Norden ein tief gegliedertes Gebirgsland, das **Nordburmanische Bergland**, mit zahlreichen Gebirgsketten und scharf eingeschnittenen Kerbtälern, die sich stellenweise zu geräumigeren Becken erweitern und dann jeweils kleine Inseln intensiver Reis- und Baumkulturen bilden; es leitet mit zunehmender Höhe zu dem Gebiet der meridionalen Stromfurchen über.
Das **Schanhochland**, zwischen Irawadi und Saluën gelegen, ist eine nach Osten allmählich abfallende, gegen Westen durch eine steile, bis 1200 m hohe junge Bruchstufe begrenzte Scholle, die vorwiegend aus spätpaläozoischen Kalken aufgebaut wird. Wo die zum Saluën entwässernden Flüsse sich etwas tiefer in die Tafel eingeschnitten haben, herrscht Trockenheit, und Karsterscheinungen sind nicht selten. In den Senken (Poljen) findet sich Rotlehm, der fruchtbaren Boden liefert und von den Schan für den Reisanbau mit künstlicher Bewässerung ausgenutzt wird. Der ursprünglich vorhandene lichte Monsunwald ist fast völlig verschwunden und hat offenen Grasfluren Platz gemacht. Nur die höher aufragenden Berge sind von immergrünem Laubwald bedeckt.
Die Kernlandschaft Burmas bildet das **Irawadibecken**, das insbesondere um *Mandalay*, seine bedeutendste Stadt, dicht besiedelt ist. Es ist ein Senkungsfeld, das im Osten vom Schanhochland, im Norden von dem Nordburmanischen Bergland und im Westen von dem Westburmanischen Randgebirge abgeschlossen wird. Aber auch der Ausgang nach Süden wird durch den *Pegu-Yoma* eingeengt, der sich zwischen die Flüsse *Irawadi* und *Sittang* einschiebt und bis zu 800 m aufsteigt. So wird das Irawadibecken, in dem sich der Irawadi (Irrawaddy) mit dem wasserreichen *Chindwin* vereinigt, zu einer trockenen Binnenlandschaft. Der Untergrund wird von den mächtigen mittel- bis jungtertiären Peguschichten und darüberliegenden, ebenfalls noch jungtertiären fluviatilen Sedimenten gebildet. Die Peguschichten führen Erdöl, das im Gebiet von *Yenangyaun*, südwestlich von Mandalay, und nordnordwestlich davon in der Richtung des Streichens des leicht gefalteten Untergrundes, ferner auch auf der Außenseite der Arakan-Yoma erbohrt wird. Über die breiten und wasserreichen, zeitweise unter Überschwemmung leidenden Flußniederungen erheben sich niedrige, breite Terrassen, die vielfach schon recht trocken sind und stellenweise lateritische Krusten tragen. Ihre Ränder sind von der Erosion so tief aufgeschnitten, daß man hier von Badlands sprechen kann und kaum bebaubare Flächen übrigbleiben. Die Flußniederungen verbreitern sich flußabwärts mehr und mehr und erreichen im Irawadidelta 150 km Breite; sie verwachsen hier mit den Deltaflächen der benachbarten Flüsse, des *Pegu* und *Sittang*, und reichen bis an das Mündungsgebiet des Saluën im Osten, dessen Tal sonst recht wenig Raum für Kulturflächen bietet. Im gleichmäßig warmen Gebiet der Tropen gelegen und dem Südmonsun im Sommer voll ausgesetzt, sind diese Ebenen aufs intensivste genutzt und die ertragreichsten Reisgebiete Hinterindiens. *Rangun* und *Moulmein* sind wichtige Handelsplätze für Reis.

In ganz ähnlicher Weise ist das östlich der zentralen Kordillere gelegene **Das Menam-Mekong-Becken** Beckengebiet gegliedert, das nach seinen Hauptflüssen als Menam- oder Mekongbecken bezeichnet wird. Es bildet das Kerngebiet von Thailand (Siam), greift aber auch auf das Staatsgebiet von Laos und Kampuchea über. Dem Nordburmanischen Bergland entspricht das ganz ähnlich gebaute, ebenfalls in einzelne, z. T. recht schroffe Kämme aufgegliederte waldreiche *Nordsiamesische Bergland*, das im westlichen Teil mehr Kalke, im östlichen Teil vorwiegend rote Sandsteine enthält. Gesteine also, die zu scharfen Formen neigen. Gegen Osten treten mit Abnahme der Höhenunterschiede größere Flächen auf, so daß das *Bergland von Laos* am mittleren Mekong einförmiger erscheint. Überall sind in den Talerweiterungen kleine Kulturinseln entstanden, in den Bergen aber treibt die Bevölkerung eine primitive Brandrodungswirtschaft.
Dem Schanhochland in Burma entspricht hier das *Koratplateau*, das sich im Westen und Süden deutlich aus den Niederungen erhebt, aber nur wenige hundert Meter Meereshöhe, sein südlicher Eckpfeiler dagegen reichlich 1300 m erreicht. Sandsteine überwiegen. Ihr armer Verwitterungsboden trägt dürftigen Trockenwald und verweist das Kulturland auf die schmalen Flußtäler.

Große Flächen nehmen die Ebenen ein, wobei die des *Menam* sich allmählich aus dem niedriger werdenden Bergland des Nordens heraus entwickelt. Durch einzelne Höhenzüge, in denen der Untergrund noch durch die Ablagerungen ragt, wird sie in einzelne große Kammern gegliedert. Die Menamebene mit der thailändischen Hauptstadt *Bangkok* ist eine der Reiskammern Hinterindiens. Die östlich anschließenden Ebenen liegen nicht in einem Senkungsfeld, sondern bestehen aus einer alten Rumpfplatte. Diese erhebt sich in den *Kardamombergen*, deren Südseite von den Sommermonsunen unmittelbar getroffen wird und üppigsten tropischen Regenwald trägt, bis etwa 1600 m Höhe. Ihre flachen Vorländer sind jedoch wesentlich trockener und senken sich schließlich unter die jungen Aufschüttungen des wasserreichen Mekong. Diese gliedern sich in drei Abschnitte: 1) Der nordöstliche Teil oberhalb *Phnom Penh* weist mäßig breite holozäne Ebenen auf, über die sich trockenere Rücken aus verschiedensten Gesteinen erheben, während der Strom stellenweise in den felsigen Untergrund einschneidet und Schnellen bildet. 2) Im Westen wurde durch die Aufschüttungen des Mekong eine alte Meeresbucht nördlich des Kardamomgebirges abgedämmt, die heute den eigenartigen flachen *Tonle Sap* enthält, einen See von wechselnder Tiefe und Ausdehnung. Im Sommer z. Z. der Monsunregen wird ein Teil des nur langsam durch das Mekongdelta abfließenden Hochwassers in den Tonle Sap geleitet, dessen Fläche auf das Drei- bis Vierfache und dessen Tiefe von normal 2 m auf 8 bis 10 m zunimmt. Seine Umgebung bildete das alte Kulturzentrum der Khmer; hier wurden die aus dem 9. bis 13. Jahrhundert stammenden Ruinen von Angkor, der einstigen Hauptstadt von Kambodscha (Kampuchea), freigelegt. 3) Die Deltaebenen des Mekong schließlich, von zahlreichen Wasserläufen durchzogen und durch Gezeitenwirkung und Monsunhochwasser oft weithin überschwemmt, sind erst in jüngster Zeit in größerem Umfang der Reiskultur erschlossen worden. Die Deltaspitze ist durch Meeresströmungen nach Südwesten verschoben und wächst jährlich um etwa 60 m. Die Besiedlung des südlichen Vietnam hat den Schwerpunkt am Ostrande des Deltas bei *Ho-chi-Minh-Stadt* (früher Saigon).

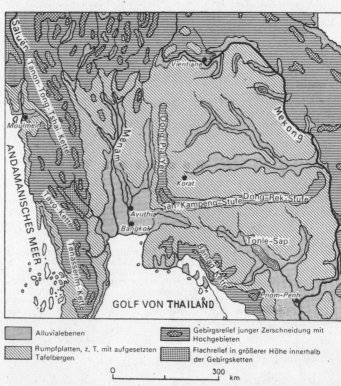

Morphologische Übersichtskarte vom zentralen Teil Hinterindiens (nach Credner)

Die Küstenlandschaften von Annam

Die Küstenlandschaften im mittleren Teil von Vietnam bilden nur einen schmalen Saum. Da die Ausläufer der Kordilleren mehrfach bis hart an die Küste herantreten, ist die Landschaft in eine größere Zahl kleinerer Deltaebenen aufgegliedert. Sie sind den herbstlichen Nordostmonsunen ausgesetzt und empfangen so zu dieser Jahreszeit die Hauptregen, während sie im Sommer im Lee und damit im Regenschatten liegen. Besonders trocken ist die Südostecke der Küste. Die sich in den Herbstmonaten über dem Südchinesischen Meer und den Philippinen entwickelnden Taifune treffen die Küstenstriche mit zerstörender Wucht. Erst im nördlichen Teil weiten sich die Deltaebenen und verschmelzen mit der weitaus größten, der des *Roten Flusses*, zu einem ausgedehnten Tiefland, früher *Tonking* genannt, in dem intensiver Reisanbau betrieben wird. Hier liegen auch *Hanoi* und *Haiphong*.

Die hydrographischen Verhältnisse sind allerdings ungünstig. Überschwemmungen sind häufig; da die schuttreichen Flüsse das Delta immer weiter hinausschieben, strömen sie als Dammflüsse teilweise über der Ebene, so daß bei Überschwemmungen das Wasser nur schwer abfließen kann. Auch sind die Flüsse wenig schiffbar, da sie ihr Bett ständig verändern. Die nördliche Umrahmung, die dem Südchinesischen Bergland angehört und sinisches Streichen aufweist (Südwest-Nordost), ist schroff, meist entwaldet oder von Lorbeerwäldern und buschartigen Sekundärformationen bedeckt. An der Küste des Golfs von Bacbo bilden Kalkberge mit den charakteristischen Formen des Kegelkarsts eine malerische, aber der Schiffahrt sehr hinderliche Klippenregion.

Die Halbinsel Malakka

Die Halbinsel setzt mit den westthailändischen Kordilleren und den Ketten von Tenasserim in Südburma an und lockert sich weiter südlich mehr auf. Neben einzelnen kulissenförmig gestaffelten Bergzügen treten hier langgestreckte Talzüge in den Vordergrund, die sich zur Küste hin oft zu Küstenebenen verbreitern. Ost- und Westküste haben unterschiedlichen Charakter. Die Westküste empfängt die Hauptregen z. Z. des Sommermonsuns, die Ostküste z. Z. des Nordostmonsuns, der an der Küste eine schwere Brandung erzeugt. Durch sie wird die Schiffahrt erschwert und die Bildung einer Mangrovezone verhindert. Die Westküste hingegen liegt im Schatten der Insel Sumatera und ist fast überall von einem breiten Mangrovegürtel begleitet. Infolge der südlichen Lage sind nicht nur die Temperaturen sehr ausgeglichen, auch die Niederschläge sind gleichmäßiger verteilt, und kein Monat weist, wie etwa weiter nördlich in Hinterindien, unter 30 mm Niederschlag auf. Immergrüner tropischer Regenwald herrscht vor, nur die Binnentäler sind trockener. Doch ist hier das ursprüngliche Pflanzenkleid vielfach durch Sekundärformationen, besonders durch Alang-Alang-Gras ersetzt. Der Reisbau der malaiischen Bevölkerung ist meist nicht sehr intensiv; in manchen Gebieten, wie in *Pahang*, fehlt der Reisbau mit künstlicher Bewässerung, an seine Stelle tritt der Reisbau auf Regenfall. Kokoshaine und Fruchtgärten bilden eine wesentliche Grundlage der Ernährung. Eine große Rolle spielt die Plantagenkultur des Hevea, des Kautschukbaums. Malaysia ist der Hauptlieferant von natürlichem Kautschuk. Die reichen Zinnseifen werden schon seit langem ausgebeutet. Zum großen Teil befinden sie sich im Besitz eingewanderter Chinesen. Die auf der Westseite der Halbinsel liegenden Hauptlagerstätten des Zinnerzes (Kinta-Distrikt) setzen sich auf den zu Indonesien gehörenden Zinninseln Bangka und Belitung (Billiton) fort.

Die südostasiatische Inselwelt

Die südostasiatische Inselwelt – Insulinde, auch Malaiischer Archipel genannt – bildet mit ihrer verwirrenden Fülle großer und kleiner Inseln den Südostsaum des asiatischen Kontinents. Sie schiebt sich zwischen Pazifischen und Indischen Ozean ein und bildet gewissermaßen eine Brücke nach Australien. Die größten Inseln sind Kalimantan (Borneo), Sumatera, Sulawesi (Celebes), Djawa (Java), Luzón und Mindanao. Die Gesamtbevölkerung Insulindes beträgt heute etwa 190 Mio Menschen, die allerdings sehr ungleichmäßig verteilt sind. In manchen Bezirken der Inseln Djawa und Madura steigt die Dichte z. B. auf 800 Einw. je km², d. h., sie entspricht etwa derjenigen der am stärksten industrialisierten Bezirke Westeuropas; auf anderen Inseln wiederum sinkt die Dichte auf 2 bis 5 Einw. je km² herab. Der überwiegende Teil der Bevölkerung gehört anthropologisch der malaiischen Rasse an; das Niveau der kulturellen und gesellschaftlichen Entwicklung ist bei den einzelnen Völkerschaften aber recht verschieden. So führen insbesondere in den unzugänglichen Bergländern im Innern der großen Inseln manche Stämme noch ein primitives Jäger- und Sammlerdasein.

Mit Ausnahme von Brunei auf Nordkalimantan und der Philippinen, die einen eigenen Staat bilden, gehört das Gebiet heute zur Republik Indonesien. Der junge Faltengebirgsgürtel, der Asien durchzieht, verknüpft sich in der südostasiatischen Inselwelt mit der tektonisch labilen Zone, die den Pazifik umrahmt. Daraus erklärt sich, daß die Auflösung der Landmassen einerseits – Australien und Asien waren einst durch eine Landbrücke miteinander verbunden – und die Bildung neuer tektonischer Glieder anderseits hier besonders deutlich in Erscheinung tritt. Ausdruck der noch andauernden Unausgeglichenheit der Erdkruste sind nicht nur die durch geophysikalische Messungen nachgewiesenen großen Schwereabweichungen und die Tiefseegräben, die die gesamte Inselflur außen umfassen, sondern vor allem der starke Vulkanismus – man hat 330 Vulkane gezählt, darunter 128 tätige –, die Erdbebenhäufigkeit und die jungen Hebungen und Senkungen. Die besonders labilen Zonen liegen vorwiegend im äußeren Saum der Inselgruppe. Im Inneren aber finden sich Reste der alten Sundamasse, also eines verhältnismäßig stabilen Teils der Erdkruste.

Die Inselgirlanden der Großen Sundainseln (Sumatera, Djawa, Kalimantan und Sulawesi) und der Kleinen Sundainseln (Inselkette östlich Djawa) biegen im Südosten vor der starren alten Masse des australischen Kontinents und seiner Schelfmeere in engem Bogen nach Norden ab über die Maluku (Molukken), wo sich ein weiterer Gebirgszug von Neuguinea her schart, zu den Philippinen, die über Palawan und die Suluinseln auch mit Kalimantan und über Sulawesi mit den Kleinen Sundainseln verbunden sind. Der Kern der alten Sundamasse baut den größten Teil der wenig gegliederten Insel Kalimantan auf, ist zum größten Teil unter dem flachen Südchinesischen Meer versenkt und tritt auf dem Festland in Hinterindien wieder zutage.

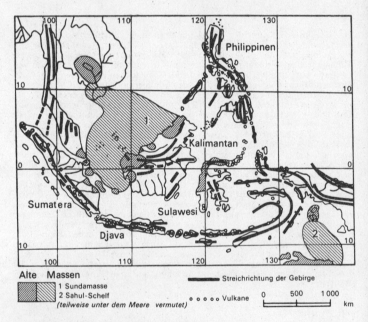

Alte Massen
1 Sundamasse
2 Sahul-Schelf
(teilweise unter dem Meere vermutet)
Streichrichtung der Gebirge
o o o o o Vulkane
0   500   1000 km

Tektonische Linien in Südostasien (nach Klute)

Der größte Teil der Inselwelt liegt unter Monsuneinfluß. Doch da die Luftmassen, die von der Südhalbkugel in den äquatorialen Bereich eintreten, im östlichen Teil von dem trockenen Kontinent Australien stammen, bringen sie wenig Niederschläge. Die östlichen Sundainseln, mit dem östlichen Djawa beginnend, sind daher erheblich trockener als die übrigen Inseln. Dementsprechend treten hier auch Trockenwälder und Grasfluren auf, während sonst allenthalben der immergrüne Regenwald der Tropen herrscht, wie z. B. auch an der von den Passaten getroffenen Außenküste der Philippinen. Da die einst zwischen Asien und Australien vorhanden gewesene Landbrücke schon in geologisch früher Zeit unterbrochen wurde, ist seit dem Tertiär die Entwicklung der Pflanzen- und besonders der Tierwelt in den beiden Gebieten verschieden verlaufen. Der asiatische Floren- und Faunenbereich reicht bis zur sogenannten Wallace-Linie, die östlich Bali, westlich Sulawesi und südlich der Philippinen verläuft. Eine Übergangszone, in der sich asiatische und australische Formen mischen, erstreckt sich bis zu einer Linie, die zwischen Molukken und Neuguinea verläuft und den australischen Lebensbereich abgrenzt.

Insulinde ist nicht nur ein wichtiger Lieferant vieler tropischer Produkte –
Reis, Kaffee, Kautschuk, Chinarinde, Gewürze –, sondern auch reich an
Bodenschätzen, von denen besonders Erdöl und Zinn für den Weltmarkt von
Bedeutung sind.

Das wenig gegliederte Kalimantan mit ziemlich gedrungener Gestalt hat eine **Kalimantan (Borneo)**
zentrale Lage innerhalb des Archipels. Es ist mit 737 000 km² Fläche nach
Grönland und Neuguinea die drittgrößte Insel der Erde, zählt jedoch nur
rund 6,5 Mio Einw., d. h. im Durchschnitt knapp 9 Einw. je km². Die schwache
Besiedlung der Insel beruht vor allem auf der Unzugänglichkeit ihrer Küsten.
Die Bevölkerung setzt sich überwiegend aus den den Malaien nahestehenden
Dajak, den ältesten Bewohnern der Insel, ferner aus Malaien und Chinesen
zusammen. Die Chinesen leisteten einen großen Teil der Besiedlungs- und
Kultivierungsarbeit auf Kalimantan.
Die in mehrere Gebirgsgruppen aufgegliederte zentrale Massenerhebung – der
höchste Gipfel liegt allerdings ganz exzentrisch im Norden; es ist der *Kinabalu*
mit 4101 m –, die mit tropischem Regenwald bedeckt ist, wird auf allen Seiten
von Niederungen umgeben, die an der Küste in breite Sumpfwälder mit Mangrove übergehen. Die Flüsse haben Mündungsbarren aufgeschüttet, die das
Eindringen der Schiffe erschweren.
An Bodenschätzen werden Kohle auf der Insel *Laut* (*Laoet*) und bei *Balikpapan*
und Erdöl in *Brunei*, bei Balikpapan und *Tarakan* gefördert. Im Flußgebiet
des *Kapuas* an der Küste werden Kopra und Sago, im Innern (Hinterland von
Pontianak) vor allem Kautschuk gewonnen. Im Südosten steht neben der
Gewinnung von Pfeffer und Kopra die Kautschukgewinnung ebenfalls im
Vordergrund.

Die ganz zu Indonesien gehörige langgestreckte Insel Sumatera ist mit 473 606 **Sumatera (Sumatra)**
km² die zweitgrößte der Sundainseln. Die etwa 23 Mio Einw. gehören bis auf
einige hunderttausend Chinesen malaiischen Stämmen an. Die größte Stadt
ist *Palembang* im Südosten der Insel. Sumatera hat überall tropischen Charakter
und wird zu allen Jahreszeiten reichlich beregnet. Die stürmische und steile,
auch wegen ihrer Korallenriffe schwer zugängliche Südküste, der die *Pagai*-
(*Nassau*-) und *Mentawei*-Inseln vorgelagert sind, wird von einem langgestreckten Gebirgsland begleitet, das einen recht komplizierten Bau aufweist. Die
von Malakka herüberstreichenden Bruchschollen der alten Sundamasse
werden von der jungen Störungslinie abgeschnitten, zertrümmert, und überall
sitzen dieser Störungszone Vulkane auf, die z. T. erloschen sind und im
Gebiet des *Tobasees* mächtige Gesteinsdecken hinterlassen haben, z. T. aber
auch heute noch mit recht kräftigen Ausbrüchen Veränderungen hervorrufen.
Mit dem in der Sundastraße gelegenen Vulkan *Krakatau*, der als erloschen angesehen wurde, ist eine der schwersten Vulkanexplosionen aller Zeiten verbunden. Am 27. August 1883 wurde der größte Teil der Insel buchstäblich
in die Luft gesprengt. 36 000 Menschen fanden bei dieser Katastrophe den
Tod.
Die Nordostseite der Insel Sumatera ist Schwemmland, dessen Mangroveküste
durch die Ablagerungen der zahlreichen wasserreichen Flüsse immer weiter
ins Meer vorgeschoben wird, so daß vom Gebirge nach der Küste zu immer
jüngere Ablagerungen aufeinanderfolgen. Die überwiegend tertiären Sedimente
am Gebirgsfuß führen vor allem Erdöl (Gebiet von *Palembang* und Djati im
Südosten, von Langkat und Serdang im Nordosten). Das Tiefland Sumateras
ist wegen seines Reichtums an Sümpfen, des dort einst weit verbreiteten
Fiebers und seiner geringen Zugänglichkeit erst spät erschlossen worden.
Heute ist es eines der größten Plantagengebiete der Erde, das Kautschuk,
Palmöl und Sisalhanf liefert. Die Tabakkultur im Hinterland von *Medan*
spielt wegen der vorzüglichen Qualität des Tabaks (Sumatra-Sandblatt) eine
große Rolle.

Das schmale, wenn auch über 1000 km lange Djawa steht flächenmäßig **Djawa (Java)**
(132 174 km²) weit hinter Kalimantan und Sumatera zurück. Obwohl es damit
nicht viel größer ist als die Deutsche Demokratische Republik, beherbergt es –
einschließlich Madura – mehr als die fünffache Bevölkerung, rund 85 Mio,
d. h. etwa zwei Drittel der Gesamtbevölkerung der Republik Indonesien. Die
Bevölkerungsdichte beträgt durchschnittlich rund 650 Einw. je km², steigt
aber in einzelnen Bezirken auf mehr als 800 Einw. je km² an. Djawa ist also
eines der am dichtesten bevölkerten Gebiete der Erde. Den Hauptteil der
Bevölkerung stellen auch auf Djawa die Malaien. Daneben aber gibt es noch
Chinesen, Europäer u. a.

Der Boden Djawas wird äußerst intensiv genutzt und gilt daher als Beispiel für die Fruchtbarkeit der Tropen. Jedoch zeigt sich bei näherer Betrachtung, daß Djawa keineswegs eine „typische" Tropeninsel ist. Der Aufbau der langgestreckten Insel ist hauptsächlich durch das vulkanische Material bestimmt. Nur 1% der Fläche besteht aus älteren Gesteinen, mehr als zwei Drittel sind von vulkanischen Ablagerungen bedeckt: Aschen, Tuffen und Lava jüngerer und älterer Ausbrüche. Der übrige Teil besteht aus tertiären Sedimenten. Die Insel liegt an der Stelle des Sundabogens, wo die Zertrümmerung der Erdkruste am intensivsten, der alte Untergrund am meisten zerstört war und heute zum großen Teil unter den Meeresspiegel der Javasee versenkt ist.

Auch gegenwärtig sind noch zahlreiche Vulkane tätig. Durch verheerende Ausbrüche sind vor allem *Gede* (2958 m), *Slamet* (3428 m), *Guntung* (2249 m) bekannt geworden. Ihre Aschen werden weit über das Land verweht und bilden eine stetig wirksame mineralische Düngung. Entweder ist direkter Aschenfall zu verzeichnen, oder die vulkanischen Lockermassen werden durch die Flüsse verfrachtet und abgelagert. Das ist für die Tropen von besonderer Bedeutung, da hier für die Erhaltung der Bodenfruchtbarkeit der Gehalt des Bodens an mineralischen Substanzen ausschlaggebend ist, die alten Gesteine aber mineralisch meist schon weitgehend abgebaut und z. T. laterisiert worden sind.

Auch in klimatischer Hinsicht hat Djawa eine eigentümliche Zwischenstellung. Der sommerliche Monsun kommt von dem trockenen Australien her und bringt somit wenig Niederschläge. Die Trockenheit nimmt von Westen nach Osten zu. Tropischen Regenwald gibt es daher nur im westlichen Drittel der Insel an günstigen Stellen, sonst treten an seine Stelle lichter Monsunwald und offene Savannenflächen, die eine Besiedlung begünstigen. Anderseits ist die Trockenheit nicht so groß, daß allgemein eine Gefährdung durch den Wassermangel eintreten könnte. Die überall in verschiedener Höhenlage und Ausdehnung vorhandenen Ebenen sind die Kerngebiete des Naßfeld-Reisanbaus. Die starke Zunahme der Bevölkerung zwang dazu, besonders in den vulkanischen Gebieten durch Terrrassenbau auch steilere Hänge zu kultivieren. Dabei macht sich nach dem Grad der Trockenheit ein Wechsel in den Hauptfrüchten bemerkbar. In den breiten Flachländern der Nordabdachung steht der Reisbau weitaus im Vordergrund, daneben spielt der Anbau von Tee, Chinarinde, in geringerem Maße auch von Kaffee und Kautschuk eine Rolle. In der Mitte gedeiht Zuckerrohr, auf weniger fruchtbaren Plateaus ist auch Teakholzwirtschaft zu finden. Tabak- und Kaffeekultur sind mehrfach eingestreut. Im östlichen trockeneren Drittel der Insel steht der Mais an erster Stelle. Je nach örtlichen Bedingungen (Bodengüte, Wasserhaltung des Bodens, Hanggestaltung, Bewässerungsfähigkeit u. a.) baut man die verschiedenen Früchte in der mannigfaltigsten Art nebeneinander an. Doppelte Ernten werden besonders im mittleren Teil der Insel erzielt.

Neben dem Klima sind die Relief- und Bodenverhältnisse für die Bewirtschaftung des Landes bedeutsam. Die Südküste steigt meist steil zu mäßigen Höhen auf, stark zerschnittene Kalkplateaus spielen eine große Rolle und zeigen die Erscheinungen des tropischen Karstes. Auch außerhalb der Kalkgebiete ist der Südrand der Insel stark zerschnitten und bildet verkehrsmäßig die Außenseite der Insel. Zur Zeit der Segelschiffahrt um Südafrika wurde Djawa durch die Sundastraße erreicht. Die innere Achse der Insel wird von den Vulkanen beherrscht, die einem stark gestörten tertiären Sockel aufsitzen. Der Norden der Insel ist überwiegend Flachland. Auf der benachbarten Insel *Madura* (4470 km²), die fast ebenso dicht bevölkert ist wie Djawa, und dem ihr gegenüberliegenden Küstenland von Djawa stellen sich wieder trockenere Kalkplatten ein.

Sulawesi (Celebes)

Das eigenartig gestaltete Sulawesi, das ebenfalls einen Bestandteil Indonesiens bildet, ist mit 189035 km² die drittgrößte der Sundainseln und zählt rund 10 Mio Einw., die meist der malaiischen Rasse angehören. Im Inneren leben noch Stämme, die auf primitiver Kulturstufe stehen. Sulawesi wird durch die tiefe *Makassarstraße* von Kalimantan getrennt. Es hat seine merkwürdige Gestalt – von einem Zentrum strahlen gleichsam wie Arme vier große Halbinseln aus – durch eine extreme Bruchtektonik erhalten. Diese ist auf die Nähe der tektonisch labilen Zonen von Djawa und Sumatera einerseits, des Randes vom Pazifischen Ozean anderseits zurückzuführen. Der Inselkörper wird auch im Innern durch Brüche in zahlreiche Hochschollen und Grabenbrüche aufgegliedert. Die dadurch bewirkte Unwegsamkeit hat trotz der geringen Küstenferne eine rasche Erschließung erschwert. Während im Hauptteil der Insel noch Bruchstücke der alten Sundamasse mit Graniten überwiegen, sind die südlichen Halbinseln, vor allem aber die nordöstliche, *Minahassa*, fast völlig aus vulkanischem Material aufgebaut. Wie in Djawa sorgen auch hier die tätigen Vulkane – Soputan (1830 m), Lokon (1594 m) u. a. – noch heute für eine wertvolle Düngung des Bodens mit mineralischen Aschen. Der Wechsel der Winde im Gang der Jahreszeiten bringt je nach Lage der Küsten mengenmäßig und zeitlich unterschiedliche Niederschläge. So ist auf Minahassa im

Januar und Februar die Nordküste feucht, die Südküste wesentlich trockener; im Juli ist es umgekehrt. Auch in dem stark gegliederten Inneren der Insel sind die Niederschlagsmengen recht ungleich. Die Gebirge sind fast überall mit tropischem Regenwald bedeckt gewesen. In den Beckenlandschaften haben wohl schon von jeher Grasfluren die trockeneren Teile bedeckt. Durch Brandrodungswirtschaft sind im Inneren vielfach Sekundärwald und Alang-Alang-Grasflächen entstanden. Auf der Halbinsel Minahassa und um *Makassar* an der Südspitze ist eine intensiv bebaute Kulturlandschaft entstanden, die Reis, Zuckerrohr, Kokosnüsse, Mais und Kaffee sowie ein wenig Kautschuk liefert.

Kleine Sundainseln

Hierzu zählt die östlich von Djawa beginnende Inselkette, deren letztes Glied im Osten die *Timorlaut-Gruppe* ist. Die Bevölkerung besteht auch hier fast ausschließlich aus malaiischen Völkerschaften. Trotz der gleichmäßigen Reihung lassen sich verschiedene Inseltypen erkennen. Die westlichen Inseln ähneln noch der Insel Djawa. Nur ist hier der Sockel der Vulkanberge im Vergleich zu dem Ostdjawas noch tiefer gelegen, und die zwei Vulkanreihen werden durch eine Niederung getrennt. Die südliche Vulkanzone weist keine tätigen Vulkane mehr auf, die nördliche dagegen ist von vielen prächtig geformten, teils noch tätigen Vulkankegeln – *Batur* auf Bali, *Rindjani* auf Lombok u. a. – besetzt, die z. T. auf vorgelagerten Inseln liegen. *Bali* (5 600 km²), *Lombok* (4 700 km²) *Sumbawa* (14 000 km²) und *Flores* (15 000 km²) sowie die *Solorinseln* gehören diesem Typ an. Klimatisch sind sie durch größere Trockenheit vor allem in den Monaten Mai bis August ausgezeichnet, aber auch sonst ist die Niederschlagsmenge nicht so groß, daß ein dichtes Waldkleid entstehen könnte. Grasfluren herrschen vor; wo noch Wald erhalten geblieben ist, handelt es sich um lichten, trockenen Monsunwald.

Von *Alor* ab ändert sich das Bild. Nördliche Vulkanzone und inneres Tiefland fehlen. Nur die südliche Vulkanzone ist noch vorhanden, aber die vulkanischen Gesteine treten gegenüber dem wieder ansteigenden Sockel aus kristallinen Gesteinen und den darüber lagernden, meist gestörten und vielfach gefalteten Sedimentgesteinen zurück. Seit dem Tertiär ist der Vulkanismus erloschen. Die Trockenheit nimmt gegen Osten weiter zu, so daß auf *Timor* (30 900 km²) die Savannenflächen vorherrschen. Die kurzen kräftigen Regen haben die meist gebirgigen Inseln tief zerschluchtet.

Nördlich der Südostinseln biegt die Inselreihe vor Neuguinea nach Norden ab. Hier schieben sich zwischen Sulawesi, Neuguinea und die Philippinen die indonesischen, als Gewürzlieferanten einst so berühmten Inseln der **Maluku (Molukken)** ein. Der Gewürzanbau spielt jetzt nur auf einigen wenigen kleinen Inseln – *Bandainseln*, *Ternate*, *Tidore* und vor allem *Amboina* – eine gewisse Rolle (Muskat, Pfeffer, Nelken). Die anderen Inseln sind von den Holländern z. T. absichtlich vernachlässigt worden. Die wirre Inselwelt erhielt ihre Struktur durch gebirgsbildende Vorgänge, die das ältere Tertiär überall gefaltet, noch jüngere Schichten vielfach verworfen haben. Dabei sind mehrere von den östlichen Sundainseln herziehende enge Faltenbögen entstanden, jedoch stark zerbrochen und zum großen Teil unter dem Meeresspiegel abgesunken. Von dem inneren Bogen zwischen *Wetar* (3 890 km²) und *Seram* (fast 18 000 km²) sind nur noch die höchsten Teile eines Vulkanriesen in den Bandainseln erhalten geblieben. Der zweite Bogen zieht vom Timorlaut über die westlichen *Kei-Inseln* nach Seram, der äußere, schon dem australischen Schelf nahe, tritt von den östlichen Kei-Inseln nach dem Westraum von Neuguinea über und biegt dann über *Misol*, *Obi* und die *Sulainseln* nach Westen zurück. Noch stärker zerstückelt und noch heute von zahlreichen tätigen Vulkanen durchsetzt sind die nördlichen Molukken mit der Hauptinsel *Halmahera* (18 000 km²), die in ihrer Gestalt Sulawesi auffallend ähnlich ist. Da diese Inseln schon wieder weiter von Australien entfernt sind und dicht am Äquator liegen, nimmt die Niederschlagsmenge beträchtlich zu. Hat Seram noch ausgedehnte Savannenflächen, so herrscht in Halmahera üppiger tropischer Regenwald.

Philippinen

Diese aus elf größeren und mehr als 7 000 kleineren Inseln bestehende Inselgruppe bedeckt insgesamt eine Fläche von 297 413 km². Davon umfaßt die Insel *Luzón* allein 104 700 km² und *Mindanao* weitere 94 600 km². Die gesamte Inselgruppe gehört zur Republik der Philippinen. Überwiegend werden die Inseln von Malaien bewohnt, doch gibt es auch zahlreichen eingewanderte Chinesen. Die Ureinwohner der Philippinen, die Negritos, sind in das gebirgige Innere zurückgedrängt worden und leben dort meist als primitive Sammler und Jäger. Neben dem 1946 zur Amtssprache erhobenen Tagalog, einer malaiischen Sprache, sind Englisch und Spanisch in Gebrauch.

Die Philippinen bilden den östlichen Abschluß der südostasiatischen Inselwelt gegen den Pazifik und zugleich das Bindeglied zu den ostasiatischen Insel-

girlanden, deren Struktur sich teilweise noch darin zeigt, daß die nach Kalimantan hinüberstreichenden Inselreihen der *Suluinseln* und *Palawan* rechtwinklig von der Hauptgruppe abgesetzt sind.
Die Zertrümmerung des alten Sockels ist auch auf den Philippinen bedeutend, denn sie gehören ebenfalls der labilen Zone am Rand des Pazifiks an. Diese Zone verrät sich durch den Philippinengraben (hier wurde eine der größten Meerestiefen – 11 516 m – gemessen), der den Außenrand der Inseln begleitet, durch zahlreiche schwere Erdbeben und einen intensiven Vulkanismus. Ältere kristalline Gesteine treten in den Gebirgen unter jungen, vorwiegend tertiären Sedimenten hervor, erreichen aber nirgends größere Ausdehnung. Mehrere meridional gerichtete Gebirgsketten durchziehen Nordluzón und fächern sich dann südwärts auf. Außer Luzón und Mindanao hat fast keine Insel größere Ebenen. Die Küsten sind meist schmal und in den Buchten von Mangrove gesäumt. Den Felsenküsten sind Korallenriffe vorgelagert. Zwischen 6° und 18° n. Br. gelegen, haben die Inseln durchaus tropischen Charakter; die Unterschiede zwischen Nord und Süd sind weniger bedeutend als die zwischen Ost- und Westseite der gebirgigen Inseln. In den Monaten Oktober bis April herrscht der Nordostpassat, der den steilen Ostküsten starke Regenfälle bringt, vor allem dann, wenn die oft verheerenden Taifune die Inseln queren. In den Monaten Juni bis August weht dagegen der Südwestmonsun, der den Westseiten Niederschläge bringt, im Norden jedoch wesentlich weniger als im Süden. Daraus ergeben sich mehrere Klimaprovinzen: 1) Dauernd feuchte Gebiete ohne Trockenzeit; das sind vor allem die östlichen Gebirge und auch die zentralen Teile der Insel Mindanao. 2) Dauernd feuchte Gebiete mit besonders deutlichem Maximum im Winter; sie liegen am pazifischen Außensaum der östlichen Inseln. 3) Gebiete mit deutlicher Unterscheidung von Trocken- und Regenzeit, die die Westhälfte von Nordluzón, vom Visaya-Archipel sowie Palawan umfassen; 4) ein Übergangsgebiet mit nur kurzer Trockenzeit.
Die Bodenfruchtbarkeit ist sehr unterschiedlich. Während ein großer Teil der tertiären Ablagerungen nur mäßige Bodengüte besitzt, sind die vulkanischen Böden meist sehr fruchtbar. Tropischer Regenwald überzieht die Hänge der dauernd feuchten Gebiete bis in etwa 400 m Höhe. In den Gebirgen stellen sich Laubmischwälder und in Luzón vielfach auch Kiefernwälder ein, die auf die nördlichere Lage der Insel hinweisen. Daneben finden sich vielfach durch den Menschen beeinflußte lichte Waldformationen. Die Brandrodungswirtschaft hat schon große Lücken in den Urwald gerissen und Sekundärformationen entstehen lassen. Nur 20% des Landes sind agrarisch genutzt. Reis, Mais, Kokospalme, Hanf, Zuckerrohr und Tabak sind die wichtigsten Kulturarten. Der Reis findet sich vor allem in den Gebieten mit einer Trockenzeit. Wo wegen zu trockenen Bodens der Anbau von Reis auf Schwierigkeiten stößt, wird Mais angebaut; dies ist vor allem auf den mittleren Inseln, besonders auf *Cebu*, der Fall. Die Kokoskulturen sind auf die Küstensäume beschränkt,

Physisch-geographische Angaben

Flüsse	Länge (km)	Berge	Höhe (m)	Lage
Vorderindien				
Indus	3 180	Mt. Everest (Tschomolungma)	8 848	Zentralhimalaja
Brahmaputra	2 900			
Ganges	2 700	K 2 (Mt. Godwin Austen, Tschogori)	8 611	Karakorum
Satledsch (Sutlej)	1 450			
Godavari	1 445	Kangchendzönga	8 585	Zentralhimalaja
Dschamna (Yamuna)	1 400	Makalu	8 470	Zentralhimalaja
Narbada (Narmada)	1 300	Dhaulagiri	8 221	Zentralhimalaja
Krishna	1 280	Nanga Parbat	8 126	Westhimalaja
Mahanadi	836	Annapurna I	8 078	Zentralhimalaja
Tapti	720	Tiratsch-Mir	7 690	Hindukusch
		Kulhagangri	7 554	Osthimalaja
		Takht-i-Suleiman	3 440	Suleimangebirge
		Anai Mudi	2 695	Kardamomgebirge (Indien)
		Dodabetta	2 633	Nilgirigebirge
		Pidurutalagala	2 524	Ceylon
		Dewodi Munda	1 680	Ostghats
Hinterindien				
Mekong	4 500			
Saluën (Salween)	2 500	Mt. Victoria	3 053	Westburmanische Randgebirge
Irawadi (Irrawaddy)	2 012	Pu Bia	2 830	Laos
Menam	1 500	Gunong Tahan	2 190	Halbinsel Malakka
Songkoi (Roter Fluß)	800	Ka-Kup	1 744	Kardamomgebirge (Thailand)
		Seen	Fläche (km²)	
		Tonle Sap	2 500 bis 10 000	Kampuchea

Insulinde

Seen	Fläche (km²)	Insel	Berge	Höhe (m)	Lage
Baysee	2410	Luzón	Kinabalu	4101	Kalimantan
Tobasee	2050	Sumatera	Kerintji	3805	Sumatera
Lanaosee	900	Mindanao	Rindjani	3726	Lombok
Bombonsee	670	Luzón	Semeru	3676	Djawa
Towoetisee	572	Sulawesi	Rantekombola	3455	Sulawesi
			Slamet	3428	Djawa
Flüsse	Länge (km)	Insel	Leuser	3381	Sumatera
			Lokilalaki	3311	Sulawesi
			Pinaja	3055	Seram
			Apo	2953	Mindanao
Burito	608	Kalimantan	Merapi	2911	Djawa
Hari (Jambi)	600	Sumatera	Marapi	2891	Sumatera
Kapuas	556	Kalimantan	Mutis	2427	Timor
Musi	500	Sumatera	Krakatau	823	Sundastraße

greifen aber in Luzón im Bereich der *Tayabasbucht* auf das Hinterland über. Der Anbau der für die Philippinen besonders charakteristischen Abaca, des Manilahanfs, ist in der Waldzone verbreitet, denn die Abaca-Pflanze ist eine Bananenart, die keine längere Trockenzeit liebt. Daher finden sich die Hauptanbaugebiete fast ausschließlich im Osten, vorwiegend auf dem Südostende Luzóns und im Süden Mindanaos um *Davao*. Zuckerrohr findet sich insbesondere auf *Negros* und in Mittelluzón. Tabak hingegen auf den besten Böden Nordluzóns. Waldwirtschaft, Fischerei und Bergbau, besonders auf Gold, ergänzen die Wirtschaft der Philippinen. Außer dem wirtschaftlichen und kulturellen Mittelpunkt, der Hauptstadt *Manila* auf Luzón, gibt es heute bereits zahlreiche weitere Großstädte auf den Philippinen.

VORDERASIEN

Überblick

Abgrenzung. Der dem Mittelmeer und damit dem südlichen Europa zugewandte Teil Asiens wird als Vorderasien, Westasien, Vorderer Orient oder Naher Osten bezeichnet. Er stellt die Verbindung zwischen Europa, Asien und Nordafrika dar. In der Kleinasiatischen Halbinsel springt Vorderasien, das insgesamt eine Fläche von rund 7 Mio km² einnimmt, westwärts bis zum 26. östlichen Meridian vor. Die Nordgrenze liegt am Nordfuß des Kaukasus, am Südufer des Kaspischen Meeres und an den nordiranischen Randgebirgen. Im Osten grenzt Vorderasien in den vom Hindukusch südwärts streichenden Gebirgen von Afghanistan und Belutschistan an Vorderindien. Im Süden bilden östliches Mittelmeer, Rotes Meer, Persischer Golf und Indischer Ozean die natürliche Begrenzung.
Oberflächengestaltung. Faltengebirge, Schollen- und Tafelländer haben gleichermaßen Anteil an Vorderasien. Tertiäre Faltengebirge umrahmen die Kleinasiatische Halbinsel, bauen den Kaukasus auf und sind in den nord- und südiranischen Randketten anzutreffen, die über den Hindukusch Anschluß an das Pamirmassiv gewinnen. Wir befinden uns hier im Bereich des alten Tethysmeeres, das vom Paläozoikum bis ins Tertiär den Raum zwischen dem Mittelmeer und dem Himalaja bis Hinterindien hin einnahm. Aus seinem Geosynklinalraum erhoben sich vor allem im Tertiär Ketten von Faltengebirgen. Arabien und Syrien hingegen sind geneigte Tafelländer, die kristallinem Untergrund aufgelagert sind. Ihre Ränder werden besonders auf der Westseite vielfach von Grabenbrüchen gebildet. Der Graben des Roten Meeres, der bereits in der Kreidezeit gebildet wurde, kann als Fortsetzung des ostafrikanischen Grabensystems angesehen werden. Er steht in Verbindung mit der weiter nördlich gelegenen Senke des Jordangrabens, die am Toten Meer mit – 394 m ihren tiefsten Punkt erreicht. Tief greifen die angrenzenden Meere in den Landschaftskomplex ein: das Mittelmeer im Westen, Schwarzes Meer und Kaspisches Meer im Norden sowie Arabisches Meer, Persischer Golf und Rotes Meer im Süden. Sie verstärken den Eindruck der Brückenlage, die dieses Gebiet einnimmt.
Klima. Das Klima Vorderasiens wird weitgehend durch die Lage innerhalb des Hochdruckgürtels der Roßbreiten bestimmt. Das binnenländische Trockenklima, das im Süden Steppen und Wüsten entstehen läßt, ähnelt dem nordafrikanischen. Im Norden grenzt die gemäßigte Zone mit ihren wandernden Zyklonen an. Besonders in der kalten Jahreszeit sind die Tiefdruckgebiete und deren Wettererscheinungen weit über Vorderasien hin wirksam. Die feuchte Tropenzone dagegen, die sich im Süden an den subtropischen Wüsten- und Steppengürtel anschließt, hat nur geringen Einfluß. Lediglich der äußerste Süden der Arabischen Halbinsel wird im Sommer vom regenbringenden

indischen Monsun berührt. Hoher Luftdruck mit Windstillen oder überwiegend östlichen (Passat-)Winden herrschen im Jahresverlauf vor. Vom Inneren des Landes werden die Niederschläge durch Randgebirge völlig ferngehalten, so daß der Meereseinfluß nicht weit landeinwärts zu spüren ist. Die Sommerdürre nimmt oft bedrohliche Ausmaße an, und Mißernten sind nicht selten. In den Randgebieten des Mittelmeeres und des Schwarzen Meeres treten in Zusammenhang mit dem Etesienklima Winterregen auf. Die stärksten klimatischen Gegensätze finden sich in den Gebirgen, die mit Ausnahme der auf der Arabischen Halbinsel liegenden allwinterlich eine Schneedecke tragen.

Pflanzenwelt. Weite Räume werden vor allem im Innern des Landes von Steppen und Wüsten eingenommen. Nur künstliche Bewässerung in Oasen oder in Nähe der Flüsse erlaubt den Anbau. Lichte Gehölze begleiten die Flüsse oder finden sich an den Abdachungen der Gebirge. In den küstennahen Gebieten begegnet man auch mediterranen Hartlaubgewächsen. Üppige subtropische Vegetation ist außer in einigen Landstrichen Kaukasiens nirgends anzutreffen, selbst nicht in den klimatisch begünstigten südarabischen Landschaften Jemen und Hadramaut. Die Gebirge tragen nur noch z. T. ihren ursprünglichen Waldbewuchs. Vielfach sind sie völlig entwaldet oder von einer macchien- oder schibljakartigen Strauchvegetation bedeckt.

Tierwelt. Sie weist infolge der Brückenlage des Gebietes große Mannigfaltigkeit auf, da hier aus verschiedenen Richtungen Arten einwandern konnten. In den Gebirgen finden sich auch endemische Formen. Flinke Paarhufer, wie Gazellen und andere Antilopen, ferner Raubtiere wie Löwe, Schakal und Hyäne leben noch in den Wüsten und Steppen, während der Mensch Kamele, Esel, Schafe und Ziegen hält.

Bevölkerung. Die physisch-geographische Mannigfaltigkeit Vorderasiens spiegelt sich auch in der Zusammensetzung der Bevölkerung wider. Türkische Völker wohnen vor allem in Kleinasien, aber auch in Transkaukasien und im Iranischen Hochland (Aserbaidshaner). Zur indoeuropäischen Sprachfamilie gehören große Teile der iranischen und afghanischen Bevölkerung, ferner Armenier und Kurden im Armenischen Hochland, Slawen im nördlichen Vorland des Kaukasus und Belutschen im Grenzgebiet gegen Indien. Die Arabische Halbinsel schließlich wird von semitischen Völkern bewohnt. Ein buntes Bild bietet die Bevölkerung des Kaukasus, die sprachlich zum größten Teil eine Sonderstellung einnimmt.

Entsprechend den natürlichen Bedingungen ist in Vorderasien entweder Nomadismus oder Anbau mit künstlicher Bewässerung verbreitet. Die günstige Verkehrslage führte jedoch schon früh zur Anlage wichtiger Handelsstraßen und zahlreicher Handelsstädte.

Die Wasserführung der Flüsse weist starke jährliche Schwankungen auf. Verheerende Hochwässer sind häufig, aber ebenso oft können die Flußbetten monatelang völlig trockenliegen. Schon im Altertum erkannten daher die vorderasiatischen Völker, insbesondere die einst im Zwischenstromland des Euphrat und Tigris lebenden Sumerer, Babylonier und Assyrer, wie wertvoll es ist, die unregelmäßig anfallenden Wassermengen für die Dürrezeiten rationell zu speichern.

Der geographische Charakter dieses Gebietes ist keineswegs einheitlich. Deutlich lassen sich sieben Teilräume unterscheiden:

1) Kleinasiatische oder Anatolische Halbinsel
2) Hochland von Armenien
3) Kaukasien
4) Syrien – Palästina
5) Arabische Halbinsel
6) Mesopotamien
7) Hochland von Iran und Afghanistan

Die Kleinasiatische (Anatolische) Halbinsel

In seiner Gestalt und Größe von etwa $1/2$ Mio km² ähnelt Kleinasien sehr der Pyrenäenhalbinsel. Wie diese ist es auf drei Seiten vom Meere umgeben und weist ebenfalls ein inneres Hochland auf, das längs der Küsten von Gebirgen umrahmt wird. Doch ist Kleinasien vom offenen Weltmeer viel weiter entfernt als die Pyrenäenhalbinsel. Die stärkere Kontinentalität wird in den Klimaverhältnissen und dem Pflanzenwuchs sichtbar.

Politisch gehört ganz Kleinasien zur Türkei, die auch auf das europäische Gebiet übergreift. Nur die vor der Westküste liegenden Inseln (Chios, Rhodos, Samos u. a.) sind fast ausnahmslos griechisches Staatsgebiet. Die Insel Zypern ist eine selbständige Republik mit überwiegend griechischer Bevölkerung.

Kleinasien ist von Südeuropa nur durch Bosporus, Dardanellen, Marmarameer und das mit Inseln reich durchsetzte Ägäische Meer getrennt, so daß es in der alten Geschichte immer das natürliche Brückenland zwischen Europa und Asien gewesen ist.

Von zwei bogenförmig geschwungenen Faltengebirgsketten wird die Halbinsel im Norden und Süden eingefaßt. Im Norden ist es das *Pontische Gebirge*, das im Westteil als das *Bithynische Gebirge* bezeichnet wird, im Süden der *Taurus* (der *Lykische* und ostwärts anschließend der *Kilikische Taurus*). Seine Verlängerung nach Nordosten bildet der *Antitaurus*, der den Übergang zum Armenischen Hochland herstellt. Die Gipfel ragen vielfach über 3000 m empor und erreichen im *Erciyasdag* sogar 3916 m. Während an der Nordküste, am Schwarzen Meer, nur im Mündungsgebiet des 915 km langen *Kizil Irmak* (Roter Fluß, so benannt nach den mitgeführten roten Sinkstoffen) und des *Jeschil Irmak* (Grüner Fluß, 420 km) unbedeutende Schwemmlandschaften entwickelt sind, in denen besonders Tabakanbau betrieben wird, sind im Süden im Bereich der *Golfe von Antalya* und *Iskenderun* (*Alexandrette*) breite fruchtbare Küstenebenen vorhanden. Vor allem die *Adana-Ebene* ist, soweit nicht Sumpf und Überschwemmung den Anbau hindern, ertragreiches Mais- und Baumwolland. Das Pontische Gebirge und die Ketten des Taurus tragen, wenigstens im Küstenbereich, wo sie genügend Niederschläge empfangen, dichte sommergrüne Laubwälder, die aus Platanen, Walnußbäumen und mediterranen Eichen bestehen und in höheren Lagen in Nadelgehölze übergehen. Landeinwärts werden die Gehölze lichter, und niedere Buschvegetation mit der Trockenheit angepaßten Gewächsen tritt an ihre Stelle, vielfach auch als Folge früherer Entwaldung.

Im Westen stoßen die Gebirgszüge, die teilweise alte kristalline Gesteine enthalten, senkrecht auf die Küste des Ägäischen Meeres. Ähnlich wie in Portugal kann sich hier deshalb der Einfluß des Meeres weiter ins Hinterland auswirken. In den zwischen den Gebirgen eingeschalteten Ebenen sind üppige mittelmeerische Fruchtgartenlandschaften entstanden, in denen man Oliven, Wein, Obst, Tabak, Feigen, Zitrusfrüchte anbaut und Seidenraupenzucht betreibt. Diese Ebenen werden von Flüssen durchströmt, die aus dem inneren Hochland kommen, z. B. dem *Menderes* (*Mäander*), der in der Nähe der vor der Küste liegenden griechischen Insel Samos ins Ägäische Meer mündet, und dem *Gediz* (*Hermos*), der unweit der alten Hafenstadt *Izmir*, dem früheren *Smyrna*, mündet.

Das innere Hochland ist nicht einheitlich, sondern in eine Anzahl welliger und geneigter Becken aufgelöst, die durch inselartig aufragende Bergmassive und dazwischengeschobene größere Riegel gekammert sind. In einer dieser Beckenlandschaften liegt auch die türkische Hauptstadt *Ankara*. Wegen der geringen, auf den Winter beschränkten Niederschläge ist auf dem Hochland intensive Landwirtschaft nur mit künstlicher Bewässerung möglich. Große Gebiete dienen heute dem Weizenanbau. Noch vorhandene Steppen werden als Weiden (Angoraziegen und Schafe) genutzt. Weite Gebiete sind abflußlos. Hier finden sich zahlreiche Seen als Reste eines ehemaligen Meeres. Der größte unter ihnen ist der rings von Salzsteppen umgebene *Tuzsee* („Salzsee", 32% Salzgehalt).

Auch in der Hydrographie hat die Kleinasiatische Halbinsel gewisse Ähnlichkeit mit der Pyrenäenhalbinsel. Die wasserreichsten Flüsse strömen nach Westen. Der Anteil der abflußlosen Gebiete ist in Kleinasien aber bedeutend größer. Alle aus dem inneren Hochland kommenden Flüsse haben im Oberlauf geringes Gefälle, überwinden dann aber das Randgebirge in Stromschnellen, an die sich ein Stück Tieflandlauf anschließt.

Die Bodenschätze sind vor allem im Osten des Landes noch unvollkommen erschlossen. Steinkohlen werden bei *Zonguldak* an der bithynischen Schwarzmeerküste abgebaut. Die Gewinnung von Eisenerzen und silberhaltigen Bleierzen ist noch unbedeutend. Wichtig für den Weltmarkt sind dagegen die Chromerze, die an verschiedenen Stellen im Inneren des Landes gefunden werden.

Das Hochland von Armenien

Zwischen die Kleinasiatische Halbinsel und das Hochland von Iran schiebt sich das gebirgige Armenien ein. Ein etwa 1400 bis 1800 m hoch gelegenes Plateau wird von zahlreichen Gebirgszügen und Einzelgipfeln überragt. Im Norden gegen das transkaukasische Tiefland und nach Süden gegen Mesopotamien hin bilden steil aufragende Randketten die Begrenzungen. Im Westen, nach den Gebirgen von Kappadozien zu, wie auch im Osten, zum Iranischen Hochland hin, geht das Gebiet unmerklich in die angrenzenden Landschaften über. Vulkanische Decken haben sich über ältere kristalline und schieferige Gesteine ausgebreitet. Darüber sind junge Vulkangipfel aus Trachyten und Basalten bis zu Hochgebirgshöhen emporgewachsen. Diese reihenweise angeordneten, heute erloschenen Vulkanberge, wie der doppelgipfelige *Ararat* (5165 m), der *Aragaz* (*Alagös*, 4090 m) und der *Süphan dag* (4434 m), sind mit ewigem Schnee gekrönt. Erdbeben sind hier noch heute eine häufige Erscheinung. Auch deuten zahlreiche warme Quellen auf ehemaligen Vulkanismus hin.

Das Klima ist sehr rauh, verhältnismäßig trocken und klingt damit an die innerasiatischen Hochlandsklimate an. Der Winter ist kalt und führt zur Bildung einer Schneedecke; die meisten Niederschläge fallen im Frühjahr, während der Sommer eine einzige Dürreperiode darstellt.

Die Entwässerung des Gebietes erfolgt nach allen Seiten. In 1300 bis 1990 m Höhe finden sich eine Reihe von Seen, wie der *Vansee, Sewansee* und *Rezaiyehsee* (*Urmiasee*), deren Entstehung z. T. auf Abdämmung durch Lavaströme zurückzuführen ist. Im Inneren entspringen *Karasu* und *Murat*, die Quellflüsse des *Euphrat*, die erst westwärts fließen und schließlich südwärts die hohen Randketten durchbrechen. Im Süden, in Kurdistan, hat der *Tigris* im armenischen Taurus seine Quelle und empfängt von hier zahlreiche Zuflüsse.
Entsprechend dem trockenen Klima ist die Vegetation sehr kümmerlich. Die Hochregionen tragen alpine Flora. Nur die küstennahen Ketten im Nordwesten sind infolge stärkerer Beregnung üppig bewaldet. Sonst herrscht die Steppe vor, die durch Schafzucht genutzt wird. In den Tälern bringt bei künstlicher Bewässerung der fruchtbare vulkanische Boden reiche Erträge, wie besonders in der Armenischen Sowjetrepublik zu erkennen ist; hier wurde der Anbau von Osbt, Zitrusfrüchten, Gemüse und Baumwolle stark gefördert. Die Bodenschätze Armeniens, vor allem Silber, Blei, Kupfer, Zinn und Eisen, werden in zunehmendem Maße erschlossen.
Politisch zerfällt das Hochland in einen türkischen Teil mit dem Hauptort *Erzurum*, in einen persischen mit *Täbris* und einen sowjetischen Teil, die Armenische SSR mit der Hauptstadt *Jerewan*.

Kaukasien

Der mächtigen Massenerhebung des Hochlands von Armenien ist im Norden noch ein weiteres Glied des jungen Faltengebirgsgürtels vorgelagert: der Kaukasus. Die in sich vielgestaltige transkaukasische Senke, meist kurz Transkaukasien genannt, grenzt ihn gegen das Hochland von Armenien ab, dessen steiler Abfall als *Kleiner Kaukasus* bezeichnet wird, weil er besonders im Westen mancherlei gemeinsame Züge mit dem Kaukasus aufweist. An der Nordseite des Kaukasus zieht sich das Kaukasusvorland als ehemalige Randsenke des Faltengebirgsstranges hin; es ist wie die meisten dieser Vorsenken vorwiegend aus tertiären und quartären Ablagerungen aufgebaut.
Das ganze Gebiet Kaukasiens liegt im Westwindgürtel, der im Sommer infolge des Tiefdruckgebietes über Nordwestindien nordwestliche Luftströmungen hat, und steht zudem unter dem Einfluß der benachbarten Fläche des Schwarzen Meeres, so daß die Niederschlagsmenge an allen gegen Westen exponierten Hängen sehr groß ist. Dadurch unterscheidet sich das Klima Kaukasiens auch von dem Mittelmeerklima, das durch ausgeprägte Sommertrockenheit gekennzeichnet ist. Im einzelnen aber sind die klimatischen Unterschiede in Kaukasien ganz erheblich. Durch die starke vertikale Gliederung ergeben sich ausgeprägte klimatische Höhenstufen, und ferner begünstigt die Kammerung des Gebietes zahlreiche lokalklimatische Abwandlungen. Die Unterschiede zwischen den Luvseiten der Gebirge mit ihren intensiven Regen und den meist recht trockenen Leeseiten wandeln die allgemeinen Grundzüge des Klimas erheblich ab. Da die Lage zwischen 40 und 45° n. Br. schon eine starke Sonneneinstrahlung bewirkt, treten die Abstufungen im Wasserhaushalt stark hervor. Deutlich zeigt dies die Pflanzendecke, in der vom üppigen subtropischen Wald bis zur Wüstensteppe alle Vegetationsglieder auftreten.
Das auf die drei Sowjetrepubliken Armenien, Georgien und Aserbaidshan aufgeteilte **Transkaukasien** öffnet sich in seinem kleineren Westteil, dem Riongebiet, das nach der antiken Bezeichnung auch *Kolchis* genannt wird, gegen das Schwarze Meer. Sein hervorstechendes Merkmal ist der fast zu allen Jahreszeiten auftretende starke Niederschlag bei allgemein hohen Temperaturen, da der Wall des Kaukasus vor nördlichen Luftmassen schützt. Die steil aufragenden Gebirge sind von einem üppigen, z. T. immergrünen Laubwald bedeckt, in dem neben den Hauptholzarten Eiche, Kastanie, Ulme und Esche vor allem zahlreiche Schlinggewächse wie Efeu und die hier heimische wilde Weinrebe auffallen. In der niederschlagsreichen, einst wegen der Malaria berüchtigten, wenig geräumigen Rionebene herrscht subtropisches Klima. Hier dehnen sich heute daher vor allem Reisfelder und Bambushaine aus, während die Hügelländer intensiven Anbau subtropischer Kulturpflanzen aufweisen: Zitrusfrüchte, Tee, Tabak, Wein; auch Mais wird viel angebaut. Auf dem Kamm des wenig geschlossenen *Meskischen* (*Suramskischen*) *Scheidegebirges* ändert sich das Bild der Landschaft erstaunlich rasch. Hat *Batumi* noch gegen 2500 mm Niederschlag, so erreicht *Tbilissi* nur knapp 500 mm. Die Wälder, durch menschlichen Eingriff ohnedies stark geschädigt, gehen in mediterranen Buschwald über, und je weiter man gegen Osten in das Gebiet der unteren *Kura* und zum Ufer des Kaspischen Meeres vordringt, um so geringer werden die Niederschläge (Kuramündung 168 mm), um so dürftiger wird die Vegetation. Lassen die westlichen Teile des Kuragebietes noch Wein- und Getreideanbau ohne künstliche Bewässerung zu, so zeigt der östliche Teil schon mittelasiatische Züge. Nur die künstliche Bewässerung gestattet hier den Ackerbau. So ist die *Mugansteppe* an der unteren Kura erst in jüngster Zeit zu einem Gebiet intensiven Baumwollanbaus geworden. Besonders die große Stauanlage bei *Mingetschaur* hat durch Bereitstellung von Energie und Wasser die Erschließung von Neuland in großem Umfang ermöglicht. So hat

neben der von alters her ausgeübten ertragreichen Fischerei im Kaspischen Meer der Acker- und Weinbau in den Gebirgsvorländern einen kräftigen Aufschwung genommen. Wertvoller als die durch agrarische Nutzung gewonnenen Reichtümer sind aber die bedeutenden Vorräte an Erdöl. Das Zentrum der Erdölgewinnung ist die Halbinsel *Apscheron* bei *Baku*. Die einst außerordentlich trockene und wegen ihrer Schlammvulkane bekannte Halbinsel ist durch die Erdölgewinnung und -verarbeitung völlig umgestaltet worden. Inzwischen hat sich aber erwiesen, daß auch die Küstenstriche des Kaspischen Meeres nördlich und südlich von Baku erdölfündig sind; auch hier ist die Erdölförderung aufgenommen worden. Neben dem Erdöl verfügt Transkaukasien über besonders reiche Vorräte an dem für die Stahlerzeugung unentbehrlichen Mangan (bei *Tschiatura* in Georgien). Steinkohlenlager werden bei *Tkwartscheli* und *Tkibuli*, ebenfalls im westlichen Georgien, ausgebeutet. Kupfererze finden sich vor allem in der Armenischen Sowjetrepublik.

Eine ganz lokale, von der Öde und Trockenheit der steppenhaften Umgebung des Kaspischen Meeres abweichende Entwicklung der Pflanzendecke zeigt seine südlichste Gebirgsumrahmung in der zur Sowjetunion (Aserbaidshanische SSR) gehörigen Landschaft *Talysch* sowie am Nordfuß des gewaltigen Elbursgebirges in Iran. Wie in der Kolchis spenden aufsteigende Luftströmungen, die hier vom Kaspischen Meer kommen, reiche Niederschläge und lassen ebenfalls eine üppige subtropische Vegetation gedeihen. – Heute sind diese Landstriche intensiv bewirtschaftetes Kulturland.

Der **Kaukasus** ist der nördlichste Zug des großen vorderasiatischen Faltengebirgsgürtels. Man kann ihn in bezug auf seine Geschlossenheit und geradlinige Erstreckung nur mit den Pyrenäen vergleichen. Auch die Tatsache, daß der Westen stark beregnet ist, der Osten aber schon Wassermangel leidet, läßt diesen Vergleich zu. 1 200 km lang zieht sich der Kaukasus bei einer Breite von 60 bis 120 km und einer Durchschnittshöhe der Pässe von über 3 000 m als eine geschlossene Mauer von Nordwesten nach Südosten, vom Schwarzen Meer zum Kaspischen Meer, und bildet gerade darum eine so wirksame Klimascheide. Wie bei anderen Hochgebirgen junger Faltung besteht der Kern aus einem von kristallinen Gesteinen aufgebauten Massiv, dem infolge starker tektonischer Beanspruchung allerdings noch einige heute erloschene Vulkanberge aufgesetzt sind, die wie *Elbrus* (5633 m) und *Kasbek* (5047 m) mit die höchsten Erhebungen des Gebirges und zugleich die beiden Eckpfeiler des zentralen Kaukasus bilden. Über dieses kristalline Massiv lagern sich mächtige dunkle, metamorphe Schiefer, die insbesondere das Rückgrat des östlichen Kaukasus bilden. Die Flanken werden von mehr oder weniger stark gefalteten mesozoischen Schichten aus Mergeln, Sandsteinen und vor allem Kalken aufgebaut. Die Nordabdachung ist breit entwickelt und durch mehrere parallele Ketten gegliedert; die nordwärts strömenden Flüsse – *Kuban, Kuma, Terek* u. a. – schneiden sich in oft großartigen, aber verkehrsfeindlichen Durchbruchstälern in diese Ketten ein, von denen die erste die höchsten Gipfel trägt. Gerade durch diese Zerschneidung treten die Gebirgsstöcke des zentralen Kaukasus so gewaltig heraus; der mesozoische Mantel geht nach Norden in breite und scharfgeschnittene Schichtstufenlandschaften über. Die Südabdachung ist schmal, und schräg verlaufende Gebirgsketten trennen hier die stark bewaldeten Täler. Durch die direkte Entwässerung wird das Gebirge zwar tief gegliedert, der Verkehr aber durch die Engtalstrecken erschwert. Da Längstäler fehlen, ist die Verbindung zwischen den einzelnen Talgebieten nur über hohe, schwer begehbare Seitenkämme möglich, und das Gebirge erscheint in mehr oder weniger voneinander isolierte Talkammern gegliedert.

Ein großes Einbruchsbecken am Oberlauf des Terek, dessen rasch wachsendes Delta sich in das Kaspische Meer vorschiebt, schnürt von Norden her das Gebirge auf etwa 60 km Breite ein. Nur hier ist ein schroffer Abfall des Gebirges gegen sein nördliches Vorland vorhanden. Thermal- und Mineralquellen, z. B. in *Pjatigorsk* bei *Mineralnyje Wody, Kislowodsk*, bezeugen heute noch die Jugendlichkeit der Tektonik.

Obwohl der westlichste Kaukasus nur ein waldreiches Mittelgebirge ist, schützt er die Gestade des Schwarzen Meeres – von den berüchtigten boraähnlichen Fallwinden abgesehen, die vor allem um *Noworossisk* zu beobachten sind – vor den kalten nördlichen Luftmassen. So konnten sich hier in dem klimatisch begünstigten subtropischen Küstenland zahlreiche Kurorte entwickeln, unter ihnen *Sotschi, Gagra, Suchumi* u. a. Dem östlichen Kaukasus, den man auch als dagestanischen Kaukasus bezeichnet, fehlen ebenfalls die gewaltigen Höhen des zentralen Kaukasus, doch wie dort ist auch hier der Zugang durch enge, schluchtartige Quertäler erschwert. Im südlichen Dagestan sind die geräumigen Talbecken im Flußgebiet des *Koissu*, der nördlich der dagestanischen Hauptstadt *Machatschkala* ins Kaspische Meer mündet, aus diesem Grunde vom transkaukasischen Vorland getrennt. Im nördlichen Teil Dagestans sind es als alte Weidegebiete bekannte Kalkhochflächen, die mit schroffen Felswänden nach außen abstürzen. Bis nahe an das Kaspische Meer behält der östliche Kaukasus trotz verminderter Höhe diesen abweisenden Charakter, der durch die zunehmende Trockenheit noch verstärkt wird.

Das **nördliche Vorland des Kaukasus** weist noch wesentliche Züge des osteuropäischen kontinentalen Klimas auf, weil es den aus Norden heranströmenden Luftmassen offensteht. Im mittleren Abschnitt, in der Platte von *Stawropol*, dem Hauptort des nördlichen Kaukasusvorlandes, wird dieses Aufschüttungsgebiet schon wieder stärker abgetragen, so daß die Flüsse nicht nur den mächtigen Schuttfächer, sondern auch seine aus mesozoischen Schichten bestehende Unterlage tief zerschnitten haben. Da die Platte bis 800 m hoch ist, sind die Niederschlagsverhältnisse hier noch einigermaßen günstig, doch ist das gesamte Gebiet heute fast völlig waldlos und seiner natürlichen Vegetation nach zur krautreichen Wiesensteppe gehörig, heute überwiegend in Kulturland umgewandelt. Das Einbruchsbecken am Terek im Osten der Stawropoler Platte ist bereits trockener, aber durch seine Verkehrslage begünstigt. Der besonders durch den Kuban entwässerte Nordwesten ist eine niedrig gelegene, lößbedeckte Platte, deren Schwarzerdeboden große Fruchtbarkeit aufweist und daher größtenteils intensiv bebaut ist. Nur an den Flüssen, vor allem am Kuban, der auf der *Tamanhalbinsel* mit einem Delta ins Schwarze Meer mündet, und im Bereich der mit Strandseen besetzten Küste stellen sich breitere Wald- und Sumpfstreifen ein, die heute durch die Errichtung großartiger Bewässerungsanlagen weitgehend dem Reisanbau nutzbar gemacht worden sind. Der nordöstliche Teil des Kaukasusvorlandes, im wesentlichen zwischen Terek und dem Gebirgsrand gelegen, weist auf die besonders trockenen Gebiete der Region des Kaspischen Meeres hin. An Stelle der Grassteppe treten, auch auf strichweise schon versalzenen Böden, die dürftigen Steppenformen auf.

Von großer wirtschaftlicher Bedeutung sind die Erdölfelder, die sich in der Vorsenke des Kaukasusgebirges gebildet haben. Die Hauptgebiete sind die von *Maikop* und *Grosny*, die als Nordkaukasusregion in der Erdölgewinnung der Sowjetunion eine bedeutende Stellung einnehmen.

Syrien – Palästina

Der nordwestliche Teil der Tafellandregion Vorderasiens ist unter dem Einfluß der nahen Faltengebirge tektonisch stark gestört. Zwischen dem Mittelmeer und dem großen arabischen Tafelland ist das Schollenland Syrien–Palästina als schmaler, etwa 700 km langer und 150 km breiter Streifen mit der sich in nord-südlicher Richtung erstreckenden großen Grabensenke eingeschaltet. Syrien–Palästina ist ein Übergangsgebiet zwischen dem Meer und der Wüstenzone. Mesozoische und tertiäre Kalke bilden den Hauptteil der Bruchschollen, die teilweise von vulkanischen Gesteinen durchstoßen wurden, besonders im nördlichen Syrien mit dem Basaltmassiv des Dschebel ed Drus (Hauran) im Ostjordanland. Im Norden wird **Syrien** durch das von Südwest nach Nordnordost streichende *Amanusgebirge* begrenzt, das zum Gürtel der tertiären Faltengebirge gehört. Ein welliges Steppenland bildet den Übergang zum oberen Euphratgebiet. Seine landwirtschaftliche Nutzung ist von der Bewässerung abhängig. Hierfür ist am oberen Euphrat ein Stausee mit Kraftwerk entstanden. Die eigentliche Grabensenke wird im Norden Syriens vom *Nahr el Asi*, im Süden vom *Nahr el Litani* durchflossen, die beide ins Mittelmeer durchbrechen, während der Jordan, der seine Quellen im Hermongebirge hat, im abflußlosen Toten Meer endet, nachdem er vorher den *See Tiberias* durchströmt hat. In Mittelsyrien ragen der nordsüdlich verlaufende *Libanon* und parallel dazu der *Antilibanon*, der sich südwärts im *Hermongebirge* fortsetzt, als wallartige Horste bis über 3000 m empor. Die Gipfel sind nur wenige Monate schneefrei. An den beregneten Westseiten tragen die Täler Wein- und Obstgärten, Zitrusfrucht- und Olivenhaine. Die Hänge sind mit Pinien und Zypressen sowie mediterranen Trockeneichenwäldern bewachsen. Hier finden sich auch Reste ehrwürdiger Zedernbestände, die jedoch bereits seit phönizischer Zeit, d. h. etwa seit dem 10. Jahrhundert v. u. Z., durch intensive Abholzung beständig zurückgegangen sind. In der zwischen Libanon und Antilibanon tektonisch angelegten Bekaa-Senke wird mit künstlicher Bewässerung Getreide-, Hackfrucht- und Gemüseanbau betrieben.

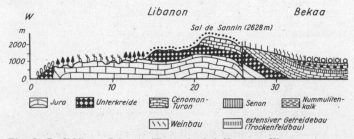

West-Ost-Profil Libanon-Bekaa-Antilibanon (nach de Vaumas u. Klaer)

Im südlich angrenzenden **Palästina** tritt die Trockenheit noch mehr zutage. Die mediterranen Fruchthaine (Zitrusfrüchte, Feigen) sind auf einen schmalen Küstenstreifen beschränkt, in dem sich auch die wichtigsten Städte des Staates Israel entwickelt haben: *Haifa* und *Tel Aviv*. Im Innern, insbesondere in der Jordansenke und in der *Ebene von Jesreel* (*Esdrelon*), kann dagegen nur bei künstlicher Bewässerung Ackerbau betrieben werden. Auf den Trockensteppen der Hochfläche, auf der auch *Jerusalem* liegt, ist nur Schaf- und Ziegenzucht möglich. Nach Süden zum Toten Meer hin wird der Charakter der Landschaft immer öder, nur Trockengräser und Dornbüsche bilden die Vegetation. Das *Tote Meer* ist ein abflußloser Endsee mit starkem Salzgehalt (26%), dessen Spiegel 394 m unter dem Niveau des Mittelmeeres liegt.
Die Senke setzt sich im Sumpfgebiet des *Ghor* nach Süden zum *Golf von Akaba* fort. Dadurch wird die zwischen diesen und dem *Golf von Sues* gelegene dreieckige Sinaihalbinsel abgegliedert. In ihrem nördlichen Teil, der im *Negev* durch großangelegte Bewässerungssysteme der landwirtschaftlichen Nutzung erschlossen wird, bildet die Halbinsel die Fortsetzung der palästinensischen Kalktafel, während ihr Südteil von einem bis 2600 m hohen, stark zerklüfteten Granitmassiv eingenommen wird. Landschaftlich handelt es sich um ein karges Wüstensteppengebiet.
Auch östlich des Jordan ist das Gebiet sehr steppenhaft und geht allmählich in die Wüstenregion über, so daß es nur sehr spärlich besiedelt ist. Städtische Siedlungen fehlen, von der jordanischen Hauptstadt *Amman* abgesehen, fast völlig. Stärker beregnet ist nur der Westhang des *Dschebel ed Drus* (1 800 m); hier sind Getreide- und Gartenkulturen anzutreffen.

Die Arabische Halbinsel

Mit annähernd 3 Mio km² Fläche schiebt sich die trapezförmige Arabische Halbinsel, die vom Persischen Golf im Osten, vom Arabischen Meer sowie dem offenen Indischen Ozean im Süden und dem Roten Meer im Westen begrenzt wird, keilartig zwischen das syrisch-palästinensische Gebiet und Mesopotamien ein.
Nach den Besonderheiten der Oberflächengestaltung lassen sich fünf einzelne Landschaftsräume unterscheiden: 1) Eine leichtgefaltete Vorlandzone erstreckt sich westlich des Tieflandes am Eurphat und Tigris. 2) An sie schließt sich die mittelarabische Aufwölbung an, die im Westen und Süden von aufgekippten, randlich zerbrochenen Gebirgszügen eingefaßt wird. 3) Unmittelbar an den Küsten ziehen sich Schwemmlandebenen hin. 4) Den Süden der Halbinsel nimmt die weite Einmuldung der Rub al-Khali ein. 5) Eine Sonderstellung kommt den bogenförmig verlaufenden Gebirgen der Halbinsel Oman zu. Sie bilden wahrscheinlich die Fortsetzung der iranischen Randketten über die Straße von Hormus hinweg.
Der größte Teil der Arabischen Halbinsel wird von flachen, nach Osten zu einfallenden Tafeln aus mesozoischen und tertiären Kalken und Sandsteinen aufgebaut, die einem kristallinen Sockel auflagen. Dieser tritt in den Gebirgen des Westens stellenweise zutage. Die harten Kalke des Juras und Eozäns haben infolge weiträumiger flacher Verbiegung des Untergrundes zur Ausbildung weit hinziehender Schichtstufen in Nedschd und Hedschas Anlaß gegeben. In den Randgebieten des Roten Meeres war in Kreide- und Tertiärzeit reger Vulkanismus zu verzeichnen. Heute finden sich ausgedehnte Trappdecken und weite Gebiete, die mit unzähligen Tuff- und Schlackenkegeln sowie mit Maaren übersät sind. Man bezeichnet sie als **Harra-Landschaften**.
Längs der durch Korallenbauten und Sandbarren schwer zugänglichen Westküste zieht sich von *Hedschas* und *Midian* im Norden bis nach Jemen eine schmale Küstenebene, die *Tihama*, entlang. Dahinter steigt das Gebirge in Bruchstufen an, im Südwesten teilweise bis über 3000 m. Auch die Südküste in Hadramaut zeigt einen derartigen Steilabfall. Dahinter dacht sich das Land allmählich nach dem Inneren der Halbinsel zu ab. Steilwandige Trockentäler, **Wadis**, sind in die Tafelländer eingeschnitten und beleben das Relief. Die Dünen der südarabischen Sandwüste bestehen aus umgelagerten Sanden, die

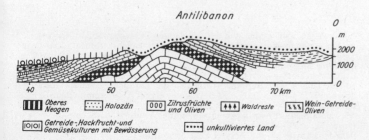

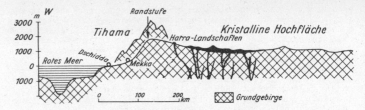

West-Ost-Profil durch die Arabische Halbinsel (nach Wissmann)

einst von den Flüssen herangeführt worden sind, während im Norden die Wüsten Nefud und Dahna ihr Material unmittelbar aus verwitterndem Sandstein erhalten.
Da Arabien innerhalb der Passatzone liegt, ist sein Klima trocken und heiß. Es ähnelt dem der nordafrikanischen Wüstenzone. Dauerflüsse fehlen, weil nur wenig Niederschläge fallen. Die Trockentäler sind nur episodisch mit Wasser gefüllt. Die Frostgrenze liegt erst oberhalb von 2000 m. Nur im äußersten Süden finden sich z. T. tropische Verhältnisse mit sommerlichen Zenitalregen und monsunalem Einfluß.
Auch die Vegetation spiegelt die Klimabedingungen wider. Der größte Teil des Landes, besonders das Innere und der Süden der Halbinsel, wird von Wüstengebieten eingenommen: Syrische Wüste, Wüste Nefud, Wüste Dahna, Rub al-Khali. Meist handelt es sich um Sandwüsten mit riesigen Dünen und vereinzelten Oasen. Gelegentliche Regenfälle lassen Gräser und Kräuter hervorsprießen, die in kürzester Zeit zur Blüte und Fruchtreife gelangen und danach ebenso rasch wieder dahinwelken. In den Randzonen der Wüsten finden sich Trockensteppen. Außer schütterem Graswuchs sind hier auch lockere Bestände von Schirmakazien oder Dum- und Zwergpalmen anzutreffen. Neben endemischen Arten sind viele Pflanzen Nordafrikas und Äthiopiens vertreten, ferner auch solche, die aus der vorderindischen Landschaft Pandschab einwanderten. In den südlichen Küstenlandschaften *Jemen* und *Hadramaut*, dem „glücklichen Arabien", gedeiht mesophytische Tropenvegetation. Es werden Kaffee, Weihrauchbaum und Myrten, Sesam, Baumwolle, Mais und Südfrüchte angebaut. Diese Gartenbaukultur war in früheren Jahrhunderten bedeutend intensiver und wurde auf den Terrassen vieler Wadis (besonders in Hadramaut) betrieben, die heute verödet daliegen. Da die Böden inzwischen degradiert oder völlig abgetragen sind, ist es schwer möglich, diese Flächen erneut in Kultur zu nehmen.
Mit Ausnahme des letztgenannten Gebietes ist die Halbinsel nur dünn besiedelt. Die Bevölkerung setzt sich vorwiegend aus Viehwirtschaft treibenden Nomaden zusammen. Nur ein geringer Teil besteht aus seßhaften Ackerbauern oder lebt in Städten. *Mekka* und *Medina*, die heiligen Städte des Islams, liegen im Südwesten der Halbinsel, in der Landschaft Hedschas, die einen Teil des Königreichs Saudi-Arabien bildet. Diese beiden Orte werden alljährlich von zahlreichen Pilgern aus allen Teilen der mohammedanischen Welt besucht.
In neuester Zeit hat der Nordosten der Halbinsel durch Erdölfunde große wirtschaftliche Bedeutung gewonnen. Die arabischen Erdölvorräte zählen zu den größten der Welt. Die höchsten Förderzahlen werden heute in Kuweit am Nordwestende des Persischen Golfs und auf Bahrein, einer Inselgruppe in diesem Golf, sowie in den zu Saudi-Arabien gehörenden Landschaften *Al Hasa* und *Ghawar* sowie in Katar und den Vereinigten Arabischen Emiraten im Südosten des Persischen Golfs erreicht. Eine Erdölleitung führt von den Bahrein-Inseln quer durch Nordwestarabien nach *Saida* (Sidon) am Mittelmeer. Während früher das Kamel fast das einzige Verkehrsmittel war, durchziehen heute bereits mehrere Autostraßen die Arabische Halbinsel. Die Hauptstadt Saudi-Arabiens, Er Riad (Ar-Rijad), ist auch durch eine Eisenbahnlinie mit dem Persischen Golf verbunden.

Mesopotamien, das Zwischenstromland

Ein etwa 250 km breiter und 110 km langer Tieflandsstreifen, der von den beiden aus dem Armenischen Hochland kommenden Strömen *Euphrat* und *Tigris* von Nordwesten nach Südosten durchflossen wird, schiebt sich zwischen das armenisch-iranische Gebirgsland und den syrisch-arabischen Block ein. Er bildet heute das Kernstück der Republik Irak, deren Staatsgebiet aber auch auf die benachbarte Syrische Wüste und das nördlich gelegene Gebirgsland übergreift. Auch die irakische Bevölkerung gehört der semitischen Sprachfamilie an.
Mesopotamien ist wie Ägypten ein uraltes Kulturland. Schon im 4. Jahrtausend v. u. Z. schufen die Sumerer hier ein blühendes Reich, das später von dem der Babylonier und Assyrer abgelöst wurde.

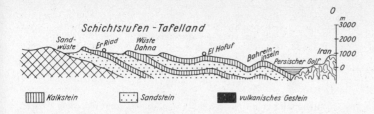

Im Nordwesten besteht der Tieflandsstreifen aus dem flach nach Südosten geneigten Tafelland *El Dschesireh*, der „Insel", das aus kretazischen und tertiären Kalken aufgebaut ist, in die die beiden Ströme ihre Täler eingeschnitten haben. Der Südosten dagegen, das Kernland des alten Babyloniens, heute als *Irak Arabi* bezeichnet, ist eine Tiefebene, die aus den Alluvionen der beiden Flüsse aufgebaut worden ist. Sie wächst noch beständig in den Persischen Golf hinein. Euphrat und Tigris fließen in verzweigtem Lauf einander parallel und nähern sich auf etwa 35 km in der Gegend der irakischen Hauptstadt *Bagdad*, bevor sie sich dann bei *Al Qurna* im *Schatt el Arab* endgültig vereinigen und in den Persischen Golf münden. Der Euphrat ist mit 2 700 km der längere und anfangs auch der wasserreichere von beiden, doch bekommt er nach Verlassen des armenischen Berglandes keinen Zufluß mehr von Westen und verliert infolge der starken Verdunstung immer mehr Wasser. Der mit 1 950 km wesentlich kürzere Tigris erhält zahlreiche Zuflüsse aus den iranischen Randgebirgen und führt schließlich mehr Wasser als der Euphrat. Das Frühjahr, die Zeit der Schneeschmelze in den Gebirgen, die zugleich die Hauptregenzeit für das ganze Gebiet ist, bringt in der Regel zerstörende Hochwasser, gleichzeitig setzen aber die Flüsse auch ihren fruchtbaren Schlick ab. Im drückend heißen Sommer hingegen herrscht starke Trockenheit, so daß der Wasserstand erheblich zurückgeht. In der feuchten Flußebene gedeihen Weizen, Baumwolle,

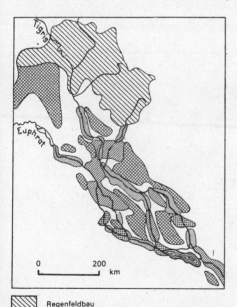

Bewässerungstypen im Irak

Hirse und Reis, doch ist die Anbaufläche nicht sehr groß. Der Irak ist der bedeutendste Dattelexporteur. Rund 30 Mio Dattelpalmen besitzt das Land. Lichte Wälder von Palmen begleiten die Flüsse und finden sich auch oasenhaft in der Steppe. In den angrenzenden Gebieten und am oberen Euphrat ist die Steppe vorherrschend; sie dient als dürftige Schaf- und Kamelweide. Die reichen Ölfunde, die längs der Gebirgsländer an der syrischen und persischen Grenze sowie im Süden bei Al-Rumeila gemacht wurden, riefen besonders bei *Mosul* eine bedeutende Erdölindustrie ins Leben.

Das Hochland von Iran und Afghanistan

Das Hochland mit seiner Fläche von 2,5 Mio km² erstreckt sich 3000 km weit von Nordwesten nach Südosten quer durch den Trockengürtel der nördlichen Passatzone und trennt das afrikanisch-arabische Wüstengebiet von dem turanisch-zentralasiatischen. In seinem Aufbau erinnert es an Kleinasien. Hier wie dort wird ein aus Senken und Teilbecken bestehendes inneres Hochland von Randgebirgsketten eingefaßt. Die iranischen Faltenketten laufen im Osten Armeniens auseinander. Im Norden wird die Einfassung von an das Kaspische Meer angrenzenden *Elbursgebirge*, das im ehemals vulkanischen *Demawend* 5601 m erreicht, und dem girlandenartigen Zug der nordiranischen Randgebirge gebildet, die sich über den mehr als 7000 m aufragenden Hindukusch zum Pamir hin fortsetzen. Im Süden gegen Mesopotamien und den Persischen Golf, in den Landschaften *Lorestan*, *Khuzestan* und *Fars*, sind es die in mehreren parallelen Zügen südostwärts streichenden *Zagrosketten*, auch südiranische Randgebirge genannt, die Höhen über 3000 m erreichen. Die Flüsse bevorzugen die Längstäler, durchbrechen dann in Quertälern die Randketten und münden in den Tigris oder in den Persischen Golf.

Das Innere Irans ist durch Gebirgszüge wie den *Kuhrud* mit dem höchsten Gipfel *Kuh-e-Hazaran* (4419 m) oder das querverlaufende ostiranische Grenzgebirge (*Kuh-e-Taftan* 4043 m) in eine Anzahl Senken und Becken gekammert, die abflußlos sind. Infolge des Trockenklimas kann der vom Gebirge stammende Verwitterungsschutt bei der geringen Wasserführung der Flüsse nicht abtransportiert werden, so daß die Gebirge gleichsam in ihrem eigenen Schutt ertrinken. In den Becken finden sich ausgedehnte Wüsten, die teilweise von den Flüssen mit salzhaltigen Tonen gefüllt sind und sich in der Regenzeit in Salzsümpfe verwandeln. Die bekannteste ist die *Große Salzwüste* (*Dascht-e-Kewir*). Auch salzige Restseen wie der vom *Hilmendfluß* (*Helmond*) gespeiste

Afghanistan: Vegetation und Bewässerung

Physisch-geographische Angaben
Kleinasiatische Halbinsel, Hochland von Armenien, Kaukasien

Flüsse	Länge (km)	Berge	Höhe (m)	Lage
Kura	1 515	Elbrus	5 633	zentraler Kaukasus
Kizil Irmak	1 151	Dych-Tau	5 203	zentraler Kaukasus
Arax (Aras)	994	Büyük Agri dag (Ararat)	5 165	Armenisches Hochland
Kuban	907			
Terek	591	Schchara	5 058	zentraler Kaukasus
Kuma	500 ... 600	Kasbek	5 047	zentraler Kaukasus
Menderes (Mäander)	495	Tebulos-Mta	4 492	östlicher Kaukasus
Gediz (Hermos)	350	Basar-Djusi	4 466	östlicher Kaukasus
		Süphan dag	4 434	östliche Türkei
Seen	Fläche (km²)	Aragaz (Alagös)	4 090	Armenisches Hochland
		Dombai-Ulgen	4 046	westlicher Kaukasus
		Kaçkar dag	3 937	Pontisches Gebirge
		Erçiyas dag	3 916	mittlere Türkei
Van gölü (Vansee)	3 738	Kaldü dag	3 734	Kilikischer Taurus
Tuz gölü (Tuzsee)	1 642	Troodos	1 951	Zypern
Sewansee	1 400			

Syrien – Palästina, Mesopotamien, Hochland von Iran und Afghanistan

Flüsse	Länge (km)	Berge	Höhe (m)	Lage
Euphrat	2 700	Demavend	5 604	Elbursgebirge
Tigris	1 950	Zard Kuh	4 547	Zagros
Jordan	260	Küh-i-Hasar	4 419	Kuhrud
Leontes (Litani)	130	Nebi Schuaib	3 760	Jemen
		Dschebel Rasih	3 658	Hedschas
Seen	Fläche (km²)	Hasarmesdshed	3 117	Kopet-Dagh
		Kornat-es-Sauda	3 088	Libanon
		Hermon	2 814	syr.-libanes. Grenze
Resaiyehsee (Urmia)	5 800	Babi-Hadshar	2 659	Antilibanon
Totes Meer	980	Dschebel Katherina	2 637	Sinai-Halbinsel
See Tiberias	150			

Hamunsee in der Senke von Sistan im afghanisch-iranischen Grenzgebiet sind typisch für das Hochland von Iran.
Im Osten wird das Gebiet durch die von Belutschistan (Baluchestan) nordwärts streichenden und sich im Hindukusch scharenden Gebirgsketten begrenzt, zu denen das Suleimangebirge gehört.
Das Klima des Raumes ist ausgesprochen kontinental, es ist niederschlagsarm und zeigt große tägliche und jahreszeitliche Temperaturschwankungen. Die Regenzeit liegt in den Wintermonaten. Dann gelangen mit den Westwinden Zyklonen aus dem etesischen Gebiet bis hierher. Reichere Niederschläge zu allen Jahreszeiten empfangen lediglich die Randgebirge des Kaspischen Meeres. Die Gebirge im Osten werden zur indischen Monsunzeit schwach mit Regen bedacht. Die Flüsse, die ins Innere entwässern, versiegen meist oder enden in Seen. Ähnlich steht es mit den von den nördlichen Randgebirgen in die turkmenische Niederung sich ergießenden Flüssen wie *Murgab* (852 km) und *Harirud*. Die große Regenarmut (Teheran 251 mm im Jahr) bedingt eine außerordentlich dürftige Vegetation und ausgedehnte Wüstengebiete. Nur die Landschaften *Masanderan* und *Gilan* am Kaspischen Meer zeigen mediterrane Kulturen. Hier tragen die reich beregneten Berge üppige sommergrüne Laubwälder, in denen auch in höheren Regionen Nadelbäume fehlen. Bei geringerer Feuchte stellt sich ein etwas veränderter Laubwaldtyp ein, der gelegentlich Buschcharakter annimmt und dann als S c h i b l j a k bezeichnet wird. Er findet sich vor allem beiderseits der Aras-Senke, die Iran von Transkaukasien trennt. Alle übrigen Wälder Irans, insbesondere die der Zagrosketten, sind Trockenwälder. Sie sind licht, niedrigwüchsig und tragen steppenhaften Unterwuchs.
Eichen-Wacholder-Wald bedeckt außer den Gebirgshängen auch die lehmigen Dasht-Flächen des Inneren. Sonst ist das innere Hochland von Baumfluren (Bergmandel, Pistazie) und Gebüschen schütter bedeckt. Der Unterwuchs setzt sich meist schon aus Wüstenpflanzen zusammen. Wo weniger als 200 mm Niederschlag fällt, kommen geschlossene Wälder nicht mehr vor. Oasenhaft finden sich Gehölze an Stellen mit oberflächennahem Grundwasser. Meist sind sie zu Kulturoasen (Dattelhaine) umgestaltet. Trockengräser und Dorn-

gestrüpp leiten zur eigentlichen Wüste über, für die die bizarren Saxaul- und Tamariskenbüsche charakteristisch sind. Wo die jährlichen Regenmengen 300 mm unterschreiten, ist Ackerbau nur noch mit künstlicher Bewässerung möglich. Die Gebiete des Regenfeldbaus, d. h. ohne künstliche Bewässerung, beschränken sich daher auf die Gebirgsrandlagen, den ganzen Nordwesten des Landes und einige sporadische, ziemlich engumgrenzte Areale weiter im Süden. Hier liegen auch die größeren Städte des Gebietes, darunter die iranische Hauptstadt *Teheran*, die im Nordosten vom gewaltigen Gipfel des Demavend überragt wird. Durch Eisenbahnlinien ist sie heute mit *Bandar-e Shah* am Kaspischen Meer wie auch mit *Bandar-e Shapur* am Persischen Golf verbunden.

Die Kulturvegetation Irans zeigt deutlich eine Gliederung nach der Höhenlage. Die unterste Stufe des Gärmsir nehmen die wärmebedürftigsten und frostempfindlichsten Tropenpflanzen wie Zuckerrohr, Dattel, Zitrusfrüchte, Mango, Kardamom und Sorghumhirse ein. Im Norden steigen diese Gewächse bis etwa 900 m, im Süden teilweise bis 1 500 m empor. Es folgt eine Stufe mit weniger frostempfindlichen subtropischen Arten wie Feige, Pfirsich, Mandel, Baumwolle, Tabak. Auch der Wein gehört dieser Zone an. Es sind vielfach Pflanzen, die gewisse Ansprüche an die Luftfeuchtigkeit stellen. Darüber schließt sich der Gürtel des Särdsir an. Hier gedeihen noch alle Getreidearten und die Kartoffel sowie die Obstsorten der gemäßigten Zone. Er erstreckt sich meist bis weit über 3 000 m empor. Zwischen ihn und die Schneegrenze, die bei ungefähr 4 000 m erreicht wird, schiebt sich noch eine vielfach der Weidewirtschaft dienende Almenzone, der Sarhadd, ein.

Von den Bodenschätzen haben besonders die in den südlichen Randgebirgen anzutreffenden reichen Erdölvorkommen große Bedeutung. In Abadan am Schatt-el-Arab sind riesige Erdölraffinerien entstanden. Afghanistan und Belutschistan sind wirtschaftlich noch sehr wenig entwickelt.

Afghanistan bildet die östliche Fortsetzung des Hochlandes von Iran. Die zum Pamir sich erstreckenden Hindukusch-Ketten markieren gleichsam seine Zentralachse. Die meisten Gebiete liegen in Höhen zwischen 600 und 3 000 m. Das Land ist ein ausgesprochener Paßstaat, der den Übergang vom Indusgebiet nach Zentralasien bzw. zur Senke des Amu-Darja beherrscht. Die Hochbecken wurden im Neogen angelegt. Das heutige Flußnetz hat sich im Pliozän gebildet, etwa gleichzeitig mit den tektonisch bedingten Längstalfurchen. Hohe Erdbebenhäufigkeit beweist, daß die Gebirgsbewegungen bis heute noch nicht abgeklungen sind. Mächtige Decken fluviatiler und äolischer Sedimente verhüllen die Gebirgsfüße, und Schwemmkegel von 50 bis 100 km Ausdehnung erstrecken sich ins Vorland. Lokal sind nährstoffreiche Lößdecken verbreitet. Nach Südwesten zur iranischen Grenze hin beginnen Salztonebenen und Wüsten.

Etwa 10% des Landes sind ohne Entwässerung; der Großteil (79%) hat Abfluß über den Amu-Darja zum Aralsee und über den Hilmend und Harut zum Hilmend-Salzsee, während nur 11% der Fläche über das Industsystem zum Indischen Ozean entwässern.

Das Klima Afghanistans ist extrem kontinental, denn das Meer ist immerhin 450 km entfernt, und Gebirge schirmen es nach allen Seiten hin ab. Die von Westen heranziehenden Zyklonen bringen vor allem im Winter und Frühjahr Niederschläge. Der indische Monsun übt keinerlei Einfluß aus. Die sommerliche Gewittertätigkeit ist auf die nördlichen Gebirgsländer beschränkt.

Die afghanische Landwirtschaft leidet daher sehr unter Wassermangel und ist auf künstliche Bewässerung angewiesen. Neben der Verwendung von Flußwasser ist die Karisen-Bewässerung noch sehr verbreitet. In Abständen von 20 bis 50 m werden bis zu 30 m tiefe Schächte zur Sammlung von Sickerwasser in den Boden getrieben und durch unterirdische Kanäle, die zu den Oasen führen, miteinander verbunden.

Die natürlichen Waldbestände an Laub- und Nadelholz sind stark dezimiert und auf die Gebirge beschränkt. Strauch- und Rasensteppen, die nur nomadische Viehzucht zulassen, bedecken den größten Teil des Landes. Größere, zusammenhängende kultivierbare Flächen befinden sich in den Flußauen. Nach Süden und Südosten zu schließen sich Salzsteppen und wüstenhafte Gebiete an.

AFRIKA

Politisch-ökonomische Übersicht

Name des Staates, Fläche, Bevölkerung, Gliederung, Hauptstadt	Größte Städte (1 000 Einw.)		Wirtschaft (Bergbau, Industrie, Land- und Forstwirtschaft, Fischfang)
Ägypten (Al- Jumhouriya Misr al-Arabiya, Arabische Republik Ägypten) 1 000 000 km² 40 Millionen (1978) 26 Mohafazat, 1 Autonome Zone El Qāhira (Kairo)	Kairo Alexandria Gizeh Suez Port Said	(1970) 7 067 2 032 712 315 313	Erdöl, Phosphate, Eisenerze, Salz; Eisen- und Stahlverarbeitung, Baumwollverarbeitung; Baumwolle, Hülsenfrüchte, Mais, Hirse, Zwiebeln, Tomaten; Rinder, Büffel, Schafe, Ziegen, Kamele; Fischfang
Algerien (Al- Jumhouriya al-Djazairiya ad- Dimukratiya al-Shaabiya, Demokratische Volksrepublik Algerien) 2 400 000 km² 18,2 Millionen (1978) 31 Wilayat Al-Djazâir (Algier)	Algier m. V. Oran Constantine Annaba	904 1 840 327 244 152	Erdöl, Erdgas, Eisen-, Zink-, Mangan-, Antimonerze; Kohle, Quecksilber; Nahrungsmittel-, chemische Industrie; Wein, Datteln, Oliven, Zitrusfrüchte; Weizen, Gerste, Baumwolle; Pferde, Esel, Kamele, Rinder, Schafe, Ziegen; Fischfang
Angola (República Popular de Angola, Volksrepublik Angola) 1 246 700 km² 7,2 Millionen (1978) 16 Distritos Luanda	Luanda Huambo Lobito Benguela	(1970) 500 90 88 35	Diamanten, Eisenerz, Erdöl; Kaffee, Sisal, Baumwolle, Ölpalmen; Rinder, Schafe, Ziegen
Äquatorial-Guinea (República de Guinea Ecuatorial, Republik Äquatorial-Guinea) 28 051 km² 330 000 (1978) 2 Provinzen Malabo	Malabo	37	Palmkerne, Kakao, Kaffee, Bananen; Wolle, Edelhölzer
Äthiopien (Socialist Ethiopia, Sozialistisches Äthiopien) 1 221 900 km² 30,1 Millionen (1978) 14 Taglai-gizat Addis Abeba	Addis Abeba Asmara Dire Dawa Dessie Harar	(1972) 912 249 67 50 48	Salz, Gold, Platin, Pottasche; Kaffee, Getreide, Hülsenfrüchte, Ölsaaten; Rinder, Schafe, Ziegen, Pferde, Kamele
Benin (République populaire du Benin, Volksrepublik Benin) 112 622 km² 3,4 Millionen (1978) 6 Départements Porto Novo	Cotonou Porto Novo Abomey	(1972) 175 77 31	Kassava, Palmkerne, Palmöl, Kaffee, Mais, Yams, Bataten, Hirse, Erdnüsse, Baumwolle; Viehzucht
Botswana (Republic of Botswana, Republik Botswana) 600 372 km² 725 000 (1978) 10 Distrikte Gaborone	Gaborone	(1971) 18	Mangan, Halbedelsteine, Diamanten, Nickel, Kupfer, Kohle; Viehzucht, Häute, Felle
Burundi (République y'Uburundi, Republik Burundi) 27 834 km² 4 Millionen (1978) 8 Provinzen Bujumbura	Bujumbura	70	Nickel, Kassiterit, Kaolin, Gold; Kassava, Mais, Bataten, Erdnüsse, Bananen, Kaffee; Schafe, Ziegen
Djibouti (République de Djibouti, Republik Djibouti) 23 000 km² 115 000 (1978) Djibouti	Djibouti	70	Gips, Glimmer, Schwefel; Rinder, Schafe, Ziegen, Kamele
Elfenbeinküste (République de Côte d'Ivoire, Republik Elfenbeinküste) 322 463 km² 24 Départements Abidjan	Abidjan Bonaké Daloa	(1972) 560 85 35	Diamanten, Gold, Mangan, Bauxit; Verbrauchsgüterindustrie; Kakao, Kaffee, Palmkerne, Bananen, Sesam, Maniok, Mais, Reis; Edelhölzer

Name des Staates, Fläche, Bevölkerung, Gliederung, Hauptstadt	Größte Städte (1 000 Einw.)		Wirtschaft (Bergbau, Industrie, Land- und Forstwirtschaft, Fischfang)
Gabun (République gabonaise, Republik Gabun) 267 667 km² 540 000 (1978) 9 Regionen Libreville	Libreville Port Gentil Lambaréné	(1970) 73 25 4	Eisen-, Mangan-, Uranerze, Gold, Erdöl, Erdgas; Kaffee, Kakao, Maniok, Reis; Edelhölzer, Bauholz
Gambia (Republic of The Gambia, Republik Gambia) 11 295 km² 560 000 (1978) 35 Distrikte und Hauptstadt Banjul	Banjul	(1973) 39	Ilmenit; Erdnüsse, Reis, Palmprodukte
Ghana (Republic of Ghana, Republik Ghana) 238 537 km² 10,9 Millionen (1978) 9 Regionen Accra	Accra Kumasi Sekond-Takoradi Asamankese Tamale	(1970) 634 343 161 101 98	Diamanten, Gold, Mangan-, Eisenerz, Bauxit; Kakao, Kaffee, Erdnüsse, Kopra, Bananen, Reis, Mais, Kassava, Yams, Tabak, Baumwolle; Holz
Guinea (République populaire et révolutionnäire de Guinée, Revolutionäre Volksrepublik Guinea) 245 857 km² 4,75 Millionen (1978) 26 Regionen Conakry	Conakry Kankan Kindia	(1972) 553 30 26	Diamanten, Bauxit, Eisenerz; Aluminiumverhüttung, Leichtindustrie; Kassava, Palmkerne, Bananen, Kaffee, Ananas, Zitrusfrüchte; Viehzucht
Guinea-Bissau (República da Guiné-Bissau, Republik Guinea-Bissau) 36 125 km² 545 000 (1978) 12 Distritos Bissau	Bissau	85	Erdnüsse, Palmprodukte, Kautschuk, Reis, Mais; Viehzucht
Kamerun (République Unie du Cameroun, Vereinigte Republik Kamerun) 475 442 km² 6,8 Millionen (1978) 7 Provinzen Yaoundé	Douala Yaoundé Nkongsamba	(1970) 250 178 71	Eisenerz, Silber, Titan, Bauxit; Leichtindustrie, Aluminiumproduktion; Kakao, Kaffee, Bananen, Baumwolle, Kautschuk; Rinder, Schafe, Ziegen
Kapverden (República de Cabo Verde, Republik der Kapverden) 4 033 km² 310 000 (1978) Praia	Praia	13	Kaffee, Bananen; Thunfisch
Kenia (Jamhuri ya Kenya, Republik Kenia) 582 644 km² 14,8 Millionen (1978) 8 Provinzen Nairobi	Nairobi Mombasa Kisumu Nakuru Eldoret	(1975) 700 340 149 66 30	Baryt, Magnesit, Gold; Verbrauchsgüterindustrie; Kaffee, Tee, Sisal, Baumwolle, Mais, Zuckerrohr; Holz
Komoren (République fédérale et islamique des Comores, Islamische Bundesrepublik Komoren) 2 170 km² 315 000 (1978) Moroni	Moroni	12	Bananen, Maniok, Reis, Vanille; Fischfang
Kongo (République populaire du Congo, Volksrepublik Kongo) 342 000 km² 1,46 Millionen (1978) Brazzaville	Brazzaville Pointe-Noire Loubomo	(1973) 200 100 20	Blei, Gold, Diamanten, Erdöl; Leicht- und Nahrungsmittelindustrie; Kakao, Kaffee, Kassava; Edelhölzer
Lesotho (Kingdom of Lesotho, Königreich Lesotho) 30 355 km² 1,26 Millionen (1978) 9 Distrikte Maseru	Maseru	18	Diamanten; Weizen, Mais, Sorghum

Name des Staates, Fläche, Bevölkerung, Gliederung, Hauptstadt	Größte Städte (1 000 Einw.)		Wirtschaft (Bergbau, Industrie, Land- und Forstwirtschaft, Fischfang)
Liberia (Republic of Liberia, Republik Liberia) 111 370 km² 1,85 Millionen (1978) 9 Provinzen Monrovia	Monrovia	(1974) 180	Diamanten, Eisenerz, Gold, Mangan; Verbrauchsgüterindustrie; Kautschuk, Kassava, Hirse, Reis, Bananen
Libyen (Al-Jamahiriya al- Arabiya al-Libiya ash-Shaabiya al-Ischtirakiya, Sozialistische Libysche Arabische Volksjamahiriya) 1 759 540 km² 2,7 Millionen (1978) 10 Provinzen Tarabulus (Tripolis)	Tripolis Benghazi Beda	213 137 35	Erdöl; Verbrauchsgüterindustrie; Oliven, Tomaten, Datteln, Orangen, Wein, Tabak; Fischerei
Madagaskar (République démocratique de Madagascar, Demokratische Republik Madagaskar) 587 041 km² 8,6 Millionen (1978) 6 Provinzen Antananarivo	Antananarivo Tamatave Majunga Fianarantsoa	(1971) 351 59 57 55	Glimmer, Graphit, Phosphate, Chrom, Ilmenit, Zirkon, Beryllium, Gold; Verbrauchsgüterindustrie; Reis, Maniok, Mais, Bataten, Vanille, Gewürznelken, Pfeffer, Tabak; Edelhölzer
Malawi (Republic of Malawi, Republik Malawi) 118 000 km² 5,4 Millionen (1978) 23 Distrikte Lilongwe	Blantyre Lilongwe Zomba Mzuzu	(1975) 193 102 20 15	Mais, Erdnüsse, Tabak, Baumwolle; Rinder, Schafe, Ziegen
Mali (République du Mali, Republik Mali) 1 240 000 km² 6,1 Millionen (1978) 6 Regionen Bamako	Bamako Mopti Ségou Kayes	(1970) 197 33 31 29	Baumwolle, Hirse, Sorghum, Reis, Mais, Erdnüsse, Gummiarabicum; Viehzucht
Marokko (Al- Mamlaka al- Maghrebiya, Königreich Marokko) 460 000 km² 18,9 Millionen (1978) 19 Provinzen und zwei unmittelbare Städte Ar-Ribat (Rabat)	Casablanca Rabat Marrakesch Fès Meknès Tanger	(1971) 1 506 530 333 325 248 188	Phosphate, Kobalt, Antimon, Blei, Mangan, Zink; Leicht- und Lebensmittelindustrie; Zitrusfrüchte, Wein, Oliven, Gerste, Weizen; Schafe, Esel, Maultiere; Fischfang
Mauretanien (Al- Jumhouriya al- Islamiya al- Muritaniya, Islamische Republik Mauretanien) 1 030 700 km² 1,5 Millionen (1978) 7 administrative Einheiten und Hauptstadt Nouakchott	Nouakchott Kaédi Nouadhibou	(1970) 60 13 11	Eisen-, Kupfererze, Salz; Datteln, Gummiarabicum; Viehzucht; Fischerei
Mauritius 2 096 km² 925 000 (1978) Port Louis	Port Louis	(1972) 134	Zuckerrohr, Tee, Tabak, Aloë
Moçambique (República Popular de Moçambique, Volksrepublik Moçambique) 783 030 km² 9,9 Millionen (1978) 9 Distritos Maputo	Maputo	(1970) 355	Beryllium, Bauxit, Kohle; Getreide, Tee, Tabak, Baumwolle, Reis, Bananen, Sisal; Rinder, Schafe, Ziegen
Niger (République du Niger, Republik Niger) 1 267 000 km² 5 Millionen (1978) 7 Départements Niamey	Niamey Zinder Maradi	(1974) 102 39 37	Uran, Salz, Natron; Hirse, Erdnüsse, Bohnen, Maniok, Baumwolle, Reis, Gummiarabicum; Pferde, Esel, Kamele, Rinder, Schafe, Ziegen

Name des Staates, Fläche, Bevölkerung, Gliederung, Hauptstadt	Größte Städte (1000 Einw.)		Wirtschaft (Bergbau, Industrie, Land- und Forstwirtschaft, Fischfang)
Nigeria (Federal Republic of Nigeria, Bundesrepublik Nigeria) 923 768 km² 80,8 Millionen (1978) 19 Staaten Lagos	Lagos Aggl. Ibadan Ogbomosho Kano Oshogbo Ilorin	(1971) 901 1477 758 387 357 253 252	Erdöl, Erdgas, Zinn, Kohle, Kolumbit; Metallverarbeitung, Elektro-, Leicht-, Lebensmittelindustrie; Erdnüsse, Baumwolle, Sojabohnen, Kakao, Palmen, Kautschuk; Rinder, Schafe, Ziegen
Obervolta (République de Haute-Volta, Republik Obervolta) 274 200 km² 6,45 Millionen (1978) 10 Départements Ouagadougou	Ouagadougou Bobo-Dioulasso Kougougou	(1970) 125 102 41	Mangan, Bauxit, Zink, Blei; Hirse, Mais, Reis, Erdnüsse; Rinder, Schafe, Ziegen, Pferde
Rwanda (Republika y'u Rwanda, Republik Rwanda) 26 338 km² 4,5 Millionen (1978) 10 Präfekturen Kigali	Kigali	(1972) 35	Kassiterit, Methangas; Erdnußverarbeitung; Bohnen, Kassava, Mais, Bataten, Erdnüsse, Kaffee; Rinder, Schafe, Ziegen
Sambia (Republic of Zambia, Republik Sambia) 750 000 km² 5,35 Millionen (1978) 8 Provinzen Lusaka	Lusaka Kitwe Ndola Chingola	(1973) 381 311 216 194	Kupfer, Zink, Mangan, Kobalt, Blei; Mais, Tabak, Sorghum, Kassava, Erdnüsse; Viehzucht
São Tomé und Príncipe (República Democratica de São Tomé e Príncipe, Demokratische Republik von São Tomé und Príncipe) 964 km² 85 000 (1978) São Tomé	São Tomé	3	Kakao, Kokospalmen, Kaffee; Schafe, Ziegen, Rinder
Senegal (République du Sénégal, Republik Senegal) 197 000 km² 5,4 Millionen (1978) 7 Regionen Dakar	Dakar Kaolack Thiès	(1970) 581 96 91	Phosphate, Titan; Leichtindustrie; Erdnüsse, Hirse, Reis, Mais; Viehzucht
Seychellen (Republic of Seychelles, Republik Seychellen) 404 km² 60 000 (1978) Victoria	Victoria	13	Kopra, Zimt; Fischerei
Sierra Leone (Republic of Sierra Leone, Republik Sierra Leone) 71 740 km² 3,3 Millionen (1978) 3 Provinces, 1 Area Freetown	Freetown Bo	(1970) 179 27	Diamanten, Eisen-, Chromerze; Holzindustrie; Palmen, Kaffee, Kakao; Viehzucht
Somalia (Jumhuuriyadda Dimoqraadiga ee Soomaaliya, Demokratische Republik Somalia) 637 660 km² 3,4 Millionen (1978) 8 Regionen Mogadishu	Mogadishu Merka Hargeisa	(197 230 52 50	Eisenerz, Gips, Beryllium; Leichtindustrie; Zuckerrohr, Bananen, Mais, Hirse; Schafe, Ziegen, Rinder, Kamele
Südafrika (Republiek van Suid-Afrika/Republic of South Africa, Republik Südafrika) 1 221 037 km² 27,5 Millionen (1978) 4 Provinzen Pretoria	Johannesburg Kapstadt Durban Pretoria Port Elizabeth	(1970) 1433 1097 834 543 469	Gold, Diamanten, Antimon, Platin, Vanadium, Chrom, Uran, Monazit, Mangan, Beryll, Blei, Zirkon, Asbest, Kupfer, Kohle, Eisen, Phosphate; Metallurgie, Maschinenbau, Chemie-, Textilindustrie; Mais, Zuckerrohr, Weizen, Reis, Zitrusfrüchte, Tabak; Viehzucht; Fisch- und Walfang

Name des Staates, Fläche, Bevölkerung, Gliederung, Hauptstadt	Größte Städte (1 000 Einw.)		Wirtschaft (Bergbau, Industrie, Land- und Forstwirtschaft, Fischfang)
Sudan (Jumhouriyat as- Sudan ad- Dimukratiya, Demokratische Republik Sudan) 2 505 800 km² 17,1 Millionen (1978) 9 Provinzen Al Khartum (Khartum)	Khartum Omdurman Khartum-Nord Port Sudan Kassala	(1970) 256 252 123 99 85	Gold, Graphit, Schwefel, Chrom-, Eisen-, Kupfererze; Baumwolle, Weizen, Hirse, Erdnüsse, Zuckerrohr, Sesam; Rinder, Schafe, Ziegen
Swasiland (Kingdom of Swaziland, Königreich Swasiland) 17 364 km² 525 000 (1978) 4 Distrikte Mbabane	Mbabane	14	Asbest, Eisenerz, Kohle, Zuckerrohr, Zitrusfrüchte, Baumwolle, Sorghum, Tabak
Tansania (Jamhuri ya Muungano wa Tanzania/United Republic of Tanzania, Vereinigte Republik Tansania) 939 701 km² 16,4 Millionen (1978) 2 Staaten mit 24 Provinzen Dar es Salaam	Dar es Salaam Zanzibar Tanga Mwanza	(1978) 870 90 85 45	Kaffee, Kakao, Gewürznelken, Kokosnüsse, Baumwolle; Ziegen, Rinder, Schafe
Togo (République togolaise, Republik Togo) 56 600 km² 2,4 Millionen (1978) 5 Regionen Lomé	Lomé, m. V. Sokodé	(1970) 193 29	Phosphat, Bauxit, Eisenerz; Palmen, Kassava, Kakao, Kaffee, Baumwolle
Tschad (République du Tchad, Republik Tschad) 1 284 000 km² 4,2 Millionen (1978) 14 Präfekturen N'Djamena	N'Djamena	(1973) 250	Baumwolle; Viehzucht; Fischerei
Tunesien (Al- Jumhouriya at- Tunisiya, Republik Tunesien) 164 150 km² 6 Millionen (1978) 13 Gouvernorate Tunis	Tunis Sfax Binzert Sousse	(1970) 900 250 95 83	Phosphat, Eisen-, Blei-, Zinkerze; Metallurgie, Raffinerie, Leichtindustrie; Wein, Oliven, Datteln, Zitrusfrüchte, Kork; Pferde, Esel, Rinder, Schafe, Ziegen, Kamele; Fischerei
Uganda (Republic of Uganda, Republik Uganda) 235 000 km² 12,7 Millionen (1978) 18 Distrikte Kampala	Kampala Butembe Jinja	(1970) 332 48 47	Kupfer, Zinn; Baumwolle, Kaffee, Erdnüsse, Tee, Tabak, Mais, Sisal; Fischfang
Zaïre (République du Zaïre, Republik Zaïre) 2 345 409 km² 26,9 Millionen (1978) 8 Regionen und Hauptstadt Kinshasa	Kinshasa Kananga Lubumbashi Mbuji-Mayi Kisangani	(1970) 1 323 429 318 256 230	Diamanten, Kobalt, Zinn, Kupfer, Zink, Wolfram, Mangan; Buntmetallurgie, Metallverarbeitung, Leichtindustrie; Palmen, Kautschuk, Kaffee; Viehzucht; Edelhölzer
Zentralafrikanische Republik/ZAR (République Centrafricaine) 622 984 km² 1,9 Millionen (1978) 14 Präfekturen Bangui	Bangui Bouar Bambari	302 25 25	Diamanten, Graphit; Baumwolle, Kaffee, Erdnüsse, Sisal; Viehzucht

Abhängige und sonstige Gebiete:

Britisches Territorium im Indischen Ozean, 78 km², 2000 Einw.
Ceuta (span.), 19 km², 67 000 Einw.
Melilla (span.), 12 km², 65 000 Einw.
Namibia (unter direkter Verantwortung der UNO, z. Z. widerrechtlich von Südafrika besetzt), 824 295 km², 900 000 Einw.
Südrhodesien (Simbabwe) (brit.), 390 622 km², 7 Millionen Einw.; seit 18. 4. 1980 unabhängig als Republik Simbabwe.
Réunion (franz.), 2512 km², 500 000 Einw.
Sankt Helena (brit.), 419 km², 5000 Einw.
Westsahara, 266 000 km², 130 000 Einw.

Fläche und Lage. Afrika ist mit 30 Mio km² der zweitgrößte Kontinent. Er wird von etwa 450 Mio Menschen bewohnt, hat also eine relativ geringe mittlere Bevölkerungsdichte. Während die Trockengebiete, vor allem die Sahara, extrem menschenarme Räume darstellen, sind Gebiete mit längerer humider Jahreszeit, z. B. das Atlasgebiet oder der Südteil des Sudans und Oberguinea, relativ dicht besiedelt, und es gibt auch kleinere Teilgebiete mit starker Bevölkerungskonzentration, wie z. B. das untere Niltal und das Nildelta.

Überblick

In anthropologischer Beziehung kann man in Afrika sehr allgemein die europiden Nordafrikaner von der südlich der Sahara lebenden negriden Bevölkerung unterscheiden. Im einzelnen ist aber die anthropologische, ethnische und sprachliche Gliederung der Bevölkerung Afrikas viel komplizierter. Es werden mehrere hundert Sprachen als Muttersprache gesprochen. Überregionale Bedeutung haben in Nordafrika seit dem 7. Jh. u. Z. das Arabische, weiter südlich einige seit alters als Verkehrs- und Handelssprachen gebräuchliche Sprachen, wie z. B. das Suaheli in Ostafrika, und ferner die in der Kolonialperiode eingeführten europäischen Sprachen erlangt. Die im 19. Jh. von den europäischen Kolonialmächten festgelegten Grenzen der Territorien, aus denen die Staaten Afrikas hervorgegangen sind, vereinigen meist Bevölkerungsteile ganz verschiedener ethnischer Zugehörigkeit und Muttersprache; im Rahmen der Staatsterritorien wird sich die Bildung von Nationen vollziehen.

Viele Länder Afrikas weisen bedeutende Rohstoffvorkommen auf, deren rationelle Nutzung den Auf- bzw. Ausbau der Verkehrsinfrastruktur (Eisenbahnen, Straßen, Brücken), eigener Verarbeitungsindustrien sowie die Bereitstellung von Wasser und Energie für die Produktion erfordert. Dasselbe gilt in bezug auf die Entwicklung der in weiten Gebieten noch mit unzeitgemäßen Methoden betriebenen Landwirtschaft, in der gegenwärtig 80% aller Afrikaner ihren Lebensunterhalt finden.

Afrika ist erst spät ins Blickfeld europäischer Forscher getreten. In der Periode der Entdeckungen des ausgehenden Mittelalters lernte man nicht viel mehr als die Küstenstriche kennen. Noch um 1800 herrschten in Europa z. T. völlig unzutreffende Vorstellungen vom Relief und von den hydrographischen Verhältnissen im Innern des Erdteils. Die Aufklärung vieler grundlegender Fragen war den großen Forschungsreisenden im 19. Jh. vorbehalten. Mit der Aufteilung Afrikas unter die europäischen Kolonialmächte begann eine intensivere und thematisch spezialisierte Erkundung. Dennoch ist die Aufnahme des Kontinents in Karten größeren Maßstabs auch heute nicht abgeschlossen, und viele Probleme von wissenschaftlichem Interesse und praktischer Bedeutung für die Erschließung des natürlichen Potentials der Staatsterritorien Afrikas bedürfen noch der Klärung.

Relief und Bau. Ein vergleichender Blick auf physische Kontinentalkarten zeigt einige für den Erdteil Afrika bezeichnende Reliefeigenschaften: die fast überall geringe Breite des Schelfs und Küstentieflandes und den z. T. bedeutenden Anstieg der Oberfläche in kurzer Entfernung von der Küste, vor allem aber das System von Becken und Schwellen im Innern des Kontinents. In den weiträumigen Becken unterschiedlicher Höhenlage (Tschad-, Obernil-, Kongobecken, Kalaharihochbecken u. a.) konvergieren die Ströme und bilden mehr oder minder vollkommen ausgeprägte Beckenflußsysteme mit einem relativ flachen Endsee im tiefsten Bereich (Tschad-, Victoriasee) oder großen Sumpf- und Überschwemmungsgebieten (z. B. Niger oberhalb von Tombouctou, Kongo oberhalb der Kasaimündung, Okawango in der Nordkalahari). Hier gelangen große Mengen feinkörniger fluviatiler Sedimente zur Ablagerung, in den Becken der nordafrikanischen Trockengebiete neben fluvialen Salztonen vor allem äolisch umgelagerte Sande (z. B. Großer Erg, Libysche Wüste).

Vom Beckeninnern steigt die Oberfläche zu den Schwellen an, das Aufschüttungsrelief wird von Abtragungsoberflächen abgelöst, die zunächst flach ausstreichende feste Sedimentgesteine mesozoischen und paläozoischen Alters schneiden, so daß sich der Relieftyp weiter Plateaus mit Schichtstufen und Tafelbergen sowie tiefer eingeschnittenen Tälern einstellt. In den von stärkster Hebung und Abtragung erfaßten Scheitelbereichen der Schwellen, in denen auch die Wasserscheiden verlaufen, tritt dann meistens der kristalline Unterbau des Kontinents zutage, dessen Bildung durch Faltung, Gesteinsmetamorphose und Intrusion granitischen Materials größtenteils schon im Algonkium abgeschlossen war. Auch hier herrscht der Plateaucharakter des Reliefs vor; aus den flachen kristallinen Hochflächen erheben sich Inselberge, unvermittelt und oft steil aufsteigende Einzelberge, Berggruppen oder kleine Gebirge. Auch die kristallinen Schwellenscheitel haben sehr unterschiedliche Höhe; so erreichen die zentralsaharische Schwelle im Ahaggarabschnitt über 2000 m, die Oberguinea- und die Nordäquatorialschwelle weithin nur 500 bis 1000 m, die Lundaschwelle 1000 bis 1500 m.

Das Becken- und Schwellensystem Afrikas mit der soeben beschriebenen Entwässerung und Anordnung gesteinsbedingter Relieftypen läßt sich als Folge großräumig geordneter differenzierter Hebungen vieler Einzelschollen erklären, aus denen sowohl die Becken als auch die Schwellen zusammengesetzt sind.

Deshalb treten in den Schwellen mit starker Schollenhebung (z. B. zentralsaharische Schwelle) Basalt- und Phonolitheruptionen auf. Bei den Schwellen Ostafrikas sind diese Hebungs- und Zerrungsvorgänge bis zur Bildung tiefer tektonischer Gräben im Scheitelbereich der Schwellen fortgeschritten, begleitet von starkem Vulkanismus, der die mächtigen Bergmassive Ostafrikas (Virungavulkane, Kilimandscharo, Kenia u. a.) sowie die Lavadecken des Hochlandes von Äthiopien hervorgebracht hat. Der Anordnung der Gräben entspricht die Folge meist langgestreckter und z. T. tiefer Grabenseen (z. B. Njassa-, Tanganjika-, Rudolfsee).

In Äthiopien geht das ostafrikanische Grabensystem in die Gräben des Roten Meeres und des Golfs von Aden über, die sich nicht nur durch ihre wesentlich größere Sohlenbreite, sondern auch durch die für Ozeane charakteristische schwere basaltische Kruste in der Grabenachse von den Kontinentalgräben unterscheiden. Den Vorstellungen der Plattentektonik zufolge weitet sich hier seit der Oberkreide ein ehemals kontinentales Grabensystem. Bei fortschreitender Bildung ozeanischer Kruste aus schwerem basaltischem Material des Erdmantels löst sich der kontinentale, d. h. überwiegend aus sauren Gesteinen bestehende Krustenanteil Arabien von Afrika ab und driftet nach Nordosten. Analog diesem nordostafrikanischen Modell stellt man sich die Genese des Atlantischen und Indischen Ozeans und den damit verbundenen Zerfall des riesigen Kontinents Gondwana vor, zu dem außer Afrika und Arabien noch Indien, Australien, Antarktika und Südamerika östlich der Anden gehörten. Die einander entsprechenden Ränder dieser Kontinente entstanden während des Jura und der Unterkreide; in der Oberkreide begann die noch heute andauernde schnelle Ausweitung der genannten Ozeane und die damit verbundene Drift der Kontinente.

In die plattentektonische Erklärung der Genese des Kontinentumrisses Afrikas ordnen sich zwei weitere Elemente seines tektogenen Reliefs und Bauplans ein: erstens die von den symmetrischen Binnenschwellen zu unterscheidenden asymmetrischen Randschwellen (Oberguinea- und Südguinea-, südwestafrikanische und südostafrikanische Schwelle); zweitens die jungen Faltengebirge des Atlas. Letztere stellen in dem Erdteil fremdes Bauelement dar, sie gehören genetisch zu den Faltengebirgssystemen Südeuropas, West- und Südasiens; ihre Lage weist sie als Bereiche der Einengung, der Faltung von Sedimentgesteinsserien und der Herauspressung der Faltenstrukturen in der nördlichen Randzone driftender Teile Gondwanas aus.

Mit der Verteilung der Gesteinsgruppen stimmt in der Regel auch die Verteilung der Lagerstätten Afrikas überein. Die in den Schwellen anstehenden Gesteine des Unterbaus sind als Träger zahlreicher Lagerstätten von Edelmetallen, Buntmetallen, Stahlveredlern, Eisenerzen und auch Kernbrennstoffen bekannt. Zum Teil sind diese Bodenschätze an Magmaintrusionen gebunden, z. T. handelt es sich um ursprünglich sedimentäre Lagerstätten, die schon in präpaläozoischer Zeit zu Lagerstätten des metamorphen Typs umgestaltet wurden. Dagegen gehören die ausgedehnten Roteisen- und Brauneisenlagerstätten Südafrikas, die man lange Zeit kaum beachtet hatte, der ungefalteten Sedimentgesteinsserie des Oberbaus an, ebenso wie die relativ seltenen Kohlelagerstätten des Kontinents. In jüngerer Zeit hat man in den großen Sedimentgesteinsbecken der nördlichen Sahara (Südalgerien, Libyen) bedeutende Erdöl- und Erdgasvorkommen entdeckt. Auch die Schollentektonik Afrikas hat zur Entstehung von Lagerstätten geführt; so gab das in Schloten aufdringende basische Material das Muttergestein (Kimberlit) von Diamanten ab. Abschließend sei noch auf die Bauxitlagerstätten Afrikas (Ghana, Guinea, Kamerun) hingewiesen. Diese Bauxite verdanken ihre Entstehung der tropischen Bodenbildung im Bereich silikatreicher Gesteine.

Klima und Vegetation. Infolge seiner Lage zwischen 38° n. Br. und 35° s. Br. gehört Afrika zum überwiegenden Teil zum Tropengürtel der Erde. Damit sind einige allgemeine Erscheinungen verbunden: die steile tägliche Sonnenbahn, die kurze Dämmerung, die Lichtfülle des Tages und die ganzjährig annähernd gleiche Tages- und Nachtlänge; ferner die nach geographischer Breite und Höhenlage zwar unterschiedlichen, insgesamt aber hohen Temperaturen, die geringere Bedeutung thermischer gegenüber den hygrischen Jahreszeiten (Regenzeit und Trockenzeit) und die Monotonie der Witterung dieser Jahreszeiten.

In bezug auf die zeitliche Lage und die Dauer der humiden und der ariden Jahreszeit (Regen- und Trockenzeit) bestehen aber großräumig so starke Unterschiede, daß sie als Hauptkriterium der Gliederung des Kontinents in Klimazonen verwendet werden können. Im nördlichen Teil des Kontinents finden wir west-östlich verlaufende Klimazonen vor. Die Gebiete am Mittelmeer haben noch Anteil am Subtropenklima mit Winterregen und aridem Sommer. Südwärts folgen das ganzjährig aride Tropenklima der Sahara, das Klima des Sudans mit Wechsel von Trockenzeit und Sommerregenzeit und das fast ganzjährige humide Äquatorialklima im Gebiet der Oberguineaküste, Südkameruns und des Kongobeckens. Der Ostteil der äquatorialen Region ist in Uganda, Kenia und Tansania bereits niederschlagsärmer. Im südlichen allseits von Ozeanen umgebenen Teil Afrikas unterscheiden sich die

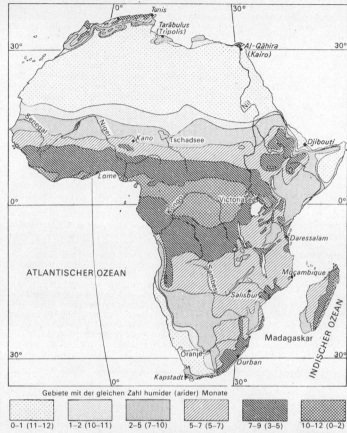

Gebiete mit der gleichen Zahl humider (arider) Monate

0–1 (11–12) 1–2 (10–11) 2–5 (7–10) 5–7 (5–7) 7–9 (3–5) 10–12 (0–2)

Gebiete mit der gleichen Zahl humider (arider) Monate (vereinfacht nach Lauer)

Klimate der West- und Ostseite des Kontinents. Das ganzjährige aride Klima beschränkt sich auf die südwestafrikanischen Randgebiete (Namib), während im gesamten übrigen tropischen Raum Trockenzeit und Sommerregenzeit wechseln. Das südwestliche Kapland fällt wiederum in die Subtropen mit Winterregen und aridem Sommer.

Jahreszeitlicher Wechsel arider und humider Verhältnisse bei im allgemeinen hohen Temperaturen ist somit für den weitaus größten Teil Afrikas kennzeichnend. Im Gebiet zwischen den Wendekreisen beruht dieser Wechsel auf dem jahreszeitlichen Wechsel der äquatorwärts strömenden Tropikluft (Passat) und der Äquatorialluft, zwei nach Feuchtigkeitsgehalt und Schichtung grundverschiedenen Luftmassen. Die Tropikluft des Passats ist stabil geschichtet und deshalb nicht niederschlagsbereit, während die äquatoriale Luftmasse labile Schichtung aufweist, so daß sich im Laufe des Tages Gewitter mit Starkregen entwickeln können. Die Konvergenzzone beider Luftmassen (ITC) und das äquatorwärts anschließende Gebiet der Äquatorialluft verlagern sich im Laufe des Jahres, der regional stärksten Erwärmung der Erdoberfläche folgend, und zwar im Juli nordwärts bis zum Südrand der Sahara, im Januar südwärts bis in die Kalahari. Deshalb tritt die Regenzeit jeweils im Sommer der Hemisphäre ein, während sich im Äquatorialbereich zwei Regenzeiten und zwei niederschlagsarme Perioden einstellen, die im westlichen und östlichen Abschnitt von unterschiedlicher Ausprägung sind. Als noch wesentlichere Folge der jahreszeitlichen Luftmassenverlagerung ergibt sich die unterschiedliche Dauer der humiden Zeit, die im allgemeinen vom Äquator zu den Wendekreisen hin abnimmt, so daß man das ganzjährig humide Klima von Liberia bis zum mittleren Kongo ebenso wie das ganzjährige aride Klima der Sahara und der Namib als Grenzfälle auffassen kann. In den subtropischen Randgebieten Afrikas am Mittelmeer und im Kapland wechselt Tropikluft im Sommer mit Luft der gemäßigten Zone, zyklonalem Wetter und Niederschlägen während des Winters.

Da die Temperaturverhältnisse in den Tropen keine scharfen jahreszeitlichen Gegensätze hervorrufen, ist die Dauer der humiden bzw. der ariden Jahreszeit bestimmend für die großräumigen Unterschiede des Wasserhaushalts, der Vegetation und vieler wirtschaftlicher und landeskultureller Probleme. In der Küstenzone Oberguineas, in Südkamerun und im nördlichen Einzugsgebiet des Kongos liegt das Verbreitungsgebiet der immergrünen äquatorialen Wälder, deren intensives Wachstum bei gleichmäßig hohen Temperaturen auf der das ganze Jahr über vorhandenen reichlichen Bodenfeuchte beruht. Infolge der raschen Zersetzung und Mineralisierung toter organischer Substanz erhält sich der Wald auch auf nährstoffärmeren Böden, während den Pflanzungen nur nährstoffreiche Böden einen dauerhaften Standort gewähren. Den ganzjährig humiden Verhältnissen entsprechen Dauerflüsse mit starker Wasserführung.

Im wechselfeuchten Gebiet des Sudans, Ost- und Südafrikas stellen sich Vegetationsformen ein, die man unter dem Begriff „Savannen" zusammenfassen kann. Regelmäßiger Laubabwurf der Gehölze und das Verwelken des Grases infolge des Bodenfeuchtemangels während der Trockenzeit sind ihre wichtigsten Kennzeichen. Der Dauer der humiden Zeit entsprechend unterscheidet man im Savannengürtel von innen nach außen die Feuchtsavanne mit großblättrigen Bäumen und übermannshohem Gras, die Trockensavanne mit niedrigerem Graswuchs, lichteren Wäldern und teils schon schirmförmigen Kronen der Bäume, die Dornsavanne mit lückenhafter Grasflur, starker Bedornung der Gehölze und wasserspeichernden (sukkulenten) Pflanzenarten. Neben der zonenhaften allmählichen Abwandlung der Wuchsformen kommen im Savannengürtel azonale Faktoren zur Geltung, die im Landschaftsbild meist viel stärker auffallen. So entscheiden vor allem die von Oberflächenform und Lockermaterialtyp abhängigen standörtlich unterschiedlichen Bodenfeuchteverhältnisse den Wettbewerb der Gräser und Gehölze (Wald, Grasflur mit einzelstehenden Bäumen, gehölzfreie Grasflur). Vielfach haben aber Grasbrand und Rodung dazu beigetragen, die Waldformation zurückzudrängen und die natürliche Gliederung der Vegetationsdecke zu verändern; denn die Savannen bieten relativ günstige Lebensbedingungen und stellen seit alters die wichtigsten Wohngebiete Afrikas dar. Im Savannenbereich finden sich Dauerflüsse mit jahreszeitlich stark schwankender Wasserführung. Viele sind während der Regenzeit schiffbar, während man zur Trockenzeit ihre

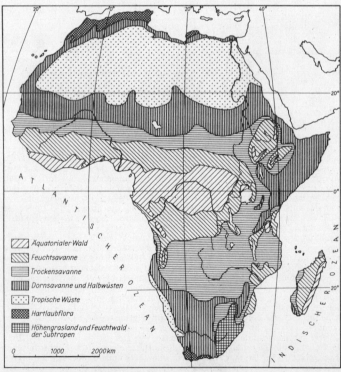

Die Vegetationszonen Afrikas (nach Lauer)

Rinnsale durchwaten kann. Zu diesem Typ gehören der Gambia und der Kuanza in Angola.
In den extrem ariden Gebieten Afrikas, in der Sahara und in Südwestafrika, breiten sich Halbwüsten und Vollwüsten aus. Hier überwiegen die episodischen Flüsse, die nur bei gelegentlichen Güssen Wasser führen. Die den größten Teil des Jahres trocken liegenden Flußbetten bezeichnet man in Nordafrika als Wadis, in Südwestafrika als Riviere. In den Randgebieten gibt es flache Seen, die sich zeitweilig mit Wasser füllen, dann aber wieder austrocknen. Es sind Salzpfannen wie die Etoschapfanne in Südwestafrika und die Schotts Nordwestafrikas.
Große Teile des Atlasgebietes und das südwestliche Kapland, wo die Sommertrockenheit die Vegetationsperiode einschränkt, tragen eine Hartlaubvegetation mediterranen Gepräges. Die Flüsse führen im Winter Hochwasser, im Sommer können sie fast austrocknen.
Gliederung des Kontinents. Unter Berücksichtigung aller wesentlichen Naturkomponenten kann man den Kontinent Afrika in die folgenden landschaftlichen Regionen gliedern:
Im Nordwesten bildet das **Atlasgebiet** als Gebirgsraum mit subtropischem Klima, Wasserhaushalt und Vegetationsbild eine Einheit. Südwärts folgt bis an die Grenzen Äthiopiens, Kenias, Tansanias und Angolas ein riesiges Gebiet, das die für Afrika charakteristische Becken-Schwellen-Gliederung aufweist und gewöhnlich unter der Bezeichnung Niederafrika zusammengefaßt wird, weil meist nur die Schwellenscheitel (Wasserscheidegebiete) Höhen über 500 m N. N. erreichen. Klima, Wasserhaushalt und Vegetation gestatten jedoch eine eindeutige Untergliederung. Den nördlichen Teil nimmt das große tropische Wüstengebiet der **Sahara** ein. Südwärts schließt sich das wechselfeuchte Savannengebiet des **Sudan** an, in dem vom Südrand der Wüste bis zum Nordsaum der äquatorialen Waldregion die verschiedenen Untertypen der Savanne als west-östlich gerichtete Streifen aufeinanderfolgen. Den südlichen Abschluß Niederafrikas bildet das **Kongogebiet**; es beginnt südlich der Wasserscheide der Nordäquatorialschwelle (Asandeschwelle) mit äquatorialen Wäldern und umfaßt außer dem Kongobecken noch das Feuchtsavannengebiet auf dem Anstieg zur Wasserscheide der Südäquatorialschwelle (Lundaschwelle).
Den Süd- und Ostteil des Kontinents bezeichnet man wegen der vorherrschenden Höhenlage über 1 000 m NN zusammenfassend als Hochafrika. Unter landschaftsanalytischem Gesichtspunkt sind jedoch zwei Regionen klar zu unterscheiden. In **Ostafrika** ist die Schollentektonik bis zur Entstehung der großen Grabenzüge im Scheitelbereich der Schwellen, begleitet von Basaltvulkanismus, fortgeschritten. Deshalb fehlen gut ausgeprägte Beckenflußnetze, während andererseits Grabenseeketten als charakteristisches Merkmal auftreten. Ostafrika ist wechselfeuchtes Savannengebiet mit zunehmender Trockenheit in nordöstlicher Richtung. In **Südafrika** tritt die Bruchtektonik zurück; es liegt ein von hohen Schwellen umrahmtes großes Hochbecken vor. Südafrika hat überwiegend wechselfeuchtes Tropenklima mit zunehmender Trockenheit in südwestlicher Richtung. Als besondere Region kann man schließlich **Madagaskar**, die größte Insel Afrikas, ansehen.

Das Atlasgebiet

Das zwischen der Küste des Mittelmeers und des Atlantischen Ozeans im Norden und der Sahara im Süden gelegene Gebiet umfaßt eine Fläche von rund 760 000 km² und gehört zu den Staaten Marokko, Algerien, Tunesien. Die Bevölkerung des Atlaslandes, insgesamt etwa 40 Mio, setzt sich überwiegend aus Arabern, Berbern und einer Minderheit europäischer Siedler zusammen. In den Städten leben auch zahlreiche Juden.
Das Atlasgebiet birgt wertvolle Bodenschätze, von denen vor allem die in Marokko und im algerisch-tunesischen Grenzgebiet abgebauten Phosphate große Bedeutung für die Weltwirtschaft haben. In Marokko werden bei Khuribga auch Eisen- und Manganerze in größerem Umfang gewonnen. Steinkohlen liegen im marokkanisch-algerischen Grenzgebiet.
Das 2 000 km lange, im Mittel 300 km breite Gebiet besteht aus zwei grundverschiedenen Bau- und Reliefeinheiten: den nordöstlich streichenden langen Faltengebirgen und den von ihnen eingerahmten Plateaus. In Marokko umrahmen der *Rif-Atlas*, der *Mittlere Atlas* und das Hochgebirge des *Hohen Atlas* die *marokkanische Meseta*, eine zum Atlantischen Ozean sich abdachende Hochfläche. In Algerien schließen die vielfach nur Mittelgebirgshöhe erreichenden langgestreckten Gebirgssysteme des *Küsten*- und des *Sahara-Atlas* die algerische Hochfläche ein. Dieses auf den Atlaskarten als *Hochland der Schotts* bezeichnete Gebiet dacht sich ostwärts schwach ab. In Tunesien vereinigen sich die umrahmenden Gebirgszüge zu einem Bergland. An der Südseite des Sahara- und des Hohen Atlas grenzt das Atlassystem an das ganz anders gebaute eigentliche Afrika; auch der *Anti-Atlas* liegt schon südlich dieser Grenzlinie.

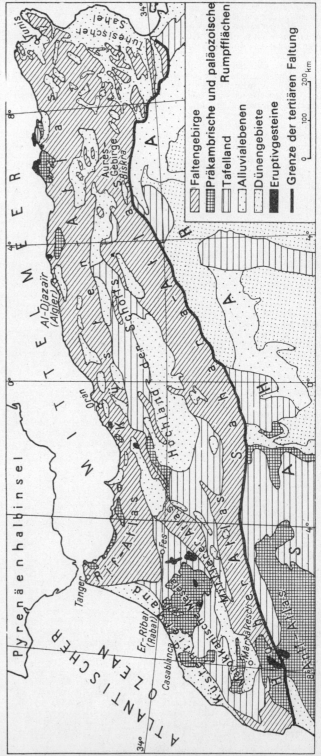

Die großen tektonischen Einheiten des Atlasgebiets (nach Savorin u. Joleaud aus Bernard)

Das Atlassystem ist ein sehr junger, erst im Tertiär entstandener Teil des Kontinents. Die Gebirge sind aus Teiltrögen des südeuropäischen Geosynklinalgebiets hervorgegangen, die sich im Laufe des Mesozoikums mit mächtigen Sedimentserien gefüllt hatten. Dieses Material wurde im Tertiär gefaltet und dann herausgepreßt. Die heute von den Faltengebirgen eingeschlossenen Plateaus stellen starre ältere (variszische) Massive dar. Man kann sie sich als Inseln oder Halbinseln im ehemaligen Geosynklinalmeer vorstellen, die nur zeitweise in die Überflutung einbezogen wurden und bei der Faltung als Widerlager wirkten. Sie sind in geringerem Maße mit herausgehoben worden, während ein im Bereich des westlichen Mittelmeeres liegendes Massiv an Bruchlinien tief absank.

Die Mittelmeerküste des Atlasgebiets ist deshalb eine Folge größerer und kleinerer Kesselbrüche, die die zahlreichen aneinandergereihten Buchten und Kaps hervorgerufen haben. Pliozäne und pleistozäne Strandterrassenreste in Höhen bis zu 800 m über dem Meeresspiegel vermitteln eine Vorstellung vom Ausmaß der Heraushebung des Gebirgssystems noch in jüngster Zeit. Die Küste ist infolge dieser Entwicklungsgeschichte größtenteils als Steilküste ausgebildet, die vor allem an den Kaps durch die Brandung noch verschärft wird. Schon 40 bis 50 km vor der algerischen Küste liegen Meerestiefen von 2000 m. Streckenweise, z. B. vor den Gebirgsflanken des Rif, begleitet ein schmaler Niederungsstreifen mit Strandwällen die Küste. Die Küstenebenen sind klein und durch teilweise Aufschüttung der Buchten durch die aus dem Gebirge kommenden Flüsse entstanden. An diesen begünstigten Stellen liegen die großen Küstenstädte *Oran (Wahran)*, *Algier (Al-Djazaïr)*, *Annaba* u. a. Im Osten dagegen bildet das ins Mittelmeer ausstreichende Gebirge eine gut zugängliche Querküste. Hier breitet sich am gleichnamigen Golf die wichtige Hafenstadt *Tunis* aus, in deren Nähe noch die Ruinen des einst meerbeherrschenden Karthago aufragen. Glatte, niedrige Kliffküsten und sandige Anschwemmungen treten an den Platten des marokkanischen Vorlandes am Atlantischen Ozean und am *Golf von Gabès (Kleine Syrte)* auf.

Küsten- und Sahara-Atlas bestehen jeweils aus einer Serie paralleler Rippen, die in Richtung des Gebirgssystems streichen. Teilweise sind diese Rippen kammförmig ausgebildet, andere haben die Form langgestreckter Rücken. Dazwischen liegen meist geräumige Talungen, die von Teilstrecken der Gebirgsflüsse benutzt werden. Auch die große Ost-West-Bahn verläuft zwischen Algier und Fès in einer der bedeutendsten Längstalungen des Küsten-Atlas. Durch die Erosion wurden aus dem herausgehobenen einfachen Faltenwurf die widerständigen Gesteine – meist Liaskalke, Kreidesandsteine und Kreidekalke – als Gebirgsrippen herausmodelliert und im Bereich der weicheren Gesteine Längstalungen ausgeräumt. Wo jedoch die Gebirgsflüsse Rippen durchschneiden, sind enge, oft schluchtenartige Quertäler entstanden.

Der Faltenwurf und das Großformenbild des Gebirges greifen auf das Gebiet der algerischen Hochfläche über, soweit dort mächtige mesozoische Sedimentgesteine den älteren, in Schollen zerbrochenen Unterbau bedecken. Deshalb durchziehen das Hochland einzelne Bergrücken oder Einzelberge und gliedern es in eine Reihe von Kammern. Diese geräumigen Teilbecken haben teils flachwellige, teils ebene Oberfläche und stellen Rumpfflächen bzw. abflußlose Aufschüttungsoberflächen dar, die seit dem Jungtertiär Tone mit Salzlagern, Geröllschichten und sandig-toniges Material aufgenommen haben. Diese jüngeren Sedimente wurden mit einer Mächtigkeit bis zu 300 m nachgewiesen. Sie sind z. T. in großen, die Becken erfüllenden Binnenseen abgelagert worden. Die Schotts des Hochlandes, flache salzige Wasserflächen, die im regenlosen Sommer bei unerträglicher Hitze Salzkrusten bilden, stellen Restseen dar; sie werden von flachen, breiten Strandterrassen, den Rückzugsmarken der ursprünglichen Seen, umrahmt.

Im Gebiet der marokkanischen Meseta herrschen von Flüssen zerschnittene Abtragungsflächen vor; teils schneiden sie die kristallinen Gesteine des Unterbaus, teils die flach einfallenden Sedimentgesteine der Deckserie. Weite Tafelplateaus mit Steilstufen und Zeugenbergen herrschen vor. Der küstennahe tiefliegende Streifen der Meseta wird aus jüngeren Sedimenten aufgebaut und trägt vielfach eine für den Ackerbau wichtige Decke dunkler Tone.

Zu bedeutender Höhe sind im Osten und Süden der Meseta die Züge des Mittleren und Hohen Atlas herausgehoben. Ihre Gipfelmassive von über 3500 m Höhe bestehen teils aus mesozoischen Sediment-, teils aus älteren Eruptivgesteinen. Eiszeitliche Talgletscher haben bis herab zu 2000 m ihre Spuren hinterlassen. Den besonders stark gehobenen westlichen Teil des Hohen Atlas begleiten im Norden und Süden die tektonischen Senken von *Marrakesch (Marrakusch)* und des *Susgebietes*.

Auch in bezug auf seine klimatischen Verhältnisse und seine Vegetation steht das Atlasgebiet Südeuropa näher als dem Kontinent Afrika. Hier vollzieht sich der Übergang vom subtropischen Winterregengebiet zur ganzjährig ariden Sahara. Im fast regenlosen Sommerhalbjahr wird das Atlasgebiet von trockenheißer Tropikluft beherrscht, während im Winterhalbjahr häufig zyklonales Wetter mit west-östlich durchziehenden Fronten, mit Niederschlägen und Temperaturen um +10 °C vorkommt. Zu dieser Jahreszeit, besonders im

Frühjahr, führen die Atlasflüsse Hochwasser, während ihre breiten Schotterbetten im Sommer nahezu trocken liegen. Allerdings fällt das Atlasgebiet schon in den südlichen Grenzraum der Winterregen über dem Mittelmeerraum, so daß die Niederschläge von der Küste Algeriens südwärts rasch abnehmen. Während Algier noch 770 mm im Jahr Niederschlag erhält, fallen in Mogador nur 330, in Biskra 190 mm im Jahr. Eine weniger schroffe Abnahme der Niederschlagsmenge vollzieht sich in westöstlicher Richtung. Im einzelnen beeinflußt jedoch das Gebirgsrelief das Maß der winterlichen Beregnung. Die nach Westen oder Nordwesten exponierten Gebirgsflanken unterliegen dem Stau (Luvseite). So verschärfen die hohen Gebirgszüge des Hohen und Mittleren Atlas und auch der Küsten-Atlas die klimatischen und Vegetationsunterschiede im Atlasgebiet.

Nördlich dieser Linie kommen immergrüne Hartlaubwälder vor, die allerdings seit dem Altertum weitgehend devastiert wurden. Macchie ist weithin an ihre Stelle getreten. Häufig, besonders in den trockeneren Gebirgsteilen, liegen die Hänge auch kahl, ihrer roten Bodendecke beraubt und durch Erosion zerfurcht. Als Beispiel für die Höhenstufung der Gebirgsvegetation mag der Rif-Atlas dienen. In den tieferen Berglagen und kleinen Küsten- und Flußniederungen herrscht Kulturland vor mit Getreidebau auch auf bewässertem und terrassiertem Feld, Weinbau, Fruchtbaum- und Korkeichenhainen, während auf den dürftigsten Standorten – Küstendünen, Schuttkegel der Hänge – niedrige Zwergpalmen wachsen. Darüber folgen die Reste der Mittelmeerwälder und die Macchie, in größeren Höhen (um 1 800 m) Zedernwälder, schließlich die vegetationsarmen und im Winter häufig mit Schnee bedeckten Kammlagen. Den anderen Relief- und Bodenverhältnissen entsprechend tragen die Flächen der marokkanischen Meseta von Natur aus Steppe.

Wesentlich dürftiger sieht das Vegetationsbild südlich der klimatischen Grenzlinie aus. Die von Büscheln des Halfagrases zusammengesetzten Steppen der algerischen Hochbecken bilden meist keine geschlossene Vegetationsdecke. Auf den ungünstigeren Standorten wachsen Artemisiaarten als Halbsträucher; die stark salzhaltigen Böden in der Umgebung der Schotts und die Bergzüge sind gewöhnlich wüstenhaft kahl wie größtenteils auch der Sahara-Atlas und die sehr breiten Schotterflächen des *Mulujatales* (*Moulouga*). In den Flußoasen der Atlassüdseite erscheint schon die Dattelpalme als bezeichnende Kulturpflanze.

Die Atlasländer, besonders deren Küstengebiete, sind durch Straßen und Eisenbahnen gut erschlossen. Die wichtigste Bahn führt von Tunis über Constantine (Kusantina), Algier nach Casablanca (Dar al-Beida) und Marrakesch. Béchar (Bischar) und Tuggurt sind durch Stichbahnen, die über den Atlas bis in die nördlichen Gebiete der Sahara führen, an das Verkehrsnetz angeschlossen.

Die Sahara

Die Sahara, der etwa 9 Mio km² große Wüsten- und Halbwüstenraum, erstreckt sich über 6000 km vom Atlantik im Westen bis zum Roten Meer im Osten, schließt also Ägypten ein. Im Norden bilden den Südrand des Atlas und die Küste des östlichen Mittelmeeres die Grenze, im Süden ein Grenzsaum, der nördlich des Senegal und Niger über Ennedi nach Port Sudan am Roten Meer verläuft. Das arabische Wort „Sahara" bedeutet „wüste Ebene". Bei drei Viertel des Gesamtraumes handelt es sich tatsächlich um 500 bis 200 m hoch liegende Plateauflächen und weite, flache Becken. Das Innere aber durchzieht in Nordwest-Südost-Richtung eine Gruppe von Hochgebirgen mit Gipfelhöhen von mehr als 3 000 m. Die bedeutendsten Glieder dieser mittelsaharischen Schwelle sind das *Ahaggarmassiv* (Hoggar) und im Südosten das *Tibestigebirge*. Auch die Randschwelle gegen das Rote Meer steigt zu größeren Höhen auf.

Nicht immer war das Gebiet der Sahara Wüste. Während der Vereisung großer Teile Europas im Pleistozän herrschte in Nordafrika ein feuchteres Klima (Pluvialzeit). Viele Trockentäler (Wadis) von 100 bis 500 km Länge deuten darauf hin, daß hier große Wassermengen geflossen sein müssen. Einen Beweis früherer Fruchtbarkeit dieser Gebiete außerhalb der Oasen geben uns auch über 20000 seit 1933 entdeckte Höhlenzeichnungen in heute sehr trockenen Gebieten (Ahaggar, Tassili u. a.), deren älteste wahrscheinlich aus dem 7. oder 8. Jahrtausend v. u. Z. stammen. Spuren von Fischereisiedlungen und Knochenfunde von Flußpferden, Giraffen und Antilopen lassen erkennen, daß das heutige Gebiet der Sahara früher weniger lebensfeindlich und relativ dicht besiedelt war. Heute leben in diesem riesigen Raum, dessen Fläche fast der Europas gleichkommt, außerhalb des Niltales kaum 1,5 Mio Menschen, die sich größtenteils in den Oasen zusammendrängen. Weite Gebiete sind völlig unbewohnt. Meist handelt es sich um hamitische Stämme, zu denen die Tuareg in der zentralen Sahara gehören. Aber auch Araber sind in die Wüste eingedrungen, und Negride fehlen ebenfalls nicht.

Zahlreiche Länder haben Anteil an der Sahara. Ägypten und Libyen liegen fast vollständig in der Sahara. Von Marokko, Tunesien, Sudan, Tschad, Niger, Mali, Mauretanien und Algerien sind große Gebiete Wüste oder Halbwüste.

Die Durchforschung des Raumes nach Bodenschätzen hat erst in jüngster Zeit intensiv begonnen. Seit 1956 wurden bedeutende Erdöl- und Erdgasvorräte entdeckt. Die Fundorte liegen im Bereich des südalgerisch-südtunesischen Beckens zwischen Sahara-Atlas und Tassili v. Adscher (Tassili n'Ajjer) und im Bereich des libyschen Beckens zwischen Großer Syrte und Kufra-Oasen. Pipelines führen von dort nach Mittelmeerhäfen Algeriens, Tunesiens und Libyens. Des weiteren wurden Eisenerz-, Steinkohle-, Uran-, Kupfer-, Zinn-, Mangan- und Goldlagerstätten festgestellt. Besonders um Béchar ist der Abbau von Kohle schon seit Jahren im Gange.

Die Sahara liegt während des ganzen Jahres im Bereich der Tropikluft des Nordostpassats. Diese Luftmasse ist stabil geschichtet und deshalb nicht niederschlagsbereit. Im Jahresverlauf verschiebt sich dieser Passatgürtel. Im Winter herrscht der trockene „kühle" Passat bis tief in den Sudan; die Zyklonentätigkeit der Westwindzone erreicht dann bisweilen die nördliche Sahara mit gelegentlichen Niederschlägen oder Stürmen. Im Sommer verlagert sich das Passatsystem nordwärts, vom Süden her bringt jetzt die über den Sudan strömende feuchte und stabil geschichtete Luftmasse vereinzelte Niederschläge bis in die südliche Sahara. Dabei treten in der Sahara selbst Staubstürme auf, äußerst trockene Südwinde, die als Samum, Ghibli oder Khamsin bezeichnet werden. Auf Grund der jahreszeitlichen Verlagerung der trockenen Tropikluft weisen der Nord- und Südrand der Sahara jährliche Niederschläge bis zu 250 mm auf, nach dem Inneren zu nimmt die Niederschlagshöhe rasch ab, weite Gebiete erhalten im Mittel weniger als 20 mm. Modifiziert wird dieses Schema durch das Relief; die Gebirge der mittelsaharischen Schwelle erhalten größere Niederschlagsmengen als die Ebenen. Die stets auf kleine Teilgebiete beschränkten episodischen Niederschläge fallen als kurze heftige Platzregen, die häufig mit Gewitter verbunden sind. Im Ahaggarmassiv z. B. gibt es zwei- oder dreimal im Jahr einen solchen Starkregen, weiter nördlich aber kaum einen im Jahrzehnt. In den Trockentälern sammeln sich dann die Wassermengen, strömen rasch talabwärts und verlaufen sich bald. Wenige Stunden später liegt das Tal wieder trocken. Neben den seltenen Starkregen spielt besonders in den Randgebieten der Sahara der Taufall eine wichtige Rolle. Oft sind dort Pflanze und Tier allein auf ihn angewiesen. In der Nähe des Atlantischen Ozeans, wo regelmäßig Tau fällt, kann man morgens an Gegenständen das Wasser abrinnen sehen; doch schon kurz nach Sonnenaufgang ist die Feuchtigkeit verschwunden. Die potentielle Verdunstung in der Sahara überschreitet das Vielfache der Niederschlagsmengen. Bei hoher Temperatur wird die geringe relative Luftfeuchtigkeit vom Menschen im allgemeinen als wohltuend empfunden. Jedoch sind die Wasserverluste des Körpers durch Transpiration hoch, sie können 10 l pro Tag betragen, und wenn die Luftfeuchte bei den gefürchteten Staubstürmen bisweilen unter 10% absinkt, kann dem Körper so viel Feuchtigkeit entzogen werden, daß sich schwere Schäden an den inneren Organen und der Haut einstellen.

Der fast stets wolkenfreie Himmel, die geringe relative Feuchtigkeit und die sehr schüttere Vegetation oder völlige Vegetationslosigkeit bei dauernd hohem Sonnenstand machen die Sahara zum heißesten Gebiet größeren Umfangs auf der Erde. Die mittleren Maxima der heißesten Monate sind nur um weniges geringer als vereinzelte absolute Höchstwerte. In der Westsahara und in Südlibyen beträgt das mittlere jährliche Maximum +50 °C. Die Oase In-Salah am Südrand des Tademaitplateaus hatte 1931 für 45 Tage ein mittleres Maximum von +48 °C. Den hohen Temperaturen am Tage stehen niedrige während der Nacht gegenüber. 1910 gab es z. B. in Tamanrasset am Ahaggarmassiv vierzehn Tage mit Nachtfrost. Auf den Bewässerungskanälen der südalgerischen Oasen bildet sich in Winternächten mitunter eine Eishaut. Ein arabisches Sprichwort veranschaulicht die großen täglichen Temperaturschwankungen: „Die Wüste ist ein heißes Land, in dem es sehr kalt wird."

Auch in der Sahara tritt der vor dem Paläozoikum mehrfach gefaltete und wieder eingerumpfte Unterbau des Kontinents in breiten Aufwölbungen an die Oberfläche: in der zentralen Sahara im Ahaggar- und Tibestimassiv, in der Ostsahara als emporgehobene Westflanke des Roten-Meer-Grabens. An die Aufwölbungen der kristallinen Gesteine des Unterbaues legen sich in weitgespannten geologischen Becken marine und terrestrische Sedimentgesteine. Die Schichten fallen meistens nur flach ein oder liegen annähernd horizontal. Sie setzen sich aus Tongesteinen, Sandsteinen, Konglomeraten und Kalksteinen zusammen, die unterschiedliche Widerständigkeit aufweisen. Diesem Bauplan entspricht das Relief der Sahara. Die Hebungsgebiete im Innern stellen sich als kristalline Hochflächen mit zentralem Bergland dar. Sie sind tief eingeschnitten. Die nach außen anschließenden Sedimentgesteine der geologischen Becken bilden Schichtstufen- und Tafelbergreliefs mit zerlappten Steilstufen und ausgedehnte Plateaus. Die Tassili, die Vorberge des Ahaggar, und die Hamadaplateaus der Nordsahara sind die eindrucksvollsten Beispiele. Die Trockenbetten der meisten Wadis laufen vom zentralen Gebirgsrand radial nach außen und von den Sedimentgesteinsplateaus konzentrisch nach dem Inneren der geologischen Mulden, dem an der Oberfläche meist abgeschlossene von Sanden und anderen Lockersedimenten erfüllte Becken

entsprechen. Infolge der Großräumigkeit aller Erscheinungen hat man von der Sahara meist den Eindruck einer Ebene.
Die soeben beschriebenen bauabhängigen Relieftypen der Sahara sind im wesentlichen Vorzeitformen aus Perioden mit feuchterem Klima. Ihre rezente Überprägung unter den Bedingungen der wasser- und vegetationsarmen Wüste, der starken thermischen Beanspruchung der Gesteine und der Flugfähigkeit feinkörniger Verwitterungsprodukte vollzieht sich nach dem Prinzip der Skelettierung aller Vollformen und der Verschüttung aller Hohlformen. Der Gegensatz von Aufschüttungsoberflächen und steil heraussteigenden Felsoberflächen ist allgemein. Auch die von Sand und gröberem Material erfüllten Wadis haben meist steile Hänge oder Wände. Die in der Sahara vorherrschende Art der Verwitterung beruht nicht nur auf den großen Temperaturschwankungen, sondern zugleich auf der damit verbundenen starken Austrocknung des Gesteins und der Wiederbefeuchtung durch Tau, gelegentlichen Regen und die in der Schuttbedeckung vorhandene Feuchtigkeit. Vom anstehenden Gestein lösen sich Blätter, Scherben und Blöcke ab, die zu Sand und Stein weiterzerfallen können, soweit sie nicht durch harte Krusten geschützt sind, die sich an der Oberfläche vieler Gesteine ausbilden. Verwitterung und Wind präparieren die feinsten Gesteinsunterschiede der Vollformen heraus; das ist besonders deutlich an den Felswänden der Schichtstufen und Tafelberge zu sehen. Auch der Verwitterungsschutt unterliegt der Skelettierung; aus der Lockermaterialbedeckung der Plateaus und Stufen sowie aller anstehenden Vollformen wird fortwährend feines Korn ausgeweht, so daß sich die groben Bestandteile an der Oberfläche anreichern. Bei kantigem Schutt spricht man von Hamada (Steinwüste), bei Geröllschutt von Serir oder Reg (Geröllwüste). In allen Hohlformen – großräumig in den Becken – wurde der vom Wind weggeführte Feinsand in ausgedehnten, vielgestaltigen und dauernd bewegten Dünenfeldern abgesetzt (Sandwüste), die man in der westlichen Sahara als Erg bezeichnet. In den tiefsten Teilen der Senken, in denen die Wadis enden oder sich verbreitern und ihr Wasser eindampfte, entstanden Sebchas oder Schotts (Salztonebenen).
Die sehr geringen Niederschläge lassen nur einen äußerst dürftigen Pflanzenwuchs zu. Das Innere der Sahara ist weithin völlig vegetationslos. Etwas günstiger liegen die Verhältnisse im nördlichen und südlichen Halbwüstensaum. Aber auch hier konzentriert sich die geringe Vegetation auf Stellen, wo Grundwasser zu erreichen ist, vor allem in Mulden und Wadis. In den etwas regelmäßiger beregneten Gebirgen der Sahara liegt nicht selten etwas Grundwasser im Schutt unter der Oberfläche und speist dann zahlreiche Wasserlöcher und Flachbrunnen. Das sehr alte Foggarasystem dient ebenfalls der Erschließung von Wasser. Dabei handelt es sich um dicht beieinanderliegende parallele Stollen, die, waagerecht in den anstehenden Fels der Schichtstufen getrieben, wasserführende poröse Gesteine anschneiden. An den Brunnen, Foggaras oder Quellen liegen die Oasen und Oasengebiete. In der nordöstlichen algerischen Sahara liefern über tausend größtenteils tiefe Brunnen rund 300 000 Liter Wasser in der Minute. Man nimmt an, daß diese beträchtlichen Wassermengen von den stärker beregneten Gebirgen aus über Hunderte von Kilometern im Schutt der Wadis, besonders aber in den wasserführenden Schichten den weitgespannten geologischen Becken zuströmen. Manche Forscher halten die tiefen Grundwasservorräte für Relikte einer feuchteren Klimaperiode. Von der Erschließung dieser Wasservorkommen hängen die Entwicklungsmöglichkeiten der Sahara ab. Die Oasen sind fast die einzigen Stellen der Sahara mit Dauersiedlungen. Als Stützpunkte für die Karawanenwege und Pisten sowie als Zentren des Handels sind sie auch heute noch von großer Bedeutung. Die meisten sind dicht besiedelt und werden zum Anbau von Dattel- und Dumpalmen, Oliven, Orangen, Wein, Weizen, Granatäpfeln, Tabak und Gemüse genutzt.
Seit Jahrhunderten führen Karawanenwege von *Tinduf* nach *Tombouctou* (*Timbuktu*), von *Biskra* nach *Sokoto*, von *Tarabulus* (*Tripolis*) nach *Kano* und von *Bengasi* nach *Bornu*. Die Kamele (Dromedare), die auch heute noch zu den zuverlässigsten Verkehrsträgern der Sahara gehören, wurden wahrscheinlich erst kurz vor unserer Zeitrechnung aus Asien eingeführt. Seit 1923 werden die Karawanenwege durch mehrere Autopisten ergänzt oder auch in ständig zunehmendem Maße ersetzt. Sechs solcher Transsaharapisten queren die Wüste in nordsüdlicher Richtung. Mehrere Fluglinien überqueren die Sahara heute ohne Zwischenlandung.
Die Pflanzen- und Tierwelt der Wüste hat sich auf die dürftigen Wassermengen des Bodens eingestellt. Die Einzelpflanzen stehen in weiten Abständen, häufig in Büscheln oder Polstern. Sie besitzen ein viele Meter tief oder in die Breite gehendes Wurzelsystem (Tamariske, Dringras) und harte oder kleine reduzierte Blätter, auch Dornen. Manche Pflanzen stellen ihre Blätter parallel zu den Sonnenstrahlen (Akazie) oder rollen sie ein (Gräser). Teilweise sind sogar die Sprosse verholzt. Viele Pflanzen sind Halophyten, d. h. salzliebende Pflanzen. Daneben gibt es andere, die nur nach Regen oder Taufall zum Vorschein kommen. Es sind kleine Kräuter, die innerhalb einiger Tage keimen, blühen und reifen. Ihnen fehlen die Schutzeinrichtungen gegen die Verdun-

stung; sie besitzen weiche, unbehaarte und relativ große Blätter. Die Trockenheit überdauern sie teils durch unterirdische Speicherorgane, teils durch Samen, die jahrzehntelang keimfähig bleiben. Die Fauna ist ebenso wie die Flora artenarm und im wesentlichen auf die Randgebiete der Wüste beschränkt. Während des heißen Tages und der heißen Jahreszeit halten sich Insekten, Reptilien und andere Kleintiere in Ritzen und Spalten auf oder vergraben sich im Sand, die Nagetiere sitzen in Höhlen unter den Sträuchern, die Lauftiere stehen in Busch- oder Baumgruppen. Die meisten Tiere können völligen Wassermangel über lange Zeit ertragen. Das Leben spielt sich vorwiegend unmittelbar am Boden ab. Einige Vogelarten haben rudimentäre Flügel und Krallen. Die kleineren Nagetiere und Vögel sind häufig Springer und Hüpfer, die Großtiere (Gazellen, Antilopen, Strauße) durchweg gute Läufer. Unermüdlich legen sie auf der Suche nach Weidemöglichkeiten große Strecken zurück und sammeln sich an den Wasserlöchern. Auch die Schaf-, Ziegen- und Dromedarherden der Saharabewohner sind von den weit auseinander gelegenen Vegetationsflächen und den spärlichen Wasserstellen abhängig. Extensive und nomadisierende Viehzucht stellt deshalb für weite Bereiche der Sahara die charakteristische Wirtschaftsform dar.

Die **westliche Sahara** umfaßt den Teil zwischen dem Atlantik und den Vorländern der zentralen Gebirge. Es sind Hochflächen, die von der Küstenebene nach Osten zu auf durchschnittlich 300 bis 400 m ansteigen. Der innere Bau der Hochflächen ist einfach; im mittleren Abschnitt eine von Südwesten nach Nordosten streichende, zur Fastebene abgetragene kristalline Zone, nördlich davon die Schichtmulde von *Tinduf*, südlich die Schichtmulde von *Taodenni*. Beide enden an der kristallinen Schwelle mit langen parallelen Schichtstufen. Im Bereich der langgestreckten nördlichen Schichtmulde erscheint die westsaharische Hochfläche im wesentlichen als Hamada. Durch zerlappte Plateauränder begrenzt, sind hier die breiten Talungen des 1 200 km langen *Wadi Dra* und des *Wadi Segiet el Hamra* eingeschnitten, die auf der Breite der Kanarischen Inseln den Atlantischen Ozean erreichen. Im Gebiet der Schichtmulde von Taodenni liegen die trostlosen Flächen der *Tanesruft* mit Serir- und Dünengebieten sowie das Dünengelände des *Majabat al-Kubra* (*El-Dschuf*). Das küstennahe Gebiet trägt infolge seiner häufigen Taufälle Halbwüstenvegetation. Deshalb ist hier nomadisierende Viehzucht möglich; vor allem werden Dromedare gehalten. Niederschläge in Form von Regen kommen ebenso selten vor wie im Inneren. Über dem kalten Auftriebswasser der Küste bilden sich häufig Nebel, die sich während des Tages rasch wieder auflösen. Der nördliche Küstenabschnitt wird etwas stärker beregnet; in das Wadi Dra münden außerdem vom Anti-Atlas her eine Reihe wasserreicher Nebentäler. Deshalb liegen hier und etwas weiter östlich im Tal des *Wadi Sis*, das gleichfalls aus dem Atlas kommt, eine Reihe Oasen: die *Dratal-* und *Tafilelt-Oasen*. Sie beziehen ihr Wasser teils aus dem oberflächlichen Abfluß im Wadi, teils aus dem Grundwasserstrom. Das Innere der westlichen Sahara aber ist größtenteils siedlungsleer und weithin vegetationslos. Die Siedlung Taodenni an der Hauptkarawanenstraße von Tombouctou nach Marokko, die völlig auf Versorgung von außen angewiesen ist, hat seit alter Zeit Bedeutung wegen ihrer Salzlagerstätten. Hier können bei der extremen Niederschlagsarmut die Steinsalzplatten auf lange Zeit gelagert werden. Im Süden geht die Westsahara mit einem Halbwüstenstreifen in die Savanne des Senegalgebietes und des Nigerbogens über.

Zur **mittleren Sahara** gehören im Süden die Gebirgsränder des Ahaggar- und Tibestimassivs sowie die nördlich davon gelegenen algerisch-libyschen Becken und Landterrassen.

Im Hebungsgebiet des *Ahaggarmassivs* (3 000 m) mit dem südlich vorgelagerten *Adrar des Iforas* (853 m) und dem Hochland von *Air* (1 900 m) sowie weiter östlich im *Tibestimassiv* (*Emi Kussi* 3 415 m) steht der kristalline Sockel an. Das Kristallin bildet eine Rumpffläche, die von Basalt- und Phonolithdeckenresten oder -einzelbergen überragt wird. Das ganze ist stark zerschnitten durch Wadis, die strahlenförmig weit in die Wüste hinausziehen. Nach außen folgen rings um die kristallinen Massive Sandebenen und schließlich ein Kranz von Schichtstufen, die den Übergang zu den anschließenden Schichtmulden bezeichnen.

Infolge ihrer Höhenlage erhalten das Ahaggar- und Tibestigebirge etwas reichlichere Niederschläge als ihre fast regenlose Umgebung. Das im Grenzbereich zwischen Winter- und Sommerregen liegende Ahaggargebirge erreichen unregelmäßig einmal von Norden, einmal von Süden Niederschläge, die aber in manchen Jahren überhaupt ausbleiben. Im Tibestimassiv, besonders aber in den noch weiter südöstlich liegenden Berglandschaften *Erdi* und *Ennedi* kommen im Sommer heftige Regengüsse vor. Die zahlreichen Wasserlöcher füllen sich dann für längere oder kürzere Zeit, und die Wadis führen Wasser. Die wenigen Bäume und Dornbüsche sind auf die schattigen Waditalungen und deren Wasserstellen beschränkt, hier befinden sich auch die bescheidenen Siedlungen der Tibbu. In Tibesti und den übrigen südlichen Bergländern sind z. Z. der sommerlichen Regenfälle Weideflächen vorhanden.

Nördlich der kristallinen Schwelle liegt eine riesige, in sich gegliederte Schichtmulde; ihre Schichten fallen gegen den Atlas und die Syrtenküste ein. Sie bilden im Süden die Schichtstufen und Hochplateaus der Tassili, weiter nördlich folgt eine ausgedehnte Tiefenzone, die im Westen mit den Oasen des *Tuat* und *Tidikelt* beginnt und sich ostwärts zu den großen Sandgebieten des *Fessan* erweitert, deren Ränder ebenfalls eine Reihe von Oasen aufweisen. Die bekannteste dieser Fessan-Oasen ist das in Libyen gelegene *Murzuk*, in dem sich die von der Mittelmeerküste zum Tschadsee führenden Wege sammeln. Gegen Osten steigen die Dünenbecken zu ausgedehnten Serirflächen und zu den breiten Basalthochflächen des *Harudj* und *Dschebel Soda* an. Nördlich der Tiefenlinie bilden die Kalksteinschichten der Kreide Hochplateaus mit südwärts schauenden Stufen. Hier liegen die Hamadas *Tademait*, *Tinghert* und *el Homra*. In Tripolitanien enden die Plateaus mit stark zerschnittener Steilstufe. Davor liegt die zwischen Gabès und Tarabulus (Tripolis) breit entwickelte Küstenebene. Küstensaum und Stufe erhalten mehr als 250 mm Niederschlag und sind etwas reichlicher mit Vegetation ausgestattet, während östlich von Tarabulus (Tripolis) die Wüstensteppe bis unmittelbar ans Mittelmeer herantritt. Gegen den Atlas fällt die Hochfläche allmählich zu den Sandgebieten des *Östlichen* und *Westlichen Großen Erg* ab und endet an der Niederung der südalgerischen Schotts, die z. T. unter dem Niveau des Meeresspiegels liegen. Dieses Gebiet grenzt an die Zone der regelmäßigen Winterregen, erhält aber, im Lee des Atlas gelegen, nur etwa 100 mm Niederschlag im Jahr. Es gehört zu den am meisten begünstigten Teilen der Sahara, da es außergewöhnlich große Grundwasservorräte aufweist. Den Untergrund bildet eine Schichtmulde mit mehreren wasserführenden Horizonten, die von den südlichen Plateaus nach der Niederung der Schotts zu einfallen. Das Wasser steigt unter Druck in den Brunnen auf; diese sind um so ergiebiger, je näher sie dem Kern der Schichtmulde liegen. Die meisten reihen sich entlang dem *Wadi Rir* im Östlichen Großen Erg, das durch eine Eisenbahnlinie bis zur Oase *Tuggurt* erschlossen ist. Dazu kommen weiter nördlich die Oasenlandschaften, die ihr Wasser vom Atlas beziehen: die Ziban-Oasen mit *Biskra* und die Djerid-Oasen. Das gesamte Gebiet hat rund 4 Mio Dattelpalmen. Nach Westen folgen der Westliche Große Erg und eine lange Oasenreihe, die „Straße der Palmen". Diese Oasen verdanken ihre Entstehung dem Wasser, das im *Wadi Saura* oberflächlich oder nahe der Oberfläche vom Atlas nach der Wüste abströmt.

Die **östliche Sahara** ist als weithin gleichförmige Hochfläche ausgebildet, in die mehrere große Oasenniederungen eingebettet sind. Den breitesten Raum nehmen – vor allem auch im Nilgebiet – nahezu horizontal liegende Schichtgesteine ein. Im Süden, zwischen dem Tibestimassiv und dem Nil, bilden sie eine riesige Sandsteinhochebene, die nur wenig durch Tafelberge belebt wird. Zwischen Fessan und Nil folgen auf der Hochfläche die Dünen und die Tafelberglandschaft von *Kufra* mit ihren kleinen isolierten Oasenniederungen, ferner trostlose Serirstrecken, die mit Dünen besetzten Flächen der „libyschen Sandsee" und das Gebiet der ägyptischen Senken mit den Oasen *Baharijeh*, *Dachla*, *el Charga* u. a. Auch im Norden verläuft in west-östlicher Richtung eine lange schmale Senkenzone mit einigen Oasen, deren bekannteste *Siwa* (etwa 40 km² mit 5000 Einw.) ist. Zu dieser Senke gehört im Osten auch die *Kattara-Depression*, die bis 133 m unter dem Meeresspiegel reicht. Nördlich davon setzen mit deutlicher Stufe die Kalksteinplateaus der Kyrenaika und Nordwestägyptens an. Sie enden an der Küste des Mittelmeeres, in der Kyrenaika mit der emporgehobenen Stufenlandschaft des Barka-Hochlandes, das Halbwüste trägt. Außer einem schmalen Küstenstreifen gehört sonst der gesamte Raum der Wüste an.

Den Ostsaum des Plateaus durchzieht das **Tal des Nils**, des längsten, jedoch nicht wasserreichsten afrikanischen Stromes, als dessen Quellfluß der im Hochland von Rwanda entspringende *Kagera* angesehen wird. Als Victorianil, Bahr el Dschebel und Weißer Nil durchströmt er zunächst das Seengebiet in Uganda und das Obernilbecken und tritt dann bei Khartum an der Einmündung des Blauen Nils in das Gebiet der Sahara ein. Er durchquert sie auf einer Strecke von fast 3000 km bis zum Delta am Mittelmeer als Fremdlingsfluß, der keinen dauernden Zufluß mehr erhält. Den weitaus größten Teil des Nilwassers trägt übrigens nicht der Weiße Nil, sondern das aus dem regenreichen Äthiopischen Hochland kommende System von Nebenflüssen bei. In der etwa bei Assuan beginnenden, vom Nil durchströmten und von seinem Schlamm befruchteten Oase hat sich schon im 4. Jahrtausend v. u. Z. ein geordnetes Staatswesen mit hochstehender Kultur bilden können, deren Zeugen wir noch heute in den gewaltigen Pyramiden von Giza, in den Tempelruinen von Theben, Memphis u. a. bewundern.

Der Nillauf folgt einer tektonischen Linie. Die Plateaus brechen hier stufenförmig oder mit einheitlichem Steilhang 100 bis 140 m tief ab. Im Tal hat der Fluß eine Reihe von Schotterterrassen gebildet und ein Schwemmland aus schwarzem Schlamm von durchschnittlich 10 m Mächtigkeit abgelagert. Die Gesamtbreite des Tales beträgt im Süden, im Bereich des nubischen Sandsteins, 2 bis 5 km, im Bereich der tertiären Kalke, etwa von Aswan (Assuan) flußabwärts, 10 bis 25 km. Stellenweise hat die Erosion des Flusses das wider-

Schematisches West-Ost-Profil (stark überhöht) durch Ägypten auf etwa 26° n. Br.

ständige Gestein des kristallinen Unterbaues erreicht. Dadurch entstanden zwischen Khartum und Assuan die sechs Nilkatarakte, so daß eine durchgehende Schiffahrt auf dem Nil nicht möglich ist. Westlich des heutigen Tales sind Reste eines älteren Niltales erhalten, z. B. in der vom Fluß gespeisten Senke des *Fajum*. Unterhalb von Kairo (Al-Kahira) öffnet sich das Tal und geht in die weiten, von Kanälen durchzogenen Flächen des 23 000 km² großen Deltas über. Das ganze Niltal unterhalb Assuan einschließlich des Deltas ist eine einzige intensiv bebaute Oase. Auf diesen insgesamt 37 000 km² leben heute nahezu 40 Mio Menschen, d. h. über 1 000 Einw. je km², während sich zu beiden Seiten der Talsohle nackte, fast unbewohnte Wüste ausdehnt. Damit gehört das Nildelta zu den am dichtesten besiedelten Gegenden der Erde. In der Provinz *Al Tahrir*, westlich von Kairo, wurde seit 1953 durch umfangreiche Bewässerungen die Wüste in nutzbares Land verwandelt. Durch den 1892 bis 1902 erfolgten Bau des Staudammes von Aswan (Assuan) mit seinen 4,6 Mrd. m³ Stauinhalt ist es möglich geworden, weite Teile der Niloase das ganze Jahr über zu bewässern und neue Anbaufläche zu gewinnen, allerdings ist z. T. auch eine starke Versalzung der Böden und damit eine Verringerung der Hektarerträge eingetreten. Der durch den Sadd-el-Ali-Damm (1970 fertiggestellt) gestaute See faßt 130 bis 150 Mrd. m³ und hat einen Rückstau von 500 km Länge. Der neue Stausee kann – im Gegensatz zum alten – die Nilfluten mehrerer Jahre stauen. Dadurch ist es möglich, auch bei aufeinanderfolgenden Trockenjahren die ägyptischen Anbaugebiete ständig zu bewässern.
Die Hauptanbaufrucht Ägyptens ist heute die Baumwolle, die hier eine ganz besonders lange und daher wertvolle Faser (Mako) liefert. Daneben werden große Mengen von Weizen, Mais, Gerste, und Reis, ferner Zuckerrohr, Bohnen u. a. geerntet.
Nicht weit von der Mündung des linken Nilarmes liegt die von Alexander dem Großen gegründete alte Hafenstadt *Alexandria* (*Al-Iskandarija*), die seit dem Bau des *Sueskanals* (1869 vollendet) erneut aufgeblüht ist.
Östlich des Niltals steigt in der *Arabischen* und *Nubischen Wüste* die Landoberfläche allmählich bis zu 2 500 m an und fällt dann steil nach Osten ab. Dieses Gebiet wurde als Rand des seit der Oberkreide sich weitenden Grabens, den das Rote Meer ausfüllt, stark gehoben und abgetragen, so daß die Gesteine des kristallinen Unterbaus des Kontinents hier von den auflagernden Schichten entblößt sind. Diese Randschwelle ist stark zertalt und trägt in den höheren Lagen infolge der etwas größeren Niederschläge steppenhafte Vegetation, so daß hier eine nomadische Viehzucht ermöglicht wird. An der das ganze Jahr über unerträglich heißen Küste des Roten Meeres hat sich in diesem Gebiet nur *Port Sudan* (*Bur Sudan*) als Endpunkt der vom Niltal kommenden Bahnen zu einem größeren Ort entwickeln können. Über diesen modernen Hafen wird vor allem die in der Republik Sudan erzeugte Baumwolle ausgeführt.

Der Sudan

Unter Sudan als physisch-geographischem Begriff versteht man das Gebiet südlich der Sahara bis zum Regenwald der Nordguineaküste und zur Wasserscheide gegen das Kongostromsystem, vom Atlantik im Westen bis an das Hochland von Äthiopien im Osten. Dieser durchschnittlich etwa 1 000 km breite und 5 500 km lange Gürtel gehört zu Niederafrika und liegt im Mittel etwa 300 bis 400 m über dem Meeresniveau.
Verglichen mit dem nördlich anschließenden Wüstenraum der Sahara und dem südlich angrenzenden immerfeuchten Regenwald bietet die Savannenzone des Sudans günstige Bedingungen für Siedlung und landwirtschaftliche Produktion und gehört zu den stärker besiedelten Großräumen Afrikas. Allerdings ist die Besiedlungsdichte in den einzelnen Landschaften sehr unterschiedlich. Die Bevölkerung besteht überwiegend aus negroiden Völkerschaften, doch haben sich zahlreiche semitisch-hamitische Stämme von Norden her zwischen sie geschoben und z. T. mit ihnen vermischt. Zu ihnen gehören die rund 2 Mio Menschen zählenden Fulbe und die etwa doppelt so starke Volksgruppe der hauptsächlich im nördlichen Nigeria wohnenden Haussa, die schon seit 1000 v. u. Z. große Staaten bildeten. Die Zahl der Europäer ist verschwindend klein.

Im Norden beginnt der Sudan mit einer Zone weiträumiger flacher Becken, die durch höherliegende Gebiete voneinander getrennt sind. Am Ozean liegt das Senegal-Gambia-Becken, ostwärts folgend das Becken am Nigerbogen, das Tschadseebecken und das Ghasal- oder Obernilbecken. Ablagerungen jüngerer Sande, Tone und kalkiger Sedimente fluvialer und limnischer Herkunft, gegen die Sahara hin noch von fossilen Dünen überlagert, bilden großenteils die Oberfläche dieser Senkungsfelder. Die älteren Gesteine, meist paläozoische oder mesozoische Sandsteine, treten erst am südlichen Rand der Becken an die Oberfläche, ihnen entsprechen Plateaus mit Steilstufen und Tafelbergen, besonders zwischen Senegal- und Nigerbogen und zwischen mittlerem Niger und Tschadseebecken. Südlich schließt eine flach ansteigende breite Schwelle an, im Westen als Nordguinea-, nördlich des Kongobeckens als Nordäquatorial- oder Asandeschwelle bezeichnet, auf der die Wasserscheide zwischen den zahlreichen nach Norden und Süden fließenden kleineren Strömen verläuft. In dieser Hebungszone erscheinen über große Flächen die alten Gesteine des Unterbaues, Metamorphite und Granite, und bilden flachwellige, von Inselbergen überragte Plateaus, vor allem im Einzugsgebiet des oberen Nigers, in Elfenbeinküste und Südwestnigeria, im Josplateau Nordnigerias, in Kamerun und zwischen Kongo- und Obernilbecken. Alle diese Inselberglandschaften im Bereich der kristallinen Gesteine lassen sich durch ihre höhere Lage auch auf den Atlaskarten gut von den tieferliegenden Becken des Voltagebirges und der Niger-Benuë-Furche unterscheiden, deren paläozoische oder mesozoische Sandsteinterrassen zu Tafelbergplateaus zerschnitten sind. In der küstennahen Zone leitet die Schwelle teils mit einer Steilküste wie in Liberia, teils ganz allmählich zu dem Küstentiefland über. Die größte alluviale Bildung an der Küste ist das 24000 km² große Nigerdelta.

Die scheinbar komplizierte Verteilung der gesteinsabhängigen Relieftypen (Inselbergplateaus, Tafelbergplateaus, Aufschüttungsebenen) ist eine Folge der differenzierten Hebung bzw. Senkung der Schollen, aus denen sowohl die Schwellen- als auch die nördlich anschließende Beckenzone des Sudans aufgebaut ist. Die Vertikalbewegungen der Schollen vollzogen sich an einem gitterförmigen System von Verwerfungen. Die von Nordwesten nach Südosten verlaufenden Strukturlinien erkennt man z. B. in der Streichrichtung der Küste und des Schelfrandes Liberias und Guineas und in der Laufrichtung des mittleren Niger und mittleren Senegal, die von Nordosten nach Südwesten verlaufenden Strukturlinien z. B. in der Streichrichtung der Benuëfurche und der Adamaoua-Hochscholle oder in der Anordnung der Vulkaninseln des Guineagolfs. Dem Verlauf der Schollengrenzen entspricht das rechtwinklige Abbiegen der Grenze zwischen Unterbau- und Oberbaugesteinen und vielfach auch der Verlauf der Wasserscheiden.

Klimatisch ist für den Sudan der jahreszeitliche Wechsel von Trockenzeit und Regenzeit bezeichnend. Dauer und Ergiebigkeit der Trockenperiode und die davon abhängige Dauer reichlicher Wasserversorgung der Böden nehmen von Norden nach Süden zu; deshalb finden sich im Sudan alle Abstufungen der Vegetation von der Halbwüste im Norden bis zum Regenwald im Süden sehr regelmäßig entwickelt vor. Im Sommerhalbjahr, wenn sich über der am stärksten erwärmten Sahara niedriger Druck einstellt, überströmt feuchte, labil geschichtete äquatoriale Luft von Süden her den Sudan und bringt Niederschläge, deren Hauptmenge an der Luftmassengrenze äquatorialer und tropischer Luft fällt. Im Winterhalbjahr wandert das Gebiet tiefen Druckes wieder nach Süden; über dem Sudan herrschen dann z. T. bis unmittelbar an die Guineaküste die stabil geschichteten Tropikluftmassen des Nordostpassats und damit Trockenheit. Im nördlichen Sudan ist die Regenzeit nur kurz, nach Süden zu wird sie immer länger, im südlichen Küstengebiet jedoch durch eine zweite trockenere Periode unterbrochen. Die Dauer der Regenzeit beeinflußt nicht nur die jährliche Niederschlagshöhe, sondern auch die Temperaturverhältnisse. Der Norden hat größere tägliche und jahreszeitliche Temperaturschwankungen als der Süden. Die mit Beginn der Regenzeit einströmende Äquatorialluft ist am Boden mehrere Grad kühler als die Tropikluft, deshalb werden die höchsten Temperaturen nicht zur Regenzeit gemessen, sondern in der Zeit vorher. Es lassen sich so drei Jahreszeiten unterscheiden: die kühle, trockene Jahreszeit, die z. B. in Tombouctou etwa von November bis Februar dauert, die heiße, trockene Jahreszeit von März bis Mai mit Tagestemperaturen über $+40$ °C und die schwüle Regenzeit von Juni bis Oktober.

Der regelmäßige Wechsel zwischen Regen- und Trockenzeit führt zu ausgeprägten jahreszeitlichen Wasserstandsschwankungen der Flüsse. Nur im immerfeuchten Südwesten sind die Flüsse während des ganzen Jahres ziemlich gleichmäßig wasserreich. Die in nördlicher Richtung von feuchteren in trockenere Gebiete strömenden Flüsse müssen große Verdunstungsstrecken überwinden, z. B. der Senegal im Unterlauf, der Niger und der Nil im Mittellauf. Die Flüsse des Tschadseebeckens haben überhaupt keinen Abfluß zum Meer. Sehr viele Flüsse bilden auf der Südseite der Randschwelle Katarakte und sind deshalb nur relativ kurze Strecken flußauf schiffbar, der Niger u. a. nur bis oberhalb der Benuëmündung.

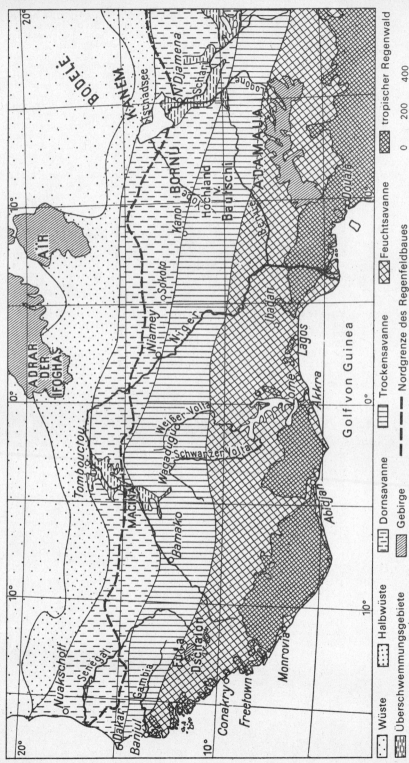

Vegetationsgürtel im westlichen Sudan (nach Bernard)

Im Sudan folgen von Norden nach Süden in großer Regelmäßigkeit die einzelnen Vegetationsformen in langen, westöstlichen Gürteln aufeinander. Die breite, zum Halbwüsten- und Dornsavannengürtel gehörende Randzone gegen die Sahara mit fossilen Dünen, großen Temperaturunterschieden, mit nur 100 bis 500 mm Jahresniederschlag und einer Regenperiode von höchstens drei Monaten mit überwiegend vereinzelten Regenschauern weist nur eine dürftige Vegetation auf. Weitständig wachsen Büschel von niedrigem Gras und Kräuter. Dazwischen stehen Dornbüsche und vereinzelte niedrige Bäume, vor allem Akazien. Aus verschiedenen Arten (z. B. Acacia verek) wird das Gummiarabikum gewonnen. Zur Trockenzeit ist die Landschaft öde und dürr, erst mit Beginn der Regenzeit setzt die Vegetationsperiode ein. Diese Zone heißt nach einem arabischen Wort *Sahel*. Die Viehhaltung überwiegt bei weitem. Hier werden als anspruchslose Vieharten Kamel, Ziege und Haarschaf gehalten. Die Sahelzone gilt als ein Gebiet mit nicht gesicherter Befeuchtung. Im nördlichen Randbereich des Vordringens äquatorialer Luft gelegen, können hier Jahre auftreten, in denen die Regenzeit abnorm geringe Niederschläge bringt. Zunehmende Niederschlagsdefizite, wie in den Jahren 1969 bis 1973, führen zur Reduzierung der Vegetation und somit der Weidemöglichkeiten und zur Aufzehrung der oberflächennahen Grundwasservorräte (trockenfallende Brunnen und Wasserstellen) mit entsprechenden Konsequenzen für die Sahelbevölkerung und ihre Herden. Die Lösung dieser Probleme erfordert insbesondere die Verhinderung der Überweidung, den Ausbau eines Netzes von Tiefbrunnen und einer moderneren Verkehrsinfrastruktur zur Versorgung der Bevölkerung.

Weiter südlich, im mittleren Gürtel des Sudans (Trockensavannengürtel), werden die Temperaturschwankungen geringer, die Niederschlagsmengen steigen bis auf 1000 mm an, und die Regenzeit dauert bis zu sechs Monaten. Offene Grassavannen herrschen vor. Niedriges, aber viel enger stehendes Gras, Busch und niedrige Baumgruppen, die durch Steppenbrände häufig verkümmert sind, bilden die wesentlichen Merkmale. An Stelle des Kamels treten Pferd und Esel, Rinderhaltung und die Zucht von Wollschafen spielen eine wichtige Rolle. Neben der noch überwiegenden Viehhaltung hat aber der Anbau von Hirse, Erdnuß und Baumwolle Bedeutung. Im Süden des „Steppengürtels" gibt es verschiedentlich Trockenwald.

Dann schließt sich auf der Guinea- und Nordäquatorialschwelle mehr oder minder offenes Grasland an, das zu einem großen Teil erst nach Vernichtung und fortwährender Niederhaltung des ursprünglich vorhandenen Waldes entstanden ist. Bei geringen Temperaturschwankungen, jährlichen Niederschlagsmengen bis zu 1500 mm und einer Regenperiode von sieben bis acht Monaten wird das Gras bis zu mehreren Metern hoch (Feuchtsavannengürtel). Die Baumbestände setzen sich im Norden größtenteils noch aus Arten zusammen, die während der Trockenzeit das Laub abwerfen; hierher gehört der Schibutterbaum. Daneben finden sich als wichtige Kennzeichen kleine Haine von Borassuspalmen mit wasserspeicherndem Stamm und längs der Flüsse immergrüne Galeriewälder. In den höheren, feuchteren Regionen sind die Galeriewälder besonders dicht und werden von Palmen, Farnen und Bambus gebildet; auch in den Savannenflächen zwischen den Wasserläufen wachsen hier Bambusgehölze. Das Hochgras der Savanne wird, wie überall in den Savannen Afrikas, vor Beginn der Regenzeit meist abgebrannt, weil man glaubt, damit die Feldarbeiten und die Weideplätze besser vorzubereiten. Der Ackerbau überwiegt gegenüber der Großviehhaltung, die durch die Tsetsefliege gefährdet ist. Zu den Kulturpflanzen dieses Gebiets gehören die Knollengewächse wie Yams, Batate und Maniok, deren Wurzelknollen als Nahrungsmittel dienen.

Noch weiter im Süden, im Bereich der südlichen Abdachung, fallen meist mehr als 1500 mm Niederschläge, und die Regenzeit dauert neun bis zehn Monate. Hier stellen sich je nach Dauer der Regenperiode im Norden Feuchtsavanne, im Süden Regenwald ein.

Die großen Höhen tragen infolge ihrer hohen Niederschläge und niedrigeren Temperaturen Gebirgsvegetation; Farnwälder und Hochweiden bestimmen das Bild. Soweit an der Küste das Salzwasser in die Mündungsgebiete vordringt, stellen sich Mangroven ein.

Der Waldbestand der Regenwaldzone von Sierra Leone bis zum Nigerdelta ist zugunsten der Anbauflächen und insbesondere durch das nicht effektive Brandrodungssystem auf 40% des natürlichen Areals reduziert worden. Auf verlassenen Anbauflächen, die zu lange ohne Düngung genutzt wurden, stockt niedriger, artenarmer Sekundärwald oder Hochgrasflur. Knollengewächse, z. B. die Yamswurzel, bilden im Regenwaldgebiet an Stelle der eiweißreicheren Halmfrüchte die Ernährungsbasis. Banane, Ölpalme und Kakaobaum sind weitere charakteristische Kulturpflanzen.

Trotz der Einheitlichkeit des Sudans, die vor allem auf der regelmäßigen Abstufung des Klimas und der Vegetationszonen beruht, lassen sich eine Reihe verschiedenartiger Teilgebiete unterscheiden.

Im Westen nimmt das **Senegal-Gambia-Tiefland** eine gewisse Sonderstellung ein. Es ist ein von hohen Bruchstufen begrenztes flaches Tiefland mit fruchtbaren Sedimenten längs der Flüsse. Die Temperaturschwankungen sind infolge

der Meeresnähe gering, und die erwähnte Abstufung von Klima und Vegetation vollzieht sich auf einer sehr kurzen Entfernung. Während man am unteren Senegal noch Dornbusch mit weitständigem Gras antrifft, findet man am Gambia schon Feuchtsavanne mit dichtem Hochgras und immergrünen Galeriewäldern. Die Flut dringt 200 bis 300 km in die Flüsse ein, so daß an den südlichen Flußufern die Mangrove noch weit im Innern vorkommt. Das wichtigste Produkt des Senegal-Gambia-Tieflandes ist die Erdnuß.
Im Tiefland liegen Senegal, Gambia, Guinea-Bissau und die südlichen Bezirke von Mauretanien. Wichtigste Stadt ist *Dakar*, die Hauptstadt Senegals, die sich auf einer Felsplatte des *Kap Verde*, des westlichsten Punktes von Afrika, ausbreitet. Als Hafenstadt (Verkehrs- und Fischereihafen) und als Stützpunkt für die Transozeanfluglinien hat sie besondere Bedeutung.

Das **Überschwemmungsgebiet am Nigerbogen** gehört zum Klima- und Vegetationsgürtel der Dornsavanne. Die Boden- und Wasserverhältnisse schaffen jedoch einen besonderen Landschaftstyp. Der Oberlauf des Niger tritt hier in eine weite, tonige Ebene ein, sein ehemaliges, vor der Anzapfung durch den heutigen Unterlauf aufgeschüttetes Binnendelta. Das Gefälle des Flusses ist hier äußerst gering; er verzweigt sich mehrfach und speist zahlreiche Seen, die einen großen Teil des Hochwassers speichern. Die Niederung wird zur Regenzeit weithin überschwemmt, so daß neben Mais und Hirse auch Reis angebaut werden kann. Beim Ort *Sansanding* ist der Niger durch einen gewaltigen Damm gestaut, so daß ein größeres Gebiet künstlich bewässert werden kann, das insbesondere dem Baumwollanbau dient. Am nördlichen Saum dieses Gebietes vereinigen sich in *Tombouctou* die alten Karawanenwege, die aus Nordafrika in den Sudan führen.

Südlich des Binnendeltas bilden Tafeln widerständiger paläozoischer Sandsteine die Oberfläche, vom Niger und seinen Nebenflüssen in steilen tiefen Tälern durchflossen. Mit langen Stufen setzen diese Plateaus gegen die Inselbergplateaus der **Nordguineaschwelle** ab. Ihre einzelnen von Westen nach Osten folgenden Abschnitte sind verschieden hoch und haben unterschiedliche Genese und Formen. Im Südosten des Senegal-Gambia-Tieflandes zieht eine Platte von Diabasgängen durchsetzter paläozoischer Sandsteine zur Küste und baut die Berge von *Futa Dschalon* auf. Dieser Abschnitt enthält die Bauxit- und Eisenerzlager der Republik Guinea. Im Einzugsgebiet des oberen Nigers folgen weite kristalline Hochflächen mit Inselbergen. Derselbe Relieftyp ist auch auf der flachen Südabdachung der Schwelle in Elfenbeinküste anzutreffen. In Südwestghana umrahmt der Faltenrumpf des flachwelligen *Aschantiplateaus* das aus paläozoischen Sandsteinen aufgebaute niedrige Tafel- und Stufenland des *Voltabeckens*, das im anschließenden Togo vom *Togo-Atakora-Gebirge* abgeschlossen wird, einem schmalen, teilweise aufgelösten und von Inselbergen begleiteten Gebirgszug. In Benin und Südwestnigeria breitet sich eine niedrige Inselbergplatte aus; ostwärts folgt die von mesozoischen Sedimentgesteinen erfüllte *Niger-Benuë-Furche*. Diese südwestlich streichende Senkungszone wird auf beiden Seiten von hoch herausgehobenen Schollen begleitet, in Nordwestkamerun vom Adamaoua-Hochland, in Nordnigeria vom Kano-Jos-Plateau. Dessen kristalline Hochflächen erheben sich aus der Sedimentgesteinsumrahmung, sie erreichen fast 1 000 m Höhe und werden im Osten noch von Basalttafeln überragt. Das Plateau birgt bedeutende Zinn- und Bleilagerstätten.

Die Landschaft der Guineaschwelle hat trotz der Unterschiede im einzelnen überwiegend den Charakter weiter Ebenen, die ab und zu von steil aufsteigenden Schichtstufen, Tafelbergen oder Inselbergen überragt werden. Die Trockensavanne des Nordens mit ihren Grasfluren, den charakteristischen Schirmakazien und mächtigen Affenbrotbäumen ist zu einem großen Teil in Kulturland umgewandelt worden, das der Landschaft besonders während der Trockenzeit ein monotones Aussehen verleiht. Neben den Halmfrüchten Hirse und Mais, neben der Erdnuß und dem Schibutterbaum kommen schon die Knollengewächse Batate und Yams vor. Die Viehhaltung erstreckt sich auf Schafe, Ziegen und Rinder.

Der Süden ist Feuchtsavanne mit einer Regenzeit von acht bis neun Monaten. Die dichte Grasflur wird mehrere Meter hoch. Die zahlreichen Bäume, z. B. Bauhinia, Schibutterbaum und Borassuspalme, stehen locker in kleinen Gruppen oder schließen sich zu teilweise laubabwerfendem Wald zusammen. Die Vegetation erweckt oft den Eindruck einer Parklandschaft. Die Flüsse werden vom immergrünen Galeriewald begleitet. Das harte, verholzende Hochgras und die Tsetsefliege schränken die Großviehhaltung ein; dagegen gestattet die lange humide Jahreszeit schon den Anbau von Kulturpflanzen des Regenwaldgebietes. Der Ackerbau überwiegt; neben Knollengewächsen trifft man auch Bananenstauden und Ölpalmen an.

Der **Waldgürtel** erstreckt sich auf der südlichen Abdachung der Oberguineaschwelle bis zur Küste hin. Im Südwesten, wo die Schwelle bis zu 1 000 m Meereshöhe emporgehoben ist, bricht sie mit hoher Randstufe gegen die Küstengebiete ab. Diese von den Flüssen stark zerschnittene Steilküste wird als *Liberianisches Schiefergebirge* (1 850 m) bezeichnet. Weiter östlich läuft die viel niedrigere Schwelle flach aus. In Südghana (Ashanti) enthält der flachwellige Rumpf die den Einwohnern seit alter Zeit bekannten Goldlagerstätten und die Bauxitvorkommen, kappenförmige Reste alter Bodendecken. Die Küste erscheint infolge starker Küstenströmung vorwiegend als Ausgleichsküste mit einem System von Nehrungen. Im Osten baut der *Niger* sein großes Delta ins Meer vor. Die besonderen Kennzeichen des Waldgürtels sind: zweifaches Niederschlagsmaximum (im Mai und November), humide Verhältnisse fast das ganze Jahr hindurch und folglich immergrüner Wald. Die natürlichen Bedingungen äquatorialen Waldes sind vom Nigerdelta bis Liberia gegeben, und z. T. reichen die Wälder vom Mangrovesaum der Küste 300 km tief ins Innere. Im Gebiet von Togo–Benin setzt das natürliche Waldareal aus, weil hier die zweite Regenzeit nur geringe Niederschläge bringt. Die Savanne dringt daher bis zur Küste vor.

Die Grundlage für die Wirtschaft bilden Knollengewächse, daneben Banane, Palmöl und Kokosnuß. Durch den Anbau von Kakao, insbesondere im Gebiet von *Accra*, *Kumasi* (Ghana) und *Lagos* (Nigeria), sind im Waldland beträchtliche Lücken entstanden. Interessant ist, daß im nigerianischen Tiefland vom Joruba-Stamm die Stadt als Siedlungsform bevorzugt wird. So ist *Ibadan* die größte Siedlung des immerfeuchten Afrikas, die ohne jede koloniale Beeinflussung entstanden ist.

Das **Tschadseegebiet** hat trotz vieler gemeinsamer Züge mit den anderen großen Becken des Sudans in seiner Gesamtanlage ein eigenes Gepräge. Es wird von deutlichen Schwellen umrahmt und ist abflußlos. Es ist eine weitflächige Aufschüttungsebene, über die sich im Norden ein Gürtel fossiler Dünen ausbreitet. Während der Regenzeit führen die von Süden und Westen kommenden Flüsse ihre Wassermassen und Sinkstoffe in dieses flache Becken, zur Trockenzeit aber führen sie nur wenig Wasser. Dies gilt auch für den größten Strom dieses Gebiets, den *Schari*, mit seinem Nebenfluß *Logone*. Viele Flüsse lösen sich in der regenlosen Zeit auch in eine Reihe von Tümpeln auf wie der *Komadugu*, der im Hochland von Kano entspringt. Der Schari erreicht am Tschadsee bei Hochwasser 7 m Wassertiefe und 600 m Breite, durchbricht seine selbst aufgeschütteten Uferwälle und vergrößert dann die von zahllosen fossilen Dünen durchragte Fläche des Sees von 16 000 km² auf das Doppelte. Das Wasser des abflußlosen Tschadsees ist nur ganz schwach salzig.

Klima und Vegetation im Tschadseebecken zeigen alle Abstufungen der wechselfeuchten Tropen. Das Gebiet des Sees und des Unterlaufes vom Schari-Logone fällt noch in den Sahel-Gürtel; in dem durch die periodischen Überschwemmungen begünstigten Areal stellt sich jedoch eine savannenähnliche Vegetation mit einzelstehenden niedrigen Bäumen ein. Den See umrahmt ein sehr breiter Gürtel von 6 bis 8 m hohem Papyrus und Schilf. Der Anbau von Halmfrüchten, z. B. Hirse und Reis, ist möglich. Südlich des Tschadsees stellen sich die charakteristischen Trockengrasfluren und gegen die Asandeschwelle hin die Feuchtsavanne ein. Den Rahmen des Beckens bilden im Südwesten das Inselbergplateau von Kano und das steil auf 2 000 m ansteigende Hochland von Adamaoua. Im Südosten trennt die kristalline Asandeschwelle das Tschadbecken vom Kongobecken, und im Osten bildet die kristalline Schwelle von *Darfur* mit vielen Inselbergen und dem vulkanischen Gebirgsstock des *Dschebel Marra* die Grenze gegen das Becken des Nils. Gegen die Sahara ist das Becken nahezu offen und leitet in die noch tiefer liegende Region des Bodélé über, dem vom Tschad aus in einem Wadi Grundwasser zuströmt.

Das **Becken des Weißen Nils** wird zwar von einem bedeutenden Fluß entwässert, dennoch hat sich hier, bedingt durch Senkungsvorgänge, ein noch weitaus größeres Überschwemmungsgebiet entwickelt als am Nigerbogen und Tschadsee. Von der Sahara her erstrecken sich in der Landschaft *Kordofan* die oft in Tafelberge aufgelösten Sandsteinplateaus weit nach Süden. Im Westen verläuft die Schwelle von Darfur. Im Süden liegt die Asandeschwelle, im Osten das Hochland von Äthiopien. Das Gebiet innerhalb dieser Umrahmung senkt sich allmählich, so daß der Weiße Nil und viele seiner Nebenflüsse, die sich bei minimalem Gefälle fortwährend verzweigen, zur Regenzeit ein Gebiet von etwa 60 000 km² überschwemmen und Sedimente aufschütten. Der Abfluß wird außerdem verzögert durch Bänke der Süßwasserauster, auf denen sich vor allem der schnellwüchsige Ambatschstrauch ansiedelt. Die Überschwemmungsgebiete sind undurchdringliche Sumpfwildnis, die mit einem arabischen Wort als *Sudd* bezeichnet wird. Außerhalb der Sumpfgebiete findet sich die Abfolge der Vegetation wie in den übrigen Teilen des Sudans. Wirtschaftlich besonders wertvoll ist das durch zwei große Bewässerungskanäle gespeiste Gebiet zwischen Weißem und Blauem Nil in der *Gesireh*, das das Hauptanbaugebiet für Baumwolle in der Republik Sudan ist. Am Zusammenfluß von Weißem und Blauem Nil liegt *Khartum*, die Hauptstadt des Staates Sudan.

Das Kongogebiet

Unter dem Kongogebiet versteht man das Kongobecken selbst, ferner das Gebiet der Südguineaschwelle im Westen und die zum Becken sich senkende Seite der Binnenschwellen im Süden, Osten und Norden. Damit umfaßt es rund 3,5 bis 4 Mio km², von denen der größte Teil auf Zaïre entfällt. Außerdem haben Gabun, die Volksrepublik Kongo, die Zentralafrikanische Republik, Kamerun, Äquatorial-Guinea und Nordangola Anteil. Das Kongogebiet enthält den größten Regenwaldkomplex des Erdteils; im Süden und Norden schließen sich Feuchtsavannen an, die insgesamt etwa die Hälfte der Fläche des Kongogebiets einnehmen. Bantustämme stellen den Hauptteil der bäuerlichen Bevölkerung des Kongogebiets. Im Inneren des Regenwaldes leben außerdem Zwergvölker (Pygmäen) als Sammler und Jäger.

Im Unterschied zu einigen anderen Becken Afrikas weist das Kongobecken, das man noch zu Niederafrika rechnet, eine allseits geschlossene Umrahmung auf. Das Innere liegt im Durchschnitt 400 m über dem Meeresspiegel. Die Nordäquatorial- oder Asandeschwelle im Norden und die Südguineaschwelle im Westen erreichen im Mittel 600 m, die Südäquatorial- oder Lundaschwelle über 1000 m und die Zentralafrikanische Schwelle im Osten des Beckens sogar mehr als 2000 m Höhe. Diese Höhendifferenzen kommen jedoch bei der Weiträumigkeit des Beckens und der Randschwellen im Landschaftsbild selten zur Geltung. Im allgemeinen beherrschen weite Flächen das Feld. Das gilt insbesondere von der Beckensohle und von den Scheitelgebieten der Schwellen, während sich auf der Abdachung gegen das Innere und gegen die atlantische Küste hin die Flüsse in die Flächen eingetieft haben und an vielen Stellen Stromschnellen und Wasserfälle bilden.

Nach seinem Bau gliedert sich das Kongogebiet in drei konzentrisch angeordnete Regionen: die Schwellenscheitel, die Abdachungen zum Beckeninneren und die Beckensohle im Inneren. Die Schwellen bestehen als breite Hebungsräume überwiegend aus Gesteinen des kristallinen Unterbaus. Auf der Abdachung zum Beckeninneren liegen paläozoisch-mesozoische Sedimente eines ehemaligen Meeres oder Binnensees. Es sind hauptsächlich sehr flach einfallende Sandsteine. Die Beckensohle im Inneren ist angefüllt mit lockeren spättertiären bis rezenten Ablagerungen.

Das Kongogebiet hat in seinem mittleren Abschnitt ganzjährig humides Äquatorialklima mit zweifachem Niederschlagsmaximum und zwei Perioden verminderter Niederschläge, während die Außenzonen, die Asandeschwelle im Norden und der Anstieg zur Lundaschwelle im Süden, eine ausgeprägte Trockenzeit und eine längere Regenzeit aufweisen. Die Trockenzeit bzw. die niederschlagsärmeren Perioden werden durch die Zufuhr stabil geschichteter Tropikluft der Passate hervorgerufen, die in regelmäßigem Wechsel vom Sudan und aus Südafrika bis in äquatoriale Breiten vorstoßen. Verglichen mit dem Niederschlag spielen die Unterschiede in der Wärmeverteilung eine geringe Rolle. Unterhalb 500 m ü. NN liegen die Monatsmittel der Temperatur zwischen 24 und 28 °C. Im immerfeuchten Gebiet sind die jährlichen Schwankungen sehr gering, und beträchtliche Schwüle herrscht während des ganzen Jahres. Im wechselfeuchten Gebiet wird es vor Beginn der Regenzeit sehr heiß, aber infolge der Trockenheit der Luft ist diese Jahreszeit angenehmer als die Regenzeit. Besondere klimatische Verhältnisse liegen in den Gebieten großer Meereshöhe vor. Die Temperaturen sinken insgesamt ab, die geringe jährliche Temperaturschwankung bleibt zwar erhalten, aber die täglichen Schwankungen nehmen zu, und gleichzeitig werden die Regenmengen größer.

Im immerfeuchten Bereich stellt sich bei gleichbleibend hoher Wärme, großen Niederschlagsmengen und relativ ausgeglichener Verteilung der Niederschläge über das Jahr hin der immergrüne Regenwald ein. Er zieht sich im mittleren Abschnitt des Kongogebiets in einem zusammenhängenden breiten Streifen vom Nigerdelta über Südkamerun und Gabun ostwärts in das Becken hinein und endet am Zentralafrikanischen Graben. Im Norden bildet etwa der Kongo-Nebenfluß *Ubangi-Uëlle* die Grenze, im Süden verläuft sie ziemlich unregelmäßig nördlich des *Kasai-Sankuru*. Der Kongo-Urwald weist, wie auch die anderen äquatorialen Wälder der Erde, eine Reihe charakteristischer Merkmale auf: große Artenzahl und Artenmischung – bis zu hundert verschiedene Baumarten je Hektar –, mehrere Kronenstockwerke, ohne jahreszeitliche Unterbrechung ablaufende Lebensvorgänge, blütentragende Baumstämme und -äste, Brettwurzeln, Lianen- und Ephiphyten-Reichtum und einen vom Silikatgehalt des Bodens weitgehend unabhängigen, in sich selbst beruhenden Nährstoffhaushalt. An Nutzpflanzen beherbergt er die Ölpalme, ferner Edelhölzer wie Mahagoni, Eisenholz, Rotholz, Ebenholz und zahlreiche kautschukliefernde Lianen. Die Besiedlung ist dünn und hält sich an die Nähe der Flüsse. Im großen und ganzen ernährt sich die Bevölkerung, vor allem die Stämme der Waldbantu, durch Hackbau und Fischfang. Die Pygmäen sind nur Jäger und Sammler.

Nördlich und südlich des Regenwaldes breitet sich im Bereich der Nordäquatorialschwelle und etwa bis zum Scheitel der Südäquatorialschwelle unter den Bedingungen des wechselfeuchten Klimas mit relativ kurzer Trockenzeit die Feuchtsavanne aus. Sie tritt in verschiedenen Formen auf, die jeweils den lokalen Bedingungen entsprechen. An Standorten, die auch während der

Trockenzeit feucht bleiben, an Flüssen, in Schluchten und Quellmulden, steht immergrüner Wald, z. B. als Galeriewald. Diese Wälder widerstehen den Savannenbränden und setzen daher meist scharf gegen ihre Umgebung ab. Auf periodisch trockenem Boden gibt es alle Übergänge von mehr oder minder laubabwerfendem geschlossenem Wald mit immergrünem Unterwuchs über das lichte Gehölz und das Grasland mit Einzelbäumen bis zur reinen Grassavanne. Die Holzgewächse sind infolge der Grasbrände häufig von niedrigem, knorrigem Wuchs, werfen in der Trockenzeit das Laub ab und weisen weitere Schutzvorrichtungen gegen Verdunstung auf. Der Graswuchs erreicht mehrere Meter Höhe.

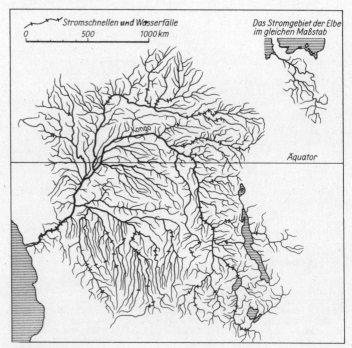

Stromsystem des Kongos

Die großen Niederschlagsmengen und die großräumig konzentrische Abdachung zur Beckensohle ließen im Kongogebiet den wasserreichsten Strom Afrikas mit dem größten Einzugsgebiet entstehen (3,7 Mio km²). Mit den östlichen und südlichen Nebenflüssen, insbesondere mit den Zuflüssen des zum Kongosystem gehörigen Tanganjikasees sowie mit dem hoch auf der Lundaschwelle entspringenden *Kasai-Kuango* und den beiden Kongoquellflüssen *Lualaba* und *Luapula* greift das Flußsystem des 4650 km langen *Kongo-Luapula* auch auf Hochafrika über. Charakteristisch sind die Stromschnellen, die der Kongo und seine Nebenflüsse im Bereich der Schwellenabdachung zum Beckeninneren bilden. Es sind daher nur Teilstrecken schiffbar. Am gewaltigsten sind die Schnellen des Kongos beim Durchschneiden der Südguineaschwelle, die wie die meisten anderen Katarakte durch Umgehungsbahnen überwunden werden. Vor dem Passieren der Südguineaschwelle erreicht der Kongo im *Stanley Pool*, einer Wasserfläche von der Größe des Bodensees, den tiefsten Punkt des Beckens (284 m). An dieser Stelle liegt der bedeutendste Binnenhafen, Handels- und Industrieort *Kinshasa*, die größte Stadt Zaïres. Am gegenüberliegenden Ufer hat sich *Brazzaville* ebenfalls zu einem bedeutenden Ort entwickelt, der wie Kinshasa durch eine Bahnlinie mit der Küste verbunden ist. Das Durchschneiden der Südguineaschwelle vollzieht sich auf einer Strecke von 400 km, auf der fünf Gruppen von Stromschnellen liegen. Während sich der Scheitel der Schwelle herausgehoben hat, ist die atlantische Abdachung z. T. unter den Meeresspiegel abgesunken. Im Unterlauf hat der gewaltige Strom eine mittlere Wasserführung von 40 000 m³/s, eine maximale von 75 000 m³/s, d. h., er wird in dieser Hinsicht nur noch vom Amazonas (mittlere Wasserführung 120 000 m³/s) übertroffen. Im Vergleich dazu führt die Elbe 710 m³/s Wasser der Nordsee zu. Die Quelle des

Kongos wurde von H. Stanley entdeckt, der auch einen großen Teil des Flußlaufes erstmalig näher erforschte (1874 bis 1877).
Im Gegensatz zu den Randschwellen liegen im inneren Kongobecken, das als Senkungsgebiet fast allseits durch eine Stufe abgegrenzt ist, wenig verfestigte Sedimente. Hier dehnt sich auf einer Fläche von mindestens $^1/_2$ Mio km² ein zusammenhängendes Regenwaldgebiet aus. Der Kongo durchfließt dieses Gebiet als Tieflandstrom, die Stromauen sind nur schwach eingetieft und sehr breit; die Flüsse verzweigen sich in zahlreiche Arme, schließen bewaldete Inseln und wandernde Sandbänke ein und treten zur Hochwasserzeit weit über die Ufer. Der Kongo selbst erreicht in diesem Abschnitt eine Breite bis zu 14 km, bei Hochwasser sogar bis 40 km. Im westlichen Teil des Beckens, zwischen Kongo und unterem *Ubangi*, am *Tumbasee*, am *Sanga* und anderen Nebenflüssen, liegen die ausgedehntesten Überschwemmungsgebiete.

Die nördliche Umrahmung des Kongobeckens gliedert sich in zwei nach Anlage und Höhe verschiedene Gebiete, die beide zur Savannenregion gehören, nämlich die Asandeschwelle und das Hochland von Kamerun. Nördlich des Ubangi, der Grenze des Regenwaldes, taucht in der Asandeschwelle der kristalline Unterbau auf. Die Schwelle ist breit, aber niedrig, im allgemeinen überschreitet sie 600 m nicht. Ihre Oberfläche ist nur schwach durch Inselberge und Täler gegliedert. Zum Obernil- und Tschadseebecken fällt sie steiler ab. Sie trägt überwiegend Feuchtsavanne, im äußersten Norden schon Trockensavanne mit laubabwerfendem Wald und Grasfluren. Im nordwestlichen Teil Kameruns schließt sich das Hochland von Adamaoua an. Diese Scholle ist bis zu Höhen von 1 500 bis 2 000 m herausgehoben und wird von Basalt und Trachyt überlagert, während in dem nordwestlich davon gelegenen Benuë-Tiefland nur einzelne Massive, z. B. *Schebschi-* und *Mandaragebirge*, die Ebene überragen. Der Gegensatz zwischen tiefen, steilwandigen Tälern und ausgedehnten Hochplateaus sowie zwischen breiter Tiefebene und schroff ansteigendem Inselgebirge ist kennzeichnend für dieses Gebiet. Die starke Aufgliederung spiegelt sich auch im Vegetationsbild wider. Außer den Galeriewäldern der Flüsse treten in den grundwasserreichen Mulden und an den unteren Berghängen Waldparzellen auf, während die höchsten Teile der Plateaus Hochweiden tragen. Im Adamaoua-Hochland wurde eine der reichsten Bauxitlagerstätten der Erde entdeckt.

Die Grenze zwischen dem Hochland von Adamaoua und dem Benuë-Tiefland beruht auf Brüchen, die vom Ozean her über die im Golf von Bonny liegenden vulkanischen Inseln zum *Kamerunberg* (4070 m, letzter Ausbruch 1922) und weiter nach Nordosten in den Kontinent hineinziehen. Zu beiden Seiten des Kamerunberges greifen Ästuare tief ins Land ein. Am Ästuar des *Kamerunflusses* liegt *Douala*, Hafenstadt und Ausgangspunkt von zwei ins Hochland führenden Bahnlinien. Die Südwestseite des Kamerunberges erhält die höchsten Niederschläge ganz Afrikas. In dem Ort *Isobi* wurden durchschnittlich 10 680 mm im Jahr gemessen.

Die Südguineaschwelle westlich des Kongobeckens ist ähnlich wie die Asandeschwelle eine breite, relativ niedrige kristalline Rumpffläche mit Inselbergen; infolge ihres nordsüdlichen Verlaufs hat sie Anteil an mehreren Vegetationsgürteln und läßt sich in drei Abschnitte gliedern. Der Norden, das Gebiet von Südkamerun bis zum Äquator, ist von Regenwald bedeckt. Er wird von Palmsümpfen und Sumpfwiesen unterbrochen, die sich in den Mulden im zentralen Teil des Gebietes an Bächen und Flüssen einstellen. Im mittleren Abschnitt, der vom Äquator über den Kongo zum Stromgebiet des Kasai reicht, dehnt sich Feuchtsavanne aus, die an den besser beregneten Bruchstufen gegen den Atlantik hin noch von einem Ausläufer des Regenwaldgebietes unterbrochen wird. Im südlichen Abschnitt greift bereits die Trockensavanne der Lundaschwelle gegen die Kongomündung vor. Alle zum Atlantischen Ozean entwässernden Flüsse deuten mit ihren Stromschnellen auf junge Hebungen der Randschwelle hin.

Das Küstengebiet vor der Südguineaschwelle ist ein im Mittel 50 km breiter Schwemmlandstreifen; an einigen Strecken tritt auch die kristalline Schwelle mit steilerer Stufe unmittelbar an den Ozean heran. Während im Norden die Ästuare des Kamerunflusses, des Gabun u. a. die junge Küstensenkung erkennen lassen, wird sie nach Süden zu durch Strandversetzungen verdeckt. Hier sind die Flußmündungen von der längs der westafrikanischen Küste nach Norden ziehenden kalten Benguelaströmung durch Nehrungen verbaut und in Strandseen verwandelt worden. Der flache Sandstrand und die starke Brandung, Kalema genannt, erschweren die Anlage von Häfen. Unter dem Einfluß der Tropikluft des südatlantischen Passats und der damit verbundenen kalten Benguelaströmung verschieben sich die Klima- und Vegetationszonen im Küstenstreifen noch stärker nordwärts als im Bereich der Südguineaschwelle selbst. Während im nördlichen und mittleren Abschnitt immergrüner Wald oder Feuchtsavanne auftreten und die Küste selbst von Mangrovedickicht begleitet wird, folgen südlich der Kongomündung an der Küste Angolas in rascher Folge Trockensavanne, Dornsavanne und Halbwüste.

Die südliche Umrahmung des Kongobeckens hat anderen Charakter als die gegen den Atlantik und gegen den Sudan. Die Landoberfläche hebt sich am

Kasai und Sankuru mit markanter Stufe vom Beckeninneren ab und steigt dann allmählich zur Lundaschwelle an, die bereits der südafrikanischen Hochregion angehört. Das aus Sandsteinen aufgebaute Plateauland wird von den parallel nach Norden ziehenden Flüssen des Kasai-Systems zerschnitten; weiter östlich, in Nordkatanga, greift die Tektonik Ostafrikas mit Gräben und Hochschollen auf die Abdachung der Schwelle über. Das gesamte südliche Kongogebiet ist Feuchtsavanne mit Galeriewäldern längs der zahlreichen Abdachungsflüsse und mit Sumpfregionen im Grabengebiet Nordkatangas. Im Süden leitet die Feuchtsavanne zum Trockenwald der Lundaschwelle über.

Das östliche Hochafrika

Unter dem östlichen Hochafrika versteht man das Gebiet zwischen dem Ostrand des Obernil- und Kongobeckens einerseits und der Küste des Indischen Ozeans, des Golfs von Aden und des Roten Meeres andererseits. Im Süden soll hier der Unterlauf des Sambesi, im Westen gegen die Lundaschwelle hin der Lungwagraben als Grenze angenommen werden.

Politisch teilen sich in diesen Raum Äthiopien, Somalia, Djibouti, Kenia, Uganda, Rwanda, Burundi, Tansania, Sambia, Malawi sowie die nördlichen Gebiete von Moçambique. Insgesamt umfaßt dieser Raum reichlich 4 Mio km², auf denen heute nahezu 100 Mio Menschen leben. Im Norden überwiegen dabei hamitische Völker, im Süden Bantu. Doch gibt es zahlreiche Stämme (Niloten), die aus einer Mischung zwischen Hamiten und Negriden hervorgegangen sind. Außerdem leben in Ostafrika in größerer Zahl Araber und eingewanderte Inder sowie mehrere zehntausend Europäer. In Rückzugsgebieten des Hochlandes von Äthiopien und des Zentralafrikanischen Grabens sind auch noch einige Pygmäenstämme zu finden. Die Bevölkerung ist nicht gleichmäßig verteilt. In einzelnen relativ kleinen Gebieten, z. B. im Hochland von Rwanda-Burundi, im Dschaggaland am Kilimandscharo, auf einigen Inseln im Victoriasee u. a., wird eine für afrikanische Verhältnisse hohe Dichte erreicht, während sich in weitem Umkreis fast menschenleere Gegenden ausdehnen. Moderne große Städte sind in diesem Jahrhundert in Ostafrika entstanden. Das 1899 gegründete Nairobi in Kenia besitzt den bedeutendsten Flughafen Ostafrikas. Die Hafenstadt Daressalam in Tansania ist ebenfalls ein wichtiger Flugverkehrsknoten Ostafrikas. Bodenschätze werden in verschiedenen Gebieten abgebaut: Platin im westlichen Äthiopien, Gold am Ostufer des Victoriasees, Eisenerz an der Nordspitze des Njassasees, Kupfer in Sambia. Außerdem gibt es bedeutende Lagerstätten von Blei, Bauxit, Zinn.

Das östliche Hochafrika liegt größtenteils mehr als 1 000 m über dem Meeresspiegel, jedoch ist die Höhenlage der Teilgebiete recht unterschiedlich. Weiträumige, allmählich zu bedeutender Höhe ansteigende Hochflächen fallen mit mächtigen Bruchstufen zu tieferliegenden, teilweise von langgestreckten Seen erfüllten Grabenzügen ab. So zeigt die *Somalihalbinsel* eine breite südöstliche Abdachung und Bruchstufen am Graben des Golfs von Aden im Norden und am Äthiopischen Graben im Westen. Westlich schließt das durchschnittlich über 2 000 m hohe, allseits von Bruchstufen begrenzte und tief zerschnittene *Hochland von Äthiopien* an. Ähnlich hat das *Hochbecken von Uganda* und *Unjamwesi* mit dem großen, relativ flachen *Victoriasee* recht einförmige, kaum sichtbare Anstiege bis zu den Bruchstufen des Ostafrikanischen Grabens im Osten und des Zentralafrikanischen Grabens im Westen des Beckens. Die Grabenseen sind meist tief; im *Tanganjika-* und *Njassasee* liegt die Grabensohle örtlich mehrere hundert Meter unter dem Meeresspiegel.

In tektonischer Hinsicht muß man, wie bereits erwähnt, Ostafrika als ein System vieler Schollen ansehen, die zu beiden Seiten der Grabenachsen stark herausgehoben worden sind, wodurch der für Ostafrika kennzeichnende Typ der von Gräben unterbrochenen hohen Schwellen entstand. Außer den vertikalen Bewegungen haben sich laterale vollzogen, insbesondere die Aufweitung eines ursprünglich kontinentalen Grabensystems zu den Gräben des Roten Meeres und des Golfs von Aden. Seit der Oberkreide driftet die Halbinsel Arabien nordostwärts, und im Tertiär begann die Verlagerung der Somalihalbinsel in südöstlicher Richtung. Die einander entsprechenden Randstufen Arabiens einerseits und des Hochlandes von Äthiopien sowie der Somalihalbinsel andererseits geben eine Vorstellung von der Größenordnung dieser lateralen Bewegungen. Als typische Begleiterscheinung der Bruchtektonik Ostafrikas finden wir sauren und Basaltvulkanismus. Zahlreiche Vulkane und Deckenergüsse begleiten die Gräben und Schwellenränder und sind an die Gebiete stärkster Heraushebung und Zerstückelung gebunden. Das Hochland von Äthiopien besteht an der Oberfläche aus mächtigen Basaltlaven und -tuffen; den ostafrikanischen Grabenzug begleiten Gruppen von Schichtvulkanen und vulkanischen Gebirgen, darunter *Elgon*, *Kenia* und *Kilimandscharo*; das *Rungwemassiv* am Njassasee und die *Virungavulkane* am *Kiwusee* sind weitere Beispiele.

Gräben und Vulkanmassive beleben das Relief Ostafrikas. Zwischen dem *Mobutu-Sese-Seko-See* (früher *Albertsee*) und der Südspitze des Tanganjikasees – einer etwa 1500 km langen Strecke – flankieren fast ununterbrochen bis zu 2000 m hohe Bruchstufen die breite Grabensohle. Der aus drei Schichtvulkanen zusammengewachsene Kilimandscharo überragt seine flache Umgebung um mehr als 5000 m. Im übrigen aber bestimmen auch in Ostafrika weithin recht einförmige Oberflächentypen das Gesicht der Landschaft. Im Bereich des zutage liegenden kristallinen Unterbaus, vor allem in den Hochländern Tansanias, herrschen Inselberglandschaften vor. Die Gebiete mit Sedimenttafeln, z. B. die Küstengebiete Tansanias, Moçambiques und die Somalihalbinsel, bilden weite Tafelberglandschaften. Für das stark herausgehobene und von einer mächtigen Basaltdecke überzogene Hochland von Äthiopien ist die erosive Aufgliederung in einzelne Hochplateaus bezeichnend.

Das Klima im östlichen Hochafrika weicht auffallend vom Klima der westlich anschließenden Gebiete ab. Vor allem ist weiterhin die Jahresniederschlagshöhe geringer und die Anzahl der ariden Monate größer. Die Küstengebiete am Roten Meer und die Somalihalbinsel erhalten als besonders benachteiligte Teilgebiete weniger als 300 mm, große Flächen Tansanias weniger als 800 mm Jahresniederschlag, während auf gleicher Breite das Kongobecken mehr als 1500 empfängt. In Nordwestäthiopien herrscht noch die einfache Regenzeit während des Nordsommers. Weiter südwärts stellen sich zwei Regenzeiten mit Niederschlagsmaxima im März und November ein, sie sind aber selbst im äquatorialen Bereich am Victoriasee durch deutliche Trockenzeiten unterbrochen im Gegensatz zum westlich anschließenden Kongobecken. Im südlicheren Tansania und in Moçambique herrscht wiederum die einfache Regenzeit während des Südsommers.

Die Ursache der geringeren Niederschläge und der stärkeren Ausprägung der Trockenzeiten sind die besonderen Strömungsverhältnisse; in ganz Ostafrika wird nämlich die Äquatorialluft regelmäßig von stabil geschichteten Tropikluftmassen abgelöst, die als kräftige passatische Strömungen bis in die äquatorialen Breiten vordringen. Im einzelnen beeinflußt jedoch das Relief Ostafrikas die räumliche Differenzierung der Niederschlagsverhältnisse erheblich. In Tansania sind die der feuchtstabil geschichteten Tropikluft des Südostpassats zugewandten Bruchstufen viel niederschlagsreicher als die dahinter liegenden Gebiete im Lee der Strömung. Nördlich des Äquators liegen das zur Regenzeit niederschlagsreiche Hochland von Äthiopien im Luv und die extrem niederschlagsarmen Küstengebiete am Roten Meer sowie die Südostabdachung der Somalihalbinsel im Lee der Südwestströmung labil geschichteter Äquatorialluft. Zu den durch ihre Höhe und Luvwirkung niederschlagsbegünstigten Gebieten gehören auch die Vulkangebirge in Kenia und Nordtansania.

Diesen komplizierten Verhältnissen entspricht die wenig einheitliche Vegetationsgliederung Ostafrikas. Die verschiedenen Savannentypen nehmen dabei den größten Raum ein. Besonders bezeichnend sind die ausgedehnten laubabwerfenden Miombowälder. Auch Dornsavannen sind weit verbreitet. In den am ungünstigsten gestellten Küstengebieten am Roten Meer, am Golf von Aden und im flachen Hinterland der Somaliküste breitet sich sogar Halbwüste aus. Äquatorialer Regenwald nimmt nur unbedeutende Areale ein; der große Regenwaldgürtel der Guineaküste und des Kongogebietes setzt sich nicht nach Ostafrika fort.

Äthiopien und die **Somalihalbinsel** bilden eine geologisch-tektonische Einheit. Hier ist der kristalline Unterbau von mesozoischen Sandsteinen und Kalken und von maximal 2000 m mächtigem Basalt und Basalttuff überlagert. Diese Gesteinsfolge wurde im Zusammenhang mit der Bildung des Grabens des Roten Meeres und des Adengolfes herausgehoben. In nahezu horizontaler Lagerung erhebt sich der Schollenkomplex des Hochlandes von Äthiopien 2000 bis 3000 m über den Meeresspiegel, er wird von steilen Bruchstufen und Staffelbrüchen gegen das Obernilbecken, das Danakilland und den Äthiopischen Graben begrenzt, dessen Verlauf durch eine Folge von Seen nordöstlich des Rudolfsees angedeutet wird. Die Somalischolle ist schräggestellt, sie zeigt einen hohen Steilrand im Westen und Norden und eine flache Abdachung nach Südosten zum Indischen Ozean. Im Vergleich zu diesen beiden stark herausgehobenen Teilen stellen das dreieckige Schollenfeld des Danakillandes und der in einzelne Hochbecken gegliederte Äthiopische Graben Senkungsgebiete dar, die von jüngeren Ergußgesteinen überzogen und von Vulkanen durchsetzt sind. Im Assalsee reicht die Oberfläche des Danakillandes 174 m unter den Spiegel des Ozeans; mit Ausnahme der Danakilscholle (nordwestlich von Djibouti) ist dieses Gebiet als Fortsetzung des Grabens des Roten Meeres aufzufassen. Besonders charakteristische Oberflächenformen weist die von Flüssen angeschnittene Decke vulkanischer Gesteine des Hochlandes auf. Von der Erosion stehengelassene kleine Tafelberge, Ambas, überragen die sonst eintönigen Hochflächen. Im Westen haben die großen Flüsse, vor allem die Nebenflüsse des Nils (*Sobat, Blauer Nil* und *Atbara*), die Deckserie bis auf den kristallinen Unterbau durchschnitten und in Plateaus aufgelöst.

Die für Ostafrika charakteristische Modifizierung der klimatischen Zonen tritt

Stromsystem des Nils

in Äthiopien besonders stark hervor. Das Hochland ist gegenüber den tiefliegenden Gebieten ganz allgemein durch reichere Niederschläge und längere Dauer der humiden Jahreszeit begünstigt, vor allem im äquatornahen Süden und Südwesten. Außerdem weist das Hochland eine vertikale Abstufung der Temperatur und Vegetation auf. Die feuchtheißen Taltiefen und Plateauhänge bedeckt ein immergrüner Wald, während die trockeneren Schluchten laubabwerfende Buschwälder tragen. Diese bis 1700 m Höhe reichende Vegetationsstufe heißt in Äthiopien Kolla. Die Stufe zwischen 1700 m und 2500 m, die Woina Dega, die den größten Teil der fruchtbaren Basalthochflächen ausmacht, ist offenes Grasland. Sie ist das Hauptsiedlungs- und Anbaugebiet. Hier wachsen in den tieferen Lagen wilder Kaffee und Baumwolle, vor allem aber Hirse und Mais, in den höheren alle europäischen Getreidearten. Auf den Hochweiden und im Buschland der Höhenstufe um 3000 m, der Dega, gewinnt die Viehzucht an Bedeutung. Die bedeutendste unter den städtischen Siedlungen des Hochlandes ist die äthiopische Hauptstadt *Addis Abeba*. Sie wurde erst 1896 gegründet und ist durch eine Eisenbahnlinie mit dem Hafen *Djibouti* am Golf von Aden verbunden. Von den übrigen Städten des Hochlandes sind *Aksum, Gondar* und *Samara* in der Nähe des 1750 m hoch gelegenen *Tanasees* zu nennen.

In starkem klimatischem Gegensatz zum Hochland steht der Küstenwinkel am Roten Meer und Adengolf einschließlich des Danakillandes. Dieses unterhalb der hohen Bruchstufen liegende Gebiet erhält nur im Nordwinter geringe Niederschläge. Ferner sind hohe Temperaturen, die auch während der Nacht kaum absinken, und dürftigste Vegetation kennzeichnend für dieses Gebiet. Ebenso erscheint auf der vom trockenen Nordostpassat überstrichenen flachen Abdachung der Somalitafel Halbwüste und Dornsavanne. Der Anbau beschränkt sich hier auf die Oasen entlang der größeren Flüsse, die in dem trockenheißen Land nur z. T. das Meer erreichen.

Das **mittlere und südliche Ostafrika** zwischen Kongogebiet und Indischem Ozean hat nach Relief, Klima und Vegetation sehr verschiedenartige Landschaften, die man jedoch auf Grund der einheitlichen Bauverhältnisse dieses Gebiets zusammenfassen kann. Der in Schollen zerbrochene kristalline Unterbau liegt hier zum größten Teil frei. Das Zentrum des Gebiets bilden die über 1000 m hohen Becken von Uganda und Unjamwesi mit dem nur 75 m tiefen Victoriasee. Westlich und östlich davon sind die Schollen der zentralafrikanischen und der ostafrikanischen Schwelle bis 2000 und 3000 m herausgehoben worden, im Bereich der Schwellenachsen aber weniger hoch aufgestiegen und z. T. abgesunken, so daß sich das Baubild der von meist tiefen, langgestreckten Seen erfüllten und von Basaltvulkanen begleiteten Grabentrakte des Zentralafrikanischen und Ostafrikanischen Grabens ergibt. Im Osten dacht sich das Hochland zum Ozean hin ab, in Kenia und östlich des Njassasees allmählich, während sich die Abdachung im mittleren Abschnitt, in Tansania, in ein kompliziertes System von Schollengebirgen und Gräben auflöst. Als wichtigste Leitlinie dieses wenig übersichtlichen Gebiets verläuft eine Bruchzone vom Ostrand des Usambaragebirges (bei Tanga) nach Südwesten zum Njassasee. Davor erstreckt sich eine niedrigere Region, die z. T. aus horizontal liegenden Sedimenten aufgebaut ist. Die von Korallenriffen begleitete Küste ist Ingressionsküste mit zahlreichen ertrunkenen Flußmündungen und den vorgelagerten größeren Inseln *Pemba, Sansibar* und *Mafia*. Die Schwemmlandstreifen nehmen nur kleinen Raum ein; lediglich der *Rufidschi* hat ein größeres Delta aufgeschüttet.

Klima und Vegetation sind in den einzelnen Landschaften sehr verschieden. Der feuchte Küstenstreifen trägt meist immergrünen Wald und Busch, der von zahlreichen Rodungsflächen unterbrochen wird. Im Norden, an der Küste Kenias, folgen landein auf dem flachen Anstieg bis zur ostafrikanischen Schwelle trostlose Dornbuschgebiete, nur an den vom Hochland kommenden Fremdlingsflüssen werden sie von Uferwäldern unterbrochen. Von *Mombasa*, dem Haupthafen Kenias, nimmt die Ugandabahn ihren Ausgang, die über *Nairobi* zum Victoriasee führt. Im feuchteren Küstengebiet Tansanias ist die Kokospalme der Charakterbaum, daneben gedeihen tropische Getreidearten und Knollenfrüchte; auf den großen Küsteninseln sind Spezialkulturen (Gewürznelken) zu finden. Auf dem Schwemmlandstreifen der Flußmündungsgebiete wuchert die Mangrove; das periodisch überschwemmte fruchtbare Delta des Rufidschi wird jedoch weitgehend zum Anbau von Reis, Bananen, Erdnüssen und Zuckerrohr ausgenützt. Unter den Küstenstädten sind *Tanga* im Norden, der Umschlagplatz für die Erzeugnisse des Usambara- und Kilimandscharogebietes, im Süden *Lindi*, im mittleren Küstenabschnitt *Daressalam* (*Dar es Salaam*) bedeutend; von hier aus führt eine Eisenbahnlinie über *Tabora* im Unjamwesibecken ins Innere bis *Kigoma* am Tanganjikasee.

Landeinwärts folgen in Tansania im Bereich der meist hügeligen, niedrigen Region vor dem Hochlande Trockensavannen, in denen als wichtigstes Produkt die Sisalagave angebaut wird. Dahinter erhebt sich die zerschluchtete Randstufe des Hochlandes. Im Usambaragebirge gegenüber der Insel Pemba tritt die über 1000 m hohe Stufe nahe an die Küste heran und verläuft von hier nach Südwesten zum Njassasee; sie wird von vorgelagerten steilen Schollen und

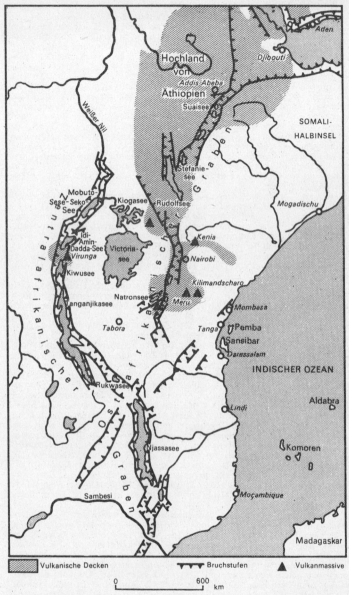

Die ostafrikanischen Gräben und Bruchstufen

dazwischenliegenden Senkungsfeldern begleitet. Der unvermittelt aufragende Rand des Hochlandes, der sich dem niederschlagsbereiten Südostpassat entgegenstellt, wirkt als Staugebiet. Seine häufig vom Nebel verhangenen Schluchten tragen dichten, immergrünen Wald: auf seinen verhältnismäßig gut beregneten Hochebenen werden tropische Früchte angebaut.
Die sehr trockenen Hochflächen im Lee der gebirgsähnlichen Randstufe haben völlig anderen Charakter. Auf den weiten, nur von einzelnen Inselbergen unterbrochenen Hochebenen dehnt sich Dornsavanne als Dornbusch oder auch als dürftiges Grasland mit niedrigen schirmförmigen Akazien sowie eine Kurzgrassteppe aus. Diese Gebiete, zu denen auch die Massaisteppe zählt, beherbergen noch heute zahlreiche Herden großer Lauftiere: Antilopen, Gnus, Zebras, Giraffen und Strauße.
Im Westen schließt das Gebiet der ostafrikanischen Schwelle an, die in Tansania von zahlreichen Brüchen verschiedener Richtungen durchzogen wird und sich weitgehend auflöst. An Stelle eines einheitlichen großen Grabenzuges erscheint eine nach Osten schauende Bruchstufe. Im Norden türmen sich im Überschneidungsgebiet mehrerer Bruchlinien zahlreiche Vulkane. Die größten sind das 5895 m hoch aufragende *Kilimandscharogebirge* und der über 4566 m hohe *Meru*, deren Gipfel glazialen Formenschatz aufweisen. Der *Kibo* im Kilimandscharogebirge trägt ständig eine Eiskappe. Die übrigen Schichtvulkane östlich der Bruchstufe sind niedriger. Westlich der Bruchstufe, zwischen dem Kilimandscharogebirge und dem Victoriasee, liegt das Hochland der Riesenkrater mit mehreren über 3000 m hohen Vulkanen, unter denen der Ngorongoro einen 500 m tiefen Einbruchskrater von mehr als 20 km Durchmesser besitzt.
Auch das Gebiet des Ostafrikanischen Grabens erhält weniger als 600 mm Niederschläge im Jahr, die nach Osten und Südosten gerichteten Stufen und Berghänge sind günstiger gestellt. Dornbusch, lichte Savanne mit Schirmbäumen und dürftige Kurzgrasfluren herrschen vor. Der Ackerbau spielt eine sehr untergeordnete Rolle. Die Flüsse dieser abflußlosen Region füllen in der Regenzeit die flachen Seebecken der Grabensohle, in denen das Wasser während der Trockenzeit verdunstet und sich in der Uferzone Salzkrusten ausscheiden. *Natronsee* (270 km²) und *Njarasasee* (1070 km²) sind die größten dieser Salzseen.
Niederschlagsbegünstigt sind die freiliegenden hohen Gebirgsmassive, vor allem das des Kilimandscharo. Hier stellt sich an der Ost- und Südseite in 500 m relativer Höhe über der Savanne ein artenreicher immergrüner Urwald ein. Darüber folgen die Vegetationsstufen des Berg- und Nebelwaldes und die Paramo-Region. Wie die in den Berg- und Nebelwald eingestreuten Grasfluren erkennen lassen, waren große Teile des Waldes schon gerodet, ehe die Europäer kamen, die vor allem Kaffeepflanzungen angelegt haben. In der unteren Waldregion hat der Stamm der Dschagga einen Kulturlandstreifen geschaffen, der z. T. künstlich bewässert wird und in der menschenleeren Umgebung eine Insel mit großer Bevölkerungsdichte (über 100 Einw. je km²) bildet.
Nordwärts, in Kenia, erscheint der Ostafrikanische Graben in sehr markanter Form. Die Grabenränder heben sich über 2000 m heraus, und auch die Grabensohle steigt an. Hier quert zwischen Nairobi und Kisumu am Victoriasee die Ugandabahn das Grabengebiet. Erst südlich des *Rudolfsees* wird das gesamte System niedriger. Zu beiden Seiten des Grabentraktes erheben sich als bedeutendste vulkanische Massive *Kenia* (5199 m) und *Elgon* (4321 m). Die klimatischen Verhältnisse sind im allgemeinen günstig. Die tieferen Lagen bleiben zwar ebenfalls trocken, und auch hier gibt es auf der abflußlosen Grabensohle Salzseen; aber die hohen Grabenränder und die Massive des Kenia und Elgon tragen Wald. Kulturen, vor allem der in Plantagen angebaute Kaffee, spielen neben der Viehzucht eine wesentlich größere Rolle als im Süden.
Einförmige Landschaftsbilder auf weite Strecken beherrschen die Hochbecken zwischen dem ostafrikanischen und dem zentralafrikanischen Grabengebiet. Über die flachwellige Oberfläche erheben sich hier kleine Inselberge. Nur in den Randgebieten wird das Relief belebter. Im Norden, im Becken von Uganda, liegt der vom Nil durchflossene Kiogasee. In den sumpfigen Tälern seiner Zuflüsse wuchern Papyrusdickichte. Im übrigen überwiegt auch im Ugandabecken die Savanne mit sehr verstreuten Trockenwäldern. Nur in den besonders feuchten randlichen Hochgebieten und am Ufer des Victoriasees, der von der einheimischen Bevölkerung Ukerewesee genannt wird, gibt es immergrünen Wald. Die Niederschläge fallen bis südlich des Sees in zweifacher Regenzeit mit dazwischenliegenden ausgeprägten Trockenzeiten. Der *Victoriasee*, der größte See Afrikas, ist mit fast 69000 km² Fläche fast so groß wie zwei Drittel der DDR. Er besitzt eine buchten- und inselreiche Küste und ist nur 75 m tief. Seine riesige Wasserfläche beeinflußt Klima und Vegetation der Umgebung. Während im Osten die Steppe bis an die Ufer vordringt, wird die Westseite von der Tropikluft des Südostpassats, die über dem See noch Feuchtigkeit aufnimmt, stärker beregnet. Hier gibt es im gerodeten Waldland vor allem Bananenpflanzungen. Südlich des Victoriasees, im Unjamwesibecken, stellt sich schon die einfache Regenzeit ein. Grasfluren bestimmen das Bild, die

nach Süden zu allmählich zu geschlossenem Miombowald überleiten. Im Zentrum des Unjamwesibeckens liegt an der Zentralbahn das einst von Arabern als Stützpunkt des Sklavenhandels und Karawanenverkehrs gegründete *Tabora*, eine große, von Angehörigen vieler Völker bewohnte Stadt. Von hier aus zweigt eine Bahn nach Mwanza am Victoriasee ab.

Westlich des Uganda-Unjamwesi-Beckens schließt das Gebiet des Zentralafrikanischen Grabens an, das in den aufgewölbten, niederschlagsreichen Grabenrändern teilweise 3000 m Höhe erreicht, während die Spiegel der einzelnen Seen in 600 bis 1500 m Höhe liegen: Die Grabensohle selbst reicht hier noch wesentlich tiefer hinab, im Tanganjikasee sogar mehr als 600 m unter den Meeresspiegel. Andererseits ragen aus dem Graben Massive von mehreren tausend Metern Höhe auf, nördlich des Edwardsees die herausgehobene Scholle des *Ruwenzori* (5120 m), am Kiwusee die Gruppe der noch tätigen *Virungavulkane* (4510 m). Sie sperren den See nach Norden hin ab; sein Abfluß erfolgt zum Tanganjikasee, der durch den *Lukuga* zum Kongo entwässert wird. Der in diesem Gebiet gelegene Virunga-Nationalpark (früher Albert-Nationalpark) gehört zu den bedeutendsten Tierschutzparks Afrikas. In ihm befindet sich im Bereich der *Bufumbira-Vulkane* nördlich des Kiwusees das einzige Reservat der seltenen Berggorillas.

Im südlichen Abschnitt des Grabengebietes, in den Randländern des Njassagrabens, kommt die Exposition zum feuchten Südostpassat noch stärker zur Geltung. Das *Rungwemassiv* (3180 m) erhält an seiner Ostseite jährlich mehr als 2500 mm Niederschlag. Südwärts setzt sich der hier vom *Schire* durchflossene Graben bis zum Sambesi fort, wobei die Grabenränder an Höhe verlieren.

Das südliche Hochafrika

Das südliche Hochafrika liegt größtenteils mehr als 1000 m hoch. Es nimmt den gesamten, mehr als $5^1/_2$ Mio km² großen Raum ein, der sich südlich des Kongogebiets und des östlichen Hochafrikas erstreckt. Die Nordgrenze bildet also im westlichen Teil etwa die Wasserscheide der Lundaschwelle, während sie im Osten am Luangwagraben und am unteren Sambesi zu suchen ist. Politisch umfaßt dieser Raum den Süden von Angola, fast ganz Sambia, das südliche Moçambique, des weiteren Simbabwe, Botswana, Namibia, die Republik Südafrika, Lesotho und Swasiland. Die Bevölkerung dieses Gebietes zählt heute rund 50 Mio, wobei der Hauptanteil auf die Stämme der Bantu entfällt. Südafrika ist jedoch auch ein bevorzugtes Siedlungsland für Europäer geworden, deren Zahl gegenwärtig knapp 5 Mio beträgt. Trotz dieser Minderzahl der Weißen verfolgt die Regierung der Republik Südafrika die seit 1950 verschärft durchgeführte Politik der Rassentrennung (Apartheid), die den Weißen die Führungsstellung erhalten soll.

Bau und Relief. Das südliche Hochafrika besteht aus einem riesigen flachen Hochbecken, dem Kalaharibecken, und den südafrikanischen Randschwellen. Diese Schwellen steigen vom Becken nach außen allmählich an und fallen im Westen, Süden und Osten steil nach den niedrigen Küstengebieten ab. Nur im Norden, im Bereich der Lundaschwelle, erfolgt die Abdachung zum Kongobecken allmählich ohne Stufe. Die südafrikanischen Randschwellen treten besonders stark und geschlossen in Erscheinung; ihre teilweise in Treppen gegliederte Randstufe, mit der das Hochland gegen die Küste abfällt, ist das Werk der Bruchtektonik und der Abtragung. In zwei Teilgebieten wird dieses einfache Bild modifiziert. Im Kapland ist dem südafrikanischen Hochland das im Mesozoikum gefaltete, aus paläozoischen Schichten bestehende Kapsystem vorgelagert, und im Nordosten greift die Grabentektonik Ostafrikas auf die Lundaschwelle über.

Die südafrikanischen Randschwellen sind nur z. T. aus Gesteinen des Unterbaus aufgebaut. Das ist besonders hinsichtlich des Vorkommens und der Verteilung der Bodenschätze im südlichen Afrika von großer Bedeutung. Im Westen liegen zwar von Westangola bis ins untere Oranje die kristallinen Gesteine des Unterbaus größtenteils an der Oberfläche, sie werden aber im Kaokotafelland und im Großnamaland – beide in Namibia – von Sedimentserien der Namaformation überlagert. Die an die Unterbaugesteine gebundenen Erzdistrikte befinden sich deshalb in Westangola und im mittleren Teil Namibias. Vom unteren Oranje zieht sich eine Schwelle des Unterbaus nordostwärts; sie enthält in Simbabwe zahlreiche Erzlagerstätten. Westlich dieser geologischen Schwelle liegt das von festländischen Sedimenten, Sandsteinen, Kalken und in den oberen Schichten von roten und weißen Sanden erfüllte großräumige Kalaharibecken. Südöstlich davon, in Transvaal, Oranje, Lesotho, Natal und im Kapland, ist in einem sehr alten Trog eine mächtige jungalgonkische bis mesozoische Sedimentgesteinsserie abgelagert worden, die man in die ältere Transvaal- und jüngere Karruformation gliedert. Diese Sedimentgesteine bilden heute die südostafrikanische Randschwelle und Randstufe (Drakensberge). Sie enthalten die Steinkohlelager (Karruformation), die im Grenzgebiet von Transvaal, Oranje und Natal abgebaut werden, und große Lagerstätten von Eisenerzen sedimentärer Herkunft (Transvaalformation).

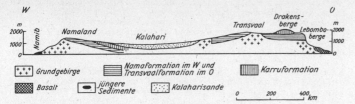

Ost-West-Profil durch Südafrika auf etwa 26° s. Br. (aus Klute)

Wichtige Erzdistrikte sind *Thabazimbi* nordwestlich von Pretoria und *Postmasburg* westlich Kimberley. Nur örtlich ragen noch ältere Gesteine bis zur Oberfläche durch, z. B. im Witwatersrand mit seinen berühmten Goldlagerstätten. Auch weiter nördlich entlang der Senke, die der mittlere und untere Sambesi benutzt, ist die Gesteinsfolge des Oberbaus mit Kohlelagerstätten erhalten geblieben (*Wankie* in Simbabwe), während im östlichen Teil der breiten Lundaschwelle wiederum weithin Gesteine des Unterbaus die Oberfläche bilden, z. B. im berühmten Erzdistrikt von Sambia und Shaba (Katanga).
Auch zu den Oberflächenformen bestehen enge Beziehungen. Dem Kalaharibecken geben die jungen, wenig widerständigen bzw. noch lockeren Sedimente ein ebenes Aufschüttungsrelief. Eine bewegtere Oberfläche haben dagegen die Hochländer der Randschwellen. Wo der kristalline Unterbau zutage tritt, wie in Westangola, in Teilen Namibias und in Simbabwe, breiten sich Rumpfflächen mit Inselbergen aus. In den übrigen, von älteren Sedimentgesteinen bedeckten Teilen der Schwellen herrschen zu Tafelberglandschaften zerschnittene Hochflächen vor. Landschaftlich von besonderer Bedeutung sind Basaltdecken, die die mächtige Sedimentserie der Karruformation abschließen. Sie nehmen am Aufbau der Drakensberge teil. In der Sambesisenke verursachen die widerständigen Basalte der Karruformation die gewaltigen, 110 m hohen Victoriafälle, die 1855 von dem schottischen Forscher Livingstone entdeckt wurden.
Der Steilabfall, der das Binnenhochland Südafrikas mauerartig nach außen begrenzt, vorspringende Bastionen aufweist und von Senken und Schluchten unterbrochen wird, setzt sich also in seinen einzelnen Abschnitten aus sehr verschiedenen Gesteinen zusammen. Im Küstengebiet werden die älteren

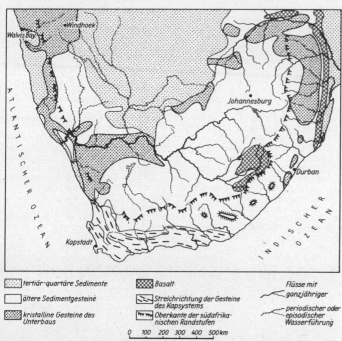

Gesteinsverteilung und Gewässersysteme im südlichen Afrika (nach Krenkel u. a.)

Gesteine streckenweise von tertiären und quartären Sedimenten überdeckt Dieses Vorland hat ebenfalls meist ein bewegtes Relief mit Stufen, die von den Flüssen zerschnitten sind, mit domförmigen Inselbergen und Tafelbergen. Ein eigenes Gepräge zeigt das Kapland im Bereich der Kapfaltung. Hier sind die widerständigen Gesteine zu langen, westöstlich streichenden Gebirgsrücken herausgewittert, die die Talungen der tiefer abgetragenen weicheren Schichten zwischen sich einschließen.

Klima und Vegetation. Für das Klima des südlichen Hochafrikas sind drei Faktoren entscheidend: die Lage in der Passatzone, die bei der relativ geringen Breite Südafrikas den Gegensatz zwischen West- und Ostseite deutlich hervortreten läßt, die verschieden temperierten Meeresströmungen an der West- und Ostküste und die verschiedenen Höhenlagen der einzelnen Gebiete.

Die Westküste und die westliche Randschwelle Südafrikas steht fast völlig unter dem Einfluß des südatlantischen Passats. Er weht aus südlicher Richtung und stellt eine Strömung trockenstabil geschichteter Tropikluft dar. Deshalb bleibt dieses westliche Randgebiet, die Wüste Namib und die trockenen Hochländer der Schwelle, regenlos bzw. regenarm. Die häufigen Nebel und die unverhältnismäßig niedrige Temperatur dieser Tropikluft im Küstengebiet entstehen durch die Abkühlung über der kalten Küstenströmung (Benguelastrom). Das übrige Südafrika wird aus östlicher Richtung vom Passat des Indischen Ozeans überweht, einer feuchtstabil geschichteten, zu Niederschlägen neigenden Tropikluft. Allerdings fallen auch hier während der Südwintermonate keine oder nur geringe Regenmengen, so daß man im allgemeinen von einer wirklichen Trockenzeit sprechen kann, wenn auch das Relief örtliche Unterschiede hervorruft. Die Küstenstriche und östlichen Steilstufen sind im Winter feuchter infolge der Stauwirkung, die Rückseiten und das Innere Südafrikas ausgesprochen trocken. Während des Südsommers aber bildet sich über der Kalahari eine Druckdepression aus, in die außer der Tropikluft des östlichen Passats auch noch Äquatorialluft von Norden her einströmt. Beide Luftmassen geben dann kräftigere Niederschläge ab und leiten die Regenzeit Südafrikas ein. Dabei bestimmt vor allem die Entfernung der Orte von der Ostküste und vom Äquator die Niederschlagshöhe. In westlicher und südlicher Richtung läßt der Einfluß der genannten Luftmassen nach. Durban an der Ostküste hat etwa 1150 mm, Johannesburg auf dem östlichen Hochlande 840, Windhoek (Windhuk) auf der westlichen Randschwelle 345 und Walvis Bay an der Westküste im Mittel 8 mm jährlichen Niederschlag.

In den Temperaturverhältnissen des südlichen Hochafrikas kommen neben der Breitenlage der einzelnen Gebiete ganz besonders die verschiedene Höhenlage und der thermische Einfluß der Meeresströmungen zur Geltung. Im allgemeinen nehmen die mittleren Jahrestemperaturen nach Süden zu ab, und die Schwankungen der Temperatur, besonders zwischen Tag und Nacht, werden größer. Im Norden liegen im Gebiet der Lundaschwelle die Mitteltemperaturen des kühlsten Monats bei 17 °C, die des wärmsten bei 25 °C, in Johannesburg im Süden sind die entsprechenden Zahlen 10 und 19 °C. Im tiefliegenden Küstengebiet der Ostseite am warmen Agulhasstrom hat Durban Mitteltemperaturen von 17 und 24 °C, während die Westküstenstation Walvis Bay am kalten Benguelastrom Werte von 14 und 17 °C aufweist. Abweichende klimatische Verhältnisse hat der südlichste Teil des Kaplandes, der als subtropisches Gebiet eine winterliche Regen- und sommerliche Trockenperiode besitzt.

Im Norden trägt das Hochland der Lundaschwelle mit seiner sommerlichen Regenzeit überwiegend laubabwerfenden Miombowald, das Winterregengebiet im Süden des Kaplandes immergrüne Hartlaubgehölze. Im Bereich des ständig wehenden Passates folgen, der ost-westlichen Abnahme der Dauer der humiden Jahreszeit entsprechend, verschiedene Vegetationstypen aufeinander. Die Steilseite der Drakensberge trägt Grasfluren mit einzelnen Bäumen, immergrünen Schluchtwald und feuchten Höhenwald. Auf den Hochländern der östlichen Randschwelle folgen geschlossene Grasfluren, weiter nach Westen alle Übergänge von der Trocken- und Dornsavanne bis zur völligen Auflösung der Vegetationsdecke in der Wüste Namib am Atlantischen Ozean.

Gewässernetz und Wasserhaushalt. Bei den Gewässern Südafrikas kommen sowohl die Grundzüge des Klimas als auch des Baues zum Ausdruck. Mit Ausnahme des 1600 km langen *Limpopo*, der in einer breiten tektonischen Senke vom Hochland zum Küstentiefland gelangt, überwinden alle großen Flüsse – *Sambesi, Oranje, Kunene, Sabi* u. a. – die Hebungsgebiete der Randschwellen in engen, tief eingeschnittenen Tälern mit Schnellen oder großen Wasserfällen. Die berühmten *Victoriafälle* des Sambesi oberhalb des Durchbruchs durch die Randschwelle sind dagegen rein gesteinsbedingt; der Strom hat hier die harte Basaltdecke seines Bettes durchschnitten und stürzt auf 1800 m Breite 110 m tief in einen schmalen Cañon. Oberhalb der Karibaschlucht südöstlich von *Lusaka* (Sambia) wurde eine 130 m hohe Staumauer errichtet. Der Sambesi wird dadurch auf etwa 250 km gestaut.

Auch die Senkung des Binnenhochlandes zeichnet sich an einer Reihe von Gewässern ab, insbesondere beim *Okavango*, der sich in der Nordkalahari aufspaltet und in den Okavangosümpfen und Pfannen des Makarikaribeckens endet. Dem Niederschlagssystem entsprechend entwickeln sich Dauerflüsse nur auf den Hochländern der östlichen Abdachung, auf den Gebirgszügen des südlichen Kaplandes und auf der Lundaschwelle. Aber auch sie zeigen starke Schwankungen in der Wasserführung, besonders wenn sie im Unterlauf lange Verdunstungsstrecken überwinden müssen. So gelangt z. B. in der Trockenzeit der Kunene nicht mehr bis zur Küste, und der untere Oranje läßt sich durchwaten, während er bei Hochwasser bis 30 m ansteigen kann. Die Flüsse, die auf der trockenen westlichen Randschwelle entspringen, führen überhaupt nur episodisch oder periodisch Wasser; ihre Trockenbetten nennt man Riviere.

Eine charakteristische Erscheinung sind schließlich die Kalk- und Salztonpfannen des abflußarmen Kalaharibeckens, sehr flache, meist nur wenige Meter tiefe Seen, deren bekanntester die *Etoschapfanne* in Namibia ist. Die Niederschläge und das von Flüssen zugeführte Wasser versickern im sandigen, tonigen oder kalkigen Lockermaterial der Kalahari und speisen die Vorräte dieses riesigen Grundwasserbeckens. In den Pfannen tritt der Grundwasserspiegel zutage, der im Wechsel von Regen- und Trockenzeit sehr stark schwankt. Viele Pfannen trocknen ganz aus. In der Nordkalahari erhalten sie aber zeitweilig durch die Gewässer der Lundaschwelle auch oberirdischen Zufluß.

Zwischen dem Kongobecken und dem Kalaharibecken zieht sich die von Norden nach Süden etwa 1 000 km breite Lundaschwelle hin. Sie erreicht in der Wasserscheide 1 500 m Meereshöhe und steigt im Westen und Osten sogar auf über 2 000 m an. Gegen das Küstengebiet am Atlantischen Ozean fällt sie in zerschluchteter Randstufe ab. Die flachwellige Oberfläche der Schwelle überragen domförmige Inselberge und Kuppen des kristallinen Unterbaus und Tafelberge im Bereich der auflagernden alten Sedimente.

Die Schwelle zeigt den ausgeprägten Wechsel zwischen Regenzeit im Südsommer und Trockenzeit im Südwinter. Die Feuchtsavanne des südlichen Kongogebiets geht hier in die Trockensavanne über. Diese tritt weithin in der Form des Miombowaldes auf. In der Grabenregion des Ostens unterbrechen größere Sumpfgebiete den Wald, z. B. am *Bangweolosee*. Im atlantischen Küstengebiet, wo die kalte Benguelaströmung die Niederschlagsmenge stark herabsetzt und sich in den kühlen Nächten der Trockenzeit häufig Nebel bilden, reichen die Dornsavanne, Halbwüste und Wüste – die Namib – Südwestafrikas in das Gebiet der Lundaschwelle hinein.

Die Landwirtschaft liefert Erzeugnisse der trockeneren Tropen; neben der Viehzucht (Schaf- und Rinderzucht) wird vor allem Anbau von Mais, Weizen, Sisal, Tabak und Baumwolle betrieben. Zum Gebiet der Lundaschwelle gehört das *Hochland von Shaba* (*Katanga*) im Grenzgebiet von Zaïre und Sambia. Erschlossen durch die Katangabahn liegt dort zwischen Luanshya und Bukama die berühmte Erzprovinz mit Kupfer- und Zinnerzen, auch Blei, Uran u. a. Mit der ursprünglich sedimentären Entstehung dieser Lagerstätten steht ihre Ausdehnung über Hunderttausende von Quadratkilometern in Zusammenhang. Die Kupfererze liegen innerhalb einer noch vor dem Paläozoikum mäßig gefalteten und nur schwach metamorphen Sedimentserie und können in großen Tagebauen gewonnen werden. Montanzentren sind *Kolwezi*, *Likasi*, *Lubumbashi* und *Ndola*.

Die **Kalahari** erstreckt sich von Südangola und Westsambia südwärts über die östlichen Teile Namibias und über Botswana hinweg bis nahe an den mittleren Oranje. Dieses riesige Gebiet hat nur zwei einheitliche Merkmale: die kreidezeitliche bis quartäre Decke hauptsächlich sandiger Sedimente und das entsprechend eintönig flache Aufschüttungsrelief. Allerdings durchragt örtlich das Relief des Unterbaus die jüngere Verschüttung, so daß sich eine Gliederung in einzelne Becken ergibt, die das Gewässernetz der Kalahari beeinflussen. In der nördlichen Kalahari bezeichnen Etoschapfanne, Okavango-Delta, Makarikari und oberes Sambesital, in der südlichen Kalahari der untere Molopo die tiefsten Teile von Teilbecken. Hauptsächlich aber verleihen das unterschiedliche Klima und die davon abhängigen Erscheinungen der Kalahari ein sehr verschiedenes landschaftliches Aussehen. Im Norden herrscht infolge längerer Regenzeit noch die Trockensavanne vor, im Süden und am Westrand folgen Dornsavannen, im äußersten Südwesten schließlich Halbwüste. Dem Übergang zur Dornsavanne entspricht ungefähr die Verbreitungsgrenze der Salzpfannen und der nur zur Regenzeit fließenden Flüsse der südlichen und westlichen Kalahari.

Den Gebieten der **Ostseite Südafrikas** sind die Gliederung in niedrige Küstenzone, Randstufe und rückwärtiges Hochland sowie eine relativ hohe Feuchtigkeit der im Staubereich feuchtstabil geschichteten Tropikluft des Südostpassats gemeinsam. Im einzelnen bestehen jedoch bei der Ausdehnung dieses Gebietes über nahezu 20 Breitengrade wesentliche Unterschiede.

Im Norden, zwischen Sambesi und Limpopo, erreicht das niedrige flachwellige Küstengebiet bis zu 500 km Breite. Die Küste selbst ist sandig; streckenweise zeigen zahlreiche ertrunkene Flußmündungen Küstensenkungen an, während im allgemeinen eine Ausgleichsküste mit Nehrungen und Lagunen vorherrscht. Landeinwärts taucht unter den jungen Ablagerungen der kristalline Unterbau mit Inselgebirgen auf, die südlich des Sambesi die Fortsetzung des Schiregrabens einrahmen. Der 1 bis 3 km breite Sambesi fließt hier in einer ausgedehnten Überschwemmungsebene und mündet mit einem Delta. Reichliche Niederschläge treffen den Küstensaum und das durch Inselberge stark gegliederte Sambesigebiet, während das übrige flachwellige Land hinter der Küste niederschlagsärmer ist und hauptsächlich dürftige Grasfluren trägt. Die häufig sumpfigen, feuchten Küsten- und Flußniederungen gestatten den Anbau von Zuckerrohr und Kokospalme. Mangrovedickichte dringen an der Küste weit nach Süden vor.

Auch das Hochland des nördlichen Abschnittes (Simbabwe) hat noch tropischen Charakter. Es ist eine im wesentlichen über 1000 m hoch liegende kristalline Rumpffläche mit scharfkantigen oder runden Inselbergen aus Schiefer bzw. Granit. Gegen das Küstengebiet bricht das Hochland mit ziemlich hohem Steilabfall ab; im Norden und Süden wird es von den flachen tektonischen Senken des Sambesi und Limpopo begrenzt, die sich hier eingeschnitten haben. Da die Niederschläge von Ost nach West abnehmen, fließen die Gewässer der östlichen Abdachung des Hochlandes dauernd, die der Binnenabdachung nur periodisch. Die am stärksten dem Südostpassat ausgesetzte östliche Randstufe und die Inselberge sind meist bewaldet. Infolge der Höhenlage bleiben die Temperaturen niedriger, und die täglichen Schwankungen sind größer als im Küstengebiet. Jedoch sinkt die Temperatur im allgemeinen noch nicht unter den Gefrierpunkt. Das Hochland eignet sich besonders für die Viehzucht; daneben werden Futterpflanzen, Mais und Gemüse angebaut. Außerdem spielen die Tabakkultur und auf bewässertem Boden der Anbau von Apfelsinen und Zitronen eine Rolle. Die Goldvorkommen des kristallinen Unterbaus sind über ein größeres Gebiet verstreut, außerdem werden Chromerze und Asbest gewonnen. Die von den Gesteinen der Karruformation erfüllte Senke des Sambesi birgt Steinkohlenlager, die bei Wankie südöstlich der Victoriafälle abgebaut werden.

Südlich des Limpopo wird der junge Küstenstreifen mit seinen Lagunen schmaler, das Hinterland steigt in den ausstreichenden Karrusedimentgesteinen treppenförmig an und wird von kurzen, reißenden Küstenflüssen zu einem Gebirgsland zerschnitten. Dahinter erhebt sich die Steilstufe der *Drakensberge* mit Höhen über 3000 m, an deren Ostabfall sich entlang der Grenze von Moçambique der 20700 km² große Krüger-Nationalpark erstreckt. Die verschiedenen Anbaugürtel entsprechen den Höhenstufen. Im sehr warmen Küstentiefland gedeihen noch Banane, Ananas und Zuckerrohr. Darüber werden Tee, Baumwolle, Tabak und Orangen angebaut. In den großen Höhen herrschen europäische Getreidearten und Obstsorten vor. Die aus Ostaustralien eingeführte Gerberakazie, deren Rinde einen Gerbstoff liefert, während die Stämme als Grubenholz geeignet sind, bildet ausgedehnte Forste. Natal, das einen beträchtlichen Teil der großen südostafrikanischen Randstufe einnimmt, wird häufig als Garten Südafrikas bezeichnet. Sein Haupthafen und wichtigster Industrieort *Durban* liegt an einer geschützten Bucht. Eine elektrisch betriebene Gebirgsbahn führt über die Provinzhauptstadt *Pietermaritzburg* und die Kohlendistrikte bis in die großen Ackerbaugebiete des Hochlandes, in den Goldminendistrikt von Johannesburg und die Verwaltungshauptstadt der Republik Südafrika, *Pretoria*.

Westlich der Drakensberge, die sich hauptsächlich aus der stark zerschnittenen Basaltdecke der Karruformation aufbauen, erstreckt sich das Hochfeld. Es ist ein über 1200 m liegendes, teils flachwelliges, teils stärker in Tafelberge aufgelöstes Höhengrasland. Trotz der schwankenden Niederschlagsmengen gehört es zu den wichtigsten landwirtschaftlichen Gebieten Südafrikas; es liefert Fleisch, Molkereierzeugnisse und Mais. Für den Obstbau kommen wegen der Fröste im Winter nur europäische Arten in Frage. Im Westen dacht sich das Hochland zur niederschlagsärmeren Ostkalahari, im Norden zur Limposenke ab, die bereits der von den Buren Buschfeld genannten Dornsavanne angehören. Von außerordentlicher Bedeutung im Hochfeld sind die ausgedehnten Goldvorkommen. Transvaal ist der größte Goldlieferant unter den kapitalistischen Staaten. Das Gold liegt fein verteilt in den Konglomeraten des *Witwatersrandes*, der Wasserscheide zwischen Vaal und Limpopo. Wichtig sind weiterhin die großen Steinkohlefelder der Karruformation, die sich zu beiden Seiten des oberen Vaal bis nach Natal hinziehen. Sie bilden die Grundlage der Hüttenindustrie, die sich besonders um die Stadt *Vereenigung* konzentriert hat. Das kaum 80 Jahre alte *Johannesburg* ist Industrie- und Handelszentrum und wichtigster Verkehrsknotenpunkt im Hochland. Bei Kimberley im Gebiet des unteren Vaalflusses kommt der Diamant als Einsprengling in Schloten (Pipes) von 200 bis 300 m Durchmesser vor, die aus einem dunkelblauen vulkanischen Gestein, dem Kimberlit, bestehen.

Das **südliche Kapland** unterscheidet sich vom südlichen Südafrika durch seinen Bau und sein Winterregenklima und seine Hartlaubvegetation. Die Gesteine der Kapfaltung streichen westöstlich. Die widerständigen Quarzite sind zu langen Gebirgskämmen – *Schwarze Berge* (2325 m), *Lange Berge* (2080 m) – herausgewittert, die weicheren Schiefer zu langen Talungen abgetragen, die sich wiederum in zahlreiche Einzelbecken aufgliedern. Dieses System folgt

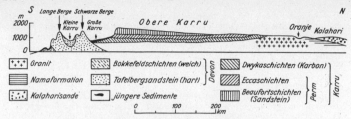

Nord-Süd-Profil durch Südafrika auf etwa 21° ö. L. (aus Klute)

dem Bogen des südafrikanischen Hochlandes und seiner Randstufe und streicht am Indischen Ozean aus. Dabei bildet es zahlreiche Kaps und Buchten, z. B. den Sporn, auf dem die Hafenstadt *Port Elizabeth* liegt und der die Algoabai von der St. Francisbai im Süden trennt. Die Flüsse durchschneiden die Gebirgsrippen in engen Pforten. Im äußersten Südwesten des Rippen-Talungen-Systems befindet sich die Kapebene mit dem Sandsteinblock des *Tafelberges*, an dessen Fuß im Bogen der Tafelbucht *Kapstadt* liegt. 1652 als Versorgungsstützpunkt der holländischen Ostindien-Schiffahrt gegründet, hat es sich zur bedeutendsten Hafenstadt Südafrikas entwickelt. Es ist Ausgangspunkt der Bahn, die über *Kimberley* und durch Simbabwe bis nach Kindu in Zaïre führt. Luv- und Leeseite der Gebirge weisen große Unterschiede auf. Am günstigsten ist der Westen mit der Kapebene gestellt, eines der wichtigsten Weizen-, Wein- und Obstbaugebiete Südafrikas. Bereits hinter der nordostwärts folgenden ersten Gebirgsrippe unterstützen Bewässerungsanlagen den Wein- und Obstanbau, und in der Kleinen Karru zwischen den Rippen der Langen und der Schwarzen Berge sind Kulturen ohne Bewässerung nicht mehr möglich. Die Große Karru zwischen dem Gebirgssystem und dem afrikanischen Hochland und die Obere Karru des Hochlandes gehören schon der Halbwüste an und dienen mit ihren wasserspeichernden Stauden der Schaf- und Ziegenzucht. Besonders reichliche Niederschläge erhält hingegen der südliche, dicht bewaldete Küstenabschnitt des Kaplandes, an dem sich zu den Winterregen der Westwindzone die Passatregen gesellen.

Auf der Randschwelle der **Westseite Südafrikas**, im Süden schon am mittleren Oranje, beginnt die Halbwüste mit kaum noch kniehohen Dornsträuchern, schütterem Gras und Zwiebelgewächsen, die nur bei Regenfall ergrünen. Die im Mittel 1 200 bis 1 500 m hohe und bis 300 km breite Randschwelle bildet ein hügeliges oder ein in Tafelberge aufgelöstes Hochland und fällt steil gegen das 50 bis 100 km breite Küstenland ab. Die tief in die Randstufe eingeschnittenen Trockenbetten der Küstenflüsse bilden die Verbindungswege zwischen Küste und Hochland, zumal da sie Grundwasser bergen. Die Siedlungen des Hochlandes halten sich an die Plätze mit ausreichendem Grundwasser oder mit Quellen. Dies gilt auch für *Windhoek*, die Hauptstadt Namibias, die sich in einem geräumigen Talkessel ausbreitet. Die Vollwüste des Küstengebietes, die *Namib*, ist auf weite Strecken völlig vegetationslos. Im Süden hat der Wind lange Deflationswannen aus dem Gestein herausgeblasen; im mittleren Abschnitt, wo die bei Regenfall abkommenden Abdachungsflüsse ihr Lockermaterial ins Vorland schütten, herrscht Sandwüste mit Wanderdünen. Der nördliche Abschnitt ist überwiegend Stein- und Kieswüste. Vor der teils felsigen, teils sandigen Küste liegen die Guanoinseln. Die phosphor- und stickstoffreichen Exkremente von Seevögeln werden dort als wertvoller Dünger abgebaut. Zur Erhöhung der Guanogewinnung wurden sogar künstliche Pfahlrostinseln im seichten Küstenbereich errichtet. Die Küste besitzt nur wenige vor der starken Brandung geschützte Buchten, die als Häfen geeignet sind. Im Süden hat sich nach den Diamantenfunden in der Namib die Siedlung *Lüderitz* rasch entwickelt, im mittleren Abschnitt liegen *Walvis Bay* und *Swakopmund*. Die Orte sind durch Bahnen mit den Siedlungen des Hochlandes verbunden.

Trotz der dürftigen natürlichen Ausstattung der Trockengebiete der westlichen Randschwelle können die Dornsavanne und die Halbwüste, sofern genügend Grundwasser zur Tränke verfügbar ist, große Viehherden ernähren; auf den weit verstreut liegenden Farmen werden vor allem Schafe und Ziegen gehalten. Insbesondere die Karakulzucht ist von großer Bedeutung. Stellenweise treibt man auf bewässertem Boden Ackerbau.

Auch der Bergbau hat seinen Stempel örtlich dem Landschaftsbild aufgedrückt. Im nördlichen Namibia werden bei *Otawi* Kupfererze gefördert. Beiderseits des unteren Oranje gibt es Diamanten, die hier auf sekundärer Lagerstätte, in Talsedimenten, liegen.

Madagaskar

Die gesamte Insel Madagaskar wird von der Republik Madagaskar eingenommen. Mit 595 790 km² Fläche ist Madagaskar die einzige bedeutendere Insel Afrikas überhaupt. Zusammen mit dem afrikanischen Kontinent, mit Arabien, Vorderindien, Australien und anderen Teilen bildet Madagaskar ein Reststück des alten Gondwanakontinents. Die 8 Mio Einw. der Insel sind Nachkommen der negriden Urbevölkerung und der im 2. bis 12. Jahrhundert eingewanderten Indonesier. Sie gebrauchen eine Sprache, die der malaiisch-polynesischen Gruppe angehört.

Madagaskar ist in klimatischer Hinsicht mit seiner steilen, dauernd dem Südostpassat ausgesetzten, niederschlagsreichen Ostseite und der flacheren, im Lee liegenden niederschlagsärmeren westlichen Abdachung dem südöstlichen Hochafrika ähnlich. In bezug auf den inneren Bau bestehen jedoch wesentliche Unterschiede. Der kristalline Unterbau, der den östlichen Hauptteil der Insel ausmacht, ist an nordöstlich verlaufenden Brüchen stark herausgehoben. Er bildet eine Gneishochfläche, die sich westwärts von 1 500 auf 1 000 m abdacht und von höheren langen Granitrücken sowie über 2 500 m hohen jungen Vulkanmassiven überragt wird. Im Osten fällt dieses Hochland in markanten Staffelbrüchen zum tiefen Maskarenenbecken ab. Zahlreiche kurze, wasserreiche Flüsse haben sich tief in diese Steilseite eingeschnitten und auf dem schmalen Schelf ein Saumland aufgeschüttet, dessen Material von der südwärts ziehenden Südäquatorialströmung z. T. in eine geschlossene Folge von Nehrungen mit dahinter liegenden Lagunen umgelagert wurde. Diese Lagunen sind von der wichtigsten Hafenstadt *Tamatave* an auf mehrere hundert Kilometer hin durch einen schiffbaren Kanal verbunden. Im Westen setzt das Hochland ebenfalls mit einer Stufe gegen ein langes Ausräumungsgebiet in weicheren Gesteinen aus dem Perm und der Trias ab. Dann folgt ein im Laufe der geologischen Entwicklung mehrfach überfluteter Bereich, in dem von innen nach außen Jurakalke, Kreidesandsteine und tertiäre Kalke Schichtstufen bilden. Ein breiter Alluvialstreifen streicht in die Straße von Moçambique aus. Die verhältnismäßig langen Flüsse mit periodisch schwankender Wasserführung, z. B. *Onilahy* und *Mangoky*, haben sich in die Westabdachung, besonders am Rand des Hochlandes gegen das Ausräumungsgebiet, ebenfalls eingetieft. An der sich senkenden nordwestlichen Küste bilden ihre Mündungen Ästuare.

Die steile, feuchte Ostseite der Insel trägt dichten, immergrünen Feuchtwald. Im kühleren Hochland wie auf der gesamten Westabdachung kommt der Wechsel zwischen humider und arider Jahreszeit deutlich zur Geltung, da hier Stauerscheinungen fehlen. Die Niederschlagsmengen nehmen nach Westen zu ab. Es folgen deshalb auf der Westseite die verschiedenen Savannentypen aufeinander. Grasland mit Galeriewäldern bedeckt vorwiegend die Hochfläche. Trockenwald und Grasland mit einzelnen Bäumen überziehen große Teile des Stufenlandes, dessen Wasserhaushalt außerdem durch den sandigen und kalkigen Boden beeinträchtigt wird. Dornsavanne tritt besonders im trockenen Südwesten auf. Mangrovedickichte ziehen sich vor allem an dem nordwestlichen, stärker gegliederten Küstenabschnitt hin.

Von den Bodenschätzen der Insel – Kohle, Edel- und Buntmetalle, Beryll – werden bisher nur wenige ausgebeutet. Graphit und Glimmer werden exportiert.

Sehr eigenartig ist die Pflanzen- und Tierwelt Madagaskars, die eine Mittelstellung zwischen der Afrikas und Asiens einnimmt und zahlreiche endemische Arten aufweist. So kommen z. B. die Lemuren (Halbaffen) und die merkwürdigen Nasenratten nur hier vor. Hauptstadt der Inselrepublik ist das im Hochland gelegene *Antananarivo*.

Physisch-geographische Angaben

Das Atlasgebiet

Flüsse	Länge (km)	Berge	Höhe (m)	Gebirge
Scheliff (Algerien)	650	Dschebel Tubkal	4165	Hoher Atlas
Muluja (Marokko)	500	Dschebel Sirwa	3304	Anti-Atlas
Um er Rbia (Marokko)	400	Dschebel Gaberraal	3290	Mittlerer Atlas
Medjerda (Tunesien)	365	Dschebel Tiziren	2451	Rif-Atlas
Wadi Draa (Marokko)	1200	Dschebel Schelija	2328	Sahara-Atlas
		Lalla-Kredidsha	2308	Küsten-Atlas

Der Sudan

Flüsse	Länge (km)	Seen	Fläche (km²)	Berge	Höhe (m)	Gebiet
Nil	6671	Tschadsee	etwa 16000	Dschebel Marra	3071	Darfur
Niger	4160			Zaranda	2010	Hochland von Bautschi
Senegal	1430			Loma	2100	Liberianisches
Schari	1400			Nimba	1854	Schiefergebirge
Benuë	1200			Dalaba	1515	Futa Dschalon

Das Kongogebiet

Flüsse	Länge (km)	Seen	Fläche (km²)
Kongo/Luapula	4650	Merusee	5230
Ubangi/Uëlle	2350		
Kassai	1950		

Das östliche Hochafrika

Flüsse	Länge (km)	Berge	Höhe (m)	Gebiet
Djuba (Juba)	1650	Kilimandscharo	5895	Nordtansania
Rowuma	1100	Kenia	5199	Kenia
Rufidschi	800	Pic Marguerite	5120	Ruwenzorimassiv
		Ras Dedshen	4580	Äthiopien
		Meru	4566	Nordtansania
		Karrisimbi	4510	Virunga-Gruppe
		Mt. Elgon	4321	nördlich des Victoriasees
		Nyiragongo	3469	nördlich des Kiwusees
		Rungwe	3180	Nordende des Njassasees
		Mlanje	3016	Malawi
		Namuli	2500	Moçambique

Seen	Fläche (km²)
Victoriasee	68000
Tanganjikasee	31900
Njassasee	30800
Rudolfsee	8000
Mobuto-Sese-Seko-See (Albertsee)	5300
Tanasee	3100
Kiwusee	3700

Das südliche Hochafrika

Flüsse	Länge (km)	Berge	Höhe (m)	Gebiet
Sambesi	2660	Cathkin Peak	3657	Drakensberge
Oranje	1860	Giants Castle	3350	Drakensberge
Kubango	1800	Mont-aux-Sources	3300	Drakensberge
Limpopo	1600	Brandberg	2610	Namibia
Kunene	830	Compassberg	2600	Sneeuwbergen
		Omatako	2290	Namibia
		Tafelberg (bei Kapstadt)	1092	

Seen	Fläche (km²)
Bangweolosee	4550

AUSTRALIEN UND NEUSEELAND

Politisch-ökonomische Übersicht

Name des Staates, Fläche, Bevölkerung, Gliederung, Hauptstadt	Größte Städte (1 000 Einw.)		Wirtschaft (Bergbau, Industrie, Land- und Forstwirtschaft, Fischfang)
Australien (Australia) 7 686 900 km² 13,9 Millionen (1978) 6 Staaten, 2 Territorien Canberra	Sydney Melbourne Brisbane Adelaide Perth Newcastle Wollongong Canberra	(1975) 2 923 2 661 959 899 787 363 211 211	Stein- und Braunkohle, Erdöl, Gold, Kupfer-, Eisen-, Blei-, Wolfram-, Zinkerze; Metall-, Maschinen-, Fahrzeug-, chemische, Leicht- und Nahrungsmittelindustrie; Getreide, Kartoffeln, Zuckerrohr; Wein, Obst; Rinder, Schafe, Ziegen
Fidschi (Fiji) 18 272 km² 580 000 (1978) 14 Yasana Suva	Suva	(1975) 96	Gold; Leicht- und Nahrungsmittelindustrie; Zuckerrohr, Kopra, Kokosöl, Bananen, Ingwer, Reis, Kakao, Mais, Tabak, Früchte; Fremdenverkehr
Kiribati (Republik Kiribati) 684 km² 60 000 (1978) Bairiki	Bairiki		Kokosnüsse, Brotfrucht, Fischfang
Nauru (Republic of Nauru, Republik Nauru) 21 km² 8 000 (1978) 14 Distrikte			Phosphat; Kokospalmen, Ananas; Fischerei
Neuseeland (New Zealand) 268 676 km² 3,2 Millionen (1978) 107 Counties Wellington	Auckland Wellington Christchurch Hamilton Dunedin	(1976) 797 350 326 155 120	Kohle, Erdöl, Erdgas, Gold; Eisen- und Stahl-, Holz- und Papier-, Leichtindustrie; Getreide, Kartoffeln, Obst; Rinder, Schafe, Schweine
Papua-Neuguinea (Papua New Guinea) 475 368 km² 3 Millionen (1978) 15 Distrikte Port Moresby	Port Moresby	(1973) 66	Gold, Silber, Kupfer, Erdgas; Kokosnüsse, Kakao, Kaffee, Kautschuk, Tee, Reis, Süßkartoffeln; Rinder
Salomonen (Solomon Islands) 29 785 km² 190 000 (1978) Honiara	Honiara	15	Kopra, Kakao, Reis, Holz; Fischfang
Tonga (Kingdom of Tonga, Königreich Tonga) 700 km² 90 000 (1978) Nuku'alofa	Nuku'alofa	7	Kopra, Bananen; Rinder, Pferde, Geflügel
Tuvalu 24 km² 6 000 (1978) Funafuti	Funafuti		Kokosnüsse, Fischfang
Westsamoa (Samoa i Sisifo, Unabhängiger Staat Westsamoa) 2 842 km² 150 000 (1978) Apia	Apia	25	Kopra, Bananen, Kakao

Abhängige Gebiete:

Amerikanisch-Samoa, 197 km², 32 000 Einw.
Baker, Howland und Jarvis (US-am.)
Canton und Enderbury (brit., US-am.)
Cookinseln (neuseel.), 241 km², 25 000 Einw.
Französisch-Polynesien, 4000 km², 130 000 Einw.
Guam (US-am.), 540 km², 110 000 Einw.
Johnstoninseln und Sandinsel (US-am.), 1 km², 1 000 Einw.
Macquarie (austral.), 5 km²
Marianen (US-am.)
Midway (US-am.), 2 000 Einw.
Neue Hebriden (brit., franz.), 14 763 km², 100 000 Einw.
Neukaledonien (franz.), 19 103 km², 135 000 Einw.
Niuë (neuseel.), 4 000 Einw.
Norfolk (austral.), 2 000 Einw.
Palmyra (US-am.)
Pazifische Inseln (UNO-Treuhandgebiet, von USA verwaltet), 1 813 km², 120 000 Einw.
Pitcairninseln (brit.), 48 km², 1 000 Einw.
Tokelauinseln (neuseel.), 10 km², 2 000 Einw.
Wake (US-am.), 8 km², 1 000 Einw.
Wallis und Futuna (franz.), 252 km², 9 000 Einw.

Fläche und Lage. Australien ist mit 7,7 Mio km² Fläche noch um ein Fünftel kleiner als Europa und damit der kleinste aller Erdteile. Es liegt als einziger besiedelter Erdteil ganz auf der südlichen Halbkugel. Seine Breitenlage entspricht der Lage der Wüste Sahara auf der Nordhalbkugel. Zusammen mit Indonesien trennt Australien bis etwa 44° s. Br. den Indischen vom Stillen Ozean. Die Entfernung von den übrigen Erdteilen ist sehr groß, sie beträgt bis Afrika und ebenso bis Südamerika etwa 10000 km. Nur im tropischen Norden bilden die Inseln des Malaiischen Archipels, Neuguinea und die Philippinen eine Brücke nach Hinterindien und Ostasien. Diese Abgeschiedenheit führte dazu, daß Australien noch lange nach der Zeit der Weltumseglungen unbekannt blieb. Um 1642 erkannte der Holländer Tasman, daß es sich hier um einen selbständigen Kontinent handelte. Die ungünstige Weltlage aber, die Eintönigkeit und Hafenarmut seiner Küsten führten dazu, daß seine Besiedlung durch Europäer erst gegen Ende des 18. Jahrunderts erfolgte, nachdem James Cook 1770 bei einer Fahrt entlang der bisher unbekannten Ostküste deren Pflanzenreichtum beobachtet und über ihn berichtet hatte.

Geologischer Aufbau. Der gesamte Westen des Landes besteht überwiegend aus präkambrischen Gneisen und Graniten, die im Nordwesten und Norden von paläozoischen Ablagerungen überdeckt sind. Im Osten schließen sich dann jüngere Sedimente des Mesozoikums und des Tertiärs an. Die große Ähnlichkeit, die Australien im geologischen Aufbau mit Südafrika und Vorderindien hat, ließ vermuten, daß alle Gebiete einst zusammenhingen und eine einheitliche Festlandmasse bildeten, der man den Namen Gondwanaland gegeben hat. Gegen Ausgang des Silurs wurde während der kaledonischen Gebirgsbildung das Gebiet des Arnhemlandes bis an den Eyresee, später dann im Zuge der variszischen Gebirgsbildung vor allem der heutige Ostrand Australiens gefaltet. Die Landverbindung mit Afrika und Indien zerriß gegen Ausgang der Trias und Beginn der Jurazeit. Ganz Westaustralien blieb von nun an von orogenetischen Veränderungen unberührt. Ausgedehnte Rumpfflächen herrschen heute im Gebiet des Westaustralischen Schildes vor und reichen weit ins Innere. In der Mitte des Erdteiles bildete sich zwischen dem Westaustralischen Schild und dem neu aufgefalteten Gebirge im Osten eine breite Tiefenzone aus, die mehrfach vom Meer überflutet wurde. Die Sedimente der Trias und des Jura sind heute die Träger der großen Grundwasserbecken. Während der Pluvialzeiten des Pleistozäns sammelten sich in diesen Sedimenten riesige Wassermengen an, die zusammen mit dem alljährlich zufließenden Sickerwasser die über 4 000 artesischen Brunnen speisen, die durch kostspielige, oft mehr als 1 500 m hinabreichende Bohrungen angelegt worden sind. Sie dienen der künstlichen Bewässerung und als Tränke für das Vieh. Insgesamt besitzt Australien neun große artesische Becken, von denen das bedeutendste – das Große Artesische Becken – sich über fast ganz Queensland erstreckt.

Im Tertiär wirkten wiederum endogene Kräfte auf Ostaustralien. Sie zerbrachen das fast völlig eingeebnete Land in Schollen, wobei einige, wie der Sockel des Barriereriffs, ins Meer versanken, andere, z. B. die Ostaustralischen Kordilleren, gehoben oder schräggestellt wurden. In den Spalten traten jungvulkanische Massen an die Oberfläche und überdeckten die alten Schollen. Die Ränder Australiens sind, ebenso wie die Afrikas, aufgewulstet. Nur im Norden am Carpentariagolf, am 80-Meilen-Strand und an der Großen Australischen Bucht im Süden ist die Bergumrahmung unterbrochen.

Oberflächengestaltung. Australiens Oberfläche hat die Gestalt einer flachen Schüssel. Die höchsten Erhebungen liegen in dem im Tertiär aufgebogenen Südosten des Landes, wo in den Australischen Alpen der Mount Kościusko bis zu 2234 m ansteigt; der tiefste Punkt befindet sich im Inneren, in der 12 m unter dem Meeresspiegel liegenden Depression des Eyresees. Die Reliefunterschiede sind mit Ausnahme der Ostaustralischen Kordilleren gering. Nur ganz allmählich senkt sich die Westaustralische Schild nach dem Tiefland des Inneren; kaum merklich, den nach Westen einfallenden Schichten folgend, steigen die Downs, die im Westen der Kordilleren liegenden Hügelländer, zur östlichen Gebirgsumwallung hin auf.

Im Vergleich mit den anderen Erdteilen, insbesondere Europa, sind Australiens Küsten wenig gegliedert und im allgemeinen verkehrsfeindlich. Nur bei Afrika und Südamerika ist das Verhältnis von Inseln und Halbinseln zur Gesamtfläche des Kontinents noch ungünstiger. Die einzige größere Insel ist das reich gegliederte Tasmanien. Lediglich zwei größere Buchten dringen tiefer in das Innere der australischen Landmasse ein: im Norden der Carpentariagolf und im Süden die Große Australische Bucht. Die mit Mangroven bewachsene Küste des Carpentariagolfes ist jedoch flach und versumpft; steil steigt die öde Karsthochfläche der Nullarborebene (Nullarbor Plain) aus dem schmalen Küstenvorland der Großen Australischen Bucht auf. Im Osten erschweren die meist parallel zur Küste verlaufenden Ketten der Ostaustralischen Kordilleren den Zugang zum Hinterland. Fast 2000 km weit begleiten die Koralleninseln und -bänke des Großen Wall- oder Barriereriffes die Ostküste von Rockhampton im Süden bis zum Kap York im Norden und bilden ein gefährliches Hindernis für die Schiffahrt. Von großer landschaftlicher Schönheit ist

Überblick

allerdings der schmale Saum der Hebungsküste des Arnhemlandes im Norden und der wilden, felsigen Riasküste des Kimberley-Distrikts, die in ihren Buchten günstige Hafenplätze (Yampi Sund, King Sund, Derby) für die seit 1969 ungewöhnlich stark angewachsene Ausfuhr der Eisenerze aufweist. Dagegen tritt im 80-Meilen-Strand (Eighty Mile Beach), dem Gebiet zwischen Broome und Port Hedland, die öde Wüstenlandschaft des Innern bis an den flachen Strand heran.

Fast die ganze Westküste Australiens ist vegetationsarm und siedlungsfeindlich. Über tertiären Kalkdünen, die wie spitze Grate emporragen, lagern die losen Sande rezenter Dünen. Die Flüsse sind kurz und führen während des ganzen langen Sommers überhaupt kein Wasser, so daß sie für die Schiffahrt oder als Weg ins Hinterland kaum benutzt werden können. Nur der äußerste Südwesten ist günstiger gestellt, da hier reichlichere Niederschläge fallen und eine geschlossene Vegetationsdecke vorhanden ist.

Klima. Infolge seiner Lage beiderseits des südlichen Wendekreises liegt Australien im Bereich des tropischen und subtropischen Klimas. Der tropische Norden des Arnhemlandes, die Küsten des Carpentariagolfes und die Halbinsel Kap York sind mit den Landschaften des tropischen Sudans zu vergleichen. Die Jahreszeiten liegen den unseren gerade entgegengesetzt. In Australien herrscht Sommer in den Monaten Dezember bis März, Winter von Juni bis September. Die wenig gegliederte Küstenform und der aufgewulstete Rand verhindern, daß kühle und feuchte Luftmassen in das Innere dringen; infolgedessen hat Australien ausgesprochenes Kontinentalklima mit großer Trockenheit. Es ist daher im Durchschnitt wärmer, als man nach seiner Breitenlage erwarten könnte. Fast zwei Drittel des Gebietes haben Jahresmittel von über 20 °C. Besonders das Innere zeichnet sich durch große Hitze aus. In Marble Bar im Hinterland von Hedland erreicht die Temperatur an 160 Tagen des Jahres mehr als 38 °C. Auch während des Südwinters liegen hier die Tagestemperaturen noch über 20 °C. Die täglichen Schwankungen sind aber schon sehr groß. Während der Nacht wird es oft bis zu 20 Grad kälter als am Tage. Die küstennahen Gebiete sind kühler als das Landinnere, der Süden ist kühler als der Norden. Die Temperaturschwankungen innerhalb eines Jahres, aber auch innerhalb des Tagesganges sind im Norden und an den Küsten geringer als im Süden und im Inneren.

Im Südosten und Südwesten sinken die Temperaturen während der Wintermonate unter 10 °C ab. Westwinde bringen hier feuchte Luft, das Wetter ist dann naßkalt und unfreundlich. Sonst liegt der größte Teil Australiens im Einflußbereich des Südostpassats. Im Verlauf eines Jahres verschiebt sich aber die Grenze zwischen dem Bereich der Westwinde und dem des Südostpassats; im Südsommer liegt sie weiter südlich, im Südwinter wandert sie nach Norden. Unter dem Einfluß der aufsteigenden, stark erwärmten Luftmassen bildet sich im Norden Australiens im Südsommer ein Tiefdruckgebiet aus, dem vom Meere her kühlere, feuchte Luftmassen als Monsune zuströmen. Bisweilen wird dann der Norden des Landes von heftigen, meist aus der Timorsee kommenden Zyklonen heimgesucht, deren Wirbelstürme mit ihren außerordentlich hohen Windgeschwindigkeiten (bis 232 km/h) auch den modernen Siedlungen zum Verhängnis werden können (Zerstörung von Port Darwin, 36 000 Einw., im Jahre 1974). Im Südwinter liegt nördlich der Großen Australischen Bucht ein Maximum, der Wintermonsun weht aus dem Lande zum Meer.

Die Seewinde regnen sich bereits an der Luvseite der Randgebirge ab. Nach dem Innern des Landes zu werden die jährlichen Niederschlagsmengen immer geringer und betragen im „toten Herzen Australiens" nur noch weniger als 100 mm. Die größten Niederschlagsmengen von mehr als 1 000 mm im Jahr erhalten Tasmanien mit seinem extremen Seeklima, der Osten von Queensland unter dem Einfluß des Südostpassats, der Norden des Arnhemlandes durch den Sommermonsun und ein eng begrenztes, im Bereich der vorherrschenden Westwinde gelegenes Gebiet an der Südwest- und Südostküste, in dem überwiegend Winterregen fallen.

Wichtiger als die jährliche Niederschlagsmenge sind ihre Verteilung über das Jahr und die Regenverläßlichkeit. Im tropischen Norden fallen in den Monaten Januar bis April nach dem Zenitstand der Sonne heftige Sturzregen (Port Hedland 737 mm in 24 h). Die schweren Tonböden lassen die Feuchtigkeit nur schwer in den Boden eindringen, die Flüsse vermögen die Wassermengen nicht zu fassen; es kommt zu großen Überschwemmungen und Schichtfluten, die Siedlungen und Verkehrsverbindungen großen Schaden zufügen. Das zwingt den Staat zur Überwachung der Niederschlags-, Verdunstungs- und Abspülungsverhältnisse und zur Anlage von Stauseen und Speicherdämmen (Old-River-Versuchsstation in West-Australien), um Schutz vor Überschwemmung und Abspülung zu gewährleisten und zugleich Wasser für die Bewässerungsanlagen während der Trockenzeit bereitzustellen. In der langen Trockenzeit von Mai bis November schrumpfen die Flüsse zu vereinzelten Wasserlöchern zusammen oder trocknen ganz aus. Im gesamten Inneren herrscht ausgesprochenes Wüstenklima. Die Niederschläge sind äußerst gering, infolge der großen Hitze ist aber die Verdunstung sehr hoch. Die

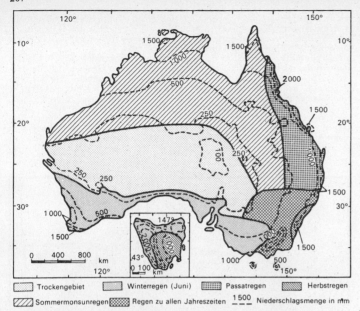

Menge und jahreszeitliche Verteilung der Niederschläge in Australien einschließlich der Insel Tasmanien (nach Pfeffer)

Regenverläßlichkeit beträgt hier außerdem nur 50%, d. h., man kann bestenfalls nur in jedem zweiten Jahr damit rechnen, daß die Niederschläge die ohnehin geringe Jahresdurchschnittsmenge erreichen. Diese Dürrezeiten führen dazu, daß in den Schaf- und Rinderzuchtgebieten Millionen von Tieren verhungern und verdursten, weil die Pflanzenwelt verdorrt, die Wasserstellen versiegen. Durch den Bau groß angelegter Auffangbecken will man auch die nur episodisch auftretenden Wassermengen der Bewässerung dienstbar machen, allerdings geht dabei wiederum viel durch Verdunstung verloren. Aber auch die durch das Klima mehr begünstigten Weizenanbaugebiete des Südens haben mit Mißernten zu rechnen. Im Swanland, dem äußersten Südwesten des Kontinents, ferner in Südaustralien, Victoria und Tasmanien fällt die Regenzeit in den Winter. Bisweilen erfolgen Kälteeinbrüche von der Antarktis her; diese Southerly Bursters lassen die Temperaturen unter den Gefrierpunkt absinken und bringen bis in den Süden von Queensland hinein Schneefälle. Im Sommer dringen dagegen Glutstürme aus dem überhitzten Inneren nach der Küste vor, versengen die geringe Vegetation oder begünstigen verheerende Buschbrände.

Hydrographische Verhältnisse. Australien ist entsprechend seinen geringen Niederschlagsmengen arm an Gewässern. Die Erbohrung artesischer Brunnen, die Anlage von großen Staubecken und Bewässerungskanälen gehören daher zu den wichtigsten Aufgaben bei der wirtschaftlichen Erschließung des Landes. Im Süden, in der parallel zur Großen Australischen Bucht verlaufenden, aus tertiären Kalken aufgebauten Nullarborebene, fließt infolge der Verkarstung auf einer 1600 km langen Küstenlinie oberflächig kein noch so bescheidener Bach. Auch im Inneren trifft man auf einer Strecke von fast 2500 km – vom äußersten Südwesten bis nahe an den Carpentariagolf – keinen einzigen Fluß an. Stärkere Niederschläge erhalten nur die höher aufragenden Ränder des Kontinents. Die zur Küste entwässernden Flüsse der Ostaustralischen Kordilleren – Brisbane River, Clarence River, Goulpurn River u. a. – sind kurz, haben starkes Gefälle und weisen tief eingeschnittene Kerb- oder cañonartige Täler auf. Sie führen im Gegensatz zu den nur periodischen oder episodischen Flüssen, den Creeks der Westküste, des Carpentariagolfes und der Eyresenke, dauernd Wasser.

Im Südosten Australiens befindet sich das Stromsystem des Murray, der zusammen mit seinem bedeutendsten Nebenfluß, dem Darling, vor allem die Westabdachung der südlichen Kordilleren entwässert und dessen Einzugsgebiet sich über große Teile von Victoria, Neusüdwales und den Süden von Queensland erstreckt. Der *Murray* ist 2570 km lang und hat im Unterschied zum *Darling* (2450 km) eine gleichmäßige Wasserführung. Er ist das ganze Jahr bis Albury für kleine Fahrzeuge schiffbar, jedoch ist sein stark versandetes Mündungsgebiet durch eine Nehrung vom Meere abgesperrt und weist keine größere Siedlung auf. Sein Wasser wird zur Speisung zahlreicher Bewässerungssysteme benutzt. Die zahlreichen Seen füllen sich nur nach den Regengüssen mit Frischwasser; es sind Salzpfannen, die so selten Wasser haben, daß selbst die Eisenbahn ohne Brücken über sie hinwegführt.

Pflanzenwelt. Während in den immerfeuchten tropischen Küstengebieten von Nordaustralien und im stark beregneten Gebiet der Ostküste die Pflanzenwelt aus üppigen Wäldern mit Mangroven, Kokospalmen, Bambus und Pandanus (Schraubenpalme), im Südwesten und Südosten aus Eukalyptus- und Akazienwäldern besteht, passen sich nach dem Landinnern zu die Pflanzen der zunehmenden Trockenheit und dem Salzgehalt des Bodens an. Es treten Hartgräser und Salzbüsche auf, die auch eine längere Dürreperiode überstehen. Am meisten verbreitet ist in Australien der Eukalyptusbaum; er kommt in mehr als 500 Arten vor und bildet an den Küsten zusammen mit Akazien, Baumfarnen und den Grasbäumen (black boys oder Yacca) bis zu 100 m hohe Wälder.

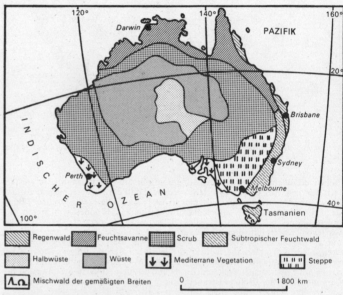

Die Vegetationszonen Australiens

Nach dem Landinnern zu verringert sich seine Wuchshöhe mit den abnehmenden Niederschlägen (750 bis 500 mm) sehr rasch. Die Wälder werden lichter, und die mit knorrigen Akazien und Flaschenbäumen durchsetzte Baumsavanne geht allmählich in die Dornsavanne über. Zwischen den vereinzelt stehenden Stämmen finden wir Baumschachtelhalme und hohe Hartgräser. Auch in den Gebieten mit weniger als 500 mm Niederschlägen treten noch Eukalyptusarten auf, sie überziehen als Scrub, als dorniges, schwer durchdringliches Gestrüpp, den Boden. Der Eukalyptusscrub wird als Malleescrub, der Akazienscrub als Mulgascrub bezeichnet. Die dürren Blätter dieses Gestrüpps bilden in Trockenperioden die einzige Nahrung für das Vieh. Der Scrub erschwert den Verkehr außerordentlich. Mit seinem olivenfarbenen, schmutzigen Grün wirkt er ermüdend und trostlos. Weite Teile des Inneren sind von graubraunen, trockenen Gräsern – insbesondere dem harten Spinifexgras – bewachsene Halbwüsten. Obwohl große Teile Australiens in klimatischer Beziehung ausgesprochenen Wüstencharakter und weniger als 250 mm Niederschläge im Jahr haben (Große Sandwüste, Gibsonwüste, Große Victoriawüste), so daß die mögliche Verdunstung die Niederschlagsmenge bei weitem übersteigt, finden wir hier doch selten eine ausgeprägte, vollkommen vegetationslose Wüstenlandschaft. Die Gräser, die für das weidende Vieh allerdings ungenießbar sind – es kann nur die Samen der Gräser fressen – stehen vereinzelt in Büschen, dazwischen leuchten die roten Dünensande. In den Seengebieten des Westens und der Mitte, um den Eyresee und in dem verkarsteten Küstengebiet der Großen Australischen Bucht gehört der Salzbusch zur typischen Vegetationsform. Er ist äußerst anspruchslos und bietet den Schafen auch in Dürrezeiten noch Nahrung. Selbst die, wie ihr Name aussagt, völlig baumlose Nullarborebene kann auf diese Weise noch weidewirtschaftlich genutzt werden. Die Vollwüsten nehmen einen wesentlich geringeren Teil als

die Halbwüsten ein. Es sind zumeist Stein- und Geröllwüsten wie die Gibberlandschaft Südaustraliens westlich vom Eyresee und die Goldfelder von Pilbara im Nordwesten, nur selten Sandwüsten wie östlich des 80-Meilen- Strandes.
Australien ist der waldärmste Erdteil. Da seit der Einwanderung der Europäer zudem noch starker Raubbau getrieben wird, ist heute nur noch 1% des gesamten Erdteiles mit Wald in unserem Sinne bestanden. Es handelt sich dabei besonders um die Gebiete mit Winterregen im Süden Australiens. Die Forstverwaltung bemüht sich, vor allem in Südaustralien noch umfangreiche Nadelholzforste anzulegen. Das im Lande selbst geschlagene Holz reicht zur Deckung des Bedarfs bei weitem nicht aus, so daß Holz aus Neuseeland, Neuguinea und anderen Ländern eingeführt werden muß. Die australischen Holzarten sind sehr hart und schwer zu bearbeiten, eignen sich aber – z. B. der Jarrabaum (Eucalyptus marginata) – besonders gut zum Schiffbau, für Eisenbahnschwellen und als Brückenholz, weil sie gegen Witterungseinflüsse sehr unempfindlich sind und auch von den Termiten nicht zerfressen werden.
Infolge der Regenarmut sind die natürlichen Anbaumöglichkeiten gering. Getreideanbau ist nur dort möglich, wo in fünf aufeinanderfolgenden Monaten die Regenmenge im Mittel die Verdunstung um wenigstens ein Drittel übersteigt. Nur für 24% der Fläche des gesamten Erdteils treffen diese Voraussetzungen zu. Drei Viertel des Landes liegen also jenseits der natürlichen Trockengrenze des Ackerbaus. Die wichtigsten Anbaugebiete befinden sich im tropischen Nordosten (Zuckerrohr) und in der Murray-Darling-Niederung (Weizen) sowie im Weizenland des Südwestens. Durch künstliche Bewässerung sind Teile der Savanne dem Gemüse-, Wein- und Obstbau erschlossen worden. Der größte Teil des Landes jedoch dient der Weidewirtschaft. Für die Rinderhaltung werden die feuchteren küstennahen Gebiete bevorzugt. Gute Verkehrs- und Transportmöglichkeiten begünstigen hier die Molkereiwirtschaft, während im Inneren mehr Fleisch und Häute produziert werden. Schafzucht finden wir überall im trockenen Inneren, soweit die Wasserstellen dicht genug beieinanderliegen. 1975 wurden in Australien etwa 152 Mio Schafe gezählt.
Völlig ungenutzt sind große Flächen im westlichen Inneren. Sie werden als Never-never (Niemandsland), Back-of-beyond (Hinter dem Jenseitigen) und Outback (Dahintendraußen) bezeichnet. Höchstens einige Goldgräber durchziehen hin und wieder diese Gebiete.
Tierwelt. Im trockenen Klima Australiens sind nur die Tiere lebensfähig, die in den häufig eintretenden Dürreperioden rasch andere Gebiete aufsuchen können, in denen für sie noch Nahrung vorhanden ist, ferner solche, die in der Lage sind, ein weites Areal nach Nahrung abzusuchen. Typisch sind daher Lauftiere, z. B. das Känguruh und der australische Strauß, der Emu. Infolge der großen räumlichen Trennung Australiens von anderen Erdteilen, die mindestens schon seit dem Mesozoikum besteht, entwickelte sich wie die Flora auch die Tierwelt gesondert. Es gibt hier noch über 100 Arten Beuteltiere. Kleinere Raubbeutler wie die vom Aussterben bedrohten tasmanischen Beutelteufel und Beutelwölfe, die Beutelratten und Opossums richten oft viel Schaden an; harmlos hingegen ist der teddyähnliche Beutelbär, der Koala. Noch altertümlicher als die Beuteltiere sind die Kloakentiere, der eierlegende, aber seine Jungen säugende Ameisenigel und das mit Schwimmhäuten und einem Entenschnabel ausgestattete Schnabeltier, das die Gestalt einer Robbe hat. Für die weidenden Schafherden war besonders der Dingo sehr gefährlich, der wahrscheinlich erst mit den Ureinwohnern Australiens eingewandert ist. Da er von den Farmern erbarmungslos verfolgt wird, ist er bereits recht selten geworden. Das von den Europäern eingeführte Kaninchen hat sich gut akklimatisiert und trotz aller Gegenmaßnahmen schon fast über den ganzen Erdteil verbreitet. Durch kostspielige Einzäunungen suchte man Felder und Gärten – meist vergebens – gegen die Kaninchen zu schützen. Durch eine unter diesen Tieren künstlich hervorgerufene Seuche, die Myxomatose, ist man der Kaninchenplage nur vorübergehend Herr geworden, da sich ein geringer Prozentsatz der Tiere als immun gegen die Seuche erwies und in neuerer Zeit wieder eine rasche Vermehrung der Kaninchen festzustellen ist. In der Vogelwelt sind besonders die bunten Kakadus für Australien typisch, die in den Küstenwäldern leben. Sehr zahlreich vertreten sind auch die Eidechsenarten – die riesigen Monitor-Eidechsen, die Goanas, werden 1,50 m lang – und die bis in die Vororte der Städte vordringenden Schlangen, von denen die meisten giftig sind. In den Flüssen des tropischen Nordens leben Krokodile. Fische gibt es infolge der spärlichen und unregelmäßigen Wasserführung der australischen Gewässer nur wenig.
Bevölkerung. Australien ist der einzige Kontinent, der nicht unter verschiedene Staaten aufgeteilt ist. Seine Bewohner (14 Mio) sind fast ausschließlich Weiße, davon sind 90% englischer und irischer, etwa 2% deutscher Abstammung. Die australischen Ureinwohner, deren Nachfahren heute als Aborigines bezeichnet werden, standen z. Z. der Entdeckung in ihrer Entwicklung auf dem Niveau der Steinzeitmenschen. Sie leben heute im Innern meist in Reservaten (Aborigines Reservat) und machen mit etwa 100000 Menschen nur 0,7% der Gesamtbevölkerung aus.

Die Bevölkerungsdichte ist außerordentlich gering, wobei noch zu berücksichtigen ist, daß allein in den sieben Großstädten mehr als die Hälfte (1973 fast 60%) der Gesamtbevölkerung lebt, ein Prozentsatz, der in keinem anderen Staat wieder erreicht wird.

Dem geologischen Bau und der Oberflächengestalt entsprechend gliedert sich Australien in drei Großlandschaften: **Westaustralischer Schild, Tiefland des Inneren** und **Bergländer des Ostens**. Diese drei Großlandschaften werden durch das Klima – insbesondere die Niederschlagsverhältnisse – und die Vegetation noch stark modifiziert:

Küstensaum des Westens
Trockengebiet des Inneren
Savannengebiet des Nordens
Innere Ebenen und Downs von Queensland und Neusüdwales
Ostaustralische Kordilleren und ihr Küstengebiet
Südostküste
Tasmanien

Der Küstensaum des Westens

Ein schmaler Küstensaum, der erst in jüngerer Zeit durch Hebung entstanden ist und sich besonders im Süden aus Gesteinen des Juras aufbaut, umsäumt die eigentliche Rumpffläche des Westens. Der Südwesten Australiens, das *Swanland*, ist klimatisch am meisten begünstigt. Milde Temperaturen lassen im Tieflandsaum in Verbindung mit reichlichen Winterregen einen dichten, hoch aufragenden Eukalyptuswald gedeihen und ermöglichen den Weizenanbau in den noch vom Steigungsregen berührten Randgebieten des Westaustralischen Schildes. Die Flüsse, vor allem der 390 km lange *Swan River*, führen das ganze Jahr über Wasser und werden zur Anlage künstlicher Bewässerungssysteme für Wein-, Obst- und Gemüsekulturen benutzt. Der *Helena-River*, der die im Osten von Perth aufsteigende, landschaftlich sehr reizvolle Darlingkette durchbricht, liefert über die Mundaring-Talsperre das Trinkwasser für das 560 km entfernt liegende Goldfeld der Goldenen Meile bei Kalgoorlie.
An der Südküste zwischen Kap Leeuwin und King George Sound gedeihen die wertvollen Karrihölzer (Eucalyptus diversicolor), deren hartes Holz man vor allem zum Schiff- und Wagenbau verwendet. Weiter landeinwärts begleiten die Jarrawälder (Eucalyptus marginata) in einem 50 bis 75 km breiten Streifen die gesamte Südwestküste zwischen Perth und Albany. Die Häfen *Albany* und *Fremantle*, der Vorhafen von *Perth*, sind die wichtigsten Holzumschlagplätze, *Dunbury* ist außerdem noch Ausfuhrhafen für Collie-Kohle. Etwa dort, wo der Westaustralische Schild steil vom Küstenvorland aufsteigt, schließt sich das fruchtbare Weizenland an, das sich von Süden nach Norden in etwa 150 km Breite bis *Geraldton* hinzieht. Nach der Rodung des Malleescrub drang der Weizenanbau immer weiter nach Osten hin vor. Das Land ist hier durch Eisenbahnen gut erschlossen, die die Erzeugnisse des Landes und durch seine Lage begünstigten Hafen Fremantle-Perth befördern. Während die flachen Küstenländer besonders der Rinderhaltung und Milchwirtschaft dienen, spielt auf den Hochflächen nur die Schafzucht eine Rolle. Kahl und öde, von der Erosion stark zerschnitten, ragen die quarzitischen Massive der *Stirlingkette* und die zerklüfteten granitischen Felsen der *Porongorups* im Süden aus der Küstenlandschaft auf.
Im Norden schließt sich an das Swanland das hauptsächlich weidewirtschaftlich genutzte Westaustralien an. Es erstreckt sich beiderseits des südlichen Wendekreises längs der Küste zwischen Geraldton und Onslow. Klimatisch entspricht es der Küstenzone Südwestafrikas mit der Namib und der Westküste Nordchiles mit der Atacama. Es ist heiß und trocken. Sanddünen begleiten die Küste; weiter landeinwärts ist der Boden von Mulgascrub überzogen, der nur an wenigen wasserreichen Stellen von einer Grasnarbe abgelöst wird. Einige episodische Flüsse, wie *Gascoyne*, *Ashburton*, *Fortescue* und *De Grey*, fließen in tief eingeschnittenen Tälern und werden von Eukalyptus- und Flaschenbäumen gesäumt. Nach den seltenen Regenfällen lagern sie vor ihren Mündungen große Schuttbarrieren ab, die den Weg ins Hinterland versperren. Die Häfen *Carnarvon* am Gascoyne und *Onslow* am Ashburton haben als Verladeplätze für die Erzeugnisse des Hinterlandes (Wolle und Gold) nur örtliche Bedeutung. Die extensive Schafzucht im Inneren stützt sich vor allem auf die artesischen Brunnen des Nordwestaustralischen Beckens.

Das Trockengebiet des Inneren

Mit steiler Randstufe steigt der eigentliche Schild vom schmalen Küstensaum empor. Sobald die Stufe landeinwärts überschritten ist, dehnt sich in unermeßlicher Eintönigkeit die flachwellige Rumpflandschaft, das große Trockengebiet aus. Im Osten reicht es bis zur Eyresenke, im Norden wird es etwa durch den 18. Breitenkreis von der Savannenlandschaft Nordaustraliens geschieden, während im Süden die Große Australische Bucht sowie die Gawlerund die Flinderskette den Abschluß bilden. Unmerklich senkt sich die Landschaft vom Westen nach dem Osten hin. Nur vereinzelt steigen Berge und Bergmassive wie das *Hamersleygebirge* (1226 m) im Westen, die *Macdonell-*

kette (1510 m), die *Musgravekette* (1515 m) und die *Flinderskette* (1189 m) mit scharfem Gefällsknick auf; sie tragen den Charakter von Inselbergen. Ihre flachen Kuppen (flat topped hills) liegen selten mehr als 50 m über den Hochflächen. Eine 1 bis 5 m dicke Silikatkruste – im Norden und Osten auch Eisenkruste – schützt sie vor weiterer Verwitterung, verhindert aber auch jegliches Aufkommen der Vegetation. Diese Berge bestehen aus alten Graniten und Gneisen, die sonst nur noch im Südwesten an die Oberfläche treten. Der gesamte südwestliche Teil vom Westende der Australischen Bucht bis zum Ashburton River wird von archaischen Massen eingenommen, während der Norden aus vorwiegend paläozoischen Schichtgesteinen aufgebaut ist. So finden wir im Territorium Nordaustralien Präkambrium, Kambrium und Silur anstehend, im Westen zwischen De Grey River und Fortescue bis an die *Gibsonwüste* heran und im Kimberleydistrikt einen geschlossenen Horst aus ungegliedertem Paläozoikum. Dazwischen schieben sich in einem Gebiet, das senkrecht zum 80-Meilen-Strand etwa bis zur *Großen Sandwüste* verläuft, die Ablagerungen einer permokarbonischen Transgression. Im Karstgebiet der *Nullarborebene* treten die tertiären Sande und Kalke, die von der Großen Australischen Bucht im Süden bis zur Musgravekette im Norden reichen, besonders in Erscheinung.

Die klimatischen Verhältnisse dieses Gebietes sind denkbar ungünstig. Die jährlichen Niederschlagsmengen liegen zwischen 250 und 100 mm, und die Regenverläßlichkeit beträgt nur 40 bis 50%. Kontinentalklima herrscht am *80-Meilen-Strand* zwischen Port Hedland und Broome schon unmittelbar an der Küste. Hitze und Wassermangel machen das Leben in diesen Gebieten nahezu unerträglich. Die Flüsse des Nordwestens fließen nur episodisch. Die auf der Karte verzeichneten Seen des Südens sind für den Menschen meist eine große Enttäuschung (daher z. B. der Name *Lake Disappointment*), denn sie sind flache Salzpfannen, die meistens von einer Salzkruste überdeckt und vollkommen trocken sind. Gegen Ausgang des 19. Jahrhunderts wurden im Gebiet von Pilbara-Ashburton und um Kalgoorlie (Golden Mile) bedeutende Goldfelder entdeckt. Nach einem wirtschaftlichen Aufschwung, der zur Gründung von Städten wie Coolgardie, Kalgoorlie und Boulder, zum Bau von Verkehrsstraßen und Eisenbahnen nach Perth im Westen, nach Esperance im Süden, dem Ausbau der Häfen und der Anlage einer Wasserleitung von einem Stausee in der Darling-Kette in das extreme Trockengebiet von Kalgoorlie führte, kam es Anfang des 20. Jahrhunderts nach der Erschöpfung einiger Goldlagerstätten zur Stagnation. Erst gegen 1960 setzte hier auf Grund gewissenhafter Explorationsarbeiten erneut eine intensive bergbauliche Nutzung der natürlichen Ressourcen ein. Jetzt sind es vor allem Eisen, Nickel und Bauxit, die neben Gold in vier Zentren abgebaut werden:

1) den südlichen zentralen Lagerstätten um Kalgoorlie und weiter nördlich um Leonora und Laverton, wo neben Eisen vor allem Nickel und Uran gewonnen werden;
2) dem Hamersley-Gebiet, das schätzungsweise 8 Mrd.t hochwertigen Hämatits sowie eine etwa gleichgroße Menge von Reserven (weniger wertvoll, aber immer noch mehr als 35%ig) enthält und auf weite Strecken den Tagebau gestattet;
3) dem Pilbara-Gebiet (im Hinterland von Marble Bar und Port Hedland), in dem für ein geplantes Stahlwerk, das etwa 1% der Weltproduktion liefern würde, billiges, hochgradiges Eisenerz in sehr großen Vorkommen, Nickel, Vanadium, Flußspat und auch Erdgas zur Verfügung stehen;
4) dem Kimberley-Gebiet, das aber schon dem Savannengebiet des Nordens zuzurechnen ist.

Der Mangel an Wasser, Vegetation und die hohen Temperaturen zwingen zu großen Investitionen in den Bergbaugebieten und neuentstehenden Industriezentren, zur Anlage von Staubecken und Wasserleitungen, zum Bau von Fernverkehrsstraßen zur Versorgung der Bevölkerung mit Nahrungsmitteln und zum Transport der gewonnenen Güter (Fernverkehrsstraße von Perth nach Kalgoorlie und Port Hedland führt über fast 2000 km unbesiedeltes Land!) sowie von Eisenbahnen durch den „Nickelbelt" von Esperance bzw. Perth oder Albany über Malcolm. Die Nahrungsgüter müssen aus anderen Landesteilen, z. T. aus dem Küstensaum des Südwestens herangeführt werden.

In das Innere dieses Trockengebietes dringt die Schafhaltung nur ganz allmählich vor, denn die vom dichten Mulgascrub bewachsenen Wüstensteppen (80-Meilen-Strand, Große Sandwüste) und die Stein- und Geröllwüsten des Pilbara-Goldfeldes sind für Mensch und Vieh nur schwer zu durchdringen.

Weiter östlich ändert sich der Vegetationscharakter. An Stelle des dichten Mulgascrubs tritt das Spinifexdünengras, das in einzelnen Büscheln und Gruppen wächst. Die zentralen Gebirgsstöcke der MacDonell- und Musgravekette sind durch Steigungsregen besonders begünstigt, in ihren Tälern und Senken bieten Busch und Steppe die Möglichkeit für Rinder- und Schafhaltung. Doch sie sind durch große Durststrecken von den besiedelten Gebieten an den Küsten getrennt. Siedlungszentrum ist *Alice Springs* (7000 Einw.) mit Funk- und Polizeistation und modernem Krankenhaus mit fliegendem Arztdienst. Südlich und südöstlich der Musgravekette nehmen Trockenheit

und Pflanzenarmut zu. Besonders dort, wo die mit Spinifexgras bewachsene Sandwüste von der Salzwüste abgelöst wird, und in der westlich des Eyresees gelegenen Steinwüste der *Gibberebene* herrscht trostlose Einöde.
Im Zentrum des schüsselförmig gestalteten Tieflandes des mittleren Ostens dehnt sich in einer Depression, deren Oberfläche 12 m unter dem Meeresspiegel liegt, der *Eyresee* aus, dessen Größe zwischen 9000 und 15000 km² schwankt. Die Oberfläche ist meistens zu zwei Drittel von einer Salzdecke überzogen. Von allen Richtungen her strömen die Flüsse, der Abdachungsrichtung folgend, der Eyresenke zu. Es sind die Creeks, die nur periodisch oder episodisch Wasser führen. In den Dürreperioden versickern und vertrocknen sie, ohne den See zu erreichen. Nach heftigen Regenfällen wälzen sich jedoch in ihnen gewaltige Wassermassen talabwärts und leisten dabei besonders im Oberlauf eine beträchtliche Erosionsarbeit.

Das Savannengebiet des Nordens

Der Norden Australiens reicht in die Tropenzone hinein. Das *Tasman-* und *Arnhemland* und das Gebiet rings um den Carpentariagolf stehen unter dem Einfluß des Sommermonsuns. Auf eine sehr niederschlagsreiche Regenperiode im Südsommer folgt eine lange Trockenzeit während des Winters. Aber nur die unmittelbar an der Küste gelegenen Gebiete zeigen mit Mangroven, Pandanusgewächsen und Kokospalmen ein tropisches Vegetationsbild. Landeinwärts nehmen die Niederschläge rasch ab und die Temperaturschwankungen zu. Allmählich vollzieht sich daher ein Übergang von der Baumsavanne zur offenen Savanne. Der Eukalyptuswald wird immer lichter und ist mit hohem Gras durchsetzt. Während das tropische Küstenland sehr wohl den Anbau von Kokospalmen, Bananen, Mangobäumen, Reis, Mais und Zuckerrohr gestattet, ist das Innere nur für Rinderhaltung geeignet, die sich besonders entwickelte, seitdem die Kühltechnik den Transport von Fleisch zur Küste ermöglicht. Das Hauptgebiet für Fleischrinder liegt auf den Plateaus nördlich der Linie Broome–Carpentariagolf. Die Täler der periodisch fließenden Flüsse des Arnhemlandes (*Victoria, Daly* und *Roper*) und des Carpentariagolfs (*Leichhardt, Flinders, Staaten River* und *Mitchell River*) haben meist feuchtes und ungesundes Klima.
Die Bevölkerung drängt sich an wenigen verkehrsbegünstigten Orten oder solchen, in deren Umgebung Bodenschätze vorhanden sind, zusammen. Der Bergbau auf Kupfer und Zinn im Arnhemland sowie die Goldfunde im Kimberleybezirk sind jedoch stark zurückgegangen. Am *Yampi-Sund* und bei *Wyndham* liegen unmittelbar in Küstennähe große Mengen abbauwürdigen Eisenerzes, das von Broome aus verschifft wird. *Derby* und *Wyndham* sind Ausfuhrhäfen für die Erzeugnisse der Rinderhaltung, während neben Broome besonders *Thursday Island* als Sitz der Perlfischerei Bedeutung erlangt hat. Bei *Port Darwin*, von dem aus eine Eisenbahn ins Innere führt, wurden in neuerer Zeit die Uranfelder von *Rum Jungle* erschlossen.

Die inneren Ebenen und die Downs von Queensland und Neusüdwales

Allmählich steigen aus dem Tiefland des mittleren Ostens die inneren Ebenen und die Downs nach Osten zu den Ostaustralischen Kordilleren hin an. Die im Westen dieses Gebietes gelegenen inneren Ebenen empfangen nur geringe Niederschläge, aber die zahlreichen artesischen Brunnen im Bereich des Großen Artesischen Beckens erlauben hier eine ausgedehnte Schafzucht, die allerdings in den Dürreperioden von ernsten Verlusten bedroht ist. Östlich schließen sich an die inneren Ebenen die Downs an. Einzelne Schwellen, wie das Hochland von Cloncurry, die Tamboschwelle und die Grauen Berge sowie die Cobarschwelle, teilen sie in voneinander abgegrenzte Becken. Die Regenmengen nehmen allmählich nach Osten hin zu. Während in den westlichen und südwestlichen Teilen noch Schafhaltung, in den nordwestlichen tropischen Gebieten intensive Rinderhaltung vorherrscht, werden diese Wirtschaftsformen im Osten, wo die von der östlichen Kordillere herabkommenden Flüsse besonders fruchtbare Schwemmlandböden geschaffen haben, vom Weizen-, Obst- und Gemüsebau abgelöst. In den Downs des nördlichen Queensland wurden die Urwälder gerodet und Zuckerrohrplantagen angelegt. Die Downs des mittleren Queensland dienen dem Anbau von Apfelsinen, Wein und Gemüse, während im Süden mehr und mehr der Weizenanbau an erste Stelle tritt. Das Gebiet der *Riverina* zwischen *Murray* und *Darling* ist besonders fruchtbar und intensiv genutzt. Außer der Unregelmäßigkeit der jährlichen Niederschlagsmengen verursachen die heißen trockenen Fallwinde, die von den Kordilleren her nach den östlichen Ebenen absinken, oft schweren wirtschaftlichen Schaden. Sie entstehen dann, wenn ein Tief über dem Inneren Australiens lagert, das Luftmassen aus der Richtung der Kordilleren her ansaugt. Am Westrand der inneren Ebenen liegen bei *Broken Hill* wertvolle Erze; es werden vor allem Blei, Zink und Uran gewonnen. Ein neues Zentrum des Uranabbaus und der Erzeugung von Kernenergie ist in *Mary Kathleen* und *Mount Isa* westlich von Cloncurry entstanden. Ein Staudamm, 12 km aufwärts am Covellafluß gelegen, speichert die Niederschlagsmengen der Regenzeit und ermöglicht so die Wasserversorgung dieses Industriezentrums.

Die Ostaustralischen Kordilleren und ihr Küstengebiet

Die Ostaustralischen Kordilleren erstrecken sich entlang der Ostküste Australiens von der Kap-York-Halbinsel bis zur Südspitze Tasmaniens. Mit einem scharfen Bruchrand fallen sie steil zur Küste ab. Nur an Stellen, wo Querverwerfungen auftreten, öffnen sich natürliche Pforten nach dem Hinterland. Das Gebirge trägt im allgemeinen Plateaucharakter und ist auch in seinem südlichsten und höchsten Teil, den *Australischen Alpen* (höchster Berg der Mount Kościuszko mit 2230 m), nicht den europäischen Alpen, sondern eher dem Schwarzwald oder dem Harz ähnlich. Es sind nur schwache Spuren eiszeitlicher Vergletscherung vorhanden, vor allem fehlen die von Gletschern eingeschlossenen Grate und die Firnfelder. Hier in den Australischen Alpen befindet sich die einzige Stelle des australischen Festlandes, auf der im Winter der Schnee länger liegenbleibt. Im Norden schließen sich den Australischen Alpen die bis 1350 m hohen *Blauen Berge* an, die durch den bei *Newcastle* mündenden *Hunter River* von der *Neuenglandkette* (1615 m) getrennt werden. Die Hunter-River-Senke ist eine durch Verwerfung und Flexuren gebildete Störungszone, die quer zur Küste verläuft und eine natürliche günstige Pforte ins Innere darstellt. Ebenso wie der nördliche Teil der Blauen Berge ist auch die Neuenglandkette ein Rumpfschollengebirge, dessen gefalteter silurischer Kern bei *Warwick* von Basalten überlagert wird. Steil fällt die von tiefen Flußtälern zerschnittene Kette nach Osten ab. Weiter im Norden, in Queensland, sind die Kordilleren in einzelne Massive aufgelöst. Diese Massive steigen steil vom Küstenvorland auf und setzen sich dann als Tafelländer – z. B. die *Tamboschwelle* mit den *Grauen Bergen* oder das *Hochland von Cloncurry* – weit nach Westen hin fort. Das *Buckland-Tafelland* (600 bis 1200 m hoch) hat günstiges Klima, insbesondere reichliche Niederschläge, und gilt als die Heimat der Flüsse, da von ihm Wasseradern nach allen Richtungen hin ausstrahlen. Im granitischen *Atherton-Herberton-Kettengebirge* liegen bedeutende Zinnvorräte, bei *Chillagoe* westlich der Hafenstadt *Cairns* werden Kupfer, Zink, Blei und Silber gefördert.

Die Osthänge der Kordilleren erhalten reichlichen Steigungsregen und tragen dichten Eukalyptuswald. In den Küstenniederungen und dem großen Längstal werden Zuckerrohr und Apfelsinen auch ohne künstliche Bewässerung angebaut. Die zahlreichen Hafenstädte, unter denen *Brisbane*, *Newcastle* und *Sydney* die bedeutendsten sind, verarbeiten die Erzeugnisse des Hinterlandes oder führen sie aus. Bei Newcastle befinden sich außerdem die bedeutendsten Steinkohlenlager Australiens.

Die Südostküste

Ebenso wie das Swanland im Südwesten nimmt auch die Südostküste Australiens eine Sonderstellung ein. Auch sie steht in den Wintermonaten unter dem Einfluß der Westwinde und empfängt dann reichliche Niederschläge. Das gesamte Gebiet, das die Eyrehalbinsel, die Yorkhalbinsel, die südlichen Ausläufer der Mount-Lofty-Kette, die Känguruhinsel, die Ebene von Adelaide und das Vulkangebiet des Mount Cambier sowie Victoria umfaßt, ist der wirtschaftlich am besten erschlossene und am dichtesten besiedelte Teil Australiens. An den Küsten finden wir intensiven Getreide-, Gemüse-, Wein- und Obstbau. Weiter nach dem Inneren zu liefert das künstlich bewässerte Land reiche Erträge; und selbst im malleebewachsenen Knie des Murray sind durch die Methode des Trockenanbaus von Weizen (dry farming) weite Gebiete der Landwirtschaft erschlossen worden. Auch hier verursachen aber heiße Winde bisweilen großen wirtschaftlichen Schaden.

Mit Bodenschätzen ist dieses Gebiet ebenfalls gut ausgestattet: Im Nordwesten des Spencergolfs liegen die Erzberge *Iron Monarch* und *Iron Knob*, deren Eisenerze im Tagebau gewonnen und entweder im nahen *Port Pirie* oder in Newcastle an der Ostküste verhüttet werden. Große Braunkohlenlager wurden südöstlich von Melbourne im *Buln-Buln-Gebirge* erschlossen. *Adelaide* und *Melbourne* sind die bedeutendsten Städte und Umschlaghäfen dieses Gebietes.

Tasmanien

Die Insel Tasmanien hat eine Fläche von 68 000 km². Sie wurde von ihrem Entdecker Tasman ursprünglich Vandiemensland – nach dem Gouverneur von Djawa, der die Entdeckungsfahrt veranlaßt hatte – genannt. Tasmanien ist erst in geologisch jüngster Vergangenheit durch die Überflutung der Bass-Straße von Australien getrennt worden. Geologisch bildet die Insel einen Teil der Ostaustralischen Kordilleren. Sie wird von einem Rumpfschollengebirge beherrscht, das teilweise von Basalten übergossen ist. Die basaltischen Decken sind aber an vielen Stellen schon wieder abgetragen. Tasmaniens Wintertemperaturen sind niedriger als die des australischen Festlandes, vereinzelt tritt sogar Frost auf. Die Niederschläge sind verhältnismäßig hoch (Jahresmittel des Niederschlags in Hobart 600 mm), die Westküste erhält sogar die höchsten Regenmengen von ganz Australien (2800 mm) und trägt daher ein dichtes Pflanzenkleid, in dem immergrüne Buchen überwiegen. Wegen ihrer sehr großen Feuchtigkeit ist sie für Ackerbau und Besiedlung wenig geeignet. Der kleine Ort *Strahan* am Macquarie Harbour ist wichtiger Ausfuhrort für die hier abgebauten Zinn-, Zink-, Kupfer- und Bleierze. Das Innere Tasmaniens zeigt Spuren eiszeitlicher Vergletscherung. Es wird von einem Zentralplateau eingenommen, das den Charakter einer Moränenlandschaft trägt und in dem zahlreiche Seen eingebettet sind.

Zwischen das Zentralplateau und das Nordostmassiv mit dem höchsten Gebirgszug, dem *Legg-Peak-Massiv* (1 573 m), schiebt sich ein Becken ein, das vom *Tamarfluß* entwässert wird. Es ist ebenso wie das Derwentbecken im Süden des Zentralplateaus durch gute Böden, geschützte Lage und genügende Niederschläge für die landwirtschaftliche Nutzung hervorragend geeignet. Städtischer Mittelpunkt dieses Gebietes ist *Launceston*. An der Mündung des *Derwent* liegt die Hauptstadt *Hobart*.

Die Ostküste Tasmaniens trägt dichten Eukalyptuswald, sie ist trockener als die Westküste, da sie im Regenschatten der winterlichen Westwinde liegt. Sie dient extensiver Weidewirtschaft und ist der Besiedlung bisher kaum erschlossen. In den geschützten Niederungen der Nordküste werden Hafer und Kartoffeln angebaut. Auf den rauhen Hängen des Nordmassivs betreibt man vor allem Schafzucht, in den feuchteren Gebieten Rinderzucht. Die Milchwirtschaft hat durch die Anlage von Butterfabriken und durch den Versand nach Victoria starken Aufschwung genommen. Nach dem Festland werden vor allem auch Äpfel ausgeführt, die in großen Plantagen besonders im Norden kultiviert werden.

Neuseeland

Neuseeland, das als Gliedstaat des Commonwealth of Nations neben der großen Doppelinsel auch die benachbarten kleineren Inseln mit umfaßt (insgesamt 268 685 km²), liegt etwa 2 000 km südöstlich von Australien. Es wurde wie Australien sehr spät (1642 von Tasman) entdeckt und noch später, seit 1840 etwa, besiedelt. Die heutige Bevölkerung ist fast durchweg britischer Abstammung. Die Ureinwohner, die polynesischen Maori, deren Gesamtzahl heute etwa 250 000 Menschen (8% der Gesamtbevölkerung) beträgt, wohnen hauptsächlich im Norden (Aucklandhalbinsel). Die Besiedlungsdichte ist 12 Einw. je km².

Die wenig gegliederte, 153 949 km² große Südinsel ist noch dünner besiedelt als die Nordinsel (114 736 km²). Stärkere Besiedlung findet man nur in unmittelbarer Nähe der größeren Städte.

Die beiden Inseln werden durch die erst in geologisch jüngster Zeit eingebrochene Cookstraße voneinander getrennt. Infolge seiner großen Nord-Süd-Erstreckung ($34^1/_2$ bis $47^1/_2°$ s. Br.) hat Neuseeland sowohl am Klima der subtropischen als auch der gemäßigten Zone Anteil. Es zeichnet sich durch ausgesprochenes Seeklima mit reichen Niederschlägen besonders an der Luvseite der Gebirge aus.

Die Oberfläche Neuseelands ist im Gegensatz zu der Australiens stark gegliedert. Das Zentralgebirge, in seinem Aufbau und seiner Entstehung den Ostaustralischen Kordilleren ähnlich, durchzieht die Südinsel und den südlichen Teil der Nordinsel. Dem übrigen Teil der Nordinsel gibt der Vulkanismus mit seinen Kegelbergen, Kraterseen und Geysiren das Gepräge. Das gesamte Zentralgebirge ist wahrscheinlich gegen Ausgang der Jurazeit gefaltet und emporgehoben worden und bei einer weiteren Hebung im Tertiär in einzelne Schollen zerbrochen.

In der Pflanzenwelt Neuseelands fehlen im Unterschied zu der Australiens die Eukalyptusarten. Auffällig ist eine große Zahl endemischer, d. h. nur hier verbreiteter Pflanzen, die mit der sehr früh erfolgten Lösung Neuseelands vom Festland zu erklären ist. Besonders üppigen Pflanzenwuchs zeigen die feuchten Luvseiten, also der Westen der Inseln.

Auch in der Tierwelt überwiegen die endemischen Arten. Dabei ist auffällig, daß Neuseeland vor der Ankunft der Europäer überhaupt keine Säugetiere besaß. Sehr eigenartig ist auch die Welt der Vögel, die sehr matte Farben haben und einige besondere Arten aufweisen, z. B. den flügellosen Kiwi oder den vor 200 Jahren allerdings ausgestorbenen, ebenfalls flugunfähigen Moa (Dinornis), der mit fast 4 m Höhe der größte Vogel der Welt war.

Die **Südinsel** von Neuseeland wird von dem südwestlich-nordöstlich verlaufenden Zentralgebirge beherrscht. Dieses hat seine tektonische Ausgestaltung nach Abschluß der Jurazeit erfahren. Die Gesteine der Trias und des Juras sind gefaltet und z. T. metamorph umgewandelt. Sie bauen den südöstlichen Teil des Gebirges auf, während längs der Nordwestküste paläozoische Gesteinsschichten zu finden sind. Im äußersten Südwesten treten präkambrische Gesteine einer alten Masse sowie Granite und Gneise zutage. An der schmalen Ostseite, besonders in der Canterburyebene, herrschen jüngere Gesteine vor.

Im Südwesten steigt die Küste schroff bis auf Höhen von 1 000 bis 1 600 m an und ist von tief eingeschnittenen Fjorden stark gegliedert. Die Fjordregion der im Klimabereich der gemäßigten Zone gelegenen Südinsel ist von üppigem Pflanzenwuchs bedeckt; immergrüne Buchen, Moose, Flechten und Farne überziehen die Hänge. Weiter landeinwärts wird die Pflanzendecke lockerer und auf den von Trogtälern gegliederten Hochflächen tritt die alpine Vegetation in den Vordergrund. Von den schroffen Hängen der Hochgebirgsregion stürzen Wasserfälle hernieder, in den Tälern und Senkungsfeldern erstrecken sich wundervolle Alpenseen, von denen der *Wakatipu* und der *Manapurie* die bekanntesten sind. Im Norden schließt sich an die Fjordlandschaft der höchste Teil des Zentralgebirges, die *Südlichen Alpen*, an. Ihre Kammhöhe liegt fast durchweg über 2000 m, viele Berge – der *Mount Sefton*, der *Elie de Beaumont* (3109 m), das *Silberhorn* (3279 m), der *Mount Haast* (3137 m), der *Malte Brun* (3176 m) und der höchste Berg, der *Mount Cook* oder *Aorangi* (3756 m) – haben langgestreckte Gipfelgrate und sind stark vergletschert. Die beiden längsten Gletscher sind der *Tasman*- und der *Murchisongletscher*; durch besondere Schönheit zeichnet sich der *Franz-Joseph-Gletscher* aus. Die Fjordlandschaft sowie die Südlichen Alpen sind nahezu unbesiedelt. Nach Norden zu nehmen die Höhen des Zentralgebirges ab. Als schmaler Streifen ist ihm hier an der Westküste eine Schotterebene vorgelagert, in der als Zentren der Fremden- und Holzindustrie die Städtchen *Hokitika* und *Ross* liegen. Auch Gold fand man, aber die Lagerstätten waren bald wieder erschöpft.

Der Norden der Südinsel wird ebenfalls von den schroffen, aber hier unvergletscherten Ketten des Zentralgebirges beherrscht. Die Längsküsten im Westen und Osten sind wenig gegliedert und verkehrsfeindlich. Auch das nordwestliche Bergland, in dem wertvolle bituminöse Kohle lagert, ist wenig erschlossen, nur die kleinen Städte *Greymouth* und *Westport* sind Kohlenausfuhrplätze.

Im Osten erstreckt sich das *Kaikouragebirge* parallel zur Küste. Die Seaward Kaikouras brechen unmittelbar nach dem Meer hin ab. Üppiger, fast undurchdringlicher Wald bedeckt die Hänge. Die Flußtäler verlaufen parallel zu den Gebirgsketten nach der Nordostküste. In Küstennähe finden sich fruchtbare Schwemmlandebenen; die Waimeaebene mit der Hafenstadt *Nelson* an der Tasmanbai und die Wairauebene mit *Blenheim*. Zwischen der Tasmanbai und dem Ort *Picton* ist die Küste durch ertrunkene Flußtäler tief gegliedert. Die *Canterburyebene* im mittleren Osten ist das fruchtbarste und wirtschaftlich wertvollste Gebiet der Südinsel. Die vom Zentralgebirge kommenden Flüsse haben bei ihrem Austritt aus dem Gebirge große Schuttfächer aufgeschüttet, die in ihren oberen Teilen aus gröberen, von Tussockgras überwucherten Schottern, in den unteren aus Sanden und Tonen bestehen. Hier wurde das offene Grasland teilweise in wertvolles Kulturland umgewandelt. Neben Hafer und Weizen wird vor allem Futtergetreide angebaut. Die Weidewirtschaft, hauptsächlich Schaf- und Rinderhaltung, steht im Vordergrund. Die Provinz Canterbury ist heute von allen neuseeländischen Provinzen am dichtesten mit Schafen besetzt (16,4% = 5,6 Mio Schafe). Die Städte *Christchurch* und *Ashburton* übernehmen die Verarbeitung der landwirtschaftlichen Erzeugnisse und sind die wichtigsten Siedlungszentren.

Der südöstliche Teil der Insel umfaßt die Landschaft *Otago*. Das Otagohochland ist ein Teil des in Bruchschollen aufgelösten Zentralgebirges. Zwischen den nordost-südwestlich verlaufenden Gebirgsketten liegen breite, mit Moränenschutt ausgefüllte Becken. Die Flüsse folgen aber der allgemeinen Südostabdachung und durchbrechen die einzelnen Ketten. In ihren Tälern findet extensive Weidewirtschaft statt. Im Unterland und in der Südlandebene begünstigt der fruchtbare Boden im Zusammenhang mit genügenden Niederschlägen und geringen Temperaturschwankungen die Entwicklung des Weizen-, Hafer- und Obstanbaus. Im Vordergrund steht aber auch hier die Viehwirtschaft. Durch künstliche Bewässerung wurde eine größere Futterbasis geschaffen. *Invercargill* ist der wichtigste Ausfuhrhafen für Wolle, Gefrierfleisch und Käse. Das Otagounterland ist besonders durch seine Goldfunde und durch das Vorkommen von Kohle in den älteren Schichten des Tertiärs bei *Shag Point* und *Kaitangata* wirtschaftlich begünstigt. Wichtigste Stadt des Otagogebiets ist die Hafenstadt *Dunedin*.

Die **Nordinsel** ist kleiner als die Südinsel, und ihre Küsten sind stärker gegliedert. Ihre Oberfläche wurde durch vulkanische Vorgänge geprägt. Den mittleren Teil bestimmen Reihen von Kegelbergen und Krater- und Verwerfungsseen. Den nördlichen Teil haben Brüche und Verwerfungen in einzelne Kleinlandschaften aufgeteilt. Im Südosten der Insel bildet die Fortsetzung des Zentralgebirges das Rückgrat. Es ist hier nur schmal und erstreckt sich von der Cookstraße bis zum *Kap Rungway*. Im Osten ist ihm das aus Kreide und Tertiärgesteinen bestehende östliche Hügelland vorgelagert. Das wirtschaftliche Zentrum bildet die verkehrsgeographisch sehr günstig, zentral zu beiden Inseln gelegene Haupt- und Hafenstadt *Wellington*. Daneben kommen den Flußauen des *Manawatu River* und vor allem dem Gebiet der *Hawkebai* mit der Stadt *Napier* größere Bedeutung in der sonst noch wenig erschlossenen Landschaft zu. Es werden hier Obst und Getreide angebaut.

Nach Nordwesten hin schließen sich zwei in ihrem Aufbau sehr verschiedene Räume an: das Taranakiplateau und die mittlere Vulkanlandschaft. Das *Taranakiplateau*, im Nordwesten von dem in die Schneeregion hineinreichenden Kegel des *Mount Egmont* (2517 m) flankiert, ist aus weichen Mergeln aufgebaut, in den die nach Westen fließenden Flüsse tiefe, schwer zu überschreitende Täler eingeschnitten haben. Ackerbau kann hier nur auf dem jungen Schwemmland am Rand des Zentralgebirges und an den Flußmündungen in Küstennähe betrieben werden. Weite Teile dieses Gebietes sind noch völlig unberührt; in den Flußtälern finden sich üppige Laub- und Farnwälder, die Hänge sind von Scrub überzogen.

Von eigenartigem Reiz ist die von einer Reihe mächtiger Vulkankegel durchzogene mittlere Vulkanlandschaft. Der höchste von ihnen ist der 2796 m hohe *Mount Ruapehu*. Der *Mount Ngauruhoe* (2291 m) ist ein gelegentlich noch tätiger Stratovulkan, der bei Ausbrüchen große Mengen festen Materials herausschleudert, wobei die seinen Krater umgebende Schneehaube schmilzt. Die Gipfel anderer Vulkane sind vielfach zertrümmert und haben parasitäre Krater. In einigen ihrer Täler konnten sich kleine Gletscher entwickeln. Die gesamte Landschaft ist von vulkanischen Aschen überdeckt, unter die sich Tuffe und Bimssteine mischen. In den vulkanischen Einsturzgebieten liegen wundervolle Seen, wie der *Taupo-* und der *Rotoruasee*. Heiße Quellen und Geysire springen in die Höhe und schaffen farbenprächtige Sinterterrassen ähnlich wie im Yellowstone-Nationalpark im nördlichen Felsengebirge der USA. Im allgemeinen springen die Geysire Neuseelands 20 bis 30 m hoch. Der im Jahre 1901 entdeckte, inzwischen aber wieder versiegte Wainangu-Geysir soll sein Wasser 150 m hoch geschleudert haben. An der Küste der Plentybai zeichnet sich die Sechs-Seen-Landschaft aus. Durch die reichlichen Niederschläge, die hier auch die Ostküste empfängt, hat sich ein fast undurchdringlicher Urwald entwickelt, in dem Schmarotzer- und Kletterpflanzen die Farnbäume umschlingen.

Nach Norden hin wird der Rumpf der Insel schmäler. Die Landschaft ist durch jüngere Krustenbewegungen sehr zerstückelt. Im *Waikatobergland* treten teilweise die Reste des alten Rumpfgebirges noch an die Oberfläche, meistens sind sie jedoch von jüngeren Deckschichten vorwiegend vulkanischen Ursprungs überlagert. Der wichtigste Fluß dieses Gebietes ist der *Waikato River*, der zunächst eine weite Strecke nach Norden fließt, dann in seinem Unterlauf die Gebirgsketten nach Westen hin durchbricht. In seinem Mittellauf liegt das landwirtschaftliche Kerngebiet der Nordinsel mit seiner Rinder- und Schafhaltung. Die Stadt *Hamilton* hat zahlreiche Butter- und Käsefabriken.

Ein Grabenbruch trennt die *Coromandelhalbinsel* vom eigentlichen Rumpf der Insel. Große Goldfunde und der Abbau von Braunkohle machen sie zu einem der wichtigsten Bergbaubezirke der Nordinsel. Der Grabenbruch ist z. T. wieder von den Ablagerungen des *Thames River* ausgefüllt, die Thamesebene stellt ein gutes Weideland dar und dient außerdem dem Anbau von Neuseelandflachs, aus dem Taue hergestellt werden.

Als schmale Zunge schließt sich im Norden die vom Tiefland beherrschte Halbinsel *Auckland* an. Ihre Vulkane sind erloschen. Die zahlreichen Buchten ihrer Riasküste bieten den Walfängern günstige Hafenplätze. Die dichten Kauriwälder sind durch Raubbau (Sammeln von Kaurigummi, Verwendung ihres Hartholzes zum Schiffbau) stark gelichtet worden. Dennoch bietet die Halbinsel Auckland mit ihren Mineralquellen bei Kamo, ihren Braunkohlenlagern bei Wangarei und nicht zuletzt mit ihrem für Obst- und Ackerbau geeigneten Boden ausgezeichnete wirtschaftliche Entwicklungsmöglichkeiten. *Auckland*, früher die Hauptstadt von Neuseeland, ist mit seinen Gefrierwerken, Holzverarbeitungsfabriken und Wollgarnspinnereien die wichtigste Industriestadt des Landes.

Physisch-geographische Angaben

Flüsse	Länge (km)	Berge	Höhe (m)	Lage
Murray	2570	Mt. Cook	3756	Neuseeland (Südinsel)
Darling	2450	Ruapehu	2796	Neuseeland (Nordinsel)
Swan River	390	Mt. Kościusko	2230	Australische Alpen
Waikato (Neuseeland)	357	Round Mount	1615	Neuengland-Kordilleren
		Mt. Bartle Frère	1611	Nordostqueensland
		Legg Peak	1573	Tasmanien
Seen	Fläche (km²)	Musgravekette	1515	Zentralaustralien
		Macdonnellkette	1510	Zentralaustralien
		Hamersleygebirge	1226	Westaustralien
Eyresee	9000 ... 15000	Stirlingkette (Bluff Knoll)	1109	Südwestaustralien
Gairdnersee	7000			
Torrenssee	5700 ... 6000			
Tauposee (Neuseeland)	626			
Great Lake (Tasmanien)	114			

NORDAMERIKA

Politisch-ökonomische Übersicht

Name des Staates, Fläche, Bevölkerung, Gliederung, Hauptstadt	Größte Städte (1 000 Einw.)		Wirtschaft (Bergbau, Industrie, Land- und Forstwirtschaft, Fischfang)
Bahamas (Commonwealth of the Bahama Islands, Commonwealth der Bahamainseln) 11 400 km² 220 000 (1978) Nassau	Nassau	46	Ananas, Bananen, Kartoffeln, Frühgemüse, Sisal, Tomaten, Zitrusfrüchte, Zuckerrohr; Viehzucht, Schwammgewinnung; Fischfang; Fremdenverkehr
Barbados 430 km² 260 000 (1978) Bridgetown	Bridgetown	(1970) 12	Erdgas; Zuckerrohr, Maniok, Yams, Bataten; Schweine, Kühe, Schafe
Dominica (Commonwealth von Dominica) 751 km² 80 000 (1978) Roseau	Roseau	12	Bananen, Kakao, Kokosöl, Zitrusfrüchte, Fremdenverkehr
Dominikanische Republik (República Dominicana) 48 442 km² 5,1 Millionen (1978) 25 Provincias, 1 Distrito Santo Domingo	Santo Domingo Santiago	(1970) 671 166	Bauxit, Silber, Platin, Kupfer; Zucker-, Textil-, Leichtindustrie; Zuckerrohr, Kaffee, Kakao, Tabak, Bananen; Rinder, Schafe
El Salvador (República de El Salvador, Republik El Salvador) 21 393 km² 4,4 Millionen (1978) 14 Departamentos San Salvador	San Salvador Santa Ana San Miguel Zaoatecoluca	(1971) 337 172 111 57	Silber, Erdöl; Textil-, Chemie-, Nahrungsgüterindustrie; Kaffee, Reis, Mais, Kakao, Tabak, Indigo, Zuckerrohr; Rinder, Schafe, Ziegen
Grenada 344 km² 96 000 (1978) Saint George's	Saint George's	27	Kakao, Muskatnüsse, Bananen, Zuckerrohr
Guatemala (República de Guatemala, Republik Guatemala) 108 889 km² 6,65 Millionen (1978) 22 Departamentos Guatemala	Guatemala Quezaltenango Escuintla	(1970) 731 54 32	Blei, Zink, Chrom, Schwefel, Gold, Silber; Nahrungsmittel-, Textil-, Tabakindustrie; Kaffee, Bananen, Kautschuk, Baumwolle, Tabak, Getreide, Zuckerrohr; Rinder, Schweine, Schafe, Ziegen
Haïti (République d'Haïti, Republik Haïti) 27 750 km² 4,9 Millionen (1978) 5 Départements Port-au-Prince	Port-au-Prince	250	Bauxit, Kupfer, Erdöl; Leicht- und Lebensmittelindustrie; Mais, Reis, Bananen, Hirse, Bataten, Kaffee, Sisal, Zuckerrohr, Baumwolle, Kakao, Tabak; Schweine, Ziegen, Schafe, Rinder, Pferde
Honduras (República de Honduras, Republik Honduras) 112 088 km² 3 Millionen (1978) 18 Departamentos Tegucigalpa	Tegucigalpa San Pedro Sula La Ceiba	(1970) 232 96 35	Gold, Silber, Blei, Zinn, Zink, Quecksilber; Leicht- und Lebensmittelindustrie; Bananen, Kaffee, Baumwolle, Mais, Tabak; Zuckerrohr; Mahagoni- und andere Edelhölzer; Fischfang
Jamaika (Jamaica) 11 525 km² 2,15 Millionen (1978) Kingston	Kingston	(1970) 117	Bauxit, Marmor, Gips; Aluminiumherstellung, Landmaschinen-, Leicht-, Nahrungsgüterindustrie; Zucker, Kopra, Bananen, Kaffee, Zitrusfrüchte; Esel, Maultiere, Pferde
Kanada (Canada) 9 976 175 km² 23,6 Millionen (1978) 10 Provinzen, 2 Territorien Ottawa	Montreal, m. V. Toronto, m. V. Vancouver, m. V. Ottawa, m. V. Hamilton, m. V. Edmonton, m. V. Calgary Winnipeg, m. V.	(1971) 2 743 2 628 1 082 603 499 496 403 540	Kohle, Erdöl, Gold, Silber, Uran, Schwefel, Nickel-, Kupfer-, Eisen-, Zink-, Bleierze; Metallurgie, Metallverarbeitung, Holz-, Papier-, Zellulose-, Baustoff-, Textil-, Chemie-, Lebensmittelindustrie; Getreide; Viehzucht, Holz; Fischfang

Name des Staates, Fläche, Bevölkerung, Gliederung, Hauptstadt	Größte Städte (1000 Einw.)		Wirtschaft (Bergbau, Industrie, Land- und Forstwirtschaft, Fischfang)
Kostarika (República de Costa Rica, Republik Kostarika) 50900 km² 2,1 Millionen (1978) 7 Provinzen San José	San José, m. V.	(1973) 219	Gold, Hämatit, Schwefel; Textil-, Düngemittel-, pharmazeutische Industrie; Kaffee, Bananen, Zuckerrohr, Kakao, Mais, Tabak; Rinder, Geflügel
Kuba (República de Cuba, Republik Kuba) 110922 km² 9,8 Millionen (1978) 15 Provinzen La Habana	La Habana, m. V. Santiago de Cuba Camagüey Santa Clara	(1970) 1755 276 197 132	Eisen-, Kupfer-, Chrom-, Nickelerze, Gold; Düngemittel-, Leicht-, Nahrungsgüterindustrie; Tabak, Zucker, Kaffee, Baumwolle, Mais, Reis; Pferde, Schafe, Ziegen, Rinder
Mexiko (Estados Unidos Mexicanos, Vereinigte Mexikanische Staaten) 1972546 km² 66,8 Millionen (1978) 31 Estados Federales 1 Distrito Federal Ciudad de México	Ciudad de México Aggl. Guadalajara Monterrey León Ciuda Juárez Mexicali	(1974) 8590 10290 1412 830 454 436 390	Silber, Graphit, Blei, Schwefel, Wismut, Kadmium, Strontium, Zink, Antimon, Kupfer, Gold; Quecksilber; Erdöl, Erdgas; Eisen- und Stahlerzeugung, Kraftfahrzeug- und Verbrauchsgüterindustrie; Getreide, Baumwolle, Zuckerrohr, Reis, Kaffee, Kakao, Erdnüsse, Ananas, Bananen, Zitrusfrüchte; Rinder, Pferde, Schafe, Schweine
Nikaragua (República de Nicaragua, Republik Nikaragua) 130000 km² 2,4 Millionen (1978) 16 Departamentos Managua	Managua León Jinotapa Matagalpa	(1973) 410 91 76 69	Gold, Silber, Kupfer, Salz; Spinnereien, Sägewerke, Leichtindustrie; Baumwolle, Kaffee; Rinder, Schweine, Pferde
Panama (República de Panamá, Republik Panama) 75650 km² 1,8 Millionen (1978) 9 Provinzen Panamá	Panamá Colón	(1970) 412 65	Kupfer; Raffinerie, Leichtindustrie; Bananen, Reis, Mais, Kakao, Kaffee, Kokosnüsse; Rinder, Geflügel; Holz
Saint Lucia (Commonwealth von Saint Lucia) 616 km², 120000 (1978) Castries	Castries	40	Bananen, Kakao, Kopra, Kokosöl
Saint Vincent (Saint Vincent) 388 km² 110000 (1978) Kingstown	Kingstown	20	Bananen, Kopra, Süßkartoffeln
Trinidad und Tobago (Republic of Trinidad and Tobago, Republik Trinidad und Tobago) 5128 km² 1,1 Millionen (1978) Port of Spain	Port of Spain San Fernando	(1970) 68 37	Asphalt, Erdöl; Raffinerie, Lebensmittelindustrie; Kakao, Kokosnüsse, Zitrusfrüchte
USA (United States of America, Vereinigte Staaten von Amerika) 9363353 km² 217,7 Millionen (1978) 50 Staaten, 1 Distrikt Washington	Washington, Aggl. New York Chicago Los Angeles Philadelphia Detroit Houston Baltimore Dallas	(1970) 2704 7799 3323 2782 1928 1493 1213 895 836	Kohle, Erdöl, Erdgas; Eisen-, Titan-, Kupfer-, Blei-, Zinkerze, Molybdän, Flußspat, Arsen, Kali, Schwefel, Phosphorite; Metallurgie, Maschinen- und Fahrzeugbau, Chemie-, Textil-, Leichtindustrie; Weizen, Mais, Sojabohnen, Baumwolle, Zuckerrüben, Ölsaaten, Apfelsinen, Tabak; Rinder, Schweine, Schafe, Geflügel; Holz; Fischfang

Zugehörige und abhängige Gebiete:

Antigua (brit.), 442 km², 75000 Einw.
Belize (brit.), 22965 km², 150000 Einw.
Bermudas (brit.), 53 km², 57000 Einw.
Britische Jungferninseln, 153 km², 10000 Einw.
Caymaninseln (brit.), 280 km², 11000 Einw.
Grönland (zu Dänemark), 2175000 km², 60000 Einw.
Guadeloupe (frz.), 1780 km², 360000 Einw.
Guantánamobucht (US-am.): kubanisches Territorium, von USA besetzt, 112 km²

Jungferninseln der USA, 345 km², 95000 Einw.
Martinique (frz.), 1100 km², 380000 Einw.
Montserrat (brit.), 101 km², 15000 Einw.
Navassa (US-am.), 5 km²
Niederländische Antillen, 1011 km², 250000 Einw.
Puerto Rico (US-am.), 8896 km², 3,2 Millionen Einw.
Saint Kitts, Nevis, Anguilla (brit.), 396 km², 68000 Einw.
Saint-Pierre und Miquelon, 242 km², 57000 Einw.
Turks- und Caicos-Inseln (brit.), 430 km², 6000 Einw.

Überblick

Fläche und Lage. Mit insgesamt 23,5 Mio km², von denen 2,175 Mio km² auf Grönland, 1,4 Mio km² auf die arktische Inselwelt, den Franklinarchipel, sowie rund 1 Mio km² auf die Mittelamerikanische Landbrücke und die Westindischen Inseln entfallen, ist Nordamerika der drittgrößte Kontinent nach Asien und Afrika und nimmt 17% der Landoberfläche der Erde ein. Der Kontinent erstreckt sich auf der nördlichen Halbkugel von der Arktis (Kap Morris Jessup auf Grönland 83° 39' n. Br.) bis zu den Tropen (Golf von Panamá 8° n. Br.) und hat damit eine Längsachse von etwa 10000 km. Als nach Süden hin spitz zulaufender Keil schiebt er sich zwischen zwei Weltmeere, den Atlantischen und den Pazifischen Ozean. Im Nordosten ist der Kontinent nur durch die etwa 200 km breite Dänemarkstraße von Island, 1500 km von Norwegen, im Nordwesten durch die kaum 100 km breite Beringstraße von Asien getrennt, nach Süden hin vergrößert sich die Entfernung zu den anderen Erdteilen. Entsprechend verschmälert sich die Landmasse, die sich in der Breite des Polarkreises etwa über 6500 km in ost-westlicher Richtung ausdehnt, bis sie am Golf von Panamá nur noch als etwa 100 km breite Landbrücke die Verbindung zu Südamerika herstellt.

Oberflächengestalt. Die Oberfläche Nordamerikas ist klar und einfach gestaltet; im Gegensatz zu Europa verläuft ihre Großgliederung meridional. Dem alten Mittelgebirge der Appalachen im Osten steht im Westen das jungtertiäre Hochgebirge der Kordilleren gegenüber, das von den Aleuten im Norden die gesamte Westküste begleitet und sich auch noch in Südamerika bis nach Feuerland fortsetzt.

Zwischen den beiden Gebirgslandschaften, den Kordilleren und den Appalachen, breitet sich eine riesige Tieflandsmulde aus. Diese wurde zwar zunächst durch exogene Vorgänge zur Rumpffläche eingeebnet, von jungen Sedimenten erfüllt und in ihrem nördlichen Teil im Gebiet um die Hudsonbai im Pleistozän überprägt und ausgeräumt, blieb aber seit dem Präkambrium von endogenen Verformungen fast unberührt.

Ein Querschnitt von West nach Ost zeigt eine typische Anordnung des Reliefs. Das westliche Gebirgsland läßt drei große parallele Gebirgsstränge erkennen. Der westliche Strang, meist als Coast Range bezeichnet, begleitet unmittelbar die Küste. Im Norden ist er weithin abgesunken und erscheint daher vielfach als Inselkette. Der zweite Kordillerenstrang folgt in geringem Abstand. Seine einzelnen Abschnitte werden Coast Mountains (Küstengebirge), Kaskadengebirge, Sierra Nevada, in Mexiko Westliche Sierra Madre genannt. Der dritte Gebirgsstrang verläuft weiter östlich in größerem Abstand und heißt Rocky Mountains (Felsengebirge). Er bildet das Rückgrat des Gebirgssystems. Zwischen den beiden östlichen Gebirgssträngen sind weiträumige, meist abflußlose Becken, wie das Große Becken (Great Basin) und das Hochland von Mexiko, oder Plateaulandschaften mit flachgelagerten Decken aus Verwitterungsschutt, z. T. auch aus vulkanischem Material, wie das Coloradoplateau bzw. das Columbiaplateau, eingeschlossen.

Auf den Ostabfall der Rocky Mountains folgt ziemlich unvermittelt die Landschaft der Großen Ebenen (Great Plains), die sich von etwa 1600 m bei Denver ganz allmählich bis zu etwa 200 m im Gebiet der Großen Seen und des Mississippioberlaufes senkt.

Im Bereich der von fruchtbarem Aulehm erfüllten Mississippiniederung beginnt mit einer etwa 200 m hohen Stufe das Gebirgssystem der Appalachen, zunächst mit ausgedehnten Tafelländern, im Zentrum mit gegliedertem Relief, in dem sich die variszische Faltenstruktur deutlich zu erkennen gibt. Die Flüsse, die dem Atlantischen Ozean zufließen, laufen oft weite Strecken den Ketten in nordost-südwestlicher Richtung parallel, ehe sie diese in tiefen Tälern durchbrechen. Die Bruchstufe, mit der die den Appalachen vorgelagerte Piedmontfläche gegen die Küstenebene abfällt, wird in Wasserfällen überwunden.

Geologie und Tektonik. Ein alter Festlandsockel, aufgebaut aus laurentischen Gneisen und anderen kristallinen Umwandlungsgesteinen, reichte im Archaikum vom heutigen Pazifik weit nach Osten, in einzelnen Brücken bis nach Nordeuropa. Seine Gesteine bilden – ebenso wie in Fennoskandinavien als Schild in Europa – noch heute die Oberfläche des Kanadischen Schildes, der den gesamten Raum nördlich von der aufgebogenen Küste Labradors und dem Hügelland der Seen (zwischen Ontariosee und Großem Bärensee) einschließlich der arktischen Inselwelt einnimmt. Die südlichen Randgebiete sind von algonkischen Kalken und Sandsteinen überdeckt, die auch neben paläozoischen Sedimenten und Tiefengesteinen die Appalachen aufbauen.

Nach dem Rückgang des Meeres im Unterkarbon, dessen Ablagerungen noch ungestört im Untergrund des Mississippibeckens liegen, erfolgte die Gebirgsbildung der Appalachen, die sich bis in das Perm fortsetzte. Durch starken Druck aus östlicher Richtung wurde besonders der südliche Teil in parallele Falten (bis zu elf Falten nebeneinander) gepreßt. Daneben treten Überschiebungen, Brüche und Intrusionen auf. Aus den Sümpfen und Mooren, die sich in den Senken des Gebirges entwickelten, gingen riesige Anthrazit- und Steinkohlenlager hervor, die den wirtschaftlichen Reichtum dieses Gebietes bilden.

Im jüngeren Mesozoikum setzte die Gebirgsbildung im Westen des Kontinents ein; weite Räume wurden vom Meer überspült. Triassische und jurassische Sedimente bilden die Grundlage der Rocky Mountains, während in den Großen Ebenen am Ostabfall der Kordilleren vor allem die Kreideablagerungen dominieren, die am Gebirgsfuß vom Verwitterungsschutt der Rocky Mountains überlagert werden. Gegen Ausgang der Oberen Kreide und im Tertiär befand sich die gesamte Oberfläche des Kontinents in umgestaltender Bewegung. Im Osten wurde das variszische Faltengebirge der Appalachen, das inzwischen weitgehend abgetragen und zur Rumpffläche eingeebnet worden war, als Scholle emporgehoben, während gleichzeitig das Vorland, die heutige Küstenebene, abbrach und die Mitte des Kontinents weiter einsank. Im Westen setzten gegen Ausgang der Oberen Kreide, in der Laramischen Phase, mächtige Aufwölbungen, Faltungen und Brüche ein. Große Faltenzüge verliefen in meridionaler Richtung. In der anschließenden Zeit des Eozäns griff die Abtragung durch Verwitterung, Abspülung und Flußerosion die jungen Formen wieder an, so daß gegen Ende des Eozäns eine weitgehende Einebnung erreicht war. Das abgetragene Material wurde im Vorland des Gebirges, insbesondere auch in den Großen Ebenen angehäuft. Im mittleren Tertiär erfolgte eine neue Periode der Aufwölbung. Dabei wurden die bisherigen Faltungs- und Bruchlinien wiederum herausgearbeitet und betont. Lebhafte vulkanische Tätigkeit begleitete alle diese Vorgänge, und magmatische Intrusionen begünstigten die Bildung von Erzgängen.

Ähnlich wie Nordeuropa war auch der Norden Nordamerikas im Pleistozän von einer riesigen Eiskappe bedeckt. In vier von Warmzeiten unterbrochenen Perioden stieß das Eis von mehreren Zentren im Norden bis in die Gegend von St. Louis vor. Die letzte Vereisung, die als Iowa-Wisconsin-Vereisung bezeichnet wird und zeitlich mit unserer Würm-Eiszeit zusammenfällt, gab der Moränenlandschaft um die Großen Seen und dem Kanadischen Schild rings um die Hudsonbai das Gepräge. Durch den Abtransport der Bodenkrume in den Barren Grounds, durch die glaziale Ausräumung großer Hohlformen im Zusammenhang mit Krustenbewegungen nach Rückzug des Inlandeises im Gebiet der Großen Seen und durch Auflagerung von Löß während der verschiedenen Abschmelzungsstadien im Raum westlich der Großen Seen und im Mississippigebiet erhielt die Oberfläche des Nordens ihre heutige Gestalt.

Küstengliederung. Obwohl der Kontinent fast allseitig vom Meer umschlossen ist, obwohl die arktische Inselwelt (Franklinarchipel) zusammen mit Grönland und den Aleuten mehr als ein Sechstel seiner Fläche betragen und das Meer in der Hudsonbai, im Golf von Mexiko und im Golf von Kalifornien tief in die Landmasse eingreift und vom Festland Halbinseln und Inseln abgliedert, ist doch nur die Ostküste zur Anlage von Häfen besonders günstig.

Die Küsten der kaum besiedelten arktischen Inselwelt sind den größten Teil des Jahres vom Eis umschlossen, so daß es lange Zeit nicht möglich war, die genauen Landumrisse der einzelnen Inseln kartographisch festzulegen und eine Durchfahrt vom Atlantik zum Pazifik zu finden. Auch die Hudsonbai und ihre Ausgangspforte, die Hudsonstraße, leiden unter langem Eisschluß. Nur während der drei Sommermonate (etwa 15. Juli bis 15. Oktober) kann die Schiffahrt von Churchill aus den Transport der kanadischen Wirtschaftsgüter, insbesondere des Getreides aus den Prärieprovinzen übernehmen.

Mit einer buchtenreichen Querküste grenzt Alaska an das Beringmeer. Vom Süden Alaskas schwingt der von zahlreichen tätigen und erloschenen Vulkanen besetzte Inselbogen der Aleuten hinüber zum asiatischen Festland und schwächt die Wirkung der aus dem Beringmeer nach dem Pazifik vordringenden kalten Strömung ab. Das Zusammentreffen dieser kalten Wassermassen mit dem im Süden der Aleuten verlaufenden warmen Japanstrom führt – ebenso wie bei den Neufundlandbänken und den Lofotinseln Norwegens – zu häufiger Nebelbildung, aber auch zur Ansammlung großer Fischschwärme und macht dieses Gebiet zu einem der günstigsten Fischfanggründe, besonders für den Lachsfang. Die Inselbrücke zwischen Nordamerika und Asien mag vielleicht ebenso wie die starke Annäherung der beiden Erdteile an der Beringstraße Anlaß zu Völkerverbindungen und -wanderungen in vorgeschichtlicher Zeit gegeben haben.

Von großer landschaftlicher Schönheit ist die durch Fjorde und Inseln reich gegliederte Westküste von der Halbinsel Alaska südwärts bis zur Columbiamündung. Die Kordilleren mit ihren schneegekrönten Gipfeln und Graten treten dicht an das Meer heran, ihren U-förmigen Tälern entströmen mächtige Gletscher, und ein dichtes Waldkleid bedeckt die niederen Hänge. Südlich der Columbiamündung bis zur Halbinsel Kalifornien und weiter südlich bis nach Panama finden wir eine Abschließungsküste. Der Riegel der parallel zur Küste verlaufenden Gebirgsketten wird nur im Goldenen Tor (Golden Gate) von San Francisco weiträumiger unterbrochen und der Weg in das fruchtbare Hinterland des Kalifornischen Längstales geöffnet. Sonst ist die Küste hafenarm und die Schiffahrt auf künstlich angelegte Hafenplätze angewiesen. Auch

die mexikanische Küste, die als schmaler Tieflandssaum an den steilaufsteigenden, meist kahlen Felswänden der Westlichen Sierra Madre dahinzieht, ist wenig verkehrsgünstig und von zahlreichen sandigen Lagunen begleitet. Den gleichen Charakter zeigen die pazifischen Küsten Mittelamerikas, die nur in der Fonsecabucht einen ausgezeichneten Hafen besitzen.
Im Gegensatz zur Westküste ist der Tieflandsstreifen, der die karibische Küste und den südlichsten Teil der Küste des Golfes von Mexiko begleitet, breiter und von Flüssen durchzogen, die den Weg in das Hinterland erschließen. Der nördliche Teil der Golfküste ist einem dauernden Formenwandel durch Strandversetzung, Haken- und Lagunenbildung und alluviale Anschwemmung, besonders im Mississippidelta, und durch Bildung von Gezeitenmarschen unterworfen. Eine Kette von palmenbewachsenen Koralleninseln schließt sich an die Südspitze der Halbinsel Florida an, berühmte Badeorte begleiten ihre durch landschaftliche Schönheit ausgezeichnete Atlantikküste. Zahlreiche Flüsse durchströmen die breite atlantische Küstenniederung. Die Hafenstädte, wie Jacksonville, Savannah, Charleston, Wilmington u. a., liegen größtenteils an Flußmündungen. Eiszeitliche Prägung zeigt der Küstenabschnitt von Kap Hatteras bis zur Nordküste Labradors mit seinen tief ins Land eingreifenden ertrunkenen Flußtälern (Chesapeakebai, Delawarebai, Trichtermündung des St.-Lorenz-Stromes) und den zahlreichen Inseln am Ausgang des St.-Lorenz-Golfes, unter denen Neufundland, Prince-Edward-Insel und Anticosti die größten sind. Baltimore, Philadelphia, New York und Boston sind wichtige Welthäfen.
Klima. Infolge der nach Norden zunehmenden Breite des Kontinents liegen fast 20% seiner Fläche in arktischen Breiten, während nur 6% den Tropen angehören. Der größte Teil des Kontinents, etwa das Gebiet der USA und der Süden Kanadas, liegt im Klimabereich der gemäßigten Zone.
Das Klima des Kontinents Nordamerikas ist äußerst vielgestaltig. Das Innere Grönlands ist das ganze Jahr über von einer mehrere 1000 m mächtigen Eiskappe bedeckt, die Meeresstraßen der arktischen Inselwelt sind vom Eise versperrt. Ewige Gefrornis des Bodens und lange Vereisung der Wasseradern charakterisieren Alaska und die nördlichen Gebiete Kanadas. Das Große Becken, zwischen den Ketten der Kordilleren eingeschlossen, leidet im Sommer unter starker Hitze und Trockenheit; sterile, unbesiedelte Wüsten bedecken größere Räume in Niederkalifornien und Nordmexiko. Dagegen begleitet tropischer immergrüner Wald die unterste, dem Golf zugewandte Gebirgsstufe im Süden Mexikos.
Für den allgemeinen **Klimacharakter** des Kontinents sind folgende Tatsachen von weittragender Bedeutung: Die Eigenart der Oberflächengestaltung, der Austausch zwischen arktischen und tropischen Luftmassen, der Verlauf der Meeresströmungen.
1) Die in nordsüdlicher Richtung verlaufenden Ketten der westlichen Kordilleren verhindern das Eindringen der milden, feuchten Westwinde, die insbesondere für die gemäßigte Zone charakteristisch sind. Der gesamte östlich der Gebirgsbarriere gelegene Teil Nordamerikas liegt in ihrem Wind- und Regenschatten; die jährlichen Temperaturanomalien sind groß. Er besitzt also Kontinentalklima: Die Winter sind kalt und trocken. Die Januarisothermen verlaufen nicht parallel den Breitengraden, sondern sind, je mehr die Entfernung zwischen den beiden Ozeanen wächst, stärker nach Süden ausgebuchtet. Während der Sommermonate ergeben sich im Inland wie auch an der atlantischen Küste sehr hohe Durchschnittstemperaturen.
2) Der Austausch zwischen arktischen und tropischen Luftmassen bestimmt auch in Nordamerika ebenso wie in Nordeuropa wesentlich den Witterungsverlauf. Zyklonale Störungen, die den Kontinent in westöstlicher Richtung auf jahreszeitlich verschiedenen Zugstraßen durchziehen, rufen die verschiedenen Wetterlagen hervor.
Während der Wintermonate sind die polaren Luftmassen vorherrschend. Pazifische Polarluft bringt dem westlichen Küstengebiet schneereiches mildes Wetter. Trockene Polarluft dringt im Inneren weit nach Süden vor und läßt die Großen Seen oft bis zu drei Monaten gefrieren; atlantische Kaltluft bringt Neufundland und Labrador wolkiges und unbeständiges Wetter. Von einem über dem Großen Becken gelegenen Hochdruckgebiet strömt warme, trockene Luft, von einem über dem Golf liegenden Hoch tropisch-maritime Luft nach dem atlantischen Tief im Nordosten. Diese Luftmassen berühren sich schon über dem Mississippi-Missouri-Gebiet mit der polaren Kaltluft. Dabei bilden sich hinter der Gebirgsbarriere neue, in östlicher Richtung wandernde Zyklonen, die während des Winters zwei Zugstraßen bevorzugen. Die erste verläuft von der kanadischen Grenze als Ostfuß der Kordilleren bis nach Neuschottland, die andere vom Großen Becken bis zum Gebiet der Großen Seen.
Da die tropische Luft wärmer und leichter ist, neigt sie dazu, über der Kaltluft aufzugleiten, wobei sie heftige Niederschläge – über dem Südosten Nordamerikas in Form von Regen, über dem südlichen Kanada in Form von Schnee – hervorruft. Im zeitigen Frühjahr ist in den nördlichen Gebieten der Great Plains, in den kanadischen Provinzen Mackenzie, Alberta und Saskatchewan, der **Chinook**, ein warmer trockener Fallwind, von den Kordilleren kommend,

von besonderer Bedeutung. Er entsteht, wenn eine Zyklone auf der ersten erwähnten Zugstraße den Kontinent quert. Die von ihm hervorgerufenen Temperaturerhöhungen betragen oft mehr als 10 Grad. Dadurch wird eine rapide Schneeschmelze verursacht, so daß weite Landstriche im Frühjahr sehr zeitig für die Bebauung mit Getreide und als Viehweide freigegeben werden.

Im Sommer sind es überwiegend tropische Luftmassen, die das Klima beeinflussen. Von einem schwachen, im Nordosten gelegenen Tief angesaugt, bewegen sich feuchte tropische Luftmassen vom Golf aus nach Norden und Nordosten. Die zunehmende Erwärmung, die sie auf ihrem Wege bis zu den Großen Seen erfahren, führt zur Bildung von Gewittern, die von reichlichen Niederschlägen begleitet sind. Dieser Situation verdankt der gesamte Osten – die atlantische Küste, das Mississippigebiet, der Raum um die Großen Seen und die Great Plains, bis weit nach Norden über den 60. Breitengrad hinaus – seine reichlichen Sommerregen, die sich besonders auf den Anbau landwirtschaftlicher Produkte günstig auswirken. Ein weiteres Tief lagert über dem heißen Großen Becken. Die von Norden und Westen zuströmenden Luftmassen sind aber extrem trocken, da sie ihre Feuchtigkeit einerseits beim Übersteigen der Gebirgsbarriere als Steigungsregen abgeben, andererseits ihr Sättigungsgrad durch die extreme Erwärmung noch weiterhin absinkt. Das gesamte westlich des 100. Meridians westlicher Länge gelegene Innere Nordamerikas, von der Arktis bis zum Wendekreis, empfängt weniger als 500 mm Niederschläge im Jahr, während des Januars fallen sogar weniger als 25 mm. Im Gegensatz zu den Wintermonaten nehmen die Tiefdruckgebiete des Sommers bisweilen weiter südlich ihren Ausgang.

Das Fehlen jeglicher west-östlich verlaufender Gebirgszüge hat zur Folge, daß sich der Austausch polarer und tropischer Luftmassen ungehindert und mit großer Heftigkeit vollziehen kann. Besteht ein starkes Druckgefälle, so wird polare Kaltluft im Rücken der sich ostwärts bewegenden Zyklonen von Nordwesten her in den großen Ebenen weit nach Süden gerissen. Diese Kaltlufteinbrüche (cold waves) bewirken innerhalb kürzester Zeit gewaltige Temperaturstürze. So sank im Januar 1951 in Goodland, Kansas, die Temperatur von 26,1° C in sechs Stunden auf 4,4 °C und innerhalb weiterer 16 Stunden auf −16,1 °C ab. Besonders in den südlichen Landesteilen im Bereich der subtropischen Kulturen verursachen sie große wirtschaftliche Schäden. Durch jahrzehntelange Bemühungen ist es schließlich gelungen, Sorten zu züchten und Anbauverfahren zu entwickeln, die den plötzlichen Frosteinwirkungen besser widerstehen.

In den nördlichen Plains führen die **Blizzards**, Stürme, die mit großer Geschwindigkeit Schnee und Eiskristalle über die baumlosen Ebenen fegen, zu Verkehrsbehinderungen. Sie setzen nach Perioden verhältnismäßig milden Wetters so plötzlich ein, daß Tiere und Menschen, die sich nicht rechtzeitig in Sicherheit bringen können, erfrieren.

Die **Northers**, die das ganze Gebiet bis zur Golfküste mit einer durchschnittlichen Windgeschwindigkeit von 50 bis 60 km/h passieren, bewirken nicht nur schwere Schäden in der Landwirtschaft durch Frost, sondern auch in den flachen Küstengewässern durch die starke Abkühlung. Sie sind oft mit heftigen Niederschlägen verbunden. Der Eisregen (sleet) überzieht dann in kürzester Zeit alles, nicht nur den Erdboden, mit Eispanzer; Eisbruch schädigt Baumbestände, Telefonleitungen, legt den Verkehr lahm, und das Vieh auf der Weide findet keine Nahrung mehr.

Das entsprechende Gegenstück sind die an Frontalzonen im warmen Sektor einer Zyklone entstehenden außertropischen Wirbelstürme, die **Tornados.** Sie bewegen sich im Mississippibecken auf der Vorderseite der Zyklonen, von Wolkenbrüchen begleitet, nordostwärts. Ihr Durchmesser und die Länge ihrer Zugbahn sind verhältnismäßig klein; im Durchschnitt wird ein Areal von 8 km² betroffen. Aber durch ihre extrem hohe Windgeschwindigkeit, die im Wirbel auf 370 bis 740 km/h geschätzt wird, und den im Auge (Zentrum) plötzlich einsetzenden Unterdruck, der einen explosionsartigen Ausgleich erfährt, bewirken sie starke Gebäudezerstörungen. Im Zeitraum 1916 bis 1952 wurden 8 225 Personen getötet, der Sachschaden belief sich auf 541 Mio Dollar, die durchschnittliche Häufigkeit betrug 156 Tornados pro Jahr.

Die weniger heftigen, aber ausgedehnteren tropischen Wirbelstürme, die **Hurrikane**, brausen entlang der atlantischen Küste bis Neufundland. Besonders betroffen sind das Golfgebiet und Florida (etwa 7 Hurrikane im Jahr). Weit größer als die durch den Wind hervorgerufenen Schäden sind die durch die ihn begleitenden übermäßigen Regenfälle ausgelösten Überschwemmungen und die durch den Orkan hervorgerufenen Flutwellen, die besonders die Haff-Nehrungsküsten betreffen. Der Hurrikan Hazel vom 3. bis 14. 10. 1954 hatte eine Zuggeschwindigkeit von 43 km/h. Die Windgeschwindigkeit betrug 240 km/h. Das „Auge" hatte einen Durchmesser von 13 km, die Windstille im Auge dauerte 30 Min. Danach stieg die Windgeschwindigkeit sofort wieder auf 170 km/h an. Die meteorologischen Stationen haben einen Warndienst eingerichtet, der laufend über den Weg der bei ihrem Erscheinen mit weiblichen oder männlichen Vornamen in alphabetischer Reihenfolge belegten Stürme berichtet und auch über den voraussichtlich weiteren Verlauf informiert.

3) Der kalte Labradorstrom, der an der atlantischen Küste bis an Neufundlands und Neuschottlands Küsten vordringt, wirkt stark abkühlend auf die Temperaturen des Hinterlandes und bedingt Nebelbildung und wolkiges Wetter. So ist z. B. New York im Winter mit einem Januarmittel von −1,6 °C fast 10 K kälter als das auf gleicher Breite gelegene Neapel (+8,0 °C). Das Zusammenwirken der kalten Kalifornienströmung und des kalten Auftriebwassers der Passatzone führt dazu, daß selbst die gelegentlich landeinwärts strömenden maritimen Luftmassen, obwohl sie am Gebirge aufsteigen müssen, über dem erhitzten Land noch stark erwärmt werden und ihr relativer Feuchtigkeitsgehalt absinkt. Das Gebiet von Niederkalifornien ist ähnlich wie die Sahara extrem trocken, die Vegetation trägt Wüstencharakter. Klima- und wetterbegünstigend wirken die relativ warmen Strömungen, der Antillen-, der Florida- und der Nordpazifische Strom.

Die große räumliche Ausdehnung Nordamerikas macht eine Aufteilung in mehrere **Klimaprovinzen** erforderlich:

1) Die wesentlichen Merkmale der **arktischen Klimaprovinz** sind extrem tiefe Temperaturen. Gjoa Haven (King-William-Insel) hat eine Jahresdurchschnittstemperatur von −16,9 °C; das Julimittel beträgt −6,2 °C, das Januarmittel −39,6 °C. Der Boden ist fast das ganze Jahr über tief gefroren und weist kaum Vegetation auf. Bei Point Barrow im nördlichen Alaska z. B. beträgt die maximale Tiefe des Permafrostbodens 400 m. Die Niederschläge sind sehr gering.

2) Die **boreale Klimaprovinz** reicht, mit Ausnahme des westlichen Küstenstreifens vor den Kordilleren, fast bis zum 50. Breitengrad. Starke jährliche Temperaturgegensätze kennzeichnen den kontinentalen Klimacharakter. Das an der Hudsonbai gelegene York Factory hat ein Jahresmittel von −6,6 °C, das Mittel des wärmsten Monats (August) erreicht 14 °C, das des kältesten Monats (Februar) −28 °C. Die frostfreie Periode dauert kaum drei Monate. Die mäßigen Niederschläge fallen hauptsächlich als Sommerregen.

3) Milde maritime Luftmassen, die an den Kordilleren zum raschen Aufsteigen gezwungen werden, verleihen der **pazifischen Klimaprovinz**, den Küstengebieten von den Aleuten bis nach Nordkalifornien, gemäßigte Temperaturen und reichliche Niederschläge, vor allem im Winter. Die stark vergletscherten Westhänge der kanadisch-alaskischen Kordilleren erinnern an die skandinavische Fjordküste, das südlich daran anschließende Küstengebiet ist – ähnlich den Küsten Westeuropas – das ganze Jahr über feucht und mild.

4) Die **atlantische Küstenprovinz**, die sich von der atlantischen Küste bis zum Westrand des Mississippibeckens, von den Großen Seen bis dicht an die Küste des Golfes von Mexiko erstreckt, trägt während des Sommers kontinentale Klimazüge, die Winter sind besonders in den küstennahen Gebieten durch maritime Einflüsse gemildert. Die Jahresmitteltemperaturen liegen mit Ausnahme der nördlichsten Landschaften über 10 °C, die jährlichen Schwankungen übersteigen bisweilen 30 K. Die frostfreie Periode dauert im Norden bis zu sechs Monaten, im Süden bei 38° n. Br. schon neun Monate. Die Niederschläge (zwischen 800 und 1100 mm jährlich) sind fast gleichmäßig über das Jahr verteilt.

5) Kontinentale Eigenschaften, d. h. große jährliche Temperaturschwankungen und mäßige Niederschläge, kennzeichnen die **Prärieprovinz**, die bis zum Fuße der Rocky Mountains reicht. Die Jahresmitteltemperaturen nehmen von Norden nach Süden hin zu, die Niederschläge von Osten nach Westen hin ab, westlich des 100. Meridians betragen sie – wie schon erwähnt – weniger als 500 mm im Jahr. Die warmen Sommertemperaturen ermöglichen auch in den nördlichen Teilen dieser Provinz, im südlichen Kanada, den Anbau von Sommerweizen.

6) Die **Gebirgs- und Beckenregion** schließt sehr unterschiedliche Lokalklimate ein. Die Temperaturen nehmen mit der Höhe rasch ab, die im Windschatten gelegenen Becken und Gebirgshänge sind extrem trocken, die jährlichen Temperaturunterschiede zwischen dem wärmsten und kältesten Monatsdurchschnitt übersteigen häufig 30 K, die täglichen Schwankungen in den Trockengebieten liegen noch viel höher.

7) Die **Kalifornische Klimaprovinz**. Sie hat Etesienklima mit milden regenreichen Wintern und heißen trockenen Sommern. Gegen das Inland wachsen die Temperaturanomalien ebenso rasch an, wie die Niederschlagsmengen abnehmen. In abgeschlossenen Becken (Tal des Todes und Mojave Wüste) herrscht daher bereits ausgesprochenes Wüstenklima.

8) Die **Golfprovinz**, die Florida und die Südstaaten bis Arkansas und Louisiana umfaßt, hat reiche Niederschläge, in Florida mit deutlichem Sommermaximum; heiße Sommer und milde Winter kennzeichnen den jahreszeitlichen Temperaturverlauf.

9) Das **subtropische Trockenklima** umfaßt die Staaten New Mexiko und Texas sowie den Norden von Mexiko.

10) Der Süden des Kontinents, der Südmexiko, Mittelamerika und die Westindischen Inseln umfaßt, liegt im Gebiet des **tropischen Wechselklimas**. Die Temperaturen sind hoch und zeigen geringe jährliche Schwankungen. Die Niederschläge fallen überwiegend als Zenitalregen während der sommerlichen

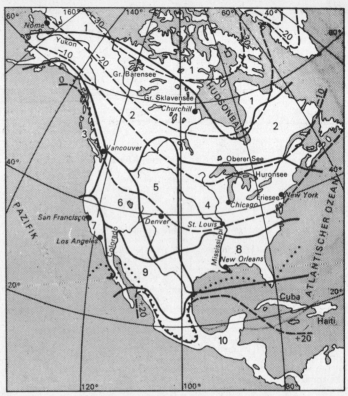

— — Januarmittel • • • • Absolute Frostgrenze 1–10 Klimaprovinzen (s. Text)

Die Klimaprovinzen Nordamerikas

Regenzeit oder als passatische Steigungsregen ohne ausgeprägte Trockenzeit in den östlichen Küstengebieten. Die Binnenlagen sind trockener und haben niedrigere Temperaturen.

Pflanzenwelt. Die Vegetation, durch anthropogene Einflüsse weitgehend überprägt, steht in engem Zusammenhang mit der Oberflächengestalt, den Bodenarten und den klimatischen Voraussetzungen. Deswegen entsprechen auch die Vegetationsgürtel weitgehend den Klimaprovinzen. Die bis zur Baumgrenze reichende Tundrenregion ist vegetationsarm, spärliche Moose und Flechten und andere niedere Pflanzen bedecken den nur kurze Zeit oberflächlich auftauenden Boden.

Als ein etwa 1 000 km breites Band durchzieht der boreale Waldgürtel südlich anschließend den gesamten Kontinent vom Pazifik zum Atlantik. Hier sind Fichten und Kiefern, im Norden noch in Kümmerformen, im Süden schon in wirtschaftlich wertvollen Formen, vorherrschend.

Im Gebiet der gemäßigten Zone unterscheiden sich den Klimaprovinzen entsprechend, durch die jährliche Niederschlagsmenge bestimmt, drei ursprüngliche Vegetationsformen. Die Laubmischwälder des feuchteren, atlantischen Ostens ändern je nach den Bodenkomponenten und klimatischen Bedingungen ihre Zusammensetzung. Sind es im Norden, im Gebiet der Großen Seen, vor allem Buchen, Birken, Ahorne und Fichten, die den Bestand der Wälder ausmachen, sind weiter südlich Eichen und Kiefern vorherrschend. Zu ihnen treten im Bereich von Florida und des unteren Mississippi Tulpenbäume, Sumpfzypressen und Rotgummibäume. Die Graslandschaften im trockeneren Präriland sind im niederschlagsbegünstigten Raum östlich von 100° w. L. mit einer geschlossenen Decke von hohem Gras (tall grass) bewachsen, vereinzelt von Baumgruppen und Galeriewäldern durchsetzt. Nach Westen zu werden sie baumärmer und tragen kurzes Gras (short grass). Grasland-Gehölz-Mischformationen treten auf. Der Pflanzenwuchs wird nach dem trockeneren Süden zu immer spärlicher, bis schließlich der Boden nur noch von einzelnen Büscheln des Büffelgrases und des dornigen Mesquitestrauchs bedeckt ist. In der Gebirgs- und Beckenregion wechseln Wüsten und Wüstensteppen, nur vereinzelte Hänge an der Luvseite der Gebirgszüge zeichnen sich durch üppige Wälder aus, z. B. in der Sierra Nevada mit den riesigen Mammutbäumen. In den abflußlosen Becken, die teilweise von salzhaltigen Böden erfüllt sind, spielen die Salzbuschformationen, vor allem der Sagebrush (Artemisia tridentata), eine besondere Rolle; weiter südlich, im Becken von Arizona, überwiegen die Kreosotbüsche.

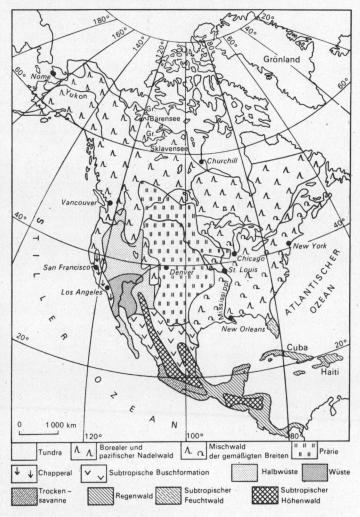

Die Vegetationszonen Nordamerikas

Im Etesienklima Kaliforniens gedeihen Dornsträucher und Hartlaubgehölze, die sich mit ihren lederartigen oder fleischigen Blättern der langen Trockenheit während der Sommermonate anpassen. Diese der mediterranen Macchie entsprechende Formation wird hier Chapparal genannt. Weiter nach Süden, in Nordmexiko, treten Kakteen, Opuntien und Agaven an ihre Stelle. Die Bodenbedeckung wird spärlicher und geht mit zunehmender Trockenheit in Dornstrauch- oder Wüstensteppe und schließlich in Wüste über. Die z. T. mangrovebewachsene Küste am Golf von Mexiko, die mit hochstämmigen Königspalmen bestandene Küste Floridas und die an sie südlich anschließenden Koralleninseln mit ihren Kokospalmen stellen den Übergang zur tropischen Vegetationsform dar.
Die Vegetation der Tropen zeichnet sich durch einen großen Artenreichtum aus. Edelhölzer, Farbhölzer und harte Bauhölzer sind vor allem in den unteren Regionen des immergrünen tropischen Regenwaldes anzutreffen,

Klimaprovinzen und Orte	Lage		Temperaturen in °C			Niederschläge	
	n. Br.	w. L.	Januar	Juli	Jahres-mittel	Jahres-summe in mm	Verteilung
boreale Klimaprovinz							
Fairbanks	64° 29'	147° 52'	−24,4	15,7	−2,5	342	VI–IX
pazifische Klimaprovinz							
Vancouver	49° 11'	123° 10'	2,0	17,6	9,7	1 397	X–I
Portland	45° 36'	122° 36'	4,0	19,8	12,0	982	XI–II
atlantische Klimaprovinz							
Montreal	45° 28'	73° 45'	−11,0	21,2	5,6	1 045	alle Monate
Chicago	41° 47'	87° 44'	−4,0	23,1	9,9	817	Sommermaximum
New York	40° 46'	73° 52'	−0,4	23,4	11,3	1 050	Sommermaximum
St. Louis	38° 45'	90° 23'	0,0	26,4	13,5	959	Sommermaximum
Prärieprovinz							
Winnipeg	49° 54'	97° 14'	−18,2	19,6	2,5	498	V–VIII
Denver	39° 46'	104° 53'	0,0	22,1	10,1	360	Sommer
Gebirgs- und Beckenregion							
Prince George (676 m)	53° 53'	122° 41'	−10,1	15,5	3,5	540	alle Monate
Salt Lake City	40° 46'	111° 58'	−1,1	24,7	10,9	418	Wintermonate
El Paso (1 194 m)	31° 48'	106° 24'	7,4	27,3	17,5	226	VII, VIII
Kalifornische Klimaprovinz							
San Francisco	37° 37'	122° 23'	9,8	16,6 (Sept.)	13,6	503	Sommer trocken (Meereslage)
Sacramento	38° 35'	121° 30'	7,5	23,3	15,8	446	Sommer trocken (Binnenlage)
San Diego	32° 44'	117° 10'	12,8	20,3 (August)	16,2	237	Sommer trocken (Meereslage)
Golfprovinz							
New Orleans	30° 00'	90° 15'	12,9	29,3 (August)	21,0	1 544	alle Monate
Miami	25° 49'	80° 17'	20,0	27,8 (August)	24,0	1 447	V–X
subtropisches Trockenklima							
Phoenix	33° 26'	112° 01'	11,1	31,9	20,9	201	VI besonders trocken
tropisches Wechselklima							
Tampico	22° 13'	97° 51'	19,0	28,3 (August)	24,3	1 067	VI–X
San Salvador	13° 43'	89° 12'	22,0	23,0	22,7	1 793	V–X

während die trockeneren Gebiete an der pazifischen Küste und an den Leeseiten von laubabwerfendem Trockenwald bedeckt sind. In den größeren Höhenlagen vollzieht sich der Übergang zu subtropischen und schließlich zu Vegetationsformen, die denen der gemäßigten Zone ähnlich sind.

Da die Vegetationsbereiche besonders gut das vielfältige Zusammenspiel und die Wechselbeziehungen der verschiedenen geographischen Komponenten widerspiegeln, sind sie auch in der folgenden Einzelbetrachtung der Landschaften zur Grundlage der Gliederung gemacht worden.

Tierwelt. Die Tierwelt ist seit der Entdeckung und Besitznahme durch die Europäer stark zurückgegangen. Insbesondere sind die großen Bisonherden, die die Grasfluren bevölkerten und das wichtigste Nutztier der einheimischen Indianerstämme darstellten, bis auf geringe Reste um den Athabaskasee in Kanada verschwunden (z. Z. der Landnahme schätzungsweise 50 bis 60 Mio, 1900 nur noch rund 1 000 Stück!). Die gleiche Dezimierung erfuhren die Biber (1900 nur noch wenige Exemplare) und andere wertvolle Pelztiere, darunter die hauptsächlich am Beringmeer und an der pazifischen Küste Alaskas lebenden Pelzrobben (1911 noch 150000 Stück). Durch die zu Anfang des Jahrhunderts erlassenen Schonbestimmungen sind ihre Zahlen wieder gewachsen (Bisons 30000, Biber 25000, Pelzrobben auf den Pribilof-Inseln im Beringmeer etwa 1,5 Mio). Der Reichtum an wertvollen Pelztieren (Silberfuchs, Polarfuchs, Nerz, Skunks, Sumpfbiber, Marder, Waschbär, Moschusratte und Dachs) lockte zahlreiche Jäger und Pelzhändler in den Raum um die Hudsonbai und führte dort schon frühzeitig zur Anlage fester Siedlungen. Aber die Wildbestände sind weitgehend dezimiert, heute sind großangelegte Pelztierfarmen die hauptsächlichsten Lieferanten der für die kanadische Wirtschaft wichtigen Pelze und Felle. Rene und Moschusochsen liefern den Eskimos in den nördlichsten Gebieten Fleisch und Milch. In den Gebirgsregionen des Westens findet man noch Wapitihirsch, Elch, Waldren, Dickhornschaf, vereinzelt auch Wolf und Bär. Um der bedrohlichen Bestandsabnahme zu begegnen, stehen Jagd und Fischerei heute unter staatlicher Kontrolle. Seit 1903 werden Tierschutzgebiete (National Wildlife Refuges) angelegt, vor allem in den National-Parks der Kordilleren. Skunks und Opossum, die früher im Prärieland heimisch waren, sind fast ganz ausgerottet. Die Tierwelt der tropischen Gebiete umfaßt mit Puma, Jaguar und Klapperschlange schon verschiedene südamerikanische Arten.

Die Regionen des Eises und der Tundra

Dieser Bereich umfaßt außer Grönland, das wegen seiner starken Inlandvereisung eine Sonderstellung einnimmt, den Franklinarchipel und den nördlich der Baumgrenze liegenden Teil des nordamerikanischen Festlandes. Die Baumgrenze, die sich im wesentlichen mit der 10-Grad-Juli-Isotherme deckt, verläuft von der Bristolbai entlang dem nördlichen Polarkreis bis zum Großen Bärensee, wendet sich dann nach Südosten, überquert die Hudsonbai im Norden der St.-James-Bai und erreicht an der Bell-Isle-Straße den Atlantik.
Das Klima dieser Region ist äußerst rauh mit sehr kalten Wintern und kühlen Sommern. Mildernde maritime Einflüsse von der pazifischen Seite her werden durch die Kordilleren ferngehalten; die kalten Meeresströmungen an der Ostseite des Kontinents wirken noch zusätzlich temperaturmindernd. In den Gebieten nördlich des Polarkreises, besonders in Grönland, macht die lange Polarnacht die Winterkälte noch stärker fühlbar. Aber auch während der Sommermonate wirkt der Entzug der Schmelzwärme, die zum Auftauen der obersten Bodenschichten und zur Eisschmelze in der Hudsonbai und den Meeresstraßen des Franklinarchipels verbraucht wird, stark abkühlend. Der Yukon ist von Oktober bis Mai gefroren, in der Hudsonbai ist die Schiffahrt nur von Juli bis Oktober möglich.
Die Pflanzenwelt ist artenarm und erst nach dem Ende der Vereisung wieder eingewandert. Die sommerliche Vegetationsperiode ist kurz. Der Boden, während des Winters steinhart gefroren, taut auch im Sommer nur wenige Meter tief auf. Infolgedessen ist die chemische Verwitterung sehr gering; es bildet sich kaum Bodenkrume, die den Pflanzen ausreichende Nahrung bieten könnte. Aber nur die Gebiete, die vom ewigen Eis bedeckt sind oder deren Julimittel unter 0 °C liegt, sind ausgesprochene Kältewüsten und tragen keinerlei Pflanzenwuchs. In geschützten Lagen und Tälern, ja sogar auf den Moränen zwischen den Gletschern und am Rande des Inlandeises schmiegen sich Flechten und Schneealgen dem Boden an und färben ihn während der Blütezeit zartrosa. Diese in Gebieten mit einem Julimittel zwischen 0 und 5 °C vorherrschende Vegetationsform bezeichnet man als Kältewüstensteppe; sie wird in klimatisch oder günstiger gelegenen Räumen von der Kältesteppe abgelöst, der Tundra, die in Nordamerika als *Barren Grounds* bezeichnet wird. Zur letzteren gehören die *Northern Plains*, die südlichen Inseln des Franklinarchipels und die verhältnismäßig schmalen eisfreien Küstengebiete von Südgrönland sowie die alaskischen Gebiete nördlich vom Yukon, die auf weiten Strecken von einem dichten Teppich von Moospolstern, Gräsern und Kräutern, niedrigen Gebüschen und kriechenden Holzgewächsen (Birken und Weiden) bedeckt sind. Unter der langen Sonneneinstrahlung des Polartages entwickelt sich rasch eine Blütenpracht. Zahlreiche Beeren, die an Größe, Farbe und Aroma die der gemäßigten Zone übertreffen, reifen in wenigen Tagen. Neben den Temperaturen spielt vor allem die Bodenfeuchtigkeit in Abhängigkeit von Hangneigung, Schmelzwasserabfuhr und Bodenart eine bedeutende Rolle für die Vegetation. Die flachwellige Küstenlandschaft am Beringmeer und an der Eismeerküste ebenso wie weite binnenlandige Talgebiete tragen die aus Wollgras, Moosen und Flechten bestehende Nasse Tundra (Wet tundra), die regional weit verbreitet auch mit Polygonböden auftritt. Kreisrunde, etwa 40 cm hohe, von torfigem Material überzogene, dicht mit Seggen bewachsene Hügel, die den Boden wie ein engmaschiges Netz überziehen, verdanken den Gefrier- und Auftauvorgängen an der Oberfläche ihre Gestalt. Auf den besser entwässerten Hängen und längs der Flußläufe, in denen das Wasser nicht stagniert, findet sich die Trocken-Tundra, die neben Flechten und Moosen auch kleinere Sträucher enthält.
In der Tierwelt stehen das Polarrind (Moschusochse), das wilde (Karribu) und das gezähmte Ren für die Versorgung der Bewohner an erster Stelle. Polarwolf, Polarfuchs, Hermelin, Polarhase und Lemmingarten sind für den Jäger eine willkommene Beute. An den Küsten nisten überall Eiderenten, und im Inneren treten Schneehühner, Schnee-Eulen und Schneeammern auf. Reptilien und Amphibien fehlen infolge des gefrorenen Bodens, dagegen gibt es in der Nassen Tundra unzählige Mückenschwärme.

Grönland ist die größte Insel der Erde. Ihre Ostwestausdehnung beträgt bei 70° n. Br. etwa 1 000 km, ihre Nordsüdachse zwischen Kap Morris Jessup (83° 39' n. Br.) und Kap Farvel (59° 46' n. Br.) mißt 2 650 km. Zwischen Europa und dem amerikanischen Festland gelegen, wurde es schon um 981 oder 982 von dem Normannen Erik Raude (Erich der Rote) entdeckt. Er legte dort 985 oder 986 die ersten Siedlungen an, die erst im 16. Jahrhundert wieder eingingen. Die Besiedlung durch die Eskimos erfolgte von Amerika her. Erst 1576 wurde Grönland durch Martin Frobisher wiederentdeckt und ist seitdem die Basis für viele wichtige Forschungen in der Arktis geworden.

Die stark zerlappte und durch Fjorde tief gegliederte Küste Grönlands ist schwer zugänglich. Schon im Herbst bildet sich ein Eisgürtel, der die Insel während des Winters umschließt. Je nach den örtlichen Verhältnissen und der geographischen Breite erreicht er eine Dicke bis zu 2 m, und erst im Frühjahr oder Sommer schwindet er wieder. Die kalte Meeresströmung des *Ostgrönlandstroms* führt riesige Treibeismengen mit sich, die die Fjorde der Ostküste verstopfen. Die großen Meereseisschollen, das Stor-is, lockern sich beim *Scoresby-Sund* erst gegen Ende Juli, im Abschnitt zwischen *Angmagssalik–Kap Farvel* sogar erst gegen Ende August, so daß Grönlands südlichste Provinz gerade im Sommer zu Schiff unerreichbar ist und nur von August bis Februar angelaufen werden kann. Das verkehrsmäßig günstigste Gebiet liegt an der Westküste zwischen Kap Farvel und der *Diskobai*; hier friert das Meer nur zwischen den Schären und in den Fjorden zu, da eine vom Nordatlantikstrom abzweigende wärmere Strömung von Süden her der Küste folgt. Erst nördlich von 66° n. Br. wird während der Wintermonate das Westeis gegen Grönlands Küsten gedrückt, und die Nordküste ist sogar das ganze Jahr über vom Eise geschlossen.

Landeinwärts steigt das Land rasch auf 1 000 m Höhe an. Das gesamte Innere der Insel (84% der Fläche) ist von Inlandeis bedeckt. Der gewachsene Felsuntergrund hat die Form einer flachen Schüssel; Bergketten, deren höchste Erhebungen auch noch weiter landeinwärts als Nunatakker (eisfreie Kuppen) aus dem Eise hervorragen, umrahmen das Inlandeis im Osten und Westen. Ihre höchsten Erhebungen liegen im Osten, wo das *Watkinsgebirge* 4 016 m, die *Petermannspitze* 2 941 m erreicht. Die Bergketten des Randes klingen nach etwa 200 km zur Mitte hin aus und geben einer etwa 400 km weiten Fastebene Raum, die etwa in der Höhe des Meeresspiegels liegt.

Von 67° n. Br. an steigt der gewachsene Untergrund nach Süden hin auf 1 000 m an. Die Eiskappe, die das Innere Grönlands in breiter Wölbung überlagert und bei *Zentralstation* bei etwa 67° n. Br. ihre größte absolute Höhe (3 500 m) erreicht, entsendet riesige Gletscher, die in die Fjorde hineinfließen, dort durch den Auftrieb im Wasser abbrechen und als Eisberge ins Meer hinaustreiben. Die zahlreichsten und größten Eisberge stammen von der Westküste zwischen 69 und 73° n. Br. (Rink-, Upernivik-, Torsukatakgletscher). Während die Eisbewegung im ruhigen Inneren etwa 20 cm je Tag, in der Nähe der Zentralstation nur 3 bis 6 cm je Tag beträgt, erreichen manche Gletscher eine Maximalgeschwindigkeit von 20 m je Tag. Der Rinkgletscher stößt alle 10 bis 20 Tage eine Eismasse von 400 bis 600 Mio m³ ins Meer ab. Nach Holtzscherers Messungen (1954) beträgt die gesamte Eismasse, die Grönland auflagert, 2,7 Mio km³ ± 5%, der Durchschnittswert der Mächtigkeit ist 1 600 m; die mittlere Schneegrenze liegt bei 1 390 m.

Infolge der Inlandvereisung ist Grönland der Kältepol Nordamerikas. Die tiefsten gemessenen Temperaturen liegen bei −65 °C. Die mittleren Januartemperaturen betragen auf *Eismitte* −41,7 °C, die des Februars sogar −47,3 °C, während das Julimittel bei −10,8 °C liegt. Die Küsten, besonders die des Südens, haben mildere Temperaturen (Jahresmittel von *Godthåb* und Angmagssalik −2 °C) und geringere jährliche Amplituden (16,6 und 17,4 Grad). In den Küstengebieten südlich von 70° n. Br. liegen die Monatsmitteltemperaturen von Mai bis September über dem Gefrierpunkt, und an geschützten Stellen entwickelt sich rasch die spärliche Vegetation. Der Boden bedeckt sich mit Moosen, Flechten und Gräsern; örtlich entstehen lichte Haine von Birken, Erlen und Ebereschen.

Meteorologische Forschungen haben ergeben, daß die schweren kalten Luftmassen, die über dem Eis lagern und nach den Küsten hin abgleiten, nur in einem Bereich von 30 bis 300 m über dem Boden wirksam werden. Ihr Verlauf ist von den lokalen Verhältnissen abhängig; am Rande des Inlandeises erreichen sie erhebliche Geschwindigkeiten (maximale Geschwindigkeit 35 m/s, mittlere Geschwindigkeit 7 m/s). Bisweilen rufen sie föhnige Temperaturerhöhungen bis um 20 K und heftige Austrocknung hervor. Maßgebend für alle großklimatischen Erscheinungen sind jedoch die von West nach Ost wandernden Zyklonen. Sie bringen die schwachen Niederschläge, die das Inlandeis speisen: im Nordwesten Grönlands weniger als 250 mm im Jahr; im übrigen Grönland – mit Ausnahme der noch feuchteren Südspitze – 250 bis 500 mm im Jahr.

Die geologische Untersuchung des Untergrundes wird durch die Eisbedeckung erschwert. Den Hauptteil der Insel nimmt eine archaische Rumpfscholle ein, die dem Laurentischen Schild angehört. Der Norden und Osten Grönlands

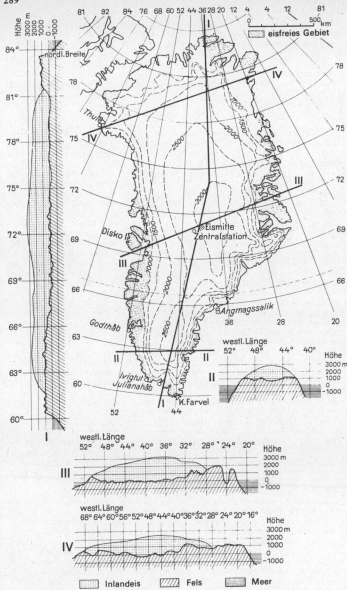

Die Eisbedeckung Grönlands (mit vier Profilen)

wurde von der kaledonischen Faltung überprägt, eine Bruchzone durchzieht den Nordosten. Schiefer-, Gneis- und Quarzitserien sind von wahrscheinlich mesozoischen und tertiären Basaltdecken an den Ost- und Westküsten überlagert, und diese lassen auf jüngere tektonische Vorgänge schließen. In neuerer Zeit ist der gesamte Nordosten wieder gehoben worden, was durch die stark einsetzende Erosion belegt wird.

Auf dem Küstensaum leben die Eskimos, ursprünglich ein arktisches Nomadenvolk; heute sind sie schon weitgehend seßhaft geworden. Die 48000 (1975) Grönländer, unter denen nur etwa 3000 Europäer sind, haben zahlreiche kleine und kleinste Wohnplätze mit meist weniger als 1000 Einw. besiedelt, die in der Mehrzahl an der klimatisch milden, über größere Flächen hin eisfreien Westküste liegen, während in Ostgrönland nur wenige Tausend wohnen.

Früher boten Robbenjagd und die Jagd auf wilde Rene, die im Gebiet von *Holstenberg* in größeren Herden auftreten, die Lebensgrundlage für die Bewohner, heute werden die meisten Lebensmittel eingeführt. Mit der Erwärmung des Meerwassers hat in Südwestgrönland die Fischerei neben der wieder auflebenden Schafzucht Bedeutung gewonnen. Im Hausbau macht sich der europäische Einfluß bemerkbar. Für die Industrie, vor allem aber für den Export von Rohstoffen, spielen von den wenigen Bodenschätzen nur die früher für die Aluminiumherstellung bedeutsamen Kryolithvorkommen bei Ivigtut eine Rolle.

Der Franklinarchipel und das nördliche Festland bis zur Baumgrenze

Beide Gebiete zeigen in geologischer Hinsicht ähnliche Züge wie Grönland. Eine stark abgetragene präkambrische Masse, die, ebenso wie Nordeuropa, während der Eiszeit ihre charakteristischen Züge erhielt, umrahmt als Kanadischer Schild (siehe auch S. 291) die *Hudsonbai* und bildet auch den Untergrund des Franklinarchipels. Nur auf den nordwestlichen Inseln und in der Hudsonbai liegen flachgelagerte paläozoische Sedimente auf; und an Bruchlinien, wie an der Ostküste von *Baffinland*, treten mesozoische und tertiäre Ergußgesteine von bisweilen großer Mächtigkeit an die Oberfläche. Das stark vergletscherte *Brooksgebirge* Alaskas und der nördlich davon gelegene Teil Alaskas bis zur Eismeerküste bauen sich hauptsächlich aus mesozoischen Sedimenten auf. An Bodenschätzen ist der Kanadische Schild überaus reich, und ständig werden neue Lagerstätten entdeckt. Doch bereiten die großen Entfernungen und die ungünstigen Klimabedingungen hohe Kosten, so daß nur ein Teil der Bodenschätze heute abgebaut wird. Versuche, das Kupfer am *Coppermine*, Gold im *Keewatindistrikt*, Nickel am *Rankin Inlet*, Glimmer und Graphit in Südbaffinland abzubauen, schlugen infolge der Unrentabilität fehl. Die bescheidenen Kohlenlager auf Nordbaffinland und im Westen des Franklinarchipels (*Darnleybai*) befriedigen nur den Bedarf der Bewohner. Bedeutende Wolframvorkommen, die an der Grenze zwischen dem *Nordwest-* und *Yukonterritorium* entdeckt worden sind, wahrscheinlich die größten Vorkommen des Doppelkontinents, werden seit 1961 abgebaut.

Das Relief ist im allgemeinen flach. Nur an den Küsten von Nordquebec und *Labrador*, in Keewatin und westlich des *Mackenzie* wird es unruhiger. Der aufgewölbte Rand des Kanadischen Schildes setzt sich in den bis zu 2 500 m aufragenden Gebirgszügen von Ostbaffinland, in *Norddevon* und *Ellesmereland* fort, wo Höhen von 1 500 bis 2 000 m erreicht werden. Steil brechen die Küsten am Ostrand von Baffinland, von Norddevon und an der Ellesmere- und *Axel-Heiberg-Insel* zum Meer hin ab. Aus der Eiskappe, die deren Inneres überdeckt, fließen Gletscher in breiten, gewundenen Tälern zur Küste; zahlreiche Fjorde greifen tief in das Innere ein. Steil steigen auch die von Tälern und Inlets (kleine Buchten) stark gegliederten Küsten der zentralen Inseln (*Banksinsel, Melvilleinsel*) zu 150 bis 200 m Höhe an. Die westlichen Inseln sowie auch die Westküsten der übrigen Inseln haben flache Küsten, die allmählich von niedrigen tundrabedeckten Hügeln zu größeren Höhen ansteigen. Die nach Süden hin aufsteigenden Ränder der Hudsonbai und der südlichen Inseln werden von Tiefländern, die sich aus glazialen und marinen Ablagerungen aufbauen, eingenommen und lassen alte Strandlinien klar erkennen.

Die Landschaft wechselt von eisbedeckten hohen Bergen zu seen- und moorbedeckten Tundrenebenen. Einförmige, baumlose Tundra beherrscht den gesamten Nordwesten. Sie wird nur im Mackenzietal von einem kümmerlichen Wald unterbrochen. Ein Geflecht von Flüssen und Wasseradern überzieht das Deltagebiet und das angrenzende Land der ins Eismeer entwässernden Ströme. Flachwellige, mit Heide bedeckte Hügellandschaften, die zahllose Seen, Sümpfe und Moore einschließen, liegen neben rauhen, nackten Fels- und Geröllgebieten im Raume östlich des Großen Sklavensees, des Großen Bärensees und an der Eismeerküste. Baumlos, aber von dichten Moospolstern und Gräsern bewachsen, dehnt sich die Tundra über Keewatin nach Nordostlabrador aus. Nur im Süden, in der subarktischen Übergangsregion, findet man spärliche Lärchen, Weißbirken, Weiß- und Schwarztannen, die der Landschaft den treffenden Namen land of little sticks eingetragen haben.

Die Temperaturen sind niedrig, das Januarmittel liegt bei den meisten Stationen unter $-30\,°C$, das Sommermittel überschreitet selten $10\,°C$, doch können, wenn warme Luftmassen vom Nordatlantik eindringen, die Nachmittagstemperaturen des kurzen Sommers bisweilen auf 15 bis $20\,°C$ ansteigen. Im allgemeinen bringen aber die von West nach Ost wandernden Zyklonen arktische Kaltluft aus Westen und Norden. Auf den nordarktischen Inseln frieren die Buchten und Flußläufe schon Mitte September zu, im Bereiche der südarktischen Inseln sind Ende Oktober alle Seen und die Küsten mit Eis bedeckt. Das Küsteneis wächst 8 bis 10 km weit ins Meer hinaus. Die Meeresstraßen und die Hudsonstraße frieren zu. In der *Hudsonstraße* bilden sich große Meereisschollen, die sich mit den Gezeiten, den Strömungen und den Winden bewegen. Erst Ende Juni bricht das Flußeis auf, das Küsteneis lockert sich und verläßt Anfang Juli mit den Strömungen die Meeresstraßen. Daher ist die

Schiffsverbindung mit den südlichen arktischen Inseln von den jeweils vorherrschenden Winden abhängig. Nur der *Lancastersund* und die nördliche *Baffinbai* sind fast immer eisfrei, die Hudsonbai während 65 Tagen im Jahr.
Die Niederschläge, die im Westen weniger als 250 mm/Jahr, im Osten an der Hudsonbai und in Ost- und Südostbaffinland 500 mm/Jahr erreichen, fallen zur Hälfte in den warmen Sommermonaten.
Die Vegetationsperiode ist kürzer als fünf Monate. Der Dauereisboden taut im Sommer nur 60 cm bis 1 m tief auf. Die westlichen Teile des Franklinarchipels tragen auf ihren trockenen Silurkalkflächen spärlichere Vegetation als die wärmeren Gebiete des Inneren, die von Heide bedeckt sind. An den Küsten finden sich häufig arktische Wiesen. Moschusochsen, Karribus und zahme Rene kommen im ganzen Raume vor. Während des Winters wandern sie bisweilen über die festgefrorenen Meeresstraßen zum Festland und umgekehrt.
Der Mensch bewohnt nur das Festland und die südlichen Inselgruppen. Er lebt als Jäger und Trapper. Insgesamt leben etwa 8 800 Eskimos in der Eis- und Tundraregion, davon haben sich die 2 000 in den westlichen Gebieten wohnenden schon am meisten in ihren Lebensgewohnheiten und Besitzverhältnissen den Trappern angeglichen. Jeweils etwa 2 000 Eskimos leben in Keewatin, in Nordquebec und auf Baffinland. Wichtiges Handelsobjekt ist der Polarfuchs mit jährlich etwa 4 000 Stück, dazu kommen in geringerer Zahl Eisbären, Hermeline und Wölfe.

Südlich an die Region des ewigen Eises und der Tundra schließt sich ein riesiges Waldgebiet an, das mit dem Taigagürtel Asiens zu vergleichen ist. Von den Aleuteninseln reicht es an der Westküste bis San Francisco, zieht als durchschnittlich 1 000 km breiter Gürtel durch Alaska und Kanada bis an die Küste Labradors und greift auf Neufundland über. Seine Südgrenze, die in den trockenen Gebieten der Großen Ebene durch die Grasvegetation der Prärien nach Norden gedrängt wird, verläuft weiter östlich am Nordrand der Großen Seen bis zum St.-Lorenz-Golf. Einzelne Waldinseln dieses Typs bedecken die Höhen Akadiens. Die einzelnen Erscheinungsformen dieses Waldes können in Abhängigkeit von Klima, Höhenlage und Bodenbeschaffenheit ganz verschieden sein, aber immer bildet der Wald das beherrschende Landschaftselement und nimmt auch in der Wirtschaft dieser Gebiete eine Vorrangstellung ein. Im allgemeinen nimmt die Zahl der Arten nach Süden hin zu, die Pflanzendecke wird dichter, die Wuchsform kräftiger. Zu den Weiß- und Schwarzfichten, den Lärchen und Birken der nördlichen Übergangsregion gesellen sich Balsamtannen, Pappeln und Graukiefern, die an der Westküste mit Weymouthskiefern und Hemlocktannen, im Südosten, am Rande des Gebietes der Großen Seen, mit Laubbäumen, insbesondere mit Ahorn, Eichen, Birken und Eschen, durchsetzt sind. Aber auch die Hochgebirgsregionen der Kordilleren, die pazifischen und die atlantischen Küstengebiete nehmen innerhalb dieser Zone eine besondere Stellung ein.

Das boreale Waldgebiet

Der Kanadische (Laurentische) Schild bildet den Untergrund der Tundrenregion (siehe S. 287) und des daran anschließenden nördlicheren Teiles des borealen Waldgebietes. Seine südliche Grenze verläuft etwa entlang der zahlreichen Seen.
Kristallines Präkambrium bildet heute im wesentlichen die Oberfläche des Kanadischen Schildes. Während der vier nachgewiesenen Kaltzeitperioden des Pleistozäns räumten die Gletscher die Bodenkrume ab und schoben sie als Moränen südwärts. Die Gletscher der letzten, der Wisconsin-Vereisung, stießen von ihren drei in Labrador, Keewatin und im Raume der Hudsonbai gelegenen Zentren aus ungefähr bis dorthin vor, wo heute der Südrand des borealen Waldgürtels liegt. Nördlich dieser Grenze ist die Bodenkrume nur dünn, dagegen haben die Randgebiete eine mächtigere Bodenkrume, die sich bisweilen, wie im Gebiet südlich des Manitoba- und des Winnipegsees, durch größere Fruchtbarkeit auszeichnet. Die westlichen Kordilleren unterlagen einer besonderen Vergletscherung, die aber mit zur Speisung des großen Inlandeises beitrug.
Nach dem Rückgang des Eises hob sich das vom Druck der Eismassen entlastete Land. Zahlreiche große Seen, wie der *Große Bärensee*, der *Große Sklavensee*, der *Athabaska-*, *Rentier-* und *Winnipegsee*, und das Gebiet der Großen Seen mit *Oberem See*, *Michigan-*, *Huron-*, *Erie-* und *Ontariosee* säumen den 300 bis 600 m hoch gelegenen Rand des Kanadischen Schildes. Sie liegen entweder in alten Tälern, die durch Moränenablagerungen blockiert wurden, oder in eiszeitlichen Ausräumungsbecken, die von Schmelzwasser gefüllt wurden und Seen von riesigen Ausmaßen bildeten. So bedeckte der Lake Agassiz, als dessen Reste der Winnipeg-, Winnipegosis-Manitoba-See, der *Wäldersee* und viele kleinere Seen anzusehen sind, z. Z. seiner größten Aus-

Der Kanadische Schild im borealen Waldgebiet

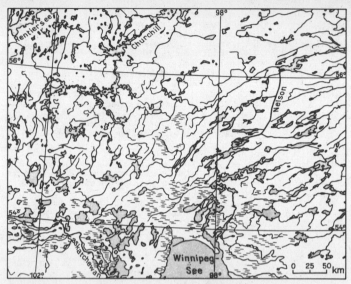

Ausschnitt aus dem Gewässernetz auf dem Kanadischen Schild

dehnung fast 300000 km² Fläche. Der Algonquinsee nahm das Gebiet des Oberen Sees, Michigan- und Huronsees ein, und der zeitweilig mit dem Ozean in Verbindung stehende Champlainsee reichte vom Ontariosee bis zum St.-Lorenz-Golf.

Sanft gewellt, fast eben, umschließt die alte Rumpffläche die Hudsonbai. Flach eingebettete, zur Verlandung neigende Moore, Seen und Sümpfe bedecken weite Teile des Landes. An anderen Stellen tritt aus der dünnen Bodenkrume der nackte Fels zutage. Ganz allmählich erfolgt der Anstieg nach dem südlichen Rande hin. Hier wird das Relief unruhiger; eine paläozoische Randstufe bildet die Felsenkette der *heights* am Nordrand des Oberen Sees. Zahlreiche Flüsse folgen der Abdachungsrichtung zur Hudsonbai. Infolge der geringeren Reliefenergie ist ihr Lauf vielfach gewunden und verästelt. Sie pendeln von See zu See und benutzen alte Rinnen und Täler. Aber während der Sommermonate sind sie wichtige Verkehrswege für den Bootsverkehr, besonders im Norden, wo Eisenbahnlinien – mit Ausnahmen der von Winnipeg nach Churchill und nach Lynn Lake führenden – und Landstraßen fast völlig fehlen. 1942 wurde durch die westlichen Gebiete Kanadas die 2437 km lange Alaskastraße von Dawson Creek (westlich des Kleinen Sklavensees, am Peace River) über Fort St. John, Fort Nelson, Whitehorse nach Fairbanks gebaut.

Das Klima ist kontinental und rauh. Neufundland und die Küsten Labradors leiden unter häufigem Nebel und dichter Bewölkung; aber auch die weiter landeinwärts gelegenen Provinzen haben im Winter heftige Schneefälle sowie starke sommerliche Niederschläge.

Der Wald, insbesondere der Ungavawald auf Labrador, ist ein Rückzugsgebiet für die Tiere der südlicheren Gebiete, die dem Menschen ausweichen, aber auch für die der Tundrenregion, die sich während des Winters hierher zurückziehen. Bär, Luchs, Rotfuchs, Nerz, Marder, Hermelin, Bisamratte und Robben (Seal) sind für die Pelztierjäger eine begehrte Beute.

Der fast unerschöpflich erscheinende Holzreichtum Neufundlands, der Insel Anticosti und der drei kanadischen Provinzen Quebec, Ontario und Manitoba, bei denen mehr als 65% der gesamten Fläche von Wald bedeckt ist, aber bisher höchstens zu 20% genutzt wird, bildet die Grundlage der holzverarbeitenden Industrie, insbesondere der Zellulose- und Papierherstellung. Ihre Standorte,

Schematisches Nord-Süd-Profil durch Nordamerika von der Hudsonbai zum Michigansee auf etwa 86° w. L. (nach Atwood)

vor allem die der Sägemühlen, knüpfen sich meist an das Vorhandensein von Wasserkräften. Auf Neufundland, wo das Zusammentreffen des warmen Nordatlantikstromes mit dem kalten Labradorstrom bei den *Neufundlandbänken* (Grand Banks) in bezug auf Temperatur-, Salz- und Nährstoffgehalt ideale Voraussetzungen für die Ansammlung riesiger Schwärme von Kabeljau, Hering, Lachs und Austern bietet, spielt neben der Holzindustrie (Herstellung von Zeitungspapier) die Fischverarbeitung eine große Rolle.

In die präkambrischen Sedimente des Untergrundes sind später magmatische Massen gedrungen, wobei sich zahlreiche mineralische Adern und Erzgänge gebildet haben. Für die moderne industrielle Entwicklung sind die zahlreichen Uranlagerstätten, die wie eine Perlenkette am Rand des kanadischen Landrückens aufgereiht liegen, von *Port Radium* am Großen Bärensee entlang dem Gebiet der Großen Seen bis zur Mündung des St.-Lorenz-Stromes, von großer Bedeutung. Ebenso befinden sich dort zahlreiche, z. T. große Goldvorkommen und nördlich der Hudsonbai einige kleinere Silbervorkommen. Nicht minder wichtig sind die Erzlagerstätten in der Umgebung der Großen Seen (siehe S. 299), die Kupfer- und Zinkminen von *Flin Flon* und Lynn Lake, die 1949 nach dem Unrentabelwerden der Sheridonminen 200 km nördlich von Sheridon erschlossen wurden, sowie die erst seit 1954 abgebauten Eisenerzlager von *Labrador City* und *Schefferville* (Quebec). Sie stellen einen wesentlichen Teil des Reichtums Kanadas dar und haben zur frühzeitigen Besiedlung der oft in physisch-geographischer Hinsicht am ungünstigsten ausgestatteten Räume geführt.

Die Großen Ebenen im borealen Waldgebiet

An den westlichen Rand des Kanadischen Schildes schließt sich die Landschaft der Großen Ebenen (Great Plains) an. Diese begleiten als sehr flach nach Osten geneigtes Stufenland den Ostfuß der Kordilleren vom Delta des Mackenzies bis zum Rio Grande, reichen also weit nach Süden über den borealen Waldgürtel hinaus. Ihre Ost-West-Ausdehnung beträgt im nördlichen, vom *Mackenzie* entwässerten Gebiet etwa 200 km, verbreitert sich aber vom Großen Sklavensee an auf ungefähr 500 km. Der Untergrund besteht aus Oberkreideschichten (kohleführende Montana-Schichten), die fast horizontal in einer mächtigen Synklinale gelagert sind. Ein schmaler Streifen aus überwiegend devonischen Kalksteinen bildet im Süden des Waldgürtels zunächst einen schmalen Grenzsaum gegen das Präkambrium im Osten, verbreitert sich aber am Oberlauf des Mackenzies bis an den Gebirgsfuß der Rocky Mountains und ist erst im unteren Mackenzietal wieder von Kreideschichten überdeckt. Im Raum nördlich und südlich des *Athabaskaflusses*, bei *Edmonton* im *Turner Valley* und in *Calgary* befinden sich reiche Erdgas- und Erdölquellen. Pipelines führen von Edmonton über Duluth nach Sarnia am Südende des Huronsees und nach Vancouver, große Raffinerien stehen in *Regina* und *Winnipeg*. Gesättigte Ölsande breiten sich über mehrere 100 km² Fläche aus und stellen riesige Reserven dar.

In der Waldregion ist die Landschaft der Großen Ebenen nur wenig von der des Kanadischen Schildes unterschieden. Die Eiszeit hat auch ihr das Gepräge gegeben. Die im Durchschnitt 800 m hoch am östlichen Steilabfall der Kordillere liegende obere Präriestufe ist von Grundmoränenschutt überlagert, bisweilen auch subglazial ausgewaschen und mit Deltasanden bedeckt. Die Flüsse, unter denen *Saskatchewan*, Athabaska und *Peace River* die bedeutendsten sind, haben sich oft 100 bis 120 m tief in die Deckschichten eingeschnitten; auf der niederen, durchschnittlich 300 bis 500 m hohen Stufe verlaufen sie in breiten, in glaziale Schutt- und Geröllmassen eingebetteten Tälern, die z. T. schon den Schmelzwässern der letzten Eiszeit als Abfluß gedient haben.

Die Niederschläge liegen in allen Gebieten unter 500 mm im Jahr, die jährlichen Temperaturamplituden sind sehr hoch und schwanken zwischen 34 und 41 Grad. Das Jahresmittel liegt dicht über oder unter dem Gefrierpunkt. Durch die geringe Luftfeuchtigkeit ergibt sich geringe Bewölkung; die Wirkung der Sonneneinstrahlung ist sehr groß. Infolgedessen besteht am Peace River und am *Fort Nelson River* die Möglichkeit des „mixed farming" mit Getreideanbau und Schweinezucht. Vor allem Hafer- und Gerstenanbau werden in kleinem Maßstabe betrieben.

Als lichtes Gehölz, in dem Espen und hohe Gräser vorherrschen, tritt uns der Wald im südlichen Grenzgebiet dieser Region, dem nördlichen Saskatchewan, entgegen. Gemischte Wälder aus laubabwerfenden und immergrünen Arten mit Zitterpappeln, Weiden, Fichten (Picea glauca) und mit dichten Unterholzbeständen an Haselnuß, Rosen und Beerensträuchern schließen sich nördlich an, auf die bei etwa 60° n. Br. reiner Nadelwald folgt.

In der Mackenzieniederung ist das Relief unruhiger. Zwischen den von Schwarztannen umstandenen Seen und Mooren liegen offene Gebiete mit glazialen Aufschüttungen und kahlen nackten Felsen. Den Fluß begleiten Weißtannen in geschlossenen Beständen. Aber in diesen nördlichsten Gebieten sind die Wuchsformen spärlich und verkrüppelt. Infolge der geringen Verkehrserschließung wird nur der Mischwald forstwirtschaftlich genutzt. Papier und Zellulose werden in kleinen und mittleren Betrieben hergestellt.

Das Gebirgsland der Kordilleren im borealen Waldgebiet

Der westliche Teil des borealen Waldgürtels bedeckt die unteren Bergketten, Hänge, Plateaus und Täler des westlichen Hochgebirges und die Küstenlandschaften von der Halbinsel Alaska bis in das Gebiet von San Francisco. Der geologische Untergrund besteht aus paläozoischem und mesozoischem Baumaterial, das weitgehend von magmatischen Intrusionen durchdrungen ist und reiche Erzgänge und Erzlagerstätten enthält. Die Oberfläche gliedert sich – ebenso wie im südlichen Teil der westlichen Kordilleren – in mehrere parallel zur Küste verlaufende Ketten, unter denen die vielfach abgesunkene und in Inseln und fjordähnlichen Buchten aufgelöste *Küstenkette* (*Coast Range*), die in ihren einzelnen Abschnitten verschiedene Namen tragenden *westlichen Kordilleren* und das *Felsengebirge* (*Rocky Mountains*) die markantesten sind. Zwischen den westlichen Kordilleren und dem Felsengebirge liegen das *Yukonplateau*, das *Innere Plateau* von Britisch-Columbia und das *Columbiaplateau* eingebettet.

Das Klima ist sehr mannigfaltig. Im allgemeinen erhalten die Küsten und die im Luv liegenden Gebirgshänge reichliche Niederschläge, die im Norden die tiefe Lage der Schneegrenze, im Süden eine besonders üppige Vegetation bedingen. Die Plateaus des Inneren sind niederschlagsarm und zeichnen sich durch sehr große Temperaturunterschiede zwischen Sommer und Winter aus.

Infolge der großen Nord-Süd-Ausdehnung macht sich eine Aufteilung in drei Abschnitte erforderlich:

Das Kordillerengebiet nördlich des 60. Breitengrades. Als schmaler Inselbogen schwingen die Aleuten von Asien zum Festland und trennen gleichzeitig den verhältnismäßig warmen Pazifik vom kalten Beringmeer. Kalte und warme Luftmassen treten in ihrem Bereich miteinander in Austausch. Heftige Stürme, reiche Niederschläge und wolkenverhangener Himmel sind die vorherrschenden Witterungselemente. Bäume können sich hier schwer, meist nur als Kümmerformen entwickeln. Die Niederungen der vulkangekrönten Inseln, insbesondere der *Kodiakinsel*, die als das „Land der 10 000 Smokes" bezeichnet wird, tragen Matten, die von Kräutern und saftigen Gräsern bestanden sind und den Bewohnern gute Viehweiden bieten.

Die östliche Fortsetzung der Aleuten bildet die *Aleuten Range* auf der Halbinsel Alaska. Ewiger Schnee bedeckt die höchsten Gipfel der in westöstlicher Richtung anschließenden markanten *Alaska Range* (*Mount McKinley* 6193 m) sowie der *Chugach-*, *Wrangell-* und *St.-Elias-Kette* (*Mount St. Elias* 5488 m). Zahllose Gletscher erfüllen die U-förmigen Täler. Vor den Südhängen der Ketten breiten sich die gewaltigen Vorlandgletscher aus, wie der Malaspinagletscher. Aus mehreren Firnbecken vereinigen sich hier die Gletscherströme zu einer 3800 km² bedeckenden Fläche und stürzen dann ins Meer hinab. Die Vegetation, die sich im wesentlichen auf Fichten, Hemlocktannen und Zedern beschränkt, ist nur auf wenigen schneefreien Gebieten zu finden.

Zwischen *Brooks Range* und der vorher erwähnten Küstenketten erstreckt sich im Inneren von Alaska das von *Yukon* und *Kuskokwim* entwässerte Zentralplateau. In seinem Oberlauf durchfließt der Yukon und sein kräftiger rechter Nebenfluß, der *Porcupine*, ein sanft gewelltes Hochland von etwa 800 bis 1000 m Höhe. Dichte Wälder, in denen Weißfichten und Birken vorherrschen, begleiten die in tiefe Täler eingeschnittenen Flußläufe, die wie ein Netzwerk das Land überziehen. Schwarzfichten treten vor allem in den Torfmooren auf, erreichen aber nur selten brauchbare Höhe, und die Waldnutzung greift nur wenige 100 m tief in den Wald ein. Etwa vom „Großen Knie" an fließt der Yukon in seinem Unterlauf durch ein großräumiges Senkungsfeld. Nach seiner Vereinigung mit dem *Tanana* durchfließt er, von Altwässern begleitet, in vielfach geschlungenen Mäandern parkähnliche Grasflächen, aus denen einzelne Härtlinge herausragen.

Die Goldgräberstädte *Klondike* und *Dawson* haben ihre Bedeutung und ihre Bewohner rasch eingebüßt. Der Abbau von Kupfer und anderen Mineralien wird heute meist von staatlichen Unternehmungen betrieben. Seit 1973 der Bau der *Transalaska-Pipeline* gegen den Einspruch der Vertreter des Landschaftsschutzes durchgesetzt wurde, können die neuentdeckten riesigen Erdöllagerstätten (4 bis 5 Mrd. t Reserven) Alaskas abgebaut werden, und damit wird eine stärkere Besiedlung und Industrialisierung einsetzen.

Der wichtigste Wirtschaftszweig für die Küstenbewohner ist der Fischfang, vor allem der Fang von Lachs und Heilbutt, und die damit verbundene Fischkonservenindustrie.

Das Kordillerengebiet südlich des 60. Breitengrades bis zum Pugetsund. Südlich des 60. Breitengrades bildet die äußerste Kordillerenkette eine romantische Fjordlandschaft mit zahlreichen Inseln, zu denen die *Vancouverinsel*, die *Königin-Charlotte-Inseln* und der *Alexanderarchipel* gehören. Außerordentlich hohe Niederschläge und milde Temperaturen begünstigen die Entwicklung eines üppigen Waldes. Sitka- und Douglasfichten herrschen vor. Im Süden, etwa von *Prince Rupert* an, spielt der winterliche Frost schon keine wesentliche Rolle mehr. Aber das unruhige Relief bietet keinen Raum für den Ackerbau, vereinzelt trifft man Vieh-, besonders Schafwirtschaft an. In den südlichen Küstenprovinzen stützt sich die Zellulose- und Papierindustrie auf den Wald- und Holzreichtum. Der Fischfang bildet auch hier den Lebenserwerb der Inselbevölkerung. Die Städte *Vancouver*, *New Westminster*, *Victoria*, *Seattle* und *Tacoma* liegen verkehrsgünstig, da die *Juan-de-Fuca-Straße*, die *Straße von Georgia* und die *Königin-Charlotte-Straße* sowie der *Pugetsund* den Zugang zum Pazifik vermitteln und der *Fraser*, der in einem schmalen und tiefen, sehr reizvollen Tal das Kaskadengebirge zerschneidet, sämtliche Verkehrsverbindungen mit dem Osten in sich vereinigt. Somit sind die Inseln und das Hinterland von Vancouver bis Tacoma das günstigste und am dichtesten besiedelte Gebiet. In den milden, windgeschützten Tälern, die während des Winters reichlich Feuchtigkeit erhalten, gedeihen üppige Wälder mit roten Zedern und kräftigen Douglastannen. Im trockeneren Gebiet von Victoria enthält die Vegetation bereits südlichere Elemente, schon Ende Februar beginnt die Blütezeit vieler Pflanzen.

Ein anderes Bild bieten die weiter landeinwärts liegenden Teile: die innere Plateaulandschaft und die Hänge des nördlichen Felsengebirges. Durch die kurze Vegetationsperiode und die gelegentlich auftretenden Sommerfröste ist dieses Gebiet für die Landwirtschaft wenig geeignet. Die geringe Bevölkerung betreibt die Holzfällerei und auf neugewonnenem Boden etwas Weidewirtschaft und spärlichen Ackerbau.

In den südlichen Hochlanden, die das Fraserhochland und das Gebiet um den *Okanagansee* umfassen, ist der infolge der geringen Niederschläge schon stark mit Grasland durchsetzte Wald gerodet worden. Das Neuland dient dem Bewässerungsanbau. Die feuchtigkeitsarmen Täler und die flachwelligen Hochflächen tragen Sommerweizen. Auf den Terrassen des Okanagangebietes wird intensiver Obst- und Gemüseanbau betrieben. Das zur Bewässerung erforderliche Wasser wird aus den höher gelegenen Seen des Hochlandes bezogen. In der gebirgigen Landschaft um den *Kootenaysee* und am Oberlauf des *Columbia* sind die Berge bis zu 2 000 m Höhe bewaldet. Hier spielt neben dem Obstbau der Bergbau auf Gold, Kupfer, Blei und Zink eine wichtige Rolle.

Die tiefen, cañonartigen Täler, in denen die Flüsse *Stikine*, *Skeena* und *Fraser* die Küstenkordilleren durchschneiden, werden von den Überlandeisenbahnen und den Fernverkehrsstraßen (highways) als willkommene Durchgänge benutzt: So verläuft die Canadian National Railway von Prince Rupert durch das Skeenatal nach *Prince George* und weiterhin über den *Yellowhead-Paß* des Felsengebirges nach Edmonton, die Canadian Pacific Railway von Vancouver im Frasertal über den *Kicking Horse Paß* nach Calgary und von dort zur Atlantikküste.

Das Küstengebiet vom Pugetsund bis San Francisco einschließlich der waldbedeckten Sierra Nevada. Südlich vom Pugetsund erstreckt sich das Waldgebiet nur noch als schmaler Streifen auf der Westabdachung des *Kaskadengebirges* und der *Sierra Nevada* sowie auf den westlich vorgelagerten breiten Tallandschaften und auf der *Coast Range* nach Süden. Der nördliche Teil des Kaskadengebirges erscheint plateauartig und wird nur von einigen Gipfeln aus harten Tiefengesteinen überragt. Zahlreiche schneebedeckte Vulkankegel, wie der *Mt. Rainier* (4 392 m) und der *Mt. Shasta* (4 317 m), krönen die Ketten des mittleren und südlichen Kaskadengebirges. Die Sierra Nevada ist nach Westen flach geneigt und bricht steil nach Osten ab. Das sich zwischen der Coast Range und dem Hochgebirge erstreckende große Kalifornische Längstal gehört schon den Subtropen an (siehe S. 310). Der gesamte Küstensaum ist ein Raum tektonischer Unruhe, dessen Bewegung auch noch heute andauert und sich in häufigen Erdbeben bemerkbar macht.

Die unmittelbaren Küstengebiete erhalten reichliche Niederschläge, deren Mengen aber nach Süden und Osten hin rasch absinken. Dichte Tannen-, Fichten- und Zedernwälder bedecken die Hänge des Kaskadengebirges und der Küstenketten. Hier liegen die wichtigsten Holzüberschußgebiete der USA, aus denen besonders für Bauzwecke sehr viel in andere Teile des Landes exportiert wird, während das im Regenschatten liegende *Willamettetal* südlich von *Portland* von lichtem Ahorn-, Pappeln-, Eschen- und Eichengehölz bestanden ist. Etwa vom 41. Breitenkreis an gehen die Küstenwälder in einer Breite von 25 bis 30 km in die vielgerühmten Rotholzbestände mit den Waldriesen von *Sequoia sempervirens;* über. In nordsüdlicher Richtung fast 500 km lang, dringt der unterholzarme, hochaufragende Wald, der trotz des Raubbaus noch heute einen großen Reichtum darstellt, bis nach *San Francisco* vor. Die Vegetation wird hier durch eine warme, polwärts gerichtete Strömung besonders begünstigt, die zu starker Nebelbildung und Steigungsregen führt. Auch die Hänge der Sierra Nevada sind bis in eine Höhe von 2100 m mit dichtem Wald bedeckt. Die Baumriesen der *Sequoia gigantea* stehen hier im Sequoia-Nationalpark und im Yosemite-Nationalpark unter Naturschutz.

Die warm-gemäßigte Zone

An die boreale Nadelwaldregion schließt sich im Süden ein sehr vielgestaltiges Gebiet an. Neben der Höhe der Sommertemperaturen und der Dauer der Wachstumsperiode sind hier die jährliche Niederschlagsmenge und die Verteilung der Niederschläge im Jahresablauf in besonders starkem Maße für die Vegetation ausschlaggebend. Vor der Einwanderung der europäischen Siedler und der von ihnen eingeleiteten und bis heute fortgeführten Umwandlung der natürlichen Landschaft in eine Kulturlandschaft zeigte die natürliche Vegetation ein anderes Bild, als wir es heute vorfinden. Laubmischwald bedeckte den feuchten Osten etwa bis in die Mississippiniederung und die Kämme der Kordilleren bis in die Höhe der Waldgrenze. Grasfluren breiteten sich vom westlichen Teil des Mississippibeckens bis an den Fuß der Rocky Mountains aus und reichten weit nach Norden; Wüstensteppen mit Dornstrauch- und Kakteenbewuchs erfüllten die im Regenschatten der Kordilleren liegenden Plateaus und Becken.

Klima und Witterung der gemäßigten Zone in Nordamerika sind nicht ohne weiteres mit den Verhältnissen in gleicher Breitenlage in Europa zu vergleichen. Nur die pazifischen Küstengebiete haben durch maritime Einflüsse mildes, verhältnismäßig feuchtes Westwindklima. Innerhalb der Kordilleren ändern sich die Temperaturen und die Niederschlagsmengen entsprechend der topographischen Situation. Die Luvseiten der Gebirge erhalten reichliche Niederschläge, die Leeseiten und die allseitig von Gebirgsketten umschlossenen Becken und Plateaus sind trocken. Der Raum östlich der Kordilleren bis zur Atlantikküste ist kühler, die Isothermen verlaufen hier etwa 10° südlicher als in Europa. Der Regenschatten der Kordilleren wirkt sich bis etwa 100° w. L. aus. Die jährliche Niederschlagsmenge liegt hier unter 250 mm; der Norden empfängt die meisten Niederschläge im Frühling, der Süden im Spätsommer. Östlich von 100° w. L. sind die hauptsächlich als Sommerregen fallenden Niederschläge hoch genug, um den bewässerungslosen Anbau, den Regenfeldbau, zu ermöglichen. Die Böden des Ostens unterliegen einer ziemlich starken Auswaschung und machen daher gute Bearbeitung und Düngung erforderlich. Die Prärieböden sind auf Grund ihrer geologischen Struktur kalkreich und durch ständige Humusneubildung auch stickstoffreich, so daß sie als dunkle, krümelige Erden ausgezeichnet für den Ackerbau geeignet sind. Weiter im Westen verlieren sich bei zunehmender Trockenheit die guten Bodeneigenschaften. In den abflußlosen Becken treten Kalk-, Salz- und Gipsausscheidungen auf.

Heute ist der Laubmischwald des Ostens gelichtet. Im Gebiet der Großen Seen dienen Weide- und Futteranbauflächen der Rinderhaltung und der Milchwirtschaft. Mais-, Tabak- und Baumwollfelder bedecken neben ausgedehnten Nutzwäldern die südlicheren Teile. Der Erdöl- und Kohlereichtum der Appalachen hat ebenso wie der Erzreichtum im Gebiet der Großen Seen riesige Industrieanlagen und ausgedehnte Siedlungszentren entstehen lassen. Das ehemalige Grasland wird heute von großflächigen Getreidefeldern bedeckt, auf denen im Norden Sommerweizen, im Süden Winterweizen angebaut wird, während die westlichen Teile als Weidegebiet genutzt werden. Teile der trockenen Wüstensteppe sind durch großzügige Bewässerungsanlagen für den Weizenanbau und den Anbau von Spezialkulturen, wie Obst und Gemüse, erschlossen worden. In Bergbauzentren entstanden große Siedlungen mit Industriebetrieben.

Unter den gegebenen klimatischen Bedingungen, wie die anhaltenden Dürreperioden, das Auftreten von großen Überschwemmungen nach der Schneeschmelze oder von Starkregen in Verbindung mit den Tornados, führte die Rodung des ursprünglichen Waldes, die Beseitigung der natürlichen Gras-

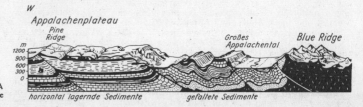

West-Ost-Profil durch den Osten der USA vom Appalachenplateau zur Atlantikküste auf etwa 37° n. Br. (nach Atwood)

narbe, die unsachgemäße Bodenbearbeitung und Überweidung großer Flächen zu einer weitverbreiteten Bodenabspülung (soil erosion). In den überwiegend von Weizenmonokulturen genutzten Agrarflächen von Kansas und Nebraska kam es während der Dürreperioden 1930 bis 1934 zu Bodenausblasungen und Staubverwehungen (dust bowl) extremen Ausmaßes. Um diesen Gefahren zu begegnen und weiterem Verlust wertvoller Naturressourcen vorzubeugen, wurden Maßnahmen zur Bodenkonservierung eingeleitet. Dabei wird z. B. Ackerland, das für den Anbau nicht geeignet ist, wieder in Gras- oder Waldland zurückverwandelt. Zur Einschränkung der Bodenerosion durch das Wasser dienen das Konturenpflügen (es wird isohypsenparallel gepflügt, um den hangab gerichteten Wasserabfluß zu hindern und das Eindringen des Wassers in den Boden zu fördern) und das Strip-Cropping, die streifenförmige Bebauung der Parzellen mit dichter bzw. lockerer stehenden Pflanzen.

Die Laubmischwaldregion

Ganz allmählich vollzieht sich der Übergang vom Nadel- zum Mischwald. Die Laubmischwaldregion erstreckt sich vom Gebiet der Großen Seen und des St.-Lorenz-Stromes bis an die Küste des Golfes von Mexiko und umfaßt folgende Teilgebiete:

Die Appalachen und ihr Vorland
Das Tiefland des St.-Lorenz-Stromes und das Gebiet der Großen Seen
Das Mississippibecken einschließlich des Ozark-Berglandes

Die Appalachen und ihr Vorland. Über 2600 km Länge, von Alabama bis zur *Halbinsel Gaspé* in südwest-nordöstlicher Richtung streichend, erstreckt sich im Osten von Nordamerika das Mittelgebirge der Appalachen. Paläozoische Sandsteine, Schiefer und Kalke bilden in der Hauptsache den geologischen Untergrund. Sie werden von harten Diabasintrusionen durchbrochen und sind an ihren Rändern von Ablagerungen des Kreidemeeres überlagert, während triassische und jurassische Sedimente bereits wieder der Denudation zum Opfer gefallen sind. Das permische Faltengebirge wurde zu einer Rumpffläche eingeebnet, auf deren östlichem Teil in der Trias die mächtigen Newarkschichten aufgelagert wurden. In der Jura- und Kreidezeit tauchten die Rumpfflächenränder im Meere unter, während an anderen Teilen gleichzeitig Hebungen, Brüche und Verbiegungen stattfanden. Die Entwicklung der heutigen Oberflächenformen läßt sich erst seit dem Ende des Tertiärs verfolgen. Im Zuge der großen gebirgsbildenden Umgestaltung, die besonders die Faltung der Kordilleren bewirkte, unterlag auch das Gebiet der Appalachen der Aufwölbung, der Verbiegung und der Bruchbildung. Die chemische Verwitterung und die nach den Hebungen in verstärktem Maße einsetzende Flußerosion schufen durch selektive Denudation der verschieden widerstandsfähigen Gesteinsschichten das heutige Relief. Die *Hudson-Mohawk-Furche* trennt die südlichen Appalachen von den nördlichen.

In den **südlichen Appalachen** umsäumen breite Plateauränder – im Westen als Appalachenplateau, im Osten als Piedmont bezeichnet – das aus der Valleyund Ridgeregion sowie aus den Appalachischen Bergen im engeren Sinne gebildete Kernstück. Mit deutlich wahrnehmbarer Stufe, der fall line, bricht die Piedmontfläche gegen die breite, sandige atlantische Küstenebene ab. Diese verschmälert sich nach Norden und taucht allmählich im Schelfmeer unter.

Das Appalachenplateau erhebt sich aus dem Tiefland des Eriesees im Norden und vom Mississippibecken im Westen mit einer 200 m hohen Stufe, die im Süden, im Highland-Rim-Plateau, sogar 300 m erreicht, zu einer ausgedehnten, sanft ansteigenden Rumpffläche. Der südliche Teil, das Cumberlandplateau, erreicht in den Cumberland Mountains 1000 m Höhe, der nördliche Teil, das Alleghenyplateau, in den Allegheny Mountains sogar über 1300 m Höhe. Das Appalachenplateau wird von einem Netz von Flußläufen durchschnitten, die alle dem *Ohio* tributär sind. Die selektive Erosion hat weite Becken zwischen Restberggruppen und herausgehobenen Tafeln geschaffen.

Mit einer 500 m hohen steilen Stufe fällt das Appalachenplateau zur Valleyund Ridgeregion (Großes Appalachental, Great Valley) ab. Obwohl tektonisch ursprünglich höher angelegt, ist hier durch Ausräumung der besonders weichen Schichten ein breiter Streifen entstanden, der gegenüber den Nachbargebieten als Senke erscheint. Zahlreiche parallele Ketten und Kämme, aus widerständigen Sandsteinen und Quarziten aufgebaut, überragen die Täler bis zu 600 m Höhe. Die Abdachungsrichtung ist nicht einheitlich. Durch Querriegel wird das Gebiet in einzelne Kammern geteilt. Nach Süden hin erfolgt die Entwässerung dem Verlauf der Ketten durch den *Coosa*, während *Tennessee* und *Kanawha* nach Westen umbiegen.

Mit breiten, hohen Rücken, aus denen die Gipfel nur wenig hervortreten, schließt sich im Osten die Region der Appalachischen Berge im engeren Sinne an (Appalachian Mountains). Hier liegen die höchsten Erhebungen der Appalachen: der *Mount Mitchell* in der Blue Ridge mit 2037 m, die *Great Smoky Mountains* mit 2024 m. Im Süden bestehen die Appalachischen Berge aus mehreren parallelen Ketten, im Norden reduzieren sie sich auf die östlichste Randkette, die Verlängerung der *Blue Ridge (Blaue Kette)*. Die Flüsse zum Atlantik sind kurz und haben ein starkes Gefälle, größere Flüsse der Valley- und Ridgeregion, wie der *Raonoke* und *James*, durchbrechen die Appalachischen Berge in engen Tälern, den Gaps.

Vor dem Steilabfall der Blue Ridge, etwa 800 m tiefer gelegen, erstreckt sich die von Flußtälern stark zerschnittene Rumpffläche des Piedmont. Über metamorphen, tiefgründig verwitterten Gesteinen lagert eine mächtige Lehmdecke, die am Rande der Appalachischen Berge von zahlreichen Diabasrücken überragt wird. In der sanft nach Osten geneigten Fläche verlaufen die Flüsse anfangs in breiten, seichten Tälern, schneiden sich aber nach der fall line hin tief in Kerbtäler ein. An der fall line endet die Küstenschiffahrt. Diese wichtigen Umschlagplätze gaben den Anreiz für rasch aufblühende Stadtsiedlungen. Die reichlich vorhandene Wasserkraft wird von größeren Industrieunternehmungen genutzt.

Die Küstenebene, die als Vorland der südlichen Appalachen von *Jacksonville* bis *New York* reicht, besteht aus Sanden und Tonen, die hauptsächlich von Moranen und fluviatilen Ablagerungen stammen. Die Küstenlinie ist im Süden, in den *Sea Islands*, in zahlreiche dünenbesetzte Inseln aufgelöst, verläuft aber dann als glatte Ausgleichsküste in mehreren Bogen bis zum *Kap Lookout*. Von dort an sind langgezogene Nehrungen und Haken den seichten, reichgegliederten Ästuaren (*Pamlico-*, *Albemarlesund*, *Chesapeake-* und *Delawarebai*) und den Flußmündungen vorgelagert; im Hinterland folgt ein breiter Gezeitenmarschgürtel. Etwa in der geographischen Breite von New York, in *Long Island*, taucht die Küstenebene unter den Meeresspiegel. Ihre Besiedlung ist nur gering.

Die südlichen Appalachen stellen durch ihren Reichtum an flachgelagerten, mächtigen Steinkohleflözen bei *Pittsburgh*, in Westvirginia, Kentucky, Pennsylvania, von Anthrazit in den Faltenzügen der Appalachischen Berge im Hinterland von *Philadelphia* und durch ihre günstigen Verkehrsverhältnisse zwischen der hafenreichen Küste und dem Hinterland eines der bedeutendsten Industriegebiete Nordamerikas dar. Die Pittsburgher Kohle ist hervorragend zur Herstellung von metallurgischem Koks geeignet, deswegen finden wir bei Pittsburgh und *Birmingham* Zentren der eisenverarbeitenden Industrie. Die Kohle Westvirginias wird als Kesselkohle verwendet, während die Kohle des Appalachischen Vorlandes, soweit sie nicht der örtlichen Schwerindustrie zugeführt wird, über den Wasserweg nach den großen Verhüttungszentren bei Duluth und anderen Städten an den Ufern der Großen Seen transportiert wird. New York ist der größte Hafen und Handelsplatz Nordamerikas.

Der geschlossene Wald bedeckt heute in den südlichen Appalachen nur noch die Flanken der Gebirgszüge, ist hier aber noch artenreicher als in den nördlichen Appalachen. Neben den dort vorkommenden Arten treten hier noch Rhododendron, Tulpenbaum, Zucker-, Rot- und Silberahorn und Weißesche auf; auf dem Küstenvorland sind vor allem die Kiefern und Zedern vorherrschend. Während im nördlichen Teil bis etwa Kap Hatteras Milchwirtschaft, Obst- und Gemüseanbau im Kleinbesitz dominieren, werden im südlichen Teil unter den fast subtropischen Klimaverhältnissen mit reichlichen Frühjahrsregen besonders Tabak und Baumwolle in großen Farmen auf Plantagen angebaut. Einst war die Baumwolle die Monokultur des Südens, heute sind Sorghum (Hirse), Erdnüsse, Mais und Tabak überall dort, wo für sie günstige Wachstumsvoraussetzungen bestehen, gleichberechtigt danebengetreten, selbst der Wald mit seinem Holzreichtum spielt, bedingt durch den großen Bedarf der Industrie, eine wichtige wirtschaftliche Rolle. Die baumwollverarbeitende Textilindustrie hat ihren Sitz in den Städten der Piedmontfläche, besonders in den an der fall line gelegenen, und im Appalachenplateau. Ausfuhrhäfen sind unter anderem *Savannah* und *Charleston*.

Die **nördlichen Appalachen** zeigen nicht so eine klare Gliederung wie der südliche Gebirgsteil. Ihr Vorland im Raume der Neuenglandstaaten und Akadiens ist nur schmal. Auf die durch zahlreiche Fjorde und Fjärden gegliederte Senkungsküste folgt landeinwärts eine sanftgewellte Rumpf- und Hügellandschaft, die von präglazialer Flußerosion zerschnitten und während der Eiszeiten überformt und ausgeräumt wurde. Auch das dem St.-Lorenz-Strom zugewandte Vorland ist unbedeutend.

Die Hochländer der nördlichen Appalachen tragen Rumpfflächencharakter; die Green Mountains, White Mountains und Hoosac Mountains sind Aufwölbungsgebiete. Das Hochland von Maine und die Halbinseln Gaspé, New Brunswick (Neubraunschweig), Prince-Edward-Insel und Nova Scotia (Neuschottland) sind ebenfalls zerbrochene, stark zertalte Rumpfschollen, aus denen granitische und diabasische Härtlinge herausragen. Nördlich der Mohawksenke steigen die aus archaischen Gneisen und Tiefengesteinen aufgebauten, dichtbewaldeten Adirondacks domförmig bis zu 1628 m im *Mt. Marcy* auf. Als Relikte der letzten Eiszeit finden wir ausgeprägte Drumlin- und Oserlandschaften. Zahlreiche Seen, Teiche und Moore liegen in dichte Laubmischwälder eingebettet. Der vorherrschende und charakteristischste Baum dieses Gebirges ist die Picea rubra (Rote Fichte), deren starke, hohe Stämme als Masten und Holme Verwendung finden. Daneben treten Ahorn, Buche, Birke und Espe auf, zu denen sich im Süden Tulpen- und Magnolienbäume gesellen. Diese sehr reizvolle Landschaft ist als Erholungsgebiet besonders bevorzugt. Vor allem im Spätherbst, dem sogenannten Indianersommer, leuchtet das Land in roten und gelben Farben aller Schattierungen.

Das Holz ist ein wichtiger Wirtschaftsfaktor. Holzfällerlager, Säge- und Papiermühlen sowie Harzsammelstellen liegen in den Tälern, meistens an den Stellen, wo durch glaziale Überformung Gefällsstufen entstanden sind und die Anlage von Wasserkraftwerken möglich ist. Dort, besonders in den heute am dichtesten besiedelten Tälern des Connecticut, *Housatonic* und *Androscoggin*, entwickelte sich auch z. Z. der Landnahme die Textilindustrie. Inzwischen ist sie zurückgegangen, aber durch die verkehrsgünstige Lage des Connecticuttal und vor allem die Hudsonsenke als Nord-Süd-Verbindungslinie zwischen dem Raum von New York und dem St.-Lorenz-Tal von hervorragender Bedeutung. Neuschottland besitzt Stahlwerke und Ölraffinerien, der Bergbau erstreckt sich besonders auf den Abbau von Kohle. In Vermont finden sich bedeutende Asbestlager. Rechteckig in das geschlossene Waldland eingeschnittene Lichtungen tragen Weideland oder werden ackerbaulich genutzt. Die Landwirtschaft hat sich auf Kosten des Ackerbaus mehr auf die Gras- und Milchwirtschaft und die Produktion von Früchten umgestellt.

Das Tiefland des St.-Lorenz-Stromes und das Gebiet der Großen Seen. Obwohl durch politische Grenzen zwischen Kanada und den USA getrennt, stellen die Umgebung der Großen Seen, des *Oberen Sees*, des *Michigan-, Huron-, Erie- und Ontariosees*, sowie das Tiefland des St.-Lorenz-Stromes und seine sich noch weithin im Schelf untermeerisch fortsetzende Trichtermündung eine Einheit dar. Glaziale Ausräumung, Auflagerung von Moränenschutt und Krustenbewegungen bestimmen die Gestalt des Seengebietes, dessen Hohlformen allerdings schon durch großräumige tektonische Einmuldungen im Tertiär und zu Beginn des Pleistozäns angelegt wurden. Eine mächtige paläozoische Schichtenfolge, aus verschiedenen widerstandsfähigen Sandsteinen und Kalken bestehend, umrahmt die Seen im Süden, während an ihrem Nordrand der Laurentische Schild an die Oberfläche tritt. Die Seen stellen mit 246 286 km² Fläche das größte Süßwasserbecken der Erde dar; ihre relative Tiefe ist mit etwa 300 m gering, ihre Böden reichen aber bis unter Meeresspiegelhöhe. Flüsse und Engen stellen die Verbindung der einzelnen Seen untereinander her. So verbindet der *St. Marys River* den Oberen See mit dem Huronsee, der seinerseits nur durch die *Enge von Mackinac* vom Michigansee getrennt ist. *St. Clair River* und *Detroit River* stellen die Verbindung zum Eriesee her, während das 100 m betragende Gefälle zwischen dem Erie- und dem Ontariosee in Stromschnellen (whirlpools) und durch die ursprünglich an einer Barriere widerständiger Kalke entstandenen, inzwischen weit zurückgeschnittenen (jährlich etwa 100 cm) *Niagarafälle* überwunden wird. Die Niagarafälle werden durch die Ziegeninsel (Goats Island) in den 300 m breiten, 60 m hohen amerikanischen und den 900 m Kantenlinie messenden und 48 m hohen kanadischen oder Hufeisenfall getrennt.

Die Entwässerung des gesamten Systems übernimmt der *St.-Lorenz-Strom*, der zunächst durch zahlreiche Inseln (Tausend-Inseln) gegliedert, mit vielen Stromschnellen eine kristalline Schwelle durchbricht, dann, von der kanadischen Industriestadt *Montreal* an, in einem breiten, von marinen Ablagerungen ausgefüllten Tal bis nach dem noch heute französisch anmutenden, reizvoll auf Felsen erbauten *Quebec* fließt. Dort treten die Felsen wieder beiderseits ganz dicht an den Strom heran, der nun als breiter Trichter in den Atlantischen Ozean mündet.

Klimatisch ist die Umgebung der Großen Seen besonders begünstigt. Die großen Wasserflächen mildern die schroffen Temperaturgegensätze zwischen Sommer und Winter und verringern die Wirkung plötzlicher Kälteeinbrüche. Die Halbinsel Ontario mit ihren reichen Obstkulturen wird als der Garten Kanadas bezeichnet. An den Südufern der Seen hat daneben die Milchwirtschaft große Bedeutung. Auf den Ackerflächen Wisconsins, der Michiganhalbinsel, zwischen dem Südufer des Erie- und des Ontariosees bis an die Appalachischen Berge und im Flußtale des St.-Lorenz-Stromes werden Mais als Silagefutter und Gras für die Milchviehaufzucht und -haltung angebaut.

Die Umgebung der Seen ist reich an wichtigen Bodenschätzen: Eisenerzlager-

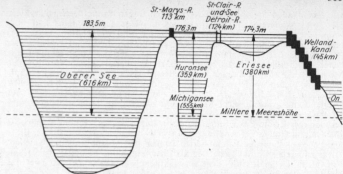

Höhenprofil der Großen Seen mit dem Wellandkanal und dem St.-Lorenz-Schifffahrtsweg (aus Bernhard u. Winkler)

stätten befinden sich am Oberen See bei *Duluth*, *Port Arthur* und *Marquette*; Nickel, Platin, Kupfer, Kobalt und Silber bei *Sudbury*, Zink bei Duluth und südlich des St.-Lorenz-Stromes; von besonderer Bedeutung sind die großen Uranlagerstätten bei *Blind River*, *Elliot Lake* und *Bancroft*, die im Gebiet der Großen Seen zahlreiche Kernreaktoren entstehen ließen; Kohle- und Erdöllagerstätten werden im Hinterland von *Bay City* und südwestlich und südlich des Eriesees abgebaut. *Toledo* und *Cleveland* sind wichtige Häfen für den Umschlag der Kohle- und Erdölprodukte. *Calcite*, *Rogers City*, *Alpena* und *Rockport* übernehmen die Ausfuhr des für die Verhüttung wichtigen Kalkes. Die Metallindustrie spielt überall eine große Rolle. *Detroit* und Toledo sind Zentren der Automobilindustrie. *Chicago* besitzt neben Hochöfen, Eisenbahn-, Automobil- und Flugzeugwerken noch große Schlachthöfe und Fleischkonservenfabriken, Cleveland und *Buffalo* haben außerdem noch Erdölraffinerien und chemische Industrie. Textil-, Lebensmittel- und Holzindustrie treten in den kanadischen Städten um *Toronto* und Montreal in den Vordergrund. Aluminiumwerke liegen in Toronto, *Kingston, Massena, Valleyfield, Arvida* und *Beauharnois* (Quebec), und bedeutende Asbestvorkommen finden sich um *Thetford* und *Asbestos*. Aus den landwirtschaftlich genutzten Prärieprovinzen Kanadas wird Weizen, aus den dichten Wäldern des borealen Waldgürtels im Norden wird Holz und aus den Vieh- und Milchwirtschaftsgebieten im Süden des Seengebietes werden Fleisch und Molkereierzeugnisse nach den dichtbesiedelten Industriezentren um Boston, New York, Pittsburgh transportiert.

In diesem Industriegeflecht kommt den Großen Seen große Bedeutung als Verkehrsadern zu. Die engen Flußverbindungen zwischen den Seen sind verbreitert und vertieft worden; die Höhenunterschiede und die Stromschnellen wurden durch Schleusen überwunden. Der in den Jahren 1913 bis 1932 zum *Welland-Ship-Canal* erweiterte Wellandkanal umgeht die Niagarafälle mit 8 Schleusen. Der 1959 eröffnete *St.-Lorenz-Schiffahrtsweg*, der nach Abbau der hochwertigsten Eisenerzlagerstätten bei Duluth die Erzzufuhr aus Labrador übernommen hat, gestattet auch Hochseeschiffen mit 8 m Tiefgang und 25000 BRT den Zugang zum Gebiet der Großen Seen. Der *Eriekanal* stellt über Mohawk und Hudson die Verbindung mit New York her, und der *Chicago-Sanitary-and-Ship-Canal* schließt das gesamte System des Mississippis, soweit es schiffbar ist, an den Verkehrsweg der Großen Seen an. Während die USA vor allem um die Herstellung günstiger Binnenwasserstraßen, meist durch den Ausbau eiszeitlicher Abflußrinnen, bemühen, liegt das Schwergewicht der kanadischen Interessen in der Ausnutzung der Wasserkräfte in großen Kraftwerken.

Das Mississippibecken einschließlich des Ozark-Berglandes. Das Mississippibecken reicht von den Großen Seen im Norden bis zur Küste des Golfes von Mexiko im Süden, von dem in steiler Stufe aufsteigenden Westrand des Appalachenplateaus im Osten bis zum Rand der Großen Ebenen bei etwa 95° w. L. Der Untergrund besteht überwiegend aus paläozoischen, insbesondere karbonischen Sedimenten mit reichen Kohlelagerstätten. Im Ozark-Bergland ragen Granit- und Porphyrkuppen heraus. Sie werden im Süden von kretazischen und tertiären Schichten, nördlich vom Ohio und Missouri von einem Mantel glazialer Ablagerungen überdeckt. Gegen Ende des Paläozoikums, während der Aufwölbung und Faltung der Appalachen, erfolgten auch in diesem Gebiet Deformationen und Verbiegungen, denen sowohl der Cin-

West-Ost-Profil durch den Südosten der USA von den südlichen Appalachen zum Mississippi-Tiefland auf etwa 35° n. Br. (nach Atwood)

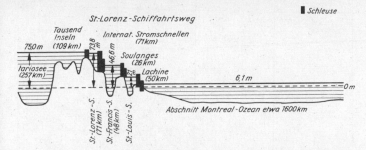

cinnati-Dom als auch das Ozark-Bergland ihre Entstehung verdanken. Das *Ozark-Bergland* stellt in Aufbau und Oberflächengestalt eine Fortsetzung des Appalachenplateaus dar, während die südlich des *Arkansas* liegenden *Ouachita* (*Washita*) und *Wichita Mountains* mit ihren parallel angeordneten Kämmen aus widerständigen Sandsteinen und ihren in den weicheren Kalksteinen und Schiefern eingeschnittenen Tälern der Valley- und Ridgeregion entsprechen. Ebenso wie im Südwesten des Mississippibeckens, in den schwach geneigten Schichten von Ostkansas, Oklahoma und Texas, Verwitterung und Flußerosion flache Stufen herausgearbeitet haben, ist auch die Flußerosion für die Oberflächenform des südöstlichen Teiles bestimmend. In den Kalksteinen von Westkentucky (Mammuthöhle) und in Südindiana treten Karstphänomene auf mit einem Labyrinth von unterirdischen Flüssen, Höhlen und Flußversickerungen.

Das Mississippibecken wird beherrscht durch den *Mississippi* mit seinen zahlreichen kräftigen Nebenflüssen, die bis an den Fuß der Rocky Mountains und bis in das Appalachenplateau hinein schiffbar sind. Allerdings schwankt die Wasserführung der rechten Nebenflüsse in Abhängigkeit von der ungleichmäßigen Niederschlagsverteilung stark, so daß ihre größere Bedeutung in der Bewässerung der Steppengebiete der Großen Ebenen liegt. Von seiner westlich des Oberen Sees gelegenen Quelle durchfließt der Mississippi als ehemaliger Eisrandfluß, der häufig seinen Lauf verändert hat, die sanftgewellte Glaziallandschaft bis *Minneapolis – St. Paul*. Hier beginnt unterhalb der durch widerständige Silurkalke gebildeten *Anthonyfälle* die Schiffahrt. Südlich begleiten 100 m hohe, stark zerschnittene Steilhänge den Fluß bis *Dubuque*. Im Süden von Wisconsin und in den westlich und südwestlich anschließenden Teilen der Nachbarstaaten Minnesota, Iowa und Illinois befindet sich die „driftless area", ein Gebiet, das nicht von der Vereisung betroffen wurde und das seit dem Paläozoikum nur der Verwitterung und der Abtragung unterworfen war. Bei *St. Louis*, einem wichtigen Verkehrszentrum, mündet der *Missouri*, der mit zahlreichen seiner Nebenflüsse weite Teile des Ostabhangs der Rocky Mountains entwässert, in den Mississippi. In *Cairo* führt ihm der *Ohio* noch große Wassermassen aus den Appalachen zu, so daß er dann als kilometerbreiter Strom mit äußerst geringem Gefälle, zahlreiche Altwässer und Mäander bildend, in seinem Bett dahinpendelt. Der Transport und die Ablagerung von gewaltigen Sinkstoffmengen (täglich 1 Mio t) führen einerseits zur Entstehung eines sehr fruchtbaren Schwemmlandes in seiner Niederung, erhöhen andererseits aber die Durchbruchgefahr der Dämme an dem sich immer höher aufschüttenden Flußbett. Katastrophale Hochfluten, wie im Jahre 1927, vernichten oft die Kulturen weiter Räume. Daher ist der Hochwasserschutz durch die Staubecken von *Tennessee* (Tennessee-Valley-Authority), *Cumberland* und Ohio und am Missouri (Fort Peck, Garrison, Ohae) von größter Bedeutung. Mit Deltaseen, Gezeitenmarschen und selbstaufgeschütteten Wällen bildet der Mississippi von *Baton Rouge* an ein weitverzweigtes Delta, das jährlich immer weiter in den Golf von Mexiko hinauswächst. Der Hauptfluß erreicht das Meer durch mehrere vogelfußartig angeordnete „Pässe" 150 km unterhalb von *New Orleans*.

Sowohl in klimatischer als auch in pflanzengeographischer Hinsicht ist das Mississippibecken ein Übergangsgebiet. Ganz allmählich vollzieht sich nach Süden hin der Übergang zum feuchten subtropischen Klima. Die Temperaturen nehmen allmählich zu, insbesondere sinkt das Monatsmittel der Januartempera-

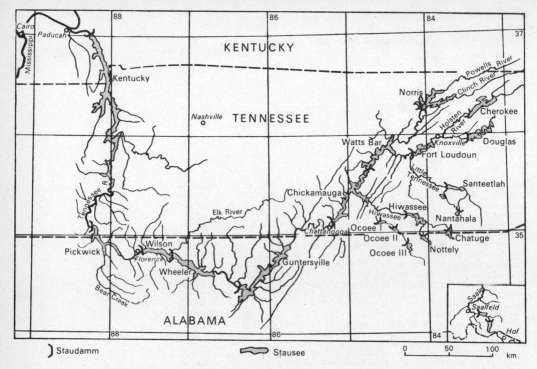

Die großen Stauseen im Einzugsgebiet des Tennessee. Rechts unten die Saaletalsperren im gleichen Maßstab

turen südlich von St. Louis nicht mehr unter den Gefrierpunkt, und in einem schmalen Gürtel, der die Golfküste und die Halbinsel Florida umschließt, dauert die frostfreie Wachstumsperiode länger als 9 Monate. Diese Gebiete werden daher erst im Zusammenhang mit den subtropischen Feuchtwäldern ausführlicher behandelt. Nach Westen hin erfolgt eine Abnahme der Niederschläge, die schließlich jenseits von 95° w. L. unter 250 mm im Jahre absinken, so daß die Misch- und Laubwälder hier von der Steppenvegetation abgelöst werden. Im Grenzgebiet durchdringen sich aber je nach den örtlichen Verhältnissen noch beide Formen.

Die heutige Landnutzung steht in enger Beziehung zu den natürlichen Verhältnissen. Die Region der überwiegenden Milch- und Weidewirtschaft erstreckt sich von der Quelle des Mississippi beiderseits als breites Band bis nach Dubuque. Das Zentrum dieses Gebietes ist die Doppelstadt Minneapolis – St. Paul. Sie besitzt große Speicher- und Verarbeitungsanlagen für die landwirtschaftlichen Erzeugnisse der Weizengebiete; außerdem ist sie das Zentrum für den Bau vollautomatischer landwirtschaftlicher Maschinen und gleichzeitig Handels- und Umschlagplatz. Südlich schließt sich, bis nach St. Louis reichend und weit nach Westen in das Gebiet der Prärie übergreifend, die Maisbauzone an. Da der Mais in erster Linie als Futtermittel dient, ist dieses Gebiet gleichzeitig durch seine Rinder- und Schweinezucht sowie durch seine Fleischerzeugung bedeutsam. Hierher werden auch die Rinderherden der trockenen Prärie zur Auffütterung gebracht, ehe sie den Schlachthöfen in Chicago zugeführt werden. Weiter südlich tritt neben den Maisanbau noch der Anbau von Winterweizen. Südlich der Mündung des Ohio in den Mississippi beginnt, begünstigt durch die klimatischen Verhältnisse mit einer langen Wachstumsperiode und reichlichen Frühsommerniederschlägen, der Baumwollgürtel. Der Anbau erfolgt hier, im Gegensatz zum Getreide- und Tabakanbau des Nordens, in großen Plantagen.

Die wirtschaftliche Bedeutung des Mississippibeckens liegt aber nicht allein in seiner landwirtschaftlichen Produktion. Reiche abbaugünstige Kohlelagerstätten liegen im Raume nördlich des Ohios, um Chicago, und umsäumen den Westrand des Beckens. Sie dienen der örtlichen landwirtschaftlichen Industrie und werden auch den Schwerindustriezentren in den Appalachen und am Oberen See zugeführt. Die Staaten Texas und Louisiana haben reiche Erdölquellen, die die Grundlage für die in rascher Entwicklung stehende petrolchemische Industrie bilden. Um den großen Holzbedarf der Papier- und Bauindustrie und der Bergwerke decken zu können, wurden im Kulturland des Mittleren Westens, das von jeher schon von einzelnen Waldinseln durchsetzt war, großzügige Aufforstungen durchgeführt.

Die Grasfluren (Prärien)

Von etwa 95° w. L. erstrecken sich die Grasfluren bis an den Fuß der in kühnen, zerschnittenen Stufen um 2 000 m aufsteigenden Rocky Mountains, im Norden bis an den Nördlichen Saskatchewan, im Süden bis an den Rio Grande. Ebenso wie im Mississippigebiet handelt es sich hier um ein Übergangsgebiet. Die geschlossenen Laub- und Hartholzwälder des Ostens lösen sich nach Westen hin in einzelne Gruppen auf und begleiten schließlich nur noch als Galeriewälder den Lauf der Flüsse. Der Boden ist mit hohem Gras (tall grass) bedeckt, das aber nach dem trockeneren Westen und Südwesten hin allmählich büschelförmig angeordneten kurzen Gräsern (short grass) weicht.
Die Grasfluren bedecken den südlichen Teil der sich von der Mackenziemündung bis an den Golf von Mexiko erstreckenden Großen Ebenen (Great Plains). Die kreidezeitlichen Ablagerungen, die während der Aufwölbung der westlichen Kordilleren zwar gehoben, aber in ihrer Schichtenfolge nicht gestört und nur am Westrand stark aufgebogen wurden, sind im Norden unter glazialen Ablagerungen, im Süden unter bis zu 300 m mächtigen fluviatilen Schottern, dem Verwitterungsschutt der Rocky Mountains, begraben. Magmatische Intrusionen, wie die *Black Hills* in Süd-Dakota, bilden flache Dome, die als Einzelberge mit teilweise bizarren Formen (Teufelstürme, devils towers) über die sanft nach Osten geneigte Ebene hinausragen.
In den von heterogenem Material der Eiszeiten bedeckten kanadischen Provinzen Alberta und Saskatchewan und in den USA-Staaten Montana und Nord-Dakota wechselt die Oberflächengestalt von sanft gewellten Grundmoränen zu schroffen, hügeligen Formen. Die Großen Ebenen sind hier in zwei verschieden hoch gelegene Stufen gegliedert. In Kanada bezeichnet man die höher gelegene westliche Stufe als High Plain, die östliche mit ihren zahlreichen Seen und Sümpfen als Lower Prairie, Gently rolling Prairie oder Hudsonian Prairie; in den USA wird die westliche Stufe bis etwa südlich zum *Pine River* zwischen *Great-Rapid-River* und *North Platte* Missourie-Plateau, weiter südlich High Plains genannt. Der Ostrand der unteren, östlichen Stufe wird in Kanada durch die unmittelbar westlich des Manitobasees aufragenden Porcupine und Riding Mountains und südlich anschließend, in den USA, durch den Coteau des Prairies gebildet. Die nach Osten gerichtete Stufe, der Coteau du Missouri, stellt den Anstieg zu den High Plains dar. Weiter südlich sind die Ostgrenzen unscharf, auch die Stufe zwischen den beiden Niveaus ist nicht mehr ausgebildet.
Während die letzte Vereisung nur bis zum Gebiet des Coteau du Missouri vordrang, ist der Moränengürtel in Ostnebraska und Nordostkansas, der in einer früheren Vergletscherungsperiode entstand, von fruchtbarem Löß bedeckt. Die Formen der Lößlandschaft sind sanft, nur an den Flußläufen zeigen sich steile Wände. Weiter südlich haben chemische Verwitterung, Fluß- und Winderosion zusammengewirkt und im Süden der Black Hills bis zum North Platte bzw. Platte die unfruchtbaren, der Bodenkrume beraubten Badlands und die Sanddünen geschaffen. Mit zunehmender Aridität des Klimas wird die Anfälligkeit gegen die Bodenabtragung (soil erosion) immer größer und stellt ein ernstes Problem für die Landnutzung dar. Das fluviale Material, das als Sand, Kies und Lehm die High Plains bedeckt, erstreckt sich bis über viele 100 km weit ostwärts der Rocky Mountains. Meist ist es durch Kalke so fest verkittet, daß man von Mörtelbeds spricht. Widerständige Basaltflächen ragen als Mesas (Tafelberge) zwischen engen, tief eingeschnittenen Cañons in Colorado und New Mexiko auf. In den Llanos estacados von New Mexico und Texas hat die Karstverwitterung mit ihren Dolinen ein unruhiges Relief geschaffen, das sich auch im tiefer gelegenen Piedmont-Lowland in Colorado noch fortsetzt.
Der Osten der Grasflurenregion wird, ebenso wie das Mississippibecken, landwirtschaftlich genutzt. Besonders in Kanada, wo durch die kühleren Temperaturen die Verdunstung geringer ist und durch die Schneeschmelze im zeitigen Frühjahr unter dem Einfluß des Chinooks genügend Bodenfeuchtigkeit vorhanden ist, liegt in den Prärieprovinzen das Zentrum des Anbaus von Winterweizen. Sie stellen einen wesentlichen Teil des wirtschaftlichen Reichtums Kanadas dar. In den USA wurden zunächst nur die östlich von 100° w. L. gelegenen Teile der Prärie für den Getreideanbau genutzt, der Westen diente der Zucht von widerstandsfähigen Rindern in offenen Weidegebieten (open ranges). Anfang des 20. Jahrhunderts erfolgte der Übergang zur Viehhaltung in abgezäunten Weidegebieten (ranching). Neuerdings dringt der Ackerbau (Mais- und Winterweizenanbau) weiter westlich in die High Plains vor. Das Vieh wird vielfach nicht mehr nach dem Osten zum Auffüttern geschickt, sondern an Ort und Stelle gemästet. Zu diesem Zwecke werden im Süden, in Texas, Südkalifornien und Arizona, Baumwollsaatkuchen (Rückstände der ausgepreßten Baumwollsamen) und Alfalfagras, in der mittleren und nörd-

lichen Prärie Zuckerrüben und Mais als Viehfutter verwendet. Das für die Farmen notwendige Wasser wird entweder durch Windmühlen aus dem Grundwasser gewonnen oder aus Stauseen entnommen. Auch wendet man die im Mittelmeergebiet übliche Form des dry-farming an, eine Zweifelderwirtschaft, bei der der Wasservorrat des Bodens möglichst geschont werden soll. Die Felder bleiben jedes zweite Jahr als Brache liegen, und man verhindert nur das Aufkommen von Unkraut durch oberflächiges Eggen und Pflügen. Trotzdem können Dürreperioden in aufeinanderfolgenden Jahren großen Schaden anrichten. Die Winderosion greift dann das lockere, feine Material an, hebt es vom Boden auf und verwandelt das ganze Gebiet in eine Staubschüssel und vernichtet dabei die Erträge. Die Viehzucht spielt deshalb auch heute noch im Gebiet der westlichen Grasfluren die Hauptrolle.

In Texas, wo die Niederschläge gleichmäßiger über das Jahr verteilt und die winterlichen Kälteeinbrüche milder sind, tritt neben die Viehwirtschaft der Baumwollanbau, während sich das Deltagebiet des Rio Grande durch den Anbau von Frühgemüse und subtropischen Früchten auszeichnet.

Die Besiedlung ist dünn. Bei den wenigen Städten, die am Rande der Rocky Mountains liegen, waren es meist günstige Verkehrsverbindungen (Paßstraßen) oder das Vorhandensein von Bodenschätzen, die den Anreiz zur Besiedlung gaben.

Die Gebirgsregionen und die trockenen Beckenlandschaften der gemäßigten Zone

Die steil aus den Prärien aufsteigenden Rocky Mountains und die von diesen und den westlichen Kordilleren eingeschlossene Plateau- und Beckenregion (Plateau and Basin Region) sind die wesentlichen Formelemente des gemäßigten Westens.

Das Klima der Rocky Mountains und der Plateau- und Beckenregion ist gekennzeichnet durch Kontinentalität, die in den geringen Niederschlägen und den großen Temperaturamplituden ihren Ausdruck findet. Sie wird modifiziert durch örtliche Verhältnisse, insbesondere durch die Höhenlage und die Lage an der Luv- oder Leeseite der Hänge. In größeren Höhen sinken die Temperaturen ab, die Verdunstung wird geringer, dem Boden und den Pflanzen wird weniger Feuchtigkeit entzogen. Die Luvseiten der Gebirge erhalten im allgemeinen mehr Niederschläge als die Leeseiten und die zwischen den Gebirgsketten eingebetteten Täler und Becken. Mit Ausnahme der westlichen Ketten und der hohen Berglagen ist die gesamte Gebirgsregion trocken. Die Flüsse haben große Wasserstandsschwankungen, manche fließen nur periodisch oder sogar episodisch und versickern in Salzsümpfen oder Endseen. Enge Cañons, die, wie der Cañon des Colorado, bis zu 1800 m tief eingeschnitten sind, von gewaltigen Regengüssen abgespülte, ihrer Bodenkrume beraubte, zerrunste Hänge und gewaltige Schuttanhäufungen (Pediment) am Fuße der Gebirge sind die Ergebnisse von chemischer Verwitterung, Erosion und Abspülung.

Die Vegetation wechselt mit der geographischen Breiten- und der Höhenlage. Die Kämme, die z. T. durch Steigungsregen mehr Niederschläge erhalten, sind bewaldet. In den nördlichen Rocky Mountains herrschen Lodgepolekiefer und Lärche vor, in den mittleren wachsen Zuckerkiefer und Gelbkiefer, die nach Süden hin immer mehr mit Pinien (pinon) und Zedern durchsetzt sind. Die trockenen Beckenlandschaften sind von Sagebrush (überwiegend Artemisia tridentata) und von Greasewood (Salzbuschlandschaft mit überwiegend Sarcobatus vermiculatus) bestanden.

Vom Tieflande aufsteigend, folgen auf die Grasflächen schmale, von einzelnen Zedern- und Piniengruppen durchsetzte Zonen, die schließlich in Kiefernwald übergehen. Dieser zeigt mit zunehmender Höhe immer zwergenhaftere Formen. Er ist stark mit Wacholder vermischt und geht allmählich in die Gras- und Mattenregion über, die vielfach als Sommerweide genutzt wird. Die höchsten Gipfel sind kahl, einige ragen in die Region des ewigen Schnees hinein.

Kojoten (Präriewölfe), wilde Kaninchen und Präriehunde durchstreifen bisweilen die tieferen Regionen, während nur in den Bergwäldern Bären, Füchse, Wildkatzen, Elche und vereinzelt Antilopen leben.

Die Region der Rocky Mountains. Mit deutlichem Niveauunterschied steigen die Rocky Mountains im Osten aus dem Präriegebiet auf. Ihr Fuß ist von einer flachen Hügelzone, den foothills, begleitet. Diese foothills, die auch als hogbacks (Schweinerücken) bezeichnet werden, liegen an der Grenze zwischen

Höhenstufen der Vegetation in Utah (nach Walter)

Schematisches West-Ost-Profil durch den Mittelwesten der USA von den Rocky Mountains zum Missouri auf etwa 39° n. Br. (nach Atwood)

paläozoischen und mesozoischen Schichten und sind wahrscheinlich durch Faltung und Stauchung der jüngeren Schichten, z. B. des Dakotasandsteines, entstanden. Die westliche Begrenzung der Rocky Mountains gegen die anschließende Plateau- und Beckenregion ist unscharf, nur westlich des Wasatchgebirges wird sie durch einen Bruch klar markiert.

Die Hebungen und Aufwölbungen dieses Gebietes, die in der laramischen Phase begannen, waren von Faltungen und Zerrungen, Verwerfungen und Überschiebungen begleitet. Gleichzeitig erfolgten Ausbrüche von Lava und magmatische Intrusionen. Gegen Ende des Eozäns wurden die Hebungsvorgänge zunächst abgeschlossen; Verwitterung, Erosion und Abtragung begannen ihr Werk. Sie verebneten die Reliefunterschiede, indem sie das Material der Gipfel und Hochflächen abtrugen und mit diesem Verwitterungsschutt die Becken und Täler auffüllten. Dieser Zyklus wiederholte sich im Miozän, wo die Hebung von starker vulkanischer Tätigkeit und von gewaltigen Lavaausbrüchen in Oregon, Washington und Idaho begleitet war, und im Pliozän, wo z. B. die Sierra Nevada und die Basin Range wieder zerbrochen wurden. Im Pleistozän traten die Auswirkungen der Kaltzeiten hinzu.

Der geologische Aufbau ist uneinheitlich. In den nördlichen Rocky Mountains treten besonders starke Überschiebungen auf, so daß die Abfolge der Schichten große Veränderungen erfahren hat, z. B. in der *Lewis Range*, wo proterozoischkambrische Schichten die Kreideformation überlagern. Die mittleren Rockies sind seit dem frühen Tertiär von verschiedenen vulkanischen Massen (Brekzien, ältere und jüngere Basalte und Rhyolithe) überdeckt worden und weisen auch heute noch – wie im *Yellowstone-Nationalpark* mit seinen heißen Quellen, den mächtigen Geisern und den farbigen Kalksinterterrassen – Nachwirkungen vulkanischer Tätigkeit auf, die zur Bildung von Erdspalten und Brüchen (Erdbeben im Gebiet des Madison River im Jahre 1959) führen können. Im Gegensatz zu den nördlichen Rockies zeigen die südlichen Teile des Gebirges nur geringe Überschiebungen. Zerrungen und Brüche begleiten den Rand der Aufwölbungen.

Die nördlichen Rocky Mountains sind ein stark zerschnittenes Bergland, dessen gleichhohe Kammlinien in 2000 bis 3000 m Höhe auf eine alte Gipfelflur hindeuten. Die durch Karerosion scharf profilierten Gipfel des *Glacier National Parks* sind immer von Schnee bedeckt, während sonst in diesem Teil die Vergletscherung nur gering ist. Zahlreiche, die Struktur bestimmende Brüche und Flexuren verlaufen in nordnordwestlicher Richtung, wie die östlichen Randketten von Idaho. Kleinere Becken sind von tertiärem Schutt und pleistozänen Schottern erfüllt, andere, wie das innere Montana, erscheinen als Ausräumungsbecken, deren harte Felsriegel von den Flüssen in engen Schluchten (Cañons) durchbrochen werden.

Begünstigt durch ausreichende Niederschläge und die geringe Verdunstung sind die Hänge hier dicht bewaldet. Die geringe Bevölkerung siedelt in den breiten Tälern Montanas, während die engen Cañons von Idaho, obwohl die Niederschläge für den Ackerbau ausreichend wären, durch ihr unruhiges Relief für Anbau und Besiedlung keinen Raum bieten.

Die mittleren Rocky Mountains umschließen mehrere Beckenlandschaften, darunter das 2000 bis 2300 m hoch gelegene *Wyoming Basin*. Die nördliche Umrahmung bildet das aus über 1000 m mächtigen Rhyolithen aufgebaute *Yellowstoneplateau*, die südliche die durch große Längsbrüche im Süden und Norden begrenzten *Uinta Mountains*, die sich über 250 km von Ost nach West erstrecken. Aus ihrem durch Trogtäler, Kare und Hochseen reichgegliederten Plateau ragt der *Kings Peak* zu 4114 m Höhe auf. *Bighorn* und *Laramie Mountains* bilden den östlichen, die *Wasatch Mountains* den westlichen Abschluß.

Obwohl der Niederschlag im allgemeinen weniger als 250 mm im Jahr beträgt, finden sich auch im Wyomingbecken neben Wüsten bewässerte Felder und Plantagen, die ihr Nutzwasser höher gelegenen Bergketten verdanken.

In den südlichen Rocky Mountains kommt eine Gliederung in nordsüdlich verlaufende, kulissenartig angeordnete Ketten stärker zum Ausdruck. *Colorado Range*, *Front Range*, *Park Range*, *Sawatch Range* und *Sangre de Christo Range* und die *San Juan Mountains* drängen sich nach Süden hin eng zusammen und schließen Becken ein, die erst bei jüngeren Krustenbewegungen eingesunken sind und hier als Parks bezeichnet werden. Die Becken sind von Flüssen zerschnitten.

Geringe Niederschläge bedingen im Zusammenspiel mit der Wasserdurchlässigkeit des kalkigen Untergrundes einen steppenhaften, bisweilen wüstenähnlichen Landschaftscharakter mit Abflußlosigkeit, Salzböden und Dünenbildung. Die Bergkämme hingegen, die über 4000 m Höhe erreichen (*Longs Peak* 4345 m, *Blanca Peak* 4364 m, *Mt. Harvard* 4350 m), erhalten verhältnismäßig reiche Niederschläge. Die von ihnen abfließenden Gewässer dienen der Bewässerung von etwa 13000 km² Anbaufläche; ihre Wälder liefern wertvolle Nutzhölzer.

Die Rocky Mountains sind reich an Kohle und Erzen. In ihrem nördlichen Teil befinden sich große Kupfer-, Silber-, Zink- und Bleilagerstätten. Die Erze werden in den Kupferschmelzwerken von *Butte*, in den Hüttenwerken von *Leadville*, wo auch die Verarbeitung des am *Fremontpaß* abgebauten Molybdäns erfolgt, mit Hilfe der bei Boulder, Denver und in New Mexiko gewonnenen Kohle und der Wasserkräfte veredelt. Da die Ketten der Rocky Mountains vielfach von tiefen Flußtälern zerschnitten sind, findet der Verkehr günstige Durchgangswege. Die großen transkontinentalen Eisenbahnlinien überwinden die nördlichen und die mittleren Rocky Mountains entlang dieser Täler ohne große Schwierigkeiten, nur in den südlichen Teilen waren große technische Anlagen zur Überquerung der tiefeingeschnittenen Täler erforderlich. Diese um 1880 erbauten Bahnen, die oft völlig unerschlossenes und unbesiedeltes Gebiet durchqueren mußten, hatten eine weittragende Bedeutung für die Verkehrsverbindung vom atlantischen zum pazifischen Wirtschaftsraum. Bekannt sind die großen Linien Grand Trunk und Canadian Pacific Railway in Kanada sowie Northern Pacific Railway, Union Pacific Railway, Santa Fe Pacific Railway, Texas Pacific Railway und Southern Pacific Railway in den USA. Durch den Aufbau eines engmaschigen Straßen- und Luftverkehrsnetzes ist aber ihre Bedeutung zurückgegangen.

Die innermontane Plateau- und Beckenregion. Sie besteht aus mehreren heterogenen Teilen, die sich jüngeren Krustenbewegungen gegenüber verschieden verhalten haben, dem Columbiaplateau, der Becken- und Kettenprovinz (Basin und Range Region), dem Coloradoplateau und dem Mexikanischen Hochland, das aber dem subtropisch-tropischen Vegetationsbereich angehört und auch in diesem Zusammenhang behandelt wird (S. 311).

Die beiden ersten stellen typische Trockenlandschaften der gemäßigten Zone dar; das Coloradoplateau hingegen und die am Unterlauf des Coloradoflusses gelegenen Wüstengebiete des Death Valley, der Mojavewüste und der Gilawüste sind typische Übergangsgebiete zwischen den Vegetationsformen der gemäßigten und der subtropischen Klimaregion. Wo die Winter entsprechend mild sind, können sich Dornstrauchgewächse und Baumsukkulenten entwickeln.

Das von *Columbia* und *Snake River* entwässerte Columbiaplateau ist ein riesiges Ergußtafelland, aus dem die *Blue Mountains* (2700 m) um etwa 1200 m herausragen. Zwischen Miozän und Pleistozän überfluteten basaltische und andesitische Lavaströme ein stark zertaltes Relief, das aus paläozoischen und frühmesozoischen Gesteinen aufgebaut war. Tektonische Bewegungen und die Eiszeiten wirkten umgestaltend auf die Oberfläche; chemische Verwitterung und äolische Kräfte schufen tiefgründige dunkle Böden, die in ihren feinen Poren genügend Feuchtigkeit binden können und einen günstigen Ackerboden für den Weizenanbau ergeben. Im System des Columbia und Snake River sind mächtige Stauwerke (Grand-Coulee-Staudamm) angelegt worden, die der Bewässerung und der Elektrizitätserzeugung dienen.

Die Becken- und Kettenprovinz, oft kurz als Great Basin bezeichnet, ist von zahlreichen, etwa 80 bis 120 km langen Ketten durchzogen, die die Landschaft in viele kleinere Becken unterteilen. Sie ist im Nordosten und Süden aus präkambrischen und paläozoischen Gesteinen, im Westen aus mächtigen triassischen und jurassischen Ablagerungen aufgebaut, über die sich im Frühtertiär teilweise jungvulkanische Decken ausgebreitet haben. Die durch rinnendes Wasser tiefzerfurchten Bergkämme tragen oft schütteren Wald, während die Becken und Täler infolge der geringen Niederschlages und der raschen Verdunstung meistens abflußlose Wüstensteppen sind, in denen vereinzelt die silbrigmattgrün leuchtenden Sagebrush-Büschel (Artemisia tridentata) stehen. Die Flüsse versickern, oder sie münden in Salzseen und -sümpfe. Die schwach geneigten Felsflußflächen (Pediments) der Gebirgsketten sind oft in mehrere Stufen gegliedert und enden in breiten Schuttfächern.

Schematisches West-Ost-Profil durch den Westen der USA von den Rocky Mountains zur Pazifikküste auf etwa 41° n. Br. (nach Atwood)

Schon vor reichlich 100 Jahren wurde das Land um den *Großen Salzsee* im Staate Utah durch die Bewässerungsanlagen der Mormonen für den Anbau von Kulturpflanzen nutzbar gemacht. Der Große Salzsee, dessen Zuflüsse von den umliegenden Bergketten kommen, ist der Rest eines viel größeren eiszeitlichen Sees, des Lake Bonneville. Auch der zur Sommerszeit meist trockenliegende *Carsonsee* ist an die Stelle des älteren Lahontansees getreten. Der Große Salzsee hat stark salzhaltiges Wasser und ist infolge seiner geringen Tiefe von nur 15 m großen Seespiegelschwankungen unterworfen. Die Versalzung des Bodens sucht man dadurch zu verhindern, daß man die abflußlosen Becken und Täler entwässert.
Im Gegensatz zu den Senkungsflächen des Columbiaplateaus und des Great Basin ist das Coloradoplateau ein von langandauernder Sedimentation bedecktes, in jüngster geologischer Zeit gehobenes Schichttafelland. Flexuren und Brüche begleiten die steil zur Umgebung abfallenden Ränder. Der *Colorado* und seine Nebenflüsse gliedern das Plateau durch enge, tiefe Schluchten (gorges) und steile Cañons, deren berühmtester der 200 km lange, gewundene, zum Nationalpark erklärte *Grand Cañon* des Colorado ist. Seine Tiefe beträgt 1800 m, und der Abstand seiner Talflanken in Plateauhöhe erreicht 24 km. Die kahlen, steilen Talwände lassen die Lagerung der verschiedenen Gesteinsschichten erkennen und bieten durch ihre verschiedene Farbtönung ein besonders reizvolles Bild.
Besiedlung und landwirtschaftliche Nutzung sind in den trockenen Beckengebieten nur in beschränktem Umfang möglich, meistens nur dort, wo genügend Wasser vorhanden ist, um den Bau von Bewässerungsanlagen zu ermöglichen, oder wo man in Rückhaltebecken den nach starken Regengüssen vorhandenen Wasserüberschuß aufspeichern kann. In den Gras- und Steppenlandschaften der Gebirgsketten findet Viehhaltung auf der Basis der Weide- und Futterwirtschaft statt. Als Futterpflanze kommt in den Gebieten mit künstlicher Bewässerung Alfalfagras und -saat in Frage, in deren Erzeugung die Staaten Utah und Arizona an der Spitze stehen. Der Ertrag des Coloradoplateaus an Bodenschätzen, insbesondere der Gold- und Kupferminen, ist stark zurückgegangen. Trotzdem bestehen noch einige Schmelz- und Hüttenwerke im San-Juan-Distrikt.

Die subtropischen und tropischen Gebiete

Ganz allmählich vollzieht sich zwischen 35 und 30° n. Br. der Übergang zum subtropischen und weiter südlich zum tropischen Klima. Es ist kaum möglich, die einzelnen Klimazonen und Vegetationsformen scharf gegeneinander abzugrenzen, denn nicht nur verwandte Formationen gehen allmählich ineinander über, sondern infolge lagebedingter Verschiedenheiten, insbesondere der Höhenlage, finden eine Durchdringung und ein Neben- und Übereinander der verschiedenen Elemente statt.
Ein allgemeiner klimatischer Überblick zeigt:

1) Die Temperaturen nehmen nach Süden hin zu, die täglichen und jährlichen Wärmeschwankungen werden geringer. So beträgt z. B. die Temperaturdifferenz zwischen dem Mittel des wärmsten und des kältesten Monats in Chihuahua (28° 38′ n. Br.) 17 K, in Oaxaca (17° 04′ n. Br.) 5,6 K und in Guatemala-Stadt (14° 31′ n. Br.) 4 K.
2) Die Vegetationsperiode erfährt durch Frost kaum noch Unterbrechungen, obwohl die Nortes (kalte Winde), die während des Winters von Norden aus den USA wehen, der Halbinsel Florida und den Höhengebieten Mexikos gelegentlich Frostgefahr und Schneefall bringen.
3) Die Niederschläge fallen
a) im Gebiet von Kalifornien als Winterregen, da diese Landschaft während der Wintermonate im Bereich der Westwinde der gemäßigten Zone liegt (Etesienklima, Csa-Klima nach Koeppen),
b) im atlantischen und Golfküstengebiet ganzjährig mit Sommermaximum (Cfa-Klima),
c) an der atlantischen Küste Mexikos, Mittelamerikas und den Ostflanken der Großen und Kleinen Antillen als Sommermonsun- und Passatregen,
d) an deren Westflanken während des Sommers, wo der Monsun vom kühlen Meer nach dem stark erhitzten Land strömt,
e) als Zenitalregen im gesamten Gebiet der Innertropischen Konvergenz.

Die Vegetation ist eng an die Menge und die jahreszeitliche Verteilung der Niederschläge geknüpft. Unter dem Einfluß des Etesienklimas mit seinen milden, regenreichen Wintern und den trockenen Sommern entwickeln sich an der Westküste Nordamerikas südlich von San Francisco die **Hartlaubgewächse**, während im atlantischen und Golfküstenbereich in Abhängigkeit von den reichlichen Niederschlägen der wandernden Zyklonen **subtropische Feuchtwälder** vorherrschen. Sie bilden großblättrige immergrüne Laubwälder aus Eichen, Magnolien und Palmen, die allerdings weitgehend dem Kulturland weichen mußten, sowie Sumpfwälder (Everglades) auf Florida, Grassümpfe auf den Überschwemmungsebenen des Mississippistromsystems (Flats) und in den Altwassersümpfen (Hammocks).

Im Bereich der Roßbreiten wird die absteigende Luft stark erwärmt, ihr relativer Feuchtigkeitsgehalt sinkt ab. Extreme Trockenheit führt in den inneren Beckenlandschaften (Coloradobecken, Bolson von Mapimi in Mexiko) und im nördlichen und mittleren Teil der Halbinsel Kalifornien zur Bildung von **Wüsten** und **Halbwüsten** mit Kreosotbüschen (*Covillea tridentata*). In der Nähe des Wendekreises, wo der sommerliche Südwestmonsun, die passatischen Steigungsregen oder die Zenitalregen der sommerlichen Regenzeit schon bis 750 mm Niederschlag bringen, entwickelt sich die **Dornstrauchsteppe** oder die **Dornsavanne** mit Sukkulenten, wie im Inneren von Mexiko, oder Mesquite-Buschwald (*Prosopis juliflora*), wie im Flußgebiet des Rio Grande. In den Randgebieten der tropischen Zone (20 bis 25° n. Br.) geht diese Formation des periodisch trockenen Klimas in laubabwerfenden Trockenwald mit Sukkulenten und Riesenkakteen über.

Südmexiko und Mittelamerika mit gleichmäßig über das ganze Jahr verteilten Niederschlägen, deren jährliche Menge bisweilen im *Hochland von Chiapas* und *Tabasco* 4 m im Jahr übersteigt, tragen **immergrüne tropische Regen- und Höhenwälder.** Sie sind mit wertvollen Edel- (Mahagoni, Cedrala) und Farbhölzern und von Lianen, epiphytischen Moosen, Flechten, Farnen, Orchideen, Bromeliazeen und Arazeen durchsetzt und zeichnen sich durch eine Fülle von Arten aus. Die relativ niederschlagsärmeren Westflanken und die Gebiete mit ungünstigen Bodenverhältnissen (wasserdurchlässiger Kalk auf der Halbinsel Yucatán, sandige poröse Böden in den küstennahen atlantischen Tiefländern von Belize, Honduras und Nikaragua) tragen **tropische Savannen** oder offene Kiefernwälder (pineridges) mit mittelmäßig hohem Graswuchs.

In Mexiko und Mittelamerika erfahren das Klima und die Vegetation besonders starke Abwandlung durch die orographischen Verhältnisse. Die durch die verschiedenen Höhenlagen hervorgerufenen Temperatur- und Vegetationsunterschiede machen sich viel auffälliger bemerkbar als die verschiedenen Breitenlagen. Man unterscheidet insgesamt mit aufsteigender Höhe vier verschiedene Temperaturregionen:

a) Die **tierra caliente** (heiß) umfaßt die Tiefländer bis etwa 700 m Höhe und ist im Bereich der Innertropischen Konvergenz von dichtem, fast undurchdringlichem tropischem Urwald, an sumpfigen Küsten von Mangrovedickichten und in den zwischen Gebirgsketten eingeschlossenen Becken sowie an den trockeneren Westflanken von laubabwerfendem Trockenwald mit Mimosazeen, Schirmakazien und Kakteen bewachsen.

b) Die **tierra templada** (gemäßigt) liegt zwischen 700 und 1700 m Höhe, reicht aber im Süden höher hinauf als im Norden und trägt an den regenfeuchten Berghängen der Luvseite immergrüne Laubwälder mit dichtem Unterholz, Moospolstern und Flechten, an den trockeneren Leeseiten lichten, xerophilen Wald mit Kiefern und laubabwerfenden Eichen. In größeren Höhen werden diese Wälder mehr und mehr von Laubbäumen nördlicher Herkunft, wie Eichen, Linden, Ulmen, Ahornen, Erlen, Magnolien und Erikazeen, sowie von Tannen und Kiefern durchsetzt. Solche Landschaften erinnern an die Kiefernwälder der gemäßigten Breiten.

c) Die **tierra fria** (kalt) beginnt oberhalb von 1700 m bzw. 2000 m und reicht bis zur Grenze der Vegetation. Tannen (*Abies religiosa*), Wacholder- und Zypressenarten treten mit Kiefern und Laubhölzern auf. In größeren Höhen folgen Grasfluren und Matten, z. T. in der Form subalpiner Steppen mit harten schmalblättrigen Gräsern. Diese Flora zeigt ein viel engeres Verwandtschaftsverhältnis zur Flora der südamerikanischen Hochanden als zu der der Kordilleren der USA.

d) Die **tierra helada** ist die Region des ewigen Schnees. Ihre untere Grenze verschiebt sich mit den Niederschlagsverhältnissen und der Breitenlage.

Die gesamte Pflanzenwelt Mittelamerikas und Mexikos ist äußerst vielgestaltig und artenreich. Hier berühren sich zwei Florenreiche, das neotropische und das holarktische. Durch keine Meere und Gebirgsschranken behindert, konnten sie bis in die Höhenregionen eindringen und teilweise hier eigene Arten entwickeln.

Die feuchten Subtropen des Südostens

Ohne scharfe Grenze gehen die warm-gemäßigten Gebiete mit ihren ursprünglichen Laubmischwäldern in die Subtropen über. Unter dem subtropischen Südosten Nordamerikas versteht man die Flachländer der Nordküste des Golfes von Mexiko, vom östlichen Texas an bis Florida, und das südliche Georgia. Die geologischen Formationen, die den Untergrund dieses Gebietes aufbauen, und das Relief sind jung. Erst im Pliozän zerriß der Landzusammenhang zwischen Florida, den Bahamainseln und der Halbinsel Yukatán, der seit der mittleren Kreidezeit bestanden hatte.

An der Golfküste beiderseits der Mississippimündung wechselten Perioden der Meerestransgression mit solchen der Regression ab; erst seit dem Ende des Tertiärs findet ein stetiges Landwachstum statt. Am Delta selbst, wo dieser Vorgang noch durch die starke Zufuhr von Sinkstoffen beschleunigt wird, beträgt der Landzuwachs etwa 300 m jährlich. Küstenströmungen führen zu Strandversetzungen; es bilden sich Haken und Nehrungen. Kleine, konzentrisch um den Golf angeordnete tertiäre Schichtstufen entsprechen den verschiedenen Landwachstumsperioden. Am Fuße der Appalachen sind sie von fruchtbaren Schwarzerden bedeckt, die in den Zeiten nach der Landnahme ausschließlich dem Baumwollanbau auf Plantagen dienten. Inzwischen hat sich ein Wandel vollzogen: Die Baumwollanbaugebiete sind weiter nach Westen vorgerückt, und die ehemals weitverbreiteten Monokulturen sind beseitigt worden. Viehhaltung und der Anbau von Mais, Obst und Gemüse sind z. T. gleichbedeutend an ihre Seite getreten. Während früher Wilmington, Charleston und Savannah die bedeutendsten Baumwollhäfen waren, haben jetzt *Pensacola*, *Mobile*, *New Orleans* und *Galveston* diese Funktion übernommen.

In den Tieflandsgebieten beiderseits des Mississippi breiten sich auf den schwammigen Böden Sumpfwälder aus, die neben niedrigen Palmen auch Sumpfzypressen, Tupelobaum (*Nyssa aquatica*) und Amberbaum (*Liquidambar styraciflua*) enthalten. Die niederschlagsreichen Küstenstreifen sind von Mangrovedickichten (*Rhizophora mangle*) umschlossen, während auf den trockeneren Gezeitenmarschen Grasfluren, im Mündungsgebiet des Rio Grande Kiefernwälder vorherrschen. Die Kulturpflanze der feuchten Böden ist der Reis, die der trockeneren das Zuckerrohr.

Florida ist infolge seines Klimas zum Mittelpunkt des Fremdenverkehrs und der Filmindustrie geworden und besonders durch die Raketenversuchsstation der USA in Kap Kennedy in den Blickpunkt des Interesses gerückt. An die alttertiären Karstplatten von Südflorida schließen sich von zahlreichen Seen unterbrochene Sumpfwälder (Everglades) an; die Ostküste trägt auf breitem Nehrungsstreifen Kiefernwald mit *Pinus palustris*, *Pinus taeda* und *Pinus caribaea*, die Westküste niedrige Palmen und Mangroven, während die Kette von Koralleninseln, die sich südlich an Florida anschließt, bereits tropischen Charakter zeigt und mit Kokospalmen bewachsen ist.

Die Region der Hartlaubgewächse

Westlich der Großen Plateau- und Beckenregion erheben sich die doppelten Ketten der westlichen Kordilleren. Die östlichen werden als Kaskadengebirge und Sierra Nevada, die westlichen als Küstenkette (Coast Range) bezeichnet. Kaskadengebirge und Sierra Nevada gehören ihrer Vegetationsform nach zum Waldgürtel der gemäßigten Breiten und sind in bezug auf inneren Bau und ihre Oberflächengestalt schon in diesem Zusammenhang behandelt worden.

Die Coast Range, die südlich der Klamath Mountains aus niedrigen, schräg zur Küste verlaufenden Ketten besteht, ist aus paläozoischen Sedimenten aufgebaut, zwischen denen tertiäre Schuttmassen lagern. Die Täler folgen den bei jüngeren Hebungen entstandenen zahlreichen Verwerfungslinien. Diese Hebungen finden noch bis in die jüngste Zeit hinein statt und äußern sich in jungen Brüchen, in der Bildung von Erdspalten (Andreassprung 1906), in Vulkan- und Gasausbrüchen und in Erdbeben (San Francisco 1906, 1952). Südlich des Großen Kalifornischen Längstales treffen die Ketten der Coast Range und der Sierra Nevada zusammen und erscheinen in der San Gabriel- und der San Bernardino Range als granitische Massive mit stark zerschnittenen Kämmen. Marine Terrassen umsäumen die Küste, die mit ihren steilen Kliffen und durch die starken Winde der Schiffahrt keine günstigen Hafenplätze bietet. *San Pedro*, der Hafen von *Los Angeles*, und *San Diego* mußten weitgehend künstlich angelegt werden. Die einzige Ausnahme stellt die tief eingreifende Bucht von *San Francisco* mit ihren weiten Hafenbecken dar.

Unweit nördlich des Golden Gate bei San Francisco vollzieht sich im Gebiet der Coast Range und des Kalifornischen Längstales ein klimatischer Wechsel gegenüber den nördlichen Küstengebieten, die über das ganze Jahr verteilt reichliche Niederschläge erhalten. Durch die Herrschaft des pazifischen Hochdruckgebietes ist der Sommer trocken; während der Wintermonate bringen die weiter nach Süden übergreifenden Zyklonen reichliche Niederschläge (mediterranes Klima oder Etesienklima). Die diesen Verhältnissen angepaßte Vegetationsform, die sich etwa bis Los Angeles erstreckt, wird hier Chaparral genannt und entspricht mit ihren Hartlaubgewächsen, unter denen die kalifornischen Lorbeerbüsche vorherrschen, der Macchie des europäischen Mittelmeerraumes. Aber auch Sukkulenten mit dicken fleischigen, von Lederhaut überzogenen Blättern treten auf. Der Chaparral wird nur zuweilen von einzelnen Gruppen von Zypressen und von anspruchslosen Torreykiefern und Eukalyptusbäumen unterbrochen. In diesem südlichen Gebiet wirkt sich die nächtliche Tau- und Nebelbildung besonders günstig auf den Pflanzenwuchs aus.

Starke, wasserreiche Ströme, die von den Hängen der Sierra Nevada herabströmen, haben gewaltige, alluviale Schuttmassen in das Kalifornische Längstal transportiert, die einen tiefgründigen, fruchtbaren Boden bilden. Durch künstliche Bewässerung mit Hilfe von weitverzweigten Wasserleitungen und von artesischen Brunnen hat man das ursprünglich von hartem Bunchgras bewachsene Land in ein Zentrum der Obst- und Gemüseerzeugung verwandelt, in dem Pfirsiche, Kirschen, Aprikosen, Pflaumen, Orangen, Wein und Tomaten, Erbsen und Kartoffeln, aber auch Baumwolle und Alfalfa angebaut werden. Die Verarbeitungsindustrie baut auf besonderen Spezialkulturen, wie Spargel, Artischocken, Bohnen und Karotten, auf. Die Umgebung von Los Angeles hat durch die Verarbeitung und den Versand von Zitrusfrüchten besondere Bedeutung erlangt. Der Obst- und Gemüseanbau hat andere Formen der Landnutzung weitgehend verdrängt, nur der Anbau von Alfalfa als Futtermittel spielt noch eine Rolle.

Das subtropische Trockengebiet

Vom westlichen Texas bis an die pazifische Küste erstreckt sich das Trockengebiet, das sich im Norden an die trockenen Becken des Gebirgsinnern und die Prärien anschließt und im Süden weit nach Mexiko hineinreicht. Einheitlich ist der klimatische Charakter, der durch die Passatwinde und das subtropische pazifische Hochdruckgebiet bestimmt wird. Absteigende Luftbewegung bei gleichzeitig starker Erwärmung führt zu extremer Trockenheit und Wüstenbildung, vor allem in Niederkalifornien, Sonora und dem Bolson von Mapimi. Etwas günstiger ist der Nordosten gestellt, in dem Trockensteppen vorherrschen. Vereinzelt vorüberziehende Tiefdruckgebiete im Norden können bisweilen Platzregen auslösen. Bis an die Ostküsten Mexikos dringen im Winter die Nortes vor, die sowohl Niederschläge wie kräftige Abkühlung bringen. Im Süden greifen die sommerlichen Zenitalregen mit einzelnen kurzen Niederschlagsperioden auf das Trockengebiet über und mildern südwärts zunehmend die Trockenheit. Die Durchschnittstemperaturen sind entsprechend der Breitenlage im allgemeinen ziemlich hoch. Trotz der Höhenlage von 2200 m beträgt das Jahresmittel von Mexiko City noch 15,4 °C. Der kontinentale Charakter und die geringe Dämpfung der Temperaturschwankungen durch die Luftfeuchte führen jedoch nicht zu beträchtlichen Unterschieden zwischen den Mitteltemperaturen des wärmsten und kältesten Monats. An der Ostküste bei Matamaros (25° 52' n. Br.) beträgt die Amplitude noch 13,4 °C, in Chihuahua (28° 38' n. Br.) sogar 17 °C.

Die tropischen Gebiete

Der Süden Mexikos steht unter dem Einfluß der tropischen Zenitalregen, er empfängt tropische Sommerregen in der Zeit von Mai bis Oktober. An der Golfküste werden die Niederschlagsmengen noch durch die regenbringenden Passatwinde erhöht. Aber nur die Tiefländer, die schmalen Küstensäume, tragen rein tropische Vegetation, auf den Berghängen und Hochebenen treten die Formationen der Höhenstufen an ihre Stelle.

Geologisch und orographisch ist Mexiko bis an den *Isthmus von Tehuantepec* die Fortsetzung des Kordillerensystems. Zwischen die beiden Randgebirge, die massige, weithin von vulkanischen Gesteinen aufgebaute Westliche Sierra Madre (Sierra Madre Occidental) und die Östliche Sierra Madre (Sierra Madre Oriental), ist das Mexikanische Hochland eingefügt, das in seiner Erscheinungsform der Becken- und Kettenregion entspricht. Die durch den Golf von Kalifornien abgetrennte Halbinsel Niederkalifornien stellt (nach Machatschek) die Fortsetzung der Coast Range dar. Den südlichen Abschluß des Mexikanischen Hochlandes bildet eine Reihe noch tätiger Vulkanberge, die als vulkanische Achse oder als Tarasker-Nahua-Gebirge bezeichnet werden.

Während des Mesozoikums war der Raum des heutigen Mexikos vom Meere überflutet; in den nachfolgenden Perioden, in der späteren Kreidezeit und insbesondere in der laramischen Phase, setzten Hebungen und Faltungen durch starken, von Nordosten wirkenden Druck ein. Gleichzeitig erfolgten magmatische Intrusionen, Auflagerung von vulkanischen Decken und Tuffen. Tertiäre und posttertiäre Eruptiva bilden heute im wesentlichen den Untergrund des westlichen Mexikos, während auf der atlantischen Seite Formationen der älteren Kreide an die Oberfläche treten. In den trockenen Beckenlandschaften von Sonora und im Bolson von Mapimi ist die physikalische Verwitterung außerordentlich groß. Während der seltenen, aber dann meist sehr heftigen Niederschläge wird das aufbereitete Verwitterungsmaterial von den Bergkämmen und -hängen abgespült; so sind die Täler und Senken von quartärem Schutt erfüllt. Tertiäre Sande treten nur südlich vom Rio Grande auf, während paläozoische Ablagerungen fast überall von jüngeren Sedimenten überdeckt sind. Kreidezeitliche Ablagerungen finden sich auch in der Berg- und Hügelzone im westlichen Vorland der aus alten Graniten und kristallinen Schiefern aufgebauten Sierren Niederkaliforniens.

Über 1300 km verläuft die durch den Golf von Kalifornien abgetrennte Halbinsel Niederkalifornien parallel zum Festland. Sie ist von Gebirgen, die die Fortsetzung der Coast Range bilden, durchzogen. Von dem pazifischen Tieflandsstreifen erfolgt im Norden und Süden ein allmählicher Anstieg zu den 2100 bis 2400 m hohen Kämmen der Sierren. Der mittlere Teil der Halbinsel wird von etwa 1000 m hoch gelegenen Mesas und Tafelländern eingenommen. Der Ostabfall ist steil und erfolgt unvermittelt. Die unteren Hänge sind bisweilen spärlich bewaldet. Im Norden und im mittleren Teil wechseln kahle Hügel, wüstenhafte Ebenen und nackte, schroffe Felsen miteinander ab. Im äußersten Norden, der noch unter dem Einfluß des Etesienklimas steht und dem die Feuchtigkeit der häufigen Nebelbildung zugute kommt, ist es an der Westküste möglich, Weizen ohne künstliche Bewässerung anzubauen und Viehzucht zu betreiben. Die mittleren Teile sind extrem trocken; nur im südlichsten Zipfel der Halbinsel, der schon im Einflußbereich der Zenitalregen liegt, werden im Gebiet von *La Paz* Gemüse und subtropische und tropische Früchte, insbesondere Datteln, angebaut.

Nach seinem Austritt aus dem Plateaugebiet fließt der Colorado durch die Wüstengebiete der Colorado-, Gila- und Mojavewüste, deren flache Bolsone von kleinen Inselbergen gegliedert werden. Das Gebiet ist ebenso wie das des Lost Valley und des Death Valley (Tal des Todes) fast vegetationslos, bisweilen wird der salzige Boden von kleinen Soda- und Boraxseen und von Salzsümpfen durchsetzt. Nach Süden hin wird der Sagebrush durch Kreosotbüsche unterbrochen, die schließlich allein das Feld behaupten. In seinem Unterlauf neigt der Colorado dazu, bei plötzlich auftretenden Hochwässern sein Flußbett zu verlegen. Relikt eines alten Flußlaufes ist der 80 m unter dem Meeresspiegel gelegene *Salton Sink*. Nach dem Bau leistungsfähiger Be- und Entwässerungsanlagen ist dieses mit fruchtbarem Alluvialschutt ausgestattete und durch Witterungsverhältnisse (langandauernde Schönwetterperioden unter dem Einfluß eines Hochdruckgebietes) begünstigte Gebiet (Imperial Valley, südlich des Salton Sinks) zum Anbauzentrum vieler subtropischer Früchte geworden. Zur Gewinnung von Trink- und Brauchwasser und zur Vermeidung großer Überschwemmungen wurden im Einzugsgebiet des Colorados bedeutende Stauwerke gebaut (Rooseveltdamm am Salt River, Hooverdamm und Glen-Canyon-Damm am Colorado u. a.).

Das Mexikanische Hochland erreicht im Norden etwa 1200 m, im Süden etwa 1400 m Höhe. Der nördliche Teil dieses Plateaus – etwa bis zum Wendekreis – besteht aus flachen Bolsonen, die durch einzelne, in ihrem Verwitterungsschutt erstickende Felsinseln und -riegel gegliedert sind. Die von den Bergrändern dem Inneren des großen *Bolsons von Mapimi* zuströmenden Flüsse haben große Wasserstandsschwankungen; die meisten versickern und verdunsten. Die Flüsse *Nazas* und *Äquanaval* dienen der Bewässerung des als Baumwollanbaugebiet bekannten *Laguna Comarca*, in deren Zentrum Torreón liegt. Außerhalb der Bereiche künstlicher Bewässerung ist die Vegetation sehr lückenhaft: Agavenhaine, blaugrüne Kreosotsteppen (*Larrea mexicana*) und Baumsteppen mit *Yucca* wechseln ab. In den Mesquitebuschsteppen des Nordostens wird Weidewirtschaft betrieben.

Schematisches West-Ost-Profil durch Mexiko auf etwa 22° n. Br. (nach Atwood)

Der südliche Teil des Mexikanischen Hochlands, als Mesa Central bezeichnet, ist auch orographisch vom nördlichen sehr verschieden. Im Landschaftsbild überwiegt der Gebirgscharakter. Waldbedeckte Vulkankegel, riesige Krater erloschener Vulkane, jähe Felsabstürze, die die Erosion in die Flanken des Gebirges gerissen hat, wechseln mit fruchtbaren, von vulkanischem Schutt erfüllten Hochebenen und Tälern. Hier liegt das Zentrum des Ackerbaus, dessen wichtigste Anbaufrüchte infolge der Lage in der *tierra templada* Bohnen, Mais, Weizen, Gemüse und Obst sind. Im Mittelpunkt eines noch zur Aztekenzeit abflußlosen und daher zur Versalzung neigenden Seebeckens liegt die Landeshauptstadt *Mexico City*, die heute durch einen Entwässerungskanal mit dem Flußsystem des *Pánuco* in Verbindung steht. Am mächtigsten entwickelt ist der junge Vulkanismus in dem *Tarasker-Nahua-Gebirge*, das im massigeren Westteile ausgedehnte Lavaergüsse und Hunderte von erloschenen Kratern aufweist, im Ostteil durch einzelne gewaltige Vulkankegel (*Popocatépetl*, 5452 m) gekennzeichnet wird.

Das gesamte Mexikanische Hochland birgt große Reichtümer an Blei, Kupfer, Zinn, Zinnober, Schwefel, Gold und Silber. Aus den Edelmetallen schufen die Azteken prächtigen Schmuck und andere Kunstgegenstände. Die Bitumenkohle, die in der Fortsetzung der Lignite von Texas und Coahuila auftritt, deckt den gesamten Kohlebedarf Mexikos. In der Nähe des *Cerro de Mercado*, des mächtigen Eisenberges, befinden sich Eisen- und Stahlwerke.

Die Abgrenzung des Mexikanischen Hochlandes gegen die Östliche Sierra Madre ist unscharf und läßt die Frage offen, ob es sich überhaupt um einen selbständigen Gebirgszug oder nur um den stärker herausgehobenen Rand der Plateaulandschaft handelt. Im Norden zeigt die Sierra Kettengebirgsstruktur, im Süden ist sie in ein Gewirr von tief zerschnittenen Bergzügen von großer landschaftlicher Schönheit gegliedert. Der 5700 m hohe Vulkankegel des noch tätigen *Pic de Orizaba* ist von ewigem Schnee bedeckt.

Die Abdachungen der Westlichen und der Östlichen Sierra Madre und ihre Vorländer sind Übergangsräume, die nach Süden zu immer besser beregnet werden und daher in zunehmendem Maße tropischen Charakter annehmen. Ein 200 bis 400 km breiter Tieflandsstreifen, der im nordwestlichen Sonora wüstenhaft ist, weiter südlich laubabwerfenden Trockenwald und größere Areale subtropisch-tropischer Bewässerungskulturen, im südlichsten Teil auch Regenkulturen trägt, ist der Westlichen Sierra Madre vorgelagert. Deren Hänge sind infolge der Abspülung vielfach kahl, und erst auf der sanfteren Binnenabdachung trägt der südliche Gebirgsteil Höhenwälder, teils aus Eichen, teils aus Nadelhölzern zusammengesetzt. In den tief eingeschnittenen Tälern (Quebrados) dieser durch großen Erzreichtum (Silber, Gold, Blei) ausgezeichneten Außenflanke liegen zahlreiche Bergbausiedlungen.

Die mittelamerikanische Landbrücke

Im Gegensatz zu Nordamerika, wo die gebirgsbildende Phase schon im Miozän abgeschlossen wurde, erfolgten die Hebung und die Gebirgsbildung in Mittelamerika erst im Pliozän. Brüche, Senkungen, Zerstückelung in Schollen und lebhafter Vulkanismus waren das Ergebnis dieser Krustenbewegungen. Eine Kette von 88 Vulkanen begleitet die pazifische Flanke Zentralamerikas, von denen 44 noch bis in die jüngste Zeit tätig waren und einige auch heute noch tätig sind. Vulkanische Aufschüttungen dämmten Seen ab, die sich durch große landschaftliche Schönheit auszeichnen; kleinere Kraterseen bilden sich auf erloschenen Vulkanen.

Der Oberflächengestalt fehlen daher die großen einfachen Linien. Ein schmaler, teilweise versandeter Tieflandsstreifen säumt die verkehrsfeindliche, wenig gegliederte pazifische Küste. Steil steigt das von gefällereichen Flüssen scharf zerschnittene und mit vielen Vulkankegeln durchsetzte Gebirge bis zu 3000 m auf. Die parallelen Ketten, die vom Hochland von Chiapas in west-östlicher Richtung nach Belize und Nordguatemala verlaufen, bestehen neben Graniten, Gneisen und kristallinen Schiefern meist aus paläozoischen Kalken und Sandsteinen. Kretazische Sedimente sind in Guatemala vielfach von vulkanischen Decken überlagert oder durch Kontaktmetamorphose umgewandelt. Tertiäre Kalke treten in den verkarsteten Tiefländern von Yucatán, Guatemala (Petén) und Belize in Erscheinung. Aber schon in Honduras bewirken kurze Gebirgszüge uneinheitlicher Streichrichtung eine Zerstückelung der Landschaft in Becken und Senken, Hügel- und Gebirgszonen, die sich in gleicher Weise in Nikaragua bemerkbar machen. Südlich der Senke von Nikaragua schwingt eine schmale, gefaltete Kette, aufgebaut aus azoischen, paläozoischen und kretazischen Elementen, nach Panamá.

Der östliche Abfall der Gebirgsregion Zentralamerikas vollzieht sich sanfter als der westliche. Weite Tiefländer umgrenzen das Karibische Meer in Guatemala, Honduras und Nikaragua. Die größeren Flüsse, wie der den Nikaraguasee entwässernde *San Juan*, strömen dem Karibischen Meer zu. Ihre Flußmündungen sind oft durch Sandbänke und Lagunen verbaut; einige von ihnen sind für kleinere Boote bis weit ins Inland hinein schiffbar.

Die fruchtbaren Böden vieler Teile des Inlandes bestehen aus mehrere Meter mächtigen vulkanischen Laven und Aschen. An anderen Stellen führten außerordentlich hohe Temperaturen in Verbindung mit sehr zahlreichen Niederschlägen und absterbender Vegetation zur raschen Zersetzung des Gesteins, so daß dadurch tiefgründige, fruchtbare Böden entstanden sind.

Der Nordostpassat bringt den karibischen Küsten Zentralamerikas mit 5000 mm Niederschlag im Jahr einen Überfluß an Feuchtigkeit während des ganzen Jahres. Die Hauptregenzeit liegt im Sommer. Im Westen und in den Hochländern sinkt die Regenmenge auf 650 bis 700 mm im Jahr ab; an einigen Stellen ist sogar künstliche Bewässerung erforderlich. Die Ostküsten sind wegen ihres feuchtheißen Klimas und der dort noch weitverbreiteten tropischen Krankheiten für die Besiedlung wenig geeignet. Die größeren Städte liegen im kühleren Hochland.

Dichte Wälder mit Zedernbäumen und mit Mahagoni, Ebenholz und Rosenholz liefernden Arten wachsen in den östlichen Tiefländern (mit Ausnahme der Halbinsel Yucatán). Daneben gedeihen Öl- und Kautschukpflanzen. Vielfach sind die Wälder gerodet worden, und Bananen-, Kautschuk-, Kakao- und Zuckerrohrplantagen sind an ihre Stelle getreten. Aber mit Ausnahme des Anbaus von Bananen, die in großem Maße exportiert werden, sind die wirtschaftlichen Reichtümer dieses Küstenstriches noch nicht voll erschlossen worden.

Die höher gelegenen Teile Zentralamerikas zeichnen sich durch günstigeres Klima aus und sind auch dichter besiedelt. An den über 450 m hoch gelegenen Hängen und Hochebenen wird Kaffee angebaut. Der Kaffee zeichnet sich in allen Republiken durch gute Qualität aus und wird nach den USA und Europa exportiert. In Höhenlagen über 1 500 m werden Getreide und Gemüse angebaut.

Die trockeneren Regionen sind mit Savannen und Graslandern bedeckt, die Rindern und Pferden als Weideplätze dienen. Am trockensten und unfruchtbarsten innerhalb Zentralamerikas ist die *Halbinsel Yucatán*. In ihrer geologischen Struktur mit niedrigen flachen Karstplateaus, Flußversickerungen und unterirdischen Höhlen ähnelt sie der Halbinsel Florida. Sie ist sehr dünn besiedelt; der Anbau ist nur mit Hilfe von künstlicher Bewässerung möglich. Er beschränkt sich im Süden ausschließlich auf Sisalagaven.

Im Süden Zentralamerikas stellt der etwa 80 km lange, 1914 dem Verkehr übergebene *Panamakanal* die Verkehrsverbindung vom Atlantischen zum Pazifischen Ozean her. Die in 102 m Höhe liegende Wasserscheide zwischen den beiden Ozeanen wurde bis auf 26 m Meereshöhe abgetragen. Diese Höhe muß mit Hilfe gewaltiger Schleusen von der Schiffahrt überwunden werden.

Die Westindischen Inseln (oft kurz als **Westindien** bezeichnet) gliedern sich in drei Hauptgruppen: die Großen und die Kleinen Antillen und die Bahamainseln. Alle Inseln haben tropisches Seeklima mit hohen, aber durch den frischen Seewind des Nordostpassats für die Bewohner angenehmen Temperaturen. Die jahreszeitlichen Temperaturschwankungen sind kaum wahrnehmbar. Innerhalb eines Jahres ist es möglich, auf demselben Feld bis zu vier Ernten zu erzielen. Fröste treten bisweilen nur in den höchsten Erhebungen Kubas auf. Die Regen sind im allgemeinen sehr reichlich und fallen hauptsächlich während der Sommermonate. Doch treten große Unterschiede zwischen Luv- und Leeseiten der Gebirge auf. Oft tragen die Luvseiten dichten Regenwald, während auf den Leeseiten Savannen erscheinen.

Die Großen Antillen mit Kuba, Haïti, Puerto Rico und Jamaika ähneln in ihrer geologischen Struktur dem Aufbau Zentralamerikas; an eine aus kristallinen Schiefern, Gneisen und alten Eruptivgesteinen aufgebaute Achse schließen sich im Norden jüngere Muschel- und Korallenkalke an, die weitgehend verkarstet sind.

Kuba ist die größte Insel der Großen Antillen. Ihre Oberfläche erscheint als weite, sanft gewellte Landschaft, die im äußersten Westen nur von den *Montes de los Organos* unterbrochen wird und aus der im Osten die durchschnittlich 1 000 bis 1 200 m, in ihrer höchsten Erhebung sogar 2 560 m hohen Kämme der *Sierra Maestra* aufragen (*Pico Turquino*, 2 560 m). Zahlreiche Strandterrassen an der mit günstigen Hafenplätzen ausgestatteten Nord- und Ostküste weisen auf die noch bis in die jüngste Zeit hinein anhaltenden Hebungsvorgänge hin. Mit Ausnahme der ungünstigen Karstflächen in ihrem nördlichen Teil sind die Böden der Insel sehr fruchtbar. Selbst in den von Hügeln und Gebirgsketten eingeschlossenen Tälern können noch wertvolle tropische Pflanzen angebaut werden. Hauptanbauprodukt ist das Zuckerrohr; seinetwegen hat man zum großen Teil die natürlichen Wälder gerodet. Daneben hat auch der Anbau von Tabak für Zigarren (Habana-Zigarren) große Bedeutung erlangt. Dreiviertel des gesamten kubanischen Tabaks wird in den südwärts gerichteten Tälern des Westens in der Provinz Pinar del Río angebaut. Nur sehr selten werden die Ernten durch Hurrikane oder außergewöhnliche Dürreperioden geschädigt.

Kuba verfügt auch über reiche Mineral- und Erzlagerstätten. Hochwertige Eisen-, Nickel-, Chrom-, Mangan- und Kupfererze werden auf der Insel abgebaut, aber auch Bitumen, Asphalt und Lignite sind vorhanden.

Haïti, auch Hispaniola genannt, ist die zweitgrößte der Antilleninseln und teilt sich politisch in die Republik Haïti und die Dominikanische Republik. Ihren buchtenreichen Küsten sind Korallenriffe vorgelagert. Im Gegensatz zu Kuba ist sie überwiegend gebirgig und ihr Inneres schwer zugänglich. Drei Ketten von Vulkanbergen durchziehen in westöstlicher Richtung das Land. Sie sind 600 bis 2 000 m hoch; der 3 140 m aufragende *Loma Tina* erreicht die größte Höhe Westindiens. Aber nur die dem Passatwind zugewandten Luvseiten der Gebirgszüge erhalten reichlichere Niederschläge und tragen entweder Regenwald oder Bananen-, Zuckerrohr- und Kautschukkulturen. Die im Windschatten gelegenen Gebiete, wie die südlich der *Sierra de Monte Cristo* gelegene *Vega Real*, können so trocken sein, daß selbst die künstliche Bewässerung durch den Salzgehalt der Böden in ihrer Wirkung sehr beeinträchtigt wird. Hier finden sich dann mit Dornsträuchern und Kakteen bewachsene

Steppengebiete. Die Ausfuhr erstreckt sich vor allem auf Zuckerrohr, Kaffee, Kakao und Blauholzextrakt. Kupfer-, Gold-, Silber-, Platin-, Eisen-, Kohle- und Erdöllagerstätten sind bekannt, werden aber bisher kaum abgebaut. Von Bedeutung sind die großen Bauxitlagerstätten.

Puerto Rico wird als die schönste aller Inseln des Karibischen Meeres bezeichnet. Alte Eruptivgesteine bedecken die Hochlande, die im Norden und Süden von Kalkschichten umrahmt werden. Die Kalkschichten sind sanft nach den Rändern zu geneigt und tauchen allmählich im Meer unter. Die den regenbringenden Passaten zugewandten Hänge des Nordens empfangen reichliche Niederschläge, ihre kleinen Flüsse sind für Boote schiffbar. Die ebenen Landesteile und die Leeseiten der Hänge sind trocken; für den Anbau von Kulturpflanzen ist künstliche Bewässerung erforderlich.

Jamaika. Bis zu 2256 m erheben sich im Osten die *Blue Mountains*, an die sich ein niedriges Kalkplateau anschließt. Der Osten hat den Charakter einer Karstlandschaft mit Dolinen (cockpits) und kegelartigen Hügeln. Auch die Ebene von *Kingston* im Süden ist infolge mangelnder Feuchtigkeit des Bodens ziemlich unfruchtbar. Aus dem Zuckerrohr, das an den feuchten, mit fruchtbaren Böden ausgestatteten Küsten angebaut wird, erzeugt man überwiegend Rum. An Bodenschätzen ist im wesentlichen nur Bauxit zu nennen.

Die Inselgruppe der Bahamas umfaßt 700 Inseln, von denen nur etwa 30 besiedelt sind, und weit über 2000 Eilande und Klippen. Sie sind aus Muschel- und Korallenkalken aufgebaut und sitzen der Großen Bahamabank auf. Die flachen Inseln können keinen Steigungsregen auslösen, infolgedessen sind die Regenmengen hier, im Vergleich zu den übrigen Teilen Westindiens, geringer. Der Anbau und die Ausfuhr erstrecken sich hauptsächlich auf Tomaten und Sisal.

Die Kleinen Antillen schwingen als Inselbogen östlich von Puerto Rico von den Jungferninseln an nach Osten. Als *Inseln über dem Wind* bezeichnet, wenden sie sich östlich von Puerto Rico in großem Bogen nach Süden, als *Inseln unter dem Winde* sind sie der venezolanischen Küste Südamerikas vorgelagert.

Die Kleinen Antillen sind, mit Ausnahme der *Jungferninseln*, deren Oberfläche aus kretazischen und tertiären Sedimenten aufgebaut ist, und der aus Korallenkalken und jungen Sedimenten bestehenden *Barbadosinseln* im Südosten, vulkanischen Ursprungs. Teilweise ragen die auf untermeerischen Platten aufsitzenden Kuppen der Vulkankegel unmittelbar über dem Meeresspiegel auf. Einige Vulkane sind noch tätig, wie der *Mont Pelé* auf *Martinique*, der 1902 bei einem Ausbruch die Stadt St.-Pierre vernichtete. Der flachwellige, aus kristallinen Gesteinen aufgebaute und an den Rändern der Inseln meist von Korallenkalken überlagerte Untergrund trägt Dornsträucher und Kakteen.

Die Inseln über dem Winde, die wiederum im Norden als *Leewardinseln*, im Süden als *Windwardinseln* bezeichnet werden, sind im allgemeinen sehr fruchtbar, teilweise von tropischem Regenwald und Palmen bestanden. Die Inseln unter dem Winde dagegen haben unter großer Trockenheit zu leiden.

Physisch-geographische Angaben

Das boreale Waldgebiet

Berge	Höhe (m)	Gebirge	Flüsse	Länge (km)
Mt. McKinley	6193	Alaska Range	Mackenzie-Athabaska	4241
Mt. Logan	6050	St. Eliaskette	Yukon	3700
Mt. St. Elias	5488	St. Eliaskette	St.-Lorenz-Strom	3062
Mt. Rainier	4392	Kaskadengebirge	Saskatchewan-Nelson	2570
Mt. Shasta	4317	Kaskadengebirge	Columbia	2250
Mt. Waddington	4042	Kanadische Küstenkette		
Mt. Robson	3954	Kanadisches Felsengebirge	Seen	Fläche (km²)
Mt. Columbia	3747	Kanadisches Felsengebirge		
Mt. Michelson	2816	Brooks Range	Großer Bärensee	31100
Katmai	2047	Aleuten Range	Großer Sklavensee	28900
			Winnipegsee	23550
			Athabaskasee	7920
			Rentiersee	6330
			Wäldersee	3845

Die warmgemäßigte Zone

Flüsse	Länge (km)	Berge	Höhe (m)	Gebirge
Mississippi-Missouri	6051	Mt. Elbert	4399	Park Range
(nach anderen Quellen)	6418	Blanca Peak	4364	Sangre de Christo
Colorado	2900	Kings Peak	4114	Uinta Mountains
Arkansas	2333	Mt. Hood	3427	Kaskadengebirge
Columbia	2250	Mt. Mitchell	2037	Blue Ridge
Red River	2040	Clingman's Dom	2024	Unaka Range
(zum Mississippi)		Mt. Washington	1916	White Mountains
Tennessee	1600	Mt. Rogers	1743	Zentrale Appalachen
Ohio	1579	Mt. Marcy	1628	Adirondack Mountains
Snake River	1500			
Brazos	1350	Seen	Fläche (km²)	
Susquehanna	750			
Savannah	720			
Potomac	670	Oberer See	83300	
Connecticut	650	Huronsee	59500	
Delaware	580	Michigansee	58100	
Platte River	500	Eriesee	25426	
Hudson	492	Ontariosee	18760	
Kansas River	480	Großer Salzsee	4400 ... 6100	
Kennebeck	260	Champlain	1982	
		St.-Clair-See	1200	

Die subtropischen und tropischen Gebiete

Flüsse	Länge (km)	Berge	Höhe (m)	Gebirge/Land
Rio Grande del Norte	2800	Pic de Orizaba	5700	Tarasker-Nahua-Gebirge
Rio Grande de Santiago	935	Popocatépetl	5452	Tarasker-Nahua-Gebirge
		Nevado de Colima	4265	Tarasker-Nahua-Gebirge
Seen	Fläche (km²)	Tahumulco	4217	Guatemala
		Peña Nevada	4054	Sierra Madre Oriental
		Vulcano de Colima	3846	Tarasker-Nahua-Gebirge
Nikaraguasee	8430	Chirripó Grande	3837	Kostarika
Lake Okeechobee	2600	Fuego	3835	Guatemala
Chapalasee	1600	Irazú	3432	Kostarika
Managuasee	1138	Loma Tina	3140	Haïti
Yzabalsee	730	Pico Turquino	2560	Kuba
Gatunsee	425	Mt. la Hotte	2414	Haïti
Atitlánsee	270	Blue Mountains	2256	Jamaika
		Mt. Pelée	1397	Martinique

SÜDAMERIKA

Politisch-ökonomische Übersicht

Name des Staates, Fläche, Bevölkerung, Gliederung, Hauptstadt	Größte Städte (1 000 Einw.)		Wirtschaft (Bergbau, Industrie, Land- und Forstwirtschaft, Fischfang)
Argentinien (República Argentina, Republik Argentinien) 2 780 000 km² 26,5 Millionen (1978) 22 Provincias, Capital Federal, Territorio Nacional de la Tierra del Fuego Buenos Aires	Buenos Aires Aggl. Córdoba Rosario La Plata	(1970) 2972 8353 799 798 408	Kohle, Gold, Silber, Kupfer, Zinn, Eisen, Blei, Zink, Zinn, Erdöl; Stahl- und Eisenindustrie, Chemie-, Leicht-, Lebensmittelindustrie; Weizen, Gerste, Roggen, Mais, Sonnenblumen, Zuckerrohr, Baumwolle, Wein, Tabak, Zitrusfrüchte; Rinder, Schafe, Pferde; Fischfang
Bolivien (República de Bolivia, Republik Bolivien) 1 098 581 km² 6,1 Millionen (1978) 9 Provinzen Sucre	Sucre La Paz Cochabamba Santa Cruz Oruro	(1970) 85 562 150 125 120	Zinn, Gold, Erdöl, Erdgas; Zuckerrohr, Kaffee, Mais, Kartoffeln, Weizen, Baumwolle; Edelhölzer
Brasilien (República Federativa do Brasil, Föderative Republik Brasilien) 8 511 965 km² 115,4 Millionen (1978) 22 Estados, 4 Territorios, Distrito Federal Brasilia	Brasilia m. V. São Paulo Rio de Janeiro Belo Horizonte Recife Salvador Pôrto Alegre	(1970) 277 545 5241 4316 1126 1070 1018 887	Diamanten, Chromerz, Glimmer, Beryll, Titan, Mangan, Asbest; Metallurgie, Maschinen-, Schiff- und Fahrzeugbau, chemische, Leicht- und Lebensmittelindustrie; Mais, Reis, Weizen, Kaffee, Kakao, Bananen, Zitrusfrüchte, Paranüsse, Zuckerrohr; Rinder Schweine, Schafe; Harthölzer
Chile (República de Chile, Republik Chile) 756 945 km² 10,9 Millionen (1978) 25 Provinzen Santiago	Santiago Aggl. Valparaiso Concepción Viña del Mar Antofagasta	(1970) 645 2682 282 183 142 122	Kupfer, Eisen, Nitrate, Kohle, Erdöl, Gold, Silber, Molybdän, Mangan, Blei; Metallurgie, Textil-, Zellulose-, Holzindustrie; Weizen, Mais, Reis, Kartoffeln, Hülsenfrüchte, Wein; Schafe, Rinder; Fischfang
Ekuador (República del Ecuador, Republik Ekuador) 281 341 km² 7,8 Millionen (1978) 20 Provinzen Quito	Guayaquil Quito Cuenca Ambato	(1970) 794 528 77 75	Erdöl, Kupfer, Eisen, Blei; Leichtindustrie; Bananen, Kakao, Kaffee, Tee, Reis, Weizen; Rinder, Schafe, Ziegen; Fischfang
Guyana (Cooperative Republic of Guyana, Kooperative Republik Guyana) 214 970 km² 815 000 (1978) 10 Distrikte Georgetown	Georgetown	(1970) 195	Bauxit, Gold, Diamanten, Mangan; Zucker- und Holzverarbeitung; Zuckerrohr, Reis, Kokosnüsse, Kakao, Zitrusfrüchte; Rinder, Schafe, Ziegen; Edelhölzer
Kolumbien (República de Colombia, Republik Kolumbien) 1 138 914 km² 26 Millionen (1978) 23 Departamentos, 3 Intendencias, 5 Comisarias Bogotá	Bogotá, m. V. Medellín Cali Barranquilla Cartagena	(1970) 2512 1089 918 641 319	Kupfer, Blei, Quecksilber, Mangan, Platin, Gold, Silber, Erdöl; Metallverarbeitung, chemische und Leichtindustrie; Kaffee, Sesam, Baumwolle, Getreide, Sojabohnen, Bananen, Zuckerrohr; Rinder, Schafe
Paraguay (República del Paraguay, Republik Paraguay) 406 752 km² 2,9 Millionen (1970) 16 Departamentos Distrito Capital Asunción	Asunción Caaguazú Coronel Oviedo	(1970) 437 74 59	Eisen, Mangan, Apatit, Kaolin, Salz; Baumwolle, Mais, Tabak, Weizen, Sojabohnen, Reis; Rinder, Schafe, Pferde; Edelhölzer
Peru (República del Perú, Republik Peru) 1 285 215 km² 17 Millionen (1978) 23 Departamentos, 1 Provincia Constitutional Lima	Lima, m. V. Callao Arequipa Trujillo	(1970) 2541 335 195 156	Blei, Kupfer, Eisen, Silber, Zink, Erdöl; Titan; Textil-, Lederwaren-, chemische, Lebensmittelindustrie; Zuckerrohr, Baumwolle, Kaffee; Schafe, Ziegen, Lamas, Pferde, Rinder

Name des Staates, Fläche, Bevölkerung, Gliederung, Hauptstadt	Größte Städte (1 000 Einw.)		Wirtschaft (Bergbau, Industrie, Land- und Forstwirtschaft, Fischfang)
Suriname (Republiek Suriname, Republik Suriname) 156 018 km² 460 000 (1978) 8 Distrikte und Hauptstadt Paramaribo	Paramaribo	(1970) 150	Bauxit, Gold; Zuckerrohr, Reis, Bananen, Kokosnüsse, Zitrusfrüchte; Rinder, Schafe, Ziegen, Pferde, Maulesel
Uruguay (República Oriental del Uruguay, Republik Uruguay) 186 926 km² 3,16 Millionen (1978) 19 Departamentos Montevideo	Montevideo Paysandú Salto	(1973) 1 450 80 80	Quarz, Marmor, Granit; Chemie-, Textil-, Leichtindustrie; Weizen, Mais, Reis, Orangen, Wein; Rinder, Schafe, Pferde
Venezuela (República de Venezuela, Republik Venezuela) 912 050 km² 13,1 Millionen (1978) 20 Estados, 2 Territorios, 1 Distrito Federal Caracas	Caracas, m. V. Maracaibo Barquisimeto Valencia	(1970) 2 175 690 282 225	Erdöl, Gold, Diamanten, Mangan, Phosphat, Asbest, Kupfer; Raffinerie, Metallurgie, Textil-, Chemie-, Leichtindustrie; Kaffee, Mais, Reis, Kautschuk, Vanille; Rinder, Schafe, Ziegen

Abhängige Gebiete:

Falklandinseln/Malwinen (brit., von Argentinien beansprucht), 11 961 km², 2 000 Einw.
Französisch-Guayana, 91 000 km², 65 000 Einw.

Überblick

Fläche und Lage. Südamerika, mit 17,7 Mio km² der viertgrößte der Kontinente, bildet zusammen mit Nord- und Mittelamerika die Westfeste der Erde. Südamerika erstreckt sich von 12° n. Br. bis 55° s. Br. und hat damit eine Gesamtlänge von 7500 km. In etwa 7° s. Br. erreicht der Kontinent mit rund 5000 km seine größte West-Ost-Ausdehnung. Nach Süden zu verschmälert sich die Landmasse rasch; in 25° s. Br. sind es noch 2300 km, in 40° s. Br. nur noch 1000 km. Südamerika liegt weiter östlich als Nordamerika. Der westlichste Punkt Südamerikas (81° 34′ w. L.) liegt auf dem gleichen Meridian wie Florida; der 50. Meridian westlicher Länge, der dem Rande des Inlandeises in Südwestgrönland folgt und die Neufundlandbank quert, schneidet in Südamerika die Amazonasmündung. Von Afrika ist der östlichste Punkt Südamerikas, Kap Branco auf 35° w. L., nur 18 Längengrade entfernt.
Durch den Atlantischen und Pazifischen Ozean von den großen Landmassen der Ostfeste geschieden, hat Südamerika entwicklungsgeschichtlich viele Besonderheiten aufzuweisen. Denn nur über die klimatisch ungünstigen Meerengengebiete zwischen Nordostsibirien und Alaska im Bereich der Beringstraße bestanden in junger geologischer Vergangenheit gangbare Wege, die für die Einwanderung von Tieren und auch des Menschen eine Rolle spielen konnten. Die abseitige Lage und klimatische Ungunst ließen eine weitgehende Isolierung zu und führten zur Herausbildung endemischer Formen in Flora und Fauna. Auch anthropologisch macht sich die nur schwache Verbindung zur Ostfeste bemerkbar. Wie Nordamerika, so ist auch Südamerika Wohngebiet der in sich stark differenzierten Indianerbevölkerung.
Entdeckungsgeschichte. Infolge seiner Abgelegenheit und der geringen technischen Entwicklung der Seefahrt blieb Südamerika bis zum Ende des 15. Jahrhunderts in Europa unbekannt. Nachdem Kolumbus mit seinen Begleitern 1498 als erster Europäer die Küsten Südamerikas entdeckte, wurde der Südkontinent der „Neuen Welt" im 16. Jahrhundert nicht nur rasch in seinen Umrissen bekannt, sondern es entwickelten sich auch gleichzeitig die kolonialen Bestrebungen der damaligen Großmächte Spanien und Portugal. Zahlreiche Spanier und Portugiesen strömten in die neugewonnenen Länder; für die von ihnen betriebene, Arbeitskräfte heischende Plantagenwirtschaft wurden auch große Mengen Sklaven aus Afrika nach Südamerika gebracht, so daß vor allem die alten Plantagengebiete heute einen erheblichen Anteil an Nachkommen dieser Afrikaner aufweisen. So entsteht aus der Überschichtung und Vermischung verschiedener Bevölkerungsbestandteile ein überaus buntes Bild. Diesem Vorgang läuft ein zweiter, mindestens ebenso bedeutsamer parallel: der Austausch altweltlicher und neuweltlicher Kulturpflanzen und Haustiere. Er brachte, um nur die wichtigsten zu nennen, der „Alten Welt" die Kartoffel, den Mais und den Kakao, der „Neuen Welt" die großen Haustiere, das Zuckerrohr, die europäischen Getreidearten, den Kaffee und die Baumwolle.

Als wichtiges Ergebnis der geschichtlichen Entwicklung wurden in Brasilien das Portugiesische und im übrigen Süd- und Mittelamerika das Spanische allgemeine Landessprachen. Zum Unterschied von der englisch beeinflußten Entwicklung Nordamerikas (Angloamerika) spricht man daher auch von *Lateinamerika*, wenn man die gemeinsame Basis hervorheben will.

Daß Südamerika in der kolonialen Entwicklung voranging, beruht einerseits auf dem Drang der Spanier nach den Reichtümern der Andenländer an Edelmetallen, der zunächst zu einer geographisch merkwürdigen Bevorzugung der abgelegenen pazifischen Seite des Kontinents führte, andererseits aber auf der Lage Südamerikas zu Europa.

Geologischer Aufbau und Oberflächengestaltung. Die orographische Gliederung Südamerikas ist großzügig. Der Westen wird von dem geschlossenen jungen Hochgebirgssystem der Kordilleren oder Anden eingenommen. Im Osten erheben sich breite Gebirgsschwellen, das Brasilianische Bergland und das Bergland von Guyana. Mehrere Tiefländer gliedern den Osten auf: das Orinocotiefland, das Amazonastiefland und das Tiefland des Paraná und Paraguay. Am Ostfuß der Anden sind sie zu einer breiten, inneren Flachlandzone verbunden, die das westliche Hochgebirge von den östlichen Bergländern scheidet.

In wesentlichen Zügen entspricht die Gliederung des Reliefs dem geologischen Aufbau, aus dem sich zugleich eine Reihe feinerer Züge der Oberflächengestaltung erklärt. In Südamerika stehen sich zwei verschieden geartete tektonische Einheiten gegenüber. Das junge Andensystem verdankt seine Entstehung und seine Geschlossenheit der jüngsten, überwiegend tertiären Gebirgsbildungsära und läßt daher, auch wenn stellenweise tektonisch ältere Glieder mit in das Kettengebirgssystem eingebaut sind, allenthalben noch schroffe, unausgeglichene Gegensätze in Gestein, Tektonik und Relief erkennen. Hart treten die Anden an den Pazifischen Ozean heran, so daß hier nur an wenigen tektonisch vorgezeichneten Stellen größere Küstenebenen auftreten.

Der Osten des Erdteils hingegen gehört zu den ältesten Gliedern der Erdkruste, deren Struktur schon in vorkambrischer Zeit geprägt worden ist. Die **Brasilianische Masse** baut das Bergland von Guyana und das Brasilianische Bergland auf. Die **Patagonische Masse** liegt zu einem großen Teil im Schelfmeer vor der argentinischen Küste im Atlantischen Ozean versenkt. Beide alten Kratone bestehen aus den tiefsten Stockwerken der präkambrischen Gebirgsfaltungen; daher herrschen metamorphe Gesteine (Glimmerschiefer, Quarzite, Gneise) neben Intrusivgesteinen granitischen oder auch basischen Charakters vor. Während des Paläozoikums und des größten Teiles des Mesozoikums herrschten hier Festlandszustände vor. Terrestrische, oft schwer datierbare Ablagerungen wechselnder Mächtigkeit bedecken gebietsweise den Gesteinssockel. Besonderes Interesse erwecken unter ihnen die Tillite Südbrasiliens und Uruguays, die Moränenablagerungen der jungpaläozoischen, permokarbonischen Vereisung sind. Gesteine und Tektonik verweisen auf einen alten Zusammenhang mit Afrika, Vorderindien und Ostantarktika; sie alle haben einst den Gondwanakontinent gebildet. An den Randsäumen der alten Massen haben sich während verschiedener Gebirgsbildungszeiten jüngere Falten- und Bruchstrukturen gebildet. Am Rande der Brasilianischen Masse sind es die wahrscheinlich vordevonisch entstandenen **Brasiliden**, in deren Rahmen z. T. auch die Strukturen der Pampinen Sierren Nordwestargentiniens geprägt wurden, während die am Rand der Patagonischen Masse aufgefalteten **Patagoniden** mesozoisches, jedoch präandines Alter haben. Da sich die alten Massen den jungen Krustenbewegungen gegenüber starr verhielten, kam es zu zahlreichen Brüchen. Die Zerrüttung der Erdkruste führte zur Förderung vulkanischen Materials, das allenthalben den Gesteinssockel durchschwärmte und in Südbrasilien, Uruguay und Teilen Nordargentiniens zur Zeit der oberen Trias eine ausgedehnte, 800 000 km² umfassende Basalttafel aufbaute. Erst in der Kreidezeit stellten sich Meereszustände ein, so daß heute kreidezeitliche Sedimentdecken weit verbreitet sind. Seit dem Ende des Mesozoikums scheinen sich das Brasilianische Bergland und das Bergland von Guyana als Randschwelle des Kontinents aus dem Atlantischen Ozean herausgewölbt zu haben. Über einem schmalen, meist von jüngeren, überwiegend pliozänen Sedimenten (Barreirasformation) und jungen Alluvionen aufgebauten Küstenland (Litoral) steigt das Bergland in mehreren Stufen bald allmählich, bald an jungen Brüchen schroff auf. Der Scheitel der Schwelle liegt meist nahe an der Küste, so daß langgestreckte Binnenabdachungen entstehen, denen das Gewässernetz folgt und auf denen sich die jüngeren Sedimenttafeln als Schichtstufenländer oder Tafelländer erhalten haben. Junge Störungen schaffen in Küstennähe ein recht unruhiges Relief, dem im Inneren einförmige Hochflächen gegenüberstehen.

Die Tiefländer Südamerikas gehören, geologisch gesehen, zwei verschiedenen Bereichen an. Soweit sie dem Brasilianischen Massiv zugehören, sind es jene Krustenteile, die während der Heraushebung der Bergländer eine sinkende Tendenz aufwiesen. Es entstanden, z. T. im Bereich älterer Sedimentgesteine, geräumige Mulden, in denen sich Kreide- und Tertiärsedimente in großer Mächtigkeit ablagerten. Die Flachländer am Andenfuß gehören z. T. der

Vortiefe des Andengebirges an und sind mit dem Abtragungsschutt des jungen Hochgebirges erfüllt. Allgemein aber wird das Bild der Tiefländer nicht durch die tieferen geologischen Schichten, sondern durch die jungen Alluvionen und durch die kleinen Unterschiede des Reliefs geprägt. Zwischen den großen Tiefländern tritt in den Flachländern vor dem Andenfuß der alte Gesteinssockel an die Oberfläche.

Der junge Faltengebirgsgürtel der Anden, der meist schroff über der pazifischen Küste aufragt und längs der peruanisch-chilenischen Küste von einem über 7000 m tiefen Tiefseegraben (Atacamagraben) begleitet wird, ist insgesamt das Ergebnis der jüngsten Gebirgsbildungsära, die bereits in der Kreidezeit mit einer ersten Faltungsphase begann und in mehreren weiteren Phasen schließlich das ganze Andensystem schuf. Die Bauglieder der Anden sind trotzdem recht verschiedenartig: Alte Schollen, deren Struktur auf ältere Gebirgsbildungen zurückgeht, sind vor allem im südlichen Teil der Anden auf der pazifischen wie in den präandinen Sierren auf der argentinischen Seite vorhanden. Kettengebirge, teils aus kristallinem Material, teils aus mesozoischem Schichtgestein aufgebaut, schließen an vielen Stellen Hochbecken und ausgedehnte Hochländer ein, die besonders den mittleren Teil der Anden charakterisieren. Tiefe Gräben und Einbruchsbecken gliedern den Gebirgskörper auf, Brüche durchsetzen ihn und erschweren die tektonische Übersicht. Ein wesentliches Element der Anden sind die mächtigen Vulkane, die den Bruchlinien aufsitzen und von denen noch eine erhebliche Zahl tätig ist. Auch in schweren und zahlreichen Erdbeben macht sich die Jugendlichkeit des tektonischen Aufbaues der Anden nachteilig bemerkbar. Es sind vor allem die großen Gräben im Inneren, wie z. B. in Ekuador oder in Mittelchile, sowie der Küstensaum mit dem Pazifischen Randbruch, die unter schweren Erdbeben zu leiden haben.

Die verschiedenen Bauelemente der Anden treten in den einzelnen Abschnitten des über 7000 km langen Gebirgssystems in unterschiedlicher Weise miteinander zusammen, so daß man dieses in charakteristische Abschnitte gliedern kann. Der nördlichste Abschnitt in Kolumbien und Venezuela ist gekennzeichnet durch die breite Auffächerung der drei Andenketten – Westliche Kordillere, Zentralkordillere und Östliche Kordillere –, zwischen die sich geräumige Tiefländer und im Gebirgsinneren breite tektonische Gräben einschalten. In Ekuador verschmälert sich das Gebirge auf 200 km und besteht nur aus zwei Hauptketten, die eine tektonisch bedingte, erdbebenreiche Hochbeckenzone zwischen sich einschließen. Die Vulkanberge, unter ihnen der berühmte Chimborazo und der noch tätige Cotopaxi, sind ein Merkmal dieses Abschnittes. Die reichere Aufgliederung der nordperuanischen Anden, die in der Cordillera Blanca stark vergletschert sind, weicht im südperuanisch-bolivianischen Abschnitt breiten Hochebenen, die von locker gereihten Randketten umsäumt werden. Auf dem 18. südlichen Breitengrad erreichen die Anden mit 800 km ihre größte Breite. Hier etwa beginnen auch die den Anden vorgelagerten Bergländer und Sierren, die in Nordwestargentinien in den Pampinen Sierren bis 6000 m Höhe erreichen und durch breite bolsonartige und von Abtragungsschutt erfüllte Becken voneinander getrennt werden. In Mittelchile sind die Küstenkordilleren und der Hauptandenzug durch das breite mittelchilenische Längstal – einen erdbebengefährdeten breiten Grabenbruch – getrennt. Der Vulkanismus ist hier besonders rege. Im südlichen Abschnitt, in den Patagonischen Kordilleren und in Feuerland, nimmt die Höhe des Gebirges ab, die Küstenkordilleren sind in Inseln aufgelöst, aber die pleistozäne und auch die rezente Vergletscherung verleihen gerade diesem Abschnitt den Charakter eines Hochgebirges, das auch zahlreiche Gebirgsrandseen aufweist. Stärker als durch die geologischen und orographischen Bedingungen erhalten die einzelnen Teile der Anden ihren besonderen Charakter durch Klima und Pflanzenwelt.

Klima. Die klimatische Gliederung Südamerikas zeigt deutlich die Abfolge der Klimagürtel von den Tropen bis zu den kühlen, gemäßigten Gebieten der Südspitze des Kontinents. Die tropische Zirkulation, die Hochdruckzellen der Subtropen und der Westwindgürtel bestimmen die Dynamik des Wettergeschehens. Im einzelnen bereitet ihre Erklärung große Schwierigkeiten, da zwar genügend Beobachtungsstationen die Bodenwerte der Klimaelemente messen, aber die Erforschung der höheren Schichten der Atmosphäre durch Radiosonden für eine gesicherte Kenntnis der Höhenwetterverhältnisse noch nicht ausreicht. Es ist bekannt, daß das Luftdruckfeld über Südamerika an der Erdoberfläche nur geringe Veränderungen zeigt. Es fehlt dem Kontinent an Masse, um im Südwinter ein kräftiges kontinentales Hoch zu entwickeln. Im Sommer wiederum kommt es nur zu einem wenig markanten Tief im Inneren des Kontinents, dessen Zentrum im Gran Chaco westlich des Paraguayflusses liegt. Monsunströmungen spielen daher in Südamerika keine Rolle. Doch scheint dieses Tief für die Sommerregen bedeutsam zu sein.

Die Lage des Kalmengürtels (Innertropische Konvergenzzone) über dem Atlantik – wenig nördlich des Äquators – ist recht konstant, so daß die Ostküste und die Nordostküste bis etwa 42° w. L. das ganze Jahr über unter dem Südostpassat liegen. Über dem Kontinent aber verschiebt sich der Kalmengürtel von seiner mittleren Lage über dem Amazonas im Nordsommer gegen

Norden. Dann fallen im Orinocogebiet die kräftigsten Niederschläge, und nur kleine Teile der Küstengebiete Venezuelas verbleiben im trockenen Nordostpassat. Südlich des Amazonas herrscht der Südostpassat, die Niederschläge sind gering. Im Sommer, d. h. in den Monaten November bis März, bildet sich eine Tiefdruckfurche von der Amazonasmündung bis zu ihrem Zentrum über dem Gran Chaco aus. Die Sommerregen (Zenitalregen) überstreichen das gesamte südliche Amazonasgebiet und das Innere Brasiliens bis nach Paraguay. Nur der Nordosten Brasiliens bleibt auch jetzt im Passat. Dieser bringt, mit einem Maximum in den Monaten Februar bis Juni, den Außenrändern der Bergländer und dem davor liegenden Küstenstrich kräftige Steigungsregen, vielfach über 1500 mm. Im Lee der Gebirgsschwellen nimmt die Niederschlagsmenge jedoch rasch ab. Hier liegt das nordostbrasilianische Trockengebiet. Nördlich des Amazonas dringt im Nordwinter der Passat bis zum oberen Orinoco vor; er bringt dort die Trockenzeit.

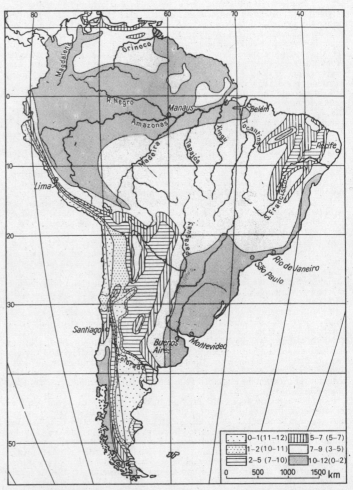

Gebiete mit der gleichen Zahl humider (arider) Monate (vereinfacht nach Lauer)

Auf der Westseite des Kontinents biegt die niederschlagsträchtige Innertropische Konvergenz nordwärts aus. In ihr entwickelt sich eine monsunartige Südwestströmung, die den Küsten Kolumbiens und Ekuadors das ganze Jahr über reiche Regenfälle bringt. Hier liegt mit etwa 7000 mm das Niederschlagsmaximum des Kontinents.

Einer der Gründe für das Ausbiegen der Kalmenzone nach Norden ist die kalte Meeresströmung des Humboldtstromes, der für die pazifische Küste von 2 bis 32° s. Br. eine negative Temperaturanomalie bis zu 6 °C hervorbringt, so daß zwischen Land und Meer große Temperaturgegensätze entstehen. Im Zusammenspiel mit den ablandigen Winden des Passatregimes kommt es zu ausgeprägter Trockenheit, die auch durch Nebel und feine Niederschläge – Garúa genannt – nur unbedeutend gemildert wird. Wüste, z. T. sogar extrem ausgebildete Kernwüste, begleitet daher hier die Küste.

Die subtropischen Gebiete erstrecken sich etwa von 25 bis 40° s. Br. Im Winter dringen die wandernden Tiefdruckgebiete der Westwindzone bis etwa 32° äquatorwärts vor. Sie bringen, außer im Lee der Andenkette, wechselhaftes Wetter und Niederschläge. Im Sommer steht der ganze Gürtel unter dem Einfluß der Hochdruckzellen über den benachbarten Ozeanen. Aber der Tiefdruckkern über dem Gran Chaco zieht die vom Atlantikhoch abströmenden Luftmassen tief in das Land hinein bis an den Fuß der Anden. Dadurch hat der gesamte östliche Teil des subtropischen Südamerikas Regenfälle. Die Westseite des Kontinents steht unter dem Einfluß des pazifischen Hochs, von dem trockene Luftmassen an der Küste entlang nordwärts strömen, so daß keine Niederschläge auftreten. Im Südwinter verstärkt sich der Hochdruckeinfluß, da sich über dem Andenfuß noch ein kleines Hochdruckgebiet aufbaut. Die regenbringenden Winde aus dem atlantischen Bereich überschreiten daher kaum den Paraná. Das Innere des Kontinents in Nordwestargentinien und Bolivien ist ebenso trocken wie die Westküste nördlich des 32. Breitengrades. So ergeben sich vier subtropische Klimabereiche:
1) der Etesienbereich in Mittelchile mit Winterregen;
2) das nördliche Chile, das ganzjährig trocken ist und den Südteil der pazifischen Küstenwüste bildet;
3) die inneren halbtrockenen Gebiete mit Sommerregen, die nach Süden zu beträchtlich abnehmen;
4) der atlantische Klimabereich, der das ganze Jahr über beregnet ist.

Die argentinischen Subtropen sind aber auch das Kampffeld verschiedener Luftmassen. Wenn auch die östlichen Winde überwiegen, so dringen doch zeitweise kältere Luftmassen aus dem Süden in die subtropischen Breiten vor. Die berüchtigten kalten Pamperos sind stürmische Kaltlufteinbrüche, die zu allen Jahreszeiten auftreten können, im Südwinter aber besonders weit nach Norden ausgreifen. Dadurch sind fast die gesamten subtropischen Gebiete Argentiniens, Uruguays, z. T. auch Paraguays und die höheren Lagen Südbrasiliens frostgefährdet.

In der Westwindzone, die im Sommer von 40°, im Winter von 32° s. Br. bis Feuerland reicht, sind Luv- und Leeseite stark unterschieden. Westpatagonien, im Stau der Westströmung, ist stark beregnet und überfeuchtet. Es hat nur geringe Sonnenscheindauer, aber unter ozeanischem Einfluß nur eine geringe Jahresschwankung der Temperatur. Ostpatagonien, im Lee des Andengebirges auf argentinischer Seite gelegen, ist zwar von den Westwinden stark beherrscht – es gilt als eines der windreichsten Länder der Erde –, aber sie spenden kaum Niederschläge. Deshalb breiten sich dort Steppen aus, die zu intensiverer landwirtschaftlicher Nutzung der künstlichen Bewässerung bedürfen. Am Ostandenfuß liegt auch das Gebiet der größten Jahresschwankungen der mittleren Monatstemperaturen mit 16 K Unterschied zwischen kältestem und wärmstem Monat. Doch sind die Küstenbereiche auch hier ozeanisch beeinflußt. Auf den Falklandinseln liegen die Monatsmittel zwischen 2,6 und 9,6 °C. Die geographische Breite von 52° entspricht der Magdeburger Börde oder der mittleren Weichsel. Daraus erkennt man, wie sich der Mangel größerer Landmassen auf der Südhalbkugel auswirkt. Viel rascher als auf der nördlichen Hemisphäre verschlechtern sich polwärts die thermischen Bedingungen, so daß Südamerika an seiner Spitze schon subantarktischen Klimaverhältnissen nahekommt. Diese Ungunst des Klimas sowie die ungünstige Verkehrslage bedingen den Charakter des „Endlandes".

Wird das Gewässernetz mit seinen großen Stromsystemen durch die Oberflächengestaltung bestimmt, so der Wasserhaushalt durch das Klima. Wasserführung und Wasserstandswechsel (Flußregime) der Ströme, aber auch Bodenfeuchte und Sicherung des Wasserbedarfs für Pflanze, Tier und Mensch hängen von ihm ab. Die Feuchtigkeitsverhältnisse spiegeln sich besonders im Bild der Vegetation wider.

Pflanzenwelt. Da sich Südamerika fast über die gesamte Breite des Tropengürtels und über die südlichen Subtropen hinweg bis an die Grenzen der subantarktischen Region erstreckt, sind seine pflanzengeographischen Verhältnisse sehr vielgestaltig; dabei entfallen wegen der großen West-Ost-Erstreckung in den niederen Breiten etwa drei Viertel des Kontinents auf tropische Landschaften.

Die Flora Südamerikas gehört zwei Florenreichen an, dem neotropischen (amerikanische Tropen) und dem antarktischen Florenreich. Das erstere gliedert sich in den brasilianischen und den andinen Vegetationsbereich und enthält eine große Zahl für Südamerika charakteristischer, endemischer Arten. Von Süden her sind Arten aus dem antarktischen Florenbereich, dem z. B. die Gattung Nothofagus angehört, nach Norden gewandert und haben sich besonders in den Bergländern und Hochgebirgen in die tropische Flora der Anden und Brasiliens gemischt.

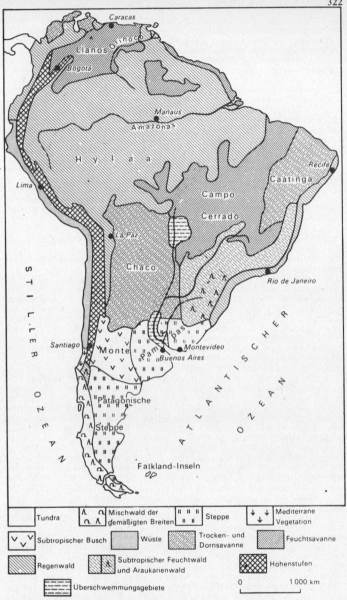

Die Vegetationszonen Südamerikas

Ein großer Teil des Kontinents ist von immergrünem tropischem Regenwald bedeckt, in der Hauptsache das Amazonastiefland mit seinen rund 4,5 Mio km² Waldfläche. Dieses oft als **Hyläa** bezeichnete Waldgebiet zeigt mancherlei Abwandlungen in Artenbestand und Erscheinungsbild. Es ist stellenweise auch von lichteren Formationen durchsetzt und bildet die größte Waldreserve des Kontinents. Üppiger, in den einzelnen Höhenstufen verschieden zusammengesetzter immergrüner Regenwald überzieht auch die nördlichen Anden in Kolumbien und Ekuador, so daß der Kontinent, von offenen Hochbecken abgesehen, von der Amazonasmündung bis an die pazifische Küste von einem geschlossenen Waldkleid bedeckt ist. Doch beginnen Erschließungsbestrebungen verschiedener Art am Ostfuß der Anden immer stärker in den Regenwald einzudringen, meist ohne auf die komplizierten ökologischen Verhältnisse (und meist ebensowenig auf die wenigen noch er-

halten gebliebenen Indianerstämme) Rücksicht zu nehmen. Weniger üppig und vielfach durch den Menschen umgewandelt und fast völlig in Sekundärformationen überführt worden ist der atlantische Passatregenwald an der brasilianischen Ostküste. Einen besonderen Charakter zeigt der tropische Höhenwald an der Ostabdachung der Anden, der nicht nur in Abhängigkeit von der Höhenlage, sondern auch vom Regionalklima verschiedenartige Ausbildung aufweist. Besonders die im Wolkenniveau befindlichen Lagen sind überfeucht und reich an Epiphyten; man spricht oft von Nebelwald. Darüber erstrecken sich die kühlen Hochregionen über 3 800 m Höhe, die die wassersparende Vegetation der Páramos und der Puna tragen.
Alle Regenwaldgebiete sind von Natur aus waldwüchsig, d. h., wo der Wald zerstört worden ist, stellt er sich über Sekundärformationen nach einiger Zeit wieder in der ursprünglichen Zusammensetzung her. Hier bereitet das Freihalten von Kulturflächen oft viel Mühe.
Anders ist dies bei den lichten Waldformationen, die in Gebieten mit geringerem Wasserüberschuß gedeihen, also bei Niederschlagssummen von 1 200 bis 1 800 mm jährlich. Den größten Raum innerhalb der inneren Hochflächen Brasiliens nimmt der Savannenwald, der **Campo Cerrado**, ein, der aus mehr oder weniger weitständigen, zuweilen mehr busch- als baumartig entwickelten laubabwerfenden Hölzern besteht, die im allgemeinen keine Bedornung tragen. Der Boden ist von einem Grasteppich bedeckt. Vielfach sind offenere Flächen eingestreut, der **Campo Sujo**, der eine von Einzelbäumen und Galeriewäldern unterbrochene Grasflur darstellt, und der baumfreie **Campo Limpo**. Nach Nordosten zu gehen diese lichten Wälder in Sonderformationen über, in denen Mauritiapalmen hervortreten. Ob die heute baumarmen Grasfluren im Orinocogebiet, die **Llanos**, ursprünglich Wälder getragen haben, ist noch ungeklärt; die verhältnismäßig hohen Niederschläge machen es wahrscheinlich.
In den Dornwäldern der **Caatinga**, dem nordostbrasilianischen Trockengebiet, bilden auf meist steinigen, flachgründigen Böden vielfach dornenbewehrte, laubabwerfende Baumarten bald lichtere, bald dichte, durch dorniges, z. T. auch immergrünes Gestrüpp unpassierbare Bestände; auch Kakteen sind stellenweise stark vertreten.
Ein ähnliches Bild zeigen die Trockenwälder im Küstenbereich Venezuelas und die des **Gran Chaco**, in die sich schon subtropische Arten mischen. Die dort für weite Gebiete charakteristischen Quebrachobestände sind vor allem ihrer wertvollen Gerbstoffe wegen schon stark dezimiert.
In den Überschwemmungsgebieten ist baumarme Sumpfvegetation vielfach vorherrschend. Die **Pantanales** am oberen Paraguay bilden das größte von diesen Gebieten. Die Baumsavannen des Hochlandes von Guyana ähneln den Campos Mittelbrasiliens. In den abwechslungsreichen Savannen der Küstenbereiche von Guyana zeigen der Reichtum an Palmen und der starke Wechsel der Vegetationsbilder auf engem Raum, daß es sich hier überwiegend um lokale Sonderformationen regenreicher Niederungen handelt, die mit den Grasfluren der Hochländer wenig gemein haben.
Entsprechend der Höhenlage waren in Südostbrasilien überwiegend subtropische Wälder zu finden. Davon zeugen auch die heute fast völlig vernichteten Araukarienwälder, die einst zu den Reichtümern von São Paulo und Paraná gehörten. Sie sind dem Raubbau zum Opfer gefallen. Durch die Störung des Naturhaushaltes können sie sich auch nicht mehr regenerieren. Durch die Anpflanzung anspruchsloser Eukalyptusarten versucht man hier, wie auch in anderen devastierten Gebieten Südamerikas, den Bodenzustand allmählich zu verbessern.
Außerhalb der Tropen stellen sich dichte und geschlossene Wälder erst wieder in Südchile und in den höheren Lagen der Anden Mittelchiles ein. Sie werden vor allem von der Gattung Nothofagus, der Südbuche, gebildet, mit immergrünen Arten in den klimagünstigeren Lagen, mit laubabwerfenden Arten im südlichen Patagonien und den inneren Andentälern.
Nur einen kleinen Bereich nehmen die Hartlaubgehölze im Etesienklima Mittelchiles ein. Ihnen steht auf der argentinischen Seite ein kleines Nadelwaldgebiet mit Araukarien gegenüber.
Steppen breiten sich beiderseits des unteren Paraná und Rio de la Plata in Uruguay und Argentinien aus. Sie sind unter dem Namen **Pampa** bekannt. Es sind kräuterreiche Grassteppen, in denen die Winterruhe kurz und der Wasserhaushalt ausgeglichen ist. Wo dieser aber ungünstiger wird, nimmt die Wuchskraft der Steppe ab; das Gras bleibt niedrig, harte Büschelgräser in lückigem Stand treten mehr und mehr hervor. So geht die Steppe allmählich in ein Gestrüpp trockenresistenter Arten über und wird dann allgemein als **Monte** bezeichnet. Im Regenschatten der Anden tritt weitere Verarmung ein. Stellenweise kommt es zur Ausbildung von Salztonebenen, in denen die schüttere Vegetation aus Halophyten zusammengesetzt ist. Ärmlich ist auch die Vegetationsdecke der Ostpatagonischen Platte, der Patagonischen Steppe. Sie trägt schon den Charakter der Halbwüste. Ausgesprochen trockene Gebiete mit stellenweiser extremer Ausbildung der Vollwüste begleiten die pazifische Küste in Nordchile und Peru. Ihr Zentrum ist die Wüste Atacama.
Für das Vegetationsbild Südamerikas ist die Höhengliederung im tropischen

Bereich der Anden von besonderem Interesse. Hier erzeugt die Massenerhebung so vollständige Vertikalprofile der Vegetation wie sonst nur an wenigen Stellen der Tropen. Sie sind schon von A. von Humboldt dargestellt worden. Jedem Klima- und Vegetationstyp der Niederung entsprechen hier charakteristische Höhenstufen. Die Mannigfaltigkeit der Vegetation wird in den Hochbecken und auf den Hochflächen der Anden durch den Menschen noch wesentlich abgewandelt, denn diese sind wichtige Lebensräume der Bevölkerung. Die verschiedenartigen Reliefbedingungen und Lokalklimate modifizieren das Bild noch mehr.

Auch die Tierwelt zeigt die selbständige Entwicklung Südamerikas an. Auffallend ist das Fehlen der altweltlichen Großsäuger, die erst nach der Entdeckung des Erdteils von Europa nach Südamerika gebracht worden sind. In den alten einheimischen Kulturen waren als Haustiere nur die Lamas bekannt. Altertümliche Formen wie Gürteltier und Ameisenbär stehen neben den faunistischen Kostbarkeiten der Kolibris und bezeugen den reichen Bestand an eigenartigen endemischen Formen.

Das tropische Südamerika

Rund drei Viertel der südamerikanischen Landmasse stehen unter tropischen Klimabedingungen. Die charakteristische Abfolge der tropischen Klimate findet sich östlich der Anden vor. Kernraum dieses Gebietes ist das reich beregnete Amazonastiefland, dem sich nördlich und südlich Landstriche mit mehr oder weniger ausgeprägter Trockenzeit in regelhafter Anordnung anschließen. Der Westflügel des tropischen Südamerikas hingegen zeigt merkliche Abweichungen von der normalen Klimaverteilung, die auf den kalten Humboldtstrom vor der pazifischen Küste zurückzuführen sind. Unter seinem Einfluß herrscht südlich des Äquators extreme Trockenheit, so daß tropische Wüsten den pazifischen Küstensaum von 2 bis 32° s. Br. begleiten. In Nordekuador und Kolumbien hingegen herrscht das tropische Regenwaldklima vor. Im gesamten Hochgebirgsraum der Anden sind die klimatischen Höhenstufen deutlich ausgebildet, aber stark modifiziert durch die Reliefgestaltung, die besonders in den zahlreichen Binnenbecken innerhalb der Andenketten wirksam wird.

Das Amazonastiefland

Mit 4,5 Mio km² Fläche ist das Amazonastiefland das größte tropische Tiefland überhaupt. Es wird vom Stromsystem des *Amazonas* beherrscht, der mit einem Einzugsgebiet von 7 Mio km² das größte Flußsystem der Erde bildet. Er greift mit seinen Quellflüssen im Süden tief in das Brasilianische Hochland hinein und im Westen in das Hochgebirge der Anden. Das Amazonastiefland nimmt also nur einen Teil des Stromgebietes ein, aber seine Abgrenzung ist nicht einfach. Man verwendet dazu einerseits die geologische Gliederung und läßt unter diesem Gesichtspunkt das Amazonastiefland dort enden, wo an den Unterläufen der Nebenflüsse die ersten Stromschnellen im anstehenden Gestein auftreten. Durch die unter tropischen Klimabedingungen rasch arbeitende Verwitterung sind aber auch die Gebiete härterer Gesteine zu breiten reliefschwachen Ebenen abgeflacht worden, und außerhalb der Flußtäler ist die geologische Grenze im Relief kaum festzustellen. Vor allem verhüllt die Vegetationsdecke, der geschlossene immergrüne Regenwald, weithin diese geologische Grenze. Trotz vieler Unterschiede im einzelnen ist der Waldcharakter für Amazonien so entscheidend, daß man die Grenzen heute allgemein dort zieht, wo der geschlossene immergrüne Regenwald in lichtere, laubabwerfende Pflanzenformationen übergeht oder an die offenen Grasfluren der Campos grenzt. Nimmt man das einheitliche Waldkleid zur Abgrenzung, dann reicht das Amazonastiefland also über die geologische Einheit hinaus.

Die Gestalt des Amazonastieflandes ist das Ergebnis der erdgeschichtlichen Entwicklung. Schon im Paläozoikum bestand hier eine weite Senke zwischen den Landschwellen von Guyana und Brasilien, die von einer Meeresbucht des Pazifischen Ozeans eingenommen wurde. Diese war im Osten schmal und verhältnismäßig flach. Vom Präsilur bis zur Karbonzeit wurden im Gebiet des heutigen Amazonas in streifenförmiger Anordnung verschiedenartige Sedimente abgelagert. Nach Westen zu öffnete sich diese Meeresbucht. Der neu entstehende Andenwall riegelte diesen alten Meeresraum ab. Es entstand ein ausgedehnter Binnensee, in dem sich mächtige Ablagerungen der Kreidezeit und des Tertiärs absetzten. Im Tertiär fand dieses Binnenbecken Abfluß zum Atlantischen Ozean, und damit erst entstand das Entwässerungssystem des Amazonas. Das untere Amazonastiefland besteht daher beiderseits des Stromes nur aus einem schmalen Streifen jungtertiärer Sedimente und greift auf die Rumpffläche über, die von den paläozoischen Gesteinen und dem Sockel der Brasilianischen Masse gebildet wird. Insgesamt beträgt die Breite jedoch kaum mehr als 400 km, während das Beckeninnere oberhalb von *Manaus* überall von lockeren tertiären und quartären Sedimenten gebildet wird und sich von Nord nach Süd bis zu rund 2000 km erstreckt. Wo die jüngeren lockeren Sedimente an ältere feste Gesteine grenzen, zeigen die Flüsse Stromschnellen und kleine Wasserfälle.

Das Klima ist durch einheitliche Temperaturen gekennzeichnet, die bei 24 bis 26 °C liegen und nur geringe Jahres- und Tagesschwankungen aufweisen. Selbst die äußersten Maxima der Temperatur erreichen nirgends 40 °C, und 20 °C werden nur selten unterschritten. Die Tagesschwankungen sind größer als die Jahresschwankungen. Die Luftfeuchte ist hoch, und Schwüle herrscht vor allem im Inneren des Waldes, weil die Luftbewegungen nicht bis zum Erdboden vordringen können. Das gilt selbst für die Zeiten, in denen der Passat herrscht und die Luftbewegung im allgemeinen beträchtlich ist.
Von entscheidender Bedeutung ist die jahreszeitliche Verteilung der Niederschläge. Sie wird bestimmt durch die Lage der Innertropischen Konvergenz. Es ist bemerkenswert, daß diese im Westen wie im Osten des Tieflands das ganze Jahr über die gleiche Lage einhält. Daher sind sowohl das innere Amazonasgebiet wie auch das Amazonasmündungsgebiet ausgesprochene Regengebiete mit nur kurzen, für die Vegetation bedeutungslosen Trockenzeiten. Anders ist das im mittleren Amazonasgebiet. Hier biegt die Niederschlagszone der Innertropischen Konvergenz im Nordsommer nach dem Orinocogebiet aus. Unter der Herrschaft des Südostpassats stellt sich die Trockenzeit ein, die im allgemeinen nicht mehr als drei bis vier Monate umfaßt, aber auch von Juni bis November anhalten kann. Dieser trockenen Jahreszeit – Verão genannt – steht von Dezember bis Mai die regenreiche Jahreszeit des Invierno gegenüber, die fast alltäglich Niederschläge in Form von kräftigen Nachmittagsgewittern bringt. Die Gesamtjahressumme bleibt infolge der Trockenzeit um Manaus unter 2000 mm, reicht jedoch aus, um auch hier den immergrünen Regenwald zu erhalten.

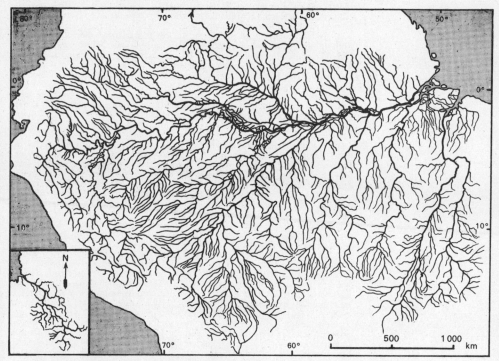

Der Strombaum des Amazonas im Vergleich zu dem der Elbe

Aus dem Zusammenwirken von Relief, Klima und Vegetation wird der Charakter des Amazonastieflandes, aber auch die Eigenart des Amazonasstromes verständlich. Wenig südlich des Äquators gelegen, genießt ein großer Teil des Stromgebietes das gesamte Jahr über die reichen innertropischen Niederschläge. Während der Regenzeiten führen die Nebenflüsse dem Hauptstrom große Wassermassen zu. Der Amazonas ist daher der wasserreichste Strom der Erde. Je nach Wasserstand beträgt der Abfluß bei *Obidos* 63 000 bis 240 000 m^3 je s, in extremen Fällen noch mehr. Das heißt, der Amazonas führt dem Atlantischen Ozean jährlich eine Wassermenge von 37 Mio km^3 zu, die durch Trübung des Meerwassers noch über 100 km vor der Mündung im Atlantik zu erkennen ist. Trotz der ständigen Niederschläge sind die Wasserstandsschwankungen erheblich. Am unteren Amazonas, wo sich die Unterschiede schon merklich verringern, betragen sie noch 6 bis 10 m, im mittleren Abschnitt 10 bis 15 m, und in den Nebenflüssen machen sich die jahreszeitlichen Niederschlagsschwankungen in sehr starken Wasserstandsschwankungen bemerkbar. So bildet der Strom viele Arme und Verzweigungen, nach jedem Hochwasser stellen sich Veränderungen in den Wassertiefen, an den Flußufern und zuweilen auch in den einzelnen Flußarmen ein. Innerhalb des Amazonastieflandes ergibt sich dadurch ein großer Unterschied zwischen der strombeherrschten Landschaft, der eigentlichen Amazonasniederung, und den weiten Flächen, die vom Strom nie erreicht werden und daher als Terra firme, als festes Land, bezeichnet werden. Eine eigene Provinz bildet das Mündungsgebiet, in dem sich mit dem Amazonas auch das Wasser des *Tocantins* und des *Pará* zu einem riesigen Delta vereinigen. Stärker als die Flußströmungen sind hier die Gezeitenströme. Im Küstenbereich beträgt der Tidenhub 3 bis 3,5 m. Oft setzt die Flut mit einer mächtigen und gefährlichen Flutwelle ein, der berüchtigten Pororocá. Über 600 km dringen die Gezeiten stromaufwärts vor, also etwa bis Obidos.

Das Gefälle des Amazonas ist überaus gering. Das ist begründet in dem günstigen Verhältnis von Wasserreichtum zu Schuttlast. Zwar führt der Amazonas gewaltige Schuttmengen dem Meere zu, aber infolge der intensiven chemischen Zersetzung der Gesteine besteht diese riesige Schuttlast aus gelöstem und feinst verteiltem festem Material, das der Strom auch bei geringstem Gefälle zu befördern vermag. *Manaus*, etwa 1600 km oberhalb der Mündung, liegt nur 26 m hoch; und am Fuß der Anden, etwa 3500 km oberhalb der Mündung, fließt der hier als Marañón bezeichnete Strom nur in 150 m Höhe über dem Meeresspiegel. Infolge des Wasserreichtums und der Tiefe des Fahrwassers können Hochseeschiffe Manaus erreichen, und bis *Iquitos* in Nordostperu können noch 3000-t-Schiffe vordringen.

Von großer Bedeutung ist ferner die Art des Wassers, das die Flüsse führen. Man unterscheidet im allgemeinen Weißwasser- und Schwarzwasserflüsse. Die Weißwasserflüsse sind mineralisch und trübe. Der Säuregrad des Flußwassers ist neutral. Sie weisen daher ein außerordentlich stark entwickeltes Leben auf. Die Uferstreifen sind dicht bewachsen und werden von dichten Sumpfpflanzengürteln oder auch schwimmenden Grasfluren begleitet. Zu den Weißwasserflüssen gehören der Amazonas selber, der seine mineralische Fracht aus den Anden mitbringt, und der *Rio Branco* („weißer Fluß"), der vom Bergland von Guyana herabströmt. Die Schwarzwasserflüsse führen klares, mehr oder weniger dunkel gefärbtes Wasser, z. B. der *Rio Negro* („schwarzer Fluß"). Da sie den Niederungsgebieten mit Sumpfcharakter und rascher Zersetzung organischen Materials entstammen, ist der Säuregrad hoch, der pH-Wert beträgt durchschnittlich 4,3 bis 4,8. Daher sind in ihnen Pflanzen- und Tierwelt nicht sehr reich entwickelt. Den Schwarzwasserflüssen ähnlich sind die Klarwasserflüsse, die von den ausgedehnten sumpffreien Landoberflächen vor allem des Südteils ausgehen, höheren pH-Wert haben, aber sehr wenig Frachtstoffe und helles Wasser führen. Die Flußufer werden vielfach von unbewachsenem Sandstrand gebildet, der für die Siedlungen und den Verkehr Vorteile bietet. Die südlichen Nebenflüsse bilden vor der Einmündung in den Amazonas vielfach seeartige Erweiterungen. Man erklärt dies mit der geringen Menge an Frachtstoffen, wodurch sie ihren Unterlauf nicht so weit aufhöhen konnten wie der Amazonas selbst.

Die Stromlandschaft der Amazonasniederung wird von den Wasserstandsschwankungen des Amazonas und seiner Nebenflüsse bestimmt. Der Strom schüttet allenthalben Uferdämme auf. Die von den höchsten Hochwassern gebildeten Dämme werden von normalen Hochwassern nicht mehr überflutet. Ursprünglich waren sie vom Bancowald bestanden, aber da diese nun hochwassergeschützten Uferdämme für die Ansiedlung im Stromland von großem Wert sind, ist dieser Wald oft beseitigt worden. Hier liegen heute die kleinen Siedlungen, hierher wird das Vieh zur Hochwasserzeit getrieben. Schwere Schäden treten auf, wenn extreme Hochwasser auch diese Uferdämme überspülen. Vor den langgestreckten Uferwällen dehnt sich die Alluvialaue aus, Varzea genannt, die alljährlich von den normalen Hochwassern mehr oder weniger lange überflutet wird. An manchen Stellen halten sich Varzeaseen nach dem Hochwasser viele Wochen lang. Im einzelnen ändert sich das Bild durch dauernde Verlagerung der Flußarme von Jahr zu Jahr. Da der Fluß ständig neue mineralreiche Schlammengen absetzt, sind diese Varzeaflächen besonders fruchtbar und spielen daher in der hochwasserfreien Zeit als Wirtschaftsfläche eine große Rolle. Vielfach hat sich, begünstigt von dem feinen Bodenmaterial, in diesen Überschwemmungsebenen eine offene Grasflur eingestellt, die als Varzeacampos bezeichnet wird. Im Bereich der Schwarzwasserflüsse und unterhalb von deren Einmündung stellt sich ein zeitweise überfluteter dichter Sumpfwald ein, der Igapó.

Ganz anders ist das Bild der hochwasserfreien Terra firme, die innerhalb des Amazonasgebietes riesige Flächen einnimmt und überwiegend vom dem Etêwald oder Guazá bedeckt ist. Nach neueren Untersuchungen zeigt dieser Wald der Terra firme zahlreiche Varianten und bildet flächenmäßig den Hauptteil eines zukünftigen Wirtschaftswaldes. Die Terra firme erhält durch keine Hochwasser eine mineralische Düngung. Besonders auf mineralarmen Sedimentgesteinen ist ihr Nährstoffvorrat gering. Werden solche Flächen unter Kultur genommen, so verarmen die Böden sehr rasch, da die Rodung des Waldes den natürlichen Kreislauf der Stoffe stört. Strichweise liegen im unteren Amazonasgebiet innerhalb des Waldes offene Grasfluren, die wesentlich ärmer ausgebildet sind als die Campos in der fruchtbaren Varzea. Sie werden als Campina bezeichnet und dürften zum größten Teil als Folgeformationen einst gerodeter Waldflächen aufzufassen sein.

Die wirtschaftliche Erschließung des Amazonastieflandes ist trotz aller Bemühungen des brasilianischen Staates noch gering. Weite Gebiete abseits der als Verkehrswege dienenden Flüsse sind kaum erforscht, obwohl die Gesamtlänge der schiffbaren Wasserwege auf rund 9000 km geschätzt wird. Die Bevölkerung setzt sich hier fast ausschließlich aus verschiedenen, z. T. noch reinen Indianerstämmen zusammen, die einen bescheidenen Hackbau mit Maniokwurzel als Hauptanbaufrucht betreiben und sich der Jagd und dem Fischfang widmen, vor der vordringenden wirtschaftlichen Erschließung des Landes aber in die noch unberührten Gebiete ausweichen. Während früher nur der Amazonaslauf in stärkerem Maße in die Wirtschaft des brasilianischen Staates einbezogen war, wurde mit dem Bau der *Transamazonica* eine durchgehende Straßenverbindung vom Atlantischen zum Stillen Ozean hergestellt, die der wirtschaftlichen Erschließung des Landes dient. Am Amazonas lagen einst die wichtigsten Sammelpunkte für den Wildkautschuk, Hevea brasiliensis, deren plantagenmäßiger Anbau in den letzten Jahrzehnten zwar mehrfach versucht worden, aber kaum vorangekommen ist. Der Hauptzweck künftiger wirtschaftlicher Betätigung wird in der Nutzung der großen Reserven an Nutz- und Edelhölzern gesehen, für deren Verarbeitung Manaus am mittleren Amazonas und *Santarém* am unteren Amazonas mit ihren Sägewerken die bedeutendsten Mittelpunkte sind. Im Staate Pará, der außer dem Unterlauf des Amazonas auch die anschließenden Küstengebiete südlich des Amazonasdeltas umfaßt, ist *Belém* das Zentrum für die Erforschung und die Entwicklung des Amazonastieflandes geworden.

Das Bergland von Guyana

Das etwa 1,2 Mio km² große Bergland von Guyana ist eine hochgehobene Scholle der alten Brasilianischen Masse. Einer flacheren, stellenweise stärker aufgegliederten Nordabdachung zum Atlantik und Orinocotiefland steht eine kürzere, im westlichen Teil stellenweise schroffe Südabdachung gegenüber. Den alten Gesteinen, kristallinen Schiefern, Quarziten, granitischen und basischen Intrusivmassen, lagert im massigeren Westteil eine mehrere hundert Meter mächtige Sandsteintafel auf, die auch den höchsten Gipfel, den *Roraima* mit 2772 m Höhe, aufbaut und im Westen über dem oberen Orinocotal mit dem 2395 m hohen *Cerro duida* schroff abbricht. Unter den Stufen und Wandfluchten des vielfach rotgefärbten Sandsteins, über die die Flüsse mit Wasserfällen (*Kaieteurfall* am *Potaro*, 226 m hoch) hinabstürzen, bildet der kristalline Sockel eintönige Hochflächen mit einzelnen Inselbergen. Kleinere, aber wasserreiche Flüsse mit Schwarzwasser gliedern die Nordabdachung des westlichen Gebirgslandes in einzelne breite Talsysteme auf. Zwischen dem *Essequibo* und dem *Rio Branco* verbindet ein breiter, flacher Sattel in nur wenigen hundert Meter Höhe Nord- und Südabdachung. Der Ostflügel des Berglandes, der sich 200 km weiter nach Süden erstreckt, ist niedriger. Die Nordabdachung wird von einzelnen horstartig aufstrebenden Gebirgen überragt. Die Sandsteintafel fehlt mit ihren schroffen Formen hier.

Im Nordosten ist dem Bergland eine breite Küstenebene vorgelagert, die in der Nähe der Orinocomündung fast 100 km breit ist, gegen Südosten sich aber auf 25 km verschmälert und außerdem von einzelnen Gebirgssporen, die bei *Cayenne* bis an die Küste herantreten, weiter eingeengt wird. Hinter einer breiten Nehrungszone an der Küste erstrecken sich ausgedehnte Niederungen, die von den Flüssen in gewundenem Lauf durchzogen werden. Infolge Eindeichung der Schwemmlandebenen sind hier die am intensivsten bewirtschafteten Anbaugebiete des gesamten Bereiches entstanden, in denen neben anderen, oft wechselnden Anbauarten die Zuckerrohrkultur und nach dem zweiten Weltkrieg auch der Reisanbau große Bedeutung gewonnen haben. Die reichen Bodenschätze des Berglandes sind bisher nur an wenigen Punkten erschlossen worden. Neben Bauxitlagern und Eisenerzlagerstätten, die vor allem in Venezuela bedeutende Vorräte aufweisen, werden Gold- und Diamantenvorkommen genutzt.

Das Klima ist der Breitenlage entsprechend gleichmäßig warm. Von April bis August herrscht unter dem Einfluß der Innertropischen Konvergenz die große Regenzeit. In den übrigen Monaten des Jahres herrscht der Nordostpassat, der allerdings im Stau des Gebirges von November bis Januar ebenfalls Niederschläge verursacht, die die kleine Regenzeit bilden. Die jährliche Niederschlagssumme überschreitet überall 1500 mm, im Küstensaum liegt sie zwischen 2200 und 3000 mm. Nur die im Lee liegende Südabdachung, bei der die kleine Regenzeit im Winter fehlt, erhält weniger als 1500 mm.

Die Vegetation entspricht den Klima- und Bodenverhältnissen. Der größte Teil des Berglandes, vor allem seine atlantische Abdachung, ist weithin von dichtem, immergrünem Regenwald überzogen, der nur stellenweise, in stärkerem Maße aber im venezolanischen Anteil, durch lichtere und teilweise laubabwerfende Waldformationen ersetzt wird. Bleiben offene savannenartige Flächen auf der Nordabdachung unbedeutend, so schließen sie sich auf der Südabdachung, am Fuß des Roraima mit scharfer Grenze gegen den Wald der Gipfelregion absetzend, zu ausgedehnten Savannenflächen zusammen, vor allem im Gebiet des oberen Rio Branco.

Das Orinocotiefland

Zwischen dem Bergland von Guyana und den Anden erstreckt sich eine 200 bis 500 km breite Senke, die im wesentlichen vom Orinoco und seinen Nebenflüssen entwässert wird. Der *Orinoco*, mit einem Flußgebiet von knapp einer Million km², bleibt dicht am Bergland von Guyana, von dem er hier und da einen Sporn abschneidet und von dessen Fuß er sich nur stellenweise mehr als 50 km entfernt. Das Orinocotiefland stellt in seinem unteren, westöstlich gerichteten Teil ein von jungen Sedimenten erfülltes Becken dar, während das Gebiet westlich des Berglandes von Guyana eine kompliziert gebaute Schwelle bildet, die zu den Kolumbianischen Anden hinüberleitet. Im eigentlichen Orinocotiefland sind drei Teile zu unterscheiden, nämlich der Westflügel, der Ostteil und das Delta.

Der **Westflügel**, oberhalb der Mündung des *Apure*, ist nichts anderes als ein riesiger Schwemmfächer der Andenflüsse, der sich von etwa 200 m Höhe am Andenfuß bis auf 40 m an der Apuremündung absenkt. Alluvionen der Andenflüsse verdecken die Gesteine des tieferen Untergrundes. In den breiten Flächen zwischen den Flüssen herrschen Schotter und Sande vor, in den Senken und Flußtälern auch Schlicke und Tone. Sind in der Nähe der Anden die Flüsse in die Schwemmfächer meist leicht eingesenkt, so bauen sie weiter flußabwärts die als Banco bezeichneten Uferdämme auf. Am Andenfuß herrschen noch Waldformationen vor, wenn auch örtlich durch den Eingriff des Menschen zu armseligem Buschwerk degradiert. Im übrigen erstrecken sich weithin die baumarmen Grasflächen der Llanos, die von Galeriewäldern längs der Flüsse und durch Palmenhaine (Morichales) an allen feuchteren Stellen unterbrochen werden.

Der **Ostteil** des Orinocobeckens unterscheidet sich davon wesentlich. Das eigentliche, von Alluvionen erfüllte Tiefland bleibt verhältnismäßig schmal. Bis an das Karibische Gebirge heran herrscht eine mächtige Sandsteinplatte, die 60 bis 100 m über der Orinocoebene gelegene *Mesa*. In diese Mesaflächen sind die Täler bis zu 60 m tief eingesenkt, und überall werden Mesa und Flußniederung – *Quebrada* genannt – durch eine deutliche Stufe getrennt. Der größere Teil der Mesa entwässert allerdings nicht zum Orinoco; die Flüsse der *Llanos von Maturin* richten ihren Lauf vielmehr direkt zum Orinocodelta und zum Golf von Paria. Die Oberfläche der Mesa ist wasserarm und von den trockensten Varianten der Savanne, z. T. von chaparralartigen Formationen bedeckt. In den Flußtälern ist als Verwitterungsprodukt der Sandsteinplatte der Sand zusammengeschwemmt und stellenweise vom Wind zu Dünen aufgeweht. Wo undurchlässige tonige Zwischenschichten liegen, treten Grundwasserströme aus. Sie erzeugen in den Taleinschnitten durch ihre regelmäßige Wasserschüttung eine gleichmäßigere Wasserführung und z. T. feuchtigkeitsliebende Vegetation.

Diese beiden Teile des Orinocotieflandes haben von April bis Oktober Regenzeit, die, wie vielfach in Südamerika, als Invierno bezeichnet wird. Von November bis März dauert die trockene Jahreszeit, der Verano. Dieses Niederschlagsregime kennzeichnet die Lage des Orinocotieflandes im wechselfeuchten Tropen der nördlichen Hemisphäre. Die Niederschläge steigen von 900 bis 1 100 mm im Osten auf 1 200 bis 1 300 mm im Westen an. Zur Regenzeit führen die Flüsse Hochwasser, wodurch ausgedehnte Überschwemmungen verursacht werden. In der Trockenzeit herrscht vor allem auf den höher gelegenen Flächen Wassermangel.

Das heutige Vegetationsbild wird durch baumarme Grasfluren gekennzeichnet, die örtlich sogar in recht trockene Varianten übergehen können. Ob die Baumarmut der ursprünglichen Vegetation entspricht, ist zweifelhaft. Diese vegetationsgeschichtliche Frage, das Llanos-Problem, ist deswegen schwer zu lösen, weil das Orinocotiefland seit Jahrhunderten viehwirtschaftlich genutzt wird und die natürliche Vegetation durch Beweidung und durch regelmäßiges Abbrennen stark verändert worden ist. So gering die Relief- und Bodenunterschiede sind, so verursachen sie doch eine charakteristische Form der Viehwirtschaft. Die hochgelegenen Ebenen, die *Llanos altos*, tragen zur Regenzeit ein zwar nicht immer üppiges, doch ausreichendes weidefähiges Gras. Zur gleichen Zeit sind die tiefgelegenen Ebenen, die durch hohen Grundwasserstand ausgezeichneten *Llanos bajos* und die Überschwemmungsebenen der Quebradas, überflutet und nicht beweidbar. Sie sind jedoch während der Trockenzeit, wenn auf den Llanos altos die Vegetation verdorrt ist, von einer üppigen Grasflur bedeckt, die Weidemöglichkeiten bietet. So findet ein regelmäßiger jahreszeitlicher Wechsel der Weideflächen statt. Im Laufe der Geschichte ist die Viehwirtschaft der Llanos erheblichen Schwankungen unterworfen gewesen. Heute sind die Weideflächen vielfach durch Stacheldraht eingezäunt. Milchwirtschaft wird nicht betrieben, denn obwohl der Orinoco bis *Ciudad Bolívar* mit kleinen Seeschiffen befahren werden kann und auch weiter oberhalb bis etwa *Atures* oberhalb der Metamündung noch bescheidenen Flußverkehr ermöglicht, ist die Absatzlage doch zu ungünstig.

Das Delta des Orinoco bedeckt etwa 40000 km². Es trägt verschiedene Waldformationen, in den zahlreichen Flußarmen Mangroven, während offene Überschwemmungssavannen nur wenig verbreitet sind. Obwohl der südlichste Mündungsarm, der *Brazo Imataco*, der wasserreichste ist und in seiner Nähe Eisenerzlager auftreten, dient der Schiffahrt hauptsächlich der in den geschützten Golf von Paria mündende nördliche Arm (*Manamo*).

Das Gebiet des oberen Orinoco gehört nicht mehr zum Orinocobecken mit seiner jungen Sedimentfüllung. Hier treten vielmehr die Gesteine des kristallinen Sockels an die Oberfläche, wie sie im Bergland von Guyana allgemein verbreitet sind. Nach Norden zum Orinocobecken und nach Süden zum Amazonasbecken sind die Abdachungen äußerst flach, die geringen Reliefunterschiede erklären daher die berühmte, von Alexander von Humboldt erstmals beschriebene Flußgabelung des Orinoco, der einen seiner Flußarme, den 200 km langen *Casiquiare*, zum Rio Negro und damit zum Amazonassystem entsendet. Über der Flußniederung des Orinoco erhebt sich mit deutlicher Stufe eine breite Abtragungsfläche mit zahlreichen Inselbergen. Sie wird nach Westen zu wiederum von einer Stufe von Sandsteintafeln überragt. Deren Oberfläche, die breite Mesas bildet, steigt allmählich westwärts an, und am Andenfuß sind ihr breite Schuttfächer der Andenflüsse aufgesetzt. Durch dieses vielgestaltige Gebiet, das noch wenig erschlossen ist und zu Kolumbien gehört, zieht sich auch die Nordgrenze des amazonischen Regenwaldes. Sie folgt in 3° n. Br. dem Flusse *Guaviare*. Denn in diesem Übergangsgebiet beträgt die Trockenzeit nur noch etwa drei Monate, während die Niederschläge auf rund 2000 mm ansteigen. Nördlich des Orinoco breiten sich in baumreicheren Varianten noch die Grasfluren der Llanos aus. Der Südteil des Gebietes wird überwiegend zum Amazonas hin entwässert.

Das karibische Küstengebiet

In Nordvenezuela, z. T. auf die Küstengebiete Kolumbiens übergreifend, zieht sich längs der karibischen Küste ein Gebiet von größter Eigenart hin, das durch Relief und Klima bedingt ist. Der nordöstlichste Ast der Anden biegt als Kordillere von Mérida (*Pico Bolívar* 5007 m) gegen Nordosten ab. Sie trennt das Orinocotiefland von der tief ins Land eingreifenden *Bucht von Maracaibo*. Längs der Küste setzt sich diese Kordillere durch tief aufgegliederte Gebirge fort, die man unter dem Namen Karibisches Gebirge zusammenfaßt. Wie die Kordillere von Mérida bestehen sie im Kern aus kristallinen Gesteinen, an den Gebirgsflanken überwiegend aus mesozoischen Kalken, Mergeln und Sandsteinen. Stellenweise ragen sie bis zu 2600 m auf, doch fehlt ihnen die Geschlossenheit. Sie sind von zahlreichen Brüchen durchsetzt, so daß mehrfach breite Lücken Küste und Hinterland verbinden. In einer dieser Pforten liegt auch *Caracas*, die Hauptstadt Venezuelas.

Zum Unterschied vom Orinocotiefland wird das Klima in der Küstenregion fast ausschließlich vom Passat bestimmt, der nur den nach Osten gerichteten Küstenvorsprüngen reichlichere Niederschläge bringt. Die Zenitalregen spielen an der Küste eine untergeordnete Rolle.

Die Vegetation ist uneinheitlich. Während die Gebirge schon von Wäldern bedeckt sind, die freilich teilweise das Laub abwerfen und in größeren Höhen selbst epiphytenreiche Nebelwälder und Páramos aufweisen, sind die trockenen Niederungen mit dürftigen Grasfluren und bei Niederschlägen unter 750 mm mit caatingaartigem Dornbusch nur dürftig bewachsen. Auch die kolumbianische Küste am unteren *Río Magdalena* zeigt noch diese Trockenheit. Doch vollzieht sich hier und im Hinterland von Maracaibo auf wenigen hundert Kilometern der Übergang zu üppigen Regenwäldern. Die Inseln vor der Küste zeigen die gleiche Dürftigkeit wie das Küstenland.

Daß dieses Gebiet erst in junger geologischer Vergangenheit tektonisch geformt wurde, macht sich nicht nur in häufigen Erdbeben, sondern auch im schroffen Nebeneinander hochaufragender Gebirge und absinkender Becken bemerkbar. Diese bergen den größten Reichtum Venezuelas, das Erdöl, das vor allem um Maracaibo gefördert, aber nur zum geringen Teil im Lande selbst verarbeitet wird, sondern auf den niederländischen Inseln *Aruba* und *Curaçao*. In letzter Zeit ist auch im Osten des Landes, im Hinterland von *Cumaná*, Erdöl erschlossen worden.

Das Brasilianische Bergland

Zwischen dem Atlantik, dem Tiefland des Amazonas und dem Tiefland an Paraná und Paraguay ist die alte Brasilianische Masse breit herausgewölbt, so daß der Osten des Kontinents auf rund 5 Mio km² Fläche – das entspricht der halben Fläche Europas – von einem vielgestaltig gebauten Bergland eingenom-

men ist, das im Lande selbst verschiedene Namen trägt, in der geographischen Literatur unter der Bezeichnung Brasilianisches Bergland bekannt ist. Der geographische Charakter der einzelnen Teile beruht auf Unterschieden des Reliefs, der anstehenden Gesteine und des Klimas.
Die Aufwölbung des Berglandes ist in der Nähe des Atlantiks am größten. Etwa in der Küstenzone liegt das Scharnier, an dem sich einerseits der Ozeanboden absenkt, andererseits das Bergland heraushob. Ständige Schwankungen der Strandlinien haben auf die Ausbildung des meist nur schmalen Küstenlandes, des Litorals, erheblichen Einfluß ausgeübt. Die Intensität der Heraushebung der alten Masse hat im Osten zu starker Bruchbildung geführt, besonders im südlichen Abschnitt. Einzelne Schollen sind horstartig herausgepreßt und erreichen Höhen über 2800 m. So wird die Küste von einem reliefstarken und unruhigen Bergland wechselnder Breite begleitet. Im Nordosten erreichen die Höhen im allgemeinen nur wenig mehr als 1000 m. Das Innere des Berglandes hingegen wird von ausgedehnten, z. T. recht eintönigen Hochflächen beherrscht. Nur die dem alten Schild aufgelagerten Decken widerstandsfähiger Sedimente bringen mit ihren steilen und zuweilen stark aufgegliederten Schichtstufen Wechsel in das Relief. Die Flüsse sind an den Rändern des Hochlandes tief eingeschnitten und durch zahlreiche Stromschnellen und Wasserfälle für einen durchgehenden Schiffsverkehr wenig günstig. Infolge der einseitigen Heraushebung liegt die Wasserscheide nahe am Ozean. Die Flüsse der atlantischen Abdachung sind daher meist kurz. Außer dem *Rio Doce* und dem *Paraíba* hat nur der *São Francisco* ein größeres Einzugsgebiet. Er läuft der Atlantikküste parallel, ehe er ihr in einem schnellenreichen Durchbruchstal zustrebt. Im Inneren ist die Entwässerung im südlichen Teil des Berglandes dem Paraná zugewandt. Der größere, nördliche Teil des Hochlandes, der teilweise noch wenig bekannt ist, wird durch die weit über 2000 km langen Flußsysteme des *Tocantins* und der Amazonasnebenflüsse *Xingu und Tapajós* nach Norden entwässert.
Neben der Gliederung des Reliefs machen sich klimatische Unterschiede bemerkbar. Die gesamte Ostküste wird vom Südostpassat getroffen und dadurch stark beregnet. Die Nordostküste hingegen liegt parallel zur Strömungsrichtung des Südostpassats und entbehrt daher der Stauniederschläge. Durch die Lage der Innertropischen Konvergenzzone mit ihren Sommerniederschlägen entsteht eine eigenartige hygrische Gliederung des Berglandes. Im Inneren des Kontinents biegt diese regenbringende Zone im Südsommer tief nach Süden aus. Die inneren Hochflächen zeigen daher einen deutlichen Unterschied zwischen Trocken- und Regenzeit. Die Regenzeit bringt durchschnittlich zwischen 1200 und 1600 mm Niederschläge. Der Nordosten hingegen wird im Sommer nur randlich von der Innertropischen Konvergenz beeinflußt. Die Niederschläge sind daher hier geringer und bleiben in manchen Jahren völlig aus, so daß die Trockenzeit zum entscheidenden Phänomen wird. Daraus ergibt sich für das Brasilianische Bergland eine Grobgliederung in 4 Teilregionen: den atlantischen Küstensaum, das unruhige, östliche Bergland, den trockenen Nordosten, die inneren Hochflächen.
Der atlantische Küstensaum. Das Litoral der Atlantikküste bildet einen schmalen Streifen, der nur an wenigen Stellen mehr als 80 km Breite erreicht und mancherorts durch Bergsporne und Kaps unterbrochen wird. Seine Vielgestaltigkeit und seine wirtschaftliche Bedeutung zwingen aber dazu, das Küstenland als eigene Region zu betrachten. In der Regel findet sich folgender Aufbau: Hinter einer Reihe von Riffen, die z. T. aus Limonitsandsteinen gebildet werden, z. T. Korallenriffe sind und für Küstenschiffahrt sowie Küstenschutz große Bedeutung haben, folgt eine breite Nehrungszone, die Restinga. Der flache Sandstrand mit Strandwällen und in manchen Gebieten auch ausgedehnten Dünenfeldern trägt Kokoshaine und bildet damit eine der charakteristischen Wirtschaftslandschaften. Hinter den Nehrungen finden die Flüsse oft nicht den kürzesten Weg zum Meere. Mit zahlreichen Flußarmen und Verzweigungen sowie lagunenartigen Seen bauen sie ein amphibisches Land auf, dessen tiefere Teile Mangrovesümpfe bilden. Wo die Alluvionen höher aufgeschüttet sind, breiten sich die fruchtbaren ebenen Flächen der Varzea aus, die vor allem im Nordosten der Monokultur des Zuckerrohrs dienen; in einzelnen abgeschnürten Lagunen wird Salz gewonnen. Diese fruchtbaren Ebenen werden um 60 bis 80 m überragt von ebenen Platten, die aus mineralarmen pliozänen Sedimenten aufgebaut sind und daher keine dauerhaften Kulturen bestehen lassen. Sie sind heute weithin von einem Sekundärwald bedeckt, in den einzelne Inseln kultivierten Landes mit Fruchthainen, Maniokfeldern und Viehweiden eingestreut sind. Im südlichen Abschnitt des Litorals treten diese Ablagerungen zurück. Die passatischen Steigungsregen bringen bei undeutlicher Ausprägung von Regen- und Trockenzeit, wenn auch deutlichem Maximum der Niederschläge im Sommer bis Herbst, reichlich Feuchtigkeit. Stellenweise ergeben sich weit mehr als 2000 mm Niederschläge, strichweise aber, hinter Gebirgsvorsprüngen und in tieferen Buchten, sinken sie unter 1400 mm ab.
Über den Niederungen erhebt sich das Bergland mit sanften, teils auch schroffen Hängen, die reichlich Stauniederschläge erhalten und daher ursprünglich

fast überall mit immergrünem Regenwald bestanden waren. Heute finden sich nur noch an wenigen schrofferen Gebirgshängen ursprüngliche Bestände.

Das östliche Bergland. Vom südlichen Bahia über die Staaten Minas Gerais, Espirito Santo, São Paulo bis in den Nordteil des Staates Paraná erstreckt sich das östliche Bergland. Die großen Höhenunterschiede und der engräumige Wechsel von hochaufragenden Gebirgsschollen und tiefeingesenkten Tälern und Becken bringen eine große Mannigfaltigkeit hervor. Im allgemeinen treten die Gesteine der alten Brasilianischen Masse an die Oberfläche, also kristalline Schiefer, saure und basische Intrusivgesteine sowie Quarzite. Nach dem Inneren zu dacht sich die alte Rumpffläche ab, und die auflagernden Schichten haben sich erhalten können. Unter ihnen sind die permokarbonischen Konglomerate im Süden, die die als Tillite bezeichneten verfestigten Moränenablagerungen enthalten, von besonderem Interesse. In altpaläozoischen Gesteinsserien finden sich die für die Landesgeschichte so bedeutsamen Gold- und Diamantenlager. Landschaftlich treten vor allem durch ihre Schichtstufen devone Sandsteine im südlichen Teil und kreidezeitliche Sandsteine im nördlichen Teil hervor. Die nach Osten gerichteten Steilabfälle dieser Schichtstufen begrenzen vielfach das östliche Bergland.

Besonders markant ist die Randstufe, häufig als *Serra do Mar* bezeichnet, die schroff um mehrere hundert Meter über dem Litoral aufsteigt, meist in langgestrecktem, geschlossenem Zuge, seltener in ein reliefstarkes Bergland aufgelöst. So liegt *São Paulo*, heute die größte Stadt Brasiliens und sein bedeutendster Industrieort, unter dem Wendekreis des Steinbocks nur 70 km von der Küste entfernt in 800 m Höhe auf der flachen Binnenabdachung. Aus den Bergländern sind einzelne Berggruppen als Inselberge herausgelöst, unter denen der bekannte *Zuckerhut* am Eingang der etwa 400 km² großen Bucht von *Rio de Janeiro* als Typ gelten kann. Eigenartig sind die kleinen Hügel der Morros, die man mit halben Orangen verglichen hat. In der *Serra da Mantiqueira* und im Gebirgsstock des *Itatiaia* (2787 m) ragen die Gebirgsketten bis in die subnivale, durch Solifluktion gekennzeichnete Zone hinauf. Daher ist der ursprüngliche Wald in verschiedene Höhenstufen gegliedert. In entsprechender Weise ordnen sich Zonen der Kulturpflanzen übereinander an, doch sind die Areale begrenzt, da in dem steilen Relief die Bodenzerstörung rasch arbeitet. Die inneren Flußtäler sind Becken und meist weite, scharf gegen den Gebirgsfuß abgesetzte Flächen, die wenig von ihrer ursprünglichen Pflanzendecke erhalten haben. Ausgedehnte Flächen sind durch die Monokultur des Kaffees und anderer Plantagenfrüchte devastiert. Der Reichtum an Bodenschätzen, vor allem an Gold und Diamanten sowie anderen Edelsteinen, hat dazu geführt, daß in den fündigen Distrikten durch die Garimpeiros, die Gold- und Edelsteinwäscher, der Boden allenthalben durchwühlt worden ist, was ebenfalls zur Zerstörung der ursprünglichen Vegetationsdecke führte. Von Termitenbauten besetzte Ödlandflächen mit dürftiger Gras- und Buschvegetation sind an ihre Stelle getreten. Heute versucht man, durch die Anpflanzung geeigneter Eukalyptusarten den Boden allmählich wieder kulturfähig zu machen. Im übrigen wird das Bild der Landschaft von einer vielfältigen, kleingliedrigen agrarischen Nutzung beherrscht, in der Baumkulturen an erster Stelle stehen.

Der trockene Nordosten. Das nordöstliche Bergland, das den nördlichen Teil des Flußbeckens des *São Francisco* im Staate Bahia sowie die Staaten Sergipe, Alagoas, Pernambuco, Paraíba, Rio Grande do Norte und Ceará und den östlichen Teil von Piauí umfaßt, zeigt nur ein mäßig bewegtes Relief. Die von Osten sanft ansteigende Randschwelle führt in mehreren Stufen über einzelne breite Becken zu Höhen von etwa 800 m empor, über die sich nur einzelne Gebirgszüge bis reichlich 1 200 m Höhe erheben. Am Außensaum reichen die Niederschläge zu agrarischer Nutzung aus. Eine große Zahl der in kleinen und mittleren Betrieben angebauten Früchte dient der Versorgung der größeren Städte an der Küste in der Region der Monokulturen. Besonders intensiv bewirtschaftet wird dieser Streifen der Agreste dort, wo stärkere Niederschläge größere Mannigfaltigkeit und Ertragssicherheit des Anbaus gestatten. Hier findet sich auch stellenweise Kaffeekultur. Je trockener das Gebiet wird, um so größer ist das Risiko beim Anbau, zumal da die Bodenzerstörung große Ausmaße annimmt. Im Hinterland, im Sertão, ist nur extensive Weidewirtschaft möglich. Die Niederschläge liegen hier im allgemeinen zwischen 600 und 800 mm, also wesentlich tiefer als der Betrag, der von der Verdunstung aufgezehrt wird. Die natürliche Vegetation paßt sich diesen Bedingungen durch Abwerfen des Laubes und Verdunstungsschutz sowie Wasserspeicherung an. So überzieht der Dornwald, die Caatinga, weite Flächen. Sie besteht überwiegend aus Baumleguminosen, die z. T. Dornen tragen. Dazu gesellen sich strichweise Kakteen und einzelne Bäume und Sträucher, die wie die Wolfsmilchgewächse durch Milchsaft gekennzeichnet sind. Epiphyten fehlen fast völlig. Die meisten Arten speichern Nährstoffe in den Wurzeln, so daß sie mit Beginn der feuchten Zeit schnell neue vegetative Organe ausbilden können. Gräser treten stark zurück oder fehlen ganz. Der Boden ist steinig und flachgründig, und seine fahlrötliche Farbe leuchtet allenthalben aus der schütteren

Vegetationsdecke hervor. Das Bild der Caatinga wechselt nicht nur je nach Feuchtigkeit und Bodenverhältnissen von Ort zu Ort, sondern auch in den verschiedenen Jahreszeiten erheblich. Während der kurzen feuchten Jahreszeit ist die grüne Farbe vorherrschend, in der Übergangsjahreszeit mischt sich das Violettgrau der entlaubten Bäume hinzu, und in der Trockenzeit gibt es nur noch wenige grüne Tupfen, die in den Dürrejahren auch dem fahlen Grau weichen. Die Entwicklung dieser Trockengebiete – Polygono das Secas genannt –, die für Brasilien eine ständige Sorge bedeuten, hängt von der Wasserbeschaffung ab. Zahlreiche Stauweiher und Talsperren sind angelegt worden. Ihr Wasser bringt die Vegetation zu üppigster Entfaltung, und reiche Kulturoasen schließen sich an diese Anlagen an. Aber der Wasserhaushalt gestattet nur die Bewässerung kleiner Flächen, und für manche Gebiete ist berechnet worden, daß zur Bewässerung eines Hektars Kulturland das Niederschlagswasser von 100 ha Fläche gesammelt werden müßte. Bei den großen Niederschlagsschwankungen füllen sich außerdem die Wasserbecken nicht immer und gestatten damit die volle Bewässerung der Kulturoasen nur in einzelnen Jahren. Dürrejahre führen immer wieder zum Zusammenbruch des mühevoll Aufgebauten. Zehntausende von Menschen müssen dann das Land verlassen, und viele kehren nicht wieder zurück. Daher gehört der trockenere Nordosten zu den Gebieten mit ständiger Bevölkerungsabnahme. Reiche Bodenschätze sind auch in Nordostbrasilien vorhanden, darunter viele seltene Metalle, wie Beryllium und Thorium, meistens jedoch auf zahlreiche kleinere Fundstätten verstreut. Neben die vorherrschende extensive Viehzucht auf riesigen Betriebsflächen (ein Rind benötigt bis zu 10 ha Weidefläche) ist neuerdings an geeigneten Stellen der Anbau von Baumwolle und Sisal getreten. Von besonderer Bedeutung ist der *São Francisco*, dessen Wasser an den *Paulo-Affonso-Fällen* oberhalb *Piranhas* zur Energiegewinnung genutzt wird.

Die inneren Hochflächen. Die Binnenstaaten Brasiliens, Mato Grosso und Goiás, nehmen den größten Teil der inneren Hochflächen ein, und vielfach ist Mato Grosso gleichbedeutend mit dem zentralen Westen Brasiliens. Die Abgelegenheit und der geringe Erschließungsgrad sollten durch die Verlegung der brasilianischen Zentralbehörden nach der neuen Hauptstadt *Brasilia* am Flusse *Maranhão* vermindert werden. Das nördliche Mato Grosso ist der am wenigsten bekannte Landesteil Brasiliens. Hier liegen auf dem archaischen Rumpf und vermutlich auch paläozoischen und mesozoischen Sedimentdecken ausgedehnte Savannenflächen, die von flach eingesenkten, mit Galeriewald besetzten und schnellenreichen Tälern der Amazonasnebenflüsse durchschnitten werden. Die Flüsse durchmessen die Übergangsregion von den lichten Gras- und Buschformationen zu den dichten Regenwäldern der Hyläa. In diesen kaum erschlossenen Gebieten hat sich eine größere Anzahl von Indianerstämmen in ihren ursprünglichen Lebensformen erhalten. Unabhängig von ihrer Abgelegenheit wird der landwirtschaftliche Wert dieser Gebiete im allgemeinen als gering angesehen, da die dort vorherrschenden Roterden verhältnismäßig nährstoffarm zu sein scheinen. Mit deutlicher Stufe setzen die Hochflächen gegen die Niederungen des *Guaporé* und die Sumpfregionen des Pantanal am oberen *Paraguay* ab. Hier spielte *Cuiabá* einst eine Rolle als Zentrum der Goldwäscherei. Die bis 450 m hohen Stufen sind tief aufgegliedert und bilden eine der reizvollsten Berglandschaften Brasiliens.

Das südliche Mato Grosso ist heute ein Land extensiver Viehzucht. Auch hier breiten sich Savannenformationen aus, die als Campos bezeichnet werden. Bald sind es reine Grasfluren (Campo limpo), bald baumbestandene (Campo Sujo), bald ein lichter, laubabwerfender Buschwald (Campo Cerrado). Ein Teil dieser Flächen muß als natürlich angesehen werden, weitgehend dürfte aber das Vegetationsbild durch menschliche Tätigkeit beeinflußt worden sein. Das südliche Mato Grosso unterscheidet sich von dem nördlichen Teil der Hochflächen vor allem durch seine Böden. Von Paraná her greifen die mächtigen Lavadecken nach Mato Grosso über, die den günstigsten Boden, die nährstoffreiche Terra roxa, tragen. Hier wird in Zukunft die Weidewirtschaft durch intensive und von der Bodenverarmung wenig gefährdete Kulturen ersetzt werden können. Auch an Bodenschätzen sind die Hochländer reich, jedoch ist der Anteil der hier gewaschenen Gold- und Diamantenmenge gering im Verhältnis zu dem Ertrag der staatlichen Betriebe in Minas Gerais. Neben der Schiffahrt auf den breiten Überschwemmungssavannen und Sumpfwäldern begleiteten Flüssen, besonders dem *Paraná*, die dem örtlichen Verkehr dient, durchmessen zwei Bahnlinien die Hochflächen. Die nördliche von Belo Horizonte endet in Cuiabá, während die südliche von São Paulo nach *Corumbá* über Sta. Cruz de la Sierra Anschluß an das bolivianische Netz hat und als Durchgangsbahn von Bedeutung ist. Für den Verkehr zur Küste spielt der Paraná trotz seiner Wasserfülle keine Rolle, da beim Übertritt vom Hochland zum Flachland in Argentinien und Paraguay große Wasserfälle Umgehungen notwendig machen. Der größte und energiereichste dieser Stromschnellenbezirke, *Sete Quedas* bei Porto Guaira, wird von einer Bahn umgangen. Sie ist im Besitz der Maté-Gesellschaft, die hier die Gewinnung des Paraguaytees von dem Matébaum, einer Ilexart, in der Hand hat.

Nordbolivianisches Tiefland und Gran Chaco

Zwischen das nordwestliche Brasilianische Bergland und die Anden schaltet sich ein mehrere hundert Kilometer breiter Streifen niedrigen Landes ein, der zum Amazonas entwässert und als Nordbolivianisches Tiefland oder nach dem Fluß *Beni* auch als **Benitiefland** bezeichnet wird. Wie die Lage, so ist auch der geographische Charakter in vielerlei Hinsicht dem oberen Orinocogebiet ähnlich. Auch hier tritt der alte Gesteinssockel nahe an die Oberfläche, und am Rande des Amazonasbeckens stellen sich zahlreiche Stromschnellen und Wasserfälle ein, von denen die oberhalb von *Pôrto Velho* am *Madeira* am bekanntesten sind. Die Ebenen sind einförmig und werden von breiten Flußtälern mit ausgedehnten Überschwemmungsflächen flach zerschnitten. Auch hier vollzieht sich der Übergang zwischen der Region des immergrünen Regenwaldes und den Grasfluren, die man hier ebenfalls als Llanos bezeichnet. Der klimatische Übergang von der äquatorialen Region mit vorherrschender Regenzeit vollzieht sich im Gebiet des *Madre de Dios* unter etwa 12° s. Br. Aber sowohl im Flußgebiet des *Mamoré* wie des *Guaporé*, der beiden bedeutendsten Ströme, herrschen die offenen, von Palmenhainen unterbrochenen und weithin von Sumpfgebieten durchsetzen Flächen vor. Der regelmäßige Wechsel von Regen- und Trockenzeit entspricht, mit umgekehrter Anordnung, vollkommen dem des Orinocogebietes.

Im Süden wird das Tiefland durch eine isolierte Scholle der Brasilianischen Masse, die das Bergland von Chiquitos bildet, eingeengt, doch sind bei der nordwestlichen Streichrichtung der einzelnen, auf einem Gneissockel Sandsteintafeln tragenden Gebirgszüge beiderseits breite Pforten nach Süden offen. Die schmälere östliche leitet in die großen Sumpfgebiete am oberen Paraguay über, die als Pantanales bezeichnet werden. Die breitere westliche Pforte hingegen verbindet die Llanos des Mamoré mit der völlig andersgearteten Landschaft des Gran Chaco. Die Sierren von Chiquitos können daher als Klimascheide bezeichnet werden, die das thermisch ausgeglichenere und feuchtere tropische Gebiet von dem trockeneren und durch wesentlich größere Wärmeschwankungen gekennzeichneten subtropischen Gebiet Südamerikas trennt.

Die tropischen Anden

Von dem sich über 7000 km in meridionaler Richtung erstreckenden Andensystem entfallen rund 4600 km auf die Tropen. Zum Unterschied von den außertropischen Anden sind die tropischen Anden, die im Süden vom Ojos del Salado westlich von Tucumán auf 27° s. Br. begrenzt werden, reich gegliedert. Diese Gliederung ordnet sich den einzelnen tropischen Klimagebieten unter und wird durch die verschiedenartige Gestaltung des Reliefs zusätzlich modifiziert. In dieser Mannigfaltigkeit lassen sich einige allgemeingültige Regeln erkennen. 1) Die Außenflanken des Andensystems stehen in unmittelbarer Abhängigkeit von der allgemeinen Zirkulation der Atmosphäre und haben die gleiche Niederschlagsverteilung wie ihre Nachbargebiete. 2) Infolge der Abnahme der Temperatur mit der Höhe sind in Klima und Vegetation die Höhenstufen klar ausgebildet. Die in Mittelamerika üblichen Begriffe tierra caliente, tierra templada, tierra fria und tierra helada werden auch hier verwendet, umfassen aber in den einzelnen Klimagebieten sehr verschiedenartige Erscheinungen. 3) Die zwischen den Gebirgsketten liegenden Hochbecken und Talfluchten sind infolge der Leewirkung der Gebirge allgemein trocken. Orographisch bedingte Abwandlungen der allgemeinen Niederschlagsverteilung sind häufig.

Der gesamte **Ostabhang** des Andensystems steht im Jahreszeitengang entweder unter dem Einfluß der Passate oder der Innertropischen Konvergenz. Durch den Stau der Passatströmung werden auch dort, wo die Vorländer Trockenzeiten haben, mehr oder weniger reiche Niederschläge gespendet, so daß der gesamte Andenostabfall von einem dichten Waldbestand überzogen ist. Durch die Höhenlage ist die Artenzusammensetzung anders als in den Niederungswäldern. Über der Stufe der regenreichen immergrünen Tropenwälder entwickelt sich in der Höhenlage, in der die Wolken dem Gebirge anliegen, ein feuchtetriefender Nebelwald, der besonders stark mit Epiphyten ausgestattet ist und meist ein fast undurchdringliches Unterholz enthält. Diese Stufe wird von den Einheimischen vielfach als Ceja de Montaña, als Braue des Gebirges, bezeichnet und daher oft kurz Cejastufe genannt. In den tiefen Taleinschnitten, vor allem in den meridional gerichteten, nimmt mit den Niederschlägen auch die Üppigkeit der Vegetation ab. Hier finden sich daher für die Besiedlung günstigere Voraussetzungen. Im ganzjährig beregneten Gebiet Kolumbiens, Ekuadors und Perus erhebt sich in Höhenlagen über 3800 m die Stufe der Páramos; das sind nebelreiche, kühle Gebiete mit geringer Bodentemperatur, die die Wasseraufnahme der Pflanzen erschwert. Daher zeigt die Vegetation trotz großer Feuchte Merkmale, die den Anpassungen an die Trockenheit gleichen. Neben eintönigen Büschelgrasfluren stellen sich hier sukkulente Pflanzen ein. In Bolivien werden die Wälder des östlichen Andenabfalles als Yungas bezeichnet. Über der Cejastufe folgen trockenere Formationen, die Punas.

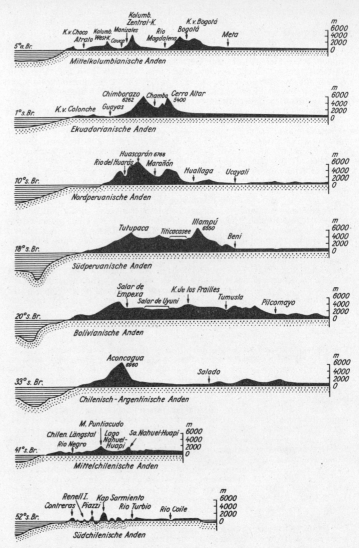

Acht Querprofile durch die Anden (Maßstab 1:10000000, zehnfach überhöht). K. = Kordillere

Gegenüber der Einheitlichkeit der Ostabdachung ist die **Westabdachung** scharf in zwei verschiedenartige Bereiche gegliedert. Der nördliche Abschnitt von der Landenge von Darien bis nach Ekuador hinein ist ganzjährig beregnet und daher von üppigem, immergrünem Regenwald bedeckt. In Ekuador, besonders deutlich im Küstenland nördlich *Guayaquil*, vollzieht sich auf wenigen hundert Kilometern über alle Zwischenstufen hinweg der Übergang zum trockenen südlichen Abschnitt, der von 2 bis 27° s. Br. reicht.

Der nördliche Abschnitt bietet in den wenig ausgedehnten Küstenländern, die vielfach durch Reste der Küstenkordilleren untergliedert werden, die Voraussetzungen für den Anbau aller innertropischen Kulturgewächse. In der Wirtschaft ist die Bananenkultur für den Weltmarkt wie für den einheimischen Markt bedeutend, die Kakaoproduktion in Ekuador, der Kaffeebau in Kolumbien. Dazu gesellen sich die einheimischen tropischen Kulturpflanzenarten, vor allem Maniok. Selbst die kleineren Flüsse sind wasserreich. Sie haben Uferdämme aufgeschüttet, die hochwasserfrei sind und daher für Siedlung und Kulturflächen oft die einzig sicheren Areale bilden. Reliefstärkere Gebiete leiden infolge der großen Niederschlagsmenge unter starker Abspülung. Rutschungen sind hier häufig, und die Anlage und Erhaltung von Verkehrswegen stößt auf große Schwierigkeiten. Für die wirtschaftliche Nutzung sind diese Gebiete daher wenig günstig.

Der trockene südliche Abschnitt zeigt ein völlig anderes Bild. Von der Nordgrenze Perus an bis nach Chile hinein sind die meist nur schmalen Küstenebenen und die Gebirgshänge kahl. Die aus dem Inneren des Gebirges heraustretenden Flüsse haben tiefe und jähe Schluchten eingenagt, in denen die Schuttbewegung nirgends durch die Vegetation gehemmt wird. Doch bieten die Flüsse die Möglichkeit künstlicher Bewässerung, so daß sich zu ihren Seiten – je nach Wassermenge – schmale oder breite Streifen Kulturland zwischen trockenen Landstrichen bis zur Küste hinziehen. In der größten dieser Oasen liegt die Hauptstadt Perus, *Lima*. In der Nähe des Meeres haben sich stellenweise Dünenfelder entwickelt. Einzelne Lagunen dienen der Salzgewinnung. Bodenschätze, wie das Erdöl Perus, schaffen örtliche Verdichtungen der Besiedlung, wobei die Lebensmittel- und Wasserversorgung große Aufwendungen erfordert.

Sonst ist die Wirtschaft direkt oder indirekt mit der Küste verknüpft. Der ablandige Passat läßt an der Küste kaltes Auftriebswasser an die Oberfläche gelangen, das infolge seines Nährstoffreichtums eine überaus starke Meeresfauna aufkommen läßt. Neben Fischen (Peru nimmt in der Weltfischerei einen bedeutenden Platz ein) sind es Meeressäuger wie Robben, die sich vom antarktischen Bereich her bis an diese Kaltwasserküsten äquatorwärts ausgebreitet haben. Unermeßlich ist die Zahl der Vögel, die in dichten Kolonien die Küste bevölkern. Sie haben die verbreiteten Guanolager geschaffen, die über Jahrzehnte gerade in den trockenen Gebieten hohen wirtschaftlichen Wert hatten, aber seit der Erfindung künstlicher Stickstoffdünger in geringerem Maße ausgebeutet werden. Ein vor allem im Südwinter kräftiges Land-See-wind-System läßt von den Wasserflächen, deren Temperatur unter 20 °C liegt, feuchte Luft auf den Küstensaum übertreten, die in Form von Nebel den Küstensaum verhüllt und feinen Nieselregen, die Garúa, spendet. Die Garúa läßt auf den küstennahen Hügeln, z. T. Resten der nur stellenweise entwickelten Küstenkordillere, eine schüttere Vegetation von Gräsern, Kräutern und niedrigem Strauchwerk gedeihen, die (nach den „Loma" genannten Hügeln) als Lomavegetation bezeichnet wird und als Weide dient. Hinter dem Lomastreifen aber dehnt sich trockenes, ödes Land aus. Gegen Süden zu verschärft sich die Trockenheit, so daß Vollwüste den Küstensaum bis in die Subtropen hinein beherrscht. Nur der Salpeter- und Kupferbergbau ist in Nordchile in diese unwirtlichen Gebiete der Wüste *Atacama* vorgedrungen.

Nur selten wird dieses Zusammenspiel von Meeresströmungen und Klima unterbrochen, dann nämlich, wenn von Norden kommende wärmere Meeresströmungen den Humboldtstrom vor der Küste abdrängen. Das dann plötzlich im Küstenbereich auftretende warme Wasser, dem zahllose Meerestiere erliegen, verursacht das Übertreten feuchter Luftmassen auf das Land, die verheerende Regengüsse auslösen, denen das ungeschützte Land und die Siedlungen preisgegeben sind. Das als El-Niño-Phänomen bezeichnete Umschlagen der normalen Verhältnisse führt daher in den meisten Fällen zu schweren Katastrophen und wirtschaftlichen Rückschlägen. Dem kühlen Humboldtstrom verdanken die 900 km vor der Küste Ekuadors gelegenen, bis ins 16. Jahrhundert unbewohnten *Galápagos-Inseln* ihr kühles Klima. Über einer bis 200 m emporreichenden trockenen Fußregion mit Dornbäumen und Sukkulenten folgt ein Nebelwald mit viel Epiphyten und darüber bereits in 600 m Höhe den Páramos ähnliche Grasfluren. Ihrer Abgelegenheit verdanken die Inseln zahlreiche endemische Arten in ihrer eigenartigen Tier- und Pflanzenwelt.

Das dritte Glied der Andenregion ist das Gebirgsinnere selbst, in den Andenländern zum Unterschied vom Küstenland, der Costa, und dem östlichen Tiefland meist kurz als **Sierra** bezeichnet. Die einzelnen Abschnitte unterscheiden sich in Relief, Klima, Vegetation und wirtschaftlicher Nutzung erheblich. Insgesamt aber sind in allen tropischen Andenstaaten die hochgelegenen Gebiete am dichtesten besiedelt und daher von besonderer Bedeutung.

Der südliche Abschnitt in Bolivien und Südperu ist durch seine große Breite (etwa 800 km) und ausgedehnte, z. T. abflußlose Hochflächen, *Altiplano* genannt, gekennzeichnet. Auf dem Altiplano liegt in 3812 m Höhe der größte südamerikanische See, der *Titicacasee*, der den Verkehr zwischen Peru und Bolivien vermittelt. Die mittlere Höhe des Altiplano liegt weit über 3000 m. *La Paz*, die höchstgelegene Großstadt der Erde und Sitz der Regierung Boliviens, liegt in 3600 bis 3750 m Höhe. Am Titicacasee wird bis zu 3850 m Höhe Mais angebaut. Die Waldgrenze liegt in den Kordilleren bei 4700 m und die Schneegrenze bei etwa 6000 m Höhe. Diese hohe Lage der Höhengrenzen wird durch die Trockenheit bewirkt. In den unteren Regionen besteht die natürliche Vegetation, die Puna, aus offenen Strauch- und Buschformationen, in die Ackerflächen eingestreut sind. Über der Ackerbaugrenze folgen Hochsteppen, die dort, wo alltäglich die Temperaturen die Frostgrenze erreichen und der Frostwechsel überaus häufig ist, von einem Solifluktionsstreifen mit nur geringer Vegetation abgelöst werden. Während in der niedrigeren Stufe Gerste, Kartoffeln sowie Weizen und Mais neben einer Reihe von Fruchtbäumen angebaut werden, ist in der Stufe der Hochsteppen das Wirtschaftsleben auf die Weidehaltung von Schafen und Lamas beschränkt. Für die Nutzung dieser ausgedehntesten tropischen Hochländer der Erde ist beachtenswert, daß mangels thermischer Jahreszeiten die Höhengrenzen sehr scharf sind und das ganze Jahr über festliegen. Das wechselvolle Bild der Höhenstufen im jahreszeitlichen Aspekt unserer europäischen Hochgebirge fehlt den tropischen Hochgebirgen. Der Wasserhaushalt wird von Norden nach Süden mit zunehmender Trockenheit immer ungünstiger. Der Titicacasee führt noch Süßwasser. In Südbolivien treten Salzpfannen, die Salare, an die Stelle der offenen Seen. In der Trockenzeit, die von Mai bis Oktober anhält, verdunstet das Wasser der flachen Pfannen, so daß nur weiße Salzkrusten zurückbleiben. Intensive Wirtschaft ist schon im nördlichen Teil ohne künstliche Bewässerung kaum möglich. Nach Süden zu werden die bewässerbaren Flächen immer kleiner. Dementsprechend ist die Verteilung der Bevölkerung ungleichmäßig.

Dem Altiplano sind nur kleinere Gebirgszüge aufgesetzt, randlich aber wird er von den beiden mächtigen Gebirgssträngen der Kordilleren gesäumt. Die vulkanreiche Westkordillere reicht mit einzelnen schneegekrönten Gipfeln über 6000 m empor, die Pässe sind kaum bis unter 4000 m eingesenkt. Im Ostflügel ist das Relief mannigfaltiger. Die Kordillere ist als geschlossener Hochgebirgswall nur im Nordosten klar entwickelt, in der Cordillera Real, die mit den vergletscherten Gipfeln des *Illampú* und *Illimani* 6550 m bzw. 6462 m aufragt. Ihr vorgelagert ist ein vielgliedriges Bergland mit breiten Tälern und Becken, in deren größtem La Paz liegt. Weiter südlich trennt die wenig markante und kaum mehr vergletscherte Ostkordillere, die besonders an Zinnerz reich ist, ein lockeres Bergland vom Altiplano. Mehrere nach Norden und Osten an Höhe abnehmende Ketten, im östlichen Teil aus Sandstein bestehend, schließen breite Täler ein, die Valle, in denen Bewässerungskulturen und Bergbau zu dichterer Besiedlung führten. Durch mehrere Eisenbahnlinien bestehen günstigere Verkehrsverhältnisse. Die geringere Höhe (unter 2500 m), die auch den Anbau von Wein, edlem Obst und zahlreichen Ackerfrüchten gestattet, hat hier im Osten der bolivianischen Anden an Stelle der einstigen Bergbauwirtschaft anderer Landesteile eine ausgeglichenere Wirtschaftsstruktur ermöglicht.

Während Südperu noch den charakteristischen Querschnitt der bolivianischen Anden zeigt und die Altiplanogebiete eine große Bevölkerungszahl aufweisen, ändert sich das Bild in Mittel- und Nordperu. Die großen Hochflächen verschmälern sich und gehen in eine Reihe von Hochbecken und Längstälern über, die von den Quellflüssen des Amazonas, besonders des *Marañón*, des *Huallaga* und des *Ucayali*, tief aufgeschnitten werden. Dadurch wird die Ostkordillere in eine Reihe durch tiefe Flußdurchbrüche voneinander getrennter Teilglieder aufgelöst, obwohl sie in ihrem geologischen Bau eine Einheit darstellt. Nur die Westkordillere behält ihre Geschlossenheit bei. Sie erreicht in einzelnen Abschnitten ihre bedeutendsten Höhen, so in der reich vergletscherten Cordillera Blanca mit dem *Huascarán* (6768 m). Die Cordillera Blanca wird von der unvergletscherten Parallelkette, der Cordillera Negra, durch das einzige zum pazifischen Küstenland entwässernde Längstal, das *Santatal*, getrennt. Entsprechend der nördlichen Lage ist der Einfluß der innertropischen Regen stärker; die Regenzeit beträgt mindestens 6 Monate (Oktober bis März/April), die trockeneren Formationen verschwinden mehr und mehr oder sind auf trockene, abgeschlossene Talstrecken beschränkt. Im Norden des Landes wird die trockene Puna durch die in Peru als Jalca bezeichnete Vegetation der Páramos abgelöst. Mit zunehmenden Niederschlägen sinken auch die Höhengrenzen ab, obwohl sie näher am Äquator liegen. Die Schneegrenze sinkt unter 5000 m, die Grenze des Ackerbaus unter 3500 m, und in Höhenlagen, wo in Südperu und Bolivien sich relativ dicht besiedelte Städte wie La Paz oder reiche Kulturländer wie an den Ufern des Titicacasees finden, breiten sich hier bereits die Weideregionen der Jalca aus. Wenn das im Bild der Landschaft nicht stärker zum Ausdruck kommt, so liegt das daran, daß das Gebirge gegen Norden an Höhe verliert, die einzelnen Züge der Ostkordillere tief in das Waldkleid eintauchen, das im nördlichsten Peru, bei Absinken der Andenketten unter 3000 m, schließlich auch auf die Westseite der Anden übergreift.

In Ekuador erheben sich die beiden Kordillerenzüge wieder zu imponierender Höhe. Sie sind hier von mächtigen Vulkanbergen — dem tätigen *Cotopaxi* (5897 m), dem erloschenen *Chimborazo* (6262 m), dem *Antisana* (5705 m), dem stark tätigen, weit nach Osten vorgeschobenen *Sangay* (5230 m) — gekrönt, wie sie in den peruanischen Anden fast völlig fehlen. Die Gebirgszüge schirmen hier die Niederschläge von den Becken und Hochtälern ab, deren Getreide-, Zuckerrohr-, Zitrusfrucht- und Baumwollkulturen deshalb der künstlichen Bewässerung bedürfen. In einem dieser Hochbecken liegt die Hauptstadt Ekuadors, *Quito*, die, wie alle Orte der vulkanischen Nordregion Ekua-

dors, von Zeit zu Zeit von Erdbeben heimgesucht wird. Größere Hochflächen fehlen den inneren Becken meist, so daß das Relief unruhig ist und nicht nur der Bewässerung Schwierigkeiten bereitet, sondern auch stark von der Bodenzerstörung heimgesucht wird. Infolge der äquatorialen Lage treten je zwei Regen- und Trockenzeiten auf, die von unterschiedlicher Dauer sind. Die Hauptregenzeit fällt in die Monate Januar bis Mai, die kleine in den Oktober.
In Kolumbien zeigen die Anden eine charakteristische Aufspaltung in drei Kordilleren: West-, Zentral- und Ostkordillere. Zwischen sie schieben sich in Fortsetzung der kleineren Hochbecken des südlichen Kolumbiens tiefe Längssenken ein, die von *Río Magdalena* und *Cauca* entwässert werden. In ihrem oberen Abschnitt werden diese Flüsse von den z. T. noch vulkanischen Kordillerenketten begleitet, deren Ausläufer sie in Engtälern durchbrechen müssen; im Unterlauf durchziehen sie breite Tiefländer, die sich zum Karibischen Meer hin in breiten Deltaebenen fortsetzen. Sind im Süden die Hochtäler Zentren der Besiedlung, so weiter nördlich die stärker zergliederten Gebirge. Hier liegen auch die für die Wirtschaft des Landes wichtigsten Distrikte mit der Landeshauptstadt *Bogotá*. Hauptprodukt dieses Gebietes ist der Kaffee. Die Höhengliederung läßt den Anbau sehr vielfältiger Kulturpflanzen zu.

Das subtropische Südamerika

Je weiter man südwärts zum südlichen Wendekreis und darüber hinaus vordringt, um so stärker werden die Temperaturunterschiede der Jahreszeiten. An die Stelle der Tageszeitenklimate der tropischen Länder treten die Jahreszeitenklimate. Besonders die niedrigen Temperaturen der Wintermonate setzen dem Gedeihen vieler tropischer Gewächse eine Grenze. Die schärfste Temperaturgrenze aber wird durch das Auftreten des Frostes verursacht. In Südamerika liegt diese Grenze verhältnismäßig weit im Norden, da die kalten Winde des Westwindgürtels gegen Norden auf kein Gebirgshindernis stoßen. Außerdem wird das Auftreten niedriger Temperaturen durch die Höhenlage des Brasilianischen Hochlandes und der Anden begünstigt. In der warmen Jahreszeit tritt als wesentlicher klimatischer Faktor starke Hitze auf, die durch den hohen Sonnenstand bei zunehmender Tageslänge entsteht und für den Wasserhaushalt entscheidende Bedeutung hat. So werden die Subtropen in erster Linie durch die Wärmebedingungen charakterisiert. Die Niederschlagsverteilung und die Niederschlagssummen sind hingegen von sekundärer Bedeutung. Wir finden auf der Ostseite des Kontinents feuchte Gebiete, während auf der Westseite und im Inneren Trockenheit herrscht. Innerhalb der subtropischen Breiten, die im Süden etwa am 40. Breitenkreis in die gemäßigten, das ganze Jahr unter dem Westwindregime stehenden Gebiete Südamerikas übergehen, bestehen mannigfache Unterschiede, die durch Relief, Klima und Wasserhaushalt hervorgerufen werden und sich in der Vegetation widerspiegeln. In dem Maße, wie tropische Arten ihre Existenzbedingungen verlieren, breiten sich außertropische Arten aus. Am Artenbestand aber kann nur der Fachmann die Übergänge verfolgen. Deutlicher sichtbar sind sie im Auftreten neuer, den Tropen nicht eigener Pflanzenformationen.
Zum subtropischen Südamerika gehören im wesentlichen Südbrasilien, der Gran Chaco, die Pampa und die Monte Argentiniens sowie die subtropischen Anden Mittelchiles.

Südbrasilien und angrenzende Übergangsgebiete

Im Südteil des Staates Paraná sowie in den Staaten Santa Catarina und Rio Grande do Sul zeigt S ü d b r a s i l i e n den gleichen Aufbau, der das Brasilianische Bergland kennzeichnet. Über einem schmalen Küstenland steigt – hier in eindringlicher Geschlossenheit – der aus alten Gesteinen bestehende kristalline Sockel als *Serra do Mar, Serra do Paranapiacaba* steil bis zu 700 m, stellenweise auch höher empor. In Rio Grande do Sul biegt er als *Serra Geral* landeinwärts ab. Im Inneren sind dem kristallinen Sockel altpaläozoische Gesteinstafeln mit markanten Schichtstufen aufgesetzt, und weiter westlich breitet sich das große Plateau vulkanischer Deckengüsse aus, das die für den Kaffeeanbau so wertvolle Terra roxa trägt. Die Ränder dieser Basalttafel werden von den Flüssen in schnellenreichen Engtalstrecken oder in großen Wasserfällen überwunden, von denen die *Iguaçufälle* zu den größten und imposantesten der Erde gehören. Die riesigen Energievorräte dieser Flüsse werden bisher kaum genutzt. Das Klima ist durch jahreszeitliche Temperaturunterschiede von 8 bis 15 °C und reichliche Niederschläge über 1 000 mm mit vorherrschenden Sommerregen (noch Einfluß des tropischen Niederschlagsregimes) geprägt. In den Wintermonaten werden die südlichen Bereiche des Berglandes fast regelmäßig von Frösten betroffen, während die Küste frostfrei bleibt. Selbst die Hochflächen im Süden von São Paulo und Paraná werden gelegentlich von Frösten erreicht.
Südlich der Serra Geral dehnt sich ein welliges, niedriges Land aus, das den Süden von Rio Grande do Sul und U r u g u a y einnimmt. Hier stellt sich

bereits ein anderes Klima ein, da ganzjährig Niederschläge mit einem Maximum im Südherbst fallen. Die ursprüngliche Vegetation ist fast überall beseitigt. Größere Wälder fehlen. Die steinigen Rücken der Wasserscheiden tragen eine xerophile, macchienartige Buschvegetation; die von Löß bedeckten, flachen Senken und breiten Täler sind Steppengebiete, die die Grundlage für die Rinder- und Schafzucht bilden, die Uruguays Wirtschaft bestimmen. Wie in Südbrasilien gewinnt auch hier der Anbau von Mais, Weizen, Wein und Tabak an Bedeutung.

Auf der Westflanke des Brasilianischen Berglandes schließt sich das Bergland von Ostparaguay an, das ebenfalls aus mesozoischen Sandsteinen aufgebaut wird, die von Intrusivmassen durchsetzt sind. Es ist wie das benachbarte Brasilianische und Argentinische Bergland (Misiones) waldreich und durch die Kultur des Maté wirtschaftlich von Bedeutung. Der *Paraná* kann wegen seiner zahlreichen Stromschnellen nur streckenweise befahren werden. Das Klima ist durch vorherrschende Sommerregen gekennzeichnet; Fröste treten vereinzelt auf, so daß ein vielfältiger Anbau von subtropischen und auch tropischen Kulturpflanzen möglich ist. In den breiten, mit Hochgrassavannen bedeckten Niederungen wird hauptsächlich Viehzucht getrieben.

Da der *Paraguay* keine Stromschnellen hat, ist er eine wichtige Wasserstraße, und gleichzeitig bildet er eine deutliche Grenzlinie gegen die westlich anschließende Landschaft des Gran Chaco.

Der Gran Chaco

Er erstreckt sich von der Klimascheide des Berglandes von Chiquitos im Norden zwischen den Anden und dem Paraguayfluß bis zum Salado (18 bis etwa 30° s. Br.). Der Gran Chaco ist ein Übergangsland zwischen den Tropen und den Subtropen; im Norden noch mit sommerlichen Niederschlägen zwischen 600 und 800 mm, die freilich nur einen unzureichenden Wasserhaushalt gestatten; im Süden mit wachsenden Temperaturamplituden, vor allem aber mit heißen Sommern und geringeren Niederschlägen, z. T. unter 500 mm, da sich bereits der Einfluß des pazifischen Hochdruckgebietes geltend macht. Die Trockenheit bestimmt den Wasserhaushalt und die Vegetation. Von dem östlichen Andenfuß sanft nach Osten als kaum gegliederte steinarme Ebene abfallend, wird der Chaco von mehreren Andenabflüssen benetzt, aber nur die größten, der *Pilcomayo* und der *Bermejo* im Norden, der *Salado* im Süden, erreichen den *Paraguay* und *Paraná*, während die kleineren versickern. Zur Regenzeit können sich ihre flachen Betten in großer Breite mit Wasser füllen, so daß Lagunen und Salzsümpfe bis in die Trockenzeit hinein bestehen. Große Flächen sind überhaupt flußleer.

Die Vegetation ist der Trockenheit angepaßt. Vorherrschend ist der Trockenwald, in dem als Charakterart der Quebracho auftritt, der seines hohen Gerbstoffgehaltes wegen weithin dem Raubbau erlegen ist. Neben teils dornenbewehrten, laubabwerfenden, schirmwüchsigen und vielfach verkrüppelten Büschen und Bäumen aus der Familie der Leguminosen finden sich auch Kakteen. Günstiger befeuchtete Gebiete tragen in der Regenzeit eine reichere Grasflur; aber in der Trockenzeit verdorrt das Gras. Anteil am Chaco haben die Staaten Bolivien, Paraguay und Argentinien, doch ist er wenig besiedelt. Alteingesessene Indianerstämme führen ein nomadisches Leben.

Die breiten Savannenflächen dienen der geringen Bevölkerung als Grundlage extensiver Viehzucht. Im Bergland ist neben Bergbau auf Gold und einer bescheidenen Textilfertigung ein vielseitiger Anbau möglich. *Santa Cruz* am Rande der Anden zeigt in seiner Umgebung die Mannigfaltigkeit der natürlichen Bedingungen. Neben öden Dünenflächen und trockenen, der Weidewirtschaft dienenden Grasflächen finden sich auf günstigeren, bewässerten Arealen Intensivkulturen von Zuckerrohr, Reis, Bananen und anderen Früchten, ja selbst Kakao- und Kaffeeplantagen.

Entsprechend reich ist auch in diesem Übergangsland die Tierwelt, die neben Waldbewohnern wie den Affen, den Wildschweinen und Tapiren der Sumpfgebiete auch Vertreter der Steppe, Lauftiere, Laufvögel (Strauße) und Bodenwühler, umfaßt. Die Lagunen und Sümpfe sind reich an Fischen, Reptilien (Krokodile) und Vögeln.

Die Pampa

An die Übergangsregion des Gran Chaco schließt sich südwärts der breite Streifen der Pampa an. Die Pampa ist auf den lößbedeckten Flächen am unteren *Paraná* die vorherrschende Vegetationsform, eine baumarme Grasflur mit mehr oder weniger wertvollen Futtergräsern. In den feuchteren Gebieten überwiegen Kulturgräser europäischer Herkunft. In den mehr landeinwärts gelegenen Bereichen gewinnen Hartgräser das Übergewicht, so daß der Futterwert stark sinkt. In der Pampa ist extensive Viehwirtschaft seit Jahrhunderten betrieben worden, auf ihr beruht der starke Export von Häuten. Im Laufe des letzten Jahrhunderts ist dann vom *Rio de la Plata* aus die Pampa dem Ackerbau erschlossen worden. Sie bildet heute eines der wichtigsten Weizenüberschußgebiete der Erde. Neben Weizen und Mais werden Futterpflanzen angebaut. Das Vordringen des Ackerbaus hat die extensiven Viehwirtschaftsgebiete in das Innere abgedrängt, aber die Entwicklung der Fleischextraktgewinnung und der Gefriertechnik bewirken, daß auch im Ackerbaugebiet weiterhin Viehwirtschaft in intensiver Form betrieben wird. Das Steppenland der Pampa ist im östlichen Teil ganzjährig beregnet. Nach dem Inneren zu nehmen die Niederschläge ab. Zugleich verschärfen sich die Temperaturgegensätze der Jahreszeiten, und die den Northers Nordamerikas entsprechenden Pamperos bringen für Viehherden und Kulturen häufig schwere Schäden. Längs des unteren Paraná ist in das Steppengebiet der Pampa ein breiter Sumpfwaldstreifen eingelagert, der auch hier als Pantanal bezeichnet wird.

Die Monte

Nach Südwesten zu geht die Pampa allmählich in eine trockene Buschformation, die Monte, über, die der mediterranen Macchie ähnlich ist und zu einem großen Teil aus Chañar besteht. Der Name ist ursprünglich von dem Bergland abgeleitet, dessen steinige Böden überwiegend von solchem xerophilen Buschwerk, weniger von Steppengräsern bedeckt sind. Das Bergland von Nordwestargentinien ist den Anden vorgelagert. Es besteht aus einer Reihe von Gebirgszügen, die in der *Sierra de Córdoba* 2884 m Höhe erreichen und die durch breite Senken und Becken voneinander getrennt werden. In geologischer Hinsicht bestehen sie aus Randgliedern der Brasilianischen Masse und den als Brasiliden bezeichneten Faltensäumen. Die heutige Gestalt haben sie jedoch nicht durch die altpaläozoische Faltung, sondern durch die Bruchschollenbildung im Zusammenhang mit der andinen Gebirgsbildung erhalten. Unter dem Einfluß der subtropischen Hochdruckzelle über dem Pazifischen Ozean ist das Klima trocken, und die auf Südherbst und Südwinter entfallenden Niederschläge gehen oft in Form schwerer Regen nieder, die den Schutt des Gebirges in mächtigen Schuttfächern in den Tälern und am Gebirgsrande ablagern. In geschlossenen Becken bilden sich Salzsümpfe, z. B. die *Salinas Grandes*. Etwas günstiger beregnet ist das Gebiet von *Tucumán*, das am Andenrand bis zu 1000 mm Niederschlag erhält und durch Bewässerungskulturen und Bergbau zu einer starken Siedlungszelle Argentiniens geworden ist. Allmählich gehen Monte und Pampa zwischen 37 und 39° s. Br. in die Ostpatagonische Strauchsteppe über.

Die subtropischen Anden

Mit dem 6900 m hohen *Ojos del Salado* westlich von Tucumán auf 27° s. Br. beginnen die subtropischen Anden. Sie gehören Chile an, dessen Kerngebiet etwa zwischen 32 und 38° s. Br. subtropischen Charakter mit allen aus dem mediterranen Gebiet bekannten Kulturformen aufweist. Der Bau der Anden wird hier bestimmt durch die Entwicklung der Küstenkordillere, die das Chilenische Längstal im Westen begleitet und dadurch den maritimen Einfluß verringert. Die Regen, die dem Klimacharakter entsprechend als Winterregen fallen, werden durch die Küstenkordillere z. T. abgefangen, so daß Bewässerung erforderlich ist. Die hierzu notwendigen Wassermengen sind in den Flüssen, die aus dem Hochgebirge der Anden kommen, in reichem Maße vorhanden. Die große Längstalzone ist durch Landschwellen in mehrere große, flache Becken gegliedert. An ihrem Ostrand haben vor allem im südlichen Teil die eiszeitlichen Gletscher Moränen und Schotter abgelagert. Nach Norden nimmt die Trockenheit zu. Nördlich von *Valparaiso* fehlt die Längstalzone, und zugleich nimmt die Niederschlagssumme beträchtlich ab, so daß im „Kleinen Norden" Chiles, in dem Übergangsgebiet zur Wüste Atacama im „Großen Norden" Chiles, in der Wirtschaft die Landnutzung gegenüber dem Bergbau (Kupfer) zurücktritt.
Die chilenischen Anden unterscheiden sich von den bolivianischen erheblich. Die inneren Hochflächen und Hochtäler fehlen von etwa 27° s. Br. an, eine durch Täler tief aufgegliederte, von Vulkanbergen besetzte Kordillere baut das Gebirge auf. Es verliert damit auch seine Eignung als Siedlungsraum. Während im „Großen Norden" eine dürftige Puna die Hänge des Hochgebirges bedeckt, stellen sich weiter südlich Waldformationen ein, die in den unteren Stufen des Gebirges mediterranen Charakter haben, in der Höhe aber mehr und mehr von geschlossenen Wäldern abgelöst werden. Die Höhengrenzen sinken nach Süden rasch ab, und damit wandelt sich das Landschaftsbild. Die geschlossenen Wälder, die überwiegend aus immergrünen und laubabwerfenden Buchen der Gattung Nothofagus, in trockeneren Gebirgstälern auch von Nadelholzbeständen, insbesondere Araukarien, gebildet werden, erreichen auf der Höhe von Valdivia den Fuß der Anden und das Chilenische Längstal. In der Hochregion zeigt sich hier das Erbe pleistozäner Vergletscherung mit Trogtälern, Karen und Seen. Charakteristisch für die chilenischen Anden ist der starke Vulkanismus. Noch heute sind zahlreiche tätige Vulkane vorhanden. Der *Aconcagua*, mit 6960 m Höhe der höchste Gipfel der Anden, ist allerdings erloschen. In enger Verbindung mit dem Vulkanismus und der jungen Tektonik des Gebietes stehen die Erdbeben; Chile wurde im Laufe seiner Geschichte von zahlreichen schweren Erdbeben getroffen. Oftmals sind die Erdbeben von Ausbrüchen der Andenvulkane begleitet. Neben dem großen mittelchilenischen Erdbeben im Jahre 1922 wirkte das jüngste von Valdivia

im Mai 1960 durch Überschwemmungen und Bergstürze besonders verheerend. Im südlichsten Teil der Längstalzone vollzieht sich der Übergang vom mediterranen Chile in das dauernd feuchte Südchile, das bereits der gemäßigten Zone angehört.

Das gemäßigte Südamerika

Das südliche Südamerika, das sich von etwa 39° s. Br. an ganzjährig im Bereich des Westwindgürtels der gemäßigten Breiten befindet, wird durch den Hochgebirgszug der Anden deutlich in zwei verschieden geartete Gebiete geschieden: die Luvseite, die man auch als Westpatagonien, und die Leeseite, die man als Ostpatagonien bezeichnet. Der Kontinent verjüngt sich hier immer mehr, die Breite der Landmasse nimmt so stark ab, daß sich kontinentale Klimatypen nicht mehr ausbilden können. Wegen der vorherrschenden Westwinde sind besonders die Westflanken der Anden den ozeanischen Einflüssen ausgesetzt. Infolge der hohen Breitenlage hat die pleistozäne Vergletscherung auf die Landformung großen Einfluß ausgeübt, und auch jetzt ist der südliche Teil stark vergletschert.

Westpatagonien und Südchile

Der südlichste Abschnitt des Chilenischen Längstales zeigt trotz der ganzjährigen Vorherrschaft der Westwindzirkulation während des Südsommers noch deutlich den Einfluß der pazifischen Hochdruckzelle. Nur 24% der Niederschläge fallen im Sommer, doch sind die Niederschlagssummen in dieser Zeit mit 600 bis 700 mm an der Küste so hoch wie der Ganzjahresniederschlag Mitteleuropas. In den durch Reste der Küstenkordillere geschützten Teilen der Senke nehmen die Niederschläge allerdings wesentlich ab; sie betragen hier nur knapp 400 bis 500 mm. Die Jahresschwankungen der Temperatur sind mäßig, in küstennahen Orten geringer als in binnenwärts gelegenen. Die Lage zum Ozean ist entscheidender als die Breitenlage, *Valdivia* erreicht bei einem Jahresmittel von 11,6 °C im Januar (Sommer) 16,6 °C, im Juli (Winter) beträgt das Monatsmittel noch 7,6 °C. Fröste treten infolge des ozeanischen Einflusses kaum auf, aber der Winter ist durch seine hohen Niederschläge zwischen 700 mm auf den noch flachen äußeren Inseln und mehr als 2000 mm im Staugebiet der Küste und der Anden unerträglich feucht. Moore sind allgemein verbreitet, und erst die Kulturarbeit hat den Wasserüberschuß so weit abzuleiten vermocht, daß einstige Sumpfgebiete in fruchtbares Land verwandelt werden konnten.

Die Anden, die im „Kleinen Süden" nur Gipfelhöhen um 3500 m erreichen, haben während des Pleistozäns in das Vorland mächtige Gletscher entsandt, deren Moränen in der Gegenwart große Seen umschließen. Die Täler sind

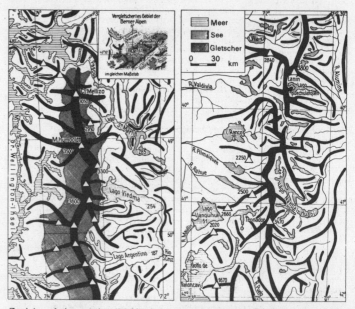

Zwei Ausschnitte aus den südchilenischen Anden: rechts das fast gletscherfreie Gebiet zwischen etwa 39° und 42° s. Br., links ein Teil des zusammenhängenden Firngebiets zwischen etwa 48° und 51° s. Br. Auf der linken Abbildung oben zum Vergleich ein Ausschnitt aus dem vergletscherten Gebiet der Berner Alpen (im gleichen Maßstab)

glazial umgestaltete Trogtäler, und daher hat man diesen Landesteil oft als Chilenische Schweiz bezeichnet. Außer von Gletschern wurde dieses Gebiet aber auch von einem überaus regen Vulkanismus geformt, und die üppige Vegetation wird in jüngeren Lava- und Bimssteinfeldern strichweise durch ödes Land unterbrochen. Der Regenreichtum und die milden Winter lassen nicht nur die Vorherrschaft immergrüner Arten zu, unter denen die Südbuche bestandsbildend auftritt, sondern begünstigen die Entwicklung eines üppigen Unterholzes, so daß die triefenden Wälder fast undurchdringlich sind.

Bei *Puerto Montt* endet an einer tektonischen Linie die Längstalflucht. Sie setzt sich als Meeresarm fort, der von einer Inselreihe, den Resten der ebenfalls teilweise untergetauchten Küstenkordillere, begleitet wird. Bis etwa 44° s. Br. rechnet man dieses meerbeherrschte Gebiet seiner wirtschaftlichen Möglichkeiten wegen noch zum „Kleinen Süden". Besonders die große Insel *Chiloé* hat wirtschaftlich gute Grundlagen, da Getreide und Obst reifen. Vom *Chonosarchipel* an aber bietet sich außer der Fischerei fast keine wirtschaftliche Existenzgrundlage mehr, nur stellenweise ist viehwirtschaftlich nutzbares Land vorhanden.

In Westpatagonien ist schon die Küste vom Gebirge beherrscht, in dem sich inmitten der alten glazialen Formen auch rezente Gletscher meerwärts schieben. In den tiefen Tälern erreichen sie schon bei knapp 47° s. Br. das Meer.

Im Formenschatz ähnelt Westpatagonien der norwegischen Fjordküste, aber der dichte Bestand an Nothofaguswäldern bildet einen erheblichen Unterschied und findet nur in der Südinsel Neuseelands ein Gegenstück. Schon von etwa 41° s. Br. an sind die inneren Anden durch große Seen belebt, die sich in den glazial ausgearbeiteten Tälern lang dahinziehen und vielerorts auf die

Physisch-geographische Angaben
Das tropische Südamerika

Flüsse	Länge (km)	Berge	Höhe (m)	Lage
Amazonas	6518	Huascarán	6768	Peru
Nebenflüsse:		Coropuna	6613	Peru
Madeira	3200	Illampú	6550	Bolivien
Xingu	1980	Sajama	6520	Bolivien
Ucayali	1960	Illimani	6462	Bolivien
Rio Negro	1550	Chimborazo	6262	Ekuador
Huallaga	1200	Cotopaxi	5897	Ekuador
São Francisco	2897	Picos Colón	5774	Kolumbien
Orinoco	2736	Nevado del Huila	5750	Kolumbien
Tocantins	2640	La Columna	5002	Venezuela
Madre de Dios	1400	Itatiaia	2821	Brasilien
Río Magdalena	1350	Roraima	2810	Venezuela
Paraiba	1300	Wilhelminakette	1280	Surinam
Rio Doce	977			
Jaguaribe	650			

Seen	Fläche (km²)
Titicacasee	6900
Poopósee (L. Aullagas)	2800

Das subtropische Südamerika

Flüsse	Länge (km)	Berge	Höhe (m)	Lage
Rio de la Plata/Paraná	4700	Aconcagua	6960	Mittelchile
Paraguay	2200	Ojos del Salado	6900	Argentinien
Bermejo	1800	Tupungato	6800	Mittelchile
Uruguay	1650	Mercedario	6770	Mittelchile
Salado (nördlicher)	1300	Llullaillaco	6723	Nordchile
Colorado	1300	Nevado de Famatina	6250	Argentinien
Pilcomayo	1200	San Valentin	4058	Südchile
		Champaqui	2884	Argentinien (Sierra de Cordoba)

Seen	Fläche (km²)	Berge	Höhe (m)	Lage
		Mte. Darwin	2469	Feuerland
		Mte. Sarmiento	2235	Feuerland
		Mt. Adam	706	Falklandinseln
Buenos-Aires-See	2100			
Argentino-See	1300			
San-Martin-See	1200			
Viedma-See	1100			
Nahuel-Huapi-See	535			

Ostseite der Anden übergreifen, wo sie von glazialen Ablagerungen aufgedämmt sind und teils nach Westen, teils nach Osten entwässern. Der Verlauf der Wasserscheide ist unregelmäßig, und außer der glazialen Wirkung dürften auch die vulkanischen Ereignisse an der komplizierten Gestaltung des Talnetzes Anteil haben.

Gegen Süden sinken die Höhengrenzen ständig ab. An der *Magallanstraße* (*Magalhäesstraße*) liegt die Waldgrenze bei 300 m, die Schneegrenze bei 700 m. Der feuerländische Archipel wie auch die östlichen Teile des an der Magallanstraße – des einst bedeutenden Schiffahrtsweges – gelegenen Landes weisen größere ebene Flächen auf, da hier Teile der alten Patagonischen Masse und tertiäre Sedimenttafeln in das Gebirge eingebaut worden sind. Da infolge der geringeren Temperaturen der dichte Wald lichter wird, an die Stelle der immergrünen Buchen laubabwerfende Arten getreten sind, und da ferner die Niederschläge nach Osten von 3000 mm auf weniger als 500 mm (Magallanes 460 mm) absinken und das Unterholz weniger üppig entwickelt ist, gestatten diese südlichen Breiten eine ausgedehnte Weidewirtschaft. Die Zahl der Schafe wird auf 3 Mio geschätzt, und auf 53° s. Br. ist *Magallanes*, das frühere Punta Arenas, durch Wollexport, Gefrieranlagen und Gefrierfleischexport zu einer bedeutenden Stadt geworden.

Ostpatagonien

In scharfem Gegensatz zu Westpatagonien ist Ostpatagonien eine reliefschwache Tafel. Der Untergrund wird von den alten Gesteinen der Patagonischen Masse gebildet, über denen Porphyrdecken und jungmesozoische Sedimente mit eingeschalteten Basalten flach lagern. Ausgedehnte Tafeln, die Mesas, bilden die Oberfläche, in die die Flüsse breitsohlige Täler mit steilen Rändern genagt haben. Nach Osten bricht die Ostpatagonische Tafel mit einer buchtenreichen Steilküste ab.

Das ganze Jahr unter der Herrschaft der Westwinde gelegen, hat das Tafelland im Lee der Anden nur mäßige Niederschläge, die strichweise auf 200 mm absinken. Nur am Andenrand steigen die Jahressummen auf 800 mm an, örtlich auch darüber.

Der heftige Wind hat die von den alten Gletscherabflüssen der Anden stammenden Schotter, die die Mesas bedecken, ausgeblasen, so daß sie allenthalben eine für die Vegetation ungünstige Geröllschicht bilden. Die Mesas tragen daher nur eine schüttere Strauchvegetation und einzelnstehende Horste harten Büschelgrases. Noch vor hundert Jahren fast völlig ungenutzt, ist die Ostpatagonische Tafel zu einem Gebiet extensiver Schafwirtschaft geworden, in dem Millionen von Schafen auf riesigen Latifundien gehalten werden. Die Küstenorte übernehmen den Woll- und Gefrierfleischhandel und versorgen die spärlich vorhandene Bevölkerung mit allen notwendigen Lebensgütern. Unter den Küstenstädten hat *Comodoro Rivadavia* durch Erdölfunde in seiner Umgebung eine eigene Entwicklung genommen. Ein besonderes Wirtschaftsgebiet sind die langen Täler, die in die Mesas eingesenkt sind, so am *Chubul* und vor allem am *Río Negro*. Hier ist durch ausgedehnte Bewässerungsanlagen mit dem Zentrum *Neuquén* eine intensive und vielgestaltige Agrarwirtschaft entstanden. Weinbau und Fruchtkulturen, Weizen- und Futterpflanzenanbau, besonders Luzerneanbau, werden gepflegt. In dem klimatisch begünstigten Hinterland am Fuß der Anden befindet sich ein Gebiet mit intensiver Rinder- und Pferdezucht. Bahnverbindung nach Bahia Blanca und Buenos Aires nimmt diesem Gebiet den Mangel an Verkehrsgelegenheit, der sonst ganz Ostpatagonien auszeichnet.

Die südlichen Häfen sind von geringer Bedeutung. Da hier der kalte Falklandstrom nordwärts vordringt, stellen sich an der Küste Robben und selbst Pinguine ein. Als Stützpunkte für Robben- und Walfang beleben sich diese Landstriche nur in einigen Wochen des Jahres.

Auf dem Schelf, der Ostpatagonien vorgelagert ist, erheben sich 500 km vom Festland entfernt die **Falklandinseln**, argentinisch als **Malwinen** bezeichnet. Mit 12 000 km² entsprechen sie der Größe Thüringens, klimatisch sind sie sehr benachteiligt. Die Sommertemperaturen erreichen 9,6 °C, die Wintermittel liegen bei 2,5 °C. Die aus paläozoischen Gesteinen der Gondwanaserie bestehenden Inseln sind von Solifluktionsschutt bedeckt, der von den zahlreichen Quarzitrippen in langen Streifen herabzieht. Moor, Heideland und Büschelgrasfluren aus hartem Trockengras bedecken die baumlosen Inseln. Als Wirtschaftsgrundlage ermöglichen sie nur eine extensive Schafzucht, deren Produkte in *Port Stanley* verschifft werden. Größer ist die Bedeutung als Stützpunkt für den antarktischen Walfang. Die Bevölkerung zählt nur reichlich 2200 Menschen, von denen die Hälfte in Port Stanley lebt.

ANTARKTIKA

Infolge seiner ungünstigen geographischen Lage blieb Antarktika bis in die Mitte des 19. Jahrhunderts im wesentlichen unentdeckt. Robbenfänger drangen auf der Suche nach ergiebigeren Fanggründen bisweilen bis zu den Inselgruppen der Südshetlands und Südorkneys vor. Angeregt durch A. von Humboldt und C. F. Gauß, setzte 1835 die wissenschaftliche Erforschung der Antarktis ein mit dem Ziel, die Lage des magnetischen Südpols zu bestimmen. Er wurde erst 1908 von einem Mitglied der Shakleton-Expedition bei 72° 25′ s. Br./154° 16′ ö. L. bestimmt; nach Angaben des Atlas Antarktiki (1966) ist er inzwischen auf 66° 30′ s. Br./140° ö. L. gewandert. Viele Polarexpeditionen klärten unter großen Entbehrungen die Konturen des Erdteiles. Verschiedene Küstengebiete und Meeresteile tragen die Namen ihrer Erforscher. Seit das Flugzeug eingesetzt werden konnte, war es möglich, größere Gebiete mit Hilfe von Luftbildaufnahmen zu kartieren. Erst seit Beginn des Internationalen Geophysikalischen Jahres 1957/58 konnten systematisch Erkenntnisse über den Aufbau, den Energiehaushalt und die klimatischen Verhältnisse des Erdteiles gewonnen werden, die in dem von der sowjetischen Akademie der Wissenschaften in Moskau herausgegebenen Atlas Antarktiki (I. Teil Moskau 1966, II. Teil Leningrad 1969) veröffentlicht sind. Während des Internationalen Geophysikalischen Jahres wurden von Argentinien, Australien, Belgien, Chile, Frankreich, Großbritannien, Japan, Neuseeland, Norwegen, der Sowjetunion, der Republik Südafrika und den Vereinigten Staaten von Nordamerika insgesamt 62 wissenschaftliche Stationen, davon 25 auf dem Inlandeis gelegen, errichtet, von denen auch jetzt noch mehrere besetzt sind. Hervorragende Wissenschaftler führten unter Einsatz der modernsten technischen Hilfsmittel von motorisierten Traversen aus geodätische und physikalische bzw. klimatische Messungen durch, erkundeten durch Tiefbohrungen Temperaturprofile in dem Eisschild; Satellitenaufnahmen dienten sowohl der geodätischen als auch der klimatischen Erkundung, die noch durch Wetterraketen, Ballonaufstiege u. a. unterstützt wurde, schließlich konnten durch Radarecholotung der Felsuntergrund kartiert und Aussagen über die Mächtigkeit der Eiskappe an verschiedenen Orten gemacht werden.

Fläche und Lage. Der Kontinent Antarktika umschließt als unter ewigem Eis begrabene Landmasse den geographischen Südpol. Das Südpolargebiet einschließlich der benachbarten Meeresteile wird als Antarktis bezeichnet. Da die großen vom Ross- und Filchner-Schelfeis abgebrochenen Tafeleisberge teilweise bis 45° s. Br. in die Ozeane vordringen und da außerdem Schelfeis und Packeisgürtel das gesamte Festland umschließen, nur am Grahamland einzelne kleine Küstenstreifen offen lassen, war es schwierig, den genauen Küstenverlauf und die Fläche des Kontinents Antarktika zu bestimmen. Nach Angabe des Atlas Antarktiki 1966 errechnete man:

Antarktika ohne Inseln, ohne Schelfeis 12,393 Mio km²
       mit Inseln, ohne Schelfeis   12,513 Mio km²
       ohne Inseln, mit Schelfeis   13,975 Mio km²

Antarktika ist damit fast doppelt so groß wie Australien und anderthalbmal so groß wie Europa. Antarktikas wenig gegliederte, vielfach von Schelfeis umschlossene Küsten reichen im Osten bis an den südlichen Polarkreis. Die in ihrem südlichen Teil vom Filchner-Schelfeis erfüllte Weddellsee und die von der Rosseisbarriere abgeschlossene Ross-See dringen tief in den Kontinent ein und trennen ihn in Ostantarktika und Westantarktika. Westantarktika ist sowohl in Küstenverlauf als auch in Oberflächenform unruhiger gestaltet als Ostantarktika. Die fjordreiche *Antarktische Halbinsel* (*Grahamland*) mit ihren zahlreichen vorgelagerten Inseln reicht bis 63° s. Br. nordwärts und nähert sich damit Südamerika (Feuerland) bis auf etwa 1000 km.

Oberfläche. Ein durchschnittlich 2500 bis 3000 m dicker Eisschild, dessen Scheitel zwischen den ehemaligen sowjetischen Stationen Pol der Unzugänglichkeit und Sowjetskaja bei 82° s. Br. und 75° ö. L. in rund 4000 m Höhe liegt und mehrere Zentren der Eisbewegung aufweist, bedeckt fast lückenlos den ganzen Erdteil. Gewaltige Eismassen schieben sich vom Inneren nach allen Seiten vor und fallen dabei ganz allmählich auf etwa 1000 m ab. Erst in Küstennähe wird der Abfall steiler, und unmittelbar am Rand folgt ein fast senkrechter Absturz von durchschnittlich 20 bis 40 m Höhe zum Meer. Bisher wurde die größte Eismächtigkeit mit 4335 m bei 81° s. Br. und 110° ö. L. gemessen, wo die Gesteinsoberfläche bei 2555 m unter dem Meeresspiegel liegt.

Die Forschung der letzten Jahrzehnte hat eine weitere Differenzierung des Eisschildes ergeben. Zwischen meist höher aufragenden Eiskappen entwickeln sich riesige Gletscher, die meist Blockbewegung aufweisen und einen wesentlichen Teil des Eisabflusses ausmachen. Die Eismassen dringen besonders in diesen Drainagegebieten über die Küsten des Kontinents hinaus vor und umsäumen ihn als Schelfeisgürtel. In den Buchten der Weddell- und der Ross-See lagern Schelfeisflächen von großer räumlicher Ausdehnung. Das *Filchner-Schelfeis* umfaßt etwa 415000 km² Fläche. Die am Rande 250 bis 400 m dicke Eistafel schwimmt auf dem Meere; erst weiter polwärts, wo sie auf eine Dicke von 500 bis 700 m angewachsen ist, sitzt sie dem Festlandsockel auf. Das *Ross-Schelfeis*, die größte schwimmende Süßwassereistafel der Erde, bricht an der 700 km langen *Rossbarriere* über 50 bis 70 m tief zum Meer ab.

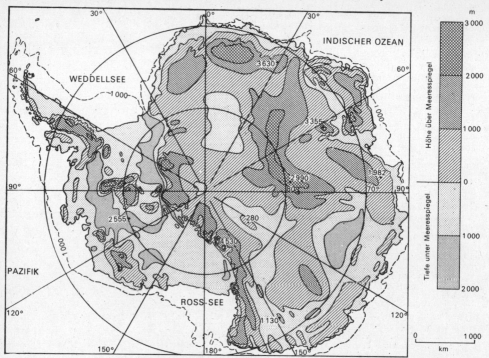

Eismächtigkeit von Antarktika

Nur die höchsten Gipfel des Kontinents sind eisfrei und ragen als Nunatakker mit rotbraunen oder schwarzen Spitzen über das Inlandeis empor, wie im Prinzessin-Ragnhild-, im MacRobertson- und Neuschwabenland. Große Gebirgsmassive vom Ausmaß der Alpen werden hier wie Riffe von den Eismassen umflossen. Die höchsten Erhebungen liegen in Westantarktika im Süden des Filchner-Schelfeises, wo das Winsonmassiv der Ellsworth-Kette 5140 m erreicht; in Ostantarktika liegen an der Westküste der Ross-See Mt. Kirkpatrick (4530 m) und Mt. Markham (4350 m).

Die besondere Wärmeabsorptionsfähigkeit der dunklen Gesteine, die das Abschmelzen von Schnee und Eis fördert, in Verbindung mit großer Lufttrockenheit und damit starker Verdunstung über diesen Gebieten bedingt das Auftreten der sogenannten Oasen, schnee- und eisfreie Regionen, bisweilen hoch in den Bergen gelegen mit Süßwasserseen ausgestattet. Das größte dieser Gebiete ist die in Queen-Mary-Land gelegene 780 km² große Bunger-Oase.

Der Untergrund. Die Gestalt des festen Untergrundes unter den Eismassen läßt sich nur indirekt erschließen. Entlang der großen Störungslinie, die von der Ostküste der Weddellsee über den Kontinent hinweg bis zur Westküste der Ross-See verläuft und Ost- und Westantarktika trennt, ist dieses mit großer Sprunghöhe bis zu einem Graben abgesunken, dessen Sohle 1350 m unter dem Meeresspiegel liegt. An der Westküste der Ross-See entstand eine Schwächezone, die durch zahlreiche Vulkane, wie den 3794 m hohen Erebus und den 3262 m hohen Terror, gekennzeichnet ist.

Ost- und Westantarktika sind in ihrem Aufbau sehr unterschiedlich. Ostantarktika ist ein starrer Urkraton, eine alte ungegliederte Kontinentalmasse, wahrscheinlich ein Teil des Gondwanalandes. Das Grundgebirge ist von flach gelagerten Sandsteinen (beacon sandstone) überdeckt, die sich gegen Ende des Paläozoikums aufgelagert haben. Aufbau und Fossilinhalt der Deckschichten sind dem indoaustralischen Gebiet sehr ähnlich. Das Relief des Untergrundes unter dem Eisschild ist, abgesehen von zwei etwa 250 bis 500 m unter dem Meeresspiegel liegenden flacheren Becken und dem 1500 m unter dem Meeresspiegel liegenden *Schmidt-Graben* (72° s. Br., 110° ö. L.), nur wenig gegliedert. Westantarktika ähnelt mehr dem benachbarten Südamerika. Das Faltensystem eines Gebirgszuges, den man als Antarkt-Anden bezeichnet, bildet wahrscheinlich die Fortsetzung der südamerikanischen Anden und führt schließlich über die Balleny- und Macquarie-Inseln nach Neuseeland. Das Relief des Kontinentalsockels ist sehr unruhig; es ist in einzelne Inselgruppen aufgelöst, die zwischen 70° und 120° w. L. von einem entlang des 75. Breitenkreises verlaufenden, im Maximum 2500 m tiefen Kanal in zwei Regionen getrennt werden. Während die östliche und südliche aus Granit und Sedimentgesteinen aufgebaut ist, ist die westliche vulkanischen Ursprungs. Dieser Kanal ist so tief, daß er schon vor dem Absinken des Erdteiles durch die Eisbedeckung vorhanden gewesen sein muß. Trotzdem ist die Annahme, daß Ost- und Westantarktika oder Teile davon durch eine Meeresstraße getrennt seien, nicht haltbar, denn die neuesten Beobachtungen haben ergeben, daß die Eismassen überall auf dem Felsuntergrund aufsitzen und kein Wasseraustausch zwischen dem Atlantischen und dem Pazifischen Ozean stattfinden kann.

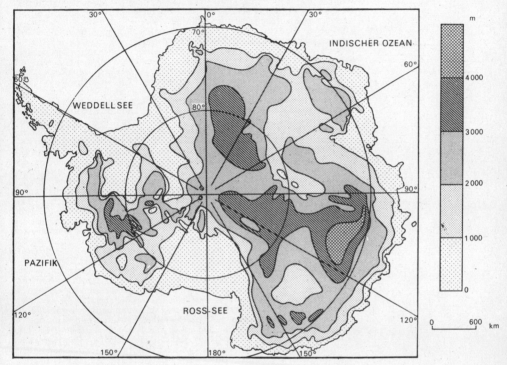

Relief von Antarktika ohne Eisdecke

Entlang der Störungslinie zwischen Ost- und Westantarktika sind kohleführende Schichten entdeckt worden. Es ist anzunehmen, daß der gesamte antarktische Kontinent alle Bodenschätze in sich vereinigt, die auch in anderen, ähnlich gebauten Erdteilen vorkommen.

Klima. Die Inlandvereisung und das Klima Antarktikas stehen miteinander in Wechselwirkung. Die großen Eismassen des Inneren verhindern die Erwärmung des Landes selbst während der Sommermonate, so daß hier das kälteste Klima der Erde zu verzeichnen ist. Nur sehr selten überschreiten die Sommertemperaturen den Gefrierpunkt. Deshalb ist ein merkliches Abschmelzen der Eismassen nicht möglich. In Antarktika herrscht also ein Landeisklima, das durch kalte Sommer und sehr kalte Winter charakterisiert wird. Die tiefsten Temperaturen werden im Juli, im Südwinter, erreicht. Der Kältepol liegt wahrscheinlich in der Nähe der sowjetischen Station Pol der Unzugänglichkeit, wo die Durchschnittstemperatur des Juli −72 °C, die des Januar −36 °C betrug. Am 24. 8. 1960 wurden in Wostok −88,3 °C gemessen. Im Herbst erfolgt sehr rasche Abkühlung. Der Winter ist „kernlos", d. h., die Wintermonate haben ähnliche Temperaturen. Durch seine weit nach Norden vorgeschobene Lage im Lee eines Eisstromes hat das Grahamland das wärmste Klima Antarktikas aufzuweisen. Westlich der Antarktischen Halbinsel ergab sich auf etwa 67° s. Br. ein Jahresmittel von nur −6 °C, während am Pol der Unzugänglichkeit ein Jahresmittel von −56 °C ermittelt wurde.

Die atmosphärische Zirkulation über dem Kontinent ist noch nicht ausreichend bekannt, in der Troposphäre scheint meridionale Zirkulation vorzuherrschen. Eine Tiefdruckfurche von nur 740 mm Druck umgibt das Festland und folgt fast genau seinem Küstenverlauf. In ihrem Bereich wandern in west-östlicher

Richtung Zyklonen, die den Verlauf der Witterung in den Randgebieten Antarktikas bestimmen und die plötzlichen Kaltlufteinbrüche in die Zone der vorherrschenden Westwinde auslösen. Unabhängig davon treten in vielen Randgebieten des Kontinents häufig sehr stürmische Südwinde auf. In Adélieland wurde eine durchschnittliche Windstärke von 18 bis 19 m/s im Jahresmittel beobachtet, und etwa zwei Drittel aller Tage zeigen Schneefegen. Die Stürme brechen mit außerordentlicher Gewalt ganz plötzlich über das Land herein, können aber nach wenigen Minuten ebenso unvermittelt wieder aufhören. Sie sind sehr böig. Die größte Sturmhäufigkeit ist in den Wintermonaten zu beobachten. Dabei ist nur die oberflächennahe Luftschicht stürmisch bewegt, während darüber geringe Luftbewegungen gemessen wurden. Man deutet diese Winde als das Abfließen der schweren bodennahen Kaltluftschicht. Sie sind demnach katabatische oder Fallwinde.

Die Menge der Niederschläge, die fast ausschließlich als Schnee fallen, läßt sich nur schwer ermitteln. Der mittlere Niederschlag von Antarktika beträgt in Wasser umgerechnet etwa 14 cm/Jahr. Die heftigen Winde setzen den lockeren Schnee in Bewegung und verfrachten ihn als Fegschnee von den höheren nach tieferen Teilen, teilweise auch über das Inlandeis hinaus. Messungen haben ergeben, daß bei einer Windstärke von 35 m/s über jeden Meter Küstenlänge stündlich 30 t Schnee transportiert werden. An manchen Stellen kommt es zu riesigen Schneeanhäufungen, andere werden hingegen freigefegt, wie man z. B. im *Dry Valley*, Königin-Maud-Land, beobachten kann. In den Küstengebieten von Adélieland nimmt man einen mittleren Niederschlag von 30 cm (Wasserwert) an. Für den Eishaushalt Antarktikas ist jedoch vor allem das Verhältnis von Zuwachs und Abzehrung maßgebend, das außer vom Niederschlag auch noch von Verdunstung und Reifbildung, von Schmelzung, Eisbergbildung und von der Zu- und Abfuhr durch Schneefegen abhängig ist. Da aber die geringe Menge der Niederschläge die Verdunstung und die Ablation immer noch übersteigt, nimmt die Dicke des Inlandeises auf ebenen Flächen jährlich noch zu. Der jährliche Zuwachs beträgt 96 mm, nach sowjetischen Messungen ergibt sich damit für die gesamte Fläche von Antarktika ein jährlicher Überschuß von 1320 km³. Die gesamte Eismasse von Antarktika wird auf rund 30 Mio km³ geschätzt. Dauernd erfolgt aber ein Abtransport der Eismassen nach dem Meer hin. Das Schelfeis schiebt sich 300 bis 500 m jährlich nach Norden und bricht schließlich ab. Gewaltige Gletscher, wie der von Shackleton und Ross beim Vordringen ins Landinnere bezwungene *Beardmoregletscher* und der *Axel-Heiberg-Gletscher*, ergießen ihre Eisströme aus 2000 m Höhe in die Ross-See. An den Küsten von Südviktorialand und Adélieland reichen die Gletscherzungen oft 100 km weit ins Meer hinaus. Das auf dem Festlandsockel lagernde Schelfeis kann sehr große Mächtigkeit erreichen; so liegt die Eisoberfläche im nördlichen Teil des Shackleton-Schelfeises 2000 m über dem Meeresspiegel. Die Grenzen des Schelfeisgürtels verändern sich während des Jahres durch riesige Abbrüche. In den Sommermonaten reißen in ihm oft breite, befahrbare Rinnen auf und geben den Weg zur Küste frei. Eisberge lösen sich von den schwimmenden Rändern des Schelfeises ab. Sie haben dann meist die für die Antarktis typische Tafelform. An den Schelfeisgürtel schließt sich eine Zone dichten Treibeises, die sich nach Norden auflockert.

Da nur ganz vereinzelt kleine Gebiete Antarktikas von der Vereisung frei sind, findet auch die Pflanzenwelt kaum Existenzmöglichkeiten. Es sind bisher außer einigen Moosen, Flechten, Süßwasseralgen und Bakterien nur zwei Blütenpflanzenarten beobachtet worden. Die heutige Landflora, die nur auf Grahamland anzutreffen ist, hat endemischen Charakter.

Tierwelt. In Antarktika selbst sind die einzigen Vertreter der höheren Tierwelt verschiedene Vogelarten: Polarmöwen, Sturmvögel und Pinguine. Die Pinguine haben ihre Brutstätten zwischen den eisfreien Felsen der Küste und bevölkern in dichten Scharen die Küstenlandschaften. Die bisher größte Kolonie von Kaiserpinguinen, die auf 12 000 erwachsene und 8 500 junge Tiere geschätzt wurde, entdeckten australische Forscher im August 1957 in der Nähe der Station *Mawson*. Kaiserpinguine sind ausgezeichnete Taucher, sie tauchen bis zu 5 m tief und erreichen dabei Schwimmgeschwindigkeiten von 10 m/s.

Die antarktischen Gewässer sind reich an Fischen, See-Elefanten, Seeleoparden, Seerobben und Walen. Die große Bedeutung des Wal- und Robbenfanges in den antarktischen Gewässern, deren Erträge jedoch stark zurückgegangen sind, gab immer wieder neuen Anreiz zur Erforschung dieser Gebiete. Die Anlegung fester Stützpunkte für diesen wichtigen Erwerbszweig ist aber Engländern und Norwegern bisher nur auf *Südgeorgien* (in Grytviken) gelungen. In Antarktika selbst gibt es dagegen noch keine menschlichen Dauerbesiedlungen.

Am 1. Dezember 1959 wurde in Washington ein Antarktisvertrag abgeschlossen. Darin verpflichten sich die Signatarmächte Argentinien, Australien, Belgien, Frankreich, Großbritannien, Japan, Neuseeland, Norwegen, die Republik Südafrika, die Sowjetunion und die Vereinigten Staaten von Amerika, die Antarktis nur zu friedlichen Zwecken, aber nicht zur Errichtung von Militärbasen, als Versuchsgelände für Kernwaffenexplosionen oder zur Abfuhr von Atommüll zu benutzen.

DIE WELTMEERE UND IHRE INSELFLUREN

Allgemeines. Die Weltmeere bilden eine einheitliche, zusammenhängende Wassermasse, die mit einer Fläche von 360,3 Mio km² mehr als zwei Drittel (70,6%) der Erdoberfläche bedeckt. Ihr stehen 149,8 Mio km² Fläche festen Landes gegenüber, d. h. 29,4% der Erdoberfläche.

Nicht zu den Weltmeeren werden die Wasserflächen gerechnet, die keine direkte Verbindung zu ihnen haben und nicht im gleichen Niveau mit ihnen liegen. Der Spiegel des Kaspischen Meeres befindet sich beispielsweise 28 m, der des Toten Meeres sogar 394 m unter dem Niveau des Weltmeeres.

Man unterscheidet nach der Lage zwischen den Kontinenten drei Weltmeere oder Ozeane; den Pazifischen oder Stillen, den Atlantischen und den Indischen Ozean. Sie stehen sämtlich miteinander in Verbindung. Allen Ozeanen sind gewisse Eigenschaften und charakteristische Züge gemeinsam.

Am Rande der Festländer senkt sich das Land nicht sofort zu großen Tiefen, sondern bildet zunächst einen von seichten Meeren – der Flachsee – bedeckten Sockel, der als Schelf bezeichnet wird und noch zum Kontinent zu rechnen ist. Erst bei einer Tiefe von etwa 200 m beginnt mit dem Kontinentalabhang der steilere Abfall zur Tiefsee. Der Meeresboden ist auf weite Räume hin offenbar wesentlich ebener als die Landoberfläche. Doch weist er vielerorts auch ein gegliedertes Relief auf, das auf kurze Entfernung beträchtliche Höhenunterschiede zeigt und dem der kontinentalen Hochgebirge durchaus ebenbürtig ist. Wir dürfen nicht vergessen, daß das Netz der Tiefenlotungen heute besonders im Stillen Ozean noch recht weitmaschig ist und uns daher noch viele Feinheiten der Bodengliederung unbekannt sind. Seit der Verwendung des Echolots sind immerhin viele neue Erkenntnisse über den Aufbau der Ozeane gewonnen worden. Insgesamt ergeben sie, daß das Relief der Ozeanböden auch in den bisher sehr einförmig erscheinenden Großbecken wesentlich vielgestaltiger ist, als man früher annehmen konnte. Abb. S. 348 zeigt, an welchen Stellen sich nachweisbar wirkliche Tiefsee-Ebenen unter 4000 m vorfinden. Von größter Bedeutung war die Erkenntnis, daß alle Ozeane durch sogenannte *mittelozeanische Rücken* oder Schwellen gegliedert sind, die als geologisch besonders aktive Teile der Erdkruste angesehen werden müssen (→ Plattentektonik).

Die morphologischen und tektonischen Verhältnisse werden in den Kapiteln über die einzelnen Weltmeere dargestellt. Wesentlich ist die Kenntnis der erdgeologischen Entwicklung der Weltmeere. Man kann feststellen, daß in allen geologischen Zeiten Ozeane bestanden haben. Gewisse Kernräume sind offenbar immer vom Meere bedeckt gewesen. Sie werden nach Hans Stille als Urozeane bezeichnet. In den Randzonen hingegen ist das Meer bald kontinentwärts vorgedrungen (Transgression), bald wieder zurückgewichen (Regression). Dabei haben sich flache Rand- und Überflutungsmeere gebildet, wie sie auch gegenwärtig noch im Bereich der Schelfe anzutreffen sind. So wurde z. B. durch Beobachtungen während des Internationalen Geophysikalischen Jahres 1957/58 festgestellt, daß sich der Spiegel des Weltmeeres in den letzten 50 Jahren um 6 cm gehoben hat. Wo das Meer weit in den festländischen Bereich eindringt, so daß nur eine schmale Verbindung zum offenen Weltmeer bleibt, entstehen Rand- und Nebenmeere. Sie haben meist auch einen wesentlich niedrigeren Salzgehalt als der angrenzende Ozean. Einen besonderen Typ stellen schließlich die Mittelmeere dar. Sie sind an Einbruchszonen gebunden, die sich zwischen die Festlandsmassen schieben. Alle die eben genannten Meere werden als Nebenmeere den einzelnen Ozeanen zugeordnet. Hierzu gehören ferner Meeresteile wie Golfe, Meerbusen, und Meerengen, oft auch Meeresstraßen genannt.

Im Laufe der Erdgeschichte sind Schollen, die ehemals Kontinente bildeten, abgesunken und vom Meer überflutet worden. Sie werden als Neuozeane bezeichnet. Der Indische Ozean bildet hierfür das beste Beispiel; doch auch Teilstücke der übrigen Weltmeere tragen neuozeanisches Gepräge.

Bodenproben, die mit Greifern oder Stoßröhren vom Meeresgrunde heraufgeholt wurden, lassen deutliche Unterschiede erkennen, je nachdem ob es sich um Küsten-, Flachsee- oder Tiefseesedimente handelt. Die in Landnähe abgesetzten litoralen Sedimente weisen eine spezifische Fauna und Flora auf und sind besonders reich mit terrigenem Material durchsetzt, das von dem angrenzenden Festland her eingeschwemmt wurde. Neritische und bathyale Ablagerungen bedecken den Schelf und den Kontinentalabhang; sie bestehen aus sandigem und kalkhaltigem Schlamm, der viele Foraminiferenschalen enthält. Demgegenüber sind die eigentlichen Tiefseeablagerungen – die hemi- und eupelagischen Sedimente – verhältnismäßig arm an organischen Resten. Der Rote Tiefseeton, der die größten Meerestiefen einnimmt, ist sogar völlig frei davon.

Das Meerwasser ist eine Lösung von überwiegend chlor- und schwefelsauren Salzen. (Näheres darüber im ABC-Teil unter Meer.) Tiefensondierungen im offenen Ozean haben eine deutliche Schichtung von Wassermassen verschiedenen Salzgehaltes erkennen lassen. Man kann daraus Schlüsse über etwaige Störungen und die Herkunft der jeweiligen Wassermassen ziehen.

Beständig führen die Flüsse dem Meer aus den Kontinenten Salzmengen zu. Da dieser Vorgang nun schon seit Jahrmillionen andauert, muß sich das heute

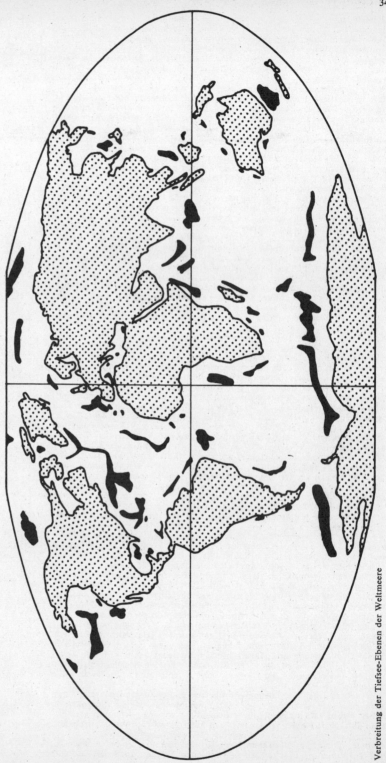

Verbreitung der Tiefsee-Ebenen der Weltmeere

im Meer befindliche Salz im Laufe der Erdgeschichte immer mehr angereichert haben. Auf Grund der heute von den Flüssen gelieferten Gesamtmenge an Salz, die sich annähernd schätzen läßt, hat man unter Berücksichtigung des augenblicklichen mittleren Salzgehaltes der Ozeane versucht, deren geologisches Alter zu errechnen. Die Ergebnisse solcher Berechnungen sind jedoch recht unsicher und weichen sehr voneinander ab. Vor allem erscheint der Salzgehalt viel zu hoch, als daß er allein durch die Flüsse ins Meer gelangt sein könnte. Flußwasser enthält bekanntlich das im Meerwasser bei weitem vorherrschende Kochsalz nur in geringen Spuren. Geochemische Untersuchungen haben gezeigt, daß die Meeressalze in Form von Ionen in der Lösung enthalten sind. Man darf daher nicht nach der Herkunft des Kochsalzes, des Natriumchlorids, forschen, sondern muß die Herkunft der Natrium- und Chlorionen und dementsprechend bei den anderen Meeressalzen die der Metall- und der Säureionen jeweils für sich betrachten. Während nämlich Natrium, Kalzium, Kalium, Magnesium und andere Metalle offenbar durch Verwitterung magmatischer Gesteine auf dem Festland, insbesondere aus der Aufspaltung der Feldspatmoleküle, gebildet und dann von den Flüssen ins Meer transportiert wurden, sind die Säureionen wahrscheinlich durch vulkanische Exhalationen ins Weltmeer gelangt. Diese können submariner Art sein oder aber auf dem Umweg über die atmosphärische Luft oder das Flußwasser in das Meer gelangen. Beispielsweise führt der aus einem Vulkangebiet kommende Rio Vinagre dem Meer alljährlich schätzungsweise rund 15 000 t freier Salzsäure zu. Bei solcher getrennten Betrachtung der Ionenbestandteile der Meeressalze kommt man übrigens auch zu befriedigenden Werten bei der Altersabschätzung der Ozeane. In den letzten Jahrzehnten war im Mittel ein Anstieg des Spiegels der Weltmeere von 1,1 mm im Jahre zu beobachten. Als Ursachen für diesen Anstieg wurde meist das Abschmelzen der Gletscher in den Hochgebirgen und der Eismassen der Polarkalotten (Polkappen), vor allem der in Grönland, angegeben.
Die Ergebnisse des Internationalen Geophysikalischen Jahres (1957/58) ziehen diese Annahmen in Zweifel. Wäre nämlich der Abschmelzverlust vom Eis der vergletscherten Landgebiete der Erde, die etwa 15 Mio km² betragen ($^1/_{10}$ des Festlandes), so groß wie der der Alpen, wo er jährlich 50 ml Wasser je Flächeneinheit der Gletscher beträgt, müßte das Weltmeer im Jahr um 2 cm steigen. Da jedoch nur $^1/_{20}$ dieses Betrages errechnet wurde, ist dies ein sicherer Beweis, daß die Eismasse der Antarktis keinen Beitrag liefert. Es scheint im Gegenteil sicher, daß nach den Messungen des Internationalen Geophysikalischen Jahres im antarktischen Kontinent mit einem Zuwachs von jährlich 1 000 km³ zu rechnen ist. Der Entzug dieser Wassermasse würde den Meeresspiegel um 2,9 mm im Jahr absenken. Zum tatsächlich vorhandenen Anstieg von 1,1 mm ergibt sich also eine Differenz von 4 mm, die durch Wirkung großräumiger Erwärmung der Gesamterde, die wir augenblicklich miterleben, gedeutet wird.
Hoinkes gibt hierzu folgende Daten an: Bei einer mittleren Ozeantemperatur von +3,8 °C, einer mittleren Tiefe von 3 800 m und einem thermischen Ausdehnungskoeffizienten des Wassers von 0,015 erhält man den geforderten Anstieg von 4 mm je Jahr bei einer jährlichen Erwärmung des Meerwassers um 0,007 °C. Dieser Wert erscheint glaubhaft, da wir in der Periode von 1890/97 bis 1926/33 nach Messungen, die im Nordatlantik durchgeführt wurden, eine Erwärmung von 0,3 °C für diesen Zeitraum feststellen können, was in dieser Größenordnung liegen würde.
Das Anwachsen des Eises der Antarktis steht daher nicht im Gegensatz zu der gegenwärtigen Erwärmung. Man muß vielmehr den beobachteten Anstieg des Meeresspiegels als komplexe Wirkung mehrerer Vorgänge deuten, die im einzelnen gegenläufige Tendenz zeigen.

Der Atlantische Ozean

Der Atlantik – dieser Name wurde im 16. und 17. Jahrhundert durch die deutschen Geographen Gerhard Mercator und Bernhardus Varenius eingeführt – ist mit 106,2 Mio km² Fläche das zweitgrößte unter den drei Weltmeeren. Er schiebt sich zwischen Eurasien/Afrika und Amerika als relativ schmale Rinne ein, so daß man oft von einem atlantischen Tal spricht. Auch das Nordpolarmeer (heute überwiegend als Arktischer Ozean ausgegliedert) wird ihm zugerechnet. Besonders auffällig ist die starke Einschnürung in der Nähe des Äquators. Die mittlere Breite des Atlantiks beträgt etwa 5 500 km und macht somit nur ein Viertel der Längserstreckung aus. Diese mißt – vom antarktischen Kontinent beim Prinzregent-Luitpold-Land in 78° s. Br. über den Nordpol bis zur Beringstraße in 65,5° n. Br. gerechnet – nahezu 21 300 km. Der Teil des Atlantiks allerdings, auf dem unter anderem ungehindert Schiffahrt betrieben werden kann, d. h. zwischen 55° s. Br. und 70° n. Br., ist nur 13 900 km lang. An der schmalsten Stelle, zwischen dem Kap São Roque in Brasilien und der Sierra-Leone-Küste bei der Sherbroinsel, ist der Atlantik nur 2 840 km, zwischen Neufundland und Irland 3 375 km breit. Die größte Breitenausdehnung beträgt bei Einbeziehung der Nebenmeere – vom Golf von Mexiko bis zum

Schwarzen Meer – 13 500 km. Im allgemeinen ist der Atlantik im Norden auf gleicher geographischer Breite meist schmaler als im Süden. Hieraus ergeben sich mancherlei ozeanographische wie auch klimatische Folgen, da vor allem das kalte Wasser der Polarmeere von Süden leichter äquatorwärts vordringen kann als von Norden her.

Als Grenze gegen den Indischen Ozean gilt der 20. Meridian ö. L., der durch Kap Agulhas (Nadelkap, Südafrika) verläuft, und als Begrenzungen gegen den Pazifik werden im Norden die Beringstraße und im Süden die kürzeste Verbindung zwischen der Südspitze Südamerikas (Kap Horn) und der Antarktischen Halbinsel angesehen.

Als Teilräume des offenen Nordatlantiks gelten die *Irmingersee* vor der grönländischen Ostküste südwestlich von Island, die *Labradorsee*, die sich am Ausgang der Davisstraße vor der Halbinsel Labrador ausdehnt, der *Golf von Biskaya*, die *Sargassosee* im Inneren des Nordamerikanischen Beckens östlich der Bermudainseln, die *Bahamasee* zwischen den Bahamainseln und den Antillen sowie der *Golf von Guinea* auf der afrikanischen Seite. Im südlichen Atlantik ist es das südlich des 55. Breitengrades sich anschließende *Südpolarmeer*, das sich in *Südantillenmeer* – innerhalb des Inselbogens der Südantillen gelegen – und *Weddellsee* gliedert.

Mehr als ein Fünftel der Fläche des Atlantiks wird von Nebenmeeren eingenommen. Besonders das Europäische und das Amerikanische Mittelmeer greifen weit in die benachbarten Landmassen ein. Da die Hauptwasserscheide der Kontinente meist auf der dem Atlantik abgewandten Seite der angrenzenden Festländer verläuft, wird der größte Teil der Landoberfläche der Erde zum Atlantischen Ozean entwässert.

Die mittlere Tiefe des Atlantischen Ozeans wurde mit 3332 m berechnet, die des offenen Ozeans mit 3296 m. Die größte bekannte Tiefe, die *Milwaukeetiefe* (9218 m), liegt im *Puerto-Rico-Graben*, die größte im Bereich der Atlantischen Schwelle ist die unmittelbar unter dem Äquator liegende *Romanchetiefe* (7370 m).

Der offene Atlantik ist, ganz besonders im südäquatorialen Bereich, sehr inselarm, jedoch liegen in seinen Randmeeren eine Menge teilweise auch größerer Inseln. Die Gesamtfläche der eigentlich ozeanischen, d. h. landfernen Inseln beträgt 266 000 km², wobei Island mit rund 103 000 km² der Hauptanteil zukommt. Würde man noch die Großen und Kleinen Antillen hinzurechnen, käme man auf 510 000 km². Das ist immerhin fast 0,5% der gesamten Wasserfläche des Atlantiks.

Die verblüffende Übereinstimmung der einander gegenüberliegenden Küstenumrisse Südamerikas und Afrikas – besonders im Südteil des Atlantischen Ozeans – hatte Alfred Wegener veranlaßt, den Atlantik als durch Kontinentaldrift entstandenen Zerrungsgraben zu erklären. Dem stand die Auffassung Stilles gegenüber, daß der Atlantik aus vier → Urozeanen hervorgegangen sei. Inzwischen sind wir durch ozeanologische Tiefsee-Expeditionen und zahlreiche Echolotungen sehr gut über die Besonderheiten des Meeresbodens unterrichtet.

Der Atlantik wird durch den Mittelatlantischen Rücken in zwei Längsbecken gegliedert. Auf der Südhalbkugel verläuft er streng von Süden nach Norden, biegt unter dem Äquator nach Nordwesten ab, ändert dann nochmals die Richtung und nimmt gleichzeitig an Breite zu. Etwa zwischen 50 und 55° n. Br. wird diese Verbreiterung der Schwelle als Telegraphenplateau bezeichnet, da hier die zahlreichen transatlantischen Kabel verlaufen, die Europa mit Nordamerika verbinden.

Der Mittelatlantische Rücken ähnelt einem festländischen Hochgebirge. Es wird flankiert von niedrigeren Gebieten von Mittelgebirgscharakter, die verschiedene Flächensysteme, die auf Hebungsphasen schließen lassen, aufweisen.

Das Kammgebiet besteht aus einer Bruchschollenregion mit mehreren Ketten. Im zentralen Teil führt ein Grabenbruch entlang, der beiderseits von Vulkanen begleitet wird. Das oberste Niveau der Schwelle ist etwa 100 bis 150 km breit, der eingesenkte Graben 25 bis 50 km. Letzterer deutet auf Zerrungsvorgänge hin, die durch Strömungen im oberen Erdmantel ausgelöst wurden (→ Unterströmungstheorie). Zahlreiche Querbrüche durchschneiden den mittelatlantischen Rücken in ostwestlicher Richtung.

Von der Mittelachse gehen Querschwellen ab, die einzelne Felder entstehen lassen. Das Feldinnere ist meist nahezu gleich tief, während die Schwellen in sich starke Reliefunterschiede zeigen. Tiefen von 5000 m liegen hier oft dicht neben solchen von nur 2000 m, so daß gebirgsartige Formen entstehen, die dann ziemlich unvermittelt in das flachwellige Innere der Becken übergehen.

Die Aufteilung der beiden Seiten in Felder ist offenbar sehr stark vom geologischen Bau des angrenzenden Kontinents bestimmt, da die tektonischen Leitlinien der Kontinente auch auf die Meeresräume übergreifen. So findet sich auf der afrikanischen Seite mit dem *Agulhasbecken, Kapbecken, Angolabecken, Guineabecken, Sierra-Leone-Becken*, eine stärkere Gliederung als auf der südamerikanischen Seite mit *Argentinischem Becken, Süd-* und *Nordbrasilianischem Becken* sowie *Guyanabecken*.

Die bei weitem kleinsten Dimensionen der tektonischen Einheiten zeigt die europäische Seite des Atlantiks einschließlich des Mittelmeerraumes. Hier sind infolge der Angleichung an die Tektonik des angrenzenden Kontinents sechs kleinere Becken entwickelt: *Kapverden-Becken, Süd-* und *Nord-Kanaren-Becken, Iberisches, Westeuropäisches* und *Isländisches Becken;* ihnen stehen auf amerikanischer Seite nur drei gegenüber: *Nordamerikanisches, Neufundländisches* und *Labradorbecken.* Sie übertreffen jedoch die europäischen an Größe ganz erheblich.

Der Atlantik erreicht seine größte Breite unter dem nördlichen Wendekreis, weiter gegen Norden erfolgt eine starke Einschnürung und gleichzeitig eine Verflachung. Die Atlantische Schwelle gewinnt – wie bereits erwähnt – an Ausdehnung und wird plateauartig. Außerdem haben die von ihr abzweigenden Querrücken einen immer stärker gebogenen Verlauf. Das Relief ist innerhalb der Becken stärker gegliedert, eine Erscheinung, der man auch im Mittelmeer begegnet. Wir befinden uns hier im Bereich der Tethys, deren tektonische Struktur bis zu den Kanaren und Kapverden südwärts ausgreift.

Nördlich der Grönland-Island-Schwelle erstreckt sich das *Europäische Nordmeer,* auch Norwegisches Meer oder Skandik genannt, in dem ein anderes Bauprinzip vorherrscht: Es ist ein einfaches Becken vorhanden, und die Mittelschwelle fehlt. Der Skandik hat nur eine mittlere Tiefe von 1000 bis 2000 m; als einzige ozeanische Insel liegt in ihm das zu Norwegen gehörige Jan Mayen.

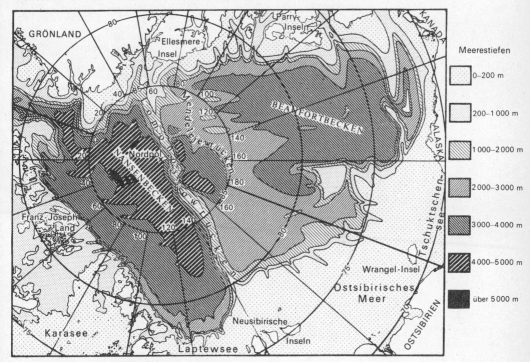

Tiefenverhältnisse im Nordpolarmeer

Jenseits der Spitzbergenschwelle, die von einer in nordsüdlicher Richtung verlaufenden, über 3000 m tiefen Rinne zerschnitten wird, schließt sich das Nordpolarbecken an, in dem Tiefen von über 5000 m gelotet worden sind und dessen Durchmesser größer ist, als der Atlantik an seiner schmalsten Stelle zwischen Brasilien und Afrika breit ist. Entgegen der bisherigen Annahme stellten die seit dem Jahre 1948 eingesetzten, auf Eisschollen driftenden sowjetischen Arktisstationen fest, daß das Polarbecken nicht ungegliedert ist, sondern daß sich vielmehr aus dem Gebiet nördlich der Neusibirischen Inseln quer durch das Becken ein untermeerischer Rücken – Lomonossowrücken genannt – in Richtung auf die nordkanadische Insel Ellesmereland erstreckt. Dieses rund 1800 km lange Gebirge ragt etwa 2500 bis 3000 m vom Grund des Meeres empor, so daß sich auch in hohen Breiten stellenweise nur Tiefen von reichlich 1 000 m ergeben. Neben dem Lomonossowrücken sind noch andere untermeerische Schwellen vorhanden, die das Polarbecken weiter untergliedern.

Den Festländern um den Skandik und um das Nordpolarbecken sind breite Schelfgebiete vorgelagert, die sämtlich kontinentale Ablagerungen tragen.

Im Gegensatz zum Stillen Ozean ist im Atlantik das vorherrschende Sediment der aus den Kalkschalen von Foraminiferen bestehende Globigerinenschlamm. Er bedeckt im allgemeinen das Gebiet zwischen 50° s. Br. und dem nördlichen Polarkreis. Roter Tiefseeton hingegen, die eigentliche Ablagerung der Tiefsee, findet sich nur im Inneren der großen Becken, und zwar besonders auf der amerikanischen Seite des Ozeans: im Nordamerikabecken, im Brasilianischen und Argentinischen Becken. Im Bereich der Westwinddrift zwischen 50 und 70° s. Br. ist eine Zone anzutreffen, in der Diatomeen- und Radiolarienschlamm überwiegen. Die Küstenbereiche sowie die arktischen und antarktischen Gewässer werden von litoralen und hemipelagischen Sedimenten eingenommen, die von den benachbarten Festländern stammen. Örtlich spielt besonders im Umkreis vulkanischer Inseln auch Schlick aus vulkanischen Lockerprodukten eine Rolle. Korallen als Sedimentbildner sind im Atlantik von wesentlich geringerer Bedeutung als in den beiden anderen Weltmeeren. Nur im Amerikanischen Mittelmeer und bei den vorgelagerten Inseln sowie vor der brasilianischen Küste sind sie stärker verbreitet.

Im Atlantik sind zwei große Kreisläufe beiderseits des Äquators entwickelt, die beide von den regelmäßig aus Osten wehenden Passaten angeregt werden. Es entsteht zwischen 20° n. Br. und 10° s. Br. eine ziemlich beständige, auf die südamerikanische Küste hin gerichtete Strömung. Ein geringerer Teil biegt südwärts ab und dringt längs der südbrasilianischen Küste als warmer *Brasilstrom* bis südlich der La-Plata-Mündung vor und mündet hier in die Drift der Braven Westwinde, die zwischen 40 und 60° s. Br. gelegen ist. Als kalter *Benguelastrom*, der nach der Landschaft Benguela in Angola genannt ist und der außer von der Westdrift auch von einem um das Agulhaskap vordringenden Strom – dem *Agulhasstrom* – genährt wird, kehrt vor der afrikanischen Küste eine Strömung nordwärts zurück und schließt so den südlichen Kreislauf. In der polaren Weddellsee ist besonders im Südsommer ein lokaler Wirbel entwickelt. Die kalte *Falklandströmung* tritt von Süden her in die *Westwinddrift* ein und verstärkt den südäquatorialen Kreislauf.

Voraussetzung für die Entstehung von Meeresströmungen ist das beständige Windfeld, das in niederen Breiten durch die regelmäßig wehenden Passate, in der gemäßigten Zone durch die vorherrschenden Westwinde gegeben ist. Diese Winde erzeugen Driftströme, die nur bis in geringe Tiefen, etwa 120 bis 150 m, hinabreichen und mit zunehmender Tiefe gegenüber der Windrichtung eine Drehung aufweisen. Die mittlere Bewegung der Wassermassen ist um etwa 90° gegen die Windrichtung verschoben, wobei auf der nördlichen Halbkugel eine Rechtsablenkung eintritt. Diese Driftströme führen in bestimmten Gebieten, nämlich dort, wo Ströme zusammenlaufen (Konvergenzgebiete), zu einem leichten Aufstau der Wassermassen. Die dabei entstehenden Unterschiede sind Anlaß für Druckgefällsströme, die im Gegensatz zu den obengenannten Driftströmen bis in größere Tiefen hinabreichen und vor allem größere Beständigkeit zeigen. Sie machen die eigentlichen Oberflächenströmungen eines Weltmeeres aus. Durch die Unternehmen POLYGON 70 der UdSSR und MODE 1 (mid ocean dynamic experiment) der USA wurde deutlich, daß die Meeresströmungen keine kontinuierlichen Kreisläufe bilden, sondern analog den atmosphärischen Strömungssystemen aus wandernden Wirbeln bestehen, die auch in der Vertikalen sehr unterschiedliche Wirkungsbereiche haben. Dadurch werden die zeitlich stark schwankenden Transportleistungen der Meeresströmungen verständlich. Das geplante Großexperiment POLYMODE soll die Erkenntnisse weiter vertiefen.

Zu den bekanntesten und bestuntersuchten Meeresströmungen gehört der Golfstrom. Er wurde erstmalig vom Spanier Ponce de León im Jahre 1513 festgestellt. Sein Name rührt aus der Zeit, in der man der Ansicht war, daß er als Abfluß der im Golf von Mexiko angesammelten Wassermassen aufzufassen sei. Heute ist man von dieser Meinung abgekommen, da bekannt ist, daß nur der äußerste Südostteil des Golfes von Mexiko am Abfluß der durch die Passatströmungen herangeführten Wassermassen des Äquatorialstromes, die durch die *Yucatánstraße* ein- und durch die *Floridastraße* austreten, Anteil hat. Der Name ist aber zum feststehenden internationalen Begriff geworden.

Unter dem Einfluß der regelmäßig wehenden Passatwinde kommt es unter 30° Breite zu einer westwärtigen Versetzung von Wassermassen, die beim Auftreffen auf die Gegenküsten nord- und in geringerem Maße südwärts abzufließen suchen. Die im nördlichen Atlantik sich entwickelnde Abflußströmung ist der Golfstrom, den man nordöstlich von Kap Hatteras auch als Nordatlantikstrom bezeichnet. Das Besondere an ihm ist, daß er sich als strahlartige Strömung von hoher Geschwindigkeit inmitten wenig bewegten Wassers als sogenannte Freistrahlströmung entwickelt, in der Mäander auftreten und einzelne Wirbel, die sich ablösen können, mitgeführt werden. (Vom gleichen Typus sind der Kuroschio im nördlichen Pazifik sowie der Brasilstrom, der Agulhasstrom und der Ostaustralstrom auf der südlichen Halbkugel.)

Von den südlich Neufundlands auf einem etwa 50 km breiten Bereich transportierten etwa 55 Mio m³/s Wassermasse entstammen nur 26 Mio dem aus dem Golf von Mexiko kommenden Floridastrom. Jenseits des 40. Grades n. Br. verzweigt sich der Strom in mehrere Äste, von denen einige, wie der *Kanaren-* und *Sargassostrom,* nach Süden zurücklenken, während der *Irmingerstrom* südlich von Island nach der grönländischen Küste abzweigt und dort eine scharfe Grenze gegen die von Norden kommenden kalten und an Treibeis reichen *Ostgrönlandstrom* bildet. Mit einer Wassermasse von nur 10 Mio m³/s erreicht die Strömung die Küsten Westeuropas und ist bis in die Gegend des Nordkaps auf 3 Mio m³/s abgeklungen. Dabei darf man sich jedoch nicht vorstellen, daß die Wässer aus dem Ursprungsgebiet bis in hohe Breiten vordringen. Durch Querzirkulationen werden laufend die mitgeführten Wassermassen seitlich abgegeben und durch neue ersetzt. Bereits bei Kap Hatteras vor der amerikanischen Küste enthält der Golfstrom kein tropisches Wasser der Passatzone mehr.

Es wird jedoch nicht nur warmes Wasser von der Strömung mitgeführt, sondern infolge des Auftriebs von tiefem Wasser durch die eben genannte Zirkulation bildet sich an ihrer Nordostflanke ein „kalter Wall" von kaltem, salzarmem Wasser.

Die Geschwindigkeit des Golf- (Nordatlantik-) Stromes weist im Jahreslauf Schwankungen auf zwischen 140 cm/s in den Monaten Juli/August und nur 105 cm/s im Spätherbst, die in engem Zusammenhang mit den Schwankungen der Windgeschwindigkeit der Passatzone stehen. Außerdem sind unregelmäßige Pulsationen beobachtet worden, deren Ursachen gegenwärtig noch nicht geklärt sind. Dabei beginnt der Strom in seiner Richtung hin- und herzupendeln, und es bilden sich nach Art der Flußmäander Schlingen, die sich mit der Strömung fortpflanzen und gelegentlich als geschlossene Stromwirbel ablösen. Diese Erscheinung ist für die Klimaentwicklung West- und Mitteleuropas, die der Golf- (Nordatlantik-) Strom entscheidend beeinflußt, von großer Bedeutung. Er wird mit Recht auch als die „Warmwasserheizung Europas" bezeichnet, denn er hält die Häfen längs der gesamten norwegischen Küste eisfrei und läßt die Temperaturen dieser Gebiete gegenüber den Normalwerten der betreffenden Breite erheblich ansteigen.

Trotz vieler und regelmäßiger Forschungsarbeit der letzten Jahrzehnte sind die Rätsel des Golfstromes noch immer nicht völlig entschleiert, und auch im Internationalen Geophysikalischen Jahr 1957/58 haben sich eine Reihe ozeanographischer Expeditionen mit dieser Strömung beschäftigt.

Umgekehrt wird die amerikanische Küste durch den westlich von Grönland aus der Arktis südwärts vordringenden kalten Labradorstrom in ihren thermischen Verhältnissen stark benachteiligt.

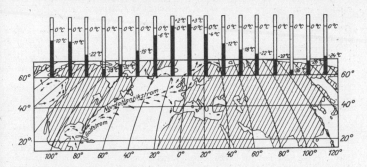

Die winterliche Wärmebegünstigung Europas und – in geringem Maße – des Nordwestens von Nordamerika durch warme Meeresströmungen (→ →), dargestellt an den mittleren Januartemperaturen auf 60° n. Br.

Die Tiefenströmungen des Atlantischen Ozeans sind durch die Vermessungen der „Meteor-Expedition" in den Jahren 1925 bis 1927 gründlich untersucht worden. Es ergaben sich danach dreierlei Strömungen:

1) **Oberflächenzirkulation:** Der vertikale Austausch von der Oberfläche ist nur auf eine dünne, etwa 200 bis 300 m mächtige Oberflächenschicht beschränkt und vermittelt den Ausgleich der Wassermassen zwischen Äquator und Subtropen. Temperatur und Salzgehalt sind hier nicht einheitlich. Darunter befindet sich eine Sprungschicht, die in der Temperatur deutlich zum Ausdruck kommt. Während die Temperaturen in der oberen Schicht zwischen 10 und

20 °C liegen, sinken sie hier auf 4 °C und darunter – die Temperatur der Tiefsee – ab. Diese Zone, die im Äquatorialgebiet bei etwa 600 m Tiefe liegt, steigt nach den Polen zu an und erreicht bei 45° s. Br. und 55° n. Br. die Meeresoberfläche; sie wird] hier in Analogie zur Atmosphäre als ozeanische Polarfront bezeichnet. Das bedeutet, daß im Gegensatz zu den Vorgängen in der Tiefe ein unmittelbarer Austausch der Oberflächenwässer zwischen Äquator und Polargebiet nicht erfolgt.

2) Unter diese eben beschriebene Oberflächenzirkulation schiebt sich von etwa 50° s. Br. her bis über 30° n. Br. in 800 bis 1000 m Tiefe der **antarktische Zwischenstrom**. Da er aus einem Gebiet lebhafter Zyklonentätigkeit mit reichem Niederschlag kommt, das zudem der Bereich ist, in dem die aus der Antarktis stammenden Treibeismassen abtauen, enthält er kaltes und verhältnismäßig salzarmes Wasser. Es ist leichter als das Bodenwasser, aber schwerer als die warmen Gewässer der Subtropen.

3) Schließlich gibt es die **Tiefenströmung** oder **Bodenströme**, in denen das wegen seiner Dichte schwerste Wasser der Weltmeere enthalten ist. Es handelt sich um kalte, aus den beiden Polarzonen stammende Wassermassen, die infolge von Abkühlung in die Tiefe absanken. Sie sind sehr salzreich, da sich in diesen Gebieten durch Packeisbildung das Salz im Meerwasser anreichert. Diese Bodenströme dringen äquatorwärts vor. Da sie das unterste Stockwerk im Weltmeer einnehmen, bildet jede Bodenschwelle für sie ein Hindernis. Aus der Antarktis kann das polare Bodenwasser weit nach Norden gelangen. Ein ungehinderter Zufluß ist aber nur auf der Westseite der Atlantischen Schwelle möglich, weil hier die Querrücken genügend Durchtrittsstellen aufweisen. Auf dieser Seite vermag der Bodenstrom von Süden her bis in das Nordamerikanische Becken vorzudringen. Auf der Ostseite sperren die Kapschwelle wie auch der Walfischrücken den Zustrom, so daß in die Ostmulde antarktisches Bodenwasser nur auf dem Umweg über die Romancherinne, die in äquatorialen Breiten liegende Unterbrechung des Atlantischen Rückens, eindringen kann.

Diese Tiefenströme bedingen einen Umlauf der Wassermassen und damit verbunden einen Austausch der Stoffe, so daß bis in größte Tiefen Leben möglich ist.

Der Atlantische Ozean ist in allen Breiten mit Leben erfüllt. Eine so markante Gürtelung wie auf dem Lande gibt es nicht, denn im Meer sind die Lebensbedingungen viel ausgeglichener, und Nahrung ist, obgleich nicht in gleicher Menge, überall vorhanden. Das Plankton, die Primärnahrung in den Ozeanen, ist abhängig vom Nährstoffgehalt des Wassers. Dieser ist dort am höchsten, wo Wassermassen aus der Tiefe aufsteigen und dabei Stickstoff- und Phosphorverbindungen mitbringen. Daher finden wir die größten Planktonmengen in den polaren Meeren und dort, wo kalte Auftriebswasser zur Oberfläche gelangen, wie z. B. längs der westafrikanischen Küste. Am wenigsten sind Mikrolebewesen im Bereich der Roßbreiten anzutreffen. Hier ist das Blau, die „Wüstenfarbe" des Meeres, vorherrschend. Nach dem Planktonreichtum reguliert sich die übrige Lebewelt der Fische, Meeressäuger und schließlich auch der Seevögel.

Das antarktische Kaltwassergebiet ist reich an Fischen. Hier liegen auch die ergiebigen Walfanggründe; Blauwale bis zu 25 m Länge sind keine Seltenheit; daneben gibt es auch Bartenwale, Robben und Seevögel, vor allem aber die für die südliche Halbkugel charakteristischen Pinguine. Im Übergangsgebiet zu den Tropen sind der Albatros und die Kaptaube sowie verschiedene Sturmvogelarten reichlich verbreitet.

Hinsichtlich der Artenzahl wie auch der absoluten Menge ist die Tropische Warmwasserzone den Außertropen bei weitem unterlegen. Dies ist – wie erwähnt – der geringeren Planktonmenge dieser Meere zuzuschreiben. Fliegende Fische, Delphine, Segelquallen sowie Entenmuscheln sind typische Vertreter dieser Breiten. Wale sind hier nur vereinzelt anzutreffen. Korallen und damit Korallenriffe kommen im Atlantischen Ozean nur sehr selten vor und sind auf die südamerikanische Küste und das Karibische Meer beschränkt, weiter nördlich sind sie nur im Bereich des Golfstromes bei den Bermudainseln zu finden. Nördlich des Äquators liegt in der Sargassosee, die ihren Namen von den hier reichlich vorhandenen treibenden Tangen erhalten hat, das Laichgebiet des Flußaals. Von hier aus zieht er nach den benachbarten Festländern, erreicht als Glasaal die Küsten und tritt dann seine Wanderung die Flüsse aufwärts an. Zum Laichen kehrt er jedoch immer wieder zur Sargassosee zurück.

Der Reichtum an Kleinlebewesen im arktischen Kaltwassergebiet hat wieder eine üppige Entfaltung der Fische zur Folge. Besonders in der Nordsee und vor der norwegischen Küste (Lofoten) wie auch an der amerikanischen Küste (St.-Lorenz-Strom, Neufundlandbank) sind ergiebige Fischgründe vorhanden. Der Bestand an Walen ist auf der nördlichen Halbkugel stark zurückgegangen. Es gibt aber zahlreiche Robben verschiedener Arten, auch der Vogelreichtum nimmt in den höheren Breiten zu.

Die Inseln des Atlantiks

Zu den ozeanischen Inseln werden nur diejenigen Inseln gerechnet, die landfern dem Tiefseeboden oder über diesen aufragenden Schwellen aufsitzen, also nicht zu den Schelfgebieten oder abgesunkenen Kontinentalschollen wie Spitzbergen, Bäreninsel und Franz-Joseph-Land gehören. In diesem Sinne ist der Atlantik außerordentlich inselarm.

Charakteristisch für die dem mittelatlantischen Rücken aufsitzenden Inseln ist ihr starker Vulkanismus, der an mehreren Stellen (Island mit Surtsey und Westmanninseln, im Südatlantik Tristan de Cunha) zu ganz jungen vulkanischen Neubildungen geführt hat. Die 370 km² große, zu Norwegen gehörende vulkanische Insel **Jan Mayen**, die bis 2545 m emporragt, ist die nördlichste echte ozeanische Insel. Von einer meteorologischen Station abgesehen, ist sie unbewohnt. Von gleichem Bau ist das 103000 km² große **Island**. Der Untergrund besteht aus basaltischen Laven, Bimsstein und vulkanischen Aschen. Noch heute sind auf der Insel dreißig Vulkane tätig. Die beiden bedeutendsten sind *Hekla* (1447 m) und *Askja* (1412 m). Auch Spaltenergüsse sind weit verbreitet. Am bekanntesten ist die Lakispalte, der zahlreiche Vulkankegel aufgesetzt sind. Der lebhafte Vulkanismus äußert sich auch in aus Spalten austretenden Dämpfen und heißen Sprudeln, den Geysiren. Die Oberfläche der Insel wurde wesentlich von Eis und Schnee geformt und ist heute noch stark vergletschert. Trotz des milden ozeanischen Klimas, das durch den Nordatlantikstrom begünstigt wird, gedeihen nur Buschwerk und Gräser. Ackerbau ist nur auf 0,5% der Gesamtfläche möglich. Nur zwei Fünftel der Insel sind bewohnbar. Die Bevölkerung ernährt sich durch Viehzucht (Schafe, Rinder, Pferde, Hühner), Fischfang und Vogeljagd. Insgesamt bewohnen etwa 225000 Menschen (1978) die Insel, davon leben allein über 80000 in der Hauptstadt *Reykjavik*. Die durchschnittliche Bevölkerungsdichte beträgt nur 2 Einw. je km².

Die dänischen *Färöer* sind ebenfalls Vulkaninseln mit basaltischem Untergrund, jedoch ist hier der Vulkanismus völlig erloschen. Sonst gleichen sie Island im Bodenaufbau und in den klimatischen Verhältnissen wie auch in der Vegetations- und Nutzungsweise (hauptsächlich Schafhaltung). Auf der 1400 km² großen Inselgruppe wohnen etwa 40000 Menschen (1975).

Etwa unter 40° n. Br. finden sich im Atlantik wieder ozeanische Inseln. Sowohl der Atlantischen Schwelle als auch den abzweigenden Querrücken sitzen teils einzelne Inseln, teils ganze Inselgruppen auf, die durchweg vulkanischen Charakter zeigen. **Madeira** (815 km²) – das zusammen mit den benachbarten kleinen Inseln einen Distrikt des portugiesischen Stammlandes bildet –, die seit 1975 unabhängigen **Kapverden** (14 Inseln mit insgesamt 4000 km²) sowie die relativ küstennahen spanischen **Kanaren** zeigen verwandte Züge. Die Vegetation ist subtropisch, der Waldwuchs (Lorbeer, Edelkastanie) ist meist stark zurückgegangen. Wein und Südfrüchte werden ausgeführt. Die bunt zusammengesetzte Bevölkerung – meist Mischlinge, dazu Europäer und Angehörige der verschiedenen Völker Afrikas – lebt vor allem an den Küsten. Insbesondere Madeira mit 274000 Einwohnern (einschließlich der Bevölkerung der zum Distrikt Funchal gehörigen kleineren Inseln) ist sehr dicht besiedelt (344 Einw. je km²).

Unter einem milden mittelmeerisch anmutenden Klima tragen die **Azoren**, die neun Inseln mit insgesamt 2300 km² umfassen und drei portugiesische Bezirke bilden, üppige mediterrane Vegetation. Orangen, Bananen und Ananas werden dort angebaut. Auf dieser Inselgruppe wohnen etwa 335000 Menschen (1968), d. h., sie ist gleichfalls sehr dicht bevölkert (145 Einw. je km²).

Als einzige Atolle im offenen Atlantik sind die britischen **Bermudas**, eine Gruppe von 350 kleinen Inseln von zusammen nur 53 km², zu nennen. Sie sind die nördlichsten Koralleninseln der Welt; diese Tatsache ist auf den warmen Golfstrom zurückzuführen. Südfrüchte, Gemüse und Blumen gedeihen hier ausgezeichnet. Die Gesamtzahl der Einwohner beträgt etwa 50000.

Die kleinen Einzelinseln wie **St. Helena** und **Ascension** (beide britisch) oder **São Paulo** im zentralen Atlantik, **Trinidad, Martin Vaz** und **Fernando Noronha** (sämtlich zu Brasilien gehörig) sind aus einzelnen Vulkanen entstanden.

Im Südatlantik reicht die Inselwelt bis an den antarktischen Kontinent heran. Im Gebiet der Atlantischen Schwelle geht die Inselreihe über *Tristan-da-Cunha* zur *Gough-Insel* (beide britisch) und *Bouvetinsel* (norwegisch) über. Meist sind diese Eilande mit dürftiger Grasvegetation bestanden und nur z. T. bewohnt, da sie allenfalls als Walfangstationen Bedeutung haben. Schließlich ist die Inselgirlande des Süd-Antillenbogens zu nennen, zu der die Inselgruppen von *Südgeorgien*, die *Süd-Sandwich-Inseln*, ferner die *Süd-Orkneys* und die *Süd-Shetland-Inseln* gehören. Sie alle tragen polare Züge und sind weitgehend vergletschert. Politisch gehören sie alle zum Commonwealth of Nations. Die britischen, von Argentinien beanspruchten *Falklandinseln* (*Malwinen*) liegen auf dem patagonischen Schelf.

Die Nebenmeere des Atlantiks

Das **Amerikanische Mittelmeer** mit 4,3 Mio km² Fläche wird durch den aus jungen Faltengebirgen gebildeten Gürtel der Großen und Kleinen Antillen vom offenen Weltmeer getrennt. Es besteht im wesentlichen aus den beiden Mulden des Karibischen Meeres und des im Norden durch die *Yucatánstraße* mit diesem in Verbindung stehenden Golfs von Mexiko. Das in seiner Ost-West-Erstreckung über 3000 km lange *Karibische Meer* ist im Westteil etwa 1500 km breit und verschmälert sich nach Osten zu. Es umfaßt einige steil abfallende Becken und Buchten, von denen der *Mosquitogolf* und der *Golf von Honduras* die bedeutendsten sind. Von der Halbinsel Honduras zieht sich nach Haiti eine Schwelle, der unter anderem die Insel Jamaika aufsitzt. Weiter nördlich verläuft ihr parallel die weit schmälere Caymanschwelle. Der *Golf von Mexiko* zeigt eine viel abgerundetere Gestalt und ist nicht in einzelne Becken gegliedert. Breite Schelfflächen sind den Küsten besonders auf der Nordseite der Halbinsel Yucatán und in der *Campechebai* und längs der Südküste der Vereinigten Staaten vorgelagert. Trotz der an der Küste zu beobachtenden kräftigen Aufschüttung durch die Flüsse, z. B. im Mississippidelta, ist das ganze Gebiet im Sinken begriffen. Darauf deuten an der Nordküste die zahlreichen ertrunkenen Mündungstrichter der Flüsse mit vorgelagerten Nehrungsgirlanden hin.

Durch die Lücken zwischen den Kleinen Antillen dringt der vom Ostpassat angeregte Äquatorialstrom in zahllosen Verzweigungen ins Karibische Meer ein und gelangt in der Oberflächenschicht bis zum Golf von Mexiko. Von hier strömen die Wassermassen – Golfstrom genannt – als warme, bis in große Tiefe hinabreichende Gefällsströmung mit hoher Geschwindigkeit durch die Floridastraße in den Atlantik hinaus.

Das Amerikanische Mittelmeer zeigt tropische Fauna; Korallenriffe umsäumen die Küsten, auch Mangroveufer sind anzutreffen. Die Bedeutung dieses Nebenmeeres für den Weltverkehr ist durch den Bau des im Jahre 1914 eröffneten Panamakanals beträchtlich gestiegen. Dieser 82 km lange Kanal – im Gegensatz zum Suezkanal ein Schleusenkanal – verkürzt den Seeweg zwischen Europa und der amerikanischen Westküste sowie zwischen der nordamerikanischen Ost- und Westküste ganz erheblich.

Das **Nordamerikanische Schelfmeer** im Bereich der Neufundlandbänke einschließlich der St.-Lorenz-Mündung ist in gewissem Sinne ein Gegenstück zur Nordsee. Beide Gebiete sind eiszeitlicher Entstehung, wie ihre Küstenformen verraten. Beide sind nicht unmittelbar Meeresströmungen ausgesetzt, sondern überwiegend durch die Gezeiten beeinflußt. In diesem Flachmeer finden sich günstige Lebensbedingungen für die Fische, die hier einer der Hauptfischgründe (Kabeljau, Hering, Makrele) des Atlantiks vorhanden ist.

Die **Hudsonbai** wird als eiszeitlich entstandenes Binnenmeer gern mit der Ostsee verglichen. In beiden Räumen hält die nacheiszeitliche glazial-isostatische Hebung noch an. Infolge starker Aussüßung und kalten, fast kontinental anmutenden Klimas sind beide Meere im Winter vereist, doch liegen die Verhältnisse bei der Hudsonbai wesentlich ungünstiger. Da sie nur nach Norden geöffnet ist, dauert der Eisverschluß erheblich länger; nur während weniger Sommerwochen ist Schiffahrt möglich.

Das **Europäische Mittelmeer** schiebt sich zwischen die Erdteile Europa, Asien und Afrika ein. Es hat zwischen ihnen und ihren Völkern von jeher eine Vermittlerrolle gespielt. Bereits im Altertum sind führende Kulturstaaten in seinem Umkreis entstanden und haben einander in der Beherrschung des Meeres abgelöst. Im Entdeckungszeitalter hat es zwar seine zentrale Stellung im Weltverkehr eingebüßt, doch ist es durch die Eröffnung des Suezkanals im Jahre 1869 wieder in stärkerem Maße in den Welthandel eingeschaltet worden.

Infolge der starken Gliederung des Meeres in zahlreiche Becken und durch seine zerlappten Küsten entsteht eine enge Verzahnung zwischen Land und Meer. Die Verdunstung des Meeres ist erheblich und kann durch den Zustrom der Flüsse und die Niederschläge nur bis zu 30% gedeckt werden. Eine mächtige Strömung atlantischen Oberflächenwassers dringt deshalb beständig durch die 14 km breite *Straße von Gibraltar* ein und läßt sich längs der nordafrikanischen Küste bis Ägypten hin nachweisen; eine sehr viel schwächere kommt durch den *Bosporus* aus dem *Schwarzen Meer*. Nur so ist es möglich, daß der Wasserstand konstant erhalten wird. Infolge der starken Verdunstung ist auch der Salzgehalt sehr hoch, meist 36 bis 39⁰/₀₀; am höchsten ist er im Ostteil, während er im Schwarzen Meer wegen der erheblichen Süßwasserzufuhr auf 15 bis 18⁰/₀₀ zurückgeht. Die Temperaturen des Meerwassers sinken selten unter 10 °C und steigen während des Sommers in der oberflächennahen Schicht auf 25 bis 30 °C an. Gezeiten spielen im Mittelmeer keine Rolle. Die Oberflächenströmungen sind mit Ausnahme des Küstenwassers meist ostwärts gerichtet, während in einer 350 bis 500 m tief gelegenen Zwischenschicht eine entgegengesetzt gerichtete Strömung anzutreffen ist. Die Lebewelt des Meeres ähnelt in ihrer Zusammensetzung der des offenen Atlantiks, ist jedoch erheblich artenärmer. An wärmeliebenden Formen finden sich Schwämme und Edelkorallen. Lediglich in den Tiefen des Schwarzen Meeres ist wegen starker Schwefelwasserstoffanreicherung organisches Leben unmöglich.

Durch eine von Unteritalien über Sizilien nach Tunis verlaufende Schwelle wird das Mittelmeer in ein kleineres West- und ein größeres, tieferes Ostbecken zerlegt. Der Westteil, dessen mittlere Tiefen bei 2000 bis 3000 m liegen, ist meist von Bruchlinien begrenzt und weist auf der europäischen Seite mehrere Golfe auf. Durch die Inseln Korsika und Sardinien wird das stark vulkanische *Tyrrhenische Meer* abgegliedert. Zu dem weit größeren Ostbecken gehören außer dem *Ionischen Meer* die flache, meist unter 100 m tiefe *Adria* (größte Tiefe vor Bari 1590 m), das an Inseln reiche *Ägäische Meer* sowie *Marmarameer* und *Schwarzes Meer* (maximal 2200 m tief). Die größte Tiefe erreicht das Ostbecken im Ionischen Meer südlich des Peloponnes mit 4692 m.

Die **Nordsee** mit 575000 km² Fläche ist ein junges Überflutungsmeer, das sich auf dem nordwesteuropäischen Kontinentalsockel ausbreitet. Seine mittlere Tiefe beträgt nur 90 m, an der als Fischfanggebiet bekannten Doggerbank sogar bloß 13 m. Die größten Tiefen liegen in der *Norwegischen Rinne* mit 809 m, noch weit größere sind innerhalb vieler norwegischer Fjorde anzutreffen (*Sognefjord* 1244 m). Durch flache Schwellen, die bis 100 m unter dem Meeresspiegel aufragen, sind diese Fjorde vom offenen Meer getrennt. Beständige Meeresströmungen fehlen in der Nordsee, jedoch ist das Zusammenwirken zweier Gezeitenströme von Bedeutung, von denen der eine durch den *Kanal*, der andere im Norden um die Britischen Inseln herum eindringt. Es werden Gezeitenhöhen von 3 bis 5 m in der *Deutschen Bucht* und von 7 m an der englischen Ostküste hervorgerufen.

Die Nordsee ist ein wichtiges Fischereigebiet für Hering, Kabeljau, Schellfisch und Scholle. Von Bedeutung sind auch die Erdöl- und Erdgasfunde.

Die **Ostsee** ist 422000 km² groß; sie ist erst nach der Eiszeit entstanden und in der Folgezeit wechselweise mit dem Weltmeer in Verbindung, war aber wieder zeitweise von diesem getrennt und völlig ausgesüßt gewesen. Ihre mittlere Tiefe beträgt 55 m, weite Gebiete sind aber bedeutend flacher. Die größte Tiefe ist das Landsorter Tief südlich von Stockholm mit 473 m. Das ganze Ostseegebiet ist besonders in seinem nördlichen Bereich in dauernder Hebung begriffen, wie sich an Uferterrassen nachweisen läßt. Eine Hebung um 20 m würde genügen, um die Meeresverbindung zur Nordsee zu unterbrechen und eine Landbrücke von Schleswig-Holstein über die dänischen Inseln nach Schweden entstehen zu lassen. Vorläufig kommt durch den *Sund* und den *Großen Belt* in der Oberflächenschicht beständig salzreiches Nordseewasser in die Ostsee. Ihr Salzgehalt ist gering, er liegt unter 20°/oo und nimmt bis zum *Bottnischen* und *Finnischen Meerbusen* hin stark ab. Gezeiten treten in der Ostsee nicht auf. Durch Windstau kommt es jedoch bisweilen zu erheblichen Seespiegelschwankungen. Alle Küsten leiden unter winterlichem Eisverschluß. Im Bottnischen und Finnischen Meerbusen beträgt die Vereisungsdauer vier bis fünf, ganz im Norden mehr als sechs Monate.

Der **Arktische Ozean** ist etwa 20mal größer als die Nordsee. Eingebettet zwischen den Nordküsten Eurasiens und Nordamerikas trägt er echten Tiefseecharakter. Die größte Tiefe von 5440 m ist nördlich der Wrangelinsel unter etwa 78° n. Br. erlotet worden. Neueste Messungen haben aber eine geringere Tiefe ergeben (5219 m). Im Umkreis des Nordpols wurde von einer sowjetischen driftenden Polarstation 1937 eine Tiefe von 4300 m gemessen.

Die Gegend um den Nordpol wurde erstmalig 1909 von dem Amerikaner Robert Edwin Peary erreicht, nachdem zahlreiche frühere Expeditionen erfolglos hatten umkehren müssen. Die Möglichkeit, von Europa längs der sibirischen Küste durch das Eismeer zur Beringstraße zu gelangen, die sogenannte Nordostpassage, stellte als erster der Schwede Adolf Erik Nordenskjöld durch seine Fahrt auf der „Vega" 1878/79 fest. Schwieriger und wirtschaftlich auch weniger bedeutend ist die Nordwestpassage vom Atlantik durch die kanadische Inselwelt im Eismeer gleichfalls zur Beringstraße. 1851 bis 1853 gelang Robert John McClure, der mit zwei Schiffen von der Hudsonbai und der Beringstraße aus gleichzeitig vorstieß, die erste Durchfahrt, während dem Norweger Roald Amundsen in den Jahren 1903 bis 1906 erstmals die Durchfahrt mit einem Schiff gelang.

Eine 400 bis 500 km, stellenweise bis 700 km breite Flachsee, deren Untergrund wahrscheinlich durch Ablagerung der Flüsse geschaffen worden ist, findet sich vor der nordsibirischen Küste. Unvermittelt erfolgt dann der Übergang zu Tiefen um 3000 m. Die Erforschung dieser Gebiete machte sehr große Schwierigkeiten, da das Meer fast beständig unter Eis liegt. Anhaltspunkte über Strömungen haben wir seit Fridtjof Nansens denkwürdiger „Fram"-Expedition in den Jahren 1893 bis 1896. Von der sibirischen Küste wie auch vom Nordpol her ziehen Strömungen in den Raum zwischen Spitzbergen und Grönland und münden in den Ostgrönlandstrom ein. Unmittelbar vor der Küste ist eine beständige, teilweise allerdings sehr schwache ostwärts gerichtete Strömung vorhanden, die für die Befahrung des Nördlichen Seeweges von Bedeutung geworden ist. Im östlichen Eismeer ist eine kreisförmige Strömung vorhanden.

Der Indische Ozean

Das kleinste unter den Weltmeeren ist mit 75,8 Mio km² Fläche der Indische Ozean, auch Indik genannt. Zwischen Afrika und dem asiatischen Festland, dem Malaiischen Archipel und Australien gelegen, gehört er zum weitaus größten Teil der Südhalbkugel an. Nur im Arabischen und im Bengalischen Meer greift er etwas über den nördlichen Wendekreis hinaus. Den Namen Indischer Ozean führte er bereits im Altertum, für den Teil zwischen Afrika und Vorderindien war allerdings auch die Bezeichnung Erythräisches Meer gebräuchlich. Gegen den Atlantik wird er durch den 20. Meridian ö. L. begrenzt, der durch Kap Agulhas (Nadelkap) verläuft, vom Pazifik durch den 147. Meridian ö. L., der durch die Südspitze Tasmaniens geht. Nördlich von Australien zieht man die Grenze gegen den Pazifik vom Kap Talbot zur Insel Timor und dann am Außenrand des Sundabogens entlang nach Hinterindien, so daß aus morphologischen Gründen auch die auf dem Flachseesockel Australiens gelegene Arafurasee und alle Becken des Australasiatischen Mittelmeeres zum Pazifik gerechnet werden. Die größte Breite des Indischen Ozeans beträgt also ebenso wie die größte Nord-Süd-Erstreckung knapp 10000 km.

Der Indische Ozean hat damit eine ziemlich abgerundete Form. Lediglich im Nordwesten bilden zwei Nebenmeere – *Rotes Meer* und *Persischer Golf* – langgestreckte Anhängsel, und im Norden springt die Vorderindische Halbinsel vor, die zwei Meerbusen – das *Arabische Meer* und das *Bengalische Meer* – abgliedert. Im Golf von Bengalen ist durch die Inselgirlande der zu Indien gehörenden Andamanen und Nikobaren das *Andamanenmeer*, auch *Meerbusen von Pegu* genannt, als Randmeer abgetrennt. Im südlichen Indischen Ozean fehlen Nebenmeere. Lediglich die *Straße von Moçambique* auf der afrikanischen Seite und die *Große Australische Bucht* im Osten werden als besondere Meeresteile herausgehoben.

Dem antarktischen Kontinent vorgelagert, jedoch ohne eindeutige nördliche Begrenzung, ist das *Indische Südpolarmeer*, das man gewöhnlich bis zur Crozet- und Macquarieschwelle rechnet.

Obwohl der Indische Ozean im Vergleich mit den beiden anderen Ozeanen verhältnismäßig klein ist, liegen 15% der Meeresfläche 1000 bis 1500 km und mehr als 35% 500 bis 1000 km vom Land entfernt. Die Ursache dafür ist seine Armut an Inseln; besonders der östliche und südöstliche Teil sind fast völlig inselleer. Eine Landferne von über 2000 km oder gar über 2500 km wie beim Pazifik kommt allerdings nicht vor. Nahezu die Hälfte der Flächen liegt wie bei allen Weltmeeren innerhalb einer Entfernung von 500 km Küstenabstand.

Die mittlere Tiefe des Indischen Ozeans beträgt 3900 m. Tiefseegräben sind selten und finden sich nur im Nordosten am Außenrand des Sundabogens. Hier wurde 1907 von dem deutschen Vermessungsschiff „Planet" eine Tiefe von 7450 m gelotet.

Der Indische Ozean ist der jüngste unter den Weltmeeren. Erst am Ende des Paläozoikums bildete er sich durch Einbruch im Bereich des ehemaligen Gondwanakontinents, der von der Antarktis bis nach Vorderindien reichte und auch Südafrika und Australien einschloß.

Neuozeane, durch junge Absenkungsvorgänge entstanden, zeigen typische Merkmale. Sie werden im Gegensatz zu den Urozeanen meist nicht von Faltengebirgen umrahmt. Entweder sind sie Einbruchsgebiete und demzufolge von Bruchlinien begrenzt, oder aber die Senkung ist allmählich vor sich gegangen, und die Kontinentalränder sind breite Abbiegungszonen. In der Umrahmung des Indischen Ozeans sind Faltengebirge auf den Nordosten, auf Insulinde, beschränkt. Nur hier finden sich, wie schon erwähnt, auch Tiefseegräben. Der Nordosten des Indischen Ozeans erscheint also dem Faltungsraum des Malaiischen Archipels gegenüber als Vortiefe, daher sind hier auch die dafür typischen Erscheinungsformen vorhanden. Sonst aber zeigt er durchweg die Züge eines Neuozeans. Die Insel Madagaskar kann als kontinentales Teilstück des benachbarten afrikanischen Kontinents aufgefaßt werden. Tiefseeräume zeigen die für die Schlußphase tektonischer Vorgänge charakteristische Art des Vulkanismus mit basischen Eruptivgesteinen. Dieser fehlt auf den Inseln des Indischen Ozeans, ebenso ist der Rote Tiefseeton äußerst selten.

Der Indische Ozean ist ähnlich wie der Atlantik in Becken aufgegliedert, die sich um eine Mittelschwelle gruppieren. Diese *Zentralindische Schwelle* geht von der Südspitze Vorderindiens aus und verläuft südwärts über den *Kerguelen-Gaußberg-Rücken* zum antarktischen Kontinent. Auf der Höhe der Tschagosinseln zweigt von ihr der *Carlsbergrücken* ab, der in nordwestlicher Richtung zur Arabischen Halbinsel hinstreicht.

Die beiden Hälften des Ozeans östlich und westlich der Zentralschwelle sind voneinander recht verschieden. Dieser Gegegensatz hat seinen Grund in den verschiedenartigen tektonischen Leitlinien der angrenzenden Festländer.
Zwischen der ostafrikanischen Küste mit ihrem scharfen Bruchrand und der Mittelschwelle findet sich eine Gliederung in nordsüdlich gerichtete Mulden. Sie werden durch parallele Rücken, denen Inselgruppen wie die Seychellen, Amiranten, Maskarenen aufsitzen, voneinander getrennt. Querrücken mit ost-westlichem Verlauf wie im Atlantik fehlen jedoch. Man kann darin eine

Angleichung an das Bauprinzip Ostafrikas mit seinen Gräben und Bruchstufen sehen; denn auch im Meer sind die nordöstliche und die nordwestlich gerichtete erythräische Richtung vorherrschend.
Der Vulkanismus ist wie im Atlantik auf den Schwellen sehr reichlich vertreten. Die Inselgruppen der Komoren, Amiranten und Maskarenen, ferner Neu-Amsterdam, St. Paul sowie Kerguelen bis hin zum Gaußberg sind vulkanischen Ursprungs.
Der östliche Indische Ozean ist erst in den letzten Jahren gründlicher durchforscht worden. Auf etwa 90° ö. L. wurde ein von Nord nach Süd verlaufender Rücken von über 4000 km Länge festgestellt, so daß also auch hier eine stärkere Gliederung des Bodenreliefs vorhanden ist. Vor dem Malaiischen Archipel mit seinen die Großen Sundainseln durchziehenden Faltengebirgen findet sich ein langer Streifen von Tiefseegräben, die sich vom *Mentaweigraben* über den *Sundagraben* bis zu den großen Tiefen südlich der Kleinen Sundainseln fortsetzen.
Eine besondere Formung zeigen die Meeresräume, die der Antarktis vorgelagert sind. Hier sind ostwestlich streichende Becken und Mulden das beherrschende Element. So trennt die *Crozet-Macquarie-Schwelle* zwei parallele Längsrinnen voneinander. Sie werden im Kerguelen- und Gaußbergrücken von nordsüdlich verlaufenden Schwellen unterbrochen.
Wie im Atlantik herrscht auch im Indischen Ozean der kalkhaltige Globigerinenschlamm vor. Deutlich ist wieder der Gegensatz zwischen östlicher und westlicher Hälfte des Meeres. Im Osten liegen die größten Tiefen, und das Relief des Meeresbodens ist wenig gegliedert. Hier gibt es auch große Areale Roten Tiefseetons, die bis nahe an den Sundabogen heranreichen, südlich von 40° s. Br. aber verschwinden.
Im westlichen Teil des Meeres ist der Foraminiferenschlamm vorherrschend und tritt bis nahe an die afrikanische Küste heran, die sich im schroffen Bruchrande ohne breite Schelffläche unmittelbar zur Tiefsee absenkt. Breitere Streifen litoraler und hemipelagischer Bildungen finden sich besonders längs der Nordküste im Arabischen und Bengalischen Meer. Die Böden der Nebenmeere sind durchweg von ihnen bedeckt. Längs der Küsten und im Umkreis der tropischen Inseln gibt es in reichem Maße Korallenkalke. Zwischen 50 und 60° s. Br. zieht sich wie auch im Atlantik ein überwiegend aus Diatomeenschlamm bestehender Streifen hin. Vulkanische Ablagerungen trifft man nur vereinzelt an.
Da der Indische Ozean nicht so weit nach Norden reicht wie der Atlantische, sind in ihm auch nicht die beiden vom Passat hervorgerufenen beständigen Ringströmungen entwickelt. Nur im südlich des Äquators gelegenen Bereich herrschen ähnliche Verhältnisse wie im Atlantik. Der vom Südostpassat erzeugte westwärts gerichtete *Südäquatorialstrom* wendet sich vor der afrikanischen Küste als warmer *Agulhasstrom* südwärts, wobei ein Teil östlich der Insel Madagaskar vorbeizieht, die Hauptströmung aber ihren Weg durch die *Straße von Moçambique* nimmt. Er mündet in die südlich von Afrika verlaufende *Westwinddrift* ein, ein Zweig aber erreicht um die Südspitze Afrikas herum den Atlantischen Ozean. Als kalter Ausgleichstrom, dem ähnlich wie bei der Benguelaströmung auch aus der Tiefe aufsteigendes Bodenwasser beigemischt ist, wendet sich vor der australischen Küste der *Westaustralstrom* nordwärts und schließt so den südlichen Kreislauf.
Im nördlichen Indischen Ozean hingegen tritt im Bild der Meeresströmungen ein deutlicher jahreszeitlicher Wechsel in Erscheinung, der durch die Monsune hervorgerufen wird. Im Nordwinter liegt das Gebiet im Einflußbereich des Passates. Dieser erzeugt im ganzen Bereich des Meeres einen einheitlichen *Nordäquatorialstrom*, der vor der afrikanischen Küste wieder südwärts abbiegt. Setzt jedoch der Sommermonsun von Juni bis Oktober ein, so tritt eine entgegengesetzte Strömung an dessen Stelle. Sie befördert Wassermassen ostwärts bis zu den Sundainseln. Gleichzeitig kehrt auch die Strömung längs der nordafrikanischen Küste nach Nordosten um (*Somalistrom*) und führt aus dem Bereich des Südäquatorialstroms der Monsunströmung Wassermassen zu. Selbst aus dem Roten Meer und dem Persischen Golf erfolgt ein Zufluß. Die Strömungen im Arabischen und Bengalischen Meer sind allgemein schwächer und in ihrer Richtung unbeständig.
Der Indische Ozean ist bis zu einer Linie, die etwa von der Südspitze Afrikas nach Südaustralien verläuft, in biologischer Hinsicht ziemlich gleichartig. In den warmen Gewässern herrschen tropische Formen vor. Korallen mit ihren Bauten geben den Küsten das Gepräge. Fliegende Fische, Korallenfische und Segelquallen sind typische Vertreter der Meeresfauna. Von den Walen ist nur der Pottwal anzutreffen. Besonders reiche Fischgründe gibt es nirgends. An Vögeln sind die Tropik- und Fregattvögel sowie die Tölpelseeschwalbe heimisch.
Vom Bereich der Westwinddrift mit ihrem kalten Wasser nimmt nach Süden zur Antarktis hin der Nährstoffgehalt des Meeres und damit dessen Planktonmenge zu. Im Süden leben viele Bartenwale und Robben; dazu kommt ein großer Vogelreichtum. Wie im Südatlantik sind es vor allem Albatrosse, Kaptauben sowie eine Vielzahl verschiedener Sturmvögel. In Höhe des antarktischen Kontinents treten die Pinguine hinzu.

Die Inseln des Indischen Ozeans

Weitaus die meisten Inseln befinden sich auf der Westseite des Meeres. Das zur VDR Jemen gehörige *Sokotra* (3 600 km²) am Eingang des Roten Meeres ist ein Teilstück der Somalitafel und trägt afrikanisches Gepräge. Ebenso sind die festländisch anmutende, tropische Insel *Madagaskar* mit rund 600 000 km² Fläche (Näheres unter Abschnitt Afrika) und die am Eingang der Straße von Moçambique gelegene *Komorengruppe* mit 2 171 km² Fläche als kontinentales Teilstück zu bezeichnen. Die dem Maskarenenrücken und der Zentralindischen Schwelle aufsitzenden Inselgruppen sind meist vulkanischen Ursprungs und in ihrer weiteren Entwicklung vielfach zu Koralleneilanden geworden. Die indischen *Lakkadiven* (995 km²) vor der Malabarküste, die unabhängigen *Malediven* (300 km²) und die britischen *Tschagosinseln* (110 km²) liegen auf der Zentralindischen Schwelle. Auf der Maskarenenschwelle sind die unabhängigen *Seychellen* (404 km²) und die dazugehörigen *Amiranten* (80 km²) sowie die *Maskarenen* die bekanntesten.

Auf den Seychellen ist die eigenartige Meerkokospalme (Lodoicea seychellarum) beheimatet, die die großen Seychellennüsse trägt. Die Maskarenen bestehen im wesentlichen aus den beiden großen Inseln *Mauritius* (mit Nebeninseln 2 096 km²) und *Réunion* mit 2 512 km² Fläche. Beide sind sehr dicht besiedelt. Auf dem unabhängigen Mauritius wohnen rund 900 000 Menschen (1975), d. h. etwa 480 Einw. je km², während das französische Réunion mit rund 500 000 Einw. (1975) eine Dichte von 200 Einw. je km² aufweist. Die Maskarenen sind wirtschaftlich von Bedeutung, da hier in dem regenreichen warmen Klima viele tropische Produkte gedeihen; Zuckerrohr, Kaffee, Vanille und Tapioka. In den Gewässern um diese Inseln bilden sich besonders in den Monaten Dezember bis März die gefürchteten Mauritiusorkane.

Die von tropischem Regenwald bedeckten *Andamanen* und *Nikobaren* sind Reste einer eingebrochenen Faltengebirgsbrücke zwischen Westburma und Sumatera.

Die östliche Hälfte des Indischen Ozeans ist fast inselleer. Vor dem Sundabogen liegen die Atollgruppen der australischen *Cocos-* oder *Keelinginseln* und die ebenfalls australische *Weihnachtsinsel* (*Christmasinsel*) mit ihren reichen Phosphatlagern.

Im südlichen Indik sind auf der Crozetschwelle eine Reihe vulkanischer Inseln, teils einzeln, teils in Gruppen angeordnet. Von Westen nach Osten folgen einander die zur Republik Südafrika gehörenden *Prince-Edward-Inseln*, die französischen *Crozetinseln* und *Kerguelen* sowie die australische *McDonald-Heard-Gruppe* sowie etwas weiter äquatorwärts *St. Paul* und *Neu-Amsterdam*. Es sind alles unwirtliche, teilweise unbewohnte Inseln, die bestenfalls eine kümmerliche Gebüsch- und subarktische Grasvegetation tragen und Seevögeln als Niststätte dienen. Als Stützpunkte für den Walfang haben die Kerguelen (3 414 km² Fläche) neuerdings Bedeutung gewonnen.

Der Pazifische Ozean

Bei weitem das größte unter den Weltmeeren ist der Pazifische Ozean. Er ist mit 178,8 Mio km² Fläche um fast drei Viertel größer als der Atlantik und nimmt mit dem Indischen Ozean zusammen die Hälfte der gesamten Erdoberfläche ein. Der ihm im Jahre 1752 von dem französischen Geographen Phillippe Buache verliehene Name G r o ß e r O z e a n hat sich indessen nicht eingebürgert. Man bezeichnet ihn heute meist als S t i l l e n O z e a n oder P a z i f i k. Dieser Name wurde ihm von Fernão Magalhaes gegeben, der bei seiner Erdumseglung im Jahre 1521 eine selten ruhige Überfahrt hatte, so daß er von Südchile nach den Philippinen nur 110 Tage unterwegs war und von den gefürchteten Taifunen nichts zu spüren bekam. Daneben ist noch die Bezeichnung S ü d s e e gebräuchlich, die besonders in Seefahrerkreisen für die inselreichen Gebiete der äquatorialen Westhälfte des Pazifiks verwendet wird. Sie geht auf den Spanier Basco Nuñez de Balboa zurück, der den Ozean im Jahre 1513 von der Landenge von Panamá aus im Süden vor sich liegen sah.

Man grenzt den Pazifik vom Atlantik durch eine Linie ab, die die kürzeste Verbindung zwischen Kap Hoorn, der Südspitze Südamerikas, und dem Grahamland auf dem antarktischen Kontinent darstellt. Das Südantillenmeer wird zum Atlantik gerechnet. Gegen den Indischen Ozean bildet der 147. östliche Längengrad, der durch Tasmanien geht, die Grenze.

Seine gewaltige Ausdehnung wird am besten bei der Betrachung des Globus klar. So beträgt die Entfernung von der chilenischen Küste bis Hinterindien, auf dem Großkreis gemessen, mehr als den halben Erdumfang, und die Nord-Süd-Erstreckung vom antarktischen Kontinent bis zur Beringstraße erreicht 16 000 km. Er ist wesentlich breiter als der Atlantische Ozean und weist nicht wie dieser in mittleren Breiten Einschnürungen auf. Seine meridionale Erstreckung erreicht allerdings nicht die Länge des Atlantiks. Man kann von einer abgerundeten Gestalt sprechen. Zwischen San Francisco und Tokio beträgt die Ost-West-Erstreckung 8 200 km, unter dem Äquator, etwa zwischen der Landenge von Panamá und den Sundainseln, 16 500 km, und im Süden verengt er sich zwischen Valparaiso und Sydney wieder auf 11 500 km.

Während auf amerikanischer Seite die durchweg von Faltengebirgsketten begleitete Küste fast ausnahmslos eine verhältnismäßig geringe Gliederung zeigt, ist das asiatisch-australische Gegengestade in größere und kleinere Inseln und girlandenförmig angeordnete Inselbögen aufgelöst. Die große Zahl der hier abgegliederten Rand- und Nebenmeere beginnt mit dem *Beringmeer* und setzt sich über das *Ochotskische, Japanische, Ostchinesische* – einschließlich des flachen *Gelben Meeres* – bis zum *Südchinesischen Meer* fort. Das Südchinesische Meer besteht aus der Malaien- oder Borneosee und den beiden Golfen von Thailand und Bacbo. Zwischen den Sundainseln finden sich verstreut eine große Zahl von Meeresstraßen und kleinen Meeresteilen, die selbständige Namen tragen. Zumeist nach Sundainseln benannt, dehnen sie sich in der Regel nördlich der Insel aus, deren Namen sie tragen.

Zwischen Australien und Neuguinea schiebt sich die *Arafurasee (Alfurensee)* als flaches Schelfmeer ein, zu der auch der Carpentariagolf an der Nordküste Australiens gerechnet wird.

Vor der australischen Ostküste finden sich *Korallensee, Tasmansee*, auch als *Ostaustralisches Meer* bezeichnet, und *Bass-Straße* als auf dem Schelf gelegene Überflutungsmeere. Vor der amerikanischen Küste mit ihrem glatten Verlauf ist der *Kalifornische Golf* als einziges Nebenmeer zu nennen. Der südpolare Teil des Pazifiks schließlich gliedert sich in die *Ross-See* und *Bellingshausensee*.

Der Pazifische Ozean weist infolge seiner gewaltigen Ausdehnung auch die Gebiete größter Landferne der Erde auf, d. h. des größten Abstandes vom nächstgelegenen Ufer des Festlandes oder einer Insel. Nirgends auf der Erde finden sich wieder Werte der Landferne von über 2 500 km wie im südöstlichen Pazifik. Dieses Gebiet ist besonders arm an Inseln. Überhaupt erreicht der Ostteil des Pazifiks höhere Werte der Landferne (2 000 bis 2 500 km) als der westliche Ozean, wo die Entfernungen meist unter 500 km liegen, denn hier sind zahlreiche Inselgruppen verstreut. Trotzdem sind 30% der Gesamtfläche mehr als 1 000 km, 13% mehr als 1 500 km und 3,5% sogar mehr als 2 000 km vom Lande entfernt.

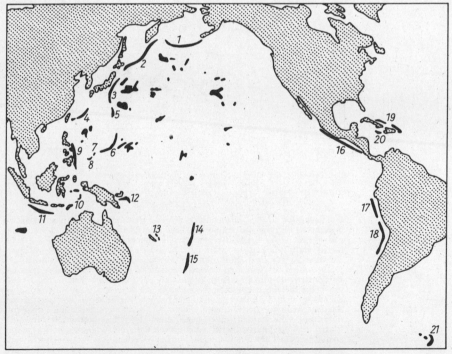

Verbreitung der Tiefseegräben. *1* Aleuten-Graben, *2* Kurilen-Kamtschatka-Graben, *3* Japan-Graben, *4* Riu-Kiu-Graben, *5* Bonin-Graben, *6* Marianen-Graben, *7* Yap-Graben, *8* Palau-Graben (Westkarolinen-Graben), *9* Philippinen-Graben, *10* Banda-Graben, *11* Sunda-Graben, *12* Salomonen-Graben (Bougainville-Graben), *13* Hebriden-Graben, *14* Tonga-Gaben, *15* Kermadec-Graben, *16* Guatemala-Graben, *17* Peru-Graben, *18* Atacama-Graben, *19* Puerto-Rico-Graben, *20* Cayman-Graben, *21* Südsandwich-Graben

Die mittlere Tiefe der pazifischen Tiefsee beträgt etwa 5000 m. Die größten Tiefen befinden sich im Bereich der Tiefseegräben, die sich mit Ausnahme des Südens überall an den Rändern des Ozeans entlangziehen. Die größten Tiefen wurden bisher im *Philippinengraben* (*Mindanaograben*) mit 11516 m (Cooktiefe, 1962), im *Marianengraben* südwestlich der Insel Guam mit 11034 m (Witjas-Tiefe, 1957) und im *Kurilengraben* mit 10542 m (Witjas-Tiefe, 1957) gemessen. Die Tiefseegräben an der amerikanischen Seite haben wesentlich geringere Tiefen; so sinkt der *Peru-Atacama-Graben* nur auf 7635 m Tiefe ab.

Erst spät wurde ein neuer Tiefseegraben nördlich der Marquesasinseln (10960 m tief), ein anderer bei den Sta.-Cruz-Inseln entdeckt. Im ganzen ist das Material über die Tiefenverhältnisse des Pazifiks heute aber noch sehr lückenhaft.

Eine weitere Besonderheit des Bodenreliefs des Pazifischen Ozeans sind die zahlreichen untermeerischen Kuppen (*Guyots, seamounts*), von denen gegenwärtig etwa 1400 bekannt sind. Man rechnet jedoch mit der zehnfachen Anzahl. Sie treten in regelhafter Anordnung, in sogenannten Kuppenprovinzen auf (vgl. Abb.).

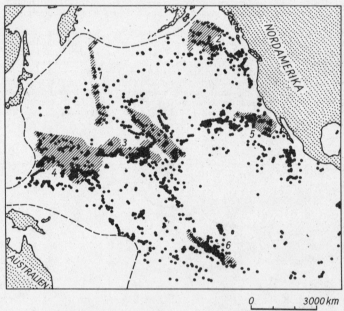

Die Verteilung der Guyots (seamounts) im Pazifik, nach Provinzen zusammengefaßt (nach Menard). *1* Emperor-Kette, *2* Alaska-Provinz, *3* Mittelpazifische Provinz, *4* Karolinen-Marshall-Plateau, *5* Baja-Provinz. *6* Australe Kette

Die gewaltige Größe des Pazifiks gegenüber den anderen Weltmeeren hat zu mancherlei Hypothesen Anlaß gegeben. Man glaubte, daß hier das Massengleichgewicht der Erdkruste gestört sei. Einige Forscher sehen den Grund hierfür darin, daß in einem frühen Entwicklungsstadium der Erde unter bestimmten kosmischen Einflüssen der Mond hier abgeschleudert worden sei. Dafür schien der Umstand zu sprechen, daß der Mond tatsächlich etwa die mittlere Dichte der Krustensubstanz und auch etwa die gleiche Masse aufweist, die hier im pazifischen Raum zu fehlen scheint und überdies ein etwa ebenso großer Teil des Pazifikbodens seiner Sialkruste – der granitischen Rindenschicht von der mittleren Dichte 2,7 bis 2,9 – entkleidet ist. Von astronomischer Seite wurden jedoch gegen diese Hypothese berechtigte Einwände hinsichtlich der physikalischen Möglichkeit des Ablösungsvorganges erhoben, so daß sie heute, obwohl noch nicht absolut widerlegt, stark in den Hintergrund getreten ist. Alfred Wegener wiederum läßt in seiner Kontinentaldrifttheorie das Zustandekommen dieser irdischen Gleichgewichtsstörung offen, nimmt aber an, daß das isostatische Gleichgewicht sich wiederherstellen wolle und daß daher von allen Seiten die Schollen der umliegenden Festländer auf den Pazifik hin driften. Als Beweis werden die Faltengebirgsränder an sämtlichen Festlandsmassen im Umkreis des Stillen Ozeans angeführt. Daß die Überfaltungsrichtung (Vergenz) dieser Gebirge nicht, wie es bei einem „Aufbranden "der Kontinente auf den ozeanischen Bereich sein müßte, nach dem Ozean, sondern fast ausnahmslos nach dem Festland hin gerichtet ist, wird aber hierbei übersehen.

Heute sieht man im Stillen Ozean einen Urozean, der in seinem Kernraum seit proterozoischer Zeit unverändert geblieben ist. Das Problem der scheinbaren Mißverhältnisse in der Verteilung von Land und Meer bleibt daher zunächst offen.

Der eigentliche urozeanische Kernraum des Pazifiks war kleiner als der heutige Ozean. Durch späteres Absinken von Kontinentalrändern hat sich wie beim Atlantik die Meeresfläche auf Kosten des Festlandes vergrößert. Der ehemals äußerste Rand Asiens ist in der Inselgirlande Aleuten–Kurilen–Bonininseln–Marianen–Jap–Palau zu sehen. Die Karolinen und Samoainseln mit innerpazifischen vulkanischen Gesteinen gehören bereits zum Pazifik. Entsprechend verläuft die ehemalige äußerste Begrenzung Australiens vom Bismarckarchipel über die Salomonen und Fidschiinseln zur Tonga- und Kermadecgruppe. Zwischen den Inselketten und dem Urozean hat sich durch junge Absenkung eine große Zahl von Randmeeren längs der asiatischen und australischen Ostküste gebildet, die mit wenigen Ausnahmen beträchtliche Tiefen aufweisen.

Ein weiterer typischer Zug des Pazifiks sind seine Tiefseegräben, die überall dort zu finden sind, wo das Tiefmeer an die Faltungszonen unmittelbar angrenzt; möglicherweise sind sie Geosynklinalen, aus denen in einer späteren Erdzeit Faltengebirge aufsteigen werden. Je nachdem, ob das Tiefmeer den Falten als Vorland oder als Rückland dient, treten die Tiefseegräben als Vorrinne wie im Falle des Riu-Kiu- und Philippinengrabens oder als Rückrinne wie beim Peru-Atacama-Graben, Mexikograben, Tonga- und Kermadecgraben auf. Die girlandenartige Anordnung der Inselketten ist möglicherweise älter als die Faltungen und bereits in Strukturen des tieferen Untergrundes verankert.

Bisher ist er der am wenigsten erforschte Ozean. Für viele Bereiche fehlt es vorläufig noch an ausreichenden Lotungen und an genügend zuverlässigem Material. Trotzdem lassen sich bestimmte Grundzüge klar erkennen, die ihm allein eigen sind und ihn in gewissen Gegensatz zu anderen Weltmeeren treten lassen.

Eine Aufgliederung in Becken oder Felder ist offenbar in allen Ozeanen anzutreffen, ja man kann sie als einen Wesenszug der Großgliederung unserer Erde überhaupt ansehen. Nur ist die Größenordnung von Ort zu Ort verschieden. Man kann für die Weltmeere den Grundsatz aufstellen, daß die Gliederung um so großzügiger ist und um so weniger in Erscheinung tritt, je offener und größer die ozeanischen Räume angeordnet sind. Umgekehrt gilt auch, daß die Gliederung um so intensiver und ausgeprägter ist, je stärker die Meeresräume in die Ausläufer der Kontinentalmassen eingezwängt sind.

Der Pazifik zeigt daher infolge seiner Weite eine geringere Gliederung als die übrigen Ozeane. Nur dort, wo die Meeresteile gleichsam eng in kontinentale Massen eingeschlossen sind – wie in Indonesien – oder wo die kontinentalen Züge weit in den Ozean hinein vorgreifen – wie in Ostasien –, sind zahlreiche Kleinformen ausgebildet worden.

Es lassen sich drei große Teilräume im Pazifik unterscheiden:

1) Das Nordpazifische Großbecken, das südwärts etwa bis zur Breite der Hawaii-Inseln reicht, ist wenig gegliedert und weist weithin gleichförmige Tiefen um 5000 bis 5500 m auf. Erhebungen über dem Meeresboden sind nur in geringem Maße anzutreffen, weitgespannte Schwellen fehlen. Lediglich einige Becken mit Tiefen über 6000 m finden sich am nördlichen und westlichen Rande. Hingegen sind sie im Osten bisher nicht bekannt.

2) Der tropisch-pazifische Bereich liegt etwa zwischen der Linie Marianen–Hawaii–San Francisco im Norden und der Schwelle, auf der die Paumotu-, Gesellschafts- und Cookinseln aufsitzen, umfaßt also etwa den Raum zwischen den beiden Wendekreisen. Ihn zeichnen, besonders im westlichen und mittleren Teil, eine Vielzahl von Inseln und Inselgruppen aus. Tiefen über 5000 m sind ebenso häufig wie solche zwischen 4000 und 5000 m. Die Inselgruppen sind meist in langgestreckten Zügen angeordnet, die meistens in nordwestlicher Richtung streichen. Eine zweite, jedoch weit weniger häufige Streichrichtung ist die westöstliche. Beide Richtungen durchsetzen sich gelegentlich, z. B. in der Hawaii-Gruppe. Doch sitzen die Inselzüge meist nicht durchlaufenden Tiefenschwellen auf, so daß keine ausgeprägte Gitterung zustande kommt.

3) Das Südpazifische Großbecken scheint sehr gleichförmig zu sein. Das Gebiet ist allerdings bisher auch am wenigsten erforscht.

Im östlichen Teil des Ozeans zeigen der Ostpazifische Rücken und die Juan-Fernandez-Schwelle einen den Anden parallelen Verlauf und schließen gleichgerichtete Becken ein. Auch vor der australischen Ostküste greifen die tektonischen Leitlinien des australischen Gebirgsniveaus nach dem Pazifik hin über. Sie sind auch im Neuseeländer Rücken, in der Tongaschwelle und in der dazwischen gelegenen ostaustralischen Mulde und dem Fidschibecken sowie im Verlauf von Kermadec- und Tongagraben zu erkennen.

Das indonesische Inselmeer der ostasiatischen Randzone und das Meeresdreieck zwischen Neuguinea, Samoa und Neuseeland bilden einen Sonderraum. Er ist durch die westpazifische Randschwelle gegen den Pazifik und durch den großen Sundabogen gegen den Indischen Ozean abgeriegelt. Hier herrscht eine sehr starke Gliederung vor, die kontinental-mediterrane Züge trägt. Charakteristisch dafür sind lange bogenförmige Inselgirlanden, kleine tiefe Becken und Mulden und auch Tiefseegräben. Hierher gehören die Randmeerreihe längs der ostasiatischen Küste, die Meere Indonesiens, das Philippinenbecken gleichsam als ozeanischer Vorraum und das ostaustralische Randmeerdreieck.

Der Meeresboden ist im Pazifischen Ozean, soweit wir uns aus den vorläufig noch sehr lückenhaften Bodenproben ein Bild machen können, viel einheitlicher als jener der anderen Weltmeere. Der Rote Tiefseeton herrscht in den Ablagerungen bei weitem vor. Besonders der nördliche Teil ist in seinem ganzen Umfang davon erfüllt. In den randlichen Teilen des südlichen Pazifiks sowie im Bereich der ozeanischen Inselwelt findet sich daneben auch Globigerinenschlamm. Eingeschaltet sind auch Gebiete, in denen kieselhaltiger Radiolarienschlamm dominiert. Vulkanische Produkte und Korallenkalke sind im Bereich der Inseln sehr häufig. Diatomeenschlamm ist wieder im Bereich der Westwinddrift, ferner als Streifen mit wechselnder Breite auch im Norden unter etwa 47 bis 52° n. Br. und schließlich in den Grabenzonen vor der südamerikanischen Küste anzutreffen.

Die küstennahen Ablagerungen nehmen auf der asiatischen Seite im Bereich der Randmeere und des Australasiatischen Mittelmeeres einen breiten Raum ein. Sie fehlen aber im Bereich der australischen Randmeere, die Tiefseesedimente aufweisen, und zwar zumeist in Form von Globigerinenschlamm, gelegentlich aber auch in Form von Rotem Tiefseeton.

Infolge der Weiträumigkeit des Pazifischen Ozeans sind in ihnen die großen Zirkulationen, die sich auf Grund des permanenten Windfeldes ergeben, am besten entwickelt. Die beständig wehenden Passate und die Westwinde erzeugen Driftströme, die Konvergenz- und Divergenzgebiete schaffen. Diese lösen ihrerseits die Oberflächenströmungen aus. Zwischen Äquator und Wendekreisen entstehen die beiden den Pazifik in seiner ganzen Breite westwärts überquerenden **Äquatorialströme.** Der nördliche wird vor den Philippinen nach Norden und Süden abgelenkt. Der nach Norden abbiegende Zweig verläuft, durch einen Zustrom aus dem Ostchinesischen Meer verstärkt, als warmer **Kuroschio** – der dem Golfstrom/Nordatlantikstrom vergleichbar ist – nordwärts und überquert dann als **Nordpazifischer Strom** den Pazifik in östlicher Richtung. Vor der amerikanischen Küste spaltet er sich in den **Kalifornischen** und den **Alaskastrom** auf. Seine klimatische Wirkung steht jedoch hinter der des Golfstroms/Nordatlantikstroms zurück, da der Weg über das Meer wesentlich länger und auch die Intensität der Strömung geringer ist.

Ein Gegenstück zum westatlantischen Labradorstrom ist der kalte **Ojaschio (Kurilenstrom)**, der vom Beringmeer gegen die Japanischen Inseln vorstößt und mit scharfer Konvergenz auf den Kuroschio trifft.

Im südlichen Pazifik ist der Kreislauf weit schwächer entwickelt. Der Südäquatorialstrom biegt in breitem Raum innerhalb der ozeanischen Inselwelt nach anfänglich westlichem Verlauf nach Süden ab. In der Korallensee und dem ostaustralischen Randmeer sind nur schwache lokale Strömungen entwickelt. Die **Westwinddrift** zwischen etwa 40 und 60° s. Br. bildet die Gegenströmung, die von der Südspitze des südamerikanischen Kontinents z. T. in den Atlantischen Ozean übertritt, zum anderen Teil in den nordwärts gerichteten kalten **Perustrom (Humboldtstrom)** umbiegt. Unmittelbar vor der Küste dringt aus der Tiefe kaltes Auftriebswasser empor, das sich mit ihm vermischt. In der Gegend der Galápagosinseln mündet er in die Äquatorialströmung ein.

Eine Sonderstellung nimmt im Stillen Ozean der **Äquatoriale Gegenstrom** ein, de. nördlich des Äquators bei wechselnder Breite von den Karolinen bis zur Landenge von Panamá verläuft. Besonders im Nordsommer, Juni bis September, ist er kräftig entwickelt, da ihm dann aus dem Südäquatorialstrom durch eine längs der Küste von Neuguinea verlaufende Strömung viel Wasser zugeführt wird. Im Winter hingegen ist er lediglich auf die von Norden kommende **Mindanaoströmung** angewiesen und ist daher oft bereits im mittleren Pazifik kaum noch nachweisbar. Die Strömungen innerhalb des Australasiatischen Mittelmeeres sind stark von der Küstengestaltung und vom Monsunregime beeinflußt.

Über die Tiefenströmungen des Stillen Ozeans weiß man vorläufig noch zu wenig, als daß man ein zusammenhängendes Bild entwerfen könnte. Es ist aber durch amerikanische Forscher festgestellt worden, daß unter dem westwärts fließenden Südäquatorialstrom in 90 m Tiefe eine mächtige Gegenströmung in östlicher Richtung dahinfließt. Diese **Cromwellstrom** genannte Strömung ist 200 m mächtig, 400 km breit und mindestens 5600 km lang. Unterhalb des Cromwellstromes hat man einen dritten, westwärts fließenden Strom gefunden.

Die Verteilung des Lebens im Pazifik ist über weite Flächen hin ziemlich einheitlich. Wie beim Atlantischen Ozean lassen sich auch hier drei Gebiete voneinander trennen. Einem breiten tropischen Warmwassergürtel mit entsprechen-

der Fauna stehen polwärts zwei Kaltwassergebiete mit ganz anderen Formen gegenüber. Einen Sonderbereich bilden die Flachmeere des Malaiischen Archipels, die eine besonders üppige Lebewelt aufweisen. Sie wird oft als die interessanteste der ganzen Erde überhaupt bezeichnet. Hier trifft man nämlich außer den Formen der Hochsee auch alle diejenigen an, die im Küstenbereich und in der Flachsee günstige Bedingungen finden. Hier ist die Heimat der Seekühe (Dugongs) und der giftigen, oft bis 2 m langen Seeschlange. Die Seevogelwelt hingegen ist wie in allen tropischen Meeren ziemlich artenarm.
Die tropische Warmwasserzone ist wie im Atlantik arm an Kleinlebewesen, weshalb die großen Meeressäuger bis auf den Pottwal, vereinzelt auch den Grindwal, hier fehlen. Dafür treten Korallenfische, Fliegende Fische und Delphine auf. Außer den echten Atollen finden sich auch festländisch gebundene Korallenbauten, die Wall-, Strand- und Saumriffe. Berühmt ist beispielsweise das vor der australischen Küste gelegene, etwa 1900 km lange Barriereriff. Das Korallengebiet mit seiner Formenmannigfaltigkeit nimmt aber nur den westlichen Teil des Stillen Ozeans bis etwa zur Osterinsel ein. Dies hängt damit zusammen, daß vor der südamerikanischen Küste in breitem Strom Kaltwassermassen äquatorwärts vordringen und nur borealen Formen Lebensmöglichkeiten bieten, während rein tropische, wie etwa die Korallen, hier nicht mehr existieren können. Das ostpazifische Gebiet ist sehr planktonreich. Wale und Seehunde sind längs der ganzen chilenischen Küste anzutreffen, auch die treibenden Tange reichen weit nordwärts.
Im Gegensatz zum Atlantik sind die borealen Faunen der beiden Bereiche des Pazifischen Ozeans, die etwa mit den Westwindgürteln beginnen und sich polwärts ausdehnen, ziemlich gleichartig entwickelt. Hier sind reiche Planktonmengen vorhanden, die wiederum den Fischen günstige Lebensbedingungen bieten. Wale und Robben sind auf beiden Hemisphären anzutreffen. Bedeutende Fischereigründe finden sich bei den Japanischen Inseln im Mischgebiet der Kuroschio- und Ojaschioströmungen, das der Neufundlandbank vergleichbar ist, und ein zweites vor der Küste von Alaska und Kanada. Für den Vogelreichtum dieser Gebiete gilt das gleiche wie für die übrigen Polarmeere.

Die Inseln des Pazifischen Ozeans

Im Gegensatz zu den verhältnismäßig inselarmen übrigen Weltmeeren ist der Pazifik von einer großen Zahl kleiner und kleinster Inseln erfüllt, die meist in Gruppen angeordnet sind und besonders zwischen den Wendekreisen östlich von Australien und Indonesien liegen. Diese kleinen und kleinsten Inseln, die zusammen (ohne Neuguinea) noch nicht die Fläche von DDR und BRD ausmachen, verteilen sich auf einen Raum, der größer ist als der Kontinent Asien. Gemeinhin teilt man die Inselwelt in drei Bereiche ein: Melanesien, Mikronesien und Polynesien, obwohl sich eine eindeutige Grenze zwischen ihnen, besonders zwischen den letzten beiden Gebieten, nicht angeben läßt.
Melanesien umfaßt eine große Zahl von Inselgruppen, die in überwiegend südöstlich-nordwestlicher Streichrichtung dem Malaiischen Archipel und Australien zwischen dem Äquator und dem südlichen Wendekreis vorgelagert sind, ohne dem Schelfsockel selbst aufzusitzen. Es sind vulkanische Inseln, die in der Fortsetzung der von den Kontinenten ausgehenden tektonischen Leitlinien oder zu diesen parallel verlaufen, oder flache Koralleninseln, die heute kaum aus dem Meere aufragen und bei Stürmen völlig überflutet werden, die aber auch aus abgesunkenen ehemaligen Vulkaninseln hervorgegangen sind. Denn man findet tatsächlich alle Entwicklungsstadien von der aus größten Meerestiefen aufragenden Vulkaninsel bis zum Atoll der Laguneninsel. Diese entwickelt sich auf beständig sinkendem Untergrund, wobei die riffbildenden Korallen beim Bau ihrer Stöcke etwa mit der Absinkbewegung des Untergrundes Schritt halten. Als Zwischenstadien sind Inseln mit Saumriff anzusehen und solche, bei denen im Inneren der Lagune der Vulkankegel noch sichtbar ist. Neuerdings hat man bei Lotungen in verschiedenen Tiefen neben diesen Atollen auch eine große Zahl stockförmiger Aufragungen vom Meeresgrunde feststellen können. Es sind möglicherweise frühe Entwicklungsstadien von Vulkaninseln, die noch nicht bis zum Meeresspiegel emporgebaut wurden. Diese als Guyot bezeichneten Untergrundformen können also unter Umständen mit den Atollen in eine Entwicklungsreihe gestellt werden.
Die Theorie von Charles Darwin, die die Entwicklung der Inseln in der eben beschriebenen Weise zu deuten sucht, scheint auch heute noch am besten belegt. Dafür sprechen beispielsweise auch Bohrungen auf dem Atoll Funafuti (Ellice-Inseln), wobei man Korallenkalk bis 340 m Mächtigkeit durchteuft hat. Ebenso hat die Seismik die Theorie zu stützen vermocht.
Gleichmäßige Wärme bei hoher Feuchtigkeit kennzeichnet das Klima Melanesiens. Die Schwankungen im Laufe eines Tages sind meist größer als die der Monate. Die Winde werden stark durch den benachbarten Kontinent beeinflußt. Wenn er sich während des Südsommers stark erwärmt, saugt er monsunartige Winde von den benachbarten Meeren an. Daher herrscht in Melanesien in der einen Jahreshälfte, Mai bis Oktober, der Südostpassat, in

der anderen, November bis April, der gegen Australien gerichtete Nordwestmonsun. Die gebirgigen Inseln erhalten alle reichlichen Niederschlag, 3000 bis 4000 mm im Jahr sind nicht selten. Oft zeigen die Berge typische Luv- und Leeseite. Während die eine üppigen Bergwald trägt, sind auf der im Regenschatten liegenden nur Trockenformationen, vor allem Alang-Alang-Gras, entwickelt.

Neuguinea, das 1526 von dem Portugiesen Meneses gesichtet worden war, ist mit 785000 km² Fläche etwa so groß wie Skandinavien. Der Ostteil mit rund 370000 km² Fläche bildet seit 1973 den Hauptteil des Staates Papua-Neuguinea, der Westteil, *Irian Barat* (416000 km²), gehört zu Indonesien. Das Innere der Insel ist noch weitgehend unerforscht. Insgesamt leben auf Neuguinea etwa 3,2 Mio Menschen (1975), hauptsächlich Papuas, Melanesier, Mikronesier, rund 38000 Europäer und kleinere Gruppen Pygmäen.

Im tektonischen Bau gleicht Neuguinea den Sundainseln. Mit diesen hat es ehemals einen Brückenkontinent zwischen Südasien und Australien gebildet. Es sitzt dem australischen Schelf auf und wird wie die meisten der Sundainseln von Faltengebirgen durchzogen, die hier bis 5000 m aufragen und Hochgebirgscharakter tragen. Die heutige Schneegrenze liegt bei 4300 m, während der Eiszeit hat sie aber bis 2600 m herabgereicht. Spuren jungen Vulkanismus finden sich besonders im Südosten der Insel. Ein Tiefland trennt das zentrale Längsgebirge von einem parallellaufenden, etwas niedrigeren und in Teile zerstückelten Küstengebirge im Norden. Weite, teilweise versumpfte Schwemmlandebenen mit ausladenden Deltas begleiten die Flüsse *Fly* und *Digol* wie auch im Norden den schiffbaren *Sepik* und den *Mamberamo*. Üppige Urwaldvegetation bedeckt den größten Teil der Fläche. Mangrovedickichte verhüllen die Küsten. Bergwärts geht bei etwa 900 m der tropische Regenwald in Nebelwald über, oberhalb 3300 m folgen Grasfluren. Tropische Produkte wie Kopra, Sisalhanf, Kakao und Kautschuk gedeihen. Mit der Erschließung von Gold- und Kupferlagerstätten wurde begonnen. Auch hat man Erdöl gefunden.

Im Südosten endet die Insel an einem deutlichen Bruchrand. Einzelne vorgelagerte Reste sind die flache, meist aus Korallenriffen bestehende D'Entrecasteaux-Gruppe und der Louisiadearchipel, die beide zu Papua-Neuguinea gehören.

Der Bismarckarchipel hat insgesamt 47000 km² Fläche mit rund 128000 Bewohnern und ist gleichfalls Teil von Papua-Neuguinea. Die drei Hauptinseln *Neubritannien*, *Neuirland* und *Lavongai* machen drei Viertel der Fläche aus. Die Vegetation gleicht der Neuguineas. Neubritannien ist wegen seines tätigen Vulkanismus am Nordende bei *Rabaul* bekannt. Die nordwestlich vorgelagerten *Admiralitätsinseln* sind meist niedrige Atolle, einige von ihnen riffumsäumte Vulkaninseln.

Die Salomonen (1567 von Spaniern entdeckt) mit 29800 km² Fläche und 103000 Einwohnern bilden eine nordwestlich streichende Kette stark gebirgiger Inseln. In ihrem geologischen Bau gleichen sie dem Bismarckarchipel, teilweise sind sie stärker vulkanisch, Korallenriffe umsäumen ihre Gestade. Wegen ihres schwer zugänglichen Inneren sind sie bislang noch unzureichend erforscht. Berüchtigt war früher der Kannibalismus ihrer Bewohner, die fast durchweg Melanesier sind. Die nördlichen Inseln sind Bestandteil von Papua-Neuguinea, die südlichen bilden den Staat Salomonen.

Die kleinen Santa-Cruz- (Königin-Charlotte-) Inseln bilden den Übergang zur Hebridengruppe. Sie sind gleichfalls britisch.

Die Neuen Hebriden mit 14800 km² Fläche und 95000 Einwohnern (1975), ein britisch-französisches Kondominium, und das französische Neukaledonien mit 19100 km² Fläche und etwa 125000 Einwohnern sind zwei durch eine Grabenzone getrennte, in südöstlicher Richtung streichende und in ihrem Inneren stark gebirgige Inselreihen. Außer Eruptivgesteinen spielen gehobene Korallenkalke eine Rolle. Ausgeprägt ist der Gegensatz zwischen Luv- und Leeseite. Die vom Passat befeuchteten Hänge tragen üppige Regenwälder, während die Leeseiten Trockensavannen mit Grasfluren und lichten Eukalyptushainen zeigen. Diese Eukalyptushaine werden auf Neukaledonien als Rinder- und Schafweiden genutzt. Neukaledonien hat auch durch seine Nickel-, Kobalt- und Chromvorkommen weltwirtschaftliche Bedeutung erlangt. Die Kupfer- und Eisenlager werden wegen schwieriger Aufbereitungsbedingungen vorläufig noch nicht genutzt.

Die drei niedrigen, noch wenig erschlossenen Loyaltyinseln, die von gehobenen Korallenriffen gebildet werden, sitzen demselben Rücken wie Neukaledonien auf. Nach dem australischen Kontinent zu, durch eine Mulde von Neukaledonien getrennt, liegt die Chesterfieldgruppe, die Guanolager birgt.

Die selbständigen Fidschiinseln (18300 km²), die ebenfalls unabhängigen Tongainseln (700 km²) und die neuseeländischen Kermadecinseln (33 km²) bilden den Ostrand Melanesiens. Auch sie sitzen untermeerischen Rücken auf. In ihren Gesteinen finden sich alte Schiefer, die von Graniten und Dioriten durchbrochen wurden und auf festländisches (sialisches) Magma schließen lassen. Man hat hier daher den östlichen Rand des australischen Kontinents zu sehen geglaubt. Auch junger Vulkanismus ist vertreten. In ihrer Vegetation und Nutzung unterscheiden sie sich wenig von den schon erwähnten Inseln. Die Fidschiinseln (322 Inseln, darunter 106 bewohnte) sind sehr fruchtbar und bringen viele tropische Produkte hervor (Kopra, Rohrzucker, Bananen, Kautschuk, Reis, Sisal). Daneben wird Rinderzucht betrieben. Orkane und Dürren verursachen gelegentlich schwere Schäden. Auf den Fidschiinseln leben 600000 (1977) Menschen, davon etwa die Hälfte eingewanderte Inder.

Die beiden Inselfluren **Mikronesien** und **Polynesien** haben viele gemeinsame Züge. Meist sind es wie auch in Melanesien Koralleninseln in allen Stadien der Entwicklung. Bisweilen bilden sie auch reine Vulkaninseln. Während Melanesien in seinen Gesteinen stark kontinentale Züge zeigt, ist dies hier – mit Ausnahme des westlichen Mikronesiens im Bereich der Boninschwelle – nicht mehr der Fall, vielmehr herrschen rein ozeanische, intrapazifische basische Ergußgesteine vor.

Tropisches, gleichmäßig warmes, ozeanisches Klima ohne große tägliche und jahreszeitliche Schwankungen ist im Bereich der Passate überall verbreitet. Starke Niederschläge fallen nur in höheren Gebirgen. Von Zeit zu Zeit werden die Inseln von schweren Sturmkatastrophen heimgesucht. Die Vegetation ist tropisch, jedoch längst nicht so artenreich wie die der näher zum Festland gelegenen Inseln. Nach Osten zu ist deutlich eine Verarmung der vom Malaiischen Archipel eingewanderten Formen festzustellen. Aus dem Guano der Seevögel sind vielerorts wertvolle Phosphatlagerstätten entstanden.

Die kleine Inselwelt **Mikronesiens** umfaßt eine große Zahl weitverstreuter Inseln, die sich von der Ostseite der Philippinenmulde zwischen Äquator und nördlichem Wendekreis bis etwa 180° ö. L. hinziehen. Die 1458 Inselchen verteilen sich über einen Raum, der sich 4500 km von Osten nach Westen und 2400 km von Norden nach Süden erstreckt. Ihre Gesamtfläche beträgt aber nur 2700 km², d. h., sie ist dreimal so groß wie Rügen. Die wichtigsten Inselgruppen sind die Marianen und Karolinen. Die 15 Marianeninseln, deren größte *Guam* ist, sowie die im Südosten anschließende Jap-Palau-Gruppe sind wie die 700 Inseln umfassende Karolinengruppe in ihrer üppigen Vegetation stark vom Festland beeinflußt. Wirtschaftliche Bedeutung haben sie durch Kopraexport und Phosphatlager, die besonders auf der Palauinsel *Angaur* erschlossen sind. Eine gewisse Rolle spielt die Trepang- (Seegurken-) Fischerei, die eine vor allem in China geschätzte Delikatesse liefert. Guam und die Marianen gehören den USA, alle übrigen Inseln dieser Gruppe sind Treuhandgebiet der USA.

Die Marshallinseln (405 km²), Treuhandgebiet der USA, sowie die Gilbertinseln (467 km²) und Elliceinseln (25 km²) sind sämtlich flache Atolle, die von Dürreperioden und Orkanverwüstungen bisweilen schwer heimgesucht werden. Kopragewinnung findet sich auch hier. Einige Inseln sind wegen ihrer Phosphatlager bedeutsam, vor allem das unabhängige *Nauru*, dessen Vorräte auf mehrere 100 Mio t geschätzt werden.

Südöstlich von Mikronesien schließt sich die Inselflur **Polynesiens** an, die Vielinselwelt, die einige tausend Inseln von zusammen 28000 km² Fläche umfaßt. Die zentralpolynesischen Phönixinseln, Tokelau- (Union-) Inseln (neuseeländisch) und die Manihikiinseln (neuseeländisch) sind ebenfalls überwiegend niedrige Laguneninseln von geringer weltwirtschaftlicher Bedeutung. Von den gleichfalls neuseeländischen Cook- (Hervey-) Inseln ist nur *Rarotonga* vulkanisch. Neben Kopra gibt es hier auch Bananen, Tomaten und Orangen.

Die wichtigste und größte zentralpolynesische Inselgruppe sind die Samoainseln. *Westsamoa* (2842 km²) wurde 1962 der erste selbständige Staat Polynesiens mit 1975 etwa 150000 Einw. (Hauptstadt *Apia*, 30000 Einw). Die östlichen Inseln (197 km²) gehören den USA. Die Inselgruppe ist überwiegend vulkanischen Ursprungs. Der *Matavanu* auf der Hauptinsel *Savaii* ist noch heute tätig. Insgesamt leben rund 180000 Menschen auf der Inselgruppe. Auch hier gibt es vor allem Kopra, daneben aber auch Kakao, Bananen und Kautschuk.

Die östlichen polynesischen Inseln umfassen die französischen Gesellschafts-, Tuamotu- (Paumotu-) und Marquesasinseln. Die Gesellschaftsinseln mit der Hauptinsel *Tahiti* sind Koralleneilande mit einzelnen erloschenen Vulkanen. Das Klima ist angenehme und gleichmäßig. Verheerende Orkane sind hier selten. Üppige tropische Vegetation gedeiht überall. Die Tuamotuinseln oder Niedrige Inseln sind flache, dünn besiedelte Atolle. Auf den Marquesasinseln im Norden wie auf den südlicheren Tubuaiinseln sowie den Felseninseln *Mangarewa*, *Pitcairn* und *Rapa* treten scharfzackige Gebirge formbildend auf. Neben jungvulkanischen Basalten finden sich Reste von Urgesteinen. Hier ist die Vegetation bedeutend kärglicher, Busch- und Grasformation herrschen vor.

Die **Hawaii-Inseln** mit 16700 km² Fläche nehmen im zentralen Stillen Ozean unter dem Wendekreis eine gewisse Sonderstellung ein, obwohl tektonische Verbindungen über die *Wakeinsel* zu den Karolinen wie auch zur Gilbertgruppe bestehen. Hier durchdringen sich nämlich die nordwestliche und nordöstliche Streichrichtung, wie auch an der Umrißform verschiedener Inseln

(z. B . bei *Maui*) deutlich wird. Meist sind sie vulkanischen Ursprungs, jedoch teilweise von Korallenkalk stark überdeckt. Auf der Hauptinsel befindet sich der 4200 m hohe, erloschene *Mauna Kea* sowie der fast ebenso hohe, noch tätige Vulkan *Mauna Loa*, dessen Flanken der ebenfalls tätige *Kilauea* mit dem riesigen Lavasee *Halemaumau* aufsitzt.

Die Inseln haben angenehmes subtropisches Seeklima mit einem Jahresmittel von 23 °C. Der Gegensatz von feuchten Nordosthängen, die reichen Urwald tragen, und trockenen steppenhaften Südwestseiten ist an den höher aufragenden Inseln typisch. Die Hawaiigruppe gehört zu den niederschlagsreichsten Gebieten der Erde: bis 12 600 mm Jahresniederschlag. Wegen des großen Abstandes vom Festland hat sich eine reiche, stark endemische Flora erhalten. Rohrzucker, Kaffee und Ananas haben Weltbedeutung. Seit dem zweiten Weltkrieg wird auch Kautschuk angebaut und der von Chinesen eingeführte Reisanbau betrieben.

Unter den rund 832 000 Bewohnern (1973) befinden sich Japaner (rund 40%), Nordamerikaner, Europäer, Filipinos, Chinesen und nur noch etwa 20 000 Ureinwohner. Mehr als die Hälfte der Gesamtbevölkerung ist in der Hauptstadt *Honolulu* auf *Oahu* zusammengedrängt. Die Hawaii-Inseln, bisweilen auch Sandwichinseln genannt, gehören als 50. Bundesstaat zu den USA.

Der östliche Teil des Pazifiks ist sehr arm an Inseln. Vor der südamerikanischen Küste sitzen der **Juan-Fernandez-Schwelle** die kleinen, zu Chile gehörigen Eilande Mas a fuera und Mas a tierra (Robinsoninsel) sowie San Félix und San Ambrosio auf. Unter dem Äquator liegt die 7430 km² große, spärlich bevölkerte **Galápagosgruppe** (zu Ekuador), die ihren Namen von einer Schildkrötenart erhalten hat. Weiter nördlich sind noch vereinzelte Inseln wie die **Kokosinsel** (zu Kostarika) und das von der Schiffahrt gefürchtete **Clippertonriff** (französisch) sowie die der mexikanischen Küste vorgelagerten **Revilla-Gigedo-Inseln** und **Guadalupe** anzutreffen. Meist sind es felsige Eilande mit tropischer Vegetation, deren Flora und Fauna deutlich vom amerikanischen

Meeresgebiet	Areal in 1000 km²	Prozent der Gesamtfläche
Offener Atlantischer Ozean	82 218	77,4
Nebenmeere:		
Nördliches Polarbecken und Europäisches Nordmeer	14 057	13,2
Hudsonbucht	1 232	1,2
St.-Lorenz-Golf	238	0,2
Amerikanisches Mittelmeer	4 311	4,1
Ostsee	422	0,4
Nordsee	575	0,5
Britische Gewässer	178	0,2
Europäisches Mittelmeer	2 556	2,4
Schwarzes Meer	413	0,4
Atlantischer Ozean einschließlich Nebenmeere	106 200	100,0
Offener Indischer Ozean	74 329	98,0
Nebenmeere:		
Rotes Meer	438	0,6
Persischer Golf	239	0,3
Andamanenmeer	798	1,1
Indischer Ozean einschließlich Nebenmeere	75 804	100,0
Offener Pazifischer Ozean	163 442	91,4
Nebenmeere:		
Sulusee	420	0,2
Sulawesisee	472	0,3
Molukkensee	307	0,2
Seramsee	210	0,1
Bandasee	742	0,4
Sawusee	106	0,1
Makassarstraße	194	0,1
Floressee	230	0,1
Djawasee	433	0,2
Arafurasee	1 391	0,8
Bass-Straße	75	0,1
Südchinesisches Meer	3 638	2,0
Ostchinesisches Meer	1 249	0,7
Japanisches Meer	1 008	0,6
Ochotskisches Meer	1 528	0,9
Beringmeer	2 268	1,2
Kalifornischer Golf	162	0,1
Ross-See	891	0,5
Pazifischer Ozean einschließlich Nebenmeere	178 766	100,0

Kontinent her beeinflußt worden sind. Wirtschaftlich haben sie keine Bedeutung. In über 3000 km Entfernung vom amerikanischen Festland erheben sich auf der Ostpazifischen Schwelle die zu Chile gehörenden einsamen Felseneilande der **Osterinsel** (Waihu Rapanui, 120 km²) und die unbewohnte Klippe **Sala y Gomez** mit 4 km² Fläche. Die Osterinsel ist vulkanischen Ursprungs und wegen starker Seewinde nur mit kümmerlicher Vegetation bestanden. An eine alte Bevölkerung erinnern steinerne Monumente und Schrifttafeln, die teilweise entziffert werden konnten.

Die **antarktischen Inseln** sind gering an Zahl. Es hat sich herausgestellt, daß viele auf Karten eingezeichnete Inseln gar nicht existieren, so beispielsweise die Doughertyinsel, Trulsinsel, Nimrodiinsel und Pagodainsel. Unmittelbar vor dem antarktischen Kontinent liegen, von Gletschern bedeckt, die vulkanische Scottinsel, die fünf Ballenyeilande in der Ross-See sowie die unwirtliche Peter-I.-Insel, die bis 1200 m emporragt. Außerdem existieren südlich von Neuseeland eine Reihe nur von Seevögeln besiedelter Felseninseln, wie die Macquarieinsel, Campbellinsel, Auckland- und Antipodeninseln.

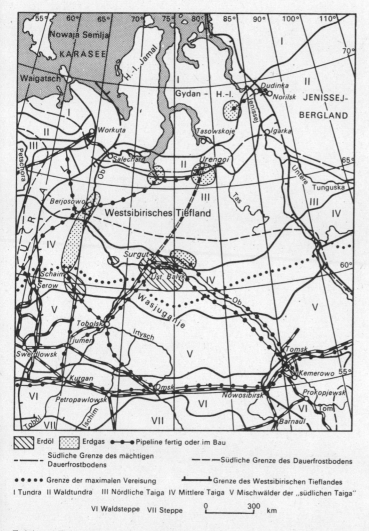

Erdöl- und Erdgasvorkommen in Westsibirien

A

Abbildung, 1) im allgemeinen Sinne der **Abbildtheorie** die Widerspiegelung der objektiven Realität im menschlichen Bewußtsein. Im engeren Sinne schließt die A. ihre Darstellung in irgendeiner Form (Aufzeichnung) ein. In bezug auf die geographische Wirklichkeit stehen zur Wiedergabe geowissenschaftlicher Erkenntnisse verschiedene **Abbildformen** (Modellformen, Darstellungsformen) zur Verfügung. Die *geographische Beschreibung* als verbale A. ist zur Abstellung regionaler Sachverhalte (länderkundliche Beschreibung bzw. Darstellung) nur bedingt geeignet, weil der Sachverhalt der Gleichzeitigkeit und das räumliche Nebeneinander in der sprachlichen und schriftlichen Form sich nur in einem zeitlichen Nacheinander ausdrücken lassen (quasi-eindimensional). Die *statistische Beschreibung* gestattet in der Tabelle mit Spalten und Zeilen die Verknüpfung von zwei quantitativen Größen (Werte, Kennziffern) in den Formen räumlich-sachlich, räumlich-zeitlich und sachlich-zeitlich (mindestens zweidimensional). *Bildformen* sind die Zeichnung (z. B. Geländeskizze) und das Gemälde (Landschaftsmalerei) als manuelle und in bestimmtem Umfang subjektiv empfundene A., das Photo (Landschaftsphotographie) einschließlich → Luftbild, Satellitenbild und anderen Formen der Bildaufzeichnung von Fernerkundungsmethoden als optisch-elektronische Formen der Bildaufzeichnung. Graphische Formen sind die *graphische Darstellung* als Oberbegriff für alle Formen wertgebundener zeichnerischer Darstellung statistischer Größen unter definierter Verwendung der beiden Dimensionen der Ebene (z. B. Diagramm, → Histogramm, Nomogramm, Kartogramm; Netzwerke und Schaubilder). Die *kartographische Darstellung* (→ Karte) kann dabei als der wesentliche Sonderfall einer Analogabbildung aufgefaßt werden, bei dem die beiden Richtungen der Ebene zur mathematisch eindeutigen A. der beiden Komponenten Länge und Breite des Gradnetzes der Erde benutzt werden, wodurch in der kartographischen Darstellung die regionalen Strukturen lagerichtig und geometrisch ähnlich abgebildet werden. Spezielle Formen werden als → *kartenverwandte Darstellungen* zusammengefaßt. Dreidimensionale *körperliche Modelle* (physikalische Modelle) in bezug auf die A. der Geosphäre sind der die gesamte Erdkugel abbildende → Globus, das → Relief als körperliche maßstäbliche Nachbildung kleiner und größerer Ausschnitte der Erdoberfläche, bei der die Kugelkrümmung vernachlässigt werden kann (Geländemodell, Kartenrelief) und in der Regel topographische Objekte und/oder andere thematische Sachverhalte mit graphischen Mitteln verzeichnet sind, und das Diorama als Nachbildung kleinster Landschaftsausschnitte meist unter Benutzung bestimmter Teile der natürlichen Ausstattung (Pflanzen-, Tier- und Bodenpräparate). Diesen **Analogmodellen** steht die **digitale Beschreibung** des Geländes (digitales Geländemodell) als eine spezifische Form der mathematischen A. gegenüber, die unter Nutzung von EDVA aus Analogabbildungen gewonnen werden kann, um mit ihr bestimmte Operationen auszuführen und die über die Ausgabeeinheit (Schreibwerk, Plotter, Bildschirm) wieder in Analogformen überführt werden kann. Für die geowissenschaftliche Forschung und Darstellung müssen aufgrund ihrer jeweils spezifischen Aussageformen alle diese Abbildungsformen gleichermaßen benutzt werden.

2) Bezeichnung für → Kartennetzentwürfe, im Sinne einer mathematischen A. des sphärischen Gradnetzes der Erde in der Ebene.

Abendweite, der Winkel am Horizont zwischen dem Untergangspunkt eines Gestirns und dem Westpunkt.

Abfluß, im allgemeinen Sinne die Gesamtheit aller Vorgänge, durch die das aus der Atmosphäre als Niederschlag auf die Landoberfläche gelangte Wasser in tiefer gelegene Sammelbecken – insbes. das Weltmeer – zurückkehrt, denen es durch die Verdunstung entzogen wurde. In diesem Sinne gehört auch der unterirdische A. als Glied des Wasserkreislaufs zur Abflußbetrachtung.

In der Wasserwirtschaft versteht man unter A. den Teil des gefallenen Niederschlages, der in Bächen und Flüssen abfließt und bisweilen als **Abflußmenge** bezeichnet wird. Er wird durch regelmäßige Wasserstandsbeobachtungen an Flußpegeln ermittelt, in m³/s ausgedrückt und mit Q bezeichnet.

Abfluß in m³/s (nach Engels)

	NNQ	MQ	HHQ
Rhein bei Basel	300	865	4700
Elbe bei Dresden	55	270	4600
Weser bei Minden	10	92	2350

NN = absoluter Tiefstwert, M = arithmetisches Mittel, HH = absoluter Höchstwert

Den auf die Fläche des gesamten zugehörigen, d. h. oberhalb der Meßstelle gelegenen Niederschlagsgebietes (Einzugsgebiet) bezogenen A. nennt man *Abflußspende* oder *spezifischen A.*, bezeichnet durch q; er wird in l/s je km² angegeben.

Unter *kritischem A.* versteht man Wassermengen, bei denen Zerstörungen im Flußbett angerichtet werden. Die *Abflußhöhe* gibt den für ein bestimmtes Einzugsgebiet berechneten

Abflußspende in l/s je km²

Einzugsgebiet	km²	NNq	Mq	HHq
Elbe (Quellfluß)	60	5,0	23,5	3300
Elbe (Dresden)	53085	1,0	5,1	87
Elbe (Magdeburg)	94944	1,0	5,3	46
Eder	1530	0,6	8,2	683

A. innerhalb eines Monats oder eines Jahres (*Abflußjahr*) an, ausgedrückt in mm Wasserhöhe. Für die den Berechnungen zugrunde gelegten Pegelbeobachtungen muß das jeweils zugehörige Einzugsgebiet bekannt sein. Das Abflußjahr rechnet jeweils vom 1. November bis 31. Oktober; November bis April gelten als Winter-, Mai bis Oktober als Sommermonate. Man wählt diese Einteilung, um bei der Aufstellung der Jahresbilanz die im Sommer wirksamen Abflußmengen, die z. T. aus den in Form von Schnee und Eis aufgespeicherten Niederschlägen des vorangegangenen November und Dezember herrühren, mit zu erfassen. Das Verhältnis von A. und Niederschlag, auf Monat, Quartal oder Jahr bezogen, heißt *Abflußkoeffizient, Abflußfaktor* oder *Abflußbeiwert.* Er wird als Dezimalbruch (<1) oder in Prozenten angegeben. Für die Alpen liegen die Abflußkoeffizienten zwischen 70 und 80%, für das Mittelgebirge bei 50 bis 60%, für das Flachland um 30%, wobei sie mit wachsender Kontinentalität abnehmen. Der Abflußkoeffizient ist abhängig von der Menge der Niederschläge, der jahreszeitlichen Verteilung, den Abdachungsverhältnissen und der Größe der Verdunstung.

Der jährliche Gesamtabfluß auf den Festländern der Erde ist mit etwa 37000 km³ berechnet worden.

Abflußgebiete, die Einzugsgebiete der einzelnen Ozeane, d. h. die gegen diese gerichteten Abdachungen der Festländer, vermindert um die → abflußlosen Gebiete. Sie werden getrennt durch die Hauptwasserscheide der Erde, → Wasserscheide.

Abflußgebiete der Erde (in Mio km²)

	Atlantik	Pazifik	Indik	Abflußlose Gebiete	Gesamt
Europa	8,3	–	–	1,7	10,0
Asien	12,1	8,2	11,7	12,4	44,4
Afrika	13,5	–	4,4	11,9	29,8
Nordamerika	18,3	4,9	–	0,9	24,1
Südamerika	15,1	1,2	–	1,5	17,8
Australien	–	1,6	2,9	4,2	8,7
Erde (ohne Antarktika)	67,3	15,9	19,0	32,6	134,8

abflußlose Gebiete, Gebiete, die keinen Abfluß zum Weltmeer haben. Man unterscheidet arheische und endorheische Gebiete.
1) *Arheische Gebiete* sind infolge mangelnder Niederschläge gänzlich flußlos, z. B. große Teile der Sahara.
2) *Endorheische Gebiete* sind Gebiete des ariden Klimas mit Binnenentwässerung. Die Flüsse können das Meer nicht erreichen, weil a) die Geländegestaltung, z. B. Becken und tektonische Gräben, wie etwa der Jordangraben, oder Gebirgsschranken und Landschwellen, dies verhindert, oder b) die Flüsse auf ihrem Lauf zu schnell verdunsten, z. B. am Rand der Sahara. Die Flüsse der endorheischen Gebiete enden also entweder durch Verdunstung und Versickerung in Trockendeltas, oder sie sammeln ihr Wasser in Binnenseen, den Endseen, von denen die größten Kaspisches Meer (394400 km²) und Aralsee (66500 km²) sind. Zuweilen sind für die Abflußlosigkeit gleichzeitig tektonische und klimatische Ursachen vorhanden, wie im abflußlosen Teil Tibets, der sowohl regenarm als auch kammerförmig gebildet ist.
Hydrographisch wird der Charakter der a. G. bestimmt durch die Höhe der Verdunstung und durch das Maß der von außen zugeführten Wassermengen, die aus niederschlagsreicheren Gebieten stammen, wie dies etwa bei der Wolga oder den im Hochgebirge entspringenden, dem Aralsee zuströmenden Syr-Darja und Amu-Darja der Fall ist. Die Niederschläge selbst spielen im a. G. dagegen keine wesentliche Rolle. Die großen Ströme dieser Gebiete sind daher meist Fremdlingsflüsse.
Charakteristisch für die abflußlosen Gebiete ist, daß die Flüsse den anfallenden Verwitterungsschutt nicht aus ihnen hinaustransportieren können. Er sammelt sich daher in großer Mächtigkeit an und verhüllt den Untergrund. An den Rändern der Gebirge ist es meist grober, wasserdurchlässiger Schotter, nach dem Innern der Becken zu feineres Material, hauptsächlich Sand, der vom Wind verfrachtet und zu Dünen aufgeweht wird. Das Beckeninnere ist oft von feinstem tonigem Schlamm bedeckt, der in der Trockenheit zu riesigen Salztonebenen wird. Eine typische Form des abflußlosen Beckens ist der → Bolson.
Die a. G. umfassen mit 32,6 Mio km² etwa $1/4$ (24%) der Landoberfläche der Erde (ohne Antarktika), sind aber sehr ungleich auf die einzelnen Kontinente verteilt.
Vgl. Abflußgebiete.
Abflußregime, die zeitliche Ordnung des Abflusses über das Jahr in Abhängigkeit von klimatischen und teilweise auch orographischen Bedingungen. Die A. lassen sich in geographisch aussagekräftige Abflußregimetypen zusammenfassen.

abgedeckte Karte, eine geologische Karte, die zur besseren Heraushebung des tieferen Gesteinsuntergrundes einen Teil der Deckschichten unberücksichtigt läßt. Auf großmaßstäbigen Karten ist es üblich, die Verwitterungsdecke, pleistozäne Wanderschuttdecken oder wenig mächtige lockere Auflagerungen von Löß, Moräne oder Flugsand wegzulassen. Dies muß bei der Auswertung der geologischen Karte für bodenkundliche, ökologische oder agrargeographische Untersuchungen beachtet werden. Bei Übersichtskarten werden, um bestimmte tektonische Zusammenhänge sichtbar zu machen, oft in systematischen Serien auch mächtige jüngere Schichtpakete abgedeckt, wie das gesamte Quartär, die tertiären Beckenfüllungen, einige mesozoische Schichtglieder u. a.
Abgrusung, → Grus, → Verwitterung.
Abiotikum, → Kryptozoikum, → Archaikum.
Abkommen, das nach Regengüssen erfolgende Wiedereinsetzen der Fließtätigkeit bei periodische oder episodisch Wasser führenden Flüssen in ariden und semiariden Gebieten.
Abkühlung, Abnahme der Temperatur im Laufe der Zeit. A. kann hervorgerufen werden durch Ausstrahlung oder durch Einbruch kälterer Luftmassen, z. B. auf der Rückseite von Tiefdruckgebieten. *Dynamische A.* tritt bei Vertikalbewegungen in der Atmosphäre ein (→ adiabatisch) und spielt bei der → Verdunstung (Verdunstungskälte) eine Rolle. Säkulare A. führen zu Klimaänderungen.
Abkühlungsgröße, bioklimatische Meßgröße zur gleichzeitigen Erfassung der Wirkung von Wärme, Luftfeuchtigkeit und Luftbewegung sowie Ein- und Ausstrahlung auf den menschlichen Körper. Die A. ist die Wärmemenge, die ein Körper von 36,5 °C Eigentemperatur (entspricht etwa der menschlichen Hauttemperatur) unter der Einwirkung der genannten Faktoren abgibt; sie wird in mJ/cm²s (früher in mcal/cm²s) angegeben und mit dem Katathermometer oder Trigorimeter ermittelt.
Ablagerung, 1) *Sedimentation*, das Absetzen von Gesteinsmaterial, das durch Verwitterung aufbereitet und durch die Kräfte der → Abtragung fortbewegt worden ist, ferner von Material abgestorbener Organismen, von chemischen Ausfällungen (Salze, Gipse) und vulkanischen Auswurfmassen. Das Material wird sehr häufig in horizontalen Schichten abgesetzt, und zwar bei Nachlassen der Transportkraft der bewegenden Medien zuerst die groben Korngrößen und dann nach und nach die feineren, so daß das abgelagerte Material verschiedene Ausbildung zeigt.
2) *Sediment*, das abgelagerte Material selbst; aus ihm bilden sich die Sedimentgesteine (→ Gestein).
Die Sedimente kann man nach verschiedenen Gesichtspunkten einteilen. Nach Transportmittel und Ablagerungsgebiet unterscheidet man: 1) *Fluvia(ti)le A.* Die Flüsse lagern den aus ihrem Einzugsgebiet mitgebrachten, beim Transport gerundeten Schutt nach der Korngröße geordnet und geschichtet zu Sandbänken, Schwemmkegeln, bei Hochwasser zu Uferwällen und beim Eintreten in stehendes Wasser zu Deltas ab. 2) *Limnische A.* Das sind die A. der Binnenseen und Lagunen, in ariden Gebieten vor allem Salze und Salztone. 3) *Äolische A.* Der Wind lagert das nach der Korngröße streng ausgelesene Material als Flugsand oder Flugstaub ab, wobei Sandwüsten mit Dünen sowie Lößdecken entstehen können. 4) *Glaziale A.* Gletscher lagern das kantengerundete Material (Geschiebe) ungeschichtet und nicht nach Korngrößen geordnet zu Moränen ab. 5) *Marine A.* Das sind die A. des Meeres. Hier lassen sich nach R. Brinkmann unterscheiden: a) *Flachseesedimente*, die 7,5% des gesamten Meeresbodens bedecken. Dazu gehören die *litoralen* oder *Strandsedimente* der Küstenregionen: Gerölle, Sand; die *neritischen Sedimente* des Schelfbereichs bis zu ungefähr 200 m Tiefe: in kühlen Meeren Sand, Schlick und Mudd, in wärmeren Kalksand, Kalkschlick, oolithischer Sand und Riffkalk; die *bathyalen Sedimente* des Schelfbereichs von 200 bis etwa 800 m: Schlick, Sapropel, glaukonitischer Sand. b) *Pelagische* oder *Tiefseesedimente*, die 92,5% des Meeresbodens in Tiefen über 800 m bedecken. Diese werden gegliedert in *hemipelagische Sedimente* oder *Schlicke* in 800 bis 2400 m Tiefe: Blauschlick (10% der Weltmeerbodenfläche) und glaukonitischer Grünsand und -schlick (etwa 0,5%); *eupelagische Sedimente* in Tiefen über 2400 m: bis zu etwa 5000 m Tiefe Globigerinenschlamm (rund 34,5%) oder Diatomeenschlamm (7,5%), über 5000 m Radiolarienschlamm (1,5%) oder Roter Tiefseeton (36%). Es ist berechnet worden, daß innerhalb von 1000 Jahren etwa 30 mm Blauschlick, 12 mm Globigerinenschlamm und 5 mm Roter Tiefseeton abgelagert werden.
Nach der Art ihrer Entstehung unterscheidet man:
1) *Chemische A.* Sie sind durch chemische Vorgänge entstanden, z. B. durch Ausfällung aus übersättigten Lösungen (Kalk, Dolomit), durch Eindampfung (Gips, Steinsalz, Kalisalze) oder auch als unlöslicher Rückstand chemisch verwitterter Gesteine (Böden). 2) *Klastische A.* (*Trümmergesteine*), die aus der Zertrümmerung älterer Gesteine hervorgegangen sind. Ursprünglich als Lockergesteine abgelagert, erfahren sie durch Diagenese eine Verfestigung. So werden aus Schottern Konglomerate, aus Sand Sandstein, aus Schutt Brekzien, aus Tonen Schiefertone und Tonschiefer.

3) *Organogene A.*, die sich aus den Resten von Organismen gebildet haben. Hierher gehören vor allem die marinen Korallenkalke und Radiolarite sowie die bituminösen A. Torf, Kohle, Erdöl u. a.

Jede A. entspricht nach Volumen und Art der Abtragung im Herkunftsgebiet des Materials (*korrelate A.*). Da nur selten, z. B. bei Bergstürzen, sowohl die A. als auch die Abtragung zahlenmäßig genau bestimmbar sind, kann der Vergleich für die Mengenbestimmung meist nur Näherungswerte ergeben. Wertvollere Ergebnisse liefert die Untersuchung der korrelaten A. dann, wenn Leitgesteine eine genaue Herkunftsbestimmung ermöglichen oder wenn aus der Art des Ablagerungsmaterials Schlüsse auf die klimagebundene Art der Verwitterungsvorgänge gezogen werden können.

ablandig, Bezeichnung für Winde, die vom Festland auf das Meer hinauswehen.

Ablation, 1) das Abheben fester Teilchen durch bewegende Kräfte, z. B. von Sand und Staub durch den Wind.

2) das an der Oberfläche von Schnee und Eis erfolgende Abschmelzen und Verdunsten, insbesondere bei → Gletschern, durch Sonnenstrahlung, Regen und warme Luftmassen. Das Abschmelzen läßt verschiedene Ablationsformen (Schmelzformen) entstehen, zu denen z. B. auch der → Büßerschnee gehört.

Abplattung, bei Himmelskörpern die durch die Rotation hervorgerufene Abweichung von der Kugelform. Sie wird angegeben durch den Unterschied zwischen dem Äquator- und dem Poldurchmesser, ausgedrückt in Teilen des Äquatordurchmessers. Die A. der Erde beträgt 1 : 298.

Abrasion, *marine Erosion, Brandungserosion,* die abtragende Tätigkeit der → Brandung an der Meeresküste. An Steilküsten untergräbt die Klippenbrandung, unterstützt von den mitgerissenen Gesteinsbrocken, dem Brandungsgeröll, das Gefüge der Gesteinsmassen im Bereich der Hochwasserlinie und schafft eine Brandungshohlkehle. Infolge der starken Erschütterung des Gesteins durch den Schlag der Brandung stürzen die überhängenden Teile nach, und es entsteht eine Steilwand, das Kliff. Vor diesem schleifen die Brandungsgerölle den Untergrund ab, so daß sich allmählich eine Abrasionsplatte (Strandplatte, Brandungsplatte, Schorre) bildet. Diese Abrasionsplatte ist schwach gegen das Meer hin geneigt und fällt während der Ebbe zum großen Teil trocken; sie bricht mit der von dem zerstörten Material bedeckten Meerhalde gegen das tiefere Meer ab (→ Brandung, Abb.1). Eine durch A. entstandene Steilküste wird als *Abrasionsküste* bezeichnet. Ihre Formen sind sehr mannigfaltig; meist dringt das Meer in halbkreisförmigen *Abrasionsbuchten,* die zwischen Kaps mit Brandungspfeilern und -nadeln liegen, ins Land ein. Das Kliff wird durch die Klippenbrandung immer weiter zurückverlegt – wobei sich die Abrasionsplatte entsprechend verbreitert – und schließlich nur noch von den höchsten Fluten benagt. Erreichen auch diese das Kliff nicht mehr, so wandert es nicht weiter zurück. Als „totes" Kliff unterliegt es dann der allmählichen Abflachung durch die allgemeine Landabtragung.

Wenn sich die Küste langsam senkt und eine Transgression eintritt, kann die Abrasionsplatte immer breiter werden und schließlich ausgedehnte *Abrasionsebenen* bilden. Es wird allerdings bezweifelt, daß größere Abrasionsebenen außerhalb des heutigen Küstenbereichs tatsächlich vorhanden sind.

Abrißnische, eine Hohlform, die an Steilwänden durch Herausbrechen von Gesteinsmaterial bei Bergstürzen, an flacheren Hängen bei Gleit- und Rutschbewegungen entsteht. An wenig geneigten Hängen hat die A. meist flache, schaufelartige Form. Dem Abrißgebiet entspricht ein dazugehöriges (korrelates) Ablagerungsgebiet der bei dem Bergsturz oder der Rutschung in Bewegung geratenen Massen.

Absanden, → Verwitterung.
Abschiebung, → Bruch.
Abschuppung, → Verwitterung.

Absenkungstrichter, das beim Niederbringen einer Brunnenbohrung um den Brunnen zur Pumpe hin zu beobachtende Absinken des Grundwasserspiegels, das so lange anhält, wie das Pumpen andauert. Wird das Pumpen eingestellt, steigt der Grundwasserspiegel allmählich wieder zur ursprünglichen Höhe an. Die Zeit, die dazu nötig ist, gilt als Maß für die Ergiebigkeit des Brunnens. Besonders große A. sind um die Tagebaue entstanden.

Absitzen, eine Form der Massenbewegung, eine Rutschung, bei der eine Gesteinsmasse ohne wesentliche Störung des Schichtenverbandes und der ursprünglichen Oberflächengestalt an einem steilen Hang abgleitet und auf dem flacheren Hangfuß zur Ruhe kommt. Schichtung und ehemalige Oberfläche sind stärker gegen den Hang geneigt als ursprünglich.

Absonderung, die Zerteilung eines Gesteins in einzelne Stücke. Die A. erfolgt an Klüften, Spalten, Schieferungs- und Schichtflächen. Durch Verwitterung werden die Absonderungsformen weiter herausgearbeitet. Zur *A. bei Ergußgesteinen* kommt es durch Abkühlen und Schrumpfen der Lava. Bei Basalt, Diabas und Porphyr z. B. kommt häufig säulige A. senkrecht zu den Abkühlungsflächen vor, in Phonolithen plattige A. parallel zu den Abkühlungsflächen. Quergliederung von Säulen führt zu kugeliger A. *A. in Tiefengesteinen* geht auf verschiedene Spannungszustände zurück, denen der Tiefengesteinskörper während und nach seiner Erstarrung ausgesetzt war. Granit z. B. zeigt plattige A., die Bankung, woraus sich bei Verwitterung würfelförmige Gebilde (Wollsäcke) entwickeln können. In Sedimentgesteinen bewirkt die Schichtung zusammen mit tektonisch entstandener Klüftung A. Meistens ist sie polyedrisch, wobei die Gesteinsmasse in unregelmäßig gestaltete bankige Stücke zerfällt oder quaderförmig wie im Elbsandstein (Schichtung und Klüfte schneiden sich senkrecht) oder parallelepidisch (drei Kluftsysteme schneiden sich unter spitzem Winkel).

Absorption, in der Meteorologie das Verschlucken von Licht- und Wärmestrahlung durch die Atmosphäre, durch das Meer oder ein Binnengewässer. Vom Festland werden etwa 50 bis 80% der auftreffenden Sonnenstrahlung absorbiert; darauf beruht die Erwärmung des Bodens. Unter *selektiver A.* versteht man die Eigenschaft der Atmosphäre, bestimmte Wellenbereiche des Lichts besonders zu absorbieren, z. B. Ultraviolett durch Ozon und Wasserdampf.

Abspülung, die Abschwemmung feinen Materials von der Erdoberfläche durch das Regen- oder Schmelzwasser. Der Tropfenschlag selbst übt keine wesentliche morphologische Wirkung aus. Das abrinnende Wasser aber nimmt feinste Teilchen mit und lagert sie am Fuß des Hanges ab oder führt sie den Flüssen zu, deren Trübung bei Hochwasser im wesentlichen davon herrührt.

Die Wirksamkeit der A. hängt nicht nur von der Art und Menge des Regens, sondern auch von der Art des Bodens, von der Neigung der Hänge und vor allem von der Vegetationsdecke ab. Heftige Gewittergüsse und Starkregen rufen eine stärkere A. hervor als gleichmäßige Landregen. Im Wald ist die A. gering, im Grasland bei geschlossener Grasnarbe fast völlig unterbunden, auf unbewachsenem Acker aber, also besonders im Frühjahr und im Herbst, kann sie erheblichen Umfang erreichen und Zerstörungen hervorrufen (→ Bodenerosion).

Morphologisch ist die A. über lange Zeiten hin von großer Wirkung. Von den oberen Hangteilen, an denen meist Flächenspülung herrscht, wird im allgemeinen nur wenig Material abgespült, stärker betroffen werden aber die anschließenden Hangteile, wei hier die Konzentrierung der Wasserfäden eine stärkere Wirkung ermöglicht. Das abgeschwemmte Feinmaterial wird am Hangfuß als Kolluvium oder in den Talfurchen abgelagert. Fast überall haben sich die Talböden durch eine Schicht von Aulehm erhöht.

Unter den Massenbewegungen an flacheren Hängen, die für die Hanggestaltung und die Herausbildung der Hangprofile entscheidend sind, fällt der A. heute in Mitteleuropa die Hauptrolle zu. Gekriech und subkutane Ausspülung treten demgegenüber wahrscheinlich zurück. Vor allem die gleichmäßige Rundung der Hänge auf flachwelligen Hochflächen außerhalb der Talkerben ist überwiegend durch die A. entstanden.

Abteilung, → System.

Abtragung, auf die Einebnung der Oberflächenformen des Festlandes hinwirkende Massenverlagerung des durch die Verwitterung aufbereiteten Gesteinsmaterials durch Wind (→ Deflation), fließendes Wasser (→ Erosion, → Abspülung, → Ausspülung), Meeresbrandung (→ Abrasion), Eis (→ Glazialerosion) und → Firn und Schnee (Nivation). Meist wird das Gesteinsmaterial der Schwerkraft folgend von oben nach unten befördert, wo es zur Ablagerung kommt. Die A. kann auch als → Massenbewegung vor sich gehen. Diese nur durch die Schwerkraft bedingte A. wird auch als *allgemeine Landabtragung* bezeichnet (→ Denudation). Die Stärke der A. ist abhängig von den bestehenden Böschungswinkeln, der Vegetationsdecke, den klimatischen Verhältnissen. Das Ergebnis der A. ist die Ausgleichung der Höhenunterschiede und die Schaffung eines sehr flachen Reliefs, in dem die Böschungswinkel zu Massenbewegungen nicht mehr ausreichen. Der A. arbeiten die das Land emporhebenden Kräfte der Epirogenese und Orogenese entgegen, die immer wieder neue Höhenunterschiede schaffen. Mitunter werden in der Literatur auch die Ausdrücke Destruktion und – im englischen Sprachgebiet – Erosion im Sinne von A. verwendet. Aus dem englischen Sprachgebiet stammt auch die Bezeichnung soil erosion (Bodenerosion).

Abundanz, *Mengengrad,* die auf eine Flächeneinheit bezogene durchschnittliche Zahl der Individuen einer Art (*Individuendichte*). Heute wird die A. meist im Rahmen der → Artmächtigkeit zum Ausdruck gebracht. Der Begriff A. wird auch in der Geoökologie für den Mengengrad, die durchschnittliche Zahl der Topen in einer Flächeneinheit, verwendet.

Abwasser, durch häusliche, gewerbliche, landwirtschaftliche oder industrielle Nutzung gegenüber der natürlichen Beschaffenheit nachteilig verändertes oder gebildetes Wasser sowie durch Kanalisation abfließendes Niederschlagswasser aus Siedlungen. Das A. wird, bevor es wieder dem Wasserkreislauf durch Einleiten in einen Vorfluter zurückgeführt wird, mechanisch, chemisch und/oder biologisch gereinigt. Vor allem bei A. von Industriebetrieben ist diese Reinigung z. T. mangelhaft; das so den Flüssen oder dem Grundwasser wieder zugeführte A. kann die weitere Nutzung von Wasser unter Umständen sehr beeinträchtigen. Besonders nachteilig sind färbende, geschmackverändernde oder giftige Stoffe, die die für die Selbstreinigung der Gewässer wichtigen Organismen vernichten können. Die in Industrie (Textilindustrie) und Haushalt verwendeten wasserentspannenden Detergenzien erschweren die Wasseraufbereitung und können die Schiffahrt hemmen, da sie Schaum bilden. Das Maß der Verunreinigung wird als *Abwasserlast* bezeichnet und in verschiedener Weise exakt angegeben.

Abweitung, der Abstand zwischen zwei um 1° auseinanderliegenden Längenkreisen, gemessen auf einem Breitenkreis. Er verringert sich vom Äquator aus mit wachsender Breite. Unter *abweitungstreu* versteht man abstandstreu.

geogr. Abweitung Breite (°)	(km)	geogr. Abweitung Breite (°)	(km)
0	111,307	50	71,687
5	110,886	55	63,986
10	109,627	60	55,793
15	107,538	65	47,170
20	104,635	70	38,182
25	100,938	75	28,898
30	96,475	80	19,391
35	91,277	85	9,733
40	85,384	90	0
45	78,837		

Abyssalregion, → Tiefsee.
Achterstufe, → Schichtstufe.
Ackerkrume, *Krume,* die durch das jährlich wiederkehrende Umpflügen gegen den Untergrund abgegrenzte, durch Zersetzung der Pflanzenrückstände und der organischen Düngung meist dunkler aussehende humose oberste Schicht des Ackerbodens. Die A. ist entsprechend der Gare locker gelagert und besser durchlüftet als der unbearbeitete Boden. Die Mächtigkeit der A. ist abhängig von flacheren (bis 14 cm) oder tieferen (bis 25 cm) Bearbeitung. Die A. entspricht im Bodenprofil, außer bei Parabraunerden, Fahlerden und Schwarzerden, weitgehend dem A-Horizont.

Ackerterrassen, Stufen in einem landwirtschaftlich genutzten Hang, die durch lange Beackerung und damit verbundene hangwärts gerichtete Massenumlagerung verursacht werden. Sie trennen Ackerflächen voneinander und werden daher vielfach als *Hochraine* bezeichnet. Bei steinigen Ackerflächen werden die Steine oft auf die Ackerraine gebracht und bilden dort langgestreckte Wälle (Steinrücken). Die A. gehören zu den anthropogenen Formen; sie sind von künstlich angelegten terrassierten Feldern zu unterscheiden.

Ackerunkräuter, Begleitpflanzen der Ackerfrüchte. Sie treten vielfach in weltweiter Verbreitung auf und sind überwiegend Therophyten und Winterannuelle. Nach der Art der Bodennutzung lassen sich Hackfrucht- und Halmfruchtgesellschaften unterscheiden. Die Analyse der Ackerkrautgesellschaften gibt für die Ökologie der Kulturflächen wichtige Hinweise.

adiabatisch, Bezeichnung für Vorgänge, bei denen kein Wärmeaustausch mit der Umgebung erfolgt. So kommt die bei der vertikalen Bewegung von Luftmassen auftretende Erwärmung oder Abkühlung durch Schrumpfung oder Ausdehnung innerhalb der Luft zustande. Wenn z. B. trockene Luft aufsteigt, dehnt sie sich aus und kühlt sich dabei um 1 K je 100 m ab (trockenadiabatischer Temperaturgradient). Oberhalb des Kondensationsniveaus wird der Gradient durch die freiwerdende Verdunstungswärme geringer. Der feuchtadiabatische Temperaturgradient ist jedoch von der Lufttemperatur stärker abhängig:

Lufttemperatur °C	Gradient K/100m
+30	0,37
+20	0,44
+10	0,54
0	0,62
−10	0,75
−20	0,86
−30	0,91

Im Mittel beträgt der Gradient etwa 0,5 K.

Advektion, 1) in der Meteorologie die horizontale Zufuhr von Luftmassen, im Unterschied zu den vertikalen Bewegungen, der → Konvektion. Die A. ist wichtig für die Entstehung der großräumigen Wettervorgänge. Gleiten feuchte Luftmassen über einer kälteren Unterlage auf, entstehen *Advektionswolken.* Dabei bilden sich an der Grenzfläche Schichtwolken, in Bodennähe bildet sich Nebel.

2) in der Ozeanographie die horizontale Verfrachtung von Wassermassen in den Weltmeeren, wichtig für die Oberflächen- und Tiefenströmungen.

Adventivpflanzen, Pflanzen aus fremden Verbreitungsgebieten, die zufällig eingeschleppt oder bewußt eingeführt werden.
1) *Ephemerophyten, Passanten, Ankömmlinge,* durch Schiffsverkehr oder längs Eisenbahnlinien eingeschleppte Pflanzen, die aber nur vorübergehend auftreten, weil ihnen die Lebensbedingungen nicht voll zusagen.
2) *Kulturpflanzen,* vom Menschen eingeführte Nutz- und Zierpflanzen, die sich oft nur durch sorgfältige Pflegemaßnahmen halten können, sonst aber wieder rasch verschwinden oder zumindest verwildern.

3) *Ansiedler, Kolonisten,* meistens Unkräuter, die der Mensch zusammen mit den Kulturpflanzen eingeschleppt hat und denen der neue Standort zusagt.
Der Zeit der Einwanderung nach unterscheidet man *Neophyten, Neubürger,* Pflanzen, die in geschichtlicher Zeit ohne Zutun des Menschen einwanderten und für dauernd Fuß faßten, sowie *Archäophyten, Altbürger,* Pflanzen, die in prähistorischer Zeit eingewandert sind und längst zum festen Bestand der Flora gehören.
Adyr, trockene, vegetationsarme Schotterplatte im Tiefland von Turan.
Aeroklimatologie, die Klimatologie der freien Atmosphäre. Sie verwendet die aerologischen Meßwerte zur Bildung von Mittelwerten und zur Aufstellung regional zusammengehöriger Gebiete, um auf diese Weise Material zur Erforschung der allgemeinen Zirkulation, des Aufbaus der Atmosphäre sowie der Klimaklassifikation zu gewinnen.
Aerologie, die Teildisziplin der Meteorologie, die die physikalischen Zustände der höheren Schichten der Atmosphäre erforscht. Zur direkten Untersuchung werden mit Drachen, Ballonen, Wetterflugzeugen, Meßraketen oder Wettersatelliten Meßgeräte in die zu untersuchenden Schichten gebracht. Zur indirekten Untersuchung werden frei fliegende Körper (z. B. Pilot- oder Registrierballone, langsam sinkende Materialien, z. B. Aluminiumflitter) mit Radiotheodoliten, Radargeräten oder Meßflugzeugen verfolgt, oder es wird z. B. die Ausbreitung von Schallwellen oder elektromagnetischen Wellen bestimmt (Wetterradargeräte, KW- und UKW-Ausbreitung).
Aeronomie, die Lehre von Entstehung, Aufbau und Eigenschaften der elektrisch leitenden Regionen in der hohen Atmosphäre, also der Ionosphäre und Exosphäre.
Aerophotogrammetrie, → Photogrammetrie.
Aerosol, System aus einem Gas (z. B. reiner Luft) und feinstverteilten festen (Staub) oder flüssigen (Nebel) Schwebstoffen. A. spielen bei der Verunreinigung der Luft dadurch eine bedenkliche Rolle, daß zwischen ihnen chemische Reaktionen mit Bildung aggressiver Substanzen stattfinden können und daß sie beim Atmen bis ins Innere der Atmungsorgane gelangen.
Agglomerat, unverfestigte Ablagerung aus eckigen, groben Gesteinsbruchstücken, besonders Anhäufung von Lavabrocken.
Agrarklimatologie, ein Teilgebiet der Klimatologie, untersucht die Auswirkungen des Klimas auf das Gedeihen der Kulturpflanzen und deren Anspruch auf Feuchtigkeit und Wärme. In Übersichten und Karten werden Sonnenscheindauer, Niederschlags-mengen, Dauer der Vegetationsperiode, Frostdaten und Eintrittstermine bestimmter phänologischer Ereignisse aufgenommen. Durch die Forschungsergebnisse der A. werden der Landwirtschaft Hinweise für den Anbau von Gewächsen, die für die betreffende Gegend geeignet sind, gegeben, um Dürre- oder Frostschäden möglichst herabzusetzen. Die *Agrarmeteorologie,* die für Zwecke der Landwirtschaft angewandte Meteorologie, untersucht den Einfluß des in der Atmosphäre sich abspielenden Wettergeschehens auf die Kulturpflanzen.
Agrumen, zusammenfassende Bezeichnung für alle angebauten Arten von Zitrusfrüchten.
Akklimatisation, die Anpassung des Organismus an ungewohnte Klimaverhältnisse. Für jedes Lebewesen gibt es bestimmte optimale Klimaverhältnisse, unter denen es sich am wohlsten fühlt und am leistungsfähigsten ist. Die Organismen haben aber in gewissen Schranken die Fähigkeit, sich anderen Klimaverhältnissen anzupassen.
So kann der Mensch sich weitgehend akklimatisieren, und bestimmte Tier- und Nutzpflanzenarten lassen sich so züchten, daß sie auch unter unwirtlichen Verhältnissen gedeihen. Die Dauer der A. ist unterschiedlich; sie vollzieht sich bisweilen erst in der nächsten Generation.
Die meist in wenigen Tagen vollzogene Anpassung des menschlichen Organismus an die zeitlichen Unterschiede des Tagesablaufs am Zielort langer Luftreisen hat nichts mit A. zu tun, sondern gehört in den Forschungsbereich Biorhythmik.
Akkumulation, mechanische Anhäufung von Abtragungsmaterial aller Art, z. B. Aufschüttung von vulkanischen Lockermassen oder von Gesteinsmaterial durch Flüsse (Schotter) oder Gletscher (Moränen). Allgemein auch sw. Ablagerung.
Akratopegen, → Quelle.
Akratothermen, → Quelle.
Aktinometer, ein Gerät zur Strahlungsmessung, insbesondere zum Messen der Solarkonstanten. Die Sonnenstrahlung wird von einer geschwärzten Empfangsfläche absorbiert und in Wärmeenergie umgewandelt. Die Empfangsfläche kann als Teil eines Thermoelements aufgebaut sein, wobei ihre Erwärmung mit Hilfe des thermoelektrischen Effekts gemessen wird, oder sie gibt die Wärme an eine Wassermenge ab, deren Erwärmung gemessen wird. *Aktinographen* haben Registriereinrichtungen. Die Messungen werden überwiegend auf hochgelegenen Bergstationen durchgeführt, damit der Einfluß der Erdatmosphäre, die die Sonnenstrahlung abschwächt, möglichst gering ist.
Aktionszentren, Hoch- und Tiefdruckgebiete, die die Entwicklung des Wetters eines größeren Raumes bestimmen und sich an bestimmten Stellen häufig und lange (quasipermanent) finden. A. sind z. B. für Europa das Azorenhoch, das Osteuropäische Hoch, die Genuazyklone. Ihre Häufigkeit ist jahreszeitlichen Schwankungen unterworfen. Mit der Intensität ihres Auftretens wechselt auch der Grad der Wetterbeeinflussung.
Alass, *Plur.* Alassi [jakutisch], schüsselförmige Hohlform von 3 bis 15 m Tiefe. Sie entsteht durch das örtliche Auftauen eines mit Eiskeilen durchsetzten Frostbodens. Das Auftauen der Eiskeile wird durch die Beseitigung der Vegetationsdecke und die damit verbundene Störung des Bodenklimas ausgelöst. Zunächst füllt sich die abflußlose Hohlform mit einem See. Später trocknet der Boden aus, so wie sich der Dauerfrostboden unter der Schüssel wieder stabilisiert. Die A. bilden z. B. im Zentraljakutischen Tiefland eine imponierende Seenlandschaft in der Taiga.
Alb, → Kreide, Tab.
Albedo, das Rückstrahlvermögen einer Körperoberfläche, d. h. das Verhältnis der Lichtmenge, die von einer nichtspiegelnden Fläche zurückgeworfen wird, zu der gesamten Lichtmenge, die auf die Fläche fällt (*geometrische A.*). Die A. ist nicht nur für die Astronomie bedeutungsvoll, sondern praktisch für die Helligkeitswerte (Grauskala) von Luftbildern.

Werte der Albedo in Prozenten

Lavadecke (Basalt)	4
geschlossener Wald	5 ... 18
Wasseroberflächen	9
Ackerland	14 ... 16
Wiese	25
Sanddünen	37
alter Schnee	40 ... 70
frisch gefallener Schnee	85
Cumuluswolken in 1 600 m	67

Albit, → Feldspäte.
Algonkium, → Kryptozoikum, → Proterozoikum.
Alkaliflat, → Salztonebenen.
Allerödzeit [nach Alleröd auf der Insel Seeland in Dänemark], Interstadialzeit mit etwas wärmerem Klima und auch stärkerer Bewaldung als während der vorhergehenden älteren und der nachfolgenden jüngeren Tundrenzeit der Späteiszeit. Die A. ist belegt durch zahlreiche Fundstellen, an denen ein Faulschlamm mit Birkenblättern und Kiefernpollen zwischen Dryastonen liegt. Zeitlich wurde die A. mit Hilfe der Radiokarbonmethode auf 9800 bis 8800 v. u. Z. bestimmt. In der A. fand der vulkanische Ausbruch in der Eifel (Laacher See) statt. Daher ist die A. in den Ablagerungen der westlichen und südlichen BRD vielerorts durch die Beimengungen vulkanischer Aschen markiert. Die A. war nach der Würm-Eiszeit die erste länger anhaltende wärmere Phase, die das Abschmelzen von Toteisresten förderte. Daher beginnt die

allitisch, → Verwitterung.
allochthon, bodenfremd, ortsfremd, d. h. an einem anderen Ort entstanden als jetzt vorhanden. So sind a. Gesteine erst durch tektonische oder morphologische Bewegungen an ihren heutigen Ort gekommen; a. Flüsse (Fremdlingsflüsse) verdanken ihr Wasser nicht dem Klima, in dem sie fließen, sondern haben es aus anderen, niederschlagsreicheren Gebieten mitgebracht. Gegensatz: → autochthon.
Alluvialböden, *Anschwemmungsböden*, *Schwemmlandböden*, aus angeschwemmtem Material, also aus jungen Ablagerungen, gebildete Böden, deren Profile sich meist noch nicht voll entwickelt haben. Zu den A., die oft weithin sehr gleichmäßig ausgebildet sind, gehören die → Marschböden, die → Auenböden und die Gleyböden (→ Gley). Sie werden von Mückenhausen als Klassen unter der Abteilung semiterrestrische Böden zusammengefaßt und von den → terrestrischen Böden und → subhydrischen Böden unterschieden.
Alluvium, 1) im engeren Sinne die jungen geologischen Sedimente, die durch Flußablagerung entstanden sind und besser als *Alluvionen* bezeichnet werden.
2) frühere Bezeichnung für → Holozän.
Alpenpflanzen, *alpine Florenelemente*, Pflanzenarten, die hauptsächlich im Hochgebirge oberhalb der Waldgrenze vorkommen. Sie sind den besonderen Klimabedingungen der Hochgebirge angepaßt: der geringen sommerlichen Wärme in kurzer Vegetationszeit, der harten Winterkälte, der intensiven Strahlung bei starken Gegensätzen zwischen Tag und Nacht, den hohen Windstärken. Meist sind es Gräser, Seggen oder ausdauernde Polster- und Rosettenpflanzen, die teilweise in unterirdischen Organen Reservestoffe zu speichern vermögen. Viele Alpenpflanzen stehen heute unter Naturschutz.
alpidische Gebirgsbildung, die jüngste große Gebirgsbildung, die im Mesozoikum einsetzte, während des Tertiärs in mehreren Phasen die jungen Faltengebirge, die heutigen Hochgebirge der Erde, entstehen ließ und wahrscheinlich noch nicht abgeschlossen ist. Durch die a. G. wurden insbesondere die Alpen, die Pyrenäen, der Apennin, der Atlas, die Karpaten, der Kaukasus, die nördliche Gebirgsumwallung Indiens und die Gebirge des westlichen Nord- und Südamerika aufgefaltet. Die europäischen alpidischen Hochgebirge werden als *Alpiden* zusammengefaßt. → Faltungsphase (Tab.).
alpin, im weiteren Sinne svw. dem Hochgebirge zugehörig; im engeren Sinne: *alpine Stufe*, in der Pflanzengeographie die Höhenregion zwischen Wald- und Schneegrenze, die durch Krummholz- und Mattenformationen vertreten wird. Ökologisch bedeutsam sind die Strahlungs- und Temperaturverhältnisse, der häufige Frostwechsel und die Schnee- und Windverhältnisse.
alpinotyp, Bezeichnung für eine Art der → Gebirgsbildung. Gegensatz: germanotyp.
altaisch, 1) *altaische Gebirgsbildung*, ein Gebirgsbildungsvorgang des jungen Paläozoikums in Asien, der zur variszischen Ära gehört. In ihr entstanden vor allem Altai, Tienschan, Kunlun und Tarbagatai, die auch als *Altaiden* zusammengefaßt werden.
2) → arktisch-altaisch-alpine Arten.
Alter, → System.
alternierend, 1) Geomorphologie: nach H. Mortensen der klimabedingte Wechsel von Abtragungstendenzen (a. Abtragung). Es treten abwechselnd die flächenhafte und die linear wirkende Abtragung in den Vordergrund.
2) Klimatologie: Bezeichnung für Klimate, die im Jahresgang abwechselnd von verschiedenen Gliedern des planetarischen Windsystems beherrscht werden (Wechselklimate). So wird das Etesienklima im Sommer von den subtropischen Hochdruckzellen und den Passaten beherrscht, im Winter von den Zyklonen des Westwindgürtels (vgl. S. 13 ff.).
Alter Scheitel, von Eduard Sueß geprägter, in der geographischen Literatur noch häufig gebrauchter Ausdruck für das vor dem Karbon an den alten Festlandskern Angaraland angeschweißte Faltengebirge, das sich im Gebiet südlich des Lenabeckens bis in die Mongolei hinein nachweisen läßt.
Altocumulus *m*, Abk. *Ac*, grobe Schäfchenwolke in 3 000 bis 5 000 m Höhe, weiß oder blaßgrau mit schattigen Teilen. Sie bildet flache Bänke oder Schichten und gilt als Anzeichen guten Wetters, da sie meist durch Auflösung einer Wolkendecke entsteht. Im Gebirgsland werden Altocumuluswolken durch föhnartige Abwinde und Leewellen verursacht; sie zeigen fischartige Formen und werden *Lenticulariswolken* genannt, Abk. *Ac lenticularis*. Diese stehen gestaffelt parallel zum Gebirgskamm und sind ein Schlechtwetterzeichen, z. B. die Moazagotlwolken bei Föhnlagen. Treten bei mittelhoher Bewölkung zinnenartige Quellungen (Castellati) auf, so deuten sie Gewitterneigung an.
Altostratus *m*, Abk. *As*, hohe Schichtwolke. Altostratuswolken bilden in mittlerer Höhe eine geschlossene, grauweiße Schicht, bisweilen etwas streifig. A. ist eine Wolkenform der Warmfront. Ihre Unterseite sinkt beim Herannahen der Front ständig ab, so daß schließlich eine lückenlose mächtige Wolkenschicht bis zur tiefen Regenwolke entsteht. Gelegentlich geht A. auch aus Hochnebel hervor und hält sich besonders bei winterlichen Hochdrucklagen oft tagelang.
Altwasser, Bezeichnung für noch wassererfüllte, stromlos gewordene Flußschlingen, die auf natürlichem Wege durch Flußdurchbruch oder künstlich durch Flußbegradigung abgeschnürt worden sind.
Altweibersommer, eine in Mitteleuropa ziemlich regelmäßig eintretende Schönwetterperiode Ende September/Anfang Oktober. Sie entsteht durch Einbruch trockener kontinentaler Luftmassen von Osten her. Es bildet sich dabei vorübergehend eine Brücke zwischen dem Azorenhoch und dem osteuropäischen Hochdruckgebiet. Eine ähnliche Erscheinung in Nordamerika ist der *Indianersommer*. Die Bezeichnung A. rührt von der im Herbst, bisweilen auch im Frühling, die Luft durchziehenden weißen Fäden her. Diese stammen von den Gespinsten verschiedener, meist junger Spinnen, die sich auf ausgestoßenen Fäden vom Winde forttragen lassen.
Amersfoorter Stadium, → Saale-Eiszeit.
Amersfoort-Interstadial, ältestes Interstadial der Würm- (Weichsel-) Eiszeit, mit nur mäßiger Erwärmung vor etwa 64 000 Jahren.
Ammerseestadium, → Würm-Eiszeit.
amorph, Bezeichnung für eine Zustandsform fester chemischer Substanzen, die keine Kristallgestalt erkennen läßt, z. B. bei Glas und Opal. Gegensatz: → kristallin.
amphibisches Land, zeitweise (episodisch) oder regelmäßig (periodisch) von Wasser überflutetes Land.
Amphibole, *Hornblenden*, Gruppe gesteinsbildender Minerale mit sehr komplizierter chemischer Zusammensetzung. Sie sind den Augiten verwandte Silikate, die neben Mg, Fe und Ca auch Hydroxylgruppen enthalten.
Amphidromie, der Drehpunkt umlaufender Gezeitenströme, in denen durch Interferenz (Überlagerung) kein Tidenhub auftritt. In der A. laufen die Isorhachien zusammen. In der Nordsee liegt die A. in den Hoofden vor der niederländischen Küste.
Amphigley, 1) in der Bodenkunde Subtyp des Staugleys. 2) in der mittelmaßstäbigen landwirtschaftlichen Standortkartierung der DDR Sammelbezeichnung für einen Übergangsbodentyp mit Pseudogleydynamik im oberen und Gleydynamik im unteren Teil des Bodenprofils.
Amplitude, in der Klimatologie, Ozeanographie und Hydrologie die Differenz zwischen dem höchsten und dem tiefsten Wert einer Erscheinung, wie etwa dem täglichen oder jährlichen Gang eines Klimaelementes, des Flußregimes oder Grundwasserbestandes oder des Tidenhubes. In der Physik versteht man im Unterschied dazu unter A. die halbe Differenz eines Wellenausschlages.

Anaglazial, der aufsteigende Ast einer Eiszeit, in der der Gletscher vorrückt und sich die Inlandeisdecke ausbildet. Vor dem Inlandeis wirkt die Kaltzeit durch Zurückdrängen der Vegetation und periglaziale Prozesse. Die im A. geschaffenen Formen werden jedoch durch das vorrückende Eis überfahren und z. T. vernichtet, z. T. so stark verwischt, daß ihre Deutung schwierig ist. Das A. umfaßt meist einen größeren Zeitraum als der Abschnitt vom Hochglazial bis zum Verschwinden des Inlandeises. Nach Büdel gliedert sich das A. in einen feuchtkalten und einen trockenkalten Abschnitt.

Anaglyphenverfahren, *Anaglyphenbild, Anaglyphe,* Verfahren zur stereoskopischen Wahrnehmung ebener Bilder durch Ineinanderdruck von zwei Bildern, die von zwei Punkten einer zum Objekt parallelen Basisstrecke bei gleicher Blickrichtung aufgenommen sind. Das in Komplementärfarben (meist Rot und Blaugrün) wiedergegebene Bildpaar erscheint bei Betrachtung durch eine Brille mit entsprechend gefärbten Gläsern als graugetöntes körperliches Modell. Das A. ist besonders wirkungsvoll bei Luftbildsteilaufnahmen von bewegtem Relief und Siedlungen. Auch bei speziell konstruierten Diagrammen und Karten lassen sich durch das A. plastische Effekte erzielen.

Analyse, wissenschaftsmethodisches Verfahren, aus einem vielfältigen Zusammenhang die einzelnen beteiligten Komponenten und Faktoren herauszuarbeiten und ihre Beziehungen darzulegen. Bei der beziehungswissenschaftlichen Bestimmung werden nur einige Glieder des betrachteten Systems untersucht, die anderen aber vernachlässigt (eliminiert). Die gewonnene analytische Aussage ist daher nur anwendbar, wenn ihr Gültigkeitsbereich bekannt ist. Das aber ist in sehr komplizierten stofflichen Systemen, wie sie bei der Geographie vorherrschen, die Ausnahme und nicht der Fall. Die *beziehungswissenschaftliche (kausalanalytische) Methode* hat daher einen isolierenden Charakter. Ein unentbehrliches Verfahren in der Geographie ist die *Komplexanalyse (Differentialanalyse).* Sie beruht im wesentlichen auf der Herausarbeitung von Grundtypen, die mit zunehmender Einengung der Merkmale zu einer Typenabfolge führen und – unter Verwendung der Beziehungen von Typus und Individuum in der Geographie – zum geographischen Individuum hinleiten. Dabei ist der Einbau kausalanalytischer Ergebnisse ohne ihre genannten Nachteile möglich.

Ancylussee, Vorläufer der heutigen Ostsee, ein Binnensee, da durch Landhebungen Skandinaviens die beim → Yoldiameer noch bestehende Verbindung mit dem Weltmeer verlorengegangen war. Die Ablagerungen des A. sind durch das Auftreten der Brack- und Süßwasserschnecke *Ancylus fluviatilis* charakterisiert. Die *Ancyluszeit* entspricht etwa dem Boreal und umfaßt etwa den Zeitraum zwischen 6800 (6500) und 5000 v. u. Z.

Andesit, helles Ergußgestein mit meist glasiger Grundmasse und Einsprenglingen vor allem aus Plagioklas, Biotit, Amphibol und Augit.

Angaria, *Angaraland* [nach dem sibirischen Strom Angara], ein bereits zu Beginn des Präkambriums bestehender Urkontinent (→ Kraton), der den zentralen und nördlichen Teil Sibiriens umfaßte.

Anhydrit, gesteinsbildendes Mineral. A. kommt vor allem in Schichten des Zechsteins sowie der Trias vor, oft mit Steinsalz und Gips vergesellschaftet. Durch Wasseraufnahme geht er in Gips über, wobei infolge der Volumenvergrößerung Quellfalten entstehen. A. findet Verwendung als Rohstoff für die Schwefelsäuregewinnung und als Zusatz bei der Herstellung von Portlandzement.

Anis, → Trias.

Anmoor, *Anmoorgley, anmooriger Gley, humic gley,* nach Mückenhausen Mineralbodentyp der Klasse Gleye mit bis zu 30% Humus im Oberboden in Quellmulden am Hang (Hanganmoor) und in Talniederungen und Senken mit hohem Grundwasserstand. Der Abbau der organischen Substanz wird durch starke Nässe gehemmt, so daß Humusanreicherung eintritt, jedoch keine Torfbildung stattfindet. In Abhängigkeit vom Sauerstoff- und Nährstoffgehalt sind die chemischen Eigenschaften sehr verschieden, ebenso die Humusformen. Die Nutzung als Grünland setzt Absenkung des Grundwassers und weitere Meliorationsmaßnahmen voraus, um Durchlüftung und Bodenleben zu verbessern. Dann können sich im günstigsten Falle tschernosjomartige Auenböden, aus sandigen Ablagerungen A. hingegen saure verwitterungsgefährdete Böden entwickeln. Überdeckung mit Sand ist oft vorteilhaft.

Annuelle, *einjährige Pflanzen,* Pflanzen, deren Vegetationszyklus sich innerhalb eines Jahres vollzieht. Man unterscheidet *Sommerannuelle,* die im Frühjahr keimen und im Sommer fruchten, und *Winterannuelle* oder einjährig überwinternde Pflanzen, die im Herbst keimen und im Sommer fruchten.

Anomalie, Regelwidrigkeit, Abweichung von Normalen oder vom Durchschnittswert. In der Geophysik spricht man z. B. von Schwereanomalie und Magnetanomalie; in der Klimatologie bezeichnet man mit A. die Abweichung eines Klimaelements vom langjährigen Mittel oder vom Normalwert der betreffenden geographischen Breite. Die A. lassen sich meist auch kartenmäßig darstellen, indem man die Orte gleicher A. durch Isolinien, die *Isanomalen,* verbindet. Die Karte der thermischen A. zeigt z. B. den großen Einfluß des Golf- und Nordatlantikstromes bei der Erwärmung des östlichen Nordatlantiks und seiner Randgebiete.

anorganogen, svw. minerogen.

Anorthit, → Feldspäte.

Anraum, → Reif.

Anstehendes, das am Ort seiner Entstehung vorkommende, noch nicht durch Verwitterung und Massenbewegungen veränderte Gestein, insbesondere der „gewachsene Fels".

Antarktis, *Südpolargebiet,* die den Südpol umschließende Landmasse (der Kontinent Antarktika) und die benachbarten Meeresteile. Als Begrenzung wurde früher vielfach die Packeisgrenze angesehen, während heute meist die antarktische ozeanische Konvergenz als Grenze betrachtet wird.

anthropogene Böden, Kulturböden, in denen der ursprüngliche Bodentyp völlig verändert oder das gesamte Profil von Menschenhand geformt ist. Hierzu zählen die durch jahrhundertelange Plaggendüngung entstandenen Plaggenböden (→ Plaggen) der Niederlande und Niedersachsens mit bis zu 120 cm mächtigen künstlichen humosen Horizonten, die Hortisole (Gartenböden) mit bis zu 80 cm mächtigen humosen Horizonten, die Rigosole (rigolte Böden), deren Profil durch tiefgründige Bearbeitung (Weinberge, Marschen, Moorkultivierung, Ortsteinpodsole) verlorengegangen ist, die meisten Reisböden (paddy soils) und alle nach Planierungsarbeiten, Aufschüttung, Aufspülung oder Aufschlickung in Nutzung genommenen Standorte.

anthropogene Formen, in der Geomorphologie übliche, aber ungenaue Bezeichnung für kleinere Formen im Kulturland, die durch den Eingriff des Menschen in den Naturhaushalt (Veränderung der Pflanzendecke, Beackerung u. a.) und die dadurch ausgelöste Beschleunigung der natürlichen formenbildenden Prozesse entstanden sind (z. B. → Ackerterrassen). Im engeren Sinn sind a. F. nur diejenigen, die der Mensch bewußt geschaffen hat (Bergbauhalden, Steinbruchwände u. ä.).

anthropogene Vegetation, durch den Menschen beeinflußte oder von ihm selbst geschaffene Vegetationsform. Durch die Bewirtschaftung haben sich die Standortbedingungen und dadurch auch viele natürliche Vegetationseinheiten geändert, da eine weitgehende Auslese unter den Pflanzen der natürlichen Vegetationsdecke erfolgt. Nicht nur Äcker, Gärten, Weinberge, Wiesen und Weiden zeigen a. V., sondern zum größten Teil auch unsere Wälder. In der Kulturlandschaft lassen sich im allgemeinen nur an wenigen Stellen Reste der ursprüng-

lichen Vegetation erkennen. Auch die a. V. ist standörtlich differenziert. Man kann daher aus den Ersatzgesellschaften auf die natürlichen Vegetationseinheiten zurückschließen.
Anthropogeographie, *Geographie des Menschen*, ältere zusammenfassende Bezeichnung für diejenigen Zweige der Geographie, die sich mit Werken des Menschen in der Landschaft oder mit dem Menschen als Landschaftsfaktor beschäftigen. Die *physische A.*, wie die Geographie der Krankheiten und die Geographie der Rassen, befaßt sich mit dem Menschen als biologischem Wesen und ist somit auch der Biogeographie zuzuordnen.
Antiklinale, *Antikline,* svw. Sattel 1).
Antipassat, die früher über der Passatströmung in etwa 3000 m Höhe vermutete Gegenströmung. Nach neueren Forschungen existiert eine solche Gegenströmung nicht, → Passate.
Antizyklone, → Hochdruckgebiet.
Anzapfung, *Flußanzapfung,* die Erscheinung, daß ein Fluß durch rückschreitende Erosion die bisherige Wasserscheide durchbricht und einen anderen an sich zieht, demgegenüber er durch größere Wasserführung, stärkeres Gefälle, günstigere Gesteinsverhältnisse im Vorteil ist. Der angezapfte Fluß läßt ein Stück seines bisherigen Tales als Trockentalung zurück, in der oft noch Flußschotter als Beweis für die erfolgte A. zu finden sind. Durch A. vergrößert sich das Einzugsgebiet des anzapfenden auf Kosten des angezapften Flusses.

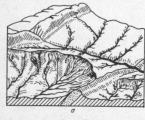

Schematische Darstellung einer bevorstehenden (*a*) und erfolgten (*b*) Anzapfung

Am bekanntesten ist die A. der Wutach im Südosten des Schwarzwaldes zum Rhein hin; die obere Mosel floß einst zur Maas; die Oberläufe vieler Neckarzuflüsse gehörten früher zum Einzugsgebiet der Donau.

äolisch, svw. Wind ..., vom Wind geschaffen. *Ä. Sedimente* sind vom Wind abgelagerte Sedimente (→ Ablagerung).
Apatit, fluor- oder chlorhaltiges Kalziumphosphat, weit verbreitetes Nebengemengeteil in Erstarrungsgesteinen, bedeutsam für den Nährstoffhaushalt des Bodens. A. wird als wichtiges Phosphordüngesalz vor allem auf der Halbinsel Kola abgebaut.
aper, svw. offen, schneefrei (zum Unterschied vom schneebedeckten Gelände). *Ausapern,* von Schnee frei werden.
aperiodisch, → Periodizität.
Aphel, → Apsiden.
Apogäum, → Apsiden.
Aposelenum, → Apsiden.
Aprilwetter, eine regelmäßig im Frühjahr auftretende Periode unbeständigen Wetters in Mitteleuropa. Sie wird hervorgerufen durch Einbrüche labil geschichteter kalter Meeresluft vom nördlichen Atlantik und zeichnet sich durch häufigen Wechsel von Schauern und Aufheiterungen aus. Das A. gehört zu den Singularitäten des Jahreswettergeschehens.
Apsiden, die beiden Punkte der elliptischen Bahn eines Himmelskörpers, in denen dieser von dem in einem der Brennpunkte stehenden Hauptkörper die größte bzw. die geringste Entfernung hat. Diese Punkte bezeichnet man auf der Bahn der Erde um die Sonne als *Aphel* (Sonnenferne) und *Perihel* (Sonnennähe), auf der Bahn des Mondes als *Apogäum* (Erdferne) und *Perigäum* (Erdnähe), auf der Bahn eines künstlichen Mondsatelliten als *Aposelenum* (Mondferne) und *Periselenum* (Mondnähe). Die Verbindungslinie der A. heißt *Apsidenlinie*. Bei elliptischen Bahnen, z. B. der Erdbahn, ist sie gleich der großen Achse der Bahn.
Apt, → Kreide, Tab.
Äquator, 1) *Erdäquator,* seemännisch Linie genannt, der einzige Breitenkreis der Erde, der ein Großkreis ist. Seine Ebene steht senkrecht auf der Rotationsachse der Erde. Der Ä. teilt die Erde in die nördliche und südliche Halbkugel (→ Gradnetz der Erde). Der Umfang des Ä. beträgt nach den international gültigen Berechnungen 40076,59 km, der Äquatorquadrant (oft falsch als → Erdquadrant bezeichnet) ein Viertel davon, also 10019, 14844 km.
2) *Himmelsäquator,* derjenige größte Kreis der Himmelskugel, dessen Ebene senkrecht zur Erdachse steht (→ astronomische Koordinatensysteme). Die *Äquatorhöhe* ist der Winkel zwischen dem Himmelsäquator und der Horizontebene, gemessen auf dem Meridian. Sie ist gleich dem Komplement der Polhöhe und damit der geographischen Breite.
3) *Magnetischer Ä.,* die gekrümmte Linie, die die Orte mit der Inklination Null verbindet. Da die magnetischen Pole nicht mit den geographischen Polen zusammenfallen, liegt der magnetische Ä. in der westlichen Hemisphäre bis zu 10° nördlich, in der östlichen Hemisphäre bis zu 15° südlich des Erdäquators, den er bei etwa 23 und 169° w. L. schneidet.
4) *Thermischer Ä.,* die Linie, die die Orte mit den höchsten Jahresmitteltemperaturen miteinander verbindet. Infolge der ungleichen Verteilung von Land und Meer und des Vorherrschens der Landmassen auf der Nordhalbkugel liegt sie nicht auf dem Erdäquator, sondern ist bis zu 10° n. Br. verschoben. Auf ihr ist es im Durchschnitt etwa 0,5 K wärmer als auf dem Erdäquator.
Äquatorialluft, Abk. *E,* die wärmste der Hauptluftmassen; sie entsteht in den inneren Tropen und gelangt nur selten bis nach Europa. Sie ist warm, sehr feucht und im Ursprungsgebiet labil geschichtet (→ Luftmasse).
Äquidensiten, durch photographische oder elektronisch-optische Umformung von einfarbigen Halbtonbildern gewonnene Tonwertstufen, die in Spektralfarben wiedergegeben werden. Geringe Tonunterschiede des Bildes werden damit gut unterscheidbar gemacht und lassen damit zugleich objektive Flächen- und Grenzlinienbestimmungen zu.
Äquidistanz, → Reliefdarstellung.
Äquiglaziale, Linie gleicher Dauer des Eisverschlusses von Flüssen und Seen.
Äquinoktialstürme, von heftigen, oft gewittrigen Regengüssen begleitete Stürme, die zur Zeit der Tagundnachtgleichen (Äquinoktium) besonders im Bereich der subtropischen Meere auftreten.
Äquinoktium, *Tagundnachtgleiche,* der Zeitpunkt, zu dem die Sonne während ihrer scheinbaren jährlichen Bewegung im Schnittpunkt von Ekliptik und Himmelsäquator steht. Zu diesem Zeitpunkt sind Tag und Nacht für alle Orte der Erde gleich lang. Das *Frühlingsäquinoktium* liegt um den 21. März (Frühlingsanfang), das *Herbstäquinoktium* um den 23. September (Herbstanfang). Die beiden Punkte auf der Ekliptik, in denen die Sonne zur Zeit der Äquinoktien steht, heißen *Äquinoktialpunkte,* d. s. → Frühlingspunkt und → Herbstpunkt. Beide Punkte sind infolge der Präzession einer langsamen Lageveränderung von Ost nach West unterworfen. Die Verbindungslinie beider Punkte ist die *Äquinoktiallinie*; es ist die Schnittlinie der Ebene des Himmelsäquators mit der Ebene der Ekliptik.
Aquitan, → Tertiär, Tab.
Äquivalenttemperatur, Bezeichnung für die Temperatur, bei der auch die latente Wärmeenergie berücksichtigt ist, die eine Luftmasse infolge der ihr beigemischten Feuchtigkeitsmenge aufweist. Die Ä. ist für viele bioklimatische und aerologische Probleme wertvoll. Sie wird in verschiedener Weise

berechnet. Brauchbare Werte ergeben die Näherungsformeln Ä = $t + 2,5\,m$ (t = normale Lufttemperatur, m = Gramm Wasserdampf je kg trockener Luft) oder Ä = $t + 2e$ (e = Dampfdruck in Pascal oder Bar).

Äquivalenz, in der theoretischen Geographie die Übereinstimmung von im Vergleich stehenden geographischen Systemen hinsichtlich bestimmter Merkmale. Haben zwei geographische Einheiten die gleichen Merkmale A, B und C, so sind sie hinsichtlich dieser drei Merkmale äquivalent. Die äquivalente Gruppe (A, B, C) ist die Basis des geographischen Vergleichs. Sie ermöglicht, die unterschiedlichen Merkmale e, f usw. als differenzierende Merkmale zu erfassen. In der thematischen Kartographie kann eines der äquivalenten Merkmale im komplexen Zusammenhang repräsentieren. So kann z. B. die ,,Buntsandsteinlandschaft" durch die Verbreitung des Buntsandsteins, durch die Waldverbreitung, durch das Gewässernetz, durch das Siedlungsnetz zum Ausdruck gebracht werden.

Ära, → System.

Aragonit, gesteinsbildendes Mineral, rhombische Modifikation des Kalziumkarbonats. A. kommt in Hohlräumen vulkanischer Gesteine vor und bildet Sinterniederschläge aus Thermalquellen und dem Wasser in Kalkgebieten .

Ärathem, → System.

Archaikum, Periode bzw. System des Kryptozoikums. Das A. ist eine Zeit ohne Leben (**Abiotikum** oder **Azoikum**) und der ersten, wenig überlieferten Anfänge des Lebens, nur mit Pflanzenresten (Algen?), vielleicht aber auch schon mit primitivem Tierleben (**Archäozoikum**). In Nord- und Osteuropa werden die ältesten Zeiten bzw. Ablagerungen (bis vor etwa 2 800 Mill. Jahren) als **Katarchaikum** abgetrennt. (Vgl. die Tab. am Schluß des Buches.)

Archäozoikum, → Archaikum.

Archeuropa, Ureuropa, nach Stille der bereits zu Beginn des Proterozoikums bestehende Festlandblock (→ Kraton) Fennosarmatia, der große Teile des heutigen Ost- und Nordeuropas umfaßte. An der Wende Silur/Devon wurde **Paleuropa** (Paläoeuropa), das Gebiet der kaledonischen Gebirgsfaltung, im Karbon **Mesoeuropa,** das variszisch gefaltete Gebiet, in Kreide und Tertiär das alpidisch gefaltete **Neoeuropa** an A. angeschweißt und damit die heutige Gestalt Europas geschaffen; s. Karte S. 33.

Archipel, ursprünglich die zwischen dem griechischen Festland und Kleinasien gelegene Inselwelt, heute allgemeine Bezeichnung für Inselschwärme im Weltmeer.

Areal, allgemein Fläche, Verbreitungsgebiet, in der Biogeographie das Areal als die systematische Einheit der Pflanzen oder Tiere (z. B. Art, Gattung) verbreitet ist. Die Ge-

stalt der A. kann sehr verschieden sein. Man unterscheidet: 1) zusammenhängende oder **kontinuierliche A.,** sie bilden ein geschlossenes Ganzes, z. B. die Verbreitungsräume unserer Laubbäume; 2) nicht geschlossene oder **diskontinuierliche A.,** sie bestehen aus einem Kernraum mit vorgelagerten Teilarealen, die Reststücke eines ehemals bedeutend größeren Verbreitungsraumes sein können, z. B.

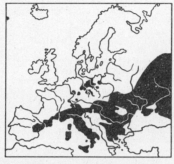

Diskontinuierliches Areal des Haarpfriemengrases (nach Braun-Blanquet)

die Steppenheidepflanzen in Mitteleuropa als Restinseln vor dem mediterran-pontischen Hauptareal; 3) getrennte oder **disjunkte A.,** sie bestehen aus mehreren etwa gleich großen, oft weit auseinanderliegenden Teilarealen, z. B. die Zeder mit getrenntem Vorkommen im algerischen Atlas, auf Zypern, im Libanon und im nordwestlichen Himalaja oder das Buschwindröschen mit Vorkommen in Mitteleuropa, Ostasien, Nordamerika. Für die Entwicklung der Flora sind einige A. besonders bedeutsam, so das **bipolare A.** als Verbreitungsgebiet von Pflanzen, die in höheren Breiten beider Halbkugeln vorkommen, im Äquatorialgebiet aber fehlen, z. B. die Gattungen *Viola* (Veilchen), *Papaver* (Mohn), *Empetrum* (Krähenbeere), *Fagus* (Buche), oder das **pantropische A.,** das die Tropen umschließt und für das z. B. die Familien *Gesneriaceae, Ebenaceae* (Ebenholzgewächse), *Moraceae* (Maulbeergewächse) und *Cycadaceae* (Palmfarne) charakteristisch sind.

Die A. werden nach Größe, Form und geographischer Lage unterschieden und zu **Arealtypen** zusammengefaßt. Danach läßt sich ein weltweit verwendbares Ordnungssystem aufbauen, das an die Florenreiche (→ Flora) anknüpft (Meusel 1943, 1965). Das Holarktische Florenreich wird z. B. in folgende Gürtel von Arealtypen unterteilt: 1) arktisch-alpiner, 2) boreal-montaner, 3) boreo-meridional-montaner, 4) meridional-kolliner Arealgürtel. Durch den Übergang von maritimer zu kontinentaler Klimaausbildung wird eine ost-westliche Differenzierung der A. bewirkt. Durch

Arealtypen läßt sich die am Aufbau eines Gebietes beteiligte Vegetation kennzeichnen.

arheisch, → abflußlose Gebiete.

arid, trocken; ein a. Klima ist ein Klimatyp, in dem die mögliche jährliche Verdunstung größer ist als die Summe der jährlichen Niederschläge. Die Grenze der a. Gebiete gegen die humiden Gebiete wird durch die → Trockengrenze gebildet, an der Verdunstung und Niederschlag einander gleich sind. Morphologisch sind die a. Gebiete dadurch gekennzeichnet, daß die Tätigkeit des fließenden Wassers gegenüber der des Windes in den Hintergrund tritt, physiognomisch sind sie gekennzeichnet durch das Zurücktreten des Pflanzenkleides und die Vorherrschaft nackten, oft schuttbedeckten und mit Krusten überzogenen Bodens. Mit Ausnahme von Fremdlingsflüssen sind keine Dauerflüsse vorhanden.

Als *vollarid* bezeichnet man Gebiete, die dauernd a. Verhältnisse und meist unter 100 mm Jahresniederschlag aufweisen, als *halbarid* oder *semiarid* solche Gebiete, in denen im Durchschnitt des Jahres die Verdunstung die Niederschläge wohl übersteigt, in weniger als der Hälfte der Monate jedoch die Niederschlagsmenge größer sein kann als die mögliche Verdunstung. Zu den vollariden Gebieten rechnen vor allem die Kernwüsten (z. B. Namib, Atacama, Teile der Sahara), zu den semiariden die Steppen und Wüstensteppen der tropischen und subtropischen Zone.

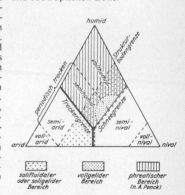

Klimadiagramm (nach C. Troll aus Blüthgen)

Aridität, das Maß für das Feuchtigkeitsdefizit, das entsteht, wenn die Verdunstung größer ist als die Niederschlagssumme. Der *Ariditätsfaktor* ist ein klimatologischer Index für die Trockenheit, bei dem die Jahresschwankung von Temperatur und Niederschlag sowie die geographische Breite des Beobachtungsortes berücksichtigt werden. Die Formel lautet:
$A = {}^{1}/_{3} \operatorname{cosec} \varphi \, (T_x - T_n) \cdot (J_x - J_n)/J_m$; dabei ist φ die geographische

Breite, $(T_x - T_n)$ die mittlere jährliche Temperaturschwankung (Unterschied zwischen wärmstem und kältestem Monat), $(J_x - J_n)$ die mittlere jährliche Niederschlagsschwankung und J_m die mittlere Menge des Jahresniederschlags.
Als *Ariditätsindex (Trockenheitsindex)* bezeichnet der französische Geograph de Martonne eine Klimazahl, bei der Temperatur T und Niederschlag N miteinander verknüpft werden, um den Grad der Trockenheit quantitativ anzugeben: $I = \dfrac{N}{T + 10}$. In der von E. Reichel verbesserten Formel gilt:
$A = \dfrac{N}{T + 10} \cdot \dfrac{\text{Zahl der Niederschlagstage}}{180}$, wobei sowohl Jahres- als auch Monatswerte berechnet werden können (180 ist die mittlere Zahl der jährlichen Niederschlagstage in Mitteleuropa). Auch das Verhältnis mögliche Verdunstung zu mittlerer Niederschlagsmenge wird als Ariditätsindex bezeichnet.
Arkose, eine Art Sandstein, die Feldspat und Glimmer enthält; wohl meistens im ariden Klima durch unvollständige Verwitterung aus Graniten und Gneisen entstanden. Dementsprechend herrscht auch keine strenge Sortierung der Korngrößen. A. treten im Rotliegenden und Buntsandstein der Oberpfalz und Thüringens auf.
Arktikfront, → Arktikluft.
Arktikluft, *arktische Kaltluft*, Abk. P_A, für unser Wettergeschehen wichtige Luftmasse, die sich im Gebiet der Arktis bildet und oft auf der Rückseite von Strömungen nach Süden bis nach Mitteleuropa, bisweilen bis ins Mittelmeer vorstößt. Die Grenzfläche zwischen der A. und den Luftmassen der gemäßigten Breiten bezeichnet man als *Arktikfront*. Die für Mitteleuropa wetterbestimmende A. entsteht entweder im Raume zwischen Grönland und der östlich davon gelegenen Insel Jan Mayen (*maritime A.*, Abk. mP_A) oder bei Nowaja Semlja (*kontinentale A.*, Abk. cP_A). Die mP_A bringt die kalten Nordwest-Wetterlagen (Spätfröste), cP_A ist für die winterlichen Hochdrucklagen und größere Kälte mit verantwortlich.
Arktis, *Nordpolargebiet*, die den Nordpol umgebenden Land- und Meergebiete. Die A. ist mathematisch durch den nördlichen Polarkreis, biogeographisch durch die nördliche Waldgrenze begrenzt. Vielfach wird diese arktische oder Polarzone noch untergliedert in den vom Frost dauernd beherrschten Teil, der kaum Leben aufweist, und den im Sommer wenigstens oberflächlich auftauenden Randsaum, die **Subarktis**, die von der Tundra eingenommen wird.
arktisch-altaisch-alpine Arten, die Pflanzenarten, die außer in den eurasiatischen Hochgebirgen auch in der Arktis vorkommen, z. B. Alpenrispengras (*Poa alpina*) und Bergaster (*Aster alpinus*). Es handelt sich ausnahmslos um Gräser, Kräuter und Zwergstauden. Möglicherweise hat während der Eiszeit ein geschlossenes Verbreitungsgebiet bestanden, das mit der nacheiszeitlichen Klimaverbesserung in die Reliktgebiete der heutigen disjunkten Areale aufgelöst wurde.
arktische Böden, *arktische* und *alpine Rohböden*, *Ramark*, Böden der alpinen und arktischen Kältewüsten, die als Rohböden nur mit Einschränkung der Bodendefinition entsprechen. Die physikalische Verwitterung, besonders die Frostverwitterung, dominiert. Das führt in Abhängigkeit von Relief, Substrat, Bodenwasserverhältnissen, Vegetationsbesatz und Zeit zur Ausbildung verschiedenartiger Frostböden, wie Struktur- oder Frostmusterböden (Steinringböden oder Steinpolygone, Streifen- oder Girlandenböden), Eiskeilböden oder Eiskeilpolygone, kryoturbate Böden (Würge- und Taschenböden), Tropfenböden und arktische Vegetationsböden (Höcker, Hügel- oder Buckelwiesen, Thufur, Palsen, Ring- und Strangmoore).
arktotertiäre Flora, die im Pliozän, dem jüngsten Abschnitt des Tertiärs, ziemlich gleichmäßig über die gesamte gemäßigte Zone der Nordhalbkugel verbreitete Pflanzenwelt. Sie mußte vor dem Inlandeis des Pleistozäns südwärts ausweichen und konnte sich nur in Ostasien, das von der Eiszeit verschont blieb, unverändert erhalten. In Nordamerika wurde sie nach Süden verdrängt und wanderte später wieder zu ihren ehemaligen Standorten zurück. In Mitteleuropa wurde die a. F. jedoch zwischen den nordischen und alpinen Vereisungsgebieten weitgehend dezimiert und ist daher hier heute sehr artenarm.
Armorikanisches Gebirge [nach Armorica, dem lateinischen Namen der Bretagne], der Zweig des variszischen Gebirgssystems, der sich vom Französischen Zentralplateau über die Bretagne, Cornwall und Südirland erstreckte.
Artmächtigkeit, analytisches Merkmal zur Kennzeichnung eines Pflanzenbestandes. Die A. ist eine Kombination von Abundanz und Dominanz und spielt bei Vegetationsaufnahmen eine Rolle. Nach Braun-Blanquet wird die A. in einer siebenteiligen Skala wiedergegeben:

r äußerst spärlich, sehr geringer Deckungswert

+ spärlich, geringer Deckungswert

1 reichlich, aber mit geringem Deckungswert

2 sehr zahlreich, mindestens $^1/_{20}$ der Aufnahmefläche deckend

3 25 bis 50% der Aufnahmefläche deckend, Individuenzahl beliebig

4 50 bis 75% deckend, Individuenzahl beliebig

5 mehr als 75% deckend, Individuenzahl beliebig.

Aryk m, Bewässerungskanal in Turkestan.
Asche, *vulkanische A.*, das bei Vulkanausbrüchen geförderte Lockermaterial bis zu Sandgröße, das aus zerspratztem Magma besteht. Aus dem dicht niederfallenden **Aschenregen** bilden sich **Aschenkegel** und **Aschendecken** oder an Hängen **Aschenströme**. Vermischt sich die A. mit Regenwasser, entstehen Schlammströme. Verfestigte A. bildet *Aschentuffe*. Feine A. können in großer Höhe vom Wind über weite Teile der Erde hin verweht werden.
Aschenboden, svw. Podsol.
Aspekt, in der Pflanzengeographie das mit der Jahreszeit wechselnde Aussehen einer Pflanzengesellschaft, hervorgerufen dadurch, daß die beteiligten Arten zu verschiedenen Zeiten austreiben, blühen, fruchten und z. T. ihre oberirdischen Teile wieder abbauen. Durch wiederholte Bestandsaufnahme erhält man eine *Aspektfolge*.
Aspirationspsychrometer, nach dem Konstrukteur, dem Meteorologen R. Aßmann (1845-1918), meist kurz *Aßmann* genannt, ein Instrument zur Bestimmung der Luftfeuchtigkeit aus den Angaben eines trockenen und eines befeuchteten Thermometers, die beide durch eine Ventilationseinrichtung einem gleichmäßigen Luftstrom ausgesetzt werden und gegen direkte Einstrahlung geschützt sind. Dabei wird die zur Verdunstung benötigte Wärmemenge dem benetzten Thermometer entzogen, dessen Temperatur absinkt, bis Gleichgewicht zwischen Wärmeabgabe und Wärmezufuhr eintritt. Der Unterschied der Ablesung des trockenen und feuchten Thermometers, die psychrometrische Differenz, ist proportional der stattfindenden Verdunstung und damit dem Sättigungsdefizit der Luft. Die psychrometrische Differenz ist um so größer, je mehr Wasser verdunsten kann. Daher lassen sich aus den Angaben des A. mittels der Psychrometerformel unmittelbar der Dampfdruck und die Luftfeuchte errechnen.
Asti-Stufe, → Tertiär, Tab.
astronomische Einheit, Kurzz. *AE*, ein astronomisches Längenmaß für Entfernungsangaben innerhalb des Sonnensystems. 1 AE entspricht der mittleren Entfernung der Erde von der Sonne. 1 AE = 149 600 000 km.
astronomische Koordinatensysteme, in der Himmelskugel gedachte Koordinatensysteme zur Bestimmung der Örter von Gestirnen, also sphärische Orientierungssysteme. Wie ein Ort auf der Erdoberfläche durch Angabe zweier Winkel, seiner geographischen Länge und Breite, bestimmt wird, kann auch der scheinbare Ort eines Gestirns an der Himmelskugel durch zwei Winkelkoordinaten, die sphärischen Koordinaten, festgelegt werden.

Die Himmelskugel als mathematische Hilfsgröße kann einen beliebig großen, also auch unendlich großen Radius haben. Man denkt sich die Gestirne vom Beobachtungspunkt (Erdmittelpunkt) aus an die Himmelskugel projiziert.

Es gibt verschiedene a. K.:

1) Im *Horizontalsystem (Azimutsystem)* wird als Grundebene eine Ebene senkrecht zur Richtung der Schwerkraft im Beobachtungspunkt B gewählt, die Horizontalebene. Sie schneidet die Himmelskugel im Horizont. Anfangspunkt für die Zählung der einen Koordinate, des Azimuts A, ist der Südpunkt S. Das *Azimut* ist gleich dem Winkel zwischen Südpunkt und dem Schnittpunkt F des Vertikalkreises des Gestirns G mit dem Horizont. Das Azimut wird vom Südpunkt über Westpunkt W, Nordpunkt N und Ostpunkt O von 0 bis 360° gezählt. Als *Vertikalkreise* bezeichnet man alle größten Kreise senkrecht zum Horizont, die also durch Zenit Z und Nadir Na gehen. Auf dem Vertikalkreis wird die andere Koordinate, die Höhe h, vom Horizont aus in Grad gemessen, in Richtung zum Zenit hin positiv, in Richtung zum Nadir, dem Gegenpunkt des Zenits, negativ. Statt der Höhe wird auch die Zenitdistanz $z = 90° - h$ verwendet. Der durch den Ost- und Westpunkt gehende Vertikalkreis wird auch als *Erster Vertikal* bezeichnet.

2) Im *Äquatorialsystem* wird als Grundebene die Ebene des Erdäquators gewählt. Leitpunkte können zwei verschiedene Punkte sein. a) Im *Stundenwinkelsystem (festes Äquatorialsystem)* ist es der Schnittpunkt des *Himmelsäquators* mit dem *Himmelsmeridian*. Die eine Koordinate ist der Winkel zwischen diesem Punkt und dem Schnittpunkt des Stundenkreises F des Gestirns mit dem Himmelsäquator, der *Stundenwinkel* τ; er wird in Richtung der täglichen Bewegung der Gestirns in Stunden, Minuten und Sekunden von 0 bis 24 h gezählt. *Stundenkreise* sind alle größten Kreise senkrecht zum Himmelsäquator. Die andere Koordinate ist die *Deklination* δ; sie wird auf dem Stundenkreis des Gestirns vom Himmelsäquator aus von 0 bis 90° gemessen, und zwar in Richtung zum Nordpol des Himmels positiv, zum Südpol negativ. Statt der Deklination wird auch die Poldistanz $d = 90° - \delta$ verwendet. Außer der Angabe der beiden Koordinaten Stundenwinkel und Deklination ist beim Stundenwinkelsystem die Angabe von Beobachtungsort und -zeit notwendig, da die Koordinaten davon abhängen. b) Im *Rektaszensionssystem (bewegliches Äquatorialsystem)* wird anstelle des Schnittpunktes Himmelsäquator/Himmelsmeridian der Frühlingspunkt r zum Leitpunkt. Als Koordinate gilt der Winkel zwischen diesem Punkt und dem Schnittpunkt F des Stundenkreises des Gestirns mit dem Himmelsäquator, die *Rektaszension (gerade Aufsteigung)* α; sie wird entgegengesetzt der täglichen Bewegung der Gestirne in Stunden, Minuten und Sekunden gezählt. Als zweite Koordinate wird wieder die Deklination benutzt. Beim Rektaszensionssystem sind beide Koordinaten unabhängig von Beobachtungszeit und -ort; sie dienen daher als Grundlagen für Ortsangaben von Sternen in Sternkatalogen und -karten.

3) Andere a. K., das Eklipticalsystem und das galaktische System, sind für die Geographie ohne Bedeutung.

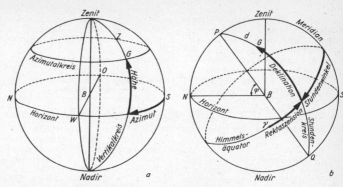

Astronomische Koordinatensysteme: *a* Horizontalsystem, *b* Äquatorialsystem

Ästuar n, **Trichtermündung**, unter dem Einfluß der Gezeitenströme trichterförmig erweiterte Flußmündung an Küsten mit starken Gezeiten. Ein Ä. haben z. B. Elbe, Themse, St.-Lorenz-Strom.

Asymmetrie, 1) A. der Täler, die häufig anzutreffende Erscheinung, daß der Talquerschnitt ungleichseitig ist, d. h., daß die Hänge verschieden starke Böschung aufweisen. Bei regelhafter Ordnung der A. spricht man von *systematischer Talasymmetrie*. A. der Täler läßt sich auf verschiedene Weise erklären. a) Tektonische Ursachen können zur Schrägstellung von Schollen und dazu führen, daß der Fluß nach der weniger gehobenen Seite hin drängt, die damit stark unterschnitten wird; b) durch die Gesteinslagerung bedingt, kann der Fluß beim Einschneiden auf quer zur Flußrichtung einfallende Schichten abgleiten. Die steilere Talseite wird von den Schichtköpfen gebildet, die flachere Talseite schneidet die Schichtflächen in spitzem Winkel (Monoklinal- oder Isoklinaltäler); c) in periglazialen Gebieten sind die Süd- bzw. Südwesthänge in der Regel steiler. Obwohl verschiedene Faktoren wirksam sind, dürfte die raschere Abtrocknung des Sonnenhanges die Hauptursache sein, da der Schattenhang gleichzeitig noch in stärkerem Maße der abflachenden Solifluktion ausgesetzt ist; d) auch die Ablenkungskraft der Erdrotation (→ Baersches Gesetz) wird mit als Ursache für die A. der Täler angesehen; e) sind die beiden Talhänge aus verschiedenen Gesteinen aufgebaut, so ist der aus weniger widerständigem Gestein gebildete Hang flacher als der gegenüberliegende, doch liegt hier keine systematische A. vor.

A. der Flußgebiete ist meist darauf zurückzuführen, daß durch tektonische Ursachen die Nebenflüsse der einen Seite einem zum benachbarten Einzugsgebiet gehörigen Fluß tributär geworden sind.

2) A. der Vegetationszonen beider Hemisphären, von C. Troll dargelegte Erscheinung, die neben florengenetischen Beziehungen auf der größeren Kontinentalität der Nordhemisphäre und der ausgeprägten Ozeanität der Südhemisphäre beruht.

Atlantikum, mittlerer Teil der nacheiszeitlichen Wärmezeit (mittlere Wärmezeit) mit ozeanischem Klima in Mitteleuropa, gekennzeichnet durch die breite Entfaltung von Eichenmischwäldern, daher auch *Eichenmischwaldzeit* (Abk. *EMW*) genannt. Neben der Eiche treten auch Linde, Erle und Fichte auf. Die Kiefer tritt stärker zurück. Später kommt die Esche auf, die Hasel erreicht ein zweites Maximum gegen Ende des A., und auch Rotbuche und Tanne erscheinen. Moorbildung ist häufig. Das A. kann von etwa 5500 bis 2500 v. u. Z. gerechnet werden, es entspricht daher dem Ende des Ancyluszeit und dem Hauptteil der Litorinazeit. In das A. fällt der Hauptteil der mittleren Steinzeit (Mesolithikum) und der Beginn der jüngeren Steinzeit (Neolithikum). Aus dem späteren A. stammen die ersten Getreidepollen. In der Nordsee findet die Flandrische Transgression statt (vgl. Übersicht S. 523).

atlantisch, 1) im Umkreis des Atlantischen Ozeans vorkommend oder von ihm beeinflußt, z. B. a. Zwergstrauchheide, a. Buchenwald.

2) dem → Atlantikum angehörig.

atlantische Gesteinssippe, Alkaligesteine, alkalireiche Magmagesteine, die nach Gebirgsbildung in Gebieten mit Bruchbildung emporsteigen. Sie finden sich überwiegend in den Schollenländern Eurasiens, Afrikas, Australiens und Nord- und Südamerikas.

Atlas, *Plur.* Atlanten, im allgemeinen eine systematische Folge von graphischen und/oder Bildtafeln meist in Buchform. In der speziellen Form als *geographischer A.* gilt neben der systematischen Folge von Karten (kartographischen Darstellungen) die Ganzheitlichkeit im Sinne einer Vollständigkeit und inneren Einheitlichkeit als wichtigste Eigenschaft und als Abgrenzungskriterium gegenüber beliebigen Kartenserien und Kartenfolgen. Wichtigste Klassifizierungsmerkmale sind 1) das dargestellte Territorium, 2) der thematisch bestimmte Inhalt und 3) die nutzerorientierte Zweckbestimmung.
Unter 1) werden den Weltatlanten bzw. Erdatlanten die Regionalatlanten gegenübergestellt, bei denen sich nach der territorialen Reichweite Stadtatlanten, Gebietsatlanten (auch Regionalatlanten im engeren Sinne), Länderatlanten mit ihrer spezifischen Form, den meist repräsentativen Nationalatlanten, und die Großraumatlanten, die mehrere Staaten, Subkontinente und Kontinente bzw. einzelne Ozeane umfassen, unterscheiden lassen.
Unter 2) lassen sich die monothematischen A. (Fachatlanten), die teilkomplexen A., z. B. physische bzw. physisch-geographische, Wirtschaftsbzw. sozialökonomische, Verkehrs-, Geschichtsatlanten, und die komplexen A., die wegen ihrer Stofffülle notwendigerweise regional begrenzt sein müssen (komplexer Regionalatlas) und Darstellungen zu allen wesentlichen Elementen der geographischen Wirklichkeit enthalten sollen, unterscheiden. Topographische A. bestehen ausschließlich aus topographischen Karten meist nur eines Maßstabes, die umfänglichen und großformatigen Handatlanten meist überwiegend aus einem Gestalttyp → chorographischer Karten.
Zu 3) zählen die allgemeinbildenden A., die auch als allgemeine Nachschlageatlanten bezeichnet werden, die Schulatlanten (Schulweltatlanten, Schulländeratlanten und Heimatatlanten), die aus der Verbindung vollständiger, aber kleinmaßstäbiger Übersichtskarten und des Prinzips des Exemplarischen thematisch vielseitige Darstellungen beinhalten, des weiteren die wissenschaftlichen Fachatlanten sowie die auf spezielle Nutzer ausgerichteten Touristenatlanten, Planungsatlanten, Militäratlanten u. a.
A. sind aus der Sicht der Informations- und Kommunikationstheorie hochkomprimierte Wissensspeicher für alle Arten territorialer Informationen.

In zunehmendem Maße werden A. durch andere Formen von → Abbildungen, wie Bilder (Landschafts-, Luft- und Satellitenbilder), graphische Darstellungen, Statistik- und Textteile zum illustrierten bzw. Universalatlas ergänzt.
→ Fachatlas, → Handatlas, → Heimatatlas, → Nationalatlas.
Als Vorläufer der modernen A. sind die zahlreichen Ptolemäus-Ausgaben des 15. und 16. Jh. zu betrachten. Die Bezeichnung A. verwendet erstmals Mercator 1595, nachdem schon einige Jahrzehnte früher ähnliche Kartenbände unter anderem Titel (z. B. Ortelius „Theatrum orbis terrarum", 1570) erschienen waren. Die Atlantenproduktion hat sich seitdem ständig erhöht. Nach dem 2. Weltkrieg ist die Zahl der Atlantenherausgaben sprunghaft gestiegen. Bisher existieren neben vielen hundert Weltatlanten mehr als 2000 Regionalatlanten (ohne Straßenatlanten), darunter über 400 Komplex- und Nationalatlanten, fast 500 teilkomplexe und Planungsatlanten und über 500 wissenschaftliche Fachatlanten, von den über 50% zwischen 1961 und 1975 und fast 25% zwischen 1946 und 1960 erschienen sind.

Atmosphäre, die in ihren unteren Teilen an der Rotation teilnehmende Lufthülle der Erde, ein verhältnismäßig dünnes Gemisch von Gasen, das im Schwerefeld der Erde festgehalten wird. Die Dichte dieser *inneren A.* nimmt nach oben rasch ab. Unter Normaldruck, d. h. bei einem Luftdruck von 1013 Millibar, beträgt die Dichte 1,293 kg/m³ bei 0 °C; ein Liter Luft wiegt in diesem Fall 1,293 g, in 2000 m Höhe nur noch etwa 1 g, in 5000 m Höhe 0,73 g. Besäße die Lufthülle der Erde in allen Höhen die gleiche Dichte von 1,293 g/l, dann würde diese homogene A. nur eine Höhe von 8 km erreichen. Bereits in den unteren 20 km der A. sind aber $9/10$ der Gesamtmasse enthalten, die 5,3 · 10^{18} kg, d. i. weniger als der millionste Teil der Masse der gesamten Erde (6 · 10^{24} kg), berechnet wurde.
Die chemische Zusammensetzung der A. ist in den unteren 20 km annähernd konstant. Die wesentlichsten Gase sind Stickstoff (78,08%), Sauerstoff (20,95%), Argon (0,93%), Kohlendioxid (0,03%). Dazu kommen noch geringe Mengen der Edelgase Neon, Krypton, Helium und Xenon sowie Wasserstoff, Ozon, Ammoniak und Wasserstoffperoxid. Außerdem enthält die Luft besonders in ihren unteren Schichten zeitlich und örtlich stark wechselnde Anteile an Wasserdampf, der bei den Wettervorgängen in die feste und flüssige Phase übergehen kann, sowie andere feste und gasförmige Beimengungen (Staub, Salze, Industrieabgase u. ä.).
Der Gehalt an Kohlendioxid schwankt sehr, da dieses Gas von Pflanzen ver-

braucht und bei allen menschlichen und tierischen Lebensvorgängen erzeugt wird. Auch der Gehalt an Ozon schwankt wetterbedingt.
Wegen der nur unbedeutenden Entmischung rechnet man bis 120 km die *Homosphäre.* Darüber folgt die stark entmischte *Heterosphäre.* In etwa 300 km Höhe herrscht atomarer Sauerstoff vor, in 600 bis 1200 km Höhe Helium, in 1200 bis 2000 km Höhe Wasserstoff.
Die Luft, insbesondere der in ihr enthaltene Sauerstoff, ist für die Entfaltung des Lebens von grundlegender Wichtigkeit. Neben ihrer Beteiligung am Stoffwechsel der Organismen bildet sie einen wirksamen Schutz gegen Meteoriten, kurzwellige Sonnenstrahlung und Teilchenstrahlung. Durch ihre Fähigkeit, Strahlungsenergie (→ Strahlung) zu speichern und durch Strömungen zu verteilen, löst sie die Wettererscheinungen aus und bewirkt die klimatische Differenzierung der Erde, die sich in der Ausprägung der Landschaftsgürtel äußert.
Die Einteilung der Gesamtatmosphäre wird heute vereinbarungsgemäß vorgenommen. Dabei unterscheidet man zwischen der *A. im engeren Sinne,* die die Troposphäre umfaßt und besonders eingehend erforscht ist, und der *Hochatmosphäre,* die die Stratosphäre, die Mesosphäre, die Ionosphäre oder Thermosphäre und die Exosphäre umfaßt.
1) Die *Troposphäre* ist die über der Erdoberfläche liegende unterste Schicht. Sie reicht bis durchschnittlich 8 km Höhe an den Polen und 17 km am Äquator und ist durch ihren Gehalt an Luftfeuchtigkeit charakterisiert. In ihr spielen sich das gesamte Wettergeschehen (→ Wetter) und die → atmosphärische Zirkulation ab. Die Luft wird in der Troposphäre nicht wie in den höheren Bereichen der A. durch Absorption der Sonnenstrahlen, sondern durch die Wärmeausstrahlung der Erde erwärmt (→ Strahlung). Da die untersten Luftschichten dabei am stärksten erwärmt werden, nimmt die Lufttemperatur innerhalb der Troposphäre nach oben um etwa 6,5 K je km ab und erreicht an der Obergrenze der Troposphäre rund -50 °C. Die Troposphäre wird wieder untergliedert in eine *Bodenschicht,* den Lebensbereich der meisten Pflanzen, in dem sich das Mikroklima ausbildet. Sie rechnet nur bis etwa 2 m Höhe. Die darüber folgende *Grundschicht* steht ebenfalls noch stark unter dem Einfluß der Erdoberfläche; charakteristisch für sie ist die Konvektion, der senkrechte Transport von Luftmassen. Meist setzt sie in 1000 bis 2500 m, zeitweilig auch in noch größerer Höhe mit einer als *Peplopause* bezeichneten Inversion gegen die Advektionsschicht ab, die durch den waagerechten Transport von Luftmassen für den

Höhe (km) (log.Teilung)	Temperatur und Zirkulationsprozesse	Struktur des Gases	Ionisierung	Einfluß des irdischen Magnetfeldes	Gravitationswirkung der Erde
100000km				(130-40 Erdradien auf der sonnenabgewandten Seite der Erde)	
10000km		Heterosphäre	Protonosphäre	-----20000----- äuß.Van-Allen-Gürtel -----14000-----	Exosphäre
1000km	Thermosphäre		-----1000km----- G-Schicht F_1,F_2-Schicht Ionosphäre $E_1 E_2 E_3$-Schicht	-----6500----- innerer Van-Allen-Gürtel -----800-----	
100km	85km Mesosphäre 50km Stratosphäre Ozonschicht 12km	-----120km----- Homosphäre	D-Schicht -----65km-----	-----150km-----	(variabel nach Gasart,Temperatur,Dichte ab 450km)
10km					
0km	Tropopause Troposphäre Advektionsschicht Peplopause Grundschicht Bodenschicht		Neutrosphäre		

Gliederung der Atmosphäre nach verschiedenen Gesichtspunkten

Wetterablauf entscheidend ist. Die oberste Schicht der Troposphäre wird als *Tropopause* oder obere *Inversion* bezeichnet, bisweilen auch als *Substratosphäre*, da sie unmittelbar an die Stratosphäre grenzt. Sie ist von wechselnder Mächtigkeit und enthält oft mehrere Inversionen. Ihre Schwankungen stehen in engem Zusammenhang mit den Wettervorgängen der tieferen Luftschichten.

2) Die *Stratosphäre* reicht von etwa 10 bis 30 km Höhe. Sie enthält fast keine Luftfeuchtigkeit mehr, so daß sich in ihr auch kaum Wolken bilden können. Die Temperatur liegt in allen Höhen ziemlich gleichmäßig bei -50 bis $-70\,°C$, man spricht man auch von *isothermer Schicht*. Die obere Begrenzung bildet die *Stratopause*. Von der Vorstellung, die Wettervorgänge würden von der Stratosphäre „gesteuert", ist man heute abgekommen. Man hat festgestellt, daß der Raum, in dem sich die wetterbestimmenden Vorgänge abspielen, der → Jet, die Zone der maximalen Windstärken, im obersten Teil der Troposphäre liegt.

3) Die *Mesosphäre* erstreckt sich zwischen 30 und 80 km Höhe. In ihrem unteren Teil, der bis etwa 50 km Höhe reicht, steigt die Temperatur auf über $50\,°C$ an, da hier eine Ozonschicht einen Teil der Sonnenstrahlung in Wärme umsetzt. In der darüberliegenden „oberen Durchmischungsschicht" zwischen 50 und 80 km Höhe sinkt die Temperatur wieder auf $-80\,°C$ ab. Die obere Grenze der Mesosphäre wird als *Mesopause* bezeichnet und bildet eine der markantesten Sperrschichten der A. Die in noch größeren Höhen auftretenden Polarlichter finden hier ihre untere Begrenzung. In hohe Schichten der A. emporgeschleuderte vulkanische Aschen bleiben in der Mesopausenschicht oft lange Zeit als leuchtende Nachtwolken sichtbar. In der Mesosphäre herrschen meist westliche Luftströmungen vor.

4) Die *Ionosphäre*, heute auch als *Thermosphäre* bezeichnet, erstreckt sich von 80 bis mindestens 500 km Höhe. In ihr spielen sich bedeutsame elektrische Vorgänge ab. Die A. weist hier wieder positive Temperaturen auf, die in den obersten Schichten der Ionosphäre wahrscheinlich auf $1200\,°C$ ansteigen. Es muß aber berücksichtigt werden, daß die Materie in diesen Höhen sehr dünn verteilt ist und der thermodynamische Temperaturbegriff daher keine Gültigkeit mehr hat. Die in der Thermosphäre schichtweise sehr starke elektrische Leitfähigkeit (Ionisierung) wird durch die Sonnenstrahlung hervorgerufen. In der bis etwa 65 km reichenden *Neutrosphäre* reicht die Energie der Sonnenstrahlung zur Ionisierung nicht aus. Mit zunehmender Höhe steigt die Ionenkonzentration von etwa 100 Ionen je cm^3 in 65 km auf mehrere Millionen Ionen je cm^3 in 200 bis 300 km Höhe. Die Ionosphäre reicht bis etwa 1000 km Höhe. Ihr oberster Bereich wird als *Protonosphäre* bezeichnet, da hier Protonen im Magnetfeld der Erde konzentriert sind.

Man unterscheidet folgende Ionosphärenschichten: a) *D-Schicht* in einer Höhe von etwa 80 km, nur am Tag vorhanden; b) *E-Schichten* in einer Höhe von etwa 100 bis 180 km, eingeteilt in E_1-Schicht (regelmäßig vorhanden, tags stärker als nachts), E_2-Schicht (gelegentlich vorhanden, vor allem im Winter) und „sporadische" E_s-Schicht (im Sommer häufiger vorhanden als im Winter, am Tage stärker als nachts); c) *F-Schichten* in einer Höhe von etwa 180 bis 400 km, eingeteilt in F_1-Schicht und die darüberliegende F_2-Schicht. Die F_1-Schicht zeigt nur tagsüber ein eigenes Ionisationsmaximum; in Breiten über 35° fehlt sie im Winter auch tagsüber, in der Nacht fällt sie mit der F_2-Schicht zusammen. In den F-Schichten wird atomarer Sauerstoff O und molekularer Stickstoff N_2 ionisiert; d) *G-Schicht* in einer Höhe von etwa 400 bis 800 km, die nur beobachtet werden kann, wenn die F_2-Schicht, die eine höhere Elektronendichte aufweist, gestört ist.

Die Ionosphäre ermöglicht einen Funkverkehr um die Erde, da sie die Ausbreitung der Radiowellen in den Weltraum hindert und diese leitet oder reflektiert.

5) In Höhen über 500 km beginnt die *Exosphäre*, auch als *äußere A.* bezeichnet. Hier wird die Ordnung der äußerst dünnen Materie maßgeblich von elektromagnetischen Prozessen bestimmt, die von der Sonne angeregt werden. Daher spricht man auch von der *Magnetosphäre*. Sie umfaßt die *Strahlungsgürtel der Erde*, auch *Van-Allen-Gürtel* genannt. Der innere Strahlungsgürtel beginnt über dem Äquator bereits in 700 km und reicht bis 6500 km Höhe. Er erstreckt sich bis ungefähr 40° beiderseits des Äquators und besteht überwiegend aus Protonen von 20 bis 100 MeV. Der mittlere Strahlungsgürtel besteht aus Elektronen von über 40 keV und ist während magnetischer Störungen besonders ausgeprägt. Der äußerste Strahlungsgürtel, ebenfalls aus Elektronen von über 40 keV des Sonnenplasmas zusammengesetzt, liegt zwischen 14000 und 20000 km Höhe und erstreckt sich weiter polwärts als die inneren Gürtel. Ein als *Sonnenwind* bezeichneter Strom von Protonen und Elektronen von der Sonne von 400 bis 700 km/s Geschwindigkeit drückt die Magnetosphäre auf der der Sonne zugekehrten Seite auf etwa drei Erdradien zusammen, während auf der Nachtseite der Erde sich ein Schweif der Magnetosphäre bis 50 bis 70 Erdradien in den interplanetaren Raum erstreckt.

Atmosphärilien, Sammelbegriff für die chemisch und physikalisch wirksamen Bestandteile der atmosphärischen Luft, wie Sauerstoff, Ozon, Kohlendioxid, Ammoniak, Salpetersäure, salpetrige Säure, vor allem auch Wasser in seinen verschiedenen Erscheinungsformen. Die A. spielen bei der Verwitterung der Gesteine eine große Rolle.

atmosphärische Zirkulation, die Gesamtheit der die Erde umspannenden Bewegungen der Luft in der Atmosphäre. Sie ist begründet in den Wärmeunterschieden, die primär durch die ungleiche Verteilung der Sonnenstrahlung auf der Oberfläche der Erdkugel, sekundär durch das unter-

schiedliche thermische Verhalten von Land und Meer entstehen und sich in Druckunterschieden auswirken. Die dadurch ausgelösten Luftmassenbewegungen unterliegen der Ablenkung durch die Corioliskraft. Außerdem transportieren sie, wie in großem Maße auch die Meeresströmungen, große Wärmemengen aus niederen in höhere Breiten und tragen dadurch wiederum zu Modifikationen des Druckfeldes bei. So entsteht ein charakteristisches, die gesamte Erde umspannendes Druck- und Windsystem. Dieses *planetarische Windsystem* hat folgende Hauptglieder:
1) Der außertropische Westwindgürtel, zwischen 35° und 65° Breite, wird beherrscht durch den sich ständig verlagernden und mehrfach aufgespaltenen → Jet, in dem die thermischen Gegensätze zwischen polaren und tropischen Gebieten in der Bildung von Frontalzonen zum Ausdruck kommen. Hier wandern zu allen Jahreszeiten Tiefdruckgebiete mit ihren Fronten von West nach Ost und bringen Niederschläge. Besonders klar ausgeprägt ist dieser Windgürtel infolge des Fehlens größerer Landmassen auf der Südhalbkugel im Bereich der „Braven Westwinde".
2) Über den Polarkappen liegen kalte Luftmassen, die hohen Luftdruck bedingen. Sie werden beim Abfließen nach Westen abgelenkt und bilden das Gebiet der polaren Ostwindregimes. Diese Ostwinde münden in die wandernden Tiefdruckgebiete der Arktikfront ein.
3) Das tropische Windsystem wird durch eine östliche Höhenströmung, den Urpassat, beherrscht. Das Ursprungsgebiet der Passate liegt in den subtropischen Hochdruckzellen zwischen 30° und 40° Breite, die sich über den Ozeanen das ganze Jahr herausbilden. Es sind die → Roßbreiten, in denen absteigende Luftbewegung herrscht. Über den Kontinenten wird der subtropische Hochdruckgürtel jeweils im Sommer infolge der starken Erwärmung der Landmassen unterbrochen. In der Grundschicht der Atmosphäre erfahren die Passate eine reibungsbedingte Ablenkung und erscheinen auf der Nordhalbkugel als beständige Nordostwinde (Nordostpassat), auf der Südhalbkugel als Südostwinde (Südostpassat). Zwischen den Passatgebieten entsteht durch die Konvergenz der Passatströmungen eine aufsteigende Luftbewegung, die zu starker Wolkenbildung und heftigen Niederschlägen (tropische Zenitalregen), an der Erdoberfläche selbst zu häufigen Windstillen (Kalmen) und schwach umlaufenden Winden (Mallungen) führt. Diese Innertropische Konvergenz (ITC) fällt mit der Äquatorialen Tiefdruckfurche zusammen und liegt im Mittel wenige Grade nördlich des Äquators.

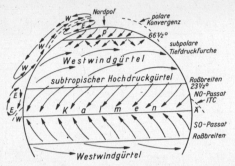

Schema des planetarischen Luftdruck- und Windsystems; links außen Querschnitt durch die Lufthülle, *E* Ostwinde, *W* Westwinde, *ITC* Innertropische Konvergenz, *p* polare Ostwindzone, *Ä* Äquatoriale Tiefdruckfurche

Mit dem Wechsel des Sonnenstandes verschieben sich die Windgürtel mit ihren charakteristischen Eigenschaften. Aus der jahreszeitlichen Überlagerung ergeben sich die sieben → Klimazonen.
Die vertikale Anordnung der Luftschichten ist, wie neuere Forschungen immer mehr erwiesen haben, komplizierter als das Erscheinungsbild an der Erdoberfläche. So wehen über der Tropenzone bis zu einer Höhe von 12 km östliche Winde, der Urpassat; über diesem folgen bis 17 km Höhe, also bis an die Grenze der Stratosphäre, Westwinde wie über der gemäßigten Zone, darüber wiederum östliche Winde (→ Passate). Die höchsten Geschwindigkeiten liegen in mittleren Breiten in der Nähe der Tropopause im Jet, die Zyklonendrift steuert. Abweichungen von diesem Schema werden durch die ungleichmäßige Verteilung von Wasser und Land verursacht. Die wichtigsten sind die Herausbildung von stationären Hochdruckgebieten über den sich abkühlenden Landmassen der nördlichen gemäßigten Breiten und von sommerlichen Tiefdruckgebieten über den sich erhitzenden Landmassen, die die Ursache für die Monsune sind.
Lokale Luftbewegungen, die durch örtliche Besonderheiten, wie die Verzahnung von Land und Meer, Gebirge, Binnenmeere, Talformen u. a., entstehen (→ Berg-und-Tal-Wind, → Land-See-Wind, → Fallwind, → Tromben), gehören nicht zur großräumigen Zirkulation an.
Aue, *Talaue,* der Teil des Talbodens (→ Tal), der bei Hochwasser überflutet wird. → Aulehm, → Auenböden.
Auenböden, nach Mückenhausen eine Klasse der semiterrestrischen Böden (→ terrestrische Böden) in den Auen. Mit dem Flußwasserspiegel konform gehende Grundwasserschwankungen und periodische bis episodische Überflutungen sind gemeinsame Bedingungen. Bei junger Überschüttung der Auen mit kaum verwitterten Sedimenten entsteht zunächst ein humusarmer *Rohboden* (Auenrohboden, *Rambla* – nach Kubiena 1953 –), der allmählich in einen stärker verwitterten *Auenjungboden* (*Paternia* – nach Kubiena –) mit grauem oder braunem humosem Oberboden auf noch unverwittertem Unterboden übergeht. Nach länger andauernder chemischer Verwitterung, insbesondere auf überflutungsfreiem Gelände, oder auf angelagertem Braunerdematerial entwickelt sich ein ockerfarben bis rotbraun gefärbter *brauner A.* (*Vega*). Auf kalkreichen Sedimenten entsteht als junger, chemisch schwach verwitterter Bodentyp ein *rendzinaartiger A.* (*Borowina*), unter günstigen Klimabedingungen auch ein *tschernosjomartiger A.*
Aufbrauch, eine Größe des Wasserhaushaltes, die in der Jahresbilanz den Mehrverbrauch durch Abfluß oder Verdunstung, der durch die Jahresniederschläge nicht gedeckt ist, bezeichnet und zu einer Verringerung der vorhandenen Wasservorräte führt: Gegensatz: → Rücklage.
Aufeisbildungen, unregelmäßige Eishöcker, die sich durch aufdringendes Wasser an der Oberfläche gefrorener Flüsse oder des gefrorenen Erdbodens, besonders an Quellen, bilden. Sie können mehr als 4 m Höhe erreichen und auf Flüssen Flächen von mehreren Quadratkilometern einnehmen. Im Russischen werden die A. als *Naled* bezeichnet, in Ostsibirien auch als *Taryn.*
Sie sind besonders im Gebiet der ewigen Gefrornis, vor allem also in Ostsibirien, anzutreffen.
Aufnahmekarte, die aus einer thematischen Kartierung auf der Grundlage einer topographischen Basiskarte hervorgegangene großmaßstäbige Themakarte; vgl. auch thematische → Landesaufnahme und → Grundkarte.
Aufschiebung, → Bruch.

Aufschluß, jede Stelle im Gelände, die Einblick in die Lagerung der Gesteine und des verwitterten Materials gewährt. Als natürlicher A. ist z. B. eine Felswand an einem Unterschneidungshang, als künstlicher A. ein Steinbruch, eine Kiesgrube, ein Straßen- oder Eisenbahneinschnitt u. a. anzusehen.

Aufsetzen, → Auskeilen.

Auftauboden, → Frostboden.

Auftriebsströmungen, → Meeresströmungen.

Auftriebswasser, aus tieferen Teilen der Weltmeere aufdringendes kaltes Wasser. A. tritt dort auf, wo das warme Oberflächenwasser durch ablandige Winde zum Abströmen veranlaßt wird: in der Passatwindregion an den Westseiten der Kontinente, ferner im Lee von Inseln und in der Polarregion. A. ist meist arm an Sauerstoff, enthält aber sehr viel Nährstoffe, insbesondere Phosphate und Nitrate. In solchen Gebieten kann sich daher viel Plankton entwickeln und damit auch ein üppiges Fischleben entfalten.
A. beeinflußt das Klima der angrenzenden Küsten. Die Temperaturen sind hier verhältnismäßig niedrig. Im jährlichen Temperaturgang wird der Anstieg zum sommerlichen Maximum verzögert (Kap-Verden-Typ). Die Luftmassen regnen sich über dem kalten A. bereits stark ab. Wenn sie auf das wärmere Land übertreten, sind sie bereits trocken. Die Wüsten des Passatgürtels treten daher unmittelbar an die Küste heran: die Atacama in Nordchile, die südkalifornische Wüste, die Namib in Südwestafrika, die Westsahara, die Große Wüste in Australien. Die in diesen Küstengebieten auftretenden Nebel, z. B. die Garua im nordchilenisch-peruanischen Gebiet, berühren nur einen schmalen Küstenstreifen.

Aufwind, nach oben gerichtete Luftströmung, entsteht z. B. an besonnten kalten Hängen, über Großstädten, Industrieanlagen. → Konvektion.

Augite, *Pyroxene,* Gruppe wichtiger gesteinsbildender Minerale. Es sind Silikate, die Ca, Mg und Fe enthalten. Zu den A. gehört in den basischen Ergußgesteinen weitverbreitete *gemeine Augit,* ferner *Diopsid,* der in der jüngeren Steinzeit zur Waffenherstellung dienende *Jadeit,* der als Rohstoff für Lithiumsalze wichtige *Spodumen* u. a.

Aulehm, die junge humushaltige lehmige bis lehmig-sandige Decke der Talböden in den gemäßigten Zonen. Der A. geht im wesentlichen aus dem Niederschlag der Flußtrübe bei Hochwasser hervor (→ Abspülung). Da die Mächtigkeit des A. stellenweise mehrere Meter beträgt, müssen die Talböden eine allmähliche Aufschüttung erfahren haben. Der A. wird heute als eine sehr späte Bildung angesehen, die erst seit der Rodung des ursprünglichen Waldes durch den Menschen in stärkerem Maße einsetzte (Neolithikum und Bronzezeit, verstärkt wieder seit dem Mittelalter). Diese Ansicht stützt sich auf vorgeschichtliche Funde, die an der Basis des A. liegen.

Aureole, → Hof.

Ausblühung, → Effloreszenz.

Ausfällung, das Abscheiden eines festen Körpers aus einer Lösung infolge von Verlust an Lösungskraft durch Verdunstung, Abkühlung, Bewegungsverminderung u. a. Durch A. im Meer, in Seen, aus Quellwasser oder aus im Gestein wandernden Lösungen bilden sich die *Ausfällungsgesteine,* das sind chemische oder – mit Einschaltung von Lebewesen – auch organogene Sedimentgesteine (Kalk- und Kieselgesteine, z. T. Eisengesteine).

Ausgleichsküste, → Küste, → Strand.

Ausgleichsströme, → Meeresströmungen.

Aushagerung, die nach Vernichtung der schützenden Vegetationsdecke, d. h. nach Entwaldung oder Beseitigung der Grasdecke, einsetzende Bodenentwertung. Der Boden trocknet aus, da er der direkten Sonnenstrahlung und außerdem einer stärkeren Windwirkung ausgesetzt ist, so daß sich die Zahl der Bodenorganismen verringert, die Krümelstruktur verlorengeht und der Boden in bezug auf Abspülung und Auswehung der feinen Bestandteile anfällig wird. Anspruchsvollere Pflanzen gedeihen nicht mehr, dagegen nehmen Unkräuter überhand. Einer A. begegnet man dadurch, daß man den Boden möglichst nicht ohne schützende Pflanzendecke liegen läßt. Die A. wirkt nicht nur unmittelbar schädigend auf Bodenbildung und Bodenfruchtbarkeit, sondern ist auch für den gesamten Wasserhaushalt des betreffenden Gebietes nachteilig.

Auskeilen, das Dünnerwerden einer Gesteinsschicht, eines Flözes, Erzes u. a. zwischen zwei anderen Schichten bis zum völligen Aussetzen. Das Wiedererscheinen an anderer Stelle bezeichnet man als *Aufsetzen.*

Auskolkung, → Kolk.

Auslaugung, die Herauslösung leicht löslicher Substanzen aus dem Gesteinsverband. Morphologisch tritt besonders die Lösung von unterirdischen Salzlagern in Erscheinung, die überall dort erfolgen kann, wo Grundwasser Zutritt zu den Salzlagern hat und das gelöste Salz weggeführt. Die Lösung schreitet vom Rand des Salzlagers, dem Salzhang, weiter fort. Infolge der A. sinken die hangenden Gesteinsschichten nach, so daß an der Erdoberfläche geräumige, zur Versumpfung neigende Becken entstehen. Man findet heute solche „Auslaugungssenken" im Zechsteingebiet, z. B. in der Goldenen Aue zwischen Harz und Kyffhäuser, bei den Mansfelder Seen und im mittleren Unstruttal. Hier haben sich in tertiären Auslaugungssenken örtlich Braunkohlenbecken gebildet, so bei Oberröblingen, Nachterstedt und z. T. auch im Geiseltal bei Merseburg.

Auslieger, → Schichtstufe.

Ausräumung, die im Bereich wenig widerständiger Gesteine relativ stärkere Abtragung. Sie führt zur Herausbildung von *Ausraumbecken,* deren Ränder durch die Grenzen der benachbarten widerstandsfähigen Gesteine bestimmt werden.

Ausscheidungslagerstätten, die durch Ausfällung nutzbarer Stoffe aus Gewässern entstandenen Lagerstätten. Dazu gehören manche Erzlagerstätten (→ Erze) und die Salzlagerstätten.

Ausspülung, die subkutane Wegführung feiner und feinster Bodenteilchen in hohlraumreichem Boden durch das Sickerwasser. Im Gebirge, z. B. im Harz, wird der grobe Blockschuttmantel der Hänge durch die A. der feineren Bodenbestandteile beraubt, so daß Bäume eingehen und Felsblockflächen in wachsendem Umfang freigelegt werden. Die A. wirkt vielfach mit der → Abspülung zusammen.

Ausstrahlung, die Abgabe von Wärme der Erdoberfläche an Atmosphäre und Weltraum durch langwellige, unsichtbare Strahlung. Die A. kommt bei wolkenlosem Himmel sowie nachts besonders zur Geltung, sie wird durch Insolation und Gegenstrahlung der Atmosphäre kompensiert.

Ausstrich, *Ausgehendes, Ausbiß,* der Schnitt einer Gesteinsschicht mit der Erdoberfläche. Die Breite eines A. läßt Schlüsse auf Mächtigkeit und Einfallen von Gesteinsschichten zu. Das auf diese Weise erfolgende Enden der Schicht bezeichnet man als *Ausstreichen.*

Austauschkapazität, *Sorptionskapazität, T-Wert,* die Summe der austauschbaren Kationen im Boden, ausgedrückt in Milliäquivalenten (mval) je g oder je 100 g Boden. Als austauschbar an den Bodenkolloiden haftende Kationen treten hauptsächlich Ca-, Mg-, K-, Na-, Al-, NH_4- und H-Ionen auf. Sie bilden den Ionenbelag des Bodens.

Austauschkapazität einiger Tonminerale

Kaolinite	3 ...	15 mval/100 g
Illite	20 ...	50 mval/100 g
Montmorillonite	80 ...	120 mval/100 g
Vermiculite	100 ...	150 mval/100 g

Austauschkapazität von Huminstoffen

im Mittel	≈ 150 ...	250 mval/100 g
Extreme	100 ...	400 mval/100 g

Auswürflinge, von Vulkanen ausgeworfene grobe, lose Gesteinsstücke, wie Bomben, Schlacken, Lapilli u. a.

Autan, warmer trockener Fallwind Südfrankreichs. Tritt er bei klarem Wetter als stürmischer Ostwind auf, wird er an der Biskayaküste als Autan blanc bezeichnet.

**autochthon, **bodeneigen, d. h. am Ort des Vorkommens entstanden. Gegensatz: → allochthon.
automatisches Zeichnen, *Computergraphik,* das Herstellen von graphischen Darstellungen (z. B. Diagramme, Netze), von Rissen, Plänen und Karten sowie anderen Zeichnungen mittels programmgesteuerter Zeichenautomaten. Die Zeichnung wird dabei mit einer Gerätekombination erstellt, die die auf Lochkarten, Lochstreifen oder Magnetbändern vorliegenden oder von einem Rechner ausgegebenen Daten direkt über einen Zeichenkopf graphisch in Bleistift, Tusche oder Schichtgravur ausführt oder mittels Lichtzeichenkopf auf Film belichtet. Neben einfachen geraden und gekrümmten Linien können auch gerissene und Doppellinien sowie Zeichen, Symbole und Zahlen aufgetragen bzw. mittels durchleuchteter Schablonen plaziert eingelichtet werden.
Autorenoriginal, *Autorenentwurf,* bei der Kartenherstellung der vom Autor (Verfasser, Urheber) nach Ausgangsmaterial (Ergebnisse wissenschaftlicher Forschung, eigene Geländeaufnahmen, andere Karten, statistisches Material, Bilder und Beschreibungen) auf einem Netz (→ Kartennetzentwürfe) und/oder auf einer Kartengrundlage in manueller Zeichnung ausgeführte Entwurf einer Karte. Das A. dient als Grundlage für die Kartenherausgabe.
**Auwald, **der Wald im Überschwemmungsbereich der Flüsse. Im Gegensatz zum Bruchwald ist er starken Schwankungen des Bodenwasserhaushaltes ausgesetzt. Im allgemeinen steht das Grundwasser niedriger als im Bruchwald, doch treten alljährlich Überschwemmungen auf, die meist wochenlang anhalten und dem Boden wertvolle Nährstoffe zuführen. Diesen extremen hydrologischen Bedingungen ist eine charakteristische Vegetation angepaßt. Sie besteht überwiegend aus Ulmen, Stieleichen, Eschen und Erlen sowie aus einer reichen Strauch- und Staudenflora.
Azidität, *Gesamtazidität, Bodenazidität,* die Summe der freien H^+-Ionen in der Bodenlösung (*aktuelle A.*) und der an Bodenkolloide austauschbar gebundenen H^+-Ionen (*potentielle A.*). Die A. wird ermittelt über die Basenmenge, die zur Neutralisation des Bodens erforderlich ist (daher auch Titrationsazidität), und im → H-Wert ausgedrückt.
Azimut *n* oder ***m*, 1)** in der Astronomie der Winkel zwischen Ortsmeridian und Vertikalkreis eines Gestirns (*astronomisches A.*).
2) in der Geodäsie der Winkel zwischen der geographischen Nordrichtung und der Richtung zu einem Punkt der Erdoberfläche (*geodätisches A.*). Über die Bestimmung des A. → Ortsbestimmung.
Azimutalentwurf, *Azimutalabbildung,* → Kartennetzentwürfe.

Azoikum, → Kryptozoikum, → Archaikum.
azonal nennt man alle geographischen Erscheinungen, die nicht der zonalen, solar bestimmten Anordnung unterworfen sind, vor allem also die erdgeschichtlich bedingten. Daher werden sie auch als tellurisch bezeichnet (vgl. S. 24).
Azorenhoch, ein meist im Bereich der Azoren gelegenes Hochdruckgebiet, das als Zelle des nördlichen Passathochdruckgürtels anzusehen ist. Für die Gestaltung der Witterung über Europa ist es als Aktionszentrum von großer Bedeutung und erstreckt sich mit seinen Ausläufern oft bis weit nach Mitteleuropa. Es kann aber auch zeitweilig von Zyklonenbahnen nach Norden oder Süden (besonders im Winter) verdrängt werden.

B

Badlands, von Erosionsrinnen völlig aufgegliedertes Gelände, das kaum noch ebene Teile enthält. B. entstehen auf natürliche Weise, wenn in pflanzenarmen, aus wenig widerständigem Gestein aufgebauten Gebieten zeitweilig starke Regengüsse fallen. Sie können aber auch das Ergebnis einer durch Raubbau begünstigten Bodenzerstörung (→ Bodenerosion) sein, die ehemals kulturfähiges Land völlig verwüstet hat.
Baersches Gesetz, ein 1860 von dem Naturforscher K. E. von Baer (1792 bis 1876) gefundenes Gesetz, wonach auf der Nordhalbkugel bei größeren Strömen das rechte Ufer steil und unterschnitten, das linke dagegen flach ist, wie man es z. B. bei den großen Strömen in der Sowjetunion – Wolga, Dnepr, Don u. a. – beobachten kann. Baer glaubte hierin den Einfluß der ablenkenden Kraft der Erdrotation (→ Corioliskraft) zu sehen.
Bajir, → Salzsenken.
Bajocien, → Jura, Tab.
Balka, → Owrag.
Balme, durch Auswitterung einer weicheren Gesteinsschicht unter einer härteren entstehende nischenartige Höhle.
Baltischer Eisstausee, die im späten Pleistozän im südlichen Teil des heutigen Ostseegebietes bestehende Vorform der Ostsee, die vom Schmelzwasser des sich nach Norden zurückziehenden Inlandeises gebildet wurde. Der B. E. entwickelte sich zum → Yoldiameer.
Bancowald, *Dammuferwald,* immergrüne Vegetation der Überschwemmungssavanne, die auf den Uferdämmen der Flüsse steht.
Bänderton, *Warventon,* aus Gletscher- und Inlandeisabflüssen in Abdämmungsseen und Meeresbecken abgelagertes toniges Sediment. B. ist gekennzeichnet durch den regelmäßigen,

bänderförmigen Wechsel breiter, heller, grober Schichten mit schmaleren, dunkleren, feintonigen Schichten. Die hellen, gröberen Bänder werden in Zeiten stärkerer Schmelzwasserzufuhr, die dunkleren, feineren bei geringerer Wasserführung der materialliefernden Schmelzwasserbäche abgelagert. Da dieser Wechsel der Wasserführung bei Gletscherabflüssen dem Unterschied von Sommer und Winter entspricht, bilden eine helle und eine dunkle Schicht, die man zusammen als *Warve* bezeichnet, das Sedimentationsergebnis eines Jahres.
An den mächtigen und verbreiteten B. Südschwedens, die während des Rückzuges der letzten nordischen Inlandeises im Pleistozän abgelagert wurden, hat der schwedische Geologe de Geer 1905 durch Auszählung der Warven eine absolute Zeitrechnung für die Späteiszeit aufgestellt. Nach dieser ***Bändertonchronologie*** (*Warvenchronologie*) ergibt sich z. B., daß seit dem Rückzug des Eises aus Südschonen bis zum Zerfall des Inlandeises rund 5000 Jahre vergangen sind; die Bipartition des Inlandeises ist danach im Jahre 6839 v. u. Z. erfolgt.
Bänderung, 1) → Gletscher. **2)** B. eines Gesteins, hervorgerufen durch den Wechsel verschiedenfarbiger Schichten, z. B. beim → Bänderton.
Bank, 1) feste, von Schichtfugen begrenzte Gesteinsschicht. Deutliche Gliederung einer Schichtserie oder eines durch Fugen geteilten Tiefengesteinskörpers in dickere B. bezeichnet man als *Bankung*.
2) *Untiefe,* Erhebung des Meeresbodens bis nahe unter den Meeresspiegel, z. B. Doggerbank, Neufundlandbank u. a.
3) Sand- oder Kiesanhäufung in einem Flußlauf.
Bannwald, an steilen Gebirgshängen geschützte Waldstreifen, die vor Lawinen schützen sollen.
Bar, Kurzz. *bar,* inkohärente, zulässige Einheit des Druckes. 1 bar = 10^5 Pa (Pascal) = 0,1 MPa.
Millibar, Kurzz. mbar = 10^{-3} bar (in der Meteorologie bevorzugt).
Barchan, → Dünen.
barisches Relief, topographische Darstellung der Höhenlage einer Luftdruckfläche durch Höhenlinien, z. B. von 500 mbar = absolute Topographie 500 mbar, auch allgemein als Höhenwetterkarte bezeichnet. Hierbei entsprechen topographisch hochliegende Gebiete den Gebieten hohen Luftdrucks, so daß eine Isobarenkarte ein ganz ähnliches' Bild zeigt. Die Grundformen sind Hochdruckgebiete und Tiefdruckgebiete.
Das b. R. mit den Isobarentypen findet sich, vielfach vereinfacht, auf der synoptischen Wetterkarte.
barisches Windgesetz, von dem niederländischen Meteorologen Chr. H. Buys-Ballot 1857 gefundene Regel (Buys-Ballotsche Regel) über den Zusammenhang zwischen Luftdruck-

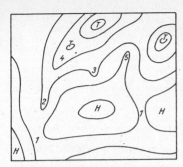

Barisches Relief (Ausschnitt). *H* Hochdruckgebiet, *T* Tiefdruckgebiet, *1* Hochdrucksattel, *2* Trog, *3* Tiefdruckausläufer, *4* Teiltief, *5* Hochdruckausläufer (Hochdruckrücken)

verteilung und dem daraus resultierenden Wind. Das b. W. besagt, daß die von Orten hohen Drucks strömende Luft durch die Erdrotation abgelenkt wird (→ Corioliskraft). Ein Beobachter auf der nördlichen Halbkugel, der den Wind im Rücken hat, hat links vor sich das Gebiet niedrigsten Luftdrucks und rechts hinter sich das des höchsten Druckes.
Auf der Südhalbkugel tritt Seitenvertauschung ein.
Barograph, → Barometer.
Barometer, ein Instrument zur Bestimmung des → Luftdrucks.
1) Das *Quecksilberbarometer*, 1643 von dem italienischen Physiker Torricelli erfunden, besteht aus einer oben geschlossenen, etwas über 760 mm langen, mit Quecksilber gefüllten Glasröhre. Diese ist in ihrem oberen Teil luftleer (Torricellische Leere) und taucht unten in ein Gefäß mit Quecksilber (*Gefäßbarometer*), oder der Schenkel der Röhre ist U-förmig umgebogen und offen (*Heberbarometer*). Auf der freien Oberfläche des Quecksilbers lastet der äußere Luftdruck. Ihm hält das Quecksilbersäule in der Glasröhre das Gleichgewicht. Bei normalem Stand steht das Quecksilber in der Röhre 760 mm über dem Quecksilberspiegel in dem Gefäß; die Quecksilbersäule steigt und fällt in dem Maße, wie sich der Luftdruck ändert. Die Luftdruckwerte werden an einer kalibrierten Skale in Pascal (früher in Torr) abgelesen. – Um vergleichbare Angaben zu erhalten, werden die abgelesenen Werte auf 0 °C, auf die Höhe des Meeresspiegels sowie auf 45° Breite umgerechnet.
2) Das *Aneroid-* oder *Dosenbarometer*, 1847 von Vidi erfunden, besteht aus einer ziemlich luftleer gepumpten Metalldose mit elastischem Boden und Deckel, die durch eine Feder auseinandergehalten werden. Bei steigendem Luftdruck wird die Dose und mit ihr die Feder zusammengedrückt. Diese Bewegung wird durch einen Hebel auf einen Zeiger übertragen.

Auf einer kalibrierten Skale läßt sich die Größe der Luftdruckänderung ablesen. Das Aneroidbarometer ist von geringerer Meßgenauigkeit als das Quecksilberbarometer, aber leichter transportabel.
Auf dem gleichen Prinzip beruht der **Barograph,** der den Luftdruck auf einer Schreibtrommel registriert.
Da der Luftdruck mit der Höhe gesetzmäßig abnimmt, wird das Aneroidbarometer auch als Hypsometer zur → Höhenmessung verwendet.
Barometertendenz, die Luftdruckänderung innerhalb der letzten 3 Stunden vor der Beobachtung. Sie wird auf die Wetterkarte vermerkt, da sie wesentlich ist für die Beurteilung der Verlagerung der Druckgebiete, vor allem der Störungslinien. Die Art der Luftdruckänderung erlaubt Aussagen über den Durchgang von Fronten am Beobachtungsort.
barometrische Höhenformel, Formel zur barometrischen → Höhenmessung. Sie lautet in der einfachsten Form: $H = 18400 \, (1 + a \cdot t) \cdot (\log B - \log b)$, wobei *H* die zu bestimmende Höhe, *a* der Ausdehnungskoeffizient für Gase (1/273 = 0,004), *t* die Mitteltemperatur der Luftschicht zwischen den beiden Beobachtungspunkten, *B* der Barometerstand am Ausgangspunkt und *b* derjenige am oberen Beobachtungspunkt ist. Genauere Formeln berücksichtigen unter anderem den Wasserdampfgehalt der Luft und die geographische Breite.
barometrische Höhenstufe, Höhenunterschied zweier Punkte, deren Barometerstand sich um 133,3 Pa (1 Torr) unterscheidet. Die b. H. beträgt auf Meeresniveau durchschnittlich 11 m und nimmt nach oben hin zu, d. h., gleichem Höhenunterschied entspricht dort eine geringere Luftdruckabnahme. Die b. H. ist außerdem abhängig von der jeweiligen Lufttemperatur.

Barometrische Höhenstufen bei 0 °C

Druck in kPa (Torr)	Höhe in m	barometrische Höhenstufe in m
101,3 (760)	0	10,5
93,3 (700)	680	11,4
86,65 (650)	1275	12,3
79,98 (600)	1920	13,3
73,32 (550)	2615	14,5
66,65 (500)	3380	15,9
53,32 (400)	5170	18,8

Baro-Thermo-Hydrograph, ein → Meteorograph.
Barranco [spanisch ‚Schlucht'] *m*, von den Kanarischen Inseln stammende Bezeichnung für radial angeordnete Erosionsrisse, die die Steilhänge der Vulkankegel oft völlig aufgliedern. Bei solchen von B. zerschnittenen Vulkanen spricht man auch von *Napfkuchenform*.
Barre, 1) Sand- und Schlammbank, die sich im Meer vor der Mündung eines Flusses ausbildet. Die B. entsteht aus der Ablagerung und Ausfällung der vom Fluß mitgeführten Sinkstoffe am unteren Ende des ausgehenden Ebbestromes und am oberen Ende der eingehenden Flutströmung. Man spricht dann von einer **Mündungsbarre.**
2) durch Bergrutsch oder -sturz gebildete Abdämmung eines Tales.
Barrême, → Kreide, Tab.
Barren Grounds, → Tundra.
Barysphäre, → Erde, Abschn. 4.
Basalt, dunkles, kieselsäurearmes Ergußgestein aus Plagioklas, Leuzit oder Nephelin, Olivin und Augit. B. bildet Kuppen, Decken, Ströme und Gänge, die alle oft säulige, auch plattige oder kugelige Absonderung zeigen. Seine Bildung fällt hauptsächlich ins Tertiär, dauert aber auch in der Gegenwart noch an. B. ist weit verbreitet. Er findet sich in Brasilien und im Hochland von Dekan. Grobkörnige Varietäten werden als **Dolerit** bezeichnet. Infolge seiner großen Widerständigkeit gegen Verwitterung bildet der B. oft Härtlinge. Wegen seiner großen Härte wird er zu Mühlsteinen und vor allem als Schotter für Straßen und Gleisfundamente verarbeitet, auch wird er in glühend-flüssigem Zustand zu feuerfesten Fasern für Wärmedämmungs- und Feuerschutzzwecke versponnen.
Batholith, ausgedehnter Tiefengesteinskörper mit kuppelförmigem Dach, dessen inneres Gefüge darauf schließen läßt, daß das den B. bildende Magma senkrecht aufstieg.
Bathometer, Bathymeter, Senkblei oder Lot zur Bestimmung der Tiefe von Gewässern.
Bathybenthos, → Benthos.
Batonien, → Jura, Tab.
Baumgrenze, eine mehr oder weniger breite Grenzzone, jenseits der die Lebensbedingungen für Bäume nicht mehr gegeben sind. Von der B. ist die → Waldgrenze zu unterscheiden, die den geschlossenen Waldbestand abschließt. Zwischen beiden Grenzen liegt der aufgelöste Wald, eine Art Kampfzone. Eine Sonderformation bildet der Knieholzgürtel, der an Standorten, die für Waldwuchs ungünstig sind, z. B. Lawinengassen und Geröllfelder, oft weit in die geschlossene Waldregion hineinragt. Die Lage der B. hängt außer von klimatischen Faktoren, wie Feuchtigkeit, Wärme, Dauer der Vegetationszeit, in gewissem Umfange von der Bodenbeschaffenheit ab. Die Windwirkung drückt die B. herab, so daß im besondere Berggipfel baumfrei sind, obwohl die Temperaturgrenze noch nicht erreicht ist. In Gebirgen sind B. und Waldgrenze vom Menschen zur Gewinnung zusätzlicher Weideflächen durch Rodung stark herabgedrückt worden.
Den genannten Faktoren entsprechend ergibt sich eine sehr verschie-

ne Lage der B. Die *montane B.* sinkt z. B. in kühlen, feuchten Gebirgen stark herab, in England bis auf 600 m, im Harz bis auf rund 1050 m, in den Vogesen und im Schwarzwald ebenso wie im Böhmerwald auf rund 1400 m. Am feuchteren Außenrand der Schweizer Alpen liegt sie bei 1700 m, im trockneren Innern dagegen bei 2400 m; in den extrem kontinentalen Gebirgen Tibets steigt sie sogar bis 4600 m und auch an den ostafrikanischen Vulkanriesen bis auf 4500 m auf. Auf der Südhalbkugel mit ihren im Durchschnitt weit ausgeglicheneren, kühleren Sommertemperaturen liegt die montane B. viel tiefer als auf gleichen Breiten der Nordhemisphäre. In den Neuseeländischen Alpen (42° s. Br.) verläuft sie bei 1220 m, im Pamir (40° n. Br.) dagegen bei 3600 m.

Die *polare B.* fällt in Nordamerika etwa mit der 10°-Isotherme des wärmsten Monats, in Nordasien hingegen mehr mit der 12°-Isotherme zusammen, doch ergeben sich auch bei ihr in den einzelnen Gebieten und auf den beiden Halbkugeln große Unterschiede. Auf den ozeanisch kühlen Britischen Inseln sinkt sie 58° 45', auf Labrador bis 51° 50' und auf den Aleuten sogar bis 50° n. Br. herabgedrückt. Demgegenüber erreicht sie im extrem kontinentalen Sibirien an der unteren Chatanga 72° 40' n. Br. Auf der Südhalbkugel schwankt die polare B. zwischen 56° in der Nähe von Kap Hoorn und etwa 38° 30' auf den im südlichen Indischen Ozean liegenden Inseln Neu-Amsterdam und St. Paul.

Im trockneren Innern der Kontinente ist schließlich auch noch eine *kontinentale B.* zu unterscheiden, die vor allem durch den Mangel an Feuchtigkeit bestimmt wird. In höheren, von Steppen umgebenen Gebirgen ist daher häufig eine untere und obere B. zu unterscheiden. Im feuchteren Klima wird die B. meist von Laubbäumen, in kontinentalen Gebieten von Nadelhölzern gebildet, in Mitteleuropa im allgemeinen von der Fichte. In den Zentralalpen bilden einerseits Lärche und Arve, andererseits Birke und Eberesche die B., an deren oberem Rand noch ein Gürtel aus den Sträuchern der Bergkiefer (Latsche) und Grünerle vorhanden ist.

Bauxit, ein Gestein, das aus einem wechselnden Gemenge von verschiedenen Aluminiumhydroxidmineralen besteht, durch Eisenhydroxidgehalt meist rot gefärbt. B. bildet sich bei der Verwitterung verschiedener tonerdereicher Gesteine besonders in wechselfeuchten tropischen Gebieten. Er ist ein wichtiger Rohstoff für die Aluminiumerzeugung.

Beaufortskale, → Wind.

Becken, 1) Geomorphologie: eine größere, mehr oder weniger geschlossene Hohlform. Bei ausgesprochen rundlichem Grundriß spricht man auch von *Kessel* (z. B. das Nördlinger Ries), bei länglicher Form von *Wanne* oder *Grabensenke* (Leinegraben). Manche B. haben eine große Ausdehnung, wie etwa das Kongobecken, das Amazonasbecken.
2) Geologie: größerer geschlossener Sedimentationsraum, der gewöhnlich von schüsselförmig gelagerten Gesteinsschichten erfüllt ist, z. B. das Thüringer Becken. Häufig sind die Schichten im B. nachträglich gestört worden. B. der geologischen Vorzeit brauchen heute nicht mehr im morphologischen Sinne als B. zu erscheinen. Am bekanntesten sind die tertiären Sedimentationsbecken: Mainzer B., Wiener B., Pariser B. u. a.

Belastungsverhältnis, das Verhältnis zwischen Schuttbelastung und Wassermenge eines Flusses. Es drückt sich im Gefälle des Flußabschnittes aus, da bei großem B. ein größeres Gefälle notwendig ist, um allen Schutt transportieren zu können, als bei kleinerem B.

Belonit, → Vulkan.

Belt-Vorstoß, → Weichsel-Eiszeit.

Benetzungswiderstand, die Erscheinung, daß die Oberfläche von Bodenteilchen bei starker Austrocknung Niederschlagswasser nicht anlagert. Eine einwandfreie Erklärung gibt es bisher nicht. Die Umhüllung der Bodenteilchen mit hydrophoben (wasserabstoßenden) Stoffen ist unwahrscheinlich. Bodenelektrische Verhältnisse dürften eine wesentliche Rolle spielen. Der B. ist z. T. die Ursache dafür, daß die Niederschläge an heißen Sommertagen nur wenig in den Boden eindringen.

Benthos, die Gesamtheit der am Grund von Gewässern, dem *Benthal*, lebenden festgewachsenen (*sessiles B.*) oder freibeweglichen (*vagiles B.*) Organismen im Unterschied zum Plankton, Nekton und Pleuston des Pelagials. Die auf dem Grund der Tiefsee lebenden Organismen werden als *Bathybenthos* zusammengefaßt.

Bergrutsch, Bergschlipf, umfangreiche → Massenbewegungen an Steilhängen, wobei im Unterschied vom → Bergsturz das Gesteinsmaterial nicht abstürzt, sondern abgleitet. Die Gleitbahn wird meist von wasserdurchtränkten, talwärts einfallenden Schichten gebildet. Größter bekannter B. ist der „Bergsturz" vom Roßberg bei Goldau in der Schweiz 1806, wobei 10 bis 15 Millionen Kubikmeter Gesteinsmaterial abglitten, 111 bewohnte Gebäude vernichtet wurden und 457 Menschen ums Leben kamen.

Handelt es sich bei den bewegten Massen um weiches, erdiges Material, so spricht man von *Erdrutsch*.

Bergschrund, die breite Spalte, die das in Bewegung befindliche Eis eines Gletschers von dem am Felsen festgefrorenen, unbewegten Eis trennt. Der B. umzieht die Firnfelder in geringem Abstand von der Felsumrahmung und ist nicht zu verwechseln mit der → Randkluft.

Bergsturz, plötzlicher Absturz umfangreicher Felsmassen an Steilwänden und übersteilen Hängen (→ Massenbewegungen). Der B. hinterläßt am Hang eine Abrißnische und am Ende der oft tief ausgeschürften Sturzbahn eine wallförmige oder unregelmäßige Anhäufung von Gesteinsmaterial, das aus wirrem Blockwerk und feinem Gesteinspulver besteht. Die Oberfläche dieser Gesteinsanhäufung ist meist uneben; man bezeichnet ein solches Ablagerungsgebiet bisweilen als *Tomalandschaft*. Wenn ein B. bis zum gegenüberliegenden Hang „brandet", kann ein Fluß zu einem See (Bergsturzsee) aufgestaut werden.

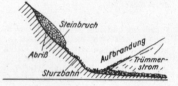

Bergsturz von Elm

B. sind vor allem in jungen Hochgebirgen häufig. Von verheerender Wirkung war der B. von Elm 1881 im Kanton Glarus sowie in vorgeschichtlicher Zeit der riesige Flimser B. im Vorderrheintal, bei dem 12 Milliarden Kubikmeter Gestein abstürzten und den Rhein 90 m hoch aufstauten. Bei einem schweren Erdbeben im Westen der USA wurde 1959 im Tal des Madison River ein B. ausgelöst.

Lösen sich nur kleinere Gesteinsmassen von den Wänden ab, so bezeichnet man den Absturz als *Felssturz* oder als → Steinschlag. Erfolgt die Bewegung nicht als Sturz, sondern gleitend, spricht man richtiger von → Bergrutsch.

Berg-und-Tal-Wind, der lokale Kreislauf der Luftströmung zwischen Berg und Tal infolge der im Laufe eines Tages unterschiedlichen Erwärmung bei ungestörtem Wetter. Tagsüber ist über dem Berg infolge kräftiger Einstrahlung ein aufwärts gerichteter Konvektionsstrom entwickelt, der als Ausgleichsströmung einen talaufwärts gerichteten Wind entstehen läßt. Über dem Tal selbst sinken Luftmassen ab, die in der Höhe zum Tal hin abströmen. So kommt ein geschlossener Strömungsring analog dem → Land-See-Wind zustande. In der Nacht läuft dieser Kreislauf in umgekehrter Richtung, da dann infolge stärkerer Abkühlung der über dem Gipfel gelegenen Luftmassen diese sich talwärts in Bewegung setzen. Es entsteht ein nächtlicher Talabwind. Er wird durch einen in der Höhe vom Tal zum Berg gerichteten Luftausgleich ebenfalls zu einem Kreislauf ergänzt. Ein Sonderfall ist der → Gletscherwind.

Bernstein, fossiles Harz tertiärzeitlicher Nadelhölzer, helle honiggelbe bis braune Stücke, in die häufig Insekten, Pflanzenteile u. a. eingeschlossen sind. B. wird als Auswurf des Meeres an der Ost- und Nordseeküste gefunden, ferner, durch das pleistozäne Inlandeis verfrachtet, im Hinterland der Ostsee. B. dient als Schmuckstein, Isolierstoff und Lackrohstoff.

Bestand, in der Forstwirtschaft gebräuchliche Bezeichnung für Waldstücke, die sich durch Holzart, Alter, Standortgüte u. a. von ihrer Umgebung unterscheiden und ein wirtschaftliches Ganzes bilden. Es gibt reine, nur aus einer Holzart, und gemischte, aus mehreren Holzarten bestehende B. Auch in der Landwirtschaft spricht man von B. (*Kulturpflanzenbestände*).

Bestandsklima, die besonderen Klimaverhältnisse, die innerhalb von Pflanzenbeständen, wie Getreide, Wald (→ Waldklima), herrschen. Es finden sich hier geringere Schwankungen der Klimafaktoren als im Freiland. Die Erforschung des B. ist Aufgabe der Mikroklimatologie.

Bewässerung, *Irrigation*, die künstliche Zuführung von Wasser auf Äcker, Wiesen und Gärten zur Förderung des Pflanzenwachstums. Die B. hat verschiedene Aufgaben: 1) Befeuchtung des Bodens in niederschlagsarmer Zeit; 2) Düngung des Bodens durch die im Wasser vorhandenen Nährstoffe; 3) Bodenreinigung durch Auswaschen der für die Pflanzen schädlichen Salze; 4) Erhöhung oder auch Verringerung der Bodentemperatur durch Berieseln mit Wasser, das wärmer bzw. kälter als der Boden ist.
B. wurde in der gemäßigten Zone früher vor allem für Wiesenland angewendet. Heute nimmt die B. von Ackerland ständig zu, da sie höhere Erträge gewährleistet. In heißen Ländern ist B. vielfach Vorbedingung für die agrarische Nutzung. Es werden verschiedene technische Bewässerungssysteme angewandt. Der *Grabeneinstau* hält das Bodenwasser in Entwässerungsgräben durch Stauvorrichtungen fest; er wird besonders bei Moorkulturen verwendet. Bei der *Furchenberieselung,* einer Abart des Grabeneinstaues, wird das Wasser durch Verteilgräben in parallele Furchen oder Rinnen geleitet, in denen es langsam versickert. Die Furchenberieselung wendet man bei reichlich vorhandenem Wasser und ebenem Gelände auf Acker- und Gemüseland, nicht im Grünland an. Beim *Grabenüberstau* wird das zu bewässernde Gelände zeitweilig künstlich unter Wasser gesetzt. Es erfolgt hier zwar eine güte Düngung durch die Schwebstoffe des Wassers, doch werden alle Süßgräser durch das stehende Wasser von der Luft abgeschlossen und die wertlosen Sauergräser verdrängt. **Beregnung** wird heute vielfach bei der Verwertung von städtischen und industriellen Abwässern in der Landwirtschaft mit Erfolg angewandt. Das Wasser wird dabei unter hohem Druck aus Rohrleitungen über die Bewässerungsfläche verspritzt (verregnet). Es sättigt sich mit dem Sauerstoff aus der Luft, wodurch es dem Tropfenfall des natürlichen Regens fast gleichkommt; dadurch ist die Beregnung, die bei größeren Flächen maschinell erfolgt, für den Boden besonders vorteilhaft.

Bewässerungsfeldbau, eine Form des Ackerbaus, bei der im Unterschied vom Regenfeldbau → künstliche Bewässerung angewendet wird.

Bewölkung, die Bedeckung der sichtbaren Himmelsfläche mit Wolken. Der Grad der B., von dem die Sonnenscheindauer abhängt, wird nach Zehnteln geschätzt: 0 = wolkenlos 1 bis 3 = heiter, 4 bis 6 = wolkig, 7 bis 9 = stark bewölkt, 10 = bedeckt.

Biber-Eiszeit, die im Alpenvorland aus Schotterablagerungen erschlossene erste pleistozäne Eiszeit, die zusammen mit der Donau-Eiszeit noch vor der Günz-Eiszeit liegt.

Bifurkation, Gabelung eines Flusses, besonders im Gebiet einer flachen Wasserscheide, so daß der Fluß Wasser nach verschiedenen Richtungen in verschiedene Flußsysteme abgibt. Bekanntestes Beispiel ist die B. des Casiquiare zwischen Orinoco- und Amazonassystem (1799 von Alexander von Humboldt entdeckt), in der DDR die B. der Fuhne nördlich Halle nach Saale und Mulde.

Bildkarte, 1) eine umgeformte und durch kartographische Elemente ergänzte Montage von Luftbildsteilaufnahmen (Luftbildplan, Orthophotokarte).
2) eine frei gestaltete, kartenähnliche, perspektivische Darstellung von Landschaften, deren Inhalt hauptsächlich aus figürlichen Darstellungen von Bauwerken, Menschen, Landesprodukten u. ä. besteht.

Bildmessung, svw. Photogrammetrie.

Bildverarbeitung, automatisiertes Verfahren zur quantitativen Auswertung von Luft- und Satellitenbildern durch Bildzerlegung mittels → Äquidensiten oder über Flächenabtaster.

Bimsstein, ein sehr poröses, luftreiches Gesteinsglas, das aus rasch erstarrten Lavaströmen entstand, aus denen die Gase und Dämpfe nicht mehr entweichen konnten. B. findet sich auf den Liparischen Inseln, in Ungarn und Mexiko, *Bimssteintuff*, der aus lockeren Auswurfsmassen entstand, am Laacher See in der Eifel. B. wird als Polier- und Schleifmittel und zur Herstellung von Leichtbaustoffen verwendet.

Bindigkeit, Begriff für die differenzierende Beurteilung des Bodens im halbfesten Konsistenzbereich. Unter Druckanwendung zerbröckelt der Boden. Das ist die Bodenfeuchtespanne, die eine optimale Bodenbearbeitung gestattet. Als Bindigkeitsbezeichnungen sind üblich: *streng, mürbe, locker, lose* und *flüchtig*. Im Bereich der festen Konsistenz zerbricht der Boden unter Druckanwendung, während er bei plastischer Konsistenz bruchlos verformt und verschmiert sowie bei flüssiger Konsistenz zerfließt.

Binge, svw. Pinge.

Binnenklima, svw. Kontinentalklima.

Biochore, in der Biogeographie nach J. Schmithüsen die räumliche Einheit eines Holozöns bzw. die reelle Erscheinungsform eines Ökosystems. Die B. entspricht damit dem Ökotyp der Landschaftsökologie. Früher wurde der Begriff B. für die Grenzlinie zwischen verschiedenen vegetations- und auch zoogeographischen Arealen gebraucht.

Biogeographie, ein Teilgebiet der allgemeinen physischen Geographie, das das Leben der Erde in seiner Verflechtung mit den geographischen Erscheinungen behandelt. Man gliedert die B. in → Pflanzengeographie (Phytogeographie) und → Tiergeographie (Zoogeographie). Auch die physische Anthropogeographie (Geographie der Krankheiten, Rassen u. a.) ist der B. zuzurechnen.
Der Raum, in dem die lebende Substanz existieren und ihren Einfluß äußern kann, wird → Biosphäre genannt.
Der eigentliche Lebensraum von Pflanzen und Tieren ist die Erdoberfläche, wo Boden, Luft und Wasser als Grundbedingungen organischen Lebens vorhanden sind. Er umfaßt also die gesamte „geographische Hülle", die → Geosphäre.
Das Leben auf der Erde ist ein wesentliches Element des geographischen Charakters der einzelnen Örtlichkeiten der Erdoberfläche. Doch darf es nicht nur in seiner Bedeutung für das Bild der Landschaft betrachtet werden; denn in der Natur bestehen vielfältige Wechselbeziehungen zwischen der organischen Substanz und der anorganischen Umgebung ein Milieu, in dem sie sich entfaltet. Unablässig wird organische Substanz aus anorganischer aufgebaut, und es geht Belebtes in Unbelebtes über.
Wenn das Leben auf der Erde erlöschte, würden viele sehr wichtige chemische Umsetzungen, wie Fäulnis und Verwesung, unmöglich, und auch organogene Bildungen, wie Torf, Kohle und Humusböden, kämen nicht mehr zustande, d. h., die Erde zeigte dann eine ebenso kahle Oberfläche wie der Mond. Die Geosphäre erhält also durch das Vorhandensein der Biosphäre wesentliche Eigenschaften. Umgekehrt kann das organische Leben nicht richtig aufgefaßt werden, wenn es nicht auch in seiner Verflechtung mit den geo-

graphischen Tatsachen betrachtet wird. Daher hat die B. nicht nur die Verbreitung der einzelnen Arten oder Gesellschaften zu untersuchen, sondern die Umweltbedingungen in weitestem Umfang zu berücksichtigen. → Ökologie.
In der Atmosphäre können Pilz- und Mikrobensporen bis in höchste Schichten getragen werden, ohne ihre Lebensfähigkeit einzubüßen, doch sind nur die unteren 100 m der Lufthülle stärker belebt. Der Kondor steigt bis 7000 m empor.
Im Meer kommen grüne Algen, die zur Assimilation auf Sonnenlicht angewiesen sind, bis 400 m Tiefe, heterotrophe (nichtgrüne) Organismen jedoch bis zu den größten Tiefen vor.
In der Erdrinde können Lebewesen bis zu etwa 3000 m Tiefe existieren, wo im Durchschnitt Temperaturen von 100 °C, die im allgemeinen als absolute Grenze der Existenzfähigkeit anzusehen sind, erreicht werden. In großen Tiefen, etwa ab 500 m, fehlt jedoch der freie Sauerstoff, und es finden sich nur anaerobe Bakterien vor. Der Temperaturbereich, innerhalb dessen Warmblüter existieren können, ist wesentlich enger begrenzt. Der Mensch z. B. hat sein Leistungsoptimum zwischen 15 und 25 °C.
Die meisten Organismen leben bei normalem Atmosphärendruck. Abweichende Druckbedingungen wie in der Tiefsee erfordern besondere Anpassungsformen des Organismus. Lediglich Schimmelpilze und Bakterien überstehen schadlos Drücke bis etwa 300 MPa, die Hefe sogar bis etwa 800 MPa, während Samen und Sporen auch bei etwa 100 Pa, also praktisch im Vakuum, noch lebensfähig bleiben.
Biogeozönose, → Biozönose.
Bioklimatologie, ein Teilgebiet der Klimatologie, das die Einwirkungen des Klimas auf die Lebewesen, insbesondere auf den Menschen (→ Meteoropathologie), untersucht. Sie bedient sich dazu mikroklimatologischer Arbeitsmethoden. Besondere bioklimatische Meßgrößen wurden entwickelt, wie Austrocknungswert oder Abkühlungsgröße, die das Zusammenwirken mehrerer Klimaelemente zu erfassen gestatten und die besonderen Bedingungen, denen der menschliche Organismus ausgesetzt ist (z. B. Hauttemperatur von 36,5 °C), berücksichtigen. Der Wert der verschiedenen Klimate für den gesunden und kranken Menschen wird eingehend studiert. Zusammenhänge zwischen Wetter und Krankheiten werden aufgedeckt. Biologische Sonderklimate werden durch die Industrie, die Großstadt (→ Stadtklima) und schließlich durch jeden Wohnraum geschaffen.
Biom, die Gesamtheit der Lebensgemeinschaften, der Biozönosen, die an einem Ort aufeinanderfolgen und auseinander entstehen, z. B. bei der Verlandung eines Sees. In der Natur wird schließlich ohne Eingriff des Menschen eine stabile Endform erreicht, die → Klimax, die nur durch grundlegende Klimaänderungen umgestaltet werden kann. Ein B. umfaßt mehrere Klimaxgesellschaften eines größeren Gebiets, → Sukzession.
Bioproduktion, *biologische Produktion,* die Erzeugung organischer Substanz (*Biomasse*) durch eine Lebensgemeinschaft während einer bestimmten Zeitspanne. Von den grünen Pflanzen wird aus energiearmer, anorganischer Substanz unter Ausnutzung der Sonnenenergie durch Photosynthese energiereiche, organische Substanz (Assimilat) erzeugt, deren Gesamtmenge auf $7,8 \cdot 10^{10}$ t im Jahr Kohlenstoffäquivalent geschätzt wird. Von dieser *Primärproduktion* sind sämtliche nicht autotrophe Lebewesen abhängig. Die Tiere, die sich direkt oder indirekt vom organischen Material der *Produzenten* ernähren, die *Konsumenten,* bilden die *Sekundärproduktion.* Als drittes Glied der *Nahrungskette* schließen die *Reduzenten* (*Destruenten*), überwiegend Bakterien, den *Stoffkreislauf,* indem sie die abgestorbene organische Substanz wieder zu anorganischen Stoffen abbauen.
Die üppigste Primärproduktion kommt aus den Waldgürteln der Erde.
Biosphäre, die von Organismen belebte Zone der Troposphäre, der Hydrosphäre und der äußersten Schicht der Lithosphäre. Alle Lebewesen stehen in ständigem Stoff- und Energieaustausch mit der Umgebung. Es vollziehen sich Transport-, Speicher- und Umwandlungsprozesse. Während die Energie als gerichteter Strom in die B. eindringt, durchlaufen die meisten Stoffe (C, N, S, P. u. a.) zumeist mehrfache Kreisläufe, dabei Gewässer, Böden und Weltmeer einbeziehend. In den etwa 2 Milliarden Jahren, in denen das Leben auf der Erde besteht, hat sich die B. ständig erweitert, und dem Leben zunächst unzugängliche Bereiche sind besiedelt worden. Auch Menge und Dichte der Organismen nehmen ständig zu.
biotische Faktoren, Faktoren, die sich durch das Zusammenleben von Pflanzen und Tieren sowie durch den Einfluß des Menschen ergeben und zusammen mit den klimatischen und bodenbedingten (edaphischen) Faktoren einen → Standort bestimmen.
1) Die Wechselwirkungen zwischen den Pflanzen äußern sich im Wettbewerb um den Standort oder als Parasitismus oder Symbiose. Die Erzeugung von Samen, die Art und die Möglichkeit ihrer Verbreitung, die Fähigkeit, sich auch auf andere Weise (durch Ausläufer, Stockausschläge) fortzupflanzen, können dabei eine Rolle spielen. Wachstumsintensität, Ausdauer und Wurzelkonkurrenz entscheiden schließlich, die sich verschiedenen Pflanzen in der Pflanzenvergesellschaftung behaupten.
2) Tiere wirken insofern auf die Vegetation ein, als sie die Verbreitung von Früchten und Samen übernehmen, Schädlinge vertilgen u. ä. Anderseits können sie unmittelbare Schäden anrichten, indem sie Pflanzen als Nahrung verwenden, Rinde benagen oder durch Verbiß Pflanzen zugrunde gehen lassen.
3) Der Mensch kann durch Vernichtung der natürlichen Vegetation erheblichen Schaden anrichten. So dehnen sich heute z. B. an Stelle ehemaligen Waldes oft nur noch Zwergstrauch- oder Grassteppen aus, so etwa die Macchie des Mittelmeergebietes. Auch übermäßige Rodung zur Ausweitung der Ackerfluren kann das natürliche Gleichgewicht stören. Umgekehrt fördert der Mensch durch Sortenwahl, Züchtung und durch Bekämpfung der Schädlinge die Vegetation und gestaltet sie zu seinem Nutzen um.
Biotop *m* oder *n* (in der angloamerikanischen Literatur auch, ***habitat***), natürlicher, abgrenzbarer Lebensraum („Lebensstätte") einer darauf abgestimmten Lebensgemeinschaft (Biozönose), der durch relativ einheitliche Lebensbedingungen gekennzeichnet ist. B. sind z. B. Flugsandgebiete, Salzwiesen, Röhricht, eutropher Bruchwald.
Biozönose, eine Gemeinschaft von Pflanzen und Tieren, die sich in einem bestimmten Biotop zusammenfinden und unter den dort herrschenden Bedingungen in gegenseitiger Wechselbeziehung stehen.
Unter *Biogeozönose* versteht man die Einheit von Lebensgemeinschaft (Biozönose) und Lebensstätte (Biotop) mit allen Wechselbeziehungen. Für Biogeozönose wird auch der Begriff *Holozön* gebraucht.
Bipartition, svw. Zweiteilung. Unter B. der nordischen Inlandeises versteht man den Zerfall der Eisdecke über dem skandinavischen Hochgebirge infolge Durchbruchs eines Eisstausees in Jämtland. Die Berechnung des Zeitpunktes der B. durch de Geer mit Hilfe der Bändertone ergab das Jahr 6839 v. u. Z. (→ Finiglazial).
Bitumen, Kohlenwasserstoffverbindungen, die sich bei der Zersetzung organischer Substanzen, wie Eiweiß und Fette, unter Luftabschluß bilden. B. sind von braungelber bis schwarzer Farbe, brennbar und von teerartigem Geruch. Sie können gasförmig (z. B. Erdgas), flüssig (z. B. Erdöl) oder fest (z. B. Erdwachs, Erdpech, Asphalt) sein.
Blänke, lichte Fläche, Waldblöße; in Hochmooren eingebetteter Moortümpel (Moorauge).
Blatt, svw. Blattverschiebung.
Blattschnitt, Unterteilung mehrteiliger Kartenwerke in Kartenblätter. Bei der Blatteinteilung in der Ebene ent-

steht ein Rahmenkartenwerk, dessen gleich große quadratische oder rechteckige Blätter durch Netzlinien eines rechtwinkligen Koordinationssystems begrenzt werden. Bei Blatteinteilung auf dem Sphäroid entsteht ein Gradkartensystem (*Gradabteilungskarten*), bei dem die trapezförmigen Blätter durch Gradnetzlinien begrenzt werden.
Den topographischen Kartenwerken der sozialistischen Staaten liegt die Blatteinteilung der → Internationalen Weltkarte (IWK) zugrunde, deren 4-Grad-Zonen vom Äquator aus bis zum Pol mit Großbuchstaben von A bis V und deren 4-Grad-Nord-Süd-Streifen mit arabischen Ziffern bezeichnet werden. Jedes 4 × 6 Grad große IWK-Blatt wird in 4 Blätter 1 : 500000 zerlegt (A bis D), in 36 Blatt 1 : 200000 (I bis XXXVI) bzw. 9 Großblätter (1 bis 9), 144 Blatt der topographischen Karte 1 : 100000 (1 bis 144 in 12 Reihen zu je 12 Blatt). Für die Karte 1 : 50000 werden die vier ein Blatt 1 : 100000 deckenden Blätter mit den Buchstaben A bis D gekennzeichnet, für die jeweils 4 Blatt 1 : 25000 folgt weiterhin ein Kleinbuchstabe a bis d, und für die wiederum 4 Blätter 1 : 10000 werden die Anhängezahlen 1 bis 4 benutzt. Neben der Blattbezeichnung (Nomenklatur) tragen die Blätter noch einen Blattnamen, der mit dem bedeutsamsten topographischen Objekt identisch ist.

Blattverschiebung, *Blatt-*, *Horizontalverschiebung*, mehr oder weniger horizontale Verschiebung von zwei Krustenteilen längs einer steil einfallenden Zerreißungskluft. Die verschobenen Krustenteile, die *Blätter* oder *Blattflügel*, treten meist gruppenweise als *Blattbündel* auf. An der B. auftretende Spalten werden häufig durch Quarz oder Erze gefüllt (z. B. Erzgänge im Oberharz).
Mit einer Verbiegung der Schichten verbundene B. bezeichnet man als *Flexurblatt*, durch Schleppungen hervorgerufene als *Schleppblatt*.

Blaublätterstruktur, der Wechsel von bläulichen und weißlichen Eislagen im → Gletscher.

Bleicherde, *Bleicherdewaldboden*, *Bleichsand*, svw. Podsol.

Blitz, der Ausgleich elektrischer Ladungen in der Atmosphäre während des Gewitters. Die häufigste Form ist der netzartig verästelte *Linienblitz*. Bei geringer Aufladung entsteht der *Perlschnurblitz*, in manchen Fällen der *Kugelblitz*, dessen Entstehungsbedingungen aber noch nicht geklärt sind. *Flächenblitze* sind meist von Wolken verdeckte Linienblitze, können aber auch Büschel- oder Glimmlichtentladungen an der Wolkenoberfläche sein. *Blitznester* sind Orte häufigen Blitzschlags. Die Stromstärke der Linienblitze liegt nicht unter 50000 Ampere, die Spannung beträgt einige hundert Millionen Volt. Infolge der geringen Dauer der Blitzentladungen beträgt die Energie eines B. nur wenige Kilowattstunden (40 bis 300 kWh). Eine wirtschaftliche Nutzung ist nicht möglich, da die Energie derartig kurzzeitiger Stoßströme nicht gespeichert werden kann.

Blitzröhren, *Fulgurite*, durch Sinterung verfestigte langgestreckte Röhren in lockeren sandigen Ablagerungen. Die B. werden auf Blitzeinschläge zurückgeführt.

Blizzard *m*, in den nördlichen USA und in Kanada auftretender Schneesturm, der durch Kaltlufteinbrüche verursacht wird.

Blockbewegung der Gletscher, → Gletscher.

Blockbild, svw. Blockdiagramm.

Blockbildungen, Anhäufungen von Gesteinsblöcken, die durch Verwitterung, Absprung und Auswaschung aus dem entstehenden Gestein entstanden sind. Sie setzen ein Gestein voraus, das zu groben Blöcken verwittert, z. B. Granit, feste Sandsteine, z. T. auch Quarzporphyre, Basalte. B. können an Ort und Stelle entstehen und immer größeren Umfang annehmen, wenn das Feinmaterial dauernd ausgepült wird. Es entstehen dann ganze *Blockgipfel*. Geraten die Blockmassen in Bewegung, wie sie besonders unter den Bedingungen des periglazialen Klimas auf gefrorenem Untergrund der Fall ist (→ Solifluktion), so kommt es auf den Hängen zur Bildung von *Blockstreu* oder *Blockhalden* und in den Tälern von *Blockströmen*, deren Vorderseite wie bei Gletscherzungen wulstig und steil ist. Als *Blockmeere (Felsenmeere)* haben sie sich z. B. im Harz, Fichtelgebirge und Odenwald vielfach bis in die Gegenwart erhalten, sind aber unter den heute bestehenden Klimabedingungen nicht mehr in Bewegung. Dennoch kann ihr Umfang zunehmen, wenn die Ausspülung des Feinmaterials immer neue Blöcke an die Oberfläche treten läßt. Weniger auffällig, aber weit verbreitet sind die auf ähnliche Weise in den Kaltzeiten entstandenen, aber aus weniger groben Blöcken bestehenden *Wanderschuttdecken*, die weithin die Hänge überziehen. Besonders auffällig sind sie unter Basaltgipfeln, z. B. in der Rhön.
B. können auch durch Bergstürze und als *Blockpackungen* aus Gletscherablagerungen (Endmoränen) entstehen. In ariden Gebieten, in denen das fließende Wasser den Verwitterungsschutt nicht wegzuführen vermag, sind B. vor allem in den Gebirgen sehr häufig; ihre Entstehung ist hier aber allein auf starke physikalische Verwitterung zurückzuführen.

Blockdiagramm, *Blockbild*, eine aus der Vereinigung von Profil und Geländezeichnung oder Vogelschaubild hervorgegangene graphische Darstellung eines Ausschnittes der Erdoberfläche. Das B. ist anschaulicher als das einfache Profil und das Kartenbild und läßt an der Oberfläche des schräg von oben gesehenen Blockes die Oberflächengestaltung sowie an einer oder zwei Seiten (Profillinien) die innere Struktur des dargestellten Gebietes erkennen. Man kann das B. nach der Natur und nach Karten zeichnen oder mathematisch exakt konstruieren (*Stereogramm*) oder auch photogrammetrisch herstellen. B. dienen in erster Linie zur Veranschaulichung der Oberflächenformen und des geologischen Baues meist kleinerer Gebiete. Abb. → Inversion.
Das B. ist besonders von dem nordamerikanischen Geographen W. M. Davis (1850 bis 1935) in die geographische Literatur eingeführt worden.

Blockgletscher, englisch: rock glacier, im Bereich des Periglazialklimas auftreffende größere Schuttanhäufung in Form eines Gletschers. Die Bewegung des B. ist sehr gering; sie beträgt im Jahr maximal 5 m und wird entweder auf das im Gebiet des Frostbodens mögliche Abgleiten der Schuttmassen oder aber (und wohl richtiger) auf das Vorhandensein von Gletschereisresten unter der Schuttdecke zurückgeführt. Diese Gletschereisreste sind durch eine mindestens 5 m mächtige Schuttdecke (meist Bergsturzmaterial) vor der unmittelbaren Ablation geschützt und machen daher die bei den echten Gletschern feststellbaren Schwankungen im Eishaushalt nicht mit. Mit dem endgültigen Abschmelzen der Eisreste erlischt die Bewegung des B. Unterschied: Blockbewegung der Gletscher, → Gletscher.

Blocklehm, → Moräne.

Blutregen, durch bisweilen weit herangeführten Staub gelb oder rot gefärbter Niederschlag. So wurde in Mitteleuropa öfter Wüstenstaub aus der Sahara im Regenwasser festgestellt.
Als *Blutschnee* bezeichnet man in den Alpen rote Flecke auf der Schneedecke, die von einer Alge (*Protococcus nivalis*) herrühren.

Blytt-Sernandersches Schema, Gliederung der Klimaentwicklung des → Postglazials. Das Schema wurde von dem Norweger A. Blytt um 1870 aufgestellt, von dem Schweden R. Sernander später ausgebaut. Es wurden vier Hauptperioden unterschieden: die *boreale*, die *atlantische*, die *subboreale* und die *subatlantische* Zeit. Diese Perioden lassen sich in den nordischen Mooren wie auch in den Alpen nachweisen und zeigen jeweils bestimmte Begleitfloren. Auch zur Vorgeschichte ist eine Parallelisierung möglich. Das Schema ist inzwischen durch neue Forschungen erheblich verfeinert worden, doch haben sich die Hauptbegriffe weiter erhalten.

Bodden, seichte Meeresbucht mit unregelmäßigem Umriß an einer Flachküste. Die B. sind bezeichnend für die mecklenburgische Küste, wo sie

Boden

infolge Überflutung des flachen Grundmoränenreliefs durch die Ostsee entstanden sind (Boddenküste, Abb. → Küste).

Boden, *Pedosphäre*, nach S. Mattson ein disperses System, in dem sich Lithosphäre, Biosphäre, Atmosphäre und Hydrosphäre wechselseitig durchdringen und beeinflussen. Der B. setzt sich demzufolge zusammen aus fester anorganischer und organischer Substanz, → Bodenorganismen, → Bodenwasser und → Bodenluft, die sowohl in struktureller als auch in funktionaler Hinsicht zu einem mannigfaltigen Komplex verbunden sind. Bestimmend für die → Bodenarten sind die festen Bestandteile; sie bestehen 1) aus anorganischen Komponenten (Minerale) in Form von Gesteinsbruchstücken verschiedenster Größe und Verwitterungsneubildungen, wie Kolloiden (z. B. Tone) und Salzen, und 2) aus postmortalen organischen Komponenten, dem → Humus und dessen Umsetzungsneubildungen, den Huminstoffen. Alle äußeren Bedingungen, die mehr oder weniger unabhängig voneinander, teils als Bestimmende, teils als Variable, auf die Bodenbildung einwirken, bezeichnet man als *bodenbildende Faktoren*. Hierzu gehören das Klima und die Vegetation, die zusammen unter anderem die große zonale Bodengliederung auf der Erde bewirken, das Ausgangsgestein, das Relief, das Zuschußwasser und die menschliche Bewirtschaftung, die im wesentlichen die feinere Differenzierung der großen Bodenzonen hervorrufen, sowie der wichtige Faktor Zeit. Die im Boden ablaufenden und den Boden prägenden Prozesse werden als *bodenbildende Prozesse* bezeichnet. Es handelt sich um Vorgänge des Abbaues (physikalische und chemische Verwitterung, Zersetzung postmortaler organischer Substanz), um Vorgänge des Aufbaues (Tonmineralneubildung, Aufbau von Huminstoffen) und um Vorgänge der Verlagerung (Bodendurchmischung durch Tiere, Filtrationsverlagerungen mit dem Bodenwasser, Bodenerosion und -sedimentation). Das Zusammenspiel der bodenbildenden Faktoren und der von ihnen ausgelösten Prozesse bewirkt innerhalb des B. die Ausprägung charakteristischer → Bodenprofile. Sie sind durch eine spezifische Horizontgliederung gekennzeichnet. Die Anordnungsfolge der Horizonte, ihr Chemismus, ihr Gefüge, ihre Farbe und ihre Mächtigkeit führen zur Ordnung der Bodenprofile in → Bodentypen und schließlich zur → Bodensystematik.

Die **Bodenkunde** (*Pedologie*) untersucht die Zusammensetzung und Entstehung des B., die im B. ablaufenden Prozesse, die geographische Verbreitung der B. und beschäftigt sich mit der Bodenklassifikation. Ihre wichtigsten Teildisziplinen sind die Bodenphysik, die Bodenchemie, die Bodenbiologie, die Bodengenetik, die Bodengeographie und die Bodensystematik.

Boden(an)zeiger, *Indikatorpflanzen, Weiserpflanzen*, Pflanzen, deren Vorkommen Schlüsse auf eine bestimmte Bodenart, auf Kalk-, Stickstoff- und Säuregehalt sowie auf Feuchtigkeitsgrad und Humusbestand des Bodens zulassen und daher zeitraubende Messungen ökologischer Faktoren ersetzen können. Als *Kalk(an)zeiger (Kalkpflanzen)* gelten z. B. Küchenschelle und Hasenohr, von den Bäumen Buche, Esche und Sibirische Lärche. In gewissem Maße brauchen alle höheren Pflanzen Kalzium als Nährstoff und zur Regulierung des Stoffwechsels, d. h. für Neutralisierung überflüssiger Säuren u. dgl. Ein Mangel an Kalzium bedingt saure Böden. Kalk beseitigt den schädlichen Einfluß der freien Wasserstoffionen, verbessert die Sorptionsfähigkeit des Bodens, seinen Wärme- und Wasserhaushalt, lockert den Boden und begünstigt die mikrobiologischen Prozesse. Die Flora auf Kalkböden ist meist sehr artenreich. Im Gegensatz zu den Kalkpflanzen, den *kalziophilen* Pflanzen, wachsen die *kalziophoben*, d. h. kalkfliehenden Pflanzen (z. B. *Sphagnum*-Moos, Heidekraut, Sauerampfer, von den Bäumen Echte Kastanie und Teestrauch) in der Regel langsam. Sie sind auf den nährstoffreichen Kalkböden nicht konkurrenzfähig und werden von den rascher wachsenden kalkliebenden Arten auf schlechtere Böden verdrängt, wie es z. B. auch bei Wacholder und Kiefer zu beobachten ist. *Säure(an)zeiger* sind Sauerklee, Weiches Honiggras und Lammkraut. *Stickstoff(an)zeiger* (*Nitratpflanzen*) sind viele Unkräuter und die sich meist auf Kahlschlägen einstellenden Pflanzen, wie Weidenröschen und Brombeere, da durch den plötzlichen raschen Abbau der Humusstoffe des Waldbodens nach der Rodung viele Nitrate im Boden frei werden. Als *Schwermetall(an)zeiger* gelten Zinkveilchen und Frühlingsmeirich, als *Rohhumus(an)zeiger* Heidekraut, Heidelbeere und Preiselbeere und als *Feuchtigkeits(an)zeiger* Kriechender Hahnenfuß und Gänsefingerkraut. Auch das Alter von Rodungsflächen kann durch B. ermittelt werden.

Nach dem Grade der Abhängigkeit von den genannten Bodeneigenschaften lassen sich unterscheiden: *bodenstete* Pflanzen, die enge Bindung aufweisen, *bodenholde*, die mit Vorliebe, jedoch nicht immer an bestimmten Standorten vorkommen, und *bodenvage* Pflanzen ohne jeglichen Zeigerwert. Einzelpflanzen für diese Kennzeichnung zu benutzen, ist unzulässig; erst das Vorkommen mehrerer B. läßt sichere Schlüsse auf die Eigenschaft des Bodens zu.

Bodenart, 1) im engeren Sinne eine Klassifizierung der Böden nach der Korngrößenzusammensetzung (Bodentextur) bzw. dem vorherrschenden Körnungsartengemisch.

Man unterscheidet: a) *Skelettböden* mit einem Skelettanteil von mindestens 50 Vol.-%. Nach der vorherrschenden Skelettgröße und -form unterteilt man weiter in Block-, Stein-, Kiesböden (vorherrschend runde Kornanteile, z. B. Flußkies) bzw. Grusböden (vorherrschend eckige Kornanteile, z. B. Quarzitgrus). Skelettböden sind sehr durchlässig für Wasser und Luft und häufig sehr trocken. Damit verbunden ist auch ihre Fähigkeit zu schneller Erwärmung.

b) *Sandböden*, die > 45 Masse% Sand und < 14 Masse% Ton enthalten. Sie werden nach der vorherrschenden Korngröße in Grob-, Mittel-, Fein- und Mischsandböden unterteilt. Entscheidend für die vorteilhafte oder nachteilige physikalische Wirkung des Sandes ist, in welchem Mischungsverhältnis er zu feineren Bodenbestandteilen steht. Da bereits geringe Ton- und Schluffmengen die Eigenschaften eines Sandbodens stark verändern, unterscheidet man reine Sandböden, anlehmige, lehmige und schluffige Sandböden. Hoher Sandgehalt setzt die Gesamtoberfläche und damit das Sorptionsvermögen des Bodens herab, andererseits bewirkt er eine gute Durchlüftung und Erwärmung.

c) *Lehmböden*, die durch etwa gleichmäßige Anteile verschiedenkörniger Sande sowie durch wechselnde Gehalte von Schluff und Ton gekennzeichnet sind. Solche Böden haben die günstigsten physikalischen Eigenschaften, weil sich in ihnen die Vorzüge aller Korngrößen vereinigen. Lehmböden mit höherem Sandgehalt werden als sandige Lehme bezeichnet.

d) *Schluffböden*, die einen Schluffanteil von > 50 Masse% bei einem Tongehalt < 30% aufweisen. Je nach dem Sand- und Tonanteil werden außer den reinen Schluffböden noch die lehmigen Schluffböden und die Schlufflehmböden unterschieden. Bei einem hohen Schluffgehalt kann es in den Böden zur Dichtlagerung kommen, da bei diesen Korngrößen eine Bildung von Aggregaten noch wenig ausgeprägt ist. Besonders die kalkfreien oder kalkarmen Schluffböden sind oft schwer durchlässige, vernäßte und damit ungünstige Standorte.

e) *Tonböden*, die einen Mindestgehalt von 30% Ton haben. Je nachdem, ob Sand, Schluff oder Sand und Schluff in nennenswerten Maße hinzutreten, können noch sandige, schluffige oder lehmige Tonböden unterschieden werden. Böden mit einem hohen Tongehalt werden schwere Böden genannt. Bei Tonböden sind die Teilchen dicht gelagert. Sie zeigen ein großes Sorptionsvermögen, jedoch schlechte Wasserzirkulation und mangelnde Durchlüftung. Diese Böden

Korngrößen		
Bezeichnung		Klasse
Grobeinteilung	Feineinteilung	mm
Blöcke		≥ 2000
Steine	große Steine mittlere Steine kleine Steine	2000 ... 630 630 ... 200 200 ... 63
Kies	Grobkies Mittelkies Feinkies	63 ... 20 20 ... 6,3 6,3 ... 2
Sand	Grobsand Mittelsand Feinsand	2 ... 0,63 0,63 ... 0,2 0,2 ... 0,063
Schluff	Grobschluff Mittelschluff Feinschluff	0,063 ... 0,02 0,02 ... 0,0063 0,0063 ... 0,002
Ton	Grobton Mittelton Feinton	0,002 ... 0,00063 0,00063 ... 0,0002 $\leq 0,0002$

sind kalt, schwer bearbeitbar und setzen den Pflanzenwurzeln größeren Widerstand entgegen.
2) im weiteren Sinne eine Klassifizierung der Böden nach folgenden anderen Kriterien:
a) *Humusgehalt*. Man unterscheidet: < 0,8% Humus: humusarm; 0,8 bis 1,5% Humus: schwach humos; > 1,5 bis 2,5% Humus: mäßig humos; > 2,5 bis 5% Humus: stark humos; > 5 bis 15% Humus: sehr stark humos; > 15 bis 30% Humus: anmoorig; > 30% Humus: torfig (Moorböden).
b) *Karbonatgehalt*. Man unterscheidet: 0,3 bis 2% Karbonatanteil: schwach karbonathaltig; > 2 bis 5% Karbonatanteil: mäßig karbonathaltig; > 5 bis 15% Karbonatanteil: stark karbonathaltig; > 15 bis 30% Karbonatanteil: sehr stark karbonathaltig; > 30% Karbonatanteil: extrem karbonathaltig (Mergel- und Kalkböden).
c) *Bodenreaktion*. Man unterscheidet: pH-Wert < 6,5: saure Böden; pH-Wert 6,5 bis 7,4: neutrale Böden; pH-Wert > 7,4: basische Böden.
d) *Bearbeitbarkeit*. Man unterscheidet: leichte Böden, mittlere Böden, schwere Böden.
e) *Wassergehalt*. Man unterscheidet: trockene Böden, frische Böden, feuchte Böden, nasse Böden.
f) vorherrschendes *bodenbildendes Gestein*. Man unterscheidet: z. B. Lößböden, Talsandböden, Porphyrböden, Basaltböden.
Bodendynamik, Lehre von den gesetzmäßigen im Boden ablaufenden Veränderungen. Es sind physikalische, chemische, biologische und kombinierte einfache und kompliziertere Vorgänge, die komplex ineinandergreifen und als bodenbildende Prozesse (Vorgänge des Abbaues, des Aufbaues und der Verlagerung) bezeichnet werden. Sie laufen in Abhängigkeit von den bodenbildenden Faktoren (Klima, Vegetation, Gestein, Relief, Wasser, menschlicher Einfluß, Zeit) in sehr unterschiedlicher Weise ab. Die B. führt über lange Zeiträume hinweg zur Ausbildung charakteristischer Bodentypen, deren Entwicklung in der Bodengenetik untersucht wird.
Bodeneis, das im gefrorenen Boden (→ Frostboden) vorhandene Eis. Es bildet meist dünne Lagen und ist durch Gefrieren des Bodenwassers bzw. des Grundwassers entstanden. Auch das als Reste eiszeitlicher Gletscher aufgefaßte → Steineis (fossiles B.) wird bisweilen als B. bezeichnet.
Bodenerosion, *Bodenzerstörung, Bodenverheerung,* englisch: soil erosion, die unter dem Einfluß der Tätigkeit des Menschen über das naturbedingte Maß hinaus gesteigerte und von ihm beschleunigte Abtragung des Lockerbodens durch Wasser und Wind. Die B. stellt eine ernste Gefahr für die Bodenfruchtbarkeit dar und kann Kulturland völlig unbrauchbar machen.
Der Wind weht in den durch den Menschen ihres natürlichen Pflanzenkleides beraubten Gebieten die feinsten Bodenbestandteile aus, die in erster Linie die Träger der Bodenfruchtbarkeit sind. Dunkle Staubstürme sind die sichtbaren Zeichen der akuten Vorgänge, Ausdünnung des humushaltigen A-Horizonts (→ Bodenprofil), im Winter auch Abschleifen der Saat ihre Folgen. Seltener sind Sandstürme, die weite Gebiete fruchtbaren Landes mit sterilem Flugsand überdecken.

Weitaus stärker ist auf nicht bewachsenem Boden die Wirkung des abfließenden Regenwassers und Schmelzwassers. Diese → Abspülung ist in vielen Gebieten überhaupt die einzige Form der B. Man unterscheidet dabei drei Stufen: 1) Die *Flächenspülung* (englisch: sheet erosion, unconcentrated wash) ist die flächenhaft wirkende Abspülung an flach geböschten oberen Hangteilen, ohne daß zunächst sichtbar Spuren der B. zurückbleiben. Da aber auch Humusteilchen weggeführt werden, macht sich langanhaltende Flächenspülung an vielen ackerbaulich genutzten Hängen durch die helle Farbe des Bodens bemerkbar. 2) Bei der *Rillenspülung* (englisch: rill erosion, concentrated wash) vereinigt sich das abfließende Wasser in Rinnsalen, die hangabwärts kleine, wenige Millimeter bis Zentimeter tiefe Rillen ausspülen und die Feinerde wegführen. Die nach einem starken Regenguß auf dem Acker sichtbaren Rillen lassen sich rasch beseitigen, werden auch von selbst wieder zugeschlämmt oder zugeweht, so daß die fortschreitende Verarmung des Bodens nicht ohne weiteres erkennbar ist. 3) Bei der *Grabenerosion* (englisch: gully erosion) wirken die zu größeren Wasseradern vereinigten Regenmengen unmittelbar erodierend auf den Untergrund und nagen steile Gräben aus, die rasch hangaufwärts weiterwachsen, sich dabei verzweigen, die Kulturland zerklüften und die Vegetation zerstören. Die Grabenerosion kann eine Landoberfläche schließlich völlig zerschneiden, so daß keinerlei Vegetation mehr vorhanden und eine Nutzung unmöglich ist (→ Badlands). Die durch die Grabenerosion verursachten Schäden lassen sich kaum wieder beseitigen.
Die B. wird gefördert durch ungünstige Bodenstruktur (Einzelkornstruktur), mangelhafte oder falsche Bodenbearbeitung, große Anbauschläge auf schwach geböschten Flächen, Verarmung des Bodens an Humusbestandteilen infolge Raubbaus, durch Anbau von Früchten, bei denen die einzelnen Pflanzen in größeren Abständen stehen (z. B. Baumwolle). Eine wirkungsvolle Bekämpfung der B. erfordert umfangreiche, miteinander in Verbindung stehende Maßnahmen: Verbauung der Erosionsrinnen, Anlage von Staubecken, Bepflanzung ungeschützter Hänge und vor allem der Hügelkämme, Pflege des Bodens, um die Bildung einer Einzelkornstruktur zu verhindern, Vermeidung langer Brachezeiten, Pflügen parallel zum Hang (Konturpflügen), Anlage von Terrassen, Waldschutzstreifen oder Heckenanpflanzungen u. a.
In den wechselfeuchten Tropen verringert die B. die Bodenfruchtbarkeit erheblich. In den Waldgürteln der gemäßigten Zone tritt die B. im allgemeinen nur in entwaldeten Gebirgs-

gegenden offen auf, jedoch spielt die *schleichende B.*, durch die die feinsten Bodenbestandteile abgespült werden, ohne daß unmittelbare Schäden sichtbar werden, eine größere Rolle als bisher angenommen wurde; verstärkt wird sie durch die insbesondere im Herbst und Winter auftretende Abwehung des Bodens, z. B. in der Magdeburger Börde.

Bodenfarbe, Farbton, Farbintensität und Farbverteilung des Bodens. Die B. gibt wichtige makroskopische Hinweise für die Ansprache der Bodenhorizonte, der Bodengenese und der Bodendynamik. So haben Pseudogleye marmorierte Profile, humose Horizonte schwarze, braune oder graue Farbtöne, Reduktionshorizonte oft grüne und blaue Farben.

Auch für den Wärmehaushalt im Boden ist die B. von Bedeutung. Da die Farbintensität der Bodenhorizonte von der Bodenfeuchtigkeit abhängig ist und Vergleiche durch das subjektive Farbempfinden erschwert werden, bedient man sich für die Ansprache der B. bestimmter Bodenfarbtafeln, wobei der Feuchtezustand anzugehen ist.

Bodenfeuchte, *Bodenfeuchtigkeit,* das im Boden haftende Wasser, das durch hygroskopische und kapillare Kräfte entgegen der Schwerkraft festgehalten wird und die → Wasserkapazität des Bodens nicht übersteigt. Die B. wird in Masse- oder Volumenprozenten angegeben. Die B. allein ist kein absolutes Maß für das den Pflanzen verfügbare Wasser. 8 Vol.-% B. können in Sandböden mit der Feldkapazität, in Tonböden mit dem Totwasseranteil identisch sein.

Bodenfließen, svw. Solifluktion.

Bodenform, auf die Belange der Landwirtschaft zugeschnittene bodenkundliche Kartierungseinheit. Die Bodenformbezeichnung besteht aus einer bodensystematischen Stammform (meist → Bodentyp, aber auch Subtyp), die mit einer typisierten Kurzbezeichnung für das Substrat, aus dem sich der Boden entwickelt hat, kombiniert wird. Zu einer B. gehören alle Böden, die in ihren stabilen Merkmalen und Eigenschaften so weit übereinstimmen, daß sie sowohl für die wissenschaftliche Bodenbeurteilung als auch für die Nutzung, die agrotechnische Behandlung und für die Meliorationsplanung im wesentlichen als gleichwertig angesehen werden können. Die bis 15 dm unter Flur in Substrataufbau und Horizontfolge weitgehend übereinstimmen, werden als *Hauptbodenformen* ausgeschieden und klassifiziert. Feinere Unterschiede, die für örtlich-agrarische oder für wissenschaftliche Bodenbeurteilungen bedeutungsvoll sein können, gliedert man im Bedarfsfall als *Lokalbodenformen* aus.

Bodenfruchtbarkeit, die Eigenschaft des Bodens, den Pflanzen Wachstum zu ermöglichen. Sie beruht auf dem Reichtum an Nährstoffen und auf der Fähigkeit, diese den Pflanzen nutzbar zu machen. Die B. ist der Gebrauchswert des Bodens in der Pflanzenproduktion. Sie ist eine objektive Eigenschaft des Bodens (K. Marx).

Der Gebrauchswert wird bestimmt 1) durch die Eignung des Bodens für das Pflanzenwachstum, d. h. seine Fähigkeit, die Lebensbedürfnisse der Pflanzen im Rahmen der durch die übrigen Standortfaktoren gegebenen Möglichkeiten zu befriedigen, und zwar entweder unmittelbar oder durch eine das Pflanzenwachstum fördernde Reaktion auf agrotechnische und agrochemische Eingriffe; 2) durch die Eignung des Bodens für die Durchführung agrotechnischer und agrochemischer Maßnahmen entsprechend dem jeweiligen Stand der Produktivkräfte. In der Gegenwart wird der Gebrauchswert des Bodens durch dessen Eignung für die Feldwirtschaft bestimmt (nach Ehwald).

Bodengare, → Krümelgefüge.

Bodengefüge, svw. Bodenstruktur.

Bodenhorizont, → Bodenprofil.

Bodenkarten, *pedologische Karten*, Komplexe der Themakarten, die die Bodenbildungen und deren Ausgangssubstrate nach unterschiedlichen Kriterien charakterisieren und bewerten. Karten der Bodenarten bringen, teilweise auf petrographischer Grundlage, die Substrateigenschaften zur Darstellung; Karten der Bodentypen weisen Böden mit ähnlicher Genese und ähnlicher Dynamik flächenhaft aus. Bodenformenkarten geben gleichzeitig Bodenart (z. B. durch Schraffuren) und Bodentyp (durch Flächenfarben) wieder. Schwierigkeiten bereitet die Darstellung mehrschichtiger Böden und der Mächtigkeit des Bodens bzw. einzelner Horizonte. Die Bodenkartierung im Gelände erfolgt meist im Maßstab 1 : 10000; die Ableitung von mittel- und kleinmaßstäbigen B. ist primär eine Begriffsgeneralisierung, die Zusammenfassung der Böden bzw. der Bodenformen zu Boden(formen)gesellschaften unterschiedlicher Ordnung. Spezielle B. sind z. B. Karten des Steingehaltes, des Bodenwassers, der Erosionsgefährdung, der Meliorationswürdigkeit, der Nährstoffversorgung sowie der Bodenwertung (Bodenschätzung, Bodengüte).

Bodenklassifikation, svw. Bodensystematik.

Bodenklima, das Klima im Boden, von dem weitgehend das Wachstum der Pflanze abhängt. Es wird hauptsächlich durch die bodenphysikalischen Eigenschaften des jeweiligen Standortes bestimmt, besonders durch Größe und Art des Porenraumes, durch die Bodenfeuchte und die Zusammensetzung der Bodenluft, und läßt sich am besten über das thermische Verhalten des Bodens beurteilen. Die thermischen Verhältnisse im Boden erhalten ihre Impulse von der Erdoberfläche, wobei diese allmählich in die tieferen Horizonte voranschreiten. Daraus resultiert eine nach unten zunehmende Verzögerung und zugleich auch Abschwächung der Temperaturwellen. Die größten Tages- und Jahresamplituden weisen demzufolge die obersten Zentimeter des Bodenprofils auf. Die Temperaturleitfähigkeit a des Bodens ist abhängig von der Wärmekapazität oder Wärmespeicherung k seiner Komponenten und der Wärmeleitfähigkeit λ, die sich aus dem Mengenanteil der Komponenten ergibt:

$$a = \frac{\lambda}{k} \text{ (cm}^2 \cdot \text{s}^{-1}\text{)}.$$ Ein trockener Boden gibt wegen seiner geringen Wärmeleitfähigkeit, ein nasser Boden wegen seiner großen Wärmekapazität die Temperaturimpulse schlecht weiter. Nasse Böden sind deshalb bodenklimatisch kalt, trockene Böden mit hohem Porenvolumen im Oberboden thermisch extrem.

Bodenkolloide, die kleinsten Primärteilchen des Bodens und die Huminstoffe. Sie haben im Verhältnis zu ihrem Volumen die größte Oberfläche sowie die Eigenschaft, Ionen, besonders Kationen, austauschbar an ihrer Oberfläche zu binden (sorbieren), und werden deshalb als Sorptionsträger des Bodens bezeichnet. Auch an der Bildung der Bodenstrukturen und an Verlagerungsvorgängen im Boden haben sie Anteil. Die B. beeinflussen somit als die aktivsten Bestandteile des Bodens wesentlich dessen Charakter und Produktivität. Unter den B. haben die durch Aufbauprozesse im Boden entstandenen anorganischen (→ Tonminerale) uhd organischen (→ Huminstoffe) Neubildungen den Hauptanteil. Hinzu treten die bei diesen Vorgängen anfallenden Zwischenprodukte und unverbrauchten Zersetzungsprodukte, besonders die organischen Polyuronide und die anorganischen amorphen Gele (nichtkristalline Formen der „freien Oxide").

Bodenluft, die zusammen mit dem Bodenwasser den Porenraum des Bodens füllende Luft. Im Vergleich zur atmosphärischen Luft, mit der die B. über Diffusionsströme in Verbindung steht, enthält die B. infolge der Bodenatmung durch die Bodenorganismen mehr CO_2 (0,2 bis 0,7%) und weniger O_2 (etwa 20%) sowie eine permanent hohe relative Feuchtigkeit (meist > 95%). Bei Verschlämmungen, Verdichtungen, Staunässe, ferner in schweren Böden ist der Gasaustausch mit der freien Atmosphäre gehemmt. Dann kann der CO_2-Gehalt der B. auf über 5% ansteigen, der O_2-Gehalt auf < 10% sinken. Das führt zu toxischen Wirkungen auf Kulturpflanzen und zur Begünstigung anaerober Prozesse im Boden.

Bodenorganismen, *Bodenlebewesen, Edaphon,* ständig oder zeitweise in den

wasser- oder luftgefüllten Hohlräumen des Bodens lebende pflanzliche und tierische Organismen. Gemessen am Umfang ihrer Tätigkeit, steht die *Bodenmikroflora* an erster Stelle. Zu ihr gehören Bakterien und Pilze, Aktinomyzeten (Strahlenplize) und Algen. Sie bildet zusammen mit der *Bodenmikrofauna* (Protozoen) den Mikrobenbesatz des Bodens. Die *Bodenfauna* umfaßt Tierarten fast aller Klassen. Wichtige Bodentiergruppen und ihre durchschnittlichen Individuendichten je m² sind: Geißeltierchen 500 Millionen, Wurzelfüßer 100 Millionen, Wimpertierchen und Nematoden (Rundwürmer) 1 Million, Milben 100 000, Springschwänze 5 000, Enchytraeiden 10 000, Doppelfüßer (Tausendfüßer) 150, Insekten 150, Regenwürmer 80, Schnecken und Asseln 50.
Bodentiere der Größe unter 0,2 mm rechnet man zur *Mikrofauna*, von 0,2 bis 2,0 mm zur *Mesofauna*, von 2,0 bis 20 mm zur *Makrofauna*, über 2 cm zur *Megafauna* (z. B. Regenwürmer, Wirbeltiere).
In Abhängigkeit von den Lebensbedingungen in den verschiedenen Böden entwickeln sich bestimmte Biozönosen, die, z. B. beim Abbau der Streu, zeitlich nacheinander folgen und dann → Sukzessionen bilden können. Darüber hinaus bestehen spezifische Biozönosen in der unmittelbaren Umgebung der lebenden Pflanzenwurzeln in Form der Rhizosphäre. Die Bestandsdichte der B. erreicht im gemäßigten Klima das Maximum im Frühjahr, ein sekundäres Maximum im Herbst und das absolute Minimum im Winter.
Die B. sind entscheidend an der Mineralisation organischer Substanz beteiligt und produzieren dabei beachtliche Mengen an Kohlendioxid. Sie haben direkten und indirekten Anteil an der Humifizierung und an einer Reihe anderer bodenchemischer Prozesse. In bodenphysikalischer Hinsicht sind Bodendurchmischung, Erhöhung des Porenvolumens und vor allem Gefügestabilisation (Lebendverbauung, Krümelstruktur) die wichtigsten Auswirkungen der B.
Bodenprofil, der vertikale Anschnitt des Bodens von der Oberfläche bis zum unverwitterten Ausgangsmaterial der Bodenbildung. Die von den bodenbildenden Faktoren ausgelösten bodenbildenden Prozesse führen im Laufe der Bodengenese zur Ausbildung übereinanderliegender *Bodenhorizonte*. Sie unterscheiden sich im Gefüge, im Chemismus, in der Farbe, in ihrer Belebtheit, teils auch in der Körnung, im Wasserhaushalt sowie in anderen Merkmalen. Böden mit charakteristischen Horizontanordnungen werden in der → Bodensystematik zu → Bodentypen zusammengefaßt.
Das B. der meisten mitteleuropäischen Landböden gliedert sich in drei Haupthorizonte:

1) den *A-Horizont (Oberboden)*, einen humushaltigen, deshalb meist grau oder dunkel gefärbten Mineralbodenhorizont, der unter Wald vielfach eine organische Auflage (A_0 oder O) hat;
2) den *B-Horizont (Unterboden)*, der durch Verwitterung oder/und Infiltration meist braun gefärbt ist;
3) den *C-Horizont (Untergrund)*, das unveränderte Ausgangsgestein (Muttergestein) des Bodens.
In trockenen Klimaten fehlt infolge der geringen Sickerwasserbewegung oft der B-Horizont, und es entstehen, ebenso wie auf vielen Kalkböden, *AC-Böden*. Wegen der stark abweichenden Bodenbildungsprozesse in den Tropen verwendet man dort statt der üblichen Horizontbezeichnungen meist fortlaufende Ziffern.
Weitere nicht großflächig verbreitete Haupthorizonte werden (mit einer Ausnahme) gleichfalls mit Großbuchstaben belegt, während für die Untergliederung der Haupthorizonte Indexzahlen oder Kleinbuchstaben üblich sind.
Die Symbolik der Horizontbezeichnungen ist nicht einheitlich. Derzeit werden in der deutschsprachigen Literatur hauptsächlich folgende Symbole benutzt (s. Tab.).
Bodenreaktion, die Auswirkung der in der Bodenlösung enthaltenen freien Wasserstoffionen, deren Maßzahl der *pH-Wert* ist. Destilliertes Wasser enthält gleich viele freie H- und OH-Ionen, und zwar je Liter 10^{-7} g-Äquivalente H-Ionen. Da bei Wasserstoff 1 g-Äquivalent gleich einem Gramm ist, bedeutet das 10^{-7} g (0,000 000 1 g) H-Ionen. Man bezeichnet diese Reaktion als *neutral*. Der pH-Wert ist der negative dekadische Logarithmus der H-Ionenkonzentration, d. h., er ist bei neutraler Reaktion 7. Im humiden Klima haben fast alle Böden die Tendenz zu *saurer* Reaktion, weil der Nährstoffentzug durch die Pflanzen und durch die Sickerwässer dazu führt, daß an die Stelle der verlorengegangenen Nährstoffkationen H-Ionen treten und sich auf diese Weise die H-Ionenkonzentration in der Bodenlösung erhöht (etwa 10^{-6} bis 10^{-4} g/l = pH 6 bis 4). In ariden Gebieten, ganz besonders auf Salzböden, kommt es umgekehrt zu einer Erniedrigung der H-Ionenkonzentration, d. h. zu einer Erhöhung des pH-Wertes auf 8 bis 12,

		Morphogenetische Horizontnomenklatur von Reuter 1962	
A_0	O		= Auflagehorizont aus organischer Substanz
A_{00}	O_l		= unzersetzte Laub- oder Nadelstreu (l von litter = Streu)
A_{01}	O_f		= in Zersetzung befindliche Auflage, Rohhumus (O_r) oder Moder (O_m) (f = fermentation layer)
A_{02}	O_h		= stark zersetzte organische Auflage (Humusstoffschicht)
(A)			= schwach entwickelter belebter Oberboden ohne sichtbare Humusfärbung
A_p			= Ackerkrume (p = Pflug)
A_1	A_h		= humoser Mineralbodenhorizont
A_2*)	A_e	E_p	= Auswaschungs-(Eluvial-)Horizont der Podsole
A_2	A_1	E_1	= durch Lessivierung (Tonauswaschung) geprägter Horizont der Parabraun- und Fahlerden
(B)	B_v	B	= durch Verwitterung verbrauter Horizont der Braunerden (keine oder unbedeutende Illuviation)
B_t		I_t	= B-Horizont mit Tonanreicherung (= Illuviation) der Parabraun- und Fahlerden
B_1	B_h	I_h	= Anreicherungs-(Illuvial-)horizont von Huminstoffen } Podsole
B_2	B_s	I_f	= Anreicherungs-(Illuvial-)horizont von Sesquioxiden (f = ferritisch)
C_1	C_v	M_v	= angewittertes Muttergestein der Bodenbildung (v = verwittert)
C_2	C_n	$M_{1,2}$	= unverwittertes Muttergestein (novus = frisch)
D		U	= Material oder Gestein des Untergrundes, aus dem der Boden nicht entstanden ist
G			= Grundwasser- oder Gleyhorizont
G_o			= Oxydationshorizont im Grundwasserbereich
G_r			= Reduktionshorizont im Grundwasserbereich
g	S	P	= Stauwasserhorizont der Pseudogleye (gleyartige Böden)
g_1	S_1S_w	P_o	= Stauhässeleiter, Staunässezone (w = Wasser; o = oxydativ)
g_2	S_2S_d	P_r	= Staukörper, Staunässesohle (d = dicht; r = reduktiv)
T		$\overline{F, H}$	= Torfschicht, Torfhorizont (F = Flachmoortorf, H = Hochmoortorf)
P			= C_v-Horizont der Tonböden (Pelosole) unter dem A-Horizont
M			= Migrationshorizont (migrare = wandern), sedimentiertes Material, hervorgegangen aus erodierten Böden
f			= vorgestelltes Symbol für fossile Bodenhorizonte
C_a			= $CaCO_3$-Anreicherungshorizont
Sa	S		= Salzanreicherungshorizont

Übergangshorizonte werden durch entsprechende Buchstabenkombinationen gekennzeichnet.

*) (In der ausländischen, z. B. in der sowjetischen Literatur werden z. T. auch A_3-Horizonte mit A_2 bezeichnet!)

was als *alkalische* (*basische*) Reaktion bezeichnet wird.

Allgemeine Einstufung der Böden nach dem *p*H-Wert (KCI):

	pH
sehr stark sauer	< 4,0
stark sauer	4,0 ... 4,9
mäßig sauer	5,0 ... 5,9
schwach sauer	6,0 ... 6,5
neutral	6,6 ... 7,4
schwach alkalisch	7,5 ... 8,0
mäßig alkalisch	8,1 ... 9,0
stark alkalisch	9,1 ... 10,0
sehr stark alkalisch	> 10,0

Die B. wirkt sich auf viele Bodenprozesse aus. Mit zunehmender Versäuerung verschlechtern sich z. B. Bodenstruktur, Besatz und Artenreichtum an Bodenorganismen; die Nährstoffauswaschung nimmt zu und Tonmineralneubildung und Huminstoffabbau verlaufen in ungünstiger Richtung.

Bodenschätze, in Lagerstätten angereicherte Rohstoffe, meist mineralischer Art, die im Tage- oder Untertagebau gewonnen werden. B. sind z. B. Kohle, Erze, Erdöl, Steine und Erden; auch Wasser rechnet man zu den B., das jedoch die Fähigkeit hat, sich wieder zu regenerieren.

Bodenschätzung, die einheitliche Bewertung aller landwirtschaftlich genutzten Böden. Mit dem „Gesetz über die Schätzung des Kulturbodens" vom 16. 10. 1934 wurde eine einheitliche Aufnahme der landwirtschaftlichen Nutzflächen verfügt; dabei werden für jede als annähernd homogene Einheit ausgeschiedene Fläche Bodenart, Zustandsstufe, geologische Entstehung des Bodens und eine Bodenwertzahl angegeben sowie Profilbeschreibungen einfacher Art mitgeteilt.

Die geologische Herkunft der Böden wird in vier Gruppen unterteilt: Lößböden (Lö), übrige Diluvialböden (D), Alluvialböden (Al), Verwitterungsböden (V) bzw. stark steinhaltige Verwitterungsböden oder Gesteinsböden (Vg). Ein großer Teil der V- und Vg-Standorte umfaßt nach den neuen Erkenntnissen auch die Quartärdecken der Periglazialbereiche, wie andererseits tertiäre Sedimente zuweilen unter D ausgewiesen werden.

Die sieben Zustandsstufen geben den Entwicklungszustand des Bodens an, wobei die Stufe 1 den günstigsten Zustand (tiefgründig, reich), Stufe 7 den ungünstigsten Zustand (sehr flachgründig oder stärkste Verarmung) kennzeichnet. Staunasse Böden können meist ebenfalls an einer schlechten Zustandsstufe (5/6) erkannt werden.

Nach Bodenart, geologischer Herkunft und Zustandsstufe sind den Böden im *Ackerschätzungsrahmen* bestimmte *Boden(wert)zahlen* zugeordnet, die zwischen 7 und 100 schwanken und als ungefähres Maß für die Bodenfruchtbarkeit gelten. Die Bodenzahl 100 haben Spitzenböden auf Löß in der Magdeburger Börde, die Bodenzahl 7 reine Sande diluvialer Entstehung mit Zustandsstufe 7. Durch Zu- oder Abschläge an den Bodenzahlen werden die lokalen Klima- und Geländeverhältnisse berücksichtigt, und man erhält so die *Ackerzahl*, die als zweite Zahl hinter der Bodenzahl angegeben wird. Lautet z. B. das Schätzungsergebnis einer ausgegliederten Fläche L 2 Lö 92/94, so bedeutet dies Lehm (L) der Zustandsstufe 2 aus Löß (Lö) mit Bodenzahl 92 und Ackerzahl 94, also ein sehr guter Lößlehmboden, oder SL 5 V 40/35 heißt stark sandiger Lehm (SL) der Zustandsstufe 5 aus Verwitterungsboden (V) mit Bodenzahl 40 und Ackerzahl 35, also etwa ein Mittelgebirgsstandort.

Für das Grünland besteht ein weniger stark differenzierter *Grünlandschätzungsrahmen* ohne Angabe der geologischen Herkunft. Dafür werden die Wasserverhältnisse in fünf Stufen gegliedert. Der Wert des Grünlandes wird in gleicher Weise in Grünlandgrundzahlen und nach Zu- bzw. Abschlägen in Grünlandzahlen angegeben.

Die aufgenommenen Bodenprofile sind im Feldbuch beschrieben, die Lage der Einschläge und die Abgrenzung der ausgegliederten gleichwertigen Flächen den zugehörigen Schätzungsrein- bzw. Schätzungsgrundkarten zu entnehmen. Beides ist für den jeweiligen Kreis in den Liegenschaftsdiensten (früher Katasterämter) deponiert.

Die B. liefert heute überall dort, wo keine neueren Bodenaufnahmen bestehen, noch wertvolle Unterlagen für die Kenntnis der Böden und der Bodenvergesellschaftungen. In der DDR wird gegenwärtig die B. durch eine *mittelmaßstäbige landwirtschaftliche Standortkartierung* (MMK) 1 : 25000 abgelöst. Leitkriterien der Kartierungseinheiten sind das Bodenforminventar (→ Bodenform), das Relief und der Gefügestil (Grundformen der räumlichen Anordnung der Böden).

Bodenströme, → Meeresströmungen.

Bodenstruktur, *Bodengefüge,* die räumliche Anordnung der festen Bodenbestandteile. Sie entsteht durch Zusammenballung der Mineralkörner (Primärteilchen) und organischen Substanzen infolge chemischer, physikalischer und biologischer Wirkungen sowie einer Aufteilung der verklebten Masse in *Bodenaggregate* verschiedener Form, Größe und Beständigkeit durch Quellung, Schrumpfung, Bodenfrost, Bodenbearbeitung. Man unterscheidet drei Gefügegruppen: 1) *Einzelkorngefüge* mit nicht verklebten Primärteilchen; 2) *Kohärentgefüge* mit zu einförmiger Masse verklebten Mineralteilchen, wozu Massiv-, Kapillar-, Feinkoagulat- und Hüllengefüge zählen; 3) *Aggregat-* oder **Gliedergefüge**, in denen zusammengeballte Bodenbestandteile in makroskopisch sichtbare, allseitig begrenzte Strukturkörper zerfallen. Dabei unterscheidet man: Krümel-, Bröckel-, Polyeder-, Prismen-, Säulen-, Platten- und Klumpengefüge. Die beiden letztgenannten sind ungünstige B. und in schweren, verdichteten oder staunassen Horizonten häufig. Das Bodengefüge hat direkten Einfluß auf das Porenvolumen und gestattet wertvolle Rückschlüsse auf die Dynamik des Bodens und einzelner Horizonte.

Bodensystematik, *Bodenklassifikation,* Gliederung oder Ordnung der Böden, insbesondere der Bodentypen, in ein übersichtliches System mit dem Ziel, möglichst alle Prozesse der Bodenentwicklung vollständig zu erfassen. Deshalb liegt den meisten Klassifikationssystemen hauptsächlich die *Bodengenetik* zugrunde, die sich in der Prägung des Bodenprofils und des Bodentyps zumeist gut widerspiegelt. Neben der Genetik wird auch das Klima als ein wesentlicher Faktor zur Gliederung herangezogen, so bei Dokutschajew (1879, 1899, 1900), Sibirzew (1895), Hilgard (1892) und Ramann (1918). Andere Bodensystematiker, wie Glinka (1902, 1915) und Stremme (1926), berücksichtigen nach Möglichkeit sämtliche bodenbildenden Faktoren oder die Prozesse der Bodenentwicklung. In neuerer Zeit folgten der genetischen Richtung Pallmann (1947), Kubiena (1953), Laatsch, Schlichting, Mückenhausen (1962), Kundler, Ewald und Lieberoth. Für Böden, deren Hauptmerkmale anderer Prägung sind, werden auch phytogene und pedogene Merkmale zur Einordnung des Bodentyps herangezogen.

Man ordnet die Böden auf der Basis des Bodentyps in Abteilungen (terrestrische, semiterrestrische, subhydrische Böden und Moorböden) und unterteilt diese in Klassen (z. B. Auenböden, Gleye und Marschen als Klassen der Abteilung semiterrestrische Böden). Eine weitere Unterteilung kann in Subtypen, Sippen und Varietäten erfolgen.

Da die genetischen Klassifikationssysteme nicht immer mit der Ertragsfähigkeit der Böden übereinstimmen, macht sich für praxisbezogene Zwecke mitunter eine auf die speziellen Bedürfnisse gerichtete „künstliche" Klassifizierung notwendig, es treten an die Stelle von Subtyp, Sippe und Varietät die → Bodenformen.

Bodentextur, die Korngrößenzusammensetzung der Böden oder auch einzelner Bodenhorizonte. Die B. wird durch Klassifikation der Böden in → Bodenarten gekennzeichnet.

Bodentyp, komplexe Grundeinheit der Bodensystematik, die unter Zugrundelegung der Profildifferenzierung alle

Böden mit ähnlichem Entwicklungszustand und ähnlicher Dynamik zusammenfaßt. Maßgeblich für die Ausgliederung von B. sind also nicht Einzelfaktoren oder -prozesse, sondern die Gesamtheit der bodenbildenden Faktoren, die zu spezifischen bodenbildenden Prozessen führen und deren Genese und Dynamik zumeist auch in einer charakteristischen Prägung des Bodenprofiles sichtbar werden. B. sind charakteristische Umbildungsformen der Lithosphäre.
Die Entwicklung des Bodens zu bestimmten Typen wird vor allem durch das Klima beeinflußt. Deshalb bestehen enge Beziehungen zwischen den großen Klima- und Bodenzonen der Erde: in den Tropen und Subtropen sind → Laterite, → Roterden und → Gelberden, in den winterkalten Steppen → Tschernosjome, in den gemäßigten humiden Klimaten → Braunerden und → Podsole die wichtigsten B. In einigen Fällen spielen auch spezifische lithogene, phytogene und hydrogene Merkmale eine maßgebliche Rolle für die Ausscheidung von B. So bestehen spezifische B. auf Kalkstein, wie Rendzina und Terra rossa, ferner organische und mineralische Naßbodentypen und Salzbodentypen.
Bodenunruhe, die durch Brandung, Frost, Sturm, Maschinen und Verkehr verursachte dauernde, unregelmäßige Bewegung der Erdoberfläche. Die B. wird wie ein Erdbeben durch Seismographen aufgezeichnet.
Bodenversetzung, svw. Massenbewegungen.
Bodenwasser, die Gesamtheit des im Boden befindlichen Wassers, das durch Niederschläge, über die Luftfeuchtigkeit oder durch kapillaren Grundwasseraufstieg in den Boden gelangt. Das B. ist Voraussetzung für die chemische Verwitterung, Reservoir für die Pflanzenernährung und bewirkt mannigfache Lösungs- und Verlagerungsvorgänge innerhalb des Bodens. Man unterteilt das B. in:
1) *Haftwasser,* das entgegen der Schwerkraft im Boden festgehalten wird. Es setzt sich zusammen aus dem in den feinen Bodenporen befindlichen Kapillarwasser und dem hygroskopischen Wasser (Adsorptionswasser), das teils als Hydratationswasser (Schwarmwasser) dem Hydratationsbestreben der Ionen unterliegt, teils als osmotisch gebundenes Wasser durch hohe Kationenkonzentration gebunden wird. Pflanzenverfügbar ist lediglich der Anteil des *Kapillarwassers,* der mit < 1,5 MPa (15 at) Saugspannung (= pF 4,2) in den Kapillaren gebunden wird (→ Welkepunkt). Alles mit höherer Saugspannung festgehaltene Wasser bezeichnet man als *Totwasser.* Hierzu zählen das mit > 5 MPa (50 at) festgehaltene hygroskopische Wasser und das Kapillarwasser der Feinporen (∅ < 0,2 μm). Tonige Böden haben wegen ihrer hohen Hygroskopizität und ihres hohen Feinporengehaltes sehr hohe Totwasseranteile.
Kapillarwasser bewegt sich – entgegen der Schwerkraft – auch seitwärts und aufwärts und bildet oberhalb des Grundwasserspiegels den *Kapillarsaum.*

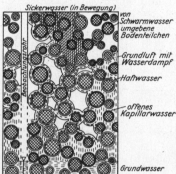

Erscheinungsformen des unterirdischen Wassers

2) *Sickerwasser, Senkwasser,* das dann, wenn das Wasserhaltevermögen des Bodens entgegen der Schwerkraft überschritten ist, als Überschußwasser in die Tiefe sickert. Dies erfolgt bei Saugspannungen von weniger als $32 \cdot 10^3$ bis $5 \cdot 10^3$ Pa (0,32 bis 0,05 at = pF 2,5 bis 1,8), d. h. bei Überschreitung der Wasser- und Feldkapazität des Bodens. Das innerhalb dieser Wertspanne gebundene B. ist langsam bewegliches Sickerwasser und damit noch teilweise pflanzenverfügbar. Alles mit $< 5 \cdot 10^3$ Pa (0,05 at) gebundene B. ist schnell bewegliches Sickerwasser.
Kommt es im Bodenprofil zu einem permanenten Stau von Sickerwasser, so entsteht *Grundwasser* (→ Gley); hält der Wasserstau in verdichteten Horizonten nicht ganzjährig aus, so spricht man von *Stauwasser* oder *Staunässe* (→ Pseudogley). Als *Oberflächenwasser* bezeichnet man das an der Erdoberfläche abfließende Niederschlagswasser.
Bodenwasserhaushalt, die Gestaltung des Wasservorrats im Boden über einen längeren Zeitraum in Abhängigkeit von Klima, Bodenart, Relief und Vegetation. Eingangsgröße ist der Niederschlag, aus dem die Hauptmenge des Wasservorrats stammt; seitliche Wasserzufuhr (an Hängen) und Aufstieg von Grundwasser können örtlich hinzutreten. Der Wasserverbrauch erfolgt durch die Pflanzen (produktive Verdunstung, Transpiration) und von der Bodenoberfläche aus (unproduktive Verdunstung, Evaporation) sowie durch Abzug des Sickerwassers in das Grundwasser.

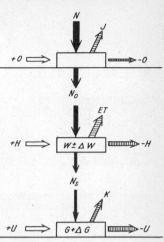

I Die Größen des Bodenwasserhaushaltes. *N* gemessener Niederschlag, N_0 effektiver Niederschlag, *I* Interzeption, *O* Oberflächenabfluß, *H* subkutaner Hangwasserabfluß, *U* horizontale Bewegung des Grundwassers, *ET* Evapotranspiration, *W* Wassergehalt eines Bodenkörpers, N_S Sickerwasser, *G* Grundwasser, *K* Kapillarsaum

Den Schwerpunkt der Untersuchungen bildet das pflanzenverfügbare Bodenwasser, das aus der Differenz der beiden konventionellen Werte Feldkapazität und Welkepunkt bzw. Totwasser ermittelt wird. Jeder Standort hat aufgrund seiner Eigenschaften eine spezifische Wasserkapazität, die dessen mögliche Wasserbevorratung kennzeichnet. In humidem Klima erfolgt gewöhnlich im Frühjahr eine Auffüllung des Wasservorrates bis zur Feldkapazität. Auf Standorten mit geringer Wasserkapazität (z. B. Sandböden) ist die Wasserversorgung der Pflanzendecke nicht auf längere Zeit gesichert; sie sind von Niederschlägen während der Vegetationszeit stark abhängig. Standorte mit hoher Wasserkapazität hingegen vermögen den Wasserbedarf der Pflanzendecke über einen großen Teil der Vegetationszeit aus ihrem Wasservorrat zu bestreiten; sie sind daher ertragssicher. Da die Wasserkapazität der einzelnen Bodenhorizonte verschieden ist, ist auch die Verteilung der Bodenfeuchte in der Vertikalen oft ungleich; wichtig hierfür ist die Art der Sickerwasserbewegung, der Perkolation, die ungehemmt, aber durch Verdichtung des Bodens (Staukörperwirkung) auch gehemmt sein kann. Dann stellt sich zeitweilig oder anhaltend Staunässe ein, die dem Oberboden hohe Feuchtigkeit verleiht, während sie im Unterboden gleichzeitig nur gering ist. Die Schwankungen der Bodenfeuchte können sehr erheblich sein. In Abhängigkeit vom normalen Witterungsablauf und der Vegetationsperiode ergibt sich für die einzelnen Standorte ein

Böe

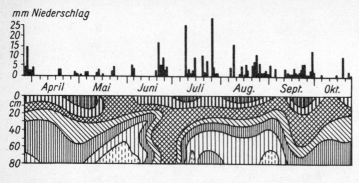

2 Isoplethen der Bodenfeuchte eines Standorts mit gehemmter Perkolation

charakteristischer Jahresgang des B. Darüber hinaus bestehen auch von Jahr zu Jahr oder über längere Perioden hinweg beachtliche Schwankungsbreiten, die für eine umfassende Beurteilung des B. unerläßlich sind und deren Amplituden wichtige Merkmale darstellen. Insgesamt faßt man das Verhalten des B. in der Zeit als *Bodenwasserregime* zusammen.
Die Klassifikation des B. wird bestimmt
1) durch die Beziehungen zum Grundwasser: Standorte mit Grundwassereinfluß – Standorte ohne Grundwassereinfluß;
2) durch die Art der Perkolation: Standorte mit ungehemmter Perkolation – Standorte mit gehemmter Perkolation;
3) durch die Wasserkapazität in Abhängigkeit vom Bodengefüge: Standorte mit geringer Wasserkapazität – Standorte mit hoher Wasserkapazität.
Böe, *Bö*, ein Windstoß, der auf der Verwirbelung der Luft beruht, wobei der Wind sehr starke Schwankungen hinsichtlich Stärke und Richtung zeigt. Besonders starke Verwirbelungen werden *Spitzenböen* genannt. Schwankt die Windgeschwindigkeit um mehr als 8 m/s, spricht man von *Böigkeit*, wenn auch noch Schwankungen in der Windrichtung deutlich zu erkennen sind, von *Richtungsböigkeit*. Böigkeit ist typisch für Kaltluft. Auch starke Erwärmung an sonnigen Tagen kann B. auslösen (Sonnenböen, Sandtromben). Mit **Böenfront** bezeichnet man die → Kaltfront, da bei deren Durchgang sehr oft starke B. auftreten, besonders bei Gewitterfronten.
Unter **Böenkragen** versteht man einen durch eine Wolkenwulst sichtbar gemachten Luftwirbel mit horizontaler Achse an der Front eines Kaltlufteinbruchs.
Die **Fall-** oder **Vertikalböe** ist eine in der freien Atmosphäre auftretende, abwärts gerichtete und räumlich begrenzte Luftbewegung von hoher Geschwindigkeit. Sie kommt besonders häufig in labil geschichteter Kaltluft und in Gewitterfronten vor.
Bolax-Heide, Vegetation der subantarktischen Inseln aus niedrigen Hartpolsterpflanzen, z. B. *Azorella*-Arten.
Bölling-Interstadial, *Bölling-Schwankung*, der wärmere Abschnitt zwischen ältester und älterer Dryaszeit des Spätglazials. Während des B. stießen Baumbirken in die Tundra vor (Parktundra). Das B. war kurz; es wurde mittels Radiokarbonmethode auf etwa 10750 bis 10350 v. u. Z. bestimmt.
Bolson *m*, aus Mexiko stammende Bezeichnung für ein in aridem oder semiaridem Gebiet gelegenes, meist tektonisch entstandenes, flaches Becken. Der B. ist von Gebirgen umschlossen, hat keinen Abfluß nach außen und erhält durch exogene Kräfte eine charakteristische Gliederung. Vor den infolge Pflanzenarmut stark zerrunsten randlichen Gebirgen haben die periodisch oder episodisch abkommenden Flüsse, die eine starke Schuttführung aufweisen, durch Seitenerosion schwach geneigte Verebnungsflächen geschaffen, die → Pedimente. Diese gehen in Schotterflächen mit etwa gleichem Gefälle, die *Bajadas*, über. Im Beckeninnern, der *Playa*, sammeln sich zur Zeit des Abkommens der Flüsse die feinsten

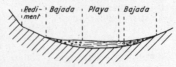

Bolson

Teilchen in einem flachen salzigen See, der bei Verdunstung des Wassers zu einem Salzsumpf und schließlich zu einer harten, von Trockenrissen durchzogenen → Salztonebene wird. Die Formengruppe des B. ist bei entsprechenden klimatischen und orographischen Bedingungen außer in Mexiko in vielen anderen abflußlosen Trockengebieten der Erde anzutreffen.
Bora *f*, trockener, kalter und heftiger Fallwind in der nördlichen Adria und an der dalmatischen Küste, besonders häufig in den Wintermonaten. Er tritt dann auf, wenn kalte Luft von den Hochflächen des Karsts oder des Dinarischen Gebirges auf die warme Adria herabfällt.
Borax, das Natriumsalz der Borsäure, das sich in der Natur an den Ufern (kristallisiert) oder im Wasser (gelöst) der großen Tinkalseen Tibets findet, ferner neben anderen Salzen in Seen der Trockengebiete Ägyptens, Irans, und Kaliforniens (Tal des Todes). Außerdem wird B. bei den Ausbrüchen von → Schlammvulkanen aus dem Schlamm ausgeschieden, so z. B. auf der Halbinsel Kertsch und der Taman-Halbinsel am Asowschen Meer (UdSSR).
Börde, ein flacher, fruchtbarer Landstrich, z. B. Magdeburger, Soester, Warburger B.
Bore [indisch ‚Flut'], Flutwelle, die in Ästuaren mauerartig stromauf dringt. Sie bildet sich durch sprunghaftes Hinaufschnellen des Wasserstandes nach Niedrigwasser vor allem dort, wo bei Ebbe trockenfallende Sandbänke die breite Strommündung zum Teil versperren. B. sind besonders bei indischen Strömen, am deutlichsten beim Hugli, aber auch in England (Severn, Trent) und in chinesischen Strommündungen zu beobachten. Bekannt ist auch die bis 5 m hohe B. am Amazonas, hier als *Pororocá* bezeichnet.
boreal, 1) allgemein: dem rauhen nördlichen Klima zugehörig. Als b. Klima bezeichnet man das kaltgemäßigte, kontinentale Klima. B. Pflanzen sind die der nördlich gemäßigten und subarktischen Zone angehörenden Pflanzen, z. B. die Vertreter der Tundra und des b. Nadelwaldgürtels. Sie überdauern Winterfrost und Schnee meist im Stadium der Kälteruhe, in dem nach Abwerfen des Laubes alle Funktionen stark reduziert werden.
2) klimageschichtlich: dem postglazialen Klimaabschnitt des → Boreals angehörig.
Boreal, der erste Abschnitt der postglazialen Wärmezeit (frühe Wärmezeit), die in Mitteleuropa durch das starke Hervortreten der Hasel (*Corylus*) neben Kiefer und Birke gekennzeichnet ist (Haselzeit). Gegen Ende des B. setzt die Entwicklung des Eichenmischwaldes ein, die zum Atlantikum überleitet. Das B. umfaßt

den Zeitraum von 6800 bis etwa 5000 v. u. Z.; es entspricht annähernd der Ancyluszeit der Ostsee, in der vorgeschichtlichen Entwicklung der mitteleuropäischen Kulturen dem älteren Mesolithikum. Weiteres → Postglazial, Tab.
Borowina, → Paternia.
Böschungsmaßstab, Diagramm zur Entnahme von Hangneigungen nach Isohypsenabständen auf topographischen Karten durch Abgreifen der Distanz von Höhenlinien (Abb.).
Böschungswinkel, *Neigungswinkel, Hangneigung*, die Neigung des Geländes gegenüber der Horizontalen entlang einer Fallinie. Der B. kann als Winkel in Grad angegeben werden sowie auch in Teilen einer Längeneinheit (in Prozent oder Promille) und als Verhältnis von Länge zu Höhe, wobei die Höhe als 1 in Beziehung zur Länge gesetzt wird. Die Tab. zeigt die gegenseitigen Beziehungen zwischen den drei gebräuchlichen Ausdrucksformen des B.
Botn, *Plur.* **Botner**, svw. Kar.

1 Böschungswinkel

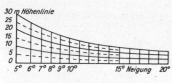

2 Böschungsmaßstab auf einer Höhenlinienkarte für einen Maßstab von 1 : 25 000

Brachyantiklinale, → Sattel.
Brachysynklinale, → Mulde.
Brackwasser, schwach salziges, ungenießbares Wasser. Es bildet sich im Meer im Mündungsgebiet von Flüssen oder in Strandseen, die zeitweise mit dem Meer in Verbindung stehen, als ein Gemisch aus Salz- und Süßwasser mit einer eigentümlichen Lebewelt, der *Brackwasserformation.* Auch die Endseen in abflußlosen Gebieten werden durch den ständig zunehmenden Salzgehalt zunächst zu schwach salzigen Brackwasserseen und schließlich zu reinen Salzseen. Auch das Grundwasser des Küstenstreifens kann brackig werden, wenn Meerwasser eindringt. Die in B. gebildeten Sedimentgesteine, die *Brackwasserschichten*, bergen in sich meist Fossilien einer artenarmen Fauna und Reste von Landpflanzen.
Brandenburger Stadium, die älteste Eisrandlage der → Weichsel-Eiszeit.
Brandung, die auf die Küste auftreffende Wellenbewegung. Ihre Stärke ist vom Wind, von den Gezeiten- und den Meeresströmungen abhängig. Die B. ist morphologisch wirksam, da sie allmählich die Küste zerstört. Diese zerstörende Tätigkeit wird als → Abrasion bezeichnet.
An Steilküsten wirkt die *Klippenbrandung* und schafft durch den Schlag des Wassers gegen die Felsküste, unterstützt von den mitgerissenen Gesteinsbrocken, dem Brandungsgeröll, die Abtragungsformen der marinen Abrasion: Brandungshohlkehle, Kliff und an diesem Sonderformen Brandungsnische, Brandungstor und Brandungshöhle, vor dem Kliff die Abrasionsplatte (Brandungsplatte oder Schorre) und bei langsam sich senkender Küste auch breite Abrasionsebenen. Das die Schorre locker bedeckende Brandungsgeröll wird am Außenrand als *Meerhalde* sedimentiert.
An Flachküsten spricht man von *Strandbrandung*, die das Material, aus

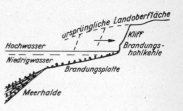

1 Klippenbrandung

dem der Strand besteht, umlagert. Die Bewegung der Brandungswellen wird durch die geringe Wassertiefe abgebremst, so daß sich die Wellen als Brecher überschlagen; als Roller laufen sie dann am Strand aus und lagern einen Teil des mitgeführten Sandes als *Strandwall* ab. Der am Boden zurücklaufende Sogstrom wird in der Brecher- oder Brandungszone wiederum abgebremst und lagert dadurch einen Teil des mitgeführten Sandes ab. Es bildet sich hier eine küstenparallele Sandanhäufung, das *Sandriff (Brandungsriff, Schaar)*, das durch den *Brandungskanal (Brandungsrinne)*, einen Streifen tieferen Wassers, vom Strand getrennt ist. Bisweilen entstehen mehrere Sandriffe hintereinander. In manchen Fällen wachsen sie über den Meeresspiegel empor und bilden dann langgestreckte Sandinseln.
Versuche, die Kraft der B. technisch nutzbar zu machen, haben bisher zu keinem greifbaren Erfolg geführt.
Braunerde, sol brun, brown forest soil, silvester, brown earth oder zusammen mit den Parabraunerden auch *brauner Waldboden*, auf Sand auch *rostfarbener Waldboden*, der vorherrschende Bodentyp in den Laubwaldregionen des gemäßigt-humiden Klimas mit A_h-B_v-C-Profil (→ Bodenprofil) und meist unscharfen Horizontgrenzen. Unter dem bis 20 cm mächtigen A-Horizont, der als Humusformen Mull oder Moder trägt, folgt ein 20 bis 150 cm mächtiger verbraunter Horizont, der B_v-Horizont, der durch Silikatverwitterung und die damit verbundene Bildung von färbenden Eisenoxidhydraten gekennzeichnet ist. Bröckel- bis Polyedergefüge, eine überwiegend geflockte Kolloidsubstanz mit illitischen Tonmineralen und fehlende bis sehr geringe Illuviationen sind weitere Merkmale des B_v-Horizontes.
Der Bodentyp B. umfaßt eine sehr große Anzahl Subtypen, die hauptsächlich durch die Trophie (eutrophe bis oligotrophe B.) und durch das Hinzutreten fremder typologischer Merkmale bestimmt werden. Der ackerbauliche Wert der B. schwankt deshalb in einem weiten Bereich. Flachgründige und oligotrophe Subtypen unterliegen meist der Waldnutzung; die übrigen liefern vorherrschend mittlere Standorte.

Böschungswinkel in

Grad	%	1:		%	Grad	1:		1:	Grad	%
1	1,75	57,3		1	0° 34′	100		1	45°	100
2	3,49	28,6		2	1° 9′	50		2	26° 34′	50
3	5,24	19,1		3	1° 43′	33,3		3	18° 26′	33,3
4	7,0	14,3		4	2° 18′	25		4	14° 2′	25
5	8,75	11,4		5	2° 52′	20		5	11° 19′	20
6	10,5	9,5		6	3° 26′	16,7		6	9° 28′	16,7
8	14,0	7,1		8	4° 35′	12,5		8	7° 7′	12,5
10	17,6	5,7		10	5° 43′	10		10	5° 43′	10
12	21,3	4,7		12	6° 51′	8,3		15	3° 49′	6,7
15	26,8	3,73		15	8° 32′	6,7		20	2° 52′	5
20	36,4	2,75		20	11° 20′	5		30	1° 54′	3,3
25	46,6	2,14		25	14° 2′	4		50	1° 10′	2
30	57,7	1,73		30	16° 41′	3,3		75	0° 46′	1,33
40	84,0	1,19		40	21° 48′	2,5		100	34′	1
45	100	1		50	26° 34′	2		150	23′	0,67
50	119,2	0,84		75	36° 52′	1,3		200	17′	0,5
60	173,2	0,58		100	45°	1		250	14′	0,4
70	257	0,36		200	63° 27′	0,5		300	11′	0,33
80	567	0,18		500	78° 42′	0,2		500	7′	0,2
90	∞	0		1000	84° 18′	0,1		1000	3′	0,1

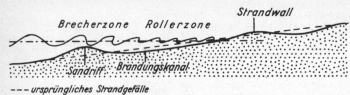

--- ursprüngliches Strandgefälle
-·- Meeresniveau

2 Strandbrandung

Braunkohlenformation, → Tertiär.
Braunlehm, → Plastosol.
Braunschlammboden, svw. Dy.
Braunstaugley, Sammelbezeichnung der mittelmaßstäbigen landwirtschaftlichen Standortkartierung der DDR für Übergangsbodentyp mit Braunerdedynamik im oberen (bis 3 oder 4 dm) und Pseudogleydynamik im unteren Teil des Bodenprofils.
Braunwasser, durch kolloidal gelöste Humusstoffe bräunlich gefärbtes Wasser (Moorwasser), meist nährstoffarm und von saurer Reaktion. Volkstümlich wird meist von *Schwarzwasser* (häufig Flußname) gesprochen.
Brave Westwinde, Seemannsausdruck für die beständig wehenden Westwinde der gemäßigten Breiten der Südhalbkugel, etwa ab 40° s. Br. Wegen der häufigen Stürme in diesem Gebiet, besonders um Kap Hoorn, werden sie auch als die **Heulenden Vierziger,** englisch Roaring Forties, bezeichnet.
Breite, 1) *geographische B.,* der in Grad gemessene Winkel zwischen der Richtung der Schwerkraft am Beobachtungsort und der Äquatorebene. Sie ist in jedem Fall gleich der Polhöhe, d. h. dem Winkelabstand des Himmelspols vom Horizont des Beobachters. Bei einer rein kugelförmigen Erde würden sich Lotlinie (Linie der Schwerkraft) und Äquatorradius im Erdmittelpunkt schneiden. Da die Erde aber ein Rotationsellipsoid, d. h. an den Rotationspolen abgeplattet ist, liegt der Schnittpunkt etwas außerhalb des Erdmittelpunktes. Der Winkel zwischen der Äqua-

Geographische Breite φ und geozentrische Breite φ' des Beobachtungsortes *B*; *M* Erdmittelpunkt

torebene und der Verbindungslinie Erdmittelpunkt – Beobachter wird als *geozentrische B.* bezeichnet. Der durch die Abplattung der Erde bedingte Unterschied zwischen geographischer und geozentrischer B. ist am Äquator und an den Polen gleich Null, am größten (11,5′) ist er bei einer B. von 45°.
Die B. steigt vom Äquator zu den Polen von 0° bis 90°. Man unterscheidet nach der Lage des Ortes auf der Nordhalbkugel *nördliche B.* (Abk. n. Br.) und auf der Südhalbkugel *südliche B.* (Abk. s. Br.). Orte gleicher B. liegen auf einem dem Äquator parallellaufenden Kreis, einem *Breitenkreis (Parallelkreis).* Der Abstand von zwei um 1° auseinanderliegenden Breitenkreisen beträgt wegen der Abplattung der Erde am Äquator 110,56 km, am Pol 111,68 km.
Unter Breitengrad versteht man die Kugelzone, die von zwei um 1° auseinanderliegenden Breitenkreisen eingeschlossen ist, → Gradnetz der Erde. Über die Breitenbestimmung → Ortsbestimmung.
Die geographische B. ist geringfügigen periodischen Änderungen unterworfen, → Breitenschwankung. Zusammen mit der geographischen Länge bildet sie die geographischen Koordinaten eines Punktes der Erdoberfläche.
Die *reduzierte B.* eines Ortes spielt in der Geodäsie eine Rolle.
2) *astronomische B.,* → astronomisches Koordinatensystem.
Breitenschwankung, die geringfügige periodische Änderung der geographischen Breite. Sie ist auf die Verlagerung (bis 0,3′′) der Rotationsachse innerhalb der Erdkugel zurückzuführen, die eine Wanderung der geographischen Pole (Durchstoßpunkte der Rotationsachse durch die Erdoberfläche) mit sich bringt.
Der Mathematiker Leonhard Euler (1707 bis 1783) bewies, daß der Wanderung der Pole auf der Erdoberfläche im Sinne der Drehung der Erde stattfinden muß, wenn die Rotationsachse der Erde nicht mit der Hauptträgheitsachse, d. h. der kleinen Achse des Erdellipsoids, zusammenfällt. Die Periode eines Polumlaufs um die mittlere, durch die Hauptträgheitsachse gegebene Lage, den „Trägheitspol", schwankt zwischen 415 und 433 Tagen (Chandlersche Periode).

Brekzie, *Breccie, Bresche,* klastisches Sedimentgestein, das durch die Verkittung wenig verfrachteter und darum eckiger Bruchstücke anderer Gesteine entsteht. *Schlammbrekzie,* → Fanglomerat.
Brörup-Interstadial, wärmerer Abschnitt der Weichsel-Eiszeit, der 57000 bis 53000 Jahre vor der Gegenwart angesetzt wird. Das B. I. brachte bei Julitemperaturen bis 15 °C in Dänemark Birken- und Kiefernwälder sowie verbreitet Waldsteppe.
Bruch, 1) *m, Verwerfung, Sprung,* Störung des Gesteinsverbandes innerhalb der Erdkruste, wobei zwei Schollen längs einer Bewegungsfläche, der *Verwerfungsfläche (Bruchfläche oder Verwerfungsspalte),* gegeneinander verschoben wurden. B. mit horizontaler Verschiebung bezeichnet man als → Blattverschiebungen. Bei B. mit vertikaler Verschiebung kann eine Scholle gehoben oder gesenkt worden sein, oder beide Schollen waren in Bewegung. In der *Verwerfungslinie (Bruchlinie)* schneidet die Verwerfungsfläche die Erdoberfläche, wo infolge des B. eine *Bruchstufe* entstehen kann. Meist ist die Bruchstufe eingeebnet, so daß Brüche nur an dem Nebeneinander ungleichartiger Gesteine erkennbar sind. Den Betrag der vertikalen Verschiebung an einer Verwerfungsfläche nennt man *Sprunghöhe.* B., die zur abgesenkten Scholle einfallen und Raumerweiterung bewirken, sind *Abschiebungen.* B., die zur gehobenen Scholle steil mit mehr als 45° (invers) einfallen und Raumeinengung bewirken, werden als *Aufschiebungen* bezeichnet. Flachfallende inverse B. nennt man *Überschiebungen.*
B. treten oft in Verbindung mit Faltung auf *(Faltungsbrüche).* Nach ihrer Richtung zum Streichen der Falten unterscheidet man *streichende Brüche (Längsverwerfungen), Querverwerfungen* und spießeckig verlaufende *Diagonalverwerfungen.* Je nach ihrer Lage zur Falte werden *Scheitelbrüche* und *Schenkelbrüche* unterschieden. Mehrere zusammengehörige B. ergeben *Sprungsysteme* oder *Bruchbüschel.* Staffelbrüche durchsetzen treppenartig das Gestein. *Kesselbrüche* sind mehrere bogenförmig um ein Senkungsfeld angeordnete Brüche; → Horste sind an B. herausgehobene Schollen; → Gräben sind an B. eingesenkte Schollen.
Zahlreiche gangförmige Lagerstätten sind in B. entstanden. Auch für die Hydrogeologie haben die B. Bedeutung, da sie das Wasser stauen und zur Bildung von *Verwerfungsquellen* führen.
2) *m* oder *n,* Plur. Brüche oder Brücher, mit Bäumen und Gesträuch bestandenes Sumpfgelände, vielfach auch lokale Bezeichnung für Moor.
Bruchwald, ein sich meistens aus ehemaligem Flachmoor entwickelnder Wald mit hoher Bodenfeuchtigkeit

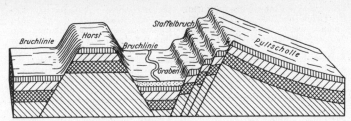

Schematische Darstellung von Bruchformen

und ausreichendem Nährstoffgehalt des Bodens. Im Unterschied zum Auwald ist der Grundwasserstand das ganze Jahr über gleichmäßig hoch, wenngleich Überschwemmungen hinzutreten können. Oft entwickelt sich B. bei stauender Nässe über undurchlässigem Untergrund. Im mitteleuropäischen B. finden sich besonders Erlen und Weiden, die sich auf den Bülten des ehemaligen Moores angesiedelt haben, vor. Nach Trockenlegung kann B. in Weide- oder Ackerland übergeführt werden, wie es z. B. in den Urstromtälern im Havelländischen Luch und im Spreewald geschehen ist.
Eine Sonderform des B. ist das *Erlenstandmoor*, in dem es zahlreiche trockene Stellen gibt, auf denen außer der Erle noch Moorbirke, Espe, verschiedene Weidenarten und Vogelbeere vorkommen. Die feuchte Abart des B. ist das *Erlensumpfmoor*, das fast ausschließlich aus Erlen mit einem Unterwuchs aus Seggen besteht.
Bruchzone, ein Bereich weiträumiger Brüche. Die *zentrale* oder *mediterrane* B. zieht sich annähernd in westöstlicher Richtung um die Erde. Diese durch Bruchtektonik gekennzeichnete Region verläuft vom Europäischen Mittelmeer, die südasiatischen Randgebiete umgebend, zum Australischen Mittelmeer und tritt auch im Amerikanischen Mittelmeer wieder deutlich in Erscheinung. Sie bildet die Scheide zwischen den Nord- und Südkontinenten und zeichnet sich durch häufiges Auftreten von Erdbeben und Vulkanismus aus. Nach Stille entstand die zentrale B. während des Algonkischen Umbruchs. Eine zweite B. umschließt den Pazifischen Ozean und wird *zirkumpazifische B.* genannt.
Brücknersche Periode, von dem Geographen und Meteorologen E. Brückner (1862 bis 1927) aus den Wasserstandsschwankungen des Kaspischen Meeres während des 18. und 19. Jh. ermittelte 35jährige Klimaperiode (→ Klimaschwankungen). Sie ließ sich auch in den Niederschlagsreihen verschiedener Teile der Erde nachweisen, ebenso in den damit in Zusammenhang stehenden Folgeerscheinungen: Schwankungen des Wasserstandes in Flüssen und Seen, des Grundwassers, der Gletscher, der Ernteerträge, bei der Ausbildung der Jahresringe der Bäume. Eine Erklärung der B. P. war nicht möglich; an ihrer Realität wird heute gezweifelt, zumindest vor einer allgemeinen Anwendung gewarnt.
Brunnen, künstlich, meist mittels einer Bohrung hergestellter Aufschluß zur Gewinnung von Grundwasser für Trink- und Gebrauchszwecke. Natürliche Grundwasseraustritte (Quellen) und Abzapfungen von Oberflächenwasser sind keine B. im hydrologischen Sinne.

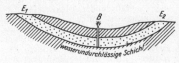

Artesischer Brunnen *B* mit seinen Einzugsgebieten E_1 und E_2.

Eine auf besonderen geologischen Verhältnissen beruhende Brunnenart ist der *artesische B.*, genannt nach der französischen Landschaft Artois, wo man schon im Jahre 1126 zum erstenmal einen solchen B. anlegte. Er erschließt wasserführende Schichten, die in Becken zwischen wasserundurchlässigen Schichten liegen und höher hinaufführen als der Brunnenauslauf. Das Wasser tritt deshalb aus dem B. unter Überdruck aus, erschöpft sich aber und läßt aus im Druck nach, wenn der obere Zufluß geringer ist als der Auslauf, wenn also der Grundwasserspiegel in der wasserführenden Schicht infolge der Wasserförderung des artesischen B. absinkt.
Buchenzeit, svw. Subatlantikum.
Büchsenlicht, → Dämmerung.
Buckelwiesen, im Hochgebirge vielfach auftretende Grasflächen, die durch zahlreiche kleine Buckel eine unruhige Oberfläche aufweisen. Die Buckel werden, soweit nicht anthropogene Formen vorliegen, als Erscheinungen des Frostbodens erklärt, teilweise durch Materialsortierung, teilweise durch Bildung von Eislinsen entstanden. Andere Autoren nehmen karstartige Lösungsdifferenzierung als Ursache an.
Bühlstadium [nach den Bühelm von Kirchbichl oberhalb Kufsteins], von A. Penck aufgestelltes, von ihm selbst aber später wieder aufgegebenes Rückzugsstadium der letzten Eiszeit (Würm-Eiszeit) in den Alpen. Die Depression der Schneegrenze sollte 900 m betragen.
Buhne, vom Ufer aus ins Meer oder in den Fluß vorgebauter Dammkörper. Im einfachsten Falle besteht die B. nur aus einer Pfahlreihe; meist werden B. jedoch gruppenweise verwendet, um die Strömung vom Ufer abzuhalten, Ablagerungen von Sand zu ermöglichen und die Ufer vor Zerstörung zu schützen. Durch *Flußbuhnen* wird die Strömung enger zusammengefaßt, das Fahrwasser offen gehalten und die Wassertiefe erhöht. Sie sind im Fluß etwas stromauf gerichtet und verlanden leicht am vorspringenden Ufer des Flusses, weniger oder gar nicht am hohlen Ufer. An der Meeresküste soll durch die *Strandbuhnen* die Brandung gebrochen und durch die Anlandung von Sand die Wirkung des Hochwassers verringert werden.
Bult *m,* **Bülte** *f,* Bodenerhebung auf der Oberfläche von Mooren. Zwischen den B. ziehen sich Vertiefungen, die Schlenken, hin. An den Rändern sind die B. mit Torfmoos und Wollgras bewachsen, während die trockeneren Kuppen Heidekraut- und Moosbeerenbestände zeigen. Schließlich siedeln sich auch Strauchwerk und Bäume, besonders Moorbirke, Erle und Kiefer, auf ihnen an.
bunter Gesteinsboden, svw. Pelosol.
bunter Ton- und Mergelboden, svw. Pelosol.
Buntsandstein, die älteste Abteilung bzw. Epoche der germanischen Trias. Der B. ist in Süd- und Mitteldeutschland durch meist rotgefärbte, bis über 1000 m mächtige Sandsteine aufgebaut, die morphologisch als Stufenbildner in Erscheinung treten. Man teilt ihn in *unteren B., mittleren B. (Hauptbuntsandstein)* und *oberen B. (Röt)* ein. Die Hochflächen im Hauptbuntsandstein tragen wegen des nährstoffarmen Bodens fast überall Wald. Der obere B. ist z. T. tonig entwickelt und bildet einen wichtigen Grundwasserhorizont; er ist ackerbaulich genutzt. (Vgl. die Tab. am Schluß des Buches.)
Buntton, svw. Pelosol.
Buran [turktatarisch] *m,* ein stark verheerender Sturm aus Nordost in den Steppen- und Wüstengebieten an der unteren Wolga, in Kasachstan und Westsibirien. Der *Sommerburan,* auch *Karaburan* (schwarzer B.) genannt, ist drückend heiß und führt große Staubmengen mit; der *Winterburan* ist eisig kalt, wirbelt lediglich den Schnee auf und staubtrocken.
Burdigal, → Tertiär, Tab.
Büßerschnee, *Penitentes* [spanisch „Büßer'], *Zackenfirn,* eigentümliche, an Pilgergestalten erinnernde Ablationsformen von Schnee, Firn und Gletschereis in Gebieten mit starker Strahlung und geringer Luftfeuchte. B. tritt vor allem in den tropischen Hochgebirgen auf, in Kümmerformen ist er gelegentlich auch bei uns zu be-

Bussole

obachten. Es sind spitze, kegelförmige, durch tiefe Scharten voneinander getrennte Abschmelzformen, die durch Verdunstung des Eises entstehen. In den chilenischen und besonders in den argentinischen Kordilleren finden sich Felder von B., die mehrere Quadratkilometer Größe erreichen, in Höhen von 3 800 bis 5 000 m.
Bussole, → Kompaß.

C

^{14}C, Kohlenstoff-14, radioaktives Isotop des Kohlenstoffs, mit dessen Hilfe das Alter fossiler Funde bestimmt wird (→ Radiokarbonmethode).
Caatinga [indianisch, „weißer Wald'], der Trockenwald Mittelamerikas sowie Inner- und Nordbrasiliens. Die C. setzt sich aus laubabwerfenden Laubhölzern, vor allem aus Leguminosen mit und ohne Dornen, Sukkulenten, besonders Säulenkakteen, sowie Dornsträuchern zusammen und tritt überall dort auf, wo die Niederschlagsmengen gering sind und die Trockenzeit mindestens $7^{1}/_{2}$ Monate andauert. Die C. entspricht der Dornsavanne (→ Savanne) Afrikas. Sie geht bei zunehmender Trockenheit in die Halbwüste über.
Calanchi, svw. Racheln.
Caldera [spanisch, „Kessel'] f, geräumiger, durch Einsturz oder Explosion entstandener Kraterkessel eines → Vulkans. Die Bezeichnung stammt von der Kanareninsel Palma.
Calina [spanisch], sommerlicher Hitzenebel. Er wird durch große Staubmassen hervorgerufen, die von der aufsteigenden heißen Luft mitgeführt werden. Die C. ist besonders aus den spanischen Trockengebieten bekannt; in Äthiopien werden die Hitzenebel *Gobar* genannt.
Callovien, → Jura, Tab.
Camenchaca, svw. Garúa.
Campan, → Kreide, Tab.
Campo [portugiesisch „freier Platz'], Bezeichnung für offene, vielfach baumlose Grasländer im Inneren Brasiliens, eine Savannenformation, die sich überall da einstellt, wo die Niederschläge zur Ausbildung eines geschlossenen Waldes nicht ausreichen, da die Trockenzeit mindestens 5 Monate andauert. Durch den Menschen ist allerdings der Baumwuchs stark zurückgedrängt worden. Die Brasilianer unterscheiden: *C. cerrado* (lichtes Savannengehölz), *C. sujo* (Grassavanne) mit Einzelbäumen und *C. limpo* (reine Grassavanne).
Cañon [spanisch „Röhre'], 1) eine Talform, → Tal.
2) *Submariner C.*, im Schelf vor den Mündungen vieler großer Ströme, z. B. des Kongo (Zaïre) und des St.-Lorenz-Stromes, festgestellte Rinne, die die meerwärtige Fortsetzung des Flusses darstellt. Da der heutige Fluß aber die Rinne in den beobachteten Tiefen (bis 2 000 m) nicht schaffen konnte, wurde früher angenommen, daß diese untermeerischen Flußtäler einst durch Erosion des Flusses auf dem Festland entstanden sind und erst durch spätere allmähliche Abbiegung (Flexur) des Kontinentalrandes in die jetzige Tiefe gelangten. Nach neueren Beobachtungen können diese Hohlformen jedoch durch submarine Suspensionsströmungen an dem sedimentüberlasteten Kontinentalabhang entstehen.
Carr, → Moor 3).
Castellatuswolken, Abk. *Ac castellatus*, Altocumuluswolken mit zinnenartigen Quellungen. Sie bilden sich besonders im Gebirge an Sommertagen schon in den Morgenstunden und sind Vorzeichen für aufkommende Gewitter.
CAT [Abk. für englisch clean air turbulence], eine Turbulenz im wolkenfreien Raum, eine im ganzen verhältnismäßig seltene, im Bereich von Strahlströmen (→ Jet) jedoch häufiger auftretende flugzeugschwerende und sogar -gefährdende Böigkeit. Die Erscheinung tritt offenbar bei starken vertikalen Windscherungen (Windgeschwindigkeitsunterschiede), hier zwischen verschiedenen Höhen) besonders stark und zusammen mit orographisch bedingten Wellenbewegungen in der Atmosphäre auf.
Catena, im engeren Sinne nach Milne und Vageler eine regelhafte bodengeographische Abfolge am Hang, die aus der Umlagerung des Materials bei einheitlichem Ausgangsgestein resultiert; im weiteren Sinne die *landschaftsökologische C.*, die aus konkreten landschaftsökologischen Profilen abgeleitet wird und die „typische" Abfolge der topologischen Grundeinheiten und Varianten in Abhängigkeit von Substrat, Hangneigung, Grundwasser u. a. darstellt. Von G. Haase als „Toposequenz" bezeichnet, ist die C. ein methodisch sehr nützliches Arbeitsmittel (*Catenaprinzip*), die innere Ordnung einer Landschaft klarzulegen.
Celsiusskale, nach dem schwedischen Physiker A. Celsius benannte, auf den Schmelzpunkt des Eises als Nullpunkt bezogene gesetzliche Temperaturskale. A. Celsius verwendete ein Quecksilberthermometer und teilte das Intervall zwischen Eispunkt und Siedepunkt des Wassers gleichmäßig in 100 Teile. Im internationalen Einheitensystem wird der Grad Celsius (°C) als Einheit der Temperaturdifferenz gegenüber dem Eispunkt zugelassen. Für Wasser bei 101,3 kPa (760 Torr) liegt der Eispunkt bei 0 °C = 273,15 K (Kelvin, Kelvinskale) und der Siedepunkt bei 100 °C = 373,15 K. In den anglo-amerikanischen Ländern ist die → Fahrenheitskale üblich.
Cenoman, → Kreide, Tab.
Chalkosphäre, Zwischenschicht im schalenförmigen Aufbau der Erde (→ Erde, Abschn. 4).
Chamaephyten, Zwergpflanzen, die ihre Knospen nur wenig über den Boden erheben und daher gut überwintern können, vor allem wenn eine schützende Schneedecke vorhanden ist. Hierzu gehören alle kriechenden Gewächse, die Zwergsträucher und viele überwinternde Polsterpflanzen.
Chamsin, ein → Sandsturm.
Chañar, ein nur am Ostfuß der bolivianisch-argentinischen Anden vorkommender kleiner Baum, ein Schmetterlingsblütler (*Gourliea*). Er besiedelt weite Flächen des Monte, so daß man diesen oft selbst als C. bezeichnet.
Chapada, laubabwerfende Leguminosenwälder am Nordrand des Gran Chaco.
Chaparral [spanisch „Dornbusch'] *m*, in Nordamerika die Hartlaubgehölze im subtropischen Winterregenklima der Westküste, aber auch allgemeine Bezeichnung für die Dornstrauchvegetation an den trockenen Leeseiten der kalifornischen Gebirge und im Inneren von Texas. Sie ist der mittelmeerischen Macchie vergleichbar.
Charakterart, *Kennart*, Pflanzen- oder Tierart, die in einer Assoziation oder Biozönose ihr optimales Vorkommen findet und diese durch ihr häufiges und regelmäßiges Auftreten kennzeichnet, → Fidelität, → Pflanzenassoziation.
Chattische Stufe, → Tertiär, Tab.
Chinookwind, nach einem Indianerstamm benannter warmer, trockener, föhnartiger Fallwind an der Ostseite der Rocky Mountains.
Chore, geographische Raumeinheit. In der früheren geographischen Literatur wurde C. verschieden interpretiert. Sie ist in der Landschaftsökologie nach Neef die aus → Physiotopen bzw. Ökotopen aufgebaute → heterogene Landschaftseinheit. Die C. wird charakterisiert durch die beteiligten Grundeinheiten der Physiotope (→ Inventar), ihre räumliche Anordnung (Verteilungsmuster, Mosaik, pattern) und die inneren Maßverhältnisse (→ Mensur), insgesamt durch ihr → Gefüge. In Abhängigkeit vom Maßstab der Betrachtung (→ Dimension) kann man Mikrochoren, Mesochoren und Makrochoren als Stufen zunehmender Verallgemeinerung unterscheiden. Sie sind für die regionale Systematik bzw. naturräumliche Ordnung wichtige taxonome Einheiten. Die *Mikrochore* ist die kleinste Einheit der Chorologie. Sie ist eine selbständige Landschaftseinheit und besteht in der Regel aus mehreren Physiotopgefügen, die von manchen Autoren als *Nanochoren* bezeichnet und als kleinste, allerdings unselbständige chorologische Einheiten angesehen werden. Die *Mesochore* entspricht dem verbreiteten Begriff der Landschaft. Die *Makrochore* ist den regionalen Einheiten gleichzusetzen.
chorographische Karten, die früher

meist als *geographische Karten* bezeichneten kleinmaßstäbigen Karten, die alle wesentlichen Komponenten des → Geländes, nämlich Gewässer, Relief, Siedlungen, Verkehrswege, Pflanzen und Bodenbedeckung, typisiert und graphisch gleichwertig wiedergeben und damit eine komplexe Abbildung des Geländes anstreben. In Gegenüberstellung zu den → Themakarten werden die c. K. auch als *allgemeine Karten* oder *allgemeine geographische Karten* (fälschlich allgemeingeographische Karten) bezeichnet.
C. K. entstehen aus der fortschreitenden Generalisierung topographischer Karten; nach dem Maßstab lassen sich bei zunehmender Verallgemeinerung der Aussage Gebietskarten (1 : 500000 bis 1 : 1,5 Mill.), Länderkarten (1 : 2 Mill. bis 1 : 6 Mill.) und Großraum- sowie Erdteilkarten (< 1 : 7,5 Mill.) unterscheiden. Nach dem graphisch dominierenden Element werden als Gestalttypen die klassische Schraffenkarte des 19. Jh., die Höhenschichtenkarte, die politisch-administrative Karte mit politischem Flächenkolorit, die Reliefkarte mit betont hervortretender, plastisch wirkender → Reliefdarstellung und die wirklichkeitsnahe oder → Landschaftskarte mit farbiger Darstellung der Bodenbedeckung unterschieden.
C. K. sind Hauptbestandteil von allgemeinbildenden und Schulatlanten.
Chorologie, 1) früher Bezeichnung für eine Auffassung der Wirklichkeit unter dem Gesichtspunkt der räumlichen Anordnung und der räumlichen Beziehungen. Vor allem von Alfred Hettner (1859 bis 1941) wurde die Geographie als chorologische Wissenschaft bezeichnet und den historischen und systematischen Wissenschaften gegenübergestellt. Der chorologische Gesichtspunkt ist für die Geographie unentbehrlich, da das räumliche Gefüge der Erscheinungen an der Erdoberfläche nicht vernachlässigt werden darf. Jedoch reicht dieser Gesichtspunkt nicht aus, um das Wesen der einzelnen geographischen Gebiete einwandfrei zu erfassen und den Gegenstand der Geographie als Wissenschaft zu definieren.
2) in der komplexen physischen Geographie die Lehre von den heterogenen, aus → Topen aufgebauten Landschaftseinheiten, den → Choren. Zentraler Ordnungsbegriff der C. ist das → Gefüge. In der chorologischen → Dimension kann der Haushalt noch aus dem Bestand an topischen Grundeinheiten hergeleitet werden, wobei die horizontale Verflechtung durch Bewegungs- und Transportvorgänge bestimmt wird. Statistische und graphische Darstellungsformen spielen eine große Rolle, da in heterogenen Systemen die strenge naturgesetzliche Interpretation gemessener Größen nicht zulässig ist. Mit abnehmendem Maßstab wird die Verallgemeinerung der landschaftsökologischen Aussagen immer größer. Die chorologische Betrachtungsweise geht in die regionische über.
Choroplethe, *Wertgrenzlinie,* auf statistischen Karten die Begrenzungslinie einer als Berechnungseinheit von Dichtewerten dienenden Fläche.
Cirrocumulus *m,* abg. *Cc,* feine Schäfchenwolke aus Eiskristallen in bank- oder feldartiger Anordnung, bisweilen schaumartig geflockt. Die Wolkenform tritt verhältnismäßig selten auf, gelegentlich an den Rändern schwacher Störungen oder innerhalb des Warmsektors.
Cirrostratus *m,* abg. *Cs,* hohe Schleierwolke aus Eiskristallen. C. überdecken oft den ganzen Himmel. Ein Aufzug von C. von Westen her, der sich aus langsam dichter werdenden Faser- und Häkchencirrus entwickelt, deutet in Mitteleuropa baldigen Wetterumschlag an. Sonne und Mond rufen infolge der Strahlenbrechung an Eiskristallen in C. farbige Höfe, Halos, hervor.
Cirrus *m,* abg. *Ci,* hohe Eiswolke oder Federwolke von feinfaserigem Bau ohne eigentliche Schatten. C. treten in Büscheln oder Fasern auf, auch mit fischgrätenartigen Verzweigungen, die auf Sturm in der Höhe hindeuten. Zunehmende Cirrusbewölkung mit Häkchen- und Krallenform zeigt bevorstehende Wetterverschlechterung an (Warmfrontaufzug).
Cockpit, eine → Doline in den tropischen Karstgebieten, die zum Unterschied von den flachen und breiten Trichterformen der Dolinen der gemäßigten Zone sehr eng, steilwandig und oft recht tief ist.
Congelifraction, → Verwitterung.
Congelisol, → Frostboden.
Coniac, → Kreide, Tab.
Corbulasenkung, svw. Flandrische Transgression.
Corioliskraft, eine nach dem französischen Mathematiker C. G. de Coriolis (1792 bis 1843) benannte Trägheitskraft, die bei der Bewegung auf rotierenden Körpern auftritt (ablenkende Kraft der Erdrotation). Im speziellen Fall der rotierenden Erde hat die C. im wesentlichen eine Horizontal- und eine Vertikalkomponente. Die Horizontalkomponente $2\omega \cdot \sin\varphi \cdot v$ (wobei ω die Winkelgeschwindigkeit der Erde, φ die geographische Breite, v die Geschwindigkeit der bewegten Teilchen ist) bewirkt bei allen bewegten Körpern, den Wassermassen von Flüssen (→ Baersches Gesetz), den Winden (→ barisches Windgesetz) u. a., auf der nördlichen Halbkugel eine Rechtsablenkung, auf der südlichen Halbkugel eine Linksablenkung. Die C. ist unter anderem von der geographischen Breite abhängig und wird in den inneren Tropen unbedeutend.
Creek, in Australien Bezeichnung für einen periodischen → Fluß, an der ostafrikanischen Küste für eine infolge Küstensenkung ertrunkene Flußmündung.
Cromer, *Günz-Mindel-Interglazial,* Warmzeit zwischen Günz- und Mindel-Eiszeit, → Pleistozän (Tab.).
Cuesta, vor allem in den USA gebräuchliche Bezeichnung für → Schichtstufe.
Cumulonimbus *m,* Abk. *Cb,* Gewitterwolken, die sich durch starkes Quellen aus der Schönwetterhaufenwolke (→ Cumulus) bilden. Sie reichen vom Stratusniveau bis hinauf zu den Eiswolken und sind oft 5000 bis 7000 m mächtig. Sobald sie die Cirrusschicht erreicht haben, bildet sich an ihren Rändern ein Kranz faseriger Cirren, der Amboß. Zu diesem Zeitpunkt beginnt auch zumeist die Gewittertätigkeit mit Starkregen, Hagel- und Graupelfällen. → Gewitter, Abb.
Cumulus *m,* Abk. *Cu,* Haufenwolke, Quellwolke. Sie bildet sich als *Schönwetterhaufenwolke* mit fast horizontaler Unterseite und quellender, kuppiger Oberseite, jedoch überall glatten Rändern an warmen Tagen über aufwärts gerichteten Konvektionsströmen, den Thermikschläuchen. Quellwolken bilden sich aber auch in labil geschichteter, turbulenter Kaltluft auf der Rückseite von Störungen und bringen hier Schauerniederschlag.
Cumulus-Kondensationsniveau, diejenige Höhenlage in der Atmosphäre, in der bei frei aufsteigender, zunächst ungesättigter Luft infolge adiabatischer Abkühlung (1 K Temperaturabnahme je 100 m) Kondensation und damit Wolkenbildung einsetzt. Es gibt die meist scharfe Untergrenze von Schönwetterquellwolken wieder und ist in seiner Höhenlage abhängig vom Feuchtigkeitsgehalt der aufsteigenden Luft.

D

Daltonsches Gesetz, ein von dem englischen Physiker und Chemiker John Dalton (1766 bis 1844) angegebenes Gesetz der Gastheorie, das grundlegend ist für den Aufbau der Atmosphäre. Es besagt, daß bei der Mischung mehrerer idealer Gase sich jedes über den zur Verfügung stehenden Raum ausbreitet und daß sich der Gesamtdruck als Summe der Teildrücke der einzelnen Gase ergibt.
Dämmerung, die Übergangszeit zwischen Tag und Nacht bzw. Nacht und Tag, in der die Helligkeit mehr oder weniger schnell ab- bzw. zunimmt. D. entsteht dadurch, daß die höheren, noch bzw. schon vom Sonnenlicht getroffenen Schichten der Erdatmosphäre einen Teil des Sonnenlichtes diffus in den Bereich der Erdoberfläche streuen, der nicht mehr bzw. noch nicht direkt von Sonnenlicht getroffen wird. Die Länge der D. ist abhängig von dem Winkel, den die scheinbare

Sonnenbahn mit dem Horizont bildet, d. h. von der mit den Jahreszeiten wechselnden Deklination der Sonne und von der geographischen Breite. Die D. ist in niederen Breiten kürzer als in hohen und dauert in den Tropen meist nur knapp 30 Minuten. Auch wird die D. von der Witterung beeinflußt, z. B. von der Bewölkung, der Luftfeuchte u. a.
Als *bürgerliche D.*, auch *Büchsenlicht* genannt, bezeichnet man die Zeit nach Sonnenuntergang oder vor Sonnenaufgang, in der man bei klarem Himmel im Freien gerade noch oder schon lesen kann. Sie reicht bis zu einem Sonnenstand von 6° bis 7° unter dem Horizont.
Die *astronomische D.* dauert bis zum letzten oder ersten Lichtschein am Horizont, wenn die schwachen Sterne sichtbar bzw. unsichtbar werden. Das entspricht etwa einem Sonnenstand von 16° bis 18° unter dem Horizont. Zwischen bürgerlicher und astronomischer D. liegt die *nautische D.*; sie endet, wenn die Sonne 12° unter dem Horizont steht. In der Zeit der hellen oder weißen Nächte, etwa zwischen 1. Juni und 11. Juli, sinkt die Sonne in unseren Breiten überhaupt nicht tiefer als 18° unter dem Horizont, so daß fast während der ganzen Nacht D. herrscht. Am Nordpol beginnt diese Zeit schon Ende Januar, in 70° n. Br. Ende März.
In der D. erscheinen alle Gegenstände grau, da das menschliche Auge dann nur mit den farbenuntüchtigen Stäbchen der Netzhaut sieht.
Dammfluß, Fluß im Stadium des Aufschüttens, der sein Bett auf der Talsohle oder Flußebene so weit erhöht hat, daß er zwischen selbst aufgeschütteten Dämmen über dem Niveau der Talsohle fließt; häufig oberhalb von Deltamündungen, z. B. beim Po und Mississippi. D. neigen bei Hochwasser zum Ausbrechen sowie zu Laufveränderungen und verursachen damit große Überschwemmungen.
Dammuferwald, svw. → Bancowald.
Dampfdruck, in der Klimatologie der Druck des der Luft beigemengten Anteils an Wasserdampf, der für die Bildung von Wolken und Niederschlägen wesentlich ist und in Millibar (mbar) oder Pascal (Pa) angegeben wird. Der D. wird aus der psychrometrischen Differenz, dem Temperaturunterschied von trockenem und feuchtem Thermometer, errechnet (→ Aspirationspsychrometer).
Unter *Sättigungsdampfdruck* versteht man den höchsten D., der bei einer bestimmten Lufttemperatur möglich ist (ähnlich der Sättigungsfeuchte).
Dan, → Kreide, Tab.
Daniglazial [lateinisch Dania ‚Dänemark'], Abschnitt der → Weichsel-Eiszeit, umfaßt den Rückzug des Eises von den baltischen Endmoränen bis zu den Endmoränen von Schonen (Südschweden). Es endete vor etwa 13 000 Jahren und hatte eine Dauer von schätzungsweise 3 000 Jahren.
Darg, von tonigen Bestandteilen durchsetzter, eisenkieshaltiger Schilftorf, der im Marschboden in verschiedener Tiefe zusammenhängende Schichten bildet und als fossile Bildung im Boden der Nordsee anzutreffen ist. Der D. geht aus den Schilfdickichten der Brackwasserzone hervor. Vgl. → Dwog.
Darstellungsmethode, *kartographische D.*, in der Kartographie die auf den Grundelementen Punkt, Linie und Fläche aufbauenden graphischen Ausdrucksformen zur Wiedergabe räumlicher (territorialer) Strukturen. Es werden unterschieden:
1) *Signaturmethode* (Positionssignaturen). Im Kartenmaßstab im Grundriß nicht darstellbare Objekte werden durch typisierte graphische Kleinfiguren, die auf dem Standort lokalisiert sind, abgebildet (→ Signatur);
2) *Methode der linearen Signaturen* (Objektlinien). In ihrem Verlauf grundrißlich eingetragene topographische Objekte und andere linear erfaßbare Erscheinungen werden mittels Linien dargestellt.
3) *Isolinienmethode* zur Darstellung von Wertereliefs (→ Isolinien);
4) *Flächenmethode* zur Kennzeichnung des Areals von diskreten Erscheinungen (z. B. See, Wald, Verbreitung einer Gesteinsart) mittels Farbflächen oder → Flächenmuster;
5) *Punktmethode*. Quantitativ erfaßbare Kartengegenstände (Bevölkerung, Vieh, Anbaufrüchte) werden durch gleich große Mengenpunkte, angeordnet auf der Verbreitungsfläche, ausgedrückt;
6) *Flächenmittelwertmethode*, flächige Darstellung typisierter Räume (Naturraumtypen, Wirtschaftsrayons, ist in Kombination mit anderen Methoden;
7) *Diagrammethode*. Anordnung von Diagrammen aller Art im Kartenbild, entweder lokalisiert (bezogen auf Standorte) oder nichtlokalisiert (bezogen auf administrative oder andere Einheiten).
8) *Vektorenmethode*, Darstellung von Bewegungsabläufen mittels Pfeilen;
9) *Kartogrammethode*, flächenhafte Kennzeichnung statistischer Dichtewerte; der Automatisierung leicht zugänglich (→ Schreibwerkkarte).
10) *Feldermethode*, Darstellung beliebiger Sachverhalte, bezogen auf gleich große Felder eines über das gesamte Kartenblatt gelegten Gitters, dessen Maschen Quadrate, Rechtecke oder Sechsecke bilden.
Datumgrenze, die international festgelegte Linie, an der der Datumwechsel zum Ausgleich der Datumdifferenz vorgenommen werden muß. Die *Datumdifferenz*, die besonders für die Seefahrt wichtig ist, tritt dadurch ein, daß man bei einer Reise nach Osten, also der Sonne entgegen, wegen der → Erdrotation die Uhr um 4 Minuten für jeden überschrittenen Längenkreis vorstellen muß, wenn sie stets mit dem Stande der Sonne übereinstimmende Ortszeit angeben soll. Trifft man nach einer Reise um die Erde vom Westen her wieder am Ausgangspunkt ein, so hat man im ganzen die Uhr um 24 Stunden vorstellen müssen und ist demgemäß in der Berechnung des laufenden Datums um einen vollen Tag gegen die am Ausgangspunkt der Reise übliche Datierung voraus; man hat daher durch die Fahrt um die Erde scheinbar einen Tag gewonnen. Reist man dagegen in umgekehrter Richtung, also beständig nach Westen fahrend, um die Erde herum, so verliert man scheinbar einen Tag.
Um derartige Unstimmigkeiten zu vermeiden, ist nach internationaler Übereinkunft der 180. Meridian, also der Gegenmeridian des Nullmeridians von Greenwich, zur mathematischen (oder nautischen) D. gemacht worden. Wenn die Orte auf dem Nullmeridian nach Weltzeit gerade mittags 12 Uhr haben, haben die Gebiete weiter östlich bereits Nachmittag, die Gebiete weiter westlich noch Vormittag; am 180. Meridian ist es gerade Mitternacht. Demnach stoßen, wenn es auf dem Nullmeridian 6 Uhr am 1. Januar ist, am 180. Meridian die Zeiten 18 Uhr am 1. Januar im Westen und 18 Uhr am 31. Dezember im Osten zusammen. Daher ändern beim Überschreiten des 180. Meridians die Seefahrer Datum und Wochentag.
Aus praktischen Gründen weicht die D. in Nordostasien vom 180. Meridian ab und trennt im Beringmeer das Territorium der USA von dem der Sowjetunion. In der Südsee weicht sie, da sonst zusammengehörige Inselgruppen geschnitten würden, ebenfalls ab und läßt die Fidschi-, Tonga-, Kermadec- und Chatam-Inseln bei der westlichen Zeitgruppe (vgl. Abb. S. 405).
Daunstadium [nach den Bergen Daunkopf, -kogel, -bühl im oberen Stubaital, Tirol], ein Rückzugsstadium der → Würm-Eiszeit. Die Schneegrenze lag damals etwa 300 m tiefer als heute.
dealpine Pflanzen, *präalpine Pflanzen*, aus dem Alpengebiet (Voralpen oder Tallagen) in die Mittelgebirge eingewanderte Pflanzen, die jedoch keine Hochgebirgsformen (alpine Arten) sind, z. B. Felsenbirne (*Amelanchier vulgaris*) und Scheuchzers Glockenblume (*Campanula Scheuchzeri*).
Decke, 1) eine durch Spalten aus dem Erdinneren hervorgetretene, horizontal weit ausgedehnte Magmagesteinsmasse, z. B. die Trappbasalte (→ Trapp).
2) svw. Überschiebungsdecke, → Überschiebung.
3) in der Bodenkunde, aber auch in der Quartärgeologie gebräuchliche Bezeichnung für ein- oder mehrgliedrige, meist begrenzt mächtige,

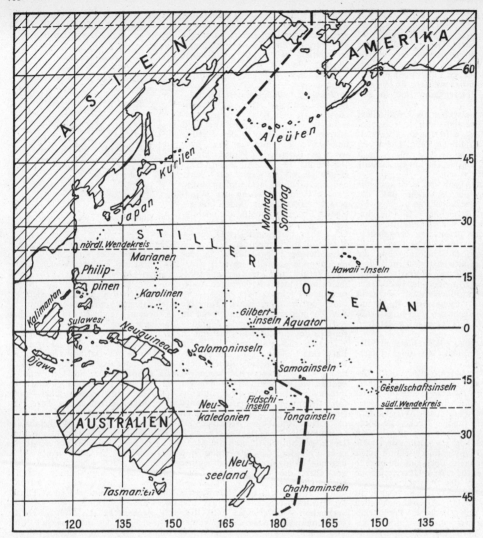
Datumgrenze

aus verschiedenen Formen der Materialaufbereitung und -umlagerung hervorgegangene Auflage (Lockerdecke), die das anstehende Gestein und dessen Zersetzungsprodukte mehr oder minder verhüllt. Die D. kann die Bodenentwicklung unterschiedlich stark beeinflussen. In den gemäßigten Breiten entstammen solche D. meist dem Pleistozän, insbesondere der letzten Kaltzeit. Bekannt sind z. B. die Lößdecken, der in Periglazialgebieten stark verbreitete Geschiebedecksand und die unter periglazialen Bedingungen entstandenen mehrgliedrigen Schuttdecken der Mittelgebirge.

Deckenschotter, Schotterablagerungen im Alpenvorland, die von den Schmelzwässern der Günz-Eiszeit (älterer D.) und der Mindel-Eiszeit (jüngerer D.) abgelagert worden sind. Sie haben sich in isolierten Resten als hochgelegene Terrassen vor allem im Iller-Lech-Gebiet erhalten. Neuere Forschungen haben ergeben, daß auch noch ältere Schotterreste vorhanden sind, die im Alpengebiet zur Aufstellung einer fünften Eiszeit, der Donau-Eiszeit, geführt haben.

Deckentheorie, die Lehre, daß manche Gebirge aus Überschiebungsdecken (→ Überschiebung) aufgebaut sind. Sie hat wesentlich zur Erklärung der Entstehung von Gebirgen beigetragen. Erkannt und studiert wurde diese Art des Gebirgsbaues erstmalig in den Alpen, wo man drei Deckensysteme mit unterschiedlicher Gesteinsausbildung und verschiedenartigem tektonischem Aufbau unterscheidet: 1) die *helvetischen* Decken am Nordrand der Westalpen; sie wurzeln in der großen Längstalfurche Rhône–Vorderrhein und sind räumlich vielfach eng mit den autochthonen, d. h. nicht von ihrer Wurzel losgelösten Zentralmassiven (Montblanc-, Gotthard-Massiv u. a.) und der Flyschzone verbunden; 2) die *penninischen* Decken, die den helvetischen Decken aufliegen und vor allem im Süden der Westalpen anzutreffen sind; 3) die *ostalpinen* Decken, aus denen die Ostalpen überwiegend aufgebaut sind.

Helvetische und penninische Decken tauchen an der Grenze zwischen Ost-

und Westalpen – etwa am Oberlauf des Rheins – unter die ostalpinen Decken unter. Durch Erosion sind aber die oberen Decken stellenweise so weit abgetragen, daß die unteren wieder zutage treten. Solche „Fenster", in denen die penninischen Decken sichtbar werden, finden sich z. B. im Unterengadin und in den Tauern.
Das Ursprungsgebiet der Decken liegt in den Westalpen südlich der autochthonen Massive, in den Ostalpen südlich der kristallinen Zone. Die Überschiebungen sollen von Süden nach Norden z. T. über 100 km Entfernung hinweg erfolgt sein.
Außer den Alpen sind z. B. auch die Karpaten, der Apennin und der Himalaja Deckengebirge.

Deckfolge, Bezeichnung für die charakteristischen übereinanderfolgenden Glieder der periglaziär beeinflußten Lockerdecken im Mittelgebirge.

Deckgebirge, 1) Schichtgesteine, die sich dem gefalteten Untergrund, dem → Grundgebirge, diskordant auflagern. In Mitteleuropa handelt es sich dabei um die seit dem Zechstein abgelagerte Gesteinsserie, die in unseren Mittelgebirgen allerdings größtenteils bereits wieder abgetragen worden ist.
2) im Bergbau die Gesamtheit aller Gesteinsschichten, die über Lagerstätten liegen.

Decksand, *Geschiebedecksand, Geschiebesand, periglaziäre Deckzone, periglaziäre Deckserie*, eine im Mittel 40 bis 80 cm mächtige ungeschichtete, mit Geschieben und Windkantern durchsetzte sandige Decke, die nördlich des Lößgürtels in großen Teilen des Flachlandes im Norden der DDR und BRD ausgebildet ist und nach unten hin meist über eine Steinsohle und eine entschichtete Übergangszone unscharf in das Anstehende übergeht. Die Genese des D. ist noch nicht endgültig geklärt. Als wahrscheinlich werden polygenetische Periglazialerscheinungen angesehen, die im gesamten Würm bis zum Spätglazial herrschten und zu einer Aufarbeitung der obersten Schichten der anstehenden Gesteine bei gleichzeitiger Wirkung des Windes geführt haben.

Deckungsgrad, svw. → Dominanz.
Deckwalzen, → Wasserwalzen.
Deflation, *Abblasung, Abhebung*, eine Form der → Abtragung, die ab- und ausblasende Tätigkeit des Windes, der die durch Verwitterung des gelockerten Gesteinsmaterials entstandenen Staub und Sand aufhebt und weiterträgt. Durch die D. verarmt der Boden an feinen Bestandteilen, die gröberen bleiben zurück und bilden oft ein Steinpflaster, das den darunterliegenden Boden vor weiterer D. schützt; Staub wird schon bei geringer, Sand erst bei größerer Windgeschwindigkeit weggeführt.
Die D. ist vor allem in den vegetationsarmen Wüsten wirksam; hier entstehen langgestreckte Deflationswannen, besonders im mechanisch leicht verwitternden Gestein, und auf größeren Flächen durch Verarmung an Feinmaterial sandarme Schuttwüsten. Wo der Wind den Sand wieder ablagert, entstehen Sandwüsten mit Dünen.
Im feuchtgemäßigten Klima kann die D. nur zeitweise wirksam werden, nämlich an den Küsten oder dann, wenn der Boden ausgetrocknet und pflanzenleer ist, also in den Herbst- und Vorfrühlingsmonaten sowie teilweise bei Barfrost im Winter. Durch Verwehung der fruchtbaren Ackerkrume kann sie erhebliche Schäden hervorrufen. Heckenpflanzungen zwecks Herabminderung der Windgeschwindigkeiten am Boden und geeignete Fruchtfolgen sind die wichtigsten Gegenmaßnahmen.
Oft wird in den Begriff der D. die → Korrasion mit einbezogen.

Degradierung, *Degradation*, in der Bodenkunde der teilweise oder gänzliche Verlust charakteristischer Merkmale eines Bodentyps, der durch Änderungen des Klimas oder der Vegetation, durch menschliche Eingriffe u. a. bedingt sein kann und meist im A-Horizont beginnt. Bodendegradierung ist demzufolge rein genetisch zu verstehen und muß nicht in jedem Falle eine Verminderung der Bodenfruchtbarkeit nach sich ziehen. Sehr häufig ist die D. bei Schwarzerden zu beobachten, wo besonders nach langer intensiver Ackerkultur die Krume infolge Verminderung der Humusmenge eine Aufhellung erfährt und sich auch die Humusqualität verschlechtert (*Krumendegradierung*).

Deich, geschütteter Damm am Meer- oder Flußufer, der das hinter ihm liegende Land, an der Nordseeküste vor allem die Marsch, vor Überschwemmungen schützt. *Flußdeiche* halten den Abfluß des Hochwassers im Hochwasserbett zusammen und verhindern Ausuferungen und Überschwemmungen. *Seedeiche* gewinnen und schützen Land, das sonst bei Sturmfluten von der See überflutet wird. *Winterdeiche* kehren (schützen gegen) das höchste Hochwasser, *Sommerdeiche* nur die sommerlichen Hochwasser. *Schlafdeiche* sind alte, aufgegebene Deiche, vor denen Polder mit neuen D. liegen. *Schaar*- oder *Gefahrdeiche* liegen an besonders gefährdeten vorspringenden Stellen. *Rückstaudeiche* befinden sich einen Nebenfluß aufwärts bis zum Anschluß an hochwasserfreies Ufergelände. *Flügeldeiche* schließen an einem Ende an den Hauptdeich angeschlossen, sie springen in das Vorland vor, um die Hochwasserführung zu verbessern, besonders an der Mündung von Nebenflüssen. *Kuverdeiche* werden auf der Innenseite von gefährdeten Stellen des Hauptdeiches gebaut, z. B. hinter Deichbrüchen oder Kolken oder hinter undichten Stellen des D., die Kuverwasser durchlassen. *Kajedeiche* sind Hilfsdeiche zum Schutz von Baustellen.

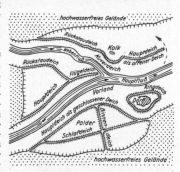

Plan eines eingedeichten Geländes

Das durch den D. geschützte Gebiet heißt *Polder* oder *Koog*, das vor dem D. liegende Gebiet *Vorland*. Der Polder entwässert durch *Deichsiele* mit regelbaren Verschlüssen in den Fluß oder das Meer, die sich bei steigendem Außenwasser selbsttätig schließen. Deichsiele in Seedeichen haben je zwei Verschlüsse: *Flut*- und *Sturmtore*. Durch *Deichscharten* werden Straßen über den D. geführt. Die Sohle der Deichscharte liegt erheblich tiefer als die Deichkrone, damit die Straßenrampen zur Überwindung des D. kürzer gehalten werden können. Bei Hochwassergefahr werden die Deichscharten durch Tore oder Dammbalken geschlossen.

Deklination, 1) der Winkelabstand eines Gestirns vom Himmelsäquator. Die D. wird längs des Stundenkreises des Gestirns in Grad gemessen, in Richtung auf den Nordpol des Himmels positiv, in Richtung auf den Südpol negativ (Abb. → astronomische Koordinatensysteme). Die D. wird als δ bezeichnet.
2) *magnetische D., Mißweisung*, die Abweichung des magnetischen Meridians, d. h. der Nordrichtung (Magnetisch-Nord) einer um eine senkrechte Achse drehbaren Magnetnadel, vom geographischen Meridian, der mathematisch bestimmten wahren Nordrichtung (Geographisch-Nord). Dieser Winkel zwischen magnetischem und geographischem Meridian ist verschieden groß, je nachdem, an welchem Punkt der Erdoberfläche die D. gemessen wird. Außerdem ist auch die D. eines bestimmten Ortes nicht konstant, da die magnetischen Pole wandern, → Erdmagnetismus.
Weicht die magnetische Nordrichtung nach Westen ab, heißt sie negativ, weicht sie nach Osten ab, heißt sie positiv. Um 1950 hatten die westliche Hälfte Europas bis etwa 20° ö. L., fast ganz Afrika, Ostasien sowie die westlichen Gebiete Nord- und Südamerikas eine negative D., die übrigen Erdteile hatten eine positive D. Im

allgemeinen haben die negativen Werte der D. in Europa eine Größenordnung von 0° im östlichen Mitteleuropa bis etwa $-15°$ im Westen (Irland). Seit Beginn des 19. Jh. ist in Europa die Nullgradlinie immer weiter nach Westen gerückt, so daß die negativen Werte abgenommen haben. Für Leipzig (51° 20' n. Br. und 12° 23' ö. L.) betrug die D. 1961 1,5 Grad negativ, heute nahe 0. Linien, die Orte gleicher D. verbinden, heißen *Isogonen*.
Die D. wird entweder mit einem Kompaß oder einem magnetischen Theodoliten festgestellt, indem die Richtung einer Magnetnadel auf einer horizontalen Kreisteilung ermittelt und durch Beobachtung von Sternen oder der Sonne die wahre Nordrichtung auf den gleichen Kreis übertragen wird.
Delle, flache Einsenkung mit muldenförmigem Querschnitt ohne dauernd fließende Gewässer und daher ohne ebenen Boden. Die D. laufen allmählich in die benachbarten wasserscheidenden Rücken aus. Vor allem infolge der Abspülung finden in ihnen ganz langsame Massenbewegungen statt, die aber auch durch Gekriech und subkutane Ausspülung zustande kommen. Dadurch haben die D. Anteil an der allgemeinen Landabtragung. An ihrem unteren Ende treten oft Quellen auf, so daß viele D. als Quellmulden (Ursprungsmulden) anzusehen sind. Wo die lineare Erosion wirksam wird, wird die D. mit deutlicher Stufe, dem Kerbensprung oder Tilkensprung, zerschnitten. Meist dienen die D. als Ackerland, so daß anthropogene Überformung eine Rolle spielt. Nur der Dellengrund ist infolge stärkerer Durchfeuchtung meist als Grünland genutzt.
Die D. sind in der Mehrzahl Formen der letzten Kaltzeit, doch sind die formenbildenden Prozesse komplizierter, als daß die einfache Deutung W. Pencks als *Korrasionstalungen* allgemein gültig sein könnte. Am ehesten trifft sie für die flachen Mulden (*Hangdellen*) zu, die oft die Steilhänge wellig aufgliedern.
Delta, das durch ein mehr oder weniger verzweigtes Netz von Flußarmen aufgegliederte Mündungsgebiet eines Flusses, das sich unter ständiger Ablagerung der vom Fluß mitgeführten festen Stoffe immer weiter in das Mündungsbecken (See oder Meer) vorschiebt, also der in stehende Gewässer vorgeschobene Schwemmkegel eines Flusses. (Die Bezeichnung D. ist auf die Griechen zurückzuführen, die das Mündungsgebiet des Nils wegen seines dreieckigen Grundrisses mit dem Buchstaben Δ verglichen.) Das infolge Verminderung der Wassergeschwindigkeit an der Mündung zur Ablagerung kommende Flußgeröll bildet die unter dem Wasserspiegel befindliche Unterwasserhalde (Meer-

oder Seehalde), die eine bis 35° geneigte, meerwärts sich verflachende Parallelschichtung, die **Deltaschichtung**, zeigt. Über dem Wasserspiegel liegen die fluviatilen Ablagerungen mit diskordanter Parallelstruktur; sie wird als Übergußschichtung bezeichnet. Ablagerungen, Sedimente früherer geologischer Zeiten, die diese charakteristische Deltaschichtung zeigen, beweisen, daß sie in einem ehemaligen Meer oder See abgelagert wurden, dessen einstige Spiegelhöhe durch die Grenze zwischen Schrägschichtung und Übergußschichtung bestimmt ist. Weil sich die Mündungen der Flußarme rascher vorschieben als die Bereiche dazwischen, ist der Umriß des D. sehr unregelmäßig. Zwischen den Deltaarmen erhalten sich die weniger aufgeschütteten Teile noch lange als offene Wasserflächen oder Sümpfe.

Fläche einiger Deltas (in km²)

Ganges-Brahmaputra	80000
Lena	45000
Mississippi	30000
Orinoco	24000
Nil	20000
Wolga	18000
Donau	4000
Ebro	400

Die das D. aufbauenden Ablagerungen erreichen oft erhebliche Mächtigkeit, beim Rhein z. B. 60 m, bei der Rhône über 100 m, beim Po 173 m. Das Deltawachstum ist abhängig von der Schuttmenge, die abgelagert wird, und von der Tiefe des stehenden Gewässers. Das Mississippidelta wächst an den einzelnen Armen jährlich um 40 bis 100 m, das Podelta jährlich um 70 bis 80 ha (17. bis 19. Jh. jährlich um rund 135 ha), Nil- und Donaudelta wachsen langsamer (4 bis 12 m jährlich).
Oberhalb der Deltamündung muß der Fluß mit der zunehmenden Verlängerung seines Laufes ein Gefälle durch Erhöhung des Bettes erhalten. Er bildet Uferdämme (→ Dammfluß). Laufverlegungen sind daher sehr häufig. Das Wachstum des D. wird unterbunden, wenn das D. so weit gegen

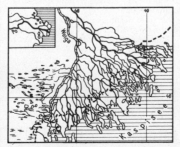

Po- und Wolgadelta im gleichen Maßstab. Die gestrichelte Linie zeigt die Küstenlinie im Jahre 1874 an

das Meer vorgebaut ist, daß die Meeresströmungen in der Lage sind, das gesamte Material weiterzutransportieren. An Gezeitenküsten fehlen im allgemeinen Deltabildungen, weil die Gezeitenströme die Flußmündung offenhalten (→ Ästuar).
Dringt Seewasser mit kräftiger Strömung durch das Tief in ein Haff ein, so kann es auf der Haffseite ein *rückläufiges D.* aufbauen. Als *Trockendelta* oder *Binnendelta* bezeichnet man die deltaartige Aufschüttung eines in einem Trockengebiet versiegenden Flusses; die Aufspaltung des Flusses in zahlreiche Arme ist dabei meist deutlich zu erkennen.
deluvial werden mitunter zusammenfassend die Prozesse der Umlagerung von Verwitterungsprodukten an Hängen genannt. Sie werden unter dem Einfluß der Schwerkraft durch Regen- und Schmelzwasser ausgelöst. Es entstehen dabei Gehängeschutt, Wanderschutt und Fließlehm (Gehängelehm).
Dendrochronologie, Methode der absoluten geologischen Zeitrechnung, verwendet die ungleichmäßige Ausbildung der Jahresringe von alten Bäumen zur Aufstellung einer Chronologie, die in Mitteleuropa an Eichen bis 1127, in den USA bis 4000 Jahre zurück aufgestellt wurde. Teilweise lassen sich die Bauhölzer historischer Bauten dadurch datieren.
Denudation, im engeren Sinne die Entblößung der festen Gesteinsflächen von der lockeren Bodendecke, im weiteren Sinne aber die im Gegensatz zur Erosion flächenhafte, auf die Einebnung gerichtete Abtragung des festen Landes durch → Massenbewegungen aller Art, so daß die Hänge vom Verwitterungsschutt entblößt und dadurch erneut der Verwitterung ausgesetzt werden. Da die Massenbewegungen als Gravitationsbewegungen einer Schwerkraftkomponente bedürfen, ist die D. an Hänge oder Wände gebunden. Neben Massenbewegungen, die als Sturz, Gleiten oder langsame Differentialbewegungen (*Versatzdenudation*) erfolgen, spielen auch flächenhafte Massentransporte eine Rolle, nämlich die Abspülung (*Spüldenudation*) und z. T. auch die Deflation. D. kann nur so lange vor sich gehen, als für die Bewegungen der Schuttmassen das notwendige Gefälle vorhanden ist. Jede ebene oder gefällsarme Fläche, die diese Bewegungen zum Stehen bringt, wirkt daher als *Denudationsbasis*, als *unteres Denudationsniveau*, auf das sich die Landabtragung einstellt. Das Ergebnis langfristiger Abtragung ist die Angleichung des Reliefs an die Denudationsbasis, von der aus die Hänge mit geringstem Neigungswinkel ansteigen. Man unterscheidet *lokale Denudationsbasen*, z. T. Talböden, Hangverflachungen, und die *absolute Denudationsbasis*, die vom Meeresspiegel gebildet wird.
Das *obere Denudationsniveau* ist nach

A. Penck das gedachte Niveau, über das die Gipfel eines Gebirges auch bei noch so starker Hebung nicht hinauswachsen, da die Hänge der Täler auf die Dauer einen durch das Gestein bestimmten Böschungswinkel nicht überschreiten können und sich daher in Kämmen und Graten (Firsten) verschneiden. Bei gleichwertigem Gestein und regelmäßigen Talabständen müssen die Grate und Gipfel ähnliche Höhenlagen haben (→ Gipfelflur).
Wird mit einer Aufeinanderfolge von durchlässigen und undurchlässigen Gesteinen über einer widerständigeren Schicht durch die D. eine Hangverflachung herausgearbeitet, so entsteht eine *Denudationsterrasse*. Da man den Begriff Terrasse auf fluviatile Formen einzuschränken sucht, spricht man besser von Bändern, Schichtgesimsen oder kurz Gesimsen.
Als subnivale oder periglaziale D. bezeichnet man bisweilen die → Solifluktion.
Denudationsmeter, ein Zeitbegriff, die Bezeichnung für den Zeitraum (ausgedrückt in Jahren), der notwendig ist, damit eine Landoberfläche um 1 m abgetragen wird. Im Hochgebirge, wo die Abtragungsintensität sehr hoch ist, beträgt das D. etwa 4000 bis 10000 Jahre. Durch Bestimmung der von großen Flüssen mitgeführten Schwebstoffmengen ist für unsere Breiten das D. zu rund 60000 Jahren berechnet worden. Dabei handelt es sich natürlich um Pauschalwerte für größere Gebiete, denn für kleinere Räume ergibt sich häufig eine ganz verschieden hohe Intensität der Abtragung.
Depression, 1) Meteorologie: → Tiefdruckgebiet.
2) Geomorphologie: festländisches Gebiet, dessen Oberfläche unter dem Meeresspiegel liegt, z. B. große Teile der Niederlande −1,3 m (Abb. S. 44), Kaspisches Meer −28 m, Turfansenke −321 m, Totes Meer −394 m. Als *Kryptodepression* bezeichnet man D., die von Wasser erfüllt sind, dessen Spiegel über dem des Meeres liegt, z. B. Baikalsee (Spiegelfläche 455 m, tiefster Punkt des Seebeckens 1165 m unter NN), die Südalpenseen, der Ladogasee. Gebiete, die durch Deichbauten trockengelegtes Marschland umfassen, bezeichnet man als *Küstendepressionen*.
3) Klimatologie: das Herabsinken der Schneegrenze während der Kaltzeiten um einen gewissen Betrag.
4) mathematische Geographie: svw. Kimmtiefe, → Horizont.
Desquamation, → Verwitterung.
Destruktionsformen, svw. Skulpturformen.
Detergenzien, überwiegend synthetische organische Verbindungen, die die Oberflächenspannung des Wassers verringern. Infolge starker Verwendung in Industrie und Haushalt gelangen sie auch in die Flüsse, wo sie starke Schaumbildung verursachen und auf Schiffahrtswegen sehr störend wirken. Wegen ihres hohen Phosphorgehaltes tragen viele D. zur Eutrophierung der Gewässer bei.
Detersion, → Glazialerosion.
Detraktion, → Glazialerosion.
Devon, System bzw. Periode des Erdaltertums nach dem Silur. Das D. ist benannt nach einem Schichtenkomplex in der englischen Grafschaft Devonshire. Es wird in *Unter-, Mittel-* und *Oberdevon* gegliedert. Charakterisiert ist es durch die Ausbildung von Geosynklinalen, aus denen in der folgenden Karbonzeit Gebirge aufsteigen, sowie durch das Bestehen eines riesigen Festlandes (Old Red), das sich von Nordamerika bis zur Osteuropäischen Tafel erstreckte. Das Klima war zu Beginn des D. in den einzelnen Gebieten sehr unterschiedlich, später ausgeglichener. Pflanzen und Tiere begannen zum Landleben überzugehen und das Festland zu erobern. Die Gesteine des D. haben in den jungpaläozoischen Faltungsgebieten, also z. B. im Harz und im Thüringischen Schiefergebirge einschließlich Vogtland sowie im Rheinischen Schiefergebirge, große Verbreitung. Nutzbare Gesteine aus dem D. sind Dachschiefer, Marmore und Eisenerze.
Diabas, dunkles, basisches Ergußgestein, das wesentlich aus einem körnigen Gemenge von Plagioklas und Augit, bisweilen auch Hornblende und Olivin besteht. Oft ist der Augit in Chlorit umgewandelt, wodurch das Gestein grünlich erscheint (früher als *Grünstein* bezeichnet). Die D. entstanden im Devon und finden sich, oft von Tuffen begleitet oder mit Eisenerzlagerstätten verknüpft, in decken- oder gangförmige Einlagerung im Vogtland, Harz, Fichtelgebirge, Rheinischen Schiefergebirge. Sie finden Verwendung als Straßenschotter, daneben als Bau- und Denkmalstein. Der D. ist das paläozoische Äquivalent der Basalte.
Diagenese, Umbildung lockerer Sedimente in feste Gesteine, z. B. von Tonschlamm in Tonschiefer, Kalkschlamm in Kalkstein. Auch die Umwandlung von Torf in Braunkohle (Weichbraunkohle) ist ein diagenetischer Prozeß.
Die Umbildung erfolgt durch Entwässerung infolge Druckwirkung, durch Umkristallisationen und durch Verkittung unter Beihilfe von Sickerwässern, die einerseits auslaugen, andererseits verfestigende Bindemittel zuführen.
Für die Verfestigung eines Sedimentes ist die Art der Prozesse ausschlaggebend, die es nach seiner Bildung durchlaufen hat, nicht sein Alter. So gibt es z. B. bei Leningrad im Kambrium abgelagerte Tone, die noch knetbar sind, während andererseits jüngste Ablagerungen mitunter sprenghart werden können.

Diagrammethode, → Darstellungsmethode.
Diaklase, svw. Kluft.
Diatomeen, *Kieselalgen,* in Süß-, Brack- und Salzwasser auftretende Algengruppe, die wegen der engen Bindung einzelner Arten an den Salzgehalt des Wassers zur Bestimmung des Salzgehalts früherer Meereszustände geeignet sind.
Diatomeenerde, *Kieselgur,* in Binnenseen aus den Kieselschalen abgestorbener Diatomeen (Kieselalgen), aus anderen organischen Bestandteilen und aus Sand entstandenes Sediment; gelbe, graue, braune erdige Masse mit Übergängen bis zum feinsten Ton. D. findet sich in Lagern von zuweilen bedeutender Mächtigkeit im Gebiet der Tertiärformation vor, z. B. am Südrand der Lüneburger Heide. Wegen ihrer großen Porosität und Saugfähigkeit wird D. in der Technik als Isolier-, Filter- und Saugmaterial viel verwendet.
Diatomeenschlamm, überwiegend aus kieselhaltigen Resten von Diatomeen (Kieselalgen) bestehende, kalkarme Meeresablagerung des eupelagischen Bereichs von gelbgrauer Farbe. D. bedeckt etwa 7,5% des Meeresbodens. Seine Hauptverbreitungsgebiete sind die Meere um die Antarktis sowie der nördliche Pazifik. D. fehlt aber auch in tropischen Meeren nicht.
Diatrem, svw. Schlot.
Differentialanalyse, svw. Komplexanalyse.
Differentialart, *Trennart,* Pflanzen- oder Tierart, die in verschiedenen Gesellschaften oder Gesellschaftsgruppen auftritt, dort aber jeweils auf bestimmte Untereinheiten beschränkt ist und zu deren Unterscheidung dient. So werden Pflanzenassoziationen durch D. in Subassoziationen und Varianten untergliedert.
Diffluenz, das Auseinanderfließen, insbesondere das Abzweigen eines Gletscherstroms vom Hauptgletscher in dessen Zehrgebiet, während man im Nährgebiet des Gletschers von → Transfluenz spricht. Da bei der Teilung des Gletschers die erodierende Kraft abnehmen muß, werden nach der Übertiefungstheorie Talstufen an Stellen, an denen Gletscherarme über Sättel hinweg abzweigen, als Diffluenzstufen gedeutet.
Diluvium, frühere Bezeichnung für → Pleistozän.
Dimension, in der geographischen Untersuchung und Darstellung die vom Maßstab abhängigen Bereiche, die sich in der Auswahl der Objekte, der Zielsetzung, den erforderlichen und möglichen Arbeits- und Darstellungsmethoden unterscheiden. Neef unterscheidet a) die *topologische D.,* die es mit homogenen geographischen Einheiten, den → Topen, zu tun hat, im physisch-geographischen Bereich streng naturgesetzliche Interpretation gestattet und die Grundeinheiten räumlicher Gefüge erfaßt; b) die

chorologische D., die die heterogenen Gefüge, die sich aus topischen Grundeinheiten aufbauen, behandelt und aus deren Bestand, Verteilungsmuster und Mensur statistisch begründete Einheiten ableitet. Die chorologische D. läßt sich in Dimensionsstufen untergliedern (Mikrochore, Mesochore, Makrochore, Megachore), doch der schon recht hohe Verallgemeinerungsgrad läßt es zweckmäßig erscheinen, Makrochore und Megachore zu einer „regionischen" D. zusammenzufassen; c) die *geosphärische* oder *planetarische D.*, die von der geophysikalischen und geologischen Differenzierung der Erdoberfläche ausgeht und die gesetzmäßige Ordnung der Großglieder herauszuarbeiten hat.
Die D. vermitteln die verschiedenen Ordnungsprinzipien, denen ein geographisches Areal unterworfen ist, und dienen insgesamt zu einer vollständigen geographischen Charakteristik. Sie liefern ferner wesentliche Unterlagen für die naturräumliche Gliederung und die regionale Systematik.
Als methodisches Prinzip wird das Phänomen der D. *Dimensionalität* genannt.

Dinant, → Karbon.

Diopter, ein Gerät zum Anvisieren eines Zieles, zum Festlegen von Richtungen oder Messen von Winkeln. Das D. besteht aus einem Okular, das meistens eine Metallplatte mit einer kleinen runden Öffnung ist, und einem Objektiv, das meist ein Fadenkreuz ist. Die Visierlinie wird durch die Öffnung im Okular, den Schnittpunkt des Fadenkreuzes und das Ziel bestimmt.
Das *Diopterlineal* ist ein mit Visiereinrichtung versehenes Lineal, das in Verbindung mit einem Meßtisch zur Kartenaufnahme dient.

Diorit, dunkelgrünes Tiefengestein, das vor allem aus einem körnigen Gemenge von Plagioklas und Hornblende besteht. D. bildet Gänge und Stöcke oder findet sich in den Randpartien granitischer Massive. Er kommt unter anderem im Harz vor, auch im Schwarzwald, Odenwald, Fichtelgebirge. D. findet Verwendung als Pflasterstein, Schotter, auch zu Verkleidungen.

disharmonische Formen, *Vorzeitformen*, in der Morphologie nach S. Passarge solche Formen, die unter anderen klimatischen Bedingungen als den gegenwärtigen entstanden sind. Der Gegensatz dazu sind *harmonische Formen*, deren Bildung unter den gegenwärtig herrschenden klimatischen Bedingungen möglich ist.

Diskontinuitätsflächen, Grenzflächen 1) in der Atmosphäre, an denen sich bestimmte meteorologische Elemente (Temperatur, Feuchte, Wind, Kern- oder Staubgehalt) sprunghaft ändern. Geneigte D. sind beispielsweise → Fronten, waagerechte die Grenz-

flächen zwischen Troposphäre und Stratosphäre. Auch → Inversionen können D. sein;
2) in der Erdkruste, an denen sich seismische Elemente (Fortpflanzungsgeschwindigkeit der Longitudinalwellen) sprunghaft ändern. Die bekannteste ist die *Mohorovičić-Diskontinuität*, die unter den Kontinenten zwischen 30 und 40 km, unter den Alpen in 60 bis 70 km Tiefe liegt. Die *Conrad-Diskontinuität* in 20 km Tiefe scheint in Mitteleuropa wichtig zu sein. Diese D. spielen für großtektonische Zusammenhänge eine große Rolle.

Diskordanz, ungleichsinnige Lagerung von Gesteinsschichten, d. h. winkliges Abstoßen der Schichtung. D. kann verschiedene Ursachen haben: 1) Eine tektonische D. entsteht durch Eindeckung eines mehr oder weniger tief abgetragenen Gebirgsrumpfes mit neuen Sedimenten. Dabei bilden geneigte Schichten mit der transgredierenden, sich horizontal ablagernden Schicht eine *Winkeldiskordanz*, die wichtig für die zeitliche Einordnung der Gebirgsbildung ist. Werden dabei die jüngeren Schichten in ein durch Erosion geschaffenes Relief eingelagert, so spricht man auch von *Erosionsdiskordanz (Anlagerungsdiskordanz).*

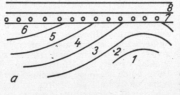

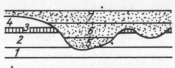

a Tektonische Diskordanz: Zwischen der Ablagerung der Schichten 6 und 7 fand Faltung, Heraushebung und Abtragung statt. *b* Erosionsdiskordanz: Zwischen der Ablagerung der Schichten 4 und 5 bildete sich durch Erosion ein Relief

2) *Scheindiskordanzen* entstehen durch Schrägschichtung in bewegtem Wasser, z. B. Deltaschüttung, Kreuzschichtung in Dünen.

Dislokation, svw. Störung 2).

Dispergierung, svw. Peptisation.

Dogger [englischer Steinbrecherausdruck], der mittlere oder Braune Jura. Der D. ist eine durch den Wechsel von Tonen, Mergeln und eisenhaltigen Sandsteinen sowie in geringerem Umfang auch Kalken gekennzeichnete Schichtserie, die in der Schwäbischen Alb morphologisch eine Vorstufe bildet. Er hat wegen seines Reichtums an Eisenerzen wirtschaftliche Bedeutung: Minette in Lothringen, Bohnerze in Schwaben.

Doldrum, englischer Seemannsausdruck für Flaute; bezeichnet die Zone der äquatorialen Windstillen (→ Kalme) und der schwachen veränderlichen Winde (→ Mallung) zwischen den Passatgürteln.

Doline, rundliche Vertiefung in der Erdoberfläche. Die D. ist eine charakteristische Oberflächenform in Karstgebieten. *Trichterdolinen (Karrendolinen)* entstehen dadurch, daß durch Lösung der Karbonatgesteine Klüfte und besonders Kluftkreuzungen von oben her erweitert werden (→ Cockpit). *Einsturzdolinen* sind größer und entstehen durch den Einsturz unterirdischer Hohlräume. Durch Vereinigung mehrerer benachbarter D. können größere Senken entstehen, die nach einem serbokroatischen Wort als *Uvala* bezeichnet werden. Ihr Boden ist meist uneben und wird vielfach von eingeschwemmter Terra rossa bedeckt.

Dolomit, ein wesentlich aus dem Mineral D. ($CaCO_3 \cdot MgCO_3$) bestehendes, körniges bis dichtes Sedimentgestein, das wahrscheinlich aus Kalkstein, insbesondere aus Korallenkalk, durch Zufuhr von Magnesium entstanden ist. D. ist weitverbreitet. Er findet sich vor allem in Schichten aus dem Zechstein, Keuper, Muschelkalk und oberen Jura. Besonders in den Kalkalpen baut er ganze Gebirgszüge auf, z. B. die nach ihm benannten Dolomiten. Die Löslichkeit ist geringer als bei Kalkgesteinen; daher ist auch das Karrenphänomen schwächer entwickelt. Doch ist das Gestein oft reich an Höhlen.

Dom, → Sattel.

Dominante, 1) ein hervortretendes Merkmal einer Landschaft (Industrielandschaft, Steppenlandschaft, Raublandschaft u. a.), 2) dasjenige Element eines geographischen Komplexes, das durch die größte Zahl von Verknüpfungen im Wirkungsgefüge zum prägenden Faktor wird. Die Tatsache, daß verschiedene geographische Komplexe verschiedene D. haben können, auch in der historischen Entwicklung und selbst im jahreszeitlichen Rhythmus die D. wechseln können, bereitet beim systematischen Vergleich und bei taxonomen Gliederungsarbeiten erhebliche Schwierigkeiten, so daß eine brauchbare Dominantenlehre bisher nicht aufgebaut worden ist.

Dominanz, Deckungsgrad, in der Pflanzensoziologie der Anteil der Fläche (auf eine Flächeneinheit bezogen), der von einer Art bedeckt wird. Die D. wird in fünf Stufen angegeben: über 75%, 50 bis 75%, 25 bis 50%, 5 bis 25%, unter 5%, ferner x (Spuren). Heute wird die D. im allgemeinen durch die → Artmächtigkeit mit zum Ausdruck gebracht. Auch in der Geoökologie wird in entsprechender Weise der Begriff D.

Donner
(Deckungsgrad der einzelnen Physiotoptypen) verwendet.

Donner, das dem Blitz bei einem Gewitter folgende rollende oder krachende Geräusch. Es entsteht durch plötzliche Erhitzung und darauffolgende Abkühlung der Luft in der Blitzbahn. Dabei wird die Luft explosionsartig auseinandergetrieben und stürzt unmittelbar danach wieder in den Raum der Blitzbahn zurück. Der D. ist im allgemeinen bis etwa 30 km hörbar. Da der D. sich mit Schallgeschwindigkeit (etwa 333 m/s) ausbreitet, kann er zur Bestimmung der Entfernung eines Gewitters benutzt werden. Teilt man die Anzahl der Sekunden, die zwischen Blitz und dazugehörigem D. vergehen, durch 3, so erhält man annähernd die Entfernung in km.

Dornbuschsteppe, svw. Dornsavanne. → Savanne.

Drängewasser, in eingedeichten Niederungen bei höheren Außenwasserständen auftretendes Wasser, das entweder durch den Deich getreten (*Kuverwasser*) oder aus dem Untergrund hochgepreßtes Grundwasser (*Qualmwasser*) ist.

Dreimasseneck, Bezeichnung für eine besondere Situation der Luftzirkulation. Beim Südwärtsvorstoßen von Polarluft in die gemäßigten Breiten und bei gleichzeitigem Einbruch von tropischer Luft von Süden her ergibt sich eine Verschärfung der thermischen Gegensätze und aus dem engen Beieinander dreier verschieden gearteter Luftmassen eine günstige Vorbedingung für die Zyklonenbildung. Eine solche Situation ist beispielsweise häufig im Nordatlantik bei Neufundland anzutreffen (zyklogenetischer Punkt).

Drenthe-Abschnitt, → Saale-Eiszeit.

Drift, 1) → Meeresströmungen; 2) *Kontinentaldrift,* → Kontinentalverschiebung.

Driftströme, → Meeresströmungen.

Drifttheorie, die veraltete Theorie des englischen Geologen Lyell (1797 bis 1875), nach der die eiszeitlichen Ablagerungen im nördlichen Teil Europas durch schwimmende, von Meeresströmungen nach Süden getriebene Eisberge verfrachtet (gedriftet) sein sollten. In der englischen Fachsprache wurde das Pleistozän (Diluvium) als Drift bezeichnet.

Druckgefällsströme, → Meeresströmungen.

Drumlin, *Drum,* Aufschüttung von Grundmoränenmaterial in ehemals vergletscherten Gebieten in Form eines langgestreckten Hügels mit elliptischem Grundriß (Walrücken). Der D. kann im Kern auch geschichtete Schotter enthalten. D. wurden in Schwärmen abgelagert, wo der Gletscher ansteigendes Gelände bezwang, und bilden dort ganze *Drumlinlandschaften,* unruhige, parallele Hügelzüge, unterbrochen von moorigen Niederungen mit einzelnen kleinen Seen. Am besten ausgebildet sind sie im Pleistozän der Britischen Inseln, Nordamerikas sowie im Bereich des im Pleistozän vergletscherten Alpenvorlands (Drumlinplatten des Bodenseegebiets). Charakteristisch ist die wechselständige Anordnung der einzelnen D. im Schwarm. Die Längsachse entspricht der Bewegungsrichtung des Gletschers, das Hinterende ist meist steiler. Bei unterschiedlichen Größen – wenige 100 m bis gegen 2 km lang – ist das Verhältnis von Breite zu Länge etwa 1 : 4. Höhen über 40 m sind selten. – Aus den zwischen D. gelegenen Senken kann das Wasser nur schwer abfließen.

Dryaszeit, späteiszeitliche Klimaperiode mit Tundrenvegetation, die durch die Pflanzenart *Dryas octopetala* (achtblättrige Silberwurz) gekennzeichnet ist. Man unterscheidet eine älteste, ältere und eine jüngere D. oder Tundrenzeit (→ Weichsel-Eiszeit).

dry farming, Trockenfarmen, in Nordamerika entwickeltes, jedoch in vielen semiariden Gebieten der Erde schon vorher angewendetes Verfahren, durch Schwarzbrache über zwei Jahre so viel an Bodenwasservorrat anzusammeln, daß eine Ernte (meist Getreide) zu erzielen ist.

D-Schicht, → Atmosphäre.

Dschungel *m, n.* oder *f,* ursprünglich wohl nur der lichte, versumpfte, gras-, schilf- und bambusreiche Wald im subtropischen Gebiet Vorderindiens, besonders in der Tarairegion am Fuße des Himalaja. Im weiteren Sinne bezeichnet man als D. oft auch andere subtropische und tropische Wälder Vorder- und Hinterindiens.

Düne, durch den Wind zu regelmäßiger oder unregelmäßiger Form aufgeschüttete Sandablagerung, die markanteste Form der äolischen → Ablagerung. D. treten überall dort auf, wo bewegter Sand gezwungen wird, sich abzulagern, ohne sofort verfestigt zu werden. Je nach Form und Vorkommen sind D. am flachen Meeres- oder Seestrand (*Küstendünen*) und D. in jetzigen oder früheren Trockengebieten (*Binnendünen*) zu unterscheiden. Der Dünensand geht meist aus der Verwitterung quarzhaltiger Gesteine oder aus Fluß- und Seeablagerungen hervor. Durch den Wind wird eine scharfe Auslese der Korngrößen bewirkt.

Über die Ursache der Bildung von *Binnendünen* gibt es verschiedene Ansichten. So soll z. B. bereits das unstete, stoßweise Wehen des Windes die erste Ursache für eine unterschiedliche Anhäufung des Sandes sein. Meist wird jedoch irgendein unbedeutendes Hindernis (Strauch, Stein) oder aber einfach nur die Rauhigkeit der Oberfläche als Ursache angesehen. Es entsteht an dem Hindernis zunächst ein kleiner, schildförmiger Hügel (Zungenhügel), der dem Luftstrom vom Boden abhebt und damit eine weitere Sandablagerung verursacht; durch weiteres Wachsen bildet sich allmählich eine D. Der Wind treibt einen Teil des Sandes auf der flachen Luvseite hinaus, so daß der Gipfel der D. mit dem Wind wandert. Auf der steilen Leeseite fällt der Sand unter Bildung des natürlichen Böschungswinkels (bis 30°) herunter. Dadurch entsteht in der D. die charakteristische *Kreuzschichtung.* Bei kleinen Sandmassen entstehen Einzeldünen. Bei diesen wandert der Sand an den niedrigeren Enden rascher als in der Mitte. Der Grundriß der D. nimmt zuerst herzförmige, dann halbmondförmige Gestalt an: Es entsteht die *Sicheldüne,* der *Barchan.* Oft verwachsen die Barchane, deren Längsachsen stets quer zur Windrichtung verläuft (*Querdüne*), mit den benachbarten zu langen *Dünenketten.* Bei gleichbleibender Windrichtung wandert die D. mit Geschwindigkeiten bis zu 20 m im Jahr. Bei Änderung der Windrichtung entstehen mannigfaltige Umgestaltungen der D., die bis zur völligen „Umkrempelung" des Barchans führen können. Bei starken, beständigen Stürmen bilden sich durch Verlängerung der Einzeldünen bei der Wanderung vor dem Wind *Reihendünen* (*Längsdünen*), die sich oft über 50 km und mehr hinziehen. Ihnen fehlt der Unterschied zwischen Luv- und Leeseite. Bei stärker gegliedertem Untergrund wird das ganze Dünenfeld unregelmäßig, die D. wandern aufeinander und bilden mitunter bis 200 m hohe Dünengebirge. Hemmen wechselnde Winde und beginnende Vegetation am Wüstenrand das Wandern dieser Sandmassen, so spricht man von *Staudünen.*

Ausgedehnte Binnendünengebiete finden sich vor allem in der Sahara – Großer Erg, Libysche Wüste – sowie in den großen zentralasiatischen Wüsten, z. B. im Karakum, in der Taklamakan und der südlichen Gobi. Hier treten auch eigenartige Sonderformen der D. auf: *Netzdünen (Aklé)* und *Pyramidendünen (Gurdh).* Diese zusammenfassend auch als *Sterndünen* bezeichneten, meist regelmäßige Musterbildenden D. scheinen auf Wirkungen des elektrischen Feldes zurückzuführen zu sein, das bei der Reibung des bewegten Quarzsandes in erheblicher Stärke entsteht.

Die *Küstendünen* werden von Seewinden gebildet und aus dem Sand des Meeresstrandes aufgebaut. Die mit der Zeit größer werdenden Hügel, die *Vordünen,* ordnen sich ungefähr parallel zur Uferlinie und senkrecht zur Windrichtung an. Vor diesen bauen sich neue Sandhügel auf, und die ehemaligen Vordünen können sich in ihrem Schutz stärker mit Vegetation bedecken. Wird die Vegetation der D. zerstört, so geraten sie wieder in Bewegung und können als *Wanderdünen* Ortschaften bedrohen (z. B. auf Sylt). Durch Beseitigung der schützen-

den Vegetationsdecke entstehen Zerstörungsformen. Zunächst bilden sich Hohlformen, die in der Windrichtung weiter wachsen, die *Windrisse* (*Windmulden*). Die erhalten gebliebenen Teile der D. zeigen meist parabelförmigen Grundriß, sie werden als *Parabeldünen* bezeichnet und wenden, umgekehrt wie die Barchane, die Hohlseite dem Winde zu. Wird der Scheitel der Parabel durchbrochen, so bleiben zu beiden Seiten längsgestreckte *Strichdünen* erhalten, während der herausgewehte Sand am Ende des Dünentals als *Haldendüne* quer zur Windrichtung liegenbleibt. Auch auf der Leeseite können durch Sogwirbel die D. angegriffen werden. Durch wiederholte Windrisse und Bildung neuer D. geht schließlich jede Ordnung verloren. Die meist noch mit Vegetationsresten bedeckten, unregelmäßigen Abtragungsformen bezeichnet man als *Kupsten*.
Um dem Wandern der D. Einhalt zu gebieten, versucht man sie zu binden. Man verwendet dazu Faschinen, außerdem werden geeignete Gräser angepflanzt, vor allem Strandhafer, dessen Halme die Wucht der Winde abbremsen und dessen Wurzeln den Sand festhalten (*Dünenbau*).
Je nach dem Verwitterungsgrad der oberen Sandschichten bekommt die Oberfläche der D. eine gelbe bis braune Farbe. Danach unterscheidet man die älteste Generation der *Braundünen*, die etwas jüngere der *Gelbdünen* und die jüngste der *Weißdünen*. Die in Mitteleuropa in der ausgehenden Eiszeit gebildeten Binnendünen (*fossile D.*) haben sich in unserem Klima längst mit Vegetation (meist Kiefernwald) bedeckt und sind dadurch festgelegt. Viele dieser D. zeigen im Inneren einen etwas dunkler gefärbten, verlehmten, humusreicheren Streifen, der einst die Oberfläche der D. bildete, als sie bereits einmal mit Vegetation bedeckt und für längere Zeit verfestigt waren. Durch wahrscheinlich klimatisch bedingten Verlust der Pflanzendecke sind die D. später wieder zum Wandern gebracht worden.
Dunst, die Trübung der Atmosphäre durch Wasserdampf und Verunreinigungen aller Art (Staub, Rauchgase u. ä.). Besonders bei ruhiger Luft und dem Vorhandensein von Sperrschichten (→ Inversion) kommt es zur Bildung von D. Er ist daher vielfach eine Begleiterscheinung des schwachwindigen Hochdruckwetters. Ferner ist er in Großstädten und Industriegebieten häufig. Vgl. → Smog.
Dünung, die Wellenbewegung der Meeresoberfläche. Sie wird durch den Wind erzeugt und dauert nach Aufhören des Windes noch lange an (freie Schwingungen). Mit der Windsee zusammen macht sie den Seegang aus. Die D. kann im Weltmeer auch auf Räume übergreifen, die vom Sturm nicht unmittelbar betroffen wurden.

Sie ist meist langwelliger als Windsee, erzeugt an den Küsten aber starke Brandung und zeigt weniger Schaumkronen.
Durchschlagsröhre, svw. Schlot.
Dürre, Trockenperiode, eine Zeit mit Niederschlagsmangel bei gleichzeitig hohen Temperaturen. Sie wirkt sich schädigend auf die Vegetation aus, da diese die bei der Transpiration abgegebene Feuchtigkeitsmenge nicht aus dem Boden zu ergänzen vermag. Für die D. ist also nicht allein die absolute Menge des gefallenen Niederschlages kennzeichnend, sondern auch die als Bodenwasser vorhandene Rücklage und die Verdunstungsgröße. Aus diesen beiden Größen wird die *Dürrewirkungszahl* gebildet.
Als *Dürreperiode* wird eine Zeit von mindestens 4 Tagen bezeichnet, an denen die Temperatur über dem langjährigen mittleren Höchstwert liegt und die relative Luftfeuchtigkeit (am Mittag) nur bis zu 40% beträgt.
Dürreresistenz, *Trockenresistenz,* bei Pflanzen die Fähigkeit zum Ertragen und Überdauern von Dürreperioden durch morphologisch-anatomische Besonderheiten, wie Wasserspeicherungsvermögen (Sukkulenz) oder Einschränkung der Verdunstung (Kleinblättrigkeit, Behaarung, Dornen, Wachsüberzug u. a.). In der Trockenzeit, der Zeit der Vegetationsruhe, werfen die dürreresistenten Pflanzen vielfach ihr Laub ab.
Dwog, Bezeichnung für fossile Horizonte in den Marschen, die von Transgressionsstillstandsphasen zeugen, in denen sich auf den jungen Sedimenten eine Festlandsvegetation entwickeln konnte. Überwiegend dunkle verdichtete Horizonte werden als *Humusdwog,* fossile Eisenfleckenhorizonte als *Eisendwog* bezeichnet. Synchrone Bildungen unter semiterrestrischen Bedingungen sind Torfhorizonte und → Darg.
Dy m, *Braunschlammboden,* Sediment und biologisch träger, primitiver Bodentyp der Abteilung subhydrische Böden mit A-CG-Profil. D. bildet sich in sauerstoff- und meist auch nährstoffarmen Gewässern (dystrophe Binnenseen). Die leber- bis schwarzbraune saure Humusmasse des A-Horizontes entsteht überwiegend durch Ausflockung der im Braunwasser (Moorwasser) gelösten organischen Verbindungen. Auf trockengelegtem D. ist eine landwirtschaftliche Nutzung nur schwer möglich, weil die organische Substanz stark schrumpft, teils in harte Bruchstücke, teils, vor allem nach Frost, zu feinem Pulver zerfällt.
Dyas, svw. Perm.
dystroph, sehr nährstoffarm. D. Binnenseen entwickeln sich im feuchtkühlen Klima in Einzugsbereichen mit saurem Ausgangsgestein. Die Seeufer tragen meist Hochmoorvegetation. Solche Seen enthalten mineralstoff-

armes Wasser, das reich an gelösten Humusstoffen ist, die eine gelbe bis dunkelbraune Färbung (Braunwasser) hervorrufen. Bakterien und Zooplankton zersetzen die gelösten Humusstoffe und bewirken einen starken Sauerstoffschwund. Als subhydrischer Bodentyp entwickelt sich meist ein → Dy.
Die Hochmoore und die daraus hervorgehenden sehr nährstoffarmen Böden werden gleichfalls als d. bezeichnet.

E

Ebene, in geomorphologischem Sinne eine ausgedehnte, sehr reliefschwache Landoberfläche, die keineswegs horizontal sein muß, wie z. B. die „schiefe Ebene" von München zeigt, und in beliebiger Meereshöhe liegen kann. Ist die Oberfläche stärker bewegt, ohne daß die Reliefenergie aber die 200-m-Grenze übersteigt, so spricht man von → Flachland.
E. sind auf der Erdoberfläche weit verbreitet und lassen sich nach verschiedenen Gesichtspunkten einteilen:
1) Nach der Höhenlage unterscheidet man *Tiefebenen,* die in der Nähe des Meeresniveaus liegen und 200 m absolute Meereshöhe nicht überschreiten (Amazonasgebiet, Ungarische Tiefebene), und *Hochebenen,* die sich in größerer Höhenlage ausdehnen (z. B. die Kastilische Hochebene).
2) Nach der Entstehung unterscheidet man Aufschüttungsebenen und Abtragungsebenen. *Aufschüttungsebenen* findet man dort, wo Lockermaterial auf einem älteren Relief abgelagert wird. Wird das Material von Flüssen herangebracht, spricht man von Flußebenen (Nordchinesische Ebene, La-Plata-Ebene, Po-Ebene); wenn die Flüsse mit dem von ihnen herantransportierten Material Seen ausfüllen, entstehen See-Ebenen. In glazialen Bereichen können Grundmoränenebenen (mitteleuropäisches Tiefland) und Sanderebenen, aus Ablagerungen des Meeres marine Aufschüttungsebenen entstehen, wie es im Marschengebiet der Nordseeküste der Fall ist. Schließlich können sich aus Ablagerungen des Windes äolische Aufschüttungsebenen (z. B. in den Lößgebieten Ostasiens) und aus vulkanischem Material vulkanische Aufschüttungsebenen (z. B. das Columbia-Plateau in Nordamerika) entwickeln.
Abtragungsebenen können als *Schichttafelländer* ausgebildet sein, wenn die durch Abtragung geschaffenen Ebenheiten an bestimmte Gesteinsschichten gebunden sind; ausgedehnte Schichttafelländer sind vor allem in weiten Teilen Afrikas anzutreffen. Wellige Rumpfflächen entstehen dagegen,

wenn die von der Abtragung geschaffene Landoberfläche Massengesteine oder gefaltete Gesteine (Faltenrumpf) abschneidet oder über schräggestellte Schichtgesteine hinweggreift und dann als Schnittfläche einen Tafelrumpf darstellt. Nach der

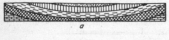

Ebene: *a* Tafelrumpf, *b* Faltenrumpf

Art der bei der Abtragung wirksamen exogenen Kräfte unterscheidet man ferner fluviatile Abtragungsebenen (Fastebene, Pediment) und marine Abtragungsebenen oder Abrasionsebenen (→ Abrasion). Glaziale und äolische Kräfte sind dagegen nicht in der Lage, ausgedehntere Abtragungsebenen zu schaffen.
Ebenheit, allgemeine Bezeichnung für ein im Gebirge auftretendes flaches Plateau, eine Hangverflachung oder Terrassenfläche u. a. Bekannt sind vor allem die breiten E. im Elbsandsteingebirge, die sich über den engen Tälern der Elbe und ihrer Nebenflüsse ausdehnen und über denen zahlreiche Tafelberge, die „Steine", aufragen.
Echeneiszeit, *Echeneisphase der Ostsee*, *Rhazeit* (in Mitteleuropa weniger gebräuchlich), Übergangsphase vom Yoldiameer zur Ancylussee an der Wende vom Präboreal zum Boreal. Die E. wird 6800 bis 6500 v. u. Z. angesetzt. Sie erscheint in der südlichen Ostsee infolge der Landhebung Skandinaviens als Transgressionszeit.
Echograph, → Lot.
Echolot, → Lot.
Eck, *Eckflur*, nach J. Sölch einzelne oder treppenförmig angeordnete Absätze des Sporns an der Gabelung zweier Flußtäler. E. sind in ihrer geschützten Lage meist besser erhalten als die Terrassen und bilden daher oft die letzten Zeugen für die Entstehungsgeschichte eines Tales.
edaphisch, vom Boden abhängig, bodenbedingt; im Unterschied von klimabedingt; vor allem in der Pflanzengeographie und Bodenkunde angewandte Bezeichnung. Die auf die Pflanze einwirkenden e. Faktoren ergeben sich aus den chemischen und physikalischen Eigenschaften des Erdbodens, z. B. aus Korngröße, Porenvolumen, Kalkgehalt, Wärmespeicherungs- und -leitvermögen, Durchlässigkeit für Sickerwasser, Wasserkapazität und Azidität.
Edaphon, die Gesamtheit der Organismen im Boden, das Bodenleben. *Edaphophyten* sind die im Erdboden lebenden niederen Pflanzen, vor allem Algen, Pilze und Bakterien.
Eem, *Eem-Warmzeit* [nach der Eem, einem Zufluß des IJsselmeers], heute übliche Bezeichnung für das Riß-Würm-Interglazial. Die Fauna des im Küstenraum von Nord- und Ostsee transgredierenden Eem-Meeres enthält auf dem Höhepunkt zahlreiche lusitanische Formen, während boreale und arktische Arten fehlen. Der Vegetationsablauf zeigt in der wärmsten Phase Eichenmischwald und Linden-Hasel-Wälder. Die Temperaturen dürften etwa 3 °C über der heutigen gelegen haben. Das E. ist ferner durch fossile Böden nachweisbar. Ihm entspricht in Osteuropa die Mikulino-Warmzeit, im Mittelmeer die Transgression des Monastir, in Nordamerika der Sangamon.
effektive Temperatur, von dem französischen Bioklimatologen Missenard (1933) aufgestelltes bioklimatisches Temperaturmaß, das dem Wärmeempfinden des Menschen angepaßt ist und die Luftfeuchte, jedoch nicht die Abkühlung durch Luftbewegung berücksichtigt. Die e. T. wird berechnet nach der Formel $T_{eff} = T_L - 0.4 (T_L - 10 K) \cdot (1 - RF/100)$; dabei ist T_L die Lufttemperatur und RF die relative Feuchte zum betreffenden Termin.
Effloreszenz, *Ausblühung*, Überzug aus Salzen an der Oberfläche von Gesteinen, Mauerwerk und Böden. Die E. besteht aus den mineralischen Bestandteilen von Lösungen, die kapillar aufsteigen und an der Oberfläche infolge des Verdunstens des Wassers Krusten bilden. Der Vorgang der Ausscheidung wird als *Exsudation* bezeichnet.
Effusion, das Ausfließen von Lava, → Vulkan.
Eges(s)enstadium, das letzte Rückzugsstadium der → Würm-Eiszeit.
Eichenmischwald-Buchenzeit, svw. Subboreal.
Eichenmischwaldzeit, svw. Atlantikum.
Eichenschälwald, ein Eichenforst, der zur Gewinnung von Gerbrinde unterhalten wurde.
Einregelung, Einordnung fest umgrenzter Körper in bestimmte Richtungen innerhalb eines bewegten Mediums, z. B. Kristalle in einem Magma, oder bei der Ablagerung von Geschieben in einer Moräne, von Geröllen in einem Fluß, von Gesteinstrümmern im Solifluktionsschutt u. a.
Einzugsgebiet, *Flußgebiet*, das von einem Fluß und seinen sämtlichen Zuflüssen oberirdisch und unterirdisch entwässerte Gebiet. Manchmal wird auch nur das oberhalb einer bestimmten Pegelstelle des Flusses gelegene E. angegeben. Oberirdisches und unterirdisches E. decken sich häufig nicht völlig. Die E. der einzelnen Flüsse sind durch Wasserscheiden voneinander getrennt. Das E. aller Flüsse, die einem bestimmten Meer zuströmen, wird als → Abflußgebiet bezeichnet. Das größte E. der Erde ist das des Amazonas (7 Mill. km²).

Eis, Wasser in festem Aggregatzustand (gefrorenes Wasser). Das E. entsteht bei normalem Luftdruck (101,3 kPa = 760 Torr) bei einer Temperatur von 0°C aus Wasser, ist kristallinisch, hat die Dichte 0,916 g/cm³ und schwimmt daher auf dem Wasser.
Beim Gefrieren vergrößert Wasser sein Volumen etwa um $1/11$; in Hohlräumen des Bodens gefrierendes Wasser (→ *Bodeneis*) zersprengt das Gestein und fördert so die Bodenbewegungen und die Erosion.
Im Gegensatz zum stengeligen Wassereis ist das *Gletschereis* körnig. Dieses entsteht aus dem Schnee, der sich in den Nährgebieten der Gletscher ansammelt. Durch oberflächliches Anschmelzen geht dieser Schnee in körniges → *Firn* über.
Bei stehenden und langsam fließenden Gewässern entsteht E. zuerst an der Oberfläche, bei rasch fließenden Gewässern von den Ufern und vom Grund aus. Als *Eisstand* bezeichnet man den Zustand der Wasserläufe bei geschlossener Eisdecke; kommt diese in Bewegung, so bricht sie meist in Schollen und schwimmt im → Eisgang als *Treibeis* ab. Kommt es bei schnellfließenden Gewässern nicht zu einer geschlossenen Eisdecke, so löst sich das meist mit Schlamm und Kies durchsetzte *Grundeis* nach einiger Zeit in Schollen vom Grunde ab; diese können andererseits an stauenden Stellen leicht zu einer geschlossenen Decke zusammenfrieren. In stehenden Gewässern bildet sich Grundeis erst, nachdem die gesamte Wassermenge gefroren ist. Bei *Eisversetzung* schiebt sich das abschwimmende E. so weit zusammen, daß es den Flußlauf sperrt (*Eisbarre*, Überschwemmungsgefahr). Auf dem Meer gibt es außer dem Treibeis auch → Eisberge, die sich von Gletschern oder Inlandeis gelöst haben (→ Meereis).
In der Atmosphäre auskristallisierter Wasserdampf fällt als → Schnee auf die Erdoberfläche. Die hohen Cirruswolken bestehen aus Eiskristallen. Fallen Eis- und Schneekristalle durch Wolken mit unterkühlten Wassertröpfchen, bilden sich → Graupeln und → Hagel. Fällt Regen auf gefrorenen Boden, entsteht Glatteis. Eine weitere Form des E. auf dem Erdboden ist der → Reif.
Eine Schnee- oder Eisdecke wirkt sehr stark abkühlend auf die unteren Luftschichten. Infolge der starken Rückstrahlung nimmt sie nur wenig Wärme auf. Zugefrorene Wasserflächen verhalten sich thermisch wie Landflächen.
Eisberg, im Meer schwimmende mächtige Eisscholle von unterschiedlicher Form und Größe, die von einem bis ans Meer reichenden Gletscher oder von einer Inlandeismasse losgelöst (Kalben) und in der Strömung treibt. Da die Dichte von Eis (0,916 g/cm³) nur wenig

unter der des Wassers liegt, ragt der E. nur mit durchschnittlich etwa $^1/_9$ der Gesamtmasse aus dem Meere heraus. Durch das Abtauen und die Wirkung der Brandung kann sich die Lage des Schwerpunktes des E. ändern, so daß der E. umschlägt und dabei gefährliche Strudel erzeugt. Tafelförmige E., deren Wände 30 bis 50 m senkrecht abfallen, sind besonders in der Antarktis häufig. Hier hat man E. bis zu einer Größe von 180 km² Fläche, also so groß wie die Insel Fehmarn (BRD), beobachtet. Beim Abschmelzen sinkt der aus den Herkunftsgebieten mitgeführte Moränenschutt auf den Meeresboden. Auf Untiefen vor der Küste geraten viele E. bisweilen auf Grund und bilden Staueis. E. sind ein wesentlicher Bestandteil des → Treibeises. Das südlichste Vorkommen der E. im Nordatlantik liegt in den Frühsommermonaten bei 36° n. Br.; im Südatlantik gelangen sie bis 38° s. Br. Die E. bilden somit eine große Gefahr für die Schiffahrt (Titanic-Katastrophe 1912).
Eisbruch, sww. Schneebruch.
Eisgang, das Abschwimmen der winterlichen Eisdecke als Treibeis auf fließenden Gewässern. Es beginnt mit dem *Eisaufbruch,* der den winterlichen *Eisstand* beendet, d. i. die Zeit, in der der Fluß unter einer anhaltenden Eisdecke liegt. Die Zeit zwischen dem Zufrieren und dem Eisaufbruch wird als *Vereisungsdauer (Eisverschluß)* bezeichnet. Sie nimmt in Eurasien in mittleren Breiten nach Osten hin stark zu (Tab.).

	Zu-frieren	Auf-bruch	Vereisungs-dauer (Tage)
Weser	4. 1.	3. 2.	30
Wisła	26. 12.	3. 3.	67
Wolga bei Saratow	9. 12.	18. 4.	130
Ob	9. 11.	26. 4.	168
Amur-mündung	9. 11.	20. 5.	192

Eisheilige, eine → Singularität.
Eiskeile, → Frostboden.
Eislobus, *Plur.* Eisloben, die Ausbuchtung des Randes einer Inlandeismasse oder eines aus mehreren Teilströmen zusammengewachsenen Vorlandgletschers. Die E. haben in ihrer Bewegung eine gewisse Selbständigkeit. Die Nahtstellen zwischen ihnen sind vielfach Austrittstellen subglazialer Gerinne und Ansatzpunkte der Sander, auch haben sich an diesen Nahtstellen besonders häufig Rinnenseen gebildet.
Eispressung, an Flußufern und vor allem an der Küste durch den Schub der Eisschollen verursachte Stauchung der Schichten. Sie können den → Kryoturbationen ähnliche Formen hervorrufen.
Eisrandlage, allgemeine Bezeichnung für die Lage des Gletscher- oder Inlandeisrandes. Die E. ist an glazialen Ablagerungen (Endmoränen) und an dem Ansatz glazifluvialer Formen zu erkennen. Die E. sagt nichts darüber aus, ob sie durch einen Rückzugshalt oder einen Eisvorstoß entstanden ist.
Eisstausee, *glazialer Stausee,* durch vorstoßende Gletscher aufgestauter See. E. hat es mehrfach in den Alpen, aber auch in anderen Gebirgen gegeben. Durchbricht das Wasser des E. den Gletscherwall, so kommt es zu schweren Überschwemmungskatastrophen, wie es 1947 im Tal des Shyok, eines Nebenflusses des oberen Indus, geschah. Große E. haben sich im Pleistozän an der Stirn des Inlandeises im heutigen Ostseegebiet gebildet, wie die Ablagerung von Bändertonen beweist. Der Baltische E. im heutigen Ostseebecken war der spätglaziale Vorläufer der heutigen Ostsee.
Eistage, klimatologische Bezeichnung für Tage, an denen die Temperaturen dauernd unter dem Gefrierpunkt bleiben, der Tageshöchstwert also unter 0 °C liegt. Im Unterschied dazu sinkt an *Frosttagen* die Temperatur nur zeitweilig, meist nachts oder um Sonnenaufgang, unter den Gefrierpunkt, während der Tageshöchstwert über 0 °C liegt.
Eisverschluß, → Eisgang.
Eiszeit, *Glazialzeit,* in geologischem und klimatologischem Sinne eine Kaltzeit, d. h. ein Abschnitt der Erdgeschichte, in dem wahrscheinlich infolge weltweiter Temperaturerniedrigung in höheren Breiten der Erdoberfläche größere, sonst nicht vereiste Massen von Gletschern und Inlandeismassen bedeckt wurden. Die vorher in diesen Gebieten vorhandene, höheren Temperaturen angepaßte Pflanzen- und Tierwelt mußte daher abwandern, oder sie starb aus.
Die Ursache der E. konnte noch nicht eindeutig geklärt werden. Die einzelnen aufgestellten Hypothesen gehen z. B. von Schwankungen in der Sonnenstrahlung (→ Strahlungskurve), von Polverschiebungen, von größeren Wanderungen der geographischen Pole, von Änderungen des atmosphärischen und ozeanischen Wärmeaustauschs zwischen hohen und niederen Breiten der Erdoberfläche u. a. aus, führten aber bisher zu keinem auf alle E. anwendbaren Ergebnis. E. gab es bereits in älteren Epochen der Erdgeschichte, im Proterozoikum und vor allem im Perm (*Permokarbonische E.,* da sie z. T. schon im Oberkarbon begann). Zeugen dafür sind abgelagerte Sedimente, besonders die → Tillite. Diese alten E. beweisen auch, daß seitdem im Laufe der Erdentwicklung eine allgemeine Abkühlung der irdischen Atmosphäre nicht stattgefunden hat (→ Klimaänderungen).
Besonders wichtig für die heutigen Verhältnisse auf der Erdoberfläche waren die jüngsten E; sie fielen in das → Pleistozän, das deshalb auch als *Eiszeitalter* bezeichnet wird.
Ekliptik *f,* der Großkreis, in dem die Ebene der Bahn der Erde um die Sonne die als unendlich groß gedachte Himmelskugel schneidet, sowie die kreisförmige Bahn, die die Sonne scheinbar im Laufe eines Jahres beschreibt (die scheinbare Bewegung der Sonne ist ein Abbild der wahren Bewegung der Erde um die Sonne). Dabei durchläuft die Sonne um den 21. März und den 23. September die Schnittpunkte der E. mit dem Himmelsäquator; es ist dies die Zeit der Tagundnachtgleichen (Äquinoktien), die beiden Schnittpunkte werden Frühlings- und Herbstpunkt genannt. Um den 21. Juni erreicht die Sonne den nördlichsten Punkt auf der E., um den 21. Dezember den südlichsten; es sind dies die Zeiten der Sommer- und Wintersonnenwende, die beiden Punkte werden Sonnenwendpunkte (Solstitialpunkte) genannt. Auf ihrer Bahn längs der E. durchläuft die Sonne die 12 Sternbilder des Tierkreises. Dasjenige der 12 Sternbilder, in dem die Sonne gerade steht, ist nach Untergang der Sonne über deren Untergangspunkt meist eben noch zu erkennen. Da die Sonne sich an einem Tage scheinbar um etwa 1°, im Monat also um rund 30°, nach Osten verschiebt, durchwandert sie immer das nächste, östlich gelegene Sternbild; die durchwanderten Sternbilder werden damit überstrahlt und dem bloßen Auge unsichtbar.
Entsprechend der Neigung der Erdrotationsachse ist die Ebene der E. gegen die Ebene des Erdäquators und damit gegen die des Himmelsäquators um 23° 27′ geneigt. Diesen Winkel zwischen den beiden Ebenen, der infolge der Präzession in geringem Maße veränderlich ist, bezeichnet man als *Schiefe der E.* Diese bildet zusammen mit der numerischen Exzentrizität und der Länge des Perihels die Erdbahnelemente, die nicht konstant sind, sondern geringen, langperiodischen Veränderungen unterliegen. Diese Veränderungen ziehen wiederum Schwankungen in der Sonnenbestrahlung der Erde nach sich.
ektodynamomorphe Böden, → endodynamomorphe Böden.
ektropisch, außertropisch.
Elbe-Eiszeit, eine auf Grund von Bohrungen in der Hamburger Gegend behauptete, aber noch nicht hinreichend gesicherte Eiszeit, die der → Günz-Eiszeit im Alpengebiet entsprechen soll. Morphologische Beweise an der Erdoberfläche konnten bisher für die E. nicht erbracht werden.
Elmsfeuer, *St. Elmosfeuer* [nach St. Elmo, dem Schutzheiligen der romanischen Seeleute], *Eliasfeuer,* Entladung der Erdelektrizität in Form büscheliger Flämmchen an Spitzen

und Kanten von Bauwerken, Mastspitzen u. a. Das E. stellt sich besonders vor oder bei Gewitter ein, aber auch Schnee- und Staubstürme können die Vorbedingungen dazu schaffen.

Elster-Eiszeit [nach der Weißen Elster], die erste der durch Ablagerungen und Oberflächenformen nachweisbaren Vereisungen im nördlichen Mitteleuropa, die im allgemeinen der alpinen → Mindel-Eiszeit gleichgestellt wird. In der E. entstanden vor allem Ablagerungen von Geschiebemergel, die meist durch Bohrungen erschlossen wurden, da sie von den Ablagerungen der Saale-Eiszeit überdeckt sind. Zwischen Harz und mährischem Gesenke und in Südpolen (hier als Krakovien bezeichnet) sind jedoch auch an der Oberfläche Glazialablagerungen vorhanden, da hier die Eismassen der E. weiter nach Süden vorstießen als die der Saale-Eiszeit. In der Sowjetunion dürfte der E. die Oka-Vereisung (früher auch Lichwin-Vereisung) bzw. die Baku-Transgression des Kaspischen Meeres (Bakinische Eiszeit), in Nordamerika die Kansan-Vereisung entsprechen. Wie die Mindelvereisung im Alpenraum zeigt auch die E. eine Gliederung in zwei Vorstöße. Bemerkenswert ist, daß neotektonische Bewegungen in der E. häufig sind (Bodensee, Elbtalgebiet von Dresden).

eluvial, 1) Bezeichnung für das am Ort des Zerfalls (in situ) verbleibende Verwitterungsmaterial (*Eluvium*), das aus dem ursprünglichen Lagerungsverband herausgelöst und im Vergleich zum Ausgangsmaterial meist auch an bestimmten Substanzen verarmt ist.
2) bodenkundliche Bezeichnung für bestimmte A-Horizonte (*Auswaschungshorizonte*) einiger Bodentypen, in denen durch absteigende Wasserbewegung Verarmungen ausgelöst werden. Bei den Parabraunerden und Fahlerden entsteht infolge der Lessivierung ein *Ton-Eluvialhorizont* (A_3, A_1), bei den Podsolen werden im A_2-, A_e-Horizont auch die färbenden Eisenverbindungen und ein Großteil der Mineralsalze ausgewaschen, so daß sich verarmte *gebleichte Eluvialhorizonte* bilden. Gegensatz: Illuvialhorizont (→ Illuvium).

Emscher, → Kreide, Tab.
EMW, → Atlantikum.
endemisch, einheimisch, auf ein verhältnismäßig eng umgrenztes Areal beschränkt. Der *Endemismus* hat seine Ursache in der Abgeschlossenheit des Wohngebietes und der Unmöglichkeit eines Austausches mit der Umgebung. Flora und Fauna von Inseln und von Gebirgstälern sind infolge ihrer natürlichen Isolierung meist reich an *Endemiten*. Auf den Kanarischen Inseln z. B. sind 45%, auf Neuseeland 72%, auf St. Helena 84% aller Pflanzenarten e. Mitteleuropa als Übergangs- und Durchgangsland ist nahezu frei von Endemiten.

endodynamomorphe Böden, Böden, die in ihrer Entwicklung vor allem durch innere Faktoren, wie das Ausgangsgestein, bestimmt werden, z. B. Böden auf Kalkgestein. Im Gegensatz hierzu stehen die *ektodynamomorphen Böden*, deren Genese hauptsächlich durch das Klima und die Vegetation bedingt ist.
endogen, svw. innenbürtig. Als e. bezeichnet man Vorgänge, die durch Kräfte hervorgerufen werden, die im Erdinneren, letztlich im Magma, ihren Sitz haben. Zu ihnen gehören die vulkanischen Erscheinungen (Vulkanismus), die Erdbeben, die Magmenbewegungen (→ Magma), die wahrscheinlich durch sie hervorgerufenen epirogenetischen Krustenbewegungen (→ Epirogenese) sowie die gebirgsbildenden Vorgänge (→ Gebirgsbildung, → Tektogenese). Gegensatz: → exogen.
endorheisch, Bezeichnung für ein Gebiet mit Binnenentwässerung im Unterschied zu den *exorheischen* Gebieten, deren Flüsse nach dem Weltmeer entwässern, → abflußlose Gebiete.
Endrumpf, *Rumpffläche,* die flachwellige bis fast ebene Abtragungsfläche, die das Endergebnis der Abtragung eines ehemaligen Gebirges darstellt und die einzelnen schräggestellten (*Tafelrumpf*) oder auch gefalteten Gesteinsschichten (*Faltenrumpf*) abschneidet (Abb. → Ebene). Solche Formen können aber auch entstehen ohne daß reliefstarke Gebirge vorhanden waren, z. B. wenn Teile der Erdoberfläche bei ständiger, langsamer Hebung über den Meeresspiegel sofort wieder der Abtragung verfallen, Hebung und Abtragung sich also die Waage halten. Eine solche Rumpffläche bezeichnet man dann als → Primärrumpf.
Der bisweilen gebrauchte Ausdruck *Rumpfebene* an Stelle von Rumpffläche ist weniger gut, da diese meist stärker gewellt, also nicht völlig eben ist.
Entwässerung, 1) allgemein: der Abzug von Sicker-, Stau-, Grund- und Oberflächenwasser in Einzugsgebieten verschiedenster Ausdehnung. Die E. kann sowohl oberirdisch als auch unterirdisch erfolgen.
2) Bodenkunde: zumeist der durch künstliche Maßnahmen (Hydromelioration) beschleunigte Abfluß von Überschußwasser aus staunassen Böden (Pseudogleye) und Grundwasserböden (Gleye) sowie aus Mooren und Überflutungsbereichen mittels Dränagen, Abzugsgräben und anderer Anlagen, die die landwirtschaftliche Nutzung solcher Standorte verbessern oder überhaupt erst ermöglichen.
Eozän, → Tertiär, Tab.
Eozoikum, → Proterozoikum.
ephemer, nur einen Tag dauernd, vorübergehend. Als *e. Flora* bezeichnet man die Flora eines Gebietes mit kurzer, gedrängter Vegetationszeit. Austreiben, Blühen und Fruchten muß

hier rasch hintereinander erfolgen, wie es z. B. in der Arktis, den Regionen des Hochgebirges und auch in der Wüste erforderlich ist. Nach gelegentlichem Regen entfaltet sich in der Wüste eine reiche Vegetation, die aber ebenso schnell wieder erlischt. In Mitteleuropa sind einige einjährige Frühjahrsblumen, z. B. das Hungerblümchen und mehrere Ehrenpreisarten, als e. zu bezeichnen.
Epifazies, in der Geoökologie der Irkutsker Schule die Nachfolgeform natürlicher Fazies, vielfach durch menschliche Nutzung bedingt.
Epilimnion, die Oberflächenschicht eines Binnensees. Das E. ist turbulent durchmischt, seine Temperatur, die von der der Außenluft abhängig ist, wechselt im Laufe des Jahres stark. Das E. grenzt mit einer deutlichen Temperatursprungschicht, dem *Metalimnion,* an die Tiefenschicht, das *Hypolimnion,* das eine verhältnismäßig gleichbleibende Temperaturverteilung zeigt und stabil geschichtet ist.
Epipelagial, → Pelagial.
Epiphyten, Pflanzen, die nicht im Boden wurzeln, sondern sich auf anderen Pflanzen ansiedeln, ohne jedoch auf ihnen zu schmarotzen. Am weitesten ist die Wuchsform im tropischen Regenwald verbreitet, in dem die Konkurrenz um gute Lichtverhältnisse stark ausgeprägt ist. In ihrer Wasserversorgung sind die E. auf die atmosphärische Feuchtigkeit angewiesen, zu deren Aufnahme häufig Luftwurzeln und andere spezifische Einrichtungen dienen. Die erforderlichen Nährsalze entziehen die E. dem Staub und Humus, der sich auf den Bäumen ansammelt. Zu den E. des tropischen Regenwaldes gehören vor allem Bromeliazeen, Orchideen und Farne. In Bergwäldern und höheren Breiten bilden Algen, Moose und Flechten, die eine zeitweilige Austrocknung vertragen, an Bäumen epiphytische Beläge.
Von diesen Vollepiphyten unterscheidet man noch *Halbepiphyten,* die zwar auf anderen Pflanzen keimen und sich zunächst dort entwickeln, dann jedoch mit dem Boden in Verbindung treten, wie dies bei einigen *Ficus*-Arten der Fall ist. Wurzelkletterer (Lianen), die sich mit ihren Luftwurzeln an Stützpflanzen emporranken, können zu *Scheinepiphyten* werden, wenn sie die Verbindung mit dem Erdboden verloren haben und den auf der Baumrinde angesammelten Humus ausnutzen.
Epirogenese, *epirogenetische Bewegungen,* weiträumige, über lange Zeiträume sich erstreckende, die Lagerungsverhältnisse der Gesteine nicht störende Hebungen und Senkungen der Erdkruste. Sie beruhen wahrscheinlich auf Bewegungen des Magmas in der Fließzone und auf isostatischen Ausgleichsbewegungen. Die E. ruft Transgression und Regression und damit auch Veränderungen der Strand-

linie hervor. Sie schafft aber auch außerhalb der Küstenregion die Voraussetzungen für die Entwicklung der Oberflächenformen. Durch Aufwölbung bilden sich Festlandsschwellen (Geantiklinalen), so daß Belebung der Tiefenerosion und neue Talbildung eintreten. Durch Senkung entstehen dagegen Becken (Geosynklinalen), und es erfolgt Ablagerung des Gesteinsschutts und damit Aufschüttung der Talböden. Jüngere E. können nur durch morphologische Untersuchungen ermittelt werden, da sie aus geologischen Lagerungsstörungen nicht nachweisbar sind.

Epirovarianz, nach J. Büdel die Differenzierung der Landformen unter dem Einfluß von Krustenbewegungen.

episodisch, → Periodizität.
Epizentrum, → Erdbeben.
Epoche, → System.
Erdaltertum, → Paläozoikum.
Erdbeben, Erschütterung des Erdbodens durch Vorgänge in der festen Erdkruste, die bisweilen von unterirdischen Geräuschen begleitet und häufig mit Bildung von Erdspalten, mit Schlamm-, Wasser- und Gasausbrüchen, Senkungen, Rutschungen und Bergstürzen verbunden sind. Nach der Entstehungsursache unterscheidet man, abgesehen von seltenen Fällen, in denen außerirdische Ursachen (starke Explosionen und Einschlag von Meteoriten) E. hervorrufen, Einsturzbeben, vulkanische Beben und tektonische Beben. Die → Bodenunruhe hingegen zählt nicht zu den E., da sie nicht auf endogene Kräfte, d. h. nicht auf Bewegungen in der Erdkruste zurückzuführen ist.
1) *Einsturzbeben* (3% aller E.) entstehen durch den Einsturz unterirdischer Hohlräume. Ähnliche Wirkungen treten beim Einsturz von Bergwerksstollen auf (→ Pinge). Der Wirkungsbereich solcher Einsturzbeben ist begrenzt, die Schäden können aber über dem eingebrochenen Hohlraum sehr beträchtlich sein.
2) *Vulkanische Beben* (*Ausbruchsbeben*; 7%) sind eng mit der Tätigkeit der Vulkane verbunden.
3) *Tektonische Beben* (*Dislokationsbeben*; 90%) sind die wichtigsten E. Sie werden durch tektonische Bewegungen in der Erdkruste hervorgerufen und sind daher z. T. auch von Veränderungen der Oberfläche (Spalten, Verbiegungen u. a.) begleitet. Ihr Wirkungsbereich ist oft sehr groß, ihre Stärke (→ Magnitude) reicht von geringen, nur von Instrumenten registrierbaren Erschütterungen bis zu den zerstörenden Groß- und Weltbeben, die durch Instrumente auf der ganzen Erde wahrgenommen werden.

Der im Erdinneren gelegene Entstehungsort der tektonischen E., der Erdbebenherd, wird als *Hypozentrum*, der unmittelbar darüber an der Erdoberfläche gelegene Ort, an dem die schwersten Erdbebenschäden zu verzeichnen sind, als *Epizentrum* bezeichnet. Bei *Flachbeben* liegt das Hypozentrum in Tiefen bis zu 60 km, bei *mitteltiefen Beben* in 60 bis 300 km und bei *Tiefherdbeben* in 300 bis 700 km Tiefe. Befindet sich das Hypozentrum unter dem Meer, so entstehen *Seebeben*, die oft zerstörende Flutwellen auslösen. Die E. können als einzelne Erdstöße (*Stoßbeben*), aber auch als lange Folge einzelner Erschütterungen, als *Schwarmbeben*, auftreten. Durch schwere Weltbeben werden gelegentlich an anderen, weit entfernten Stellen *Relaisbeben* (*Simultanbeben*) ausgelöst. Nach der Entfernung vom Erdbebenherd unterscheidet man *Ortsbeben*, *Nahbeben*, *mittlere Beben*, *Fernbeben* und *weite Fernbeben*.

Die Ursache der tektonischen E. sind plötzlich erfolgende Auslösungen von Spannungen in der Erdkruste. Die Energie eines E. breitet sich in Form von *Erdbebenwellen* vom Herd nach allen Seiten aus. Die Wellen durchlaufen teils als *Raumwellen* das Erdinnere, teils umkreisen sie als *Oberflächenwellen* (*L-Wellen*) den Erdball. Sie sind entweder *Longitudinalwellen* (*P-Wellen*), bei denen die Teilchen in Ausbreitungsrichtung, oder *Transversalwellen* (*S-Wellen*), bei denen die Teilchen senkrecht zur Ausbreitungsrichtung schwingen. Da die Longitudinalwellen entweder einen Zug zum Herd, eine Dilatation, oder einen Druck vom Herd weg, eine Kompression, verursachen, werden sie auch als *Dilatationswellen* bzw. *Kompressionswellen* bezeichnet. Die Geschwindigkeit der einzelnen Bebenwellen hängt von der Beschaffenheit der Erdschichten ab, die sie durchlaufen. An den Schichtgrenzen des Erdinneren werden sie reflektiert und gebrochen. Dadurch haben die Wellen verschieden lange Laufzeiten, so daß ein E., das im Herd nur etwa 1 Sekunde dauert, an manchen Erdbebenwarten einige Stunden lang registriert wird. Nach dem zeitlichen Eintreffen der Registrierorte unterscheidet man *Vorläufer-*, *Haupt-* und *Nachläuferwellen*. Die Vorläufer- und Nachläuferwellen sind stets Raumwellen, die Hauptwellen dagegen Oberflächenwellen. Durch *Homoseisten* werden auf Karten Punkte gleicher Einsatzzeiten eines E. verbunden.

Die Schwere eines E. wird durch den Gesteinsuntergrund mitbestimmt; in festem kristallinem Gestein wird das E. gedämpft, in lockerem Material durch Eigenbewegungen des Bodens verstärkt.

Die Anzahl der E. beträgt jährlich im Durchschnitt etwa 10000, doch sind weitaus die meisten *Mikrobeben*, die nur durch Instrumente aufgezeichnet werden; die *Makrobeben* verursachen meist aber auch nur geringe Schäden. Im allgemeinen ist der Bereich, in dem das E. ohne Instrumente wahrgenommen werden kann, das *Schüttergebiet*, um so größer, je schwerer das E. ist. Die Häufigkeit von E. ist in den einzelnen Gebieten der Erde sehr verschieden, am größten ist sie in den tektonisch labilen Zonen der Erde, der zirkumpazifischen Bruchzone (Japan, Bereich der Tiefseegräben, Anden und Kordilleren) und der mediterranen Bruchzone (Europäisches Mittelmeer, Kleinasien, Iran, Himalaja, ostindische Inselwelt,

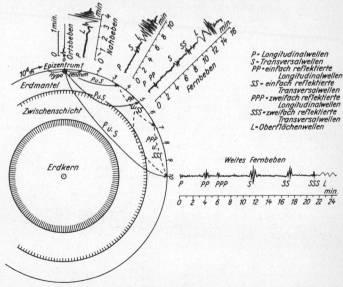

Verlauf der Erdbebenwellen in der Erde und typische Seismogramme (nach Sieberg)

Neuguinea, Ostaustralisches Meer, Mittelamerika und Westindien). In Japan allein werden jährlich im Durchschnitt 1600 E. registriert.
Die Erforschung der E., der über die ganze Erde verteilte Erdbebenwarten dienen, ist die Aufgabe der *Seismik (Seismologie)*. Hier zeigen *Seismometer*, insbesondere in der Form des selbsttätig registrierenden *Seismographen*, die E. an. Sie enthalten eine schwere Masse, die sich bei Bebenstößen infolge ihrer Trägheit relativ zur Erdoberfläche bewegt. Durch eine Dämpfungseinrichtung wird diese Bewegung sofort unterdrückt, so daß ein neu ankommender Bebenstoß die Masse wieder in Ruhe findet. Der Seismograph zeichnet die Bewegung selbsttätig durch Schreibfeder, elektrodynamisch oder elektromagnetisch auf; die entstehende Kurvenlinie ist das *Seismogramm*. Die *Erdbebenstärke* wird einmal mit Hilfe einer Intensitätsskale bestimmt, mit der sowohl die von Menschen gefühlten Erschütterungen als auch Schäden an Hoch- und Tiefbauten eingestuft werden. Durch *Isoseisten* werden auf Karten Punkte gleicher Intensität verbunden. Sie ermöglichen z. B. Rückschlüsse auf Herdlage, Herdtiefe und Form des Herdes. Zum anderen wird die Erdbebenstärke aus der Herdentfernung sowie den Amplituden und Perioden von Raum- und Oberflächenwellen im Seismogramm errechnet. – Die Zentrale für Erdbebenforschung der DDR befindet sich im Zentralinstitut für Physik der Erde der Akademie der Wissenschaften der DDR, Potsdam, die der BRD in der Bundesanstalt für Geowissenschaften und Rohstoffe Hannover, Zentralobservatorium Gräfenberg.

Erdbildmessung, → Photogrammetrie.

Erde, astronomisch ein Planet des Sonnensystems, der dritte von der Sonne aus, Zeichen ⊕. Wie alle anderen Planeten bewegt sich die E. gesetzmäßig (1. Keplersches Gesetz) infolge der Gravitation in kreisähnlicher Ellipsenbahn um die Sonne und dreht sich außerdem um die eigene Rotationsachse. Die scheinbare tägliche Bewegung der Sonne ergibt sich aus der Rotation der E. um ihre Achse, die scheinbare jährliche Bewegung der Sonne in einer Ekliptik genannten kreisähnlichen Ellipsenbahn am Himmelsgewölbe aus dem jährlichen Umlauf der E. um die Sonne.
Die E. empfängt von der Sonne Licht und Oberflächenwärme, eine Tatsache, die für das Leben auf der Erde eine entscheidende Voraussetzung ist.
1) Gestalt und Größe der E. Die Erdfigur weicht infolge der Rotation um ihre Achse wesentlich von der Kugelform ab. Die E. ist an den Schnittpunkten der Rotationsachse mit der Erdoberfläche (Polarachse), den *Polen*, die allein bei der Drehung der E. in Ruhe bleiben, abgeplattet, dagegen an den von den Polen entferntesten Teilen der E., am *Äquator*, infolge der dort am stärksten wirkenden Fliehkraft ausgebaucht. Diese bereits im 17. Jh. von Newton (1643 bis 1727) und Huygens (1629 bis 1695) aus physikalischen Beobachtungen gefolgerte Erkenntnis wurde durch die 1735 bis 1743 in Lappland und Peru durchgeführten Gradmessungen französischer Geodäten bestätigt.
Die sich aus Massenanziehung und Rotation bei Annahme einer gleichmäßigen Dichteverteilung in der Erdkruste ergebende theoretische Erdfigur wird *Sphäroid* genannt. Das Sphäroid, dessen mathematische Formel sehr kompliziert ist, kann sehr gut durch ein *Rotationsellipsoid* ersetzt werden, das mathematischen Berechnungen (z. B. der Entfernung zweier Punkte auf der Erdoberfläche) wesentlich leichter zugänglich ist. Beide Figuren weichen nur wenig voneinander ab. Die Maximaldifferenz liegt in 45° Breite. Dort befindet sich die Oberfläche des Sphäroids knapp 20 m über der des Ellipsoids. Die Bestimmung der Größe und Form des die wahre Erdgestalt am besten wiedergebenden Rotationsellipsoides ist Aufgabe der Erdmessung, eines Zweiges der höheren Geodäsie. Durch die Beobachtung der Bahn künstlicher Erdsatelliten ist es in letzter Zeit möglich geworden, die wahre Erdfigur weitgehend zu präzisieren (→ Satellitengeodäsie). Ihre Abweichung von der reinen Kugelgestalt verursacht Störungen der Ellipsenbahnen der Satelliten. Aus diesen Bahnstörungen läßt sich rückwirkend die Erdgestalt berechnen. Die wahre, mathematisch nicht faßbare Erdfigur heißt *Geoid*. Es ist die in Meereshöhe liegende Niveaufläche des Schwerepotentials. Man kann es sich als ruhende Meeresoberfläche und deren Weiterführung unter den Kontinenten vorstellen. Durch Unregelmäßigkeiten in der Dichte der Erdkruste, durch Massenanziehung der Gebirge und Massendefizite infolge unterirdischer Hohlräume ist das Geoid vielfach gewellt und gewölbt. Die Abweichungen des Geoids vom Ellipsoid lassen sich nach Verfahren der Erdmessung bestimmen und in Karten durch Linien gleicher Erhebungen und Absenkungen des Geoids über das Rotationsellipsoid darstellen. Die Maximaldifferenz zwischen Rotationsellipsoid und Geoid beträgt 150 m. Der Polradius b, d. h. die halbe Rotationsachse des Rotationsellipsoids, ist kürzer als der Äquatorradius a. Die durch die Rotationsachse gelegten Ebenen schneiden die Erdoberfläche also in ellipsenförmigen, dem Kreis sehr angenäherten Linien, den Längenkreisen, deren zwischen den Polen liegende Hälften als *Meridiane* bezeichnet werden. Die senkrecht zur Rotationsachse durch den Mittelpunkt gelegte Ebene schneidet die Erdoberfläche in einem Kreis, der *Äquator* genannt wird. Der Äquator teilt die E. in eine Nord- und eine Südhalbkugel. Die parallel zum Äquator liegenden Kreise heißen Breiten- oder Parallelkreise; die Abstände zwischen zwei um 1° auseinanderliegenden Breitenkreisen werden infolge der Abplattung der E. nach den Polen zu größer. Längen- und Breitenkreise bilden das → Gradnetz der Erde und dienen der geographischen Ortsbestimmung.
Die von Hayford gefundenen Zahlen wurden 1924 nach geringfügigen Änderungen als international gültige Werte anerkannt, so daß damit eine Grundlage für vergleichende Darstellungen geschaffen wurde.
Die Größe der Abplattung A an den Polen wird meist durch die Gleichung

$$A = \frac{a-b}{a}$$ angegeben (a = Äquatorradius, b = Polradius) und ist wiederholt berechnet worden (in m), s. Tab.
Über die Methoden zur Bestimmung der Gestalt und Größe der E. → Gradmessung.
2) Die Bewegung der E. Die → *Erdrotation*, die Umdrehung der E. um ihre eigene Achse, geschieht von Westen nach Osten, aus der Nordrichtung gesehen also entgegen dem Uhrzeigersinn. Die Dauer der Erdrotation bildet die Zeiteinheit für den Tag, denn die E. dreht sich, gemessen

Dimensionen des „Internationalen Ellipsoids" (Geodätisches Bezugssystem 1967)

Äquatorradius a	6378160 m
Polradius b	6356775 m
Abplattung $A = (a - b)/a$	1 : 298,25
Äquatorquadrant	10019148,44 m
Meridianquadrant	10002288,29 m
Äquatorgrad	111323,87 m
mittlerer Meridiangrad	111136,54 m
Umfang des Äquators	40076,60 km
Umfang über die Pole gemessen	40009,15 km
Oberfläche	510100933,5 km²
Volumen	1083319780000 km³

Weitere Daten

Länge der Wendekreise	36778 km
Länge der Polarkreise	15996 km
Masse der Erde = $^1/_{332290}$ der Sonnenmasse = 5970 Trillionen t	
durchschnittliche Dichte	5,52 g/cm³
durchschnittliche Dichte der Gesteine an der Erdoberfläche	2,7 … 3,1 g/cm³

Name	Jahr	a	b	A
Delambre	1800	6 375 653	6 356 564	1 : 334
Bessel	1841	6 377 397,2	6 356 079,0	1 : 299,1
Clarke	1880	6 378 249,1	6 356 515,0	1 : 293,47
Hayford	1909	6 378 388,4	6 356 908,8	1 : 296,96
Jeffreys	1948	6 378 099		1 : 297,1
Isotow	1950	6 378 245	6 356 863	1 : 298,3

an der Wiederkehr der Kulmination eines Fixsternes, in 23 Stunden 56 Minuten 4 Sekunden mittlerer Sonnenzeit oder, gemessen an der Wiederkehr der Kulmination der Sonne, in 24 Stunden einmal um sich selbst. Durch diese Rotation wird der Wechsel von Tag und Nacht verursacht. Die durch die beiden Pole gelegte Erdrotationsachse ist um 65° 33' gegen die Ebene der Bahn geneigt, auf der die E. um die Sonne kreist. Entsprechend der Neigung der Erdrotationsachse ist die Erdbahnebene gegen die Äquatorebene, d. h. die senkrecht zur Erdrotationsachse durch den Erdmittelpunkt gelegte Ebene, um 23° 27' geneigt. Wie jede Kreiselachse führt die Rotationsachse der E. unter der Anziehungswirkung von Mond und Sonne eine Präzessionsbewegung (→ Präzession) und ferner eine Nutationsbewegung (→ Nutation) aus.
Der als *Bahnbewegung* (*Erdrevolution*) bezeichnete Umlauf der E. um die Sonne erfolgt ebenfalls von Westen nach Osten in einer kreisähnlichen Ellipsenbahn, in deren einem Brennpunkt die Sonne steht. Der Umlauf um die Sonne erfolgt innerhalb eines siderischen Jahres, denn in 365 Tagen 5 Stunden 48 Minuten 46 Sekunden hat die E. einmal ihre Bahn um die Sonne vollendet. Die Erdbahn ist 936 Mill. km lang. Die Erdbahnellipse weicht nur wenig von der Kreisform ab, ihre numerische Exzentrizität – das Verhältnis der Entfernung zwischen Brennpunkt und Mittelpunkt zur großen Halbachse der Bahnellipse – beträgt gegenwärtig nur 0,0167. Diese verändert sich auch innerhalb langer Perioden nur unerheblich. Die große Halbachse der Erdbahnellipse mißt 149,5 Mill. km. Diese Entfernung benutzt man als astronomische Einheit bei Entfernungsmessungen im Sonnensystem. Am sonnenfernsten Punkt, dem *Aphel*, an dem die E. etwa am 3. Juli steht, ist sie 152 Mill. km, am sonnennächsten Punkt, dem *Perihel*, an dem die E. etwa am 2. Januar steht, ist sie 147 Mill. km von der Sonne entfernt. Aphel und Perihel bilden die Endpunkte der Apsidenlinie, der großen Achse der Erdbahnellipse. Nach den Keplerschen Gesetzen bewegt sich die E. im Perihel rascher als im Aphel, so daß die wahren Sonnentage innerhalb eines Jahres nicht von gleicher Dauer sind. Im Durchschnitt eilt die E. mit einer Geschwindigkeit von 29,8 km/s auf ihrer Bahn um die Sonne dahin.

Da die Erdachse während der Bewegung der E. ihre Richtung im Sonnensystem nicht ändert, bleibt auch die senkrecht zur Erdachse durch den Erdmittelpunkt gelegte Ebene des Erdäquators gleichgerichtet, die demnach, bis zum Himmelsgewölbe erweitert, dieses in einem stets durch dieselben Sternbilder gehenden Kreis, dem Himmelsäquator, trifft. Die Ebene der Ekliptik, d. h. die Schnittlinie der Erdbahnebene mit dem Himmelskugel, ist gegen die Ebene des Erdäquators und damit gegen die des Himmelsäquators, entsprechend der Neigung der Erdrotationsachse, stets um 23° 27' geneigt. Dieser Winkel, den die beiden Ebenen miteinander bilden, wird als *Schiefe der Ekliptik* bezeichnet. Er unterliegt infolge der Präzession geringfügigen Veränderungen und kann im Laufe langer Perioden zwischen 21° 55' und 24° 36' schwanken; der genaue Wert des Winkels betrug 1950 23° 26' 44,8''. Gegenwärtig nimmt er um 0,5'' ab.
Auf die Schiefe der Ekliptik sind der Wechsel der Jahreszeiten auf der E. und die unterschiedliche Dauer von Tag und Nacht zurückzuführen (→ Tagbogen). Ferner ist dadurch, daß die Rotationsachse der E. beim Umlauf der E. um die Sonne stets dieselbe Stellung beibehält, die beiden Halbkugeln der E. abwechselnd in dem einen Halbjahr der Sonne zugewandt, im anderen von ihr abgewandt.
Wie alle größten Kreise schneiden sich auch Ekliptik und Himmelsäquator in zwei diametral entgegengesetzten Punkten, den beiden Tag- und nachtgleichenpunkten (*Äquinoktium*). Steht die Sonne – scheinbar – in einem den beiden Punkte, geht sie genau im Osten auf und im Westen unter. Das bedeutet aber, daß die eine Hälfte ihres täglichen Laufes, der Tagbogen, über dem Horizont, die andere, der Nachtbogen, unter dem Horizont liegt, beide Halbkugeln der E. also gleichmäßig beleuchtet werden und Tag und Nacht gleich lang sind.
Am Äquator selbst sind während des ganzen Jahres Tag und Nacht einander fast gleich. Die Tagundnachtgleichen und die Sonnenwenden sind die Grenzen der astronomischen Jahreszeiten. Da die Sonne auf der Ekliptik jedoch nicht mit gleichmäßiger Geschwindigkeit fortschreitet, so ist auf der nördlichen Halbkugel das Sommerhalbjahr 8 Tage länger als das Winterhalbjahr, auf der südlichen um 8 Tage kürzer.

Die zwischen den Wendekreisen des Krebses und des Steinbocks liegende Beleuchtungszone heißt die *heiße* oder *tropische Zone* (*Tropen*), die beiden zwischen den Wendekreisen und den Polarkreisen liegenden Zonen heißen die *gemäßigten Zonen* und die zwischen Pol und Polarkreis liegenden Zonen die *kalten Zonen* oder *Polarzonen*. Die Polarnacht wird verkürzt durch die Strahlenbrechung (→ Refraktion), durch die die Sonne am Horizont um 35', also etwas mehr als ihren Durchmesser, gehoben erscheint.

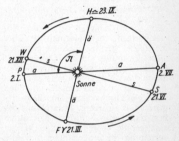

Erdbahn. *P* Perihel, *A* Aphel, *W* Wintersolstitium, *S* Sommersolstitium, *H* Herbstäquinoktium (Herbstpunkt), *F* Frühlingsäquinoktium (Frühlingspunkt); *a* Apsidenlinie, *s* Solstitiallinie, *ä* Äquinoktiallinie, π Länge des Perihels, → Richtung der Erdbewegung. Da nur die scheinbare Bewegung der Sonne beobachtet werden kann, steht die Sonne während des Herbstäquinoktiums im Sternzeichen der Waage, während des Frühlingsäquinoktiums im Sternzeichen des Widders.

3) P h y s i k d e r E. Trotz seiner großen Starrheit, die 2- bis 3mal größer als die von Stahl ist, unterliegt der Erdkörper periodischen Verformungen, den *Gezeiten*. Diese werden durch die Anziehungskräfte von Mond und Sonne hervorgerufen, sind aber viel geringer als die Gezeiten der leicht beweglichen Wassermassen und machen nur etwa $^1/_3$ von aus.
Die *Wärme* des Erdkörpers ist von der Sonneneinstrahlung unabhängig und nimmt nach dem Erdinnern hin zu. Der für die → geothermische Tiefenstufe häufig angegebene Wert von 33 m ist nur als Richtwert anzusehen. Im Erdkern schätzt man die Temperatur auf 2 000 bis 4 000 °C. Aus der Zunahme der Temperatur mit wachsender Tiefe folgert man, daß in der E. ein von innen nach außen gerichteter Wärmestrom vorhanden sein muß. Lange Zeit glaubte man daher, daß aus diesem Grunde eine allmähliche Abkühlung der E. erfolgt. Wahrscheinlich bilden aber radioaktive Elemente in den Gesteinen der Erdkruste durch ihren Zerfall eine wichtige Wärmequelle.
Das *magnetische Feld* der E. ist nur schwach. Die durchschnittliche magnetische Feldstärke beträgt lediglich 38,2 A/m, d. h. etwa $^1/_{7000}$ der Feldstärke, die eine magnetisierte Stahl-

kugel von gleicher Größe haben würde. Im allgemeinen ist vom Äquator nach den magnetischen Polen hin eine Zunahme der Feldstärke zu beobachten. Diese magnetischen Pole fallen nicht mit den geographischen Polen zusammen. → Erdmagnetismus.
Die *Schwerkraft* der E., die Gravitation, erzeugt mit der Zentrifugalkraft, die durch die Erdrotation entsteht, ein Schwerefeld, dessen Intensität durch die Beschleunigung eines frei fallenden Körpers gemessen wird. Diese beträgt an den Polen 9,83221 m/s², am Äquator 9,78049 m/s². Als Normalwert nimmt man im allgemeinen 9,81 m/s² an. Auf Ozeanen und über Gebirgen sind die Abweichungen vom Normalwert aber meist viel geringer, als zu erwarten wäre. Es müßte auf den Ozeanen, da hier kilometerdicke Gesteinsschichten durch das viel leichtere Wasser ersetzt sind, ein Schweredefizit, in den Gebirgen umgekehrt ein Schwereüberschuß auftreten. Man glaubt daher, daß dieses Schweredefizit durch eine gerade entgegengesetzte Masseverteilung im großen ganzen wieder ausgeglichen wird, d. h., daß unter den Ozeanen spezifisch schwere, unter den Hochgebirgen spezifisch leichtere Gesteine lagern. Diesen Gleichgewichtszustand bezeichnet man als *Isostasie*. Die wenigen Gebiete mit großen Schwereanomalien, d. h. Schwereabweichungen, waren während des Tertiärs und Pleistozäns tektonisch aktiv und sind es (in vulkanischen Gebieten) auch in der geologischen Gegenwart noch. Bereiche mit hohem Schweredefizit, z.B. die nördliche Ostsee und schmale Streifen am Rande der indonesischen Inselketten, werden noch heute gehoben. Gebiete mit Schwereüberschuß dagegen, wie die Ungarische Tiefebene, sind erst in jüngster geologischer Vergangenheit abgesunken.
Die Masse der E. beträgt rund $5,97 \cdot 10^{27}$ g = 5970 Trillionen Tonnen, das ist nur $1/_{332290}$ der Sonnenmasse. Der Betrag der Erdmasse ist durch physikalische Methoden zu ermitteln. Die Aufgabe läßt sich mit Hilfe des Gravitationsgesetzes lösen, indem man die Anziehung der Erdmasse auf einen kleinen Körper mit der einer anderen bekannten Masse auf denselben Körper vergleicht. Da das Volumen der E. bekannt ist (1083319,78 Mill. km³), kann man ohne weiteres auch die mittlere Dichte der E. errechnen. Sie beträgt 5,52 g/cm³. Da die mittlere Dichte der in der Erdkruste vorhandenen Gesteine aber nur 2,7 bis 3,1 g/cm³ beträgt, muß geschlossen werden, daß im Erdkern eine erheblich größere Dichte (etwa 8 g/cm³) als in der Kruste vorhanden ist. Mit zunehmender Tiefe müssen also als Folge von Veränderungen der chemischen Zusammensetzung des Erdinneren oder der physikalischen Verhältnisse des glei-

chen Materials Dichteänderungen eintreten.
4) **Aufbau und Zusammensetzung der E.** Insbesondere seismische Untersuchungen ergaben, daß die E. schalenförmig aufgebaut ist. Die bei Erdbeben ausgelösten seismischen Wellen werden bei ihrem Lauf durch das Erdinnere an bestimmten Stellen gebrochen, so daß man für diese Stellen auf Unstetigkeit in der Dichte schließen kann. Es besteht jedoch noch keine Klarheit darüber, wie die einzelnen Schalen beschaffen sind. Wiechert nahm 1925 an, daß die E. aus dem *Nife-Kern*, bestehend aus Nickel (Ni) und Eisen (Fe), einer darüberliegenden Zwischenschicht, der *Sulfid-Oxid-Schale*, und einer *Silikatschale* als Mantel bestehe. Goldschmidt begründete diese Aufteilung der E. durch einen Vergleich mit dem Hochofenprozeß, bei dem sich die ursprünglich schmelzflüssige Masse in drei Schichten aufteilt. Auch das Vorkommen von Eisenmeteoriten einerseits, die in ihrer Zusammensetzung dem Nickeleisenkern entsprechen, und Steinmeteoriten andererseits, die in ihrer Zusammensetzung dem Erdmantel entsprechen, wird zur Begründung der Wiechertschen Vorstellung angeführt.
Der *Erdkern* nach Wiechertscher Vorstellung wird auch als *Barysphäre* oder *Siderosphäre* bezeichnet, weil er hauptsächlich aus schweren Metallmolekülen besteht. Die Zwischenschicht aus Schwermetalloxiden und -sulfiden nennt man auch *Chalkosphäre*, den Erdmantel auch *Lithosphäre*, weil er von festen Gesteinen gebildet wird.
Nach einer neueren Theorie von Kuhn und Rittmann (1941) baut sich die E. aus einem Kern von ziemlich reiner Sonnenmaterie (Solarmaterie) auf, der wesentlich größer ist als der Wiechertsche Nife-Kern. Darüber liegt eine Zone aus Silikaten und darüber die aus festen Gesteinen bestehende Erdkruste. Die seismische Unstetigkeitsfläche, die mit der Grenze des Wiechertschen Erdkerns zusammenfällt, erklären Kuhn und Rittmann damit, daß das Erdinnere unter dem dort herrschenden großen Druck sehr zäh ist.
Nach Ramsey (1948/49) besteht die E. weitgehend einheitlich aus einem dem Olivin ähnlichen Material. Mit der Tiefe nimmt der Eisengehalt des Olivins zu und damit auch die Dichte des Erdmaterials. Die Unstetigkeitsfläche, die mit der Grenze des Wiechertschen Nife-Kerns zusammenfällt, erklärt Ramsey damit, daß hier die Elektronenschalen der Atome unter dem hohen Druck zusammenbrechen, so daß die Dichte sprunghaft zunimmt. In noch größerer Tiefe sollen auch die letzten stabilen Verbindungen zusammenbrechen, so daß sich noch ein innerer Erdkern abgrenzt.

Haalck unterscheidet nach seinen Untersuchungen von seismischen Laufzeitkurven einen äußeren und einen inneren *Erdmantel*, wobei er zum äußeren Mantel die Erdkruste und die darunterliegende fließfähige Peridotitschicht zählt, während er den inneren Gesteinsmantel bis zur Erdkerngrenze rechnet. Der Erdkern besteht nach Haalck aus Eisenwasserstoff.
Über die Gesteinsbeschaffenheit der *Erdkruste* läßt sich noch folgendes aussagen: Ihre oberste Schicht besteht vorwiegend aus Gesteinen von granitähnlicher Zusammensetzung (*Granitschale*). Darunter liegt eine *Gabbroschale* (*Basaltschale*). Diese wird durch eine seismisch gefundene Unstetigkeitsfläche, die *Mohorovičić-Diskontinuität*, von der darunterliegenden *Peridotitschale* getrennt; die Mohorovičić-Diskontinuität wird vielfach als untere Grenze der Erdkruste angesehen. Unter der Peridotitschale liegt die *Eklogitschale* und darunter die *Gutenbergzone*, bestehend aus kristallisierten Olivinen, die in glutflüssigem Magma schwimmen. Darunter, in etwa 100 km Tiefe, liegt wahrscheinlich die erste plastische Schicht. Die oberste Schicht der Erdkruste, die Granitschale, bezeichnet man auch als *Sial*, weil in ihr aus Silizium und Aluminium bestehende Gesteine (Granit, Gneise, Porphyre und Sedimentgesteine) vorherrschen, und die darunterliegenden Zonen als *Sima*, weil die Gesteine dieser Schicht (Gabbro, Diorite, Basalte) hauptsächlich aus **Si**lizium und **Ma**gnesium bestehen.
Die Oberkruste der E. setzt sich zum weitaus größten Teile aus nur wenigen chemischen Elementen zusammen. Sauerstoff, Silizium, Aluminium und Eisen machen massemäßig zusammen 87,4 %, volumenmäßig sogar 94 % aus. Die übrigen Elemente sind meist nur in Spuren, in größeren Mengen lediglich an Stellen besonderer Anreicherung vorhanden. Über die Häu-

Element	Masse %	Vol. %
O	46,6	91,77
Si	27,7	0,80
Al	8,0	0,76
Fe	5,0	0,68
Ca	3,6	1,48
Na	2,8	1,60
K	2,6	2,14
Mg	2,1	0,56

Anteil der anderen Elemente

Zehntel %: Ti, Cl, H, P
Hundertstel %: C, Mn, S, Ba, Sr, Cr, N, V, Ni, Zn, Cu
Tausendstel %: Li, Pb, Th
Zehntausendstel %: Sn, U, As, Ar
Hunderttausendstel %: Sb
Millionstel %: Hg, Pt, Au
Zehnmillionstel %: He, Au

figkeit der Elemente in der uns zugänglichen Erdrinde geben die Tab. auf S. 418 Aufschluß.
5) Gliederung der Erdoberfläche. Die horizontale Gliederung zeigt eine sehr ungleiche Verteilung von Land und Wasser auf der rund 510 Mill. km² großen Oberfläche der E. Die zusammenhängende Fläche der Weltmeere nimmt 360,3 Mill. km², also mehr als zwei Drittel (70,6%) der Gesamtoberfläche der E. ein, während nur 149,8 Mill. km² (29,4%) auf festes Land entfallen. Um den Arktischen Ozean lagern sich die breiten, nur durch verhältnismäßig schmale Meeresteile getrennten Landmassen Eurasiens und Nordamerikas, die sich nach dem Äquator hin verschmälern. Auf der Südhalbkugel spalten sich die Landmassen Südamerikas, Afrikas und Australiens halbinsel- und inselförmig auf und geben hier Raum für riesige Meeresflächen. Um den Südpol dehnt sich dagegen eine große Landmasse aus. Infolge dieser Anordnung kann man eine Landhalbkugel mit fast 50% Landfläche und dem Pol in der Gegend der Loiremündung von einer Wasserhalbkugel mit über 90% Wasserfläche und dem Pol südöstlich von Neuseeland unterscheiden. Die mittlere Höhe der Kontinente über dem Meeresspiegel beträgt 825 m, die mittlere Tiefe der Ozeane 3 800 m. Eine Erdkugel ohne Höhen und Tiefen wäre gleichmäßig von einem 2 450 m tiefen Meer bedeckt.
Die vertikale Gliederung der Erdoberfläche in Kontinentalschollen und Ozeanbecken wird in der hypsometrischen Kurve dargestellt. Es zeigt sich, daß auf dem Festland die in Höhen über 1 000 m liegenden Gebiete (rund 75% der gesamten Landfläche), in den Ozeanen die Tiefen zwischen 3 000 und 6 000 m bei weitem überwiegen.
6) Entstehung und Geschichte der E. Über die Entstehung der E. als einen selbständigen Himmelskörpers im Sonnensystem gibt es verschiedene Theorien. Nach der 1755 von Kant aufgestellten *Meteoritenhypothese* bestand das Sonnensystem im Urzustand aus einer Masse von freibeweglichen, sich gegenseitig anziehenden Teilchen, in deren Mittelpunkt sich ein Zentralkörper verdichtete, um den die übrigen Teilchen wie ein Ring kreisten. In diesem Ring hätten sich Gravitationszentren gebildet, aus denen die Planeten und ihre Monde hervorgegangen wären. Nach der auf den französischen Astronomen Laplace (1749 bis 1827) zurückgehenden *Nebularhypothese* bestand das Sonnensystem aus einer in Drehung befindlichen Gasmasse, von der sich in der äquatorialen Zone Ringe ablösten, die sich zu den Planeten zusammenballten. Hingegen man bisher meist eine „heiße" Entstehung der E. aus einem glühenden

Gasball annahm, der durch Abkühlung flüssig und schließlich fest wurde, ist nach neueren Theorien (v. Weizsäcker und Fessenkow) die Entstehung einer „kalten" E. aus staubförmiger, diffuser Materie wahrscheinlicher.
Die eigentliche Erdgeschichte beginnt mit der Bildung einer festen Gesteinskruste um den Erdball und mit der Entstehung von Meeren durch Niederschlag flüssigen Wassers aus der Atmosphäre. Die Gesteinskruste war seit ihrer Bildung mannigfachen Wandlungen unterworfen. Aus der Beschaffenheit eines Gesteins lassen sich die Zeit und Art seiner Entstehung sowie die Art seines Entstehungsbereichs ablesen. Im Laufe der Erdgeschichte hat sich die Erdkruste in mehreren Zyklen zu ständig anderer Gestalt entwickelt, und zwar unter dem Einfluß erdinnerer (endogener) Kräfte (Magmatismus, Erdbeben, Epirogenese, Gebirgsbildung und Tektogenese) sowie erdäußerer (exogener) Kräfte (Schwerkraft, Sonne, Frost, Wasser, Wind und Eis). Im allgemeinen verläuft die Entwicklung so, daß unter dem Einfluß erdinnerer Kräfte weite Krustenbereiche, die Geosynklinalen, allmählich unter den Meeresspiegel absinken und mächtige, von den benachbarten Festländern abgetragene Gesteinsschuttmassen in sich aufnehmen. In großer Tiefe wird das angesammelte Gesteinsmaterial plastisch und faltet sich unter seitlich auftretendem Druck zusammen. Schließlich werden die gefalteten und verfestigten Gesteine, wiederum durch erdinnere Kräfte, emporgehoben. Sobald dieser feste Gesteinsblock aus dem Meer aufsteigt, wird er durch die Mitwirkung der exogenen Kräfte zu einem Gebirge geformt. Besonders während und zum Abschluß der Faltungsphasen eines solchen Zyklus dringen aus dem Erdinneren magmatische Massen in den Krustenbereich ein. Da die Geosynklinalen wandern und somit immer neue Gebiete gefaltet und versteift werden, hat sich die Erdkruste im Verlauf ihrer Entwicklung immer mehr verfestigt. Nur ein- oder zweimal sind im Laufe der Erdgeschichte große, gefaltete, feste Teile der Erdkruste erneut zu Geosynklinalen umgewandelt worden, während des laurentischen und des algonkischen Umbruchs im Kryptozoikum.
Man gliedert die Erdgeschichte sowie die im Verlauf der Zyklen gebildeten Gesteine der Erdkruste in Erdzeitalter und diese wiederum in Systeme bzw. Perioden: Kryptozoikum, Kambrium, Ordovizium, Silur, Devon, Karbon, Perm, Trias, Jura, Kreide, Tertiär und Quartär.
7) Alter der E. Der Bestimmung des Alters der E. und ihrer Entwicklungsabschnitte standen früher nur die Methoden der *relativen geologischen*

Zeitrechnung zur Verfügung: das stratigraphische Prinzip, wonach eine höherliegende (hangende) Gesteinsschicht jünger ist als die tieferliegende (liegende), ferner die Leitfossilien, d. h. versteinerte Organismenreste, nach deren Entwicklungsstand man die Schichten, in denen sie vorkamen, einordnete, und schließlich die Diskordanzen. Die *absolute geologische Zeitrechnung* bedient sich heute der radioaktiven Methoden, womit man in einem Gestein das Verhältnis zwischen der Menge radioaktiver Elemente und der Menge ihrer Zerfallsprodukte bestimmt und daraus das Alter des Gesteins errechnen kann. Für die ältesten Minerale errechnete man ein Alter von 3 Milliarden Jahren; diese Zahl müßte als untere Grenze für das Alter der E. angesehen werden. Als obere Grenze nimmt man mindestens 4,5 Milliarden Jahre an.
Erdfall, eine Form des unterirdischen Karstes, mehr oder weniger kreisförmige Senke an der Erdoberfläche. Der E. wird durch den Einsturz der anstehenden Gesteine über unterirdischen Hohlräumen verursacht, die durch die Lösung von Salzen, Gips oder Karbonatgesteinen entstanden sind. E. sind z. B. im Zechsteingebiet am Südrand des Harzes häufig anzutreffen.

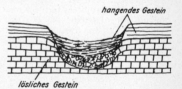

Erdfall

Erdgas, *Naturgas*, 1) ein in der Erdkruste in großen Lagerstätten vorkommendes, hochwertiges, brennbares Gas. E. entsteht bei der Erdölbildung und ist deshalb ein ständiger Begleiter der Erdöllagerstätten. In Großräumen poröser geologischer Schichten gelagert und umgeben von gasundurchlässigen Schichten steht es gewöhnlich unter hohem Druck. E. besteht vor allem aus Alkanen, überwiegend Methan, ferner wechselnden Mengen an Stickstoff, Sauerstoff, Kohlendioxid und Schwefelwasserstoff. Der Gehalt an Stickstoff kann über 95% betragen. Alkene und Wasserstoff sind meist nur in sehr geringen Mengen vorhanden. Einige E. haben bemerkenswerte Gehalte an Helium (bis zu 7%) und bilden das wichtigste Ausgangsmaterial für die Heliumgewinnung.
In der UdSSR, in den USA, in Kanada, Rumänien, den Niederlanden u. a. wird E. als Energieträger gewonnen. In der UdSSR, in Rumänien, den USA u. a. wird E. über weite Strecken den Städten und der In-

dustrie zugeführt. Kleinere Erdgasvorkommen gibt es in der DDR in Thüringen und in den Nordbezirken, in der BRD im Emsland und in den angrenzenden Gebieten Niedersachsens, am Rheintalgraben und im Alpenvorland.
2) Gasaushauchungen in vulkanischen Gebieten: → Fumarolen, → Solfataren, → Mofetten.

Erdmagnetismus, eine physikalische Eigenschaft des Erdkörpers, die den größten und zeitlich nahezu konstanten Anteil (etwa 94%) zum erd- oder geomagnetischen Feld beiträgt. Als *erdmagnetisches (geomagnetisches) Feld* bezeichnet man das überall auf der Erde und in ihrer Umgebung wirksame Kraftfeld, das sich darin zeigt, daß eine frei bewegliche Magnetnadel eine bestimmte Richtung einnimmt. Auch das Auftreten der Polarlichter und die Intensitätsverteilung der Höhenstrahlung weisen auf das Magnetfeld der Erde hin.
Intensität und Richtung des erdmagnetischen Feldes werden an jedem Ort und zu jeder Zeit durch die *erdmagnetischen Elemente* beschrieben. Die Abweichung der Feldrichtung von der geographischen Nordrichtung wird als magnetische → *Deklination (D)*, ihre Abweichung von der Waagerechten als *Inklination (I)* bezeichnet. Die Intensität des Feldes heißt *Totalintensität (T)*, ihre waagerechte Komponente *Horizontalintensität (H)*, die senkrechte *Vertikalintensität (Z)*. Ihre Anteile in den Richtungen Geographisch-Nord und Geographisch-Ost nennt man *Nordkomponente (X)* bzw. *Ostkomponente (Y)*.

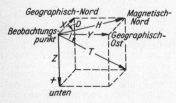

Totalintensität T des erdmagnetischen Feldes; „unten" bezieht sich auf die Lage des Koordinatensystems, dessen Z-Achse in diesem Falle positiv ist

Den Anteil des E. am erdmagnetischen Feld bezeichnet man als das **beharrliche Magnetfeld** der Erde, da es nur eine langsame, über Zeiträume von mehr als 50 Jahren gleichgerichtete Veränderung der erdmagnetischen Elemente, die *Säkularvariation*, zeigt. Die Verteilung des beharrlichen Magnetfeldes längs der Erdoberfläche wird in magnetischen Karten dargestellt. Die Linien in diesen Karten heißen, je nachdem, welche Punkte sie verbinden, → Isogonen, → Isoklinen oder → Isodynamen. Mit Hilfe von Isoporen wird die Verteilung der Säkularvariation dargestellt.

Die Ursachen des beharrlichen Magnetfeldes befinden sich im Erdinneren. Nach einer gegenwärtig allgemein anerkannten Hypothese sind Bewegungen der elektrisch leitenden Substanz in den oberen Schichten des Erdkerns für den Hauptteil des beharrlichen Magnetfeldes verantwortlich. Der restliche Anteil am erdmagnetischen Feld (etwa 6%) heißt *Variationsfeld*. Dieser Anteil unterliegt kurzzeitigen Schwankungen, die periodisch (*Variationen*) und unperiodisch (*Störungen* und *Stürme*) sein können. Die Ursachen des Variationsfeldes sind elektrische Ströme in den ionisierten Teilen der Erdatmosphäre. Außerdem treten örtlich Abweichungen vom normalen erdmagnetischen Feld auf; diese Anomalien werden durch mehr oder weniger stark magnetisierte Gesteinskörper in der Erdkruste hervorgerufen. Die größte bekannte derartige Anomalie liegt im Gebiet der Magneteisenerzlager von Kursk im europäischen Teil der Sowjetunion.
Die Richtkraft des E. kann als Pfeil dargestellt werden, der nach Norden zeigt und dessen Länge ein Maß für die Totalintensität ist. Sie wird in Ampere je Meter (A/m) gemessen (früher in Gauß Γ, wobei 1 Γ = 79,58 A/m). Die Totalintensität schwankt zwischen 23,87 A/m in Äquatornähe und 55,71 A/m in der Nähe der magnetischen Pole, die Horizontalintensität zwischen 0 an den Polen und 31,83 A/m am Äquator. Nach neuesten Forschungen wurde festgestellt, daß das Magnetfeld in der Umgebung der Strahlungsgürtel der Erde kleiner ist als das Feld, das man durch theoretische Berechnungen aus am Erdboden gemessenen erdmagnetischen Werten erhält.
Die Feldlinien des magnetischen Feldes der Erde laufen an den beiden *Magnetpolen* zusammen, die nicht mit dem geographischen Nord- und Südpol übereinstimmen. Der magnetische Südpol, der das Nordende der Kompaßnadel anzieht, lag 1960 im arktischen Nordamerika auf 74,9° n. Br. und 101,0° w. L., der magnetische Nordpol in der Antarktis auf 67,1° s. Br. und 142,7° ö. L. Die beiden Pole liegen also nicht genau antipodisch, d. h., die magnetische Erdachse, die um 11,6° gegen die Rotationsachse der Erde geneigt ist, führt nicht durch den Erdmittelpunkt. Da die Lage der Magnetpole sowohl täglichen als auch säkularen Schwankungen unterworfen ist, kann man die Pole nicht punktförmig, sondern nur als Fläche angeben. Die Punkte, an denen die magnetische Inklination 90° beträgt, werden als *geomagnetische Pole* bezeichnet. Sie fallen nicht mit den Magnetpolen zusammen. Mit wachsender Entfernung von den Magnetpolen wird die Inklination immer geringer; die Linie, die die Orte mit der Inklination Null verbindet,

wird als magnetischer → Äquator bezeichnet.
In den erdmagnetischen Observatorien werden die erdmagnetischen Elemente in *Magnetogrammen* aufgezeichnet. Als Maß zur möglichst raschen Übersicht über die Intensität der Störungen des erdmagnetischen Feldes auf der gesamten Erde wurde die *erdmagnetische Aktivität* festgelegt. Um diese Intensität und die Richtung des erdmagnetischen Feldes in Raum und Zeit zu erfassen, wird mit magnetischen Theodoliten für einen bestimmten Ort und eine feste Zeit der absolute Betrag des Vektors des erdmagnetischen Feldes nach Größe und Richtung bestimmt (magnetische Absolutmessung), und mit dem Variometer werden die Intensitätsschwankungen (Variationen) des E. gemessen. Eines der wichtigsten erdmagnetischen Observatorien Mitteleuropas ist in Niemegk im Fläming, südlich von Berlin.

Erdmessung, svw. Gradmessung.
Erdmittelalter, → Mesozoikum.
Erdneuzeit, → Känozoikum.
Erdöl, ein in der Natur vorkommendes Gemisch aus paraffinischen, naphthenischen und (in geringen Mengen) aromatischen Kohlenwasserstoffen sowie Schwefel-, Sauerstoff- und Stickstoffverbindungen. Man unterscheidet je nach den Hauptkomponenten zwischen paraffinischem E. (z. B. Pennsylvanien/USA) und naphthenbasischem E. (z. B. Baku/UdSSR). E. entsteht aus tierischem und pflanzlichem Material, besonders aus dem Plankton der Meere, das sich im Sapropel (Faulschlamm) niederschlägt. Durch die Mitwirkung der Bakterien, die unter Sauerstoffabschluß leben (Anaerobier), wird die organische Substanz zu Fettsäuren abgebaut, die durch bakterielle Gärung und katalytische Vorgänge in Bitumen übergeführt werden. Die aus Faulschlamm hervorgegangenen, mit Bitumen durchsetzten, kalkigen oder tonigen verfestigten Gesteine bezeichnet man als Ölmuttergesteine (Ölschiefer). Das Bitumen wird schließlich zu flüssigem E. mobilisiert, und dieses dringt aus dem Muttergestein durch Poren oder längs Spalten in geeignete Speichergesteine ein, die große Einzelporen haben und nach oben abgedeckt sein müssen (Sandsteine, Sande, poröse Kalke und Dolomite, Trümmergesteine, stark zerklüftete Gesteine). Nach diesem Vorgang der *Migration* konzentrieren sich die flüssigen Kohlenwasserstoffe an strukturell günstigen Stellen, vor allem in Sätteln von Falten (Dome), Aufschleppungszonen von Salzstöcken u. a. So bildet sich eine Erdöllagerstätte. Dabei werden Erdgas und Wasser abgetrennt; entsprechend der Dichte lagert sich das Erdgas oberhalb des E. (Gaskappe), das Wasser unterhalb davon (Randwasser) ab.

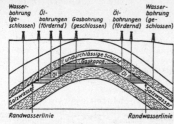

Typ einer Erdöllagerstätte an einer Antiklinale. Mit dem Abbau des Öls rücken Randwasser und Gaskappe gegeneinander vor

Erdorgeln, svw. geologische Orgeln.
Erdpyramiden, Sammelbegriff für steile säulenförmige bis kegelförmige Abtragungsformen, die an einem Steilhang durch Regenrinnen aus lockerem Material herausgearbeitet werden. Bedingung für die Entstehung von E. ist ein tonhaltiges Material, das rasch abtrocknet und in diesem Zustand große Standfestigkeit hat, während es in feuchtem Zustand leicht abrutscht oder abfließt. Die berühmten bis 35 m hohen E. am Ritten bei Bolzano bestehen aus Moräne, werden durch Decksteine vor Durchfeuchtung geschützt und allmählich aus einer Steilwand herausgearbeitet, die durch eine Walddecke vor Durchfeuchtung und Erosion geschützt wird. Verlust des Decksteins zieht rasche Zerstörung der Form nach sich. Den *Erdsäulen* (mit Deckstein) und *Erdnadeln* (ohne Deckstein, meist Endstadium) stehen in trockeneren Gebieten mit zeitweilig starken Niederschlägen die stumpferen *Erdkegel* (z. T. aus vulkanischem Tuff) und ähnliche Formen in Badlands gegenüber.

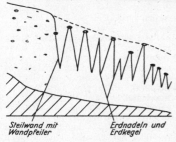

Erdpyramiden

Erdquadrant, ein Viertel des Umfangs des annähernd eine Kugel bildenden Erdkörpers. Da die Erdkugel an den Polen abgeplattet und am Äquator aufgebaucht ist (eine Folge der Erdrotation), ist der Umfang des Äquatorkreises größer als der Umfang jedes durch die Pole gelegten Meridiankreises. Es muß also zwischen *Äquatorquadrant* und *Meridianquadrant* unterschieden werden; der Äquatorquadrant ist 10019148,44 m, ein Meridianquadrant 10002288,29 m lang (→ Gradnetz der Erde).
Erdradius, *mittlerer E.,* der halbe Durchmesser der dem Rotationsellipsoid Erde inhaltsgleichen Kugel. Er wird berechnet als das geometrische Mittel des Äquator- und Polradius, genauer als das Mittel der drei Halbmesser des dreiachsigen Rotationsellipsoids. Abgerundeter Wert: 6378 km.
Erdrotation, *Erdumdrehung,* die im Verlauf von 24 Stunden von West nach Ost erfolgende vollständige Umdrehung der Erde um ihre eigene Achse, → Erde.
Nach neueren Untersuchungen ist die Rotation der Erde nicht völlig gleichförmig. Man unterscheidet drei verschiedene Arten von Störungen: eine *ständige Verlangsamung,* die hauptsächlich durch die innere Reibung zwischen der Meer- und den Landmassen (Gezeiten) bewirkt wird, *unregelmäßige Schwankungen,* die wahrscheinlich auf Massenverlagerungen im Erdinnern zurückgehen, und *jahreszeitliche Schwankungen,* die meteorologische Vorgänge als Ursache haben.
Die E. wurde durch Fallversuche des Italieners Guglielmi (1791) und von Reich im Jahre 1831 sowie insbesondere durch Pendelbeobachtungen des Franzosen Foucault (1851) experimentell bewiesen. Da ein schwingendes Pendel seine Schwingungsrichtung stets beibehält, so muß sich – ein genügend langes und schweres Pendel vorausgesetzt – nach gewisser Zeit ein Winkel zwischen der auf dem Erdboden markierten Anfangsrichtung und der späteren Schwingungsebene ergeben, weil sich infolge der E. der Erdboden unter dem schwingenden Pendel gedreht hat. Theoretisch einfacher, aber wegen ihres geringen Betrags der Abweichung für den Beobachter nicht so deutlich sind die Fallversuche, die in Bergwerken oder von höhen Türmen aus vorgenommen wurden. Je weiter ein Körper vom Erdmittelpunkt entfernt ist, desto größer ist seine Bahngeschwindigkeit, d. h. die Geschwindigkeit, die er durch die E. erhält. So hat z. B. ein Fallkörper in der Höhe einer Turmspitze eine größere Bahngeschwindigkeit als am Fußpunkt des Turmes. Er fällt deshalb nicht genau lotrecht, sondern eilt dem Fußpunkt des Turmes nach Ost zu etwas voraus. Er trifft also nicht genau an der Turmmauer, sondern ein wenig von ihr entfernt auf dem Boden auf.
Durch die E. wird die Richtung der großräumigen Bewegungen der Luft- und Wassermassen auf der Erde verändert (→ Corioliskraft). Die E. ist deshalb eine Bedingung für die Herausbildung des planetarischen Windsystems und der Meeresströmungen. Auch die von einigen Forschern angenommene Westdrift und Polflucht der Kontinente wird durch die E. begründet.
Erdrutsch, → Bergrutsch.
Erdumlauf, *Erdrevolution,* der Umlauf der Erde um die Sonne, der in 365 Tagen 5 Stunden 48 Minuten 46 Sekunden vor sich geht. Er erfolgt von Westen über Süden nach Osten in einer kreisförmigen Ellipsenbahn, in deren einem Brennpunkt die Sonne steht, → Erde.
Erg [arabisch] *m, Plur.* Areg, besonders in der nördlichen Sahara gebräuchliche Bezeichnung für die großen Dünengebiete (Westlicher und Östlicher Großer Erg u. a.).
Erosion, im weiteren Sinne svw. Abtragung, im engeren Sinne nur die mehr linear wirksame Tätigkeit des fließenden Wassers, die *fluviatile E.,* im Gegensatz zur flächenhaften Abtragung, der Denudation.
Die E. des fließenden Wassers, die zusammen mit der Verwitterung und Abtragung die Täler schafft, beruht auf seiner Stoßkraft, die mit dem Quadrat der Fließgeschwindigkeit wächst. Sie hebt Geröllе vom Flußbett auf, mit deren Hilfe der Fluß Sohle und Wände seines Bettes bearbeitet, wobei sich die Geröllе gleichzeitig aneinander abschleifen. Das Ausmaß der E. ist abhängig von der Wasserführung, dem Schutttransport und dem Gefälle des Flusses, d. h. dem Höhenunterschied zwischen zwei Punkten seines Laufes, ferner von der Widerständigkeit des Gesteins und den ursprünglichen Oberflächenformen. Wird die Stoßkraft des Wassers durch die Aufrechterhaltung des Fließvorgangs und durch den Transport des mitgeführten Schutts nicht verbraucht, so tritt eine Steigerung der Fließgeschwindigkeit ein. Durch den Reibungswiderstand an der Sohle und am Ufer kommt es jedoch bald zur Bildung von Drehbewegungen, den Wasserwalzen, die als Grundwalzen die Flußsohle, als Uferwalzen die Wandungen des Flußbetts bearbeiten und hier mehr oder weniger kreisrunde Höhlungen, die Kolke, schaffen. Diesen Vorgang bezeichnet man als *Evorsion.* Verlagerung der Wasserwalzen an andere Stellen des Flußbetts und Nachbrechen des Gesteins führen zu einer Erweiterung des Gerinnes nach der Tiefe und nach der Seite. Man unterscheidet daher die *Tiefenerosion* von der *Seitenerosion,* die auf das Unterschneiden der Talhänge gerichtet ist und dort weitere Massenbewegungen nach sich zieht. Die Arbeit der Grundwalzen ist vor allem flußaufwärts gerichtet, sie schafft Vertiefungen im Flußbett, an denen sehr kräftige E. stattfindet; die Tiefenerosion schreitet also flußaufwärts fort (*rückschreitende E.*). Das wird besonders an Wasserfällen deutlich, die allmählich rückwärts wandern und dabei meist zu Strom-

schnellen umgebildet werden. Das Tieferlegen der Flußsohle führt zu einer Verminderung der Höhenunterschiede im Flußlauf und damit zu einer Verringerung des Gefälles sowie der Fließgeschwindigkeit. Die Transportkraft des Flusses nimmt immer mehr ab; reicht sie schließlich gerade noch aus, um den mitgeführten Schutt zu befördern, so hört die Tiefenerosion auf (→ Erosionstheorie).
Das Niveau, bis zu dem die E. wirksam ist, wird als *Erosionsbasis* bezeichnet. Die absolute Erosionsbasis bildet stets der Meeresspiegel, lokale Erosionsbasen können ein in den Flußlauf eingeschalteter See, eine Ebene, für einen Nebenfluß die Mündung in den Hauptstrom sein. Auf die Erosionsbasis stellt sich die gesamte morphologische Tätigkeit des Flusses ein, an ihr beginnen flußaufwärts die Gefällsbildung und die Gefällskurve. Eine Tieferlegung der Erosionsbasis führt zu einer Neubelebung der Tiefenerosion, eine Höherlegung zu Aufschüttung.
Genaugenommen reicht die Erosionsbasis noch um den Betrag der Flußtiefe unter das Niveau des Meeres- oder Seespiegels hinab, der ja nur die Abflußbasis darstellt. Da dieser Unterschied zwischen Meeresspiegel und Flußboden an der Mündung aber in den weitaus meisten Fällen unbedeutend ist, läßt man ihn meist außer Betracht. Bei großen Strömen mit beträchtlicher Wassertiefe kann die Stelle, an der sich die Flußsohle in NN befindet, allerdings viele Kilometer oberhalb der Mündung liegen, beim Jangtsekiang z. B. 89 km.

Erosionstheorie, in der Geomorphologie eine Theorie, die besagt, daß jeder Fluß einem Gleichgewicht zwischen Erosion und Akkumulation zustrebt. Sein Gefälle, bei dem er die anfallende Schuttmenge gerade noch transportieren kann – unveränderte Wasserführung und Schuttzuführung vorausgesetzt –, wird dabei als *Gleichgewichts- (Normal-) Gefälle* bezeichnet. Es endet am *Normalwendepunkt,* d. h. dort, wo die Tiefenerosion noch nicht ein Gleichgewichtsgefälle herstellen konnte. Oberhalb dieses Punktes geht die Erosion weiter, so daß er immer weiter flußaufwärts zurückweist. Schließlich ist auf der ganzen Länge des Flusses Gleichgewicht zwischen Erosion und Akkumulation vorhanden, d. h., das Längsprofil des Flußlaufs zeigt ein *Gleichgewichtsprofil,* auch *Normalgefällskurve* genannt. Auch dann aber ist die endgültige Gefällskurve noch nicht erreicht. Denn in dem Maße, wie das Geröll im Fluß weiter aufgearbeitet wird und damit von diesem leichter wegzuführen ist (Transporterleichterung), reicht ein immer geringeres Gefälle aus. Die Normalgefällskurve flacht daher im Laufe der Zeit allmählich immer weiter ab, bis schließlich ein Endzustand erreicht und sie in die *Erosionsterminante* übergegangen ist. Da das mitgeführte Material flußabwärts immer feiner aufbereitet und somit auch das Gleichgewichtsgefälle immer geringer wird, stellt die Erosionsterminante theoretisch eine Kurve dar, die an der Flußmündung sehr flach ist, nach der Quelle zu immer steiler ansteigt. In der Wirklichkeit ist die Normalgefällskurve zwar selten vorhanden, doch bildet sie einen Maßstab für alle entweder zur Tiefenerosion oder zur Akkumulation führenden Abweichungen im Kräftehaushalt eines Flusses.
Ganz allgemein gilt der Satz: Je ungünstiger das Belastungsverhältnis, d. h. das Verhältnis von Schuttlast zu Wassermenge ist, um so größer ist das Gleichgewichtsgefälle. Schuttreiche Flüsse haben daher ein höheres Gleichgewichtsgefälle als Flüsse mit geringer Schuttführung. Durch die Seitenerosion wird dieses Gefällsprofil auf die Talböden und Flußebenen übertragen.

Erratika, *erratische Materialien,* Gesteinskomponenten in einem lockeren oder verfestigten klastischen Sediment, die nur durch Gletscher oder Inlandeis als Geschiebe zum heutigen Ablagerungsort gelangt sein können. In Mitteleuropa sind E. als leicht erkennbare Gesteine nordischer Herkunft, z. B. der Feuerstein, von besonderem diagnostischem Wert. Bei vereinzeltem Auftreten muß mit der Möglichkeit sekundärer Umlagerung gerechnet werden. Einzelne erratische Blöcke heißen → Findlinge.

Ersatzgesellschaft, eine Vegetationseinheit, die die natürliche Pflanzengesellschaft ablöst, wenn das Land kultiviert wird, z. B. Forst- und Wiesengesellschaften, insbesondere auch die Ackerunkrautgesellschaften.

Erstbesiedler, svw. Pionierpflanzen.

Eruption, das Empordringen des Magmas aus dem Erdinneren. Je nachdem, ob die Magmamassen die Erdoberfläche erreichen oder nicht, unterscheidet man zwischen *Oberflächeneruption* und *Tiefeneruption.* Nach Art und Ausdehnung unterteilt man die Oberflächeneruption ferner in *Areal- (Flächen-) Eruptionen,* bei denen größere Magmamassen die Erdkruste allmählich durchschmelzen (in geologischer Zeit nachweisbar); *Linear- (Spalten-) Eruptionen,* bei denen Magmamassen in einer Spalte ausfließen und sich oben deckenartig ausbreiten (z. B. heute noch in Island); und *Zentral- (Schlot-) Eruptionen,* bei denen das Magma einen Eruptionskanal benutzt, der in einen Krater ausmündet. Tritt das Magma nur in Form von Lockermassen zutage – als Asche, Bomben, Lapilli oder Schlacken –, spricht man von *Lockereruptionen.*

Erze, metallhaltige Minerale und Mineralgemenge, aus denen Metalle oder Metallverbindungen von volkswirtschaftlichem Nutzen gewonnen werden können. E. finden sich in abbauwürdiger Form in *Erzlagerstätten,* die nach ihrer Entstehung eingeteilt werden in:
1) Magmatische Lagerstätten. Sie entstehen unmittelbar aus Magma, vor allem durch Auskristallisation wäßriger magmatischer Restlösungen in Klüften und Hohlräumen der Erdkruste.
2) Sedimentäre Lagerstätten. Sie gehen aus älteren Lagerstätten durch deren chemische Verwitterung oder durch mechanische Aufbereitung und Verfrachtung unter Mitwirkung von fließendem Wasser hervor, oder sie entstehen durch Ausfällung von E. in stehenden oder fließenden Gewässern (Ausscheidungslagerstätten).
3) Metamorphe Lagerstätten. Sie entstehen durch Umbildung bereits vorhandener Minerale infolge veränderter Druck- und Temperaturbedingungen im Inneren der Erdkruste.

erzgebirgische Richtung, → Streichen und Fallen.

E-Schichten, → Atmosphäre.

Estavelle, → Flußschwinde.

Etesien, die von April bis Oktober mit großer Regelmäßigkeit im östlichen Mittelmeer wehenden trockenen Nordwinde. Da die Hochdruckzelle des Azorenhochs im Sommer einen Ausläufer über die Alpen hinaufbaut, wurden früher die E. als Anfangsglieder der Passate aufgefaßt. Nach den E. wird der im Mittelmeergebiet vorherrschende Klimatyp auch als *Etesienklima* bezeichnet (→ Mittelmeerklima).

Etmal, die Zeit von Sonnenhöchststand zu Sonnenhöchststand, also ein Zeitraum von 24 Stunden. Die Geschwindigkeiten von Meeresströmungen werden normalerweise auf das E. bezogen. 15 Seemeilen im E. bedeutet also, daß die Strömung je 24 Stunden 15 Seemeilen zurücklegt.

eu ..., in Wortzusammensetzungen auf die gute oder volle Ausbildung hindeutend, kann bei Abstufungen der Stufe voller Entwicklung anzeigen, z. B. euatlantisch, d. i. der Streifen des vollatlantischen Klimas.

Eulitoral, → Litoral.

Eupelagial, → Pelagial.

eurosibirische Pflanzen, Pflanzen, die in ganz Nord-, Mittel- und Osteuropa sowie in Sibirien vorkommen. Sie sind den hier herrschenden kontinentalen Klimabedingungen, vor allem dem sommerlichen Wärme- und Niederschlagsmaximum sowie der winterlichen Kälteruhe, angepaßt.

eury ..., Vorsilbe, die eine weite Anpassungsbreite der Organismen bezeichnet. So können z. B. eurytherme Organismen große Temperaturschwankungen ertragen. Gegensatz: → steno ...

Eurytopismus, die Erscheinung, daß das Vorkommen einer Pflanzen- oder Tierart über ein weites, oft mehreren Arealen angehörendes Gebiet ausgedehnt ist. E. ist weit häufiger als vollkommener Kosmopolitismus. Besonders im borealen Gebiet der Nordhalbkugel und in den Tropen finden sich viel eurytope Arten. Gegensatz: → Stenotopismus.

eustatische Meeresspiegelschwankungen, die Schwankungen des Meeresspiegels, die durch Veränderungen im Wasserhaushalt der Erde hervorgerufen werden. Am wichtigsten ist die Eis- oder Glazialeustasie. Während der Eiszeiten waren riesige Mengen des irdischen Wassers in den Gletschern und Inlandeismassen gebunden und damit dem Weltmeer entzogen. Einer eiszeitlichen Vergletscherung entspricht daher jeweils ein eustatisches Absinken des Meeresspiegels; für die letzte Eiszeit wurde dieses Absinken auf etwa 90 bis 100 m berechnet. Umgekehrt bewirkte ein Abschmelzen des Eises in den Interglazialzeiten ein eustatisches Ansteigen des Meeresspiegels. Die Zunahme der mittleren Wassertemperatur der Ozeane führt ebenfalls zu einer e. M. So entspricht einer Temperaturzunahme von 0,1 K eine Erhöhung des Ozeanspiegels um 60 cm.

eutroph, nährstoffreich; e. Binnenseen haben meist flache Ufer mit gegliederter Ufervegetation oder sind durch Eintrag aus Siedlungen e. geworden. Ihr Wasser ist reich an organischer und mineralischer Planktonnahrung und somit stark belebt. Am Seeboden entsteht ein nährstoffreiches Sediment mit hohen Anteilen an postmortaler organischer Substanz, aus dem sich je nach den herrschenden Sauerstoffbedingungen entweder eine limnische → Gyttja oder ein limnischer → Sapropel bildet. Aus verlandenden e. Seen entstehen meist e. Flachmoore. In der Bodenkunde werden nährstoffreiche („basenreiche") Böden gleichfalls als e. bezeichnet. Gegensatz: → oligotroph.

Evorsion, das Herausstrudeln von Hohlformen im Flußbett durch das fließende Wasser und die von ihm mitgeführten, in wirbelnde Bewegung versetzten Mahlsteine und Sandkörner. Die E. erzeugt Kolke und ist damit entscheidend an der fluviatilen Erosion beteiligt. Unter Gletschern können die subglazialen Flüsse gleichfalls ausstrudelnd wirken und Gletschermühlen oder Gletschertöpfe schaffen, wie sie heute z. B. im „Gletschergarten" von Luzern zu sehen sind.

Exaration, → Glazialerosion.

exogen, svw. außenbürtig. Als e. bezeichnet man Vorgänge, die durch die von außen auf die Erdoberfläche einwirkenden Kräfte hervorgerufen werden. Sie beruhen auf der Wirkung der Schwerkraft und den aus der Sonnenstrahlung stammenden Energien. Die e. Vorgänge wirken auf das Relief destruktiv, d. h. abtragend. Zu ihnen zählen Verwitterung und Bodenbildung, Massenbewegungen, die Arbeit der Flüsse und Gletscher, der Meeresbrandung und des Windes. Gegensatz: → endogen.

exorheisch, → endorheisch.

Exosphäre, → Atmosphäre.

Exposition, *Auslage,* die Lage eines Hanges in bezug auf Sonneneinstrahlung, Licht, Wind und Niederschläge. Untersuchungen hinsichtlich der E. sind insbesondere in der Geländeklimatologie erforderlich; vor allem die Vegetation zeigt in Tälern charakteristische Unterschiede zwischen Sonnen- und Schattenseite.

Exsudation, → Effloreszenz.

Extinktion, die Abschwächung der Intensität des Lichts beim Durchgang durch Stoffe, insbesondere der Sonnenstrahlung beim Durchlaufen der Atmosphäre infolge Absorption, Reflexion und diffuser Streuung an den Luftmolekülen und Staubteilchen.

Extreme, Höchst- und Tiefstwerte (Maxima und Minima) eines Faktors, z. B. eines Klimaelements, des Wasserstandes, der Eindringtiefe, die an einem Ort beobachtet werden. Nach dem gewählten Zeitintervall unterscheidet man tägliche, monatliche, jährliche, mittlere und absolute E. *Absolute E.* sind die größten überhaupt jemals ermittelten Höchst- und Tiefstwerte einer Station, die *mittleren E.* werden als Mittelwerte aus einer längeren Beobachtungsreihe errechnet.

F

Fachatlas, *fachwissenschaftlicher Atlas,* thematischer Regional- oder Weltatlas, der meist in der Verantwortung einer Wissenschaftsdisziplin für ein kleineres oder größeres Gebiet den regionalen Erkenntnisstand auf thematischen Karten flächendeckend zur Darstellung bringt. Die häufigsten Arten von F. sind Klima-, geologische, geophysikalische, Agrar- (Landwirtschafts-) und Verkehrsatlanten. Hinsichtlich des Aufbaus der jeweiligen Kartenfolge können monothematische, polythematische und komplexe F. unterschieden werden.

Faden, in der Schiffahrt früher gebräuchlichstes Tiefenmaß. 1 Faden = 6 Fuß. Da sich die Einheit Fuß in den einzelnen Ländern unterscheidet, war auch der F. verschieden lang, in Hamburg z. B. 1,919 m. Der in Großbritannien und in den USA gebräuchliche *Fathom* beträgt 1,8288 m.

Fahlerde, ein von Ehwald und Mückenhausen ausgegliederter terrestrischer Bodentyp, der die **stark durchschlämmten Parabraunerden** (in Frankreich *sol lessivé*) umfaßt, eine gleiche Horizontfolge wie die Parabraunerden aufweist und in den feuchteren Sandlöß- und Lößprovinzen häufig ist. Die F. unterscheidet sich von den Parabraunerden durch eine stärkere Aufhellung des A_3-A_1-Horizontes. Das ist bedingt durch eine kräftigere Tondurchschlämmung sowie durch eine mikromorphologisch nachweisbare beginnende Tonzerstörung und beginnende Verlagerung von → Sesquioxiden. Genetisch wird die F. als eine durch zunehmende Versauerung gegebene Weiterentwicklung der Parabraunerde angesehen. Die F. liefern mittlere bis gute Ackerböden, bedürfen jedoch der Kalkung sowie vorbeugender Maßnahmen gegen Pflugsohlenbildung und Krumenverschlämmung.

Fahrenheitskale, nach dem deutschen Physiker D. G. Fahrenheit benannte Temperaturgradeinteilung eines Thermometers in 180 gleiche Teile zwischen dem Eispunkt 32 °F (Grad Fahrenheit) und dem Siedepunkt des Wassers (bei 101,3 kPa = 760 Torr) von 212 °F. Die Temperaturdifferenz von 1 degF (Fahrenheit degree) entspricht $5/9$ Grad der Kelvin- bzw. der Celsiusskale. Die F. ist in Ländern mit britischem Meßsystem üblich.

Fallinie, *Fallen, Einfallen,* auf einer geneigten Fläche im Gelände die Richtung des größten Gefälles, d. h. die Richtung, in der das Wasser abrinnt. Auf der topographischen Karte steht die F. senkrecht auf den Isohypsen. Bei der Darstellung durch Schraffen geben die einzelnen Schraffen die F. an. → Streichen und Fallen.

Fallstreifen, dünne Wolken aus Eis- oder Wasserteilchen, die streifenartig aus höheren Wolken herabhängen. Sie sind besonders häufig bei Cirren und Schauerwolken zu beobachten.

Fallwind, mit großer Geschwindigkeit absteigende Luftmassen auf der Leeseite von Gebirgen. Infolge adiabatischer Erwärmung nimmt die relative Feuchte beim Absteigen ab, und die Wolken lösen sich auf; je tiefer die F. absteigen, um so trockener und wärmer werden sie. Viele F. sind daher warm, z. B. der → Föhn. Ist die ursprüngliche Temperatur der abströmenden Luft sehr niedrig, dann können die F., vor allem in niedrigen Breiten, auch relativ kalt erscheinen, besonders dann, wenn sich Kaltluftmassen von Gebirgshochflächen abwärts bewegen, wie dies bei der → Bora und dem → Mistral der Fall ist. → Gletscherwind, → katabatische Winde.

Falte, durch Biegung (→ Faltung) von Gesteinen entstandene Bauform der Erdkruste. Der nach oben gerichtete Teil einer F. wird als *Sattel* (*Gewölbe, Antiklinale, Antikline*), der nach unten gerichtete als *Mulde* (*Synklinale, Synkline*) bezeichnet. Die ältesten gefalteten Schichten befinden sich im Innern des Sattels, dem *Sattelkern,* die jüngsten dementsprechend im *Muldenkern.* Der höchste Teil des Sattels heißt *Sattelscheitel* oder *Sattelfirst.* Die Linie, längs deren im Sattel die Umbiegung der Schichten erfolgt, nennt man die *Sattelachse* (entsprechend in den Mulden: *Muldenachse*).

Faltung

Bei normalen, symmetrisch gebauten Falten fallen Sattelscheitel und Sattelachse zusammen. Die Achsen aller in einem Sattel oder in einer Mulde mitgefalteten Schichten bilden die *Achsenfläche*. Der den Sattel und das Muldentiefste verbindende Teil einer F. heißt *Schenkel* oder *Flügel*.

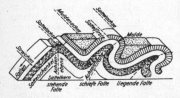

Falte. Sättel (Antiklinalen) und Mulden Synklinalen)

Bei gleichmäßiger Biegung durch beidseitigen Druck entstehen einfache *aufrechte* oder *stehende F.* mit nahezu senkrechter Achsenfläche und symmetrisch zu den Muldenachsen einfallenden Schenkeln. Durch vorherrschend einseitigen Druck neigt sich die Achsenfläche, und es entsteht zunächst eine *schiefe F.*, später eine *überkippte F.* (Schenkel fallen in gleicher Richtung ein) und schließlich eine *liegende F.* mit horizontaler Achsenebene und horizontalen Schenkeln. Überdeckt eine solche F. größere Teile des Untergrundes, spricht man von einer *Deckfalte*. War bei der Bildung einer Deckfalte der einseitige Druck so groß, daß die F. auf den Untergrund aufgeschoben und dabei der Mittelschenkel ausgewalzt und zerstört wurde, liegt eine → Überschiebungsdecke vor (→ Überschiebung). Gelegentlich kann eine F. um mehr als 90° überkippen. Bei derartigen *Tauchfalten* ist der Sattelscheitel nach unten gerichtet.
Weitere Faltenformen sind: *Kofferfalte* mit flacher Scheiteldecke und meist kurzen, steil abfallenden Schenkeln; *Fächerfalte*, deren Schenkel gegen den Sattelkern eingebogen sind; *Zickzackfalten*, besonders aus dem Ruhrgebiet und dem belgischen Kohlenrevier bekannt geworden, mit geraden, winklig aufeinanderstoßenden Schenkeln. *Spezialfalten* sind größeren Faltenelementen aufgeprägte Kleinfalten, die im gleichen Faltungsakt mit den Großfalten entstanden sind.
Eine in Richtung der Faltenachse weit ausgedehnte F. bezeichnet man als *Faltenzug* oder *Faltenstrang*. Sein Ende, an dem die Gesteinsschichten meist umlaufendes Streichen aufweisen, heißt *Faltenschluß*.
F. treten meist nicht einzeln, sondern zu mehreren geschart oder gebündelt (*Faltenschar, Faltenbündel*) mit gleicher Hauptstreichrichtung auf. Durchkreuzen sich zwei Faltensysteme, so spricht man von *Querfalten* oder *Vergitterung*.

Faltung, der Vorgang der Verbiegung und anderweitigen Verschiebung (Dislokation) von Gesteinen, durch den verschieden geformte → Falten entstehen. Zur echten F. kommt es unter der Wirkung tektonischer Kräfte, meistens im Zusammenhang mit Gebirgsbildungen. F. tritt in Gesteinen, die einer Spannung unterworfen sind, ein, wenn ihre Biegefestigkeit überschritten wird. Es kommt unter seitlicher Einengung zur *Biege-* oder *Knickfaltung*. In den Sattel- und Muldenkernen der Falten ergibt sich durch die Biegung ein Materialüberschuß, der zur *Spezialfaltung* dieser Faltenteile führt. Hingegen kommt es in den Außenzonen einer gefalteten Schichtserie zu einem Materialdefizit, das zu Dehnungsbrüchen und zur Entstehung ganzer Bruchsysteme führt.

Wird in dem unter Spannung stehenden Gestein die Scherfestigkeit überschritten, so tritt *Scherfaltung* ein. Dabei bilden sich senkrecht zur Druckrichtung Scharen von Scherflächen, und das Gestein wird in Scherbretter zerlegt, die sich längs der Scherflächen gegeneinander bewegen und sich treppenartig zu Scherfalten staffeln.
Je nach Festigkeit der Gesteine geht die F. verschieden vor sich. Bei gleichmäßig reagierenden Gesteinsserien kommt es zu *harmonischer F.*, wobei dünnbankige Schichten engere Falten bilden als dickbankige. F. unter Beibehaltung der Schichtmächtigkeiten nennt H. Cloos *konzentrische F.*; sie ist nur in Schichtpaketen begrenzter Mächtigkeit möglich. Bleibt die Faltenform durch größere Schichtmäch-

Faltungsphasen in Europa
(in Anlehnung an S. von Bubnoff mit Ergänzungen)

Ära	Faltungsphasen		Zeitabschnitt
alpidische	pasadenische		Pleistozän
	wallachische		oberstes Tertiär
	rhodanische		Jungtertiär, mittleres Pliozän
	attische		Jungtertiär, Wende Miozän/Pliozän
	jungsteirische		Jungtertiär, oberes Miozän
	altsteirische		Jungtertiär, mittleres Miozän
	savische		Alttertiär, Wende Oligozän/Miozän
	pyrenäische		Alttertiär, Wende Eozän/Oligozän
	intereozäne (postlutetische)		Alttertiär, mittleres Eozän
	spätlaramische		Wende Kreide/Tertiär
	frühlaramische		oberste Kreide
mesozoische (altalpidische, saxonische)	Peiner Phase	} subherzynische	Oberkreide, Obersenon
	Werneröder Phase		Oberkreide, unteres bis oberes Senon
	Ilseder Phase		Oberkreide, unteres Emscher
	austrische		Ende Unterkreide, Gault bis Cenoman
	Hilsphase	} jungkimmerische	Wende Jura/Kreide, Ende Wealden
	Osterwaldphase		Jura, oberes Portland
	Deisterphase (in Nordamerika nevadische Phase)		Jura, mittlerer Malm bis unteres Portland
	agassizische		Jura, oberer Dogger
	Donezphase		Jura, mittlerer Lias
	altkimmerische		obere Trias, Nor bis Rät
	labinische		mittlere Trias, Ladin bis Karn
variszische	pfälzische		Ende Perm
	saalische (in Nordamerika appalachische)		Mittelperm, Wende unteres/oberes Rotliegendes
	esterelische		unterstes Perm
	asturische		Oberkarbon, oberes Westfal
	erzgebirgische		Oberkarbon, Namur B bis Wende Namur/Westfal
	sudetische	} bretonische	Unterkarbon, oberes Visé bis Namur
	nassauische		Unterkarbon, Tournai
	marsische		oberstes Devon
	mitteldevonische		Mitteldevon, Ende Eifel
	orkadische		Ende Unterdevon
kaledonische	erische	} jungkaledonische (altkaledonische)	Wende Silur/Devon
	ardennische		oberstes Silur
	takonische		Wende Ordovizium/Silur
	sardische		Ende oberes Kambrium
	Salair- oder böhmische Phase		Ende mittleres Kambrium
	assyntische		Wende Jungalgonkium/Kambrium
	algomische		Wende Altalgonkium/Jungalgonkium

Ältere Phasen sind vorhanden, doch ist ihre stratigraphische Stellung vielfach noch umstritten.

tigkeiten hindurch gleich, was nur unter Stoffwanderung von den Faltenschenkeln in die Scharniere möglich ist, so liegt *kongruente F.* vor. In hochplastischem Material (Ton, Salz, Magma) tritt *Fließfaltung* auf; Schichtmächtigkeiten und Faltenformen sind dabei ganz unregelmäßig. In plastischeren Gesteinen tritt F. früher ein als in festeren, die eher zur Bruchbildung neigen. Im Wechsel von plastischeren und festeren Gesteinen kommt es daher zu *disharmonischer F.*, wobei die festeren Schichten von den plastischeren abgeschert werden.
Die in Geosynklinalen vor sich gehende F., bei der es zu einem Zusammenschub auf etwa die Hälfte des ursprünglichen Raumes kommen kann, bezeichnet H. Stille als *alpinotype F.* Die F. in bereits einmal gefalteten Räumen, bei der es nur noch zu geringer Einengung, dafür zu überwiegender Bruchbildung kommt (*Bruchfaltung*), nennt er *germanotype F.*

Verkürzung eines Krustenteils durch Bruchfaltung infolge von Pressung

Als erste F., meist in dem zentralen Teil der Geosynklinale, tritt eine *Stammfaltung* ein, dann wandert die F. in die Außenzonen der Geosynklinale. Die Umrisse der der F. widerstehenden Krustenteile bestimmen im wesentlichen den Verlauf der Faltenstränge und wirken bei germanotyper F. als Rahmen der Faltungsfelder (*Rahmenfaltung*).
Wiederbelebung von F. wird als *postume F.* bezeichnet.
Scheinfaltung und *atektonische F.* erreichen nie die Ausmaße echter F.; sie betreffen meistens nur eine Schicht von begrenzter Mächtigkeit. Zu den Scheinfaltungen gehören die → Gleitfaltung, die Eisstauchung sowie die ptygmatische F., zu der es z. B. in dem magmatischen Füllmaterial von Injektionsspalten kommt.
Faltungsphase, nach H. Stille einzelner Faltungsvorgang innerhalb einer Faltengebirgsbildung. Die F. können hinsichtlich ihrer Intensität und ihrer regionalen Verbreitung sehr unterschiedlich sein (Tab. S. 424).
Fanglomerat, *Schlammbrekzie*, Ablagerung aus wenig gerundetem und auch schlecht sortiertem Material, durch zeitweilig fließende Flüsse gebildet. F. sind vor allem in semiariden Gebiet anzutreffen, werden aber auch in humiden Zonen von Wildbächen, Muren und bei Hochwasser abgelagert. Sie sind gelegentlich mit Moränen verwechselt worden, weil an den Gesteinsoberflächen wie bei Geschieben Kritzer (Schrammen) auftreten.
Fastebene, das Endglied langwährender festländischer Abtragung in humiden Gebieten, von dem amerikanischen Geographen W. M. Davis in seiner Zykluslehre als *Peneplain* bezeichnet. Die F. weist eine während einer langen Zeit tektonischer Ruhe entstandene fast ebene Oberfläche mit weiten muldenförmigen Tälern und nur sanft darüber aufragenden Bodenwellen auf, deren Böschungen so gering sind, daß Massenbewegungen nicht mehr stattfinden können. Sie wird höchstens noch von einzelnen Fernlingen überragt. Früher sah man auch die Rumpfflächen der Mittelgebirge als echte F. an, die nachträglich in ihre jetzige Höhe über den Meeresspiegel gehoben worden sein sollen. Da jedoch zur Ausbildung einer solchen F. geologisch außerordentlich lange Zeiträume notwendig sind, deutet man sie heute meist als Pedimentflächen (→ Pediment).
Fata morgana, → Luftspiegelung.
Faulschlamm, → Sapropel.
Fauna, die gesamte Tierwelt eines bestimmten Gebietes der Erde. Man unterscheidet mehrere *Faunenreiche*, d. h. tiergeographische Verbreitungsgebiete. Das sind nach Wallace:
1) *Arktogäisches Reich* mit arktischer, europäisch-mediterraner, ostasiatischer, nordamerikanischer und sonorischer (südliche Gebiete der USA und Hochland von Mexiko) Provinz;
2) *Äthiopisches Reich* mit west-, süd- und ostafrikanischer und madagassischer Provinz;
3) *Indoaustralisches Reich* mit indischer, malaiischer, papuanischer, neuseeländischer, polynesischer und hawaiischer Provinz;
4) *Neogäisches Reich* mit Antillenprovinz, mittelamerikanischer, brasilianischer und chilenischer Provinz;
5) *Antarktisches Reich*. In neuerer Zeit sind etwas abweichende Gliederungsvorschläge gemacht worden, z. B. P. Müller (1973, 1975), s. Tab.
Fazies, 1) die Gesamtheit der petrographischen und paläogeographischen Merkmale einer Ablagerung, die von den physisch-geographischen und geologischen Verhältnissen des Abtragungs- und Ablagerungsgebietes bestimmt werden. Man unterscheidet 1) *terrestrische F.* (*kontinentale F.*, *Landfazies*): a) *äolische F.* (vom Winde bewirkt); b) *glaziale F.* (vom Eise bewirkt); 2) *limnische F.* (*Süßwasserfazies*): a) *fluviatile F.* (vom fließenden Wasser bewirkt), b) *lakustrische F.* (in Seen entstanden), c) *lagunäre F.* (in Lagunen entstanden); 3) *marine F.* (*Meeresfazies*): a) *litorale F.* oder *Strandfazies*, gekennzeichnet durch grobe, konglomeratische oder sandige Beschaffenheit, b) *neritische F.* oder *Flachseefazies*, gekennzeichnet durch feinere, sandige Beschaffenheit, c) *abyssische F.* oder *Tiefseefazies*, gekennzeichnet durch sandig-tonige oder kalkige Beschaffenheit.
Wie in horizontaler, so kann die F. auch in vertikaler Richtung, z. B. durch das Wandern der Küstenlinie,

Reich	Region	Gebiete
1) Holarktis	a) Nearktis	Nordamerika (im Gegensatz zum Pflanzenreich mit Florida und der Kalifornischen Halbinsel; Grönland und den Hochländern von Mexiko)
	b) Palaearktis	Eurasien (mit Island, den Kanarischen Inseln, Korea, Japan) und Nordafrika
2) Palaeotropis	a) Aethiopis	Afrika südlich der Sahara
	b) Madegassis	Madagaskar und vorgelagerte Inseln
	c) Orientalis	Indien und Hinterindien bis zur Wallace-Linie
3) Australis	a) australische Region	Neuguinea und die Inseln östlich der Lydekker-Linie, Ozeanien, Neukaledonien, die Salomonen, Mittel- und Nord-Neuseeland und Hawaii werden hier mit bei Australis belassen. Diese Inselgruppen besitzen so viele Eigenständigkeiten und enge Verwandtschaftsbeziehungen zur Palaeotropis, daß für alle Tiergruppen eine Einordnung zur Australis nicht zutrifft
	b) ozeanische Region	
	c) neuseeländische Region	
	d) hawaiische Region	
4) Neotropis		Süd- und Mittelamerika mit den Antillen
5) Archinotis		Antarktis, südwestliches Südamerika und südwestliches Neuseeland

wechseln, so daß z. B. Flachseefazies über Strandfazies zu liegen kommt.
2) in der sowjetischen Landschaftslehre die homogene (topische) Grundeinheit der Landschaft.

Feldeis, → Meereis.

Feldermethode, → Darstellungsmethode.

Feldkapazität, Abk. *FK,* die → Wasserkapazität eines Bodens unter den Bedingungen der natürlichen Lagerung am natürlichen Standort. Ein vegetationsloser Boden hat zwei bis drei Tage nach einer längeren Regenperiode die F. Als Wertespanne, die den Bereich der F. verkörpert, wird eine Saugspannung von $3{,}14 \cdot 10^4$ bis $0{,}4 \cdot 10^4$ Pa (0,32 bis 0,06 at) bzw. *p*F 2,5 bis 1,8 angegeben. Die F. liegt meist etwas höher als die Wasserkapazität, weil ein Teil des langsam beweglichen Sickerwassers mit erfaßt wird. In grobkörnigen Sandböden sind F. und Wasserkapazität nahezu identisch.

Feldspäte, eine wichtige Mineralgruppe, die mit etwa 60% am Aufbau der Erdkruste beteiligt ist, chemisch wasserfreie Alumosilikate. Zu den F. gehören: 1) *Kalifeldspat* mit den Unterarten Orthoklas, Sanidin, Adular und Mikroklin, 2) trikliner *Natronfeldspat (Albit),* 3) trikliner *Kalkfeldspat (Anorthit),* 4) *Kalknatronfeldspat (Plagioklas)* mit den Unterarten Oligoklas, Andesin, Labrador, Bytownit, 5) *Alkalifeldspat (Natronorthoklas).* F. kommen in allen magmatischen und metamorphen Gesteinen vor. Sie verwittern in Abhängigkeit vom Klima zu verschiedenen Tonmineralen, z. B. Montmorillonit, Illit und Kaolinit. Die Verwitterung der F. ist einer der wichtigsten Vorgänge bei der Bildung pflanzentragenden Bodens. F. werden verwendet als Zusatz zur Porzellanmasse, zu Glasuren, einige zu Schmucksteinen.

Feldspatvertreter, gesteinsbildende Minerale, die aus Magmaschmelzen entstehen, deren Gehalt an Siliziumdioxid nicht groß genug ist, um Feldspäte zu bilden. Die wichtigsten F. sind *Leuzit* und, noch ärmer an Kieselsäure, *Nephelin.*

Felssturz, Absturz von Felsblöcken von übersteilen Hängen oder Wänden. Der F. steht der Größenordnung nach zwischen dem → Steinschlag und dem → Bergsturz.

Femelschlag, forstliche Wirtschaftsform der natürlichen Bestandsverjüngung, bei der nur schlagreife Bäume abgeholzt werden. Einzelne Überhälter läßt man als Samenbäume *(Femel)* stehen, damit sich durch Ansamung neuer Unterwuchs entwickeln kann. Ein derartiger Wald besteht immer aus ungleichaltrigen Beständen.

Fennosarmatia, ein bereits zu Beginn des Präkambriums bestehender Urkontinent (→ Kraton), das Kernstück des europäischen Kontinents. F. umfaßt *Sarmatia* oder *Russia* (die Osteuropäische Tafel und Podolien) und *Fennoskandia.*

Fenster, 1) eine durch Abtragung entstandene Lücke in einer Deckschicht oder einer Überschiebungsdecke, durch die der Untergrund sichtbar geworden ist *(geologisches F.).*
2) der Spektralbereich der Sonnenstrahlung, für den die Erdatmosphäre durchlässig ist. Das *optische F.* ist der Spektralbereich von etwa 300 bis 1000 nm Wellenlänge, also vor allem der Bereich des sichtbaren Lichtes. Das *Radiofenster* ist der Spektralbereich von einigen Millimetern bis zu etwa 25 m Wellenlänge.

Fernaustadium, nachmittelalterlicher (um 1600) Gletschervorstoß in den Alpen. Das F. ist durch eine größere Anzahl von Endmoränenwällen im weiteren Vorfeld der heutigen Gletscher belegt, auch urkundlich nachweisbar. Man bezeichnet die Moränen des F. als *frührezent.*

Fernerkundung, *remote sensing,* ein 1960 eingeführter Begriff für die Gesamtheit der Verfahren, die es gestatten, durch Messungen aus großer Entfernung Informationen über den physikalischen Zustand der Erdoberfläche, des Meeres oder der Atmosphäre zu erhalten.
1) *Passive F.* Die Informationen werden aus der elektromagnetischen Strahlung gewonnen, die von den beobachteten Objekten ausgeht.
2) *Aktive F.* Die Informationen werden aus der Strahlung gewonnen, die ausgesandt und von den Objekten der Erdoberfläche reflektiert wird.
3) *Multispektrale F.* Es werden gleichzeitig Daten in mehreren Spektralbereichen gewonnen.
4) *Multitemporale F.* Zu verschiedenen Zeiten gewonnene Daten werden gleichzeitig verarbeitet.
Durch die *kosmische F.* (photographische und nichtphotographische Satellitenbilder aus Höhen von 150 bis 36 000 km) steht erstmals eine Fülle von objektiven Informationen über jeden Teil unseres Planeten zur Verfügung, die eine gleichwertige Kartierung, Analyse und Überwachung erlaubt. Diese Informationsflut stellt zahlreiche Wissenschaften, besonders aber die Geowissenschaften, vor enorme Aufgaben.
Neben photographischen Aufnahmeverfahren (Schwarzweißfilm, Farbfilm, Falschfarbenfilm, Infrarotfilm) wurden bisher insbesondere weitere Infrarotbereiche und Mikrowellenbereiche (Radar) genutzt. Bei der Bildaufzeichnung werden vor allem in Satelliten angebrachte Geräte benutzt, die nach dem Prinzip der Fernsehkamera arbeiten und die Informationen punkt- und zeilenweise aufzeichnen und übertragen.

Fernling, *Restberg,* die Rumpffläche überragender einzelner Berg, der fern von den Hauptlinien der Abtragung liegt und ihr noch nicht erreicht worden ist. F. bestehen im Unterschied zu den → Härtlingen aus dem gleichen Gestein wie ihre Umgebung. Die F. der Karstgebiete wurden früher nach dem in Dalmatien gelegenen Mosorgebirge, wo sie häufig anzutreffen sind, als *Mosor* bezeichnet.

Feuchtböden, die Böden im humiden Klimabereich, in dem die Niederschläge größer als die Verdunstung sind, so daß die Mineralsalze des Bodens durch das Sickerwasser ausgewaschen werden. Gegensatz: → Trockenböden.

Feuchtbodenzeit, → Pluvialzeit.

Feuchtwald, zusammenfassende Bezeichnung der halbimmergrünen und immergrünen Regenwälder der Tropen im Unterschied zum tropischen → Trockenwald.

Feuerstein, *Flint,* grauschwarzes oder gelbliches Gestein, das vor allem aus Chalzedon besteht. F. ist durch muscheligen und scharfkantigen Bruch ausgezeichnet und findet sich in Knollen oder Bändern in der Schreibkreide von Rügen, Südschweden, Dänemark, Nordfrankreich und Südostengland. Durch das nordeuropäische Inlandeis wurde er im Pleistozän bis nach Mitteleuropa verschleppt. F. wird in der keramischen Industrie in Trommelmühlen als Mahlkörper zur Zermahlung der Rohstoffe (Ton, Kaolin) verwendet, zerrieben als Bestreuungsmaterial für Schleifpapier und in kalziniertem Zustand als Zusatz zur Emailemasse; in der Steinzeit wurde er zu Waffen und Werkzeugen verarbeitet.

Feuersteingrenze, in Mitteleuropa diejenige Linie, die die südlichsten Vorkommen von Feuersteinen miteinander verbindet. Da die Feuersteine aus dem Ostseegebiet durch das Inlandeis verfrachtet worden sind, muß dieses also bis zur F. vorgedrungen sein. Die einzelnen Vorkommen von Feuerstein bilden neben anderen typisch nordischen Geschieben den einzigen Beweis für die maximale Ausdehnung des Inlandeises, wenn sich andere glazigene Ablagerungen an der äußersten Eisrandlage nicht erhalten haben.

Fidelität, *Gesellschaftstreue,* der Grad des Gebundenseins gewisser Pflanzen an eine Pflanzengesellschaft. Man gliedert nach fünf Stufen: 5) treue Arten, 4) feste Arten, 3) holde Arten, 2) vage Arten, 1) fremde Arten. Stufen 5 bis 3 bilden die Charakterarten der Pflanzenassoziation, Stufe 2 umfaßt die Begleitpflanzen und Stufe 1 die nur zufällig anwesenden Arten.

Findlinge, *erratische Blöcke,* Gesteinsblöcke, die sich in ehemals von Gletscher- oder Inlandeis bedeckten Gebieten finden. Sie wurden oft von weither durch Eis in dieses Gebiet verfrachtet, z. B. aus den Alpen ins Vorland, aus Skandinavien in den Norden der DDR und BRD sowie nach Nordosteuropa, aus dem Norden Nordamerikas weit in das Gebiet der USA hinein. Beim Abschmelzen des Eises blieben dann die F. liegen. Durch Bestimmung ihrer Herkunftsorte kann ihr Transportweg ermittelt werden (→ Geschiebe).

Finiglazial, nach G. de Geer letzter Abschnitt der Spätglazialzeit in Skandinavien, umfaßt den Rückzug des nordischen Inlandeises von den mittelschwedischen Endmoränen bis zum Zerfall der Eiskappe in Jämtland in zwei getrennte Eiskörper (Bipartition). Es hatte eine Dauer von etwa 1300 Jahren und endete vor etwa 8800 Jahren, d. h. um 6800 v. u. Z. Nach geologisch-stratigraphischen Gesichtspunkten gehört dieser Zeitabschnitt bereits dem Holozän an.

Firmament, svw. Himmel.

Firn, durch wiederholtes Auftauen und Wiedergefrieren körnig gewordener mehrjähriger Schnee des Hochgebirges. Die Firnkörner, die zunächst einen Durchmesser von höchstens einigen Millimetern haben, wachsen allmählich weiter an, während die lufterfüllten Zwischenräume immer mehr verschwinden. Aus dem wasserdurchlässigen F. wird damit das wasserundurchlässige *Firneis*, auf dem sich bei oberflächigem Auftauen ein *Firnsumpf* bilden kann. Wenn die zwischen den Firnkörnern liegende Grundmasse, der *Firnzement*, aufgebraucht ist, stoßen die immer größer werdenden Körner mit ihren narbig-höckerigen Oberflächen unmittelbar aneinander. Das milchigweiße Firneis wird so bei zunehmendem Druck zum grünlichen Gletschereis, das Firnkorn zum Gletscherkorn (→ Gletscher). Die deutlich erkennbare *Firnschichtung* ist darauf zurückzuführen, daß in niederschlagsfreien Zeiten durch Schmelzen, Umkristallisation und Entweichen der eingeschlossenen Luft stärker verfestigter F. entsteht, in trüben, niederschlagsreichen Zeiten dagegen lockerer F. Oberflächiges Abschmelzen und Windverwehung rufen Unregelmäßigkeiten in der Böschung hervor. Auf der Firnoberfläche führt vor allem im Sommer Staubablagerung oft zu einer Schmutzbänderung. Mit zunehmender Mächtigkeit kommt der F. auf geneigten Hängen in Bewegung, z. B. bei 14 m Mächtigkeit auf Hängen von 20° Neigung, bei 38 m Mächtigkeit schon auf Hängen von 7° Neigung. Dabei kann der bewegte F. bereits erodieren und flache Hohlformen herausarbeiten. Diese *Firnerosion* oder *Nivation* ist damit als eine Vorstufe der Glazialerosion anzusehen und spielt auch bei der Bildung von Karen oder deren Vorformen eine gewisse Rolle.

Unter *Zackenfirn* versteht man die Erscheinung des → Büßerschnees.

Firnfeld, weiträumige flache Becken in dem Nährgebiet vieler Gletscher, in denen sich der Firn sammelt. Je größer das F. ist, um so reichlicher sammeln sich Firn und Gletschereis an, und um so länger kann sich daher auch meist die Gletscherzunge entwickeln. Ein F. ist nur vorhanden, wenn der Talhintergrund breitere Flachformen aufweist. Fehlen diese, so entstehen firnfeldlose Gletscher, die überwiegend durch Lawinen ernährt werden.

Das *Firnfeldniveau* ist ein morphologischer Begriff, unter dem man in den Ostalpen die von F. bedeckten Verflachungen zusammenfaßt. Zweifellos ist diese alte Landoberfläche aber nicht einheitlicher Entstehung.

Firngrenze, → Schneegrenze.

Firnlinie, die Schneegrenze auf dem Gletscher, bis zu der im Sommer der Schnee des letzten Winters wieder wegschmilzt und der darunterliegende Gletscher ausapert, d. h. schneefrei wird. Die F. liegt etwa 100 m tiefer als die Schneegrenze im unvergletscherten Nachbargebiet, da der Gletscher abkühlend wirkt.

First, 1) der Kamm eines Gebirges; 2) der höchste Teil eines Faltensattels, → Falte; 3) die Scheitellinie einer → Schichtstufe.

Fiumara, in Italien Bezeichnung für einen periodischen Fluß, der nur nach Regen reichlich Wasser führt.

Fjärd, im schwedisch-finnischen Küstengebiet ein tief ins Land eingreifender Meeresarm, der ein glazial überformtes ehemaliges Tal ausfüllt. Die *Fjärdenküste* zeigt gegenüber der Fjordküste erhebliche morphologische Unterschiede. Sie ist eine vom Eis überformte wellige Felsenküste mit geringen Höhenunterschieden, zahlreichen kleinen, nicht sehr tief eingreifenden Buchten und vorgelagerten rundhöckerartigen Inselchen, den Schären, daher auch als *Schärenküste* bezeichnet. In Dänemark versteht man unter F. allerdings auch anders geartete schmale Meeresbuchten, so daß der Ausdruck F. nicht eindeutig ist.

Fjord, Firth, glazial ausgestaltetes Trogtal, in das das Meer eingedrungen ist, an den Steilküsten der einst vergletscherten Gebiete, z. B. in Norwegen, Labrador, Island, Neuseeland. Die Länge der F. kann beträchtlich sein, ebenso ihre Tiefe. Die Talwände sind meist steil und ihoch. Solche *Fjordküsten* sind für den Seeverkehr gut geeignet, doch ist infolge des meist steil ansteigenden Trogschlusses im allgemeinen keine günstige Verbindung zum Hinterland vorhanden.

Flächenbelastung, Kartenbelastung, in der Kartographie Maß der Dichte des den Karteninhalt bildenden graphischen Elemente; die Angabe erfolgt in Prozent zur Papierfläche.

Flächenmethode, → Darstellungsmethode.

Flächenmittelwertmethode, → Darstellungsmethode.

Flächenmuster, Strukturraster, graphische Wiedergabe von Flächen in Zeichnungen, speziell in thematischen Karten mittels Schraffuren und Strukturen aus graphischen Kleinzeichen.

Flächenspülung, eine Form der Abtragung, die durch das abrinnende Regenwasser auf großer Fläche bewirkt wird. In unserem Klima tritt sie als Erscheinungsform der → Bodenerosion auf. In den wechselfeuchten Tropen ist sie die normale Form der Abtragung überhaupt. Man bezeichnet daher in der Geomorphologie der Klimazonen diese Gebiete als *Flächenspülzone*.

Flachland, ausgedehnter Teil der Erdoberfläche mit geringen Höhenunterschieden und überwiegend kleinen Böschungswinkeln. Ist die Oberfläche sehr schwach bewegt, spricht man meist von → Ebene. Nach der Höhenlage des F. unterscheidet man *Tiefland*, das man im allgemeinen bis 200 m Meereshöhe rechnet (z. B. das mitteleuropäische Tiefland und das Osteuropäische Tiefland), und *Hochland (Plateau)*, das sich in größerer Meereshöhe erstreckt (z. B. das Alpenvorland, große Teile der spanischen Meseta, das anatolische Hochland). Die F., insbesondere die Tiefländer, sind für die Entwicklung der menschlichen Kultur von großer Bedeutung, da sie Ackerbau und Verkehr begünstigen. In ihnen finden sich daher überwiegend die Zentren der alten Hochkulturen: China, Indien, Babylonien, Ägypten.

Flachmuldental, Spülmulde, die typische Talform der Spülflächen in den wechselfeuchten Tropen, in denen während der Regenzeit das Wasser mit hoher Schuttbelastung abfließt, gekennzeichnet durch muldenförmigen Querschnitt, das Fehlen von klaren Talkanten, großes, meist unregelmäßiges Gefälle. Die Bildung der durch Flächenspülung erzeugten Abtragungsflächen und der Flachmuldentäler ist ein einheitlicher Vorgang.

Flachsee, der Bereich der Weltmeere bis zu 800 m Tiefe ohne die Strandregion, den unmittelbaren Küstenbereich. Die F. umfaßt damit den mehr oder weniger breiten untergetauchten Randsaum der Kontinentaltafeln, den neritischen Bereich, auch → Schelf genannt, sowie den oberen Teil des mit Böschungswinkel von 2 bis 3° verhältnismäßig steil zum Tiefseeboden abfallenden Kontinentalabhangs, den bathyalen Bereich. Der untere Abschnitt dieses Kontinentalabhangs (von 800 bis 2 400 m Tiefe) wird bereits der Tiefsee zugerechnet.

Die → Ablagerungen der F. sind geologisch insofern besonders wichtig, als der weitaus größte Teil der marinen Sedimente früherer geologischer Epochen, soweit sie heute auf dem Festland zugänglich sind, in Flachseegebieten abgesetzt wurde.

Das pflanzliche und tierische Leben in der F. ist in vielen Nebenmeeren wegen ihrer Abgeschlossenheit, ge-

ringerer Salinität und mangelhafter Durchlüftung weniger reich als im offenen Ozean.
Flandrische Transgression, *Corbulasenkung*, *Tapeszeit* (nach Muscheln), die für die heutige Gestalt der Nordseeküste wichtige, etwa vor 7000 Jahren einsetzende Überflutung der Nordsee über das bis zur Doggerbank reichende Festland. In der Ostsee entspricht ihr die Transgression des → Litorinameeres.
Flat, in der Geomorphologie Bezeichnung für Ebenen oder flache Becken, die durch Überschwemmung (z. B. Überschwemmungsebenen am unteren Mississippi) oder durch besondere Bodenbildung gekennzeichnet sind (alcali flats ,Salzpfannen' u. a.).
Fleinserde, svw. Rendzina.
Flexur, S-förmige Verbiegung von Schichten durch Zerrung (→ Störung). Die F. geht oft in Verwerfungen (→ Bruch) über. An den Biegungsstellen sind die Schichten meist dünner.

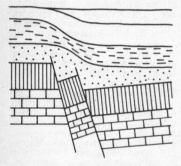

Flexur über Verwerfungen

Fliegerkarte, → Luftnavigationskarte.
Fliese, nach Schmithüsen topische Grundeinheit der Landschaft, die dem → Physiotop entspricht.
Fließen, die Bewegung des Wassers in Flußgerinnen. Man unterscheidet Gleiten, turbulentes F. und Stürzen.
1) Das *Gleiten* oder *laminare F.* ist nur bei Geschwindigkeiten unter 0,10 m/s oder bei sehr geringer Wassertiefe möglich; die Wasserteilchen bewegen sich parallel zueinander ohne Veränderung ihrer Lagebeziehungen, bilden also keine Wirbel.
2) Das *turbulente F.* ist die allgemein vorherrschende Form des F. Dabei ändern die Wasserteilchen durch Fließwirbel und Wasserwalzen dauernd ihre Lage zueinander. Es können auch Teilbewegungen gegen die allgemeine Fließrichtung auftreten. Das turbulente F. findet in zwei zu unterscheidenden Formen statt. a) Beim *Strömen* ist die Fließgeschwindigkeit geringer als die Ausbreitungsgeschwindigkeit der Wellen, so daß sich Impulse flußaufwärts fortsetzen können. b) Beim *Schießen* ist die Fließgeschwindigkeit größer als die Ausbreitungsgeschwindigkeit der Wellen, so daß sich Impulse flußaufwärts nicht auswirken können. Die Wellenringe eines in schießendes Wasser geworfenen Steines können sich flußaufwärts nicht ausbreiten. Sind Fließgeschwindigkeit und Ausbreitungsgeschwindigkeit der Wellen gleich, so bilden sich stehende Wellen quer zur Strömungsrichtung sowie durch Brechung an den Ufern regelmäßige rautenförmige Muster der Wasseroberfläche.
3) Das *Stürzen* ist die bei Stromschnellen und Wasserfällen eintretende Bewegungsform, bei der zeitweilig der Zusammenhang der fließenden Wassermasse verlorengeht. Die große Energie wird zu einem wesentlichen Teil durch die Turbulenz verzehrt.
In der Geomorphologie sind die von der Hydraulik erarbeiteten Vorstellungen über die Bewegungsformen des Wassers unentbehrliche Grundlagen vor allem für die Erosionstheorie geworden.
Flint, svw. Feuerstein.
Flinz, 1) ein während des Miozäns im Alpenvorland abgelagertes sandiges Sediment, → Molasse.
2) im Devon abgelagerte dunkle Schiefer und Kalke im Rheinischen Schiefergebirge.
Flora, die Gesamtheit der Pflanzenarten eines bestimmten Gebietes im Unterschied zu der Vegetation, der Pflanzenbedeckung schlechthin. Eine reiche F. braucht nicht einer reichen Vegetation zu entsprechen. Die Steppenheide z. B. zeigt eine kümmerliche Vegetationsform, verfügt aber über eine artenreiche F. Durch Aufnahme von Florenlisten wird die Florenzusammensetzung, das systematische → Spektrum, erfaßt.
Die pflanzengeographischen Verbreitungsgebiete, die jeweils gewisse gemeinsame Züge zeigen und gleiche historische Entwicklung durchgemacht haben, werden als *Florenreiche* bezeichnet. Man unterscheidet: 1) *Holarktisches Florenreich* (polare und gemäßigte Zone der Nordhalbkugel) mit ostasiatischer, zentralasiatischer, mediterraner, eurosibirischer und nordamerikanischer Provinz; 2) *Paläotropisches Florenreich* (Tropenländer Afrikas und Asiens) mit melanesischer und indoafrikanischer Provinz; 3) *Kapländisches Florenreich*; 4) *Neotropisches Florenreich* (Mittel- und Südamerika); 5) *Australisches Florenreich*; 6) *Antarktisches Florenreich*.
Flottlehm, → Sandlöß.
Flottsand, svw. Sandlöß.
Flöz, bergmännischer Ausdruck für eine Gesteinsschicht von größerer horizontaler Ausdehnung, die nutzbare Stoffe sedimentärer Entstehung (→ Lager) enthält oder aus diesen besteht, z. B. Kohlenflöz, Kaliflöz und Kupferschieferflöz.
Flugsand, *Treibsand*, durch Wind bewegter Sand, der bei länger anhaltendem Transport eine weitgehende Zurundung und z. T. auch Mattierung erfährt. Die Ablagerung findet in der Regel um so näher an der Ausblasungsstelle statt, je größer das Korn ist. Durch diesen Trennungsvorgang sind Flugsandablagerungen meist von einheitlichen Korngrößen aufgebaut. Das Korngrößenmaximum der weit verbreiteten pleistozänen F. liegt meist zwischen 0,1 und 0,2 mm. Die Ablagerung kann in Form von Flugsanddecken oder in Form von Dünen erfolgen. Wird Material feinerer Korngrößen vom Wind bewegt, so spricht man von *Flugstaub* (→ Löß). Die Sedimentation solcher Komponenten erfolgt in großer Entfernung von den Ausblasungsgebieten, wobei zuerst die sandigeren, zuletzt die feineren Varietäten zur Ablagerung kommen.
Fluorit, *Flußspat*, ein gesteinsbildendes Mineral. F. findet sich häufig auf Erzgängen, auch in den kristallinen Schiefern der Schweizer Alpen (St. Gotthard). Derber F. bildet selbständige Gänge, z. B. im sächsischen Vogtland und bei Stolberg im Harz.
Fluortest, eine Methode der Geochronologie. Der F. beruht darauf, daß in Knochen und Zähnen aus der Vorzeit die OH-Gruppen im Hydroxylapatit im Laufe der Zeit durch Fluor ersetzt werden, und zwar unter der Einwirkung von Grundwasser; das Alter solcher Materialien ist dann proportional dem Fluorgehalt. Nach solchen bei Ausgrabungen gefundenen Knochen und Zähnen kann man auch das Alter der sie bergenden Gesteinsschichten bestimmen.
Flurkarten, *Flurpläne*, *Katasterkarten*, *Liegenschaftskarten*, Karten großen Maßstabs (1 : 500 bis 1 : 5000), auf denen mit hoher Lagegenauigkeit Flur- und Grundstücksgrenzen, Gebäudegrundrisse und andere topographische Objekte verzeichnet sind.
Fluß, in der Geomorphologie jedes fließende Gewässer des Festlandes. Es sammelt die als Niederschläge auf die Erdoberfläche gefallenen und in Quellen austretenden Wassermengen und führt sie dem Weltmeer oder Endseen zu.
Kleinere Wasserläufe nennt man volkstümlich *Bäche*, größere F. oft *Ströme*, eine strenge Größengrenze zwischen ihnen ist jedoch nicht vorhanden.
Einen das Meer oder einen Endsee erreichenden größeren F. bezeichnet man als *Hauptfluß*, die sämtlichen zu seinem Einzugsgebiet gehörenden kleineren F. als *Nebenflüsse* 1., 2., 3. usw. Ordnung, je nachdem, ob sie sich unmittelbar oder über Nebenflüsse mit dem Hauptfluß vereinigen. Einen ins Meer mündenden F. mit kurzem Lauf nennt man *Küstenfluß*.
Die Unterscheidung von Haupt- und Nebenfluß ist oft willkürlich; seinen Namen erhält der Hauptfluß entweder vom wasserreichsten Quellfluß (z. B. beim Ob) oder vom längsten (Indus) oder von dem, der die Haupt-

talrichtung fortsetzt (Donau, Mississippi). Oft sind gleichwertige Quellflüsse vorhanden (z. B. Freiberger und Zwickauer Mulde); nach ihrer Vereinigung führt der F. häufig einen neuen Namen (z. B. Werra + Fulda = Weser). Tritt ein F. von einem Sprachgebiet in ein anderes, wechselt er häufig den Namen (Escaut – Schelde, Ditschu – Jangtsekiang, Labe – Elbe).

Hauptfluß und Nebenflüsse bilden zusammen ein *Flußsystem*, das das von Wasserscheiden begrenzte Einzugsgebiet entwässert. In ebenen Gebieten mit wenig ausgeprägten Wasserscheiden kommt es vor, daß das Wasser nach zwei Seiten abfließt – z. B. in den Rokitnosümpfen zum Dnepr und zur Wisła – oder daß sich ein F. gabelt und nach verschiedenen Flußsystemen hin abströmt (Bifurkation), wie es beim Orinoco-Casiquiare der Fall ist.

Das Verhältnis der Gesamtlänge aller F. zu der entwässerten Fläche, auf 1 km² berechnet, wird als → Flußdichte bezeichnet.

Die Wasserführung des F. ist in erster Linie von der Wasserzufuhr abhängig, die aus dem in Quellen austretenden Grundwasser sowie durch den oberflächig abrinnenden Teil der Niederschläge und des Schmelzwassers erfolgt (→ Abfluß). Bei unregelmäßigen Niederschlägen und Tauwetter treten Wasserstandsschwankungen auf, die unperiodisch sein oder – in Abhängigkeit von den klimatischen Verhältnissen – einen periodischen Jahresgang mit charakteristischer Verteilung von Hochwasser- und Niedrigwasserzeiten aufweisen können. Für jeden F. ist also ein bestimmter *Flußhaushalt (Flußregime)* charakteristisch. Die meisten F. fließen ständig (*permanenter* oder *perennierender F.*). In Gebieten mit regelmäßigem Wechsel von Regen- und Trockenzeiten gibt es *periodische* oder *intermittierende F.*, die regelmäßig während einer bestimmten Jahreszeit Wasser führen, sowie *episodische F.*, die unregelmäßig, oft nach jahrelanger Pause abkommen. In Italien führen solche Flüsse die Bezeichnung Fiumara oder Torrente, in Australien Creek, in Nordafrika und Arabien Wadi, in Südafrika Rivier.

Die Steppen- und Wüstenflüsse verlieren durch Verdunstung oft ihr gesamtes Wasser, so daß sie das Meer oder den Endsee nicht mehr erreichen; sie enden mit einem Trockendelta. Dauerflüsse sind in ariden Gebieten nur dann vorhanden, wenn sie in ihrem Oberlauf klimatisch anders geartete Gegenden durchfließen (→ Fremdlingsfluß). Auch durch Versickerung in den durchlässigen Boden kann ein F. einen Teil des Wassers verlieren oder – besonders in Karstgebieten – als *Karst-* oder *Höhlenfluß* weiterfließen (→ Flußschwinde).

Das Wasser des F. bewegt sich in einer Rinne, dem *Flußbett*, das seitlich von mehr oder weniger steilen Wandungen, den *Flußufern*, begrenzt wird, zwischen denen die *Flußsohle* liegt. Bei Hochwasser tritt der F. häufig über die Ufer. Das durch das *Hochufer* oder Deiche begrenzte Überschwemmungsgebiet wird als Hochwasserbett bezeichnet, seine Ufer als Hochufer oder Hochgestade. Das Wasser des F. folgt unter dem Einfluß der Schwerkraft der allgemeinen Abdachung des Landes in teils tektonisch vorgezeichneten, teils vom F. selbst geschaffenen Tälern. Oft ist der Lauf nicht gerade, sondern gewunden (→ Mäander). Das Verhältnis von wirklicher Lauflänge zu Tallänge heißt Lauf- oder *Flußentwicklung*.

Die im F. vorhandene Bewegungsenergie ist von Menge und Geschwindigkeit des Wassers abhängig. Diese Energie wird einerseits verbraucht zur Aufrechterhaltung des Fließvorganges, d. h. zur Überwindung der inneren Reibung zwischen den Wasserteilchen und der äußeren Reibung zwischen Wasser und Wandungen des Flußbettes, andererseits zum Transport des Materials, das in Form von Lösungen, die die innere Reibung zwischen den Wasserteilchen erhöhen, als *Flußtrübe* und als Geröll mitgeführt wird. Durch das mitgeführte Geröll erfolgt eine als → Erosion bezeichnete Bearbeitung der Flußsohle und der Wandungen des Flußbettes.

Die Gefällskurve des F., wie sie das Längsprofil des Flußlaufes zeigt, weist im allgemeinen gefällsärmere und gefällsreichere Strecken auf, die durch Unterschiede im Gestein, in der Schuttzufuhr und durch die Besonderheiten der Talentwicklung zu erklären sind. Ist das Gefälle sehr stark, entstehen → Stromschnellen, stürzt die Flußsohle bei felsigem Untergrund lotrecht oder fast lotrecht ab, so bilden sich → Wasserfälle. Durch die erodierende Tätigkeit des F. wird zunächst für einen Teil des Flußlaufes – meist den Unterlauf – ein Gleichgewichts- oder Normalgefälle (→ Erosionstheorie) erreicht. Veränderungen in der Wasser- oder Schuttführung rufen entweder Wiederbelebung der Tiefenerosion oder Aufschüttung hervor, die so lange anhalten, bis wieder ein Gleichgewicht hergestellt ist.

Der Fließvorgang ist turbulent, d. h., die einzelnen Wasserteilchen verändern dauernd ihre Lage zueinander. Zwischen den verschieden rasch bewegten Wasserfäden stellen sich mit der Strömung wandernde Wirbel (Fließwirbel) ein.

Da durch die Reibung der Wasserteilchen an Sohle und Wandungen des Flußbetts die Fließgeschwindigkeit verringert und auch an der Oberfläche des F. die Reibung an der Luft leicht abbremsend wirkt, erreicht der F. seine größte Geschwindigkeit in der Mitte dicht unter dem Wasserspiegel. Die Linie, die die Punkte der größten Fließgeschwindigkeit verbindet, heißt *Stromstrich*. An Flußkrümmungen wird infolge der Trägheit der Stromstrich gegen die Außenseite der Krümmung verlegt, er pendelt also von Ufer zu Ufer, die dabei untergraben und zurückverlegt werden. Es bildet sich hier ein *Prallhang*, dem am gegenüberliegenden Ufer der *Gleithang* entspricht. Die Linien, die im Querprofil des F. Punkte gleicher Fließgeschwindigkeit verbinden, werden als *Isotachen* bezeichnet.

Wassermenge, Schuttbelastung und Gefälle eines F. stehen in engem Zusammenhang. Bei sehr großer Schuttbelastung neigt der F. dazu, seinen Lauf in mehrere Arme aufzuspalten; er wildert. Nimmt die Wassermenge oder das Gefälle ab, so ist der F. gezwungen, einen Teil des mitgeführten Schutts abzulagern. Das geschieht zunächst dort, wo die Geschwindigkeit gering ist, vor allem also an den Innenseiten der Flußwindungen. Hier wachsen bei Niedrigwasser breite Kies- und Sandzungen in den F. hinein. Inmitten des F. bilden sich Sand- und Kiesbänke. Das auf ihr oberes Ende auftreffende Wasser hebt einzelne Gerölle auf und lagert sie am unteren Ende wieder ab. Die Sand- und Kiesbänke wandern daher langsam flußabwärts. Bei unregulierten F. ändert sich so die Lage der Bänke und der Fahrrinne ständig, vor allem bei Hochwasser. Durch Flußregulierung (→ Wasserbau) sucht der Mensch dies zu verhindern.

Die *Flußmündung* kann sehr verschieden gestaltet sein. Ein schuttreicher Nebenfluß mit starkem Gefälle baut an seiner Mündung in den Hauptfluß, der meist ein günstigeres Belastungsverhältnis hat und gefällsärmer ist, einen → Schwemmkegel auf. Transportiert dagegen der Hauptfluß sehr viel Schutt, so bildet er oftmals an seinen Ufern wallförmige Aufschüttungen (→ Uferdamm), durch die der einmündende Nebenfluß abgedrängt wird; es entsteht eine verschleppte Flußmündung, d. h., der Nebenfluß ist gezwungen, eine kürzere oder längere Laufstrecke parallel zum Hauptfluß dahinzufließen, z. B. die Ill im Elsaß.

An der Mündung in das Meer oder einen See nimmt mit der erlahmenden Fließbewegung auch die Transportkraft ab. Der F. läßt einen Teil des mitgeführten festen Materials fallen und baut eine Mündungsbarre auf, die sich immer weiter vorschiebt und zur Bildung eines Deltas führt. Häufig erhöht der F. sein Bett so weit, daß er zwischen selbst aufgebauten Dämmen über dem Niveau der Talsohle dahinströmt (→ Dammfluß). An Gezeitenküsten wird die Flußmündung durch die Gezeitenströme offen gehalten. Es entstehen Ästuare, vor die sich erst dort, wo der Ebbe-

Flußdichte

strom erlahmt, eine Gezeitenbarre legt.
Die **Farbe** des Flußwassers ist von den beigemischten Stoffen abhängig. Gletscherflüsse sind wegen der mitgeführten feinen Mineralstoffe grau und trübe, in Kalkgesteinen nehmen die Flüsse meist grüne oder blaugraue Farbe an und sind klar, lehmige Einzugsgebiete verursachen gelbbraune Färbung. Löß gibt gelbe Trübung. Moorgewässer sind braun und klar. Ein durch Huminsäure verwesender Pflanzen dunkel gefärbter F. heißt *Schwarzwasserfluß*, dem der *Weißwasserfluß* mit trübem, lehmigem Wasser und der schuttarme *Klarwasserfluß* gegenüberstehen; diese Bezeichnungen sind vor allem für die F. im Amazongebiet üblich.
Die in gelöster oder fester Form im Flußwasser vorhandenen organischen Verunreinigungen werden durch den Sauerstoff des Wassers und durch Lebewesen allmählich abgebaut (Selbstreinigung des F.).
Die **Temperatur** des Flußwassers ist von der Herkunft, der Luftwärme und der Sonnenbestrahlung abhängig. Die Bildung von Eis beginnt erst, wenn das Flußwasser im ganzen auf 0 °C abgekühlt ist.
Die Wissenschaft von den F. ist die **Potamologie** (*Flußkunde*).
Flußdichte, das Verhältnis der Gesamtlänge aller Flüsse eines bestimmten Gebietes zu dessen Fläche. Die F. ist im Gebirge meist größer als im Flachland – Ausnahmen bilden Gebiete wie der Spreewald – und bei undurchlässigem Untergrund größer als bei durchlässigem. Kalkgebiete haben daher eine besonders geringe F. Gebiete mit feuchtem Klima weisen eine größere F. auf als Gebiete mit aridem Klima. Die angeführten Faktoren können einander ergänzen oder aufheben. Als Beispiele seien angeführt:

	Flußdichte
südliches Vorland der Mecklenburgischen Seenplatte, überwiegend sandig	0,89
Elbsandsteingebirge	0,97
benachbartes Granitbergland	1,69
Harz	1,77
Eifel (mit großen unzertalten Flächen)	0,84

Flußgebiet, svw. Einzugsgebiet.
Flußschwinde, *Schlundloch, Ponor, Katavothre*, Versickerungsstelle eines Flusses im durchlässigen Kalkgestein. Sie kann einen Teil des Flußwassers aufnehmen, wie im Bett der Donau bei Immendingen, deren Wasser in der Aachquelle bei Engen wieder zutage tritt (und dem Rhein zuströmt) und wo nur in niederschlagsarmen Jahren das Flußbett gänzlich trockenfällt, oder der Fluß verschwindet völlig in einer Felsenwand oder Höhle, so daß sein Tal unvermittelt endet (blindes Tal), wie es im dalmatinischen Karst häufig der Fall ist. Das unterirdisch als Höhlenfluß weiterfließende Wasser tritt an anderen Stellen in mächtigen Karstquellen wieder aus (Rijekaquelle in Istrien, Omblaquelle in Dalmatien).
In den Poljen des jugoslawischen Karstgebietes wirken aber manche F. zeitweise als **Speilöcher** (*Estavellen*), d. h., nach anhaltenden starken Regenfällen tritt aus ihnen Wassr aus. Die Ursache hierfür ist zweifellos in den im Karstwasser herrschenden Druckverhältnissen zu suchen, doch ist dieser Vorgang noch nicht restlos geklärt.

Flußspat, svw. Fluorit.
Flußtrübe, *Schweb, Sinkstoffe*, das vom fließenden Wasser in aufgeschlämmter Form mitgeführte Gesteinsmaterial.
Flutstundenlinien, svw. Isorhachien.
fluviatil, *fluvial*, zum Fluß gehörig, von ihm abgelagert oder geschaffen.
fluvioglazial, → glazial.
Flysch, mächtige, meist schwer zu gliedernde Ablagerungen aus kalkigen, mergeligen oder sandigen Gesteinen, die vielfach zu Rutschungen neigen („fließen"). Der F. wird in einem bestimmten Stadium der → Gebirgsbildung abgelagert, das als *Flyschstadium* bezeichnet wird. In den Alpen wurde die Flyschserie zwischen der Oberkreide und dem Alttertiär abgelagert. Sie bildet eine den nördlichen Alpenrand begleitende *Flyschzone*, deren oft graswachsene Berge weichere Formen zeigen. Auch in den Karpaten spielt der F. eine große Rolle.
Föhn, ein warmer, trockener Wind, der meist am Rande eines Gebirges als → Fallwind auftritt, wenn von einem auf der einen Seite des Gebirges gelegenen Tiefdruckgebiet Luftmassen über den Kamm hinweg angesaugt werden. Beim Aufsteigen regnen sich die Luftmassen auf der Luvseite weitgehend ab, beim Absinken auf der Leeseite erwärmen sie sich, und zwar stärker, als sie sich beim Aufsteigen abgekühlt haben, da nach adiabatischen Gesetzen die aufsteigende Luft an der Luvseite bei Kondensation und Niederschlag sich um 0,5 bis 0,7 K je 100 m abkühlt, die absteigende trockene Luft aber um 1 K je 100 m wärmer wird. Das Absinken der warmen Luft hat gleichzeitige Wolkenauflösung (**Föhnlücke**) und gute Fernsicht zur Folge. Die mächtige Staubwölkung der Luvseite reicht bis zum Gebirgskamm empor; sie macht von der Leeseite aus den Eindruck einer scheinbar unbewegten Wolkenmauer, die als *Föhnmauer* bezeichnet wird.
In den Alpen kommt der F. sowohl auf der Nord- als auch auf der Südseite vor und bringt oft plötzliche Schneeschmelze mit sich. Manche breite Täler der Alpennordseite zeigen eine besonders starke Föhnwirkung.

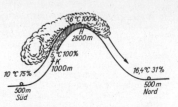

Schematische Darstellung der Vorgänge bei Föhn. Die Temperatur ist in °C, die Luftfeuchte in % angegeben. *K* Kondensationsniveau, *H* Scheitelhöhe (nach Weickmann)

Diese *Föhngassen* haben etwas höhere Mitteltemperaturen als die Nachbargebiete. Für die bei F. auftretende migräneartige *Föhnkrankheit* ist noch keine hinreichende Erklärung gefunden worden. Da der trockene F. oft mit großer Gewalt einbricht, ist bei F. die Feuergefahr besonders groß.
Auch in Mittelgebirgen treten föhnige Winde auf, z. B. an der Nordabdachung des Erzgebirges.
Der *Freie F.* ist eine föhnartige Erscheinung in Hochdruckgebieten der freien Atmosphäre. Infolge großräumigen Absinkens kommt es hier zu Wolkenauflösung und Sichtbesserung.
Folgeflüsse, svw. konsequente Flüsse.
Förde, langgestreckte Meeresbucht in einer flachen glazialen Aufschüttungslandschaft. Die F. wird entweder als Zungenbecken oder als subglaziale Schmelzwasserrinne (→ Gletscher) gedeutet, in das Meer eingedrungen ist. F. sind für die Ostküste Schleswig-Holsteins charakteristisch.
Formal *n*, nach H. Carol die typologische oder räumliche Einheit, die durch die äußere Gestalt bestimmt wird. Durch ihre Funktion bestimmte typologische oder räumliche Einheiten heißen *Funktional*.
Formation, 1) Geologie: 1) bisher im deutschen Sprachgebrauch Bezeichnung für ein geologisches → System. Daher werden Übersichten über die geologische Gliederung der Erdgeschichte häufig noch als Formationstabelle bezeichnet. 2) lithostratigraphische Einheit (Schichtenfolge), die sich in der Ausbildung von der darunter- und der darüberfolgenden unterscheidet. 3) Faziestyp, typische Ausbildung einer Gesteinsserie, die auf gleichartige Bildungsbedingungen zurückzuführen ist. Solche wiederkehrende Faziestypen sind z. B. Flyschformation, Karbonatgesteins- und Sandsteinformation.
2) → Pflanzenformation.
Formenwandel, *geographischer F.*, nach H. Lautensach in der geographischen Methodenlehre die regelhafte Abwandlung der geographischen Faktoren über den geographischen Raum hin, die auf den Gestaltungsprinzipien der Geosphäre beruht. Lautensach

unterscheidet vier Kategorien des F.: 1) *hypsometrischer F.*, die regelhafte Abstufung mit der Höhe, die in erster Linie auf der Abnahme der Temperatur mit der Höhe beruht; 2) *planetarischer F.*, die Abwandlung vom Äquator zu den Polen der Erde, die klimatische Abfolge widerspiegelnd und damit der geographischen → Zonalität entsprechend; 3) *peripherzentraler F.*, der Wandel von der Küste zum Innern der Kontinente, der auf dem Gegensatz zwischen maritimen und kontinentalen Einflüssen beruht, zugleich aber auch durch Luv- und Lee-Effekte vom Relief abhängig ist; 4) *west-östlicher F.*, der die gesetzmäßigen Unterschiede zwischen West- und Ostseite der Kontinente in den einzelnen Breiten zur Grundlage hat und auf den Hauptrichtungen der Luftströmungen beruht. In welcher Form sich der regelhafte F. im einzelnen Falle vollzieht, muß der Detailuntersuchung klären. Die Lehre vom F. formuliert die - praktisch schon seit langem von den Geographen erkannten und angewandten - Ordnungsprinzipien der Erdhülle und gibt damit den regionalen Untersuchungen eine methodische Hilfe.
fossil, allgemein: heute nicht mehr lebensfähig, der Vergangenheit angehörig; in der Geologie: als Versteinerung oder Abdruck erhalten, vor allem von Organismen und deren Spuren (Kotballen, Fährtenabdrücke u. a.; → Fossilien). Auch Landschaftsformen (Deltas, Wüsten, Dünen u. a) früherer Perioden der Erdgeschichte werden als f. bezeichnet. Gegensatz: → rezent.
fossiler Boden, ein Boden, der in früheren geologischen Epochen unter andersartigen Bedingungen entstanden ist, durch jüngere Sedimente überdeckt wurde und somit keinerlei Weiterentwicklung erfahren konnte. Liegen derartige alte Böden (Paläoböden) noch an der Erdoberfläche, so daß sie von der rezenten Bodendynamik beeinflußt und überformt werden, so spricht man von → Reliktböden.
Fossilien, Überreste vorzeitlicher Organismen. Der Vorgang der Bildung von F. wird als *Fossilisation* bezeichnet; fossilisationsfähig sind vor allem die Hartteile des Organismus, während die organische Substanz meist völlig abgebaut wird. *Leitfossilien* sind für eine bestimmte stratigraphische Einheit (Schicht, Zone, Stufe usw.) charakteristisch und eignen sich damit zur Parallelisierung dieser Einheiten; sie haben eine weite horizontale, aber nur eine geringe vertikale Verbreitung.
Das Studium der F. ist Gegenstand der Paläontologie.
Fractowolken, bei Schlechtwetterbewölkung durch heftige Winde in Fetzen aufgelöste untere Wolkenschicht. Sie sind oft bei geschichteter oder stark turbulenter Strömung zu beobachten. Je nach ihrer vertikalen Erstreckung werden F. als *Fractostratus* (zerrissene Schichtwolken) oder *Fractocumulus* (zerrissene Quellwolken) bezeichnet.
Frana *f, Plur.* Frane, Erdgletscher, italienische Bezeichnung für Rutschungen in weichen, tonreichen Gesteinen.
Frankfurter Stadium, ein Stadium der → Weichsel-Eiszeit.
Fremdlingsfluß, Fluß, der aus einem niederschlagsreichen Gebiet kommt und ein Trockengebiet durchfließt. Sein Wasserreichtum entstammt also nicht dem Trockengebiet, sondern den „fremden", klimatisch anders gearteten Regionen im Oberlauf. F. ermöglichen die Erschließung von ariden Gebieten. An ihren Ufern dehnen sich oft Flußoasen aus, ihre Entstehung natürlicher Überschwemmung oder künstlicher Bewässerung verdanken. Zu den bedeutendsten F. gehören Nil, Indus, Amu-Darja und Syr-Darja.
Frequenz, in der Pflanzensoziologie der Grad der Verstreuung der Individuen einer Art über die gesamte Bestandsfläche. Die F. wird durch das Auftreten in einer größeren Zahl zufällig gewählter Probeflächen bestimmt und in Prozenten ausgedrückt.
Frigorimeter, ein in der Bioklimatologie verwendetes Meßgerät zur Bestimmung der Abkühlungsgröße. Es wird dabei eine Kupferkugel beständig auf der Temperatur von 37 °C gehalten und aus dem dazu erforderlichen Heizstrom die abgegebene Wärme errechnet.
Frittung, teilweise Umschmelzung und Verhärtung von Sedimentgesteinen, besonders Sandsteinen, bewirkt durch die Berührung mit heißem Magma. Bei Sandsteinen ist die F. oft mit säuliger Absonderung verbunden, indem das kalkig-tonige Bindemittel zwischen den Quarzkörnern des Gesteins zu bräunlichem Glas schmilzt. Tone schmelzen zu Porzellanjaspis um.
Front, in der Meteorologie die Schnittlinie der geneigten Trennungsfläche (→ Diskontinuitätsflächen) zweier verschieden temperierter Luftmassen mit der Erdoberfläche. Je nach ihrem Charakter unterscheidet man a) → Warmfront, bei der wärmere Luftmassen auf kältere aufgleiten, b) → Kaltfront, bei der eine kältere Luftmasse eine wärmere verdrängt, c) → Okklusion, die sowohl Warmfront- als auch Kaltfrontcharakter haben kann. Jede der F. hat ihre typischen Merkmale und gibt der Witterung ein bestimmtes Gepräge. Bei einer *maskierten F.* kann man ihren wahren Charakter nicht an einem Temperaturwechsel beim Frontdurchgang erkennen, da die Bodenluft vorher extrem niedrige Temperaturen aufwies. Ein mit kräftiger Luftbewegung verbundener Kaltlufteinbruch räumt im Winter diese aus einer vorhergehenden Hochdrucklage stammende, durch Ausstrahlung allmählich extrem kalt gewordene Luftschicht am Boden weg; es tritt dann an der Kaltfront eine Erwärmung ein.
Frontalzone, schwach geneigte Übergangszone zwischen zwei verschiedenen aneinandergrenzenden Luftmassen, in der bei Verschärfung der thermodynamischen Gegensätze die wetterwirksamen → Fronten entstehen. F. sind auch in der Höhe nachweisbar und beeinflussen sogar die Tropopause. Als *planetarische F.* bezeichnet man die starke Westströmung der mittleren Breiten, die in mehrere F. gegliedert ist.

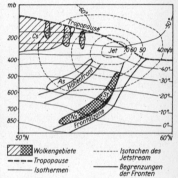

▨ Wolkengebiete   ------- Isotachen des Jetstream
--- Tropopause   —— Begrenzungen der Fronten
—— Isothermen

Querschnitt durch eine Frontalzone mit Wolken sowie Isothermen und Isotachen des Jet

Frost, das Absinken der Temperatur unter den Gefrierpunkt des Wassers. Neben der durch Zufluß kontinentaler Kaltluft hervorgerufenen, lang anhaltenden winterlichen F. unterscheidet man außerhalb der eigentlichen Kälteperiode noch *Nachtfröste*, die durch Ausstrahlung des Erdbodens während kalter Nächte entstehen und als *Frühfröste* im Herbst und als *Spätfröste* im Frühling beim Einbruch kalter Luftmassen verbreitet auftreten. In wolkenlosen Nächten kann am Erdboden die Temperatur unter 0 °C sinken, während in der Wetterhütte noch Temperaturen über 0 °C herrschen; man spricht dann von *Bodenfrost*.
Das Gefrieren des im Boden enthaltenen Porenwassers, das zu einer Volumenvergrößerung führt, wird ebenfalls als Bodenfrost bezeichnet. Er kann an der Oberfläche des Bodens zu Aufwölbungen und Frostaufbrüchen führen. Der F. dringt innerhalb dieser bestimmten maximalen *Frostzone* bis zur *Frosttiefe* oder *Frostgrenze* in den Boden ein; die Frosttiefe beträgt in Mitteleuropa im Durchschnitt etwa 1 m.
Die Wirkungen des F. zeigen sich in der Frostverwitterung (Frostsprengung, Spaltenfrost). Auftauen und

Wiedergefrieren führen zur Bildung von → Frostböden und infolge der starken Beweglichkeit des wasserdurchtränkten Auftaubodens zu den Erscheinungen des Bodenfließens, der → Solifluktion.
Als *Frostlagen* bezeichnet man bestimmte, leicht zu F. neigende Lagen im Bergland, z. B. in abgeschlossenen Becken, in denen sich Kaltluftseen bilden.
Ausgesprochene *Frostschäden* erleidet die Pflanzenwelt besonders durch die in die Vegetationsperiode fallenden Früh- und Spätfröste. Die eigentlichen Winterfröste sind meist weniger gefährlich, da dann die Vegetation im Stadium der Ruhe verharrt und der Saftstrom gedrosselt ist. Nur sehr strenge, anhaltende Winterkälte ohne Schneedecke kann vor allem für kleinwüchsige Pflanzen, so z. B. für die Wintersaaten, verhängnisvoll werden.
Für den *Frostschutz* werden folgende Maßnahmen angewendet: a) geeignete Methoden bei der Bewirtschaftung der Anbauflächen, z. B. stärkere Kalidüngung zur Erhöhung der Frostresistenz; b) Maßnahmen der Landschaftsgestaltung, z. B. Anlage von Windschutzhecken zur Regelung von Kaltluftströmen (Beseitigung von Kaltluftseen); c) künstliche Frost-

Beispiel einer Frostbekämpfung: *a* Gelände vor, *b* nach der Klimaverbesserung (nach Weger)

schutzmaßnahmen durch Erhaltung der vorhandenen Wärme, indem gefährdete Kulturen mit Laub, Matten, Torfmull oder Frostschutzhauben abgedeckt werden, oder durch Zufuhr künstlicher Wärme, z. B. durch Beregnung.
Frostbeulen, *Frostaufbrüche*, Auftreibungen des Bodens und selbst starker Straßendecken durch Frosthebung bei winterlicher Bodeneisbildung, → Frostboden.
Frostboden, ein Boden, der entweder dauernd (perennierend oder permanent) oder lang anhaltend (annuell) oder häufig für kurze Zeit (tageszeitlich) gefroren ist.
Bei Bodenfrost, d. h. beim Gefrieren des im Boden enthaltenen Wassers,

entstehen infolge der dabei auftretenden Volumenvermehrung Druckkräfte, die zu Bewegungen der Bodenteilchen führen. Diese Bewegungen sind außer von der Dauer der Gefrornis auch von der Neigung der Hänge, von der Vegetationsdecke und vom Ausmaß der Wasserdurchtränkung sowie von Bodentextur und Bodenstruktur abhängig; sie sind teils als *Frostschub* nach der Seite, hauptsächlich aber als *Frosthebung*, als Auffrieren des Bodens, nach oben gerichtet und besonders bei feinporigen Böden wegen ihrer hohen Wasserkapazität stark wirksam (→ Frostgefährlichkeit). Bei gleichmäßiger Körnung des Bodens finden Frostschub und Frosthebung keine besonderen Angriffspunkte. Der F. ist dann strukturlos. Bei verschiedenartigem Material tritt eine Sortierung nach der Korngröße ein, es entstehen eigenartige *Frostmuster-* oder *Strukturböden*. Von den zuerst gefrierenden Feinerdestellen aus werden die gröberen Steine durch Frostschub beiseite gedrückt und dabei vielfach hochkant gestellt; es bilden sich auf diese Weise Rundformen oder Vielekkformen (*Steinringe*, *Steinpolygone*), die von Feinerdebeet umgeben. In Gebieten mit täglichem Frostwechsel erreichen diese Formen Durchmesser von nur wenigen Dezimetern, in den subpolaren Gebieten dagegen von 2 bis 4 m, maximal sogar 7 m. Die Vegetation kann auf dem durch starkes Auffrieren bewegten Feinerdebeet nicht Fuß fassen. In der Tundra sind daher meist nur die Steinringe oder Steinpolygone bewachsen (*Fleckentundra*). Gerät der Boden an Hängen in Bewegung, so verwandeln sich die Polygonböden in Streifenböden, d. h., aus den Ringen und Polygonen werden *Steingirlanden* oder *Steinstreifen*.
Bei geschichtetem Material führen die Druckkräfte im Boden zu einer eigenartigen Stauchung und Verknetung der einzelnen Schichten; die Stauchung erstreckt sich so weit nach der Tiefe, wie der Boden aufgetaut ist. Diese gestauchten Böden werden als **kryoturbate Böden** (*Taschenböden*, *Würgeböden*, *Brodelböden*) bezeichnet (→ Kryoturbation).
In Mooren (Sumpftundra) oder auf stark wasserhaltigen Wiesen (Buckelwiesen) entstehen dort, wo das Gefrieren einsetzt, kleine Eislinsen. Diese Linsen wachsen, von unten her ge-

1 Kryoturbate Lagerungsstörungen. *a* Lehm, *b* Sand und Kies

nährt, weiter und heben den bewachsenen Boden heraus. In Island werden solche *Torfhügel* als *Thufur* bezeichnet; sie erreichen dort 1 m Höhe. Sie gleichen den *Erdbülten* oder *Rasenhügeln*, die in den Alpen, in den Karpaten oder in der Mattenstufe anderer Hochgebirge auftreten. Größere Torfhügel, finnisch *Palsen* genannt, bergen in ihrem Inneren einen Eiskern. Noch größere (bis über 20 m hohe) eisbedingte Hügel finden sich in Nordsibirien, Alaska und im Kanadischen Archipel, die auch als *Hydrolakkolithe*, *Pingos* (Eskimosprache) oder *Bulgunjachi* (jakutisch) bezeichnet werden. In Mooren selbst können

2 Querschnitt durch einen Hydrolakkolithen

regelmäßige Auffrierformen auftreten (*Polygonmoore*), meist aber sind langgestreckte Stränge (*Strangmoore*) vorherrschend. All diese Formen werden unter dem Begriff **arktische Vegetationsböden** zusammengefaßt.
In trockenkalten Gebieten entstehen *Eisböden* oder *Eiskeilpolygone*, den Trockenrissen ähnliche Frostspalten (*Eiskeile*), die zu Spaltennetzen unterschiedlicher Größe zusammentreten können. Da sich diese zuweilen mehrere Dezimeter breiten Spalten mit Lockermaterial füllen, lassen sich in geschichteten Sanden oder Kiesen solche Eiskeile aus dem Pleistozän zuweilen noch heute erkennen. Sie beweisen, daß früher in diesem Gebiet ein F. vorhanden war, und lassen Schlüsse auf dessen Tiefe zu.

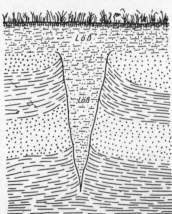

3 Mit Löß gefüllter Eiskeil in Kiesen und Sanden

Im Grenzbereich zweier Lockersedimente, von denen das Hangende eine etwas höhere Raummasse hat, kommt es unter bestimmten Bedingungen zur Ausbildung von → *Tropfenböden.*
Der *Dauerfrostboden*, auch *ewige Gefrornis, Permafrost* oder *Congelisol* (auch *Pergelisol*) genannt und in der Sowjetunion als *Wetschnaja Merslota*, in Schweden als *Tjäle* bezeichnet, taut in der warmen Jahreszeit in sommerkühlen Gebieten nur wenige Dezimeter, in sommerwärmeren Gebieten bis zu mehreren Metern auf, so daß darauf nicht nur Tundrenvegetation, sondern auch hochstämmiger Wald wachsen kann. Der dabei entstehende *Auftauboden* (*Mollisol*) ist besonders stark wasserdurchtränkt und daher sehr beweglich. Schon bei geringer Hangneigung kommt es zum Bodenfließen (→ Solifluktion). Die Grenze der ewigen Gefrornis verläuft in Eurasien vom Nordrand der Halbinsel Kola in ostsüdöstlicher Richtung über den Nördlichen Ural hinweg zum unteren Ob und Jenissej, die in etwa 64° n. Br. erreicht werden, biegt aber dann im Mittelsibirischen Bergland östlich des Jenissej schroff gegen Süden ab und reicht bis zum Baikalgebiet und Amur; nur das Küstengebiet des Stillen Ozeans ist frei von Dauerfrostboden (s. Abb. S. 162).
In den subpolaren Gebieten ist die Mächtigkeit des Dauerfrostbodens sehr groß. In Bohrungen wurde stellenweise erst in 300 m Tiefe (Sibirien, Alaska) der unter dem F. liegende *Niefrostboden* erreicht. Allerdings ist hier die tiefe Bodengefrornis wenigstens teilweise als Relikt der letzten Eiszeit anzusehen. Die starke Wasserdurchtränkung des Auftaubodens läßt sich nicht allein daraus erklären, daß der undurchlässige F. das Versickern des Wassers verhindert, vielmehr wird dem F. aus dem darunterliegenden Niefrostboden Wasser zugeführt. Das Bodeneis wird somit verstärkt, da der Dampfdruck über Eis geringer als über Wasser ist. Das Bodeneis wächst dabei von unten her; es bilden sich stellenweise Linsen reinen Bodeneises, so daß im Frühjahr mehr Eis zum Auftauen kommt, als sich im Herbst durch Gefrieren des Bodenwassers bilden konnte. Neben der alljährlichen Bildung des flachen Auftaubodens spielt die örtliche Degradation des Dauerfrostbodens eine große Rolle. Dabei taut der von Eiskeilen durchsetzte F. völlig bis in die von den Eiskeilen vorgezeichnete Tiefe auf. Es entstehen steilhängige, abflußlose Schüsselformen, die → Alassi. Diese sind mit einem See gefüllt, der erst nach Jahrhunderten verlandet. Die ewige Gefrornis hat auf die Pflanzenwelt und den Wasserhaushalt großen Einfluß; sie läßt auch bei der Errichtung von Bauten schwierige Probleme auftauchen, die man in der Sowjetunion in besonderen Forschungsstationen zu lösen sucht.

In Gebieten mit häufiger, tageszeitlich wechselnder Frostbodenbildung, vor allem also in den tropischen und subtropischen Hochgebirgen, entsteht unter der obersten, nur millimeterstarken Bodenschicht stengeliges Eis, das *Kammeis* (*Nadeleis, Haareis, Pipcrake*), das auf der Abkühlungsfläche, meist der Erdoberfläche, senkrecht steht und die feinen Bodenteilchen abhebt, dabei aber auch die Pflanzenwurzeln zerstört und die Solifluktion begünstigt.
Das Studium des F. und seiner Erscheinungen ist Gegenstand der Kryopedologie.
Frostgefährlichkeit, die vor allem vom Grad der Wasserdurchtränkung abhängende Neigung des Bodens, bei Gefrieren und Wiederauftauen Bewegungen durchzuführen, → Frostboden. Diese Bewegungen können als → *Frostbeulen* große Schäden verursachen. Frostgefährdete Stellen müssen daher durch Dränung oder besondere technische Maßnahmen entsprechend vorbereitet werden, ehe die Straßendecke gelegt werden kann.
Frosttage, → Eistage.
Frostwechselklima, ein Klima, in dem die Temperatur häufig um den Nullpunkt schwankt, wie es in den subpolaren Gebieten, aber auch in höheren Lagen der Gebirge, selbst der tropischen, der Fall ist. Die Eigenart des F. führt zu den Erscheinungen der → Solifluktion, die wiederum das Pflanzenwachstum in diesen Klimagebieten beeinträchtigt. Statistisch wird die Zahl der Frostwechseltage angegeben.
Frühling, Lenz, eine der vier → Jahreszeiten. Astronomisch beginnt er um den 21. März (Frühlingstagundnachtgleiche) und endet um den 21. Juni (Sommersonnenwende). Klimatisch werden in Mitteleuropa März, April und Mai als Frühlingsmonate bezeichnet. In der Klimatologie ist es üblich, den F. wie das anderen Jahreszeiten weiter zu unterteilen, z. B. Vorfrühling, Vollfrühling. Diese Zeitabschnitte stehen aber nicht mehr in Beziehung zu der astronomisch definierten Jahreszeit.
Frühlingspunkt, Widderpunkt, derjenige der beiden Schnittpunkte der Ekliptik mit dem Himmelsäquator, in dem die Sonne zum Frühlingsanfang, um den 21. März, auf ihrer scheinbaren Bahn den Himmelsäquator in Richtung von Süd nach Nord überschreitet. Infolge der Präzession ist der F. veränderlich. Um 150 v. u. Z. lag der F. im Sternbild Widder, heute liegt er im Sternbild Fische.
frührezent, → Fernaustadium.
F-Schichten, → Atmosphäre.
Fulgurite, svw. Blitzröhren.
Fumarole *f,* Gasaushauchung eines tätigen Vulkans oder noch nicht erkalteter Lavamassen. Die Zusammensetzung des Gases ist von der Temperatur abhängig.
Funktion, 1) in der Physischen Geographie verwendet als kausale und daher meist in mathematischen Formeln faßbare Beziehung zwischen geographischen Elementen.
2) In der Ökonomischen Geographie meist auf die gesellschaftlichen F. bezogen.
Funktional, → Formal.

G

Gabbro, braunes bis schwärzlichgrünes, meist grobkörniges Tiefengestein, das wesentlich aus kalkreichem Plagioklas und Augit besteht. G. bildet Stöcke und Gänge. Er wird als Straßenbaumaterial verwendet.
Galaxis, svw. Milchstraßensystem.
Galeriewald, Waldstreifen längs der Flußläufe in Savannengebieten. Die für das Wachstum notwendige Feuchtigkeit stammt überwiegend von den Quellen, die an den Hängen der Taleinschnitte austreten. In der Feuchtsavanne ähnelt die G. in Wuchsform und Artenbestand dem *immergrünen Regenwald.* In der Trockensavanne handelt es sich meist um Streifen von Monsunwäldern, die während der Trockenheit das Laub abwerfen. In noch trockneren Gebieten ermöglicht das in den periodisch trockenliegenden Tälern vorhandene Grundwasser eine höhere Vegetation. Der G. zeigt hier also stets das Vorhandensein von Grundwasser an.
Gang, aus Gestein oder Mineralen bestehende Füllung einer Spalte in einem anderen, älteren Gestein. Meistens ist der G. ein plattenförmiger Körper, der mehr lang als breit ist.
Gangart, svw. Nichterze.
Ganggesteine, die magmatischen Gesteine, die in Gangform auftreten. Sie erstarren aus abgespaltenen Teilen eines Tiefengesteinsmagmas in Spalten und Klüften der Erdkruste und stehen petrographisch zwischen Oberflächen- und Tiefengesteinen. Man unterscheidet: 1) *ungespaltene (aschiste) G.,* d. s. G., die die gleiche Zusammensetzung wie das Muttertiefengestein haben, deren Gefüge sich aber dem der Ergußgesteine nähert; 2) *Spaltungsgesteine (Schizolithe, diaschiste G.),* d. s. G., die sowohl in Zusammensetzung als auch im Gefüge vom Muttertiefengestein abweichen, z. B. Aplit, Pegmatit und Lamprophyr. Man bezeichnet sie auch als *Ganggefolge,* weil jedes Tiefengestein von ganz bestimmten Spaltungsgesteinen begleitet ist.
Ganglinie, graphische Darstellung des Verlaufes eines klimatologischen oder hydrologischen Elements innerhalb einer bestimmten Zeit (meist Tages- oder Jahresgang). Die G. lassen die Höchst- und Tiefstwerte sowie die zeitlichen Schwankungen erkennen und können in ihrem Verlauf durch Seehöhe und geographische Breite so-

Gangspalte wie durch die Lage zum Meer beeinflußt werden. Säkulare Schwankungen führen zu einer allmählichen Abwandlung der G.

Gangspalte, → Spalte.

Gariden, Bezeichnung für die mediterranen Felsheiden der → Garigues, → Tomillares und → Phrygana. G. sind eine aus Zwerg- und Halbsträuchern, aromatischen Stauden, Zwiebel- und Knollengeophyten zusammengesetzte wärmeliebende Pflanzenformation.

Garigues, *Garrigues,* mediterrane Strauchvegetation in Südfrankreich und Nordafrika; sie entspricht der italienischen Macchie. Vgl. Gariden.

Garúa [indianisch], *Camenchaca* [spanisch] *f*, feiner Staubregen oder nässender Nebel vor der nordchilenisch-peruanischen Küste im Bereich des kalten Perustroms. In der Küstenwüste begünstigen die G. die Entwicklung einer eigenartigen, dürftigen Vegetation (Garúaformation oder Lomavegetation). Den G. entsprechende Erscheinungen finden sich in Südwestafrika im Bereich des Benguelastroms, während sie im Gebiet der kalten Meeresströmungen vor der kalifornischen, westaustralischen und nordwestafrikanischen Küste seltener auftreten.

Gault, → Kreide, Tab.

Gauß-Krüger-Abbildung, *Gauß-Krüger-Koordinaten, Gauß-Krüger-Gitter, Gauß-Krüger-Meridianstreifen, Gauß-Krüger-Netz, Gauß-Krüger-System,* das zuerst von dem Mathematiker und Geodäten C. F. Gauß (1777–1855) für die Hannoversche Landesvermessung (1824–1844) benutzte Koordinatensystem, das später von L. Krüger (1857–1923) ergänzt und für die topographischen Kartenwerke eingeführt wurde. Es dient der konformen Abbildung der geographischen Koordinaten auf dem Erdellipsoid in der Ebene. Der Vorzug der G. beruht in der unbegrenzten Nord-Süd-Ausdehnung des Koordinatensystems, während für die Ost-West-Richtung je nach der geforderten Genauigkeit für Meridianstreifen von 3 oder 6 Grad Breite jeweils eigene Abbildungen, die dann in Ost-West-Richtung aneinandergefügt werden, benutzt werden müssen. Die G. kann näherungsweise als querachsige Zylinderprojektion aufgefaßt werden. Der jeweilige Mittelmeridian wird als Hauptmeridian längentreu in der Ebene abgebildet und ist die x-Achse des Koordinatensystems. Als die dazu rechtwinklige y-Achse kann der Äquator oder auch ein Breitenkreis benutzt werden. Für die topographischen Karten des Deutschen Reiches bis 1945 wurden 3-Grad-Streifen benutzt. Die im zweiten Weltkrieg eingeführten 6-Grad-Meridianstreifen wurden von den westeuropäischen Staaten unter der Bezeichnung *UTM-Gitter* (*U*niversal-*T*ransversal-*M*ercator-Gitter) übernommen. Die topographischen Kartenwerke der sozialistischen Staaten benutzten ebenfalls 6-Grad-Streifen, die in der Länge dem Blattschnitt der internationalen Weltkarte entsprechen und geodätisch auf den Erddimensionen des Krassowski-Ellipsoides beruhen.

Koordinatennullpunkt einer G. ist jeweils der Schnittpunkt des Mittelmeridians mit dem Äquator. Die Ordinaten, denen eine Meridianstreifenkennziffer vorangestellt wird (der Mittelmeridian 3° erhält 1,9° 2 usw.), nennt man *Rechtswert* (y-Wert); die Abszissen werden als *Hochwert* (x-Wert) bezeichnet. Damit nur mit positiven Rechtswerten gearbeitet werden kann, wird der Mittelmeridian jeweils mit +500000 bezeichnet. An den Nahtstellen zwischen zwei Meridianstreifen werden für einen $1/2°$ breiten Überlappungsbereich die Koordinaten in beiden Systemen auf den topographischen Karten angegeben. Die G. wird auf den Blättern der topographischen Karten 1:10000 bis 1:200000 in Form eines quadratischen → Gitternetzes verzeichnet, das mit den zweistelligen Endzahlen der Kilometerwerte beziffert ist.

Geantiklinale, eine durch epirogenetische Bewegungen aufgewölbte, einer → Geosynklinale benachbarte Zone der Erdkruste.

Gebirge, ein von niedrigeren Teilen der Erdoberfläche oft mit einem deutlichen Fuß abgesetztes, ausgedehntes Hochgebiet der Erde, das mehr oder weniger stark in Berge, Täler und Hochflächen aufgegliedert ist. Eine exakte Abgrenzung des G. gegenüber dem niedrigeren Hügelland oder dem lockeren Bergland ist nicht möglich. Die G. sind durch endogene Kräfte in ihre jetzige Höhenlage gebracht worden (→ Gebirgsbildung) und verdanken ihre heutigen Oberflächenformen dem Wirken der exogenen Kräfte.

Eine Klassifikation der G. kann nach mehreren Gesichtspunkten vorgenommen werden. Nach der Reliefenergie unterscheidet man: *Mittelgebirge* (z. B. Thüringer Wald und Böhmerwald) und *Hochgebirge* (z. B. Alpen und Kaukasus). In dem nur mäßige relative Höhen erreichende Mittelgebirge fehlen meist übersteile, schroffe Formen.

Nach der Gliederung unterscheidet man: *Kammgebirge,* die sich von einem Gebirgskamm aus nach beiden Seiten abdachen (z. B. Taunus und Riesengebirge), *Kettengebirge,* die durch Täler in einzelne Ketten gegliedert sind (z. B. Himalaja und Alpen), und *Plateaugebirge* mit ausgedehnten Hochflächen (z. B. Schwäbische Alb).

Nach der Tektonik unterscheidet man: *Faltengebirge,* deren innerer Bau auf eine junge → Faltung zurückzuführen ist (z. B. Alpen, Kaukasus und Anden). Die Oberflächenformen spiegeln die Bauformen weitgehend wider; besonders die aus Sedimentgesteinen gebildeten oberen Teile des G. lassen die Faltennatur deutlich erkennen. Dort, wo die Faltenachsen untertauchen, andere wieder auftauchen, entsteht ein *Gebirgsrost* (z. B. Nordchinesischer Gebirgsrost). Sind die G. aus dem Sockel älterer gefalteter schon wieder abgetragener Schollen durch Emporhebung an Bruchlinien entstanden, so spricht man von *Bruchschollengebirgen,* zu denen die meisten mitteleuropäischen Mittelgebirge, aber auch Tienschan, Altai u. a. gehören. Als *Rumpfgebirge* (*Rumpfschollengebirge*), die aus dem Unterbau (Rumpf) eines der Abtragung anheimgefallenen alten Faltengebirges bestehen, später aber als Bruchscholle wieder emporgehoben worden sind, tragen sie noch Reste oder Folgeformen der alten Abtragungsflächen (Rumpfflächen), wie es z. B. beim Erzgebirge der Fall ist. Andererseits können Bruchschollengebirge auch zu vergletscherten Hochgebirgen umgestaltet worden sein (z. B. Tienschan und Altai). Infolge weitgehender Abtragung der aus Sedimentgesteinen aufgebauten jüngeren Gebirgsglieder des ehemaligen Faltengebirges stehen überwiegend Massengesteine und kristalline Schiefer an. In den Bruchschollengebirgen treten vielfach Grabenbrüche und Horste auf. Nach der Anordnung der Brüche kann man ferner *Keilschollengebirge,* bei denen die Scholle nur auf einer Seite an einem Bruch gehoben wurde (z. B. Erzgebirge), von *Horstgebirgen* unterscheiden, die auf mehreren Seiten an Brüchen emporgepreßt wurden (z. B. Harz und Thüringer Wald). Das *Bruchfaltengebirge* ist dagegen ein junges Faltengebirge, dessen Falten infolge größerer Starrheit des Untergrundes von zahlreichen Brüchen durchsetzt sind.

Schließlich spricht man noch von *vulkanischen G.,* wenn um verschiedene Eruptionsstellen mehrere Vulkane entstanden sind. Gesteine und Oberflächenformen bilden sich bei ihnen im Gegensatz zu anderen G. gleichzeitig. Auch längst erloschene, durch die exogenen Kräfte bereits umgeformte Vulkanbauten (z. B. Vogelsberg und Siebengebirge) werden noch als vulkanische G. bezeichnet.

Gebirgsbildung, *Orogenese* im engeren Sinne, die tektonischen Großbewegungen, die Veränderungen des Gefüges der Erdkruste sowie Störungen der Lagerungsverhältnisse der Gesteine verursachen und zur Bildung neuer Gebirgsstrukturen führen.

Die G. ist nach heutiger Auffassung ein außerordentlich langwährender Prozeß, der sich in mehrere Stadien gliedern läßt. Er beginnt mit der Ablagerung großer Sedimentmassen in den lokalen, sich dauernd absenkenden Geosynklinalen, wobei innerhalb dieser Sedimentationströge bereits einzelne Schwellen aus älteren starren Krustenteilen eine Untergliederung in einzelne Teiltröge schaffen, in denen verschie-

denartige Gesteinsserien abgelagert werden. Am Ende des Geosynklinalstadiums kommt es in der Tiefe der Geosynklinalen unter Raumverkürzungen zu Bewegungen, durch welche die einzelnen Gesteinsserien gefaltet und große Faltenpakete verfrachtet werden (*hochorogenes Stadium*). Dabei kann die Bildung von Überschiebungsdecken erfolgen. An der Erdoberfläche erscheint das Gebirge noch nicht als geschlossenes Höhengebiet, sondern vielfach nur als Inselgruppe. Auf dem unruhigen Meeresgrund lagert sich in diesem Stadium der Flysch ab (*Flyschstadium*). Erst nach Abschluß dieser Hauptfaltungsvorgänge in der Tiefe und nach Beendigung des labilen Zustandes in der Faltungszone wird das entstandene Orogen aus dem plastischen Untergrund emporgepreßt, und es entsteht ein Gebirge im geographisch-morphologischen Sinne auf der Erdoberfläche (*postorogenes Stadium*). Es beginnt nun sofort die Abtragung; der Abtragungsschutt sammelt sich vorwiegend in den Vortiefen des Gebirges an; dieses Stadium der G. bezeichnet man als *Molassestadium* (→ Molasse). Die Hauptabschnitte der G. werden von magmatischen Einschüben begleitet, die zur Versteifung des Gebirgskörpers beitragen.
Die in Geosynklinalraum selbst stattfindende Art der G. bezeichnet man als *alpinotype G.*, da die Alpen als bestes Beispiel dafür gelten können. In den hochorogenen Zeiten werden jedoch auch die den Geosynklinalen benachbarten, bereits verfestigten Krustenteile in Mitleidenschaft gezogen, doch kommt es bei ihnen nicht zur Faltung, da hier der Untergrund schon einmal gefaltet und durch Plutone versteift wurde. Es tritt vielmehr Bruchbildung (→ Bruch) auf, die zur Entstehung von Bruchschollengebirgen führt. Da solche Gebirge für das deutschsprachige Gebiet charakteristisch sind, nennt man diese Art der G. *germanotype G.*
Im Laufe der Erdgeschichte haben sich mehrere große Zyklen der G. abgespielt, deren jeder die oben erwähnten Stadien umschloß. Man unterscheidet:
1) *laurentische G.* zwischen Archaikum und Algonkium; 2) *algomische G.*, die den altalgonkischen Zyklus abschließt; 3) *assyntische G.* am Ende des Präkambriums; 4) → *kaledonische G.* vom Kambrium bis zum Ordovizium; 5) → *variszische G.* bzw. altaische G. (→ altaisch) vom Devon bis zum Rotliegenden; 6) *mesozoische (altalpidische, pazifische) G.*, von vielen Forschern als Teil der alpidischen G. aufgefaßt, in Europa durch die → saxonische G. vertreten; 7) → *alpidische G.* mit hochorogenem Stadium in der Oberkreide und im Tertiär. Tab. S. 424.
Gebirgsklima, das in Gebirgen herrschende, durch die Einflüsse des Reliefs abgewandelte Klima. Es weist gegenüber dem normalen Tieflandklima folgende Unterschiede auf: 1) Der Luftdruck nimmt mit der Höhe ab; dadurch werden die Lebensmöglichkeiten beeinträchtigt, beim Menschen z. B. durch die Bergkrankheit, bei Pflanzen durch gesteigerte Verdunstung, die nur durch sehr hohe Niederschläge kompensiert werden kann. 2) Die Lufttemperatur nimmt mit der Höhe ab, die Ausstrahlung wird dagegen stärker. Die tageszeitlichen Schwankungen sind sehr groß, allerdings wird durch den Berg-und-Tal-Wind ein gewisser Ausgleich geschaffen. Wegen der dünneren Luft ist auch die Einstrahlung intensiver. Die kurzwelligen Strahlen haben größere Wirkung als im Flachland. 3) Die absolute Luftfeuchtigkeit nimmt mit der Höhe proportional zur Temperatur ab und ist in 2 000 m Höhe nur noch etwa halb so groß wie im Tiefland. Die relative Luftfeuchtigkeit ist besonders an den Luvseiten der Gebirge sehr hoch, da die hier aufsteigenden, sich abkühlenden Luftmassen dem Sättigungspunkt immer näher kommen. 4) Auch die Niederschläge nehmen daher mit der Höhe zu und steigen in den Alpen bis über 2 000 mm/Jahr. Ausgesprochene Trokkenperioden fehlen im Verlauf des Jahres meist. Die Gebirgsflanken und besonders die Luvseite sind am stärksten beregnet. Die Schneedecke bleibt weit bis ins Frühjahr bestehen und bildet für die Vegetation sowohl einen Frostschutz als auch eine Feuchtigkeitsreserve. 5) Die Bewölkung ist im Winter im Gebirge geringer, im Sommer stärker als in der Ebene. Nebeltage sind in allen Höhenlagen häufig, nur im Winter ragen die Kammlagen öfter über die Nebelzone hinaus.
Geest, im Norden der BRD neben Marsch und Moor der dritte wichtige Landschaftstyp, der die etwas höher gelegenen, trockneren, sandigen und daher weniger fruchtbaren · Ablagerungen des Pleistozäns umfaßt. Ursprünglich war die G. meist von Laubmischwald bedeckt, mit zunehmender Bodenverarmung haben sich atlantische Zwergstrauchheiden sowie aus Kiefer, Birke, Wacholder und Heidekraut bestehende Kiefernheiden eingestellt.
Gefälle, 1) der Höhenunterschied zwischen zwei Punkten der Erdoberfläche (*absolutes G.*). Bei Stauanlagen und Wasserfällen entspricht das G. der Fallhöhe.
2) das Verhältnis des Höhenunterschieds zwischen zwei Punkten zu ihrer waagerechten Entfernung voneinander (*relatives G.*, Neigung), → Böschungswinkel.
3) Beim Fluß beziehen sich die Gefälleangaben auf den Flußspiegel (*Spiegelgefälle*), der ein gleichsinniges G. aufweist. Demgegenüber ist das *Sohlengefälle* des Flusses zwar insgesamt flußabwärts gerichtet, durch Kolke und Bänke jedoch im einzelnen nicht gleichsinnig.
Gefällskurve, → Fluß.
Gefällssteile, jede im Flußlängsprofil auftretende Strecke größeren Gefälles, im Extremfall durch einen Wasserfall dargestellt. In der Erosionstheorie wurden die G. mit der Talgeschichte verknüpft und durch den Vorgang des Rückwärtswanderns der G. an ihren jetzigen Standort gedeutet, so daß sie als Zeugen alter Hebungsphasen benutzt werden konnten. Neuerdings wird diese Arbeitshypothese stark kritisiert.
Gefällsströme, → Meeresströmungen.
Gefrornis, → Frostboden.
Gefüge, 1) in der Landschaftslehre die innere Ordnung naturräumlicher Einheiten, die bestimmt wird durch das Inventar an topologischen Grundeinheiten, das *Mosaik* als deren charakteristische räumliche Anordnung und die *Mensur*, die Maßstabsverhältnisse der beteiligten Grundeinheiten. Das Inventar ergibt die naturgesetzliche Struktur und deren Elemente. Mosaik und Mensur lassen statistische Auswertungen zu.
2) in der Petrographie der innere Bau des → *Gesteins*.
Gekriech, *creep*, eine Form der → Massenbewegungen. Unter dem Einfluß der Schwerkraft wandert feinerdereicher Gehängeschutt hangabwärts. Die mit dem Auge nicht wahrnehmbare Kriechbewegung geht um so rascher vor sich, je größer der Anteil an Feinmaterial ist. Als besondere Erscheinung des G. an steilen Hängen kann auch das → Hakenwerfen auftreten. Auch in → Dellen ist G. zu beobachten. Von manchen Forschern wird bestritten, daß in Mitteleuropa das G. unter den heutigen klimatischen Bedingungen allgemein verbreitet ist.
Gelände, 1) in der Geographie die allgemeine Bezeichnung für den natürlichen Charakter eines Landschaftsausschnittes mit gewisser Betonung des Reliefs.
2) in Topographie, Militärwesen und Kartographie ein beliebiges Stück der physischen Erdoberfläche ohne territorialen Bezug.
Das G. besteht aus den *Geländeelementen* Relief, Boden, Gewässer, Bodenbewachsung, Bodenbebauung (Siedlungen, Verkehrsanlagen und Grenzen). Seine kartographische Abbildung erfolgt insgesamt großmaßstäbig in → topographischen Karten und kleinmaßstäbig in → chorographischen Karten.
Geländeklima, *Topoklima, Mesoklima,* die unter dem Einfluß der örtlichen Besonderheiten der Erdoberfläche, vor allem des Reliefs, stehende lokale Ausprägung des Klimas. In bezug auf die Größenordnung des untersuchten Gebietes und die Beobachtungsmethoden steht das G. zwischen Klein- und Großklima. Unterschiedliche Höhen-

Geländemodell

lage, Hangneigung und Hangrichtung (→ Exposition), ferner offene oder geschützte Lage sind für das G. von besonderer Bedeutung. Durch diese Faktoren werden Einstrahlung und damit Temperatur, Luftfeuchte, Luftströmung und Verteilung der Niederschläge beeinflußt, so daß oft starke klimatische Unterschiede auf engem Raum entstehen können, die sich besonders im pflanzlichen Wachstum auswirken. Die Erforschung des G., das sich dem Großklima überlagert, ist Aufgabe der *Geländeklimatologie* (*Mesoklimatologie*).

Geländemodell, svw. Relief 2).

Geländezeichnung, → Reliefdarstellung.

Gelberde, Gelblatosol, zu den Latosolen gehörende Gruppe von gelben bis ockerfarbenen Böden, die hauptsächlich in den Subtropen (z. B. Südfrankreich, Japan, China) auf Silikatgestein verbreitet ist und deren auffallende Farbe vorwiegend durch die Bildung von Limonit (wasserhaltiges Eisenoxid) entsteht. Die Bodenbildungsprozesse, die zur Entstehung der G. führen, sind uneinheitlich. In ihren Eigenschaften ist die G. im wesentlichen der → Roterde ähnlich. Sie wird deshalb als eine Übergangsbildung von den Roterden zu den Böden der gemäßigten Zone angesehen. Andere G. werden als genetische Vorstufen der Roterden gedeutet oder bilden sich auf eisenarmen Gesteinen unter genetisch abweichenden Bedingungen. Wie die meisten Latosole haben die G. gute physikalische, aber schlechte chemische Eigenschaften. Humusarmut, Versauerung, geringe Austauschkapazität und Phosphatfixierung bereiten dem Anbau Schwierigkeiten.

Gelblehm, → Plastosol.

gemäßigte Zone, 1) in der mathematischen Geographie die durch Wendekreise und Polarkreise begrenzten beiden mathematischen Zonen.

2) in der Klimatologie in Anlehnung an die mathematischen Zonen ursprünglich, aber veraltet, die Klimagürtel der warmgemäßigten (subtropischen) Zone und der kühlgemäßigten Zone (Westwindgürtel). Eine schärfere Begriffsfassung setzt die g. Z. den kühleren, ganzjährig von den außertropischen Westwinden beherrschten Zonen gleich, für die H. Louis den Begriff Mittelgürtel vorgeschlagen hat; für die warmgemäßigten Zonen sollte der Begriff Subtropen (alternierendes Klima) verwendet werden.

Generalisieren, 1) *kartographische Generalisierung*, in der Kartographie das Vereinfachen des Kartenbildes gegenüber der Wirklichkeit, das Verallgemeinern des Karteninhaltes bei der Ableitung einer Karte aus einer oder mehreren anderen Karten meist größeren Maßstabs mit detaillierterem Inhalt.

Als *Generalisierungsmethoden* lassen sich unterscheiden: die Objektauswahl nach in den Redaktionsdokumenten festgelegten Mindestmaßen oder nach der Objektanzahl bzw. der Objektdichte; die Formvereinfachung, wie lineare Glättung und Verringerung der Eckenzahl bei Flächenstücken (Abb.); der Qualitätsumschlag in der Form der Veränderung der Darstellungsqualität (z. B. Umschlag von der Grundrißdarstellung zur Signaturendarstellung) oder der Objektqualität durch Begriffszusammenfassung; die zeichnerisch bedingte Verdrängung. Bei der Ausführung der kartographischen Generalisierungsmaßnahmen ist auf eine gleichmäßige Behandlung aller Kartenelemente zu achten. Bei bestimmten Objektgruppen kann dabei das *Wurzelgesetz* nach Töpfer zugrunde gelegt werden. Es besagt, daß im Bereich der topographischen Maßstäbe mit abnehmendem Maßstab

Generalisieren: I ein Dorf, wie es auf der Karte in den Maßstäben 1 : 10000, 1 : 25000, 1 : 50000 und 1 : 100000 dargestellt wird; II die generalisierten Figuren unverändert auf den Ausgangsmaßstab 1 : 10000 vergrößert (aus Imhof)

innerhalb der gleichen Kartenart eine regelhafte Verdichtung des Karteninhaltes vorgenommen wird, die der Wurzel aus der Maßstabszahl entspricht. Ist eine optische Zeichendichte (→ Flächenbelastung) erreicht, müssen die Generalisierungsmaßnahmen die Flächenproportionalität wahren. Bei Verkleinerung einer Karte auf linear die Hälfte steht nur noch ein Viertel der Fläche zur Verfügung, so daß auch nur ein Viertel des Karteninhaltes erhalten werden kann.

Wird bei abgeleiteten Karten der Karteninhalt sachlich eingeengt, z. B. auf ein Kartenelement, kann dieses Element ohne Auswahl und Vereinfachung jedoch bei Verkleinerung der Zeichnung stark verkleinert und die Aussage damit verdichtet werden. Für viele thematische Karten ist das Einhalten bestimmter Vollständigkeitskriterien wesentlich. Die Generalisierungsmaßnahmen müssen dem Zweck der Karte angepaßt werden. So haben Karten in Handatlanten einen höheren Feinheitsgrad als Schulatlaskarten im gleichen Maßstab.

Im übertragenen Sinn wird bei Luft- und Satellitenbildern von *optischer Generalisierung* gesprochen und darunter die Verringerung der Auflösung mit abnehmendem Bildmaßstab bzw. zunehmender Flughöhe (Aufnahmeentfernung) verstanden.

2) in der Methodenlehre die Verallgemeinerung einer Aussage, wobei zwei Formen zu unterscheiden sind: 1) *G. im engeren G.*, in der kartographischen G. weitgehend entsprechende Reduzierung des Inhalts bei Wahrung der Lage und der Lagebeziehungen (Erhaltung des chorologischen Axioms), 2) *Typisieren,* auf den Vergleich gestützte Heraushebung gemeinsamer Merkmale unter Verzicht auf die individuelle Lage (chorologisches Axiom); auf der Karte werden die in der Legende ausgewiesenen Typen durch die Einordnung in das räumliche Anordnungsmuster wieder mit den Lagequalitäten ausgestattet.

Genuazyklone *f*, regelmäßige, durch die orographischen Verhältnisse begünstigte Zyklonenbildung im Bereich des Golfs von Genua. Die über dem Mittelmeer vorhandene Warmluft wird dabei durch einen Kaltluftvorstoß im Rhônetal um die Westalpen herum zur Verwirbelung gebracht. Oft werden dadurch auch bereits vorhandene Zyklonen regeneriert, d. h. neu belebt.

Genzentren, → Kulturpflanzen.

Geobotanik, → Pflanzengeographie.

Geochemie, 1) die Wissenschaft von der chemischen Zusammensetzung und den chemischen Veränderungen des Erdkörpers. Sie erforscht Art und Menge der ihn aufbauenden Elemente, die Gesetzmäßigkeiten ihrer Verteilung, ihres Wanderns und des Zusammentretens zu Mineralen, die chemischen Vorgänge bei der Bildung

und Umwandlung von Gesteinen und Lagerstätten. Die Entwicklung der G. ist vor allem Clarke, Fersman, Goldschmidt und Wernadski zu verdanken.
2) *G. der Landschaft*, eine Teildisziplin der physischen Geographie, die den Stoffbestand und die Stoffumlagerungen in der Geosphäre, vor allem im Boden und in der Hydrosphäre, erforscht und für einzelne geographische Landschaften den chemischen Charakter darlegt.

Geochor, → Geomer.

Geochronologie, die Lehre von der absoluten geologischen Zeitrechnung. Sie ergänzt die relative geologische Zeitrechnung, die sich vorwiegend stratigraphischer Methoden bedient, durch eine Reihe von Verfahren, die die absolute Zeitbestimmung ermöglichen. Für die Geographie kommt vor allem die G. des Quartärs in Frage, die für die Genese der heutigen Landschaften unmittelbare Bedeutung hat. Die wichtigsten Methoden sind die → Radiokarbonmethode, die Warvenchronologie, d. h. die Auszählung der Warven in → Bändertonen, die Tephrochronologie, die das Alter vulkanischer Aschen aus historischer Zeit bestimmen kann, sowie die biologischen Verfahren der → Lichenometrie und der → Dendrochronologie. Für spezielle Fälle werden auch der → Fluortest, die → Ioniummethode und die → Karbonatmethode angewendet. Diese Verfahren der absoluten Zeitrechnung werden durch weitere ergänzt, die bestimmte fossile Arten verwenden, um über Temperatur oder Salinität ihres damaligen Lebensmilieus Aussagen zu gewinnen, wodurch Parallelisierungen möglich werden. Insgesamt hat die G. ein verhältnismäßig klares Bild über die Zeitabläufe der Weichsel-Eiszeit, des Spätglazials und des Postglazials ergeben.

Geodäsie, *Vermessungskunde,* die Wissenschaft, deren Ziel die möglichst exakte Bestimmung der Erdfigur und ihrer zeitlichen und räumlichen Veränderung ist und die als Grundlage zur koordinatenmäßigen Bestimmung von Punkten auf der Erdoberfläche nach Lage und Höhe dient. Aufgabe der *physikalischen* und *sphäroidischen G.* ist die Bestimmung der Erdfigur mit terrestrischen Methoden (→ Gradmessung) und neuerdings mit den Methoden der → Satellitengeodäsie und auf ihrer Grundlage im Rahmen der Landesvermessung die Anlage staatlicher Lage-, Höhen- und Schwerenetze. Neben astrometrischen Messungen zur absoluten Orientierung der Netze werden dazu Triangulations- (durch Winkelmessung) bzw. Trilaterationsnetze (durch Streckenmessung) bestimmt. Den Höhennetzen liegen Präzisionsnivellements zugrunde; den Schwerenetzen Gravimetermessungen. Durch regelmäßige Wiederholung der Messungen können nach Eliminierung der Meßfehler an identischen Punkten die Veränderungen als Bewegung der Erdkruste gedeutet werden. Das Ausmaß der Höhen- und Lageveränderung von geodätischen Punkten gestattet, die gegenwärtig ablaufenden tektonischen Vorgänge quantitativ zu bestimmen. Die staatlichen geodätischen Netze bilden außerdem die Grundlage der topographischen Landesaufnahme, bei der an die Stelle der Meßtischaufnahme bzw. der Tachymeteraufnahme die Kartierung auf der Grundlage einer Luftbilduniversalauswertung getreten ist.

Die früher als *niedere G. (Feldmessung)* bezeichneten geodätischen Arbeiten knüpfen an die Festpunkte der Landesvermessung an. Mit den der jeweiligen Zielstellung entsprechenden Geräten werden mit unterschiedlicher Genauigkeit Messungen und Vermarkungen für die verschiedenartigsten staatlichen und volkswirtschaftlichen Aufgaben ausgeführt. Einen breiten Umfang nehmen dabei die Vermessungsarbeiten zur Liegenschaftsdokumentation und zur Vorbereitung von Baumaßnahmen ein. Die *Ingenieurvermessung* führt mit oft speziellen Meßverfahren die Vermessung von Verkehrsanlagen (z. B. Eisenbahnvermessung) und von Industrieobjekten sowie Überwachungsmessungen an Bauwerken aus. Die vom *Markscheidewesen* wahrgenommenen, über und unter Tage für den Bergbau auszuführenden Vermessungsarbeiten werden in der graphischen Darstellung ihrer Ergebnisse im Bergmännischen Rißwerk geregelt.

Geofaktoren, *geographische Faktoren,* Bezeichnung für diejenigen geographischen Tatbestände, die in vielfältigem Zusammenspiel die charakteristischen Merkmale der einzelnen geographischen Regionen und Landschaften bestimmen. G. sind z. B. bestimmte Erscheinungen des Klimas, der Hydrosphäre, der Böden und der Pflanzen- und Tierwelt (Vergesellschaftung, Konkurrenz, Symbiose, Parasitismus u. a.), Reliefformen sowie geologische Tatbestände, die die Formenbildung, die Verwitterung und Bodenbildung beeinflussen. Man kann diese Vielzahl von G. in vier großen Gruppen zusammenfassen: Relief, Klima, hydrogeographische Verhältnisse und biogeographische Tatbestände. Sie sind durch Wechselbeziehungen eng miteinander verflochten und bilden die geographische Hülle der Erde.

Die kausale Verknüpfung der einzelnen G. besteht an allen Punkten der Erdoberfläche und wird in der Geographie auch als *geographischer Zusammenhang (Landschaftszusammenhang)* bezeichnet.

Geographie, *Erdkunde,* umfassender Wissenschaftsbereich, der die Erforschung der Land- und Meeresräume der Erdoberfläche zum Gegenstand hat.

Die zahlreichen Einzelerscheinungen an der Erdoberfläche, jede für sich Gegenstand verschiedener Wissenschaften, werden durch vielfältige, oft wechselseitige Beziehungen miteinander verflochten und bilden durch diese Integration in ihrer Gesamtheit materielle Systeme besonderer Eigenart, die *Geosysteme*. Diese sind dadurch gekennzeichnet, daß Objekte der anorganischen Welt (z. B. Gestein, Wasser), der organischen Welt (Pflanzen, Tiere) und der gesellschaftlichen Tätigkeit des Menschen (z. B. Siedlungen) zu räumlichen Einheiten integriert werden, wobei die darin auftretenden Prozesse gleichermaßen den physikalisch-chemischen, den biologischen und den Gesetzmäßigkeiten der menschlichen Gesellschaft unterworfen sind. Es handelt sich also um hochintegrierte, komplexe und komplizierte Systeme. Die Berührung und Durchdringung von Lithosphäre, Hydrosphäre und Atmosphäre an der Erdoberfläche ermöglicht organisches Leben, das – als Biosphäre zusammengefaßt – in enge Wechselwirkungen zu den drei anorganischen Sphären tritt. Der Mensch, als Lebewesen selbst ein Glied der Biosphäre, bildet darüber hinaus auf Grund seines Bewußtseins und seines gesellschaftlichen Handelns eine eigene Sphäre, die Soziosphäre (→ Noosphäre), die den Gesetzmäßigkeiten der menschlichen Gesellschaft unterworfen ist. Dieses „geographische" Gestaltungsprinzip gilt für die Erdoberfläche im Ganzen wie für alle ihre Teilausschnitte und prägt die Erdoberfläche als dreidimensionales Gebilde, das als → *Geosphäre* bezeichnet wird und zugleich das → *geographische Milieu* für die menschliche Gesellschaft ist. Da sich Anzahl, Art und Intensität der einzelnen Erscheinungen, die in der Geosphäre gesetzmäßig miteinander verbunden sind, über die Erde hin in mannigfachster Weise abwandeln, weist die Geosphäre zahlreiche reale Erscheinungsformen auf; diese örtlichen Ausprägungen des geographischen Milieus werden als → *Landschaft* bezeichnet. Von vielen Geographen wird daher unter dem Begriff G. auch die Wissenschaft von den Landschaften verstanden.

Für die geographische Forschung bietet das äußere Bild jedes einzelnen Teiles der Erdoberfläche einen wichtigen Ansatzpunkt. Von der Physiognomie der Landschaften ausgehend, werden sowohl Tatbestände, als auch die einzelnen kausalen Beziehungen und schließlich das Gefüge des Ganzen erschlossen. Die *physiognomische Betrachtungsweise*, bei der die Tatbestände klar und eindeutig beschrieben werden, ist daher ebenso notwendig wie die *kausale Betrachtungsweise*, die die Einzelbeziehungen analytisch aufdeckt, die *funktionale Betrachtungsweise*, die das Wirkungsgefüge innerhalb der einzelnen Land-

schaften untersucht, und die *genetische Betrachtungsweise*, die den Entwicklungsgang einer geographischen Einheit aufzuklären hat.
Man unterscheidet zwischen *regionaler G.*, deren Aufgabe die Darstellung der Erdoberfläche in verschiedenen Teilgebieten, ihre Gliederung in Regionen und Räume verschiedener Größenordnung ist, und *allgemeiner G.*, die die einzelnen geographischen Erscheinungen untersucht und mit Hilfe des geographischen Vergleichs allgemein verbreitete Erscheinungsformen, auftretende Typen oder ähnliche Raumeinheiten herausarbeitet. Jedes geographische Objekt kann unter beiden Aspekten betrachtet werden, als einmalige regionale Erscheinung (*idiographisches Verfahren*) oder als einem Typus oder einer Klasse von Erscheinungen zugehörig (*normatives Verfahren*). Beide Methoden ergänzen sich im geographischen Erkenntnisprozeß. Die übergroße Anzahl beteiligter Komponenten und der hohe Integrationsgrad eines jeden geographischen Stoffsystems zwingt zur Abstraktion, d. h. zur Reduktion auf das Wesentliche. Der Abstraktionsgrad ist abhängig vom Maßstab der Betrachtung (→ Dimension), was Generalisierung in der regionalen G. und Typisierung in der allgemeinen G. erfordert, wobei der Grad der Verallgemeinerung um so höher sein muß, je größer das betrachtete Gebiet, je kleiner der Maßstab der Darstellung ist.
Jeder Ausschnitt der Erdoberfläche ist ein so kompliziertes Objekt, daß es unter verschiedenen Aspekten erforscht werden muß. Aus der Art des jeweiligen Forschungsgegenstandes, des Forschungszieles und der Kausalbeziehungen hat die G. eine Reihe von Teildisziplinen entwickelt, die insgesamt das System der geographischen Wissenschaft bilden. Soweit sich die Objekte in eine naturgesetzlich bestimmte Ordnung einfügen, ist die G. Naturwissenschaft, die die materiellen Tatbestände an der Erdoberfläche in ihrem naturgesetzlichen Zusammenhang untersucht. Dieser Teil wird als *physische G.* bezeichnet und gliedert sich in herkömmlicher Weise in die → *mathematisch-astronomische G.*, die → *Geomorphologie*, die → *Klimatologie*, die → *Hydrogeographie* und die → *Biogeographie*, die wiederum die → *Pflanzengeographie* und die → *Tiergeographie* umfaßt. Soweit jedoch die vom Menschen geschaffenen Werke (Siedlungen, Verkehrswege, Wirtschaftsobjekte) nur aus den ökonomischen Gesetzmäßigkeiten der Gesellschaft heraus und in ihrer gesellschaftlichen Funktion verstanden werden können, bilden sie den Gegenstand der *ökonomischen G.* Diese muß sich weitgehend der Methoden der Gesellschaftswissenschaften bedienen. Ihr gehören die Zweige *Bevölkerungsgeographie, Siedlungsgeographie, Wirtschaftsgeographie, Verkehrsgeographie* und *politische G.* an. Die Schwierigkeiten der Abgrenzungen und die Verschiedenartigkeit der Gesichtspunkte kommen in zahlreichen, z. T. synonymen Begriffen zum Ausdruck, wie Geographie des Menschen, Anthropogeographie, Kulturgeographie oder Soziogeographie.
Da in der Realität natürliche und gesellschaftliche Kräfte an der Gestaltung der Erdoberfläche beteiligt sind, wirkt sich eine zu scharfe Trennung von physischer und ökonomischer G. nachteilig aus. Jedoch ist es wichtig, die auf verschiedenen Kausalformen aufbauenden Forschungsmethoden und deren Kriterien auseinanderzuhalten. Deshalb wird immer stärker eine komplexgeographische Arbeitsweise gefordert, da einerseits durch den Einfluß der Natur auf ökonomisch-geographische Phänomene Naturgrößen in ökonomische Kategorien transformiert werden, während andererseits der Einfluß der Gesellschaft auf den naturgesetzlichen Zusammenhang als eine Änderung der Naturgrößen in Erscheinung tritt. Mit diesen Problemen haben sich insbesondere die Länderkunde als komplexe regionale G. und die ihr verwandte Kulturlandschaftsforschung auseinanderzusetzen. Auch in der physischen G. hat sich ein komplex arbeitender Wissenschaftszweig entwickelt, die → *Landschaftskunde*.
Geographische Forschung ohne Berücksichtigung des Werdens der geographischen Erscheinungen ist unmöglich. Mit der Entwicklung des gegenwärtigen Erscheinungsbildes der Erdoberfläche beschäftigt sich ein besonderer Zweig der G., die *historische G.*
Geschichtliches. Messung und Darstellung des Erdkörpers standen in der G. des Altertums im Vordergrund, so daß die astronomische G., die Erdmessung und die Kartographie einen hohen Stand erreicht hatten. Neben der Sammlung der geographischen Tatsachen wurden auch bereits Versuche unternommen, sie kausal zu erklären und Beziehungen zwischen den verschiedenen geographischen Erscheinungen aufzudecken. Infolge der noch unzureichenden Kenntnis der Naturgesetze blieben diese Versuche aber in den Anfängen stecken. Das Mittelalter mit seiner kirchlich-dogmatischen Orientierung brachte in Europa Stillstand und Rückschritt in der geographischen Forschung, so daß die arabische G. die führende Stellung einnahm. Erst durch die Renaissance erhielt die G. in Europa einen mächtigen Auftrieb. Die durch das Entdeckungszeitalter eingeleitete Erweiterung des geographischen Weltbildes führte zu einem Aufschwung der Kartographie. Seit Leonardo da Vinci wird auch die Frage der Kausalzusammenhänge wieder aufgenommen. Das Sammeln von Tatsachenmaterial blieb jedoch für die G. bis weit in das 19. Jh. hinein charakteristisch. Aus diesem oft als klassisch bezeichneten Zeitalter der G., in dem die Forschungsreisenden erst das Tatsachenmaterial zusammentrugen und ordneten, stammt die noch heute in der Öffentlichkeit vorhandene Vorstellung vom Wesen der G. Als genügende Kenntnisse über die verschiedenen Erdräume vorlagen, trat nunmehr die Aufhellung der *Kausalbeziehungen* in den Vordergrund. Da sich jetzt viele ursprünglich zur G. gehörigen Hilfswissenschaften (Geodäsie, Geologie, Meteorologie, Geophysik u. a.) zu selbständigen Wissenschaften entwickelten, trat seit der Jahrhundertwende die Frage nach dem Gegenstand der Wissenschaft G. stark in den Vordergrund. Heute hat die G. als die Wissenschaft von komplexen Geosystemen, die auch die Systeme der Spezialwissenschaften räumlich zu verarbeiten hat, wieder einen klaren theoretischen Standpunkt gewonnen.

geographische Axiome, die aus der Realität als evident ableitbaren Grundsätze, die die theoretische Basis der Geographie bilden und für die geographische Abbildung der Wirklichkeit methodische Richtlinien ergeben. E. Neef unterscheidet: 1) das planetarische Axiom: Alle geographischen Tatbestände sind dem Planeten Erde zugeordnet. Daher treten alle geophysikalischen und geologischen Größen in die geographischen Systeme ein; 2) das chorologische Axiom: Alle geographischen Tatbestände haben einen geographischen Ort, der sich durch seine Lage, insbesondere aber durch die Lagebeziehungen zu den benachbarten Örtlichkeiten auszeichnet; 3) das landschaftliche Axiom: Es ist keine Örtlichkeit auf der Erde denkbar, deren geographische Substanz nicht in mannigfachen, gesetzmäßig geordneten Beziehungen und Wechselbeziehungen geordnet wäre. Von den g. A. lassen sich Fundamentalsätze der Geographie ableiten, wie der Satz vom geographischen Kontinuum, der Satz vom geographischen Grenze, der Satz vom geographischen Ding, sowie die theoretischen Grundlagen der komplexen Geographie (→ Landschaftskunde) und der Betrachtungssysteme (→ Topen, → Choren, → Region).

geographische Grenzen, Grenzen im geographischen Kontinuum. G. G. stellen keine absoluten Grenzen dar und haben selten den Charakter scharfer Grenzlinien, sondern bilden breitere oder schmälere Übergangsbereiche, Grenzsäume, in denen sich einzelne oder mehrere Merkmale wandeln. Grenzsäume leiten daher oft unmerklich von einer geographischen Einheit zu einer anderen über. Die insbesondere auf Karten eingetragenen Grenzlinien sind daher oft vereinfachte Abstraktionen. Wenn um ein Landschaftsgebiet die einzelnen Merkmale allmählich abklingen oder enden, bezeichnet man das gesamte Bündel von Grenzlinien als *Grenzgürtel*, der die Kernlandschaften oder Kernräume umschließt. Die in der regionalen Geographie verwendete Grenzgürtelmethode hat bei formaler Handhabung jedoch meist wenig Aussagekraft.

geographische Hülle, svw. Geosphäre.

geographische Karten, ältere Bezeichnung für kleinmaßstäbige allgemeine Karten; → chorographische Karten.

geographisches Milieu, die Gesamtheit der Bedingungen an der Erdoberfläche, mit denen sich die menschliche Gesellschaft auseinandersetzen muß. Der Begriff wäre zu eng gefaßt, wenn man ihn auf die Naturelemente einschränken wollte, so durch die Jahrhunderte oder Jahrtausende währende Tätigkeit des Menschen ist die Natur vielfältig umgestaltet worden, und die Bedingungen des g. M. schließen die Werke des Menschen ein. Das bedeutet: Die Kulturlandschaft bildet das geographische M. des Menschen, während die Landesnatur nur einen Teil der Milieubedingungen ausmacht. Im Blickwinkel vieler anderer Wissenschaften hat die Geographie die Aufgabe, das g. M. zu erforschen.

geographische Sphäre, svw. Geosphäre.

Geographisch-Nord, die Richtung, in der die Meridiane des Gradnetzes zum geographischen Nordpol laufen, dem einen der beiden Durchstoßpunkte der Rotationsachse der Erde durch die Erdoberfläche. Die Winkelabweichung zwischen G. und Magnetisch-Nord bezeichnet man als magnetische → Deklination, diejenige zwischen G. und Gitter-Nord (→ Gitternetz) als Meridiankonvergenz.

Geoid, Bezeichnung für die physikalisch definierte Erdfigur, deren Gestalt infolge der unregelmäßigen Massenverteilung in der Erdkruste mathematisch bisher nicht darstellbar ist. Unter Vernachlässigung des Reliefs der Erde wird das G. dadurch bestimmt, daß seine Oberfläche in allen Punkten senkrecht zur Lotrichtung verläuft, was auf den Ozeanen der ungestörten Wasseroberfläche entspricht. Diese in Meereshöhe liegende Niveaufläche des Schwerepotentials wird optimal durch das mittlere Erdellipsoid mit einer Abplattung von 1 : 298,25 angenähert und aus Schwereanomalien, die durch Gravimetermessungen bestimmt werden, auf der gesamten Erdoberfläche in seiner Lage zu diesem Ellipsoid punktweise bestimmt. Die Wellungen und Wölbungen des G. gegenüber dem Ellipsoid betragen maximal bis 150 m. In Verbindung mit dem System der → Normalhöhen wird das G. durch das Quasigeoid angenähert, das auf den Ozeanen mit dem G. zusammenfällt und unter den Kontinenten in der Höhe bis zu 2 m abweicht.

Geokomplex, *geographischer Komplex*, allgemeine Bezeichnung für integrierte geographische Einheiten, zum Unterschied von geographischen Einzelfaktoren. Der Begriff G. kann für einen konkreten Ausschnitt der Erdoberfläche angewandt werden, er kann typologisch gefaßt sein (in der sowjetischen Geographie ist er der Typus einer topologischen Grundeinheit), er kann jedoch auch auf Teilkomplexe oder Raumstrukturen bezogen werden. Immer drückt er die Integration von Elementen und Relationen zu einem System aus. Für die G. verschiedenen Inhalts werden spezielle Termini verwendet, wie *Physiotop* oder *Ökotop*. Die Analyse von G. erfordert besondere Methoden (→ Komplexanalyse).

Geologie, die Wissenschaft von der Zusammensetzung, vom Bau und von der Geschichte der Erdkruste und von den Kräften, unter deren Wirkung sich die Entwicklung der Erdkruste vollzieht. Die G. ist demnach eine beschreibend-erklärende, im wesentlichen jedoch eine historische Wissenschaft, die folgendermaßen gegliedert werden kann: 1) *allgemeine* oder *dynamische G.*, die Wissenschaft von den die Erdkruste gestaltenden Kräften und Vorgängen, den endogenen Kräften Epirogenese, Gebirgsbildung, Tektogenese, Erdbeben, Magmatismus, den exogenen Vorgängen Verwitterung, Abtragung, Ablagerung; 2) → *Tektonik*, die Wissenschaft vom Bau der Erdkruste; 3) *historische G.*, die Wissenschaft von der historischen Entwicklung der Erdkruste; 4) → *Paläogeographie*, die Wissenschaft von den geographischen Verhältnissen der Vorzeit; 5) → *Paläoklimatologie*, die Wissenschaft von den vorzeitlichen Klimaverhältnissen. Ferner gehören zur G. die Paläontologie als Wissenschaft von der Entwicklung der Tier- und Pflanzenwelt in der Geschichte der Erde, die Petrographie (Gesteinskunde), die Mineralogie, die Pedologie (Bodenkunde), die Geochemie als Lehre vom chemischen Aufbau der Erde und die Geophysik als Lehre von den physikalischen Verhältnissen des Erdkörpers.

Unter *regionaler G.* versteht man die zusammenfassende Darstellung der geologischen Verhältnisse einzelner Länder oder Erdteile, unter *angewandter G.* die Verwertung geologischer Erkenntnisse für die Belange der Technik und des täglichen Lebens, z. B. im Bergbau (*Montangeologie*), im Hoch- und Tiefbau (*Ingenieurgeologie*) und im Wasserbau (*Hydrogeologie*).

geologische Karten, thematische Kartengruppe, die mit unterschiedlicher Darstellung bestimmte Sachverhalte der geologischen Verhältnisse darstellen. Die *stratigraphischen Karten* veranschaulichen die Verbreitung der die Oberfläche bildenden Formationen und Schichten mittels Flächenfarben und Flächenmustern sowie die geologischen Strukturen mittels Symbolen, z. B. Streichen und Fallen, Störungen, Gänge. Nach dem Maßstab werden *Detailkarten* (*Spezialkarten*) mit Maßstäben > 1 : 50000 und *Übersichtskarten* 1 : 100000 und kleiner unterschieden.

Die Detailkarten sind das Ergebnis einer geologischen Kartierung (geologische Landesaufnahme), bei der die Geologen im Gelände die geologischen Befunde z. B. an Aufschlüssen und durch Sondierungen in eine topographische Grundlagenkarte eintragen und zusätzlich alle bereits vorliegenden geologischen Aufzeichnungen verwenden, um eine möglichst lückenlose Darstellung der geologischen Verhältnisse zu erreichen. Diese Karten mit ihren textlichen Erläuterungen bilden die Grundlage für die weitere geologische Forschung und zur Lagerstättenerkundung und zur Ableitung geologischer Übersichtskarten.

Für Übersichtskarten werden die Farben nach internationaler Übereinkunft so gewählt, daß die ältesten Schichten mit kräftigen, stumpfen Farben, die jüngeren, mesozoischen und känozoischen Schichten mit reinen und zunehmend heller werdenden Farben angelegt werden. Zur Veranschaulichung der Lagerungsverhältnisse im Untergrund werden die g. K. in der Regel durch auf dem Kartenblattrand angeordnete Profile und durch Bohrlochdarstellungen ergänzt. Dem gleichen Zweck dienen → abgedeckte Karten.

Weitere Arten g. K. sind die meist großmaßstäbigen *petrographischen Karten*, die die Verbreitung der anstehenden Gesteine zeigen, *Lagerstättenkarten*, die die Verbreitung bestimmter mineralischer Rohstoffe zeigen, *Fazieskarten*, die jeweils für eine bestimmte Epoche der Erdgeschichte die Verbreitung der verschiedenen → Faziesbereiche flächenhaft ausweisen, und schließlich die den praktischen Belangen des Bauwesens dienenden *ingenieurgeologischen Karten*.

geologische Orgeln, *Erdorgeln*, oberflächliche Verwitterungsform in Karstgebieten (→ Karst). G. O sind charakterisiert durch den Wechsel zwischen unverwitterten Gesteinskörpern und mehr oder weniger tief in das Gestein reichenden, mit lockerem Schutt angefüllten Schlotten, die durch die längs paralleler Klüfte fortschreitende chemische Verwitterung und die Korrosion entstehen. Auch einzelne solche zylindrische, kessel- oder sackförmige Verwitterungsschlotten werden als g. O. bezeichnet.

Geom, Begriff der Geosystemlehre, der in der Hierarchie der typologischen Reihe der Geosysteme an der Grenze zwischen chorischer und regionaler Dimension steht. Er faßt alle auf dieser Stufe auftretenden Kombinationen, Beziehungen und Entwicklungen ein und ist zugleich Ausgangspunkt für Untersuchungen in der regionischen Dimension. Der Begriff G. wird analog zu dem Begriff Biom in der Biogeographie gebildet.

Geomedizin, *medizinische Geographie*, Grenzgebiet zwischen Medizin und Geographie. Die G. hat in jüngster Zeit großen Aufschwung genommen. Sie erforscht räumlich und zeitlich die Zusammenhänge zwischen Krankheiten und geographischem Milieu, vor allem auf Grund der klimatischen Gebundenheit von Krankheitserregern und Parasiten bzw. der für die Entwicklung derselben wichtigen Wirtstiere und Überträger (→ Bioklimatologie).

Geomer *m*, 1) nach H. Carol ein beliebig begrenzter Ausschnitt der Erdoberfläche, für den die vertikale Verflechtung der geographischen Elemente und Faktoren bestimmend ist, 2) nach V. B. Sotschawa ein im Rahmen der Geosystemlehre verwendeter Begriff für Geosysteme aller Ordnungsstufen mit homogener Struktur (darunter das „elementare G." als kleinste Geosystemeinheit), während Geosysteme mit heterogener Struktur als *Geochoren* bezeichnet werden.

Geomorphologie, Morphologie der Erdoberfläche, ein Teilgebiet der physischen Geographie, dessen Gegenstand das Relief der Erde ist. Die G. ist aus der → Orographie und → Orometrie entstanden und kann heute zu den am besten entwickelten Zweigen der Geographie gerechnet werden. Sie erforscht und beschreibt die Formen der Erdoberfläche nach genetischen Gesichtspunkten. Die *analytische G.* befaßt sich mit Verwitterung und Bodenbildung, mit Massebewegungen, mit der formenbildenden Tätigkeit der Flüsse, der Gletscher, des Windes und der Meere. In der *synthetischen G.* werden dagegen morphologische Landschaftstypen, z. B. Schichtstufenlandschaft und Inselberglandschaft, als das Ergebnis des Zusammenwirkens der verschiedenen formenbildenden Kräfte untersucht. Ging man bisher bei morphologischen Forschungen überwiegend davon aus, daß sich exogene und endogene Kräfte in der einzelnen Oberflächenform widerspiegeln, so hat sich durch zahlreiche neue Forschungen herausgestellt, daß bei der Formenbildung den verschiedenen klimatischen Bedingungen ein erheblicher Einfluß beizumessen ist; dieses Teilgebiet der G. nennt man *klimatische Morphologie* oder *Klimageomorphologie*.

geomorphologische Karten, großmaßstäbige Höhenliniendarstellungen, die eine ausmeßbare und damit vielseitig auswertbare Darstellung des Reliefs der Erde bieten. G. K. streben an, das Relief über seinen topographischen Formenbestand hinaus nach Ausmaß, Entstehung und Alter zu charakterisieren. In engem Zusammenhang mit den zahlreichen geomorphologischen Regionaluntersuchungen sind in großer Anzahl spezielle g. K. in topographischen Maßstäben zwischen 1 : 10000 und 1 : 200000 entstanden; zusammenhängende geomorphologische Kartierungen (geomorphologische Landesaufnahmen) sind bisher nur vereinzelt vorgenommen worden. Von den *morphographischen Karten* erfassen die *morphometrischen Karten* quantitativ bestimmbare Formenmerkmale, wie Hangneigung, Zertalung, Reliefenergie u. a.; die *Formentypenkarten* bringen morphologische Formen und Formengruppen typisiert in mittleren und kleinen Maßstäben zur Darstellung; *physiographische Karten* sind kleinmaßstäbige Abbildungen des Reliefs mittels typisierter Aufrißsymbole. *Morphogenetische Karten* im weiteren Sinne erfassen für die Formengenese wesentliche Sachverhalte und bezwecken eine Deutung und Altersbestimmung des Formenschatzes. Inhalt und Methode sind von der wissenschaftlichen Zielstellung abhängig, woraus sich die gegebene Vielfalt erklärt; *morphogenetische Karten* im engeren Sinne gliedern das Relief nach Erscheinungsbild und Entstehung entweder in Abhängigkeit von der geologischen Struktur oder in analytischer oder in synthetischer Weise. *Morphodynamische Karten* (*aktualmorphologische Karten*) stellen die wirkenden formgebenden Kräfte und die beobachtaren morphologischen Vorgänge dar; *morphochronologische Karten* verdeutlichen das Entstehungsalter bestimmter Formensysteme (z. B. Terrassen, Verebnungen, Moränen).

Geoökologie, → Landschaftskunde.

Geophysik, die Lehre von den natürlichen physikalischen Erscheinungen auf, über und in der Erde sowie von den Einflüssen anderer Gestirne auf die Erde. Zur G. gehören 1) die → Meteorologie als die Wissenschaft von der Lufthülle der Erde; 2) die → Hydrographie (besonders die Ozeanographie) als die Wissenschaft der Wasserhülle der Erde; 3) die spezielle bzw. tellurische G. als die Wissenschaft von dem festen Erdkörper, die sich in allgemeine G. und angewandte G. teilt.

Die *allgemeine G.* untersucht die physikalischen Eigenschaften der Erde (Schwerefeld, magnetisches Feld, Ausbreitung von Bebenwellen, Aufbau des Erdkörpers); die *angewandte G.* dient der Klärung des geologischen Baus der Erdkruste und dem Aufsuchen nutzbarer Lagerstätten auf Grund der physikalischen Eigenschaften der Gesteine, Minerale und unterirdischen Flüssigkeiten. Dazu bedient sie sich der Gravimetrie, Geomagnetik, Geoelektrik, angewandten Seismik, Radiometrie und der Bohrlochmessungen.

geophysikalische Karten, im engeren Sinne thematische Kartengruppe, die Zustand und Veränderung geophysikalischer Sachverhalte, wie Erdmagnetismus (Isogonen- und Isoklinenkarten), Erdschwere (Isodynamen und Isogammenkarten), Erdwärme (Isogeothermenkarten) und Erdbeben (Isoseismen und Isoseisten), meist in mittleren und kleinen Maßstäben überwiegend durch Indikationen und Anomalien charakterisieren. Da die geophysikalischen Phänomene in der Regel Kontinua bilden, lassen sich die gemessenen und berechneten Wertefelder durch entsprechende Isoliniensysteme flächenhaft darstellen. Daneben kommen zur Veranschaulichung von Zeitreihen und von vertikalen Zustandsänderungen (z. B. in Schächten und Bohrlöchern) lokalisierte oder auf Netzmaschen bezogene Diagramme zur Anwendung. Im weiteren Sinne werden auch die ozeanologischen Karten zu den g. K. gezählt.

Geophyten, → Kryptophyten.

Geosphäre, *geographische Sphäre*, *geographische Hülle*, grundlegender Begriff der physischen Geographie, Bezeichnung für den dreidimensionalen Raum, der sich auf der Erdoberfläche erstreckt. Die G. ist dadurch charakterisiert, daß in ihr Erscheinungen aus Lithosphäre, Atmosphäre und Hydrosphäre zusammentreffen, aufeinander einwirken und zu komplexen Stoffsystemen integriert sind, die die Entfaltung organischen Lebens ermöglichen (→ Biosphäre, → Biogeographie). Die organischen Prozesse wirken wieder auf die abiotischen Komplexe zurück. Auch der Mensch greift in diesem Zusammenhang in vielfältiger Weise ein. So entstehen an der Erdoberfläche mannigfaltige komplizierte Stoffsysteme (→ Geosystem). Die G. reicht so tief in die feste Erdkruste hinab und so hoch in die Atmosphäre hinauf, wie das gesetzmäßige Zusammenwirken aller Geofaktoren besteht. Feste Grenzen können für die G. daher nicht angegeben werden.

Die G. ist durch die Verschiedenartigkeit der jeweils beteiligten Geofaktoren und durch unterschiedlich geartete dynamische Zusammenhänge örtlich bis global sehr differenziert. Die Geographie muß diese Mannigfaltigkeit ordnen, wobei sie alle Erscheinungsformen der G. als Kategorie des Naturzusammenhanges betrachtet. Weiteres → Geosystem, → Landschaftskunde.

geostrophischer Wind, ein angenommener Wind, bei dem lediglich das Luftdruckgefälle und die ablenkende Kraft der Erdrotation berücksichtigt, Reibung und Zentrifugalkraft dagegen vernachlässigt werden. In dieser Abstraktion würde der Wind parallel zu den Isobaren wehen. G. W. sind in der freien Atmosphäre möglich, wenn hier die Isobaren nahezu geradlinig verlaufen.

Geosynklinale, eine bewegliche, durch Epirogenese mehr oder weniger kontinuierlich absinkende Zone der

Erdrinde. Die Nachbarzonen, die *Geantiklinalen*, steigen gleichzeitig langsam auf, verfallen der Abtragung und liefern Sedimentationsschutt für die G. Unter dem Druck der sich bildenden mächtigen Gesteinsschichten sinkt die G. immer mehr ein, bis das in großer Tiefe erweichende Gesteinsmaterial dem seitlichen Druck nachgibt und gestattet, und gefaltet wird, → Gebirgsbildung.

Geosystem, *geographisches Stoffsystem*, kennzeichnet den Systemcharakter der komplexen geographischen Einheiten. Unter Ausschaltung unwesentlicher Teile werden die Systeminhalte (Elemente der geographischen Substanz, funktionale Beziehungen des Wirkungsgefüges) und ihre Verknüpfung durch Koppelung und Rückkoppelung dargelegt. Dabei wird die Terminologie der Systemtheorie berücksichtigt, doch entwickelt die Geographie viele eigene Begriffe, die mit denen der Systemtheorie parallelisiert werden müssen (z. B. Funktion als Relation). Die Behandlung geographischer Komplexe als Systeme erleichtert die notwendige Abstraktion, macht das Wirkungsgefüge durchsichtig und gestattet, in Analogie zum Ökosystem, die modellmäßige Erfassung der äußerst komplexen geographischen Wirklichkeit. Ausgehend von den geographischen Betrachtungsebenen (topisch, chorisch, regional und zonal, geosphärisch) und vorgegebenen Systembegrenzungen (definierte Teilbereiche der Geosphäre) wird das Wirkungsgefüge der Vielzahl von biotischen, abiotischen und anthropogenen Elementen (*Geofaktoren*) bzw. Teilsystemen (*Kompartimente*) durch Wechselbeziehungen (*Relationen*) und Entwicklungsvorgänge (*Prozesse*) charakterisiert und der stofflich-energetische und informationelle Austausch mit der Umgebung betrachtet. Alle G. sind *offene* und zugleich *dynamische Systeme*. Nach der Elementauswahl lassen sich *natürliche* und *anthropogene* G. sowie Mischtypen unterscheiden. Dabei wird die Komplexität durch die Menge der Relationen (Kopplungsgrad), der Grad der Kompliziertheit durch die verwendeten Kompartimente (Untersysteme bzw. Elementegruppen) bestimmt.

G. werden nach dem strukturellen und funktionellen Aspekt analysiert. Bei der Struktur werden die Anordnung und Beziehung der Geoelemente bzw. deren Zustände in ihrer räumlichen und zeitlichen Veränderlichkeit untersucht. Dabei handelt es sich stets um definierte und reproduzierbare Zustände. Bei der Darstellung der Funktion geht es um die Abbildung der Eingangsdaten (Inputs) und deren Verhalten auf die Menge der meß- und beobachtbaren Ausgangsdaten (Outputs), so daß die im System ablaufenden Prozesse nachgebildet werden können. Hierbei spielt auch der Steuer- und Regelaspekt eine wichtige Rolle. Durch Rückkopplung und gezielte Steuerung können Störgrößen wie etwa schädliche Umwelteinflüsse in ihrer Schadwirkung gemindert werden und das System im Gleichgewicht erhalten bleiben. Durch multiple Modellbildung werden G. hinsichtlich bestimmter Eigenschaften eingehender untersucht, wobei unwesentliche Details weggelassen werden. Derartige „Unschärfe"-Modelle lassen sich im weiteren Verlauf zu einem Komplexmodell integrieren. Quantifizierung und Formalisierung der geographischen Tatbestände ermöglicht die mathematische Modellierung von G. Aus der Kybernetik hat sich der Automatenbegriff als sehr tragfähig erwiesen. Durch Zustands- und Überführungsfunktionen lassen sich unter Verwendung einer diskreten Zeit auch Aussagen über das *Systemverhalten* des G. gewinnen. Hieraus ergeben sich Konsequenzen für die Stabilität und Belastbarkeit eines G., was für den Umweltaspekt von besonderer Bedeutung ist.

Für die Weiterführung der geographischen Theorie wird die Konzeption des G. noch große Bedeutung erlangen.

Zur systematischen Ordnung der geographischen Mannigfaltigkeit hat die Klassifikation der G. wesentliche Grundlagen beizusteuern. Diese Klassifikation stützt sich auf zwei Prinzipien, das der hierarchisch aufgebauten Dimensionen und Dimensionsstufen, für die modellhafte Systemcharakteristiken gegeben werden können und als Taxa die Träger einer typologischen Klassifikation sind, und das Prinzip der chorologischen Differenzierung, das über die Geochoren verschiedener Betrachtungsebenen vor allem die naturräumliche Gliederung geographischer Räume unterbaut.

Geotechnik, ein Zweig der Technik, der sich mit den besonderen technischen Verfahren befaßt, die unter Berücksichtigung des Gesteins, des Bodens, des Klimas und der Wasserverhältnisse eines Gebietes im Straßen-, Wasser- und Tiefbau angewandt werden müssen.

geothermische Tiefenstufe, der Tiefenbereich in Metern, innerhalb dessen beim Eindringen in die Erdrinde eine Zunahme der Temperatur um 1 K erfolgt. Die g. T. ist abhängig von der Gesteinsart sowie der Gesteinslagerung und beträgt im Durchschnitt etwa 33 m (3 K auf 100 m), doch treten im einzelnen große Unterschiede auf. In der Nähe von vulkanischen Herden ist die g. T. gering (in Osek in der ČSSR z. B. nur 5,2 m), in alten Massen hingegen wesentlich größer (in Bohrlöchern in Transvaal 172,7 m).

geozentrisch, auf die Erde als Mittelpunkt oder auf den Mittelpunkt der Erde bezüglich.

Gerippelinien, in der Topographie bestimmte ausgezeichnete Linien der Geländeoberfläche. Die wichtigsten G. sind Mulden- und Tallinie sowie Kamm- und Rückenlinie, die zugleich die oberflächigen → Wasserscheiden bilden. Die G. werden von Höhenlinien stets rechtwinklig geschnitten.

germanotyp, Bezeichnung für eine Art der → Gebirgsbildung. Gegensatz: alpinotyp.

Geröll, beim Transport durch das Wasser abgerollte und zugerundete Gesteinstrümmer, abgelagert als *Schotter* bezeichnet. Je nach dem Raum, in dem das G. gebildet wird, unterscheidet man *fluviatiles G.* (*Flußgeröll*) und *marines G.* (*Brandungsgeröll*).

Geschiebe, von Gletschern oder Inlandeis transportierte und dabei mehr oder weniger abgeschliffene oder kantengerundete unsortierte Gesteinstrümmer, die in den End- oder Grundmoränen abgelagert werden. Oft tragen sie an den glatten Oberflächen Schrammen oder Kritzer (*gekritzte G.*). Von *Facettengeschiebe* spricht man, wenn mehrere Seiten des in verschiedener Lage festgefrorenen G. deutlich abgeschliffen sind. Von den Facettengeschieben sind die *Kantengeschiebe* zu unterscheiden, → Windkanter.

Besonders große Geschiebeblöcke werden als Findlinge bezeichnet. Die *Geschiebeforschung* versucht, aus der petrographischen Zusammensetzung des Geschiebematerials einer Moränenablagerung (Geschiebeanalyse) die Herkunftsorte und die Bewegungslinien des Eises zu bestimmen sowie aus dem Einregeln solcher *Leitgeschiebe* die örtliche Bewegungsrichtung des Eisstroms, der die Ablagerung hinterlassen hat, zu ermitteln. Es hat sich herausgestellt, daß die Grundmoränen der verschiedenen Eiszeiten im nördlichen Mitteleuropa sich durch die Art und den Anteil der „Leitgeschiebe" unterscheiden. Saaleeiszeitliche Moränen führen z. B. einen größeren Anteil südschwedische, elstereiszeitliche dagegen vor allem südfinnische G.

In der Hydraulik versteht man unter G. die vom bewegten Wasser verfrachteten und abgerundeten Gesteinsbrocken (→ Geröll).

Geschiebelehm, → Moräne.
Geschiebemergel, → Moräne.
Gesellschaftstreue, → Fidelität.
Gestein, ein Gemenge von Mineralen, gelegentlich auch nur eine Mineralart. Die G. bilden in sich wesensgleiche Teile der Erdkruste. Die Gemengteile sind entweder *wesentliche*, zur Kennzeichnung des G. notwendige (z. B. Feldspat, Quarz und Glimmer im Granit) oder *akzessorische*, zum Bestand des G. nicht unbedingt notwendige (z. B. Zirkon im Granit), ferner *primäre*, d. h. bei der Bildung entstandene, und *sekundäre*, aus der Umwandlung primärer G. hervorgegangene Gemengteile.

Zur Kennzeichnung eines G. dienen ferner seine Lagerung und sein Gefüge, d. h. sein innerer Bau. Der Begriff Gefüge umfaßt die Begriffe Struktur und Textur, die nicht eindeutig gegeneinander abzugrenzen sind. Die *Struktur* wird bestimmt durch Größe, Form und Kristallentwicklung der mineralischen Gemengteile des G. Unter *Textur* versteht man die Verbindungsart und räumliche Anordnung der mineralischen Gemengteile.
Man unterscheidet nach ihrer Entstehung: 1) *Magma-, Erstarrungs-, Eruptiv-, Effusiv-, Massengesteine, Magmatite;* sie entstehen aus den Schmelzflüssen (→ Magma), die aus der Erdtiefe in die Erdkruste eindringen oder diese durchbrechen und infolge Temperaturerniedrigung erstarren. Erstarrt das Magma in der Tiefe unter einer Decke anderer G., so entstehen *Tiefengesteine (Plutonite)*, z. B. Granit. Erstarrt es auf der Erdoberfläche, bilden sich *Erguß-* oder *Ausbruchsgesteine (Vulkanite)*, z. B. Basalt. Erstarrt es in Spalten der Erdkruste, entstehen → Ganggesteine.
Bei allen Magmagesteinen bilden sich die Gemengteile in einer gesetzmäßigen Reihenfolge durch Kristallisationsdifferentiation des Schmelzflusses. Nach dem Chemismus unterscheidet man: saure (bis zu 82% Kieselsäuregehalt, z. B. Granit), intermediäre (bis zu 65%, z. B. Diorit) und basische Magmagesteine (etwa 40%, z. B. Gabbro). Der Mineraloge H. Rosenbusch (1836 bis 1914) unterscheidet in seiner Zweireihentheorie nach den Anteilen der Alkalien (Natrium und Kalium) und des Kalziums zwischen *Alkaligesteinen* (atlantische Gesteinssippe) und *Alkalikalkgesteinen* (pazifische Gesteinssippe, → pazifisch).
Das Gefüge der Magmagesteine kann sein: a) *kristallin*, wobei die mineralischen Bestandteile Kristallform zeigen; bei *holokristallinen* G. sind alle Gemengteile kristallin, bei *hypokristallinen* kommen neben kristallinen auch glasige Bestandteile vor; bei *körnigen* G. sind die kristallinen Gemengteile etwa gleich groß, wobei groß-, grob-, mittel-, feinkörnig und dicht (für das bloße Auge nicht mehr auflösbar) unterschieden wird; b) *glasig* (*hyalin*, *vitrophyrisch*), wobei das G. ganz oder überwiegend aus einer amorphen Masse besteht, z. B. beim Obsidian; c) *porphyrisch*, wobei größere Kristalle (Einsprenglinge) in einer dichten feinkörnigen oder glasigen Grundmasse liegen; d) *kugelig* (*sphärolithisch*), wobei kugelige, radialstrahlige Gebilde in einer glasigen Grundmasse liegen, z. B. beim Quarzporphyr; e) *Fluidaltextur* (*Fließgefüge*), wobei die Fließbewegung des Magmas, aus dem das G. entstand, noch an verschiedenfarbiger Streifung, an der Gruppierung nadelförmiger Kristallchen o. a. erkennbar ist. Tiefengesteine haben meistens ein vollkristallines, körniges Gefüge, Ergußgesteine ein porphyrisches.
2) *Sediment-, Absatz-, Schichtgesteine, Sedimente;* sie entstehen aus den Zerstörungsprodukten anderer G., die von Wasser, Wind oder Gletschereis aufgegriffen und bei Nachlassen der Transportkraft wieder abgelagert werden. Durch mechanische Verwitterung entstandene Zerstörungsprodukte ergeben *klastische Sedimentgesteine* (*Trümmergesteine*), die man nach ihrer Korngröße unterscheidet in *Psephite* mit groben Bestandteilen (z. B. Konglomerate), *Psammite* mit sandartigen (z. B. Sandstein) und *Pelite* mit staubfeinen Bestandteilen (z. B. Tonschiefer). Durch chemische Verwitterung entstandene Zerstörungsprodukte von G., die in Lösungen weggeführt werden, fallen bei Änderung der Lösungsbedingungen durch Verdunstung, Abkühlung, chemische Reaktionen u. a. aus und ergeben *chemische Sedimentgesteine*, z. B. Salzgesteine. Unter Mitwirkung von Organismen bilden sich *organogene Sedimentgesteine*, aus Tierresten, z. B. Korallenkalke, Globigerinenschlamm und Radiolarienschlamm, aus pflanzlichen Resten z. B. Diatomeenschlamm. Zwischen chemischen und organogenen Sedimentgesteinen ist eine eindeutige Trennung nicht immer möglich. Man unterscheidet ferner *unverfestigte G.* (*Lockergesteine*), z. B. Sand und Kalkschlamm, und durch Diagenese *verfestigte G.* (*Festgesteine*), z. B. Sandstein und Kalkstein.
Das Gefüge der Sedimentgesteine wird charakterisiert durch das Auftreten von → Schichten, die durch Wechsel der Sedimentationsbedingungen entstehen.
3) *Metamorphe G.;* sie entstehen aus Magma- oder Sedimentgesteinen, wenn diese innerhalb der Erdkruste veränderten Temperatur- und Druckbedingungen ausgesetzt werden und damit, unter wenigstens teilweiser Erhaltung des festen Zustandes einer Umwandlung, einer → Metamorphose, unterliegen. Überwiegend durch Druck- und Temperaturveränderungen entstehen *kristalline Schiefer*, z. B. Phyllit, Glimmerschiefer und Gneis, durch Berührung (Kontakt) mit aus der Erdtiefe aufsteigenden heißen Schmelzflüssen und Einwirkung von deren Gasen und Lösungen *Kontaktgesteine*, z. B. Hornfelse und Knotenschiefer. Umgeprägte Magmagesteine heißen *Orthogesteine*, umgeprägte Sedimentgesteine *Paragesteine*, z. B. Orthogneis und Paragneis.
Das Gefüge der metamorphen G. ist entweder *schieferig*, d. h., die Gemengteile sind lagenförmig angeordnet, den Hauptachsen parallel, oder *flaserig*, d. h., die Gemengteile bilden flachwellige, parallele, dünne, unzusammenhängende Lagen (Gneis).
4) → *Migmatite*.
Gesteinsaufbereitung, allgemeine Bezeichnung für die zunehmende Zerkleinerung des Gesteins durch die Verwitterung bis zur Bildung kleiner und kleinster, leicht beweglicher Teilchen. Man unterscheidet die *Gesteinszertrümmerung*, verursacht durch die mechanische Verwitterung, und die *Gesteinszersetzung* infolge chemischer Verwitterung.
Gesteinskunde, svw. Petrographie.
Gesteinsrohboden, svw. Syrosjom.
Gewässerkunde, → Hydrographie.
Gewitter, die unter Blitz und Donner vor sich gehende luftelektrische Entladung als Begleiterscheinung der Luftmassenumschichtung in einer Gewitterwolke (→ Cumulonimbus). Es sind die durch Aufsteigen erhitzter Luft besonders im Sommer auftretenden, mehr örtlich gebundenen *Wärme-*

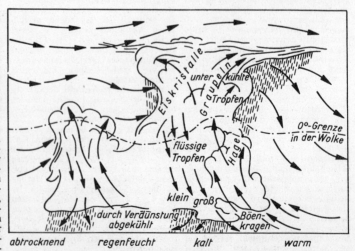

Aufbau einer Gewitterwolke (aus Grunow)

gewitter und die von der Jahreszeit weniger abhängigen *Frontgewitter* zu unterscheiden, die vorwiegend bei Einbruch von Kaltluftmassen entlang der gesamten Kaltfront (Böenfront) auftreten. Wärmegewitter sind auf das Festland beschränkt und besonders häufig in Gebirgen, während Frontgewitter, die oft nachts zu beobachten sind, sich auch über dem Meer entladen können. Die ausschließlich an Kaltfronten gebundenen *Wintergewitter*, die in der kalten Jahreszeit auftreten, sind verhältnismäßig selten.
Die Häufigkeit der G. nimmt nach den Polen zu ab; in Mitteleuropa gibt es jährlich etwa 15 bis 25, in den feuchten Tropen 80 bis 160 Gewittertage, in den Passatgebieten sind G. selten. Die Ausbreitungsgeschwindigkeit der Frontgewitter beträgt etwa 30 bis 50 km/h.
Wenn infolge großer Entfernung vom Beobachtungsort der Donner bei einem G. nicht zu hören ist oder nur das Licht eines unter dem Horizont stehenden G. reflektiert wird, spricht man von *Wetterleuchten*.
G. bilden sich durch rasches Aufsteigen feuchtwarmer Luft (mit hohem Dampfdruck) und rasche Abkühlung derselben. Die hochgespannten elektrischen Ladungen und deren Trennung, die zur Bildung der Blitze notwendig sind, entstehen durch Kondensations- und Konvektionsvorgänge in den Wolken und sind an feste oder flüssige Wolkenteilchen gebunden. Die positive Hauptladung wird von den Eisteilchen der hohen Wolkenpartien getragen, die negative Hauptladung befindet sich im Bereich des herabstürzenden Niederschlages zwischen den Temperaturen von etwa −15 °C und 0 °C. Darunter liegt im zentralen Teil der Gewitterwolke eine räumlich eng begrenzte, vom Niederschlag getragene positive Raumladung. Dort an der 0-Grad-Grenze befindet sich das Zentrum, von dem die Blitze ausgehen. Die Entstehung des Spannungsgefälles zwischen einzelnen benachbarten Wolkenteilen ist an die Eiskristalle und an die Graupelbildung im oberen Teil der Gewitterwolke gebunden.
Die Gewitterpeilung mit Längstwellenempfängern ist ein Zweig der Radiometeorologie. Es werden Sferics (von englisch: atmospherics) registriert, d. s. elektrische Entladungen, die bei turbulenten Luftmassenumlagerungen entstehen. Aus dem Einfall der Peilstrahlen und dem Vergleich benachbarter Stationen kann die Lage der Gewitterherde festgestellt und Aufschluß über Gewitterbildungsvorgänge erhalten werden.
Gewölbe, svw. Sattel 1).
Geysir, heiße Springquelle in jungvulkanischen Gebieten, die ihr Wasser in z. T. regelmäßigen Abständen springbrunnenartig ausstößt. G. haben einen tiefen Schlot, der oben in ein Becken mündet, und werden durch warmes Grundwasser gespeist.
Nach Bunsen sind die Eruptionen darauf zurückzuführen, daß dem G. aus der Tiefe mehr Wärme zugeführt wird, als durch die oben meist stark verengte Quellröhre abgegeben werden kann. Dadurch überhitzt sich das Wasser, es brodelt, und der obere Teil der Wassersäule wird herausgeschleudert. Dabei erfolgt eine plötzliche Druckentlastung der Wassermasse, die sich sofort in Dampf verwandelt und die Eruptionen verursacht. In den Pausen erwärmt sich das durch den Ausbruch abgekühlte, z. T. in den Schlot zurückgeflossene Wasser wieder.
Oft sind im Wasser der G. Minerale gelöst, die sich als → Sinter um die Quelle ablagern.
G. gibt es vor allem in Island, wo z. B. der Große Geysir alle 24 bis 30 Stunden eine 30 m hohe Wassersäule emporschleudert, ferner in Neuseeland und im Yellowstone-Nationalpark (Wyoming, USA).
Gezeiten, periodische Niveauschwankungen des Meeres, der Atmosphäre und der festen Erdoberfläche, die durch die Anziehungskraft von Mond und Sonne hervorgerufen werden.
1) Die *G. des Meeres (Tiden)* sind die meist in etwa 12½stündigem Wechsel erfolgenden periodischen senkrechten Wasserstandsschwankungen. Sie führen zu periodischen waagerechten Wasserverschiebungen, den *Gezeitenströmen*. Das Steigen des Wassers heißt *Flut*, das Fallen *Ebbe*. Der höchste Wasserstand, der im offenen Ozean meist kurz vor oder nach der oberen und unteren Kulmination des Mondes auftritt, wird Hochwasser genannt, der tiefste Niedrigwasser. Das Mittel von Hoch- und Niedrigwasserstand bezeichnet man als Mittelwasser, den Höhenunterschied zwischen einem Hochwasserstand und dem vorhergehenden Niedrigwasserstand als *Tidenstieg*. Den Höhenunterschied zwischen einem Hochwasserstand und dem folgenden Niedrigwasserstand nennt man *Tidenfall*. Der *Tidenhub* ist der mittlere Höhenunterschied aus einem Tidenhochwasser und den beiden benachbarten Tidenniedrigwassern, der mittlere Tidenhub ist das arithmetische Mittel aus einer langen Beobachtungsreihe.
Erde und Mond üben nach dem Newtonschen Gravitationsgesetz mit ihren Massen eine Anziehungskraft aufeinander aus. Der Mond zieht dabei die Erde ebenso stark an, wie er selbst von ihr angezogen wird. Die Bewegung der beiden Gestirne erfolgt um einen gemeinsamen Schwerpunkt. Infolge der Größe der Erdmasse liegt dieser noch innerhalb der Erdmasse, etwa ³/₄ Erdradius vom Erdmittelpunkt entfernt. Durch diese Drehung erfährt nicht nur der Mond, sondern auch die Erde eine Zentrifugalbeschleunigung (die aber nichts mit der durch die Rotation der Erde um ihre eigene Achse erzeugten Zentrifugalkraft zu tun hat), die der Anziehungskraft entgegenwirkt. Die Summe der stets nach dem Mond hin gerichteten Anziehungskräfte in allen Punkten der Erde muß gleich der Summe der in allen Punkten wirksamen Zentrifugalkräfte sein, denn nur dann können Erde und Mond ihre gegenseitige Stellung beibehalten und sich nicht aufeinander zubewegen. Nur im Gravitationszentrum des Systems Erde - Mond, das noch innerhalb des Erdkörpers liegt, halten sich Zentrifugalkraft der Erde und Anziehungskraft des Mondes die Waage; auf der dem Mond zugekehrten Seite der Erde ist die Anziehungskraft wegen der etwas geringeren Entfernung vom Mond um einen kleinen Betrag stärker, auf der abgekehrten Seite entsprechend schwächer als die Zentrifugalkraft.
Da für jeden beliebigen Punkt der Erdoberfläche - von den Punkten abgesehen, für die der Mond gerade im Zenit oder Nadir steht - die Zentrifugalkraft mit der Anziehungskraft einen, wenn auch sehr flachen Winkel bildet, ergibt sich daraus nach dem Satz vom Parallelogramm der Kräfte eine resultierende Kraft, die *fluterzeugende* Kraft (Abb. 1); der

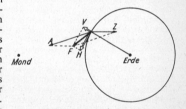

1 Die Gezeitenkomponenten (aus Thorade). *A* Anziehungskraft des Mondes, *Z* Zentrifugalkraft der Erde, *F* fluterzeugende Kraft, *V* vertikaler, *H* horizontaler Anteil von *F*

horizontale Kraftanteil ist dabei der bei weitem größere und für die Bewegung des Wassers maßgebend. Der Unterschied zwischen Zentrifugalkraft der Erde und Anziehungskraft des Mondes bewirkt, daß an den Stellen der Erdoberfläche, für die der Mond im Zenit oder Nadir steht, die leicht bewegliche Wassermasse des Meeres sowohl zum Monde hin, als auch, auf der mondabgewandten Seite, vom Monde fort - für den Erdbewohner demnach jeweils nach „oben", d. h. vom Erdmittelpunkt weg - einen Flutberg bildet, während von den anderen Gegenden des Meeres, an denen der Unterschied zwischen Zentrifugalkraft der Erde und Anziehungskraft des Mondes geringer ist, Wassermasse abgezogen wird. Die Wasserhülle der Erde wird also gleichsam deformiert und bildet einen elliptischen Körper. Durch die Rotation der Erde wandern diese beiden Flutberge täglich um die Erde. Da z. B. Amerika und Europa etwa ein Viertel Erdumfang auseinanderliegen, ist an den europäischen Küsten Flut, wenn an den amerikanischen Küsten Ebbe herrscht, und umgekehrt.

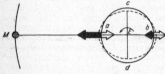

2 Gezeiten. Schema der Entstehung der zwei Flutberge (bei *a* und *b*) auf der Erde *E* durch die verschieden starke Anziehungskraft (großer schwarzer Pfeil) des Mondes *M*. Die bei der gemeinsamen Umdrehung der Erde und des Mondes auftretenden Zentrifugalkräfte sind mit lichtem Pfeil gekennzeichnet. Bei *c* und *d* herrscht Niedrigwasser.

Die Anziehungskraft der Sonne macht infolge ihrer großen Entfernung nur $2/5$ derjenigen des viel näherstehenden Mondes aus. Besonders große Hochwasser, die *Springtiden* (*Springfluten*), entstehen bei Vollmond und Neumond, wenn Sonne und Mond in Opposition oder Konjunktion stehen; besonders geringe Hochwasser (*Nipptiden*) entstehen, wenn beide in Quadratur stehen (erstes und letztes Mondviertel). Verheerend können die Springtiden werden, wenn sie bei stürmischem Wetter eine → Sturmflut überlagern. Für die Stärke der G. spielen auch Winde, Wassertiefe u. a. eine Rolle.
Die G. verschieben sich von Tag zu Tag annähernd, entsprechend der Kulmination des Mondes, um etwa 50 Minuten. Die für einen bestimmten Ort ungefähr gleichbleibende Zeitspanne zwischen Mondkulmination und Hochwasser nennt man *mittleres Mondflutintervall* oder *Hafenzeit*. Bei steigendem Wasser herrscht Flutstrom, bei fallendem der entgegengesetzt gerichtete Ebbestrom. Doch braucht die Umkehr des Gezeitenstromes, das *Kentern* (*Still-* oder *Stauwasser*), nicht bei Hoch- und Niedrigwasser einzutreten. Nur an der Küste kentert der Strom nahe bei Hoch- und Niedrigwasser. Auf offener See wirkt sich die Richtungsänderung, der *Flutwechsel*, in einer Drehung der Stromrichtung ohne Stillwasser aus.
Die wirklichen G. sind weitgehend von der Form und Erstreckung des Ozeans bestimmt. Jeder Ozean erzeugt seine eigene Flutwelle. In Nebenmeeren liegen die Verhältnisse noch komplizierter, da hier Eigenschwingungen (Mitschwingungszeiten) hervorgerufen werden. Seichte Teile von Nebenmeeren laufen bei Niedrigwasser weithin trocken, wie dies z. B. in den Watten der Nordseeküste zu beobachten ist.
Wo *Gezeitenwellen* in Buchten eindringen, wird durch Stau der Tidenhub besonders verstärkt. Höchste G. der Erde hat die Fundybay in Neuschottland mit maximal 21 m Tidenhub, aber auch im Bristolkanal in Südwestengland und in der Bucht von St. Malo an der französischen Kanalküste sind Springtidenhübe bis 15 m zu beobachten. Bei Cuxhaven werden solche von 3,2 m Höhe gemessen.

maximaler Tidenhub (in m)	
Fundybay (Kanada)	21
Puerto Gallegos (Südargentinien)	18
Portishead (Severnmündung, Großbritannien)	16,3
Fitzroymündung (Australien)	14
Bhavnagar (Indien)	12,4
Coloradomündung (Mexiko)	12,3
Bucht von St. Malo (Rancemündung, Nordfrankreich)	12
Nordseeküste	3,7 ... 5
Ostsee	einige cm

Die *Gezeitenströme* erreichen vielfach bedeutende Geschwindigkeit, auf den Watten der Nordseeküste 2 bis 3 Seemeilen in der Stunde, in der Bucht von St. Malo über 5 Seemeilen. Sie sind für Schiffahrt und Netzfischerei von Bedeutung und haben z. B. durch Verlagerung von Sandbänken und Prielen großen Einfluß.
Die Nutzung der Energie der G. bereitet meist erhebliche Schwierigkeiten, so daß die Anlagen dafür sehr kostspielig werden. Ein Gezeitenkraftwerk arbeitet in der Bucht von St. Malo (Nordfrankreich) mit 340 MW; ein Versuchsgezeitenkraftwerk von einigen 100 kW wurde in der Kislaja Guba, Barentsee (UdSSR) errichtet.
Bei der ständigen Bewegung der Wassermasse entsteht eine *Gezeitenreibung*, derzufolge sich die Erdrotation allmählich verlangsamt.
2) Die *G. der Atmosphäre* äußern sich in halbtäglichen, ganztäglichen oder monatlichen Schwankungen des Luftdrucks entsprechend den Sonnen- und Mondperioden. Da die Störungen durch Zyklonen aber viel kräftiger sind, lassen sich in Europa die G. der Atmosphäre aus den Barometerkurven nicht ablesen, wohl aber in den Tropen, wo sie auch zuerst festgestellt worden sind (in Djakarta). Störend wirken auch Temperaturschwankungen.
3) Die *G. der festen Erde* (*Erdgezeiten*) sind Hebungen und Senkungen der Erdkruste, die man nur mit instrumentellen Hilfsmitteln wahrnehmen kann; sie werden durch die Anziehungskräfte zwischen Sonne, Mond und Erde erzeugt. Innerhalb von 12 Stunden hebt und senkt sich die Erdkruste um etwa 20 bis 40 cm. Die Partialglieder sind im übrigen die gleichen wie bei den G. des Meeres, die durch diese Bewegung im allg. verkleinert werden. Weitere Bewegungen der Erdkruste von Gezeitencharakter werden durch die Meeresgezeiten hervorgerufen, da durch die wechselnde Belastung Verbiegungen eintreten; die Wirkung der Meeresgezeiten wurde z. B. noch in Freiberg (Sachsen) festgestellt. Aus den G. des Erdkörpers läßt sich die Starrheit der Erde berechnen. Wäre die Erde ganz unnachgiebig, so würden die G. des Erdkörpers fehlen, bei einer flüssigen Erde müßten sie von der Größe der Meeresgezeiten sein.
G(h)ibli *m*, ein → Sandsturm.
Gilgai, *Gilgai-Relief*, ein im Erscheinungsbild den arktischen Frostmusterböden ähnliches Mikrorelief, das sich besonders auf tonreichen Smonitzen (Grumusolen) der semiariden Tropen und Subtropen, zuweilen auf einigen anderen Böden, z. B. auf Solonezen, entwickelt. Der Wechsel von Austrocknung und Befeuchtung führt zu Schrumpfungs- und Quellungsprozessen (*Selbstmulcheffekte*). In die bei Austrocknung entstehenden breiten und tiefen Schwundrisse bröckelt Oberboden hinein, der wegen des hohen Tonanteils der Smonitzen, des Montmorillonitgehaltes dieser Tone und des Natriumanteils am Sorptionskomplex besonders quellfähig ist bei Befeuchtung durch seitlichen Druck das Bodenpaket zwischen den benachbarten größeren Spalten abhebt. Auf diese Weise entstehen in Abhängigkeit von der Hangneigung verschiedene Gilgaitypen, z. B. in ebenen Lagen der *Normal-* (*Rund-*) *Gilgai*, bei schwachem Gefälle der deformierte *Gittergilgai*, dessen ovale Formen gitterähnlich zusammentreten, und bei stärkerem Gefälle der *wellenförmige G.*, der im Aussehen dem arktischen Streifenboden ähnlich ist und bei einem Wellenabstand von 1 bis 30 m Vertikaldifferenzen von 5 bis 15 cm aufweist. Für die rundlichen Formen werden Durchmesser bis maximal 50 m und Vertikalabstände bis maximal 3 m angegeben. Ferner gibt es Sonderformen, wie den rechteckigen *Tankgilgai*, die mit Wasser gefüllt sein können. Die Erforschung des Gilgaiphänomens ist noch nicht abgeschlossen. Mit Ausnahme feuchterer Areale, die dem Ackerbau erschlossen sind, werden die meisten Gebiete mit Gilgairelief überwiegend als Weideland genutzt.
Gipfelflur, die vielfach zu beobachtende Erscheinung, daß aber eine größere Erstreckung hin die Gipfel eines Gebirges unabhängig von Gebirgsbau und Gestein im gleichen Niveau liegen. Von A. Penck wurde sie damit erklärt, daß bei gewissem Talabstand die Hänge sich in etwa gleicher Höhe verschneiden (oberes Denudationsniveau). Tatsächlich aber liegen in den Alpen wohl Nachwir-

kungen einer wahrscheinlich tertiären (miozänen) Landoberfläche mit geringer Reliefenergie vor. Am Alpenrand sinkt die G. nicht allmählich, sondern meist in einzelnen Stufen ab (*Gipfelflurtreppe*).

Gips, *Selenit***,** weitverbreitetes gesteinsbildendes Mineral. G. findet sich hauptsächlich mit Steinsalzen zusammen im Zechstein, Buntsandstein, Muschelkalk und Keuper, wo er manchmal mauerartige Bergzüge oder schroffe Felsen bildet (südlicher Harzrand). Viel G. ist im Laufe der Zeit durch Aufnahme von Wasser aus Anhydrit entstanden. Da G. wasserlöslich ist, entstehen oberflächlich und unterirdisch Karsterscheinungen (*Gipskarst*). Technisch verwendet wird der gebrannte G. als Druck-, Modell-, Estrichgips und medizinischer Gips. Marmorgips dient hauptsächlich zur Herstellung von Kunstmarmor.

Gitternetz, ein quadratisches Liniennetz auf topographischen Karten in ganzzahligem Kilometerabstand des dem Kartenwerk zugrunde liegenden Koordinatensystems (→ Gauß-Krüger-Abbildung). Das G. dient zur Orientierung und sicheren Punktbestimmung mittels *Planzeiger*. Auf den beiden Schenkeln eines aus Papier oder Kunststoffolie bestehenden rechten Winkels befindet sich für den jeweiligen Maßstab eine entsprechende Meterteilung, die eine Punktbestimmung bis auf 0,2 mm zuläßt, wenn der waagerechte Schenkel an der Gitterlinie unter dem zu bestimmenden Punkt angelegt wird und der senkrechte Schenkel den zu bestimmenden Punkt berührt. Die abgelesenen Werte werden an die Kilometerwerte der Gitterlinienbezifferung als Meterwerte angefügt.

Glacis, *glacis d'erosion***,** der in semiariden Gebieten durch Sedimentbedeckung ausgezeichnete untere Teil der schwach geneigten Gebirgsvorlandflächen.

Glas, *Gesteinsglas***,** amorph erstarrte Magmaschmelze, die infolge schneller Abkühlung nicht zur Auskristallisation kam. G. bildet als Obsidian und Bimsstein charakteristische vulkanische Gesteine und tritt häufig als deren Bestandteil auf.

Glättungkurve, das Längsprofil eines Flusses mit stetig glatter Oberfläche, die dort auftritt, wo der Fluß die Fließform des Strömens hat. Der Begriff G. wurde von H. Louis in die Erosionstheorie eingeführt. Er ermöglicht es, auf die schwer zu erweisende Gleichgewichtsbedingung zu verzichten und die energetischen Betrachtungen von der potentiellen Energie, der Energie der Lage, statt von der kinetischen Energie, der Bewegungsenergie, abzuleiten.

Glattwasser, völlige Unbewegtheit der Meeresoberfläche bei Windstille. Starke Reflexionswirkung und Streuung des Lichts in der meist sehr dunstreichen Luft darüber lassen den Horizont oft völlig verschwimmen und erschweren eine Kimmbestimmung außerordentlich.

glazial, Bezeichnung für alle Ablagerungen und Bildungen, die während einer → Eiszeit entstanden sind. Der Ausdruck g. ist also in erster Linie als Zeit- und Klimabegriff aufzufassen. Er wird heute vielfach durch die Bezeichnung kaltzeitlich ersetzt. Häufig wird er aber auch für Ablagerungen gebraucht, die unmittelbar vom Eis gebildet wurden und besser → *glazigen* genannt werden sollten, sowie für Bildungen im Umkreis des Eises, die heute meist als → *glaziär* bezeichnet werden.

Das vom Gletscherbach oder den Schmelzwässern des Inlandeises außerhalb des Eises abgelagerte Material, das teils glaziale, teils fluviatile Merkmale zeigt, nennt man *glazifluvial* oder *fluvioglazial*; dazu gehören z. B. die in Gletschernähe von den Gletscherbächen aufgeschütteten → Übergangskegel, die zu den Schotterflächen oder → Sandern überleiten. Die Gerölle sind hierbei vielfach noch wenig gerundet. Materialsortierung ist zwar vorhanden, aber bei stark wechselnder Korngröße örtlich recht undeutlich. In größerer Entfernung vom Gletscher sind die Merkmale der glazifluvialen Ablagerungen (des Sanders, der Talsande u. a.) zwar rein fluviatil, doch ist ihre Herkunft ohne Gletscher nicht zu erklären.

Die *glaziäolischen* Ablagerungen verdanken ihre Bildung dem Wind und dem Gletscher, aus dessen Vorfeld ihr Material stammt. Dazu gehören in Mitteleuropa z. B. der → Löß sowie Flugsandablagerungen (→ Dünen).

Die *glazilimnischen* Ablagerungen werden in Seebecken entweder unmittelbar durch die Gletscher oder aber durch die Gletscherbäche gebildet; dabei wird gröberes Material in Form von Deltaschottern, feineres Material als → Bänderton oder — wenn es aus kalkreichen Glazialgebieten stammt — auch als Seekreide abgelagert.

Durch Gletscher und Gletscherflüsse in das Meer abgelagertes Material bezeichnet man als *glazimarin*.

Glazialerosion, eine Form der Abtragung, die abtragende Wirkung des Gletschers. Die G. setzt sich zusammen 1) aus der *Detersion*, der Abschleifung des Felsuntergrundes durch das Eis selbst oder durch das mitgeführte feine Gesteinsmehl und eingefrorene Gesteinstrümmer. Die Detersion führt zu einer Ernidrigung und Glättung oder Schrammung des Felsuntergrundes; 2) aus der *Detraktion (splitternde Erosion)*, dem Herausbrechen und Wegschieben von Gesteinsstücken aus dem Untergrund; 3) aus der *Exaration*, dem Aufpflügen und Wegschieben von Lockerarten vor der Gletscherstirn; dabei wird das Lockermaterial häufig gestaucht und zusammengeschoben, oder ganze Gesteinsschollen werden im Gletschervorfeld herausgestemmt.

Die Detersion wirkt vor allem an den auf der Gletschersohle vorhandenen Aufragungen, und zwar auf der Seite, auf die der Stoß des Gletschers gerichtet ist, da hier der Druck des Gletschers zunimmt und durch das plastische Anschmiegen des Eises an den Untergrund ein Abschleifen erfolgt. Detraktion herrscht dagegen auf der entgegengesetzten Seite dieser Aufragungen, da hier der Druck geringer ist, bei Druckabnahme aber das Gletschereis spröder wird (Regelation) und dadurch größere Blöcke losreißt (Rundhöcker).

Die G. schafft nicht nur Schliffformen und Rundhöcker, sondern gestaltet auch das Relief des Gebirges in charakteristischer Weise um (→ Glaziallandschaft). Solche durch G. entstandene Formen im Gebirge sind z. B. → Kar und → Trogtal. Über das Ausmaß der G. gibt es sehr entgegengesetzte Meinungen. Zeitweise wurde sie als → glaziale Übertiefung stark überschätzt, dann wieder für unbedeutend angesehen, man sprach nur von eisüberformtem Flußwerk. Zweifellos ist aber die Wirkung der G. örtlich verschieden stark. Der Vorarbeit durch die Frostverwitterung kommt eine wesentliche Rolle zu. Neue Gesichtspunkte für die G. wurden gewonnen, als man die Blockbewegung der Gletscher erkannt hatte.

glaziale Serie, Bezeichnung für die beim Abschmelzen eines Gletschers oder einer Inlandeismasse nach einem längeren Stillstandsstadium hinterlassenen, gesetzmäßig angeordneten Formen (Abb. S. 446). Sie umfaßt z. B. im nördlichen Mitteleuropa von Nord nach Süd aufeinanderfolgend Grundmoräne, Endmoräne, Sander und Urstromtal, im Alpenrandgebiet Zungenbecken, Endmoräne und Schotterfeld.

glaziale Übertiefung, die Umgestaltung der Täler durch die Glazialerosion. Insbesondere A. Penck vertrat die Meinung, daß die Gletscher einen beträchtlichen Tiefenschurf ausübten und vor allem die großen Haupttäler stark übertieften. Die zwischen diesen und den weniger übertieften Talstrecken ausgebildeten Stufen sollten jeweils dort entstanden sein, wo sich die Gletscherströme vereinigten (Konfluenzstufen) oder gabelten (Diffluenzstufen). Auf die g. Ü. führte man auch zurück, daß ein von einem kleineren Gletscher erfülltes Nebental als Hängetal mit einer deutlichen Stufe gegen das von einem größeren Eisstrom stärker erodierte Haupttal absetzt (→ Trogtal). Durch zahlreiche spätere Forschungen ist jedoch nachgewiesen worden, daß die Glazialformen nicht nur von dem Tiefenschurf des Eises, sondern in hohem Maße auch von den präglazialen Formen abhängen.

Glaziallandschaft, eine Landschaft,

Glazialwannen

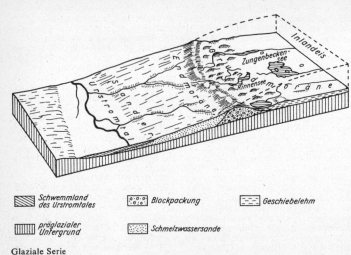

Schwemmland des Urstromtales
präglazialer Untergrund
Blockpackung
Schmelzwassersande
Geschiebelehm

Glaziale Serie

deren Oberfläche weitgehend durch die ehemalige Eisbedeckung während der pleistozänen Vereisung (→ Eiszeit) gestaltet worden ist. Es handelt sich also um Oberflächenformen, die als fossil anzusprechen sind, d. h. unter den gegenwärtigen Klimaverhältnissen nicht mehr entstehen. Je nachdem, ob die Eismassen ausschürfend, aufschüttend oder – im Gebirge – überformend gewirkt haben, ist in den betreffenden Gebieten ein jeweils typischer Formenschatz anzutreffen, der das Landschaftsbild in starkem Maße bestimmt. So weisen die glazialen Ausräumungslandschaften, wie man sie etwa in Mittelschweden antrifft, ausgedehnte, durch Rundhöcker und glaziale Wannen gegliederte Felsflächen auf, in denen die alte Verwitterungsdecke abgeräumt ist und glaziale Ablagerungen nur lokal aus den Rückzugsphasen der Vereisung vorhanden sind. Die glazialen Aufschüttungslandschaften, z. B. im nördlichen Mitteleuropa, weisen dagegen kuppige Grundmoränen, Endmoränenwälle, Sander, Drumlins, Kames, Urstromtäler, Rinnenseen auf. Für die glazial überformten Gebirge, z. B. die Alpen, sind Trogtäler, Kare, Randseen, im heutigen Küstengebiet (Norwegen, Südchile u. a.) auch Fjorde charakteristisch.
Die G., die während der letzten Eiszeit geschaffen worden sind, zeigen den vollen glazialen Formenbestand fast unverwischt; man nennt sie jungglazial oder spricht von *Jungmoränenlandschaften*. Sind die glazialen Formen jedoch in einer älteren Eiszeit entstanden und in den späteren Kaltzeiten durch Solifluktion überformt worden, so nennt man diese G. altglazial oder *Altmoränenlandschaften*.
Glazialwannen, unregelmäßige, meist langgestreckte Ausschürfungen durch den Gletscher. Sie werden nach dem Rückzug des Eises vielfach von Seen und Sümpfen erfüllt und gehen später in Verlandungsebenen über.
Glazialzeit, svw. Eiszeit.
glaziär, von R. Grahmann aufgestellte Bezeichnung für im Umkreis eines Gletschers oder des Inlandeises entstandene Bildungen, z. B. Ablagerungen von Schmelzwässern.
Durch Solifluktion entstandene Bildungen, die sich auch im Gletschervorland finden, werden → periglazial genannt. Unterschied: →. glazigen, → glazial.
glazifluvial, → glazial.
glazigen, Bezeichnung für die unmittelbar von Gletscher oder Inlandeis geschaffenen Ablagerungen und Bildungen, z. B. Moränen. Unterschied: → glaziär, → glazial.
Glaziologie, die Gletscherkunde, → Gletscher.
Gleichgewicht, *quasistationärer Zustand*, in einem geographischen Stoffsystem aus dem Zusammenspiel gegensätzlich wirkender Prozesse sich ergebender Zustand (steady state), der so lange anhält, als Elemente und Relationen des Systems keine Änderungen erfahren. Die *Gleichgewichtsbedingungen* müssen definiert werden. So ist in der Erosionstheorie oder in der Hangentwicklung das G. definiert durch die Gleichheit zwischen Schuttantransport und Schuttabtransport. Dabei spielt keine Rolle, ob in der Gleichgewichtsstrecke Materialumlagerungen oder Materialaustausch stattfinden. Trotz ständiger Materialbewegung und daher auch Abtragung bleibt die Form unter den Bedingungen des G. erhalten.
Wenn einzelne Werte um eine Mittellage schwanken (z. B. im Jahresgang), wird die Mittellage eine Abstraktion, die als Standard für die Ermittlung der Abweichungen nach Art und Grad und zeitlicher Verteilung sehr nützlich ist.
Gleitfaltung, das Zusammenstauchen beweglicher Gesteinsschichten, die infolge der Wirkung der Schwerkraft auf geneigten Flächen abgleiten und sich dabei in Falten legen. G. kommt auch unter Wasser häufig vor (subaquatische Rutschung).
Gleithang, → Prallhang.
Gletscher, in Tirol als *Ferner*, in Salzburg und Kärnten als *Kees* bezeichnet, aus Eismassen bestehende Ströme, die sich, der Schwerkraft folgend, meist langsam talabwärts bewegen, bis sie von der Ablation aufgezehrt werden. Sie bilden sich in den Hochgebirgen und den Polarländern jenseits der Schneegrenze, wo während des Jahres mehr Schnee fällt, als im Sommer tauen kann. Dort liegt das Nährgebiet des G. (Firnmulden und → Firnfelder), aus dem die Eismassen über die Schneegrenze, auf dem G. → Firnlinie genannt, in das Zehrgebiet, oft in Form langgestreckter *Gletscherzungen*, hinabströmen.
Nach der Form des Untergrundes und nach der Größe der G. unterscheidet man verschiedene Gletschertypen:
1) *Deckgletscher* bedecken große Teile der Erdoberfläche; nur am Rand ragt gelegentlich der Untergrund heraus. Die Oberfläche dieser G. ist daher schuttarm. Man teilt Deckgletscher wie folgt ein: a) → *Inlandeis* bedeckt Kontinente oder große Inseln als Eisschilde, von denen einzelne, z. T. riesige G. abströmen (Grönland, Antarktika); b) *Eiskappen (Inseleis)* auf kleineren Inseln oder Gebirgsstöcken sind dem Inlandeis oft ähnlich, aber von geringerer Ausdehnung; c) *Plateaugletscher (Hochlandeis)*, norwegischer Gletschertyp) bedecken hochgelegene reliefarme Flächen, von denen sie in einzelnen Zungen über die Plateauränder abströmen. In den Alpen gehört zu diesem Typ der G. der „Übergossenen Alm" am Hochkönig (nördliche Kalkalpen).
2) *Gebirgsgletscher* sind in das Relief des Gebirges eingelagert. Hierzu gehören die folgenden Typen: a) Der *Talgletscher*, gewissermaßen der Idealtyp des G., schmiegt sich mit deutlicher Bildung einer Gletscherzunge dem Talweg an und ist häufig aus mehreren Teilgletschern zusammengesetzt. Von den Felsumrahmungen gelangt viel Schutt auf die Gletscheroberfläche, daher ist starke Moränenbildung zu beobachten. Zu den Talgletschern gehören die *Firnfeldgletscher* mit großen Firnmulden; da sie in den Alpen überwiegen, spricht man von ihnen auch als alpinem Gletschertyp. Bei den *firnfeldlosen Talgletschern* fehlen die Firnsammelgebiete; sie sind in enge Talschläuche eingebettet und werden durch seitliche Wandvergletscherung und durch Lawinen gespeist. Zu ihnen zählen die kleineren *Firnkesselgletscher* (turkestanischer Typ)

und die langen *Firnstromgletscher* (Karakorumtyp), deren Zungen unter dem von den Lawinen mitgerissenen Schutt oft ersticken. b) Das *Eisstromnetz* entsteht, wenn besonders hoch angeschwollene Gebirgsgletscher über Pässe und niedrigere Teile der Wasserscheiden miteinander in Verbindung treten, wie es heute auf Spitzbergen, in Alaska und in Südpatagonien anzutreffen ist. Während der Eiszeiten gab es Eisstromnetze auch in den Alpen. c) *Vorlandgletscher (Piedmontgletscher)* entstehen durch fächerförmige Ausbreitung großer Gebirgsgletscher im Gebirgsvorland, z. B. der Malaspinagletscher in Alaska (daher auch Alaskatyp genannt) oder während der Eiszeiten im bayrischen Alpenvorland. Kleinere Formen der Gebirgsgletscher (G. zweiter Ordnung) sind d) die *Kargletscher*, die in glazial umgestalteten Talenden, den → Karen, liegen; sie sind auf drei Seiten von Felswänden umgeben und entwickeln meist nur kleine Zungen. Ihnen verwandt sind die *Fußgletscher*, die sich dem Fuß von Steilwänden anlagern. e) *Hanggletscher (Hänge-, Gehängegletscher)* stellen eine Auflagerung von Firn und Eis auf einem Hang dar, meist ohne deutlich entwickelte Zungen; sie sind starken Schwankungen unterworfen. f) Kümmerformen sind der *Firnflecken* und der *Gletscherflecken*.
Unter *kalten G.* versteht man solche, deren Innentemperatur unter dem Schmelzpunkt des Eises liegt, wie bei den G. der hochpolaren Gebiete. *Warme (temperierte) G.* haben dagegen eine Innentemperatur, die nahezu den Schmelzpunkt des Gletschereises hat; alle Druckschwankungen machen sich daher in Druckverflüssigung und Regelation bemerkbar.
Die äußere Gestalt des G. ist abhängig von der Struktur des Gletschereises, der Gletscherbewegung, dem Gletscherhaushalt und von den jeweiligen Formen des Untergrundes.
Das *Gletschereis* entsteht aus dem Schnee, der sich im Nährgebiet ansammelt. Durch oberflächiges Anschmelzen und Wiedergefrieren geht dieser in körnigen → Firn über. Infolge des Drucks der überlagernden Schichten und infolge der bei der Bewegung entstehenden Druckkräfte wird das Firnkorn zum Gletscherkorn umgewandelt. Das Gletschereis ist stets körnig; das größte bisher beobachtete Gletscherkorn hatte 15 cm Durchmesser und eine Masse von 700 g, die kleinsten wiegen etwa 2 g. Jedes Gletscherkorn ist ein einheitlicher Kristall, seine Oberfläche ist jedoch unregelmäßig höckerig und knotig und vom Nachbarkorn durch feinste Kapillarräume getrennt. Die Gletscherkörner greifen gelenkartig ineinander und ermöglichen dadurch kleine Bewegungen, die durch den Druck noch gefördert werden. Dabei wachsen die größeren Gletscherkörner auf Kosten der kleineren. Auch können benachbarte Gletscherkörner, deren Kristallachsen genau parallel liegen, miteinander völlig verwachsen. Die Korngröße nimmt also gletscherabwärts zu. Das Gletschereis ist unter Druck plastisch und ermöglicht so das Fließen des G. Die Bewegung ist im allgemeinen kontinuierlich, nicht sprunghaft und frei von turbulenten Bewegungen. Das Tauen des Gletschereises unter Druck und das Wiedergefrieren bei nachfolgender Druckentlastung wird als → Regelation bezeichnet.
Die Gletscherbewegung ist ursprünglich an den alpinen Talgletschern studiert worden. Durch alljährliche Vermessung von Steinlinien, d. s. durch Steine markierte Querprofile, wurde die Geschwindigkeitsverteilung ermittelt. Später sind diese Messungen durch photogrammetrische Verfahren ersetzt worden, die nicht nur an einzelnen Profilen, sondern über größere Areale der Gletscheroberfläche die Geschwindigkeit bestimmen lassen. Aus den Messungen an alpinen Talgletschern entwickelte S. Finsterwalder die → Stromlinientheorie. Sie ergab eine mehr oder weniger stetige Zunahme der Geschwindigkeit gegen die Mitte des Eisstromes. Inzwischen wurde an außeralpinen G. eine andere Bewegungsform erkannt, bei der in geringem Abstand vom Gletscherrand die Geschwindigkeit rasch zunimmt, dann aber über die Breite des G. gleich groß bleibt (*Blockbewegung der G.*). Zwischen der alpinen Bewegungsform und der Blockbewegung gibt es viele Übergänge. Auch kann ein G. die Bewegungsform als Folge von Änderungen des Gletscherhaushaltes wechseln.
Die alpinen G. bewegen sich nur mit geringer Geschwindigkeit, im Durchschnitt wenige Dezimeter am Tage, im Jahr etwa 30 bis 130 m. Bei den G. mit Blockbewegung ist die Geschwindigkeit wesentlich größer, sie erreicht 2 bis 4 m am Tag, im Jahr mindestens 300 m; dabei sind Schwankungen der Geschwindigkeit im Jahresgang festgestellt worden. Die Oberfläche des G. ist stark zerrissen und an den randlichen Bewegungsscharnieren in schwer passierbare Seraczonen aufgelöst. Das plastische Gleiten erfolgt nur in den unteren Gletscherschichten, in denen der Druck groß genug ist, während die starren oberflächennahen Teile von den unteren mit abwärts getragen werden. Dabei entstehen in den starren Teilen Zugspannungen, und es bilden sich Risse und Klüfte, die *Gletscherspalten*. Hier kommen daher gelegentlich auch diskontinuierliche ruckartige Bewegungen vor, ebenso an den Gletscherenden, wenn sich einzelne Eispakete an mehr oder weniger horizontalen oder flach aufwärts gerichteten Trennungsflächen (Scherflächen) über die darunterliegenden Eismassen vorschieben. Es entstehen dann an der Gletscheroberfläche kleine Überkragungen, an denen auch Moränenmaterial austreten und eine Kragenmoräne bilden kann.

2 Gletscherspalten. *a* Randspalten, *b* Längsspalten, *c* Querspalten

Wo sich die bewegten Firn- und Eismassen infolge der Zugspannungen von dem an den randlichen Felsen festgefrorenen Eis lösen, bildet sich der *Bergschrund*, eine breite Spalte, die das Firnfeld umzieht. Der Bergschrund ist von der *Randkluft* zu unterscheiden, die sich durch Rückstrahlung der Wärme von der Felswand unmittelbar zwischen Fels und unbewegtem Firn und Eis bildet. Über Steilstufen des Gletscheruntergrundes entstehen *Querspalten*, die ganze *Gletscherbrüche* mit einzelnen Eistürmen und Eiszacken (Seracs) bilden können. Die Abbremsung der Geschwindigkeit am Gletscherrand läßt *Randspalten* entstehen, die unter ungefähr 45° gletschereinwärts gerichtet sind. Im Zungengebiet können sich mit dem Auseinanderfließen des Eiskörpers *Längsspalten*, am Zungenende auch *Radialspalten* bilden. Gletscherspalten öffnen sich meist als feine Haarrisse (im Firn unmerklich, im harten Gletschereis mit dumpfem oder scharfem Knall), erweitern sich allmählich und hinterlassen, wenn sie sich wieder schließen, feine weiße Narben, die schließlich wieder verschwinden. Die Tiefe der an der Oberfläche gebildeten Spalten beträgt

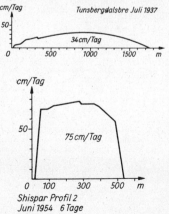

1 Bewegungsdiagramme von Gletschern (nach Pillewizer). Oben: strömende Bewegung, unten: Blockbewegung

selten mehr als 80 m; sie reichen nicht bis in die tieferen plastischen Schichten. Treten in diesen Zugspannungen auf, so können *Grund-* oder *Innenspalten* entstehen, die aber nicht die Oberfläche erreichen.
Der vom G. mitgeführte Schutt, die → Moräne, nimmt an den Bewegungen des G. teil und läßt diese besonders gut erkennen: Fällt im Firngebiet ein Stein auf die Gletscheroberfläche, so wird er von Schnee und Firn zugedeckt, beschreibt im G. eine gewisse Bahn und schmilzt erst um so weiter unterhalb der Firnlinie aus, je weiter oberhalb er eingelagert wurde (Stromlinientheorie). Dann wird er auf der Oberfläche des G. weitergetragen. Da die Ablation an den Seiten des G. stärker ist als in der Mitte, drückt das Eis von dort nach den Rändern des G. Die Linien gleich rascher Bewegung verlaufen daher bogenförmig.
Unter dem Begriff **Gletscherhaushalt** faßt man Ernährung und Ablation zusammen. Die Ernährung des G. ist um so stärker, je größer im Nährgebiet die Niederschläge in fester Form fallen (Schnee, aber auch Reif, der bei manchen nordischen G. bis zu 30% des Niederschlags ausmacht), je günstiger die Oberflächenformen sind, d. h. je mehr Firnmulden oder Firnfelder vorhanden sind und je ruhiger die Ablagerung des Schnees vor sich gehen kann.
Die Ablation, das Abschmelzen und Verdunsten, erfolgt bei Sonnenstrahlung, bei Lufttemperaturen über 0 °C, besonders bei großen Windstärken, bei Regen, ferner durch Schmelzwässer und wahrscheinlich auch am Gletscherboden (auch während des Winters) durch den hier herrschenden Druck. Da diese Bedingungen von Jahr zu Jahr, ja oft von Tag zu Tag wechseln, schwankt auch der Betrag der Ablation sehr stark. Sie kann in dem einen Jahr noch große Teile des Firngebietes erfassen, während in anderen Jahren auch das Gletscherende nicht ausapert, d. h. vom Schnee frei wird. Die Firngrenze schwankt also von Jahr zu Jahr. Solche Schwankungen des Haushaltes machen sich in Veränderungen des Volumens, der Länge und der Oberflächengestalt des G. bemerkbar. Der G. rückt vor, geht zurück oder bleibt stationär (→ Gletscherschwankungen).
Die Ablation wird im Zehrgebiet durch die Rückstrahlung von den steilen Felshängen der Gletscherumrahmung sowie durch randlich fließende Schmelzwässer verstärkt. Bei größeren, in Tälern fließenden G. ist die Oberfläche hier daher gewölbt, während sie im Nährgebiet meist muldenförmig ist. Am Gletscherende entsteht, verstärkt durch die von allen Seiten wirkende Ablation, die Form der *Gletscherzunge*. Diese ist bei vorstoßendem G., also bei positivem Haushalt, angeschwollen und fällt steil ab, bei zurückschmelzendem G. ist sie dagegen flach und meist stark von Schutt bedeckt.
Viele G. zeigen im Zehrgebiet eine deutliche Zeichnung, die *Ogiven*, d. s. spitzbogenartige, gletscherabwärts ausgezogene Linien. Diese Zeichnung entsteht entweder durch Schichtung des Firns oder durch ausstreichende Scherflächen, meist jedoch durch Druckwirkung, die einzelne Blätter oder Bänder weißen luftreicheren und blauen luftärmeren Eises schafft (*Blaublätterstruktur*). Diese *Blätterung* oder *Bänderung* paßt sich der Gestalt des Gletscherbettes an, die Blätter sind daher oft steilgestellt. Ähnliche Zeichnungen werden durch eine Art Wellen in der Vorwärtsbewegung des G., vor allem unter Gletscherbrüchen, hervorgerufen und als *Sparren* bezeichnet. Bricht eine Gletschermasse über einer Felswand ab, so kann sich aus den Trümmern des Primärgletschers ein *regenerierter G.* bilden, der alle Merkmale eines G., z. B. Schichtung und Bänderung, zeigt.
Die Oberfläche des G. wird durch die Ablationsformen bestimmt. Die Strahlung bewirkt ein Herausschmelzen einzelner Gletscherkörper, dadurch wird die Gletscheroberfläche rauh. Warme Luft schafft flache Schmelzschalen, in denen sich Wasser ansammelt und einen *Gletschersumpf* bilden kann. Bei starker Verdunstung, vor allem in den Tropen, entstehen Zacken (Zackenfirn, → Büßerschnee). Oberflächig abrinnende Schmelzwässer graben kleine Täler mit allen Merkmalen der fluviatilen Erosion in die Oberfläche des G. ein, bis sie in Spalten verschwinden (*Gletscherbrunnen*), dort u. U. Steine im Kreise bewegen (*Gletschermühle*) und so im Felsboden Kolke schaffen; diese werden *Gletschertöpfe* oder, wenn sie große Ausmaße erreichen, *Riesentöpfe* genannt. Wo größere Felsblöcke die Ablation des Eises verhindern, entstehen durch ungleichmäßige Abschmelzung *Gletschertische*; feinere Staubansammlungen (Kryokonit) wirken wärmespeichernd und lassen Schmelzlöcher entstehen, die bis 1 m tiefen, schrägen, mit Wasser gefüllten *Mittagslöcher*, deren Achse nach Süden geneigt ist. Sie bilden sich auch noch weiter, wenn der dunkle Staub schon unter der Eisoberfläche liegt, da die Strahlung das Eis bis in eine gewisse Tiefe zu durchdringen vermag.
Am Ende der Gletscherzunge treten die Schmelzwässer, die sich als subglaziale Gerinne unter dem G. sammeln, als *Gletscherbach* aus, oft durch ein oder auch mehrere *Gletschertore*, die sich bei Inlandeismassen meist an den Nahtstellen zwischen den Eisloben (→ Eislobus) befinden. Die Höhe der Gletschertore ist meist geringer als 5 m, doch sind auch Riesentore bis zu 30 und 40 m Höhe gemessen worden. Sie vergrößern sich durch Erosion und Abschmelzung so lange, bis sie zusammenstürzen. Das Wasser ist durch feines Gesteinsmehl milchig trübe (*Gletschermilch*), besonders im Sommer. Mit der Ablation wechselt auch der Wasserstand des Gletscherbaches sowohl im Tagesgang als auch vor allem im Lauf der Jahreszeiten, wobei in den Alpen von Mai bis Oktober Hochwasser mit mehreren Spitzen und oft der zehnfachen winterlichen Abflußmenge zu beobachten ist. Schiffbare Flüsse, die von Gletscherbächen ernährt werden, leiden daher im Sommer nicht unter Niedrigwasser. Für die Kraftgewinnung ist die geringe Wasserführung im Winter nachteilig, sie macht große Vorratsbecken notwendig.
Die morphologische Wirkung der G. besteht einerseits in der Abtragung, der → Glazialerosion, andererseits in der glazialen Aufschüttung unmittelbar durch die G. als Moränen oder durch die subglazialen Schmelzwasserflüsse und die Gletscherbäche als Oser, Kames und Sander.
Die klimatische Bedeutung der G. liegt darin, daß sie lokale Kältegebiete schaffen, die z. B. den Gletscherwind verursachen, in den großen Inlandeisgebieten hingegen von gewisser Bedeutung für die Ausbildung der atmosphärischen Zirkulation sind.
G. können unmittelbar oder mittelbar große Katastrophen auslösen. Gletscherabbrüche und Gletscherlawinen treten dort auf, wo der G. steilen Hängen aufliegt oder über Steilwände vorstößt. Zur ersten Art gehört der Gletscherabbruch des Altels-Gletschers unweit des Gemmipasses am 11. Sept. 1895, bei dem 4 Mill. m³ Eis und Schutt in Bewegung gerieten. Zur zweiten Gruppe rechnen die Abbrüche des Biesgletschers im Nikolaital (Wallis).
Bedeutender sind die mittelbaren Wirkungen. *Stauseeausbrüche* ereigneten sich öfters, wenn vorstoßende G. Flüsse zu *Gletscherseen* (z. B. der Märjelensee am Aletschgletscher in der Schweiz) aufstauten, bis diese mit Gewalt durch den Eisdamm brachen. Ähnliche Verheerungen entstanden, wenn Wasser plötzlich aus *Wasserstuben*, d. s. wassergefüllte Hohlräume im G., ausbrach. Von besonderer Art sind die *Gletscherläufe*, womit man das plötzliche Abschmelzen von G. bezeichnet. Sie werden z. B. auf Island und in anderen vergletscherten Vulkangebieten durch vulkanische Ausbrüche hervorgerufen. Zu Katastrophen, deren mittelbare Ursache G. sind, gehört das Ausbrechen von Moränenstauseen beim Rückzug eines G.
Mit dem Studium der G. und aller damit zusammenhängenden Erscheinungen befaßt sich die *Gletscherkunde* (*Glaziologie*).
Gletscherkarten, → Hochgebirgskarten.

Gletscherschwankungen, die über längere Zeiträume auftretenden Veränderungen der Länge (und auch des Volumens) der Gletscher. Schmilzt in einem Jahr mehr Eis ab, als durch den Eisnachschub gefördert wird, spricht man von einem *Gletscherrückgang.* Schmilzt jedoch weniger Eis ab, als nachgeliefert wird, so stößt die Gletscherzunge vor. Diese über die jahreszeitlichen Schwankungen der Gletscherstirn hinausgehenden G. sind schon lange bekannt und werden durch Gletschermessung festgestellt, die in den Alpen seit 1874 von der Schweizer Gletscherkommission und den Alpenvereinen vorgenommen wird. Alljährlich mißt man von eingemessenen Gletschermarken aus die Entfernung zum Gletscherende.
Für ältere G. bedient man sich morphologischer Zeugen, vor allem älterer Moränenreste im Vorfeld des Gletschers. Der Bewachsungsgrad, besonders durch Flechten (→ Lichenometrie), ermöglicht Altersbestimmungen. Auch manche Chroniken enthalten Angaben über Gletschervorstöße. In den Alpen ergibt sich folgendes Bild: Im Mittelalter allgemeiner Tiefstand, im 16. Jh. großer Vorstoß mit Maximum um 1600, der die frührezenten Moränen hinterlassen hat (Fernaustadium), geringe Schwankungen im 17. und 18. Jh., neue Maxima um 1820 und 1855, die an manchen Gletschern den weitesten Vorstoß überhaupt gebracht haben. Seitdem gehen die alpinen Gletscher, nur durch kleinere Vorstöße um 1890 und 1920 unterbrochen, zurück. Die Vorfelder der Gletscher sind daher meist Schuttfelder, die Gletscherstirnen sind flach eingesunken und stark mit Schutt bedeckt. Für die österreichischen Alpen wird seit 1870 ein Rückgang um 20 bis 25% der Länge, ein Drittel des Volumens und in manchen Gebieten bis 36% der Fläche berechnet. Durch den Gletscherrückgang sind an manchen Stellen, z. B. in den Hohen Tauern, Bergwerke eisfrei geworden, die um 1600 von den vorrückenden Gletschern überfahren worden sind. Da der Gletscherhaushalt klimatisch bestimmt wird, kann man den Zeitabschnitt von 1600 bis zur Gegenwart (von den Engländern als little ice age bezeichnet) zugleich als Klimaschwankung erkennen. Auch im Mittelalter und in vorgeschichtlicher Zeit haben G. stattgefunden, z. B. ist ein Vorstoß zur Hallstattzeit um 800 v. u. Z. wahrscheinlich.
Gletscheruhr, ein einfaches Instrument zum Messen der Gletschergeschwindigkeit am Zungenende. Es besteht aus einer vor dem Gletscherende stehenden Kreisscheibe; über diese läuft ein mit Gewicht versehenes Seil, das an einer im Gletschereis versenkten Stange angebracht ist. Rückt der Gletscher mit der Stange vor, so wird die Kreisscheibe um einen entsprechenden Betrag gedreht, der durch Zeiger auf einer Skale angezeigt wird.
Gletscherwind, ein talabwärts gerichteter Wind an Gletscherzungen, der durch den Abstrom der kalten, über dem Gletscher liegenden Luft hervorgerufen wird. Der G. ist nur wenige hundert Meter mächtig und tritt besonders bei sonnigem Wetter auf. Charakteristisch ist er für Grönland und Antarktika, wo er vom Inlandeis nach den Küsten hin abströmt und große Geschwindigkeit erreichen kann (*katabatischer Wind*).
Gley, *Glei, Gleyboden, Wiesenboden, mineralischer Naßboden, Bruchboden,* Klasse der Abteilung semiterrestrische Böden, der die Bodentypen G., Naßgley, Anmoorgley, Moorgley und Tundragley zugeordnet sind.
Der Bodentyp G., auch *Eugley,* wird von hoch anstehendem Grundwasser bestimmt, dessen Kapillarsaum im Jahresrhythmus etwa zwischen 40 und 80 cm unter Flur schwankt. Das A_h-G_o-G_r-Profil ist durch einen rostfleckigen *Oxydationshorizont* (G_o), der den Wechsel von Vernässung und Lufttritt nachzeichnet, und durch einen meist graublauen *Reduktionshorizont* (G_r), der unter ständigem Grundwassereinfluß steht, gekennzeichnet. Bei gering schwankendem Grundwasser vermag sich zwischen beiden Horizonten durch Konkretionsbildung Raseneisenstein zu entwickeln, während $Ca(HCO_3)_2$-reiches Grundwasser zur Ausbildung von Wiesenkalk auf der Bodenoberfläche führen kann.
Reicht das Grundwasser bis nahe an die Oberfläche, so entwickeln sich die Bodentypen *Naßgley,* schließlich der *Anmoorgley* mit mächtigem schwarzem A_h-Horizont (15 bis 30% organische Substanz) und der *Moorgley* mit bis zu 30 cm mächtiger Torfauflage.
Die G. sind hauptsächlich in Talauen und Niederungen anzutreffen und unterliegen überwiegend der Grünlandnutzung oder tragen Teile des Auwaldes.
Glimmer, eine Gruppe wichtiger gesteinsbildender Minerale, chemisch Alumosilikate. Die G. sind am Aufbau fast aller Magmagesteine beteiligt und sehr widerstandsfähig. Man unterscheidet: *Muskovit (Kaliglimmer); Serizit,* dichter, feinschuppiger, seidenglänzender Muskovit, verbreitet in kristallinen Schiefern (Glimmerschiefer, Gneis); *Biotit (Magnesiaeisenglimmer),* wesentlicher Gemengteil der meisten Magmagesteine, Gneise und Glimmerschiefer.
Glimmerschiefer, kristalline Schiefer, die vor allem aus Glimmer, und zwar meistens Muskovit, und Quarz bestehen und aus Phyllit durch Kornvergrößerung hervorgehen. Sie finden sich im Liegenden von Phyllit.
Globigerinenschlamm, eine kalkreiche Meeresablagerung (30 bis 90% $CaCO_3$) des eupelagischen Bereichs, die überwiegend aus Schalentrümmern von Globigerinen (Wurzelfüßern) besteht. G. kommt in 2000 bis 5000 m Tiefe vor und bedeckt etwa 34% (nach anderen Quellen 37%) des gesamten Meeresbodens, im Atlantischen Ozean über die Hälfte.
Globus, ein stark verkleinertes, maßstäbliches, körperliches Modell der Erde (*Erdglobus*) oder anderer Himmelskörper (z. B. *Mondglobus*). Die Oberfläche zeigt entweder ein stark generalisiertes Kartenbild (*Kartenglobus*), zwei Kartenbilder (*Duoglobus*) oder stark überhöhte plastische Oberflächenformen (*Reliefglobus*). Das politische, physische (Höhenschichten) oder thematische Kartenbild (z. B. Klima, Geologie) auf dem G. zeigt die Erdoberfläche winkel-, längen- und flächentreu, mithin verzerrungsfrei.
Erdgloben werden mit Erdachse, Meridiankreis und Ständer ausgerüstet. Die kugelförmige Abbildung des scheinbaren Himmelsgewölbes mit Angabe der Fixsterne und oft der Sternbilder wird *Himmelsglobus* genannt.
Gneis, das verbreitetste Gestein aus der Gruppe der kristallinen Schiefer. G. besteht vor allem aus Quarz, Glimmer und Feldspat (meist Orthoklas). Die Bezeichnung richtet sich nach dem Mineralbestand (*Biotitgneis, Granatgneis*) oder nach dem Gefüge (*Flasergneis, Augengneis*). Nach der Herkunft dieses metamorphen Gesteins unterscheidet man *Orthogneise,* die unter Druck aus Tiefengesteinen, besonders Graniten, und *Paragneise,* die aus Sedimenten, vor allem Tonschiefern oder Sandsteinen, hervorgegangen sind.
G. kommt in alten kristallinen Massiven vor, die die Kerne der Kontinente darstellen, so in den Laurentischen und Baltischen Schild und in der Angaramasse. Er findet sich auch in den alten variszischen Rümpfen, so z. B. des Erzgebirges, Fichtelgebirges, Thüringer Waldes, Harzes, Schwarzwaldes und Odenwaldes.
Gobar, → Calina.
Golezterrassen, nach den golzi, den tundrabedeckten Bergkuppen des ostsibirischen Berglandes, benannte, meist scharf ausgeprägte Verflachungen an steilen Hängen und Hangverschneidungen des subnivalen Bereiches. Sie sind oft in mehreren Stufen übereinander angeordnet. Die G. werden als Ergebnis der flächenhaften Abtragung unter periglazialen Bedingungen erklärt (Kryoplanation, Altiplanation). Als *fossile G.* werden heute mancherlei Verebnungen erklärt, die früher als Glieder einer Rumpftreppe oder Reste alter Talterrassensysteme (→ Eck) gedeutet worden sind.
Gondwania, *Gondwanaland,* eine riesige, wohl schon im Präkambrium bestehende Landmasse der Südhalbkugel. G. umfaßte Teile von Südamerika (Brasilia), Afrika einschließ-

Gotiglazial

lich Vorderindien (Lemuria), Antarktika und Westaustralien. Der Zerfall G. in die heutigen Kontinente der Südhalbkugel vollzog sich während des Mesozoikums. In den Schichten des Karbons und unteren Perms treten Spuren mehrerer Vereisungen (permokarbonische Vereisung) auf.

Gotiglazial, Abschnitt der Spätglazialzeit. Das G. umfaßt den Rückzug des skandinavischen Inlandeises von Südschweden (Schonen) bis zu den mittelschwedischen Endmoränen, in Finnland bis zum Salpausselkä. Es endete etwa 8000 Jahre v. u. Z. und hatte eine Dauer von etwa 3000 Jahren.

Gotlandium, → Silur.

Graben, *Grabenbruch,* ein zwischen zwei stehengebliebenen oder gehobenen Schollen an mehr oder weniger parallelen Verwerfungen abgesunkener Streifen der Erdkruste. Sofern der G. nicht durch Abtragung seiner Randschollen ausgeglichen ist oder durch Reliefumkehr (→ Inversion) die widerständigen Gesteine als Vollform herausgearbeitet worden sind, erscheint die tektonische Form des G. als eine Senke. Die tiefsten Stellen der Festländer liegen in Gräben, die sich oft in langgestreckte Bruchzonen eingliedern. Beispiele sind der oberrheinische G. (Betrag der Absenkung 3000 m), der Jordangraben (tiefster Punkt der Erdoberfläche ist der Spiegel des Toten Meeres mit -392 m), der ostafrikanische und der zentralafrikanische G. mit dem 1435 m tiefen Tanganjikasee und der Baikalsee-Graben (tiefste Kryptodepression der Erde mit -1165 m).

Grabenerosion, → Bodenerosion.

Grabensenke, → Becken.

Grad, 1) Maßeinheit des Winkels. Der Vollwinkel wird entweder eingeteilt in 360° (*Altgrad*) zu je 60' (Altminuten) zu je 60'' (Altsekunden) oder in 400^g (Gon oder *Neugrad*) zu je 100^c (Neuminuten) zu je 100^{cc} (Neusekunden).
2) Skalenteil bei Thermometer, Aräometer u. a.

Gradabteilungskarte, ein Kartenwerk, dessen Einzelblätter (Sektionen) von zwei Meridianen und zwei Breitenkreisen oder von Linien begrenzt werden, die Bruchteilen eines Grades entsprechen. Die Ränder des Kartenbildes fallen also mit Linien des →

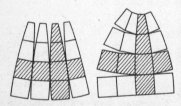

Gradabteilungskarte. Links: Auseinanderklaffen der Meridianstreifen; rechts: Auseinanderklaffen der Breitenkreisstreifen (aus Imhof)

Gradnetzes zusammen. Das Kartenbild einer G. entspricht einem Trapez. Die Kartenblätter der G. lassen sich daher nicht in beliebiger Zahl lückenlos aneinanderfügen (→ Rechteckkarten).

Gradientströme, → Meeresströmungen.

Gradientwind, ein Wind, der sich aus dem Zusammenwirken von Luftdruckgefälle, ablenkender Kraft der Erdrotation (→ Corioliskraft) und von Zentrifugalbeschleunigungen ergibt, die bei gekrümmten Isobaren auftreten. Der G. ist der Wind der freien Atmosphäre. Der Einfluß der Bodenreibung in der erdnahen Schicht der Atmosphäre ruft in bezug auf Richtung und Stärke dagegen beträchtliche Abweichungen hervor.

Gradmessung, *Erdmessung,* die Bestimmung der Größe und Gestalt der Erde mit astronomischen, geodätischen und geophysikalischen Methoden. Die Messung der Erdgröße beruht im Prinzip auf der astronomischen → Ortsbestimmung zweier Punkte der Erdoberfläche, die auf demselben Längenkreis liegen. Auf diesem Prinzip beruhte schon die Erdmessung von Eratosthenes um 195 v. u. Z. Aber erst mit der Einführung der Triangulationsmethode durch den holländischen Naturforscher Willebrord Snellius (1610) war es möglich, exakte Werte zu erhalten.
Die 1735 eingeleiteten internationalen G. in Lappland und Peru waren von großer Genauigkeit und bestätigten Newtons theoretisch begründete Behauptung der Erdabplattung.
Mit der Erkenntnis, daß die Erde keine Kugel, sondern ein Rotationsellipsoid ist, mit der Vervollkommnung der Meßinstrumente und Meßmethoden ist die Erdmessung immer komplizierter geworden. 1886 wurde sie international organisiert und seitdem durch zahlreiche G. in allen Erdteilen vervollständigt (→ Geodäsie). Weiteres → Erde, Tab. Dimensionen des „Internationalen Ellipsoids".

Gradnetz, ein Orientierungsnetz der Erde aus sich rechtwinklig schneidenden Linien, das der geographischen Ortsbestimmung nach geographischen Koordinaten dient. Die 180 Längenkreise bilden eine sich in den Polen schneidende Großkreisschar und entsprechen den 360 von Pol zu Pol laufenden Meridianen. Als Nullmeridian ist international die Länge der Sternwarte von Greenwich festgelegt. Die diese rechtwinklig schneidenden Breitenkreise (Parallelkreise) sind, außer am Äquator, Kleinkreise. Ihre Zählung erfolgt vom Äquator aus nach Nord und Süd von 0 bis 90 Grad. Jeder Punkt der Erdoberfläche wird somit durch die geographische Länge λ und die geographische Breite φ, die zusammen die *geographischen Koordinaten* bilden, eindeutig fixiert. Durch die Abplattung der Erde zum Ellipsoid nimmt die Länge eines Meridianbogens von 1 Grad Breite von 110,576 km am Äquator auf 111,241 km in 50 Grad Breite und 111,695 km in Polnähe zu. Die als Abweichung bezeichnete Länge des Parallelkreisbogens nimmt vom Äquator aus ab (→ Abweitung, Tab.). Die von Längen- und Breitenkreisen gebildeten sphärischen Flächen nennt man *Gradfelder* (*Gradtrapeze*), wobei Eingrad- (Tab.), Zweigrad-, Fünfgrad- und Zehngradfelder unterschieden werden.

Eingradfelder nach Bessels Dimensionen des Erdsphäroids
(aus H. Wagners Tabellen im Geographischen Jahrbuch III, 1870).

Breite (°)	km²	Breite (°)	km²
0 ... 1	12305,9	52 ... 53	7555,0
10 ... 11	12105,6	53 ... 54	7383,6
20 ... 21	11545,9	54 ... 55	7200,0
30 ... 31	10640,0	60 ... 61	6121,7
40 ... 41	9410,7	70 ... 71	4157,1
50 ... 51	7890,4	80 ... 81	2057,8
51 ... 52	7723,9	89 ... 90	108,8

werden. Die Abbildung des G. in der Ebene bildet als Kartennetz das mathematische Gerüst der Karten (→ Kartennetzentwürfe). Das G. wird zur Orientierung am Himmel auf das Himmelsgewölbe übertragen (Himmelskarte) und auch zur Lagebestimmung auf anderen Himmelskörpern benutzt.

Grand, Sammelbezeichnung für Grus (vorherrschend eckig) und Kies (durch Transport bzw. Bewegung abgeschliffen, gerundet), die kleinste Fraktion des Grobbodens oder Bodenskeletts (in der Bodenkunde 2 bis 20 mm Durchmesser).

Granit, das häufigste Tiefengestein. G. besteht vor allem aus Kalifeldspat (Orthoklas), Quarz und Glimmer, ist von körniger Struktur, grau bis graublau, gelblich, rötlich bis fleischrot gefärbt. Er bildet Lakkolithe, Stöcke und Gänge und ist durch Klüfte meist in mehr oder weniger dicke Bänke gegliedert. Durch Verwitterung entstehen aus diesen Bänken wollsack- oder matratzenähnliche Formen, durch Verstürzen der Wollsäcke Blockmeere (→ Blockbildungen). Unter unseren Klimabedingungen zerfällt das Gestein zu lehmigem Grus.
Die Hauptmasse der G. in Oberlausitz, Erzgebirge, Thüringer Wald, Harz, Schwarzwald, Bayrischer Wald und Fichtelgebirge ist karbonisch; doch finden sich anderwärts auch G. von präkambrischem bis tertiärem Alter. G. wird wegen guter Spaltbarkeit und großer Härte zu Werk- und Bausteinen, Straßenpflaster u. a. verwendet.

Granitporphyr, aschistes Ganggestein, das in einer bräunlichen, grauen oder grünlichen, sehr feinkörnigen Grundmasse aus Feldspat und Quarz sehr große Einsprenglinge derselben Zusammensetzung enthält. G. begleiten fast alle größeren Granitmassive, Pyroxengranitporphyr aus der Umgebung Leipzigs liefert Pflaster- und Bausteine.

Granulit, Weißstein, heller, dichter, gneisartiger kristalliner Schiefer, der überwiegend aus Feldspat, Quarz und Granat besteht. G. ist in Gneisgebieten häufig. Zwischen Zwickauer und Freiberger Mulde erstreckt sich z. B. das Mittelsächsische Granulitgebirge in einer Ausdehnung von 20 km Breite und 45 km Länge. G. wurde als Baustein und Schotter verwendet.

Granulometrie, Messung der Korngrößen eines Sediments oder Bodens.

Grat, die scharfe Firstlinie, in der sich steiler abfallende Hänge eines Berges oder des Gebirges verschneiden.

grauer Wüstenboden, Serosjom, Serosem, Sierozem, grey desert soils (zuweilen *Grauerde*; diese Bezeichnung wird mitunter auch für Podsol verwendet), überwiegend flachgründiger Trockenboden der außertropischen Rand- und Halbwüsten. Die sehr schüttere Vegetation (vereinzelt Büsche, selten Gräser) bewirkt nur einen spärlichen Humusgehalt im A-Horizont. Infolge der Trockenheit kommt es vielfach zur Ausscheidung von Karbonaten und anderen Salzen im Oberboden, die dem g. W. die graue Farbe verleihen. Bei kühlerem Klima kann der Oberboden auch kalkfrei und schwach sauer sein. Oft sind die grauen Wüstenböden mit Salzböden vom Typ des Solontschak vergesellschaftet. Der g. W. ist in Zentralasien und Nordamerika verbreitet. Er bildet in der Sowjetunion die südlichste Bodenzone, etwa zwischen dem Kaspischen Meer im Westen und den turanischen Randgebirgen im Osten.

Graulehm, → Plastosol.

Graupeln, fester atmosphärischer Niederschlag in Form von Eiskörnern. G. entstehen durch Ansetzen unterkühlter Wassertröpfchen an Eis- oder Schneekristalle. Haben die Eiskörner weniger als 1 mm Durchmesser, spricht man von *Griesel*, solche von über 5 mm Durchmesser bilden den → Hagel.

Grauschlammboden, svw. Gyttja.

Grauwacke, graues, grobes konglomeratisches oder feines sandsteinartiges Sedimentgestein. G. besteht aus Quarz, Feldspat, Chlorit- und Glimmerblättchen sowie Bruchstücken von Kiesel- und Tonschiefern. Sie ist im Erdaltertum entstanden. G. kommen im Oberharz, in Nordsachsen (Oschatzer Collm) und im Rheinischen Schiefergebirge vor und werden als Bausteine und Schotter verwendet.

Gravimetrie, Schweremessung, Methode zur Bestimmung des Schwerefeldes der Erde. Neben der Absolutbestimmung der Erdschwere sollen insbesondere die regionalen Unterschiede dieser Größe ermittelt werden. Die Unterschiede in der Masseverteilung des Untergrundes beeinflussen die Schwerebeschleunigung an der Erdoberfläche meßbar. Geophysik und Geodäsie leiten aus Gravimeterbeobachtungen Aussagen über die Erdfigur (→ Geoid) und ihre zeitliche Änderung (z. B. durch Einflüsse der Gezeiten) ab. Die Anlage und Unterhaltung von Gravimeternetzen gehört zu den Aufgaben der Landesvermessung (→ Geodäsie). In gravimetrischen Karten werden Punkte gleicher Schwerewerte durch Isolinien miteinander verbunden. Gebiete positiver Schwerestörung entsprechen einem Masseüberschuß im Untergrund. Die angewandte Geologie benutzt die Ergebnisse der G. in der Lagerstättenerkundung. So sind z. B. Salzhorste durch ein Schweredefizit (negative Schwerestörung) zu erkennen.

Greenwich, südöstlicher Vorort von London mit der britischen Hauptsternwarte, dessen Meridian seit 1911 als → Nullmeridian gezählt wird. Seit 1954 befindet sich die astrophysikalische Abteilung der Sternwarte im Schloß Herstmonceux (Sussex), da die verunreinigte Großstadtluft in G. exakte Beobachtungen sehr erschwerte. **Greenwicher Zeit, Weltzeit,** die Ortszeit des Nullmeridians, → Zeit.

Grenzgürtel, → geographische Grenzen.

Grenzhorizont, in Mooren im Norden der BRD und anderer Gebiete zwischen dem oberen und dem unteren Moostorf gelagerte, hellere, tonärmer Schicht, in der die Sporen des Torfmooses zurücktreten, dagegen Pollen von Wollgras, Heidekraut und verschiedenen Holzarten stärker vertreten sind. Der G. muß also zu einer Zeit abgelagert worden sein, als das Moor abtrocknete. Man parallelisiert den G. mit dem → Subboreal.

Griesel, → Graupeln.

Griserde, Übergangsbodentyp, der von der Schwarzerde zur Parabraunerde überleitet (degradierte Schwarzerden). Nach Entkalkung der Schwarzerde setzt die Lessivierung ein. Humose, aber bereits aufgehellte $A_{3/1}$-Horizonte und dunkle bis schwarze (humose) Tonhäutchen im entstehenden B_t-Horizont sind kennzeichnend. G. gehören zu den hochwertigen Ackerböden.

Groden m, landwirtschaftlich nutzbares, deichreifes oder eingedeichtes Marschland, → Marsch.

Großklima, svw. Makroklima.

Großwetterlagen, häufig wiederkehrende und durch bestimmte Lagen der Aktionszentren (Hoch- und Tiefdruckgebiete) charakterisierte Wetterlagen (→ Wetter), die jeweils ähnliche Wettererscheinungen hervorrufen. Die synoptische Meteorologie (Synoptik) sucht das Wettergeschehen eines größeren Ausschnittes der Erdoberfläche, z. B. Europas einschließlich des angrenzenden Nordatlantiks, durch G. zu charakterisieren und auf dieser Grundlage Typen bestimmter Wetterabläufe zu erfassen, um auch auf längere Frist die Entwicklung des Wetters zu überschauen und vorauszusagen.

Für Europa gibt es 18 typische G., die jeweils ein bestimmtes Gepräge der Witterung zur Folge haben und in den einzelnen Jahreszeiten verschieden häufig sind.

Grotte, natürlich oder künstlich gebildete gewölbte → Höhle.

Grundgebirge, unexakt *kristallines Gebirge, Kristallin,* die älteren, in ihrer ursprünglichen Lagerung gestörten und meist aus Magmagesteinen oder metamorphen Gesteinen bestehenden Schichtkomplexe im Gegensatz zum Deckgebirge, den ungestörten jüngeren Gesteinsschichten. Früher wurde der Begriff G. auch im Sinne von *Urgebirge* gebraucht, mit dem man einst alle – angeblich – präkambrischen Gesteine bezeichnete.

Grundkarte 1) ein topographisches Kartenwerk, das als Originalaufnahme die Grundlage für die redaktionelle Erarbeitung abgeleiteter Kartenwerke bildet. Die Maßstäbe der Grundkarten liegen von 1 : 2000 bis 1 : 10000. 2) eine Karte, die als Grundlage für weitere Eintragungen von Forschungsergebnissen dient und hierfür bereits gewisse Eintragungen (z. B. Gemeindegrenzen) vorgedruckt enthält, z. B. die historischen oder historisch-statistischen G.

Grundmoränensee, ein See im jungglazialen Grundmoränengebiet. Er ist in die unregelmäßige Oberfläche der Moränenablagerung eingelagert und weist in der Regel nur mäßige Tiefe und einen sehr unregelmäßigen Umriß auf zum Unterschied von den → Rinnenseen.

Grundriß, Situation, Situationszeichnung, in der Kartographie die lagerichtige Darstellung linearer und flächenhafter Geländeelemente, wie Küsten, Gewässer, Verkehrswege, Bodenbedeckung und Grenzen, sowie die mittels Signaturen wiederzugebenden topographischen Objekte, wie Brücken, Gebäude, Leitungen und Mauern, deren grundrißliche Darstellung wegen ihrer maßstäblich bedingten Kleinheit nur der Lage nach möglich ist. Bestimmte Grundrißelemente bilden die unerläßliche topographische Bezugsgrundlage in Themakarten.

Grundwalzen, → Wasserwalzen.

Grundwasser, im engeren Sinne das auf natürlichem Wege durch Versickerung der atmosphärischen Niederschläge, teilweise auch von Fluß und Seewasser in den Boden gelangende, die Hohlräume der lockeren Erdschichten und der Gesteine füllende Wasser, das im allgemeinen nur der Schwerkraft und dem hydrostatischen Druck unterliegt. Eine von G. erfüllte Schicht nennt man *Grundwasserleiter,* eine undurchlässige Schicht, über der sich G. ansammle, *Grundwasser-*

stauer. Die Oberfläche des G., der *Grundwasserspiegel,* liegt bei stehendem Grundwasser waagerecht, bei strömendem fällt er in Richtung der Strömung, er paßt sich in seinem Verlauf der jeweils vorhandenen Durchlässigkeit der Lockerablagerungen sowie der Geländeform an. Seine Höhe, d. h. der *Grundwasserstand,* ist abhängig von der jährlichen Niederschlagsmenge sowie von dem Wasserverbrauch der Pflanzen (natürliche Schwankungen des Grundwasserspiegels) und von der Grundwasserentnahme durch den Menschen; Entwässerungsarbeiten in Tagebauen, Kanalisierung von Wasserläufen, Entwaldung, Entnahme durch Wasserwerke u. a. rufen künstliche Schwankungen des Grundwasserspiegels (*Grundwasserabsenkung*) hervor. Das G. fließt in der Richtung des stärksten Gefälles oder des kleinsten Widerstandes. Die Geschwindigkeit dieses *Grundwasserstromes* richtet sich nach der Durchlässigkeit der Schichten; sie ist infolge der inneren Reibung gering und beträgt meist nur wenige Meter, in Sandstein sogar nur einige Zentimeter am Tage. Lediglich in groben Kiesen und Gesteinsklüften werden auch Geschwindigkeiten von 1 bis 10 km je Tag erreicht.
Meist ist nur ein Hauptgrundwasserspiegel vorhanden, bisweilen haben sich aber auch mehrere Grundwasserstockwerke entwickelt, wenn z. B. tonige und sandige Schichten mehrfach übereinandergelagert sind. Das G. dieser Stockwerke kann ganz verschiedener Art und Herkunft sein.

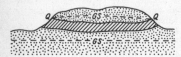

Zwei übereinanderliegende Grundwasserstockwerke; beide Grundwasseroberflächen *GS* sind ungespannt. *Q* Quelle

Über dem Hauptgrundwasserspiegel kann man bisweilen, wenn nämlich in dem Grundwasserleiter örtlich eine kleine grundwasserstauende Schicht eingelagert ist, *schwebendes* G. vorfinden.
Steht G. unter einer undurchlässigen Schicht mit solchem in höherer Lage in Verbindung, so übt es auf deren Unterseite einen hydrostatischen Druck aus; man spricht dann von einem *gespannten* Grundwasserspiegel. Wird die Deckschicht durchbohrt und liegt das Nährgebiet dieses G. höher als die Bohrstelle, dann tritt das unter Druck stehende Wasser an der Erdoberfläche frei aus; man spricht dann von einem artesischen → Brunnen.
Räume mit ruhendem G. ohne Abfluß heißen *Grundwasserbecken.* Tritt G. zutage, so bildet es → Quellen. Leicht lösliche Gesteine, z. B. Kalk, Salz oder Gips, werden vom G. ausgelaugt (→ Auslaugung, → Karst).
Im weiteren Sinne versteht man unter G. noch: a) *Bergfeuchtigkeit,* der durch Kapillarkräfte an feinste Poren und Risse gebundene Wassergehalt in festem anstehenden Gestein ohne zusammenhängenden Spiegel; es ist infolge der feinen Verteilung im Unterschied zum eigentlichen Grundwasser nicht beweglich und nicht ohne weiteres gewinnbar; b) *Kluft-* und *Spaltenwasser,* das an Klüften frei zirkulierende Wasser; c) *Höhlenwasser,* fließendes oder stehendes unterirdisches Wasser in größeren Hohlräumen; d) *Tiefenstandwasser,* Wasser, das sich in sehr großer Tiefe (mehrere 100 m) in Hohlräumen des anstehenden Gesteins befindet und sich fast gar nicht bewegt. Es hat einen zusammenhängenden Spiegel.
Gruppe, → Systeme.
Grus, eckig-kantiges Verwitterungsprodukt von 2 bis 6 mm Durchmesser. Es entsteht besonders aus körnigen Gesteinen, z. B. Granit, und ist nicht oder nur wenig transportiert. Der Vorgang des grusigen Gesteinszerfalles wird als Abgrusung (oberflächlich) oder Vergrusung (tiefer reichender Zersatz) bezeichnet. Körnige Gesteine weisen mitunter mächtige Vergrusungen auf, deren Ursachen noch nicht völlig geklärt sind.
G-Schicht, → Atmosphäre.
Gschnitzstadium [nach dem Gschnitztal südlich von Innsbruck], ein Rückzugsstadium der → Würm-Eiszeit.
Gumbotil, amerikanische Bezeichnung für zähe, kalkfreie Verwitterungslehme, die aus den Geschiebemergeldecken der älteren pleistozänen Eiszeiten hervorgegangen sind und nur noch kleine Geschiebe aus den widerständigsten Gesteinen enthalten. Mehr sandige Abarten heißen *Silttil,* mittlere Abarten *Mesotil.*
Günz-Eiszeit [nach der bei Günzburg in die Donau mündenden Günz], die älteste der von A. Penck aufgestellten vier Eiszeiten. Die von den günzzeitlichen Gletscherbächen aufgeschütteten Schotter, die heute schon stark verkittet sind, werden als ältere Deckenschotter bezeichnet. Im Ostseegebiet soll der G. die → Elbe-Eiszeit entsprechen, in den Niederlanden wird diese Kaltzeit als *Menap* bezeichnet. In Nordamerika ist ihr wahrscheinlich das *Nebraskan* zuzuordnen. Der Beginn der G. wird auf etwa 600000 Jahre vor der Gegenwart angesetzt.
Inzwischen sind ältere Eiszeiten bekannt geworden, → Pleistozän (Tab.).
Günz-Mindel-Interglazial, svw.Cromer.
Guyot m, nach dem Geomorphologen Guyot benannte, hauptsächlich aus vulkanischen Gesteinen bestehende untermeerische Aufragung auf dem Boden des Pazifiks von meist tafelbergähnlicher Form, teilweise nur 1000 bis 1700 m unter dem Meeresspiegel liegend.

Gyttja [schwedisch, sprich Jüttja], *Plur.* Gyttjen, *Grauschlammboden, Halbfaulschlamm,* Sediment und Bodentyp der Abteilung subhydrische Böden. G. entsteht in bis in die Tiefe sauerstoffreichen, nährstoffreichen Gewässern durch Sedimentation von feinem anorganischen Material und gut zersetzten organischen Substanzen und hat einen reichen Organismenbesatz. Der A-Horizont ist grau bis grauschwarz, seltener braun gefärbt. G. werden nach dem Ausgangsmaterial (z. B. Diatomeengyttja, Seekreide oder Kalkgyttja), nach der Farbe (z. B. Planktongyttja oder Lebermudde) und nach der Entstehungsweise (z. B. limnische G., marine G. – teils auch als Mudd bezeichnet) unterteilt. Sie liefern nach Trockenlegung durchweg gute porenreiche Substrate, die aber Quellungs- und Schrumpfungserscheinungen aufweisen.

H

Haareis, → Frostboden.
Haarrauch, svw. Höhenrauch.
Habitat, nach Tansley (1929) Gesamtheit der natürlichen Umweltbedingungen, unter denen eine Lebensgemeinschaft (Biozönose) existiert. H. ist gleichzusetzen mit → Biotop.
Haboob, → *Habub,* → Trombe.
Hafenzeit, → Gezeiten.
Haff, eine durch eine → Nehrung völlig oder fast gänzlich abgeschnürte ehemalige Meeresbucht an einer Flachküste, z. B. an den südlichen Ostseeküste, gewöhnlich mit einem einmündenden Fluß. Es bleibt in der Nehrung oft nur ein Tief offen, durch das das durch den Fluß in das H. gelangende Wasser das Meer erreicht. So erfolgt allmählich eine Aussüßung des Haffwassers. Doch gelangt oft durch das Tief auch Salzwasser in das H., das nicht nur brackige Bereiche entstehen läßt, sondern auch Material in das H. hineinträgt und ein rückläufiges Delta aufbaut. Völlig abgeschlossene H. werden meist als *Strandseen* bezeichnet. H. und Strandseen verlanden um so rascher, je größer die Zuführung von Flußwasser ist; schließlich verwandeln sie sich in fruchtbare Ebenen, die nur durch die Nehrung vom Meer getrennt sind. Die haffähnlichen Buchten der Schwarzmeerküste werden → Liman genannt. Haffähnliche Bildungen sind auch die → Lagunen.
Eine von N. besetzte Küste wird als Haffküste bezeichnet (→ Küste).
Hagel, fester atmosphärischer Niederschlag in Form unregelmäßiger Eisstücke von meist schaligem Aufbau. H. bildet sich, wenn Eis- oder Schneekristalle durch Wolken mit unterkühlten Wassertröpfchen fallen, die sich an den Kristallen ansetzen und sofort gefrieren. Durch mehrfaches

Auf- und Absteigen in starken Vertikalströmungen von Gewitterwolken lagern sich immer neue Eisschichten an den Eiskristallen an. Der Durchmesser dieser *Hagelkörner* oder *Schloßen* kann zwischen 5 und 90 mm schwanken. Es sind Hagelsteine bis über 1 kg Masse verbürgt. Liegt der Durchmesser unter 5 mm, spricht man von *Graupeln*. H. fällt fast nur bei Gewittern sowie überwiegend in warmen Tages- und Jahreszeiten und in wärmeren Gegenden. In polaren Gebieten fehlt diese Erscheinung fast völlig. Die Bahn der Hagelwetter ist seitlich meist scharf begrenzt (*Hagelstraßen*).
Hagelwetter verursachen oft beträchtliche Schäden an der Ernte, an Gebäuden und Vieh. Selbst Menschen können erschlagen werden.

Haken, *Sandhaken,* eine in der Richtung der Strandversetzung (→ Strand) an Küstenvorsprüngen ansetzende langgestreckte Sandaufschüttung, die hakenförmig nach der Bucht zu gebogen ist und sich zu einer → Nehrung entwickeln kann. Die Außenseite ist meist ein geradliniger Sandstrand mit Dünen, die Innenseite vielfach leicht gebuchtet und teilweise von flachen Schlickablagerungen aufgebaut. Beispiel ist die Halbinsel Hel (Hela) an der polnischen Ostseeküste. Abb. → Strand.

Hakenwerfen, das Umbiegen und Verziehen der durch die Verwitterung gelockerten Gesteinstrümmer in der Verwitterungsschicht in Richtung der Hangneigung. Es kann auf die langsame Hangabwärtsbewegung der Schuttdecke (→ Gekriech) zurückgeführt werden, dürfte aber in vielen Fällen durch periglaziale → Solifluktion entstanden sein.

Hakenwerfen. Schichtenumbiegung an einem Hang, die auch durch Stellung und Wachstum der Bäume angedeutet wird

Halbfaulschlamm, svw. Gyttja.
Halbkulturformation, → Kulturformation.
Halbwüste, → Steppe.
Halit, svw. Steinsalz.
Halligen, *Sing. Hallig,* die nicht eingedeichten Marschinseln an der Westküste von Schleswig-Holstein, die aus der Zerstörung früherer größerer Marschgebiete hervorgegangen sind und durch den Küstenabbruch ständig weiter angegriffen werden. Die flachen Eilande, die zur Gruppe der Nordfriesischen Inseln gehören, werden bei Sturmfluten vom Meer überspült, so daß auf ihnen nur Viehhaltung möglich ist. Die Gehöfte stehen auf künstlichen Erhöhungen, den → Wurten. Da die H. den besten Schutz des Festlandes vor den Angriffen des Meeres bilden, sind sie heute vielfach schon mit Küstenschutzbauten versehen; einige sind auch durch Dämme mit dem Festland verbunden worden.

Halo, eine ringartige atmosphärische Lichterscheinung, die infolge Spiegelung (*weißer H.*) oder infolge Brechung (*farbiger H.*) des Lichtes an Eiskristallen um Sonne (*Sonnenring*) oder Mond (*Mondring*) als Mittelpunkt auftritt. Der H. hat jeweils einen Radius von 22° (*kleiner H.*) oder 46° (*großer H.*). Voraussetzung für das Zustandekommen ist die Anwesenheit von Cirruswolken. Da der H. besonders häufig in hoher Aufzugsbewölkung vor einer Warmfront anzutreffen ist, kann er als Wetterzeichen für aufkommendes Schlechtwetter verwendet werden.
Auf den gleichen Ursachen beruhen auch die das Gestirn schneidenden senkrechten oder waagerechten Lichtbögen (Mondsäule, Sonnensäule) und die Lichtbögen mit größerem Durchmesser, die den H. mit umgekehrter Krümmung von außen berühren (Tangentialbögen), ferner die als Nebensonnen oder Nebenmonde bezeichneten, bisweilen sehr hellen Lichtflecke, die bei der Sonne auch dem Gestirn gegenüber (Gegensonne) beobachtet wurden.
Vom H. streng zu unterscheiden ist der → Hof.

Halobie, die Anpassung von Organismen an den Salzgehalt des Wassers. Man unterscheidet oligohalobe (limnische), mesohalobe (brackische) und euryhalobe (marine) Arten, kann jedoch bei einzelnen Arten noch eine wesentlich engere Anpassung an einen bestimmten Salzgehalt feststellen. Aus dem Auftreten solcher Formen in Ablagerungen kann man die ehemaligen Salzgehaltsverhältnisse ermitteln.

Halokinese, svw. Salztektonik.

Halophyten, *Salzpflanzen,* Pflanzen, die einem hohen Salzgehalt des Bodens angepaßt sind. Sie finden sich an der Meeresküste (Strandpflanzen), im Binnenlande an salzhaltigen Quellen sowie in den Salzsteppen und Salzwüsten vor. Auch auf Aschenhalden sind sie häufig. Die H. bilden auf den Salzböden, wo die Konkurrenz anderer Pflanzen fehlt, besondere Pflanzengesellschaften. Man unterscheidet: 1) *obligate H.,* die nur auf Salzböden vorkommen, wie Queller und Salzaster; 2) *fakultative H.,* die sowohl auf salzhaltigen wie salzfreien Standorten gedeihen, z. B. Salzkraut und Meerstrandsimse. Während die obligaten H. Salz zum Leben brauchen, sind die fakultativen H. gegen Salz unempfindlich und auf Salzböden gegen die Konkurrenz salzempfindlicher Pflanzen geschützt.

Hamburger Eiszeit, aufgrund vereinzelter Ergebnisse behauptete, aber noch keineswegs sicher bewiesene Eiszeit im Norden der BRD, die noch vor der Günz-Eiszeit (→ Pleistozän) liegen soll und der gleichfalls hypothetischen Donau-Eiszeit (→ Pleistozän) im Alpengebiet gleichgestellt wird. Die H. E. ist nicht zu verwechseln mit der späteiszeitlichen *Hamburger Stufe,* mit der man die vorgeschichtliche, jungpaläolithische Rentierjägerkultur bezeichnet.

Ham(m)ada [arabisch ‚unfruchtbar'] *f,* Bezeichnung für die nordafrikanischen Gesteinswüsten, → Wüste.

Hammocks, im südlichen Nordamerika übliche Bezeichnung für Altwasser-Waldsümpfe mit subtropischer Vegetation.

Handatlas, großformatiger Weltatlas, der neben Übersichtskarten der Erde, der Erdteile und Ozeane vor allem aus Länderkarten für alle Gebiete der Erde in Maßstäben zwischen 1 : 1 Mill. und 1 : 6 Mill. besteht. Die meisten H. enthalten ausschließlich oder überwiegend → chorographische Karten eines Gestalttyps. Jüngere H. enthalten ergänzend thematische Erd- und Erdteilübersichten, Stadtdarstellungen, graphisch-statistische Übersichten sowie ausnahmslos ein alphabetisches Register geographischer Namen. Die bedeutendsten H. sind:

Haack Großer Weltatlas
Atlas Mira
Stielers Handatlas
Andrees Handatlas
Berthelsmann Weltatlas
Atlas internazionale TCI
The Times Atlas
Atlas Swiata
Atlas international
Grand Atlas Aigular

Hang, jede geneigte Fläche des Reliefs, die einer Hohlform wie einer Vollform zugeordnet sein kann. In der Regel sind Hänge aus verschiedenen Hangteilen zusammengesetzt, die in Unstetigkeiten der Profillinien (Hangknicke, Hangkanten) aneinanderstoßen. Morphologisch kann jeder Hangteil nach folgenden Merkmalen beschrieben werden: 1) Nach der Hangneigung; 2) bei unebenen Flächen nach der Krümmung der Fallinie als konvexe, konkave und gestreckte H. und nach der Bewegungsrichtung benachbarter Fallinien als konvergierende, divergierende oder parallele H. Krümmung und Bewegungsrichtung werden als Wölbung zusammengefaßt; 3) nach der Position eines Hangteiles, unterschieden nach *Oberhang, Mittelhang* und *Unterhang,* 4) nach der Exposition.

In vielen Fällen muß auch die *Rauhigkeit* beschrieben werden, die durch Kleinstformen hervorgerufen wird (wellig, blockig u. ä.).
Die *Hangentwicklung*, die Weiterbildung eines H., ist abhängig von der Verwitterungsgeschwindigkeit und Mobilisierung des anstehenden Gesteins, der Abtragungsgeschwindigkeit und der Art der beteiligten Massenbewegungen. Als *Gleichgewichtshang* bezeichnet man ein Hangprofil, bei dem in allen Teilen das Gleichgewicht zwischen Materialzufuhr und Materialabfuhr besteht. Zunehmende Materialbereitstellung erfordert eine entsprechende Erhöhung der Abtragungsleistung durch Zunahme des Böschungswinkels. Es entsteht ein konvexes Profil. Übergewicht der Materialzufuhr führt zur Ablagerung und zu abnehmendem Böschungswinkel, ebenso die Anpassung an die Dynamik des oberflächig abfließenden Wassers; es entstehen konkave Profile. Nur wenn die Hangform aus der gegenwärtigen Dynamik am H. nicht erklärt werden kann, ist die Schlußfolgerung auf besondere, z. B. talgeschichtliche, Ereignisse statthaft.

Hangendes, *hangende Schicht*, die in einem Gesteinsschichtenverband über der untersuchten Schicht liegende Schicht, die bei ungestörter Lagerung der Gesteine jünger ist. Die unter der betrachteten Gesteinsschicht liegende, normalerweise ältere Schicht wird als *Liegendes* (*liegende Schicht*) bezeichnet.

Hängetal, ein Nebental, das mit einer deutlichen Stufe (Stufenmündung) gegen das meist von einem größeren Gletscher übertiefte Haupttal absetzt.

Hangneigung, svw. Böschungswinkel.

Hangwasser, das hangparallel im Boden bewegte Wasser, vor allem in Wanderschuttdecken der Mittelgebirge. Es tritt am Hangfuß oder in Talkerben aus.

Harmattan *m*, ein trockener, dem Passatregime angehörender Nordostwind, der das ganze Jahr hindurch aus der Sahara auf die atlantische Küste zu weht, die Oberguineaküste in den Sommermonaten infolge der Verlagerung der Passatwindzone jedoch nicht erreicht. Er verursacht eine Senkung der relativen Luftfeuchtigkeit bis auf 1% und wirkt daher stark austrocknend. Bisweilen ist er reich mit Wüstenstaub beladen.

harmonische Formen, → disharmonische Formen.

Harnisch, eine Kluftfläche, die durch eine z. T. kaum meßbare Verschiebung der Gesteinsmassen geglättet und teilweise mit parallelen Schrammen versehen ist. Glänzende H. nennt man *Spiegel*.

Hartlaubwald, *Durisilva*, ein Vegetationstyp, der den ausgeprägten sommerlichen Trockenperioden mit hohen Temperaturen angepaßt ist (Trockenwald, *Xerodrymium*). Charakteristisch für den H. sind lederartige, harte, oft sehr kleine Blätter, die häufig Behaarung, Wachsüberzug oder Dornenbildung als Verdunstungsschutz aufweisen. Der an sich schüttere Waldwuchs erholt sich nach Zerstörung schwer, so daß bei Rodung Gebüschformationen an seine Stelle treten, die in Italien als Macchie, in Südfrankreich als Garigues, in Spanien als Tomillares, in Griechenland als Phrygana, in Kalifornien als Chaparral bezeichnet werden.

Härtling, Berg oder Hügel, der infolge seines widerständigeren Gesteins weniger der Abtragung unterlag und daher aus seiner Umgebung herausragt. H. sind z. B. der an Quarzite gebundene Pfahl im Bayrischen Wald, der Scheibenberg im Erzgebirge und viele Einzelberge aus vulkanischem Gestein. Der Ausdruck *Monadnock* für H. wird heute nur noch selten gebraucht.

Hauterive, → Kreide, Tab.

Hebung und Senkung, Bewegungen von Teilen der Erdkruste, die deren Verlagerung in ein höheres oder tieferes Niveau gegenüber dem Meeresspiegel bewirken. Solche Bewegungen können im Zusammenhang stehen 1) mit epirogenen Bewegungen (→ Epirogenese), 2) mit orogenen Bewegungen (→ Orogenese), 3) mit der Verschiebung von Schollen an Verwerfungen, die mit Erdbeben verknüpft zu sein pflegen, 4) mit magmatischen Vorgängen.

Heckenlandschaft, eine Form der Kulturlandschaft, in der Felder, Wiesen und Weiden von Hecken, in Schleswig-Holstein *Knicks* genannt, umsäumt sind. Sie dienen in feuchten und windreichen Küstengebieten in erster Linie dem Windschutz, in Trockengebieten bremsen sie ebenfalls die Windgeschwindigkeit ab, schützen dadurch den Boden vor der Austrocknung und erhöhen in gewissem Maße die Luftfeuchtigkeit. Sie mindern die Deflation der Ackerkrume und sind auch biologisch günstig. Vielfach tritt eine Erhöhung der Bodenerträge ein, doch ist der Grad der Wirkung von dem gesamten Komplex der örtlichen geographischen Faktoren abhängig. Die Anpflanzung von *Schutzwaldstreifen* in der Sowjetunion und China dient dem gleichen Ziel wie die von Hecken.

Heide, *Mesothamnium*, eine lichte Baum- und Strauchformation, die sich an nährstoffarmen Standorten an Stelle des Waldes einfindet. Gemeinsame Merkmale aller H. sind: kümmerliches Wachstum, das durch Nährstoffarmut des Bodens (Callunaheide) oder Wasserarmut (Steppenheide) bedingt ist; Zwergsträucher und Hartgräser; das Fehlen des frischen, saftigen Grüns während der Vegetationszeit, da die Pflanzen eine der Trockenheit angepaßte (xeromorphe) Struktur aufweisen.
H. stellen sich jeweils an Waldgrenzen ein; im nordatlantischen Heidegebiet an der maritimen Waldgrenze, z. B. Lüneburger Heide; im pontischen Heidegebiet an der kontinentalen Waldgrenze am Übergang zur Steppe als Steppenheide; im alpinen Heidegebiet an der Kältegrenze des Waldes.
Im einzelnen rechnet man zu den H.:
1) die *echte H.*, *Zwergstrauchheide* oder *Callunaheide*, in der immergrüne Zwergsträucher, vor allem das Heidekraut, *Calluna vulgaris*, vorherrschen. Sie ist am besten auf nährstoffarmen Sand- und Silikatböden in feuchtkühlen Klimagebieten entwickelt. Sondertypen sind *Moorheide*, *Sandheide* des Tieflands – z. B. die Lüneburger Heide – und die *Bergheide* auf armen Böden der feuchten Mittelgebirgswälder, die meist nur als schmaler Saum entwickelt ist.
2) die *Steppenheide* an wasserdurchlässigen, warmtrockenen Standorten. Sie besteht überwiegend aus wärmeliebenden Pflanzengesellschaften, besonders Gräsern und Stauden, die während des Wärmeoptimums der Nacheiszeit, vor allem im Subboreal, aus den Steppen Südost- und Osteuropas sowie aus den Kalkgebirgen des Mittelmeergebietes – daher als mediterranpontisch bezeichnet – nach Mitteleuropa eingewandert sind. Später, im Subatlantikum, wurde durch den vordringenden Wald die Steppenheide weitgehend verdrängt. Sie findet sich heute nur noch vereinzelt als Reliktflora auf sonnigen Hügeln und kalkreichen Felsen- und Geröllhalden, z. B. an den steilen Muschelkalkhängen in Thüringen.
Man unterscheidet folgende Typen der Steppenheide:
a) *Algen-*, *Moos-* und *Flechtentyp*, die entweder als Felshaftergesellschaften an steilen Felswänden oder als *Flechten-* und *Moosheiden* auf flachgründigen Böden vorkommen;
b) *Krautgrasgesellschaften*; sie sind als *Fels-* und *Geröllheiden* auf skelett- und kalkreichen, jedoch humusarmen Geröll- und Schotterhalden zu finden; hierzu gehören auch die submediterranen Felsheiden. Anderseits rechnen zu den Krautgrasgesellschaften die *Rasenheiden* auf skelettarmen, nährstoffreichen Feinerden. Hier finden sich Vertreter der Wiesensteppen vor;
c) *Buschheide* und *Buschsteppe* mit Schlehen, wilden Rosen, Sanddorn, Schneeball, Kornelkirsche und anderen Sträuchern. Sie ist meist strichweise in eine der anderen Typen eingeschaltet;
3) die *Grasheide*, die kontinentale und submediterrane Florenelemente enthält. Im Gegensatz zu den Wiesen ist die Rasendecke nicht geschlossen, und es fehlt das frische saftige Grün.

Heimatatlas, thematischer Regionalatlas für kleinere, meist historisch gewordene oder administrativ bestimmte Räume. Sie stellen in unter-

schiedlicher Ausführlichkeit und mit unterschiedlichem Niveau geographische, kulturelle und geschichtliche Sachverhalte dar. Es gibt H. für die Schule und für die Allgemeinbildung.
heiße Tage, Tropentage, klimatologische Bezeichnung für Tage mit einer Mitteltemperatur von über +25 °C bzw. einem Temperaturmaximum über 30 °C.
heitere Tage, klimatologische Bezeichnung für Tage, an denen der Himmel nur bis zu 25% mit Wolken bedeckt ist. In Mitteleuropa kommen jährlich zwischen 20 bis 60 h. T. vor, am häufigsten im April, Mai und September, den Monaten, in denen Hochdrucklagen vorherrschen.
Hekistothermen, Pflanzen, die die geringsten Wärmeansprüche stellen. Sie kommen noch an der Grenze des ewigen Frostes im Hochgebirge und in der Polarregion vor.
Heller, → Marsch.
Helophyten, Sumpfpflanzen, Pflanzen, die mit ihren Wurzeln und unteren Sproßteilen zeitweise im Wasser stehen, so daß diese Pflanzenteile in ihrem inneren und äußeren Bau den Hydrophyten sehr nahe stehen. Die oberen Sproßteile sind aber den Landpflanzen gleich gestaltet. Zu den H. gehören Schilf, Rohrkolben, Binsen und Wasserschwaden, die das als Verlandungsformation wichtige Röhricht bilden.
Helvetische Stufe, → Tertiär, Tab.
Hemikryptophyten, mehrjährige Pflanzen, deren Wurzeln und unterirdische Stengel überwintern, während die oberirdischen Teile bis auf die dem Erdboden aufliegenden Rosetten- und grundständigen Blätter jeweils absterben. Die Winterknospen befinden sich, teilweise durch abgestorbene Blätter geschützt, an der Erdoberfläche.
Hemipelagial, → Pelagial.
Herbst, eine der vier → Jahreszeiten. Astronomisch beginnt er um den 23. September (Herbsttagundnachtgleiche) und endet um den 21. Dezember (Wintersonnenwende). Klimatisch rechnet man für die gemäßigten und polaren Gebiete die Übergangszeit zwischen Sommer und Winter, die Zeit der Ernte und der beginnenden Vegetationsruhe, zum H.
Herbstpunkt, Waagepunkt, derjenige der beiden Schnittpunkte der Ekliptik mit dem Himmelsäquator, in dem die Sonne zum Herbstanfang, um den 23. September, auf ihrer scheinbaren Bahn den Himmelsäquator in Richtung von Nord nach Süd überschreitet.
herzynische Richtung, → Streichen und Fallen.
heterogen, von verschiedener Art, aus verschiedenartigen Bestandteilen oder Stoffen zusammengesetzt, uneinheitlich. Die Heterogenität von physisch-geographischen Einheiten dient als Merkmal für die Taxonomie der regionalen Geographie. Gegensatz: → homogen.

Heterosphäre, → Atmosphäre.
Heulende Vierziger, → Brave Westwinde.
Himmel, *Himmelssphäre, Firmament,* das scheinbare Gewölbe, das sich in Form einer Halbkugel, in deren Mittelpunkt sich der Beobachter zu befinden glaubt, über der Erde ausbreitet und auf dem → Horizont ruht. Es erscheint abgeplattet, so daß der Zenit näher liegt als der Horizont.
Die *Himmelsfarbe* kommt durch die Streuung des Sonnenlichtes beim Eindringen in die Atmosphäre zustande. Da sich die Streuung und die damit verbundenen Erscheinungen am stärksten beim kurzwelligen blauen, weniger beim langwelligen roten Lichtteil bemerkbar machen, so überwiegt auch für das menschliche Auge der Anteil des blauen Lichts. Dieser stärker gestreute Anteil des blauen Lichts wird der Sonnenstrahlung entzogen, die daher um so röter erscheint, je größer der Weg ist, den das Sonnenlicht durch die Atmosphäre zurücklegt. Wenn viel Dunst in der Atmosphäre vorhanden ist, ist die Streuung viel weniger wellenabhängig, und der H. erscheint daher weniger blau.
Himmelsrichtungen, *Himmelsgegenden,* die Richtungen nach den Schnittpunkten des Meridians und des Ersten Vertikals mit dem Horizont. Die Haupthimmelsrichtungen sind *Norden* (N), *Osten* (O oder E., von englisch ‚east'), *Süden* (S) und *Westen* (W), wobei Norden und Süden durch die beiden Schnittpunkte des Meridians mit dem Horizont (Nordpunkt und Südpunkt) festgelegt sind, Osten und Westen durch die beiden Schnittpunkte des um 90° gegen den Meridian gedrehten Ersten Vertikals mit dem Horizont (Ostpunkt und Westpunkt). Sie werden durch die Beobachtung der Sonne festgelegt. Nachts ist bei klarem Wetter eine Bestimmung der H. nach den Sternen möglich. Vor allem der Polarstern eignet sich auf der Nordhalbkugel gut zur Auffindung der Nordrichtung (→ Orientierung).
Diese Haupthimmelsrichtungen, die man bisweilen auch als Morgen, Mit-

tag, Abend und Mitternacht bezeichnet, werden unterteilt in Nordosten (NO oder NE), Südosten (SO oder SE), Südwesten (SW), Nordwesten (NW), gegebenenfalls auch noch weiter in Nordnordost (NNO oder NNE), Ostnordost (ONO oder ENE) usw. In der Navigation wird der Umfang des Horizonts in 32 Abschnitte geteilt. Diese Skale bezeichnet man als *Windrose,* deren 32 Windrichtungen in der Seemannssprache *Striche* genannt werden. Die Abkürzungen OzS, SOzO usw. werden Ost zu Süd, Südost zu Ost usw. gelesen.
Hinderniswolken, → Stau.
Histogramm, die graphische Darstellung der Häufigkeit einer klimatischen, hydrologischen oder anderen statistisch festgelegten Erscheinung. Man ordnet die Beobachtungswerte zunächst nach Häufigkeitsklassen und trägt die so gewonnenen Häufigkeitszahlen als Säulen in ein rechtwinkliges Koordinatensystem.
Hitzewelle, plötzlich einsetzende Erwärmung, die durch Herantransport von im Inneren des Festlandes erhitzten Luftmassen (Warmluftadvektion) entsteht. Bildet sich dagegen Warmluft am Ort durch langes Anhalten einer Hochdrucklage, so vollzieht sich die Erwärmung allmählich.
Hochdruckgebiet, *Hoch, barometrisches Maximum,* ein Gebiet hohen → Luftdrucks, das stationär ist oder aber wandert und dann auch als *Antizyklone* bezeichnet wird. Das H. hat meist ovale Form mit überwiegend schwachem Druckgefälle im Inneren. Die Luftbewegung ist infolgedessen ebenfalls schwach, und die Windrichtungen sind unbeständig. Örtliche Windstillen sind häufig. Die Strömung ist allgemein vom Kern nach außen gerichtet und erhält nach dem Barischen Windgesetz auf der Nordhalbkugel eine Drehung im Uhrzeigersinn, auf der Südhalbkugel entgegengesetzt. Infolge dieser divergierenden Strömung ist über dem H. eine absteigende Vertikalbewegung der Luft zu verzeichnen, die wolkenauflösend und abtrocknend wirkt. H. weisen infolgedessen überwiegend heiteres und trockenes Wetter auf.
Bei starker Einstrahlung und Erwärmung des Bodens bilden sich aber auch vertikal nach oben gerichtete Bewegungen, die Konvektionsströme, die Cumuluswolken entstehen lassen und bei hoher Feuchte im Sommer auch Gewitter erzeugen können. Bei stationärem H. mit alternden Luftmassen sind absinkende → Inversionen zu beobachten, in denen sich Dunst anreichert. So sind Dunst und vor allem im Winter – auch Nebel typische Erscheinungen der H. Vielfach bilden sich an Inversionen Hochnebelfelder aus, die im Winter oft tagelang bestehen und aus denen Schnee fällt. Dann ist in H. also auch trübes Wetter möglich.
H. sind meist frei von Fronten, doch

Windrose

gehen Luftmassengrenzen vielfach mitten durch sie hindurch. Außer den oben beschriebenen H. und winterlichen Kältehochs gibt es *Zwischenhochs*, die zwischen zwei Zyklonen (→ Tiefdruckgebiet) liegen und zu den kohärenten Luftdrucksystemen gehören.
Schließlich entstehen im Winter, besonders im Innern der Landmassen, *Kältehochs*, die infolge beständiger Ausstrahlung des Erdbodens bei wolkenlosem Wetter sehr starken Frost aufweisen. Sie können sich oft wochenlang halten, da die andringenden Störungen um sie herumgesteuert werden, ohne sie zu zerstören. Selbst über Europa erstreckt sich dann vom Sibirischen Hoch her ein Ausläufer, der als ,,große Achse des Kontinents" bezeichnet wird. Ähnlich sind über den Polen infolge starker Auskühlung der Luft Kältehochs vorhanden.
Bei der Luftdruckverteilung der Erde (→ atmosphärische Zirkulation) spielen die beiden Hochdruckgürtel der Roßbreiten unter etwa 30° nördlicher und südlicher Breite als hochreichende warme Antizyklonen eine Rolle. Das für das Wetter Mitteleuropas wichtige *Azorenhoch* rechnet zu dem Hochdruckgürtel der nördlichen Roßbreiten.
Hochgebirgskarten. Da die topographischen Landesaufnahmen lange Zeit (bis vor etwa 100 Jahren) die Hochgebirgsregionen vernachlässigt haben, wurden insbesondere für die touristisch erschlossenen Hochgebirge detaillierte Karten benötigt. Seither wurden in hoher Qualität insbesondere vom deutschen und österreichischen Alpenverein eine große Zahl von H. aufgenommen (topographisch und photogrammetrisch) und herausgegeben. Besondere Aufmerksamkeit wurde dabei einer ständig verbesserten Reliefdarstellung mittels Höhenlinien (farbgetrennte Darstellung für gewachsenen Boden, Schutt und Eis), Felszeichnung und Kantenlinien sowie der Bodenbedeckung und dem Wegenetz gewidmet. Entsprechende Karten wurden auch nach Vermessungsunterlagen bearbeitet, die von Hochgebirgsexpeditionen meist in überseeischen Gebieten gewonnen wurden. Eine besondere Form der H. sind die speziell von stark vergletscherten Gebirgsmassiven hergestellten *Gletscherkarten* mit detaillierter Darstellung der Gletscher- und Firnflächen sowie Moränen.
Hochgestade, svw. Hochufer.
Hochlandklima, svw. Höhenklima.
Hochstaudenflur, eine Pflanzengesellschaft aus krautigen Pflanzen, die einen unverholzten Stengel haben und 0,80 bis 2 m Höhe erreichen. Unter ihnen treten Doldengewächse, Knöterricharten, Kletten und Disteln häufig auf. Sie sind einjährig oder mehrjährig mit überwinternden unterirdischen Organen. H. gibt es unter anderem in Ostasien sowie in Teilen des Mittelmeergebiets.

Hochterrasse, eine Schotterterrasse (→ Terrasse), die in mitteleuropäischen Tälern über der heutigen Talaue sowie über der jüngeren Niederterrasse liegt und deren Schotter während der pleistozänen Eiszeiten abgelagert wurden. Für das Alpenvorland nimmt man im allgemeinen an, daß die H. während der Riß-Eiszeit aufgeschüttet wurden; nicht alle als H. bezeichneten Terrassen lassen sich jedoch einwandfrei der Riß-Eiszeit zuordnen.
Die H. ist nicht zu verwechseln mit dem → Hochufer.
Hochufer, *Hochgestade*, der vom stärksten Hochwasser eines Flusses nicht mehr überspülte Rand des Überschwemmungsgebiets, der Talaue, vielfach vom Abfall der jungglazialen Niederterrasse gebildet wird.
Hochwald, forstliche Wirtschaftsform, bei der die Bestände ausschließlich von *Oberholz* gebildet werden, d. h. von Bäumen, die aus Samen (Kernwüchsen) gezogen werden und die man 60 bis 120 Jahre alt werden läßt, so daß sie wertvolles Nutzholz liefern. H. ist heute in Europa allgemein vorherrschend.
Hochwasser, 1) in der Meereskunde der Hochstand des Wassers bei Flut, auch als *Tidenhochwasser* bezeichnet (→ Gezeiten).
2) bei Flüssen Hochstand der Wasserführung (→ Wasserstand), der vielfach zu Überschwemmungen führt. H. entsteht durch Abschmelzen der Schneedecke zu Ausgang des Winters, durch langanhaltende, ergiebige Landregen (Wetterlage Vb) oder durch Gewitterregen und Wolkenbrüche im Sommer (*Schwellhochwasser*), ferner durch Eisstau, durch Rückstau in einem Nebenfluß bei H. im Hauptfluß, Windstau und Gezeitenstau (*Stauhochwasser*). Dazu gehört auch die bei H. auftretende Grundwasserüberstauung in eingedeichten Niederungen, die tiefer liegen als der Fluß oder das Meer.
Hof, kleine weiße, manchmal auch farbige (*Aureole*) kreisförmige Lichterscheinung um Sonne, Mond oder helle Sterne. Sie entsteht im Unterschied zum → Halo durch Beugung des Lichts an festen oder flüssigen Dunstteilchen in der Erdatmosphäre.
Höhe, 1) *Gestirnshöhe*, der Winkel zwischen dem Horizont und einem Gestirn, gemessen auf dessen Vertikalkreis in Grad. Die H. wird in Richtung auf das Zenit positiv, in Richtung auf den Nadir negativ gezählt (→ astronomische Koordinatensysteme 1). Über die *Kulminationshöhe* → Kulmination.
2) in der Topographie und Kartographie der lotrechte Abstand eines Geländepunktes vom Niveau des Höhenbezugspunktes (*absolute H.*), → Normalnull. Als *relative H.* wird der lotrechte Abstand zwischen zwei benachbarten Geländepunkten (z. B. zwischen Talboden und Terrassenrand) bezeichnet.

Höhengrenzen, Grenzen, an denen, im wesentlichen bedingt durch die Höhenlage, bestimmte Erscheinungen geographischer Art sich auffällig wandeln oder ganz verschwinden. H. sind z. B. → Schneegrenze, → Baumgrenze, → Waldgrenze, Anbaugrenze.
Die Lebenserscheinungen der Erde hören entweder mit zunehmender Höhe infolge der zunehmenden Kälte (Kältegrenzen) oder in den Tälern infolge zunehmender Wärme und Trockenheit (Trockengrenze) auf. Im Himalaja finden sich vielfach beide H. vor. Die H. haben für das pflanzliche Leben Bedeutung, bestimmen aber dadurch mittelbar auch die Verbreitung des tierischen und menschlichen Lebens. Die H. sind in erster Linie auf die Abnahme der Temperatur mit zunehmender Meereshöhe zurückzuführen, die im Durchschnitt 0,5 K auf 100 m beträgt. Von Bedeutung für die Lage der H. sind ferner Exposition sowie Niederschlagshöhe. Reichliche Niederschläge drücken die H. im allgemeinen herab. Auch Tier und Mensch beeinflussen die Lage der H., z. B. die der Baum- und Waldgrenze (Viehhaltung, Viehverbiß, Rodung).
Je weiter äquatorwärts man kommt, um so mehr H. treten auf. Im äußersten, vegetationslosen Norden gibt es nur die Schneegrenze, weiter südwärts folgen bald Baum- und Waldgrenze, dann die zahlreichen Anbaugrenzen. In den Tropen sind daher die zwischen zwei H. liegenden *Höhenstufen* (*Höhengürtel, Höhenregionen*), die sich in Klima, Vegetation und Wirtschaft voneinander unterscheiden, am zahlreichsten ausgebildet. Sie führen in vielen Gebieten besondere Bezeichnungen. So spricht man in Mittel- und Südamerika z. B. von *Tierra caliente*, dem heißen Land, *Tierra templada*, dem gemäßigten Land, und *Tierra fria*, dem kalten Land (vgl. S. 308). In Äthiopien heißen die diesen etwa entsprechenden Höhenstufen *Kolla*, *Woina Dega* und *Dega* (vgl. S. 253).
Die H. sind keine scharfen Linien, sondern breite Grenzzonen mit allmählichen Übergängen. Sie laufen auch keineswegs immer einander parallel. So liegen zwischen Schnee- und Waldgrenze in den Kordilleren von Südamerika an manchen Stellen nur 150 bis 200 m, an anderen dagegen 2000 bis 3000 m Höhenunterschied.
Die H. sind auch nicht konstant. Schon geringe Klimaänderungen z. B. können erhebliche Verschiebungen mit sich bringen.
Höhenklima, *Hochlandklima*, das gegenüber dem normalen Tieflandklima abgewandelte Klima von Hochländern und Hochplateaus, das durch geringere Werte für den Luftdruck, die absolute Luftfeuchtigkeit, die Niederschläge und die Temperatur gekenn-

zeichnet ist. Die Strahlung ist wie beim Gebirgsklima meist sehr stark, da die Luft bereits verhältnismäßig dünn und rein und die Abschwächung des Sonnenlichts geringer ist. Die Luftbewegung ist dagegen heftiger als im Tiefland. So ist das H. physiologisch ein Reizklima. Oberhalb 4000 m stellt sich vielfach die auf Sauerstoffmangel zurückzuführende Höhenkrankheit ein, die sich in Ohnmachtsanfällen, Herzklopfen u. a. äußert. Vor allem in Zentralasien sowie im Gebiet der nord- und südamerikanischen Kordilleren haben große zusammenhängende Flächen H.

Höhenkote, mit angeschriebener Höhenzahl versehener Punkt in Karten. Neben H., die meist einen durch eine Höhenmessung bestimmten Punkt der festen Erdoberfläche bezeichnen, werden auch Seespiegelhöhen und die Tiefen von Seebecken in Karten verzeichnet.

Höhenlinien, → Reliefdarstellung.

Höhenmessung, die geodätischen Methoden und Verfahren zur Bestimmung der Höhenlage von Punkten der Erdoberfläche. Je nach Zweck, Genauigkeit und Voraussetzung kommen unterschiedliche Verfahren in Betracht. Die gesetzmäßige Abnahme des Luftdruckes mit der Höhe ermöglicht die Höhenbestimmung mit dem → Siedethermometer oder dem → Barometer. Bei der *barometrischen H*. müssen entweder an einer Station die Beobachtungen über einen möglichst langen Zeitraum durchgeführt werden, um die wetterbedingten Druckveränderungen zu eliminieren und einen Durchschnittswert, der der Höhe über dem Meeresspiegel nahe kommt, zu gewinnen, oder es müssen gleichzeitig Ablesungen am Stationsbarometer oder Barograph und dem zur H. in seiner unmittelbaren Umgebung benutzten Aneroid vorgenommen werden, um den Höhenunterschied über die → barometrische Höhenformel mit einer Genauigkeit von 3 bis 10 m zu bestimmen.

Die *trigonometrische H*. wird besonders zur Bestimmung von Gipfelhöhen im Gebirge benutzt. In der Regel ist dabei die Vermessung einer Basisstrecke unter Einbeziehung eines bereits nach Lage und Höhe bestimmten Punktes notwendig, um von deren Endpunkten aus durch Richtungs- (Horizontal-) Winkel und Höhen- (Vertikal-) Winkel Entfernung und Höhenunterschied bestimmen zu können. Bei großen Zielweiten sind die Refraktion und die Erdkrümmung zu berücksichtigen, um eine Genauigkeit von 1 : 5000 (1 m auf 5 km Entfernung) zu erreichen. Bedingt durch oft große Zielweiten und unzureichend bestimmte Ausgangshöhen sind die Höhenangaben für außereuropäische Hochgebirgsgipfel oft noch in der Größenordnung von mehreren 10 m und manchmal noch um 100 m unsicher.

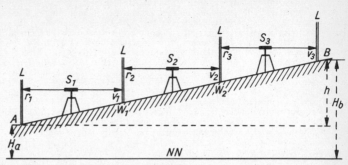

Höhenmessung durch Nivellieren. H_a bekannte Höhe des Ausgangspunktes A, H_b Höhe des zu vermessenden Punktes B, h Höhendifferenz, S_1, S_2 und S_3 Standpunkte des Nivellierinstrumentes, W_1 und W_2 Wechselpunkte, L Nivellierlatte, r_1, r_2 und r_3 Rückblicke, v_1, v_2 und v_3 Vorblicke

Bei der topographischen Landesaufnahme werden die zur Konstruktion von Höhenlinien erforderlichen zahlreichen H. im Anschluß an die Höhenfestpunkte mit dem Tachymetertheodolit oder der Kippregel durch einfache Höhenwinkelmessungen bestimmt. Analog können bei stereoskopischen Luftbildauswertungen einzelne Höhenpunkte und der Verlauf der Höhenlinien bestimmt und kartiert werden, wenn im Bildmodell Paßpunkte der Höhe nach bekannt sind.

Zur Bestimmung von Höhenfestpunkten im Landeshöhennetz wird heute ausschließlich das *Präzisionsnivellement* benutzt, wobei je nach der geforderten Genauigkeit unterschiedliche Instrumente, die unterschiedliche Zielweiten gestatten, benutzt werden. Das Nivellierinstrument gestattet horizontale Zielungen auf lotrecht aufgestellte Meßlatten mit Präzisionseinteilung, wobei der im Rück- und Vorblick abgelesene Wert unmittelbar den Höhenunterschied zwischen den beiden Lattenpunkten, den Wendepunkten, ergibt. Moderne Nivelliere sind selbsthorizontierend und gestatten ein zügiges Arbeiten. Für die Landesvermessung werden die Nivellementszüge in geschlossenen Schleifen, die an schreibende Pegelstationen an der Küste (Mareographen) angeschlossen sind, ausgeführt und dabei ein dichtes Netz von Höhenfestpunkten dauerhaft vermarkt. In der Ingenieurgeodäsie werden auch Flächennivellements angelegt. Ein einfaches Instrument zum Nivellieren ist die Kanalwaage, eine u-förmig gebogene Glasröhre, die etwa zur Hälfte mit Flüssigkeit gefüllt ist und deren Oberfläche zum Visieren in einer Richtung benutzt werden kann. Zur exakten Bestimmung von Höhenunterschieden über kürzere Strecken die Schlauchwaage vorteilhaft sein, die aus zwei mit Meßskalen versehenen Glasröhrchen besteht, die durch einen wassergefüllten Schlauch verbunden sind.

Höhenrauch, *Haarrauch*, *Moorrauch*, *Sonnenrauch*, von Wald-, Steppen- oder Moorbränden herrührender Dunstschleier, der sich an atmosphärischen Sperrschichten bildet. Er war früher in Moorgebieten häufig zu beobachten, als man die Moore noch durch Abbrennen der obersten Schicht urbar machte.

Höhenschichten, → Reliefdarstellung.

Höhenwetterkarte, svw. barisches Relief.

Höhlen, größere Hohlräume im Gestein. Von den natürlichen H. entstehen die *primären H*. bei der Gesteinsbildung selbst, z. B. in den magmatischen Gesteinen durch Abfließen von Lava (*Lavahöhlen*) oder in Korallenriffen, in denen sie aber nur geringe Größe erreichen. Weitaus die meisten H. entstehen als *sekundäre H*. nach Bildung des Gesteins durch spätere Einwirkung der exogenen Kräfte. Durch die marine Erosion werden an Steilküsten *Brandungshöhlen* geschaffen (Fingalshöhle auf der schottischen Insel Staffa, Blaue Grotte auf Capri). Durch den Absturz von Gesteinskörpern entlang der Klüfte können *Einsturzhöhlen* entstehen. Die größten H. bilden sich durch Lösung der Gesteine, sie finden sich daher besonders im Kalk und Dolomit. Diese *Karsthöhlen* stehen vielfach durch Karstgerinne (→ Karst) miteinander in Verbindung und können komplizierte *Höhlensysteme* bilden. Durch die unterirdischen *Höhlenwässer*, insbesondere die *Höhlenflüsse*, wird der Höhlenraum auch erosiv erweitert. Da diese Höhlenflüsse oft unter hydrostatischem Druck fließen, haben die von ihnen ausgearbeiteten Kanäle vielfach kein gleichsinniges Gefälle.

Durch das Ausscheiden von Kalkspat aus den Sickerwässern entsteht im Höhlenraum oft Tropfstein, nach dessen eigenartigen Formen man die betreffenden Karsthöhlen als *Tropfsteinhöhlen* bezeichnet, z. B. die Baumannshöhle im Harz und die Adelsberger Grotte in Istrien. Durch Ver-

hologäisch

witterung oder Einsturz der Höhlendecken sammelt sich auf der Höhlensohle grober Schutt an, während aus der Verwitterung des Gesteins der zähe, meist gelb gefärbte *Höhlenlehm* entsteht. Feine Verwitterungsprodukte können jedoch auch von außen in die H. eingeschwemmt werden. Die Ablagerungen in den H. sind geochronologisch auswertbar. Vielfach ist das Höhlenwasser gefroren (*Eishöhlen*). Eishöhlen gibt es unter anderem in den nördlichen Kalkalpen (Eisriesenwelt im Tennengebirge). Die Veränderungen der Eisgebilde in den H. zeigen aber, daß die Eisbildung vom Klima der Außenwelt abhängig ist.
Als künstliche H. bezeichnet man z. B. alte Bergwerke (Feengrotten bei Saalfeld) oder unterirdische Steinbrüche, auch die zu Wohn- und Speicherzwecken meist in lockeres Gestein gegrabenen Räume zählen hierzu (Lößhöhlen).
Die *Höhlenkunde (Speläologie)* befaßt sich nicht nur mit der Erforschung der Höhlengebilde selbst, sondern auch mit der Besiedlung der H. durch Lebewesen. Viele H. sind einst Wohnplätze und Zufluchtsorte des vorgeschichtlichen Menschen gewesen. Berühmt sind in dieser Hinsicht die spanischen H. (Altamira) und französischen H. (Combarelles in der Dordogne, Miaux und Tuc d'Audoubern im Departement Ariège) mit Malereien, Gravierungen und Plastiken aus der Altsteinzeit.
Unter *Schauhöhlen* versteht man H., die durch Weg- und Beleuchtungsanlagen für den Besuch des Publikums erschlossen worden sind (Barbarossahöhle im Kyffhäuser, Heimkehle und Rübeländer H. im Harz, Syrauer H. im Vogtland, Adelsberger Grotte in Istrien u. a.).
hologäisch nennt man die Betrachtungsweise, bei der die Stellung einer einzelnen Region oder einer einzelnen Erscheinung im Rahmen der ganzen Erdoberfläche berücksichtigt wird. Damit will man Fehlschlüsse vermeiden, die bei einer isolierten Betrachtung und Beurteilung einer Erscheinung oder Region zwangsläufig entstehen müssen.
holomiktisch nennt man Seen, die bei der winterlichen Abkühlung bis zum Grund durchmischt werden. Gegensatz: → meromiktisch.
Holozän, veraltet *Alluvium*, erdgeschichtliche Gegenwart, die obere Abteilung des Quartärs. Der Beginn des H. vor etwa 10000 Jahren fällt in den Zeitraum einer die letzte Kaltzeit (Weichsel-Eiszeit) beendenden weltweiten Erwärmung, die unter anderem zu → eustatischen Meeresspiegelschwankungen (→ Flandrische Transgression, → Litorinameer) führte. Diese Erwärmung schritt von den mittleren zu den höheren Breiten fort, so daß das → Postglazial in verschiedenen Gebieten zu ungleichen Zeiten einsetzte.

Holozön, in der Biologie als → Ökosystem, in der Geographie als → Ökotop oder (nach Sukatschew) Biogeozönose (→ Biozönose) bezeichnet.
Holsteinwarmzeit, kurz *Holstein* genannt, die Warmzeit zwischen Mindel- und Riß-Eiszeit (*Mindel-Riß-Interglazial*) bzw. Elster- und Saale-Eiszeit, auch die *Große Interglazialzeit* genannt. Die H. ist im Nordseebereich durch die Transgression des Holsteinmeeres belegt, in den Alpen durch die Höttinger Brekzie. Sie war vermutlich nicht nur relativ lang, sondern auch wärmer als die Gegenwart, und zwar um 2 bis 4 K in den Sommern. Die Winter waren vor allem in Osteuropa und Westsibirien wesentlich milder, das Klima war also weniger kontinental. Der H. entsprechen in Nordamerika das Yarmouth, im Mittelmeer die Transgression des Milazzo (Tyrrhen I).
Homochronie, die Gleichzeitigkeit des Eintritts einer Erscheinung an verschiedenen Punkten; in der Meereskunde z. B. das gleichzeitige Eintreten der Flut in räumlich getrennten Gebieten.
homogen, von gleicher Art, aus gleichartigen Bestandteilen, aus einheitlichem Stoff aufgebaut; in übertragenem Sinne: in sich geschlossen, ein Ganzes bildend. Gegensatz: → heterogen.
homohalin, gleichmäßig im Salzgehalt, besonders für Meerwasser verwendet.
Homosphäre, → Atmosphäre.
Horizont, 1) *Gesichtskreis*, die Linie, in der Erdoberfläche (oder Meeresoberfläche) und Himmel scheinbar zusammenstoßen, mathematisch die Schnittlinie einer Ebene (*Horizontebene*) senkrecht zur Richtung des an einem Beobachtungsort gefällten Lotes mit der Himmelskugel. Die Horizontebene teilt die Himmelskugel in eine sichtbare und eine unsichtbare Hälfte. Die des *scheinbaren H.* schneidet das Lot im Beobachtungspunkt selbst, die des *wahren H.* verläuft durch den Erdmittelpunkt. Der scheinbare H. dient als exakt erfaßbare Ausgangsfläche für die astronomische Ortsbestimmung, er läßt sich durch Einspielen der Dosenlibelle festlegen. Scheinbarer und wahrer H. fallen bei Messungen von Gestirnen, die außer-

Horizont (nach Weber). *M* Erdmittelpunkt, *S* scheinbarer Himmel, *W* wahrer Himmel, *N* natürlicher Himmel, $\varkappa$ Kimmtiefe

halb des Sonnensystems liegen, wegen deren im Verhältnis zum Erdradius riesigen Entfernungen zusammen. Befindet sich der Beobachter über der Erdoberfläche, überblickt er, wenn man das Relief der Erdoberfläche außer acht läßt, mehr als die Hälfte der Himmelskugel. Der sichtbare Teil der Erdoberfläche wird dann vom *natürlichen H.*, seemännisch die *Kimm* genannt, begrenzt und liegt unter dem scheinbaren H., mit dem er einen Winkel, die *Kimmtiefe* $\varkappa$ (Kappa), auch *Depression* genannt, bildet. Diese ist um so größer, je höher sich der Beobachter über die Erdoberfläche erhebt. Nur auf dem Meer, einer Ebene oder aus größerer Höhe erscheint der natürliche H. als Kreis.
2) Bodenkunde: → Bodenprofil.
3) Geologie: Bildungszeit einer stratigraphischen Zone, → System.
Horizontalverschiebung, svw. Blattverschiebung.
Hornfels, dichtes, zähes Kontaktgestein mit horniger Bruchfläche, das aus Glimmer, Quarz, Feldspat, Andalusit, Cordierit u. a. besteht und grau, bläulich oder bräunlichschwarz ist. H. bilden sich in der innersten Zone von Kontakthöfen um Tiefengesteine. Sie kommen in Verbindung mit Graniten vor, z. B. im Brockengebiet und im Erzgebirge. Sie finden Verwendung als Schottermaterial.
Horst, eine meist langgestreckte, von zwei annähernd parallelen Verwerfungen oder Staffelbrüchen oder auch allseitig von Brüchen begrenzte Scholle, die an diesen über die Nachbarschollen emporgehoben worden ist oder deren Nachbarschollen abgesunken sind. Ist die absolut oder relativ gehobene Scholle noch nicht durch Abtragung eingeebnet, bildet sie auch morphologisch eine Erhebung (Thüringer Wald). Ragt nur ein Teil der Scholle aus der Umgebung heraus, spricht man von *Halbhorst* (Harz). Besteht die gehobene Scholle aus gefalteten Schichten, bildet sie einen *Faltenhorst*, ungefaltete Schichten ergeben dagegen einen *Tafelhorst*.
Höttinger Brekzie, mächtige und ausgedehnte Ablagerung verkitteten Gehängeschutts zwischen Moränen am Nordhang des Inntals bei Innsbruck, ein klassischer Beweis für die polyglaziale Auffassung des Pleistozäns.
Hum m, Bezeichnung für einzelne, die Karstoberfläche überragende Hügel.
Human Ecology, in der anglo-amerikanischen Literatur viel verwendeter Begriff, der ursprünglich (Barrow 1923) soziologisch definiert war und heute allgemein für die Betrachtungsweise in der Geographie des Menschen angewendet wird, die das Verhalten des Menschen in seiner Umwelt (behaviourism) studiert. Berry bezeichnet den Gegenstand der H. E. als „the worldwide complex ecosystem earth-man".
humid, feucht; ein h. Klima ist ein Klimatyp, in dem während eines Jahres

die Niederschläge größer sind als die mögliche Verdunstung. Der nicht verdunstende Teil der Niederschläge fließt oberflächig ab und tritt durch Versickerung in das Grundwasser ein. H. Gebiete haben daher perennierende, d. h. dauernd fließende, Wasserläufe, denen hier im Unterschied von den ariden und nivalen Gebieten der weitaus größte Anteil an der Ausgestaltung der Oberflächenformen zukommt. Die Bodenbildung der h. Gebiete wird stark beeinflußt durch absteigende Wasserbewegung im Boden.
In den *vollhumiden* Gebieten sind in allen Monaten ausreichende Niederschläge vorhanden. Hierzu gehören in erster Linie die Zone des immerfeuchten tropischen Regenwaldes und große Teile der gemäßigten Zonen. In den *semihumiden* Gebieten ist dagegen in einigen Monaten die Verdunstung höher als der Niederschlag. Bisweilen verwendet man auch den Ausdruck *subhumid*, da die semihumiden Gebiete überwiegend am Rand der h. Klimazonen liegen.
Die Grenze der h. gegen die ariden Gebiete wird durch die Trockengrenze gebildet. Als *perhumid* bezeichnet man vollhumide Gebiete mit großem Wasserüberschuß. Abb. → arid.
Humidität, der Grad der Feuchtigkeit in Gebieten mit humidem Klima. Das Maß der H. wird durch verschiedene Formen und Indexzahlen ausgedrückt (→ Regenfaktor, → Ariditität). Da bei vielen Klimaten während des Jahres starke Niederschlags- und Temperaturschwankungen auftreten, versucht man die H. eines Gebietes häufig nicht nur für den Jahresdurchschnitt, sondern auch für die einzelnen Monate zu erfassen.
Humifizierung, *Humifikation*, im Boden ablaufende biochemische Prozesse, die zur Bildung der Huminstoffe führen. Zunächst werden die aus dem Zellverband freigelegten organischen Substanzen (z. B. Kohlenhydrate, Eiweiße, Zellulose) biochemisch abgebaut (z. B. Eiweiße bis zu den Peptiden und Aminosäuren) und in einen reaktionsfähigen Zustand überführt. Unter geeigneten Bedingungen, meist unter Mitwirkung mikrobieller Stoffwechselprodukte, erfolgt dann durch Autoxydation, Polymerisation u. a. der Aufbau hochmolekularer Huminstoffe. In einigen Fällen, z. B. bei der Hochmoorbildung, kann die H. auch weitgehend abiologisch verlaufen, allerdings sehr langsam und unter Bildung relativ niedermolekularer Huminstoffe (Fulvosäuren).
Huminstoffe, durch die → Humifizierung entstandene, mehr oder weniger hochmolekulare organogene, dunkel gefärbte Neubildung von hoher mikrobieller Resistenz, die als eine Gruppe der stofflichen Bestandteile des Humus ausgeschieden werden. Die H. werden derzeit in drei Gruppen untergliedert:
1) *Fulvosäuren*, gelbliche bis gelbbraune, qualitativ uneinheitliche, stark saure, relativ niedermolekulare, wasserlösliche Verbindungen, die reduzierende und komplexbildende Eigenschaften haben, Eisenoxide zu lösen vermögen und im Boden meist in sorbierter Form vorliegen. Sie entstehen bevorzugt unter ungünstigen Umweltbedingungen (stark saures Milieu, Oligotrophie, kühles Klima, geringe biologische Aktivität), bilden deshalb in den Podsolen den Hauptanteil der H.
2) *Huminsäuren*, hochmolekulare, im Boden wenig bis kaum bewegliche Verbindungen, die nach der Löslichkeit und nach ihrem Polymerisationsgrad in drei Fraktionen unterteilt werden: a) braune Hymatomelansäuren (besonders in faulem Holz und ungenügend verrottetem Stallmist); b) tief braune Braunhuminsäuren (besonders in den Braunerden) und c) grauschwarze Grauhuminsäuren (besonders in Schwarzerden und Rendzinen), die die hochwertigsten sind.
3) *Humine* und *Humuskohle*, reaktionsträge, schwarze und unbedeutende Alterungsprodukte der Huminsäuren.
Die Anreicherung der H., insbesondere der wertvollen Huminsäuren, ist eine wichtige ackerbauliche Aufgabe, denn sie übertreffen in ihrem Sorptionsvermögen vielfach die Tonminerale und sind auch bodenphysikalisch (z. B. für die Krümelbildung) wichtig. In den tonarmen Sandböden werden die H. oft zum wichtigsten Sorptionsträger (→ Bodenkolloide).
Hummocks, flache, hammelrückenartige Erhebungen auf der Oberfläche von Gletschern, meist aus besonders reinem Eis.
Humus, allgemein die in und auf dem Boden befindlichen abgestorbenen pflanzlichen und tierischen Stoffe sowie deren Umwandlungsprodukte, d. h. die organische Substanz des Bodens. Mitunter wird der Begriff H. eingeengt, so von Laatsch auf die strukturlose organische Masse des Bodens oder von Kubiena auf die unter den jeweiligen Bedingungen schwer zersetzbaren organischen Substanzen des Bodens, die sich demzufolge anreichern.
Der H. ist die Lebensgrundlage der heterotrophen Bodenorganismen. Er wird unter starker Beteiligung derselben abgebaut, teils mineralisiert und bildet auf diese Weise ein wichtiges Reservoir für die natürliche Nährstoffnachlieferung des Bodens, insbesondere hinsichtlich der Stickstoffversorgung, die allein durch Mineralverwitterung im allgemeinen nicht gesichert werden kann. Zum anderen erfolgt über die biochemische Prozesse der → Humifizierung der Aufbau höhermolekularer organischer Substanzen, der Huminstoffe, die aufgrund ihres Vermögens, Nährstoffionen austauschbar zu binden, zusammen mit den Tonmineralen die wichtigsten Sorptionsträger des Bodens. Eine sehr große Bedeutung kommt dem H. auch hinsichtlich seiner wertvollen bodenphysikalischen Eigenschaften zu. H. hat eine hohe Wasserkapazität und vermag das Drei- bis Fünffache seiner Eigenmasse an Wasser festzuhalten, das überwiegend in pflanzenverfügbarer Form.
Der H. führt, besonders unter Beteiligung der Bodenorganismen (z. B. Würmer), über die Bildung von Ton-Humus-Komplexen zu einer bedeutsamen Aggregatstabilisation im Boden (→ Krümelgefüge). Ferner bewirkt der H. die dunkle Färbung des Oberbodens und eine Verschiebung der Konsistenzgrenzen, die eine Bodenbearbeitung bei höherer Bodenfeuchte erlaubt. Schließlich liefert der H. Substanzen mit Wirkstoffcharakter (Wuchs- und Hemmstoffe), die pflanzenphysiologische Wirkungen nach sich ziehen und z. B. an der sogenannten Bodenmüdigkeit beteiligt sind. Der Humusgehalt der Böden ist unterschiedlich. Die Böden der gemäßigten Zone weisen meist höhere Humusanteile als die der Subtropen und besonders der Tropen auf, weil dort die Mineralisation viel rascher voranschreitet. Innerhalb der gemäßigten Zone sind aus dem gleichen Grunde die Sandböden humusärmer als die Lehm- und Tonböden, was auch zu einer nach Bodenarten differenzierten Bezeichnung des Humusgehaltes der Böden führt (s. Tab. unten).
Humusreiche terrestrische Böden sind die Tschernosjome und die tropischen Schwarzerden, wie Regur und Tirs.
Nach der funktionellen Wirkung unterteilt man den H. in zwei Humusarten, Nährhumus und Dauerhumus. Unter *Nährhumus* versteht man alle leicht abbaufähigen organischen Substanzen, die den Bodenorganismen als Nahrungs- und Energiequelle dienen und teils mineralisiert, teils humifiziert werden. Der *Dauerhumus* umfaßt alle

Bezeichnung	Allgemein		Humusgehalt nach Fiedler (%)	
	C-Gehalt (%)	Humusgehalt (%)	sandige Böden	lehmige und tonige Böden
schwach humos	< 1	< 2	1 ... 2	2 ... 5
humos	1,1 ... 2	2 ... 4	2 ... 5	5 ... 10
stark humos	2,1 ... 5	4 ... 10	6 ... 10	10 ... 15
sehr stark humos	> 5	> 10	10 ... 15	15 ... 20

schwer zersetzbaren organischen Substanzen, wie Harze, Wachse und Kutine, und die durch die Humifizierung neu aufgebauten Huminstoffe. Er reichert sich daher im Boden an und ist als organischer Sorptionsträger sowie wegen seiner strukturstabilisierenden Wirkung von besonderem Wert.
Nach dem morphologisch-genetischen Erscheinungsbild gliedert man den H. in Humusformen: a) *terrestrische Humusformen*: → Mull, → Moder, → Rohhumus; b) *semiterrestrische Humusformen*: Hochmoortorf und Übergangsmoortorf (→ Torf), teils auch ≈ Anmoor; c) *subhydrische Humusformen*: Unterwasser-Rohbodenhumus, → Dy, → Gyttja, → Sapropel, Flachmoortorf (unter Wasser und in Verlandungsbereichen, deshalb auch mitunter zu b) gestellt).
Nach der stofflichen Zusammensetzung unterteilt man den H. in die Humusbestandteile Nichthuminstoffe und Huminstoffe. Unter *Nichthuminstoffen* versteht man die anfallende postmortale organische Substanz, die noch keine nennenswerte stoffliche Umwandlung erfahren hat, wie Bestandsabfall, Ernterückstände, tote Bodenorganismen und organische Düngung, sowie die mikrobiellen Stoffwechselprodukte (Schleimstoffe, organische Säuren). Im Unterschied zum Nährhumus enthalten die Nichthuminstoffe auch schwer zersetzbare Dauerhumussubstanzen, wie Harze, Wachse, Kutine, Lignine.
Die → *Huminstoffe* entstehen über die Prozesse der Humifizierung.
Humuskarbonatboden, svw. Rendzina.
Hundstage, Hitzetage, die mit ziemlicher Regelmäßigkeit von Ende Juli bis Ende August eintreten. Der Name stammt aus dem alten Ägypten; hier wurden diese Tage durch den Aufgang des Hundssterns (Sirius) nach seiner Konjunktion mit der Sonne eingeleitet.
Hungersteine, in Flußbetten große Steine oder Felsen, die nur in extrem trockenen Jahren bei niedrigstem Wasserstand sichtbar werden, also in Jahren, in denen wegen der Dürre mit Mißernten und Hungersnot gerechnet werden mußte.
Hurrikan, in den westindischen Gewässern und an der amerikanischen Ostküste auftretender tropischer Wirbelsturm von großer Ausdehnung, der außer Sturmschäden vor allem durch Überschwemmung weiter Gebiete schwere Verluste an Menschenleben und Sachwerten verursacht (vgl. Nordamerika S. 282).
H-Wert, *T—S-Wert*, ein Maß für die Azidität des Bodens, d. h. für die freien und austauschbaren H^+-Ionen im Boden, angegeben in Milliäquivalenten (mval) je 100 g trockener Substanz. Der H-W. ergibt sich aus der Summe der freien H^+-Ionen in der Bodenlösung (aktuelle Azidität) und der an den Bodenkolloiden (Austauschern) austauschbar gebundenen H^+-Ionen (potentielle Azidität). Die H^+-Ionenkonzentration der Bodenlösung befindet sich allgemein in einem dynamischen Gleichgewicht mit den austauschbaren H^+-Ionen der Bodenkolloide. Der H-W. gibt Aufschluß über den Grad der Versauerung im Boden und die Möglichkeit, ihr durch gezielte Düngung entgegenzuwirken.
Hydrogeographie, Teil der physischen Geographie, der sich mit dem Wasser als Glied des geographischen Komplexes befaßt. Die H. entwickelt sich als geographische Disziplin aus der ursprünglich mehr beschreibenden Hydrographie und der den Landschaftszusammenhang wenig berücksichtigenden geophysikalischen Hydrologie.
Hydrographie, *Gewässerkunde*, ein Wissenschaftszweig, der sich mit den stehenden und fließenden oberirdischen und unterirdischen Gewässern des Festlandes, ihren Eigenschaften, ihrem Vorkommen und ihrer Verbreitung, den Bewegungsvorgängen, dem Wasserhaushalt und seinen jahreszeitlichen Schwankungen sowie dem Leben in den Gewässern beschäftigt. Vielfach wird der Ausdruck H. wenig glücklich nur für die Lehre vom Oberflächenwasser angewendet, während als *Hydrologie* die geophysikalische, sämtliche Erscheinungsformen des Wassers systematisch erforschende Disziplin bezeichnet wird. Sowohl die beschreibende und messende H. wie die geophysikalisch untersuchende Hydrologie als auch die neuerdings sich stark entwickelnde Hydrogeographie, die das Wasser im reellen Landschaftszusammenhang betrachtet, sind notwendige Glieder einer vollständigen wissenschaftlichen Erfassung des festländischen Wassers. Besondere Zweige der H. sind die *Limnologie* (Seenkunde), *Potamologie* (Flußkunde), Quellenkunde und Grundwasserkunde sowie die Lehre von der Geröllbewegung in Flüssen. Dagegen ist das in den Gletschern und Inlandeismassen enthaltene Wasser Gegenstand der Glaziologie (→ Gletscher).
Hydrometeore, die Gesamtheit der Ausscheidungen des atmosphärischen Wasserdampfes in fester oder flüssiger Form. H. fallen als Niederschläge in fester (Schnee, Griesel, Eiskörnchen, Graupeln, Hagel u. a.) oder flüssiger Form (Niesel, Regen) oder werden an festen Gegenständen abgelagert (flüssig: Tau, Beschlag; fest: Reif, Rauhreif, Glatteis, Schneedecke u. a.) oder schweben in der Luft (Dunst, Nebel, Wolken) oder werden vom Boden aus in die Luft gewirbelt (Schneetreiben, Schneegestöber, Schneefegen). Die Bildung der H. beginnt mit der Kondensation des Wasserdampfes in der Luft.
Als *Hydrometeorologie* wird heute das Teilgebiet der Angewandten Meteorologie verstanden, das sich mit den Auswirkungen meteorologischer Elemente und Vorgänge auf den Wasserkreislauf und den Wasserhaushalt befaßt.
Hydrophyten, *Wasserpflanzen*, ständig im Wasser lebende Pflanzen, die sich stammesgeschichtlich aus Landpflanzen entwickelt haben und entsprechend ihrer Lebensweise bestimmte Anpassungen aufweisen; das Phytoplankton zählt also nicht mit zu den H. Charakteristisch sind dünne Epidermiswände ohne Spaltöffnungen, zahlreiche luftgefüllte Hohlräume im Gewebe, die dem Auftrieb dienen, fehlendes Festigungsgewebe, keine wasserleitenden Gefäße, oft stark zerteilte, oberflächenvergrößernde Blätter.
Die H. können in *Wasserschwimmer* (*Hydrophyta natantia*) und *Wasserwurzler* (*Hydrophyta radicantia*) eingeteilt werden. Zur ersten Gruppe, die dem *Pleuston* zugehört, zählen wurzellose Pflanzen, die untergetaucht im Wasser schwimmen (z. B. Hornblatt, Wasserschlauch, Tausendblatt), und an der Wasseroberfläche schwimmende wurzeltragende Pflanzen (z. B. Wasserlinse, Froschbiß). Zur zweiten Gruppe gehören im Untergrund verwurzelte Pflanzen, die ständig untergetaucht leben (z. B. Seegras) oder Schwimmblätter und über die Wasseroberfläche herausragende Blüten ausbilden (z. B. Seerose, Wasserhahnenfuß).
Eine Zwischenstellung zwischen Wasser- und Landpflanzen nehmen die → Helophyten ein.
Hydrosphäre, die Wasserhülle der Erde. Zur H. rechnen vor allem die Weltmeere und ihre Nebenmeere. Die binnenländischen Gewässer, wie Seen, Teiche, Flüsse und Bäche, das Grundwasser sowie Schnee und Eis machen nur 0,3% der H. aus. Im Gegensatz zur Atmosphäre und Lithosphäre stellt die H. keine geschlossene Kugelschale dar. Der systematischen Erforschung der H. dienen die Ozeanologie, die Hydrologie, die Glaziologie und im geographischen Zusammenhang die Hydrogeographie.
Hyetometer, svw. Niederschlagsmesser.
hygrisch, die Niederschläge und das atmosphärische Wasser betreffend, z. B. h. Kontinentalität (→ Kontinentalklima), h. → Jahreszeiten.
Hygrometer, ein Gerät zur Bestimmung der Luftfeuchtigkeit. Am gebräuchlichsten ist das *Haarhygrometer*. Dabei wird ein gespanntes, entfettetes Haar (jetzt auch Kunststoffolie) benutzt, das sich mit zunehmender Feuchte ausdehnt. Die Längenänderung wird auf einen Zeiger übertragen, der auf einer kalibrierten Skale die relative Feuchte in Prozenten angibt. Die Meßgenauigkeit ist aber gering, da die Elastizität des Haares sich verändert. Das Haarhygrometer wird auch als Registriergerät angefertigt (*Hygrograph*). Daneben verwendet man das *Taupunkt-* oder *Kondensationshygrometer*, bei dem die

Taupunkttemperatur aus dem Eintritt eines Beschlages auf einer sich abkühlenden Metallplatte bestimmt wird.
Beim *Absorptionshygrometer* wird einer durch einen hygroskopischen Stoff (Schwefelsäure, Kalziumchlorid, Phosphorpentoxid u. a.) hindurchgeleiteten bekannten Luftmenge der Wasserdampf völlig entzogen und so durch Feststellung der dadurch bedingten Massenzunahme des Stoffes die absolute Feuchte bestimmt.

Hygrophyten, Pflanzen feuchter und schattiger Standorte. Sie gedeihen vor allem im tropischen Regenwald, in den gemäßigten Breiten in Felsschluchten und schattigen Wäldern, denen sie in ihrem Bau angepaßt sind. H. haben meist lange, dünne, bisweilen geschlitzte Blätter ohne Verdunstungsschutz.

Hygroskopizität, Abk. *Hy,* der Höchstwert an Adsorptionswasser (→ Bodenwasser), den der Boden aufzunehmen vermag. Die H. entspricht einer Saugspannung von $490 \cdot 10^4$ Pa (50 at) = pF 4,7 (→ pF-Wert).

Hyläa, *Hyle,* von Alexander v. Humboldt geprägte Bezeichnung für den immerfeuchten tropischen Regenwald, vor allem des Amazonasgebiets (die *Selvas*). Je nach den hydrologischen Verhältnissen unterscheidet man in der H. Amazoniens drei Bereiche: 1) die *Terra firme,* das überschwemmungsfreie Gebiet. Der hier wachsende artenreiche immerfeuchte Regenwald wird als *Etéwald* oder nach einem indianischen Wort als *Guazá* bezeichnet; 2) die *Varzea,* der in jedem Jahr regelmäßig überschwemmte Wald (im weiteren Sinne die Flußauen überhaupt), der seine extremste Ausbildung im Igapó findet; 3) der *Igapó,* ein palmenreicher Uferwald an Schwarzwasserflüssen, der oft unter dem Niveau der Flüsse liegt. Die Flora dieses amphibischen Landes ist den hydrologischen Verhältnissen angepaßt. Hier gedeiht auch die *Victoria regia* mit ihren bis 2 m Durchmesser großen Schwimmblättern.

Hypolimnion, → Epilimnion.
Hypozentrum, → Erdbeben.
hypsographische Kurve, *hypsometrische Kurve,* graphische Darstellung der Verteilung der Höhenstufen auf der Erdoberfläche. In einem rechtwinkligen Koordinatensystem werden auf der Ordinate die Höhen aufgetragen (von der größten Meerestiefe bis zum höchsten Gipfel), auf der Abszisse die den Höhenstufen entsprechenden Flächen. Die h. K. zeigt zwei vorherrschende Niveauflächen: die *Kontinentaltafel* (+1000 bis −200 m) und *Tiefseeboden* (−3000 bis −6000 m), denen gegenüber die höchsten Erhebungen (*Gipfelung,* Kulminationszone, über +1000 m), der *Kontinentalabhang* (Kontinentalböschung, −2000 bis −3000 m) und die tiefsten Meeresbereiche (Tiefseegesenke, Tiefseegräben, unter −6000 m) anteilmäßig weit zurücktreten.

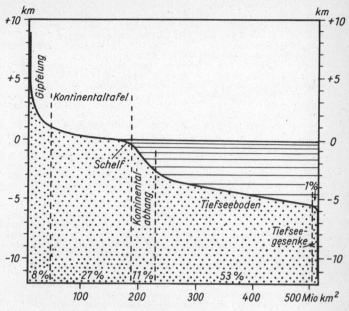

Hypsographische Kurve der Erdoberfläche

Die h. K. zeigt, daß die Kontinentaltafel nicht an den Meeresküsten endet, sondern sich noch bis etwa 200 m Tiefe fortsetzt (→ Schelf).
H. K. lassen sich auch für größere oder kleinere Teile der Erdoberfläche (Kontinente, Länder, einzelne Kartenblätter) durch Flächenbestimmungen von Höhenschichten dieser Gebiete konstruieren. Durch Ausmessen der Anteile läßt sich auf graphischem Wege die mittlere Höhe bestimmen.

Hypsometer, ein Gerät zur barometrischen → Höhenmessung. Das H. kann entweder ein → Siedethermometer oder ein Aneroidbarometer (→ Barometer) sein.
Hypsothermometer, svw. Siedethermometer.

I

Igapó, → Hyläa.
Illuvium, Anreicherung bestimmter Substanzen in B-Horizonten (Illuvialhorizonte) einiger Böden, die aus A-Horizonten ausgewaschen und eingeschlemmt werden. Bei den Parabraunerden und Fahlerden entstehen durch Tonverlagerung (Lessivierung) Ton-Illuvialhorizonte (Bt), bei den Podsolen rostfarbene Eisen- und/oder dunkle Humus-Illuvialhorizonte (B_g, B_h, B_{g+h}), die im Extrem zu → Ortstein verhärten können. Bei Kappung des Oberbodens gelangen Illuvialhorizonte auch unmittelbar an die Erdoberfläche.

illyrisch [nach der antiken Landschaft Illyrien] heißen aus der westlichen Balkanhalbinsel stammende Pflanzen. Von ihnen sind nur vereinzelte Vertreter bis nach Mitteleuropa vorgedrungen.
Immobilisation, *Immobilisierung,* der Einbau wasserlöslicher oder austauschbarer Nährstoffe in organische Verbindungen des Bodens, wobei dieselben in nichtaustauschbare und meist auch schwer pflanzenverfügbare Formen übergehen. Die Nährstoffimmobilisation ist meist von begrenzter Dauer, weil die von den Bodenorganismen (z. B. Mikroben) festgelegten Nährstoffe nach deren Absterben wieder verfügbar werden. Sie kann aber zu akuten Mangelerscheinungen führen, z. B. zu einer Stickstoffsperre (→ Kohlenstoff-Stickstoff-Verhältnis).
Werden pflanzenverfügbare Nährstoffe an anorganischen Verbindungen unlöslich festgelegt, so spricht man von *Nährstoffixierung.*
Impulswellen, svw. Schockwellen.
Indianersommer, im nördlichen Nordamerika im Spätherbst mit großer Regelmäßigkeit auftretende Schönwetterperiode, die dem europäischen → Altweibersommer entspricht.
Indikatorpflanzen, → Boden(an)zeiger.
Indikatrix, in der Kartennetzentwurfslehre und auch in anderen Wissenschaftsbereichen ein Maß zur Festlegung der Verzerrung. Ein Kreis auf der Kugel bzw. dem Ellipsoid bildet

Infiltration

sich im → Kartennetzentwurf in der Regel als Ellipse ab (Tissotsche Verzerrungsellipse). Ihre Größe und Form gestatten damit für jeden Netzpunkt die Bestimmung der Längen-, Flächen- und Winkelverzerrung.

Infiltration, 1) allgemein das Eindringen oder Einsickern von gelösten Substanzen; 2) in der Bodenkunde im engeren Sinne das Einsickern von Wasser (z. B. Niederschlags- und Berieselungswasser) in den Boden. Unterschied: → Interzeption.
Die Infiltrationsgeschwindigkeit ist in starkem Maße von den jeweiligen physikalischen Bedingungen, wie Bodenart, Bodengefüge, aktueller Wassergehalt, abhängig.
In den humiden Gebieten stellt die I. die vorherrschende Art der Wasserbewegung dar. Im weiteren Sinne wird in der Bodenkunde mitunter auch die unter bestimmten Bedingungen mit dem Sickerwasser erfolgende Verlagerung von Ton und Sesquioxiden als I. bezeichnet (z. B. Toninfiltration, → Illuvium).
Gegensatz zur I. ist der kapillare Aufstieg von Bodenwasser, das sich von unten nach oben bewegt.

inglazial, *intraglazial*, Bezeichnung für im Innern des Gletschers auftretende Erscheinungen, z. B. Schmelzwasserbäche, Hohlräume, Wasserstuben, Innenmoränen, zum Unterschied von den subglazialen Erscheinungen, die am Grunde des Gletschers zu beobachten sind.

Ingression, das auf epirogenetische Bewegungen oder eustatische Meeresspiegelschwankungen zurückzuführende Eindringen des Meeres in fertige oder im Entstehen begriffene Becken, (ähnlich → Transgression). Dabei entstehen *Ingressionsküsten* (→ Küste). Die durch die I. in den überfluteten Gebieten entstandenen Meeresteile werden als *Ingressionsmeere* bezeichnet; sie dehnen sich meist auf dem Kontinentalsockel, dem Schelf, aus, z. B. die Nordsee, das Südchinesische Meer und der Hudsonbai.

Inklination, *I*, der Winkel zwischen der Neigungsrichtung einer allseitig frei beweglichen Magnetnadel und der Waagerechten.

Inlandeis, Eismassen, die ausgedehnte Landflächen bedecken und deren Relief völlig verhüllen. Nur an den Rändern ragen einzelne Berge, die Nunatakker, aus dem I. auf, das nach den Rändern in Fjordgletscher entsendet. I. findet sich heute auf Antarktika (13,5 Mill. km²) und in Grönland (1,8 Mill. km²), ferner in Westspitzbergen (über 20 000 km²), Nordostspitzbergen (10 800 km²), im Nordteil von Nowaja Semlja sowie auf anderen größeren Inseln des Arktischen Ozeans. Oft bricht das I. mit hohen, senkrechten Wänden ins Meer ab, es entstehen durch Kalben Eisberge. Die Oberfläche des I. ist schuttarm, nur an den Rändern treten Moränen auf. Kleinere Inlandeismassen werden als *Eiskappen* oder *Inseleis* bezeichnet.
Während der pleistozänen Eiszeiten nahm das I. erheblich ausgedehntere Flächen ein als heute.

Innensenke, zwischen die Ketten eines in Bildung begriffenen Faltengebirges eingesenktes, langgestrecktes und meist trogförmiges Gebiet. Die I. entsteht durch isostatische Ausgleichsbewegung. In ihr sammeln sich die Abtragungsprodukte des Gebirges. Am deutlichsten sind die I. des ehemaligen Variszischen Gebirges in Mitteleuropa zu erkennen, in denen sich limnische Steinkohlenlager bildeten, z. B. im Saarbecken, im Erzgebirgschen Becken um Zwickau, im nordböhmischen Becken um Plzeň und Kladno u. a. Unterschied: → Vortiefe.

Innertropische Konvergenz, Abk. *ITC*, der mit der äquatorialen Tiefdruckrinne (→ Tiefdruckgebiet) zusammenfallende Bereich zwischen den Passatgürteln der Nord- und Südtropen. Die Luftmassen sind hier im allgemeinen labil geschichtet, Bewölkung und Niederschlagsneigung sind daher groß.
Die tropischen Regen des Äquatorialklimas gehören dem Bereich der ITC an und ebenso der Kalmengürtel, → Kalme.
Unter dem Einfluß der Festländer rückt die ITC weit gegen Norden vor, in Südasien bis über den nördlichen Wendekreis; dabei ist ihr eine äquatoriale, maximal 5 000 bis 6 000 m hoch reichende Westwindströmung eingelagert, die als Monsunwind die starken Monsunregen bringt, → atmosphärische Zirkulation.

Insel, ein allseitig von Wasser umgebenes Stück Festland. Die Kontinente werden als größte I. betrachtet. I. liegen meist in Reihen (*Inselreihe*) oder in Gruppen (*Inselgruppen*, *Archipele*) beieinander. Man unterscheidet zwischen landnahen (kontinentalen) I., zu denen auch die Küsteninseln gehören, und landfernen (ozeanischen) I. Die **kontinentalen I.** sind abgetrennte Festlandstücke und sitzen dem Schelf auf (Britische Inseln, Sundainseln).

Die größten Inseln der Erde

	km²
Grönland	2 175 600
Neuguinea	785 000
Kalimantan	737 000
Madagaskar	600 000
Baffinland	482 800
Sumatera	473 600
Großbritannien	244 813
Honschiu	226 600
Victoria	212 200
Ellesmereinsel	200 000
Sulawesi	189 000
Neuseeland (Südinsel)	153 900
Djawa	132 200
Neufundland	114 700
Neuseeland (Nordinsel)	114 700
Kuba	114 500
Luzón	104 700
Island	103 000

Sie zeigen dem benachbarten Festland verwandte Züge. **Ozeanische I.** sind meist entweder vulkanischen Ursprungs oder Korallenbauten auf flachen Meeresrücken; Koralleninseln häufen sich vor allem in Ozeanien.

Inselflora und **Inselfauna** sind infolge ihrer Abgeschlossenheit meist reich an endemischen Arten. Die vorhandenen Elemente sind zwar häufig mit denen der nächstgelegenen Kontinente verwandt, doch läßt sich infolge der Sonderentwicklung auf den I. eine gemeinsame Abkunft der auf den I. und dem benachbarten Festland vorkommenden Arten oft nur schwer feststellen.

Inselberge, im weiteren Sinne alle inselartig über wenig gegliederte Hochflächen aufragende Einzelberge oder Berggruppen; im engeren Sinne die Berge der wechselfeuchten Tropen mit glatten, bisweilen fast senkrechten Hängen, die durch die Insolationsverwitterung geschaffen werden und mit scharf abgesetztem Fuß schroff über dem Flachrelief aufsteigen. Der in der Trockenzeit angehäufte geringe Schuttmantel am Fuße der I. wird während der feuchten und heißen Jahreszeit durch die chemische Verwitterung rasch zersetzt und durch die bei starken Regengüssen auftretende Flächenspülung wieder beseitigt. Die Steilheit der Bergflanken bleibt damit dauernd erhalten (Dom-, Glocken-, Zuckerhutberge).

Inselkarte, Karte, auf der der Karteninhalt nicht bis zum Kartenrahmen, sondern nur bis zur Grenze eines definierten Gebietes (meist politische Einheit) vollständig ausgeführt ist.

in situ, an Ort und Stelle der Bildung oder Umbildung verblieben; trifft z. B. in der Geologie und Bodenkunde auf das verwitterte und nicht umgelagerte Ausgangsgestein zu.

Insolation, → Strahlung.

Integration, die Verknüpfung der einzelnen geographischen Elemente durch die Wechselbeziehungen im Wirkungsgefüge zu einem Komplex. Systemtheoretisch gesprochen erfolgt die I. durch Koppelung und Rückkoppelung der geographischen Elemente in einem Geosystem.

interdiurne Veränderlichkeit, bei Temperaturmessungen die Differenz zweier um 24 Stunden auseinanderliegender Beobachtungen oder zweier aufeinanderfolgender Tagesmittel (nicht der Unterschied zwischen Höchst- und Tiefstwert eines Tages). Die Tropenklimate haben eine sehr geringe i. V., während die höchsten Werte in der gemäßigten Zone mit ihrer wechselhaften Witterung erreicht werden, vor allem bei Kaltlufteinbrüchen. Sehr hohe Werte der i. V. werden aus Nordamerika berichtet (Extreme über 30 °C/24 h).

Interglazialzeit, *Zwischeneiszeit*, oft kurz *Interglazial*, heute meist *Warmzeit* genannt, ein durch wärmeres

Klima gekennzeichneter Abschnitt zwischen zwei Eiszeiten (Glazialzeiten). Die I. lassen sich an Hand von Ablagerungen nachweisen, die Fossilien von wärmeliebenden Pflanzen- und Tierarten enthalten und deren Mächtigkeit eine längere Zeitdauer für ihre Bildung voraussetzt. Auch chemische Merkmale der Verwitterungsschicht und fossile Böden lassen Schlüsse auf die Wärmeverhältnisse der Bildungszeit zu. Das Klima der I. des Pleistozäns ähnelte dem heutigen oder war z. T. sogar wärmer als gegenwärtig in den betreffenden Gebieten und wies eine entsprechende Pflanzen- und Tierwelt auf. Auch die morphologischen Vorgänge entsprachen etwa denen der Jetztzeit.
Mit Gletscherrückzügen verbundene kleinere Schwankungen (wärmere Phasen) innerhalb der Eiszeiten werden zum Unterschied von den I. als *Interstadialzeiten* bezeichnet. Ihre Ablagerungen enthalten nur Reste von Pflanzen und Tieren, die ein kaltes Klima vertragen.
Internationale Weltkarte, Abk. *IWK*, die von A. Penck auf dem Internationalen Geographenkongreß in Bern 1891 vorgeschlagene Karte der gesamten Erde im Maßstab 1 : 1 Mill. Nach längerer Fachdiskussion wurden auf den Internationalen Kartenkonferenzen 1909 in London und 1913 in Paris die wesentlichen Grundlagen hinsichtlich Blattschnitt und Darstellungsmethode (Höhenschichtendarstellung) beschlossen. Nach der Übernahme des Kartenwerkes durch die IGU (Internationale Geographische Union) 1924 und einer weiteren Kartenkonferenz 1928 in London entstanden in der Zwischenkriegszeit eine größere Anzahl von Festlandsblättern. Während des zweiten Weltkrieges wurden in großer Anzahl militärische Karten im Blattschnitt der IWK hergestellt. 1953 wurde das Kartenwerk von der UNO übernommen und von ihr regionale Kartenkonferenzen organisiert. Bis 1970 waren von den insgesamt vorgesehenen 2212 Blättern, von denen rund 840 Festlandsanteile darstellen, 750 Blatt erschienen.
International durchgesetzt hat sich die Blatteinteilung und die Blattbezeichnung. Jedes IWK-Blatt umfaßt 4° der Breite und 6° der Länge. Die 22 Breitenstreifen werden vom Äquator aus nach N und S mit Großbuchstaben von A bis V bezeichnet; die 60 Meridianstreifen werden vom 180. Längenkreis aus in östlicher Richtung fortlaufend mit den Ziffern 01 bis 60 bezeichnet, so daß die Streifen 0° bis 6° ö. L. 31 und 6° bis 12° ö. L. 32 erhalten. Diese Blattbezeichnungsweise liegt der Nomenklatur der topographischen Kartenwerke der sozialistischen Staaten zugrunde.
Interstadialzeit, → Interglazialzeit.
Interzeption, der Anteil der Niederschläge, der an der Vegetation haften bleibt und von dort aus unmittelbar durch Verdunstung in die Atmosphäre zurückkehrt, ohne in den Boden eindringen zu können. Die I. ist für den Wasserhaushalt ein Teil der Verlustgröße. Die Größe der I. ist abhängig von der Niederschlagsform, Niederschlagsdauer, von der Art der Bodenbedeckung, vom Sättigungsdefizit der Luft und der Windbewegung. Die I. ist im Sommer größer als im Winter. Schwache Niederschläge im Sommer können von der I. völlig verbraucht werden. Im Jahresmittel liegen die Werte für die I. etwa zwischen 5 und 25% der meteorologisch gemessenen Niederschläge. Der I. gleichzusetzen sind die Wirkungen künstlicher Bodendecken, die die Niederschläge nicht in den Boden eindringen lassen.
Unterschied: → Infiltration.
intrazonale Böden, gut entwickelte Böden, deren Morphologie weniger durch die Klima- und Vegetationszonen der Erde (zonale Böden, Bodenzonen), sondern in erster Linie durch lokale Bodenbildungsfaktoren, wie Ausgangsgestein, Relief oder Wasserhaushalt, bestimmt ist. I. B. sind z. B. Kalk- und Salzböden, Gleye und Pseudogleye, Moore. Im Unterschied hierzu werden junge Böden, deren Profilausbildung noch nicht den Klimazonen angepaßt ist, als *azonale Böden* bezeichnet, z. B. Rohböden auf Dünen oder auf rezentem Alluvium.
Intrusion, das Eindringen magmatischer Massen in die feste Erdkruste, wo sie Gesteinskörper von verschiedener Form bilden (→ Pluton) und eine mehr oder weniger starke Metamorphisierung der umgebenden Gesteine bewirken.
Inventar, in der chorologischen Charakteristik die an dem Aufbau beteiligten Typen topischer Einheiten nach Anzahl und Häufigkeit. Mit Größenverhältnissen (→ Mensur) und Verteilungsmuster zusammen bestimmt es das → Gefüge einer Landschaft.
Inversion, 1) in der Klimatologie *Temperaturumkehr*, die in der Atmosphäre oft beobachtete Erscheinung, daß die Temperatur mit der Höhe nicht überall abnimmt, sondern innerhalb einer mehr oder weniger dicken Schicht zunimmt (Inversionsschicht) oder gleich bleibt (isotherme Schicht, → Isothermie).
Die heißen trockenen Perioden unserer Sommer zeigen immer eine kräftige I. (Sprungschicht). I. bilden entweder die Grenze zweier horizontal übereinanderlagernder Luftmassen

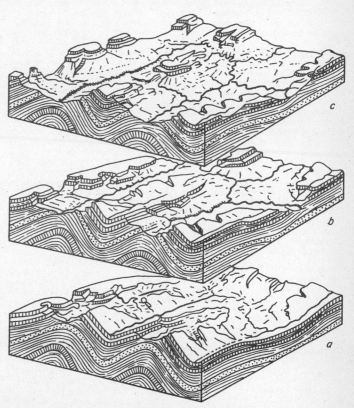

1 Schema der Reliefumkehr eines Gebirges (nach de Martonne)

oder entstehen zu mehreren übereinander im Inneren antizyklonaler Luftmassen. Die Tropopause (→ Atmosphäre) bezeichnet man vielfach als obere I. Die Grundschicht der Troposphäre wird durch I. von der darüber folgenden Advektionsschicht getrennt.
Die I. wirken als Sperrschicht für Aufwärtsbewegungen, so daß es unter ihnen zur Anreicherung von Staub und Dunst kommt. Durch die Ausstrahlung der Dunstschichten kann sich eine Schichtwolkendecke bilden. Ist die I. sehr kräftig, d. h., ist der Temperatursprung bedeutend, so unterbindet sie auch an heißen Tagen das weitere Aufsteigen der erhitzten Luft, die Thermik, und damit Wolkenbildung und Niederschläge.
Infolge kräftiger Ausstrahlung des Erdbodens ist besonders im Winter in der Nacht oft in einer nur wenige Meter umfassenden Schicht in unmittelbarer Nähe des Bodens die Luft kälter als in höheren Schichten; auf diese *Bodeninversion* ist häufig die Bildung von Bodennebeln zurückzuführen.
2) in der Geomorphologie *Reliefumkehr*, die Erscheinung, daß in Faltengebirgen oder Bruchschollengebirgen die höchsten Erhebungen (Sättel) aus ursprünglich tiefer liegenden Schichten von geologischen Mulden, tektonischen Gräben oder deren Ausfüllungen aufgebaut sind, während sich die Täler in die Antiklinalen eingenagt haben. Die I. entsteht hier durch die verschiedene Widerstandsfähigkeit der Gesteine in einem Schichtpaket. Sie tritt z. B. ein, wenn in einem Faltengebirge die Erhebungen aus weichen, leicht abzutragenden Gesteinen bestehen und durch Abtragung so weit erniedrigt werden, daß die angrenzenden Senken (Mulden) sich schließlich über sie erheben, oder wenn in Bruchgebirge eine abgesenkte Scholle aus harten Gesteinen an gehobene Schollen aus weichen Gesteinen grenzt und die gehobenen Schollen stärker abgetragen werden.
Ein Beispiel für I. ist der aus widerstandsfähigem Muschelkalk aufgebaute Leuchtenburggipfel bei Kahla in Thüringen, der morphologisch eine Erhebung, geologisch ein Graben im weniger widerstandsfähigen Buntsandstein ist.

Ionenumtausch, → Sorption.

Ioniummethode, eine Methode der absoluten Altersbestimmung. Sie kann (mit Vorbehalt) die Radiokarbonmethode ergänzen. Das auf dem Meeresboden sedimentierte Uran liefert in der Zerfallsreihe auch das Thoriumisotop ^{230}Th (Ionium), das eine kurze Halbwertszeit hat und in Radium bzw. Radon zerfällt.

Ionosphäre, → Atmosphäre.

irisierende Wolken, perlmutterfarbene Erscheinung an den Rändern mittelhoher Wolken, die vor allem bei Föhn an Lenticulariswolken beobachtet werden kann; entsteht durch Beugung der Lichtstrahlen an sehr kleinen Wassertröpfchen oder Eispartikeln.

Irrigation, svw. Bewässerung.

is..., iso..., in Wortzusammenfassung auf gleiche Werte, gleiches Verhalten u. a. bezogen. Besonders wird diese Vorsilbe für die verschiedenen Isolinien auf Karten und Profildarstellungen verwendet.

Isallobaren, Linien, die Punkte verbinden, in denen sich innerhalb eines bestimmten Zeitraumes gleiche Luftdruckänderungen vollziehen. Auf Wetterkarten trägt man häufig 3- oder 24stündige Druckänderungen ein, um die Verlagerung der Gebiete mit steigendem und fallendem Luftdruck und damit die Bewegungen der Fronten zu verfolgen.

Isallothermen, auf Karten Linien, die Punkte verbinden, in denen in einer bestimmten Zeit gleiche Temperaturänderung erfolgt. Tagesisallothermen lassen gut die Verlagerung der Luftmassen erkennen.

Isanabasen, Isobasen, Linien, die Punkte gleich großer Hebung verbinden. Sie veranschaulichen die Aufwölbung von Schollen. So wird z. B. das postglaziale Aufsteigen Skandinaviens oft durch I. dargestellt (vgl. S. 82).

Isanomalen, Linien, die Orte gleicher Abweichung von einem Normalwert verbinden, → Anomalie.

Isarithmen, svw. Isolinien.

Islandtief, für das Wetter Europas bestimmendes, quasipermanentes Tiefdruckgebiet im Bereich von Island, ein Teilstück der subpolaren Tiefdruckfurche.

Isoamplituden, Isamplituden, Linien, die Punkte mit gleichem Schwankungsbereich eines meßbaren Elements verbinden. Am häufigsten werden sie für die Darstellung jährlicher Wärme-, Druck- oder Niederschlagsschwankungen verwendet.

Isobaren, auf Wetter- und Klimakarten Linien, die Punkte gleichen, auf gemeinsames Bezugsniveau (Meeresspiegel und mittlere Breite) reduzierten Luftdrucks (Barometerstand) verbinden. Die I. lassen die Druckverteilung in großen Gebieten zu einem Zeitpunkt oder als Mittel für einen Zeitraum (Tag, Monat, Jahr) erkennen und werden auf den Wetter- oder Klimakarten eingezeichnet, da sich unter Berücksichtigung des barischen Windgesetzes aus ihnen die Luftströmungen verstehen lassen, → barisches Relief.

Isobasen, svw. Isanabasen.

Isobathen, Linien, die Punkte gleicher Wassertiefe verbinden. Sie werden zur Darstellung des Bodenreliefs von Gewässern verwendet. Bezugsfläche auf Seekarten ist Seekartennull (KN).

Isodynamen, auf magnetischen Karten Linien, die Punkte gleicher Intensität des → Erdmagnetismus verbinden.

Isogeothermen, Linien, die Punkte gleicher Bodenwärme verbinden.

Isogonen, auf magnetischen Karten Linien, die Punkte gleicher magnetischer → Deklination verbinden.

Isohalinen, auf Meereskarten Linien, die Punkte gleichen Salzgehaltes verbinden.

Isohelien, Linien, die Punkte gleicher mittlerer Sonnenscheindauer verbinden.

Isohyeten, auf Klimakarten Linien, die Punkte mit gleicher, auf einen bestimmten Zeitraum bezogener Niederschlagsmenge verbinden.

Isohygromenen, auf Karten jene Linien, die Punkte mit der gleichen Anzahl humider oder arider Monate im Jahre verbinden. Die I. haben sich zur Charakterisierung des tropischen und subtropischen Klimate als vorteilhaft erwiesen, da hier die Angabe der jährlichen Niederschlagsmenge oft nicht genügt (vgl. Karte S. 320).
Die einer Anzahl von 7 humiden Monaten entsprechende I. fällt etwa mit der Penckschen → Trockengrenze, die von 4^1/$_2$ Monaten mit der Grenze des Regenfeldbaus zusammen.

Gliederung der Tropen nach Isohygromenen

Anzahl der humiden Monate	Vegetationstypus
9 ... 12	immergrüner, ombrophiler Regenwald
7 ... 9	Feuchtsavanne und regengrüner Feuchtwald, Monsunwaldtypus
4^1/$_2$ ... 7	Trockensavanne und regengrüner Trockenwald, Miombowaldtypus
2 ... 4^1/$_2$	Dornsavanne und regengrüner Dornwald, Caatingatypus
1 ... 2	Halbwüste, Halbstrauch- und Sukkulentensteppe
0 ... 1	Wüste

Isohygrothermen, Linien, die Punkte gleicher Schwüleempfindung verbinden, → Schwüle.

Isohypsen, → Reliefdarstellung.

isoklinal nennt man die Gesteinsschichten, die gleichsinnig einfallen.

Isoklinalstruktur tritt besonders bei eng aneinandergepreßten Falten (*Isoklinalfalten*), bei Schuppung und schräggestellten Gesteinsschichtpake-

2 Reliefumkehr am Leuchtenburggraben

ten auf. Die Reliefformen sind dann der Isoklinalstruktur angepaßt. Gipfel und Täler zeigen überall die gleiche Asymmetrie, die sich aus den gleichsinnigen Schichteinfällen an beiden Hängen ergibt (*Isoklinalgipfel, Isoklinaltäler*).

Isoklinen, auf magnetischen Karten Linien, die Punkte gleicher magnetischer Inklination verbinden, → Erdmagnetismus.

Isolinien, *Isarithmen,* Linien gleichen Wertes einer beliebigen Größe. I. dienen zur Darstellung von Eigenschaften räumlicher (geographischer) Kontinua auf einer Ebene, entweder auf Karten (Isolinienkarten) oder im Vertikalschnitt (Isolinienprofil). Spezielle Darstellungen sind die → Isoplethendiagramme. Grundlage für die Ausarbeitung von I. bildet ein gemessenes oder berechnetes Wertefeld, in dem die I. manuell oder mittels EDVA interpoliert werden (vgl. Pseudoisarithmen).

Isolinienmethode, → Darstellungsmethode.

Isonephen, auf Klimakarten Linien, die Punkte gleicher Bewölkung verbinden.

Isoplethendiagramm, flächenhafte Isoliniendarstellung, die mit Hilfe von Isolinien eine Erscheinung gleichzeitig in zwei verschiedenen Bezügen erfaßt. In der Klimatologie kann z. B. die Temperatur nach dem täglichen und jährlichen Gang dargestellt werden (Thermoisoplethen); dabei sind auf der Abszisse die Jahresabschnitte, auf der Ordinate die Tagesstunden eingetragen. Es lassen sich also für einen bestimmten Zeitpunkt des Jahres sowohl die täglichen Temperaturwerte und ihre Schwankung als auch der Temperaturverlauf zu einer bestimmten Tagesstunde über das Jahr hin verfolgen (Nachttemperaturen, Mittagstemperaturen). Auch für andere Zwecke, z. B. für die Darstellung der Bodenfeuchte nach Bodentiefe und Jahresgang, werden J. verwendet (→ Bodenwasser, Abb. 2).

Isorhachien, *Flutstundenlinien,* auf Seekarten Linien, die Punkte gleichen Eintritts der Flut verbinden. Die Zeiten, zu denen die Gezeitenströme einsetzen oder ihre größten Geschwindigkeiten erreichen, und die Maximalgeschwindigkeiten zeigen von Tide zu Tide gewisse Schwankungen wie die Gezeiten selbst.

Isoseisten, auf Karten Linien, die Punkte gleicher Intensität eines Erdbebens verbinden.

Isostasie, Lehre vom hydrostatischen Gleichgewicht der Erde, wonach die sichtbare Masse der Gebirgserhebungen größtenteils durch eine bestimmte unterirdische Massenanordnung ausgeglichen ist. Nach der *Hypothese von Pratt* sollen die Gesteinsmassen eine geringere Dichte zeigen, je höher sie über dem Meeresniveau liegen. Das Produkt aus Dichte und Höhe über einer *isostatischen Ausgleichsfläche,* die in etwa 120 km Tiefe angenommen wird, müßte überall das gleiche sein. Nach der *Hypothese von Airy* dagegen tauchen die Kontinente und Gebirgsschollen in die dichtere Masse der inneren Erdkruste und schwimmen darin, ähnlich wie ein Eisberg im Ozean, wobei die höchsten Gebirge am tiefsten eintauchen.

Wird von einem hohen Gebirge durch die Abtragung Material entfernt, so müssen infolge des Massenverlustes *isostatische Ausgleichsbewegungen,* also Hebungen, stattfinden. Neben großräumigen (regionalen) Kompensationen scheinen solche Ausgleichsbewegungen auch schon auf kleinem Raum stattzufinden (lokale Kompensationen). Der Ausgleich wird durch langsame Magmabewegungen erreicht, die offensichtlich wegen der großen Zähigkeit des Magmas zeitlich nachhinken.

Ein besonderer Fall von I. ist die *Glazial- (Eis-) Isostasie.* Durch die Belastung der Erdkruste mit vielen bis 2000 m mächtigen Inlandeismassen mußte eine Senkung erfolgen, mit dem Abschmelzen des Eises, diesem etwas nachhinkend, eine Hebung.

Tatsächlich sind sowohl in Skandinavien als auch im Vereisungsgebiet Nordamerikas solche Bewegungen festzustellen, wenn auch offenbar etwas komplizierter als die Lehre von der I. erwarten läßt.

Isotachen, auf Profilen oder Karten Linien, die Punkte gleicher Geschwindigkeit verbinden, z. B. bei der Darstellung der Geschwindigkeitsverteilung im Querprofil eines Flusses.

Isothermen, Linien, die Punkte gleicher Lufttemperatur verbinden. Man unterscheidet 1) I., die die wahren Temperaturen darstellen; hierbei gibt dann die Isothermenkarte die wirklichen Wärmeverhältnisse wieder, und 2) I., bei denen man die auf den Meeresspiegel reduzierten Temperaturen verwendet, hierbei wird der Einfluß der Höhenlage ausgeschaltet. Man verwendet sie, um den Einfluß von Breitenlage und Massenerhebungen auf die Temperaturen darzustellen.

Isothermie, die bei der Temperaturschichtung der Luft oder des Wassers auftretende Erscheinung, mit der manche Schichten gleiche, mit der Höhe nicht abnehmende Temperaturen haben. I. ist für viele Inversionsschichten, für die untere Stratosphäre sowie für die Tiefenzonen größerer Binnenseen und der Ozeane charakteristisch. Als isotherm' bezeichnet man auch den Temperaturgang der Tropen, die über alle Monate fast die gleichen Mitteltemperaturen zeigen.

Isothermobathen, in der Meereskunde Linien, die Punkte gleicher Tiefseetemperatur verbinden.

Isthmus, *Landenge,* ein schmales, zwischen zwei Meeren oder Meeresteilen liegendes Landstück, das zwei benachbarte Landgebiete verbindet.

ITC, Abk. für → Innertropische Konvergenz.

Itinerar, *Routenaufnahme,* eine mit einfachen Mitteln (Kompaß, Uhr, Schrittzähler) hergestellte kartographische Aufnahme einer Wegstrecke und der von dieser aus sichtbaren Geländeobjekte.

J

Jahr, die Zeitdauer eines Umlaufs der Erde um die Sonne, die den einmaligen Wechsel der Jahreszeiten umfaßt.

1) Das *astronomische J.* ist die Zeitperiode, nach deren Ablauf die Erde zu dem gewählten Anfangspunkt ihrer Bahn zurückgekehrt ist. Je nach der Wahl dieses Anfangspunktes spricht man von einem siderischen, tropischen oder anomalistischen J.

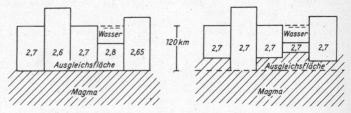

1 Isostasie nach Pratt (links) und Airy (rechts). Die Zahlen geben die Dichte an

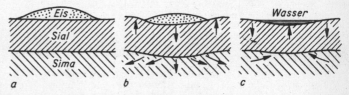

2 Glazial-Isostasie: *a* Anfangszustand, *b* Senkung der Erdkruste infolge Belastung durch das Inlandeis, *c* Hebung nach Abschmelzen des Eises

Jahreszeiten

a) Das *siderische J.* (*Sternjahr*) stellt die wahre Umlaufzeit der Erde dar, nach deren Ablauf die Sonne wieder bei demselben Sternbild der Ekliptik erscheint. Es hat eine Dauer von 365 Tagen 6 Stunden 9 Minuten 9,35 Sekunden = 365,2564 Tage. b) Als Zeitmarke für das *tropische J.* (*Äquinoktialjahr, Sonnenjahr*) dient der scheinbare Durchgang der Sonne durch den Frühlingspunkt, einen der Schnittpunkte des Himmelsäquators mit der Ekliptik. Infolge der Präzessionsbewegung der Erdachse rückt der Frühlingspunkt jedoch der scheinbaren Bewegung der Gestirne jährlich um 50,26″ entgegen, so daß das tropische J. kürzer als das siderische ist. Es hat nur eine Dauer von 365 Tagen 5 Stunden 48 Minuten 46,7 Sekunden = 365,2422 Tage. c) Das *anomalistische J.* ist der Zeitraum, innerhalb dessen die Erde wieder zum Perihelpunkt, dem sonnennächsten Punkt, zurückkehrt. Da dieser jährlich um 11,5″ in der Ekliptik vorrückt, ist das anomalistische J. im Mittel um 4 Minuten 39,15 Sekunden länger als das siderische; es umfaßt 365 Tage 6 Stunden 13 Minuten 53 Sekunden. Das astronomische J. ist demnach kein ganzzahliges Vielfaches eines Tages.
2) Das *bürgerliche J.* schließt mit dem 365. Tag ab und vereinfacht damit die Kalenderrechnung. Die überschießenden Stunden, Minuten und Sekunden werden jedem vierten J. (einem *Schaltjahr*) als 366. Tag (Schalttag) hinzugefügt, → Kalender.
3) Das *hydrologische J.* wird in Mitteleuropa vom 1. November bis 31. Oktober gerechnet, da etwa Anfang November die Auffüllung des Wasservorrats nach dem sommerlichen Wasserentzug beginnt.

Jahreszeiten, 1) astronomisch die von den Solstitien, den Sonnenwenden, und den Äquinoktien, den Tagundnachtgleichen, begrenzten vier Zeitabschnitte des Umlaufs der Erde um die Sonne. Für den Beobachter auf der Erde äußern sich die J. – Frühling, Sommer, Herbst und Winter – in den Veränderungen des Tagbogens der Sonne. Diese Veränderungen kommen dadurch zustande, daß beim Umlauf der Erde um die Sonne die Neigung der Erdachse gegen die Erdbahn (etwa $66\frac{1}{2}°$) und die Richtung der Erdachse infolge Kreiselwirkung des rotierenden Körpers gleichbleiben. Dadurch ist während des astronomischen Frühlings und Sommers die Nordhalbkugel, während des astronomischen Herbstes und Winters die Südhalbkugel der Sonne mehr zugewandt. Nur während der Äquinoktien sind überall auf der Erde Tage und Nächte gleich lang. In der Nähe des Äquators sind die Unterschiede allerdings das ganze Jahr über gering. Aus praktischen Gründen ist die Bezeichnung der astronomischen J. im Unterschied von den klimatischen J. auf beiden Halbkugeln der Erde einheitlich, d. h., auch auf der Südhemisphäre rechnet man z. B. den Sommer astronomisch vom 21. Juni bis 23. September, obwohl die Zeit klimatisch meist dem Winter entspricht. Da die Kalendertage erst jeweils nach 400 Jahren wieder mit den astronomischen Ereignissen übereinstimmen, können sich die Anfänge der J. um einen Tag verschieben.
Obwohl die Äquinoktiallinie und die Solstitiallinie senkrecht aufeinanderstehen, sind die verschiedenen astronomischen J. unterschiedlich lang, denn die Apsidenlinie – die Verbindungslinie des sonnennächsten Punktes (Perihel) der Erde auf ihrer Bahn und des sonnenfernsten Punktes (Aphel) – und die Solstitiallinie fallen nicht zusammen (→ Erde, Abb. 1). Die Erde bewegt sich aber im Perihel (Anfang Januar) schneller als im Aphel (Anfang Juli), daher ist der Nordsommer fast acht Tage länger als der Nordwinter. Die Südhalbkugel ist demnach gegenüber der Nordhemisphäre klimatisch benachteiligt. Die Dauer der J. ist also abhängig von der Länge des Perihels.

Dauer der astronomischen Jahreszeiten

Frühling 92 Tage 19 Stunden
Sommer 93 Tage 16 Stunden
Herbst 89 Tage 20 Stunden
Winter 88 Tage 23 Stunden

2) Klimatisch unterscheiden sich die J. infolge der verschieden langen Sonnenbestrahlung in erster Linie durch die Wärmeverhältnisse (*thermische J.*). In den Tropen sind die Unterschiede sehr gering, die Temperaturunterschiede zwischen Tag und Nacht sind größer als die zwischen Sommer und Winter. Die klimatische Gliederung des Jahres beruht hier daher auf den Niederschlagsverhältnissen, d. h., das Jahr wird in Regenzeiten und Trockenzeiten gegliedert (*hygrische J.*). Die Gliederung in Frühling, Sommer, Herbst und Winter entspricht den Verhältnissen der Kerngebiete der gemäßigten Zonen und darf in andere Gebiete der Erde nicht ohne weiteres übertragen werden. Klimastatistisch werden die J. bestimmten Monaten gleichgesetzt, in Mitteleuropa z. B. der Winter den Monaten Dezember bis Februar, der Frühling den Monaten März bis Mai usw.
3) Phänologisch setzt man die J. durch bestimmte Ereignisse in der Entwicklung der Pflanzenwelt im Gang eines Jahres fest, → Phänologie.

Jahreszeitenklimate, ursprünglich von C. Troll im Sinne mariner Jahreszeiten verwendete Bezeichnung für die Klimate mit deutlichen thermischen Jahreszeiten (Sommer – Winter), zum Unterschied von den Tageszeitenklimaten, bei denen die Tagesschwankungen der Temperatur größer sind als die Jahresschwankungen. Später verwendete C. Troll den Begriff in seiner Karte der Jahreszeitklimate der Erde im Sinne einer dynamisch-genetischen Auffassung der Klimate, d. h. ihres jahreszeitlichen Aufbaus aus thermisch oder hygrisch bestimmten Klimaperioden, die sich aus der allgemein atmosphärischen Zirkulation, insbesondere der Herrschaft verschiedener Glieder des planetarischen Windsystems, herleiten lassen.

Jet, Jet stream, Strahlstrom, die starke, oft eine Geschwindigkeit von mehr als 200 km/h, maximal über 400 km/h erreichende Westwindströmung (→ atmosphärische Zirkulation). Der J. hat auf die Entstehung der großen Druckgebilde (subtropische Hochdruckzellen, subpolare Tiefdruckzentren) sowie auf die Bahnen der Zyklonen entscheidenden Einfluß. Neuere Forschungen haben ergeben, daß man sechs verschiedene J. in unterschiedlichen Niveaus unterscheiden muß, von denen der Polarfrontjet (PFJ) in etwa 9 km mittlerer Höhe zwischen 35° und 55° nördlicher Breite und der subtropische Westjet (STJ) in 12 km mittlerer Höhe zwischen 25° und 40° nördlicher Breite für die Steuerung der Zyklonen in Europa am bedeutungsvollsten sind.

Jura *m*, System bzw. Periode des Mesozoikums, auf die Trias folgend. Der J. ist nach dem Schweizer Juragebirge benannt. Die Dreigliederung in *Schwarzen, Braunen* und *Weißen J.* legt der Verhältnisse im Schwäbischen und der Fränkischen Alb zugrunde, wo dunkle Tone, Sandsteine und helle Kalke aufeinanderfolgen; die entsprechenden Ausdrücke → Lias, → Dogger und → Malm stammen aus England.
Gegenüber der Trias herrschte in Europa während der Jurazeit das Meer vor; über dem europäischen Kontinent erreichte es seine größte Ausdehnung. Die Geosynklinalen, aus denen in der folgenden Kreidezeit und im Tertiär die europäisch-asiatischen Faltengebirge aufstiegen, erreichten im allgemeinen die größte Tiefe. Einzelne Phasen der alpidischen Gebirgsfaltung sind allerdings schon im J. zu verzeichnen, z. B. die kimmerische Phase. In Nordamerika begann die Auffaltung der Kordilleren. Das Klima war allgemein warm. Die Tierwelt entwickelte sich sehr stark – erstes Auftreten der Vögel; die Pflanzenwelt ist gekennzeichnet durch die Vorherrschaft der Gymnospermen. An nutzbaren Gesteinen bildeten sich Kalke, Eisenerze und örtlich Kohlen. (Vgl. auch die Tab. am Schluß des Buches.)

jurassisch, zum Jura gehörend.

juveniles Wasser, dem Magma entstammendes, bei vulkanischen Vorgängen freiwerdendes, an der Schüttung von Thermalquellen beteiligtes Wasser. Es gelangt neu in den irdi-

Gliederung des Juras

Abteilungen bzw. Epochen	Stufen
Malm (Weißer Jura)	oberer Malm (Portland)
	Mittlerer Malm (Kimmeridge)
	unterer Malm (Oxford)
Dogger (Brauner Jura)	Oberer Dogger (Callovien und Batonien)
	mittlerer Dogger (Bajocien)
	unterer Dogger
Lias (Schwarzer Jura)	oberer Lias
	mittlerer Lias
	unterer Lias

schen Wasserkreislauf, für den es jedoch mengenmäßig ohne Bedeutung ist. Unterschied: → vadoses Wasser.

K

Kalabrische Stufe, früher oberstes Pliozän, heute zum Pleistozän gestellt.
Kalben, das Abbrechen großer Eisschollen von den im Meer (oder auch in Binnenseen) endenden Gletschern oder Inlandeismassen, wodurch Eisberge entstehen.
kaledonische Gebirgsbildung [lat. Caledonia ‚Schottland'], Gebirgsbildungsvorgang während der *kaledonischen Ära* im Paläozoikum (Kambrium bis Ordovizium) mit Hauptfaltung gegen Ende des Ordoviziums. Die k. G. hat in Europa vor allem Westskandinavien und Schottland betroffen.
Kalender, im allgemeinen Sinne die Zeitrechnung überhaupt, im engeren Sinn Verzeichnis der nach Wochen und Monaten geordneten Tage des Jahres. Grundlage unseres, des *Gregorianischen K.* ist das Sonnenjahr, und zwar das tropische Jahr, d. h. die Zeit zwischen zwei Durchgängen der Sonne auf ihrer scheinbaren Bahn durch den Frühlingspunkt. Da das tropische Jahr (365,2422 Tage) aber kein ganzzahliges Vielfaches der Tageslänge ist, summieren sich die überschießenden Stunden schließlich zu Tagen, und der Jahresbeginn weicht immer mehr von den astronomischen Tatsachen ab. Man hilft sich, indem man in bestimmten Jahren zusätzliche Tage, Schalttage, einfügt. Bei dem Vorläufer des Gregorianischen K., dem von Julius Cäsar eingeführten *Julianischen K.,* entsprach der Schaltzyklus nicht ganz den astronomischen Gegebenheiten. Daher führte Papst Gregor XIII. 1582 eine Kalenderreform durch. Er behielt die alte Schaltregel bei, wonach nach 3 Gemeinjahren mit jeweils 365 Tagen ein Schaltjahr mit 366 Tagen folgt; nach 4 Gemeinjahren beträgt nämlich die Differenz gegen 4 tropische Jahre 0,9688 Tage, was also durch den Schalttag beinahe ausgeglichen wird (44 Minuten 56 Sekunden zu viel). Als wesentliche Verbesserung gegenüber dem Julianischen K. fallen aber nach dem Gregorianischen K. innerhalb von 400 Jahren drei Schalttage, nämlich die der vollen, nicht durch 400 teilbaren Jahrhunderte, wie 1700, 1800, 1900 aus. Deshalb beträgt die Differenz zwischen dem bürgerlichen Jahr und dem tropischen Jahr nur noch 0,0003 Tage (26 Sekunden). Erst im Jahre 4800 muß nach dem Gregorianischen K. ein Schalttag ausgelassen werden, um die Kalenderrechnung den astronomischen Ereignissen wieder anzugleichen. Die Monate haben im Gregorianischen K. 30 bzw. 31 Tage, der Februar als Schaltmonat 28 bzw. 29 Tage.
Die protestantischen Teile Deutschlands, Dänemark und die Niederlande behielten noch bis 1700 den Julianischen K. bei. England führte den Gregorianischen K. 1752 ein, Schweden 1753, Bulgarien 1916, die Sowjetunion 1923 (hier war man zuletzt 13 Tage hinter dem Gregorianischen K. zurück).
Seit mehreren Jahren sind Bestrebungen im Gange, auch den Gregorianischen K. zu reformieren und einen einheitlichen *Weltkalender* einzuführen. Dieser hätte unter anderem den Vorteil, daß die Vierteljahre stets gleich lang (91 Tage) sein, mit einem Sonntag beginnen und mit einem Sonnabend enden würden. Ein Schalttag würde die 365 Tage des Normaljahres vervollständigen.
Kalkpflanzen, → Boden(an)zeiger.
Kalkstein, weitverbreitetes Sedimentgestein, das hauptsächlich aus Kalziumkarbonat besteht und in erster Linie im Meer entstanden ist, und zwar überwiegend unter Mitwirkung von Organismen. Außerdem bildet sich K. in Seen und an Quellen. Man unterscheidet verschiedene K.:
1) *Dichter K.,* sehr feinkörnig, durch Verunreinigung grau, gelblich, braun bis schwarz gefärbt; findet sich in allen geologischen Systemen und enthält meistens reichlich Fossilreste. Man bezeichnet ihn nach Fundorten (*Wettersteinkalk*), nach darin vorkommenden Versteinerungen (mitteldevonischer *Stringocephalenkalk* des Rheinischen Schiefergebirges, *Muschelkalk* Thüringens und Frankens, jurassischer *Korallenkalk* der Schwäbischen Alb) nach der Systemzugehörigkeit (*Kreidekalke* der Münsterschen Bucht, *Tertiärkalke* des Mainzer Beckens), nach dem Geruch (*Stinkkalk,* der beim Zerschlagen nach Bitumen riecht), nach der Verwendung (*Lithographenkalk*), nach Beimengungen (den sehr harten *Kieselkalkstein,* den *bituminösen* oder *Asphaltkalkstein,* den *tonigen* K. z. B. der weiße, graue und rote *Pläner* der Oberkreide). Dichter K. findet Verwendung als Werk- und Pflastersteine und ist Grundlage der Kalk- und Zementindustrie.
2) *Poröser K., Kalksinter,* entsteht als Mineralabsatz aus Quellwasser und wandernden Lösungen. Auf Stengeln, Blättern und Moosen setzt sich der weiße, graue oder gelbliche, zelligporöse *Kalktuff* ab. Kalktuff, dessen Poren nachträglich durch Kalksubstanz ausgefüllt wurden, der also dicht und fester ist, bezeichnet man als *Travertin.* In Höhlen bilden sich aus ausgeschiedenen Kalziumkarbonaten die *Tropfsteine.*
3) *Oolithischer K.,* → Oolith.
4) *Erdiger K., Kreide,* weiße, lockere, pulvrige Masse. Die *Schreibkreide* bildete sich in der jüngeren Kreidezeit, hauptsächlich aus winzigen Foraminiferenschalen. Weit verbreitet ist sie in Südostengland und Nordfrankreich, aber auch an der Küste von Schonen (Südschweden) und auf den dänischen Inseln. Sie bildet unter anderem die Steilküste der Insel Rügen, wo sie auch in großem Maße abgebaut wird. Kreide findet Verwendung zum Kalkbrennen, Schreiben, für Pasten, als Düngemittel u. a. *Seekreide* (*Wiesenkalk*) bildet sich unter Mitwirkung von Algen und Moosen am Boden der Seen und Moore.
5) *Kristalliner K.,* → Marmor.
K. ist am Aufbau vieler junger Faltengebirge (Kalkalpen, Dolomiten) wesentlich beteiligt. Da K. wegen seiner Härte gegen Verwitterung an der Oberfläche sehr widerstandsfähig ist, bildet er schroffe, steile Bergformen. Dagegen wirken auf Klüften eindringende Sickerwässer sehr stark auf ihn ein, denn das in allen natürlichen Wässern enthaltene Kohlendioxid verwandelt das unlösliche Kalziumkarbonat in wasserlösliches Kalziumhydrogenkarbonat. So erzeugen die Sickerwässer im Kalk Spülrinnen, Klüfte und unterirdische Hohlräume (→ Karst). Infolge des gelösten Kalkes sind die Wässer in Kalkgebieten besonders hart. Bei Verwitterung des K. entstehen fruchtbare nährstoffreiche Böden, in der gemäßigten Zone die Humuskarbonatböden, in wärmeren Klimaten die Terra rossa.
Kalme, meteorologische und seemännische Bezeichnung für Windstille. Unter dem *Kalmengürtel* versteht man das Gebiet der Windstillen und veränderlichen Winde (Mallungen, Doldrums) in der Äquatorialzone. Er ist besonders über dem Meer ausgeprägt. Mit dem Sonnenstand verschiebt sich seine Lage von etwa

Kältepole

5° bis 0° s. Br. bis auf 10° oder 15° n. Br. Der Kalmengürtel liegt im Bereich der **Innertropischen Konvergenz**, wo die Passate der beiden Halbkugeln zusammentreffen und aufsteigende Luftbewegung vorherrscht. Daher ist er auch reicher an Bewölkung und Niederschlägen als die benachbarten Passatzonen. Der Kalmengürtel zieht sich nicht um die ganze Erde, da im Bereich der Innertropischen Konvergenz, z. B. in den Monsungebieten, häufig auch westliche Winde auftreten.
Die Zone der Windstillen im Bereich der subtropischen Hochdruckzellen wird in der deutschen Sprache als → Roßbreiten, in anderen Sprachen jedoch ebenfalls als K. (subtropische K.) zum Unterschied von den äquatorialen K.) bezeichnet.
Kältepole, diejenigen Stellen der Erdoberfläche, an denen die niedrigsten Temperaturen beobachtet wurden. Der K. der Nordhalbkugel liegt bei Oimjakon (63° 10′ n. Br., 143° 15′ ö. L.) am Oberlauf der Indigirka in Ostsibirien, wo ein absolutes Minimum von −77,8 °C gemessen wurde; früher galt das 500 km weiter nordwestlich liegende Werchojansk (67° 33′ n. Br., 133° 55′ ö. L.) mit −67,7 °C als K. Im Südpolargebiet (Antarktika) wurde bisher die tiefste Temperatur in der sowjetischen Station Wostok mit −88,3 °C gemessen.
kalte Tage, klimatologische Bezeichnung für Tage, an denen die Höchsttemperatur unter −10 °C bleibt.
Kältewelle, die plötzliche Abkühlung infolge Herantransports von Kaltluftmassen (Kaltluftadvektion). Aus dem Polargebiet ausfließende kalte Luftmassen werden vielfach durch meridional gerichtete Senken und längs Gebirgszügen gesteuert, so die Mississippital bis zum Golf von Mexiko vorstoßenden K. und die kalten Pamperos im argentinischen Tiefland. Werden K. von der Westdrift erfaßt, so bewegen sie sich in zonaler Richtung oft über Kontinente hinweg.
Kaltfront, *Böenfront*, die Grenzlinie der auf der Rückseite eines wandernden → Tiefdruckgebiets (Zyklone) vorstoßenden Kaltluft gegen die Luftmasse des Warmsektors. Sie ist durch einen meist mit einer starken Böe (Einsatzböe) verbundenen Luftsprung sowie mit einem Luftdruckanstieg hinter der Front gekennzeichnet. Die Temperatur sinkt beim Durchgang der Front meist plötzlich um einige Kelvin. Es treten turbulente, teilweise zerrissene Haufenwolken auf, aus denen Schauerniederschläge fallen, die oft mit Gewittern verbunden sind. Das Niederschlagsgebiet liegt jeweils hinter der Front (Rückseitenwetter). Vielfach sind hinter einer K. noch mehrere Kaltluftstaffeln mit ähnlichem Charakter angeordnet.
Kaltluftsee, *Frostloch*, Kaltluft, die sich infolge ihrer Schwere in Kesseln und abgeschlossenen Tälern angesammelt hat, wo sie bei starker nächtlicher Ausstrahlung noch weiter abkühlt. In K. treten daher oft Frostschäden auf. Man sucht die Bildung von K. zu verhindern, indem man den Zufluß kalter Luft abriegelt, der stagnierenden Kaltluft Abflußmöglichkeiten schafft und Stauweiher anlegt, die den Eintritt des Frostes verzögern (→ Frost, Abb.).
Kaltlufttropfen, in großer Höhe befindliche isolierte Kaltluftmassen, die durch einen kräftigen Warmluftstrom abgeschnürt wurden. Die niedrigen Temperaturen in der Höhe lassen einen starken Temperaturgradienten und labile Schichtung entstehen. Die K. verursachen starke Bewölkung und vor allem auf der Rückseite kräftige Niederschläge; das unangenehme Wetter hält meist mehrere Tage an, da die K. nur langsam in Richtung der Bodenisobaren verlagern.
Kaltzeit, allgemeine Bezeichnung für eine geologische Periode mit kühlerem Klima, die in höheren Breiten zur Vergletscherung und damit zu einer → Eiszeit führen kann. In der Nachbarschaft der vergletscherten Gebiete herrscht dann eine *Periglazialzeit*, die durch Gefrornis des Bodens gekennzeichnet ist, und in den subtropischen trockenen Gebieten eine → Pluvialzeit. In den übrigen Gebieten tritt die K. nur durch geringere Temperaturen ohne sonstige einschneidende Folgen in Erscheinung. G e g e n s a t z : → Warmzeit.
Kambrium, älteste System bzw. älteste Periode des Paläozoikums, benannt nach einem mächtigen Schichtkomplex in Nordwales, das die Römer Cambria nannten. Das K. wird in *Ober-*, *Mittel-* und *Unterkambrium* gegliedert. Tektonisch gesehen war es im ganzen eine Zeit ruhiger epirogener Entwicklung ohne größere Gebirgsbildungen. Es bildeten sich Geosynklinalen, aus denen im Silur Faltengebirge aufstiegen. Die gegenüber dem vorausgehenden Präkambrium überraschend entfalteten Lebewesen waren völlig auf das Meer beschränkt; alle Stämme des Tierreichs mit Ausnahme der Wirbeltiere waren vorhanden. Das Festland war vegetationslos, daher überwog die mechanische Verwitterung. Die Gesteine waren überwiegend noch klastischer Art. (Vgl. die Tab. am Schluß des Buches.)
Kames, eine glaziäre Aufschüttungsform, unregelmäßig angeordnete, im Gegensatz zu den wallartigen Osern kuppen- oder kegelförmige Hügel mit meist ebener Oberfläche und sehr steilen Hängen. Sie bestehen aus flachen, an den Hängen meist ungestört ausstreichenden Sand- und Kieslagen, die K. sind von den Schmelzwasserflüssen zwischen den Resten der zerfallenden, nicht mehr in Bewegung befindlichen Inlandeismasse (→ Toteis) aufgeschüttet worden. Manchmal wurden sie auch terrassenförmig an natürlichen Hängen abgelagert und bildeten dann *Kamesterrassen*. Kamesgebiete ähneln oft einem → Kesselfeld.
Kammeis, → Frostboden.
Kanadischer Schild, *Laurentia*, ein bereits zu Beginn des Präkambriums bestehender Urkontinent (→ Kraton), der Zentral- und Ostkanada, Teile des arktischen Archipels und Grönland umfaßte.
Kannellierung, → Karren.
Känozoikum, *Neozoikum*, Neuzeit der Entwicklung des Lebens, paläontologische Bezeichnung für die *Erdneuzeit*, die die Systeme bzw. Perioden → Tertiär und → Quartär umfaßt. (Vgl. die Tab. am Schluß des Buches.)
Kaolin, *Porzellanerde*, ein Gemenge von wasserhaltigen, weißlichen Tonerdesilikaten, die sich bei der Verwitterung von feldspatreichen Magmagesteinen (Graniten, Syeniten, Porphyren) besonders unter tropischen Bedingungen bilden. Hauptbestandteil des K. ist der weiße *Kaolinit* (→ Tonminerale). Reine K. dienen zur Porzellanherstellung und als Zugabe für die Produktion glatter saugfähiger Druckpapiere. Verunreinigte und quarzreiche K. werden zu Schamotte verarbeitet. Die Bildung mächtiger Kaolinlagerstätten setzt tiefgründige Zersetzung des Gesteins unter tropischen Bedingungen voraus. Sie sind in Mitteleuropa an die Reste tertiärer Landoberflächen gebunden.
Kappungsfläche, *Schnittfläche*, eine mehr oder weniger ebene Landoberfläche, die die verschieden widerständigen Gesteinsschichten einer Schichtserie unter einem spitzen Winkel abschneidet, wie es z. B. im Rückland der Schichtstufen der Fall ist.
Kar *n*, norwegisch *Botn*, Plur. Botner, lehnsesselförmige Hohlform in den Steilhängen ehemals vergletscherter Täler. Die typische *Karnische* ist auf drei Seiten von schroffen *Karwänden* umgeben, von denen sich heute Schutthalden auf den flachen *Karboden* herabziehen. Dieser hat vielfach rückläufiges Gefälle, ist an der Talseite von einer *Karschwelle* abgeriegelt und birgt dann häufig einen *Karsee*. Karschwelle und Karboden tragen oft deutliche Spuren der glazialen Überschleifung. Im K. kann noch ein *Kargletscher* vorhanden sein, dessen Zunge mitunter auch ein wenig aus dem K. herausreicht.
Bei der Bildung der K. sind zwei Vorgänge zu unterscheiden: die abschleifende und übertiefende Tätigkeit eines Gletschers, durch die Karboden und Karschwelle geformt werden, und die Frostverwitterung, die für die Gestaltung der Karwände entscheidend ist. In der Randkluft zwischen Fels und Gletschereis sind die unteren Partien der Karwand durch die Frostverwitterung zurückversetzt und sehr steil gestaltet worden, während die oberen Wandteile meist weniger steil, aber schroffig geblieben sind. Sie bilden vermutlich den Teil

der Karumrahmung, der über die Gletscheroberfläche aufragte.
Ansatzpunkte der Karbildung sind meist bereits vorhandene Hohlformen gewesen, vor allem alte Talenden und Quelltrichter; aber auch in ungegliederten Hängen kann die Nivation flache Nischen herausarbeiten, die dann später zu K. ausgeweitet werden. Vielfach läßt die glaziale Überformung die ursprüngliche Hohlform noch mehr oder weniger deutlich erkennen. Aus alten Quelltrichtern hervorgegangene K. (*Quelltrichterkare*) zeigen z. B. oft noch abschüssigen Boden und eine mäßige Untergrabung der Rückwände, andere sind talähnlich gestreckt (*Schlauchkare*). Manche K. haben keine Rückwand, sondern laufen in eine zugerundete Paßsenke aus, die einst vom Eis durchflossen wurde (*Durchgangskar*). Gestufte Talenden weisen auf den einzelnen, durch das Eis zugeschärften Stufen *Treppenkare* auf, die zusammen eine *Kartreppe* bilden. Die oberste Stufe einer solchen Kartreppe zeigt meist eine dreiseitige Umrahmung durch Karwände, während die tieferen Stufen als Durchgangskare ohne steile Rückwand ausgebildet sind, in der Karwanne aber häufig Karseen aufweisen.
Berge, die auf allen Seiten von K. mit zurückweichenden Rückwänden angenagt werden, nehmen schließlich pyramidenförmige Gestalt an. Solche Gipfel werden *Karlinge* genannt. Häufig werden auch die zwischen benachbarten K. vorhandenen Kämme oder Grate beseitigt, vor allem in ihren zum Tal gerichteten, niedrigeren Teilen. Aus mehreren kleineren Einzelkaren entstehen dann die *Großkare*. Im weiteren Zuge der Entwicklung wachsen die Böden der einzelnen K. schließlich zu breiten, den Hang entlangziehenden *Karplatten* oder *Karterrassen* zusammen.
In Gebieten über der Schneegrenze ist die Bildung von K. auch heute noch im Gange.
Karbon, System des Paläozoikums nach dem Devon. Das K. wird unterteilt in *Unteres K.* (*Dinant*) mit den Stufen *Tournai* und *Visé* und *Oberkarbon* mit den Stufen *Namur*, *Westfal* und *Stefan*. Es ist gekennzeichnet durch eine Folge kräftiger Gebirgsbildungen. Diese erreichten ihren Höhepunkt in Europa in der Aufwölbung des variszischen Gebirgssystems, das unter anderem bestimmend wurde für die Gestaltung des Untergrundes von Mitteleuropa. In den langsam und mit Unterbrechung einsinkenden Zonen vor und zwischen den Gebirgszügen bildeten sich ausgedehnte Moore, aus denen sich Torflager und weiter unter Druck und Hitze Steinkohlenlager entwickelten, die dem K. eine wirtschaftlich außerordentlich wichtige Rolle zuweisen. Die auffällige Entfaltung der Pflanzenwelt mit zahlreichen neuen Formen wurde durch ein feuchtwarmes Klima begünstigt. Doch finden sich am Ende des K. in verschiedenen Gebieten, besonders auf der Südhalbkugel, auch Spuren einer Vereisung, die ins Perm übergreift. Auch die Tierwelt entwickelt sich bedeutend, insbesondere die Wirbeltiere. Das Kohlenflöz führende K. bezeichnet man als *produktives K.*, die flyschartig ausgebildeten Schichten des Unterkarbons in der deutschen Literatur als → Kulm.
Karbonatmethode, in der Paläoklimatologie ein Verfahren zur Bestimmung der Wassertemperaturen (paläoklimatisches Thermometer). Es beruht auf der temperaturabhängigen Verhältnis der Sauerstoffisotope ^{16}O und ^{18}O in Kalkschalen von Meerestieren. Zur massenspektroskopischen Bestimmung des Isotopenverhältnisses werden überwiegend die Schalen von Foraminiferen verwendet.
Karn, → Trias.
Karren, Schratten, Kleinform, die durch die Lösung von Gesteinen – besonders von Kalk und Gips, in geringerem Maß auch von Dolomit – an der Erdoberfläche entstehen und vor allem in Karstgebieten zu finden sind. Die *Rillenkarren* oder *Kannelierungen* bestehen aus schmalen, meist parallelen Rillen, die sich in scharfen Kanten verschneiden. Sie finden sich nur auf geneigten Platten und ragen, daß neben der Lösung das Abspülung durch das abrinnende Regenwasser eine Rolle spielt. Die *Kluftkarren* sind meist größerer Formen und gehen aus der allmählichen Erweiterung von Gesteinsklüften durch Auslaugung hervor. Sie treten daher auch auf nicht geneigten Flächen auf. Sie sind ferner oft gewunden und an ihren oberen Enden trichterförmig erweitert. Sie können mehrere Meter tief werden und sind vielfach mit abgeschwemmtem Feinerdematerial und abgestorbenen Pflanzenresten angefüllt, die das Aufkommen von Vegetation ermöglichen. Zweifellos verstärken die Produkte der Pflanzenzersetzung die Lösung des Gesteins.
K. finden sich besonders in reinen, dickbankigen Kalken. Auch gewisse Höhenlagen scheinen begünstigt zu sein, in den nördlichen Alpen z. B. das Gebiet zwischen 1800 und 2600 m. Hier finden sich oft ausgedehnte *Karrenfelder* (z. B. das Gottesackerplateau im Allgäu).
Viele Kluftkarren sind zweifellos schon vor der letzten Eiszeit entstanden, während die Rillenkarren ausschließlich junge Formen sind. Mit fortschreitender Karrenbildung werden die Grate und Rippen immer schmaler, so daß schließlich einzelne *Karrensteine* abbrechen. Dieser Vorgang wird durch die Frostverwitterung begünstigt.
Auch in nicht löslichen Gesteinen treten karrenähnliche Formen auf, die als *Pseudokarren* bezeichnet werden und auf die Abspülung sowie teilweise auch auf die Lösung des Bindemittels, z. B. bei Sandsteinen, oder die Zersetzung der Minerale zurückzuführen sind. Die Pseudokarren sind meist flacher, breiter und abgerundeter als echte K. Auch die zwischen ihnen erhalten gebliebenen Rücken sind abgerundet, es sind also keine scharfen Grate oder Rippen vorhanden.
Karriwald, ozeanischer Feuchtwald Südwestaustraliens, der den → Lorbeerwald zuzurechnen ist.
Karst [nach dem Karstgebirge an der jugoslawischen Adriaküste], Gesamtheit der durch die Wirkung von Grund- und Oberflächenwasser (→ Korrosion) in löslichen Gesteinen (hauptsächlich Kalk und Gips) entstehenden Formen.
Die *Karsterscheinungen* (Karstphänomene) umfassen charakteristische Formen an der Oberfläche, wie → Karren, → Dolinen, → geologische Orgeln, und unterirdische Formen, vor allem → Höhlen, z. T. mit Tropfsteinbildung, und → Schlotten sowie eigenartige hydrographische Erscheinungen, wie Karstgerinne (unterirdische Flußläufe), Karstquellen (→ Quelle), → Flußschwinden und periodische Karstseen. Die besonderen Bedingungen des K., in den das Wasser rasch versickert, beeinflussen auch die Pflanzenwelt, die Bodenbildung (→ Terra rossa) und die Bodenzerstörung entscheidend, so daß auch die *Karstlandschaft* insgesamt ein eigentümliches Gepräge aufweist.
Der voll ausgebildete K. findet sich im allgemeinen nur in reinen Kalkgesteinen, z. B. im jugoslawischen Karstgebirge, während im Dolomit ein an charakteristischen Formen ärmerer *Halbkarst* entsteht. Im Gips sind infolge seiner geringeren Verbreitung die Karsterscheinungen nur örtlich von Bedeutung.
Ist ein Karstgebiet entwaldet und wird seine Oberfläche infolge Abspülung der Bodenkrume hauptsächlich von bloßem Fels gebildet, so spricht man von *nacktem K.*, bei Vorhandensein einer dichteren Vegetation von *bedecktem K.* Liegt über den der

a   *b*   *c*

Entwicklung eines Karlings

Karta mira

Verkarstung ausgesetzten Gesteinen noch eine starke Verwitterungsschicht oder eine undurchlässige dünne Gesteinsschicht, so machen sich die Karsterscheinungen oberflächig nur in den Erdfällen und Flußschwinden bemerkbar. Dieser *unterirdische K.* ist z. B. am Südrand von Harz und Kyffhäuser und in der Schwäbischen Alb verbreitet.

Die in tropischen Ländern auftretende Form des K. zeigt oft mit Wald überzogene steilwandige, oben zugerundete Kalkklötze, zwischen denen sich im Niveau des Grundwassers ausgedehntere Ebenen entwickelt haben. Man spricht hier von *Turmkarst* (z. B. Südchina), der bei weiterer Auflösung in die Formen des *Kegelkarstes* übergeht. Einzelne isolierte Reste von Kalkklötzen in Karstebenen werden *hum* (*Plur.* humi) genannt. Für die Karsttürme wird oft die kubanische Bezeichnung *Mogotes* verwendet. Den Gegensatz zwischen turm- oder kegelartigen Klötzen und völlig ebenen Flächen erklärt man mit der starken chemischen Lösung des Kalkgesteins im Niveau des Grundwasserspiegels unter Mitwirkung organischer, aus der Pflanzenzersetzung stammender Säuren, während Kohlendioxid eine geringere Rolle spielt. Durch die Lösungsaktivität (Lösungsunterscheidung) im Grundwasserniveau kommt es zu *Karstebenen* oder oft buchtartig in Karstgebirge eingearbeiteten *Karstrandebenen*.

Die Karsthydrographie befaßt sich mit den Bewegungen des Wassers im K. Da die Kalkgesteine zwar klüftig, aber nicht porös oder wasserdurchlässig sind, kann sich das Wasser nur in den Klüften bewegen. Ein einheitlicher Grundwasserspiegel, hier *Karstwasserspiegel* genannt, ist nur dort vorhanden, wo die Kluftsysteme untereinander in Verbindung stehen und sich nach dem Gesetz der kommunizierenden Röhren ein gleich hoher Wasserspiegel einstellt. Die Geschwindigkeit der Wasserbewegung richtet sich nach dem Querschnitt der Klüfte. *Karstbrunnen*, durch Auslaugung des löslichen Gesteins entstandene, viele Meter tiefe Schlote, die oft durch Gesteinstrümmer ausgefüllt sind, leiten das Niederschlagswasser von der Oberfläche rasch in die Tiefe. Zum Unterschied vom oberflächig fließenden Wasser steht das Karstwasser stellenweise unter hydrostatischem Druck und kann dann auch Gegengefälle überwinden.

Durch Färben des Wassers in Karstgebieten hat man festgestellt, welche Karstgerinne unterirdisch miteinander in Verbindung stehen, welche Quellen zu den einzelnen Flußschwinden gehören und wieviel Zeit das Wasser braucht, um die unterirdischen Strecken zu durchfließen. Auch die Höhlenforschung hat Wesentliches zur Klärung der unterirdischen Höhlenflüsse beigetragen.

Karta mira – World Map, ein Weltkartenwerk im Maßstab 1 : 2,5 Mill., das von den kartographischen Diensten sieben sozialistischer Staaten (Bulgarien, ČSSR, DDR, Polen, Rumänien, UdSSR und Ungarn) in Gemeinschaftsarbeit hergestellt und herausgegeben wurde. Das Kartenwerk bildet die gesamte Erdoberfläche in Höhen- und Tiefenschichtendarstellung lückenlos und überlappungsfrei auf 224 Blättern mit etwa 82 m² Kartenfläche ab. Es ist das erste Weltkartenwerk, das nach gleichem Zeichenschlüssel, in der relativ kurzen Zeit von zwei Jahrzehnten erarbeitet, die Land- und Wasserfläche der Erde wiedergibt. Hauptinhaltselemente sind Gewässernetz, Siedlungen, Verkehrswege, politisch-administrative Grenzen sowie die Höhen- und Tiefenlinien mit Flächenkolorit. Jedes Blatt erfaßt 12° in der Breite und 18° in der Länge, mithin jeweils 9 Blatt der → Internationalen Weltkarte, dem es sich auch in der Blattbezeichnung anlehnt.

Karte, *Landkarte*, eine mittels Kartenzeichen graphisch gestaltete, durch Schrift erläuterte, maßstäblich grundrißliche Darstellung der Erdoberfläche bzw. des Geländes in seiner Gesamtheit oder in den einzelnen Geländeelementen oder anderer natürlicher oder sozialökonomischer Objekte oder Erscheinungen. K. sind damit maßstäbliche Strukturmodelle der Geosphäre. Die K. als wichtigste Form der kartographischen Darstellung unterscheidet sich von anderen Abbildungsformen der Geosphäre (→ Abbildung) durch die spezielle Anwendung der beiden Dimensionen der Ebene zur Darstellung der geographischen Länge und Breite durch die spezifische Anwendung der graphischen Ausdrucksmittel in Form der → Kartenzeichen einschließlich der Schrift, die für den Kartenbenutzer in der Legende begrifflich erläutert werden. Eine besondere Problematik der kartographischen Darstellung ist einmal die Verebnung der sphärischen Oberfläche der Erde in die Ebene, was über die → Kartennetzentwürfe realisiert wird, und zum anderen die Wiedergabe des Reliefs der Erde mittels besonderer graphischer Ausdrucksmittel, den Methoden der → Reliefdarstellung.

Nach dem Karteninhalt, dem Grad der Verkleinerung gegenüber der Natur, dem Verwendungszweck und der graphischen Ausführung unterscheidet man die großmaßstäbigen → *topographischen Karten*, die kleinmaßstäbigen → *chorographischen Karten* und die → *Themakarten*.

Nach dem im Maßstab zum Ausdruck kommenden Verkleinerungsverhältnis gegenüber der Wirklichkeit, von dem in engen Grenzen der Verallgemeinerungsgrad der K. gegenüber der Natur abhängt, lassen sich in Übereinstimmung mit den geographischen Dimensionsstufen (→ Dimension) unterscheiden: der *topometrische Maßstabsbereich* von den größten Maßstäben 1 : 500 bis etwa 1 : 5000, der *topographische Maßstabsbereich* von 1 : 5000 bis etwa 1 : 500000, der noch in topographische Detailkarten, topographische K. und topographische Übersichtskarten untergliedert werden kann, und der *chorographische Maßstabsbereich* von etwa 1 : 500000 bis in kleinste Millionenmaßstäbe, wobei sich hier ebenfalls chorographische Detailkarten, chorographische Länderkarten und chorographische Übersichtskarten unterscheiden lassen.

Nach dem Verwendungszweck können neben den zahlreichen der Allgemeinbildung bzw. der Volksbildung dienenden K. noch K. für wissenschaftliche, für staatliche (topographische K., interne thematische K. und Planungskarten) und militärische Zwecke ausgewiesen werden. Sonderformen der K. sind die *Umrißkarten*, die nur Grenzen und Gewässer enthalten, die *stummen K.*, die bei unterschiedlichem Inhalt keine Kartenbeschriftung enthalten, die *Rahmenkarten*, bei denen der Karteninhalt an einer Rahmenlinie endet, die *Inselkarten*, bei denen der Karteninhalt nur bis zur Grenze eines definierten, meist administrativen Gebietes vollständig ausgeführt ist, sowie ferner Kartenskizze und Kartenschema als nicht streng maßstäbliche K.

Eine systematische Kartenfolge wird als → Atlas, mehrblättrige K. werden als Kartenwerk bezeichnet. Weltkartenwerke sind beispielsweise die → Internationale Weltkarte und die → Karta mira – World Map.

Kartenaufnahme, die zur Herstellung von Karten erforderlichen Arbeiten im Felde, d. h. unmittelbar in der Natur, mit dem Ziel, die durch geodätische Vermessungen und Beobachtungen festgehaltenen Ergebnisse auf den Zeichenträger zu übertragen.

Die einfachste, aber auch ungenaueste Methode der K. ist die Anfertigung einer Kartenskizze, bei der keinerlei instrumentelle Hilfsmittel verwendet werden. Bei Anwendung von Bussole und Diopterlineal spricht man von einem Kroki. Wird eine Marschroute in dieser Skizzenform festgehalten, so läßt sich daraus eine Routenaufnahme (→ Itinerar) konstruieren. Genauere Aufnahmen erhält man durch Verwendung des Meßtisches und der Kippregel. Eine noch exaktere Aufnahme läßt sich mit Kartiertisch und Theodolit durchführen. Zur genauen → Höhenmessung werden neben Kippregel und Theodolit vor allem das Nivellierinstrument, auf Reisen auch das Barometer oder Siedethermometer, verwendet. Heute ist an die Stelle der klassischen Verfahren weitgehend die → Photogrammetrie getreten.

Die vom Staat durchgeführte und von ihm finanzierte planmäßige Auf-

nahme des Staatsgebietes wird als → Landesaufnahme bezeichnet.
Getrennt von der eigentlichen K. ist die nach geometrischen Methoden arbeitende Katasteraufnahme (→ Kataster), deren Ergebnisse die Unterlagen für Flurbücher, Flurpläne und Katasterpläne bilden. Diese Pläne werden nur aus den gewonenen Meßzahlen berechnet und konstruiert.

Kartenelemente, → Karteninhalt.

Kartengestaltung, Teildisziplin der Kartographie, die sich mit der speziellen Anwendung der graphischen Ausdrucksmittel und der Form kartographischer Darstellungsmethoden zur Wiedergabe des Karteninhaltes befaßt. Für jeden Karteninhalt müssen unter Anwendung und Ausnutzung der Regeln und Gesetze der Graphiklehre die graphischen Variablen so eingesetzt werden, daß eine im Hinblick auf Form und Aussagefähigkeit optimale graphische Umsetzung der darzustellenden Sachverhalte in → Kartenzeichen und Kartengefüge erreicht wird.

Karteninhalt, Gesamtheit der *Kartenelemente,* die bei den topographischen und chorographischen Karten aus den Komponenten des Geländes, wie Relief, Gewässer, Siedlungen, Verkehrswege, Grenzen, und der Bodenbedeckung gebildet werden und bei den thematischen Karten aus den Elementen der topographischen Bezugsgrundlage und den thematischen Inhaltselementen bestehen. Neben den sich aus → Kartenzeichen zusammensetzenden Inhaltselementen gehört noch zur Kartenschrift (geographische Eigennamen, Abkürzungen und Bezeichnungen) sowie der Kartennetzentwurf zum K.

Kartenmaßstab, → Maßstab.

Kartennetzentwürfe, *Kartenprojektionen, Kartennetze, Netze,* die Darstellungen des Gradnetzes der Erde in der Ebene als mathematisches Gerüst für Karten. Da eine Kugeloberfläche bzw. die Oberfläche eines Rotationsellipsoids nicht auf eine Ebene abwickelbar ist, führt jede Verebnung des Gradnetzes zu Verformungen der Gradnetzmaschen, die als *Verzerrung* bezeichnet und mit der → Indikatrix quantitativ bestimmt werden. Aus der Vielzahl der möglichen projektiven geometrischen und mathematischen Lösungen werden nach dem Zweck der Karte die Lösungen mit besonderen Eigenschaften ausgewählt, in erster Linie *flächentreue Netze,* bei denen in allen Teilen die Flächenverhältnisse gegenüber der Natur gewahrt werden, sowie *winkeltreue Netze,* bei denen die Richtungswinkel überall unverfälscht bestehen bleiben, und Netze, bei denen die Entfernungen längs bestimmter Linien streng maßstäblich abgebildet werden (*mittabstandstreu, abweitungstreu*).

Teilweise werden *vermittelnde Entwürfe* bevorzugt, die möglichst die

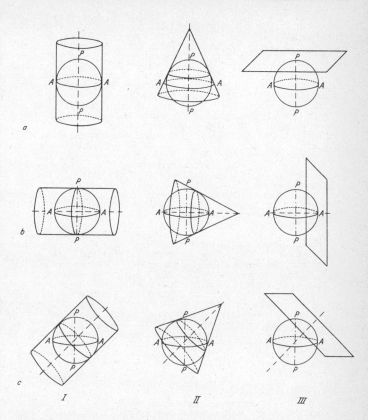

Schematische Darstellung der für Kartenprojektionen verwendeten Projektionsflächen (*I* Zylindermantel, *II* Kegelmantel, *III* Ebene) und der Lage der Kegelachse (*a* polständig, *b* äquatorständig, *c* schiefständig). *AA* Äquator, *P* Pol

Formtreue der abzubildenden Länder anstreben.

Die K. werden nach der Projektionsfläche (s. Abb.) eingeteilt in Zylinder-, Kegel- und Azimutalentwürfe (Abbildung auf eine die Kugel in einem Punkt berührende Ebene); nach der Lage der abwickelbaren Hilfsflächen unterteilt man weiter in **polständige Entwürfe** (Zylinder- und Kegelachse fallen mit der Erdachse zusammen, die Ebene berührt im Pol), **äquatorständige Entwürfe** (die Achsen liegen in der Äquatorebene, die Ebene berührt am Äquator) und **schiefständige oder transversale Entwürfe** (mit beliebiger Achsenlage zwischen Pol und Äquator oder Berührung der Ebene in einem beliebigen Punkt). Der wichtigste **Zylinderentwurf** ist der winkeltreue **Mercatorentwurf,** der die Loxodrome geradlinig abbildet. Für Erdkarten werden meist unechte Zylinderentwürfe benutzt, die das Erdbild nicht in ein Rechteck pressen, sondern eine kreisförmige oder ovale Figur ergeben, in der die Pollinie der halben Äquatorlänge entspricht. Vorteilhaft sind die Netzkombinationen und Netztransformationen längs bestimmter Richtungen, die die Eigenschaften echter Projektionen oft verbessern. Bei **Kegelentwürfen** kann der Kegel die Erdkugel entweder in einem Kleinkreis (Breitenkreis) berühren oder in zwei Kleinkreisen durchstoßen. Nach dem Abstand der Breitenkreise können flächentreue, winkeltreue oder abstandstreue sowie vermittelnde Kegelentwürfe konstruiert werden; sie eignen sich für Länderabbildungen mittlerer Breiten. Polständige **Azimutalentwürfe** werden für Karten der Polargebiete verwendet, äquatorständige für Halbkugeldarstellungen und äquatornahe Gebiete, zwischenständige für Erdteile und Großräume. Nach der Lage des Projektionszentrums werden K. nach der Zentralperspektive (gnomonische Projektion) aus dem Mittelpunkt, stereographische Projektionen aus dem Gegenpol und orthographische Projektionen mit parallelen Projektionsstrahlen (für Mondkarten) unterschieden. Der stereographische Entwurf ist winkeltreu, die gnomonische Projektion bildet die Orthodrome, d. h. alle Großkreise, als

Geraden ab. Für Atlaskarten sind flächentreue Azimutalentwürfe besonders wertvoll.
Während bei K. für chorographische Karten der Abbildung stets eine Kugel zugrunde gelegt wird, werden für topographische Karten die Netze nach den Maßen des Erdellipsoids berechnet (*geodätische Entwürfe*). Meist sind sie mit einem rechtwinkligen Gitternetz (→ Gauß-Krüger-Abbildung) ausgestattet, und das Gradnetz wird meist nur auf dem Kartenrand angerissen.

Kartennutzung, zusammenfassende Bezeichnung für alle Formen der Kartenverwendung. Die wichtigsten sind:
a) die Entnahme von Einzelinformationen, das Nachschlagen topographischer Objekte zur Bestimmung der geographischen Lage von Koordinaten, Entfernungen, Richtung und ähnlichem;
b) das Erfassen des Karteninhaltes, das *Kartenlesen*; durch Identifizierung der benutzten Kartenzeichen über ihre verbale Erklärung in der Legende läßt sich über das Einzelkartenzeichen hinaus im Rahmen des durch den Kartenmaßstab bedingten Generalisierungsgrades eine mehr oder weniger konkrete Vorstellung von abgebildeten Gelände bzw. von der territorialen Struktur des dargestellten Sachverhaltes gewinnen;
c) die *Karteninterpretation*; sie schließt die kritische Wertung des Karteninhaltes ein und ist auf die Deutung der vielfältigen indirekten Informationen, die sich aus Beziehungen und Vergleich der mittels Kartenzeichen dargestellten direkten Informationen ergeben, gerichtet, was immer geowissenschaftliche Kenntnisse voraussetzt;
d) den *Kartenvergleich*, durch den entweder – bei Verwendung Karten unterschiedlichen Alters – inzwischen eingetretene Veränderungen erkannt werden können oder – bei Benutzung Karten verschiedenen Inhaltes – den Beziehungen zwischen verschiedenen Sachverhalten in ihrer regionalen Differenzierung nachgegangen werden kann;
e) die *Kartenauswertung*, die lückenlose Durchmusterung von Karten mit unterschiedlicher Zielstellung; die primär quantitative Auswertung von Karten wird auch als → Kartometrie bezeichnet;
f) eine besondere Form ist die Benutzung der Karte als Orientierungsmittel im Gelände, insbesondere zur Bestimmung des Standortes im Gelände bzw. zur Festlegung des Kurses bei Flugzeugen und Schiffen;
g) eine weitere K. ist das Vornehmen von Eintragungen spezieller Sachverhalte in eine Karte (Kartierung) bzw. umgekehrt die Übertragung bestimmter Angaben von der Karte in die Wirklichkeit (Abstecken).

Kartenprojektionen, → Kartennetzentwürfe.

Kartenrelief, eine Karte mit erhabenem Relief. Sie wird durch nachträgliches Tiefziehen oder Prägen eines mit einem farbigen Kartenbild bedruckten Druckträgers (Papier oder Plastfolie) mechanisch hergestellt. Als Grundlage wird mit Hilfe der Höhenlinie ein Stufenrelief aus einem Gipsblock herausgefräst, das grundrißgetreu, aber meist überhöht ist. Nach dem geglätteten Stufenrelief wird die Prägeform hergestellt.

Kartentechnik, *kartographische Technik*, die Gesamtheit der technischen Verfahren für die Herstellung und Vervielfältigung von Karten einschließlich der Laufendhaltung (durch Berichtigungen, Nachträge und redaktionelle Änderungen auf den neuesten Stand bringen) der Originale. Nach Vorlagen und Entwürfen werden zunächst die den Grundriß bildenden Strichelemente gezeichnet bzw. in Schichtgravur auf Plastfolie ausgeführt. Danach stellt man für die flächenhaften Elemente durch Zeichnung oder im Abziehverfahren Decker her und montiert Signaturen und Schrift. Die Schriftherstellung erfolgt meist im Photosatz. Anschließend können mittels Kopie die Flächen gerastert und die in einer Farbe (Druckgang) zu druckenden Elemente zusammenkopiert werden. Dieser Foliensatz bildet die *Herausgeberoriginale*. Nach der Druckplattenkopie erfolgt der Kartendruck meist im Flachdruckverfahren (Offsetdruck), seltener im Tief-, Buch-, Licht- oder Durchdruck.

kartenverwandte Darstellungen, zusammenfassende Bezeichnung für Abbildungsformen der geographischen Wirklichkeit, die in mindestens einer Komponente das die kartographische Darstellung kennzeichnende grundrißliche Lageprinzip nutzen. In diesem Sinne sind → Profile als Vertikalschnitte längs einer grundrißlich fixierten Linie, → Panoramen als Rundsichten um einen Punkt und alle perspektivischen Zeichnungen von Geländeausschnitten, wie → Blockdiagramm, → Vogelschaubild und -karte sowie die → Luftbilder und Satellitenbilder ebenso wie das → Anaglyphenverfahren zu den k. D. zu rechnen.

Kartenzeichen, graphische Bauelemente, aus denen sich der Karteninhalt zusammensetzt. Sie bilden in ihrer Gesamtheit den Zeichenvorrat der Kartensprache. K. für in den Kartenmaßstab punktförmige und damit nicht grundrißlich darstellbare Objekte werden als → *Signatur* (Positionssignatur) bezeichnet. Lineare Objekte und Erscheinungen werden mit K. dargestellt, die in der Form (ausgezogene Linie, gerissene Linie, Doppellinie u. a.) festgelegt und in der Längserstreckung grundrißlich angeordnet sind und zusammenfassend als *Objektlinien* oder *Linearsignaturen* bezeichnet werden. Flächenhafte Objekte und Erscheinungen werden entweder linear mittels Kontur oder mit *Flächenkartenzeichen* dargestellt, bei denen lediglich die Flächenfüllung (Farbton, Schraffur, Flächenmuster) festgelegt ist, die Form aber individuell, dem jeweiligen Grundriß entsprechend, gestaltet ist. Die Bedeutung der K. wird in der als Legende bezeichneten Zeichenerklärung begrifflich festgelegt und damit erläutert.

Kartiergerät, im weiteren Sinne Bezeichnung für alle Instrumente, die zum Auftragen von gemessenen oder berechneten Werten, Winkeln oder Linien in ein Koordinatennetz bzw. Kartennetz dienen, wie Anlegemaßstab, Transversalmaßstab und Zirkel, Kurvenlineal und Winkelmesser; im engeren Sinne der Koordinatograph bzw. die Koordinatenzeichengeräte an photogrammetrischen Auswertegeräten und neuerdings die über EDVA gesteuerten elektronischen Zeichenautomaten (Kartierautomat).

Kartogramm, eine Form der kartographischen Darstellung, die graphische Veranschaulichung statistischer Werte, die sich auf territoriale Einheiten beziehen, auf einer meist stark vereinfachten Kartengrundlage. Man kann verschiedene Grundtypen von K. unterscheiden:
1) Auf dem *Punktkartogramm* werden die Werte durch verschiedene Mengen gleich großer Punkte dargestellt. Dabei verkörpert ein Punkt eine bestimmte Mengeneinheit, und die einzelnen Punkte werden entweder am richtigen Standort (Standortkartogramm) oder innerhalb einer Bezugsfläche (z. B. Verwaltungsbezirk) beliebig oder in symmetrischer Anordnung eingezeichnet. Bei gleichzeitiger Darstellung verschiedener Objekte werden diese durch punkthafte Signaturen oder verschiedenfarbige Punkte unterschieden, wie überhaupt der Punkt oft ein Symbol verwandelt wird.
2) Auf dem *Flächenkartogramm* werden die verschieden großen Werte durch verschieden große flächenhafte Signaturen wiedergegeben, z. B. durch Kreise, Quadrate, Rechtecke und Kreisringe. Hier entspricht eine bestimmte Fläche einer bestimmten Mengeneinheit, z. B. 1 mm² entspricht 100 Einwohnern, wiederum entweder am richtigen Standort (Einwohnerzahlen von Orten in einer proportionalen Kreisfläche auf der Ortslage) oder innerhalb einer bestimmten, dem Wert entsprechenden Fläche in willkürlicher Lage.
3) Auf dem *Körperkartogramm* werden für Mengendarstellungen (Förder- und Produktionszahlen, Ein- und Ausfuhr u. a.) Symbole (schattierte Kreise für Kugeln, perspektivische Würfelzeichnungen, auch Kisten, Fässer u. a.) benutzt. Es wird aber auch bei großen Skalenbreiten der darzustellenden Werte verwendet, weil die Größe der Signaturen in der dritten Dimen-

sion viel langsamer wächst als in flächenhafter oder linearer Darstellung.

4) Das *Diakartogramm* oder *Kartodiagramm* ist eine Anordnung von Diagrammen in Raumlage, meist in Sektoren unterteilte Kreisflächen oder in Streifen unterteilte Quadrate oder Säulen und Kurvenschaubilder (Klimadiagramm). Es wird häufig angewendet bei der Darstellung der räumlichen Verteilung eines in sich aufgegliederten Sachverhalts (Anteile der verschiedenen Anbauflächen an der Gesamtfläche, Berufsgruppen u. a.).

5) Beim *Markierungskartogramm* erfolgt die Relativdarstellung meist in einer Helldunkelskala, in der die Bezugsflächen einheitlich angelegt werden (Bevölkerungsdichte, Prozentanteil des Waldes an der Gesamtfläche).

6) Das *Bandkartogramm* wird vor allem für Verkehrsleistungen verwendet, die durch verschieden gestaltete Bänder dargestellt werden, wobei man die Breite als Maß für die Intensität benutzt.

Kartogrammethode, → Darstellungsmethode.

Kartographie, mit Blick auf die technischen Aspekte die Wissenschaft und Technik der Herstellung kartographischer Darstellungen und die Methoden ihrer Nutzung; mit Blick auf die Karte als einer speziellen Abbildungsform der geographischen Wirklichkeit definiert Salistschew Gegenstand und Methode der K. als „die Wissenschaft von der Abbildung (Darstellung) und Erforschung der räumlichen Verteilung und der Wechselbeziehungen der Erscheinungen in Natur und Gesellschaft und ihrer Veränderungen in der Zeit, mittels kartographischer Darstellungen, die die eine oder andere Seite der Wirklichkeit wiedergeben." Diese Definition schließt Karten anderer Himmelskörper, aber auch Globen, Kartenreliefs und andere räumliche graphische Modelle, die → kartenverwandten Darstellungen, mit ein. Der Begriff K. wird aber nicht nur für eine Wissenschaft gebraucht, sondern auch für die praktische kartographische Tätigkeit und für ihre Produkte, z. B. im Sinne von Staatlicher Kartographie als Teil des → Vermessungswesens.

Als kartographische Teildisziplinen lassen sich ausweisen:
1) die theoretischen Grundlagen der K., zu denen das Studium von Gegenstand und Methode der K., das Wesen der kartographischen Darstellungen und die Theorie der kartographischen Ausdrucksformen zu rechnen sind. Ferner gehören dazu die Theorie der Kartennetzentwürfe, der Generalisierung und der graphischen Ausdrucksformen in Form der kartographischen Darstellungsmethoden (→ Kartengestaltung) sowie die Kartenklassifikation und die Kartenanalyse;

2) die Geschichte der K. als Wissenschaft und die Geschichte der kartographischen Erzeugnisse in ihrer Einbettung in die konkrete geschichtliche Situation und in ihrer Bedeutung als kulturelle Werke;

3) die kartographische Quellenkunde, die neben der Sichtung und Wertung des kartographischen Ausgangsmaterials auch die Fragen der Theorie geowissenschaftlicher Informationen beinhaltet;

4) die Theorie der Technologie, der Projektierung und Herstellung von Karten in Abhängigkeit von ihrer Zweckbestimmung;

5) die Theorie und Methode der → Kartennutzung.

Bedingt durch die auffälligen Unterschiede in der Anwendung der kartographischen Methode lassen sich als relativ selbständige Teilgebiete der K. – in Übereinstimmung mit den Hauptkartengruppen – auch topographische K., geographische K. bzw. Atlaskartographie sowie thematische K. unterscheiden, wobei letztere oft noch weiter unterteilt wird, indem beispielsweise von Planungskartographie und Stadtkartographie gesprochen wird. Nutzerorientiert wird auch von Schulkartographie, Verlagskartographie und Staatlicher K. gesprochen.

Traditionell werden Geodäsie und Geographie als Nachbarwissenschaften der K. angesehen. Die Verbindung zur Geodäsie bzw. Photogrammetrie ist dabei allerdings nur im Hinblick auf die topographische K. gegeben; die Verbindung zur Geographie gilt insbesondere mit Blick auf die thematische K. Sie gilt im gleichen Maße heute für alle Fachwissenschaften, deren Untersuchungsobjekte eine territoriale Struktur aufweist, d. h. nicht nur für die Geowissenschaften, sondern auch für Geschichte, die Kulturwissenschaften und andere Gesellschaftswissenschaften. Die Herstellung thematischer Karten muß dabei primär in den Händen der jeweiligen Fachinstitutionen liegen. Die K. erschließt mit ihrer theoretischen Forschung eine universell anwendbare Methode für die Widerspiegelung regionaler Erkenntnisse in graphischer Form. In diesem Sinne kann die K. als Teilgebiet einer umfassenden allgemeinen Graphiklehre im Sinne der Anwendung des graphischen Systems (der graphischen Semiologie nach Bertin) aufgefaßt werden.

Kartographieren, das Eintragen von Objekten und Erscheinungen mittels Kartenzeichen in eine Kartengrundlage nach statistischen Übersichten, Tabellen, Verzeichnissen und anderen verbalen Quellen.

kartographische Darstellung, Oberbegriff für alle Arten kartographischer Ausdrucksformen als einer spezifischen Abbildungsform der geographischen Wirklichkeit. Neben der echten → *Karte,* die einen dem Maßstab und dem Verwendungszweck entsprechenden Feinheits- und Vollständigkeitsgrad sowie eine durch das Kartennetz (Gitternetz oder Gradnetz) festgelegte Lagetreue aller Inhaltselemente aufweisen muß, werden noch die einfacher gehaltene *Kartenskizze* und das vergröberte, schematisierte *Kartenschema* unterschieden. → Kartogramme als statistische Karten fußen auf statistischen Werten, die sich auf administrative oder schematisch begrenzte Flächen beziehen. Weiterhin gehören noch → Bildkarte und → Pläne sowie die zu den → kartenverwandten Darstellungen überleitenden perspektivischen Vogelschaukarten und die im Grundriß nach einem Wertmaßstab entworfenen Kartenanamorphosen zu den k. D. Sonderformen der → Aufnahmekarten sind schließlich → Kroki und → Itinerar.

kartographische Methode, eine noch entwicklungsfähige Methode in der geographischen Forschung, die beim Vergleich besonders die Flächenübereinstimmung (Kongruenz und Inkongruenz) sichtbar werden läßt. Sie bedient sich des Vergleichs von Arealen (Kongruenz und Inkongruenz der Inhalte nach Qualität und Quantität sowie nach ihrer Verflechtung), um Beziehungen daraus abzuleiten. Durch Abstraktion lassen sich kartographische Abbilder in *Graphen* umwandeln, die der mathematischen Behandlung mit Hilfe der Graphentheorie zugänglich sind. Eine bekannte k. M. ist die *Grenzgürtelmethode,* die aus der Scharung von Grenzlinien einzelner Geofaktoren Kerngebiete, Rand- und Übergangssäume und Grenzlinien ableitet.

kartographische Technik, svw. Kartentechnik.

Kartometrie, das Messen und Bestimmen von quantitativen Werten auf Karten. Größe und Ausdehnung vieler Objekte der Erdoberfläche (Flüsse, Seen, Inseln, Staaten u. a.) können nicht unmittelbar in der Natur, sondern nur auf Karten ermittelt werden. Streckenmessungen werden mit dem → Kurvenmesser oder dem Stechzirkel vorgenommen, Flächenmessungen mit dem → Planimeter, einem aufgelegten Quadratnetz oder bei gradlinig begrenzten Flurstücken durch Berechnung nach Koordinaten. Diese werden mit dem Planzeiger (→ Gitternetz) bestimmt. Die Meßergebnisse werden durch Generalisierung und auf kleinmaßstäbigen Karten durch Verzerrungen der Kartennetze verfälscht.

Die Reliefeigenschaften werden nach den Höhenlinien (→ Reliefdarstellung) bestimmt (Hangneigung, Rauminhalt, Höhenunterschiede).

katabatische Winde, Bezeichnung für Fallwinde, insbesondere für die flachen, sehr kalten Luftmassen, die vom Rande des Inlandeises mit Sturmstärke herabstürzen. Die k. W. beruhen auf der Schwere der überaus

Katarakt

kalten Luftmassen der bodennahen Schicht; sie sind nicht sehr mächtig und zeigen keinerlei Beziehungen zum Druckfeld.
Katarakt, svw. Stromschnelle.
Katarchaikum, → Archaikum.
Kataster *m* oder *n*, ein Verzeichnis der Grundstücke eines Verwaltungsbezirkes (Gemeinde, Kreis) mit möglichst genauen Angaben über Lage, Größe, Verwendung, Wert und Eigentümer. Es dient als Grundlage für das Grundbuch. Die K. werden von den Katasterämtern bzw. Liegenschaftsdiensten geführt, von denen auch die Vermessung der Grundstücke, die *Katasteraufnahme,* durchgeführt wird. Die Ergebnisse werden in *Katasterkarten (Flurpläne, Flurkarten)* festgehalten. Sie variieren im Maßstab zwischen 1 : 500 und 1 : 5000.
Katathermometer, ein bioklimatisches Meßgerät zur Ermittlung der Abkühlungsgröße. Es besteht aus einem trägen Thermometer mit einem großen Flüssigkeitszylinder, dessen Wärmekapazität und Oberfläche bekannt sind. Die Kapillare des Thermometers trägt zwei Marken, bei 35 und 38 °C. Es wird die Zeit beobachtet, in der sich das vorher in einem Wasserbad erwärmte K. von 38 auf 35 °C abkühlt.
Katavothre, svw. Flußschwinde.
Kausalprofil, durch thematische Eintragungen zur Verdeutlichung ursächlicher Zusammenhänge ergänztes Geländeprofil; hauptsächlich signaturmäßige Eintragungen über oder auf der Profillinie zu Böden, Wasserhaushalt, Vegetation und gegebenenfalls Geländeklima, vielfach auch zu Nutzungsformen.
Kavitation, Abplatzen von Gesteinsteilen durch Sog. K. kann in Wasserfällen und Stromschnellen wirksam werden.
Kawir, → Salztonebenen.
Kehrsalz, → Steinsalz.
Kelvinskale, nach dem britischen Physiker W. Thomson und späteren Lord Kelvin benannte, auf den absoluten Nullpunkt (0 °K ≙ $-273{,}15$ °C) bezogene absolute Temperaturskale. 0 °C ≙ 273,15 °K.
Kentern, → Gezeiten.
Keplersche Gesetze, nach ihrem Entdecker, dem Astronomen Johannes Kepler, benannte Gesetze über die Bewegung der Planeten. Sie lauten wie folgt: 1) Die Planeten bewegen sich auf Ellipsen, in deren einem Brennpunkt die Sonne steht. 2) Die Verbindungslinie zwischen dem Mittelpunkt der Sonne und dem des Planeten überstreicht in gleichen Zeiten gleich große Flächen, deshalb bewegt sich ein Planet im sonnennäheren Teil seiner Bahn schneller als in größerer Entfernung von der Sonne. 3) Die Quadrate der Umlaufzeiten der Planeten verhalten sich wie die Kuben ihrer mittleren Entfernungen von der Sonne. → Weltbild.
Kernsprünge, radial verlaufende Fugen oder Klüfte in einem Gestein, entstanden durch Insolationsverwitterung (→ Verwitterung). K. sind vor allem in der Wüste zu beobachten, wo haushohe Gesteinsblöcke bis auf den Kern in einzelne Teile gespalten worden sind.

Kernsprünge

Kessel, → Becken.
Kesselfeld, durch zahlreiche kleine, z. T. seenerfüllte Hohlformen gekennzeichneter unruhiger Teil eines glazialen Aufschüttungsgebietes, vor allem des Sanders. Die Hohlformen sind durch das Abtauen umschotterter Toteiskörper entstanden. Es ähnelt häufig den Kamesgebieten (→ Kames).
Keuper [nach der Bezeichnung des Buntmergelsandsteins in der Gegend von Coburg], jüngste Abteilung bzw. Epoche der Trias. Der K. besteht im außeralpinen Europa überwiegend aus wenig widerständigen, oft bunt gefärbten Mergeln. Im Süden der BRD sind mehrfach Sandsteine eingelagert, die Stufen bilden, z. B. in der Frankenhöhe, im Steigerwald und Neckarbergland. Die unterste Stufe des K. wird als *Lettenkohlenkeuper* oder *Lettenkohle* bezeichnet. Sie bildet im Rückland der Muschelkalkstufe oft mit Löß überdeckte, weite, fruchtbare Ackerbaugebiete, die im fränkisch-schwäbischen Stufenland als *Gäue* bezeichnet werden (Strohgäu, Zabergäu, Enzgäu, Oberes Gäu). Die Keupersandsteine dagegen bilden bewaldete Bergländer. Der obere K. wird auch als *Rät* bezeichnet. (Vgl. die Tab. am Schluß des Buches.)
Kewir, → Salztonebenen.
Khamsin, → Sandsturm.
Kies, durch Transport überwiegend gerundetes Lockersediment, dessen Korngröße 2 bis 60 mm beträgt. K. und Grus werden als Grand bezeichnet und bilden die feinste Fraktion des Grobbodens. → Bodenart.
Kieselgur, svw. Diatomeenerde.
Kieselsäure-Sesquioxid-Verhältnis, SiO_2/R_2O_3-*Verhältnis,* ein Verwitterungsindex, der eine relative Aussage über den Grad der chemischen Verwitterung macht. Dabei steht R_2O_3 für die Sesquioxide, und zwar für Aluminium(sesqui)oxid Al_2O_3 und Eisen(sesqui)oxid Fe_2O_3. Der Index versagt, wenn einzelne der genannten Verbindungen innerhalb des Bodenprofils der Verlagerung (Eluvation, Illuvation) unterliegen. Gegenwärtig bedient man sich zur Ermittlung des Verwitterungsgrades zunehmend mineralogischer Methoden, diese sind jedoch auf heterogenen Sedimenten meist nicht anwendbar.
Kieselschiefer, dichtes, hartes, graues bis schwarzes Gestein, hauptsächlich ein Gemenge von Quarz und Chalzedon, das im Erdaltertum (Obersilur, Unterkarbon) durch Verfestigung von Radiolarienschlamm entstanden ist. K. kommt stellenweise in unseren Mittelgebirgen vor (Harz, Vogtland) und findet als Schotter Verwendung. Durch kohlige Substanzen schwarz gefärbter K., der *Lydit,* wird als Probierstein für den Strich von Gold- und Silberlegierungen gebraucht.
Kimm, → Horizont.
Kimmeridge, → Jura, Tab.
Kippregel, ein Feldmeßgerät, das in Verbindung mit dem Meßtisch zur Festlegung von Visierstrahlen sowie zur Geländevermessung nach Lage und Höhe dient. Die K. besteht aus einem in senkrechter Ebene um eine waagerechte Achse drehbaren (kippbaren) Fernrohr, das mit einem Lineal, der Regel, so verbunden ist, daß dessen Ziehkante mit der durch das Fadenkreuz gekennzeichneten Visierlinie des Fernrohrs parallel läuft. Ein Teilkreis gestattet das Ablesen der Neigung der Ziellinie gegenüber der Horizontalen.
Klause, *Kluse, Klus,* enger Taldurchbruch durch eine Antiklinale, besonders typisch im Schweizer Jura; bisweilen auch ganz allgemein für Engtalstrecken gebraucht.
Kleinklima, svw. Mikroklima.
Klima, der allgemeine Charakter des täglichen oder jährlichen Ablaufs der meteorologischen Erscheinungen eines Ortes oder eines Gebiets, wie er sich für einen längeren Zeitraum als Durchschnitt ergibt, im Unterschied zum Wetter - dem Zustand der Atmosphäre zu einem bestimmten Zeitpunkt - und zur Witterung als der typischen Abfolge der meteorologischen Erscheinungen in einem Gebiet ohne Bezug auf eine bestimmte Zeit. Der sowjetische Klimatologe Alissow definiert (1940): „Das K. ist der gesetzmäßige und folgerichtige Ablauf der meteorologischen Prozesse, der durch einen Komplex geographischer Bedingungen bestimmt wird und in dem vieljährigen Witterungsablauf an dem gegebenen Ort zum Ausdruck kommt", und Creutzburg definiert (1950): „K. ist die in ähnlicher Form jedes Jahr wiederkehrende und dem Sinne nach bleibende, charakteristische Abfolge von typischen Witterungszuständen, die entweder regelmäßig als Periode oder auch unperiodisch als Episode miteinander wechseln."
Die Wissenschaft, die sich mit der Erforschung des K. beschäftigt, ist die → Klimatologie.
Das K. wird in erster Linie bestimmt durch die verschiedenen → *Klimaelemente,* die alle mehr oder weniger

exakt meßbar sind. Neben diesen Klimaelementen wirken noch die durch die geographischen Tatsachen bestimmten *Klimafaktoren* mit, also die geographische Breite und die Höhenlage, die ungleichmäßige Verteilung von Land und Meer, die Exposition, die Bodenbeschaffenheit, die Vegetation u. a. Zweifellos spielen auch kosmische Einflüsse für die Ausbildung des K. auf der Erde eine Rolle. So sind Wechselbeziehungen zwischen dem K. und der Sonnenaktivität sehr wahrscheinlich vorhanden, aber noch nicht endgültig bewiesen. Ob die Planeten und kosmischen Staubmassen auf das K. der Erde einwirken, ist ebenfalls noch nicht erwiesen. Der Mond ist sicher ohne Einwirkung, denn weder seine Strahlung noch seine Anziehungskraft sind groß genug, um in der irdischen Atmosphäre spürbare Veränderungen hervorzurufen.

Auf einer völlig homogenen Erdkugel würden die Klimaelemente allein eine ganz gleichmäßige Anordnung in *mathematische (solare)* → *Klimazonen* hervorrufen.

Das wirkliche, *physische K.* zeigt jedoch gegenüber dieser mathematischen Anordnung starke Abweichungen, denn durch das räumlich und zeitlich verschiedene Zusammenwirken von Klimaelementen und Klimafaktoren bilden sich mannigfache *Klimatypen* aus; ihre regionale Verbreitung über die Erdoberfläche ergibt die *wirklichen Klimazonen*, die sich jeweils wieder in *Klimaprovinzen* untergliedern lassen; diese sind häufig durch *Klimascheiden* – meist langgestreckte Gebirgszüge – voneinander getrennt.

Klimabeobachtungen. Klimabeobachtungen werden an *Klimastationen* durchgeführt, die über das Gebiet der einzelnen Länder verstreut sind und das *Klimanetz* des betreffenden Landes bilden. Zur Messung der einzelnen Klimaelemente dienen zahlreiche Klimameßinstrumente. Der Luftdruck z. B. wird mit Barometer und Barograph, der Niederschlag mit dem Niederschlagsmesser, die Luftfeuchtigkeit mit dem Aspirationspsychrometer und dem Hygrometer, die Temperatur mit dem Thermometer und Thermographen, die Strahlung mit dem Schwarzkugelthermometer, dem Aktinometer und dem Sonnenscheinautographen, die Verdunstung mit dem Lysimeter und Evaporimeter, der Wind mit dem Anemometer und dem Windschreiber gemessen. Für spezielle Zwecke, besonders bei mikroklimatischen Beobachtungen, werden bisweilen noch Frigorimeter und Katathermometer zur Bestimmung der Abkühlungsgröße, Taumeßgeräte, Erdbodenthermometer, Geräte zum Zählen der Kondensationskerne in der Luft (Kernzähler) u. a. verwendet.

Die Instrumente werden zum großen Teil in einer aus Holz hergestellten Instrumentenhütte mit Jalousiewänden untergebracht, damit sie gegen direkte Strahlen geschützt sind. Um bei makroklimatischen Beobachtungen den Einfluß der bodennahen Luftschicht auszuschalten, liegt die Hütte in 2 m Höhe über dem Erdboden.

Je nach der Ausstattung mit Instrumenten unterscheidet man Klimastationen I. bis III. Ordnung. Stationen I. Ordnung messen sämtliche Klimaelemente mit Registrierinstrumenten, Stationen II. Ordnung nur einen Teil der Klimaelemente, Stationen III. Ordnung sind nur Niederschlagsmeßstellen und phänologische Stellen. Für die Klimabeobachtungen und ihre Auswertung gelten feste, einheitliche Richtlinien. Damit die Werte verschiedener Stationen miteinander verglichen werden können, muß das Beobachtungsmaterial homogenisiert werden, d. h., es sind fehlende Beobachtungen durch Vergleich mit Nachbarstationen zu ergänzen und offensichtlich falsche Werte auszuscheiden. Ferner ist darauf zu achten, daß die zum Vergleich herangezogenen Stationen gleichartige Instrumente gebrauchen und diese in gleicher Weise aufgestellt sind. Außerdem sind in vielen Fällen örtliche Besonderheiten – Höhen- und Breitenlage u. a. – zu berücksichtigen. Die beobachteten Werte müssen also z. T. auf Normalhöhe und Normalschwere reduziert werden. Durch die Reduktion werden allerdings oft gerade die geographisch wichtigen Unterschiede ausgeschaltet; je nach dem Zweck, für den die Klimawerte benötigt werden, ist daher zu entscheiden, ob wahre oder reduzierte Werte verwendet werden. Diese können dann auf *Klimakarten* und durch *Klimadiagramme* veranschaulicht oder in *Klimajahrbüchern* veröffentlicht werden, wobei international vereinbarte *Klimasymbole* verwendet werden.

In der Klimatologie werden insbesondere bei Erforschung des Großklimas in erheblichem Umfange Mittelwerte benutzt, d. h. solche, die den Durchschnitt der während eines mehr oder weniger langen Zeitraums beobachteten Werte bilden. Es ist hierbei zu beachten, daß die Mittelwerte repräsentativ bleiben; das ist z. B. nicht der Fall, wenn kürzere Jahresreihen mit einer Anzahl anomaler Jahre vorliegen. Bei zu langen Reihen wiederum können eingetretene kleine Klimaänderungen durch die Mittelbildung verwischt werden. Als langjähriges Mittel hat man eine → Normalperiode zugrunde gelegt, die den Zeitraum zwischen 1901 und 1950 umfaßt. Besonders schwierig ist die Bildung von Temperaturmitteln. Die Klimastationen der DDR errechnen wie die der Sowjetunion z. B. die Tagesmittel (in °C) aus den vier Ablesungen um 1^h, 7^h, 13^h und 19^h, deren Summe durch vier dividiert ist. In anderen Ländern, besonders auf Stationen, die nachts nicht besetzt sind, addiert man die Werte der um 7^h und 14^h sowie den doppelten Wert der um 21^h vorgenommenen Ablesung, dividiert die Summe durch vier und erhält so gleichfalls das Tagesmittel.

Die Mittelwerte können für verschiedene Zeiträume berechnet werden. Man unterscheidet: Pentadenmittel (aus den Werten von fünf aufeinanderfolgenden Tagen berechnet), Dekadenmittel (für 10 Tage), Monatsmittel, Jahreszeitenmittel (für 3 Monate), Jahresmittel und Lustrummittel (für 5 Jahre). Gelegentlich werden auch Mittel für bestimmte Gebiete gebildet, z. B. für Eingradfelder.

Ein Schema für die Angabe charakteristischer Klimadaten für einen bestimmten Ort in möglichst kurzer Form ist das Klimogramm nach F. Hellmann.

Die auf der Erde bisher gemessenen Extremwerte von Klimaelementen werden als *klimatologische Höchstwerte* bezeichnet:

Temperatur. Maximum: $+59$ °C im Tal des Todes (Kalifornien), $+70$ °C in Nordostäthiopien; → Wärmepole. Minimum: $-77{,}8$ °C in Oimjakon (Ostsibirien), $-88{,}3$ °C auf Station Wostok (Antarktika); → Kältepole.

Niederschlag. Maximum: 22090 mm/Jahr in Tscherrapundschi (östliches Vorderindien); größte jemals an einem Tag gemessene Regenmenge: 1168 mm in Baguio (Philippinen). Minimum: Wüsten des Passatgürtels und Küstenwüsten; in Pirados (Nordchile) regnete es 1936 nach 91 Jahren das erste Mal wieder; Jahresmittel in Arica (Chile): 0,1 mm.

Luftdruck. Maximum: 1077 mbar (reduziert) am 23. 1. 1900 in Barnaul am oberen Ob (Mittelsibirien). Minimum: 912 mbar am 21. 9. 1934 in einem Taifun vor der japanischen Küste.

Dampfdruck. Maximum: 30 mbar im tropischen Südamerika und Afrika. Minimum: 0,13 mbar im Winter in Ostsibirien.

Da mit Mittelwerten der geographische Klimacharakter nicht ausreichend erfaßt werden kann, wird der regelhafte Wechsel der Witterungsperioden in die klimatologische Betrachtung einbezogen (*Witterungsklimatologie*). Klimaklassifikationen. Das K. kann man nach verschiedenen Gesichtspunkten gliedern. So ist nach dem starken Einfluß des Wechsels von Land und Meer auf die Erdoberfläche eine Einteilung in → Seeklima und → Kontinentalklima möglich. Nach der Größenordnung der jeweils untersuchten Gebiete ist eine Unterteilung vorzunehmen in → Makroklima, das K. im eigentlichen Sinne, und → Mikroklima. Eine Zwischenstellung nimmt das Mesoklima ein, bei dem ein etwas größeres Gebiet als beim Mikroklima erfaßt wird, z. B. ein Tal, ein Wald, ein Küstenstreifen u. a. Bei der Erforschung des Mesoklimas werden sowohl makro- als auch mikroklimatische Beobachtungsmethoden angewendet. Dem Meso-

klima entspricht somit der Begriff → Geländeklima und Lokalklima, zu dem auch das → Stadtklima zu rechnen ist. Werden die mikroklimatischen Verhältnisse innerhalb eines bestimmten Pflanzenbestandes, z. B. Getreide, Wald (→ Waldklima), untersucht, spricht man von → Bestandsklima.
Die Berücksichtigung des unterschiedlichen Reliefs der Erdoberfläche führt zu einer Ausscheidung des → Höhenklimas und des → Gebirgsklimas, die gegenüber dem im Tiefland herrschenden K. erhebliche Unterschiede aufweisen.
A. Penck hat zur Klimaklassifikation die Niederschlags- und Abflußverhältnisse, besonders das Verhältnis zwischen Niederschlag und Verdunstung, herangezogen. Er unterscheidet danach zwischen einem ariden K. (→ arid), einem humiden K. (→ humid) und einem nivalen K. (→ nival).
Auch aufgrund der physiologischen Wirkung des K. auf den Menschen läßt sich eine Gliederung vornehmen. So unterscheidet man zwischen Reizklima mit häufigen heftigen Winden und plötzlichen Temperaturstürzen und Schonungsklima mit gleichmäßigem Temperaturgang und mäßiger Luftbewegung, wie es im Flachland meist zu beobachten ist.
Im Unterschied zum *Tageszeitenklima*, bei dem die Tagesschwankungen der Temperatur stärker sind als die jahreszeitlichen Schwankungen (z. B. in äquatorialen Gebieten), hat das *Jahreszeitenklima* (z. B. in den gemäßigten Breiten) erhebliche jährliche Schwankungen zu verzeichnen.
Das K. der Gebiete, das das ganze Jahr über in einer bestimmten Windzone und damit unter dem Einfluß bestimmter Luftmassen stehen, bezeichnet man als *stetiges K.* Dem steht das *Wechselklima* gegenüber, das in solchen Gebieten der Erde herrscht, die mit der Verschiebung des planetarischen Windsystems im Wechsel der Jahreszeiten unter den Einfluß verschiedenartiger Windzonen und Luftmassen geraten; die Zonen mit Wechselklima (z. B. das Gebiet des Europäischen Mittelmeers) schieben sich also zwischen die Zonen mit stetigem Klima.
Ein K., dessen Temperatur häufig um den Nullpunkt herum schwankt, wird als → Frostwechselklima bezeichnet.
Im Laufe der Erdgeschichte hat sich das K. auf der Erde wiederholt grundlegend verändert (→ Klimaänderungen). Periodische Änderungen von mehr oder weniger langer Dauer bezeichnet man als → Klimaschwankungen.

Klimaänderungen, der Wechsel des mittleren Ablaufs der Witterungserscheinungen im Laufe der Erdgeschichte. Im Unterschied zu den Klimaschwankungen gelten K. für geologische Zeiträume. Sie lassen sich aus der Art der Ablagerungen, vor allem aber aus den fossilen Resten der jeweiligen Pflanzen- und Tierwelt erkennen. Ihre Ursachen sind noch nicht restlos geklärt. Man muß zwischen regionalen und weltweiten K. unterscheiden. Die regionalen K. hängen häufig mit den auf geologische Prozesse zurückgehenden Veränderungen in der Verteilung von Land und Meer auf der Erdoberfläche und mit Veränderungen in der atmosphärischen Zirkulation zusammen. Die weltweite K. hingegen dürften vielfach durch kosmische Einflüsse verursacht sein. Ein gewisser zeitlicher Zusammenhang zwischen Gebirgsbildung, starkem Vulkanismus und nachfolgender Kaltzeit deutet darauf hin, daß der Rhythmus der Gebirgsbildungszyklen (→ Zyklentheorie) einen Einfluß auf die K. hatte.
K. sind schon für die frühesten Epochen der Erdgeschichte nachweisbar; so deuten die kambrischen Tillite auf Eiszeiten hin. Von einer stetigen Abkühlung der Erde, die früher oft angenommen wurde, kann also nicht gesprochen werden. Die letzte große K. waren die Kaltzeiten des Pleistozäns, die zu ausgedehnter Vergletscherung der polnahen Gebiete und der höheren Gebirge führten.
Eine allgemeine K. ist für die historische Zeit, d. h. für die letzten 2 000 Jahre, oft behauptet, aber nicht bewiesen worden. Örtliche Veränderungen des Lokalklimas und des Mikroklimas infolge der Eingriffe des Menschen in die Pflanzenwelt und in den Wasserhaushalt sind allerdings vielfach festzustellen.

Klimaelemente, *Wetterelemente*, meßbare meteorologische Erscheinungen in der Atmosphäre, die im Zusammenwirken mit den einzelnen Klimafaktoren das Klima eines Gebiets bestimmen. Die wichtigsten K. sind → Strahlung, → Luftdruck, → Luftfeuchtigkeit, → Wind, → Temperatur, → Verdunstung, → Niederschlag und → Bewölkung. Die durch Beobachtung der verschiedenen K. gewonnenen Werte für das Makroklima bezeichnet man als *klimatologische Daten*. Sie werden in Klimajahrbüchern gesammelt, in denen man wie auf den Wetterkarten die einzelnen K. durch international vereinbarte Klimasymbole (Wettersymbole) darstellt (→ Wetter, Abb.).
Um die Verteilung der K. über größere Räume zu veranschaulichen, trägt man die beobachteten Werte – je nach Zweck der Karte als Mittelwerte, wahre Werte oder reduzierte Werte – in Klimakarten ein. Orte, die den gleichen Wert eines bestimmten Klimaelements aufweisen, werden durch Isolinien miteinander verbunden.
Der Verlauf der K. während eines Tages, der → Tagesgang, wird in Form von Tabellen oder Kurven dargestellt.

Klimageomorphologie, *klimatische Morphologie*, im Laufe der letzten Jahrzehnte entwickelte Betrachtungsweise in der Geomorphologie, die die Abhängigkeit der formenbildenden Prozesse und damit auch des Formenbestandes von den klimatischen Verhältnissen – von J. Büdel auch als *Klimavarianz* bezeichnet – als notwendige Bedingung für die Reliefbildung heranzieht.

Klimagürtel, svw. Klimazonen.

Klimakarte, eine chorographische Themakarte mit Darstellung atmosphärischer Zustände auf Grund langjähriger Meßwerte meteorologischer Elemente (z. B. Temperatur, Niederschlag) an meteorologischen Stationen und daraus abgeleiteter Klimawerte (frostfreie Zeit, Sonnenscheindauer u. a.). Die jeweiligen Wertefelder werden hauptsächlich mittels Isolinien wiedergegeben.
Zur allseitigen Charakteristik des Klimas eines Gebietes sind umfängliche Kartenserien notwendig, die meist in Form von *Klimaatlanten* für Staaten, größere Gebiete (bis Kontinente und Ozeane) herausgegeben werden.

Klimakunde, svw. Klimatologie.

Klimaschwankungen, kurzfristige periodische Schwankungen oder länger anhaltende (säkulare) Abweichungen vom allgemeinen Klimacharakter eines Gebiets. Eine scharfe Grenze zu den → Klimaänderungen läßt sich allerdings nicht finden. Auch der Versuch, K. als Veränderungen eines Klimaelements zu definieren und Klimaänderungen als Veränderungen aller Klimaelemente, führte zu keiner brauchbaren Unterscheidung.
Seit der letzten Eiszeit sind vor allem für Mittel- und Nordeuropa säkulare K. festgestellt worden. Sie zeigen sich z. B. an den Gletscherständen (→ Gletscherschwankungen). Auch bei anderen geographischen Erscheinungen (z. B. Grundwasser) sind periodische Schwankungen innerhalb kurzer Zeiträume zu beobachten.
Die verhältnismäßig geringen nacheiszeitlichen Schwankungen im Klima Mittel- und Nordeuropas sind vor allem mit Hilfe der Pollenanalyse hinreichend geklärt worden. Es handelt sich nicht um eine gleichsinnige Änderung des Klimas, sondern um mehrere K.

Klimatologie, *Klimakunde*, die Wissenschaft vom Klima der Erde, ein Teilgebiet sowohl der physischen Geographie als auch der Meteorologie. Die K. betrachtet im Unterschied zur Synoptik, die sich nur mit der einzelnen Wetterlage beschäftigt, die gesetzmäßige jahreszeitliche Ausprägung der Witterung und zugleich den sich ergebenden mittleren Zustand der Atmosphäre. Meist werden langjährige Beobachtungsreihen ausgewertet, jedoch untersucht man auch die vorkommenden Extreme und die Häufigkeit, mit der die einzelnen Werte im Jahresablauf auftreten.
Vielfach stellt man der älteren, über-

wiegend Beobachtungsmaterial verarbeitenden *statistischen K.* (Mittelwertsklimatologie) die *dynamische K.* (Witterungsklimatologie) gegenüber, die Wettertypen und Häufigkeit der Luftkörper während des Jahres untersucht.

Außerdem unterscheidet man die *Makroklimatologie* (allgemeine K.), die das Klima im eigentlichen Sinne erforscht und deren wichtigste Vergleichs- und Untersuchungsmethode wiederum die Bildung von Mittelwerten ist, und die *Mikroklimatologie* (angewandte K.), die sich mit dem Klima der bodennahen Luftschichten befaßt; dabei registriert sie den Verlauf der einzelnen Klimaelemente fortlaufend, ohne sich an bestimmte Beobachtungstermine zu halten und ohne das gewonnene Material zu Mittelwerten zu verarbeiten. Teilgebiete der angewandten K. sind → Agrarklimatologie, → Bioklimatologie, → Aeroklimatologie, → Paläoklimatologie, Stadtklimatologie, technische K. u. a.

Klimax *f*, *Plur.* Klimaxe, diejenige natürliche Lebensgemeinschaft von Pflanze und Tier, die sich in einem Gebiet unter den heutigen klimatischen Bedingungen ohne Eingreifen des Menschen im Laufe der Zeit einstellen würde, in Mitteleuropa z. B. der sommergrüne Laubwald. Jedes brachliegende Ackerland, jeder verlandende See, jede Wiese würde hier nach Durchlaufen bestimmter Sukzessionsreihen schließlich in Laubwald übergehen. Von einer ursprünglichen Lebensgemeinschaft an, z. B. der eines Strandes, Flußufers, Sees, liefe die Entwicklung über ein Grasflur- und Gebüschstadium auf die Endstufe zu.

Die K. entstehen innerhalb eines Gebiets, das ursprünglich topographisch und edaphisch verschiedene Standorte umfaßte, aber in der klimatischen Entwicklung einen Endzustand erreicht hat. Deshalb sind K. sehr stabil und können nur durch grundlegende Klimaänderungen umgestaltet werden. Die Gesamtheit der Lebensgemeinschaften eines größeren Gebietes, die sich nacheinander zu einer K. entwickeln, bezeichnet man als *Biom.*

Klimazonen, Klimagürtel, Gebiete mit gleichartigem Klima. Man unterscheidet mathematische und wirkliche K.

a) Die *mathematischen* oder *solaren K.* würden sich auf einer völlig homogenen Erdkugel bilden. So hat man nach dem Einfallswinkel der Sonnenstrahlen eine Einteilung in eine tropische Zone (→ Tropen) zwischen den beiden Wendekreisen, in zwei → gemäßigte Zonen zwischen den Wendekreisen und den Polarkreisen sowie in zwei → Polarzonen jenseits der beiden Polarkreise vorgenommen.

b) In den *wirklichen* oder *physischen K.*

herrscht jeweils der gleiche durch das räumlich und zeitlich verschiedene Zusammenwirken von Klimaelementen und Klimafaktoren gebildete Klimatyp. Infolge der ungleichen Verteilung von Land und Meer, der atmosphärischen Zirkulation u. a. bilden die einzelnen K. nicht in jedem Falle zusammenhängende Gebiete. Die Einteilung der Erde in physische K. kann nach verschiedenen Gesichtspunkten vorgenommen werden. Eine allen Gesichtspunkten und Merkmalen gerecht werdende Gliederung kann es nicht geben. Die heute gebräuchlichste, auf neueren Forschungen beruhende Klimaklassifikation geht von dem planetarischen Windsystem (→ atmosphärische Zirkulation) und seinen Abwandlungen aus. Danach ergeben sich für jede Halbkugel sieben K. (vgl. auch S. 13 ff.).

1) die *äquatoriale K.* mit stetigem Tropenklima, in dem an den Bereich der Innertropischen Konvergenz gebundene starke gewittrige Niederschläge vorherrschen. Die täglichen und jährlichen Temperaturschwankungen sind gering; einige Monate sind niederschlagsärmer, doch fehlt eine ausgesprochene Trockenzeit;

2) die *Zone des tropischen Wechselklimas*, charakterisiert durch den regelmäßigen Wechsel von Regen- und Trockenzeiten. Die Niederschläge folgen jeweils dem Höchststand der Sonne (Zenitalregen);

3) die *Zone des Passatklimas*, die den Trockengürtel im Bereich der Roßbreiten umfaßt und von den Passatwinden überweht wird; sie weist nur geringe Niederschläge auf;

4) die *Zone des subtropischen Wechselklimas*, in der es im Sommer, wenn sich die subtropischen Hochdruckzellen in höhere Breiten verlagern, warm und trocken ist, im Winter dagegen verhältnismäßig kühl und feucht, da dann die Zyklonen der Westwindzone Einfluß haben;

5) die *Zone des gemäßigten Klimas* mit deutlichen Unterschieden im Temperaturgang der einzelnen Jahreszeiten und mit wechselhafter Witterung, da sie das ganze Jahr über im Westwindgürtel liegt;

6) die *subpolare K.*; die wieder ein Wechselklima aufweist, das allerdings keinen deutlich ausgeprägten jahreszeitlichen Wechsel zeigt. Warme und polare Luftmassen wechseln vielmehr unregelmäßig miteinander ab;

7) die *Zone des polaren Klimas*, in der kalte polare Luftmassen fast das ganze Jahr über vorherrschen; sie ist das Klima der ewigen Frostes.

In den Hochgebieten der Erde zeigt zwar das zonale Klima den für die betreffende Klimazone typischen Jahresgang der Klimaelemente, ist aber etwas abgewandelt (→ Höhenklima).

Neben dieser Klimaeinteilung gibt es weitere Klassifikationen, die andere Gesichtspunkte berücksichtigt haben.

Sie werden als effektive Klassifikationen bezeichnet, weil sie von den meßbaren Klimaelementen ausgehen. Es ist hier vor allem die von W. Köppen entwickelte Einteilung zu erwähnen, die sich auf die Temperatur, den Niederschlag und den Jahresgang dieser beiden Klimaelemente stützt. Klimastatistisch ergeben sich fünf Hauptklimagruppen, die mit lateinischen Buchstaben gekennzeichnet und durch Zusatz weiterer Buchstaben noch untergliedert sind: tropische Regenklimate (A), trockene Klimate (B), warmgemäßigte Regen-Klimate (C), boreale oder Schnee-Waldklimate (D), Schneeklimate (E). Diese K. fallen im wesentlichen mit den wichtigsten Vegetationszonen zusammen.

Klimogramm, die graphische Darstellung von zusammengehörigen Niederschlags- und Temperaturwerten der einzelnen Monate in einem rechtwinkligen Koordinatensystem. Aus der Form der entstehenden Polygonen kann man Schlüsse auf die Maritimität und die Verteilung der Regenzeit sowie der thermischen Jahreszeiten ziehen.

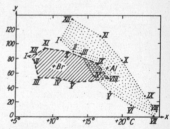

Klimogramm von Brest (Br, schräge Schraffur) und Algier (Al, punktiert). *x* Temperatur in °C, *y* Niederschlag in mm (nach Sorre)

Klinge, kurze, steile Talrinne im Gebirge.

Klingstein, svw. Phonolith.

Klippen, 1) bis nahe an die Meeresoberfläche oder darüber hinaus ragende einzelne Felsen, besonders häufig an Steilküsten (*Klippenküsten*), wo sie durch die Brandungserosion (→ Brandung) aus den sie ursprünglich umgebenden Gesteinen herausgewaschen wurden.

2) im Mittelgebirge die Felsgruppen oder „Felsburgen", die die Bergkämme krönen oder den Bergflanken aufsitzen (unter anderem im Fichtelgebirge, Harz und Riesengebirge).

3) in der Geologie aus dem Zusammenhang herausgelöste Teile einer Überschiebungsdecke.

Kluft, *Diaklase, Lithoklase,* eine feine, kaum geöffnete Fuge, die das Gestein mehr oder weniger ebenflächig durchsetzt und an der keine wesentliche Bewegung erfolgt. Ist Bewegung vorhanden, kommt es zu Verwerfungen. Eine geöffnete K. wird als Spalte bezeichnet. K. gehören zum sekundären

Gesteinsgroßgefüge und entstehen durch tektonische Zug- und Druckbeanspruchung der Gesteine.
Man unterscheidet folgende Formen:
1) *Quer-* oder *Q-Klüfte* verlaufen quer zur Faltenachse oder zur Streckung des Gesteins, d. h. parallel zur Druckrichtung, daher auch *Zugklüfte* genannt. Sie sind häufig zu Spalten geöffnet und oft mit Mineralen (Quarz und Kalkspat) oder Eruptivgesteinen (Apliten) gefüllt.
2) *Schieferungs-, Streckungs-* oder *S-Klüfte* verlaufen parallel zur Streckung oder Faltenachse und stehen senkrecht zur Druckrichtung, daher auch *Druckklüfte* genannt.
3) *Lager-* oder *L-Klüfte* verlaufen horizontal oder flachgeneigt.
Q-, S- und L-Klüfte stehen meist senkrecht zueinander.
4) *Diagonal-* oder *Scherklüfte* verlaufen diagonal zur Druckrichtung.
Klus(e), svw. Klause.
Knick, 1) Verdichtung des Marschbodens, 2) → Heckenlandschaft.
Knieholz, *Krummholz,* eine Wuchsform, die unter dem Einfluß des Schneedrucks, der gesteigerten Windwirkung und der winterlichen Kälte keine hohen Stämme ausbildet. Die verhältnismäßig kurzen Stämme schmiegen sich dem Boden an und streben nur mit den Spitzen nach oben. Das K. bildet im allgemeinen die unterhalb der alpinen und an der polaren Baumgrenze liegende Zone des Waldes. Das K. wird durch die Legföhre, *Pinus montana,* auch Latschenkiefer oder Zunder genannt, (z. B. in den Alpen) oder durch Weiden-, Erlen- und Birkenarten sowie durch Spaliersträucher (z. B. in den norwegischen Hochgebirgen, wo es in die Gebirgstundra übergeht) gebildet.
Knollenstein, → Quarzit 2).
Knoten, 1) in der Astronomie die beiden Schnittpunkte der Bahn eines Himmelskörpers mit der Grundebene eines astronomischen Koordinatensystems, insbesondere mit der Ebene der Ekliptik. Im *aufsteigenden K.* durchstößt ein Himmelskörper die Ebene der Ekliptik von Süden nach Norden, im *absteigenden K.* von Norden nach Süden.
2) Kurzz. kn, im Seewesen zulässige, SI-fremde Einheit der Geschwindigkeit eines Schiffes; 1 kn = 1 sm/h (Seemeile je Stunde) = 1852 m/h.
Koagulation, *Flockung, Ausflockung,* der Prozeß der Überführung der Bodenkolloide aus dem Sol-Zustand in den Gel-Zustand. K. wird besonders durch Einwirkung von Elektrolyten, durch Entzug des Dispersionsmittels (Wasser) oder durch Abkühlung ausgelöst. Gegensatz: → Peptisation.
kohärente Luftdrucksysteme, miteinander wandernde Hoch- und Tiefdruckgebiete. Sie sind besonders eindrucksvoll erkennbar bei einer kurzfristigen Wetterbesserung im Bereich eines Zwischenhochs, das sich mit gleicher Geschwindigkeit wie die Störungen selbst verlagert. *Inkohärente Druckgebilde* sind von der Bewegung benachbarter Druckgebilde unabhängig, so die quasipermanenten Antizyklonen und die stationären Tiefdruckgebiete.
Kohle, brennbares Zersetzungsprodukt aus organischen Substanzen von brauner bis schwarzer Farbe, von erdig weicher bis steinharter Beschaffenheit, mit höchstens 30% nichtbrennbaren Bestandteilen (Asche). Die Humuskohle entstand aus dem Pflanzenmaterial ehemaliger, in einem feuchtwarmen Klima gedeihender Sumpfmoorwälder. Den im Laufe sehr großer Zeiträume vonstatten gegangenen Umwandlungsprozeß faßt man unter dem Begriff *Inkohlung* zusammen. Aus dem Pflanzenmaterial bildete sich zuerst unter Luftabschluß *Torf* (biochemische Inkohlung), dann bei fortschreitender Untergrundsenkung und weiterer Überlagerung mit Sand- und Tonmassen *Braunkohle* und daraus *Steinkohle* und schließlich *Anthrazit* (geochemische Inkohlung). Steinkohle und Anthrazit entstehen nur durch starken tektonischen Druck und Temperatursteigerung, die bei Gebirgsbildungen (Orogenesen) auftreten; sonst bleibt es beim Braunkohlenstadium. Bei der fortschreitenden Inkohlung gehen Sauerstoff und Wasserstoff verloren, so daß sich der Kohlenstoff relativ anreichert.
Die Steinkohle hat einen Kohlenstoffgehalt von über 80%, ist schwarz, gibt schwarzen Strich und färbt heiße Kalilauge nicht. Normale Steinkohle besteht aus dünnen, abwechselnd glasglänzenden und matten Partien (Streifenkohle).
Nach ihrem Gehalt an flüchtigen Bestandteilen (Teer und Gas), der mit der Tiefe abnimmt, unterscheidet man: *Flammkohle* und *Gasflammkohle* mit 35 bis 45%, *Gaskohle* mit 28 bis 35%, *Fettkohle* (*Kokskohle*) mit 19 bis 28%, *Eßkohle* mit 14 bis 19% (gut für Hausbrand), *Magerkohle* (*Halbanthrazit*) mit 10 bis 14% und *Anthrazit* mit 6 bis 10% flüchtigen Bestandteilen. Gegenwärtig wird die Steinkohle nach einem internationalen Klassifikationssystem eingeteilt, in dem jede Kohleart durch eine dreiziffrige Kode-Nr. charakterisiert wird. Die erste Ziffer (0 bis 9) gibt den Gehalt der K. an flüchtigen Bestandteilen an. Die zweite Ziffer (0 bis 3) kennzeichnet das Backvermögen, die dritte Ziffer (0 bis 5) das Kokungsvermögen. Der Heizwert der Steinkohlen liegt zwischen 25000 und 35600 kJ/kg (6000 und 8500 kcal/kg). Steinkohle kommt hauptsächlich im Karbon vor.
Die *Braunkohle* hat einen Kohlenstoffgehalt von 55 bis 75%, ist gelbbraun bis schwarzbraun, gibt braunen Strich und färbt heiße Kalilauge braun. Sie hat im allgemeinen einen ziemlich hohen Wassergehalt (50 bis 60%). Braunkohle bildet oft mächtige oberflächennahe Lager, die meistens im Tagebau abgebaut werden. *Weichbraunkohle* besteht aus einer erdigen Grundmasse, in der sich oft holzige Elemente (Xylite, Lignite) befinden. Zur *Hartbraunkohle* gehören die K. der tschechoslowakischen Reviere und die oberbayrische *Pechkohle. Blätterkohle* besteht fast völlig aus zusammengeschwemmten Blättern mit gut erhaltenem Pflanzengewebe. Braunkohle, die aus harz- und wachsähnlichen Substanzen entstanden ist, heißt *Pyropissit;* Flöze oder Flözteile mit hohem Anteil an Pyropissit, die durch Verschwelung Öle, Paraffine und andere Kohlenwasserstoffe liefern können, heißen *Schwelkohlen.* K. mit größerem Salzgehalt wird als *Salzkohle* bezeichnet. Nach dem internationalen Braunkohlenklassifikationssystem wird die Braunkohle in 6 Klassen nach ihrem Gesamtwassergehalt (bezogen auf aschefreie Basis), unabhängig von ihrer äußeren Erscheinungsform und ihren chemischen und physikalischen Eigenschaften, eingeteilt. Innerhalb jeder Klasse wird nach dem Teergehalt (bezogen auf wasser- und aschefreie Basis) nochmals in 5 Gruppen untergliedert. Der Heizwert der Braunkohlen liegt zwischen 11000 und 25000 kJ/kg (2600 und etwa 6000 kcal/kg).
Hauptzeit der Braunkohlenentstehung war das Tertiär.
Kohlenstoff-Stickstoff-Verhältnis, *C/N-Verhältnis,* ein Richtwert, der Rückschlüsse auf den Stickstoffhaushalt der Böden sowie auf die Umsetzung und den Zustand der organischen Substanz im Boden erlaubt. Stickstoff liegt in natürlichem Boden zu etwa 95% organisch gebunden vor. Die laufende Stickstoffmineralisation obliegt deshalb den Mikroben, deren Eiweißkörper ein Verhältnis Kohlenstoff : Stickstoff von etwa 20 : 1 aufweisen. Ist dieses Verhältnis der abbaufähigen organischen Substanz < 20, so vermögen die Mikroben ihren Stickstoffbedarf zu decken und zusätzlich pflanzenverfügbaren Stickstoff freizulegen; ist das Verhältnis > 20, so wird der mineralische Stickstoff von den Mikroben festgelegt (immobilisiert), und für die Pflanzen entsteht eine Stickstoffsperre. Bei weitem K.-S.-V. der organischen Substanz kann selbst durch Mineraldüngung zugeführter Stickstoff von den Mikroben teilweise oder auch ganz immobilisiert werden.
Kolk *m, Strudeltopf, Strudelloch,* durch die ausstrudelnde Tätigkeit des fließenden Wassers entstandene flache, wannenartige oder tiefere, topfartige Hohlform im Flußbett oder eine Nische (Austrudelungsnische) an den Seitenwandungen. Die Bildung von K., die *Auskolkung,* ist besonders in Klammen und an Wasserfällen in anstehendem Gestein gut zu beobachten.
→ Wasserwalzen.

Kolluvialböden, Bezeichnung für Böden, die auf Kolluvium, d. h. auf den aus Flächenspülung (→ Bodenerosion) hervorgegangenen Sedimenten an Unterhängen, in Dellen und kleineren Hohlformen entstehen. K. sind meist reich an Feinboden, an organischer Substanz und an Nährstoffen, jedoch oft dicht gelagert (plattiges Gefüge) und begrenzt in ihrem Wasserleitvermögen. Die bodentypologische Entwicklung ist bei laufender rezenter Materialzufuhr gestört.

Kolur *m,* durch die Pole der Ekliptik gelegter Großkreis, der gleichzeitig entweder durch die Solstitialpunkte (*Solstitialkolur*) oder durch die Äquinoktialpunkte (*Äquinoktialkolur*) geht. Vom Äquinoktialkolur aus, der den Himmelsäquator im Frühlingspunkt schneidet, zählt man die Stundenkreise (→ astronomische Koordinatensysteme); er gilt also als Stundenkreis Null.

Kompaß, ein Gerät zum Bestimmen von Richtungswinkeln, besonders von Himmelsrichtungen.
Die gebräuchlichste Form des *Magnetkompasses* hat eine auf einer feinen Spitze ruhende Magnetnadel, die im Schwerpunkt leicht drehbar gelagert ist. Diese Magnetnadel stellt sich durch das magnetische Feld der Erde in Nordsüdrichtung ein, ihre Spitzen zeigen also nach den magnetischen Polen. Diese magnetische Nordrichtung weicht allerdings um einen sich langsam verändernden Betrag, die magnetische → Deklination, von der geographischen Nordrichtung ab.
Zum Bestimmen der Richtung dient eine unter der Magnetnadel angebrachte kreisförmige Skale, die Kompaß-, Wind- oder Strichrose genannt wird und bei den einzelnen Kompaßtypen verschieden eingeteilt ist. Bei kleineren K. ist der Vollkreis in 32 Teile unterteilt, die durch fortlaufende Halbierungen des Winkels bis zum nautischen Strich (11° 15′) entstehen. Größere K. sind auch in 64 Abschnitte unterteilt. K. für geodätische Zwecke weisen entweder eine Teilung in 360° – bei kleinen Instrumenten ist die Skale manchmal auch auf 36 Teilstriche reduziert – oder eine 400°-Einteilung auf. Bei Schiffskompassen sind auch noch andere Unterteilungen üblich. – Es wird von Norden über Osten, Süden und Westen wieder nach Norden gezählt.
Die zur genaueren Bestimmung der Richtungswinkel mit einer Visiereinrichtung ausgestatteten K. nennt man *Bussolen.*
Eine besondere Form des Magnetkompasses ist der mit 36 Teilstrichen versehene *Marschkompaß,* der es erlaubt, nach einer gegebenen Marschrichtungszahl auf dem Marsch eine bestimmte Richtung einzuhalten. Er ist mit einer drehbaren Teilscheibe und einer Visiereinrichtung ausgerüstet.
Auf dem *Geologenkompaß,* der ebenso wie der Marschkompaß mindestens eine gerade, mit der Nordsüdrichtung parallel laufende Anlegekante hat, ist Westen und Osten vertauscht, damit bei Anlage an eine Gesteinskante das Streichen unmittelbar abgelesen werden kann. Außerdem ist zum Bestimmen des Einfallens der Schichten oder Klüfte ein Neigungsmesser, ein *Klinometer,* an ihm angebracht.

Kompaßpflanzen, Pflanzen, die ihre Blattflächen hochkantig in die Haupteinfallsrichtung der Sonnenstrahlen einstellen. Durch diese Stellung wird eine zu starke Besonnung der Pflanzenblätter und eine zu starke Transpiration während der Mittagszeit vermieden. Zu den K. gehören z. B. Stachel- oder Kompaßlattich und Saubohne.

Kompensationsströme, → Meeresströmungen.

Komplexanalyse, *Differentialanalyse,* wichtige Forschungsmethode für die Analyse hochintegrierter geographischer Komplexe. Da die große Zahl der Randbedingungen die naturgesetzlichen Beziehungen zwischen zwei Größen des geographischen Komplexes stört, führt die beziehungswissenschaftliche Interpretation der Elementaranalyse oft zu Fehlschlüssen. Die K. geht daher von Teilkomplexen aus, deren Erscheinung und deren Meßgrößen bereits vom gesamten Beziehungsgeflecht abhängig sind. So stützt sich in der Landschaftsökologie die K. auf die ökologischen Hauptmerkmale Vegetation, Bodenform und Bodenwasserregime, die selbst in vielfältiger Wechselbeziehung stehen und Ausdruck der Integration des → Geosystems sind. Die genannten Partialkomplexe ermöglichen weitgehend die Aufstellung ökologischer Typen und die Darstellung ihrer Verhaltensweisen unter wechselnden Bedingungen (z. B. im Jahresgang). Auf der Basis der K. ist der Einbau von Ergebnissen der Elementaranalyse ohne weiteres möglich. Sie tragen vielfach zur Bilanzierung der Stoffhaushalte bei.

Kondensation, in der Meteorologie der Übergang des in der Atmosphäre enthaltenen Wasserdampfs vom gasförmigen in den flüssigen Zustand. Dabei wird die Verdampfungswärme frei, und zwar 2257 J/g (539 cal/g). Es bilden sich Nebel und Wolken. K. tritt ein, wenn Luft sich unter den → Taupunkt abkühlt. Die Abkühlung kann durch Aufsteigen (→ Konvektion) und adiabatische Expansion infolge Druckabnahme sowie durch Mischung und Ausstrahlung erfolgen. Bei der K. dienen die in der Atmosphäre vorhandenen kleinen Staub- oder Rußpartikeln, Salzkristalle oder Ionen als *Kondensationskerne,* an denen sich die Wassertröpfchen ansetzen. Die Höhe, bei der aufsteigende Luft beginnt, ihren Wasserdampf in tropfbar flüssiger Form auszuscheiden, heißt *Kondensationsniveau.*
Auch in der Bodenluft tritt K. auf, wobei unter gewissen Umständen auch Feuchtigkeit aus der Atmosphäre in die obersten Bodenluftschichten einbezogen werden kann. Die unterirdische K. und Verdampfung spielen bei der Bewegung des Wassers im Boden zeitweise eine wesentliche Rolle.

Konglomerat, Sedimentgestein, das aus gerundeten Gesteinstrümmern besteht, die durch ein toniges, kalkiges, kieseliges oder eisenhaltiges Bindemittel verkittet sind.

Konimeter, ein Gerät zur Bestimmung des Staubgehaltes der Luft. Das K. wird vor allem bei der Erforschung des Stadtklimas verwendet.

Konkordanz, ungestörte, parallele Lagerung der Gesteinsschichten. Gegensatz: → Diskordanz.

Konkretion, 1) Mineralmasse von unregelmäßiger Gestalt, die in einem anderen Gestein durch Konzentration von Mineralsubstanz um einen Mittelpunkt entstanden ist, z. B. Feuersteinknollen in der Kreide, Lößkindel (mergelige K. im Löß), Septarien (mergelige K. mit Radiärklüften in tertiärem Ton). Unterschied: → Sekretion.
2) In der Bodenkunde die unregelmäßig-rundlichen punkt- bis nußgroßen, dunkel- bis schwarzbraunen Eisen-Mangan-Konkretionen, die sich in der aeroben Phase in den G_0-Horizonten der Gleye und besonders in den g_1-Horizonten der Pseudogleye ausbilden, in der anaeroben Phase nicht wieder völlig aufgelöst werden und sich dadurch allmählich vergrößern. In Gleyen kann unter bestimmten Umständen durch Konkretionsbildung Raseneisenstein entstehen.

konsequente Flüsse, von dem amerikanischen Geographen W. M. Davis eingeführte Bezeichnung für Flüsse, die der ursprünglichen Abdachungsrichtung einer Scholle folgen; sie werden nach A. Penck daher auch *Folgeflüsse* genannt. Im Zuge der weiteren Zerschneidung der Landoberfläche entwickeln sich in den aus weniger widerständigen Schichten bestehenden Zonen als Nebenflüsse der k. F. *subsequente Flüsse* oder *Nachfolgeflüsse,* die den weicheren Schichten folgen.

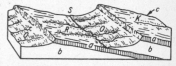

K Konsequente, *S* subsequente, *R* resequente und *O* obsequente Flüsse. *a* widerständige, *b* weiche Schichten, *c* ursprüngliche Landoberfläche

Auf den von diesen Flüssen neugebildeten Hängen entwickeln sich wiederum Nebenflüsse (2. Ordnung), die von Davis, wenn sie in der Richtung der ursprünglichen Abdachung fließen, *resequente Flüsse,* wenn sie ihr entgegenfließen, *obsequente Flüsse* genannt werden. Flüsse, die keinerlei Beziehung zum Schichtbau des Untergrundes zeigen, führen bei Davis die Bezeichnung *insequente Flüsse*.

Konsolidation, die Versteifung von Erdkrustenteilen durch Faltung und magmatische Intrusionen.

Konstanz, die Häufigkeit, mit der eine bestimmte Pflanzenart auf gleich großen Aufnahmeflächen in einer Pflanzenassoziation auftritt. Man unterscheidet bei der K. fünf Gruppen:

5 stets	in 80 bis 100%	der Fälle
4 meist	in 60 bis 80%	der Fälle
3 oft	in 40 bis 60%	der Fälle
2 selten	in 20 bis 40%	der Fälle
1 sehr selten	in 0 bis 20%	der Fälle

Die Gruppen 4 und 5 werden als höchstet bezeichnet und ergeben die charakteristische Artenkombination einer Vegetationseinheit.

Kontaktgesellschaft, eine Pflanzengesellschaft, die im Übergangsbereich zweier benachbarter Pflanzenformationen vorkommt, z. B. Waldrand-, Ufer-, Wiesenraingesellschaft.

Kontinent, im weiteren Sinne Bezeichnung für die großen zusammenhängenden Festlandmassen im Gegensatz zum Meer und zu den Inseln. Im Aufbau der K. unterscheidet man Kontinentaltafel und Kulminationszone oder Gipfelung. Unter Kontinentalsockel versteht man den → Schelf, unter Kontinentalabhang oder -böschung den Abfall der Kontinentmasse zur Tiefseetafel (→ hypsographische Kurve).
Im engeren Sinne versteht man unter K. die sieben Erdteile Asien, Europa, Afrika, Nordamerika, Südamerika, Australien (mit Ozeanien) und Antarktika.

kontinental, auf das Festland bezüglich, zum Festland gehörig.

Kontinentalklima, *Landklima, Binnenklima*, die besondere Ausbildung des Klimas, das sich in jeder Klimazone bei Meerferne unter dem Einfluß großer Landmassen herausbildet. Es weist gegenüber dem → Seeklima charakteristische Unterschiede auf. Da der ausgleichende Einfluß des Meeres fehlt, sind die Temperaturunterschiede größer, und zwar sowohl im Tagesgang als auch im Jahresgang; das bedeutet kühlere Nächte, heißere Tage bzw. größere Winterkälte und größere Sommerwärme. Die Luftfeuchtigkeit und die Bewölkung sind geringer als in Küstengebieten. Die Niederschläge fallen im Sommer überwiegend als Konvektivniederschläge, so daß vielfach ein Sommermaximum der Niederschlags eintritt. In höheren Breiten hält sich die meist nicht sehr starke Schneedecke den ganzen Winter hindurch. Die Übergangsjahreszeiten sind relativ kurz, da Erwärmung und Abkühlung rasch vor sich gehen.
Der Grad des Einflusses einer großen Landmasse auf das Klima, die *Kontinentalität*, wird in verschiedener Weise erfaßt. Als *thermische Kontinentalität* äußert er sich in einer großen Jahresschwankung der Temperatur und in starken Temperaturextremen, als *hygrische Kontinentalität* in der Abnahme der Niederschläge nach dem Innern des Kontinents zu und in der Verschiebung des Niederschlagsmaximums in die Sommermonate. Verschiedene Meteorologen (Gorczynsky, Zenker u. a.) haben versucht, die Stärke der Kontinentalität durch Indexzahlen exakt zu erfassen. So wird die hygrische Kontinentalität eines Gebietes meist als prozentualer Anteil der Sommerniederschläge an dem gesamten Jahresniederschlag wiedergegeben. Auch der Anteil der kontinentalen und maritimen Luftmassen ist bei solchen Berechnungen bisweilen zugrunde gelegt worden. Gegensatz: → Maritimität.

Kontinentalsockel, svw. Schelf.

Kontinentalverschiebung, nach einer von A. Wegener begründeten Theorie die Lageveränderung der Kontinente durch horizontale Verschiebungen (*Kontinentaldrift*). Die Kontinente, die anfänglich eine zusammenhängende Masse bildeten, veränderten im Verlauf der Erdgeschichte ihre gegenseitige Lage durch die Kraft der Polflucht und durch die Westdrift.
Diese Theorie hat bis in die neueste Zeit zahlreiche Anhänger und vermag manche geologische Erscheinung zu erklären, z. B. Ähnlichkeiten im geologischen Bau der Ostküste Südamerikas und der Westküste Südafrikas, die im Jungpaläozoikum vorhanden gewesene große Eiszeit auf der Südhalbkugel. Die K. wird heute, nachdem längere Zeit starke Zweifel bestanden, als reell angesehen. Die von A. Wegener angegebenen Gründe sind zwar nicht ausreichend, aber die Entdeckung der → Plattentektonik, die von den Aktivräumen der mittelozeanischen Rücken ausgeht, macht die K. zu einem notwendigen Bestandteil des tektonischen Geschehens.

Kontinua, flächen- und raumerfüllende Erscheinungen, insbesondere geophysikalischer Natur (z. B. Zustand der Atmosphäre, der Ozeane, des Erdmagnetismus), deren Intensität sich über den Raum hin stetig ändert. Ihr Wert kann an Punkten (Stationen) gemessen bzw. aus Messungen abgeleitet werden und ergibt ein unterschiedlich dichtes Wertefeld von Größen, die auf Karten mittels Isolinien graphisch in der Ebene dargestellt werden können.

Konturenbild, svw. Pictomap.

Konvektion, die vertikale Luftbewegung, die über dem Festland durch Sonneneinstrahlung und Erwärmung des Untergrundes ausgelöst wird. Zum Unterschied von den ungeordneten konvektiven Vertikalbewegungen der Luft, der Turbulenz, bezeichnet man die gleichmäßige K. auch als *Thermik*. Die aufsteigende warme Luft kühlt sich adiabatisch ab, und es kommt zur Kondensation. Dabei bilden sich Cumuluswolken. Das Ausmaß der K. hängt stark von der Bodenbedeckung und der Oberflächengestaltung ab. Nackter Boden, insbesondere Sandflächen, Häusermeere u. a., erwärmen sich z. B. sehr stark, so daß über ihnen eine kräftige Thermik zu beobachten ist; bei Wasserflächen und bei mit Wald bestandenem Gelände ist die Thermik dagegen nur schwach.
Gegensatz: → Advektion.

Konvergenz, 1) das unter mehr oder weniger spitzem Winkel erfolgende Aufeinandertreffen verschiedener Strömungen, das sowohl in der Ozeanographie als auch in der Meteorologie für die allgemeine Zirkulation von ausschlaggebender Bedeutung ist. Die Innertropische Konvergenz ist z. B. der Bereich, in dem die Passatströmungen der beiden Hemisphären aufeinandertreffen und in dem aus dynamischen Gründen besondere physikalische Bedingungen und Witterungsverhältnisse eintreten. Der Bereich der K., die *Konvergenzlinie*, ist also ein mehr oder weniger breiter Übergangssaum mit besonderen Erscheinungen.

2) in der Biogeographie die bei Pflanzen und Tieren zu beobachtende Erscheinung, daß auch bei völlig verschiedenen Arten unter ähnlichen

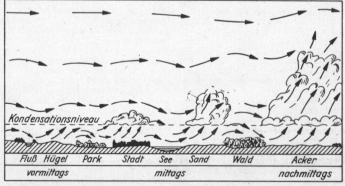

Konvektion und Wolkenbildung im Sommer (aus Grunow)

Umweltbedingungen gleiche Wuchsformen und Funktionen auftreten. Ein bekanntes Beispiel einer solchen K. ist die Sukkulenz und Bestachelung bei den Kakteen in Südamerika und den Wolfsmilchgewächsen in Afrika.
3) jede Übereinstimmung in der äußeren Gestalt bei verschiedenem genetischem oder kausalem Zusammenhang. Die Verwitterungsformen des Elbsandsteins in der Sächsischen Schweiz stimmen z. B. in vielen Merkmalen mit Verwitterungsformen von Trockengebieten überein, obwohl in der Sächsischen Schweiz humides Klima herrscht; diese K. beruht auf der Versickerung des Niederschlagswassers im porösen Sandstein.
4) *magnetische K.*, svw. Nadelabweichung.
Koog, → Marsch.
Koordinaten, *geographische K.,* die geographischen → Länge und → Breite eines Punktes der Erdoberfläche (→ Gradnetz der Erde, → Ortsbestimmung).
Kopie, allgemein das Herstellen eines Zweitstückes graphischer Originale. Außer Abzeichnen stehen heute technische Verfahren, nämlich photographische (Photokopie), xerographische (Xerokopie), Thermokopierverfahren (Thermokopie) und Folienkopierverfahren, zur Verfügung.
Kopierverfahren, in der Reproduktionstechnik Verfahren zur Übertragung von Durchsichtbildern (Filme, transparente Zeichnungen) auf beschichtete und damit sensibilisierte Druckplatten, Folien und Filme in Kontaktlage. Während sich beim *photographischen K.* eine Schwärzungsumkehr einstellt, entsteht bei *Folienkopierverfahren* von einem Diapositiv wieder ein – allerdings seitengedrehtes – Diapositiv (Foß-Kopie).
Korallenriffe, die hauptsächlich aus Korallenskeletten bestehenden, ungeschichteten Kalkablagerungen im Meer, die bis an oder über den Meeresspiegel aufragen. An ihrem Aufbau beteiligen sich außer den meist koloniebildenden Steinkorallen auch noch Hydrokorallen sowie Kalkalgen, Bryozoen und untergeordnet auch Schnecken und Seeigel.
Die Riffe bildenden Korallen leben nur in warmen Meeren, deren Oberflächentemperatur nicht unter 20 °C absinkt, also etwa zwischen 32° s. Br. und 32° n. Br. Sie benötigen sauerstoff- und nährstoffreiches Wasser mit normalem Salzgehalt sowie genügend Licht, so daß sie mit wenigen Ausnahmen nur bis zu einer bestimmten Wassertiefe, etwa 40 m, lebensfähig sind.
Der *Korallensand,* das Zerreibungsprodukt des Korallenkalkes, füllt die Lücken zwischen den Korallenstöcken und deren Ästen aus, ist aber auch auf dem Meeresgrund und in der Nähe der K. anzutreffen und wird in schlammiger Form als *Korallenschlamm*

bezeichnet. Gelangen die Korallen infolge von Krustenbewegungen oder eustatischen Meeresspiegelschwankungen über den Meeresspiegel, so sterben sie ab. Der über dem Wasserspiegel liegende Teil der K. wird von der Brandung zerstört. Steigt der Meeresspiegel aber langsam an, so daß das Wachstum der Korallen mit der Steigung Schritt hält, können mächtige K. entstehen. Durch den Wechsel von Steigen und Absinken des Meeresspiegels während der pleistozänen Eiszeiten haben sich Aufbau und Zerstörung der K. mehrfach abgelöst. Durch entsprechende Untersuchungen, vor allem durch Bohrungen, läßt sich das Ausmaß der damaligen Meeresspiegelschwankungen feststellen. Das Studium der K. ist damit für viele geologische und klimageschichtliche sowie meereskundliche Fragen von größter Bedeutung geworden.
Nach der Form der Bauten unterscheidet man: 1) *Korallenbänke,* breite Untiefen, die von Riffkorallen bewachsen sind, z. B. die Nazarethbank im Nordosten von Madagaskar.
2) *Küsten-* oder *Saumriffe,* in der Höhe der Küste gelegen und stellenweise mit ihr verwachsen. Meist aber sind die Riffe von der Küste durch einen schmalen Strandkanal (Lagune) getrennt, in dem die Korallen nicht gedeihen können, da ihn Wasser durch die Flüsse getrübt und ausgesüßt ist. An Flußmündungen sind meist Lücken im Küstenriff vorhanden, die für die Schiffahrt Bedeutung haben.
3) *Wallriffe* (*Barriereriffe*) entstehen, wenn sich der Strandkanal infolge Landsenkung oder Ansteigen des Meeresspiegels verbreitert. Das beste Beispiel ist das fast 2000 m lange, bis zu 150 km von der Küste entfernte Große Barriereriff vor der ostaustralischen Küste.

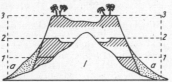

Entstehung von Korallenbauten durch Senkung des Untergrundes. *l* Insel, 1–1 Saumriff, 2–2 Wallriff, 3–3 Atoll, *a* Abbruchschutt (nach Darwin und Dana)

4) *Atolle* (*Lagunen-, Kranzriffe*) bilden sich, wenn kleine Inseln, insbesondere Vulkaninseln, stetig absinken und schließlich unter dem Meeresspiegel verschwinden, während die Korallenbauten mit dem Absinken Schritt halten. Es entstehen so ringförmige Riffe mit einer inneren, meist flachen Lagune, die durch Riffkanäle mit dem offenen Meer verbunden ist. Der Atollring ist selten breiter als 1 km, der Lagunendurchmesser schwankt

dagegen zwischen 1 km und 75 km (Suvadiva in den Malediven). Atolle sind vor allem für die Südsee charakteristisch.
Korrasion, die Abtragung des Untergrundes durch bewegte Schuttmassen, die das häufig bereits zersetzte Gestein abreiben und abschleifen. Der Vorgang geht sehr langsam vor sich. In Trockengebieten erfolgt die K. hauptsächlich durch die vom Wind mitgeführten Sandkörner (*Windschliff, Sandschliff*), die besonders dann, wenn sich das Gestein aus verschiedenen harten Schichten zusammensetzt, eigenartige Formen entstehen lassen (Windkanter, Pilzfelsen).
korrelate Ablagerungen, diejenigen Sedimente, die einem Abtragungsvorgang und Abtragungsgebiet zugeordnet werden können. Nur selten, wie bei Bergstürzen, entspricht das Volumen der k. A. dem Massenverlust im Abtragungsgebiet, da meist größere Anteile des Materials auf dem Transportwege an verschiedenen Orten sedimentiert werden. Vielfach enthalten k. A. charakteristische Gesteine, deren Herkunftsgebiet ermittelt werden kann, so daß unter Umständen auch der (bisher unbekannte) Transportweg bestimmbar wird. So bezeugen typische Elbschotter in der Lausitz, daß einst die Elbe ihren Weg von Dresden nach Norden genommen hat.
Korrosion, die Zerstörung der festen Gesteinsoberfläche durch die chemische Einwirkung des Wassers und der darin gelösten Säuren. Sie erzeugt oftmals narbige Oberflächen und ist insbesondere in Karstgebieten wirksam. Die früher übliche Gleichsetzung mit Korrasion wird heute vermieden. Heute spielt die K. von Oberflächen aller Art eine große Rolle bei der Umweltbelastung durch Luftverunreinigung.
Kosmopoliten, weltweit verbreitete Tiere und Pflanzen. Sie stellen bezüglich ihres Lebensbereichs oder Standorts sehr wenig spezielle Ansprüche. Zu den K. gehören sehr viele niedere Organismen wie Algen, Bakterien und Pilze. Von höheren Pflanzen sind es in erster Linie Wasserpflanzen, z. B. Schilfrohr, Laichkräuter, Rohrkolben, von den Landpflanzen vor allem Unkräuter und Schuttpflanzen. Unter den Tieren sind es unter anderem Kaninchen, Ratten und viele Parasiten des Menschen. Ein unvollkommener Kosmopolitismus ist der weit häufigere → Eurytopismus.
Kosmos, svw. Weltall.
Kragenmoräne, kleine, auf der Oberfläche eines Gletschers bisweilen zu beobachtende Moräne, die durch an Scherflächen austretendes Schuttmaterial gebildet wird.
Krater, trichter- oder kesselförmige Mündung des Eruptionsschlotes bei einem Vulkan. Größere K. (→ Caldera) entstehen durch Explosion oder Einsturz. Kleine, am Hang

größerer Vulkane auftretende K. bezeichnet man als *Nebenkrater (Adventiv-, Schmarotzer-, Parasitärkrater).*
Kraton m, *Kratogen,* alte Masse, nicht mehr faltbare Krustenteile der Erde, die auf tektonische Beanspruchung (Druck) nur noch mit Bruchbildung reagieren. Sie bilden entweder die Kerne der Festländer (*Hochkraton* mit mächtiger Sialdecke) oder liegen versenkt in den Ozeanen (*Tiefkraton* mit geringmächtiger Sialbedeckung); Gegensatz: → Orogen.
Bereits zu Beginn des Proterozoikums lassen sich mehrere *Urkratone (Schilde, Urkontinente, Urgebirgsmassive)* erkennen, aus denen sich durch spätere Angliederung von Faltengebirgen (→ Zyklentheorie) die heutigen Kontinente gebildet haben. Auf der Nordhalbkugel waren es der → Kanadische Schild (Laurentia) einschließlich Grönland, ferner → Fennosarmatia und → Angaria, auf der Südhalbkugel die Brasilianische Masse, die Afrikanische Masse sowie der Australische und der Antarktische Block, die wohl in der großen Landmasse → Gondwánia vereinigt waren. Außerdem gibt es noch eine Anzahl kleiner Urkratone.
Krattwald [niederdeutsch Kratt ,Eichengestrüpp'], ein unter dem Einfluß des Seewindes ,windgeschorener' Wald (→ Windschur). Die Höhe des Bestandes steigt in der Windrichtung landeinwärts allmählich bis zur normalen Baumhöhe an. Die Kontur des Waldes fällt dabei mit den Stromlinien des Windes zusammen. Einzeln stehende Bäume werden in ihrem Kronenwuchs beeinflußt. Ihre Zweige sind nach der windabgewandten Seite hin entwickelt; man spricht in diesem Falle von *Windflüchtern.*
Kreide, 1) sehr feinkörniger, weißer, abfärbender → Kalkstein.
2) *Kreidezeit,* letztes System bzw. letzte Periode des Mesozoikums, auf den Jura folgend, benannt nach der in einem Teil der Schichtfolge gefundenen Schreibkreide. In der K. falteten sich in Europa die Kernzone der Alpen und die Dinariden auf, in Amerika die Anden und das Felsengebirge. Das Meer überflutete weite Strecken vorher landfesten Raumes, erreichte in der Oberkreide seine bis dahin größte Ausdehnung, zog sich aber dann wieder zurück. Das heutige Erdbild begann sich zu formen: Die Kontinente Amerika und Afrika gewannen etwa ihre heutige Gestalt. Das Klima der K. war wesentlich wärmer als heute; Klimazonen sind deutlich zu unterscheiden. Trockengürtel erstreckten sich ungefähr wie in der Gegenwart. Es starben zahlreiche Organismengruppen aus; zum ersten Mal traten Blütenpflanzen auf. (Vgl. auch die Tab. am Schluß des Buches.)
kretazisch, kretazeisch, zur Kreide gehörend.
Kriechsträucher, *Spaliersträucher,*

Stratigraphische Gliederung der Kreide

Abteilungen bzw. Epochen	Stufen	
Oberkreide	Dan	
	Senon Emscher	Maastricht Campan Santon Coniac
	Turon Cenoman	
Unterkreide	Gault	Alb, Apt
	Neokom	Barrême Hauterive Valendis (Valenginien)

mehrjährige Sträucher mit verholztem Stengel, die sich selten mehr als 10 cm über den Erdboden erheben. Es gehören dazu die alpinen Kriechweiden (*Salix herbacea, Salix reticulata*), die Silberwurz (*Dryas octopetala*) u. a. Sie sind den wind- und schneereichen Klimaten im Hochgebirge und in der Arktis gut angepaßt.
kristallin sind 1) Minerale mit Kristallstruktur; Gegensatz: → amorph; 2) Gesteine, die aus kristallinen Mineralgemengeteilen bestehen (→ Gestein).
kristallines Gebirge, → Grundgebirge.
Kroki, eine mit einfachen Hilfsmitteln (Marschkompaß, Schrittmaß und Schätzen von Entfernungen) hergestellte, nicht streng maßstäbliche Karte (→ Karte).
Krotowine, mit Bodenmaterial ausgefüllte ehemalige Höhle oder Gang eines größeren Bodenwühlers (Ziesel, Hamster, Präriehund u. a.); kommt besonders in → Tschernosjomen vor.
Krümelgefüge, *Krümelstruktur,* die günstigste Form der Bodenstruktur, die fast ausnahmslos auf A-Horizonte beschränkt und besonders in Schwarzerden, in der Krume guter Ackerböden sowie unter Wiesen anzutreffen ist. Die wasserstabilen Krümel entstehen unter Mitwirkung eines regen, vielseitigen Bodenlebens durch *Lebendverbauung* (Sekera), indem sich Mineral- und Humusteilchen mit Kleintierkot, Pflanzenwurzeln, Pilz- und Bakterienkolonien zu rundlichen, hohlraumreichen Aggregaten mit rauher Oberfläche vereinigen, die durch Kittsubstanzen zusammengehalten werden. Die meist unter 5 mm großen Krümel haben eine hohe Sorptionskraft und einen optimalen Luft- und Wasserhaushalt. Das Ziel der Bodenbearbeitung ist deshalb immer ein K. Es wird von den Landwirten oft als *Bodengare* bezeichnet.
Ein besonders hohlraumreiches und zu größeren Aggregaten verklebtes K., das sich bei intensiver Wurmtätigkeit ausbildet, wird vielfach als *Schwammgefüge* bezeichnet.

Krummholz, svw. Knieholz.
Krusten, 1) *Schutzrinde,* verhärtete Überzüge des Bodens. Sie entstehen in Gebieten mit jahreszeitlich starker Trockenheit dadurch, daß das an die Oberfläche aufsteigende Bodenwasser verdunstet und die darin gelösten Minerale sich ausscheiden. Sie bilden an der Oberfläche entweder rein mineralische K., die echten *Gesteinskrusten,* oder sie verkitten den Schutt der Oberfläche zu Brekzien. Die K. bestehen je nach Art der Bodenlösungen aus Kalk (*Kalkkrusten*), Salzen (*Salzkrusten*) oder anderen Mineralbestandteilen (Manganoxiden, Eisenoxiden u. a.). Auch die Wüstenrinden und der Wüstenlack (→ Wüste) gehören zu diesen Bildungen. Die K. erschweren oder verhindern pflanzliches Wachstum und machen Verwitterung sowie Deflation weitgehend unwirksam, so daß die Erdoberfläche in diesen Gebieten vor weiterer Abtragung geschützt wird. Allerdings greift unter der Schutzrinde die Zersetzung des Gesteins weiter um sich. Brechen Teile der K. dann ab, so entstehen durch Herausblasung des zersetzten Materials häufig bizarre Oberflächenformen (→ Tafoni).
2) beim Verdunsten von salzhaltigen, meist nur zeitweilig bestehenden Wasserbecken entstehender Belag, der als glitzernde Fläche den Boden überzieht. In Trockengebieten können in flachen Vertiefungen der Erdoberfläche solche K. aus verschiedenen Salzen bis zu 2 m mächtig werden.
Kryokonit, dunkelfarbiger, von Gestein oder Pflanzenresten herrührender Staub auf der Oberfläche des Eises. Da diese Staubkörnchen mehr Wärme aufnehmen als das stark reflektierende Eis, führen sie an den betreffenden Stellen zu beschleunigter Abschmelzung der Eisoberfläche, an der sich dann oft wassergefüllte, mehr oder weniger tiefe Hohlformen, die *Kryokonitlöcher,* bilden.
Kryopedologie, *Kryolithologie,* Lehre vom Frostboden und dessen Erscheinungsformen.
Kryoturbation, *Mikrosolifluktion,* die im Bereich des Frostbodens bei wechselndem Gefrieren und Wiederauftauen der oberen Bodenschichten vor sich gehenden Bodenbewegungen und Materialsortierungen. Als *kryoturbate Bildungen* oder *Kryoturbate* bezeichnet man alle Ablagerungen des Lockerbodens, die durch Frostbewegung (Frostschub, Frosthebung) ihre Struktur erhalten haben, insbesondere die Würge- oder Taschenböden. Kryoturbate Ablagerungen sind charakteristisch für den subnivalen oder periglazialen Bereich.
krypto..., verborgen, verdeckt, z. B. Kryptodepression (→ Depression).
Kryptophyten, Pflanzen, deren oberirdische Organe winters absterben, während die die ungünstige Jahreszeit überdauernden Sproßteile sich unter der Erde befinden. Sie bilden Rhi-

zome (Anemone, Maiglöckchen), Wurzelknollen (Orchideen, Schwertlilie), Stengelknollen (Kartoffel, Alpenveilchen) oder Zwiebeln (Tulpe), in denen sie Reservestoffe speichern. Zu den K. gehören fast alle Frühblüher der Laubwälder sowie viele Pflanzen, denen eine kurze Vegetationszeit genügt, so daß sie auch in Steppen, Wüsten (z. B. die in der Namib vorkommende *Welwitschia*) und im Hochgebirge noch gedeihen können. K. im engeren Sinne sind Landpflanzen, die *Geophyten*; im weiteren Sinne zählen auch die → *Hydrophyten* und die → *Helophyten* zu den K.

Kryptozoikum, Präkambrium, der vor dem Kambrium liegende Zeitraum der Erdgeschichte, der von längerer Dauer war als alle späteren Perioden zusammen. Die Anfangszeit ohne organisches Leben bezeichnete man früher auch als *Abiotikum* oder *Azoikum*. Früher gliederte man die präkambrischen Gesteinsfolgen in *Archaikum, Altalgonkium* und *Jungalgonkium*. Die neue Gliederung ist folgendermaßen: in Nordamerika → Archaikum und → Proterozoikum, in Europa (Baltischer Schild) in Katarchaikum, Archaikum, Proterozoikum ,→ Riphäikum und Wendikum. Die Gliederung nimmt man auf Grund von Diskordanzen in den präkambrischen Gesteinsbildungen vor. Die Diskordanzen sind eine Folge weltweiter Gebirgsbildungen (vgl. die Tab. am Schluß des Buches).

Kulm *m* und *n*, Bezeichnung für die Schichten des Unterkarbons. Diese entstanden vor der variszischen Orogenese als Sediment in einem Flachmeer, sind durch den raschen Wechsel sandiger und toniger Ausbildung gekennzeichnet und weisen dadurch Ähnlichkeit mit dem Flysch auf, der während der Gebirgsbildung gebildet wurde. K. tritt verbreitet im Thüringischen Schiefergebirge und im Frankenwald sowie im Harz und im Rheinischen Schiefergebirge auf.

Kulmination, der Durchgang eines Gestirns durch den Ortsmeridian, wobei es auf seiner scheinbaren Bahn am Himmelsgewölbe seine größte Höhe über oder unter dem Horizont erreicht. Außer bei den Zirkumpolarsternen, deren scheinbare kreisförmige Bahnen den Horizont nicht schneiden, ist nur die **obere K.** zu beobachten. Die **untere K.** erfolgt 12 Stunden später unterhalb des Horizonts. Die Sternbahnen liegen vollkommen symmetrisch zu den beiden *Kulminationspunkten*. Bei exakten Messungen der Sonnenkulmination muß die durch die ständige Vergrößerung oder Verminderung der Sonnendeklination hervorgerufene Verschiebung der Kulminationspunkte berücksichtigt werden.

Unter *Kulminationshöhe* wird der Winkelabstand eines Gestirns vom Horizont bei der K. verstanden. Da

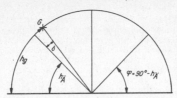

Kulminationshöhe h_g eines Gestirns G: h_g = Äquatorhöhe $h_{\ddot{A}}$ + Deklination δ; $h_{\ddot{A}} = 90° - \varphi$, also ist $h_g = 90° + \delta - \varphi$ oder $\varphi = 90° + \delta - h_g$

diese die Summe von Äquatorhöhe und Deklinaton ist, können durch ihre Messung bei bekannter Deklination die Äquatorhöhe und ihr Komplementärwinkel, die Polhöhe, und damit die geographische Breite berechnet werden (→ Ortsbestimmung). Umgekehrt kann bei gegebener geographischer Breite und Deklination die Kulminationshöhe eines Gestirns, vor allem die der Sonne, die *Mittagshöhe*, vorausberechnet werden.

Kulturformation, durch den Menschen geschaffene Pflanzenformation, z. B. die des Ackers, Obstgartens, Weinberges. Auch die Pflanzen von Schuttplätzen, der Ruderalpflanzen, rechnen dazu. Die Pflanzenformationen von Wiesen und Wäldern hingegen werden oft als *Halbkulturformationen* bezeichnet, da bei ihnen der Einfluß des Menschen zwar spürbar ist, die natürlichen ökologischen Bedingungen aber noch im Artenbestand zur Geltung kommen. Die Einteilung in K. und Halbkulturformation ist allerdings wenig glücklich gewählt, da z. B. die Kunstwiese oder der Monokulturstangenwald ebenfalls K. sind.

Kulturpflanzen, alle Pflanzenarten, die vom Menschen angebaut (kultiviert) werden. Es gibt etwa 12 000 bis 15 000 Arten, darunter 3 000 Nahrungspflanzen. Die K. unterscheiden sich von den wildwachsenden Stammpflanzen sowohl in ihren äußeren Merkmalen als auch in ihrem inneren Werteigenschaften. Dieser Unterschied wird teils durch die eigentliche Kultivierung (Düngung, Reihenaussaat, Hackkultur u. a.), teils durch natürliche Auslese, teils durch züchterische Maßnahmen verursacht. Man unterscheidet die drei großen Gruppen landwirtschaftliche, gartenbauliche und forstwirtschaftliche K. Zu den *landwirtschaftlichen* K. gehören 1) die Nahrungs- und Genußmittelpflanzen, z. B. Getreidearten, Hülsenfrüchte, Hackfruchtarten und Tabak; 2) Rohstoffpflanzen für zahlreiche Industriezweige, z. B. Kautschuk, Faserpflanzen, Ölfrüchte, Farb- und Gerbpflanzen, Kartoffeln und Zuckerrüben; 3) Futterpflanzen, z. B. Feldfutter-, Wiesen- und Weidepflanzen, Futterrüben, Getreide und Hülsenfrüchte. Zu den *gartenbaulichen* K. gehören Obst-, Gemüse-, Heil- und Gewürzpflanzen sowie Zierpflanzen.

Zu den *forstwirtschaftlichen* K. zählt man Waldbäume, die hauptsächlich zur Holzgewinnung gezüchtet werden.

Die Ursprungszentren der K. werden als *Genzentren* bezeichnet. Sie liegen für wichtige Getreidearten im östlichen Mittelmeergebiet, Orient und Zentralasien, für Südfrüchte im subtropischen Bereich Eurasiens, während andere K. ihre Heimat in Nordamerika (Mais), Mittel- und Südamerika (Kakao, Tabak) haben.

Kuppe, morphographisch ein rundlicher, stärker gewölbter Berggipfel, in der Regel eine Abtragungsform. K. können aber auch durch Aufstauung von meist kegelförmig erstarrenden Magmamassen an der Erdoberfläche entstehen (Staukuppe, Quellkuppe, → Vulkan).

Kuppel, → Sattel.

Kupsten, → Dünen.

Küste, der schmale Grenzsaum zwischen Festland und Meer, der sowohl die Randgewässer als auch einen Streifen des Festlandes umfaßt. Die K. werden durch Brandung, Gezeiten und Meeresströmungen in Verbindung mit Niveauschwankungen infolge Landhebung oder -senkung, durch eustatische Meeresspiegelschwankungen sowie durch die Ablagerungen der Flüsse ständig verändert. Eine Einteilung der verschiedenen Küstentypen ist nach verschiedenen Gesichtspunkten möglich.

1) Nach der Gestalt unterscheidet man Steilküste und Flachküste, die beide je nach Lagerung und Härte der sie bildenden Gesteine mannigfaltige Formen aufweisen, und die Ausgleichsküste. Die *Steilküste* fällt schroff zum meist tiefen Meer ab und ist dem unmittelbaren Angriff der Brandung ausgesetzt. Sie ist also ein Werk der marinen Abrasion (*Abrasionsküste*) und weist eine steile Unterscheidungswand auf, das Kliff (*Kliffküste*). Wenn die Brandung ungleichmäßig arbeitet, entstehen an den Stellen des stärksten Widerstandes Klippen (Riffe). Bei der *Flachküste* senkt sich das Land allmählich zum Meer, die Brandung läuft am flachen Ufer aus und bildet durch Anschwemmung von Material einen Strand (*Anschwemmungsküste, Saumlandküste*).

Die für den Verkehr wenig günstigen *Ausgleichsküsten* bilden sich durch Strandversetzung. Bei ihnen wechseln Abschnitte mit Flachufer und solche mit Steilufer ab. Das beste Beispiel einer Ausgleichsküste bietet die südliche Ostseeküste. Wird die Ausgleichsküste von Haffen begleitet, spricht man von einer *Haffküste*. Hierher gehört auch die *Limanküste* des Schwarzen Meeres (→ Liman).

2) Besondere Küstentypen sind die *Mangroveküste* (→ Mangrovewald) und die klippenreiche *Korallenküste* (→ Korallenriffe).

3) Nach dem Verlauf der Küstenlinie zum Streichen der Gebirge oder der

Schichten unterscheidet man Längsküsten, Querküsten und Schräg- (Diagonal-) Küsten. *Längsküsten* (auch als *pazifischer Küstentyp* bezeichnet) verlaufen parallel zum Streichen. Sie sind glatt, ungegliedert, oft von parallelen Gebirgszügen begleitet und daher hafenarm, die Verbindungen zum Hinterland ungünstig. Die *Quer- und Diagonalküsten (atlantischer Küstentyp)* verlaufen senkrecht bzw. schräg zum Streichen. Sie sind meist stark gegliedert, tiefere Buchten und Täler (an der Querküste senkrecht, an der Diagonalküste schräg zur Küste verlaufend), die die Verbindung zum Hinterland gewähren, und vorspringende, meist felsige Küstenteile (Vorgebirge) wechseln miteinander ab.

4) Nach dem Einfluß von Krustenbewegungen und Strandverschiebungen auf die Formung der K. kann man Hebungsküsten (Regressionsküsten) und Senkungsküsten (Ingressionsküsten) unterscheiden. Bei *Hebungsküsten* sind Teile des früheren Strandes und des untermeerischen Gebiets dem Land angegliedert. Strandterrassen (besonders Abrasionsplatten), landeinwärts gelegene tote Kliffe und alte Strandwälle zeugen vom Zurückweichen des Meeres, das oft in mehreren Phasen erfolgt ist. Vielfach sind breite flache Küstenvorländer mit jungen Ablagerungen, die *Küstenebenen*, entstanden, die meist flach meerwärts einfallen und bei späterer Abtragung zu flachen Schichtstufenländern umgebildet werden können. Die Küstenebenen können potamogener Entstehung sein, wenn das angeschwemmte Material hauptsächlich von Flüssen herangeführt wurde – es bilden sich dann vor allem Deltaebenen –, oder thalassogener Entstehung, wenn sie von marinen Ablagerungen aufgebaut worden sind. Bei *Senkungsküsten* dringt das Meer in das festländische Relief ein, wobei je nach dessen Eigenart verschiedene Küstentypen entstehen können. Bei der Überflutung eines durch Flußtäler reich gegliederten Reliefs spricht man von einer *Ria(s)küste* (Nordwestspanien, Irland, Bretagne, Cornwall, Korsika, Korea, Ostbrasilien), bei den langen dalmatinischen Buchten von *Canalli;* wenn die vom Meer überfluteten Täler glazial überformt sind, von einer *Fjordküste* (Norwegen, Südchile); bei einer überfluteten, glazial überformten Felslandschaft von *Schärenküsten* (Schweden, Finnland); ist das Meer in ein glaziales Aufschüttungsgebiet eingedrungen, entsteht eine *Fördenküste* (Schleswig-Holstein) oder *Boddenküste* (Mecklenburg).

Küstenferne, svw. Meerferne.

Küstenrückgang, zusammenfassende Bezeichnung für alle Prozesse, die die Küste zerstören und zurückverlegen. Augenfällig sind die Zerstörungen bei Sturmfluten, bei denen die Brandung das Kliff weiter landeinwärts zurückschneidet. Wirksam, aber wenig augenfällig ist der (schleichende) K., bei dem sich durch anhaltende Vorgänge geringer Intensität im Laufe der Zeit größere Effekte ergeben. Dazu gehören Sandverlagerungen am Strand durch die Küstenversetzung. Das abtransportierte Material wird meist in den Haken an Küstenvorsprüngen wieder abgelagert. Der Küstenabbruch wirkt als ständig vor sich gehende Unterspülung an flachen, aus Lockermaterial (Schlick) aufgebauten Küsten, z. B. an den Halligen.

Der K. kann beträchtliche Werte erreichen; vor der Rostocker Heide betrug z. B. der K. von 1907 bis 1954 mehr als 50 m (Jahresdurchschnitt 1,16 m).

Küstenschutz, zusammenfassende Bezeichnung für alle Maßnahmen, die direkt oder indirekt die Küste vor den zerstörenden Kräften der Meeresbrandung schützen und Landverluste sowie Schäden an Personen und Sachen vermeiden helfen. K. beruht auf der Erkenntnis und der Anwendung der Naturprozesse und muß daher den örtlichen Bedingungen der Küstengestaltung angepaßt sein, an Steilufern andere Formen schaffen als an Flachküsten.

Man unterscheidet technische und biologische Verfahren. Die massivste Form des technischen K. sind Längswerke, wie Ufermauern, Wellenbrecher, Deckwerke und Steinwälle (heute als grobes Blockwerk fugenreich mit maximaler Vernichtung der Brandungsenergie errichtet). Buhnen sollen vornehmlich die Küstenströmung und den Sandtransport an der Küste beeinflussen.

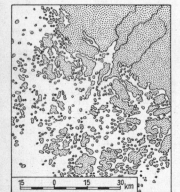

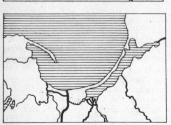
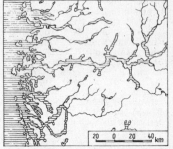
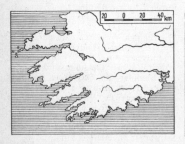

Einige Küstentypen
Schärenküste   Limanküste
Haffküste   Fjordküste
Riasküste   Boddenküste

Da mit den genannten Maßnahmen das Gleichgewicht von Sandabfuhr und Sandzufuhr oftmals nicht erreicht werden kann, wird neuerdings die „künstliche Strandernährung" angewandt, d. h. die Zufuhr von Sand. Erhebliche Bedeutung beim K. kommt den Dünen zu. Der Dünenschutz wendet überwiegend biologische Verfahren an, vor allem die Bepflanzung mit Strandhafer. Heute werden die biologischen Verfahren mit den technischen, wie Strandernährung und Buhnenbau, zu komplexen Schutzsystemen verbunden, in denen auch der Küstenwald, der das Hinterland der Dünen bedeckt, eingeschlossen ist.
Küstenversetzung, → Strand.
Kuverwasser, → Drängewasser.

L

labil, 1) in der Meteorologie Bezeichnung für denjenigen Zustand der Atmosphäre, bei dem die vorhandene Temperaturschichtung durch Vertikalbewegungen zerstört werden kann (→ Temperatur).
2) in der Bodenkunde Bezeichnung für solche Böden, die in ihrer Dynamik oder in ihren Eigenschaften rasch auf äußere Einflüsse reagieren. So sind unter Ackernutzung viele Pseudogleye l. in der Krumenstruktur, viele Sandböden l. in der Dynamik (Podsolierungstendenzen).
Ladin, eine Stufe der → Trias.
Lager, bergmännische Bezeichnung für eine plattenförmige, in Sedimente eingeschaltete Erz- oder andere Gesteinsschicht. Ein L. kann magmatischer Herkunft sein (*Intrusivlager, Lagergang*) oder sedimentär (z. B. oolithische Eisenerzlager und Roteisensteinlager). Sedimentäre L. bezeichnet man auch als → Flöz.
Lägerflora, in der Umgebung von Ställen und Weideplätzen wachsende stickstoffliebende Flora, für die unter anderem Brennessel und andere Stickstoffanzeiger charakteristisch sind.
Lagerstätten, abbauwürdige Konzentration von Bodenschätzen. Man unterscheidet 1) Erzlagerstätten; 2) Kohlenlagerstätten; 3) Salzlagerstätten; 4) Erdöllagerstätten; 5) L. der Steine und Erden.
Lagune, 1) durch eine → Nehrung oder eine Reihe von langgestreckten Sandinseln vom offenen Meer abgetrenntes, meist seichtes Wasserbecken, z. B. die L. von Venedig. L. ähneln dem → Haff. Eine mit L. besetzte Küste bezeichnet man als *Lagunenküste*.
2) die Wasserfläche innerhalb der Korallenriffe eines Atolls.
Lahn, svw. Lawine.
Lakkolith *m*, eine in der Erdrinde in Oberflächennähe erstarrte magmatische Intrusivmasse (Subvulkan), die meist eine gerade Unterfläche und gewölbte Oberfläche hat. Die über dem L. lagernden Schichten werden durch ihn meist aufgewölbt; durch Abtragung dieser Deckschichten werden den L. auch sichtbar.
lakustrisch, svw. limnisch.
Lamprophyr, dunkle, basische, meist feinkörnige Ganggesteine, die vielfach stark mit Magnetit durchsetzt sind. Varietäten sind → Minette, Spessartit Vogesit, Kersantit.
Land 1) allgemein: a) im allgemeinen Sprachgebrauch svw. Staat, politisches Territorium, sowohl gegenwärtig existierendes (Bundesland Steiermark) oder historisches (Land Brandenburg); b) Gegensatz zu Meer (→ Landhalbkugel); c) bebaubarer Boden, Acker, Erde im Gegensatz zu Gewässern;
2) in der Geographie: ein Ausschnitt der Erdoberfläche, der unter Berücksichtigung aller individuellen Züge dargestellt wird (geographisches Individuum, wie Land Hadeln, Schwalmer Ländchen), aber vielfach auch typisierend verwendet (Marschenland, Sumpfland), so daß die begriffliche Trennung von → Landschaft nicht scharf ist. Die Darstellung von L. ist Aufgabe der → Länderkunde.
Länderkunde, *regionale Geographie*, der Zweig der Geographie, der die einzelnen Teilgebiete der Erdoberfläche im Zusammenhang aller geographischen Erscheinungen behandelt. Die L. berücksichtigt sowohl die physischen Erscheinungen als auch die im geographischen Zusammenhang stehenden Werke des Menschen. Das Prinzip der L. besteht darin, daß alle geographischen Erscheinungen im landschaftlichen Zusammenhang, d. h. in ihrer vielfältigen Verflechtung, betrachtet werden und die Struktur der geographischen Räume und Teilräume herausgearbeitet wird. Von vielen Geographen wird die L. als das eigentliche Ziel der Geographie bezeichnet; sie setzt eine eingehende Kenntnis der Gesetzmäßigkeiten und Zusammenhänge voraus, wie sie die allgemeine Geographie und die Landschaftskunde untersuchen. Wird die L. auf ein bestimmtes Land (Territorium) bezogen, spricht man häufig auch von *Landeskunde*, doch geht diese vielfach über die Geographie hinaus (z. B. historische Landeskunde). Mit der L. verbunden ist auch die Erforschung und Darstellung der Kulturlandschaft.
Landesaufnahme, *Landesvermessung, Landeskartierung*, die von den staatlichen geodätisch-kartographischen Diensten vorgenommene planmäßige Vermessung (Anlage geodätischer Lage-, Höhen- und Schwerenetze) und Kartierung des Staatsgebietes in Form staatlicher Kartenwerke (→ topographische Karten). Nach Abschluß der topographischen Aufnahme werden gegenwärtig in verstärktem Maße thematische L. (Geologie, Böden, Hydrologie u. a.) ausgeführt.
Landeskultur, das System gesellschaftlicher Maßnahmen zur planmäßigen Erhaltung und Verbesserung der natürlichen Lebens- und Produktionsgrundlagen Boden, Wasser, Luft, Pflanzen- und Tierwelt. Die L. hat die optimale Gestaltung des natürlichen Lebensraumes zum Ziel. Dazu gehören nicht nur Erhaltung und Steigerung der Ertragsfähigkeit des Bodens durch agrartechnische, agrobiologische und hydrotechnische Maßnahmen (→ Melioration) der Land-, Forst- und Wasserwirtschaft (L. im früher gebräuchlichen, engeren Sinn), sondern auch die Maßnahmen gegen Verunreinigung von Wasser und Luft sowie die Sicherung der Erholungswerte der Landschaft. Daher sind Landschafts- und Naturschutz, Landschaftsgestaltung und Landschaftspflege notwendige gesellschaftliche Aufgaben im Rahmen der L.
Landesnatur, die Gesamtheit der naturgegebenen und unter der Wirkung der Naturgesetze stehenden Komponenten des Territoriums. L. ist also ein Teilkomplex der Kulturlandschaft.
Landhalbkugel, die Hälfte der Erdkugel mit dem Pol im Gebiet der Loiremündung, an deren Gesamtoberfläche Festland und Inseln den höchsten Anteil haben (fast 50%), → Erde.
Landkarte, svw. Karte.
Landklima, svw. Kontinentalklima.
Landschaft, 1) allgemein die Bezeichnung für einen Ausschnitt der Erdoberfläche, der durch sein äußeres Erscheinungsbild (Hochgebirgslandschaft, Industrielandschaft) oder seine geographische Lage (Spreewaldlandschaft) charakterisiert wird. Das Wort L. ist jedoch auch von anderen Wissenschaften entlehnt worden, wobei es das Verbreitungsgebiet eines Phänomens angibt (Hauslandschaft, Sprachlandschaft) und seinen ursprünglichen ganzheitlichen Sinn verliert.
2) in der Geographie ein Teil Erdoberfläche, der nach seinem äußeren Erscheinungsbild und durch das Zusammenwirken der beteiligten Komponenten und Geofaktoren (Relief, Boden, Klima, Wasserhaushalt, Pflanzen- und Tierwelt, der Mensch und seine Werke in der L.) sowie durch Lage und Lagebeziehungen eine charakteristische Raumeinheit darstellt. Die L. ist nicht die Summe der Geofaktoren, sondern ihre Integration zu einem geographischen Komplex oder Geosystem. Damit ist die L eine besondere Organisationsform der Materie, gebunden an die Erdoberfläche und gekennzeichnet durch die Integration von Erscheinungen aus allen Kausalitätsbereichen, der Naturgesetzlichkeit der anorganischen Sphäre, der Lebensgesetzlichkeit der Biosphäre und den Gesetzmäßigkeiten der gesellschaftlichen Sphäre (Sozio-

sphäre). Der Begriff L. steht daher neben den Begriffen Stoff und Leben.
Der Schwerpunkt des wissenschaftlichen Begriffs L. liegt weniger in dem Physiognomischen, dem Landschaftsbild, als vielmehr auf der Betonung des Zusammenhangs der verschiedenen in einer L. vereinigten und in gesetzmäßiger Wechselwirkung (Wirkungsgefüge) miteinander stehenden Erscheinungen. Die Geographie betrachtet alle Einzelerscheinungen in diesem Zusammenhang, dem Landschaftszusammenhang. Damit wird L. zu einem zentralen Begriff der Geographie.
Der Realität entsprechend kann die L. in der Gesamtheit ihrer Erscheinungen – also einschließlich der Werke und des Lebens des Menschen – als *Kulturlandschaft* erfaßt werden. Nur wo der Mensch zurücktritt, ist der Charakter der *Naturlandschaft* erhalten geblieben, die der *Urlandschaft*, dem Zustand vor Beginn menschlicher Eingriffe, nahekommt. Naturlandschaft ist meist ein Partialkomplex, der in die Kulturlandschaft integriert ist und für sich allein nicht existiert. Daher wird vielfach das Wort Naturlandschaft vermieden (→ naturräumliche Einheiten, → Landesnatur).
Trotz vieler Übereinstimmungen in formalen Aspekten sind für die Naturlandschaft infolge ihrer naturgesetzlichen Bindung andere konkrete Inhalte und Ordnungsprinzipien verbindlich als für die vom Menschen geschaffene und bewohnte Kulturlandschaft. Die Kulturlandschaftsforschung steht der Länderkunde nahe, während sich die Landschaftsforschung immer mehr auf die physisch geographische Ordnung konzentriert hat.
Infolge der Vielschichtigkeit der L. bestehen verschiedene Möglichkeiten, den Begriff L. zu definieren. So verstehen z. B. H. Boesch und H. Carol unter L. ganz allgemein die geographische Integration eines Raumes, während in der sowjetischen Geographie die L. eine physisch-geographische Ordnungsstufe der naturräumlichen Gliederung ist. Die theoretische Landschaftskunde hat diese Unbestimmtheit durch schärfere terminologische Begriffsbestimmungen zu überwinden versucht.
Unter Berücksichtigung systemtheoretischer Gesichtspunkte sollte man wie folgt unterscheiden:
a) Die *Landschaftsdeskription* hebt das äußere Erscheinungsbild hervor und erfaßt damit zugleich für die Landschaftsanalyse eine große Anzahl von Strukturmerkmalen einschließlich der Lagebeziehungen. Die Landschaftsdeskription ist als „vorwissenschaftliche Stufe" vielfach vernachlässigt worden. Da aber z. B. die ästhetischen Reize der L. als wichtiges Glied des Naturraumpotentials für die Rekreation bedeutsam sind, greifen Landschaftsgestaltung, Landschaftsarchitektur, Landschaftspflege und Landschaftsplanung notwendigerweise auf die *Landschaftsphysiognomie* zurück. In diese Stufe gehört auch die Morphologie der Kulturlandschaft als Basis für dynamische und funktionelle Analysen.
b) Die *synergetische (ökologische) Landschaftscharakteristik* untersucht die naturgesetzlichen Beziehungen (Relationen) zwischen den Elementen, Kompartimenten und Partialkomplexen der L. und bestimmt den Inhalt der Landschaftsökologie (Geoökologie). Auch wenn die mannigfachen Veränderungen der ursprünglichen Naturverhältnisse durch den Menschen als Änderungen von Größen des Naturhaushaltes berücksichtigt werden, bleibt die naturgesetzliche Bindung in den ablaufenden Prozessen entscheidend. Von der Erkundung der einfachsten Beziehungen und der Erfassung der Partialkomplexe bis zur Integration in individuellen Naturräumen und den daraus abgeleiteten *Naturraumtypen* bestehen viele Arbeitsstufen und Aspekte der Forschung. Der gesetzmäßig geordnete *Geokomplex* wird allgemein auch als *Geosystem* bezeichnet, insgesamt wird von Geosystemforschung gesprochen.
c) Werden jedoch die gesellschaftlich relevanten Formen der Befriedigung der Lebens- und Produktionsbedingungen mit ihren vielfältigen durch den Menschen im Territorium errichteten Anlagen als entscheidende systemtypische Kriterien genommen, so wird die L. als → Landesnatur zum Teilsystem und diese höchste Integrationsstufe als „*Territorialsystem*" oder „*regional system*" bezeichnet.
Landschaftsforschung, zusammenfassende Bezeichnung für alle Zweige der Forschung, die sich einem bestimmten Territorium widmen. Die geographische Forschung spielt darin eine große Rolle, vor allem die Landschaftsökologie (→ Landschaftskunde). Von ihr erarbeitete Ergebnisse dienen als Grundlage für die Maßnahmen der Landschaftsgestaltung.
Landschaftsgestaltung, Bezeichnung für die wissenschaftlich begründeten planmäßigen Veränderungen der Landschaft, die das Ziel haben, durch menschliche Eingriffe hervorgerufene nachteilige Einwirkungen auf die Landschaft auszugleichen oder rückgängig zu machen. Früher trat dabei der landschaftsarchitektonische, ästhetische Gesichtspunkt stark hervor. Heute beruht die L. vor allem auf dem Studium des Landschaftsgefüges und den in der Landschaft durchgeführten Maßnahmen, die aber nicht der Ausschmückung der Landschaft, sondern in erster Linie der Schaffung oder der Aufrechterhaltung günstiger kleinklimatischer, hydrologischer und biologischer Verhältnisse dienen. Die Sicherung des Naturhaushaltes und die Erhaltung der Erholungswerte der Landschaft, aber auch die Rekultivierung devastierter Bergbauflächen gehören ebenso zu ihren Aufgaben wie die Umgestaltung und Neuordnung der Fluren im Zuge ökonomischer Entwicklung. Die L. ist ohne scharfe Grenzen mit der *Landschaftspflege* verbunden, die Landschaftsschäden, wie Bodenerosion, Gewässer- und Luftverunreinigung, unnötige Minderung des Waldes oder Bodenentzug vermeiden will, die durch unkoordinierte Nutzung und Raubbau entstehen. L. und Landschaftspflege gehören zum größeren Bereich der → Landeskultur.
Landschaftsgliederung, → Landschaftskunde.
Landschaftsgürtel, *physische Zonen*, die auf der klimatischen Großgliederung der Erdoberfläche beruhenden Zonen, die sich aus dem geographischen Zusammenhang von Klima, Bodenbildung, hydrogeographischen Verhältnissen, Vegetation und Tierwelt ergeben.
Landschaftskarte, Bezeichnung für den Gestalttyp chorographischer Karten, der mit Flächenfarben bzw. Flächenmustern in großen Maßstäben die wesentlichen Züge der Bodenbedeckung und Flächennutzung und in kleinen Maßstäben den Landschaftscharakter auf der Grundlage der geographischen Zonen teils mehr abstrakt, teils mehr naturalistisch-bildhaft, aber immer graphisch-dominant hervorhebt. Das Relief wird meist mit einer kräftigen Reliefschummerung gekennzeichnet. Zur Gestaltung wirklichkeitsnaher L. bilden Satellitenbilder ein hervorragend geeignetes Ausgangsmaterial (→ Satellitenkartographie).
Landschaftskunde, *Landschaftslehre, komplexe physische Geographie*, Teildisziplin der physischen Geographie. Im Unterschied zur einzelne Geofaktoren untersuchenden allgemeinen physischen Geographie hat die L. die komplexen Einheiten der → Landschaft zum Gegenstand. Neben der induktiven Erforschung konkreter geographischer Räume (geographische Individuen) spielt in der L. die theoretische Verallgemeinerung eine große Rolle.
Die L. erfordert verschiedene Betrachtungsweisen: 1) Die *Landschaftsmorphologie* untersucht die stoffliche und räumliche Erscheinung landschaftlicher Gestaltung, also deren Struktur und Gefüge. 2) Die *Landschaftsökologie (Geoökologie)*, seltener *Topoökologie*, früher auch *Landschaftsphysiologie*) arbeitet die funktional-ökologischen Zusammenhänge heraus. Ihr Ziel ist die Erfassung des Stoff- und Energiehaushaltes von Landschaftseinheiten verschiedener Größenordnung. Da Haushaltbestimmungen nur mit Maß und Zeit möglich sind, muß sich die L. vielfach quantitativer Methoden bedienen. Nach C. Troll stellt sie sich als synoptische Naturbetrachtung

die umfassendste Form der Naturlandschaftsforschung dar. 3) Die *Landschaftstypologie (Landschaftssystematik)* hebt die Regelhaftigkeiten und Gestzmäßigkeiten landschaftlicher Einheiten durch verschiedene Abstraktionsverfahren heraus (Ideallandschaften nach Passarge) und bildet eine wesentliche Grundlage des Landschaftsvergleichs (vergleichende L.), aber auch der länderkundlichen Arbeit. 4) Die *Landschaftschronologie* (Entwicklungsgeschichte der Landschaft) verwendet die genetische Betrachtung zur Erklärung des gegenwärtigen Zustandes oder zur Rekonstruktion historischer Stadien in der Landschaftsentwicklung. 5) Die *Landschaftsgliederung* (naturräumliche Gliederung) verwendet die Ergebnisse der genannten Betrachtungsweisen, um Teile der Erdoberfläche in → naturräumliche Einheiten zu gliedern. Nur die homogenen Grundeinheiten sind objektiv erfaßbar und können – unter Berücksichtigung des Charakters geographischer Grenzen – auch arealmäßig abgegrenzt werden. Hingegen ist die Abgrenzung der heterogenen chorologischen Verbände objektiv oft nicht gegeben. Daher ist die Landschaftsgliederung vielfach dem subjektiven Urteil unterworfen, das sich meist nach ihrer Zweckbestimmung richtet. 6) Die → *Landschaftsgestaltung* und die *Landschaftspflege* können als angewandte Zweige der L. bezeichnet werden.
Unter Berücksichtigung der genannten Betrachtungsweisen läßt sich die L. in → Topologie und → Chorologie gliedern.

Land-See-Wind, lokale Luftzirkulation zwischen Land und Meer. Sie hängt mit der unterschiedlichen Erwärmung von Land und Wasser zusammen. Tagsüber wird bei Sonneneinstrahlung das Land stärker erwärmt und darüber ein aufwärts gerichteter Konvektionsstrom erzeugt. Zum Ausgleich strömt vom Meer her am Boden kühlere Luft nach, der *Seewind,* während in der Höhe Luft seewärts abfließt, so daß ein geschlossener Kreislauf zustande kommt. Nachts läuft er im umgekehrten Sinne, da nun das Land sich stärker abkühlt als das die Wärme besser speichernde Meer. Dieser nächtliche *Landwind* ist aber weit schwächer. Der Seewind setzt erst ein, wenn die Erwärmung des Landes hinreichend fortgeschritten ist, z. B. an der Nord- und Ostseeküste im Sommer etwa gegen 11 Uhr vormittags. Dabei tritt ein Temperaturrückgang ein, da die Seebrise die Mittagshitze mildert. In den Nachmittagsstunden läßt der Seewind allmählich nach.
Die Land-See-Wind-Zirkulation ist an ungestörte Schönwetterlagen geknüpft und findet sich besonders in den Tropen. Hier erstreckt sich die Seewindzirkulation oft bis in 1 500 m Höhe, während sie in der gemäßigten Zone im Sommer höchstens 600 m emporreicht, im Winter vielfach gar nicht zustande kommt. Eine analoge Erscheinung auf dem Festland ist der → Berg-und-Tal-Wind.

Länge, 1) *geographische L.*, eine der geographischen Koordinaten, der Abstand eines Punktes der Erdoberfläche von einem Ausgangs- oder Nullmeridian, heute vom Nullmeridian von Greenwich, gemessen in der Richtung eines Breitenkreises. Er entspricht dem Bogen des Erdäquators zwischen dem Nullmeridian und dem Meridian des betreffenden Ortes, gemessen in Grad. Alle Orte westlich von Greenwich haben westliche L. (0 bis 180°), die Orte östlich von Greenwich östliche L. (0 bis 180°).
Orte gleicher geographischer L. liegen auf demselben Meridian (→ Gradnetz der Erde). Sie haben auch gleiche Zeit, daher wird der Längenunterschied zweier Orte auch durch den Unterschied zwischen ihren Ortszeiten ausgedrückt.
2) *astronomische L.*, der in Grad gemessene Winkel zwischen dem Frühlingspunkt und dem Schnittpunkt des ekliptikalen Längenkreises des Gestirns mit der Ekliptik. Er wird in Richtung der scheinbaren jährlichen Sonnenbewegung gemessen.

Langeland-Vorstoß, → Weichsel-Eiszeit.

Lapilli, *Sing.* Lapillo, *Rapilli,* haselbis walnußgroße Lavabrocken, die aus einem Vulkan ausgeschleudert wurden.

lateral, seitlich; z. B. *Lateralerosion,* Seitenerosion.

Laterit, *Plinthit,* ursprünglich Bezeichnung für alle rot gefärbten tropischen Böden, heute Bezeichnung für die Bodengruppe der → Latosole, die Horizonte mit starker Sesquioxidanreicherung aufweisen. Diese *Laterithorizonte* können auch ziemlich einseitig entweder aus Eisen- oder aus Aluminiumanreicherungen (bis zu Bauxiten) bestehen und bei Austrocknung zu panzerartigen *Lateritkrusten* verhärten, die im Extrem völlig kieselsäurefrei sind, als Endglied der allitischen Verwitterung angesehen werden und Pflanzenwuchs nahezu völlig unterbinden. L. sind in den Tropen weit verbreitet (Süd- und Südostasien, Sudan, Brasilien, Mittelamerika) und haben zu einem Großteil hohes (tertiäres) Alter. Besonders dort, wo die Laterithorizonte oberflächlich anstehen, Mächtigkeiten bis zu 60 m erreichen und teilweise oder ganz verkrustet sind (wie vielfach auf Hochflächen), muß mit fossilen und teilweise gekappten Lateritböden gerechnet werden. Nach den bisherigen Erkenntnissen erfolgt rezente Lateritisierung in den wechselfeuchten Tropen in ebener bis gewellter Lage unterhalb eines Roterdehorizontes bevorzugt innerhalb des Schwankungsbereiches von Stau- und Grundwasser. Hier sind die Bedingungen zur Anreicherung von Sesquioxiden besonders extrem (Kieselsäureabfuhr, Sesquioxidzufuhr durch seitlich zufließendes Grundwasser sowie auch aus hangenden und liegenden Bodenhorizonten). Unterhalb des Laterithorizontes folgt dann im Bereich des Grundwassers ein stark gefleckter Horizont, der in einen Bleichhorizont übergeht, in dem auch die Sesquioxide ausgewaschen werden und nur die stabilsten Minerale (Schwerminerale, z. T. Quarz) sowie Kaolinite erhalten bleiben.
L. haben von allen Latosolen die schlechtesten chemischen Eigenschaften. Bei Lateritkrustenbildungen an oder nahe der Bodenoberfläche (gekappte fossile L.) verschlechtern sich auch die bodenphysikalischen Bedingungen bis zur völligen Wertlosigkeit der Böden. Solche Prozesse können rezent durch Bodenerosion (*Bowalisation*) ausgelöst werden.

Latosol, uneinheitlich verwendeter bodensystematischer Begriff. 1) Als L. im weiteren Sinne (*lateritische Böden, Ferrallite, Chromosole, Oxisole*) bezeichnet man, vor allem im Ausland, die roten, teils auch die braunen und gelben Böden auf Silikatgesteinen der Tropen und Subtropen. Danach gehören zu den L. sowohl die → Plastosole als auch die L. im engeren Sinne. 2) Die L. im engeren Sinne umfassen nichtplastische Böden auf Silikatgesteinen. Sie sind vor allem in den wechselfeuchten Tropen und Subtropen verbreitet und durch allitische Verwitterung gekennzeichnet. In Anlehnung an Kubiena gehören dieser Bodengruppe die → Roterden → Gelberden und die verhärteten → Laterite an, deren genetische Deutung und Klassifikation noch nicht endgültig ist. Die kräftige chemische Verwitterung führt zur Lösung und Wegfuhr der Kieselsäure, zur Bildung überwiegend kaolinitischer Tonminerale, zu raschem Humusabbau und zur Verarmung an verwitterbaren Primärmineralen. Daraus resultieren einerseits schlechte chemische Eigenschaften (starke Versauerung, Humusarmut, geringe Austauschkapazität, Phosphatfixierung), andererseits gute physikalische Eigenschaften (Porosität, Tiefgründigkeit), die besonders auf das stabile, schorfig-krümelige Aggregatgefüge („Erdgefüge") zurückzuführen sind und deren Ursache in der irreversiblen Flockung der sich anreichernden Sesquioxide während der Trockenzeit gesehen wird. Die kräftige Färbung dieser Böden geht gleichfalls auf die Sesquioxide zurück. Kommt es zur Ausbildung verhärteter Laterithorizonte (→ Laterit), können die L. den Pflanzenwuchs nahezu völlig unterbinden.
Im Vergleich mit den Plastosolen haben die L. bessere Struktureigenschaften.

Laufendhaltung, Kartenfortführung, in der Kartographie sämtliche Arbeiten, um Karten im Ganzen oder in Teilen

auf einen neuen Stand zu bringen durch Berichtigen (Beseitigung von Fehlern und durchgehende Ergänzung), durch Nachträge und durch redaktionelle Änderungen (Veränderung von Kartenzeichen, Ergänzen von Namen, Zahlen und Randangaben).
Laurentia [nach dem St.-Lorenz-Strom in Nordamerika], svw. Kanadischer Schild.
Lava, der bei Vulkanausbrüchen aus dem Erdinnern austretende glühende Gesteinsschmelzfluß sowie das Gestein, zu dem der Schmelzfluß infolge der Temperaturminderung an der Erdoberfläche rasch erstarrt. Die ausfließende L. zeigt je nach ihrer Zähflüssigkeit verschiedene Formen. *Fladenlava (Stricklava, Gekröselava)* ist gasärmer, bewegt sich rascher und zeigt eine wulstige, gekröseartige Oberfläche mit glasiger Haut; *Blocklava (Schollenlava)* ist gasreicher, bewegt sich langsamer und bildet ein wüstes Haufenwerk von Blöcken, Schollen und scharfkantigen Scherben.
Lawine, *Lahn, Plur.* Lähne, an Gebirgshängen niedergehende Schnee- und Eismassen. *Schneelawinen* kommen zustande, wenn die Massen einer geschichteten Schneedecke den Zusammenhalt verlieren und auf einer als Gleitbahn dienenden Schneeschicht oder dem Untergrund hangabwärts gleiten oder stürzen. Günstig für die Bildung sind ein Hang von mindestens 20° Neigung, große Mächtigkeit des Schnees, geringer Zusammenhalt der Schneeteilchen infolge ungünstiger Schneestruktur, ungünstige Schneeschichtung und Wasserdurchtränkung des Schnees. Oft werden Schneelawinen ausgelöst, wenn an einer entsprechenden Stelle beim Skifahren die oberste Schneeschicht zerschnitten und erschüttert wird, bisweilen wird der Schnee sogar schon durch die bei einem lauten Ruf entstehenden Schallwellen in Bewegung gesetzt. Anstatt der früheren Einteilung der Schneelawinen in Staublawinen und Grundlawinen unterscheidet man heute Trockenschnee- und Feuchtschneelawinen. 1) *Trockenschneelawinen* treten nach Neuschneefällen bei niedrigen Temperaturen und bei durch den Wind verfrachtetem Triebschnee auf sowie bei Schwimmschnee, der sich in tieferen Schichten bei großer Kälte durch Umkristallisation bildet. Zu ihnen gehören die Schneebretter, die über lockerem Schnee durch Windpressung auf der Luvseiten der Hänge entstehen (*Preßschnee*). 2) *Feucht-* und *Naßschneelawinen* bilden sich, wenn nasser Neuschnee fällt, oder sie treten bei Tauwetter, besonders im Frühjahr im Altschnee auf. Infolge der Wasserdurchtränkung entsteht eine Schmierschicht, die das Abgleiten begünstigt. Bei Naßschneelawinen ist neben Gleiten und Stürzen auch ein Rollen des Schnees zu beobachten, wobei Schneeknollen bis zu 2 m Durchmesser entstehen.
Die Trockenschneelawinen rufen vor allem durch Luftdruckwirkungen, die Feuchtschneelawinen durch die unmittelbaren Druckwirkungen der Schneemassen schwere Schäden hervor. Weiden und Waldungen, Gebäude und ganze Ortschaften werden zerstört und Menschen und Tiere gefährdet.
Eislawinen bilden sich bei Abbruch von Firneis in tiefere Lagen, vom Gletscher oder von Gletschereis in den unteren Teilen der Gletscher.
Die L. befördern erhebliche Schnee- und Eismassen aus Gebieten oberhalb der Schneegrenze in tiefere Lagen, wo sie rascher schmelzen können. Dadurch wird die Schneegrenze nach oben verschoben. Manche Gletscher werden vorwiegend durch L. ernährt. Da die L. den Hohlformen des Hanges folgen, werden in diesen die Bäume vernichtet. An ihrer Baumarmut lassen sich die Lawinengassen oft von weitem erkennen. Der mitgerissene Schutt baut an ihrem Ende allmählich kleine Schuttkegel auf. Genaue Kenntnis der Entstehung von L. und Vermeiden von lawinengefährdeten Wegen bieten Schutz gegen Lawinenschäden. In den Hochgebirgen besteht vielfach ein Lawinenwarndienst. Gegen Sachschäden gibt es verschiedene Maßnahmen. Schutz gegen L. bildet vor allem der Wald, der das Abgleiten des Schnees verhindert; daher schenkt man den Waldanpflanzungen über den Ortschaften (Bannwald) und dem Waldschutz besondere Beachtung. Durch *Lawinenverbauung,* d. h. durch Terrassieren oder Errichten von Trockenmauern, werden künstlich Unebenheiten an den lawinengefährdeten Hängen geschaffen. Durch Leitwerke sucht man die L. in eine bestimmte Bahn zu lenken. Bauwerke sichert man durch keilförmige Vorbauten, die die L. teilen sollen. In höheren Gebirgslagen sucht man die Gebäude so in den Hang einzubauen, daß die L. über sie hinweggehen. Wichtige Verkehrswege werden streckenweise überdacht oder in Lawinentunneln geführt, elektrische Leitungen – z. B. im Haslital – werden unterirdisch verlegt. Man versucht auch, an schneeüberlasteten Hängen L. durch Beschuß auszulösen, ehe zu große Schneeansammlungen erfolgen.
Lebermudde, *Planktongyttja,* eine braune bis schwarze Gyttja mit reichlichen Beimengungen von Ton und Sand, die sich auf Torfschlamm am Grund von Niedermooren bildet und bei zunehmender Verlandung von Torfmudde und später von Torf überdeckt wird.
Lee n, die Seite, nach der der Wind geht. Im Seewesen ist L. also die dem Wind abgekehrte Seite eines Schiffes, im welligen und bebauten Gelände die Seite, die im Windschatten liegt. In der Klimatologie bezeichnet man als L. eines Gebirges diejenige Seite, die der häufigsten Windrichtung abgewandt ist und somit den geringsten Niederschlag erhält.
Leewirbel sind Sogerscheinungen, die von der ein Gebirge überstreichenden Luftströmung an der Leeseite hervorgerufen werden. Sie führen vielfach zur Auflösung von Wolken und spielen bei der Bildung der Wächten an Schneegraten des Hochgebirges eine wesentliche Rolle. Gegensatz: → Luv.
Legende, *Zeichenerklärung, Zeichenschlüssel,* verbale begriffliche Erläuterung der benutzten kartographischen Elemente auf Zeichnungen, graphischen Darstellungen, Plänen und in Karten. In einer Kartenlegende werden alle benutzten → Kartenzeichen in systematischer Anordnung meist auf dem Kartenrand aufgeführt und erläutert. Für den Aufbau einer L. für thematische Karten sind die logischen Zusammenhänge des abgebildeten Gegenstandes von entscheidender Bedeutung.
Lehm, ein uneinheitliches Korngemisch aus Sand, Schluff und Ton. Es entsteht aus der Gesteinsverwitterung und ist durch Eisenverbindungen gelb bis braun gefärbt und im Vergleich zum Ton weniger plastisch, rauher und magerer. In einem idealen Lehm enthält etwa 50 bis 60% Sand, 25 bis 30% Schluff und 20 bis 25% Ton. *Lößlehm* ist verwitterter karbonatfreier Löß, *Geschiebelehm* entsteht aus verwittertem und entkalktem Geschiebemergel, der *Auelehm* (Auelehm) geht als Sedimentation der von den Gewässern mitgeführten Schlammmassen in den Talauen hervor, und *Gehängelehm* bildet sich durch Sedimentation von Hangabspülungsprodukten an den Hängen (besonders an Unterhängen). L. ist der Grundstoff der Ziegelindustrie und auch sonst Baustoff. Lehmböden gehören allgemein zu den besten Kulturböden. Die als ,,Lehme" (bezogen auf ,,Lehmgefüge") bezeichneten Böden der → Plastosole sind nicht mit L. als Korngemisch identisch.
Lehmböden, → Bodenart.
Leistennetze, → Trockenrisse.
Lenticulariswolken, → Altocumulus.
Lesesteine, in und auf dem Boden befindliche Steine und Blöcke, die keine Verbindung mehr mit dem Anstehenden haben. Sie geben dem kartierenden Geologen Auskunft über das unter der Verwitterungsdecke zu erwartende Gestein. Die L. wurden früher vielfach von Äckern abgelesen und an den Rainen als Lesesteinhaufen oder Lesesteinrücken abgelagert (→ Ackerterrassen).
Lessivierung, *Durchschlämmung,* seltener *Illimerisation,* die unter dem Einfluß des Sickerwassers erfolgende vertikale Verlagerung von festen Teilchen (überwiegend Feinton, Korndurchmesser < 0,2 µm) im Bodenprofil der

Parabraunerden und Fahlerden. Die Tonwanderung und Tonverarmung im A_a/A_1-Horizont wird durch Peptisationsvorgänge ausgelöst, die auf einem sinkenden Elektrolytgehalt in der Bodenlösung, verbunden mit einer bestimmten Bodenversauerung (pH-Bereich von etwa 7 bis 5) und Verminderung der Aggregatstabilität, beruhen. Die Anreicherung der verlagerten Kolloide in den B_t-Horizonten wird auf Verlangsamung oder Stillstand der Sickerwasserfront, auf den abnehmenden Anteil von Grobporen und auf Abflockung (→ Koagulation) der Kolloide durch erhöhte Elektrolytkonzentration zurückgeführt. Makroskopisch nachweisbar ist die L. an der Aufhellung und Struktur des Eluvationshorizontes sowie an den rötlichbraunen Tonbelägen der Aggregatoberflächen des Illuvationshorizontes (in Sandböden Bänderung). Auf homogenen Substraten liefert die Korngrößenanalyse exakte Beweise, in Zweifelsfällen werden Dünnschliffe aus den B-Horizonten angefertigt. L. ist vor allem auf Löß- und lößartigen Böden in feuchteren Provinzen verbreitet, und zwar fossil wie auch rezent. Viele Pseudogleye gehen genetisch auf durch L. verdichtete B-Horizonte zurück.
Leste [spanisch el este ‚der Osten'] *m*, östlicher Wind auf Madeira und den Kanarischen Inseln. Er weht besonders häufig von Herbst bis Frühjahr und bringt trockene, oft mit Sand beladene Luft aus der Sahara. Der L. gehört zum Passatregime.
Letten *m*, bunte (graue, grüne, rote), deutlich geschichtete Schiefertone, im feuchten Zustand schmierig-fettig, im trockenen blättrig-bröcklig. Lettenböden (→ Pelosol) sind zäh, bindig und nur ungenügend gekrümelt. Besonders die Schichten des Zechsteins und Keupers (Lettenkohlenkeuper, → Keuper) sind reich an L.
Lettenkohlenkeuper, → Keuper.
leuchtende Nachtwolken, Wolken in 70 bis 80 km Höhe, die noch lange nach Sonnenuntergang silberweiß leuchten. Die gewöhnlichen Wolken liegen dann bereits im Erdschatten, während die l. N. wegen ihrer Lage in großer Höhe noch von den Sonnenstrahlen getroffen werden. Ihr Leuchten entsteht durch Reflexion des Sonnenlichtes an sehr kleinen Staubteilchen. Die Staubteilchen können irdischen Vulkanausbrüchen entstammen, es handelt sich um die in die Erdatmosphäre geratene interplanetare Materie (Mikrometeorite). Nach dem Ausbruch des Krakatau im Jahre 1883 waren l. N. in vielen Gebieten der Erde zu beobachten.
leukokrat nennt man Magmagesteine, wie Granit, Quarzporphyr, Liparit, Aplit, die hauptsächlich aus hellen, kieselsäurereichen Gemengteilen bestehen, z. B. aus Quarz, Feldspat, Muskovit. Gegensatz: → melanokrat.

Leuzit, ein → Feldspatvertreter.
Levanter [italienisch Levante ‚Morgenland'] *m*, Plur. *Levantados*, stürmischer, böiger Ostwind an der spanischen Mittelmeerküste.
Levantische Stufe, → Tertiär, Tab.
Lianen, im engeren Sinne Schling- und Rankengewächse mit verholztem Stamm, die im Boden wurzeln und an den Bäumen emporklettern, indem sie den Trägern windend umschlingen (Klematis), sich mit Haftwurzeln (Efeu), Ranken oder anderen Klettereinrichtungen (z. B. Dornen) festhalten, um dadurch dem Lichtmangel der dunklen Wälder zu entgehen, aber nicht schmarotzen. Viele L. bilden Luftwurzeln aus. L. sind besonders im tropischen Regenwald zahlreich vertreten. Sie kommen in verschiedenen Familien vor; so findet man wurzelkletternde L. unter den Aronstabgewächsen, Palmengewächsen (z. B. Rotang), Pfeffergewächsen und Feigenarten. Im mitteleuropäischen Wald sind Efeu und Waldrebe Lianenpflanzen.
Im weiteren Sinne versteht man unter L. alle Kletterpflanzen, d. h. sämtliche Pflanzen, die ihren im Verhältnis zur Länge sehr dünnen, schwachen Stengel an Nachbarpflanzen und anderen Stützen emporführen.
Lias [englischer Steinbrecherausdruck] *m*, der untere oder Schwarze → Jura. L. ist eine überwiegend tonig bis mergelig, nur örtlich kalkig ausgebildete Gesteinsschichtserie, die in der Schichtstufenlandschaft der Schwäbischen und Fränkischen Alb heute überwiegend Ackerflächen trägt. Die Äcker leiden aber vielfach unter stauender Nässe.
Lichenometrie, eine Methode der Altersbestimmung. Das langsame Wachstum verschiedener Flechtenarten, z. B. der Landkartenflechte *Rhizocarpon geographicum*, erlaubt, das Alter der Flechtenbedeckung (maximal 1000 bis 1300 Jahre) festzustellen. Die L. ist im Hochgebirge und in der subarktischen Region eine wertvolle Methode zur Ermittlung historischer Gletscher- und Klimaschwankungen.
Lichtjahr, Kurzz. l.y. (früher Lj), astronomische Längeneinheit für Entfernungsmessungen bei Sternen. Ein L. ist die Strecke, die das Licht im Vakuum während eines tropischen Jahres zurücklegt. 1 l.y. = 9,4605 · 10^{12} km = 63240 AE (astronomische Einheiten) = 0,3068 pc (Parsec).
Lido *m*, die langgestreckte Nehrung, die die Lagune von Venedig abschließt. Nach ihr bezeichnet man häufig alle Nehrungen, besonders die Inselnehrungen, als L.
Liegendes, → Hangendes.
Liegenschaftskarte, *Wirtschaftskarte*, Bestandteil der beim Liegenschaftsdienst geführten *Liegenschaftsdokumente*. Diese bestehen aus a) dem *Liegenschaftskataster*, ein staatliches Karten- und Registerwerk zum Nach-

weis aller in der DDR gelegenen Grundstücke. Erfassungseinheit ist das *Flurstück*, für das mit Nummer und Name der Gemeinde die Größe und die Nutzung im Register verzeichnet sind und auf der L. Lage, Grenzverlauf und teilweise die Nutzung im Maßstab 1 : 500 für dicht besiedelte Siedlungsteile, 1 : 1000 für sonstige Ortslagen und 1 : 2000 für die Gemarkungen aufgetragen sind; b) dem *Grundbuch* und c) dem *Wirtschaftskataster*, das aus dem Flurbuch mit Eigentumsverzeichnis, der Liegenschaftskartei und der Namenskartei, die zusammen auch als beschreibender Teil bezeichnet werden, und der L. als dem darstellenden Teil gebildet werden. Das Wirtschaftskataster dient dem Nachweis der Nutzungsverhältnisse des land- und forstwirtschaftlich genutzten Grund und Bodens. Weitere Aufgaben des *Liegenschaftsdienstes* als Fachorgan der Räte der Bezirke sind die Ausführung von Vermessungsarbeiten für ihre Erhaltung, Fortführung und Ergänzung der L. und der Wirtschaftskarten, insbesondere für die sozialistischen Landwirtschaftsbetriebe und Vermessungsarbeiten im Rahmen der sozialistischen Flurneuordnung; ferner die Bereitstellung von graphischen und analytischen Planungsgrundlagen für zentrale und örtliche Organe, staatliche Einrichtungen, volkseigene Betriebe und sozialistische Genossenschaften sowie die Kontrolle des nichtlandwirtschaftlichen Grundstücksverkehrs und die Mitwirkung bei der Bearbeitung von Anträgen auf Veränderung der territorialen Gliederung.
Liman *m*, ukrainische Bezeichnung für die haffähnlichen Buchten an der Küste des Schwarzen Meeres, die durch Nehrungen, hier *Peressyp* genannt, vollständig oder fast gänzlich vom Meere abgeschlossen sind. Es handelt sich dabei im Gegensatz zum → Haff um ertrunkene Mündungen von Flüssen und Erosionsschluchten; sie erstrecken sich daher senkrecht zur Küste. Ihr Wasser ist infolge der starken Verdunstung mehr oder weniger salzig (→ Küste Abb.).
Limnaeameer, ein Stadium in der Entwicklung der Ostsee, → Litorinameer.
limnisch, *lakustrisch* nennt man im Süßwasser vorkommende Tier- und Pflanzenarten und in ihm auftretende Bildungen. Als *l. Kohle* bezeichnet man die in Festlandsenken entstandene Kohle, deren l. Sedimenten wechsellagert, z. B. die Steinkohlen des Saargebietes und des Zwickauer Beckens. Gegensatz: → paralisch.
Limnograph, → Pegel.
Limnologie, → Hydrographie, → See.
Linse, ein nach allen Seiten rasch auskeilender Gesteinskörper von anderer Zusammensetzung als die Nachbargesteine (Abb. S. 490).
Lithoklase, svw. Kluft.
Lithosphäre, → Erde, Abschn. 4.
Litoral, 1) in der Biogeographie

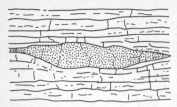

Gesteinslinse

die mit Pflanzen bewachsene Uferregion der Gewässer. In Seen unterscheidet man das Eulitoral und Sublitoral. Das *Eulitoral* ist die schmale Uferzone im Bereich der normalen jahreszeitlichen Wasserstandsschwankungen. Hier siedelt sich eine diesen Bedingungen gewachsene charakteristische amphibische Pflanzenwelt mit Land- und Wasserformen an, die *Grenzgürtelvegetation*. Das *Sublitoral* ist die breitere ständig überflutete Uferzone, an die das Profundal anschließt.
In Meeren unterscheidet man das *Supralitoral* (Strand) oberhalb des Höchststandes des Wasserspiegels, in dem keine Wasserpflanzen vorkommen, das *Litoral* (Gezeitenzone), der Bereich der gezeitenbedingten Wasserstandsschwankungen, und das *Sublitoral* (Schelf) bis in etwa 200 m Tiefe.
2) allgemein svw. Küstenland.
Litorinameer [nach der Meeresschnecke *Littorina littorea*], Vorläufer der heutigen Ostsee. Das L. erhielt durch allgemeine Hebung des Meeresspiegels im Bereich der südlichen Ostsee Verbindung zum Weltmeer und löste damit vor etwa 7000 Jahren den ausgeübsten → Ancylussee ab. Die Transgressionen des L. haben die Küstenentwicklung an der südlichen Ostsee stark beeinflußt. Im Laufe der Litorinazeit bildete sich dann allmählich der heutige Küstenzustand heraus.
Schwankungen im Salzgehalt führten zu Veränderungen der Fauna; das L. geht damit etwa 2500 v. u. Z. in das im Umfang der heutigen Ostsee entsprechende *Limnaeameer* über. Die Limnaeazeit wird schließlich von der heutigen *Myazeit* abgelöst.
Llano m, in den lateinamerikan'schen Tropen und Subtropen Bezeichnung für baumarme oder baumlose Ebenen, die verschiedenen Vegetationszonen angehören, z. B. die L. Estacados im Südwesten der USA. Häufig werden die L. des Orinocogebietes, die von A. von Humboldt eingehend beschrieben worden sind und die zum Savannentyp zugerechnet werden, als die „echten" L. aufgefaßt. Damit erhielt das Wort einen pflanzengeographischen Inhalt, der ihm ursprünglich fremd war.
Lokalvergletscherung, die begrenzte Vergletscherung von einzelnen Gebirgsteilen. Das Material der Moränen (Lokalmoränen) entstammt somit ausschließlich dem engeren Gebirgsbereich, im Gegensatz zur *Fernvergletscherung*, bei der auch erratisches Material aus weiter entfernten Gebieten zur Ablagerung kommt. Liegen Lokalmoränen über einer Moränendecke, die Fremdmaterial enthält, so ist dies ein Beweis dafür, daß nach Rückzug der großen Gletscher die Lokalgletscher noch einmal vorstießen.
Loma-Vegetation, die Vegetation der andinen Trockengebiete, z. B. der Puna de Atacama in Chile, mit büschelförmig wachsenden Gräsern, Stauden, niederen Dornsträuchern und Sukkulenten, die nur zeitweilig Wachstum zeigen.
Lorbeerwald, *Laurisilva*, Vegetationstyp des maritimen Bereichs der randlichen Tropen und Subtropen, der vielfach auch als Höhenwald an Gebirgsflanken zu finden ist. L. braucht im allgemeinen ein reichlich feuchtes und warmes Klima, doch können trockene Monate eingeschaltet sein. Die Bäume sind immergrün und haben Knospenschutz; Epiphyten fehlen.
Löß, meist kalkhaltiges, gelbliches, ungeschichtetes, feinkörniges Lockersediment mit markantem Korngrößenmaximum von etwa 60% in der „Staub" fraktion (0,06 bis 0,01 mm Durchmesser). Hauptbestandteil des L. sind Quarzkörnchen. Je nach Herkunftsgebiet treten Silikate, wie Glimmer und Feldspate, sowie Kalziumkarbonat (vielfach etwa 8 bis 20%) in wechselnden Mengen hinzu. L. ist locker, von vielen feinen senkrechten Haarröhrchen durchzogen, somit sehr porös. Durch vorübergehende Lösung und Wiederabscheidung von Kalk in den Kapillaren kommt es zu einer Umrindung und Verkittung der Staubteilchen mit Kalziumkarbonatkrusten. Darauf beruht die hohe Standfestigkeit des L. an den senkrecht brechenden Wänden. Schluchten und Hohlwege sowie die Anlage von Höhlenwohnungen sind die besten Belege dafür.
Der L. ist ein vom Wind verfrachteter Flugstaub. Lößbildung ist noch heute in Nordchina im Gange, wo der Staub aus den innerasiatischen Wüsten im trocknen, kalten Winter herbeigeweht wird. Anderwärts, so auch in Mitteleuropa, entstammt der L. den Kaltzeiten des Pleistozäns, ist hier also eine glaziäolische Ablagerung (→ glazial). Die Winde wehten den Staub aus den vegetationslosen Moränen- und Schotterflächen sowie aus den durch periglaziale Verwitterung gebildeten Schuttdecken aus. Der pleistozäne L. enthält oft Schalen einer stratigraphisch wichtigen Landschneckenfauna, darüber hinaus zuweilen auch andere Versteinerungen und Artefakte. Die Lößmächtigkeiten betragen in Mitteleuropa selten mehr als 10 m, am Oberrhein im Gebiet des Kaiserstuhls 30 bis 40 m, in China einige 100 m. In Mitteleuropa reicht der L. in geschlossener Decke meistens nicht über 400 m Meereshöhe hinauf, in einigen Fällen (Karpatenrand) allerdings bis 600 m.
Eine grobkörnige Abart des L. ist der → *Sandlöß*, der zum → *Treibsand* überleitet. Die Lößverwitterung beginnt im humiden Klima mit der Entkalkung des Oberbodens. Der entkalkte L. verliert seine Standfestigkeit, wird anfällig gegenüber Verschlämmung und Bodenerosion. Mit der Entkalkung schreitet die Verlehmung in Form der Silikatverwitterung weiter voran; es entsteht der *Lößlehm*, der durch die freigesetzten Sesquioxide eine gelbe bis braune Farbe annimmt. Der gelöste Kalk wird im Untergrund wieder ausgefällt. Hier bilden sich oft eigentümlich geformte Kalkkonkretionen, die *Lößkindel* (*Lößpuppen*, *Lößmännchen*).
Als *Lößderivate* (*lößartige Sedimente*) bezeichnet man solche Bildungen, die nach der äolischen Sedimentation umgelagert oder synsedimentär bzw. postsedimentär überprägt wurden. Sie haben viele Eigenschaften des reinen L., z. B. Struktur, Kalkgehalt, Schichtungslosigkeit, verloren, sind diesem aber, besonders in der Korngrößenzusammensetzung oft noch recht ähnlich. Die Nomenklatur dieser Lößderivate ist noch sehr uneinheitlich. Fast immer geschichtet ist der in Wasserbecken abgelagerte *Seelöß*, zumeist auch der durch Abspülung entstandene mitunter mit anderem Material (z. B. Kies) durchsetzte und ein vorherrschend plattiges Gefüge aufweisende *Schwemmlöß* (*Tallöß*). Aus Wechsellagerungen von Flugsand und L. ist der *sandstreifige L.* aufgebaut. Als *Solifluktionslöß* (*Fließlöß*) bezeichnet man die an den Hängen (überwiegend im Periglazial) umgelagerten und durch Aufnahme und Vermengung mit liegendem Fremdmaterial (besonders Skelett) verunreinigten L. bzw. Lößlehme. Als annähernd entsprechende Synonyme gelten *Gehängelöß*, *Flankenlöß*, *Proluvium*, bei Wechsellagerung mit Lehmlagen zuweilen auch *Gehängelehm* und *Flankenlehm*. Dicht gelagerte, von gehemmtem oder stagnierendem Sickerwasser geprägte, durch Reduktions- und Oxydationsvorgänge rostfleckige und grau marmorierte L. werden als *Gleylöße* bezeichnet. Sie können in situ, aber auch durch Umlagerungen entstehen und sind wenigstens teilweise identisch mit dem *Staublehm*. Schließlich zählen zu den Lößderivaten auch die durch pedogene Prozesse veränderten äolischen Sedimente, die als fossile Böden für die → Lößstratigraphie von großem Wert sind.
Der hohe ackerwirtschaftliche Wert des L. beruht teils auf dem Kalkgehalt, vor allem aber auf den physikalischen Eigenschaften: gute Durchlüftung, gute Wasserhaltung infolge der Fähigkeit, bei Trockenheit das

Wasser kapillar wieder hochsteigen zu lassen, leichte Bearbeitbarkeit. Hinzu kommt das tiefgründige Bodenprofil. Als Bodentypen auf L. entwickeln sich in Trockenbereichen → Tschernosjome (fehlende oder geringe Kalkauslaugung), mit zunehmenden Niederschlagsmengen und abnehmenden Temperaturen → Parabraunerden, → Fahlerden und schließlich→ Pseudogleye.

Lößstratigraphie, die Gliederung und zeitliche Zuordnung der Lößsedimente, besonders der pleistozänen Löße. Man bedient sich dabei hauptsächlich der im Löß begrabenen fossilen Bodenhorizonte, der ^{14}C-Datierungen organischer Substanzen, der Schneckenfauna des Lößes, zuweilen auffindbarer Artefakte sowie glazialsedimentologischer und terrassenmorphologischer Befunde. Die stratigraphische Einordnung der äolischen Sedimente über einen größeren Raum bereitet erhebliche Schwierigkeiten. Denn es sind repräsentative, möglichst vollständige Profile erforderlich, und die vertikale Abfolge und Ausprägung der Sedimente und der fossilen Böden ist von klimatischen Unterschieden selbst bei nahe gelegenen Gebieten abhängig. Am besten erforscht ist z. Z. die L. der Weichsel-Eiszeit.

Lostage, *Lurtage, Bauerntage,* diejenigen Tage des Jahres, die der Volksglaube als sehr bedeutsam für die Wetterprophezeiung ansieht (insgesamt 84). Die bekanntesten sind Lichtmeß (2. Febr.), Eisheilige (11. bis 13. Mai) und → Siebenschläfer (27. 6.). An diesen Tagen erfolgt zwar oft der Eintritt von länger anhaltenden Wetterlagen, doch kann das einzelne Jahr von der Regel völlig abweichen.

Lot, *Seelot,* in der Nautik eine Vorrichtung zum Messen der Wassertiefe. Für geringe Tiefen bis etwa 100 m wird das *Handlot* verwendet, das aus einem konischen Bleistück (2, 3, 75, 5 oder 14 kg) und einer in Abständen von 2 m markierten Lotleine besteht. Bei größeren Tiefen benutzt man das *Thomson-* oder *Patentlot.* In seinem Bleistück von 10,5 kg befindet sich eine unten offene Glasröhre, die in ihrem Inneren mit rotem Silberchromat bestrichen ist. Das Wasser dringt beim Absenken des L. in die Röhre ein, und zwar um so weiter, je größer der Wasserdruck mit zunehmender Tiefe wird. Bei der Berührung mit Meerwasser färbt sich das Silberchromat gelb, so daß sich an der Färbung der Röhre die Eindringtiefe des Wassers an einer Skale unmittelbar feststellen läßt. Das Bleistück hängt beim Thomsonlot an einem dünnen Draht (bis 430 m Länge), der mit einer *Lotwinde* bewegt wird (*Lotmaschine*). Für große Tiefen wird das *Echolot* verwendet. Von Bord des Schiffes werden Schallwellen (Ultraschallimpulse) ausgesandt, die am

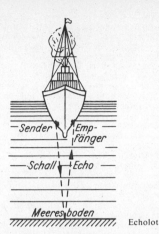
Echolot

Meeresboden reflektiert und vom Echolot wieder aufgefangen werden. Aus dem Zeitunterschied, unter Berücksichtigung der Schallgeschwindigkeit im Wasser, läßt sich die Meerestiefe errechnen. Neuerdings werden auch registrierende Apparaturen, *Echographen,* verwendet, die bei sich die Aufzeichnung ganzer Profile ermöglichen. Das Echolot dient auch zur Feststellung der Flughöhe von Flugzeugen aus.

Loxodrome, *Kursgleiche,* die Verbindungslinie zwischen zwei Punkten auf der Kugel oder dem Ellipsoid mit gleichbleibendem Azimut. Sie schneidet alle Meridiane unter gleichem Winkel; sie wird auf Karten in winkeltreuen Mercatorentwurf (→ Kartennetzentwürfe) als Gerade abgebildet. Wegen der Konvergenz der Meridiane nach den Polen zu ist sie im Unterschied zur → Orthodrome kein Großkreis, sondern bildet eine Spirale.

Luch [sorbisch] *m* oder *n, Pl.* Lüche oder Lücher, im brandenburgischen Gebiet Bezeichnung für Sumpfwiesen, zuweilen auch für Moore.

Luftbild, ein photographisches Bild eines Ausschnitts der Erdoberfläche, das von einem Luftfahrzeug aus aufgenommen ist. Nach der Richtung der Aufnahmeachse des Aufnahmegerätes unterscheidet man *Schrägaufnahmen,* die aufgrund ihres Blickwinkels und ihrer plastischen Wirkung ein hervorragendes Anschauungsmittel sind, und *Steilaufnahmen,* die kartenartig wirken. Bei den Steilaufnahmen werden durch Entzerrungsgeräte die Abweichungen von der absolut senkrechten Aufnahmeachse korrigiert. Es entsteht ein maßstabsgerechter *Luftbildplan,* bei dem einige Objekte beschriftet werden. Wird die Photographie darüber hinaus noch mit Signaturen für Verkehrswege, Siedlungen, Gewässernetz, Grenzlinien der Bodenbedeckung u. a. überzeichnet, so entsteht eine *Luftbildkarte.* Über das Verfahren, aus Luftbildern

Karten anzufertigen, → Photogrammetrie.

Luftbildsteilaufnahmen, Luftbildpläne und Luftbildkarten sind schnell herzustellen und leicht zu vervielfältigen. Sie liefern ein vollständiges, dem neuesten Stand entsprechendes, absolut genaues Bild. Das Relief ist allerdings im Einzelbild nicht direkt, sondern nur indirekt (z. B. Serpentinen der Straßen) erkennbar, läßt sich aber bei der Stereoauswertung eines Bildpaares sehr plastisch herausheben und ausmessen. L. dienen einerseits zur Herstellung und Laufendhaltung von topographischen Karten und zur Geländeerkundung. Die Auswertung kann punktweise erfolgen, sich auf Grundrißobjekte beziehen oder das Relief mit einschließen (Universalauswertung), was eine stereoskopische Auswertung voraussetzt und Bilder mit entsprechender Überdeckung verlangt. Große Bedeutung hat die Umformung von L. zu *Luftbildplänen* und zu Orthophotos und Orthophotokarten. Andererseits sind L. (in Schwarzweiß-, Farb-, Infrarot- und Multispektraltechnik) zum unentbehrlichen Arbeitsmittel zahlreicher Wissenschaften und zum Ausgangsmaterial für die Herstellung von Themakarten geworden. Die *Luftbildinterpretation* (*Luftbildauswertung*) geht dabei von der Analyse der Größe und Form der Objekte, des Grauwertes (Farbwertes) und der Texturmerkmale der Flächen aus. Durch synchrone Testuntersuchungen am Boden können Interpretationsschlüssel erarbeitet werden (räumlich und zeitlich nur in engen Grenzen gültig), die eine visuelle, vollautomatisierte oder kombinierte Abarbeitung des Informationsgehaltes der L. ermöglichen.

Luftbildmessung, → Photogrammetrie.

Luftdruck, der Druck, den die atmosphärische Luft (→ Atmosphäre) infolge der Schwerkraft auf ihre Unterlage ausübt. Als Maß gilt der Druck auf 1 cm² Fläche. Er wird mit Hilfe des Barometers gemessen. Nach dem Internationalen Einheitensystem (SI) wird er in Pascal (Pa) angegeben. Da diese Einheit für praktische Zwecke zu klein ist, wird sie meist auf mbar bezogen: 1 mbar = 10^2 Pa = 1 hPa (Hektopascal). Daneben ist vorläufig noch das Torr zugelassen: 1 Torr = 1,3332 mbar = 133, 32 Pa.

Mit wachsender Höhe nimmt der L. ab (→ barometrische Höhenstufe). Um an verschiedenen Orten abgelesene Werte vergleichbar zu machen, müssen sie auf die Temperatur von 0 °C (Temperaturkorrektur), auf die Höhe des Meeresspiegels (Höhenkorrektion) und auf die unter 45° Breite herrschende Normalschwere (Schwerekorrektion) reduziert werden.

Der L. ist auf der Erde nicht gleichmäßig verteilt. Diese Tatsache ist einerseits auf die unterschiedliche Erwärmung der Erdoberfläche und die

ungleichmäßige Verteilung von Land und Meer, zum anderen auf Bewegungsvorgänge in der Atmosphäre zurückzuführen. Wird ein Teil der Erdoberfläche durch die Sonneneinstrahlung erwärmt, so heben sich über ihm durch Aufsteigen der Luft die Flächen gleichen L. in der Atmosphäre. Die Luft muß dem dadurch entstehenden Luftdruckgefälle folgen und strömt oben nach allen Seiten aus, so daß am Boden der L. sinkt, während er in der Umgebung steigt. Es entsteht ein thermisch bedingtes → Tiefdruckgebiet, das von Gebieten höheren L. umgeben ist, der dynamisch (durch die Bewegungen der Luft vom Tief weg) bedingt ist. Da sich allmählich die Flächen gleichen Drucks in den unteren Luftschichten von der Umgebung zum Tief hin senken, ergibt sich aus dem Gefälle unten eine Ausgleichsströmung zum Tief hin. Bei Abkühlung eines Teils der Erdoberfläche sind sämtliche Bewegungsrichtungen umgekehrt, und es entsteht ein thermisch bedingtes → Hochdruckgebiet, das von dynamisch bedingtem niedrigem L. umgeben ist. Die unterschiedliche Verteilung des L. ist in Verbindung mit der Erdumdrehung und den Luftströmungen entscheidend für die Entstehung der → atmosphärischen Zirkulation. Thermisch bedingt sind z. B. infolge der hohen Sonneneinstrahlung die äquatoriale Tiefdruckfurche und wegen ihrer kräftigen Abkühlung die polaren Hochdruckkappen. Die subtropische Hochdruckzone ist dagegen dynamisch bedingt.
Da die Sonneneinstrahlung im Laufe des Tages und des Jahres schwankt, ergibt sich auch ein täglicher und jährlicher Gang der Schwankungen des L. In tropischen Breiten ist der tägliche Gang infolge des gleichmäßigen Temperaturganges ebenfalls sehr regelmäßig, polwärts nehmen die Störungen im Tagesgang des L. jedoch immer mehr zu. Der jährliche Gang des L. ist sehr unregelmäßig. Man unterscheidet hierbei den kontinentalen Typ mit Höchststand im Winter und den ozeanischen Typ mit Höchststand im Sommer. Diese Unterschiede sind darauf zurückzuführen, daß im Sommer das Meer im allgemeinen kühler als das Land, im Winter das Land kühler als das Meer ist. Im ganzen hat die Halbkugel, auf der gerade Winter ist, höheren L. als die andere (→ Klima).
Zwischen warmer leichter Luft und kalter schwerer Luft herrscht das Bestreben, die bestehenden Druckunterschiede auszugleichen. Dieser Ausgleich erfolgt durch Luftströmungen, die → Winde, die stets von Gebieten höheren L. nach solchen niedrigeren L. wehen. Dabei werden Luftmassen in Bewegung gebracht, die an Fronten gegeneinander abgegrenzt sind und sich in großen Wirbeln gegeneinander verschieben.

Unter *Luftdruckgradient* (*Druckgefälle*) versteht man die Abnahme des L. auf eine bestimmte horizontale Entfernung, in Richtung des größten Gefälles gemessen. Je dichter auf einer Wetterkarte die Isobaren (Linien gleichen Luftdrucks) aufeinanderfolgen, um so größer ist der Gradient. Meist wird das Druckgefälle auf einen Längengrad (111 km), neuerdings auch auf die Einheitsstrecke von 100 km bezogen.
Luftfahrtkarte, svw. Luftnavigationskarte.
Luftfeuchtigkeit, *Luftfeuchte,* der Wasserdampfgehalt der atmosphärischen Luft. Sie kann auf verschiedene Weise bestimmt und zahlenmäßig ausgedrückt werden: 1) als *Dampfdruck* in mbar oder Pa; 2) als *absolute L.* in g Wasserdampf je m³; 3) als *spezifische L.* in g Wasserdampf je kg feuchter Luft; 4) als *Mischungsverhältnis* in g Wasserdampf je kg trockener Luft; 5) als *relative L.* in % der bei einer bestimmten Temperatur überhaupt möglichen L.

Werte der absoluten Luftfeuchtigkeit

Temperatur in °C	−10	−5	0	+5	+10	+15	+20	+25	+30	+40
Luftfeuchtigkeit in g/m³	2,14	3,25	4,85	6,81	9,42	12,85	17,32	23,07	30,64	51,14

Ist die relative L. 100%, so ist die Luft an Wasserdampf gesättigt (→ Sättigungsdefizit). Der Überschuß wird in Tröpfchenform ausgeschieden und in Wolken und Niederschlägen sichtbar, → Kondensation. Sinkt die relative L. unter 60%, so spricht man bereits von trockener Luft. Absolut trockene Luft kommt selbst bei tiefsten Temperaturen und in Wüsten nicht vor, über → Inversionen kann die L. allerdings bis 0% absinken.
Die L. unterliegt täglichen und jahreszeitlichen Schwankungen. Sie ist ferner abhängig von der Höhenlage, der geographischen Breite und der das Wasser bestimmenden Luftmasse. Zur Bestimmung der L. dienen das Aspirationspsychrometer und das Hygrometer.
Luftkapazität, jener Teil des Porenvolumens des Bodens (angegeben in Vol.-%), der beim Erreichen der → Wasserkapazität noch mit Luft gefüllt ist. Die L. gibt somit das Volumen aller weiten (nichtkapillaren) Poren im Boden an, die (sofern kein Grund- und Stauwasser vorliegt) nicht mit Wasser gefüllt bleiben können. Böden mit mindestens 10 bis 15% L. bezeichnet man als gut durchlüftet. In Tonböden beträgt die L. etwa 4 bis 15%, in Lehmböden 10 bis 25%, in Sandböden 30 bis 40% (im Extrem bis zu 80%).
Luftmasse, meteorologische und klimatologische Bezeichnung für ein einheitliches Luftquantum mit bestimmten Eigenschaften. Diese Eigenschaften erwirbt die L., wenn sie längere

Zeit über einem Gebiet der Erdoberfläche verharrt. Über einem kalten, trockenen Gebiet lagernde L. sind kalt und enthalten wenig Feuchtigkeit, weil einerseits die Verdunstung gering ist und zum anderen kalte Luft nur wenig Wasserdampf aufnehmen kann. Umgekehrt ist eine L., die über einem Meer der Tropen liegt, warm und stark mit Feuchtigkeit beladen.
Da verschiedene warme L. infolge des zwischen ihnen bestehenden Unterschieds des → Luftdrucks nicht ruhig nebeneinanderliegen können, geraten sie im Rahmen der → atmosphärischen Zirkulation in Bewegung. Ihre ursprünglichen Eigenschaften bleiben bei diesen Bewegungen lange erhalten und gehen erst nach längerem Wege verloren (Luftmassentransformation, Alterung). Die Grenzzone zwischen zwei L., die *Luftmassengrenze,* ist keine gerade Trennungsfläche, vielmehr sind an ihr mehr oder weniger starke Verwirbelungen zu beobachten.
Man unterscheidet eine ganze Reihe typischer L. Nach dem Herkunftsgebiet teilt man sie zunächst ein in *polare L.* (P), die sich innerhalb der Polarkreise bilden, und *tropische L.* (T), die auf der Abdachung der Roßbreitenhochs entstehen. Da jede dieser L. ihre Eigenschaften wiederum über einem Meer oder über einem Land erwerben kann, spricht man ferner von *maritimen L.* (m) und *kontinentalen L.* (c), die wiederum je nach Jahreszeit gewisse Unterschiede zeigen. In Mitteleuropa unterscheidet man 12 verschiedene L.
Luftnavigationskarte, *Luftfahrtkarte,* veraltet *Fliegerkarte,* eine angewandte topographische Karte mit vereinfachter Topographie und zusätzlich, für die Luftnavigation wichtigen Angaben im farbigen Aufdruck, z. B. Flugschneisen, Landeplätze, Flughindernisse. L. gibt es für Sichtnavigation im Maßstab 1 : 500000 und 1 : 1 Mill. und für den Langstreckenflug 1 : 2 Mill. in besonderen winkeltreuen Netzentwürfen und oft mit zusätzlichem Aufdruck für Kurvennetzen für die Funknavigation (z. B. Radar, LORAN, DECCA).
Die Weitluftnavigationskarte (Abk. WLK; englisch World Aeronautical Chart, Abk. WAC) im Maßstab 1 : 1 Mill. wird seit 1947 von der I.C.A.O. (International Civil Aviation Organization) neben der → Internationalen Weltkarte für den zivilen Luftverkehr hergestellt. Ihre Blätter müssen in kurzen Abständen, teilweise dreimonatig, laufend gehalten werden.
Luftplankton, die Gesamtheit aller

in der Luft enthaltenen Teilchen, z. B. Staub, Ruß, vulkanische Aschen, Salzkristalle aus dem Meer u. ä., die die → Trübung der Luft hervorrufen.
Luftspiegelung, eine atmosphärische Erscheinung, hervorgerufen durch unregelmäßige Brechung und Totalreflexion der Lichtstrahlen an verschieden warmen Luftschichten. Häufig ist die L. nach unten, die dann eintritt, wenn die untersten Luftschichten wärmer und damit dünner sind als die darüberliegenden. Sie täuscht in Wüsten Wasserflächen vor (*Wüstengesicht*) und rückt entlegene Gegenstände (Landschaften, Städte) in die Nähe; oft tritt zusätzlich noch eine

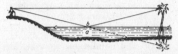

Luftspiegelung. *a* dünnere Luftschicht, *b* dickere Luftschicht, *c, d* Grenzschicht zwischen beiden

L. etwa an Felswänden nach der Seite ein (*Fata morgana*). L. nach oben (*Seegesicht, Kimmung*) ist zu beobachten, wenn die Luftdichte nach oben stark abnimmt; der Beobachter sieht gehobene, auf den Kopf gestellte Spiegelbilder der Gegenstände.
lufttrocken, Abk. *lutro*, Bezeichnung für Bodenproben, die zur Vorbehandlung für Analysen mindestens etwa 10 Tage (leichter Sandboden) bis 4 Wochen (schwerer Tonboden) in flachen Schalen bei Zimmertemperatur getrocknet werden. L. Feinerde ist nicht völlig massekonstant, da das darin enthaltene hygroskopische Wasser mit der Luftfeuchtigkeit im Gleichgewicht steht. Benötigt man absolut massekonstante Proben, so trocknet man den Boden im Trockenschrank bei 105 °C (absolut trockener Boden, Abk. atro Boden, = Trockenmasse).
lusitanisch nennt man in der Tiergeographie Arten, die in den Gewässern vor den Küsten Portugals vorkommen. L. Formen finden sich z. B. in den Ablagerungen des Eem-Meeres vor, das in der letzten Interglazialzeit im heutigen Nordseebereich bestand. Dort herrschte damals ein etwas wärmeres Klima als gegenwärtig.
Luv *f*, die Seite, von der der Wind kommt. Im Seewesen ist L. also die dem Wind zugekehrte Seite des Schiffes, im welligen oder bebauten Gelände diejenige Seite, auf die der Wind auftrifft. In der Klimatologie ist die L. eines Gebirges die Hauptregenseite. Gegensatz: → Lee.
Lydit, → Kieselschiefer.
Lysimeter, eine Meßanlage zur Erfassung des Bodenwassers. Eine Säule gewachsenen Bodens (Bodenmonolith) mit darauf befindlicher Vegetation wird an seinem Standort von einem zylindrischen Mantel umhüllt, der mit einer Bodenplatte, einem Sickerwasserbehälter und Wägeeinrichtungen versehen ist. Auf diese Weise lassen sich Verdunstungsverluste, Niederschlags- und Sickerwassermengen direkt bestimmen und Untersuchungen des Wasserhaushalts anstellen. Darüber hinaus kann das aufgefangene Sickerwasser auch hinsichtlich der darin gelösten Substanzen analysiert werden. L. sind in verschiedenen Größen und Ausführungen im Gebrauch.

M

Mäander [nach dem stark gewundenen kleinasiatischen Fluß Mäander, Bezeichnung für regelmäßige, frei ausschwingende Flußkrümmungen in Flußebenen. Sie treten dort auf, wo in einem Fluß nach Ablagerung eines großen Teils des von ihm mitgeführten Schutts ein günstiges Verhältnis zwischen Wassermenge, Gefälle und Schuttbelastung erreicht ist. Man nimmt allgemein an, daß die M. Ausdruck optimaler Fließbedingungen und in der Dynamik des Fließvorganges selbst begründet sind. Dafür spricht, daß jeder Fluß je nach Wasserführung eine bestimmte Größe der M. aufweist.
Da der Stromstrich auf der Außenseite der Krümmung etwas unterhalb des Krümmungsscheitels auf den unterhöhlten Prallhang auftrifft, wird der M. immer weiter ausgezogen und dabei etwas flußabwärts verlegt. Auf der Innenseite der Krümmung wird dagegen infolge der dort vorhandenen geringen Strömung Schuttmaterial abgelagert, so daß schließlich langgestreckte Flußauen entstehen, die Ränder von den Resten der schwach gekrümmten Steilufer gebildet werden. Die häufig nur noch schmalen Mäanderhälse zwischen den einzelnen Flußschlingen können bei Hochwasser durchbrochen werden. Dann wird die Schlinge zum strömungslosen *Altwasser*, das allmählich verlandet (Abb. → Tal).
Von diesen *freien M*. unterscheidet man die *gezwungenen M*., die nicht auf der Dynamik des Fließvorganges beruhen, sondern durch das wechselseitige Auftreten von Schwemmkegeln veranlaßt werden, die den Fluß jeweils an die andere Talseite drängen. Gezwungene M. zeigen daher nie die regelmäßigen, weit ausgezogenen Flußschleifen wie die freien M.
Wird ein mäandrierender Fluß infolge Hebung der Flußstrecke zur Tiefenerosion gezwungen, so zeigt die Erosionskerbe die gleichen Windungen; es entstehen *Talmäander*. Ist die Seitenerosion dabei nur gering, so erscheint der Talmäander als *eingesenkter M*. mit fast symmetrischem Talprofil. Tritt jedoch zur Einschneidung eine gleichzeitige starke Seitenerosion hinzu, so werden die Schleifen immer weiter ausgezogen; die Außenseite der Krümmungen bildet steile Prallhänge, auf der Innenseite dagegen fällt das Ufer schräg ab, d. h., der Fluß gleitet in Richtung der Außenkrümmung ab. Man spricht daher von *Gleitmäander*, der einen deutlich asymmetrischen Talquerschnitt zeigt. Am Gleithang lagern sich häufig Flußschotter ab. Auch bei Talmäandern kann der Schlingenhals durchstoßen werden, so daß ein → Umlaufberg entsteht. Schöne Talmäander sind im Saaletal bei Ziegenrück, im Mosel- und Saartal vorhanden.
Maar, meist von Wasser erfüllte, rundliche trichterförmige Hohlform an der Erdoberfläche, die durch eine vulkanische Explosion entstanden ist. Da kaum Lava oder Asche gefördert wurde, hat sich kein Vulkankegel aufgebaut. Das M. ist von einem Wall vulkanischen Lockermaterials und ausgesprengter Gesteinsbruchstücke umgeben. Kennzeichnend sind die M. für Teile der Eifel (Gmünder M., Laacher See), der Schwäbischen Alb (Randecker M.) und der Auvergne.
Maastricht, → Kreide, Tab.
Macchie, eine immergrüne Gebüschformation des Mittelmeergebiets, die hauptsächlich aus Ginster, Erikazeen, Wacholder, Pistazie – auf Korsika auch aus Zwergpalmen – und aromatischen Stauden zusammengesetzt ist. Sie gedeiht besonders in den feuchteren, küstennahen Gebieten. Ihre Vegetationszeit ist der milde, feuchte Winter; während der sommerlichen Dürre ist das Wachstum dagegen nur gering. Der M. entsprechende Formationen in anderen Gebieten sind → Garigues, → Tomillares, → Phrygana und → Chaparral.
Magma, glutflüssige, gashaltige Gesteinsschmelze in den tieferen Bereichen der Erdkruste. Die Hauptbestandteile des M. sind Oxide von Silizium, Aluminium, Eisen, Mangan, Kalzium, Natrium und Kalium sowie Wasser und Gase. Die Temperatur des M. liegt wahrscheinlich um 1000 °C.
Infolge von Bewegungen einzelner Erdkrustenteile oder auch aktiv kann das M. in der Erdkruste emporsteigen. Dabei bleibt es entweder in der Erdkruste zwischen anderen Gesteinen stecken, oder es fließt an der Erdoberfläche als Lava in Vulkanen aus. Beim Aufsteigen kühlt sich das M. ab, und infolgedessen kristallisieren seine Bestandteile allmählich in einer gesetzmäßigen Reihenfolge aus und bilden die Magmagesteine (→ Gestein), und zwar beim Erstarren innerhalb der Erdkruste Tiefengesteine in Form von Batholithen, Lakkolithen, Diapiren, Lagergängen und Stöcken, beim Erstarren an der Erdoberfläche Ergußgesteine in Form von Decken,

Kuppen, Lagern, Strömen. An Gesteinen, die das M. beim Aufsteigen berührt, bewirkt es seine Umwandlung (→ Metamorphose). Mischt sich das aus der Tiefe aufsteigende Stamm-Magma mit Schmelzflüssen, die durch Aufschmelzung von in die Tiefe versenkten, schon einmal verfestigten Gesteinen entstehen, so bezeichnet man die Mischung als *Migma*.
Magmatite, → Gesteine.
magnetische Konvergenz, svw. Nadelabweichung.
Magnetisch-Nord, die Richtung, in die der Nordpol einer frei beweglichen Magnetnadel zeigt, → Erdmagnetismus. Sie fällt nicht mit der geographischen Nordrichtung zusammen, sondern bildet mit dieser einen Winkel, der als Mißweisung (→ Deklination) bezeichnet wird. Der Winkel zwischen M.-N. und Gitter-Nord heißt Nadelabweichung.
Magnetosphäre, → Atmosphäre.
Magnitude, eine dimensionslose Zahl zur Charakterisierung der Stärke von Erdbeben. Die M. wird aus dem Seismogramm bestimmt. Sie errechnet sich aus dem Quotienten der Bodenamplitude und der zugehörigen Periode der betreffenden Welle und einer Eichfunktion, die von der auf der Erdoberfläche gemessenen Entfernung abhängt und deren Werte aus dem Ansatz M = 0 resultieren. Dieser Ansatz ist mit einer Geschwindigkeit der Bodenverrückung am Registrierort verbunden, die der Grenze der Instrumentenempfindlichkeit entspricht. Das bisher größte instrumentell registrierte Erdbeben hat die M. 8,6. Diese nach oben offene Skala wird als *Richterskala* bezeichnet.
Die Bestimmung der M. ersetzt die früher angewandten Kennzeichnungen der Erdbebenstärke (z. B. die 12teilige Skala nach Mercalli), die sich z. T. auf makroseismische Beobachtungen stützten.
Makroklima, *Großklima*, ein Klima, bei dem die klimatischen Eigentümlichkeiten größerer Gebiete (Länder, Kontinente, gesamte Erde) erfaßt werden. Die im Klimadienst gewonnenen Werte verarbeitet man meist zu Mittelwerten, die in Klimajahrbüchern veröffentlicht und auf Klimakarten veranschaulicht werden. Das M. ist für die Einteilung der Erdoberfläche in Klimazonen und Klimaprovinzen entscheidend. → Mikroklima.
Mallung *f*, schwacher veränderlicher Wind. In der Seemannssprache bezeichnet man mit M. (englisch doldrums) die windstillen Zonen; vor allem den äquatorialen Kalmengürtel, z. B. auch die beiden Gebiete unter etwa 30° nördlicher und südlicher Breite im Bereich der Roßbreiten.
Malm [englischer Steinbrecherausdruck] *m*, der obere oder Weiße → Jura; überwiegend aus Kalken, z. T. aus Riffkalken, aufgebaute marine Ablagerungen, die z. B. in der Schwäbischen und Fränkischen Alb mächtige Schichten bilden und als charakteristische Stufenbildner auftreten.
Mammatuswolken, → Nimbostratus.
Mangrovewald, *Halodrymium*, Gehölzformation im Gezeitenbereich tropischer Küsten, an besonders geschützten schlammigen Stellen. Die Mangrovepflanzen passen sich durch Stelzwurzeln dem verschieden hohen Wasserstand und dem Anprall der Wogen an. Durch Atemwurzeln (Pneumatophoren), die aus dem Boden herausragen, überwinden sie den Sauerstoffmangel des schlammigen Untergrundes. Sie pflanzen sich durch Keimlinge fort, die bis zur vollständigen Ausbildung (bis 60 cm Länge) an der Mutterpflanze bleiben und dann abgestoßen werden. Man unterscheidet zwei Provinzen des M.: eine östliche, die das Gebiet des Indischen Ozeans und des westlichen Pazifischen Ozeans, vor allem Insulinde, und eine westliche, die den Atlantik und den östlichen Pazifik umfaßt. Die Mangrove kommt bis etwa 30° beiderseits des Äquators vor. Ihr zähes Holz wird sehr geschätzt. Die Blätter und jungen Triebe einiger Mangrovearten enthalten wertvolle ätherische Öle (z. B. Kajeputöl).
Die *Mangroveküste* ist verkehrsfeindlich, da die dichte Wall der Mangroven meist nur schmale und flache Wasserarme an Flußmündungen offen läßt. Sie verlandet rasch, da die Mangroven mit ihren zahlreichen Stelzwurzeln den Schlick festhalten.
Mareograph, → Pegel.
marginal, randlich, z. B. marine Ablagerungen, die im Randgebiet des Meeres entstanden sind.
maritim, dem Meer eigentümlich, dem Meer benachbart, vom Meer her beeinflußt; m. Klima, → Seeklima.
Maritimität, der Grad des Einflusses des Meeres auf das Klima. Infolge der hohen spezifischen Wärme des Meerwassers erwärmt sich das Meer nur sehr langsam und gibt auch nur langsam Wärme wieder ab. Es vermag also Wärme zu speichern. Die Luftmassen, die über die Meeresoberfläche landwärts wehen, übertragen diesen Temperaturgang auf auf das Klima der meernahen Gebiete. Im Unterschied zu Gebieten, die sich durch Kontinentalität (→ Kontinentalklima) auszeichnen, ist für maritime Gebiete daher ein ausgeglichener Jahresgang der Temperatur mit verspätetem Eintritt der Extreme, mit kühlem Frühjahr und mildem Herbst vorhanden. Auch die Niederschläge sind höher als in kontinentalen Gebieten, und die Höchstwerte sind in der kühleren Jahreshälfte, meist im Herbst und Winter, festzustellen. Da die Höhenlage niederschlagssteigend und ausgleichend auf den jährlichen Temperaturgang wirkt, sind im Binnenlande aufragende Gebirge oft gleichfalls maritim getönt. → Seeklima.
Marmor, kristallinisch-körniger Kalkstein (Kalziumkarbonat), durch Metamorphose aus gewöhnlichem, dichtem Kalkstein entstanden. M. ist weiß, wie der Bildhauermarmor von Carrara in Italien, oder durch Eisenoxide gelbrot, durch Kohle schwarz, durch Serpentin grün gefärbt. Das mechanisch-plastische Verhalten des M. bei langsam wirkendem, hohem Gebirgsdruck führt dazu, daß die Einschlüsse an Fremdbestandteilen ausgewalzt werden und charakteristisch geschwungene Streifen und zerknetete, verschieden gefärbte Flecken zeigen. M. findet sich als Einlagerung in kristallinen Schiefern, z. B. im Erzgebirge, im Phyllit, z. B. im Fichtelgebirge, und im Kontaktbereich von Tiefengesteinen. M. findet Verwendung zu Bau- und Bildhauerarbeiten, als Zuschlag zu Erzschmelzen, gemahlen als Düngemittel, zur Papierfabrikation.
In der Technik werden auch gewöhnliche, dichte Kalksteine, die farbig, schleif- und politurfähig sind, als M. bezeichnet.
Marmorierung, unregelmäßige Fleckung in Bodenhorizonten, besonders typisch für die g_2- oder S_2-Horizonte der → Pseudogleye ist. Mit dem Wechsel von Vernässung und Abtrocknung unterliegen besonders die Eisen- und Manganverbindungen Reduktions- und Oxydationsvorgängen, der Lösung, vertikaler und in starkem Maße horizontaler Umverteilung auf engem Raum sowie der Ausfällung. Auf diese Weise entstehen an Sesquioxiden verarmte fahlgraue, gebleichte Flecken und orangerote, rostbraune oder schwarzbraune fleckenförmige Anreicherungsbereiche von Sesquioxiden, die in bunter Folge und unterschiedlicher Größe miteinander abwechseln. Oft finden sich in marmorierten Horizonten zudem noch Eisen-Mangan-Konkretionen und vertikale Bleichspalten, deren Genese noch nicht eindeutig geklärt ist.
Marsch, 1) die aus Feinsanden und Schlick bestehenden Anschwemmungen an Flachküsten mit starken Gezeiten. An der Küste selbst werden sie als *Küsten-* oder *Seemarsch*, an den noch unter dem Einfluß der Gezeiten stehenden Flußmündungen als *Flußmarsch* bezeichnet.
Das Material für die Bildung von M. stammt einerseits aus der von den Flüssen mitgeführten Flußtrübe, deren mineralische und organische Bestandteile unter dem Einfluß des salzhaltigen Seewassers rasch ausgefällt werden, zum anderen aber aus dem beim Küstenabbruch in anderen Gebieten anfallenden Feinmaterial, das durch die Gezeitenströmungen in toten Winkeln und Buchten abgelagert wird. Über dem feinsandigen Meeresboden, der zwischen den Inseln und der Küste oft als Watt entwickelt ist, lagert an den flach überspülten Stellen nur das feinste Material, der Schlick, ab, der später durch sich ansiedelnde salzliebende Pflanzen festgehalten und schließlich vom Mittelhochwasser

nicht mehr erreicht wird. Durch geeignete Maßnahmen (→ Wasserbau) wird dieser natürliche Vorgang beschleunigt und zur Gewinnung von Neuland ausgenützt, das durch Eindeichung vor dem Angriff des Meeres geschützt wird (→ Deich). Das eingedeichte Land heißt nördlich der Elbe *Koog* oder *Binnengroden*, in den Niederlanden *Polder*. Das außerhalb der Deiche über Mittelhochwasser liegende Gebiet wird als *Heller* (*Außengroden*) bezeichnet. Vor der allgemeinen Eindeichung konnte die M. nur auf erhöhten Stellen, den künstlich hergestellten Wurten, bewohnt werden.
Die Flußmarschen bilden sich hauptsächlich durch die während der Flut eintretende Aufstauung der Flüsse, die dadurch zur Ablagerung des feinsten Materials gezwungen werden. Dabei liegt das Gebiet unmittelbar am Fluß, von dem aus die Aufschüttung erfolgt, meist etwas höher als das weiter entfernte Gebiet, das *Sietland*, in dem sich vor der künstlichen Entwässerung daher häufig Flachmoore entwickelten. Landeinwärts schließt sich meist die Geest an.
2) in der Bodenkunde die Bodentypenklasse der → Marschböden.
Marschböden, *Marschen*, ältere Bezeichnung **Kleiboden**, **Koogsboden**, **Seemarscherde**, **Mar**, Klasse der Abteilung semiterrestrische Böden (→ terrestrische Böden), die sich unter dem Einfluß gezeitenabhängigen Grundwassers aus marinen, brackischen und fluviatilen Sedimenten entwickelt hat und mit ihrem A-G_0-G_r-Profil dem Gleyen nahesteht. Charakteristische Merkmale der M. sind infolge der häufigen und differenzierten Sedimentation geschichtete Profile, in denen sich selbst nach Eindeichung eine natürliche Horizontierung nur langsam entwickelt, sowie die auf den Sedimentationszyklus und auf den starken Einfluß des Ionenbelages (Salzwasser) zurückzuführenden spezifischen chemischen und physikalischen Eigenschaften. Die M. werden in die Bodentypen See-, Brack-, Fluß- und Moormarsch unterteilt.
Die *Seemarsch* entsteht durch Sedimentation von grauem, meist kalkreichem, marinem Seeschlick, der über einen stark wechselnden hohen Schluff- und Feinsandanteil verfügt. Die *kalkhaltige Seemarsch* (typische Seemarsch, Kalkmarsch, früher auch Jungmarsch) im Vorland der Deiche erfährt eine zunehmende Entsalzung im Oberboden. Setzt, wie immer mit der Eindeichung, auch die Entkalkung ein, entsteht die *kalkfreie Seemarsch* (früher auch Altmarsch), die zur Verschlämmung und Dichtlagerung neigt. Sind verdichtete Knickhorizonte (tonreiche Schichten oder fossile Böden, → *Dwog*) eingebettet, bildet sich die staunasse *Knick-Seemarsch*. Die *Brackmarsch* ist ein graues, kalkhaltiges bis kalkfreies, meist schluff- und tonreiches (60 bis 90%) Brackwassersediment, bildet einen versauerten dichten Boden, der Quellungs- und Schrumpfungsvorgängen unterliegt und zudem häufig Knickhorizonte (*Knick-Brackmarsch*) aufweist. *Flußmarschen* entstehen aus schluffigtonigem Flußschlick im Gezeitenbereich und haben meist eine braune Krume über grauem Unterboden. In Abhängigkeit von Kalkgehalt und Tonanteil, die in den einzelnen Einzugsgebieten variieren, sind die chemischen und physikalischen Eigenschaften der Böden unterschiedlich. Kommt es in Geestrandnähe im tiefliegenden Sietland zu einer brackigen Überschlickung des Niedermoores, so entsteht die *Moormarsch*. Zunächst durchwachsen die Moorpflanzen noch die Schlickmasse (→ Darg), bei Sturmfluten kommt es aber zur Verschlickung des Moores und dadurch später zu Sackungen des Torfes. Die meist um einige Dezimeter mächtige Schlickdecke ähnelt der Brackmarsch, jedoch ist die Entwässerung solcher Böden noch schwieriger.
Die M. sind besonders an der südlichen Nordseeküste verbreitet (in der BRD 650000 ha). Ackerbaulich genutzt werden insbesondere die Seemarschen und Teile der Flußmarschen; die übrigen M. dienen hauptsächlich der Grünlandnutzung.
Masse, *alte Masse*, 1) Bezeichnung für → Kraton.
2) Ausdruck für kleinere verfestigte Krustenteile der Erde. So spricht man z. B. von der Böhmischen M. oder auch vom Böhmischen Massiv.
Massenbewegungen, *Bodenversetzung*, in der Geomorphologie alle Bewegungen von lockerem Gesteinsmaterial, die im Unterschied zum Massentransport fast nur unter dem Einfluß der Schwerkraft auf geneigten Hängen entstehen. Allerdings spielt das Sickerwasser, das den Boden durchtränkt, für die Herabsetzung der inneren Reibung und damit für die größere Beweglichkeit (Mobilität) des Bodens eine wichtige Rolle.
Die als Wandabtragung bezeichneten M. an Steilhängen oder Felswänden, die meist nur eine dünne und oft unzusammenhängende Schuttdecke aufweisen, gehen stürzend als → Steinschlag, → Felssturz, → Bergsturz vor sich. Man faßt sie unter dem Begriff *trockene M.* zusammen, da die Wasserdurchtränkung des Schutts hier nicht entschieden ist, während sie bei den an flacheren Hängen stattfindenden *feuchten M.* (→ Rutschung, Erdrutsch [→ Bergrutsch], → Solifluktion, → Gekriech, → Frana, → Abspülung) für die Beweglichkeit des meist viel feiner aufbereiteten Lockermaterials größte Bedeutung hat.
Durch die M. wird der Verwitterungsschutt vom Ort seiner Bildung hinweggeführt, so daß immer neue Flächen des unverwitterten Gesteins entblößt und damit der Verwitterung verstärkt ausgesetzt werden (Denudation). Den Weitertransport der Schuttmassen übernehmen dann in erster Linie die Flüsse.
Massentransport, die Verfrachtung von lockerem Verwitterungsmaterial durch Flüsse, Meeresströmungen, Gletscher oder Wind. Der M. erfolgt also im Unterschied zu den Massenbewegungen durch ein bewegtes Medium.
Massiv, 1) ein massiges Gebirge gleich welcher Entstehung, das einen gedrungenen Umriß aufweist. Solche Massengebirge sind z. B. der Harz, der Vogelsberg, die Ötztaler Alpen.
2) tektonisch eine alte, durch Abtragung freigelegte Tiefengesteinsmasse, z. B. das Lausitzer Granitmassiv und das Brockenmassiv.
3) svw. Kraton.
Maßstab, das Längenverhältnis einer Zeichnung gegenüber dem Objekt. Bei Landkarten ist der *Kartenmaßstab* das lineare Verkleinerungsverhältnis der Karte gegenüber der Natur. Er wird in graphischer Form als Maßstableiste und/oder in numerischer Form (Bruch, Verhältniszahl) auf Karten angegeben. In der üblichen Schreibweise 1 : 100000 bedeutet 1 cm auf der Karte = 100000 cm (1 km) in der Natur. 1 : 1000 bis 1 : 100000 sind große (topographische) M.

Gebräuchliche Kartenmaßstäbe

Maßstab	1 cm auf der Karte entspricht in der Natur	1 km in der Natur entspricht auf der Karte
1 : 5000	50 m	20 cm
1 : 25000	250 m	4 cm
1 : 50000	500 m	2 cm
1 : 100000	1 km	1 cm
1 : 200000	2 km	5 mm
1 : 500000	5 km	2 mm
1 : 1000000	10 km	1 mm
1 : 2500000	25 km	0,4 mm

1 : 100000 bis 1 : 1 Mill. sind mittlere M., 1 : 1 Mill. und darüber sind kleine (chorographische) M. Die topographischen M. werden auch nach der Kartenstrecke bezeichnet, der 1 km in der Natur entspricht (1 : 100000 als 1-cm-Karte; 1 : 25000 als 4-cm-Karte). Auf englischen Karten wird angegeben, wieviel Meilen (statute mile = 1609,3 m) 1 inch (= 25,4 cm) auf der Karte entsprechen (one-inch-map: 1 Meile auf 1 inch verkleinert, 1 : 63360). Auf kleinmaßstäbigen Karten gilt das exakte Verkleinerungsverhältnis nur in den Entwurfszentrum entlang bestimmter, längentreu abgebildeter Linien.
mathematisch-astronomische Geographie, ein Teilgebiet der physischen Geographie, deren Gegenstand die Erde als Weltkörper ist. Die m.-a. G. vermittelt dabei die Tatsachen, die sich aus der Stellung und Bewegung der Erde im Sonnensystem, aus ihrer

Gestalt und ihrem physikalischen Aufbau ergeben, z. B. die Zonengliederung der Erde (→ Zonen), die Ablenkung großer Massentransporte auf der Erde (→ Meeresströmungen, → Wind), die → Orientierung auf der Erde, insbesondere die astronomische → Ortsbestimmung. Diese Gebiete sind aber schon seit langem Forschungsgegenstand von Spezialwissenschaften (Astronomie, Geodäsie und Geophysik). Auch der Arbeitsbereich der Kartographie war ursprünglich Gegenstand der m.-a. G.

Matratzenverwitterung, häufige Verwitterungsform des Granits, bei der das Gestein in matratzenähnliche Platten zerfällt.

Matte, *alpine Matte*, *Mesophorbium*, Pflanzenformation der höheren Gebirgslagen oberhalb der Baumgrenze. Den ungünstigen Klimabedingungen, nämlich niedriger Temperatur, lang anhaltende Schneedecke und hohen Windstärken, sind am besten Gräser und ausdauernde Stauden (Rosetten- und Polsterpflanzen) gewachsen, die in der kurzen Vegetationsperiode blühen, Früchte bilden und außerdem noch in unterirdischen Organen Vorratsstoffe speichern können.

Mediterranböden, → Terra calcis.

mediterran-pontisch heißen in der Pflanzengeographie Steppenheidepflanzen, die nach der Eiszeit aus den Randgebieten des Mittelmeers und des Schwarzen Meers in Mitteleuropa eindrangen und sich bis heute als Reliktpflanzen an warmen, niederschlagsarmen Standorten gehalten haben.

Mediterranstufen, → Tertiär, Tab.

Meer, *Ozean*, die große zusammenhängende Wassermasse der Erde, die mit rund 361 Mio km² fast 71% der Erdoberfläche einnimmt. Durch die Landmassen wird sie in drei riesige Einzelräume geteilt: den Pazifischen Ozean (Pazifik, Stiller Ozean, Großer Ozean) mit 178,8 Mio km², den Atlantischen Ozean (Atlantik) mit 106,2 Mio km², dem im allgemeinen auch das Nördliche Eismeer zugerechnet wird, und den Indischen Ozean (Indik) mit 75,8 Mio km². Diese drei großen, in ihren Strömungen und Gezeiten selbständigen Ozeane greifen in die umliegenden Landmassen mit *Nebenmeeren* ein, die man je nach ihrer Lage mit besonderen Namen bezeichnet. *Mittelmeere* liegen zwischen Kontinenten; es sind das Europäische, das Australasiatische und das Amerikanische Mittelmeer. *Binnenmeere* sind in einen Erdteil eingelagert, wie dies etwa bei der Ostsee, dem Schwarzen Meer u. a. der Fall ist. *Randmeere* sind den Kontinenten angelagert und durch Inseln oder Halbinseln vom offenen Ozean getrennt, z. B. die Nordsee oder die vier ostasiatischen Randmeere (Ochotskisches, Japanisches, Ost- und Südchinesisches Meer). Schließlich gehören zu den Nebenmeeren noch die zahlreichen **Meerbusen**, *Golfe* oder *Baien* (offene Meerbuchten) sowie **Meerengen**, *Sunde*, *Kanäle* und **Meerstraßen**. Durch ihre Randlage zeigen die wesentlich flacheren Nebenmeere gegenüber dem offenen Ozean erhebliche Unterschiede; der Einfluß des benachbarten Festlandes auf Klima, Wasserhaushalt, Salzgehalt u. a. des Nebenmeeres wirkt sich dabei um so stärker aus, je mehr dieses von Landmassen eingeschlossen ist.

Nach der Entfernung vom Festland und nach der Tiefe gliedert man das M. a) in den *Küstenbereich* (litoraler Bereich), die unmittelbar an der Küste gelegene flache Strandregion; b) in die → *Flachsee* und c) in die → *Tiefsee*.

In Anlehnung an die Gliederung der Atmosphäre spricht man auch von einer *Troposphäre* und *Stratosphäre* des Ozeans. Dabei bezeichnet man als Troposphäre die zwischen etwa 200 und 600 m Tiefe liegende Übergangsschicht, in der eine starke Temperaturabnahme mit der Tiefe zu beobachten ist, als Stratosphäre die darunterliegende und bis auf den Meeresgrund reichende Schicht, in der nahezu Isothermie herrscht. Analog der Grundschicht der Atmosphäre spricht man weiterhin auch von einer *ozeanischen Störungszone*, die die oberste Schicht über der Troposphäre umfaßt und in der durch Wellenschlag und thermische Kleinzirkulation eine völlige Durchmischung des Oberflächenwassers stattfindet.

Die größten **Meerestiefen** wurden in den Tiefseegräben gemessen (→ Tiefsee).

Der **Meeresboden** zeigt im allgemeinen eine einfachere Oberflächengestaltung als das Land, da bei ihm die formenden Kräfte der Verwitterung und Abtragung fehlen, doch haben dicht beieinanderliegende Lotungen gezeigt, daß der Meeresboden vielgestaltigere Formen aufweist, als man bisher annahm. An Großformen unterscheidet man die Gräben an den Bruchlinien der Erdkruste, rundliche Becken und längliche Mulden, gewölbte Rücken oder Schwellen und ebene Plateaus; an Kleinformen vulkanische Berge, submarine Tafelberge (guyots), Kuppen, Rinnen, bisweilen als Cañontäler in Schelf und Kontinentalabhang eingeschnitten, Untiefen, als Gründe oder Bänke bezeichnet, Riffe, als Klippen oder Felsen entwickelt, Kessel und Furchen. Die Schelfe, die untergetauchtes Land sind, lassen deutlich Landformen erkennen, wie Flußrinnen, Rundhöckerlandschaften (zwischen Schottland und Hebriden), Karstgebiete (Golf von Triest), Dünenzüge (Hoofden).

Das Volumen der Weltmeere wird mit $1\,370 \cdot 10^6$ km³ angegeben. Das entspricht bei einer mittleren Dichte des Meerwassers von 1,037 g/cm³ einer Gesamtmasse der Ozeane von etwa $1{,}419 \cdot 10^{18}$ t, das sind 0,24% der Erdmasse. Die Wassermengen des M. sind in ständiger Bewegung. Diese Bewegungsvorgänge gliedern sich in → Meeresströmungen, → Meereswellen und → Gezeiten.

Die Temperatur der Weltmeere ist in großen Tiefen ziemlich einheitlich und liegt, da Wasser seine größte Dichte bei 4 °C hat, etwa bei 3 °C. Die Oberflächentemperaturen jedoch variieren stark mit der geographischen Breite. Auch sind sie von Meeresströmungen beeinflußt. Während sie in Nähe des Äquators über 30 °C betragen können (Rotes Meer 35 °C), sinken sie polwärts ab, liegen jedoch nur in höheren Breiten unter 5 °C. In der kalten Jahreszeit wird die kalte Luft auch das Wasser abgekühlt, es wird schwerer und sinkt so weit in die Tiefe, bis seine Temperatur mit der des umgebenden Wassers übereinstimmt. Wärmeres, obwohl z. T. salzreicheres Wasser wird dafür an die Oberfläche gehoben. Diese thermisch verursachte Turbulenz des Wassers wird *Austausch* genannt. In der warmen Jahreszeit wird durch die Sonneneinstrahlung auch das Wasser an der Oberfläche erwärmt und dadurch leichter als das darunterliegende, so daß der Austausch abnimmt und später völlig aufhört. Dadurch entsteht eine gleichmäßig warme Deckschicht, an deren unterer Begrenzung ein rascher Temperaturrückgang festzustellen ist. Diese Grenzschicht wird als *Temperatursprungschicht* bezeichnet, weil die Temperatur innerhalb dieser wenige Meter dicken Schicht um 5 bis 6 K absinkt, während das Temperaturgefälle von da an bis in große Tiefen nur sehr schwach ist (von 50 bis 400 m Tiefe nur etwa 3 K). Die Jahresschwankung der Wassertemperatur ist wesentlich geringer als die der Lufttemperatur und beträgt meist nur wenige Kelvin, in äquatornahen Gebieten selten mehr als 1 K, in mittleren Breiten 4 bis 6 K. Da das M. im allgemeinen im Sommer kühler, im Winter wärmer ist als das benachbarte Festland, übt es durch Vermittlung der nach den Kontinenten zu abströmenden Luftmassen einen erheblichen Einfluß auf das Klima der Landgebiete aus.

Der mittlere Salzgehalt des Meerwassers liegt bei 35‰, doch steigt er in den Randmeeren der warmen Zonen, z. B. im Persischen Golf und im Roten Meer, gelegentlich bis über 40‰ an, während er in gewissen Binnenmeeren infolge starker Aussüßung bis weit unter 10‰ – im Finnischen Meerbusen z. B. auf 2 bis 3‰ – zurückgeht. Die Zusammensetzung des Salzes ist sehr einheitlich: 88,6% Chloride (darunter über 70% Kochsalz), 10,8% Sulfate, wie Bittersalz, Gips, Kalisulfat, 0,6% Bromide und kohlensaure Salze.

Je höher der Salzgehalt ist, um so tiefer liegt der Gefrierpunkt. Das Wasser der Ostsee mit durchschnitt-

lich 10⁰/₀₀ Salzgehalt gefriert bei $-0,53$ °C, das des Weltmeeres mit im Mittel 35⁰/₀₉ bei $-1,91$ °C. Doch gibt es auch beträchtliche Unterkühlung.
Meerwasser ist wie jedes andere Wasser praktisch unzusammendrückbar. Dichteänderungen rühren daher von Beimengungen her und werden hauptsächlich durch den Salzgehalt bestimmt. Einflüsse der Temperatur auf die Dichte spielen nur in den oberen Schichten eine Rolle.
Auch Gase sind im Meerwasser gelöst. Der Kohlendioxidgehalt ist wichtig für die Lösbarkeit von Kalken, der Sauerstoffgehalt für das Leben im Meer. Das Vorhandensein von Sauerstoff zeigt gleichzeitig an, ob das betreffende Wasser bereits lange in der Tiefe zirkuliert – dann ist es sauerstoffarm – oder erst vor kurzem mit frischem Sauerstoff beladen von der Meeresoberfläche abgesunken ist.
Der Meeresspiegel ist die in Ruhe gedachte Meeresfläche. Sie dient als Nullpunkt (Normalnull, Meeresniveau) für die trigonometrische Höhenbestimmung. Wegen der Veränderlichkeit des Wasserstandes schließen die Landesaufnahmen an bestimmte mittlere Pegelstände an.
Die Farbe des Meerwassers wird durch die Bedeckung des Himmels, den Grad der Luftfeuchtigkeit, die Intensität der Sonnenstrahlung, die Tiefe des Meeres und durch die Trübung des Meerwassers bestimmt. Das eindringende Licht, besonders die roten und gelben Strahlen, wird bereits in den oberen 200 m weitgehend absorbiert. Allerdings konnten bis 1700 m Tiefe Lichtwirkungen nachgewiesen werden. Bei flachen M. hängt die Farbe stark vom durchscheinenden Untergrund ab. Reicher Planktongehalt macht sich in graugrüner Farbe bemerkbar, da an den schwebenden Körpern Reflexion eintritt. Je blauer das M. ist, um so ärmer ist es in der Regel an Lebewesen. Grünliche Färbung deutet auf kaltes Wasser. Die Bläue des Mittelmeeres ist z. B. auf seinen hohen Salzgehalt, den Mangel an Trübung durch Flußsedimente in Verbindung mit intensiver Sonnenstrahlung zurückzuführen.
Die Meeresflora und Meeresfauna ist den physikalisch-chemischen Bedingungen des Meerwassers angepaßt. Nach der Verteilung des Lichts unterscheidet man eine reichlich beleuchtete euphotische, eine schwach beleuchtete dysphotische und eine lichtlose aphotische Zone. Die grünen, assimilierenden Pflanzen sind auf die euphotische und dysphotische Zone beschränkt. Hinsichtlich des Reichtums an Lebewesen sind zwischen den polaren und äquatorialen Gebieten wohl Unterschiede vorhanden, sie sind aber nicht so ausgeprägt wie auf dem Lande. Man unterscheidet das auf dem Grunde lebende Organismen, das → Benthos, von der aktiv schwimmenden Lebewelt, dem → Nekton, und der nur passiv schwebenden, dem → Plankton.
Geologisch ist das M. vor allem als Ablagerungsraum von Gesteinsmaterial wichtig. An der Küste, besonders an Steilküsten, zeigt sich das M. auch als zerstörende, abtragende Kraft. Die Meeresgrenzen sind nicht beständig, sondern infolge Senkungen und Hebungen der Erdkruste (→ Epirogenese) sowie durch Änderungen des Wasserhaushaltes der Erde (→ eustatische Meeresspiegelschwankungen) dauernden Schwankungen unterworfen, die zu Überflutungen (Transgressionen) und Meeresrückzügen (Regressionen) führen.
Meereis, das in den Weltmeeren vorkommende Eis. Es hat sich größtenteils auf dem Meere selbst gebildet, zu einem Teil stammt es aber auch von den bis ans Meer reichenden Gletschern und Inlandeismassen der polaren Gebiete (→ Eisberg). Ins Meer geführtes Flußeis kommt nur in geringem Maße im Nördlichen Eismeer vor. Die zusammenhängende Eisbedeckung in Buchten und Sunden der flachen Nebenmeere bezeichnet man als **Schelfeis**, die zusammenhängenden großen Eisfelder des offenen Arktischen Ozeans dagegen als **Feldeis**. Infolge der Strömung, der Wellen und besonders der Gezeiten können sich jedoch meist keine regelmäßigen Eisflächen bilden; diese werden vielmehr in Schollen zerlegt, die als → Treibeis über große Entfernungen treiben können. Dabei kommt es häufig zum Aneinanderpressen und Übereinanderschieben der einzelnen Schollen; es entsteht dann oft das sehr mächtige **Packeis**.
Der Umfang der vereisten Meeresfläche schwankt je nach der Jahreszeit sehr stark. Auch der Salzgehalt der Meere, von dem der Gefrierpunkt des Meerwassers abhängig ist, spielt eine Rolle. Das Wasser des offenen Ozeans mit durchschnittlich 35⁰/₀₀ Salzgehalt gefriert bei $-1,91$ °C, Ostseewasser mit etwa 10⁰/₀₀ Salzgehalt dagegen bereits bei $-0,53$ °C. Beim Gefrieren bildet nur das reine Wasser Eis; die zurückbleibende schwere Salzlösung diffundiert abwärts, stellt die hexagonalen Eiskristalle senkrecht zur Oberfläche und gibt so dem M. eine faserige Struktur. Da Wasser eine sehr hohe Wärmekapazität aufweist, ist die vereiste Meeresfläche jedoch auch in höheren Breiten mit niedrigen winterlichen Lufttemperaturen kleiner, als zu erwarten wäre.
In einem einzigen Winter wird die Eisdecke auf dem Meer, von dem Packeis abgesehen, nur seltener mächtiger als 2 bis 2,5 m, da Eis ein schlechter Wärmeleiter ist. In Polargebieten bleibt die Eisdecke oft mehrere Jahre erhalten, doch selbst nach 5 bis 6 Jahren erreicht sie kaum mehr als 3 bis 4 m Stärke.
Meereshalde, der am Fuß der Abrasionsplatte (→ Abrasion) gegen das tiefere Meer hin abgelagerte, vom Sogstrom zurückgeführte und mehr oder weniger fein aufbereitete Brandungsschutt. Bei Binnenseen spricht man von der Seehalde (→ See).
Meereskunde, *Ozeanographie, Ozeanologie*, die Wissenschaft von den mannigfaltigen Erscheinungen des Meeres. Ursprünglich Teil der Geographie (Ozeanographie), ist die M. mit der Untersuchung der physikalischen und chemischen Prozesse im Meer ein Teilgebiet der Geophysik geworden (meist als Ozeanologie bezeichnet). Die M. gliedert sich in die allgemeine und spezielle M. Die *allgemeine M.* hat nach G. Dietrich vier Problemkreise zu erforschen:
1) den Stoff und Stoffkreislauf,
2) den Raum und die Raumänderungen,
3) die Lebewesen und Lebenszyklen,
4) die Energie und den Energiehaushalt.
Man kann sie auch in Meeresphysik, Meereschemie, Meeresgeologie und Meeresbiologie gliedern. Die *spezielle M.* beschreibt die einzelnen Meeresgebiete als Teil der geographischen Erdoberfläche im Zusammenwirken aller Faktoren, wobei Gliederung und Aufbau der Meeresräume, die Bewegungsvorgänge im Meer (Strömungen, Gezeiten), die Eigenschaften des Meerwassers (z. B. Salinität, Nährstoffgehalt) und das Leben im Meer in dreidimensionaler Sicht und im jahreszeitlichen Rhythmus in ihrem komplexen Zusammenwirken erfaßt werden. Zur Erforschung des Meeres, die in den letzten 30 Jahren gewaltige Fortschritte erzielen konnte und die in immer stärkerem Maße auf internationaler Zusammenarbeit beruht, werden Expeditionen mit speziellen Forschungsschiffen durchgeführt und ozeanographische Institute unterhalten. Diese Institute bringen außerdem Seekarten, Gezeitentafeln und nautische Tabellenwerke heraus. Ihnen obliegt auch die Entwicklung und Prüfung der nautischen Instrumente.
Meeresströmungen, die mit großer Beständigkeit erfolgende horizontale Versetzung von Wassermassen in den Weltmeeren. Ihre mittlere Geschwindigkeit beträgt etwa 20 bis 30 Seemeilen am Tage, in Ausnahmefällen bis zu 120 Seemeilen. Es gibt Oberflächen- und Tiefenströmungen.
Bei den *Oberflächenströmungen* unterscheidet man a) *Driftströme* (*Drift, Trift*), sie werden vom Wind erzeugt, reichen nicht sehr tief hinab und sind sehr unbeständig. Regelmäßig wehende Winde, wie Passate und Monsune, bewirken, daß an einigen Stellen in den Meeren die Wassermassen gestaut (Konvergenzgebiete), an anderen aber weggeführt werden (Divergenzgebiete). Die größten Staugebiete liegen in der Zone der Roßbreiten, da infolge der in der Westwind- und Passatzone wehenden

Meer(es)wellen

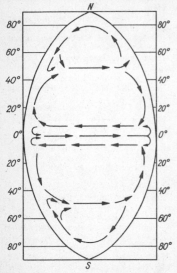

Schema der Meeresströmungen an der Oberfläche eines idealen Ozeans

ständigen Winde große Wassermassen dorthin geführt werden. Zwischen den Staugebieten und ihrer Umgebung entstehen Druckunterschiede, die durch die b) *Druckgefälls-, Gefälls-* oder *Gradientströme* ausgeglichen werden. Diese bilden die weitreichenden M., die beständig strömen und sich innerhalb der Ozeane zu großen Kreisläufen anordnen.
Drift- und Druckgefällsströme werden infolge der Erdrotation auf der Nordhalbkugel nach rechts, auf der Südhalbkugel nach links abgelenkt. Zugleich werden durch die innere Reibung der Wasserteilchen aber auch tiefere Schichten (bis maximal 150 bis 200 m) angeregt. Mit zunehmender Tiefe wird einerseits die Geschwindigkeit geringer, andererseits die Ablenkung größer. Im allgemeinen kann man annehmen, daß die Wasserversetzung gegenüber der herrschenden Windrichtung im Mittel um 90° abgelenkt wird.
Diese wichtigsten Grundarten der M. werden regional modifiziert. In jedem Ozean werden die tropischen Wassermassen durch je eine nördlich und südlich des Äquators verlaufende Strömung in ostwestlicher Richtung bewegt. Der zwischen den beiden Äquatorialströmen in umgekehrter Richtung fließende äquatoriale Gegenstrom ist aber nur im Pazifik deutlich ausgebildet. Beim Auftreffen auf die Ostküsten werden die Äquatorialströme jeweils nach Norden und Süden abgelenkt. Im Atlantik z. B. teilt sich der *Südäquatorialstrom* an dem Nordosthorn Brasiliens in den südwärts ziehenden *Brasilstrom* und den nach Nordwesten gerichteten *Guyana-*
strom, der sich mit dem *Nordäquatorialstrom* vereinigt; zwischen den Kleinen Antillen gelangt er ins Karibische Meer und den Golf von Mexiko. Von hier aus strömen die Wassermassen mit großer Geschwindigkeit durch die Floridastraße als *Golfstrom* (von Kap Hatteras an als *Nordatlantikstrom* bezeichnet) nach Nordosten in den Atlantik hinein bis an die Küsten Nordeuropas und Spitzbergens. Ein Teil der Wassermassen biegt allerdings vor der Küste Westeuropas nach Südosten und Süden ab, vereinigt sich als kalter *Kanarenstrom* an der westafrikanischen Küste wieder mit dem Nordäquatorialstrom und schließt so den Kreislauf. Ein anderer Teil der Wassermassen des Nordatlantikstroms biegt auf der Höhe von Island nach der grönländischen Ostküste ab, trifft als kalter *Labradorstrom* bei Neufundland wieder auf den Nordatlantikstrom und bildet so einen zweiten Kreislauf im Nordatlantik.
Das an einer Stelle des Meeres weggeführte Wasser wird durch *Ausgleichsströme (Kompensationsströme)* wieder ersetzt. Hierzu gehören die meisten Strömungen, die zwischen Haupt- und Nebenmeeren vorhanden sind, im Mittelmeer z. B. die Strömungen in der Straße von Gibraltar und in den Dardanellen, in der Ostsee die Skagerrak- und Beltströmung.
Die *Tiefenströmungen* sind bis jetzt nur im Atlantischen Ozean einigermaßen exakt erforscht. Dort ergibt sich eine dreifache Stromschichtung in *Zwischenströme, Tiefenströme* und *Bodenströme.* Die Bodenströme sind stark vom Relief des Untergrundes abhängig und werden oft durch untermeerische Schwellen abgeriegelt. Die Tiefenströmungen lassen deutlich den Austausch von Wassermassen zwischen den tropischen und polaren Gebieten erkennen.
Ferner gehören zu den Ausgleichsströmen die *Auftriebsströmungen,* die meist kaltes, nährstoffreiches Wasser vom Meeresboden an die Oberfläche bringen, z. B. an den Westküsten Afrikas und Amerikas und an den Ostküsten von Somalia und Arabien.
Die kalten und warmen M. sind nicht nur für das Meer und seine Lebewelt, sondern ebensosehr für die angrenzenden Festländer von größter Bedeutung, z. B. der warme Nordatlantikstrom für Europa. Die Bezeichnungen kalte und warme Strömungen sind relativ und beziehen sich auf den Vergleich mit dem Wasser in der Umgebung dieser Strömungen. Die zu den Polen hin gerichteten M. sind also warm, die äquatorwärts gerichteten kalt.
Meer(es)wellen, fortschreitender Bewegungsvorgang im Meerwasser, wobei die Wasserteilchen regelmäßig Schwingungen an Ort und Stelle ausführen und die Schwingungen durch Kupplung auf die Umgebung übertragen werden. Im Unterschied zu den Meeresströmungen werden bei den M. die Wassermassen nicht über große Entfernungen verfrachtet. Die M. sind in der Regel **Querwellen**, bei denen die Bewegung der Einzelteilchen senkrecht zur Ausbreitungsrichtung der Wellen erfolgt. *Längswellen*, bei denen die Bewegung der Einzelteilchen in Ausbreitungsrichtung der M. erfolgt, entstehen nur bei untermeerischen Erdstößen.
Im allgemeinen werden die M. durch den Wind hervorgerufen (Windsee). Jedes Wasserteilchen vollführt eine Art Kreisbewegung (Orbitalbahn), wobei es also seine Lage im Raum nur wenig verändert und immer wieder an seinen Ausgangspunkt zurückkehrt. Das Wasser fließt demnach nur scheinbar in Windrichtung weg. Dieser Vorgang läßt sich gut an einem im Wasser liegenden Holzstückchen beobachten, das mit der Welle nur die Kreisbewegung an Ort und Stelle ausführt. Die *Wellenhöhe,* d. h. der senkrechte Abstand zwischen dem höchsten (*Wellenberg*) und tiefsten Punkt (*Wellental*), ist in erster Linie von der Windstärke und -dauer, in geringerem Maße von der Wassertiefe und der Länge des wirksamen Seeraumes abhängig; im nördlichen Pazifik wurden bis zu 34 m hohe Wellen gemessen.
Die Wellenhöhe erhält man annähernd, wenn man die Windgeschwindigkeit durch zwei teilt:

Windstärke (Beaufortskala)	Windgeschwindigkeit m/s	Wellenhöhe m
6 ... 7	13,9	6,4
9	22,4	10,7
10 ... 11	28,4	13,7
12	über 33,5	etwa 21

Bei aufkommendem Wind beginnt der Seegang mit einer leichten Kräuselung der Wasseroberfläche, dann entwickeln sich immer größere Wellen. Schließlich brechen sich die Kämme mit weißem Schaum, es entstehen „Katzenpfoten" etwa bei Windstärke 3. Bei noch höheren Wogen ordnet sich der Schaum in Streifen in der Windrichtung an (Windstärke 6 bis 7). Bei Stärke 9 beginnt das Rollen der See. Wenn voller Orkan herrscht (Windstärke 11 bis 12), ist die See über und über mit Schaum bedeckt und scheint zu kochen. Die Wellenberge türmen sich steil empor. In der Nähe der Sturmzentren treten Kreuz- und Pyramidalseen auf. Klingt der Sturm ab, bleibt oft noch tagelang die Dünung mit einer besonders großen *Wellenlänge* (Abstand von einem Wellenberg zum anderen) haben.
Die Tiefenwirkung der Windwellen reicht nicht über 200 m hinab, meist

ist sie wesentlich geringer. Wenn die M. sich einer Flachküste nähern, bremst die geringe Wassertiefe die Geschwindigkeit der Wellen ab, und diese überschlagen sich (→ Brandung).
Die *seismischen Wellen* entstehen durch vulkanische Ausbrüche und Bergschlipfe am Meeresboden. Sie treten selten auf, haben aber große Energie. Ihre Geschwindigkeit beträgt 150 b's 200 m/s. In der Nähe des Entstehungsherdes können Wellenhöhen bis 20 m erreicht werden. Am berühmtesten ist die seismische Welle des Krakatauausbruches vom August 1883, die die Küsten der benachbarten Inseln verheerte. Bei den schweren Erdbeben in Chile im Mai 1960 verursachten seismische Wellen an den Küsten Ostasiens schwere Zerstörungen; an den Küsten Kamtschatkas erreichten die Wellen teilweise bis zu 5 m Höhe. Nach einem japanischen Ausdruck werden die seismischen langen Wellen mit einer Periode von 10 bis 15 Minuten auch als *Tsunamis* bezeichnet. Zu den seismischen Wellen gehören auch → Schockwellen.
Die *stehenden Wellen* sind Schwingungen ganzer kleinerer Wasserbecken infolge von Böen. Sie entsprechen den Seiches auf Binnenseen.
Die *internen Wellen* bilden sich, im allgemeinen ebenfalls durch Windstöße, an den Grenzflächen übereinandergeschichteter Wassermassen. Die internen Grenzflächen schwanken dabei 10 bis 50 m auf und ab, die Wasseroberfläche selbst aber machen sie sich nur schwach bemerkbar.
Meerferne, *Küstenferne*, der Abstand eines Festlandpunktes von der nächstgelegenen Meeresküste. Aus den Linien, die die Punkte gleicher M. verbinden, läßt sich die mittlere M. eines Gebietes und damit der Grad seiner Abgeschlossenheit oder Zugänglichkeit vom Meere aus bestimmen. Die größte M. der Erde weist die Dsungarei auf (2400 km).
Megathermen, Pflanzen mit großem Wärmebedürfnis. Sie kommen nur in Gebieten mit mittlerer Jahrestemperatur über 20 °C vor.
Mehrzeitformen, in der Geomorphologie Formen, die im Laufe ihrer Entwicklung unter verschiedenen Klimabedingungen gebildet worden sind und daher Merkmale verschiedener klimageomorphologischer Phasen zeigen. So ist die Rumpffläche des Erzgebirges im Tertiär angelegt, im Pleistozän kaltzeitlich stark und in der Gegenwart durch Abspülung und lineare Erosion wiederum schwach überformt worden.
melanokrat nennt man Magmagesteine, die überwiegend aus dunklen, basischen Gemengteilen bestehen, z. B. aus Augit und Amphibol. M. sind Diorit, Gabbro, Basalt, Melaphyr, Lamprophyr u. a. Gegensatz: → leukokrat.
Melaphyr, grünschwarzes bis schwarzes, basisches Ergußgestein, in dessen dichter, oft glasiger Grundmasse aus Plagioklas, Augit und Olivin z. T. Einsprenglinge derselben Zusammensetzung liegen. Bei dem blasig ausgebildeten **Melaphyrmandelstein** sind die Blasenhohlräume leer oder mit Kalkspat, Quarz oder Chalzedon ausgefüllt. M. entstand vor allem im Karbon und Rotliegenden, bildet ausgedehnte Decken und kommt in Mittel- und Nordwestsachsen, im Thüringer Wald, im Saar-Nahe-Gebiet vor. M. findet Verwendung als Straßen- und Bahnschotter, Straßenpflaster sowie Splitt.
Melar-Vegetation, lückige Zwergstrauch- und Moosheide der isländischen Tundra.
Melioration, 1) im weiteren Sinne alle Maßnahmen zur Verbesserung der natürlichen Bedingungen; hierunter gehören alle zielgerichteten Einwirkungen zur Sauberhaltung der Luft und der Gewässer sowie zur Hebung der Bodenfruchtbarkeit.
2) im engeren Sinne die *M. des Bodens* in ihrer Gesamtheit, früher nur als Verbesserung des Wasserhaushaltes im Boden verstanden. Zur M. des Bodens zählen die technischen und biologischen Maßnahmen, die der Verbesserung oder Nutzbarmachung leistungsschwacher oder produktionsloser Böden dienen und mit bleibender oder nachhaltiger Wirkung sind. Hierzu gehören die *Hydromelioration*, die sich mit der Entwässerung (Dränagen, Gräben u. a.) feuchter Standorte und mit der Bewässerung trockener Standorte beschäftigt, die *Tiefenmelioration*, wie Tiefpflügen und Untergrundlockerung mit gleichzeitiger Düngung, die *Gefüge-* und *Humusmelioration*, der *meliorative Flurschutz* (Windschutzhecken, Bekämpfung der Bodenerosion), die *Rekultivierung* ehemals industriell beanspruchter Flächen, die *Reliefmelioration*, z. B. die Beseitigung von Hochrainen und die Neuordnung des Wirtschaftswegenetzes im Rahmen der Großflächenwirtschaft sowie Ödland-, Heide- und Moorkultur. Werden verschiedenartige Meliorationsmaßnahmen, z. B. Gefügemelioration und Beregnung, kombiniert, so spricht man von *Komplexmelioration*.
Mensur, die inneren Maßverhältnisse einer chorologischen Einheit, etwa einer Landschaft, durch die Größe der Landschaftsglieder bestimmt. Mit Inventar und Mosaik zusammen ergibt die M. das → Gefüge einer Landschaft.
Mergel, Sedimentgestein aus einem unterschiedlichen Gemenge von Ton und feinverteiltem kohlensaurem Kalk (Kalzit). Nach dem Mengenverhältnis unterscheidet man *Kalkmergel* (bis 65% Kalk, 35% Ton), *Mergel* (bis 35% Kalk, 65% Ton), *Tonmergel* (bis 25% Kalk, 75% Ton) und *mergeligen Ton* (bis 5% Kalk, 95% Ton), ferner *Sandmergel*, die pleistozänen *Geschiebemergel* (im Tieflandsstreifen Mitteleuropas etwa 6 bis 12% Kalk, im Alpenvorland sehr kalkreich) und die dünnschichtigen *Mergelschiefer*. Enthalten die M. zusätzlich größere Mengen an Dolomit oder Gips, entstehen *dolomitische M*. bzw. *Gipsmergel*. Die Farbe der M. ist grau, weißlich, gelblich, blau, schwarz oder lebhaft bunt. M. neigen an der Luft und in Berührung mit Wasser meist zu bröckeligem Zerfall. Sie dienen als Zementzusatz und zur Düngemittelgewinnung. *Mergelböden* sind wegen ihres hohen Kalkgehaltes (etwa 20 bis 40%) recht fruchtbar, jedoch können schwere M. ungünstige bodenphysikalische Bedingungen schaffen. Als Bodentypen entwickeln sich hauptsächlich → Pelosole, → Pararendzinen und → Rendzinen.
Meridian, *Mittagslinie*, im Gradnetz der den Nord- und Südpol verbindende Halbkreis, der den Äquator rechtwinklig schneidet und mit dem gegenüberliegenden M. einen Längenkreis bildet. Der M. markiert die Nordrichtung (Geographisch-Nord). Als *Meridiankonvergenz* wird auf topographischen Karten mit Gitternetz der Winkel zwischen Geographisch-Nord und Gitter-Nord (→ Gitternetz) bezeichnet.
meromiktisch nennt man Seen, die im Winter bis zu einer bestimmten Tiefe auskühlen, während sich darunter Wasser mit einer Temperatur von +4 °C anreichert. Das Tiefenwasser dieser meist tiefen Seen wird also von der Umschichtung im Herbst nicht mit erfaßt. Eine Vollzirkulation bleibt aus, wenn am Grunde Salzwasser mit größerer Dichte liegt.
Gegensatz: → holomiktisch.
Mesa, Plur. Mesas, im spanischen Sprachgebiet üblicher Ausdruck für Tafelberg (→ Tafel).
Meseta, im spanischen Sprachgebiet Bezeichnung für Plateaufläche; so spricht man z. B. von der spanischen (iberischen) M. und marokkanischen M.
Mesobaren, auf Wetter- und Klimakarten bisweilen gekennzeichnete Isobaren mit einem mittleren Druck (1013 mbar). Sie trennen die Hochdruckgebiete, deren Isobaren (*Pliobaren*) über 1013 mbar Druck zeigen, von den Tiefdruckgebieten mit *Miobaren*, die Orte mit einem Druck von weniger als 1013 mbar verbinden.
Mesoklima, svw. Geländeklima.
mesophil, ökologische Eigenschaftsbezeichnung für Organismen, die mittlere Feuchtigkeitsbedingungen und mittlere thermische Verhältnisse für ihre optimale Entwicklung benötigen. In diesem Sinne spricht man z. B. von mesophilen Laubwäldern. In der Bodenbiologie werden Mikroorganismen mit einem Temperaturoptimum von 25 bis 35 °C m. genannt.
Mesophyten, Landpflanzen, die an

Mesopoium

einem Standort mit mittlerer Feuchtigkeit leben, z. B. Wiesenpflanzen.
Mesopoium, svw. Savanne.
Mesosphäre, → Atmosphäre.
Mesothermen, Pflanzen, die zu ihrem Wachstum eine mittlere Jahrestemperatur von 15 bis 20 °C benötigen und meist frostempfindlich sind, z. B. die mediterranen Arten, wie Zitrusfrüchte, Reis, Baumwolle, Olive.
mesotroph sind Böden mit mittlerem Nährstoffgehalt (,Basen'gehalt); m. steht zwischen eutroph (nährstoffreich, basenreich) und oligotroph (nährstoffarm, basenarm).
Mesozoikum, Mittelalter der Entwicklung des Lebens, paläontologische Bezeichnung für das *Erdmittelalter*, das die Systeme bzw. Perioden → Trias, → Jura und → Kreide umfaßt. (Vgl. die Tab. am Schluß des Buches.)
Meßtischblatt, Bezeichnung für die alten deutschen topographischen Kartenblätter im Maßstab 1 : 25000, die im 19. Jh. mit Meßtisch und Kippregel aufgenommen worden sind. Sie haben ein nahezu quadratisches Format und erfassen jeweils 6 Breiten- und 10 Längenminuten, was einer Fläche von 110 bis 120 km² entspricht.
Metalimnion, → Epilimnion.
Metamorphose, die Umwandlung eines Gesteins in ein anderes durch Temperatur- oder Druckeinwirkungen, oft unter Durchtränkung mit Gasen oder Lösungen. Die M. geht im allgemeinen im Inneren der Erdkruste vor sich. Die durch M. gebildeten metamorphen Gesteine zeigen gegenüber dem Ausgangsgestein infolge mechanischer oder chemischer oder mechanisch-chemischer Umformungen Veränderungen des Gefüges und des Mineralbestandes; der Gesamtchemismus bleibt erhalten. Man unterscheidet mehrere Arten der M.
1) *Regionalmetamorphose* geht in weiten Räumen der Erdkruste vor sich, insbesondere in Geosynklinalen. Sie kommt dadurch zustande, daß ausgedehnte Krustenschollen in tiefere Zonen absinken, wobei die Gesteine höheren Drücken und Temperaturen ausgesetzt werden. Neben Umkristallisationen und Mineralneubildungen treten wesentliche Änderungen des Gesteinsgefüges auf. Typische Gesteine sind Gneis, Glimmerschiefer, Phyllit.
2) *Dynamometamorphose* oder *Dislokationsmetamorphose* wirkt örtlich in geringerer Tiefe, kommt durch den bei Faltengebirgsbildungen auftretenden intensiven seitlichen Druck zustande und besteht hauptsächlich in mechanischen Veränderungen des Gesteins. Es entstehen kristalline Schiefer.
3) *Kontaktmetamorphose* kommt durch Berührung mit aufsteigendem heißem Magma zustande. Sie betrifft nur einen höchstens wenige Kilometer breiten Streifen in der Nachbarschaft des Magmas, den man als *Kontakthof*

bezeichnet. Die im Mineralbestand und Gefüge veränderten Gesteine nennt man *Kontaktgesteine*. Im inneren Kontakthof entstehen Hornfelse, in größerer Entfernung Garben-, Knoten-, Flecken- und Fruchtschiefer.
Metasomatose, die chemische Verdrängung von Mineralen durch andere, meist bei erhöhter Temperatur. In Lösungen, Dämpfen oder Restschmelzen von Magma wird die neue Mineralsubstanz zugeführt. So wird kohlensaurer Kalk zu Zinkspat oder Eisenspat. Durch M. können *metasomatische Lagerstätten* von Erzen entstehen.
Meteorograph, ein Gerät für wetterkundliche Messungen. Der M. besteht aus mehreren selbsttätig aufschreibenden Instrumenten, z. B. einem Luftdruck-, einem Feuchtigkeits- und einem Temperaturmesser (*Baro-Thermo-Hygrograph*).
Meteorologie, *Wetterkunde*, die Wissenschaft von der Atmosphäre und dem sich in ihr abspielenden Wettergeschehen (→ Wetter). Ihre Ergebnisse sind auch für die Geophysik und Geographie wichtig. Die M. gliedert sich in → Synoptik, → Aerologie, → Klimatologie und angewandte M., die die Einwirkungen meteorologischer Erscheinungen auf das Leben und die Tätigkeit des Menschen untersucht und je nach Betrachtungsgegenstand verschiedene Bezeichnungen führt: Agrarmeteorologie, Forstmeteorologie, → technische Meteorologie u. a.
Meteoropathologie, die Lehre von den krankheitsauslösenden Wirkungen der Witterung, ein Teilgebiet der praktischen Bioklimatologie. Krankheiten, die durch Wettervorgänge (z. B. Frontdurchgänge) ausgelöst oder durch sie beeinflußt werden können, wie Rheumatismus, Embolie, Eklampsie u. a., nennt man *meteorotrop*.
Migma, → Magma.
Migmatite, *Mischgesteine*, Gesteine, die zwischen Magma und metamorphen Gesteinen stehen. 1) M. im weiteren Sinne entstehen aus erstarrendem palingenem Magma, d. h. aus Magma, das sich durch Wiederaufschmelzen von absinkenden Gesteinen bildet. 2) M. im engeren Sinne entstehen dadurch, daß Gesteine teilweise aufschmelzen und die entstehenden Silikatschmelzen entweder in andere Gesteine eindringen und sie zu Injektionsgneisen umbilden oder sich in der von der Aufschmelzung betroffenen Gesteinspartie aderförmig anreichern, so daß Adergesteine entstehen.
Mikroklima, *Kleinklima*, das Klima der bodennahen Luftschicht. Das M. unterscheidet sich vom Makroklima im allgemeinen durch geringere Luftbewegungen, aber stärkere Temperaturschwankungen. Im Unterschied von der Erforschung des Makroklimas beobachtet man bei der Untersuchung

des M. die verschiedenen Klimaelemente fortlaufend durch Registrierung und bildet bei der Auswertung der Meßergebnisse keine Mittelwerte. Es kommt bei der Untersuchung des M. besonders darauf an, die vor allem für das pflanzliche Wachstum entscheidenden Schwankungen der Klimaelemente zu erfassen.
Mikrosolifluktion, svw. Kryoturbation.
Mikrothermen, Pflanzen, die zum Wachstum eine mittlere Jahrestemperatur von 0 bis 14 °C brauchen und Winterfröste ertragen können. Zu ihnen gehören alle Vertreter der Flora gemäßigter und subpolarer Breiten.
Milchstraße, ein schwach leuchtender Streifen am Himmel, der den Himmel ungefähr in einem Großkreis umspannt. Die Lichterscheinung entsteht durch die Strahlung einer Vielzahl von Einzelsternen, Sternhaufen und Ansammlungen leuchtender interstellarer Materie, die zwar nicht einzeln mit bloßem Auge erkennbar sind, in ihrer Gesamtheit aber als die leuchtende M. erscheinen.
Milchstraßensystem, *Galaxis*, ein Sternsystem, dem etwa 100 Milliarden Sterne sowie große Mengen interstellarer Materie angehören. Zu den Sternen gehört auch die Sonne mit ihrem Planetensystem. Das M. bildet eine diskusähnliche Scheibe mit *Kern* im Zentrum, in dem die Sterndichte viel höher als in den Randgebieten ist. Um den Kern winden sich aus Sternen bestimmten Typs und interstellarer Materie bestehende *Spiralarme*. Die Sonne mit dem Planetensystem befindet sich in der Nähe der Symmetrieebene des M., aber weit außerhalb des Kerns. Der Durchmesser des M. in der Symmetrieebene beträgt etwa 30000 pc (Parsec), der Durchmesser im Kern senkrecht zur Symmetrieebene 5000 pc, der Abstand der Sonne vom Zentrum des M. 8200 pc, der Abstand der Sonne von der Symmetrieebene 15 pc nördlich. Alle Sterne des M. führen eine systematische Bewegung um das Zentrum des Systems aus. Die Sonne benötigt für einen solchen Umlauf etwa 230 Millionen Jahre.
Millibar, → Bar.
Mindel-Eiszeit [nach der Mindel, die zwischen Lech und Iller in die Donau mündet], im Alpengebiet die zweite der von A. Penck aufgestellten vier Eiszeiten des → Pleistozäns. Über ihre Endmoränen rückten die Gletscher der nachfolgenden Riß-Eiszeit hinweg und verwischten sie. Der Nachweis, daß es eine M.-E. gegeben hat, konnte auf Grund der fluvioglazialen Schotter erbracht werden, die man als jüngere Deckenschotter bezeichnet. Die M.-E. entspricht im nördlichen Europa nach heutiger Auffassung die → Elster-Eiszeit, in Nordamerika der Kansan-Vereisung.
Mindel-Riß-Interglazial, → Holsteinwarmzeit.

Mineralboden, Sammelbezeichnung für alle überwiegend aus Mineralen zusammengesetzten Böden. Gegensatz: organische Böden, Moorböden (→ Moor).

Minerale, alle als Bestandteile der Erdkruste vorkommenden strukturell, chemisch und physikalisch homogenen anorganischen Körper. Körper mit organischer Form und Struktur gelten nicht als M. Braun- und Steinkohle z. B. sind Gemenge, also keine M. In der Natur bilden sich die M. 1) primär aus Magmaschmelzflüssen, die aus der Erdtiefe emporsteigen und deren Bestandteile bei Druck- und Temperaturerniedrigung als feste Körper auskristallisieren; 2) sekundär bei den Vorgängen der Verwitterung und Ausfällung an der Erdoberfläche und im Meer; 3) bei der Umwandlung (→ Metamorphose) von Gesteinen unter veränderten Druck- und Temperaturbedingungen in tieferen Teilen der Erdkruste.
Von den weit über 2000 bekannten M. zählen nur knapp 200 zu den *gesteinsbildenden M.*: Quarz, Feldspäte, Feldspatvertreter, Glimmer, Amphibole, Augite, Olivine, Kalkspat, Aragonit, Dolomit, Gips, Anhydrit, Limonit, Glaukonit, Tonminerale, Steinsalz, Kalisalze, Graphit, Granate, Disthen, Andalusit, Epidot, Chlorite, Serpentin, Talk, Zeolithe und weniger wichtige.
Die M. sind z. T. wichtige Rohstoffe, z. B. Erze für die Hüttenwerke, Quarz, Feldspat, Ton für die Glas- und keramische Industrie; viele M. sind Ausgangsstoffe für die chemische Industrie. Die Wissenschaften von den M. heißt *Mineralogie* oder *Mineralkunde*.

minerogen, *anorganogen*, aus mineralischen (anorganischen) Bestandteilen gebildet. Gegensatz: → organogen.

Minette, 1) dunkelgraues Ganggestein, ein Lamprophyr, bei dem in feinkörniger Grundmasse aus Orthoklas und Biotit Einsprenglinge von Biotit liegen; bildet Gänge im Erzgebirge, Fichtelgebirge, Odenwald und in den Vogesen.
2) oolithisches Eisenerz mit 34 bis 40% Eisengehalt, das in Lothringen und Luxemburg in den Schichten des unteren Doggers mehrere Lager bildet. Die M. ist die Grundlage der dortigen Eisenindustrie.

Minutenböden, → Stundenböden.

Miobaren, → Mesobaren.

Miombo, ein Typ des Trockenwaldes, bei dem die Bäume weit auseinanderstehen und das Unterholz spärlich ist. Auch werden die Bäume nicht so hoch wie im tropischen Urwald, so daß der M. eher unseren Obstgärten gleicht („Obstgartensteppe"). Die Gewächse sind durch entsprechende Bildungen an die Trockenheit angepaßt und werfen während der Trockenzeit größtenteils ihr Laub ab. Der M. ist besonders für das tropische Ost- und Südafrika charakteristisch.

Miozän, → Tertiär, Tab.

Mischgesteine, svw. Migmatite.

Mischungsschicht, Grenzschicht in der Atmosphäre zwischen zwei verschiedenen Luftmassen, die nebeneinander oder übereinander liegen. Dabei kann es auf begrenztem Raum zu Kondensation und Wolkenbildung kommen oder, wenn sich der Vorgang in Bodennähe vollzieht, zur Bildung von Nebel.

Misse(n)boden, svw. Stagnogley.

Mißweisung, → Deklination 2).

Mistral *m*, kalter, trockener, aus nördlichen Richtungen wehender Fallwind in Südfrankreich (Rhônetal, Provence), der häufig zum Sturm wird. Er tritt im Zusammenhang mit Zyklonen auf, die sich über dem Golf von Genua bilden, und führt kalte Luft vom Französischen Zentralmassiv und von weiter nördlich gelegenen Gebieten südwärts.

Mittag, astronomisch der Zeitpunkt, zu dem die Sonne durch den Meridian geht und dabei ihren höchsten Stand (*Mittagshöhe*, *Meridianhöhe*) über dem Horizont erreicht (obere Kulmination). Zu diesem Zeitpunkt ist es 12 Uhr Ortszeit.
Da die Sonne am M. im Süden steht, wird M. auch im Sinne von Süden gebraucht.

Mittagslinie, 1) svw. Meridian, 2) svw. Nord-Süd-Linie.

Mittelmeerklima, *Etesienklima*, *subtropisches Winterregenklima*, ein Klima mit trockenem heißem Sommer und mildem Winter mit Niederschlägen. Es herrscht nicht nur im Gebiet des Europäischen Mittelmeeres, sondern auch in Kalifornien, in Mittelchile, im südlichen Kapland und an der Südwestküste von Australien. Das M. ist ein Wechselklima, das im Sommer von der Passatzone beeinflußt wird, während der kühlen Jahreszeit aber unter der Herrschaft der Zyklonentätigkeit der Westwindzone steht. Die Vegetation ruht im Sommer, während das Wachstum im Winter meist ungehindert andauert; Fröste fehlen oder sind zumindest selten.

Mittelwald, forstliche Wirtschaftsform, bei der der Bestand aus zwei Schichten zusammengesetzt ist, dem *Oberholz* (→ Hochwald) und dem *Unterholz* (→ Niederwald). Der M. war als forstliche Wirtschaftsform im ausgehenden Mittelalter und bis zur Mitte des 18. Jh. in Deutschland weit verbreitet. Heute ist er fast verschwunden, da bei ihm wertvolles Nutzholz in geringer Mengen anfällt.

Mitternachtssonne, → Polarnacht.

Moder, zwischen dem → Rohhumus und dem → Mull stehende terrestrische Humusform, die wie der Rohhumus noch drei Auflagehorizonte erkennen läßt, aber im Unterschied zu diesen infolge günstiger Bedingungen vielseitiger und stärker belebt ist, was sich in einer stärkeren Zerkleinerung und Durchmischung sowie in einer besseren Zusammensetzung der Humusauflage (z. B. höherer Anteil an Tierlosung und Huminsäuren) äußert. Charakteristisch für M. ist der Modergeruch. M. entsteht unter weniger extremen Bedingungen wie der Rohhumus, besonders auf relativ nährstoffarmen Gesteinen unter krautarmen Laub- und Nadelwäldern. Auf Silikatgesteinen entsteht der *Silikatmoder*, der in Grob- und Feinmoder sowie in mullartigen M. unterteilt wird, auf Karbonatgesteinen der schwach alkalische *Rendzinamoder*, zu dessen Varietäten der hochalpine *Pechmoder* gehört.

Mofette, trockene, bei Temperaturen unter 100 °C erfolgende Kohlendioxidausströmung als Nachwirkung des Vulkanismus. M. finden sich z. B. im Gebiet des Laacher Sees in der Eifel und in der Hundsgrotte bei Neapel. Ist das Kohlendioxid in Wasser gelöst, so spricht man von einem Säuerling (→ Quelle).

Molasse, eine mächtige Folge von teils im Meer, teils in Süßwasser erfolgten Ablagerungen im Alpenvorland. Sie ist aus dem Abtragungsschutt der jungen Alpen in der Vortiefe des Gebirges gebildet worden und besteht in der Nähe des Alpenrandes aus Sandsteinen und mächtigen Konglomeraten (→ *Nagelfluh*), die nach außen in feinere Sedimente (*Flinz*) übergehen. Da sich bei allen Gebirgsbildungen solche Sedimentationsvorgänge wiederholen, spricht man auch von einem *Molassestadium*.

Molkenboden, *Molkenpodsol,* svw. Stagnogley.

Monadnock, → Härtling.

Monat, ursprünglich die Umlaufzeit des Mondes um die Erde, wobei sich je nach der Wahl des Bezugspunktes, gegenüber dem man einen vollen Umlauf zählt, verschiedene Monatslängen ergeben. Der *Kalendermonat* hat nur annäherungsweise die Länge eines synodischen M., der gleich dem Abschnitt zwischen zwei gleichen Mondphasen ist, denn das Jahr läßt sich nicht ohne Rest durch die Mondumlaufzeiten in 12 M. teilen.

Mond, *Satellit, Trabant,* ein Himmelskörper, der sich um einen Planeten und mit diesem um die Sonne bewegt. Die Erde hat 1, Mars 2, Jupiter 12, Saturn 9, Uranus 5 und Neptun 2 M. Der die Erde auf ihrem Weg um die Sonne begleitende *Erdmond* dreht sich im Laufe eines siderischen Monats (27,32166 Tage) einmal in einer ellipsenförmigen Bahn um die Erde, die in einem der Brennpunkte dieser Ellipse steht. Er rückt deshalb täglich scheinbar 13° 10,6′ nach Osten und geht mit jedem Tag später auf und unter. Seine scheinbare tägliche Bewegung von Ost nach West ist wie die der Sterne und der Sonne auf die Erdrotation zurückzuführen.
Die wirkliche Bahn des M. ist außerordentlich kompliziert, da er sich mit der Erde um die Sonne bewegt und auch unser Sonnensystem als Ganzes nicht ruht.

Die mittlere Entfernung des M. von der Erde beträgt 384400 km, sein wahrer Durchmesser 3476 km – eine Abplattung wie bei der Erde ist nicht vorhanden –, während sein scheinbarer Durchmesser, d. h. die in Grad gemessene Mondbreite, wie sie von der Erde aus erscheint, bei mittlerer Entfernung 31′ 5″ ist. Bei einer durchschnittlichen Dichte des M. von 3,342 g/cm³ macht seine Masse nur $^1/_8$ der Erdmasse, die Schwerkraft auf dem Mond nur $^1/_6$ der Schwerkraft auf der Erde aus. Die Rotationsdauer des Erdmondes ist gleich seiner Umlaufzeit um die Erde, so daß er uns stets dieselbe Seite zuwendet. Da er sich aber auf seiner Bahn nicht mit gleichförmiger Geschwindigkeit bewegt, seine Achse ferner nicht genau senkrecht auf der Bahnebene steht und er sich schließlich bald über, bald unter der Bahnebene bewegt, kann von der Erde aus – wenn auch nicht gleichzeitig – insgesamt mehr als die Hälfte, etwa $^4/_7$, der Mondoberfläche gesehen werden.
Da der M. nicht selbst leuchtet, sondern sein Licht von der Sonne erhält, erscheint er von der Erde aus in verschiedenen Phasen (*Mondphasen*) oder *Lichtgestalten*, deren Aufeinanderfolge man als *Mondwechsel* bezeichnet. Steht der M. zwischen Sonne und Erde, kehrt er uns seine unbeleuchtete Seite zu, d. h., es ist *Neumond*. Drei Tage danach wird er als schmale Sichel kurz nach Sonnenuntergang sichtbar; man spricht dann von *zunehmendem M*. Etwa sieben Tage nach Neumond hat der M. einen Viertelumlauf vollendet, er steht dann 90° östlich der Sonne im ersten Viertel, d. h., man sieht von der Erde aus genau die Hälfte der beleuchteten Mondseite, und zwar von der Nordhalbkugel der Erde aus die rechte, von der Südhalbkugel aus die linke

Mondphasen während des Mondumlaufs um die Erde. Der weiße Teil der inneren Kreise zeigt, in welcher Gestalt die von der Sonne beleuchtete Mondhälfte (äußere Kreise) jeweils von der Erde aus erscheint

Hälfte. Nach weiteren 7 bis 8 Tagen befinden sich M. und Sonne auf verschiedenen Seiten der Erde, und man sieht von ihr aus die ganze beleuchtete Scheibe (*Vollmond*). Eine Woche später steht der M. 90° westlich der Sonne im letzten Viertel; für die Bewohner der Nordhalbkugel ist dann die linke Hälfte der Mondscheibe beleuchtet, es ist *abnehmender M*. Nach weiteren 7 Tagen ist wieder Neumond.
Geht der Vollmond durch den Erdschatten, so findet eine → Mondfinsternis statt, tritt der M. dagegen zwischen Erde und Sonne, so gibt es eine → Sonnenfinsternis. Steht der M. bei Tage am Himmel, so ist bei klarem Wetter der nicht beleuchtete Teil der Mondscheibe oft in aschgrauem Licht zu sehen. Dieser Erdschein ist der Widerschein des an der Erde reflektierenden Sonnenlichtes.
Die dunklen Flecken auf der Oberfläche der M. werden als Meer (Mare), Meerbusen (Sinus), See (Lacus), Sumpf (Palus) und Krater bezeichnet, obwohl auf dem Mond wegen der fehlenden Lufthülle kein Wasser auftreten kann; besonders kennzeichnend für seine Oberfläche sind die zahlreichen Ringgebirge mit Durchmessern bis zu 200 km und Höhen bis zu 7500 m über ihrer Umgebung. Die Temperatur auf der Mondoberfläche wechselt vom Mondtag zur Mondnacht zwischen +130 °C und −150 °C.
Die Anziehung des M. gemeinsam mit derjenigen der Sonne ruft auf der Erde die Gezeiten, die Lotschwankungen, Schwerkraftschwankungen und Richtungsänderungen der Erdachse (Nutation und Präzession) hervor. Ein Einfluß des M. auf die irdische Atmosphäre und damit auf die Witterung hat sich bisher nicht nachweisen lassen. Die Gezeitenwirkungen des M. auf die Lufthülle sind wesentlich geringer als die wetterhaften Luftdruckschwankungen. Da sich in der gemäßigten Zone ungefähr alle 3 bis 5 Tage ein Wetterwechsel vollzieht, kann leicht eine Übereinstimmung mit dem Mondwechsel vorgetäuscht werden. Die Mondstrahlung beträgt bei einer Intensität von 7,87·10⁻⁵ J/cm² min nur $^1/_{100\,000}$ der Sonnenstrahlung.
Mondfinsternis, das vollständige oder begrenzte Unsichtbarwerden des Vollmondes. Es entsteht dadurch, daß der Mond in den Kernschatten der Erde tritt, und zwar vollständig (*totale M*.) oder nur zum Teil (*partielle M*.). Die Größe der partiellen M. wird meist in Zoll angegeben (1 Zoll = $^1/_{12}$ Monddurchmessers). Wandert der Mond nur durch den Halbschatten der Erde, so ist die Verfinsterung kaum wahrnehmbar, und man bezeichnet sie auch nicht als M. M. ist nur bei Vollmond möglich. Da aber die Ebenen der Mondbahn und der Erdbahn um 5° gegeneinander geneigt

sind, tritt nicht bei jedem Vollmond M. ein, vielmehr geht der Mond meist über oder unter dem Erdschatten hinweg. Eine M. kommt nur dann zustande, wenn der Abstand des Mondes vom nächsten Knoten, d. h. vom Schnittpunkt der Mondbahn mit der Ekliptikebene, höchstens 13° (bei totaler M. höchstens 6°) und sein Abstand von der Ekliptikebene nicht mehr als 1° beträgt.

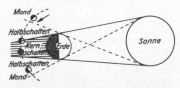

Da die Sonne keine punktförmige Lichtquelle ist und das Licht ferner beim Durchdringen der Erdatmosphäre in den Erdschatten hineingebrochen wird, erscheint dieser nicht scharf begrenzt. Der Mond wird daher bei einer totalen M. nur ganz selten völlig dunkel; meist zeigt er vielmehr eine kupferrote Färbung.
Die M. wiederholen sich in nahezu gleicher Weise nach 18 Jahren 11 Tagen (*Saroszyklus*). Die Kenntnis des Saroszyklus ermöglichte schon im Altertum genäherte Voraussagen von Mond- und Sonnenfinsternissen.

Totale Mondfinsternisse zwischen 1980 und 1990

9. 1. 1982	24. 4. 1986
6. 7. 1982	17. 10. 1986
30. 12. 1982	20. 2. 1989
4. 5. 1985	17. 8. 1989
28. 10. 1985	9. 2. 1990

Monokultur, das einseitige Vorherrschen einer bestimmten landwirtschaftlichen Bodennutzung, also der großflächige Anbau von Kulturpflanzen in reinen Beständen und in mehreren Jahren hintereinander, wie er vor allem in der Plantagenwirtschaft üblich ist. Die einseitige Beanspruchung des Bodens führt zu Bodenmüdigkeit, starker Vermehrung von Schädlingen und Pflanzenkrankheiten und dadurch zu großen Ertragsrückgängen. Schließlich wirken sich M. Mißernten besonders hart auf die Bevölkerung aus, da der Ausgleich durch andere Fruchtarten fehlt.
Diese Nachteile werden durch eine vielseitige, zweckmäßige Fruchtfolge vermieden.
In der Forstwirtschaft ist man bestrebt, den Monokulturwald allmählich durch einen den natürlichen Bedingungen eher entsprechenden und sich selbst verjüngenden Mischwald zu ersetzen.
Monsun, beständig wehender, halbjährlich die Richtung wechselnder Wind, im Sommerhalbjahr vom Meer zum Land, im Winterhalbjahr vom

Land zum Meer wehend. Der M. ist in klassischer Form im nördlichen Indischen Ozean und in Ostasien entwickelt, kommt aber auch in vielen anderen Gebieten der Erde vor. Mit dem M. ist auch ein jahreszeitlicher Wechsel der Niederschläge (*Monsunregen*) verbunden.
Hervorgerufen werden die M. dadurch, daß sich die Kontinente im Sommer stärker erwärmen, im Winter stärker abkühlen als die angrenzenden Meeresräume, wodurch ein wechselndes Luftdruckgefälle entsteht (→ atmosphärische Zirkulation). Der feuchte *Sommermonsun* weht also vom Ozean in den Kontinent hinein und bringt in der Regel die Niederschläge. Der *Wintermonsun* hingegen entspricht der normalen Windverteilung. Er weht aus der Landmasse heraus und bringt nur dort Niederschläge, wo er über Meeresflächen hinwegströmt und auf gebirgige Gegenküsten auftrifft (Ostghats in Vorderindien, Ostküste der hinterindischen Halbinsel).
Der *tropische M.* ist mit der Innertropischen Konvergenz (ITC) verknüpft, die in den Monsungebieten besonders kräftig entwickelt ist und infolge der starken Gegensätze zwischen der Luftmassen zu einer Frontalzone wird. Außerdem tritt in Südasien noch Stau an hohen Gebirgen hinzu, der die Regenfälle verstärkt. Die *außertropischen M.* sind sehr flache Luftströmungen, die z. T. als abgelenkte Passate aufgefaßt werden, aber nicht die eigentlichen Regenbringer sind. Die reichlichen Niederschläge jener Gebiete stehen vielmehr im Zusammenhang mit der Zyklonentätigkeit der außertropischen Westwindzone, so daß der Ausdruck Monsunregen hier nicht berechtigt ist.
Als *Europäischen M.* hat man die Folge der Nordwestlagen in den Monaten April bis Juli bezeichnet, die mit der Erwärmung des eurasischen Kontinents in ursächlichem Zusammenhang stehen. Es handelt sich dabei jedoch nicht um einen wirklichen M., da bei dieser Luftströmung Dauer, Einheitlichkeit und Beständigkeit fehlen, so daß allenfalls von *Monsunität*, d. h. monsunartiger Erscheinung, oder von *Monsuntendenz* gesprochen werden kann.
Monsunwald, 1) ursprünglich der laubabwerfende Wald der Monsungebiete. Er umschließt recht verschiedene Typen. So unterscheidet man im ostasiatischen Monsunbereich a) den borealen M. auf Kamtschatka und Sachalin sowie in dem schmalen Küstengebiet des Ochotskischen Meeres; b) den kühlgemäßigten M. auf Hokkaido, Nordhondo, im Osten des Sichote-Alin, in der Mandschurei und in Nordchina; c) den warmgemäßigten M. in Mittel- und Südjapan sowie in Mittelchina; d) den tropischen M. im Küstengebiet Südchinas und auf Hainan.

2) vielfach angewendete Bezeichnung für den Wald der wechselfeuchten Tropen und Subtropen mit ausgeprägter Trockenzeit. Jedoch müssen hierbei unterschieden werden: a) der dem Feuchtsavannenbereich angehörende feuchte M. (moist deciduous forest), der wegen großer Regenfälle nur teilweise, besonders in der oberen Baumschicht, das Laub abwirft, während das Unterholz in der Regel immergrün ist (halbimmergrüner Regenwald), und b) der trockene M. (dry deciduous forest), der als Trockenwald dem Bereich der Trockensavanne zugehört.
montan, sich auf die Berge oder auf Bergwerke beziehend.
Montaña, das tropische Gebirgswaldgebiet am Ostabhang der peruanischen Anden, das der bolivianischen Yunga entspricht.
Monte, der am Ostfuß der bolivianisch-argentinischen Anden bis etwa 39° Br. vorkommende Vegetationstyp, der sich aus Trockenbüschen, insbesondere dem → Chañar (Espinal-Formation), und Steppengräsern zusammensetzt. Er ist dem stark kontinentalen, niederschlagsarmen Klima angepaßt.
Moor, 1) im geographisch-geologischen Sinne dauernd durchfeuchtetes Gelände mit schlammigem Boden aus unvollständig zersetzten Pflanzenresten und einer höchstens durch Wassertümpel unterbrochenen Pflanzendecke, die in der Hauptsache aus Hartgräsern und Moosen besteht. M. sind die natürlichen Lagerstätten von Torf, Faulschlamm und Mudde. Sie bilden sich auf wenig durchlässigen Böden überwiegend in feuchten Gebieten mit gemäßigtem und kaltem Klima, wo in ihnen die Feuchtigkeitszufuhr größer ist als die Verdunstung. Man unterscheidet:
1) *Flachmoor-*, auch *Wiesen-* oder *Niedermoor* genannt (*Hygrophorbium*), das an einen hohen Grundwasserstand gebunden ist. Das den Sumpf durchsetzende nährstoffreiche Wasser ermöglicht das Gedeihen einer artenreichen Vegetation. Als Charakterpflanzen sind Schilfrohr, Rohrkolben, Binsen, Sauergräser, Stauden und Moose anzutreffen. Der Boden ist stark humos und vertorft. Als Sukzessionsstadien bilden sich aus den Flachmooren Sumpfwiesen, Bruchwälder und Auwälder. Nach der Art ihrer Entstehung untergliedert man die Flachmoore in a) *Seemuldenmoore*, die sich bei Verlandung eines Sees oder Teiches bilden; b) *Talmoore* oder versumpfte Flußauen; c) *Talstufenmoore* an Gebirgsbächen, die eine Abart der Talmoore sind; d) *Quellmoore* oder *Hangmoore* in Einmuldungen an Hängen, die überwiegend dort entstehen, wo wassertragende Horizonte an der Oberfläche ausstreichen.
2) *Hochmoor*, auch als *Moosmoor* oder *Moos* (*Plur. Möser*) bezeichnet (*Hygrosphagnium*), das sich unab-

hängig vom Grundwasserspiegel oder aus Flachmooren bildet. Der Name Hochmoor ist darauf zurückzuführen, daß die Mitte des Hochmoores im Wachstum immer voraus ist, so daß sie eine uhrglasartige Wölbung erhält. Alles in diesen M. gespeicherte Wasser entstammt den Niederschlägen und ist deshalb mineral- und nährstoffarm. Nur anspruchslose Pflanzen, wie Sauergräser, Torfmoore (*Sphagnum*-Arten), Krähenbeere, Wollgras und Sumpfporst, gedeihen hier. In den Sukzessionsstadien stellen sich allerdings auch Erikazeen und schließlich Baumarten, vor allem Erlen, Kiefern und Birken, ein. Die anwachsenden Torfschichten halten das Wasser wie in einem Schwamm fest und geben es nur langsam durch radial nach außen verlaufende Rinnen, die *Rüllen*, an die randliche grabenförmige Vertiefung, das *Lagg*, ab. Hochmoore sind vor allem in den niederschlagsreichen Kammlagen der Mittelgebirge und im Küstengebiet anzutreffen.
3) *Übergangs-* oder *Zwischenmoor*, das Übergangsstadium zwischen Flach- und Hochmoor mit einer aus Flach- und Hochmoorpflanzen gemischten Vegetation.
2) im bodenkundlichen Sinne eine Abteilung von Böden, die zu mehr als 30% aus organischer Substanz bestehen und deren humose Horizonte mindestens 30 cm mächtig sind. Solange die M. noch wachsen, können sie nach der Bodendefinition nur mit Einschränkung als Böden bezeichnet werden. Die Bodenkunde unterteilt die M. analog der geographischen Einteilung in drei Bodentypen:
1) *Flachmoor, Niedermoor, organischer Grundwasserboden, topogenes Moor* (ältere Bezeichnungen sind Moos, Wasenmoos, Wampenmoos, Talmoor, Verlandungsmoor, limnisches Moor, subaquatisches Moor, Ried u. a.). Dieser Bodentyp gehört zu den subhydrischen Böden, besteht zu etwa 60 bis 95% aus ascheicher organischer Substanz und ist unter dem Einfluß des meist eutrophen Wassers reich an Kalzium und Stickstoff, aber schlecht mit Kalium und Phosphor versorgt. Unter einem oberen, grauschwarzen, gut zersetzten Horizont folgt eine hellere, wenig gut zersetzte Torfmasse, darunter ein dunklerer, stärker zersetzter Torf, der bei voll ausgebildetem Profil in Torfmudde und Mudde übergeht.
2) Das *Hochmoor* oder *ombrogene Moor* (in Bayern Filz oder Filze; früher auch Bleich- oder Weißmoostorfmoor, Weichwassermoor, supraaquatisches Moosmoor) gehört zu den semiterrestrischen Böden, besteht fast ausschließlich (96 bis 99%) aus ascheärmer organischer Substanz, ist stark sauer (pH 2,5 bis 3,5) und oligotroph. Zuoberst befindet sich der *Bunkerde-Horizont*, eine durchwurzelte, wenig zersetzte Weißtorfschicht, darunter folgt die der wenig zersetzte

umbrabraune Weißtorf und schließlich der gut zersetzte schwärzlichbraune Schwarztorf.
3) Das *Übergangsmoor, Zwischenmoor, Übergangswaldmoor, Carr*, wird wegen seiner spezifischen Pflanzengesellschaft und seines wenig zersetzten, mit reichlichen Holzbeimengungen versehenen Sphagnumtorfes als selbständiger Typ ausgeschieden. Es ist großflächig in der nordeuropäischen Waldtundra verbreitet.
Der *Torf* hat ein hohes Porenvolumen (etwa 80 bis 90%) und ein großes Wasserhaltevermögen (je nach Torfart das 1- bis 9fache der Trockensubstanzmasse). Wegen der geringen Masse je Volumen (100 cm³ trockener Torf haben eine Masse von 9 bis 25 g) wird der Nährstoffgehalt nicht auf 100 g, sondern auf 100 cm³ Boden bezogen. Die wichtigsten Arten der *Moorkultivierung* sind auf Hochmooren die *Fehnkultur* (Abtorfung, Aufbringen von Bunkerde und Vermischung derselben mit dem Mineralboden; ergibt ackerfähige Böden), die *Hochmoorkultur im engeren Sinne* auf Weißtorf (Entwässerung und Düngung; ergibt meist Grünland) und auf gering mächtigen M. ($< 1,2$ m) die *Sandmischkultur* oder *Tiefpflugkultur* (der liegende Sand wird in schrägen Schichten in den Torf eingepflügt; Ackernutzung ist möglich). Auf Niedermooren ist die der Hochmoorkultur ähnliche *Niedermoor-Schwarzkultur* und die *Sanddeckkultur* (Aufbringen einer Sandschicht, die nicht mit dem Liegenden vermischt wird; ergibt Ackerböden) üblich. Kultivierte Moorböden sind im allgemeinen kalt (hoher Wassergehalt) und leiden stark unter Spät- und Frühfrösten.
Moorrauch, svw. Höhenrauch.
Moos, → Moor.
Moräne, das gesamte Schuttmaterial, das ein Gletscher verfrachtet (*bewegte M.* oder *Wandermoränen*) und bei seinem Abschmelzen ablagert (*abgelagerte M.* oder *Stapelmoränen*). Dazu rechnet auch der Schutt, den die Gletscherstirn vom Untergrund abschürft und zusammenschiebt oder aufpreßt (*Stau-* oder *Stauchmoränen*).
Der durch Steinschlag oder Lawinen auf den Gletscher gelangte Schutt wird als *Obermoräne* auf der Oberfläche mitgeführt; er bleibt unverändert eckig. Der durch die splitternde und schleifende Erosion an der Gletschersohle vom Gletscher selbst aufgenommene Schutt wird als *Grundmoräne* mitgeschleift; dabei werden die Gesteinsbrocken wenigstens an den Kanten zugerundet (→ Geschiebe), und es entsteht feines Gesteinsmehl. Gesteinsschutt, der durch die Bewegung des Gletschers in dessen Inneres gelangt, wird als *Innenmoräne* mitgeführt.
Infolge der Bewegung des Gletschers wird der Schutt nach den Rändern zu befördert, wo er den Gletscher als *Seiten-* oder *Ufermoräne* begleitet. Vereinigen sich zwei Teilgletscher, so bilden ihre Seitenmoränen eine *Mittelmoräne*, die auch als Innenmoräne im Gletscher verborgen sein kann.
Beim Zurückweichen des Gletschers bleiben *Moränendecken* zurück; weicht er sehr rasch zurück, so hinterläßt er auf dem freigegebenen Gelände oft nur eine *Moränenstreu*. Verharrt der Rand der Gletscherzunge dagegen längere Zeit an einer Stelle, so bildet sich aus die Gletscherstirn ein Moränenwall, der als *End-* oder *Stirnmoräne* bezeichnet wird. Endmoränen, die beim Gletschervorstoß aufgeschüttet wurden (*Vorstoßmoränen*), sind meist mächtig und weisen häufig Stauchungserscheinungen auf, hingegen sind die bei einem Rückzugshalt abgelagerten *Rückzugsmoränen* oft unbedeutend und kaum gestaucht. Von *Wintermoräne* spricht man bei der kleinen, dicht vor der Gletscherstirn liegenden Endmoräne, die dadurch entsteht, daß der Gletscher während des Winters, wenn die Ablation gering ist, um einen geringen Betrag vorrückt. Vielfach liegen mehrere solche Endmoränenwälle hintereinander und umschließen das Zungenbecken.
Im allgemeinen ist das Moränenmaterial ungeschichtet und unsortiert, d. h., in einer Grundmasse aus feinem lehmigem Material liegen ungeordnet die größeren Geschiebe, die oft noch Schrammen (Kritzer) vom Transport her aufweisen (gekritzte Geschiebe). Je größer die Entfernung ist, über die der Transport erfolgte, um so mehr treten die gröberen Bestandteile zurück.
Die Endmoränen sind meist blockreich, da bei ihnen das Material aus der Obermoräne des Gletschers großen Anteil hat. Ihre Oberfläche ist daher unruhig. Die Endmoränen der pleistozänen Gletscher sind heute daher meist von Wald bedeckt, da der blockreiche Boden den Ackerbau wenig begünstigt.
Das erratische Material (erratische Blöcke, Findlinge) der Moränenstreu ist in den an Steinen sonst armen glazialen Aufschüttungsgebieten heute vielerorts verschwunden, da es für Bauzwecke verwendet worden ist.
Die Grundmoränen sind meist reich an lehmigem Material, in das allerdings zahlreiche kleine Gesteinssplitter eingebettet sind. Diese kalkreichen Ablagerungen werden als *Geschiebemergel* bezeichnet, der durch oberflächliche Verwitterung seinen Kalkgehalt verliert und zu *Geschiebelehm* (*Blocklehm*) wird, wobei die ursprünglich meist graublaue Farbe in unserem Klima in ein Gelbbraun übergeht. Geschiebelehm bildet heute wertvolle Böden. Die an sich ebene Grundmoränenlandschaft geht in Richtung auf die Endmoränen zu in eine hügelige und wellige bis kuppige Grundmoränenlandschaft über, in der die Bodengüte durch starke Abspülung beeinträchtigt wird, vor allem dann, wenn die Hänge der einzelnen Kuppen steil sind und das Material sandiger ist.
Je nach den örtlichen Verhältnissen und dem Zeitpunkt ihrer Ablagerung bleiben die M. mehr oder weniger erhalten. Die Gletscherbäche haben vielfach die Endmoränen durchschnitten oder bis auf wenige Reste wieder beseitigt. Durch Zuschüttung der Wälle von einem Hang her können *Moränenterrassen* entstehen. Mit der Zeit verwischen sich die Formen aller M. Bei den pleistozänen M. unterscheidet man daher zwischen den *Jungmoränen*, die der letzten Eiszeit entstammen und bei denen alle Merkmale noch deutlich erhalten sind, und den Ablagerungen der früheren Eiszeiten, den *Altmoränen*, deren Formen durch die allgemeine Landabtragung und andere morphologische Vorgänge bereits stark verwaschen sind (→ Glaziallandschaft). Besondere Wirkung schreibt man dabei der während der letzten Eiszeit wirkenden periglazialen Solifluktion zu.
Als *Moränenseen* bezeichnet man die Wasseransammlungen, die sich entweder im unruhigen Relief der Grundmoräne (Grundmoränenseen, meist flach) oder hinter Endmoränen im Bereich der Zungenbecken (Zungenbeckenseen) oder dadurch gebildet haben, daß sie durch M. außerhalb der einstigen Gletscherzunge aufgestaut wurden (Moränenstauseen).
Morgenweite, der Winkel am Horizont zwischen dem Aufgangspunkt eines Gestirns und dem Ostpunkt.
morphologische Wertigkeit, Bezeichnung für das Verhalten eines Gesteins gegenüber den der Erdoberfläche gestaltenden Kräften. Die m. W. hängt einerseits von der Beschaffenheit des Gesteins – Härte, Wasserdurchlässigkeit, Wasserlöslichkeit, Druckfestigkeit –, andererseits vom Klima ab. Sie ist also für ein bestimmtes Gestein nicht an allen Stellen der Erdoberfläche gleich groß. Granit z. B. hat in hohen Breiten eine hohe, in den feuchten Tropen dagegen eine geringere m. W., da er hier durch die chemische Verwitterung rasch zersetzt wird. In Wasser mehr oder weniger stark lösliche Gesteine, z. B. Kalk, Salz, Gips, Anhydrit, zeigen in ariden Gebieten eine hohe, in humiden Klimabereichen dagegen eine geringere m. W.
Morphometrie, der Zweig der Geomorphologie, der die einzelnen Formen der Erdoberfläche durch Maß und Zahl erfaßt und damit wichtige Grundlagen für die wissenschaftliche Erfassung der Oberflächenformen liefert. Infolge der Schwierigkeiten, die beim Messen und bei der Aufstellung größerer Meßreihen auftreten, hat sich die M. bisher zwar noch nicht in dem Maße entwickelt, wie es wünschenswert wäre, doch ist durch sie die

Orometrie bereits weitgehend überholt worden. Mit M. wird oft fälschlicherweise die Morphoskopie bezeichnet.

Morphoskopie, von André Cailleux ursprünglich verwendete Bezeichnung für die Verfahren der *Schotteranalyse,* die es gestatten, aus der Gestalt der festen Bestandteile einer Schuttdecke auf deren Entstehungsgeschichte zu schließen. Für bestimmte Formenmerkmale werden Indizes (Abplattungsindex, Zurundungsindex u. a.) berechnet und Verteilungskurven gezeichnet. Aus diesen ergeben sich Schlüsse auf bestimmte Bewegungsformen des Materials und die klimatischen Bedingungen bei der Entstehung. Ergänzt werden die morphoskopischen Methoden durch Einregelungsmessungen, die die Richtung der einzelnen Steine in der Ablagerung erfassen. In der deutschsprachigen Literatur ist leider für die Verfahren der M. die falsche und mißverständliche Bezeichnung Morphometrie eingeführt worden.

Mosaik, → Gefüge.

Mosor, → Fernling.

Mudd *m,* graues bis schwärzliches, kalkarmes, feinkörniges, an organischer Substanz reiches Sediment, das bis zu 80% Wasser enthält und im frischen Zustand halbflüssig ist. Seine Korngrößenmaxima liegen zwischen 5 und 0,2 μ. M. bildet sich rezent in den wenig zirkulierenden und daher relativ sauerstoffarmen und kohlensäurereichen Tiefenwässern der Ostseebecken und ist eine marine → Gyttja. Bei völliger Stagnation des Tiefenwassers (wie im Schwarzen Meer) kommt es zur Bildung von marinem Sapropel.

Mudde, Oberbegriff für die überwiegend aus organischem Material bestehenden Sedimente → Dy, limnische → Gyttja und limnischer → Sapropel, die unter Sauerstoffabschluß verschiedener Intensität unterschiedlichen Fäulnisprozessen unterliegen. Treten in der M. Kalkablagerungen aus Pflanzenresten (Algen, Moose u. a.) hinzu, entsteht *Kalkmudde,* bei sehr starken Kalkanreicherungen *Seekreide (Wiesenkalk).*

Mulchen, *Selbstmulcheffekt,* die in tropischen Schwarzerden, seltener auf Solonezen, durch Schrumpfen und Quellung ausgelösten selbständigen Vermischungsvorgänge des Bodenmaterials. Unter ausgesprochenem Wechselklima und bei dem Vorhandensein hoher montmorillonitischer (quellfähiger) Tongehalte kommt es in der Trockenzeit zur Bildung zahlreicher tiefer und breiter Schwundrisse, die sich in der Regenzeit mit eingespültem Oberbodenmaterial und Wasser füllen, sodann von unten her aufquellen, wobei das Bodenmaterial im unterschiedlichen Maße durchknetet wird (sich „von selbst pflügt"). Kommt es dabei zu Materialsortierungen, so entsteht der → Gilgai. M. ist nicht mit der *Mulchung,* der künstlichen Bodenbedeckung mit Laub, Stroh u. a., die der Verhinderung von starker Verdunstung, von Unkrautwuchs und von Bodenerosion dient, zu verwechseln.

Mulde, 1) in der Geologie *Synklinale, Synkline,* der nach unten gerichtete Teil einer → Falte. Kurze M. mit rundlicher oder ovaler Grundform bezeichnet man als *Schüsseln* oder *Brachysynklinalen.*
2) in der Geographie Bezeichnung für eine längliche, rings von ansteigenden Böschungen begrenzte Hohlform. M. mit mehr rundlichem Grundriß nennt man auch → Pfannen.

Mull, günstigste terrestrische Humusform, die in Böden mit guten physikalischen Eigenschaften auf relativ nährstoffreichem Ausgangsgestein aus hochwertiger und leicht mineralisierbarer Streu entsteht. Unter diesen Bedingungen entsteht ein arten- und individuenreicher Besatz von Bodenorganismen, der eine intensive Zerkleinerung, Durchmischung und Humifizierung der anfallenden organischen Substanz auslöst. Die Auflagehorizonte fehlen fast völlig. Es entstehen braungraue bis schwärzliche A_h-Horizonte, in denen der Humus in feinster Verteilung mit den anorganischen Bodenpartikeln zu wasserstabilen Krümeln (Ton-Humus-Komplexe) verbunden ist. Sie haben den charakteristischen frischen Erdgeruch, zeigen schwach saure bis schwach alkalische Reaktion, ein enges C/N-Verhältnis und einen hohen Anteil an Grau- und Braunhuminsäuren. M. bildet sich auf vielen Acker- und Wiesenböden (A_p-, A_h-Horizonte), unter krautreichen Laubwäldern, häufig in Rendzinen (Mullrendzina) und in mächtigen Horizonten in den Tschernosjomen.

Mure, im Hochgebirge ein Strom aus einem Gemisch von Wasser, Erde, Schutt und größeren Blöcken, der sich nach plötzlichen Regengüssen oder in einem bestimmten Stadium der Durchweichung des Materials (bei Schneeschmelze oder nach anhaltendem Regen) rasch abwärts wälzt und dabei meist Wildbachfurchen (Tobel) benutzt. Bedingung für die Bildung von M. sind steile Gehänge und großer Schuttreichtum bei nicht geschlossener Vegetationsdecke. Die M. lassen im Tal stärker geneigte Schwemmkegel entstehen, die bei jedem neuen *Murgang* wachsen. Der Murschutt ist entsprechend seiner Entstehung schlecht sortiert und häufig ungeschichtet, bildet also ein Fanglomerat. Die M. haben oft verheerende Wirkungen; ein Schutz dagegen ist kaum möglich, da die Verbauung murengefährdeter Gebiete fast undurchführbar ist.

Muschelkalk, mittlere Abteilung bzw. Epoche der Trias. Der M. gliedert sich in den überwiegend kalkig ausgebildeten *unteren M. (Wellenkalk),* der besonders im Thüringer Becken als Stufenbildner wichtig ist, den weniger mächtigen *mittleren M.,* der örtlich Salzlager enthält, und den *oberen M.,* der im Süden der BRD wegen seiner stärkeren Entwicklung auch *Hauptmuschelkalk* genannt wird; er ist wiederum überwiegend kalkig entwickelt und bildet südlich des Mains die Hauptmuschelkalkstufe. Der klüftige und daher wasserdurchlässige M. trägt dort, wo er nur flachgründig verwittert ist, kräuterreiche Trockenterrassen, Felsheiden oder eigenartige lichte Gehölzformationen, die insgesamt unter dem Namen Steppenheide zusammengefaßt werden. Wo aber die Verwitterungsdecke mächtiger ist oder die M. von fruchtbaren Deckschichten überlagert wird, z. B. von Löß, breiten sich heute auf dem warmen Boden offene Ackerbaulandschaften aus, die im schwäbischen Bereich als Gäu bezeichnet werden. (Vgl. die Tab. am Schluß des Buches.)

Muskegs, ausgedehnte Waldsümpfe der abflußlosen Plateaus Kanadas mit Schwarzfichte und Lärche.

Mutterboden, *Muttererde,* die durch die Tätigkeit der Bodenorganismen umgebildete humusreiche, am stärksten belebte oberste Bodenschicht; er entspricht der Ackerkrume bearbeiteter Böden und so wie diese weitgehend dem A_h-Horizont des Bodenprofils.

Myameer [nach der Muschelgattung *Mya*], in der Entwicklung der Ostsee das gegenwärtige Stadium. Vgl. Litorinameer.

Mylonit, ein Gestein, das bei Bewegungen der Erdkruste an Störungsflächen durch Druck zermalmt und nachträglich wieder verkittet wurde. M. kommt besonders an der Basis von Überschiebungsdecken vor.

N

Nacheiszeit, svw. Postglazial.

Nacht, der Zeitraum zwischen Sonnenuntergang und Sonnenaufgang. Die Länge der N. hängt von der geographischen Breite des Beobachtungsortes und von der Jahreszeit ab. Am Äquator dauert die N. immer 12 Stunden, an allen anderen Orten der Erde nur zur Zeit der Tagundnachtgleichen, sonst ist sie je nach Jahreszeit länger oder kürzer.

Nachtbogen, der unter dem Horizont liegende Teil der scheinbaren täglichen Bahn eines Gestirns.

Nachwärmezeit, svw. Subatlantikum.

Nachwinter, der Eintritt von Kälte und starken Schneefällen im beginnenden Frühjahr. Besonders die erste Märzhälfte bringt häufig derartige Witterungsverhältnisse. Die Kälterückfälle im April, Mai oder Juni führen in den gemäßigten Breiten nicht mehr zu einem N.

Nadelabweichung, *magnetische Konvergenz,* der Winkel zwischen → Magnetisch-Nord und Gitter-Nord (→ Gitternetz). Vgl. auch Mißweisung (→ Deklination 2).
Nadeleis, → Frostboden.
Nadelwald, *Aciculisilva, Conodrymium,* Vegetationstyp der kühleren gemäßigten Breiten, in denen eine Vegetationszeit von 2 bis 4 Monaten mit einem Monatsmittel über 10 °C ermöglicht ist. Er umfaßt den borealen Nadelwaldgürtel Eurasiens, in der Sowjetunion als Taiga bezeichnet, und Nordamerikas. Weiter südlich ist er als Gebirgswald vertreten und schließt Fichten-, Tannen-, Kiefern- und Lärchenwälder ein. Die Nadelhölzer der Lorbeerwälder, *Taxodium, Tsuga, Thuja* u. a., rechnet man nicht zum N. Laubhölzer sind im N. nur in wenigen Arten eingestreut, in erster Linie Birke und Espe.
Nadir *m,* Fußpunkt, der Schnittpunkt des nach unten verlängerten Lotes in einem beliebigen Beobachtungsort mit der scheinbaren Himmelskugel; er liegt dem Zenit genau gegenüber (→ astronomische Koordinatensysteme).
Nagelfluh, ein Konglomerat, das entweder nur aus Kalkgeröllen (**Kalknägelfluh**) oder aus kristallinen Geröllen (*bunte N.*) besteht, wobei die einzelnen Gerölle wie Nagelköpfe aus der Felswand, der „Fluh", herausschauen. Die N. ist ein wichtiges Glied der Molasse im Alpenvorland.
Naledi, → Aufeisbildungen.
Namur, eine Stufe des → Karbons.
nano-xeromorph, *sukkulent-xeromorph,* ökologische Eigenschaftsbezeichnung für Pflanzen, die ständige, gleichmäßig hohe Trockenheit bei nur episodischem Niederschlag ertragen können.
Naßböden, Sammelbezeichnung für Böden, die sich unter dem Einfluß von Grundwasser oder Staunässe entwickeln. Zu den **mineralischen N.** gehören die Pseudogleye, weiterhin die Marschböden und viele Auenböden; unter *organischen N.* werden die fast ausschließlich aus Torf aufgebauten Moorböden verstanden.
In der Geologie werden N. mitunter auf die fossilen Tundranaßböden bezogen, die in Lößen als stratigraphische Leithorizonte dienen können.
Naßgalle, *Rasengalle,* eine Geländestelle, die durch zutage tretende geringe Wassermengen ständig durchfeuchtet ist. Sie ist auf Wiesen am Vorkommen von Sauergräsern kenntlich. Der so durchtränkte Lockerboden neigt leicht zu Massenbewegungen.
Nationalatlas, ein meist durch Format, Umfang und Ausstattung repräsentativer Regionalatlas eines Staates. Während früher insbesondere im Ausland gelegentlich auch im Staatsgebiet mono- oder polythematisch behandelnder Atlas (→ Fachatlas) als N. bezeichnet wurde, werden seit etwa zwei Jahrzehnten in engerer Begriffsfassung nur die thematischen komplexen Atlanten zu den N. gezählt, die möglichst gleichwertig die natürlichen Grundlagen, Landwirtschaft und Industrie, Verkehr, Handel, Bevölkerung, Siedlung und Kultur und teilweise auch die Geschichte behandeln.
Natronorthoklas, → Feldspäte.
Naturalisation, in der Biogeographie Einbürgerung von Pflanzen (→ Adventivpflanzen) und Tieren in einem von ihnen bisher nicht besiedelten Gebiet. Wanderungen, Einschleppung, auch Änderung der ökologischen Verhältnisse können Anlaß zu solchen Arealveränderungen sein. Vielfach vollzieht sich die N. so langsam, daß man sie nicht direkt beobachten kann.
Naturgas, svw. Erdgas.
naturräumliche Einheiten, in der geographischen Gliederung der Erdoberfläche Einheiten gleicher natürlicher Ausstattung, wobei diese in der Regel durch die Auswahl der dominanten Faktoren definiert wird. Nach dieser Auswahl ergeben sich verschiedene Integrationsstufen: a) Partialkomplexe, die einzelne Geofaktor berücksichtigen, (z. B. klimageographische, bodengeographische Einheiten), b) physiogeographische Einheiten, die auf die abiotischen Komponenten bezogen werden, c) biogeographische oder ökogeographische Einheiten, die die Gesamtheit und die Wechselspiel biotischer und abiotischer Komponenten berücksichtigen. In Abhängigkeit vom Maßstab können n. e. verschiedener Größenordnung unterschieden werden, die zu einem taxonomischen System verbunden werden. Nach dem bisherigen Stand der Forschung ordnen sich die n. E. in vier Dimensionen, in die topologische, die chorologische, die regionale und die planetarische Dimension. Jeder dieser Dimensionen entspricht ein bestimmter Grad der Generalisierung und der Heterogenität. Die terminologische Einheitlichkeit ist jedoch noch nicht erreicht.
Naturschutz, Sammelbegriff für alle Maßnahmen und Bestrebungen, der der dauerhaften Erhaltung oder Wiederherstellung von Naturreichtümern und der Bodenfruchtbarkeit eines Landes dienen. Dazu gehört neben dem Schutz bestimmter Tiere und Pflanzen, die vom Aussterben bedroht sind, auch der Schutz von Naturlandschaften, die wegen ihrer Bedeutung als Erholungsgebiete für die Menschen oder für wissenschaftliche Forschungen erhalten werden müssen. Durch die Verhinderung wirtschaftlich schädigender Eingriffe in die Natur sollen die Voraussetzungen für eine Wirtschaft mit der Natur geschaffen werden. Der moderne N. beschäftigt sich deshalb nicht nur mit der Einrichtung, Pflege und Erhaltung von Naturschutz- und Landschaftsschutzgebieten, Reservaten und Nationalparks, sondern er bezieht durch komplexe Forschungen auf biologischem, klimatischem und geographischem Gebiet auch die heutige Kulturlandschaft in seinen Arbeitsbereich ein. Dazu gehören unter anderem das schwierige und weltweite Problem der Bodenerosion, die Sicherung des Wasserhaushaltes und der Wasserversorgung (Be- und Entwässerung, Abwasserreinigung) sowie dem N. sehr nahestehende Aufgaben der Landeskultur, der Landschaftspflege und der Landschaftsgestaltung.
Im N. werden unterschieden: 1) *Naturschutzgebiete,* die vor allem der Wissenschaft als Forschungsstätte dienen und Erhaltungs- und Regenerationszentren für viele vom Aussterben bedrohte heimische Pflanzen und Tiere sind. In ihnen sind alle Veränderungen verboten. 2) *Landschaftsschutzgebiete* bzw. sonstige Landschaftsteile in der freien Natur, in denen Veränderungen des Landschaftsbildes nur mit behördlicher Genehmigung vorgenommen werden dürfen. 3) *Naturdenkmäler,* Einzelobjekte, die aus wissenschaftlichen Gründen oder wegen ihrer Schönheit erhalten werden sollen. Darunter fallen vor allem Bäume und geologisch-geographische Naturdenkmäler wie Felsen, Aufschlüsse, Findlinge, aber auch Flächennaturdenkmäler, wie Moore, Trockenrasen und andere Vegetationsausschnitte, die zumeist dem Biotopschutz dienen.
In der DDR gibt es gegenwärtig 569 Naturschutzgebiete mit rund 69080 ha Fläche (darunter 272 Waldschutzgebiete mit 21800 ha Fläche), 334 Landschaftsschutzgebiete mit 193100 ha Fläche und über 10000 Naturdenkmäler.
Grundlage des N. in der DDR ist das Landeskulturgesetz vom 14. Mai 1970 (Gesetz über die planmäßige Gestaltung der sozialistischen Landeskultur in der DDR), dessen 1. DVO das Naturschutzgesetz vom 4. 8. 1954 ersetzt.
nautische Karte, svw. Seekarte.
Nebel, kondensierter Wasserdampf in den untersten, bodennahen Luftschichten. Meteorologisch wird von N. gesprochen, wenn die Sichtweite unter 1 km liegt. Zur Nebelbildung sind hohe Luftfeuchte, Abkühlung unter den Taupunkt sowie hoher Gehalt an Kondensationskernen (Ionen, Staub, Salzkristalle u. a.) erforderlich.
Bei starker Abkühlung der Luft infolge Ausstrahlung in klaren Nächten entstehen *Strahlungsnebel,* die man oft in feuchten Niederungen als flache, unmittelbar auf dem Erdboden aufliegende *Bodennebel* (*Wiesennebel*) beobachten kann. Sie bilden sich oft schon in den Abendstunden und sind bei Sonnenaufgang am dichtesten. In Mulden und Tälern kommt es in der stagnierenden Luft infolge des hohen Feuchtigkeitsgehaltes der unteren Luftschichten und der meist geringen Luftbewegung zur Ausbildung von *Talnebeln.* Warme, feuchte, über kälteren

Untergrund streichende Luftmassen erzeugen *Advektionsnebel*. Auch im Bereich der Fronten, besonders an Okklusionen, sind durch Mischung Nebelbildungen möglich (*Frontnebel*), Städte und Industriegebiete sind infolge der Luftverunreinigung und des dadurch hervorgerufenen hohen Gehalts der Luft an Kondensationskernen meist nebelreicher als ihre Umgebung (*Stadtnebel* oder *Industrienebel*, → Smog).
Wenn die Nebeldecke nicht dem Boden aufliegt, spricht man von *Hochnebel*. Er entsteht durch Luftmischung an der Grenzfläche übereinander strömender Luftmassen von verschiedener Temperatur (→ Inversion). Seine Oberfläche ist oft sehr eben und erscheint von höherem Standpunkt aus als *Nebelmeer*. Ein aus Bodennebel hervorgegangener N., der bis zu einer Sperrschicht der Atmosphäre aufgestiegen ist, oder ein N., der durch Kondensation innerhalb hoher Dunstschichten gebildet wurde, heißt *Strahlungshochnebel*, da sich an der Oberfläche der Hochnebeldecke die Luftmassen durch Ausstrahlung weiter abkühlen. Bei winterlichen Hochdrucklagen halten sich derartige Hochnebel oft tagelang.
Besonders im Winter sind die Täler oft mit N. gefüllt, kalt und unfreundlich; die höher gelegenen Ortschaften hingegen erfreuen sich zu gleicher Zeit des herrlichsten Sonnenscheins. Die Luvseite der Gebirge ist infolge Staus oft von aufliegenden Wolken verhüllt, die als N. erscheinen, während die Leeseite zur gleichen Zeit schönes Wetter aufweist. Vielfach entstehen in den Tälern bei hangwärts aufsteigenden lokalen Luftströmungen infolge adiabatischer Abkühlung und Eintritt von Kondensation *Hangnebel*.
Bei stärkerem Temperaturunterschied zwischen Luft und Erdoberfläche steigen in kühleren Jahreszeiten über Flüssen und Seen N. auf, die als *Fluß*- oder *Seenebel*, im Winter auch als *Eis*- oder *Frostnebel* (Frostrauch) bezeichnet werden. Eisnebel lagern oft auch über dem offenen Wasser der Polargebiete.
Die *Meeresnebel* bilden sich über dem offenen Ozean; sie treten besonders da auf, wo Luftmassen von einer warmen Meeresströmung auf eine kalte übertreten, z. B. im Gebiet der Neufundlandbank, wo warmer Nordatlantikstrom und kalter Labradorstrom aneinandergrenzen, ferner als *Küstennebel* im Gebiet warmer Küsten, vor denen kalte Meeresströmungen hinziehen, z. B. der kalte Perustrom an der chilenischen, der Benguelastrom vor der südwestafrikanischen und der Kanarenstrom an der nordwestafrikanischen Küste.
Die Nebeltröpfchen sind äußerst fein (etwa 0,22 mm Durchmesser) und halten sich fast schwebend in der Luft, schlagen sich jedoch an Gegenständen leicht nieder. Es kann auch zu einem allerdings kaum meßbaren Niederschlag kommen, der als *Nebelreißen* bezeichnet wird; dazu rechnet die → Garúa im chilenisch-peruanischen Küstengebiet. Auch bei Temperaturen unter 0 °C besteht der N. aus Wassertröpfchen, die sich jedoch bei Berührung mit festen Oberflächen an diesen sofort als Eis (Rauhfrost, Glatteis) niederschlagen.
Als *Nebelhäufigkeit* wird in der Klimatologie die Zahl der Tage bezeichnet, an denen N. auftritt, unabhängig davon, wie lange er anhält.
Nebelwald, eine Höhenstufe des tropischen Regenwaldes und der Feuchtsavanne, kommt im Wolkengürtel niederschlagsreicher Gebirge in Lagen zwischen 1000 und 3500 m vor. Vor allem während der Regenzeit herrschen ständig Nebel, Sprühregen, starker Taufall. Der N. ist niedriger als der normale Regenwald, aber ebenso üppig und sehr reich an Epiphyten, Flechten, Moosen und Farnen. Die Durchfeuchtung des Bodens führt zu stärksten Rutschungen, so daß die Höhenzüge meist zu Graten zugeschärft sind.
Necks, in Schottland vorkommende, mit Basalt, Melaphyr, Diabas und Tuffen erfüllte vulkanische → Schlote, die karbonische und permische Ablagerungen durchsetzen.
Neerstrom, in Buchten oder hinter Landvorsprüngen auftretende lokale Strömung, die der Hauptströmung im Fluß oder offenen Meer vielfach entgegengerichtet ist und als Sogwirbel aufgefaßt werden kann.
Nehrung, eine schmale, langgestreckte Landzunge, die eine Meeresbucht ganz oder fast ganz abschließt. Die N. entwickelt sich oft aus einem → Haken. An der Außenseite wird von einem Strand gesäumt, und das Innere besteht häufig aus Dünen, während die der Meeresbucht, d. h. dem → Haff, zugewandte Seite oft junge unregelmäßige Anlandungen durch die Strandversetzung (→ Strand). Wird die N. später vom Meer wieder durchbrochen, so spricht man von einer *Inselnehrung.* Häufig verwendet man auch den Ausdruck → Lido im Sinne von N. An der Schwarzmeerküste werden die N. als Peressyp bezeichnet; sie schließen hier die haffähnlichen Limane vom Meer ab (Abb. → Küste).
Neigungswinkel, svw. Böschungswinkel.
Nekton *n*, die Gesamtheit der Organismen des Wassers, die sich selbständig bewegen, also aktiv schwimmen. Hierzu rechnen Fische, Krebse u. a. Gegensatz: → Plankton.
Neokom, → Kreide, Tab.
Neo-Würm, bisweilen sehr uneinheitlich gebrauchte Bezeichnung für die letzten Rückzugsstadien der → Würm-Eiszeit.

Neozoikum, svw. Känozoikum.
Nephelin, → Feldspatvertreter.
neritisch nennt man den zur Flachsee gehörenden Bereich eines Meeres bis 200 m Tiefe und alles, was ihm angehört.
Netzleisten, → Trockenrisse.
Neutrosphäre, → Atmosphäre.
NH, Abk. für Normalhöhe, → Normalnull.
Nichterze, Gangart, meist mit Erzen in Gängen vorkommende Minerale, die abgebaut, aber nicht auf Metalle verhüttet werden, sondern Grundstoffe der chemischen Industrie sind. Die wichtigsten N. sind Schwerspat, Flußspat, die Strontiumminerale, Kalkspat, Quarz, Schwefel.
Niederschlag, Sammelbezeichnung für das aus der Atmosphäre zur Erdoberfläche fallende oder sich an dieser und den auf ihr befindlichen Gegenständen ausscheidende Wasser, sei es in flüssiger oder fester Form. Es rechnen dazu die verschiedenen Formen des → Regens (einschließlich Schauer und Niesel) und die festen Niederschläge wie → Schnee, Eisnadeln, → Graupeln, → Hagel. Ferner gehören dazu → Tau und → Reif, deren Mengen meist nicht meßbar sind. N. bildet sich, wenn sich die Luft unter den Taupunkt abkühlt und dadurch Kondensation oder Sublimation eintritt.
Nach der Art der Entstehung unterscheidet man drei Typen von N.: 1) den *zyklonalen N.*, der an Fronten gebunden ist; 2) den *konvektiven N.*, der sich durch Thermik bildet und besonders in den Tropen sowie in der gemäßigten Zone bei sommerlichen Wärmegewittern fällt; 3) den *orographischen N.*, der durch geländebedingte Hebung von Luftmassen erfolgt (*Steigungsregen*).
Besonders niederschlagsreich sind die innere Tropenzone mit ihren Zenitalregen und der Westwindgürtel (Zyklonenregen). Hohe Werte werden dabei vor allem an Gebirgen durch Stau (Steigungsregen) erzielt. Der bisher bekannte niederschlagsreichste Ort der Erde ist Tscherrapundschi in Assam (Indien) mit rund 12000 mm, während z. B. in Arica (Nordchile) im Mittel weniger als 10 mm im Jahr zu verzeichnen sind. Völlig niederschlagslose Orte gibt es auf der Erde nicht, denn selbst in den Kernwüsten fällt wenigstens alle paar Jahre einmal N. Mit zunehmender Entfernung vom Meere nehmen die N. im allgemeinen ab.
Aus N., Abfluß und Verdunstung ergibt sich der Kreislauf des → Wassers.
Gemessen wird der N. mit dem → Niederschlagsmesser. Man gibt den N. meist als Höhe in mm an, d. h., bis zu der betreffenden Höhe würde die Erdoberfläche an der Meßstelle mit Wasser bedeckt sein, wenn nichts verdunstet, versickert oder oberflächig abgeflossen wäre. Eine *Niederschlags-*

höhe von 1 mm entspricht einer Wassermenge von 1 l je m². Als *Niederschlagstage* bezeichnet man solche Tage, an denen N. zu verzeichnen ist.

Mittlere jährliche Niederschlagshöhen einiger Orte in mm

Arica	Nordchile	< 10
Swakopmund	Namibia	20
Aden	VDR Jemen	60
Ghardaia	Sahara	100
Werchojansk	Ostsibirien	130
Astrachan	Wolgamündung	150
Coolgardie	Westaustralien	230
Magdeburg	DDR	500
Moskau	Sowjetunion	530
Leipzig	DDR	620
London	England	620
Chicago	USA	880
München	BRD	900
Mailand	Italien	980
New York	USA	1140
Sydney	Ostaustralien	1230
Wuhan	China	1290
Zugspitze	BRD	1370
Tokio	Japan	1470
Bergen	Norwegen	1960
Cayenne	Französisch-Guayana	3010
Ben Nevis	Schottland	4000
Greytown	Nikaragua	6590
Tscherrapundschi	Indien	12000

Zur Messung von N. hat man neuerdings Radargeräte erfolgreich eingesetzt. Mit ihrer Hilfe kann man ein größeres Gebiet von einem Punkt aus überwachen. Eine Regenwolke erzeugt auf dem Radarschirm ein Echo, dessen Stärke von der Niederschlagsintensität abhängt. Auch aus der Schwächung, die die Radarsignale beim Durchlaufen von Niederschlagsgebieten erfahren, lassen sich Rückschlüsse ziehen. Gewitter, Schauer und Aufgleitregen zeigen jeweils typische Radarbilder. Da man kurzfristig den gesamten Umkreis einer Station abtasten kann, lassen sich N. nach Eintrittszeit und Intensität vorhersagen, insbesondere sind Katastrophenfälle rechtzeitig erkennbar.

Niederschlagsmesser, *Regenmesser, Pluviometer, Ombrometer, Hyetometer,* ein Gerät zur Messung des während einer bestimmten Zeit gefallenen Niederschlags. Der N. besteht aus einem meist zylindrischen Gefäß mit einem Auffangtrichter, dessen Auffangfläche genau bestimmt ist. Der in dem Gefäß gesammelte Niederschlag wird täglich gewöhnlich einmal gemessen. Der meist benutzte *Hellmannsche Regenmesser* hat eine Auffangfläche von 200 cm²; sein Meßglas ist bereits in mm Niederschlagshöhe eingeteilt (1 mm Niederschlagshöhe entspricht einer Niederschlagsmenge von 1 l auf 1 m²). Es ist dafür gesorgt, daß bis zur Ablesung nichts verdunstet. Bei Schneefall wird ein Schneekreuz eingesetzt, das ein Verwehen des Schnees aus dem Auffangtrichter verhindert. Auch elektrische Heizung und Chemikalien zum Schmelzen des Schnees werden verwendet. Der registrierende N. ist nach dem Saugheberprinzip gebaut und entleert sich nach je 10 mm. N., die erst nach längerer Zeit abgelesen werden können, z. B. an schwer zugänglichen Orten im Hochgebirge, nennt man *Totalisator*; die anfallenden Niederschlagsmengen werden hier durch eine Glyzerinschicht vor Verdunstung und durch Kalziumchlorid vor dem Gefrieren geschützt.

Niederterrasse, die unterste Schotterterrasse in mitteleuropäischen Tälern, die vom Hochwasser meist nicht mehr erreicht wird. Sie entstammt hauptsächlich der letzten pleistozänen Kaltzeit, als die Flüsse infolge der verstärkten Schuttanlieferung Schotter ablagerten, die als *Niederterrassenschotter* bezeichnet werden. Oft beschränkt man den Ausdruck N. nur auf die Schotterterrassen der letzten Eiszeit (Würm-Eiszeit bzw. Weichsel-Eiszeit), macht ihn also zu einem genetischen Begriff.

Niederwald, forstliche Wirtschaftsform des Laubwaldes, insbesondere des Eichenwaldes, bei der die Bestände ausschließlich von *Unterholz* gebildet werden, d. h. von Bäumen, die aus Stock- und Wurzelausschlägen hervorgegangen sind. Alle 20 bis 40 Jahre wird abgeholzt, so daß der Wald nur aus Jungwuchs besteht und keine Stämme bildet. Der N. liefert also nur Brennholz.
Diese Wirtschaftsform ist in ihrer Bedeutung und Verbreitung stark zurückgegangen.

Nife, Bezeichnung für den Kern der Erde nach Wiechert (→ Erde, Abschn. 4).

Nimbostratus *m*, Abk. *Ns*, tiefe schwarzgraue Wolkendecke im Bereich einer Warmfront oder Okklusion; aus ihr fällt anhaltender Regen oder Schnee. Oft ist die Unterseite mit nach unten durchhängenden Ausstülpungen versehen (*Mammatuswolken*), oder einzelne tiefere Stratusfetzen ziehen darunter hin.

Nitratpflanzen, → Boden(an)zeiger.

nival, den Schnee betreffend; ein *nivales Klima* (Schneeklima) ist ein Klimatyp, für den Niederschläge in fester Form kennzeichnend sind. Weite Flächen tragen daher eine Schneedecke oder sind vergletschert. An die Stelle der Flüsse treten Gletscher; ein Pflanzenleben ist nicht vorhanden. Die Niederschläge sind im allgemeinen geringer als im humiden Klima. Neben dem *vollnivalen Klima* in den Polargebieten und einigen vergletscherten Hochgebirgen unterscheidet man ein *seminivales Klima*, bei dem die Schneefälle gelegentlich durch Regen unterbrochen werden. Das bisweilen ausgeschiedene *subnivale Klima* ist bereits dem humiden Klima zuzurechnen, da in der warmen Jahreszeit im allgemeinen Regen fällt und nur im Winter regelmäßig eine Schneedecke vorhanden ist, die allerdings oft monatelang das Eindringen des Wassers in den Boden verhindert. Im Frühjahr verursacht die Schneeschmelze bei den Flüssen Hochwasser. Im subnivalen Klimabereich, dem z. B. die Tundra angehört, ist bereits ein verhältnismäßig reiches Pflanzenleben entwickelt. Abb. → arid.

Nivation, → Firn.

Nivellement, die → Höhenmessung mit Nivellierinstrument und Nivellierlatte.

NN, Abk. für → Normalnull.

Noosphäre, von dem sowjetischen Geochemiker Vernadskij in die Geowissenschaften eingeführter Begriff, der die gegenwärtige Dynamik der geochemischen Entwicklung der Geosphäre charakterisiert. Nachdem in der Vergangenheit auf Grund jahrmillionenlanger Entwicklungen das geochemische Gleichgewicht in der Biosphäre verwirklicht war, greift der Mensch jetzt mit seiner modernen Technik so stark in den Stoffhaushalt der Erde ein, daß die zuvor vom biologischen Geschehen bestimmten Kreisläufe regional, vielfach bereits global, abgewandelt werden und zu einer Bedrohung der Biosphäre Anlaß geben können. So führt z. B. die Verbrennung fossiler Energieträger, bei deren Bildung einst Kohlenstoff gebunden und Sauerstoff freigesetzt wurde, zu einer Umkehrung des geologischen Prozesses (Zunahme des CO_2 in der Atmosphäre). Zufuhr von warmem Kühlwasser in die Vorfluter, Konzentration von bestimmten Elementen (z. B. des Quecksilbers im Weltmeer, des Kadmiums u. a.) sowie die allgemeine Verschmutzung von Luft, Wasser und Boden verursachen weitere grundlegende Umstellungen in den geochemischen Grundlagen für das Leben auf der Erde. So kommt dem Begriff N. unter dem Mensch-Umwelt-Aspekt besondere Bedeutung zu.

Nor, eine Stufe der → Trias.

Nord, *Norden,* Abk. N, eine → Himmelsrichtung. Als *Geographisch-Nord* bezeichnet man die Richtung, in der die Meridiane des Gradnetzes zum geographischen Nordpol laufen. *Magnetisch-Nord* ist die Richtung zum magnetischen Südpol, die der Nordpol einer horizontal beweglichen Magnetnadel einnimmt (→ Erdmagnetismus). Unter *Gitter-Nord* versteht man die x-Achse des Gitternetzes, die im Mittelmeridian mit Geographisch-Nord zusammenfällt.
Der *Nordpunkt* ist einer der beiden Schnittpunkte des Ortsmeridians mit der Horizontebene, → astronomische Koordinatensysteme.

Nordlicht, → Polarlicht.

Nordpolarstern, svw. Polarstern.

Nordstern, → Polarstern.

Nord-Süd-Linie, *Mittagslinie,* die Verbindungslinie zwischen Nordpunkt und Südpunkt eines Ortes auf der Horizontebene (→ astronomische Koordinatensysteme). Sie entspricht der Linie, die sich durch Verbindung aller Kulminationspunkte der Sonne für den betreffenden Ort ergibt. Zur Be-

stimmung der N.-S.-L. können verschiedene Methoden angewendet werden, → Orientierung.
Normalnull, Abk. *NN*, die ungefähr im Niveau des Mittelwassers des Meeres liegende Bezugsfläche für alle amtlichen Höhenmessungen und Höhenangaben. Da der Meeresspiegel schwankt, hat man in den verschiedenen Staaten für die Berechnung von NN bestimmte Festpunkte geschaffen. Für Deutschland galt seit 1879 (in der DDR bis 1957, in der BRD bis in die Gegenwart) als *Normalhöhenpunkt* ein Höhenbolzen, der ursprünglich im Fundament der ehemaligen Berliner Sternwarte angebracht war und 1913 durch genaue Messung an die Chaussee Herzfelde–Müncheberg, 38 km östlich von Berlin, verlegt wurde. Er war vom Mittelwasser des Amsterdamer Pegels abgeleitet und lag 37 m über diesem; an ihn wurden alle Hauptnivellementszüge angeschlossen. Das sich aus diesem Normalhöhenpunkt ergebende N. liegt 16 mm über dem Amsterdamer Pegel.
In der DDR legt man seit 1957 wie in allen europäischen sozialistischen Staaten den Pegel von Kronstadt bei Leningrad als Normalhöhe zugrunde. Der sich aus dem neuen Pegel der DDR und aus einem neuen Verfahren der Höhenberechnung ergebende Unterschied zur alten Höhenlage beträgt etwa +16 cm. Die Höhen im neuen System werden als *Normalhöhen*, Abk. *NH*, bezeichnet.
Da die einzelnen Staaten verschiedene Bezugspunkte (Festpunkte) festgelegt haben, können sich die amtlichen Höhenangaben um einige Dezimeter unterscheiden.
Normalperiode, in der Meteorologie der international festgelegte Zeitraum von 1901 bis 1950, dessen klimatologische Mittelwerte als Grundwerte für Vergleiche herangezogen werden sollen. Diese Periode enthält zwar eine Reihe außerordentlich extremer Jahre, so daß sie nicht absolut repräsentativ ist, bietet aber die Gewähr, daß bei den meisten Stationen für diese Zeit durchgehende Beobachtungsreihen vorliegen; dies trifft für weiter zurückliegende Perioden nicht zu.
Nullmeridian, seit 1911 nach internationaler Vereinbarung der Ortsmeridian von Greenwich. Da es keinen von Natur ausgezeichneten Punkt gibt, an den die Zählung der Meridiane angeschlossen werden könnte, wurde der N. mehrere Male verlegt. Ptolemäus (150 u. Z.) bestimmte den Meridian einer der Kanarischen Inseln als N. 1634 wurde der Meridian von Ferro, der westlichsten Insel dieser Gruppe, durch einen französischen Kongreß dazu auserwählt. Später ging Frankreich dazu über, auch den Meridian von Paris als N. zu verwenden. Mit der Verlegung des N. nach Greenwich wurden die übrigen N. aufgehoben, so daß für die ganze Erde

alte N.	Lage zum N. von Greenwich	als N. verwendet
Berlin	13°23'44" ö. L.	auf preußischen Karten bis 1850
Ferro	17°39'46" w. L.	in Deutschland bis 1884
Paris	2°20'14" ö. L.	auf älteren deutschen Karten
Pulkowo	30°19'39" ö. L.	auf russischen und sowjetischen Karten bis 1920

eine einheitliche Bezeichnung der geographischen Länge möglich wurde.
Nunatak [aus einer Eskimosprache] *m, Plur.* Nunatakr oder Nunatakker, ein isolierter, über die Oberfläche von Gletschern und Inlandeismassen aufragender Felsen.
Nutation, in der Geophysik periodische Schwankungen der → Präzession, wodurch die Rotationsachse der Erde keinen glatten, sondern einen gewellten Präzessionskegel beschreibt.

O

Oase, eine am Rande oder im Innern von Wüsten und Wüstensteppen gelegene Stelle reicheren Pflanzenwuchses, der durch Grundwassernähe, Quellen, Flußläufe oder auch artesische Brunnen bedingt ist und durch Bewässerung häufig ausgedehnt werden kann. Man unterscheidet so nach der Art des zur Verfügung stehenden Wassers *Grundwasseroasen, Quelloasen* und *Flußoasen*, deren bekannteste die des Nils in Ägypten ist. In der Sahara, in Arabien und Turkestan bilden die O. häufig Kulturzentren. Die Bewohner bauen in der Regel Feldfrüchte und Obst an, in den afrikanischen und arabischen O. hauptsächlich Dattelpalmen.
Oberflächenströmungen, → Meeresströmungen.
Obsidian, dunkles Gesteinsglas, entstanden durch rasche Erstarrung des vulkanischen Schmelzflusses. O. ist meist schwarz oder grau, seltener braunrot. Wird der O. erhitzt, entweichen die in ihm gebundenen Gase, es entsteht Bimsstein. O. wurde in der Jungsteinzeit unter anderem zu Messern und Pfeilspitzen verarbeitet, heute werden Kunstgegenstände daraus gefertigt.
Ödland, Flächen von so geringer Ertragsfähigkeit, daß sich unter den gegebenen Verhältnissen eine land- oder forstwirtschaftliche Nutzung nicht lohnt, die aber durch Kultivierung und Melioration einer solchen Nutzung zugeführt werden können. Hierzu gehören auch Moor- und Heideflächen sowie Kippen und Halden.

Nichtkultivierbare Flächen werden dagegen als → Unland bezeichnet.
Ogiven, → Gletscher.
Okklusion, das Zusammenfallen von → Warmfront und → Kaltfront, wenn in einem Spätstadium der Entwicklung einer Zyklone die Kaltfront infolge höherer Geschwindigkeit der auf ihrer Rückseite vordringenden Kaltluft die Warmfront am Boden einholt und der warme Sektor damit verschwindet. Die Warmluft wird durch die sich darunterschiebende Kaltluft vom Erdboden abgehoben. Die O. kann Warm- oder Kaltfrontcharakter haben, je nachdem, ob die nachdringende Kaltluft auf die Vorderseitenluft aufgleitet oder sich unter diese schiebt. Die Wettererscheinungen an O. sind abgeschwächt. Wolkenfelder herrschen vor.

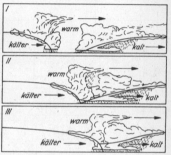

Okklusion. Schnitt durch eine okkludierende Zyklone (aus Grunow)

Bleibt nach dem Zusammenklappen von Warm- und Kaltfront in der Nähe des Kerns der Zyklone am Boden noch ein Warmluftbereich erhalten, spricht man von einer *Seklusion*.
Ökologie, auf den Naturforscher Ernst Haeckel zurückgehender Ausdruck für die Lehre von den Wechselbeziehungen zwischen Organismen und ihrer Umwelt. In der Ö. werden die Lebewesen in ihrer Beziehung zu Klima, Boden, Wasser, Landschaftsformen, Vegetation und sonstigen Besonderheiten des Standorts betrachtet. Wird die Ö. nicht auf Pflanzen (*Pflanzenökologie*) oder Tiere (*Tierökologie*) bezogen, sondern den Naturhaushalt insgesamt zugrunde gelegt, so spricht man von *Landschaftsökologie* (→ Landschaftskunde).
ökologische Varianz, *systemeigene Schwankungsbreite*, in der topologischen Landschaftsökologie die Amplitude der Verhaltensweisen eines Physiotops oder Ökotops bei unterschiedlichen Witterungsabläufen im Jahresgang oder in größeren Perioden. Besonders groß ist sie z. B. die ö. V. bei Standorten auf Pseudogleyen, die sowohl starke Überfeuchtung als auch starke Austrocknung zeigen können. Die Kenntnis der ö. V. ist von praktischer Bedeutung, weil sie sich nicht nur in den Ertragsschwankungen abbildet, sondern auch den

Jahresrhythmus der agrarischen Arbeiten mitbestimmt.

Ökosystem, ein biologisches System, das sich aus der Integration und den Wechselwirkungen (Relationen) aller oder einer begrenzten Zahl biotischer und abiotischer Elemente bzw. Kompartimente untereinander und mit der Umgebung ergibt. Es werden dabei verschiedene Informationsebenen, die vom Einzelorganismus über Population, Biozönose bis zur gesamten Biosphäre reichen können, angesprochen. Ö. sind offene und zugleich dynamische Systeme, in denen *Fließgleichgewicht* herrscht. Die Betrachtung erfolgt je nach Problemstellung unter dem Struktur-, Funktions- oder Zustandsaspekt, wobei auch die Vorgeschichte des Ö. Bedeutung erlangt.

Ökotop *m* oder *n,* kleines Stück der Erdoberfläche (Standort, Örtlichkeit), das dadurch gekennzeichnet ist, daß auf ihm gleichartige ökologische Bedingungen herrschen, d. h. gleichartige klimatische, edaphische, orographische, hydrologische und biotische Faktoren zusammenwirken. Die Gleichartigkeit der ökologischen Bedingungen kommt in der Vegetation zum Ausdruck. Pflanzensoziologische Aufnahmen sind daher für die Abgrenzung der Ö. wertvoll. Der Ö. ist die reelle Erscheinungsform der Gegenwart, umfaßt alle stabilen und labilen Standorteigenschaften, so daß sich bei Veränderung einzelner Faktoren Veränderungen der Ö. ergeben können. Mehrere Ö. können als Varianten eines → Physiotops auftreten. Auch werden durch die Bewirtschaftung verschiedene Kulturpflanzen an die Stelle der ursprünglichen Vegetation gebracht (Agrar-Ökotop).

oligotroph, nährstoffarm; o. Binnenseen sind arm an gelösten Nährstoffen und im Gegensatz zu den dystrophen Seen auch arm an gelösten Humusstoffen, aber auch arm an Plankton. Kennzeichnend ist ein sehr klares sauerstoffreiches Wasser von blauer bis blaugrüner Farbe, das sich vorzüglich als Trinkwasser eignet. Infolge der geringen Produktivität entstehen auf dem Seegrund meist Unterwasserrohböden (Protopedons). Hochgebirgsseen und tiefe Rinnenseen sowie andere Seen mit steilen, kaum verwachsenen Ufern sind zumeist o. Die zunehmende Eutrophierung und Verschmutzung der Gewässer ist eines der wichtigsten Probleme des Umweltschutzes.

Zu den o. („basenarmen") Böden gehören besonders die Podsole und die o. Braunerden sowie viele Tropenböden. Gegensatz: → eutroph.

Oligozän, → Tertiär, Tab.

Ölschiefer, *bituminöse Schiefer,* dunkle, tonige Gesteine mit größerem Gehalt an Bitumen, aus denen sich Öl und Gas gewinnen lassen. Ö. entstehen aus verfestigtem Faulschlamm. Bekannte Ö. sind die Posidonienschiefer in Schwaben mit 15 bis 20% Bitumengehalt, der Kuckersit von Estland, aus dem Treibstoff und Gas gewonnen werden, und die Stinkschiefer des Zechsteins. Ö. können zu Ölmuttergesteinen werden (→ Erdöl).

Ombrometer, svw. Niederschlagsmesser.

ombrophil, *regenliebend,* ökologische Eigenschaftsbezeichnung für Pflanzen, die regenreiche Gebiete bevorzugen, z. B. o. Regenwald, der immerfeuchte, tropische Regenwald.

Oolith, ein Gestein, das aus konzentrisch-schaligen oder radial-faserigen, bis erbsengroßen Kügelchen (Ooide) aufgebaut ist, die durch ein Bindemittel verkittet sind. Am häufigsten sind *Kalkoolithe;* sie sind im wesentlichen aus Kalkkügelchen zusammengesetzt, durch ein kalkiges Zement verbunden und kommen besonders im Jura vor. Der *Rogenstein* aus dem Buntsandstein ist ein Kalkoolith mit sandigem Bindemittel. Aus Aragonit besteht der *Sprudelstein* (*Erbsenstein*), der sich in schönster Ausbildung an den Quellen von Karlovy Vary findet, aus dunkelkastanienbraunen und dunkelroten Körnern von Braun- oder Roteisenstein der *Eisenoolith,* ein wichtiges Eisenerz. *Kieseloolithe* sind meist verkieselte Kalkoolithe.

Ordovizium [nach dem im Altertum in Nordwales lebenden Stamm der Ordovices], System bzw. Periode des Erdaltertums, auf das Kambrium folgend. Im O. werden durch epirogene Senkungen weite Teile der Festländer vom Meere überflutet. Früher wurde das O. als untere Abteilung des Silurs aufgefaßt. (Vgl. Tab. am Schluß des Buches.)

organischer Grundwasserboden, → Moor 2).

organogen, aus organischen Bestandteilen gebildet. Gegensatz: → minerogen.

Orientierung, die. Festlegung des eigenen Standorts in bezug auf die Himmelsrichtungen und in bezug auf die Lage zu benachbarten Punkten im Gelände. Eine O. ohne Hilfsmittel, vor allem eine Bestimmung der Nord-Süd-Linie, ist möglich durch Beob-

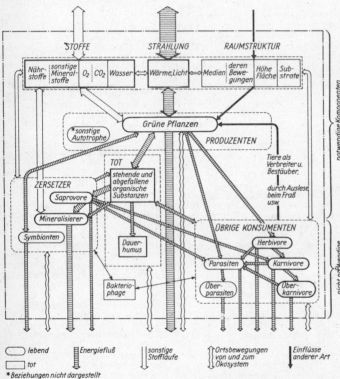

Wesentlich sind auch Untersuchungen des Stabilitätsverhaltens von Ö. und ihrer Belastbarkeit im Zusammenhang mit Mensch-Umwelt-Fragen. Die Grundkategorien des Ö. sind *Zirkulation* und *Energetik* (Energie- und Stoff-Fluxe, Kreisläufe), *Struktur, Regulation* und *Steuerung, Adaption* und *Sukzession.* Teilsysteme des Ö. oder Gruppen von Elementen werden zu *Kompartimenten* (vgl. Abb.) zusammengefaßt. Dies erleichtert den Überblick und die quantitative Analyse. In der *Biogeozönose* berühren sich Ö. und Geosystem.

achtung der Gestirne. Wendet man auf der Nordhalbkugel mittags 12 Uhr das Gesicht der Sonne zu, so hat man vor sich den Süden, im Rücken Norden, links Osten und rechts Westen; auf der Südhalbkugel verhält es sich umgekehrt. Nachts bildet der Polarstern eine Möglichkeit der O., da er dicht am Himmelsnordpol steht. Man findet den Polarstern leicht, wenn man beim Sternbild des Großen Wagens die Verbindungslinie der hinteren Sterne (die bei der scheinbaren täglichen Drehung des Himmels vorangehen) um das Fünffache ihres Abstandes verlängert. Die Richtung zum Polarstern fällt also annähernd mit der Nordrichtung zusammen.
Die schnellste Bestimmung der Nord-Süd-Linie erfolgt mit dem → Kompaß, wobei die Deklination der Magnetnadel zu beachten ist. Auch die Uhr gestattet eine annäherende Festlegung der Nord-Süd-Linie.

Orkan, höchster Stärkegrad des Windes, nach der Beaufortskala Windstärke 12 und mehr, d. h. ein Wind mit einer Geschwindigkeit von mehr als 100 km/h. Auf dem Meer sind O. im allgemeinen häufiger anzutreffen als auf dem Festland. In den gemäßigten Breiten sind sie verhältnismäßig selten; sie treten hier meist im Frühjahr und Herbst auf. Gefürchtet sind dagegen wegen ihrer besonders großen Zerstörungskraft die tropischen → Wirbelstürme, die Orkanstärke erreichen: die Hurrikane an den Küsten des südöstlichen Nordamerika, die Taifune in Ostasien und die Mauritiusorkane im südwestlichen Indischen Ozean, sowie die in der außertropischen Frontalzone Nordamerikas entstehenden gefürchteten Tornados (vgl. Nordamerika S. 282).

Orogene, in der Geologie nach Kober
1) die beweglichen Zonen der Erdkruste, die für die Geosynklinalen und die Faltengebirgsbildung charakteristisch sind, im Gegensatz zu den verfestigten → Kratonen;
2) die in diesen Zonen durch Orogenese (→ Gebirgsbildung) geschaffenen Faltengebirge, die einen bestimmten Bauplan aufweisen: eine in der zentralen Achse liegende Reihe von verhältnismäßig alten und starren Baugliedern (Zentralmassive, Zwischengebirge), denen beiderseits nach außen gerichtete, durch intensive Faltung und Deckenbildung gekennzeichnete Randketten angegliedert sind, die gegen die Vorländer hin bewegt wurden.

Orogenese, diejenigen tektogenetischen Vorgänge, die zur Entstehung von Faltengebirgen (→ Gebirgsbildung) führen, früher für alle tektonischen Vorgänge gebraucht, die Lagerungsstörungen hervorrufen (heute → Tektogenese).

Orographie, rein beschreibende Darstellung des Reliefs der Erdoberfläche nach äußeren Merkmalen, also insbesondere nach der Verteilung von Hoch und Tief, ohne Berücksichtigung genetischer Gesichtspunkte.

Orometrie, die Lehre von den Maßverhältnissen der Gebirge, die, ohne auf genetische Gesichtspunkte Rücksicht zu nehmen, durch die Bildung von Maßzahlen (mittlere Paßhöhe, mittlere Gipfelhöhe, mittlere Schartung u. a.) den Formenbestand der Gebirge zu erfassen sucht. Durch die Entwicklung der Morphometrie ist die O. überholt.

Orterde, → Ortstein.

Orthodrome, die kürzeste Verbindungslinie zwischen zwei Punkten der Erdoberfläche. Die O. schneidet im Unterschied zur → Loxodrome die konvergierenden Meridiane unter sich ständig änderndem Winkel. Auf Karten gnomonischer Abbildung wird jede O. als Gerade abgebildet. Um ein Fahrzeug auf der O. zu halten, muß der Kurs ständig geändert werden. Flugverbindungen zwischen zwei mehr als 120 Längengrade auseinanderliegenden Orten der Mittelbreiten führen bei Kurs auf der O. über die Polarregion.

Orthogesteine, metamorphe Gesteine, die durch Umwandlung (Metamorphose) von Magmagesteinen entstanden, z. B. Orthogneis aus Graniten. Unterschied: → Parageste ine.

Ortsbestimmung, *geographische O.*, die Bestimmung der Lage von Punkten auf der Erdoberfläche. Sie erfolgt einerseits als Bestimmung der geographischen Koordinaten, d. h. der geographischen Länge und Breite, da jeder Punkt der Erdoberfläche durch seine Lage im Gradnetz der Erde festgelegt ist, zum anderen als Höhen- und Lagebestimmung durch Messungen auf der Erdoberfläche.
1) Die Bestimmung von geographischer Länge und Breite erfolgt durch Messung von Gestirnpositionen und wird daher als *astronomische O.* bezeichnet. Die im Verhältnis zu den Sternentfernungen unbedeutenden Höhenunterschiede auf der Erdoberfläche werden dabei vernachlässigt. Eine Bestimmung der Länge und Breite ist aber erst dann möglich, wenn die Nord-Süd-Linie sowie die Lage des Horizonts festgelegt sind (→ Orientierung).
a) Die Bestimmung der geographischen Breite ist im Prinzip eine Messung der Polhöhe, da diese gleich der geographischen Breite ist. In der Praxis ist diese Messung jedoch ziemlich umständlich, da der Himmelsnordpol nicht durch einen Stern gekennzeichnet ist; man kann verschiedene Methoden anwenden.
b) Die Bestimmung der geographischen Länge erfolgt durch Messung des Abstandes des Ortsmeridians vom Nullmeridian. Da beide Meridiane durch ihre Ortszeit definiert sind, ist die Längenbestimmung im Prinzip ein Zeitvergleich. Die Zeitdifferenz zwischen Ortsmeridian und Nullmeridian läßt sich leicht in Grad umrechnen; da 24 Stunden 360° entsprechen, ist 1 Stunde = 15°, 4 Minuten = 1° (→ Zeitzonen). Vor der Erfindung des Funks und zuverlässiger, transportabler Uhren konnte die Längenbestimmung nur durch die Beobachtung eines astronomischen Ereignisses – z. B. Verschwinden der Jupitermonde im Schatten des Planeten, Verdecken von Sternen durch den Erdmond – gelöst werden, das an verschiedenen Standorten zu verschiedenen Zeiten eintrat. Diese Methode brachte jedoch keine sehr genauen Ergebnisse.
Seitdem in jedem Ort der Erde die zu einer ganz bestimmten Ortszeit gegebenen Zeitzeichen der Funkstationen empfangen werden können, hängt die Genauigkeit der Längenbestimmung nur noch von der astronomischen Bestimmung der Ortszeit an dem zu messenden Punkte ab.
c) Zu den Aufgaben der astronomischen O. gehört auch die Zeitbestimmung. Hier beobachtet man den Zeitpunkt gleicher Gestirnshöhen vor und nach der Kulmination. Als Mittel dieser beiden Beobachtungen bekommt man dann die Kulminationszeit. Diese Methode der korrespondierenden Höhen ergibt bei der Beobachtung der Sonne die wahre Ortszeit (→ Zeit) direkt, bei Sternen nach Addition der Rektaszension der Ortssternzeit. Eine kürzere Zeitbestimmung ist durch Messung von Gestirnshöhen möglich, aus denen bei bekannter geographischer Breite und Deklination des Gestirns der Stundenwinkel im Poldreieck berechnet werden kann, der nach Addition der Rektaszension die Sternzeit ergibt.
d) Bei verschiedenen Methoden der astronomischen O. sowie bei der genauen Ortung des gewonnenen Standortes ist zur Festlegung der Nord-Süd-Linie die Bestimmung des Azimuts erforderlich. Bei der O. auf der Erde bestimmt man nach den Gestirnen gewöhnlich außer dem Azimut noch die Richtung eines fernen terrestrischen Punktes, dessen Azimut dann ebenfalls berechnet wird. Ist der eigene Standort so gekennzeichnet und somit wieder aufzufinden, so kann man die Nord-Süd-Linie mit Hilfe des einmal festgestellten Azimuts des terrestrischen Punktes jederzeit und ohne Messung wieder einstellen.
2) Unter *geodätischer O.* versteht man die O. auf der Erdoberfläche, deren Punkte nach Lage und Höhe bestimmt werden (→ Höhenmessung, → Triangulation). Die geodätische O. selbst liefert nur relative Lagewerte; daher müssen bei ihr für mindestens einen Punkt der Erdoberfläche die geographische Länge und Breite astronomisch bestimmt sein.
Die O. von Schiffen und Flugzeugen aus wird heute durch Funkpeilung erleichtert. Bei der Eigenpeilung, d. h.

Ortstein, beim Anpeilen ortsfester Funksender, wird der Bordpeilempfänger erst auf einen, dann auf einen zweiten drahtlosen Sender von bekanntem Standort so eingestellt, daß jeweils die ausgesandten Signale am stärksten gehört werden. Aus dem Schnittpunkt der beiden gemessenen Winkel in Verbindung mit dem Kompaß ergibt sich der eigene Standort. Bei der Fremdpeilung wird umgekehrt der Bordsender von zwei ortsfesten Peilstellen angepeilt; die ermittelte Lage wird dann dem Luft- oder Seefahrzeug funktelegraphisch mitgeteilt.

Ortstein, schwarzbraune, stark verfestigte Schicht im oberen Teil des B-Horizontes sehr kräftig entwickelter Podsole (besonders Eisenhumuspodsole), die zu Wasserundurchlässigkeit führt und auch Pflanzenwurzeln nicht eindringen läßt. O. entsteht durch starke Anreicherung (Illuviation) von Humus- und Eisenverbindungen, die aus den A-Horizonten ausgewaschen werden und bei häufiger Austrocknung verkitten. Die besonders aus der Lüneburger Heide bekannten Ortstein-Staupodsole lassen als natürliche Vegetation nur Zwergstrauchformationen (Heide) zu. Durch Aufbrechen des O. können solche Böden der Waldnutzung, bei zusätzlicher hoher Düngung, z. T. auch Bewässerung, sogar der Ackernutzung zugeführt werden. Noch wenig verfestigte Ortsteinhorizonte werden auch als *Orterde* bezeichnet.

Ortszeit, → Zeit.

Oser, *Sing.* Os, im englischen Sprachgebiet auch *Esker,* wallartige, aus geschichteten Schottern und Sanden bestehende, Eisenbahndämmen ähnliche Ablagerungen in Grundmoränenlandschaften. Die O. erreichen erhebliche Länge (das Uppsala-Os in Schweden 450 km). Sie werden als Ablagerungen in den subglazialen Betten der Gletscherbäche vor dem Austritt aus dem Gletschertor gedeutet; eine so mächtige und anhaltende Aufschüttung konnte allerdings nur erfolgen, wenn der Gletscher sich wenig bewegte (beim Rückzug) oder schon bewegungslos geworden und im Zerfall begriffen war. Damit steht im Einklang, daß sich die O. hauptsächlich in den Rückzugsgebieten der Eismassen finden und auch häufig den glazialen Rinnen folgen. Die schwedischen O. sind in das Meer abgelagert worden; das im Gletschertor abgesetzte gröbere Geröll geht dabei in einen Schwemmfächer aus feinerem Material über. Jede Rückzugsrandlage schuf einen solchen „Oskern" (Oszentrum). Schwedische Forscher haben diese Oskerne als Jahresmarken aufgefaßt und durch Auszählung berechnet, wieviel Zeit das Inlandeis zum Rückzug gebraucht hat.

Osning-Stadium, → Saale-Eiszeit.

Ost, *Osten,* Abk. O oder E [von englisch east], eine → Himmelsrichtung. Der *Ostpunkt* ist einer der beiden Schnittpunkte des Himmelsäquators mit der Horizontebene, → astronomische Koordinatensysteme. Zur Tagundnachtgleiche geht die Sonne im Ostpunkt auf.

Ostfeste, die Landmasse, zu der die Kontinente Europa, Asien und Afrika gehören, also die „Alte Welt", und das später entdeckte Australien, das infolge seiner Lagebeziehung zur O. gerechnet werden muß. Die *Westfeste* dagegen umfaßt die beiden amerikanischen Landmassen. Beide Begriffe sind heute wenig gebräuchlich.

Oszillation, Schwankung um eine Gleichgewichtslage oder eine Mittellage, z. B. bei Seespiegeln, bei Gletscherzungen und Eisrandlagen oder auch bei Teilen der Erdkruste.

Owrag, *Plur.* Owragi, junge steilwandige Erosionsschlucht in den Seitenhängen der Täler im Steppen- und Waldsteppengebiet der Sowjetunion. Die O. entstehen durch die bei Gewittergüssen und bei der Schneeschmelze abfließenden Wassermengen und schneiden sich immer weiter rückwärts in die unter Kultur stehenden Lößplatten ein. Durch Bewachsung der zunächst kahlen Hänge nimmt der O. im Laufe der Zeit ausgeglichenere Formen an; man bezeichnet die Erosionsschluchten in diesem Stadium dann nach dem ukrainischen Wort als *Balka.* Durch zweckmäßige Bepflanzung der Hänge kann die Weiterbildung der O. verhindert werden.

Oxford, → Jura, Tab.

Ozean, svw. Meer.

Ozeanographie, svw. Meereskunde.

Ozeanologie, svw. Meereskunde.

Ozon *n,* eine energiereichere Form des Sauerstoffs. O. tritt in O_3-Molekülen auf und bildet sich in der Atmosphäre unter dem Einfluß der ionisierenden Wirkung der ultravioletten Sonnenstrahlung aus dem zweiatomigen, normalen Sauerstoff. Während O. in Bodennähe nur in geringen Mengen vorhanden ist, tritt es in einer Höhe von 20 bis 35 km am stärksten auf. Diese Ozonschicht hat die Eigenschaft, fast die gesamte Strahlung unter 200 nm zu absorbieren. O. absorbiert in starkem Maße Wärme; es bestehen Zusammenhänge zwischen der Ozonverteilung in der Höhe und dem Bodenwettergeschehen.

P

Packeis, → Meereis.

Paläobiologie, Arbeitsrichtung der Biologie, die auf die Verbreitung fossiler Organismen auf den Festländern und in Meeren ausgerichtet ist. Für die Geographie ist besonders die Erforschung des Quartärs von großer Bedeutung. Die P. ist stark spezialisiert. Die *Paläobotanik* erforscht die Flora vergangener Epochen, wobei vor allem die Kulturpflanzen und Nutzpflanzen vorgeschichtlicher und frühgeschichtlicher Zeiten Beachtung finden. Die *Paläozoologie* widmet sich in entsprechender Weise der Fauna. Da viele Arten einem sehr engen Lebensspielraum angepaßt waren und daher über Klima, über Wärme- und Salzgehalt von Gewässern u. a. aussagen können, entwickelt sich aus vielen Einzelergebnissen die Vorstellung früherer Landschaftszustände (*Palökologie*).

Paläobotanik, → Paläobiologie.

Paläogeographie, die Lehre von der geographischen Gestaltung der Erdoberfläche in früheren geologischen Zeiträumen. Sie stellt für die älteren geologischen Zeiten vornehmlich die Verteilung von Land und Wasser, daneben den Verlauf alter Gebirge, die Verbreitung früherer Vulkane u. a. fest. Sie dient ebenso wie die Paläoklimatologie als Hilfswissenschaft für die Geologie. Auch für die Geographie ist sie eine wichtige Hilfswissenschaft, soweit es sich um das Studium früherer geographischer Verhältnisse handelt, die noch unmittelbaren Einfluß auf heutige geographische Erscheinungen haben. So ist z. B. die P. der Ostsee unentbehrlich, wenn man die Entwicklung der mittleren und nördlichen Teile Europas verstehen will.

Paläoklimatologie, die Lehre vom Klima der geologischen Vergangenheit. Sie versucht, aus der Pflanzen- und Tierwelt sowie den Bodenarten der einzelnen Erdzeitalter Schlüsse auf die Art der früheren Klimate zu ziehen. Für die Geographie sind vor allem die klimatischen Verhältnisse seit dem mittleren Tertiär wichtig, da die meisten Großformen der Erdoberfläche im Tertiär entstanden sind und nach den Erkenntnissen der klimatischen Morphologie ihre Ausprägung unter den Bedingungen des damaligen Klimas erhalten haben. Auch manche Ablagerungen von wirtschaftlicher Bedeutung, wie Braunkohle, Kaolin, Bauxit, sind nur als Ergebnis tertiärer Klimazustände zu erklären. Wichtig ist auch das Klima des Pleistozäns, besonders des Spätglazials, ferner des Postglazials. Durch die Methode der Pollenanalyse ist die Klimageschichte des Quartärs mit der Vegetationsgeschichte aufs engste verbunden und für Vorgeschichte und historische Geographie zu einer unentbehrlichen Hilfswissenschaft geworden.

Paläontologie, die Wissenschaft von den Organismen, die vor der jetzigen geologischen Periode gelebt haben, und von der Entwicklung der Tier- und Pflanzenwelt in der Geschichte der Erde. Studienmaterial der P. sind die Fossilien, d. h. alle Reste und Spuren des Lebens früherer geologischer Perioden.

Paläozän, → Tertiär, Tab.

Paläozoikum, Altzeit der Entwicklung des Lebens, paläontologische Bezeichnung für das *Erdaltertum*, das die Systeme bzw. Perioden → Kambrium, → Ordovizium, → Silur, → Devon, → Karbon und → Perm umfaßt. (Vgl. die Tab. am Schluß des Buches.)
Paläozoologie, → Paläobiologie.
Palökologie, → Paläobiologie.
Palsa, *Plur.* Palsen, → Frostboden.
Palynologie, → Pollenanalyse.
Pampa, Hartgrassteppe im warmgemäßigten Klimagebiet Argentiniens und teilweise auch Uruguays. Trotz semihumiden Klimacharakters fehlt es an Baumvegetation. Die Frage, ob diese Baumarmut von Natur durch feinkörnige Böden, starke Verdunstung und längere Dürrezeiten bestimmt oder durch den Menschen hervorgerufen worden sei, bezeichnet man oft als Pampaproblem.
Die etwa 600000 km² Fläche umfassende P. wird im Westen überwiegend als Weidegebiet genutzt, während der Osten eines der großen Weizenüberschußgebiete der Erde bildet.
Pampero *m*, kalter, stürmischer Südwind in den Pampas, der bei Kaltlufteinbrüchen aus dem südlichen Polargebiet auftritt.
Panorama, die zeichnerische oder photographische Wiedergabe eines Rundblickes von einem erhöhten Standpunkt aus. Das P. eignet sich besonders zur Darstellung der Horizontlinien von Gipfelpunkten aus.
Der Seemann bezeichnet die auf Seekarten im Aufriß (ansichtsgemäß) gezeichneten Küstenlinien oder Inseln, wie sie sich vom Meer aus darbieten und die als Richtungsweiser dienen, als *Vertoonung*.
Pantograph, *Storchschnabel*, ein Zeichengerät zur Wiedergabe von Figuren in vergrößertem, verkleinertem oder gleichem Maßstab. Der P. besteht aus einem in den Eckpunkten beweglichen Parallelogramm, dessen Seitenverhältnis verändert werden kann und von dem zwei Schenkel über die Eckpunkte verlängert sind. Ein Punkt des Schenkelmechanismus wird festgehalten, an einem zweiten befindet sich ein Führungsstift, der auf den Linien der Vorlage entlang geführt wird, und im dritten ist ein Bleistift befestigt, der in dem bestimmten eingestellten Größenverhältnis die nachgefahrenen Linien auf ein Zeichenblatt überträgt. Die Konstruktion des P. beruht darauf, daß bestimmte Punkte eines in seinen Ecken beweglichen, nur an einem Endpunkt festgehaltenen Parallelogramms bei der Bewegung einander ähnliche Figuren beschreiben.
Papagayo *m*, ein kalter Fallwind, der von den Anden der tropischen Amerikas zur pazifischen Küste hin abstürzt.
Parabraunerde, *sol brun lessivé* (Frankreich, Belgien), *Rutila-Braunerde* (Schweiz), *podsolierter* oder *gebleichter*

brauner Waldboden (Sowjetunion), *durchschlämmte P.*, ein Bodentyp, der durch Tonverlagerung (→ Lessivierung) im Bodenprofil gekennzeichnet wird. Unter dem A_h-Horizont entsteht ein bis zu mehreren Dezimetern mächtiger humus- und tonarmer fahlbrauner A_l-Horizont. Darunter folgt der tiefbraune, durch Tonilluvation gekennzeichnete B_t- und schließlich der C-Horizont. In Sand-Parabraunerden ist der B_t-Horizont oft in eine große Anzahl dünner brauner Bänder aufgelöst. P. entstehen im gemäßigt-humiden Klima bevorzugt auf kalkhaltigen Lockersedimenten, wie Löß und Geschiebemergel, aber auch auf karbonatfreien lehmigen Sanden, und liefern, je nach Ausgangsgestein, sehr gute bis mittlere, meist tiefgründige Ackerböden, die über ein gutes Wasserspeicherungsvermögen verfügen. Vgl. Fahlerde.
Paragenese, *Mineralparagenese*, in der Gesteinskunde die gesetzmäßige, auf dem Bildungsvorgang beruhende Vergesellschaftung bestimmter Minerale (Mineralgesellschaft) in Lagerstätten und Gesteinen. Eine solche Mineralgesellschaft bilden z. B. Quarz und Feldspat mit Muskovit oder Biotit.
Paragesteine, metamorphe Gesteine, die durch Umwandlung (Metamorphose) von Sedimentgesteinen entstanden, z. B. Paragneise aus Tonschiefer oder Sandstein. Unterschied: → Orthogesteine.
paralisch, der Küste angehörig, z. B. p. Steinkohlenlager, d. h. solche, die in Küstennähe gebildet wurden (Niederrhein, Belgien, England) und deshalb mit marinen Schichten abwechseln. Gegensatz: → limnisch.
Paramito *m*, ein feiner, oft wochenlang anhaltender Nebelregen auf der Ostseite der tropischen Hochanden.
Páramo *m*, Vegetationstyp der tropischen Hochanden, vor allem auf deren Ostseite, wo sich die passatischen Luftmassen stauen und in Höhenlagen über 3000 m den Bergen häufig Wolken anliegen. Die P. können denn als Höhenstufe der feuchten Tropen aufgefaßt werden. Trotz der großen Nebelhäufigkeit zeigt aber die Vegetation ausgesprochene Anpassung an Trockenheit; sie setzt sich z. B. aus Kakteen, anderen Sukkulenten und Trockengrasfluren zusammen. Da der Boden kalt und die Wasseraufnahme durch die Wurzeln deshalb beschränkt ist, kann nämlich bei höheren Lufttemperaturen die Verdunstung wenigstens zeitweise der Pflanze mehr Feuchtigkeit entziehen, als von den Wurzeln aufgenommen wird.
Pararendzina, ein zwischen dem → Ranker und der → Rendzina stehender flachgründiger A-C-Bodentyp. Er bildet sich auf kalkhaltigen Kiesel- und Silikatgesteinen (feinverteilte Kalkanteile etwa 10 bis 50%), wie Löß, Geschiebemergel, kalkhaltigen Schottern, Sanden und Sandsteinen, mit-

unter in trockenen Lagen auch auf kalkreichen Eruptivgesteinen.
Hinsichtlich pH-Wert, Humusform und Bodenstruktur (Krümel bis Polyeder) im A-Horizont ist die P. der Rendzina ähnlich, jedoch besteht die gröbere Kornfraktion überwiegend aus Quarz und Silikaten. Somit kann der Oberboden entkalkt sein und bei weiterer Versauerung eine Entwicklung zur Braunerde oder zur Parabraunerde einsetzen. In Steppengebieten entsteht aus der P. oft die Schwarzerde. Auf Lockergesteinen, besonders auf Löß und Geschiebemergel, ist eine Ackernutzung der P. möglich, während auf Festgesteinen Austrocknungsgefahr und Skelettreichtum natürliche Schranken setzen. Manche Autoren stellen die P. zur Rendzina.
Parasiten, svw. Schmarotzer.
Parsec, *Parallaxensekunde*, Kurzz. pc, astronomische Längeneinheit für Entfernungsangaben bei Fixsternen. Das P. ist die Entfernung, von der aus 1 astronomische Einheit unter einer Parallaxe von 1 Winkelsekunde erscheint. 1 pc = 206264,8 AE (astronomische Einheiten) = 3,26 Lj (Lichtjahre) = 3,0857 · 10^{13} km.
Pascal, Kurzz. *Pa*, nach dem französischen Mathematiker Pascal benannte SI-Einheit des Druckes.
1 Pa ist der Druck (die Spannung), der (die) durch die Kraft von 1 Newton (N) erzeugt wird, die gleichmäßig auf eine Fläche von 1 m² wirkt (1 Pa = 1 N/m²).
Insbesondere in der Meteorologie wird für Druckangaben meist noch die SI-fremde Einheit Bar (bar) bzw. Millibar (mbar) verwendet; das früher weit verbreitete Torr ist dagegen nicht mehr zulässig.
Umrechnungen:
1 Torr = 1,333 mba = 133,3 Pa
1 mbar = 100 Pa.
Paß, 1) jede Stelle, an der der Weg aus einem offenen Gebiet in ein anderes auf einen einzigen schmalen Durchlaß eingezwängt ist (*Engpaß*), z. B. zwischen Meeresküste und dem Steilabfall eines Gebirges;
2) der passierbare Übergang aus einem Flußgebiet in ein anderes über einen verhältnismäßig niedrigen Punkt der Wasserscheide im Gebirge (Gebirgspaß, Einsattelung, Joch);
3) an der Mississippimündung der ins Meer hinausgeschobene Mündungsarm.
Passate, englisch trade winds („Handelswinde', weil sie zur Zeit der Segelschiffahrt zur Überfahrt nach Südamerika genutzt wurden), regelmäßige Winde, die auf beiden Halbkugeln das ganze Jahr hindurch von den Hochdruckzellen der Roßbreiten zur äquatorialen Tiefdruckrinne gerichtet sind, aber durch Erdrotation und Reibungseffekte abgelenkt werden und auf der Nordhalbkugel als Nordostwinde, auf der Südhalbkugel als Südostwinde wehen. Sie sind Glieder der

→ atmosphärischen Zirkulation. Nach neuerer Forschung ist aber kein in sich geschlossener Passatkreislauf vorhanden, denn der in der Höhe vermutete Antipassat, der eine der Passatströmung entgegengesetzte Ausgleichsströmung sein sollte, konnte nicht nachgewiesen werden. Vielmehr ist über dem bodennahen Passat und durch eine deutliche Inversion (*Passatinversion*) von ihm getrennt im ganzen Äquatorialgebiet bis 12 km Höhe eine Ostströmung, der *Urpassat*, anzutreffen. In 12 bis 17 km Höhe greift aus der gemäßigten Zone das Westwindregime über, das bis zur Tropopause reicht. In der Stratosphäre herrscht wieder östliche Strömung, die als *Oberpassat* bezeichnet wird.

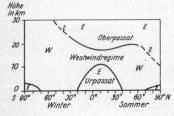

Passat: Schema der Verteilung von Ostwind *E* und Westwind *W* in der freien Atmosphäre (nach Flohn)

Die P. sind trockene, niederschlagsfeindliche Winde, da die Passatinversion die Konvektion und damit die Wolkenbildung unterbindet. Nur dort, wo die Passatinversion sehr hoch liegt, können sich flachere Cumuluswolken bilden. Sie spenden über den Meeren die *Passatschauer*, die aber nur geringe Niederschlagsmengen bringen. Stärkere Niederschläge sind besonders auf den Westseiten der Ozeane zu beobachten, da hier durch den Stau an den Küstengebieten – ebenso wie in der Nähe der Innertropischen Konvergenz – die Passatinversion zerstört wird. Es können sich also Wolken bilden, denen die passatischen Steigungsregen an den Ostküsten der Kontinente zu verdanken sind.
Das *Passatklima* ist ein Klimagrundtyp, ein stetiges Klima, das ganzjährig unter der Herrschaft des Passats steht. Seine Erscheinungsform ist auf den Ost- und Westseiten der Kontinente verschieden.
Paternia, *junger Auenboden*, ein den → Rankern ähnlicher Bodentyp der Klasse Auenböden mit A-C-Profil. Er entwickelt sich bei nachlassender Sedimentation aus der Rambla. Seine Eigenschaften sind noch stark von der Textur und Zusammensetzung der Sedimente abhängig, seine Färbung meist grau, seltener braun.
Auf kalkreichen Auensedimenten bildet sich, als analoger, aber von der Kalkdynamik bestimmter und leicht austrocknender Bodentyp, die *Borowina* (rendzinaartiger Auenboden). Sie weist einen geringmächtigen schwarzgrauen bis grauschwarzen A-Horizont auf.
pazifisch, 1) zum Bereich des Pazifischen Ozeans gehörig oder von diesem beeinflußt.
2) *Pazifische Faltung*, eine in Nordostsibirien nachweisbare bedeutende Gebirgsbildung, die im jüngeren Mesozoikum erfolgte und auch als altalpidisch bezeichnet wird.
3) *Pazifische Gesteinssippe*, Alkalikalkgesteine, aluminiumreiche Magmagesteine, aus Magmen gebildet, die vor und während der Bildung von Faltengebirgen in die Faltungszonen aufsteigen. Sie treten hauptsächlich im pazifischen Faltengebirgsgürtel auf, sind aber nicht auf dieses Gebiet beschränkt.
Pediment, Gebirgsfußfläche, die in semiariden Gebieten die Bergländer umsäumt und durch die seitliche Erosion der zeitweilig abkommenden schuttreichen Flüsse dieser Gebiete ausgebildet worden ist. Das verhältnismäßig große Gleichgewichtsgefälle dieser Flüsse überträgt sich auf die Vorlandfläche, die daher ebenfalls ein größeres Gefälle aufweist als die Flußebenen in den humiden Klimaten. Mit dem besonderen Charakter der Abtragungsbedingungen und der Flußarbeit hängt es zusammen, daß die Pedimentflächen meist nur in stumpfen Winkeln flach in die scharf abgesetzten begrenzenden Bergländer eingreifen, wie dies bei den Bolsonen der Fall ist. Die P. zeigen daher oft die Form flacher Felskegel, die dünn von Schottern übersät sind und vor dem Gebirge miteinander verwachsen.
Obwohl heute auch die Bildung der innertropischen Rumpfflächen als Pedimentbildung (*Pedimentation*) bezeichnet wird, ist bei diesen weniger die seitliche Erosion, als vielmehr die allgemeine Flächenspülung für die Formenbildung (Rampenhänge) ausschlaggebend.
Man nimmt heute allgemein an, daß die meisten größeren Verebnungsflächen, auch die der europäischen Mittelgebirge, unter den für die Bildung von P. erforderlichen Bedingungen entstanden sind.
Pedologie, → Boden.
pedologische Karten, svw. Bodenkarten.
Pedon, kleinste bodengeographische Einheit, Grundeinheit bodenkundlicher Feldaufnahme, willkürlicher, aber repräsentativer Ausschnitt des Bodens, der die vollständige vertikale Horizontabfolge umfaßt, eine ausreichende seitliche Ausdehnung (etwa 1 bis 4 m) hat und dem Inhalt nach durch eine → Bodenform gekennzeichnet wird. Das P. (nach G. D. Smith) entspricht der Tessera (Jenny) und dient beim Studium der vertikalen Struktur des Geokomplexes, der Umweltbeziehungen und Bodenbildungsbedingungen. Des weiteren basieren die räumlich abstrakten bodensystematischen Einheiten auf den räumlich konkreten P.
P. mit gleichartigen Merkmalskombinationen werden zu *Polypedons*, zu ‚elementaren Bodenarealen‘ oder ‚Grundeinheiten der regionalen Bodengeographie‘, d. h. zu kleinsten homogenen Ausschnitten der Pedosphäre zusammengefaßt. Räumliche Einheiten in der topologischen Dimension entsprechen dem *Pedotop* (bestimmtes Maß an Homogenität, kleinste, nicht weiter sinnvoll aufteilbare räumliche Einheiten), räumliche Einheiten in der chorischen Dimension der *Pedochore*.
Der Bodentyp Protopedon (subhydrischer → Rohboden) ist nicht identisch mit P. im obigen Sinne.
Pedosphäre, svw. Boden.
Pegel, eine Einrichtung zum Ablesen oder automatischen Aufzeichnen des Wasserstandes eines Gewässers. Der *Lattenpegel* ist die einfachste Form, er hat eine gut sichtbare Teilung. Der *Schreibpegel* (*Mareograph*, *Limnograph*) besteht aus einem Schwimmer und einer Schreibtrommel, die von einem Uhrwerk gedreht wird und auf der eine mit dem Schwimmer verbundene Schreibfeder laufend den Wasserstand aufzeichnet. Die Übertragung zwischen Schwimmer und Schreibfeder geschieht elektrisch oder durch Druckluft (*Druckluftpegel*).
Die bekanntgegebenen Pegelablesungen bestimmen Pegelstellungen an schiffbaren Flüssen zeigen der Schiffahrt die jeweils vorhandene Fahrwassertiefe an. Die Schreibpegel an der Meeresküste zeichnen den Verlauf der Gezeiten auf, die Tidelinie. Nach den Pegelablesungen werden die maßgebenden Wasserstände (Hochwasser, Mittelwasser, Niedrigwasser) der Gewässer und des Meeres ermittelt.
Als *Pegelnull* bezeichnet man den Nullpunkt der Teilung des P.; seine Höhenlage, bezogen auf Normalnull (NN), ist am P. angegeben.
Oberpegel und *Unterpegel* liegen im Ober- und Unterwasser einer Staustufe oder Schleuse.
Pegen, → Quelle.
Pegmatit, grobkörniges Ganggestein, entstanden aus den an Gasen reichen Resten verschiedener Tiefengesteinsschmelzflüsse. Am häufigsten ist *Granitpegmatit*, der zum Ganggefolge des Granits gehört und im wesentlichen aus Quarz-, großen Feldspat- und Glimmerkristallen besteht. P. enthalten seltene Leichtmetalle, Edelsteine und seltene Erden und werden auf Feldspat und Glimmer abgebaut.
Pelagial, die Region des freien Wassers im Meer und Binnensee. Die oberste, durchlichtete Schicht bezeichnet man als *Epipelagial*; in ihm entwickelt sich das Phytoplankton. Im Meer grenzt man noch den Tiefseebereich von etwa 800 bis 2400 m

Tiefe als *Hemipelagial* und den noch tieferen Bereich als *Eupelagial* ab.
Bewohner des P. sind Organismen, die nicht wie das Benthos auf oder im Grund leben; man unterscheidet das → Nekton, → Plankton und Pleuston (→ Hydrophyten).

pelagisch, dem Pelagial angehörig.

Pelite, → Gestein.

Pelosol, *bunter Ton- und Mergelboden, bunter Gesteinsboden, Buntton, Lettenboden,* Klasse und Typ für die auf tonigen Substraten entstehenden Böden der gemäßigten Breiten. Sie weisen stark ausgeprägte lithogene Merkmale auf. Sind die Gesteinsstrukturen durch Verwitterung zerstört, entsteht eine sehr schwere Bodentextur, in der die Bodenbildungsprozesse nur sehr langsam ablaufen, denn bei Trockenheit erfolgt starke Schwundrißbildung, bei Befeuchtung kommt es rasch zu Quellungsvorgängen und völligem Luftabschluß. Unter diesen extremen Bedingungen bleibt die biologische Aktivität meist nur auf die obersten 10 bis 20 cm des Bodenprofils beschränkt. Die P. haben ein A-C-Profil, bei stärkerer Entwicklung ein A-P-C-Profil, wobei der P-Horizont (P von Pelosol) aus völlig aufgelöstem Gestein besteht (Aufweichungshorizont), bei kalkhaltigem Substrat entkalkt ist, große Quellfähigkeit, aber kaum Bodenleben aufweist. Die Farbe des P. ähnelt stark der des Ausgangsgesteins. P. sind verbreitet auf den tonigen und kalkig-tonigen Sedimenten des Keupers, des Juras und der Kreide, seltener auf paläozoischen Tonschiefern und Schiefertonen anzutreffen. Ackerbau ist meist nur auf kalkhaltigen P. (Stundenböden und Minutenböden) möglich. Grünland- und Waldnutzung, örtlich auch Weinbau, herrschen vor.

Penitentes, svw. Büßerschnee.

Pentade, der Zeitraum von fünf Tagen, dient zur Bildung klimatologischer und hydrologischer Mittelwerte für kürzere Zeiträume (*Pentadenmittel*).

Peplopause, → Atmosphäre.

Peptisation, *Dispergierung,* der Prozeß der Überführung reversibler Bodenkolloide aus dem Gel-Zustand in den Sol-Zustand. Gegensatz: → Koagulation.

Pergelisol, → Frostboden.

Peridotit, grünliches bis fast schwarzes, körniges Tiefengestein, das im wesentlichen aus Olivin (Peridot) und Augit besteht.

Perigäum, → Apsiden.

periglazial, um Eisgebiete herum befindlich. Der Ausdruck p. bezeichnet a) rein räumlich Gebiete in der Nachbarschaft von Inlandeismassen und Gletschern; b) klimatisch ein subnivales Klima, das unter dem Einfluß der benachbarten Inlandeismassen steht; c) klimamorphologisch den Bereich, in dem die morphologischen Prozesse unter dem Einfluß des Bodenfrostes stehen. Charakteristische morphologische Erscheinungen dieses Bereichs sind Frostböden und Solifluktion. P. Vorgänge finden heute in den subpolaren Gebieten und in den Hochgebirgen statt. Während der Kaltzeiten waren sie auch für Mitteleuropa von großer Bedeutung.

Perihel, → Apsiden.

Periode, 1) Bildungszeit eines stratigraphischen → Systems. 2) → Klima.

Periodizität, eine Folge von gleichartigen Ereignissen in bestimmten zeitlichen Abständen (Perioden), die durch gesetzmäßige Zusammenhänge bestimmt sind. Im Gegensatz zu diesen *periodischen* Ereignissen bezeichnet man als *aperiodisch* oder *episodisch* solche Ereignisse, die sich in verschieden langen, zufälligen Zeitabständen wiederholen.
Niederschläge und Wasserführung der Flüsse in den Subtropen sind z. B. meist periodisch, erfolgen also alljährlich in dem gleichen Rhythmus. In den Kernwüsten dagegen treten Niederschläge nur episodisch, ohne gesetzmäßige zeitliche Ordnung auf.
In der Klimaforschung hat man der P. besondere Aufmerksamkeit gewidmet (Periodenforschung) und die Perioden der Luftdruckwellen in der Atmosphäre aus den kurzperiodischen Luftdruckschwankungen ermittelt. Bekannt ist ferner die etwa elfjährige Sonnenfleckenperiode (→ Sonne).

Periselenum, → Apsiden.

Perkolation, die Bewegung von nichthaftendem Wasser im Boden und die damit verbundene Aufnahme von gelösten (z. B. Salze) und festen (z. B. Ton) Substanzen. Das durch die Laugung bereicherte Wasser heißt *Perkolat.* Die Intensität der P. des Sickerwassers wird durch die Wasserleitfähigkeit (auch Wasserdurchlässigkeit oder Permeabilität) ausgedrückt. Sie ist besonders abhängig vom Makroporengehalt des Bodens, von der Bodenstruktur und vom aktuellen Wassergehalt. Sandböden haben zumeist eine hohe, Tonböden eine geringe Perkolationsgeschwindigkeit.

Perm, das letzte System bzw. die letzte Periode des Paläozoikums, auf das Karbon folgend. Das P. ist benannt nach einer Schichtenfolge im früheren Gouvernement Perm im westlichen Uralvorland. Es wird auch *Dyas* genannt im Hinblick auf die für Mitteleuropa charakteristische Zweiteilung in die untere, festländische Fazies des → Rotliegenden und die obere, marine Fazies des → Zechsteins. In Osteuropa wurde im P. das Gebirge des Urals aufgefaltet. Die vulkanische Tätigkeit war lebhaft, das Klima in den verschiedenen Erdteilen gegensätzlich: auf der Nordhalbkugel wüstenhaft, in den Südkontinenten sehr kalt (permokarbonische Eiszeit), in einigen Gebieten mit bedeutender Kohlenbildung wohl feucht. Unter den Lebewesen entwickelten sich von den Wirbeltieren besonders die Amphibien und Reptilien.

Permafrost, → Frostboden.

Persistenz, das Beharrungsvermögen einer geographischen Erscheinung bei Wechsel der Bedingungen, besonders auch der die Erscheinung selbst prägenden Faktoren. Formal bleibt dann die Erscheinung, fossil oder reliktisch, bestehen, funktional aber wird sie neu eingeordnet. Die als P. bezeichnete Fähigkeit eines Geosystems, die Änderungen eines oder mehrerer Elemente abzufangen bzw. in längeren Rhythmen oder Perioden (z. B. Jahreszeitenrhythmus) auszugleichen und den Systemcharakter beizubehalten, entspricht systemtheoretisch der Invarianz.

Petrographie, *Gesteinskunde,* die Lehre von der Zusammensetzung, dem Aufbau und dem Vorkommen der Gesteine.

Petrovarianz, nach J. Büdel die Differenzierung der Landformen unter dem Einfluß der Gesteinsunterschiede.

Pfanne, eine Mulde von mehr oder weniger rundlichem Grundriß. P. sind besonders im südwestafrikanischen Trockengebiet häufig, wo sie zeitweise auch von Wasser erfüllt sind (Etoschapfanne) und als *Vley* bezeichnet werden.

Pflanzenassoziation, *Pflanzengesellschaft,* nach Artenverbindung durch den Standort ausgelesene Gemeinschaft von Pflanzen, die sich als selbstregulierendes und -regenerierendes Wirkungsgefüge im Wettbewerb um Raum, Nährstoffe und Wasser im biologischen Gleichgewicht befindet. Die P. ist auf der Stufenleiter der Vegetationseinheiten die niedrigste Einheit und wird durch bestimmte *Charakterarten* sowie durch zahlreiche *Differentialarten* gekennzeichnet. Die lateinische Bezeichnung der P. ist an der Endung *-etum* kenntlich, z. B. *Arrhenatheretum* (Frischwiesengesellschaft), *Festucetum* (Trockenrasen), bei denen *Arrhenatherum* bzw. *Festuca* die Charakterarten sind. Häufig werden Subassoziationen und Varietäten abgegliedert, z. B. *Centaureo-Arrhenatheretum* (Bergglatthaferwiese), bei der die Schwarze Flockenblume, *Centaurea nigra,* als Differentialart verwendet wird.
Mehrere verwandte P. bilden einen *Pflanzenverband,* dessen lateinische Bezeichnung stets auf die Endung *-ion* ausgeht, z. B. *Arrhenatherion* (mitteleuropäische Fettwiesen). Mehrere gleichartige Verbände bilden eine *Pflanzengesellschaftsordnung,* die an der Endung *-etalia* kenntlich ist, z. B. *Arrhenatheretalia* (europäische Fettwiesen und -weiden). Diese werden schließlich zur *Pflanzengesellschaftsklasse* zusammengefaßt und haben die Endung *-etea,* z. B. *Molinio-Arrhenatheretea* (Fett- und Magerwiesen frischer und feuchter Standorte).
Die Erforschung der P. wurde von J. Braun-Blanquet und Du Rietz begründet; die Ergebnisse werden mit Erfolg in der Landschaftsökologie

Pflanzenformation, pflanzengeographischer Ordnungsbegriff zur Charakterisierung von Vegetationseinheiten nach ihren Wuchsformen. P. sind z. B. borealer Nadelwald, atlantische Heide, Mangrove, Grassteppe. Gelegentlich werden bei den P. Subformationen ausgeschieden. Mehrere P. bilden eine *Formationsgruppe*. Der boreale Nadelwald z. B. gehört zur Formationsgruppe des Nadelwaldes. Mehrere Formationsgruppen bilden einen → *Vegetationstyp*. Die P. läßt sich nicht ohne weiteres mit pflanzensoziologischen Einheiten gleichsetzen.
Pflanzengeographie, *Phytogeographie*, Lehre von der räumlichen Verbreitung der Pflanzen über die Erde in ihren Gesetzmäßigkeiten und ihrer historisch-genetischen Entwicklung, Teilgebiet der Biogeographie. Die P. wird von Botanikern und Geographen gleichermaßen betrieben.
Die P. gliedert sich in 1) *floristische P.*, die die Elemente der Flora zusammenstellt und in ihren Verbreitungsarealen untersucht; 2) *ökologische P.*, die sich mit den Wechselbeziehungen zwischen Pflanzen und Umwelt, wie Klima, Boden, Wasserhaushalt und Mitlebewelt, befaßt; 3) *genetische* oder *historische P.*, die die heutige Pflanzenwelt in ihrer sich über geologische Zeiträume erstreckenden historischen Entwicklung, also ihre Heimat, ihre frühere Verbreitung und ihre Wanderungen, erforscht; 4) *soziologische P.*, → *Pflanzensoziologie*.
Die floristisch-botanische Forschungsrichtung der P., die die Verbreitungsprobleme der Flora, ihrer Arten und der Pflanzengesellschaften zum Gegenstand hat und sich um die Kartierung der Areale bemüht, wird als *Geobotanik* bezeichnet und gilt als Teilgebiet der Botanik. Zum Unterschied dazu beschäftigt sich die entsprechende Disziplin der Geographie, die → *Vegetationsgeographie*, mit den vom pflanzlichen Leben erfüllten geographischen Räumen.
Pflanzengesellschaft, die charakteristische Vereinigung von Pflanzen an einem bestimmten Standort. Sie kann durch die Artenzusammensetzung (→ Pflanzenassoziation) oder durch die Wuchsformen (→ Pflanzenformation) charakterisiert sein. Im engeren Sinne wird das Wort P. auch nur für Pflanzenassoziationen angewendet. Statt von P. spricht man auch von Pflanzenvereinen, Pflanzenverbänden oder pflanzensoziologischen Gruppen.
Pflanzensoziologie, *Phytozönologie*, ein Teilgebiet der Pflanzengeographie, bei dem die Pflanzen eines Gebietes auf Grund der ökologischen Standortsbedingungen zu natürlichen Gemeinschaften, den → Pflanzenassoziationen, zusammengefaßt und nach ihrer Zusammensetzung, ihrem Vorkommen, ihrer Entwicklung und den Standortbedingungen beschrieben werden. Die P. hat für die angewandte Pflanzengeographie große Bedeutung.
Pflanzenverband, → Pflanzenassoziation.
pF-Wert, ein Maß für die Bindungsstärke oder Saugspannung des Bodenwassers, die durch die Höhe einer Wassersäule (in cm) ermittelt wird, mit der die jeweilige Menge des Bodenwassers im Gleichgewicht steht. Man gibt die Wasserspannung an in pF (Logarithmus der Zentimeter Wassersäule) oder in Pa (Pascal; früher in at), veraltet auch in Zentimeter.

$pF\ 0 = 9{,}81 \cdot 10^1$ Pa (0,001 at) = 1 cm WS
$pF\ 1 = 9{,}81 \cdot 10^2$ Pa (0,01 at) = 10 cm WS
$pF\ 2 = 9{,}81 \cdot 10^3$ Pa (0,1 at) = 100 cm WS
$pF\ 3 = 9{,}81 \cdot 10^4$ Pa (1 at) = 1000 cm WS
$pF\ 4 = 9{,}81 \cdot 10^5$ Pa (10 at) = 10000 cm WS
$pF\ 5 = 9{,}81 \cdot 10^6$ Pa (100 at) = 100000 cm WS

Der pF-Wert wird mit Druckapparaturen bestimmt und dient unter anderem der Ermittlung des pflanzenverfügbaren Wassers im Boden.
Phänologie, die Lehre von den Beziehungen zwischen der Witterung und der Entwicklung der Lebewesen. In der P. der Tiere stellt man z. B. Wegzug und Ankunft der Zugvögel, Beginn und Ende des Winterschlafs und der Paarung, die Metamorphosestufen der Insekten u. a. fest. In der P. der Pflanzen beobachtet man bestimmte Phasen des pflanzlichen Wachstums im Jahreslauf an repräsentativ ausgewählten, weit verbreiteten Kultur- und Wildpflanzen, z. B. die Termine der Blüte, der Reife, der Laubfärbung, auch die der Bestellung der Felder, des Erntebeginns. Die so gesammelten Termine werden auf phänologischen Schnellmeldekarten den amtlichen Dienststellen übermittelt und dort unter Berücksichtigung von Meereshöhe, Bodenverhältnissen, Waldverteilung und sonstigen Einflüssen auf großmaßstäbige Karten eingetragen, die Orte mit gleichen Daten durch *Isophanen*, d. s. Linien gleicher Erscheinungen, verbinden. Aus den Ergebnissen vieler Jahre werden dann wieder Mittelwerte gebildet, woraus sich wertvolle Schlüsse auf die lokalen Klimaverhältnisse (Frostschäden, Hanglage, Kaltluftsee, Nebelhäufigkeit) ziehen lassen, die besonders der Agrarklimatologie wertvolle Hinweise geben. Umgekehrt kann aus den so gewonnenen Ergebnissen auf die besondere Eignung eines bestimmten Klimas für die Entwicklung bestimmter Pflanzen geschlossen und damit der Ertrag des Bodens gesteigert werden.
Phonolith, *Klingstein*, graugrünes Ergußgestein, dessen Grundmasse vor allem aus Sanidin oder Anorthoklas, Nephelin oder Leuzit (oder beiden) besteht. Die Einsprenglinge sind vor allem Sanidin. Die Absonderung erfolgt in plumpen Säulen oder in z. T. dünnen, beim Anschlagen klingenden Platten. Die P. entstanden im Tertiär.
Phosphorite, lockere Sedimente aus phosphorsaurem Kalk, aus Ansammlung von Knochenresten von Wirbeltieren, Schalen niederer Tiere, tierischen Exkrementen entstanden. P. werden hauptsächlich als Düngemittel verwendet. Die Hauptmengen liefern Algerien und Tunesien, Marokko, Kasachstan, Florida und Südkarolina.
Photogrammetrie, *Bildmessung*, ein Spezialgebiet der Geodäsie mit der Aufgabe, die Form, Größe und Lage von Objekten aus photographischen Bildern (Meßbilder) zu bestimmen. Man unterscheidet zwischen terrestrischer P. und Aerophotogrammetrie. Bei der *terrestrischen P.* (*Erdbildmessung*) werden die Erdoberflächen oder Objekte auf dieser von erdfesten Standpunkten aus photographisch aufgenommen, und zwar im allgemeinen mit dem Phototheodolit. Bei der *Aerophotogrammetrie* oder *Luftbildmessung* erfolgt die Aufnahme der Erdoberfläche oder der Objekte auf dieser von einem Luftfahrzeug aus (meist von einem Flugzeug, aber auch von einem Ballon oder einer Rakete aus). Zur Aufnahme der Meßbilder, die hier als → Luftbilder bezeichnet werden, dienen spezielle Kammern (Reihenmeßkammern). Zur Auswertung der Meßbilder bedient man sich spezieller Geräte und Verfahren (Einbildverfahren – Entzerrung, Zweibildverfahren – Stereoauswertung).
Hauptanwendungsgebiet der P. ist die Herstellung von topographischen Karten mittels Luftbildern, wobei ein großer Teil der zur Auswertung benötigten Festpunkte ebenfalls durch photogrammetrische Methoden bestimmt wird. Daneben gewinnt die Anwendung der P. auf Sondergebieten (*nichttopographische P.*), z. B. bei der Architekturvermessung und in der *Industriephotogrammetrie*, ständig an Bedeutung.
Bei der Interpretation von Luft- und Satellitenbildern durch andere Wissenschaften ist die Beachtung der Erkenntnisse der P. unerläßlich.
phreatisch ist nach Penck derjenige humide Bereich, in dem Grundwasser gespeichert wird. Der humide Bereich, in dem statt Grundwasser Dauerfrostboden vorhanden ist, wird als *polar* oder *vollgelid* bezeichnet.
Phrygana, in Griechenland die macchienartige Trockenheide, die an besonders trockenen und felsigen Stellen auftritt. Sie setzt sich aus trockenheitsliebenden, aubabwerfenden Halb-

sträuchern und Stauden zusammen, die reich bedornt und bestachelt sind. Vgl. → Gariden.
pH-Wert, → Bodenreaktion.
Phyllit, ein sehr feinkörniger bis dicht kristalliner, hell- bis dunkelgrauer Schiefer, der vor allem aus Quarz und Serizit besteht. P. ist verbreitet in den Zentralalpen, im Erzgebirge, Fichtelgebirge, Bayrischen Wald und in anderen altkristallinen Gebirgen.
Physiotop *m* oder *n*, in der Landschaftslehre eine topographische Einheit, auf der als Ergebnis der bisherigen Entwicklung bestimmte einheitliche, stabile Bedingungen im Stoffhaushalt herrschen (Nährstoff-, Wasser-, Lufthaushalt des Bodens). Durch leicht veränderliche, zusätzliche Komponenten kann sich ein P. in mehrere Varianten gliedern, die durch ihre Pflanzengesellschaften charakterisiert und als → Ökotop bezeichnet werden. Der P. gewinnt für die geographische Forschung dadurch immer mehr an Bedeutung, daß die zunehmende Chemisierung in allen Lebensbereichen dauernd neue Substanzen an die Natur abgibt, so daß zuerst die P. Veränderungen erfahren, von denen aus Pflanze, Tier, Produktion und Rekreation der Gesellschaft beeinflußt werden.
Phytogeographie, svw. Pflanzengeographie.
Phytozönologie, → Pflanzensoziologie.
Piacenza-Stufe, → Tertiär, Tab.
Pictomap, *Konturenbild,* photographische Umwandlung eines Halbtonbildes, speziell eines Luftbildes, in ein Strichbild unter Verwendung des Negativs als Maske (Tonlinienverfahren).
Piedmontfläche, eine mehr oder weniger zerschnittene Verebnungsfläche (Rumpffläche) am Fuß von Gebirgen, die deutlich gegen den Gebirgskörper abgesetzt ist und von diesem leicht nach außen abfällt. Durch mehrfache Hebungen, die Bergland und P. erfassen, können sich mehrere P. hintereinander anordnen und eine *Piedmonttreppe* (Rumpftreppe) bilden. Man faßt jetzt die P. meist als Pedimentflächen auf (→ Pediment).
Pilotballon, ein kleiner, unbemannter, mit Wasserstoff gefüllter Ballon, den man auf den Wetterwarten frei steigen läßt und optisch mit Theodoliten verfolgt. Aus den beobachteten Bahndaten werden Windrichtung und -stärke in größeren Höhen berechnet.
Pilzfelsen, ein Einzelfelsen, dessen Sockel schmaler ist als der obere Teil. P. können im ariden Klima durch Sandschliff (→ Korrasion) entstehen, der am Fuß des Felsens besonders stark wirkt, im humiden Klima durch Verwitterung, wenn der Felsen unten aus weniger widerstandsfähigem Gestein besteht, an Küsten durch Ausbildung von Brandungshohlkehlen rings um einen einzelnstehenden Felspfeiler.
Pinge, *Binge,* trichterförmige Vertiefung, die durch den Einsturz ehemaliger Bergwerksstollen entstanden ist. Die größten P. treten dort auf, wo im mittelalterlichen Bergbau mit der Methode des Feuersetzens große Hohlräume geschaffen worden sind. Die P. von Altenberg im Erzgebirge ist bei 2,5 ha Fläche 80 m tief.
Pingo *m,* durch Ausschmelzen des Eises aus ehemaligen Hydrolakkolithen entstandene Hohlform. Die P. dienen als Beweis für die Bodengefrornis der letzten Kaltzeit.
Pionierpflanzen, *Erstbesiedler,* die ersten Pflanzen auf vorher vegetationsfreiem Boden, z. B. auf nacktem Fels sich ansiedelnde Moose und Flechten, in Spalten vorkommende Kräuter, Stauden und Holzgewächse sowie auf Halden und Mineralböden teils durch Anflug, teils durch künstliche Ansamung bei planmäßiger Rekultivierung fortkommende Gewächse. Zu den P. gehören Trockengräser, Ginster, Sanddorn, Robinie, Grünerle, Birke u. a. Sie fördern die Bodenbildung und tragen dazu bei, später auch anspruchsvolleren Pflanzen das Fortkommen zu ermöglichen. Die neuen vulkanischen Inseln vor Island sind hervorragende Studienobjekte für die Erstbesiedlung.
Pipcrake, → Frostboden.
Pipes, in Südafrika meist gruppenweise vorkommende vulkanische Schlote mit einer trichterartigen Erweiterung am oberen Ende. Sie sind mit Kimberlit ausgefüllt, in dem sich Diamanten finden. An der Erdoberfläche sind die P. als flache Einsenkungen zu erkennen, die von einem außen sanft ansteigenden Ringwall umgeben sind.
Plaggen, die in viereckigen Stücken von 5 bis 10 cm Dicke abgeschälte, mit Heidekraut und sauren Gräsern bestandene Oberschicht von Heide-, Sand- und Moorböden. P. wurden besonders in den Heide- und Moorgebieten im Norden der BRD als Streu für die Ställe verwendet und dem Stalldünger vermischt, dem Boden als Düngung zugesetzt, der dann als *Plaggenboden* (als Bodentyp heute Plaggenesch genannt) bezeichnet wird. Das Abschälen der Oberschicht nennt man *Plaggenhieb.*
Plagioklas, → Feldspäte.
Plan, ein in mindestens drei Bedeutungen gebrauchter Begriff: 1) im Sinne von topometrischer Karte die kartographische Darstellung eines Geländestückes in sehr großem Maßstab (etwa 1 : 500 bis 1 : 5000); 2) für eine hinsichtlich des Karteninhaltes unvollständige Karte, z. B. ohne Reliefdarstellung (Lageplan) oder nur mit Relief (Höhenlinienplan oder Höhenplan); 3) in der Territorialplanung für kartographische Darstellungen, die unabhängig vom Maßstab einen angestrebten Zustand darstellen, z. B. Bebauungsplan, Flächennutzungsplan, während die Darstellung des Bestandes dann als Karte bezeichnet wird (Flächennutzungskarte).
Planet, *Wandelstern,* ein großer Himmelskörper, der sich auf einer Ellipsenbahn um die Sonne bewegt und Licht von der Sonne empfängt. Es sind neun P. bekannt: nach wachsender Entfernung von der Sonne aufgeführt Merkur, Venus, Erde, Mars, Jupiter, Saturn, Uranus, Neptun und Pluto. Im Fernrohr sieht man die P. als glänzende Scheibchen, wodurch sie sich von den punktförmig erscheinenden Fixsternen unterscheiden. Mit dieser merklichen Winkelausdehnung hängt zusammen, daß die P. weniger flackern (szintillieren) als die Fixsterne. Die (scheinbaren) Helligkeiten der P. sind sehr unterschiedlich: Venus ist nächst Sonne und Mond das hellste Gestirn; Mars und Jupiter sind zeitweilig heller als der hellste Fixstern Sirius; die Helligkeiten von Merkur und Saturn gleichen denen der sehr hellen Fixsterne Wega und Arctur; Uranus ist gerade noch mit bloßem Auge sichtbar, während Neptun und Pluto nur mit dem Fernrohr oder photographisch beobachtet werden können. Die Helligkeit der P. ist wegen der wechselnden Entfernung eines P. von Sonne und Erde nicht konstant.
Die Bahnbewegung der P. (früher Revolution genannt) vollzieht sich nach den → Keplerschen Gesetzen. Die Bahnebenen fallen mit der Ebene der Erdbahn, der Ekliptikebene, fast zusammen. Eine Ausnahme bildet nur die Plutobahn, die eine Neigung von 17,9° aufweist. Die P. werden durch die Massenanziehung der Sonne auf ihren Bahnen gehalten. Die Bewegung erfolgt um so langsamer, je größer der Abstand von der Sonne ist.
Die von der Erde aus beobachtete Stellung der P. zwischen den (scheinbar) ortsfesten Fixsternen ändert sich verhältnismäßig schnell. Die Ursachen dafür sind die Bahnbewegung der P. und ihre verhältnismäßig geringe Entfernung von der Erde. Die von der Erde aus beobachteten scheinbaren Bewegungen der P. sind z. T. sehr kompliziert, weil sich nicht nur der P., sondern auch die Erde auf einer Bahn um die Sonne bewegt.
Die P., mit Ausnahme von Merkur, Venus und Pluto, werden von einem Mond oder von mehreren Monden umkreist.
planetarisches Windsystem, die Aufeinanderfolge von Windgürteln, die sich aus der → atmosphärischen Zirkulation ergibt.
planiglob, die kartographische Darstellung der Erde in zwei kreisförmigen Halbkugelabbildungen, deren Begrenzungsmeridiane meist durch die Pole verlaufen.
Planimeter, ein Instrument zum Ausmessen des Flächeninhalts ebener Figuren. Mit einem am Fahrarm befestigten Fahrstift fährt man die Umgrenzungslinien der betreffenden

Figuren ab. Die Bewegung wird auf eine Zählrolle übertragen, an der die Flächengröße bis auf drei Stellen genau abgelesen werden kann. Nach der Konstruktion werden Polarplanimeter, Linearplanimeter, Potenzplanimeter und Vielzweckplanimeter unterschieden.

Planisphäre, die zusammenhängende kartographische Darstellung der gesamten Erdoberfläche mit ovalem Umriß in meist flächentreuer Abbildung.

Plankton, Lebensgemeinschaft tierischer (*Zooplankton*) und pflanzlicher (*Phytoplankton*) Organismen des Wassers, die im Gegensatz zum Nekton über keine oder höchstens geringe Eigenbewegung verfügen, sondern lediglich im Wasser schweben. Hierzu gehören ausschließlich niedere, meist einzellige Lebewesen, wie Algen, Räder- und Wimperntierchen. Nach dem Vorkommen unterscheidet man *Meeresplankton* (*Haliplankton*) und *Süßwasserplankton* (*Limnoplankton*). Außerdem teilt man es nach der Größe seiner Lebewesen in Groß-, Mittel-, Klein- und Zwergplankton (*Makro-, Meso-, Mikro-, Nannoplankton*) ein.
Ablagerungen, die aus Resten des P. entstanden sind, bezeichnet man als *planktogen*.

Planktongyttja, svw. Lebermudde.

Planungskarte, Bezeichnung für alle Arten kartographischer Darstellungen, die der Stadt-, Regional- und Territorialplanung dienen; sie umfassen insbesondere Planungsgrundlagenkarten (Zustands- und Bestandskarten), Bewertungs- und Prognosekarten sowie die eigentlichen Pläne (Bebauungsplan, Flächennutzungsplan, Plan der technischen Versorgung u. a.).

Planzeiger, → Gitternetz.

Plastosol, *bolusartiger Silikatboden,* Sammelbezeichnung für plastische tropische und subtropische Böden verschiedener Färbung aus Silikatgesteinen, die teils den → Latosolen im weiteren Sinne zugeordnet werden, teils als gleichberechtigte Gruppe von Böden den Latosolen im engeren Sinne gegenübergestellt sind. P. sind stark verwitterte Böden, die unter feuchtwarmem Klima bei siallitisch-allitischer Verwitterung entstehen. Sie haben leuchtende Farbtöne, hohe Kaolinit- (teils auch Illit-) Anteile, im feuchten Zustand eine hohe Dichte und Plastizität, im trockenen Zustand eine starke Schwundrißbildung, gut ausgeprägtes Makrogefüge (Polyeder, Prismen, Platten), eine starke Beweglichkeit der Feinsubstanz (daher „Lehmgefüge" = nichtgeflocktes, durch Schutzkolloide beweglich gehaltenes Bodenplasma, z. T. mit Fließstrukturen) und eine hohe Resistenz gegen sekundäre Umbildungen. Infolge der kräftigen Verwitterung sind sie wie die Latosole nährstoffarm und wegen der hinzutretenden un-

günstigen bodenphysikalischen Bedingungen als Ackerböden schlecht geeignet, deshalb vielfach der Grünland- und Waldnutzung belassen. Nach Kubiena und Mückenhausen werden die P. in Rotlehme, Graulehme und Braunlehme unterteilt. Die aus Karbonatgesteinen entstehende Gruppe der → Terra calcis steht den P. nahe.
Die *Rotlehme* (*Rotplastosole*) sind rotgefärbte plastische Böden der Tropen. In Mitteleuropa sind fossile Rotlehme besonders auf basaltischem Material bekannt (Vogelsberg, Westerwald). *Graulehme* (*Grauplastosole*), *Weißlehme* (gray hydromorphic soils) entstehen im tropischen Klima unter dem Einfluß von Staunässe, ähneln den Bleichhorizonten im tiefen Unterboden der Laterite, sind kaolinitreich und arm an Eisenverbindungen. In Mitteleuropa gibt es fossile umgelagerte Graulehme (z. B. im Rheinischen Schiefergebirge). *Braunlehme* (*Braunplastosole*), hellere Varianten auch als *Gelblehme* bezeichnet, sind intensiv gelb- bis rötlichbraun gefärbt und entstehen überwiegend in den Subtropen. In Mitteleuropa sind Vorkommen fossiler Braunlehme sowie interglaziale „braunlehmartige Bildungen" bekannt. Neuerdings werden die Braunlehme zusammen mit Terra fusca und Terra rossa teilweise zu einer Gruppe „braune und rote Mediterranböden" zusammengefaßt.

Plateau, → Flachland.

Plattentektonik, die modernste und gegenwärtig fundierteste geotektonische Theorie über den Krustenbau der Erde, die die Vorstellungen der Kontinentalverschiebungstheorie mit denen der Unterströmungstheorie verbindet. Nach der Theorie der P. ist die Erdkruste in starre, unterschiedlich große, 70 bis 100 km dicke Platten gegliedert, deren mobile Grenzzonen mit den Zentralgräben der mittelozeanischen Rücken oder mit den quer dazu verlaufenden Elementen (Transformstörungen) zusammenfallen und die infolge von Strömungsvorgängen im Erdmantel langsam, aber stetig passiv bewegt werden, womit magmatische Erscheinungen eng verbunden sind.
Die Verschiebungen der Platten äußern sich 1) in einem Auseinanderreißen an den Zentralgräben der Rücken, wobei die entstehenden und sich ausweitenden Risse durch Förderung basaltischer Massen laufend geschlossen werden, 2) in den sich aus Geosynklinalen entwickelnden Orogenen und 3) an den Querelementen, wie durch das Auftreten von Erdbebenzonen bestätigt wird. Die Dehnung in den Scheitelungszonen der Platten muß in einer anderen Zone zu einem Zusammenstoß oder zu einer Zerstörung von Platten führen. Im Bereich der Rücken werden durch Ozeanbodenzerleitung neue Platten gebildet, die nach beiden Seiten driften.

In den Tiefseerinnen und den angrenzenden Inselbögen tauchen Platten ab, schieben sich über bzw. unter benachbarte Platten (Subduktion) oder werden bis in 700 km Tiefe in den Mantel hinabgepreßt, wie gegenwärtig am Westrand des Pazifiks. Zerrungsvorgänge wie die Bildung der Zentralgräben der Rücken werden durch Einengung (Faltung) bzw. Subduktion kompensiert. Ausdehnung und Drift von Platten haben Kontraktion und Annäherung in einem anderen Raum zur Folge. So sind die Gebirgsgürtel der Erde eine logische Folge der P., wobei die Bewegungen von bestimmten Rotationszentren ausgehen. Mit der P. ist es gelungen, die Zusammenhänge zwischen Dehnung und Kompression zu erfassen und die Großstrukturen der Erde zu erklären. Die P. geht von den Neuerkenntnissen in den Weltozeanen aus und überträgt sie auf die Kontinente, wobei noch viele Fragen offen sind. Man unterscheidet neun *Großplatten:* die Eurasiatische, Afrikanische, Indische, Australische, Antarktische, Nordamerikanische, Südamerikanische, Nordpazifische und Südpazifische Platte, die z. T. aus einer Reihe kleinerer Platten zusammengesetzt sind.

Pleistozän, *Eiszeitalter,* veraltet *Diluvium,* die ältere Abteilung des Quartärs. Das P. dauerte etwa 1 Mio Jahre. Sein Ende kann für Mittel- und Nordeuropa mit Hilfe der Geochronologie recht genau auf 10 000 Jahre vor der Gegenwart angegeben werden. Das P. wird durch einen mehrmaligen Temperaturrückgang charakterisiert, der die ganze Erde, wenn auch in verschiedenem Maße, betroffen hat. In den höheren Breiten und in den Höhenlagen der Gebirge trat Vergletscherung ein, die Temperaturgrenzen rückten äquatorwärts vor. Infolge der Bindung großer Wassermassen in den Inlandeisdecken und Gebirgsvergletscherungen kam es zu eustatischen Meeresspiegelschwankungen, die für die maximale Eisausdehnung zur Riß-Eiszeit auf mindestens 100 m veranschlagt wird. In den Subtropen stellt sich der Wasserhaushalt wiederholt auf feuchtere Verhältnisse um, die man – wahrscheinlich irrtümlich – auf stärkere Regenfälle zurückführte und für die man den Begriff → Pluvialzeit prägte. So entstehen für den mehrfachen Klimawechsel Gruppen von Begriffen und einander zugeordneter Phänomene: Kaltzeit, Eiszeit, Pluvialzeit, Regression des Meeres – Warmzeit, Interglazialzeit, Transgression des Meeres.
Über die bis heute erarbeitete Gliederung des P. gibt die Tab. Auskunft, doch sind noch nicht alle Parallelisierungen gesichert. Ein besonderer Vorteil besteht darin, daß die Methoden der absoluten Zeitbestimmung (→ Geochronologie) für das Jungpleisto-

Gliederung und Parallelisierung der pleistozänen Kalt- und Warmzeiten

Abschnitt	Charakter	nördliches Mitteleuropa	Alpen	Osteuropa	Nordamerika	Mittelmeer (Transgressionen)
Jungpleistozän	K W	Weichsel Eem	Würm Riß-Würm	Waldai Mikulino	Wisconsin Sangamon	Monastir
Mittel- pleistozän	K W K W	Saale Holstein Elster Cromer	Riß Mindel-Riß Mindel Günz-Mindel	Dnepr (Lichwin) Oka ?	Illinoian Yarmouth Kansan Aftonian	Tyrrhen Milazzo
Altpleistozän	K W K W K	Menap(i) Waal Eburon Tegelen Prätegelen (Brüggen)	Günz (Donau-Günz) Donau (Biber-Donau) Biber		Nebraskan	Sizil Kalabrien
Pliozän		Reuwer				

K = Kaltzeit
W = Warmzeit

zän anwendbar sind und z. T. recht genaue absolute Datierungen ermöglichen. Früher nahm man an, daß es im P. nur eine einzige Vergletscherung gegeben habe und daß die Interglazialzeiten nicht hinreichend erwiesen seien (*Monoglazialismus*). Spätere Forschungen, insbesondere die von A. Heim und A. Penck, haben jedoch ergeben, daß es sich tatsächlich um mehrere Vereisungen gehandelt hat (*Polyglazialismus*); als Beweis hierfür gilt vor allem die → Höttinger Brekzie.
Das P. ist jüngste geologische Vergangenheit und hat daher für die Gestaltung der heutigen Erdoberfläche maßgebliche Bedeutung, da rund 10000 Jahre des Holozäns die Hinterlassenschaft des P. nur relativ wenig auf- und umarbeiten konnten. Das gilt für den glazialen Formenschatz, der durch Glazialerosion und Aufschüttung der Gletscher entstanden ist, sowie für die Schuttdecken und den Löß im periglazialen Bereich.
Das P. ist auch die Zeit, in der sich der Mensch entwickelte: Die Erforschung des P. ist der wesentliche Inhalt der Quartärforschung, die international in der INQUA organisiert ist.
Plenterwald, forstliche Wirtschaftsform der natürlichen Bestandsverjüngung. Die Abholzung erfolgt nicht in Form des Kahlschlages, sondern beschränkt sich auf schlagreife Stellen. Es entstehen Verjüngungskegel, in die erneut junge Bäume eingepflanzt werden. Man erhält einen ungleichaltrigen Mischwald.
Pleuston, → Hydrophyten.
Pliobaren, → Mesobaren.
Pliozän, → Tertiär, Tab.
Plotter, ein über eine EDVA gesteuerter, schnell arbeitender Zeichenautomat zum Herstellen von graphischen Darstellungen, perspektivischen und maßstäblichen Zeichnungen, darunter auch kartographischen Darstellungen sowie teilweise auch Darstellungen flächenhafter Elemente. Die Zeichnung erfolgt mittels Minen oder Tusche, als Gravur mittels Stichel oder auf photographischem Wege mittels Photozeichenkopf. *Tischplotter* arbeiten nach dem Prinzip eines Koordinatographen, beim *Trommelplotter* entsteht die Zeichnung auf einem rotierenden Zylinder.
Pluton, ein Tiefengesteinskörper von manchmal riesigem Ausmaß, der, im Unterschied zu Ergußgesteinen, in größerer Tiefe der Erdkruste (5 bis 10 km) aus magmatischen Massen erstarrt ist. Durch Abtragung des Sedimentdaches wurden P. an die Erdoberfläche gerückt und der Beobachtung zugänglich. Der Brockenpluton im Harz gehört mit einer sichtbaren Oberfläche von 135 km² zu den kleinen P., der ostafrikanische Zentralgranit mit 250000 km² zu den größten. Nach der Form der P. unterscheidet man → Batholithe, → Lakkolithe, Lagergänge (→ Lager) und → Stöcke.
Plutonismus, alle Erscheinungen, die mit der Bewegung des Magmas im Innern der Erdkruste, seinem Eindringen in andere Gesteine, seiner Erstarrung zu Tiefengesteinen, den Plutoniten (→ Gestein), und mit seiner umwandelnden Wirkung auf seine Nachbargesteine zusammenhängen (Metamorphose). Die an der Erdoberfläche erfolgenden magmatischen Vorgänge werden dagegen unter dem Begriff → Vulkanismus zusammengefaßt.
Plutonite, → Gestein.
Pluvialzeit, kurz *Pluvial*, in den heute trockenen subtropischen Gebieten eine den Kaltzeiten der höheren Breiten entsprechende Periode mit kühlerem Klima. Früher nahm man an, daß für die P. auch stärkere Niederschläge charakteristisch sind, die man sich aus einer Verlagerung der heutigen Klimagürtel erklärte. Entscheidend jedoch ist, daß der Wasserhaushalt dieser Gebiete infolge stärkerer Bewölkung und geringerer Verdunstung günstiger als heute war. Besonders der Nordsaum des heutigen Trockengürtels, z. B. Nordafrika, war dadurch begünstigt. Die klimatischen Verhältnisse der P. haben sich auf die morphologische, besonders aber auf die pflanzengeographische Entwicklung der betreffenden Gebiete ausgewirkt. Auch vorgeschichtliche Bevölkerungsbewegungen stehen mit den P. in Zusammenhang. Wundt hat für die P. den treffenden Ausdruck *Feuchtbodenzeit* geprägt.
Die äquatorialen P. waren eine Folge der Verschiebungen in der Lage der Innertropischen Konvergenz. Sie stehen zwar im großen Zirkulationszusammenhang mit dem Geschehen in den außertropischen Gebieten, sind aber zeitlich und ursächlich von den (nordhemisphärischen) Glazialzeiten unabhängig.
Pluviometer, svw. Niederschlagsmesser.
Podsol, *Bleicherde, Bleichsand, Bleicherdewaldboden, Aschenboden, Heidepodsol,* ein Bodentyp des kühlgemäßigten humiden Klimas, besonders des borealen Nadelwaldgürtels sowie auf oligotrophen und zumeist sandigen Substraten der übrigen gemäßigten Zone. P. sind allgemein saure, nährstoffarme Böden, haben starke Wasserdurchlässigkeit, geringe Wasserkapazität, hohe Benetzungswiderstände, tragen meist mächtige, überwiegend von Pilzen belebte Rohhumusauflagen und unterliegen einer kräftigen, mit Verlagerungsprozessen (Podsolierungsprozessen) verbundenen Sickerwasserbewegung. Unter der Rohhumusauflage entwickelt sich der stark verarmte Eluvialhorizont, dessen oberer Teil durch organische Substanz schwarzgrau gefärbt ist (A_h-Horizont) und dessen unterer Teil als violettstichiger holzaschegrauer Bleichhorizont (A_e-Horizont) mit Einzelkornstruktur erscheint. Infolge des sauren Milieus kommt es im A-Horizont unter Mitwirkung ungesättigter orga-

nischer Säuren zur Tonzerstörung, zur Verlagerung und Auswaschung der färbenden Sesquioxide, des Humus und eines Großteils der Mineralsalze. Im darunter folgenden Illuvialhorizont erfolgen Ausfällung und Anreicherung der gelösten Sesquioxide und des Humus. Nach der Art der Illuvation kann der B-Horizont braunschwarz (B_h mit viel Humus), kaffeebraun (B_{h+s} mit Humus und Sesquioxiden) oder rotbraun (B_s mit vielen Sesquioxiden) gefärbt sein, jedoch hellt er stets nach unten hin auf und geht gewöhnlich allmählich in den C-Horizont über. Der B-Horizont ist meist locker. Sein am intensivsten gefärbter oberster Horizontteil wird als Orterde bezeichnet. Ist eine sehr starke Eisen- und/oder Humusilluvation mit häufiger Austrocknung verbunden, so kann die Orterde zu einem festen Ortsteinhorizont verhärten.
Übergangsformen zwischen Braunerde und Podsol werden z. T. als *Braunpodsol* (Kundler) bezeichnet. Schwach gebleichte Böden nennt man *podsolig*, stärker gebleichte *podsoliert*.
Wegen ihrer schlechten Eigenschaften werden die P. meist forstwirtschaftlich genutzt. Werden sie in Ackerböden überführt, so ist starke Düngung, oft auch Bewässerung nötig. Ortsteinhorizonte müssen aufgebrochen werden. Unter agrarischer Nutzung geht der Podsolierungsprozeß verloren, es wird sogar der aufgebrochene Ortstein abgebaut. Hoher Düngerbedarf und Trockenheitsanfälligkeit bleiben jedoch bestehen.
Tropische P., *tropische Tieflandpodsole* sind auf armen Niederungssanden aus verschiedenen Bereichen der feuchten Tropen (z. B. Amazonas- und Kongobecken) bekannt. Starke laterale Wasserbewegung und Schwarzwasserbildung (→ Fluß) scheinen mit der Entstehung dieser noch wenig erforschten Böden im Zusammenhang zu stehen.
Polabstand, svw. Poldistanz.
Polarbanden, streifenartig angeordnete hohe Eiswolken (Cirruswolken), die den ganzen Himmel überziehen und in zwei Gegenpunkten (Polen) zusammenzulaufen scheinen. Sie sind häufig an der Vorderseite herannahender Tiefdruckgebiete zu beobachten.
Polarfront, nach dem norwegischen Meteorologen V. Bjerknes die Grenze zwischen polaren und tropischen Luftmassen, an der es zur Zyklonenbildung und den damit verbundenen Wettererscheinungen der Fronten kommt. Mit der genauen Erforschung der Luftmassen gelangte man zu einer Aufspaltung der P. in die *arktische Front* und die *subtropische Front*, die beide für das Wetter Mitteleuropas von Bedeutung sind und mit den Jahreszeiten und Luftmassenvorstößen weit nord- und südwärts pendeln.
Polarkreise, die Breitenkreise über denen die Sonne in rund 66,5° n. Br. und s. Br. während der Wintersonnenwende der betreffenden Halbkugel gerade den Horizont berührt. Sie begrenzen die Polarzonen (→ Zonen 1).
Polarlicht, eine besonders in den Polarzonen der beiden Erdhalbkugeln auftretende Leuchterscheinung in der Erdatmosphäre. Das P. wird auf der Nordhalbkugel als *Nordlicht*, auf der Südhalbkugel als *Südlicht* bezeichnet. Das P. kann in sehr verschiedenartigen Formen auftreten, z. B. in Bögen, Bändern, Strahlenbündeln, Lichtkronen; die Farbe ist grünlich, bläulich-weiß oder rot. Die Höhe, in der das P. vorkommt, ist recht verschieden. Seine untere Grenze liegt im allgemeinen ziemlich genau bei 100 km, fällt also mit der ionisierten E-Schicht der Ionosphäre zusammen. Die geringste gemessene Höhe, in der das P. bisher beobachtet wurde, beträgt 65 km. Die Spitzen des P. reichen dagegen sehr weit in die Atmosphäre hinauf; man hat sie noch in 1 100 km Höhe photographiert. Es hat sich ferner herausgestellt, daß das P. in dem von den Sonnenstrahlen getroffenen Teil der Atmosphäre höher liegt als in dem beschatteten Teil. Auch ist die Höhe im allgemeinen größer, je weiter das P. aus den Polarlichtzonen äquatorwärts vorstößt.
P. werden durch die Korpuskularstrahlung der Sonne hervorgerufen. Von der Sonne ausgeschleuderte elektrisch geladene Teilchen (Korpuskeln) werden im erdmagnetischen Feld zu den magnetischen Polen hin abgelenkt. Beim Eindringen in die Atmosphäre ionisieren sie deren Gase und regen sie zum Leuchten an. Infolge dieser Entstehung konzentriert sich das P. vor allem in zwei Zonen, die die magnetischen Pole der Erde in einiger Entfernung umgeben und als *Polarlichtzonen* bezeichnet werden. Das Maximum der Häufigkeit des P. fällt also nicht mit den geographischen Polen zusammen, sondern wird z. B. in Europa bereits in Nordnorwegen erreicht; weiter polwärts nimmt die Häufigkeit wieder ab und ist etwa im äußersten Norden von Grönland nicht größer als in Mitteleuropa. Die Polarlichtzonen sind wahrscheinlich sehr schmal, doch stößt aus ihrem Bereich das P. bei stärkeren Störungen im erdmagnetischen Feld auch weit äquatorwärts vor.
In der Häufigkeit und Stärke des P. ist eine gewisse Periodizität festzustellen; die eine Periode, innerhalb der sich besonders kräftiges P. wiederholt, beträgt 27 Tage; sie entspricht damit der Zeitspanne, während der die Sonne, von der Erde aus gesehen, eine volle Umdrehung um ihre Achse ausführt; die zweite Periode umfaßt etwa 11 Jahre und hängt wahrscheinlich mit den Auftreten der Sonnenflecken zusammen.
Polarnacht, die Zeit, während der die Sonne für einen Ort, dessen geographische Breite größer als 66,5° ist, länger als 24 Stunden nicht über den Horizont kommt. Dieser Erscheinung im Winter der betreffenden Halbkugel entspricht im Sommer der **Polartag**, auch **Mitternachtssonne** genannt, an dem die Sonne nicht untergeht. Ursache dieser Erscheinung ist die Neigung der Erdachse gegen die Ekliptikebene. P. und Polartag dauern um so länger, je weiter polwärts der betreffende Ort liegt. Für einen Ort auf dem Polarkreis dauern sie einen Tag, für den Pol selbst ein halbes Jahr an, wenn man von den Dämmerungserscheinungen absieht, die für große Teile der P. Bedeutung haben. Diese mathematische Begrenzung wird jedoch durch die Strahlenbrechung (Refraktion) in der Atmosphäre der Erde so verändert, daß der Bereich der P. erheblich eingeschränkt, der Bereich des Polartages noch über die Polarkreise hinaus erweitert wird. Da die Tagbögen der Sonne innerhalb der Polarkreise sehr flach ansteigen, und abfallen, die Sonnenstrahlen also sehr flach auf die Erdoberfläche einfallen, ist die Strahlungsmenge je Flächeneinheit nur gering.
Polarstern, *Nordstern*, *Nordpolarstern*, der hellste Stern im Sternbild des Bären oder Kleinen Wagens, dessen Deichselende er bildet. Der P. hat nur einen geringen Abstand – knapp 1° – vom Himmelsnordpol; er beschreibt deshalb auch bei der scheinbaren täglichen Drehung des Himmels nur einen sehr kleinen Kreis um diesen Pol, zeigt also immer fast genau die Nordrichtung an. Daher ist der P. auf der Nordhalbkugel zur Bestimmung der Himmelsrichtung (Ermittlung der Nord-Süd-Linie) und der geographischen Breite eines Ortes (→ Orientierung) gut geeignet.
Polartag, → Polarnacht.
Polarzone, 1) die durch die Polarkreise begrenzten beiden Kugelkappen der Erdoberfläche, → Zonen.
2) klimatisch die jenseits der 12°-Isotherme des wärmsten Monats gelegene Zone mit nivalen oder Frostklimaten. Sie umfaßt im allgemeinen das Gebiet jenseits der polaren Waldgrenze, in dem der Polarsteppe, die Tundra, sowie die Kälte- und Eiswüsten liegen.
Poldistanz, *Polabstand*, 1) in der Astronomie der Winkelabstand eines Gestirns vom Nordpol des Himmels.

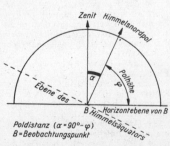

Poldistanz ($\alpha = 90° - \varphi$)
B = Beobachtungspunkt

Poldistanz

2) in der Geographie der Abstand des Himmelsnord- oder -südpols vom Zenit eines Punktes der Erdoberfläche. P. α und Polhöhe φ ergänzen sich zu 90°. Orte, die auf demselben Breitenkreis liegen, haben deshalb gleiche P. (→ Poldreieck).

Poldreieck, ein sphärisches Dreieck, in dem die astronomischen Koordinaten des Horizontalsystems – die Gestirnshöhe und das Azimut – mit den Koordinaten des Äquatorialsystems – der Rektaszension und der Deklination – verknüpft werden, → astronomische Koordinatensysteme. Die Eckpunkte des P. sind Himmelspol P, Zenit Z und Gestirn G, die Dreiecksseiten sind jeweils das Komplement der betreffenden Koordinaten, nämlich ZG = 90° – h = z, ZP = 90° – φ, PG = 90° – δ; z = Zenitdistanz, δ = Deklination. Die geographische Breite φ des Beobachtungsortes B wird durch den Bogen ZÄ des Meridians, d. h. durch den Winkelabstand des Zenits vom Himmelsäquator, dargestellt. Da PÄ und ZN je 90° betragen, ist PN = ÄZ, d. h., die Polhöhe des Beobachtungsortes B ist gleich seiner geographischen Breite. In dem P. ist demnach die geographische Breite in der Seite PZ direkt enthalten; sie ist somit trigonometrisch unmittelbar zu bestimmen. Von den drei Winkeln des P. ist der Winkel PZG das Supplement des Azimuts α zu 180°, also 180° – α. Der parallaktische Winkel π (ZGP) ist für die geographische Ortsbestimmung praktisch bedeutungslos, weil er nicht direkt meßbar ist. Der Stundenwinkel τ (ZPG) ist aus der Rektaszension und dem Stundenwinkel des Frühlingspunktes zu errechnen.

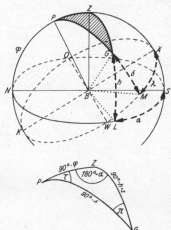

Poldreieck

Die Berechnung der geographischen Länge ist schwieriger, da diese im P. weder direkt noch indirekt vertreten ist (→ Ortsbestimmung).

Pole, 1) *geographische P.,* die beiden als geographischer Nord- und Südpol bezeichneten Punkte, an denen die gedachte Erdachse die Erdoberfläche durchstößt. Im Gradnetz der Erde bilden diese beiden Punkte die Schnittpunkte der Längenkreise; sie stehen vom Äquator um 90° ab, → Erde.
2) *Himmelspole,* die Punkte, auf die die Verlängerung der Erdachse am Himmelsgewölbe weist (→ astronomische Koordinatensysteme). Der Himmelsnordpol befindet sich in der Nähe des Polarsterns. Die Himmelspole verschieben sich im Laufe der Zeit infolge der Präzession und der Verlagerung der Rotationsachse der Erde.
3) *P. der Ekliptik,* die zwei Punkte an der Himmelskugel, die von allen Punkten der Ekliptik aus einen Winkelabstand von 90° haben.
4) *Magnetpole,* die Schnittpunkte der magnetischen Meridiane, → Erdmagnetismus.
5) *geomagnetische P.,* die Stellen der Erde, an denen die Inklination 90° beträgt, → Erdmagnetismus.
6) *Klimapole,* die Orte mit den höchsten (→ Wärmepole) und niedrigsten (→ Kältepole) jemals auf der Erdoberfläche gemessenen Temperaturen.

Polflucht der Kontinente, das langsame Abwandern der Kontinente in Richtung auf den Äquator. Da die Schwerkraft infolge der an den Polen herrschenden Abplattung der Erde an den Polen größer ist als am Äquator, liegen die Niveauflächen, die Flächen gleichen Schwerepotentials, an den Polen dichter übereinander als am Äquator, d. h., die Niveauflächen divergieren vom Pol zum Äquator. Dies bewirkt, daß der Schwerpunkt der Kontinentalschollen etwas höher liegt als der Schwerpunkt der darunterliegenden, durch sie verdrängten Simamasse. Da nun die Kräfte auf den Niveauflächen senkrecht stehen, sind Auftrieb und Masse der Scholle nicht genau gegeneinander gerichtet, sondern schließen einen kleinen Winkel ein, der eine äquatorwärts gerichtete Kraftresultante bewirkt. Diese Polfluchtkraft bewirkt eine Verschiebung der Kontinente äquatorwärts.

Polhöhe, die Höhe des Himmelsnord- oder -südpoles über dem Horizont, genauer der Bogen des Mittagskreises zwischen der Horizontebene eines Punktes der Erdoberfläche und dem Himmelspol. Die P. unterliegt regelmäßigen, sehr kleinen Schwankungen, die sich auch als → Breitenschwankungen äußern, da die P. gleich der geographischen Breite eines Ortes ist (→ Poldreieck).

Polje, wannen- oder kesselartiges Becken mit ebenem Boden in Karstgebieten. In P. sammelt sich das abgeschwemmte Verwitterungsmaterial, darunter häufig auch die Terra rossa, wodurch im sonst meist öden Karstgebirge ein Anbau ermöglicht wird. Für die meisten P. nimmt man tektonische Entstehung an; es sind Einbruchsbecken, die durch Lösung des Kalks im Niveau des Grundwasserspiegels erweitert wurden, wahrscheinlich unter früheren, wärmeren Klimabedingungen stärker, als dies heute geschieht. In vielen P. sind die für den Karst charakteristischen hydrographischen Erscheinungen anzutreffen. Ihre Flüsse treten aus Karstquellen aus und verschwinden oft wieder in Flußschwinden. Infolge der Schwankungen des Karstwasserspiegels bilden sich in manchen P. periodische Seen. Einzelne P. weisen eine Fläche bis zu 300 km² auf, z. B. das Livanjsko P. in Westbosnien.

Pollenanalyse, die von Weber, Lagerheim und v. Post eingeführte mikroskopische Untersuchung der Pollen (Blütenstaub), die sich in den einzelnen Horizonten eines Moors finden. Durch die P. will man die Baum- und Strauchflora nach ihrem Artenbestand und ihrer mengenmäßigen Zusammensetzung ermitteln, die zur Zeit der Ablagerung der entsprechenden Horizonte in der Umgebung des betreffenden Moors vorhanden war und die Pollen lieferte. Auch die Pollen von Nichtholzarten (NB) werden heute berücksichtigt. Der Pollenstaub hält sich dank seiner schwer zersetzbaren Außenschicht sehr lange. Aus der P. lassen sich wertvolle Rückschlüsse ziehen auf Vegetation und Klima der verschiedenen Zeiten sowie auf die Klimaveränderungen, die sich in der Nacheiszeit vollzogen haben. Auch für altquartäre Ablagerungen kann sie wertvolle Aussagen vermitteln.

Bei der P. wird unter dem Mikroskop eine festgesetzte Anzahl Pollen – meist 100 bis 150 Körner – bestimmt und der prozentuale Anteil der Pollen der einzelnen Pflanzenarten berechnet. Die Ergebnisse werden in einem *Pollendiagramm* (s. Abb. S. 522) veranschaulicht.

Die Methoden der P. werden neuerdings in erweitertem Umfang angewendet. So hat man z. B. aus dem Pollengehalt der einzelnen Firnschichten im Hochgebirge festgestellt, zu welcher Jahreszeit sie abgelagert worden sind.

Die Erforschung der Pollen (und Sporen) wird als *Palynologie* bezeichnet.

polygen, *poligenetisch,* nennt man eine Bildung oder Erscheinung, die sich aus verschiedenartigen Wurzeln herleitet.

Polymeter, ein Instrument, das aus einem Thermometer und einem Haarhygrometer besteht und zur Bestimmung der relativen Luftfeuchtigkeit sowie des Taupunktes dient.

Pommersches Stadium, → Weichseleiszeit.

Ponor, svw. Flußschwinde.

pontisch [nach Pontus Euxinus =

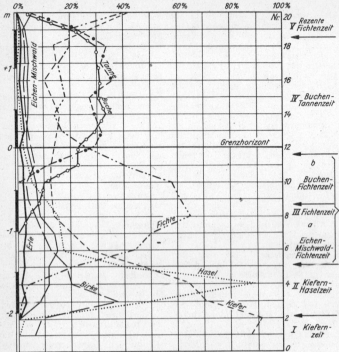

Durchschnitts-Pollendiagramm der Erzgebirgsmoore (nach Rudolph)

Schwarzes Meer], in der Pflanzengeographie wärmeliebende Pflanzen, deren heutiges Hauptverbreitungsgebiet am Schwarzen Meer liegt. Sie haben sich während des nacheiszeitlichen Wärmeoptimums auch in Mitteleuropa angesiedelt und in den Steppenheiden als Relikte bis heute erhalten.

Pontische Stufe, → Tertiär, Tab.

Porenvolumen, Abk. *PV*, *Gesamtporenvolumen,* Abk. *GPV*, *Hohlraumvolumen, Porosität,* der Anteil des Bodens (in cm³/100 cm³ Boden = Vol.-%), der nicht durch die feste Bodenmasse eingenommen wird, also mit Luft und Wasser gefüllt ist.

Porphyr, Bezeichnung für alle Ergußgesteine, die in einer dichten oder sehr feinkörnigen Grundmasse größere Kristalle als Einsprenglinge zeigen (porphyrische Struktur). Am weitesten verbreitet sind → Granitporphyr und → Quarzporphyr. Man bezeichnet als P. im engeren Sinne alle Orthoklas führenden Gesteine, während man die Plagioklasgesteine **Porphyrite** nennt. P. sind im Rotliegenden weit verbreitet (Thüringer Wald, Gebiet von Halle, sächsisches Muldengebiet, Nordpfälzer Bergland u. a.).

Portland, → Jura, Tab.

Portolan, *Portulankarte, Rumben-* oder *Windstrahlenkarte,* mittelalterliche Seekarte ohne Gradnetz mit mehrfachen netzförmig aufgetragenen Windstrahlen (Rumben) im gesamten Kartenbild.

Postglazial, *Nacheiszeit,* in globalstratigraphischem Sinn nach Beschluß der INQUA 1969 als *Holozän* (früher Alluvium) zu bezeichnen, die Zeit nach Ende der letzten pleistozänen Eiszeit. Es wurde früher nach de Geer vom Zerfall der skandinavischen Eismassen in zwei größere Teile vor etwa 8800 Jahren, heute allgemein vom Ende des Gotiglazials vor etwa 10000 Jahren an gerechnet. Für die einzelnen Gebiete ist jedoch nicht dieser Termin, sondern die Zeit der tatsächlichen klimatischen Änderung entscheidend, mit der die glazialen oder periglazialen Vorgänge aufhörten und das Vordringen von Pflanzen und Tieren in bisher vergletschertes oder doch pflanzen- und tierloses Gebiet möglich wurde. Für das P. Mitteleuropas ist eine eingehende Gliederung nach klimatischen, pflanzengeographischen und vorgeschichtlichen Gesichtspunkten vorgenommen worden, der sich auch die Entwicklungsstadien von Ostsee und Nordsee einfügen (→ Blytt-Sernandersches Schema). Da die Entwicklung der Vegetationsverhältnisse, dem Eise folgend, von Süd nach Nord voranschritt, geben die Zeitangaben natürlich nur mittlere Anhaltspunkte (Tab. S. 523).

potamogen nennt man die durch Tätigkeit der Flüsse entstehenden Küstenformen, z. B. von Flußmaterial aufgebaute Deltas an einer Meeresküste.

Potamologie, → Hydrographie.

präalpine Pflanzen, svw. dealpine Pflanzen.

Präboreal, *Vorwärmezeit,* frühpostglaziale Birken- (Kiefern-) Zeit, erster Abschnitt der Postglazialzeit, etwa von 8150 bis 6800 v. u. Z. reichend, von manchen Forschern noch zum Spätglazial gestellt (→ Postglazial, Tab.). Infolge der deutlichen Erwärmung gegenüber der vorangehenden jüngeren Tundrenzeit wanderten Birke und Kiefer im nördlichen Mitteleuropa und in Nordeuropa ein; auch die Hasel stellte sich ein. Das P. entspricht dem ältesten und älteren Mesolithikum der vorgeschichtlichen Entwicklung in Mitteleuropa sowie dem Yoldia-Stadium in der Entwicklung der Ostsee.

präexistent sind diejenigen Formen oder Zustände, an die sich eine bestimmte Entwicklung anschließt. So werden z. B. die Formen p. genannt, die der Gletscher bei Beginn der Eiszeit antraf, umgestaltete und weiterbildete. Die p. Formen schimmern durch die heutigen vielfach noch hindurch.

Präglazial, der Zeitraum unmittelbar vor Eintritt der pleistozänen Vereisung; er ist durch zunehmende Klimaverschlechterung sowie durch Absinken der Baum-, Schutt- und Schneegrenze gekennzeichnet; *präglazial* nennt man alle Vorgänge und Erscheinungen dieses Zeitraums. So spricht man z. B. von einem präglazialen Talboden, d. h. einem Talboden, wie er vorhanden war, ehe ihn die pleistozänen Gletscher überformten.

Präkambrium, svw. Kryptozoikum.

Prallhang, das steile, konkav ausgearbeitete Unterschneidungsufer, das dort anzutreffen ist, wo die Flußströmung an der Außenseite einer Krümmung gegen den Hang prallt. Wird der P. ausgebildet, während der Fluß noch in die Tiefe erodiert, so entwickelt sich ihm gegenüber an der Innenseite der Krümmung ein flachgeböschter *Gleithang.* Entsteht der P. jedoch, ohne daß der Fluß sich weiter einschneidet, so kommt es an der Innenseite der Krümmung nicht zur Bildung eines Gleithanges, sondern

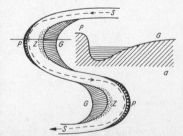

Prallhang *P* und Gleithang *G* an einer Flußschleife; *S* Stromstrich, *Z* Sand- und Kieszunge, *a* Querprofil

Gliederung des Spätglazials und des Postglazials

		Bezeichnungen (nach Firbas)	Ungefähre Dauer	Besondere Ereignisse und Merkmale	Vorgeschichtliche Parallelisierung	Stadien der Ostsee und der Nordsee
↑ Postglazial	X	Subatlantikum II Gegenwart	ab 600 u. Z.	Forstkultur, Verdrängung der Naturwälder durch Forste und Agrarflächen	Geschichtliche Zeit Latènezeit	Myazeit
	IX	Subatlantikum I Buchenzeit Nachwärmezeit	800 v. u. Z. bis 600 u. Z.	Temperaturrückgang feuchteres Klima	Hallstattzeit Bronzezeit	Dünkirchentransgression der Nordsee Limnaeazeit der Ostsee
	VIII	Subboreal Eichenmischwald-Buchenzeit späte Wärmezeit	2500 v. u. Z. bis 800 v. u. Z.	Grenzhorizont in vielen Mooren, jüngere Dünenbildung	Vollneolithikum	Ende der Litorinazeit
	VII	Atlantikum (II) jüngerer Teil Eichenmischwaldzeit	4000 v. u. Z. bis 2500 v. u. Z.	erste Spuren von Getreidepollen	älteres Neolithikum Ende des Mesolithikums	Litorinameer (Ostsee)
	VI	Atlantikum (I) älterer Teil Eichenmischwaldzeit	5500 v. u. Z. bis 4000 v. u. Z.	Vorherrschaft des Eichenmischwaldes, gegen Ende zweites Haselmaximum	Mesolithikum (Ertebölle)	Flandrische Transgression (Corbulasenkung, Tapeszeit) der Nordsee
	V	Boreal Haselzeit frühe Wärmezeit	6800 v. u. Z. bis 5500 v. u. Z.	Vorherrschaft der Hasel, anfangs neben Kiefer, später mit Eichenmischwald 6839 v. u. Z.: Bipartition des Inlandeises, Ende des Spätglazials nach de Geer	mesolithische Kulturen, z. B. Azilien, Tardenoisien, Maglemose	Ancylussee (5000 v. u. Z. bis 6500 v. u. Z.) Rhameer, Echeneismeer (6500 v. u. Z. bis 6800 v. u. Z.)
↑↓ Spätglazial	IV	Präboreal frühpostglaziale Birken-(Kiefern-)Zeit Vorwärmezeit	8150 v. u. Z. bis 6800 v. u. Z.	Finiglazial, Rückzug des Eises von Mittelschweden und Südfinnland	ältestes und älteres Mesolithikum	Yoldiameer
	III	jüngere subarktische Zeit jüngere Tundren- oder Dryaszeit	8800 v. u. Z. bis 8150 v. u. Z.	8150 v. u. Z.: Salpausselkä II, Ende des Spätglazials nach Sauramo. Mittelschwedische Endmoränen, noch Gotiglazial, kälter, Vordringen der Tundra, vermutlich neuer Eisvorstoß bis Mittelschweden und Südfinnland	jüngstes Paläolithikum	Baltischer Eisstausee
	II	Allerödzeit mittlere subarktische Zeit Kiefern-Birkenzeit	9800 v. u. Z. bis 8800 v. u. Z.	Rückzug des Eises von Südschweden nach Mittelschweden, Gotiglazial, Bewaldung. Verdrängung der Tundra		
	I	ältere subarktische Zeit ältere Tundren- oder Dryaszeit Bölling-Interstadial und älteste subarktische Zeit	Rückzug vom Pommerschen Stadium um 14500 v. u. Z.?	Ausgang des Hochglazials, Rückzug des Inlandeises vom Pommerschen Stadium bis nach Südschweden; umfaßt Beltvorstoß, Langelandvorstoß und Seeländisches Stadium, Daniglazial	jüngeres Paläolithikum (Magdalénien)	Ostsee noch eisbedeckt

nur zu einer Verbreiterung des ebenen Talbodens.
Prärie, → Steppe.
Präzession, die kreiselartige Drehung der Erdachse um den Pol der Ekliptik, d. h. um die Senkrechte auf der Erdbahn. Sie wird wie die Nutation, die diese Kreiselbewegung überlagert, durch die Anziehungskräfte hervorgerufen, die Mond und Sonne auf die Erde ausüben (*Lunisolarpräzession*). Sie äußert sich in einer scheinbaren Zunahme der östlichen Länge der Fixsterne, der eine Rückwärtsbewegung des Frühlingspunktes entspricht. Der Frühlingspunkt, der Schnittpunkt der scheinbaren Sonnenbahn mit dem Himmelsäquator, verschiebt sich im Jahr um 50,3″. Er wanderte in den letzten 2000 Jahren also um etwa 30°. Deshalb sind die Sternzeichen, die bereits Hipparch vor über 2000 Jahren festgelegt hatte, mehr als 30° von den Punkten fortgewandert, die sie damals in den Sternbildern des Tierkreises einnahmen (→ Rektaszension). Eine solche Drehung der Erdachse dauert etwa 26000 Jahre. In dieser Zeit beschreibt also auch der Himmelspol einen vollen Kreis um den unveränderlichen Pol der Ekliptik. In den nächsten Jahrzehnten wird sich der Himmelspol dem Polarstern, der gegenwärtig sehr dicht bei ihm steht, noch etwas mehr nähern. Nach etwa 14000 Jahren wird dagegen die Wega im Sternbild der Leier „Polarstern" sein. Dieses Wandern der Pole hat auch auf die Sichtbarkeit der

Sternbilder Einfluß. Solche, die noch über dem Südhorizont sichtbar sind, verschwinden, während andere, die jetzt ihre untere Kulmination noch unter dem Horizont haben, dann über dem Nordhorizont zu Zirkumpolarsternen werden. Die Sonnenstrahlung und damit auch die Klimaverhältnisse auf der Erde werden durch die P. nicht unmittelbar beeinflußt, da sich der Neigungswinkel der Erdachse (Schiefe der Ekliptik) durch die P. kaum verändert.
Pressung, → Störung 2).
Primärrumpf, *Trugrumpf,* eine Rumpffläche, die sich im Unterschied vom Endrumpf nicht als Endglied der Abtragung eines Gebirges, sondern bereits dann bildet, wenn eine langsam aufsteigende Scholle sofort wieder abgetragen wird, ohne daß erst größere Reliefunterschiede entstehen, wie sie für Gebirge charakteristisch sind. Als P. werden viele Verebnungsflächen der jungen Faltengebirge gedeutet, da in den verhältnismäßig kurzen geologischen Zeiträumen, die seit Auffaltung der Gebirge verflossen sind, die Abtragung eines fertigen Gebirges bis zur Rumpffläche gar nicht möglich war.
probabilistisch nennt man Kausalverknüpfungen, bei denen die Wirkung nicht streng naturgesetzlich, also deterministisch bestimmt ist, sondern der Eintritt des Ereignisses in einer bestimmten Form oder an einem bestimmten Ort wahrscheinlich oder möglich ist. Diese Form der Kausalbeziehung tritt in der Geographie sehr häufig auf, bedingt durch die große Zahl der Randbedingungen und die in geographischen Systemen auftretenden historischen Einflüsse. Für die Behandlung solcher Probleme stellt die Wahrscheinlichkeitstheorie moderne Methoden zur Verfügung (z. B. Monte-Carlo-Methode). Abstraktionsverfahren in der Geographie haben unter anderem den Zweck, den Bereich der zufälligen Erscheinungen einzuschränken.
Profil, 1) **in der physischen Geographie** die Darstellung eines senkrechten Schnitts durch einen Teil der Erdoberfläche. Das P. veranschaulicht die Höhenverhältnisse und das Relief des betreffenden Gebiets (*morphologisches P.*). Aus Gründen der Deutlichkeit wird das P. vor allem bei geringen Höhenunterschieden oder bei kleinem Maßstab überhöht, d. h., die Höhen werden in mehrfach größerem Maßstab als die Längen dargestellt. Die Böschungsverhältnisse werden dadurch aber stark verzerrt (vgl. z. B. Abb. S. 334). Durch Hinzufügen weiterer geographischer Elemente (Pflanzendecke, Nutzungsformen u. a.), die in geographischem Kausalzusammenhang stehen, kann daraus ein geographisches *Kausalprofil* gestaltet werden.
2) in der Geologie a) zeichnerische Darstellung eines senkrechten Schnittes durch einen Teil der Erdkruste, gibt die geologischen Verhältnisse wieder und bildet eine wertvolle Ergänzung der geologischen Karte. Beobachtete P. haben natürliche oder künstliche Aufschlüsse zur Grundlage, konstruierte P. ergeben sich als gedachte Schnitte aus der Bearbeitung geologischer Karten und Bohrungen; b) die Aufeinanderfolge verschiedener Gesteinsschichten, die auf natürliche Weise oder künstlich entblößt wurden und zeichnerisch dargestellt werden können.
3) in der Bodenkunde → Bodenprofil.
Profundal, die Tiefenregion der Binnengewässer, die sich seewärts an die Uferbank anschließt. Im lichtlosen P. ist kein Pflanzenwuchs möglich; es ist mit feineren Sinkstoffen bedeckt.
Projektion, *Kartenprojektion,* allgemeine Bezeichnung für → Kartennetzentwürfe.
Proterozoikum, System bzw. Periode des Kryptozoikums, die Frühzeit der Entwicklung des Tierlebens, paläontologische Bezeichnung für die Zeit und die Ablagerungen zwischen Archaikum und Kambrium, nach der sowjetischen Gliederung zwischen Archaikum und Riphäikum. Als im wesentlichen gleichbedeutend mit P. darf man die Begriffe *Eozoikum* und *Algonkium* (veraltet) ansehen. (Vgl. die Tab. am Schluß des Buches.)
Protonosphäre, → Atmosphäre.
Protopedon, → Rohboden.
Psammite, → Gestein.
Psephite, → Gestein.
pseudoglazial sind Bildungen, die Glazialformen ähnlich sehen, in Wirklichkeit aber nicht glazialer Entstehung sind.
Pseudogley, *gleyartiger Boden, Staunässegley, Staugley, marmorierter Boden, nasser Waldboden, wechselfeuchter Waldboden,* zusammen mit den → Gley *minerlischer Naßboden,* ein meist zu den terrestrischen Böden gestellter Bodentyp, der durch den Wechsel von Staunässe (besonders im Frühahr) und unterschiedlicher Austrocknung gekennzeichnet ist. P. entwickeln sich, wenn die Versickerung von Niederschlags- und Schmelzwasser im Boden gehemmt ist. Das kann durch schlecht wasserdurchlässige Schichten oder Horizonte im Unterboden (*Staukörper* oder *Staunässeleiter*) sowie durch einheitlich dichte ton- und schluffreiche Substrate im gesamten Bodenprofil ausgelöst werden. Zudem begünstigen ebene Lagen die Bildung von P. Liegt, wie in den meisten Fällen, ein Staukörper vor, sammelt sich das in nassen Perioden gestaute Sickerwasser darüber in der Stauzone an. Es kommt unter anaeroben Bedingungen zu Reduktionsvorgängen, unter Beteiligung organischer Säuren zur Naßbleichung sowie zu seitlichen Transport gelöster Eisen- und Manganverbindungen, die sich im Zuge der sommerlichen Abtrocknung zu Eisen-Mangan-Konkretionen konzentrieren. Auf diese Weise entsteht unter dem A-Horizont gewöhnlich ein hellgrauer, mit Konkretionen durchsetzter g_1- oder S_1-Horizont, darunter, besonders im Staukörper, ein rötlich- bis rostbrauner, mit grauen Flecken mit weißgrauen Streifen durchsetzter („marmorierter") g_2- oder S_2-Horizont. Auf homogenen dichten Substraten ist die Profildifferenzierung meist schwächer. Die Farbintensität läßt nur auf gleichem Ausgangsmaterial Rückschlüsse auf den Grad der Vernässung zu. Der Wasser- und Lufthaushalt der P. ist uneinheitlich. Es gibt extrem wechselfeuchte Varietäten, solche, in denen nasse und feuchte bis frische Phasen einander ablösen. Die meisten P. sind saure Böden mit dystrophem Moder oder Rohhumus als Humusform. Sie liefern bevorzugt Wiesen- und Waldstandorte. Für Ackernutzung ist meist Dränage erforderlich. Verzögerte Frühjahrsbestellung, Krumenlabilität und Ertragsabfälle in nassen Jahren müssen, selbst bei mitunter guten Leistungen, einkalkuliert werden.
P. kommen kleinflächig in ganz Mitteleuropa vor. Häufig entstehen sie in den feuchten Lößprovinzen aus Fahlerden und auf dichten oder schweren Substraten. In neuerer Zeit wird für viele P. eine Beteiligung reliktischer Bildungen als wahrscheinlich angesehen.
Pseudoisarithmen, *Pseudoisolinien,* den Grundriß projizierte Schnittlinien von Erscheinungen und Sachverhalten, die als künstliches Wertrelief vorstellbar sind, z. B. Bevölkerungsdichte. P. schließen Flächen gleicher Wertigkeit ein.
Pteropodenschlamm, Meeresablagerung des eupelagischen Bereiches, die überwiegend aus Schalentrümmern von Pteropodenschnecken besteht. P. findet sich in nur geringer Ausdehnung am Grunde tropischer und subtropischer Meere.
Pufferung, die Eigenschaft einer Lösung oder Suspension, bei Zusatz von H^+- oder OH^--Ionen einer Veränderung ihres *p*H-Wertes Widerstand entgegenzusetzen. Das Puffervermögen eines Bodens steigt mit der Austauschkapazität und dem Gehalt an Kalziumionen. Es beruht darauf, daß bei Zufuhr von Basen (z. B. Düngemittel) die an den Bodenkolloiden sorbierten H^+-Ionen neutralisierend wirken und eine Erhöhung des *p*H-Wertes bremsen, während bei Säurezufuhr die Erdalkali- und Alkaliionen, besonders die Kalziumionen, neutralisieren, d. h. die Erniedrigung des *p*H-Wertes vermindern.
Puna, 1) Hochflächen über 4000 m in den Anden Boliviens und Perus; 2) von C. Troll als Begriff für die Höhenstufen der tropischen Hochgebirge in wechselfeuchten Klimaten verwendet und, den Jahreszeitenklimaten der Niederung entsprechend, in *Feucht-*

puna, *Trockenpuna* und *Dornpuna* unterschieden. In den humiden Tropen ist die entsprechende Höhenstufe der Páramo.

Punktmethode, → Darstellungsmethode.

Q

Qualmwasser, → Drängewasser.

Quartär [französisch ‚die vierte Stelle einnehmend', → Tertiär], jüngstes geologisches System bzw. jüngste geologische Periode. Die untere Abteilung bzw. Epoche des Q. ist das → Pleistozän. Im jüngsten Q., dem → → Postglazial, nahm das Erdbild sein heutiges Aussehen an. (Vgl. die Tab. am Schluß des Buches.)

Quarz, das am weitesten verbreitete gesteinsbildende Mineral. Der gemeine Q. bildet fast allein den Quarzsand, Sandstein und Quarzit. Gut auskristallisierte Aggregate, z. B. Bergkristall, Rauchquarz, Amethyst, werden als Schmucksteine verwendet. Mikrokristalliner Q. ist Chalzedon mit den wichtigsten Abarten Achat, Jaspis, → Feuerstein. Q. findet sich als Gemengteil von Magma-, Sediment- und metamorphen Gesteinen.

Quarzit, *Quarzfels*, gelbliches, graues oder blaugraues sedimentäres oder metamorphes Gestein, das fast nur aus Quarz besteht.
1) *Metamorpher Q.* (*Felsquarzit*) entsteht aus Sandsteinen, deren Quarzkörper durch Gebirgsdruck randlich aufgelöst wurden und sich zu einem dicht erscheinenden Gefüge verzahnten. Er ist gegen Verwitterung sehr widerstandsfähig und ragt häufig als Härtling eine der Abtragung unterlegene Umgebung.
2) *Sedimentärer Q.* (*Zement-, Süßwasser-, Braunkohlenquarzit, Knollenstein*) bildet sich aus tonigen Sanden, deren Quarzkörper durch Kieselsäure verkittet wurden. Da der Sand meist nur teilweise von dieser Einkieselung betroffen wurde, liegt der Zementquarzit als mehr oder weniger große Knollen in ihn eingebettet. Er entstand vor allem im Tertiär im Grundwasserbereich.

Quarzporphyr, rötliches, violettes, braunes, graues oder auch grünliches Ergußgestein, das in einer Grundmasse aus Quarz, Feldspat und Biotit Einsprenglinge derselben Zusammensetzung enthält. Der *Pyroxenquarzporphyr* der Leipziger Umgebung, der besonders zwischen Taucha, Wurzen (Hohburger Berge) und Grimma vorkommt, wird viel zu Pflastersteinen verarbeitet. Im Thüringer Wald findet sich der poröse *Mühlsteinporphyr*. Q. ist weit verbreitet und bildet außer den genannten Vorkommen Decken, Gänge und Kuppen, besonders im Rotliegenden bei Halle, im Erzgebirge und Harz. Er liefert vorzüglichen Schotter.

quasi ..., in Wortzusammensetzungen Bezeichnung dafür, daß die erwähnte Eigenschaft der betreffenden Erscheinung wohl meist, aber nicht ständig vorhanden ist. *Quasipermanent* nennt man z. B. Hochdruck- und Tiefdruckgebiete, die an bestimmten Stellen der Erdoberfläche längere Zeit, doch nicht für immer bestehen bleiben.

Quelle, Stelle der Erdoberfläche, an der das aus den Niederschlägen gespeiste Grundwasser (vadoses Wasser) dauernd oder zeitweilig ausfließt. In seltenen Fällen tritt aus einer Q. auch juveniles Wasser aus, das tieferen Teilen des Erdinneren entstammt.
Q. bilden sich vor allem am Schnittpunkt des Grundwasserspiegels mit der Erdoberfläche. Die Ergiebigkeit einer Q., ihre *Schüttung*, wechselt stark je nach Niederschlag, Verdunstung, Versickerung und Grundwasservorräten. Sehr große Q. treten in trichterförmigen oder schalenförmigen *Quelltöpfen* aus. Nach den tektonischen Verhältnissen und der Art der Wasserbewegung unterscheidet man absteigende und aufsteigende Q.
1) Bei den *absteigenden Q.* oder *Auslaufquellen* bewegt sich das Wasser abwärts zum Auslaufpunkt. Hierzu gehören *Talquellen*, die dort entstehen, wo sich ein Tal bis zum Grundwasserspiegel eintieft; *Schichtquellen* treten auf, wo eine ebene oder nur wenig geneigte wasserstauende Schicht unter einer wasserführenden Schicht am Hang ausstreicht; bei einer *Überlauf-* oder *Überfallquelle* sammelt sich das Grundwasser in einer Mulde über undurchlässigen Schichten und läuft an den Rändern über; *Stau-* oder *Barrierequellen* entstehen, wo wasserführenden Schichten schwer durchlässiges Gestein vorgelagert ist.
2) Bei *aufsteigenden Q.* tritt das Wasser unter hydrostatischem Druck nach oben aus. Zu dieser Art gehören vor allem *Spalten-* und *Verwerfungsquellen*, bei denen auf eine größere Strecke wasserstauende neben wasserdurchlässige Gesteine geschoben wurden. Ein Sonderfall der aufsteigenden Q. sind die artesischen Brunnen (→ Brunnen).
Wenn der bei der Verwitterung von Gesteinen anfallende Schutt die eigentliche Q. verschüttet hat und das Wasser deshalb meist tiefer am Hang austritt, spricht man von einer *Schuttquelle*. Ist die austretende Wassermenge zu gering, daß es zu keinem Abfluß, sondern nur zu einer Durchfeuchtung des Bodens kommt, bezeichnet man diese Erscheinung als → Naßgalle. Mehrere längs einer Schichtfläche austretende Q. bilden einen *Quellhorizont*.
Nach der Art der Quellschüttung unterscheidet man 1) *perennierende Q.*, d. h. Dauerquellen, 2) *episodisch* und *periodisch fließende Q.*, zu denen auch die *Hungerquellen* gehören, die nur in besonders nassen Jahren, in denen

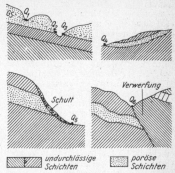

Einige Arten von Quellen: Q_1 Talquelle, Q_2 absteigende Schichtquelle, Q_3 Überlaufquelle, Q_4 aufsteigende Schichtquelle, Q_5 Schuttquelle, Q_6 Verwerfungsquelle; *GS* Grundwasserspiegel

Mißernten auftreten, Wasser führen; 3) *intermittierende Q.*, die in mehr oder weniger regelmäßigen kurzen Zeitabständen fließen; diese Erscheinung ist meist auf Gas- oder Luftzuströmung zurückzuführen. In diese Gruppe gehört der → Geysir.
Eine besondere Art von Q. sind die *Karstquellen*, bei denen kein zusammenhängender Grundwasserspiegel vorhanden ist. Das meist in großen Klüften innerhalb des Gesteins angesammelte oder in einem unterirdischen Gerinne fließende Wasser tritt oft aus engen Öffnungen aus und steht deshalb unter Druck. Die Ergiebigkeit ist daher häufig sehr groß (Rijeka- und Omblaquelle im jugoslawischen Karstgebiet).
Nach der Temperatur und den chemischen Eigenschaften des Quellwassers unterscheidet man *Pegen*, deren Wasser die mittlere Jahrestemperatur der Luft ihres Ortes aufweisen; nur solche aus oberflächennahen Schichten schwanken stärker je nach der Jahreszeit; warme Q., die aus größerer Tiefe aufsteigen; ihre Temperatur liegt gewöhnlich höher als die mittlere Jahrestemperatur des Ortes; Q. mit einer Temperatur von über 20 °C werden als *Thermen*, solche von über 50 °C als *heiße Q.* bezeichnet.
Quellwasser, das häufig lange Wege in feinporigem Gestein oder Boden zurückgelegt hat, ist meist reich an Mineralien (*Mineralquellen*), aber ganz oder fast frei von organischen Bestandteilen. Viele Q. scheiden beim Austritt die gelösten Stoffe aus, z. B. Kalktuff, Kieselsinter, Eisenocker u. a. *Heilquellen* haben einen hohen Gehalt an gelösten Stoffen und dadurch oder durch ihre Wärme eine heilkräftige Wirkung. Die wichtigsten Arten sind:
1) *Akratopegen*, einfache kalte Quellen unter 20 °C mit wenigen gelösten Stoffen, kommen aus mäßiger Tiefe und passen sich daher der mittleren Jahrestemperatur der Austrittsstelle mehr oder weniger an (Bad Lauch-

städt, Bad Tölz, Bad Ischl). 2) *Akratothermen,* einfache warme Quellen über 20 °C mit wenigen gelösten Stoffen, steigen aus größerer Tiefe empor (Burtscheid 78 °C, Wiesbaden 69 °C, Badgastein 49 °C, Bad Ems 47,5 °C, Wildbad im Schwarzwald 39 °C). 3) *Säuerlinge* mit mehr als 1 g Kohlendioxid in 1 kg Wasser (Karlovy Vary, Marienbad, Sinzig, Bad Wildungen, Bad Nauheim). 4) *alkalische Quellen,* die hauptsächlich Natrium- und Kalziumhydrogenkarbonat enthalten (Bad Gießhübel, Bad Ems, Bad Elster). 5) *Kochsalzquellen* mit mehr als 1 g Kochsalz in 1 kg Wasser; Solen haben mehr als 1,5% Kochsalzgehalt; Kochsalzquellen sind außerdem oft jod- und bromhaltig; (Bad Dürrenberg, Bad Kösen, Bad Sulza, Bad Kissingen, Baden-Baden, Wiesbaden, Bad Homburg, Bad Ischl, Bad Oeynhausen, Bad Pyrmont, Bad Reichenhall, Bad Kreuznach, Salzschlirf, Bad Salzungen). 6) *Bitterquellen* mit erheblichen Mengen an Sulfaten des Natriums, Magnesiums und Kalziums (Friedrichshall, Bad Kissingen, Bad Mergentheim). 7) *Eisenquellen* mit einem größeren Gehalt an Eisensalzen (Bad Elster, Bad Lausick, Alexandersbad, Bad Liebenstein, Bad Pyrmont, Duszniki Zdrój). 8) *Arsenwässer* mit 1 mg Arsen in 1 kg Wasser, enthalten meist zugleich Eisen oder Stahl (Bad Dürkheim, Bad Lausick, Kudowa Zdrój). 9) *Schwefelwässer* enthalten gelösten Schwefelwasserstoff (Burtscheid und Bad Langensalza). 10) *radioaktive Quellen* mit einem Gehalt an Radiumemanation oder spurenweise gelösten radioaktiven Salzen (Baden-Baden, Bad Brambach, Bad Kreuznach, Heidelberg, Badgastein, Jáchymov).
Quellerosion, eine besondere Form der fluviatilen → Erosion, die auf der abtragenden Wirkung des Quellwassers beruht. Sie wird erstens verursacht durch die unterirdische Wasserdurchtränkung und Ausspülung des Bodens vor dem Quellaustritt, zweitens durch den Abtransport von feinstem festem Material im Quellbach. Die Q. führt zur Entstehung einer Hohlform, deren Bildung durch das Nachrutschen des beweglichen, wasserdurchtränkten Materials noch begünstigt werden kann. In flachem Gelände entwickelt sich diese Hohlform als *Quellmulde,* an steileren Hängen als *Quellnische.* Diese Formen zeigen an, daß im Bereich der Quelle die Abtragung rascher voranschreitet als in der Umgebung. Die Q. spielt eine bedeutende Rolle bei dem Zurückweichen der Stufen in einer Schichtstufenlandschaft.
Quellfaltung, innere Faltung eines Gesteins, das durch Wasseraufnahme eine Volumenvergrößerung (Quellung) erfährt, aber keine Möglichkeit hat, sich auszudehnen. So zeigt z. B. Anhydrit bei der Umwandlung in Gips häufig Q., wobei Schlangen- oder Gekrösegips entsteht. Die Q. ist also nicht auf tektonische Bewegungen zurückzuführen.
Quellkuppe, → Vulkan.
Quellschüttung, → Schüttung.
Quelltrichter, trichterförmige, aus der Vereinigung mehrerer Quelladern hervorgehende Hohlform an den Hängen reliefstarker Gebirge. Durch geringe glaziale Überformung kann aus einem Q. ein Quelltrichterkar (→ Kar) hervorgehen.
Quellung, 1) das vertikale Aufschießen von Wolkenteilen als Folge der aufwärts gerichteten Luftbewegung der Thermik und der Turbulenz, wobei die blumenkohlartigen Formen größerer Cumuluswolken oder die Castellatuswolken entstehen. 2) → Tonminerale.

R

Rachein, italienisch *Calanchi,* durch das Regenwasser in die Hänge eingegrabene, verzweigte Furchen, Kerben oder tiefere Rinnen, die die Bildung einer zusammenhängenden Vegetationsdecke verhindern. R. sind vor allem in Gebieten mit heftigen Regengüssen verbreitet (Mittelmeergebiet).
Radiokarbonmethode, ^{14}C-*Methode,* *Radiokohlenstoffdatierung,* eine Methode zur Altersbestimmung vieler Kohlenstoff (C) enthaltender Substanzen. Beim Auftreffen der kosmischen Strahlung auf die irdische Atmosphäre entsteht das radioaktive Kohlenstoffisotop ^{14}C, das eine Halbwertzeit von 5570 ± 30 Jahren hat. ^{14}C reagiert mit dem Sauerstoff der Luft und bildet Kohlendioxid, so daß das Kohlendioxid der Luft stets einen radioaktiven Anteil enthält. ^{14}C wird bei der Assimilation der Pflanzen von diesen mit aufgenommen und gelangt im Pflanzenfutter auch in den tierischen Organismus, und zwar mit stets gleichem Anteil. Beim Absterben des Organismus hört die Assimilation von ^{14}C auf, und der Anteil des ^{14}C nimmt durch dessen Zerfall gesetzmäßig ab. Daher kann man aus dem jeweiligen ^{14}C-Anteil die Zeit feststellen, die seit Absterben des Organismus oder seit Bildung der Gesteinsschichten, in denen er lagert, vergangen ist. Durch die R. konnte z. B. die Alleröedzeit auf das 10. Jahrtausend v. u. Z. festgelegt werden und das Pommersche Stadium auf etwa das Jahr 15000 v. u. Z. Sie versagt allerdings, wenn die Substanzen älter als 70000 Jahre sind und wenn kohlensäurehaltige Lösungen die zu messenden Substanzen infiltriert haben. Die R. wurde von dem amerikanischen Forscher W. F. Libby 1946 entwickelt.
Radiolarienschlamm, rote, tonige Meeresablagerung des eupelagischen Bereiches, in der sich zahlreiche Skelette von Radiolarien (Strahlentierchen) finden. Er bedeckt etwa 1,5% des Meeresbodens und tritt nur in sehr großen Tiefen des Pazifischen und Indischen Ozeans auf, wo die kalkhaltigen Schalen anderer Tiere aufgelöst werden und allein die aus Kieselsäure aufgebauten Skelette der Radiolarien erhalten bleiben. Im Atlantischen Ozean fehlt der R. anscheinend.
Radiosonde, ein aerologisches Meßgerät, das an einem frei fliegenden, mit Wasserstoff gefüllten Ballon aufsteigt und während des Aufstiegs die Meßwerte von Luftdruck, Temperatur und relativer Feuchtigkeit auf drahtlosem Wege der Bodenstation fortlaufend meldet. Der Meßteil der R. arbeitet ähnlich wie ein Meteorograph, weist aber anstelle der Schreibvorrichtung einen Kleinstkurzwellensender mit Zwergakkumulator auf. Die Gesamtmasse der R., die Größe einer Zigarrenkiste hat, beträgt etwa 600 g. Sie steigt mit einer mittleren Geschwindigkeit von 350 m/min. In durchschnittlich 20 km (maximal 40 km) Höhe platzt der Ballon, ein mitgeführter Fallschirm bringt die mit Finderbrief versehene R. zur Erde zurück. Durch Anpeilen der vom Sender der R. ausgestrahlten elektrischen Wellen und durch Verfolgen des dann mit Metallfolien versehenen Ballons kann man die Flugbahn der R. und daraus den Höhenwind bestimmen.
Rahmenkarte, eine Karte, auf der der Karteninhalt im Unterschied zu Inselkarten an einem Rahmen endet, der aus mehreren Linien mit oder ohne Gradnetzunterteilung besteht. Es werden → Rechteckkarten und → Gradabteilungskarten unterschieden.
Råmark, svw. arktische Böden.
Rambla, *Auenrohboden, raw warp soil,* ein zu den → Rohböden gestellter Bodentyp der Klasse Auenböden, das Initialstadium der Bodenentwicklung auf jungen, oft grobkörnigen Flußsedimenten mit (A)-C-Profil. Die R. trägt aber schon Pflanzen.
Rampenhänge, nach H. Louis die langen flachen bis sehr flachen, oberflächlich aus zersetztem anstehendem Gestein bestehenden Hänge der tropischen Flächenspülzone. Sie laufen meist ohne deutliche Kante in Flachmuldentälern (Spülmulden) aus und

Rampenhänge mit Inselberg

setzen je nach Art des Gesteins mit mehr oder weniger deutlichem Knick gegen die Steilformen (Inselberge) ab.
Randkluft, offene Spalte zwischen Fels und Gletscher, in der die Frostverwitterung bis in größere Tiefen

wirken kann. Die R. spielt bei der Bildung von → Karen eine Rolle. Sie ist nicht mit dem → Bergschrund zu verwechseln.

Randschwellen, nach O. Jessen durch Unterströmungen (→ Unterströmungstheorie) seit dem jüngeren Mesozoikum bewirkte Heraushebung der Randgebiete der Kontinente. Die R. haben ihre Sedimentdecke durch Abtragung verloren, sind oft mit Rumpftreppen ausgestattet und fallen steil zum Ozean, flacher kontinenteinwärts ab, wo die erhalten gebliebenen Sedimente Schichtstufenlandschaften bilden. Ein Ergebnis dieser langanhaltenden epirogenetischen Bewegungen sind die großen Becken im Inneren der Kontinente (Mississippibecken, inneres Südamerika, Becken Innerafrikas).

Randsee, meist langgestreckter See am Rande eines ehemals vergletscherten Gebirges, teils noch in den Gebirgstälern, teils auch bereits im Vorland gelegen. Nach dem Geographen A. Penck sind R. durch glaziale Übertiefung entstanden, nach dem Geologen A. Heim im Zusammenhang mit tektonischen Bewegungen, was sich z. B. für manche der Alpenrandseen nicht leugnen läßt. Im Alpengebiet gehören zu den R. der Züricher See, der Genfer See, der Bodensee. Auch die Kordilleren Nordamerikas werden, vor allem in Kanada, von R. begleitet.

Randsenke, svw. Vortiefe.

Ranker, ein terrestrischer Bodentyp aus der Klasse der A-C-Böden (Böden ohne verlehmten Unterboden); ein flachgründiger Boden, der sich genetisch aus dem Rohboden (Syrosem) auf karbonatfreien oder karbonatarmen Gesteinen entwickelt. R. sind auf verwitterungsresistenten Gesteinen, an erosionsintensiven Steilhängen und Vollformen sowie auf jungen Lockersedimenten (Dünen, Flußauen) zu finden. Über Festgesteinen bilden sie meist skelettreiche dürftige Böden (begrenzter Wurzelraum, geringes Wasserhaltevermögen), während auf Lockergesteinen eine tiefere Durchwurzelung möglich ist und sich der R. zu Braunerden oder Podsolen weiterentwickeln kann.

Rapakiwi, ein grobkörniger, leicht zersetzlicher Granit, der im südlichen Finnland verbreitet ist und von dort als Geschiebe auch ins nördliche Mitteleuropa gelangte.

Rapilli, svw. Lapilli.

Rasenabschälung, Rasenschälen, Erscheinung der periglazialen Gebiete, die auf der Zerstörung der Rasendecke durch die Solifluktionsbewegungen beruht und zur Auflösung der Vegetationsdecke in einzelne Rasenstreifen und Rasenstufen führt.

Rasengalle, svw. Naßgalle.

Raster, eine Glasplatte oder Folie mit regelmäßig angeordneten Linien, Kreuzlinien oder Punkten zur Zerlegung von Flächen in druckfähige Bildelemente. Man unterscheidet *Glasgravurraster* für die Rasterphotographie, *Filmkontaktraster* für die photographische Kontaktrasterung und *Kopierraster* zum Rastern von Kopiervorlagen. Die *Rasterweite* gibt die Zahl der Linien je Zentimeter an (z. B. 60er R.), der *Rastertonwert* gibt die Deckung der Rasterelemente an der Gesamtfläche an, z. B. bei Kreuzlinien 75%. Als *Strukturraster* werden sichtbare Muster aus sich regelmäßig wiederholenden graphischen Elementen bezeichnet, die zur Flächenfüllung in Karten und Graphiken benutzt werden.

Rät, eine Stufe der → Trias.

Raublandschaft, eine durch Raubbau an Naturreichtümern und Naturschönheiten verarmte (devastierte) Landschaft.

Rauheis, → Reif.

Rauhfrost, → Reif.

Rauhreif, → Reif.

Raxlandschaft, Bezeichnung für eine in den Ostalpen festgestellte spättertiäre, vermutlich jungmiozäne Oberfläche. Die vorherrschenden großen Verflachungen werden als das Ergebnis mittelmiozäner oder auch älterer Einebnungsprozesse angesehen. Durch spätere tektonische Vorgänge sind diese Verflachungen in verschiedene Höhenlagen gebracht worden. Am besten hat sich das Flachrelief der R. in den nordöstlichen Kalkalpen erhalten, vor allem auf dem Hochplateau der Rax (nach der die R. benannt ist) in Niederösterreich. Infolge der späteren Hebung der Alpen hat die Erosion die alte Landoberfläche der R. durch tiefe Täler aufgegliedert.

Rechteckkarten, Einzelkarten und Blätter von Kartenwerken, deren Kartenbild ein Rechteck oder Quadrat bildet, deren Kartenrand also nicht mit Gradnetzlinien zusammenfällt (→ Gradabteilungskarte). Zu den R. gehören die alte topographische Spezialkarte von Zentraleuropa 1 : 200 000 von Reymann und die alte Deutsche Grundkarte 1 : 5000, bei der jede Sektion 4 km² (40 × 40 cm) umfaßt.

Redaktionsdokumente, bestätigte betriebliche Ausarbeitungen zur einheitlichen Bearbeitung von Karten und Kartenwerken. Zu den R. gehören Redaktionsplan, Kartenmuster und Zeichenvorschrift.

Reede, ein meist wenig geschützter Ankerplatz vor der Küste außerhalb der Brandung, in Flußmündungen oder in Buchten, die gewählt werden muß, weil die geringe Wassertiefe ein Ankern direkt am Ufer nicht zuläßt. Auf die R. warten die Schiffe auch auf die von den Gezeiten abhängige günstige Zeit zum Einlaufen in den Hafen.

Refraktion, im weiteren Sinne die Richtungsänderung, die bei allen Arten von Wellen eintritt, wenn diese von einem Medium in ein anderes übertreten, in dem sie eine andere Ausbreitungsgeschwindigkeit haben; im engeren Sinne die Ablenkung der von anderen Himmelskörpern kommenden Strahlung in der Erdatmosphäre, in deren verschieden dichten Schichten die Strahlung verschiedene Ausbreitungsgeschwindigkeit hat. Die R. ist besonders stark bei flachem Einfall der Strahlen in Horizontnähe, so daß z. B. Gestirne höher über dem Horizont zu stehen scheinen, als es in Wirklichkeit der Fall ist. Die Sonne z. B. erscheint am Horizont um etwas mehr als ihren scheinbaren Durchmesser angehoben. Bei starker Überhitzung und damit Auflockerung der bodennahen Schicht, z. B. in Wüstengebieten, auf überhitzten Straßen u. a., kommt es zu → Luftspiegelungen, wobei die Gegenstände gelegentlich auf dem Kopf zu stehen scheinen.

Refugialgebiet, → Relikt.

Reg *m*, in der algerischen Sahara Bezeichnung für Geröllflächen von Schwemmkegeln.

Regelation, der Wechsel von Auftauen und Wiedergefrieren an Eiskörpern im Gletscher oder im Boden infolge Schwankungen der Temperatur. Die R. spielt bei den Bewegungsvorgängen im Frostboden und bei der Bewegung der Gletscher eine große Rolle.

Regen, eine der flüssigen Formen des atmosphärischen Niederschlags. Er entsteht nach der durch Abkühlung der Luft unter den Taupunkt eingetretenen Kondensation des Wasserdampfes zu Wolken infolge Zusammenfließens von kleinsten Tröpfchen zu größeren Tropfen, die von der Luftströmung nicht mehr getragen werden und als Niederschlag ausfallen können.

Den R. kann man nach der Größe der Tropfen einteilen. Der gewöhnliche großtropfige R. hat einen Tropfendurchmesser von 0,7 bis 4 mm und bildet sich in den Wolken vermutlich durch Anwachsen von Eiskristallen auf Kosten von Wassertropfen. Ist der Tropfendurchmesser kleiner als 0,7 mm, so spricht man von *Sprüh-* oder *Staubregen,* der auch als *Niesel* bezeichnet wird. Die Fallgeschwindigkeit der Tropfen beträgt hierbei weniger als 3 m/s. Sprühregen ist gelegentlich an Okklusionen zu beobachten, auch fällt er häufig aus Nebel und Hochnebel aus.

Bei *Wolkenbruch* beträgt die Tropfengröße 5 bis 8 mm. Größere Tropfen sind nicht möglich, da sie beim Erreichen der maximalen Fallgeschwindigkeit von 8 m/s zerreißen. Eine andere Einteilung geht von der Stärke des R. aus. Mäßige Niederschläge werden als *Landregen* bezeichnet; sie erstrecken sich über ein größeres Gebiet und sind vor allem an Warmfronten und Schleifzonen gebunden. Hält der Landregen wenigstens 6 Stunden an und bringt er stündlich mindestens 0,5 mm Niederschlag, spricht man von *Dauerregen*, bei stündlich mehr als 1 mm Niederschlag von starkem Dauerregen. Sie entstehen bei Stau an Gebirgen, beim Stationärwerden von Tiefdruckgebieten oder ebenfalls bei Schleifzonenlagen, bei denen an einer nahezu ortsfesten Luftmassengrenze dauernd warme, feuchte Luft aufgleitet. Vb-Zyklonen (→ Wetterlage Vb) bringen im östlichen Mitteleuropa Dauerregen oft im späten Frühjahr. Derartige Lagen können mehrere Tage lang anhalten. Bei *Starkregen* muß innerhalb einer bestimmten Zeit eine gewisse Mindestniederschlagsmenge fallen; in einer Stunde z. B. wenigstens 17 mm. Ganz allgemein gilt für Starkregen, daß die Niederschlagsmenge $h = \sqrt{5t - (t/24)^2}$ mm sein muß, wobei t die Zahl der Minuten bedeutet. Zwischen t, h und der Mindestintensität i (Niederschlagsmenge in der Minute) ergeben sich folgende Beziehungen:

t in min	h in mm	i in mm/min
5	5,0	1,0
30	12,2	0,41
60	17,1	0,29
180	29,1	0,16
600	48,7	0,08
900	55,6	0,06
1 440	60,0	0,04

Heftige Regengüsse oft von nur einigen Minuten Dauer werden als *Schauer* oder *Platzregen* bezeichnet. Sie treten oft im Gefolge eines Gewitters auf und sind daher in den Tropen die vorherrschende Form der R. Im Innern der Kontinente sind sie häufiger als am Meer und im Sommer häufiger als im Winter. Eine genaue Definition wie bei Stark- und Dauerregen kann für den Begriff Platzregen noch nicht gegeben werden.
Durch Konvektion, d. h. durch thermisch bedingtes vertikales Aufsteigen erwärmter Luft, hervorgerufene R. bezeichnet man als *Konvektionsregen* im Unterschied zu den *Advektionsregen*, die beim horizontalen Luftstrom entstehen. Typische Konvektionsregen sind die tropischen → Zenitalregen.
Wird R. durch erzwungenes Aufsteigen der Luft an Geländeunebenheiten ausgelöst, so spricht man von *Geländeregen* oder *orographischem Niederschlag*. Hierher gehören die *Steigungsregen* an den Luvseiten der Gebirge und die *Stauregen*, die durch Bodenunebenheiten oder Vegetation im Flachland veranlaßt werden (Küstenstau). Wegen des engen Zusammenhanges zwischen Niederschlagsmenge und Relief geben Niederschlagskarten kleineren Maßstabs daher vielfach die Höhenunterschiede sehr anschaulich wieder. Für einen kleinen Raum können die feineren Unterschiede dagegen auf diese Weise meist nicht erfaßt werden, da das Netz der Bodenbeobachtungsstellen nicht dicht genug ist.
Ein auf ein kleines Gebiet beschränkter R., wie er für manche Wetterlagen, z. B. das Aprilwetter, typisch ist, gilt als *Strichregen*.
Besondere Arten von R. sind *Schwefelregen* und *Blutregen*, bei denen das Regenwasser durch Staub, Pollen und Kleinlebewesen (Algen) gefärbt ist.
Bei Temperaturen unter 0 °C können unterkühlte Regentropfen auch als *Eisregen* bis zum Boden herabfallen. Beim Auftreffen auf den Boden und andere feste Gegenstände erstarren sie sofort zu Eis, und es bildet sich Glatteis, das allerdings auch entstehen kann, wenn normaler R. auf gefrorenen Boden fällt. Die Menge des gefallenen R. wird mit dem → Niederschlagsmesser gemessen. Sie ist von zahlreichen Faktoren abhängig und zeigt in den einzelnen Gebieten der Erdoberfläche außerordentlich große Unterschiede (→ Niederschlag).
Der R. hat einen erheblichen Einfluß auf die Oberflächengestaltung der Erde. Entscheidend ist in den einzelnen Gebieten dabei die Menge des jährlich fallenden R., seine Verteilung über die Jahreszeiten und die Bodenbedeckung. Der Tropfenschlag selbst hat zwar keine wesentliche morphologische Wirkung, das abrinnende Regenwasser aber kann besonders in vegetationsarmen oder vegetationslosen Gebieten eine kräftige Abspülung hervorrufen. Wo der Mensch die natürliche Pflanzendecke teilweise oder ganz beseitigt hat, ist der R. unter gewissen Bedingungen eine der Hauptursachen für die Bodenerosion.
Regeneration, 1) in der Klimatologie das Wiederaufleben eines bereits in Auffüllung begriffenen Tiefdruckgebietes, so daß es an den Fronten wieder zu Niederschlägen kommt und die Winde allgemein auffrischen. Der Grund ist meist Zustrom frischer Luftmassen, durch den die thermischen Gegensätze gesteigert werden.
2) in der Geologie die Rückführung von durch Konsolidation versteiften Zonen der Erdkruste in den beweglichen, faltbaren Zustand der Geosynklinale durch erneutes Absinken der versteiften Zonen.
3) in der Glaziologie das Zusammenwachsen der Trümmer eines durch einen Steilhang unterbrochenen Gletschers zu einem neuen Eisstrom. Steil geneigte Hanggletscher brechen an ihrem Ende oft ab und senden Gletscherlawinen zu Tal, die am Fuß des Steilhangs dann einen neuen Gletscher bilden können (*regenerierter Gletscher*).
Regenfaktor, Klimaindexzahl, die den mittleren Jahresniederschlag (N) zur mittleren Jahrestemperatur (T) in Beziehung setzt, wobei nur die Summe der positiven Monatsmittel gerechnet wird. Mit wachsendem Niederschlag nimmt die Humidität eines Gebietes zu, während mit steigender Temperatur die Verdunstung wächst und damit die Humidität abnimmt. Durch die Verknüpfung von Niederschlag und Wärme gewinnt man einen Index, der nicht nur zur Abgrenzung von Klimazonen dient, sondern auch bei der Untersuchung von Wasserhaushalt, Boden und Vegetation wertvoll ist. Am weitesten verbreitet ist der Ariditätsindex nach de Martonne (→ Aridität). Der Langsche R. lautet

$$R = \frac{N}{T}.$$

Regenfeldbau, eine Form des Ackerbaus, die sich nur auf die atmosphärischen Niederschläge stützt, die also im Unterschied zum Bewässerungsfeldbau keine künstliche Bewässerung angewendet wird. Entscheidend ist nicht die Höhe der Niederschläge, sondern ihre jahreszeitliche Verteilung. Für das winterkalte Klima Mitteleuropas kommt der R. nur als *Sommerfeldbau* in Betracht, im Äquatorialklima ist dagegen *Dauerfeldbau* möglich. Das Savannenklimate wiederum gestatten im allgemeinen den R. nur als *Regenzeitfeldbau*, in Ausnahmefällen, wenn Hochwässer den Boden stark feucht haben oder in Küstennähe starker Taufall vorhanden ist, auch als *Trockenzeitfeldbau*.
regengrüner Wald, *Hiemisilva*, *Tropodrymium*, Vegetationstyp der tropischen und subtropischen Gebiete mit ausgeprägten Regen- und Trockenzeiten. Er besteht aus Fallaubbäumen, die ihr Laub in den Trockenperioden regelmäßig abwerfen, sich aber bei zunehmender Feuchtigkeit rasch wieder belauben. Zu den regengrünen Wäldern zählen der → Monsunwald und der → Trockenwald.
Regenmesser, svw. Niederschlagsmesser.
Regenwald, *Pluviisilva*, *Hygrodrymium*, Vegetationstyp der regenreichen Tropen, besteht aus immergrünen Bäumen, die meist keinen Knospenschutz haben und deren Blätter unbehaart und oft glänzend sind. Die Vegetation ist sehr üppig, oft in 4 bis 5 Stockwerken aufgebaut, mit großer Mannigfaltigkeit der Baumarten. Typische Merkmale sind schlanker Wuchs und Stammblütigkeit (Kauliflorie). Einige Arten haben Gerüst-(Planken-) Wuchs mit den charakteristischen Brettwurzeln. Die starken Niederschläge (2000 bis 4000 mm) sind gleichmäßig über das Jahr verteilt. Auch die Temperaturen sind stets hoch (kein Monat unter 18 °C) und weisen nur geringe jahreszeitliche Schwankungen auf. Wegen der geringen Lichtdurchlässigkeit des Blätterdachs trifft man zahlreiche Lianen und Epiphyten (Orchideen, Bromelizeen) an, die im Kronenraum ihre Blüten entfalten.

Regenzeiten, Jahreszeiten mit Regen, im Unterschied zu den regenlosen Jahreszeiten (Trockenzeiten). Sie sind für Tropen und Subtropen charakteristisch, wo die Temperaturunterschiede im Laufe des Jahres gering sind. Die inneren Tropen haben zwei R., die den Zenitständen der Sonne folgen (*Äquatorialregen* oder *Zenitalregen*). Nach den Wendekreisen hin verschmelzen die zwei R. zu einer einzigen. Im Monsungebiet bestimmt der vom See her wehende Monsun die Regenzeit. Im subtropischen Mittelmeerklima herrschen Winterregen vor.

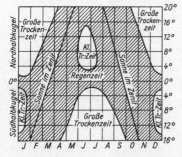

Schematisches Diagramm der tropischen Regenzeiten

In Gebieten mit Niederschlag zu allen Jahreszeiten spricht man nicht von R., sondern von Hauptniederschlagszeit oder Niederschlagsmaximum. Dieses liegt in maritimen Klimagebieten im Winterhalbjahr, in den kontinentalen im Sommerhalbjahr.

Region, in der Geographie 1) ein bestimmter konkreter Ausschnitt der Erdoberfläche ohne Rücksicht auf dessen Größe. Der Gegensatz zu *regional-geographisch* ist allgemeingeographisch. Das induktive Verfahren benutzt regionale Beispielstudien (case studies) zur Gewinnung allgemeiner (normativer) Erkenntnisse; 2) eine größere geographische Raumeinheit, eine geographische R., die mehrere Landschaften umfassen kann und teilweise aus der Großgliederung der Erde abgeleitet wird; 3) in der Dimensionslehre diejenigen Dimensionsstufen, für deren Untersuchung und Darstellung die chorologische und die planetarische Arbeitsweise nicht ausreichen, sondern miteinander verknüpft werden müssen. Um Verwechslungen mit der regional-geographischen Arbeitsweise zu vermeiden, wird diese Dimension als *regionisch* bezeichnet. Sie ordnet sich zwischen die chorologische und die planetarische ein.

Regolith, die tiefgründige Verwitterungsdecke in tropischen Klimaten.

Regression, Rückzug des Meeres infolge epirogenetischer Bewegungen oder Veränderungen des Wasserhaushalts der Erde, wodurch bisher meerbedeckte Flächen dem Festland angegliedert werden. Beim Zurückweichen des Meeres bilden sich *Regressionsküsten* mit Strandterrassen, → Küste. Das Vorrücken der Küste wird als negative Strandverschiebung bezeichnet. Gegensatz: → Transgression.

Regur, Regar, *black cotton soil,* die auf den Trappdecken im Nordwesten des Hochlandes von Dekan (Vorderindien) verbreiteten schwarzen, schweren und selbstmulchenden A-C-Böden, die den → tropischen Schwarzerden angehören. Der R. ist vorzüglich für den Baumwollanbau geeignet.

Rehburger Stadium, → Saale-Eiszeit.

Reif, eine Art des Niederschlags, der sich bei Sublimation des Wasserdampfes in Bodennähe als kristalliner, schneeiger Belag in Form von feinen Federn oder Schuppen bildet. Dabei liegt im Unterschied zur Taubildung der Taupunkt der Luft unter dem Gefrierpunkt. R. ist also kein gefrorener Tau, da er sonst glasig sein müßte. *Rauhreif* scheidet sich aus kalten Nebeln aus. Die Nebeltröpfchen sublimieren bei windstillem Frostwetter als Schneekristalle besonders an der Erdoberfläche senkrechten Flächen. Bei starkem Wind, Nebeltreiben und Frost entsteht auf die gleiche Art *Rauhfrost (Rauheis)* oder *Anraum.* Die Reiffahnen wachsen dann gegen den Wind, sie sind kompakter und formloser als bei Rauhreif und erreichen beträchtliche Stärken; am Großen Inselsberg im Thüringer Wald wurden nach zehnstündigem Nebeltreiben 30 cm Anraum gemessen. Rauhfrost verursacht Bruchschäden in den Gebirgswäldern und bringt auch Freileitungen zum Zerreißen.

Reizklima, ein durch häufige heftige Winde und größere Temperaturschwankungen gekennzeichnetes Klima, wie es sich etwa an der Meeresküste oder im Hochgebirge vorfindet. Dem R. steht das *Schonungsklima* mit hohem Strahlungsgenuß und mäßiger Luftbewegung gegenüber, wie sie das Flachland oder geschützte Mittelgebirgslagen aufzuweisen pflegen. Für eine erfolgreiche Klimatherapie ist bei jeder Krankheit individuell das geeignete Heilklima auszuwählen.

Rektaszension, *gerade Aufsteigung,* Abk. *AR,* der Winkel zwischen dem Frühlingspunkt und dem Schnittpunkt des Himmelsäquators mit den Stundenkreis des Gestirns. Die R. wird vom Frühlingspunkt aus von West nach Süd nach Ost von 0° bis 360° gemessen. Kulminiert ein bestimmter Stern, so gibt seine R. für den betreffenden Ort die Sternzeit an, d. h. die Zeit, die seit der oberen Kulmination des Frühlingspunktes vergangen ist. Beobachtet man an einem Ort das Gestirn in einer beliebigen Stellung, muß man erst seinen Abstand vom Ortsmeridian, den Stundenwinkel, berechnen. Stundenwinkel und R. ergeben zusammen dann ebenfalls die Sternzeit (→ astronomische Koordinatensysteme, Abb.).

Relief, 1) zusammenfassende Bezeichnung der Oberflächenformen der Erde.
2) in der Kartographie *Geländemodell,* die körperliche Nachbildung eines Ausschnittes der Erdoberfläche in Holz, Pappe, Gips oder Kunststoff. Die Oberfläche wird meist mit einem Kartenbild bemalt. In kleinen Maßstäben (mindestens ab 1 : 200000) muß für die Höhen ein größerer Maßstab als für die Längen gewählt werden. Diese Überhöhung betont das Relief, verfälscht aber die Hangneigungen.

Reliefdarstellung, veraltet auch Terraindarstellung oder Geländezeichnung, die zur Darstellung der Erdoberflächenformen (Relief) auf Karten angewandten graphischen Methoden. Mittels *Höhenlinien (Isohypsen)* werden Punkte gleicher Höhe in bezug auf den Meeresspiegel verbunden. Ihr vertikaler Abstand, die *Äquidistanz,* muß mit abnehmendem Maßstab gesetzmäßig vergrößert werden. In großstäbigen Karten ermöglichen gleichabständige Höhenlinien die meßbare Darstellung des Reliefs. Sie gestatten, die Höhenlage jedes Punktes und die Neigung der Hänge zu bestimmen. Werden die

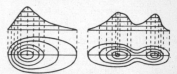

Entstehung der Höhenlinien

Flächen zwischen zwei Höhenlinien farbig angelegt, so entstehen die für kleinmaßstäbige Karten oft benutzten *Höhenschichten.* Die seit Mitte des 19. Jh. häufig benutzte Farbfolge grün für Tiefland, gelb für Hügelland und braun für Gebirge, die *Regionalfarben,* vermittelt allgemeine Höhenvorstellungen.
Anschaulicher als reine Höhenlinien ist die R. mittels *Schraffen (Bergstriche),* d. s. engstehende kurze Fallstriche (Fallinien), die immer senkrecht auf den Höhenlinien stehen und damit stets die Richtung des größten Gefälles markieren. Ihre Stärke drückt bei den *Böschungsschraffen* die Hangneigung aus. Je stärker die Striche, desto steiler ist die Neigung. Ein plastischer Eindruck entsteht mittels *Schattenschraffen,* die auf den der Lichtquelle zugewandten Seiten lichter und auf den entgegengesetzten Seiten kräftiger gezeichnet sind. Auf neueren Karten sind die Schattenschraffen fast völlig durch die schattenplastische *Schummerung (Reliefschummerung)* verdrängt. Bei ihr werden die Ober-

flächenformen durch eine entsprechende Hell-Dunkel-Schattierung wiedergegeben. Eine ähnliche Wirkung kann durch *Reliefphotographie* erreicht werden, bei der ein meist von Nordwest beleuchtetes Reliefmodell photographiert wird. Oft wird die Schummerung mit Höhenschichten kombiniert angewandt, so z. B. bei der Schweizer Manier, bei der die Höhen (Gebirge) in lichten, warmen Tönen gehalten sind, während die Tiefen (Täler) in bläulich-grünen Tönen (entsprechend der luftperspektivischen Ferne) angelegt werden.
Mit diesen Methoden der R. lassen sich Felsen nur unvollkommen wiedergeben. Diese werden daher oft durch eine besondere *Felszeichnung*, in der Gerippe- und Kantenlinien besonders betont werden, dargestellt.
Reliefenergie, von dem deutschen Geographen Joseph Partsch (1851 bis 1925) eingeführte Bezeichnung für das Maß der relativen Höhen innerhalb eines Gebiets. Die R. wird ermittelt, indem man für kleine Flächeneinheiten den Höhenunterschied zwischen Tal und Berg, also zwischen niedrigstem und höchstem Punkt, ermittelt. Wählt man immer kleinere Flächen, so läßt sich die R. schließlich auch durch den Böschungswinkel wiedergeben.
Reliefkarte, Karte mit besonderer Betonung der Reliefdarstellung, insbesondere Karten mit luftperspektivisch abgestufter lichter Höhenschichtenfärbung kombiniert mit kräftiger, ausdrucksstarker schattenplastischer Reliefschummerung und diffiziler Felszeichnung (Schweizer Manier). → Reliefdarstellung; vgl. → Kartenrelief.
Reliefumkehr, svw. Inversion 2).
Relikt, Tier, Pflanze oder andere Erscheinung aus der Natur, die sich aus früheren Zeiten bis in die Gegenwart erhalten hat. R. unter den Tieren und Pflanzen haben in heutiger Zeit ein sehr beschränktes Verbreitungsgebiet; früher war es unter anderen klimatischen Bedingungen viel ausgedehnter. Nach Veränderung der ökologischen Verhältnisse konnten sich diese *Reliktpflanzen* oder *Relikttiere* nur noch an einzelnen Stellen, in *Refugialgebieten*, halten, die ihren Anforderungen auch weiterhin genügten.
In Mitteleuropa gibt es unter den Pflanzen z. B. *Glazialrelikte* – in der Brockengipfelflora und in den Hochmooren –, die der letzten Eiszeit entstammen, und *Xerothermrelikte* aus der Zeit des nacheiszeitlichen Klimaoptimums; zu letzteren zählt die Steppenheide, die heute meist nur noch auf Kalken und Gips anzutreffen ist.
Reliktböden, *reliktische Böden*, fossile Böden oder nicht mehr in Weiterbildung befindliche subrezente Böden, die an oder nahe der Erdoberfläche liegen und von der rezenten Bodendynamik überprägt werden. Hierzu zählen auch entsprechende gekappte Böden. Manche Reliktböden, z. B. tertiäre Grau- und Rotlehme, setzen der Überformung durch die rezente Dynamik eine hohe Resistenz entgegen.
remote sensing, → Fernerkundung.
Rendzina, *Humuskarbonatboden*, *Fleinserde*, dem Ranker entsprechender flachgründiger Bodentyp auf Kalk-, Dolomit- und Gipsgesteinen mit A-C-Profil in gemäßigten Breiten. Die anorganischen Komponenten des A-Horizontes bestehen infolge der Auswaschung der Karbonate und Sulfate überwiegend aus Quarz, Tonmineralen (Illite und Montmorillonite) und einigen Eisenoxiden. Infolge der meist neutralen Reaktion bestehen ein reges Bodenleben und eine starke Anreicherung von (besonders von Kot stammender) organischer Substanz. Als Humusform entsteht zumeist Mull (*Mullrendzina*), in trockenen Lagen auch Moder (*Moderrendzina*). Ein alpiner Subtyp ist die *Tangelrendzina*. Trotz günstiger bodenchemischer Eigenschaften können die meisten R. wegen ihrer Flachgründigkeit (Austrocknungsgefahr) und wegen ihres hohen Skelettgehaltes nur als Grünland- oder Waldstandorte genutzt werden. R. ist besonders im Thüringer Becken sowie im Gebiet der Schwäbischen und Fränkischen Alb verbreitet. Die Weiterentwicklung der R. kann mit zunehmender Entkalkung und Versauerung der Oberbodens entweder zur Terra fusca oder zur Braunerde führen.
Restberg, → Fernling.
rezent, gegenwärtig, in der Gegenwart oder unter den gegenwärtigen Bedingungen stattfindend, z. B. r. Ablagerungen, r. Gesteine. Gegensatz: → fossil.
Rhazeit, → Echeneiszeit.
rheinische Richtung, → Streichen und Fallen.
Riedel, durch die Flüsse aus einer ebenen oder nur flachwelligen Fläche herausgeschnittene langgestreckte Platte zwischen den Flußtälern. Oft werden als R. auch alle langgestreckten Rücken zwischen parallelen Tälern bezeichnet.
Riegel, in glazial überformten Tälern bisweilen anzutreffende Felsberge, die zu Talverengungen führen. Sie sind auf den ungleichmäßigen Tiefenschurf des Gletschers zurückzuführen und oft an Talstufen gebunden, denen sie aufsitzen.
Riff, langgestreckte, meist felsige Aufragung des Meeresgrundes, die bis in die Nähe der Wasseroberfläche reicht und daher der Schiffahrt gefährlich werden kann; am bekanntesten sind die → Korallenriffe. → Sandriff.
Righeit, in der Physik die elastische Widerstandsfähigkeit fester Körper gegen Formenveränderungen. Die R. der Erde z. B. nimmt mit der Tiefe schnell zu. In der Nähe des Erdkerns ist sie mehr als zehnmal so groß wie an der Erdoberfläche.
Rillenspülung, → Bodenerosion.
Rinnensee, langgestreckter, tiefer See im Aufschüttungsbereich ehemals vergletscherter Gebiete. R. sind durch Erosion subglazialer Gerinne entstanden und daher häufig durch Barren in Teilbecken gegliedert. Daß sie noch nicht zugeschüttet wurden, liegt im wesentlichen daran, daß sie nach dem Rückzug des Inlandeises noch mit Toteismassen ausgefüllt waren, um das Material der Sander abgelagert wurde. Mit dem Abschmelzen des Toteises kam die Rinnenform erst zum Vorschein. Beispiel für R. ist die Seenkette bei Potsdam (Wannsee, Schwielowsee u. a.). Andere Seen im glazialen Bereich sind an Zungenbecken gebunden, oder sie sind flachere Grundmoränenseen.
Riphäikum [Ripaeus oder Riphaeus, lateinischer Name eines in fernen Gegenden Europas gelegenen Gebirges, wahrscheinlich des Urals], Periode bzw. System des Kryptozoikums. Das R. wurde im Gebiet der Sowjetunion als besonderer Abschnitt aus dem Proterozoikum ausgegliedert; nach amerikanischer Gliederung umfaßt es das jüngere Mittel- und das Jungproterozoikum. Neuerdings wird der jüngste Teil, die Waldaifolge, als *Wendikum* abgetrennt. (Vgl. Tab. am Schluß des Buches.)
Rippelmarken, wellenförmige parallele Erhebungen aus feinem Material, besonders Sand, auf einer Oberfläche, die vom Wind überstrichen (*Windrippeln*) oder vom Wellenschlag berührt (*Wellenfurchen*) wird. Die R. messen nur wenige Zentimeter oder höchstens Dezimeter von Kamm zu Kamm. Sie werden nach Helmholtz als Formen erklärt, die an der Grenzfläche zweier Medien (Luft und Sand oder Wasser und Sand) auftreten, von denen eines in strömender Bewegung ist. In sandigen und kalkigen Gesteinen trifft man häufig fossile R. an.
Riß-Eiszeit [nach der Riß, die oberhalb Ulm in die Donau mündet], im Alpengebiet vorletzte und bedeutendste der pleistozänen Eiszeiten (→ Pleistozän, Tab.), deren Gletscher nördlich des Bodensees bei Sigmaringen-Riedlingen die Donau noch überschritten und die Altmoränen des Alpenvorlandes aufschütteten. Die von den Moränen der R.-E. ausgehenden Schotter werden als Hochterrassenschotter bezeichnet. Auf Grund neuerer Untersuchungen nimmt man eine Zweiteilung der R.-E. vor, wobei Riß II vielfach dem → Warthe-Stadium der Saale-Eiszeit im nördlichen Mitteleuropa gleichgesetzt wird.
Riß-Würm-Interglazial, letzte Interglazialzeit der Alpen zwischen Riß- und Würm-Eiszeit, → Eem, → Pleistozän, Tab.
Rivier *f*, in Südafrika Bezeichnung für einen nur periodisch oder episodisch wasserführenden Fluß.

Rohboden, Sammelbezeichnung für alle Anfangsstadien der Bodenbildung mit (A)-C-Profil. Die einsetzende Verwitterung und das geringe Bodenleben lassen nur sehr dünne, unentwickelte (A)-Horizonte entstehen, die makroskopisch meist noch keine Humusanreicherung erkennen lassen. Man unterteilt die R. in *subhydrische* (*Protopedon*), *semiterrestrische* (→ *Rambla*, *Syrogley* oder *Gleyrohboden*) und *terrestrische R.* Letztere werden in die drei Bodentypen → arktische Böden, → Syrosjom und → Yerma unterteilt.

Rohhumus, Trockentorf, die ungünstigste terrestrische Humusform. Kühlhumides Klima, nährstoffarme Böden und schwer zersetzbarer Bestandsabfall (Erikazeen, Nadelhölzer) führen bevorzugt zur Bildung von R., was für die Podsole charakteristisch ist. Unter diesen Bedingungen wird der Streuabbau stark verlangsamt, es kommt zur Anreicherung organischer Substanz über dem Mineralboden (Auflagehorizonte), die in stark saures Milieu hat, außer von Pilzen nur wenig belebt ist und deshalb kaum vermischt wird. Zuoberst liegt die unzersetzte → Streu (L, O_l, A_{00}-Horizont), darunter die in Zersetzung befindliche *Fermentationsschicht* (F, O_f, A_{01}-Horizont) und darunter die aus fein verteiltem Humus ohne erkennbare Pflanzenstruktur bestehende *Humusstoffschicht* (H, O_h, A_{02}-Horizont). Erst dann folgt ein meist geringmächtiger, mit Mineralboden vermischter A_h-Horizont. Die in R. entstehenden niedermolekularen ungesättigten organischen Säuren (besonders Fulvosäuren) sind wesentlich am Podsolierungsprozeß beteiligt. Sonderformen des R. sind der Syrosjomhumus (Rohbodenhumus) und der auf Kalkgesteinen an der oberen Waldgrenze der Alpen entstehende, bis zu 1 m mächtige Tangelhumus.

Röhricht, Ufergürtelvegetation der Binnengewässer, in der Schilf, Rohrkolben und Binsen vorherrschen. Die Pflanzen stehen meist dichtgedrängt und wurzeln im Schlamm bis etwa 2 m Wassertiefe.

Roller, in der Meereskunde die auf den Strand auflaufenden Wellen.

Roßbreiten, die Gebiete des subtropischen Hochdruckgürtels zwischen etwa 30° und 40° n. Br. und s. Br. mit Windstillen oder nur schwachen Winden. Auf der Nordhalbkugel gehört hierzu das für das Wetter Mitteleuropas wichtige Azorenhoch. Der Name R. soll aus der Zeit der Segelschiffahrt stammen, als bei den Pferdetransporten nach Südamerika viele Pferde im Bereich dieser Windstillen aus Futter- und Wassermangel zugrunde gingen, weil die Schiffe hier übermäßig lange festlagen.

Rosterde, *Rostbraunerde, Sandbraunerde*, ein zu den → Braunerden gestellter basenarmer, stark sandiger Subtyp mit rotgelbem bis rostbraunem und meist begrenzt mächtigem B_v-Horizont. Er ist häufig dort ausgebildet, wo Podsole oder Braunpodsole unter Acker genommen wurden, die A-Horizonte und Teile der B-Horizonte in der Krume aufgegangen sind sowie durch Bearbeitung und Düngung die Podsoldynamik aussetzt.

Röt, die oberste Stufe des → Buntsandsteins.

Roterde, *Rotlatosol*, typische Bodenbildung der wechselfeuchten Tropen. Sie ist, zusammen mit den Lateriten und Gelberden, den → Latosolen zugeordnet. Infolge der allitischen Verwitterung wird in der warmfeuchten Periode die Kieselsäure weggeführt, die Eisen- und Aluminiumverbindungen (Sesquioxide) bleiben zurück, flocken in der Trockenperiode als irreversible Gele aus, schaffen das stabile schorfig-krümelige „Erdgefüge" und die leuchtend roten Farben, besonders roter Hämatit Fe_2O_3 und gelbroter Goethit γ-FeO(OH). Diese relative Anreicherung von Sesquioxiden führt zu einem niedrigen Kieselsäure-Sesquioxid-Verhältnis, unter bestimmten Bedingungen über die Bildung lateritischer R. zur Entstehung des Laterits. Die kräftige chemische Verwitterung bewirkt einen raschen Humusabbau (Humusarmut), eine Verarmung an verwitterbaren primären Mineralen und die Bildung geflockter, überwiegend kaolinitischer Tonminerale. Daraus resultieren die ungünstigen chemischen Eigenschaften der R., die allerdings mit guten bodenphysikalischen Eigenschaften (stabiles poröses Gefüge, Tiefgründigkeit) vereint sind. In ihren Eigenschaften unterscheiden sich die R. nicht wesentlich von den Gelberden. Sporadische Roterdevorkommen in der gemäßigten Zone sind fossiler oder reliktischer Natur und Zeugen tertiärer oder älterer Bodenbildungen.

Roter Tiefseeton, eisenoxidreiche, rote bis braune Meeresablagerung, die sich unterhalb 5000 m Tiefe, vor allem im Pazifischen Ozean, findet und etwa 36% (nach anderen Angaben 39%) des gesamten Meeresbodens bedeckt. Da die Kalkgehäuse der Meeresorganismen durch den größeren Kohlensäuregehalt des Meerwassers in der Tiefe bei zunehmendem Druck gelöst werden, weist der R. T. nur geringen Kalkgehalt auf. Vermutlich geht er als Lösungsrückstand aus dem Globigerinenschlamm hervor.

Rotlatosol, svw. Roterde.

Rotlehm, → Plastosol.

Rotliegendes, ältere Abteilung des → Perms, nach der vorherrschenden Farbe der terrestrischen Ablagerungen benannt. Das R. enthält in Europa überwiegend terrestrische Sedimente, Abtragungsprodukte des variszischen Gebirgssystems, und stellenweise noch einzelne Steinkohlenlager. Es ist in manchen Gebieten durch riesige Porphyrergüsse gekennzeichnet, wie etwa um Halle und in Nordwestsachsen (Rochlitz, Hohburger Berge bei Wurzen), im Thüringer Wald und in der nördlichen Pfalz.

Routenaufnahme, → Intinerar.

Rubefizierung, Bodenbildungsprozeß, der auf der Ausscheidung wasserarmer Eisenverbindungen beruht und in den Tropen und Subtropen zu rotgefärbten Böden (Rotlehme, Roterden, Terra rossa) führt. In der Zone des gemäßigten Klimas gelten Anzeichen von R. im Bodenprofil als Zeugen früherer wärmerer Klimaverhältnisse.

Rücken, → Schwelle.

Rücklage, eine Größe des Wasserhaushaltes, bezeichnet die im Grundwasser gespeicherte Wassermenge, die nicht aus dem Niederschlag des laufenden Jahres stammt, sondern aus zurückliegenden niederschlagsreichen Jahren als Reserve zur Verfügung steht. Oft ist die R. mehrere Jahre wirksam, ehe wieder normaler Grundwasserstand erreicht ist. Umgekehrt dauert es meist ebensolange, bis Defizite, die auf Trockenjahre zurückzuführen sind, wieder ausgeglichen werden. Gegensatz: → Aufbrauch.

Rückseitenwetter, das hinter einer vordringenden → Kaltfront herrschende charakteristische Schauerwetter.

Rückzugsstadium, durch Endmoränen und von diesen ausgehende *Rückzugsschotter* belegter Vereisungsstand nach dem Höchststand der einzelnen Vereisungen. Die Endmoränen können ihre Bildung einem längeren Eisstillstand, aber auch einem erneuten Vorstoß verdanken.

Ruderalpflanzen, *Schuttpflanzen*, Pflanzen, die auf stickstoffhaltigen Böden vorkommen, in R. in bestimmten Bereichen der Flußauen, auf Tangwällen an der Küste und weitverbreitet an stickstoffreichen Standorten, die durch den Einfluß des Menschen, seltener durch Tiere, entstanden sind, z. B. Trümmergrundstücke und Müllplätze. Charakteristische R. sind z. B. Melde und Brennessel.

Rumbenkarte, svw. Portolan.

Rumpffläche, svw. Endrumpf.

Rumpftreppe, die in verschiedenen Gebirgen auftretende Stufung eines Endrumpfes in einzelne, um ein höheres zentrales Bergland gelegene Verebnungsflächen, die in meist undeutlichen Stufen gegeneinander absetzen. Die jeweils tiefere Verebnungsfläche greift in den Tälern mit breiten Terrassenflächen in die höhere ein. R. ist also ein beschreibender Begriff der Geomorphologie. Die Entstehung solcher R. ist hingegen wesentlich weniger geklärt. Sie setzt nach heutiger Auffassung ein wechselfeuchtes warmes Klima voraus, wie es für die Ausbildung von Pedimenten erforderlich ist, und einzelne, durch Zeiten relativer Ruhe voneinander getrennte Hebungsphasen, wobei die Hebung allseits einen immer größeren

Teil des Gebirgsvorlandes erfaßt. Die R. werden in unserem heutigen Klima durch die rückwärts einschneidende fluviatile Erosion zerschnitten und in zunehmendem Maße zerstört. Die in der gemäßigten Zone beschriebenen R. (Harz, Fichtelgebirge) sind also Vorzeitformen.

Rundhöcker, *Rundbuckel,* von Gletschern geformte längliche Felshügel, deren gegen die Fließrichtung des Eises gerichtete Seite fast immer abgeschliffen, die entgegengesetzte Seite infolge der Wirkung der Glazialerosion dagegen häufig schroffig ist. Man kann also daraus die Stoßrichtung des Gletschers bestimmen. Oft treten R. in ganzen Schwärmen auf, z. B. in Schweden und Finnland, und bilden *Rundhöckerlandschaften,* vor allem dort, wo die Gletscher auf breiter Front auf wenig geneigten Flächen (vor allem breite Paßübergänge) den Untergrund bearbeitet hat. Viele R. sind aus ungleichmäßigen Gesteinen herausgearbeitet, doch finden sie sich auch in homogenem Gestein, so daß man ihre Bildung auf den Bewegungsmechanismus des Gletschers zurückführen möchte. Die skandinavischen Schären sind R., die heute z. B. über den Meeresspiegel herausragen.

Runse, durch fließendes Wasser gebildete kurze, steile Talrinne im Hochgebirge, häufig von Lawinen benutzt.

Rupel-Stampische Stufe, → Tertiär, Tab.

Ruschelzone, stark zerklüftete schmale Gesteinszone mit Zertrümmerungserscheinungen.

Russia, → Fennosarmatia.

Rutschung, eine Form der feuchten → Massenbewegungen an Hängen, die aus feinkörnigem und wasseraufnahmefähigem Gestein - Lehm, Ton, Mergel - aufgebaut sind. Bei starker Wasserdurchtränkung drückt der in Bewegung geratene Boden gegen die Vegetationsdecke, bis diese zerreißt und ein breiiger Schlammstrom ausfließt. Es entsteht so ein Abrißnische, vor der das abgerutschte Material oft eine zungenförmig vorgewulstete, zuweilen auch etwas höckrige Ablagerung bildet. Häufig löst sich das bewegliche Material in Form von Sackungen (Absitzen) vom oberen Hangteil ab. Dabei entstehen Spalten und Risse (Balze). Bei unbedecktem Boden oder bei ungewöhnlich starker Wasserdurchtränkung können große Flächen ins Gleiten kommen. Auch dort, wo Grundwasser austritt, finden häufig R. statt. R. unter Wasser (subaquatische R.) führen häufig zu Gleitfaltung.

S

Saale-Eiszeit, nach bisheriger, heute nicht mehr unbestrittener Auffassung die vorletzte, ausgedehnteste der pleistozänen Eiszeiten im nördlichen Europa zwischen Holstein- und Eem-Warmzeit. Ihre Endmoränen ziehen sich von der Rheinmündung über die Niederrheinische Bucht und das Münsterland, weiter östlich überwiegend am Rande der Mittelgebirgsschwelle hin. Nur zwischen Harz und Isergebirge und nördlich der Karpaten ist das Eis der Elster-Eiszeit noch etwas weiter südwärts vorgestoßen. Die S.-E. hat eine mehrere Meter mächtige Decke von Geschiebemergel hinterlassen, der jedoch tief verwittert und zu Geschiebelehm umgewandelt, z. T. auch durch Ausspülung des feineren Materials oberflächlich mehr sandig geworden ist. In den Flußtälern der nicht vergletscherten Gebiete ist während der S.-E. eine Schotterterrasse entstanden, die als Hochterrasse oder Mittelterrasse bezeichnet wird. Die Formen der saaleeiszeitlichen Aufschüttungen sind nicht nur stark von der späteren Abtragung verwischt, sondern vielfach auch von Löß überdeckt worden.
Rückzugsstadien der S.-E. sind:
1) das *Amersfoorter Stadium,* dessen Endmoränen von der IJsselsee über Amersfoort und Rhenen am Niederrhein in die Gegend von Krefeld führen und dem Maximalstand entsprechen dürften;
2) ein durch die *Münsterländische Endmoräne* bei Rheine und Münster angezeigtes Stadium;
3) das *Osning-Stadium,* dessen Schmelzwässer durch die Paßlücken des Osnings, d. h. des Teutoburger Waldes, den Sander der Senne im Nordosten der Münsterländischen Bucht aufgeschüttet haben und wahrscheinlich nur orographisch bedingt ist;
4) das *Rehburger Stadium,* dem Endmoränen bei Lingen, die Dammer Berge und Höhenzüge bei Rehburg westlich des Steinhuder Meeres sowie nördlich von Hannover und Braunschweig angehören.
Diese älteren Stadien faßt man heute unter dem Namen *Drenthe-Abschnitt* zusammen. Frischere Formen zeigt der jüngere Abschnitt der S.-E., der als → Warthe-Stadium bezeichnet wird.
Der S.-E. entspricht in den Alpen die → Riß-Eiszeit (Riß I und Riß II), in Nordamerika die Illinoian-Vereisung.
Verschiedene Autoren vertreten die Auffassung, daß es keine einheitliche S.-E. zwischen Holstein- und Eem-Warmzeit gegeben habe, sondern zwei bis drei Kaltzeiten, die durch Interglaziale getrennt seien. Dann entspricht die Bezeichnung S.-E. dem älteren, dem Drenthe-Abschnitt. Die Korrelationsmöglichkeiten zur Riß-Eiszeit in den Alpen und zum Illinoian Nordamerikas sind dann natürlich in Frage gestellt. Cepek gibt folgende Abfolge: Saale-Kaltzeit – Treene-Warmzeit – Fläming-Kaltzeit – Rügen-Warmzeit – Lausitzer Kaltzeit.

Sahel *m,* das Land am Rand der Wüste Sahara, in dem zwar unzureichende, aber jährlich regelmäßige Regenfälle auftreten. Obwohl die Regenzeit bis drei Monate andauern kann, ist die Wirkung der Regen gering, da sie meist als einzelne Schauer in unregelmäßiger Folge fallen und rasch der Verdunstung unterliegen. Die Niederschlagssumme schwankt zwischen 100 und 500 mm im Jahr. Eine schüttere, der langen Trockenzeit angepaßte Vegetation gestattet die regelmäßige Nutzung durch Beweidung, in den günstigeren Bereichen bei künstlicher Bewässerung auch intensivere Kulturen und feste Besiedlung.

saiger [bergmännischer Begriff], svw. senkrecht. Gegensatz: → söhlig.

säkular nennt man Veränderungen oder Bewegungen, die so langsam erfolgen, daß sie erst in Jahrhunderten spürbare Folgen zeitigen. Man spricht bisweilen auch von s. Veränderungen im Unterschied zu periodischen Veränderungen, doch ist hierbei zu berücksichtigen, daß s. Bewegungen durchaus auch periodisch sein können, nur reichen unsere Beobachtungen nicht zur Erfassung dieser Periode aus.

Säkularvariation, → Erdmagnetismus.

Salar, → Salztonebenen.

Salina, → Salztonebenen.

Salinität, der Salzgehalt des Wassers im Ozean oder in Binnenseen, vor allem arider Gebiete. In den Ozeanen beträgt der Salzgehalt rund 35 °/₀₀, und nur in abgeschnürten Meresteilen heißer Gebiete (Rotes Meer) ist er höher, während in Randmeeren durch Zufluß von Süßwasser geringere Werte erreicht werden (Schwarzes Meer 22 °/₀₀; westliche Ostsee 11 °/₀₀). Die S. wird durch chemische Analyse bestimmt, die S. früherer Meere ermittelt man durch stenohaline Organismen. In Binnenmeeren, vor allem in den Endseen (→ See) arider Gebiete, zeigt der Salzgehalt größere Unterschiede, von schwach salzigem Wasser bis zu nahezu völliger Sättigung vor dem Eindampfen, z. B. in Salzpfannen. Die Anreicherung der Salze ist eine Funktion der Zeit, d. h., sie nimmt im Laufe der Zeit zu. So schließt man aus dem geringen Salzgehalt des Tschadsees, daß dieser noch in geologisch junger Zeit einen Abfluß besessen haben muß und erst später zu einem Endsee geworden ist.

Salse, svw. Schlammvulkan.

Salz, → Salzlagerstätten, → Steinsalz.

Salzböden, Böden des ariden und semiariden Klimabereiches, in oder auf denen es unter Einfluß von Grund- und Stauwasser zu einer natürlichen Anreicherung verschiedenartiger Salze kommt. Die Salze entstammen entweder salzhaltigen Sedimenten des Untergrundes oder seitlich bewegtem Grundwasser. Genetisch gliedert man

die S. in: 1) *Solontschak*, teils auch als *Weißalkaliboden* bezeichnet. Er bildet sich bevorzugt in Senken mit hoch anstehendem salzhaltigem Grundwasser, das kapillar aufsteigt und verdunstet. So kommt es zur Salzanreicherung im Oberboden und besonders nahe oder auf der Bodenoberfläche (Salzausblühungen, Salzkrusten). Die alkalischen S. tragen meist nur eine spärliche Halophytenvegetation. Sie sind durch das Stadium der Versalzung gekennzeichnet und können auf Bewässerungsflächen in Trockengebieten auch als „künstliche S." entstehen.
2) *Solonez, Solonetz*, teils auch als *Schwarzalkaliboden* bezeichnet und annähernd dem Natriumboden (amerikanische Nomenklatur) entsprechend. Er entsteht entweder unter dem Einfluß von zeitweiligem Grundwasserstau oder nach Absenkung des Grundwasserspiegels aus dem Solontschak. Der Untergrund des Solonez ist salzreich, der Ober- und Unterboden mangels kapillaren Aufstiegs oder wegen Auswaschung der Salze salzarm, aber noch sehr stark mit Na-Ionen abgesättigt. Infolge der hohen Peptisationswirkung der Na-Ionen besteht eine starke Tendenz zur Verlagerung der Bodenkolloide. Es entstehen hell- bis braungraue A-Horizonte, darunter dunkle, humus- und tonreiche B-Horizonte, die bei Durchfeuchtung breiartig dispergieren, bei Austrocknung unter Schwundrißbildung steinhart werden, z. T. sogar mulchen. Darunter folgen salzreiche Gleyhorizonte. Gelangen diese bei Abtragung der oberen Bodenhorizonte an die Oberfläche, entstehen *sekundäre Solontschake*. Die alkalischen Soloneze tragen eine reichere Vegetation als die Solontschake, sind aber wegen ihrer schlechten physikalischen Eigenschaft wenig günstig für den Pflanzenwuchs.
3) *Solod, Steppenbleicherde, degradierter Natriumboden*, ein schwach alkalischer bis saurer Boden, der durch Weiterentwicklung kalkarmer Solontschake entsteht. In ihm werden die Na-Ionen zunehmend durch H-Ionen ersetzt, und die Verlagerung der Bodenkolloide erlangt eine große Intensität. Unter dem schwach humosen A-Horizont entsteht ein Bleichhorizont, darunter ein tonreicher, durch Humus tief dunkel gefärbter B-Horizont. Trotz Oligotrophie bietet der Solod wegen seiner besseren Durchlüftung die günstigsten Wuchsbedingungen von allen S.
Salzdom, svw. Salzstock.
Salzhorst, svw. Salzstock.
Salzlagerstätten, aus dem Salzgehalt eines Meeresbeckens oder einer meist vom offenen Meer weitgehend abgeschlossenen Meeresbucht durch Verdunstung ausgeschiedene Lagerstätten von Salzen. Die am schwersten löslichen Salze wurden zuerst abgelagert, die am leichtesten löslichen zuletzt, so daß *Serien* verschiedener Salze charakteristisch für die S. sind. Nach der Schichtenfolge scheinen die Lagerstätten in der DDR folgendermaßen entstanden zu sein: In der Zechsteinzeit schied sich durch Verdunstung aus einem flachen Meeresbecken zuerst die schwerlöslichen Kalksalze aus, dann das ältere Steinsalz, dem sich die Mischregion der Polyhalite überlagerte, zuletzt die leichtlöslichen Salze (Kaliumchlorid, Magnesiumsulfat), die die Kieseritregion und die darüberliegende Carnallitregion bildeten. Über diesen Lagerstätten entstand schließlich eine tonreiche Schicht (Salzton, Letten), die die S. vor dem Auflösen schützte. Aus vorher schon gelösten Salzschichten bildeten sich Sylvinit- und Hartsalzlager. Wurde der Verdunstungsprozeß unterbrochen, so blieben die Serien unvollständig; wiederholte sich der Prozeß, so entstanden mehrere S. übereinander (Abb.). Die S. sind heute vor allem durch die Kalisalze wertvoll, so daß man oft den gesamten Abbau von S. als Kalibergbau bezeichnet. Ehe J. von Liebig den Wert der Kalisalze als Düngemittel erkannt hatte, war der Salzbergbau nur auf Gewinnung des Steinsalzes ausgerichtet. Die nicht verwertbaren Kalisalze wurden als Abraum auf Halde gekippt (Abraumsalze). Heute ist das Steinsalz Nebenprodukt geworden. Wegen seiner Standfestigkeit ist bei der Stollenführung keine Zimmerung nötig. In manchen Bergwerken wird das Salz nicht im üblichen bergmännischen Betrieb vor Ort gewonnen, sondern gelöst und als Sole zutage gefördert. Da die Löslichkeit der Salze sehr hoch ist, können sich S. in humiden Gebieten an der Erdoberfläche nicht erhalten (→ Auslaugung). Da sich die Salze tektonischem Druck gegenüber plastisch verhalten, verursachen S. besondere tektonische Formen (→ Salztektonik).
Salzpfanne, flache Einsenkung in abflußlosen Trockengebieten, deren Boden mit Salzkrusten bedeckt ist; S. trifft man z. B. in der Wüste Namib und in anderen Teilen Südwestafrikas an, wo sie als *Vley* bezeichnet werden.
Salzstaubboden, in Trockengebieten unter oberflächlichem Schutt oder Schutzrinden auftretende, bis wenige Dezimeter mächtige Schicht von pulverförmigem, salzreichem Gesteinsmehl. S. wird durch die darüberliegenden Schutzrinden vor der Deflation geschützt, kann sich jedoch bei gelegentlicher Wasserdurchtränkung in einen unter der Schutzrinde abfließenden Brei verwandeln. → Yerma.
Salzstock, *Salzhorst, Salzdom*, Salzmassen, die in durch Gebirgsbildung (Orogenese) entstandenen Schwächezonen der Erdkruste die überlagernden Schichten ganz oder teilweise stockförmig, domartig oder pilzförmig durchbrochen haben. Dem Salzauftrieb wird durch die auflösende Wirkung der Sickerwässer eine obere Grenze gezogen (*Salzspiegel*). Die Auslaugungsprodukte bilden den über dem eigentlichen Salzkörper liegenden *Salzhut*, der aus Anhydritgesteinen besteht (Hutgesteine). Die durchbrochenen Schichten sind an den

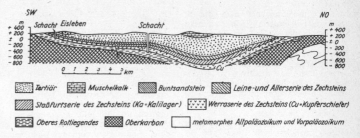

Profil durch die Mansfelder Mulde (2½fach überhöht)

Flanken der Salzstöcke mitgeschleppt worden und bilden günstige Strukturen für die Bildung von Erdöllagerstätten.
Bekannte Salzstockgebiete sind das mitteleuropäische Tiefland, wo zahlreiche Salzstöcke besonders durch geophysikalische Untersuchungen gefunden wurden, die amerikanische Golfküste, das Embagebiet in der Sowjetunion, Südpersien und Rumänien.
Salztektonik, *Halokinese*, eine besondere Form tektonischer Erscheinungen, die an Salzlagerstätten im Schichtenverband gebunden ist. Der Salzkörper verhält sich unter Druck plastisch, und es kommt durch plastisches Einfließen des Salzes in die tektonische Schwächestelle zur Auftreibung der hangenden Schichten. Es entstehen längliche Aufwölbungen, die als *Breitsättel* bezeichnet werden, oder mehr rundliche Aufbeulungen (→ Salzstock). Kann an einer Störungslinie das Salz nach oben ausweichen, so schleppt es die hangenden Schichten mit empor, und es entstehen *Schmalsättel*. Bei der Entwicklung des Reliefs in Gebieten mit S. spielt die → Auslaugung eine wesentliche Rolle.
Salztonebenen, in den Trockengebieten

weitverbreitete Bildungen im Innern geräumiger, abflußloser Becken, in die von den randlichen Bergländern her durch die periodisch oder episodisch abkommenden Flüsse nur noch das feinste Material eingeschwemmt wird, das beim Verdunsten des Wassers als salzreicher Ton zurückbleibt. Die jeweils meist nur geringen Absätze können sich im Laufe der Zeit zu mächtigen feingeschichteten, blättrigen Ablagerungen summieren. Zur Regenzeit sind die S. von flachen Salzseen oder -sümpfen bedeckt und dann völlig ungangbar, bilden in der Trockenzeit aber tennenharte, von Trockenrissen durchzogene Ebenen. Ihre Nutzung für den Anbau – künstliche Bewässerung vorausgesetzt – hängt vom Grad der Versalzung des Bodens ab. Auch kleinere Hohlformen weisen vielfach im Innern S. auf, die hier hauptsächlich durch die Ablagerungen des Regenwassers, des austretenden Grundwassers und der versiegenden periodischen Flüsse aufgebaut werden.
In Mexiko bezeichnet man die S. als *Playa* (→ Bolson), in Südamerika als *Salar* oder *Salina*, in Turan als *Takyr*, in Innerasien als *Schala* oder *Bajir*, im Iran als *Kawir* oder *Kewir*, in Nordafrika als *Sebcha* oder *Schott*; der englische Fachausdruck ist *Alkaliflat*. Eine ähnliche Erscheinung sind auch die → Schore in der turkmenischen Wüste.
Samum, → Sandsturm.
Sand, jede Anhäufung kleiner, loser Mineralkörnchen von etwa 0,06 bis 2 mm Durchmesser. Nach der Korngröße unterscheidet man Feinsand (0,06 bis 0,2 mm), Mittelsand (0,2 bis 0,6 mm), Grobsand (0,6 bis 2,0 mm). Am verbreitetsten ist *Quarzsand*; er enthält überwiegend Quarzkörnchen, außerdem verschiedene andere chemisch schwer angreifbare Minerale und ist nährstoffarm. Eisenhydroxid färbt S. gelb bis braun. S. entsteht durch Verwitterung größerer Gesteinsmassen und Sortierung der Verwitterungsprodukte durch bewegte Medien. Nach der Art der bewegten Medien, die den S. transportieren, spricht man von *Fluß-*, *See-*, *Meeres-* und *Flug- (Dünen-)Sand*. *Fluvioglaziale (Schmelzwasser-)Sande* wurden von den Schmelzwässern der pleistozänen Gletscher abgesetzt. Nach der Art der Beimengungen unterscheidet man ferner *Spatsand* (mit hohem Feldspatanteil), *Glimmersand*, *lehmigen* und *humosen S. Schwimmsand* (*Triebsand*) ist mangels bindender Beimengungen besonders beweglich und fließt, wenn er angeschnitten wird und entweichen kann, wie Wasser aus. Er ist ein besonders gefährlicher Baugrund. Spezifische pleistozäne Bildungen sind der → *Decksand*, der → *Treibsand* und der äolische → Sandlöß.
Sandböden, → Bodenart.
Sandbraunerde, svw. Rosterde.
Sander *m*, isländisch *Sandr, Plur.* Sandar, aus Schottern und Sanden bestehende Ablagerungen der Gletscherbäche im Vorfeld der Gletscher und Inlandeismassen (→ glaziale Serie). Sie setzen bei Talgletschern breit an der Gletscherstirn an, bei großen Inlandeismassen und auch bei Vorlandgletschern wurzeln sie in den einspringenden Buchten des Eisrandes. Der obere Teil des S. ist der Übergangskegel, ein etwas steilerer Schwemmkegel, in dem das überwiegend aus Moränen aufgenommene Material noch wenig sortiert, gelegentlich sogar noch geschrammt ist. Er flacht sich bei immer stärkerem Hervortreten fluviatiler Ablagerungsformen nach außen ab und kann sehr große Flächen bedecken. Die Sortierung des Materials durch die Schmelzwässer führt dazu, daß nur das gröbere Material abgelagert, das feinere – die Gletschertrübe – aber weggeführt wird. Sanderflächen sind

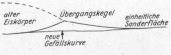

Sander

daher meist wenig fruchtbar. Vielfach sind die Sande durch die Winde der trockenkalten und vegetationsarmen Tundrenzeit zu Dünen umgelagert worden. Die in manchen Sandergebieten häufig auftretenden kleineren und größeren Seen werden durch das nachträgliche Schmelzen von Toteis erklärt (Kesselfelder, z. B. die Osterseen in Oberbayern).
Größere rezente S. findet man z. B. noch in Island, besonders gut ausgeprägte fossile Sanderflächen im Umkreis der letzten pleistozänen Vereisung, vor allem vor den Endmoränen des Pommerschen Stadiums. Wird der Übergangskegel eines S. beim Zurückweichen des Eisrandes von den Gletscherabflüssen wieder zerschnitten, so bleibt er als Hügelreihe erhalten und von einem engen Tal durchbrochen, das sich trompetenartig nach abwärts erweitert und schließlich in der Sanderfläche ausläuft. Diese Trompetentälchen sind Leitform für zeitweilige Eisrandlagen.
Sandlöß, *Flottsand, Schleppsand*, grobkörnige Abart des Lößes, in dessen Korngrößenzusammensetzung die Staubfraktion (0,06 bis 0,01 mm) ein größeres und die Mittelsandfraktion (0,6 bis 0,2 mm) ein kleineres Maximum ergeben. Der S. begleitet als schmaler Saum den Nordrand des Lößgürtels, kommt aber auch inselförmig nördlich davon vor, z. B. auf dem Fläming und in der Lüneburger Heide. Er ist häufig schichtungslos bis gestrimt, meist karbonatfrei und stets grobporiger als der Löß, vermittelt zwischen dem Treibsand im Norden und dem Löß im Süden. Feinere Varietäten, die zum Löß überleiten, stärker verlehmte Flottsande, zuweilen auch durch Ausschwemmung aus Löß entstandene und dann geschichtete Varietäten (Lößschlamm, Flottschlamm) des S. werden in der älteren Literatur als *Flottlehm* bezeichnet.
Sandriff, *Schaar, Schar*, parallel zur Uferlinie des Meeres an der sandigen Flachküste regelmäßig auftretende untermeerische Sandbank, die in manchen Fällen bis über den Meeresspiegel emporwächst und dann langgestreckte Sandinseln bildet, → Strand.
Sandstein, Sedimentgestein, das aus der Verfestigung von Quarzsand durch Bindemittel entstanden ist. Nach der Art des Bindemittels, das auch die Farbe bestimmt, unterscheidet man *Ton-, Kalk-, Kiesel-, Eisensandstein*. Er ist als ein oft mächtiges Gebirgsglied hauptsächlich in den Systemen vom Karbon (*Kohlensandstein* des Ruhrgebietes) bis zum Tertiär verbreitet, besonders reichlich im Buntsandstein (Thüringen, Schwarzwald, Odenwald, Maintal) und in der Kreide. Seine Neigung zu pfeiler- und quaderförmiger Absonderung (*Quadersandstein*) bedingt jene prächtigen Felsformen, wie sie unter anderem das Elbsandsteingebirge und der Pfälzer Wald zeigen. S. wird verwendet als Werk-, Schleif- und Mühlstein sowie für Bildhauerarbeiten. Infolge seiner Porosität ist S. ein verhältnismäßig guter Grundwasserleiter und auch Speichergestein für Erdöl (Ölsand). Sandsteinartige Bildungen mit hohem Anteil unzersetzter Feldspäte und Glimmer, meist in semiariden Gebieten entstanden und oft mangelhaft sortiert, werden als → Arkose bezeichnet.
Sandsturm, ein starker, trockener, meist heißer Wind, der in Trockengebieten große Mengen Sand hoch aufwirbelt und mitführt. Er wird meist mit lokalen Namen bezeichnet. Der an vorbeiziehende Tiefdruckgebiete gebundene und daher auch großräumige S. im nordafrikanisch-arabischen Wüstengebiet führt im allgemeinen den Namen *Samum* [arabisch ‚Giftwind']. Er weht meist aus westlichen Richtungen und hat seine größte Häufigkeit im Frühjahr und Frühsommer. Im Nilgebiet nennt man ihn *Chamsin* oder *Khamsin* [arabisch-ägyptisch ‚fünfzig'], da er sich hier vor allem im Frühjahr, angeblich 50 Tage nach der Tagundnachtgleiche, auswirkt. In Tunesien und Libyen wiederum heißt er *Gibli* oder *Ghibli* [arabisch ‚Südwind']. In den Steppen- und Wüstengebieten Sowjetisch-Mittelasiens spricht man von → *Buran*.
Im Unterschied von diesen eigentlichen S. sind die *Sandhosen* (→ *Trombe*) in ihrer räumlichen Ausdehnung und ihrer Wirkung viel

enger begrenzt. Dennoch können auch sie starke Verheerungen anrichten.

Santon, → Kreide, Tab.

Sapropel, *Faulschlamm*, ein subhydrischer Bodentyp mit spezifischer Humusform. Er entsteht in sehr nährstoffreichen und sauerstoffarmen bzw. stabil geschichteten Gewässern unter anaeroben Bedingungen. Die anfallende tote organische Substanz wird nur von anaeroben Bakterien und Fäulnisprozessen abgebaut. Dabei entstehen übelriechende Gase (Schwefelwasserstoff, Methan u. a.), Schwefeleisen und tiefschwarze Humusstoffe. Im trockengelegten S. kommt es infolge Schwefelsäurebildung zu starker Versauerung. Großflächig findet sich S. z. B. auf dem Boden des Schwarzen Meeres. S. kann zu *Sapropelgesteinen* (z. B. Sapropelkohle, Öl- und Kupferschiefer) verhärten, unter Umständen auch die Bildung von Erdöl einleiten.

Sargassosee, nach den treibenden Tangen benanntes Gebiet des Atlantiks zwischen Azoren, Bermudas und Westindischen Inseln. Die S. wird von Strömungen, insbesondere vom Nordäquatorialstrom, Antillenstrom und Golf-Nordatlantik-Strom, begrenzt, weist selbst aber kaum Oberflächenströmungen auf. Sie ist bis zu größeren Tiefen durchwärmt, hat hohen Salzgehalt (36,5 bis 37°/₀₀) und gilt als Laichgebiet des Flußaals. Der Beerentang (*Sargassum*) häuft sich zu langen Streifen und Flächen an, doch nie so stark, daß er etwa, wie früher bisweilen behauptet wurde, die Schiffahrt hemmen könnte.

Sarmatia, → Fennosarmatia.

sarmatisch [nach den Sarmaten, einem einst in den südrussischen Steppen lebenden Reitervolk], **1)** in der **Pflanzengeographie** Pflanzen, die in der Nacheiszeit aus der Waldsteppe im südlichen Teil Osteuropas bis nach Mitteleuropa vordrangen. In Westeuropa fehlen sie völlig.
2) in der **Geologie** *Sarmatische Stufe,* → Tertiär, Tab.

Saroszyklus, → Mondfinsternis, → Sonnenfinsternis.

Satellit, svw. Mond.

Satellitenbild, → Satellitenkartographie.

Satellitengeodäsie, ein Zweig der Geodäsie, der geodätische Aufgaben mittels künstlicher Erdsatelliten löst. Geodätische Satelliten sind dazu mit speziellen Geräten ausgerüstet, wie Laserreflektoren, Sender zum Abstrahlen von Lichtblitzen u. a. Die Beobachtung erfolgt mit speziellen photographischen Kammern (Satellitenkamera) und elektronischen Entfernungsmeßgeräten nach dem Laser-, Dobbler- oder Secorsystem. Durch Simultanbeobachtung des Satelliten von mehreren Stationen aus lassen sich durch geometrische Verfahren (Prinzip der Hochzieltriangulation) geographische Ortsbestimmung mit hoher Genauigkeit ausführen und daraus große Entfernungen exakt berechnen. Durch Wiederholungsmessung in größeren Abständen können inzwischen eingetretene Lageveränderungen der Beobachtungspunkte erkannt werden, die als geodätischer Beweis für die Kontinentaldrift gelten können.

Mit den dynamischen Verfahren der S. ist es in kurzer Zeit gelungen, die Erdfigur mindestens um eine Zehnerpotenz exakter zu erfassen, als es mit den klassischen Methoden der Gradmessung möglich war. Die Unstetigkeit im Schwerefeld der Erde beeinflußt meßbar die Satellitenbahnen; durch direkte Abstandsmessung des Satelliten von der Erdoberfläche durch aktive Satelliten lassen sich die Geoiddeformationen wesentlich sicherer als bisher erfassen. Selbst die Erdgezeiten, das geringe Pulsieren des Erdkörpers unter dem Einfluß des Mondes, konnte signifikant nachgewiesen werden.

Satellitenkartographie. Die Aufnahme der Erdoberfläche mit photographischen und nichtphotographischen Aufnahmemethoden der kosmischen → Fernerkundung aus unbemannten und bemannten Raumflugkörpern liefert erstmals flächendeckende Informationen. Im Prozeß der Verarbeitung und Auswertung dieser Informationen nimmt die Herstellung von Karten einen wichtigen Platz ein. So lassen sich aus Satellitenbildern bestimmte Sachverhalte (Bodennutzung, Relief, hydrographische Verhältnisse u. a.) zur Ergänzung und Laufendhaltung von topographischen Übersichtskarten im Maßstab 1 : 200 000 und kleiner verwenden. Photographische Aufnahmen bilden ein vorzügliches Ausgangsmaterial zur Bearbeitung wirklichkeitsnaher Landschaftskarten, in dem im *Satellitenbild* erstmals für Millionenmaßstäbe eine die tatsächlichen Verhältnisse naturalistisch aufzeichnende Abbildung der Erdoberfläche mit ihrer Reliefstruktur und dem Mosaik der Bodenbedeckung in den natürlichen Farben, und zwar in einer die kartographische Generalisierung erleichternden Form durch den Effekt der optischen Generalisierung, vorliegt. Das bietet die Möglichkeit, die kleinmaßstäbigen Karten anschaulicher und aussagefähiger, insgesamt wesentlich informativer zu gestalten. Schließlich gestatten insbesondere die Multispektralaufnahmen eine vielfältige, thematisch differenzierte Bildauswertung in Form thematischer Karten für einzelne Landschaftskomponenten. Besonders erfolgversprechend ist diese Methode für die Herstellung von Bodenkarten, Vegetationskarten, Flächen- bzw. Bodennutzungskarten, hydrographischen Karten, geomorphologischen Karten u. a., vor allem in Maßstäben 1 : 500 000 bis 1 : 2,5 Mill. Des weiteren lassen sich aus Satellitenaufnahmen Elemente spezieller Karten ableiten, so beispielsweise tektonische Strukturen als Grundlage der Lagerstättenerkundung (Satellitengeologie); Verbreitung, Mächtigkeit und Zustand der Schneedecke zu genau fixierten Zeitpunkten; Wasserstände in Flüssen und Seen; der Zustand der Wälder und Kulturen und vieles andere. Eine besonders breite Anwendung hat die Auswertung von Satellitenbildern in der Meteorologie gefunden. Die speziellen Wettersatelliten liefern täglich für die gesamte Erdoberfläche Angaben über den Zustand der Atmosphäre, Verbreitung und Struktur der Wolken, Wasserdampfgehalt und die Wärmerückstrahlung im Infrarotbereich als Ausgangsinformationen für die Herstellung aktueller Wetterkarten.

Sattel, 1) in der **Geologie** *Gewölbe, Antiklinale, Antikline,* der nach oben gerichtete Teil einer → Falte. Kurze S. mit rundlicher oder ovaler Grundform bezeichnet man als *Kuppeln, Brachyantiklinalen* oder *Dome*.
2) in der **Geomorphologie** im Sinne von → Paß (Einsattelung) gebraucht.

Sättigungsdefizit, Maßzahl für den Feuchtigkeitsgehalt der Luft, die Differenz zwischen der wirklich in der Luft enthaltenen Feuchtigkeit und bei der betreffenden Temperatur möglichen Feuchtigkeitsmenge (Sättigungsfeuchte oder maximale Luftfeuchtigkeit). Das S. gibt an, wieviel Feuchtigkeit die Luft noch aufzunehmen vermag, und ist daher wichtig für die Abschätzung der möglichen Verdunstung. Es kann als Dampfdruck (in mbar) oder als absolute Feuchtigkeit (g Wasserdampf je m³ Luft) angeben werden.

Sättigungsgrad, svw. V-Wert.

Saumtiefe, svw. Vortiefe.

Savanne, *Mesopoium,* Vegetationstyp der wechselfeuchten Tropen mit deutlicher Regenzeit und ausgeprägter Trockenzeit sowie gleichmäßig hohen Temperaturen ohne Fröste. Grasformationen herrschen vor, Wälder und Gebüschformationen von verschiedener Art sind in wechselndem Umfang vorhanden. Bei Beginn der Regenzeit entfaltet sich üppiges Wachstum, während in der Trockenperiode die Landschaft verbrannt und verdorrt daliegt.

Bei einer Dauer der Trockenzeit von nur 3 bis 5 Monaten tritt die *Feuchtsavanne* auf, die durch mehrere Meter hohe, harte Büschelgräser von geringem Futterwert gekennzeichnet ist. Sie werden daher von den heimischen Völkern regelmäßig abgebrannt, weil man einesteils Ackerland gewinnen und dieses gleichzeitig mit der Asche der Gräser düngen, andererseits die zarten neuen Trieben des Grases Raum schaffen und dem Vieh damit besseres Futter bieten will. Als Wald tritt in der Feuchtsavanne ein hochwüchsiger, artenreicher, aber an Unterholz verhältnismäßig armer Laub-

Savannenwald

mischwald auf, der in der Trockenzeit z. T. das Laub abwirft. Dazu gehören die Monsunwälder Südasiens mit dem Teakbaum. Wird der Wald vernichtet, so treten als Sekundärformation Grasfluren, an manchen Stellen auch Bambus auf.

Beträgt die Zahl der ariden Monate 5 bis $7^{1}/_{2}$, so stellt sich die *Trockensavanne* ein. Sie weist einen geschlossenen Grasteppich von niedrigeren, auch zarteren und als Weide wertvolleren Gräsern auf, in den Tälern auf lehmigem Boden auch Hochgräser. Früher wurden die offenen Grasfluren dieser Region als *tropische Steppen* bezeichnet. Der Wald dieser Zone ist weitständig und wirft das Laub ab. Er bietet oft den Anblick lichter Haine und wird deshalb auch als *Obstgartensavanne* bezeichnet. Den Unterwuchs bildet Gras, das Brusthöhe erreicht. Dornengewächse wie auch Sukkulenten treten zurück. In Afrika gehören der Miombowald, in Südamerika der Zebilwald, in Asien unter anderem auch noch Teakholzwälder der Zone der Trockensavanne an.

Die *Dornsavanne (Dornbuschsteppe)* ist dort anzutreffen, wo $7^{1}/_{2}$ bis 10 Monate arid sind. Dorngewächse als niedrigeres Gebüsch oder als sonnendurchglühter, geschlossener, aber weitständiger Wald sind weit verbreitet. Anpassungen der höheren Gewächse an die Trockenheit sind Bedornung, Wasserspeicherung (Blatt- und Stammsukkulenz, z. B. beim Affenbrotbaum, dem Baobab), starke unterirdische Speicherorgane, grüne, z. T. schuppige, assimilierende Rinden, Schirmwuchs der Baumkronen und starke Aufteilung der meist kleinen Blätter. Die Dornwaldtypen werden nach der südamerikanischen Abart oft als Caatinga-Typ bezeichnet. Eine kurze, bis kniehohe, meist aber nicht geschlossene Decke von Büschelgräsern tritt in der Regel nur dort auf, wo feinkörnige Böden vorhanden sind. Beträgt die Zahl der ariden Monate mehr als 10, so geht die Dornsavanne in die artenärmere Halbwüste über.

Zwischen den einzelnen Savannentypen bestehen zahlreiche Übergänge, die Grenzen sind daher nur selten genau anzugeben.

Besonders gut sind die einzelnen Typen der S. in Afrika ausgebildet. An Tieren leben in der S. schnellfüßige Lauftiere, z. B. Büffel, Antilopen, Zebras und Giraffen, denen großes Raubwild – Löwe, Leopard – nachstellt, sowie eine große Zahl von Bodenwühlern, unter denen sich viele Nager befinden.

Der Mensch treibt in dem offenen Grasland der S. vor allem Ackerbau, während die Viehzucht in den Hintergrund tritt. Die trockeneren Regionen bedürfen künstlicher Bewässerung und bilden z. T. wichtige Baumwollanbaugebiete.

Als „typische S." bezeichnete man früher allgemein das Grasland in den Tropen, wie es Alexander v. Humboldt am Orinoco vorgefunden hatte, d. h. mit hohen, harten Büschelgräsern, in dem einzelne Bäume und Baumgruppen eingestreut sind und nur längs der Flußtäler zusammenhängende Streifen von üppigem Galeriewald auftreten. Doch dürfte diese Form der S. auch unter Mitwirkung des Menschen, besonders durch das Abbrennen der Gräser, entstanden sein (Savannenproblem).

Savannenwald, der regengrüne Trockenwald der tropischen und subtropischen Gebiete mit ausgeprägter Trockenzeit (Trockensavanne). Er ist relativ niedrig, weitständig, kleinblättrig, ohne Lianen und in der Regel auch ohne Epiphyten und mit Grasunterwuchs ausgestattet. Charakteristisch für den S. ist der Miombo Afrikas. Mit abnehmender Niederschlagsmenge nehmen dornige Bäume mit Schirmwuchs zu, vor allem Leguminosen, wasserspeichernde Arten stellen sich ein, und der S. nimmt den Charakter des Dornwaldes (→ Caatinga) an.

Der S. ist durch die Wirtschaft des Menschen, der sich des Feuers bediente, um die störende Vegetation zu beseitigen, weithin in offenere Grasfluren verwandelt worden. → Savanne.

saxonische Gebirgsbildung, im Jura einsetzende und in mehreren Phasen (→ Faltungsphase) bis ins Tertiär andauernde Gebirgsbildung im außeralpinen Europa. In ihr entstehen die germanotypen Gebirge in Niedersachsen, Westfalen, am Harzrand und im Thüringer Becken.

Schaar, Schar, 1) svw. Sandriff; 2) bodenseitiger Vorstrand; 3) svw. Uferbank (→ See).

Schaffhausener Stadium [nach dem Schweizer Ort Schaffhausen], ein Rückzugsstadium der → Würm-Eiszeit.

Schafkälte, → Singularität.

Schala, → Salztonebenen.

Schalenverwitterung, *schalige Verwitterung,* eine Form der Insolationsverwitterung, → Verwitterung.

Schäre, durch das Inlandeis überformte und abgeschliffene kleine Felsinsel. Die S. begleiten meist in ganzen Schwärmen die Küsten in ehemals vergletscherten Gebieten (Schärenküste, s. Abb. S. 484). Sie bilden eine vom Meer überflutete Rundhöckerlandschaft (→ Rundhöcker).

Scharte, schmale Einsattelung in einem Gebirgskamm.

Scharung, das spitzwinklige Zusammenlaufen von Faltengebirgsketten. Gegensatz: → Virgation.

Schattenplastik, → Reliefdarstellung.

Schauer, ein kurzfristiger Niederschlag von bisweilen großer Heftigkeit, der aus Kaltfronten, bei Gewittern und auch innerhalb labil geschichteter Kaltluft auf der Rückseite von Zyklonen, also bei Rückseitenwetter, auftritt. S. sind an Cumulonimbus-Wolken geknüpft. Nach der Art des Niederschlags unterscheidet man Regen-, Schnee-, Graupel- oder Hagelschauer.

Schelf *m, Kontinentalsockel,* der vom Meer überspülte Rand der Kontinentalschollen, der neritische Meeresbereich, der flach zum stärker geneigten Kontinentalabhang einfällt und meist bis zu 200 m Tiefe gerechnet wird. Durch Absinken des Meeresspiegels um verhältnismäßig geringe Beträge würden die auf dem S. liegenden *Schelfinseln* dem Festland angegliedert und die seichten *Schelfmeere* verschwinden. Zu den Schelfmeeren zählen große Teile der heutigen Nebenmeere. Ihr teilweise erst in geologisch junger Zeit überfluteter Grund zeigt noch überwiegend festländische Formen. So wären dann z. B. die Britischen Inseln mit dem europäischen, Kalimantan mit dem asiatischen Kontinent verbunden, Nordsee und Südchinesisches Meer weitgehend verschwunden, wie das während der Kaltzeiten des Pleistozäns der Fall war. In Antarktika ist ein Teil des S. vom *Schelfeis,* dem Rand des Inlandeises, bedeckt.

Schelfeis, → Meereis.

Scherbenschutt, grobstückiger und scharfkantiger, unzersetzter Schutt einer Solifluktionsdecke mit geringem Feineranteil. Der S. ist für die subkutane Wasserbewegung von großer Bedeutung.

Schicht, durch Ablagerung entstandener plattiger Gesteinskörper von erheblicher flächenhafter Ausdehnung. Die obere (Dach) und untere (Sohle) Begrenzung einer S. bezeichnet man als *Schichtfläche,* mehrere aufeinanderfolgende, auf Grund ihrer Entstehung oder ihres Fossilinhalts zusammengehörige S. als *Schichtenfolge, -gruppe, -komplex, -reihe* oder *-serie,* die zwei S. trennende Fläche oder Linie als *Schichtfuge,* den an der Erdoberfläche ausstreichenden Teil einer steiler geneigten S. als *Schichtkopf.*

Die Ablagerung in S., die *Schichtung,* ist charakteristisch für die Sedimentgesteine (→ Gestein), die man deshalb auch als Schichtgesteine bezeichnet; sie kommt aber auch bei vulkanischen Tuffen vor. Schichtung ist bedingt durch Wechsel im Gesteinsmaterial oder durch Verfestigung einer S. vor Ablagerung der nächstjüngeren S. während einer Pause in den Ablagerungsvorgängen. Man unterscheidet *Parallelschichtung,* bei der die S. gleichförmig (konkordant) übereinanderlagern, *Schrägschichtung,* die bei Ablagerung auf geneigtem Untergrund entsteht, z. B. an der Mündung eines Flusses ins Meer, *Diagonalschichtung,* eine Schrägschichtung innerhalb einer von parallelen Schichtflächen begrenzten Gesteinsbank, und *Kreuzschichtung,* bei der die S. wechselnd einfallen, so daß sie unter spitzem Winkel gegeneinanderstoßen.

Kreuzschichtung trifft man besonders häufig in Fluß- oder Flachwasserabsätzen sowie in Dünen an; sie weist darauf hin, daß sich während der Ablagerung die Strömungsrichtung des ablagernden Mediums wiederholt änderte. Sie findet sich vielerorts fossil, z. B. in Buntsandstein.
Bei ungestörter Lagerung ist nach dem stratigraphischen Grundgesetz die tieferliegende S. älter als die höherliegende. Durch tektonische Bewegungen kann die ursprünglich meist horizontale, parallele Lagerung der S. häufig nachträglich gestört werden; es entstehen ungleichsinnige Lagerungsformen (→ Diskordanz), die meist mit einer durch Aussetzen der Ablagerung entstandenen *Schichtlücke* verbunden sind. Horizontal lagernde S. nennt man söhlig oder schwebend, vertikal stehende saiger.
Mit dem Studium der S. beschäftigt sich die Schichtenkunde oder Stratigraphie.
Schichtenkunde, svw. Stratigraphie.
Schichtflut, bei kräftigen Regengüssen das flächenhafte Abfließen des Regenwassers auf sanft geneigten Flächen, erreicht in extremen Fällen bis 20 cm Höhe. S. kommen besonders in den wechselfeuchten Tropen und Subtropen vor und führen in vegetationsarmen Gebieten zu starker Abspülung.
Schichtgravur, modernes Verfahren zur Herstellung eines Herausgaberoriginals für Karten. Mit speziellen Graviergeräten wird aus der auf einer Glasplatte (Glasgravur) oder Plastfolie (Foliengravur) aufgebrachten Gravierschicht die Zeichnung manuell oder automatisch entfernt. Bei der Negativgravur wird eine für aktinisches Licht undurchlässige Gravierschicht benutzt; es entsteht ein kopierfähiges Negativ. Bei der Positivgravur werden die eingravierten Zeichnungselemente schwarz eingefärbt und die stehengebliebene Gravierschicht abgewaschen, so daß unmittelbar ein Positiv entsteht.
Schichtkamm, *Schichtrippe*, langgestreckter Bergrücken mit deutlichem First (Kamm), der durch die Herauspräparierung einer widerständigeren Schicht im Verbande eines stärker geneigten Schichtpaketes entstanden ist. Die steilere Seite entspricht der Schichtstufe in der Schichtstufenlandschaft, die sanftere lehnt sich im oberen Teil meist eng an die Oberfläche der widerständigen Schicht an, schneidet aber im unteren Teil die hangenden Schichten meist ab. S. finden sich z. B. im Harzvorland und im Weserbergland (hier in gefalteten Schichten).
Schichtrippe, svw. Schichtkamm.
Schichtstufe, *Cuesta* [spanisch], eine Landstufe, die das Ergebnis der abtragenden Kräfte in schwach geneigten Schichten verschiedener Widerständigkeit ist. Die S. fällt von der Oberkante, dem *Trauf*, steil zum Vorland ab; der obere, steile Teil der Stufenstirn wird

von einem widerständigen, wasserdurchlässigen Gestein aufgebaut, dessen Schichtköpfe am Steilhang ausstreichen, zuweilen Wände bilden. Der untere, flacher geneigte Teil der Stirn besteht aus weniger widerständigen, in der Regel wasserundurchlässigen Schichten. Die flachere Abdachung der S., die *Stufenlehne*, die zum *Stufenrückland* überleitet (früher wenig glücklich als *Landterrasse* bezeichnet), folgt der Richtung des Schichtfallens, fällt aber weniger steil ein als die Schichten. Sie ist also eine Schnitt- oder Kappungsfläche; sie wird durch zahlreiche kleine Hohlformen, vor allem Dellen, gegliedert, in denen die Abtragung vor sich geht. In den meisten Fällen liegt der höchste Punkt der S., der *First*, an der Vorderkante der Stufe. Bei den alten S. aber kann der First hinter der Trauf liegen. Dann spricht man von einer S. mit Walm oder Walmstufe.

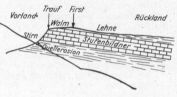

Schema einer Schichtstufe mit Walm

Die Bildung der S. geht in erster Linie auf die verschiedene Verwitterungsgeschwindigkeit der Gesteine zurück. Der Abtransport der Lockermassen erfolgt durch Massenbewegungen und, vor allem bei Starkregen, durch Abspülung. Steinschlag, Felsstürze und Bergrutsche treten auf. In humiden Gebieten spielt die Quellerosion eine wesentliche Rolle. Das durch das widerständige und meist auch durchlässige Gestein der Deckschicht hindurchsickernde Wasser läßt auf der liegenden Schicht einen Grundwasserhorizont entstehen. Durch das in Form von Schichtquellen an der Stufenstirn oder in Taleinschnitten zutage tretende Quellwasser wird das liegende, weniger widerständige Gestein durchtränkt, so daß es rasch verwittert; die Verwitterungsprodukte werden herausgespült und so die langsamer verwitternden Gesteine der Deckschicht unterspült und unterhöhlt, bis sie nachstürzen. Durch diese Quellerosion wird der Stufenrand ständig zurückverlegt, wobei der Steilabfall stets erhalten bleibt, die Stufe allerdings immer niedriger wird, bis diese schließlich nur noch aus dem harten Gestein besteht, die Quellen unmittelbar am Fuß der Stufe austreten und sich nicht mehr weiter rückwärts einschneiden können.
Weder die Quellerosion noch die flächenhafte Abtragung sind unmittelbar von der Arbeit der am Fuß der S.

entlangfließenden Flüsse (Stirnflüsse) abhängig, jedoch werden von dem Grad der Zertalung durch die Flüsse die Reliefenergie und die Neigung der Hänge innerhalb der Schichtstufenlandschaft sowie die Geschwindigkeit, mit der die Vorgänge ablaufen. Bei kräftiger Zerschneidung des Landes ragen die Stufen markant heraus, bei Stillstand der Tiefenerosion wird das Gesamtrelief abgeschwächt, die S. werden immer flacher, und schließlich überragen sie die das Gesamtbild bestimmenden Landterrassen nur noch um wenige Meter.
Die Schichtstufenlandschaft unterscheidet sich dann in ihrer Oberflächenform kaum von einem Tafelrumpf.
Sowohl die Quellerosion an der S. wie auch die flächenhafte Abtragung auf der Stufenlehne sind von den klimatischen Verhältnissen abhängig. Humide, niederschlagsreiche Klimate fördern die Ausbildung und Zurückverlegung der Stufen, trockenere Klimate verlangsamen sie und bringen sie unter Umständen ganz zum Stillstand. In extrem ariden Gebieten gehen sämtliche Vorgänge offenbar sehr langsam vor sich, die S. ist gleichsam erstarrt, und die Stufen sind meist wenig ausgeprägt.
Durch die Quellerosion können einzelne Vorsprünge oder Bastionen, schließlich sogar ganze Teile der Stufenstirn abgetrennt werden, die dann vor der zurückweichenden S. liegenbleiben. Diese isolierten Berge werden als *Auslieger* oder, weil sie die ehemalige Lage der S. bezeugen, als *Zeugenberge* bezeichnet (z. B. Hohenstaufen und Hohenneuffen in der Schwäbischen Alb).
Als *Achterstufen* werden die jenigen S. bezeichnet, die in stark zerschnittenen geneigten Schichtpaketen die geneigten Schichttafeln nach rückwärts abschließen, also das untere Ende einer Schichtlehne bilden. Sie sind zwar weniger hoch, aber an ihnen kann die Quellerosion stärker wirken. Daher sind sie in humiden Gebieten meist sehr stark aufgegliedert und nur in semiariden Gebieten deutlich.
Ist die Neigung des Schichtpaketes größer, so werden die widerständigen Gesteinsschichten als Rippen oder Kämme schärfer herauspräpariert, da die Stufenlehnen wesentlich steiler sind, → Schichtkamm.
Die S. bauen die weitverbreiteten → Schichtstufenlandschaften auf.
Schichtstufenlandschaft, weitverbreiteter morphologischer Landschaftstyp, der aus schwachgeneigten Schichtpaketen verschieden widerständiger Gesteine durch die Landabtragung herausgearbeitet worden ist. Ihre wesentlichsten Formenglieder sind die → Schichtstufen. Die S. sind charakteristisch für die flache Abdachung herausgehobener Schollen (östlicher Schwarzwald, Rückland der → Randschwellen) und für mit Deckschichten

Schiefer

erfüllte Becken in alten Rumpfschollengebieten (z. B. Thüringer Becken). In jungen Faltengebirgen kommen sie nicht zur Entwicklung.
Im Schichtpaket werden die widerständigen Gesteinsschichten als *Stufenbildner* bezeichnet. Nach ihrer Zahl, ihrer Mächtigkeit und ihrem vertikalen Abstand richtet sich die Zahl der Schichtstufen in einer S. Mächtige Stufenbildner bestimmen die Hauptstufen, während weniger mächtige nur unbedeutende oder Nebenstufen aufbauen. Nahe beieinander liegende Stufenbildner treten in der S. oft als Doppelstufen auf. Für die S. gelten folgende Ordnungsregeln: 1) Je schwächer das Einfallen des Schichtpaketes ist und je größer der vertikale Abstand der Stufenbildner ist, um so weiter treten die Schichtstufen auseinander. 2) Je stärker die erosive Aufschneidung ist, um so markanter sind die einzelnen Schichtstufen entwickelt. 3) Keilen Stufenbildner aus oder gehen diese durch Fazieswechsel in weniger widerständige Schichten über, so verschwinden die zugehörigen Schichtstufen, während im umgekehrten Falle neue Stufen auftreten. 4) Verbiegungen des Schichtpaketes bilden sich im Verlauf der Schichtstufen ab. In geologischen Mulden springen die Schichtstufen vor, in geologischen Sätteln biegen sie zurück. 5) Mit der allgemeinen Landabtragung wird die S. nicht nur erniedrigt, sondern gleichzeitig werden die einzelnen Schichtstufen zurückverlegt. In jedem Stadium der Entwicklung paßt sich das Flußnetz dem Relief weitgehend an, besonders durch die Entwicklung subsequenter Täler. Infolge rascher Hebung und des damit verbundenen Impulses zur Tiefenerosion kann es jedoch fixiert werden, und einzelne Laufstrecken schneiden sich in die liegende widerständige Schicht ein, wo sie als epigenetische Durchbruchstäler im Widerspruch zum Verlauf der heutigen Schichtstufe stehen.
Ein gutes Beispiel für eine S. ist das Stufenland im Süden der BRD, das von der mächtigen Schichtstufe des Weißen Juras in der Schwäbischen und Fränkischen Alb gekrönt wird und dem in Frankreich die S. des Pariser Beckens entspricht. Weniger ausgedehnt, aber sehr vielgestaltig ist die S. des Thüringer Beckens. Weitere S. sind z. B. in England, in der zentralen Sahara, in den Great Plains der USA anzutreffen.
Schiefer, in dünnen, ebenen Platten brechendes Gestein. Im engeren Sinne versteht man unter S.
1) die *kristallinen S.*, eine Hauptgruppe der metamorphen Gesteine, ursprünglich Magma- und Sedimentgesteine, die durch Belastungsdruck sowie durch den bei Gebirgsbildungen wirkenden Druck metamorphisiert und dabei geschiefert wurden. Der Vorgang der *Schieferung* besteht darin, daß die mineralischen Gemengteile des Gesteins sich unter der Wirkung des starken Drucks mit ihren größten Achsen senkrecht zum Druck stellen. Kristalline S. sind z. B. Phyllit, Glimmerschiefer, Gneis, Granulit.
2) die ebenfalls durch Gebirgsdruck geschieferten, aber nicht metamorphisierten → Tonschiefer.
Im weiteren Sinne versteht man unter s. alle anderen Gesteine, die sich gut in ebene Platten spalten lassen, wobei die Spaltflächen meistens den Schichtflächen entsprechen und die Spaltbarkeit diagenetisch bedingt ist: *Schieferton* ist ein verfestigter Ton (aber nicht so verfestigt wie Tonschiefer), spaltbar nach untereinander parallelen Schichtebenen, hellgrau, durch Einlagerung kohliger Bestandteile dunkel bis schwarz oder bunt wie die Letten; *Brandschiefer*, bitumenreiche, dunkle Schiefertone, oft reich an Fossilien, namentlich Fischresten; → *Ölschiefer*; *Mergelschiefer*, ein verfestigter, dünnschichtiger Mergel; *Kupferschiefer*, ein dunkler, bitumenhaltiger Mergelschiefer; *Lithographenschiefer*, ein plattiger Kalkstein aus dem oberen Jura, der hauptsächlich bei Solnhofen abgebaut wird und sich durch sein gleichmäßiges Gefüge und seine Feinkörnigkeit zur Verwendung in der Lithographie eignet.
Schieferton, → Schiefer.
Schild, → Kraton.
Schirokko, ein warmer, oft stürmischer, überwiegend südöstlicher Wind, der im Mittelmeergebiet auftritt und mit wandernden Tiefdruckgebieten (Zyklonen) in Zusammenhang steht, bei denen trockene, heiße Luftmassen aus der Sahara verwirbelt werden. In Nordafrika und im Vorderen Orient führt er oft zu → Sandstürmen. Erreicht das Windfeld bei Verlagerung der Zyklonen die Küsten Südeuropas, so kann die heiße Luft beim Überströmen des Mittelmeeres sich sehr stark mit Feuchtigkeit anreichern; der S. bringt dann intensive Niederschläge. Am häufigsten sind Schirokkotage im Frühjahr. Wie der Föhn ruft der S. beim Menschen oft Unbehagen und Erschlaffung hervor.
Schizolithe, → Ganggesteine.
Schlacken, Lavabrocken von unregelmäßiger Form und meist blasigporöser Beschaffenheit. Sie bilden sich an der Unter- und Oberseite von Lavaströmen oder sind lockere Auswurfprodukte eines Vulkans.
Schlammkegel, → Schlammvulkan.
Schlammsprudel, svw. Schlammvulkan.
Schlammstrom, 1) aus einem Vulkan geförderte Aschenmasse, die mit Wasser durchtränkt wurde und mit großer Wucht hangabwärts fließt. Das Wasser stammt entweder aus atmosphärischen Niederschlägen, die durch die Vulkaneruption ausgelöst wurden, oder aus Schmelzwässern von Gipfelschnee oder aus dem Wasser eines Kratersees.
2) aus einem → Schlammvulkan austretende, durch Grundwasser aufgeweichte tonige Gesteinsmassen.
Schlammvulkan, *Schlammsprudel*, *Salse*, eine Stelle in sumpfigen Gebieten, an der Schlamm und Gase an die Erdoberfläche gefördert werden. Bisweilen wird auch Borax aus dem Schlamm mit ausgeschieden. Die S. haben mit Vulkanismus nichts zu tun; die Gase (Methan, Sumpfgas u. a.) entstammen vielmehr Zersetzungsvorgängen. Sie kommen besonders in Erdölgebieten vor. Treibende Kraft bei der teils heftig sprudelnden, teils nur brodelnden Tätigkeit der S. sind die Gase; der Schlamm entsteht infolge Aufweichung toniger Gesteine durch das Grundwasser. Auch *Schlammströme* können auftreten. Die S. haben Ortstemperatur, nur bei Entzündung des Methans kommt es zu Feuererscheinungen. Die meisten S. bauen *Schlammkegel* auf, die in die oben ein Krater eingesenkt ist und die mehrere hundert Meter Höhe erreichen können. Bekannte S. sind die Maccaluba auf Sizilien, die Salsen bei Modena, die S. der Halbinsel Apscheron bei Baku, auf Trinidad, an der Golfküste der USA, insbesondere die im Delta des Mississippi (hier mudlumps genannt). Unbedeutender als die in Erdölgebieten sind die S. in Vulkangebieten; diese S. sind heiß, z. B. die Orusoles von Salvador.
Schleifzone, eine Regenfront, die isobarenparallel liegt. Die Strömung streicht somit an beiden Seiten der S. entlang, ohne daß sich diese selbst verlagert. An solchen S. ist infolge leicht konvergenter Strömung ein Aufgleiten zu beobachten, das starke Bewölkung und oft tagelang anhaltende Dauerregen verursacht. Häufig entstehen an einer S. auch Wellenstörungen, d. h. Neubildungen von Zyklonen.
Schlenken, muldenförmige Vertiefungen in der Oberfläche eines Hochmoors, meist langgestreckt sowie zueinander und zum äußeren Rande des Moores parallel gerichtet. Zwischen ihnen ordnen sich als Erhebungen die Bulten an.
Schleppsand, svw. Sandlöß.
Schleppung, das Mitreißen und Verbiegen von Schichten an einer Störungslinie, z. B. einer Verwerfung oder Faltenüberschiebung, wobei die Schichten in der Nähe der Störungslinie (Bewegungsfläche) jeweils in der Richtung der Bewegung abgezogen sind.
Schlernstadium [nach dem Schlern, Dolomitstock in Südtirol], ein Rückzugsstadium der → Würm-Eiszeit.
Schlick, im weiteren Sinne der im Meer, in Seen oder im Überschwemmungsgebiet von Flüssen abgelagerte Schlamm, im engeren S. in der hemipelagischen Meeresbereich in 800 bis 2500 m Tiefe gebildeten Ab-

lagerungen. Von letzteren ist der **Blauschlick** am weitesten verbreitet. Er bedeckt etwa 10% des heutigen Meeresbodens und besteht aus feinen festländischen Zerreibungsprodukten. Die blaue Farbe wird durch fein verteilten Pyrit und halbzersetzte organische Substanz hervorgerufen; an der Oberfläche wird der Blauschlick durch Oxydation bräunlich verfärbt. Er spielt bei der Aufschlickung (Anlandung) an der Meeresküste eine Rolle. **Rotschlick** ist eine örtlich durch Einschwemmungen von Laterit an tropischen Küsten entstandene Abart des Blauschlicks. Durch Beimengungen von Glaukonit ist der **Grünschlick** charakterisiert. Weißlicher **Kalkschlick** mit 40 bis 90% Kalkgehalt bildet sich in den tropischen und subtropischen Mittelmeerbecken sowie in der Umgebung von Koralleninseln. Der S. zeigt keine einheitliche Korngrößenzusammensetzung. Er ist daher sedimentologisch nicht definierbar.
Schlierenstadium [nach dem Ort Schlieren bei Zürich], ein Rückzugsstadium der → Würm-Eiszeit.
Schlot, *Schlotgang, Stielgang, Durchschlagsröhre, Schußkanal, Diatrem*, durch vulkanische Gasexplosionen verursachter, mit Magmasteinen gefüllter Gang, der die Erdrinde meist senkrecht durchsetzt und im Unterschied zu den plattenförmigen gewöhnlichen Gängen röhrenartig ist. Zu den S. gehören z. B. die Tuffröhren der Schwäbischen Alb, die schottischen Necks und die südafrikanischen Pipes. An der Erdoberfläche enden die S. öfters in wassergefüllten Maaren.
Schlotten, durch die auslaugende Tätigkeit des Wassers in löslichen Gesteinen, besonders Gips, entstandene, langgestreckte Hohlräume; eine Karsterscheinung.
Schluffböden, → Bodenart.
Schlundloch, svw. Flußschwinde.
Schlußeiszeit, → Würm-Eiszeit.
Schmarotzer, *Parasiten*, Pflanzen oder Tiere, die sich auf oder in dem Körper anderer Lebewesen, der *Wirte*, aufhalten und sich auf deren Kosten ernähren. Je nachdem, ob die S. Tiere oder Pflanzen befallen, spricht man von *Zoo-* oder *Phytoparasiten*.
Bei Tieren lebende S. gliedert man in *Außenschmarotzer (Ektoparasiten)*, die auf der Oberfläche ihres Wirtes leben, und *Innenschmarotzer (Endoparasiten)*, die in seinem Inneren wohnen. Es sind aber auch zahlreiche Übergänge zu beobachten.
Die auf oder in Pflanzen lebenden S. teilt man ein in *pflanzliche S.*, zu denen man die Bakterien und Pilze rechnet sowie höhere Pflanzen, wie die chlorophyllhaltigen *Halbschmarotzer* (z. B. Mistel, Ackerwachtelweizen) und die chlorophyllfreien *Vollschmarotzer* (z. B. Sommerwurz), und in *tierische S.*, besonders Insekten und einige Würmer.
Von den S. zu unterscheiden sind diejenigen Pflanzen- und Tierarten, die mit ihrem Wirt in *Symbiose* leben, also wechselseitig die Lebensmöglichkeiten fördern.
Schnee, die verbreitetste Form des festen Niederschlags, aus Eiskristallen bestehend. Bei großer Kälte und in hohen Eiswolken bildet sich trockener, körniger S. in Form von Eisplättchen. Bei dem aus tiefen Wolken nur bei mäßigem Frost fallenden feuchten S. sind dagegen die einzelnen Kristalle zu Schneeflocken zusammengebacken. Bei sehr großer Kälte ist Schneefall mitunter auch bei wolkenlosem Himmel und Sonnenschein zu beobachten. Diese Erscheinung, die man als *Polarschnee (Diamantschnee)* bezeichnet, ist darauf zurückzuführen, daß die Luft mit Wasserdampf übersättigt ist, ohne daß es dabei jedoch zur Wolkenbildung ausreicht. Der Wasserdampf kristallisiert dann in der Luft zu feinen Eiskristallen aus. Schneefall kann an Warm- und Kaltfronten, aber auch, ohne an Störungslinien gebunden zu sein, bei winterlichen Hochdrucklagen mit Hochnebel auftreten.
Trockener, feinkörniger S. bildet auf dem Erdboden *Pulverschnee*, feuchter, großflockiger den *Pappschnee*. Durch Temperatur, Wind und Druck erfährt der frisch gefallene *Neuschnee* mannigfaltige Veränderungen. Mehrfaches Schmelzen und Wiedergefrieren führen zur Verbackung der oberen Schichten und damit zur Bildung von *Harsch*. In hohen Lagen geht älterer S. durch Zusammensacken und Verharschen allmählich in → Firn über (er *verfirnt*). Winddruck läßt an Hängen in Hochgebirgen *Schneebretter* entstehen. Durch Umkristallisation kann bei großer Kälte der S. auch in tieferen Schichten die Form kleiner Eisplättchen annehmen; es entsteht *Schwimmschnee*. Auf geneigter Unterlage kann die Schneedecke unter bestimmten Bedingungen in zusammenhängenden Massen abrutschen (→ Lawine). *Schneewehen* bilden sich unter der Einwirkung des Windes; sie können beträchtliche Höhen erreichen. An der Leeseite von Graten hängen sie als → Wächten oft stark über. Das von Sichtverminderung begleitete Aufwirbeln und Verwehen von S. wird als *Schneetreiben* oder *Schneefegen* bezeichnet. Es ist auf die bodennächste Luftschicht beschränkt und vor allem in polaren Steppen und Wüsten zu beobachten. Durch das Zerbrechen der Eiskristalle entsteht dabei *Triebschnee*, der besonders feinkörnig ist und im Hochgebirge die Entstehung von Lawinen begünstigt.
Eine geschlossene Schneedecke schützt infolge ihres schlechten Wärmeleitvermögens die Pflanzen vor Frost. Anderseits reflektiert ihre Oberfläche die auftreffende Strahlung sehr stark, so daß es bei klarem Wetter über einer Schneedecke zu kräftiger Abkühlung kommt. Strenge Winterkälte tritt daher meist nach Bildung einer geschlossenen Schneedecke auf.
Die Messung des Schneefalls erfolgt in den gewöhnlichen → Niederschlagsmessern, die für diesen Zweck allerdings häufig mit besonderen Vorrichtungen versehen sind. Die Höhe der Schneedecke mißt man mit dem *Schneepegel*, die Schneedichte mit dem zylindrischen *Schneeausstecher*.
Schneebruch, *Eisbruch*, klimabedingte Schäden, die im Winter in Wäldern infolge übermäßiger Belastung der Bäume durch Schneemassen oder durch Rauhreif und Eisanhang auftreten; es kommt zum Bruch von Stämmen und Baumkronen. In den Mittelgebirgen besteht Schneebruchgefahr besonders in Höhenlagen über 700 m.
Schneegrenze, eine → Höhengrenze, die Grenze zwischen schneebedecktem und aperem, d. h. schneefreiem Gebiet. Die Höhe der S. ist von der geographischen Breite abhängig; sie liegt in polaren Gegenden im Meeresniveau und steigt im allgemeinen äquatorwärts an. Da aber auch die Niederschlagsmenge eine Rolle spielt, weicht die S. nicht am Äquator, sondern in den subtropischen Trockengebieten am weitesten nach oben zurück. Nord- und Südlagen der Gebirge unterscheiden sich dabei in der Höhe der S. um einige hundert Meter. Oberhalb der S. liegt der Bereich des Firns, so daß man die S. oft auch als *Firngrenze* bezeichnet, und der Bereich des Gletschereises. Man unterscheidet:
a) die *temporäre (zeitweilige) S.*, die von der Jahreszeit abhängt, im Frühjahr z. B. mit fortschreitender Schneeschmelze immer weiter nach oben zurückweicht;

Höhe der Schneegrenze

Gegend	Geogr. Breite	Höhe in m
Franz-Joseph-Land	82° n. Br.	50
Nowaja Semlja	73° n. Br.	600
Nordisland	66° n. Br.	900
Jotunheimen (Südnorwegen)	62° n. Br.	1900
Alpen	45 bis 47° n. Br.	2400 ... 3300
Kunlun	36° n. Br.	6000
Himalaja	28 bis 33° n. Br.	3600 ... 5000
Ruwenzori (Uganda)	0°	5000
Cotopaxi (Ekuador)	1° s. Br.	4500 ... 4700
Aconcagua (Südl. Anden)	33° s. Br.	4000
Neuseeland (Südinsel)	44° s. Br.	2200 ... 2400
Feuerland	54° s. Br.	1000
Süd-Georgien	54° s. Br.	400 ... 700

b) die *eigentliche* oder *wirkliche S.*, sie entspricht der im Spätsommer erreichten höchsten Lage der temporären S. Sie ist in der Natur sehr schwer zu bestimmen, da sie auf Schattenhängen tiefer liegt als auf der Sonnenseite und einzelne Schneeflecke unter gewissen Verhältnissen – Schattenlage, starke Schneeansammlung im Windschatten – unterhalb der geschlossenen S. erhalten bleiben. Man nennt diese unregelmäßige S. auch *orographische S.*, da ihr Verlauf im einzelnen von der Geländegestaltung stark abhängig ist.
Um vergleichbare Angaben zu erhalten, bestimmt man auf Grund theoretischer Überlegungen die *klimatische S.* Man berechnet dabei, in welcher Höhenlage die gemessene Schneemenge auf ebener Unterlage bei der betreffenden Durchschnittstemperatur gerade aufgezehrt wird.
Während der pleistozänen Eiszeiten lag die S. in Mitteleuropa bis über 1 000 m tiefer als heute.
Schnittfläche, svw. Kappungsfläche.
Schockwellen, *Impulswellen,* nicht vom Wind erzeugte Wellen in Ozeanen. Sie entstehen z. B. als Folge von Vulkanausbrüchen oder submarinen Beben mit Verlagerung von Meeresbodenschollen, durch umfangreiche Eisabbrüche an Gletschern und Eisbarrieren (Antarktis und Grönland) oder durch großräumige Erdrutsche oder Felsstürze an Küsten sowie im Bereich der Schelfabdachung. S. sind eine große Gefahr für die Schiffahrt.
Scholle, ein durch Bruchlinien begrenzter Teil der Erdkruste, der sich von den benachbarten Teilen oft durch verschiedenes Maß der Bewegung (Hebung, Senkung, Schrägstellung) unterscheidet (→ Bruch). Sind S. an Verwerfungen gegeneinander verschoben, spricht man von *Bruchschollen,* wobei die höher gelegenen als *Hochschollen* (→ Horst), die tiefer gelegenen als *Tiefschollen* bezeichnet werden; ist eine S. nur auf einer Seite von Brüchen begrenzt und an diesen emporgehoben, spricht man von *Keil-* oder *Pultscholle* (Erzgebirge). Aus flach gelagerten Schichten bestehende Bruchschollen heißen *Tafelschollen,* solche aus gefalteten Gesteinen *Faltenschollen,* wenn sie von einer Rumpffläche abgeschnitten werden, *Rumpfschollen. Deckschollen* sind Teile von Überschiebungsdecken.
Schonungsklima, svw. → Reizklima.
Schor, flache Senke in der turkmenischen Wüste, die zeitweilig von einem seichten, hauptsächlich von Regenwasser genährten Salzsumpf erfüllt ist. In der trockenen Jahreszeit weist die S. einen salzigen Lehmboden mit Trockenrissen oder Salzkrusten auf. Die S. sind den Salztonebenen ähnlich.
Schott, → Salztonebenen.
Schotter, in der Geologie und Geomorphologie die Geröllablagerungen eines fließenden Gewässers.

Schotteranalyse, → Morphoskopie.
Schraffen, → Reliefdarstellung.
Schrägaufnahmen, → Luftbild.
Schratten, svw. Karren.
Schreibwerkkarte, Sammelbezeichnung für kartographische Darstellungen, deren wesentliche, meist auf statistischem Material fußende Inhaltselemente, beispielsweise Flächenfüllungen, Diagrammfiguren, Signaturen, teilweise auch Isolinien, mittels Typen von Schreibmaschinen, anderen Schreibwerken oder Zeilendruckern von EDVA lageplaziert nach speziellen Rechenprogrammen ausgedruckt werden.
Schummerung, → Reliefdarstellung.
Schuppenstruktur, *Schuppung,* eine in stark gefalteten Gebieten häufig auftretende tektonische Form, bei der eine mehrfache Wiederholung der gleichen Schichtenfolge auftritt, wobei die einzelnen Schichtpakete meist wie Schuppen dachziegelartig aufeinander aufgeschoben sind. Man nimmt an, daß die S. aus enggepreßten Isoklinalfalten hervorgegangen ist, deren Mittelschenkel bei stärkerer Beanspruchung ausgewalzt wurden. Die starreren Gesteine, vor allem Kalke und Sandsteine, wurden wie Gleitbretter übereinandergeschoben, tonreichere Gesteine wirkten dabei als Gleitbahn. S. zeigen vielfach auch die Stauchmoränen.
Schüssel, → Mulde 1).
Schußkanal, svw. Schlot.
Schuttformation, die Vegetation auf sich bewegenden Geröllhalden. Sie besteht aus Pflanzen, die der Wasserarmut die durchlässigen Schutts und den Hangbewegungen angepaßt sind. Es sind meist Gräser und Ausläufer treibende Kräuter, die ein dichtes Wurzelgeflecht zu bilden vermögen und die Bodenbewegung zum Stehen bringen können.
Schutthalde, der am Fuß von Felswänden durch Steinschlag sich anhäufende Gesteinsschutt. Die Oberfläche der Schutthalde, der *Haldenhang,* hat eine bestimmte Neigung, die von der Größe und Rauhigkeit der Gesteinsbrocken abhängt (zwischen 26° und 42°) und dem Grenzwinkel (*Haldenwinkel*) entspricht, bei dem das Schuttmaterial infolge der inneren Reibung nicht mehr in der Lage ist, sich abwärts zu bewegen. Nur selten entsteht am Fuß der Felswand eine gleichmäßige S., meist sammelt sich vielmehr ein großer Teil des Schutts schon in den Spalten und Runsen der Wände, den Steinschlagrinnen, an. An diesen Stellen greift die S. daher oft hoch in die Wand hinauf, und von hier aus bauen sich bei verstärkter Schuttanlieferung einzelne *Schuttkegel* mit ganz flach gewölbter Mantelfläche vor der Felswand auf. Die einzelnen Schuttkegel können miteinander verwachsen. Auf den von Steinschlag nicht mehr berührten Teilen der S. siedelt sich eine Schuttvegetation an, so daß sich schon

von weitem die steinschlaggefährdeten und beweglichen Teile der S. erkennen lassen.
Die von der S. verdeckten Teile der Felswand sind der Verwitterung weniger stark ausgesetzt als der freie obere Teil, der daher rascher zurückweicht. So bleibt schließlich unter dem bisweilen nur wenige Meter mächtigen Schuttmantel ein Felshang (Fußhang) erhalten, der bei späteren Schuttbewegungen wieder freigelegt werden kann.
Schuttkegel, 1) → Schutthalde; 2) früher häufig gebrauchter Ausdruck für → Schwemmkegel.
Schuttpflanzen, svw. Ruderalpflanzen.
Schüttung, *Quellschüttung,* die von einer Quelle in der Zeiteinheit gelieferte Wassermenge, meist in l/s. ausgedrückt.
Schutzrinde, → Krusten.
Schwammgefüge, → Krümelgefüge.
Schwarzalkaliboden, → Salzböden.
Schwarzerde, svw. Tschernosjom.
Schwarzweißgrenze, nach dem österreichischen Geologen O. Ampferer die in gletscherüberformten Gebirgen die Grenze zwischen den überschliffenen Hangteilen mit ehemaliger Gletscherbedeckung und den schroffigen, über die Gletscheroberfläche aufragenden Gebieten der Frostverwitterung.
Schweb, 1) svw. Flußtrübe, 2) die mehr oder weniger ebene Sohle eines Sees.
Schwelle, eine sanfte Aufwölbung auf dem Meeresboden (ozeanische, untermeerische S.) oder auf dem Festland (kontinentale oder Landschwelle), die keine deutlich erkennbaren Ränder zeigt. Steiler aufgewölbte S. werden gewöhnlich als *Rücken* bezeichnet. → Randschwelle.
Schwemmkegel, *Schwemmfächer,* früher auch *Schuttkegel,* Ablagerungen eines Nebenflusses an seiner Mündung in das Haupttal. Der Nebenfluß hat meist ein größeres Gefälle als der Haupttalboden, so daß seine Transportkraft beim Eintritt in das Haupttal sprunghaft abnimmt und er einen Teil des mitgeführten Schutts ablagert. Dadurch legt er seinen Lauf immer höher. Die Neigung des S. spiegelt daher das Verhältnis zwischen Wasserführung und Schuttbelastung des Nebenflusses wider. Ist dieser schuttarm und wasserreich, so ist die Neigung des S. gering, ist der Nebenfluß dagegen schuttreich und wasserarm, so ist der S. stark geneigt. Die steilsten S. bilden die Wildbäche und Muren der Hochgebirge. Der S. drängt den Hauptfluß oft an die andere Seite des Tales und verursacht so die Bildung von gezwungenen → Mäandern.
Bei Hochwasser verläßt der Nebenfluß häufig sein bisheriges Bett im S. und nimmt auf ihm bald diese, bald jene Richtung ein, so daß sich der S. immer weiter ausdehnt; solche aktiven S. eignen sich wenig für eine Besiedelung. Wenn sich jedoch der Neben-

fluß immer tiefer in den S. einschneidet, sein Lauf also festliegt, sind gerade die S. bevorzugte Siedlungsstellen, da sie vor dem Hochwasser des Haupt- wie des Nebenflusses sicher sind und oft über den flachen Talnebeln liegen.
Die von den Schmelzwässern der Gletscher und Inlandeismassen gebildeten S. werden als → Übergangskegel bezeichnet.
Schwingrasen, die geschlossene Vegetationsdecke aus Moosen und Riedgräsern, die sich bei der Verlandung eines Gewässers an seiner Oberfläche bildet und die infolge des darunter noch vorhandenen Wassers beim Betreten in Schwingungen gerät.
Das *Schwingrasenmoor* ist also eine der Entwicklungsstufen, die ein verlandendes Gewässer durchläuft.
Schwüle, Bezeichnung für feuchte Wärme („Treibhausatmosphäre"), die vom menschlichen Organismus als unangenehm empfunden wird. Bei hohen Lufttemperaturen sondert der Körper stark Schweiß ab, dessen Verdunstung dem Körper die überschüssige Wärme entzieht. Ist die Luftfeuchtigkeit aber zu hoch und wird die Verdunstung damit gehemmt, so kommt es zu einer Wärmestauung im Körper, die sich im Absinken des Wohlbefindens und der Leistungsfähigkeit äußert und unter Umständen zu Hitzschlag führen kann.
Man hat für verschiedene Temperaturen diejenige *Schwülegrenze*, d. h. Luftfeuchtigkeit, zu bestimmen versucht, die gerade noch als angenehm empfunden wird. Danach hat man dann *Isohygrothermen*, d. s. Linien gleicher Schwüleempfindung, konstruiert, die jedoch nicht für alle Menschen gleiche Gültigkeit haben. Die Schwülegrenze setzt einen Dampfdruck von 14,08 mbar voraus und liegt nach K. Scharlau

bei relativer Feuchte von	bei °C
100	16,50
90	18,16
80	20,06
70	22,23
60	24,79
50	27,88
40	31,76
30	36,94
20	44,59

In geomedizinischer Hinsicht ist wesentlich, ob an einem Ort auch in der Nacht die S. bestehen bleibt.
Scrub, die Dornsteppe in den trockenen Gebieten Australiens. Wenn strauchartige Eukalyptusarten überwiegen, spricht man von *Malleescrub*; beim *Mulgascrub* dagegen, der auch auf Salzböden anzutreffen ist, herrschen Akazien vor, die 3 bis 5 m hoch werden können, sowie xerotische Pflanzen, wie Melden, *Cassia* und Amarant.
Sebcha, → Salztonebenen.
Sedimente, svw. Sedimentgesteine, → Gestein; → Ablagerung.

See, Wasseransammlung in einer natürlichen, in sich geschlossenen Hohlform der Landoberfläche (*Seebecken*), die keinen unmittelbaren Zusammenhang mit dem Meer hat, daher auch genauer **Binnensee** genannt. Große Binnenseen werden gelegentlich als Meer bezeichnet (Kaspisches Meer, Totes Meer), ebenso S. im niederdeutschen Sprachgebiet (Steinhuder Meer). Abgeschnürte Meeresteile, wie Strandseen, Lagunen und Haffe, rechnen nicht zu den S. im engeren Sinne. Zuweilen werden auch künstlich angelegte Wasserbecken (Teiche, Weiher, Staubecken) S. genannt.
Die S. werden nach der Entstehung des Seebeckens eingeteilt in *Abdämmungsseen*, wenn sie durch junge Ablagerungen, z. B. Moränen und Bergstürze, oder durch Gletscher abgedämmt werden, und in *Eintiefungsseen*, wenn die Hohlform durch Gletscher, Auslaugung des Untergrundes und Einsturz unterirdischer Hohlräume (Karstseen), vulkanische Explosionen (z. B. bei den Maaren), Grabenbrüche oder durch Verbiegungen der Erdkruste zustande gekommen ist. Oft haben auch mehrere dieser Faktoren gleichzeitig gewirkt. Die Entstehungsweise wird oft durch besondere Bezeichnungen angedeutet, z. B. Einsturzsee, Eissee.
Die *Reliktseen* sind S., die von einer ehemaligen Meeresbedeckung als Reste übriggeblieben sind. Sie enthalten oft Floren- und Faunenelemente, die den ehemaligen Zusammenhang mit dem Meer beweisen. Die Abschnürung erfolgte durch Veränderungen des Meeresspiegels oder durch Krustenbewegungen. Beispiele sind Kaspisches Meer und Aralsee; auch die S. Mittelschwedens sowie Ladoga- und Onegasee waren einst Teile einer älteren Ostsee.
Die S. sind nicht gleichmäßig über die Erdoberfläche verteilt, vielmehr häufen sie sich dort, wo günstige Entstehungsbedingungen vorhanden sind oder waren. Dies gilt vor allem für die ehemals vergletscherten Gebiete; im Gebirge entstanden so die zahlreichen *Karseen*, im glazialen Aufschüttungsgebiet oder Abtragungsgebiet die → Rinnenseen, die → Randseen und die *Seenplatten*, z. B. in Mecklenburg und Nordpolen und in Finnland, dem „Land der tausend Seen", aber auch in Osteuropa, Westsibirien und Nordamerika. Während von der Gesamtfläche nur rund 1,8% aller Festlandsräume (2,5 Mio km²) mit Seen bedeckt sind, machen sie im europäischen Gebiet der ehemaligen Inlandvereisung etwa 4%, in Finnland 12% der Landfläche aus.
Besonders die größeren S. zeigen Wellenschlag und Brandung. Wie an der Meeresküste können daher Steilufer mit Kliff und Strandbildungen entstehen. Die vor dem Strand gelegene flache *Uferbank*, örtlich auch *Schaar* oder *Wysse* genannt, fällt

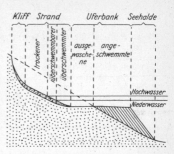

Schema einer Binnenseeküste (nach Forel)

dann über die *Seehalde* steiler zu dem tieferen *Seeboden*, dem *Schweb*, ab. Die einmündenden Flüsse bilden teils Deltas, teils unterseeische Rinnen. Jeder See verlandet allmählich durch die von den Flüssen abgelagerten Sedimente, durch den vom Wind zugeführten Staub und durch die besonders in kleinen und flachen Becken immer weiter in den S. hineinwachsende Vegetation, die die Wasserbewegung hemmt und den S. schließlich in ein Moor verwandelt. Ebenso kann die Vertiefung des Seeausflusses zur Verlandung beitragen. Das von den Flüssen mitgebrachte feinste Material wird oft weiter in den S. hinausgeführt und schlägt sich auf dem Seeboden nieder. Durch die Zuschüttung des S. entstehen *See-Ebenen*.
Die S. sind fast ohne Ausnahme von dem Wasserhaushalt ihrer Umgebung abhängig, d. h., sie müssen ständig oder wenigstens zeitweise mit Wasser gespeist werden, da sie sonst von der Verdunstung aufgezehrt würden. Das Wasser kann den Niederschlägen, einmündenden Flüssen, Quellen oder dem Grundwasser entstammen. Alle S. geben durch Verdunstung, oberirdischen oder unterirdischen Abfluß Wasser ab.
In den humiden Gebieten werden die S. normalerweise von Flüssen gespeist, durchströmt und entwässert. Diese in den Flußlauf eingeschalteten *Fluß-* oder *Schaltseen*, z. B. Bodensee und Havelseen, zeigen Wasserstandsschwankungen, die die Schwankungen in der Wasserführung der Flüsse widerspiegeln, meist allerdings etwas verzögert und abgeschwächt. Da größere S. schon bei geringer Erhöhung des Wasserspiegels große Wassermengen aufnehmen können, wirken sie als natürliche Staubecken und regulieren damit den Abfluß in der unterhalb des S. gelegenen Flußstrecke. Durch die Ablagerung des Flußgerölls und der Flußtrübe im Seebecken tritt außerdem eine Klärung des Flusses ein.
In ariden Gebieten hingegen hängen die Wasserstandsschwankungen in hohem Maße von der Verdunstung ab, die um so stärker ist, je größer die Seefläche ist. Die Verdunstung über-

steigt meist den Zufluß, der Seespiegel kann nicht so weit ansteigen, daß ein natürlicher Ausfluß entsteht. In diesen *Endseen* oder *abflußlosen S.* mit ihren großen Wasserstandsschwankungen reichern sich daher die im Flußwasser gelösten Salze an. Diese S. werden somit allmählich zu *Salzseen* (Aralsee 1%, Kaspisches Meer 11 bis 13%, Großer Salzsee in den USA 27%, Totes Meer in der Tiefe 28% Salz). Salzhaltige Seen können aber auch in humiden Gebieten entstehen, wenn sie durch salzhaltige Quellen gespeist werden. Der Salzgehalt ist um so größer, je länger ein Seebecken besteht.
Neben den eigentlichen Salzseen, die Kochsalz, Magnesiumchlorid, Magnesiumsulfat enthalten, gibt es *Natronseen* (Wadi Natrun in Ägypten) und *Boraxseen* (in Trockengebieten Irans, Tibets, Ägyptens, Kaliforniens u. a.).
Die geringe Zahl von S., die keinen sichtbaren oberirdischen Zufluß haben, werden von Grundwasserströmen oder Quellen gespeist, z. T. auch unterirdisch entwässert. S., die nur das Niederschlagswasser sammeln und keine Grundwasserverbindungen haben, werden oft als *Himmelsseen* bezeichnet. In Gebieten mit stark zerklüfteten und löslichen Gesteinen, besonders Kalkgesteinen, verschwindet das Wasser in trichterförmig erweiterten Klüften. Das gilt vor allem für die *Karstseen*, deren Spiegelschwankungen infolge der großen Schwankungen des lokalen Karstwasserspiegels erheblich sind.
Zeitweise trocknen manche S. aus; man bezeichnet sie als *periodische* oder *temporäre Endseen.* In Trockengebieten mit geringem Relief führt die Zuschüttung der Seebecken häufig zu Formenveränderungen, die die Flüsse zu Laufverlegungen zwingen. Die Endseen verändern dadurch nicht nur ihre Gestalt, sonden auch ihre Lage über größere Entfernungen hin. Das bekannteste Beispiel für einen solchen *wandernden S.* ist der Lopnor in Ostturkestan.
Die Farbe der S. hängt weitgehend von den gelösten Beimengungen ab. Neben dieser Eigenfarbe des Seewassers, die in Moorgebieten z. B. bräunlich ist, sind die Lichtverhältnisse, d. h. Absorption der Lichtstrahlen und Spiegelung des Himmels, bedeutsam. Das reinste Wasser erscheint wegen der Absorption der andersfarbigen Strahlen des weißen Lichtes blau. Auch die ungelösten Stoffe, die Schwebstoffe (z. B. Algenmassenentwicklung), verändern die Wasserfarbe, vor allem durch ihre Eigenfarbe.
Die Wärmeverhältnisse in den S. hängen von der Ein- und Ausstrahlung der Oberfläche ab. Sehr wesentlich ist, daß Süßwasser bei 4 °C die größte Dichte hat und die Wärme nur schlecht weiterleitet. Dies hat zur Folge, daß das Wasser der S. nach der Dichte oder Schwere geschichtet ist. Bei den warmen (tropischen) S. sind die obersten Schichten die wärmsten und zeigen auch im Winter über 4 °C; bei den kalten (polaren) S. sind die untersten Schichten die wärmsten, und die Schichten an der Oberfläche haben auch im Sommer eine Temperatur von weniger als 4 °C. Die S. der gemäßigten Zone folgen im Sommer der Wärmeverteilung der warmen, im Winter der der kalten S. Kühlt sich ein über 4 °C erwärmter S. an der Oberfläche ab, so sinken die abgekühlten Wasserteilchen bis zu der Tiefe ab, wo sie Wasser ihrer Wärme vorfinden. Durch diese Wärmeströmung wird eine im Frühjahr dünne, im Herbst starke Oberschicht ziemlich gleichmäßiger Temperatur geschaffen, unter der die Wärme sprunghaft, oft um mehrere K abnimmt. Unterhalb dieser *thermischen Sprungschicht* nimmt die Temperatur nur noch sehr langsam ab. Unterhalb 100 m Wassertiefe ist sie fast unveränderlich. Die tägliche Wärmeschwankung reicht nur wenige Meter tief. Das Wasser ist bei deutlichem Tagesgang der Temperatur etwa um 16 Uhr am wärmsten, bei Sonnenaufgang am kühlsten; das höchste Monatsmittel liegt im August oder September. Die Wärmeverhältnisse sind auch von der Stärke des Zu- und Abflusses abhängig; stark durchflutete S. sind im Sommer kühl, im Winter warm. Wenn die Oberfläche auf 0 °C abgekühlt ist, durch weitere Wärmeabgabe, besonders durch nächtliche Ausstrahlung. Die Eisdecke wächst erst rasch, dann langsam, da Eis die Kälte schlecht leitet und das Wasser an der Unterseite immer eine Temperatur von 0 °C hat. Bei bewegter Oberfläche bilden sich aus schwimmenden Eiskristallen erst lockere, darauf festere Schollen, die schließlich zusammenfrieren. Der Wind verzögert durch die Mischung der Wassermassen die Bildung der Eisdecke. Tiefe S. erwärmen sich und gefrieren weit langsamer als seichte. In Mitteleuropa sind 60 bis 80 cm Stärke beim Kerneis das Höchstmaß, in Sibirien (Baikalsee) kommen bis 2,8 m vor. Der Aufbruch der Eisdecke geht viel rascher vor sich als die Bildung.
Örtliche Luftdruckunterschiede führen in manchen größeren und langgestreckten S. zu eigenartig stehenden Wellen, den → Seiches. Weitere Wasserstandsschwankungen werden durch Windstau hervorgerufen.
Die in S. entstehenden Sedimente werden im Unterschied zu den marinen Ablagerungen des Meeres als limnisch oder lakustrisch bezeichnet. Neben den aus mehr oder weniger feinen Teilchen von Gesteinen und Mineralen bestehenden klastischen Sedimenten werden auch zahlreiche chemische Sedimente abgelagert. In S. des humiden Klimas werden insbesondere kohlensaurer Kalk (als Seekreide oder Wiesenkalk) oder Eisenverbindungen ausgefällt; besonders eisenreiche Ablagerungen dieser Art bezeichnet man als *See-Erz.* In den Endseen der ariden Gebiete scheiden sich bei starker Eindampfung Salze aus. An organischen Sedimenten der S. sind insbesondere die überwiegend aus Planktonresten bestehende Gyttja und der Faulschlamm zu erwähnen.
Die Wissenschaft, die sich mit den S. befaßt, ist die *Limnologie* (Seenkunde).

Seebeben, → Erdbeben.

Seegang, die Wellenbewegung der Meeresoberfläche. S. entsteht unter Einwirkung des Windes (Windsee), bleibt aber auch nach Abflauen des Windes als Dünung vielfach weiter bestehen. Der S. kann auch auf nicht unmittelbar vom Windfeld betroffene Teile des Meeres übergreifen. → Meereswellen.

Seekarte, nautische Karte, eine der Schiffahrt dienende angewandte topographische Karte der Meere und Küstengewässer, die alle zur Schiffsführung und Ortung notwendigen Angaben enthält. Auf den S. sind die auf eine Nullebene (Seekartennull) bezogenen Wassertiefen in Tiefenzahlen und mittels Isobathen angegeben, ferner Sandbänke, Klippen, die Position der verankerten Seezeichen (Feuerschiffe, Tonnen) mit ihren Kennungen, die Zwangswege sowie der Küstensaum mit den für die Ortung wichtigen Objekten (Leuchttürme, Funkfeuer, markante Bauwerke, Berge u. a.). Nach dem Maßstab unterscheidet man *Hafenpläne* (1 : 5000 bis 1 : 20000), *Küstenkarten* (1 : 50000 bis 1 : 200000), *Kurskarten* und *Segelkarten* (1 : 200000 bis 1 : 1 Mill.) und *Übersichtskarten* (1 : 1 Mill. bis 1 : 5 Mill.). Während der Fahrt eines Schiffes wird in S. der Kurs eingetragen. S. sind größtenteils im Mercatorentwurf, Übersichtskarten auch im zentralperspektivischen Entwurf gezeichnet (→ Kartenentwürfe). Die Seevermessung liefert das Material für Laufendhaltung und Neuherstellung der S., die in kurzen Abständen erfolgen.

Seeklima, *ozeanisches Klima, maritimes Klima,* vom Meer beeinflußtes Klima. S. herrscht überall dort, wo relativ feuchte Luftmassen vom Meer her durch landwärts gerichtete Winde in den Kontinent hineingeführt werden. Das S. ist also nicht nur auf den unmittelbaren Küstenbereich beschränkt. Die Merkmale des S. sind: 1) hohe Luftfeuchtigkeit auch in den niederen Lagen, während im Binnenlande im allgemeinen nur in höheren Lagen eine größere Luftfeuchtigkeit anzutreffen ist; 2) hohe Niederschläge vor allem im Küstenstreifen, die landeinwärts deutlich abnehmen. Beim S. überwiegen die Winter- und Herbstregen, während die durch Konvektion hervorgerufenen Sommerniederschlä-

ge geringer sind; sommerliche Wärmegewitter sind selten. Eine winterliche Schneedecke entwickelt sich nur kurzfristig. In allen Jahreszeiten ist eine relativ starke Bewölkung vorhanden; 3) geringe oder mäßige jährliche und tägliche Temperaturschwankungen. Charakteristisch sind verhältnismäßig milde Winter und kühle Sommer, ein im Vergleich mit dem Kontinentalklima langsames Ansteigen der Temperatur im Frühling, ein langer Nachsommer und ein warmer Herbst. Fröste sind selten; 4) große Windwirkung im Küstengebiet; die Windstärken betragen hier im Mittel etwa das 1,4fache derjenigen im Binnenlande. In der warmen Jahreszeit kommt an der Küste noch die Wirkung des → Land-See-Windes hinzu; 5) eine relativ lange Vegetationsperiode. Allerdings ist die für das Wachstum wichtige Wärmesumme meist geringer als im Binnenland; die Ernte kann daher im Küstengebiet erst spät eingebracht werden, und trotz der langen Vegetationszeit kann die Nachfrucht nicht ausreifen.
Seekreide, → Mudde.
Seemeile, Kurzz. *sm*, in der Schiffahrt gebräuchliche Längeneinheit. Die S. ist ursprünglich als der 60ste Teil eines Grades des Meridianquadranten der Erde festgelegt worden; 1928 legte das Hydrographische Büro in Monaco die S. mit 1852 m fest.
Seesalz, → Steinsalz.
Sehnenberg, → Umlaufberg.
Seiches, den stehenden Wellen kleiner Meeresbecken und den Gezeiten ähnliche Erscheinungen, die sich gelegentlich in größeren Binnenseen bilden, z. B. im Genfer See und Balaton zu beobachten sind. Es handelt sich um Schaukelbewegungen des Seespiegels, die Höhen bis zu 1,87 m erreichen und an den Ufern deutliche rhythmische Wasserstandsschwankungen hervorrufen mit Perioden von 8 bis 14 Stunden.
Seifen, abbauwürdige Konzentrationen von schweren und verwitterbaren Mineralien in Sand- und Geröllablagerungen, hervorgegangen aus der Zerstörung älterer Lagerstätten. Die Trümmermassen finden sich noch an der ursprünglichen Lagerstätte oder in ihrer unmittelbaren Nähe (*eluviale S.*) oder sind von andersher zusammengeschwemmt worden (*alluviale S.*). Transportmittel ist meistens das fließende Wasser, also Bäche und Flüsse, in deren Unterlauf sich durch einen natürlichen Schlämmvorgang das wertvolle Material anreichert (*fluviatile S.*). Außerdem kann die Anreicherung durch Windausblasung erfolgt sein (*äolische S.*) oder im Meere im Bereich der Brandung unter Mitwirkung von Ebbe und Flut oder Meeresströmungen (*marine S.*).
Nach dem Inhalt der S. unterscheidet man 1) *Schwermetallseifen* (Gold, Platin, Zinnstein u. a.), 2) *S. mit*

Nichterzen (Zirkon, Monazit u. a.), 3) *Edelsteinseifen* (Diamant, Saphir, Edelzirkon, Bergkristall u. a.).
Seihwasser, Wasser, das aus Flüssen und Seen durch den als Filter wirkenden Untergrund in das Grundwasser gelangt, in der Wasserwirtschaft als uferfiltriertes Grundwasser bezeichnet.
Seismik, *Seismologie*, die Erdbebenkunde, Erdbebenforschung, → Erdbeben.
Seismogramm, → Erdbeben.
Seklusion, → Okklusion.
Sekretion, in der Geologie mineralische Bestandsmassen von Gesteinen, die einen Hohlraum in der Gesteinsmasse mehr oder weniger erfüllen, wobei sie im Unterschied zu den → Konkretionen von außen nach innen wachsen.
sekundär, an zweiter Stelle stehend oder zeitlich nachfolgend. S. Lagerstätten z. B. sind vom Ort ihrer Entstehung nach einem anderen Ort umgelagert worden, z. B. Seifen.
Sekundärwald, der nach Rodungen oder Bränden den ursprünglichen Primärwald ersetzende lichtere und artenärmere Bestand. Er geht entweder auf längerer Zeit wieder in den Primärwald über, oder er bildet bei Veränderung der ökologischen Voraussetzungen eine beständige Neuformation, wie man dies in Brasilien von dem 10 bis 12 m hohen Cerradão annimmt.
Selbstmulcheffekt, svw. Mulchen.
selektiv, ausgewählt. Man spricht in der Geomorphologie z. B. von *s. Verwitterung*, wenn verschieden widerständige Gesteine an derselben Stelle gleichzeitig verschieden stark und tief zerstört werden. Die weichen Gesteine werden ausgeräumt, die widerständigeren bleiben erhalten (Härtlinge). Bei der *s. Erosion* kommt es infolge des verschieden starken Einschneidens z. B. in widerständigen Gesteinen zur Bildung von Talengen, in weniger widerständigen zur Entstehung von Talweitungen. *S. Absorption* der Atmosphäre, → Absorption.
Selenit, svw. Gips.
Selvas, → Hyläa.
semi..., in Zusammensetzungen Übergangszustände andeutend, z. B. *semiarides Klima*, noch nicht völlig arides (trockenes) Klima, *semihumides Klima*, noch nicht völlig humides (feuchtes) Klima. *Semiterrestrisch* nennt man Böden, deren Entwicklung zeitweilig stark von Wasser beeinflußt wird, sei es durch Grundwasser (Gleyböden), Hochwasser (Auenböden), Meereswasser (Marschböden) oder Moorwasser (Torfböden, Hochmoor). Auch die Salzböden zählen zu den semiterrestrischen Böden.
Semiotik, *Semiologie*, die Wissenschaft von der allgemeinen Theorie der Zeichen und Zeichensysteme. Die S. gliedert sich in die *Pragmatik* (Beziehungen zwischen Zeichen und

Menschen), die *Semantik* (Bedeutungsfunktion der Zeichen), die *Syntaktik* (Struktur der Zeichenreihen) und die *Sigmatik* (Beziehungen zwischen Zeichen und Objekten). Die Lehre von der Anwendung der graphischen Mittel als Kommunikationsmittel zur Veranschaulichung von Informationen wird als *graphische Semiologie* bezeichnet. Aus der Sicht der S. ist die kartographische Darstellung eine spezielle Anwendungsform des graphischen Zeichensystems.
Senon, → Kreide, Tab.
Sequenz, eine Abfolge zeitlicher oder räumlicher Art, in der regionalen Geographie als Bezeichnung für den geographischen Formenwandel verwendet, in der Landschaftsforschung eine mit der → Catena verwandte Methode, räumliche Ordnungsprinzipien zu erfassen. G. Haase unterscheidet die *Toposequenz*, die lückenlose Abfolge topischer Einheiten, die eine wichtige Grundlage für die Charakteristik chorischer Einheiten bildet, von der *Chorosequenz*, die eine Abfolge ausgewählter repräsentativer chorischer Einheiten ist und für regional-geographische Darstellungen Bedeutung hat.
Serie, → System.
Serir, *Sserir m*, arabische Bezeichnung für eine geröllbedeckte flache Wüstentafel, in der Literatur häufig für jede Kies- oder Geröllwüste verwendet, → Wüste.
Sertão *m*, kaum erschlossenes oder unerschlossenes Land hinter der brasilianischen Küstenregion mit eigenen Wirtschafts- und Lebensformen.
Sesquioxide, eine Gruppe von Oxiden dreiwertiger Metalle (Sammelformel R_2O_3; meist $Al_2O_3 + Fe_2O_3$), die im Boden durch Oxydationsverwitterung (Tonmineralneubildung und Bildung freier Oxide und Hydroxide) sowie bei den Prozessen der Podsolierung (Tonzerstörung) und Laterisierung entstehen. Sie gestatten Rückschlüsse auf den Verwitterungsgrad (Kieselsäure-Sesquioxidverhältnis) des Bodens und auf Verlagerungsvorgänge im Boden. Die Eisenoxide haben, zusammen mit den übrigen „freien Oxiden und Hydroxiden", maßgeblichen Einfluß auf die Färbung des Bodens. In den Tropenböden beruht die rote Farbe z. T. auf der Bildung von Hämatit (Roteisen Fe_2O_3), in den Böden der gemäßigten Breiten entstehen die gelblichen bis braunen Farben der verwitterten Horizonte (*Verbraunung*) unter starker Beteiligung von Eisen und Brauneisen-Limonit $2(Fe_2O_3) + 3(H_2O)$. Die S. entstehen zunächst als amorphe Gele und tragen, wenn sie die verwitterten Minerale rindenförmig umgeben oder durch Alterungsprozesse sowie durch häufige Austrocknung kristallisieren, wesentlich zur Bildung stabiler Bodenaggregate bei (z. B. „Erdgefüge" der Latosole, überwiegend geflocktes Gefüge

der meisten Braunerden). In Böden mit Verlagerungsvorgängen entstehen Anreicherungshorizonte mit hohen Anteilen an S. Am markantesten tritt das in den Illuvialhorizonten der Podsole, wo es bis zur Ortsteinbildung kommen kann, und bei der Bildung von Laterithorizonten (sekundäre Anreicherung durch Wegfuhr der Kieselsäure) in Erscheinung. In diesen Fällen wirken sich die hohen Sesquioxidkonzentrationen nachteilig auf die Bodenfruchtbarkeit aus.
Seter, → Strand.
Sextant, ein Instrument zum freihändigen Messen von Winkeln. Der S. dient in der Nautik zum Messen von Gestirnsabständen (Stern- und Sonnenhöhen), wonach der Standort (des Schiffes) berechnet werden kann.
Sial, der obere Teil der Erdkruste, → Erde, Abschn. 4.
Siderosphäre, Erdkern, → Erde, Abschn. 4.
Siebenschläfer, der 27. Juni, einer der → Lostage. Wenn es am S. regnet, soll nach dem Volksglauben der Regen in den sieben folgenden Wochen anhalten. Dieser Regel, die fast niemals in dieser schroffen Form zutrifft, liegt die Tatsache zugrunde, daß sich um diese Zeit im Zusammenhang mit der monsunalen Strömung über Mitteleuropa häufig regenbringende Nordwestwetterlagen einstellen.
Siedethermometer, *Hypsothermometer,* ein Gerät zur Bestimmung der Höhe eines Ortes über dem Meeresspiegel. Das S. besteht aus einem Thermometer, das nur die Temperaturen von 80 bis 101 °C anzeigt, und einem Siedegefäß. Bei Abnahme des Luftdrucks sinkt auch in einem bestimmten Verhältnis dazu der Siedepunkt des Wassers. Bestimmt man also mit diesem Gerät den Siedepunkt, so kann man aus einer Tabelle den dazu-

Siede-temperatur (°C)	Barometerstand	annähernde Höhe des Ortes über dem Meeresspiegel (m)
82	384,4	5431
84	416,3	4797
86	450,3	4170
88	486,6	3551
90	525,4	2940
92	566,7	2337
94	610,7	1742
96	657,4	1153
98	707,2	573
100	760,0	

gehörigen Luftdruck ablesen, aus dem sich dann leicht die Höhe über dem Meeresspiegel errechnen läßt.
Signatur, in der Kartographie typisiertes Kartenzeichen mit festgelegter, in der Legende erklärter Bedeutung für Objekte, die in der Karte nicht mehr im Grundriß darstellbar sind (→ Generalisieren). Solche Objekte sind z. B. auf topographischen Karten Wegweiser, einzeln stehende Bäume (Darstellung durch kleine Ansichtsbildchen), auf chorographischen Karten Bergwerke (gekreuzte Hämmer), Flugplätze (stilisiertes Flugzeug) und Siedlungen (Ortsring). Nach der Gestalt werden geometrische S., symbolische S., bildhafte S. und Buchstabensignaturen unterschieden.
Signaturmethode, → Darstellungsmethode.
Sikussak [aus einer Eskimosprache], mehrjähriges Eis in den Buchten Grönlands.
Silikate, Verbindungen von Siliziumdioxid mit basischen Oxiden, neben den Oxiden die wichtigsten gesteinsbildenden Minerale. Zu ihnen gehören die Feldspäte, Feldspatvertreter, Augite, Amphibole, Glimmer, Olivine, Granate, Epidote, Zeolithe, Tonmineralien u. a.
Silur *n,* System bzw. Periode des Erdaltertums, auf das Ordovizium folgend. An der Wende Ordovizium/S. begann in Nordamerika die Auffaltung des Gebirgssystems der Appalachen. Gegen Ende des S. stieg in Nordeuropa das Kaledonische Gebirge auf, das sich von Irland bis Westskandinavien und von dort nach Grönland erstreckte. Die magmatische Tätigkeit war im Zusammenhang mit den Gebirgsbildungen recht rege. Das Klima war im allgemeinen ausgeglichen, die marine Tierwelt reich entwickelt. An nutzbaren Gesteinen bildeten sich Schiefer, Eisenerze und Salze. (Vgl. Tab. am Schluß des Buches.)
Früher wurden unter dem Begriff S. das *Ordovizium,* das jetzt als selbständiges System bzw. selbständige Periode gilt, und das *Gotlandium,* an dessen Stelle nunmehr der Begriff S. getreten ist, zusammengefaßt.
Sima, die untere Schicht der Erdkruste, → Erde, Abschn. 4.
Singularität, in der Meteorologie ein dem normalen durchschnittlichen Jahresgang widersprechender Witterungsverlauf, der an einen bestimmten Termin gebunden ist und fast regelmäßig auftritt. Die bekanntesten S. sind die *Eisheiligen* im Mai, die *Schafkälte* im Juni und die *Weihnachtsdepression,* die in der zweiten Dezemberhälfte häufig mildes Wetter bringt.
Sinkstoffe, svw. Flußtrübe.
Sinter, Mineralabsatz aus fließenden Wässern, Überzüge von Rinden, an Bergflanken auch Sinterterrassen bildend. Am verbreitetsten sind Kalksinter (→ Kalkstein) und Kieselsinter, der sich an heißen Quellen absetzt, besonders um die Geysire von Island, Neuseeland und im Yellowstone-Nationalpark in den USA.
Situation, veraltete Bezeichnung für die Grundrißelemente topographischer und chorographischer Karten.
Skagerrakzyklone, eine im Skagerrak häufig auftretende Belebung oder Neubildung von Zyklonen. Sie ent- steht dadurch, daß sich die Hauptzyklone an den skandinavischen Gebirgen staut und von der Flanke her gleichzeitig südlichere Luftmassen zugeführt werden.
Skelettböden, → Bodenart.
Skulpturformen, *Destruktionsformen, destruktive Formen,* die durch die exogenen Kräfte geschaffenen Oberflächenformen im Gegensatz zu den durch endogene Kräfte geschaffenen → Strukturformen.
Skyth, eine Stufe der → Trias.
Smog [aus englisch smoke ‚Rauch' und fog ‚Nebel'], zusammenfassende Bezeichnung für atmosphärische Verunreinigungen über Großstädten und Industriegebieten. Dazu gehören Nebel, suspendierte feste Teilchen (Staub, Flugasche, Salzpartikeln u. ä.) sowie in der Luft enthaltene Gas- und Säurebeimengungen (Schwefeldioxid, Stickstoffoxide, Kohlenwasserstoffe, Kohlenmonoxid u. a.). Smogkatastrophen entstehen bei windschwachen Hochdrucklagen besonders im Winter, sie können Massenerkrankungen mit gelegentlich tödlichem Ausgang auslösen. So traten im Dezember 1962 in London 102 Todesfälle durch S. auf. Der S. von Los Angeles ist an die sommerliche Hochdruckwetterlage des Mittelmeerklimas gebunden und beruht auf den Abgasen der Kraftfahrzeuge.
Smonitza, ein ursprünglich von Kubiena für den Bodentyp schwarzerdeähnlichen (tschernosjomartigen) Auenboden eingeführtes Synonym.
Gegenwärtig wird S. wegen der gänzlich von den Auenböden abweichenden Wasserdynamik und anderer Merkmale (wie Kalkgehalt und hoher Montmorillonitgehalt) als annähernd identischer Oberbegriff im Sinne von Grumusol (USA) und → tropische Schwarzerden gebraucht oder zumindest zu diesen Böden gezählt.
Soffione, Erdspalte in Toskana, aus der heiße Wasserdämpfe mit einem geringen Gehalt an Borsäure strömen.
söhlig [bergmännischer Begriff], svw. waagerecht. Gegensatz: → saiger.
Solarkonstante, der Energiebetrag, den die Erde an der Obergrenze der Atmosphäre, d. h. ohne Berücksichtigung des Energieverlustes beim Durchgang durch die Lufthülle, je Quadratzentimeter in der Minute von der Sonne zugestrahlt bekommt. Der mittlere Wert der S. beträgt 8,25 J/cm² min (1,97 cal/cm² min = 1,374 kW/m²) und schwankt zwischen 8,04 J/cm² min bei Sonnenferne im Sommer der Nordhalbkugel und 8,54 J/cm² min bei Sonnennähe im Winter der Nordhalbkugel. Der Wert ist außerdem abhängig vom Zustand der Sonnenoberfläche (Sonnenflecken). Er verändert sich auch innerhalb längerer geologischer Zeiträume, z. B. durch Veränderung der Exzentrizität der Erdbahn und durch die kreiselartige Schwingung der Erdachse, die Präzession. Diese langfristigen Verände-

rungen der S. sind berechnet und zur Erklärung der Eiszeiten herangezogen worden (→ Strahlungskurve).

Solfatare, nach der Solfatara, einem alten Vulkan in den Phlegräischen Feldern bei Pozzuoli (Golf von Neapel) benannte Form vulkanischer Tätigkeit, die in der Aushauchung schwefelhaltiger Dämpfe mit einer Temperatur zwischen 100 und 200 °C besteht. S. sind ein Anzeichen für das Abklingen des Vulkanismus.

Solifluktion, *Bodenfließen*, fließende bis kriechende Bewegung von Schutt- und Erdmassen auf geneigter Unterlage in Frostwechselgebieten. Man unterscheidet die *Jahreszeitensolifluktion* in polaren und subpolaren Gebieten, bei der der jahreszeitliche Frostwechsel die Bodenschichten bis in größere Tiefe erfaßt, von der *Tageszeitensolifluktion* in tropischen und subtropischen Hochgebirgen, die bei tageszeitlichem Frostwechsel nur die oberste Bodenschicht berührt. Die Jahreszeitensolifluktion schafft große, die Tageszeitensolifluktion kleine Formen. Man unterscheidet ferner die *Makrosolifluktion*, deren Formen durch Bewegungen an geneigten Hängen entstehen, von der *Mikrosolifluktion*, den innerhalb des ebenen Bodens vor sich gehenden Sonderungen des Materials, die als → Kryoturbationen bezeichnet werden.
Die obere Grenze der S. fällt mit der orographischen Schneegrenze zusammen, die untere Grenze liegt jeweils einige 100 m tiefer. Da die S. in einem subnivalen Bereich wirksam ist, bezeichnet man sie auch als *subnivale Denudation*, bisweilen noch als *periglaziale Denudation*, weil sie vor allem in periglazialen Gebieten anzutreffen ist; sie gilt als eine der kräftigsten Formen der Abtragung.
Besonders ausgeprägt ist die S. auf wasserdurchtränktem Dauerfrostboden, d. h. also in polaren und subpolaren Gebieten, vor allem in der Zone der Tundra, wo der durch geringe Vegetation fast ungeschützte sommerliche Auftauboden über den gefrorenen Untergrund schon bei geringster Neigung in Bewegung gerät (Fließerde). Die unteren Hangteile werden vielfach vom Solifluktionsschutt überdeckt, besonders dann, wenn die Flüsse nicht in der Lage sind, den Schutt abzutransportieren. Es kommt dann zu einer Aufschotterung der Talböden. Die Täler selbst nehmen infolge der reichlichen Materialzufuhr von den Talhängen muldenförmigen Querschnitt an.
Bei der *Hangsolifluktion* entstehen häufig wulstartige Stauungen, die am Hang eine Längsstufung verursachen. Oft reißt an diesen Wülsten die Grasnarbe auf; diese Erscheinung bezeichnet man als *Rasenabschälung*. Frostmusterböden verwandeln sich durch die S. in Streifenböden. In Hohlformen nimmt das bewegte Material die Form von Schuttzungen, Stein- oder Block-

strömen an. Die Blockmeere und den Wanderschutt in unseren Mittelgebirgen führt man größtenteils auf die dort während des Eiszeitalters herrschende S. zurück, die auch an der Verwaschung der Formen der Altmoränen beteiligt ist.
Der S. ähnliche Erscheinungen sind auch in wärmeren Gebieten anzutreffen. Hierher gehören z. B. das → Gekriech und der → subsilvine Bodenfluß.

soligelid nennt man die Vorgänge und Erscheinungen, die in Frostböden auftreten.

Sölle, *Sing*. das Soll, kleine, oft kreisrunde, von Wasser oder Torf erfüllte Hohlformen in der Grundmoräne ehemals vergletscherter Gebiete. Manche S. haben sich vermutlich durch Abschmelzen des von Sanden umlagerten Toteises gebildet; gelegentlich werden sie auch als Ausstrudelungsformen gedeutet, die ähnlich den Gletschertöpfen felsiger Gebiete in der Grundmoräne entstanden sein sollen. Die Mehrzahl der S. hat aber ihren Ursprung in ehemaligen Mergelgruben. S. sind vor allem in Mecklenburg sehr zahlreich anzutreffen. Viele S. hat wahrscheinlich der Mensch als Viehtränke oder Brandweiher künstlich offengehalten.

Solod, → Salzböden.
Solonez, → Salzböden.
Solontschak, → Salzböden.

Solstitium, *Sonnenwende*, der Zeitpunkt, zu dem die Sonne während ihrer scheinbaren jährlichen Bewegung an der Himmelskugel ihre größte bzw. kleinste Deklination hat, worauf sie sich wieder dem Himmelsäquator zuwendet. Die größte Deklination erreicht die Sonne um den 21. Juni (*Sommersolstitium* und Sommeranfang), die kleinste um den 21. Dezember (*Wintersolstitium* und Winteranfang). Die beiden Punkte auf der scheinbaren Bahn der Sonne, auf der Ekliptik, an denen sich die Sonne z. Z. der Solstitien befindet, sind die *Solstitialpunkte*, ihre Verbindungslinie ist die *Solstitiallinie*. Die Solstitiallinie steht senkrecht auf der Äquinoktiallinie, deren Endpunkte die Tag- undnachtgleichenpunkte (Äquinoktialpunkte) sind. Zur Zeit des Sommersolstitiums sind auf der nördlichen Erdhälfte die Tage am längsten, z. Z. des Wintersolstitiums am kürzesten, auf der südlichen Erdhälfte ist es umgekehrt. In den Solstitialpunkten erreicht die Sonne mittags ihre größte bzw. geringste Höhe über dem Horizont.

Solum, zusammenfassender Begriff für den Ober- und Unterboden (A- und B-Horizonte), d. h. für den Bereich des Bodenprofiles, in dem die bodenbildenden Prozesse ablaufen.

Sommer, eine der vier → Jahreszeiten. Astronomisch beginnt er um den 21. Juni (Sommersonnenwende) und endet am 23. September (Herbsttagundnachtgleiche). Klimatisch ist

der S. für die gemäßigten und polaren Gebiete die warme Zeit, die Zeit des Reifens der Vegetation. Im hydrologischen Jahr gelten die Monate Mai bis Oktober als S.
Unter *Sommerhalbjahr* faßt man auf der Nordhalbkugel die Monate April bis September, auf der Südhemisphäre die Monate Oktober bis März zusammen.

Sommertage, klimatologisch diejenigen Tage, an denen die Höchsttemperatur 25 °C überschreitet.

Sommerwald, *sommergrüner Wald*, *Aestisilva*, *Therodrymium*, Vegetationstyp aus reich verzweigten sommergrünen Gehölzen, die regelmäßig im Herbst das Laub abwerfen, Knospenschutz und im Winter wegen der Kälte und Trockenheit Vegetationsruhe haben. S. sind z. B. die Buchen- und Eichenwälder der gemäßigten Zone in Nordamerika, Europa, Asien, Nordchina, Japan und auf Sachalin.

Sonne, der Zentralkörper unseres Sonnensystems. Sämtliche Himmelskörper dieses Systems bewegen sich um die S. und erhalten von ihr Licht und Wärme. Die S. ist eine strahlende Gaskugel und erscheint von der Erde aus in einer mittleren Entfernung von 149,6 Mio km als eine kreisende, scharf begrenzte glänzende Scheibe mit einem Durchmesser von etwas mehr als $1/2$ Grad. Ihr wahrer Durchmesser beträgt 1,392 Mio km = 109,24 mittlere Erddurchmesser. Ihr Rauminhalt ist $1,412 \cdot 10^{18}$ km^3, ihre Masse $1,99 \cdot 10^{30}$ kg = 333000 Erdmassen. Sie ist etwa 750mal größer als die Masse aller anderen Körper des Sonnensystems zusammengenommen. Die Strahlungsleistung der S. ist $3,86 \cdot 10^{23}$ kW, die Strahlungsleistung je cm^2 Sonnenoberfläche 6,35 kW. Von der Gesamtstrahlungsleistung erhält die Erde nur etwa $1/2$ Milliardstel. Die effektive Temperatur der Sonnenoberfläche beträgt 5785 K.
Die S. führt eine scheinbare Bewegung aus, und zwar nimmt sie an der durch die Erdrotation verursachten täglichen Umdrehung des Fixsternhimmels von Ost nach West teil und bewegt sich außerdem infolge der Bewegung der Erde um die S. scheinbar dauernd langsam unter den Fixsternen von West nach Ost, also entgegengesetzt der täglichen Umdrehung. Diese scheinbare Bewegung unter den Fixsternen verläuft auf der Ekliptik.
Neben den scheinbaren Bewegungen führt die S. wahre Bewegungen aus, und zwar bewegt sie sich innerhalb des Milchstraßensystems relativ zu den Sternen ihrer Umgebung mit einer Geschwindigkeit von 19,4 km/s auf das Sternbild des Herkules zu und vollführt außerdem innerhalb von 230 Mio Jahren einen Umlauf um das Zentrum des Milchstraßensystems. Alle zum Sonnensystem gehörenden Körper werden bei diesen Bewegungen mitgeführt. Schließlich vollführt

die S. noch eine Drehung um ihre eigene Achse (Rotation).
Die S. wirkt in mannigfacher Weise auf die Erde ein. Vor allem hält sie durch ihre Anziehungskraft die Erde auf ihrer Bahn und ist durch ihr Licht und ihre Wärme die Quelle allen Lebens auf der Erde. Ihre Anziehungskraft gemeinsam mit der des Mondes ruft die Gezeiten hervor. Ferner wirken sich die verschiedenartigen Erscheinungen der Sonnenaktivität, d. h. der kurzzeitigen Veränderungen in der Sonnenstrahlung, auf der Erde aus. Die bekannteste Erscheinung der Sonnenaktivität sind die *Sonnenflecken*, dunkel erscheinende Störgebiete auf der S., die durch Störungen in der Sonnenstrahlung, nämlich durch verminderte Strahlung, entstehen. Ihre Häufigkeit folgt einer elfjährigen Periode, und daher zeigen auch viele Beeinflussungen der Erde durch die S. diese Periode. Die Erscheinungen der Sonnenaktivität bewirken Störungen in der Ionosphäre der Erdatmosphäre, die Störungen im Kurzwellenempfang sowie im Langwellenbereich zur Folge haben, auch Störungen im irdischen Magnetfeld. Von der S. in die Erdatmosphäre eindringende Teilchenströme erzeugen die Polarlichter. Der Zusammenhang von bestimmten meteorologischen und biologischen Erscheinungen mit dem Gang der Sonnenaktivität ist noch nicht geklärt.
Sonnenfinsternis, das vollständige oder begrenzte Unsichtbarwerden der Sonnenscheibe. Es entsteht dadurch, daß der Mond zwischen Erde und Sonne tritt. Voraussetzung dafür ist, daß Sonne und Mond gleiche ekliptikale Länge haben, daß also Neumond ist, und daß der Mond möglichst geringe ekliptikale Breite hat, also nahe seinem Knoten ist. Erdorte, die vom Kernschatten des Mondes getroffen sind, haben *totale S.*, Orte, die im Halbschatten liegen, *partielle S.*, Orte, die im Gegenkegel des Mondkern-

Totale Sonnenfinsternisse (1980 bis 1990)

Tag	betroffene Gebiete
16. 2. 1980	Atlantik, Zentralafrika Indischer Ozean, Indien, Burma, China
31. 7. 1981	Kaukasus, Aralsee, Sachalin, Pazifik
11. 6. 1983	Indischer Ozean, Djava, Neuguinea, Pazifik
30. 5. 1984	Pazifik, Mexiko, USA, Atlantik, Algerien
22. 11. 1984	Indonesien, Neuguinea, Südpazifik
12. 11. 1985	Südpazifik
3. 10. 1986	Nordatlantik
29. 3. 1987	Argentinien, Atlantik, Afrika, Somalia
18. 3. 1988	Indischer Ozean
22. 7. 1990	Finnland, Nowaja Semlja, Polarmeer, Pazifik

schattens liegen, *ringförmige S.* Die S. wiederholen sich in nahezu gleicher Weise nach 18 Jahren 11 Tagen (*Saroszyklus*), wenn auch nicht für ein und denselben Ort. Eine totale S. ist an einem bestimmten Ort nur etwa alle 200 Jahre sichtbar. Die Kenntnis des Saroszyklus ermöglichte bereits im Altertum genäherte Voraussagen von Sonnen- und Mondfinsternissen.

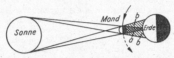

Sonnenfinsternis (schematisch). Die Zeichenebene entspricht der Ekliptikebene. *a* Kernschattenkegel, *b* Gebiet des Halbschattens

Sämtliche Verfinsterungen von 1207 v. u. Z. bis 2163 u. Z. (etwa 8000 S. und 5200 Mondfinsternisse) finden sich berechnet, die Kurven der Sichtbarkeit der totalen und ringförmigen S. auch auf Karten eingezeichnet im „Canon der Finsternisse" von v. Oppolzer (Wien 1887).
Sonnenrauch, svw. Höhenrauch.
Sonnenscheindauer, die Dauer der direkten Sonnenstrahlung am Tag, im Monat und im Jahr. Die S. ist klimatisch von großer Bedeutung, sie wird mit dem *Sonnenscheinautographen* gemessen. Dieser besteht aus einer Kugellinse, durch die das Sonnenlicht hindurchtritt und auf einem untergelegten Registrierstreifen eine meßbare Brennspur hinterläßt. Man gibt die S. entweder in Stunden an oder in Prozenten der am betreffenden Ort überhaupt möglichen S., d. h. der Länge der Zeit, während der die Sonne über dem Horizont steht. In Mitteleuropa liegt die S. im Jahresmittel bei etwa 40%. Sie ist in hohen Gebirgslagen meist größer als im Flachland.
Sonnensystem, die Sonne und alle Himmelskörper, die sich in elliptischen Bahnen gemäß den Keplerschen Gesetzen um sie bewegen (Planeten, Monde, Planetoide, Kometen, Meteorite). Die Sonne vereinigt die Hauptmasse des Systems in sich. Das Licht, das wir von den anderen Körpern des S. sehen, ist entweder reflektiertes oder (bei den Kometen) absorbiertes und in Eigenleuchten umgesetztes Sonnenlicht. Die im Raum des S. vorkommenden kleineren Körper, Staubteilchen, Gasatome und Elektronen, bilden die interplanetare Materie, zu der häufig auch die Planetoiden und Kometen gerechnet werden.
Sonnenwende, svw. Solstitium.
Sorption, allgemein die Aufnahme eines Stoffes durch einen anderen. In der Bodenkunde die Eigenschaft der Bodenkolloide (Austauscher), Ionen austauschbar anzulagern (zu sorbieren) und damit pflanzenver-

fügbar festzuhalten. In Böden ohne Sorptionsvermögen wäre die Nährstoffversorgung der Pflanzen allein auf das im Bodenwasser gelöste Ionenangebot angewiesen. Die Bodenkolloide bilden den *Sorptionskomplex* (Austauschkomplex) des Bodens und sorbieren hauptsächlich Kationen (→ Austauschkapazität); die Anionensorption spielt demgegenüber eine untergeordnete Rolle. Da die sorbierten Ionen austauschbar gebunden sind (z. B. tauschen die Pflanzenwurzeln Nährstoffkationen gegen H-Ionen ein), spricht man auch von *Ionenumtausch.* Die *Sorptionskapazität* und die Art des Ionenbelages geben wichtige Hinweise auf den Nährstoffhaushalt der Böden sowie auf die Bodenreaktion. Kolloidreiche Böden haben ein hohes Sorptionsvermögen, kolloidarme (z. B. Sande) ein geringes („Düngerfresser"). Böden mit großer Sorptionskapazität können, besonders bei starker Versauerung, wenig Nährstoffkationen enthalten, lassen sich aber durch gezielte Düngung wirkungsvoll verbessern.
Soziabilität, ein pflanzensoziologischer Begriff, der bei der Bestandsaufnahme die Art des Vorkommens einer Pflanze innerhalb des Bestandes kennzeichnet. Man unterscheidet fünf Stufen: „1" einzeln, „2" gruppenweise, „3" truppweise, „4" scharenweise, „5" herdenweise. Pflanzen, die sich durch Ausläufer vermehren, haben z. B. immer einen hohen Soziabilitätsgrad. Daher wird die S. oft nur angegeben, wenn eine Art abweichend von ihrem normalen Auftreten im Bestand erscheint.
Spalierstäucher, svw. Kriechsträucher.
Spalte, eine klaffende Fuge im Gestein. Sie entsteht aus einer Kluft durch Verwitterung oder Auseinanderweichen der Gesteinsschollen oder auch bei Erdbeben, Vulkanausbrüchen u. a. S. können bis zu mehreren Kilometern Tiefe aufreißen und sich horizontal weit ausdehnen. Sie füllen sich meist mit Verwitterungsschutt oder aufdringendem magmatischen Stoffen. Eine solche sekundär gefüllte Spalte nennt man *Gangspalte*, das Ausfüllungsmaterial → Gang. Häufig ist zu beobachten, daß lange S. plötzlich aufhören und in einiger Entfernung wieder einsetzen. Man spricht dann von einem *Spaltenzug*, bei mehreren parallelen Spaltenzügen von einem *Spaltensystem.*
späte Wärmezeit, svw. Subboreal.
Spätglazial, *Späteiszeit*, der Zeitabschnitt zwischen dem Hochstand der letzten pleistozänen Vereisung und dem Ende der Gotiglazials oder dem Zerfall der skandinavischen Inlandeismassen (Bipartition). In den Alpen umfaßt das S. die Rückzugsstadien bis zum Egesenstadium. (Hierzu Tab. → Postglazial.)
Speiloth, → Flußschwinde.
Spektrum, in der Biogeographie die Zusammensetzung der betreffenden

Lebensform nach Arten, wobei diese jeweils im Prozentsatz der Gesamtzahl der berücksichtigten Arten angegeben werden. Das *systematische S.* ist die Floren- oder Faunenzusammensetzung eines Gebietes auf Grund des natürlichen Systems der Pflanzen bzw. Tiere; es erfaßt also den Gesamtbestand der im betreffenden Gebiet vorkommenden Arten, ohne gleichzeitig die Häufigkeit der Art zu berücksichtigen.
Speläologie, → Höhlen.
Spezialkarte, veraltete Bezeichnung für → Themakarte oder auch für großmaßstäbige topographische Karte.
Sphäroid, theoretische Erdfigur, → Erde, Abschn. 1.
Spiegel, → Harnisch.
Springflut, → Gezeiten.
Sprung, svw. Bruch.
Spülmulde, svw. Flachmuldental.
Spülrinnen, die durch das abfließende Regenwasser, besonders bei Starkregen, in die oberste Bodenkrume eingerissenen flachen Furchen, ein Anzeichen der Bodenerosion.
Stadium, allgemein ein in einer bestimmten Entwicklung erreichter Stand, in einer Periodisierung ein kleinerer Zeitabschnitt; in der Glazialgeologie ein durch eine Eisrandlage belegter Stand des Gletschers innerhalb einer Eiszeit, der entweder einen Rückzug oder einen erneuten Vorstoß der Eismassen anzeigt. Im Falle eines neuen Vorstoßes wird die vorangehende wärmere Zeit als *Interstadialzeit* bezeichnet.
Stadtklima, das lokale Klima einer größeren Stadt. Es weist durch die Ballung von meist hohen, eng beieinanderstehenden Steinbauten, das Fehlen einer Vegetationsdecke, die Erzeugung von Wärme und Abgasen infolge Verbrennung von Heizmaterialien u. a. sowie durch die Abschwächung der einfallenden Strahlung infolge Dunstanreicherung Unterschiede gegenüber dem Klima der Umgebung auf, d. h., es ist ausgeglichener und milder. Die jährlichen Gegensätze sind geringer, die Menge der jährlichen Niederschläge, die Bewölkung und die Nebelhäufigkeit sind größer. Stadtluft ist wegen der in ihr angereicherten Verunreinigungen (Staub, Abgase, Verbrennungsteilchen) ungesund. Auflockerung der Bauweise, Schaffung von Grüngürteln, Verlegung von Bahnen und Industrieanlagen außerhalb der Wohnbezirke sollen Abhilfe schaffen. Die Erforschung des S. gehört zum Aufgabenbereich der Mikroklimatologie.
Stagnogley, *Molkenboden, Misse*(n)*boden, Molkenpodsol,* teils als selbständiger Bodentyp aufgefaßter, teils den Pseudogleyen gestellter Boden mit sehr lang anhaltender (in feuchten Jahren permanenter) Staunässe, die einen Übergang zum Grundwasser bildet. S. entstehen besonders in höheren (> 500 m ü. NN) und feucht-

kühlen Plateaulagen der Mittelgebirge (hier oft auf fossilen Böden, z. B. auf Graulehmen), kleinflächig in Muldenlagen auch im Tiefland. Charakteristisch ist ein Ag-g-Profil. Unter der rohhumusartigen Auflage folgt ein dunkler humoser A_1g-Horizont, darunter ein naßgebleichter schwach humoser A_2g-Horizont, der sich meist in zwei Subhorizonte gliedert, nämlich in eine obere, schmutziggraue *„Klebsandschicht"* (die Klebrigkeit beruht auf Einschlämmung von sauren Humusstoffen) und in eine untere, helle Bleichzone, die dichte *„Molkenschicht".* Darunter folgen der marmorierte Horizont und schließlich in größerer Tiefe Reduktionshorizonte. Die S. leiden besonders unter Luftmangel, sind kalt, schlecht belebt und zumeist sauer und nährstoffarm. Sie werden fast ausschließlich als Grünland- oder als Waldstandorte genutzt. Unter geeigneten Bedingungen können sich aus S. Hochmoore entwickeln.
Stalagmit, → Tropfstein.
Stalagnat, → Tropfstein.
Stalaktit, → Tropfstein.
Standort, in der Pflanzengeographie die Gesamtheit der ökologischen Faktoren, die an einem bestimmten Ort auf die Pflanzenwelt maßgeblich einwirken; dazu gehören die abiotischen Faktoren (Landschaft, Lage, Boden, Klima) und die biotischen Faktoren (Artgenossen, Mitbewohner, Feinde, Nahrung u. a.). In der Landschaftsökologie und der forstlichen Standortskunde wird zwischen *Standortsform* als dem Typ des Standorts und dem *Standortsraum* als dem Areal gleicher Standortsbedingungen unterschieden. Der S. ist vom Fundort (Wuchsort, Lokalität) zu unterscheiden, der Stelle der Erdoberfläche, wo die betreffende Pflanze anzutreffen ist.
Standortklima, das Klima eines kleineren Gebietes, das sowohl für Wildals auch für Kulturpflanzen besondere Wachstumsbedingungen schafft. So spricht man z. B. vom S. des Auwaldes und der Steppenheide, aber auch eines Kiefernbestandes u. a. Das S. wird mit mikro- und makroklimatischen Methoden erforscht.
stationär, Bezeichnung für einen Zustand, in dem keine Veränderung stattfindet, in dem sich Kräfte und Gegenkräfte im Gleichgewicht befinden. Das ist z. B. beim Gletscher der Fall, wenn die Gletscherzunge weder vorrückt noch zurückweicht, weil Ernährung und Ablation sich die Waage halten. Um Bewegungen oder Veränderungen klar erfassen zu können, nimmt man vielfach einen errechneten s. Zustand als Bezugsgröße an. Selbstverständlich ist ein s. Zustand meist nur für einen beschränkten Zeitraum gültig oder nur näherungsweise zu berechnen. Man spricht dann auch zuweilen von *quasistationär.*
Stau, die Erscheinung, daß Luftmassen, die gegen ein Gebirge strö-

men, durch das Aufsteigen zur Wolkenbildung und zu Niederschlägen (Stauregen) veranlaßt werden. Die dabei entstehenden „orographischen" Wolken werden als *Hinderniswolken* bezeichnet.
Staub, feste Schwebstoffe, die durch Wind, Verkehrsmittel, industrielle Prozesse u. a. in die Luft gelangen und sich allmählich absetzen. In der Bodenkunde der Kornfraktion von 0,06 bis 0,01 mm Durchmesser, die im → Löß (sedimentierter Flugstaub) ein ausgesprochenes Korngrößenmaximum bildet.
Staubhaut, in den Kernwüsten Nordchiles und anderer Gebiete auftretende Erscheinung, daß der nur wenige Zentimeter mächtige staubartige Boden in ganz dünner Schicht oberflächig verkittet ist. Vermutlich wird die S. durch gelegentliche Durchfeuchtung und Wiederverdunstung hervorgerufen. Da die S. einen hinreichenden Schutz gegen die Ausblasung gewährt, ist die Luft trotz des pulverartigen Bodens staubarm.
Staukuppe, → Vulkan.
Staunässe, *Stauwasser,* über dichten, schlecht wasserdurchlässigen Schichten oder Bodenhorizonten (Staunässesohle, Staunässekörper) infolge geringer Perkolationsgeschwindigkeit sich ansammelndes stagnierendes Sickerwasser. Im Unterschied zum Grundwasser hält die S. nicht ganzjährig aus. Sie bildet sich in Perioden mit reichlichem Sickerwasseranfall (besonders im Frühjahr), wobei der vom Wasser überstaute Teil des Bodenprofiles (Stauzone) bis zur Bodenoberfläche reichen kann und unter Luftabschluß anaeroben Prozessen ausgesetzt ist. Im Laufe der Vegetationszeit wird die S. durch anhaltende geringe Versickerung über die Staunässesohle und durch den Wasserbedarf der Vegetation allmählich beseitigt. Es kann sogar zur Austrocknung der Stauzone kommen. Andererseits ist in nassen Perioden auch während der Vegetationszeit eine, wenn kurzfristige, Neubildung von S. möglich. Charakteristische Staunässeböden sind der → Pseudogley und der → Stagnogley.
Stauwasser, 1) svw. Staunässe. 2) → Gezeiten.
Stefan, eine Stufe des → Karbons.
Steilaufnahmen, → Luftbild.
Steineis, das fossile Bodeneis, das sich aus der Zeit der pleistozänen Vergletscherung bis heute erhalten hat. Man findet S. besonders in Ostsibirien (Neusibirische Inseln) und in Alaska.
Steine und Erden, Sammelbegriff für nutzbare Gesteins- und Mineralvorkommen, die nicht unter die Begriffe Erze, Brennstoffe und Salze fallen. Zu den S. u. E. gehören von den Festgesteinen z. B. Granit, Diabas, Basalt, Kalkstein, Kreide, Dolomit, Marmor, Sandstein, Quarzit, Gips, Schiefer, von den Lockergesteinen

z. B. Kies, Sand, Lehm, Ton, Kaolin, und von den **Mineralen** z. B. Quarz, Schwerspat, Flußspat, Feldspalt, Kieselgur, Talk, Glimmer, Magnesit, Graphit, Asbest, Diamant, Schmirgel, Okker. Die S. u. E. bilden eine wichtige Rohstoffgrundlage für die Bau-, Glas- und keramische Industrie, auch für die Schwerindustrie, die chemische und Düngemittelindustrie.

Steinlawine, → Steinschlag.

Steinpflaster, Anreicherung von Steinen an der Erdoberfläche, die durch Ausblasung des Feinmaterials durch den Wind entsteht und den Boden in dünner Schicht bedeckt. Die einzelnen Steine zeigen oft Windschliff. S. finden sich vielerorts als **Steinsohlen** in pleistozänen Ablagerungen und zeigen dann an, daß an dieser Stelle ehemals eine einer äolischen Wirkung ausgesetzte Landoberfläche vorhanden war, z. B. an der Basis der Lößgebiete der DDR.

Steinsalz, *Halit,* gesteinsbildendes Mineral, chemisch *Natriumchlorid,* NaCl, kommt in mächtigen Salzlagerstätten vor, ferner als Ausblühung in Steppen und Wüsten (*Steppen-, Wüsten-* oder *Kehrsalz*), gelöst in Solquellen, Salzseen (→ See) und als *Seesalz* im Meer. Regionalgeographisch sind die → Salzböden von besonderer Bedeutung.

Steinschlag, der Absturz einzelner Gesteinstrümmer, die durch die Frostverwitterung aus dem Gesteinsverband der Felswände gelöst worden sind. S. erfolgt hauptsächlich im Frühjahr, wenn Tauwetter eintritt und die im Winter losgesprengten, noch festgefrorenen Gesteinstrümmer in Bewegung geraten. Der S. setzt meist dann ein, wenn die Wandteile von der Sonne erreicht und erwärmt werden. Besonders häufig ist S. in tiefen Klüften, den **Steinschlagrinnen.** Von diesen aus bauen sich die meisten Schutthalden am Fuß der Felswände auf. Wird durch das Herausbrechen einzelner Gesteinstrümmer der Zusammenhalt größerer Felspartien gelockert, so kommt es zum Absturz größerer **Steinlawinen** und schließlich zu → Felsstürzen und → Bergstürzen.

steno..., Vorsilbe, die eine beschränkte Anpassungsbreite der Organismen bezeichnet. So können z. B. stenohaline Organismen größere Schwankungen des Salzgehaltes nicht vertragen. Gegensatz: → eury...

Stenotopismus, die Erscheinung, daß das Vorkommen einer Pflanzen- oder Tierart infolge ihrer geringen Anpassungsfähigkeit an die Umweltfaktoren auf ein eng umgrenztes Areal beschränkt ist. Gegensatz: → Eurytopismus.

Steppe, *Xeropoium,* eine meist baumlose, offene Pflanzenformation der außertropischen Klimazonen, die sich aus xerophilen Gräsern und Kräutern, vor allem *Festuca, Stipa* und *Andropogon,* zusammensetzt. Charakteristisch sind auch hochwüchsige Stauden, ferner Knollen- und Zwiebelgewächse. Ausgedehnte S. finden sich sowohl in den Subtropen als Umrandung der Wüsten als auch in den kontinentalen Gebieten der gemäßigten Zonen. In Eurasien zieht sich der geschlossene Steppengürtel in ost-westlicher Richtung von der Moldauischen SSR durch die Ukraine über das Wolgagebiet bis in das Vorland des Altai, während weiter östlich die S. nur noch inselartig auftritt. In Nordamerika dagegen erstreckt sich die Zone der S. – hier als *Prärie* bezeichnet – in meridionaler Richtung von Saskatchewan im Norden bis fast an den Golf von Mexiko im Süden. Auf der Südhemisphäre finden sich S. vor allem in Argentinien und Uruguay (→ Pampa), in Australien und in Südafrika.

Die Niederschläge fallen in der S. überwiegend im Sommerhalbjahr mit meist zwei deutlichen Maxima im Frühjahr und Herbst, während der eigentliche Sommer selbst ausgesprochen trocken und durch heftige, austrocknende Staubstürme (in der Sowjetunion als Suchowei bezeichnet) gekennzeichnet ist. Im Winter fegen oft starke Schneestürme über das Land, die im sowjetischen Gebiet Buran, in Nordamerika Blizzard genannt werden. Die fließenden Gewässer sind meist Fremdlingsflüsse, die aus den Waldzonen kommen.

Der größte Teil der S. ist heute in Kulturland verwandelt (vor allem Weizenanbau), doch hat durch die Beseitigung der Grasnarbe die Gefahr der Bodenerosion stark zugenommen.

Die S. war einst reich an Lauftieren (Antilopen und Wildpferde in Eurasien, Bisons in Nordamerika), sehr zahlreich sind noch Bodentiere, z. B. Ziesel, Hamster, Blindmäuse und Pferdespringer, vertreten.

Die S. ist keine einheitliche Formation, sondern bildet eine Reihe charakteristischer Zonen. Am Rande der großen Waldgürtel tritt als Übergang zur eigentlichen S. die *Waldsteppe* auf, die von manchen Forschern als selbständiger Vegetationsgürtel aufgefaßt wird. Zu ihr gehörten in Europa ursprünglich z. B. auch das Oberrheingebiet, das innere Thüringer Becken, die Magdeburger Börde, das Pannonische Becken und die Walachei. Heute ist sie fast restlos in Kulturland umgewandelt. Mit abnehmender Feuchtigkeit geht die Waldsteppe über die **Strauchsteppe** in die *Grassteppe* über. Auch sie ist heute überwiegend Ackerland, doch sind bei ausbleibenden Niederschlägen häufig Dürren zu verzeichnen. Zu dieser Zone rechnet man in Eurasien z. B. auch die Hochebene von Kastilien und das Innere von Anatolien. In der *Wüstensteppe* (*Halbwüste*), dem Übergangsgebiet zwischen der Grassteppe und der Wüste, ist die Vegetation nur noch schütter, der nackte Boden nimmt mehr als die Hälfte der Fläche ein. Meist tritt sie in der Sonderform der *Salzsteppe* auf, deren Pflanzen – in Eurasien insbesondere *Artemisia-* (Beifuß-) Arten – dem salzhaltigen Boden angepaßt sind. Die Salzsteppe weist nur noch wenige periodische Gewässer auf; meist enden diese in abflußlosen Pfannen, in denen z. T. Salzseen anzutreffen sind. In der Wüstensteppe ist Ackerbau ohne künstliche Bewässerung nicht mehr möglich; in erster Linie wird hier daher extensive Viehzucht getrieben.

Als *tropische* S. bezeichnete man früher die offenen Grasfluren der Trockensavanne. *Kältesteppe* wird mitunter die Tundra genannt. *Kultursteppe* bezieht sich im allgemeinen auf eine Landschaft, in der die Anbaukulturen die ursprüngliche Vegetation, vor allem Wald, fast restlos verdrängt haben.

Steppenbleicherde, → Salzböden.

Steppensalz, → Steinsalz.

Steppenschwarzerde, svw. Tschernosjom.

Stereo..., svw. Raum..., z. B. Stereophotogrammetrie, Stereogramm (→ Blockdiagramm).

Stern, astronomisch eine selbstleuchtende Gaskugel hoher Temperatur, z. B. die Sonne. Die S. erscheinen – abgesehen von der Sonne – infolge ihrer großen Entfernung auch in den größten Teleskopen punktförmig und an der Himmelskugel feststehend (*Fixsterne*), obwohl sie sich tatsächlich mit Raumgeschwindigkeit von durchschnittlich mehreren Kilometern je Sekunde bewegen. Mit bloßem Auge sind am gesamten Himmel etwa 5000 S. erkennbar. Sie und etwa 100 Milliarden weitere S. bilden ein eigenes Sternsystem, das → Milchstraßensystem.

Stielgang, svw. Schlot.

Stillwasser, → Gezeiten.

Stirnflüsse, die am Fuß von Schichtstufen entlangfließenden Flüsse, die man früher als Ursache für die Herausbildung der steilen Stufenstirn ansah (→ Schichtstufe).

Stock, eine ausgedehnte Gesteinsmasse, die das Nebengestein mit steilen Wänden durchsetzt. Man unterscheidet *Intrusivstöcke* oder *Eruptivstöcke,* die meist aus Granit bestehen, *Sedimentstöcke,* z. B. → Salzstöcke, und S. der Kiesstöcke des Rammelsberges bei Goslar.

Stockwerkbau, in verschiedenem Sinne gebrauchte Bezeichnung für die Tatsache, daß sich gewisse Formenelemente in verschiedener Höhenlage wiederholen. So spricht man z. B. in der Geomorphologie vom S. eines Gebirges, wenn sich dieses aus verschieden hoch gelegenen Verebnungsflächen aufbaut, vom S. der Täler, wenn die Hänge von verschieden hoch liegenden Terrassen und Verflachungen gegliedert werden. Auch in der Höhlenkunde spricht man von Stockwerken, wenn nämlich die Höhlenzuflüsse in verschiedener Höhenlage

übereinander anzutreffen sind, und in der Grundwasserkunde von Grundwasserstockwerken.
In der Geomorphologie wird der S. im allgemeinen als Beweis dafür angesehen, daß die Hebung des betreffenden Gebirges in mehreren Phasen vor sich ging, zwischen die sich Zeiten tektonischer Ruhe mit vorherrschender Seitenerosion einschalteten; während der Ruhezeiten sind die Verflachungen entstanden.

Storchschnabel, svw. Pantograph.

Störung, 1) *atmosphärische S.,* svw. wanderndes → Tiefdruckgebiet. Vielfach versteht man unter S. auch nur die → Fronten (Störungslinien), z. B. wenn vom Durchgang einer S. gesprochen wird; der Ausdruck ist insofern unzutreffend, als diese S. des schönen Wetters gesetzmäßig begründete Wetterabläufe sind.
2) *Dislokation,* in der Geologie a) jede tektonische oder atektonische Bewegung, die die normale Lagerung eines Krustenteils stört, d. h. den ursprünglichen Zusammenhang von Gesteinsverbänden unterbricht, wobei man unterscheidet zwischen *Pressung* oder *kompressiver Dislokation* und *Zerrung* oder *disjunktiver Dislokation,* die jeweils in horizontalen oder vertikalen Bewegungen bestehen können; b) die Lagerungsstörung selbst, die durch solche Krustenbewegungen entstand. Durch Pressung entstehen überwiegend Falten, → Überschiebungen und → Blattverschiebungen, durch Zerrung → Flexuren; doch ist eine grundsätzliche Trennung der Dislokationsformen nach der Art der Bewegung nicht möglich. Überschiebungen und Blattverschiebungen bezeichnet man auch als → Brüche; im engeren Sinne bezeichnet man nur die Brüche als S.

Stoßkuppe, → Vulkan.

Strahlung, 1) in der Physik die räumliche Ausbreitung von Energie in Form von Wellen oder Teilchen. Danach unterscheidet man a) *Wellenstrahlung,* d. h. die Ausbreitung von Schallwellen und elektromagnetischen Wellen, z. B. Lichtwellen (etwa 380 bis 780 nm Wellenlänge), und b) *Korpuskularstrahlung (Teilchen-, Partikelstrahlung),* d. h. die Aussendung und geradlinige Fortbewegung kleinster Masseteilchen, z. B. kosmische Strahlung. Die Unterscheidung zwischen Wellen- und Korpuskularstrahlung ist jedoch nur praktischer Natur; jeder elektromagnetischen Welle und jedem Korpuskel müssen Wellen- und Teilcheneigenschaften zugeschrieben werden (Dualismus von Welle und Korpuskel).
2) in der Meteorologie die Wärmeeinstrahlung auf die Erde durch die Sonne (**Insolation**) und die Wärmeausstrahlung von der Erde in den Weltraum. Die Sonnenstrahlung ist fast die einzige Energiequelle für die Wärme der Erdoberfläche und der Luft und damit der Witterungsvorgänge.

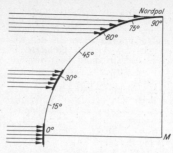

Einfallswinkel der Sonnenstrahlen und durch gleiche Strahlenbündel beleuchtete Flächen in verschiedenen Erdbreiten. M Erdmittelpunkt

Von dem an der Grenze der Atmosphäre einfallenden Strahlungsbetrag (→ Solarkonstante) geht mehr als die Hälfte auf dem Weg durch die Atmosphäre verloren. Ein überwiegend kurzwelliger Teil dringt ungehindert bis zur Erdoberfläche durch. Ein weiterer Teil wird von Kohlendioxid, Ozon und Wasserstoff der Luft absorbiert. Der übrige Teil besonders der kurzwelligen S. wird beim Durchgang durch die Atmosphäre an den Luftmolekülen, an Staubteilchen und Wassertröpfchen diffus zerstreut oder absorbiert, wodurch der Himmel farbig erscheint (→ Himmel). Am Erdboden wird die kurzwellige S. in langwellige Wärmestrahlung umgesetzt.
Die Wärme, die die Erdoberfläche durch die S. erhält, ist in den verschiedenen geographischen Breiten und in den einzelnen Jahreszeiten verschieden groß, denn die Strahlungsmenge je Fläche ist von dem Winkel abhängig, unter dem die Strahlung auf die Erdoberfläche einfällt. Je flacher die Strahlung einfällt, desto größer ist die Fläche, die von einem Strahlenbündel getroffen wird, d. h., die gleiche Strahlungsmenge verteilt sich auf eine größere Fläche. Die Polarzonen der Erde sind daher in bezug auf die S. ganz besonders benachteiligt.
Die auf der Erdoberfläche in Wärme umgesetzte S. wird nun wiederum vom Erdboden ausgestrahlt. Diese langwellige dunkle S. geht zu 60% in den Weltraum zurück, zum anderen Teil aber wird sie in den unteren Schichten der Atmosphäre absorbiert, so daß diese von unten her erwärmt werden. Die Luft dehnt sich infolge der Erwärmung aus, wird leichter, steigt auf, und es entstehen vertikale Luftbewegungen (→ Luftdruck). Die Luftschichten der Troposphäre werden also nicht nur von der Einstrahlung der Sonne, sondern überwiegend durch die Ausstrahlung vom Erdboden her erwärmt.
Die Ausstrahlung wirkt sich nachts stärker aus als am Tage, weil dann jede Einstrahlung fehlt. Dadurch kühlen sich der Erdboden und die unmittelbar darüberliegenden Luftschichten allmählich ab. In wolkenlosen Nächten und im Winter kann es dabei zur → Inversion kommen, bei der die höheren Luftschichten wärmer bleiben als die dem Erdboden nahen.
Die durch Ausstrahlung in wolkenlosen Nächten an Ort und Stelle erzeugte Temperaturerniedrigung nennt man *Strahlungskälte.* Wird der Gefrierpunkt unterschritten, so spricht man von *Strahlungsfrost.*
Die von der Erdoberfläche abgegebene, in der Atmosphäre von Kohlendioxid und Wasserstoff absorbierte Wärmestrahlung wird in gewissem Umfang der Erde als atmosphärische Gegenstrahlung zurückgegeben. Diese Gegenstrahlung wird durch die Wolken und Dunstschichten verstärkt und verhindert damit eine anomale Auskühlung der Erdoberfläche (Glashauswirkung der Atmosphäre). Diese Tatsache ist besonders für hohe Breiten und für die kalte Jahreszeit von klimatischer Bedeutung.
Der Strahlungshaushalt der Atmosphäre ist, als Ganzes gesehen, stets im Gleichgewicht. Das Defizit an den Polen, wo die Ausstrahlung die Einstrahlung übersteigt, wird durch Wärmetransporte gedeckt, die durch die Luftströmungen (→ atmosphärische Zirkulation) und die → Meeresströmungen erfolgen.
Die Messung der Sonnenstrahlung erfolgt durch verschiedenartige Aktinometer, Pyrheliometer oder Solarimeter, z. B. das Schwarzkugelthermometer (→ Thermometer).

Strahlungsgürtel der Erde, → Atmosphäre.

Strahlungskurve, von dem Belgrader Astronomen W. Milankovitch 1930 aufgestellte Kurve der Veränderung der Strahlungsintensität der Sonne (Solarkonstante) in den letzten 650000 bis 1000000 Jahren. Diese Veränderungen sollen durch langperiodische Schwankungen der Erdbahnelemente verursacht worden sein. Die S. wurde sodann zu den Klimaschwankungen des Quartärs in Beziehung gesetzt und die Minima der S. als Kaltzeiten (Eisvorstöße), die Maxima als Warmzeiten (Interglazialzeiten) gedeutet. Damit schien die S. eine absolute Chronologie des Eiszeitalters zu ermöglichen.
Neuerdings werden Einwände gegen die S. erhoben. Die zeitliche Zuordnung deckt sich nicht mit den pollenanalytischen Ergebnissen und den vorgeschichtlichen Funden, vor allem für die nacheiszeitliche Klimaentwicklung. Die einzelnen Eiszeiten erscheinen nach der S. zu kurz, so daß unwahrscheinlich hohe Eisvorstoßgeschwindigkeiten angenommen werden müßten. Nach der S. müßte die pleistozäne Vereisung auf der Nordhalbkugel zu einer anderen Zeit eingetreten sein als auf der Südhalbkugel; das hat

sich aber bisher nicht bestätigen lassen.
Strand, der aus Lockermaterial, hauptsächlich Sand, aufgebaute flache Uferstreifen an einer Meeresküste, einem See oder auch Fluß. Der *Meeresstrand* ist ein Kennzeichen der Flachküste, entsteht aber auch örtlich an einer im übrigen felsigen Steilküste, z. B. im Inneren von Buchten, wenn die Materialzufuhr größer ist als der Abtransport. Durch den flachen S. werden die Brandungserscheinungen, die morphologischen Vorgänge und Küstenformen weitgehend beeinflußt. Die Brandung wird an der Flachküste schon weit draußen gebrochen. Die als Roller bogenförmig auf den S. auflaufenden Wellen bringen feines Material mit. Ein Teil davon wird von der zurückfließenden Wassermenge, dem Sogstrom, wieder mitgenommen und baut die küstenparallelen Sandriffe auf, der am S. verbleibende Teil baut dagegen nicht nur durch Tangstreifen gekennzeichnete Girlanden auf, sondern auch einen ganz flachen, nur wenige Dezimeter hohen Wall, den **Strandwall.** Im Winter und in den Übergangsjahreszeiten, wenn der Wellenschlag meist stärker ist, liegt der Strandwall etwas höher als im Sommer. Bei Sturmflut kann der S. große Veränderungen erfahren und die Brandung die hinter dem Sandstrand liegenden Dünen angreifen, ein Dünenkliff einnagen oder die Dünen gar durchbrechen. Der trockene Sand des Strandwalles wird vom Wind zu flachen Vordünen aufgeweht, die bei ungestörter Entwicklung weiter wachsen und zu Hauptdünen werden können. Geht die Anlandung von Material immer weiter, so verbreitert sich der S., und es können mehrere Dünenwälle hintereinander entstehen, wie das fast überall an den sandigen Flachküsten der Fall ist. (Abb. → Brandung.)

Wehen die vorherrschenden Winde schräg zum S., so werfen auch die Roller den Sand schräg auf den S. auf, führen ihn aber beim Zurückfließen etwa senkrecht zum S. ab; mit der nächsten Welle wiederholt sich dieser Vorgang, so daß ein dauernder Materialtransport längs der Küste stattfindet. Man spricht dann von **Strandversetzung** (*Küstenversetzung*), die von der unter dem Einfluß der vorherrschenden Windrichtung entstehenden Küstenströmung noch unterstützt wird. Erlahmt nun hinter Landvorsprüngen oder an der Ansatzstelle von Buchten infolge Nachlassens der Strömung die Transportkraft, so wird hier Sand abgelagert und etwa in Richtung des bisherigen Küstenverlaufes eine schwach nach der Bucht zu eingebogene Sandzunge angebaut, die zu einem Haken und bei fast völliger Abschnürung der Bucht zu einer Nehrung wird, hinter der sich das Haff ausdehnt.

Das Ergebnis der Strandversetzung ist ein Ausgleich des Küstenverlaufs: Die vorspringenden Kaps und Sporne unterliegen der Abrasion und werden in Kliffs zurückgeschnitten, die Buchten durch vorgelagerte Nehrungen abgeschlossen. So entsteht eine Ausgleichsküste.

Als **Strandlinie** (*Küstenlinie*) bezeichnet man die Grenze des normalen Wirkungsbereiches der Wellen und der Brandung. An Steilküsten wird sie häufig durch eine Brandungskehle gekennzeichnet. Alte Strandlinien, die über den heutigen liegen, zeigen – an Steilküsten in Verbindung mit Abrasionsplatten – eine Hebung des Landes an. In Norwegen, wo sie besonders gut ausgebildet sind, werden diese alten Strandlinien *Seter* genannt.
Veränderungen der Strandlinie bezeichnet man als **Strandverschiebungen.** Bei Höherlegen der Strandlinie als einem mit Landgewinn verbundenen Vorrücken des Meeres (Transgression) spricht man von positiver, bei Tieferlegen der Strandlinie, das mit Meeresrückzug (Regression) und Landgewinn verknüpft ist, von negativer Strandverschiebung.
Strandsee, → Haff.
Stratigraphie, *Schichtenkunde*, Teilgebiet der Geologie, befaßt sich mit der Aufeinanderfolge der Schichten, ihrem Gesteins- und Fossilinhalt. Sie bildet die wesentlichste Grundlage für die historische Geologie.
Stratocumulus *m*, Abk. *Sc*, schollenförmig angeordnete Bänke oder Felder tiefer, flach ballenförmiger Wolken, gelegentlich in Walzen angeordnet. Sie sind meist nicht an Störungen gebunden oder treten an deren Rändern oder bei Auflösung der Störungen auf. Besonders häufig sind sie im Winter.
Stratosphäre, → Atmosphäre, → Meer.
Stratus *m*, Abk. *St*, eine tiefe Schichtwolke, die sich bei Aufgleitvorgängen bildet. Sie entsteht an Warmfronten und Okklusionen im Grenzbereich verschiedener Luftmassen sowie beim erzwungenen Aufsteigen von Luft auf der Luvseite eines Gebirges, wobei die Kammlagen eingehüllt werden.
Streichen und Fallen, die Bestimmung der Lage einer geologischen Fläche (Schicht-, Verwerfungs-, Kluftfläche u. a.). Unter Fallen oder Einfallen versteht man die Richtung und den Grad der stärksten Neigung der Schichtfläche gegen die Horizontale, unter Streichen die Richtung der Horizontalen auf einer geneigten Fläche. Die Streichrichtung wird mit dem Geologenkompaß gemessen und nach Himmelsrichtungen angegeben; den Fallwinkel mißt man mit dem

Streichen und Fallen. α Fallwinkel

Klinometer. Streichrichtung und Fallrichtung verlaufen stets senkrecht zueinander. Bei waagerechten Schichten ist der Fallwinkel 0°, bei senkrechten 90°.
Auch bei Gebirgen und geologischen Linien (Faltenachsen, Verwerfungen u. ä.) spricht man von Streichen.
Für die tektonische Anlage Mitteleuropas sind drei Streichrichtungen von besonderer Bedeutung: 1) die *herzynische Richtung,* die etwa dem Verlauf des Harzes entspricht, also von NW nach SO gerichtet ist; 2) die *erzgebirgische* oder *variszische Richtung,* die etwa dem Verlauf des im Karbon gefalteten Variszischen Gebirges bzw. des Erzgebirges entsprechend von NO nach SW gerichtet ist; 3) die *rheinische Richtung,* dem Verlauf des Oberrheintalgrabens entsprechend, also von NNO nach SSW gerichtet.
Streß, einseitig gerichteter starker Druck bei gebirgsbildenden Vorgängen, wirkt mit bei der Metamorphose. S. verursacht eine schichtig-schiefrige Anordnung der Gesteinsminerale, z. B. beim Gneis.
Streu, *Streuschicht,* der frische, äußerlich noch unveränderte Bestandsabfall (Laub, Nadeln u. a.), der sich auf der Bodenoberfläche ansammelt. Die S. erreicht der Rohhumusbildung meist ihre größte Mächtigkeit und bildet die oberste Schicht der über dem Mineralboden befindlichen organogenen Auflagehorizonte.
Stromlinientheorie der Gletscher, fast gleichzeitig von H. F. Reid 1896 und Sebastian Finsterwalder 1897 aufgestellte Theorie der Bewegung von Gletscherteilchen. Sie besagt: Je weiter oberhalb der Schneegrenze ein Schneeteilchen in den Gletscher eintritt, um so tiefer im Gletscher verläuft seine Bahn und um so weiter unterhalb der Schneegrenze schmilzt es aus dem Gletscher aus. Die Ver-

Strandversetzung

bindungslinien, die Stromlinien, ordnen sich im Längsschnitt des Gletschers um die Schneegrenze als Querachse, im Querschnitt annähernd symmetrisch zu beiden Seiten der Längsachse. Für die Tiefe, in die die Stromlinien reichen, und für den Abstand ihrer Anfangs- und Endpunkte ist die Überlagerung mit neu zugeführtem Schnee im Nährgebiet entscheidend. Die empirisch gefundene S. ist für alle Probleme der Gletscherphysik, besonders der Gletscherbewegung, eine unentbehrliche Grundlage (→ Gletscher).
Stromschnelle, Katarakt, Flußstrecke mit größerem Gefälle, erhöhter Strömungsgeschwindigkeit und meist geringerer Wassertiefe. Sie kann gesteinsbedingt sein, wenn nämlich der Fluß eine Barre widerständigen Gesteins durchnagen muß, sie kann aber auch durch Wiederbelebung der Tiefenerosion und die Bildung einer neuen Talkerbe entstehen, wandert dann mit der Erosion rückschreitend flußaufwärts, wobei eine Verringerung des Gefälles und ein allmählicher Ausgleich der S. die Regel sind. Durch diese rückschreitende Erosion werden Wasserfälle meist zu S. und diese schließlich zu Gefällssteilen ohne Behinderung der Schiffahrt umgewandelt.
Stromstrich, → Fluß.
Strudel, → Wirbel.
Strudelloch, svw. Kolk.
Strudeltopf, svw. Kolk.
Struktur, → Gestein.
Strukturformen, die durch endogene Kräfte geschaffenen Grundformen der Erdoberfläche, in denen sich die Lagerungsverhältnisse der Gesteine widerspiegeln, im Gegensatz zu den durch die exogenen Kräfte geschaffenen → Skulpturformen. Gelegentlich werden allerdings die Skulpturformen, in denen Elemente des inneren Baus, z. B. Gesteinsbänke, herauspräpariert sind, ebenfalls als S., besser aber als strukturbedingte Formen, bezeichnet.
Stufe, 1) in der Geomorphologie steileres Formelement, das flachere Teile voneinander trennt, z. B. *Gefällsstufe,* in den Flußlauf eingeschaltete Strecke stärkeren Gefälles, die durch Stromschnellen oder, bei senkrechter S., durch Wasserfälle überwunden wird; *Talstufe,* in glazial umgeformten Tälern die sich zwischen ebene Talbodenstrecken oder Talbecken eingliedernde steilere Gefällsstrecke des Tales, → *Schichtstufe.*
2) in der Geologie Glied eines stratigraphischen → Systems.
Stufenbildner, → Schichtstufenlandschaft.
Stundenböden, meist schwere Tonböden (→ Pelosol), deren Bearbeitung nur in einem relativ kurzen Zeitraum möglich ist. Infolge der schlechten physikalischen Eigenschaften ist die Spanne der → Bindigkeit sehr eng. Bei Befeuchtung verschmieren die S. sehr rasch; andererseits werden sie bei Abtrocknung schnell hart (Schollenbildung). Extreme S. bezeichnet man gebietsweise auch als **Minutenböden.**
Stundenkreis, → astronomische Koordinatensysteme.
Stundenwinkel, → astronomische Koordinatensysteme.
Sturm, Wind, der nach der Beaufortskale Stärken von 9 bis 11 erreicht. Stürme sind an zyklonale Verwirbelungen gebunden und über dem Meer im allgemeinen häufiger als über dem Festland. Besonders sturmreich sind die Ozeane der gemäßigten Breiten auf der Südhalbkugel, in der Zone der Braven Westwinde. In den Tropen treten häufig schwere → Wirbelstürme auf.
Sturmflut, ein außergewöhnlich hoher Wasserstand des Meeres. Er entsteht in Meeren mit Gezeiten, wenn die Springflut mit einer Sturmlage zusammenfällt, wobei Brandung und Windstau die Flutwelle noch verstärken, so daß an den betroffenen Küsten durch Deichbrüche starke Verheerungen entstehen, die sich bis ins Hinterland auswirken. Auch in Nebenmeeren ohne Gezeiten spricht man von einer S., wenn bei heftigen Stürmen das Wasser durch Winddrift an Küsten und in engeren Buchten aufgestaut wird. Das Hochwasser erreicht aber nie so hohe Werte wie in Gezeitenmeeren, da die Überlagerung der Gezeitenwellen fehlt. An der Ostsee z. B. liegen die Höchststände 2,30 m über dem Mittelwasser. Geschichtlich bezeugte schwere S. an der deutschen Nordseeküste waren die Marcellusfluten am 16. Januar 1219, 1267 und besonders 1362 (Untergang von Rungholt und anderen Orten der Nordfriesischen Inseln), die Allerheiligenfluten am 1. (2.) November 1436, 1532, 1570, die große S. vom 19. Oktober 1634, die die Insel Nordstrand zerstörte, die Weihnachtsflut 1717, die Februarflut (3./ 4. Februar) 1825 und die Neujahrsflut 1855 (Untergang von Alt-Wangerooge) Anfang Februar 1953 kam es, durch die Verbindung einer Springflut mit heftigem Nordwind, an der niederländischen, belgischen und englischen Nordseeküste zu Deichbrüchen mit verheerenden Folgen. Am 16./17. Februar 1962 löste ein Orkantief, dessen Kern im Bereich der Elbmündung lag, eine schwere Sturmflut an der Nordseeküste der BRD aus, die zu Deichbrüchen und katastrophalen Überschwemmungen des Hinterlandes führte. Durch Stauung des Elbwassers brachen auch die Flußdeiche der Elbe, und große Teile Hamburgs wurden überflutet.
sub..., in Zusammensetzungen bei biogeographischen und klimatischen Ausdrücken Bezeichnung für Übergangsgebiete oder Randbereiche, z. B. subalpin, subarktisch und submediterran, bei zeitlichem Abstand der nachfolgende Abschnitt, z. B. subboreal und subatlantisch.

subaeril, subaerisch, unter der Luft befindlich, unter Luftzutritt entstanden. In der Geomorphologie z. B. die Formen der normalen festländischen Abtragung im Unterschied von den *subaquatisch* (unter dem Wasser) oder *subglazial* (unter den Gletschern) entstandenen Formen.
subaquatisch nennt man Vorgänge und Erscheinungen in den unter der Wasseroberfläche gelegenen Bereichen, z. B. subaquatische Sedimente.
Subatlantikum, *Nachwärmezeit, Buchenzeit,* nacheiszeitliche Klimaperiode in Mitteleuropa, die im Anschluß an die warme subboreale Zeit etwa ab 800 v. u. Z. wieder kühlere und feuchtere Klimaverhältnisse brachte und bis in die historische Zeit hereinreicht (→ Postglazial, Tab.). Der ältere Abschnitt, in dem Rotbuche, Tanne oder Hainbuche vorherrschen, während Hasel und Eichenmischwald zurücktreten, entspricht der Limnaeazeit der Ostsee; vorgeschichtlich reicht er von der Eisenzeit bis ins frühe Mittelalter. Der jüngere Abschnitt entspricht dem Myastadium in der Entwicklung der Ostsee.
Subboreal, *späte Wärmezeit, Eichenmischwald-Buchenzeit,* Abschnitt der Postglazialzeit, von etwa 2500 bis 800 v. u. Z. (→ Postglazial, Tab.). Früher als besonders warme und trockene Periode, vielfach als Zeit des Wärmeoptimums der Nacheiszeit gedeutet, wird heute sein Klimacharakter meist weniger stark von der vorhergehenden Periode des → Atlantikums unterschieden. Zweifellos hat es während des S. Trockenperioden gegeben, die sich im Eindringen submediterraner und pontischer Arten in Mitteleuropa sowie in vielen Hochmooren im Grenzhorizont äußern. Die bisherige Vorherrschaft des Eichenwaldes wird durch das Vordringen von Buche, Tanne und Hainbuche gebrochen; das S. ist waldgeschichtlich eine Übergangszeit. In den alten Siedlungsgebieten mit meist relativ bedeutender Besiedlung nimmt der Getreideanbau stärker zu. Das S. umfaßt vorgeschichtlich das Vollneolithikum sowie die ganze Bronzezeit und reicht wohl örtlich auch noch bis in die Hallstattzeit (ältere Eisenzeit) hinein. In der Geschichte der Ostsee ist das S. der späteren Litorinazeit und dem Beginn der Limnaeazeit gleichzusetzen. Da die kräftige Entwicklung der vorgeschichtlichen Kultur mit dem S. weitgehend zusammenfällt, sind die damaligen Klima- und Vegetationsverhältnisse für die Entwicklung der mitteleuropäischen Kulturlandschaft von großer Bedeutung gewesen. Viele Gebiete dürften seither ohne Unterbrechung besiedelt geblieben sein.
subglazial, Bezeichnung für Erscheinungen und Vorgänge, die unter dem Gletscher- und Inlandeis auftreten. *S. Gerinne* z. B. sind Schmelzwasserflüsse, die unter den Eismassen in

subhydrische Böden

einem Eistunnel dahinströmen. Sie fließen streckenweise unter hydrostatischem Druck und sind im Gegensatz zu den subaerilen Flüssen daher in der Lage, auch Gegengefälle zu überwinden. *S. Bildungen* sind entweder Erosionsformen, z. B. Gletschertöpfe und Rinnen, oder Aufschüttungsformen, z. B. Oser.

subhydrische Böden, *Unterwasserböden*, eine Abteilung von Böden, die unter dem Wasser gebildet werden. Man gliedert sie in die Bodentypen Protopedon (subhydrischer Rohboden), → Gyttja, → Sapropel und → Dy. Der Bodentyp Niedermoor wird nach dem Wasserregime als organogene Bodenbildung meist ebenfalls zu den s. B. gestellt. Die s. B. sind vom Wasser allseitig durchdrungen und beeinflußt und tragen in Abhängigkeit vom Sauerstoff- und Nährstoffgehalt des Süß- oder Salzwassers spezifische unterschiedlich belebte gleichnamige Humusformen.

subkutan, unter der Haut befindlich, stattfindend; so spricht man z. B. von einem s. abfließenden Brei, wenn in Trockengebieten das unter einer Schutzkruste liegende salzreiche Gesteinsmehl gelegentlich vom Wasser durchtränkt wird und in Bewegung gerät, → subsilviner Bodenfluß.

Sublitoral, → Litoral.

submarin, unter dem Meer, untermeerisch, z. B. submariner Vulkanismus.

Subrosion, *Suffossion*, unterirdische Ausspülung durch Sickerwässer oder Quellwasserstränge, seltener als Ausdruck für die unterirdische Auslaugung gebraucht.

subsilviner Bodenfluß, eine Form der Massenbewegung an Hängen im regenfeuchten Wald der Tropen. Infolge starker Wasserdurchtränkung und starker chemischer Zersetzung kommt der tief zersetzte plastische Boden unterhalb der Wurzelgeflechts des Waldes zum Fließen, sobald an einer Stelle, etwa einem Straßen- oder Bacheinschnitt, dazu die Möglichkeit gegeben ist. Es sind Geschwindigkeiten bis 60 cm je Tag gemessen worden.

Subtropen, das Gebiet am Rande der Tropen. Der Begriff S. ist noch nicht eindeutig definiert, meist wird das Wort „subtropisch" verwendet, um tropenähnliche Züge des Klimas (hohe Temperaturen, vor allem des Sommers) und der Vegetation (Üppigkeit, südliche Formen) zu kennzeichnen. H. Louis hat vorgeschlagen, die warmgemäßigten Gürtel der Erde als S. zu bezeichnen. Die äquatoriale Grenze wäre durch die Wendekreise und die polare Grenze etwa beim 45. Breitenkreis durch das Westwindregime, das ganzjährig die Mittelgürtel bestimmt.

Subvulkan, in die äußeren Teile der Erdkruste eingedrungene magmatische Masse, die jedoch nicht bis zur Erdoberfläche durchgestoßen ist. Sie führt vielfach Aufwölbungen der darüberliegenden Gesteine herbei, verändert durch Kontaktmetamorphose die unmittelbar benachbarten Gesteine und läßt sich an der Erdoberfläche vielfach durch das Auftreten von Thermalquellen und Gasaushauchungen erkennen. Erstarrt die Masse in größerer Tiefe, spricht man meist von → Pluton.

Suchowei, heißer austrocknender Wind, der im Süden und Südosten der Sowjetunion meist aus östlichen Richtungen weht und oft viel Staub mitführt. Er leitet häufig anhaltende Dürren ein.

Süd, Süden, Abk. S, eine → Himmelsrichtung. Der *Südpunkt* ist einer der beiden Schnittpunkte des Ortsmeridians mit der Horizontalebene, → astronomische Koordinatensysteme.

Südlicht, → Polarlicht.

Suffossion, svw. Subrosion.

Sukkulenten, Pflanzen, die durch fleischig-saftige, wasserspeichernde Organe und lederartige Oberhaut an die warmen Trockenklimate angepaßt sind. Die *Blattsukkulenten* benutzen die meist in Rosetten stehenden Blätter als Wasserspeicher, z. B. Aloë und Agave. Bei den *Stammsukkulenten* dagegen, insbesondere den Kakteen und Wolfsmilchgewächsen, sind die Blätter zurückgebildet, so daß die transpirierende Oberfläche bedeutend verkleinert ist. Besonders vorteilhaft erweist sich eine kugelähnliche Gestalt. Der Rauminhalt ist dabei im Vergleich zur Oberfläche groß, so daß viel Wasser gespeichert und verhältnismäßig wenig verdunstet wird. Seltener sind die *Wurzelsukkulenten*, bei denen die Wurzeln zu Wasserspeichern ausgebildet sind.

sukkulent-xeromorph, svw. nano-xeromorph.

Sukzession, die zeitliche Aufeinanderfolge von Lebensgemeinschaften (Biozönosen) an einem bestimmten Ort unter bestimmten Klimaverhältnissen bis zu einer stabilen Endform, der Klimax. Von einer Ausgangsbiozönose, z. B. einer Strand- oder Flußuferbiozönose, läuft die Entwicklung – sofern der Mensch nicht eingreift – über ein Grasflur- und Gebüschstadium auf die Endstufe zu, die z. B. in Mitteleuropa der sommergrüne Laubwald ist.

Als *Landschafts-Sukzession* bezeichnet C. Troll den Entwicklungsprozeß zerstörter oder neugeschaffener Landoberflächen (z. B. Bergbaugebieten) vom unentwickelten Anfangszustand durch zunehmende Bodenbildung, Neuordnung des Wasserhaushaltes und über Pioniervegetation zu vollständig entwickelten Ökosystemen.

Sumpfpflanzen, → Helophyten.

Supralitoral, → Litoral.

Suspensionsströmung, engl. turbidity current, rasch ablaufende Bewegung von fein verteiltem Material in Wasser oder Luft. Sie bedürfen eines äußeren Anstoßes (Seebeben, Rutschungen am Kontinentalabfall, Staublawinen) und laufen dann mit großer Geschwindigkeit und großer Energie ab. Auf S. führt man heute die submarinen Cañons zurück.

Süßwasservegetation, *Limnium*, die → Hydrophyten und das Phytoplankton in Binnengewässern.

S-Wert, „austauschbare Basen", die Summe der im Boden an den Bodenkolloiden austauschbar gebundenen Erdalkali- und Alkaliionen (Ca-, Mg-, K- und Na-Ionen), ausgedrückt in Milliäquivalenten (mval) je 100 g Boden. Der S.-W. erlaubt wichtige Rückschlüsse auf den Anteil von Nährstoffionen im Kationenbelag der Bodenkolloide (→ V-Wert) und den Grad der Versauerung im Boden (→ H-Wert).

Syenit, granitähnliches, körniges Tiefengestein, das vor allem aus rotem Kalifeldspat und Hornblende, bisweilen auch Glimmer und Augit, besteht. Gegenüber dem Granit ist S. quarzärmer. S. findet sich unter anderem in der Umgebung von Meißen, Dresden, im Schwarzwald und Odenwald. Er wird wie Granit als Bau-, Pflaster- und Schotterstein verwendet.

Symmetriepunkt, ein Zeitpunkt, von dem aus gesehen der Gang des Luftdrucks sich über Tage oder Wochen hin spiegelbildlich wiederholt. Eine solche Symmetrie ist besonders zur Zeit der Sonnenwenden zu beobachten. Derartige S., die mit Luftdruckschwingungen in der Atmosphäre in Zusammenhang stehen, lassen sich erfolgreich zu langfristigen Wettervorhersagen heranziehen.

Synklinale, *Synkline*, svw. Mulde 1).

Synoptik, ein Teilgebiet der Meteorologie, beschäftigt sich mit der gleichzeitigen Beobachtung des Wetters größerer Räume und leitet aus dessen Ablauf Schlüsse auf die weitere Entwicklung ab (Wetteranalyse und -prognose). Hauptanwendungsgebiet der S. ist die Wettervorhersage (Wetterprognose), → Wetter.

Synusie, kleinste Einheit einer Lebensgemeinschaft, z. B. Gesamtheit der Tiere und Pflanzen, die einen Baumstamm, Bult oder eine Schlenke des Hochmoors bewohnen.

Syrosjom, *Syrosem*, *Gesteinsrohboden*, der → Rohboden des gemäßigten Klimas. Seine Eigenschaften sind weitgehend von der Art des Ausgangsgesteins abhängig. Deshalb wird meist die Gesteinsart mit angegeben, z. B. S. aus Sand, Löß, Gneis.

System, internationale Bezeichnung für eine in einem längeren Zeitraum der Erdgeschichte, einer *Periode*, durch Ablagerung entstandene Schichtenfolge einschließlich der im gleichen Zeitraum darin eingedrungenen Magmagesteine; in der deutschsprachigen Literatur bisher oft noch als *Formation* bezeichnet. Ein S. ist durch die darin enthaltenen Leitfossilien charakterisiert. Mehrere stratigraphische S.

werden zu einer *Gruppe* (*Ärathem*) zusammengefaßt, deren Bildungszeit Ära heißt. Solche Gruppen sind Paläozoikum, Mesozoikum und Känozoikum. Die S. werden in *Abteilungen* (in anderen Sprachen als *Serien* bezeichnet; zeitlich *Epochen*), diese wieder in *Stufen* (zeitlich *Alter*) und weiter in *Zonen* (zeitlich *Horizonte*) untergliedert (Tab.).

Geologische Gliederung

nach der Zeit	nach dem Inhalt	Beispiel
Ära	Gruppe (Ärathem)	Mesozoikum
Periode	System (früher Formation)	Kreide
Epoche	Abteilung (Serie)	Oberkreide
Alter	Stufe	Turon
Horizont	Zone	Plenus-Zone

Szikböden, in Ungarn übliche Bezeichnung für alle → Salzböden, unabhängig von ihrer systematischen Stellung.

T

Tachymetrie, ein geodätisches Meßverfahren, bei dem neben Höhenlage und Azimut jedes angepeilten Punktes gleichzeitig dessen Entfernung an einer im Zielpunkt aufgestellten Meßlatte mit Zentimetereinteilung (Nivellierlatte) abgelesen werden kann. Die T. kann mit allen Geräten durchgeführt werden, die sich zur optischen Strecken- und Höhenmessung eignen. Am zweckmäßigsten wird ein Tachymeter-Theodolit benutzt, dessen Fernrohr ein besonderes Fadenkreuz mit drei waagerechten Fäden hat.

Tafel, in der Geomorphologie die Oberfläche einer horizontal liegenden Schicht (Schichttafel); sie bildet entweder ausgedehnte Ebenen (Tafelländer, Plateaus) oder bei Zerschneidung durch die Flüsse Ebenheiten und Tafelberge. Die typische Talform in jungzerschnittenen Tafelländern ist der Cañon (→ *Tal*). Eine Tafelscholle ist eine allseitig von Bruchlinien umgebene Schichttafel, ein Tafelrumpf eine Rumpffläche, die die schräggestellten Gesteinsschichten eines Schichtpaketes schneidet.

Tafoni, *Bröckellöcher,* eigenartige Verwitterungsformen, die dadurch entstehen, daß der verwitterte Gesteinsgrus hinter einer Schutzrinde herausbröckelt. Die T. sind vor allem in den Granitfelsen Korsikas zu beobachten.

Tag, 1) im Gegensatz zur Nacht die Zeit, während der die Sonne über dem Horizont steht, → *Tagbogen.* Der Wechsel von T. und Nacht ist eine Folge der Erdrotation.
2) der Zeitraum zwischen zwei aufeinanderfolgenden oberen Kulminationen des Frühlingspunktes (**Sterntag**) oder zwischen zwei aufeinanderfolgenden Kulminationen eines bestimmten Sterns (***siderischer T.***) oder zwischen zwei aufeinanderfolgenden unteren Kulminationen der Sonne (***Sonnentag***), → *Zeit.*

Tagbogen, die scheinbare tägliche Bahn, auf der sich die Gestirne über dem Horizont bewegen. Der T. eines Gestirns wird durch den Nachtbogen zum *Tagkreis* ergänzt.
Der T. der Sonne bestimmt die Länge des Tages im Verhältnis zur Nacht. Er ist zeitlich und örtlich verschieden lang, da sich infolge der Bewegung der Erde um die Sonne die Stellung der Erdhalbkugeln zur Sonne mit den einzelnen Jahreszeiten ändert. Da die Neigung der Erdachse beim Umlauf der Erde um die Sonne stets gleichbleibt (Schiefe der Ekliptik), ist im Nordsommer die Nordhalbkugel, im Nordwinter die Südhalbkugel der Sonne zugewandt. Es ändern sich also während des Jahres für die einzelnen Orte der Erdoberfläche die Sonnendeklination sowie die Morgen- und Abendweite der Sonne, d. h. die Abstände ihres Auf- und Untergangspunktes vom Ost- und Westpunkt. Während der Äquinoktien (um den 21. März und 23. September) sind in allen Breiten Tag und Nacht gleich lang, wie es unmittelbar am Äquator während des ganzen Jahres der Fall ist. Die Sonne geht dann um 6 Uhr im Ostpunkt auf, um 18 Uhr im Westpunkt unter. Ihre Bahn liegt an diesen Tagen also – wenn man von der geringen, schon während eines Tages wirksamen Deklinationsänderung absieht – in der Ebene des Himmelsäquators. Beginnt für die Nordhalbkugel das Sommerhalbjahr, dann verschieben sich die Auf- und Untergangspunkte der Sonne nach Norden, im Winterhalbjahr wandern diese Punkte dagegen nach Ost- und Westpunkt nach Süden. Da die Neigung des T. stets gleichbleibt, wird er jeweils länger oder kürzer. Zur Sonnenwende (um den 21. Juni und 21. Dezember) sind die Abstände der Auf- und Untergangspunkte vom Ost- und Westpunkt am größten, d. h., es ist die größte oder kleinste Tageslänge erreicht.
Die Steilheit des T. ist allein abhängig von der geographischen Breite φ, denn die T. liegen nahezu parallel zum Himmelsäquator. Da dieser senkrecht zur Himmelsachse steht, ist der T. der Sonne in niederen Breiten sehr steil, unmittelbar am Äquator senkrecht zum Horizont gerichtet. In hohen Breiten liegen die T. dagegen flacher, an den Polen selbst entsprechen sie Kreisen, die fast parallel zum Horizont verlaufen. Während des Sommers geht hier die Sonne also nicht unter, während des Winterhalbjahres nicht auf (→ *Polarnacht*).
Die T. gleicher Breiten der beiden Erdhalbkugeln entsprechen einander nahezu, nur sind sie auf der Nordhalbkugel nach Süden, auf der Südhalbkugel nach Norden geneigt.

Tagesgang, der Verlauf der Klimaelemente während eines Tages, dargestellt in Tabellen- oder Kurvenform (→ *Ganglinie*). Der T. läßt Höchst- und Tiefstwerte erkennen, z. B. das Maximum der Temperatur kurz nach dem Sonnenhöchststand, das Minimum bei Sonnenaufgang, ferner ein mittägliches Minimum des Windes, eine doppelte Welle des Luftdrucks in niederen Breiten. Die Beurteilung der T. und die Zusammenfassung zu Typen ist für die Klimaklassifikation wichtig. Es lassen sich danach für alle Klimate (und Jahreszeiten) typische Kurven gewinnen, aus denen man die Besonderheiten, z. B. maritime oder kontinentale Einflüsse, leicht ablesen kann.

Tagesschwankung, die Differenz zwischen Tiefst- und Höchstwert der Klimaelemente innerhalb eines Tages. Sie ist in den verschiedenen Klimaregionen der Erde und auch in den Jahreszeiten verschieden.

Tagkreis, der Kreis, den ein Gestirn infolge der Erdrotation in 24 Stunden

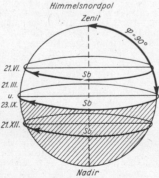

Tag- und Nachtbogen der Sonne in 45° n. Br. (oben) und am Nordpol (unten).
Sb scheinbare Sonnenbahn

am Himmel scheinbar beschreibt. Er wird durch den Horizont in einen → Tagbogen und einen → Nachtbogen geteilt.

Tagundnachtgleiche, → Äquinoktium.

Taifun [chinesisch t'ai fung ‚großer Wind'] *m*, ein tropischer → Wirbelsturm der ostasiatischen Gewässer. Er richtet z. B. als Manilazyklone häufig große Verheerungen an. T. suchen oft die chinesische Küste und den Saum der Japanischen Inseln heim, sie treten am häufigsten zwischen Juli und November auf.

Taiga [jakutisch ‚Wald'], der überwiegend aus Nadelhölzern (Lärche, Zirbelkiefer, Tanne, Fichte, Kiefer) bestehende boreale Waldgürtel, der Sibirien durchzieht. Die T. ist das größte zusammenhängende Waldgebiet der Erde. Auch das Waldgebiet im Nordosten des europäischen Gebiets der Sowjetunion wird, soweit es in seiner Artenzusammensetzung dem sibirischen Waldgürtel entspricht, als T. bezeichnet. Während in Westsibirien noch zahlreiche Laubbäume, insbesondere Birken und Espen, eingestreut sind, besteht in Ostsibirien die T. fast ausschließlich aus Lärchen.

Takyr, → Salztonebenen.

Tal, im engeren Sinne eine von einem Fluß geschaffene und durchflossene langgestreckte Hohlform, im weiteren Sinne auch talähnliche Formen, die ihre Entstehung nicht einem Fluß allein verdanken und z. T. heute auch keinen Fluß mehr aufweisen (→ Talung).

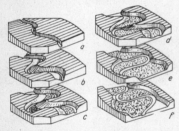

1 Schema der Ausbildung eines Tales mit Mäandern (nach Davis)

Man unterscheidet beim T. den **Talboden** (*Talgrund, Talsohle*), die **Talränder**, die oberste Grenze am Beginn der Eintiefung, und die **Tal(ge)hänge** (*Talwände, Tallehnen*), die Verbindungsflächen zwischen Boden und Rand. In der Richtung des Wasserlaufs unterscheidet man rechte und linke Talhänge. Der Talboden bildet den tiefsten, mehr oder weniger ebenen Teil eines T. Er ist entweder im Fels ausgearbeitet und nur von einer geringen Schotterdecke überkleidet (Felstalboden), oder er hat seine heutige Höhenlage durch Aufschüttungen erreicht, so daß viele Meter mächtige Schotter unter ihm liegen können (Schottertalboden, aufgeschütteter Talboden). In den Talboden ist das Flußbett eingesenkt. Bei Hochwasser wird ein Teil des Talbodens überflutet, die *Talaue*, in der heute meist Wiesenwirtschaft betrieben wird. Das *Talbodengefälle* entspricht dem Hochwassergefälle des Flusses. Die Eintiefung im Talboden, in der das fließende Wasser sich sammelt, heißt *Flußbett*, die darin vorhandene tiefste Rinne *Talweg*. Dieser entspricht im allgemeinen dem Stromstrich (→ Fluß). Das obere Ende des T. wird als *Talschluß* bezeichnet; das untere Ende, die *Talmündung* oder der *Talausgang*, liegt an der tiefsten Stelle des Talbodens. Voraussetzung für die Talbildung ist, daß entweder Krustenbewegungen die Flüsse zum Einschneiden veranlassen oder Änderungen im Wasserhaushalt – z. B. Vergrößerung der Wasserführung, Verringerung der Schuttführung – es dem Fluß ermöglichen, eine flachere Gefällskurve zu schaffen. Umgekehrt können Krustensenkungen, Abnahme der Wasserführung oder verstärkter Schutttransport zu einer Aufschotterung des Talbodens führen, so daß sich auch die Talform ändert.

1) Die *Talformen* hängen von der Arbeit des Flusses, der Erosion, und von der Hangabtragung ab, durch die verschiedene Talquerschnitte entstehen: a) Ist die Tiefenerosion so stark, daß keine Zeit für eine Hangabtragung vorhanden ist, dann füllt der Fluß mit seinem Bett den Talboden völlig aus; es bildet sich eine *Klamm* (z. B. die Partnachklamm bei Garmisch-Partenkirchen in der BRD), deren Hänge aus senkrechten oder sogar überhängenden Wänden bestehen, an denen sich noch Spuren der Erosion in Form von Strudellöchern und -nischen vorfinden. Sind die Hänge bereits etwas abgeschrägt, spricht man von einer *Schlucht* (z. B. die Schlucht des Hinterrheins in Graubünden). In wenig standfesten Gesteinen, die zu Rutschungen neigen, kann sich eine Klammform nicht erhalten. b) Ist die Hangabflachung gleichzeitig mit der Tiefenerosion stark wirksam gewesen, so daß die Hänge erheblich abgeschrägt sind, spricht man von einem *Kerbtal* (*V-Tal*; z. B. das Schwarzatal), in dem der Fluß fast noch die gesamte Talbodenbreite einnimmt. Das Kerbtal kann eng (bei steileren Hängen) oder offen (bei flacheren Hängen) sein. Das Querprofil zeigt meist gerade Hanglinien. Wird ein enges Kerbtal in eine Schichtplatte eingesägt, die aus mehreren verschieden widerständigen Schichten besteht, so zeigen die Hänge ein durch Schichtgesimse gestuftes Profil. Auch hier nimmt der Fluß den ganzen Talboden ein. Diese Sonderform des engen Kerbtals, die in trockenen, pflanzenarmen Gebieten besonders gut ausgeprägt ist, heißt *Cañon* und ist vor allem für jungzerschnittene Tafelländer (→ Tafel) charakteristisch; das bekannteste Beispiel ist der Colorado-Cañon in Arizona. Fälschlich wird diese Bezeichnung oft auch auf alle engeren T. übertragen. c) Setzt die Tiefenerosion aus und erodiert der Fluß nur nach der Seite, so bildet er eine ebene Talsohle aus, indem er wechselseitig die Talhänge unterschneidet und zurückverlegt. Es entsteht ein *Sohlental*, bei dem die Tal-

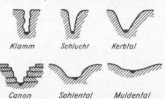

2 Talformen

sohle deutlich gegen die Talhänge abgesetzt ist, z. B. im Tal der mittleren Saale. Der Querschnitt ist meist kastenförmig, die Hangneigung wechselt. Nur dort, wo der Fluß den Talhang frisch unterschnitten hat, sind steilere Hangteile vorhanden. Wirkt die Hangabtragung schon länger, so zeigt der Talausschnitt oft konvexe Hangprofile, d. h., die oberen Hangteile weichen flach zurück. d) Ist der Fluß nicht in der Lage, das von den Hängen herabgeführte Material wegzuführen und den Talboden freizuhalten, so geht dieser allmählich in die Talhänge über, und es entsteht ein muldenförmiger Querschnitt, ein *Muldental*, wie es für den Unterlauf der meisten Flüsse kennzeichnend ist. Der untere Teil der Hänge ist häufig konkav, der obere konvex geneigt. Ein von Gletschern überformtes T. wird als → Trogtal bezeichnet. Die Terminologie der Talformen ist im Mittelgürtel entwickelt worden. Wesentlich schwieriger ist es, in den Tropen die Talformen zu kennzeichnen, da sowohl in den feuchten Tropen infolge der tiefgründigen Zersetzung wie auch in den wechselfeuchten Tropen mit Flächenspülung Talboden, Talränder und Talhänge oft unmerklich ineinander übergehen (→ Flachmuldentäler). Charakteristisch ist, daß die Talform und die Abtragungsflächen oder Rampenhänge gleichzeitig in einem einheitlichen Bildungsprozeß geschaffen werden. Bei stärkerem Relief entwickeln sich aber auch unter tropischen klimageomorphologischen Bedingungen Talformen, z. B. Kerbtäler.

2) Nach der Lage zum Streichen der Gebirge unterscheidet man *Längstäler*, die dem Streichen folgen, und die meist kurzen *Quer-(Durch-)bruchstäler*, die quer zur Streichrichtung der Falten und Gesteinsschichten verlaufen. In den Alpen bilden z. B. Inn, Salzach, Enns, Drau, Vorderrhein und Rhône auf großen Strecken ihres Laufs Längstäler, auf kürzeren auch

Quertäler. In Karstgebieten gibt es *blinde T.*, deren Flüsse als Höhlenflüsse durch Flußschwinden im Inneren von Kalkbergen verschwinden, so daß das T. unvermittelt endet.
Man unterscheidet *Haupt-* und *Nebentäler*. Die Mündung eines Nebentals in ein Haupttal kann gleichsohlig sein, wenn beide Talböden in gleicher Höhe liegen, sie kann aber auch als Stufenmündung (Mündungsstufe) ausgebildet sein, wenn die Erosionskraft des Nebenflusses nicht ausgereicht hat, sein T. bis auf das Niveau des Haupttals zu vertiefen. Ein solches mit einer Stufe ausmündendes Nebental bezeichnet man als *Hängetal*, da es gleichsam über dem Haupttal „hängt". Hängetäler sind besonders gut in ehemals vergletscherten Gebirgen entwickelt, wo sie z. T. auf die durch die Gletscher bewirkte Übertiefung des Haupttals gegenüber dem Nebental zurückgeführt werden. Die Stufenmündungen sind dann als Konfluenzstufen anzusehen. Der Höhenunterschied zwischen den Talsohlen von Haupt- und hängendem Nebental bietet bei genügender Wassermenge günstige Voraussetzungen für die Gewinnung elektrischer Kraft.
Kurze, steile T. im Hochgebirge werden als Tobel, Talrinnen im Gehänge als Runsen oder Klingen bezeichnet.
3) Nach ihrer Beziehung zum geologischen Bau unterscheidet man konkordante Täler von diskordanten. *Konkordante T.* stimmen mit dem geologischen Bau des Gebietes überein. Zu ihnen rechnen die *Spalten-* und *Klufttäler*, die *Synklinaltäler (Senkungstäler)*, die einer geologischen Mulde, und die *Grabentäler*, die einem geologischen Graben folgen, z. B. das Oberrheintal. Die *diskordanten T.* stehen im Widerspruch zum

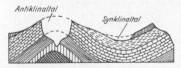

3 Antiklinal- und Synklinaltal

geologischen Bau. Hierzu gehören die *Antiklinaltäler (Scheiteltäler, Satteltäler)*, die auf einem geologischen Sattel, einer Antiklinale, verlaufen, wie es beim Leinetal um Göttingen der Fall ist. *Antezedente T.* bilden sich, wenn ein bereits vorhandener Fluß sich in ein langsam aufsteigendes Gebirge so einschneidet, daß die Tiefenerosion mit der Hebung Schritt hält (Rheintal im Rheinischen Schiefergebirge). In der Regel können nur wasserreiche Flüsse ein antezedentes Durchbruchstal schaffen, kleinere Wasserläufe werden dagegen durch die Hebung abgelenkt. Bei den *epigenetischen T.* strömte der Fluß einst in

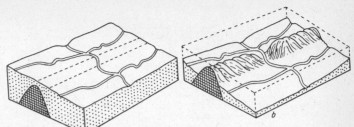

4 Schema der epigenetischen Talbildung: *a* vor, *b* nach der Ausräumung der Lockergesteine, die ein altes Relief verdeckt

über der heutigen Erdoberfläche liegendem, weniger widerstandsfähigem Gestein, das ein älteres Relief bedeckte. Durch Belebung der Tiefenerosion schnitt er sich immer tiefer ein und gelangte schließlich in die widerständigeren Gesteine des alten Reliefs. Während er sich auch in diese einnagte, wurden die weicheren Deckschichten völlig ausgeräumt, so daß am Ende ein T. entstand, das mit den heutigen Abdachungsverhältnissen und der Tektonik des Gebiets in Widerspruch steht. Epigenetische T. sind die Durchbruchsstrecken der Donau bei Kehlheim und in der Wachau. Epigenetische Talstrecken finden sich häufig in ehemals vergletscherten Gebieten, wo durch Moränen oder Schotter ein altes T. ausgefüllt wurde, der Fluß aber beim Wiedereinschneiden nicht die alte Talkerbe traf, sondern sich seitlich im Gehänge einnagte. Nach Ausräumung des ursprünglichen T. durch die Denudation findet sich der epigenetische Durchbruch als Engtalstrecke neben der alten geräumigen Talform (Sillschlucht am Berg Isel bei Innsbruck, Elbe oberhalb von Meißen).
Aus den im T. erhalten gebliebenen Formen und aus den von den Flüssen hinterlassenen Ablagerungen kann die *Talgeschichte* erschlossen werden. Dabei bildet für jede neue Phase der Talbildung die vorhergehende (präexistente Form) die Ausgangssituation, wie umgekehrt alle früher entstandenen Formen des T. durch die späteren Ereignisse wieder umgestaltet, verwischt, ganz oder teilweise zerstört werden können. Die wichtigsten Zeugen in der Talgeschichte sind die Talterrassen (→ Terrasse). Die jüngeren T. scheinen in die älteren eingeschachtelt zu sein (Schachtelrelief). Die vertikale Gliederung des Talprofils zeigt dann einen mehr oder weniger deutlichen Stockwerkbau.
Die *Trockentäler* zeigen alle Merkmale fluviatiler Gestaltung, sind aber gegenwärtig ohne fließende Gewässer. Dafür gibt es verschiedene Gründe: a) In durchlässigen Gesteinen (Kalk, Sandstein) ist der Grundwasserspiegel so weit abgesunken – meist durch Tieferlegung der Erosionsbasis –, daß der Fluß versiegte. b) Klimatische Änderungen haben eine Verminderung der Wasserführung verursacht und zum Versiegen des Flusses geführt. Die fluviatile Ausgestaltung des T. geht vielfach auf die eiszeitlichen Klimaverhältnisse zurück, unter denen das abrinnende Wasser über dem gefrorenen Untergrund nicht versickern konnte und überdies die Verdunstung sehr gering war. c) Veränderungen im Pflanzenkleid, vor allem Entwaldung, Trockenlegung von Mooren, aber auch Beanspruchung des früher abfließenden Wassers für Industrie- oder Bewässerungszwecke haben zum Versiegen des Flusses geführt. d) Verlegungen des Flußlaufes haben einzelne Talstrecken des Flusses beraubt. Häufig spielen gleichzeitig mehrere der genannten Ursachen eine Rolle.
Talik [jakutisch], Niefrostboden unter der 2 bis 1 000 m mächtigen Schicht von Frostboden der polaren, subpolaren und der winterkalten Gebiete der Mittelbreiten. Talikinseln treten auch innerhalb des Dauerfrostbodens, vor allem unter den Talböden größerer Flüsse (Wärmevorrat des Flußwassers), auf.
Talung, eine talähnliche Form, die jedoch kein fließendes Gewässer aufweist und auch nicht ohne weiteres auf ein solches zurückgeführt werden kann, z. B. die langgestreckten Senken im Auslaugungsgebiet des Zechsteins.
Tapeszeit [nach einer Muschelgattung], svw. Flandrische Transgression.
Tarairegion, Terairegion, die am Fuße des mittleren Himalaja entlangziehende, stark versumpfte Zone mit einer Mischung von Hochwald, Gras- und Bambusvegetation, für die am ehesten die Bezeichnung „Dschungel" angewendet werden kann. Der Wald dieser Region ist wesentlich lichter als der tropische Regenwald. Die T. weist eine überaus reiche Tierwelt auf.
Taryn, → Aufeisbildungen.
Tau, eine Form des atmosphärischen Niederschlags, entsteht durch Ausscheidung von Wassertröpfchen aus der Luft am Boden oder an darüber hinausragenden Gegenständen infolge starker Ausstrahlung des Bodens und Abkühlung der bodennahen Luft-

schicht bis unter den Taupunkt. In den Trockenklimaten spielt der T. eine große Rolle im Rahmen des gesamten Wasserhaushaltes, da er bis zu 3 mm in einer Nacht betragen kann. Auch im tropischen Regenwald ist Taubildung anzutreffen; der T. liefert dort einen Teil des von den Epiphyten benötigten Wassers. In der gemäßigten Zone, in der der T. im allgemeinen auf die wärmere Jahreszeit beschränkt ist, macht er etwa 2 bis 5% des jährlichen Niederschlags aus und ist bisweilen bei sommerlicher Dürre für die Pflanzenwelt von Bedeutung. Die Feuchtigkeitsmenge einer taureichen Nacht entspricht in unseren Breiten 0,1 bis 0,3 mm Niederschlag.
Da die Tautröpfchen an Ort und Stelle durch Kondensation entstehen, ist es falsch, von Taufall zu sprechen.

Taupunkt, die Temperatur der Luft, bei der die in ihr enthaltene Feuchtigkeit den Sättigungszustand erreicht hat, die relative Feuchtigkeit also 100% beträgt. Bei weiterer Abkühlung tritt Kondensation ein, so daß sich Wolken, Nebel oder Niederschlag bilden. Ist die relative Feuchte gering, so ist demnach eine beträchtliche Abkühlung nötig, ehe Sättigung eintritt und der T. erreicht wird, während bei hoher relativer Feuchte eine geringe Abkühlung ausreicht. Man bestimmt den T. mit dem Taupunkthygrometer (→ Hygrometer).

technische Meteorologie, ein Teilgebiet der angewandten Meteorologie, das die Wechselwirkung von Wetter und Klima oder von einzelnen Klimaelementen und technischen Prozessen und Produkten sowie die durch die Industrialisierung hervorgerufene Beeinflussung des lokalen Wettergeschehens untersucht. Industriegebiete und -städte haben hinsichtlich Strahlung und Wärmehaushalt, Zusammensetzung der Luft (insbesondere Anteil an staub- und gasförmigen Verunreinigungen), Luftfeuchtigkeit, Nebelhäufigkeit, Niederschlag und Wind ihr Eigenklima. Es sind Unterlagen für Heizung und Lüftung (Klimatisierung von Räumen) erforderlich, ferner müssen Maßnahmen zur Reinhaltung der Atmosphäre getroffen werden. Manche technische Prozesse sind an bestimmte klimatische Bedingungen (Temperatur, Feuchtigkeit) gebunden. Auch der Transport (Laderaum-Meteorologie) und die Lagerung benötigen meteorologische Hinweise. Ähnliches gilt für viele technische Anlagen (Bewetterung von Schächten, Tunneln u. a.).

Tektogenese, die Gesamtheit der Vorgänge, die im Gegensatz zur Epirogenese im Gefüge der einzelnen Krustenteile und in ihren Lagerungsverhältnissen Veränderungen hervorrufen. Die Grundformen der T. sind Bruchbildung (→ Bruch) und → Faltung. Der Ausdruck T. ist heute allgemein an die Stelle des früher üblichen Ausdrucks Orogenese getreten, der auf die eigentliche Gebirgsbildung beschränkt bleiben sollte.

Tektonik, ein Teilgebiet der Geologie. Die T. ist die Lehre vom Bau der Erdkruste und den Bewegungsvorgängen, die das heutige Bild der einzelnen Teile der Erdkruste schufen.
Die **Geotektonik** befaßt sich nicht mit den örtlichen tektonischen Einzelerscheinungen, sondern mit den allgemeinen Gesetzmäßigkeiten in der Entwicklung der gesamten Erdkruste, insbesondere mit der Bildung von Geosynklinalen und Kratonen, die innerhalb eines *geotektonischen Zyklus* vor sich geht (→ Zyklentheorie).

Temperatur, eine Zustandsgröße, die den Wärmezustand eines Körpers charakterisiert. Der thermodynamische Temperaturbegriff geht von der Bewegungsenergie der Moleküle aus: Je größer die Bewegungsenergie der Moleküle ist, desto höher ist die T. des betreffenden Körpers. Die T. wird mit Thermometern, Thermoelementen und anderen Instrumenten gemessen. International hat sich die → Celsiusskale durchgesetzt, nur in Ländern mit englischem Maßsystem wird noch die Fahrenheitskale verwendet. Theoretisch ist erwiesen, daß es eine tiefste T. gibt; sie liegt bei $-273,15\,°C$; die von diesem absoluten Nullpunkt aus gezählte T. bezeichnet man als ***absolute T.*** und mißt sie nach der Kelvinskale.
In der Klimatologie wird in der Hauptsache die Lufttemperatur gemessen. Die Messungen haben aber nur bei Abschirmung der Strahlung einen Sinn, da sonst durch Absorption der direkten Einstrahlung durch das Thermometer die Werte gefälscht werden und man nicht die ***wahre T.*** erhält (→ Klima). Die Meßinstrumente werden daher im allgemeinen in Wetterhütten (Instrumentenhütten) aufgestellt, die durch hölzerne Jalousiewände vor der direkten Sonnenstrahlung geschützt sind und sich 2 m über dem Erdboden befinden, damit der Einfluß der bodennahen Luftschichten ausgeschaltet wird.
Im allgemeinen werden die wahren T. verwendet; die auf den Meeresspiegel ***reduzierten T.*** sind geographisch ohne besondere Bedeutung.
Auf Karten werden die Temperaturverhältnisse durch → Isothermen, auf Diagrammen oft durch Isoplethen (→ Isoplethendiagramm) dargestellt.
Die T. der durch die Wärmeausstrahlung der Erdoberfläche erwärmten Atmosphäre (→ Strahlung) unterliegt täglichen und jährlichen Schwankungen, die vor allem vom Sonnenstand, von der geographischen Breite und der Seehöhe des Beobachtungsortes sowie von dessen topographischer Lage (Exposition) beeinflußt werden.
Im täglichen Temperaturgang tritt auf der ganzen Erde ziemlich gleichmäßig der Höchststand 2 bis 3 Stunden nach der Kulmination der Sonne ein, also gegen 14 bis 15 Uhr. Der Temperaturgang während der Nachtstunden zeigt infolge der ziemlich gleichmäßig wirkenden Ausstrahlung, die dann nicht durch Einstrahlung kompensiert wird, den niedrigsten Stand etwa um die Zeit des Sonnenaufgangs. Die periodische Tagesschwankung beträgt auf dem offenen Ozean nur 1 bis 1,5 K, steigt aber im Innern der Festländer bis auf 20 K und darüber an, wobei neben der geographischen Breite die Bewölkung und die Art der Pflanzendecke entscheidend sind. Im tropischen Regenwald z. B. verhindern die Wolkendecke, die feuchte Luft und das dichte Blätterdach eine nächtliche Abkühlung der Luft. In vegetationslosen Wüsten hingegen, in denen der Himmel meist wolkenlos ist, kühlt sich die Luft in der Nacht stark ab. Die unperiodische Schwankung kann hier 40 K erreichen. Auch in der gemäßigten Zone ist es im Walde nachts wärmer als auf dem freien Felde (→ Waldklima), in klaren Nächten kälter als in solchen mit geschlossener Wolkendecke.
Unter ***relativer T.*** versteht man nach dem Klimatologen W. Köppen die Differenz zwischen dem jeweiligen Monatsmittel und dem Mittel des kältesten Monats in % der Jahresschwankung.
Die T. nimmt mit der Höhe im allgemeinen durchschnittlich um etwa 0,6 K/100 m ab. Dieser Wert wird als *vertikaler Temperaturgradient* bezeichnet. Bleibt die T. mit zunehmender Höhe gleich, herrscht → Isothermie, nimmt sie dagegen zu, spricht man von einer → Inversion.
Der Gleichgewichtszustand der Atmosphäre hängt von ihrer *Temperaturschichtung* ab, d. h. davon, wie sich ihre Temperatur mit zunehmender Höhe ändert und wie groß der vertikale Temperaturgradient ist.
Bei trockener Luft, d. h. Luft, die wenig Wasserdampf enthält, herrscht in der Schichtung *Stabilität*, solange die Temperaturabnahme 1 K je 100 m nicht überschreitet (*trockenadiabatischer Temperaturgradient*); Luftteilchen, die vom Boden infolge Erwärmung aufsteigen, kühlen sich aufgrund der adiabatischen Ausdehnung (bei der man den Wärmeaustausch mit der Luft der Umgebung ausschließt) ab. Sie bleiben also kälter als die jeweils erreichte Schicht und somit auch schwerer als die dort befindliche Luft und haben das Bestreben, wieder zurückzusinken (*trockenstabile Schichtung*).
Wird in der Vertikalen dagegen der trockenadiabatische Temperaturgradient überschritten, so ist das aufsteigende Teilchen in jeder Höhe wärmer als die dort befindliche Luft, es erfährt beständig einen Auftrieb und steigt weiter. Die bestehende Schichtung wird folglich umgestaltet (*trockenlabile Schichtung*). Besonders in Boden-

nähe kann der vertikale Temperaturgradient an Sommermittagen oft mehrere Grade auf wenige Meter betragen.
Bei relativ feuchter Luft wird bei adiabatischer Abkühlung beim Aufsteigen schließlich der Taupunkt erreicht. Steigt die Luft weiter, so tritt Kondensation ein, und der überschüssige Wasserdampf scheidet sich als Tröpfchen aus. Gleichzeitig wird aber Kondensationswärme frei. Daher kühlt sich die Luft bei weiterem Aufsteigen nur noch um etwa 0,4 bis 0,6 K je 100 m ab (*feuchtadiabatischer Temperaturgradient*). Der feuchtadiabatische Gradient ist nicht konstant wie der trockenadiabatische, sondern hängt jeweils von Luftdruck und Temperatur ab. Umlagerungen gesättigter Luftmassen bezeichnet man als *feuchtlabil*. Feuchtlabilität ist in der Atmosphäre häufiger anzutreffen als Trockenlabilität. Kräftige Labilisierung der unteren Schichten löst Quellwolkenbildung aus und kann schließlich zur Entstehung von Gewittern führen. Ebenso ist Kaltluft, die südwärts vordringt oder eine warme Meeresströmung überquert, bis in die Höhe feuchtlabil geschichtet. Sie ist sehr turbulent, und es kommt daher zu böigen Winden, Quellwolken und lebhafter Schauertätigkeit.

Terra calcis, *plastische dichte Böden aus Karbonatgesteinen,* nach Kubiena eine Klasse von terrestrischen Böden, der die Bodentypen → Terra fusca und → Terra rossa zugeordnet werden. Sie sind besonders in den Mediterrangebieten verbreitet. Tavernier faßt die T. c. und die aus Silikatgesteinen entstehenden Braunlehme (→ Plastosol) als *Mediterranböden* zusammen. Die meisten T. c. stehen den Plastosolen sehr nahe.

Terra firme, → Hyläa.

Terra fusca, *Kalksteinbraunlehm,* ockerfarbige, teils auch braune und rötlichbraune, humusarme, schwere, dichte, sehr plastische Böden mit „Lehm"-gefüge, die sich aus tonigen karbonatreichen Gesteinen (Kalkstein, Dolomit, Mergel, Gips) entwickeln und deren Solum zumeist stark entkalkt ist. Die T. f. kann als Weiterentwicklung der Rendzina und als Endstadium der Kalksteinverwitterung unter subtropischen Bedingungen angesehen werden. Sie hat ein A-B-C-Profil und mäßig bis stark saure Reaktion. Unter einem nur wenige Zentimeter mächtigen A-Horizont folgt der zähe tonige B-Horizont, der starken Schrumpfungs- und Quellungsvorgängen unterliegt und schlechten Luft- und Wasserhaushalt aufweist. Häufige Hangrutschungen und intensive Flächenabspülung sind für T.-f.-Gebiete typisch. Deshalb unterliegen diese Böden meist der Wald- und Wiesennutzung.
In Mitteleuropa kommt die T. f. meist als fossiler Boden vor, wobei das leicht erodierbare Solum oft Umlagerungen aufweist. Ist hierdurch oder durch Infiltration (z. B. in Spalten) eine sekundäre Kalkzufuhr erfolgt, so spricht man von einer kalkhaltigen T. f.

Terrain, allgemein svw. Gelände; in der Kartographie Bezeichnung für die Oberflächenformen der Erde, → Reliefdarstellung.

Terra rossa, ursprünglich (gegenwärtig z. T. auch noch in Übersee) Sammelbegriff für alle roten Böden der Subtropen, heute zur Klasse der Terra calcis gestellter, ziegelrot gefärbter Bodentyp der humiden Mediterrangebiete, der sich auf tonarmen Kalkgesteinen entwickelt hat. Die T. r. scheint sich rezent nur noch in Einzelfällen zu bilden und wird überwiegend als fossile tertiäre oder interglaziale Bodenbildung angesehen, die sich in sommertrockenen Karstgebieten als Erosionsrest oder als Kolluvium in den Hohlformen erhalten hat. Es gibt zwei Ausbildungsformen der T. r. 1) Die *lehmige T. r.* (*Kalksteinrotlehm, siallitische T. r., Kalkstein-Plastosol*) ist im Profilaufbau und Eigenschaften mit Ausnahme der etwas tonärmeren Bodenart und der nur schwach sauren Reaktion weitgehend der Terra fusca ähnlich. Der eisenreiche (bis 10% Fe) B-Horizont ist vor allem durch Goethit und Hämatit kräftig rot gefärbt. Umgelagertes und zusammengeschwemmtes Material der lehmigen T. r. bedeckt vielfach die Hohlformen (Poljen, Dolinen) der Karstgebiete und bildet dort die einzigen, allerdings schwer bearbeitbaren Ackerflächen. 2) Die seltenere *erdige T. r.* (*Kalksteinroterde, allitische T. r.*) hat sich wahrscheinlich nur in Gebieten mit kräftiger Austrocknung entwickelt. Sie hat bei gleicher Farbe ein „Erdgefüge", d. h. ein stabiles schorfig-krümeliges Gefüge aus irreversibel geflockten Sesquioxiden. Damit ist sie den Latosolen (im engeren Sinne) sehr ähnlich und verfügt über wesentlich bessere bodenphysikalische Eigenschaften als die Terra fusca und die lehmige T. r.
In Mitteleuropa gibt es sporadisch fossile T.-r.-Relikte. Sie werden in Thüringen als *Hasselerde*, in Bayern als *Blutlehme* bezeichnet.

Terrasse, eine ebene, mehr oder weniger langgestreckte, ebene Fläche, die das Gefälle eines Hanges oder einer Abdachung unterbricht. Nach der Genese unterscheidet man verschiedene Arten von T. Von besonderer Bedeutung sind die an ein bestimmtes Niveau gebundenen T. (echte T.). Für die nichtniveaugebundenen, unechten T. sollten andere Begriffe verwendet werden.
1) An ein bestimmtes Niveau (Flußgefällskurve, Meeresniveau) gebundene T.: a) *Fluß- (Tal-) Terrassen* sind durch erneutes Einschneiden eines Flusses in seinen alten Talboden und durch Seitenerosion geschaffen worden. Die *Terrassenfläche* (*Terrassenflur*) wird nach dem Fluß zu durch den *Terrassenhang* begrenzt, der mit der Terrassenflur die *Terrassenkante* bildet. Über der Terrassenfläche erhebt sich die *Terrassenlehne* (Oberhang). Das Gefälle der T. in der Richtung des Tales wird als ihr Längsgefälle, die Schräge der Terrassenflur im Talquerschnitt als Quergefälle bezeichnet. In den Felsen eingearbeitete T. werden *Felsterrassen* genannt, schmale Reste Talleisten. Ist das Einschneiden des Flusses und seine Seitenerosion in mehreren Phasen erfolgt, so entstan-

Terrasse. *f* Flur einer Felsterrasse, *s* Flur einer Schotterterrasse, *h* Terrassenhang, *k* Terrassenkante, *l* Terrassenlehne

den mehrere T. übereinander. Besteht der Terrassenkörper aus Schotter, spricht man von **Schotterterrasse** (*Aufschüttungsterrasse*), da der ehemalige Talboden durch eine Aufschüttungsphase entstanden ist. In Mitteleuropa sind vor allem die im Pleistozän gebildeten Schotterterrassen sehr verbreitet (→ Hochterrasse, → Niederterrasse). Wenn die Schotter abgetragen sind, wird der alte, oft unebene Untergrund wieder aufgedeckt; handelt es sich dabei um einen wohlausgebildeten Felstalboden, so ist zwischen der Oberfläche der Schotterterrasse und der wiederaufgedeckten Felserterrasse zu unterscheiden. Die T. werden durch Nebenflüsse des Hauptflusses in einzelne Abschnitte zerschnitten und teilweise stark aufgelöst. Aus den einzelnen Resten lassen sich mit Hilfe verschiedener Methoden der alte Talboden rekonstruieren und die Terrassenreste zu einem *Terrassensystem* vereinigen. Nur örtlich auftretende T., die sich nicht in ein Terrassensystem eingliedern lassen, nennt man *Lokalterrassen*. Durch nachträgliche tektonische Verstellung kann die T. heute andere Gefällswerte aufweisen als der ursprüngliche Talboden, sie kann sogar das gleichsinnige Gefälle verloren haben. Das Studium der T. ist daher ein wichtiges Hilfsmittel für die Erforschung junger tektonischer Bewegungen. – Da die Talterrassen meist über dem Überschwemmungsbereich und den Talnebeln liegen, sind sie oft bevorzugte Siedlungsplätze. b) *Strandterrassen* sind über den Meeresspiegel gehobene Abrasionsplatten (→ Abrasion). c) *Seeterrassen* bestehen aus randlichen Ablagerungen in einem See, die bei einem höheren Seespiegelstand entstanden sind. Nach Absinken des Seespiegels erscheinen diese Ablagerungen dann als T. 2) Nichtniveaubeständige T.: a)

terrestrisch

Glaziale T. sind durch Gletscherschurf oder Moränenanlagerung entstanden und meist wenig ausgedehnt; b) *Schicht-(Denudations-)Terrassen (Gesimse)* sind terrassenartige Verflachungen des Gehänges, die, durch Gesteinsunterschiede bedingt, von der Denudation herausgearbeitet wurden. Ihr Charakter, vor allem aber ihr Gefälle, hängt von den betreffenden Gesteinen und ihrer Lagerung ab. Andere Gebilde sind die Landterrassen der → Schichtstufen.

terrestrisch, zur festen Landoberfläche gehörig, auf ihr entstanden; z. B. terrestrische Böden.

terrestrische Böden, *Landböden*, eine Abteilung aller Bodenbildungen, die außerhalb der ständigen Einwirkung des Grundwassers stehen. Hierzu werden in den meisten Fällen auch die staunassen Böden (→ Pseudogleye, → Stagnogleye) gezählt.
Als Abteilung *semiterrestrische Böden (Grundwasser-* und *Überflutungsböden)* werden die Bodenbildungen zusammengefaßt, in denen die Bodenentwicklung weitgehend durch das Grundwasser oder von Überflutungen beherrscht wird. Hierzu zählen die Gleye, die Auenböden, die Marschen und einige Salzböden. Bodenbildungen unterhalb des Wasserspiegels werden unter der Abteilung *subhydrische Böden* zusammengefaßt.

terrigen, aus Festlandsmaterial entstanden.

Tertiär [französisch, die dritte Stelle einnehmend' ‚mit Primär und Sekundär bezeichnete man früher die vorangegangenen Erdzeitalter], das erste System bzw. die erste Periode des Känozoikums. Das T. ist tektonisch eine Zeit erdumfassender Gebirgsbildungen (Orogenesen): Pyrenäen, Alpen, Karpaten, Apennin, Kaukasus und die Hochgebirge in Vorderasien und im südlichen Zentralasien wurden aufgefaltet. Im Zusammenhang damit belebte sich der Vulkanismus. Das Meer zog sich weiter zurück und gab weite Strecken zur Besiedlung durch festländische Tiere und Pflanzen frei. Besonders auf mitteleuropäischem Gebiet waren weite Bereiche von Sumpfmoorwäldern bedeckt, die das Material für Braunkohlenflöze lieferten. Daher wurde das T. oft *Braunkohlenformation* genannt. Viele Ablagerungen in damaligen Schelfgebieten führen Erdöl. Das Klima war tropisch bis subtropisch, wie aus den Floren der damaligen Zeit zu erkennen ist. Am Ende des T. wurde mit dem Übergang zum Pleistozän das Klima kühler; es herrschten noch heute lebende Organismengattungen und -arten. Das T. wird in die Abteilungen bzw. Epochen Paläozän, Eozän, Oligozän, Miozän und Pliozän gegliedert. Die Tab. gibt eine Übersicht über die Gliederung des T., soweit es für die Ausbildung der heutigen Oberflächenformen und für die Kenntnis biologischer Zusammenhänge von Bedeutung ist. (Vgl. auch die Tab. am Schluß des Buches.)

Tethys *f*, die vom Paläozoikum bis ins Alttertiär nachweisbare breite Meereszone, in der sich die mächtigen Sedimentpakete ablagerten, aus denen die alpidischen Faltengebirge gebildet wurden. Die T. besaß den Charakter einer Geosynklinale und zog, etwa dem Verlauf des jungen Faltengebirgsgürtels der Erde entsprechend, in west-östlicher Richtung aus dem europäischen Mittelmeerraum über Kleinasien, Iran, Himalajagebiet nach Hinterindien, wo sie nach Südosten abbog. Mit der alpidischen Gebirgsbildung fand die T. ihr Ende; ein Rest von ihr ist das heutige Europäische Mittelmeer.

Textur, → Gestein.

thalassogen nennt man die durch Tätigkeit des Meeres entstandenen Oberflächenformen. Eine t. Küste z. B. ist durch Meeresanschwemmungen entstanden.

Themakarten, *thematische Karten*, früher auch *Spezialkarten* oder *angewandte Karten*, zusammenfassende Bezeichnung für alle Arten von → Karten, die nicht das Gelände schlechthin, sondern einen besonderen, speziellen Bereich der geographischen Wirklichkeit zum Hauptinhalt haben. Eine Klassifikation ist nach den Prinzipien der graphischen Gestaltung, nach der Art der Materialaufbereitung, nach dem Maßstab und nach dem Thema möglich. *Topographische T.* werden auf der Grundlage topographischer Karten im Gelände aufgenommen (thematische Landesaufnahmen; geologische, bodenkundliche und Vegetationskartierungen). *Chorographische T.* bearbeitet man nach statistischem und anderem Beobachtungsmaterial und nach Literaturangaben, z. B. Karten der Bevölkerungsverteilung, Wirtschaftskarten, geophysikalische Karten, geologische Karten, Klima- und Vegetationskarten; sie sind Bestandteil vieler Weltatlanten und werden zu speziellen Fachatlanten, z. B. Wirtschafts-, Klima-, National- und Regionalatlanten, vereinigt. Wanderkarten, Straßenkarten (Autokarten), → Luftnavigationskarten und → Seekarten können wegen ihrer Verwandtschaft zu topographischen Karten als *angewandte topographische Karten* bezeichnet werden. Zu den T. gehört ferner die Gruppe der *technischen Karten* (Liegenschaftskarten), Stadtkarten, Planungskarten, Forstkarten, Wetterkarten u. a.). Bei der graphischen Gestaltung der T. kommen alle Methoden der → kartographischen Darstellung zum Einsatz. T. erfüllen vielfältige Funktionen in den Geowissenschaften als Informationsspeicher und als Forschungsmittel, für die Volkswirtschaft und in der Allgemeinbildung.

Theodolit, das wichtigste Instrument für Vermessungsarbeiten. Der T. dient zum genauen Messen von Horizontalwinkeln, als Universalgerät auch zum Messen von Vertikalwinkeln (Höhenwinkeln) sowie zur Entfernungsmessung.
Der *Phototheodolit* ist ein Aufnahmegerät für die → Photogrammetrie.

Thermalbild, bildliche Umsetzung der mittels Sensoren von Flugzeugen und Raumfahrzeugen aus aufgezeichneten Reflexionen der Erdoberfläche im Infrarotbereich (IR-Sensoren).

Therme, *Thermalquelle*, eine warme → Quelle, die meist gelöste Mineralstoffe enthält und heilkräftige Wirkung hat. T. sind überwiegend in jungvulkanischen Gebieten anzutreffen. Eine besondere Art sind die → Geysire.

Thermik, → Konvektion.

Thermokarst, gelegentlich verwendete Bezeichnung für ein Relief mit Einsturzformen, die durch das Austauen von Eislinsen im Boden entstanden

Stratigraphische Gliederung des Tertiärs (Oligozän bis Pliozän)

Abteilungen bzw. Epochen	Stufen		Phasen der alpinen Orogenese
Pliozän	Asti-Stufe	Levantinische Stufe	walachische Phase
	Piacenza-Stufe		
	Pontische Stufe		attische Phase
Miozän	Sarmatische Stufe		
	Tortonische Stufe	Zweite Mediterranstufe	
	Helvetische Stufe		steirische Phase
	Burdigal	Erste Mediterranstufe	
	Aquitan		savische Phase
Oligozän	Chattische Stufe		
	Rupel-Stampische Stufe		

sind, also dem Frostboden zugehören.

Thermometer, ein zum Messen der Temperatur dienendes Instrument, bei dem die temperaturabhängigen Eigenschaften von Stoffen (Wärmeausdehnung, elektrische Spannungs- und Widerstandsänderung u. a.) erkennbar gemacht und an einer Skale abgelesen werden. Allgemein eingeführt hat sich die → Celsiusskale, nur in den angelsächsischen Ländern verwendet man die → Fahrenheitskale.
Am gebräuchlichsten ist das **Quecksilberthermometer,** das aus einem kugelförmigen Quecksilberbehälter mit angeschmolzener enger Glasröhre (Kapillare) besteht. Für die Messung von Temperaturen unter −39 °C, der Erstarrungsgrenze des Quecksilbers, verwendet man mit Toluol, Äthanol oder Pentan gefüllte T. Die Messung der Lufttemperatur hat stets im Schatten zu erfolgen, da sich bei direkter Sonnenbestrahlung eine andere Ausdehnung des Quecksilbers ergibt.
Um einwandfreie Ergebnisse ohne Thermometerhütte zu erzielen, benutzt man in der Meteorologie das **Schleuderthermometer,** d. h. ein an einem Strick befestigtes T., das etwas über Kopfhöhe so lange im Kreis geschwungen wird, bis sich der Stand der Quecksilbersäule nicht mehr ändert.
Maximum- und **Minimumthermometer** sind so gebaut, daß die höchste bzw. niedrigste Temperaturanzeige festgehalten wird (**Extremthermometer**). Sie sind zu einem Gerät im Maximum-Minimum-Thermometer vereinigt, d. i. ein Alkoholthermometer mit U-förmig gebogenem Kapillarrohr, in dessen mittleren Teil sich eine Quecksilbersäule befindet. Bei Erwärmung wird der eine Schenkel der Quecksilbersäule gehoben, bei Abkühlung der andere, wobei von jedem Ende der Quecksilbersäule ein Eisenstäbchen verschoben wird, das am Höchst- bzw. Tiefstwert liegenbleibt. Mit Hilfe eines Magneten können die Eisenstäbchen wieder zur Quecksilbersäule zurückgebracht werden.
Zur genauen Temperaturbestimmung (± 0,02 °C) in größeren Meerestiefen wird das **Kippthermometer** (**Tiefseethermometer**) benutzt. Es besteht aus einem druckgeschützten und aus einem dem Wasserdruck ausgesetzten Quecksilberthermometer, die beide in der Meßtiefe durch Fallgewicht gekippt werden, wodurch der Quecksilberfaden zum Abreißen gebracht und seine weitere Veränderung verhindert wird, so daß auch nach längerer Zeit die an der Kippstelle gemessene Temperatur abgelesen werden kann. Während das druckgeschützte T. die wahre Wassertemperatur anzeigt, zeigt das andere infolge Kompression durch den lastenden Wasserdruck eine höhere Temperatur an. Die Differenz läßt sich zur genauen Tiefenbestimmung

benutzen. Beim **Bimetallthermometer** wird durch die Ausdehnung eines Bimetallstreifens und die Änderung seiner Krümmung ein Zeiger über eine Skale bewegt. Auf dem Prinzip des Bimetallthermometers beruht der **Thermograph,** ein Gerät zur selbsttätigen fortlaufenden Aufzeichnung des Temperaturverlaufes auf eine Registriertrommel.
Für Feinmessungen und Registrierungen, z. B. in der Agrarmeteorologie und Biologie, werden empfindliche **Widerstandsthermometer** (temperaturabhängige Widerstandsänderung von elektrischen Leitern) und **Thermoelemente** (temperaturabhängige Berührungsspannung zweier verschiedener Metalle) benutzt.
Zur Messung der Sonnenstrahlung dient das **Schwarzkugel-**(**Strahlungs-**)**Thermometer,** ein T. mit einem geschwärzten Gefäß, das keine Strahlung durchläßt oder zurückwirft. Es ist meist noch in einem mit stark verdünnter Luft gefüllten Gefäß eingeschlossen. Das Schwarzkugelthermometer liefert nur relative Werte der Strahlung.
thermophil, wärmeliebend, ökologische Eigenschaftsbezeichnung für Organismen, die hohe Temperaturen für ihre optimale Entwicklung benötigen, z. B. t. Pflanzengesellschaften, z. B. Mikroorganismen im Boden, besonders in Mist und Kompost (Temperaturoptimum etwa 45 bis 75 °C).
Thermosphäre, → Atmosphäre.
Therophyten, einjährige Pflanzen, die die für das Wachstum ungünstige trockene oder kalte Jahreszeit in Form von Samen überdauern.
Thufur, Torfhügel in der isländischen Tundra, → Frostboden.
Tiden, svw. Gezeiten.
Tiefdruckgebiet, Tief, barometrisches Minimum, Depression, ein Gebiet niedriger Luftdrucks, bei dem die Luftströmungen von außen nach dem Kern hin gerichtet sind. Nach dem barischen Windgesetz erfahren sie dabei auf der Südhalbkugel eine Drehung im Uhrzeigersinn, auf der Nordhalbkugel eine entgegengesetzte. Wandernde T. bezeichnet man als **Zyklonen** (**Störungen**); sie stellen Verwirbelungen entlang einer Frontalzone dar, an der sich verschieden warme Luftmassen gegeneinander verschieben. An diesen Fronten spielen sich dabei charakteristische Wettervorgänge ab, da jeweils kalte und warme Luftmassen das Wetter bestimmen (→ Warmfront, → Kaltfront, → Okklusion, → Zyklogenese).
Gewöhnlich bildet sich eine **Zyklonenserie** (**Zyklonenfamilie**) aus, d. h., es folgen in einem Abstand von etwa bis zwei Tagen drei oder vier zyklonale Störungen, die bestimmte Zugstraßen bevorzugen.
Über Europa hinweg verlaufen in vorwiegend östlicher Richtung fünf solche Zugstraßen, die der Meteorologe J. van Bebber (1841 bis 1909)

statistisch ermittelt hat. Sie werden von Norden nach Süden mit römischen Ziffern und die Abzweigungen durch zusätzliche Buchstaben gekennzeichnet. I bis IV verlaufen vom Nordatlantik über die Nordsee und Skandinavien nach der Ostsee. Nur Zugstraße V umgeht Mitteleuropa im Süden, → Wetterlage V b.
Zyklonen, die vorübergehend oder am Ende ihrer Entwicklung aus der östlichen Bewegung abweichen und rückläufig werden, nennt man *retrograd.* In Mitteleuropa gehören ihnen oft die V b-Zyklonen an. Sie ziehen von Oberitalien und der nördlichen Adria über Ungarn, Polen nach der mittleren Ostsee nordwärts, wobei der anfängliche Nordostkurs allmählich in einen nordwestlichen übergeht.
Unter *Zentraltief* versteht man ein stationär gewordenes, ausgedehntes T., um das nachfolgende Störungen häufig herumgeführt und von ihm schließlich aufgesaugt werden. Infolge dieser Energiezufuhr kann sich ein Zentraltief oft wochenlang halten und in bezug auf die Zyklonen steuernd wirken. Für Europa sind der Raum südlich Islands und das zentrale Mittelmeer Gebiete häufiger Zentraltieflagen.
Eine *Tiefdruckrinne* ist eine langgestreckte Zone niedrigen Luftdrucks zwischen Gebieten höheren Luftdrucks (→ Hochdruckgebiet), wie sie z. B. unter dem Äquator im Bereich der Innertropischen Konvergenz entwickelt ist. Auch die Westwindzone mit ihren wandernden T. ist klimatologisch eine Tiefdruckrinne (→ atmosphärische Zirkulation).
Tiefenströme, → Meeresströmungen.
Tiefenströmungen, → Meeresströmungen.
Tieferschalten, in der Geomorphologie Bezeichnung für einen Vorgang der Landabtragung, bei dem die flächenhafte Abtragung vorherrscht. Die Ausgangsfläche wird gleichmäßig erniedrigt, ohne lineare Erosion und ohne daß Zwischenformen entstehen. T. einer Landoberfläche findet sich im Bereich der wechselfeuchten Tropen mit Flächenspülung. Außerhalb der Tropen tritt T. mehr lokal auf und ist an Gebiete gebunden, in denen die Tiefenerosion fast völlig erlahmt ist, so daß die allgemeine Landabtragung nachkommen kann.
Tiefland, → Flachland.
Tiefsee, Abyssalregion, der an die Flachsee anschließende Bereich des Meeres in mehr als 800 m Tiefe. Er umfaßt geomorphologisch den unteren Teil des Kontinentalabfalls (800 bis 2400 m), ferner den Tiefseeboden (Tiefseetafel, 2400 bis 5500 m), der allein etwa 78% des Meeresbodens einnimmt, und die Tiefseegräben (Tiefseesenke) in mehr als 5500 m Tiefe. Die T. ist verhältnismäßig einförmig, obwohl das Relief durch Schwellen und diesen aufgesetzte, meist vulkanische Aufragungen (Gu-

yots) sowie durch Becken, Mulden und Gräben gegliedert ist. Die Bodenbedeckung besteht aus Lockermaterial. Man unterscheidet den *hemipelagischen* Sedimentationsbereich über dem Kontinentalabhang und den *eupelagischen* Bereich unter 2400 m mit jeweils charakteristischen → Ablagerungen. Die Lebewelt dieser lichtlosen Tiefen setzt sich ausnahmslos aus Tieren zusammen.
Die *Tiefseegräben* bilden langgestreckte, rinnenförmige Einsenkungen und erreichen Tiefen bis über 11500 m. Sie ziehen sich meist am Rand der Ozeane parallel zur Küste hin. In der Regel zeigen sie auf der dem Lande oder einer Inselkette zugekehrten Seite eine steilere Böschung als auf der dem offenen Ozean zugewendeten. Die meisten Tiefseegräben liegen im

Die wichtigsten Tiefseegräben

Name	Ozean	Tiefe in m
Philippinengraben (Mindanaograben)	Pazifik	11516
Marianengraben	Pazifik	11034
Tongagraben	Pazifik	10882
Kurilengraben	Pazifik	10542
Japangraben	Pazifik	10380
Kermadecgraben	Pazifik	10047
Puerto-Rico-Graben	Atlantik	9218
Bougainvillegraben	Pazifik	9140
Süd. Sandwich-Graben	Atlantik	8264
Aleutengraben	Pazifik	7678
Perú-Atacama-Graben	Pazifik	7635
Riukiu-Graben	Pazifik	7481
Sundagraben	Indik	7450

Pazifik, während im Atlantik lediglich zwei, im Indischen Ozean nur einer vorhanden sind. Tiefseegräben verdanken ihre Entstehung tektonischen Vorgängen. Offenbar stehen sie mit Strömungsvorgängen in der unter der festen Erdkruste liegenden Fließzone im Zusammenhang. Dort, wo Magma weggezogen wird, machen sich Nachsinkerscheinungen bemerkbar. Dafür spricht auch, daß es sich bei den Tiefseegräben ausnahmslos um Gebiete mit negativen Schwereanomalien handelt.
Tiergeographie, *Zoogeographie,* die Lehre von der geographischen Verbreitung der Tierwelt über die Erde, ein Teilgebiet der Biogeographie. Die *systematische T.* stellt die Verbreitungsgebiete (Areale) der einzelnen Arten fest und versucht, bestimmte Faunenbereiche (→ Fauna) abzugrenzen. Die *soziologische T.* untersucht die in den einzelnen Bereichen vorkommenden tierischen Lebensgemeinschaften in ihren Wechselbeziehungen. Die *ökologische T.* betrachtet die Tiere in ihrer Abhängigkeit von den jeweiligen Umweltbedingungen. Die *genetische* oder *historische T.* schließlich berücksichtigt die Entwicklung der Tierwelt im Laufe der Erdgeschichte und sucht die heutige Verbreitung auf Grund von Tierwanderungen in der Vorzeit und Anpassungen zu verstehen.
Tierkreis, griechisch *Zodiakus,* eine die Himmelskugel umspannende Zone, in deren Mitte die Ekliptik verläuft. Der T. enthält die 12 *Tierkreissternbilder:*

♈ Widder	♎ Waage
♉ Stier	♏ Skorpion
♊ Zwillinge	♐ Schütze
♋ Krebs	♑ Steinbock
♌ Löwe	♒ Wassermann
♍ Jungfrau	♓ Fische

Die Ekliptikzone ist in 12 Abschnitte von je 30° eingeteilt, die man *Tierkreiszeichen* nennt und denen je ein Tierkreissternbild zugeordnet ist. Unter *Tierkreislicht* versteht man das → Zodiakallicht.
Tilke [mundartlich für ‚Tälchen'], eine in Mittelgebirgen häufige, nicht sehr tiefe Hohlform mit einem meist gefällereichen Talboden, dem Tilkenboden, der mehr oder weniger deutlich gegen steile Hänge absetzt, obwohl ein fließendes Gewässer fehlt. Auch zur Geländeoberfläche sind die Tilkenhänge meist scharf abgesetzt. Die T. fehlt im Wald, scheint also eine Sonderform des offenen Kulturlandes zu sein, die besonders dort entsteht, wo größere Massebewegungen alte Taleinrisse auffüllen. Die Erhaltung der Form wird durch eine Grasdecke begünstigt.
Tillit, verfestigter Geschiebelehm aus vorpleistozänen Eiszeiten. Seine Bestandteile sind wie alle Gletscherablagerungen unsortiert und ungeschichtet und bestehen z. B. aus gekritzten Geschieben. T. dient zum Nachweis von Vergletscherungen in früheren geologischen Epochen, z. B. die T. der permokarbonischen Eiszeit in Südafrika (Dwyka-Tillit, bis 400 m mächtig) und der proterozoischen Eiszeiten in Kanada.
Tirs *m,* in Marokko Bezeichnung für die dem indischen Regur ähnlichen → tropischen Schwarzerden. Den Vorgang, der zur Bildung dieser Böden führt, nennt man *Tirsifizierung.*
Tjäle, → Frostboden.
Tjemorowald, Savannenwald Ostdjawas, der an die Trockenperiode angepaßt ist. Er ist licht, arm an Unterholz und besteht überwiegend aus Kasuarinen, einer Baumgattung mit rutenförmigen, schachtelhalmähnlichen Zweigen.
Tobel, eng eingeschnittenes, steiles Wildbachtal im Hochgebirge. Der T. besteht aus einem trichterförmigen Quellgebiet, einem schmalen und meist unzugänglichen Abzugsgraben, dem T. im engeren Sinne, und mündet mit mächtigem Schwemmkegel in das Haupttal aus. Gefährlich sind im T. die → Muren.
Tomillares, in Spanien die macchienartige Trockenheide mit aromatischen Stauden und Halbsträuchern. Vgl. Gariden.
Ton, 1) *Rohton,* alle im Boden vorhandenen festen Bestandteile mit einem Durchmesser von weniger als 0,002 mm, unabhängig von ihrer mineralischen Zusammensetzung.
2) Gemenge verschiedener Tonminerale (Kaolinit, Illit, Montmorillonit), die aus der Zersetzung von Tonerdesilikaten (z. B. Feldspat, Glimmer, Pyroxen) hervorgehen und aus sehr kleinen Teilchen von höchstens 0,002 mm Durchmesser bestehen. Reiner T. (→ Kaolin) ist weiß gefärbt, Humussubstanzen rufen schwärzlichen, Eisenverbindungen rötlichen Farbton hervor.
Die tonigen Bestandteile des Bodens werden durch die oberflächliche Abspülung und durch das im Boden zirkulierende Wasser leicht abgeschwemmt oder umgelagert. Die Ablagerungen zeigen eine feine, blättrige Schichtung und bilden verfestigt Schiefertone (→ Schiefer) und gegebenenfalls Tonschiefer; bei einem Wechsel von gröberen und feineren Komponenten entstehen → Bändertone.
Ein Gemenge von T. mit Sand heißt → Lehm.
T. quillt bei Wasseraufnahme und wirkt gesättigt wasserstauend, so daß er oft die Sohle für einen Grundwasserleiter bildet. Im Boden binden die Tonminerale die mineralischen Nährstoffe für die Pflanzen und bewahren sie so vor dem Auswaschen durch Sickerwässer. Auch organische Substanzen können angelagert werden. Reine T. sind jedoch wegen der dichten Lagerung der einzelnen Teilchen und der darauf zurückzuführenden mangelhaften Durchlüftung ungünstige Böden.
Meist im Tagebau (Tongrube) gewonnen, dient T. in erster Linie für die Herstellung grobkeramischer Erzeugnisse (z. B. Backstein-, Klinker-, Schamotte-, Steingut-, Kachelton). Feuerfesten T. bezeichnet man auch als Edelton. Ziegeltone enthalten natürliche Flußmittel und erweichen schon bei 1100 °C.
Tonböden, → Bodenart.
Tonfraktion, → Bodenart.
Ton-Humus-Komplexe, sehr hochwertige organomineralische Verbindungen, die das Krümelgefüge im Boden hervorrufen. Sie bestehen aus einer innigen Vermengung organischer und mineralischer Substanzen, insbesondere von Bodenkolloiden, die durch die Tätigkeit eines regen vielseitigen Bodenlebens hervorgerufen wird.
T.-H.-K. haben eine große Stabilität sowie optimale bodenphysikalische und bodenchemische Eigenschaften. In den T.-H.-K. der fruchtbaren

Tschernosjome sind z. B. Grauhuminsäuren, Illite und Montmorillonite (→ Tonminerale) sowie Sesquioxide miteinander vermischt und verkittet. Die typische aus T.-H.-K. aufgebaute Humusform ist der Mull.

Tonminerale, kristallisierte hydroxylgruppen-(OH-)haltige, blättchenförmige Silikate (zumeist Aluminium-, aber auch Magnesium- und Eisenhydroxysilikate), die fast ausschließlich der Tonfraktion (< 0,002 mm Durchmesser) angehören. Sie entstehen als Neubildungen unter Einwirkung der hydrolytischen Verwitterung („Feldspat- oder Silikatverwitterung") im Boden, haben eine hohe Plastizität und haben als wichtigste anorganische Sorptionsträger (Bodenkolloide) eine hervorragende Bedeutung, da sie Pflanzennährstoffe austauschbar und somit pflanzenverfügbar festzuhalten vermögen. Die Bestimmung und Unterscheidung der einzelnen T. ist nur mit Hilfe spezieller Analysen (Röntgenanalyse, Differentialthermoanalyse u. a.) möglich. Man unterscheidet vor allem drei T.
1) Der *Kaolinit* $Al_2(OH)_4Si_2O_5$ gehört zusammen mit Halloysit, Nakrit, Dikkit u. a. zu den Zweischichtmineralen. Er bildet sich bevorzugt aus sauren Gesteinen unter niedrigem *p*H-Wert bei intensiver (tropischer) Verwitterung. Kaolinit ist Hauptbestandteil der Kaoline, im gemäßigten Klima überwiegend fossil. In bezug auf die Nährstoffbindung bildet Kaolinit das minderwertigste T. (→ Austauschkapazität).
2) Der kalireiche *Illit* („glimmerartiges T.",) ist ein Dreischichtmineral, das überwiegend aus Glimmern hervorgeht und bedingt quellbar ist. Illit bildet sich bevorzugt im gemäßigthumiden Klima und hat eine mittlere Austauschkapazität. Dem Illit verwandt ist der in marinen Sedimenten weit verbreitete *Glaukonit.*
3) Der *Montmorillonit* ist ebenfalls ein Dreischichtmineral, das sich vor allem auf basischen Gesteinen und in semiariden Bereichen bildet und zusammen mit dem illitischen *Vermiculit* wegen der hohen Austauschkapazität die wertvollsten T. des Bodens darstellt. Montmorillonit ist stark quellfähig und hat deshalb wesentlichen Anteil an den Selbstmulcheffekten der tropischen Schwarzerden. Weniger häufige montmorillonitische T. sind der *Nontronit,* der *Beidellit* und der *Bentonit.*

Tonschiefer, dünnschieferiges, meistens bläulichgraues Sedimentgestein, das durch den bei Gebirgsbildungen auftretenden Druck aus Schieferton entsteht. T. enthält hauptsächlich feinste Quarzkörnchen, Muskovit- und Chloritschüppchen, häufig Pyrit und Kohle. Aus den Pyritbeimengungen bildet sich durch Oxydation Schwefelsäure, die mit den Aluminiumsilikaten des T. unter Bildung von Alaun reagiert. Es entstehen dunkle *Alaun-, Ruß-* oder *Schwarzschiefer.* Ebenschieferige pyritfreie T. werden als *Dachschiefer,* ebensolche kohleführende als *Tafelschiefer,* solche mit zwei aufeinander senkrecht stehenden Spaltungsrichtungen als *Griffelschiefer,* sehr kohlenreiche als *Zeichenschiefer,* quarzreiche von gleichmäßig feinem Korn als *Wetzschiefer* gebraucht. T. sind verbreitet in den Schichten des Erdaltertums. Sie werden abgebaut bei Lehesten in Thüringen, Goslar, im Lahn- und Lennegebiet.

Tope, Sing. Top *m* oder *n, topologische Einheiten, geographische Standorteinheiten,* in der Landschaftsökologie die homogenen Grundeinheiten, die durch die gleichen Merkmale und gleiche Dynamik gekennzeichnet sind. Wird der gesamte abiotische Faktorenkomplex zur Abbildung der Standorteinheiten verwendet, spricht man vom → Physiotop. Für ihn ist die naturgesetzliche Kausalverflechtung kennzeichnend. Eine weitergehende Integration, die die biotischen Erscheinungen mit einbezieht, ergibt den → Ökotop, für den die Kausalformen der strengen Naturgesetzlichkeit und der Lebensgesetzlichkeit verbindlich sind. Die Wechselbeziehungen zwischen der organischen Decke (englisch cover) und ihrem Standort (englisch site) müssen berücksichtigt werden. Die Umgestaltung durch die Menschen geht insofern in die Betrachtung ein, als die erfaßten Merkmale durch Beobachtung oder Messung der Wirklichkeit entnommen werden, diese Veränderungen also bereits in sich einschließen. Werden die T. als typische Einheiten erfaßt, spricht man auch von Systemen (Physiosystem, → Ökosystem). Die Arealeinheiten der T. gehen in der Regel von der Analyse eines repräsentativen Punktes aus und werden durch Testen ihrer Merkmale in der umgebenden Fläche ermittelt. Oft treten gleitende Übergänge auf, die keine deutliche Grenze erkennen lassen. Mit Hilfe einer → Catena werden die regelhaften Abwandlungen sichtbar gemacht.
Als Stufe der Analyse können einzelne Merkmale des Geofaktorenkomplexes untersucht und kartiert werden. So ergeben sich Partialkomplexe. Sie können bezogen sein auf das Relief (Morphotop), das Geländeklima (Klimatop), auf das Wasserhaushaltsregime (Hydrotop), auf die Bodenform (Pedotop, auch Edaphotop) oder auf die Pflanzenwelt (Phytotop). Diese Partialkomplexe bilden Erscheinungen ab, in denen der Charakter des Standortes zum Ausdruck kommt; so ist z. B. der Hydrotop diejenige homogene Standorteinheit, in der die geographische Substanz in ihrer gesetzmäßigen Verflechtung durch das Bodenfeuchteregime in Erscheinung tritt. Für die Partialkomplexe werden die Typenbegriffe in der Regel den entsprechenden Teildisziplinen der allgemeinen physischen Geographie entnommen. Regelhafte Vergesellschaftung von Physiotopen oder Ökotopen werden allgemein als Gefüge (z. B. Ökotopgefüge, Fliesengefüge) bezeichnet. Erreichen sie den Charakter einer selbständigen Landschaftseinheit, so werden sie als → Choren bezeichnet.

Topochronothermen, Linien gleichzeitigen Auftretens bestimmter Temperaturwerte. Die Darstellung der Temperaturverteilung im zeitlichen Ablauf wird als *Topothermogramm* bezeichnet.

Topographie, 1) die Gesamtheit der Ausstattung eines Erdraumes in Hinsicht auf → Grundriß und Relief sowie deren Darstellung in Form von → topographischen Karten.
2) die Lehre von der Methodik der Aufnahme des Geländes (*topographische Aufnahme*) und die Wiedergabe in topographischen Karten. Der derzeitige topographische Aufnahmemaßstab für das staatliche Kartenwerk der DDR ist 1 : 10000.
3) in der Meteorologie die Kartendarstellung (Höhenwetterkarte) bestimmter Druck- oder Temperaturflächen (*absolute T.*) oder bestimmter Schichten (*relative T.*) in der Atmosphäre.

topographische Karten, großmaßstäbige → Karten, die auf der exakten vollständigen Aufnahme der Erdoberfläche mit ihren Reliefformen und topographischen Objekten (z. B. Brücken, Gebäude, Leitungen, Mauern) beruhen. Unmittelbar aus der Vermessung im Gelände oder aus der Universalauswertung von Luftbildsteilaufnahmen gehen die *topographischen Grundkarten* (Maßstab 1 : 2000 bis 1 : 10000) hervor, aus denen die *topographischen Folgekarten* abgeleitet werden (topographische Detailkarten 1 : 10000 bis 1 : 5000, topographische Übersichtskarten 1 : 100000 bis 1 : 500000). Der Karteninhalt unterliegt dabei einer fortschreitenden Generalisierung: Aus der detaillierten Grundrißdarstellung eines Dorfes in der topographischen Grundkarte 1 : 10000 z. B. wird auf der topographischen Übersichtskarte 1 : 500000 ein Ortsring.

Topoklima, svw. Geländeklima.

Topologie, der Zweig der Landschaftskunde, der sich mit den homogenen Grundeinheiten des Landschaftsgefüges, den → Topen, befaßt. Die T. liefert die unentbehrlichen Grundlagen für die analytische und synthetische Behandlung von Landschaften. Dem landschaftlichen Axiom gemäß werden die Komponenten der geographischen Substanz und die Faktoren des Wirkungsgefüges in einem komplexen System integriert (vertikale Verflechtung, Interrelation), dessen meßbare Größen eine strenge naturgesetzliche Interpretation zulassen. Die weitere Bearbeitung der gewonnenen Daten erfolgt im Rahmen

Torf 562

heterogener landschaftsökologischer Einheiten mit anderen statistischen Methoden in der → Chorologie.

Torf, semiterrestrische und subhydrische Humusformen der Moore und Vorform der Kohle. T. wird in Torfstichen für vielerlei Zwecke (z. B. als Brennstoff, Torfmull, für Moorbäder) abgebaut. Er besteht zu mindestens 30% aus organischer Substanz, und zwar aus einem Gemenge von Pflanzenteilen, die in Gegenwart von Wasser unter überwiegend anaeroben Bedingungen unvollständig zersetzt sind. Analog zu den Moor- und Moorbodentypen unterscheidet man 1) *Flachmoortorf,* der nach dem Hauptanteil oder an seiner Bildung beteiligten Pflanzenreste in *Schilf-* oder *Röhrichttorf* (*Phragmites*), *Seggen-* oder *Riedtorf* (*Carex*), *Astmoostorf* (*Hypnum*) und *Bruchwaldtorf* (mit Baumresten, besonders Erle, aber auch Weide, Esche, Eiche u. a.) unterteilt wird; 2) *Hochmoortorf,* der fast ausschließlich aus kaum zersetzten *Sphagnum*-Moosen besteht und dessen obere Lagen als *Weißtorf,* dessen untere durch starke Huministoffeinlagerungen dunkel gefärbte Lagen als *Schwarztorf* bezeichnet werden; 3) *Übergangsmoortorf,* eine heterogene rohhumusartige Humusform aus Baum- und Strauchmaterial, Gräsern und Seggen sowie aus verschiedenen Moosen.

Torfhügel, → Frostboden.

Tornado, verheerender Wirbelsturm im südlichen Nordamerika. Er entsteht bei starken Temperaturgegensätzen in der Frontalzone des Westwindgürtels, und zwar meist im Warmsektor; oft treten mehrere T. gleichzeitig auf. Die Bahn des T. ist relativ kurz und schmal, aber seine verheerende Wucht bringt schwere Verluste an Menschenleben und Sachwerten mit sich (vgl. Nordamerika S. 282).

Torr, nach dem italienischen Mathematiker und Physiker E. Torricelli benannte veraltete Einheit des Druckes, die besonders bei Luftdruck- und Vakuummessungen benutzt wurde. 1 Torr = 133,3 Pa (Pascal) = 1,333 mbar.

Torrente *m,* in Italien Bezeichnung für einen Wildbach, der nach Starkregen plötzlich Hochwasser führt und wegen seiner hohen Schuttführung oft schwere Schäden verursacht.

Tortonische Stufe, → Tertiär, Tab.

Totalisator, → Niederschlagsmesser.

Toteis, bewegungslos gewordene, oft ausgedehnte Teile eines Gletschers oder einer Inlandeismasse, die beim raschen Rückzug und Zerfall des Eiskörpers abgetrennt worden sind. Beim Abschmelzen dieses stagnierenden *Resteises* lagert sich sein Schuttinhalt als ungeschichtete Deckschicht (Deckmoräne) über die darunterliegenden Ablagerungen ab. Die Schmelzwässer setzen vielfach Sande um sie herum ab (→ Kames). Bei dem völligen Abtauen des T. sinkt die Oberfläche nach, und es entstehen unregelmäßige Hohlformen, die dann häufig von Seen ausgefüllt werden. Diese Seen sind im Unterschied zu den Zungenbeckenseen meist verhältnismäßig tief und abflußlos, auch weisen sie nur eine schmale Verlandungszone auf. Das T. des pleistozänen Inlandeises hat wahrscheinlich auch zur Entstehung der → Sölle beigetragen.

Tournai, eine Stufe des → Karbons.

TP, T. P., → Triangulation.

Trabant, svw. Mond.

Trachyt, ein graues bis rötliches Ergußgestein meist jüngeren Alters, das sich aus einer Grundmasse von leistenförmigem Kalifeldspat (Sanidin), Pyroxen und Magnetit mit Einsprenglingen von gut ausgebildeten Sanidinen, Oligoklas und Amphibol zusammensetzt. *Alkalitrachyte* enthalten hauptsächlich natronhaltigen Plagioklas (Albit). T. ist weit verbreitet und bildet Kuppen, Decken, Ströme und Gänge.

Tramontana *f,* ein kalter, von jenseits der Alpen kommender Wind in Norditalien.

Transfluenz, das Hinüberfließen, z. B. von Gletschereis über niedrigere Teile der Gletscherumrahmung oder des subglazialen Reliefs im Nährgebiet. Dadurch können nach der Übertiefungstheorie Stufen entstehen, die talauf gerichtet sind. Im Zehrgebiet des Gletschers spricht man von → Diffluenz und Diffluenzstufen.

Transgression, das Überfluten des Landes durch das Meer, Vorrücken des Meeres gegen das Land, verursacht durch eustatische Hebung des Meeresspiegels oder Senkung des Landes (Epirogenese). Die Landwärtsverschiebung des Strandes bei einer T. wird als positive Strandverschiebung bezeichnet. Das *transgredierende* Meer schafft Ingressionsküsten (→ Küste). Mit der T. beginnt in dem überfluteten Gebiet die Ablagerung mariner Sedimente. Transgredierend nennt man daher auch Gesteinsschichten, die über das Verbreitungsgebiet der älteren darunterliegenden Schichten hinweggreifen. Gegensatz: → Regression.

Trapp, Bezeichnung für dunkle Ergußgesteine, die als Flächen- (Areal-) Ergüsse entstanden und treppenartig angeordnete Decken von mehreren hundert Metern Mächtigkeit und bis zu einigen hundert Kilometern Ausdehnung bilden, wie die *Trappbasalte* auf Island, in Äthiopien, im Hochland von Dekan in Vorderindien, im Mittelsibirischen Bergland und in Kanada. *Trappgranulite* sind dunkle, augitreiche Granulite, die mit hellen Granuliten gebänderte Lagen bilden.

Trauf, → Schichtstufe.

Treibeis, *Drifteis,* das auf Flüssen oder auf dem Meer (→ Meereis) treibende Eis. Auf den Flüssen ist T. zu beobachten, wenn das sich an der Flußsohle bildende Grundeis (→ Eis) aufsteigt und flußab schwimmt oder wenn im Frühjahr der → Eisgang beginnt. Auf den Ozeanen gelangen mit den kalten Meeresströmungen die treibenden Schollen und auch die Eisberge, die sich von den bis ans Meer reichenden Gletschern oder dem Inlandeis ablösen, aus polaren Gebieten bis in niedere Breiten. So tragen im Nordatlantik der kalte Ostgrönlandstrom und der Labradorstrom Eismassen gelegentlich bis 36° n. Br. südwärts und gefährden die Schiffahrt in diesen vielbefahrenen Gegenden. Besonders die Monate April bis August sind auf der Nordhalbkugel reich an T. Von der Antarktis gelangt T. bis etwa 38° s. Br. Die Linie, bis zu der T. äquatorwärts vordringt, ist die *Treibeisgrenze*; sie kann in den einzelnen Jahren stark schwanken. Die mittlere Lage der Treibeisgrenze ist in den Atlanten meist mit Meeresströmungen zusammen dargestellt. Nautische Spezialwerke verzeichnen sie für jeden einzelnen Monat.

Treibsand, äolisches Sediment, das sich in Mitteleuropa nördlich des Lößgürtels findet und weichselkaltzeitlicher Genese ist. Die Übergänge vom Löß über den Sandlöß zum T. sind fließend. Nach Grahmann betragen im T. die Anteile der Kornfraktion 0,5 bis 0,1 mm > 30%, die der Fraktion 0,05 bis 0,01 mm 1 bis 15%. Die analogen Werte für lehmigen T. werden mit 20 bis 30% bzw. mit 15 bis 30% angegeben.

Trennart, → Differentialart.

Triangulation, *Dreiecksmessung,* die im wesentlichen aus Winkelmessungen bestehende Vermessungsmethode zur Bestimmung der Lage von Punkten der Erdoberfläche. Die T. bildet die Grundlage für die genaue Vermessung und Kartierung eines Landes (Landesaufnahme). Das Gebiet wird dabei mit einem Netz von meßbaren Dreiecken überzogen, von denen zwei benachbarte jeweils eine Seite gemeinsam haben.

Die Berechnung der Seitenlängen gründet sich auf eine genauestens mit Meßlatten, Spanndrähten oder Bändern aus wärmebeständigem Invardraht gemessene, meist mehrere Kilometer lange Grundlinie, die *Basis.* Von ihren Endpunkten aus werden zunächst zwei etwas weiter auseinanderliegende Punkte angepeilt, von denen jeweils wieder stets mehrere markante Geländepunkte eingemessen werden, die meist durch besondere Signal- und Beobachtungstürme, die *trigonometrischen Signale,* kenntlich gemacht sind. Die Seitenlängen der durch diese Messungen entstandenen Dreiecke, von denen zunächst nur die Winkel bekannt sind, lassen sich dann rechnerisch ermitteln. Die Winkel werden mit großen Theodoliten gemessen, wobei die einzelnen Ablesungen bis auf Zehntelsekunden genau durchgeführt werden.

Für einen der Dreieckspunkte erfolgt eine geographische Ortsbestimmung,

so daß sich dann auch die geographischen Koordinaten (Länge und Breite) aller anderen Netzpunkte berechnen lassen. An den auf diese Weise genau vermessenen Punkten läßt man auf größeren Gesteinsplatten stehende, also standsichere Steinsäulen in den Erdboden ein. Diese Lagefestpunkte werden als *trigonometrische Punkte* (Abk. *TP* oder *T. P.*) bezeichnet und können dann für alle weiteren Vermessungen als Ausgangspunkte benutzt werden.
Das gesamte Dreiecksnetz wird nach der Reihenfolge seiner Entstehung und damit nach dem Grad seiner Genauigkeit in mehrere Ordnungen unterteilt. Das Hauptdreieck, das eine selbständige T. darstellt, gilt als T. 1. Ordnung, die Punkte des durch sie erhaltenen Netzes 1. Ordnung werden als fehlerfrei angenommene Grundlage für die Bestimmung der Punkte folgender Ordnungen verwendet. Die Netze der folgenden Ordnungen werden durch besondere Triangulationsverfahren gewonnen und in das Hauptdreiecksnetz eingepaßt.
Größenordnungsmäßig betragen z. B. die durchschnittlichen Längen der Dreiecksseiten im Netz 1. Ordnung 35 km, im Netz 3. Ordnung 5 km und im Aufnahmenetz 1,5 km.
Die genaue Höhenlage der trigonometrischen Punkte stellt man durch Nivellement (→ Höhenmessung) fest, das an den Normalnullpunkt des Landes angeschlossen ist.
Die T. 1. Ordnung dient nicht nur der praktischen Landesaufnahme, sondern auch wissenschaftlichen Untersuchungen über Größe und Gestalt der Erde. Ein mittels elektrooptischer Entfernungsmeßgeräte arbeitendes Verfahren der Landesvermessung ist die → Trilateration.
Trias, das erste System bzw. die erste Periode des Mesozoikums. Die T. ist benannt nach der in Bayern/Württemberg deutlichen Dreigliederung ihrer Ablagerungen in → Buntsandstein, → Muschelkalk und → Keuper. Man unterscheidet diese **germanische** *T.*, die in den Binnenbecken gebildeten Ablagerungen mit Festlands- oder Binnenmeercharakter, von der wesentlich mächtigeren und stärker gegliederten **alpinen (*pelagischen*)** *T.*, den beiderseits der Zentralzone der Alpen innerhalb des damals dort vorhandenen Meeres, der → Tethys, entstandenen Ablagerungen. Diese werden in sechs Stufen gegliedert: *Skyth, Anis, Ladin, Karn, Nor* und *Rät*. Tektonisch ist die T. eine Zeit der Ruhe. Die Festländer nehmen weite Räume ein. Besonders auf der südlichen Halbkugel fördert der Vulkanismus riesige Mengen basaltischer Lava. Das Klima ist wesentlich ausgeglichener als im Perm, am Ende der T. wird es kühler und feuchter. Die Lebewelt ist ebenfalls gleichförmig, neue Pflanzenformen und die ersten Säugetiere

treten auf .(Vgl. die Tab. am Schluß des Buches.)
triassisch, *triadisch*, zur Trias gehörend.
tributär ist ein fließendes Gewässer dem größeren Fluß, in den es sich ergießt. Daher wird ein Nebenfluß auch als *Tributär* bezeichnet.
Trift, 1) Xerophorbium, Trockenflora im niederschlagsarmen Klima oder auf sehr durchlässigem Untergrund, umfaßt Gräser, Stauden, Kräuter und Halbsträucher, die der Trockenheit angepaßt sind. Es gehören die Steppenheideformationen auf Muschelkalk und die Trockenformationen auf glaziären Sanden zur Triftvegetation. Im Hochgebirge erscheint sie auf den regenarmen Leeseiten anstelle der Mattenformation. In der arktischen Triftvegetation, die der des Hochgebirges sehr ähnelt, herrschen niedrige Stauden, häufig Polsterpflanzen vor, die in ganz kurzer Vegetationszeit (meist weniger als 2 Monate) den gesamten Wachstumsprozeß durchlaufen.
2) eine geringwertige Weide auf ärmlichen Böden oder unter ariden Verhältnissen.
3) ozeanographisch, → Meeresströmungen.
trigonometrischer Punkt, → Triangulation.
Trilateration, Verfahren der Landesvermessung, das im Unterschied zu der auf Winkelmessung beruhenden → Triangulation auf der direkten Streckenmessung der Dreiecksseiten mit elektrooptischen Entfernungsmeßgeräten beruht. Die auf der Laufzeitbestimmung im Zielpunkt reflektierter elektromagnetischer und Laserstrahlen beruhenden Geräte gestatten Entfernungsmessungen mit hoher Genauigkeit.
Trockenböden, Böden in trockenen Klimabereichen, in denen die Verdunstung alle Niederschläge aufzehrt. Die Wasserbewegung im Boden geht daher vorwiegend von unten nach oben vor sich; die gelösten Minerale werden bei der starken Verdunstung an der Oberfläche des Bodens auskristallisiert und bilden häufig Krusten. Gegensatz: → Feuchtböden.
Trockengrenze, von dem Geographen Albrecht Penck geprägter Ausdruck (*Pencksche T.*) für die gedachte Linie, an der sich die Höhe der Niederschläge und die Höhe der Verdunstung das Gleichgewicht halten. Sie wird als Grenze zwischen aridem und humidem Klima angesehen. Eine genaue Festlegung der T. in den einzelnen Gebieten der Erde ist kaum möglich, da die Feststellung der Verdunstungshöhe außerordentlich schwierig ist. Der Jahresgang der Temperatur und die Verteilung der Niederschläge auf das Jahr spielen dabei eine große Rolle. Meist wird es sich bei der T. um breite Grenzzonen handeln. Als *agronomische T.* wird der Grenzsaum bezeichnet, an dem mit zunehmender Aridität

die Möglichkeit des Feldbaus ohne Bewässerung (Regenfeldbau) erlischt.
Trockenresistenz, svw. Dürreresistenz.
Trockenrisse, durch Zusammenziehen von Schichtoberflächen infolge Austrocknung in Ton, Lehm u. a. entstehende Risse, die sich oft in polygonaler Anordnung kreuzen. Besonders häufig sind T. in den Salzton-

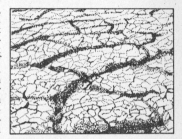

Trockenrisse auf der Oberfläche einer Salztonebene

ebenen der Trockengebiete zu beobachten. Fossile T. sind aus vielen Formationen bekannt, insbesondere aus der Trias (Buntsandstein). Die Füllungen dieser fossilen T. werden als *Netzleisten* (*Leistennetze*) bezeichnet; sie bilden an der Unterseite der hangenden Platten den T. entsprechend angeordnete Rippen oder Wülste.
Trockenwald, zusammenfassende Bezeichnung für alle Waldformationen der Tropen und Subtropen, die während ausgeprägten Trockenzeit das Laub abwerfen. Dazu gehören der → Savannenwald, die trockene Variante des → Monsunwaldes und die Dornwälder. Der T. unterscheidet sich einerseits vom Feuchtwald der regenreicheren Gebiete, andererseits von den Buschformationen der ariden Gebiete.
Trockenzeit, im regelmäßigen Jahreszeitengang wiederkehrende niederschlagsarme oder niederschlagsfreie Zeit der tropischen und subtropischen Gebiete.
Troglinie, in der Meteorologie ein langgezogenes Gebiet tiefen Drucks, das sich öfter auf der Rückseite einer Zyklone bildet und von einer Okklusion eingenommen wird. Vielfach sind solche Tröge auch frontenfrei. Luftmassenwechsel fehlt, doch treten Windsprung sowie Schauerstaffeln und stärkere Bewölkung auf.
Trogtal, auch *U-Tal*, ein Tal, das von einem Gletscher überformt worden ist. Der Gletscher hat die Talsporne weggeschliffen und die Hänge unterschnitten, so daß das T. einen breiten U-förmigen Querschnitt aufweist. Ferner wurde der ursprüngliche Talboden durch den Gletscher übertieft (→ glaziale Übertiefung), liegt heute aber in den meisten Fällen unter Schotter begraben. Schutthalden führen zu den Trogwänden empor. Die Trogkante begrenzt den eigentlichen

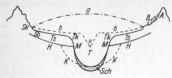

Schematischer Querschnitt durch ein Trogtal. *A* Karling, *B* Kar mit Kargletscher, *H* Hängetäler, *K* Klammen, *M* Stufenmündungen, *Sb* Schliffbord, *Sk* Schliffkehle, *Sch* Schotter und Schutthalden, *T* Trog, *Tk* Trogkante, *Ts* Trogschulter, *a* eiszeitliche Gletscheroberfläche, *b* präglazialer Talbogen, *v* präglaziales V-Tal in *b*

Taltrog. Vielfach finden sich darüber noch zurückweichende flachere Hangteile, die Trogschultern, die sich talaufwärts im Trogschluß vereinigen und zu einem Knick im Hang emporführen, an dem sich die vom Gletschereis überschliffenen Formen gegen die schroffigen des darüber aufragenden steileren Hangs absetzen (→ Schwarzweißgrenze). Hier, an der *Schliffgrenze*, ist oft eine *Schliffkehle* mit einem davor ausgeschliffenen, etwas flacheren *Schliffbord* vorhanden.
Auch im Längsschnitt weist das T. Eigentümlichkeiten auf. Es besteht oft aus einzelnen, durch Stufen oder Riegel voneinander getrennten Abschnitten, die wannenartig ausgeschürft sind, z. T. auch Seen bergen oder breitere Schotterebenen tragen. Auf die Wirkung des Gletschers ist die Ausschürfung der Wannen, die Versteilung der Talstufen, die Unterschneidung der Trogwände zurückzuführen; das Vorhandensein einer Trogschulter ist hingegen davon abhängig, ob der Gletscher bei seinem Vorstoß schon entsprechende Hänge vorfand. Es gibt auch T. ohne Trogschultern (ganztalige Tröge).
Trombe [italienisch tromba, eigentlich Trompete], im englischen Sprachgebiet *dust devils* („Staubteufel"), Luftwirbel, Wirbelwind. Die kleinsten und harmlosesten T. sind die *Staubwirbel* und *Sandwirbel* von nur wenigen Dezimetern Durchmesser über stark erhitztem Boden. Diese Kleintromben sind im Sommer auch bei uns öfter zu beobachten. In den wärmeren Zonen, vor allem in den vegetationsarmen Trockengebieten, aber auch über Wasserflächen entstehen bei starker Temperaturlabilität und starken horizontalen Temperaturgegensätzen in der Atmosphäre größere T. Dabei wächst aus einer Wolke ein rasch rotierendes schlauchförmiges Gebilde heraus, in dessen Innerem eine große Saugwirkung herrscht, und erreicht schließlich die Erdoberfläche. Über dem Wasser werden T. als *Wasserhosen*, über dem Erdboden als *Sand-* oder *Windhosen* bezeichnet. Sie können auf ihrer geradlinigen Bahn große Verheerungen (Windbruch, Gebäudeschäden) anrichten. Besonders heftige und gefährliche Luftwirbel sind die tropischen → Wirbelstürme und die → Tornados in Nordamerika. Im nordostafrikanischen Wüstengebiet bezeichnet man die meist im Zusammenhang mit Kaltluftvorstößen auf der Rückseite von Störungen stehenden T. als *Haboob (Habub)*.
Tropen [griechisch trope ‚Wende'], *tropische Zone*, 1) als **mathematische Zone** das Gebiet zwischen den beiden Wendekreisen, → Zonen 1).
2) als **geographische Zone** das beiderseits des Äquators liegende Gebiet der Erdoberfläche, das ständig hohe Temperaturen mit geringen jahreszeitlichen Schwankungen aufweist und in dem ausgeprägte thermische Jahreszeiten fehlen. Mit diesen Temperaturverhältnissen stehen zahlreiche geographische Erscheinungen in unmittelbarem Zusammenhang. Je nach dem ausgewählten bestimmenden Merkmal, wie die mittlere Jahrestemperatur von 20 °C, die mittlere Temperatur von 18 °C für den kältesten Monat, das Fehlen von Frost (absolute Frostgrenze), Vegetationsgrenzen, haben die T. verschiedene Grenzen. Abgrenzungsversuche berücksichtigen meist nicht, daß innerhalb der T. selbst erhebliche geographische Unterschiede bestehen, die sich vor allem aus der Menge und jährlichen Verteilung der Niederschläge ergeben. Dies spiegelt sich in der wechselnden Vegetation wider, die außerdem noch nach Höhenstufen abgewandelt ist.
Für das Klima der T. sind die mit der Innertropischen Konvergenz verknüpften Regenzeiten (Zenitalregen und Monsunregen) und die an die Herrschaft des Passats gebundenen Trockenzeiten charakteristisch. In den äquatornahen Gebieten sind die Trockenzeiten nur kurz und wenig ausgeprägt. Diese Gebiete der dauernd feuchten *inneren T.* mit Äquatorialklima werden von immergrünen ombrophilen Regenwald eingenommen. Die beiden Regenzeiten rücken entsprechend dem Gang der Sonne gegen die Wendekreise hin immer näher zusammen, so daß eine große und eine kleine Trockenzeit entstehen und schließlich beide zu einer einzigen verschmelzen, die nur noch von einer kurzen Regenzeit unterbrochen wird. In diesem Gebiet der wechselfeuchten *äußeren T.* ist die Dauer der Trockenzeiten von entscheidender Bedeutung für das Vegetationskleid, es herrschen hier die verschiedenen Formen der → Savanne.
Der innerhalb der tropischen Zone stattfindenden Abwandlung des Klimas und der Vegetation laufen entsprechende Erscheinungen in der Bodenbildung, in den hydrographischen Verhältnissen und schließlich auch in den Anbaumöglichkeiten parallel.
Über den Vegetationsformationen der Niederungen folgen in den tropischen Gebirgen einzelne Höhenstufen (→ Höhengrenzen) mit einer dem Charakter des tropischen Klimas angepaßten Vegetation (z. B. Bergwald, Nebelwald, Puna, Páramo).
3) Im englischen und französischen Sprachgebrauch bedeuten „tropics" die Wendekreise, ‚tropical' ist daher im Deutschen mit randtropisch zu übersetzen, während die inneren T. als äquatoriale Zone bezeichnet werden.

Gliederung der Tropen

Anzahl der ariden Monate	Vegetationszone	Charakteristik
0 ... 3 vollhumid	tropischer Regenwald	immergrüner Regenwald
3 ... 5 semihumid	Feuchtsavanne (zone guinéenne)	Hochgrassavanne, feuchte Monsunwälder und Feuchtsavannenwälder, teilweise laubabwerfend Kulturland: Pflanzenbau vorherrschend
bei 5	Pencksche Trockengrenze	Niederschlag = Verdunstung
5 ... 7½ semiarid	Trockensavanne (zone soudanaise)	Niedergrassavanne, Trockenwald, trockene Monsunwälder, regengrün Kulturland: Pflanzenbau und Viehwirtschaft
bei 7½	agrarische Trockengrenze	Grenze des Regenfeldbaus
7½ ... 10 semiarid	Dornsavanne (zone sahélienne)	Dornwald, Caatinga, Dornbusch, Scrub, z. T. mit Sukkulenten Kulturland: Bewässerungskulturen, sonst extensive Weidewirtschaft
10 ... 11 arid	Halbwüste	bis 50 % der Fläche Büschelgras und Busch
11 ... 12	Vollwüste	Oasenkulturen

Tropentage, in der Klimatologie diejenigen Tage, deren Höchsttemperatur über +30 °C liegt.
Tropfenboden, eine besondere Form der arktischen Böden (Frostböden), die in Mitteleuropa zuweilen als fossile pleistozäne Bildungen erhalten sind. Sie entstehen im Grenzbereich zweier Lockersedimente, von denen das Hangende eine etwas höhere Raummasse hat. Füllen sich in der Auftauperiode beide Lockersedimente weitgehend mit Wasser, dann sinkt das spezifisch Schwerere (Hangendes) in Form tropfenartiger Gebilde in das spezifisch Leichtere (Liegendes) hinein.
Tropfstein, verschieden geformte Gebilde aus Kalziumkarbonat, die durch Verdunsten von aus Gesteinsfugen tropfendem, kalkreichem Wasser entstehen. An den Decken von *Tropfsteinhöhlen* bilden sich so die zapfenartig herabhängenden *Stalaktiten* oder

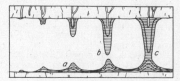

Tropfstein. Entwicklung der Stalagmiten (*a*) und der Stalaktiten (*b*), *c* Tropfsteinsäule (Stalagnat)

längs der Klüfte auch Sintervorhänge. Am Boden wachsen die *Stalagmiten* empor, die sich mit den Stalaktiten zu Tropfsteinsäulen (*Stalagnaten*) verbinden. Tropfsteinhöhlen bilden Sehenswürdigkeiten vieler Kalkgebirge, so die Adelsberger Grotte im Karstgebirge, die Aggteleker Höhle in Nordungarn u. a.
Tropikluft, Kurzbezeichnung für aus subtropischen Breiten stammende Luftmassen an der Vorderseite einer Zyklone. Die für Europa wetterbestimmende T. hat als Ursprungsgebiet entweder den Atlantik im Bereich der Azoren sowie das westliche Mittelmeer und Nordafrika oder die südliche Balkanhalbinsel.
tropische Böden, Sammelbezeichnung für die Gesamtheit der tropischen und subtropischen Bodenbildungen, die, abgesehen von azonalen Bildungen, allgemein durch intensive chemische Verwitterung und raschen Humusabbau gekennzeichnet sind. Ein weiteres Kennzeichen ist die meist sehr große Mächtigkeit der Bodenprofile (keine Zäsur der Bodenentwicklung im Pleistozän). Viele t. B. bereiten dem permanenten Feld- und Plantagenbau vor allem in bodenchemischer Hinsicht Schwierigkeiten (Armut an primär verwitterbaren Mineralen in sehr alten Böden; asche Nährstoffwegfuhr in den immerfeuchten Tropen; starke Humusmineralisation). Die wichtigsten t. B. sind „erdige" Latosole und „lehmige" Plastosole aus Silikatgesteinen, die meist „lehmige" Terra calcis aus Karbonatgesteinen und die hochwertigen tropischen Schwarzerden aus kalkhaltigen tonreichen Gesteinen. Weitere t. B., wie die intrazonalen tropischen Podsole oder die zonalen „braunen Böden" der Trockensavanne, sind noch ungenügend erforscht.
tropische Schwarzerden, *Grumusole*, *dunkle Tonböden der Tropen*, *Smonitzen*, Sammelbegriff für dunkle, tiefgründig humose, tonreiche intrazonale (kalziomorphe) A-C-Böden der Tropen und Subtropen, die vorwiegend aus kalkhaltigen Gesteinen oder aus Gesteinen mit hohem Gehalt an Kalziumsilikaten entstehen und allgemein hohe Anteile an quellfähigen montmorillonitischen Tonmineralen aufweisen. T. S. sind besonders in semiariden Klimagebieten verbreitet, treten aber auch in semihumiden bis humiden Gebieten mit ausgeprägter Trockenzeit auf. Als hochwertige Böden haben sie in den einzelnen Verbreitungsgebieten eine Vielzahl von Regionalnamen erhalten, wie Regur (Indien), Tirs (Marokko), margalitische Böden (Indonesien), Bardobe (Sudan), Terres noires (Togo, Angola), black earths (Australien), Sonsocuite (Nikaragua) u. a. Die dunkelgrauen A-Horizonte der t. S. können über 100 cm mächtig sein. Sie sind durch innige Vermischung der mineralischen und organischen Komponenten sowie durch eine hohe Austauschkapazität gekennzeichnet. Infolge des hohen Tongehaltes (meist 35%) und der Quellfähigkeit der Montmorillonite treten häufig Selbstmulcheffekte auf, oder es entwickelt sich ein Gilgai-Relief.
tropische Steppe, → Savanne.
Troposphäre, 1) → Atmosphäre. 2) → Meer.
trübe Tage, solche Tage, an denen das Mittel des Bewölkungsgrades (→ Bewölkung) über acht Zehntel liegt. Sie sind im Winter häufiger als im Sommer. Durch orographische Einflüsse (z. B. Lage im Luv eines Gebirges), durch Lage in Küstennähe und durch hohen Gehalt an Kondensationskernen, wie es in Industriegebieten und Städten der Fall ist, nimmt die Anzahl der t. T. zu.
Trübung, *atmosphärische T.*, *Lufttrübung*, die Erscheinung der Streuung des Lichtes an kleinen Teilchen in der atmosphärischen Luft. Die in der Luft enthaltenen Teilchen sind vor allem der atmosphärische → Dunst. Besonders starke T. können durch Ansammlungen von Staub, Ruß, Sand oder vulkanische Aschen hervorgerufen werden. In ihrer Gesamtheit werden die in der atmosphärischen Luft vorhandenen Teilchen als *Luftplankton* bezeichnet. In 1 l Luft sind enthalten: im Wald 5000 Teilchen, in der Stadt 12000 bis 80000 Teilchen, in der Nähe von Industriewerken 120000 bis 180000 Teilchen (→ Smog).
Das Verhältnis der Schwächung, die das Licht tatsächlich in der Atmosphäre erfährt, zu der theoretischen Schwächung in einer staub- und wasserdampffreien Atmosphäre bezeichnet man als *Trübungsfaktor*. Dieser ist bei den verschiedenen Luftmassen verschieden groß. Polarluft und Meeresluft sind meist weniger dunsthaltig als Tropikluft und Kontinentalluft. Die Werte betragen für Polarluft zwischen 1,85 und 2,17 und für Tropikluft zwischen 2,26 und 3,63. Auch über Industriezentren und Großstädten ist die T. infolge der über diesen Gebieten stehenden *Dunstglocken* besonders stark. Der Trübungsfaktor ist auch örtlichen und jahreszeitlichen Schwankungen unterworfen.
Trugrumpf, svw. Primärrumpf.
Tschernosjom, *Tschernosem*, *Schwarzerde*, *Steppenschwarzerde*, hochwertiger terrestrischer Bodentyp der Bodenklasse Steppenböden. Er entsteht unter den Bedingungen des winterkalten kontinentalen semiariden bis semihumiden Klimas hauptsächlich auf kalkhaltigen, feinererdereichen Lockergesteinen (Löß, Grundmoräne, Mergel, kalkhaltige Tone). Unter diesen Bedingungen ist die chemische Verwitterung durch die winterliche Kälteruhe und durch die Austrocknung im Sommer und Herbst stark reduziert. Die aus dem üppigen Wuchs der Steppengräser im Frühjahr reichlich anfallende organische Substanz wird nur teilweise mineralisiert; ein Großteil unterliegt der Humifizierung und reichert sich im Boden in Form von Huminstoffen (besonders hochwertige Grauhuminsäuren) an. Bei schwach alkalischer bis schwach saurer Reaktion entfaltet sich ein sehr artenreiches Edaphon, das unter den günstigen Bedingungen hochwertige Ton-Humus-Komplexe (→ Mull) schafft. Eine besondere Bedeutung kommt dabei auch den kleineren (besonders Regenwürmer) und größeren bodenbewegenden Tieren (z. B. Ziesel, Hamster, Präriehunde) zu, durch deren Tätigkeit eine intensive Vermischung des humosen Oberbodens mit dem mineralischen Untergrund ausgelöst wird. Auf diese Weise entstehen 60 bis über 100 cm mächtige schwärzlichgraue, von Krotowinen durchsetzte humose A-Horizonte mit ausgezeichneten bodenchemischen und -physikalischen Eigenschaften. Ihr Gehalt an organischer Substanz beträgt in Mitteleuropa 2 bis 4%, steigt in extrem kontinentalen Gebieten auf Werte von 10 bis 15%. Im unteren Teil des A-Horizontes finden sich oft fadenartige Kalkausblühungen, darunter folgen meist ein AC-Übergangs- und ein Kalkanreicherungshorizont (CaC-Horizont), der in den unveränderten C-Horizont überleitet.

Die T. gehören zu den landwirtschaftlich wertvollsten Böden und erlauben, sofern die Sommertrockenheit keine Einschränkungen bringt, eine sehr intensive Nutzung. Hauptverbreitungsgebiete sind die Grassteppen Eurasiens und Amerikas (von den Karpaten bis ins südliche Sibirien und zum oberen Ob; Prärien Nordamerikas, Pampas in Südamerika).
Die mitteleuropäischen T. (Thüringer Becken, Magdeburger Börde bis Hildesheim) befinden sich nicht mehr in Weiterbildung und zählen meist zu den *degradierten T.* (→ Degradierung). Krumendegradationen, die an einer Aufhellung und Strukturverschlechterung der Krume sichtbar werden, entstehen durch Klimaänderungen (Feuchtezunahme) oder menschliche Eingriffe (langer intensiver Ackerbau). Schreiten die Degradationsprozesse weiter voran, kommt es zunächst zur Entkalkung und schließlich zur Verbraunung und Verlehmung der T. Diese Entwicklung kann zu Braunerden und Parabraunerden führen. Anderseits gehen die T. mit zunehmender Aridität in *kastanienfarbene Böden* (*Kastanosjome, chestnut soils*) über, deren A-Horizonte wegen der weniger intensiven Humusanreicherung hellere Farben aufweisen. Zugleich nimmt auch die Mächtigkeit der A-Horizonte ab.
Die tropischen Schwarzerden sind trotz ähnlichen Profilaufbaues und gleichfalls hoher Fruchtbarkeit mit den T. nicht identisch.
Tsunami, → Meer(es)wellen.
Tuff, 1) Gestein aus verfestigten, vulkanischen Lockerprodukten. T. begleiten als Decken oder Aufschüttungskegel fast alle Ergußgesteine, mit deren Namen sie auch jeweils bezeichnet werden: *Diabastuff*, mit Ton- und Kalkbeimengungen, wegen seiner schaligen Absonderungsform als *Schalstein* bezeichnet, verbreitet im Devon des Vogtlandes, Harzes und Rheinischen Schiefergebirges; *Porphyrtuff*, verbreitet im Rotliegenden Thüringens und Sachsens, z. B. der rötliche Rochlitzer T., der viel als Werkstein verarbeitet wird. Zu den *Trachyttuffen* gehört der *Traß* (*Tuffstein*), ein Bimssteintuff, aus Schlammströmen entstanden, z. B. im Brohl- und Nettetal (unweit Andernach) in der Eifel, mit Kalk und Sand vermischt als Baustoff verwendet.
2) mürbe, meist poröse Absätze von Kalziumkarbonat (Kalktuff, → Kalkstein) oder Kieselsäure (Kieseltuff) aus Quellen oder fließendem Wasser.
Tundra [russisch, aus finnisch tunturi ‚hoher Berg'], baumloser Vegetationstyp der polaren und subpolaren Klimas (daher mitunter auch *Kältesteppe* genannt), der sich vor allem in Nordsibirien und in Nordamerika (hier als *Barren Grounds* bezeichnet) nördlich der polaren Baumgrenze vorfindet. Die geringe Wärme des Sommers, in dem in keinem Monat ein Mittel von über +12 °C erreicht wird, und lange, harte Winter mit einer vielfach bis 300 Tage anhaltenden Schneedecke lassen zusammen mit dem tief gefrorenen Boden, der auch im Sommer kalt ist und nur kurzfristig oberflächlich auftaut, und mit heftigen Winden (Purga) keinen Baumwuchs aufkommen.
In der T. gedeihen vor allem Moose und Flechten, aber auch Gräser, überwinternde Kräuter (Hemikryptophyten) und Zwergsträucher. Auf sandigen oder steinigen Böden trifft man die *Flechtentundra* an, die als Rentierweide Bedeutung hat, oder die *Rasentundra* mit Schwingel, Schmiele und Reitgras, bisweilen auch Zwergbirke, Krähenbeere und Bärentraube. Auf Lehmböden breitet sich die *Moos-* und *Krauttundra* aus. Bei schlechten Abflußbedingungen vermoort sie. Weite versumpfte Flächen über Gefrornisboden werden von der *Flachmoortundra* mit einer dichten Decke von Moosen, Seggen und Wollgräsern eingenommen. Auf Fels- und Schuttboden wird der Pflanzenwuchs schütter, Polster- und Rosettenpflanzen treten hier zu den Zwergsträuchern, Flechten und Moosen hinzu. In der Übergangszone zwischen Wald und T. taucht schließlich als Sonderform die *Waldtundra* auf, in der Kümmerbestände von Birken, Kiefern und Lärchen gedeihen.
Der Tundraboden ist arm an Bodenleben; die chemische Zersetzung ist unbedeutend, und die Wasserdurchtränkung während der sommerlichen Auftauperiode hemmt die Durchlüftung. Er hat daher kein Bodenprofil und ist in bodenkundlichem Sinne kein echter Boden. Jedoch kann durch geeignete Kulturmaßnahmen die Bodenbildung stark angeregt werden; in der Sowjetarktis ist daher auch auf ehemaligen Tundrenböden heute Anbau möglich.
Die T. wird morphologisch durch die Vorgänge der → Solifluktion gekennzeichnet. Ihnen verdanken die beiden Haupttypen der T., die *Fleckentundra* im Bereich der Strukturböden und die *Torfhügeltundra* auf moorigem Gelände (→ Frostboden), ihre Entstehung.
Turbulenz, 1) in der Meteorologie der ungeordnete Vertikalaustausch der Luft, hervorgerufen durch innere Reibung der Luftmoleküle und durch äußere Reibung mit der Erdoberfläche. Die T. bedingt den täglichen Gang der Windgeschwindigkeit am Boden und in der Höhe sowie die tägliche Änderung der Sicht.
2) in der Hydrographie a) thermisch bedingte Vertikalzirkulation in Meeren oder stehenden Gewässern; b) bei fließenden Gewässern die übliche Bewegungsform, → Fließen.
Turon, → Kreide, Tab.
Tussokflur, Bezeichnung für Büschelgrassteppen und Polsterfluren, die in den tropischen Hochgebirgen und auf den subantarktischen Inseln vorkommen, also maritim beeinflußte Klimate voraussetzen.
T-Wert, → Austauschkapazität.

U

Übergangskegel, der sich an das Gletscherende anschließende steile Schwemmkegel der Gletscherbäche, der oben mit den Endmoränen verzahnt ist, nach unten aber in die Schotterfelder der Gletscherbäche übergeht, → Sander. Mit dem Rückzug des Gletschers zerschneidet der Gletscherbach den vorher aufgeschütteten Ü. wieder; es entstehen die Trompetentälchen.
Überhälter, gesunde, wuchskräftige ältere Bäume, die man beim Abtrieb eines Waldbestandes einzeln oder gruppenweise stehenläßt, um daraus besonders starke Hölzer zu ziehen. Außerdem sollen sie als Samenbäume (Femel) dienen, damit sich durch Ansamung neuer Unterwuchs entwickeln kann.
Überhöhung, auf geographischen Reliefs, Karten, Reliefgloben und Profilen die Darstellung der Höhen und Tiefen der Erdoberfläche in einem größeren Maßstab als die waagerechten Verhältnisse, um bei kleinen Maßstäben oder verhältnismäßig schwachem Relief die Bodengestaltung zu verdeutlichen. Zu beachten ist dabei, daß durch jede Ü. die Böschungswinkel verzerrt werden.
Überkippung, durch seitlichen Druck verursachte Aufrichtung von Gesteinsschichten über 90° hinaus, wodurch ältere Schichten über jüngere zu liegen kommen.
Überschiebung, durch seitliche Pressung entstandene Lagerungsstörung von Gesteinsschichten. Bei der Ü. wird längs einer *Überschiebungsfläche* mit einem Einfallen von weniger als 45° ein Erdkrustenstück auf ein anderes hinauf- und darüber hinweggeschoben, so daß sich die Oberfläche verkürzt und ältere Schichten über jüngere zu liegen kommen. Es gibt verschiedene Arten von Ü.: 1) *Faltenüberschiebung*, die im Gefolge von

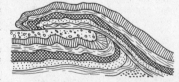

1 Faltenüberschiebung

Faltungen auftritt und sich bildet, wenn infolge starker Pressung der Mittelschenkel einer überkippten oder liegenden Falte ausgequetscht und durch eine Überschiebungsfläche er-

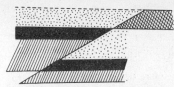

2 Profil einer Schollenüberschiebung. Die linke Scholle ist auf die rechte aufgeschoben worden

setzt wird; 2) *Schollenüberschiebung*, die im Gefolge von Bruchbildungen auftritt, wobei durch seitlichen Druck eine Scholle über eine andere geschoben wird; 3) *Überschiebungsdecke*, aus einer Faltenüberschiebung weit über sein Vorland hinübergeschobenes Gesteinspaket, das die Verbindung mit seinem Herkunftsgebiet verloren hat: Die Decke schwimmt auf der neuen Unterlage. Die vorderste Front der Decke heißt *Stirn*, ihre Ausgangsregion *Wurzel*, ihr Weg *Schubbahn*. Decken, deren Stirn sich vor einem Hindernis aufgerichtet hat, bezeichnet man als *Brandungsdecken*, solche mit abwärts gerichteter Stirn als *Tauchdecken*. Den Vorgang des Aufrichtens nennt man *Aufbranden (Deckenbrandung)*. Abgescherte Teile einer Überschiebungsdecke bezeichnet man als *Schubfetzen*, durch Erosion abgetrennte Teile als *Deckschollen (Klippen, Überschiebungsinseln)*, die Stellen, wo die Unterlage durch Erosion freigelegt ist, als *Fenster*. Mehrere übereinanderliegende Decken nennt man *Deckenpaket*, mehrere benachbarte *Deckensystem*. Viele Gebirge sind aus Überschiebungsdecken aufgebaut, so die Alpen und Karpaten, wo die Schubbahn nicht selten 100 km und mehr beträgt.
Im Unterschied zur Überschiebungsdecke ist bei der Deckfalte (→ Falte) die Verbindung mit dem Herkunftsgebiet noch erkennbar.
übersteil sind Hänge, deren Böschungswinkel größer ist als der Winkel, bei dem das betreffende Gestein noch dauernd standfest ist. Sie werden daher durch Bergstürze, Steinschlag oder Rutschungen rasch verändert. Ü. Hänge entstehen durch die Unterschneidung von Talhängen, an Prallhängen eines Flusses, ferner in Gletschertälern infolge der Erweiterung des Talquerschnittes durch die übertiefende Tätigkeit des Gletschers.
Übertiefung, → glaziale Übertiefung.
Ubiquisten, Tiere und Pflanzen, die keine Bindung an einen bestimmten Lebensraum erkennen lassen. Während U. nur manchmal weit verbreitet vorkommen, haben → Kosmopoliten eine weltweite Verbreitung. Die Bezeichnung U. bezieht sich auf den Standort, die Bezeichnung Kosmopolit dagegen auf die Verbreitung.
Uferbank, *Schaar*, *Wysse*, dem Strand eines Sees vorgelagerte Zone aus aufgeschüttetem Lockermaterial vor dem Abfall zur Tiefenregion. Auf der U. siedeln sich bodenwurzelnde Wasserpflanzen in mehreren Gürteln an: Röhricht, Schwimmblattgürtel, untergetauchte Wasserpflanzen. Abb. → See.
Uferdamm, *Uferwall*, *banco*, ein das Flußbett begleitender Damm aus Aufschüttungsmaterial. Ein U. entsteht, weil bei Hochwasser die über die Ufer tretenden Wassermassen ihre Transportkraft unvermittelt verlieren, so daß es dann innerhalb einer ungehemmten Akkumulation kommt. Flüsse in Niederungen zeigen häufig die Bildung von U. und werden als Dammflüsse bezeichnet.
Uferwalzen, → Wasserwalzen.
Umlaufberg, ein Berg inmitten eines Tales, der einst innerhalb einer abgesenkten Flußschlinge (→ Mäander) lag und beim Durchstoß des Schlingenhalses völlig abgeschnürt wurde. Er wird also auf der einen Seite vom heutigen Flußlauf, auf den anderen drei Seiten von der jetzt trockenliegenden alten Flußschlinge umgeben. Geschieht der Durchstoß der Mäanderschlinge von einem Nebental her, so spricht man von **Sehnenberg**

Umlaufberg und Sehnenberg. *a* alter Lauf des Hauptflusses, *b* alter Lauf des Nebenflusses

(*Durchbruchsberg*). In der Regel entstehen U. dann, wenn durch zeitweise Aufschotterung die Verlegung der Flußläufe begünstigt wird.
Umrißkarte, eine Karte, auf der nur die Umrisse von Ländern und Erdteilen sowie Gewässernetz und Kartennetz vorhanden sind und in die nachträglich bestimmte Erscheinungen einzuzeichnen sind. U. werden besonders im Geographieunterricht verwendet.
Umwelt, allgemeine Bezeichnung für den Bereich, in dem sich das Dasein von Lebewesen abspielt, wissenschaftlich erstmalig in der Biologie mit der Begründung der ökologischen Betrachtungsweise (→ Ökologie) durch Haeckel als äußere Bedingungen für das Leben von Organismen definiert. Heute wird vor allem die U. des Menschen in den Vordergrund gerückt. Dabei wird unter *natürlicher U.* die Gesamtheit der Einwirkungen der abiotischen und biotischen → Geofaktoren auf das Leben der einzelnen Menschen und die Tätigkeiten der Gesellschaft verstanden. Die *soziale U.* und die *technische U.* mit ihren Problemen berühren die Physische Geographie dadurch, daß von ihnen aus natürliche Sachverhalte, Prozesse und Bedingungen Veränderungen erfahren. Die Physische Geographie ist an der Erforschung der U. dadurch beteiligt, daß sie die Umweltfaktoren als Geofaktoren studiert, die physisch-geographischen Prozesse beschreibt, die bei der Veränderung der Umweltfaktoren auf die Lebensbedingungen der Menschen wirksam sind, und aus deren Kenntnis man Aussagen über den Schutz der U. ableiten kann (→ Landschaftskunde).
Umweltkarten, im weiteren Sinne zusammenfassende Bezeichnung für thematische Karten, die allgemeine Sachverhalte der natürlichen Umwelt, also Komponenten der Geosphäre, unter dem Gesichtspunkt ihrer Wirkung auf den Menschen abbilden; im engeren Sinne Karten, die den Zustand von Boden, Wasser und Luft unter der Einwirkung der wirtschaftlichen Tätigkeit der Gesellschaft, insbesondere die Verteilung und Konzentration von Schadstoffen, flächendeckend für bestimmte Zeitpunkte oder Zeiträume wiedergeben.
Umweltschutz, die Gesamtheit der Maßnahmen und Verhaltensweisen, die der Erhaltung und auch Verbesserung der Biosphäre dienen. Ein wichtiger Teil des U. ist die Verbesserung der technischen Produktionsabläufe, die die Minderung der Emissionen bzw. die Abschirmung gegen störende Immissionen zum Gegenstand haben. Ein weiterer wichtiger Teil des U., in den meisten Ländern gesetzlich geregelt, ist der Naturschutz, der international durch die ICSU (Abk. für International Council of Scientific Unions) als Dachorganisation betreut wird.
Undationen, nach H. Stille die großräumigen Verbiegungen der Erdkruste (→ Epirogenese) im Gegensatz zu den engräumigeren *Undulationen*, bei denen Brüche und Faltungen (→ Tektogenese) auftreten.
Universaldarstellungsgerät, ein in der Kartographie verwendetes Zeichengerät. Es beruht auf dem Prinzip des Pantographen und dient zur mechanischen Herstellung von Profilschnitten, Blockbildern und perspektivischen Geländeskizzen nach Karten oder Meßwerten.
Universum, svw. Weltall.
Unland, Bodenflächen, die in keiner Weise nutzbar sind und deshalb keinen land- und forstwirtschaftlichen Ertrag abwerfen (z. B. Schutthalden), sowie nicht kultivierbare Flächen.
Unterströmungstheorie, auf O. Ampferer (1906) zurückgehende, von R. Schwinner weiterentwickelte geotektonische Theorie, nach der aktive Unterströmungen in den zähplastischen Magmazonen unterhalb der Erdkruste als Ursache der Bewegungen

Unterwasserböden, der Kruste anzusehen sind. Die U. wird von zahlreichen Forschern zur Erklärung von Krustenbewegungen verwendet, doch sind die physikalischen Begründungen im einzelnen sehr verschiedenartig, obwohl alle auf thermische Differenzierung der Magmas in der Erdkruste zurückgehen.

Unterwasserböden, svw. subhydrische Böden.

Urgebirge, nicht mehr gebräuchliche Bezeichnung für das → Grundgebirge, das man früher als durchweg präkambrischen Alters ansah. Heute werden nur noch Gesteinskomplexe der archäischen Formationen als U. bezeichnet.

Urkontinent, → Kraton.

Urlandschaft, der Zustand einer → Landschaft vor dem Einwirken des Menschen.

Uroberfläche, die gedachte, im einzelnen meist nicht mehr nachweisbare Oberfläche, die sich ergab, wenn ein Gebiet der Erdoberfläche dem zurückweichenden Meere entstieg. Dieser U. muß das ursprüngliche Flußnetz angepaßt gewesen sein (konsequente Entwässerung).

Urozeane, nach Stille vier Kernräume des Atlantiks. 1) Der *Südliche Uratlantik* ist zwischen Afrika, Südamerika und dem Antarktischen Kontinent gelegen. Er ist seit dem Proterozoikum nachweisbar. Von ihm gingen mehrfach Transgressionen nach den beiden benachbarten Festländern hin aus. Ein Mittelatlantischer Brückenkontinent in Äquatornähe riegelte den U. gegen Norden hin ab, so daß sich damals scharfe Faunenunterschiede zwischen nördlichem und südlichem Weltmeer bemerkbar machten. Die heute als Nebenmeer aufzufassende Weddellsee ist ein altes Hochkraton, das später absank.
2) Der *Nördliche Uratlantik* liegt zwischen dem Laurentischen Schild und dem sich einst südwärts anschließenden später überfluteten Urkontinent Antillis auf der einen Seite, Europa und der im Süden Europas gelegenen mittelmeerischen Tethysregion auf der anderen Seite. So wie die oben bereits genannte Landschwelle, die dieses Urmeer gegen Süden abriegelte, war auch zwischen 50 und 65° n. Br. eine solche Schwelle entwickelt; sie war mit alten Faltengebirgen ausgestattet, die etwa von Labrador nach Nordschottland verliefen.
3) Der *Urskandik* lag im Raum des heutigen Europäischen Nordmeeres und war der kleinste der Atlantischen U. Er ist wohl nie wesentlich tiefer als 3 000 m gewesen. Seine Umrandung wurde durchweg von Faltengebirgen gebildet, die meistens der kaledonischen Ära entstammten, von denen noch die fennoskandischen und grönländischen Gebirge als geschlossene Ketten erhalten sind, während sich die alte Landbrücke im Süden, die von Nordschottland und den Färöerinseln aus über Island nach Grönland verlief, heute nur noch als untermeerische Schwelle in einer mittleren Tiefe von 500 m erkennen läßt. Ebenso ist im Norden die Nansenschwelle, die vom Nordkap über Spitzbergen nach Nordgrönland zieht, der Überrest einer ehemaligen Landverbindung.
4) Der *Urarktik* erstreckte sich als Vorläufer des heutigen Arktischen Ozeans nördlich der eben genannten Schwelle. Dieser U. war früher immer als seichtes Binnenmeer angesehen worden, bis durch Nansens „Fram"-Expedition sein Charakter als Tiefmeer nachgewiesen wurde. Lotungen haben Tiefen von über 5 000 m erbracht. Küstenparallele Faltengebirge sind nur an einigen Stellen, wie etwa in Nordgrönland und auf Grantland, vorhanden, während sonst die Gebirgszüge senkrecht auf die Ufer treffen. Die genannten Landverbindungen sind erst vom Mesozoikum an abgesunken und in den tief kratonen Zustand übergegangen. Als Olimgondwanischer (Südlicher) und Olimlaurentischer (Nördlicher) Spätatlantik wurden sie dem Atlantischen Ozean angegliedert.

Urpassat, die im Bereich der inneren Tropen in großen Höhen der freien Atmosphäre herrschende Ostwindströmung, → Passat.

Urstromtäler, im mitteleuropäischen Tiefland breite Talfurchen, die von den Schmelzwasserflüssen der pleistozänen Eiszeiten in größerer oder geringerer Entfernung vom Inlandeis geschaffen wurden. Sie werden heute aber nur teilweise noch von bedeutenderen Flüssen benutzt, häufig vielmehr nur von kleinen, trägen Wasserläufen durchzogen. U. entstanden dort, wo die Schmelzwässer auf lange Strecken parallel zum Eisrand fließen mußten, weil der Anstieg der Mittelgebirgsschwelle einen anderen Abfluß verhinderte. Kurze Talstrecken von dem Eisrand parallel fließenden Schmelzwässern werden nicht als U. bezeichnet. (Über die mitteleuropäischen U. vgl. Karte S. 39.)

U-Tal, svw. Trogtal.

Uvala, → Doline.

V

vadoses Wasser, das innerhalb der Erdkruste zirkulierende, aus Niederschlägen stammende Wasser, das in Quellen wieder zutage tritt, also im Unterschied zum → juvenilen Wasser aus dem Kreislauf des Wassers herrührt. Es ist in der Regel kalt und mineralarm, kann aber in größerer Krustentiefe oder durch vulkanische Wärme auch erhitzt werden und auf seinem Wege nach oben den Gesteinen durch Lösung mineralische Substanzen entziehen.

Valendis, → Kreide, Tab.

Valenginien, → Kreide, Tab.

Van-Allen-Gürtel, → Atmosphäre.

variszische (variskische, varistische) Gebirgsbildung [nach den Variskern, die einst um Curia Variscorum (Hof in Bayern) siedelten], Gebirgsbildungsvorgang während der variszischen Ära im jüngeren Paläozoikum (vom Devon bis zum Rotliegenden), hauptsächlich im Oberkarbon. Das *Variszische Gebirge* im engeren Sinne ist das im Karbon gebildete Faltengebirge Mitteleuropas, das sich vom Französischen Zentralplateau über die mitteleuropäischen Mittelgebirge bis zum Heiligkreuzgebirge (Polen) erstreckte, heute aber nur noch in einzelnen Bruchstücken in Gestalt abgetragener Rümpfe erhalten ist. Als *variszische (erzgebirgische) Richtung* (→ Streichen und Fallen) wird die Richtung von NO nach SW bezeichnet.

Varzea, → Hyläa.

Vegetation, die Pflanzendecke der Erdoberfläche, die je nach Klima- und Bodenverhältnissen verschiedenen Charakter zeigt. Als *Vegetationsgebiete* bezeichnet man Teile der Erdoberfläche, die durch eine bestimmte V. gekennzeichnet sind (Wälder, Savannen, Steppen, Wüsten).
Die *natürliche potentielle V.* ist nach Tüxen (1956) der sich an einem Standort unter normalen Klimabedingungen nach Durchlaufen von Entwicklungsstadien (Sukzessionen) einstellende Pflanzenwuchs. Sie steht im Gleichgewicht mit den Faktoren des geographischen Milieus. Der Einfluß des Menschen wird dabei nicht berücksichtigt. Die natürliche potentielle V. ist nicht identisch mit der V., die sich einstellen würde, wenn in unserer Kulturlandschaft der Einfluß des Menschen plötzlich aufhörte, da örtlich der Landschaft irreversible Schäden (Bodenabtrag, Ortsteinbildung u. ä.) zugefügt wurden. Ebenso ist die Bezeichnung „heute" wichtig, da praktisch jede erdgeschichtliche Epoche ihre eigene natürliche potentielle V. hat. In Mitteleuropa trug sie z. B. während des Tertiärs subtropischen, im Pleistozän subarktischen und arktischen Charakter.
Unterschied: → Flora.

Vegetationsgeographie, *Vegetationskunde*, Forschungsrichtung der Pflanzengeographie. Sie untersucht im Unterschied zur *Geobotanik*, der floristisch-botanischen Forschungsrichtung, die Pflanzendecke der Erde in ihrer Beziehung zum Raum. Als Teilgebiete der V. können unterschieden werden: 1) *allgemeine V.*, die die Ergebnisse der Geobotanik unter geographischen Gesichtspunkten chorologisch, also nach ihrer räumlichen Verbreitung, verarbeitet und die Vegetation der Landschaftsgürtel der Erde beschreibt; 2) *spezielle V.*, die sich mit Teilräumen beschäftigt und die Landschaftskunde und Landschaftsforschung unterstützt; 3) *angewandte V.*, die auf Grund praktischer Geländearbeit Landschaften und noch kleinere

Einheiten (Physiotope) vegetationskundlich erforscht.
Besonders die Landschaftsökologie bedient sich in starkem Maße der vegetationsgeographischen Methode.

Vegetationskarten, Bezeichnung von Karten, auf denen die Pflanzendecke der Erde als auffällige und bedeutsame Landschaftskomponente in ihrer regionalen Struktur kartographisch auf unterschiedliche Weise dargestellt ist. Die Geobotanik erfaßt primär die Verbreitung der einzelnen Arten meist in kleinen Maßstäben in der Form einfacher *Arealkarten.* Die Pflanzensoziologie kartiert die Verbreitung von Pflanzengesellschaften meist auf der Grundlage topographischer Karten in großen Maßstäben. Auf den agrarisch und forstlich genutzten Kulturflächen wird dabei versucht, anhand von Reliktpflanzen die natürliche oder potentielle Vegetation zu rekonstruieren. Die Vegetationsgeographie liefert meist auf der Grundlage physiognomischer Wuchsformen Übersichtskarten der Verbreitung der Vegetationsformationen.

Vegetationsperiode, der Zeitraum, in dem das pflanzliche Wachstum vor sich geht (Gegensatz: *Vegetationsruhe*). Die V. erstreckt sich in Mitteleuropa auf die Monate April bis September mit der Hauptvegetationsperiode von Mai bis Juli. Den Zeitraum, in dem die Mitteltemperatur über +10 °C (kleine V.) oder +5 °C (große V.) liegt, nennt man **klimatologische V.** Diese Angabe sagt noch nichts aus über die in dieser Zeit vorhandene Gesamtwärme (Wärmesumme), auch nichts darüber, daß selbst während dieser Periode Fröste auftreten können.

Vegetationsruhe, → Vegetationsperiode.

Vegetationstyp, Oberbegriff der vegetationskundlichen Einteilung. Jeder V. besteht aus mehreren Formationsgruppen, die sich ihrerseits aus verschiedenen → Pflanzenformationen zusammensetzen. In Mitteleuropa unterscheidet man folgende V.: 1) die *Wälder,* bestehend aus den Formationsgruppen der Laub-, Misch- und Nadelwälder; 2) die *Gebüsche,* die in Fallaubsträucher und Nadelsträucher gegliedert sind; 3) die *Zwergstrauchformationen* der echten Zwergstrauchgesellschaften (*Calluna-Heide*) und der Spalierstrauchgesellschaften (Kriechweiden); 4) die *Kraut-Gras-Formationen,* die sich aus Hochstaudenfluren, Hartwiesen und Steppenheiden, echten Wiesen, Flach- und Hochmooren zusammensetzen; 5) die *offenen Pflanzengesellschaften,* zu denen die Wasserpflanzen-, Sand-, Geröll- und Felsformationen rechnen.

Vektorenmethode, → Darstellungsmethode.

Verdrängung, in der Kartographie die durch Strichstärke und Größe der Kartenzeichen bedingte Lageverschiebung von topographischen Objekten gegenüber der exakten geodätischen Lage im Kartenbild.

Verdunstung, der unterhalb des Siedepunktes erfolgende langsame Übergang einer Flüssigkeit in den gasförmigen Zustand, vor allem von Wasser in Wasserdampf. Dabei wird Wärme verbraucht (2,22 kJ/g), d. h., V. ist mit Abkühlung verbunden (*Verdunstungskälte*). Daher spielt die V. insofern eine wichtige Rolle im Wärmehaushalt der Erde, als die im Wasserdampf latent gebundene Wärme bei dessen Kondensation der Atmosphäre wieder zugeführt wird. Die V. ist abhängig vom Sättigungsdefizit der Luft, von ihrer Temperatur, ihrem Feuchtigkeitsgehalt und dem Luftdruck sowie von der Stärke der Luftbewegung. V. findet dann statt, wenn die Temperatur über dem Taupunkt der betreffenden Luftmasse liegt, also auch bei Temperaturen unter dem Gefrierpunkt. Es können also auch Schnee und Eis verdunsten.
Die V. ist ein entscheidendes → Klimaelement und ein wichtiges Glied im Kreislauf des Wassers zwischen Meer, Atmosphäre und Festland (→ Wasser).
Am bedeutsamsten für den Wasserhaushalt der Atmosphäre ist die V. über den riesigen Meeresflächen, doch ist auch über dem Festland die V. noch erheblich. Hier unterscheidet man zwischen *Evaporation* (*unproduktiver V.*) des pflanzenfreien Erdbodens und *Transpiration* (*produktiver V.*), die durch die von Luft umgebenen Pflanzenteile, insbesondere die grünen Blätter, erfolgt; sie ermöglicht damit der Pflanze erst die Aufnahme der Nährlösungen aus dem Boden.
Die Differenz zwischen Niederschlag und Abfluß wird als *Verdunstungsgröße* bezeichnet, deren Betrag wie beim Niederschlag in mm Wasserhöhe angegeben wird. Sie spielt eine Rolle bei der Einteilung der Erdoberfläche in bestimmte Klimazonen (→ humid, → arid). Die Bestimmung der Verdunstungsgröße ist außerordentlich schwierig. Nur die unproduktive V. über dem Erdboden ist einigermaßen exakt meßbar, dagegen ist die produktive V. großen, nur ungenau erfaßbaren Schwankungen unterworfen, zumal da die Pflanzen in Trockenperioden als Schutzmaßnahme die Transpiration einschränken. Es dürfen aus Einzelmessungen auch keine Schlüsse auf die V. größerer Gebiete gezogen werden.
Die Höhe der V. wird durch *Verdunstungsmesser* bestimmt. Die physikalischen Verdunstungsmesser (Atmometer, Evaporimeter) zeigen an, wieviel Wasser bei einer bestimmten Witterung verdunsten kann; sie berücksichtigen aber nicht, welche Wassermenge im Boden für die V. wirklich zur Verfügung steht. Am genauesten erhält man heute die Gesamtverdunstung eines bestimmten Gebiets durch Messungen mit einem → Lysimeter. Auch diese Methode ist aber noch mit Fehlern belastet. Neuerdings errechnet man die V. auch aus dem Wärmeumsatz des Bodens oder auf dem Umwege über die atmosphärische Turbulenz.

Vereisungsdauer, → Eisgang.

Verlandung, die Ausfüllung von Gewässern durch Anschwemmen von Sand und Geschiebe sowie das allmähliche Zuwachsen, wobei es am Boden der Gewässer zu einer beständigen Anhäufung von abgestorbenen Pflanzenresten kommt. Zunächst tritt eine Verschilfung ein, indem vom Ufer aus der Röhrichtgürtel und die ihm vorgelagerten Schwimm- und Tauchpflanzenbestände immer weiter in das Gewässer vordringen. Es bildet sich dann ein Schwingrasenmoor, unter dem immer noch ein Wasserpolster vorhanden ist, dann ein Flachmoor und daraus mit zunehmender Austrocknung ein Erlenbruchwald, der allmählich in Kiefernwald übergeht.

Vermessungskunde, svw. Geodäsie.

Vermessungswesen, Sammelbegriff für alle technischen und organisatorischen Tätigkeiten, die sich auf die Messung von Objekten der Erdoberfläche, ihrer Festlegung in Koordinatensystemen und ihrer Darstellung in Karten, Plänen, Profilen und anderen Formen beziehen. In der DDR werden die Aufgaben des Staatlichen Vermessungswesens vom Ministerium des Innern, der Verwaltung Vermessung und Kartenwesen (VVK) wahrgenommen. Die Ausführung der geodätischen und kartographischen Arbeiten obliegt den Betrieben des Kombinats Geodäsie und Kartographie. Eng mit den Aufgaben des V. ist das Liegenschaftswesen verbunden. Die Seevermessung wird von speziellen Institutionen, in der DDR dem Seehydrographischen Dienst, wahrgenommen, dem dazu Vermessungsschiffe zur Verfügung stehen.

Versteppung, oft als Schlagwort gebrauchte Bezeichnung für die Austrocknung des Bodens und die Verarmung der Landschaft an Sträuchern und Bäumen bei gleichzeitiger Überbeanspruchung der natürlichen Grundwasservorräte. V. kann nicht aus direkten Klimaänderungen erklärt werden, sondern sie wird in erster Linie durch willkürliche, die landschaftsökologischen Zusammenhänge mißachtende Formen der Landnutzung verursacht, ferner durch die starke Steigerung des Wasserverbrauchs der Industrie und der Städte und durch die mit der erhöhten Pflanzenproduktion zwangsläufig verbundene produktive Verdunstung. Hinzu treten Eingriffe in den Waldbestand, unzweckmäßige Regulierungen der Flüsse, die ein viel zu rasches Abfließen des Flußwassers und damit eine ungenügende Ergänzung des Grundwassers zur Folge hatten. Monokulturartige Anbauweise

und unzweckmäßige Bodenbearbeitungsmaßnahmen fördern die Empfindlichkeit der Böden in bezug auf Deflation und Bodenerosion sowie die Dürreempfindlichkeit der Kulturen.
Vertikalkreis, → astronomische Koordinatensysteme.
Vertoonung, → Panorama.
Verwerfung, svw. Bruch.
Verwitterung, die an oder nahe der Erdoberfläche unter der Wirkung exogener Kräfte (Sonnenstrahlung, Atmosphärilien, Frost, Organismen) vor sich gehende Veränderung (Zerstörung, Zersetzung und Umwandlung) der Gesteine und Minerale, die häufig auch als *Gesteinsaufbereitung* bezeichnet wird.
Der V. sind nicht nur die festen Gesteine, sondern auch die Lockergesteine ausgesetzt. Durch diese Gesteinsaufbereitung schafft die V. die Voraussetzung für die Massenbewegungen, für alle Abtragungsvorgänge (→ Abtragung) und damit für die Bildung der Sedimentgesteine. Im Verein mit der Abtragung erzeugt die V. die mannigfachen Formen der Erdoberfläche.
Von entscheidendem Einfluß auf die Art der V. ist das Klima. In ariden und nivalen Gebieten herrscht die mechanische V. vor, die zur Bildung von Schutthalden, Blockmeeren u. a. führt, in humiden Gebieten die chemische V. (s. u.)
Die V. ist auf das engste mit der Bodenbildung (→ Boden) verknüpft, doch sind V. und Bodenbildung nicht identisch. Die Bodenbildung, die eine Tätigkeit von Bodenorganismen voraussetzt, kann erst einsetzen, wenn die V. vorgearbeitet hat.
Die V. arbeitet aus den Gesteinsschichten besondere → Verwitterungsformen heraus. Nach dem vorherrschenden Vorgang kann man mechanische und chemische V. unterscheiden.

A) Unter *mechanischer (physikalischer) V.* wird die Zertrümmerung der Gesteine (Gesteinszerfall) durch mechanische Vorgänge verstanden ohne wesentliche chemische Veränderungen.
1) Die *Insolationsverwitterung (Temperaturverwitterung)* beruht auf dem Wechsel zwischen unmittelbarer kräftiger Sonnenstrahlung auf die Gesteinsoberfläche und deren anschließender starker Abkühlung. Sie setzt eine nackte Felsoberfläche voraus. Ihr Wirkungsbereich sind daher die Trockengebiete der Edre. Außerhalb dieser Gebiete ist sie nur unter besonderen örtlichen Bedingungen und nur zeitweise wirksam. Durch die starke Erhitzung der Gesteinsoberfläche bei Tage und ihre damit verbundene Ausdehnung, die sich infolge ihrer geringen Wärmeleitfähigkeit auf die obersten Zentimeter des Gesteins beschränkt, und durch die Zusammenziehung infolge der nächtlichen Abkühlung werden sich täglich wiederholende Spannungen im Gestein erzeugt. Parallel zur Oberfläche platzen einzelne, bis 20 cm dicke Gesteinsschalen ab. Diese *schalige V.* tritt in massigen Gesteinen auf, wobei die ursprüngliche Klüftung des Gesteins und auch die Vorarbeit der chemischen V. die Lage der Ablösungsflächen und die Mächtigkeit der Gesteinsschalen beeinflussen. Die schalige Insolationsverwitterung läßt auffällige glatte Felswände entstehen. Werden nur dünne Plättchen abgesprengt, so bezeichnet man diese Art der Insolationsverwitterung als *Abschuppung (Desquamation).* Einzelne größere Felsblöcke können durch → Kernsprünge in scharfkantige Teile zerlegt werden. Bei Sandsteinen, Konglomeraten oder stark körnigen Gesteinen, deren einzelne Minerale verschiedene thermische Ausdehnungskoeffizienten haben, kommt es zur *Abgrusung (Absanden),* wobei das Gestein in kleine kantige Bestandteile oder zu Sand zerfällt.
2) Bei der *Frostverwitterung (Frostsprengung, Spaltenfrost, Congelifraktion)* sprengt das in feinen Spalten, Haarrissen, Poren, Kapillarräumen, Fugen und Klüften zu Eis erstarrte Wasser infolge Volumenzunahme um etwa $1/9$ das Gestein auseinander. Diese Art der V. tritt daher in kalten Klimaten auf, und zwar um so stärker, je häufiger der Frostwechsel stattfindet. Hierbei entsteht eckiger Schutt (Frostschutt), der sich beim Auftauen aus dem Gesteinsverband löst, auf ebenem oder schwach geneigtem Gelände an Ort und Stelle liegenbleibt, an Steilwänden aber als Steinschlag herabstürzt und an geneigten Hängen über Frostboden von der Solifluktion weitertransportiert wird. Die Grenze der Zertrümmerung durch Frost liegt in der Schlufffraktion, die die wichtigste Korngröße im Löß ist. Die Frostverwitterung schafft schartige Grate und rauhe Verwitterungswände.
3) Die *Salzsprengung (Salzverwitterung)* herrscht vorwiegend in Trockengebieten. Das bei gelegentlichem Regen oder bei Taufall nur wenig in den Boden eindringende Wasser löst Salze, die durch die starke Verdunstung kapillar wieder an die Oberfläche gezogen werden und auskristallisieren. In den durch Salzkristallbildung verschlossenen und mit übersättigten Salzlösungen gefüllten Hohlräumen kommt es dabei zur Volumenzunahme, zu einem Kristallisationsdruck, und an der Gesteinsoberfläche werden feine Schuppen oder Körnchen abgesprengt und die Gesteine häufig völlig zermürbt. Häufiger Wechsel von Austrocknung und Befeuchtung macht die Salzsprengung besonders wirksam.
4) Die *physikalisch-biologische V.* beruht auf dem Wachstumsdruck von Pflanzenwurzeln (Wurzelsprengung), der in geringem Umfang gleichfalls zum mechanischen Zerfall des Gesteins beiträgt. Dasselbe gilt für die Tätigkeit im Boden wühlender und grabender Tiere.

B) Die *chemische V. (Gesteinszersetzung)* beruht im wesentlichen auf der lösenden Kraft des Wassers, die durch Aufnahme von Säuren und Salzen gesteigert wird. Morphologisch am bedeutendsten sind die Lösungsverwitterung und die hydrolytische V., weniger wichtig sind Oxydationsverwitterung und Hydratation (Wasseraufnahme). Die früher oft besonders ausgeschiedene Kohlensäureverwitterung ist entweder an die Lösung von Karbonaten gebunden oder stellt nur eine besondere Form der hydrolytischen Vorgänge dar.
1) Unter *Lösungsverwitterung* versteht man die Lösung von Salzen in Wasser. Wichtig ist der Grad der Wasserlöslichkeit der Salze. Steinsalze und Kalisalze sind sehr stark wasserlöslich und kommen daher in humiden Klimaten an der Oberfläche nicht mehr vor. Sie lösen sich meist schon vollständig, wenn sie vom Grundwasser erreicht werden. Die Lösung vollzieht sich heute unterirdisch in größerer Tiefe und wird als Auslaugung bezeichnet. Durch das Nachsacken der hangenden Gesteine entstehen hier oft große Senken. Hingegen ist die Löslichkeit von Anhydrit, Gips und Karbonaten so gering, daß sie als Gesteine noch an der Erdoberfläche vorkommen, in ihren Formen allerdings überall die Lösungsvorgänge erkennen lassen. → Karst.
Auf 10000 Masseteile werden gelöst:

NaCl (Steinsalz)	3 600
Gips	25
Anhydrit	20
Kalkspat	0,3 … 1
bei Sättigung mit CO_2:	
Kalkspat	10
Dolomit	≈ 3

2) Die *hydrolytische V.*, richtiger *Silikatverwitterung* (früher auch *Feldspatverwitterung*), ist die bedeutsamste Form der chemischen V., da sie die weitverbreiteten Silikate (Feldspäte, Augite, Hornblenden, Glimmer) zersetzt. Die Intensität der Prozesse nimmt unter der Anwesenheit von Wasser mit steigender Temperatur zu. Die als Dipole wirkenden Wassermoleküle werden von den Grenzflächenkationen der Silikate angezogen. Sodann treten die H-Ionen des Wassers mit ein- und zweiwertigen Kationen (Na, K, Mg, Ca, Fe, Mn) der Silikate in Austausch. Die dadurch aufgelockerten Teile der Kristallgitter sind nicht mehr stabil und unterliegen einem weiteren hydrolytischen Zerfall. Auf diese Weise zerfällt z. B. Kalifeldspat $K[AlSi_3O_8]$ zunächst in hydrolysierten Feldspat $H[AlSi_3O_8]$, und dieser weiter entweder in Kieselsäure H_2SiO_3 und Aluminiumhydroxid $Al(OH)_3$ oder aber in Kieselsäure und amorphe Vorstufen von Tonmineralen, z. B. des Kaolinits $Al_2Si_2O_5(OH)_4$.

Der Zerfall des Kristallgitters ist stets mit einer starken Wasseranlagerung an die Zerfallsprodukte verbunden. Der Vorgang der Hydrolyse wird durch im Bodenwasser gelöste Säuren, wie Kohlensäure, Spuren von Schwefelsäure und vor allem organische Säuren, zusätzlich aktiviert und kompliziert. Lösliche Hydrolyseprodukte gehen den Verwitterungshorizonten zumeist verloren, während schwer lösliche Hydrolyseprodukte meist in situ verbleiben, teils mit anderen Substanzen in weitere Reaktionen eintreten, teils in Alterungsprozessen über die Stufe der amorphen Gele hinweg allmählich auskristallisieren. Die Art der hydrolytischen Endprodukte, der Verbleib oder die Abfuhr derselben ist von den jeweils herrschenden Bedingungen abhängig. Gesteinsart, Aridität, der Anteil und die Art der im Bodenwasser gelösten Säuren, Prozesse des Humusabbaus und -umbaus, der Verlauf des Wasserangebotes über das Jahr und ganz besonders die Temperaturen, unter denen die Hydrolyse abläuft, schaffen im einzelnen komplizierte und uneinheitliche Prozesse. Dennoch lassen sich auf der Erdoberfläche drei große Zonen der hydrolytischen V. unterscheiden, die sowohl hinsichtlich der Geschwindigkeit der Prozesse als auch der Endprodukte bemerkenswerte Unterschiede aufweisen: a) In der gemäßigten Zone schreitet die Hydrolyse nur langsam voran. Allgemein löst sich die Kieselsäure nicht, was zu relativer Anreicherung der Quarzteile im Boden führt. Die wichtigsten Verwitterungsprodukte sind die Tonminerale (besonders Illite). Man spricht deshalb von der *tonigen* oder *siallitischen V*. („sial" von Silizium und Aluminium, die einen hohen Anteil haben). b) In den wechselfeuchten Tropen (Savannen und Monsungebiet) wird unter den hohen Temperaturen die Kieselsäure beweglich und in den Regenzeiten weggeführt. Zurück bleiben die Sesquioxide (Eisen- und Aluminiumoxide), die sich mehr oder minder stark anreichern, in den Trockenzeiten verhärten und zu Lateritkrusten werden können. Man spricht deshalb von *allitischer* oder *hydratischer*, zuweilen auch von *lateritischer V*. Als wichtigstes Tonmineral entsteht dabei der Kaolinit. Typische allitische Bodenbildungen sind die Latosole. c) In den etwas niedriger temperierten immerfeuchten Tropen sowie in großen Teilen der Subtropen dominieren Mischformen zwischen der tonigen und hydratischen V., die als *siallitisch-allitische V*. bezeichnet werden. Typische Bodenbildungen sind die Plastosole und Terra calcis.
3) Als *Oxydationsverwitterung* bezeichnet man die Einwirkung des im Wasser enthaltenen Luftsauerstoffs auf die obersten Bodenschichten, wodurch z. B. Verbindungen des zweiwertigen Eisens in solche des dreiwertigen umgewandelt werden. Eine sichtbare Auswirkung dieses Prozesses ist die Verbraunung der B-Horizonte vieler terrestrischer Böden.
4) Die *Hydratation*, die Aufnahme von Kristallwasser, die zur Volumenzunahme und damit zur Quellfaltung des betreffenden Gesteins oder zur Sprengung des Nachbargesteins führt, ist eng mit der Lösungsverwitterung verbunden. Hydratation ist also eine teils chemische, teils mechanische V. Sie ist vor allem bei der Umwandlung von Anhydrit in Gips zu beobachten.
5) Die *chemisch-biologische V*. wirkt dadurch, daß sich bei der Zersetzung von Organismen (insbesondere von Pflanzen) Huminsäuren, Kohlensäure und Schwefelsäure bilden (*humose V*.). Darüber hinaus vermögen niedere Pflanzen, besonders Flechten, den Silikaten direkt Metallkationen zu entziehen. Höhere Pflanzen fördern durch die Nährstoffaufnahme und eine äquivalente Abgabe von H-Ionen die Versauerung und damit einen zunehmenden chemischen Angriff auf Primärsilikate.
Verwitterungsformen, Kleinformen an der Oberfläche der Gesteine, die teils die besonderen Verwitterungsvorgänge widerspiegeln, teils die ursprüngliche Klüftung der Gesteine durch das Vordringen der Verwitterung längs der Klüfte sehr deutlich erkennen lassen. Zur ersten Gruppe gehören die Karren und Pseudokarren, die Krustenbildungen (Kalkkrusten, Eisenschwarten) sowie die löcherige Verwitterung (Wabenverwitterung), die z. B. für die Sandsteinfelsen des Elbsandsteingebirges und der Südpfalz charakteristisch ist. In den porösen Sandsteinen lösen die Sickerwässer Mineralbestandteile heraus, die beim Verdunsten an den Felswänden unter Neubildung von Mineralen (Gips, Alaun) das Bindemittel des Gesteins örtlich zerstören oder aber auch widerständiger machen, so daß Leisten und Vertiefungen abwechseln. Die zweite Gruppe der V. führt bei verschiedenen Gesteinen zu matratzenartigen, kugeligen, plattigen oder wollsackförmigen Felsaufbauten.
Verzerrung, → Kartennetzentwürfe.
Vignette, auf Karten die graphisch individuell gestaltete Objektabbildung, meist in Form einer Aufrißzeichnung. V. dienen der Hervorhebung von bedeutenden Gebäuden auf Stadtplänen und Touristenkarten.
vikariierende Pflanzen, *korrespondierende Pflanzen*, Pflanzenarten, die nahe miteinander verwandt sind und im gleichen Gebiet, aber an verschiedenen Standorten auftreten, d. h. sich in ihrer Verbreitung gegenseitig ausschließen. In den Alpen gehören hierzu z. B. die beiden Alpenrosen, *Rhododendron hirsutum*, die auf Kalk gedeiht, und *Rhododendron ferrugineum*, die Granit und Schiefergestein bevorzugt.
Virgation, fächerförmiges Auseinandertreten von Faltengebirgszügen, z. B. in den Ostalpen. Gegensatz: → Scharung.
Visé, eine Stufe des → Karbons.
Vley, → Pfanne, → Salzpfanne.
Vogelschaubild, eine zentral- oder parallelperspektivische Geländeabbildung mit sehr hoch liegendem Augenpunkt. Das V. ist entweder photographisch aufgenommen (Luftbildschrägaufnahme, → Luftbild) oder in Form von Freihandskizzen. Bei der Darstellung größerer Gebiete spricht man auch von *Vogelschaukarten*.
Vorfluter, jedes Gewässer, das der Aufnahme der bei der Entwässerung anfallenden Wassermengen dient. Ist die *Vorflut*, d. h. die Fähigkeit eines Gewässers oder Geländes, das ihm zufließende Wasser unschädlich abzuführen, unzureichend, so treten Schwierigkeiten bei der Entwässerung auf, in Hochwasserzeiten bisweilen auch Rückstau.
Vorland, → Deich.
Vortiefe, *Saumtiefe, Randsenke,* entlang der Außenseite eines in Bildung begriffenen Faltengebirges verlaufende Senke, in der sich die Abtragungsprodukte des Gebirges ansammeln. In einer solchen V. hat sich am Alpenrand z. B. die Molasse abgelagert. In den V. des Variszischen Gebirges bildeten sich im Karbon die paralischen Steinkohlenlager Mitteleuropas.
Vorwärmezeit, svw. Präboreal.
Vorzeitformen, in der Geomorphologie solche Formen, die aus der Vergangenheit erhalten geblieben sind und anderen morphologischen Kräften oder anderen Klimabedingungen als den gegenwärtigen ihre Entstehung verdanken. Sie werden von den gegenwärtigen morphologischen Vorgängen zerstört oder abgewandelt. Dies gilt z B. für die Glazialformen, die den pleistozänen Eiszeiten entstammen, für Decken von Verwitterungsböden aus der Periglazialzeit oder aus dem Tertiär, in denen in unseren Breiten eine Roterdeverwitterung und Kaolinisierung erfolgte. Den V. als Ruheformen werden die gegenwärtig entstehenden Formen (und Umformungen) als Arbeitsformen gegenübergestellt.
Vulkan, eine Stelle der Erdoberfläche, an der magmatische Stoffe aus dem Erdinnern an die Erdoberfläche gefördert werden und die sowohl auf dem festen Land wie auf dem Meeresgrund liegen kann; in morphologischem Sinne ein Berg (Vulkanberg), der sich aus den geförderten Stoffen aufbaut.
Durch Druckentlastung, Temperaturabnahme und Kristallisation in Magmaansammlungen in geringer Tiefe (10 bis 20 km) der Erdrinde (*Vulkanherd*) kommt es zu Gasentbindungen, durch die dem Magma der Weg zur Oberfläche freigemacht wird. Die magmatischen Massen

steigen durch einen Schlot auf, den Eruptionskanal, der sich am oberen Ende zu einer trichterartigen Öffnung, dem → Krater, erweitert. Den Vorgang des Magmaaustritts nennt man *Vulkanausbruch* (→ Eruption). Der Ausbruch beginnt fast immer mit einer heftigen, von Erderschütterungen begleiteten gewaltigen Explosion, die feste Gesteinsmassen emporwirft. Ihr folgen der Ausfluß (*Effusion*) von Magma, das als → Lava bezeichnet wird, und die Förderung von Lockerprodukten, die von der meist pinienförmigen Eruptionswolke oft bis zu bedeutender Höhe emporgerissen werden. Bei den Lockerprodukten unterscheidet man Bomben, → Schlacken, → Lapilli und → Aschen. Dieses ausgeworfene Lockermaterial bildet den → Tuff. Die den Ausbruch oft behaltigen Gasen (→ Solfatare) und schließlich von Kohlendioxid (→ Mofette) über. Nachklänge vulkanischer Tätigkeit sind auch die → Thermen.
Je nach Art des geförderten Materials haben die daraus aufgebauten V. eine bestimmte Form:
1) Ergüsse von fast reiner, dünnflüssiger Lava bilden große *Schildvulkane* mit höchstens 10° Hangneigung (z. B. Mauna Loa und Mauna Kea auf den Hawaiischen Inseln). Sehr zähflüssige Lava baut *Quellkuppen* mit Tuffbedeckung (z. B. Drachenfels im Siebengebirge) oder *Staukuppen* ohne Tuffbedeckung (z. B. Wolkenburg im Siebengebirge) auf.

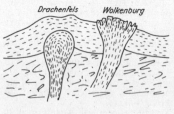

1 Quellkuppe des Drachenfels und Staukuppe der Wolkenburg (nach Scholtz)

Erstarrte Lavapfropfen werden aus dem Schlot zu *Stoßkuppen* (*Belonite*) emporgepreßt (z. B. Nadel des Mt. Pelé auf Martinique). Bei Spalteneruptionen breiten sich ausgedehnte vulkanische Decken aus (z. B. Island, Hochland von Dekan).
2) Bei wechselnder Lava- und Aschenförderung entstehen *Schicht*- (*Strato*-) *Vulkane*, die meist schöne Kegel bilden.
3) Reine Lockerprodukte schaffen *Aufschüttungskegel*, die nach innen steil, nach außen flacher abfallen. Sie werden von der Erosion sehr leicht zerstört (→ Barranco). Bei rein explosiver Vulkantätigkeit ohne Förderung von Lava und Lockerprodukten entstehen → Schlote und → Maare. Die Form der Vulkanberge verändert sich mit jedem Ausbruch. Vielfach sitzen den Flanken des Berges Nebenkegel auf, *parasitäre V.*, am Ätna z. B. rund 200. Verlagert sich der Eruptionskanal, so entstehen doppelgipfelige V. Werden durch Einsturz oder Wegsprengen des Gipfels große Teile des Berges zerstört, so entsteht eine *Caldera*, auf deren Grund sich dann ein neuer Vulkankegel aufbaut (z. B. Vesuv). Durch häufige Verlagerung der Eruptionskanäle entstehen komplizierte zusammengesetzte V. und ganze Vulkangebirge.
Magmatische Massen, die nicht bis zur Oberfläche gelangen, werden als → Subvulkan bezeichnet.
Die in Sumpfgebieten bisweilen vorkommenden Schlammvulkane haben mit Vulkanismus nichts zu tun.
Man unterscheidet tätige, untätige und erloschene V.; es ist jedoch schwer festzustellen, ob ein V. wirklich endgültig erloschen ist. So galt der Vesuv im Altertum als erloschen, er war bis zum Gipfel mit Wald bedeckt, ehe er im Jahre 79 u. Z. mit einer gewaltigen Explosion seine Tätigkeit wieder aufnahm.
Nur wenige V. sind dauernd gleichmäßig tätig (*Stromboli-Typ*). Meist folgen auf einzelne Ausbrüche Zeiten verminderter Tätigkeit, in denen der V. nur Dampfwolken ausstößt oder völlig zur Ruhe kommt und der Krater sich schließt.
Die meisten tätigen V. finden sich heute in den Schwächezonen der Erdrinde längs der jungen Faltenketten, besonders an den Rändern der Kontinente oder auf den diesen vorgelagerten Inselketten (z. B. Anden, Antillen, Insulinde, Japan, Aleuten und Kamtschatka). Aus der geologischen Vergangenheit finden sich Zeugen der vulkanischen Tätigkeit – Tuffe, Lavadecken, Schlotausfüllungen u. a. – auch auf dem Gebiet der BRD (z. B. Hegau, Eifel, Vogelsberg).
Vulkanismus, zusammenfassende Bezeichnung für Vorgänge und Erscheinungen, die mit dem Empordringen von Magma aus der Tiefe an die Erdoberfläche zusammenhängen, im Unterschied zu den magmatischen Erscheinungen der Tiefe, → dem Plutonismus. Die wichtigsten Er-

Einige größere Vulkanausbrüche

a) Mittelmeergebiet

Vesuv	79	Zerstörung von Pompeji und Herculaneum
	1944	Zerstörung von San Sebastiano
Ätna	1336	Asche bis Kreta
	1928	Zerstörung mehrerer Ortschaften
	1947 1950 1951 1960	größere Ausbrüche

b) übrige Gebiete

Lakispalte (Island)	1783	größter Spaltenausbruch (25 km lange Spalte) in historischer Zeit mit 12,33 km³ Lava
Gunung-Galunggung (Djawa)	1822	starker Wasserausbruch
Krakatau (Insulinde)	1883	zerstörende Flutwelle, starker Aschenfall auf 827 000 km² Fläche
Bandaisan (Japan)	1888	Gasausbruch
Mont Pelé (Martinique, Antillen)	1902	Vernichtung der Stadt St. Pierre (26 000 Ew.) durch eine Glutwolke
Katmai (Alaska)	1912	Auswurf von 21 km³ Lockermassen
Paracutin (Mexiko)	1943	Neubildung eines 800 m hohen Vulkans
Fayal (Azoren)	1957	Neubildung eines Vulkans

gleitenden außerordentlich heftigen Regengüsse, die aus der großen Eruptionswolke des V. niederstürzen, können verheerende Schlammströme auslösen. Die austretende Lava, die zu vulkanischen Gesteinen, den Vulkaniten, erstarrt, bewegt sich je nach ihrer chemischen Zusammensetzung, ihrer Temperatur und ihrem Gasgehalt auf verschiedene Art und verschieden rasch. Mit dem Abklingen des Ausbruchs nimmt die Förderung ab, oft geht er in Exhalation von schwefel-

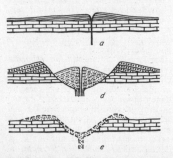
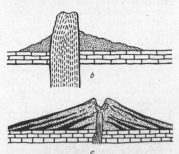

2 Vulkantypen: a Schildvulkan, b Stoßkuppe, c Schichtvulkan, d Caldera, e Explosionstrichter (nach H. Schmidt)

scheinungen des V. sind die → Vulkane.
Vulkanite, → Gestein.
V-Wert, *Sättigungsgrad, „Basensättigung",* exakter *Ca-, Mg-, K-, Na-Sättigung,* eine Relativzahl, die den prozentualen Anteil der Erdalkali- und Alkaliionen (→ S-Wert) an der → Austauschkapazität (T-Wert) des Bodens wiedergibt, nach der Formel $V = \frac{T}{S} \cdot 100$. Ein V-W. von 75% besagt, daß der Kationenbelag der Bodenkolloide zu 75% aus Ca-, Mg-, K- und Na-Ionen und zu 25% aus H- und Al-Ionen besteht. Der V-Wert liefert also wichtige Rückschlüsse auf die Trophie und Versauerung der Böden, gibt jedoch keine Aussage über die absolute Menge der hochwertigen Erdalkali- und Alkaliionen.

W

Wächte, *Gewächte,* französisch Corniche, Schneeanlagerung an asymmetrischen Gebirgsgraten, die von Triebschnee über die steilere Flanke vorgebaut wird. Der im Lee des Grates entstehende Sogwirbel läßt eine Hohlkehle entstehen, so daß die W. überhängt *(Sogwächte).* Durch den Druck des Windes entsteht auf der Luvseite außerdem Preßschnee, der den Schneebrettern ähnlich ist und sich den Sogwächten auflagert, aber

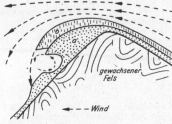

Überlagerung einer Sogwächte (*a*) durch eine Druckwächte (*b*)

keine Hohlkehle zeigt *(Druckwächte).* Die meisten W. sind solche zusammengesetzten W. Bei Tauwetter oder bei zu hoher Belastung bricht die bisweilen 2 bis 4 m überhängende W. ab. Die W. bilden eine Gefahr für den Bergsteiger, da sie oft plateauähnliche Flächen vortäuschen (Wächtenunglücke).
Wackelstein, leicht beweglicher Felsblock, der infolge seiner kleinen felsigen Auflagerungsfläche in schwingende Bewegung versetzt werden kann. W. treten als Krönung von Felsburgen in Gebieten intensiver chemischer Verwitterung auf Massengesteinen, vor allem auf Granit, auf. Das bei der Verwitterung entstehende Feinmaterial wird hier schnell abtransportiert, so daß nur die großen Blöcke liegenbleiben.
Wadi [arabisch] *n,* Trockental oder trockenliegendes Flußbett in der Wüste, das aber nach einem starken Regenguß vorübergehend von gewaltigen Wassermengen durchströmt werden kann. Im Untergrund des W., dessen Sohle oft ein ausgeglichenes Gefälle zeigt, sind häufig Reste von Grundwasser erhalten.
Wake *f,* eisfreie Stelle in einem Fluß, die auch im Winter nicht zufriert. Der Ausdruck W. ist auch auf Stellen mit offenem Wasser in den polaren Meeren übertragen worden.
Wald, Vegetationstyp, dessen wichtigste Bestandsbildner die Bäume sind, also Holzgewächse, die mindestens 2 Meter hoch werden. Fast 30% der gesamten Landfläche der Erde sind mit W. bestanden, wovon jedoch bisher kaum ein Drittel vom Menschen planmäßig bewirtschaftet ist.
Nach ihrem physiognomischen Gepräge, das durch die Anpassung an die Klimaverhältnisse, insbesondere an die Verteilung von Wärme und Niederschlag, bestimmt wird, lassen sich auf der Erde vom Äquator polwärts eine Reihe von *Waldformationen* unterscheiden (nach Brockmann-Jerosch und Rübel): 1) → Regenwald, 2) → Lorbeerwald, 3) → regengrüner Wald, 4) → Hartlaubwald, 5) → Sommerwald, 6) → Nadelwald; alle Waldformationen, die während der klimatischen Trockenzeit das Laub abwerfen, werden als → Trockenwald zusammengefaßt. Die Bedeutung des W. liegt nicht allein in seiner unmittelbaren Nutzung als Lieferant von Rohstoffen. In erster Linie sind die Einflüsse auf Klima, Wasserhaushalt, Boden, Temperaturhaushalt, Windgeschwindigkeit und Luftgeschwindigkeit zu nennen.
Waldgrenze, im Unterschied zur → Baumgrenze die Grenzzone, die das Aufhören geschlossener Baumbestände bezeichnet und für deren Lage im allgemeinen das gleiche gilt wie für die Baumgrenze. Man unterscheidet ebenfalls eine montane und eine polare W. sowie eine kontinentale W., die aber oft wenig scharf ausgebildet ist, da sich der Wald in Form von Waldsteppen und Savannen in breiten Zonen gegen die Grasländer auflöst. In warmen Ländern gibt es neben der oberen W., die durch die Temperatur bestimmt ist, eine untere W., die durch Wassermangel hervorgerufen wird. Über Steppenvegetation bildet der Wald dann eine Höhenstufe. → Höhengrenzen.
Waldklima, das unter den besonderen Verhältnissen des Waldes herrschende Klima. Das W. ist ausgeglichener und zeigt geringere jährliche und tägliche Wärmeschwankungen als die offene Flur. Die Luftfeuchtigkeit im Wald ist höher und die Luftbewegung abgeschwächt. Ob der Wald in Trockenperioden einen zusätzlichen Abfluß bewirkt, ist allerdings umstritten, da der Wasserverbrauch des sommerlichen Waldes ebenfalls sehr hoch ist. Durch das Vorhandensein von Wald wird die Niederschlagsmenge nur unwesentlich erhöht (maximal um 6% gegenüber dem Freiland), die Luftfeuchtigkeit seiner Umgebung dagegen wird um 6 bis 12% gesteigert. Das W. weist eine geringere Einstrahlung und infolge der erhöhten Luftfeuchtigkeit auch eine geringere Ausstrahlung auf; damit ist eine geringere Erosthäufigkeit verbunden, auch ist die Konvektion schwächer als über offenem Gelände.
Die Windgeschwindigkeit wird durch den Wald stark abgebremst. Diese Wirkung ist noch in einer Entfernung vom Waldrand zu spüren, die das 10- bis 20fache der Bestandshöhe ausmachen kann.
Durch meist abwärts gerichtete Vertikalzirkulation wird über Wäldern die Luft von vielen Verunreinigungen (Staub, Abgase, Rauch) befreit, so daß für Städte und Industriegebiete Wälder natürliche Filter darstellen. Diese Tatsache wird beim modernen Städtebau berücksichtigt.
Wanderschutt, der im periglazialen Klimabereich durch Solifluktion selbst an sehr flachen Hängen herabwandernde Verwitterungsschutt, → Blockbildungen.
Wanne, → Becken.
Wärmepole, Stellen der Erdoberfläche, an denen die höchsten absoluten Temperaturen beobachtet wurden. Infolge der ungleichmäßigen Verteilung von Land und Meer liegen die W. nicht auf dem Äquator, sondern auf der Nordhalbkugel im Bereich des subtropischen Hochdruckgürtels. Die bisher höchste absolute Lufttemperatur wurde mit +70 °C im nordöstlichen Äthiopien gemessen. Ähnlich hohe Temperaturen wurden auch im Tal des Todes (Death Valley) in den USA, in Tripolis und in der Wüste Luth (Iran) beobachtet.
Wärmesumme, in der Klimatologie die Wärmemenge, die einem Beobachtungsort im Laufe einer bestimmten Zeit (Jahr, Vegetationsperiode) zugeführt wird. Meist wird sie als Summe der positiven Tagesmittel der Lufttemperatur errechnet.
Wärmeumsatz, in der Atmosphäre der Ausgleich der Energien von Einstrahlung und Ausstrahlung, wobei die Zerstreuung und der Verbrauch von Energie bei den thermodynamischen Prozessen berücksichtigt werden muß. Als W. am Erdboden oder an einer Wasseroberfläche bezeichnet man die Energiebilanz zwischen Einstrahlung, Ausstrahlung, Verdunstung und Wärmeleitung.
Warmfront, *Aufgleitfront,* die Grenzfläche verschieden temperierter Luftmassen, von denen die wärmere in sehr flachem Winkel in der Bewegungsrichtung auf die kältere aufgleitet und

diese am Boden langsam verdrängt. Die Aufgleitfläche sinkt mit dem weiteren Vordringen der Warmluft immer tiefer. Die Annäherung der W. ist an dem fallenden Luftdruck und an einer typischen Abfolge von *Aufgleitbewölkung* festzustellen, die vom Cirrus über Cirrostratus und Altostratus bis zum Nimbostratus absinkt. Diese zunehmende Eintrübung wird als *Wolkenaufzug* bezeichnet. Es treten mehr oder minder heftige Dauerniederschläge (Landregen) auf, die erst aufhören, wenn die Warmluft die Kaltluft am Boden völlig verdrängt hat. Beim Durchgang der W. treten ein Windsprung und eine meist deutliche Erwärmung auf.
Warmzeit, im weiteren Sinne eine geologische Periode mit warmem Klima, die von zwei kühleren Zeiträumen (→ Kaltzeit) begrenzt wird; im engeren Sinne svw. Interglazialzeit.
Warthe-Stadium, *Warthe-Eiszeit* [nach dem Odernebenfluß Warthe], durch die großen glazialen Ablagerungen in der Lüneburger Heide, im Fläming und seiner weiteren östlichen Fortsetzung sehr markant hervortretende Eisrandlage in Mitteleuropa, die älter als die Weichsel-Eiszeit, aber jünger als der Maximalstand der Saale-Eiszeit sein muß und daher oft als selbständige Eiszeit aufgefaßt und der → Riß-Eiszeit der Alpen gleichgesetzt worden ist. Da sich die Selbständigkeit des W. aber durch eindeutige interglaziale Ablagerungen nicht mit Sicherheit nachweisen läßt, wird es heute meist – wenn auch nicht ohne Widerspruch – der Saale-Eiszeit zugeordnet und der alpinen Riß-II-Eiszeit des Alpengebiets parallelisiert.
Warve, → Bänderton.
Wasser, chemisch rein als H₂O eine farblose, geruch- und geschmacklose Flüssigkeit, die unter Normaldruck (101,3 kP = 760 Torr) bei 100 °C siedet, bei 0 °C erstarrt und bei 4 °C die größte Dichte hat. Die Schmelzwärme beträgt 335 J/g (80 cal/g), die Verdunstungswärme 2 257 J/g (539 cal/g).
Das in flüssigem Zustand auf der Erdoberfläche in Meeren, Flüssen, Seen und Sümpfen oder in geringen Erdtiefen als *Bodenwasser* und *Grundwasser* oder schließlich in fester Form als *Eis* (Inlandeis, Gletscher) vorkommende natürliche W. ist jedoch niemals chemisch rein, es enthält vielmehr zahlreiche organische und anorganische Stoffe, insbesondere gelöste oder suspendierte Minerale. In den unteren Schichten der Atmosphäre ist W. gasförmig als Wasserdampf enthalten, der nach der Kondensation als Wolken oder Nebel sichtbar wird und als Niederschlag in Form von Regen, Schnee, Graupeln oder Hagel sowie als Tau oder Reif ausfallen kann. Das W. der Niederschläge ist verhältnismäßig rein, da es einen natürlichen Destillationsprozeß durchlaufen hat.

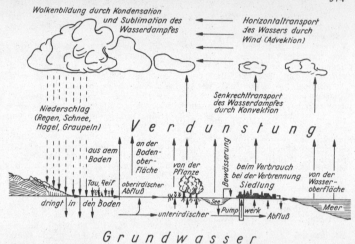

Kreislauf des Wassers (aus Grunow)

Alles W. des Meeres und des Festlandes faßt man unter dem Begriff → Hydrosphäre zusammen.
W. wird von sämtlichen Lebewesen für ihre Entwicklung gebraucht. Pflanzen und Tiere können im allgemeinen nur dort gedeihen, wo genügend W. vorhanden ist. Der Mensch allerdings hat sich nicht nur den jeweiligen Verhältnissen in der Hydrosphäre angepaßt, sondern auch an zahlreichen Stellen den Wasserhaushalt erheblich verändert.
W. spielt bei der Erosion, Denudation und Verwitterung eine entscheidende Rolle und ist damit in starkem Maße an der Gestaltung der Erdoberfläche beteiligt.
Als *Kreislauf des W.* bezeichnet man dessen beständiges Wandern vom Meer zum Festland und zurück ins Meer in der Abfolge Verdunstung, Niederschlag, Abfluß (Abb.). Von der Oberfläche des Meeres gelangt das W. durch Verdunstung in die Atmosphäre, ein Teil der maritimen Luftmassen gibt seine Feuchtigkeit bereits über dem Meer wieder ab, der andere Teil dagegen wird von den Winden über die Kontinente getragen, wo das W. als Niederschlag ausfällt. Teils verdunstet es auf der Erdoberfläche sofort wieder oder gelangt über die pflanzliche Transpiration erneut in die Atmosphäre, teils fließt es oberflächlich ab oder gelangt als Sickerwasser ins Grundwasser, das unterirdisch abfließt und in Quellen wieder zutage tritt. Die Flüsse führen das abfließende W. dann erneut dem Meere zu.
Da auch von den Gewässern des Festlandes und von der Erdoberfläche selbst ständig W. verdunstet, entstammen die Niederschläge also nicht nur dem Meer. Neben dem geschilderten großen Kreislauf des W. gibt es daher noch kleine Kreisläufe, die sich zwischen Meer und Atmosphäre sowie zwischen Kontinent und Atmosphäre vollziehen.
Man hat versucht, die alljährlich auf der Erde zwischen Atmosphäre und Erd- sowie Meeresoberfläche durch Verdunstung und Niederschlag umlaufenden Wassermengen abzuschätzen und ist zu folgenden Zahlen gekommen (z. B. Lvovitch 1971):

	Niederschlag km³	Verdunstung km³
über dem Festland	101 000	72 000
über dem Meer	411 000	440 000
	512 000	512 000

Im Durchschnitt fallen demnach auf dem Festland 682 mm Niederschlag im Jahr.
Wasserbau, umfaßt alle zum Schutz gegen Angriffe des Wassers und zu dessen Nutzung und Regulierung ausgeführten Bauten, die auch den Wasserhaushalt direkt oder indirekt beeinflussen. Man unterscheidet dabei Flußbau, Seebau, Verkehrswasserbau, Wasserkraftbau, landwirtschaftlichen und städtischen W.
Unter *Flußbau* versteht man die künstliche Regelung des Flußlaufes; er soll Hochwasserschäden verhüten oder wenigstens einschränken, eine Vertiefung und Verbesserung der Fahrrinne herbeiführen, Eisstauungen verhindern, die Ausnutzung der Wasserkraft ermöglichen sowie Bewässerungs- und Entwässerungsanlagen schaffen. Die Regelung beginnt mit der Einengung und Begradigung des Flußbettes und gleichzeitig mit der Verbesserung des Hochwasserabflusses, bisweilen auch mit der Eindeichung (→ Deich) bisher überschwemm-

ter Gebiete. Später erfolgt dann die Verbesserung der Fahrrinne bei niedrigen Wasserständen (Niedrigwasserregelung). Kann die gewünschte Wassertiefe für die Schiffahrt damit nicht erreicht werden, muß zur Hochwasserzeit Wasser in Talsperren gespeichert werden, das zur Niedrigwasserzeit als Zuschußwasser abfließt.
Wenn auch dies nicht reicht, müssen zur Stauregelung (Kanalisierung) des Flusses Wehre errichtet werden. Die Schiffahrt umgeht die Wehre in Schleusen.
Zur Sicherung der Ufer dienen Uferdeckwerke (Steinschüttungen u. a.), Leitwerke, d. h. auf beiden Seiten vom Wasser bespülte Steindämme oder abgepflasterte Dämme, ferner → Buhnen und schließlich Grundschwellen, die den Fluß kreuzen, um zu große Tiefen zu verbauen. Zu starke Krümmungen werden mit Hilfe von Durchstichen abgeschnitten.
Der *Seebau* schützt die Küsten gegen den Angriff der See durch Seedeiche, den Strand gegen Abbruch durch Deckwerke, Buhnen und durch Festlegung der Dünen. Weiter gehören zum Seebau auch der Ausbau der Seehäfen sowie der Bau und die Unterhaltung der auf die freie See führenden Schiffahrtsrinnen einschließlich der Flußmündungen.
Der *Verkehrswasserbau* befaßt sich mit der Herstellung von Binnenwasserstraßen (Fahrrinnen in Flüssen, Flußkanalisierung, Kanäle), Schleusen, Schiffshebewerken und Talsperren.
Beim *Wasserkraftausbau* kommt gleichfalls die Anlage von Talsperren und Wehren in Betracht, vor allem aber die Errichtung von Wasserkraftwerken, die das Flußgefälle zur Stromerzeugung ausnutzen.
Der *landwirtschaftliche W.* bezweckt die Melioration landwirtschaftlich genutzter Ländereien durch Ent- und Bewässerung. Durch Beschleunigung des Abflusses und Entwässerung werden z. B. Brüche und Moore entwässert, durch Aufforstungen vor allem in den Mittelgebirgen wird dagegen ein zu rascher oberflächlicher Abfluß und damit Hochwasser in den Niederungen vermieden.
Der *städtische W.* soll in erster Linie die Wasserversorgung der Städte und Industriewerke sicherstellen. Dazu ist der Bau von Wasserwerken und eines unterirdischen Netzes von Wasserleitungen erforderlich. Durch den stark ansteigenden Wasserbedarf der Industrie ist es dringend notwendig geworden, zahlreiche Talsperren speziell zur Brauchwasserversorgung der Städte, besonders auch der Industriegebiete, zu errichten. Außerdem gehören zum städtischen W. die Stadtentwässerung (Kanalisation) sowie Bauten zur Verwertung der Abwässer. Zum Teil werden die Abwässer der Großstädte auf ausgedehnte Rieselfelder geleitet. Dadurch wird nicht nur der Boden gedüngt, sondern auch

das Grundwasser vermehrt und durch Verdunstung die Luftfeuchtigkeit erhöht.
Wasserfall, der senkrechte Absturz des Wassers über eine Stufe im Flußbett. Die Stufe kann durch eine Verwerfung, durch Zurückverlegen von Gefällsbrüchen (wenn das Gestein dafür günstig ist), sehr häufig durch glazialen Schurf entstanden sein. Jeder W. wandert rückwärts, da die Erosion von der Wasserfallstufe ständig Material wegführt. Am Fuß des W. entsteht ein tiefer Kolk, in dem eine gegen die Wasserfallwand gerichtete Wasserbewegung (Grundwalze) die Stufe dauernd unterwäscht, so daß Gesteinsmaterial nachstürzt. Der Niagarafall (Nordamerika) z. B. ist

Einige berühmte Wasserfälle

	Fallhöhe in m
Europa:	
Rheinfall (Schweiz)	15 ... 21
Staubbachfall (Schweiz)	287
Tosafall (Italien)	160
Utigardfoss (Norwegen)	610
Asien:	
Gersoppafälle (Vorderindien)	250
Ilja-Muromez-Fälle (Kurilen)	141
Afrika:	
Kalambofälle (Sambia)	427
Victoriafälle (Sambesi)	120
Livingstonefälle (Zaïre)	40
Nordamerika:	
Niagarafall (USA)	60
Yosemitefälle (USA)	792
Südamerika:	
Angel (Venezuela/Guyana)	978
Iguaçufälle (Südbrasilien)	65 ... 70
Kaieteurfälle (Guyana)	226
Roraimafälle (Guyana)	457
Australien:	
Sutherlandfälle (Neuseeland)	581
Cleve-Garth-Fälle (Neuseeland)	450

durch glaziale Einwirkungen während der letzten Eiszeit entstanden und seither um 11 km zurückgewandert. Wenn das Gestein für die Erhaltung der Stufe nicht günstig ist, wird der W. beim Rückwärtswandern immer niedriger und geht in Stromschnellen über, bis das Gefälle schließlich völlig ausgeglichen ist.
Wassergehalt, in der Bodenkunde die in einem bestimmten Bodenquantum enthaltene Wassermenge, ausgedrückt in Raum- oder Masseteilen des getrockneten Bodens.
Wasserhalbkugel, die Hälfte der Erdkugel, an deren Oberfläche das Meer den größten Anteil (über 90%) hat, → Erde.
Wasserhaushalt, die für ein bestimmtes Gebiet der Erdoberfläche geltende Beziehung zwischen Gesamtniederschlag N (einschließlich Tau, Reif,

Nebel) einerseits, Abfluß A und Verdunstung V, Rücklage R und Aufbrauch B andererseits. Nach neuen internationalen Festlegungen wird anstelle von N P verwendet. Auf Grund genauer Messungen und Berechnungen bei Berücksichtigung der orographischen und klimatologischen Verhältnisse hat man folgende *Wasserhaushaltsgleichung* aufgestellt:
$$N \text{ (bzw. } P) = A + V + (R - B).$$
Diese Formel für den W. gilt nur für langjährige Mittel, da der W. nur im Durchschnitt mehrerer Jahre wirklich ausgeglichen ist. Das einzelne Jahr ist meist etwas zu feucht oder zu trocken. Auch für die einzelnen Jahreszeiten ergeben sich große Unterschiede. In den gemäßigten Breiten überwiegt im Frühjahr meistens der Niederschlag (einschließlich der Zufuhr aus Schmelzwässern), im Sommer dagegen die Verdunstung.
Auf den Unterschieden im W. beruht im wesentlichen die Einteilung der Erdoberfläche in humides, arides und nivales Klima. Der W. kann durch Wasserbau zweckmäßig geregelt werden.
Von besonderer Bedeutung für den Pflanzenwuchs innerhalb einer Landschaft ist der → Bodenwasserhaushalt.
Wasserkapazität, Abk. *WK, Wasserhaltefähigkeit,* die maximale Menge an Haftwasser (→ Bodenwasser), die der Boden entgegen der Schwerkraft festzuhalten vermag. Sie wird in Volumen- oder Masseprozenten angegeben und ist besonders abhängig von der Struktur und Textur des Bodens, von Anteil und Art der Bodenkolloide, in Sandböden auch vom Humusgehalt. Allgemein ist die W. der Sandböden gering, die der Lehm- und Lößböden groß bis sehr groß. → Feldkapazität.
Wasserpflanzen, svw. Hydrophyten.
Wasserscheide, die Begrenzung der Abfluß- und Einzugsgebiete. Die W. trennt Gebiete voneinander, deren Gerinne verschiedene Gefällsrichtung haben. Nicht immer verlaufen die W. als *Kammwasserscheide* auf den höchsten Geländeerhebungen, sondern sie queren häufig auch Täler. Solche flachen *Talwasserscheiden* findet man z. B. in ehemals vergletscherten Gebieten, die heutigen Talformen auf die Tätigkeit der Gletscher und nicht der jetzigen Flüsse zurückzuführen sind. Talwasserscheiden können aber auch durch Veränderungen im Flußnetz entstehen, wenn nämlich der einst das Tal in ganzer Länge durchströmende Fluß später durch Anzapfung oder Ablenkung eine andere Richtung eingeschlagen hat oder in einem von mehreren Flüssen entwässerten Talzug wenig widerständige Gesteine ausgeräumt wurden.
Schwer bestimmbar sind W. oft in Sümpfen oder Mooren und in durchlässigen Sandsteinen. Besonders

schwierig sind W. in Karstgebieten festzustellen, weil in ihnen eine unterirdische Entwässerung stattfindet und auch eine unterirdische W. vorhanden ist, die nicht mit der oberirdischen zusammenfällt.
Unter *Hauptwasserscheide* versteht man die W. in einem Kontinent, die die Einzugsgebiete der zu verschiedenen Ozeanen abfließenden Gewässer voneinander trennt, also die Abflußgebiete des Atlantischen Ozeans (einschließlich des Arktischen Ozeans), des Pazifischen und des Indischen Ozeans. In den amerikanischen Kontinenten verläuft sie z. B. über die Kordilleren, in Asien über die ostsibirischen und zentralasiatischen Gebirge, in Afrika folgt sie etwa dem Ostafrikanischen Graben. Die zum Atlantik entwässernden Gebiete sind am ausgedehntesten (→ Abflußgebiete). Im russischen Sprachgebrauch wird W. oft im Sinne der großen Platten gebraucht, die für den Süden der UdSSR und die Ukraine charakteristisch sind.
Wasserstand, Abk. *W*, die Höhe des Wasserspiegels eines stehenden oder fließenden Gewässers über oder unter einem angenommenen Nullpunkt, gemessen in cm an einem im Erdboden feststehenden Maßstab, dem → Pegel. Man unterscheidet Mittelwasser(MW), Hochwasser (HW) und Niedrigwasser (NW). Das Mittelwasser ergibt sich aus dem arithmetischen Mittel der täglich einmal zu bestimmter Stunde am Pegel abgelesenen Wasserstände eines bestimmten Zeitraums (Monat, Jahr oder Jahresreihe). Der absolute Höchstwasserstand wird mit HHW, das mittlere Hochwasser, d. h. das Mittel der Höchstwerte eines Zeitraums (Mittelbildung wie bei MW), mit MHW bezeichnet. In entsprechender Weise bedeutet NNW den absoluten Tiefstwert, MNW das mittlere Niedrigwasser. Der Zentralwert ZW (gewöhnlicher W.) ist der W., der an ebensoviel Tagen eines Zeitraums überschritten wie nicht erreicht wird.
Wasserstuben, mit Wasser gefüllte große Hohlräume in Gletschern.
Wasserwalzen, Drehbewegungen des Wassers in einem fließenden Gewässer, die sich immer an der gleichen Stelle vollziehen. Zu den W. mit waagerechter Achse zählen *Grundwalzen*, die zur Auskolkung von Vertiefungen im Flußbett führen, und *Deckwalzen*, die unterhalb von Wasserfällen an der Wasseroberfläche liegen und an der weißen Schaumkrause kenntlich sind. W. mit senkrechter Achse, die sehr häufig am Ufer in toten Winkeln auftreten, wo man das Kreisen der Wasserbewegung verfolgen kann, nennt man *Uferwalzen*. → Erosion. Unterschied: → Wirbel.
Watt, an flachen Gezeitenküsten zwischen mittlerem Niedrigwasser und mittlerem Hochwasser liegende und im Wechsel der Gezeiten bald vom *Wattenmeer* überspülte, bald trockenfallende, aus Sand und Schlick bestehende Streifen Meeresboden. Das W. wird von seichten, unregelmäßig verlaufenden Zu- und Abflußrinnen für den Gezeitenstrom, den *Prielen* (auch *Balje*, *Piep* oder *Ley* genannt), durchzogen und weist eine außerordentlich reiche, aus Krebsen, Muscheln, Schnecken und Würmern bestehende Lebewelt auf (3 bis 4 kg Lebendmasse je m²!). An der Nordseeküste gibt es vor allem zwischen den Inselketten und der Küste ausgedehnte W. Die zwischen den Inseln durchführenden *Tiefs* sind die tieferen Zu- und Abflußrinnen für den Flut- und Ebbestrom. Der auf den höchsten Teilen des W. abgelagerte bläulichschwarze bis graue *Wattenschlick* ist reich an organischen Stoffen; aus ihm entwickeln sich die fruchtbaren Marschböden.
Weichsel-Eiszeit [nach dem Fluß Weichsel], die letzte und für die heutige Formgebung im nördlichen Teil des mitteleuropäischen Tieflands bedeutsamste der pleistozänen Eiszeiten, die der → Würm-Eiszeit im Alpengebiet entspricht. Ihre Endmoränen umziehen das Zungenbecken des Inlandeises der W. gebildet hat, von der Halbinsel Jütland über Schleswig-Holstein und die DDR gegen Osten, wo sie sich in den Endmoränen der Waldaihöhen fortsetzen. In der DDR und der BRD unterscheidet man dabei drei Stadien, die jeweils durch glaziale Serien mit Grundmoränen, Endmoränen und Sandern gekennzeichnet sind. Das **Brandenburger Stadium** stellt den weitesten Vorstoß des nordischen Inlandeises während der W. dar. Seine Endmoränen ziehen von Schleswig-Holstein durch Brandenburg, außen begleitet vom Głogów-Baruther Urstromtal als Hauptabflußrinne der Schmelzwässer. Die Eisrandlage des nachfolgenden **Frankfurter Stadiums** unterscheidet sich im Nordwesten wenig von der Eisrandlage des Brandenburger Stadiums, bleibt aber in Brandenburg hinter diesem zurück. Vor seinem Außenrand zieht sich das Warschau-Berliner Urstromtal hin. Das morphologisch wichtigste Stadium ist das **Pommersche Stadium**, das dem Baltischen Höhenrücken folgt. Ihm ist das Toruń-Eberswalder Urstromtal zugeordnet. Kennzeichnend für das Pommersche Stadium sind die typischen jungglazialen Formen mit zahlreichen Seen, die heute die Seenplatten im mitteleuropäischen Tiefland bilden (Schleswig-Holsteinische, Mecklenburgische, Pommersche Seenplatte). Weitere Stadien im westlichen Ostseegebiet sind durch Endmoränen angedeutet, doch ist ihre Zuordnung schwierig, so daß verschiedene Benennungen üblich sind, in Mecklenburg z. B. Rosenthaler Staffel, Franzburger Staffel, Velgaster Staffel, Nordostrügensche Staffel. Auf den dänischen Inseln hat der *Belt-Vorstoß* Moränen auf Fünen, der wichtigere *Langeland-Vorstoß* Endmoränen auf Langeland hinterlassen, von wo sie über Seeland zu den südschwedischen Endmoränen in Schonen verlaufen. Weitere Rückzugsstadien sind schließlich in Mittelschweden und Südfinnland festzustellen. Die Zeit zwischen dem Pommerschen Stadium und den südschwedischen Endmoränen wird als → Daniglazial, der folgende Zeitabschnitt bis zur Ablagerung der mittelschwedischen Endmoränen als → Gotiglazial bezeichnet; ihm folgt das → Finiglazial, das bis zur Teilung des skandinavischen Inlandeises rechnet.

Gliederung der Weichsel-Eiszeit

		absolute Datierung der Interstadiale
Postglazial = Holozän		vor der Gegenwart 10000
Spätglazial	Jüngere Tundrenzeit W Alleröd – Interstadial (Two Creeks Forest) Ältere Tundrenzeit W Bölling Interstadial	10800 ... 12000 13300 ... 13700
Hochglazial	Älteste Tundrenzeit (ab Pommersches Stadium) W Lascaux-Ula-Interstadial Hochglazial B W Paudorf-Interstadial mit Arcy-Interstadial (deutliche Bodenbildung: Stillfried B) Hochglazial A	 16000 ... 17000 26000 ... 32000
Frühglazial	W Brörup-Interstadial W Amersfoort-Interstadial	53000 ... 59000 64000
Eem-Warmzeit	Bodenbildung: Göttweig, Stillfried A	vor 70000

Weihnachtsdepression, eine → Singularität.
Weißalkaliboden, → Salzböden.
Weißlehm, → Plastosol.
Weißstein, svw. Granulit.
Welkepunkt, *permanenter Welkepunkt*, Abk. *PWP, Dauerwelkepunkt*, ein gemittelter Wert zur Bestimmung des Minimums an pflanzenverfügbarem Wasser im Boden. Der W. entspricht einer Saugspannung des Bodenwassers von 15 bar (= pF 4,2). Ist alles mit geringerer Saugspannung im Boden gebundene Wasser aufgebraucht, so schreitet das Welken der Pflanzen so weit voran, daß sie absterben.
Wellen, svw. Meer(es)wellen.
Wellenkalk, svw. unterer → Muschelkalk.
Weltall, *Kosmos, Universum*, die Gesamtheit der Weltkörper im raumzeitlichen Bezug ihrer Bewegung. Der durch astronomische Forschungen zugängliche Teil des W. umfaßt rund 100 Milliarden Sternsysteme, darunter auch unser Sternsystem, das *Milchstraßensystem*. Innerhalb des Milchstraßensystems mit seinen rund 100 Milliarden Sternen befindet sich unser *Sonnensystem (Planetensystem)* mit der Sonne im Mittelpunkt und den 9 sie umkreisenden Planeten, den Satelliten (Monde), Planetoiden, Kometen, Meteoriten und der interplanetaren Materie.
Weltbild, im weiteren Sinne eine in sich geschlossene Vorstellung vom Aufbau des Weltalls; im engeren Sinne die Summe von Vorstellungen, die über die Stellung der Erde innerhalb des Weltraumes bestehen. Es ist vom jeweiligen Stande der wissenschaftlichen Erkenntnisse abhängig. Bis ins Mittelalter galt im allgemeinen das nach dem im 2. Jh. u. Z. in Alexandrien lebenden griechischen Gelehrten Ptolemäus benannte *ptolemäische W.*, nach dem die Erde im Mittelpunkt der Welt steht und das daher als *geozentrisches W.* bezeichnet wird. Danach sollen sich Sonne und Mond in Kreisen, die Planeten auf kreisähnlichen, zeitweilig rückläufigen Bahnen, den Epizyklen, um die Erde bewegen.
Von einzelnen griechischen Forschern, so von Aristarch (3. Jh. v. u. Z.), wurde bereits erkannt, daß die Sonne der allgemeine Mittelpunkt ist, doch erst Kopernikus (1473 bis 1543) hat das *heliozentrische W.* zu einem wissenschaftlich begründeten W. ausgebaut. Danach wird die Sonne von den Planeten umkreist, zu denen auch die Erde gehört. Um sie kreist nur der Mond. Neben diesem Umlauf um die Sonne führt die Erde noch eine Drehung um ihre eigene Achse durch. Die scheinbare tägliche Bewegung der Sonne und der anderen Himmelskörper von Ost nach West ist also nur ein Abbild der Erdrotation von West nach Ost. Die Richtigkeit des kopernikanischen W. wurde wenig später von dem Italiener Galilei (1564 bis 1642) bestätigt, der mit einem selbstkonstruierten Fernrohr die Monde des Jupiters entdeckte und damit feststellte, daß auch andere Gestirne von Himmelskörpern umkreist werden.
Zur Zeit Kopernikus' waren die Ungenauigkeiten des ptolemäischen Systems zu deutlichen Fehlern angewachsen. Aber erst Kepler (1571 bis 1630) erreichte dadurch, daß er die Kreisbahnen des Kopernikus durch Ellipsen ersetzte, eine höhere, vorher nie erreichte Genauigkeit. Durch das Gravitationsgesetz von Newton (1643 bis 1727) wurde die Richtigkeit des kopernikanischen Systems endgültig bestätigt.
Weltzeit, → Zeit. Die *Weltzeituhr* zeigt gleichzeitig die an den wichtigsten Orten der Erde jeweils gültige Zeit an.
Wendekreise, die beiden Breitenkreise, über denen die Sonne während der Sommersonnenwende der betreffenden Halbkugel im Zenit kulminiert, danach „wendet" und sich wieder dem Äquator nähert. Da die Ebene der Ekliptik mit der Ebene des Himmels- und Erdäquators einen Winkel von 23° 27' bildet (Schiefe der Ekliptik), liegen die W. auf 23° 27' nördlicher und südlicher Breite. Den nördlichen nennt man *Wendekreis des Krebses*, weil sich die Sonne zur Zeit der Sommersonnenwende früher im Sternbild des Krebses befand (heute im Sternbild Zwillinge); der südliche W. heißt *Wendekreis des Steinbocks*, weil die Sonne zur Zeit der Wintersonnenwende früher in diesem Sternbild stand (heute im Sternbild Schütze). Die W. begrenzen die Tropen als mathematische Zone.
Wendikum, das jüngste → Riphäikum.
Wertmaßstab, auf Themakarten die zahlenmäßige Angabe für quantitative (absolute) Größen in Diagrammfiguren und für Mengensignaturen.
West, *Westen*, Abk. *W*, eine → Himmelsrichtung. Der *Westpunkt* ist einer der beiden Schnittpunkte des Himmelsäquators mit dem Horizont.
Westfal, eine Stufe des → Karbons.
Westfeste, → Ostfeste.
Westwetter, typische Witterung der gemäßigten Zone in Europa mit unbeständigem, wechselhaftem Wetter und mit Regen. Es stellt sich ein, wenn Zyklonen im Bereich des Westwindregimes in westöstlicher Richtung durchziehen (atmosphärische Zirkulation), im Mittelmeerklima im Winterhalbjahr, im übrigen Europa zu allen Jahreszeiten.
Wetter, der Zustand der Atmosphäre zu einem bestimmten Zeitpunkt und an einem bestimmten Ort sowie die sich in ihr abspielenden meteorologischen Vorgänge, im Unterschied zum Klima, das die Gesamtheit aller meteorologischen Erscheinungen an einem Ort oder in einem Gebiet im Durchschnitt eines größeren Zeitraums darstellt. Schauplatz des Wettergeschehens ist der untere Bereich der Atmosphäre, die Troposphäre.
Der Wetterablauf wird durch viele Faktoren bestimmt, die aufeinander in verschiedener Weise einwirken; dazu gehören z. B. die atmosphärische Zirkulation, die Verlagerung der mit verschiedenen Eigenschaften ausgestatteten Luftmassen, ferner der Fronten und Zyklonen, vor allem aber die Strahlung, die fast die ganze Energie für das Wettergeschehen liefert. Aber auch Vorgänge im Weltraum und in den obersten Schichten der festen und flüssigen Erdoberfläche müssen berücksichtigt werden.
Die Zusammenfassung des Wettergeschehens über ausgedehnteren Gebieten zu einem bestimmten Zeitpunkt nennt man *Wetterlage*; eine über mehrere Tage anhaltende Wetterlage, bei der die Luftdruckverteilung am Boden sowie in der Höhe annähernd gleichbleibt, wird als → Großwetterlage bezeichnet.
Das W. ist ein Forschungsgebiet der wissenschaftlichen Wetterkunde (→ Meteorologie). Die Grundlage für die Erforschung des W. bilden von der synoptischen Meteorologie (→ Synoptik) gelieferte, untereinander vergleichbare Beobachtungen an möglichst vielen Orten über möglichst lange, ununterbrochene Zeiträume. Zu den synoptischen Terminen 0, 3, 6, 9, 12, 15, 18 und 21 Uhr Weltzeit werden an zahlreichen Stellen auf dem Land und auf dem Meer gleichzeitig Wetterbeobachtungen angestellt, die nach einem internationalen *Wetterschlüssel* als Zahlentelegramme verschlüsselt und mittels Funk oder Fernschreiber verbreitet werden. Die aufgenommenen Wettermeldungen werden in *Wetterkarten* eingetragen, auf denen die einzelnen Klimaelemente durch *Wettersymbole (Klimasymbole)* dargestellt werden. Die täglichen (synoptischen) Wetterkarten enthalten den Wetterzustand eines bestimmten Augenblicks und zeigen z. B. Luftdruck, Temperatur, Niederschlag, Bewölkung und Luftbewegung an, ferner enthalten sie einen *Wetterbericht* und eine *Wettervorhersage (Wetterprognose)*. Solche Wettervorhersagen lassen sich auf Grund physikalischer und meteorologischer Gesetze und Regeln für ein bestimmtes Gebiet aufstellen, wenn man mit Hilfe der synoptischen Kartenunterlagen und aerologischen Meßdaten den Wetterzustand in einem ausgedehnten Gebiet, z. B. über ganz Europa oder der gesamten Nordhalbkugel, erfaßt. Neuerdings werden zur Wettererkundung *Wettersatelliten* eingesetzt. Sie messen solare und terrestre Strahlung und fotografieren die Erde, so daß Bewölkungs- und Schneeverhältnisse der überflogenen Gebiete festgehalten werden. Über die Struktur von Fronten und Zyklonen, besonders die tropischen Wirbelstürme, sind dadurch neue Erkenntnisse gewonnen worden.

Wetterelemente

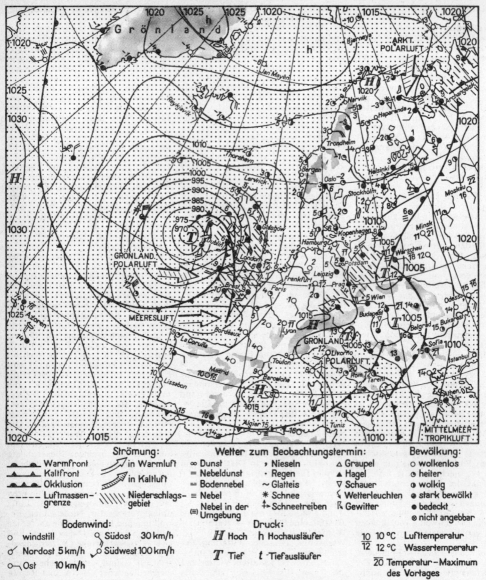

Wetterkarte

Wegen der großen Bedeutung des W. für die Arbeit des Menschen ist in fast allen Ländern ein amtlicher *Wetterdienst (meteorologischer Dienst)* eingerichtet worden. Er verfügt über synoptische Beobachtungsstellen, Niederschlagsstationen, Beobachter für die jahreszeitlichen Wachstumserscheinungen im Pflanzenleben (Phänologie) u. a.

Mit der Entwicklung der Rundfunktechnik war es auch möglich, das W. in der freien Atmosphäre, das *Höhenwetter*, näher zu erforschen. Mit diesen Untersuchungen, bei denen Radiosonden eine entscheidende Rolle spielen, befaßt sich ein besonderer Zweig der Meteorologie, die → Aerologie (Höhenwetterkunde). Es werden besondere *Höhenwetterkarten* angefertigt, auf denen aus praktischen Erwägungen heraus nicht die Isobaren in einem höheren Niveau der Atmosphäre, sondern Höhenlinien (Isohypsen) einer Fläche gleichen Drucks dargestellt sind.

Wetterelemente, svw. Klimaelemente.
Wetterkunde, svw. Meteorologie.
Wetterlage Vb [fünf b], eine charakteristische Wetterlage im östlichen Mitteleuropa, hervorgerufen durch wandernde Tiefdruckgebiete, die sich im Golf von Genua bilden und dann auf der Zugstraße Vb um die Ostalpen nach Ungarn und von da ins Baltikum ziehen. Da die Luftmassen dieser Störungen warm und sehr feucht sind, kommt es dabei zu starken Niederschlägen, die z. B. auch die östlichen Teile der DDR (Odergebiet, Ostsachsen) und Polen heimsuchen. Häufige V b-Lagen fallen auf

das Frühjahr und den Herbst und lösen in diesen Jahreszeiten zuweilen Hochwasser aus.
Wetterscheide, Trennungsbereich für Gebiete mit verschiedenem Witterungscharakter. Meist wird die W. durch ein Gebirge gebildet, besonders dann, wenn es sich quer zur häufigsten Zugrichtung der Störungen erstreckt, in Europa z. B. das Skandinavische Gebirge, in Amerika die Anden und die Kordilleren. In Europa bilden auch die Alpen eine Hauptwetterscheide, da sie die Temperaturgegensätze zwischen Nord und Süd verschärfen sowie durch Stau und Föhn oft völlig verschiedenes Wetter auf der Nord- und Südseite des Gebirges auslösen. Häufig stellen die W. auch gleichzeitig eine Klimascheide dar. In schwächerem Maße können auch Mittelgebirge als W. wirken, z. B. das Erzgebirge und der Thüringer Wald. Gelegentlich bilden sogar ausgedehnte Wald- und Moorgebiete und größere Binnenseen eine W.
Wiese, *Hygropoium,* pflanzengeographisch eine aus Gräsern, Kleearten und Kräutern bestehende, ursprünglich in feuchten Flußauen und auf Waldlichtungen anzutreffende Pflanzenformation der gemäßigten, polaren, stellenweise auch subtropischen Zonen. Die Gräser sind weich und ausdauernd und bilden ein stark verzweigtes Wurzelgeflecht. Im Winter bleiben sie teilweise grün und assimilieren in beschränktem Maße. Wo die Vegetationsperiode durch Frost und lange Schneedecke kürzer ist, nimmt die Anzahl der Kräuter auf Kosten der Gräser zu. Durch Eingriffe des Menschen, z. B. den alljährlichen regelmäßigen Ernteschnitt, ist die W. in ihrer Artenzusammensetzung sehr beeinflußt worden und hat sich zur Halbkulturformation entwickelt. Von der Steppe unterscheidet sich die W. durch ihren dichteren Wuchs und im allgemeinen reichere Gräser.
Auf schweren Böden mit hohem Grundwasserstand, besonders im Niederungsmoor und in Flußniederungen, gibt es die *natürlichen W.,* die in der Regel nur als W. und nicht als Weiden nutzbar sind, weil sie zu feucht und nicht trittfest sind. Natürliche W. sind die auf die ständige Wurzelverbindung mit dem Grundwasser angewiesenen *Grundwasserwiesen* und die *Regenwiesen* der höheren Lagen mit über 800 mm Niederschlag. *Künstlichen W.* wird die Feuchtigkeit künstlich zugeführt, und zwar stehendes Wasser bei *Überstauwiesen,* fließendes Wasser bei *Rieselwiesen.* Beste Bedingungen sind dann vorhanden, wenn der Grundwasserspiegel in trockenen Jahren gehoben und in nassen gesenkt werden kann. Auch durch Beregnung, z. T. mit Abwasser, kann der W. zusätzlich Feuchtigkeit zugeführt werden.
Unter *Fettwiesen* versteht man nährstoff- und ertragreiche W. auf fruchtbarem, humosem Boden, die ausreichend bewässert sind und im Jahr zweimal, bisweilen sogar dreimal gemäht werden. W. trockener Standorte, die nur ärmlichen Graswuchs zeigen, so daß sie nur einmal im Jahr gemäht werden können, heißen *Magerwiesen;* sie dienen nach der Mahd vielfach als Weide. Als Schafhutungen werden vor allem *Hutwiesen* mit einer schütteren Vegetationsdecke aus trockenholden Kräutern und Gräsern genutzt.
Man unterscheidet ferner nach der Lage *Fluß-* und *Niederungswiesen* auf alluvialem Schwemmland, deren Qualität von der Entwässerungsmöglichkeit abhängt, *Tal-* und *Feldwiesen,* die in den meisten Fällen eine Wasserregulierung ermöglichen, *Wald-, Höhen-* (*Berg-*) und *Almwiesen;* nach der Bodenart *Mineralwiesen* und *Torfwiesen* (*Moorwiesen*).
Wiesenkalk, → Mudde.
Wind, die überwiegend horizontal gerichtete Bewegung der Luft (im Gegensatz zu Luftströmung, unter der sowohl horizontale als auch vertikale Bewegung verstanden wird). W. entsteht beim Ausgleich der Luftdruckunterschiede zwischen Gebieten ungleichen Druckes, letzten Endes also infolge der ungleichmäßigen Erwärmung der Erdoberfläche durch Sonnenstrahlung. Die Windstärke ist proportional dem Luftdruckgefälle (Luftdruckgradient), doch wirken auf sie und die Windrichtung noch andere Kräfte ein. Der *Höhenwind,* d. h. der Wind in der freien Atmosphäre, weht unter dem Einfluß der Gradientkraft, der durch die Erdrotation hervorgerufenen Corioliskraft und der Zentrifugalkraft, und zwar parallel zu den Isobaren; er ist von Turbulenz nahezu frei. Dagegen wird der *Bodenwind* außer von den genannten Kräften vor allem von seiner Reibung an der Erdoberfläche bestimmt, deren Einfluß bewirkt, daß der W. vom Hochdruckgebiet zum Tiefdruckgebiet hin weht, wobei er auf der Nordhalbkugel nach rechts, auf der Südhalbkugel nach links abgelenkt wird (→ barisches Windgesetz). Auch durch Gebirge wird das Windfeld beeinflußt (Stau) und die Luft zum Überströmen oder Umfließen des Hindernisses gezwungen. Eine besondere Eigenschaft des Bodenwindes ist die mit der Turbulenz zusammenhängende Böigkeit (→ Böe). Mit zunehmender Höhe über der Erdoberfläche erfährt der W. neben entsprechender Drehung im allgemeinen eine Zunahme der Geschwindigkeit (Böigkeitszonen, → CAT).
Neben den großen, durch die atmosphärische Zirkulation hervorgerufenen *Windsystemen,* d. h. dem Passatwindregime, dem Westwindregime und dem polaren Ostwindregime, gibt es lokale Windsysteme, die meist auf Grund unterschiedlicher Erwärmung entstehen, wie → Berg- und-Tal-Wind, Hangwind, → Gletscherwind, → Land-See-Wind, ferner den → Fallwind, zu dem vor allem der → Föhn gehört. *Windhosen* (→ Trombe) sind lokale Wirbelwinde, die auf dem Festland auftreten.
Richtung, Druck und Stärke des W. werden mit Windmeßgeräten bestimmt. Für die Feststellung der *Windrichtung* ist seit alters die Windfahne in Gebrauch, unter der eine Windrose angebracht wird, um die Stellung der Windfahne zu den Himmelsrichtungen festzulegen. Die Bewegung der Windfahne kann auch elektrisch oder mechanisch auf ein Ablese- oder Schreibgerät übertragen werden. Es wird eine 32- oder 36teilige Skale verwendet, die von Nord über Ost nach Süd rechnet, oder man gibt den Winkel in Grad an. Die W. werden nach der Himmelsrichtung benannt, aus der sie wehen (bei Meeresströmungen ist es umgekehrt). Der *Winddruck* wächst mit dem Quadrat der Windgeschwindigkeit. Der einfachste *Winddruckmesser* ist die Wildsche Windfahne, d. h. eine an einer waagerechten Achse drehbar aufgehängte Platte, deren Hebung durch den W. an einem mit Stiften versehenen Kreisbogen abgelesen wird. Zur Messung der *Windgeschwindigkeit* dienen die Anemometer, die zur Messung des Staudrucks oder der elektrisch gemessenen Abkühlungsgröße (Hitzdrahtanemometer) beruhen und bei graphischer Aufzeichnung von Richtung, Stärke, Böigkeit und Windweg als Anemographen bezeichnet werden. Maßeinheiten für die Geschwindigkeit des W. sind m/s, km/h oder Knoten (sm/h = 1852 m/h). Die Schätzung der *Windstärke* beruht meist auf der Beaufortskale, die eine Einteilung von 0 bis 17 aufweist (Tab. S. 580). Bei der jetzt gültigen, 1806 von dem engl. Admiral Beaufort aufgestellten Beaufortskale sind die Maße (m/s) auf eine Standorthöhe von 10 m über offenem, flachem Gelände bezogen, während sie nach der früher gültigen Skale auf 6 m Standorthöhe bezogen waren. Aus diesem Grunde ergeben sich zwischen beiden Skalen Unterschiede in der Geschwindigkeit, da diese zum Boden hin abnimmt. Die Stärken 13 bis 17 werden zur Messung von Windgeschwindigkeiten in Wirbelstürmen (Tornados, Hurrikane, Taifune) gebraucht. Noch höhere Windstärken kommen im allgemeinen nur in großer Höhe vor. Starke Winde (von Windstärke 9 an) werden als → Sturm bezeichnet, solche der Windstärke 12 als → Orkan.
Geomorphologische Einwirkungen des W. auf die Gestalt der Erdoberfläche werden als *äolisch* bezeichnet. Solche Einwirkungen sind im besonderen → Deflation und → Korrasion. Auch die Vegetation wird durch den W. beeinflußt.
Windkanter, durch Windschliff (→

Windrisse

Windstärken nach der Beaufortskale

Stärke	m/s	Bezeichnung	Auswirkungen des Windes im Binnenland	auf See
0	0,0 ... 0,2	still	Windstille; Rauch steigt gerade empor	spiegelglatte See
1	0,3 ... 1,5	leiser Zug	Windrichtung angezeigt nur durch Zug des Rauches	kleine Kräuselwellen ohne Schaumkämme
2	1,6 ... 3,3	leichte Brise	Wind am Gesicht fühlbar; Blätter säuseln; Windfahne bewegt sich	kurze, aber ausgeprägtere Wellen mit glasigen Kämmen
3	3,4 ... 5,4	schwache Brise	bewegt Blätter und dünne Zweige; streckt einen Wimpel	Kämme beginnen sich zu brechen; vereinzelt kleine Schaumköpfe
4	5,5 ... 7,9	mäßige Brise	hebt Staub und loses Papier; bewegt Zweige und dünnere Äste	kleine längere Wellen; vielfach Schaumköpfe
5	8,0 ... 10,7	frische Brise	kleine Laubbäume schwanken; Schaumkämme auf Seen	mäßig lange Wellen; überall Schaumkämme
6	10,8 ... 13,8	starker Wind	starke Äste in Bewegung; Pfeifen in Telegraphenleitungen	große Wellen; Kämme brechen sich; größere weiße Schaumflächen
7	13,9 ... 17,1	steifer Wind	ganze Bäume in Bewegung, Hemmung beim Gehen gegen den Wind	See türmt sich; Schaumstreifen in Windrichtung
8	17,2 ... 20,7	stürmischer Wind	bricht Zweige von den Bäumen; sehr erschwertes Gehen	mäßig hohe Wellenberge mit langen Kämmen; gut ausgeprägte Schaumstreifen
9	20,8 ... 24,4	Sturm	kleine Schäden an Häusern	hohe Wellenberge; dichte Schaumstreifen; „Rollen" der See; Gischt beeinträchtigt die Sicht
10	24,5 ... 28,4	schwerer Sturm	entwurzelt Bäume; bedeutende Schäden an Häusern (selten im Binnenland)	sehr hohe Wellenberge mit langen überbrechenden Kämmen; See weiß durch Schaum; schweres stoßartiges „Rollen"; Sichtbeeinträchtigung
11	28,5 ... 32,6	orkanartiger Sturm	verbreitete Sturmschäden (sehr selten im Binnenland)	außergewöhnlich hohe Wellenberge; Sichtbeeinträchtigung
12	32,7 ... 36,9	Orkan	verheerende Sturmschäden (äußerst selten im Binnenland)	Luft mit Schaum und Gischt angefüllt; See vollständig weiß, jede Fernsicht hört auf
13 ... 17	37,0 ... > 56			

Korrasion) auf meist mehreren Seiten angeschliffene Gerölle. Die Schliffflächen schneiden sich dabei an deutlichen Kanten, deren Anzahl von der Lage des Gerölls zur herrschenden Windrichtung abhängt. Am häufigsten sind *Dreikanter*, es gibt aber auch *Zweikanter* und *Vierkanter*. W. kommen besonders in Wüsten und an Meeresküsten, aber auch im Gebiet der ehemaligen Vereisung vor. Hier handelt es sich um Geschiebe, die kurz nach dem Rückzug des Eises in dem noch vegetationslosen Land von den mit Sand beladenen heftigen Winden abgeschliffen wurden (Kantengeschiebe). Sie sind aber nicht mit den Facettengeschieben zu verwechseln (→ Geschiebe).

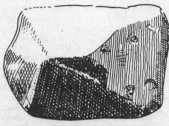

Windkanter

Windrisse, *Windmulden,* → Dünen.
Windrose, → Himmelsrichtungen.
Windschur, die unter dem Einfluß beständiger heftiger Winde im Hochgebirge und an der Meeresküste eintretende Abwandlung des Kronenwuchses von Bäumen. Die Zweige wenden sich nach der dem Winde abgewandten Seite. Derartige windgeschorene Bäume bezeichnet man als *Windflüchter.*
Windsee, die vom Wind erzeugte Wellenbewegung an der Meeresoberfläche. Sie bildet zusammen mit der Dünung den Seegang.
Windstärke, → Wind.
Windstrahlenkarte, svw. Portolan.
Winter, eine der vier → Jahreszeiten. Astronomisch beginnt der W. um den 21. Dezember (Wintersonnenwende) und dauert bis um den 21. März (Frühlingstagundnachtgleiche). Klimatisch ist der W. im allgemeinen die kältere Zeit des Jahres, in der in gemäßigten und polaren Gebieten die Vegetation im Ruhestand verharrt.
Als *Winterhalbjahr* faßt man auf der Nordhalbkugel die Monate Oktober bis März (Nordwinter), auf der Südhemisphäre die Monate April bis September (Südwinter) zusammen.
Wirbel, *Fließwirbel,* in der Fließrichtung eines Flusses fortschreitende Drehbewegung des Wassers, auch als *Strudel* bezeichnet, vor allem dann, wenn er eine trichterförmige, abwärtssaugende Vertiefung in der Mitte hat. Unterschied: → Wasserwalzen.
Wirbelstürme, heftige orkanartige Luftwirbel (Zyklone) der Tropenzone, die besonders in Westindien und Südostasien auftreten. Sie entstehen meist an der Innertropischen Konvergenz über den Ozeanen und beschreiben dann eine parabelartige Bahn, indem sie sich zuerst westwärts wenden und dann unter dem Einfluß der Erdrotation immer mehr nach Norden abbiegen. Bisweilen werden sie nördlich der Passatzone von der Westwinddrift erfaßt und können so im Westwindgürtel noch weite Strecken nach Nordosten zurücklegen. W. bilden sich durch eine sehr starke, fast kreisförmige Bewegung der Luft um einen Kern besonders tiefen Drucks; in ihnen kommen außerordentlich hohe Windgeschwindigkeiten vor. Die häufigsten W. sind die → Hurrikane, die → Taifune und die Mauritiusorkane im Indischen Ozean. Der außertropischen Zyklonentätigkeit der Westwindzone gehören die zwar eng begrenzten, aber besonders heftigen → Tornados Nordamerikas an.
Witterung, die typische Abfolge der meteorologischen Erscheinungen in einem Gebiet in ihrem jahreszeitlichen

Rhythmus ohne Bezug auf eine bestimmte Zeit, im Unterschied zum Wetter als dem Zustand der Atmosphäre in einem bestimmten Augenblick und im Unterschied zum Klima, das den allgemeinen Charakter des Witterungsverlaufs für einen längeren Zeitraum als Durchschnitt widerspiegelt.

Wolken, Ansammlung von feinen Wassertropfen oder – bei tiefen Temperaturen – Eisteilchen, die in der Luft in verschiedenen Höhen schweben. Sie entstehen durch Kondensation und Sublimation der Luftfeuchtigkeit infolge Abkühlung unter den Taupunkt. Die Kondensation bzw. Sublimation tritt entweder durch Ausstrahlung oder als adiabatischer Vorgang in aufwärts gerichteten Luftströmungen ein.

W. und Nebel sind ihrem Wesen nach gleich; sie unterscheiden sich nur durch ihre Lage zur Erdoberfläche. Die Himmelsbedeckung mit W. nennt man *Bewölkung*. Jede Bildung von W. ist an Kondensations- oder Sublimationskerne gebunden. Da Kerngehalt und Wasserdampfgehalt rasch mit der Höhe abnehmen, kommt es vorwiegend in den unteren Schichten der Atmosphäre zur Wolkenbildung. Meist entstehen dabei in geringeren Höhen *Wasserwolken*, in größeren Höhen dagegen *Eiswolken*.

Nach der Ursache ihrer Entstehung sowie nach ihrer äußeren Form unterscheidet man zwei Hauptarten von W., → Cumulus (Haufenwolke) und → Stratus (Schichtwolke), zwischen denen es Übergänge und Mischformen gibt. Sie können in allen Höhenschichten vorkommen, in denen Wolkenbildung stattfindet. Besondere Wolkenbildung und -anordnung tritt bei stärkerer Turbulenz in der Atmosphäre auf, z. B. *Wogenwolken* (parallel angeordnete Wolkenstreifen).

Man unterscheidet 10 verschiedene *Wolkengattungen*, die zu 4 *Wolkenfamilien* zusammengefaßt sind: 1) hohe oder obere W. (über 6000 m Höhe): a) → Cirrus (Abk. Ci, über 8000 m Höhe) oder Haar- bzw. Federwolke, b) → Cirrostratus (Abk. Cs) oder Schleierwolke, c) → Cirrocumulus (Abk. Cc) oder Schäfchen- bzw. Lämmerwolke; 2) mittelhohe oder mittlere W. (Altowolken, in 2000 bis 6000 m Höhe): a) → Altostratus (Abk. As) oder hohe Schichtwolke, b) → Altocumulus (Abk. Ac) oder grobe Schäfchenwolke; 3) tiefe oder untere W. (bis 2000 m Höhe): a) → Stratus (Abk. St) oder Schichtwolke, b) → Stratocumulus (Abk. Sc); 4) W. in verschiedenen Höhen (von 500 m bis zur Cirrushöhe): a) → Cumulus (Abk. Cu) oder Haufenwolke, b) → Cumulonimbus (Abk. Cb) oder Gewitterwolke, c) → Nimbostratus (Abk. Ns) oder Regenwolke.

Wollsackverwitterung, Verwitterungsform, bei der die zwischen den Klüften eines weitmaschigen Kluftsystems gelegenen Gesteinskörper als stark abgerundete, wollsackförmige Massen frisch erhalten bleiben, während das durch chemische Zersetzung in den Klüften entstandene feine Verwitterungsmaterial fortgeführt wird. W. ist vor allem im Granit zu beobachten.

Würm-Eiszeit [nach dem Isarnebenfluß Würm], die letzte der pleistozänen Eiszeiten in den Alpen (→ Pleistozän, Tab.). Sie entspricht der → Weichsel-Eiszeit im nördlichen Teil des mitteleuropäischen Tieflands. Auf der Südseite der Alpen waren die Gletscher nur wenig, im Westen und Norden der Alpen dagegen ziemlich weit ins Vorland hinaus vorgerückt. Die Endmoränen der W. umschließen meist die großen Alpenrandseen, z. B. Gardasee, Bodensee und Starnberger See. Vor dem Höchststand sollen sich die als **Würm I** bezeichneten, heute jedoch meist bezweifelten inneren Endmoränen abgelagert haben, die vom Eis wieder überschritten wurden. Der Höchststand wird als **Würm II** bezeichnet. Im allgemeinen umfaßt dieser Höchststand drei Staffeln, die meist mit lokalen Namen bezeichnet sind. So wird die äußerste Eisrandlage vielfach als **Schaffhausener Stadium**, die wenige Kilometer dahinterliegenden Endmoränen als **Schlierenstadium**

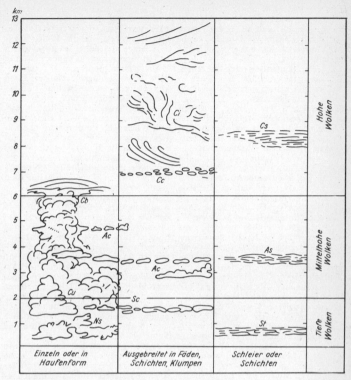

Wolkengattungen und Wolkenhöhen (aus Grunow)

und die etwa 25 bis 35 km zurückliegende Eisrandlage als **Ammerseestadium** bezeichnet. Die weiteren Rückzugsstadien der W. liegen bereits innerhalb der Alpen. Dazu gehören das **Schlernstadium** mit einer gegenheute um 800 bis 900 m tieferen Lage der Schneegrenze, das auf einen kräftigen Rückzug der Gletscher folgte und vor allem durch starke Vorstöße der Lokalgletscher gekennzeichnet ist; das **Gschnitzstadium** mit einer Depression der Schneegrenze von 600 m, das zahlreiche Moränen an den Ausgängen der Gletschertäler in die Haupttäler hinterlassen hat; das **Daunstadium** mit einer Absenkung der Schneegrenze um 300 bis 400 m, das seine Moränen in den inneren Gebirgstälern, in den niedrigeren Gebirgsgruppen aber meist nur in den Karen und Talschlüssen abgelagert hat; das **Eges(s)enstadium** mit einer Depression der Schneegrenze von 120 m. Es lieferte die letzten einwandfrei der W. angehörenden Rückzugsmoränen.

Manche Forscher fassen die letzten Rückzugsstadien (ab Schlernstadium) nach dem Zerfall des Eisstromnetzes als **Schlußeiszeit** (auch **Neo-Würm**) zusammen, da zwischen dem Ammerseestadium und dem Schlernstadium wahrscheinlich ein kräftiger Gletscher-

rückzug bis ins Innere des Gebirges erfolgt war. Die Zeiträume sind jedoch zu gering, als daß man noch eine selbständige Eiszeit ausscheiden kann. Man spricht daher besser vom Spätglazial.
Eine Parallelisierung der einzelnen Rückzugsstadien der W. mit denen in anderen Vereisungsgebieten ist noch nicht restlos gelungen.
Wurte, *Warft, Werft, Werf,* künstlich aufgeworfener Erdhügel im friesischen Marschengebiet. Vor der allgemeinen Eindeichung war nur auf diesen erhöhten Stellen ein Wohnen möglich. Auf den W. befanden sich auch die wegen des Süßwassermangels erforderlichen Zisternen zum Auffangen des Regenwassers. Auf der größtenteils noch nicht eingedeichten Inselgruppe der Halligen stehen auch heute noch fast alle Wohnhäuser auf W. Viele W. sind mehrfach erhöht worden, was als notwendige, wahrscheinlich ziemlich gleichzeitige Maßnahme gegen die (relative) Erhöhung des Meeresspiegels gedeutet wird (Wurtenproblem).
Wurzel, geologisch die Region, aus der heraus eine Überschiebungsdecke oder Deckfalte gefaltet worden ist.
Wüste, Gebiet der Erde, das durch Pflanzenarmut oder sogar Pflanzenleere gekennzeichnet ist. Diese Erscheinung ist bei der *Trockenwüste* bedingt durch Mangel an Wasser, bei der *Kältewüste* der subpolaren Gebiete und der Hochgebirge durch Mangel an Wärme, bei der *Eiswüste* durch die völlige Bedeckung mit Eis und Schnee.
Eine eindeutige Definition des Begriffs W. gibt es nicht. Dem Wortsinn liegt wohl die Siedlungsfeindlichkeit zugrunde. Daher könnte man allgemein die W. als Gebiete bezeichnen, deren Pflanzendecke selbst für die extensive nomadische Viehwirtschaft keine ausreichende Grundlage bietet. Man hat auch vorgeschlagen, alle die Gebiete als W. zu bezeichnen, die nicht mehr als 250 bis 200 mm jährlichen Niederschlag haben oder in denen es jährlich 11 bis 12 aride, d. h. in der Regel niederschlagslose Monate gibt oder deren Vegetation einen Deckungsgrad von unter 50% hat.
Die W. im engeren Sinne, die Trockenwüste, geht meist allmählich in weniger wüstenhafte und stärker bewachsene Gebiete über. So unterscheidet man nach der Abstufung der Trockenheit und der dürftigen Vegetation die *Kernwüste* von der *Randwüste,* die den Übergang zu der *Halbwüste* (*Wüstensteppe,* → Steppe) mit zwar reichlicherer, aber für die Viehwirtschaft noch immer ungenügender Vegetation bildet.
In der Trockenwüste fehlt das Wasser nicht völlig. Nicht nur episodische Niederschläge – die allerdings jahrelang ausbleiben können –, sondern auch Taufall kommen vor, und in größerer Tiefe liegen Grundwasserkörper von teilweise erheblichem Umfang und großer Ergiebigkeit. Wo das Grundwasser austritt, sind günstige Voraussetzungen für die Vegetation gegeben, da die Böden nicht ausgelaugt und daher im allgemeinen nährstoffreich sind; es bilden sich dann Grundwasseroasen, die z. T. erhebliche Bevölkerungsmengen ernähren können, z. B. in der Sahara. Von besonderer Bedeutung sind in der Trockenwüste ferner die Fremdlingsflüsse, die in feuchteren Gebieten entspringen und Wüstengebiete durchströmen. Ihr Überschwemmungsbereich bildet meist dichtbesiedelte Flußoasen, wofür das vom Nil durchflossene Ägypten das bekannteste Beispiel bildet. Systematisch werden in Sowjetisch-Mittelasien große Flußoasen durch den Bau von Bewässerungskanälen (z. B. Karakum-Kanal) neu geschaffen. Auch außerhalb der wasserreicheren Gebiete fehlt das Pflanzenleben in der W. nicht völlig, doch können sich hier nur Pflanzenarten erhalten, die den extremen Bedingungen angepaßt sind. Zum Teil sind es Sukkulenten, wie Agaven und Kakteen. Zahlreicher sind die vielen, meist sehr kleinwüchsigen Pflanzen, deren Samen jahrelang im trockenen Wüstenboden keimfähig bleiben und die nach einem Regenfall rasch aufsprießen und in äußerst kurzer Zeit Blüte und Samenreife erreichen (Kryptophyten). Für wenige Tage können sich dann öde Wüstenflächen mit dem zarten und bunten Teppich des *Wüstenfrühlings* überziehen. Ganz allgemein aber reicht der Pflanzenwuchs außerhalb der Oasen für eine regelmäßige Nutzung nicht aus. Von den spärlichen Pflanzen nähren sich Gazellen und Antilopen; sonst findet man nur wenige kleinere Raubtiere, Nager, Vögel, Eidechsen, Schlangen, Heuschrecken, Käfer und Spinnen; oft haben die Tiere eine gelbliche Wüstenfarbe.
Das Erscheinungsbild der W. hängt stark von der vorherrschenden Bodenart ab. *Sandwüsten* sind entweder als wellige Sandflächen mit hügeligen Reihensanden oder als große Dünengebiete (Erg, *Pl.* Areg) entwickelt; ihre Bildung hängt vom Vorhandensein des Sandes ab; sie sind daher längs der Küsten und der Binnenflüsse (Amu-Darja, Tarim u. a.) sowie überall dort vorhanden, wo anstehende Sandsteine bei der Verwitterung wieder reichliche Mengen Sand liefern, z. B. in großen Teilen der Sahara. *Geröll-* oder *Kieswüsten* (*Serir, Sserir*) entstehen durch die Verwitterung von Konglomeraten oder auf alten Flußschottern und bilden durch die Ausblasung des feinen Materials fast staubfreie, von dunklem Wüstenlack überzogene Steinpflaster; sie wurden früher wegen der Durststrecken gemieden, werden jedoch heute vom Kraftverkehr bevorzugt (Sahara). *Gesteinswüsten* (in bestimmten Gegenden, z. B. Nordafrika, auch *Ham(m)ada* genannt) unterscheiden sich von den Geröllwüsten dadurch, daß sie von eckigen, der Verwitterung entstammenden Gesteinsbrocken gebildet werden (zentrale Sahara); auch diese sind im allgemeinen für den Kraftverkehr günstig. *Lehmwüsten* zeigen in der Trockenheit eine tennenharte, rissige Oberfläche, die die Pflanzen nicht durchdringen können; sie kommen in Gebieten mit regelmäßigen Regen vor (mittelasiatische W.). *Mergel-* (*Staub-*) *Wüsten,* deren Boden aus einem feinen salzreichen Gesteinsmehl besteht, sind von einer dünnen Staubhaut überzogen, die das Gesteinsmehl vor der Ausblasung schützt; sie sind besonders verkehrsfeindlich. Dieser Typ kommt nur in den Kernwüsten vor (Libysche W., Nordchile).
Infolge der Pflanzenarmut ist die W. ein Spielfeld des Windes. Die Deflation, die Ausblasung des feinen Staubes aus dem Boden, führt zur Bildung von Steinpflaster. Der Sand wird zu Dünen aufgeweht und die Gesteinsoberfläche durch den vom Wind mitgeführten Sand geglättet und fein poliert. Vielfach schafft dieser Windschliff (Korrasion) auch bizarre Formen, indem er in verschieden widerständigen Gesteinen die feinsten Unterschiede herausmodelliert. Als eigenartige, aber ziemlich seltene Gebilde entstehen die Pilzfelsen. Bei der Formenbildung spielt neben der Tätigkeit des Windes und der infolge der großen Temperatursprünge in Form der Insolationsverwitterung wirksamen mechanischen Verwitterung trotz der geringfügigen Wassermengen auch die chemische Verwitterung eine Rolle, zumal da die wäßrigen Lösungen infolge des Alkalireichtums verhältnismäßig große Wirkungen hervorrufen. Fast alle Gesteine sind mit *Wüstenrinden* bedeckt. Oft sind es nur millimeterstarke Krusten, die hauptsächlich aus Mangan- und Eisenoxiden bestehen und in den Geröllwüsten jeden einzelnen Stein überziehen. Dieser *Wüstenlack* verleiht durch seine dunkle Farbe auch den Felsgebieten meist ein düsteres Aussehen. Andere Wüstenrinden bestehen aus den Ausscheidungen von Gips und Kalk, die etwas stärkere Krusten bilden, den losen Schutt in kurzer Zeit verkitten und dadurch feste Oberflächen entstehen lassen. Hingegen sind die Salzkrusten, die aus leichtlöslichen Salzen vor allem an Stellen zeitweiliger Wasserbedeckung entstehen, vergänglichere Gebilde. Durch den Wüstenlack erscheinen die Gesteine sehr fest. Darunter geht aber die chemische Verwitterung weiter und zermürbt das meist auch entfärbte Gestein. Bricht ein Teil der Krusten heraus, so greift der Wind in die Höhlungen ein und bläst das mürbe Gestein in kurzer Zeit aus, während sich Teile der Kruste noch in bizarren Formen lange erhalten können.

Auch das Vorhandensein von trockenliegenden Tälern, den *Wadis,* die gleichwohl sehr deutlich die Spuren junger erosiver Bearbeitung zeigen, deutet darauf hin, daß die Wirkung des fließenden Wassers keineswegs fehlt. Doch darf die Möglichkeit nicht außer acht gelassen werden, daß mindestens die randlichen Gebiete der großen W. während der pleistozänen Kaltzeiten andere klimatische Bedingungen aufwiesen als gegenwärtig, vor allem infolge stärkerer Bewölkung auch die Verdunstung geringer und die Luftfeuchtigkeit größer war als heute. Man spricht in diesen Gebieten dann von Pluvialzeiten. Auf sie wird nicht nur ein wesentlicher Teil der heutigen Oberflächenformen der W. zurückgeführt werden müssen, sondern auch ein erheblicher Teil der großen Grundwasservorräte, die die Oasen speisen.
Nach der geographischen Lage unterscheidet man Passatwüsten und außertropische W.
Die *Passatwüsten (tropische W., Roßbreitenwüsten, Wendekreiswüsten)* liegen im Bereich der Wendekreise, wo das ganze Jahr über die Hochdruckzellen der Roßbreiten oder die trockenen Passatwinde herrschen. Sie sind dauernd trocken, nur gelegentlich fallen einzelne Regengüsse, oft in Abständen von vielen Jahren. Die Luftfeuchte ist äußerst gering (oft unter 20%, zuweilen nahe 0%), die Bewölkung ebenfalls, doch tritt häufig Hitzedunst auf. Vorüberziehende Zyklone lassen des öfteren gefürchtete Sandstürme entstehen, doch führen sie nur selten zu Niederschlägen. Diese jedoch können dann mit solcher Gewalt auftreten, daß die Abspülung in Form von Schichtfluten in der kahlen Landschaft einen hohen Grad erreicht, die trockenliegenden und schutterfüllten Wadis streckenweise von brausenden, schmutzigen Wassermengen durchtobt und in Oasensiedlungen mit Bauten aus luftgetrockneten Lehmziegeln große Schäden angerichtet werden. Nur in der Nähe der Küsten, in den *Küstenwüsten,* ist die Luftfeuchtigkeit größer (um 60 bis 80%), und Nebel sowie Tau sind häufig. Infolge der Trockenheit der Luft sind Einstrahlung und Ausstrahlung ungehindert wirksam, die Temperaturgegensätze zwischen Tag und Nacht unvermittelt groß. Der wärmste Monat hat im Mittel mindestens 26 °C, der kälteste 10 bis 22 °C; das Jahresmittel liegt über 18 °C. Die Passatwüsten werden nach dem Äquator zu durch Gebiete mit kurzfristigen Sommerregen abgelöst, polwärts schließen sich die Winterregengebiete der Subtropen an. Zu den Passatwüsten gehören die Wüstenzone Nordafrikas (Sahara) und Arabiens, Südwestafrikas (Namib), Australiens, Nordchiles, Perus (Atacama, hier fast bis zum Äquator reichend) und Südkaliforniens, Nordmexikos und Arizonas.
Die *außertropischen W. (subtropische W.,* oft auch *Binnenwüsten, orographische W.* genannt, weil ihre Trockenheit durch die Meerferne und Reliefgestaltung stark beeinflußt wird) unterscheiden sich von den Passatwüsten durch die deutlichere Ausbildung von thermischen Jahreszeiten, denn alljährlich treten Frosttemperaturen auf. Durch eine regelmäßige, wenn auch unzureichende Niederschlagsperiode, die vor allem in den Frühjahr und den Frühsommer fällt, ist der Wasserhaushalt anders als in den Passatwüsten. Zu den außertropischen W. gehören vor allem die Wüstengebiete des Orients, Sowjetisch-Mittelasiens und die Hochwüsten der großen Binnenbecken Zentralasiens von Tibet über die W. Taklamakan im Tarimbecken und die Dsungarei bis zu den mongolischen W. (Gobi).
Wüstenböden, Sammelbezeichnung für alle Nichtsalzböden der Rand-, Halb- und Vollwüsten. Hierzu gehören die *grauen W.* der außertropischen Rand- und Halbwüsten, die unter analogem, aber sehr warmem Klima entstehenden relativ tonreichen *roten W.* (red desert soils) und die verschiedenen Formen der in den Vollwüsten verbreiteten *Yerma* (Wüstenrohböden). W. unterliegen hauptsächlich der physikalischen Verwitterung (Insolationsverwitterung) und sind äußerst arm an organischer Substanz (damit besonders arm an Stickstoff). Dennoch sind viele W. bei Bewässerung gut für den Anbau geeignet, weil sie einen relativ hohen Nährstoffgehalt und z. T. günstige physikalische Eigenschaften aufweisen. Eine einheitliche Klassifikation der mannigfaltigen W. besteht derzeit noch nicht. Das gilt auch für die *Halbwüstenböden,* den in weniger warmen Gebieten beschriebenen *braunen Böden* (brown soil) und den in den wärmeren Gebieten bekannten *rötlich-braunen Böden* (reddish brown soil), die zu den kastanienfarbenen Steppenböden (→ Tschernosjom) überleiten.
Wüstensalz, → Steinsalz.
Wüstensteppe, → Steppe.
Wysse, svw. Uferbank.

X

xero..., in Wortzusammensetzungen svw. trocken, z. B. *xeromorph,* in den Formen der Pflanze der Trockenheit angepaßt, *xerophil,* Trockenheit liebend, *xerotisch,* der Trockenheit angepaßt. *Xerophyten* sind Pflanzen, die hohe Wärmemengen benötigen und Trockenheit gut vertragen. Durch Wasserspeicherung (Stamm- oder Blattsukkulenz) oder Einrichtungen zur Einschränkung der Transpiration (Behaarung, Wachsüberzug, Dornbildung, Keim- oder Dickblättrigkeit) sind sie den gegebenen Verhältnissen angepaßt.

Y

Yerma [spanisch „Wüste'], *Wüstenrohboden,* unterschiedlich grau, in sehr warmen Gebieten rötlich gefärbte, nahezu humusfreie und kaum horizontierte Rohböden der vollarider Gebiete. Die durch Sandausblasung gekennzeichneten Kies- und Gesteinswüstenböden werden als *Hamada-Y.,* die Rohböden der Sand- und Staubwüsten als *Sand-Y.* bzw. *Staub-Y.* bezeichnet. In Becken, die episodisch oder periodisch austrocknende Endseen aufnehmen, entstehen → Salztonebenen. Weitere Y. sind durch Krustenbildungen verschiedener Art gekennzeichnet. Kalk- und Gipsanreicherungen an der Bodenoberfläche oder in tieferen Horizonten, die durch Erosion sekundär an die Oberfläche gelangen können und dann steinhart werden, führen zur Bildung der *Kalk-* bzw. *Gipskrusten-Y.* Dünne Krusten- und Rindenbildungen entstehen außerdem durch Wüstenlack (Wüstenrinde) und den Salzstaubböden *(Salzstaub-Y.)* und häufig auch auf der Staub-Y. Die Krusten können sehr hohes Alter haben und werden meist durch Verdunstung von aufsteigendem Kapillarwasser unter Zurücklassung mitgeführter Substanzen erzeugt. Das Wasser entstammt teils hoch anstehendem Grundwasser, teils episodischen Niederschlägen oder nur der Taubildung. Mächtige oder panzerartige Krustenbildungen erlauben auch bei Bewässerung meist keine Anbaumöglichkeiten.
Yoldiameer, Vorläufer der heutigen Ostsee. Das Wasser des Y. hatte infolge der einmündenden Schmelzwässer des abtauenden Inlandeises niedrige Temperaturen, so daß die Fauna arktische Formen enthält, darunter die Muschel *Yoldia arctica,* nach der die Y. seinen Namen führt. Über die Mittelschwedische Senke stand das Y. mit dem Weltmeer in Verbindung, während die Verbindung mit dem Weißen Meer zweifelhaft ist. Es ging aus dem das südliche Ostseebecken vor dem Eisrand erfüllenden Baltischen Eisstausee hervor. Durch Landhebung wurde es vor etwa 8 800 Jahren zu einem Binnensee, dem Ancylussee.
Yunga, der tropische Höhen- und Nebelwald an der Ostabdachung insbesondere der bolivianischen Anden, der reich an epiphytischen Moosen und Flechten, Baumfarnen und Orchideen ist.

Z

Zackenfirn, svw. Büßerschnee.

Zechstein [zu bergmännisch Zeche ‚Bergwerk'], jüngere Abteilung des Perms, deren Gesteinsschichten überwiegend im Meer abgelagert wurden. Dem Z. gehören in der DDR und in der BRD die wertvollen Kali- und Steinsalzlager sowie die Kupferschiefer von Mansfeld an. Die überwiegend kalkigen Sedimente liefern einen milden, fruchtbaren Boden, der ackerbaulich genutzt wird. Durch Auslaugung der Salzlager im Untergrund sind geräumige Senken entstanden, z. B. die Goldene Aue. Gipslager führen an der Erdoberfläche zu Karsterscheinungen (Südharz, Kyffhäuser).

Zeichenautomat, → automatisches Zeichnen.

Zeichenschlüssel, *Zeichenerklärung,* svw. Legende.

Zeit. Die Z. wird physikalisch mit Hilfe gleichmäßig periodisch bewegter Körper (Himmelskörper) und mechanischer Instrumente bestimmt. Die Einheit der astronomischen Zeitmessung ist der Tag, d. i. die Dauer einer vollen Umdrehung der Erde um ihre Achse. Die grundlegende Zeiteinheit ist der Sterntag, d. i. die Z., die zwischen zwei Kulminationen eines Fixsterns verstreicht. Von diesem konstanten Sterntag, der mit der oberen Kulmination des Widderpunktes beginnt, unterscheidet sich der wahre Sonnentag, d. i. der Zeitraum zwischen zwei Kulminationen der Sonne. Der wahre Sonnentag beginnt mit der unteren Kulmination der Sonne. Er ist 3 Minuten 56 Sekunden länger als der wahre Sterntag, da infolge der Bewegung der Erde um die Sonne auf $366^{1}/_{4}$ Sterntage ($-366^{1}/_{4}$ Umdrehungen bezüglich des Fixsternhimmels) nur $365^{1}/_{4}$ (mittlere) Sonnentage ($=365^{1}/_{4}$ Umdrehungen um die Erdachse hinsichtlich der Sonne) kommen. Jeder Ort auf der Erde hat seine bestimmte *Ortszeit,* auch *wahre Ortszeit (WOZ)* genannt, die durch die obere Kulmination der Sonne bestimmt wird. Der Durchgang der Sonne durch den Meridian wird als 12 Uhr mittags festgesetzt. Die Ortszeit wird daher auch als *Mittagszeit* bezeichnet. Diese Verhältnisse entsprechen einer gedachten, mittleren Sonne, während die wahre Sonne wegen ihrer ungleichmäßigen Geschwindigkeit früher oder später kulminiert. Um diese Unregelmäßigkeit auszuschalten und gleich lange Tage zu erhalten, nimmt man als Mittel, d. h den mittleren Sonnentag mit einer Dauer von 86 400 Sekunden an Stelle des veränderlichen wahren Sonnentages.
Für die bürgerliche Zeitrechnung ist nur diese *mittlere Ortszeit (MOZ)* verwendbar. Die Sonne kulminiert daher gar nicht genau um 12 Uhr mittlerer Ortszeit. Die Differenz MOZ-WOZ wird als *Zeitgleichung* bezeichnet. Sie wird dadurch verursacht, daß die scheinbare Bewegung der Sonne auf der Ekliptik wegen der elliptischen Gestalt der Erdbahn ungleichmäßig ist. Der Erdumlauf und damit die scheinbare Sonnenbewegung ist im Perihel schneller als im Aphel. Durch die Projektion dieser scheinbaren Bewegung der Sonne auf den Himmelsäquator ist die Bewegung um die Z. der Äquinoktien schneller als um die Z. der Sonnenwenden. Ihr Maximum (+14,5 Minuten) erreicht die Differenz MOZ-WOZ Mitte Februar, ihr Minimum (−16,5 Minuten) Anfang November. Mitte Februar kulminiert die Sonne also erst um 12 Uhr 14,5 Minuten, Anfang November bereits 11 Uhr 43,5 Minuten mittlerer Sonnenzeit.
Bis ins 19. Jh. rechnete jeder Ort nach seiner wahren Ortszeit oder nach Einführung der Pendel- und Taschenuhr nach mittlerer Ortszeit. Dann führten verschiedene Staaten die *National- (Normal-) Zeit* ein, d. h. die mittlere Ortszeit der Hauptstadt. Nach Anerkennung des Meridians von Greenwich als Nullmeridian (1911) teilte man die Erde in 24 → Zeitzonen ein, in denen jeweils die gleiche Z., die Zonenzeit, gilt. Unter der seit 1. Januar 1925 eingeführten *Weltzeit (WZ)* versteht man die mittlere Z. von Greenwich, englisch Greenwich Mean Time (GMT); nach ihr werden die astronomischen Ereignisse festgelegt.

Zeitzonen, Meridianstreifen, in denen

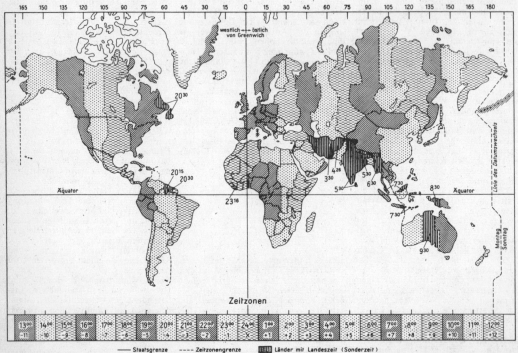

Zeitzonen

jeweils die international festgelegte und anerkannte Zonenzeit gilt. Die Z. wurden nach allgemeiner Anerkennung des Meridians von Greenwich als Nullmeridian (1911) zur Erleichterung des internationalen Verkehrs eingeführt. In ihnen gilt an Stelle der früheren Nationalzeiten als *Zonen-(Einheits-) Zeit* jeweils die Ortszeit des Mittelmeridians, d. h. des Meridians der betreffenden Zeitzone, dessen Zahlenwert – vom Nullmeridian abgesehen – durch 15 teilbar ist. Es gibt somit insgesamt $\frac{360°}{15} = 24$ Z., die von dem jeweiligen Mittelmeridian $7^1/_2°$ nach Westen und Osten reichen. Da die Sonne 4 Minuten braucht, um von einem Meridian zum anderen zu gelangen, beträgt der Zeitsprung beim Übergang in eine benachbarte Z. eine volle Stunde. Für Mitteleuropa ist der 15. Meridian der Mittelmeridian. Die Mitteleuropäische Zeit (MEZ) ist also der Weltzeit eine Stunde voraus.
Die Grenzen der 24 Z. der Erde folgen aus praktischen Gründen stellenweise den Ländergrenzen. Kleinere Staaten, die am Rande einer Z. liegen, haebn auch heute noch Nationalzeiten.

Zenit [arabisch] *m* und *n*, *Scheitelpunkt,* der Punkt am Himmel, der sich gerade über dem Scheitel des Beobachters befindet, → astronomische Koordinatensysteme. Die *Zenitdistanz* ist der Winkelabstand zwischen Z. und Gestirn, sie wird durch die Höhe des Gestirns zu 90° ergänzt.

Zenitalregen, die meist in Form heftiger Gewittergüsse fallenden tropischen Niederschläge, die kurz nach dem Höchststand (Zenitalstand) der Sonne einsetzen und die tropischen Regenzeiten bestimmen. Sie sind an das Wandern der Innertropischen Konvergenz gebunden. Auch die Monsunregen der Tropen müssen als eine Abart der Z. aufgefaßt werden.

zentrales Bergland, das im Kern einer → Rumpftreppe liegende, auf allen Seiten von niedrigeren Rumpfflächen umgebene Kernstück eines Gebirges, z. B. das Brockengebiet im Harz, das Feldberggebiet im Schwarzwald.

Zerrung, → Störung 2).
Zeugenberg, → Schichtstufe.
zirkumpolar, in der Umgebung eines Pols befindlich. *Zirkumpolarsterne* nennt man solche Sterne, die für einen Beobachtungsort auf der Erde nicht unter dem Horizont verschwinden. Je größer seine geographische Breite ist, um so mehr Sterne sind für ihn z. An den Polen sind dort sichtbare Sterne z., am Äquator gibt es keine. Die Zirkumpolarsterne haben eine obere und eine untere Kulmination. Für die Orte innerhalb der Polarkreise ist während eines Teils des Jahres auch die Sonne z.
Zodiakallicht, *Tierkreislicht,* ein kegelförmiger Lichtstreifen, der in Mitteleuropa vor allem z. Z. der Tagundnachtgleichen im Frühling am westlichen Himmel nach Sonnenuntergang, im Herbst am östlichen Himmel vor Sonnenaufgang wahrzunehmen ist. Der Name Z. ist darauf zurückzuführen, daß der Lichtstreifen fast ganz in den Tierkreis (griechisch Zodiakus) fällt. In unseren Breiten bildet die Achse des Kegels mit dem Horizont einen Winkel von etwa 64°. Wahrscheinlich entsteht das Z. durch kosmische Staub- oder Gasmassen, die sich etwa in der Ebene der Erdbahn um die Sonne bewegen und das Sonnenlicht zerstreut zurückwerfen.

Zodiakus, → Tierkreis.
Zonalität, Begriff für das geographische Ordnungs- und Gestaltungsprinzip, das auf der Kugelgestalt der Erde und der dadurch hervorgerufenen unterschiedlichen Strahlungsintensität beruht. Dementsprechend wird die Erde nach verschiedenen Gesichtspunkten in → Zonen eingeteilt.

Zonen, 1) *mathematische Z.,* durch bestimmte Breitenkreise des Gradnetzes der Erde begrenzte Gebiete der Erdoberfläche. Die begrenzenden Breitenkreise sind die beiden Wendekreise und die beiden Polarkreise, die besonderen Sonnenstellungen und damit bestimmten Beleuchtungsverhältnissen entsprechen. Man unterscheidet danach drei Z.: 1) Die *warme (tropische) Z.* liegt zwischen den Wendekreisen des Krebses (23° 27' n. Br.) und des Steinbocks (23° 27' s. Br.). In ihr kulminiert über jedem Ort die Sonne jährlich zweimal im Zenit, an den Wendekreisen selbst nur einmal; dort schwankt die Kulminationshöhe zwischen 90 und 47°. Die Tagbogen der Sonne sind im Laufe des Jahres nur wenig verschieden, selbst an den Wendekreisen beträgt der längste Tag nur $13^1/_2$, der kürzeste $10^1/_2$ Stunden. Die Temperaturunterschiede im Laufe des Jahres sind im allgemeinen gering. Sonnen- und Schattenseiten wechseln. 2) Die *gemäßigte Z.* der nördlichen und südlichen Halbkugel befindet sich zwischen den Wendekreisen und den Polarkreisen (66° 33' nördlicher und südlicher Breite). Die Kulminationshöhe der Sonne schwankt z. B. über dem 50. Parallelkreis zwischen $73^1/_2$ und $26^1/_2$. Die Tageslängen sind in den gemäßigten Z. verschieden, die Temperaturunterschiede der Jahreszeiten groß. In der nördlichen gemäßigten Z. sind die nach Norden, in der südlichen die nach Süden exponierten Hänge immer die Schattenhänge. 3) Die *kalte* oder *Polarzone* der südlichen und der nördlichen Halbkugel liegt jenseits der Polarkreise. Die Kulminationshöhe schwankt unmittelbar über den Polarkreisen zwischen 47 und 0°, über den Polen während des Sommerhalbjahres zwischen 0 und $23^1/_2$°. Die Sonne geht unmittelbar am Pol im Sommer nicht unter, im Winter nicht auf (→ Polarnacht).

Durch die Dämmerungserscheinungen werden die Beleuchtungsverhältnisse etwas abgewandelt.
2) → Klimazonen.
3) *physische Z.,* svw. Landschaftsgürtel.
4) in der Geologie Glied eines stratigraphischen → Systems.

Zoogeographie, svw. Tiergeographie.
Zungenbecken, weiträumige Hohlform, die durch den Gletscherschurf im Bereich der Gletscherzunge geschaffen worden ist. Sie ist entweder im anstehenden Gestein oder in den eigenen Aufschüttungen des Gletschers angelegt. Verstärkt wird die Beckenform durch die das Z. amphitheatralisch umziehenden Endmoränen. Manche Z. sind einheitlich, andere gliedern sich in Stammbecken (zentrale Depression) und kleinere, meist flachere Zweigbecken. Die Z. im Gebiet der pleistozänen Vereisung waren nach dem Abschmelzen des Gletschers zunächst von Seen erfüllt, viele von diesen sind aber inzwischen verlandet und bilden See-Ebenen, die teilweise noch sumpfig sind. Andere Z. sind durch Deltabildungen eingeengt, wieder andere durch erodierende Flüsse, die die Umrahmung durchsägt haben, entwässert worden. Im mitteleuropäischen Tiefland sind zahlreiche Z. aus der letzten pleistozänen Eiszeit noch im Gebiet der Endmoränen des Pommerschen Stadiums erhalten.

Zwischeneiszeit, svw. Interglazialzeit.
Zwischenströme, → Meeresströmungen.

Zyklentheorie, die Auffassung, daß die Entwicklung der Erdkruste während der geologischen Zeiten in Zyklen verlaufe, in denen Perioden ruhigerer Entwicklung mit hauptsächlich epirogenetischen Bewegungen (*Evolutionen*) mit Perioden stürmischer gebirgsbildender Bewegungen (*Revolutionen*) abwechseln. Danach kehren also bestimmte Entwicklungsabläufe und daraus sich ergebende Zustandsformen der Erdkruste regelmäßig wieder. Im *geotektonischen Zyklus* unterscheidet man drei Phasen, die von den einzelnen Geologen allerdings verschieden dargestellt werden: 1) die Geosynklinalphase, in der die Sedimentation mächtiger Schichten stattfindet; 2) die Gebirgsbildungsphase, in der die Gesteinsserien in der Tiefe gefaltet werden; 3) die Hebungsphase, die das fertige Gebirge, das Orogen, über den Meeresspiegel heraushebt und der Abtragung aussetzt. Das Ergebnis ist ein Kraton, eine versteifte Festlandsmasse, mit dessen Bildung der Zyklus abgeschlossen ist. Der folgende Zyklus ergreift den Kraton nicht mehr mit, sondern erfaßt das ihm benachbarte Gebiet. Nach Ablauf mehrerer solcher Zyklen sind schließlich alle Zonen der Erdkruste verfestigt, zu Kratonen geworden. Durch einen weltweiten Umbruch, wie er z. B. zwischen Jung- und Altalgonkium (Algonkischer Umbruch) erfolgte, können weite Gebiete der Erdkruste aber wieder mobil, d. h. zu faltbaren Geosynklinalräumen werden, und der Zyklenablauf beginnt von neuem.

Diesem geotektonischen Zyklus läuft ein *geomagmatischer Zyklus* parallel, der einen periodisch wiederkehrenden Ablauf der Gesteinsentstehung aus empordringendem Magma umfaßt. Während der Geosynklinalphase bilden sich überwiegend basische Ergußgesteine, in der Gebirgsbildungsphase saure Tiefengesteine, in der dritten Phase während der Erstarrung zunächst saure und im Zustand der völligen Erstarrung des Kratons schließlich basische Ergußgesteine.

Zyklogenese *f*, die Bildung von Zyklonen (→ Tiefdruckgebiet) im Bereich von Frontalzonen und an den Stellen erhöhter thermischer Gegensätze. Die Verwirbelung am Boden wird stark durch die Verhältnisse in der Höhe beeinflußt, z. B. durch einen kräftigen Jet oder die Ausbildung eines Höhentroges. Bekannte zyklogenetische Punkte liegen bei Neufundland und im Golf von Genua.

Zyklon *m*, → Wirbelstürme.

Zyklone *f*, ein wanderndes → Tiefdruckgebiet. Die an Z. gebundenen Regen werden *Zyklonenregen* genannt.

Zykluslehre, in der Geomorphologie die von dem amerikanischen Geographen W. M. Davis (1850 bis 1935) aufgestellte Theorie, daß jede Form der Erdoberfläche in dem gesetzmäßig ablaufenden Gang der Entwicklung, der als Zyklus bezeichnet wird, mehrere Stadien durchlaufen müsse. Davis unterschied dabei je nach der Art der vorherrschenden Abtragungskräfte einen normalen, ariden, marinen und glazialen Zyklus. So beginnt z. B. der normale Zyklus, bei dem die fluviatile Erosion die Hauptrolle bei der Entstehung der Oberflächenformen spielt, mit einer Hebung des Landes und dem Zerschneiden der ursprünglichen Landoberfläche. Im *Jugendstadium* sind Teile dieser Landoberfläche noch erhalten; mit dem Fortschreiten der Zerschneidung werden fast alle Reste der alten Landoberfläche beseitigt, und es entsteht ein zerschnittenes Bergland. Die Flüsse haben ausgeglichene und breite Talböden entwickelt (*Stadium der Reife*). Schließlich wird das Bergland abgetragen, und die Hänge verflachen (*Stadium des Alters*), bis mit dem *Greisenstadium* eine fast ebene, flachwellige Rumpffläche entsteht.

Jeder Zyklus beginnt also mit einem Flachrelief, durchläuft Stadien mit größeren Höhenunterschieden und endet wieder mit der Einebnung auf einem tieferen Niveau. Davis geht dabei stets von der Annahme aus, daß nach der ersten Heraushebung der Landoberfläche völlige tektonische Ruhe herrscht. In ihrem Kern ist diese Theorie zweifellos richtig, doch haben die in ihr enthaltenen Verallgemeinerungen und zu starken Vereinfachungen besonders unter den deutschen Geographen heftigen Widerspruch ausgelöst.

Register

Das Register enthält im Text- und ABC-Teil vorkommende geographische Namen und Sachbegriffe. Begriffe, die im ABC-Teil als Artikel erscheinen, sind im Register nicht berücksichtigt. Eine Ausnahme bilden dabei nur solche Sachbegriffe, die sowohl im Textteil als auch im ABC-Teil näher erläutert sind.
Die alphabetische Anordnung der Stichwörter gleicht der des ABC-Teils.

* = Kartenskizze oder Profil, T = Tabelle, Taf. = Bildtafel

Aachen 46
Aaremassiv 75
Abadan 220
Abakan 167
Abbildformen 371
Abbildtheorie 371
Abblasung 406
Aberdeen 138
Abfluß, kritischer 371
–, spezifischer 371
Abflußbeiwert 371
–faktor 371
–jahr 371
–koeffizient 371
–menge 371
–spende 371
Abgrusung 452, 570
Abhebung 406
Abidjan 224 T, 243*
Abiotikum 379, 483
Ablagerung, chemische 372
–, fluvia(ti)le 372
–, glaziale 372
–, klastische 372
–, limnische 372
–, marine 372
–, organogene 373
Ablation 448
Åbo 86
Abomey 224 T
Abplattungsindex 505
Abrasionsbuchten 373
–ebenen 373, 399
–küste 373
Abraumsalze 533
Abri 145
Abruzzen 125
Absanden 570
Abschiebungen 400
Abschuppung 570
Absitzen 532
Abwasserlast 374
abweitungstreu 374, 471
Abyssalregion 559
Ac 376, 581*
Acaba 211
AC-Boden 395
Ac castellatus 402
Accra 225 T, 246
Achaia 131*, 133
Acheloos 132, 133, 134
Achsenfläche 424
Achterstufen 537
Achtzig-Meilen-Strand 265, 271
Aciculisilva 506
Ackerschätzungsrahmen 396
Ackerzahl 396
Aconcagua 334*, 339, 341 T
Adamaua 243*
Adamaoua-Hochland 245
Adamaoua-Hochscholle 242
Adamello 124
Adamello-Alpen 79 T
Adamspik 201

Adana 213
Adda 116*, 134
Addis Abeba 224 T, 253, 254*
Adelaide 264 T, 273
Adelegg 72
Adélieland 346
Adelsberger Grotte 129
Aden 254*
Adige 124, 134
Adirondack 299
Admiralitätsinseln 366
Adour 145
Adrar der Ifoghas 243*
Adrar des Iforas 239
Adria 124
Adriatisches Meer 103*
Adsorptionswasser 397
Advektionsschicht 382 T
–wolken 374
Adyre 176
AE 380
Aerophotogrammetrie 516
Aestisilva 545
Afghanistan 196, 219, 220*
Afrika 224 T ff.
Aftonian 519 T
Ägäisches Meer 212, 357
Aggregatgefüge 396
Aggtelek 108
Ägina 133
Agrarmeteorologie 375
Agreste 331
Agrinionsee 133
Ägulhasbecken 350
–strom 258, 352, 353, 359
Ägypten 224 T, 241*
Ahaggarmassiv 236, 237, 239
Ahmadabad 200
A-Horizont 395
Ahós 132
Ahrgebirge 49*
Aiguilles Rouges 75
Ainu 185
Aïr 239, 243*
Airy 465
Ajaccio 128
Akaba 217
Akadien 298
Akarnanien 131*
Akkra 243*
Aklé 410
Akratopegen 525
Akratothermen 526
Aksu 173
Aksum 253
Aktinographen 375
aktualmorphologische Karten 440
Akureyri 29
Alabama 297
Alagoas 331
Alagös 213, 221 T
Alai 175
Alaigebirge 173
Alaital 178

Ala-Kul 179 T
Alang-Alang 209
Alang-Alang-Gras 205
Alaska 280, 294
Alaska Range 294
Alaskastraße 292
Alaskastrom 364
Alaunschiefer 561
Alb 482 T
Albaner Berge 126
Albanien 28, 103*, 129
Albano 123
Albanosee 126
Albany 270, 271
Albemarlesund 298
Alberta 301
Albert-Nationalpark 256
Albertsee 250, 263 T
Ålborg 28
Albüberdeckung 69
Albuch 69
Albury 267
Aldan 166, 169 T
Al-Djazaïr 234*, 235
Aleuten 280, 283, 294
Aleuteninseln 363
Aleuten Range 294
Alexanderarchipel 295
Alexandrette 213
Alexandria 224 T, 241
Alföld 107
Alfursensee 361
Algarve 121
Algier 224 T, 234*, 235, 236
Algerien 224 T
Algoabai 261
algonkischer Umbruch 419, 586
Algonkium 524
Algonquisee 292
Al Hasa 218
Alicante 121
Alice Springs 271
Al-Iskandarija 241
Al-Kahira 241
Alkaliflat 534
–gesteine 382, 442, 514
alkalisch 396
Al Khartum 228 T
Alleghenyplateau 297
Alleröd-Interstadial 576 T
Allerödzeit 523 T
Allgäu 73
Allgäuer Alpen 79 T
Allier 147 T
allitisch 571
Alluvionen 376
Alluvium 458, 522
Alma-Ata 148 T, 179
Almadén 120
Alor 209
Alpen 124
Alpena 300
Alpenvorland 73*, 103*
Alpheios 133

Alpiden

Alpiden 376
alpine Florenelemente 376
alpinotyp 435
Alpnomadismus 79
Al Qurna 218
Al-Rumeila 219
Al Tahrir 241
Altai 155, 163, 170
Altaigebirge 166
Altaiden 376
altaische Gebirgsbildung 376
Altalgonkium 483
altalpidisch 435
Altan Bulak 175
Altbürger 375
Altenberg 60
Altenburger Holzland 57
älterer Deckenschotter 452
alternierende Klimate 13
Alter Scheitel 154, 180*
Alterung 492
Altgrad 450
Altiplanation 449
Altiplano 335
Altmarsch 495
alte Masse 482
Altmoränenlandschaften 446
Altmühl 67*, 69
Altun-Schan 170
Altvater 79 T
-gebirge 61
Altwasser 493
Altyn-tag 170, 171
Aluschta 98
Amadora 30
Amanusgebirge 216
Amazonas 319, 322, 324, 325*, 341 T
-tiefland 318, 324
Amboina 209
Amderma 93
Amerikanisches Mittelmeer 356, 368 T
Amerikanisch-Samoa 264 T
Amersfoort-Interstadial 576 T
Amersfoorter Stadium 532
Amiens 145
Amiranten 358, 360
Amman 217
Ammersee 72
Ammerseestadium 581
Amoy 193
Amrum 45
Amsterdam 30
Amu-Darja 159, 175, 179 T
Amur 168, 174, 187, 188
-becken 168
Anai Mudi 210 T
Anatolische Halbinsel 212
Ancona 126
Ancylussee 523 T
Ancyluszeit 377
Andalusien 120
Andalusisches Faltengebirge 120
Andamanen 202, 358, 360
-meer 358, 368 T
Andamanisches Meer 201, 204*
Anden 318, 319, 334, Taf. 31
Andernach 51
Andishan 149 T, 179
Andorra 28, 119
Andorra la Vella 28
Andreasberg 55
-sprung 309
Androscoggin 299
Aneroidbarometer 387

Angara 169 T
-land 154*, 376, 377
-masse 180*
-schichten 170
Angaur 367
Angermanälven 85
Angkor 204
Angmagssalik 288, 289*
Angola 224 T
-becken 350
Anguilla 278 T
Aniene 126
Ankara 213
Ankömmlinge 374
Anlagerungsdiskordanz 409
Anmoorgley 377
anmooriger Gley 377
Annaba 224 T, 235
Annaberg 60
Annam 205
Annapurna 210 T, Taf. 19
anorganogen 501
Anraum 529
Anschwemmungsböden 376
Anshan 187
Ansiedler 375
Antananarivo 226 T
Antananarivo 262
Anthonyfälle 301
Anthrazit 478
Antarkt-Anden 344
Antarktis 343
Antarktische Halbinsel 343, 345
antarktische Inseln 369
Antarktisches Florenreich 428
antarktischer Zwischenstrom 354
Antarktisches Reich 425
Anti-Atlas 233, 234*, 263 T
Antibes 146
Antigua 278 T
Antiklinale 535
Antiklinaltal 555*
Antilibanon 216, 217*
Antillen 356
Antipodeninsel 369
Antisana 336
Antitaurus 213
Antizyklone 455
Antofagasta Taf. 32
Antrim 140
Antwerpen 28
Aorangi 275
Apenninhalbinsel 121
-tunnel 125
aperiodisch 515
Aphel 378, 417
aphotisch 497
Apia 264 T, 367
Apo 211 T
Apogäum 378
Apollonia 129
Aposelenum 378
Appalachen 279, 296, 301*
-plateau 296*, 297
Appalachian Mountains 298
Appalachische Berge 298
Appenzeller Alpen 79 T
Apscheron 215
Apsidenlinie 417
Apt 482 T
Apuanische Alpen 125
Apulien 127
Apure 328
Äquanaval 311
Äquator 416

Äquator, magnetischer 378
Äquatorhöhe 378
äquatoriale Klimazone 13
Äquatorialer Gegenstrom 364
äquatoriale Westwinde 13
äquatoriale Zone 564
Äquatorial-Guinea 224 T
Äquatorialregen 529
-strom 356, 364
Äquatorquadrant 421
Äquatorradius 146
äquatorständige Entwürfe 471
Äquidistanz 529
Aquincum 109
Äquinoktiallinie 378
Äquinoktialpunkte 378
Äquinoktien 413
Äquinoktium 417
Aquitanische Pforte 145
Aquitanisches Becken 145
AR 529
Ära 553
Arabien 218
Arabische Halbinsel 196, 217
Arabisches Meer 195, 196, 358
Arabische Wüste 241*
Arad 109
Aragonien 119
Arafurasee 358, 361, 368 T
Aragaz 213, 221 T
Arakan-Yoma 203
Arakan-Yoma-Gebirge 202
Aralokaspische Niederung 155
Aralsee 179 T
Ararat 213, 221 T
Aras 221 T
Aras-Senke 219
Ärathem 553
Araukarienwald 323, Taf. 31
Arawalligebirge 197*, 199
Arax 221 T
Archaikum 483
Archangelsk 93
Archäophyten 375
Archäozoikum 379
Archeuropa 33*
Arcy-Interstadial 576 T
Ardennen 39*, 48, 141*
Areal, bipolares 379
-, disjunktes 379
-, diskontinuierliches 379
-, kontinuierliches 379
-, pantropisches 379
Arealgürtel 379
Arealkarten 569
Arealtypen 379
Areg 421
Argen 72
Argentinien 321, 323
Argentinisches Becken 350
Argentino-See 341 T
Argolis 131*, 133
Argonnen 144*
Argonnerwald 144
Argos 133
Argos-Nauplion Taf. 10
Argunsystem 174
arheisch 372
Århus 28, 41
Ariditätsfaktor 379
Ariditätsindex 380
Ariège 145
Arizona 303, 307
Arkadien 131*, 133
Arkansas 301, 315 T

Arktikfront 380
arktische Front 520
arktische Kaltluft 380
Arktischer Ozean 349, 357
Arktischer Ural 99
Arktogäisches Reich 425
Arlan 179 T
Arlbergpaß 76, 77
Ärmelkanal 43
Armenien 213, 214
Armenische SSR 214
Arnhemland 265, 266, 272
Arno 125, 134
Arnsberger Wald 49*
Arnstadt 57
Ar-Rijad 218
Artek 98
Artemisien-Steppe 22
Artesischer Brunnen 401*
Artois 141*, 144
Aruba 329
Arvida 300
Aryk 176
As 376, 581*
Asahi-take 194 T
Asamankese 225 T
Asandeschwelle 233, 242, 246, 247, 249
Asbestos 300
Ascension 355
Aschantiplateau 245
Aschchabad 140 T, 178
Aschenboden 380, 519
—decken 380
—kegel 380
—regen 380
—ströme 380
—tuffe 380
Aserbaidshan 214
Ashanti 245
Ashburton 270, 275
Ashburton River 271
Asien 149 T ff.
Askja 355
Asmara 224 T
Asowsches Meer 96*
Aspektfolge 380
Aspromonte 127
Aspropotamos 132
Assalsee 251
Assam 196, 198
Asse 59
Aßmann 380
Assuan 240
assyntisch 435
Astrachan 96*
Ästuare 429
Asturien 119
Aswan 240
Atacama 15, 323, 335, 339
Atacamagraben 309
Atbara 251
Atbasar 178
Athabaskafluß 293
Athabaskasee 286, 291, 315 T
Athen 29, 132
Atherton-Herberton-Kettengebirge 273
Äthiopien 224 T, 230, 246, 251
Äthiopischer Graben 250, 251
Äthiopisches Reich 425
Atitlánsee 315 T
Atlantikum 523 T
Atlasgebiet 233, 234*, Taf. 21
Atmosphäre, äußere 383

Ätna 128, 134
Ätolien 131*, 133
Atolle 481
Atrato 334*
atro 493
Attika 131*, 132
Atures 329
Auckland 264 T, 276
—insel 369
Auenboden 514
Auenjungboden 384
Auenrohboden 384, 526
Auersberg 59
Aufgleitbewölkung 574
Aufgleitfront 573
Auflagehorizont 531
Aufschiebungen 400
Aufschüttungskegel 572
Aufsetzen 385
Auftauboden 433, 545
Auftriebsströmungen 498
Augensteine 76
Augit 385
Aulehm 488
Aureole 456
Aures-Gebirge 234*
ausapern 378
Ausbiß 385
Ausblühung 412
Ausbruchsbeben 415
Ausfällungsgesteine 385
Ausflockung 478
Ausgehendes 385
Ausgleichküste 550
Ausgleichsströme 498
Auskohlung 478
Auslage 423
Auslieger 537
Ausraumbecken 385
Außengroden 495
Ausstreichen 385
Austausch 496
austauschbare Basen 552
Austauschkomplex 546
Australasiatisches Mittelmeer 364
Australien 264 T, 267*
Australische Alpen 273
Australisches Mittelmeer 358
Australisches Tropenreich 428
Auswaschungshorizont 41
Auvergne 143
Avezzano 125
Avignon 146
Axel-Heiberg-Gletscher 346
Axel-Heiberg-Insel 290
Ayuthia 204*
Azimut 511
Azimutalentwürfe 471
Azimutsystem 381
Azoikum 379, 483
azonal 24
azonale Böden 463
Azoren 355
Azorenhoch 456

Baar 68
Babi-Hadshar 221 T
Back-of-beyond 269
Bad Berka 57, 58*
Bad Brambach 59
Bad Dürkheim 64, 65
Bad Elster 59
Baden 77
Baden-Baden 64

Badenweiler 64
Bad Frankenhausen 56
Bad Liebenstein 57
Bad Mergentheim 68
Bad Münster am Stein 66
Bad Salzungen 56
Bad Schandau 61
Bad Pyrmont 54
Baffinbai 291
Baffinland 290
Bagdad 218
Bagelkhand 200
Bagnère-de-Bigorre 147
Bahamainseln (Bahamas) 277 T, 309, 313, 314
Bahamasee 350
Baharijeh 240
Bahia 331
Bahia Blanca 342
Bahrein 218
Bahreininseln 218*
Bahr el Dschebel 240
Baidaratabucht 99
Baikal-Amur-Magistrale 163, 166
Baikalsee 165, 169 T
Bairiki 264 T
Bai Yü 182
Bajada 398*
Bajir 171, 534
Bajocien 467 T
Baker, Howland und Jarvis 264 T
Bakinische Eiszeit 414
Bakony 108
Baku 147 T, 215
Baku-Transgression 414
Balaton 76, 108, 115
Balatonfüred 108
Balchaschsee 175, 179 T
Balearen 121
Balearenmasse 115
Bali 206, 209
Balikpapan 207
Balje 576
Balka 512
Balkangebirge 103*, 113
Ballenyeilande 369
Balleny-Inseln 344
Balta 111
Baltimore 278 T
Baltischer Eisstausee 523 T
— Höhenrücken 94
— Schild 32, 33*, 80
Baltistan 197
Baluchestan 219
Balze 532
Bam 163
Bamako 226 T, 243*
Bambari 228 T
Bamberg 69
Bambusbär 184
Banater (Erz)gebirge 106
Banco 567
Bancowald 326
Bancroft 300
Bandainseln 209
Bandar-e Shah 220
— Shapur 220
Bandasee 368 T
Bandelkhand 200
Bändertonchronologie 386
Bänderung 448
Bangka 205
Bangkok 204*
Bangladesh 198
Bangui 226 T

Bangweolosee 259, 263 T
Banjul 225 T, 243*
Banksinsel 290
Banlad-Kette 204*
Bannwälder 78
Baragansteppe 110
Baranya 109
Barbados 277 T
−inseln 314
Barcelona 31, 121
Barchan 410
Bardobe 565
Bärenstein 59
Barentsee 93
Bari 103*, 127
Barisches Relief 387*
Barka-Hochland 240
Barkul 173
Barlinek Taf. 6
Barnaul 168
Barograph 387
barometrisches Minimum 559
Baro-Thermo-Hygrograph 500
Barre des Ecrins 79 T
Barrême 482 T
Barren Grounds 287, 566
Barriereriff 265, 481
Barrow 147 T
Barrskog 83
Barysphäre 418
Basaltschale 418
Basar-Djusi 221 T
Basel 31, 64
Basensättigung 573
Basilicata 126, 127
Basin Range 305
Basin und Range Region 306
basisch 396
Basken 119
Baskuntschaksee 89
Bass-Straße 273, 361, 368 T
bathyal 372
Bathybenthos 388
−meter 387
Batonien 467 T
Baton Rouge 301
Batumi 148 T, 214
Batur 209
Bauerntage 491
Bauland 68
Baumsteppe 21
Bautzen 61
Bay City 300
Bayreuth 69
Bayrische Alpen 79 T
Bayrischer Wald 69, 71*
Baysee 211 T
Bearbeitbarkeit 393
Beardmoregletscher 346
Beas 199
Beaufortbecken 351*
Beaufortskale 579, 580 T
Beauharnois 300
Beaujolais 143
Béchar 237
Becken von Tetovo 113
Bečva 71
Beda 226 T
Beerberg 56, 79 T
behaviourism 458
Beijing 190
Beira 121
Bekaa 216*
Belaja 101
Belastungsverhältnis 422

Belém 327
Beleuchtungszonen 12
Belfast 140
Belgien 28
Belgorod 97
Belgrad 109
Belitung 205
Belize 278, 308, 312
Bellary 200
Belliner Ländchen 41
Bellinghausensee 361
Belogradčik 114
Belo Horizonte 332
Belonite 572
Beltvorstoß 523 T, 576
Beluchan 167, 169 T
Belutschistan 196, 219, 220
Bengalen 196, 197*
Bengalisches Meer 195, 196, 358
Bengasi 238
Benghazi 226 T
Benguela 224 T
Benguelastrom 258, 352
Benguelaströmung 359
Beni 333, 334
Benin 224 T
Benitiefland 333
Ben Nevis 137, 138, 147 T, Taf. 12
Benthal 388
Bentheim 46
Benuë 263 T
−furche 242
− Tiefland 249
Beograd 29, 103*
Berchtesgaden 77
Beregnung 389
Beresniki 97
Bergamasker Alpen 124
Bergamo 124
Bergen 30, 81, 83, 84
Bergfeuchtigkeit 452
Berggießhübel 60
Bergisches Land 49*, 50
Bergland von Chiquitos 333
− Cumberland 139
− Guyana 318
− Höxter 53*
− Laos 203
− Nordwestargentinien 339
− Ostparaguay 338
− Shantung 191
Berglandschaft Taf. 20
Bergschlipf 388
Bergschrund 447
Bergstraße 64
Bergstriche 529
Beringmeer 294, 361, 368 T
−straße 279, 357
Berlin 28
Bermejo 338, 341 T
Bermudainseln (Bermudas) 278 T, 354, 355
Bern 31
Berner Alpen 79 T
− Oberland 78
Bernina-Alpen 124
−gruppe 78
Bernkastel 50
Berzdorf 61
Besançon 145
Betische Kordillere 33*, 120
Bhavnagar 444 T
B-Horizont 395
Bᵥ-Horizont 399
Bias 197, 199

Biber 519
− Donau 519 T
Bichar 236
Biela 61
Bifurkation 429
Bihar 200
−gebirge 103*
Bihor 115
−massiv 109
Bilbao 31, 119
Bildformen 371
−messung 516
Billiton 205
Bimsstein 509
Bingen 51
Binger Loch 51
− Wald 50
Binnendelta 407
−dünen 410
−groden 495
−klima 480
−seeküste 541*
Binzert 228 T
Biogeozönose 390, 510
Bioklimatologie 500
Biom 477
Biomasse 390
Biorhythmik 375
Biotit 449
Birmingham 29, 139, 298
Birobidshan 169
Bischar 236
Biskra 234*, 236, 238, 240
Bismarckarchipel 363, 366
Bissau 225 T
Bistrita 106
Bitburger Land 48
Bithynisches Gebirge 213
Bitumen 420
bituminöse Schiefer 510
Biwasee 194 T
black cotton soil 529
black country 139
Black Hills 303
Blagoweschtschensk 168
Blanca Peak 306, 315 T
Blantyre 226 T
Blatt 391
−bündel 391
Blätterung 448
Blattflügel 391
−sukkulenten 552
Blaublätterstruktur 448
Blaue Berge 273
Blauer Nil 240, 251
Bleicherde 24, 519
Bleicherdewaldboden 519
Bleichsand 519
Bleilochtalsperre 56
Blenheim 275
Blind River 300
blindes Tal 430
Blizzard 282, 548
Blockbewegung der Gletscher 447
Blockbild 391
−gipfel 391
−halden 391
−lehm 504
−meere 391, 545
−packungen 391
−streu 391
−ströme 391
Bludenz 77
Blue Mountains 306, 314, 315 T
− Ridge 296*, 298

Blutlehm 557
−schnee 391
Bo 227 T
Bobo-Dioulasso 227 T
Bocagelandschaft 142
Boddenküste 484*
Bodélé 243*, 246
Bodenaggregate 396
−azidität 386
bodenbildende Faktoren 392
− Prozesse 392
bodenbildendes Gestein 393
Bodenfauna 395
−feuchte 398*
−feuchtigkeit 394
−fließen 545
−gare 482
−gefüge 396
−genetik 396
bodenhold 392
Bodenhorizont 395
−inversion 464
−klassifikation 396
−kunde 392
−lebewesen 394
−mikrofauna 395
−mikroflora 395
−monolith 493
−reaktion 393
−schicht 382, 383 T
Bodensee 72, 79 T
−gebiet 73
bodenstet 392
Bodenströme 498
bodenvag 392
Bodenverheerung 393
−versetzung 495
−wasserhaushalt 397*
−wasserregime 398
−(wert)zahlen 396
−wind 579
−zerstörung 393
−zonen 23
Böenfront 398, 468
−kragen 398
Bogda 97
Bogdo-Ola 179
Bogotá 334*, 337
Bogutschany 165
Böhmerwald 69, 71*, 79 T
Böhmische Masse 55
Böhmisches Becken 70
Böhmisch-Mährische Höhen 70, 71*, 79 T
Böhmisches Mittelgebirge 61, 70, 71*, 79 T
Böigkeit 398
Bokolik-tagh 179 T
Bölling-Interstadial 523 T, 576 T
Bologna 29, 125
Bolschesemelskaja Tundra 90, 93
Bolsena 123
Bolson 398*
Bolson von Mapimi 311
Bolzano 124
Bombay 200
Bombonsee 211 T
Bonaké 224 T
Boninseln 363
Bonn 28, 51
Böotien 131*, 132
Bora 112, 116, 129
Borana-Land Taf. 23
Boraxseen 542
Bordeaux 29, 145

Bördenzone 46
Boreal 523 T
borealer Nadelwald 22
Borken 52
Borneo 205, 207
Bornholm 45
Bornu 238, 243*
Borowina 384, 514
Boscaccio 124
Böschungsmaßstab 399*
−schraffen 529
Bosnien-Hercegovina 129
Bosporus 212, 356
Botev 113
Botn 468
Botswana 224 T
Bottendorfer Höhe 58*
− Höhenzug 56, 58
Bottnischer Meerbusen 83, 357
Bouar 228 T
Boulder 271, 306
Bouvetinsel 355
Bowalisation 487
Bozen 124
Brachyantiklinalen 535
Brachysynklinalen 505
Brackmarsch 495
Bradford 139
Brahmaputra 172, 179 T, 197*, 210 T
Brăila 103*, 111
Brăilaer Donaubalta 111
Brakel 54
Brakeler Muschelkalkschwelle 53*
Bramwald 53*
Brandberg 263 T
Brandenburger Stadium 576
Brandstein Taf. 2
Brandungsdecken 567
−erosion 373
−höhle 399
−hohlkehle 399*
−kanal 400*
−nische 399
−platte 399*
−riff 399
−tor 399
Brasilia 332, 449
Brasilianische Masse 318, 331
Brasilianisches Bergland 318, 329
Brasilien 318
Brasilstrom 352, 353, 498
Brașov 30, 103*, 106
Bratislava 31, 103*
Bratsk 165
Braundünen 411
−erden 24
brauner Waldboden 24, 399
Braunkohle 478
Braunkohlenformation 558
−quarzit 525
Braunlage 56
Braunlehme 518
Braunpodsol 520
Braunschlammboden 411
Braunschweig 58
Brazo Imataco 329
Brazos 315 T
Brazzaville 225 T, 248
BRD 28, 103*
Brdy 71*
Brdy-Wald 70
Breccie 400
Brecherzone 400*
Brecon Beacons Taf. 12
Bregenz 73

Bremen 28
Bremen-Magdeburg-Wrocławer Urstromtal 39*
Breitengrad 400
−kreis 400
Breitsättel 533
Bresche 400
Brescia 124
Bresse 145
Brest 142
Bretagne 141*, 142
Bric della Maddalena 124
Bridgetown 277 T
Brigalowscrub Taf. 24
Brighton 140
Brisbane 264, 273
− River 267
Bristol 29, 140
Britische Gewässer 368 T
− Jungferninseln 278 T
britisches Eis 42*
Britisches Territorium im Indischen Ozean 228
Brno 31, 70
Bröckelgefüge 396
−löcher 553
Brocken 79 T
−massiv 59
Brodelböden 432
Broken Hill 272
Bronzezeit 523 T
Brooksgebirge 290
Brooks Range 294
Broome 266, 271
Brörup-Interstadial 576 T
Brotterode 56
brown forest soil 399
brown soil 583
Bruchboden 449
−büschel 400
−faltung 425*
Bruchfaltengebirge 434
Bruchfläche 400
−formen 401*
−linie 400
−schollengebirge 434
−stufe 400
−zone 415
Brüggen 519 T
Brughera 124
Brunei 205, 207
Brüssel 28
Bruxelles 28
Bucegigebirge 106
Buchara 149 T, 175, 179
Buchenzeit 523 T, 551
Büchsenlicht 404
Buchtarma-Stausee einschl. Saissannor 179 T
Bucht von Ajaccio 127
− Ätiolikon 133
Buckelwiesen 432
Buckland-Tafelland 273
București 30, 103*
Budagebirge 109
Budapest 31, 103*, 108, 109
Buenos Aires 342
Buenos-Aires-See 341 T
Buffalo 300
Bufumbira-Vulkan 256
Bug 79 T
Bukama 259
Bukkgebirge 108
Bulgarien 28, 103*
Bulgunjachi 432

Buln-Buln-Gebirge 273
Bundesrepublik Deutschland 28
Bunger-Oase 344
Bunkerde-Horizont 503
bunter Gesteinsboden 515
– Ton- und Mergelboden 515
Buntton 515
Buran 548
Bureja 168
Burgas 28, 103*
Burgundische Pforte 141
Burgwald 52, 53*
Burito 211 T
Burma 202, 203
Bur Sudan 241
Burundi 224 T
Buschfeld 260
–heide 454
–steppe 454
Bussolen 479
Butembe 228 T
Butte 306
Büyük Agri dag 221 T
Buyumbura 224 T
Buzău-Paß 106
Byrrangarücken 166
Bytom 62

Caatinga 322*, 323, 331, Taf. 29
Cagliari 128
Caicos-Inseln 278 T
Cairns 273
Cairo 301, 302
Calais 144
Cálamanigebirge 106
Calanchi 526
Calcite 300
Caldera 572*
Calgary 277 T, 293, 295
Callimaheide 454
Callovien 467 T
Caltanisetta 128
Camagüey 278 T
Camargue 146
Camburg 57
Camenchaca 434
Campagna 126
Campan 482 T
Campaqui 341 T
Campidano 128
Campina 327
Campo 322*, 332
Campo Cerrado 323, 402
– Limpo 323, 402
–regadio 118
–secano 118
–sujo 323, 402
Campbellinsel 369
Canal du Midi 145
Canberra 264 T
Cannes 146
Cañon 554
Canta143 *
Cantal 143, 147 T
Canterbury 275
–ebene 275
Canton und Enderbury 264 T
Capri 126
Caracas 329
Cardiff 139
Carlsbergrücken 358
Carlsfeld 59
Carnarvon 270
Carpentariagolf 265, 266, 272, 361

Carr 504
Carraga 125
Carrantoohil 140
Carrauntoohil 147 T
Carsonsee 307
Cartagena 121
Casablanca 234*, 226 T, 236
Casiquiare 329, 389
Castellammare 128
Castries 278 T
CAT 402
Catania 29, 128
Catenaprinzip 402
Cathkin Peak 263 T
Cattolica 124
Cauca 334*, 337
Causses 141*, 143*
Cayenne 327
Caymaninseln 278 T
–schwelle 356
Ceahlău 105
Ceará 331
Cebu 210
Cc 403, 581*
Ceja de Montaña 333
Cejastufe 333
Celebes 205, 208
Cenoman 482 T
Cernavoda 111
Cerrado 322*
Cerro Altar 334*
– de Mercado 312
–duida 327
České Budějovice 70
Česká Lipa 70
Ceuta 228 T
Cevennen 141*, 143
Ceylon 201
Chabarowsk 168
Chablais 75
Chaco 322*
Chalkidiké 132
Chalkosphäre 418
Chalon 145
Chambo 334*
Chamdo 171
Champagne humide 144*
– pouilleuse 144*
Champlain 315 T
Champlainsee 292
Chamsin 534 T
Chandlersche Periode 400
Changai 179 T
–gebirge 174
Chaniá 134
Changjiang 183
Chankasee 169 T, 188
Chanten 163, 164
Chan Tengri 179
Chapalasee 315 T
Chapparal 285
Charakterarten 515
Charamarin-Ula 174
Charbin 182 T
Charente 145
Charkow 147 T, 149 T
Charleston 298, 309
Charybai 128
Chatam-Inseln 404, 405*
Chatanga 165
Chatuge 302*
Chelm 62
Chenab 199
Chengdu 192

Cherbourg 142
Cherokee 302
Cherrapunji 198
Chesapeakebai 298
Chesterfieldgruppe 366
chestnut soils 566
Cheviot 147 T
Chiana 125, 126
Chianti 125
Chiapas 308, 312
Chibinen-Gebirge 86
Chiemsee 72, 79 T
Chihualua 307, 310
Chicago 278 T, 286 T, 300
Chicago-Sanitary-and-Ship-Canal 300
Chickamauga 302*
Chikugo 194 T
Chilenische Schweiz 341
Chilenisches Längstal 339, 340
Chillagoe 273
Chiloé 341
Chiltern Hills 140
Chimborazo 319, 334*, 336, 341 T
China 194 T
Chindwin 203
Chingan 181
Chingola 227 T
Chinhai 171
Chinook 281
Chios 212
Chiquitos 333
Chirripó Grande 315 T
Chitral 196
Chomutov 70
Chongging 192, 193
C-Horizont 395
Chota 200
Chotan 171, 173
Chřiby 71, 104
Christchurch 264 T, 275
Christmasinsel 360
Chromosole 487
Chubsugul 179 T
Chubul 342
Chugach-Kette 294
Chur 76
Churchill 292*
Ci 403, 581*
Cieszyn 62
Cimbrische Halbinsel 44
Cincinnati-Dom 300, 301
Cintragebirge 121
Ciudad Bolivar 329
– de Mexico 278 T
– Juárez 278 T
Clarence River 267
Clay Hills 300
Clermont-Ferrand 143*
Cleveland 300
Clingman's Dom 315 T
Clippertonriff 368
Cloncurry 272, 273
Cluj 30, 103*
14-C-Methode 526
C/N-Verhältnis 478
Coast Mountains 279
– Range 279, 294, 306
Cobarschwelle 272
Cocosinseln 360
Coimbra 182 T
Coimbre 30
cold waves 282
Col de la Perche 119
Colli Euganei 122, 124
Colombo 201

Colón 278 T
Colorado 303, 307, 311, 315 T, 341 T
Coloradomündung 444 T
Coloradoplateau 279, 306, 307*
Colorado Range 305
Coloradowüste 311
Columbia 295, 306, 315 T
-plateau 279, 294, 306
Comacchio 124
Comer See 79 T, 124
Comodoro Rivadavia 342
Compassberg 263 T
Compechebai 356
Computergraphik 386
Conakry 225
concentrated wash 393
Congelifraktion 570
Congelisol 433
Coniac 482 T
Connecticut 299, 315 T
Conodrymium 506
Conosarchipel 341
Conrad-Diskontinuität 409
Constanta 110, 111
Constantine 224 T, 236
Contreras 334*
Conza d'Oro 128
Cookinseln 264 T, 367
-straße 274
-tiefe 362
Coolgardie 271
Coosa 298
Coppermine 290
Corbulasenkung 428, 523 T
Cordillera Blanca 319, 336
— Negra 336
— Real 336
Córdoba 120
Cork 29, 141
Cornwall 139
Coromandelhalbinsel 276
Coropuna 341 T
Corumbá 332
Costa 335
Coteau des Prairies 303
Coteau du Missouri 303
Côte d'Or 144
Côte Lorraine 144*
Cotentin 142
Cotonou 224 T
Cotopaxi 319, 336, 341 T
Cotswold-Hills 140
Cottbus 28
Cottische Alpen 79 T, 123
Cotton soil 199
Covellafluß 272
cover 561
Crachin 202
Crailsheim 68
Craiova 30
Creeks 267, 272, 429
creep 435
Cres 129
Crêt de la Neige 146, 147 T
Creutzburg 57
Cromer 452, 519
Cromwellstrom 364
Cross Fell 147 T
Crozetinseln 360
Crozet-Macquarie-Schwelle 359
Crozetschwelle 358
Cs 403, 581*
C-Schicht 383
ČSSR 103*
Cu 403, 581*

Cuesta 537
Cuibá 332
Cumaná 329
Cumberland 301
-plateau 297, 301*
Curaçao 329
Cuxhaven-Duhnen 43
Częstochowa 62
Czorneboh 61

Dachauer Moos 73*
Dachschiefer 561
Dachstein 76, 79 T
Dagestan 215
dagestanischer Kaukasus 215
Dahna 218
Dajak 207
Dakar 227 T, 243*, 245
Dakota 303
Dalaba 263 T
Dalälven 82, 85, 87 T
Dallas 278 T
Dalm 65
Dalmatien 129
Daloa 224 T
Dalslandkanal 82
Daly 272
Dammer Berge 44
Dämmerung, bürgerliche 404
Dammuferwald 386
Dan 482 T
Danakilland 251
Danang 202
Dänemark 28, 45*
Dänemarkstraße 279
Daniglazial 523 T
Daqing 188
Dar al-Beida 236
Dardanellen 212
Dardschiling 198
Dar es Salaam 228 T, 253, 254*
Darfur 246
Darg 42
Darja 171
Darjeeling 198
Darling 267, 272, 276 T
Darlingkette 270
Dascht-e-Kewir 219
Datumdifferenz 404
Dauerfeldbau 528
Dauerfrostboden 433
Dauerwelkepunkt 577
Daunstadium 581
Dauphiné 141*, 145
Dauphiné-Alpen 79 T
Dauren 184
Davao 211
Davisstraße 350
Dawson 294
— Creek 292
Death Valley Taf. 28
Death Valley 306, 311
Debrecen 31, 103*, 107
Děčín 70
Deckfalte 424
Deckungsgrad 409
Deckwalzen 576
DDR 28
Dega 253
Degradation 406
De Grey 270
De Grey River 271
Deiche 406*
Deicharten 406

Deichsiele 406
Deidesheim 65
Deister 53*, 54
Dekadenmittel 475
Deklination 381
Delaware 315 T
-bai 298
Deltaschichtung 407
Demavend 221 T
Demawend 219
D'Entrecasteaux-Gruppe 366
Denudationsbasis 407
Denudationsniveau 407
Denudationsterrasse 408
Denver 279, 286 T, 306
Deosai 197
Depression 559
Derby 266, 272
Derwent 274
Derwentbecken 274
Desquamation 570
Dessau 28
Dessie 224 T
Destruenten 390
Destruktion 374
Destruktionsformen 544
Detersion 445
Detraktion 445
Detroit 278 T, 300
Detroit River 299, 300
Deutsche Bucht 43, 357
Deutsche Demokratische Republik 28
devils towers 303
Devon 139
Devonshire 139
Dewodi-Munda 210 T
Dhaulagiri 198, 210 T
Diagonalverwerfung 400
Diagramm 371
Diagrammethode 404
Diakartogramm 473
Diaklase 477
Diamantgebirge Taf. 18
Diatrem 539
Dickson 163
Differentialanalyse 377, 479
Differentialarten 515
Differenzierung, chorologische 441
Diffluenzstufen 445
digitale Beschreibung 371
Digol 366
Dijon 145
Dilatationswellen 415
Dill 50
Diluvialplatten 41
Diluvium 518
Dimbovitalinie 110
Dimbovita-Tal 106
Dimension, chorologische 409
Dimensionalität 409
Dimensionen 441, 506
Dinant 469
Dinariden 33*
Dinarisches Gebirge 103*
Dinarisches Gebirgssystem 76
Dinkelberg 64
Diopsid 385
Diorama 371
Dir 196
Dire Dawa 224 T
Diskobai 288
— Insel 289*
Diskontinuierliches Areal 379*
Diskordanz 409*
Dislokation 549

Dislokationsbeben 415
Dispergierung 515
Distelrasentunnel 52
Dithmarschen 45
Divergenzgebiete 497
Djati 207
Djava 206*
Djawa 205, 206, 207
Djawasee 368 T
Djerid-Oasen 240
Djibouti 224 T, 251, 253, 254*
Djuba 263 T
Dnepr 89, 94, 95, 101, 519 T
Dnepropetrowsk 95
Dneprschwelle 95
Dnestr 89, 95, 101, 103*, 110
Dobrogea 111
Dobrudscha 111
Dodabetta 210 T
Dogger 467 T
Doggerbank 34, 42*, 357
Döhlener Becken 60
Dolerit 387
Dollart 43
Dolomiten 79 T, 124
Dombai-Ulgen 221 T
Domberge 462
Dome 535
Dominica 277 T
Dominikanische Republik 277 T, 313
Dom Laoghaire 29
Don 89, 96*, 101
Donau 72, 79 T, 103*, 115, 519 T
Donaubalta 111
Donaudelta 103*, 111
Donau-Drau-Platte 108
Donau-Günz 519 T
Donaumoos 73*
Donauried 73*
Donau-Schwarzmeer-Kanal 111
Donau-Theiß-Tiefland 107
Donauversickerung 69
Donawitz 77
Donegal 140
Donezbecken 95
Donezplatte 88, 95
Dong-Pia-Yen 204*
Dong-Rek-Stufe 204*
Donnersberg 66
Donon 65
Doupovské hory 70, 71*
Dordogne 145
Durisilva 454
Dornbuschsteppe 536
Dornleybai 290
Dornsavanne 21, 232, 402, 536, 564 T
Dortmund 28
Dosenbarometer 387
Douala 225 T, 243*, 249
Doubs 146
Douglas 302*
Douro 121
Dovrefjeld 84
Downs 265, 272
Drachenfels 51
Drakensberge 256, 257*, 260
Dratal-Oasen 239
Drau 109, 115
Drauniederung 109
Drautal 76
Drava 109, 115
Drava-Sava-Zwischenland 109
Dreiecksmessung 562
Drei Gleichen 57
Dreikanter 580

Drenthe-Abschnitt 532
Dresden 28, 60
Driftein 562
driftless area 301
Driftströme 497
Drin 130
Drina 103*
Drini 130
Drömling 41
Druckgefälle 492, 498
Drum 410
Drumlinlandschaften 410
Dryaszeit 523 T
Dry deciduous forest 503
Dry Valley 346
Dschagga 255
Dschaggaland 250
Dschalon 243*
Dschebel ed Drus 216
Dschebel Gaberraal 263 T
- Katherina 221 T
- Marra 246, 263 T
- Rasih 221 T
- Schelija 263 T
- Sirwa 263 T
- Soda 240
- Tiziren 263 T
- Tubkal 263 T
Dschelam 197, 199
D-Schicht 383
Dschidda 218*
Dsensurskij Vulkan Taf. 14
Dsheskasgan 178
Dshota 200
Dshota Nagpur 197*
Dshugdshurgebirge 165
Dsungarei 170, 173
Dsungarische Pforte 173
Dsungarischer Alatau 173
Dsungarisches Becken 173
Duchcov 70
Dublin 29, 140
Dubrovnik 129
Dubuque 301,
Duderstadt 57
Dudinka 166
Duero 120, 134
Duisburg 28
Dukla-Paß 105
Duluth 293, 298, 300
Dün 57, 58*
Dunbury 270
Dunedin 264 T, 275
Dünenbau 411
Dünenschutz 485
Dunganen 174, 189
Dungau 73*
Düngerfresser 546
Dünkirchener Transgression 43, 523 T
Dunstglocke 565
Dünung 542
Duppauer Gebirge 70
Durban 227 T, 257*, 258, 260
Durchbruchsberg 567
Durchschlagsröhre 539
Durchschlämmung 488
Düren 48
Durësi 129
Durganor 174
Durmitor 115
Durmitormassiv 112
Durrësi 28
Dürreperiode 411
Dürrewirkungszahl 411
Duschanbe 149 T, 178

Düsseldorf 28
dust devils 564
Dyas 515
Dych-Tau 221 T
Dyrrhachium 129
dysphotisch 497

E 378
Eastbourne 140
Ebbe 49*, 443
Ebbegebirge 50
Ebene von Jesrel 217
Ebernburg 66
Ebro 119, 121, 134
Eburon 519 T
Echeneismeer 523 T
Echographen 491
Echolot 491*
Eckflur 412
Edaphon 394
Edaphophyten 412
Eder 53*
Edinburgh 138
Edirne 103*
Edmonton 277 T, 293, 295
Edsin-gol 171
Edwardsee 256
Eem 519 T
Eem-Warmzeit 576 T
effektive Klassifikation 477
Effusion 572
Eges(s)enstadium 581
Eggegebirge 46, 53*, 54
Eichenmischwaldzeit 381, 523 T
Eichenmischwald-Buchenzeit 523 T, 551
Eichsfeld 53*, 57, 58*
Eichstätter Alb 69
Eiderstedt 45
Eifel 39*, 48, 67*
Eighty Mile Beach 266
Eindhoven 30
Einfallen 423
Eingradfelder 450*
einjährige Pflanzen 377
Einregelungsmessungen 505
Einsatzböe 468
Einsturzbeben 415
Einzelkorngefüge 396
Eire 140
Eisaufbruch 413
Eisbarre 412
Eisbruch 539
Eisenach 56
Eisendwog 411
Eisenerz 77
Eisenschwarten 571
Eisernes Tor 110
Eisheilige 491
Eiskappen 446, 462
Eiskeil 432*
Eiskeilböden 432
-polygone 432
Eisleben 58
Eismitte 286
-stand 412, 413
-stromnetz 447
-versetzung 412
-verschluß 413
-zeitalter 413, 518
Ekliptik 417
Eklogitschale 418
Ektag-Altai 167, 174
ektodynamorph 414

Ektoparasiten 539
Ekuador 319, 320, 322, 333, 334, 336
Elbasani 28, 129, 130
Elbe 79 T
Elbe-Urstrom 42*
Elbrus 215, 221 T
Elbrusgebirge 219
Elbsandsteingebirge Taf. 3
Elbsandsteingebirge 60, 71*
Elbtalzone 55, 60
el Charga 240
Elche 120
Eldoret 225 T
El Dschesireh 218
El-Dschuf 239
Elfenbeinküste 224 T, 242
Elgon 250, 255
El Hofuf 218*
el Homra 240
Eliasfeuer 413
Elie de Beaumont 275
Elis 131*, 133
Ellesmere-Insel 351*,
Ellesmereland 290, 351
Ellice-Inseln 365, 367
Elliot Lake 300
Ellsworth-Kette 344
Ellwanger Berge 68
Elm 58
El-Niño-Phänomen 335
El Paso 286 T
Elsaß 65
El Salvador 277 T
Elster 519 T
Elstergebirge 59
Eltonsee 89, 97, 101
Eltville 51
Eluvialhorizont 414
Eluvium 414
El Vallecito Taf. 30
Emba 97
Emi Kussi 239
Emilia 125
Emine-Balkan 113
Emmental 76
Emmerich 46
Ems 54, 79 T
Emscher 482 T
EMW 381
Endemismus 414
Endemiten 414
Endmoräne 446*
Endoparasiten 539
endorheisch 372
Endseen 372, 542
Energetik 510
England 138
Ennedi 236, 239
Eozoikum 524
Epernay 144*
Ephemerophyten 374
Epidamnos 129
epigenetische Täler 555
epirogenetische Bewegungen 414
Epirus 113, 131*, 132*
episodisch 515
episodische Flüsse 429
Epizentrum 415
Erbsenstein 510
Erciyasdag 213, 221 T
Erdaltertum 513
–bahn 417*
–bebenwelle 415*
–bildmessung 516
–bülten 432

Erdgezeiten 444
Erdi 239
Erdinger Moos 73*
Erdkegel 421
Erdkern 418
–kruste 418
–kunde 437
erdmagnetische Aktivität 420
– Elemente 420
erdmagnetisches Feld 420*
Erdmantel 418
–messung 450
–mittelalter 500
–nadeln 421
–neuzeit 468
Erdöllagerstätte 421*
–orgeln 439
–revolution 417, 421
–rutsch 388
–umdrehung 421
–säulen 421
Erebus 344
Erfurt 28
Erg 238
Ergene 132
Eria 33*
Eriekanal 300
Eriesee 291, 299, 300, 315 T
Erlenbruchwald 569
–standmoor 401
–sumpfmoor 401
Erosionsbasis 422
Erosionsdiskordanz 409
Erosionsterminante 422
erratische Blöcke 426
Er Riad 218*
Er-Ribat 234*
Errwald 49*, 50
Erstbesiedler 517
Erster Vertikal 381
Ertebölle 523 T
Erzgebirge 55, 59, 67*, 71*, 79 T
erzgebirgisch 550
erzgebirgische Richtung 568
Erzgebirgisches Becken 60
Erzlagerstätten 422
Erzurum 214
Esbjerg 41
Escaut 79 T
E-Schichten 383
Eschwege 57
Escuintla 277 T
Esdrelon 217
Esztergom 108
Esker 512
Eskimo 166
Esperance 271
Espinal-Formation 503
Espoo 29
Essen 28
Essequibo 327
Estavella 430
Estrela 134
Estremadura 120
Étang de Berre 147 T
– de Cazaux 147 T
– de Hourtin 147 T
– de Parentis 147 T
– de Thau 147 T
Etesienklima 501
Etéwald 326
Etoschapfanne 233, 259
Etruskischer Apennin 125
Etsch 124, 134
Ettersberg 57, 58*

Euböa 131*, 132
Eulitoral 490
Eupelagial 515
eupelagisch 347, 560
euphotisch 497
Euphrat 214, 218, 221 T
Eurasien 11, 153
Europa 28 T ff.
Europäisches Mittelmeer 356, 368 T
– Nordmeer 351
Eurotas (Ebene) 133*
Eurotasgraben 133
Euvoia 132
Evaporation 569
Everglades 308, 309
Evorsion 421
Ewenen 163, 166
Ewenken 163, 184
ewige Gefrornis 433
Exaration 445
exorheisch 414
Exosphäre 383*
Explosionstrichter 572*
Exsudation 412
Externsteine 54
Eyrehalbinsel 278
Eyresee 265, 272, 276 T

Facettengeschiebe 441
Fägäras -Gebirge 106
Fahner Höhe 57, 58*
Fairbanks 286 T, 292
Fajum 241
Falklandinseln 321, 342, 355
–strom 342
–strömung 352
Fallböe 398
Fallen 423
Fallinie 297*
fall line 297, 298
Fallstein 58
Faltenphasen 424*
–rumpf 412*, 414
–schluß 424
–strang 424
–überschiebung 566*
–zug 424
Faltungsbrüche 400
Fanglomerat 505
Färöer 31
Fars 219
Fata morgana 493
Fathom 423
Faulschlamm 535
Faunenbereiche 425
Fazieskarten 439
Federgrassteppe 22
Fedtschenkogletscher 178
Fehnkultur 504
Feinkoagulatgefüge 396
Feldberg 64, 65, 79 T
Feldeis 497
Feldermethode 404
Feldkapazität 397
Feldmessung 437
Feldsee 64
Feldspat 561
–verwitterung 570
Felsburgen 477
Felsengebirge 279, 294
–meere 391
Felshaftergesellschaften 454
Felsheiden 454
Felsquarzit 525

Felszeichnung 530
Fen District 140
Fennosarmatia 32, 33*, 154*
Fennoskandia 32, 80, 426
Fenster 567
Ferganabecken 178, 179
Ferganaketten 175
Ferganamasse 178
Fermentationsschicht 531
Fernando Noronha 355
Fernaustadium 449
Fernbeben 415
Ferner 446
– Osten 168
Fernvergletscherung 490
Ferrallite 487
Ferrara 124
Fès 226 T, 234*
Fessan 240
feuchtadiabatisch 374
Feuchtbodenzeit 519
Feuchtigkeits(an)zeiger 392
feuchtlabil 557
Feuchtsavanne 232, 535, 564 T
Feuchtsavannenwald 21
Feuerland 319, 321
Fianarantsoa 226 T
Fichtelberg 59
Fichtelgebirge 55, 67*, 69, 79 T
Fidschi 264 T
Fidschibecken 363
–inseln 363, 366, 404, 405*
Filchner-Schelfeis 343
Filder 68
Filz 503
Findelen 78
Finiglazial 523 T
Finne 57, 58*
Finnestörung 58
Finnischer Meerbusen 357
Finnische Seenplatte 86, Taf. 7
Finnland 29
Finno-Karelische Platte 86
Finsteraarhorn 79 T
Firenze 29, 126
Firmament 455
Firnfeldgletscher 446
Firnfeldniveau 427
Firnflecken 447
Firngrenze 539
First 357
Firth 427
Firth of Clyde 137
– of Forth 137
Fitzroymündung 444 T
Fiumara 116, 429
Fjäll 84
Fjordküste 484*
FK 426
Flachbeben 415
Flächenmethode 404
Flächenmittelwertmethode 404
Flächenspülung 393
flächentreu 471
Flachseesedimente 372
Fläming 41
Fläming-Kaltzeit 532
Flammkohle 478
Flandern 44, 141*, 145
flandrische Transgression 42, 381, 523 T
Flankenlehm 490
Flats 308
Flechtenheiden 454
Flechtinger Höhenzug 55

Fleckentundra 432
Fleinserde 530
Flensburg 40
Flexurblatt 391
Fliegerkarte 492
Fließerde 545
–gefüge 442
–gleichgewicht 510
–wirbel 429, 580
Flimser Bergsturz 388
Flinders 272
–kette 270, 271
Flin Flon 293
Flint 426
Flinz 501
Flockung 478
Florence 302*
Florenreiche 379, 428
Florenz 126
Flores 209
–see 368 T
Florida 281, 309
–straße 352, 356
–strom 353
Flottlehm 534
–sand 534
Flügel 424
–deiche 406
Flugstaub 428
Fluidaltextur 442
Flurpläne 428, 474
–stück 489
Flußanzapfung 378
–bau 574
–buhnen 401
–deiche 406
–entwicklung 429
–gebiet 412
–haushalt 429
–kunde 430
–regime 429
–spat 428
–trübe 429
Flut 443
fluterzeugende Kraft 443
Flutstundenlinien 465
Fluttore 406
Flutwechsel 444
fluviatile Erosion 421
fluvioIglazial 445
Fly 366
Flysch 75
Flyschhügelland am Innensaum der Dinariden 103*
Flyschstadium 430, 435
–zone 430
Foggarasystem 238
Foggia 127
Föhn 430*
Föhnkrankheit 430
–lücke 430
–mauer 430
Fokis 132
Folgeflüsse 479
–karten 561
Foligno 126
Fonsecabucht 281
Fontainebleau 144
Fontanili 124
Formation 552
Formationsgruppe 516
–tabelle 516
Formentera 121
Formentypenkarten 440
Fortescue 270, 271

Fort Loudoun 302*
– Nelson 292
– Nelson River 293
– Peck 301
– Sankt John 292
– William 138
Fossa magna 185
Fossilisation 431
Fractocumulus 431
Fractostratus 431
Frane 116
Frankenhöhe 67*, 68
Frankenwald 56
Frankfurt (Main) 28, 66
Frankfurter Stadium 576
Fränkische Alp 67*, 69
Franklinarchipel 280, 287, 290
Frankreich 29
Franzburger Staffel 576
Franz-Joseph-Gletscher 275
– -Land 90, 351*
Französisch Polynesien 264 T
Französisches Zentralmassiv 142
– Zentralplateau 143*
Fraser 295
Frederiksberg 28
Freetown 227 T, 243*
Freiberg 60
Freier Föhn 430
Fremantle 270
Fremdlingsflüsse 582
Fremontpaß 306
Friedrichshafen 73
Frielendorf 52
Friesland 44*
Frontalzone 12, 431*
Front Range 305, 307*
Frostaufbrüche 432
Frostbekämpfung 432*
–böden 380
–hebung 432
–loch 468
–musterböden 24, 432
–rauch 507
–schub 432
–schutt 570
–schutz 432
–spalten 432
–sprengung 570
–tage 413
–verwitterung 431
Frühlingsäquinoktium 378
–punkt 413
frührezent 426
F-Schichten 383
Fuchskauten 50
Fucino 123
Fuciner See 125
Fudschijama 185, 194 T
Fuego 315 T
Fuhne 389
Fujisan 185, 194 T
Fula 243*
Fulbe 241
Fulda 52, 53*
Fulgurite 391
Fulvosäuren 459
Funafuti 264 T, 365
Funchal 355
Fundbay 444 T
Fünen 45*
Fünfstromland 199
Funiuschan 190
Funktional 430
funktionale Betrachtungsweise 437

Furchenberieselung 389
Fürth 68
Fuschun 187
Fushun 187
Fusin 187
Fußhang 540
−punkt 506
Futa Dschalon 245
Futschou 193
Fuxin 187
Fuzhou 193

Gabbroschale 418
Gabès 240
Gaborone 224 T
Gabun 225 T, 249
Gagra 215
Gailtal 76
Gailtaler Alpen 76
Gairdnersee 276 T
Galápagosgruppe 368
Galápagos-Inseln 335
Galaţi 30, 103*
Galaxis 500
Galdhøpiggen 87 T
Galicien 119
Gällivare 81, 85
Galveston 309
Gambia 225 T, 233, 243*, 245
Gangart 507
Ganges 210 T
−tiefland 156, 198
Gangestyp 196
Ganggefolge 433
Gard 143*
Gardasee 79 T, 124
Garigues 117
Gärmsir 220
Garonne 145, 147 T
− Becken 141*, 145
Garrigues 434
Garrison 301
Garúa 321, 335, 385
Garúaformation 434
Gascoyne 270
Gaskappe 420
Gaspé 297, 299
Gatunsee 315 T
Gäu 474
Gäue 68
Gault 482 T
Gaußberg 359
−−Rücken 358, 359
Gawlerkette 270
Gdańsk 30, 40, 41
Geantiklinalen 441
Gebirgsrost 434
Gebirgsteile 113
gebleichter brauner Waldboden 513
Gebüsche 569
Gede 208
Gediz 213, 221 T
Geest 41
Gefahrdeiche 406
Gefällskurve 429
−ströme 498
Gefäßbarometer 387
Gefildezone 46
Gefügestabilisation 395
Gefügestil 396
Gehängelehm 488, 490
Geirangerfjord Taf. 7
Geisenheim 51
Geisingberg 59

Geislinger Steige 69
Gela 128
Geländemodell 371, 529
−zeichnung 529
Gelbes Meer 187, 361
Gelberden 23
Gelbdünen 411
Gelblatsole 23, 436
Gelblehme 518
gemäßigtes Klima 15
gemäßigte Zone 12
genetische Betrachtungsweise 438
Genève 31
Genfer See 79 T
Gennargentu 128
Genova 29
Gent 28
Gently rolling Prairie 303
Genzentren 483
Geobotanik 516, 568
Geochoren 440
geodätische Entwürfe 472
geodätische Ortsbestimmung 511
Geographie des Menschen 378
geographische Beschreibung 371
− Breite 511
− Hülle 440
− Länge 511
geographischer Komplex 439
− Zusammenhang 437
geographisches Stoffsystem 441
geographische Standorteinheiten 561
Geographisch-Nord 406, 420*
Geographisch-Ost 420*
Geoid 416
Geokomplexe 11, 486
geomagnetische Pole 420
geomagnetischer Zyklus 586
geomagnetisches Feld 420
Geoökologie 486
Georgenfelder Moor 59
Georgia 309
Georgien 214
Geosphäre 437
geosphärische Dimension 409
Geosysteme 11, 437, 486
Geotektonik 556
geotektonischer Zyklus 556, 585
geozentrisch 577
geozentrische Breite 400
Gera 28
gerade Aufsteigung 529
Geraldtown 270
Gerlachovský štit 105
Gerlachovský štit 115
Gerlsdorfer Spitze 105, 115
germanotyp 435
Geröllheiden 454
Gerolstein 48
Gers 145
Gesamtazidität 386
Geschiebedecksand 406
−forschung 441
−sand 406
−lehm 488, 504
−mergel 504
Gesellschaftstreue 426
Gesellschaftsinseln 367
Gesichtskreis 458
Gesimse 558
Gesireh 246
Gesteinsaufbereitung 570
−glas 445
−krusten 482
−kunde 515

Gesteinsrohboden 552
−zersetzung 442, 570
−zertrümmerung 442
Gestirnshöhe 456
Gewächte 573
Gewässerkunde 460
Gewerla 115
Gewitterwolke 442*
Gewölbe 535
Geysir 276
Gezeiten 417, 443*, 444*
−reibung 444
−ströme 443, 444
−wellen 444
Ghana 225 T
Ghardaja Taf. 22
Ghasalbecken 242
Ghawar 218
Ghibli 237, 534
Ghor 217
Giants Castle 263 T
Gibberebene 272
−landschaft 269
Gibli 534
Gibraltar 31
Gibsonwüste 268, 271
Gießen 52
Gilan 156, 219
Gilawüste 306, 311
Gilgit 197
Giōnagruppe 132
Gipfelflurtreppe 445
Gipfelung 461*
Gipskarst 445
Giurgiu 110
Giuvala-Paß 106
Gizeh 224 T
Gjoa Haven 283
Glacier National Park 305
glacis d'erosion 445
Glarner Alpen 75
Glasgow 73
Glashauswirkung 549
Glatteis 528
Glazial 465
Glazial-Isostasie 465*
glazialer Stausee 413
glaziäolisch 445
Glazialrelikte 530
Glazialzeit 413
glazifluvial 445
glazilimnisch 445
glazimarin 445
Glaziologie 448
Gleichgewichts-Gefälle 422
−hang 452
−profil 422
Gleiten 428
Gleithang 429, 522
Gletscherbrunnen 448
−läufe 448
−messung 449
−milch 448
−mühlen 423, 448
−rückgang 449
−spalten 447*
−tische 448
−töpfe 423, 448
−vorstöße 449
gleyartiger Boden 524
Gliedergefüge 396
Gliner Ländchen 41
Glint 85, 94
Glittertind 84, 87 T
Globus 371

Glogów-Baruther Urstromtal 41
Glomma 82, 87 T
GMT 584
gnomische Projektion 471
Gobar 402
Gobi 174
Gobi-Altai 174
Goburg 57
Godavari 201, 210 T
Godthåb 288, 289*
Godwin 210 T
Golden 169
Goldene Aue 56
Golden Gate 280
Golez Skalisty 169 T
Golezterrassen Taf. 16
Golfküste 281, 309
-strom 352, 353, 356, 498
Golf von Aden 250
- Ägina 133
- Antalya 213
- Arta 133
- Bacbo 195, 205
- Bengalen 156
- Biskaya 350
- Burgas 114
- Gaëta 126
- Gabès 235
- Genua 74, 125
- Guinea 350
- Honduras 356
- Kalifornien 310
- Korinth 133
- Lamia 132
- Mexiko 309, 356
- Neapel 126
- Paria 328
- Pátrai 133
- Policastro 126
- Salerno 126
- Sues 217
- Taranto 122, 127
- Thailand 195
Golf von Triest 129
- Vólos 132
Golzy 168*
Gon 450
Gondar 253
Gondwanakontinent 199, 262, 318, 358
Gondwanaland 153, 154*, 265, 344, 449
Göppingen 68
Gorizia 74
Gorki 96*, 97, 147 T, 148 T
Görlitz 61
Góry Sowie 71*
- Stołowe 61, 71*
- Świętokrzyskie 48, 62
Götakanal 82
Göteborg 31, 85
Gotha 58
Gotiglazial 523 T
Gotland 85
Gotlandium 544
Gottesackerplateau 469
Gotthardmassiv 75
-tunnel 122
Göttingen 52
Göttinger Wald 53*
Göttweig 576 T
Gough-Insel 355
Goulpurn River 267
Gowerla 105
GPV 522

Grabeneinstau 389
Grabenerosion 393
Grabensenke 388
Grabenüberstau 389
Grabfeld 68
Gradabteilungskarten 391
Gradfelder 450
Gradientströme 498
Grahamland 343, 345
Graisivaudan 146
Grajische Alpen 79 T, 123
Gran Chaco 319, 321, 323, 333, 338
Grand Cañon 307, Taf. 28
Grand Coulee-Staudamm 306
Grande Chartreuse 146
Granitschale 418
Gran Paradiso 79 T, 123
Gran Sasso 125
Graphen 473
Grasheide 454
Grassteppe 548
Graue Berge 272, 273
Grauerde 451
-lehme 23, 518
Graupeln 453
Grauschlammboden 452
Gravitation 418
gray hydromorphic soils 518
Graz 30, 103*
Greasewood 304
Great Basin 279, 306
Great Lake 276 T
Great Plains 279, 293, 303
--Rapid-River 301
- Smoky Mountains 298
- Valley 297
Green Mountain 299
Greenwich Mean Time 584
Grenada 277 T
Greiner Strudel 72
Grenoble 146
Grenzgürtel 439
-vegetation 490
Grenzhorizont 523 T
grey desert soils 451
Greymouth 275
Griechenland 29, 103*, 130
Griesel 451
Griffelschiefer 561
Griwy 164, Taf. 13
Groningen 30
Grönland 278 T, 288, 289*, 351*
Grönland-Island-Schwelle 351
Grosny 216
Großbritannien 29
Große Antillen 313
- Australische Bucht 265, 358
- Bahamabank 413
- Fatra 105
- Karru 261*
Großer Altai 167
- Arber 69, 79 T
- Auersberg 56
Großer Balchan 177, 179 T
- Bärensee 290, 291, 315 T
- Belchen 65, 79 T
- Belt 45*, 357
- Chingan 169, 170, 174, 180*, 187
- Erg 229
- Feldberg 79 T
- Ölberg 51
- Ozean 360
- Plöner See 79 T
- Rann von Katsch 199
- Salzsee 307*, 315 T

Großer Sklavensee 290, 291, 315 T
Große Salzwüste 219
- Sandwüste 268, 271
Großes Appalachental 296*, 297, 301
- Artesisches Becken 265, 272
- Becken 306, 307*
Große Seen 298, 299, 300*
Große Sundainseln 206
Großes Wallriff 265
Große Victoriawüste 268
Großglockner 79 T
Großklima 494
Großlandrücken 93
Großplatten 518
Grumusole 565
Grundbuch 489
Grundeis 412
Grundkarten 561
Grundmoräne 446*
Grundmoränensee 504
Grundschicht 382, 383 T
Grundwalzen 576
Grundwasser 397*
-absenkung 452
-böden 558
-kunde 460
-leiter 451
-spiegel 397*, 452
-stand 452
-stauer 451, 452
- Stockwerke 452*
-strom 452
Grünlandschätzungsrahmen 396
-zahlen 396
Grünstein 408
Grytviken 346
Gschnitzstadium 581
Guadalajara 278 T
Guadalquivir 120, 134
Guadalupe 368
Guadeloupe 278 T
Guadiana 120, 134
Guam 264 T, 362, 367
Guangzhou 193
Guanoinseln 261
Guantánamabucht 278 T
Guaporé 332, 333
Guatemala 277 T, 307, 312
Guaviare 329
Guayaquil 334
Guayas 334*
Guazá 326
Gudbrandsdal 84
Gudscherat 200
Guinea 225 T, 245
-becken 350
--Bissau 225 T
-schwelle 244
gully erosion 393
Gungaschan 169, 179 T
Gunong Tahan 210 T
Guntersville 302*
Guntung 208
Günz 519 T
Günz-Mindel 519 T
Günz-Mindel-Interglazial 403
Gurdh 410
Gurghiugebirge 106
Gutenbergzone 418
Gütingebirge 105, 106
Gutland 49*
Guyana 323, 327
-becken 350
-strom 498
Guyots 362*, 365

Gydangebirge 166
Györ 31

Haardt 65, 144*
Haareis 433
Haarlem 30
Haarrauch 457
Haarstrang 46, 49*
Habichtswald 52, 53*
Haboob 564
Habub 564
Hadramaut 212, 217, 218
Hafenpläne 542
Hafenzeit 444
Haffküste 484*
Haftwasser 397*
Hagelstraßen 453
Haifa 217
Haiho 194 T
Hainan 180, 184, 194
Hainburg 77
Hainburger Platte 109
Hainich 53*, 57, 58*
Hainleite 57, 58*
Haiphong 205
Haiti 277 T, 313, 356
Hakel 46, 58
Haken 550
halbarid 379
Halbepiphyten 414
Halberstadt 46
Halbfaulschlamm 452
Halbinsel 299
Halbinsel Jucatán 313
Halbinsel Oman 217
Halbkulturformationen 483
Halbschmarotzer 539
Halbwüsten 21, 548, Taf. 27
–böden 583
Haldendüne 411
–hang 540
–winkel 540
Halemaumau 368
Halit 548
Hall 77
Halle 28
Hallein 77
Halligen 43, 45
Hallstattzeit 523 T
Halmahera 209
Halodrymium 494
Halokinese 533
Hamada 238
Hämatit 531
Hamburg 28, 41
Hamburger Stufe 453
Hamersley-Gebiet 271
–gebirge 270, 276 T
Hamilton 264 T, 276, 277 T
Ham(m)ada 582
Hammocks 308
Hamunsee 219
Han 187, 194 T
Hanganmoor 377
Hangdellen 407
Hangdjiang 188
Hängetal 445, 555
Hangneigung 399, 453
Hanhaischichten 170
Hanjang 192
Hankau 192
Hanking 188, 192
Hanna 70
Hannover 28

38*

Hanoi 205
Harar 224 T
Hardangerfjord 87 T
Hardangervidden 84
Hargeisa 227 T
Harghitagebirge 106
Hari 211 T
Harirud 219
harmonische Formen 409
Harra-Landschaft 217, 218*
Hars 79 T
Harsch 539
Hartlaubgehölze 21
Härtsfeld 69
Harudj 240
Harut 221
Harz 55, 58*
–vorland 47
Hasarmesdshed 221 T
Haselzeit 398, 523 T
Haßberge 68
Hasselerde 557
Haßgebirge 67*
Hastings 140
Hauptbodenformen 394
Hauptkanal 108
Hauptklimagürtel 13
Hauptwellen 415
Hauran 216
Hausruck 73
Haussa 241
Hauterive 482 T
Havelberg 40
Havelgebiet 41
Hawaii-Inseln 367
Hawkebai 275
Heberbarometer 387
Hebriden 138
Hedschas 217, 218
Hegau 69, 73
Hegyalja 108
Heidelberg 64
Heidepodsol 519
Heights 140, 292
Heilbronn 68
Heilig-Kreuz-Gebirge 48
Hekla 355
Hel 453
Helena-River 270
Helgoland 43
Helikon 132
heliozentrisches System 577
Heller 50, 495
Hellmann 508
Hellweg 46, 49*
Helme 56, 57, 58*
Helmond 219
Helmstedt 59
Helsinki 29, 86
helvetisch 74, 405
helvetische Decken 75
Hemipelagial 515
hemipelagisch 347, 372, 560
Hérakleion 134
Herausgeberoriginale 472
Herbstäquinoktium 378
Herbstpunkt 413
Hercegovina 112
Herforder Lias-Mulde 53*
Hermon 221 T
–gebirge 216
Hermos 213, 221 T
Hervey-Inseln 367
herzynisch 550
Hessischer Landrücken 52

Hessische Senke 51 ff.
Hessisches Hügelland 49*
Heterosphäre 382, 383 T
Hettstedter Gebirgsbrücke 58
Heuchelberg 68
Heulende Vierziger 400
Heuscheuer 61
HHW 576
Hiddensee 40
Hiemisilva 528
High 304*
Highland-Rim-Plateau 297
Highlands 138
High Plain 303
High Plains 303
Hildburghausen 52
Hildesheimer Wald 54
Hilmendfluß 219
Hilmend-Salzsee 221
Hils 53*, 54
Himalaja 169, 170, 180*, 196, 197*, Taf. 18
–gebirge 197
–system 171
Himmelsäquator 378, 381
–meridian 381
Hinderniswolken 547
Hindukusch 169, 178, 196, 219
Hindustan 197*
Hinterindien 201, 210 T
Hirschfelde 61
Hispaniola 313
Histogramm 371
Hiwasee 302*
Hjälmarsee 82
Hobart 273, 274
Hochafrika 233, 256
Hochasien 169, 170
Hochatmosphäre 382
Hochbecken von Uganda 250
Hocheifel 49
Hochfeld 260
Hochgebiete 16
Hochgestade 429, 456
Ho-chi-Minh-Stadt 204
Hochland der Riesenkrater 255
– Schotts 233, 234*
Hochlandeis 446
Hochlandklima 456
Hochland von Adamaoua 249
– Äthiopien 250, 254*
– Bautschi 243*
– Dekan 199
– Mexiko 311
– Pamir 170
Hochmoorkultur 504
hochorogenes Stadium 435
Hochraine 374
Hochturkestan 175
Hochufer 429
Hochwald 49*, 50, 61
Hochwert 434
hogbacks 304*
Hoggar 236
Hohburger Berge 46
Hohe Acht 49
Hohe Eifel 49*
Hohe Geest 45
Höhengürtel 456
Hohenkrähen 69
Höhenkrankheit 457
Höhenlinien 529
Hohenlohener Ebene 68
Höhenregionen 456
Höhenschichten 529

Hohenstaufen 68
Hohenstoffeln 69
Hohenstufen 456
Hohentwiel 69
Höhenwertekarte 386
Höhenwetter 578
−karten 578
Hohenzollern 68
Hoher Atlas 233, 234*, 263 T
Hohe Rhön 52
Hoher Meißner 52
− Schneeberg 60
Hohes Gesenke 61
− Venn 48, 49*
Hohe Tatra 105
− Tauern 77, 78, 79 T
Höhlenwasser 452, 457
Hohlraumvolumen 522
Hokitika 275
Hokkaido 182, 185
Holarktisches Florenreich 379, 428
Holozän 522
Holstein 519 T
Holstenberg 290
Holzland 58*
Homburg v. d. Höhe 51
Homoseisten 415
Homosphäre 382, 383 T
Honan 191
Hondo 185
Hondsrug 44*
Honduras 277 T, 308, 312, 356
Hongkong 182 T
Honiara 264 T
Honolulu 368
Honshu 185
Hoofden 376
Hooghly 198
Hoosac Mountain 299
Horizontalintensität 420
−system 381
−verschiebung 391
Hornblenden 376
Hornburger Sattel 58
Hornisgrinde 65
Hörsel-Berge 58*
Hortisole 377
Hortobágy 107
Hotan 171, 173
Housatonic 299
Houston 278 T
Höxter 54
Hsiaho 193
Huallaga 336, 341 T
Huambo 222 T
Huanghai 189
Huang He 174, 188, 194 T
Huangho 189
Huangtu 189
Huascarán 336, 341 T
Hudson 300, 315 T
Hudsonbai 280, 287, 290, 292, 356
Hudsonbucht 368 T
Hudsonian Prairie 303
Hudson-Mohawk-Furche 297
Hudsonstraße 280, 290
Huerta 120
Hugli 198, 398
Hukwang 181
Hüllengefüge 396
Humber 140
Humboldtstrom 320, 335, 364
humic gley 377
Humifikation 459

Humine 459
Huminsäuren 459
Huminstoffe 385*
Hümmling 44
Humusdwog 411
Humusformen 460
−gehalt 393
−karbonatboden 530
−kohle 459
−stoffschicht 531
Hungersteppe 159
Hunsrück 49*, 50, 67*
Hunte 54
Hunter River 273
Hunza 197
Huronsee 291, 299, 300*, 315 T
Hurrikan 282
Huy 46, 58
Hvar 129
HW 576
Hwaiho 191, 194 T
Hwaijangschan 180*, 183, 188
Hwangho 174, 188, 190, 194 T
Hy 461
hyalin 442
hybläisches Bergland 128
Hyderabad 200
Hydration 570, 571
Hydratationswasser 397
Hydrolakkolithe 432*
Hydrologie 460
hydrologische Typen 19
Hydrolyse 571
Hyetometer 508
Hygrodrymium 528
Hygropoium 579
hygroskopisches Wasser 397
Hygrosphagnium 503
Hygrophorbium 503
Hyläa 322
Hyle 461
Hymettos 132
hypokristallin 442
Hypolimnion 414
Hypozentrum 415
hypsometrische Kurve 461
Hypsothermometer 544

Ibadan 227 T, 243*, 246
Ibbenbüren 54
Iberische Halbinsel 117
Iberisches Becken 351
Ibiza 121
I. C. A. O 492
Iczerce 115
Idagebirge 134
Idaho 305
Idarwald 49*, 50
Ide 134
idiographisches Verfahren 438
Igapó 326, 461
Iglesias 128
IGU 463
Iguaçufälle 337
Ijsselsee 43
Ile de France 144*
Ilfeld 56
Ili 179 T
Ilias 134
Ilital 174
Illampú 334*, 336, 341 T
Iller-Lech-Gebiet 72
Illimani 336, 341 T
Illimerisation 488

Illinoian 519 T
Illit 561
Ilmensee 94, 101
Ilorin 227 T
Ilsenburg 56
Imandra-See 86, 87 T
Imatrafälle 86
Immendingen 69
Imperial Valley 311
Imphal 198, 202
Impulswellen 540
Inarisee 83, 87 T
Indianersommer 299, 376
Indik 358
Indikatorpflanzen 392
Indirka 169 T
Indisches Südpolarmeer 358
Indoaustralisches Reich 425
Indonesien 205
indonesisches Inselmeer 363
Indus 172, 196, 199, 210 T
− Ganges-Tiefland 198
−tal 172
Induviduendichte 574
ingenieurgeologische Karten 439
Ingenieurvermessung 437
Inklination 420
inkohärente Druckgebilde 478
Inkohlung 478
Inlandsee 185
Inn 79 T, 103*
innenbürtig 414
Innerasien 169
Innerdinarisches Schiefergebirge 103*
Innsbruck 30, 77
Inntal 76
Inovec-Gebirge 105
In-Salah 237
Insel Anticosti 292
Inseleis 446, 462
Inseln über dem Wind 314
Inseln unter dem Wind 314
Inselsberg 56
insequente Flüsse 480
Insolation 549
Insolationsverwitterung 570
Insulinde 205, 358
intermittierende Flüsse 429
interne Wellen 499
Interrelation 561
Interstadialzeiten 463, 547
intraglazial 462
Invarianz 515
Inventar 435
Invercargill 275
Invierno 328
Inyltschekgletscher 179
Ionenumtausch 546
Ionische Inseln 131*
Ionosphäre 383
Iquitos 326
Irak 218
− Arabi 218
Iran 219
Irawadi 202, 203
−becken 203
Irazú 315 T
Iremel 100*
Irian Barat 366
Irische-See-Gletscher 42*
Irkutsk 162, 165
Irland 29
Irmingersee 350
−strom 353
Iron Knob 273

Iron Monarch 273
Irrawaddy 202, 210 T
Irrigation 389
Irtysch 163, 169 T
Isamplituden 464
Isanomalen 377
Isarithmen 465
Iseo-See 124
Isèretal 146
Isergebirge 61
Ishikari 194 T
Ishimangebirge 114
Ishma 93
Iskår 113
Iskenderun 213
Island 29, 355
Isländisches Becken 351
Islek 49*
Ismail 103*
Isny 72
Isobasen 464
Isobi 249
isodynamisch 440
Isogammenkarte 440
Isogeothermenkarten 440
Isogonen 407, 440
Isohygrothermen 541
Isohypsen 529
Isoklinalgipfel 465
Isoklinaltäler 381, 465
Isoklinenkarten 440
Isolinienmethode 404
Isophanen 516
Isoporen 420
Isoseismen 440
Isoseisten 416, 440
Isostasie 418, 465*
Isotachen 429
isotherme Schicht 383
Issyk-Kul 178, 179 T
Isteiner Klotz 64
Isthmus von Kra 202
 – Tehuantepec 310
Istrança 114
Istrança-Gebirge 114
Istrien 129
Italien 29, 103*
Itatiaia 331, 341 T
ITC 384, 462, 465
Itelmenen 169
Ith 53*
Itháké 133
Itschang 158
Ivigtut 289*, 290
Iwankowo 101
IWK 391, 463
Iwo Creeks Forest 576 T
Izmir 213

Jablonec 70
Jablonowygebirge 165, 166
Jackson Plain 300*
Jacksonville 298
Jadebusen 43
Jadeit 385
Jagst 67*, 68
Jaguaribe 341 T
Jahreszeitenklima 476
Jaila-Dagh 98
Jakuten 163, 166
Jakutsk 163, 166
Jalca 336
Jalta 98
Jamaika 277 T, 313, 314, 356

Jamantau 100*, 101
Jambi 211 T
Jamdroksee 172
James 298
Jamshedpur 200
Jämtland 81, 85
Jangtse 197*
Jangtsekiang 158, 192, 194 T
Jan Mayen 31, 355
Japan 185, 194 T
japanische Inseln 181
Japanisches Meer 361, 368 T
japanische Stufe 181
Jap-Palau-Gruppe 367
Jarkand 173
 – Darja 173, 179 T
Jaroslawl 96*
Jaşi 30, 103*
Java 205, 207
–see 208
Javorice 70, 79 T
Jehol 181
Jemen 156, 212, 218, Taf. 20
Jena 28, 58*
Jenissej 169 T
Jerewan 147 T, 214
Jergenihügel 96
Jerusalem 217
Jeschil Irmak 213
Jeschken 79 T
Jesenik 61, 70, 71*, 79 T
Jesolo 124
Jesso 185
Ještěd 79 T
Jet 384
Jhelum 197, 199
Jihlava 70
Jilong 195
Jinja 228 T
Jinotapa 278 T
Jintschuan 190*
Jiu 106
Johannesburg 227 T, 257*, 258, 260
Johannisberg 51
Johnstoninseln und Sandinsel 264 T
Jordan 216, 221 T
Jordangraben 211
Josplateau 242
Jostedalsbre 84
Jotunheimen 84
Juan-de-Fuca-Straße 295
Juan-Fernandez-Schwelle 363, 368
Juba 263 T
Jucar 134
Jugendstadium 586
Jugorstraße 93, 99
Jugoslawien 29, 103*
Jukagiren 166
Julianaháb 289*
Julische Alpen 76, 79 T, 124
Jümönn-Passage 173, 179
Jungalgonkium 483
jüngere Deckenschotter 500
Jungferninseln der USA 278 T, 314
Jungfrau 79 T
Jungmarsch 495
Juragebirge 146
Jütland 41, 44, 45*

K 2 197
Kachowka 95
Kackar dag 221 T
Kaédi 226 T
Kagera 240

Kahla 58
Kahleberg 59
Kahler Asten 50, 79 T
Kaieteurfall 327
Kaiföng 190*
Kaikouragebirge 275
Kairo 224 T, 241
Kaiserslautern 65
Kaiserstuhl 64
Kaitangata 275
Kajedeiche 406
Ka-Kup 210 T
Kalabrien 127, 519 T
Kalahari 257*, 258, 259, 261*
–becken 256
–hochbecken 229
Kaldü dag 221 T
kaledonische Ära 467
Kaledonischer Kanal 138
Kalema 249
Kalgoorlie 270, 271
Kalifornienströmung 283
Kalifornischer Golf 361, 368 T
Kalifornisches Längstal 280, 295, 300, 310
Kalimantan 205, 206*, 207
Kalk(an)zeiger 392
Kalkdinariden 103*
Kalkeifel 48, 49*
Kalkkrusten 482
Kalkpflanzen 392
Kalksinter 467
Kalksteinbraunlehm 557
 – Plastosol 557
–roterde 557
–rotlehm 557
Kalktuff 467
Kalkutta 198
Kalmen 13
Kalmit 65
Kältehoch 456
Kaltluftadvektion 468
–staffeln 468
Kältesteppe 548, 566
kalziophil 392
–phob 392
Kama 96*, 97, 101
Kama-Stausee 96*
Kamen 99, 169 T
Kamenz 61
Kamerun 225 T, 242
–berg 249
–fluß 249
Kammeis 433
Kamo 276
Kampala 228 T
Kampania 132
Kampanien 126
Kampuchea 203, 204
Kamsdorf 57
Kamtschadalen 169
Kamtschatka 166, 168, 169, 181, 185
Kamysch 177
Kanada 277 T
Kanadischer Schild 291
Kanal 357
Kanal-Urstrom 42*
Kanalwaage 457
Kananga 228 T
Kanara 200
Kanaren 351, 355
–strom 353, 498
Kanawha 298
Kandalakschabucht 86

Kanem 243*
Kangchendzönga 198, 210 T
Känguruhinsel 273
Kanin 90
Kanin, Halbinsel 93
Kankan 225 T
Kannenbäckerland 49*, 50
Kannelierungen 469
Kano 227 T, 243*, 246
Kano-Jos-Plateau 245
Kansan 500, 519 T
Kansan-Vereisung 414
Kansas 297
– River 315 T
Kansu 174, 189, 191
Kantengeschiebe 441
Kanton 193
Kaolack 227 T
Kaolinit 468, 561
Kap Agulhas 350, 358
Kapbecken 350
Kap Branco 317
– Buru 153
Kapellagebirge 129
Kap Emine 113
Kapfaltung 260
Kap Farvel 288, 289*
– Hatteras 281, 298
– Horn 350
Kapillargefüge 396
–saum 397
–wasser 397*
Kap Juby 182 T
Kapland 256, 258, 260
Kapländisches Florenreich 428
Kap Leeuwin 270
– Morris Jessup 279, 288
– Negrais 202
Kappadozien 213
Kap Rungway 275
– Sao Roque 349
– Sarmiento 334*
Kapstadt 227 T, 257*, 261, Taf. 23
Kap Talbot 358
– Tscheljuskin 153
Kapsystem 256
Kapuas 207, 211 T
Kap Verde 245
Kapverden 225 T, 351, 355
– Becken 351
Kap-Verden-Typ 385
Kap York 265, 266
Karaburan 401
Karachi 199
Karaganda 148 T, 178
Karakorum 170, 178, 180*, 197
–gebirge 172
– Paß 173
–typ 447
Karakoschun 173
Kara-Kum 177
–kanal 159, 177, Taf. 15
Karamay 174
Karasee 99, 351*
Karaseemasse 154
Karasu 111, 214
Karatau 177*
Karatschi 199
Kardamomberge 204
Kardamomgebirge 200
Karelische Landenge 86
– Seenplatte 86
Karibisches Gebirge 328, 329
– Meer 312, 337, 354, 356
Karisen-Bewässerung 221

Karlasee 132
Karling 469*
Karl-Marx-Stadt 28, 60
Karlovy Vary 70
Karlowar 103*
Karlsbad 70
Karlshafen 53
Karnische Hauptkette 76
Karnischen 124
Karolinen 363, 367
Karpaten 71*, 103*
Karpatensystem 104
Karrisimbi 263 T
Karruformation 256, 257, 260
Karte, geographische 403
–, nautische 542
Karten, angewandte 558
Kartenauswertung 472
Kartenbelastung 427
–fortführung 487
–interpretation 472
–lesen 472
Kartenmaßstab 495
Karten, morphochronologische 440
–, morphodynamische 440
–, morphogenetische 440
–, morphographische 440
–, morphometrische 440
–, pedologische 394
–, physiographische 440
–, technische 558
Kartenprojektion 471*
Kartenrelief 371
Kartenschema 473
Kartenskizze 473
Kartenvergleich 472
Karthago 235
Kartierautomat 472
Kartogramm 371
Kartogrammethode 404
kartographische Darstellung 371
kartographische Technik 472
Karwendelgebirge Taf. 2
Kasachen 171, 174
Kasachische Schwelle 155, 175, 177
Kasai 250
Kasai-Kuango 248
--Sankuru 247
Kasan 96*
Kasanpaß 110
Kasbek 215, 221 T
Kaschgar 173
Kaschgar-Darja 173
--Kette 179 T
Kaschmirtal 197
Kashi 173
Kaskadengebirge 279, 295
Kaspische Niederung 97
Kaspisches Meer 96*, 101, 175, 179 T, 211, 215, 219
Kassai 263 T
Kassala 227 T
Kassel 52
kastanienfarbene Böden 566
Kastannosjome 92, 566
Kastilisches Scheidegebirge 120
Katalonien 120
Katanga 259
Katar 218
Katarakt 551
Katarchaikum 379, 483
Katasterkarten 428
Katavothre 430
Katmai 315 T
Katowice 30, 62

Kattara-Depression 240
Kattegat 45*
Katun 169 T
Kaufunger Wald 53*
Kaukasien 214
Kaukasus 214, 215
–vorland 216
Kauliflorie 528
Kaunas 148 T
kausalanalytische Methode 377
kausale Betrachtungsweise 437
Kavalla 103*, 132
Kawir 534
Kayes 226 T
Kazanlăk 114
Kebnekaise 85, 87 T
Kecskemét 107
Keelinginseln 360
Kees 446
Keewatin 290, 291
–distrikt 290
Kefallenia 133
Kegelentwürfe 471
Kehlheim 72
Kehrsalz 548
Kei-Inseln 209
Keilberg 59, 79 T
Keilschollengebirge 434
Kékes 115
Kellerwald 53*
Kemi 87 T
Kemmel 44
Kemorowo 167
Kempen 44*
Kempenland 39*
Kempten 72
Kenia 225 T, 230, 250, 253, 254*, 255, 263 T
Kennart 402
Kennebeck 315 T
Kentern 444
Kerala 196, 200
Kerbensprung 407
Kerbtal 554
Kerguelen 359, 360
–rücken 359
Kerija 173
Kerintji 211 T
Kérkyra 131*, 132
Kermadecgraben 363
–gruppe 363
–inseln 366
Kerrygebirge 140
Kertsch 95, 398
Kerulen 179 T
Kesselbrüche 400
Kewir 534
Khaiberpaß 196
Khamsin 237, 534
Khartum 228 T, 240, 246
Khasi Hills 197*, 198
Khirdargebirge 197*
Khirdarkette 196
Khmer 204
Khuribga 233
Khuzestan 219
Kibo 255
Kicking Horse Paß 295
Kiel 40
Kieselalgen 408
Kieselgur 408
Kiew 95, 147 T, 149 T
Kigali 227 T
Kigoma 253
Kilauea 368

Kilikischer Taurus 213
Kilimandscharo 230, 250, 251, 254*, 255, 263 T
Kim 187
Kimberley 257, 260, 261
- Distrikt 266, 271
- Gebiet 271
Kimberlit 230, 260
Kimm 458
Kimmtiefe 458
Kimmeridge 467 T
Kimmung 493
Kinabalu 207, 211 T
Kindia 225 T
Kindu 261
King George Sound 270
Kings Peak 305
Kingston 277 T, 300, 314
Kingston-upon-Hull 140
Kingstown 278 T
Kinlochleven 138
Kinshasa 228 T, 248
Kinta-Distrikt 205
Kinzig 52, 64
Kinzigtal 65
Kiogasee 254*, 255
Kirgisen 171, 174
Kiribati 264 T
Kirnitzsch 61
Kirowsk 86
Kiruna 81, 85
Kirwa Taf. 24
Kisalföld 108
Kisangani 228 T
Kislowodsk 215
Kissavos 132
Kisumu 225 T, 255
Kitwe 227 T
Kitzbühel 76
Kiwusee 250, 254*, 256, 263 T
Kizil Irmak 221 T, 213
Kjölen 85
Kladno 70
Klamath Mountains 309
Klamm 554
Klarälven 82, 87 T
Klarwasserfluß 430
Klebsandschicht 547
Kleiboden 495
Kleinasien 212
Kleine Antillen 313, 314
- Fatra 105
- Karpaten 105
- Karru 261*
Kleiner Balchan 177
- Belt 45*
- Chingan 181, 188
- Kaukasus 214
Kleine Sundainseln 206, 209
- Syrte 235
Kleinklima 500
Klein Tibet 197
Kliff 373, 399*
Klimaatlas 476
-diagramm 379*
-faktoren 475
-geomorphologie 440
-gürtel 477
-kunde 476
-netz 475
-perioden 466
-provinzen 475
-scheiden 475
-stationen 475
-symbole 475, 577

klimatische Morphologie 440, 476
klimatologische Daten 476
klimatologische Höchstwerte 475
Klimatypen 475
Klimavarianz 476
Klin-Dmitrower-Höhenzug Taf. 8
Klingen 555
Klingstein 516
Klinometer 479
Klinovec 59, 79 T
Klippen 567
Klippenbrandung 399*
Klippenküsten 477
Kljutschewskaja Sopka 169 T
Klondike 294
Kluftwasser 452
Klumpengefüge 396
Klus 474
Knëta e Durrësti 129
- e Terbufit 129
Knickhorizonte 495
Knicks 454
Knollenstein 525
Knüllgebirge 52, 53*
Ko 103*
Koala 269
Kobe 185
Koblenz 51
Kocher 67*, 68
Kodiakinsel 294
Kohärentgefüge 396
Kohlenstoff-14402
Kohtla-Järve 94
Koissu 215
Kokand 179
Kokosinsel 368
Koktschetaw 178
Kola 86
Kolchis 156, 214
Kolke 421
Kolla 253
Köln 28, 46
Kölner Bucht 49*
Kolombo 197*
Kolonisten 375
Kolluvium 373
Kolumbien 320, 322, 329, 333, 337
Kolwezi 259
Kolyma 169 T
Kolymagebirge 166
Komadugu 246
Komló 109
Komoren 225 T, 359
Komorengruppe 360
Kompartiment 510
Kompensationsströme 498
Komplexanalyse 377
komplexe physische Geographie 486
Kompressionswellen 415
Kondensationskern 479
Kondensationsniveau 479
Konfluenzstufen 445
Kongo 225 T, 229, 248*, 263 T
-becken 229
-gebiet 233, 247, Taf. 4
Kongo-Luapula 248
Kongsfjord Taf. 1
Kongur 179 T
Königin-Charlotte-Inseln 295, 366
Königin-Charlotte-Straße 295
Königin-Maud-Land 346
Königspitze 79 T
Königstein 60
Königstuhl 66
Konkan 200

Könnern 58
Konshakowski 99
Konshakowski Kamen 100*, 101
Konstanz 73
Konsumenten 390
Kontaktgesteine 442, 500
Kontakthof 500
Kontinentalabhang 461*
Kontinentaldrift 480
Kontinentalität 480
Kontinentalsockel 536
Kontinentaltafel 461*
Konturenbild 517
Konvektion 480*
Konvektionsströme 455
Konvergenzgebiete 497
Koog 406, 495
Koogsboden 495
Koordinaten, geographische 450
Kootenaysee 295
Kopaïsee 131, 132
Kópavogur 29
Kopenhagen 28
Kopet-Dag 175, 178, 179 T
Köppen, W. 477
Korabi 113
Korallenbänke 481
Korallenbauten 481*
-kalke 373
-sand 481
-schlamm 481
Korallensee 361, 364
Koratplateau 203
Korça 28, 103*
Korčula 129
Kordillere de los Frailles 334*
Kordilleren 279, 294
Kordillere von Annam 202
- von Choco 334*
-von Colonche 334*
- von Mérida 329*
Kordofan 246
Korea 181, 186, 194 T
koreanisches Küstengebirge 181
Korfu 132
Korinth 133
Körishegy 115
Korjaken 166, 169
Kornat-es-Sauda 221 T
Korneuburg 72, 77
Korngäu 68
Korngrößen 393 T
Koromandelküste 197*, 201
Korrasion 582
Korrasionstalungen 407
korrespondierende Pflanzen 571
Korsika 127
Košice 31
Kosmos 577
Kostarika 278 T
Kostroma 96*
Kotor 112, 129
Kougougou 227 T
Kragenmoräne 447
Kraichgau 63, 68
Krakatau 207, 211 T
Krakovien 414
Kraków 30
Kranichsee 59
Kranzriffe 481
Krasnojarsk 162
Kratogen 482
Kraut-Gras-Formationen 569
Krautgrasgesellschaften 454
kräuterreiche Grassteppe 22

Krefeld 46
Kreide 467
Kreislauf des Wassers 574*
Kremnické Pohorie 105
Kreta 134
Kreuzberg 52
Kreuzschichtung 410
Krim 95, 98
–gebirge 98, 101
Krishna 201, 210 T
Kristallin 451
Kriwoi Rog 95
Krk 129
Kroki 470
Kröv 50
Krüger-Nationalpark 260
Krujakette 130
Krume 374
Krümelgefüge 396
Krümelstruktur 395, 482
Krumendegradierung 406
Krummholz 478
Krümmung 453
Kryokonit 448
Kryopedologie 433
Kryoplanation 449
kryoturbate Bildungen 482
– Böden 432
Kryoturbation 432*
Kryptodepression 408, 450
Kuanza 233
Kuba 278 T, 313
Kuban 215, 216, 221 T
Kubango 263 T
Kufra 240
Kuh-e-Hazaran 219
Kuh-e-Taftan 219
Küh-i-Hasar 221 T
Kuhhorn 115
Kuhrud 219
Kuibyschew 96*, 97, 101, 147 T, 148 T
Kukunor 172, 179 T
Kulane 172
Kuldscha 174
Kulhagangri 210 T
Kulm 58
Kulminationshöhe 483*
Kulturlandschaft 439, 486
Kulturpflanzen 374
Kultursteppe 548
Kulundasteppe 178
Kuma 215, 221 T
Kumasi 225 T, 246
Kunene 258, 259, 263 T
Kunlun 170, 171, 172, 173, 178, 179 T, 188
künstliche Strandernährung 485
Kuopio 86
Kuppeln 535
Kuppenrhön 52
Kupsten 411
Kura 214, 221 T
Kurdistan 214
Kurilen 161, 168, 181, 185
–graben 362
–inseln 363
–strom 364
Kuroschio 353, 364
Kuroshio 185
Kursgleiche 491
Kursk 97
Kurskarten 542
Kursker Magnetanomalie 97
Kusantina 236
Kuskokwim 294

Kusnezk 167
Kustanai 178
Küsten-Atlas 233, 234*, 263 T
Küstendepression 408
Küstendünen 410
Küstenkarten 542
Küstenkette 294
Küstenland der Nordsee 42
Küstenlinie 550
–riffe 481
–stau 17, 528
Küstentyp, atlantischer 484
–versetzung 550
Kutscha 173
Kuverdeiche 406
Kuverwasser 410
Kuweit 218
Kuyusan 194 T
Kvarner 129
Kwangsi 184
Kyffhäuser 56, 58*
Kykiaden 131*
Kykladen 133
Kymgangsan Taf. 18
Kyoto 185
Kyrenaika 240
Kysyl-Kum 177
Kysylrai 177
Kyushu 185

Laacher See 49*, 79 T, 389
Labrador 290, 292, 350
–becken 351
– City 293
–strom 283, 353, 498
Labytnangi 165
Lac d'Annecy 147 T
Lac de Bourget 147 T
La Ceiba 277 T
La Chaux de Fonds 146
Lachine 301*
La Columna 341 T
La Coruña 119
Lacus 502
Ladogasee 82, 86, 87 T, 96*, 101
Lagerstättenkarten 439
Lagg 503
Lago di Bolsena 126
Lago di Bracciano 126
– di Vico 126
– Maggiore 79 T, 124
– Nahuel-Huapi 334
– Puyehue Taf. 5
Lagone 246
Lagos 227 T, 243*, 246
Laguna Comarca 311
Lagunenriffe 481
La Habana 278 T
La Herradura Taf. 1
Lahn 49*, 50, 488
Lahn-Dill-Gebiet 50
Lahntal Taf. 6
Lahontansee 307
Lahor 199
Lahti 29
Lake Agassiz 291
– Bonneville 307
– Disappointment 271
Lake Distrikt 139
Lake Louise Taf. 26
– Okeechobee 315 T
– Windermere 147 T
Lakkadiven 360
Lakonien 131*, 133

lakustrisch 489
Lalla-Kredidsha 263 T
La Madeleine 145
La Mancha 120, Taf. 11
Lambaréné 225 T
La Mortola 125
Lampedusa 128
Lamuten 163, 166
Lanaosee 211 T
Lancashire 139
Lancastersund 291
Landabtragung, allgemeine 374
Landböden 558
Landeck 76, 77
Landenge 465
Landenge von Darien 334
Landes 145
Landeskartierung 485
Landeskrone 61
Landeskunde 485
–vermessung 485
Landhalbkugel 17, 419
Landkarte 470
Landklima 18, 480
Landschaftschronologie 487
Landschaftsgestaltung 487
–gliederung 487
–lehre 486
–morphologie 486
–ökologie 486
landschaftsökologische Catena 402
Landschaftspflege 486, 487
–physiologie 486
–schutzgebiete 506
Landschafts-Sukzession 552
Landschaftssystematik 487
–typologie 487
–zusammenhang 437, 486
Landsorter Tief 357
Landterrasse 537
–wind 487
Lange Berge 260, 261*
Langeland 45*
Langelandvorstoß 523 T, 576
Längenkreis 416
Langkat 202
Längsdünen 410
Längsverwerfung 400
Längswellen 498
Languedoc 141*, 145
Lantschou 174, 190*, 191
Lanzhou 174, 191
Laoet 207
Laos 203
La Paz 311, 335, 336
Lappland 83, 86
Laptewsee 351*
Laramie Mountains 305
Lárisa 132
La Rochelle 145
Lascaux-Ula-Interstadial 576 T
Lateinamerika 318
Laténezeit 523 T
Laterithorizonte 23
lateritische Böden 487
lateritische Roterden 23
Latosole 23
Latum 125
Laufentwicklung 429
Launceston 274
Laurentia 468
laurentisch 419
Laurentischer Schild 291
Laurisilva 490
Lausanne 31

Lausche 61
Lausitzer Bergland 61
− Gebirge 79 T
− Kaltzeit 532
Laut 207
Laverton 271
Lavongai 366
Lawinen 78
−verbauung 488
Leadville 306
Łebasee 79 T
Lebendverbauung 395, 482
Lebomboberge 257*
Le Creusot 143*
Leeds 29, 139
Leewardinseln 314
Legg Peak 276 T
Legg-Peak-Massiv 274
Leh 172
Le Havre 144
Lehesten 57
Lehmboden 392
Leicester 139
Leichhardt 272
Leinetalgraben 52
Leipzig 28
Leipziger Tieflandsbucht 39*, 46
Leiser Berge 104
Leistennetze 563
Leitfossilien 431
Leitgeschiebe 441
Leithagebirge 76, 105
Lemberg 79 T
Le Moustier 145
Lemuria 450
Lena 169 T
Lenagebiet 165
Leningrad 147 T, 148 T
Leninkanal 89, 96
Lennegebirge 50
Lensk 166
Lenticulariswolken 376
León 278 T
Leonora 271
Leontes 221 T
Les Baux 146
Lésbcs 131*
Lesbos 131*
Lesotho 225 T
Lettenboden 515
Lettenkohle 474
Leuchtenburg 58*
Leukas 133
Leuser 211 T
Levante 125
Leveche 118
Lewis Range 305
Ley 576
Lhasa 172
Liaodong 181
Liaodung 187
Liaoho 188, 194 T
Lias 467 T
Liautung 181, 187
Libanon 216*
Liberia 226 T, 242
Liberianisches Schiefergebirge 245
Libreville 225 T
Libyen 226 T
libysche Sandsee 240
Libysche Wüste 229
Lichtbögen 453
Lichtgestalten 502
Lichtmeß 491
Lichwin-Vereisung 414

Liechtenstein 30
Liège 28
Liegendes 454
Liegenschaftskarten 428
Liegenschaftskataster 489
Liegenschaftswesen 569
Ligurischer Apennin 125
Likasi 259
Lilienstein 60
Lille 29
Lilongwe 226 T
Limane 95
Limanküste 484*
Limburg 50
− Berge 68
Limerick 29
Limgletscher 113
Limna 523 T
Limnaeameer 490
Limnium 552
Limnograph 514
Limnologie 460, 542
Limoges 143*
Limousin 143
Limpopo 258, 259, 260, 263 T
Lincoln 140
Lindau 73
Lindi 253, 254*
lineare Signaturen 404
Linia 335
Linz 30, 72, 73, 77
Liparische Inseln 128
Lippesches Bergland 53*, 54
Liptauer Berge 105
Liptovske Hory 105
Liri 125
Lisboa 121
Lissabon 30, 121
Litani 221 T
Litauisch-Belorussischer Landrücken 94
Lithoklase 477
Litosphäre 418
Litoměřice 70
Litoral 330
Litorinameer 523 T
little ice age 449
Liukiaschlucht 191
Livansjko Polje 113
Liverpool 29, 139
Livorno 126
Lj 489
Ljubljana 29, 74, 103*
Llanos 323, 328, 333
Llanos altos 328
− bajos 328
− estacatos 303
− Orinoco 322*
Llanos-Problem 328
Llanos von Maturin 328
Llobregat 121
Llullaillaco 341 T
Löbauer Berg 61
Lobito 224 T
Loch Awe 147 T
− Ness 147 T
Łódź 30
Lofoten 85, 354
Lofotinseln 85
Loire 142, 144, 147 T
Lokalbodenformen 394
Lokilalaki 211 T
Lokon 208
Lolland 45*

Loma 263 T
Loma Tina 313, 315 T
Lomavegetation 335, 434
Lombok 209
Lomé 243*, 228 T
Lommatzscher Pflege 47
Lomnický štit 105
Lomnitzer Spitze 105
Lomonossowrücken 351*
London 29, 140
Londoner Becken 140
Long Island 298
Longs Peak 306
Lookout 298
Lopatina 169 T
Lopnor 159, 173
Lorbeergewächse 21
Lorelei 51
Lorestan 219
Los Angeles 278 T, 309
Lößlandschaft Taf. 17
Lößlehm 488, 490
Lost Valley 311
Lot 145
Lothringen 65
lothringische Hochfläche 65, 144*
Lotrugebirge 106
Loubomo 225 T
Lough Carrib 140, 147 T
− Neagh 140, 147 T
− Ree 147 T
Louisiadearchipel 366
Louisiana 302
Loulan 173
Löwenburg 51
Löwensteiner Berge 68
Lower Prairie 303
Lowlands 137
Loyaltyinseln 366
Lualaba 248
Luanda 224 T
Luangwagraben 256
Luanshya 259
Luapula 248, 263 T
Lublin 47
Lubumbashi 228 T, 259
Luchon 147
Lüda 188, 190*
Lüderitz 261
Luftbildmessung 516
Luftbildplan 389
Luftdruckgradient 492
Luftfahrtkarte 492
Luftplankton 565
Lugau 60
Luganer See 79 T, 124
Lugnaquillia 147 T
Lukanien 127
Lukanischer Apennin 127
Luktschun 173
Lukuga 256
Luleå 81
Lundaschwelle 229, 233, 247, 249, 256, 258, 259
Lüneburger Heide 38
Lungwagraben 250
Lurtage 491
Lusaka 227 T
Lusatische Schwelle 55
Lüschun 188
Lusen 69
Lustrummittel 475
lutro 493
Luxemburg 30
Luzón 205, 209

L-Welle

L-Welle 415
l. y. 489
Lydit 474
Lykischer Taurus 213
Lym Lake 292, 293
Lyon 29, 145
Lyonnais 143
Łysa Góra 62

Mäander 213, 221 T, 554*
Maanselkä 86
Maas 43, 79 T, 144*, 147 T
Maastricht 482 T
Macchien 117
Macdonellkette 270, 271, 276 T
Machatschkala 215
Macina 243*
Mackanzie 290
Mackenzie 293
Mackenzie-Athabaska 315 T
Mackinac 299
Macqarie 264 T
Macquarie Harbour 273
Macquarieinsel 369
Macquarieschwelle 358
Mac Robertsonland 344
Madagaskar 226 T, 233, 260, 358, 360
Madeira 333
Mädelegabel 79 T
Madera 341 T, 355
Madison River 305
Madonisches Gebirge 128
Madras 201
Madre de Dios 333, 341 T
Madreporen-Lagune Taf. 25
Madrid 31, 120
Madura 201, 202, 205
Mafia 253
Magalhäesstraße 342
Magallanes 342
Magdeburg 28
Maglemose 523 T
Magnesische Inseln 131*, 133
Magnetfeld, beharrliches 420
magnetische Konvergenz 506
magnetisches Feld 417
Magnetisch-Nord 406, 420*, 439
Magnetogramm 420
Magnetosphäre 383
Magnetpole 420
Magnitogorsk 100*, 102, 168
Magra 125
Mahanadi 201, 210 T
Mahanadital 200
Mährische Pforte 71*
Mährisches Gesenke 70, 79 T
Maifeld 49*
Maikop 216
Mailand 123
Main 66, 79 T
Maine 299
Mainhardter Wald 68
Maintaunus 51
Majabat al-Kubra 239
Majella 125
Majunga 225 T
Makalu 198, 210 T
Makari 259
Makassar 209
–straße 208, 368 T
Makrobeben 415
Makrochore 402, 409
–fauna 395

Makroklimatologie 477
Malabarküste 197*, 200
Malabo 224 T
Maladettagruppe 119
Malá Fatra 105
Málaga 120
Malaiischer Archipel 205
Malakka 195, 202, 205
Mälarsee 85, 87 T
Malaspinagletscher 294
Malawi 226 T
Malaysia 205
Malcolm 271
Malediven 360
Malevos 133*
Mali 226 T
Malleescrub 268, 541
Mallorca 121
Mallungen 13, 467
Malm 467 T
Malmberget 85
Malmö 31, 86
Malta 30, 128
Malte Brun 275
Maluku 206, 209
Malwinen 342, 355
Mamberamo 366
Mammatuswolken 508
Mamoré 333
Mamry-See 79 T
Managua 278 T
–see 315 T
Manamo 329
Manapurie 275
Manasarowar-See 197
Manaus 322*, 324, 326, 327
Manawatu River 275
Manchester 29, 139
Mandalay 203
Mandaragebirge 249
Mandschurei 182, 187
Mandschurische Ebene 180*
mandschurische Stufe 181
Manfredonia 127
Mangarewa 367
Mangoky 262
Mangyschlak 177
Manihikiinseln 367
Manila 211
Manilahanf 211
Manipur 198, 202
Manitoba 292
–see 291
Manizales 334*
Mansen 163, 164
Mansfelder Mulde 58*
Manytschniederung 96
Maori 274
Mapimi 308, 310
Maputo 226 T
Maquarie-Inseln 344
Mar 495
Maracaibo 329
Maradi 226 T
Maramhäo 332
Marañon 326, 336
Marapi 211 T
Marble Bar 271
Marburg 52
March 71
Marchfeld 71*
Marco-Polo-Gebirge 179 T
Mare 502
Maremmen 126

Mareograph 514
Margallanstraße 342
margalitische Böden 565
Marianen 264 T
Marianen 367
–graben 362
Marianen-Hawai-San Francisco 363
Marianen-Jap-Palau 363
Marianské Lázne 70
Marica 132, 134
Maribor 74
Marienbad 70
maritimes Klima 542
Marizaebene und Tiefland von Burgas 103*
Markgräfler Hügelland 64
Markscheidewesen 437
Marktredwitz 70
Marmarameer 132, 212, 357
Marmolada 79 T, 124
marmorierter Boden 524
Marne 144
Marokkanische Meseta 233, 234*, 235, 236
Marokko 226 T
Maros 109
Marquesainseln 362, 367
Marquetté 300
Marrakech 226 T
Marrakesch 234*, 235
Marrakusch 235
Marschen 495
Marseille 29, 146
Marsgebirge 70
Marshallinseln 367
Martinique 278 T, 314
Martin Vaz 355
Mary 178
– Kathleen 272
Mas a fuera 368
Masanderan 156, 219
Mas a tierra 368
Maseru 225 T
Maskarenen 358, 359, 360
–becken 262
–rücken 360
maskierte Front 431
Massaisteppe 255
Massena 300
Massivgefüge 396
Masurische Seenplatte 40
Matagalpa 278 T
Matamaros 310
Matavanu 367
mathematische Zonen 12
Mato Grosso 332
Matra 108
Mátragebirge 108
Matterhorn 78, 79 T
Mauersee 79 T
Maui 368
Mauna Kea 368
– Loa 368
Mauretanien 226 T
Mauritius 226 T, 360
Mauritiusorkan 360
Mawson 346
Mawsynram 198
Mazedonien 131*, 132
Mbabane 228 T
Mbuji-Mayi 228 T
MacDonald-Heard-Gruppe 360
Mechernich 48
Mecsekgebirge 109
Medan 207

Medina 218
Mediterranböden 557
Mediterraner Küstensaum 103*
mediterranpontisch 454
medizinische Geographie 440
Medjerda 263 T
Meerbusen von Pegu 358
Meeresströmungen 498*
Meerhalde 399*
Meersburg 73
Mégara 133
Megachore 409
Megafauna 395
Meiningen 52
Meißen 60
Meißner 53*
Mekka 218*
Meknès 226 T
Mekong 202, 203, 204*, 210 T
Melanesien 365
Melbourne 264 T, 273
Melilla 228 T
meliorativer Flurschutz 499
Melvilleinsel 290
Menam 202, 203, 204, 210 T
Menam-Mekong-Becken 203
Menap(i) 452, 519 T
Mendelejewrücken 351*
Menderes 213, 221 T
Mengengrad 374
Menorca 121
Mensur 435
Mentaweigraben 359
--Inseln 207
Mentone 146
Merano 124
Merapi 211 T
Mercatorentwurf 471
Mercedario 341 T
Meric 132
Meridian 416
Meridiankonvergenz 439, 499
-quadrant 421
Merka 227 T
Merseburg 58
Merslota 433
Meru 254*, 255, 263 T
Merusee 263 T
Merw 178
Mesa 328
Mesas 342
Mesen 93
Meseta 120
Meskischen 214
Mesochore 402, 409
Mesoeuropa 33*, 379
-fauna 395
-klima 435
-lithikum 523 T
Mesopause 383
-phorbium 496
Mesopoium 535
Mesopotamien 218
Mesosphäre 383 T
Mesothamnium 454
Mesotil 452
mesozoisch 435
Messenien 131*, 133
Mesta 132
Meta 329, 334
Metalimnion 414
Meteoritenhypothese 419
meteorologischer Dienst 578
meteorotrop 500
Metz 144*

Meuse 79 T, 147 T
Mexicali 278 T
Mexiko 278 T, 308, 311
- City 310, 311
-graben 363
MEZ 585
MHW 576
Miami 286 T
Miao 184, 192
Michigansee 291, 299, 300*, 315 T
Midian 217
Midway 264 T
Migma 494
Migration 420
Mikrobeben 415
Mikrochore 402, 409
Mikrofauna 395
-klimatologie 477
Mikronesien 367
Mikrosolifluktion 482
Mikulino 519 T
Mikulino-Warmzeit 412
Mikulov 71
Milano 29, 124
Milazzo 458, 519 T
Milchstraßensystem 577
Milešovka 70, 79 T
Milleschauer 70, 79 T
Milwaukeetiefe 350
Minahassa 208
Minas Gerais 332
Mindanao 205, 209
-graben 361
-strömung 364
Mindel 519 T
Mindel-Riß 519 T
Mineralnyje Wody 215
Mineralparagenese 513
Minette 144
Mingetschaur 214
Minho 121, 134
Minneapolis-Sankt-Paul 301, 302
Miño 119, 134
-tal 119
Minsk 147 T, 148 T
Minta Mountains 305
Minussinsk 167
Minutenböden 551
Minya-Gonkar 169, 179 T
Miobaren 499
Miquelon 278 T
Mirny 166, Taf. 32
Mischgesteine 500
Misiones 338
Miskolc 31
Misol 209
Misse(n)boden 547
Mississippi 300*, 301
-becken 300
--Missouri 315 T
-mündung 309
-niederung 279
Missolungi 133
Missouri 300, 301
--Plateau 303
Mißweisung 406
Mistral 116, 145
Mitchell River 272
mittabstandstreu 471
Mittagshöhe 483
-linie 499, 508
-löcher 448
-zeit 584
Mittelamerika 308
Mittelasien 169

Mittelatlantischer Rücken 350
Mittelböhmisches Waldgebirge 70
Mittelengland 139
mittelfränkisches Becken 68
Mittelgriechenland 132
Mittelgürtel 435
Mittelhessische Senke 52
Mittelionische Inseln 132, 133
Mittelitalien 125
Mittelmeerländer 115
mittelozeanischer Rücken 347
Mittelrheintal 51
Mittelrussischer Höhenrücken 95
- Landrücken 95
Mittelsächsisches Bergland 60
Mittelschwedische Senke 85
Mittelsibirisches Bergland 165
Mittelwertsklimatologie 477
Mitternachtssonne 12, 520
mittlere Dichte der Erde 418
Mittlerer Atlas 233, 234*, 263 T
Mittlerer Ural 100*, 101
Mlanje 263 T
Mljet 129
MMK 396
MNW 576
Mobile 309
Mobuto-Sese-Seko-See 254*, 250, 263 T
Moçambique 226 T, 254*
Modelle 371
Mogadischu 254*
Mogadishu 227 T
Mogador 182 T, 236
Mohawk 300
-senke 299
Möhnetalsperre 50
Mohorovičić-Diskontinuität 409, 418
moist deciduos forest 503
Mojave Wüste 283, 306, 311
Molassestadium 435
moldanubische Zone 48
Moldau 70, 79 T
Moldauische Platte 103*, 109
Moldava 106
Moldoveanugebirge 106
Moldrum 467
Molkenboden 547
Molkenpodsol 501, 547
Molkenschicht 547
Mollisol 433
Molopo 259
Molukken 206, 209
-see 368 T
Mombasa 225 T, 253, 254*
Monaco 30, 146
Monadnock 454
Monastir 412, 519
Mondflutintervall, mittleres 444
Mondphasen 502*
-ring 453
-säule 453
Monferrato 124
Monglazialismus 519
Mongolen 174
Mongolische Hochfläche 170
Mongolischer Altai 167, 170, 174, 179 T
Mongolisches Becken 174
mongolische Stufe 181
Monoklinaltäler 381
Monrovia 226 T, 243*
Monsun 1
Monsunität 503
Monsuntendenz 503

Montabaurer Höhe 49*
Montagne d' Arrée 142
- Noire 142
Montana 303, 305
Mont-aux-Sources 263 T
Montblanc 75, 79 T, 123, 146
--Massiv 78
-tunnel 122
Mont-Cenis-Tunnel 122
Mont Dore 143*, 147 T
Monte 322*, 323, 339
- Adamello 79 T
- Cimone 125, 134
- Cinto 127, 134
- Corno 134
- Cristallo 124
- Darwin 341 T
- Gargano 122, 127
Montélimar 145
Montenegro 112, 129
Monte Pellegrino 128
Monte Perdido 119, 134
- Rosa 78, 79 T, 123
Monterrey 278 T
Monte Sarmiento 341 T
Montes de los Organos 313
Monte Somma 126
- Viso 79 T, 123
Mont Gibloux 76
Monti Berici 122, 124
- del Gennargentu 134
Mont la Hotte 315 T
Montlucon 143*
Mont Mézenc 147 T
Montmorillonit 561
Mont Pelée 314, 315 T
- Pelvoux 79 T
Montreal 277 T, 286 T, 299
Montserrat 134, 278 T
Mont Ventoux 145
Moorkultivierung 504
Moorrauch 457
Moos 503
Moosheiden 454
Mopti 226 T
Moränenstauseen 504
Morava 71
Morea 133
Morichales 328
Moroni 225 T
Morran 141*
Morros 331
Morvan 143*
Mosaik 435
Moschustier 184
Mosel 49, 79 T, 144*
-höhen 66, 144
Moskau 96*, 147 T, 148 T
Moskwa 96*
Mosor 426
Mosquitogolf 356
Most 70
Mostar 112
Mosul 219
Moulmein 203
Moulouga 236
Mount Adam 341 T
Mountains 301
Mount Bartle Frère 276 T
- Cambier 273
- Columbia 315 T
- Cook 275, 276 T
- Egmont 275
- Elbert 315 T

Mount Elgon 263 T
- Everest 198, 210 T
- Godwin Austen 197
- Haast 275
- Harvard 306
- Hood 315 T
Mount Isa 272
- Kirkpatrick 344
- Kościusko 265, 273, 276 T
--Lofty-Kette 273
- Logan 315 T
- Marcy 315 T, 299
- Mc Kinley 294, 315 T
- Michelson 315 T
- Minarett Taf. 26
- Mitchell 298, 315 T
- Ngauruhoe 276
- Puntiacudo 334*
- Rainier 295, 315 T
- Robson 315 T
- Rogers 315 T
- Ruapehu 276
- Sankt Elias 294, 315 T
- Sefton 275
- Shasta 295, 315 T
- Victoria 210 T
- Waddington 315 T
- Washington 315 T
MOZ 584
mudlumps 538
Mugansteppe 214
Müggelsee 79 T
Mugodscharen 102
Mühlsteinporphyr 525
Mukden 187
Mulchung 505
Mulde 60
Muldenachse 423
Muldenkern 423
Mulgascrub 541, 268
Mulhacén 120, 134
Muluja 263 T
Mulujatal 236
Mummelsee 65
Munch-Chairchan-Ula 179 T
München 28, 73
Münchener Hochebene 72
Mundaring-Talsperre 270
Mündungsbarre 387
Munku-Sardyk 167, 169 T
Münsterländische Bucht 46
- Endmoräne 532
Muntenien 110
Munţii Guţîiului 105
- Rodnei 105
Muonioälv 82
Murat 214
Murchisongletscher 275
Murcia 121
Mures 109
Murg 64
Murgab 175, 219
Murgang 505
Murgie 127
Müritzsee 79 T
Murmansk 83, 86
Murray 267, 272, 276 T
Murzuk 240
Musala 115
Musalla 114
Musgravekette 271, 276 T
Musi 211 T
Muskovit 449
Mustagata 178
Mutis 211 T

Muzakjaebene 129
Muztag 179 T
MW 576
Mwanza 228 T, 256
Myazeit 490, 523 T
Mykene 133
Mythen 75
Mzuzu 226 T

Naab 69
Nacheiszeit 522
Nachfolgeflüsse 479
Nachläuferwellen 415
Nachtbogen 417, 553*
Nachterstedt 59
Nachwärmezeit 523 T, 551
Nadelabweichung 494
Nadeleis 433
Nadelkap 350
Nagelfluh 71
Nagold 65
Nagpur 200
Nahbeben 415
Nahe 50
Nahe-Bergland 66
Naher Osten 211
Nahetal 66
Nahr el Asi 216
Nahr el Litani 216
Nährstoffixierung 461
Nahrungskette 390
Nahuel-Huapi-See 341 T
Nairobi 225 T, 250, 253, 254*
Naktong 187, 194 T
Nakuru 225 T
Nalaicha 175
Naled 384
Namaland 257*
Namangan 149 T, 179
Namib 15, 257*, 258, 259, 261
Namibia 228 T, 256, 261
Namsee 172
Namtschabarwa 198
Namuli 263 T
Nanai 169, 184
Nanga Parbat 196, 197, 210 T
Nanjing 183, 192
Nanking 183, 192, 193
Nanochore 402
Nanschan 170
Nansenbecken 351*
-schwelle 568
Nantahala 302*
Nantes 142, 144, 182 T
Napajedla 71
Napfgebiet 76
Napfkuchenform 387
Napier 275
Napoli 29, 103*, 126
Narbadatal 200
Narew 79 T
Narjan Mar 100*
Narmada 210 T
Narmadatal 200
Narodnaja 99, 100*, 101
Naryn 179 T
Nashville 302*
Nassau 277 T
Nassau-Inseln 207
Naßboden, mineralischer 449, 524
nasser Waldboden 524
Natal 260
Natriumboden 533
-, degradierter 533

Natronsee 254*, 255, 542
Naturdenkmäler 506
Naturgas 419
Naturlandschaft 486
Naturraumtypen 486
Nauheim 51
Naumburg 57
Nauplia 133
Nauru 264 T, 367
Navarra 119
Navassa 278 T
Nazas 311
NB 521
Ndola 227 T, 259
N'Djamena 228 T, 243*
Nebelhäufigkeit 507
Nebensonnen 453
Nebi Schuaib 221 T
Nebraska 297
Nebraskan 452, 519 T
Nebrodisches Gebirge 128
Nebularhypothese 419
Neckar 64, 66, 67*
Nedschd 217
Neef 50
Nefud 218
Negev 217
Negoi 115
Negritos 209
Negros 211
Nehrung 550
Neigung 435
Neigungswinkel 399
Nelson 275, 292*
Neman (Njemen) 101
Nemi 123
Nemisee 126
Nen 188
Nenzen 163, 164
Neoeuropa 33*, 379
Neogäisches Reich 425
Neokom 482 T
Neolithikum 523 T
Neophyten 375
Neotropisches Florenreich 428
Neo-Würm 581
Neozoikum 468
Nepal 198, Taf. 18
Neretvatal 112
Nervi 125
Netzdünen 410
Netzleisten 563
Netzwerke 371
Neu-Amsterdam 359, 388
Neu Braunschweig 299
Neubritannien 366
Neubürger 375
Neue Hebriden 264 T, 366
Neuenburger See 79 T
Neuenglandkette 273
Neuenglandstaaten 298
Neufundland 283, 292
−bank 293, 354
Neufundländisches Becken 351
Neugnén 342
Neugrad 450
Neuguinea 206, 366
Neuirland 366
Neukaledonien 264 T, 366
Neuozean 347
Neuschottland 283, 299
Neuschwabenland 344
Neuseeland 264 T, 274, 364
Neuseeländer Rücken 363
Neusibirische Inseln 161, 351*

Neusiedler See 77, 108, 115
Neustadt 65
Neusüdwales 272
Neutrosphäre 383 T
Neuwieder Becken 49*, 50, 51
Nevado de Colima 315 T
− de Famatina 341 T
− del Huila 341 T
Never-never 269
Nevis 278 T
Newa 101
New Brunswick 299
Newcastle 264 T, 273
New Mexico 303, 306
− Orleans 286 T, 301, 309
− Westminster 295
− York 278 T, 283, 286 T, 298, 300
Ngorongoro 255
NH 507, 509
Niagarafälle 299
Niamey 226 T, 243*
Nice 146
Nichthuminstoffe 460
Nidasenke 62
Niederafrika 233
Niedere Geest 45
Niederes Gesenke 71
Niedere Tatra 105
Niederhessische Senke 52
Niederkalifornien 283, 310, 311
Niederlande 30, 44*
Niederländische Antillen 278 T
Niederlanguedoc 146
Niedermoorkultur 504
Niederrheinische Börden 49*
Niederrheinische Tieflandsbucht 39*, 46
Niedersachsen 47
Niedersächsisches Bergland 54
Niederschlag, orographischer 528
Niederterrassenschotter 508
Niederturkestan 175
Niederungarische Tiefebene 107
Niefrostboden 433
Niesel 527
Nife-Kern 418
Niger 226 T, 236, 242, 243*, 246, 263 T
Niger-Benuë-Furche 242, 245
Nigerbogen 242, 245
Nigerdelta 244
Nigeria 227 T
Nijmegen 46
Nikaragua 278 T, 308, 312
−see 312, 315 T
Nikobaren 202, 358, 360
Nikongsamba 225 T
Nikopol 95
Nil 240, 242, 252*, 263 T, Taf. 21
Nilgiris 200
Nilkatarakte 241
Nimba 263 T
Nimes 146
Ninghsia 190*
Nippon 185
Nipptiden 444
Nishni Tagil 99, 100*
Nister 50
Nisyros 133
Nitratpflanzen 392
Niuë 264 T
Nivellieren 457*
Nizke Tatry 105
Nizký Jesenik 71
Nizza 146

Njarasasee 255
Njassasee 230, 250, 253, 254*, 263 T
NN 509
NNW 576
Nomogramm 371
Noni 188
Nordalbanische Alpen 113
Nordamerika 277 T ff.
Nordamerikanisches Becken 351, 354
Nordäquatorialschwelle 229, 233, 242, 244
Nordäquatorialstrom 359, 498
Nordatlantikstrom 352, 353, 355, 498
Nordbrasilianisches Becken 350
Nordbulgarische Platte 103*
Nordburmanisches Bergland 203
Nordchina 188
Nordchinesische Masse 154, 180*
Nordchinesischer Gebirgsrost 190
Nordchinesisches Gebirge 181
Nordchinesische Tiefebene 182
Norddevon 290
Nordfranzösisches Becken 144*
Nordfriesische Inseln 43
Nordguineaschwelle 242, 245
Nord-Kanaren-Becken 351
Nordkap 85, 353
Nordkomponente 420
Nördlicher Aktau 177*
nördlicher Apennin 125
Nördliche Dwina 89, 93, 101
Nördlicher Landrücken 39*, 40
− Ural 99, 100*, 101
Nördliches Anjuigebirge 166
nördliches Harzvorland 58
Nördliche Uwaly 93
Nördlinger Ries 69
Nordlicht 520
Nordmeer 368 T
Nordostchina 187
Nordostkansas 303
Nordostpassage 357
Nordostrügensche Staffel 576
Nordpazifischer Strom 364
Nordpfälzer Bergland 49*
Nordpolarbecken 351
Nordpolargebiet 380
Nordpolarstern 520
Nordrussischer Landrücken 93
Nordsee 42*, 357, 368 T
Nordsiamesisches Bergland 203
Nordstern 520
Nordstrand 43
Nordungarisches Mittelgebirge 103*
Nordwestpassage 357
Nordwestterritorium 290
Norfolk 264 T, 297*
Norilsk 163
Norilsker Gebirge 165
Normal-Gefälle 422
Normalgefällskurve 422
Normalhöhe 509
Normalwendepunkt 422
Normannische Halbinsel 142
Norris 302*
Nortes 307, 310
North Downs 140
Northers 282
Northern Plains 287
North Park 297*
North Platte 303
Norwegen 30
norwegischer Gletschertyp 446
Norwegische Rinne 357
Norwegisches Meer 351

Nossen 60
Nottely 302*
Nottingham 139
Nouadhibou 226 T
Nouakchott 226
Nova Scotia 299
Novi Sad 29
Nowa Huta-Kraków 62
Nowaja Semlja 90, 99
Nowokusnezk 167
Noworossisk 215
Nowosibirsk 147 T, 148 T, 162, 164
Noxos 131*
Ns 508, 581*
Nuakschott 243*
Nubische Wüste 241
Nuku'alofa 264 T
Nullarborebene 267, 271
Nullarbor Plain 263
Nürnberg 28, 68
NW 576
Nyiragongo 263 T
Nyírség 107

Oahu 368
Oaxaca 307
Ob 100*, 163, 169 T
Oberboden 395
obere Inversion 383
Obere Karru 261*
Oberer See 291, 299, 300*, 313 T
Oberes Gäu 68
Oberflächenströmungen 497
−wasser 397
Oberguineaschwelle 229
Oberhof 57
Oberholz 456, 501
Obernilbecken 240, 242
Oberpassat 514*
Oberpfälzer Wald 69, 71*
Oberrheinische Tiefebene 67*
Oberrheinisches Tiefland 64
Oberungarische Tiefebene 108
Obervolta 227 T
Obi 209
Obidos 325, 326
Ob-Irtysch 163
Obschtschi Syrt 96
obsequente Flüsse 479
Ochotskisches Meer 166, 169, 361, 368 T
Ochsenberg 52
Ocoee 302*
Odense 28
Odenwald 66, 67*
Oder 79 T
Odessa 147 T, 149 T
Odulen 166
Oelsnitz 60
Ogbomosbo 227 T
Ogiven 448
Ohae 301
Ohio 297, 300, 301, 315 T
Ohm-Berge 58*
Ohřegraben 70
Ohridasee 115
Oimjakon 157, 166
Ojaschio 364
Ojos del Salado 333, 339, 341 T
Oka 96*, 101, 519 T
Oka-Don-Niederung 96
Okanagansee 295
Okavango 258
Okavango-Delta 259

Okavangosümpfe 259
Oka-Vereisung 414
Okawango 229
Okklusion 509*
Oklahoma 301
Ökotop 439
Öland 85
Old Red 135, 139, 408
Olenjok 169 T
Olerón 145
Olimgondwanischer Spätatlantik 568
Olimlaurentischer Spätatlantik 568
Ölmuttergestein 420
Olomouc 70
Ölschiefer 420
Olt 106, 109
Oltenien 110
Olymp 132, 134
Omatako 263 T
Ombrometer 508
Ombrone 125
Omdurman 228 T
Omsk 147 T, 162, 164, 165
Omul 106
Ondava-Wisloka-Gebiet 105
Onegabucht 86
Onegasee 82, 86, 87 T, 96*, 101
Onilahy 262
Onon 169 T
Onslow 270
Ontario 292, 299
Ontariosee 291, 299, 300, 301*, 315 T
Oran 224 T, 234*, 235
Oranje 256, 258, 259, 261*, 263 T
Ordos 180*
Ordosland 174, 180, 189
Ord-River 266
Oregon 305
Orenburg 100*
Orinoco 328, 341 T
Orinocotiefland 318
Orissa 200
Oristano 128
Orjol 96*
Orkneyinseln 138
Orlasenke 57
Orléans 144
Orogenese 434
Orometrie 505
Orsk 100*, 102
Orterde 512, 520
Orthogesteine 442
Orthophotokarte 389
Ortler 78, 79 T
Ortler-Alpengruppe 79 T
Örtlichkeit 510
Ortsbeben 415
Ortstein 24, 520
Ortszeit, mittlere 584
Orusoles 538
Osaka 185
Oshogbo 227 T
Oskern 512
Ösling 48, 49*
Oslo 30, 84
Oslofjord 81, 87 T
Osnabrück 54
Osnabrücker Hügelland 54
Osning 53*, 54
Osningstadium 46, 532
Ostafrika 233, 253
Ostafrikanischer Graben 253, 254*, 255
ostalpin 74, 405

ostalpine Decken 75
Ostantarktika 343
Ostaustralische Kordilleren 263, 272, 273
Ostaustralisches Meer 361
ostaustralisches Randmeer 364
Ostaustralstrom 353
Ostbengalen 198
Ostchinesisches Meer 361, 368 T
ostenglischer Gletscher 42*
Osterinsel 369
Österreich 30, 103*
ostfälisches Bergland 54
Ostfeste 11
Ostfriesische Inseln 43
Ostghats 197*, 199, 201
Ostgobi 188
Ostgrönlandstrom 288, 353, 357
Osthessische Senke 52
Ostjaken 163
Ostjec 103*
Ostkarpaten 103*, 105, Taf. 9
Ostkomponente 420
Östlicher Großer Erg 240
Östliche Sierra Madre 311*
Ostnebraska 303
Ostpatagonien 321, 340
Ostpatagonische Platte 323
Ostpazifischer Rücken 363
Ostpunkt 512
Ostrava 31
Ostrov 108
Ostsajan 167
Ostsee 82*, 357, 368 T
Ostseeküste 40
Ostsibirisches Meer 351
Ostturkestan 158, 171, 175
Otago 275
Otawi 261
Otgon-Tengri 179 T
Ottawa 277 T
Ötztaler Alpen 78, 79 T
Ouagadougou 227 T
Oulu 29
Ouse 147 T
Outback 269
Owratyscher Rücken 94
Oxford 467 T
Oxisole 487
Oxydationshorizont 449
Oybin 61
Ozark-Bergland 300, 301
ozeanisches Klima 542
Ozeanographie 497
Ozeanologie 497
Ozonschicht 383 T, 512

P 492
Pa 513
Packeis 497
paddy soils 377
Paderborner Hochfläche 53*
Paducah 302*
Pagai-Inseln 207
Pahang 205
Paichoi 99, 100*
Paijänesystem 86
Päijännesee 87 T
Palagruža-Gruppe 127
Paläoböden 431
−botanik 512
−geographie 439
−klimatologie 439
−lithikum 523 T

Paläotropisches Florenreich 428
Paläozoologie 512
Palästina 216, 217
Palawan 206, 210
Palembang 207
Palermo 29, 128
Paleuropa 33*, 379
Palghatsenke 200
Palkstraße 201
Palmyra 264 T
Palökologie 512
Palsen 432
Palus 502
Palynologie 521
Pamir 156, 169, 170, 171, 173, 175, 178
Pamlicobai 298
Pampa 323, 338, Taf. 30
Pamperos 321, 339
Pamplona 118
Panama 278 T, 312
Panamakanal 313
Pandschab 156, 196, 197*, 199
Pandschabtief 196
Pandschnad 199
Pannonien 108
Pannonisches Becken 76, 106
Pannonisches Tiefland 103*
Pantanal(es) 323, 332, 333, 339
Pantelleria 128
Pánuco 311
Papua-Neuguinea 264 T, 366
Pará 326, 327
Parabeldünen 411
Parabraunerde, durchschlämmte 513
Paragesteine 442
Paraguay 321, 329, 332, 333, 338
Paraiba 330, 331, 341 T
Parallaxensekunde 513
Parallelkreis 400
Páramo 21, 120, 333
Paraná 323, 329, 337, 338, 341 T
Parasiten 539
Paringgebirge 106
Paris 29
Pariser Becken 63
Park Range 304*, 307
Parktundra 398
Parlovské vrchy 104
Parnaß 132, 134
Parnassós 132
Párñon 133*
Parry-Inseln 351*
Partialkomplexe 506
Passanten 374
Passat 514
Passate 13
Passatinversion 15, 514
–klima 514
–schauer 15, 514
passatisches Ostseitenklima 15
Passatregion 15
Passau 72
Passauer Wald 72
Patagoniden 318
Patagonische Masse 318, 342
Patagonische Steppe 323
Paternia 384
Patkoigebirge 202
Patna 200
Pátrai 29
Paudorf-Interstadial 576 T
Paulo-Affonso-Fälle 332
Paumotu-Inseln 367
Pawlodar 178

Pazifik 360
pazifische Faltung 155
Pazifische Inseln 264 T
pc 513
Peace River 293
Pécs 31, 109
Pedimentation 514
Pedochore 514
Pedologie 392
pedologische Karten 394
Pedosphäre 392
Pedotop 514
Pegelnull 514
Pegen 525
Pegu 203
Pegu-Yoma 203
Peipussee 94, 101
Peißenberg 74
Peking 182 T, 189, 190*
Pektusan 186, 194 T
Pelagonisches Massiv 113
Pelion 132
Peloponnes 133
Peloritanisches Gebirge 128
Pemba 253, 254*
Peña Vieja 134
Pencksche Trockenböden 563
– Trockengrenze 564 T
Peneios 132, 134
Penghu-Inseln 194
Penitentes 401
penninisch 74, 405
penninische Decken 75
Pensacola 309
Pentadenmittel 475, 515
Pentelikon 132
Peplopause 382, 383 T
Perekop 95
perennierender Fluß 429
Peressyp 489, 507
Pergelisol 433
perhumid 459
Peridotitschicht 418
Perigäum 378
periglaziale Denudation 545
Periglazialzeit 468
periglaziäre Deckserie 406
– Deckzone 406
Perihel 378, 417
Periode 552
periodische Flüsse 429
peripherische Gebiete 158
Periselenum 378
Peristeri 113
Perm 96*, 100*, 101
Permafrost 433
permanenter Fluß 429
Permeabilität 515
Permokarbonische Eiszeit 413
Pernambuco 331
Persischer Golf 211, 218*, 358, 368 T
Perth 264 T, 270
Peru 333, 335
Peru-Atacama-Graben 362, 363
Perugia 126
Perustrom 364
Pescadores-Inseln 194
Peschan 179
Petén 312
Peter I.-Insel 369
Petermannspitze 288
Petersberg 46
Petropawlowsk 164
Petrosawodsk 86
Petschora 89, 100*, 101

Petschorabecken 93
Pfaffenstein 60
Pfahl 69
Pfalz 51
Pfälzer Bergland 67*
– Mulde 66
– Sattel 66
– Wald 65, 67*
Pfänder 73
PFJ 466
Pflanzen, präalpine 404
Pflanzengesellschaft 515
Pflanzengesellschaften, offene 569
Pflanzengesellschaftsklasse 515
–ordnung 515
Pflanzenverband 515
pflanzenverfügbares Bodenwasser 397
Pflaumenblütenregen 182, 185
Pforzheim 65
Pheneossee 131, 133
Philadelphia 278 T
Philippinen 181, 206, 209
–graben 210, 362, 363
–mulde 357
Phjongjang 186
Phlegräische Felder 122, 126
Phnom Penh 204
Phoenix 286 T
Phokis 131*
Phönixinseln 367
Phrygana 117
pH-Wert 393, 395, 396 T
physiognomische Betrachtungsweise 437
Physiotop 439
physische Anthropogeographie 389
Phytogeographie 516
–zönologie 516
Pianosa 127
Piatra Goznei 106
Piazzi 334*
Picardie 144
Pic de Orizaba 312, 315
– de Vignemale 147 T
Pickwick 302*
Pic Marguerite 263 T
– Monne 147 T
Pico Bolivar 329
– de Almanzor 134
– de Aneto 119, 134
Picos Colón 341 T
Pico Turquino 313, 315 T
Pidurutalagala 201, 210 T
Piedmont 297*, 298
Piedmontfläche 297
Piedmont-Lowland 303
Piep 576
Pietermoritzburg 260
Pietrosul 106, 115
Pik Kommunismus 178, 179 T
– Lenin 178
Pik Pobeda 179 T
– Sedow 99
Pilatus 75
Pilbara 269, 271
Pilbara-Gebiet 271
Pilcomayo 334*, 338, 341 T
Pilsen 70
Pilzfelsen 481, 582
Pinaja 211 T
Pinar del Rio 313
Pindos 130, 132*
Pine River 303
Pingos 432
Pinois 133

Pipcrake 433
Piräus 29
Pirin 114
Pirmasens 66
Pirna 60
Pir Pandschal 197
Pisa 126
Pitcairn 367
Pitcairninseln 264 T
Pittsburgh 298
Pityusen 121
Piz Bernina 79 T
- Palu 79 T
Pjatigorsk 215
Plains 305*
Pläner 467
planetarische Dimension 409
planetarisches Luftdrucksystem 384*
planetarisches Windsystem 13, 384*
Planktongyttja 488
Planzeiger 445
Plastosole 23
Plateau de Millevache 143*
Plateau von Gossel 57, 58*
- von Langres 144
- von Malwa 199
Plattengefüge 396
Plattensee 76, 108, 115
Plattentektonik 347
Platte River 315 T
Plauen 60
Plauer See 79 T
Playa 398*, 534
Plentybai 276
Pleuston 460
Pleven 28, 103*
Plinthit 487
Pliobaren 499
Plöckenstein 69
Ploesti 110
Plön 40
Plotter 371
Plovdiv 28, 103*
Pluvialzeiten 583
Pluviisilva 528
Pluviometer 508
Plymouth 139
Plzeň 31, 70
Po 116*, 124, 134
Pobeda 169 T
Podelta 407*
Podsole 24
podsoliert 520
podsolig 520
Poebene 124
Pöhlberg 59
Point Barrow 283
Pointe-Noire 225 T
Pojanghu 194 T
Polabstand 520
Pol'ana 105
polar 516
Polarachse 416
Polarer Ural 99, 100*
polares Klima 16
Polarnacht 12
Polarstern 523
Polartag 12, 520
Polarzone 12
Polder 406, 495
Pol der Unzugänglichkeit 343, 345
Poldistanz 381
Polen 30
Polenz 61

Polessjesenke 94
Polje Taf. 9
Pollendiagramm 522
Polnischer Jura 62
polnisches Karpatenvorland 62
Polnisches Mittelgebirge 62
Polradius 416
polständige Entwürfe 471
Polyedergefüge 396
Polyglazialismus 519
Polygonmoore 432
Polygono das Secas 332
Polymode 352
Polynesien 366
Polypedons 514
Polyuronide 394
Pomerellen 40
Pommersches Stadium 576
Ponor 430
Pontianak 207
Pontinische Sümpfe 126
pontischer Typ 157
Pontisches Gebirge 212, 213
Poopósee 341 T
Pop Iwan Taf. 9
Popocatépetl 312, 315 T
Porcupine 294, 303
Porongorups 270
Pororocá 326, 398
Porosität 522
porphyrisch 442
Porphyrite 522
Porsangerfjord 87 T
Port Arthur 300
Port-au-Prince 277 T
Porta Westfalica 54
Port Darwin 266, 272
- Elizabeth 227 T, 261
- Gentil 225 T
- Hedland 266, 271
Portishead 444 T
Portland 286 T, 295, 467 T
Port Louis 226 T
- Moresby 264 T
Porto 30
Portofino 125
Port of Spain 278 T
Porto Guaira 332
- Novo 224 T
- Velho 333
Port Pirie 273
- Radium 293
- Said 224 T
Portsmouth 140
Port Stanlay 342
- Sudan 228 T, 236, 241
Portugal 30, 121
Porzellanerde 468
Postmasburg 257
Potamologie 430, 460
Potaro 327
Potomac 315 T
Potsdam 28
Poyanghu 192
Poznań 30
Pozzuoli 122, 126
Präandine Sierra 319
Präboreal 523 T
Praded 79 T
Pragmatik 543
Praha 31
Praia 225 T
Präkambrium 483
Prärie 548
Prätegelen 519 T

Pratt 465
Präzisionsnivellement 457
Préalpes romandes 75
Predeal-Paß 106
Prešov 113
Prespasee 115
Pressung 549
Pretoria 227 T, 257, 260
Pribilof-Inseln 286
Prielen 576
Primärproduktion 390
Primorje 168
Prince-Edward-Insel 299, 360
Prince George 286 T, 295
Prince Rupert 295
Prinzessin Ragnhildland 344
Pripjat 94, 101
Prismengefüge 396
Produzenten 390
Projektion, orthographische 471
Prokopjewsk 167
Proluvium 490
Proterozoikum 483
Protonosphäre 383 T
Protopedon(s) 510, 514, 531
Provence 145
Prshewalski-Kette 179 T
Pruth 103*, 110, 115
Przemyśl 63
Pseudoisolinien 524
Pseudokarren 469
Psiloritis 134
Psun 109
psychometrische Differenz 380
Pu Bia 210 T
Puerto Gallegos 444 T
- Montt 341
- Rico 278 T, 313, 314
Puerto-Rico-Graben 350
Pugetsund 295
Puigmal 119, 134
Puksupek 194 T
Pula 129
Puna 21, 333
Punjab 196, 199
Punktmethode 404
Punta Arenas 342
Purga 566
Puszta 107
Pustertal 76
Puy de Dome 143
PV 522
P-Welle 415
PWP 577
Pyramidendünen 410
Pyrenäen 33*, 118, 146
Pyrenäenhalbinsel 117
Pyrmonter Sattel 53*
Pyropissit 478
Pyroxene 385

Qilinsee 172
Qinghai 172
Qomolangma 198
Quachita 301
Qualmwasser 410
Quarzfels 525
quasipermanent 525
quasistationär 446, 547
Quebec 292, 299, 300
Quebrada 328
Quecksilberbarometer 387
Quedlinburg 46, 59
Queen-Mary-Land 344

Queensland 266, 272, Taf. 25
Quellenkunde 460
Quellkuppen 572*
Quellmulden 507, 526
Quellnische 526
Quelltöpfe 525
Querdüne 410
Querfalten 424
Querfurter Mulde 58
Querfurter Platte 58*
Querprofile 334*
Querverwerfung 400
Querwellen 498
Quezaltenango 277 T
Quinlingshar. 181
Quito 336

Raab 108
Rába 108
Rabat 226 T, 234*
Rabaul 366
Rachel 69
Radiokohlenstoffdatierung 525
Ragusa 128
Rahmenfaltung 425
Råmark 380
Rambla 384
Rampenhänge 514
Randkluft 447
Randschwellen 25
Randsenke 571
Randwasser 420
Range 309
Rangun 203
Rankin Inlet 290
Rantekombola 211 T
Raonoke 298
Rapa 367
Rapallo 125
Rapilli 487
Rappbodetalsperre 56
Rarotonga 367
Ras Dedshen 263 T
Rasenabschälung 545
–galle 506
–heiden 454
–hügel 432
–schälen 527
Rasputiza 161
Rät 474
Rätische Alpen 79 T
Rauhfrost 529
Rauhigkeit 454
Rauhreif 529
Raumwelle 415
Ravenna 124
Ravensberger Land 54
Ravi 199
Rawi 199
raw warp soil 526
Rax 76
Ré 145
Reaktion 396
Rechtswert 434
red desert soils 583
reddish brown soil 583
Rediment 398*
Red River 315 T
Reduktionshorizont 449
Reduzenten 390
Refugialgebiete 530
Reg 238
Regar 529
Regen 69

Regenmesser 508
Regensburg 72
Regenwald 20
Regenzeitfeldbau 528
Regina 293
regionale Geographie 485
Regionalfarben 529
regional-geographisch 529
regional system 486
regionisch 529
regionische Dimension 409
Regur 23, 199
Rehberg 65
Rehburger Stadium 532
Reichenau 73
Reims 144
Reinhardswald 53*
Reisböden 377
Reislandschaft Taf. 19
Reizklima 476
Rektaszension 381
Rektaszensionssystem 381
Rekultivierung 499
Relaisbeben 415
Relief 371
Reliefschummerung 529
Reliefumkehr 463*, 464
remote sensing 426
Rennes 142
Rentiersee 291, 315 T
Resa 179 T
Resaiyehsee 221 T
resequente Flüsse 479
Restberg 426
Resteis 562
Restinga 330
Retezatgebirge 106
retrograd 559
Réunion 228 T, 360
Reuwer 519 T
Revilla-Gigedo-Inseln 368
Reykjavik 29, 355
Rezaiyehsee 214
Rezat 67*
Rhazeit 412
Rhameer 523 T
Rhein 79 T
Rheingau 51
Rheingaugebirge 49*
Rheinhessische Platte 64
rheinische Richtung 550
Rheinisches Schiefergebirge 48
Rhein-Marne-Kanal 65
rhenanische Zone 48
Rhizosphäre 395
Rhodopen 114
Rhodos 212
Rhön 53*, 58*, 79 T
Rhône 145, 146, 147 T
Rhônetal Taf. 11
Rhône-Saône-Furche 145
Rhône-Saône-Gebiet 145
Riasküste 484*
Richelsdorfer Bergland 52
Richterskala 494
Richtungsböigkeit 398
Ridge 296*
Riding Mountains 303
Ried 503
Ries 67*
Riesengebirge 61, 71*, 79 T
Riesentöpfe 448
Rif 235
Rif-Atlas 233, 234*, 236, 263 T
Riga 94, 148 T

Rigi 75, 76
Rigosole 377
Rijeka 103*, 112, 129
Rijekquelle 430
Rila 114
Rillenspülung 393
rill erosion 393
Rindjani 209, 211 T
Ringgau 53*, 57, 58*
Rinkgletscher 288
Rio Branco 326, 327
– Coile 334*
– de Janero 331
– de la Plata 323, 338, 341 T
– Doce 330, 341 T
– Grande 293, 304, 308, 309
– Grande del Norte 315 T
– Grande de Santiago 315 T
– Grande do Norto 331
– Grande do Sul 337
– Imperial Taf. 31
– Magdalena 329, 334*, 337, 341 T
– Negro 326, 329, 334*, 341 T, 342
Riongebiet 214
Rio Tinto 120
– Turbio 334*
– Vinagre 349
Riß 519 T
Riß-Würm 519 T
Ritolia 103*
Riu-Kiu-Graben 363
Riu-Kiu-Inseln 181, 185
Riverina 272
Riviera 146
– di Levante 125
– di Ponente 125
Riviere 233, 259, 429
Roanne 143*
Roaring Forties 400
Roccamonfina 126
Rock glacier 391
Rockhampton 265
Rocky Mountains 279, 280, 294, 304
Rodnagebirge 105
Rogenstein 510
Rogers City 300
Rohhumus(an)zeiger 392
Rohton 560
Roller 550
Rollerzone 400*
Roseau 277 T
Röm 45
Roma 29
Romaira 341 T
Roman-Kosch 98, 101
Romancherinne 354
Romanchetiefe 350
Roper 272
Roraima 327
Rosengarten 124
Rosenthaler Staffel 576
Ross 275
Rossbarriere 342
Roßleben a. d. Unstrut 59
Ross-See 343, 361, 368 /T
Ross-Schelfeis 343
Rostbraunerde 531
rostfarbene Waldböden 24, 399
Rostock 28, 40
Rostow 96*
Röt 401
Rotationsellipsoid 416
Roterden 23
Roter Fluß 202, 205, 210 T
Rotes Becken 180*, 192

Rotes Meer 211, 218*, 241, 250, 251, 358, 368 T
Roter Tiefseeton 347
Rothaargebirge 39*, 49*, 50, 79 T
Rothenburg o. d. T. 68
Rotlatosol 531
Rotlehme 23, 518
Rotoruasee 276
Rotterdam 30
Round Mount 276 T
Routenaufnahme 465, 470
Rowuma 263 T
Rshew 96*
Ruapehu 276 T
Rub al-Khali 217, 218
Rübeland 56
Rücken 540
rückläufiges Delta 407
rückschreitende Erosion 421
Rückstaudeiche 406
Rückzugsschotter 531
Rudelsburg 57
Rudolfsee 230, 251, 254, 255, 263 T
Rudolstädter Heide 57
Rüdesheim 51
Rufidschi 253, 263 T
Rügen 40
Rügen-Warmzeit 532
Ruhla 56
Rüllen 503
Rumänien 30, 103*
Rumba 199
Rumbenkarte 522
Rumelien 132
Rum Jungle 272
Rumpfebene 414
Rumpffläche 414
Rumpfgebirge 434
Rumpfschollengebirge 434
Rundbuckel 532
Rungwe 263 T
Rungwemassiv 250, 256
Russe 28
Russia 426
Russische Tafel 32, 33*
Rutila-Braunerde 513
Ruwenzori 256
Rwanda 227 T
Rybinsk 96*, 97, 101

S 552
Saale 56, 79 T, 519 T
Saalfeld 57, 58
Saalfelder Heide 58*
Saar 66
Saarbrücken 66
Saarrevier 48
Saar-Saale-Senke 48
Sabaganlischan 179 T
Sabi 254
Sacco 126
Sachalin 161, 168, 185
Sacramento 286 T
Sächsische Schweiz 61
Sackwald 54
Sadd-el-Ali-Damm 240
Sado 117, 121
Sahara 21, 233, 236, Taf. 5
Sahara-Atlas 233, 234*, 263 T
Sahel 244
Sahul-Schelf 206*
Saida 218
Saimaasee 87 T
Saimaasystem 86

Saint Etienne 143*
- George's 277 T
- Kitts 278 T
- Lucia 278 T
- Nazaire 142
- Pierre 278 T
- Vincent 278 T
Sajama 341 T
Sajan 180*
Sajanisches Gebirgssystem 167, 170
Säkularvariation 420
Salado 334*, 338
Salado (nördlicher) 341 T
Salar 534
Salar de Empexa 334*
- de Uyuni 334*
Sala y Gomez 369
Salechard 93, 100*, 165
Salentinische Halbinsel 127
Salina 534
Salina Grande 339
Salomonen 264 T, 363, 366
Saloniki 29, 103*, 132
Salpausselkä 81, 86
Salse 538
Salt Lake City 286 T
Salton Sink 311
Salt Range 197
Saluën 197*, 202, 204*
Salween 202, 210 T
Salzburg 30, 103*
Salzbusch 268
Salzdom 533
Salzgebirge 197
Salzgitter 59
Salzhang 385
Salzhorst 533
Salzhut 533
Salziger See 57, 58*
Salzkammergut 79 T
Salzkrusten 482
Salzlager 385
Salzpflanzen 453
Salzseen 542
Salzspiegel 533
Salzsprengung 570
Salzsteppe 548
Salztonebenen Taf. 14, Taf. 22
Samara 253
Samarkand 149 T, 176, 179
Sambesi 254*, 256, 258, 260, 263 T
Sambesisenke 257
Sambia 227 T
Samoa 364
Samoainseln 363, 367
Samojeden 163, 164
Samos 109, 212
Samum 237, 534
San Bernardino Range 309
Sandboden 392
Sandbraunerde 531
Sanddeckkultur 504
Sander 446*
Sandhosen 534, 564
San Diego 286 T, 309
Sandmischkultur 504
Sandriff 399, 400*
Sandschliff 481
Sandtromben 398
Sandwichinseln 368
Sandwirbel 564
San Fernando 278 T
San Francisco 280, 286 T, 296, 309
Sanga 249
San Gabriel Range 309

Sangamon 412, 519 T
Sangay 336
Sangre de Christo Range 305
San José 278 T
- Juan 312
- Juan Mountains 305
San-Kampeng-Stufe 204*
Sankt Anton 77
- Clair River 299, 300*
- Clair-See 300*, 315 T
- Elias-Kette 294
Sankt Elmosfeuer 413
Sankt Francisbai 261
Sankt-Francis-Strom 301*
- Helena 228 T, 355
- Lorenz-Golf 368 T
- Lorenz-Schiffahrtsweg 300*, 301*
- Lorenz-Strom 293, 298, 299, 301*, 315 T, 354
- Louis 280, 286 T, 301
- Louis-Strom 301*
- Malo 142, 444 T
- Marys River 299, 300*
- Paul 359, 388
- Pierre 314
Sankuru 250
San Marino 31, 125
- Martin-See 341 T
Sanmenschlucht 191
San Miguel 277 T
- Pedro 309
- Pedro Sula 277 T
- Remo 125
- Salvador 277 T, 286 T
Sansanding 245
Sansibar 253, 254*
Santa Ana 277 T
- Catarina 337
- Clara 278
- Cruz 338
- Cruz de la Sierra 332
- -Cruz-Inseln 362, 366
Santander 119
Santarém 327
Santatal 336
Santeetlah 302*
Santiago 277 T
- de Compostela 119
- de Cuba 278 T
Säntis 75, 78, 79 T
Santo Domingo 277 T
Santon 482 T
Santorin Taf. 10
Santorin-Gruppe 133
San Valentin 341 T
São Francisco 330, 331, 332, 341 T
Saône 145, 147 T
São Paulo 331, 332, 355
São Tomé 227 T
- Thomé 249
Saporoshje 95
Sarajevo 29, 103*
Saranda 130
Saratow 96, 97
Sardinien 128
Särdsir 220
Sarektjåkkå 87 T
Sargassosee 350, 354
Sargassostrom 353
Sarhadd 220
Sarmatia 32, 426
Sarnia 293
Saronischer Golf 133
Saroszyklus 502
Sar Planina 113

Sarrebourg 65
Saskatchewan 292*, 293, 303
Saskatchewan-Nelson 315 T
Satellit 501
Satledsch 172, 197, 199
Satpura Gebirge 197*, 200
Sattel 423
Sattelachse 423
Sattelfirst 423
Sattelkern 423
Sattelscheitel 423
Sättigungsdampfdruck 404
Sättigungsgrad 573
Sauerland 39*, 49*, 50
Säuerlinge 526
Säulengefüge 396
Saumriffe 481
Saumtiefe 571
Säure(an)zeiger 392
Sava 109, 115
Savaji 367
Savannah 298, 309, 315 T
Savanne 21, 232
Savannenklima 15
Save 109, 115
Savona 125
Savoyer Alpen 79 T
Sawatch Range 305
Sawusee 368 T
Saxaul 176
saxo-thuringische Zone 48
Sc 550, 581*
Scafell Pike 139
Schaabe 40
Schaar 399, 534, 541, 567
Schaardeiche 406
Schaffhausener Stadium 581
Schafkälte 544
Schale 534
Schalstein 566
Schamo 174
Schan 203
Schanhochland 203
Schärenküste 484*
Schari 243*, 246, 263 T
Scharmützelsee 79 T
Schatt el Arab 218, 220
Schattenschraffen 529
Schaubilder 371
Schauer 528
Schchara 221 T
Schebschigebirge 249
Schefferville 293
Scheibenberg 59
Scheidegebirge 214
Scheindiskordanz 409
Scheinepiphyten 414
Scheinfaltung 425
Scheitelbrüche 400
Schelde 43, 79 T
Schelf 461*
Schelfeis 497, 536
Schelfinseln 536
Schelfmeere 536
Scheliff 263 T
Schenkel 424
Schenkelbrüche 400
Scherbretter 424
−faltung 424
−flächen 424
Schibljak 219
Schibljakvegetation 130
Schichtenkunde 550
Schichtrippe 537

Schichttafelländer 411
Schichtung 536
Schichtvulkan 572*
Schiefe der Ekliptik 413, 417
Schieferton 538
schiefständige Entwürfe 471
Schierke 56
Schießen 428
Schilde 482
Schildvulkan 572*
Schilftorf 42
Schilka 167 T
Schire 256
Schiregraben 260
Schirokko 117
Schlachtenberg 56
Schlafdeiche 406
Schlammbrekzie 400, 425
−kegel 538
−sprudel 538
−ströme 538
Schlangenbad 51
Schlauchwaage 457
schleichende Bodenerosion 394
Schleppblatt 391
Schleppsand 534
Schlernstadium 581
Schlesische Tieflandsbucht 47
Schlicke 372
Schlierenstadium 581
Schliffbord 564
Schliffgrenze 564
Schliffkehle 564
Schloßen 453
Schluchsee 64
Schlucht 554
Schlüchtern 52
Schluffboden 392
Schlundloch 430
Schlußeiszeit 581
Schmale Heide 40
Schmalsättel 533
Schmidt-Graben 344
Schmiedefeld 57
Schmücke 57, 58*
Schneeberg 60, 79 T
Schneebretter 539
Schneegrenze 539
Schnee-Eifel 48, 49*
Schneekopf 56
Schneekoppe 61, 79 T
Schneifel 48
Schnittfläche 468
Schönbuch 68
Schöneck 59
Schonen 80, 83, 85
Schonungsklima 476, 529
Schönwetterhaufenwolke 403
Schore 171, 176
Schorre 373, 399
Schott 534
Schott el Djerid Taf. 22
Schotter 441
Schotteranalyse 505
Schottische Inseln 138
Schottisches Hochland 138
Schottland 137
Schotts 233, 235, 238
Schraffen 529
Schratten 469
Schrecke 58*
Schreibkreide 467
Schreibwerk 371
Schubbahn 567
Schummerung 529

Schuppung 540
Schurwald 68
Schussen 72
Schüsseln 505
Schußkanal 539
Schüttergebiet 415
Schuttinsel 108
Schuttkegel 540
Schuttpflanzen 531
Schüttung 525
Schutzrinde 482
Schutzwaldstreifen 454
Schwäbische Alb 67*, 68, 79 T, Taf. 3
schwäbisch-fränkische Schicht-
  stufenlandschaft 66
Schwalm 53*
Schwammgefüge 482
Schwankungsbreite, systemeigene 509
Schwarmbeben 415
Schwarmwasser 397*
Schwarzalkaliboden 533
Schwarzburg 57
Schwarze Berge 260, 261*
Schwarzerde 565
Schwarzer Volta 243*
Schwarzes Meer 211, 214, 356, 368 T
Schwarzkultur 504
Schwarzmeerniederung 95
Schwarztorf 504
Schwarzwald 64, 67*, 79 T
Schwarzwasser 400
Schwarzwasserfluß 430
Schweb 430
Schweden 31
Schweiz 31
Schweizer Mittelland 72
Schwemmfächer 540
Schwemmlandböden 376
Schwereanomalien 418
Schwerefeld 418
Schweremessung 451
Schwermetall(an)zeiger 392
Schwerin 28
Schweriner See 79 T
Schwielochsee 79 T
Schwingrasenmoor 541, 569
Schwülegrenze 541*
Scillyinseln 139
Scoresby-Sund 288
Scottinsel 369
Scrub 268
Sea Island 298
Seattle 295
seamounts 362
Sebchas 238, 534
Sedimentation 372
Sedimente 372
−, bathyale 372
−, eupelagische 372
−, hemipelagische 372
−, litorale 372
−, neritische 372
−, pelagische 372
Seealpen 123
Seebau 575
Seebeben 415
Seeberg 58
Seedeiche 406
Seegesicht 493
Seehalde 541
Seeklima 17
Seekreide 467, 505
Seeland 45*
Seeländisches Stadium 523 T
Seemarsch 495

Seemarscherde 495
Seesalz 548
See Tiberias 221 T
Seewind 487
See von Bracciano 123
Segelkarten 542
Ségou 226 T
Seguatchietal 301*
Sehnenberg 567
Seine 144, 147 T
Seja 168
Seismik 416
Seismogramme 415*, 416
Seismograph 416
Seismologie 146, 543
Seismometer 416
Seitenerosion 421
Seklusion 509
Sekond-Takoradi 225 T
Sekundärproduktion 390
Selb 70
Selbstmulcheffekt 444, 505
Selbstreinigung 430
Selenga 174
Selenit 445
Selvas 461
Semantik 543
Semenicgebirge 106
Semeru 211 T
semiarid 20, 379
semihumid 20, 459
seminival 508
Semiologie 543
−, graphische 543
semiterrestrisch 543
semiterrestrische Böden 558
Senegal 227 T, 236, 242, 243*, 245, 263 T
Senegal-Gambia-Becken 242
Senegal-Gambia-Tiefland 244
Senkwasser 397
Senne 46, 53*
Senon 482 T
Sepik 366
Sequoia 295
Serac 447
Seram 209
Seramsee 368 T
Serasem 451
Serawschan 175, 179
Serbisches Erzgebirge 106
Serdang 207
Seres 103*
Seresjom 451
Serir 238, 582
Serizil 449
Serra 127
− da Arrabida 121
− da Estrela 121
− da Mantiqueira 331
− do Mar 331, 337
− do Paranapiacaba 337
− Geral 337
Sertäo 331
Sestri 125
Sete Quedas 332
Seter 550
Seulingswald 53*
Severn 135, 139, 147 T
Sevilla 31, 120
Sewansee 214, 221 T
Sewernaja Semlja 161
Seychellen 227 T, 358, 360
Sfax 228 T
Sferics 443

's-Gravenhage 30
Shaba 259
Shackleton-Schelfeis 346
Shag Point 275
Shandong 181
Shanghai 182 T, 192, 193
Shannon 140, 147 T
Shantou 193
Shantung 180*, 181, 190
Shashi 193
sheet erosion 393
Sheffield 29, 139
Shenyang 187
Sherbroinsel 349
Sheridonminen 293
Shetlandinseln 138
Shiguliberge 96, 101
Shikoku 185
Shimshal 197
Shinano 194 T
short grass 284
Shkodra 28
Shkodrasee 115, 129
Shkumbini 130
Shyok 197
Sial 418
siallitisch 571
siallitisch-allitisch 571
Siam 203
Sian 189, 190*
Sibenik 197
Sibirische Masse 154
Sibirischer Trakt 164
Sibyllenstein 61
Sicheldüne 410
Sichota Alin 188
Sichote-Alin 181
Sickerwasser 397
siderischer Tag 553
Siderosphäre 418
Sid on 218
Siebenberge 54
Siebenbürgisches Becken 109
− Erzgebirge 109
Siebengebirge 51
Sieg 50
Siegerland 49*
Sierozem 451
Sierra 335
− de Córdoba 339
− de Gredos 120
− de Monte Cristo 318
− Leone 227 T
Sierra-Leone-Becken 350
Sierra Madre 279
− Madre Occidental 310
− Madre Oriental 310
Sierra Maestra 313
− Nahuel-Huapi 334*
− Nevada 120, 279, 295, 305, 306
Sietland 495
Sigmatik 543
Signaturmethode 404
Sikiang 193, 194 T
Sikkim 198
Silagebirge 127
Silberhorn 275
Silikatboden, bolusartiger 518
Silikatschale 418
Silikatverwitterung 561, 570
Silistra 111
Silttil 452
Silvretta 78
Sima 418

Simbabwe 220 T, 256, 257, 260
Simeto 116*, 128
Simla 198
Simplontunnel 122
Simultanbeben 415
Sinaia 106
Sinaihalbinsel 217
Singener Aach 69
Sinische Masse 202
Sinische Scholle 154*
sinisches Gebirgssystem 188
Sinkiang 173
Sinkstoffe 430
Sinus 502
Sió 108
Siret 110, 115
Sirwah 199
Sistan 219
site 561
Sittang 203
Situationszeichnung 451
Siwa 240
Siwalik-Kette 170
Siwaliks 197, 199
Sizil 519
Sizilien 128, 356
Skagerrak 45*
Skanden 80, 84
Skandik 351
skandinavisches Eis 42*
Skandinavisches Gebirge 84
Skeena 295
Skeenatal 295
Skelettboden 392
Skopje 29, 103*, 113
Skutarisee 129
Slamet 208, 211 T
Slatoust 99
sleet 282
Slowakisches Erzgebirge 105
Slowenské rudohorie 105
sm 543
Småland 85
Smolensk-Moskauer Höhe 94
Smolikas 134
Smonitzen 565
Smyrna 213
Snake River 306, 315 T
Snezka 61
Sněžnik 60
Śniardwy-See 79 T
Sniezka 61
Snøhetta 84, 87 T
Snowdon 139, 147 T
Sobat 251
Soester Börde 46
Sofia 28, 103*
Sofioter Becken 114
Sognefjord 81, 87 T
Sogstrom 550
Sohlengefälle 435
soil erosion 393
Sokodé 228 T
Sokoto 238, 243*
Sokotra 360
Solarkonstante 12
sol brun 399
sol brun lessivé 513
sol lessivé 423
Solling 53*
Solod 533
Solonez 92, 533
Solontschak 92, 533
Solorinseln 209
Solstitialpunkt 413

Somalia 227 T
Somalihalbinsel 250, 251
Somalistrom 359
Somme 144
Sommerannuelle 377
Sommerburan 401
Sommerdeiche 406
Sommerfeldbau 528
sommergrüne Laubwälder 21
Somes 109
Somportpaß 119
Sondershausen 57
Songhua 188, 194 T
Song-koi 202
Sonnenböen 398
Sonnenfinsternis 546
Sonnenflecken 546
Sonnenjahr 466
Sonnenrauch 457
Sonnenring 453
Sonnensäule 453
Sonnenscheinautographen 546
Sonnensystem 577
Sonnentag 553, 584
–, mittlerer 584
Sonnenwende 545
Sonnenwind 383
Sonora 310
Sonsocuite 565
Son-Tal 200
Sontra 52
Soonwald 49*, 50
Soputan 208
Sorptionskapazität 385, 546
Sorptionskomplex 546
Sotschi 215
Sottomarina 124
Soulanges 301*
Soul-Vŏnsan 186
Sousse 228 T
Southerly Bursters 267
South Downs 140
Southampton 140
South Platte 304*
Sowjetisch-Mittelasien 171
Sowjetskaja 343
Sowjetunion 103*, 147 T, 148 T, 149 T
Spaliersträucher 482
Spalierstrauchgesellschaften 569
Spaltenfrost 570
–netze 432
–wasser 452
Spanien 31
Spanische Halbinsel 117
Sparren 448
Speer 76
Speilöcher 430
Speläologie 458
Spercheios 132
Sperrschicht 464
Spessart 66, 67*
Spezialkarten 558
Sphäre, geographische 440
Sphäroid 416
Spiegel 454
Spiegelgefälle 435
Spiralarme 500
Spirdingsee 79 T
Spitzbergen 87
Spitzbergenschwelle 351
Spitzböen 398
Split 29, 103*
splitternde Erosion 445
Spodumen 385
Sporaden 131*, 133

Springfluten 444
Springtiden 444
Sprudelstein 510
Sprung 400
Sprunghöhe 400
Sprungsysteme 400
Spüldenudation 407
Spülmulde 427, 526
Srednagora 114
Sri Lanka 156, 195 ,196, 201
Srinagar 197
Srnenagora 114
Sserir 543, 582
St 550, 581*
Staaten River 272
Stadium, postorogenes 435
Staffelberg 69
Staffelbrüche 400
Stalagmiten 565
Stalagnaten 565
Stalaktiten 565
Stammfaltung 425
Stammsukkulenten 552
Standort 510
Standortkartierung, mittelmäßstäbige landwirtschaftliche 396
Stanislaw 95
Stanley Pool 248
Stanowoigebirge 165, 168*
Stara Planina 103*, 113
Stara Zagora 28
Starkregen 528 T
Starnberger See 72, 79 T
Staßfurt 59
Staublehm 490
Staubwirbel 564
Staudünen 410
Staueis 413
Staugley 524
Staukörper 524
Staukuppen 572*
Staunässe 397
Staunässegley 524
Staunässeleiter 524
Stauseeausbrüche 448
Stausee von Gorki 96*
– Iwankowo 96*
– Kuibyschew 96*
Stausee von Rybinsk 96*
– Uglitsch 96*
– Wolgograd 96*
– Wotkinsk 96*
– Zimljanskaja 96
Stauwasser 397, 444, 547
Stavanger 30
Štavnické vrchy 105
Stawropol 216
steady stade 446
Stefaniesee 254*
Steiermark 77
Steigerwald 67*, 68
Steigungsregen 507
Steingirlanden 432
Steinhuder Meer 79 T
Steinkohle 478
Steinpolygone 432
Steinringe 432
Steinrücken 374
Steinschlagrinnen 540
Steinsohlen 548
Steinstreifen 432
Steppe 92, 162
Steppen, tropische 536, 548
Steppenbleicherde 533

Steppenböden 24
Steppenheide 454
Steppensalz 548
Stereogramm 391
stereographische Projektion 471
Sterndünen 410
Sternjahr 466
Sterntag 553, 584
stetiges Klima 13, 476
STJ 466
Stickstoff(an)zeiger 392
Stikine 295
Stielgang 539
Stiller Ozean 360
Stillfried A 576 T
Stillfried B 576 T
Stillwasser 444
Stirlingkette 270, 276 T
Stirn 567
Stockholm 31, 85
Stoffkreislauf 390
Storchschnabel 513
Storlien-Paß 85
Stoßbeben 415
Stoßkuppen 572*
Störungen 559
Strahan 273
Strahlstrom 466
Strahlungsfrost 549
Strahlungsgürtel 383
Strahlungskälte 549
Strandbrandung 399
Strandbuhnen 401
Strandgefälle 400*
Strandschagebirge 103*
Strandsedimente 372
Strandseen 452
Strandversetzung 550
Strandverschiebung 550
Strandwall 399, 400*
Strangmoor 432
Strasbourg 64
Straße der Palmen 240
Straße von Bonifacio 127
– Gibraltar 117, 356
– Malakka 201
– Messina 128
– Moçambique 358, 359
– Otranto 122
– Tunis 122
Stratopause 383
Stratosphäre 383 T
Strauchsteppe 548
Streichrichtung 550
Streifenböden 432
Streuschicht 550
Strichdünen 411
Striche 455
Strip-Copping 297
Strohgäu 68
Stromberg 68
Stromboli 122, 128, 134
Stromboli-Typ 572
Strömen 428
Stromlinientheorie 448
Stromstrich 429
Strudel 580
Strudeltopf 476
Strudengau 72
Strukturböden 432
Strukturraster 427
Struma 114, 132, 134
Stubaier Alpen 79 T
Stufenbildner 538
Stufenlehne 537

Stufenrückland 537
Stundenkreis 381
Stundenwinkel 381
Stundenwinkelsystem 381
Stürme 420
Sturmtore 406
Stürzen 428
Stuttgart 28, 68
Stymphalischer See 131, 133
Suaisee 254*
subaerisch 551
Subapennin 125
Subarktis 162, 380
Subboreal 523 T
Subduktion 518
subhumid 459
subhydrische Böden 558
Sublitoral 490
submarine Cañons 402, 552
subnival 508
subnivale Denudation 545
Subotica 103*
Subpolargebiet 162
subpolares Klima 16
subpolare Tiefdruckfurche 13
Subpolarer Ural 100*
subpolare Wiesen 22
subsequente Flüsse 479
Substratosphäre 383
subtropische Front 520
subtropische Hochdruckzellen 13
subtropisches Wechselklima 15
Suceava 106
Suchona 101
Suchowei 97
Suchumi 148 T, 215
Südafrika 227 T, 233, 257*
Südamerika 316 T, 317 T
Sudan 228 T, 233, 240, 243*
Südantillenmeer 350
Südapennin 127
Südäquatorialstrom 359, 364, 498
Südäquatorialschwelle 233, 247
Südassam 198
Südaustralien 267
Südbrasilien 321
Südbrasilianisches Becken 350
Südbulgarische Gebirge und Becken 103*
Sudbury 300
Südchile 340
Südchina 189, 192
Südchinesische Masse 154
Südchinesischer Gebirgsrost 193
südchinesischer Küstenbogen 181
Südchinesisches Meer 201, 361, 368 T
Sudd 246
Südgeorgien 346, 355
Südgriechenland 133
Südguineaschwelle 247, 249
südiranische Randgebirge 219
Süditalien 126
Südkalifornien 303
Süd-Kanaren-Becken 351
Südkarpaten 103*, 106
Südlicher Aktau 177*
Südlicher Altai 167
 – Bug 101
 – Landrücken 41
 – Ural 100*, 101
Südliches Anjuigebirge 166
südliches Karpatenvorland 110
Südliches Karpatenvorland und Donautiefland 103*
Südlicht 520

Südmährisches Becken 71
Süd Orkneys 355
Südpolargebiet 377
Südpolarmeer 350
Südpunkt 552
Süd-Sandwich-Inseln 355
Südschottisches Bergland 138
Südschwedisches Bergland 85
Südsee 360
Süd-Shetland-Inseln 355
Südtiroler Dolomiten 76
Südviktorialand 346
Sueskanal 241
Suez 224 T
Suezkanal 356
Suffossion 552
sukkulent-xeromorph 506
Sulainseln 209
Sulawesi 205, 206*, 208
Suleimangebirge 196, 197*, 219
Sulfid-Oxid-Schale 418
Sulitjelma 85, 87 T
Suluinseln 206, 210
Sulusee 368 T
Suluwesisee 368 T
Sumatera 205, 206*, 207
Sumbawa 209
Sumpfpflanzen 455
Sumpftaiga 164
Sund 357
Sundagraben 359
Sundainseln, Kleine 206
 –, Große 206
Sundamasse 154, 202, 206*
Sundarbans 198
Sungari 188, 194 T
Süntel 53*, 54
Suomenselkä 86
Süphan dag 213, 221 T
Supralitoral 490
Suramskischen 214
Surgut 165
Surmagebiet 198
Surtsey 355
Susgebiet 235
Susquehanna 315 T
Süßer See 57, 58*
Süßwasserquarzit 525
Sutlej 172, 197, 199, 210 T
Suva 264 T
Svalbard 31
Swakopmund 261
Swanland 267, 270
Swan River 270, 276 T
Swasiland 228 T
Swat 196
Swatou 193
S-Wellen 415
Swerdlowsk 99, 100*, 147 T, 148 T
Swir 83, 96*
Sydney 264 T, 273
Sylhets 198
Sylt 45*
Symbiose 539
Synklinale 505
Synklinaltal 555*
Synkline 505, 552
Syntaktik 543
Syr-Darja 159, 175
Syrien 216
Syrische Wüste 218
Syrogley 531
Syrosem 552

Syrosjomhumus 531
Syrten 179
System 441
Systemverhalten 441
Szczecin 30, 40, 41
Szechuan 192
Szeged 31, 103*
Szigetköz 108
Szik 107
Szylla 128

T 492
Tabasco 308
Taberg 85
Tabora 253, 254*
Täbris 214
Tabünbogdo-ola 167
Tacoma 295
Tademait 240
Tademaitplateau 237
Tadshiken 171
Tafelberg 261, 263 T
Tafelberg(e) Taf. 3, 23
Tafelgletscher, firnfeldloser 446
Tafelland von Turgai 177
Tafelrumpf 412*, 414
Tafelschiefer 561
Tafilelt-Oasen 239
Tagalog 209
Tagasumpf 133
Tagboden 417, 553*
Tageszeit 428
Tageszeitenklima 476
Tagundnachtgleiche 378
Taifun 183
Taiga 162
Taiga Taf. 4, Taf. 7, Taf. 16
Taihangschan 180*, 181
Taihangshan 188, 190
Taimyrhalbinsel 153, 165
Taumirsee 166
Taipaischan 188, 194 T
Taischan 194 T
Taitong 194 T
Taiwan 180, 181, 184, 185, 192, 194
Tajo 120, 134
Takht-i-Suleiman 210 T
Taklamakan 171, 173
Taklimakan 173
Takyr 171, 176, 534, Taf. 14
Talasymmetrse 381
Tal des Todes 283, 398, 311
Talleisten 557
tall grass 284
Tallinn 148 T
Talmäander 49
Talysch 215
Tamale 225 T
Tamanhalbinsel 216, 398
Tamanrasset 237
Tamarfluß 274
Tamatave 226, 262
Tamboschwelle 272, 273
Tamilen 201
Tampere 86
Tampico 286 T
Tanana 294
Tanasee 253, 263 T
Tanesruft 239
Tanga 228 T, 253, 254*
Tanganjikasee 230, 250, 254*, 263 T
Tangelhumus 531
Tanger 226 T, 234*

Tanon-Tong-Tshai-Kette 204*
Tansania 228 T
Taodenni 239
Tapajós 330
Tapeszeit 523 T
Tapolca 108
Tapti 200, 210 T
Tarabulus 238, 240
Tarai 198
Tarakan 207
Taranakiplateau 275
Tarasker-Nahua-Gebirge 310
Tarbagatai 173
Tardoki-Jani 169 T
Tarent 103*,
Tarim 171, 173
Tarimbecken 159, 170, 173
Tarimmasse 180*
Tariosee 301
Tarn 143
Tarnów 63
Taro 116*
Taryn 384
Taschenböden 432
Taschkent 147 T, 149 T, 176, 179
Tasmanbai 275
Tasmangletscher 275
Tasmanien 265, 266, 267, 273, 358
Tasmanland 272
Tasmansee 361
Tassili 236, 237, 240
Tassili v. Adscher 237
Tassilin'Ajjer 237
Tatanagar 200
Tatarensund 168
Tauber 68
Taubergrund 68
Tauchdecken 567
Tauchfalten 424
Taufstein 52
Taunus 51, 67*, 79 T
Tauposee 276 T
Taurus 213
Tavogliere delle Puglie 127
Tavo-Kette 204*
Tay 147 T
Tayabasbucht 211
Taýgelosgebirge 133
Taýgetos 133*
Tbilissi 147 T, 148 T, 214
Tebulos-Mta 221 T
Tedshen 175, 179 T
Tegelen 519 T
Tegucigalpa 277 T
Teheran 219, 220
Tejo 117, 121
tektonische Beben 415
Tel Aviv 217
Telbes 167
Telegraphenplateau 350
tellurisch 24
Temirtau 167
Temperaturen, reduzierte 556
Temperaturgradient, feuchtadiabatischer 557
-, trockenadiabatischer 556
-, vertikaler
Temperatursprungschicht 496
Temperaturumkehr 463
Tempetal 132
Tenasserim 205
Tenasserim-Kette 204*
Tennesee 298, 300*, 301*, 302*, 315 T
Tephrochronologie 437

Ter 121
Terairegion 555
Terek 215, 221 T
Termini 128
Ternate 209
Terra firme 326, 461
Terraindarstellung 529
Terra rossa 23
Terra roxa 332
terrestrische Photogrammetrie 516
Territorialsystem 486
Terror 344
Tessera 514
Teutoburger Wald 46, 54
Tevere 126, 134
Texas 301, 302, 303, 304
Thabazimbi 257
Thailand 203
Thames River 276
Thar 156, 196, 197*, 199
Theiß 103*, 107, 115
Themse 140, 147 T
Theodorosgebirge 134
Théra 133
Therasia 133
Thermalquelle 558
Thermen 525
Thermik 480
Thermischer Äquator 378
thermische Sprungschicht 542
Thermoelemente 559
Thermograph 559
Thermosphäre 383 T
Therodrymium 545
Thessalien 131*, 132
Thessalonike 132
Thetford 300
Thiés 227*
Thrazien 131*, 132
Thufur 432
Thule 289*
Thüringer Becken 57
Thüringer Pforte 57
Thüringer Wald 56, 79 T
Thüringische Keupermulde 58*
Thüringisches Schiefergebirge 56
Thursday Island 272
Thyrrhenisches Meer 357
Tianjin 190
Tibarias See 216
Tiber 116*, 126, 134
Tibestigebirge 236
Tibestimassiv 237, 139
Tibet 170, 197*
tibetische Stufe 181
Tiden 443
Tidenfall 443
Tidenhochwasser 443
Tidenniedrigwasser 443
Tidenschub 443
Tidenstieg 443
Tidikelt 240
Tidore 209
Tief 559, 576
Tiefdruckrinne 559
Tiefenerosion 421
Tiefenstandwasser 452
Tiefenströmungen 498
Tiefherdbeben 415
Tieflandpodsole, tropische 520
Tiefland von Turan 169, 175
Tiefpflugkultur 504
Tiefseeboden 461*
Tiefsee-Ebene 348*
Tiefseegesenke 461*

Tiefseegräben 560
Tiefseesedimente 372
Tienschan 155, 170, 171, 175, 178
Tientsin 190*
Tierkreislicht 585
tierra caliente 333, 456
tierra fria 333, 456, Taf. 29
- helada 333
- templada 333, 456
Tigris 214, 218, 221 T
Tihama 217, 218
Tihua 174
Tiksi 163
Tilburg 30
Tilkensprung 407
Tillite 318, 331
Timangebirge 100*
Timanrücken 88
Timbuktu 238
Timersee 266
Timis 106
Timișoara 30
Timok 113
Timor 209, 358
Timorlaut 209
Timorlaut-Gruppe 209
Tinduf 238, 239
Tinghert 240
Tinkalsee 398
Tirana 28, 103*
Tiratsch-Mir 210 T
Tirs 23
Tirsifizierung 560
Tiruchchirapalli 201
Tisza 107, 115
Tiszakanal 108
Tiszalók 108
Tiszántul 108
Titicacasee 334*, 335, 336, 341 T
Titisee 64, 79 T
Tjäle 433
Tjumen 163, 165
Tkibuli 215
Tkwartscheli 215
Tobasee 207, 211 T
Tobel 555
Tobol 169 T
Tobolsk 165
Tocantin 326, 330
Tocantis 341 T
Togainseln 366
Togo 228 T
Togo-Atakora-Gebirge 245
Tokaj 108
Tokelauinseln 264 T, 367
Tokyo 185
Toledo 300
Tom 167
Tomalandschaft 388
Tombouctou 238, 242, 243*, 245
Tomillares 117
Tomor 113
Tonboden 392
Tone 194 T
Ton-Eluvialhorizont 414
Tonga 264 T
Tongagraben 363
Tongagruppe 363
Tonga-Inseln 404, 405*
Tongaschwelle 363
Tonking 205
Tonle-Sap 204*, 210 T
Tonminerale 383*
Topka 169 T
Topographie, absolute 561

Topographie, relative 561
topographischer Maßstabsbereich 470
Topoklima 435
topologische Dimension 408
topologische Einheiten 561
topometrischer Maßstabsbereich 470
Topoökologie 486
Topothermogramm 561
Torf 504
Torfhügel 432
Torino 124
Tornado 282
Torne älv 85, 87 T
Torneträsk 87 T
Toronto 277 T
Torre desperato 127
Torrenssee 276 T
Torrente(n) 116, 429
Torreón 311
Torino 29
Torsukatakgletscher 288
Toruń-Eberswalder Urstromtal 39*, 41
Toskana 125
Toskanischer Apennin 125
Totalintensität 420
Totalisator 508
Totes Meer 211, 217, 221 T
Totwasser 397
Toulouse 145
Towoetisee 211 T
TP 563
Trabant 501
trade winds 513
Transalai 178
Transalaska-Pipeline 294
Transamazonica 327
Transbaikalien 167
Transdanubien 108
Transformstörungen 518
Transhimalaja 172
Transhumance 117
Transkaukasien 214
Transpiration 569
Transporterleichterung 422
Transsilvanien 103*, 109
Transsilvanische Alpen 106
Transsilvanisches Becken 109
Transvaal 257*
Transvaalformation 256
transversale Entwürfe 471
Transversalwellen 415
Trasimenischer See 126
Traß 566
Trauf 537
Traun-Enns-Platte 72
Travertin 467
Třebou 70
Treene-Warmzeit 532
Treibeis 412
Treibsand 428
Tremiti-Gruppe 127
Trennart 408
Trent 147 T
triadisch 563
Tribečgebirge 105
Trichinopoly 201
Trichtermündung 381
Trientiner Alpen 124
Trier 48
Trierer Bucht 48, 49*
Triest 103*, 129
Trift 497
Triglav 76, 79 T
trigonometrische Punkte 563

Trinidad 355
Trinidad und Tobago 278 T
Triphylien 133
Tripolis 226 T, 240
Tristan de Cunha 355
trockenadiabatisch 374
Trockenböden, agronomische 563
Trockendelta 372, 407, 429
Trockenfarmen 410
Trockenheitsindex 380
trockenlabil 556
Trockenresistenz 411
Trockensavanne 21, 232, 536, 564 T
trockenstabil 556
Trockentäler 555
Trockentorf 531
Trockenzeitfeldbau 528
Trogkante 564*
Trogschulter 564*
Trollhättan 82
Trompetentälchen 534, 566
Trøndelag 85
Trondheim 30, 81, 85
Trondheimfjord 87 T
Troodos 221 T
Tropentage 455
Tropfsteine 467
tropical 564
tropischer Regenwald 14, Taf. 4
tropische Schwarzerde 23
tropisches Wechselklima 14
tropische Zone 12
Tropodrymium 528
Tropolis 238
Tropopause 383 T
Troposphäre 382, 383 T
Trotus 106
Trugrumpf 524
Tsaidam 172
Tsangpo 172, 197*
Tschachar 190*
Tschad 226 T
Tschadbecken 227
Tschadsee 229, 243*, 263 T
Tschadseebecken 242
Tschadseegebiet 246
Tschagosinseln 358, 360
Tschangsee 169 T
Tschangtang 172
Tschaskatschorr 86, 87 T
Tschechoslowakei 31
Tscheljabinsk 99, 100*, 147 T, 162
Tscheragora 105
Tscheremchowo 166
Tscherrapundschi 198
Tscherskigebirge 166
Tschiatura 215
Tschinab 199
Tschinghai 172
Tschirisan 194 T
Tschita 163
Tschogori 197, 210 T
Tschoibalsan 175
Tschomolungma 198
Tschöngtu 192
Tschu 175, 179 T
Tschujasteppe 167
Tschuktschen 163, 166
Tschuktschenmasse 154
Tschungking 192
Tschunking 193
Tschussowaja 100*, 101
Tsinan 190*
Tsinlingschan 170, 180*, 181, 182, 183, 188

Tsunamis 499
Tsurugisan 194 T
Tuamotuinseln 367
Tuat 240
Tubnaiinseln 367
Tucumán 333
Tuffkegel Taf. 20
Tugai 177
Tuggurt 236, 240
Tula 97
Tulcca 111
Tullner Feld 72
Tumbasee 249
Tumusla 334*
Tundra 22, 90, 162, Taf. 13
Tundraböden 24
Tundrenzeit 523 T
Tunesien 228 T
Tunesischer Sahel 234*
Tungtinghu 192, 194 T
Tungusen 163
Tunis 228 T, 235, 236, 356
Tunturi 87
Tupungato 341 T
Turan 158, 171, 175
Turanische Niederung 175
turanischer Typ 157
turbidity current 552
Turfan 173
Turgai 175, 177
Turin 124
Türkei 103*
turkestanischer Typ 446
Turkmenen 171
Turks-Inseln 278 T
Turku 29, 86
Turkmenischer Graben 175
Turner Valley 293
Turon 482 T
Turpan 173
Tuttlingen 69
Tutupaca 334*
Tuz gölü 221 T
Tuzsee 213, 221 T
Twente 44*
T-Wert 385
Tyne 135
Typisieren 436
Tyrrhen I 458
Tyrrhen 519 T
Tyrrhenische Masse 115, 122

Ubangi 249, 263 T
--Uëlle 247
Überflutungsböden 558
Übergußschichtung 407
Überlinger See 73
Überschiebungen 400
Ucayali 336, 341 T
Uchta 93
Uëlle 263 T
Ufa 96, 100*
Uferbank 541
Uferwall 567
Uferwalzen 421, 576
Uganda 228 T, 240, 253, 255
Uganda-Unjamwesi-Becken 256
Ulm 50
Uiguren 173, 174
Uinta Mountains 307*
Ukerewesee 255
Ulaanbaatar 175

Ulan-Bator 175
Uljanowsk 96*
Uljanschan 194 T
Ulutau 177
Umbrien 125, 126
Um er Rbia 263 T
Umptek 86, 87 T
Unaka Range 301*
unconcentrated wash 393
Undulationen 567
Ungarisches Mittelgebirge 108
Ungarn 31, 103*
Ungavawald 292
Union-Inseln 367
Universal-Transversal-Mercator-Gitter 434
Universum 577
Unjamwesi 250, 253
Unjamwesibecken 255
Unstrut 57
Unterboden 395
unteres Denudationsniveau 407
unteres Indusgebiet 199
Unterholz 501, 508
Untere Tunguska 166
Untergrund 395
Untersee 73
Unterwasserböden 552
Unterwellenborn 57
Unterwesterwald 50
Upernivikgletscher 288
Uplands 138
Uppsala 31
Ural 97, 99, 100, 101*, 155
ural-altaisch 155
Ural, Fluß 89, 96*
Uralgebirge 99
Urarktik 568
Uratlantik 568
Urengoi 165
Ureuropa 379
Urgebirge 451
Urgebirgsmassive 482
Urkontinente 482
Urlandschaft 486
Urmia 221 T
Urmiasee 214
Urozean 347
Urpassat 384, 514*
Urserental 76
Urskandik 568
Ursprungsmulden 407
Urstromtäler 41, 446*
Uruguay 318, 321, 323, 337
Urumtschi 174
Ürzig 50
USA 278 T
Usambaragebirge 253
Usbeken 171
Usboi 177
Usedom 40
Uslowaja 97
Ussa 93
Ussuri 187, 188, 194 T
Ussuritaiga 168
Ust-Ilimsk 165
Ust-Urt-Plateau 155
Ust-Urt-Platte 177
Utah 304, 307
U-Tal 563
UTM-Gitter 434
Utrecht 30
Uttar Pradesch 198
Uvala 407

Vaal 260
Vacha 52, 59
Vaduz 30
Váh 105, 115
Valbongletscher 113
Valdivia 339, 340
Valence 146
Valencia 31, 121
Valendis 482 T
Valenginien 482 T
Valle 336
Valletta 30
Valleyfield 300
Valley- und Ridgeregion 297
Valona 130
Valparaiso 339
Val Sugana 124
Van-Allen-Gürtel 383 T
Vancouver 277 T, 286 T, 293, 295
Vancouverinsel 295
Vänersee 82, 87 T
Van gölü 221 T
Vansee 214, 221 T
Vardar 113, 132, 134
Vardartal 113
Vardussia 133
Variationen 420
Variationsfeld 420
variszisch 550
variszische Ära 568
variszische Richtung 568
Variszisches Gebirge 33*, 568
Varna 28, 103*
Varzea 326, 330, 461
Västerås 31
Vatikanstadt 31
Vätt ersee 82, 87 T
Varangerfjord 85, 87
Vecs 103*
Vega 384
Vega (Landschaft) 120
Vegetationsböden, arktische 432
Vegetationsgebiete 568
-kunde 568
-ruhe 569
-zonen 20
Vega Real 313
Vektorenmethode 404
Velay 143*
Velebitgebirge 129
Velgaster Staffel 576
Velká Fatra 105
Veltlin 124
Veluwe 39*, 44*
Vendée 142
Venedig 124
Venezia 124
Venezuela 329
Ventimiglia 125
Verano 328
Verbraunung 543
Vercors 146
Verdunstungsgröße 569
Verdunstungskälte 569
Vereenigung 260
Vereinigtes Arabisches Emirat 218
Vereisungsdauer 413*
Verfahren, normatives 438
Vergitterung 424
Vergrusung 452
Vermessungskunde 437
Vermiculit 561
vermittelnde Entwürfe 471
Vermont 299

Verona 124
Vertikalkreise 381
Versatzdenudation 407
verschleppte Flußmündung 429
Vertikalböe 398
Vertikalintensität 420
Vertoonung 513
Verwerfung 400
Verwerfungsfläche 400
Verwerfungslinie 400
Verwerfungsquellen 400
Verwerfungsspalte 400
Verzerrung 471
Vesuv 126, 127, 134
Victoria 227 T, 267, 272, 273
Victoriafälle 257, 258
Victorianil 240
Victoriasee 229, 250, 253, 254*, 255, 263 T
Viedma-See 341 T
Vienne 143*
Vientiane 204*
Vierkanter 580
Vierwaldstätter See 79 T
Vigo 119
Vihorlatgebirge 105
Vihren 114
Villanyigebirge 109
Ville 46, 49*
Vilnius 148 T
Vindhyagebirge 197*, 200
Virunga 254*
Virunga-Nationalpark 256
Virungavulkane 230, 250, 256
Visaya-Archipel 210
Vistritsa 132
Vitoša 114
vitrophyrisch 442
Vley 515, 533
Vlora 28, 130
Vltava 70, 79 T
Vogelsberg 52, 53*
Vogesen 64, 67*, 79 T, 141*
Vogtland 55, 56, 58*, 59
vollarid 379
vollgelid 516
Voltabecken 245
Voltagebirge 242
Volturno 126
Vorderindien 210 T
Vorderindische Halbinsel 199
Vordereifel 49
Vorderer Orient 211
Vorderrheintal 76
Vorderrhön 52
Vorderwesterwald 50
Vordünen 410
Voreifel 49*
Vorgebirge 46
Vorland 406
Vorläuferwellen 415
voruralische Platte 96
Vorwärmezeit 522
Vorzeitformen 409
V-Tal 554
Vulcano 122, 128
Vulkaneifel 49
Vulkanische Beben 415
Vulkaniten 572
Vulkankrater Taf. 27
Vulkantypen 572*
Vuoksen 86
VVK 569
Vysoke Tatry 105

W

W 576
Waag 105, 115
Waagepunkt 455
Waal 519 T
Wabenverwitterung 571
Waberner Becken 52
Wac 492
Wachau 73
Wadi 217, 429, 583
Wadi Dra 239
Wadi Draa 263 T
Wadi Rir 240
Wadis 233, 238, 239
Wadi Saura 240
Wadi Segiet el Hamra 239
Wadi Sis 239
Wagadugu 243*
Wahran 235
wahre Ortszeit 584
Waihu Rapanui 369
Waigatsch-Insel 99
Waikato 276 T
Waikatobergland 276
Waikato River 276
Waimeaebene 275
Wainangu-Geysir 276
Wairauebene 275
Wakatipu 275
Wake 264 T
Wakeinsel 367
Wałbrzych 61
Wald, sommergrüner 545
Waldai 519 T
Waldaihöhen 89, 94
Waldböden 24
Waldboden, nasser 524
–, podsolierter 513
–, wechselfeuchter 524
Wälder 569
Waldecker Bergland 53*
Wäldersee 291, 315 T
Waldgebiete 103*
Waldkarpaten 103*, 105
Waldsteppe 22, 162, 548
–tundra 91, 162
–zone 91
Wales 138, 139
Wallace-Linie 206
Walliser Alpen 78, 79 T
Wallis und Futuna 264 T
Wallriffe 481
Walm 537*
Walvis Bay 257*, 258, 261
Wandelstern 517
Wanderdünen 410
Wanderschutt 545
Wanderschuttdecken 391
Wangarei 276
Wankie 257, 260
Wanne 388
Warburger Börde 53*, 54
Warft 582
Wärmeoptimum 551
Wärmezeit 551
–, frühe 398
–, mittlere 381
Warmzeit 462
Warschau-Berliner Urstromtal 39*, 41
Warszawa 30
Warta 79 T
Warthe-Eiszeit 574
Warwick 273
Warve 386

Warvenchronologie 386
Warventon 386
Wasatchgebirge 305
Wasatch Mountains 305, 307*
Wash 140
Washington 276 T, 305
Washita 301
Wasjuganje 158, 164
Wasser, unterirdisches 397*
Wasserbüffel 184
Wasserdurchlässigkeit 515
–gehalt 393
Wasserhalbkugel 17, 419
Wasserhaltefähigkeit 575
–haushalt 20
–hosen 564
–kapazität 397
Wasserkuppe 52, 79 T
Wasserleitfähigkeit 515
–pflanzen 460
–schwimmer 460
–stuben 448
–walzen 421
Wasserwurzler 460
Waterford 29
Watkinsgebirge 288
Watts Bar 302*
Wechselklimate 13, 476
Weddas 201
Weddellsee 343
Wedellsee 350
Weichsel 79 T, 519 T
Weida 57
Weihnachtsdepression 544
Weihnachtsinsel 360
Weiho 188, 190
Weihotal 189
Weinstraße 64
Weiserpflanzen 392
Weißalkalibosen 533
Weißdünen 411
Weißer Nil 240, 246
Weißer See 96*
Weißer Volta 243*
Weißes Meer 93
Weißlehme 518
Weißmeer-Ostsee-Kanal 82, 86
Weißstein 451
Weißtorf 504
Weißwasserfluß 430
Welkepunkt, permanenter 577
Welland-Ship-Canal 300
Wellen, stehende 499
–furchen 530
–kalk 505
Wellington 264 T, 275
Welser Heide 73
Weltzeit 451, 584
–uhr 577
Welzheimer Wald 68
Wendikum 483, 530
Werchojanskergebirge 165, 166
Werft 582
Wermut-Steppe 22
Wernigerode 56
Werratal 52
Wertgrenzlinie 403
Weser 79 T
–gebirge 53*, 54
Westaltai 167
–angola 256
–antarktika 343
Westaustralischer Schild 265, 270
Westaustralstrom 359
Westberlin 31

Westbirmanisches Randgebirge 197*
Westburmanisches Randgebirge 202
Westchinesisches Randgebirge 179 T
West-Eifel 49*
Westerwald 39*, 49*, 50
Westeuropäisches Becken 351
Westfälische Bucht 46
Westfälische Tieflandsbucht 39*
Westfeste 11, 512
Westfriesische Inseln 43
– ghats 197*, 199, 200
Westhessische Senke 52
Westhindustan 199
–indien 313
–indische Inseln 313
–karpaten 103*, 104
Westliche Dwina 94, 101
Westliche Sierra Madre 311*
Westlicher Großer Erg 240
Westmanninseln 355
Westpamir 179 T
–patagonien 340, 341
westpazifische Randschwelle 364
Westport 275
Westpunkt 577
Westsahara 228 T
–sajan 167
–samoa 264 T, 367
–sibirien 163
–sibirisches Tiefland 163, 164*
Westturkestan 171, 175
Westwinddrift 352, 359, 364
Westwinde, brave 384
Wetar 209
Wetterau 49*, 52
Wetterelemente 476
Wetterkarte 577, 578*
–kunde 500
–lage 577
–leuchten 443
–satelliten 577
–schlüssel 577
–symbole 577
–vorhersage 577
Wetzschiefer 561
Whitehorse 292
White Mountain 299
Wichita 301
Wicklowberge 140
Widderpunkt 433
Wied 51
Wiehengebirge 53*, 54
Wien 30, 71, 77, 103*, 109
Wiener Becken 77
Wiener Wald 77
Wiener Schneeberg 76
Wiesbaden 51
Wiesenboden 449
Wiesenkalk 467, 505
Wight 140
Wildspitze 78, 79 T
Wilhelminakette 341 T
Wilisch 60
Wiljui 169 T
Wiljuigebiet 165
Willamettetal 295
Wilmington 309
Wilson 302*
Winddruck 579
–flüchter 482, 580
–gürtel 13
Windhoek 257*, 258, 261
Windhosen 564, 579
Windhuk 258
Windkanter 481

Windleite 57, 58*
Windmulden 411
-rippeln 530
-risse 411
Windrose 455
Windschliff 481, 582
Windsee 498, 542
Windstrahlenkarte 522
Windsystem 384*
Windwardinseln 314
Winkeldiskordanz 409
winkeltreu 471
Winnipeg 277 T, 286 T, 292, 293
Winnipegosis-Manitoba-See 291
Winnipegsee 291, 292*, 315 T
Winsonmassiv 344
Winterannuelle 377
Winterdeiche 406
winterkalte Steppen 22
Winterregenklima, subtropisches 501
Wirkungsgefüge 486
Wirtschaftskataster 489
Wisconsin 519 T
Wisła 79 T
Wisła-San-Dreieck 62
Wismar 40
Witim 166, 169 T
Witjas-Tiefe 362
Witterungsklimatologie 475, 477
Wittlicher Senke 49*, 50
Wipper 58*
Witwatersrand 257, 260
WK 575
Wladiwostok 163, 168, 188
WLK 492
Woëvre-Ebene 144
Wogulen 163
Woina Dega 253
Wölbung 453
Wolga 89, 96*, 97, 101, Taf. 8
-delta 407*
--Don-Kanal 89, 96*
-höhen 101
-platte 96
Wolgograd 96, 97, 101
Wolhynisch-Podolische Platte 88, 94
Wolin 40
Wolkenaufzug 574
Wolkenbildung 480*
Wolkenbruch 527
Wollongong 264 T
Wörgl 76
Workuta 93, 100*
Woronesh 96*
Wostok 345
Wotkinsk 96*
WOZ 584
Wrangel-Insel 351*, 357
Wrangellkette 294
Wrocław 30, 47
Wuchsort 547
Wuhan 158, 192
Wunsiedel 69, 70
Würgeböden 432
Würm 519 T
Würmsee 79 T
Wurtenproblem 582
Würzburg 66
Wurzel 567
Wurzelsukkulenten 552
Wurzen 46
Wüste, orographische 583
Wüsten 21
Wüstenboden 24
Wüste Dahna 218*

Wüstenfrühling 582
Wüstengesicht 493
Wüstenlack 482, 582
Wüste Nefud 218
Wüstenrinden 482, 582
Wüstenrohboden 583
Wüstensalz 548
Wüstensteppen 21, 22, 92, 548
Wutschang 192
Wyg 82
Wyndham 272
Wyoming Basin 305
Wysse 541, 567
Wytschegda 100*, 101
WZ 587

Xanten 46
Xerodrymium 454
Xerophorbium 563
Xeropoium 548
Xerothermrelikte 530
Xiamen 193
Xian 189
Xijiang 193
Xi Jiang 194 T
Xingu 330, 341 T
Xin Ling 181, 188

Yak 172, 184
Yalu 187, 194 T
Yampi Sund 266, 272
Yamuna 210 T
Yaoundé 225 T
Yariga-take 194 T
Yarlung 172
Yarmouth 458, 519 T
Yenangyaun 203
Yellowhead-Paß 295
Yellowstone-Nationalpark 305
Yellowstoneplateau 305
Yi 184
Yining 174
Yinshan 174
Yokohama 185
Yoldiameer 523 T
Ypern 44
York Factory 282
Yorkhalbinsel 273
Yorkshire 140
Yosemite-Nationalpark 296
Yoshino 194 T
Yucatán 308, 309, 312, 356
Yucatánstraße 352, 356
Yukon 287, 294, 315 T
Yukonplateau 294
Yukonterritorium 290
Yumen-Passage 173
Yunga 333
Yünnan 184
Yushan 194 T, 195
Yutian 173
Yzabalsee 315 T

Zabergäu 68
Zaberner Senke 63, 65
Zackenfirn 401, 427, 448
Zagreb 29, 103*
Zagrosketten 219
Zaidam 172, 180*
Zaire 228 T, 247
Zakynthos 131*, 133

Zante 133
Zanskar-Himalaja 197
Zanzibar 226 T
Zaoatecoluca 277 T
Zaragoza 31, 120
Zaranda 263 T
Zard Kuh 221 T
Ždanický 104
Zeichenerklärung 488
Zeichenschlüssel 488
Zeit, subarktische 523 T
-bestimmung 511
-gleichung 584
-rechnung, geologische 419
-zone 584*
Zelinograd 178
Zell 50
Zella-Mehlis 56
Zementquarzit 525
Zenitalregen 14, 507, 529
Zenitdistanz 381, 585
Zentralafrikanische Republik 228 T
Zentralafrikanischer Graben 253, 254*, 256
Zentralafrikanische Schwelle 247
zentrale Gebiete 158
zentraler Apennin 125
Zentraler Altai 167
- Tienschan 179 T
Zentralindische Schwelle 358
Zentralkordillere 202
Zentralmassiv 74
Zentralplateau 141*
zentralsaharische Schwelle 229
Zentraltief 559
Zermatt 78
Zerrung 549
Zeugenberge 537
Zhuang 184
Ziban-Oasen 241
Zimljanskaja 101
Zinder 226 T
Zinnwald 59
Zirkulation 510
Zistersdorf 71
Zittauer Gebirge 61
Zodiakus 560
Zomba 226 T
zone guinéenne 564 T
Zonen 11
-, physische 486
Zonenzeit 584
zone sahélienne 564 T
zone soudanaise 564 T
Zonguldak 213
Zoogeographie 560
Zschopau 60
Zuckerhütl 79 T
Zuckerhut 331
Zugspitze 79 T
Zuidersee 43
Zungenbeckenseen 504
Zungenhügel 410
Zürich 31
Züricher See 79 T
Zurundungsindex 505
Zustandsstufe 396
ZW 576
Zweibrücken 66
Zweikanter 580
Zwergstrauchformationen 569
Zwergstrauchheide 454
Zwickau 28, 60
Zwischeneiszeit 462
Zwischenhoch 456

Zwischenströme 498
Zwischenstromland 218
zyklogenetischer Punkt 410

Zyklonen 12, 559
Zyklonenfamilie 559
Zyklonenregen 507, 586

Zyklonenserie 559
Zylinderentwürfe 471
Zypern 212

QUELLENNACHWEIS

Tafelabbildungen (Tafel/Abb.)

Darwin, Ein Naturforscher reist um die Erde, VEB F. A. Brockhaus Verlag, Leipzig 1962: 31/1; Deutsche Fotothek Dresden: 6/1 und 2, 9/1, 10/1, 16/1 und 2, 20/2, 25/2, 30/2; Göthel, Leipzig: 18/1; Karl Helbig, Hamburg: 29/1; Helmut Hoffmann-Burchardi, Düsseldorf: 21/1; Horst Klausing, Leipzig: 17/1 und 2; Klingner, Länder am Nil, VEB F. A. Brockhaus Verlag, Leipzig 1958: 23/1; Postkartenverlag Albert Krebs, Leipzig: 3/2; Johannes Lippold, Schramberg-Sulgen: 1/2, 2/1 und 2, 3/1, 7/1 und 2, 9/2, 10/2, 11/1 und 2, 12/1 und 2; Lundquist, Vulkanischer Kontinent, VEB F. A. Brockhaus Verlag, Leipzig 1960: 30/1; Maahs u. Bronowski, Asien, VEB F. A. Brockhaus Verlag, Leipzig 1963: 15/2; Mysl, Moskau: 8/1 und 2, 14/2; Ernst Neef, Dresden: 29/2; Günter Nerlich, Berlin: 4/1 und 2, 5/1, 20/1, 21/2, 22/1 und 2; Nowosti, Moskau: 13/1 und 2, 14/1; Wolfgang Pillewizer, Wien: 1/1; Ernst Reiner, Nieder-Gelpe: 24/1 und 2; Frederick Rose, Berlin: 25/1; Fritz Rudolph, Schöneiche: 31/2; Wolfgang Schrader, Dresden: 18/2, 19/1; Günter Skeib, Potsdam: 32/2; Stanjukowitsch, Markansu – Tal des Todes, VEB F. A. Brockhaus Verlag, Leipzig 1961: 15/1; Peter Steffen, Berlin: 5/2, 23/2, 27/2, 32/1; United States Information Service, Bad Godesberg: 28/1 und 2; Gerhard Vetter, Ostseebad Wustrow: 19/2; Günter Viete, Freiberg: 26/2, 27/1; Wotte, Kurs auf unerforscht, VEB F. A. Brockhaus Verlag, Leipzig 1967: 26/1.

Textabbildungen

Anleitung für die Kurzfristvorhersage, Meteorologischer Dienst der DDR 1967; Berg, Die geographischen Zonen der Sowjetunion, Band I, B. G. Teubner Verlagsgesellschaft, Leipzig 1958; Bernard, Afrique septentrionale et occidentale, Géographie Universelle, Band XI, Teil 1, Librairie Armand Colin, Paris 1937; Bernhard u. Winkler, Kanada zwischen gestern und morgen, Kümmerly & Frey, Bern 1966; Blüthgen, Allgemeine Klimageographie, Lehrb. der Allgemeinen Geographie, Band II, Walter de Gruyter & Co., Berlin 1964; Brockhaus ABC Chemie, Band I, VEB F. A. Brockhaus Verlag, Leipzig 1965; Brockhaus ABC Naturwissenschaft und Technik, VEB F. A. Brockhaus Verlag, Leipzig 1969; Brockhaus Taschenbuch der Geologie: Die Entwicklungsgeschichte der Erde, VEB F. A. Brockhaus Verlag, Leipzig 1970; Ellenberg, Ökosystemforschung, Springer Verlag, Berlin, Heidelberg, New York 1973; Franz, Phys. Geographie der Sowjetunion, VEB Hermann Haack, Gotha; Grunow, Allgemeine Wetterkunde, Gartenverlag GmbH., Berlin 1952; Imhof, Gelände und Karte, Verlag Eugen Rentsch, Zürich 1947; Klute, Handb. der Geographischen Wissenschaft, Akademische Verlagsgesellschaft Athenaion, Potsdam 1929ff.; Thorade, Ebbe und Flut, Julius Springer Verlag, Berlin 1941; Troll, Der Klima- und Vegetationsaufbau der Erde im Lichte neuer Forschungen, Sonderdruck aus dem Jahrb. 1956 der Akademie der Wissenschaften und der Literatur zu Mainz, Franz Steiner Verlag GmbH., Wiesbaden; Wilhelm, Schnee- und Gletscherkunde, Walter de Gruyter & Co., Berlin u. New York 1975.

TAFELVERZEICHNIS

Innerer Kongsfjord (Spitzbergen) – Mittelmeerlandschaft (La Herradura
östlich Malaga) 1
Lärchentaiga (Westsibirien) – Tropischer Regenwald (Kongogebiet) . . 4
Wüstenlandschaft (Sahara) – Landschaft am Lago Puyehue (Chile) . . 5

Mitteleuropa
Nördliches Karwendelgebirge (Tirol) – Brandstein im Hochschwab
(Nordsteiermark) 2
Schwäbische Alb – Elbsandsteingebirge 3
Lahntal im Rheinischen Schiefergebirge – Seengruppe bei Barlinek
(Volksrepublik Polen) 6

Nordeuropa
Finnische Seenplatte – Geirangerfjord (Norwegen) 7

Osteuropa
Klin-Dmitrower Höhenzug – Wolga oberhalb von Rshew 8

Südosteuropa
Ostkarpaten mit Pop Iwan der Černá-Horá-Gruppe – Polje mit
Gehöft und Feldbau (Montenegro) 9

Südeuropa
Santorin (Kykladen) – Fruchtebene von Argos-Nauplion (Peloponnes) 10
La Mancha mit Inselbergen (Sierra Morena) 11

Westeuropa
Rhônetal bei Avignon 11
Abfall der Brecon Beacons (Südwales) – Ben Nevis (Schottland) 12

Nordasien
Tundralandschaft (Sibirien) – Überschwemmungsgebiet in Westsibirien (Obskij Jugan) 13
Erstarrter Lavafluß am Dsensurskij Vulkan (Kamtschatka) . . . 14

Zentralasien
Boden eines Takyrs bei Taschkent 14
Steppe im südlichen Kasachstan – Karakum-Kanal 15
Kammlagen mit Taiga und Golezterrassen bei Ulan Bator 16

Ostasien
Flußtal im Gebirge (Schansi) 16
Chinesische Lößlandschaft – Südchinesische Landschaft 17
Kymgangsan (Diamantgebirge) 18

Südasien
Innerer Himalaja (Nepal) 18
Annapurna von Naudauda (Nepal) aus – Südindische Reislandschaft 19

Vorderasien
Berglandschaft bei Ip (Jemen) – Erosionsformen in Tuffablagerungen
(Inneranatolien) 20

Afrika
Hochtal östlich von Marrakesch – Nil in Ägypten 21
Schott el Djerid (Tunesien) – Oase Ghardaja (Algerien) 22
Das Kratertal im Borana-Land (Südäthiopien) – Kapstadt mit
Tafelberg 23

Australien
Inneraustralien nordöstlich der Harts-Range – Umgebung von Kirwa
(Victoria) 24
Bergbauzentrum von Queensland – Madreporen-Lagune 25

Nordamerika
Landschaft beim Lake Louise (Alberta) – Mount Minarett (Sierra
Nevada) 26

Vulkankrater im Gebiet des Mono-Lake (östliche Sierra Nevada) –
　　Halbwüsten zwischen Nevada und Arizona   27
　　Grand Cañon des Colorado (Arizona) – Death Vally (California) . 28

Mittelamerika
　　Hochsteppe in Mexiko   29

Südamerika
　　Caatinga in Nordost-Brasilien   29
　　Paraguayanische Pampa – Oase im Permokarbon der Vorkordillere
　　(El Vallecito in der Provinz S. Juan)   30
　　Araukarienwald am Fuße eines Vulkans im argentinischen Teil der
　　Anden – Landschaft am Rio Imperial   31
　　Felsentor im Meer bei Antofagasta (Chile)   32

Antarktika
　　Luftaufnahme von Mirny von der Landseite her   32

Oben: Innerer Kongsfjord (Spitzbergen). Vor der Kalbungsfront des Kongsvägen der Fjord mit Resten von Kalbungseis, im Mittelgrund junge Moräne, davor Sander, im Vordergrund Solifluktionsschutt auf schwach geneigtem Hang. Unten: Mittelmeerlandschaft (La Herradura östlich Malaga). Schroffer Gegensatz zwischen den erosionsgefährdeten trockenen Hängen mit schütterer natürlicher oder Kulturvegetation und dem intensiv genutzten bewässerungsfähigen Land in den Fluß- und Küstenniederungen. Baumkulturen spielen im trockenwarmen Mediterranklima eine große Rolle.

Mitteleuropa. Oben: Nördliches Karwendelgebirge (Tirol). Der Kettencharakter läßt die erosive Aufgliederung in den Vordergrund treten. Unter den schroffen Kalkwänden herrschen überschliffene, zugerundete Formen, teilweise in mergeligen Gesteinen vor. Die Waldgrenze ist durch Alpweiden herabgedrückt. Unten: Brandstein im Hochschwab (Nordsteiermark). Der Plateaucharakter läßt die erosive Zerschneidung zurücktreten. Das Karstphänomen wird durch zahlreiche Dolinen (Schneeflecken) sichtbar.

Mitteleuropa. Oben: Schwäbische Alb. Schichtstufe der Schwäbischen Alb (Weißer Jura mit Vorstufe im Dogger und einzelnen Zeugenbergen). Typisch ist die Verteilung von Acker und Wald in Abhängigkeit vom Gesteinscharakter und der Hangneigung. Unten: Elbsandsteingebirge. Die Dreiheit Tafelberge, Ebenheiten und cañonartig eingeschnittene Täler charakterisiert das Elbsandsteingebirge. Von den waldbedeckten Talhängen und Schutthalden unterscheiden sich deutlich die landwirtschaftlich genutzten Ebenheiten. Schmale Schwemmfächer tragen die Talsiedlungen.

Tafel 3

Oben: Lärchentaiga (Westsibirien). Der lichte Charakter der ausgedehnten Wälder wird nur selten durch geschlossenere Bestände (links oben) unterbrochen. In Niederungen stellt sich Sumpftaiga, vorherrschend mit Laubholzarten, ein. Unten: Tropischer Regenwald (Kongogebiet). Die charakteristische Wuchsform des artenreichen Regenwaldes zeigt eine rauhe Oberfläche, da einzelne Bäume das Kronendach überragen. In den Lichtungen (Vordergrund) wirkt die Artenfülle, vermehrt durch weitere Arten, besonders eindrucksvoll. Große Blätter herrschen vor.

Oben: Wüstenlandschaft (Sahara). Kombination verschiedener Dünenformen, zum Teil Barchane, zum Teil Längsdünen mit Rippelmarken. In den Dünentälern zeigen einzelne Sträucher die Nähe von Grundwasser an. Unten: Landschaft am Lago Puyehue (Chile). In 40° s. Br. haben die pleistozänen Gletscher den Andenrand und die Talausgänge geformt. Breite Schottertäler münden in glaziale Zungenbecken aus. Die Ausläufer der Anden tragen immergrüne Laubwälder.

Tafel 5

Mitteleuropa. Oben: Lahntal im Rheinischen Schiefergebirge. Breitrückige Formen, vielfach mit Eichenwald bedeckt, herrschen in den stärker zerschnittenen Tälern der Mittelgebirge vor. Die agrarische Nutzung ist auf kleine Zellen in den Tälern beschränkt. Bergbau und Steinbruchindustrie sind nur örtlich von Bedeutung. Unten: Seengruppe bei Barlinek (Volksrepublik Polen). Die Seenplatten im Aufschüttungsgebiet des weichseleiszeitlichen Inlandeises zeigen langgestreckte Moränenzüge (Hintergrund links). Der See wird durch glazifluviale Ablagerungen (Oser) und Reste jüngerer Moränenstaffeln stark aufgegliedert.

Nordeuropa. Oben: Finnische Seenplatte. Die Seen sind im Felsuntergrund angelegt und durch einzelne Oser gegliedert. Der Wald trägt den Charakter der nördlichen Taiga. Unten: Geirangerfjord (Norwegen). Der schönste Teil des Storfjords in Mittelnorwegen ist auf dem Landwege fast völlig unzugänglich. Nur auf dem Schwemmfächer am oberen Ende des steilen wassererfüllten Trogtals ist Siedlungsraum. Die massigen Formen der Skanden zeigen allenthalben die glaziale Überprägung.

Osteuropa. Oben: Klin-Dmitrower Höhenzug. Die Weite der osteuropäischen Landschaft wird nördlich von Moskau durch Moränenplatten bestimmt, die der saaleeiszeitlichen Vergletscherung entstammen. Breite, von mäandrierenden Flüssen durchzogene Täler gliedern diese Platten auf. Unten: Oberhalb von Rshew durchfließt die Wolga die breiten Sander- und Talsandflächen, die die Waldaihöhen umsäumen. Die ausgedehnten Nadelwälder werden an den Flüssen vielfach durch lockere, z. T. parkartige Laubgehölze unterbrochen.

Gegenüberliegende Seite:
Südosteuropa. Oben: Ostkarpaten mit Pop Iwan der Černá-Horá-Gruppe. Die wenig widerstandsfähigen Flyschsandsteine begünstigen die tiefe fluviatile Zerschneidung. Wald und Almwirtschaft herrschen vor. Jungvulkanische Gesteine am Innenrand des Gebirges beleben das Relief. Unten: Polje mit Gehöft und Feldbau (Montenegro). Schütter bewaldetes Karstgebirge. Nur im Polje ermöglicht zusammengeschwemmter Boden und das Vorhandensein von Wasser inselartige Feldkulturen. Die Gehöfte rücken auf das unfruchtbare Gelände.

Tafel 8 und 9

Südeuropa. Oben: Santorin (Kykladen). Die Insel erleidet durch vulkanische Ausbrüche häufig Formveränderungen. Deutlich sichtbar sind die Dampfwolken beim Einfließen von Lava in das Meer. Unten: Fruchtebene von Argos-Nauplion (Peloponnes). Die tektonische Anlage ließ zwischen Hochschollen geräumige Einbruchsbecken entstehen. Darauf beruht der Gegensatz zwischen den meist verkarsteten menschenarmen Gebirgen (Hintergrund) und den intensiv genutzten, teilweise bewässerten Fruchtebenen, in denen mediterrane Baumkulturen vorherrschen.

Tafel 10

Südeuropa – Westeuropa. Oben: La Mancha mit Inselbergen (Sierra Morena). La Mancha, der ebenste Teil der Meseta im sommerheißen, winterkühlen und semiariden Innern Spaniens wird heute vom Trockenfeldbau mit hohem Bracheanteil und zunehmend von Weinbau und Baumkulturen genutzt. Die extensive Weidewirtschaft hat sich weitgehend auf die inselartig aufragenden Ausläufer der Randgebirge zurückgezogen. Unten: Rhônetal bei Avignon. Westeuropäische und mediterrane Züge mischen sich im südlichen Frankreich. Die Hecken und Baumreihen sollen vor dem Mistral schützen. Starke Parzellierung und Vielfältigkeit des Anbaues gliedern den Talraum.

Westeuropa. Oben: Abfall der Brecon Beacons (Südwales). Die vorwiegend extensiv bewirtschafteten Gebirge senken sich in breite Becken ab, in denen Ackerbau und Obstbau betrieben werden. Die vor dem Wind schützenden Hecken lassen Besitz- und Nutzungseinheiten deutlich hervortreten. Unten: Ben Nevis (Schottland). Das glazial überformte Massiv ragt über die Waldgrenze auf, doch auch in den breiten Talzügen sind Waldstücke auf windgeschützte Lagen beschränkt. Heide und Moor herrschen vor. Die Inseln von Kulturland fallen immer mehr der Entvölkerung zum Opfer.

Nordasien. Oben: Tundralandschaft (Sibirien). Auf dem gefrorenen Boden staut sich im Frühjahr das Wasser. Ausgedehnte Überschwemmungsflächen und Sümpfe bleiben auch den Sommer über bestehen, wenn die gewundenen Flüsse bereits den Höchststand überschritten haben. Unten: Überschwemmungsgebiet in Westsibirien (Obskij Jugan). Die schmalen Rücken der Griwy mit ihren Baumreihen sind die einzigen festen Punkte des Gebietes während der frühsommerlichen Überschwemmung.

Nordasien – Zentralasien. Oben: Erstarrter Lavafluß am Dsensurskij Vulkan (Kamtschatka). Die starken tektonischen Kräfte am Ostrand des asiatischen Kontinentalblocks haben ein kräftiges Gebirgsrelief, in dem aktiver Vulkanismus herrscht, entstehen lassen. Der gletscherähnliche junge Lavastrom ist von der Erosion noch kaum angegriffen. Unten: Boden eines Takyrs bei Taschkent. Die Salztonebenen zeigen im Sommer ein Polygonnetz tiefer Trockenrisse.

Tafel 14

Zentralasien. Oben: Steppe im südlichen Kasachstan. Neben schütteren Gräsern bilden Stauden und Sträucher. die nur kärgliche Weidemöglichkeiten bieten, die Vegetationsdecke. Der Salzgehalt des Bodens erschwert die Neulandgewinnung. Unten: Karakum-Kanal. Die Möglichkeit, aus den benachbarten Hochgebirgen Wasser für die Bewässerung der Wüstengebiete zu gewinnen, wird in der Sowjetunion planmäßig genutzt. Neben Einzelheiten des Wüstenreliefs sind beiderseits des Kanals neu erschlossene Kulturflächen zu erkennen.

Tafel 15

Zentralasien – Ostasien. Oben: Kammlagen mit Taiga und Golezterrassen bei Ulan Bator. Charakteristisch für Transbaikalien sind die taigabestandenen breiten Gebirgsrücken, deren Scheitel über die Waldgrenze ragen und mit Gebirgstundra bewachsen sind. Unten: Flußtal im Gebirge (Schansi). Bis in große Höhen reicht der Lößmantel, der durch Terrassierung als Kulturland erschlossen wurde. Die Baumarmut begünstigt die Abspülung und Zerschneidung der Hänge.

Tafel 16

Ostasien. Oben: Chinesische Lößlandschaft. In den Ausläufern der Gebirge reicht die Lößdecke bis in die Gipfellagen. Die Monsunregen begünstigen überall dort, wo keine Terrassierungen vorgenommen wurden, die tiefe Zerrunsung der Hänge. Die schroffe Grenze zwischen Gebirge und Vorlandebene ist für Nordostchina charakteristisch. Unten: Südchinesische Landschaft. Über die mit parkartiger Vegetation bedeckten Ebenen längs der Flüsse ragen unvermittelt die bizarren Klötze des Kegelkarstes empor.

Gegenüberliegende Seite:
Ostasien – Südasien. Oben: Kymgangsan (Diamantgebirge). Ähnlich wie in Kamtschatka verbinden sich im Gebirgsland Koreas tektonische und vulkanische Erscheinungen. Das Monsunklima und die größere Wärme lassen unter der dichten Walddecke starke chemische Verwitterung zu. Unten: Innerer Himalaja (Nepal). Höhenlage und Relief einerseits, Hochwassergefährdung andererseits beschränken das Kulturland auf schmale Säume oder Inseln in den Längstälern. Mühsam werden Hanglagen der Weidewirtschaft dienstbar gemacht.

Südasien. Oben: Annapurna von Naudauda (Nepal) aus. Nur in wenigen Gebieten der Erde lassen die Höhenunterschiede die Höhenstufen in Natur und Kultur so klar hervortreten wie im Himalaja. Im Vordergrund Terrassenkulturen mit Getreide- und Gartenbau, darüber Wald mit Rodungsinseln für Weidewirtschaft. Unten: Südindische Reislandschaft. Die intensivste und ertragreichste Form tropischen Ackerbaues ist der Reisanbau, der den Charakter der Flußebenen völlig beherrscht. Trockenere Stellen tragen Palmen. Im Hintergrund ein Inselberg.

Tafel 18 und 19

Vorderasien. Oben: Berglandschaft bei Ip (Jemen). Die reicheren Niederschläge Südwestarabiens lassen intensiven Ackerbau zu, jedoch nur bei Terrassenkulturen, da sonst die Abspülung zerstörend wirkt. Unten: Erosionsformen in Tuffablagerungen (Inneranatolien). Die Abspülung bei Starkregen hat sehr formenreiche Badlands entstehen lassen. Die Tuffe in einigen Gebieten Inneranatoliens begünstigen die Sonderform der den Erdpyramiden ähnlichen Tuffkegel. Nur in Resten ist Kulturlandschaft erhalten geblieben.

Afrika. Oben: Hochtal östlich von Marrakesch. Intensive Bewässerungskultur in den Talbecken, Zusammendrängung der Siedlungen auf die Talränder und ungenutzte oder nur extensiver Weidewirtschaft dienende kahle Berghänge kehren im Atlasgebiet immer wieder. Unten: Nil in Ägypten. Außerhalb des Deltas ist der Nil in die Wüstentafel eingesenkt, die vielfach mit steilen, felsigen Hängen zum Fluß hin abbricht. Die dunkle Färbung der Oberfläche wird durch den Wüstenlack hervorgerufen.

Gegenüberliegende Seite:
Afrika. Oben: Schott el Djerid (Tunesien). Auf der Salztonebene haben sich kleine Erhebungen erhalten. Diese äolischen Ablagerungen und die darauf wachsende salzliebende Vegetation begünstigen einander. Unten: Oase Ghardaja (Algerien). Der reiche Bestand an Dattelpalmen läßt die in ihrem Schatten gedeihenden Kulturen kaum erkennen. Deutlich aber ist die Schärfe des Oasenrandes. Der durch harte Büschelgräser und xerophytische Sträucher gekennzeichnete Randsaum beträgt hier nur wenige Meter. Die Verschüttung von Oasen durch Sand ist eine ständige Gefahr.

Afrika. Oben: Das Kratertal im Borana-Land (Südäthiopien). Das unruhige Gebirgsrelief läßt sehr verschiedenartige Standortbedingungen entstehen. Durch Eingriff des Menschen ist die ursprüngliche Strauch- und Baumsavanne überdies stark verändert. Unten: Kapstadt mit Tafelberg. Die mächtigen Deckschichten des südlichsten Afrika lassen bei Kapstadt nichts von der Kapfaltung erkennen. Die mediterrane Vegetation kommt durch den Eingriff des Menschen im Weichbild der Stadt nur wenig zur Geltung.

Tafel 22 und 23

Australien. Oben: Inneraustralien nordöstlich der Harts Range. Zentralaustralien nördlich der MacDonell Ranges wird durch eintönigen Brigalowscrub beherrscht, in dem weitstehende Akazien vorherrschen, niedriger Unterwuchs nur spärlich ist und Gräser fast völlig fehlen. Unten: Umgebung von Kirwa (Victoria). Der regenreichere Südosten trug ursprünglich dichte Eukalyptuswälder, die durch Weidewirtschaft zu parkartigen Beständen aufgelockert sind.

Australien. Oben: Bergbauzentrum von Queensland. Die größeren Siedlungen im Innern Australiens knüpfen sich meist an den Bergbau. Die Baumsavannen West-Queenslands sind in der Nähe der Siedlungen meist stark abgeholzt, und nur in den Siedlungen selbst wird der Baumbestand gepflegt. Unten: Madreporen-Lagune. Die größeren Korallenriffe vor der Ostküste Australiens sind zwar ein schweres Hindernis für die Schiffahrt, aber als Naturerscheinung in der Mannigfaltigkeit der Formen und vielfach auch der Farben von großer Schönheit.

Nordamerika. Oben: Landschaft beim Lake Louise (Alberta). Die nördlichen Rocky Mountains werden durch die glaziale Ausformung, die günstigen klimatischen Bedingungen und den Waldreichtum immer mehr zu bevorzugten Gebieten des Fremdenverkehrs in Kanada. Unten: Mount Minarett (Sierra Nevada). In den südlicheren Gebirgsteilen bedingt die sommerliche Trockenheit die geringe Vegetationsdecke. Die Starkregen führen zu kräftiger Zerschneidung des Reliefs. Oft treten Verkarstungserscheinungen auf.

Nordamerika. Oben: Vulkankrater im Gebiet des Mono-Lake (östliche Sierra Nevada). Neben den vulkanischen Erscheinungen wird deutlich, wie stark die Leeseiten durch das trockene Klima geprägt sind. Die Vegetationsdecke ist lückenhaft und durch Erosion gefährdet. Charakteristisch sind die breiten, schottererfüllten Talstränge. Unten: Halbwüsten zwischen Nevada und Arizona. Obwohl noch trockener, gibt das Vorherrschen der Sukkulenten in der Wüstensteppe und die Plastik des Gebirgsreliefs den Landschaften des Südwestens ihren besonderen Reiz. Fremdenverkehr wird zu einem wichtigen Wirtschaftsfaktor.

Nordamerika. Oben: Grand Cañon des Colorado (Arizona). Gegenüber den üblichen Bildern vom Grand Cañon des Colorado läßt die Abbildung den krassen Unterschied zwischen der eintönigen trockenen Hochfläche des Coloradoplateaus und den fein ziselierten Formen des Cañons erkennen. Unten: Death Valley (California). Obwohl extrem trocken, wird das Relief vollständig von der erosiven Zerschneidung bestimmt, die die gelegentlichen Starkregen hervorruft. Der Gesteinscharakter ist entscheidend für die Entwicklung stumpfer oder scharfer Formen.

Mittelamerika – Südamerika. Oben: Hochsteppe in Mexiko. Im Vordergrund die Steppe aus harten Büschelgräsern, die tierra fria. Sie geht bergwärts in die von Solifluktionsprozessen beherrschte tierra helada und die Frostschutzzone über. Unten: Caatinga in Nordost-Brasilien. Der vorwiegend aus Leguminosen bestehende Dornwald in den tropischen Trockengebieten Südamerikas zeigt im Vordergrund eine kakteenreiche Variante. Grasunterwuchs fehlt der Caatinga fast völlig.

Gegenüberliegende Seite:
Südamerika. Oben: Paraguayanische Pampa. Den Steppen der nördlichen Halbkugel entspricht die Pampa in Südamerika. Das Bild zeigt eine Ausbildung im Übergangssaum gegen die Subtropen. Der Hintergrund läßt Waldreste erkennen. Unten: Oase im Permokarbon der Vorkordillere (El Vallecito in der Provinz San Juan). Die Trockenheit im Lee der Anden bedingt den charakteristischen Unterschied zwischen ödem und stark zerschnittenem Gebirge und Kulturoasen mediterranen Gepräges in den bewässerbaren Becken Argentiniens.

Südamerika. Oben: Araukarienwald am Fuße eines Vulkans im argentinischen Teil der Anden. Die oft genannten Araukarienwälder unterliegen einer immer stärkeren Ausbeutung, so daß ursprüngliche Restbestände sich nur in wenigen abgelegenen Gebieten erhalten konnten. Unten: Landschaft am Rio Imperial. Die pleistozäne Vergletscherung im Andenvorland läßt in Südchile Landschaften entstehen, die den glazial überformten Gebieten Europas auch hinsichtlich der heutigen Nutzungsformen sehr ähnlich sind.

Tafel 30 und 31

Südamerika – Antarktika. Oben: Felsentor im Meer bei Antofagasta (Chile). Die Brandung spielt an den Passatküsten nicht nur für die Küstenformung, sondern infolge der regelmäßigen hohen Dünung auch als Hindernis für die Schiffahrt eine große Rolle und bewirkt die Unzugänglichkeit ausgedehnter Küstenstriche. Unten: Luftaufnahme von Mirny von der Landseite her. Neben dem Abbruch der Eiskante läßt das Bild deutlich die Wirkung des Schneefegens bei den häufigen Starkwinden im antarktischen Küstenbereich erkennen. Felskuppen und Blankeisflächen wechseln mit Schneedünen und Schneefeldern ab.

Tafel 32